ENCYCLOPEDIE METHODIQUE,

OU

PAR ORDRE DE MATIÈRES;

PAR UNE SOCIÉTÉ DE GENS DE LETTRES, DE SAVANS ET D'ARTISTES;

Précédée d'un Vocabulaire univerſel, *ſervant de Table pour tout l'Ouvrage, ornée des Portraits de MM.* DIDEROT & D'ALEMBERT, *premiers Éditeurs de l'*Encyclopédie.

ENCYCLOPEDIE
MÉTHODIQUE.

HISTOIRE NATURELLE.
INSECTES.

PAR M. OLIVIER,

Docteur en Médecine, de l'Académie des Sciences, Belles-Lettres & Arts de Marseille, Correspondant de la Société Royale d'Agriculture de Paris.

TOME CINQUIEME.

A PARIS,

Chez PANCKOUCKE, Libraire, hôtel de Thou, rue des Poitevins.

M. DCC. XC.

B.

BOMBIX, *Bombyx*. Genre d'insectes de l'Ordre des Lépidoptères.

Les *Bombix*, autrement nommés *Phalènes fileuses*, sont des insectes à quatre ailes membraneuses, recouvertes d'une poussière écailleuse, qui se détache par le moindre frottement. Ils ont deux antennes plus ou moins pectinées, deux antennules comprimées, velues ; une trompe roulée en spirale, plus ou moins courte, souvent imperceptible ; enfin le corps assez gros, couvert de poils fins, serrés, qui se détachent facilement.

Linné, n'ayant établi que trois genres dans l'Ordre des Lépidoptères, a compris les *Bombix* dans celui de Phalène, dont il a seulement fait plusieurs divisions. Le genre de *Bombix*, tel que nous le présentons ici, renferme les deux premières divisions des Phalènes de cet auteur, *Phalæna Attaci* & *Phalæna Bombyces*.

Cramer a suivi les divisions de Linné, & a nommé ces insectes Phalènes à miroir, *Attaci*, & Phalènes fileuses, *Bombyces*.

M. Geoffroy a séparé du genre des Phalènes de Linné les Teignes & les Ptérophores, & l'a divisé ensuite en deux grandes familles, dont la première répond à notre genre de *Bombix*.

De Geer, après avoir séparé les Ptérophores sous le nom de Phalènes-Tipules, a divisé le genre des Phalènes de Linné en plusieurs familles, d'après la forme des antennes & la longueur de la trompe. Le genre de *Bombix* répond a-peu-près aux deux premières familles des Phalènes de cet auteur.

L'auteur de l'ouvrage intitulé *Papillons d'Europe*, désignant tous les Lépidoptères sous le nom générique de *Papillon*, les distingue en Papillons de jour & Papillons de nuit : il divise ceux-ci en sept classes, dont les *Bombix* forment la première sous le nom de *fileuses*.

Les *Bombix* appartiennent à la famille des Phalènes. Ils ont beaucoup de rapports avec les Noctuelles, les Phalènes proprement dites, & les Hépiales. Les antennes sétacées, & les antennules comprimées, velues & cylindriques à leur extrémité, distinguent suffisamment les Noctuelles. Les antennes courtes & filiformes font aisément reconnoître les Hépiales. Enfin les antennules cylindriques, presque nues, empêchent de confondre les Phalènes avec les *Bombix*, qui les ont comprimées & velues.

Les antennes des *Bombix* sont pectinées : elles sont composées d'un nombre considérable d'articles, de chacun desquels partent deux filets latéraux, beaucoup plus grands dans les mâles que dans les femelles. Celles-ci même ont pour la plupart ces filets latéraux si courts & si petits, que l'antenne paroît au premier regard simplement filiforme ; mais quelques mâles ont leurs antennes grandes & très-pectinées, & semblables à une plume d'oiseau, les filets latéraux sont eux-mêmes très-plumeux.

La bouche est formée d'une langue ou trompe & de deux antennules.

La trompe des *Bombix* est très-courte & presque imperceptible dans les espèces qui ne prennent aucune nourriture. On la distingue très-bien dans quelques espèces : elle est roulée en spirale, & formée de deux lames membraneuses, creuses d'un côté, convexes de l'autre, pointues & un peu hérissées à leur extrémité. Lorsque l'insecte n'en fait pas usage, la trompe reste cachée entre les deux antennules. Lorsqu'il veut s'en servir, il l'étend, la roidit, & la plonge dans les fleurs, pour en extraire le suc mielleux.

Le corcelet, que nous avons confondu jusqu'à présent avec le dos ou la partie supérieure de la poitrine, est court, assez large, & placé entre la poitrine & le dos : il donne naissance à sa partie inférieure, aux deux pattes de devant. Cette pièce est distincte dans tous les Lépidoptères, & on l'a confondue mal à propos avec le dos, qui donne naissance aux quatre ailes, & qui se trouve placé entre la pièce dont nous venons de parler & l'abdomen.

Le dos, auquel nous conserverons encore dans nos descriptions le nom de corcelet, est ordinairement convexe & couvert de poils longs, fins, qui se détachent facilement. A la base supérieure des ailes, on voit, de chaque côté, une grande pièce triangulaire, en forme d'omoplate ; quelques auteurs l'ont nommée épaule, à cause de sa forme & de sa position.

L'abdomen de ces insectes est assez gros, surtout dans les femelles ; il est composé de six anneaux, couverts de poils fins, & munis d'un stigmate de chaque côté.

Au-dessous de la pièce que nous avons nommée dos, est celle qui a pris le nom de poitrine, & qui donne naissance aux quatre pattes postérieures : elle est ordinairement couverte de poils longs & très-fins.

Les pattes sont de longueur moyenne ; les cuisses sont très-velues ; les jambes terminées par deux épines, & les tarses filiformes, composés de cinq articles.

La génération & l'accouplement des *Bombix* n'offrant rien de plus particulier que dans les autres genres des Lépidoptères, nous n'en dirons rien ici. Nous nous contenterons de renvoyer à l'article LÉPIDOPTÈRE.

Les larves des *Bombix*, connues sous le nom

de *chenille*, ont le corps alongé, presque cylindrique, assez mol, lisse ou couvert de tubercules, de poils, & composé de douze anneaux distincts, sur neuf desquels il y a un stigmate de chaque côté. Leur tête est formée de deux plaques hémisphériques, d'une substance assez solide. Leur bouche est munie de deux mâchoires assez grosses & assez dures, figurées en forme de cuiller à bords tranchans, par le moyen desquelles elles rongent les feuilles des végétaux. Quelques espèces, telles que le Cossus, le *Bombix* du Marronier, &c. qui attaquent le bois même, ont leurs mâchoires bien plus solides, bien plus fortes, bien plus tranchantes, & mues par des muscles bien plus vigoureux que celles des chenilles, qui se nourrissent simplement de feuilles de végétaux.

Au-dessous de la bouche, on remarque une petite ouverture, nommée *filière*, par où passe le fil de soie destiné à la formation des coques, dans lesquelles les chenilles doivent se métamorphoser en Chrysalides.

Les chenilles des *Bombix* ont ordinairement seize pattes; quelques-unes cependant n'en ont que quatorze, & un très-petit nombre n'en a que douze. Les six premières, nommées *pattes écailleuses*, sont placées sur les trois premiers anneaux, & répondent aux six pattes que l'insecte parfait doit avoir; les autres, nommées *pattes membraneuses*, disparoissent avec la dépouille de la chenille. Celles-ci sont placées suivant leur nombre, sur le sixième & le septième, sur le huitième, sur le neuvième anneau, & enfin sur le dernier: elles sont terminées par un nombre considérable de petits crochets, disposés en couronne ou en demi-couronne, propres à faire cramponner la chenille sur les arbres, les feuilles, ou autres corps.

Toutes les chenilles ont la faculté de filer ou de former de la soie; mais leurs produits en ce genre diffèrent beaucoup selon les espèces. Les unes, vivant en société, forment des tissus ou enveloppes de soie, sous lesquels elles passent ensemble le premier temps de leur vie, à l'abri des intempéries de l'air & de la voracité des oiseaux. Quelques-unes filent & attachent un simple fil sur les corps où elles se trouvent, & semblables à la plupart des Araignées, elles évitent le péril qui les menace en se laissant tomber: suspendues à leur fil, tant que le danger continue; elles ne remontent par le moyen du fil que lorsque le danger est entiérement passé.

Parvenues à toute leur grosseur, après avoir fait trois ou quatre mues, ou même un nombre plus considérable, les chenilles des *Bombix* cessent de manger, se vuident de tous leurs excrémens, & se filent une coque de soie. Dès que la coque est achevée, elles y subissent leur première métamorphose, & deviennent nymphes, autrement nommées *chrysalides*. Elles restent dans cet état quinze, vingt ou trente jours; elles y passent souvent l'hiver, & même quelquefois un an ou deux, après lequel temps, elles quittent l'enveloppe de nymphe; percent la coque, & se montrent sous la forme d'insecte ailé ou de *Bombix*; c'est cette faculté de filer une coque, qui a fait donner le nom de *Bombix* aux insectes qui proviennent de ces chenilles fileuses. Ces coques sont ordinairement ovales ou alongées: elles sont plus ou moins dures, & formées d'une soie plus ou moins fine & diversement colorée. Pour mieux faire connoître la maniere de travailler de ces insectes, nous allons parler de la chenille du Mûrier, que tout le monde connoît & que chacun peut observer. Nous dirons ensuite un mot de celles qui font entrer dans la construction de leur coque, ou de la sciure de bois, ou les poils qui recouvrent leur corps.

La chenille du Mûrier, connue sous le nom de Ver-à-soie, originaire de la Chine, du Tibet, du Mogol, &c. élevée depuis plusieurs siècles en Italie, en Espagne, & dans les provinces méridionales de la France, file sur le Murier une coque qui surpasse pour la beauté & la finesse de la soie, dont elle est formée, toutes celles que nous connoissons jusqu'à présent. Cette chenille, après avoir cessé pendant quelques jours de manger, après s'être vuidée de ses excrémens, & avoir rodé quelque temps pour trouver un lieu convenable, commence, vers la fin du printemps, à jetter, pour ainsi dire, les fondemens de sa coque: elle attache çà & là quelques fils d'une soie forte & grossière, qui se croisent en différens sens: elle construit ensuite vers le centre de ces fils, la véritable coque, qui prend bientôt une figure ovale & régulière. Les fils dont la chenille se sert, sortent de la filière, & se devident à mesure qu'elle les place: mais différente de l'Araignée, dont les pattes de derrière fixent la soie qu'elle fait sortir de l'anus, la chenille ne se sert d'aucun instrument; appuyée sur ses pattes membraneuses, elle fait, avec sa tête, les mouvemens nécessaires pour placer & fixer le fil où elle juge à propos; & ce fil, par son gluten naturel, se colle tout de suite à l'endroit où la chenille le place. C'est ainsi qu'elle vient à bout, dans l'espace de deux ou trois jours, à former sa coque. La surface externe de cette coque est un peu inégale, mais la surface interne est très-unie, & formée d'une soie beaucoup plus fine. Nous avons dit, en parlant des Araignées, que leur fil étoit composé d'un millier d'autres fils d'une finesse prodigieuse; celui de la chenille au contraire est simple, quoique beaucoup plus fort & beaucoup plus épais.

La soie, comme on le pense bien, n'existe pas sous cette forme dans le corps de la chenille. Elle est contenue dans deux grands réservoirs, sous la forme d'un fluide épais, visqueux, d'un jaune roux ou d'un rouge orangé: elle ne prend de la solidité, ainsi que le fil de l'Araignée, qu'au sortir de la filière. Si on retire ces réservoirs au moment que la chenille commence à filer, & qu'on en fasse sortir la liqueur qui y est contenue, elle s'épaissira à l'air, elle deviendra dure, très-élastique, d'une belle couleur de succin; elle sera indissoluble à l'eau, à l'esprit de vin, à l'acide nitreux, & aux autres agens chimiques : elle ne se ramollira point par l'action de la chaleur; en un mot, elle restera inaltérable, comme on peut s'en assurer par des expériences. La matière qui fournit la soie est donc d'une nature particulière, bien différente des gommes & des résines, auxquelles quelques naturalistes l'ont comparée.

Si on ouvre le corps d'une chenille du Mûrier prête à filer sa coque, on trouve, à côté du grand intestin ou estomac, deux grands réservoirs qui aboutissent à la filière par un canal très-mince, qui s'élargit ensuite peu à peu. Chaque canal, parvenu vers la seconde ou troisième paire de pattes membraneuses, forme un coude & se replie sur lui-même en remontant jusques vers les pattes écailleuses, après quoi il diminue de volume peu à peu & forme un autre coude, ensuite un troisième & puis un nombre considérable de sinuosités & de replis, que l'on perd par leur petitesse. Il est probable que ce sont ces sinuosités & ces replis qui séparent la matière à soie des autres humeurs de la chenille, la perfectionnent & la versent ensuite dans les grands réservoirs, d'où elle sort lorsque le tems de la première métamorphose oblige la chenille à se construire sa coque.

Leuwenhoek & Reaumur ayant examiné au microscope le fil de soie que nous avons dit être simple, ont cependant reconnu qu'il étoit double, & fourni par les deux vaisseaux qui aboutissent l'un & l'autre à la filière. « Les contours des bouts des vaisseaux » à soie sont à-peu-près ronds, comme le sont en » général ceux des autres vaisseaux; ils se terminent » apparemment à la filière par des ouvertures rondes. » Si le fil étoit fourni par un seul vaisseau, & que » la filière ne changeât pas la figure qu'il a en sortant » du vaisseau, le fil seroit rond, comme le sont » les fils ordinaires; mais le microscope nous met » en état de voir que ce fil est en quelque sorte » plat, qu'il a au moins plus de largeur que d'é- » paisseur. Le microscope nous fait voir plus en- » core, il nous fait découvrir que le milieu de » chaque fil est comme creusé en gouttière, c'est-à- » dire, qu'on voit que le fil est comme formé par » deux cylindres, ou par deux cylindres applatis, » collés l'un contre l'autre, d'où il est naturel de » conclure que le fil est composé de deux brins, » chacun desquels est fourni par un des réservoirs, » ou vaisseaux à soie. Il y a même des fils de soie » où l'on voit la séparation des deux brins qui les » composent. Il arrive apparemment quelquefois que » les deux fils qui devoient se coller l'un contre l'autre, » ne se sont pas assez bien ajustés, ou que quel- » que frottement les a séparés lorsqu'ils sortoient » de la filière. On croit reconnoître au microscope » les portions de fils à qui cet accident est arrivé, » lorsqu'on voit des fils dont un des bouts est four- » chu, & que chacun des brins qui forment la » fourche, paroît précisément semblable à une des » moitiés de fil considéré avant la bifurcation. C'est » sur-tout quand ce fil se place heureusement dans » le microscope, de façon qu'on en puisse voir la » tranche, qu'on reconnoît bien qu'il est moins » épais que large. La structure des fils de toutes » les chenilles, ni meme celle de tout le fil d'une » même coque, ne sont pas parfaitement semblables. » J'ai observé de très-gros fils, qui paroissoient vi- » siblement composés de deux cylindres appliqués » l'un contre l'autre. J'ai observé d'autres fils beau- » coup plus plats, & qui sembloient formés par la réunion de deux cylindres applatis ». (Réaum. *Mém. tom.* 1. *p.* 499).

Lorsqu'on dévide un cocon, on apperçoit que le fil n'y est pas disposé comme il l'est sur un peloton; il n'entoure pas la circonférence entière du cocon, mais il y forme des zigzags sur un petit espace. Ce fil, après avoir fait plusieurs de ces zigzags assez serrés les uns contre les autres, va subitement en faire de pareils à quelque distance de là, & quelquefois à l'autre bout, sans qu'il paroisse y avoir aucun ordre dans la manière dont le fil est conduit. Si on observe la chenille dans son travail, on verra qu'elle porte alternativement la tête à droite & à gauche, & qu'elle alonge en même-temps ou raccourcit un peu son corps, à mesure qu'elle dévide & place son fil. Lorsqu'elle veut travailler à un autre endroit de la coque, elle change de place, & elle colle en même-temps son fil sur toute la longueur de la surface qu'elle est obligée de parcourir, après quoi elle recommence ses zigzags. Elle place ainsi successivement plusieurs couches les unes sur les autres, suivant l'épaisseur ou la solidité de la coque. Malpighi a mesuré la longueur du fil qui peut se dévider, & il l'a trouvée de plus de mille pieds.

La plupart des naturalistes ont pensé que le fil de soie, en sortant du corps de l'insecte, quoique promptement sec & solide, conservoit cependant encore assez d'humidité pour contracter un peu d'adhérence & se coller aux autres par son gluten naturel. Il paroît cependant probable que la chenille se sert pour cela d'une matière gommeuse, qu'elle fait sortir à mesure qu'elle veut coller son fil; car nous savons qu'un cocon de soie contient beaucoup de matière soluble dans l'eau. Personne n'ignore que pour retirer la soie, il est nécessaire de laisser tremper le cocon dans l'eau bouillante, qui, en dissolvant la matière qui donnoit de l'adhésion aux fils, fait que la soie se dévide avec assez de facilité. L'eau, chargée de la matière dissoute, devient jaunâtre & un peu trouble. D'un autre côté, la matière à soie est insoluble dans l'eau, ainsi qu'on peut s'en assurer par des expériences; donc le cocon est formé de deux substances différentes, de la matière à soie, & d'un corps gommeux ou gommo-résineux, qui lie entr'eux les fils de soie, & contribue à donner de la solidité au cocon qui resteroit mol, s'il étoit seulement formé de la matière à soie. Nous ne connoissons cependant point d'autres réservoirs que ceux dont nous avons parlé plus haut. Nous ne savons pas si les deux matières sont contenues dans les mêmes réservoirs, & si elles y sont mêlées ensemble. Nous ignorons si la partie gommeuse ou gommo-résineuse sort en même-temps que le fil, & si elle l'enduit simplement pour le faire coller. On n'a point encore fait les expériences convenables sur une substance qu'il seroit peut-être intéressant de connoître, & dont nous pourrions retirer de grands avantages.

Reaumur croit avec raison que la matière à soie de toutes les chenilles fileuses pourroit être employée avec succès à faire des vernis. On lit dans les mémoires de Trévoux, du mois d'Octobre 1704, pag. 1818, « que dans la province d'Yucatan, » (à côté du Mexique), le vernis le plus ordinaire » est une huile faite avec certains vers qui viennent » sur les arbres du pays. Ils sont de couleur rou» geâtre, & presque de la grandeur des Vers-à-soie. » Les indiens les prennent, les font bouillir dans » un chaudron plein d'eau, & amassent dans un » autre pot la graisse qui monte au-dessus de l'eau: » cette graisse est le vernis même; il devient ex» trêmement dur en se figeant; mais pour l'em» ployer, il n'y a qu'à le faire chauffer ». Ces vers ne sont sans doute que des chenilles fileuses peu différentes de celles d'Europe. Il seroit bien à desirer que l'on fît quelques expériences, soit avec le Ver-à-soie, soit avec quelque autre chenille de ce genre. Peut-être parviendrions-nous à retirer un vernis qui ne le céderoit pas, ou qui surpasseroit même tous ceux que l'on a employés jusqu'à présent.

La matière à soie est si peu abondante dans quelques espèces, qu'elles ne parviendroient pas à se former une coque assez solide, si elles ne faisoient entrer, dans sa formation, quelques corps étrangers. Un grand nombre emploient à ce travail les poils qui recouvrent leur corps & qui tombent alors avec facilité. D'autres, après avoir construit leurs coques, font sortir de leur anus une liqueur qui, en se desséchant, devient une poudre jaune, qui tapisse tout l'intérieur de la coque, & en pénètre même la substance. La coque que ces chenilles construisent est de soie & d'un tissu assez lâche. Lorsqu'elle est entiérement achevée, la chenille jette par l'anus une matière jaune, molle, semblable à une bouillie épaisse: elle la saisit aussi-tôt avec ses mâchoires, la porte en différens endroits; après quoi elle l'étend & l'unit en frottant avec sa tête. La coque ordinairement blanche, mince & transparente, devient bientôt jaune & opaque. La chenille repète deux ou trois fois cette opération, jusqu'à ce qu'elle se soit entiérement délivrée de cette matière jaune, & que tout l'intérieur de la coque en soit bien tapissé. Cette matière, en partie liquide, distribuée & étendue sur toute la surface interne de la coque, sèche assez vîte, & se montre, lorsqu'on ouvre la coque, sous la forme d'une poussière très-fine.

On seroit d'abord porté à croire que cette matière est un reste d'excrémens que la chenille n'a pas rejettés avant de travailler à sa coque; mais elle ne vient ni de l'estomac, ni des intestins: elle ne ressemble d'ailleurs en rien aux excrémens ordinaires de cette chenille, ni d'aucune autre espèce. Reaumur a observé qu'à la suite des réservoirs de la matière à soie, il y a quatre gros troncs de vaisseaux, qui, après avoir été droits & cylindriques, deviennent tortueux, ondés & comme variqueux. Ces vaisseaux variqueux forment une espèce de lacis autour des intestins, & aboutissent ensuite à l'anus; ce sont là les réservoirs de la matière qui forme la poudre jaune dont nous venons de parler. Si on ouvre une chenille qui a fini sa coque, mais qui n'a point encore jetté la matière jaune, les vaisseaux tortueux sont gros, bien distincts, ils sont alors bien remplis; & si on ouvre une autre chenille qui a jetté la matière jaune, les mêmes vaisseaux sont plus petits, peu colorés; en un mot, ils paroissent presque vuides.

Quelques chenilles fileuses n'ayant pas une assez grande provision de matière à soie pour fournir à la construction d'une coque solide, capable de les bien cacher, & n'ayant pas la ressource de la poudre jaune, employée par les espèces dont nous venons de parler, se servent des poils qui recouvrent leur corps. Ces poils, après avoir couvert l'insecte sous la forme de chenille, lui deviennent encore utiles; ils servent à le garantir & à le mettre à l'abri sous celle de chrysalide. La chenille commence d'abord à construire sa coque de pure soie; mais bientôt après elle s'arrache peu-à-peu les poils avec ses mâchoires, les applique sur la couche de soie, & les y fixe solidement en filant pardessus: elle continue ainsi à s'arracher les poils qui se détachent facilement, jusqu'à ce qu'elle soit entiérement épilée. Si on ouvre une pareille coque, au moment qu'elle est finie, on ne reconnoît plus la chenille, on la trouve entiérement rase, au lieu qu'elle étoit quelquefois très-velue auparavant.

Mais il y a des chenilles fileuses fournies de très-peu de soie, privées de la poudre jaune, rases ou à peine velues, & qui ont cependant besoin de donner un peu de solidité à leurs coques: celles-ci ont recours alors à des matières étrangères. Quelques-unes rapprochent & lient ensemble plusieurs feuilles. D'autres emploient des brins d'herbes, des rognures ou de la sciure de bois: elles en font un amas suffisant avant de commencer leur travail; ensuite elles les lient ensemble avec de la soie & en forment la couche extérieure, après quoi elles s'occupent à la construction de la coque. Il y en a qui font entrer les rognures ou la sciure de bois très-fine, dans la construction de la coque même, & cela en les plaçant & les fixant ensuite avec de la soie.

On voit, par ce que nous venons de dire, que toutes les chenilles des *Bombix* filent une coque plus ou moins épaisse, plus ou moins solide, & d'une soie plus ou moins belle pour s'y renfermer,

& se changer en chrysalide. Le plus grand nombre construit cette coque sur les arbres, les arbrisseaux, les plantes qui les ont nourries ; d'autres les construisent dans les broussailles, contre un mur, le tronc d'un arbre, sous une pierre ou autres lieux semblables : quelques-unes s'enfoncent dans la terre, & après avoir formé un espace assez grand, en pressant de toute part la terre qui les environne, elles y construisent leur coque : ce sont la plupart des espèces qui doivent passer l'hiver dans l'état de chrysalide. Mais un grand nombre de chenilles fileuses, parvenues un peu tard à toute leur croissance, & obligées alors de passer l'hiver dans l'état de chrysalide, s'enfoncent dans la terre pour y construire leur coque, & être, par ce moyen, à l'abri des rigueurs de cette saison, tandis que pendant l'été, n'ayant rien à craindre, elles se contentent de filer leur cocon entre des rameaux d'arbres.

La plupart des cocons des chenilles fileuses pourroient être employés dans les arts & servir à notre utilité : on a trop négligé de faire des expériences relatives à cet objet. Il seroit sans doute difficile, & peut-être même impossible, de parvenir à trouver quelque espèce qui nous fournit une soie aussi belle que celle qui se nourrit du Mûrier, connue sous le nom de *Ver-à-soie* ; mais le *Ver-à-soie* ne peut être élevé dans toute l'Europe, & quelques espèces, même parmi les plus communes, nous fourniroient une matière, sinon aussi belle, du moins aussi utile que la soie. Celles qui vivent en société, telles que celles du Pin, & celle nommée vulgairement la *commune*, construisent une enveloppe générale très-grande, faite d'une soie assez forte, très-fine, très-abondante, & qui pourroit être facilement cardée. L'espèce qui vit sur le Pin est très-commune dans les provinces méridionales de la France ; elle pourroit, presque sans frais, être multipliée à un point, que la soie qu'on en retireroit, seroit aussi abondante que celle du *Ver-à-soie*. J'ai vu des cocons de quelques *Bombix* étrangers, formés d'une soie presque aussi belle que celle du *Ver-à-soie*. La chenille du *Bombix* grand Paon en construit un très-solide, & dont le fil est aussi fort qu'un cheveu. Je ne doute pas qu'il ne se dévidât avec facilité, si on le soumettoit à des épreuves ; & la soie qu'on en retireroit, pourroit être employée à des étoffes dont le mérite consiste moins dans la finesse que dans la solidité.

BOMBIX.

BOMBYX. FAB.

PHALÆNA. LIN. GEOFF. DEG.

CARACTERES GÉNÉRIQUES.

ANTENNES filiformes, pectinées. Articles courts, très-nombreux.

Bouche munie d'une trompe, ou langue sétacée, membraneuse, courte, souvent imperceptible, divisée en deux pièces, roulée en spirale, & cachée entre les antennules.

Deux antennules égales, comprimées & velues.

Larve rase ou velue, à douze, quatorze ou seize pattes.

Nymphe cachée dans une coque de soie.

ESPÈCES.

PREMIERE FAMILLE.

Ailes étendues.

1. BOMBIX Atlas.

Ailes étendues, en faucille, mélangées de jaune & de ferrugineux; les supérieures avec une grande & une petite tache transparentes.

2. BOMBIX Ethra.

Ailes étendues, presque en faucille, fauves; les supérieures avec deux bandes blanches, & une tache transparente.

3. BOMBIX Hesperide.

Ailes étendues, en faucille; les supérieures mélangées de ferrugineux, avec une grande tache triangulaire & transparente.

4. BOMBIX Aurore.

Ailes étendues, en faucille, jaunes, avec une bande blanche & une petite tache en croissant, transparente.

5. BOMBIX Cécropie.

Ailes étendues, presque arrondies, brunes, avec une bande fauve & une tache en croissant, d'un blanc ferrugineux.

6. BOMBIX Paphie.

Ailes étendues, en faucille, jaunâtres, avec des raies transversales fauves, & une tache oculée, transparente.

BOMBIX. (Insectes)

7. Bombix Polyphème.

Ailes étendues en faucille, d'un gris rougeâtre, avec une bande noire & une tache oculée, transparente; tache des inférieures plus grande.

8. Bombix Citherée.

Ailes étendues, presque en faucille, grisâtres, avec des raies transversales cendrées, & une tache oculée, transparente.

9. Bombix Mylitte.

Ailes étendues, en faucille, jaunes, avec une bande transversale, ferrugineuse, & une tache oculée, transparente, rayée.

10. Bombix Alinde.

Ailes étendues, presque en faucille, ferrugineuses, avec des raies transversales, ondées, obscures; les supérieures avec une tache transparente; les inférieures avec une grande tache oculée.

11. Bombix Phœduse.

Ailes étendues, en faucille, cendrées; les supérieures avec trois raies obscures & une tache transparente; les inférieures avec une grande tache oculée, noire.

12. Bombix Prométhée.

Ailes étendues, presque en faucille, brunes ou ferrugineuses; les supérieures avec une tache oculée, noire.

13. Bombix Erythrine.

Ailes étendues, obscures, avec une raie transversale, ondée, noire.

14. Bombix Janus.

Ailes étendues; les supérieures bariolées, avec une tache oculée en-dessous; les inférieures rouges, avec une tache oculée, noire.

15. Bombix Hippodamie.

Ailes étendues, presque en faucille, obscures, bordées de pâle, avec une raie transversale, blanche, interrompue, sur les supérieures.

16. Bombix Jana.

Ailes étendues, en faucille, fauves, avec des raies obscures & une tache oculée.

17. Bombix clignoteux.

Ailes étendues, d'un rouge brun; les inférieures avec une tache oculée, ferrugineuse, dont la prunelle est transparente.

18. Bombix Sémiramis.

Ailes étendues, en queue, de différentes couleurs, avec un point transparent; queues très longues.

19. Bombix Borée.

Ailes étendues, en queue, cendrées, mélangées d'obscur; les supérieures avec deux points; les inférieures avec un seul point transparent.

20. Bombix Lune.

Ailes étendues, en queue, d'un blanc verdâtre, avec une tache oculée, en croissant.

21. Bombix Epimethée.

Ailes étendues, en queue, un peu obscures, avec une raie transversale, blanche; les inférieures avec une tache oculée, fauve.

BOMBIX. (Insectes).

22. Bombix Argus.

Ailes étendues, en queue, ferrugineuses pâles, avec beaucoup de petites taches oculées, transparentes; queues très-longues.

23. Bombix vitré.

Ailes étendues, jaunes; les supérieures avec une double tache transparente; les inférieures avec une seule.

24. Bombix Pénelope.

Ailes étendues, jaunâtres, parsemées de points obscurs, avec une tache oculée, transparente.

25. Bombix Tyrrhée.

Ailes étendues, grises, avec des raies blanches, & une tache oculée, dont la prunelle est transparente.

26. Bombix Cynthie.

Ailes étendues, en faucille, avec une tache blanche en croissant sur chaque, & une tache oculée à l'extrémité des supérieures.

27. Bombix Lucine.

Ailes étendues, en faucille, mélangées d'obscur & de cendré, avec des raies ondées, noirâtres; & des taches circulaires, noirâtres vers le bord postérieur.

28. Bombix Apollonie.

Ailes étendues, mélangées de blanc & de brun, avec une raie jaune & une tache oculée, noire.

29. Bombix Alcinoë.

Ailes étendues, en faucille, obscures, avec une bande blanchâtre; tache transparente sur les supérieures.

30. Bombix transparent.

Ailes étendues, obscures; les supérieures avec une bande courte, transparente.

31. Bombix Armide.

Ailes étendues, jaunes, avec des points, des taches & une bande postérieure violets.

32. Bombix militaire.

Ailes étendues, jaunes, avec des taches & l'extrémité violettes; les supérieures avec des taches blanches vers l'extrémité.

33. Bombix Numana.

Ailes étendues, d'un bleu foncé, avec des taches jaunes; disque des inférieures jaune.

34. Bombix Castalie.

Ailes étendues, arrondies, blanches au milieu; les supérieures avec une tache oculée; les inférieures avec un point noirâtre.

35. Bombix grand Paon.

Ailes étendues, arrondies, d'un gris brun, avec une tache ronde, oculée au milieu de chaque.

36. Bombix Paon moyen.

Ailes étendues, arrondies, mélangées de gris & de brun, avec une tache oculée, noire, au milieu de chaque.

37. Bombix petit Paon.

Ailes étendues, arrondies, mélangées de jaune, de ferrugineux, d'obscur & de cendré; tache oculée sur chaque, & tache rougeâtre à l'extrémité des supérieures.

BOMBIX. (Insectes).

38. Bombix Achéloüs.

Ailes étendues, ferrugineuses, avec une bande blanche sur chaque, & un point blanc sur les supérieures.

39. Bombix anguleux.

Ailes étendues ; les supérieures dentelées, presque déchirées ; les inférieures obtuses.

40. Bombix Egée.

Ailes étendues ; les supérieures obscures ; les inférieures cendrées, rouges à leur base, avec des bandes noires & une tache oculée.

41. Bombix Arminie.

Ailes étendues ; les supérieures brunes, sans taches ; les inférieures d'un rouge brun, avec une tache oculée, ovale.

42. Bombix Libérie.

Ailes étendues ; les supérieures cendrées-ferrugineuses, avec des raies obscures ; les inférieures ferrugineuses, avec une tache oculée.

43. Bombix Cybèle.

Ailes étendues, fauves, pointillées de brun, avec une raie transversale, noire ; les supérieures avec trois taches transparentes ; les inférieures avec une seule.

44. Bombix Tau.

Ailes étendues, testacées, avec une tache oculée, violette, & la prunelle en forme de T blanc.

45. Bombix Io.

Ailes étendues, jaunes ; les supérieures en-dessous, & les inférieures en-dessus, avec une tache oculée, noire, & la prunelle blanche.

46. Bombix Abas.

Ailes étendues ; les supérieures obscures, sans taches ; les inférieures cendrées, avec une tache oculée, rougeâtre.

47. Bombix Salmonée.

Ailes étendues ; les supérieures obscures, avec une raie noire ; les inférieures ferrugineuses, avec une tache oculée, noire, & la prunelle blanche.

48. Bombix Proserpine.

Ailes étendues, arrondies, noires, avec une bande blanche & une tache noire, presque oculée.

49. Bombix Laocoon.

Ailes étendues, obscures, avec des lignes ferrugineuses & des taches jaunes ; les inférieures jaunes en-dessous, rayées de ferrugineux.

50. Bombix Irmine.

Ailes étendues, presque en faucille, ferrugineuses, avec le bord postérieur fauve ; les inférieures avec une tache oculée, rouge, & la prunelle jaune.

51. Bombix Fabia.

Ailes étendues, jaunes, avec plusieurs raies transversales, ondées, obscures.

52. Bombix spécieux.

Ailes étendues, couleur de rose ; les supérieures avec une tache blanche en forme de Y.

BOMBIX. (Insectes.)

53. BOMBIX Agis.

Ailes étendues ; les supérieures mélangées de blanc & de rose, & veinées d'obscur ; les inférieures brunes, roses à leur extrémité.

54. BOMBIX rivuleux.

Ailes étendues, d'un brun pâle, avec plusieurs raies transversales, ondées, cendrées & obscures.

SECONDE FAMILLE.

Ailes reverses.

55. BOMBIX Nausica.

Ailes reverses, les supérieures d'un roux cendré, avec des raies obscures ; les inférieures cendrées, avec une tache oculée, rouge, & deux bandes courtes, noires.

56. BOMBIX Agrius.

Ailes reverses, d'un brun marron ; les inférieures sans taches ; les supérieures avec deux raies transversales, ondées, noirâtres.

57. BOMBIX feuille-morte.

Ailes reverses, dentées, ferrugineuses ; bouche & jambes noires.

58. BOMBIX feuille de Peuplier.

Ailes reverses, dentées, testacées, avec plusieurs taches obscures, en croissant.

59. BOMBIX feuille-sèche.

Ailes reverses, en scie, roussâtres, avec le bord postérieur blanc, pointillé d'obscur.

60. BOMBIX Promule.

Ailes reverses, presque dentées, obscures, sans taches ; abdomen brun.

61. BOMBIX Cassandre.

Ailes reverses, ferrugineuses, avec des raies transversales, obscures ; corcelet brun antérieurement.

62. BOMBIX du Cap.

Ailes reverses ; les supérieures jaunâtres, avec deux raies transversales, blanches ; les inférieures presque cannelles.

63. BOMBIX Aluco.

Ailes reverses, obscures, cendrées à leur extrémité.

64. BOMBIX austral.

Ailes reverses, roussâtres ; les inférieures ferrugineuses en-dessous, à leur base.

65. BOMBIX quatre-bandes.

Ailes reverses, brunes, avec quatre petites bandes pâles.

66. BOMBIX du Hêtre.

Ailes reverses, d'un roux cendré, avec deux bandes jaunes, linéaires & sinuées.

67. BOMBIX du Trefle.

Ailes reverses, ferrugineuses ; les supérieures avec une raie transversale & un point blancs ; les inférieures sans taches.

68. BOMBIX du Chêne.

Ailes reverses, ferrugineuses, avec une raie transversale, jaune ; point blanc sur les supérieures.

69. BOMBIX stigmate.

Ailes reverses, testacées, parsemées de points obscurs ; point blanc au milieu des supérieures.

BOMBIX. (Insectes.)

70. BOMBIX louche.

Ailes reverses, ferrugineuses; les supérieures avec une tache ronde, noire, & une autre en croissant, blanche.

71. BOMBIX du Prunier.

Ailes reverses, dentées, fauves; les supérieures avec deux raies transversales, obscures, & un point blanc.

72. BOMBIX Amphinome.

Ailes reverses, entières, cendrées, avec deux raies transversales, noires; les supérieures avec un point fauve.

73. BOMBIX Astynome.

Ailes reverses, roussâtres brunes; les supérieures avec une raie droite, obscure & un point blanc; les inférieures sans taches.

74. BOMBIX buveur.

Ailes reverses, presque dentées, jaunes; les supérieures avec une raie transversale & deux points blancs.

75. BOMBIX oculé.

Ailes peu reverses, blanches, avec beaucoup de petites taches oculées, noires.

76. BOMBIX de l'Hibiscus.

Ailes peu reverses, jaunes; les supérieures avec deux raies transversales, obscures; les inférieures avec une seule.

77. BOMBIX Cynire.

Ailes reverses, jaunes, avec deux raies transversales, obscures, sur chaque, & une triple tache annulaire sur les supérieures.

78. BOMBIX Déjopée.

Ailes reverses, brunes; les supérieures avec une bande & l'extrémité cendrées.

79. BOMBIX Peripheta.

Ailes reverses, dentées, roussâtres, réticulées de brun, avec des taches blanches, transparentes.

80. BOMBIX Aconite.

Ailes reverses, brunâtres; les supérieures avec deux raies & une bande cendrées; les inférieures sans taches.

81. BOMBIX Claudia.

Ailes reverses, dentées, roussâtres, mélangées de gris; les supérieures avec trois raies; les inférieures avec une seule, jaunes.

82. BOMBIX du Cerisier.

Ailes reverses, jaunes, avec deux raies & un point au milieu, noirâtres, & un autre point blanc postérieur.

83. BOMBIX Justine.

Ailes reverses, ferrugineuses; les supérieures avec une raie obscure & un point blanc; les inférieures sans taches.

84. BOMBIX Phidonia.

Ailes reverses, grises, pointillées d'obscur; les supérieures avec deux raies, ondées, obscures.

85. BOMBIX du Pin.

Ailes reverses, d'un gris roussâtre, avec une bande ferrugineuse & un point triangulaire, blanc.

BOMBIX. (Insectes.)

86. BOMBIX de la Laitue.

Ailes reverses, obscures ; les supérieures avec une bande, un point, & le bord postérieur jaunes.

87. BOMBIX du Pissenlit.

Ailes reverses, pâles ; les supérieures avec un point obscur, au milieu ; corps fauve.

88. BOMBIX versicolor.

Ailes reverses, grises, avec deux raies transversales, noires & blanches ; corcelet blanc antérieurement.

89. BOMBIX de la Ronce.

Ailes reverses, roussâtres ; les supérieures avec deux raies transversales, blanches ; les inférieures sans taches.

90. BOMBIX queue-fourchue.

Ailes peu reverses, blanchâtres, avec des veines & des raies obscures ; corps blanchâtre, pointillé de noir.

91. BOMBIX cotonneux.

Ailes reverses, d'une couleur cendrée, un peu violette, avec des veines obscures.

92. BOMBIX laineux.

Ailes reverses, ferrugineuses ; avec une raie transversale, une tache à la base, & un point au milieu, blancs.

93. BOMBIX du Peuplier.

Ailes reverses, obscures, avec une raie transversale, sinuée, & une autre courte, blanchâtres ; corps obscur, pâle antérieurement.

94. BOMBIX Catax.

Ailes reverses, ferrugineuses ; les supérieures avec un point blanc ; extrémité du corps cotonneuse & noirâtre.

95. BOMBIX Everie.

Ailes reverses, jaunes, brunes dans la femelle, avec un point blanc & l'extrémité pâle.

96. BOMBIX processionnaire.

Ailes reverses, obscures, avec une raie transversale, plus obscure.

97. BOMBIX pithyocampa.

Ailes reverses, grises ; les supérieures avec trois raies transversales, obscures ; les inférieures avec un point blanc à l'angle intérieur.

98. BOMBIX à soie.

Ailes reverses, d'un blanc sale, avec trois raies transversales, obscures, peu marquées.

99. BOMBIX Aegine.

Ailes reverses, brunes ; les supérieures avec plusieurs raies obscures ; les inférieures cendrées en-dessous, avec une petite tache oculée, noire.

100. BOMBIX Verago.

Ailes reverses, ferrugineuses, parsemées de points obscurs ; les supérieures avec quatre raies noires, & un point noir entouré de blanc.

101. BOMBIX orné.

Ailes reverses, blanchâtres, avec une raie transversale, ondée, obscure ; les inférieures rougeâtres, bordées de blanc.

102. BOMBIX agreste.

Ailes reverses, ferrugineuses, avec une tache & une bande irrégulières, blanches.

BOMBIX. (Insectes.)

103. Bombix Hyrtaca.

Ailes reverses, ferrugineuses; les supérieures avec une tache noire marquée d'un point blanc, & l'extrémité obscure.

104. Bombix montagnard.

Ailes reverses, noires, avec une tache & le bord blancs.

105. Bombix Amilie.

Ailes reverses, cendrées, obscures, avec deux raies d'un brun roussâtre; les supérieures avec une tache didyme, blanche, transparente.

106. Bombix rural.

Ailes reverses, obscures, les supérieures avec deux raies transversales, ondées, pâles; les inférieures sans taches.

107. Bombix tricolor.

Ailes peu reverses, blanches, avec une rangée transversale de points noirs; corcelet blanc, avec six points rouges.

108. Bombix à livrée.

Ailes reverses, d'un gris roussâtre, avec deux raies transversales, ferrugineuses, en-dessus, & une raie pâle, en dessous.

109. Bombix de la Jacée.

Ailes reverses, obscures, avec deux raies transversales, pâles.

110. Bombix franconienne.

Ailes reverses, blanchâtres, un peu transparentes, avec une raie transversale, pâle, & le bord noir.

111. Bombix cendré.

Ailes peu reverses, cendrées; les supérieures avec quatre points noirs, presque oculés.

112. Bombix du Pommier.

Ailes reverses, cendrées, avec une bande obscure & un point noir.

113. Bombix du Noisetier.

Ailes reverses, de couleur cendrée, obscure, avec une bande sinuée, obscure, sans taches.

114. Bombix de l'Hieracium.

Ailes peu reverses, toutes d'un noir de suie.

TROISIEME FAMILLE.

Ailes penchées.

115. Bombix lagopode.

Ailes penchées, obscures, avec des points & deux raies noirâtres; pattes antérieures avancées & velues.

116. Bombix impérial.

Ailes penchées, jaunes, avec des taches obscures, & une tache au milieu, presque oculée, ferrugineuse.

117. Bombix grosse-corne.

Ailes penchées, cendrées, avec des raies ondées & de petits points obscurs.

118. Bombix Hyphinoé.

Ailes penchées, bleues; les supérieures avec des taches jaunes.

BOMBIX. (Insectes.)

119. BOMBIX Cyane.

Ailes penchées, noires, avec des taches transparentes; les inférieures avec des taches en croissant, jaunes.

120. BOMBIX Strix.

Ailes penchées, mélangées de cendré & de noir; corps obscur.

121. BOMBIX Cossus.

Ailes penchées, nébuleuses; corcelet avec une bande noire, postérieure; antennes lamellées.

122. BOMBIX tarière.

Ailes penchées, cendrées, avec des points & des raies ondées, d'un brun ferrugineux; corcelet avec une bande blanchâtre, postérieure.

123. BOMBIX Chryseis.

Ailes penchées, blanches; les supérieures avec beaucoup de taches annulaires, noires; abdomen mélangé en-dessus de jaune & de bleu.

124. BOMBIX Cunégonde.

Ailes penchées, blanches, avec des taches obscures, entourées de noir; abdomen noirâtre, avec des taches jaunes.

125. BOMBIX du Marronier.

Ailes penchées, blanches, avec beaucoup de petites taches d'un bleu noirâtre; corcelet blanc, avec six taches bleues.

126. BOMBIX disparate.

Ailes penchées, obscures dans le mâle, blanchâtres dans la femelle, avec des raies ondées, noirâtres.

127. BOMBIX Amasis.

Ailes penchées; les supérieures blanchâtres, avec des raies noires; les inférieures jaunes, avec des taches noires; abdomen noir, avec des bandes rouges.

128. BOMBIX Prothée.

Ailes penchées, blanches; les supérieures avec quatre raies ondées, & des points sur le bord obscurs; les inférieures sans taches.

129. BOMBIX lunulé.

Ailes penchées, cendrées; les supérieures avec des raies ondées, obscures & une tache noire, en croissant; abdomen d'un rouge pâle.

130. BOMBIX patte-étendue.

Ailes penchées, cendrées, avec trois raies transversales, ondées, obscures.

131. BOMBIX Agate.

Ailes penchées, cendrées, avec des points & deux raies sinuées, fauves.

132. BOMBIX bucéphale.

Ailes penchées, grises, avec deux raies ferrugineuses, & une grande tache jaune à l'extrémité des supérieures.

133. BOMBIX Hélops.

Ailes penchées, nébuleuses; les inférieures brunes; abdomen brun avec des taches annulaires, noires.

134. BOMBIX barbare.

Ailes penchées, noires, avec des taches blanches; les supérieures avec des points jaunes vers le bord interne.

BOMBIX. (Insectes.)

135. Bombix tête-bleue.

Ailes penchées, grisâtres; les supérieures avec deux bandes ferrugineuses & une double tache blanchâtre.

136. Bombix oléagineux.

Ailes penchées, verdâtres, avec des raies peu distinctes, ondées, & deux taches blanchâtres, dont la première presque oculée, & la seconde plus grande.

137. Bombix argentin.

Ailes penchées, dentées, grises, avec deux taches argentées, dont la première en cœur.

138. Bombix décoré.

Ailes penchées; les supérieures mélangées de rouge, de jaune & de noir; les inférieures rouges, avec le bord noir.

139. Bombix Celsia.

Ailes penchées, vertes en-dessus, avec une bande glauque, sinuée & dentelée.

140. Bombix Dioné.

Ailes penchées, blanches, avec des stries & des points noirs, & le bord en-dessous purpurin.

141. Bombix zigzag.

Ailes penchées, dentées sur le dos, grisâtres, avec des raies ondées, obscures, & une tache presque oculée à l'extrémité.

142. Bombix Chameau.

Ailes penchées, dentées sur le dos, obscures, avec une tache au milieu, ferrugineuse, entourée de blanc.

143. Bombix élégant.

Ailes penchées, glauques, avec deux raies transversales, une tache noire, & une autre en croissant, rouges.

144. Bombix porcelaine.

Ailes penchées; les supérieures d'un roux brun, avec une grande tache blanchâtre; les inférieures grisâtres, sans taches.

145. Bombix Dromadaire.

Ailes penchées; les supérieures dentées sur le dos, nébuleuses; avec une raie à la base & l'anus jaunâtres.

146. Bombix du Coudrier.

Ailes penchées, glauques, avec une bande ferrugineuse & un point blanc annulaire; corcelet mélangé.

147. Bombix tache-jaune.

Ailes penchées, d'un gris obscur, avec une large bande anguleuse, noire, & une tache marginale, jaune.

148. Bombix nud.

Ailes penchées; les supérieures nues, transparentes; les inférieures cendrées, avec une tache marginale, nue, transparente.

149. Bombix morio.

Ailes penchées, noires, un peu transparentes; abdomen velu, noir, avec le bord des anneaux jaune.

150. Bombix pâle.

Ailes penchées, d'un roux pâle, presque transparentes, avec un point plus pâle vers le milieu.

BOMBIX. (Insectes.)

151. Bombix Alphée.

Ailes penchées, ferrugineuses, avec un point blanc au milieu, & une suite de points obscurs, placés transversalement.

152. Bombix moine.

Ailes penchées, blanches, avec des raies ondées, noires; abdomen noir, avec des bandes rouges.

153. Bombix souci.

Ailes penchées, très jaunes; les supérieures avec trois points noirs vers leur extrémité.

154. Bombix jaune.

Ailes penchées, très-jaunes, sans taches.

155. Bombix ministre.

Ailes penchées; les supérieures ferrugineuses, roussâtres, avec quatre lignes transversales, obscures; les inférieures cendrées, sans taches.

156. Bombix hausse-queue.

Ailes penchées, glauques, avec des raies transversales, blanchâtres, & une tache testacée à l'extrémité.

157. Bombix réclus.

Ailes penchées, grises, avec des raies transversales, blanchâtres, une tache à l'extrémité, ferrugineuse, & un point marginal, blanc.

158. Bombix anachorette.

Ailes penchées, grises, avec des raies transversales, blanchâtres, une tache d'un brun ferrugineux, & une raie ondée, blanche.

159. Bombix anastomose.

Ailes penchées, grises, avec trois raies transversales, anastomosées; corcelet avec une tache ferrugineuse brune.

160. Bombix Tortue.

Ailes penchées, jaunes ou fauves, avec deux raies transversales, obliques, obscures.

161. Bombix Aselle.

Ailes penchées, obscures, sans taches.

162. Bombix Cloporte.

Ailes penchées, jaunâtres, avec une large bande obscure, & deux taches jaunes.

163. Bombix Cippus.

Ailes penchées, obscures, avec trois taches vertes.

164. Bombix à museau.

Ailes penchées, dentées, blanchâtres, veinées de noir; antennules longues, avancées, plumeuses.

165. Bombix timide.

Ailes penchées, unidentées intérieurement, avec un point oculé, au milieu, & une rangée de taches obscures postérieurement.

166. Bombix demi-lune.

Ailes penchées, grises, avec trois rangées noires, placées sur un fond blanc.

167. Bombix Dodone.

Ailes penchées, cendrées, avec deux raies ondées, obscures & blanches, & une tache en croissant, blanche.

BOMBIX. (Insectes.)

168. BOMBIX Chaonie.

Ailes penchées, cendrées, avec trois raies transversales, obscures, une bande blanchâtre, & une tache en croissant, noire.

169. BOMBIX Gnome.

Ailes penchées, presque dentées, blanchâtres, avec une ligne marginale, noire, & une tache blanche.

170. BOMBIX capucin.

Ailes penchées, dentelées, ferrugineuses; dentelure interne recourbée.

171. BOMBIX crête de coq.

Ailes penchées, dentelées, brunes, avec une dent au bord interne de chaque.

172. BOMBIX aulique.

Ailes penchées; les supérieures brunes, avec des taches jaunes; les inférieures rougeâtres avec des taches noires.

173. BOMBIX roussâtre.

Ailes penchées, roussâtres, avec des taches & une raie transversale postérieure, cendrées.

174. BOMBIX ondé.

Ailes penchées, cendrées, avec deux taches obscures, dont les bords sont gris & ondés.

175. BOMBIX lubricipede.

Ailes penchées, jaunâtres, avec des points noirs; abdomen jaune en-dessus, avec cinq rangées de points noirs.

176. BOMBIX Tigre.

Ailes penchées, blanches, avec des points noirs; abdomen avec cinq rangées de points noirs, & d'un jaune brun en-dessus.

177. BOMBIX mendiant.

Ailes penchées, blanches ou noirâtres, avec quelques points noirs; abdomen blanc, avec cinq rangées de points noirs.

178. BOMBIX aventurier.

Ailes penchées; les supérieures obscures, avec des points blancs sur le bord antérieur; les inférieures noires, avec une tache fauve & un point noir.

179. BOMBIX éclatant.

Ailes penchées, d'un jaune pâle, avec le bord postérieur ferrugineux.

180. BOMBIX en deuil.

Ailes penchées, noires, avec l'angle interne jaune; abdomen jaune en-dessus, avec une rangée longitudinale de points noirs.

181. BOMBIX Lièvre.

Ailes penchées, blanches, avec des points noirs, branchus; abdomen sans taches.

182. BOMBIX Rose.

Ailes penchées, de couleur rose, les supérieures avec des points noirs, & les inférieures sans taches.

183. BOMBIX modeste.

Ailes penchées, cendrées, avec un point noir au milieu, & une raie purpurine, brisée, postérieure.

184. BOMBIX joyeux.

Ailes penchées; les supérieures blanches, avec une large bande noire; antennes simples.

BOMBIX. (Insectes.)

185. Bombix dorsal.

Ailes penchées, couleur de chair pâle, avec une grande tache dorsale, obscure.

186. Bombix comprimé.

Ailes penchées, comprimées, blanches, avec une tache commune, obscure, & une au milieu, grise, marquée d'une bande blanche.

187. Bombix Dragon.

Ailes penchées, blanchâtres, avec deux taches dorsales, obscures; antennes pectinées, sétacées à leur extrémité.

188. Bombix méprisé.

Ailes penchées, mélangées de jaune & de couleur de chair, avec deux ou trois petites taches blanches.

189. Bombix Lineus.

Ailes penchées, noires; les supérieures jaunes à leur extrémité, & les inférieures à leur base.

190. Bombix de l'Orme.

Ailes penchées; les supérieures grises, avec des raies blanches & noires à leur extrémité.

191. Bombix Begga.

Ailes penchées, blanches, avec le bord extérieur noir.

192. Bombix V noir.

Ailes penchées, blanches, avec une tache noire en forme de V.

193. Bombix apparent.

Ailes penchées, d'un blanc sale; pattes noires, avec des anneaux blancs.

194. Bombix tout blanc.

Ailes penchées, d'un blanc argenté, sans taches; antennes noires.

195. Bombix chrysorrhée.

Ailes penchées, blanches; anus velu, ferrugineux.

196. Bombix cul-doré.

Ailes penchées, blanches; les supérieures avec le bord antérieur noirâtre en-dessous; anus velu, fauve.

197. Bombix bicolor.

Ailes penchées, blanches, avec une grande tache jaune, marquée de noir.

198. Bombix Cassini.

Ailes penchées, grises, avec plusieurs petites lignes courtes, noires.

199. Bombix centroligne.

Ailes penchées, mélangées de cendré & d'obscur, avec une petite ligne au centre, blanche, bordée de noir.

200. Bombix de l'Aubépine.

Ailes penchées, arrondies, cendrées, avec une bande obscure; anus barbu.

201. Bombix Eridan.

Ailes penchées, d'un blanc de neige; abdomen blanc, avec des bandes jaunes.

202. Bombix tibial.

Ailes penchées, d'un blanc de neige; jambes antérieures jaunâtres, avec des points noirs.

BOMBIX. (Insectes.)

203. Bombix nitidule.

Ailes penchées, d'un blanc de neige; les supérieures avec deux taches sur le bord antérieur, & une bande marginale, glauques, luisantes.

204. Bombix porte-plume.

Ailes penchées, un peu ferrugineuses, avec une raie transversale, jaunâtre; antennes du mâle très-pectinées.

205. Bombix effacé.

Ailes penchées, blanchâtres; bord antérieur des supérieures & antennules ferrugineux.

206. Bombix Coronis.

Ailes penchées; les supérieures cendrées; les postérieures d'un blanc de neige.

207. Bombix agréable.

Ailes penchées, jaunâtres, avec des taches bleues à leur base, & des points noirs à leur extrémité.

208. Bombix Dryas.

Ailes penchées, obscures; abdomen fauve, avec des points & l'anus noirs.

209. Bombix blanc de neige.

Ailes penchées, d'un blanc de neige; les inférieures avec trois taches obscures.

210. Bombix Nétrix.

Ailes penchées, blanches; les supérieures avec trois bandes, & le bord postérieur jaunes.

211. Bombix diaphane.

Ailes penchées, blanches, transparentes, sans taches.

212. Bombix Albine.

Ailes penchées, d'un jaune pâle; les supérieures avec une tache noire; les inférieures sans taches.

213. Bombix ensanglanté.

Ailes penchées, jaunes, avec le bord antérieur ensanglanté, & une tache en croissant, obscure; les inférieures sans taches en-dessous.

214. Bombix carmin.

Ailes penchées, noirâtres; les supérieures avec une raie & deux points rouges; les inférieures rouges, bordées de noir.

215. Bombix Chouette.

Ailes penchées, jaunes; les supérieures rayées de noir; les inférieures avec une bande noire sur le bord postérieur.

216. Bombix moucheté.

Ailes penchées; les supérieures jaunes, avec des taches noirâtres; les inférieures rouges, avec des taches noires.

217. Bombix du Plantain.

Ailes penchées; les supérieures noires, avec des raies blanches; les inférieures jaunes, avec des taches & le bord postérieur noirs.

218. Bombix rayé.

Ailes penchées, noires, avec trois raies longitudinales, courtes, blanches.

219. Bombix lugubre.

Ailes penchées; les supérieures jaunes, avec des raies & des points noirs; les inférieures noirâtres.

BOMBIX. (Insectes.)

220. Bombix veuf.

Ailes penchées, obscures; les supérieures presque avec des bandes cendrées; les inférieures avec une tache à la base, & une bande, rougeâtres.

221. Bombix Matrone.

Ailes penchées; les supérieures obscures, avec des taches jaunes; les inférieures jaunes, avec des bandes noires.

222. Bombix Flavia.

Ailes penchées, les supérieures noires, rayées de jaune; les inférieures jaunes, avec trois taches noires.

223. Bombix marbré.

Ailes penchées; les supérieures noires, avec huit taches blanches; les inférieures jaunes, avec des taches noires.

224. Bombix Hébé.

Ailes penchées; les supérieures blanches, avec des bandes noires; les inférieures rouges, avec des taches noires.

225. Bombix Calipso.

Ailes penchées; les supérieures blanches, avec des bandes & des taches noires; les inférieures d'un rouge fauve, avec des taches noires.

226. Bombix Tarquin.

Ailes penchées; les supérieures cendrées, avec une tache noire, marquée d'une ligne rameuse, blanche.

227. Bombix Tarquinie.

Ailes penchées; les supérieures noirâtres, avec une raie blanche, en forme de Y; les inférieures rougeâtres.

228. Bombix Caja.

Ailes penchées; les supérieures obscures, rayées de blanc; les inférieures d'un rouge purpurin, avec de petites taches noires.

229. Bombix pudique.

Ailes penchées, blanches; les supérieures avec des taches obscures; les inférieures sans taches.

230. Bombix chaste.

Ailes penchées; les supérieures noires, avec deux bandes dentelées, blanches; les inférieures rouges, avec des taches marginales, obscures.

231. Bombix tacheté.

Ailes penchées, tachetées de noir; les supérieures obscures, & les inférieures rouges.

232. Bombix Argé.

Ailes penchées; les supérieures blanches, avec des raies & des taches oblongues, noires; les inférieures d'un rouge pâle, avec des taches noires.

233. Bombix vierge.

Ailes penchées; les supérieures noires, rayées de rougeâtre; les inférieures rouges, avec des points noirs.

234. Bombix Ménete.

Ailes penchées; les supérieures noires, avec des taches blanches; les inférieures purpurines, avec une tache au centre, & le bord postérieur noir.

235. Bombix défloré.

Ailes penchées; les supérieures blanches,

BOMBIX. (Insectes.)

avec des taches noires; les inférieures noires en dessous, avec des bandes blanches.

236. Bombix Phyllire.

Ailes penchées; les supérieures noires, avec des raies & deux VV blancs; les inférieures rouges, avec des taches noires.

237. Bombix unicolor.

Ailes penchées; les supérieures jaunes; les inférieures d'un jaune pâle, sans taches.

238. Bombix Helladie.

Ailes penchées, jaunes; les supérieures avec un point au milieu, noir, orbiculaire, & la moitié d'une bande obscure.

QUATRIEME FAMILLE.

Ailes en recouvrement.

239. Bombix de la Crotulaire.

Ailes en recouvrement; les supérieures presque purpurines, avec des taches annulaires, noires; les inférieures rouges, avec des taches noires.

240. Bombix du Ricin.

Ailes en recouvrement; les supérieures obscures, avec des taches annullaires, noirâtres; les inférieures rouges, tachetées de noir.

241. Bombix sanguinolent.

Ailes en recouvrement, d'un blanc de neige; les supérieures avec le bord antérieur rouge; les inférieures avec des taches noires.

242. Bombix chiné.

Ailes en recouvrement; les supérieures d'un noir verdâtre, luisant, rayées de jaunâtre; les inférieures rouges, avec trois taches noires.

243. Bombix Dominula.

Ailes en recouvrement; les supérieures noires, avec des taches d'un blanc jaunâtre; ailes inférieures rouges, avec des taches noires.

244. Bombix crédule.

Ailes en recouvrement, noires, pointillées de blanc; corps noir.

245. Bombix Lectrix.

Ailes en recouvrement; les supérieures noires, avec des taches bleues, jaunes & blanches; les inférieures avec des taches rouges & blanches.

246. Bombix fourchu.

Ailes en recouvrement, grises, blanches & pointillées de noir à la base & à l'extrémité; corcelet mélangé.

247. Bombix Colon.

Ailes en recouvrement, d'un gris obscur, avec deux points noirs, distans.

248. Bombix du Tremble.

Ailes en recouvrement, d'un gris luisant, avec une rangée de points noirs, vers le bord postérieur.

249. Bombix étoilé.

Ailes en recouvrement; les supérieures ferrugineuses, avec une tache étoilée à l'angle interne; femelle aptere.

250. Bombix soucieux.

Ailes en recouvrement, obscures, avec

BOMBIX. (Insectes).

deux taches blanches opposées; femelle aptere.

251. Bombix paradoxe.

Ailes en recouvrement; les supérieures mélangées d'obscur & de cendré, avec une tache au milieu, blanchâtre; les inférieures noires; femelle aptere.

252. Bombix Zone.

Ailes en recouvrement, noires, avec des bandes jaunes; abdomen noir, avec le bord des anneaux, rouge; femelle aptere.

253. Bombix Umber.

Ailes en recouvrement, roulées, noires; front & abdomen fauves.

254. Bombix Histrion.

Ailes en recouvrement, roulées, fauves, avec beaucoup de taches blanches, entourées de bleu.

255. Bombix Pylotis.

Ailes en recouvrement; les supérieures fauves, avec six rangées transversales de points noirs; les inférieures jaunes, avec dix petites taches noires.

256. Bombix joli.

Ailes en recouvrement, roulées; les supérieures jaunes, avec six rangées transversales de points noirs; les inférieures rouges, noires à leur extrémité.

257. Bombix gentil.

Ailes en recouvrement, roulées, blanches; les supérieures pointillées de noir & de rouge; les inférieures noires à leur extrémité.

258. Bombix orné.

Ailes en recouvrement, déprimées; les supérieures rouges, pointillées de noir; les inférieures mélangées de blanc & de noir.

259. Bombix Priverne.

Ailes en recouvrement; les supérieures obscures, avec une bande jaune; les inférieures fauves, avec le bord postérieur noir.

260. Bombix Franciscain.

Ailes en recouvrement; les supérieures d'un rouge de chair, avec une raie interrompue, noire; les inférieures transparentes.

261. Bombix Jésuite.

Ailes en recouvrement, noires, avec une raie transversale, fauve.

262. Bombix annullé.

Ailes en recouvrement, noires, avec des taches d'un blanc de neige; jambes avec des anneaux blancs.

263. Bombix du Gramen.

Ailes en recouvrement, déprimées, grisâtres, avec une ligne trifourchue, & un point blanchâtre.

264. Bombix populaire.

Ailes en recouvrement; les supérieures obscures veinées de blanc; les inférieures blanchâtres.

265. Bombix fulminant.

Ailes en recouvrement, dentées, mélangées d'obscur & de gris; corselet blanc antérieurement, avec une ligne transversale, noire.

BOMBIX. (Insectes).

266. BOMBIX du Gloriosa.

Ailes en recouvrement; les supérieures noires, mélangées de rouge & de jaune; les inférieures noires, avec le bord jaune.

267. BOMBIX du Crinum.

Ailes en recouvrement; les supérieures noires, ferrugineuses vers le bord postérieur; les inférieures blanches.

268. BOMBIX Rosette.

Ailes en recouvrement, couleur de rose, avec trois raies noirâtres, dont l'une très-ondée, & la troisieme ponctuée.

269. BOMBIX collier-rouge.

Ailes en recouvrement, noires; corps noir, avec un collier rouge, & l'abdomen jaune.

270. BOMBIX fuligineux.

Ailes en recouvrement, d'un rouge fuligineux, avec deux points noirs; abdomen rouge, noir sur le dos.

271. BOMBIX crible.

Ailes en recouvrement; les supérieures blanches, avec des points noirs, placés transversalement.

272. BOMBIX obscur.

Ailes en recouvrement, roussâtres, presque brunes; les supérieures avec deux ou trois points transparens; abdomen jaune, avec une ligne noire.

273. BOMBIX ponctué.

Ailes en recouvrement; les supérieures d'un brun roussâtre, avec plusieurs points blancs, transparens; les inférieures jaunes, avec l'extrémité noirâtre.

PREMIERE FAMILLE.

AILES ÉTENDUES.

Les quatre ailes étendues horizontalement.

1. BOMBIX Atlas.
BOMBYX Atlas.
Bombyx alis patentibus falcatis luteo variis, macula fenestrata, anticis sesquialtera. FAB. *Syst. entom. pag.* 556. *n°.* 1. —*Spec. inf. tom.* 2. *pag.* 167. *n°.* 1. —*Mant. inf. tom.* 2. *p.* 108. *n°.* 1.
Phalena Attacus Atlas *pectinicornis elinguis, alis falcatis concoloribus luteo-variis macula fenestrata, superioribus sesquialtera.* LIN. *Syst. nat. pag.* 808. *n°.* 1. —*Mus. Lud. Ulr. p.* 366.
CRAM. *Papill. exot. tom.* 1. *p.* 13. *pl.* 9. *fig. A. tom.* 4. *p.* 180 & 183. *pl.* 381. *fig. C. & pl.* 382. *fig. A.*
PETIV. *Gazop. tab.* 8. *fig.* 7.
KNORR. *Delict. nat. select. tab. C.* 4. *n°.* 1.
SEBA *Mus.* 4. *tab.* 57. *fig.* 2, 3.
VALENT. *Mus.* 2. 168. *tab.* 54.

Il varie beaucoup pour la grandeur. Le mâle est ordinairement plus petit que la femelle. La largeur de cet insecte, lorsqu'il a les ailes étendues, est à-peu-près de huit à dix pouces. Le corps est d'un rouge fauve. Les antennes sont fauves & pectinées. Les ailes supérieures sont recourbées en faucille à leur extrémité : on y remarque 1°. la base qui est d'une couleur ferrugineuse, un peu grisâtre, terminée par une petite bande inégale, blanchâtre ; 2°. le disque qui est fauve, ferrugineux, au milieu duquel on voit une tache transparente, sans couleur ni écailles, triangulaire, bordée de noirâtre, & quelquefois une autre tache plus petite, oblongue, transparente & sans couleur, bordée de noir, placée vers le bord externe ; 3°. une bande blanchâtre, qui sépare & divise en deux le disque ferrugineux : on voit à la portion qui se trouve vers l'extrémité une bande d'un noir bleuâtre ; 4°. l'extrémité qui est d'un jaune fauve ; le bord postérieur qui a une ligne noire, ondée. Les ailes inférieures diffèrent peu des supérieures. On y voit la même tache transparente, placée au milieu des mêmes bandes. Le bord postérieur a un peu de jaune fauve, & une ligne noire, plus large, moins ondée & moins marquée que celle du bord postérieur de l'aile supérieure. Le dessous est presque de la même couleur que le dessus ; il est un peu plus clair ; la bande blanche du disque est plus large, & marquée tout du long d'une ligne rouge fauve ; enfin la partie du disque, au-delà de cette bande, est parsemée de petits points jaunâtres, plus abondans & mieux marqués qu'au-dessus de l'aile.

La femelle est d'une couleur beaucoup plus pâle que le mâle, & les bandes & lignes ne sont pas si marquées.

Il se trouve en Chine, aux isles Moluques, &c.

2. BOMBIX Ethra.
BOMBYX Ethra.
Bombyx alis patentibus subfalcatis rufis, strigis duabus albis, macula fenestrata.
Phalena Aurota CRAM. *pap. exotiq. tom.* 1, *pag.* 11, *pl.* 8. *fig. A.*
MERIAN *Surin. tab.* 52.
SEBA *Mus. tom.* 4. *tab.* 57. *fig.* 56.

Linné & Fabricius, ont regardé ce Bombix comme une simple variété du précédent : Cramer, au contraire, le regarde comme une espèce distincte. Il est un peu plus petit que l'autre ; les ailes ne sont presque pas courbées en faucille à leur extrémité, & les couleurs sont un peu différentes. Les supérieures sont d'un fauve rougeâtre, & elles ont une petite bande blanche coudée, vers leur base ; une autre courte & arquée, au bord interne ; une tache irrégulière transparente, sans couleur ni écailles, & assez grande, placée au milieu ; une bande formée de quatre couleurs distinctes, savoir, noire, blanche, rougeâtre & obscure, qui coupe l'aile ; ensuite des taches triangulaires, rougeâtres, placées à côté les unes des autres & confondues ensemble ; enfin, une petite bande d'un jaune fauve, irrégulière, vers le bord postérieur. Les ailes inférieures diffèrent peu des supérieures ; elles sont d'un rouge fauve, & elles ont une petite bande blanche, vers leur base ; une tache transparente, au milieu ; la même bande quadruple ; les mêmes taches triangulaires, rougeâtres ; la même bande d'un jaune fauve, mais sur celle-ci, se trouvent de petites taches noires à la suite les unes des autres. Le dessous des quatre ailes est presque de la même couleur que le dessus.

Il se trouve à Cayenne, à Surinam.

La larve est figurée dans la planche citée de Mérian ; elle ressemble un peu à celle du *Bombix Paon* d'Europe. Elle est d'un beau verd avec le bord des anneaux jaunes, & des tubercules élevés, d'où partent des piquans roides, droits, courts, en forme de rayon. Elle vit sur le Citronier, l'Oranger.

3. BOMBIX Hespéride.
BOMBYX Hesperus.
Bombyx alis patentibus falcatis luteo variis, macula fenestrata, posticis rotundatis. FAB. *Syst entom. pag.* 557. *n°.* 2. — *Spec. inf. tom.* 2. *pag.* 167. *n°.* 2. — *Mant. inf. tom.* 2. *pag.* 108. *n°.* 2.
Phalena Attacus Hesperus *pectinicornis elinguis, alis subfalcatis luteo-variis : macula fenestrata solitaria.* LIN. *Syst. nat. pag.* 809. *n°.* 2. — *Mus. Lud. Ulr. pag.* 367.
Phalena Hesperus. CRAM. *Pap. exot. tom.* 1. *pag.* 105. *pl.* 68. *fig. A.*
MERIAN. *Surin. tab* 65.
Seba Mus. tom. 4. *tab.* 57. *fig.* 5 & 6. — *Tab.* 58. *fig.* 12 & 13.
D'AUBENT. *pl. enlum.* 66. *fig.* 1.
SULZ *Hist. inf tab.* 21. *fig.* 2.

Ce *Bombix* varie un peu pour la grandeur ; il a ordinairement

ordinairement de cinq à six pouces de largeur, lorsqu'il a les ailes étendues. Les ailes supérieures ont leur extrémité un peu recourbée en faucille, mais moins que celle du *Bombix* Atlas ; les inférieures sont arrondies. Le corps est fauve, quelquefois jaunâtre : on y voit une bande blanche à la partie antérieure du corcelet, & une autre moins marquée à la partie postérieure. Les ailes sont presque de la même couleur ; elles ont une grande tache d'un fauve ferrugineux à leur base, terminée par une petite bande moitié blanchâtre & moitié noirâtre. Le milieu des ailes est d'un fauve brun, avec une tache transparente, sans couleur ni écailles, triangulaire sur les ailes supérieures, & presque ovale, & un peu plus grande sur les inférieures. Après cette couleur fauve-brune, il y a une petite bande moitié noirâtre & moitié blanchâtre, après laquelle on voit une large bande d'un fauve rougeâtre, sur laquelle est répandue une poussiere blanche. L'extrémité des ailes supérieures est d'un jaune d'ombre. Le bord des quatre ailes est ombré, avec des traits noirâtres.

La chenille est figurée dans la planche que nous avons citée de Mérian : elle est entiérement glabre & d'un jaune fauve. On y voit aussi son cocon, dont la couleur est un peu brune.

Elle vit sur les Orangers & les Citronniers de l'Amérique méridionale.

Ce *Bombix* nous vient assez fréquemment de Cayenne, de Surinam, des Antilles.

4. BOMBIX Aurote.
BOMBYX Aurotus.
Bombyx alis patentibus falcatis concoloribus flavescentibus : fascia albida lunulaque disci fenestrata. FAB. *Mant. inf. tom.* 2. *pag.* 108. *n°.* 3.

Il a la forme & presque la grandeur du précédent. Toutes les ailes sont jaunâtres, avec une ou deux petites bandes blanches, à la base, une grande tache transparente, en croissant, placée au milieu ; laquelle se termine postérieurement par une tache jaune, figurée en croissant. On voit ensuite une large bande blanche ; puis une tache oculée, noire, & une tache blanche, en croissant, à l'extrémité des ailes supérieures.

Il se trouve en Amérique.

5. BOMBIX Cécropie.
BOMBYX Cecropia.
Bombyx alis patentibus griseis, fascia fulva, anticis ocello subfenestrato ferrugineo. FAB. *Syst. ent. pag.* 557. *n°.* 3. — *Spec. inf. tom.* 2. *pag.* 167. *n°.* 3. — *Mant. inf. tom.* 2. *pag.* 108. *n°.* 4.
Phalæna Attacus Cecropia *pectinicornis elinguis, alis subfalcatis griseis : fascia fulva, superioribus ocello subfenestrato ferrugineo.* LIN. *Syst. nat. pag.* 809. *n°.* 3. — *Mus. Lud. Ulr. pag.* 368.
DRURY. *illust. inf. tom.* 1. *tab.* 18. *fig.* 2.
Phalæna Cecropia. CRAM. *Pap. exot. tom.* 1. *pag.* 66. *pl.* 41. *fig.* A. B.

CLERCK. *icon. inf. tab.* 49. *fig.* 1.
CATESB. *Carol.* 2. *pag.* 86. *tab.* 86.

Il est à-peu-près de la grandeur du *Bombix Hespéride*. Les antennes sont brunes & très-pectinées. Le corps est fauve ou ferrugineux, avec une bande blanche à la partie antérieure du corcelet. Les ailes ont leur extrémité presque recourbée en faucille. Elles sont brunes, & couvertes d'une poussière blanche qui les fait paroître grisâtres. On y remarque une petite tache fauve à leur base ; une tache presque transparente, figurée en croissant, ferrugineuse, bordée de noir, placée au milieu ; ensuite une bande fauve, une bande blanche, sinuée, vers le bord postérieur, placée sur un fond d'un gris verdâtre ; enfin, une tache oculée, noire, vers l'extrémité.

Les ailes inférieures sont à-peu-près de la couleur des supérieures : on y remarque une tache en croissant, presque transparente, ferrugineuse, bordée de noir, placée au milieu ; une bande moitié fauve, moitié blanche ; le bord postérieur, qui est d'un gris verdâtre, avec des lignes & de petites taches noires. Le dessous des ailes est à-peu-près semblable au dessus.

Il se trouve à la Caroline, à la Nouvelle-Yorck, à la Jamaïque.

6. BOMBIX Paphie.
BOMBYX Paphia.
Bombyx alis patentibus falcatis concoloribus flavis, strigis rufis ocelloque fenestrato. FAB. *Syst. ent. pag.* 557. *n°.* 4. — *Spec. inf. tom.* 2. *pag.* 168. *n°.* 4. — *Mant. inf. tom.* 2. *pag.* 108. *n°.* 5.
Phalæna Attacus Paphia *pectinicornis elinguis flava, alis falcatis concoloribus ocello fenestratis.* LIN. *Syst. nat. pag.* 809. *n°.* 4. — *Mus. Lud. Ulr. pag.* 369.
PETIV. *Gazoph. tab.* 29. *fig.* 3.

Il est à-peu-près de la grandeur du précédent. Les ailes supérieures ont leur extrémité recourbée en faucille : elles sont d'une couleur jaune briquetée, avec le bord antérieur cendré. On y remarque une bande d'un blanc jaunâtre ; une tache oculée, blanche, dont le milieu est gris, l'iris brun, & la prunelle transparente ; le bord briqueté, sur lequel on apperçoit une raie d'un noir violet. Un peu avant l'extrémité, il y a une tache marginale noirâtre, peu marquée. Les ailes inférieures sont jaunes, arrondies ; on y remarque une tache oculée, semblable à la précédente, placée au milieu ; elles sont plus pâles vers leur bord postérieur, & elles ont des raies ondées, peu marquées. Le dessous est d'un jaune ferrugineux rougeâtre, & on y voit les mêmes taches oculées qui se trouvent à la partie supérieure.

Il faut remarquer que les taches oculées des ailes du mâle sont oblongues, & que celles de la femelle sont rondes.

Il se trouve dans l'Amérique septentrionale.

7. BOMBIX Polypheme.
BOMBYX Polyphemus.

Bombyx alis patentibus falcatis griseo-carneis, fascia atra ocelloque fenestrato posticarum majori. FAB. *Spec. inf. tom.* 2. *pag.* 168. *n°.* 5. —— *Mant. inf. tom.* 2. *pag.* 108. *n°.* 6.

Phalæna Polyphemus. CRAM. *Pap. exot. tom.* 1. *pag.* 8. *pl.* 5. *fig.* A & B.

Il est à peu près de la grandeur du précédent. Le corps est ferrugineux, avec la tête & l'abdomen cendrés. Les ailes supérieures ont leur extrémité recourbée en faucille; elles sont rougeâtres à leur base & à leur bord postérieur: elles sont d'une couleur fauve-cendrée au milieu, & cette couleur est terminée par une petite bande blanche du côté de la base, & par une double bande noire & blanche du côté opposé. On remarque, vers le milieu, une petite tache oculée, transparente, ovale-oblongue, bordée d'un double anneau jaune & noir. Les ailes inférieures sont d'un fauve-gris, avec le bord postérieur rougeâtre, une bande moitié blanche & moitié noire placée vers ce bord, & une grande tache oculée noire, avec l'iris jaune & un point transparent placé au milieu. Les quatre ailes sont plus obscures en-dessous, avec une bande blanchâtre vers le bord postérieur, & les taches oculées plus petites qu'en-dessus.

Il se trouve à la Jamaïque, dans l'Amérique Septentrionale.

8. BOMBIX Cithérée.

BOMBYX *Citherea.*

Bombyx alis patentibus concoloribus griseis, strigis cinereis ocelloque fenestrato. FAB. *Syst. entom. pag.* 557. *n°.* 5. —— *Spec. inf. tom.* 2. *pag.* 168. *n°.* 6. —— *Mant. inf. tom.* 2. *pag.* 108. *n°.* 7.

Phalæna capensis. CRAM. *Pap. exot. tom.* 4. *pag.* 24. *pl.* 302. *fig.* A. B. —— *Pag.* 74. *pl.* 325. *fig.* G.

SULZ. *Hist. inf. tab.* 21. *fig.* 1.

Il a près de six lignes de largeur lorsqu'il a les ailes étendues. Les antennes sont très-pectinées & ferrugineuses. Le corps est d'un jaune fauve & velu. Les ailes supérieures ont leur extrémité un peu recourbée en faucille; elles sont d'un gris jaunâtre ou d'un jaune brun, avec deux petites bandes blanches, dont l'une vers la base est ondée. Entre ces bandes on remarque une grande tache oculée, formée de trois lignes circulaires blanche, noire & jaune. Le milieu est transparent & sans couleur. Les ailes inférieures ont au milieu une tache ovale, oculée, plus grande que celle des ailes supérieures, & pareillement formée de trois larges lignes blanche, noire & jaune, avec le centre petit & transparent. Au-delà de cette tache on remarque une bande blanche. Le dessous des ailes est brun, avec une couleur grise au milieu, & les taches oculées plus petites & moins distinctes.

La Chenille est d'un brun obscur, & comme parsemée de points jaunes, verdâtres, un peu dorés. La tête seule est jaune.

Il se trouve au cap de Bonne-Espérance.

9. BOMBIX Mylitte.

BOMBYX *Mylitta.*

Bombyx alis patentibus, falcatis, flavis, striga ferruginea ocelloque fenestrato partito. FAB. *Syst. entom. pag.* 558. *n°.* 6. —— *Spec. inf. tom.* 2. *pag.* 168. *n°.* 7. —— *Mant. inf. tom.* 2. *pag.* 108. *n°.* 8.

Phalæna Paphia. CRAM. *Pap. exot. tom.* 2. *pag.* 78. 81 & 82. *Planch.* 146. *fig.* A. —— *Pl.* 147. *fig.* A. B. —— *Pl.* 148. *fig.* A.

DRURY. *Illust. inf. tom.* 2. *tab.* 5. *fig.* 1.

SEBA. *Mus. tom.* 4 *tab.* 25. *fig.* 8 & 9.

RUMPH. *Amboin. pars.* 3. *pag.* 113. *tab.* 75.

Ce Bombix varie un peu pour les couleurs. Il a environ six pouces de largeur lorsqu'il a les ailes étendues. Le corps & les quatre ailes sont jaunes ou d'un jaune ferrugineux. On voit à la partie antérieure du corcelet une bande d'un gris bleuâtre, qui s'étend tout le long du bord antérieur des ailes supérieures. Les ailes supérieures sont un peu recourbées en faucille à leur extrémité. On y remarque une ou deux bandes ferrugineuses étroites, & une grande tache oculée ovale, dont le centre est transparent, coupé par une ligne ou nervure ferrugineuse, & dont le tour est formé de trois lignes, savoir, noire, ferrugineuse & grisâtre. On remarque vers le bord postérieur une petite bande blanchâtre. Les ailes inférieures sont arrondies, & à peu près semblables aux supérieures pour les couleurs.

Il se trouve à Amboine, sur la côte de Coromandel, au Bengale.

La chenille, dont on peut voir l'histoire dans Rumphius, est nommée, par les Indiens, *Muggahdooty* Silk Worm. Elle vit sur le Rhamnus Jujubus. LIN. Elle est verte, avec une raie longitudinale jaune de chaque côté, & deux tubercules poileux sur chaque anneau. Elle ressemble un peu à la chenille du grand Paon. Parvenue à toute sa grosseur, elle file une coque de soie qu'elle attache à un rameau par le moyen d'un long pédicule de soie.

10. BOMBIX Alinde.

BOMBYX *Alinda.*

Bombyx alis patulis subfalcatis rufis, strigis undatis fuscis, anticis macula fenestrata, posticis ocello majori.

Phalæna Alinda. DRURY. *Illust. inf. tom.* 3. *tab.* 19.

Il a un peu plus de sept pouces de largeur lorsque ses ailes sont étendues. Les antennes sont brunes, peu pectinées, & sétacées à leur extrémité. Les yeux sont bruns. Le corcelet est d'un brun ferrugineux, avec une petite bande jaunâtre à sa partie antérieure, & un peu de gris à sa partie supérieure. L'abdomen est d'un brun ferrugineux. Les ailes sont roussâtres, avec les bords postérieurs plus foncés, & plusieurs raies transversales, ondées, brunes. Les supérieures ont leur extrémité légèrement recourbée; on y remarque une tache transparente, sans bordure colorée, placée vers le centre. Les inférieures sont arrondies.

On y voit au milieu une grande tache oculée, dont la prunelle est transparente & entourée de trois cercles, dont le premier est jaunâtre, le second noirâtre, & le troisième noir. Tout le dessous du corps & des ailes est d'un jaune fauve obscur, & les raies ondées qu'on remarque à la partie supérieure des ailes sont mieux marquées en dessous. On y voit deux taches noirâtres auprès de la tache transparente des ailes supérieures, & deux autres plus grandes auprès de la tache oculée des inférieures.

Il se trouve à Sierra-Léon en Afrique.

11. BOMBIX Phæduse.
BOMBYX *Phædusa*.
Bombyx alis patentibus falcatis obscure-griseis, anticis strigis tribus fuscis maculaque triangulari fenestrata; posticis ocello majori nigro.
Phalæna Phædusa. DRURY. *Illust. ins. tom.* 3. *pl.* 24 & *pl.* 25.

Il est de la grandeur du précédent. Les antennes sont d'un gris brun, très-pectinées & sétacées à leur extrémité. La tête est brune. Le corcelet & l'abdomen sont d'un gris brun : on voit une bande blanchâtre au-devant du corcelet. Les ailes supérieures sont un peu dentelées & leur extrémité est recourbée en faucille; elles sont d'un gris-brun, & on y remarque trois raies transversales, brunes, & une petite tache triangulaire, transparente, placée un peu au-dessus du centre. Les ailes inférieures sont brunes, grisâtres, presque dentelées; & on y remarque une grande tache oculée, dont le centre ou la prunelle est d'un très-beau noir, entouré d'un cercle fauve obscur, d'un autre jaunâtre, & ensuite d'un troisième très-grand, d'un brun ferrugineux. Le dessous est d'un gris plus pâle que le dessus : on y remarque une raie brune; une large bande irregulière, placée vers le bord postérieur, & une double tache brune auprès de la tache triangulaire, transparente, des supérieures, & quatre autres brunes, dont deux grandes & deux petites, au lieu de la tache oculée des postérieures.

Il a été trouvé sur la côte d'Afrique, près de Sierra-Léon.

12. BOMBIX Prométhée.
BOMBYX *Promethea*.
Bombyx alis patulis subfalcatis, margine griseis, anticis utrinque ocello atro. FAB. *Syst. entom. pag.* 558. *n°.* 7. — *Spec. ins. tom.* 2. *pag.* 168. *n°.* 8. — *Mant. ins. tom.* 2. *pag.* 108. *n°.* 9.
Phalæna Promethea. CRAM. *Pap. exot. tom.* 1. *pag.* 118 & 119. *pl.* 75. *fig.* A. B. *fem.* — *pl.* 76. *fig.* A. B. *mâle.*
DRURY. *Illust. ins. tom.* 2. *tab.* 11. *fig* 1. 2. *mâle.* — *Tab.* 12. *fig.* 1. 2. *fem.*

Ce *Bombix* est un peu plus petit que les précédens; il a à peine quatre lignes de largeur lorsqu'il a les ailes étendues. Le mâle & la femelle diffèrent par les couleurs. L'un est noirâtre en-dessus, avec une petite bande claire, le bord postérieur grisâtre, & une tache-oculée, noire, à l'extrémité. Les ailes de la femelle sont ferrugineuses à leur base, brunes au milieu, avec une petite tache fauve, ensuite ferrugineuses, avec le bord postérieur d'un gris jaunâtre, & vers l'extrémité on apperçoit une tache oculée, noire. Le dessous ne diffère pas beaucoup du dessus. Les ailes supérieures du mâle & de la femelle ont leur extrémité recourbée en faucille.

La chenille est verte, pointillée de noir, & armée antérieurement de quatre épines rouges.

Il se trouve dans l'Amérique Septentrionale, à la Nouvelle Yorck, à la Jamaïque.

13. BOMBIX Erythrine.
BOMBYX *Erythryna*.
Bombyx alis patulis fuscescentibus, striga undata pallida. FAB. *Spec. ins. tom.* 2. *pag.* 169. *n°.* 9. —— *Mant. ins. tom.* 2. *pag.* 108. *n°.* 10.
Phalæna Armida. CRAM. *Ins. tom.* 3. *pag.* 6. *pl.* 197. *fig.* A.
Phalæna Cassandra. CRAM. *Ins. tom.* 3. *pag.* 7. *pl.* 197. *fig.* B.
MERIAN. *Surin. tab.* 11.
SEBA. *Mus. tom.* 4. *tab.* 21. *fig.* 1. 2. 5. 6.

Cramer a regardé le mâle & la femelle comme deux espèces différentes. Le mâle est un peu plus petit que la femelle; & ses ailes inférieures sont anguleuses. Il a un peu plus de cinq pouces de largeur lorsqu'il a les ailes étendues. Les antennes sont brunes & un peu pectinées. La trompe est courte & presque imperceptible. Le corps est brun. Les ailes sont d'un brun clair, depuis la base jusqu'au milieu; elles sont ensuite d'un brun un peu plus foncé, & vers le bord postérieur on voit une raie presque ondée grisâtre. Le dessous est à peu près semblable au dessus.

La femelle a ordinairement plus de six pouces de largeur : elle est d'un brun clair presque fauve, avec quelques raies brunes. On voit vers le bord postérieur la raie grisâtre, presque ondée, qu'on remarque à celles du mâle. Les ailes inférieures sont un peu plus obscures que les supérieures : elles sont arrondies, avec des dentelures peu marquées, au lieu que celles du mâle ont un angle saillant, & ne sont pas du tout dentées.

La chenille figurée au milieu de la planche que nous avons citée de Mérian, est lisse, jaunâtre, avec les stigmates noirs. Elle vit sur les Erythrines.

Ce *Bombyx* se trouve à Cayenne, à Surinam, où il n'est pas rare.

14. BOMBIX Janus.
BOMBYX *Janus*.
Bombyx alis patulis, anticis variegatis, subtus ocello atro, posticis sanguineis ocello atro. FAB. *Spec. ins. tom.* 2. *pag.* 169. *n°.* 10. —— *Mant. ins. tom.* 2. *pag.* 109. *n°.* 11.

Phalæna Janus. Cram. *Pap. exot. tom.* 1. *pag.* 100. *pl.* 64. *fig.* A. B.

Ce *Bombix* a un peu plus de six pouces de largeur lorsqu'il a les ailes étendues. Les antennes sont brunes & un peu pectinées. Le corps est d'un gris obscur, avec quelques bandes brunes sur l'abdomen. Les ailes supérieures sont obscures en-dessus, avec quelques taches irrégulières d'un fauve grisâtre, & le bord postérieur gris : elles sont d'un gris rougeâtre en-dessous, avec une grande tache oculée, noire, marquée au milieu d'une prunelle blanche oblongue. Les ailes inférieures sont rouges, avec une très-grande tache oculée, noire, bordée de fauve, marquée au milieu d'une prunelle figurée en croissant : le bord postérieur est d'un gris jaunâtre. Le dessous est d'un gris un peu fauve, sans tache.

Il se trouve à Cayenne & à Surinam, où il est assez rare.

15. Bombix Hippodamie.

Bombyx Hippodamia.

Bombyx alis patulis subfalcatis fuscis, margine pallidioribus, striga alba anticarum interrupta. Fab. *Spec. inf. tom.* 2. *pag.* 169. *n°.* 11. — *Mant. inf. tom.* 2. *pag.* 109. *n°.* 13.

Phalæna Hippodamia. Cram. *Pap. exot. tom.* 2. *pag.* 43. *pl.* 26. *fig.* B.

Il ressemble un peu au *Bombix* Prométhée mâle, mais il est plus grand, ayant un peu plus de six pouces de largeur lorsqu'il a les ailes étendues. Les antennes sont un peu pectinées. La trompe est courte. Le corps est brun. Les quatre ailes sont brunes, avec le bord postérieur des supérieures grisâtre, une raie blanchâtre vers ce bord, & une petite raie ondée, ferrugineuse. On voit vers l'extrémité de l'aile une petite tache d'un noir bleuâtre, presque oculée. Le bord des ailes inférieures est d'un brun clair, avec une raie blanchâtre vers ce bord. Le dessous des quatre ailes est à peu près semblable au dessus, mais les couleurs y sont plus foncées. L'extrémité des ailes supérieures est un peu recourbée.

Il se trouve à Cayenne, à Surinam.

16. Bombix Jana.

Bombyx Jana.

Bombyx alis patentibus falcatis concoloribus rufo luteis; strigis fuscis; singulis macula ocellari.

Phalæna Jana. Cram. *Pap. exot. tom.* 4. *p.* 121. *pl.* 396. *fig.* A.

Il a un peu plus de quatre pouces de largeur, les ailes étendues. Les antennes sont rousses & très-pectinées. Tout le corps est roux, & on voit une bande jaune à la partie antérieure du corcelet. Les ailes supérieures sont d'un jaune fauve, plus clair à l'extrémité & à la partie antérieure de l'aile. On y remarque, au milieu, une tache oculée, dont le centre est jaune & entouré de trois anneaux, l'un brun, l'autre jaune, & le troisième bleuâtre. Cette tache oculée est placée sur une raie transversale obscure ; &, derrière celle-ci, on en voit une autre brune. L'extrémité de l'aile est recourbée en faucille. Les inférieures sont d'un jaune fauve : on y remarque deux ou trois raies ondées, obscures, & une tache oculée, bleuâtre, avec un point blanc au centre, entourée d'un anneau fauve & d'un autre brun. Le bord postérieur de l'aile est arrondi. La couleur du dessous est semblable à celle du dessus.

Il se trouve à Java.

17. Bombix clignoteux.

Bombyx nictitans.

Bombyx alis patentibus fusco incarnatis, posticis ocello ferrugineo, pupilla fenestrata. Fab. *Syst. entom. p.* 558. *n°.* 8. — *Spec. inf. tom.* 2. *p.* 169. *n°.* 12. — *Mant. inf. tom.* 2. *p.* 109. *n°.* 14.

Il est un peu plus petit que le *Bombix* Prométhée. Les ailes supérieures sont d'un rouge brun, avec une raie obscure vers le bord postérieur. Les inférieures sont arrondies, de la couleur des supérieures, avec une grande tache oculée, ferrugineuse, entourée d'un anneau brun bordé de rouge, & marquée, au milieu, d'une petite prunelle transparente. Les quatre ailes sont obscures en-dessous, avec des raies noirâtres.

La femelle est un peu plus grande que le mâle, & elle a une tache noire oculée aux ailes inférieures.

Il se trouve en Afrique.

18. Bombix Sémiramis.

Bombyx Semiramis.

Bombyx alis patentibus caudatis versicoloribus, puncto fenestrato, caudis longissimis. Fab. *Gen. inf. mant. pag.* 277. — *Spec. inf. tom.* 2. *p.* 170. *n°.* 13. — *Mant. inf. tom.* 2. *pag.* 109. *n°.* 15.

Phalæna Semiramis. Cram. *Pap. exot. tom.* 1. *pag.* 19. *pl.* 13. *fig.* A.

Ce *Bombix* est très-remarquable par les longues queues qui terminent les ailes inférieures. Il a un peu plus de quatre pouces de largeur lorsque ses ailes sont étendues. Les antennes sont pectinées, & la trompe est imperceptible. Le corcelet est d'un jaune fauve, & l'abdomen est jaunâtre. Les ailes supérieures sont d'un jaune fauve à leur base, & le reste est nuancé de fauve, de brun, de blanc & de grisâtre. On voit au milieu une tache triangulaire, transparente. Les ailes inférieures sont fauves à leur base, avec le bord postérieur brun, & une tache ronde transparente placée vers le milieu. Elles sont terminées par une espèce de queue trois ou quatre fois plus longue que le corps, mince & brune depuis la base jusques vers son extrémité, où elle est un peu plus large, & d'une couleur blanchâtre. Le dessous des ailes diffère fort peu du dessus pour les couleurs.

Il se trouve sur les cannes à sucre que l'on cultive dans l'Amérique Méridionale.

19. Bombix Borée.

Bombyx Boreas.

Bombyx alis patulis caudatis cinereis fusco variis, anticis punctis duobus, posticis unico fenestratis. Fab. *Spec. inf. tom.* 2. *p.* 170. *n°.* 14. — *Mant. inf. tom.* 2. *p.* 109. *n°.* 16.

Phalæna Boreas. Cram. *Pap. exot. tom.* 1. *p.* 110. *pl.* 70. *fig.* B.

Il a plus de cinq pouces de largeur lorſque ſes ailes ſont étendues. Les antennes ſont un peu pectinées. La trompe eſt imperceptible. Le corps eſt griſâtre. Les ailes ſupérieures ont leur extrémité recourbée en faucille; elles ſont griſes à leur baſe, & mélangées de gris, de gris fauve & de brun dans tout le reſte. On y remarque deux taches ovales, tranſparentes, placées l'une à côté de l'autre vers le milieu de l'aile. Les inférieures ſont griſes depuis leur baſe juſques un peu au-delà du milieu, qui eſt d'un gris brun, avec des raies brunes. On y remarque une petite tache ronde, tranſparente, placée vers le milieu, & une eſpèce de queue de ſept à huit lignes de long qui la termine. La couleur du deſſous des quatre ailes eſt la même que celle du deſſus.

Il ſe trouve aux Indes occidentales.

20. Bombix Lune.

Bombyx Luna.

Bombyx alis patentibus caudatis, concoloribus vireſcentibus, ocello diſci lunato. Fab. *Syſt. entom. pag.* 558. *n°.* 9. — *Spec. inſ. tom.* 2. *pag.* 170. *n°.* 15. — *Mant. inſ. tom.* 2. *pag.* 109. *n°.* 17.

Phalæna Attacus Luna *pectinicornis elinguis, alis caudatis flavo-virentibus concoloribus : ocello diſci lunato.* Lin. *Syſt nat. pag.* 810. *n°.* 5. — *Muſ. Lud. Ulr. pag.* 370.

Clerck. *Icon. inſ. tab.* 52. *fig.* 1.

Drury. *Illuſt. inſ. tom.* 1. *tab.* 14. *fig.* 1.

Phalæna Luna. Cram. *pap. exot. tom.* 1. *pag.* 3. *planch.* 2. *fig. A.* — *pag.* 50 & 51. *pl.* 31. *fig. A, B.*

Catesb. *Carol. tom.* 2. *tab.* 84.

Petiv. *Gazoph. tab.* 14. *fig.* 5.

Ce *Bombix* diffère par les couleurs & la grandeur. Celui qui nous vient de l'Amérique ſeptentrionale, a environ cinq pouces de long, lorſqu'il a les ailes étendues. Les antennes ſont pectinées & brunes. La trompe eſt imperceptible. La tête eſt blanche, petite, peu avancée. Le corcelet eſt d'un jaune très-clair, quelquefois verdâtre, avec une bande d'un rouge brun, à ſa partie antérieure, qui s'étend tout le long du bord antérieur des ailes ſupérieures. Les quatre ailes ſont d'un verd très-clair : on y voit au milieu de chaque une tache oculée, dont le milieu ou la prunelle eſt tranſparente & ſans couleur, & qui eſt entourée d'un cercle jaune, au-devant duquel il y a un demi cercle noir. Les ailes inférieures ſont preſque dentelées, & elles ſe terminent par une large queue d'un pouce de longueur, de la couleur des ailes. Le deſſous eſt à-peu-près ſemblable au-deſſus. Les pattes ſont ferrugineuſes.

Celui qui nous vient des Indes orientales, eſt ordinairement de cinq à ſix pouces de largeur, & même juſqu'à ſept pouces. Il diffère de l'autre, en ce qu'il eſt d'un verd plus clair, preſque blanc. La bande du corcelet & le bord antérieur des ailes ſupérieures, ſont d'un rouge preſque cramoiſi. La baſe des ailes eſt blanchâtre, & on remarque une raie d'un jaune brun vers le bord poſtérieur. Enfin, la queue eſt un peu plus longue.

La chenille ſe nourrit, ſuivant Cramer, des feuilles de Saſſafras.

Il ſe trouve dans preſque toute l'Amérique ſeptentrionale & à la Jamaïque, à la côte de Coromandel, à Ceylan, à la Chine.

21. Bombix Epimethée.

Bombix Epimethea.

Bombyx alis patulis caudatis ſubfuſcis, ſtriga alba, poſticis ocello diſci fulvo. Fab. *Spec. inſ. tom.* 2. *pag* 170. *n°.* 16. — *Mant. inſ. tom.* 2. *pag.* 109. *n°.* 18.

Drury. *Illuſt. inſ. tom.* 2. *tab.* 13.

Phalæna Epimethea. Cram. *Pap. exot. tom.* 2. *pag.* 121. *pl.* 176. *fig. A.*

Il a environ cinq pouces de largeur lorſqu'il a les ailes étendues. Les antennes ſont brunes & pectinées. La trompe eſt très-courte; les yeux ſont noirs. Le corcelet eſt d'un brun ferrugineux, & l'abdomen d'un gris brun. Les ailes ſupérieures ſont d'un brun clair, un peu ferrugineux à leur baſe. On y remarque une raie, preſque ondée, moitié griſe, moitié obſcure, placée vers la baſe, & une autre droite, moins marquée, placée vers le bord poſtérieur. Les ailes inférieures ſont brunes, & on y remarque une grande tache oculée, dont la prunelle eſt d'un beau jaune fauve, entourée de deux anneaux, l'un noir & l'autre rouge; au-deſſus de ces yeux, les ailes ſont fort obſcures, preſque noires; & au-deſſous, il y a une raie moitié obſcure, moitié griſâtre, qui les traverſe. Ces ailes ſont terminées poſtérieurement par un angle très-ſaillant qui forme une eſpèce de queue, aſſez courte. Le deſſous des quatre ailes eſt à-peu-près ſemblable au deſſus, mais on n'y voit point la tache oculée des ailes inférieures.

Il ſe trouve ſur la côte de Guinée.

22. Bombix Argus.

Bombyx Argus.

Bombyx alis patentibus caudatis pallide ferrugineis, punctis ocellaribus feneſtratis numeroſis, caudis longiſſimis. Fab. *Spec. inſ. tom.* 2. *pag.* 170. *n°.* 17. — *Mant. inſ. tom.* 2. *p.* 109. *n°.* 19.

Phalæna Brachyura. Drury. *Illuſt. inſ. tom.* 3. *tab.* 29. *fig.* 1.

Il a un peu plus de trois pouces de largeur lorſqu'il a les ailes étendues. Les antennes ſont noirâtres, & le corps eſt d'une couleur ferrugineuſe pâle. Les quatre ailes ſont ferrugineuſes pâles, ou d'un jaune fauve. On remarque au milieu des ſupérieures six petites taches rapprochées, transparentes, entourées de deux anneaux, l'un jaune, & l'autre noir. Les inférieures ont cinq taches pareilles, moins rapprochées, placées vers le milieu. Celles-ci se terminent postérieurement par une très-longue queue ferrugineuse, avec l'extrémité jaune. Le dessous du corps est jaunâtre, & les pattes sont ferrugineuses. Le dessous des ailes est parfaitement semblable au dessus.

Il se trouve à Sierra Leon en Afrique.

23. BOMBIX vitré.

BOMBYX fenestra.

Bombyx alis patentibus concoloribus flavis, anticis fenestra duplici, posticis simplici. FAB. *Syst. ent. pag.* 559. *n°.* 10. —— *Spec. inf. tom.* 2. *pag.* 170. *n°.* 18. —— *Mant. inf. tom.* 2. *p.* 109. *n°.* 20.

Phalæna Attacus fenestrata *pectinicornis spirilinguis, alis concoloribus flavis : superioribus fenestra duplici, inferioribus simplici.* LIN. *Syst. nat. pag.* 811. *n°.* 9. — *Mus. Lud. Ulr. pag.* 372.

CLERCK *icon. inf. tab.* 55. *fig.* 1.

Il a environ trois pouces de largeur lorsqu'il a les ailes étendues. Les antennes sont noires & pectinées. Les ailes supérieures sont jaunes : on y apperçoit deux taches transparentes, sans couleur, placées au milieu, dont la supérieure est un peu plus petite que l'autre. Les ailes inférieures sont entiérement blanches, avec le bord postérieur arrondi & velu.

Il se trouve aux Indes orientales.

24. BOMBIX Pénélope.

BOMBYX Penelope.

Bombyx alis patentibus flavescentibus, fusco irroratis, ocello centrali fenestrato. FAB. *Gen. inf. Mant. pag.* 278. —— *Spec. inf. tom.* 2. *pag.* 171. *n°.* 19. —— *Mant. inf. tom.* 2. *pag.* 109. *n°.* 21.

Phalæna Penelope. CRAM. *pap. exot. tom.* 1. *pag.* 70. *planch.* 45. *fig. A.*

Il a environ cinq pouces de largeur, lorsque ses ailes sont étendues. Les antennes sont brunes, pectinées, avec leur extrémité sétacée. Le corcelet est d'une couleur ferrugineuse brune, & l'abdomen est d'un jaune fauve, avec la base de chaque anneau ferrugineuse. Les quatre ailes sont d'un jaune fauve, parsemées de points bruns. On remarque, sur les supérieures, une raie anguleuse, brune, vers la base; une autre droite, noirâtre, vers le bord postérieur; une tache transparente, bordée de noir, au milieu, & deux points transparens vers le bord antérieur. Les ailes inférieures sont de la même couleur que les supérieures : on y remarque une tache ronde, transparente, bordée de noir, placée au milieu, & une raie noirâtre, transversale, derriere la tache : le bord postérieur est arrondi. Le dessous des ailes est jaunâtre; on y voit moins de points bruns, & la raie noirâtre y est blanche, ainsi que le bord des taches transparentes.

Il se trouve à Surinam, selon Cramer, & aux Indes, selon M. Fabricius.

25. BOMBIX Tyrrhée.

BOMBYX Tyrrhea.

Bombyx alis patentibus griseis, strigis albis, ocello centrali atro, pupilla fenestrata. FAB. *Gen. inf. Mant. pag.* 278. — *Spec. inf. tom.* 2. *p.* 171. *n°.* 20. — *Mant. inf. tom.* 2. *p.* 109. *n°.* 22.

Phalæna Tyrrhea. CRAM. *pap. exot. tom.* 1. *pag.* 71. *pl.* 46. *fig.* A.

Il a près de six pouces de largeur, lorsque ses ailes sont étendues. Les antennes sont pectinées, & d'un jaune fauve. Le corcelet est grisâtre, avec une raie transversale, blanche, à sa partie antérieure. L'abdomen est d'une couleur ferrugineuse pâle. Les ailes supérieures sont d'un gris foncé, formé par un mélange d'écailles noirâtres & d'écailles grises. On y apperçoit une raie à plusieurs angles, vers la base, & une autre plus large, ondée, au milieu de laquelle se trouve une raie noire, vers le bord postérieur. Au milieu de l'aile, il y a une tache oculée, dont la prunelle est transparente, & l'iris est formé de deux anneaux, l'un blanc & l'autre noir. Les ailes inférieures sont d'une couleur brune claire, & d'un gris semblable à celui des supérieures à leur extrémité. On y voit une raie anguleuse blanche, vers la base, & une autre ondée, coupée dans toute sa longueur par une petite raie noire, placée vers l'extrémité. On voit au milieu de l'aile une tache oculée, dont la prunelle est petite & transparente, & dont l'iris est formé de deux anneaux, l'un jaunâtre & l'autre très-noir. Le dessous des ailes est d'une couleur plus claire, les raies blanches ne s'y trouvent pas, ainsi que les anneaux autour des taches transparentes.

Il se trouve au Cap de Bonne-Esperance.

26. BOMBIX Cynthie.

BOMBYX Cynthia.

Bombyx alis patulis falcatis concoloribus griseo-brunneis, macula alba lunari; ocello apice anticarum.

DRURY. *Illust. inf. tom.* 2. *tab.* 6. *fig.* 2.

Phalæna Cynthia CRAM. *pap. exot. tom.* 1. *pag.* 62. *pl.* 39. *fig.* A.

D'AUBENT. *pl. enlum.* 42. *fig.* 1. le croissant.

Il a un peu plus de cinq pouces de largeur, lorsque ses ailes sont étendues. Les antennes sont d'un brun clair & très-pectinées. La tête & le corcelet sont d'un gris brun. L'abdomen est de la même couleur, mais on y voit quelques taches blanches. Les ailes sont d'un gris brun, & on y remarque une raie blanche, anguleuse, vers leur base; une tache blanche, figurée en croissant, placée au milieu; on voit ensuite une raie, moitié obscure & moitié blanchâtre, au-delà de laquelle la couleur des ailes est un peu plus claire. L'extrémité des ailes supérieures est un peu recourbée en faucille, & on y voit une tache oculée, dont la prunelle est jaunâtre, & l'iris blanc d'un côté & noir de l'autre. Le dessous des ailes est à-peu-près semblable au desfus; les couleurs y font feulement plus claires & moins marquées.

Il fe trouve à la Chine.

27. Bombix Lucine.

Bombyx Lucina.

Bombyx alis patulis falcatis, fufco cinereoque variis; ftrigis undatis fufcis; apice maculis annularibus nigris.

Phalæna Lucina. Drury. *Illuft. inf. tom.* 3. *tab.* 34. *fig.* 1.

Il a environ fix pouces de largeur, lorfque fes ailes font étendues. Les antennes font jaunâtres & pectinées. Tout le corps eft brun. Les ailes fupérieures ont leur extrémité recourbée en faucille; elles font mélangées de brun clair & de gris jaunâtre. On y remarque, à la bafe, des raies tranfverfales, arquées, noirâtres; des taches noires vers le milieu; des raies ondées, noirâtres, qui viennent enfuite; enfin, des taches annulaires, ovales, noires, tout le long du bord poftérieur. Les inférieures font brunes à leur bafe; leur milieu eft grisâtre, avec des raies tranfverfales, brunes; elles font enfuite brunes avec des raies ondées d'un brun plus foncé; enfin, vers le bord poftérieur, on voit une fuite de taches ovales, annulaires, noires. Le deffous des ailes diffère peu du deffus. Les pattes font jaunâtres.

Il fe trouve à Sierra Léon, en Afrique.

28. Bombix Apollonie.

Bombyx Apollonia.

Bombyx alis patulis, albo obfcureque rufo variis, ftriga lutea; in medio ocello nigro.

Phalæna Apollonia. Cram. *Pap. exot. tom.* 3. *pag.* 97. *pl.* 250. *fig.* A.

Il a environ quatre pouces & demi de largeur, les ailes étendues. Les antennes font brunes & pectinées. Le corcelet eft blanc, avec une grande tache jaunâtre au milieu. L'abdomen eft jaunâtre. Les ailes fupérieures font mélangées d'un brun clair cendré & de blanc avec une raie ondée noire & jaune vers le bord extérieur, & une autre plus petite & plus courte un peu au-delà de celle-ci. On voit au milieu une tache oculée noire, entourée de trois anneaux, l'un jaune, l'autre noir, & le troifieme blanc. Les ailes inférieures font blanches, avec une tache oculée plus petite, mais femblable à la précédente, une raie ondée, d'un brun cendré, très-clair, & une autre, moitié jaune & moitié noire, ondée. Les quatre ailes font d'un gris fauve vers leur bord poftérieur, & légérement bordées de jaune. Le deffous des ailes eft femblable au deffus.

Il fe trouve au Cap de Bonne-Efpérance.

29. Bombix Alcinoë.

Bombyx Alcinoë.

Bombyx alis patentibus falcatis fufcis, fafcia poftica albida; anticis macula feneftrata, pofticis ocello flavo.

Phalæna Alcinoë. Cram. *Pap. exot. tom.* 4. *p.* 67. *pl.* 322. *fig.* A. B.

Il a environ fix pouces de largeur, les ailes étendues. Les antennes font brunes & très-pectinées. La trompe eft imperceptible. La tête & le corcelet font bruns. L'abdomen eft d'un brun ferrugineux. Les ailes font brunes: les fupérieures ont leur extrémité recourbée en faucille. On y remarque une petite tache, tranfparente fans couleur, prefque quarrée, & une petite bande blanchâtre vers le bord extérieur. Les ailes inférieures font arrondies, & on y remarque une grande tache oculée, dont le milieu ou la prunelle eft d'un jaune fauve, entourée de deux anneaux, l'un blanc & l'autre noir. Derrière ces yeux, on voit la même bande que nous avons remarquée fur les ailes fupérieures. Le deffous eft d'un brun plus rougeâtre, avec quelques écailles en forme de poils, blanches. La tache oculée des ailes inférieures y eft prefque effacée : on n'y voit que la tache tranfparente des ailes fupérieures.

Il fe trouve...

30. Bombix tranfparent.

Bombyx perfpicua.

Bombyx alis patentibus fufcis anticis fafcia feneftrata brevi. Fab. *Syft. entom. pag.* 559. 11. — *Spec. inf. tom.* 2. *pag.* 171. *n°.* 21. — *Mant. inf. tom.* 2. *pag.* 109. *n°.* 23.

Phalæna Attacus perfpicua *pectinicornis fpirilinguis, alis fufcis: fuperioribus fafcia feneftrata brevi.* Lin. *Syft. nat. pag.* 811. *n°.* 10. — *Muf. Lud. Ulr. pag.* 373.

Ce *Bombix* eft petit, & n'a pas deux pouces de largeur lorfque fes ailes font étendues. Les antennes font longues, noires, pectinées & terminées en pointe. Les ailes fupérieures font noirâtres, & on y remarque une bande tranfparente, courte, qui n'atteint pas les bords, placée vers l'extrémité. Les inférieures diffèrent dans les deux aîles : celles du mâle font noirâtres en deffus avec le bord interne bleu; elles font jaunes en deffous, avec le bord poftérieur noirâtre, les ailes inférieures de la femelle font noirâtres en deffus & en deffous, avec une bande oblique, jaune.

Il fe trouve aux Indes orientales.

31. Bombix Armide.

Bombyx Armida.

Bombyx alis patentibus flavis : atomis maculis ftrigaque poftica violaceis. Fab. *Mant. inf. tom.* 2. *pag.* 109. *n°.* 24.

Il eft grand. Celui que M. Fabricius a décrit eft une femelle dont le corps eft gros; les antennes jaunes, à peine pectinées; la tête jaune, fans taches; le corcelet jaune, avec une tache violette à fa partie fupérieure; l'abdomen jaune, avec une tache violette fur les premiers anneaux; les ailes étendues, jaunes, avec beaucoup de points violets. On voit outre cela, fur les fupérieures, trois taches violettes, dont deux rapprochées, placées au bord extérieur, & la troisieme solitaire, au bord interne, vers la base; on y voit aussi une raie transversale de la couleur des taches, placée vers la base. Les aîles inférieures ont une tache au milieu, & deux raies transversales, courtes, dont l'antérieure est ondée. Elles sont jaunes en dessous, avec une tache au milieu. Les pattes sont violettes.

Il se trouve à Cayenne.

32. Bombix militaire.

Bombyx militaris.

Bombyx alis patulis concoloribus luteis, apice maculisque violaceis, anticis extus albo maculatis. Fab. *Syst. entom. p.* 559. *n°.* 12.—*Spec. inf. tom.* 2. *pag.* 171. *n°.* 22. — *Mant. inf. tom.* 2. *pag.* 110. *n°.* 25.

Phalæna Attacus militaris *pectinicornis spirilinguis, alis concoloribus apice maculisque violaceis: superioribus extus albo subfasciatis.* Lin. *Syst. nat. pag.* 811. *n°.* 12. --- *Muf. Lud. Ulr. pag.* 375.

Roesel. *inf. tom.* 4. *tab.* 6. *fig.* 3.

Phalæna militaris. Cram. *Pap. exot. tom.* 1. *p.* 46. *pl.* 29. *fig. B.*

D'Aubent. *pl. enlum.* 67. *fig* 1. *L'arlequine.*

Ce joli *Bombix* a un peu plus de trois pouces de largeur, lorsque ses ailes sont étendues. Les antennes sont obscures & pectinées. La trompe est roulée en spirale. La tête est jaune; les yeux sont noirs, & on apperçoit une ligne rouge entr'eux. Le corcelet est jaune, avec deux bandes noires. L'abdomen est jaune, sans taches. Les aîles supérieures sont jaunes, avec des taches d'un noir violet, depuis la base jusqu'au milieu; elles sont d'un noir violet, avec des taches blanches azurées, depuis le milieu jusqu'à l'extrémité. Les aîles inférieures sont jaunes, avec des taches d'un noir violet, contiguës, au bord postérieur. Le dessous est semblable au dessus. Les pattes sont bleuâtres.

Il se trouve aux Indes orientales, à la Chine.

33. Bombix Numana.

Bombyx Numana.

Bombyx alis patulis obscure cœruleis, flavo maculatis; posticis disco flavo.

Phalæna Numana. Cram. *Pap. exot. tom.* 3. *pag.* 59. *pl.* 227. *fig.* A. & *pag.* 60. *pl.* 228. *fig.* A.

Il ressemble beaucoup pour la forme & la grandeur au Bombix *militaire.* Les antennes sont un peu pectinées. La tête & la partie antérieure du corcelet sont jaunes. Le milieu du corcelet est couvert de poils noirs. L'abdomen est jaune, avec des bandes noires. Les aîles supérieures sont d'une couleur bleue, très-foncée, avec des taches jaunes. Les inférieures ont une tache noire, à leur base, & tout le milieu jaune. Une grande partie de l'aile au bord postérieur est d'un bleu foncé, avec six taches jaunes. Le dessous est semblable au-dessus.

Cramer a figuré une variété qu'il regarde comme le mâle dont le bleu des aîles est pâle.

Il se trouve aux Isles Moluques.

34. Bombix Castalie.

Bombyx Castalia.

Bombyx alis patentibus rotundatis medio albis, anticis ocello, posticis puncto fusco. Fab. *Syst. ent. pag.* 559. *n°.* 13. ---- *Spec. inf. tom.* 2. *pag.* 171. *n°.* 23. ---- *Mant. inf. tom.* 2. *pag.* 110. *n°.* 26.

Il ressemble au Bombix grand Paon, le corcelet est noirâtre, & la poitrine est blanche. L'abdomen est gris en dessus, blanc en dessous, avec des points noirs sur les côtés. Les pattes sont velues, noirâtres en dessus, d'un beau rouge en dessous. Les aîles supérieures sont noirâtres à leur base, blanchâtres au milieu, avec une grande tache oculée, bleuâtre, entourée d'un anneau noir; elles sont ensuite noirâtres, avec le bord postérieur cendré, & deux raies ondées, noirâtres.

Il se trouve à la Nouvelle-Hollande.

35. Bombix grand Paon.

Bombyx Pavonia.

Bombyx alis patentibus rotundatis griseo-nebulosis subfasciatis, ocello nictitante subfenestrato. Fab. *Syst. ent. pag.* 559. *n°.* 14. --- *Spec. inf. tom.* 2. *pag.* 171. *n°.* 24. ---- *Mant. inf. tom.* 2. *pag.* 110. *n°.* 27.

Phalæna Attacus Pavonia *pectinicornis elinguis, alis rotundatis griseo-nebulosis subfasciatis: ocello nictitante subfenestrato.* Lin. *Syst. nat. pag.* 810. *n°.* 7. ---- *Faun. suec. n°.* 1099.

Phalæna pectinicornis elinguis, alis cinereo-fuscis, planiusculis, singulis ocello, major. Geof. *inf. tom.* 2. *pag.* 110. *n°.* 4.

Le grand Paon. Geof. *Ib.*

Reaum. *Mém. tom.* 1. *pl.* 47 & 48.

Roesel. *tom.* 4. *tab.* 15, 16 & 17.

Phalæna Pavonia. Scop. entom. carn. n°. 482.

Esper. *tom.* 3. *tab.* 1 & 2.

Seba. *Muf. tom.* 4. *tab.* 59. *fig.* 18. *tab.* 60. *fig.* 11. 12.

Fuesl. *Inf. n°.* 631. *pag.* 33.

Poda. *Muf. Græc. pag.* 83.

Raysch *theat. anim. tom.* 2. *tab.* 7.

Goedart. *Hist. inf. tom.* 1. *cap.* 24. *pag.* 61. *fig.* Z.

Knorr. *Delic. inf. tab.* C. 3. *fig.* 2.

Bombyx Pyri. Wien. *Verz. pag.* 49. *n°.* 1.

Le grand Paon de nuit. Ernst. *Papill. d'Europ. tom.* 4. *pag.* 72. *pl.* 130 & 131. *n°.* 176.

Ce Bombix a depuis quatre jusqu'à cinq pouces & demi de largeur, lorsque ses ailes sont étendues. Les antennes sont d'un jaune fauve, & très-pectinées dans le mâle. La tête est brune, le corcelet est brun, avec une bande blanchâtre à sa partie antérieure. L'abdomen est d'un brun grisâtre. Les aîles supérieures sont brunes & couvertes d'une espèce de poussière grise. On remarque une tache brune à la base, & une raie transversale, qui n'atteint pas le bord antérieur. Vers le milieu, on voit une tache oculée, dont le milieu est noir, marqué d'un trait arqué, transparent, entouré d'un cercle fauve

fauve obscur, d'un demi-cercle blanc, d'un autre rougeâtre, enfin d'un cercle noir. On voit ensuite une raie ondée, rougeâtre, cendrée. Le bord postérieur est blanchâtre & gris obscur. Les aîles inférieures sont à-peu-près de la couleur des supérieures, mais moins couvertes de poussière grise. On y voit au milieu une tache oculée, semblable à la précédente, & ensuite une raie ondée grisâtre. Le bord postérieur est blanchâtre & gris obscur. Le corps en dessous est brun. La couleur des ailes est semblable au dessus; elles sont seulement plus grises. Les taches oculées sont exactement les mêmes.

La chenille nommée par Reaumur, *chenille à tubercule du poirier*, vit indifféremment sur tous les arbres fruitiers que l'on cultive en Europe. Elle vit aussi sur le Peuplier, l'Orme, le Rosier, la Ronce, plus souvent sur le Poirier, le Pommier, le Prunier & le Saule. Elle est d'un très-beau verd. Son corps est composé de douze anneaux très-lisses, mais garnis de huit tubercules élevés, d'une belle couleur bleue, armés de piquants & de longs poils filiformes, terminées en masse. Elle a une tête écailleuse, verte, rayée de noir, six pattes écailleuses aux premiers anneaux; huit intermédiaires & deux à l'extrémité du corps. Parvenue à tout son accroissement, elle file ordinairement sur l'arbre qui l'a nourrie, ou dans quelque buisson à portée, une coque très-solide, brune, ovale, faite d'une soie très-forte, dans laquelle elle se change en chrysalide, & où elle passe l'hiver dans cet état. Le bombix sort ordinairement vers la fin du printemps.

On le trouve fréquemment au midi de l'Europe: il n'est pas rare aux environs de Paris, en Allemagne.

36. BOMBIX Paon moyen.

BOMBYX Pavonia media.

Bombyx alis patentibus rotundatis grisco fuscoque variis, singulis ocello nigro.

Phalæna pectinicornis elinguis, alis cinereo fuscis planiusculis, singulis ocello, minor. GEOFF. *Inf. tom.* 2. *pag.* 101. *n°.* 2?

Le Paon moyen. GEOF. *Ib.?*

ESPER. *tom.* 3. *pag.* 33. *tab.* 3.

Phalæna Bombyx Spini. Wienn. Verz. pag. 49. *n°.* 2.

Bombyx Pavonia media. b. FAB. *Mant. inf. tom.* 2. *pag.* 110. *n°.* 27.

Le Paon moyen. ERNST. *Pap. d'Europ. tom.* 4. *pag.* 77. *pl.* 132. *n°.* 177.

Ce *Bombix* a été confondu avec le précédent par beaucoup d'auteurs. Il lui ressemble beaucoup pour les couleurs & pour la forme du corps, mais les chenilles diffèrent. Les antennes du mâle sont fortement pectinées, tandis que celles de la femelle le sont très peu. Le corps est d'un brun cendré. Les ailes sont brunes à leur base, cendrées au milieu, & variées de brun & de cendré vers l'extrémité. On remarque au milieu de chaque, une tache oculée, dont le disque est noir, avec un petit trait blanc, & environné d'un cercle jaune, de deux autres, dont l'un rouge & l'autre blanc, & enfin d'un autre noir. Un peu au-delà de ces yeux, on voit une ou deux raies ondées, brunes. Le dessous des ailes est à-peu-près semblable au dessus.

Il est douteux que ce soit cette espèce que M. Geoffroy ait voulu décrire; mais il est certain qu'il n'avoit pas sous les yeux le Bombix grand Paon dégénéré, comme l'auteur des *Papillons d'Europe* paroît le croire, puisque ce naturaliste, si exact & si recommandable, a eu occasion d'observer la chenille, qu'il dit être verte & avoir des tubercules couleur de rose. Il est plus vraisemblable qu'il ait pris pour espèce une variété du suivant.

La chenille de ce *Bombix* vit sur le Prunier sauvage ou épineux, *Prunus spinosa.* LIN. Elle est noirâtre ou d'un brun foncé, depuis sa naissance jusqu'à sa transformation en chrysalide; elle a sur chaque anneau six tubercules d'une couleur bleue pâle, hérissés de poils d'un gris jaunâtre; mais après la quatrième mue, ces tubercules & ces poils changent de couleur & deviennent d'un jaune souci. Vers le commencement d'août, environ deux mois après leur naissance, ces chenilles filent une coque sur les arbrisseaux qui les ont nourries, s'y transforment en chrysalides, & y passent l'hiver. Cette coque est à-peu-près semblable à celle du grand Paon; elle est un peu blanchâtre, ovale, mais comprimée par les côtés, d'un tissu aussi fort, & presque aussi serré. La chrysalide est brune; elle est plus grosse & plus alongée que celle de l'espèce suivante, & l'extrémité de l'abdomen est terminée par un bouquet de poils courts & roides.

Ce *Bombix* se trouve en Hongrie & aux environs de Vienne: on ne le trouve pas aux environs de Paris.

37. BOMBIX petit Paon.

BOMBYX Pavonia minor.

Bombyx alis patentibus rotundatis, flavo ferrugineo fusco cinereoque variis singulis ocello nigro, anticis apice macula rubra.

Phalæna Pavonia minor. Var. a. LIN. *Syst. nat. pag.* 810. *n°.* 7.

Bombyx Pavonia minor. Var. a. FAB. *Syst. entom. pag.* 559. *n°.* 14. — *Spec. inf. tom.* 2. *pag.* 171. *n°.* 24. — *Mant. inf. tom.* 2. *pag.* 110. *n°.* 27.

Phalæna pectinicornis elinguis alis planiusculis ferrugineo luteoque variis, singulis ocello, fasciaque fusca. Mas. GEOF. *Inf. tom.* 2. *pag.* 101. *n°.* 3. *pl.* 12. *fig.* 1. 2.

Phalæna pectinicornis elinguis alis cinereis in medio albidis, singulis ocello, fasciaque fusca. Fæmina. GEOF. *Ib. pl.* 12. *fig.* 3.

Le petit Paon. GEOF. *Ib.*

Phalene à antennes à barbes, sans trompe, à tache noire en œil sur chaque aile. DEG. *Mém. tom.* 1. *pag.* 697. *pl.* 19. *fig.* 7. 8. — *Id. pag.* 270. & *suiv. pl.* 19. *fig.* 1. — 12.

Phalæna major pulchra, maculis ophtalmoidibus

in alis singulis. RAI. *insect. pag.* 146. *n°.* 2.

Phalæna Pavoniella. Scop entom. carn. n°. 483.

REAUM. *Mém. tom.* 1. *pl.* 49. *fig.* 7. & *pl.* 50. *fig.* 1--12.

ROES. *tom.* 1. *class.* 2. *pap. noct. tab.* 4 & 5.

MERIAN. *Europ. inf. tab.* 13 & 23.

PETIV. *Gazop. p.* 53. *tab.* 33. *fig.* 12.

JONST. *Inf. tab.* 8. *fig.* 7.

MOUFF. *Théat. inf. p.* 90. *fig.* 3.

SEBA. *Muf. tom.* 4. *tab.* 60. *fig.* 9. 10 13. 14.

FUESLY. *Inf. tom.* 1. *p.* 268.

ESPER. *tom.* 3. *tab.* 4.

SEPP. *Inf.* 4. *tab.* 10. 11.

ALBIN. *Inf. tab.* 37.

KNORR. *Delic. Inf. tab. C.* 4. *fig.* 7.

SCHAEFF. *Icon. inf. tom.* 1. *tab.* 89. *fig.* 2—5.

SULZ. *Inf. tab.* 16. *fig.* 92.

Phalæna Bombix Carpini. Wienn. Verz. p. 19. *n°.* 3.

Le petit Paon de nuit. ERNST. *Pap. d'Europ. tom.* 4. *pag.* 80. *pl.* 133. *n°.* 178.

Ce Bombix ressemble beaucoup aux deux précédents pour la forme & les couleurs. Il a environ deux pouces & demi de largeur, lorsque ses ailes sont étendues. La couleur du mâle & de la femelle étant un peu différente, nous allons les décrire séparement.

Le mâle a les antennes d'un brun fauve & très-pectinées. La tête est brune. Le corcelet est brun, avec une bande blanche à sa partie antérieure. L'abdomen est brun & sans taches. Les ailes supérieures sont d'un brun ferrugineux. On y remarque vers la base une raie transversale, blanche, un peu ferrugineuse, à côté de laquelle il y en a une autre brune, au milieu une tache blanchâtre, sur laquelle on voit une tache oculée, dont le disque ou la prunelle est noire, entourée d'un cercle jaune, d'un demi-cercle, peu marqué, blanc, & d'un autre cercle noir; on voit ensuite une raie oculée, dont le milieu est blanchâtre & les côtés noirâtres, le bord postérieur est moitié blanchâtre & moitié d'un gris brun. L'extrémité de l'aile est marquée d'une tache irrégulière, rouge & d'une autre blanche. Les ailes inférieures sont d'un jaune fauve, avec une tache oculée au milieu, semblable à la précédente, une petite raie ondée, brune, une bande brune, & le bord postérieur fauve & ferrugineux. Le dessous des ailes supérieures est d'un jaune fauve, & celui des inférieures est presque d'un rouge de laque, avec les mêmes taches ondées qu'on remarque au-dessus.

La femelle est d'un brun plus clair, grisâtre. Les antennes sont fauves, sétacées, à peine pectinées. Le corcelet a la même bande blanche à sa partie antérieure. Les quatre ailes sont toutes de la même couleur, tant en dessus qu'en dessous. On remarque sur les supérieures, le même dessein, la même tache oculée, la raie ondée & la tache rouge & blanche au bord de l'extrémité; la tache oculée des ailes inférieures est placée sur un fond blanchâtre.

La chenille de ce Bombix a été nommée par Reaumur, chenille à tubercules de la charmille, parce que cet observateur l'a trouvée plus fréquemment sur la Charmille qu'ailleurs. Elle se nourrit aussi de feuilles de Poirier, de Pommier. de Saule, d'Orme, de Chêne, de Frêne, de Bouleau, de Rosier, de Ronce, d'Aubépine. Elle n'est pas rare aux environs de Paris.

Cette chenille varie un peu pour les couleurs. Elle est ordinairement d'un beau verd. La tête & les pattes membraneuses sont de la même couleur: les six pattes écailleuses sont d'un jaune brun. Son corps est composé de douze anneaux, sur chacun desquels il y a six tubercules assez élevés, d'une belle couleur de rose, & quelquefois d'un jaune orangé. La base de chaque tubercule est entourée d'un cercle noir; & quelquefois ils sont placés tous les six sur une bande d'un noir de velours. Chaque tubercule est garni de plusieurs poils noirs, roides & courts, en forme de piquants. Ces poils ne sont pas terminés par un bouton comme le sont ceux du Bombix grand Paon. Les stigmates sont ovales, d'un jaune d'orange & entourés d'un cercle noir.

De Geer remarque qu'en touchant les piquans de ces chenilles, il sort du tubercule même une petite goutte d'eau claire, très-fétide, dont l'odeur est assez semblable à celle de feuilles pourries. « Peut-être, ajoute-t-il, que ces chenilles ont des » ennemis, à qui l'odeur de cette eau est nuisible, » & qu'elles tâchent par ce moyen de les chasser » ou de leur faire peur. Tom. I. pag. 273.

Peu de jours après leur dernière mue elles filent une coque semblable à celle du grand Paon, mais plus petite; elles l'attachent à une branche d'arbre, & elles y passent l'hiver. L'insecte parfait n'en sort qu'au mois d'avril ou de mai de l'année suivante. La chrysalide est d'un noir bleuâtre, avec des bandes blanches entre chaque anneau. L'extrémité de l'abdomen est terminé, comme dans l'espèce précédente, par une touffe de poils roides, courbes, par le moyen desquels elle est accrochée à sa coque.

38. BOMBIX Acheloüs.

Bombyx Acheloüs.

Bombyx alis patulis ferrugineis, omnibus fascia anticisque puncto albis. FAB. *Spec. inf. tom.* 2. *pag.* 172. *n°.* 25. — *Mant. inf. tom.* 2. *pag.* 110. *n°.* 28.

Phalæna Acheloüs. CRAM. *Pap. exot. tom.* 2. *p.* 22. *pl.* 111. *fig.* A.

Il a un peu plus de quatre lignes de largeur, lorsque ses ailes sont étendues. Les antennes sont sétacées & peu pectinées. Tout le corps est d'un gris fauve. Les quatre ailes sont d'une couleur fauve ferrugineuse claire, avec une bande blanche qui part de l'extrémité des supérieures & les traverse toutes les quatre. Derrière cette bande on en voit une autre un peu plus large, brune, dont le bord postérieur est comme ondé. On voit un point blanc au milieu des ailes supérieures. Le dessous des aîles est brun pâle, & la bande transversale est d'une couleur de cendres obscure. Il y a sur le milieu des supérieures, un point blanc, & l'on voit une petite tache semblable avec un point noir au milieu des aîles inférieures.

Il se trouve en Amérique.

39. Bombix anguleux.
Bombyx angulata.
Bombyx alis patulis eroso dentatis, posticis truncatis obtusissimis. Fab. *Spec. inf. tom. 2. pag. 172. nº. 26. — Mant. inf. tom. 2. pag. 110. nº. 29.*
Phalæna angulata. Cram. *Pap. exot. tom. 1. pag. 96. pl. 61. fig. E. F.*

Ce Bombix est très-remarquable par la forme de ses aîles. Il a environ deux pouces de largeur, lorsqu'il a ses ailes étendues. Les antennes sont obscures & pectinées. La trompe est imperceptible. Le corps est obscur en dessus, & ferrugineux en dessous. Les ailes supérieures ont leur bord postérieur comme déchiré; elles sont obscures depuis leur base jusques un peu au-delà du milieu où elles sont d'un fauve obscur. On remarque une petite tache bleuâtre, peu marquée, vers le bord postérieur. Les ailes inférieures sont grandes, comme coupées à leur bord postérieur, avec trois angles, dont le dernier est le plus saillant, à l'extrémité latérale; elles sont d'un brun fauve, & marquées d'une petite bande, & de trois taches fauves peu marquées. Les aîles inférieures sont d'un gris ferrugineux au milieu, d'un jaune fauve à leur base, & d'un rouge blanc à leur extrémité.

Il se trouve à Cayenne, à Surinam.

40. Bombix Egée.
Bombyx Egea.
Bombyx alis patulis, anticis fuscis; posticis cinereis, nigro fasciatis, basi rubris, in medio macula ocellari cinerea.
Phalæna Egea. Cram. *Pap. exot. tom. 1. p. 100. pl. 64. fig. C.*

Il a environ quatre pouces de largeur, les ailes étendues. Les antennes sont brunes & pectinées. La trompe est imperceptible. Le corcelet est brun, & l'abdomen rouge. Les ailes supérieures sont mélangées de brun clair & de brun foncé: leur bord postérieur est arrondi. Les inférieures sont cendrées, mais leur base est rouge, & on voit au milieu une tache oculée d'un gris foncé, entourée d'un anneau noir. Derrière cette tache, il y a une raie transversale, noire, arquée, & derrière celle-ci une bande noire, dont le bord postérieur est régulièrement crénelé. Le dessous des ailes est d'une couleur fauve, cendrée; on voit au milieu des supérieures une tache brune, marquée au centre d'un point blanc, & une petite tache blanche au milieu des inférieures.

Il se trouve à Surinam.

41. Bombix Arminie.
Bombyx Arminia.
Bombyx alis patulis, anticis brunneis immaculatis; posticis fusco-rubis, ocello ovato atro.
Phalæna Arminia. Cram. *Pap. exot. tom. 4. pag. 126. fig. A. D.*

Il a environ quatre pouces & demi de largeur, les ailes étendues. Les antennes sont fauves & pectinées. La trompe est imperceptible. Tout le corps est d'un brun rougeâtre. Les ailes supérieures sont d'un brun plus rouge que les supérieures, & on y remarque une grande tache ovale, noire, oculée, entourée d'un cercle jaune, & dont le centre ou la prunelle est blanche. On voit derrière cette tache une raie, & une petite bande ondée, noirâtre. Les pattes, le dessous du corps & des ailes sont d'un rouge brun; mais on voit au milieu de chaque aîle une tache blanche, oblongue, entourée d'un anneau noir.

Cramer a donné la figure d'un Bombix qu'il regarde comme le mâle de celui que nous venons de décrire. Il est beaucoup plus petit; ses ailes supérieures ont leur extrémité recourbée en faucille, & ont une grande tache jaune à leur angle postérieur. Les ailes inférieures sont d'un brun plus rouge que celles du précédent, & on y voit deux raies jaunes, une derrière la tache oculée, & l'autre vers le bord postérieur. Le dessous est semblable à celui du précédent, que cet auteur regarde comme la femelle.

L'un & l'autre se trouvent à Surinam.

42. Bombix Libérie.
Bombyx Liberia.
Bombyx alis patulis, anticis cinereo ferrugineis, strigis fuscis; posticis rufis, ocello nigro.
Bombyx alis patulis, anticis variis, posticis fulvis, ocello atro. Fab. *Spec. inf. app. pag. 504. — Mant. inf. tom. 2. pag. 110. nº. 30.*
Phalæna Liberia. Cram. *Pap. exot. tom. 3. pag. 139. pl. 268. fig. F. G.*
Merian. *Surinam. tab. 12.*

Le mâle est beaucoup plus petit que la femelle. Il n'a guères plus de trois pouces de largeur, tandis que la femelle a environ quatre pouces & demi. Les antennes du mâle sont brunes, pectinées. Le corcelet est noirâtre & l'abdomen ferrugineux. Les ailes supérieures sont d'un gris fauve: on y remarque deux stries obscures, peu marquées, & une tache obscure, irrégulière, placée au milieu. Les ailes inférieures sont ferrugineuses, avec le bord postérieur d'un gris fauve. On remarque au milieu une tache oculée, ovale, gris fauve, entourée d'un cercle noir, & dont le centre est noir, avec un trait & des points blancs.

Les ailes supérieures de la femelle sont fauves, avec la même raie & la même tache obscure que nous avons remarquées à celle du mâle. Les ailes inférieures sont plus rouges que celles du mâle, avec une tache oculée plus grande, dont le centre est noir, avec un trait & des points blancs & deux petites taches, une de chaque côté. On voit derrière cette tache oculée une raie & une petite bande ondées, noirâtres, plus marquées que dans les ailes du mâle. Le dessous des ailes du mâle sont d'un brun jaune, & celui de la femelle est d'un brun rouge; on voit au milieu des supérieures une tache noire, & un point blanc au milieu des inférieures.

Il se trouve à Surinam.

43. Bombix Cybele.

Bombyx Cybele.

Bombyx alis patulis concoloribus fulvis, brunneo punctatis, striga nigra; anticis maculis tribus; posticis unica fenestratis.

Phalæna Penelope. Cram. *Pap. exot. tom.* 1. *p.* 70. *pl.* 45. *fig. A.*

Ce *Bombix* a environ cinq pouces de largeur, lorsque ses ailes sont étendues. Les antennes sont d'un brun fauve & pectinées. Tout le corps est fauve. Les quatre ailes sont d'un jaune fauve, & parsemées de points d'un brun rougeâtre. On y remarque une bande étroite, noire, qui part de l'extrémité des ailes supérieures, & qui les traverse toutes les quatre. On voit une raie anguleuse, brune vers leur base. Les supérieures ont trois taches transparentes, entourées d'un cercle noir, dont deux petites, placées, une vers la base, & l'autre vers le milieu du bord antérieur; & la troisième plus grande que celles-ci est placée vers le milieu de l'aile. Les inférieures ont une pareille tache circulaire, transparente, entourée d'un cercle noir. Le dessous des ailes est d'un jaune fauve, moins sali de points bruns; la bande noire que nous avons remarquée au dessus y est blanche, ainsi que les cercles qui entourent les taches transparentes.

Il est de Cayenne & de Surinam.

44. Bombix Tau.

Bombyx Tau.

Bombyx alis patulis testaceis, ocello subviolaceo, pupilla hastata alba. Fab. *Syst. entom. pag.* 560. *n°.* 15.—*Spec. ins. tom.* 2. *pag.* 172. *n°.* 27.—*Mant. ins. tom.* 2. *pag.* 110. *n°.* 31.

Phalæna Attacus Tau *pectinicornis elinguis, alis testaceis; ocello subviolaceo, pupilla hastata alba.* Lin. *Syst. nat. pag.* 811. *n°.* 8. — *Faun. suec. n°.* 1100.

Phalæna Tau. Scop. *Entom. carn. n°.* 484.

Act. Holm. 1749. *pag.* 130. *tab.* 4. *fig.* 8.

Roesel. *Ins. tom.* 4. *tab.* 7. *fig.* 3 & 4. & *tom.* 3. *class.* 2. *Pap. noct. tab.* 67. *fig.* 1. Chenille.

Schaeff. *Icon. ins. tab.* 85. *fig.* 4. 5. & 6.

Fuesly. *Ins. pag.* 33. *n°.* 633.

Esper. *tom.* 3. *tab.* 5. *fig.* 1---8.

Phalæna Bombyx Tau. Wienn. Verz. pag. 49. *n°.* 8.

La hachette. Ernst. *Pap. d'Europe. tom.* 4. *pag.* 67. *pl.* 129. *no.* 175.

Il a depuis deux jusqu'à deux pouces & demi de largeur, lorsque ses ailes sont étendues. Le mâle & la femelle diffèrent un peu par les couleurs. Le mâle a les antennes fauves & très-pectinées. La couleur des quatre ailes est d'un jaune fauve, avec une bande étroite, noirâtre, vers le bord postérieur. On voit vers le centre une tache oculée, violette, au milieu de laquelle est une prunelle blanche, en forme de T, plus ou moins régulier. Cette tache violette est entourée d'un cercle noir. Le dessous des ailes supérieures est plus pâle que le dessus; on y remarque la même tache oculée; la bande du dessus y est cendrée, & on voit une tache cendrée à l'extrémité. Le dessous des ailes inférieures est cendré à la base, & à l'extrémité antérieure: on y voit une bande étroite, cendrée vers le bord postérieur, & la tache oculée du milieu y est brune, avec la prunelle blanche en forme de T.

Les antennes des femelles sont sétacées. La couleur du corps & des ailes est d'un jaune très-pâle. On y remarque d'ailleurs les mêmes taches & le même dessein qu'à celles du mâle.

La chenille nommée, chenille du Marceau, dans l'ouvrage des *Papillons d'Europe*, se nourrit des feuilles du Saule marceau, *Salix caprea.* Lin. du Bouleau, du Hêtre, & quelquefois aussi du Chêne, de l'Orme, du Charme & même du Poirier & du Pommier. La chenille est d'un beau verd tendre, avec une raie longitudinale, blanche, de chaque côté du corps, au-dessous des stigmates. Son corps est rase & comme chagriné; elle est lourde & paroît se traîner avec peine après sa dernière mue, au lieu qu'elle étoit très-agile auparavant. Parvenue à toute sa grosseur vers le milieu ou la fin de Juillet, elle forme un creux en terre, dont elle bouche l'ouverture par le moyen de quelques fils de soie, & elle construit une coque de couleur brune, entremêlée de fragmens de feuilles, dans laquelle elle se transforme en chrysalide d'un rouge brun. L'insecte parfait en sort au mois de mars ou d'avril de l'année suivante.

Il se trouve dans toute l'Europe.

45. Bombix Io.

Bombyx Io.

Bombyx alis patulis, flavis: anticis subtus, posticis supra ocello atro: pupilla alba. Fab. *Syst. ent. pag.* 560. *n°.* 16. --- *Spec. ins. tom.* 2. *pag.* 173. *n°.* 28. --- *Mant. ins. tom.* 2. *pag.* 110. *n°.* 32.

Il ressemble au précédent pour la forme du corps. Les antennes sont jaunâtres & très-pectinées. La tête & le corcelet sont jaunes & velus. Les ailes supérieures sont jaunes, avec une tache ferrugineuse au milieu. Elles sont jaunes en dessous, avec une tache oculée noire, dont le centre ou la prunelle est blanche: on voit derrière cette tache une raie transversale, rousse. Les ailes inférieures sont jaunes en dessus, avec une grande tache oculée, noire, placée au milieu, dont la prunelle est en forme de raie blanche; derrière cette tache, il y a une raie demi circulaire noire, & une autre ferrugineuse. Ces ailes sont jaunes en dessous, avec une raie transversale, ferrugineuse.

Il se trouve en Amérique.

46. BOMBIX Abas.

Bombyx Abas.

Bombyx alis patulis fuscis, posticis cinereis, ocello rufo. FAB. *Spec. inf. tom.* 2. *pag.* 173. *n°.* 29. — *Mant. inf. tom.* 2. *pag.* 110. *n°.* 33.

Phalæna Abas. CRAM. *Pap exot. tom.* 1. *p.* 121. *pl.* 77. *fig. A. B.*

Ce Bombix a depuis deux & demi jusqu'à trois pouces de largeur, lorsque les ailes sont étendues. Les antennes du mâle sont pectinées, & celles de la femelle ne le sont presque pas. La trompe est imperceptible. Le corps est brun. Les ailes supérieures sont brunes. Celles du mâle sont un peu recourbées en faucille à leur extrémité : on y apperçoit, vers la base, quelques points jaunes, peu marqués, & une ligne transversale de la même couleur vers le bord postérieur. Celles de la femelle sont arrondies & brunes ; on y voit seulement une raie noirâtre vers le bord postérieur. Les ailes inférieures, dans les deux sexes, sont cendrées, avec une grande tache oculée, d'un rouge brun, entourée d'un cercle noir, & dont le centre ou la prunelle est blanche. Le dessous des ailes du mâle est brune & d'une seule couleur : on ne voit au-dessous des ailes inférieures qu'un seul point blanc, au lieu de la tache oculée. Le dessous des ailes de la femelle est brun. On voit au milieu des supérieures une tache oculée, & une seule petite tache jaunâtre au milieu des inférieures.

Il se trouve à Surinam.

47. BOMBIX Salmonée.

Bombyx Salmonea.

Bombyx alis patulis, anticis fuscis, striga atra, posticis rufis ocello nigro, lunula alba. FAB. *Spec. inf. tom.* 2. *pag.* 173. *n°.* 30. — *Mant. inf. tom.* 2. *pag.* 110. *n°.* 34.

Phalæna Salmonea. CRAM. *Pap. exot. tom.* 2. *pag.* 101. *pl.* 162. *fig. A.*

Il a près de cinq pouces de largeur, lorsque ses ailes sont étendues. Les antennes sont brunes & pectinées. La tête & le corcelet sont bruns & sans taches. L'abdomen est brun, avec des bandes rousses. Les ailes supérieures sont brunes. On apperçoit vers le milieu deux petites raies très-courtes, presque paralleles, jaunes, & une raie droite, transversale, noire, vers le bord postérieur. Les ailes inférieures sont roussâtres ; on y apperçoit une grande tache oculée, noire, entourée d'un cercle jaune, avec une raie blanche, en croissant, au centre. Derriere cette tache oculée, il y a une raie ondée, noirâtre, & une autre brune. Le dessous des ailes est d'un rouge brun, & il y a au milieu de chacune un point blanc.

Il se trouve à Cayenne, à Surinam.

48. BOMBIX Proserpine.

Bombyx Proserpina.

Bombyx alis patulis rotundatis nigris, fascia alba, macula subocellari nigra. FAB. *Syst. entom. pag.* 561. *n°.* 17. — *Spec. inf. tom.* 2. *pag.* 173. *n°.* 31. — *Mant. inf. tom.* 2. *pag.* 110. *n°.* 35.

Phalæna maja. DRURY. *Illust. inf. tom.* 2. *tab.* 24. *fig.* 3.

Phalæna maja. CRAM. *Pap. exot. tom.* 2. *pag.* 3. *tab.* 98. *fig. A.*

Ce *Bombix* a un peu plus de deux pouces de largeur, lorsque ses ailes sont étendues. Les antennes sont noires & très-pectinées. Le corps est noir avec l'extrémité de l'abdomen rouge-fauve, & une bande grisâtre au-devant du corcelet. Les ailes sont noires, minces, presque transparentes ; on voit une bande blanche qui les traverse toutes les quatre, plus large sur les ailes inférieures que sur les supérieures. On remarque sur cette bande une petite tache oculée noire, sur laquelle est une espece de prunelle blanche en forme de croissant. Les pattes sont noires, & les cuisses rougeâtres. La couleur des ailes en dessous est à-peu-près semblable à celle du dessus.

Il se trouve dans l'Amérique septentrionale, en Virginie, à la Nouvelle-Yorck.

49. BOMBIX Laocoon.

Bombyx Laocoon.

Bombyx alis patentibus fuscis, rufo lineatis, maculis flavis ; posticis subtus flavis, rufo lineatis.

Phalæna Laocoon. CRAM. *Pap. tom.* 2. *pag.* 80. *pl.* 117. *fig. A. B. C.*

Le mâle & la femelle different un peu pour les couleurs, & sur-tout pour la grandeur. Le mâle a environ quatre pouces de largeur, lorsque ses ailes sont étendues. Ses antennes sont pectinées. Sa trompe est imperceptible. La tête & le corcelet sont jaunâtres. L'abdomen est d'un jaune fauve. Les ailes supérieures sont noirâtres, avec les nervures rougeâtres, une tache & une bande irrégulieres, jaunes, & deux lignes transversales ondées rouges, dont l'une borde postérieurement la bande jaune, & l'autre est placée vers le bord postérieur. Les ailes inférieures sont d'un jaune un peu ferrugineux à leur base, ensuite brunes, avec les nervures rouges.

La femelle a près de six pouces de largeur. Ses antennes sont sétacées. Sa trompe est imperceptible. Les quatre ailes sont brunes, avec les nervures rougeâtres, & plusieurs taches jaunes, beaucoup plus nombreuses sur les supérieures. Le dessous des ailes supérieures est à-peu-près semblable au dessus ; mais le dessous des inférieures est jaune, avec les nervures rougeâtres. Le corps en dessous est jaune, & les pattes rougeâtres.

Il se trouve au Bengale.

50. BOMBIX Irmine.

Bombyx Irmina.

Bombyx alis patulis subfalcatis rufis, margine posteriori fulvo ; posticis ocello rufo, pupilla flava.

Phalæna Irmina. CRAM. *Pap. exot. tom.* 4. *pag.* 125. *pl.* 355. *fig. C. D.*

Il a un peu plus de deux pouces de largeur, lorsque ses ailes sont étendues. Les antennes sont rousses & pectinées. La trompe est imperceptible. Le corps est roussâtre. L'extrémité des ailes supérieures est légérement recourbée en faucille : leur couleur est roussâtre, & on y voit une raie transversale, étroite vers la base, une très-petite tache brune, entourée d'un cercle jaune, placée vers le milieu, une raie transversale, noirâtre vers l'extrémité; enfin, le bord postérieur est d'un jaune fauve. Les ailes inférieures sont jaunâtres à leur base, roussâtres au milieu, & d'un jaune fauve à leur bord postérieur, on y voit, au milieu, une tache ovale, oculée, formée d'un anneau noir, d'un autre rouge, & d'un point jaune, placé au centre. Le dessous des quatre ailes est d'une belle couleur jaune fauve, avec une raie moitié blanche & moitié brune qui les traverse. On apperçoit au milieu des supérieures une petite tache brune, & au milieu des inférieures, un point noir entouré de jaune & de fauve.

Il se trouve à Surinam.

51. Bombix Fabia.

Bombyx Fabia.

Bombyx alis patulis concoloribus luteis, strigis plurimis undatis fuscis.

Phalæna Fabia. Cram. *Pap. exot. tom.* 3. *p.* 98. *pl.* 250. *fig.* B.

Il a environ trois pouces & demi de largeur, lorsque les ailes sont étendues. Les antennes sont obscures & très-pectinées. La tête & le corcelet sont jaunes & sans taches. L'abdomen est jaune, avec des bandes obscures. Les quatre ailes sont jaunes, avec plusieurs bandes brunes, ondées, étroites. Le dessous du corps & les pattes sont jaunes, & les ailes y ont la même couleur que dessus; mais les bandes ondées y sont beaucoup moins marquées.

Il se trouve sur la côte de Coromandel.

52. Bombix spécieux.

Bombyx speciosa.

Bombyx alis patulis concoloribus roseis, anticis littera Y. Alba notatis.

Phalæna speciosa. Cram. *Pap. exot. tom.* 2. *p.* 16. *pl.* 107. *fig.* B.

Il a environ trois pouces & demi de largeur, lorsque les ailes sont étendues. Les antennes sont noirâtres & un peu pectinées. La trompe est imperceptible. La tête, le corcelet & l'extrémité de l'abdomen sont ferrugineux. L'abdomen est noir, avec des bandes blanches. Les quatre ailes sont d'un rouge clair de laque, avec la base un peu ferrugineuse. On apperçoit au milieu des supérieures une tache blanche, bordée de noir, en forme de Y. Les ailes en dessous sont d'un violet pâle, couleur de rose; on voit au milieu des supérieures la même lettre que nous avons remarquée au dessus.

Il se trouve à Surinam.

53. Bombix Agis.

Bombyx Agis.

Bombyx alis patulis, anticis albo roseoque variis; fusco venosis; posticis basi brunneis apice roseis.

Phalæna Agis. Cram. *Pap. exot. tom.* 1. *pag* 49. *pl.* 30. *fig.* F.

Il a environ trois pouces de largeur, lorsque ses ailes sont étendues. Les antennes sont noirâtres & pectinées. La trompe est courte & imperceptible. Le corcelet est d'un rouge pâle, & l'abdomen est fauve, avec des bandes noires. Les ailes supérieures sont d'un blanc légérement lavé de rouge, avec des taches d'un rouge pâle; elles ont les veines obscures, & elles sont parsemées de très-petits points bruns. Les ailes inférieures sont un peu brunes à leur base; elles sont ensuite d'un rouge couleur de rose, avec une bande brune. La couleur du dessous est à-peu-près la même que celle de dessus; elle est seulement un peu plus pâle.

Il se trouve à Surinam.

54. Bombix ondé.

Bombyx rivulosa.

Bombyx alis patulis concoloribus pallide brunneis, strigis plurimis undatis cinereis fuscisque.

Phalæna rivulosa. Drury. *Illust. ins. tom.* 2. *pl.* 14. *fig.* 5.

Phalæna rivulosa. Cram. *Pap. exot. tom.* 2. *pag.* 15. *pl.* 107. *fig.* A.

Il a près de trois pouces de largeur, lorsque ses ailes sont étendues. Les antennes sont obscures & pectinées. La trompe est imperceptible. Le corps est brun clair. Les ailes sont de la même couleur : on y voit des raies ondées, obscures & cendrées, avec une grande tache brune, qui occupe tout le milieu. Les inférieures sont un peu plus claires que les supérieures, & elles ont moins de raies ondées. Leur bord postérieur est un peu dentelé. Le dessous des ailes est cendré, avec une raie transversale, brune, ondée, & une tache obscure vers leur base.

Il se trouve à Surinam.

SECONDE FAMILLE.

Ailes reverses.

Ailes en toit aigu. Le bord antérieur des inférieures dépassant celui des supérieures.

55. Bombix Nausica.

Bombyx Nausica.

Bombyx alis reversis anticis rufo cinereis, strigis fuscis; posticis cinereis, ocello rubro fasciisque duabus abbreviatis nigris.

Phalæna Nausica. Cram. *Pap. exot. tom.* 3. *pag.* 97. *pl.* 249. *fig.* D. E. & *tom.* 4. *pag.* 26. *pl.* 303. *fig.* B. C.

Il a environ deux pouces & demi de largeur, lorsque les ailes sont étendues. Les antennes sont pectinées & roussâtres. La trompe est très-courte. La tête & le corcelet sont roussâtres bruns. L'abdomen est roussâtre en dessus & ferrugineux en dessous. Les ailes supérieures ont leur bord postérieur un peu découpé. Elles sont d'un gris roussâtre, un peu plus clair vers le bord postérieur, avec plusieurs raies transversales, obscures, & une petite tache oblongue roussâtre vers le milieu. Les ailes inférieures sont un peu découpées à leur bord antérieur, & arrondies au bord postérieur : elles sont cendrées, & on y remarque une tache noire à la base, une tache oculée, rouge, entourée d'un cercle noir, placée au milieu, ensuite deux bandes noires, sinuées, arquées, qui ne vont pas aboutir aux bords latéraux. Le dessous des quatre ailes est ferrugineux, avec des nuances claires ou blanchâtres, & une petite tache oblongue, noire, vers le milieu des supérieures, & un point noir au milieu des inférieures. Tout le corps en dessous est ferrugineux.

Il se trouve à Surinam.

56. Bombix Agrius.

Bombyx Agrius.

Bombyx alis reversis rotundatis castaneis ; anticis strigis duabus undatis fuscis, posticis immaculatis.

Sphinx Otus. Drury. *Illust. of Inf. tom.* 1. *tab.* 16. *fig.* 3.

Il a environ quatre pouces & un quart de largeur lorsque les ailes sont étendues. Les antennes sont brunes, fortement pectinées, recourbées à leur extrémité. Tout le corps est d'une couleur ferrugineuse brune. Les ailes supérieures sont d'un brun de maron clair, plus obscures à leur bord interne, avec deux raies transversales, ondées, noirâtres. Les inférieures sont d'un brun de maron clair, sans taches. La couleur des quatre ailes en dessous est roussâtre.

Il se trouve dans le Levant, à Smirne, sur la côte de Syrie.

M. Drury a pris mal-à-propos ce *Bombix* pour un Sphinx.

57. Bombix feuille-morte.

Bombyx quercifolia.

Bombyx alis reversis dentatis ferrugineis, ore tibiisque nigris. Fab. *Syst. entom. pag.* 561. *n°.* 19. — *Spec. inf. tom.* 2. *pag.* 173. *n°.* 32. — *Mant. inf. tom.* 2. *pag.* 111. *n°.* 37.

Phalæna Bombyx quercifolia *elinguis, alis reversis semitectis dentatis ferrugineis margine postico nigris.* Lin. *Syst. nat. pag.* 812. *n°.* 18. — *Faun. suec. n°.* 1110.

Phalæna pectinicornis elinguis, tota rufa, alarum margine serrato. Geoff. *Inf. tom.* 2. *pag.* 110. *n°.* 11.

La feuille morte. Geoff. *Ib.*

Phalæna maxima, tota obscurè rufa antennis plumosis, capite grandi, alis interioribus, cum sedit, ultra exteriores extantibus & sursum reflexis. Raj. *inf.* 141. *n°.* 1.

Phalæna quercifolia. Scop. *Entom. carn. n°.* 485.

Albin. *Inf.* 1. *tab.* 16.

Merian. *Europ. tab.* 17.

Reaum. *Mém. inf. tom.* 2. *pl.* 23. *fig.* 1—15.

Roes. *Inf. tom.* 1. *class.* 2. *Pap. noct. tab.* 41. *fig.* 1—7.

Frisch. *Inf.* 3. *tab.* 1. *fig.* 3.

Wilk. *Pap.* 27. *tab.* 3. *b.* 1.

Esper. *tom.* 3. *tab.* 6. *fig.* 3—7.

Sulz. *Inf. tab.* 16. *fig.* 93.

Poda. *Mus. Græc. pag.* 84.

Schaeff. *Icon. inf. tab.* 71. *fig.* 4 & 5.

Phalæna Bombyx quercifolia. Wienn. Verz. pag. 56. *n°.* 1.

La feuille morte. Ernst. *Pap. d'Europ. tom.* 4. *pag.* 199. *pl.* 166. *n°.* 217.

Ce *Bombix*, nommé par Réaumur *paquet de feuilles mortes*, à cause de sa couleur & de la position ordinaire de ses ailes, a environ depuis deux & demi jusqu'à trois pouces de largeur, lorsque les ailes sont étendues. Le mâle est ordinairement plus petit que la femelle. La couleur de cet insecte est ferrugineuse plus ou moins brune. Les antennes sont noirâtres, pectinées & arquées. Les antennules sont brunes, portées en avant, comme une espece de bec. Les ailes sont dentelées à leur bord postérieur. On voit sur les supérieures, trois raies transversales, noirâtres, ondées, & deux seulement sur les inférieures, moins ondées que sur les supérieures. Le bord postérieur des ailes du mâle est d'un brun noirâtre, ce qui le distingue de la femelle, dont la couleur des ailes est d'un brun ferrugineux.

On le trouve presque dans toute l'Europe.

La chenille se nourrit des feuilles de Poirier, de Pommier, & rarement de celles de Pêcher & de Prunier. Elle est d'une couleur brune claire, & quelquefois cendrée. On y remarque deux taches transversales bleues, à la partie supérieure du corps, un peu au-delà de la tête, & deux tubercules rougeâtres sur la partie supérieure de chaque anneau. Vers l'extrémité du corps, elle a une élévation en forme de queue assez courte, telle qu'on la remarque dans les chenilles des Sphinx. De chaque côté du corps, près des stigmates, on voit des appendices charnues, dirigées horizontalement, & bordées de poils roux assez longs & assez serrés. La partie supérieure du corps est un peu velue, & les poils sont très-courts.

Cette chenille fait beaucoup de tort aux arbres fruitiers lorsqu'elle y est en grand nombre. Elle ne mange guères que la nuit, & elle se tient collée pendant le jour contre quelque branche ou quelque rameau. Elle file une coque presque ovale, d'un tissu peu serré & d'une consistance peu solide, dans laquelle elle se change en chrysalide, & d'où l'insecte parfait sort environ vingt jours après.

58. Bombix feuille de Peuplier.

Bombyx Populifolia.

Bombyx alis reversis testaceis dentatis : lunulis numerosis fuscis. Fab. *Mant. inf. tom.* 2. *pag.* 110. *n°.* 36.

Mérian. *Inf. Europ. tab.* 32.

ESPER. *tom.* 3. *pag.* 62. *tab.* 7. *fig.* 1. *Populifolia.*

Phalæna Bombyx Populifolia. Wienn. Verz. pag. 310. *n°.* 5.

La feuille de Peuplier. ERNST. *Pap. d'Europ. tom.* 4. *pag.* 203. *pl.* 167. *n°.* 218.

Il ressemble au précédent pour la forme & la grandeur. La bouche & le dessous des antennules sont noirs. Les antennes sont arquées, pectinées & brunes. Le corcelet est d'un jaune ferrugineux, avec une raie longitudinale, noire. L'abdomen est d'un jaune ferrugineux. Les ailes supérieures sont fauves, & sont marquées de plusieurs raies transversales, ondées, interrompues, qui forment un grand nombre de croissans les uns à la suite des autres. Le bord postérieur est un peu grisâtre & dentelé. Les ailes inférieures sont moitié fauves & moitié pâles, avec quelques raies ondées. Elles sont arrondies & un peu dentelées.

Il se trouve aux environs de Vienne en Autriche.

La chenille, figurée dans la planche de Mérian que nous avons citée, ressemble beaucoup à la précédente pour la forme du corps : elle en diffère seulement un peu par les couleurs. Elle se nourrit des feuilles de Peuplier. Elle ne se trouve point aux environs de Paris.

59. BOMBIX feuille-sèche.

BOMBYX *ilicifolia.*

Bombyx alis reversis semitectis serratis griseis, margine postico albopunctato. FAB. *Syst. entom. pag.* 562. *n°.* 20. — *Spec. inf. tom.* 2. *pag.* 174. *n°.* 33. — *Mant. inf. tom.* 2. *pag.* 111. *n°.* 38.

Phalæna Bombyx ilicifolia *elinguis, alis reversis semitectis serratis griseis, margine postico albo variegato.* LIN. *Syst. nat. pag.* 813. *n°.* 19. — *Faun. suec. n°.* 1109.

Phalene à antennes à barbes, sans trompe; d'un brun roussâtre mêlé de nuances grises, & dont les ailes inférieures débordent les supérieures. DEG. *Mém. tom.* 1. *pag.* 697. *pl.* 14. *fig.* 7. 8. 9. — *Id. tom.* 1. *pag.* 229.

Phalene *petit paquet de feuilles sèches*, à antennes barbues, sans trompe, à ailes débordées, dentelées, d'un brun roussâtre, avec des raies ondées, obscures, des nuances d'un gris d'agathe, & bordées de blanc. DEG. *Mém. tom.* 2. *pag.* 298.

FUESLY. *Inf. pag.* 33. *n°.* 637.

ESPER. *Tom.* 3. *pag.* 64. *tab.* 8. *fig.* 1—5.

Naturf. 15. *pag.* 57. *tab.* 3. *fig.* 5—14.

Phalæna Bombyx ilicifolia. Wienn. Verz. p. 56. *n°.* 2.

La petite feuille-morte. ERNST. *Pap. d'Europ. tom.* 4. *pag.* 206. *pl.* 148. *n°.* 220.

Il ressemble aux précédens, mais il est beaucoup plus petit, n'ayant gueres plus d'un pouce & demi de largeur, les ailes étendues. Les antennes sont brunes, pectinées, & ne sont pas arquées comme dans les deux précédens. Le corps est d'un brun ferrugineux, plus ou moins mêlé de grisâtre. Les ailes sont d'un brun ferrugineux, avec trois raies transversales, ondées, & le bord postérieur grisâtre. Le bord postérieur des supérieures est dentelé, & on remarque un peu de blanc entre chaque dentelure. Les inférieures dépassent beaucoup les supérieures par leur bord antérieur, & ce bord se recourbe un peu; il est anguleux vers la base, arrondi & dentelé postérieurement.

Il se trouve en Allemagne, en Suede.

Sa Chenille se nourrit des feuilles de Saule, de Bouleau, de Frêne, de Peuplier, & de Chêne. Elle est d'une couleur cendrée, un peu jaunâtre en dessus, & noire en dessous, avec des taches blanches & jaunes. Elle est velue à sa partie supérieure; mais les poils en sont courts & peu serrés. De chaque côté du corps, on voit des tubercules charnus, élevés, d'où partent des poils beaucoup plus longs que ceux du dos. On remarque un peu au-delà de la tête deux taches transversales, d'un bleu foncé noirâtre, tachées de jaune au milieu. Elle file une coque ovale, blanchâtre, entre plusieurs feuilles, dans laquelle elle se change en chrysalide, & d'où elle ne sort que le printems suivant.

60. BOMBIX Promule.

BOMBYX *Promula.*

Bombyx alis reversis subdentatis fuscis immaculatis, abdomine brunneo. FAB. *Spec. inf. tom.* 2. *pag.* 174. *n°.* 34. — *Mant. inf. tom.* 2. *pag.* 111. *n°.* 39.

Phalæna Promula. CRAM. *Pap. exot. tom.* 1. *pag.* 114. *tab.* 72. *fig. D.*

Il a un peu plus de deux pouces de largeur. Les antennes sont brunes & pectinées. Le corcelet est brun noirâtre, & l'abdomen est brun ferrugineux. Les ailes sont d'un brun noirâtre sans taches. Les inférieures ont leur bord postérieur peu dentelé. Le dessous est semblable au dessus.

Il se trouve à Java.

61. BOMBIX Cassandre.

BOMBYX *Cassandra.*

Bombyx alis subreversis ferrugineis : strigis obscurioribus, thorace antice brunneo. FAB. *Mant. inf. tom.* 2. *pag.* 111. *n°.* 40.

Il est de grandeur moyenne. Les antennes sont pâles & à peine pectinées. La tête est roussâtre. Le corcelet est d'un brun obscur, avec la partie postérieure cendrée. L'abdomen est cendré, sans taches. Les ailes supérieures sont ferrugineuses, avec trois raies transversales, distinctes, & quelques-unes presque effacées, obscures. Le dessous est pâle & sans taches, & le bord postérieur est dentelé. Les ailes inférieures sont cendrées, sans taches.

Il se trouve.....

62. BOMBIX du Cap.

BOMBYX *capensis.*

Bombyx alis reversis helvolis, anticis strigis duabus repandis, posteriore nigra inducta. FAB. *Syst. entom.*

entom. pag. 562. *n°.* 21.—*Spec. inf. tom.* 2. *p.* 174. *n°.* 35.—*Mant. tom.* 2. *p.* 111. *n°.* 40.

Phalæna Bombyx Capensis *elinguis*, *alis reversis helvolis*, *superioribus strigis duabus repandis albis : posteriore nigro inducta.* LIN. *Syst. nat. pag.* 813. *n°.* 20.

Il est plus grand que le *Bombyx feuille-morte.* Les antennes des mâles sont pectinées, & de la longueur du corcelet; celui-ci est d'un jaune pâle. L'abdomen est jaune. Les ailes supérieures sont jaunes en dessus, avec deux raies transversales, dont la première est blanche, ondée, & plus large que l'autre : la seconde est oblique, sinuée, blanche à sa partie antérieure, & noire à la postérieure. Ces ailes sont pâles vers le bord postérieur. Les ailes inférieures sont d'une couleur presque canelle, tant en dessus qu'en dessous, ainsi que la partie inférieure des ailes supérieures.

Il se trouve en Afrique, au Cap de Bonne-Espérance.

63. BOMBIX Aluco.

BOMBYX Aluco.

Bombyx alis reversis fuscis, apice cinereis. FAB. *Spec. inf. tom.* 2. *pag.* 174. *n°.* 36. — *Mant. inf. tom.* 2. *pag.* 111. *n°.* 42.

Il est grand & point du tout luisant. La tête & le corcelet sont d'une couleur cendrée-noirâtre. Les ailes supérieures sont noirâtres, avec une grande partie du bord postérieur cendrée. Les quatre ailes sont ferrugineuses en dessous & parsemées de points cendrés. L'abdomen est ferrugineux & velu. Les pattes sont velues, & les tarses ont des anneaux blancs.

Il se trouve au Cap de Bonne-Espérance.

64. BOMBIX austral.

BOMBIX australasiæ.

Bombyx alis reversis helvolis, posticis basi subtus ferrugineis. FAB. *Syst. ent. pag.* 562. *n°.* 22.—*Spec. inf. tom.* 2. *pag.* 175. *n°.* 37. — *Mant. inf. tom.* 2. *pag.* 111. *n°.* 42.

Il ressemble aux précédens. Les antennules sont grandes, très-comprimées, obtuses. Le corps est roussâtre. Les ailes sont entières, sans dentelures, roussâtres. Les postérieures sont ferrugineuses en dessous, depuis la base jusqu'au milieu.

Il se trouve dans la Nouvelle-Hollande.

65. BOMBIX quatre-bandes.

BOMBYX quadricincta.

Bombyx alis reversis brunneis : strigis quatuor pallidis. FAB. *Mant. inf. tom.* 2. *pag.* 111. *n°.* 44.

Il est grand. Les antennes sont pectinées. Le corps est brun & velu. Les ailes supérieures sont brunes & marquées de quatre raies transversales plus pâles. Les postérieures sont brunes & sans taches.

Il se trouve aux Indes orientales.

66. BOMBIX du Hêtre.

BOMBYX Fagi.

Bombyx alis reversis rufo-cinereis, fasciis duabus linearibus luteis flexuosis. FAB. *Syst. entom. pag.* 562. *n°.* 23. — *Spec. inf. tom.* 2. *pag.* 175. *n°.* 38. — *Mant. inf. tom.* 2. *pag.* 111. *n°.* 45.

Phalæna Bombyx Fagi *elinguis, alis reversis rufo-cinereis : fasciis duabus linearibus luteis flexuosis.* LIN. *Syst. nat. pag.* 816. *n°.* 30. — *Faun. suec. n°.* 1113.

MOUFF. *Theat. inf. pag.* 198.

ALBIN. *Inf. tab.* 58.

Acta Holm. 1749. *pag.* 132. *tab.* 4. *fig.* 10—14.

ROES. *Inf. tom.* 3. *tab.* 12. *fig.* 1—7.

UDDMAN. *Diss.* 61.

ESPER. *Inf. tom.* 3. *tab.* 20. *fig.* 1—7.

FUESLY. *Inf. pag.* 34. *n°.* 648.

Phalæna Bombyx Fagi. Wienn. Verz. pag. 65. *n°.* 2.

L'Ecureuil. ERNST. *Pap. d'Europ. tom.* 5. *p.* 122. *pl.* 205. *n°.* 276.

Il a depuis deux jusqu'à deux pouces & demi de largeur, lorsque les ailes sont étendues. Les antennes du mâle sont pectinées, excepté à leur extrémité. La tête & le corcelet sont d'un gris cendré un peu jaunâtre. L'abdomen est cendré, avec quelques taches obscures, peu marquées. Les ailes supérieures sont d'un gris cendré un peu brun, avec deux raies transversales jaunâtres, ondées, placées l'une assez près de l'autre, vers le milieu de l'aile. La base est cendrée. Le bord postérieur est un peu cendré, avec quelques taches noirâtres. Les ailes inférieures sont cendrées & nuancées de jaunâtre & de brun à leur base. Le dessous des quatre ailes est d'un gris cendré, jaunâtre pâle.

Il se trouve en Europe.

La chenille est très-remarquable par sa forme & par la longueur des pattes antérieures. Elle se nourrit des feuilles du Hêtre, du Chêne, du Bouleau, du Noisetier. Sa couleur est d'un jaune roussâtre, avec des nuances de brun. La séparation des anneaux est très-profonde, & sur trois de ces anneaux, on remarque des élévations terminées en pointe obtuse. On apperçoit à la partie inférieure des derniers anneaux, des éminences charnues, arrondies, qui ont de petites échancrures en forme de scie. Le corps est terminé par deux appendices dures, en forme de fourches. Les pattes antérieures ou écailleuses donnent à cette chenille un air singulier; les deux premières sont courtes, & semblables à celles des autres chenilles; mais les quatre autres sont très-longues, & l'insecte paroît plutôt s'en servir pour se défendre que pour marcher. Elle file une coque ovale, assez dure, dans laquelle elle se change en chrysalide.

67. BOMBIX du Trefle.

BOMBYX Trifolii.

Bombyx alis reversis ferrugineis, anticis strigæ punctoque albis, posticis immaculatis. FAB. *Mant. inf. tom.* 2. *pag.* 112. *n°.* 46.

REAUM. *Tom.* 1. *pag.* 520. *pl.* 2. *fig.* 19. La Chenille.

ROES. *Inf. tom.* 1. *claff.* 2. *Pap. noct. tab.* 35. *a. fig.* 4 & 5. & *tab.* 35. *b. fig.* 1. 2. 3.

ESPER. *Pap. tom.* 3. *pag.* 87. *tab.* 15. *fig.* 1—6.

MERIAN. *Inf. Europ. tab.* 155.

FUESLY. *Inf. pag.* 34. *n°.* 643. *Dumeti.*

Phalæna Bombyx Trifolii. Wienn. Verz. p. 57. *n°.* 4.

Le petit minime à bandes. ERNST. *Pap. d'Europ. tom.* 5. *pag.* 13. *pl.* 176. *n°.* 226.

Ce *Bombyx* ressemble si fort au suivant, qu'on les prendroit tous deux pour la même espèce, si leurs chenilles ne différoient les unes des autres. Les antennes du mâle sont très-pectinées, & celles de la femelle ne le sont presque pas. Tout leur corps est d'une couleur ferrugineuse brune, quelquefois un peu pâle. On voit sur les ailes supérieures une bande jaunâtre, qui ne se trouve pas sur les ailes inférieures, ou qui y est moins marquée que dans le *Bombix* suivant; on y voit aussi un point blanc placé vers le milieu. Le dessous des quatre ailes est d'un brun fauve, un peu cendré, plus clair que le dessus, & légérement marqué d'une bande obscure.

Il se trouve en Europe.

La chenille se nourrit de différentes plantes, & des feuilles de différens arbres. On la trouve dans les prairies, sur les Graminées, sur le Trefle, & quelquefois aussi sur la Ronce, sur le Charme, sur l'Orme. Elle est velue, & d'une couleur brune, un peu cendrée à la partie supérieure de son corps. On y remarque quelques points & la séparation des anneaux, bleuâtres, & une tache transversale rouge, un peu au-delà de la tête. Elle file une coque ovale, arrondie & égale par les deux bouts. La chrysalide est jaunâtre à sa partie inférieure, & brune à sa partie supérieure. Elle reste dans cet état environ six semaines, & l'insecte parfait se montre ordinairement dans le mois de juillet ou d'août.

68. BOMBIX du Chêne.

BOMBYX *Quercus.*

Bombyx alis reversis ferrugineis: striga flava, anticis puncto albo. FAB. *Syst. entom. pag.* 562. *n°.* 24. — *Spec. inf. tom.* 2. *pag.* 175. *n°.* 39. — *Mant. inf. tom.* 2. *pag.* 112. *n°.* 47.

Phalæna Bombyx Quercus *elinguis, alis reversis ferrugineis: fascia flava punctoque albo.* LIN. *Syst. nat. pag.* 814. *n°.* 25. *Faun. suec. n°.* 1106.

Phalæna pectinicornis elinguis rufa, alis rotundatis fascia pallidiore, superioribus puncto albo. GEOF. *Inf. tom.* 2. *pag.* 111. *n°.* 13.

Le minime à bande. GEOF. *Ib.*

REAUM. *Mém. tom.* 1. *pl.* 35. *fig.* 1—15.

ROES. *Inf. tom.* 1. *claff.* 2. *Papil. noct. tab.* 35. *a. fig.* 1. 2. 3. & *tab.* 35. *b. fig.* 4. 5. 6.

Phalæna Quercus. SCOP. *entom. carn. n°.* 487.

MERIAN. *Europ. tab.* 10.

PETIV. *Gazop. tab.* 45. *fig.* 3.

ALBIN. *Inf. tab.* 18. *fig.* 25.

GOED. *Inf.* 1. 51. *tab.* 7.

WILK. 22. *n°.* 11. *tab.* 46.

AMMIR. *Inf. tab.* 31.

ESPER. *Tom.* 3. *pag.* 81. *tab.* 13. *fig.* 2—6. & *tab.* 14. *fig.* 1. 2.

SCHAEFF. *Icon. inf. tab.* 87. *fig.* 1. 2. 3.

FUESLY. *Inf. pag.* 34. *n°.* 642.

Phalæna Bombyx Quercus Wienn. Verz. pag 56. *n°.* 3.

Le minime à bande. ERNST. *Pap. d'Europ. tom.* 5. *pag.* 8. *pl.* 174. & *pl.* 175. *n°.* 225.

Ce *Bombix* a ordinairement depuis deux jusqu'à trois pouces de largeur, les ailes étendues. Le mâle est d'une couleur ferrugineuse brune, & la femelle d'une couleur ferrugineuse pâle. Les antennes du mâle sont fortement pectinées, & celles de la femelle le sont très-peu. On voit vers le milieu des ailes supérieures, un point blanc, bordé de brun, & une bande jaune, qui traverse les quatre ailes, plus large, & plus marquée sur le mâle que sur la femelle. Le dessous des ailes est d'une couleur plus claire que le dessus, & la bande jaune y est plus pâle & moins marquée.

Il se trouve dans toute l'Europe. Il n'est pas rare aux environs de Paris.

La chenille se nourrit des feuilles du Chêne, du Charme, de l'Orme, du Prunier épineux, du Cornouiller, de l'Aubépine, du Groseiller, &c., & quelquefois aussi du Saule, du Peuplier, du Bouleau. Elle est velue, noirâtre ou d'un brun clair, ou quelquefois tirant sur le grisâtre, avec quelques taches blanches plus ou moins nombreuses, plus ou moins marquées. Les poils qui couvrent son corps sont roussâtres. Elle vit en société dans sa jeunesse, passe ordinairement l'hiver dans son premier état, & ne se change en chrysalide que le printemps suivant. Elle file une coque semblable à celle du *Bombix* précédent, & l'insecte en sort dans les mois de juillet & d'août.

69. BOMBIX stigmate.

BOMBYX *stigma.*

Bombyx alis reversis, testaceis, fusco irroratis punctoque centrali niveo. FAB. *Syst. ent. pag.* 563. *n°.* 25. — *Spec. inf. tom.* 2. *pag.* 176. *n°.* 40. — *Mant. inf. tom.* 2. *p.* 112. *n°.* 48.

La tête de ce *Bombix* est velue & d'une couleur de briques. Les antennes sont courtes. Les ailes supérieures sont briquetées, parsemées de points noirs, avec un point blanc au milieu, & une raie oblique, noirâtre, placée au-delà du point blanc. Les ailes inférieures sont briquetées, sans taches. Les quatre ailes sont briquetées en dessous, avec des points & une raie noirâtres.

Il se trouve dans l'Amérique méridionale.

70. BOMBIX louche.

BOMBYX *lusca.*

Bombyx alis reversis ferrugineis, anticis macula

media atra : lunula nivea. FAB. *Mant. inf. tom.* 2. *pag.* 112. *n°.* 49.

Il ressemble entièrement aux précédens. Le corps est velu & ferrugineux. Les antennes sont courtes & très-pectinées. Le corcelet a une petite bande obscure au milieu. Les ailes supérieures sont ferrugineuses, & ont une grande tache au milieu réniforme, noire, dans laquelle on apperçoit une lunule blanche. Vers le bord postérieur, il y a une raie formée par une suite de points noirâtres. Les postérieures, en dessus, & le dessous des quatre ailes sont d'une couleur ferrugineuse sans taches.

Il se trouve sur la côte de Coromandel.

71. BOMBIX du Prunier.
BOMBYX Pruni.
Bombyx alis reversis dentatis flavis, strigis duabus fuscis punctoque albo. FAB. *Syst. entom. pag.* 563. *n°.* 26. — *Spec. ins. tom.* 2. *pag.* 176. *n°.* 41. — *Mant. inf. tom.* 2. *pag.* 112. *n°.* 50.
Phalæna Bombyx Pruni *elinguis, alis reversis luteis : strigis duabus fulvis punctoque albo.* LIN. *Syst. nat. pag.* 813. *n°.* 22.
ROES. *Inf. tom.* 1. *class.* 2. *Papil. noct. tab.* 36. *fig.* 1—6.
ESPER. *Tom.* 3. *pag.* 72. *tab.* 10. *fig.* 1—4.
FUESLY. *Inf. pag.* 34. *n°.* 639.
SCHAEFF. *Icon. inf. tab.* 60. *fig.* 6 & 7.
Naturf. 8. *pag.* 101. *n°.* 3.
Phalæna Bombyx Pruni. Wienn. Verz. pag. 56. *n°.* 3.
La feuille morte du Prunier. ERNST. *Pap. d'Eur. tom.* 4. *pag.* 209. *pl.* 169. *n°.* 221.

Il a depuis un pouce & trois quarts jusqu'à deux pouces & un quart de largeur, lorsque les ailes sont étendues. Les antennes sont fauves & pectinées. Les antennules sont portées en avant, & forment une espèce de bec. Tout le corps est d'un jaune ferrugineux. Les ailes sont d'un jaune ferrugineux : les supérieures ont deux raies transversales, brunes, & entr'elles, un point d'un très-beau blanc, légérement bordé de brun. Le bord postérieur est brun & dentelé. Les ailes inférieures sont moins jaunes que les supérieures; elles n'ont ni raies brunes ni point blanc, mais seulement une bande peu marquée, obscure. Le dessous des quatre ailes est-à-peu-près de la même couleur que le dessus : on y voit une ou deux bandes d'un brun ferrugineux, plus ou moins marquées.
Il se trouve dans toute l'Europe.

La chenille se nourrit des feuilles de Prunier, de Poirier, d'Abricotier, de Cerisier de Chêne, de Tilleul, de Bouleau, &c. Elle est un peu velue, d'une couleur cendrée, obscure, avec des nuances noirâtres, & des taches bleuâtres derrière la tête. Les côtés du corps sont garnis de poils plus longs que ceux du dessus. La dernière paire de pattes est garnie de poils, qui, comme ceux des côtés du corps, ont une direction presque horizontale, ce qui les fait paroître fort larges, & a fait quelquefois donner à cette chenille le nom de *chenille à queue de poisson.* Elle file une coque blanchâtre, ou d'un blanc jaune, d'un tissu peu serré, & d'une consistance peu solide, dans laquelle elle se change en chrysalide, & d'où elle sort au bout de trois semaines sous la forme d'insecte parfait. Les œufs de ce *Bombix* sont blancs, ronds, & de la grandeur de ceux du *Bombix* du Mûrier.

72. BOMBIX Amphinome.
BOMBYX Amphinome.
Bombyx alis subreversis integris cinerascentibus, strigis duabus nigris, anticis puncto medio fulvo. FAB. *Syst. entom. pag.* 563. *n°.* 27. — *Spec. inf. tom.* 2. *pag.* 176. *n°.* 42. — *Mant. inf. tom.* 2. *pag.* 112. *n°.* 51.

Les antennes de ce *Bombix* sont noirâtres & très-pectinées. Le corps est velu & fauve. Le corcelet a deux lignes longitudinales, noires. L'abdomen a des anneaux noirs, en dessus. Les ailes sont entieres, cendrées, avec deux raies transversales, ondées, noires : entre ces stries, on voit sur les ailes supérieures une petite tache fauve. Les quatre ailes ont en dessous une seule raie transversale, noire, droite. Les pattes sont fauves & les tarses noirs.

Il se trouve à la Terre de Feu.

73. BOMBIX Astynome.
BOMBYX Astynome.
Bombyx alis reversis rufo-brunneis, anticis striga fusca punctoque medio albo, posticis immaculatis.
Phalæna Bombyx virginiensis. DRURY. *Illust. of inf. tom.* 2. *tab.* 13. *fig.* 2.
Il a environ deux pouces & demi de largeur lorsque les ailes sont étendues. Les antennes sont un peu pectinées. Tout le corps est ferrugineux. Les ailes supérieures sont d'une couleur roussâtre, brune, avec une raie transversale, droite, qui va de l'extrémité au milieu du bord interne; au milieu de l'aile, il y a un point blanc rond. Les inférieures sont de la couleur des supérieures, sans taches.

Il se trouve dans la Caroline, la Virginie.

74. BOMBIX buveur.
BOMBYX potatoria.
Bombyx alis reversis subdentatis flavis, striga fulva repandaque, punctis duobus albis. FAB. *Syst. ent. pag.* 564. *n°.* 28. — *Spec. inf. tom.* 2. *p.* 176. *n°.* 43. — *Mant. inf. tom.* 2. *p.* 11 . *n°.* 52.
Phalæna Bombyx potatoria *eliguis, alis reversis flavis : striga fulva repandaque punctis duobus albis.* LIN. *Syst. nat. pag.* 813. *n°.* 23.
GOED. *Inf.* 1. *tab.* 12.
LIST. GOED. *p.* 195. *n°.* 82. *fig.* 81.
ALBIN. *Inf. tab.* 7.
MERIAN. *Europ. tab.* 66.

Roes. *Inf. tom. 1. claff. 2. Papil. noct. tab. 2. fig.* 1—8.

Esper. *Tom. 3. tab. 11. fig.* 1—5.

Sepp. *Inf.* 4. *pag.* 37. *tab.* 8.

Fuesly. *Inf. tom.* 1. *pag.* 270.

Schaeff. *Icon. inf. tab.* 77. *fig.* 10. 11.

Phalæna Bombyx potatoria Wienn. Verz. p. 56. *n°.* 1.

La Buvense, Ernst. *Pap. d'Europ. tom.* 5. *p.* 1. *pl.* 172. *n°.* 223.

Il eſt de la grandeur du *Bombix du Prunier*. Les antennes ſont fauves & très-pectinées. Le corps eſt d'une couleur jaune ferrugineuſe. Les ailes ſont d'une couleur d'ocre plus ou moins claire. On remarque ſur les ſupérieures deux raies tranſverſales brunes, dont l'une droite & oblique, & l'autre poſtérieure, ondée. Vers le milieu de l'aile, il y a deux points blancs, dont l'un plus grand que l'autre. Les ailes inférieures ſont ferrugineuſes, avec une raie brune, peu marquée. Le deſſous des quatre ailes eſt plus pâle que le deſſus & ſans taches.

Il ſe trouve en Europe.

La chenille ſe nourrit de la plupart des plantes graminées : on la trouve ſur le Brome ſtérile, *Bromus ſterilis*, ſur les Roſeaux, &c. Elle eſt un peu velue, & d'une couleur cendrée brune. Elle a ſur le premier & ſur le dernier anneau deux aigrettes ou touffes de poils, l'une inclinée vers la tête, & l'autre vers la queue. De chaque côté du dos, il y a deux rangées de petites broſſes de poils noirs, très-courts, & au deſſous une ligne longitudinale, formée par de petites taches jaunes. On remarque un peu plus bas une autre rangée de petites touffes de poils blancs, très-courts, qui manquent quelquefois. Parvenue ordinairement à toute ſa groſſeur dans les mois de juin & de juillet, elle file une coque oblongue, griſâtre, molle, entre les tiges des plantes qui l'ont nourrie, & ſe change en chryſalide. Cette coque eſt ouverte par le bout ſupérieur, & l'inſecte parfait en ſort environ un mois après.

75. Bombix oculé.

Bombyx ocularia.

Bombyx alis ſubreverſis, albis : punctis ocellaribus nigris, numeroſis. Fab. *Syſt. ent. pag.* 564. *n°.* 29. — *Spec. inſ. tom.* 2. *pag.* 177. *n°.* 44. — *Mant. inſ. tom.* 2. *pag.* 112. *n°.* 53.

Il eſt grand. Les antennes ſont noires & filiformes. La tête eſt blanche, avec un point noirâtre de chaque côté, ſous les antennes. Le corcelet eſt blanc, avec douze points noirs, à ſa partie ſupérieure, dont deux plus grands que les autres, & recourbés. Les quatre ailes ſont de la même couleur. Les ſupérieures ſont blanches, avec pluſieurs points noirs, preſque oculés, & l'extrémité obſcure. Les inférieures dépaſſent un peu les autres par leur bord antérieur ; elles ſont blanches, avec pluſieurs points noirs. Les pattes ſont blanches, & les tarſes ont des anneaux noirs. L'abdomen eſt noir en deſſus, blanc en deſſous, & rouge de chaque côté.

On le trouve dans l'Amérique méridionale.

76. Bombix de l'Hibiſcus.

Bombyx Hibiſci.

Bombyx alis ſubreverſis concoloribus luteis, anticis ſtrigis duabus poſticis unica. Fab. *Syſt. entom. pag.* 564. *n°.* 30. — *Spec. inſ. tom.* 2. *pag.* 177. *n°.* 45. — *Mant. inſ. tom.* 2. *pag.* 113. *n°.* 54.

Il reſſemble au *Bombix buveur*. Le corps eſt jaunâtre, & le corcelet eſt jaune antérieurement. Les ailes ſont jaunes, entières. On voit ſur les ſupérieures deux raies tranſverſales, noirâtres, dont la première eſt courte. Les ailes poſtérieures ont une ſeule raie tranſverſale, noirâtre.

Il ſe trouve aux Indes orientales.

La chenille ſe nourrit des feuilles d'une eſpèce d'Hibiſcus, *Hibiſcus populneus.* Lin.

77. Bombix Cynire.

Bombyx Cynira.

Bombyx alis reverſis luteis, ſtrigis duabus annuliſque tribus anticarum connatis fuſcis. Fab. *Spec. inſ. tom.* 2. *pag.* 177. *n°.* 46. — *Mant. inſ. tom.* 2. *pag.* 113. *n°.* 55.

Phalæna Cynira. Cram. *Pap. exot. tom.* 2. *p.* 89. *pl.* 152. *fig. C.*

Ce *Bombix* a environ trois pouces de largeur, lorſque les ailes ſont étendues. Il eſt d'une belle couleur jaune claire. Les antennes ſont pectinées. On voit ſur les ailes deux raies tranſverſales brunes, quelques points bruns, peu marqués, & ſur les ſupérieures ſeulement, une tache en forme de trois anneaux bruns, l'un à la ſuite de l'autre, placée vers le milieu. Les quatre ailes ſont d'un jaune pâle en deſſous, avec beaucoup de points bruns clairs, ſans raies ni taches.

78. Bombix Déjopée.

Bombyx Dejopea.

Bombix alis reverſis brunneis, anticis faſcia apiceque cinereis.

Phalæna Pithiocampa. Cram. *Pap. exot. tom.* 4. *pag.* 29. *pl.* 304. *fig. E. F.*

Il a depuis deux pouces & demi juſqu'à trois & demi de largeur, lorſque les ailes ſont étendues. Les antennes ſont très-pectinées, & d'une couleur rouſſe brune. Le corcelet eſt gris brun, l'abdomen eſt brun clair. Les ailes ſont d'un brun clair, un peu fauve dans les mâles. On remarque aux ſupérieures une bande cendrée, à quelque diſtance de la baſe, & une partie de l'aile tout le long du bord poſtérieur de la même couleur cendrée ; celle-ci eſt ſéparée du brun par une raie obſcure. Les ailes inférieures ſont d'un brun clair, avec le bord poſtérieur cendré & arrondi. Le bord poſtérieur des ailes du mâle tire un peu ſur le jaune. Le deſſous du corps du mâle eſt velu & cendré, & les ailes ſont brunes, ſans taches. Le deſſous du corps & des ailes de la femelle eſt cendré brunâtre, ſans taches.

Il ſe trouve au Cap de Bonne-Eſperance.

79. Bombix Peripheta.

Bombyx Peripheta.

Bombyx alis reverſis dentatis cervinis, fuſco reticulatis, maculis albis pellucidis.

Phalæna Peripheta. Cram. *Pap. exot. tom.* 2. *p.* 54. *pl.* 131. *fig. G.*

Seba. *Muſ. tom.* 4. *tab.* 37. *fig.* 9. & 10 & *tab.* 57. *fig.* 10. & 11.

Naturf. 5. *pag.* 1. *tab.* 1.

Ce *Bombix* eſt auſſi remarquable par ſes couleurs que par ſa forme. Il a environ trois pouces & demi de largeur, lorſque ſes ailes ſont étendues. Les antennes ſont un peu pectinées. Tout le corps eſt d'une couleur fauve brune, aſſez claire. Les ailes ſont marquées de petites lignes & de petits traits irréguliers, obſcurs; on y remarque des taches de forme & de grandeur différentes, d'un blanc ſale, tranſparentes, ſur leſquelles il y a une eſpèce de réſeau brun, formé par les lignes irrégulieres dont nous avons parlé. Cramer compare ces ailes à des feuilles d'arbres dont le parenchime eſt détruit, & dont il ne reſte plus que le réſeau. Les ſupérieures ont leur extrémité pointue & courbée, & leur bord poſtérieur dentelé. Les inférieures ſont arrondies à leur bord poſtérieur; mais on y voit une dentelure aſſez ſaillante & pointue à la partie antérieure du bord poſtérieur. La couleur du deſſous eſt ſemblable à celle du deſſus. Le corps de cet inſecte eſt alongé & cylindrique.

80. Bombix Aconyte.

Bombyx Aconyta.

Bombyx alis reverſis hæmaticis, anticis ſtrigis duabus faſciaque cinereis, poſticis immaculatis.

Phalæna Aconyta. Cram. *Pap. exot. tom.* 2. *pag.* 51. *pl.* 131. *fig. A.*

Il a un peu plus de trois pouces de largeur, lorſque les ailes ſont étendues. Les antennes ſont un peu pectinées. La couleur du corps & des ailes eſt d'une couleur de laque brune, ou d'un brun de foie. Les ailes ſupérieures ſont arrondies, & on y remarque deux raies tranſverſales, d'un gris brun; & enſuite une bande de la même couleur, aſſez large, ſur laquelle on apperçoit des points de la même couleur de l'aile. Les ailes inférieures ſont un peu plus claires que les ſupérieures, & ſans aucune tache. Les ailes en deſſous ſont à-peu-près de la même couleur que le deſſus, & ſans taches.

Il ſe trouve au Bengale, à la côte de Coromandel.

81. Bombix Claudia.

Bombyx Claudia.

Bombyx alis reverſis dentatis cervinis, griſeo variis, anticis ſtrigis tribus, poſticis unica luteis.

Phalæna Claudia. Cram. *Pap. exot. tom.* 4. *pag.* 185. *pl.* 383. *fig. A.*

Il a près de trois pouces de largeur, lorſque les ailes ſont étendues. Les antennes ſont pectinées. Le corps eſt velu & d'une couleur rouſsâtre brune. Les quatre ailes ont leur bord poſtérieur dentelé. Les ſupérieures ſont rouſsâtres brunes, mais une grande partie, depuis la baſe, eſt cendrée & pointillée de noirâtre. On y remarque trois raies tranſverſales jaunes, dont la dernière eſt ondée, des lunules noires, tout le long du bord poſtérieur, & enfin le bord poſtérieur légérement jaune. Les inférieures ſont rouſsâtres brunes, avec un peu de cendré le long du bord antérieur, une raie ondée, vers le bord poſtérieur, des lunules noires le long de ce bord, & enfin le bord lui-même légérement jaune. Le deſſous du corps eſt d'un brun jaunâtre, & le deſſous des ailes eſt à-peu-près ſemblable au deſſus.

Il ſe trouve à Cayenne, à Surinam.

82. Bombix du Ceriſier.

Bombyx Ceraſi.

Bombyx alis reverſis luteis, ſtrigis duabus punctoque medio fuſcis poſticoque albo. Fab. *Syſt. ent. pag.* 564. *n°.* 31. — *Spec. inſ. tom.* 2. *pag.* 177. *n°.* 47.

Il reſſemble beaucoup au *Bombix du Prunier*, mais il eſt plus petit. Le corps eſt jaune & velu. Les ailes ſupérieures ſont jaunes, avec deux raies tranſverſales, noirâtres, dont la première eſt la plus grande. On voit, entre ces deux raies, un point noirâtre, & un autre point blanc, vers l'extrémité de l'aile, entouré d'un anneau noirâtre. Les ailes inférieures ſont pâles en deſſus, plus pâles en deſſous, avec un point noirâtre au milieu.

Il ſe trouve en Angleterre.

La chenille ſe nourrit des feuilles du Ceriſier.

83. Bombix Juſtine.

Bombyx Juſtina.

Bombyx alis reverſis ferrugineis, anticis ſtriga fuſca punctoque albo, poſticis immaculatis.

Phalæna Juſtina. Cram. *Pap. exot. tom.* 4. *pag.* 186. *pl.* 383. *fig. E.*

Il reſſemble un peu au *Bombix du Prunier*, mais il eſt plus petit, n'ayant pas deux pouces de largeur, les ailes étendues. Les antennes ſont aſſez longues & peu pectinées. Le corps & les ailes ſont d'une couleur fauve ferrugineuſe. On voit, au milieu des ſupérieures, une raie droite, obſcure, tranſverſale; & derrière cette raie un point blanc, un peu tranſparent. Les inférieures n'ont ni raies, ni point. Le deſſous des ailes eſt de la même couleur que le deſſus: on n'y voit point d'autres taches que le point blanc des ailes ſupérieures.

Il ſe trouve à Surinam.

84. Bombix Phidonia.

Bombyx Phidonia.

Bombyx alis reversis griseis, fusco punctatis; anticis strigis duabus undatis fuscis.

Phalæna Phidonia. CRAM. *Pap. exot. tom* 4. *pag.* 229. *pl.* 397. *fig. N.*

Il a près de trois pouces de largeur, lorsque les ailes sont étendues. Les antennes sont obscures & pectinées. Le corps est obscur & velu. Les ailes sont grisâtres & parsemées de petits points noirs. On voit, sur les supérieures, deux lignes transversales, ondées, en zig-zag, obscures. Le bord postérieur est très-légérement dentelé, presque arrondi. Les ailes inférieures sont rondes & dentelées. Le dessous des ailes est à-peu-près de la même couleur que le dessus.

Il se trouve à Cayenne, à Surinam.

85. BOMBIX du Pin.

Bombyx Pini.

Bombyx alis reversis griseis, fascia ferruginea punctoque triangulari albo. FAB. *Syst. entom. p.* 565. n°. 32. — *Spec. inf. tom.* 2. *pag.* 177. n°. 48. — *Mant. inf. tom.* 2. *pag.* 113. n°. 56.

Phalæna Bombyx Pini *elinguis, alis reversis griseis: strigis duabus cinereis; puncto albo triangulari.* LIN. *Syst. nat. pag.* 814. n°. 24. —— *Faun. suec.* n°. 1104.

ROES. *Inf. tom.* 1. *class.* 2. *Pap. noct. tab.* 49. *fig.* 1—6.

FRISCH. *Inf.* 10. *tab.* 10.

WILK. *pag.* 29. *tab.* 61.

ESPER. *tom.* 3. *tab.* 12. *fig.* 1—6.

SCHAEFF. *Icon. inf. tab.* 86. *fig.* 1. 2. 3.

Phalæna Bombyx Pini. Wienn. Verz. pag. 56. n°. 4.

La feuille-morte du Pin. ERNST. *Pap. d'Europ. tom.* 4. *pag.* 211. *pl.* 170. & *pl.* 171. n°. 222.

Il est à-peu-près de la grandeur du *Bombix du Prunier.* Les antennes sont très-pectinées. Tout le corps est d'une couleur roussâtre brune. Les ailes supérieures sont d'une couleur roussâtre brune, un peu cendrée, presque ferrugineuse à leur base. On y remarque un point blanc, placé au milieu, vers le bord antérieur, & ensuite une bande roussé. Le bord postérieur est un peu dentelé. Les ailes inférieures sont d'un roux brun, sans taches. Les quatre ailes en dessous sont d'un roux brun, plus clair qu'en dessus, & sans taches.

Il se trouve dans presque toute l'Europe; mais il est plus commun au nord qu'au midi.

La chenille se nourrit des feuilles de différentes espèces de Pin. On la trouve presque toute l'année à différens âges. Quand le froid se fait vivement sentir, elle se cache sous l'écorce des arbres, ou dans quelque trou, & elle en sort dès que le tems devient plus doux. Elle est velue, & ne vit point en société. Sa couleur est grisâtre, plus ou moins foncée, & un peu bleuâtre, avec des taches irrégulières, noirâtres, deux grandes taches bleues, à la partie supérieure du corps vers la tête, & deux taches rougeâtres de chaque côté.

Nota. Linné & M. Fabricius citent la planche 22 des plantes & insectes d'Europe de Mérian, mais on ne trouve ce *Bombix* ni sur la planche citée, ni dans aucune autre de cet auteur.

86. BOMBIX de la Laitue.

Bombyx dumeti.

Bombyx alis reversis fuscis, anticis puncto fascia margineque postico luteis. FAB. *Syst. ent. pag.* 565. n°. 33. — *Spec. inf. tom.* 2. *pag.* 177. n°. 49. — *Mant. inf. tom.* 2. *pag.* 113. n°. 57.

Phalæna Bombyx dumeti *elinguis, alis reversis fuscescentibus: superioribus puncto fascia margine que postico luteis.* LIN. *Syst. nat. pag.* 815. n°. 26. — *Faun. suec.* n°. 1107.

PETIV. *Gazop. tab.* 45. *fig.* 13.

FUESLY. *Inf.* n°. 643.

ESPER. *tom.* 3. *tab.* 14. *fig.* 3. 4.

SULZ. *Hist. inf. tab.* 21. *fig.* 3.

Naturf. 6. *tab.* 3. *fig.* 1—4.

Phalæna Bombyx dumeti. Wienn. Verz. pag. 57. n°. 5.

La brune du Pissenlit. ERNST. *Pap. d'Europ. tom.* 5. *pag.* 15. *pl.* 177. n°. 227.

Il a environ deux pouces de largeur, lorsque ses ailes sont étendues. Les antennes sont brunes & pectinées. Le corps est d'un jaune brun. Les ailes sont brunes, plus ou moins obscures, avec une bande jaune, qui les traverse, & le bord postérieur légérement jaune. On voit de plus, sur les supérieures, un point jaune, placé au devant de la bande, vers le milieu de l'aile. Le dessous est à-peu-près semblable au dessus, mais la couleur jaune des bandes y est roussâtre.

Il se trouve en Europe.

La chenille se nourrit de la Laitue, du Pissenlit, & d'autres plantes chicoracées. Elle ne vit point en société. Elle est velue, & ses poils sont roussâtres. Le corps est noirâtre, avec des taches rousses. Elle fait, vers la fin de juillet, une petite cavité dans la terre, l'enduit de fils, & y fait une coque d'un tissu très-léger, dans laquelle elle subit sa métamorphose. L'insecte parfait en sort dans le mois de septembre.

87. BOMBIX du Pissenlit.

Bombyx Taraxici.

Bombyx alis subreversis pallidis unicoloribus: anticis puncto medio fusco, corpore fulvo. FAB. *Mant. inf. tom.* 2. *pag.* 115. n°. 73.

ESPER. *tom.* 3. *tab.* 14. *fig.* 3. 4.

FUESLY. *Inf.* 6. *tab.* 34 *fig.* 1—5.

Phalæna Bombyx Taraxici. Wienn. Verz. p. 57. n°. 7.

La jaune du Pissenlit. ERNST. *Pap. d'Europ. tom.* 5. *pag.* 18. *pl.* 177. n°. 228.

Il est à-peu-près de la grandeur du précédent. Les antennes sont rousses & pectinées. Le corps est d'un jaune fauve, avec la partie supérieure de l'abdomen noire, & entremélée de quelques poils jaunes. Les ailes sont jaunes, avec un point noir vers le milieu des supérieures. Les ailes du mâle sont d'un jaune un peu plus foncé que celui de la femelle.

Il se trouve en Europe.

La chenille vit sur le Pissenlit & autres plantes chicoracées.

88. BOMBIX versicolor.

BOMBYX versicolora.

Bombyx alis reversis griseis, strigis nigro-albis, thorace antice albo. FAB. *Syst. entom. pag.* 565. *n°.* 34. — *Spec. ins. tom.* 2. *pag.* 178. *n°.* 50. — *Mant. ins. tom.* 2. *pag.* 113. *n°.* 58.

Phalæna Bombyx versicolora *elinguis, alis reversis griseis : strigis nigro-albis, fronte alba.* LIN. *Syst. nat. pag.* 817. *n°.* 32. — *Faun. suec. n°.* 1111.

Phalæna alis lineis albis & nigris undatis. GADD. *Satag.* 82.

WILK. *Pap.* 45. *tab.* 89.

ROES. *Inf. tom.* 3. *tab.* 39. *fig.* 3.

Phalæna Bombyx versicoloria. Wienn. Verz. pag. 49. *n°.* 2. — *pag.* 304. *fig.* 1.

Le versicolor. ERNST. *Pap. d'Europ. tom.* 4. *pag.* 55. *pl.* 125. & *pl.* 126. *n°.* 169.

Il a depuis un pouce & trois quarts jusqu'à près de deux pouces & demi. Les antennes sont noirâtres & pectinées. Tout le corps est velu. Le corcelet est d'un gris ferrugineux, avec une bande blanche, à sa partie antérieure. L'abdomen est gris ferrugineux, avec des bandes obscures, peu marquées. Les ailes sont d'une couleur d'ocre foncée dans les mâles, & grisâtres dans les femelles. On y remarque du gris & du ferrugineux à la base; deux raies transversales, moitié brunes & moitié blanches; un mélange de ferrugineux de blanc & de brun entre ces raies, avec une tache brune, en forme de croissant, assez distincte; enfin des taches & des lignes blanchâtres vers l'extrémité. Les ailes inférieures sont ferrugineuses dans les mâles, & un peu grisâtres dans les femelles, avec une raie transversale, obscure, & quelques taches obscures, placées vers le bord postérieur. Le dessous des ailes est à-peu-près semblable au dessus.

Il se trouve en Europe.

La chenille se nourrit des feuilles de l'Aune, du Charme, du Bouleau. Elle est lisse, sans poils, d'un vert tendre, pointillée de jaune, avec des lignes jaunes ou blanches, obliques, de chaque côté du corps. On lui remarque, à la partie postérieure & supérieure du corps, une queue courte, relevée. Ces chenilles ne vivent en société que pendant les premières semaines de leur vie, après quoi elles se séparent & vivent isolées. Parvenues à toute leur croissance, elles cherchent des débris de feuilles qu'elles lient ensemble avec des fils de soie, & s'en forment une coque dans la terre, où elles se changent en chrysalide, & d'où elles ne sortent que le printems suivant.

89. BOMBIX de la Ronce.

BOMBYX Rubi.

Bombyx alis reversis cervinis, strigis duabus albidis, subtus nullis. FAB. *Syst. ent. pag.* 565. *n°.* 35. — *Spec. ins. tom.* 2. *pag.* 178. *n°.* 51. — *Mant. ins. tom.* 2. *pag.* 113. *n°.* 59.

Phalæna Bombyx Rubi *elinguis, alis reversis cervinis immaculatis : strigis duabus albidis, subtus nullis.* LIN. *Syst. nat. pag.* 813. *n°.* 21. — *Faun. suec. n°.* 1103.

Phalæna Rubi. SCOP. *Entom. carn. n°.* 492.

MERIAN. *Europ. tab.* 21 ?

ROES. *Inf. tom.* 3. *class.* 2. *Pap. noct. tab.* 49. *fig.* 1—6.

ESPER. *tom.* 3. *tab.* 9. *fig.* 1—6.

FUESLY. *Inf. p.* 34. *n°.* 638.

WILK. *Pap.* 25. *tab.* 3. *a.* 19.

AMMIRAL. *Inf. tab.* 32.

Phalæna Bombyx Rubi. Wienn. Verz. pag. 56. *n°.* 2.

La polyphage. ERNST. *Pap. d'Europ. tom.* 5. *pag.* 5. *pl.* 173. *n°.* 224.

Il a depuis deux pouces jusqu'à deux pouces & un quart de largeur, lorsque les ailes sont étendues. Les antennes sont pectinées. Tout le corps & les ailes sont d'une couleur roussâtre brune plus ou moins claire. On voit sur les ailes supérieures deux bandes étroites, jaunâtres, qui les traversent. On y voit encore quelquefois une ligne sinuée, peu marquée, vers le bord postérieur. Les ailes inférieures n'ont ni raies ni taches. Le dessous des quatre ailes est un peu plus clair que le dessus & sans aucune tache.

Il se trouve en Europe.

La chenille se nourrit des feuilles de Ronce, de Saule, de Chêne. On la trouve quelquefois sur les Bruyères. Elle est brune & velue; & chaque anneau est séparé l'un de l'autre par une raie jaune qui devient noire après la dernière mue. Elle passe l'hiver dans cet état, & n'a guères pris toute sa croissance que dans les mois de mai & de juin. Elle file alors une coque grisâtre, oblongue, peu solide, dans laquelle elle se métamorphose en chrysalide, & d'où elle sort, un mois après, sous la forme d'insecte parfait.

90. BOMBIX queue-fourchue.

BOMBYX Vinula.

Bombyx alis subreversis, fusco venosis striatisque, corpore albo nigro punctato. FAB. *Syst. entom. p.* 566. *n°.* 36. — *Spec. ins. tom.* 2. *p.* 178. *no.* 52 — *Mant. ins. tom.* 2. *p.* 113. *n°.* 60.

Phalæna Bombyx Vinula *elinguis albida nigro punctata, alis subreversis fusco venosis striatisque.* LIN. *Syst. nat. pag.* 815. *n°.* 29. — *Faun. suec. n°.* 1112.

Phalæna pectinicornis, elinguis, alis deflexis albidis diaphanis, vasis obscuris. GEOF. *inf. tom.* 2. *pag.* 104. *n°.* 5.

La queue fourchue. GEOFF. *ib.*

Phalène à antennes à barbes, sans trompe; cendrée à nuances noires, à ailes velues, & dont le corcelet est à points noirs. Deg. *Mém. tom.* 1. *pag.* 698. *pl.* 23. *fig.* 12. — *Id. tom.* 1. *pag.* 318. *pl.* 23. *fig.* 6. La chenille. *Fig.* 11. La chrysalide.

Phalene *grande queue double* à antennes barbues, sans trompe, à corcelet hupé piqué de points noirs, dont les ailes sont velues, cendrées blanchâtres à taches & nuances noirâtres. Deg. *Mem. tom.* 2. *pag.* 312. *n°.* 3.

Phalæna Vinula. Scop. *Entom. carn. n°.* 488.
Reaum. *Mem. inf. tom.* 2. *pag.* 265. *pl.* 21.
Mouff. *Theat. inf. pag.* 183. *fig.* 10. *Vinula.*
Aldrov. *Inf. pag.* 268. *fig.* 1. 3. 6. 7. 8.
Merian. *Inf. Europ. tab.* 140.
Goed. *Inf. tom.* 1. *tab.* 65. — *tom.* 2. *tab.* 37. — *tom.* 3. *tab.* 100.
List. Goed. *pag.* 56. *n°.* 20. *fig.* 20. *a. b.*
Phalæna major pulcherrima, alis amplis, exterioribus cinereis maculis & lineis nigris eleganter depictis. Raj. *Inf. pag.* 153. *n°.* 5.
Petiv. *Gazoph. tab.* 45. *fig.* 5. Semicolon.
Frisch. *Inf.* 6. *tab.* 8. *fig.* 6. Mal.
Roes. *Inf. tom.* 1. *claff.* 2. *Pap noct. tab.* 19. *fig.* 1—11.
Sulz. *Inf. tom.* 1. *pag.* 153.
Fuesl. *Inf. pag.* 34. *n°.* 647.
Esper. *tom.* 3. *pag.* 95. *tab.* 18. *fig.* 1—7.
Wilk. *Pap. pag.* 13. *tab.* 29.
Phalæna Bombyx Vinula. Wienn. Verz. pag. 64. *n°.* 3.
La queue fourchue. Ernst. *Pap. d'Europ. tom.* 5. *pag.* 125. *pl.* 204. *n°.* 271.
L'hermine. Ernst. *Pap. d'Europ. tom.* 5. *p.* 130. *pl.* 205. *n°.* 272.
Bombyx erminea. Esper. 3. *tab.* 19. *fig.* 1. 2.

Il a depuis deux jusqu'à trois pouces de largeur, lorsque les ailes sont étendues. Les antennes sont pectinées. Le corps est gris, avec quatre ou six points noirs, sur le corcelet, & des bandes souvent interrompues, sur l'abdomen. Les ailes supérieures sont grises, un peu transparentes, avec les nervures obscures, des points noirs à la base, & des lignes noirâtres, en zigzag, répandues sur toute l'aile. Les inférieures sont grises, sans taches.

Il se trouve dans toute l'Europe. Il n'est pas rare aux environs de Paris.

Nota. Le *Bombix* donné par Esper, sous le nom de *erminea*, & sous celui de *l'hermine* dans l'ouvrage des Papillons d'Europe, ne paroît pas différer de celui que nous venons de décrire. Les Chenilles diffèrent seulement par la couleur d'un rouge brun dans l'une, & verd dans l'autre.

La chenille de ce *Bombix* est très-remarquable par sa forme. Elle se nourrit des feuilles de l'Osier & des différentes espèces de Saule, de Peuplier. Elle est rase, verte sur les côtés, d'un gris cendré verdâtre sur le dos, avec une ligne blanche, longitudinale, anguleuse, qui sépare les deux couleurs. On voit aussi un peu de rouge autour de la tête & à différens endroits du corps. La tête est petite. Le corps est assez gros, & il est terminé par deux appendices longues, séracées, qui forment une double queue ou une espèce de fourche. Dans l'état de repos, la chenille retire presque entièrement la tête sous le premier anneau; elle relève beaucoup le dos & la queue, ce qui lui donne une forme très-singulière.

De Geer a observé que ces chenilles avoient au dessous du premier anneau du corps, entre la tête & les pattes antérieures, une fente transversale, longue d'une ligne & demie, abreuvée d'une eau claire & transparente, qui débordoit de tous les côtés de la fente lorsqu'il touchoit ces chenilles un peu rudement. Il a même souvent observé qu'elles avoient la faculté de faire jaillir cette liqueur avec force lorsqu'on les inquiétoit, & que cette liqueur étoit assez âcre pour causer de l'irritation & une douleur cuisante dans l'œil.

Parvenue à toute sa grosseur, vers le mois de juin ou de juillet, cette chenille se fixe à une branche ou au tronc de l'arbre qui l'a nourrie, & elle construit une coque très-solide avec des fils de soie & des rognures du bois; dans laquelle elle se change en chrysalide, & d'où elle sort le printems suivant sous la forme d'insecte parfait.

91. Bombix cotonneux.
Bombyx lanata.
Bombyx alis reversis concoloribus cinereo-violaceis fusco venosis.
Phalæna lanata. Cram. *Pap. exot. tom.* 3. *pag.* 130. *pl.* 265. *fig. F. G.*
Merian. *Surin. tab.* 19.

Le mâle est beaucoup plus petit que la femelle; l'un a un peu plus de deux pouces de largeur, & l'autre un peu plus de trois, lorsque leurs ailes sont étendues. Les antennes sont un peu pectinées. Le corps est velu. Le corcelet & la base des ailes sont garnis de poils d'un violet obscur, à travers lequel on voit d'autres poils plus courts d'un violet cendré. L'abdomen est orné d'anneaux bruns obscurs, & d'autres d'un violet clair: l'extrémité est garnie d'une grosse touffe de poils un peu roussâtres. Les ailes supérieures sont d'un violet cendré, avec les nervures obscures. Les inférieures sont d'un violet cendré plus clair que les supérieures, avec les nervures obscures.

Il se trouve à Surinam.

La chenille est grosse, un peu velue, blanche, avec des raies noires. Les poils sont longs, simples, & insérés sur des tubercules élevés. Elle se nourrit des feuilles de Goyave. Elle file une coque assez grosse, ovale, dans laquelle elle se change en chrysalide. On peut voir la chenille, le cocon, la dépouille de la chrysalide & le *Bombix*, dans la planche 19 de l'ouvrage de Mérian.

92. Bombix laineux.
Bombyx lanestris.

Bombyx alis reversis ferrugineis, striga alba, anticis puncto basique albis. FAB. *Syst. entom. pag.* 566. *n°.* 37. — *Spec. ins. tom.* 2. *pag.* 179. *n°.* 53. — *Mant. ins. tom.* 2. *pag.* 113. *n°.* 61.

Phalæna Bombyx lanestris *elinguis, alis reversis ferrugineis : striga alba, superioribus puncto basique albis.* LIN. *Syst. nat. pag.* 815. *n°.* 28. — *Faun. suec. n°.* 1105.

Phalæna lanestris. SCOP. *Entom. carn. n°.* 499.

PODA. *Mus. Græc. pag.* 86. 87.

MERIAN. *Europ. tab.* 107.

REAUM. *Mém. ins. tom.* 1. *pag.* 502. *pl.* 32. *fig.* 11. 12. La chenille & la coque.

ROESEL. *Ins. tom.* 1. *class.* 2. *Pap. noct. tab.* 62. *fig.* 1—6.

ESPER. *Tom.* 3. *tab.* 17. *fig.* 2—8.

WILK. *Pap.* 25. *tab.* 53.

SCHAEFF. *Icon. ins. tab.* 38. *fig.* 10. 11.

FUESLY. *Ins. pag.* 34. *n°.* 646.

Phalæna Bombyx lanestris. Wienn. Verz. p. 57. *n°.* 2.

La laineuse du Cerisier. ERNST. *Pap. d'Europ. tom.* 5. *pag.* 22. *pl.* 178. *n°.* 230.

Il a environ un pouce & demi de largeur, lorsqu'il a les ailes étendues. Les antennes sont un peu pectinées. La couleur du corps est d'un brun rougeâtre, un peu plus clair dans le mâle. Les ailes supérieures sont de la couleur du corps, & on y remarque une tache blanche à leur base, une autre plus petite vers le milieu, & ensuite une raie transversale, blanche. Les ailes inférieures sont d'un brun rougeâtre, plus clair que les supérieures, sans taches, mais traversées également par une raie blanche. Le dessous des ailes est d'un brun rougeâtre, clair, avec la raie blanche que l'on remarque au dessus. Le corps est très-velu.

Il se trouve dans toute l'Europe.

Les chenilles se nourrissent des feuilles de Cerisier, du Prunier sauvage, de Tilleul, de Saule. Elles vivent en société sous des tentes de soie qu'elles filent, & dont elles enveloppent le bout des branches. Elles en sortent pendant le jour pour chercher leur nourriture, & s'y retirent pendant la nuit. Lorsqu'elles sont rassasiées, elles se collent contre une branche les unes à côté des autres. Elles sont un peu velues, d'un noir violet sur le dos, d'un gris obscur sur la tête & sous le ventre : on remarque sur chaque anneau trois taches blanches, placées entre deux taches rouges formées par un assemblage de poils.

Parvenues à toute leur grosseur vers le mois de Juillet, ces chenilles filent une coque ovale, blanchâtre, d'un tissu serré, d'une consistance assez solide, attachée à une feuille ou à l'écorce d'un arbre dans laquelle elles se changent en chrysalide, & d'où elles sortent sous la forme d'insecte parfait au mois d'avril de l'année suivante.

93. BOMBIX du Peuplier.

BOMBYX Populi.

Bombyx fusca antice pallida, alis reversis fuscescentibus, striga sexqui altera repanda albida. FAB. *Syst. entom. pag.* 566. *n°.* 38. — *Spec. ins. tom.* 2. *pag.* 179. *n°.* 54. — *Mant. ins. tom.* 2. *pag.* 113. *n°.* 62.

Phalæna Bombyx Populi *elinguis fusca antice pallida, alis reversis immaculatis fuscescentibus : striga sexqui altera albida repanda.* LIN. *Syst. nat. p.* 818. *n°.* 34. — *Faun. suec.* 1101.

ROES. *Ins. tom.* 1. *class.* 2. *pap. noct. tab.* 60. *fig.* 1—6. & *tom.* 3. *class.* 2. *pap. noct. tab.* 71. *fig. C.* 7. *C.* 8. *C.* 9. Chenille, coque & chrysalide.

WILK. 23. *n°.* 13. *tab.* 48.

ESPER. *tom.* 3. *pag.* 136. *tab.* 25. *fig.* 1—8.

SCHAEFF. *Icon. ins. tab.* 279. *fig.* 1 & 2.

Phalæna Bombyx Populi. Wienn. Verz. pag. 58. *n°.* 9.

La phalene du Peuplier. ERNST. *Pap. d'Europ. tom.* 5. *pag.* 38. *pl.* 183. *n°.* 236.

Il ressemble au précédent pour la forme & la grandeur. Les antennes du mâle sont pectinées. Tout le corps est d'une couleur brune, mais la tête & la partie antérieure du corcelet sont d'un brun clair un peu cendré. Les ailes supérieures sont d'un brun rougeâtre, depuis leur base jusqu'aux deux tiers, & ensuite d'un brun cendré jusqu'à leur bord postérieur. On y remarque deux raies transversales d'un jaune pâle ou blanchâtre, dont l'une vers la base, & l'autre vers les deux tiers : celle-ci est ondée & presque anguleuse. La base des ailes inférieures est d'un brun clair, & le reste est d'un brun cendré. Ces deux couleurs sont séparées par une raie transversale, grisâtre, peu marquée. Le dessous des quatre ailes est d'un brun cendré, plus obscur à leur base : elles ont vers leur milieu une raie transversale blanchâtre.

Il se trouve dans presque toute l'Europe, mais plus particuliérement au nord qu'au midi.

La chenille se nourrit des feuilles de Peuplier, de Poirier, de Pommier, de Noisetier, de Tilleul : elle paroît deux fois par an, au printems & en automne. Celle qui éclot au printems, se montre insecte parfait à la fin de l'été ou en automne ; l'autre passe l'hiver sous cet état, ne fait sa coque qu'au printems, & n'en sort sous la forme de *Bombix* qu'au commencement de l'été. Ces chenilles sont un peu velues, & elles varient beaucoup pour les couleurs : elles sont ordinairement d'un brun cendré sur les côtés du corps, & d'un brun obscur tout le long du dos : on en voit dont les côtés sont d'un gris nébuleux, & le dessus du corps d'un brun nuancé de couleur cendrée. Parvenues à toute leur grosseur, elles se fixent à une branche ou au tronc de l'arbre qui les a nourries, elles en rongent l'écorce, & se construisent une coque assez solide, en mêlant ensemble la soie qu'elles filent & les rognures de l'arbre.

94. BOMBIX Catax.

BOMBYX Catax.

Bombyx alis reversis ferrugineis unicoloribus, puncto albo. FAB. *Syst. entom. pag.* 567. *n°.* 39. — *Spec. ins. tom.* 2. *pag.* 179, *n°.* 55. — *Mant. ins. tom.* 2. *pag.* 113. *n°.* 63.

Phalæna Bombyx Catax *elinguis alis reversis flavis unicoloribus puncto albido.* LIN. *Syst. nat. pag.* 815. *n°.* 27. — *Faun. suec. n°.* 1108.

ROES. *Ins. tom.* 3. *tab.* 71. *fig. a* 1. *a* 2. *a* 3. — *tom.* 4. *tab.* 34. *fig. a. b.*

ESPER. *Ins. tom.* 3. *tab.* 16. *fig.* 1—5.

FUESLY. *Ins. pag.* 34. *n°.* 644.

Phalæna Bombyx rimicola. Wienn. Verz. p. 57. *n°.* 1.

La laineuse du Chêne. ERNST. *Pap. d'Europ. tom.* 5. *pag.* 20. *pl.* 178. *n°.* 229.

Il est de la grandeur des précédens. Les antennes sont pectinées. Tout le corps est d'une couleur fauve ferrugineuse, excepté l'extrémité qui est noirâtre & très-cotonneuse. Les quatre ailes sont d'une couleur fauve ferrugineuse, avec une seule petite tache blanche vers le milieu des supérieures. Le dessous est de la même couleur que le dessus.

Il se trouve en Europe, mais plus particuliérement en Suéde, en Allemagne.

La chenille vit sur le Chêne. Elle est un peu velue, & sa couleur est d'un gris cendré, nuancé de brun, avec deux lignes longitudinales, noirâtres, sur le dos, & deux points rouges sur chaque anneau, placés sur les lignes noires. On voit derrière la tête deux lignes arquées, rouges. Elle file une coque ovale, assez solide, dans laquelle elle se change en chrysalide. Celle-ci est rougeâtre en dessous, & d'un rouge brun en dessus.

95. BOMBIX Everie.

BOMBYX Everia.

Bombyx alis reversis luteis (brunneis fæm.) puncto albo apice pallidioribus. FAB. *Mant. ins. tom.* 2. *pag.* 113, *n°.* 64.

Bombyx Everia. KNOCH. *Ins.* 1. *tab.* 2. *fig.* 1—7.

Phalæna lentipes. ESP. *tom.* 3. *tab.* 16. *fig.* 6—9. & *tab.* 17. *fig.* 1.

Phalæna Bombyx Catax. Wienn. Verz. pag. 57. *n°.* 3.

La laineuse du Prunelier. ERNST. *Pap. d'Europ. tom.* 5. *pag.* 24. *pl.* 179. *n°.* 231.

Il ressemble aux précédens pour la forme & la grandeur. Les antennes du mâle sont pectinées; son corps & ses ailes sont d'un jaune foncé. Les antennes de la femelle sont peu pectinées; son corps & ses ailes sont bruns. L'extrémité des ailes supérieures est pâle dans le mâle, & d'un brun clair dans la femelle. On y remarque dans les deux sexes une petite tache ronde, placée vers le milieu. Les ailes inférieures sont plus claires que les supérieures, & sans taches. Le dessous des quatre ailes est à-peu près semblable au dessus.

Il se trouve en Autriche, à Brunswick, en Dauphiné.

Les chenilles vivent sur le Prunelier ou Prunier sauvage, *Prunus spinosa*, LIN., & quelquefois aussi sur l'Aubépine. Elles vivent en société jusqu'après leur quatrième & dernière mue. Au sortir de l'œuf, elles filent en commun des toiles où elles se mettent à l'abri du soleil & de la pluie. Les œufs sont groupés & recouverts d'un duvet que la mère y a mis en les pondant. Ces chenilles sont velues, brunes, avec des taches bleues pointillées de jaune de chaque côté, & la séparation des anneaux noire. Parvenues à toute leur croissance vers le mois de juillet, elles construisent sur l'arbre une coque ovale, solide, dans laquelle elles se changent en chrysalide, & d'où elles sortent sous la forme d'insecte parfait environ trois mois après. La chrysalide est d'une couleur jaunâtre.

96. BOMBIX processionnaire.

BOMBYX processionea.

Bombyx alis reversis fuscescentibus, striga obscuriore. FAB. *Syst. entom. pag.* 567. *n°.* 40. — *Spec. ins. tom.* 2. *pag.* 180. *n°.* 56. — *Mant. ins. tom.* 2. *pag.* 114. *n°.* 65.

Phalæna Bombyx processionea *elinguis, alis reversis fuscescentibus striga obscuriore.* LIN. *Syst. nat. pag.* 819. *n°.* 37.

La processionnaire du Chêne. REAUM. *tom.* 2. *pag.* 179. *pl.* 10 & *pl.* 11.

ESPER. *tom.* 3. *tab.* 29. *fig.* 1—5.

Naturf. 14. *tab.* 2. *fig.* 8—11.

Phalæna Bombyx processionea. Wienn. Verz. pag. 58. *n°.* 10.

La processionnaire du Chêne. ERNST. *Pap. d'Eur. tom.* 5. *pag.* 41. *pl.* 184. *n°.* 238.

Il n'a guères plus d'un pouce de largeur, lorsque les ailes sont étendues. Les antennes sont pectinées. Le corps est d'une couleur brune cendrée. Les ailes supérieures sont d'une couleur cendrée, plus ou moins obscure, avec deux raies transversales, obscures, vers leur base, & une autre noirâtre, un peu au-delà du milieu. Les deux premières sont très-peu marquées dans la femelle. Les ailes inférieures sont cendrées, avec une raie obscure, peu marquée. Le dessous des ailes est cendré, un peu obscur, & sans taches ni raies.

Il se trouve fréquemment dans toute l'Europe.

Les chenilles vivent en société, non seulement dans leur premier état, mais encore sous celui de chrysalide. Elles se nourrissent des feuilles de Chêne; leur corps est velu, d'une couleur cendrée obscure, avec la partie supérieure noirâtre, & quelques tubercules jaunes. Elles filent en commun, dans leur jeune âge, de légers tissus de soie qui leur servent de tente pour se mettre à couvert; elles changent alors souvent de domicile, sans cependant quitter l'arbre. Mais au commencement de juin, ou après leur troisième mue, elles forment une habitation fixe & commune, & elles ne la quittent plus. Le nid des chenilles processionnaires observé, décrit & figuré par Reaumur, ressemble ordinairement à une espèce de sac plus ou moins alongé & arrondi par les deux bouts : il est attaché à une branche de Chêne, & il est composé, en dedans, de plusieurs toiles serrées qui y forment différentes cellules, lesquelles sont entourées d'une toile ou enveloppe générale, qui n'a qu'une petite ouverture à l'extrémité supérieure, par où les chenilles sortent & rentrent dans leur nid. Elles vont ordinairement chercher leur nourriture après le coucher du soleil ; & si elles sortent de leur nid pendant le jour, elles se collent les unes contre les autres, sur une branche, ou quelquefois elles se mettent par tas les unes sur les autres. Mais ce qu'il y a de plus singulier, c'est l'ordre qu'elles observent dans leur marche. On diroit qu'elles ont un chef qui leur sert de guide, & qui règle tous leurs mouvemens. On en voit une qui marche la première ; à celle-ci en succède une seconde, une troisième, une quatrième. La file se double ensuite, se triple & se quadruple, c'est-à-dire, que les premiers rangs sont composés d'une chenille, les suivans de deux, & puis de trois, de quatre ou d'un nombre plus considérable, qui toutes exécutent les mêmes mouvemens que la première, qui s'arrêtent avec elle, ou suivent les contours & les sinuosités qu'elle décrit. C'est cet ordre qui leur a fait donner par Reaumur le nom de *processionnaires*.

Parvenues à toute leur grosseur vers la fin de juin ou au commencement de juillet, elles filent, chacune en particulier, une coque l'une à côté de l'autre, dans le tissu duquel elles font entrer les poils qui recouvrent leur corps ; elles s'y changent en chrysalide, & en sortent sous la forme d'insecte parfait au commencement du mois d'août.

Lorsqu'on touche au nid de ces chenilles, on en fait sortir des poils si fins, que le moindre vent les emporte ; ils s'attachent aux mains & au visage, & y causent de la démangeaison & même une légère inflammation.

97. BOMBIX pithyocampa.
BOMBYX pithyocampa.
Bombyx alis reversis griseis : strigis tribus obscurioribus, posticis pallidis, puncto anali fusco. FAB. *Mant. inf. tom.* 2. *pag.* 114. *n°.* 66.
REAUM. *Mém. tom.* 2. *pl.* 7. *fig.* 3. La chenille. *pl.* 8. *fig.* 1—12.
ESPER. *tom.* 3. *tab.* 29. *fig.* 6. 7.
Phalæna Bombyx pithyocampa. Wienn. Verz. pag. 58. *n°.* 11.
La processionnaire du Pin. ERNST. *Pap. d'Europ. tom.* 5. *pag.* 45. *pl.* 284. *n°.* 239.

Il ressemble au précédent pour la forme & la grandeur. Les antennes sont un peu pectinées. Le corcelet est d'un gris brun. L'abdomen est jaunâtre, & terminé, dans les femelles, par une infinité de petites écailles brunes, luisantes, pointues par un bout, arrondies par l'autre, un peu convexes à leur partie supérieure, & posées en recouvrement. Les ailes supérieures sont d'un gris cendré obscur, avec trois raies transversales, noirâtres. Les inférieures sont cendrées, avec un point obscur à leur angle postérieur interne.

Il se trouve en Europe.

Les chenilles se nourrissent des feuilles de Pin, & vivent en société comme l'espèce précédente. Elles sortent de l'œuf en septembre, filent en commun une toile où elles se mettent à couvert, & dans laquelle elles passent l'hiver. Au commencement de la belle saison, elles quittent leur nid, en construisent un autre, & l'augmentent ensuite à mesure qu'elles grossissent. Ces nids sont, dans certaines années, très-communs dans les provinces méridionales de la France. Ils sont grands & faits d'une soie assez belle & assez solide, dont on pourroit peut-être tirer parti. Cette soie est forte & susceptible d'être cardée & filée, mais elle se dissout dans l'eau bouillante. On peut consulter le tome 2. mémoire 3e. de Reaumur, sur le petit nombre d'expériences qui ont été faites à ce sujet.

La chenille est bleuâtre & couverte de poils roux. La tête est noire, & on voit quelques taches jaunâtres sur le dos. Parvenue à toute sa grosseur vers le milieu de mars, elle creuse un trou dans la terre, file une coque ovale, assez solide, & se change en chrysalide, d'où elle sort en juillet sous la forme d'insecte parfait.

98. BOMBIX à soie.
BOMBYX Mori.
Bombyx alis reversis pallidis, strigis tribus obsoletis fuscis. FAB. *Syst. entom. pag.* 567. *n°.* 41. — *Spec. inf. tom.* 2. *pag.* 180. *n°.* 57. — *Mant. inf. tom.* 2. *pag.* 114. *n°.* 68.
Phalæna Bombyx Mori *elinguis, alis reversis pallidis ; strigis tribus obsoletis fuscis maculaque lunari.* LIN. *Syst. nat. pag.* 817. *n°.* 33. — *Amanit. acad. tom.* 4. *pag.* 563.
Phalæna pectinicornis elinguis tota alba, alis deflexis, Bombyx dicta. GEOFF. *Inf. tom.* 2. *p.* 116. *n°.* 18.
Le ver à soie. GEOFF. *Ib.*
Phalæna mori. SCOP. *Entom. carn. n°.* 486.
MOUFF. *Theat. inf. pag.* 181.
ALDROV. *Inf.* 280.
JONST. *Inf. tab.* 22.
MERIAN. *Europ. tab.* 1.
GOED. *Inf. tom.* 3. *tab* 42.
LIST. GOED. *fig.* 32.
BLANK. *pag.* 47—54. *tab.* 9. *fig. D. E. F.*
ALB. *Inf. tab.* 12. *fig.* 16.
BRADL. *nat. tab.* 27. *fig.* 1.
L'ADMIRAL. *Inf. tab.* 9.

SEBA. *Muf. tom.* 4. *tab.* 50. *fig.* 5—19.
REAUM. *Mém. tom.* 1. *pag.* 171. *& fuiv. pl.* 4. *fig.* 14. La chenille. — *Id. tom.* 2. *pl.* 5. *fig.* 1. 2. 3.
ROES. *Inf. tom.* 3. *claff.* 1. *Pap. noct. tab.* 7. 8. 9.
FUESLY. *Inf. pag.* 34. *n°.* 651.
Phalæna Bombyx Mori. Wienn. Verz. pag. 49. *n°.* 1.
Le ver à foie. ERNST. *Pap. d'Europ. tom.* 4. *pag.* 24. *pl.* 123. *& pl.* 124. *n°.* 168.

Il a depuis un pouce & quart jufqu'à près de deux pouces de largeur lorfque fes ailes font étendues. Les antennes du mâle font très pectinées, blanches au milieu, avec les filets latéraux bruns. Les yeux font noirs. La trompe eft imperceptible. Tout le corps eft d'une couleur blanchâtre. Les ailes fupérieures font un peu recourbées en faucille à leur extrémité, fur-tout dans le mâle : elles font blanchâtres, avec deux ou trois raies tranfverfales, obfcures, peu marquées. Les inférieures font arrondies, blanchâtres, avec une feule raie tranfverfale, obfcure, peu marquée. Le deffous des ailes eft à-peu-près femblable au deffus.

Il fe trouve naturellement dans la Chine, & dans les climats un peu chauds de l'Afie.

La chenille de ce *Bombix*, à laquelle on a donné le nom de *ver-à-foie*, eft élevée depuis long-temps en Italie, en Efpagne, dans les provinces méridionales de la France, &c. à caufe de la foie qu'on retire de fa coque, & dont nous dirons un mot à l'article *ver-à-foie*. Elle eft liffe, d'un gris cendré, obfcur dans fon jeune âge, & jaunâtre au moment qu'elle va filer fon cocon. Mais on en trouve plufieurs qui confervent toujours leur couleur cendrée brune. On apperçoit derrière la tête de cette chenille quelques rides formées par la peau, & une efpèce de queue au deffus du dernier anneau. Parvenue à toute fa groffeur, elle file en Chine, fur le Mûrier dont elle fe nourrit, une coque ovale, folide, d'un tiffu très-ferré, d'un beau jaune, d'une foie très-fine, très-forte & très-belle, dans laquelle elle fe change en chryfalide, & d'où elle fort au bout de quinze ou vingt jours fous la forme d'infecte parfait.

99. BOMBIX Aegine.
BOMBYX Aegina.
Bombyx alis reverfis brunneis, fuperioribus ftrigis plurimis fufcis, inferioribus fubtus cinereis puncto ocellari nigro.
Phalæna Aegina. CRAM. *Pap. exot. tom.* 4. *pag.* 191. *tab.* 384. *fig. D. E.*

Il a environ un pouce & trois quarts de largeur, lorfque les ailes font étendues. Les antennes font obfcures & pectinées. Le corps eft d'un brun rouffâtre. Les ailes fupérieures font brunes, avec plufieurs raies tranfverfales, noirâtres, & le bord poftérieur jaunâtre, avec une raie ondée, obfcure. Les inférieures font brunes, fans taches. Le deffous des ailes fupérieures eft brun, avec le bord poftérieur jaune. Le deffous des inférieures eft d'un gris cendré, avec un peu du bord poftérieur jaunâtre, une raie tranfverfale obfcure vers le milieu, & enfuite un point noir entouré d'un anneau blanc.

Il fe trouve à Surinam.

100. BOMBIX Verago.
BOMBYX Verago.
Bombyx alis reverfis ferrugineis, fufco irroratis, anticis ftrigis quatuor nigris, punctoque nigro albo annulato.
Phalæna Verago. CRAM. *Pap. exot. tom.* 2. *pag.* 102. *pl.* 162. *fig. D. E. & tom.* 4. *pag.* 34. *pl.* 306. *fig. D. E.*

Il a depuis un pouce & demi jufqu'à deux pouces de largeur, lorfque les ailes font étendues. Les antennes font brunes, rouffâtres & très-pectinées. Les ailes fupérieures ont leur bord poftérieur un peu dentelé : elles font d'une couleur ferrugineufe, mais parfemée de petits points noirâtres, plus marqués dans le mâle que dans la femelle. On remarque trois ou quatre raies tranfverfales, obfcures, & un point noir au milieu, entouré d'un anneau blanc. Les ailes inférieures ont leur bord poftérieur un peu dentelé; elles font ferrugineufes, avec une raie jaunâtre, tranfverfale, peu marquée. Le deffous eft d'un gris ferrugineux, avec quelques taches & nuances brunes & jaunâtres.

Il fe trouve à Surinam.

101. BOMBIX orné.
BOMBYX ornata.
Bombyx alis reverfis, anticis albidis ftriga undata obfcura, pofticis rufis margine albo.
Phalæna ornata. CRAM. *Pap. exot. tom.* 4. *pag.* 35. *pl.* 306. *fig. G.*

Il a environ un pouce & trois quarts de largeur, lorfque les ailes font étendues. Les antennes & le corps font d'une couleur rouffâtre, avec deux taches blanches à la partie poftérieure du corcelet. Les ailes fupérieures font blanchâtres, avec leur bord un peu rouffâtre, & une raie ondée, anguleufe, d'un brun rouffâtre, vers le bord poftérieur, & une autre petite, peu marquée, placée au milieu, qui s'étend depuis le bord interne, jufque vers le milieu de l'aile. Les ailes inférieures font rouffâtres, avec un peu de blanc vers le bord poftérieur. Le corps & les ailes en deffous font d'un blanc fale grifâtre.

Il fe trouve à Surinam.

• 102. BOMBIX agrefte.
BOMBYX agrefta.
Bombyx alis reverfis ferrugineis, macula fafciaque irregularibus albis.
Phalæna agrefta. CRAM. *Pap. exot. tom.* 4. *p.* 32. *pl.* 306. *fig. A.*

Il est un peu plus petit que le précédent. Les antennes sont pectinées. Tout le corps est d'une couleur ferrugineuse brune. Les ailes sont ferrugineuses, roussâtres, avec une tache peu marquée, blanche, irrégulière, au milieu, & une bande de la même couleur vers le bord postérieur. Les inférieures sont ferrugineuses roussâtres, avec un peu de blanc vers leur angle latéral. Le dessous des ailes est d'un brun ferrugineux sans taches.

Il se trouve à Surinam.

103. BOMBIX Hyrtaca.
BOMBYX Hyrtaca.
Bombyx alis reversis ferrugineis, anticis postice fuscis, macula nigra puncto albo.
Phalæna Hyrtaca. CRAM. *Pap. exot. tom.* 3. *pag.* 97. *tab.* 249. *fig. F.*

Il est à-peu-près de la grandeur du précédent. Les antennes sont pectinées. Le corps est d'un brun ferrugineux. Les ailes supérieures sont ferrugineuses roussâtres, avec une tache noire, oblongue, marquée au milieu d'un point blanc; une partie de l'aile vers le bord postérieur est brune. Les ailes inférieures sont ferrugineuses roussâtres, sans taches. La couleur du dessous des ailes ne diffère pas du dessus. La tache noire des ailes supérieures y est seulement beaucoup moins marquée.

Il se trouve à Surinam, à Cayenne.

104. BOMBIX montagnard.
BOMBYX montana.
Bombyx alis reversis concoloribus nigris, macula alba limboque flavo.
Phalæna montana. CRAM. *Pap. exot. tom.* 4. *pag.* 127. *pl.* 356. *fig. E.*

Il a environ un pouce & trois quarts de largeur, lorsque les ailes sont étendues. Les antennes sont roussâtres & pectinées. Le corps est brun & velu. Les ailes sont noires, avec une tache blanche au milieu de chaque, & le bord légérement jaunâtre. Le dessous des quatre ailes est d'un brun roussâtre, avec une tache blanche au milieu, semblable à celle du dessus.

Il se trouve au Cap de Bonne-Espérance.

105. BOMBIX Amilie.
BOMBYX Amilia.
Bombyx alis reversis fusco-cinereis, strigis duabus fusco-rufis, anticis macula didyma alba pellucidâ.
Phalæna Amilia. CRAM. *Pap. exot. tom.* 3. *pag.* 130. *pl.* 265. *fig. E.*

Il a depuis deux jusqu'à deux pouces & demi de largeur, lorsque les ailes sont étendues. Les antennes sont très-pectinées. Le corps est d'une couleur cendrée brune, un peu roussâtre. Les ailes supérieures sont d'une couleur cendrée obscure, avec deux raies transversales, d'un brun roussâtre, plus marquées dans le mâle que dans la femelle, & une double tache transparente, placée au milieu : vers le bord postérieur, la couleur de l'aile est un peu obscure. Les inférieures ont leur bord postérieur irréguliérement dentelé; elles sont de la couleur des supérieures, avec une bande obscure vers le bord postérieur. Le dessous des ailes est à-peu-près semblable au dessus.

Il se trouve à Surinam.

106. BOMBIX rural.
BOMBYX rurea.
Bombyx alis reversis fuscis : strigis undatis pallidioribus. FAB. *Mant. inf. tom.* 2. *pag.* 114. *n°.* 67.

Le corps de ce *Bombix* est noirâtre & sans taches. Les ailes supérieures sont obscures noirâtres, avec des raies transversales, à peine distinctes, d'une couleur plus claire que celle du fond. Les postérieures en dessus, & les quatre ailes en dessous, sont obscures sans taches.

Il se trouve en Autriche.

107. BOMBIX tricolor.
BOMBYX tricolora.
Bombyx alis subreversis coccinea, thorace niveo coccineo punctato, alis anticis niveis : striga punctorum nigrorum. FAB. *Mant. inf. tom.* 2. *pag.* 114. *n°.* 69.

Il ressemble, pour la forme & la grandeur, au *Bombix à livrée*. La tête est rouge. Les antennes sont noires & pectinées. Le corcelet est blanc, avec six points rouges, disposés en cercle. L'abdomen est rouge. Les ailes supérieures sont blanches, avec le bord antérieur rouge, & une raie transversale, formée par des points noirs, placée au milieu. Les postérieures sont rouges, sans taches. Le dessous des quatre ailes est rouge.

Il se trouve à Cayenne.

108. BOMBIX à livrée.
BOMBYX neustria.
Bombyx alis reversis griseis, strigis duabus ferrugineis, subtus unica. FAB. *Syst. entom. pag.* 567. *n°.* 42. — *Spec. inf. tom.* 2. *pag.* 180. *n°.* 58. — *Mant. inf. tom.* 2. *pag.* 114. *n°.* 70.
Phalæna Bombyx neustria *elinguis, alis reversis : fascia sesquialtera; subtus unica.* LIN. *Syst. nat. pag.* 818. *n°.* 35.
Phalæna pectinicornis elinguis, alis deflexis pallidis, fascia alarum transversali saturatiore. GEOF. *Inf. tom.* 2. *pag.* 114. *n°.* 16.
La livrée. GEOF. *Ib.*
RAI. *Inf. pag.* 213. *n°.* 6.
REAUM. *Mém. inf. tom.* 1. *pl.* 5. *fig.* 7. La chenille. — *Id. tom.* 2. *pl.* 4. *fig.* 1—13.
GOED. *tom.* 2. *fig.* 10.
LIST. GOED. *tab.* 89.

Merian. *Europ. tab.* 33.
Roes. *Inf. tom.* 1. *claff.* 2. *pap. noct. tab.* 6. *fig.* 1—7.
Albin. *Inf. tab.* 19. *fig.* 27.
Frisch. 1. *tab.* 2. *fig.* 1—6.
Wilk. 21. *n°.* 10. *tab.* 45.
Schaeff. *Icon. inf. tab.* 209. *fig.* 1. 2. — *Id. tab.* 225. *fig.* 1. 2.
Phalæna Bombyx neuftria. Wienn. Verz. pag. 57. *n°.* 4.
La livrée. Ernst. *Pap. d'Europ. tom.* 5. *pag.* 27. *pl.* 180. *n°.* 232.

Il a depuis un pouce jusqu'à un pouce & demi de largeur, lorsque les ailes sont étendues. Les antennes sont un peu pectinées. Le corps est d'une couleur grise jaunâtre ou roussâtre. Les ailes supérieures sont de la couleur du corps, & coupées par deux lignes transversales brunes, ou par une large bande roussâtre, un peu obscure. Les ailes inférieures sont de la couleur du corps, mais un peu plus foncée à leur base. Le dessous des ailes supérieures est un peu brun, avec une raie transversale, claire. Le dessous des inférieures est semblable au dessus, & coupé par une ligne obscure, très-peu marquée.

Il se trouve en Europe; il est très-commun aux environs de Paris.

La chenille se nourrit non-seulement des feuilles de tous les arbres fruitiers, mais encore de celles de Chêne, d'Orme, de Saule, d'Aubépine. Elle vit en société, & cause souvent beaucoup de dommage aux arbres. Elle est peu velue. Son corps est marqué de lignes longitudinales bleuâtres & rougeâtres, & par une ligne longitudinale blanche au milieu du dos. La disposition des lignes ressemblant, en quelque sorte à un habit de livrée, a fait donner à cette chenille, par Reaumur, le nom de *livrée*. Parvenues à toute leur grosseur vers le commencement de juin, ces chenilles se retirent dans des feuilles ou dans des creux d'arbres ou sous des branches, pour y faire leurs coques, & se métamorphoser en chrysalide : elles en sortent sous la forme d'insecte parfait au bout de quinze à vingt jours.

Les œufs de ce *Bombix* sont arrangés d'une manière assez singulière; ils sont déposés en forme de brasselet ou d'anneau, autour d'une petite branche les uns à côté des autres, en ligne spirale.

109. Bombix de la Jacée.
Bombyx castrensis.
Bombyx alis reversis obscuris, fasciis duabus pallidis. Fab. *Syst. entom. pag.* 568. *n°.* 43. — *Spec. inf. tom.* 2. *pag.* 181. *n°.* 59. — *Mant. inf. tom.* 2. *pag.* 115. *n°.* 71.
Phalæna Bombyx castrensis *elinguis, alis reversis griseis; strigis duabus pallidis; subtus unica.* Lin. *Syst. nat. pag.* 818. *n°.* 36. — *Faun. suec. ed.* 1. *n°.* 831. *ed.* 2. *n.* 1102.

Phalène à antennes à barbes, sans trompe, dont la femelle est brune à deux raies d'un jaune clair, & le mâle d'un jaune-blanc à raies brunes. Deg. *Mém. tom.* 1. *pag.* 696. *pl.* 13. *fig.* 1—6. *Id. pag.* 216.
Phalène *livrée des prés* à antennes barbues, sans trompe, à ailes débordées brunes à deux raies obliques, d'un jaune clair dans la femelle, & jaunes-blanchâtres à raies brunes dans le mâle. Deg. *Mém. tom.* 2. *pag.* 299. *n°.* 2.
Merian. *Europ. tab.* 133.
Roes. *Inf. tom.* 4. *tab.* 14. *fig.* 1—6.
Frisch. *Inf.* 10. *tab.* 8.
Esper. *Inf. tom.* 3. *pag.* 147. *tab.* 28. *fig.* 1—7.
Phalæna Bombyx castrensis. Wienn. Verz. p. 57. *n°.* 5.
La livrée des prés. Ernst. *Pap. d'Europ. tom.* 5. *pag.* 30. *pl.* 181. & *pl.* 182. *n°.* 233.

Ce *Bombix* ressemble beaucoup au précédent pour la forme & la grandeur. Le mâle & la femelle diffèrent entr'eux par les couleurs. Les antennes du mâle sont pectinées. La tête, le corcelet & le dessous du ventre sont d'un gris jaunâtre. Le dessus du ventre est d'une couleur cendrée brune. Les ailes supérieures sont d'un gris jaunâtre, avec une large bande oblique, brune, variée de gris jaunâtre, placée au milieu; une raie oblique brune, vers la base, & quelques nuances brunes vers le bord postérieur. Les ailes inférieures sont d'une couleur cendrée brune, sans taches. Le dessous des ailes supérieures est de la même couleur, avec une raie transversale jaunâtre. Le dessous des inférieures est d'un gris jaunâtre, avec deux raies transversales, brunes.

La femelle a les antennes très-peu pectinées. Elle est plus grosse que le mâle. Son corps est d'une couleur brune, mêlée d'un peu de roux. Les ailes supérieures sont d'une couleur cendrée brune un peu roussâtre, avec deux raies presque ondées, obliques, d'un jaune pâle. On voit entr'elles une large bande d'un brun plus obscur que le reste de l'aile. En dessous, les quatre ailes ont chacune une seule raie oblique, d'un jaune pâle.

Il se trouve en Europe.

La chenille ressemble un peu à celle de l'espèce précédente. Elle vit sur la Jacée, la Pilosselle, quelques espèces de *Geranium* ou bec de grue, la Filipendule, les Titimales, &c. Elle est un peu velue, & son corps est couvert de raies longitudinales bleues, noires & rougeâtres; mais celles-ci sont parsemées de taches noires. Elle file une coque semblable à la précédente, vers le milieu de juin, & l'insecte parfait en sort environ trois semaines après.

110. Bombix franconienne.
Bombyx franconica.
Bombyx alis reversis hyalino albidis : striga pallida, limbo nigro. Fab. *Mant. inf. tom.* 2. *p.* 115. *n°.* 72.

ESPER. *tom.* 3. *pag.* 139. *tab.* 26. *fig.* 1—2.

Bombyx franconina. Wienn. Verz. pag. 57. *n°.* 6.

La franconienne. ERNST. *Pap. d'Europ. tom.* 5. *pag.* 33. *pl.* 182. *n°.* 234.

Le mâle est un peu plus petit que celui des deux espèces précédentes. Ses antennes sont obscures. La tête & le corcelet sont velus & jaunâtres. L'abdomen est obscur. Les quatre ailes sont un peu transparentes, grisâtres dans le milieu, avec les nervures & les bords bruns. On y apperçoit une raie transversale, blanchâtre, peu marquée, vers le milieu.

La femelle est une fois plus grande que le mâle. Tout son corps & les ailes, tant en dessus qu'en dessous, sont d'un brun rougeâtre, sans taches. On apperçoit seulement les nervures, dont la couleur est un peu obscure.

Il se trouve aux environs de Francfort-sur-le-Mein.

La chenille se nourrit sur le Chiendent. *Triticum repens.* LIN.

111. BOMBIX cendré.
BOMBYX cinerea.
Bombyx alis subreversis cinereis : anticis punctis quatuor atris subocellaribus. FAB. *Mant. inf. tom.* 2. *pag.* 115. *n°.* 74.

Il est de grandeur moyenne. Les antennes sont noires & pectinées. Le corcelet est velu & cendré. L'abdomen est noirâtre. Les ailes sont cendrées. On voit sur les supérieures quatre points noirs, entourés d'un cercle blanc. Le dessous des quatre ailes est cendré & sans taches.

Il se trouve en Autriche.

112. BOMBIX du Pommier.
BOMBYX Mali.
Bombyx alis reversis cinereis : fascia sinuata obscuriore; puncto atro. FAB. *Mant. inf. tom.* 2. *p.* 115. *n°.* 75.

Il ressemble beaucoup au *Bombix de la Jacée.* Les antennes sont très-pectinées. La tête & le corcelet sont velus, cendrés. Les ailes supérieures sont cendrées, avec une large bande obscure, placée au milieu, laquelle se termine en avant & en arrière par une raie sinuée, noire. Au milieu de cette bande, on apperçoit un point noir. Vers le bord postérieur, il y a une raie transversale, obscure, peu marquée. Les inférieures sont plus obscures que les supérieures, avec une raie transversale, noirâtre. Le dessous des quatre ailes est obscur, & coupé par une raie noirâtre.

Il se trouve en Dannemark.

La chenille se nourrit des feuilles de Pommier, de Noisetier. Elle vit solitaire; son corps est velu, brun, avec une raie longitudinale au dessus, pâle, & les stigmates bleuâtres.

113. BOMBIX du Noisetier.
BOMBYX Avellana.
Bombyx alis reversis obscure cinereis : fascia sinuata obscuriore immaculata. FAB. *Mant. inf. tom.* 2. *pag.* 116. *n°.* 76.
REAUM. *Mém. tom.* 1. *pl.* 44. *fig.* 7—13.

Il ressemble beaucoup aux précédens. Les antennes sont un peu pectinées. La tête & le corcelet sont velus, d'une couleur cendrée obscure, sans taches. Les ailes sont d'une couleur cendrée obscure, avec une large bande sinuée, plus obscure que le fond des ailes.

Il se trouve en Dannemark, aux environs de Paris.

La chenille se nourrit des feuilles de Pommier, de Noisetier. Elle vit solitaire. Son corps est velu, brun, avec une bande étroite, d'un jaune souci sur chaque anneau, & une raie longitudinale, formée par une suite de taches blanches, placée sur le dos. Elle file dans la terre une coque mince, dans laquelle elle se change en chrysalide, & d'où l'insecte parfait sort au bout de quelques semaines.

114. BOMBIX de l'Hieracium.
BOMBYX Hieracii.
Bombyx alis subreversis atro fuliginosis. FAB. *Mant. inf. tom.* 2. *pag.* 116. *n°.* 77.
Tinea graminella. Wienn. Verz. pag. 1. 133. *n°.* 1.

Il a près de trois quarts de pouce de largeur, lorsque les ailes sont étendues. Les antennes sont noires & pectinées. Le corps est noir & peu velu. Les ailes sont noirâtres, un peu transparentes, sans taches, avec les nervures noires.

Il se trouve en Europe.

La chenille se fait un fourreau à la manière des Teignes, avec des brins de feuille. Elle vit sur les plantes graminées. Suivant l'auteur allemand du catalogue systématique des Papillons des environs de Vienne, c'est cette chenille que M. Geoffroy a désignée par la phrase suivante.

Tinea involucro palearum longitudinalium ordine multiplici composito, GEOFF. *Inf. tom.* 2. *pag.* 203. *n°.* 51.

TROISIEME FAMILLE.

AILES PENCHÉES.

Ailes penchées de chaque côté, les inférieures ne dépassant pas les supérieures.

115. BOMBIX lagopode.

Bombyx lagopus.

Bombyx alis deflexis fuscescentibus, atomis strigisque duabus fuscis, pedibus anticis porrectis hirsutissimis. Fab. *Syst. entom. pag.* 568. *n°.* 45. — *Spec. ins. tom.* 2. *pag.* 181. *n°.* 61. — *Mant. ins. tom.* 2. *pag.* 116. *n°.* 77.

Ce *Bombix* est un des plus grands. Les antennes sont un peu pectinées. Le corcelet est obscur. Les ailes supérieures sont jaunâtres, pointillées de noirâtre, avec deux raies transversales, obliques, noirâtres, placées au milieu, entre lesquelles on voit deux taches noirâtres, dont l'une orbiculaire, & l'autre réniforme. Vers le bord postérieur, il y a une petite raie transversale blanchâtre. Les ailes inférieures sont jaunâtres. Les pattes antérieures sont avancées, & couvertes de poils serrés, jaunes; les intermédiaires ont le dessous des cuisses pareillement couvert de poils.

Il se trouve dans la Chine.

116. Bombix impérial.

Bombyx imperialis.

Bombyx alis flavis fusco maculatis, omnibus macula subocellari ferruginea. Fab. *Syst. entom. pag.* 569. *n°.* 46. — *Spec. ins. tom.* 2. *pag.* 181. *n°.* 62. — *Mant. ins. tom.* 2. *pag.* 116. *n°.* 79.

Phalæna imperialis. Drury. *Illust. ins. tom.* 1. *tab.* 9. *fig.* 1. 2.

Ce bel insecte a environ quatre pouces & demi de largeur, lorsque les ailes sont étendues. Les antennes sont brunes, pectinées, avec l'extrémité sétacée. La tête est jaune. Le corcelet est jaune, avec quelques taches obscures. L'abdomen est jaune, avec un peu de couleur brune claire à sa partie supérieure. Les ailes supérieures sont mélangées d'un beau jaune & de brun cendré, & rougeâtre avec des points obscurs sur les taches jaunes. Les ailes inférieures sont jaunes, avec une tache irrégulière & une bande brune cendrée : on voit au milieu une petite tache oculée brune, avec la prunelle plus claire. Le dessous des ailes est d'un très-beau jaune, légérement pointillé de brun. Les supérieures ont une tache oculée, brune, & un point brun à côté, & le bord postérieur brun cendré. Les inférieures ont seulement une tache oculée brune, semblable à celle de dessus. Le dessous du corps & les pattes sont d'un beau jaune.

Il se trouve à l'Amérique septentrionale, à la Caroline, à la Nouvelle Yorck. M. Fabricius dit qu'il se trouve aux Indes.

117. Bombix grosse-corne.

Bombyx crassicornis.

Bombyx alis deflexis cinereis, atomis strigisque undatis fuscis. Fab. *Syst. entom. pag.* 569. *n°.* 47. — *Spec. ins. tom.* 2. *pag.* 181. *n°.* 63. — *Mant. ins. tom.* 2. *pag.* 116. *n°.* 89.

Il est grand. La tête est obscure. Les antennes sont courbées, pectinées, épaisses à leur base, minces à leur extrémité. Le corcelet & l'abdomen sont obscurs. Les ailes supérieures sont cendrées, parsemées de points obscurs, & ont, vers le bord postérieur, deux raies transversales, obscures, très-ondées. Les inférieures sont cendrées, sans taches. Les quatre ailes sont cendrées en dessous, avec une raie transversale obscure.

Il se trouve aux Indes orientales.

118. Bombix Hyphinoë.

Bombyx Hyphinoë.

Bombyx alis deflexis coeruleis, anticis flavo maculatis. Fab. *Spec. ins. tom.* 2. *pag.* 181. *n°.* 64. — *Mant. ins. tom.* 2. *pag.* 116. *n°.* 81.

Phalæna Hyphinoë. Cram. *Ins. tom.* 2. *pag.* 91. *pl.* 154. *fig. B.*

Il a environ quatre pouces & demi de long lorsque les ailes sont étendues. Les antennes du mâle seulement sont un peu pectinées. Tout le corps est d'une couleur bleue foncée. Les ailes supérieures sont bleues avec des taches irrégulières, & le bord postérieur jaunes. Les ailes inférieures sont bleues, sans taches, avec un peu du bord postérieur jaune. Le dessous des ailes est à-peu-près semblable au dessus.

Il se trouve aux Isles Moluques.

119. Bombix Cyané.

Bombyx Cyane.

Bombyx alis deflexis atris hyalino maculatis, posticis lunulis fulvis. Fab. *Spec. ins. app. tom.* 2. *pag.* 506. — *Mant. ins. tom.* 2. *pag* 116. *n°.* 82.

Phalæna Cyane. Cram. *Pap. exot. tom.* 3. *p.* 137. *pl.* 267. *fig. D.*

Il a un peu plus de trois pouces & demi de largeur, lorsque les ailes sont étendues. Les antennes sont noires & pectinées. Le corps est d'un brun roussâtre en dessus, avec des bandes jaunes sur l'abdomen, & jaunâtres en dessous. Les ailes supérieures sont d'un noir bleuâtre, avec des taches blanches, transparentes. Les inférieures sont d'un noir bleuâtre à leur base, blanches & transparentes au milieu, & d'un noir bleuâtre ensuite, avec cinq ou six taches jaunes, figurées en croissant. Le dessous des quatre ailes est semblable au dessus.

Il se trouve à Amboine.

120. Bombix Strix.

Bombyx Strix.

Bombyx alis deflexis, cinereo nigroque variis; corpore fusco.

Phalæna Strix. Cram. *Pap. exot. tom.* 2. *p.* 77. *pl.* 145. *fig. A.*

Ce *Bombix* ressemble beaucoup au *Cossus* d'Europe, mais il est beaucoup plus grand; il a environ six

six pouces de largeur, lorsque les ailes sont étendues. Les antennes du mâle sont pectinées, & celles de la femelle sont simplement sétacées. La tête & le corcelet sont d'un gris nébuleux obscur. L'abdomen est gros & noirâtre. Les ailes supérieures sont mélangées de gris, de cendré & de noir. Les inférieures sont plus obscures que les supérieures, & mélangées de cendré & de noir. Le dessous des ailes est semblable au dessus.

Il se trouve à Amboine, à Java. Je n'en connois dans les cabinets de Paris, qu'un seul individu que M. Mauduit avoit reçu de l'isle d'Amboine. Il est conservé au cabinet de M. Pâris.

121. BOMBIX Cossus.

BOMBYX *Cossus.*

Bombyx alis deflexis nebulosis, thorace postice fascia atra, antennis lamellatis. FAB. *Syst. entom. pag.* 569. *n°.* 48. — *Spec. inf. tom.* 2. *pag.* 182. *n°.* 65. — *Mant. inf. tom.* 2. *pag.* 116. *n°.* 83.

Phalæna Bombyx Cossus *elinguis, alis deflexis nebulosis, thorace postice fascia atra, antennis lamellatis.* LIN. *Syst. nat. pag.* 837. *n°.* 63.

Phalæna pectinicornis elinguis, alis albo-cinereis, striis transversis nebulosis nigris; abdomine annulis albis. GEOFF. *Inf. tom.* 2. *pag.* 102. *n°.* 4

Le Cossus. GEOFF. *Ib.*

Phalène *Cossus* à antennes filiformes feuilletées, sans trompe, à corcelet hupé avec une bande noire & un collier blanc, à ailes d'un gris cendré avec une infinité de veines transverses noires. DEG. *Mém. tom.* 2. *pag.* 368. *n°.* 1.

Phalæna grandis, alis cinerascentibus, lineolis creberrimis nigricantibus variis, abdomine annulis transversis nigris & albis versicolore. RAI. *Inf.* 150. *n°.* 2.

Phalæna Cossus. SCOP. *Entom. carn. n°,* 500.

MOUFF. *Theat. inf. pag.* 196. *fig.* 1. La chenille.

GRONOV. *Gazop. pag.* 204. *n°.* 837.

GOED. *Inf.* 2. *tab.* 33.

LIST. GOED. *pag.* 105. *fig.* 39.

MERIAN. *Europ. tab.* 137.

ALBIN. *Inf. pag.* 35. *fig.* 56.

FRISCH. *Inf.* 7. *tab.* 1.

PETIT. *Gazop. tab.* 51. *fig.* 9.

REAUM. *Mém. inf. tom.* 1. *pl.* 17. *fig.* 1—8.

LYONN. *Monog. Hog.* 1762. *phil.* 80. *tab.* 18. — *Id.* Note sur LESSER, *tab.* 1. *fig.* 17-22. — *Id.* Traité anatomique de la chenille qui ronge le bois du Saule.

ROES. *Inf. tom.* 1. *class.* 2. *Pap. noct. tab.* 18. *fig.* 1—8.

WILK. *Pap.* 15. *tab.* 31.

SCHAEFF. *Icon. inf. tab.* 61. *fig.* 1. 2.

ESPER. *Inf. tom.* 3. *tab.* 61. *fig.* 1—6.

Phalæna Bombyx Cossus. Wienn. *Verz. pag.* 60. *n°.* 1.

Phalæna Cossus. FOURC. *Entom. Par. pag.* 258. *n°.* 4.

Le Cossus. ERNST. *Pap. d'Europ. tom.* 5. *pag.* 63 *pl.* 183. *& pl.* 190. *n°.* 246.

Il a environ depuis deux pouces & demi jusqu'à trois pouces & un quart de largeur, lorsque ses ailes sont étendues. Les antennes sont un peu pectinées. La couleur de tout le corps est d'un gris cendré nébuleux, avec des bandes cendrées, plus claires sur l'abdomen. Les ailes supérieures sont cendrées, avec des lignes irrégulières, transversales, noirâtres, qui rendent les ailes nébuleuses. Les inférieures sont de la couleur des supérieures, mais moins nébuleuses. Le dessous des quatre ailes est à-peu-près semblable au dessus.

Il se trouve dans toute l'Europe.

La chenille se nourrit du bois de Saule, de Peuplier, d'Orme : elle ronge d'abord la seconde écorce & l'aubier, & penètre ensuite dans l'intérieur du bois. Les œufs sont déposés dans les gerçures du bois, ou dans les plaies de l'arbre, vers les mois de juillet & d'août. Les chenilles naissent peu de tems après, s'enfoncent & croissent à l'abri pendant l'hiver. Elles sont assez grosses, peu velues, & d'une couleur rougeâtre : leur tête est noire, & armée de deux fortes mâchoires. Parvenues à tout leur accroissement, elles cherchent du bois pourri pour faire leur coque & se changer en chrysalide, d'où elles sortent sous la forme d'insecte parfait la même année ou l'année suivante, suivant l'époque à laquelle elles se sont changées en chrysalide. La coque est formée de quelques fils de soie, & de la sciure de bois fortement liés ensemble.

Cette chenille a une odeur forte, désagréable, due à une liqueur huileuse qu'elle rend par la bouche, & qui est contenue dans deux réservoirs, ou vessies très-minces, placées près de l'intestin qui fait les fonctions de l'estomac. Il est à présumer que cette liqueur sert à humecter & ramollir les fibres du bois pour le rendre plus aisé à mâcher & à digérer.

Le chevalier Linné a cru que cette chenille étoit le Cossus de Pline, que les Romains regardoient comme un mets très-délicat. M. Geoffroy rejette l'opinion de Linné, & paroît plutôt porté à croire que le Cossus des Romains étoit la larve du Charanson palmiste, que l'on fait être un mets assez agréable. Mais cette larve ne se nourrit que dans le bois du Palmier, qui ne se trouvoit point en Italie, & le Cossus des Romains se nourrissoit uniquement du bois de Chêne sur lequel notre Cossus ne se trouve jamais. D'ailleurs, cette chenille exhalant une odeur assez fétide, il n'est pas vraisemblable qu'elle ait jamais été un mets délicat, recherché par les riches. *Jam quidem Romanis in hoc luxuria esse cœpit, prægrandesque Roborum vermes delicatiore sunt in cibo, Cossos vocant, atque etiam farina saginati; hi quoque altiles fiunt.* PLIN. lib. 27. cap. 24. Quelques auteurs pensent, avec plus de raison, que le Cossus des Romains étoit la larve du Lucane Cerf-volant. *Lucanus Cervus.*

122. BOMBIX tarière.
BOMBYX terebra.
Bombyx alis deflexis dorso dentatis cinereis : atomis strigisque undatis fusco ferrugineis, thorace postice striga albida. FAB. *Mant inf. tom. 2. pag.* 116. *n°.* 84.
MERIAN. *Europ. tab.* 162.
Phalæna Bombyx terebra. Wienn. Verz. pag. 60. *n°.* 2.

La tarière. ERNST. *Pap. d'Europ. tom.* 5. *p.* 68. *pl.* 190. *n°.* 146. *l.*

Il ressemble beaucoup au Cossus pour la forme & la grandeur. On le prendroit même pour une simple variété du précédent, si la chenille n'étoit différente. Les antennes sont blanchâtres & peu pectinées. Le corcelet est obscur, avec une raie transversale blanchâtre à sa partie postérieure. Les ailes supérieures sont un peu anguleuses à leur bord interne; elles sont cendrées, avec des points & de petites lignes irrégulières noirâtres. Les ailes inférieures sont cendrées. Les quatre ailes en dessous sont cendrées, ce qui distingue le plus cette espèce de la précédente.

Il se trouve en Allemagne.

La chenille se nourrit dans le bois du Peuplier noir. Elle est blanchâtre, à l'exception de la tête qui est brune.

123. BOMBIX Chryséis.
BOMBYX Chryseis.
Bombyx alis deflexis albis, anticis maculis numerosis annularibus nigris; abdomine supra flavo cæruleoque variegato.

Il a ordinairement trois pouces & demi de largeur lorsque les ailes sont étendues. Les antennes sont noires, sétacées, à peine pectinées. La tête est blanche, avec une raie transversale noire au devant des antennes. Le corcelet est blanc, avec plusieurs anneaux noirs. L'abdomen est mélangé en dessus de jaune fauve & de bleu verdâtre luisant. Le dessous du corps est blanc, avec quelques taches noires. Les ailes supérieures sont blanches, avec beaucoup de taches annulaires noires. Les inférieures sont blanches, avec quelques petites taches noires vers le bord postérieur.

Il se trouve dans la Virginie, la Caroline. Il m'a été communiqué par M. Jonh Francillon.

124. BOMBIX Cunégonde.
BOMBYX Cunegunda.
Bombyx alis deflexis albis, maculis numerosis fuscis nigro annulatis; abdomine fusco maculato.
Phalæna Cunegunda. CRAM. *Pap. exot. tom.* 4. *pag.* 104. *pl.* 344. *fig. D. F.*

Il ressemble beaucoup au précédent : il a depuis deux jusqu'à deux pouces & demi de largeur lorsque les ailes sont étendues. Les antennes sont noires, & à peine pectinées. Le corcelet est blanc, avec deux taches annulaires noires, à sa partie antérieure, & plusieurs taches annulaires oblongues, à sa partie supérieure. L'abdomen est noirâtre, avec des taches d'un jaune foncé. Les ailes supérieures sont blanches, avec beaucoup de taches obscures, entourées d'un cercle noir. Les inférieures ont de pareilles taches vers le bord postérieur, & elles sont obscures à leur base.

Le mâle, selon Cramer, a ses ailes inférieures entiérement blanches.

Il se trouve à Cayenne, à Surinam.

125. BOMBIX du Marronier.
BOMBYX Aesculi.
Bombyx nivea, alis punctis numerosis cæruleo nigris, thorace senis. FAB. *Mant. inf. tom.* 2. *p.* 116. *n°.* 85.
Hepialus Aesculi. FAB. *Syst. Entom. pag.* 590. *n°.* 4. — *Spec. inf. tom.* 1. *pag.* 208. *n°.* 5.
Phalæna noctua Aesculi *elinguis lævis nivea, antennis thorace brevioribus, alis punctis numerosis cæruleo-nigris, thorace senis.* LIN. *Syst. nat. p.* 833. *n°.* 83. — *Faun. suec. n°.* 1150.
PODA. *Inf.* 88. *n°.* 16.
NATURF. 12. *tab.* 2. *fig.* 8.
REAUM. *Mém. tom.* 2. *pl.* 38. *fig.* 1—4.
ROES. *Inf. tom.* 3. *tab.* 48. *fig.* 5 & 6.
HARRIS. *Inf. angl. tab* 2. *fig.* 3 & 4.
SCHAEFF. *Icon. inf. tab.* 31. *fig.* 8 & 9.
ESPER. *tom.* 3. *tab.* 62. *fig.* 1—7.
Phalæna hilaris. FOURC. *Entom. par. pag.* 306. *n°.* 158.
Phalæna Bombyx Aesculi. Wienn. Verz. pag. 60. *n°.* 3. *tab. tit. præf. fig.* 6.
La coquette. ERNST. *Pap. d'Europ. tom.* 5. *p.* 69. *pl.* 190. *n°.* 147.

Il a environ depuis deux jusqu'à deux pouces & demi de largeur, lorsque les ailes sont étendues. Les antennes du mâle sont courtes & un peu pectinées; elles sont sétacées dans la femelle, un peu plus longues, avec un duvet blanc à leur base. La tête est blanche & sans taches. Le corcelet est blanc, avec six taches noires. Le corps est noir, peu velu, avec des poils blancs au bord des anneaux de l'abdomen & à la poitrine. Les ailes sont blanches, avec beaucoup de petites taches d'un bleu noirâtre : elles ont des nervures très-marquées, un peu élevées.

On le trouve dans toute l'Europe. Il n'est pas bien commun aux environs de Paris.

La chenille se nourrit du bois du Marronier

d'Inde, *Aesculus Hippocastanum*, du Poirier, du Pommier, du Frêne, de l'Aune, du Peuplier, &c. Elle est rase, jaunâtre, avec deux taches noires sur la tête, & des tubercules d'un brun noir sur chaque anneau. On découvre facilement ces chenilles dans le mois de septembre, après leur première mue, par les plaies que l'on apperçoit aux branches des arbres dans lesquelles elles vivent. Elles jettent au dehors leurs excrémens, & ont soin de fermer l'ouverture du trou qu'elles ont fait, avec des rognures de bois, liées par quelques brins de fils, soit pour se garantir des Ichneumons, soit pour être à l'abri des impressions de l'air. Elles passent l'hiver dans l'intérieur du bois, & parvenues à toute leur grosseur vers le mois de juin, elles construisent avec de la soie & de la sciure du bois, une coque dans laquelle elles se changent en chrysalide, & d'où l'insecte parfait sort dans le courant du mois d'août.

126. BOMBIX disparate.
BOMBYX dispar.
Bombyx alis deflexis, masculis griseo fuscoque nebulosis, femineis albidis, lituris nigris. FAB. *Syst. Entom. pag.* 570. *n°.* 49. — *Spec. ins. tom.* 2. *pag.* 182. *n°.* 66. — *Mant. ins. tom.* 2. *pag.* 117. *n°.* 86.
Phalæna Bombyx dispar *elinguis, alis deflexis: masculis griseo fuscoque nebulosis; femineis albidis lituris nigris.* LIN. *Syst. nat. pag* 821. *n°.* 44.
Phalæna pectinicornis elinguis, alis deflexis albis, fascia quadruplici transversa nigra, acute undulata. GEOFF. *tom.* 2. *pag.* 112. *n°.* 14.
Le zigzag. GEOFF. *Ib.*
Phalène *disparate* à antennes barbues sans trompe, à ailes étendues blanches, avec quelques taches noires dans la femelle; & brunes à raies ondées noirâtres dans le mâle, à pattes & antennes noires dans la femelle. DEG. *Mém. tom.* 2. *p.* 293.
Phalæna dispar. SCOP. *Entom. carn. n°.* 491.
MERIAN. *Europ. tab.* 18. *& tab.* 31. *femina.*
REAUM. *Mém. ins. tom.* 1. *pl.* 46. *fig.* 1—5. *& tom.* 2. *pl.* 1. *fig.* 11—15.
FRISCH. *Ins. tom.* 1. *pag.* 14. *tab.* 3.
ROES. *Ins. tom.* 1. *classſ.* 2. *Pap. noct. tab.* 3. *fig.* 1—8.
WILK. *Pap. pag.* 20. *tab.* 42.
SCHAEFF. *Icon ins. tab.* 28. *fig.* 3—6.
Biblioth. reg. Par. pag. 27. *fig. omnes.*
BLANK. *Ins. tab.* 6. *fig. A. C.*
Bombyx dispar. Wienn. Verz. pag. 52. *n°.* 6.
Le zigzag. ERNST. *Pap. d'Europ. tom.* 4. *p.* 106. *pl.* 138. *n°.* 186.
Phalæna dispar. FOURC. *Entom. par. pag.* 261. *n°.* 14.

Ce *Bombix* diffère dans les deux sexes par les couleurs & la grandeur. Le mâle n'a guères plus d'un pouce & demi de largeur, lorsque ses ailes sont étendues. Ses antennes sont obscures & très-pectinées. Le corps est obscur en dessus, & cendré en dessous. Les ailes supérieures sont d'une couleur cendrée obscure, avec des raies transversales, ondées, noirâtres. Les inférieures sont un peu moins obscures que les supérieures, & elles n'ont que quelques raies ondées, peu marquées, vers le bord postérieur. Le dessous des quatre ailes est d'une couleur cendrée, roussâtre, avec une petite tache noirâtre, arquée, au milieu de chaque.

La femelle est plus grande que le mâle; elle a ordinairement depuis deux jusqu'à deux pouces & demi & même davantage de largeur, lorsque les ailes sont étendues. Les antennes sont noires & peu pectinées. Le corcelet est blanchâtre & très-cotonneux. L'abdomen & la poitrine sont d'un gris sale. Les ailes supérieures sont blanchâtres, avec des raies ondées, en zigzag, noirâtres. Les inférieures sont blanchâtres, avec une rangée de points noirâtres tout le long du bord postérieur. Le dessous des quatre ailes est blanchâtre, avec des points noirs à leur bord postérieur. Les pattes sont grisâtres, avec les tarses noirs.

Il se trouve dans presque toute l'Europe.

La chenille se nourrit des feuilles de Chêne, d'Orme, de Tilleul, de Pommier, de Poirier, & de tous les arbres fruitiers, auxquels elle fait souvent beaucoup de tort. Elle est velue, noirâtre, avec quatre lignes longitudinales, jaunâtres ou grisâtres, & quatre tubercules peu élevés, sur chaque anneau, bleus sur les cinq premiers, & rouges sur tous les autres. La tête est grosse, d'un brun un peu verdâtre, & pointillée de noir. Parvenue à toute sa grosseur vers la fin de juin ou au commencement de juillet, elle fait, entre des feuilles, sous l'écorce d'arbres, ou dans quelque creux, une coque d'un tissu très-lâche, dans laquelle elle se change en chrysalide, & d'où l'insecte parfait sort environ un mois après.

La femelle fait sa ponte peu de temps après sa dernière métamorphose. Elle dépose ses œufs sur l'écorce de quelque arbre, en un seul tas, & les recouvre des poils qu'elle porte à l'extrémité du ventre, & qui se détachent peu à peu. Les œufs n'éclosent que le printemps suivant.

127. BOMBIX Amasis.
BOMBYX Amasis.
Bombyx alis deflexis albidis, strigis nigris, posticis flavis nigro maculatis, abdomine atro, cingulis rubris. FAB. *Spec. ins. tom.* 2. *pag.* 183. *n°.* 67. — *Mant. ins. tom.* 2. *pag.* 117. *n°.* 87.
Phalæna Amasis. CRAM. *Pap. exot. tom.* 3. *p.* 23. *pl.* 206. *fig. B.*

Il a environ deux pouces & trois quarts de largeur, lorsque les ailes sont étendues. Les antennes sont noirâtres & pectinées. La tête & le corcelet sont blancs, avec des taches noires. L'abdomen est noir, avec des bandes rouges, & l'extrémité jaune. Les ailes supérieures sont blanchâtres, avec trois raies transversales anguleuses noires. Les inférieures sont jaunes, avec cinq taches noires, dont trois rapprochées les unes des autres. Le dessous des ailes supérieures est marqué d'une tache d'un rouge pâle au milieu. Tout le reste est semblable au dessus.

Il se trouve à Surinam.

128. BOMBIX Prothée.

Bombyx Prothea.

Bombyx alis deflexis albis, anticis strigis quatuor undatis, punctisque marginalibus fuscis, posticis immaculatis.

Phalana Brothea. CRAM. *Pap. exot. tom.* 4. *pag.* 68. *pl.* 322. *fig. E.*

Il a environ deux pouces & un quart de largeur, lorsque les ailes sont étendues. Les antennes sont roussâtres & très-pectinées. Le corps est blanc. Les ailes supérieures sont blanches; on y remarque quatre raies ondées, transversales, deux points au milieu, dont l'un en croissant, & l'autre arrondi; enfin, une rangée de points au bord postérieur, d'un brun roussâtre. Les ailes inférieures sont blanches & sans taches. Les pattes sont grisâtres. Les ailes en dessous sont d'un blanc sale, avec des bandes transversales, cendrées.

On le trouve à Amboine & sur la côte de Coromandel.

129. BOMBIX lunulé.

Bombyx lunata.

Bombyx alis deflexis cinereis, anticis strigis undatis fuscis lunulaque media nigra, abdomine pallide roseo:

Phalana lunata. CRAM. *Pap. exot. tom.* 4. *pag.* 154. *pl.* 369. *fig. C.*

Il a environ trois pouces de largeur lorsque les ailes sont étendues. Les antennes sont obscures & très-pectinées. La trompe est imperceptible. La tête est cendrée, avec des taches d'un rouge obscur sur les côtés. Le corcelet est cendré, avec des nuances obscures. L'abdomen est d'un rouge très-pâle. Les ailes supérieures sont cendrées, avec des taches noirâtres à leur base, plusieurs raies transversales, ondées, obscures, dont quelques-unes forment une suite de lunules, enfin une tache noirâtre, en croissant, placée vers le milieu. Les ailes inférieures sont cendrées, avec une teinte de rouge pâle à leur base. Le dessous des ailes est cendré, avec une légère teinte de rouge pâle à leur base. On voit vers le milieu des supérieures une tache noire, en croissant, semblable à celle du dessus.

Il se trouve à Amboine.

130. BOMBYX patte-étendue.

Bombyx pudibunda.

Bombyx alis deflexis cinereis, strigis tribus undatis fuscis. FAB. *Syst. Entom. pag.* 570. *n°.* 50.—*Spec. ins. tom.* 2. *pag.* 183. *n°.* 68—*mant. ins. tom.* 2. *pag.* 117. *n°.* 88.

Phalana Bombyx pudibunda *elinguis cristata, alis cinerascentibus: fasciis tribus fuscis linearibus undatis.* LIN. *Syst. nat. pag.* 824. *n°.* 54.—*Faun. suec. n°.* 1118.

Phalana pectinicornis elinguis, alis deflexis, cinereo-undulatis, fasciis transversis obscurioribus, capite inter pedes porrectos. GEOFF. *inf. tom.* 2. *pag.* 113. *n°.* 15.

La patte étendue. GEOF. *ib.*

Phalana media cinerea, alis oblongis, exterioribus quatuor lineis nigricantibus transversis distinctis. RAI. *inf. pag.* 185. *n°.* 7.

Phalène à antennes à barbes brun-jaunâtres, sans trompe, gris-blanchâtre, à quelques raies transversales ondées brunes. DEG. *mém. tom.* 1. *pag.* 697. *tab.* 16. *fig.* 11 & 12, *pag.* 245. *tab.* 16. *fig.* 7—12.

Phalène *patte-étendue blanche* à antennes à barbes jaunes, sans trompe, à corcelet huppé, à ailes cendrées blanchâtres avec des raies transverses ondées brunes & cendrées. DEG. *mém. tom.* 2. *pag.* 317.

Phalana pudibunda. Scop. Entom. carn. n°. 489.

MÉRIAN. *Inf. Europ. tab.* 47.

REAUM. *Mém. tom.* 1. *pl.* 33. *fig.* 4.—12.

ROES. *Inf. tom.* 1. *class.* 2. *Pap. noct. tab.* 38. *fig.* 1—6.

GOED. *Inf.* 3. *tab.* 5.

LIST. GOED. *pag.* 191. *fig.* 81.

ALB. *Inf. tab.* 16.

AMMIR. *Inf. tab.* 18.

WILK. *inf.* 30. *tab.* 63. *C.* 2.

ESPER. *Inf. tom.* 3. *tab.* 54. *fig.* 1-7.

SCHÆFF. *Icon inf. tab.* 44. *fig.* 9.-10. *Id. tab.* 90. *fig.* 1, 2, 3.

Phalana Bombyx pudibunda. Wienn. Verz. pag. 55, *n°* 1.

La patte étendue. ERNST. *Pap. d'Europ. tom.* 4, *pag.* 170. *Pl.* 160. *n°* 207.

Phalana pudibunda. FOURC. *Entom. par. pag.* 262. *n°* 15.

Il a environ depuis un pouce & demi jusqu'à deux pouces & un quart de largeur, lorsque les ailes sont étendues. Les antennes sont brunes roussâtres & pectinées. Tout le corps est d'une couleur grise, un peu cendrée. Les ailes supérieures sont cendrées, avec trois raies transversales, peu ondées, obscures. Celles du mâle sont un peu obscures au milieu, entre la premiere & la seconde raie. Les inférieures sont d'un gris cendré, quelquefois sans taches, ou avec une raie transversale & une tache peu marquées obscures. Le dessous des ailes est d'un gris cendré, avec une raie & une tache obscures, plus ou moins marquées.

Il se trouve dans toute l'Europe.

La chenille se trouve communément dans les mois d'août, de septembre & d'octobre, sur le Chataignier, le Marronier, le Pommier, le Poirier, le Noisetier & autres arbres fruitiers. Elle est velue, & elle porte quatre faisceaux de poils jaunes sur le dos, en forme de pinceaux, & un cinquieme plus long, plus mince & rougeâtre, en forme de queue, à la partie supérieure du dernier anneau. Tout le corps est d'un jaune plus ou moins clair. Parvenue à toute sa grosseur au commencement d'octobre, elle file une coque ovale, jaunâtre, d'un tissu peu serré, dans laquelle elle se change en chrysalide, & d'où elle sort au mois de mai ou de juin de l'année suivante. La chrysalide est noirâtre à sa partie antérieure, d'un brun rougeâtre, avec des points jaunes à la partie postérieure.

131. BOMBIX agate.
BOMBYX *fascelina.*

Bombyx alis deflexis cinereis, atomis nigris strigisque duabus fulvis repandis. Fab. Syst. Entom. pag. 571. *n°.* 51. — *Spec. inf. tom.* 2. *pag.* 184. *n°.* 69 — *Mant inf. tom* 2. *pag.* 117. *n°.* 89.

Phalæna Bombyx fascelina *elinguis cristata cinerea, alis superioribus antice fasciis duabus angustis fulvo-fuscis, scutello bipunctato fulvo. Lin. Syst. nat. pag.* 825. *n°.* 55 — *Faun. suec. n°.* 1119.
Phalæna obsolete cinerea. RAI. *inf. pag.* 186. *n°.* 8.

Phalène à antennes à barbes, sans trompe; d'un gris agate, à deux raies noires bordées de jaune, & à tache noire bordée de blanc. DEG. *mém. tom.* 1. *pag.* 697. *pl.* 15. *fig.* 12 — 15.

Phalène *patte-étendue agate* à antennes barbues sans trompe, à corcelet huppé, d'un gris d'agate, avec deux raies noires bordées de jaune, & une tache noire bordée de blanc sur les ailes supérieures. DEG. *mém. tom.* 2. *pag.* 318 *n°.* 7.
MOUFF. *Theat. inf. pag.* 189 *fig.* 7. *Larva.*
GOED. *inf.* 1. *tab.* 36.
LIST. GOED. *fig.* 80.
MERIAN. *Europ. tab.* 8.
ALBIN. *Inf. tab.* 26.
ROES. *Inf. tom.* 1. *class.* 2. *Pap. noct. tab.* 37. *fig.* 1 — 9.
WILK. *Pap.* 30. *tab.* 62.
ESPER. *tom.* 3. *tab.* 55. *fig.* 1 — 5.
Phalæna Bombyx fascelina. Wienn. Verz. pag. 55. *n°.* 3.
La patte étendue agate. ERNST. *Pap. d'Europ. tom.* 4. *pag.* 175. *pl.* 161. *n°.* 209.

Il ressemble au précédent pour la forme & la grandeur. Les antennes sont pectinées. Tout le corps est d'une couleur cendrée, avec des nuances obscures. Les ailes supérieures sont cendrées, pointillées de noirâtre, avec deux raies transversales, roussâtres, peu marquées, & une autre obscure. On voit quelquefois un peu de jaune roussâtre à la base & vers le bord postérieur, & une tache vers le milieu de l'aile. Les inférieures sont cendrées, sans taches. Le dessous des quatre ailes est d'un gris cendré, avec quelques taches obscures, peu marquées.

Ce *Bombix* & le précédent, lorsqu'ils sont en repos, appliquent les antennes à la partie latérale du corcelet & portent en avant les deux pattes antérieures de sorte qu'on prend au premier aspect les pattes pour les antennes de l'insecte.

Il se trouve dans presque toute l'Europe.

Les chenilles se nourrissent des feuilles du Trefle, du Pissenlit, du Fraisier, de la Ronce, du Groseiller & même quelquefois de celles du Peuplier, du Saule, du Prunier. Elles vivent en société dans leur jeune âge, passent l'hiver, & ne prennent toute leur croissance qu'au printemps suivant. Leur corps est brun sur les côtés & noir sur le dos. Elles sont très-velues, & leurs poils, disposés par aigrettes sur de petits tubercules, sont d'un gris roussâtre; mais il s'en trouve parmi eux quelques uns de noirs. On remarque au milieu du dos, cinq faisceaux de poils en forme de pinceaux, moitié blancs moitié noirs; deux autres noirs, plus minces & plus longs, en forme de corne, un de chaque coté de la partie postérieure de la tête, enfin un autre assez long en forme de queue à la partie supérieure du pénultieme anneau. Parvenues à toutes leur grosseur vers la fin de Mai, elles filent entre des feuilles une coque ovale, blanchâtre, entremêlée de leurs poils, dans laquelle elles se changent en chrysalide, & d'où elles sortent un mois après sous la forme d'insecte parfait.

La chrysalide est brune, & on y remarque une raie de poils roussâtres, placée tout le long du dos.

132 BOMBIX Bucéphale.
BOMBYX *Bucephala.*
Bombyx alis deflexis cinereis, strigis duabus ferrugineis maculaque terminali flava. FAB *Syst. Entom. pag.* 571. *n°.* 52. — *Spec. inf. tom.* 2. *pag.* 184. *n°.* 70. — *Mant. inf. tom.* 2. *pag* 117. *n°.* 90.
Phalæna Bombyx Bucephala *subelinguis, alis subreversis cinereis: strigis duabus ferrugineis maculaque terminali magna flava.* LIN. *Syst. nat. pag.* 816. *n°.* 31. — *Faun. suec. n°.* 1115.
Phalæna pectinicornis elinguis, alis tectiformibus superioribus cinereis fascia duplici ferruginea, & extremo circulariter pallescente; subtus omnibus flaves-

centibus, fascia undulata fusca. Geof. *inf. tom.* 2. *pag.* 123. *n°.* 28.

La lunule. Geoff. *ib.*

Phalène à antennes à barbes en bouquet de poils, sans trompe ; d'un gris de perle obscur, à grande tache jaune blanchâtre vers le postérieur des ailes supérieures. Deg. *Mém. tom.* 1. *pag.* 697. *pl.* 13. *fig.* 14. — 19.

Phalène *lunule* à antennes barbues sans trompe, à corcelet huppé jaune raié de roux, dont les ailes supérieures sont gris-de-perle cendré, avec une grande tache jaune à l'extrémité. Deg. *Mém. tom.* 2. *pag.* 317. *n°.* 5.

Phalæna Bucephala. Scop. Entom. carn. n°. 515.

Phalæna media, alis oblongis ex rufo cinereo fulvo & albicante variis. Rai. *inf. pag.* 162. *n°.* 14.

Goed. *inf.* 1. *tab.* 34.

List. Goed. *fig.* 35.

Merian. *Europ. tab.* 142.

Albin. *Inf. tab.* 23. *fig.* 33.

Frisch. *Inf.* 11. *tab.* 4.

Bibliot. Reg. paris. pag. 26. *fig.* 1 — 8.

Roes. *Inf. tom.* 1. *classis.* 2. *Pap. noct. tab.* 14. *fig.* 1 —— 7.

Schaeff. *Icon. inf. tab.* 31. *fig.* 10. 11.

Wilk. *Pap.* 21. *tab* 43.

Esper. *Tom.* 3 *pag.* 111. *tab.* 22. *fig.* 1—4.

Phalæna Bombyx Bucephala. Wienn. Verz. pag. 59 *n°.* 1.

La Lunule. Ernst. *Pap. d'Eur. tom.* 5. *pag.* 49. *pl.* 185 *n°.* 240.

Phalæna Bucephala. Fourc. *Entom. par. pag.* 266. *n°* 28.

Il a depuis un pouce & trois quarts jusqu'à deux pouces & demi de largeur, lorsque les ailes sont étendues. Les antennes sont roussâtres, un peu pectinées dans le mâle, & sétacées dans la femelle. La tête & la partie antérieure du corcelet sont d'un jaune fauve, terminé par une raie ferrugineuse : le reste du corcelet est gris. L'abdomen est cendré, légérement roussâtre. Les ailes supérieures sont grises, parsemées d'une poussiere noirâtre : on y remarque deux raies transversales, ferrugineuses & noirâtres, & une grande tache jaune, placée à l'extrémité de l'aile. Les inférieures sont grises & sans taches. Les ailes en dessous sont grisâtres, avec une teinte obscure au milieu des supérieures & un peu de brun au milieu des inférieures.

Il se trouve dans toute l'Europe.

La chenille se nourrit des feuilles du Tilleul; du Saule, du Peuplier, du Chêne, de l'Orme, de l'Erable, de l'Aune, du Bouleau, &c. Elle est velue, noire, avec des lignes longitudinales & des bandes jaunes. Ces chenilles vivent en société jusqu'à leur derniere mue, & parvenues à toute leur grosseur vers la fin du mois d'Août, elles entrent dans la terre, forment une coque, s'y changent en chrysalide, y passent l'hiver & en sortent sous la forme d'insecte parfait, dans le courant du mois de mai de l'année suivante.

La chrysalide est brune, & son corps est terminé par deux petites pointes roides.

133 Bombix Hélops.

Bombyx Helops.

Bombyx alis deflexis nebulosis, posticis brunneis, abdomine brunneo nigro annulato. Fab. *Spec. inf. tom.* 2. *pag.* 185. *n°.* 71 *Mant. inf. tom.* 2 *pag.* 117. *n°.* 91.

Phalæna Helops. Cram. *Pap. exot. tom.* 1. *pag.* 113. *pl.* 72. *fig. C.*

Il a un peu plus de deux pouces & demi de largeur lorsque les ailes sont étendues. Les antennes sont un peu pectinées. Le corps est d'une couleur rousse-brune, avec des bandes noires sur l'abdomen. Les ailes supérieures sont oblongues, obscures, avec des taches ferrugineuses-brunes, peu marquées. Les inférieures sont roussâtres sans taches. Les dessous des quatre ailes est d'un jaune roussâtre sans taches.

Il se trouve à Surinam.

134 Bombix barbare.

Bombyx barbara.

Bombyx alis deflexis concoloribus, nigris, albo maculatis, anticis ad margimen internum flavo punctatis.

Bombyx barbara. Cram. *Pap. exot. tom.* 4. *pag.* 151. *pl.* 368. *fig. B.*

Il a environ deux pouces & demi de largeur, lorsque les ailes sont étendues. Les antennes sont noires, & très pectinées. La tête & l'abdomen sont jaunes. Le corcelet est noir, avec des taches jaunes. Les ailes sont noires, avec une grande tache blanche & deux ou trois petites. On apperçoit vers le bord interne des supérieures, plusieurs petites taches jaunes. Le dessous des ailes est semblable au dessus; mais on n'y apperçoit point de taches jaunes.

Il se trouve à Amboine.

135. Bombix tête-bleue.

Bombyx cæruleocephala.

Bombyx alis deflexis griseis, fasciis duabus ferrugineis maculaque albida duplicato didyma. Fab. *Syst. Entom. pag.* 572. *n°.* 53. —— *Spec. inf. tom.* 2. *pag* 185. *n°.* 72. —— *Mant. inf. tom.* 2. *pag.* 117. *n°.* 93.

Phalæna Bombyx cæruleocephala *elinguis cristata, alis deflexis griseis : stigmatibus albidis coadunatis.* LIN. *Syst. nat. pag.* 826. *n°.* 59.— *Faun. suec. n°.* 1117.

Phalæna pectinicornis elinguis, alis deflexis fuscis, macula duplici albido flavescente geminata GEOF. *Inf. tom.* 2. *pag.* 122. *n°.* 27.

Le double-oméga. GEOFF. ib.
Phalæna media habitior, alis exterioribus pullis, duabus tribusve maculis albis, duobus circulis, compositis contiguis notatis. RAJ. *Inf. p.* 163. *n°.* 17.

GOED. *Inf.* 1. *tab.* 61.
LIST. GOED. 121. *tab.* 47.
MERIAN. *Europ. tab.* 9.
ALBIN. *Inf. tab.* 13. *fig.* 17.
FRISCH. *Inf.* 10. *tab.* 3. *fig.* 1—4.
REAUM. *Inf. tom.* 1. *pag.* 307. *pl.* 18. *fig.* 1 —10.
ROES. *Inf. tom.* 1. *class.* 2. *Pap. noct.* 16. *fig.* 1—3.
WILK. *Pap.* 6. *tab.* 12.
SCHAEFF. *Icon. inf. tab.* 279. *fig.* 4 & 5.
Phalæna Bombyx cæruleocephala. Wienn. Verz. pag. 59 *n°.* 3.
Le double-omega. ERNST. *Pap. d'Europ. tom.* 5. *pag.* 54. *pl.* 186. *n°.* 242.
Phalæna cæruleocephala. FOURC. *Entom. par. pag.* 265. *n°.* 27.

Il a environ un pouce & demi de largeur lorsque les ailes sont étendues. Les antennes du mâle sont un peu pectinées & celles de la femelle sont sétacées. La tête & le milieu du corcelet sont d'une couleur cendrée, foncée, un peu bleuâtre. La partie antérieure du corcelet & l'abdomen sont d'un brun roussâtre. Les ailes supérieures sont d'une couleur cendrée foncée, quelquefois un peu bleuâtre, avec deux bandes brunes, peu marquées, l'une à la base & l'autre vers le bord postérieur. On apperçoit au milieu une double tache en forme de deux O réunis. Les inférieures sont cendrées sans taches. Le dessous des quatre ailes est d'un brun cendré, avec des nuances brunes, peu marquées, & une petite tache noirâtre au milieu des inférieures.

Il se trouve dans toute l'Europe.

La chenille se nourrit des feuilles de tous les arbresfruitiers, mais principalement de celles de l'Amandier, du Cerisier, du Prunier; elle est lisse, d'un gris bleuâtre avec de petits tubercules noirs, élevés, & trois raies longitudinales, jaunes, dont l'une assez large au milieu du dos, & l'autre étroite, de chaque côté, au dessous des stigmates. Elle vit solitaire, & parvenue à toute sa grosseur dans les mois de juin ou de juillet, elle file une coque blanchâtre, ovale, d'un tissu assez serré dans laquelle elle se change en chrysalide, & d'où elle sort sous la forme d'insecte parfait dans les mois de septembre & d'octobre; mais quelque fois elle passe l'hiver dans l'état de chrysalide, & le *Bombyx* ne se montre qu'au commencement du printemps.

136. BOMBIX oléagineux.
BOMBYX *oleagina.*
Bombyx alis deflexis viridibus fusco subundatis, maculis duabus albis. anteriore pupillata, posteriore majore. FAB. *Mant. inf. tom.* 2. *pag.* 117 *n°.* 92.
ESPER. *Inf. tom.* 3. *p.* 300. *tab.* 60. *fig.* 4.
Phalæna Bombyx oleagina. Wenn. Verz. pag. 59. *n°.* 2.
L'Olive. ERNST. *Pap. d'Europ. tom.* 5. *p.* 53 *pl.* 186. *n°.* 241.

Il est un peu plus grand que le précédent auquel il ressemble beaucoup. Les antennes sont un peu pectinées dans le mâle & sétacées dans la femelle. Le corps est d'une couleur brune roussâtre. Les ailes supérieures sont brunes mélangées de vert, avec deux taches dans le milieu, l'une blanche dans laquelle on remarque deux petits points bruns, l'autre grisâtre qui contient une autre petite tache brune dans l'intérieur. Le bord postérieur est très légérement dentelé. Les inférieures sont grises, avec le bord postérieur brun. Les ailes en dessous sont d'un gris jaunâtre nuancé de brun vers le bord postérieur.

Il se trouve en Allemagne.
La chenille se nourrit des feuilles du Prunellier *Prunus spinosa* : elle est cendrée, pointillée de noir & de rouge, avec un collier rouge, pointillé de noir.

137. BOMBIX Argentin.
BOMBYX *Argentina.*
Bombyx alis deflexis dorso dentatis griseis : maculis duabus argenteis, anteriori cordata. FAB. *Mant. inf. tom.* 2. *pag.* 117. *n°.* 94.

Bombyx alis deflexis dentatis griseis argenteo maculatis. FAB. *Spec. inf. tom.* 2. *pag.* 186. *n°.* 73.
Phalæna elinguis cristata, alis deflexis, superioribus dentatis, olivaceo griseis, maculis punctisque argenteis. Wienn. Verz. pag. 249. *tab.* 1. *a. fig.* 2.— *tab.* 1. *b. fig.* 2.
ESPER. *Inf. tom.* 3. *tab.* 53. *fig.* 1. 2.
L'Argentine. ERNST. *Pap. d'Europ. tom.* 5. *pag.* 104. *pl.* 198. *n°.* 262.

Il a environ un pouce & demi de largeur lorsque les ailes sont étendues. Les antennes du mâle sont un peu pectinées, & celles de la femelle sont simplement sétacées; tout le corps est d'une couleur cendrée roussâtre. Les ailes supérieures sont cendrées brunes ou roussâtres, avec deux taches & trois points argentés, brillants, placés les uns auprès des autres vers le milieu de l'aile. On voit au bord interne une espèce de dent avancée qui donne une forme singuliere à l'insecte lorsque les ailes sont dans le repos. Les inférieures sont cendrées roussâtres ou jaunâtres sans taches; le dessous est cendré roussâtre sans taches.

Lorsque ce *Bombix* est dans le repos, on voit à la partie supérieure de son corps deux élévations en forme de crête, formées par les dentelures de la partie interne des ailes.

Il se trouve en Allemagne.

La chenille se nourrit des feuilles de Chêne : elle ressemble au premier aspect à une jeune branche d'arbre. Son corps est raie & d'une couleur cendrée, un peu brune rougeâtre. On voit sur le quatrième anneau deux tubercules élevés, dont la base est assez large; & sur les deux derniers, plusieurs tubercules avec des taches noirâtres. Parvenue à toute sa grosseur vers la fin du mois d'août, elle file une coque d'un tissu épais, mais peu serré, dans laquelle elle se change en chrysalide & d'où l'insecte parfait sort ordinairement au bout de trois semaines. Mais quelquefois elle passe l'hiver dans cet état de chrysalide, & le *Bombix* ne se montre que dans les premiers beaux jours du printemps

138 BOMBIX décoré.
BOMBYX decora.
Bombix alis deflexis, anticis rubro, flavo nigroque variegatis, posticis rubris margine nigro. FAB. *Spec. inf. tom.* 2. *pag.* 186. *n°.* 74. — *Mant. inf. tom.* 2. *pag.* 117. *n°.* 95.

Phalæna Noctua decora spirilinguis, alis superioribus; albo nigroque variegatis, inferioribus rubris, margine nigro. LIN. *Syst. nat. add. p.* 1068. *n°.* 14. — *Muf. Lud. Ulr. p.* 382.

Phalæna decora. CRAM. *Pap. exot. tom.* 3. *pag.* 44. *pl.* 119. *fig. F. G.* -- *Phalæna Julia*? CRAM. *tom.* 1. *pag.* 11. *pl.* 7. *fig. E. F.*

Il a depuis un pouce & demi jusqu'à deux pouces de largeur, lorsque les ailes sont étendues. Les antennes sont noires & sétacées. Le corps est noirâtre, avec des taches, & le bord des anneaux de l'abdomen d'un jaune roussâtre. Les ailes supérieures sont mélangées de noir, de jaune & de rouge. Les inférieures sont d'un rouge brun, avec une ligne noire tout le long du bord postérieur. Le dessous des ailes est d'un rouge brun, avec des taches jaunes, & une ligne noire tout le long du bord postérieur.

A l'exemple de M. Fabricius nous rangeons cet insecte parmi les *Bombix*, quoique Linné & Cramer l'aient placé parmi les Noctues. Nous n'avons pas pu examiner encore à quel genre il appartient.

Il se trouve au Cap de Bonne-Espérance.

139. BOMBIX Celsia.
BOMBYX Celsia.
Bombyx alis deflexis supra viridibus : fascia sinuato dentata glauca. FAB. *Mant. inf. tom.* 2. *pag.* 117. *n°.* 96.

Phalæna Bombyx Celsia *spirilinguis cristata, alis depressis suprà viridibus : fascia grisea dentata.* LIN. *Syst. nat. pag.* 831. *n°.* 77. — *Faun. suec. n°.* 1141. *tab.* 2. *fig.* 1141.

Il a près de deux pouces de largeur, lorsque les ailes sont étendues. Les antennes sont roussâtres. La tête est verdâtre. Le corcelet & l'abdomen sont couverts de poils glauques, un peu ferrugineux. Les ailes supérieures sont verdâtres, avec une bande grise, étroite, dentée, & le bord postérieur obscur. Les ailes inférieures sont obscures, sans taches. Le dessous des quatre ailes est obscur, avec une bande plus obscure, & un point au-devant de la bande.

Il se trouve au nord de l'Europe, en Suède, sur le Houblon.

140. BOMBIX Dioné.
BOMBYX Dione.
Bombyx alis deflexis albis nigro striatis punctatisque, subtus margine purpureo. FAB. *Syst. Entom. p.* 572. *n°.* 54. — *Spec. inf. tom.* 2. *pag.* 186. *n°.* 75. — *Mant. inf. tom.* 2. *pag.* 118. *n°.* 97.

Les antennes sont pectinées. Le corcelet est cendré, avec trois lignes longitudinales, noires. L'abdomen a des points noirs en dessous. Les ailes supérieures sont blanches, avec des stries noires à leur base, & des points noirs à leur extrémité. En-dessous le bord antérieur & le bord postérieur sont de couleur pourpre. Les inférieures sont blanches, avec quelques points noirs.

Il se trouve en Amérique.

141. BOMBIX zigzag.
BOMBYX zigzac.
Bombyx alis deflexis dorso dentatis apicibusque macula grisea subocellari, antennis squamatis. FAB. *Syst. Entom. pag.* 573. *n°.* 55. — *Spec. inf. tom.* 2. *pag.* 186. *n°.* 76 — *Mant. inf. tom.* 2. *pag.* 118. *n°.* 98.

Phalæna Bombyx Ziczac *subelinguis, alis deflexis dorso dentatis apicibusque macula grisea subocellari, antennis lamellatis.* LIN. *Syst. nat. pag.* 827. *n°.* 61. — *Faun. suec. n°.* 1116.

Phalæna pectinicornis elinguis, alis exterioribus fuscis, venis plurimis, fascia circulari, & marginis interioris appendice nigricantibus; inferioribus albidis limbo lineari fusco. GEOFF. *Inf. tom.* 2. *pag.* 124. *n°.* 29.

Le bois veiné. GEOFF. *ib.*

Phalène à antennes à barbe, sans trompe; d'un brun pâle, dont les ailes supérieures sont marquées vers leur base d'une grande tache obscure. DEG. *Mem. tom.* 1. *pag.* 696. *pl.* 6. *fig.* 1—10

Phalène Ziczac à trois tubercules à antennes barbues, sans trompe, à corcelet huppé, dont les ailes sont

sont d'un brun clair à nuances couleur d'agate, avec une grande plaque ovale, nuancée & bordée de brun obscur sur les supérieures. DEG. *Mém. tom.* 2. *pag.* 309.

GOED. *Inſ. tom.* 3. *tab. E.*
LIST. GOED. *Inſ. fig.* 21.
MERIAN. *Europ. tab.* 147.
ALBIN. *Inſ. tab.* 14. *fig.* 20.
FRISCH. *Inſ. tom.* 3. *tab.* 1. *fig.* 2.
REAUM. *Mém. Inſ. tom.* 2. *tab.* 22. *fig.* 8—16.
ROES. *Inſ. tom.* 1. *claſſ.* 2. *Pap. noct. tab.* 20. *fig.* 1—8.
WILK. *Pap. pag.* 12. *tab.* 28.
SCHÆFF. *Icon. inſ. tab.* 69. *fig.* 2. 3.
ESPER. *tom.* 3. *tab.* 59. *fig.* 1—4.
Phalæna Bombyx ziczac. Wienn. verz. pag. 63. nº. 5.
Le bois veiné. ERNST. *Pap. d'Europ. tom.* 5. *pag.* 113. *pl.* 200 & *pl.* 201. nº. 266.
Phalæna venoſa. FOURC. *Entom. par. pag.* 266. nº. 29.

Il a ordinairement depuis un pouce & demi jusqu'à un pouce & trois quarts de largeur, lorsque les ailes sont étendues. Les antennes du mâle sont pectinées, & celles de la femelle sont simplement sétacées. Tout le corps est d'une couleur cendrée, roussâtre, plus ou moins foncée. Les ailes supérieures sont grisâtres, avec plusieurs raies irrégulières, transversales, brunes, dont quelques-unes ondées. Le bord interne a une dentelure saillante. Les inférieures sont grisâtres, avec quelques nuances obscures. Le dessous des quatre ailes est d'un gris plus ou moins foncé ou cendré.

Il se trouve dans toute l'Europe.

La chenille se nourrit des feuilles de Saule. Elle est remarquable par sa forme assez singulière: il est très-rare de la voir dans une position alongée. Elle tient ordinairement sa tête fort élevée, ou seulement l'extrémité de son corps; quelquefois elle élève en même-temps ces deux parties, ne se tenant alors cramponnée que par le moyen des pattes intermédiaires; mais souvent la tête, le milieu & l'extrémité du corps forment des angles & des élévations différentes, ce qui lui a fait donner par Reaumur le nom de Zigzag. Son corps est lisse, d'un gris lilas, ou verdâtre, avec l'extrémité du corps roussâtre: la tête est petite, & la partie antérieure du corps est plus mince que la partie postérieure. On apperçoit vers le milieu du corps deux élévations égales, en forme de bosses. Parvenue à toute sa grosseur vers le commencement de Juillet, elles file une coque dans laquelle elle se change en chrysalide & d'où elle sorte sous la forme d'insecte parfait, environ un mois après. Mais quelques unes plus tardives ne parviennent à toute leur grosseur que dans le courant du mois de Septembre: celles-ci passent l'hiver dans leur coque après s'être changées en chrysalides, & n'en sortent qu'au commencement du printemps.

141. BOMBIX Chameau.

BOMBYX Tritophus.

Bombyx alis deflexis dorſo dentatis fuſco-nebuloſis: lunula media ferruginea albo cincta. FAB. *Mant. inſ. tom.* 2. *pag.* 116. nº. 99.
Phalæna Bombyx Tritophus. Wienn. Verz. pag. 63. nº. 6.
ESPER. *tom.* 3. *tab.* 60 *fig.* 1—3.

Phalène *ziczac à cinq tubercules* à antennes barbues sans trompe, à corcelet un peu huppé, d'un gris obscur, avec des raies ondées transversales d'un roux foncé sur les ailes supérieures & une tache couleur de souffre à leur origine. DEG. *Mem. tom.* 2. *pag.* 309. *pl.* 4. *fig.* 13 & 17.

Le Chameau. ERNST. *Pap. d'Europ. tom.* 5. *pag.* 116. *pl.* 201. nº. 267.

Il ressemble au précédent pour la forme & la grandeur. Les antennes du mâle sont pectinées, & celles de la femelle sont simplement seracées. La tête & le corcelet sont obscurs & velus. L'abdomen est cendré. Les ailes supérieures sont obscures, avec quelques raies transversales, plus obscures, peu marquées, & une petite tache en forme de croissant, blanche, marquée au milieu d'une ligne en croissant, ferrugineuse. Les ailes inférieures sont d'un gris cendré. Le dessous des quatre ailes est d'un gris mêlé de brun, avec une raie grise sur les supérieures, & une raie obscure sur les inférieures.

Il se trouve en Autriche.

La chenille se nourrit des feuilles du Peuplier, de l'Aune, du Bouleau &c. Elle ressemble beaucoup à la précédente; elle prend les mêmes attitudes, mais elle en diffère par la couleur & par un plus grand nombre d'élévations charnues sur le dos: elle est rase. La tête est d'un brun clair, avec plusieurs petites taches d'un brun plus obscur, disposées en raies. Le corps est en dessus d'un verd jaunâtre, mais en dessous cette couleur y est plus foncée, avec quelques nuances brunes. Les pattes écailleuses sont d'un brun clair; mais les membraneuses sont vertes, mêlées de brun. Les deux pattes postérieures sont assez longues, & représentent quelquefois deux espèces de petites queues. On apperçoit sur le dos quatre élévations inégales, coniques, un peu courbées en arrière; les deux intermédiaires sont un peu plus petites que les deux autres. Parvenue à toute sa grosseur à la fin d'Août ou au commencement de Septembre, elle file une coque dans laquelle elle se change en chrysaide, & d'où elle sort dans le mois de Juin de l'année suivante.

143 BOMBIX élégant.

BOMBYX elegans.

Bombyx alis deflexis glaucis: ſtrigis duabus ma-

culaque media nigris, lunula sanguinea. FAB. *Mant. inf. tom.* 2. *pag.* 116. *n°.* 100.

Il est de grandeur moyenne. Les antennes sont noires & très peu pectinées. La tête est obscure avec des points jaunes. Les antennules sont jaunes. Le corcelet est velu, cendré, avec quatre taches jaunes, sur la partie supérieure. Les ailes supérieures sont glauques avec deux points à leur base & deux raies ondées, noires, placées vers le milieu. La couleur de l'aile est un peu plus obscure entre les raies, & on y apperçoit une tache noire & une autre en croissant d'un rouge de sang. Les postérieures en dessus & les quatre ailes en dessous sont obscures.

Il se trouve au cap de Bonne-Espérance.

144 BOMBIX porcelaine.

BOMBYX dictæa.

Bombyx alis deflexis exustis : plaga albida, posticis albis. FAB. *Syst. entom. append. pag.* 831 — *Spec. inf. tom.* 2. *pag.* 187. *n°.* 77. — *Mant. inf. tom.* 2. *pag.* 116 *n°.* 101.

Phalæna Bombyx dictæa *elinguis, alis deflexis exustis plaga albida; inferioribus albis.* LIN. *Syst. nat. pag.* 826. *n°.* 60.

ESPER. *inf. tom.* 3. *tab.* 58. *fig.* 5.

Phalæna Bombyx dictæa. Wienn. Verz. pag. 62. *n°.* 1.

La Porcelaine. ERNST. *Pap. d'Europ. tom.* 5. *pag.* 102. *pl.* 197. *n°.* 260 & 261.

Il a environ depuis un pouce & trois quarts, jusqu'à deux pouces de largeur, lorsque les ailes sont étendues. Les antennes du mâle sont pectinées, & celles de la femelle sont sétacées. Le corcelet est cendré brun. L'abdomen est roussâtre brun. Les ailes supérieures sont roussâtres brunes, avec une grande tache blanchâtre dont les bords sont peu marqués, les inférieures sont cendrées. On remarque au bord interne des supérieures une dent saillante. Le dessous des quatre ailes est d'un blanc cendré, nuancé de brun.

Il se trouve en Allemagne.

La chenille se nourrit des feuilles de Bouleau, de Peuplier &c. Elle est rase, verte, avec une ligne longitudinale, jaune, de chaque côté du corps au-dessous des stigmates; on remarque un tubercule élevé sur la partie supérieure du pénultienne anneau. Elle se métamorphose en chrysalide vers la fin de l'été, passe l'hiver dans la coque qu'elle a filée, & se montre sous la forme d'insecte parfait dans les premiers beaux jours du printemps.

145. BOMBIX Dromadaire.

BOMBYX Dromedarius.

Bombyx alis deflexis anticis nebulosis, dorso dentatis, litura baseos anique flavescentibus. FAB. *Syst. entom. app. pag.* 831. — *Spec. inf. tom.* 2. *pag.* 187. *n°.* 78. — *Mant. inf. tom.* 2. *pag.* 118. *n°.* 102.

Phalæna Bombyx Dromedarius *elinguis, alis deflexis : superioribus nebulosis dorso dentatis : litura baseos anique flavescentibus.* LIN. *Syst. nat. pag.* 827. *n°.* 62.

AMMIRAL. *Inf. tab.* 14.

ESPER. *Inf. tom.* 3. *tab.* 59. *fig.* 5—9.

Phalæna Bombyx Dromedarius. *Wienn. Verz. pag.* 63. *n°.* 7.

Le Dromadaire. ERNST. *Pap. d'Europ. tom.* 5. *pag.* 118. *pl.* 102. *n°.* 268.

Il a environ deux pouces de largeur, lorsque les ailes sont étendues. Les antennes du mâle sont pectinées, & celles de la femelle sont simplement sétacées. La tête & le corcelet sont bruns. L'abdomen est d'un brun roussâtre. Les ailes supérieures sont brunes, avec des nuances & des raies plus obscures & plus claires, & deux taches cendrées, roussâtres, peu marquées, placées vers le milieu, à côté du bord antérieur. Les ailes inférieurs sont cendrées, avec une tache obscure à l'angle interne. Les supérieures ont une dentelure saillante, vers le milieu du bord interne. Le dessous des ailes est cendré nébuleux, avec une tache peu marquée au milieu de chaque.

Il se trouve en Allemagne.

La chenille se nourrit des feuilles du Bouleau, de l'Aune, du Peuplier, du Noisetier. Elle est rase, verte, avec quatre élévations sur le dos & une autre sur le dernier anneau. Elle ressemble beaucoup à celle du Bombix *zigzag*.

146. BOMBIX du Coudrier.

BOMBYX Coryli.

Bombyx alis deflexis glaucis, fascia ferruginea, puncto nigro albo annulato, thorace variegato. FAB. *Syst. entom. pag.* 573. *n°.* 56. — *Spec. inf. tom.* 2. *pag.* 187. *n°.* 79. — *Mant. inf. tom.* 2. *pag.* 119. *n°.* 105.

Phalæna Bombyx Coryli *elinguis, thorace variegato, alis antice grisco nebulosis : postice cærulescenti-glaucis, antennis flavis,* LIN. *Syst. nat. pag.* 823. *n°.* 50. — *Faun. suec. n°.* 1123.

Phalene à antennes en filets & à courte-trompe; moitié brune & moitié cendré blanchâtre. DEG. *Mem. tom.* 1. *pag.* 699. *pl.* 18. *fig.* 3. 4.

Phalene *du Noisetier*, à antennes barbues sans trompe, à corcelet huppé, rayé de gris & de brun, dont les ailes supérieures sont moitié brunes &

moitié cendrées blanchâtres, à tache ovale blanchâtre bordée de noir. DEG. *Mem. tom. 2 pag. 319.*

ALBIN. *Inf. tab. 90.*

ROES. *Inf. tom. 1. classis. 2. pap. noct. tab. 58. fig. 1 — 5.*

WILK. *Pap. 31. tab. 66.*

SEPP. *inf. 3. tab. 17.*

ESPER. *tom. 3. tab. 50. fig. 1 — 5.*

Phalæna Bombyx Coryli. *Wien. Verz. pag. 55. n°. 4.*

Phalene du Noisetier. ERNST. *Pap. d'Europ. tom. 4. pag. 178. planch. 162. n°. 210.*

Il a environ un pouce & quart de largeur, lorsque les ailes sont étendues. Les antennes sont roussâtres brunes & un peu pectinées. La tête & le corcelet sont mêlangés de cendré & de brun roussâtre. L'abdomen est cendré. Les ailes supérieures sont grises, avec une large bande d'un gris brun ferrugineux, au milieu de laquelle on apperçoit un petit point noir, entouré d'un anneau blanc, lequel est bordé de noirâtre. Au delà de cette bande, on voit une raie transversale, de la même couleur, dentelée postérieurement. Les inférieures sont d'une couleur cendrée jaunâtre, avec le bord postérieur obscur. Le dessous des quatre ailes est d'une couleur cendrée roussâtre, avec quelques raies obscures, peu marquées.

Il se trouve en Europe.

La chenille se nourrit des feuilles du Noisetier, du Bouleau. Elle est d'une couleur rose pale, un peu jaunâtre & parsemée de points noirs. On voit sur le premier anneau une tache noirâtre, & sur le dos une ligne de la même couleur qui s'étend sur presque toute la longueur du corps. Elle est velue, & le quatrième, le cinquième & le onzième anneau ont chacun un faisceau de poils courts & rougeâtres. On voit aussi sur le second anneau deux faisceaux de poils assez longs, rougeâtres, formant deux espèces de cornes. A chaque mue elle roule une feuille, ou en lie deux ensemble par le moyen de quelques fils de soie; elle se fait une espèce de loge, dans laquelle elle se retire pour quitter sa vielle peau. Parvenue à toute sa grosseur dans le courant du mois de Septembre, elle file une coque entre plusieurs feuilles attachées ensemble, & s'y change en chrysalide: elle passe l'hiver dans cet état, & l'insecte parfait se montre à la fin d'Avril ou au commencement de Mai de l'année suivante.

147 BOMBIX tache-jaune.

BOMBYX *flavomacula.*

Bombyx alis deflexis obscure cinereis: fascia media lata angulata nigra: macula marginali flava. FAB. *Mant. inf. tom. 2 pag. 117. n°. 104.*

Il est de grandeur moyenne. La tête & le corcelet sont noirs & velus. Les ailes supérieures, sont d'une couleur cendrée, foncée, un peu luisante, avec une large bande au milieu, noire, qui forme vers le bord extérieur un angle dans lequel il y a une grande tache jaune. Le bord postérieur est noirâtre, avec quelques points noirs. Les ailes inférieures en dessous sont cendrées, avec un point noir, & une raie transversale, vers le bord postérieur, noire. Les pattes sont noires, avec des anneaux jaunes. L'anus est jaune.

Il se trouve en Dannemark.

148. BOMBIX nud.

BOMBYX *nuda.*

Bombyx alis deflexis anticis nudis aqueis, posticis cinereis: macula marginali nuda. FAB. *Mant. inf. tom. 2. pag. 117. n°. 105.*

Il est de grandeur moyenne. Les antennes sont noirâtres & pectinées. La tête est d'un rouge testacé. Le corcelet & l'abdomen sont cendrés. Les ailes supérieures sont nues, transparentes, un peu cendrées à leur base. Les inférieures sont cendrées, avec une grande tache marginale, nue, transparente.

Il se trouve aux Indes orientales, sur l'Amaranthe épineux. *Amaranthus spinosa.*

149. BOMBIX morio.

BOMBYX *morio.*

Bombyx alis deflexis hyalino-nigris, abdomine villoso atro: segmentis margine flavis. FAB. *Mant. inf. tom. 2. pag. 117. n°. 106.*

Phalæna Bombyx morio *elinguis, alis nigris atro striatis: abdominis incisuris flavescentibus.* LIN. *Syst. nat. pag. 828. n°. 66.*

Phalæna Bombyx elinguis nigra, alis subhyalinis marginibus atris. GRONOV. *Zooph. 857.*

Phalæna Bombyx morio. Wienn. Verz. page 50. n°. 1.

Le Negre. ERNST. *Pap. d'Europ. tom. 4. pag. 85. pl. 134. n°. 179.*

Le mâle a environ un pouce de largeur & la femelle trois quart de pouce, lorsque les ailes sont étendues. Les antennes du mâle sont très pectinées. Le corps est noir & velu. L'abdomen est noir, avec le bord des quatre ou cinq derniers anneaux d'un jaune obscur roussâtre. Les pattes sont d'un jaune obscur. Les ailes sont à demi transparentes, obscures, veinées de noir, tant en dessus qu'en dessous.

Il se trouve en Allemagne.

La chenille se nourrit sur l'Ivraie vivace, *Lo-*

lium perenne. Elle est noire, avec six rangées de petits tubercules verruqueux & poileux.

Je crois que ce Bombix devroit être rangé dans la première famille.

150 BOMBIX pâle.

BOMBYX Rubea.

Bombyx alis deflexis hyalino pallide rufescentibus : puncto medio pallido. FAB. *Mant. inf. tom.* 2. *pag.* 117. *n°.* 107.

Phalæna Bombyx Rubea. *Wienn. Verz. pag* 51. *n°.* 2.

Il est un peu plus grand que le précédent. Les antennes sont pectinées. Les quatre ailes sont d'un roux pâle, presque transparentes, avec un point pâle vers le milieu.

Il se trouve en Allemagne.

La chenille se nourrit des feuilles de Chêne.

151 BOMBIX Alphée.

BOMBYX Alphæa.

Bombyx alis deflexis, ferrugineis : puncto medio albo strigaque punctata fusca. FAB. *Syst. entom pag.* 573. *n°.* 57. —*Spec. inf. tom.* 2. *pag.* 188. *n°.* 80. —*Mant. inf. tom.* 2. *pag.* 120. *n°.* 108

Il ressemble au *Bombix Catax*, mais ses ailes sont penchées au lieu d'être reverses. Les antennes sont courtes & pectinées. Le corps est velu, ferrugineux, sans taches. Les ailes supérieures sont entières, ferrugineuses, avec un petit point blanc au milieu, & une raie transversale, formée par une suite de points, au bord postérieur. Les inférieures sont ferrugineuses sans taches.

Il se trouve dans la Nouvelle-Hollande.

152 BOMBIX moine.

BOMBYX monacha.

Bombyx alis deflexis albis, atro undatis, abdominis incisuris sanguineis. FAB. *Syst. entom. pag.* 574. *n°.* 58. — *Spec. inf. tom.* 2 *pag.* 188. *n°.* 81. — *Mant. inf. tom.* 2. *pag.* 120. *n°.* 109.

Phalæna Bombyx elinguis, alis deflexis : superioribus albis atro-undatis, abdominis incisuris sanguineis, LIN. *Syst. nat. pag.* 821. *n°.* 43. —*Faun. suec. n°.* 1130.

Phalæna monacha. SCOP. *entom. carn. n°.* 490.

MERIAN. *Inf. Europ. tab.* 72. *tab.* 77. & *tab.* 183.

Phalæna media ex cinereo albicante & nigro coloribus varia. RAI. *inf. pag.* 158. *n°.* 7.

WILK. *Pap. pag.* 19. *tab.* 39.

Phalæna Bombyx monacha. *Wienn. Verz. pag.* 52. *n°.* 5.

Le Zigzag à ventre rouge. ERNST. *Pap. d'Europ. tom.* 4. *pag.* 103. *pl.* 137. *n°.* 185.

Il a depuis un pouce & trois quarts jusqu'à deux pouces de largeur, lorsque les ailes sont étendues. Les antennes sont pectinées. La tête est blanchâtre, avec les yeux noirs. Le corcelet est blanc, avec des taches noires. L'abdomen est noir, avec le bord des anneaux rouge. Les ailes supérieures sont blanches & coupées par plusieurs lignes noires ondées en zigzag. On voit au bord postérieur une suite de points noirs. Les inférieures sont cendrées avec une bande obscure vers le bord postérieur. Le dessous des quatre ailes est cendré avec quelques raies obscures ondées.

Il se trouve en Europe.

La chenille se nourrit des feuilles du Pommier, du Saule, du Chêne, du Framboisier, &c. Elle est velue, d'une couleur cendrée plus ou moins obscure. Sa tête est brune, avec des traits noirâtres. On remarque une tache noire, en cœur, sur le second anneau, & une ligne blanchâtre, peu marquée, de chaque côté du corps. Elle marche très-lentement, vit solitaire, & se cramponne si bien à l'écorce des arbres qu'il est difficile de l'en détacher. Parvenue à toute sa grosseur, dans le mois de Juin, elle file une coque d'un tissu très-lâche & se change en chrysalide; elle en sort sous la forme d'insecte parfait, quinze ou vingt jours après.

La chrysalide est d'un brun rougeâtre & garnie de petites touffes de poils de la couleur du corps.

153. BOMBIX souci.

BOMBYX flava.

Bombyx alis deflexis flavissimis, apice punctis tribus nigris. FAB. *Syst. entom. pag.* 574. *n°.* 59. — *Spec. inf. tom.* 2. *pag.* 188. *n°.* 82. — *Mant. inf. tom.* 2. *pag.* 120. *n°.* 110.

Les antennes sont courtes & pectinées. Le corcelet est poileux & jaune. Les ailes sont d'un très-beau jaune. On voit sur les supérieures seulement trois points noirs, dont deux placés vers l'extrémité & le troisième à l'angle interne.

Il se trouve aux Indes orientales.

154. BOMBIX jaune.

BOMBYX lutea.

Bombyx alis deflexis flavissimis immaculatis. FAB. *Syst. entom. pag.* 574. *n°.* 60 — *Spec. inf.*

tom. 2. *pag.* 188. *n°.* 83. — *Mant. inf. tom.* 2. *pag.* 120. *n°.* 111.

Il ressemble au précédent, mais il en diffère en ce que les ailes sont entièrement d'un beau jaune sans taches ni points. Tout le corps est jaune, les yeux seuls sont noirs.

Il se trouve dans la Nouvelle-Hollande.

155 BOMBIX. Ministre.

BOMBYX Ministra.

Bombyx alis deflexis ferrugineis, anticis strigis quatuor fuscis, posticis cinereis immaculatis.
Phalæna Ministra. DRURY. *Illust. of inf. tom.* 2. *tab.* 14. *fig.* 3.

Il y a près de deux pouces de largeur, lorsque les ailes sont étendues. Les antennes du mâle sont pectinées. La tête & la partie supérieure du corcelet sont ferrugineux. L'abdomen & les côtés du corcelet sont d'un gris roussâtre. Les ailes supérieures sont un peu ferrugineuses, avec quatre raies transversales, obscures, droites, dont la dernière est double. Le bord postérieur est presque dentelé. Les inférieures & le dessous des quatre ailes est d'un gris roussâtre, sans taches.

Il se trouve dans la Caroline. Il m'a été communiqué par M. John Francillon.

156. BOMBIX hausse-queue.

BOMBYX curtula.

Bombyx alis deflexis glaucis : strigis albis maculaque apice testacea immaculata. FAB. *Mant. inf. tom.* 2 *pag.* 120. *n°.* 112.
Bombyx alis deflexis glaucis ; strigis albis maculaque apicis fusca. FAB *Syst. entom. pag.* 574. *n°.* 61. — *Spec. inf. tom.* 2. *pag.* 188. *n°.* 84.
Phalæna Bombyx curtula *elinguis, thorace ferruginato, alis deflexis glaucis : striga alba apicibus macula testacea.* LIN. *Syst. nat. pag.* 823. *n°.* 52. *Faun. suec.* 1124.

Phalene *hausse-queue blanche*, à antennes barbues sans trompe, à corcelet huppé avec une grande tache en lozange d'un brun obscur, à ailes d'un gris de perle, à quatre lignes transversales, ondées, blanchâtres & une tache rousse. DEG. *Mém. tom.* 2. *pag.* 31[illegible]. *n°.* 9. *pl.* 4. *fig.* 22. — 26.
FRISCH. *Inf. tab* 6. *fig.* 1 —— 6.
ESPER. *Tom.* 3. *tab* 51. *fig.* 5.
Phalæna Bombyx curtula. *Wienn. Verz. pag.* 55. *n°.* 2.

La Hausse-queue blanche. ERNST. *Pap. d'Europ. tom.* 4. *pag.* 195. *pl.* 165. *n°.* 215.

Il a depuis un pouce jusqu'à un pouce & trois quarts de largeur, lorsque les ailes sont étendues. Les antennes sont grises & pectinées. La tête & le corcelet sont d'un gris un peu roux, avec une tache d'un brun ferrugineux, qui part de la partie postérieure de la tête & se termine à la partie supérieure du corcelet. L'abdomen est d'un gris roussâtre & terminé, dans les mâles, par une touffe de poils bruns à leur extrémité. Les ailes supérieures sont d'un gris un peu ferrugineux, avec trois ou quatre raies transversales, blanchâtres, & une grande tache ferrugineuse à l'extrémité. Cette tache est plus claire à l'extrémité de l'aile, elle est quelquefois marquée d'une petite ligne noirâtre, & elle est séparée du fonds de l'aile par une raie plus blanche que les autres. Le dessous des quatre ailes est d'un gris roussâtre sans tache.

Ce *Bombix* releve ordinairement la partie postérieure de l'abdomen, ce qui lui a fait donner par quelques naturalistes, le nom de *Hausse-queue.*

Il se trouve en Europe.

La chenille a été décrite & figurée par de Géer, « elle est de grandeur médiocre. Elle attache ensemble deux ou trois feuilles, & demeure ordinairement dans ce paquet; elle a seize pattes. La couleur du corps est d'un verd très-clair & blanchâtre. Le long des côtés elle a des élévations en forme de tubercules d'un jaune citron, les trois premiers anneaux en ont un plus grand nombre que les autres. Les côtés du corps sont encore marqués de plusieurs points noirs. Sur le dessus du quatrieme anneau, on voit un grand point ou une tache circulaire noire & comme véloutée, & sur le onzième anneau il y a un point semblable noir & velouté en forme d'un tubercule élevé; ces deux points noirs sont très-propres à faire reconnoître la chenille. La tête est d'un brun clair & grisâtre. Les pattes sont de la couleur du corps. Tout le corps de même que la tête est garni de poils fins blanchâtres, qui partent tant des tubercules que de la peau même; mais ils n'y sont pas en grand nombre, ils ne couvrent la peau qu'imparfaitement, de sorte que la chenille peut-être rangée parmi les demi velues. DEG. *Mém. tom.* 2. *pag.* 321 ».

Parvenue à toute sa grosseur dans le courant du mois d'Août; cette chenille file une coque très-mince de soie blanche, dans laquelle elle se change en chrysalide, passe l'hiver, & d'où elle sort sous la forme d'insecte parfait vers le mois de Mai de l'année suivante.

Nota. Linné, & M. Fabricius, citent mal-à-propos Roesel.

157 BOMBIX reclus.

BOMBYX reclusa.

Bombyx alis deflexis griseis ; strigis albidis suba-

nastomosantibus, macula apicis ferruginea : puncto marginali albo. Fab. *Mant. inf. tom.* 2. *page* 120. *n°.* 113.

Roes. *inf. tom.* 4. *tab.* 11. *fig.* 1—6.

Esper. *inf. tom.* 3. *tab.* 51. *fig.* 6. 7.

Phalæna Bombyx reclusa. Wienn. Verz. pag. 66. *n°.* 4.

La Hausse-queue brune. Ernst. *Pap. d'Europ. tom.* 4. *pag.* 197. *pl.* 265. *n°.* 216.

Il est un peu plus petit que le précédent auquel il ressemble beaucoup. Les antennes sont roussâtres & pectinées. La tête & le corcelet sont gris, avec la tache que nous avons remarquée à l'espèce précédente, mais un peu plus grande dans celle-ci & d'une couleur moins brune. L'abdomen est cendré roussâtre, & terminé, dans le mâle, par une touffe de poils noirâtres à leur extrémité. Les ailes supérieures sont d'un gris cendré, avec plusieurs raies transversales, unies l'une à l'autre par d'autres raies longitudinales. On voit à l'extrémité de l'aile supérieure une tache brune plus petite & moins marquée que dans le Bombix *hausse-queue*. Les inférieures sont cendrées, sans taches. Le dessous des quatre ailes est d'un gris un peu brun, sans taches.

Il se trouve en Allemagne.

La chenille se nourrit des feuilles de Saule, de Peuplier, de Frêne. Elle est très peu velue, d'une couleur brune, avec une raie longitudinale, cendrée ou blanchâtre, marquée de deux taches noires, tout le long de la partie supérieure du corps, une raie jaunâtre de chaque côté & l'extrémité du corps d'un jaune fauve, souvent rougeâtre. Parvenue à toute sa grosseur dans le mois de Juillet, elle file entre des feuilles une coque très-mince de soie blanche, dans laquelle elle se change en chrysalide, & d'où elle sort sous la forme d'insecte parfait au bout d'une vingtaine de jours.

158. Bombix anachorete.

Bombyx anachoreta.

Bombyx alis deflexis griseis : strigis albidis, macula apicis fusco-ferruginea : striga undata alba. Fab. *Mant. inf. tom.* 2. *pag* 120. *n°.* 114.

Phalène *hausse queue fourchue* à antennes barbues sans trompe, à corcelet huppé avec une grande tache ovale d'un brun obscur, à ailes d'un gris de souris avec quatre lignes transversales blanchâtres, un point blanc & une tache rousse. Deg. *Mem. tom.* 2. *pag.* 323. *n°.* 11. *pl.* 5. *fig.* 1.

Roes *inf. tom.* 2. *class.* 2. *pap. noct. tab* 43. *fig.* 1—5.

Esper. *tom.* 3. *tab.* 51. *fig.* 1—4.

Phalæna Bombyx anachoreta. *Wienn. Verz. pag.* 56. *n°.* 3.

La Hausse-queue fourchue. Ernst. *Pap. d'Europ. tom.* 4. *pl.* 165. *n°.* 214.

Il ressemble beaucoup au Bombix hausse-queue; mais il en diffère en ce que les ailes sont d'un gris cendré, que la tache ferrugineuse de l'extrémité de l'aile supérieure est coupée par une ligne blanche, & qu'il y a une ou deux petites taches obscures vers l'angle postérieur des ailes supérieures.

Il se trouve en Allemagne.

La chenille diffère beaucoup de celle du Bombix hausse-queue. Elle vit solitaire sur le Saule, le Peuplier, le Tremble, l'Aubépine. Dès qu'elle est sortie de l'œuf, elle lie ensemble plusieurs feuilles qui lui servent en même-temps de logement & de nourriture. Quand les feuilles sont consommées en grande partie, elle abandonne son premier logement, en construit un nouveau, & passe ainsi cachée tout le premier temps de sa vie. Elle est peu velue, sa tête est grosse & la séparation des anneaux peu profonde. Son corps est brun, avec une raie d'un rouge de chair tout le long du dos, & une petite raie longitudinale de chaque côté. On voit au-dessus du corps deux tubercules élevés rougeâtres. Elle file en différens temps de l'été entre plusieurs feuilles, une coque mince de soie blanche, dans laquelle elle se change en chrysalide & d'où elle sort sous la forme d'insecte parfait au bout d'une vingtaine de jours.

159 Bombix anastomose.

Bombyx anastomosis.

Bombyx alis deflexis griseis, strigis tribus albidis subanastomosantibus, thorace ferruginato. Fab. *Syst. entom. pag.* 575. *n°.* 62. —— *Spec. inf. tom.* 2. *pag.* 189. *n°.* 85. —— *Mant. inf. tom.* 2. *pag.* 120. *n°.* 115.

Phalæna Bombyx-anastomosis *elinguis, thorace ferruginato, alis deflexis griseo-cinerascentibus : strigis tribus pallidis subanastomosantibus.* Lin. *Syst. nat. pag.* 824. *n°.* 53. —— *Faun. suec. n°.* 1125.

Phalene *hausse-queue grise* à antennes barbues, sans trompe; à corcelet huppé, avec une grande tache ovale d'un brun obscur, à ailes d'un gris-brun mêlé de roux, avec des lignes transversales, ondées pâles. Deg. *Mém. tom.* 2 *pag.* 322. *n°.* 11.

Phalæna anastomosis. Scop. *Entom. carn. n°.* 502.

Goed. *Inf.* 1. *tab.* 33.

Lyst Goed. *Pag.* 23. *tab.* 23.

Roes. *Inf. tom.* 1. *Classis.* 2. *Pap. noct. tab.* 26. *fig.* 1—5.

Phalæna Bombyx anastomosis. *Wienn. Verz. pag* 55. *n°.* 1.

La Hausse-queue grise. Ernst. *Pap. d'Europ. tom.* 4. *pl.* 189. *pl.* 164. *n°.* 213.

Il a depuis un pouce & quart jusqu'à un pouce & demi de largeur, lorsque les ailes sont étendues. Les antennes sont pectinées; le corps est d'un gris roussâtre & quelquefois d'un gris brun. On voit une tache oblongue, d'un rouge brun foncé, placée à la partie postérieure de la tête & antérieure du corcelet. Les ailes supérieures sont d'un gris roussâtre, ou d'un gris brun, avec trois ou quatre lignes transversales, plus claires que le fond, & une tache oblique, un peu obscure, placée vers le milieu de l'aile entre deux lignes. L'extrémité a une nuance plus foncée que le reste de l'aile. Les inférieures sont d'un gris roussâtre, ou d'un gris brun sans taches; le dessous des quatre ailes est semblable au dessus des ailes inférieures.

Il se trouve en Allemagne.

La Chenille vit sur le Saule, le Peuplier & quelquefois aussi sur l'Aubépine, le Prunier, le Neflier. Elle est un peu velue; son corps est brun, avec des points élevés ou petits tubercules blancs & jaunes; sur le dos, est une ligne longitudinale, jaune, sur laquelle sont des tubercules rouges de chaque côté. Parvenue à toute sa grosseur, vers le commencement de Juillet, elle file entre les feuilles de l'arbre sur lequel elle a vécu, une coque de soie rougeâtre, assez mince, dans laquelle elle se change en chrysalide & d'où elle sort au bout de quinze jours, sous la forme d'insecte parfait.

160 Bombix Tortue.

Bombyx Testudo.

Bombyx alis deflexis flavis, seu ferrugineis, strigis duabus obliquis obscurioribus : Fab. *Mant. Inf. tom.* 2. *pag.* 121. *n°.* 116.

Bombyx sulphurea, *alis deflexis flavissimis, strigis duabus obliquis obscurioribus*. Fab. *Gen. Inf. Mant. pag.* 279. — *Spec. inf. tom.* 2. *pag.* 189. *n°.* 86.

Wilk. *Pap. p.* 44. *tab.* 88.
Esper. *Inf. tom.* 3. *tab.* 26. *fig.* 3—9.
Kléem. *Pag.* 321. *tab.* 38. *fig.* 1—10.
Phalæna Bombyx testudo. Wienn. Verz. pag. 65. *n°.* 1.

La Tortue. Ernst. *Pap. d'Europe. tom.* 5. *pag.* 148. *planch.* 210. *n°.* 281.

Il a depuis onze jusqu'à treize lignes de largeur, lorsque les ailes sont étendues. Les antennes sont très peu pectinées dans le mâle, & elles sont filiformes dans la femelle. Tout le corps est gris jaunâtre ou légèrement ferrugineux. Les ailes supérieures sont de la même couleur; mais on y remarque deux raies transversales, obliques, un peu obscures. Les ailes inférieures sont d'un gris jaune un peu plus brun que les supérieures. Le dessous des quatre ailes est d'un gris jaune sans taches.

Il se trouve en Allemagne & aux environs de Paris.

La chenille vit sur le Hêtre & sur le Chêne. Son corps est court & très-renflé, & la séparation des anneaux est peu marquée. Elle est lisse, verte, avec deux lignes longitudinales, jaunes, sur le dos. Elle n'a que les six pattes écailleuses; les membraneuses manquent, & sont remplacées par des espèces de tubercules luisans, d'où elle exprime une humeur visqueuse, qui sert à assurer sa marche. Parvenue à toute sa grosseur dans le courant du mois d'Octobre, elle cherche sur l'arbre qui l'a nourrie, un endroit commode pour sa métamorphose. Elle commence par l'enduire de glu, & y attache ensuite un léger tissu de fils irrégulièrement disposés, dans l'intérieur duquel elle file une coque ovale, brune, inégale à l'extérieur, & fort lisse dans l'intérieur, à laquelle elle ménage à l'une des extrémités, une espèce de soupape par où elle sort sous la forme d'insecte parfait, au commencement de Juin de l'année suivante.

161 Bombix Aselle.

Bombyx Asella.

Bombyx alis deflexis fuscescentibus immaculatis. Fab. *Mant. inf. tom.* 2. *pag.* 121. *n°.* 117.
Phalæna Bombyx Asella. *Wienn. Verz. pag.* 65. *n°.* 2.

Ce *Bombyx* dont M. Fabricius fait uno espèce, n'est peut-être qu'une variété du suivant : voici la discription que ce naturaliste en donne.

Il ressemble entièrement au précédent, mais il est beaucoup plus petit, & entièrement d'une couleur brune, luisante, sans aucune tache.

Il se trouve en Allemagne.

La chenille ressemble à la précédente; elle est rouge, avec les côtés verts, & une ligne longitudinale, jaune, ponctuée de noir, sur le dos. Elle vit sur le Peuplier.

162 Bombix Cloporte.

Bombyx Bufo.

Bombyx alis deflexis flavescentibus fascia lata fusca, maculis flavis. Fab. *Mant. inf. tom.* 2. *pag.* 121. *n°.* 118.

Le Cloporte. Ernst. *Pap. d'Europ. tom.* 5. *pag.* 151. *pl.* 210. *n°.* 282.

Il a de dix à onze lignes de largeur lorsque les

ailes ſont étendues. Il reſſemble beaucoup aux deux précédens. Les antennes ſont preſque ſétacées. Tout le corps eſt d'un gris jaunâtre; les ailes ſupérieures ſont jaunâtres, avec une bande obſcure, beaucoup plus large au bord interne qu'au bord externe. On apperçoit une petite tache jaune au milieu de cette bande, & une autre plus grande placée à l'angle interne. Les inférieures ſont obſcures, avec un peu de jaune au bord interne. Le deſſous des ailes eſt jaunâtre, mais les ſupérieures ont leur milieu un peu brun.

Il ſe trouve en Allemagne.

La chenille vit ſur le Peuplier noir ſuivant l'auteur de l'ouvrage des Papillons d'Europe.

163. Bombix Cippus.

Bombyx Cippus.

Bombyx alis deflexis fuſcis, maculis tribus viridibus. Fab. *Spec. inſ. tom.* 1 *pag.* 189. *n°.* 87. — *Mant. inſ. tom.* 2. *pag.* 121. *n°.* 119.

Phalæna Cippus. Cram. *Pap. exot. tom.* 1 *pag.* 84. *planch.* 53. *fig. E.*

Il reſſemble un peu aux précédents : il a environ quinze ou ſeize lignes de largeur, lorſque les ailes ſont étendues. Les antennes ſont ſétacées, très-peu pectinées dans le mâle. Tout le corps eſt brun. les ailes ſupérieures ſont brunes, avec trois taches vertes, diſpoſées ſur une ligne longitudinale. Les inférieures ſont brunes & ſans taches. La couleur du deſſous des ailes eſt un peu plus pâle que celle du deſſus.

Il ſe trouve à Surinam.

164. Bombix à muſeau.

Bombyx palpina.

Bombyx alis deflexis dentatis albidis, nigro venoſis, palpis porrectis pennaceis. Fab. *Syſt. entom. pag.* 575. *n°.* 64 — *Spec. inſ. tom.* 2. *pag.* 189. *n°.* 88. — *Mant. inſ. tom.* 2. *pag.* 121. *n°.* 120.

Phalæna Bombyx palpina *elinguis, criſtata alis deflexis dentatis nigro venoſis, palpis porrectis pennatis.* Lin. *Syſt. nat. pag.* 828. *n°.* 64. — *Faun. ſuec. n°.* 1146.

Phalene à antennes à barbes & à trompe; griſe, à ailes en toit, dont le corcelet eſt raboteux, & dont les barbillons longs & larges, s'avancent en muſeau. Deg. *Mém. tom.* 1. *pag.* 695. *pl.* 4. *fig.* 7. — *id. pag.* 61.

Phalene *à muſeau* à antennes barbues à trompe; à corcelet huppé, à ailes en toit aigu, dentelées griſes; dont les barbillons de la tête s'avancent en long muſeau applati. Deg. *Mém. tom.* 2. *pag.* 334. *n°.* 2.

Clerck. *Icon. inſ. rar. tab.* 9. *fig.* 8.

Seba. *Muſ. tom.* 4. *tab.* 48. *fig.* 8.

Sepp. *Inſ.* 4. *pag.* 17. *tab.* 4. *fig.* 1—7.

Naturf. 2. *tab.* 1. *fig.* 5. & 6. — *id.* 10. *tab.* 2. *fig.* 2.

Esper. *Inſ.* 3. *tab.* 63. *fig.* 1—4.

Phalæna Bombyx palpina. *Wienn. Verz. pag.* 62. *n°.* 2.

Le muſeau. Ernst. *Pap. d'Europ. tom.* 5. *pag.* 99. *pl.* 196. *n°.* 259.

Ce *Bombix* a depuis un pouce & demi juſqu'à un pouce & trois quarts de largeur, lorſque les ailes ſont étendues. Les antennes ſont pectinées. Les antennules longues, avancées, donnent à ſa tête une forme ſingulière; elles ſont aplaties par les côtés, & garnies à leur partie ſupérieure & inférieure de poils ſerrés, ſemblables aux barbes d'une plume. Tout le corps eſt d'une couleur griſe, un peu cendrée. Les ailes ſupérieures ſont griſes, veinées de brun, avec des traits noirâtres, qui forment preſque des raies ondées. Le bord poſtérieur eſt légèrement dentelé, ſur-tout vers l'angle interne, & le bord interne eſt muni d'une dent un peu ſaillante. Les ailes inférieures ſont d'un gris cendré, plus ou moins obſcur. Le deſſous des ailes eſt gris, avec un point noirâtre au milieu des inférieures. L'abdomen du mâle eſt alongé & terminé par une touffe de poils.

Il ſe trouve en Europe.

La Chenille ſe nourrit des feuilles de Saule, de Peuplier. Elle eſt raſe, d'un verd clair, avec une ligne longitudinale, jaune, de chaque côté du corps. Parvenue à toute ſa groſſeur, vers la fin de l'été, elle s'enfonce dans la terre, y fait un trou ovale, en ferme l'ouverture & file une coque avec de la terre entremêlée de fils de ſoie, dans laquelle elle ſe change en chryſalide & d'où elle ſort ſous la forme d'inſecte parfait, le printemps ſuivant.

L'auteur de l'ouvrage des Papillons d'Europe, rapporte qu'un amateur du Dauphiné, lui a aſſuré que les chenilles qu'il a rencontrées dans cette province, ont fait leurs coques dans des feuilles au commencement de Juillet, & en ont donné leur *Bombix* dans le même mois, après avoir demeuré environ trois ſemaines en chryſalide.

165. Bombix timide.

Bombyx trepida.

Bombyx alis deflexis dorſo unidentatis griſeis: puncto medio ocellari ſtrigaque poſtica maculari fuſcis. Fab. *Mant. inſ. tom.* 2. *pag.* 121. *n°.* 121.

Roes. *Inſ. tom.* 3. *claſſ.* 2. *Pap. noct. tab.* 48. *fig.* 3. la Chenille.

Phalæna

Phalæna Bombyx Tremula. *Wienn. Verz. pag.* 49. *n°*. 4.

La timide. Ernst. *Pap. d'Europ. tom.* 4. *pag.* 61. *pl.* 127. *n°*. 171.

Il est un peu plus grand que le précédent. Les antennes sont ferrugineuses & pectinées. Le corcelet est obscur. L'abdomen est cendré. Les ailes supérieures sont d'un gris obscur, avec un point oblong, obscur, entouré d'un anneau blanc, au milieu, & une raie formée de six points obscurs, vers le bord postérieur. Le bord interne est muni d'une dent saillante. Les ailes inférieures sont blanchâtres, avec le bord intérieur gris.

Il se trouve en Allemagne.

La chenille se nourrit des feuilles du Chêne. Elle est nue, solitaire, verte, avec deux lignes longitudinales, blanches sur le dos, & des lignes jaunes, obliques, sur les côtés. Elle fait, comme la précédente, son cocon dans la terre.

166. Bombix demi-lune.

Bombyx querna.

Bombyx alis deflexis griseis : strigis tribus atris albo innatis. Fab. *Mant. inf. tom.* 2. *pag.* 122. *n°*. 121.

Phalæna Bombyx querna. Wienn. Verz. p. 49. *n°*. 5.

La demi-lune grise. Ernst. *Pap. d'Europ. tom.* 4. *pag.* 63. *pl.* 127. *n°*. 172.

Il a environ un pouce & trois quarts de largeur, lorsque les ailes sont étendues. Les antennes sont roussâtres & pectinées. Le corps est velu & d'un gris cendré. Les ailes supérieures sont cendrées, avec trois raies noirâtres, transversales, bordées de gris. On voit aussi un peu de gris au-delà de la troisième raie. Les ailes inférieures sont grises & sans taches. Le dessous des quatre ailes est gris, avec un point noir au milieu des inférieures.

Il se trouve en Allemagne.

La chenille vit sur le Chêne ; elle est lisse, verte, avec quatre lignes longitudinales, jaunes, & les stigmates noirs.

167. Bombix Dodone.

Bombyx Dodonæa.

Bombyx alis deflexis cinereis, strigis duabus undatis fuscis albisque : macula lunata alba.

Phalæna Bombyx Dodonæa. *Wienn. Verz. pag.* 49. *n°*. 6.

La demi-lune blanche. Ernst. *Pap. d'Europ. tom.* 4. *pag.* 61. *pl.* 128. *n°*. 173.

Il est un peu plus petit que le précédent. Les antennes du mâle sont un peu pectinées. Tout le corps est d'une couleur cendrée un peu roussâtre. Les ailes supérieures sont grises cendrées. On voit à leur base deux petits points noirs suivis d'une bande brune, terminée par une raie transversale, moitié noirâtre & moitié blanche. Vers les deux tiers de l'aile une autre raie semblable à celle-ci, termine pareillement une bande brune. Entre ces deux raies, il y a une tache en croissant, blanche, bordée de noir. Les ailes de la femelle n'ont point les deux petits points noirs de la base. Les inférieures sont grises & sans taches. Le dessous des quatre ailes est cendré, avec des nuances obscures.

Il se trouve en Allemagne.

La chenille vit sur le Chêne.

168. Bombix Chaonie.

Bombyx Chaonia.

Bombyx alis deflexis cinereis, strigis tribus fuscis fascia que albida macula lunata nigra.

Roes. *Inf. tom.* 1. *class.* 2. *pap. noct. tab.* 50. *fig.* 1—4.

Phalæna Bombyx Chaonia. *Wienn. Verz. pag.* 49. *n°*. 7.

La demi-lune noire. Ernst. *Pap. d'Europ. tom.* 4. *pag.* 65. *pl.* 128. *n°*. 174.

Il a environ un pouce & demi de largeur lorsque les ailes sont étendues, & il ressemble beaucoup au précédent. Le corps est d'une couleur cendrée un peu roussâtre. Les ailes supérieures sont d'un gris brun, avec une bande blanchâtre, vers le milieu, & trois raies transversales, moitié noirâtres, moitié blanches. On voit sur la bande blanche une tache noirâtre en croissant. Les inférieures sont grises & sans taches. Le dessous des ailes supérieures est cendré avec une raie transversale noirâtre & la même tache en croissant que nous avons remarquée au-dessus. Les inférieures sont grises, avec quelques taches obscures, peu marquées.

Il se trouve en Allemagne.

La Chenille se nourrit de feuilles de Chêne : elle est lisse, d'un vert clair, avec quatre lignes longitudinales jaunes, dont deux sur le dos & une de chaque côté. Parvenue à toute sa grosseur dans le courant du mois d'Août, elle descend de l'arbre, creuse en terre un trou assez spacieux, y file une coque grise assez lache & s'y change en chrysalide. Elle y passe l'hiver & le Bombix en sort au mois d'Avril de l'année suivante.

169 Bombix Gnome.

Bombyx Gnoma.

Bombyx alis deflexis subdentatis cinereo albis, vitta marginali atra, macula alba. FAB. *Gen. inf. Mant. pag.* 279. —*Spec. inf. tom.* 2. *pag.* 190. *n°.* 89. —*Mant. inf. tom.* 2. *pag.* 122. *n°.* 122.

Il ressemble, pour la forme & la grandeur, à la *Noctuelle du Verbascum*, *Noctua Verbasci.* Les antennes sont filiformes, à peine pectinées. Le corcelet est gris, avec une petite raie transversale à sa partie antérieure, & une autre à sa partie postérieure. Les ailes supérieures sont blanches, avec le bord interne cendré & une raie longitudinale, noire. On apperçoit vers l'extrémité, une tache obscure, deux petites lignes noires & une tache blanche. Les inférieures sont blanchâtres. Le dessous des quatre ailes est gris, avec une tache obscure au bord extérieur des inférieures. L'abdomen est gris, & l'anus blanc.

Il se trouve en Allemagne.

170. BOMBIX Capucin.

BOMBYX Capucina.

Bombyx alis deflexis denticulatis ferrugineis, denticuloque dorsali reflexo. FAB. *Syst. entom. pag.* 575. *n°.* 65. —*Spec. inf. tom.* 1. *pag.* 190. *n°.* 90. —*Mant. inf. tom.* 2. *pag.* 122. *n°.* 123.

Phalæna Bombyx Capucina *spirilinguis cristata, alis deflexis denticulatis ferrugineis : denticuloque dorsali reflexo fasciaque ferruginea.* LIN. *Syst. nat. pag.* 832. *n°.* 79. —*Faun. suec. n°.* 1144.

Phalæna pectinicornis elinguis, pallido-rufa, crista dorsali nigra. GEOF. *inf. tom.* 2. *pag.* 111. *n°.* 12.

La crête de Coq. GEOF. *ib.*

Phalæna Bombyx Capucina. *Wienn. Verz. pag.* 63. *n°.* 3.

Phalæna cristata. FOURC. *entom. par. pag.* 261. *n°.* 12.

La crête de Coq. ERNST. *Pap d'Europ. tom.* 5. *pag.* 106. *pl.* 199. *n°.* 263.

Il a un peu plus d'un pouce & demi de largeur, lorsque les ailes sont étendues. Les antennes sont roussâtres & un peu pectinées. Tout le corps est d'une couleur roussâtre. Les ailes supérieures sont d'une couleur ferrugineuse roussâtre, avec une bande obscure, plus étroite au bord interne, terminée, de chaque côté, par une raie ondée, plus obscure, presque noirâtre. On apperçoit une dent saillante au bord interne de l'aile qui répond à la bande obscure, & le bord postérieur est un peu dentelé, sur-tout vers l'angle interne. Les ailes inférieures sont d'un gris roussâtre, un peu obscur vers le bord postérieur. Le dessous des ailes supérieures est d'un gris ferrugineux, & le dessous des inférieures est d'un gris jaunâtre sans taches.

Il se trouve en Europe.

La chenille se nourrit des feuilles de Saule. Elle est d'un vert tendre, très clair, principalement sur le dos, avec une ligne longitudinale, jaune, de chaque côté du corps. Elle porte sur le dernier anneau deux tubercules saillans de couleur pourpre. Elle parvient à toute sa grosseur dans des temps différens : elle se métamorphose en été dans une coque légère qu'elle file entre des feuilles seches & d'où elle sort au bout de trois semaines, & elle s'enfonce dans la terre à la fin de l'été pour y passer l'hiver, & n'en sortir sous la forme d'insecte parfait, qu'au mois de Mai de l'année suivante.

171. BOMBIX crête de Coq.

BOMBYX camelina.

Bombyx alis deflexis denticulatis brunneis, omnibus denticulo dorsali. FAB. *Syst. entom. pag.* 575. *n°.* 66. —*Spec. inf. tom.* 2. *pag.* 190. *n°.* 91. —*Mant. inf. tom.* 2. *pag.* 122. *n°.* 124.

Phalæna Bombyx camelina, *spirilinguis cristata alis deflexis denticulatis brunneis : omnibus denticulo dorsali.* LIN. *Syst. nat. pag.* 832. *n°.* 80. —*Faun. suec. n°.* 1145.

REAUMUR. *Mém. inf. tom.* 2. *tab.* 20. *fig.* 13 ?

ROES. *Inf. tom.* 1. *class.* 2. *pap. noct. tab.* 28. *fig.* 1—5.

Phalæna Bombyx camelina. *Wienn. Verz. pag.* 63. *n°.* 3.

Il ressemble aux précédents pour la forme & la grandeur. Les antennes sont peu pectinées dans le mâle, & elles sont sétacées dans la femelle. Le corps est d'un gris roussâtre. Les ailes supérieures sont d'un brun clair roussâtre, avec trois raies transversales, noirâtres, à côté desquelles il y a un peu de gris roussâtre. Le bord postérieur est dentelé, & le bord interne est muni d'une dent saillante, semblable a celle de l'espèce précédente. Les ailes inférieures sont d'un gris roussâtre, avec un peu de couleur obscure, vers le bord postérieur. Le bord interne est muni d'une dent saillante. Lorsque l'insecte est en repos, les ailes sont pendantes, & on voit deux élévations en forme de crête, ou de deux bosses qui lui ont fait donner par Linné, le nom de *camelina* petit Chameau.

Il se trouve en Europe.

La chenille se nourrit des feuilles de Tilleul, d'Aune, de Bouleau. Elle est rase, verdâtre, avec les stigmates pourpres, & deux petits tubercules élevés, pourpres, sur le dernier anneau. Elle file, comme la précédente, une coque légère entre des feuilles seches, dans laquelle elle se change en chrysalide & d'où l'insecte parfait sort au bout de trois semaines.

172. BOMBIX aulique.

BOMBYX aulica.

Bombyx alis deflexis, anticis brunneis flavo maculatis : posticis fulvis nigro maculatis.

Bombyx alis deflexis anticis grifeis flavo punctatis, posticis fulvis nigro maculatis. Fab. *Syst. entom. pag.* 576. *n°.* 67. — *Spec. inf. tom.* 2. *pag.* 190. *n°.* 92. — *Mant. inf. tom.* 2. *pag.* 122. *n°.* 125.

Phalæna Bombyx aulica *spirilinguis alis deflexis : superioribus grifeis flavo punctatis : inferioribus fulvis nigro maculatis.* Lin. *Syst. nat. pag.* 829. *n°.* 68. —*Faun. suec n°.* 1133.

Phalæna pectinicornis elinguis, alis deflexis, superioribus fuscis, maculis luteis, inferioribus rubris, maculis quatuor nigris. Geoff. *Inf. tom.* 2. *pag.* 109. *n°.* 10.

L'écaille brune. Geoff. *ib.*

Phalæna aulica. Clerck. *Icon. inf. rar. tab.* 4. *fig.* 3.

Naturf. 4. *tab.* 1. *fig.* 8. — *id.* 6. *tab.* 5. *fig.* 3.

Phalæna testudinaria. Fourc. *Entom. par. pag.* 260. *n°.* 40.

Phalæna Bombyx aulica. Wienn. Verz. pag. 53. *n°.* 6.

La petite écaille brune. Ernst. *Pap. d'Europ. tom.* 4. *pag.* 136. *pl.* 149. *n°.* 195.

Il a ordinairement depuis un pouce & quart jusqu'à un pouce & demi de largeur, lorsque les ailes sont étendues. Les antennes sont d'un brun clair & pectinées. La tête & le corcelet sont d'un brun clair, un peu fauve, avec une légère ligne transversale, d'un brun jaunâtre, au-devant du corcelet. L'abdomen est noirâtre en dessus, avec le bord des anneaux d'un jaune brun. Les pattes & le dessous du corps sont d'un jaune brun. Les ailes supérieures sont d'un brun clair, un peu fauve, avec quelques taches & deux ou trois points jaunés, dont le nombre, la forme & la grandeur varient dans les différents individus. Les inférieures sont ordinairement d'un jaune-souci, & quelquefois d'un rouge pâle, avec quatre grandes taches noires, dont la première, vers la base, forme une bande. Les quatre ailes en dessous ont les mêmes taches qu'en dessus, mais moins marquées, & placées sur un fond plus pâle.

On le trouve en Allemagne, en Suède & quelquefois aux environs de Paris.

Nota. Celui qu'on trouve aux environs de Paris, a ordinairement les ailes inférieures rouges, & telles que les a décrites M. Geoffroy.

La chenille vit sur la Cinoglosse, l'Ortie, la Mille-feuille, &c. Elle est très-velue, noirâtre, avec des tubercules blanchâtres. Les poils du dessus du corps sont grisâtres & ceux du dessous sont fauves.

173. Bombix roussâtre.

Bombyx helvola.

Bombyx alis deflexis helvolis : maculis ordinariis strigaque postica cinereis. Fab. *Mant. inf. tom.* 2. *pag.* 122. *n°.* 126.

Il est de grandeur moyenne. Les antennes sont pectinées. La tête & le corcelet sont roussâtres. L'abdomen est cendré & l'anus est roussâtre. Les ailes supérieures sont roussâtres, avec des taches cendrées, & une raie transversale vers le bord postérieur, cendrée, mais peu marquée. Au-devant de cette raie, on apperçoit quelques points cendrés. Les ailes inférieures sont cendrées.

Il se trouve à Kiell.

174. Bombix ondé.

Bombyx undata.

Bombyx alis deflexis cinereis : fasciis duabus fuscis cinereo undatis. Fab. *Mant. inf. tom.* 2. *pag.* 122. *n°.* 127.

Il est de grandeur moyenne. Le corps est cendré. Les ailes supérieures sont cendrées, avec deux bandes obscures, placées, l'une un peu au-delà & l'autre un peu au-deçà du milieu, dans lesquelles on apperçoit quelques raies transversales, cendrées vers le bord postérieur, il y a aussi quelques points obscurs. Les ailes inférieures sont cendrées.

Il se trouve à Kiell.

175. Bombix lubricipede.

Bombyx lubricipeda.

Bombyx alis flavescentibus : punctis nigris, abdomine quinquefariam nigro punctato. Fab. *Mant. inf. tom.* 2. *pag.* 123. *n°.* 128.

Deg. *Mém. inf. tom.* 1 *pl.* 11. *fig.* 7.

Roes. *Inf. tom.* 1. *class.* 2. *Pap. noct. tab.* 47. *fig.* 1—8.

Merian. *Inf. Europ. tab.* 65.

Phalæna Bombyx lubricipeda. Wienn. Verz. pag. 54. *n°.* 1.

La Phalène lièvre. Ernst. *Pap. d'Europ. tom.* 4. *pag.* 159. *pl.* 157. *n°.* 203.

Il a ordinairement depuis un pouce & quart jusqu'à un pouce & demi de largeur, lorsque les ailes sont étendues. Les antennes sont noires & pectinées. Le corps est d'un jaune pâle. L'abdomen, en dessus, est d'un jaune fauve, avec trois rangées de points noirs, dont deux latérales, & une supérieure formée de points plus gros que les autres. Le dessous de l'abdomen est d'un jaune pâle, avec deux rangées de petits points noirs. Les cuisses des pattes antérieures sont ferrugineuses & les jambes & les tarses sont noirs. Les ailes supérieures sont jaunes, avec quelques points noirs, dont quelques-uns forment souvent une rangée presque parallele au bord postérieur. Les ailes inférieures sont de la couleur des supérieures, & ordinairement marquées d'un seul point noir. La couleur du dessous est à-peu-près semblable au-dessus ; mais les points y sont plus marqués. La femelle ne diffère du mâle qu'en ce que la couleur jaune du corps & des ailes est plus pâle.

Linné a regardé ce *Bombyx* comme le mâle du suivant. M. Fabricius a été du sentiment de Linné dans ses premiers ouvrages entomologiques ; mais il l'a regardé comme une espèce distincte dans son *mantissa insectorum.*

Il se trouve en Europe. Il est rare aux environs de Paris.

La chenille vit sur l'Ortie & sur la plupart des arbres fruitiers : elle est couverte de poils roussâtres. Son corps est gris, avec la tête, l'extrémité du corps & les pattes membraneuses d'un jaune sale, qui disparoît presque entièrement après la dernière mue. On apperçoit six petits tubercules sur chaque anneau à-peu-près de la couleur du corps. Parvenue à toute sa croissance, au commencement d'Octobre, elle creuse un trou peu profond dans la terre, y file une coque de soie blanchâtre, & se change en chrysalide. Elle passe l'hiver dans cet état, & l'insecte parfait en sort au mois de Mai ou de Juin de l'année suivante.

176. BOMBIX Tigre.

Bombyx Mentastri.

Bombyx alis deflexis albis, nigro punctatis ; abdomine quinquefariam nigro punctato, supra luteo.

Phalæna Bombyx lubricipeda *spirilinguis, alis deflexis albidis : punctis nigris, abdomine quinquefariam nigro punctato.* LIN. *Syst. nat. pag.* 829. *n°.* 69. — *Faun. suec. n°.* 1138.

Bombyx lubricipeda *alis deflexis albidis, punctis nigris, abdomine quinquefariam nigro punctato.* FAB. *Syst. entom. pag.* 576. *n°.* 68. — *Spec. inf. tom.* 2. *pag.* 190. *n°.* 93.

Phalæna pectinicornis elinguis, alis deflexis albidis, punctis nigris ; abdomine ordinibus quinque punctorum. GEOFF. *Inf. tom.* 2. *pag.* 118. *n°.* 21.

La Phalène-Tigre. GEOFF. *ib.*

DEG. *Mém. inf. tom.* 1. *pl.* 11. *fig.* 8.

Phalæna lubricipeda. SCOP. *entom. carn. n°.* 513.

MERIAN. *Inf. tab.* 46. & *tab* 161.

ROES. *Inf. tom.* 1. *class.* 2. *Pap. noct. tab.* 46. *fig.* 1—8.

REAUM. *Mém. tom.* 2. *pl.* 1. *fig.* 4. 7. 9.

SCHÆFF. *Icon. inf. tab.* 114. *fig.* 2. 3. & *tab.* 203. *fig.* 1. 2.

Phalæna Bombyx Mentastri. Wienn. Verz. pag. 54. *n°.* 2.

Phalæna lubricipeda. FOURC. *entom. par. tom.* 2. *pag.* 263. *n°.* 21.

La Phalène Tigre. ERNST. *Pap. d'Europ. tom.* 4. *pag.* 161. *pl.* 157. & *pl.* 158. *n°.* 204.

Il ressemble au précédent pour la forme & la grandeur ; les antennes sont noires & pectinées. La tête, le corcelet, la poitrine & la base de l'abdomen sont couverts de poils blancs cotonneux. Le dessus du ventre est jaune, & le dessous est blanc. On y voit cinq rangées de points noirs, dont deux de chaque côté, & la cinquieme à la partie supérieure. On voit un peu de noir au-dessous de la tête. Les cuisses antérieures sont d'un jaune fauve, les jambes sont noires ainsi que les tarses de toutes les pattes. Les ailes supérieures sont blanches & parsemées de points noirs. Les inférieures sont blanches, rarement sans taches, souvent avec un ou deux points noirs & quelquefois davantage. Le dessous des quatre ailes est semblable au-dessus. Le mâle ne diffère pas de la femelle pour les couleurs.

M. Geoffroy a regardé ce *Bombix* comme le même que le suivant. Linné l'a regardé comme la femelle du précédent. M. Fabricius le confond dans son *mantissa insectorum* avec la femelle du *Bombyx* qui suit. De Géer regarde cette espèce comme la même que la précédente, quoiqu'il ait trouvé des différences dans les chenilles.

Il se trouve dans toute l'Europe : il n'est pas rare aux environs de Paris.

La chenille diffère de la précédente. Celle-ci est brune & couverte de poils noirâtres ; elle a une ligne longitudinale, jaune sur le dos & six tubercules bleuâtres sur chaque anneau. Elle vit sur la Menthe sauvage & sur la plupart des arbres fruitiers. Parvenue à toute sa grosseur en automne, elle file une coque sur la terre, entre des feuilles mortes, ou quelquefois dans la terre ; elle s'y change en chrysalide, & n'en sort sous la forme d'insecte parfait que dans le courant du printems suivant.

177. BOMBIX mendiant.

BOMBYX *mendica.*

Bombyx alis deflexis albis seu fuscis, punctis nigris, abdomine albo quinquefariam nigro punctato, femoribus luteis.

Bombyx alis deflexis nigro punctatis, femoribus anticis luteis. FAB. *Mant. inf. tom.* 2. *pag.* 123. *n°.* 129.

Phalæna Bombyx mendica *elinguis cinerea tota, femoribus luteis.* LIN. *Syst. nat. pag.* 822. *n°.* 47. — *Faun. suec. n°.* 1127. *mas.*

CLECK. *Icon. inf. rar. tab.* 4. *fig.* 5. *mas.*

REAUM. *Mém. tom.* 2. *pl.* 1. *fig.* 5. & 6.—*id. tom.* 1. *pl* 2. *fig.* 16. chenille.

KNOCH. *Beytr.* 3. *pag.* 47. *tab.* 2. *fig.* 5 — 13.

Phalæna Bombyx mendica. Wienn. Verz. pag. 54. *n°.* 3.

La mendiante. ERNST. *Pap. d'Europ. tom. 4. pag. 165. pl. 159. n°. 205.*

Il est un peu plus petit que les deux précédents auxquels il ressemble beaucoup. Le mâle diffère de la femelle par les couleurs : ses antennes sont brunes & pectinées. Le corps est brun, plus ou moins clair. Les ailes sont d'un brun obscur, ou d'un brun grisâtre, avec quelques points noirs. Les cuisses sont d'un jaune un peu fauve. La femelle a les antennes noires & sétacées, le corps blanc, avec cinq rangées de points noirs, dont quatre latérales & une sur le dos ; les cuisses ferrugineuses, avec les tarses noirs ; enfin les ailes blanches avec trois ou quatre points noirs sur les supérieures & un seul sur les inférieures. La partie supérieure de l'abdomen n'est jamais jaune comme dans l'espèce précédente.

Linné n'a connu que le mâle, & M. Geoffroy a confondu cette espèce avec la précédente.

Il se trouve en Europe. Il est assez commun dans les provinces méridionales de la France ; mais il est plus rare que les deux précédents aux environs de Paris.

La chenille se nourrit de différentes plantes. On la trouve sur la Tanaisie, la Vipérine, la Laitue, la Patience, le Plantain, quelques espèces de Véronique & de Lamion, sur la Vigne, &c. Elle est velue ; son corps est brun, & les poils qui le couvrent sont noirâtres. Parvenue à toute sa grosseur vers la fin de Septembre, elle se cache dans quelque trou ou s'enfonce un peu dans la terre, y file une coque, se change en chrysalide, & en sort sous la forme d'insecte parfait dans le mois d'Avril ou de Mai de l'année suivante.

178. BOMBIX aventurier.

BOMBYX advena.

Bombyx alis deflexis fuscis : punctis costalibus albis, posticis nigris : macula media fulva, puncto nigro. FAB. *Mant. inf. tom. 2. pag. 123. n°. 130.*

Il ressemble au précédent pour la forme & la grandeur. Les antennes sont pectinées, noires, avec le filet du milieu blanc. Le corcelet & l'abdomen sont velus & cendrés. Les ailes supérieures sont noirâtres, avec une petite ligne à la base, & trois points blancs, presque oculés, placés sur le bord antérieur. Les inférieures sont noires, avec une grande tache oblongue, fauve, marquée d'un point noir. On voit une petite ligne interrompue, sur le bord interne.

Il se trouve en Espagne.

179. BOMBIX éclatant.

BOMBYX *rutilans.*

Bombyx alis deflexis pallide flavis : margine postico ferrugineo. FAB. *Mant. inf. tom. 2. pag. 123. n°. 131.*

Il est petit. Les antennes sont pectinées & obscures. Le corps est d'un jaune pâle. Les quatre ailes sont jaunes, avec le bord postérieur ferrugineux.

Il se trouve à Siam.

180. BOMBIX en deuil.

BOMBYX luctifera.

Bombyx alis deflexis atris : angulo ani flavo, abdomine supra flavo, linea dorsali punctata nigra. FAB. *Mant. inf. tom. 2. pag. 123. n°. 132.*

Phalæna Bombyx luctifera. Wienn. Verz. pag. 54. n°. 4.

Le deuil. ERNST. *Pap. d'Europ. tom. 4. pag. 168. pl. 159 & pl. 160. n°. 206.*

Il a environ un pouce & quart de largeur, lorsque les ailes sont étendues. Les antennes sont noires & sétacées : elles sont très-peu pectinées dans le mâle. Le tête & le corcelet sont noirs. L'abdomen est noir en dessous & jaune en dessus, avec une rangée de points noirs. Les ailes sont noirâtres ; avec un peu de jaune à l'angle interne des inférieures seulement. Le dessous des ailes est semblable au-dessus.

Il se trouve en Allemagne.

La chenille vit sur différentes plantes. On la trouve plus ordinairement sur le Plantain à feuilles lanceolées, *Plantago lanceolata.* LIN. Et quelquefois aussi sur la Scabieuse, la Pilosèlle, le Pied-d'Alouette, &c. Son corps est noirâtre, couvert de longs poils obscurs, avec une ligne jaune tout le long de sa partie supérieure. Parvenue à toute sa grosseur vers le mois de Juillet, elle file une coque de soie, se change en chrysalide, y passe l'hiver, & en sort sous la forme d'insecte parfait dans le mois d'Avril ou de Mai de l'année suivante.

181. BOMBIX Lievre.

BOMBYX leporina.

Bombyx alis deflexis albis, punctis nigris ramosis, abdomine immaculato. FAB. *Spec. inf. tom. 2. pag. 191. n°. 94.*

Phalæna Noctua leporina spirilinguis lævis, alis deflexis albis : punctis nigris ramosis. LIN. *Syst. nat. pag. 838. n°. 109.* — *Faun. suec. n°. 1176.*

Phalène à antennes en filets très blanche, à points

& taches noires. DEG. *Mém. tom.* 1. *pl.* 12. *fig.* 11—17.

Phalène *flocon de laine* à antennes filiformes à trompe, à ailes rabattues en toit évasé blanches, avec quelques points & taches noirs. DEG. *Mém. tom.* 2. *pag.* 411.
GOED. *Inf. tom.* 3. *tab. H.*
LIST. GOED. *pag.* 199. *n°.* 85. *fig.* 85.
FUESLY. *Magaz.* 2. *tab.* 1. *fig.* 1.
ESPER. *Inf.* 4. *pag.* 83. *tab.* 91. *fig.* 1—5.
Phalæna noctua leporina. *Wienn. Verz pag.* 67. *n°.* 8.

Le flocon de laine. ERNST. *Pap. d'Europ. tom.* 6. *pag.* 27. *pl.* 216. *n°.* 296.

Il a ordinairement depuis un pouce & demi, jusqu'à un pouce & trois quarts de largeur, lorsque les ailes étendues. Les antennes sont sétacées. La trompe est assez longue & roulée en spirale. Tout le corps est blanc, avec un peu de noir de chaque côté de la tête & du corcelet. Les ailes supérieures sont blanches avec de petites taches noires. Les inférieures sont blanches avec quelques points noirs plus clair-semés que sur les ailes supérieures, & quelquefois d'un blanc sans taches.

Il se trouve en Europe.

La Chenille se nourrit des feuilles de Saule, de Bouleau, d'Aune. Elle est très-velue; son corps est d'un beau jaune citron ou verdâtre, couvert de poils longs, serrés, jaunes ou blancs, qui lui ont fait donner par de Geer, le nom de *flocon de laine*. Parvenue à toute sa grosseur au commencement du mois d'Août, elle construit une coque, contre la branche de quelque arbre, avec de la soie, les poils qui couvrent son corps & des parcelles d'écorce qu'elle détache. Elle se change en chrysalide, passe l'hiver dans cet état, & l'insecte parfait en sort l'année suivante dans le courant du mois de Mai.

182. BOMBIX Rose.

BOMBYX Rosa.

Bombyx alis deflexis concoloribus roseis, anticis punctis nigris, posticis immaculatis.

La Rose. ERNST. *Pap. d'Europ. tom.* 6. *pag.* 30. *pl.* 216. *n°.* 297.

Il ressemble entièrement au précédent pour la forme & la grandeur. Les antennes sont noires & presque sétacées. Tout le corps est d'une belle couleur rose. On voit sur les ailes supérieures quelques points noirs & une rangée de points de cette couleur tout le long du bord postérieur.

Il se trouve à Brunswick.

L'auteur de l'ouvrage des Papillons d'Europe lui a donné le nom de Rose, tiré de celui de *Rosa* que M. Jablonski avoit donné à ce Bombix en le lui envoyant.

183. BOMBIX modeste.

BOMBYX lota.

Bombyx alis deflexis cinereis, puncto disci atro posticeque striga purpurascente fracta. FAB. *Spec. inf. tom.* 2. *pag.* 191. *n°.* 95. —*Mant. inf. tom.* 2. *pag.* 124. *n°.* 134.

Phalæna Bombyx lota *spirilinguis, alis cinereis: puncto disci atro posticeque striga purpurascente fracta.* LIN. *Syst. nat. pag.* 830. *n°.* 70. — *Faun. suec. n°.* 1137.
CLERK. *Icon. inf. tab.* 8. *fig.* 1.
Phalæna noctua lota. *Wienn. Verz. pag.* 76. *n°.* 6.

Il est de grandeur moyenne. Les antennes sont à peine pectinées. Les ailes supérieures sont cendrées avec quelques petits points noirs & deux taches peu marquées, un peu apparentes seulement à leurs bords, dont l'une antérieure orbiculaire, & l'autre postérieure réniforme. On voit à la partie interne de celle-ci un point très noir. Vers le bord postérieur de l'aile, il y a une raie transversale, fauve ou purpurine, & blanche du côté postérieur. Le dessous des ailes est d'une couleur cendrée pâle avec un point noir & une raie obscure arquée, peu marquée.

Il se trouve en Europe.

La chenille se nourrit des feuilles de Saule. Elle est cendrée avec des lignes noires & blanches, & quelques points blancs.

184. BOMBIX joyeux.

BOMBYX læta.

Bombyx alis deflexis: anticis niveis: fascia lata nigra, antennis simplicibus. FAB. *Syst. entom. p.* 576. *n°.* 69. —*Spec. inf. tom.* 2. *pag.* 191. *n°.* 96. —*Mant. inf. tom.* 2. *pag.* 124. *n°.* 135.

Les antennes de ce Bombix sont simples & brunes. La tête & le corcelet sont d'un blanc de neige avec quelques points noirs. La poitrine est obscure. Les ailes supérieures sont blanches, avec une large bande noire au milieu, & le bord postérieur ponctué de noir. Les inférieures sont cendrées à leur base & obscures à leur extrémité. Les quatre ailes sont grises en dessous.

Il se trouve en Suéde.

185. BOMBIX dorsal.

BOMBYX communimacula.

Bombyx alis deflexis pallide carneis : macula magna dorsali fusca. FAB. *Mant. inf. tom.* 2. *pag.* 124. *n°.* 136.

Phalæna noctua communimacula. Vienn. Verz. pag. 85. *n°.* 7.

Il est petit : tout le corps est blanchâtre. Les ailes supérieures sont d'un rouge de chair pâle, avec une grande tache oblongue, obscure, placée au bord interne, la moitié sur chaque aile. Les inférieures sont entièrement blanchâtres.

Il se trouve au midi de l'Europe.

186. BOMBIX comprimé.

BOMBYX *compressa.*

Bombyx alis compressis adscendentibus niveis : macula communi fusca, centrali grisea : lunula alba. FAB. *Spec. inf. tom.* 2. *pag.* 192. *n°.* 97. — *Mant. inf. tom.* 2. *pag.* 124. *n°.* 137.

Pyralis Bankiana *alis albis, macula communi fusca.* FAB. *Syst. entom. pag.* 645. *n°.* 1.

Phalæna Bombyx spinula. Wienn. Verz. pag. 64. *n°.* 6.

Ce *Bombyx* est petit. Les antennes sont obscures & simples. Le corps est pâle & les yeux sont noirs. Les ailes sont très-comprimées par les côtés & relevées en arrière. Les supérieures sont blanches, avec une grande tache au bord interne, dont la moitié sur chaque aile & une tache grise au milieu, marquée d'une très-petite tache en croissant, blanche. Vers le bord postérieur, on apperçoit de petites taches obscures, en croissant, & le bord postérieur lui-même est obscur. Les inférieures sont blanches. Le dessous des ailes supérieures est gris & le dessous des inférieures est blanc.

Il se trouve en Allemagne.

La chenille vit sur le Prunelier ou Prunier épineux : elle est noirâtre, avec quatre épines, à la partie antérieure du corps, & deux à la partie postérieure.

187. BOMBIX Dragon.

BOMBYX *Milhauseri.*

Bombyx alis deflexis canis, maculis duabus dorsalibus fuscis, antennis apice setaceis. FAB. *Syst. entom. pag.* 577. *n°.* 70. — *Spec. inf. tom.* 2. *pag.* 192. *n°.* 98.

MILHAUS. *Monog. Dresd. an.* 1763. *tab.* 1.

Bombyx Milhauseri. ESPER. *Pap. tom.* 3. *pag.* 108. *tab.* 21. *fig.* 3.

Phalæna vidua. KNOCK. *Supp. ent.* 1. *pag.* 48. *tab.* 3. *fig.* 3.

Phalæna Bombyx terrifica. Wienn. Verz. pag. 63. *n°.* 1.

Le Dragon. ERNST. *Pap. d'Europ. tom.* 5. *pag.* 120. *pl.* 202. *n°.* 269.

Il a ordinairement depuis un pouce & demi jusqu'à un pouce & trois quarts de largeur, lorsque les ailes sont étendues. Les antennes sont obscures, pectinées depuis leur base jusques vers leur extrémité où elles sont simplement sétacées. Les ailes supérieures sont blanchâtres, avec des nuances brunes & deux taches obscures, les inférieures sont blanchâtres, avec une tache obscure à l'angle interne. Le dessous des supérieures est d'un gris cendré. Le dessous des inférieures est à-peu-près semblable au dessus.

Il se trouve en Allemagne, en Saxe.

La chenille vit sur le Chêne. Elle est rase, verte, avec une rangée d'épines tout le long du dos. Parvenue à toute sa grosseur dans le courant de Juillet, elle file contre le tronc ou les branches du Chêne sur lequel elle a vecu, une coque solide, de la couleur de l'écorce de l'arbre, dans laquelle elle se change en chrysalide. L'insecte parfait sort de sa coque vers le mois de mai de l'année suivante.

188. BOMBIX méprisé.

BOMBYX *spreta.*

Bombyx deflexis carneo luteoque variis : stigmatibus albis. FAB. *Mant. inf. tom.* 2. *pag.* 124. *n°.* 139.

Phalæna piniperda *spirilinguis cristata, alis deflexis : superioribus rubicundo luteo variis, macula transversali albidiori dolabriformi : inferioribus griseis pallidius fimbriatis.* PANZ. *Monograp.* 51. *tab.* 1. *fig.* 1—12.

Il est de grandeur moyenne. Les antennes sont simples & obscures. Tout le corps est obscur & sans taches. Les ailes supérieures sont mélangées de rouge de chair & de jaune, avec une ou deux raies transversales, blanches, & deux taches blanches, dont l'une antérieure orbiculaire, & l'autre postérieure réniforme. Les inférieures sont obscures. Le dessous des ailes est cendré, avec une raie transversale, un peu obscure.

Il se trouve en Allemagne.

Les chenilles se nourrissent des feuilles de Pinsilvestre, *Pinus silvestris.* LIN. Elles sont quelquefois multipliées à tel point, qu'elles détruissent entiérement les feuilles des arbres d'une forêt. Elles sont rases, vertes, avec une ligne blanche tout le long du dos, & une autre ferrugineuse de chaque côté.

189. BOMBIX Lincus.

BOMBYX *Lincus.*

Bombyx alis deflexis atris, anticis apice posticis basi fulvis. FAB. *Spec. inf. tom.* 2. *pag.* 192. *n°.* 99. — *Mant. inf. tom.* 2. *pag.* 125. *n°.* 140.

Phalæna Lineus. CRAM. *Pap. exot. tom.* 1. *pag.* 79. *pl.* 50. *fig.* H.

Il a environ un pouce & demi de largeur, lorsque les ailes sont étendues. Les antennes sont à peine pectinées. Tout le corps est jaunâtre. Les ailes supérieures sont noires, depuis leur base jusques vers les deux tiers; le reste est jaune. L'angle interne est terminé en pointe aigue. Les ailes inférieures sont jaunes depuis leur base jasques vers le milieu; le reste est noir, avec le bord postérieur jaune. La couleur du dessous des ailes est semblable au dessus; mais elle y est beaucoup plus pâle.

Il se trouve à Surinam.

190. BOMBIX de l'Orme.

BOMBYX *strigula.*

Bombyx alis deflexis anticis griseis, apice albo nigroque striatis. FAB. *Syst. entom. pag.* 577. *n°.* 72. — *Spec. inf. tom.* 2. *pag.* 191. *n°.* 100. — *Mant. inf. tom.* 2. *pag.* 125. *n°.* 141.

Phalæna Noctua Ulmi. Wienn. Verz. pag. 66. *n°.* 1.

Il ressemble pour la forme & la grandeur au *Bombyx du Gramen.* Les antennes sont filiformes. Le corps est cendré. Les ailes supérieures sont grises, avec des raies transversales, peu marquées, courtes, obscures, & des taches demi-circulaires cendrées à la base, deux taches, au milieu; dont l'une antérieure, petite, entourée d'un cercle noir, & l'autre postérieure, plus grande & transversale. On voit à l'extrémité de l'aile, quelques stries blanches & noires. Les inférieures sont cendrées à leur base, & obscures à leur extrémité.

Il se trouve en Saxe, en Allemagne.

191. BOMBIX Begga.

BOMBYX *Begga.*

Bombyx alis deflexis albis: costa atra. FAB. *Mant. Spec. inf. tom.* 2. *pag.* 125. *n°.* 142.

Phalæna Begga. CRAM. *Pap. exot. tom.* 4. *pag.* 125. *pl.* 355. *fig.* E.

Il a un peu plus de deux pouces de largeur, lorsque les ailes sont étendues. Les antennes sont jaunâtres & pectinées. Tout le corps est blanc & sans taches. Les ailes supérieures sont blanches, avec tout le bord antérieur noir. Les ailes inférieures sont blanches & sans taches. Le dessous des ailes est blanc. Les pattes sont jaunes & les tarses noirs.

Il se trouve à Surinam.

192. BOMBIX V. noir.

BOMBYX *V. nigrum.*

Bombyx alis deflexis albis V. nigro notatis. FAB. *Syst. entom. pag.* 577. *n°.* 73. — *Spec. inf. tom.* 2. *pag.* 192. *n°.* 101. — *Mant. inf. tom.* 2. *pag.* 125. *n°.* 143.

Naturf. 12. *tab.* 1. *fig.* 8. 9. 10.

Phalæna Bombyx nivosa. Wienn. Verz. pag. 50. *n°.* 1.

Le V. noir. ERNST. *Pap. d'Europ. tom.* 4. *pag.* 87. *pl.* 134. *n°.* 180.

Il a ordinairement depuis un pouce & trois quarts, jusqu'à deux pouces de largeur, lorsque les ailes sont étendues. Les antennes sont roussâtres & pectinées. Tout le corps est blanc & sans taches. Les ailes sont blanches, avec une tache noire en croissant ou en forme de V. sur les ailes supérieures seulement. Le dessous est semblable au dessus.

Il se trouve dans presque toute l'Europe. Il est très-rare aux environs de Paris.

La chenille vit sur le Chêne, le Hêtre, le Tilleul. Elle est brune, ou d'un brun jaunâtre & couverte de faisceaux de poils, dont les uns blanchâtres & les autres roussâtres. On voit derrière la tête, tout au tour du corps, une plus grande quantité de poils que par-tout ailleurs. Parvenue à toute sa grosseur dans le courant de Mai, elle file une coque dans laquelle elle se change en chrysalide & d'où elle sort sous la forme d'insecte parfait au bout de quelque temps. La chrysalide est verte, avec une tache obscure sur le corcelet.

193. BOMBIX apparent.

BOMBYX *Salicis.*

Bombyx alis deflexis albis, pedibus nigris albo annulatis. FAB. *Syst. entom. pag.* 578. *n°.* 75. — *Spec. inf. tom.* 2. *pag.* 193. *n°.* 103. — *Mant. inf. tom.* 1. *pag.* 126. *n°.* 147.

Phalæna Bombyx Salicis *elinguis, alis deflexis albis, pedibus nigris albo annulatis.* LIN. *Syst. nat. pag.* 822. *n°.* 46. — *Faun. suec. n°.* 1129.

Phalæna pectinicornis elinguis, alis deflexis albis, pedum annulis, antennisque nigris. GEOFF. *Inf. tom.* 2. *pag.* 116. *n°.* 19.

L'Apparent. GEOFF. *Ib.*

Phalène à antennes noires à barbes, sans trompe; très-blanches, à jambes picotées de noir. DEG. *Mém. tom.* 1. *pag.* 696. *pl.* 11. *fig.* 13. & 14.

Phalène *apparente*, à antennes barbues noires sans trompe, à ailes en toit à vive arrête blanches, dont les pattes sont tachetées de noir. DEG. *Mém. tom.* 2. *pag.* 301. *n°.* 2.

Phalæna

Phalæna Salicis. SCOP. *Entom. carn. n°.* 495.
GOED. *Inf.* 1. *tab.* 3.
LIST. GOED. *fig.* 87.
BLANK. *Inf tab.* 8. *fig. A-D.*
MERIAN. *Europ. tab.* 30.
ALBIN. *Inf. tab.* 84. *fig. A—D.*
FRISCH. *inf.* 1 *tab.* 4.
REAUM. *Mém. inf. tom.* 1. *pag.* 507. *pl.* 34. *fig.* 1—6.
ROES. *Inf. tom.* 1. *class.* 2. *Pap. noct. tab.* 9. *fig* 1-8.
WILK. *Inf. tab.* 44.
Phalæna Bombyx Salicis, Wienn. Verz. pag. 52. *n°.* 2.
Phalæna Salicis. FOURC. *Entom. par. pars.* 2. *pag.* 263. *n°.* 19.

L'apparent. ERNST. *Pap. d'Europ. tom.* 4. *pag.* 91. *pl.* 135, *n°.* 181.

Il a ordinairement depuis un pouce & demi jusqu'à deux pouces de largeur, lorsque les ailes sont étendues. Les antennes sont pectinées; leur tige est blanche, & les filets latéreaux sont roussâtres. Tout le corps est couvert d'un duvet cotonneux, blanc. Les ailes sont blanches, luisantes, sans taches. Les cuisses sont blanches. Les jambes & les tarses sont blancs, avec des anneaux noirs. La femelle aussi-tôt après son accouplement, pond ses œufs sur les feuilles de Saule ou de Peuplier, & les recouvre d'une matière blanchâtre, écumeuse, qui devient friable en séchant. Ces œufs éclosent au bout de douze à quinze jours.

Il se trouve dans toute l'Europe.

Les chenilles se nourrissent des feuilles des différentes espèces de Saule & de Peuplier. Elles éclossent au mois de Juillet ou au commencement d'Août, & se nourrissent alors des feuilles les plus tendres. Aux approches du froid, & avant même la chûte des feuilles, elles se cachent sous l'écorce de quelques arbres, sous des broussailles, ou dans quelque trou, & s'y enveloppent d'une petite toile pour passer l'hiver à l'abri des injures du temps. Elles en sortent dès que les premieres chaleurs du printemps les ont ranimées, pour se répandre sur les feuilles & les jeunes pousses. Elles sont noirâtres, un peu velues, avec une suite de taches blanches sur le dos, & quatre petites taches rouges sur chaque anneau. Parvenues à toute leur grosseur, vers le commencement de Juin, elles filent une coque mince, entre des feuilles d'arbres ou dans les gerçures de l'écorce, dans lesquelles elles se changent en chrysalide & d'où elles sortent sous la forme d'insecte parfait, au bout de quinze ou vingt jours.

194. BOMBIX tout blanc.

Bombyx Regina.

Bombyx alis deflexis argenteis immaculatis, antennis nigris.
Phalæna Regina. CRAM. *Pap. exot. tom.* 3. *pag.* 142. *pl.* 272. *fig. A.*

Il varie pour la grandeur. Il a ordinairement depuis un pouce & trois quarts jusqu'à deux pouces & un quart de largeur, lorsque les ailes sont étendues. Les antennes sont noires & pectinées. Le corps est blanc. Les ailes sont d'un blanc argenté, sans taches en dessus, & d'un blanc mat en dessous.

Il se trouve à Surinam.

195. BOMBIX chrysorrhée.

Bombyx chrysorrhæa.

Bombyx alis deflexis niveis, ano barbato ferrugineo. FAB. *Syst. entom. pag.* 577. *n°,* 74. — *Spec. inf. tom.* 2. *pag.* 193. *n°.* 102. — *Mant. inf. tom.* 2. *pag.* 125. *n°.* 144.
Phalæna Bombyx chrysorrhœa *elinguis, alis deflexis albidis abdomine apice barbato luteo.* LIN. *Syst. nat. pag.* 822. *n°.* 45. —— *Faun. suec. n°.* 1128.
Phalæna pectinicornis elinguis, alis deflexis albis, fœmina ano piloso ferrugineo. GEOFF. *inf. tom.* 2. *pag.* 117. *n°.* 20.

La Phalène blanche à cul brun. GEOFF. *Ib.*

Phalæna chrysorrhæa. SCOP. *Entom. carn. n°.* 493.
Phalæna media, alis niveis, cauda obtusa lanugine densa fulva obsita. RAI. *inf. p.* 156. *n°.* 1.
MERIAN. *Europ. tab.* 20.
REAUM. *Mém. inf. tom.* 1. *pag.* 186. *pl.* 6. *fig.* 1—10. *id. tom.* 2. *pag.* 98. *pl.* 5. *fig.* 4—12. & *pag.* 122. *pl.* 6. *fig.* 1—5. & *pl.* 7. *fig* 1. 2.
ROES. *Inf. tom.* 1. *class.* 2. *Pap. noct. tab.* 22. *fig.* 1—5.
WILKES. *inf. pag.* 28. *tab.* 59.
SCHÆFF. *Icon. inf. tab.* 131. *fig.* 1 & 2.
Phalæna Bombyx chrysorrhæa. Wienn. Verz. pag. 52. *n°.* 3.
Phalæna chrysorrhæa. FOURC. *Entom. par. pars.* 2. *pag.* 263. *n°.* 20.

La Phalène blanche à cul brun. ERNST. *Pap. d'Europ. tom.* 4. *pag.* 95. *pl.* 135. *n°.* 182.

Il a ordinairement depuis un pouce & quart jusqu'à un pouce & demi de largeur lorsque les ailes sont étendues. Les antennes sont pectinées, blanches à leur tige, avec les filets latéraux roussâtres. La tête, le corcelet & le dessous du corps sont couverts d'un duvet blanc, cotonneux. Le dessus de l'adbomen est brun, & l'extrémité est couverte de poils fins très serrés, ferrugineux. Les ailes sont blanches, ordinairement sans taches, ou rarement avec deux ou trois points noirs, très petits sur celles des mâles. Le dessous des ailes est entièrement blanc dans les femelles, mais le bord antérieur des supérieures est brun dans la plupart des mâles.

La femelle porte à l'extrémité du ventre une quantité considérable de poils qui se détachent peu-à-peu lorsqu'elle fait sa ponte & qui recouvrent les œufs à mesure qu'ils sont pondus. Ces œufs éclosent au bout de deux ou trois semaines, c'est-à-dire, vers la fin du mois d'Août, & les jeunes chenilles se nourrissent des feuilles tendres, vivent en société & passent l'hiver dans une espèce d'engourdissement sous une toile blanchâtre, assez forte, qu'elles ont filée en commun.

Il se trouve dans toute l'Europe. Il est très commun aux environs de Paris.

La chenille vit indifféremment sur tous les arbres fruitiers, & sur presque tous les autres arbres : on la trouve aussi fréquemment dans les forêts que dans les jardins. Elle vit en société sous une toile filée en commun, jusqu'à la dernière mue, après quoi chacune vit isolée. Elle est velue, noirâtre, avec une double raie longitudinale, rouge, sur le dos, & une autre blanche de chaque côté, interrompue à chaque anneau. Parvennue à toute sa grosseur vers le commencement de Juillet, elle file une coque mince entre des feuilles & s'y change en chrysalide. L'insecte parfait se montre au bout de dix-huit à vingt jours.

196. BOMBIX cul-doré.

BOMBYX auriflua.

Bombyx alis deflexis albis : anticis subtus costa fusca, ano barbato luteo. FAB. *Mant. inf. tom.* 2. *pag.* 125. *n°.* 145.

REAUM. *Mém. tom.* 1. *pag.* 305. *pl.* 16. *fig.* 8—11.

ROES. *Inf. tom.* 1. *class.* 2. *pap. noct. tab.* 21. *fig.* 1—6.

Phalæna Bombyx auriflua. *Wienn. Verz. pag.* 52. *n°.* 4.

Phalène blanche à cul jaune. ERNST. *Pap. d'Europ. tom.* 4. *pag.* 100. *pl.* 136. *n°.* 183.

Il ressemble entièrement au précédent, pour la forme, la grandeur & les couleurs. Ce qui le distingue le plus, ce sont les poils de l'extrémité de l'abdomen qui sont d'un beau jaune fauve dans cette espèce : de plus les ailes supérieures du mâle ont, en dessous, leur bord supérieur d'un brun plus foncé que celui de l'espèce précédente, & le dessus a quelquefois une tache obscure à l'angle interne.

Il se trouve en Europe. Il n'est pas si commun que le précédent aux environs de Paris.

La chenille vit sur le Poirier, le Pommier, l'Aubépine & sur presque tous les arbres fruitiers. Elle est noire, avec quatre lignes longitudinales, rouges, dont deux rapprochées, sur le dos, & une de chaque côté, sous les stigmates. On voit aussi une rangée longitudinale, blanche, de chaque côté du corps. elle sort de l'œuf en automne, & passe l'hiver dans les fentes, les rides & les crevasses de l'écorce des arbres, après s'y être enveloppée d'un tissu de soie gris brun & assez serré. Dès que les boutons des arbres commencent à s'ouvrir au printemps, elle sort de sa retraite & les ronge. Parvenue à toute sa grosseur au commencement de Juin, elle file une coque mince, entre des feuilles, s'y change en chrysalide, & en sort, trois semaines après, sous la forme d'insecte parfait.

197. BOMBIX bicolor.

BOMBYX bicolora.

Bombyx alis deflexis albis : macula magna lutea nigro notata. FAB. *Mant. inf. tom.* 2. *pag.* 126. *n°.* 146.

Naturf. 12. *tab.* 2. *fig.* 9. & 10.

Phalæna Bombyx bicoloria. *Wienn. Verz. pag.* 49. *n°.* 3.

Le bicolor. ERNST. *Pap. d'Europ. pag.* 59. *pl.* 126. *n°.* 170.

Il est de la grandeur des deux précédents. Les antennes sont pectinées : leur tige est blanche & les filets latéraux sont jaunes. Tout le corps est blanc & sans taches. Les ailes supérieures sont blanches, avec une tache jaune, vers le bord interne, sur laquelle on remarque un ou deux traits noirs. On voit aussi quelquefois une petite tache jaune, vers le milieu de l'aile, pareillement marquée d'un trait noir. Il y a vers le bord postérieur une rangée de points noirs, très petits, & plus ou moins marqués. Les ailes inférieures sont blanches & sans taches. Le dessous des quatre ailes est blanc.

Il se trouve en Allemagne.

La chenille se nourrit des feuilles du Bouleau. Elle est d'un vert foncé, avec des tubercules blancs qui donnent naissance à des faisceaux de poils blancs, assez longs.

198. BOMBIX Cassini

BOMBYX Cassinia.

Bombyx alis deflexis griseis, lineolis abbreviatis nigris sparsis. FAB. *Mant. inf. tom.* 2. *pag.* 126. *n°.* 148.

ROES. *Inf. tom.* 3. *class.* 2. *Pap. noct. tab.* 40. *fig.* 1—5.

ESPER. *Inf.* 3. *tab.* 49. *fig.* 1—3.

Phalæna Bombyx Cassinia. Wienn. Verz. pag. 61. *n°.* 1.

La Cassini. Ernst. *Pap. d'Europ. tom. 5. pag. 87. pl. 194. n°. 255.*

Il a depuis un pouce & demi jusqu'à un pouce & trois quarts de largeur lorsque les ailes sont étendues. Les antennes du mâle sont pectinées, & celles de la femelle sont simplement sétacées. Le corcelet est d'un gris cendré, avec une ligne sur la partie supérieure, & une autre de chaque côté, noires. Les ailes supérieures sont d'un gris cendré, plus ou moins obscur, avec plusieurs petites lignes longitudinales, noires. Vers le bord postérieur on apperçoit une raie transversale, anguleuse, d'une couleur plus claire que le fond, mais peu marquée. Les ailes inférieures sont d'un gris clair un peu roussâtre. Le dessous des quatre ailes est grisâtre, avec une petite tache au milieu un peu obscure.

Il se trouve en Allemagne.

La chenille vit sur le Tilleul. Elle est rase, d'un verd bleuâtre sur le dos, & d'un verd jaunâtre sur les côtés, avec deux lignes longitudinales, jaunes, de chaque côté, & une cinquième d'un jaune pâle ou blanchâtre sur le dos. Parvenue à toute sa grosseur au mois de Mai ou de Juin, elle file une coque & se change en chrysalide. L'insecte parfait se montre ordinairement au mois d'Octobre.

199 Bombix centroligne.

Bombyx centrolinea.

Bombyx alis deflexis, cinereo fuscoque nebulosis: lineola centrali alba atra innata. Fab. *Mant. inf. tom. 2. pag. 126. n°. 149.*

Il est grand & il ressemble au précédent pour la forme. Les antennes sont ferrugineuses. Le corps est velu. Le corcelet est gris, & l'abdomen obscur. Les ailes supérieures sont mélangées de couleur cendrée & noirâtre, avec quelques raies ondées, noires. Vers le milieu on apperçoit une petite ligne courte, blanche, bordée de noir de chaque côté. Le dessous est gris, avec le centre obscur. Les ailes inférieures sont obscures en dessus, blanchâtres en dessous, avec une tache obscure au milieu.

Il se trouve en Autriche.

200 Bombix de l'Aubépine.

Bombyx Cratægi.

Bombyx alis deflexis rotundatis cinereis: fascia obscuriore, ano barbato. Fab. *Spec. inf. tom. 2. pag. 194. n°. 104.—Mant. inf. tom. 2. pag. 126. n°. 150.*

Phalæna Bombyx Cratægi *elinguis, alis deflexis cinereis rotundatis: fascia obscuriore, ano barbato.* Lin. *Syst. nat. pag. 823. n°. 48.—Faun. suec. n°. 1126.*

Phalène à antennes à barbes, sans trompe; d'un brun grisâtre, à large bande obscure sur les ailes supérieures. Deg. *Mém. tom. 1. pag. 696. pl. 11. fig. 18—21.—id. pag. 193.*

Phalène *queue fourchue* à antennes barbues, sans trompe, à ailes un peu débordées d'un gris cendré avec une large bande transverse obscure sur les supérieures. Deg. *Mém. tom. 2. pag. 300. n°. 3.*

Reaum. *Mém. inf. tom. 1. pag. 585. pl. 44. fig. 5—11.*

Schæff. *Icon. inf. tab. 183. fig. 3. 4.*

Esper. *Inf. tom. 3. pag. 233. tab. 45. fig. 1—6.*

Phalæna Bombyx Cratægi. Wienn. Verz. pag 58. n°. 8.

La queue fourchue. Ernst. *Pap. d'Europ. tom. 5. pag. 34. pl. 182. n°. 235.*

Nous soupçonnons que ce Bombix devroit être placé dans la seconde famille. Il a environ un pouce & demi de largeur lorsque les ailes sont étendues. Les antennes sont un peu pectinées. Tout le corps est d'un gris un peu brun. Les ailes supérieures sont d'un gris brun, plus ou moins clair, avec une large bande obscure vers le milieu, & une raie ondée, de la même couleur, vers le bord postérieur. Les inférieures sont d'un gris cendré. Les quatre ailes en dessous sont d'un gris brun, avec une petite bande moitié obscure, moitié pâle. L'abdomen est terminé par des poils qui, dans le mâle, forment une espèce de fourche.

Il se trouve en Europe.

La chenille vit sur l'Aubépine, le Pommier, le Chêne, le Saule &c. Elle est noire, velue, avec quatre tubercules jaunes ou rougeâtres & une bande jaunâtre, sur chaque anneau, & une suite de taches blanchâtres de chaque côté du corps. Reaumur rapporte, dans le plus grand détail, la manière tout-à-fait singulière dont cette chenille s'y prend pour construire sa coque. Parvenue à toute sa grosseur vers le mois de Juin, elle se fait, sur l'arbre qui la nourrit, une coque de soie dont le tissu est peu serré. Quand cette coque est avancée à un certain point, la chenille va chercher de la terre; elle en porte à différentes reprises dans sa coque & en fait une petite provision; après quoi elle acheve de fermer sa coque de soie. Elle prend ensuite quelques parcelles de la terre qu'elle a mise en provision; elle les humecte avec une eau que sa bouche fournit; elle applique cette terre ramollie contre les parois intérieures du grillage de soie. La terre délayée à la consistance d'une boue très liquide, passe au travers du réseau de soie contre lequel elle est pressée; elle arrive sur la surface extérieure, elle s'y étend & y prend un assez beau poli en séchant peu-à-peu. Ce travail achevé, la chenille se change en chrysalide, & en sort à la fin d'Août, ou dans le courant de Septembre, sous la forme d'insecte parfait.

201 BOMBIX Eridan.

BOMBYX Eridanus.

Bombyx alis deflexis niveà, abdomine fulvo annulato. FAB. *Spec. inf. tom.* 2. *pag.* 194. *n°.* 105.— *Mant. inf. tom.* 2. *pag.* 126. *n°.* 151.

Phalæna Eridanus. CRAM. *Pap. exot. tom.* 1. *pag.* 107. *pl.* 68. *fig. G.*

Il a environ deux pouces & demi de largeur, lorsque les ailes sont étendues. Les antennes sont noires & sétacées. Tout le corps est blanc, avec des bandes jaunes sur l'abdomen. Les quatre ailes sont blanches & sans taches tant en dessus qu'en dessous.

Il se trouve à Surinam.

Nota. Cramer a placé cet insecte parmi les Phalènes Hiboux. (*Noctuæ.*)

202 BOMBIX tibial.

BOMBYX tibialis.

Bombyx alis deflexis niveis, tibiis anticis flavescentibus nigro punctatis. FAB. *Syst. entom. pag.* 578. *no.* 76.—*Spec. inf. tom.* 2. *pag.* 194. *no.* 106.— *Mant. inf. tom.* 2. *pag.* 126. *no.* 152.

Il ressemble au Bombix du Saule. Les antennes sont simples & noirâtres. Le corps & les ailes sont d'un blanc de neige, sans taches. Les pattes sont blanches, avec les tarses noirâtres. Les cuisses des pattes de devant sont obscures à leur partie antérieure, & les jambes sont jaunâtres, avec quatre points noirs.

Il se trouve dans la Nouvelle-Hollande.

203 BOMBIX nitidule.

BOMBYX nitidula.

Bombyx alis deflexis niveis: anticis maculis duabus costalibus fascia que marginali glaucis nitidulis. FAB. *Mant. inf. tom.* 2. *pag.* 126. *n°.* 153.

Il est de grandeur moyenne. Les antennes sont filiformes, simples & jaunâtres. Le corps est d'un blanc de neige, sans taches. Les ailes supérieures sont blanches, avec deux taches sur le bord antérieur, d'une couleur glauque foncée luisante, dont l'une antérieure est oblongue. On voit une large bande de la même couleur vers le bord postérieur, & ce bord est blanc, avec des points bleuâtres. Les inférieures sont blanches, avec leur extrémité obscure.

Il se trouve sur la côte de Coromandel.

204. BOMBIX porte-plume

BOMBYX plumigera.

Bombyx alis deflexis subferrugineis, striga flavescente, antennis maris pectinatis. FAB. *Mant. inf. tom.* 2. *pag.* 127. *no.* 154.

ESPER. *inf. tom.* 3. *tab.* 50. *fig.* 6. 7.

Naturf. 3. *pag.* 3. *tab.* 1 *fig.* 2.

Phalæna Bombyx plumigera. Wienn. Verz. pag. 61. *no.* 2.

Le porte-plume. ERNST. *Pap. d'Europ. tom.* 5. *pag.* 93. *pl.* 195. *n°.* 257.

Il a près d'un pouce & demi de largeur, lorsque les ailes sont étendues. Les antennes du mâle sont très-pectinées; elles ont les filets latéraux plus longs que dans les autres espèces. Le corps est velu & ferrugineux. L'abdomen est jaunâtre. Les ailes supérieures sont d'un brun ferrugineux ou d'un jaune brun, avec quelques raies obscures & quelques nuances plus claires. Les ailes inférieures sont d'un gris un peu jaunâtre, avec la frange du bord postérieur ferrugineuse.

Il se trouve en Allemagne.

La chenille se nourrit sur l'Erable. Elle est verte & marquée de différentes raies, les unes plus sombres, les autres plus claires que le fond.

205. BOMBIX effacé.

BOMBYX obsoleta.

Bombyx alis deflexis, albidis: costa palpisque ferrugineis. FAB. *Syst. entom. pag.* 579. *n°.* 77. — *Spec. inf. tom.* 2. *pag.* 194. *no.* 107. —— *Mant. inf. tom.* 2. *pag.* 127. *n°.* 155.

Il est à peu près de la grandeur des précédents. Les antennes sont pectinées, avec la tige blanche & les filets latéraux noirs. Les antennes sont grandes comprimées & ferrugineuses. Le corcelet est blanc & velu. L'abdomen est cendré. Les quatre ailes sont blanches, avec le bord antérieur des supérieures ferrugineux.

Il se trouve dans la Nouvelle-Hollande.

206. BOMBIX Coronis.

BOMBYX Coronis.

Bombyx alis deflexis: anticis cinereis, posticis niveis. FAB. *Syst. entom. pag.* 579. *no.* 78. — *Spec. inf. tom.* 2. *pag.* 194. *n°.* 108. — *Mant. inf. tom.* 2 *pag.* 127. *no.* 156.

Les antennes sont pectinées. La tête & le corcelet sont cendrés, & la bouche est presque couleur de sang. L'abdomen est d'un blanc de neige. Les ailes supérieures sont cendrées, avec le bord extérieur couleur de sang. Les inférieures sont d'un blanc de neige, avec une raie obscure vers le bord postérieur.

Il se trouve dans la Nouvelle-Hollande.

207. BOMBIX agréable.

BOMBYX festiva.

Bombyx alis deflexis, flavescentibus: basi cæruleo-maculatis, apice nigro punctatis. FAB. *Syst. entom. pag. 579. no. 79.*—*Spec. inf. tom. 2. pag. 194. no. 109.*—*Mant. inf. tom. 2. pag. 127 no. 157.*

Les antennes sont noires & filiformes. Le corcelet est jaunâtre, avec trois lignes longitudinales, bleuâtres. Les ailes sont jaunes, & elles ont deux taches longitudinales à la base, une bande bleue, bifide au milieu, ensuite une raie blanchâtre, & enfin trois lignes formées par des points blancs, à l'extrémité. Les inférieures sont obscures.

Il se trouve en Amérique.

208. BOMBIX Dryas.

BOMBYX Dryas.

Bombyx alis deflexis fuscis, abdomine fulvo, punctis anoque nigris. FAB. *Spec. inf. tom. 2. pag. 194. no. 110.*—*Mant. inf. tom. 2. pag. 127. no. 158.*

Phalæna Dryas. CRAM. *Pap. exot. tom. 1. pag. 110. pl. 70. fig. C.*

Il a un peu moins de deux pouces de largeur, lorsque les ailes sont étendues. Les antennes sont noirâtres & un peu pectinées. Le corcelet est brun. L'abdomen est jaune, avec deux rangées longitudinales de points noirs & l'extrémité noire. Les ailes supérieures sont brunes, avec de petits points jaunâtres, peu marqués, sur les principales nervures. Les inférieures sont bleues à leur base & brunes à leur extrémité. Le dessous des quatre ailes est à-peu-près semblable au-dessus; mais on n'y voit point les petits points jaunâtres dont le dessus des supérieures est marqué.

Il se trouve à Surinam.

209. BOMBIX blanc de neige.

BOMBYX nivea.

Bombyx alis deflexis niveis; posticis maculis tribus fuscis.

Phalæna nivea. CRAM. *Pap. exot. tom. 4. pag. 65. pl. 321. fig. B.*

Il a environ deux pouces & un quart de largeur, lorsque les ailes sont étendues. Les antennes sont pectinées. Le corps est blanc & velu. Les ailes sont blanches, & on apperçoit trois petites taches brunes, vers l'angle interne. Le dessous des quatre ailes est blanc & sans taches.

Il se trouve à Surinam.

210 BOMBIX Nétrix.

BOMBYX Netrix.

Bombyx alis deflexis albis; anticis fasciis tribus margineque postico luteis.

Phalæna Netrix. CRAM. *Pap. exot, tom. 4. pag. 35. pl. 307, fig. B.*

Il a près de deux pouces de largeur, lorsque les ailes sont étendues. Les antennes sont jaunes & pectinées. Le corps & les pattes sont jaunes. Les ailes supérieures sont blanches, avec trois larges bandes & le bord postérieur jaunes. Les inférieures sont blanches, avec une petite bande jaune vers le milieu. Le dessous des quatre ailes est à-peu-près semblable au dessus.

Il se trouve à Surinam.

211. BOMBIX diaphane.

BOMBYX diaphana.

Bombyx alis deflexis albis, pellucidis, immaculatis.

Phalæna diaphana. CRAM. *Pap. exot. tom. 4. pag. 135. pl. 360. fig. A.*

Il n'a guères plus d'un pouce & demi de largeur, lorsque les ailes sont étendues. Les antennes sont brunes & pectinées. Le corps est blanchâtre. Les quatre ailes sont blanches, transparentes, sans taches: elles sont couvertes d'un duvet court, fin, en forme de poils, au lieu d'écailles.

Il se trouve à Cayenne, à Surinam.

212. BOMBIX Albine.

BOMBYX Albina.

Bombyx alis deflexis pallide luteis, anticis macula nigra; posticis immaculatis.

Phalæna Albina. CRAM. *Pap. tom. 4. pag. 234. pl. 398. fig. E.*

Il a depuis un pouce & trois quarts jusqu'à deux pouces de largeur, lorsque les ailes sont étendues. Les antennes sont pectinées. Le corcelet & le dessous du corps sont blanchâtres. L'abdomen est jaune en dessus. Les ailes sont d'un blanc un peu jaune, avec une tache ovale au milieu des supérieures. Le dessous des ailes est semblable au dessus.

Il se trouve au Japon.

213. BOMBIX ensanglanté.

Bombyx russula.

Bombyx alis deflexis luteis : margine sanguineo lunulaque fusca, posticis subtus immaculatis. Fab. *Syst. entom. pag.* 579. no. 80. — *Spec. ins. tom.* 2. *pag.* 194. no. 111. — *Mant. ins. tom.* 2. *pag.* 127. no. 159.

Phalæna Bombyx russula *spirilinguis ; alis deflexis luteis, margine sanguineo lunulaque fusca : inferioribus subtus immaculatis.* Lin. *Syst. nat. pag.* 830. no. 71.

Phalæna Bombyx Sannio. Lin. *Faun. suec, ed.* 2. no. 1135.

Phalæna Noctua russula *spirilinguis lævis, alis fulvis rubro venosis, maculaque ferruginea, inferioribus nigro variegatis.* Lin. *Faun. suec. ed.* 2. no. 1156.

Phalæna pectinicornis spirilinguis, alis deflexis pallido-luteis limbo roseo, superioribus macula, inferioribus fascia duplici rosea. Geoff. *Ins. tom.* 2. *pag.* 129. no. 39.

La bordure ensanglantée. Geoff. *Ib.*

Phalæna Sannio. Scop. *Entom. carn.* no. 520.

Phalæna minor corpore crasso e fusco & rubro diversicolore, alis exterioribus obscure rufis seu pullis, duabus maculis nigris notatis, inferioribus e pullo & rubro variis. Rai. *ins. p.* 228. no. 75.

Robert. *Icon. tab.* 30. *fig.* 1.

Clerck. *Icon. tab.* 4. *fig.* 1

Schæff. *Icon. ins. tab.* 83. *fig.* 4. 5.

Kleeman. *Ins. tom.* 1. *tab.* 20.

Phalæna Bombyx russula. Wienn. Verz. pag. 54. no. 13.

Phalæna vulpinaria. Fourc. *Entom. par. pars* 2. *pag.* 272. no. 46.

L'écaille à bordure ensanglantée. Ernst. *Pap. d'Europ. tom.* 4. *pag.* 153. *pl.* 155. no. 201.

Ce *Bombix* a environ un pouce & demi de largeur, lorsque les ailes sont étendues. Les antennes sont roussâtres & un peu pectinées. La tête & le corcelet sont jaunes. L'abdomen est d'un gris un peu jaunâtre. Les ailes supérieures sont d'un jaune pâle & légèrement bordées de rouge. La bordure rouge du bord intérieur est beaucoup plus large que celle de la partie antérieure & postérieure. On voit au milieu de l'aile une tache moitié noirâtre & moitié rougeâtre. Les ailes inférieures sont d'un gris un peu jaunâtre, avec une tache obscure au milieu, une bande noirâtre vers le bord postérieur, & ce bord rouge. Le dessous des ailes supérieures est mélangé de jaune, de noirâtre & de brun, avec une tache noire vers le milieu & les bords rouges. Les inférieures sont d'un jaune clair sans taches.

On trouve une variété, dont la tête & le corcelet sont d'un jaune ferrugineux ; les ailes supérieures d'un jaune orangé ou ferrugineux, avec une tache brune au milieu & les bords rougeâtres. Les inférieures sont noires à leur base, ensuite d'un jaune ferrugineux, avec une tache noire au milieu & une bande noire, formée par une suite de taches, vers le bord postérieur ; ce bord est rougeâtre. Le dessous des quatre ailes est d'un jaune fauve, avec des nuances obscures & une tache noire, vers le milieu de chaque aile. L'abdomen est d'un jaune ferrugineux avec des bandes noires.

Il se trouve dans toute l'Europe. La variété est rare aux environs de Paris, elle est plus commune en Allemagne.

La chenille se nourrit sur la Scabieuse, la Laitue, le Plantain, elle est velue : son corps est d'un brun foncé noirâtre, avec une ligne longitudinale, pâle, sur le dos, entremêlée de points rouges, & une autre ligne formée par une suite de points blancs, de chaque côté du ventre. Elle file une coque d'un tissu peu serré, dans laquelle elle se change en chrysalide & d'où l'insecte parfait sort au bout de douze ou quinze jours.

214 Bombix carmin.

Bombyx Jacobeæ.

Bombyx alis deflexis fuscis, anticis linea punctisque duobus rubris, posticis rubris nigro marginatis.

Bombyx alis deflexis incumbentibus fuscis, linea punctisque duobus rubris, posticis, rubris nigro marginatis. Fab. *Syst. entom. pag.* 588. no. 113. — *Spec. ins. tom.* 2. *pag.* 195. no. 112. —. *Mant. ins. tom.* 2. *pag.* 127. no. 160.

Phalæna Noctua Jacobeæ *spirilinguis lævis, alis fuscis : linea punctisque duobus rubris, inferioribus rubris nigro marginatis.* Lin. *Syst. nat. pag.* 839. no. 111. *Faun. suec.* no. 1155.

Phalæna seticornis spirilinguis, alis superioribus fuscis, linea punctisque duobus rubris, inferioribus rubris. Geoff. *Ins. tom.* 2. *pag.* 146. no. 75.

La Phalène carmin du Seneçon. Geoff. *Ib.*

Phalæna Jacobeæ. Scop. *Entom. carn.* no. 511.

Phalæna media, alis exterioribus colore nigro & sanguineo variis, extimo duntaxat margine nigro. Rai. *Ins. pag.* 168. no. 26.

Phalæna umbrica, linea maculisque sanguineis. Petiv. Gazop. *pag.* 52. *tab.* 33. *fig.* 6.

Mouff. *Theat. ins. pag.* 97. *fig.* 6. 7.

Jonston. *Ins. tab.* 6. *ord.* 3.

Robert. *Icon. tab.* 20.

Blanch. *Ins. tab.* 1. *fig.* G. K.

Merian. *Europ. tab.* 129.

Goed. *Ins.* 1. *tab.* 9.

List. Goed. *tab.* 54.

Albin. *Ins. tab.* 34. *fig.* G. H.

Reaum. *Ins. tom.* 1. *pl.* 16. *fig.* 1—7.

Roes. *Ins. tom.* 1. *class.* 2 *Pap. noct.* 49. *fig.* 1—6.

Harris. *Aurel. tab.* 4.

Wilk. *Pap.* 16. *tab.*
Ammiral. *Inf. tab.* 3.
Edward. *Av. tab.* 271.
Esper. *Pap. Europ.* 4. *p.* 87. *tab.* 91. *noct.* 12. *fig.* 6—8.
Schæff. *Elem. inf. tab.* 98. *fig.* 3. — *Icon inf. tab.* 47. *fig.* 2. 3.
Poda. *Muf. græcum. pag.* 89.
Phalæna Jacobeæ. Wienn. Verz. pag. 68. *no.* 12.

Le Carmin. Ernst. *Pap. d'Europ. tom.* 6. *pag.* 54. *pl.* 222. *no.* 312.

Il a environ un pouce de largeur, lorfque les ailes font étendues. Les antennes font noires & filiformes. Tout le corps eft très-noir. Les ailes fupérieures font d'un noir mat, peu foncé, avec une raie longitudinale, rouge, tout près du bord antérieur; une autre plus petite & plus courte, le long du bord intérieur; & deux taches de la même couleur au bord poftérieur. Les ailes inférieures font rouges & bordées de noir, le deffous des ailes eft femblable au deffus.

Il fe trouve fréquemment dans toute l'Europe.

La chenille vit fur les différentes efpèces de Seneçons, mais plus particulièrement fur la Jacobée, *fenecio Jacobea.* Lin. Elle eft très-peu velue, noire, avec une bande jaune fur chaque anneau. Elle file une coque de foie très-lache, dans laquelle elle fe change en chryfalide.

215. Bombix Chouette.

Bombyx grammica.

Bombyx alis deflexis luteis : anticis flavis nigro ftriatis, pofticis fafcia terminali nigra. Fab. *Syft. entom. pag.* 579. *no.* 81. — *Spec inf. tom.* 2 *pag.* 196. *no.* 113. — *Mant. inf. tom.* 2. *pag.* 127. *no.* 161.
Phalæna Bombyx grammica *fpirilinguis, alis deflexis luteis : fuperioribus flavis nigro lineatis ; inferioribus fafcia terminali nigra.* Lin. *Syft. nat. pag.* 831. *no.* 75. — *Faun. fuec. no.* 1134. — *amœn. academ. tom.* 5. *tab.* 3. *fig.* 31.
Phalæna pectinicornis elinguis, alis deflexis : fuperioribus fafciis pallido-flavis nigrifque alternis longitudinalibus, inferioribus croceis fafcia marginali nigra. Geoff. *inf. tom.* 2. *pag.* 115. *no.* 17.

La Phalène Chouette. Geoff. *Ib.*

Raj. *Inf. pag.* 169. *no.* 28. & *pag.* 280. *no.* 13.
Merian. *Europ. tab.* 15.
Roes. *Inf. tom.* 4. *tab.* 21. *fig. A. B. C. D.*
Schæff. *Icon. inf. tab.* 92. *fig.* 2.
Phalæna Bombyx grammica. Wienn. Verz. pag. 54. *no.* 12.
Phalæna palladia. Fourc. *entom. par. pars.* 2. *pag.* 262, *no.* 17.

L'écaille Chouette. Ernst. *Pap. d'Europ. tom.* 4. *pag.* 155. *pl.* 156. *no.* 202.

Il eft de la grandeur du précédent. Les antennes font noires & pectinées. Le corcelet eft mélangé de noir & de jaune. L'abdomen eft jaune, avec des bandes noires ou cinq rangées de points noirs. Les ailes fupérieures font jaunes, avec des lignes longitudinales, noires, très-ferrées. Les inférieures font jaunes, avec leur bord antérieur & poftérieur noir. La frange du bord poftérieur eft jaune.

Il fe trouve en Europe.

La chenille vit fur le Chêne, le Frêne, l'Auronne, le Plantain. Elle eft un peu velue, noire, avec une ligne longitudinale d'un jaune foncé fur le dos.

216 Bombix moucheté.

Bombyx purpurea.

Bombyx alis deflexis, anticis flavis fufco punctatis, pofticis rubris nigro maculatis. Fab. *Syft. entom. pag.* 580. *no.* 82. — *Spec. inf. tom.* 2. *pag.* 196. *no.* 114. — *Mant. inf. tom.* 2. *pag.* 127. *no.* 162.
Phalæna Bombyx purpurea *elinguis, alis deflexis : fuperioribus flavis fufco punctatis : inferioribus rubris nigro maculatis.* Lin. *Syft. nat. pag.* 828. *no.* 67.
Phalæna pectinicornis elinguis, alis deflexis, fuperioribus flavis, maculis fufcis; inferioribus rubris nigro maculatis. Geoff. *Inf. tom.* 2 *pag.* 105. *no.* 6.

L'écaille mouchetée. Geoff. *Ib.*

Merian. *Europ. tab.* 6.
Albin. *Inf. tab.* 22.
Roes. *Inf. tom.* 1. *claff.* 2. *Pap. noct. tab.* 10. *fig.* 1—7.
Schæff. *Icon. inf. tab.* 59. *fig.* 4. 5.
Phalæna Bombyx purpurea. *Wienn. Verz. pag.* 53. *no.* 9.
Phalæna purpurata. Fourc. *Entom. par. pars.* 2. *pag.* 259. *no.* 6.

L'écaille mouchetée. Ernst. *Pap. d'Europ. tom.* 4. *pag.* 145. *pl.* 153. *no.* 198.

Il a ordinairement depuis un pouce & trois quarts jufqu'à deux pouces de largeur, lorfque les ailes font étendues. Les antennes font jaunes & pectinées. La tête & le corcelet font jaunes & fans taches. L'abdomen eft jaune en deffus, d'un jaune rougeâtre en deffous, avec une rangée de petites taches noires fur le dos, & une fuite de points noirs de chaque côté. Les ailes fupérieures font jaunes, avec beaucoup de taches noires plus ou moins foncées. Les inférieures font rouges, avec cinq ou fix taches noires. Le bord interne & la frange du bord poftérieur sont jaunes. Le dessous des quatre ailes est d'un jaune plus ou moins rouge, avec des taches noires.

Il se trouve en Europe. Il est rare aux environs de Paris.

Les chenilles vivent sur le Groseiller, le Caillelait blanc, la Renoncule, la Renouée, le Melilot, la Benoite. Elles sont velues, & les poils qui les couvrent sont jaunâtres. Le corps est grisâtre, avec une suite de taches jaunes de chaque côté. Elles vivent en société jusqu'à la fin de l'automne, mais alors, elles se dispersent & cherchent un asyle pour passer l'hiver. Quelques-unes réunissent des feuilles mortes par le moyen de quelques fils de soie; d'autres se nichent dans des fentes, des crevasses ou sous l'écorce des arbres, dans lesquelles elles s'enveloppent d'un tissu qui les met à l'abri du froid. Elles sortent de leur retraite dès le commencement du printemps, & se jettent sur les différentes plantes dont elles font leur nourriture. Parvenues à toute leur grosseur vers la fin de Juin, elles filent une coque dans les broussailles & s'y changent en chrysalide. L'insecte parfait en sort au bout de trois semaines.

217. BOMBIX du Plantain.

BOMBYX Plantaginis.

Bombyx alis deflexis atris, rivulis albis, posticis luteis, margine maculisque nigris. FAB. *Syst. entom. pag.* 580. *no.* 83. — *Spec. inf. tom.* 2. *pag.* 196. *no.* 115. — *Mant. inf. tom.* 2. *pag.* 127. *no.* 163.

Phalæna Bombyx Plantaginis *elinguis, alis deflexis atris: rivulis flavis; inferioribus rubro maculatis.* LIN. *Syst. nat. pag.* 820. *no.* 41. *Faun. suec. no.* 1131.

Phalæna alpicola. SCOP. *Entom. carn. n°.* 507.

ROES. *Inf. tom.* 4 *pl.* 24. *fig.* 1—10.

WILKES. *Pap.* 14. *tab.* 3. A. 5.

SCHÆFF. *Icon. insect. tab.* 92. *fig.* 5. 6. 7. — *id. tab.* 136. *fig.* 1. 2.

ESPER. *Inf. tom.* 3. *tab.* 36. *fig.* 3. 4.

Phalæna Bombyx Plantaginis. *Wienn. Verz. pag.* 53. *n°.* 4.

Phalæna Bombyx hospita. *Wienn. Verz. append. pag.* 310.

L'écaille noire à bandes jaunes. ERNST. *Pap. d'Europ. tom.* 4. *pag.* 127. *pl.* 145. & *pl.* 146. *n°.* 191.

L'écaille noire à bandes blanches. ERNST. *Pap. d'Europ. tom.* 4. *pag.* 131. *pl.* 147. *n°.* 192

Il a près d'un pouce & demi de largeur, lorsque les ailes sont étendues. Les antennes sont noires, filiformes, très-peu pectinées dans le mâle. Le corcelet est noir, avec un peu de jaune à l'origine des ailes & une ligne jaune de chaque côté. L'abdomen est jaune, avec un petit point noir de chaque côté, & tout le dessus noir. Les ailes supérieures sont noires, avec des raies longitudinales & transversales, irrégulières, jaunes. Les inférieures sont jaunes, avec des raies & des taches noires. Le ventre & les ailes inférieures sont ordinairement rougeâtres dans le mâle.

Il y a une légère variété de ce *Bombix* dont les ailes inférieures sont blanches, avec des raies & des taches noires, & dont les raies des ailes supérieures sont d'un blanc un peu jaunâtre. L'auteur de l'ouvrage intitulé *Papillons d'Europe*, &c. la regarde comme une espèce distincte.

Il se trouve en Allemagne, au nord de l'Europe.

La chenille vit sur le Plantain. Elle est noire & velue; mais le quatrième, le cinquième, le sixième, le septième, le huitième & neuvième anneaux sont d'un rouge brun en dessus. Elle se roule lorsqu'on la touche ainsi que toutes les chenilles nommées *hérissonnés*. Parvenue à toute sa grosseur dans le courant du mois de Mai, elle file une coque blanche, assez lache, dans laquelle elle se change en chrysalide, & d'où l'insecte parfait sort au bout de quinze jours.

218. BOMBIX rayé.

BOMBYX vittata.

Bombyx alis deflexis atris: vittis tribus abbreviatis albis. FAB. *Mant. inf. tom.* 2. *pag.* 127. *n°.* 164.

Il a la forme du précédent. Les antennes sont noires & à peine pectinées. La tête est noire, avec un point blanc sur le front. Le corcelet est blanc, avec deux points noirs à la partie antérieure, & trois raies de la même couleur. Les ailes supérieures sont noires, avec trois raies longitudinales, blanches, qui ne descendent que jusqu'au milieu, & dont deux sont placées sur les bords. La frange du bord postérieur est blanche. Les inférieures sont noires, avec une tache rouge à leur base. Le dessous des quatre ailes est semblable au dessus.

Il se trouve en Amérique.

219. BOMBIX lugubre.

BOMBYX lugubris.

Bombyx alis deflexis flavis, rivulis punctisque atris, posticis fuscis. FAB. *Gen inf. Mant. pag.* 280. — *Spec. inf. tom.* 2. *pag.* 197. *n°.* 116. — *Mant. inf. tom.* 2. *pag.* 128, *n°.* 165.

Phalæna Pyralis sulphuralis *alis superioribus flavis: lineis duabus, punctisque quinque, fasciis duabus posticis nigris.* LIN. *Syst. nat. pag.* 881. *n°.* 333.

Tinea

Tinea alis flavis, fasciis maculisque nigris. GEOFF. *Inf. tom.* 2 *pag.* 184. *n°.* 5.

L'arlequinette jaune. GEOFF. *Ib.*

SCHÆFF. *Icon. inf. tab.* 9. *fig.* 14. 15.
Phalæna Noctua sulphurea. Wienn. Verz. pag. 93. *n°.* 6.
Tinea arlequinetta. FOURC. *Entom. par. pars.* 2. *pag.* 321. *n°.* 6.

Il a un peu moins d'un pouce de largeur, lorsque les ailes sont étendues. Les antennes sont noires & filiformes. La tête & le corcelet sont mélangés de noir & de jaune clair. L'abdomen est jaune, avec des raies noires, transversales. Le dessous du corps & les pattes sont d'un jaune grisâtre. Les ailes supérieures sont d'un jaune clair, & on remarque deux raies paralleles, longitudinales, noires, dont l'une sur le bord interne, qui descendent jusqu'au milieu de l'aile, & qui sont terminées par une raie transversale irrégulière, de la même couleur, après laquelle on en voit une autre formée par des taches contiguës. On voit encore cinq à six taches noires, vers le milieu de l'aile, du côté du bord postérieur. Les inférieures sont noirâtres, avec la frange du bord postérieur d'un jaune blanchâtre. Le dessous des supérieures est noirâtre, avec les bords mélangés de jaunâtre & de noir: les inférieures sont jaunâtres, avec des taches noirâtres.

Il se trouve en Europe: il est assez commun aux environs de Paris.

220. BOMBIX veuf.

BOMBYX vidua.

Bombyx alis deflexis fuscis: anticis cinereo, sub fasciatis posticis macula baseos fasciaque rufis. FAB. *Syst. entom. pag.* 580. *n°.* 84. — *Spec. inf. tom.* 2. *pag.* 197. *n°.* 117. —*Mant. inf. tom.* 2. *p.* 128. *n°.* 166.
Phalæna Noctua Parthenias *spirilinguis, alis deflexis fusco alboque variis; inferioribus luteis: punctis duobus nigris.* LIN. *Syst. nat. pag.* 835. *n°.* 94. — *Faun. suec. n°.* 1160. — *Iter Westrogoth. pag.* 141. *n°.* 1.
Phalæna Noctua Parthenias. *Wienn. Verz. pag.* 91. *n°.* 9.

Il a la forme du *Bombix* du Plantain; mais il est un peu plus grand. Les antennes sont un peu pectinées. Le corps est noir & sans taches en dessus & couvert d'un duvet cendré en dessous. Les ailes supérieures sont obscures en dessus, avec des bandes & des raies transversales, cendrées, sans ordre. Elles sont ferrugineuses en dessous, avec une raie au bord antérieur, obscure, assez grande, & l'extrémité obscure. Les ailes inférieures sont obscures à leur base; on y remarque ensuite une tache oblongue, ferrugineuse, au bord extérieur, une large bande ferrugineuse au milieu, & enfin le bord postérieur qui est obscur.

Il se trouve en Angleterre, en Allemagne, au nord de l'Europe.

221. BOMBIX Matrone.

BOMBYX Matronula.

Bombyx alis deflexis fuscis, externis flavo maculatis, inferioribus flavis nigro fasciatis. FAB. *Mant. inf. tom.* 2. *pag.* 128. *n°.* 167.
Phalæna Noctua Matronula *spirilinguis lævis, alis superioribus griseis: exterius flavo maculatis, inferioribus flavis nigro subfasciatis.* LIN. *Syst. nat. pag.* 835. *n°.* 92.
ROES. *Inf. tom.* 3. *class.* 2. *Pap. noct. tab.* 39. *fig.* 1. 2.
Phalæna Bombyx Matronula. Wienn. Verz. pag. 53. *n°.* 5.

La grande écaille brune. ERNST. *Pap. d'Europ. tom.* 4. *pag.* 133. *pl.* 148. & *pl.* 149. *n°.* 194.

Il a près de trois pouces de largeur, lorsque les ailes sont étendues. Les antennes sont noires & filiformes. La tête & le corcelet sont rouges, avec des taches noires plus ou moins grandes. Le corcelet est souvent noir, avec deux lignes longitudinales rouges. L'abdomen est rouge, avec une suite de taches noires, sur le dos, & une suite de points noirs, de chaque côté. Les ailes supérieures sont brunes, avec des taches jaunes tout le long de leur partie antérieure. Les inférieures sont jaunes, avec des taches noires, ou distinctes, ou réunies en forme de bandes irrégulières. Le dessous des quatre ailes est jaune, avec des taches noires.

Il se trouve au nord de l'Allemagne.

La chenille vit sur le Tilleul, l'Armoise. Elle est très-velue, d'une couleur brune, avec des tubercules rougeâtres.

222. BOMBIX Flavia.

BOMBYX Flavia.

Bombyx alis deflexis, anticis nigris rivulis flavis: posticis flavis maculis tribus nigris.
Phalæna Flavia. CRAM. *Pap. exot. tom.* 4. *pag.* 229. *pl.* 397. *fig.* O.
FUESLY. *Inf.* 2. *tab.* 1. *fig.* 11.

L'écaille jaune. ERNST. *Pap. d'Europ. tom.* 4. *pag.* 119. *pl.* 142. *n°.* 188.

Il est de la grandeur du précédent. Les antennes sont noires, filiformes, légèrement pectinées. Le corcelet est noir au milieu & rouge sur les côtés. L'abdomen est rouge en dessus, & noir à son extrémité. La poitrine est noire, avec quatre taches rouges. L'abdomen est noir en dessous, avec le milieu du ventre rouge. Les pattes sont noires. Les ailes supérieures sont d'un noir tirant sur le brun, avec quelques bandes jaunes qui se dirigent en différens sens. Les inférieures sont jaunes, avec trois taches noires, dont deux grandes & une plus petite. Le dessous des ailes est à-peu-près semblable au dessus.

Il se trouve en Sibérie.

223. BOMBIX marbré.

BOMBYX villica.

Bombyx alis deflexis atris : maculis octo albis, posticis flavis, nigro maculatis. FAB. *Syst. entom. pag.* 581. n°. 85. — *Spec. inf. tom.* 2. *pag.* 197. n°. 118. — *Mant. inf. tom.* 2. *pag.* 128. n°. 168.

Phalæna Bombyx villica *spirilinguis alis deflexis atris : maculis octo albidis, inferioribus flavis nigro-maculatis.* LIN. *Syst. nat. pag.* 820. n°. 41.

Phalæna pectinicornis elinguis, alis deflexis, superioribus atris, areis flavescentibus, inferioribus luteis nigro maculatis, abdomine rubro. GEOFF. *Inf. tom.* 2. *pag.* 106. n°. 7.

L'écaille marbrée. GEOFF. *Ib.*

Phalæna media, alis oblongis, exterioribus nigris, maculis majusculis ochroleucis illitis, interioribus luteis, maculis nigris depictis. RAJ. *Inf. pag.* 156. n°. 4.

Phalæna villica. SCOP. *Entom. carn.* n°. 504.

FRISCH. *Germ.* 10. *pag.* 3. *tab.* 2. *fig.* 1. 2.

REAUM. *Mém. tom.* 1. *pl.* 31. *fig.* 1—8.

ROES. *Inf, tom.* 4. *tab.* 28. *fig.* 2. & *tab.* 29. *fig.* 1—4.

ALBIN. *Inf. tab.* 21.

PETIV. *Gazoph. tab.* 33. *fig.* 10—12.

SCHÆFF. *Icon. inf. tab.* 130. *fig.* 1.

ESPER. *Inf. tom.* 3. *tab.* 35.

SEPP. *Nederl. inf.* 4. *tab.* 16.

Phalæna Bombyx villica. *Wienn. Verz. pag.* 53. n°. 7.

Phalæna villica. FOURC. *Entom. par. pars.* 2. *pag.* 259. n°. 7.

L'écaille marbrée. ERNST. *Pap. d'Europ. tom.* 4. *pag.* 138. *pl.* 150 *B pl.* 151. n°. 196.

Il a ordinairement depuis deux jusqu'à près de deux pouces & demi de largeur, lorsque les ailes sont étendues. Les antennes sont noires & pectinées. La tête est noire avec un peu de rouge derrière les yeux. Le corcelet est noir, avec une tache blanche à l'origine des ailes. La poitrine est rouge, avec une tache noire de chaque côté. L'abdomen est jaune en dessus, rouge sur les côtés & à l'extrémité, & obscur en dessous. Les ailes supérieures sont d'un beau noir, avec sept ou huit taches d'un blanc un peu jaune, & quelquefois deux ou trois points de la même couleur vers l'extrémité. Les ailes inférieures sont jaunes, avec quelques taches noires, & le bord postérieur noir, avec une ou deux taches jaunes. Le dessous des ailes supérieures est semblable au dessus, mais le noir y est moins foncé, & on y remarque une raie rouge, tout le long du bord antérieur. Les inférieures sont d'un jaune rougeâtre, avec les bords antérieur & postérieur rouges, & des taches noires, semblables à celles du dessus les pattes sont noires, avec un peu de rouge aux cuisses.

Il se trouve dans toute l'Europe.

La chenille vit sur la plupart des plantes potagères, sur l'Ortie, la Morgeline, *Alzine Media.* LIN. la Millefeuille &c. Elle est très velue. Son corps est noirâtre avec des taches roussâtres, & la tête & les pattes rougeâtres. Parvenue presque à son entier accroissement à la fin de l'automne, elle passe l'hiver dans une espèce d'engourdissement, cachée sous des feuilles sèches, sous l'écorce d'un arbre ou dans quelque crevasse : elle sort de cet état vers la fin de Février, prend quelque nourriture, subit sa derniere mue, file peu de temps après une coque très-spacieuse, dans laquelle elle se change en chrysalide & d'où elle sort au bout de deux à trois semaines sous la forme d'insecte parfait.

224. BOMBIX Hébé.

BOMBYX Hebe.

Bombyx alis deflexis albis nigro fasciatis, posticis sanguineis nigro maculatis. FAB. *Syst. entom. pag.* 581. n°. 86. — *Spec. inf. tom.* 2. *pag.* 197. n°. 119. — *Mant. inf. tom.* 2. *pag.* 128. n°. 169.

Phalæna Bombyx Hebe *elinguis, alis deflexis atris : fasciis albis ; inferioribus rubris : rivulis nigris.* LIN. *Syst. nat. pag.* 820. n°. 40.

Phalæna pectinicornis elinguis, alis deflexis, superioribus albis ; rivulis transversis nigris, inferioribus roseis, macula triplici nigra. GEOFF. *Inf. tom.* 2. *pag.* 109. n°. 9.

L'écaille couleur de rose. GEOFF. *ib.*

FRISCH. *Inf. tom.* 7. *tab.* 9.

ROES. *inf. tom.* 4. *tab.* 27. *fig.* 1. 2.

KLECMAN. *Inf.* 1. *tab.* 13. *fig.* 1—4.

SCHÆFF. *Icon. inf. t.* 28. *fig.* 1. 2. — *id. elem. inf. tab.* 98. *fig.* 1.

Phalæna festiva. Berlin. Magaf. tom. 2. *pag.* 416. n°. 32.

Phalæna Bombyx Hebe. *Wienn. Verz. pag.* 52. n°. 2.

Phalæna monacha. FOURC. *Entom. par. pars.* 2. *pag.* 260. n°. 9.

L'écaille rose. ERNST. *Pap. d'Europ. tom.* 4. *pag.* 120. *pl.* 143. n°. 189.

Il a ordinairement depuis un pouce & trois quarts

jusqu'à deux pouces de largeur, lorsque les ailes sont étendues. Les antennes sont noires & pectinées. Le corcelet est noir, avec une ligne transversale, rouge, à sa partie antérieure. L'abdomen est rouge de chaque côté, noir en dessus, en dessous & à l'extrémité. La poitrine est noire, avec une tache rouge à sa partie antérieure. Les pattes sont noires, avec un peu de rouge à la base des cuisses antérieures. Les ailes supérieures sont blanches, avec des bandes très-noires, dont quelques-unes réunies ou interrompues, & toutes bordées de fauve. Le bord postérieur est noir. Les inférieures sont rouges, avec le bord postérieur noir & quelques taches noires. Le dessous des quatre ailes est semblable au dessus, mais on voit un peu de rouge au bord antérieur des supérieures.

Il se trouve dans presque toute l'Europe, mais il est assez rare aux environ de Paris.

La chenille vit sur la Millefeuille, *Achillea*; sur l'Armoise, *Arthemisia*; le Titimale, *Euphorbia*. Elle est noirâtre, velue, avec un peu de brun sur les trois premiers anneaux. Elle éclot en Septembre, passe l'hiver enveloppée dans des feuilles; & parvenue à toute sa grosseur dans le mois d'avril ou de mai, elle file une coque assez solide, dans laquelle elle se change en chrysalide, & d'où l'insecte parfait sort au bout de vingt jours.

225. BOMBIX Calipso.

BOMBYX Calipso.

Bombyx alis deflexis anticis albis, fasciis maculisque nigris; posticis fulvis nigro maculatis.

Phalæna Bombyx fasciata *alis deflexis, superioribus flavescentibus, fasciis maculisque crenatis fuscis; inferioribus luteis, rubro inductis, maculis minoribus atris.* VILL. *Entom. tom. 2. pag. 152. n°. 56. tab. 5. fig. 4.*

Il ressemble au précédent pour la forme & la grandeur. Les antennes sont noires & un peu pectinées. La tête est noire, avec une ligne transversale, rouge, à sa partie postérieure. Le corcelet est noir, avec une tache blanche à l'origine des ailes. L'abdomen est rouge, avec une suite de points noirs en dessus, & l'extrémité noire. Les ailes supérieures sont blanches, avec une tache & deux ou trois points noirs à la base, trois bandes quelquefois interrompues, vers le milieu, & quatre grandes taches noires, distinctes, dont l'une à l'extrémité & une autre sur le bord postérieur. Les inférieures sont d'un jaune fauve, rougeâtre le long du bord postérieur, avec quelques points noirs & des taches transversales, noires. Le dessous des ailes est semblable au dessus. Mais on voit un peu de rouge au bord antérieur des supérieures, & le bord des inférieures est d'un rouge un peu plus vif qu'en dessus.

Il se trouve en Provence, en Languedoc, vers les mois de Mai & de Juin.

226. BOMBIX Tarquin.

BOMBYX Tarquinius.

Bombyx alis deflexis cinereis, macula media atra, linea ramum exserente alba. FAB. *Gener. inf. Mant. pag. 280. — Spec. inf. tom. 2. pag. 198. n°. 120. — Mant. inf. tom. 2. pag. 128. n°. 170.*

Phalæna Tarquinius. CRAM. *Pap. exot. tom. 1. pag. 7. pl. 4. fig.* B. C.

Il a un peu plus de trois pouces de largeur lorsque les ailes sont étendues. Les antennes sont roussâtres & pectinées. La tête & le corcelet sont noirs & sans taches. L'abdomen est d'un rouge pâle, avec une tache transversale, noire, à chaque anneau, en dessous. Les ailes supérieures sont grises, parsemées de petits points obscurs, avec une grande tache noire au milieu, presque triangulaire, entourée d'un anneau blanc, & coupée par une ligne blanche en forme de Y. On voit vers le bord postérieur une suite de taches irrégulières, obscures, peu marquées. Les inférieures sont d'un rouge pâle, avec une tache oblongue, noire au milieu, & deux bandes obscures peu marquées. Le dessous des quatre ailes est d'un rouge pâle, sans taches.

Il se trouve à Surinam.

Nota. Cramer soupçonne que ce *Bombix* est le mâle du suivant.

227 BOMBIX Tarquinie.

BOMBYX Tarquinia.

Bombyx alis deflexis; anticis nigris linea hamata inter strigas duas albas. FAB. *Gener. inf. Mant. pag. 281. — Spec. inf. tom. 2. pag. 198. n°. 121. — Mant. inf. tom. 2. pag. 128. n°. 171.*

Phalæna Tarquinia. CRAM. *Pap. exot. tom 1. pag. 6. pl. 4. fig. A.*

Ce *Bombix* est beaucoup plus grand que le précédent. Il a ordinairement plus de cinq pouces de largeur, lorsque les ailes sont étendues. Les antennes sont noires, peu pectinées & presque filiformes. La tête & le corcelet sont noirs. L'abdomen est noir, avec une bande d'un rouge pâle sur chaque anneau. Les ailes supérieures sont d'un brun noirâtre, avec une tache quarrée, d'un brun rougeâtre à la base, entourée d'une raie blanche, une autre raie blanche en forme de Y, qui parcourt une grande partie de l'aile, enfin une raie droite transversale, blanche, vers le bord postérieur. Les inférieures sont rougeâtres, avec une tache oblongue, noire au milieu, une bande obscure & le bord roussâtre. Le dessous des quatre ailes est d'un rouge pâle sans taches.

Il se trouve à Surinam.

228. BOMBIX Caja.

Bombyx Caja.

Bombyx alis deflexis fuscis, rivulis albis, posticis purpureis nigro punctatis. FAB. *Syst. entom. pag.* 581. *n°.* 87. — *Spec. inf. tom.* 2. *pag.* 198. *n°.* 122. — *Mant. inf. tom.* 2. *pag.* 128. *n°.* 172.

Phalæna Bombyx Caja *elinguis, alis deflexis fuscis: rivulis albis; inferioribus purpureis nigro punctatis.* LIN. *Syst. nat. pag.* 819. *n°.* 38. — *Faun. suec. n°.* 1131.

Phalæna pectinicornis elinguis, alis deflexis; superioribus fuscis, rivulis albis, inferioribus purpureis, punctis sex nigris. GEOFF. *Inf. tom.* 2. *pag.* 108. *n°.* 8.

L'écaille martre ou hérissonne. GEOFF. *Ib.*

Phalène à antennes à barbes, sans trompe, dont les ailes supérieures sont brunes & blanches, & les inférieures rouges à grandes taches noires. DEG. *Mém. tom.* 1. *pag.* 696. *pl.* 12. *fig.* 8. 9. — *id. pag.* 196.

Phalène *Hérissonne* à antennes barbues sans trompe; à ailes en toit arrondi, dont les supérieures sont brunes à raies irrégulières blanches, & les inférieures rouges à taches noires. DEG. *Mém. tom.* 2 *pag.*

Phalæna major alis amplis oblongis, albicante & fusco coloribus pulchrè variegatis, interioribus rutilis cum maculis nigris. RAI. *Inf. pag.* 151 *n°.* 3. — *id. pag.* 152. *n°.* 7.

Phalæna Caja. SCOP. *Entom. carn. n°.* 503.
MOUFF. THEAT. *Inf. pag.* 93. *fig.* 1.
ALDROV. *Inf. pag.* 246. *fig.* 11. 12.
GOED. *Inf.* 1. *tab.* 17.
LIST. GOED *fig.* 99.
MERIAN. *Europ. tab.* 5 & *tab.* 160.
ALBIN. *Inf. tab.* 20. *fig. C. D.*
FRISCH. *Inf.* 2. *tab.* 9. *fig.* 1. 2. 3.
REAUM. *Mém. inf. tom.* 1. *tab.* 36. *fig.* 1—7.
ROES. *Inf. tom.* 1. *class.* 2. *Pap. noct. tab.* 1. *fig* 1—8.
SEPP. *Inf.* 4. *pag.* 9. *tab.* 2. *fig.* 1—7.
WILK. *Pap.* 18. *tab.* 36.
BLANCH. *Inf. tab* 9. *fig. A. B. C.*
SULZ. *Inf. tab.* 16. *fig.* 94.
SCHÆFF. *Icon. inf. tab.* 29. *fig.* 7. 8.
Naturf. 2. *tab.* 1. *n°.* 4.
Phalæna Bombyx. Wienn. Verz. pag. 52. *n°.* 1.
Phalæna Caja. FOURC. *Entom. par. pars.* 2. *pag.* 259. *n°.* 8.

L'écaille martre. ERNST. *Pap. d'Europ. tom.* 4. *pl.* 139. *pl.* 140. *pl.* 141. & *pl.* 142. *n°.* 187.

Il a ordinairement depuis deux jusqu'à deux pouces & demi de largeur, lorsque les ailes sont étendues. Les antennes sont un peu pectinées, & leur tige est blanche. La tête & le corcelet sont d'un roux brun, avec un peu de rouge à la partie postérieure du corcelet, & une ligne transversale, de la même couleur, à la partie antérieure. La poitrine est brune avec plus ou moins de poils rouges. L'abdomen est rouge en dessus, avec une suite de taches noires, & brun en dessous, avec le bord des anneaux rouges. Les ailes supérieures sont d'un brun roussâtre, avec des raies blanches irrégulières qui se dirigent en divers sens. Les inférieures sont rouges, avec cinq ou six taches d'un noir bleuâtre. Le dessous des ailes est à-peu-près semblable au dessus, mais les couleurs y sont plus pâles.

Il se trouve dans presque toute l'Europe.

La chenille se nourrit de différentes plantes. On la trouve sur l'Ortie, la Laitue, sur l'Orme, &c. Elle est très-velue, noirâtre, avec quelques tubercules élevés bleuâtres. Les œufs éclosent vers la fin de Juillet, & les chenilles n'ont pas pris toute leur croissance à la fin de l'été. Elles passent l'hiver dans une espèce d'engourdissement, cachées entre quelques feuilles, ou dans quelques crevasses. Elles sortent de cet état au commencement du printemps, prennent de la nourriture, subissent leur dernière mue, & filent peu de temps après une coque lâche dans laquelle elles se changent en chrysalide, & d'où l'insecte parfait sort au bout de trois ou quatre semaines.

229 BOMBIX pudique.

Bombyx pudica.

Bombyx alis deflexis albis: anticis fusco maculatis, posticis immaculatis. FAB. *Mant. inf. tom.* 2 *pag.* 129. *n°.* 173.

Bombyx pudica. ESPER. *Inf. tom.* 3. *p.* 177. *tab.* 33. *fig.* 1.

L'écaille blanche à taches noires. ERNST. *Pap. d'Europ. tom.* 4. *pag.* 133. *pl.* 148. *n°.* 193.

Il a environ un pouce & demi de largeur lorsque les ailes sont étendues. La tête est d'un rouge pâle. Le corcelet est velu & jaunâtre. L'abdomen est d'un rouge pâle, avec une suite de taches noires, à la partie supérieure. Les ailes supérieures sont blanches avec plusieurs taches noirâtres. Les inférieures sont blanches, sans taches. Le dessous des quatre ailes est semblable au dessus; mais on voit deux taches obscures aux inférieures.

Il se trouve dans les provinces méridionales de la France.

230. BOMBIX chaste.

Bombyx casta.

Bombyx alis deflexis atris : fasciis duabus dentatis albis, posticis rubris : maculis marginalibus fuscis. FAB. *Mant inf. tom.* 2. *pag.* 129. *n°.* 174.

Il ressemble pour la forme & la grandeur au *Bombix tacheté.* Le corps est noir, mais on voit une bande pâle, à la partie antérieure du corcelet, & des points rouges, à la base de l'abdomen. Les ailes supérieures sont noires, avec deux bandes blanches, marquées d'une dentelure. On voit un point de la même couleur au milieu du bord antérieur, & une petite raie vers l'extrémité.

Il se trouve en Allemagne.

231. BOMBIX tacheté.

BOMBYX *maculosa.*

Bombyx alis deflexis nigro maculatis : anticis fuscis, posticis rubris. FAB. *Mant. inf. tom.* 2. *p.* 129. *n°.* 175.

ESPER. *Inf. tom.* 3. *pag.* 179. *tab.* 33. *fig.* 4. 5.

KENOCH. *Beytr.* 3. *tab.* 5. *fig.* 2.

Phalæna Bombyx maculosa. Wienn. Verz. pag. 54. *n°.* 10.

L'écaille tachetée. ERNST. *Pap. d'Europ. tom.* 4. *pag.* 148. *pl.* 154. *n°.* 199.

Il ressemble beaucoup au Bombix *moucheté*, mais il est beaucoup plus petit, & les couleurs sont un peu différentes. Il n'a gueres plus d'un pouce de largeur lorsque les ailes sont étendues. Les antennes sont brunes & pectinées. Le corcelet est d'une couleur cendrée jaunâtre, avec trois raies longitudinales, noires. L'abdomen est noir, avec un peu de rouge de chaque côté. Les ailes supérieures sont obscures & tachetées de noir. Les inférieures sont rouges & tachetées de noir. Le dessous des quatre ailes est rouge, & on y apperçoit les mêmes taches qu'à la partie supérieure.

Il se trouve à la partie méridionale de l'Allemagne.

La chenille se nourrit sur quelques espèces de Caille-lait, *Galium.*

232. BOMBIX Argé.

BOMBYX *Arge.*

Bombyx alis deflexis, anticis albis maculis plurimis oblongis nigris, posticis pallide rubris nigro maculatis.

Phalæna Arge. DRURY. *Illust. of inf. tom.* 1. *tab.* 18. *fig.* 3.

Il a environ un pouce & demi de largeur lorsque les ailes sont étendues. Les antennes sont noires & pectinées. La tête est blanchâtre. Le corcelet est blanchâtre avec trois taches oblongues noires. L'abdomen est blanchâtre avec cinq rangées longitudinales de point noirs, dont trois en dessus & deux en dessous. Les ailes supérieures sont blanchâtres avec beaucoup de taches oblongues noires, dont quelques-unes triangulaires. Les inférieures sont d'un rouge très-pâle, avec quelques taches noires vers le bord postérieur. Le dessous des ailes est semblable au dessus, mais le bord antérieur est rouge. Les cuisses des pattes antérieures sont rouges.

Il se trouve à la nouvelle York, à la Caroline. Il m'a été communiqué par M. John Francillon.

233. BOMBIX vierge.

BOMBYX *virgo.*

Bombyx alis deflexis atris, rivulis rubicundis, posticis rubris nigro punctatis. FAB. *Syst. entom. pag.* 582. *n°.* 88. — *Spec. inf. tom.* 2. *pag.* 199. *n°.* 123. — *Mant. inf. tom.* 2. *pag.* 129. *n°.* 176.

Phalæna Bombyx virgo *elinguis, alis deflexis atris : rivulis rubicundis ; inferioribus rubris nigro punctatis.* LIN. *Syst. nat. pag.* 820. *n°.* 39. — *Mus. Lud. Ulr. pag.* 381.

CLERCK. *Icon. inf. rar. tab.* 42. *fig.* 5.

Il est un peu plus petit que le Bombix *Caja.* Les antennes sont ferrugineuses, à peine pectinées dans le mâle, & elles sont sétacées dans la femelle. Le corcelet est pâle & tacheté de noir. L'abdomen est rouge en dessus & noir en dessous. Les ailes supérieures sont noires, avec plusieurs raies qui se dirigent en tout sens, un peu rougeâtres. Les inférieures sont rouges & tachetées de noir. Le dessous des quatre ailes est à-peu-près semblable au dessus.

Il se trouve dans l'Amérique septentrionale, en Pensylvanie.

234. BOMBIX Ménete.

BOMBYX *Menete*

Bombyx alis deflexis nigris, maculis albis, posticis purpureis, macula centrali margineque nigris. FAB. *Spec. inf. tom.* 2. *pag.* 199. *n°.* 124. — *Mant. inf. tom.* 2. *pag.* 129. *n°.* 177.

Phalæna Menete. CRAM. *Pap. exot. tom.* 1. *pag.* 110. *pl.* 70. *fig. D.*

Il a environ un pouce & trois quarts de largeur lorsque les ailes sont étendues. Les antennes sont noires & filiformes. Le corcelet est noir & l'abdomen jaune. Les ailes supérieures sont noires : on y remarque une tache blanche, orbiculaire vers le bord antérieur, trois ou quatre taches blanches les unes à la suite des autres formant une raie longitudinale vers le bord interne, enfin une raie blanche transversale, courte vers l'extrémité. Les ailes inférieures sont d'un beau jaune avec une tache noire au milieu & une bande de la même couleur vers le bord postérieur. Ce bord est d'un beau jaune.

Il se trouve en Amérique.

235. BOMBIX défloré.

Bombyx deflorata.

Bombyx alis deflexis albis nigro maculatis, posticis subtus atris, fasciis albis. FAB. *Syst. entom. pag.* 582. *n°.* 89. —*Spec. inf. tom.* 2. *pag.* 199. *n°.* 125. —*Mant. inf. tom.* 2. *pag.* 129. *n°.* 178.

Les antennes sont noires. La tête est blanche & le front noir. Le corcelet est d'un blanc de neige, avec deux points, sur le dos, & deux de chaque côté, noirs. Les ailes sont blanches, avec plusieurs taches noires. L'abdomen est blanc en dessous, avec une suite de points noirs. Les pattes sont noires & les jambes sont blanches à leur base.

Il se trouve en Amérique.

236. BOMBIX Phyllire.

Bombyx Phyllira.

Bombyx alis deflexis anticis nigris, rivulis albis, posticis rubris nigro punctatis.

Phalæna Phyllira. DRURY. *illust. of inf. tom.* 1. *tab.* 7. *fig.* 2.

Il a un peu plus d'un pouce & demi de largeur lorsqu'il étend les ailes. Les antennes sont noires & pectinées. La tête est blanche à sa partie supérieure. Le corcelet est blanc, avec trois taches oblongues, noires au milieu du dos, & deux points noirs à la partie antérieure. Labdomen est rouge, avec le dos noir. Les ailes supérieures sont noires, avec les bords antérieur & postérieur blancs, une raie longitudinale blanche, deux autres transversales, & une troisième vers le bord postérieur formant deux VV l'un à côté de l'autre. Les ailes inférieures sont rouges avec quelques taches noires vers le bord postérieur.

Il se trouve dans la Caroline; il m'a été communiqué par M. John Fracillon.

237. BOMBIX unicolor.

Bombyx unicolor.

Bombyx alis deflexis concoloribus luteis immaculatis, posticis pallidioribus.

Phalæna flavata. CRAM. *Pap. exot. tom.* 4. *p.* 36. *pl.* 207. *fig.* C.

Il a environ un pouce & demi de largeur lorsque les ailes sont étendues. Les antennes sont jaunes & pectinées. La trompe est très-courte. Le corps & les ailes supérieures sont d'un beau jaune souci; les inférieures sont d'un jaune plus pâle.

Il se trouve à l'isle de Java.

238. BOMBIX Helladia.

Bombyx Helladia.

Bombyx alis deflexis luteis, anticis puncto medio orbiculari nigro, fasciaque dimidiata fusca.

Phalæna Helladia. CRAM. *Pap. exot. tom.* 4. *pag.* 234. *pl.* 398. *fig. H.*

Il n'a gueres plus d'un pouce & quart de largeur lorsque les ailes sont étendues. Les antennes sont jaunes & pectinées. La trompe est très-courte. Tout le corps est jaune, sans taches. Les ailes supérieures sont jaunes, avec un point noir, rond, au milieu, & une raie transversale, droite, brune, qui part du bord interne & va se terminer au milieu de l'aile: les inférieures sont d'un jaune pâle, sans taches. Le dessous est à-peu-près semblable au dessus.

Il se trouve au Japon.

QUATRIEME FAMILLE.

AILES EN RECOUVREMENT.

Le bord interne des unes recouvrant un peu le bord interne des autres.

239. BOMBIX de la Crotulaire.

Bombyx Crotulariæ.

Bombyx alis incumbentibus, anticis purpurascentibus, maculis ocellaribus atris, posticis rubris nigro maculatis. FAB. *Syst. entom. p.* 583. *n°.* 90. —*Spec. inf. tom.* 2. *pag.* 199. *no.* 126. —*Mant. inf. tom.* 2. *pag.* 130. *n°.* 179.

Phalæna Syringa. CRAM. *Pap. exot. tom.* 1. *pag.* 8. *pl.* 5. *fig.* C. D.

Il a environ deux pouces de largeur lorsque les ailes sont étendues. Les antennes sont noires, filiformes, presque pectinées. Le corcelet est grisâtre, avec six points noirs. L'abdomen est rouge, avec des rangées de points noirs. Les ailes supérieures sont d'un rouge purpurin clair, avec des bandes grisâtres, sur lesquelles on voit beaucoup de points noirs, entourés d'un cercle jaune. Les inférieures sont d'un rouge purpurin clair, avec plusieurs taches noires. Le dessous des quatre ailes est rougeâtre, avec des taches noires, & l'extrémité des supérieures obscure.

Il se trouve aux Indes orientales, sur la côte de Coromandel.

La chenile vit sur la Crotulaire. *Crotularia.* LIN.

240 BOMBIX du Ricin.

BOMBYX Ricini.

Bombyx alis incumbentibus obscuris, maculis numerosis subocellaribus fuscis, posticis rubris nigro maculatis. FAB. *Syst. entom. pag.* 583. *n°.* 91. — *spec. ins. tom.* 2. *pag.* 199. *n°.* 127. — *Mant. ins. tom.* 2. *pag.* 130. *n°.* 180.

Il ressemble entièrement au précédent, mais les ailes sont plus obscures & les taches sont noirâtres, entourées d'un cercle cendré. Le corcelet est obscur, avec une tache ombrée de chaque côté. L'abdomen est couleur de sang avec des bandes obscures, & trois taches de la même couleur sur l'anus, dont celle du milieu est la plus grande.

Il se trouve aux Indes orientales.

La chenille vit sur le Ricin.

241. BOMBIX sanguinolent.

BOMBYX sanguinolenta.

Bombyx alis incumbentibus niveis, anticis costa sanguinea, posticis maculis atris. FAB. *Spec. ins. tom.* 2. *pag.* 199. *n°.* 128. — *Mant. ins. tom.* 2. *pag.* 130. *n°.* 181.

Phalæna lactinea. CRAM. *Pap. exot. tom.* 2. *pag.* 58. *pl.* 133. *fig. D.*

Il a environ deux pouces & demi de largeur lorsque les ailes sont étendues. La tête est blanche avec une bande rouge à la partie supérieure. Les antennes sont filiformes & noires. Le corcelet est blanc avec une bande rouge à la partie antérieure. L'abdomen est d'un jaune fauve en-dessus, blanc en-dessous, avec une bande noire, sur chaque anneau : les ailes supérieures sont blanches, avec quelques points imperceptibles noirs & le bord extérieur rouge. Les inférieures sont blanches avec quelques petites taches noires. Le dessous des quatre ailes est semblable au dessus.

Il se trouve aux Indes orientales, à Batavia.

242. BOMBIX chiné.

BOMBYX Hera.

Bombyx alis incumbentibus virescenti nigris, rivulis flavis, rubicundis, maculis tribus nigris. FAB. *Syst. entom. pag.* 583. *no.* 92. — *spec. ins. tom.* 2. *pag.* 200. *n°.* 129. — *mant. ins. tom.* 2. *pag.* 130. *n°.* 182.

Phalæna noctua Hera *spirilinguis, alis deflexis virescenti-nigris, rivulis flavis, inferioribus rubicundis nigro-maculatis.* LIN. *Syst. nat. pag.* 834. *no.* 91.

Phalæna seticornis spirilinguis. alis deflexis, superioribus atris rivulis flavis, inferioribus rubris maculis nigris. GEOFF. *Ins. tom.* 2. *pag.* 145. *n°.* 74.

La Phalène chinée. GEOFF. *Ib.*

Phalæna plantaginis. SCOP. *Entom. carn. n°.* 505.
MOUFF. *theatr. ins. pag.* 91. *fig.* 4.
ALDROV. *Ins. tab.* 3. *n°.* 1.
JONST. *Hist. nat. pars* 2. *lib.* 3. *tab.* 4. *fig.* 1.
ROES. *Ins. tom.* 4. *tab.* 28. *fig.* 3.
KLEEMAN. *pag.* 345. *tab.* 41. *fig.* 1—5.
SCHÆFF. *Elem. entom. tab.* 10. *fig.* 1. — *Icon. ins. tab.* 29. *fig.* 1. 2.
Phalæna quadripunctaria. PODA. *Mus. græc.*
Phalæna hera. FUESLY. *Ins. pag.* 36.
Phalæna plantaginis. FOURC. *Entom. par. p.* 289. *n°.* 104.
Phalæna Bombyx hera. *Wienn. Verz. pag.* 52. *n°.* 3.

La Phalène chinée. ERNST. *Pap. d'Europ. tom.* 4. *pag.* 123. *planch.* 144. *n°.* 190.

Elle a depuis deux jusqu'à deux pouces & demi de largeur lorsque les ailes sont étendues. Les antennes sont noires & sétacées. La tête est jaunâtre avec un point noir sur le front, & un autre à la base de chaque antenne. Le corcelet est jaunâtre avec trois raies longitudinales noires. L'abdomen est fauve en-dessus jaunâtre en dessous, avec quatre rangées longitudinales de points noirs, dont trois rangées en dessous & une seule en dessus. Les ailes supérieures sont noires avec un reflet brillant d'un vert bronzé. Elles ont le bord interne blanc, & trois bandes blanchâtres dont les deux dernieres forment un Y. Il y a encore quelques petites lignes blanches. Les ailes inférieures sont d'un rouge vermillon avec trois taches & un point noir. Le dessous des ailes supérieures est mélangé de rouge, de fauve, de noir & de blanc, celui des inférieures est d'un beau rouge fauve, avec une seule tache noire. La poitrine & les pattes sont d'un jaune fauve avec des taches noires.

Il se trouve en Europe ; il est très-commun dans les mois de Juin & de Juillet dans les provinces méridionales de la France.

La chenille vit solitaire & se nourrit des feuilles de la Renouée, (*Poligonum*,) du Musle de Veau, (*Anthirrhinum*,) du Plantain, de la Sanicle, de l'Ortie, du Lierre terrestre &c. Elle éclôt en automne, & passe l'hiver dans des broussailles, cachée sous des feuilles. Elle est difficile à découvrir, même au printemps, parce qu'elle reste presque toujours cachée & qu'elle ne sort que pour aller prendre sa nourriture. Elle est un peu velue, noire avec des taches fauves & une raie longitudinale de la même couleur sur le dos. Elle a seize pattes. Parvenue à toute sa grosseur dans le courant ou vers la fin de Mai ; elle file une coque de soie d'un gris clair & transparent, & dans l'intérieur, une seconde, plus fine dans laquelle elle se change en chrysalide, & d'où elle sort au bout de quinze jours sous la forme d'insecte parfait.

243. BOMBIX Dominula.

BOMBYX Dominula.

Bombyx alis incumbentibus atris, maculis albo flavescentibus, posticis rubris nigro maculatis. FAB. *Syst. entom. pag.* 583. *n°.* 93. — *spec. ins. tom.* 2. *pag.* 200. *n°.* 130. — *Mant. ins. tom.* 2. *pag.* 130. *n°.* 183.

Phalæna noctua Dominula *spirilinguis, alis atris sericeis maculis albo flavescentibus : inferioribus rubris nigro-maculatis.* LIN. *Syst. nat. pag.* 834. *n°.* 90.

Phalæna Dominula. SCOP. *Entom. carn. n°.* 506.

MERIAN. *Inf. Europ. tab.* 58.

ROES. *Inf. tom.* 3. *class.* 2. *Pap. nocturn. tab.* 47. *fig.* 1—5.

WILK. *Pap. pag.* 19. *tab.* 38.

SCHÆFF. *Icon. inf. tab.* 77. *fig.* 3. 4.

Phalæna Dominula. FUESLY. *pag.* 36.

Poda. muf. græc. pag. 89.

Phalæna Bombyx Dominula. *Wienn. Verz. pag.* 53. *n°.* 8.

L'écaille marbrée rouge ERNST. *Pap. d'Europ. tom.* 4. *pag.* 142. *pl.* 152. *n°.* 197.

Il a environ deux pouces de largeur lorsque les ailes sont étendues. Les antennes sont noires & sétacées. La tête est noire. La trompe est fauve & roulée en spirale. Le corcelet est noir, avec deux taches longitudinales, fauves. L'abdomen est noir en dessous ; il est rouge en dessus, avec la base, l'extrémité, & une raie longitudinale, noires. Les ailes supérieures sont noires, avec un reflet d'un vert brillant bronzé, & dix taches d'un blanc jaune dont quelques-unes d'un jaune fauve. Les inférieures sont rouges, avec une tache & le bord postérieur noirs. Le dessous des quatre ailes est semblable au dessus.

Il se trouve en Europe. Il est rare aux environs de Paris.

L'auteur de l'ouvrage intitulé *Papillons d'Europe*, cite mal-à-propos M. Geoffroy. L'écaille brune de M. Geoffroy. *tom.* 2. *pag.* 109. *n°.* 10. *est le Phalæna aulica de Linné.*

La chenille vit en société sur les Saules, le Frêne, le Poirier, le Pêcher, le Rosier, la Cinoglosse, le Lamium, la Laitue, le Fraisier, la Millefeuille &c. Elle éclôt en automne, passe l'hiver & est parvenue à tout son accroissement au mois de Mai. Elle a seize pattes, son corps est un peu velu, noir, avec trois raies longitudinales, jaunes, dont une sur le dos & une de chaque côté. Elle a six tubercules bleuâtres sur chaque anneau, d'où partent les poils dont elle est couverte. Elle file un cocon blanchâtre, d'un tissu léger & transparent dans lequel elle se change en chrysalide & d'où elle sort au bout de quinze ou vingt jours.

Il n'est pas rare de trouver deux ou trois chrysalides dans le même cocon.

244. BOMBIX crédule.

BOMBYX credula.

Bombyx alis incumbentibus corporeque atris, albo punctatis. FAB. *Syst. entom. pag.* 584. *n°.* 94. — *spec. inf. tom.* 2. *pag.* 200. *n°.* 131. — *Mant. inf. tom.* 1. *pag.* 130. *n°.* 184.

Phalæna Sybaris. CRAM. *Pap. exot. tom.* 1. *p.* 112. *pl.* 71. *fig. E.*

Il a de deux à deux pouces & quart de largeur, lorsque les ailes sont étendues. Les antennes sont noires, un peu pectinées dans le mâle. La tête & le corcelet sont noirs, avec des points blancs. L'abdomen est noir en dessus, avec quatre rangées longitudinales de points blancs. Il est blanchâtre en dessous, avec une bande noire sur chaque anneau. Les ailes supérieures sont noires, avec des taches blanches & une tache oblongue rouge, à la base du bord antérieur, sur laquelle on remarque deux petites taches noires. Les ailes inférieures sont noires avec des taches blanches. Le dessous des quatre ailes est parfaitement semblable au dessus.

Il se trouve à la Jamaïque & dans quelques îles du golphe du Mexique.

245. BOMBIX Lectrix.

BOMBYX Lectrix.

Bombyx alis incumbentibus nigris, maculis cæruleis flavis albisque, posticis rubro alboque maculatis. FAB. *Syst. entom. pag.* 684. *n°.* 95. — *spec. inf. tom.* 2. *pag.* 201. *n°.* 132. — *Mant. inf. tom.* 2. *pag.* 130. *n°.* 185.

Phalæna noctua Lectrix *spirilinguis, alis nigris : maculis cæruleis flavis albisque : inferioribus rubro alboque maculatis.* LIN. *Syst. nat. pag.* 834. *n°.* 89. — *Mus. Lud. Ulr. pag.* 389.

Phalæna Lectrix. CRAM. *Pap. exot. tom.* 3. *p.* 145. *pl.* 192. *fig. C.*

EDW. *Av. tab.* 318.

Il a environ trois pouces de largeur lorsque les ailes sont étendues. Les antennes sont à peine pectinées. Le corcelet est noir avec deux taches oblongues jaunes. L'abdomen est rouge, avec des bandes noires

noires. Les ailes supérieures sont noires, avec des taches blanches, jaunes & bleuâtres; les inférieures sont noires, avec des taches rouges & blanches. Le dessous des quatre ailes est semblable au dessus.

Il se trouve en Chine.

246. BOMBIX fourchu.

Bombyx furcula.

Bombyx thorace variegato, alis griseis, basi apiceque albis nigro punctatis. FAB. *Syst. entom. pag.* 584. *n°.* 96. — *Spec. inf. tom.* 2. *pag.* 201. *n°.* 133. — *Mant. inf. tom.* 2. *pag.* 130. *n°.* 186.

Phalæna Bombyx furcula *elinguis, thorace variegato, alis griseis, basi apiceque albis nigro punctatis.* LIN. *Syst. nat. pag.* 823. *n°.* 51. — *Faun. suec. n°.* 1122.

CLERCK. *Icon. inf. rar. tab.* 9. *fig.* 9. Furcula.
ESP. *tom.* 3. *tab.* 19. *fig.* 3—7.
WILK. *Pap. tab.* 29. *fig.* 1.
SEPP. *Inf.* 4. *p.* 29. *tab.* 6. *fig.* 1—8.
Naturf. 14. *tab.* 2. *fig.* 13, 14.
Phalæna Bombyx furcula. Wienn. verz. pag. 64. *n°.* 4.
La petite queue fourchue. ERNST. *Pap. d'Europ. tom.* 5. *p.* 132. *pl.* 206. *n°.* 273.

Il a depuis un pouce & quart jusqu'à un pouce & demi de largeur, lorsque les ailes sont étendues. Les antennes sont pectinées, un peu crochues à leur extrémité. La tête est cendrée. Le corcelet est cendré, avec des bandes noirâtres. L'abdomen est cendré, avec des bandes obscures en-dessus, & deux rangées de points noirs en-dessous. Les ailes supérieures sont grises, avec des points noirs à la base & à l'extrémité, quelques lignes ondées, obscures, & une large bande au milieu, d'une couleur cendrée, obscure, bordée d'une double ligne noire & jaune. Les ailes inférieures sont grises, avec une suite de points noirs le long du bord postérieur. Le dessous des ailes supérieures est cendré, avec des raies obscures, & une suite de points noirs sur le bord postérieur. Les inférieures sont, en-dessous, semblables au dessus, & ont en outre une tache noirâtre, en croissant, placée vers le milieu.

Il se trouve en Europe.

La chenille ressemble beaucoup à celle de la queue fourchue : elle a quatorze pattes & deux longues appendices en forme de fourche, à la place des deux pattes de l'extrémité du corps. Elle vit solitaire & se nourrit des feuilles des différens Saules, de l'Aune, du Tremble, du Bouleau. Elle est verte, avec le dos rougeâtre. Parvenue à toute sa croissance vers la fin de l'été, depuis la fin de Juillet jusqu'à la fin de Septembre, elle construit une coque avec de la soie qu'elle file, & des rognures de bois qu'elle coupe avec ses dents, & dont elle commence par faire provision. Elle s'y change en chrysalide, & passe environ dix mois dans cet état, après quoi elle en sort sous la forme d'insecte parfait.

247. BOMBIX Colon.

Bombyx Colon.

Bombyx alis incumbentibus griseo-fuscis, punctis duobus nigris distantibus. FAB. *Gen. inf. mant. pag.* 281. — *Spec. inf. tom.* 2. *pag.* 201. *n°.* 134. — *Mant. inf. tom.* 2. *pag.* 130. *n°.* 187.

Il est de la grandeur du *Bombix* fourchu. Les antennes sont noires & pectinées. Les antennules sont noires. Le corcelet est gris & velu. La poitrine est blanchâtre. Les ailes sont d'un gris obscur, avec deux points noirs, l'un à la base & l'autre au-delà du milieu : elles sont obscures en dessous, avec un point noir au milieu des inférieures.

Il se trouve en Allemagne.

248. BOMBIX du Tremble.

Bombyx Populeti.

Bombyx alis incumbentibus griseo nitidis, striga postica punctorum nigrorum. FAB. *Spec. inf. tom.* 2. *pag.* 201. *n°.* 135. — *Mant. inf. tom.* 2. *pag.* 130. *n°.* 188.
Bombyx Populeti. FAB. *Iter. Norw. die* 5. *aug.*

Il est de grandeur moyenne. Les antennes sont pectinées. Le corps est grisâtre. Les élytres sont grises, luisantes, avec une tache pâle au milieu, & une ligne peu marquée, formée par trois ou quatre points noirs, placée à la partie postérieure.

Il se trouve en Norwège.

La larve est verte : sa tête seule est tachetée de noir. elle vit sur le Peuplier, entre deux feuilles rapprochées & liées par quelques fils de soie.

249. BOMBIX étoilé.

Bombyx antiqua.

Bombyx alis incumbentibus, anticis ferrugineis, lunula alba anguli postici, fæmina aptera. FAB. *Syst. entom. pag.* 584. *n°.* 98. — *Spec. inf. tom.* 2. *pag.* 201. *n°.* 136. — *Mant. inf. tom.* 1. *pag.* 130. *n°.* 189.
Phalæna Bombyx antiqua *elinguis, alis planiusculis; superioribus ferrugineis lunula alba anguli postici; fæmina aptera.* LIN. *Syst. nat. p.* 825. *n°.* 56. — *Faun. suec. n°.* 1120.
Phalæna pectinicornis elinguis, alis rotundatis fusco-ferrugineis, superioribus macula alba anguli ani; fæmina aptera. GEOFF. *Inf. tom.* 2. *pag.* 119. *n°.* 23.
L'étoilée. GEOFF. *ib.*
GOED. *Inf. tom.* 1. *tab.* 59.
LIST. GOED. *pag.* 191. *fig.* 79. *Fæmina.*
RAI. *Inf. pag.* 200. *n°.* 24. *Mas.* — *pag.* 173. *n°.* 24. *Fæmina.*
SWAMMERD. *Bib. nat. tab.* 33. *fig.* 5, 6.

MÉRIAN. *Inf. Europ. tab.* 84.

RÉAUM. *Inf. tom.* 1. *pl.* 19. *fig.* 4—17.

ROES. *Inf. tom.* 1. *claff.* 2. *Pap. noct. tab.* 39. *fig.* 1—5. & *tom.* 3. *claff.* 2. *Pap. noct. tab.* 13. *fig.* 1—4.

ALBIN. *Inf. tab.* 89.

WILK. *Pap. p.* 30. *tab.* 64.

Phalæna antiqua. SCOP. *Entom. carn. n°.* 496.

Phalæna antiqua. FOURC. *Entom. par. p.* 264. *n°.* 23.

Phalæna Bombyx antiqua. Wienn. verz. p. 55. *n°.* 5.

L'étoilée. ERNST. *Pap. d'Europ. tom.* 4. *p.* 181. *pl.* 162 & 163, *n°.* 211.

Il a environ un pouce de largeur lorfque les ailes font étendues. Les antennes font brunes & très-pectinées. La tête & le corcelet font d'un brun ferrugineux. L'abdomen eft noirâtre. Les ailes fupérieures font ferrugineufes, avec deux raies tranfverfales, noirâtres, ondées, & une tache blanche vers l'angle interne. Les inférieures font ferrugineufes, fans taches. Les quatre ailes en deffous font ferrugineufes fauves, fans taches.

La femelle eft fans ailes, d'un gris obfcur, quelquefois jaunâtre, affez groffe. Elle eft lourde & pefante, & ne s'éloigne prefque pas du cocon d'où elle eft fortie.

Il fe trouve dans toute l'Europe.

La chenille vit fur l'Abricotier, le Prunier, l'Aubépine, l'Ofier, le Saule, l'Aune, le Chêne. Les œufs pondus, par la femelle, vers le mois de Septembre, font difpofés par tas fur différens arbres; ils font blancs & luifans, un peu alongés, applatis d'un côté, bordés d'un cercle brun, avec un point de la même couleur dans le milieu. Ils paffent l'hiver, & les chenilles éclofent au printems fuivant: celles-ci font noirâtres, avec des lignes longitudinales blanches & des taches jaunes; elles font velues, & ont deux faifceaux de poils noirs, longs, au-devant de la tête, quatre jaunes, en forme de pinceau au-deffus du corps, & un autre long & noirâtre au-deffus du dernier anneau: le corps eft encore terminé par quatre autres petits pinceaux. Parvenues à toute leur groffeur vers la fin de Juillet, elles filent une coque, dans laquelle elles font entrer les poils qui recouvrent leur corps; elles fe changent en chryfalide, & l'infecte parfait en fort au bout de quinze ou vingt jours.

250. BOMBIX foucieux.

BOMBYX gonoftigma.

Bombyx alis incumbentibus fufcis, maculis duabus albis oppofitis; fæmina aptera. FAB. *Syft. entom. pag.* 585. *n°.* 99. —*Spec. inf. tom.* 2. *p.* 202. *n°.* 137. —*Mant. inf. tom.* 2. *p.* 130. *n°.* 190.

Phalæna Bombyx gonoftigma *elinguis; alis planiufculis: fuperioribus, ochraceis macula trigona anguli poftici; fæmina aptera.* LIN. *Syft. nat. p.* 826. *n°.* 57.

Phalæna gonoftigma. SCOP. *Entom. carn. n°.* 4597.

ROES. *Inf. tom.* 1. *claff.* 2. *Pap. noct. tab.* 40. *fig.* 1—10.

Phalæna Bombyx gonoftigma. Wienn. verz. p. 55. *n°.* 6.

La Soucieufe. ERNST. *Pap. d'Europ. tom.* 4. *p.* 186. *pl.* 163, *n°.* 212.

Il reffemble beaucoup au précédent. Les antennes font brunes & très-pectinées. Le corps eft brun. Les ailes fupérieures font mélangées de brun & de jaune rouffâtre: elles ont chacune une tache blanche vers l'angle interne, & une autre irrégulière vers l'angle externe. Les ailes inférieures font brunes, fans taches.

Le deffous des quatre ailes eft brun, mais le bord des fupérieures eft rouffâtre.

La femelle eft aptère, d'une couleur cendrée obfcure. Elle eft groffe, lourde & pefante.

Il fe trouve en Europe.

La chenille vit fur le Chêne, le Bouleau, l'Aubépine, la Ronce, le Rofier, le Framboifier, le Prunier: elle reffemble à la précédente. Elle eft velue, noire, avec trois lignes longitudinales, blanches ou jaunâtres. Elle a deux houppes de poils noirs, affez longs, à la partie antérieure de la tête, une autre fur le dernier anneau, & quatre efpèces de pinceaux jaunes fur le dos. Parvenue à toute fa groffeur, dans le courant du mois de Juillet, elle file une coque, dans la conftruction de laquelle elle fait entrer les poils qui recouvrent fon corps; elle s'y change en chryfalide, refte dans cet état onze ou vingt jours, après quoi elle en fort fous la forme d'infecte parfait.

251. BOMBIX paradoxe.

BOMBYX paradoxa.

Bombyx alis fubincumbentibus fufco cinereoque variis: macula centrali albida, pofticis atris; fæmina aptera. FAB. *Mant. inf. tom.* 2. *p.* 130. *n°.* 191.

Le mâle eft noir. Ses antennes font très-pectinées, avec la tige blanche. Les ailes font mélangées de brun & de cendré, principalement vers le bord interne: elles ont une grande tache blanche au milieu, & une fuite de points blancs fur le bord poftérieur. Les ailes inférieures font noires, avec des cils blancs.

La femelle eft Aptère, fans aucun commencement d'aile.

Il fe trouve en Ruffie.

La chenille fe nourrit fur le Chiendent. (*Triticum repens.* LIN.)

252. BOMBIX Zone.

BOMBYX Zona.

Bombyx alis incumbentibus nigris : fasciis albis ; abdomine atro : segmentorum marginibus sanguineis ; fæmina aptera. FAB. *Mant. inf. tom.* 2. *p.* 131. *n°.* 192.

Phalæna zonaria. Wienn. verz. p. 100. *n°.* 5.

Il ressemble entièrement pour la forme & la grandeur au *Bombix* étoilé. Les antennes sont pectinées, noires, avec la tige blanche. Le corcelet est velu, cendré, avec trois lignes longitudinales, noires. Les ailes supérieures sont noires, avec une raie longitudinale, courte, large, à la base, qui s'étend vers le bord extérieur, une bande blanche, oblique, au milieu, & une raie transversale, de la même couleur, vers le bord postérieur. Les ailes inférieures sont blanchâtres, avec une raie transversale, au milieu, & le bord postérieur noir. L'abdomen est velu, noir, avec le bord de chaque anneau d'un rouge de sang.

La femelle est Aptère, grosse, velue ; elle a le bord des anneaux de l'abdomen rouge. On apperçoit de chaque côté deux moignons d'ailes courtes, cylindriques, noires & velues.

Il se trouve en Allemagne. La chenille se nourrit sur la Millefeuille.

253. BOMBIX Umber.

BOMBYX Umber.

Bombyx alis convolutis atris, fronte abdomineque fulvis. FAB. *Gen. inf. mant. p.* 281. —*Spec. inf. tom.* 2. *p.* 202. *n°.* 138. —*Mant. inf. tom.* 2. *p.* 131. *n°.* 193.

Phalæna Umber. CRAM. *Pap. exot. tom.* 1. *p.* 24. *pl.* 15. *fig. F.*

Il a deux pouces & demi de largeur lorsque les ailes sont étendues. Les antennes sont noires, filiformes, peu pectinées. La partie antérieure de la tête est fauve. Le corcelet est noirâtre, sans taches. La poitrine est noirâtre, avec une petite tache fauve de chaque côté. L'abdomen est fauve en-dessus, & brun en-dessous. Les ailes sont noirâtres, longues, étroites : elles s'appliquent contre le corps, lorsque l'insecte est dans le repos, & l'embrassent à la manière des Teignes. Le dessous est semblable au dessus.

Il se trouve à Surinam.

254. BOMBIX Histrion.

BOMBYX Histrio.

Bombyx alis convolutis fulvis, maculis albis numerosis cæruleo cinctis. FAB. *Spec. inf. tom.* 2. *p.* 203. *n°.* 139. —*Mant. inf. tom.* 3. *p.* 131. *n°.* 194.

Il ressemble entièrement, pour la forme & la grandeur, au *Bombix* gentil. Les antennules sont comprimées, blanches à leur base, noires à leur extrémité. Le corcelet est d'un noir bleuâtre, avec des points blancs & deux taches fauves. Les ailes supérieures sont fauves, avec plusieurs points blancs entourés d'un anneau bleu ; leur extrémité est bleue, avec des points blancs. Les ailes inférieures en-dessus, & les quatre ailes en-dessous sont noires, avec la frange, qui les termine, blanche. L'abdomen est blanc en-dessous, avec des bandes noires. L'anus est fauve.

Il se trouve à l'isle de Tabago, dans l'Amérique meridionale.

255. BOMBIX Pylotis.

BOMBYX Pylotis.

Bombyx alis incumbentibus flavis, fasciis sex punctorum nigrorum, posticis nigro punctatis. FAB. *Syst. entom. p* 585. *n°.* 100. —*Spec. inf. tom.* 2. *p.* 203. *n°.* 140. —*Mant. inf. tom.* 2. *p.* 131. *n°.* 195.

Phalæna cribraria. CLERCK. *Inf. tab.* 54. *fig.* 4.

Phalæna Pylotis. DRURY. *Inf. tom.* 2. *tab.* 6. *fig.* 3.

Il a environ un pouce & demi de largeur, lorsque les ailes sont étendues. Les antennes sont noires & sétacées. La tête est fauve, avec les yeux noirs. Tout le corps est fauve. Les ailes supérieures sont fauves, avec six bandes blanches, dans chacune desquelles est une suite de points noirs. Les ailes inférieures sont jaunes, avec dix petites taches noires. Le dessous des quatre ailes est à-peu-près semblable au dessus.

Il se trouve dans la Nouvelle-Hollande, à la côte d'Or en Afrique, au Cap de Bonne-Espérance.

256. BOMBIX joli.

BOMBYX bella.

Bombyx alis convolutis flavis, fasciis sex punctorum nigrorum, posticis rubris apice nigris. FAB. *Syst. entom. p.* 585. *n°.* 101. —*Spec. inf. tom.* 2. *p.* 203. *n°.* 141. —*Mant. inf. tom.* 2. *p.* 131. *n°.* 196.

Phalæna Tinea bella *alis flavis : superioribus fasciis sex punctorum nigrorum.* LIN. *Syst. nat. p.* 884. *n°.* 348. —*Mus. Lud. Ulr. p.* 399.

Phalæna minor fulva maculis nigris alba linea pulchre adspersis. RAI, *inf. p.* 211. *n°.* 1.

PETIV. *Gazoph.* 1. *tab.* 3. *fig.* 1.

CATESB. *Carol.* 2. 96. *tab.* 96.

Phalæna bella, CRAM. *Pap. exot. tom.* 2, *p.* 20, *pl.* 109. *fig. C. D.*

Phalæna bella. DRURY. *Inf. tom.* 1. *tab.* 24. *fig.* 3.

Il a environ un pouce & trois quarts de largeur, lorsque les ailes sont étendues. Les antennes sont noires & sétacées. La tête & le corcelet sont blancs

& pointillés de noir. L'abdomen est blanc, sans taches. Les ailes supérieures sont fauves, avec six bandes blanches, sur chacune desquelles est une suite de points noirs. Les ailes inférieures sont rouges, avec le bord postérieur noir. Les quatre ailes sont rouges en-dessous, avec des taches noires.

Il se trouve dans les isles de l'Amérique méridionale, à la Jamaïque, à Saint-Christophe, à Antigoa & dans la Caroline, la Nouvelle-Yorck.

257. BOMBIX gentil.

BOMBYX pulchella.

Bombyx alis albis, anticis nigro sanguineoque punctatis, posticis apice nigris. FAB. *Syst. entom. p.* 586. *n°.* 102. —*Spec. inf. tom.* 2. *p.* 203. *n°.* 142. —*Mant. inf. tom.* 2. *p.* 131. *n°.* 197.

Phalæna Tinea pulchella *alis albis : superioribus nigro sanguineoque punctatis ; inferioribus margine postice nigris.* LIN. *Syst. nat. p.* 884. *n°.* 349.

Phalæna pulchella. SCOP. *Entom. carn. n°.* 514.

PETIV. *Gazoph.* 4. *tab.* 3. *fig.* 3.

Phalæna lotrix. CRAM. *Pap. exot. tom.* 2. *p.* 20. *pl.* 109. *fig. E. F.*

SULZ. *Hist. inf. tab.* 23. *fig.* 11.

SCHAEFF. *Icon. inf. tab.* 122. *fig.* 1.

Wienn. verz. p. 69. *n°.* 9.

La gentille. ERNST. *Pap. d'Europ. tom.* 6. *p.* 48. *pl.* 221. *n°.* 309.

Il ressemble beaucoup au précédent pour la forme & la grandeur. Les antennes sont noires & sétacées. La tête est blanche, avec un point noir sur le front. Le corcelet est blanc & pointillé de noir. L'abdomen est blanc, avec une rangée de points noirs de chaque côté. Les ailes supérieures sont en recouvrement, penchées de chaque côté, blanches, avec plusieurs taches rouges & beaucoup de points noirs. Les inférieures sont blanches, avec le bord postérieur noir. Le dessous des ailes supérieures est blanc, avec des taches noires & des taches rouges sur le bord antérieur & le bord postérieur. Les inférieures sont blanches, avec des taches noires.

Il se trouve aux Indes orientales, en Afrique, en Asie, dans toute l'Europe méridionale. Il est commun en Provence & très-rare aux environs de Paris.

La chenille se nourrit sur différentes espèces de Solanum, sur l'herbe aux verrues (*Heliotropium Europæum*), sur la plante nommée par les botanistes *Myosotis Scorpioïdes.* Elle est velue, pâle, avec une ligne blanche tout le long du dos, & des points noirs & rougeâtres.

258. BOMBIX orné.

BOMBYX ornatrix.

Bombyx alis depressis rubris atro punctatis, posticis albo nigroque variis. FAB. *Syst. entom. pag.* 586. *n°.* 103. —*Spec. inf. tom.* 2. *p.* 203. *n°.* 143. —*Mant. inf. tom.* 2. *p.* 131. *n°.* 198.

Phalæna noctua ornatrix *spirilinguis lævis : alis depressis rubris atro punctatis : inferioribus albo nigroque variis.* LIN. *Syst. nat. pag.* 839. *n°.* 110. —*Mus. Lud. Ulr. p.* 384.

SEBA. *Mus. tom.* 4 *tab.* 39. *fig.* 19. 20.

CLERCK. *Icon. inf. tab.* 55. *fig.* 3, 4.

Phalæna ornatrix. CRAM. *Pap. exot. tom.* 2. *pag.* 107. *pl.* 166. *fig. C. D.*

Phalæna ornatrix. DRURY. *Inf. tom.* 1. *p. pl.* 24. *fig.* 2.

Il est à-peu-près de la grandeur du Bombix gentil. Les antennes sont noires & sétacées La tête & le corcelet sont d'un blanc un peu rose, avec quelques points noirs. L'abdomen est blanc, avec une rangée de petits points noirs, de chaque côté, en-dessous. Les ailes supérieures sont roses, avec des taches rouges & des points noirs sur le bord antérieur & vers le bord postérieur ; les inférieures sont blanches, avec des taches noires réunies depuis le milieu jusqu'à l'extrémité. Le dessous des ailes supérieures est rouge, avec des taches noires sur le bord antérieur & vers le bord postérieur. On voit une suite de points noirs sur le bord postérieur. Les inférieures sont en dessous semblables au dessus, mais le bord antérieur est rougeâtre.

Il se trouve dans l'Amérique méridionale.

259. BOMBIX Priverne.

BOMBYX Priverna.

Bombyx alis incumbentibus, anticis fuscis fascia flava, posticis fulvis margine atro. FAB. *Spec. inf. tom.* 2. *p.* 104. *n°.* 144. —*Mant. inf. tom.* 2. *p.* 131. *n°.* 199.

Phalæna Priverna. CRAM. *Pap. exot. tom.* 2. *p.* 108. *pl.* 166. *fig. E.*

Il ressemble un peu aux précédens ; il a environ un pouce & trois quarts de largeur, lorsque les ailes sont étendues. Les antennes sont noires & filiformes. La trompe est roulée en spirale. La tête & le corcelet sont jaunes. L'abdomen est fauve. Les ailes supérieures sont noirâtres, rayées de fauve, avec une bande jaune, assez large, vers le bord postérieur. Les ailes inférieures sont fauves, avec tout le bord postérieur noir. Le dessous des ailes supérieures est d'un beau jaune dans le milieu.

Il se trouve à Surinam.

260. BOMBIX Franciscain.

BOMBYX Francisca.

Bombyx alis incumbentibus : anticis carneis ; vitta interrupta atra, posticis hyalinis. FAB. *Mant. inf. tom.* 2. *p.* 131. *n°.* 200.

La tête de ce *Bombix* est noire, avec la partie supérieure couleur de rose. Le corcelet est couleur de rose, avec une large raie longitudinale, noire. Les ailes supérieures sont couleur de rose en-dessus, avec une raie transversale, large, noire, interrompue postérieurement. Il y a en outre quelques petits points noirs. Les ailes inférieures sont transparentes, sans taches. L'abdomen est noirâtre en-dessous, rouge en-dessus, avec quelques taches noires. Les pattes sont noires, & les cuisses sont fauves à leur partie antérieure.

Il se trouve sur la côte de Coromandel.

261. Bombix Jésuite.

Bombyx Jesuita.

Bombyx alis incumbentibus atris, stria fulva. Fab. *Syst. ent. p.* 586. *n°.* 104.—*Sp. inf. tom.* 2 *p.* 204. *n°.* 145.—*Mant. inf. tom.* 2. *p.* 132. *n°.* 201.

Les antennes de ce *Bombix* sont pectinées, sétacées à leur extrémité. Le corps est noir. Les ailes sont en recouvrement, noires, obscures, avec une raie large, fauve, qui va de la base à l'extrémité de chaque, sans toucher cependant au bord. La base du bord extérieur des ailes inférieures est pareillement fauve.

Il se trouve aux Indes orientales.

262. Bombix annulé.

Bombyx annulata.

Bombyx alis incumbentibus atris niveo maculatis, tibiis albo annulatis. Fab. *Gen. inf. mant. p.* 281. —*Spec. inf. tom.* 2. *p.* 204. *n°.* 147. —*Mant. inf. tom.* 2. *p.* 132. *n°.* 207.

La tête & le corcelet de ce *Bombix* sont noirs & mélangés de blanc. L'abdomen est gris. Les ailes supérieures sont noires, avec une tache blanche, à leur base, pointillée de noir; ensuite une petite raie & deux petites stries noires sur le bord interne. Il y a, au milieu de l'aile, une bande large, interrompue vers le bord interne, bifide vers le bord externe. Près de l'extrémité, on voit une raie ondée, qui se termine par une tache ovale, à côté du bord extérieur; en dessous elles sont noirâtres, avec des points blancs sur le bord.

Il se trouve à Hambourg.

263. Bombix du Gramen.

Bombyx Graminis.

Bombyx alis depressis griseis, linea trifurca punctoque albidis. Fab. *Syst. entom. p.* 586. *n°.* 106. —*Spec. inf. tom.* 2. *p.* 204. *n°.* 148. —*Mant. inf. tom.* 2. *p.* 133. *no.* 208.

Phalæna Bombyx Graminis *spirilinguis; alis depressis griseis, linea trifurca punctoque albidis.* Lin. *Syst. nat. p.* 830. *n°.* 73. —*Faun. suec. n°.* 1140.

Acta. Stockh. 1742. *p.* 40. *tab.* 2.
Frisch. *Inf.* 10. *tab.* 21.
Rai. *Inf. p.* 228. *n°.* 104.
Harris. *Inf. angl. tab.* 5. *fig.* 7.
Wienn. verz. p. 82. *n°.* 3.

Bombyx popularis *alis deflexis fuscis albo striatis, stigmatibus albis, pupilla brunnea.* Fab. *Syst. entom. p.* 577. *n°.* 71.

Il a environ un pouce & quart de largeur, lorsque les ailes sont étendues. Les antennes du mâle sont pectinées, & celles de la femelle sont simplement sétacées. La tête & le corcelet sont cendrés, un peu roussâtres. L'abdomen est cendré. Les ailes supérieures sont cendrées, avec quelques taches obscures, peu marquées, & des stries ou nervures blanches, & une tache blanche au milieu, à la réunion des nervures. Les ailes inférieures sont obscures, sans taches. Le dessous des quatre ailes est cendré obscur.

Il se trouve au nord de l'Europe.

La chenille se nourrit de presque toutes les plantes graminées: elle fait beaucoup de mal aux prairies. Elle est glabre, obscure, avec trois lignes longitudinales, jaunes, une sur le dos, & une de chaque côté.

264. Bombix populaire.

Bombyx popularis.

Bombyx alis incumbentibus fuscis albo venosis, posticis albidis. Fab. *Mant. inf. tom.* 2. *p.* 133. *n°.* 209.

Il ressemble beaucoup au précédent. Les antennes sont noirâtres & pectinées. Les ailes supérieures sont obscures, avec les nervures blanches, & une tache blanche au milieu. Vers l'extrémité, il y a une raie formée par une suite de petites taches noires, en forme de fer de lance. Les ailes inférieures sont blanchâtres en-dessus, avec le bord obscur; elles sont cendrées en-dessous, avec un point obscur au milieu.

265. Bombix fulminant.

Bombyx fulminea.

Bombyx alis incumbentibus dentatis griseo fuscoque variegatis, thorace antice albo, striga nigra. Fab. *Gen. inf. mant. p.* 282. —*Spec. inf. tom.* 2. *pag.* 205. *n°.* 149. —*Mant. inf. tom.* 2. *p.* 133. *n°.* 210.

Phalæna noctua leucophæa. Wienn. verz. pag. 82. *n°.* 5.

Les antennes sont ferrugineuses & pectinées. Le corcelet est gris, blanc à sa partie antérieure, avec une ligne transversale, noire: il y a de chaque côté une petite tache blanche, en croissant. Les ailes supérieures sont blanches à leur base, avec des lignes noires ; elles sont ensuite grises, & elles ont au milieu une large bande obscure, dont les côtés sont terminés par une raie ondée, blanche. Il y a des taches blanches sur cette bande. L'extrémité de l'aile est grise, avec une raie ondée, noire. Les ailes inférieures sont grises.

Il se trouve en Allemagne.

266. BOMBIX du Gloriosa.

BOMBYX *Gloriosæ.*

Bombyx alis incumbentibus, atris, rubro flavoque variegatis : posticis nigris margine flavo. FAB. *Syst. nat. p.* 587. *n°.* 107. —*Spec. inf. tom.* 2. *p.* 205. *n°.* 150. —*Mant. inf. tom.* 2. *p.* 133. *n°.* 211.

Il est de grandeur moyenne. La tête est noire, avec un point jaune, à la base, de chaque côté. Les antennes sont sétacées. Le corcelet est noir, avec quatre points fauves à la partie postérieure. Les ailes supérieures sont noires; avec un trait rouge à la base, deux points noirs ; ensuite une raie transversale, sinuée, jaune, & puis deux taches jaunes, dont la première oculée, ronde, avec la prunelle noire ; la seconde réniforme, avec la prunelle rouge. Après ces taches, on apperçoit une raie transversale, ondée, jaune, & une bande formée par des taches rouges. L'aile est terminée, vers le bord extérieur & vers le bord interne, par une grande tache jaune. L'abdomen est noir, & l'anus est jaune. Les pattes sont noires, avec des taches jaunes.

Il se trouve aux Indes orientales.

La chenille se nourrit des feuilles du *Gloriosa.*

267. BOMBIX du Crinum.

BOMBYX *Crini.*

Bombyx alis incumbentibus atris, ante marginem subferrugineis, posticis albis. FAB. *Syst. entom. pag.* 587. *n°.* 108. —*Spec. inf. tom.* 2. *p.* 205. *n°.* 151. —*Mant. inf. tom.* 2. *p.* 133. *n°.* 212.

Il est de la grandeur du précédent. Les antennes sont sétacées. La tête & le corcelet sont noirs & velus. L'abdomen est cendré. Les ailes supérieures sont noires, luisantes, avec une tache au milieu, réniforme, ferrugineuse. Les ailes inférieures sont presque ferrugineuses, avec le bord noir, & une raie transversale, ondée, noire.

Il se trouve aux Indes orientales.

Le chenille se nourrit des feuilles du *Crinum asiaticum.* LIN.

268. BOMBIX Rosette.

BOMBYX *rosea.*

Bombyx alis incumbentibus roseis : strigis tribus fuscis, secunda undata, tertia punctata. FAB. *Syst. entom. p.* 587. *n°.* 109. —*Spec. inf. tom.* 2. *p.* 205. *n°.* 152. —*Mant. inf. tom.* 2. *p.* 133. *n°.* 213.

Phalæna pectinicornis elinguis, alis deflexis roseis, superioribus punctorum arcuumque nigrorum ordine duplici. GEOFF. *Inf. tom.* 2. *p.* 121. *n°.* 25.

La Rosette. GEOFF. *ib.*

Phalæna miniata *geometra seticornis ; alis rotundatis, omnibus pallide miniatis, anticis linea undata ad basin, characteribus in medio, & punctis versus marginem posticum nigris.* FORS. *Cent. inf. p.* 75. *n°.* 75.

Phalæna minor, alis velut miniaceis, punctis & lineolis nigris in medio notatis. RAJ. *Inf. pag.* 227. *n°.* 86.

Phalæna Bombyx rosea. ESPER. *Pap. Europ.* 3. *p.* 386. *tab.* 87. *fig.* 1, 2, 3.

HARRIS. *Inf. angl. tab.* 30. *fig. P.*

Naturf. 12. *tab.* 1. *fig.* 18.

Phalæna noctua rubicunda. Wienn. verz. pag. 68. *n°.* 10.

Phalæna rosea. FOURC. *Entom. par. pag.* 265. *n°.* 25.

La rosette. ERNST. *Pap. d'Europ. tom.* 6. *p.* 50. *pl.* 221. *n°.* 310.

Il a environ un pouce de largeur lorsque les ailes sont étendues. Les antennes sont filiformes, & d'une couleur rose pâle. La tête & le corcelet sont d'une couleur rose pâle, sans taches. Les yeux sont noirs. Les ailes supérieures sont d'une belle couleur de chair, avec une ligne transversale, très-ondée, placée un peu au-delà du milieu, & une suite de points noirs vers le bord postérieur. Les ailes inférieures sont d'un rouge pâle couleur de chair, sans taches. L'abdomen est pâle en dessus, & noir en dessous.

Il se trouve en Europe, dans les bois.

La chenille est courte & très-velue ; les poils sont gris & disposés par faisceaux ; la bouche est d'un rouge orangé.

269. BOMBIX collier-rouge.

BOMBYX *rubricollis.*

Bombyx alis incumbentibus atra, collari sanguineo ; abdomine flavo. FAB. *Syst. entom. p.* 587. *n°.* 110. —*Spec inf. tom.* 2. *p.* 206. *n°.* 153. —*Mant. inf. tom.* 2. *p.* 133. *n°.* 214.

Phalæna noctua rubricollis *spirilinguis lævis nigra, collari purpureo ; abdomine flavo.* LIN. *Syst. nat. p.* 840. *n°.* 113. —*Faun. suec. n°.* 1154.

Phalæna seticornis spirilinguis ; alis deflexis nigricantibus, collari purpureo ; abdomine flavo. GEOFF. *Inf. tom.* 2. *p.* 148. *n°.* 79. *pl.* 12. *fig.* 6.

La Veuve. GEOFF. *ib.*

CLERCK. *Icon. inf. tab.* 2. *fig.* 3.

Esp. *Pap. Europ.* 4. *p.* 90. *tab.* 92. *fig.* 1.
Schaeff. *Icon. tab.* 59. *fig.* 8, 9.
Phalæna rubricollis. Fourc. *Entom. par. p.* 291. *n°.* 109.
Phalæna noctua rubricollis. *Wienn. verz. p.* 68. *n°.* 11.
La Veuve. Ernst. *Pap. d'Europ. tom.* 6. *pl.* 222. *n°.* 311.

Il a environ un pouce & un quart de largeur lorsque les ailes sont étendues. Les antennes sont noires & sétacées. La tête est noire ; la trompe est ferrugineuse & roulée en spirale. Le col ou la partie antérieure du corcelet est rouge en-dessus ; le reste du corcelet est noir. Les ailes sont oblongues & noires, sans taches. La poitrine est noire, & l'abdomen est jaune. Les pattes sont noires.

Il se trouve en Europe, dans les bois.

La chenille se nourrit d'une espèce de lichen qui se trouve sur le Pin & le Hêtre. Elle est velue, noire, avec des bandes d'un noir très-foncé. La tête est brune & marquée d'une tache triangulaire, blanche.

Les auteurs du Catalogue Systématique des Papillons des environs de Vienne assignent pour nourriture à cette chenille la plante nommée par les Botanistes *Jungermania complanata*.

270. Bombix fuligineux.

Bombyx fuliginosa.

Bombyx alis incumbentibus, rubro fuliginosis: puncto gemino nigro; abdomine sanguineo; dorso nigro. Fab. *Syst. entom. p.* 588. *n°.* 111. —*Spec. ins. tom.* 2. *p.* 206. *no.* 154. —*Mant. ins. tom.* 2. *pag.* 133. *n°.* 215.

Phalæna noctua fuliginosa *spirilinguis lævis; alis deflexis rufo-fuliginosis puncto gemino nigro; inferioribus rubro marginatis.* Lin. *Syst. nat. pag.* 836. *n°.* 95. —*Faun. suec. n°.* 1159.

Phalæna minor, alis obscure rufis seu pullis, duabus maculis nigris notatis. Rai. *Inf. pag.* 228. *n°.* 13.
Phalæna fuliginosa. Scop. *Entom. carn. no.* 508.
Roes. *Inf. tom.* 1. *class.* 2. *Pap. noct. tab.* 43. *fig.* 1—6.
Ammiral. *Inf. tab.* 30.
Harris *Aurel. tab.* 12.
Wilk. *Pap. p.* 23. *tab.* 49.
Schaeff. *Icon. ins. tab.* 37. *fig.* 7, 8.
Phalæna Bombyx fuliginosa. Wienn. verz. pag. 54. *n°.* 11.
L'écaille cramoisie. Ernst. *Pap. d'Europ. tom.* 4. *p.* 150. *pl.* 154 & *pl.* 155. *n°.* 200.

Il a environ un pouce & un quart de largeur lorsque les ailes sont étendues. Les antennes sont à peine pectinées. La tête & le corcelet sont d'un roux brun. L'abdomen est rouge en-dessus, avec une suite de taches noires sur le dos ; il est roux, brun en-dessous. Les ailes supérieures sont d'un roux brun, avec deux points noirs au milieu. Les inférieures sont rouges, avec une bande noire vers le bord postérieur, ou une suite de taches noires vers le bord. Les pattes sont noirâtres, avec les cuisses rouges.

Il se trouve en Europe.

La chenille est couverte de poils roussâtres. La tête & les six pattes écailleuses sont noires. Son corps est brun. On la trouve sur la Rave, la Moutarde, la Patience, l'Oseille, le Fusain, la Ronce, le Framboisier, le Groseiller, l'Epilobe, le Plantain, le Bouleau, le Marronier, &c., &c. Elle se cache pendant l'hiver sous les aisselles des branches d'arbres. Parvenues à toute leur grosseur vers le mois de Mai, ces chenilles se filent une coque mince, dans la construction de laquelle elles font entrer quelques poils, après quoi elles se changent en chrysalide, & en sortent sous la forme d'insecte parfait au bout de trois semaines.

271. Bombix crible.

Bombyx cribrum.

Bombyx alis incumbentibus anticis albis transverse nigro punctatis. Fab. *Syst. entom. p.* 588. *n°.* 112. —*Spec. ins. tom.* 2. *p.* 206, *n°.* 155. —*Mant. ins. tom.* 2. *pag.* 134. *n°.* 216.

Phalæna Bombyx cribrum *spirilinguis; alis incumbentibus, superioribus albis, transverse nigro punctatis.* Lin. *Syst. nat. pag.* 831. *n°.* 76. —*Faun. suec. n°.* 1136.

Phalæna Bombyx cribrum. Esper. *Pap. Europ.* 4. *pag* 353. *tab.* 69 *fig* 1.
Tinea alis argenteis, corpori circumvolutis, fascia duplici transversâ punctorum nigrorum. Geoff. *Inf. tom.* 2. *pag.* 190. *n°.* 21 ?
Réaum. *Mém. ins. tom.* 1. *tab.* 38. *fig.* 7, 8, 9 ?
Wienn. verz. pag. 68. *n°.* 8.
Le crible. Ernst. *Pap. d'Europ. tom.* 6. *p.* 47. *pl.* 220. *n°.* 308.

Il est un peu plus petit que le *Bombyx* du Seneçon. Les ailes supérieures sont blanches, avec plusieurs rangées transversales de points noirs. Les inférieures sont obscures, sans taches. Le dessous des quatre ailes est obscur. Le corcelet est blanc, avec quelques points noirs. L'abdomen est jaunâtre.

Il se trouve en Europe.

272. Bombix obscur.

Bombyx obscura.

Bombyx alis incumbentibus concoloribus fuscis: anticis punctis tribus albo hyalinis; abdomine flavo: linea nigra. Fab *Spec. ins. tom.* 2. *pag.* 206. *n°.* 156. —*Mant. ins. tom.* 2. *pag.* 134. *n°.* 217.

Phalæna noctua Ancilla *alis fuscis : superioribus puncto maculisque quatuor albis ; inferioribus luteis, margine arcuque fusco.* LIN. *Syst. nat. pag.* 835. *n°.* 93.

Phalæna seticornis spirilinguis ; alis deflexis, superioribus nigris, punctis quatuor albis, inferioribus flavis fusco marginatis. GEOFF. *Inf. tom.* 2. *pag.* 168. *n°.* 114.

La Phalène à quadrille. GEOFF. *ib.*

SCHAEFF. *Icon. inf. tab.* 278. *fig.* 4—7.

Phalæna temopicta. FOURC. *Entom, par. p.* 302. *n°.* 144.

Phalæna Noctua Ancilla. Wienn. verz. pag. 69. *n°.* 14.

La servante. ERNST. *Pap. d'Europ. tom.* 6. *p.* 58. *pl.* 223. *n°.* 314

Il a environ dix ou onze lignes de largeur lorsque les ailes sont étendues. Les antennes sont filiformes. Le corcelet est d'un roux brun. La partie supérieure de l'abdomen est jaune, avec une rangée longitudinale de points noirs. Les ailes supérieures sont roussâtres, brunes, avec deux, trois ou quatre points ovales, blanchâtres, transparens. Les ailes inférieures sont roussâtres, obscures, sans taches. Le dessous du corps & les pattes sont obscurs.

Il varie un peu par le nombre des taches & par la couleur des ailes inférieures, qui sont quelquefois jaunâtres, & bordées de brun.

Il se trouve en Europe.

La chenille est velue, noire, avec trois lignes longitudinales, jaunes, dont une sur le dos un peu plus grande que les autres. Les pattes postérieures sont jaunes.

273. BOMBIX ponctué.

BOMBYX punctata.

Bombyx alis incumbentibus concoloribus, anticis fuscis albo punctatis ; posticis flavis apice fuscis. FAB. *Spec. inf. tom.* 2. *p.* 207. *n°.* 157. —*Mant. inf. tom.* 2. *p.* 134. *n°.* 218.

ESPER. *Pap. d'Europ. tom.* 4. *p.* 53. *tab.* 85. *fig.* 3.

La ménagère. ERNST. *Pap. d'Europ. tom.* 6. *pag.* 60. *pl.* 223. *n°.* 315.

Il ressemble beaucoup au précédent. Les antennes, la tête & le corcelet sont noirâtres. L'abdomen est jaune, avec une ligne longitudinale, formée par des points noirs. Les ailes supérieures sont obscures, avec deux petites taches ovales au milieu, & trois vers le bord postérieur, blanches, transparentes. La tache extérieure des trois dernières ne forme souvent qu'un petit point. Les ailes inférieures sont jaunes, avec le bord postérieur noirâtre. Le dessous des quatre ailes est semblable au-dessus.

Il m'a été envoyé du haut Dauphiné par M. Danthoine ; il se trouve aussi en Italie & aux environs de Lyon.

BOMBYX. *Voyez* BOMBIX.

BORD, *MARGO.* On a donné, en Entomologie, le nom de *bord* à la circonférence des ailes, à la partie qui termine le corcelet antérieurement, postérieurement & latéralement, à celle qui termine latéralement les élytres, à celle qui termine postérieurement chaque anneau de l'abdomen ; à celle enfin qui termine la lèvre supérieure, la lèvre inférieure, le chaperon, les mandibules, les mâchoires, &c. Le bord de toutes ces parties est entier ou cilié, crénelé, denté, dentelé, en scie, épineux, déchiré, &c. On lui a donné le nom de *rebord* lorsqu'il est un peu relevé.

BOSTRICHE, *BOSTRICHUS.* Genre d'insectes de la troisième Section de l'Ordre des Coléoptères.

Les *Bostriches* sont des insectes presque cylindriques, dont le corcelet est globuleux, ordinairement épineux, ou denté à sa partie antérieure & supérieure, dont les deux ailes sont cachées sous des étuis, qui paroissent souvent tronqués & dentés vers leur extrémité ; enfin dont les tarses sont filiformes, & composés de quatre articles.

M. Geoffroy est le premier auteur qui ait distingué ce genre d'insectes : Linné, & presque tous les entomologistes, qui ont écrit après lui, l'ont confondu avec celui de Dermeste, auquel il ne ressemble ni par aucune partie du corps, ni par sa manière de vivre. M. Pallas a décrit deux espèces de *Bostriches* sous le nom générique de *Ligniperda*, c'est-à-dire *Percebois.* M. Fabricius a établi deux genres, l'un sous le nom de *Apate*, qui répond à celui de *Bostrichus* de M. Geoffroy, & l'autre sous celui de *Bostrichus*, qui est le même que celui de Scolyte du même auteur. Nous ignorons quels ont été les motifs de M. Fabricius, en transposant des noms déjà reçus. Il nous paroît que ce naturaliste, d'ailleurs très-exact, n'avoit pas examiné le *Bostriche* de M. Geoffroy, puisqu'il ne l'a point placé parmi ses *Apates.* Nous croyons devoir conserver le genre *Bostriche* tel que l'a établi M. Geoffroy, en y ajoutant les espèces découvertes depuis ce célèbre naturaliste. Nous conserverons aussi le genre Scolyte, que M. Fabricius a mal à propos confondu avec le *Bostriche* capucin.

Ce genre a quelques rapports avec celui de Scolyte ; mais il en diffère par plusieurs endroits. La masse, qui termine les antennes des Scolytes, paroît d'une seule pièce, tandis que celle des *Bostriches* est composée de trois articles perfoliés : de plus, les tarses des Scolytes sont garnis en-dessous de pelottes, & ceux des *Bostriches* sont simples & filiformes.

Les antennes des *Bostriches* sont courtes, à peine de la longueur de la moitié du corcelet, terminées en masse perfoliée, un peu comprimée : elles sont composées de dix articles, dont le premier est plus gros, plus long que les autres; le second est plus petit que le premier, mais plus gros que les suivans, & un peu globuleux; les autres sont courts, petits, presque globuleux; les trois derniers sont en masse perfoliée; leur figure est convexe d'un côté & plate de l'autre; le dernier est ovale.

La tête est petite, arrondie postérieurement, un peu enfoncée dans le corcelet, & légèrement inclinée. Les yeux sont petits, ronds & saillans.

La bouche est composée d'une lèvre supérieure, de deux mandibules, de deux mâchoires, d'une lèvre inférieure & de quatre antennules.

La lèvre supérieure est plate, peu large, coriacée, ciliée & légèrement échancrée.

Les mandibules sont cornées, très-dures, pointues; un peu dentées; les dents placées vers le milieu sont peu saillantes & arrondies.

Les mâchoires sont membraneuses, bifides; les divisions sont inégales; l'extérieure est un peu plus longue que l'autre, ciliée, pointue. L'interne est arrondie & à peine ciliée.

La lèvre inférieure est membraneuse, petite, bifide & ciliée. Les divisions sont arrondies & égales.

Les antennules sont filiformes; les antérieures, un peu plus longues que les autres, sont composées de quatre articles, dont le premier est court & petit; le second & le troisième sont coniques; le dernier est ovale, alongé : elles sont insérées au dos des mâchoires. Les postérieures sont composées de trois articles presque égaux, & insérées à la base latérale de la lèvre inférieure.

Le corcelet est grand, arrondi, presque globuleux, aussi large que les élytres : il est ordinairement couvert, à sa partie antérieure & supérieure, de petites épines relevées & un peu courbées. Ces épines sont très-dures, & font partie de la substance cornée du corcelet. Lorsque l'insecte est dans une position horisontale, & qu'on le regarde en dessus, on n'apperçoit point sa tête; elle est entièrement cachée par le corcelet.

L'écusson est très-petit; il est ordinairement arrondi ou coupé postérieurement.

Les élytres sont à-peu-près d'égale largeur dans toute leur longueur; elles sont assez grandes, & enveloppent une partie de l'abdomen : elles sont arrondies vers leur extrémité, souvent elles sont comme coupées & armées de dentelures ou d'épines à l'endroit de la troncature. Au dessous des élytres il y a deux ailes membraneuses, repliées.

Les pattes sont d'une longueur moyenne & assez déliées. La cuisse est assez mince & un peu comprimée. La jambe est mince, un peu comprimée, & terminée par plusieurs épines très-peu apparentes. Les tarses sont composés de quatre articles filiformes. Le premier de ces articles est presque cylindrique, & plus long que les autres; le second l'est beaucoup moins; le troisième est le plus court; le dernier est long, & un peu renflé vers le bout : il est armé de deux ongles forts, aigus & crochus.

Les larves des *Bostriches* ressemblent à un ver mol, court, un peu renflé : leur corps, ordinairement courbé en arc, est composé de douze anneaux distincts; il est muni de six pattes écailleuses & d'une tête écailleuse, assez dure, armée de deux mâchoires très-dures, très-solides & tranchantes. Ces larves, semblables à celles des Vrillettes, vivent dans le bois mort, le rongent, le percent de toute part, & le réduisent en poussière. Elles ne parviennent à toute leur croissance que dans l'espace d'une ou de deux années : elles font leur mue, & subissent leur métamorphose dans le bois qu'elles ont rongé, & elles n'en sortent que sous la forme d'insecte parfait. On peut élever ces larves dans la farine de seigle ou de froment : elles y vivent très-bien, s'y changent presque toujours en chrysalide; mais on obtient rarement par ce moyen l'insecte parfait.

C'est autour des arbres à demi morts, sur les branches mortes, sous l'écorce à demi pourrie des vieux arbres, & sur-tout des Chênes, enfin sur le bois coupé depuis quelque temps, qu'on rencontre les *Bostriches*, soit au moment qu'ils en sortent, soit lorsqu'ils y retournent pour y faire leur ponte. Ces insectes ne fréquentent jamais les fleurs & les feuilles des végétaux, & ils n'attaquent que très-rarement le bois vivant.

BOSTRICHE.

BOSTRICHUS. GEOFF. FAB.

DERMESTES, LIN. APATE, FAB.

CARACTERES GÉNÉRIQUES.

ANTENNES courtes, en masse, composées de dix articles : premier article gros & long ; les autres grenus ; les trois derniers en masse perfoliée.

Bouche composée d'une lèvre supérieure, de deux mandibules cornées, pointues, de deux mâchoires membraneuses, bifides, d'une lèvre inférieure, petite, membraneuse, bifide, & de quatre antennules filiformes.

Tarses simples, filiformes, composés de quatre articles.

Corcelet globuleux, ordinairement armé antérieurement de petites épines crochues.

ESPECES.

1. BOSTRICHE tarière.

Brun noir ; élytres raboteuses, réticulées, coupées & dentées à leur extrémité ; corcelet tuberculé, épineux.

2. BOSTRICHE mendiant.

Noir ; abdomen brun ; corcelet globuleux ; élytres un peu coupées, avec deux dentelures obtuses sur chaque.

3. BOSTRICHE céphalote.

Noir ; corcelet globuleux, épineux antérieurement ; élytres raboteuses, un peu tronquées & dentées.

4. BOSTRICHE cornu.

Noir ; corcelet tuberculé, bicornu antérieurement ; élytres entières, chagrinées.

5. BOSTRICHE crochu.

Noirâtre ; corcelet arrondi, armé de deux crochets dentés ; élytres munies d'une forte dent.

6. BOSTRICHE moine.

Noir ; corcelet convexe, tuberculé ; élytres un peu coupées, presque dentées, avec trois lignes longitudinales, élevées.

7. BOSTRICHE Jésuite.

Noir ; élytres entières, fortement pointillées ; corcelet élevé, épineux antérieurement.

8. BOSTRICHE en deuil.

Noir ; corcelet globuleux, couvert de points élevés ; élytres raboteuses, entières.

BOSTRICHE. (Insectes.)

9. BOSTRICHE Capucin.

Noir; élytres entières, rouges; corcelet globuleux, couvert de points élevés, pointus.

10. BOSTRICHE bimaculé.

Noir; corcelet globuleux, avec une tache grise, ponctuée de chaque côté; élytres coupées, biépineuses.

11. BOSTRICHE double-épine.

Noirâtre, pubescent; élytres brunes, fortement pointillées, tronquées, armées de deux petites épines.

12. BOSTRICHE muriqué.

Noir; élytres brunes, coupées & sixdentées à l'extrémité; corcelet convexe, muriqué.

BOSTRICHE sixdenté.

Brun; antennes fauves; élytres presque raboteuses, coupées, munies de six petites épines.

14. BOSTRICHE Hermite.

Noir; élytres coupées, pointillées; corcelet globuleux, tuberculé antérieurement.

15. BOSTRICHE brun.

D'un brun ferrugineux; corcelet globuleux, un peu épineux antérieurement; élytres coupées, noires postérieurement.

16. BOSTRIHE coupé.

Brun; antennes fauves; élytres pointillées; coupées, sans épines ni dentelures.

17. BOSTRICHE nain.

Noir; élytres entières, pubescentes, pointillées, brunes; corcelet élevé, tuberculé.

18. BOSTRICHE bordé.

Noir; élytres entières, pâles, avec tout le bord noir.

19. BOSTRICHE marginé.

Noirâtre; corcelet velu; élytres entières, obscures, avec les bords & quelques points ferrugineux.

1. Bostriche tarière.

Bostrichus terebrans.

Bostrichus nigro-brunneus elytris reticulatis postice retusis dentatis, thorace muricato gibbo. Ent. ou hist. nat. des inf. Bostriche. *pl.* 1. *fig.* 4.

Apate muricatus *elytris reticulatis, postice retusis dentatis, thorace muricato gibbo.* Fab. *Syst. entom. pag.* 54. *no.* 1. — *Spec. inf. tom.* 1. *pag.* 62. *n°.* 1. —— *Mant. inf. tom.* 1. *pag.* 33, *no.* 1.

Ligniperda terebrans. Pallas. *Spicil. zoolog. inf. p.* 7. *tab.* 1. *fig.* 3.

Il a environ un pouce de longueur, & son corps paroît presque cylindrique. La tête est un peu inclinée, noirâtre, & la bouche est garnie de poils ferrugineux. Le corcelet est très-convexe, arrondi, lisse postérieurement, parsemé de points élevés antérieurement, avec quelques petites dentelures élevées, un peu arquées, en forme d'épine, de chaque côté de la partie antérieure. L'écusson est très-petit, les élytres sont raboteuses, presque réticulées, coupées postérieurement, & armées à la partie supérieure de la troncature, de six épines, dont quatre très-distinctes, & deux plus petites. Les élytres sont lisses à l'endroit de la troncature. Elles sont d'un noir un peu brun. Le dessous du corps est brun & garni de poils d'un brun ferrugineux.

L'insecte que Linné a décrit sous le nom de *Dermestes muricatus*, est bien différent de celui-ci, comme on peut le voir par la description qu'il en donne.

Il se trouve dans l'Amérique méridionale, aux Antilles, sur le bois mort.

2. Bostriche mendiant.

Bostrichus mendicus.

Bostrichus niger; abdomine piceo; thorace globoso elytris truncatis, dentibus duobus obtusis. Ent. ou hist. nat. des inf. Bostriche. *Pl.* 1. *fig.* 7.

Il est plus petit que le *Bostriche* épineux. Tout le corps est noir, l'abdomen seul est brun. La tête est inclinée, avec la bouche pubescente. Le corcelet est globuleux, raboteux, légèrement dentelé antérieurement, lisse & luisant postérieurement. L'écusson est petit. Les élytres sont fortement pointillées, & coupées à l'extrêmité; elles ont chacune trois lignes longitudinales peu élevées, peu marquées, & deux dents obtuses. Les pattes sont noires.

Il se trouve à St. Domingue.
Du cabinet du roi.

3. Bostriche céphalote.

Bostrichus cephalotes.

Bostrichus niger; thorace gibbo, antice utrinque multispinoso; elytris punctatis, apice truncatis quadridentatis. Ent. ou hist. nat. des inf. Bostriche. *pl.* 2. *fig.* 8.

Il est un peu plus grand que le *Bostriche* moine. Le corps est noir. La tête est grosse & inclinée. Le corcelet est globuleux, un peu avancé & multidenté de chaque côté, antérieurement. L'écusson est petit. Les élytres sont fortement pointillées, avec trois lignes élevées longitudinales sur chaque, & l'extrémité un peu coupée, munie de deux tubercules de chaque côté. L'abdomen est un peu cendré.

Il se trouve à l'isle de Bourbon, d'où il a été envoyé, par M. David, gouverneur.
Du cabinet du roi.

4. Bostriche cornu.

Bostrichus cornutus.

Bostrichus niger, thorace gibbo, antice bicorni elytris scabris integris. Ent. ou hist. natur. des inf. Bostriche, *pl.* 1. *fig.* 5. *A, B. C.*

Il ressemble, pour la forme & la grandeur, au *Bostriche* moine. Tout le corps est très-noir. La tête est inclinée. Le corcelet est globuleux, couvert antérieurement de points élevés, & armé de deux cornes avancées, un peu arquées. L'écusson est très-petit. Les élytres sont raboteuses, arrondies & entières à leur extrémité; elles ont chacune trois lignes longitudinales élevées.

Il se trouve à l'isle de Bourbon, d'où il a été envoyé, par M. David, gouverneur.
Du cabinet du roi.

5. Bostriche crochu.

Bostrichus hamatus.

Bostrichus elytris ante apicem unispinosis, thoracis margine antico bihamato denticulato.

Apate hamatus *elytris ante apicem unispinosis, thoracis margine antico bihamato denticulato.* Fab. *Mant. inf. tom.* 1. *pag.* 33. *no.* 2.

Il ressemble au *Bostriche* épineux, mais il est beaucoup plus petit. La tête est noirâtre, avec la bouche pubescente, ferrugineuse. Le corcelet est globuleux, raboteux, & armé antérieurement de chaque côté, d'une espèce de crochet denté, qui couvre la partie postérieure de la tête. Les élytres sont obscures, ponctuées, munies, vers l'extrémité, d'une dent forte, avancée, obtuse. L'abdomen & les pattes sont d'un brun noirâtre.

Il se trouve en Saxe, sur le bois.

6. Bostriche Moine.

Bostrichus Monachus.

Bostrichus thorace elevato tuberculato; elytris retusis subdentatis, lineis tribus elevatis. Ent. ou hist. nat. des inf. Bostriche *pl.* 2. *fig.* 9.

Apate Monachus *elytris obtusis, retusis thorace*

gibbo truncato. FAB. *Syst. entom. p.* 54. *n°.* 2. — *Spec. inf. tom.* 1. *p.* 62. *n°.* 2. — *Mant. inf. tom.* 1. *p.* 33. *no.* 3.

Ligniperda cornuta. PALL. *Spicileg. zoolog. inf. p.* 8. *tab.* 1. *fig.* 4?

Il ressemble au *Bostriche* Jésuite, pour la forme & la grandeur. Tout le corps est noir en dessus, & brun en dessous. Les antennes sont d'un brun clair, & un peu plus longues que la tête. La tête est couverte antérieurement de poils ferrugineux bruns, très-serrés. Le corcelet est convexe, tout couvert de points élevés, un peu plus saillans à la partie antérieure. L'écusson est très-petit. Les élytres sont fortement pointillées, & elles ont chacune trois lignes longitudinales élevées. La partie postérieure est un peu tronquée, pointillée, & on y remarque six petites dentelures, qui sont la suite des lignes longitudinales.

Il se trouve en Amérique.
Du cabinet de M. Banks; il se trouve aussi au cabinet du roi.

Il a été rapporté du Sénégal, par M. Adanson. Les Nègres de ce pays nomment cet insecte *Limin.*

7. BOSTRICHE Jésuite.

BOSTRICHUS *Jesuita.*

Bostrichus elytris integris variolosis, thorace antice truncato spinoso.

Apate jesuita *elytris integris variolosis, thorace antice truncato.* FAB. *Syst. entom. pag.* 55. *n°.* 3. — *Spec. inf. tom.* 1. *p.* 62. *n°.* 3. — *Mant. inf. tom.* 1. *pag.* 33. *no.* 4.

Il est presque une fois plus grand que le *Bostriche* Capucin. Tout le corps est noir. Le corcelet est élevé, convexe, entièrement tuberculé, sur-tout à la partie antérieure, avec des dentelures élevées, un peu arquées & pointues à la partie antérieure. L'écusson est très-petit. Les élytres sont fortement pointillées; les points sont très-rapprochés, & ils forment des stries assez régulières: l'extrémité n'est pas tronquée, mais seulement un peu déprimée. Le dessous du corps est noir, avec des poils roussâtres bruns, extrêmement courts, & visibles seulement à la loupe.

Il se trouve à la nouvelle Hollande.
Du cabinet de M. Banks.

8. BOSTRICHE en deuil.

BOSTRICHUS *luctuosus.*

Bostrichus niger, thorace gibbo muricato; elytris scabris, integris. Ent. ou hist. nat. des inf. BOSTRICHE. *pl.* 1. *fig.* 6.

Il ressemble entièrement au *Bostriche* Capucin, mais il est un peu plus grand, & tout le corps est noir. Le corcelet est presque globuleux, & couvert de points élevés, pointus. Les élytres sont un peu raboteuses, luisantes. Le dessous du corps & les pattes sont luisantes.

J'ai trouvé cet insecte fréquemment en Provence, sur le bois coupé du Chêne vert, *Quercus Ilex.*

9. BOSTRICHE Capucin.

BOSTRICHUS *Capucinus.*

Bostrichus niger elytris integris punctatis rubris; thorace gibbo muricato. Ent. ou hist. nat. des inf. BOSTRICHE, *pl.* 1. *fig.* 1. *B. C.*

Bostrichus niger elytris rubris. GEOFF. *Inf. tom.* 1. *pag.* 302. *no.* 1. *tab.* 5. *fig.* 1.

Bostrichus capucinus *niger, elytris abdomineque rubris, thorace emarginato retuso.* FAB. *Syst. ent. pag.* 59. *n°.* 1. — *Spec. inf. tom.* 1. *pag.* 67, *no.* 1. — *Mant. inf. tom.* 1. *pag.* 36. *no.* 1.

Dermestes capucinus. LIN. *Syst. nat. pag.* 562. *no.* 5. — *Faun. suec. n°.* 416.

SCHAEFF. *Elem. inf. tab.* 28. — *Icon. inf. tab.* 189. *fig.* 1.

SULZ. *Hist. inf. tab* 2. *fig.* 5. 6. *C.*

Dermestes capucinus. SCHRANK. *Enum. inf. aust. n°.* 38.

Dermestes capucinus. VILL. *Entom. tom.* 1. *pag.* 46. *n°.* 5.

Il varie beaucoup pour la grandeur. Les antennes sont noires. La tête est noire, petite, inclinée. Le corcelet est noir, grand, presque globuleux, légèrement échancré antérieurement, couvert de points élevés pointus. L'écusson est noir. Les élytres sont rouges, couvertes de points enfoncés, presque raboteuses. Les pattes & le dessous du corps sont noirs. L'abdomen est souvent rouge, & rarement d'un brun noir.

Il se trouve dans presque toute l'Europe, sur les troncs à demi-pourris des arbres.

10. BOSTRICHE bimaculé.

BOSTRICHUS *bimaculatus.*

Bostrichus niger thorace gibbo submuricato, utrinque macula grisea, elytris retusis bispinosis. Ent. ou hist. nat. des inf. BOSTRICHE. *Pl.* 2. *fig.* 14. *A. B.*

Il est une fois plus petit que le *Bostriche* Capucin. Les antennes sont d'un brun testacé. La tête est noire, & la lèvre supérieure est ciliée de fauve. Le corcelet est noir, globuleux, couvert antérieurement de points élevés, avec une tache grisâtre, formée par un duvet cotonneux, qui laisse voir quelquefois un ou deux points noirs. Les élytres sont noires, raboteuses, couvertes d'un duvet roussâtre plus ou moins serré. Elles sont coupées à l'extrémité, & armées chacune d'une épine forte, courte, arquée.

Le dessous du corps & les pattes sont noires, & légèrement couverts d'un duvet d'un roux cendré.

J'ai trouvé cet insecte sur le bois coupé, en Provence.

11. Bostriche double-épine.

Bostrichus bispinosus.

Bostrichus niger pubescens, elytris brunneis truncatis bispinosis. Ent. ou hist. nat. des ins. Bostriche. *Pl. 2. fig. 15.*

Il est presque une fois plus petit que le *Bostriche* Capucin. Les antennes sont noires, de la longueur de la tête : les trois derniers articles forment une masse assez grosse, perfoliée. Le corcelet est élevé, globuleux, tuberculé supérieurement, avec des tubercules plus élevés, pointus de chaque côté. L'écusson est très-petit. Les élytres sont brunes, un peu raboteuses, fortement pointillées, tronquées postérieurement, avec deux petites épines droites, une de chaque côté de la suture, & un tubercule peu élevé de chaque côté. Les pattes & le dessous du corps sont d'un brun noirâtre. Tout le corps, tant en dessus qu'en dessous, est pubescent.

Il se trouve dans l'Afrique équinoxiale.
Du cabinet de M. Banks.

12. Bostriche muriqué.

Bostrichus muricatus.

Bostrichus niger, elytris postice retusis sexdentatis, thorace muricato gibbo. Ent. ou hist. nat. des ins. Bostriche. *pl. 2. fig. 13. A. B.*

Dermestes muricatus *niger, elytris postice retusis dentatis, thorace muricato gibbo.* Lin. *Syst. nat. pag. 562. no. 6.*

Il ressemble, pour la forme & la grandeur, au *Bostriche* double-épine. Les antennes sont noires. La tête est noire, & le front est légèrement couvert de poils roux. Le corcelet est convexe, arrondi, noir, armé de quelques pointes antérieurement. L'écusson est noir, petit & triangulaire. Les élytres sont brunes, pointillées, coupées & munies de six petites dents à l'extrémité. Le dessous du corps & les pattes sont noirs.

Il se trouve en Afrique & aux environs de Lyon, dans du bois carié.

13. Bostriche sixdenté.

Bostrichus sexdentatus.

Bostrichus nigricans elytris castaneis, punctatis, apice retusis sexdentatis ; antennis testaceis. Ent. ou hist. nat. des ins. Bostriche. *pl. 1. fig. 3. A. B.*

Bostrichus nigricans, thorace globoso, elytris testaceis apice sexdentatis. Bernard *Mém. tom. 1. p. 203.*

Il est trois ou quatre fois plus petit que le *Bostriche* Capucin. Les antennes sont fauves, presque testacées. Tout le corps est un peu pubescent. La tête est noirâtre. Le corcelet est noirâtre, globuleux avec des points élevés, pointu à sa partie antérieure & supérieure. Les élytres sont d'un brun marron, fortement pointillées, presque raboteuses, coupées à leur extrémité, & armées de six dents, dont quatre transversales, droites, un peu avancées, & une supérieure peu marquée. Le dessous du corps est noirâtre. Les pattes sont noirâtres, & quelquefois brunes.

On le trouve en Provence, dans le bois mort, qu'il ronge. Je l'ai trouvé plus ordinairement dans le bois de la vigne, coupé depuis quelque temps.

14. Bostriche Hermite.

Bostrichus Eremita.

Bostrichus niger elytris retusis muticis ; thorace gibbo antice scabro. Ent. ou hist. nat. des ins. Bostriche. *pl. 2. fig. 11. A. B.*

Apate capucinus *elytris integris, thorace antice scabro.* Fab. *Spec. ins. tom. 1. pag. 62. no. 4. — Mant. ins. tom. 1. pag. 33. no. 5.*

Il ressemble, pour la forme & la grandeur, au *Bostriche* sixdenté. Tout le corps est noir, les élytres sont d'un brun noirâtre. Le corcelet est lisse vers le bord postérieur & les bords latéraux ; il est élevé & tuberculé à sa partie supérieure & antérieure. Les tubercules latéraux antérieurs sont un peu plus saillans & un peu plus aigus que les autres. Les élytres sont pointillées, pubescentes, vues à la loupe, tronquées postérieurement, sans épines & sans dentelures. Le corps, en dessous, & les pattes sont noirs.

Il se trouve sur la côte de Coromandel.
Du cabinet de M. Banks.

15. Bostriche brun.

Bostrichus piceus.

Bostrichus brunneus, thorace rotundato antice muricato, elytris truncatis apice nigris. Ent. ou hist. nat. des ins. Bostriche. *pl. 2. fig. 10. A. B.*

Il ressemble beaucoup au *Bostriche* coupé, mais il est un peu plus grand. Les antennes sont ferrugineuses. La tête est inclinée & cachée sous le corcelet. Celui-ci est d'un brun ferrugineux, globuleux, lisse postérieurement, un peu épineux à sa partie antérieure & supérieure. Les élytres sont pointillées, un peu raboteuses, d'un brun ferrugineux, noires & coupées postérieurement. Le dessous du corps & les pattes sont d'un brun ferrugineux.

Il se trouve aux isles du Cap-Vert.

16. Bostriche coupé.

Bostrichus retusus.

Bostrichus brunneus, antennis flavis; elytris punctatis truncatis inermibus. Ent. ou Hist. nat. des inf. BOSTRICHE. *pl. 1. fig. 2. A. B.*

Il est petit, cylindrique, brun, luisant, un peu pubescent. Les antennes sont d'un jaune fauve. Le corcelet est presque globuleux, chagriné antérieurement, lisse & luisant postérieurement. Les élytres sont pointillées, obliquement coupées à leur extrémité, sans dents & sans épines. Les pattes sont d'un brun noirâtre.

J'ai trouvé cet insecte le vingt-quatre juin, aux environs de Paris, sur le bois mort de Châtaignier.

17. BOSTRICHE nain.

BOSTRICHUS *minutus.*

Bostrichus niger elytris integris punctatis piceis, thorace gibbo antice scabro. Ent. ou hist. nat. des insect. BOSTRICHE. *pl. 2. fig. 12. A. B.*

Apate minutus *niger, elytris integris piceis, thorace antice scabro.* FAB. *Syst. entom. pag. 54. no. 4. — Spec. inf. tom. 1. pag. 62. no. 5. — Mant. inf. tom. 1. pag. 33. n°. 6.*

Il est une fois plus petit que le *Bostriche* sixdenté. Les antennes sont jaunâtres, un peu plus longues que la tête. La tête est noire & lisse. Le corcelet est noir, élevé, arrondi, tuberculé, surtout à sa partie antérieure & supérieure. L'écusson est très-petit. Les élytres sont brunes, pubescentes, fortement pointillées & arrondies postérieurement. Les pattes & le dessous du corps sont d'un brun noirâtre.

Il se trouve dans la Nouvelle-Zélande.
Du cabinet de M. Banks.

18. BOSTRICHE bordé.

BOSTRICHUS *limbatus.*

Bostrichus ater, elytris integris pallidis, margine omni nigro.

Apate limbatus *ater, elytris integris pallidis: margine omni nigro.* FAB. *Mant. inf. tom. 1. pag. 33. n°. 7.*

Il est petit. La tête est noire, luisante, sans taches. Le corcelet est globuleux noir, couvert d'un duvet ferrugineux. Les élytres sont lisses, presque striées, pâles, avec tout le bord noir.

Il se trouve à Kiell.

19. BOSTRICHE marginé.

BOSTRICHUS *marginatus.*

Bostrichus fuscus, thorace villoso; elytris integris fuscis, margine punctisque ferrugineis.

Apate marginatus *thorace villoso, elytris integris fuscis: margine punctisque ferrugineis.* FAB. *Mant. inf. tom. 1. p. 33. n°. 8.*

Il est petit. Les mandibules sont avancées, en forme de pinces. Le corcelet est élevé, arrondi postérieurement, entier, velu, noirâtre. Les élytres sont entières, presque striées, noirâtres, obscures, avec les bords & quelques points ferrugineux, disposés rarement en ligne transversale ondée. L'abdomen est noirâtre avec le bord ferrugineux. Les pattes sont noirâtres.

Il se trouve en Saxe.

BOUCHE, *os, instrumenta cibaria.* Aucune classe du règne animal, sans en excepter même celle des Vers, ne présente autant de différences dans les parties de la *bouche*, que celle des insectes. Du quadrupède ruminant au carnivore, de l'oiseau de proie au granivore, du Serpent à la Tortue, de la Raie à la Sole, de la Baleine au Dauphin, d'un coquillage à un molusque, la différence n'est pas si grande que celle qu'on observe entre un Papillon & un Scarabé, une Mouche & un Crabe, une Punaise & un Fourmilion, une Abeille & une Araignée. L'étude des parties de la *bouche* des insectes est si curieuse & si intéressante, qu'elle seule peut jeter un grand jour sur leur histoire; & si l'Entomologie fait dans la suite de plus grands progrès, elle les devra sans doute à la parfaite connoissance de ces parties: en effet, si les habitudes & la manière de vivre des animaux, dépendent uniquement des organes dont ils sont pourvus, la *bouche* des insectes, beaucoup plus compliquée que celle des autres animaux, composée de plusieurs pièces qui se combinent, & qui tendent toutes à les nourrir & à les défendre, munie d'instrumens qui servent au tact, de pinces propres à saisir la proie, &c, doit nécessairement jouer un très-grand rôle dans l'économie animale.

On peut aisément reconnoître, à la seule inspection de la bouche d'un insecte, quelles sont ses habitudes, & quelle est sa manière de vivre. La trompe du Papillon, alongée, molle & flexible, n'est propre qu'à retirer les sucs contenus dans les fleurs; elle n'est pas assez forte pour percer même les corps les plus mous; la moindre pellicule suffiroit pour l'arrêter: celle de la Punaise, au contraire, composée de plusieurs parties très-fines, très-déliées, & cependant très-solides, peut pénétrer dans le tissu des plantes, ou percer la peau des animaux. Les mandibules de l'Araignée, fortes, grandes, & armées d'un piquant très-dur & très-aigu, sont propres à saisir & à tuer des insectes. La *bouche* du Pou & celle de la Puce sont armées d'un dard d'une finesse extrême, qui s'insinue assez facilement dans la chair des animaux, & qui, malgré sa finesse, est composée de plusieurs pièces; & fait l'office d'un suçoir, après avoir fait celui d'un dard. Indépendamment de sa trompe, la Guêpe est armée de mandibules, par le moyen desquelles elle coupe & déchire les fleurs & les fruits dont elle retire les sucs; elle les emploie encore à enlever les substances propres à bâtir son nid. Des mandibules fortes, allongées, dentées & terminées en pointe aigue, annoncent, dans les Coléoptères, des insectes qui vivent de rapine & qui font la guerre aux autres. Des mandibules grosses & épaisses, terminées par un rebord tranchant, désignent un insecte qui ronge le bois & les corps les plus durs. Celui qui se nourrit simplement de feuilles de végétaux, a les mandibules moins grosses & moins fortes; elles ont de légères dentelures, & leur rebord est peu tranchant.

Le systême entomologique de M. Fabricius, célèbre naturaliste de Kiell, est fondé sur l'examen des parties de la *bouche* des insectes, relativement au nombre, à la proportion & à la situation des pièces qui la composent. Ce systême qui fera sans doute époque dans l'histoire des insectes, est cependant encore bien éloigné de la perfection dont il est susceptibles; car on voit rangés dans les mêmes classes, des insectes très-différens entre eux par toutes les parties du corps, & spécialement par celles de la *bouche*; tandis que quelques autres qui ne présentent presque point de différences, sont cependant placés dans des classes différentes. Par exemple, nous voyons avec surprise, dans les mêmes classes, le Monocle, la Frigane & l'Abeille; la Libellule, la Scolopendre & l'Araignée; la Mouche, le Pou & la Mitte, &c. Et dans des classes différentes, le Cloporte & l'Iule, le Monocle & l'Ecrevisse, la Mitte & le Faucheur, le Pou & la Puce, &c. Cependant, quelque difficile à établir que soit un pareil systême, à cause de la petitesse des parties de la *bouche*, & de l'impossibilité quelquefois de les développer pour les appercevoir, il est sans doute à desirer que les Entomologistes s'attachent à les examiner attentivement, & à les étudier beaucoup plus qu'on n'a fait jusqu'à présent; car elles peuvent être employées avec le plus grand avantage, à l'établissement des genres : mais nous doutons que la *bouche* des insectes fournisse jamais des caractères de classes, plus faciles à saisir & plus tranchés que ceux que fournissent les ailes. Les parties de la *bouche* sont très-apparentes, & on les distingue bien avec une simple loupe, dans les insectes un peu gros, & même dans tous ceux qui ont au-dessus de deux à trois lignes de longueur; mais à mesure que l'insecte est plus petit, on éprouve la plus grande difficulté à les mettre en évidence : il est même quelquefois impossible d'y parvenir. Le moment le plus propre pour les observer, c'est lorsque l'insecte vient de mourir, ou lorsqu'on l'a ramolli à la vapeur de l'eau, parce que ces parties retiennent alors la position qu'on leur a donnée.

On pourroit former trois grandes divisions des insectes, d'après l'organisation de leur *bouche*, & relativement aux alimens qu'ils prennent. Les uns pourvus de mandibules & de mâchoires, se nourrissent de substances solides, ils attaquent les différentes parties des végétaux ou des animaux; ils rongent le bois, dévorent les feuilles, les graines, se nourrissent de substances animales en putréfaction ou desséchées, font la guerre aux autres insectes, &c. Tels sont les Coléoptères, les Orthoptères, les Névroptères. Les autres, pourvus simplement d'une trompe, ne peuvent se nourrir que de liquide répandu sur les fleurs & en différens endroits, ou qu'ils vont chercher dans le tissu des plantes & à travers la peau des animaux : les Papillons, la plupart des Diptères sont dans le premier cas; les Punaises, les Poux & quelques Diptères sont dans le second. Enfin, quelques insectes, pourvus en même-temps de mandibules & d'une trompe, vivent indifféremment de substances solides & de matières liquides : les Abeilles, les Guêpes; en un mot, tous les Hyménoptères & la plupart des Araignées, nous en fournissent un exemple.

On compte dix parties ou pièces principales dans la *bouche* des différens insectes.

1°. La lèvre supérieure, (*labium superius. Clypeus*, Fab.)

2°. La lèvre inférieure, (*labium inferius. Labium*, Fab.)

3°. Les mandibules, ou mâchoires supérieures, (*mandibulæ.*)

4°. Les mâchoires, (*maxillæ.*)

5°. Les galètes, (*galeæ.*)

6°. Les antennules, (*palpi.*)

7°. La langue, (*lingua.*)

8°. Le bec, (*rostrum.*)

9°. Le suçoir, (*haustellum.*

10°. La trompe, (*proboscis.*)

La lèvre supérieure est une pièce transversale, mobile, coriace ou membraneuse, qui se trouve à la partie supérieure & antérieure de la bouche, & qui recouvre, en tout ou en partie, les mandibules, lorsque la bouche de l'insecte est fermée. On apperçoit facilement cette pièce dans les insectes à étuis, les Sauterelles, les Abeilles, les Ichneumons, &c. On a aussi donné le nom de lèvre à une pièce membraneuse, très-mince, qui enveloppe la base des soies des Cigales & des Punaises, & que l'on n'apperçoit bien que lorsque ces soies sont retirées de leur fourreau. Les Papillons, les insectes à deux ailes & les Crustacés, n'ont point de lèvre supérieure.

Il faut remarquer que Linné & M. Fabricius, dans la description qu'ils donnent des Scarabés, Hannetons, Cétoines, &c. se servent du mot *clypeus* pour désigner la partie supérieure & antérieure de la tête de ces insectes, que nous regardons comme très-différente de la lèvre supérieure. Celle-ci est toujours mobile, tandis que le chaperon est contigu, & fait partie de la tête des insectes. M. Fabricius paroît avoir confondu la lèvre supérieure avec le chaperon, quoique ces pièces soient bien distinctes.

La

La lèvre inférieure est une pièce transversale, mobile, coriace, souvent divisée en plusieurs parties, qui termine la bouche inférieurement. On ne la trouve point dans les insectes à demi-étuis, & dans ceux qui n'ont point de lèvre supérieure.

L'usage des lèvres dans les insectes est destiné, comme dans les autres animaux, à contenir, à diriger les alimens, & à garantir les autres parties.

Les mandibules sont deux pièces dures, fortes, de la consistance de la corne, aigues, tranchantes ou dentées, placées à la partie latérale & supérieure de la bouche, immédiatement au-dessous de la lèvre supérieure. Leur mouvement est latéral, tandis que celui des lèvres s'exécute de bas en haut & de haut en bas. Ces pièces sont désignées par tous les naturalistes sous le nom de *mâchoires*. Les insectes qui prennent des alimens solides, sont les seuls pourvus de mandibules plus ou moins fortes, suivant la dureté de ces alimens. Ceux qui vivent de rapine ont les mandibules plus alongées & plus saillantes que ceux qui rongent le bois, & ceux-ci les ont beaucoup plus fortes que les autres qui se nourrissent de feuilles de végétaux.

Les mâchoires sont deux petites pièces souvent minces & presque membraneuses, d'une consistance & d'une figure différentes de celle des mandibules: elles sont terminées par des dentelures assez solides, & elles sont presque toujours ciliées à leur partie interne; on les trouve immédiatement au-dessous des mandibules, entre celles-ci & la lèvre inférieure. Leur mouvement s'exécute latéralement. Les mâchoires n'ont pas assez de consistance, & ne sont pas mues par des muscles assez forts pour couper & diviser les alimens dont les insectes font usage; mais elles servent à les diriger, à les contenir, à terminer la mastication, & à favoriser peut-être la déglutition. Si nous en exceptons les insectes de la classe des Hyménoptères, dans lesquels ces parties sont remplacées par une espèce de trompe, tous les autres qui sont pourvus de mandibules le sont aussi de mâchoires.

Les galètes. M. Fabricius a donné le nom de *galea* à une petite pièce membraneuse, large ou cylindrique, qui se trouve placée à la partie extérieure de chaque mâchoire des insectes de la famille des Sauterelles, & qui les recouvre presqu'entièrement. Ce n'est que sur l'existence de cette pièce que ce naturaliste a établi sa seconde classe, celle des Ulonates, *Ulonata*. Les galètes sont insérées au dos des mâchoires, entre celles-ci & les antennules antérieures. Elles diffèrent très-peu de la pièce extérieure de la plupart des mâchoires des Coléoptères, qui sont divisées en deux parties: elles sont seulement un peu plus grandes & un peu plus minces: elles paroissent servir à cacher & défendre les autres parties de la bouche, conjointement avec les deux lèvres.

Les antennules sont au nombre de deux, de quatre ou de six; ce sont de petits filets mobiles, articulés, ressemblant en quelque sorte à de petites antennes. Elles ont leur attache à la partie extérieure des mâchoires & aux parties latérales de la lèvre inférieure dans les insectes à étuis, dans ceux à quatre ailes, nues, réticulées, &c. Elles accompagnent la trompe des Abeilles, des Ichneumons, &c. M. Fabricius a pareillement donné le nom d'antennules à deux petits filets qui se trouvent à la base de la trompe des Diptères ou qui accompagnent les soies. Les Hémiptères sont privés de ces parties. L'usage des antennules, ainsi que celui des antennes, n'est pas encore assez bien connu. Elles semblent cependant destinées à palper & reconnoître les alimens ou à les sonder, comme les mots latins de *palpi* & *tentacula* le désignent. Ces parties ne sont point absolument nécessaires à la vie de l'insecte, puisque s'il perd ses antennules par une cause quelconque, il vit néanmoins & ne paroît pas souffrir de leur privation. Les antennules sont composées de deux, de trois, de quatre ou de cinq articles, rarement de six, & jamais d'un nombre au-dessus. *Voyez* ANTENNE, ANTENNULE.

La langue est une pièce plus ou moins longue, sétacée, divisée en deux parties, roulée en spirale, lorsque l'insecte n'en fait pas usage, & placée entre les antennules. Elle forme la *bouche* des Lépidoptères; elle est composée de deux pièces ou lames convexes d'un côté & concaves de l'autre, qui, en se réunissant, forment un cylindre creux, propre à laisser passer les sucs mielleux des fleurs dont se nourrissent ces insectes. On sépare facilement ces deux lames, par le moyen d'une pointe un peu fine.

Le bec est cette partie qui forme la *bouche* des Hémiptères. C'est un fourreau mobile, articulé, recourbé sous la poitrine, creusé antérieurement pour recevoir trois filets ou soies, *setæ*, très-minces & très-déliés, que ces insectes introduisent dans le corps des animaux, ou dans le tissu des plantes dont ils se nourrissent. Les soies sont ordinairement au nombre de trois; elles sont contenues par le moyen de la lèvre, dans une espèce de gouttière creusée tout le long de la partie supérieure du fourreau.

Le suçoir est formé d'un ou de plusieurs petits filets très-minces & très-déliés qui accompagnent la *bouche* des Diptères, & qui se trouvent souvent renfermés dans une gaine: ils ressemblent à ceux des Hémiptères dont nous venons de parler, & ils portent de même le nom de *soies*. C'est par le moyen de ces soies que les insectes à deux aîles retirent les sucs dont ils se nourrissent. L'existence seule de ces parties constitue dans le Systême entomologique de M. Fabricius, la classe des Antliates, *Antliata*. La trompe ou gaine manque quelquefois, mais les suçoirs se trouvent toujours.

La trompe est la pièce qui sert de *bouche* aux insectes à deux ailes; elle est un peu charnue, rétractible, d'une seule pièce, souvent cylindrique, & terminée par deux divisions, qui représentent comme deux espèces de lèvres : elle est creusée à sa partie supérieure, pour recevoir le suçoir formé par plusieurs soies.

On voit par ce que nous venons de dire, que le bec & la trompe ne diffèrent l'un de l'autre, qu'en ce que le premier est articulé & n'est pas rétractible, tandis que la trompe est toujours d'une seule pièce, & rétractible; celle-ci d'ailleurs est souvent accompagnée d'antennules, tandis qu'on n'en voit jamais à l'autre.

On a donné improprement le nom de suçoir aux pièces dont la trompe des insectes est composée : ce mot présente d'abord une idée fausse de la manière dont les sucs sont portés à la *bouche* & dans l'estomac. Ce n'est point par une espèce de succion que les insectes à trompe retirent les sucs des plantes; il faudroit supposer pour cela que les insectes aspirent, & que l'air est le principal agent de cette succion, ce qui est absolument faux. Les insectes, comme on sait, ne peuvent aspirer, ils ne peuvent pas introduire, par la bouche, l'air dont ils ont besoin pour leur respiration : personne n'ignore que les insectes ne respirent que par les stigmates placés à la partie latérale de leur corps. Swammerdam s'est donc trompé, lorsqu'il a comparé la trompe à une espèce de pompe, & les filets qu'elle renferme, à de véritables pistons propres à pomper les sucs.

La trompe & le bec des insectes sont composés de deux, de trois, de quatre ou de cinq filets très-déliés, enfermés dans une gaine. Ces filets, retirés de la gaine, & introduits tous ensemble dans la peau d'un animal, ou dans le tissu d'une plante, se distendent un peu, se séparent à leur extrémité, & permettent au liquide extravasé de se présenter à l'ouverture; alors, par une espèce d'ondulation, par un rétrécissement successif, le liquide est porté peu-à-peu de l'extrémité à la base de la trompe, & delà au fond de la bouche & dans l'estomac. La trompe des Papillons n'est composée que de deux pièces nues, très-apparentes; elles sont creusées en goutière intérieurement, & elles sont convexes extérieurement; elles forment, par leur réunion, un cylindre creux. Le Papillon introduit sa trompe dans une fleur, en applique l'extrémité sur la matière liquide, répandue au fond : ce liquide se présente à l'ouverture, il est introduit dans la trompe, & ensuite par un rétrécissement successif, il parvient jusqu'à l'estomac de l'insecte.

TABLEAU

DE LA DIVISION SYSTÉMATIQUE DES INSECTES,

D'APRÈS M. FABRICIUS,

DONNÉ EN 1775.

BOUCHE munie de mâchoires & de quatre ou de six antennules.

1. Mâchoire nue, libre.	*ELEUTERATA.*
2. Mâchoire couverte d'une galete obtuse. (*)	*ULONATA.*
3. Mâchoire unie avec la lèvre. (**)	*SYNISTATA.*
4. Point de mâchoire inférieure.	*AGONATA.*
5. Bouche munie de mâchoires & de deux antennules. Mâchoire inférieure souvent armée d'un onglet.	*UNOGATA.*
6. Bouche munie d'antennules & d'une langue en spirale.	*GLOSSATA.*
7. Bouche munie d'un bec : gaîne articulée.	*RYNGOTA.*
8. Bouche munie d'un suçoir : gaîne inarticulée.	*ANTLIATA.*

(*) Nous n'avons pas cru devoir traduire *galea* par casque ; ce mot présenteroit une idée fausse de cette pièce.

(**) C'est de la lèvre inférieure dont M. Fabricius veut parler.

La première classe, celle des Eleutérates, répond à celle des Coléoptères des autres auteurs. Elle est divisée en six Sections.

1. Antennes en masse lamellée.
2. Antennes en masse perfoliée.
3. Antennes en masse solide.
4. Antennes moniliformes.
5. Antennes filiformes.
6. Antennes sétacées.

La seconde classe, celle des Ulonates, répond à notre classe des Orthoptères : elle comprend la famille des Sauterelles, les Mantes, de Forficule & la Blatte. Dans le Système entomologique de M. Fabricius, la différence qui se trouve entre cette classe & la précédente, c'est dans le *Galea*, dont les mâchoires des Ulonates sont recouvertes, tandis que cette pièce manque, selon M. Fabricius, aux Eleutérates. Cette différence, cependant, est bien peu de chose, & le *galea* ne diffère guères de la pièce extérieure de la plupart des mâchoires bifides des Eleutérates. Si ces insectes n'avoient pas un port qui les fait reconnoître au premier aspect, on seroit souvent très-embarrassé de placer, d'après les caractères dont nous venons de parler, un insecte qu'on découvre, pour la première fois, dans l'une ou dans l'autre classe. M. Fabricius divise les Ulonates en trois Sections.

1. Antennes filiformes.
2. Antennes ensiformes.
3. Antennes sétacées.

Dans la troisième classe, celle des Synistates, M. Fabricius a placé des insectes très-différens entre eux, non-seulement par toutes les parties du corps, mais principalement par les parties de la *bouche*. Le caractère de cette classe ne convient qu'aux Hyménoptères ; en supposant, avec M. Fabricius, que les deux pièces latérales de la trompe des Abeilles, des Ichneumons, &c., soient des mâchoires, & que la trompe elle même soit la lèvre inférieure. Mais on ne voit pas pourquoi le Myrméléon & l'Ascalaphe, par exemple, sont placés dans cette classe. D'après la forme de leur bouche, le nombre & la structure des différentes pièces qui la composent, ces deux genres appartiennent évidemment à la classe des Eleutérates. La *bouche* de ces insectes est exactement semblable à celle des Coléoptères : on y voit une lèvre supérieure, deux mandibules cornées, dentées, deux mâchoires distinctes, presque cornées, ciliées, une lèvre inférieure parfaitement distincte, & enfin six antennules, dont quatre semblables à celles des Carabes, sont insérées à la partie latérale de la lèvre inférieure. Ainsi donc, ces insectes n'ayant point leurs mâchoires unies à la lèvre inférieure, mais ayant au contraire ces pièces très distinctes, ayant les mâchoires nues & libres, & ayant enfin six antennules, ces insectes, dis-je, appartiennent à la classe des Eleuterates, & non pas à celle des Synistates. La Panorpe est dans le même cas ; sa bouche est semblable à celle des Coléoptères ; elle a une lèvre supérieure longue & ciliée, deux mandibules terminées par deux dents, des mâchoires distinctes portant leurs antennules au dos, enfin, une lèvre inférieure distincte, point du tout unie aux mâchoires, & portant une antennule de chaque côté. On pourroit en dire autant de la Rafidie, de l'Ephémère, de la Frigane, &c, dont la bouche ne ressemble aucunement à celle des Cynips, des Guêpes, des Sphex, & dont les mâchoires ne sont pas du tout unies à la lèvre inférieure. Le Monocle, le Cloporte, ne conviennent pas plus à cette classe, que les insectes que nous venons d'examiner. La Podure, la Forbicine n'y conviennent pas davantage, comme on peut s'en convaincre par l'inspection de la *bouche*.

M. Fabricius, dans son ouvrage intitulé : *Philosophia Entomologica*, a divisé cette classe en deux Sections.

1. Sans langue.
2. Langue avancée.

La quatrième classe, celle des Agonates, comprend presque tous les Crustacés : son caractère est de n'avoir point de lèvre inférieure. Une quantité considérable d'insectes manque cependant de lèvre inférieure. Les Hémiptères, les Lépidoptères, les Diptères n'en ont point, & ne sont pas pour cela compris dans cette classe ; ils en sont exclus, parce qu'ils n'ont pas des mâchoires, & quatre ou six antennules. Mais, pourquoi le Monocle, qui n'a pas plus de lèvre inférieure que les autres Crustacés, ne se trouve-t-il pas placé dans cette classe ?

Si nous passons à la cinquième classe, celle des Unogates, nous trouvons les caractères suivans : Bouche *munie de mâchoires & de deux antennules. Mâchoires inférieures souvent armées d'un onglet*, *maxilla inferiore sæpius unguiculata.* Ce dernier caractère nous paroît, ou inutile, ou mauvais : si cet onglet n'est pas nécessaire pour caractériser cette classe, le caractère est inutile ; s'il est au contraire nécessaire, il est mauvais, les insectes privés de cet onglet, ne doivent pas alors être placés dans cette classe. Le vrai caractère consistera donc dans la présence des mâchoires, & en même-temps dans le nombre des antennules que M. Fabricius fixe à deux. Effectivement, les Unogates n'ont que deux antennules, & comme ils doivent avoir en même-temps des mâchoires, les Lépidoptères & les Diptères qui n'en ont point en sont exclus, quoiqu'ils n'aient que deux antennules. Mais quels rapports ont entre elles les bouches de la Libellule, de l'Iule & du Scorpion ? N'est-il pas évident que ces trois genres devroient, dans un arrangement systématique, fondé sur les parties de la *bouche*, être placés dans trois classes différentes. La *bouche* du Trombidion diffère à peine de celle de l'Acarus, & cependant M. Fabricius place le premier dans la classe des Unogates, & le second dans celle des Antliates.

La sixième classe répond exactement à celle des Lépidoptères.

La septième répond à celle des Hémiptères. M. Fabricius a seulement ajouté à cette classe le genre de Puce.

La huitième, enfin, comprend les Diptères auxquels M. Fabricius a ajouté le genre de Mitte, *Acarus*, & celui de Pou, *Pediculus*.

Ces deux dernières classes ont pour caractères ; savoir : la première, un bec, *rostrum*, la gaine étant articulée ; & la seconde, un suçoir, *haustellum*, la gaine étant inarticulée.

Il y a certainement de la différence entre le *rostrum* ou bec des Hémiptères, & le *proboscis* ou trompe des Diptères ; l'un n'est point rétractible & paroît articulé, l'autre est rétractible, & paroît d'une seule pièce. Mais on ne voit pas précisément ce que M. Fabricius entend par *haustellum*, suçoir. Cet entomologiste donne ce nom aux soies renfermées dans la gaine des Diptères, & non pas à celles contenues dans le bec des Hémiptères : ce nom paroît cependant également convenir aux soies ou filets minces qui retirent les sucs nourriciers, soit extravasés sur les corps, soit répandus au fond du calice d'une fleur, soit renfermés dans le tissu d'une plante, ou sous la peau des animaux. Dans ce cas, le bec de la Punaise & la trompe de la Mouche ont chacun un suçoir, dont l'un ne diffère de l'autre, qu'en ce que celui de la Punaise est plus fort, quoique aussi délié que celui de la Mouche, que l'un perce la peau de l'homme, ou le parenchime des feuilles, & l'autre retire seulement les sucs des différens corps, ou répandus sur les fleurs. L'un & l'autre sont enfermés dans une gaine, dont la forme seule est différente. Nous donnerons, dorénavant, le nom de suçoir à ces filets déliés, quoique ce nom soit impropre, comme nous l'avons déjà dit, & comme nous le répéterons avec plus de détail au mot suçoir.

Pour montrer que le mot *haustellum* a une signification vague, indéterminée dans les ouvrages de M. Fabricius, je vais présenter la définition que ce naturaliste en donne, & quelques exemples.

Haustellum, setis constans vagina aut nulla, aut bivalvi inarticulata inclusis.

Proboscis, carnosa stipite cylindrica, recta, capituloque bilabiato, retractili. FAB. *Phil. ent. pag.* 19.

Proboscis tantùm antliatis propria, nec omnia illa ea gaudent, pag. 49.

Haustello antliatis solis proprio omnia gaudent.

Suçoir, composé de soies renfermées dans une gaine inarticulée, bivalve ou nulle, c'est-à-dire, qui manque.

Trompe charnue, composée d'une tige cylindrique, droite, & d'une tête bilabiée, rétractible.

La trompe n'est propre qu'aux Antliates, & tous n'en sont point pourvus.

Le suçoir est propre aux Antliates, & tous en sont pourvus.

On voit, d'après ces rapprochemens, en premier lieu, que M. Fabricius ne donne point le nom de suçoir aux pièces qui sont renfermées dans la trompe ou bec des Hémiptères ; en second lieu, que tous les Diptères en sont pourvus, enfin que quelques Diptères n'ont point de trompe, quoique tous aient un suçoir.

Il nous reste maintenant à présenter quelques exemples pris dans les ouvrages du même auteur, pour rendre plus clair ce que cet entomologiste entend par *haustellum*, suçoir. Le Bombille, selon lui, a un suçoir sans trompe : *os haustello palpisque absque proboscide. Haustellum elongatum, rectum, setaceum* : suçoir allongé, droit, sétacé. Gén. inf. pag. 205. Ainsi, cette pièce allongée, mince, déliée, presque aussi longue que le corps des Bombilles, qui sert à ces insectes à retirer le nectar des fleurs, est un *haustellum*, selon M. Fabricius, & non un *proboscis*. *Voy.* BOMBILLE. L'Empis, au contraire, a une trompe & un suçoir. *Os proboscide haustello palpisque. Proboscis elongata, exserta, &c. Haustellum proboscide brevius inflexum, &c.* On pourroit penser que l'on doit trouver dans ces deux exemples, la différence de l'*haustellum* & du *proboscis*; mais en examinant ces parties, on voit la même conformité, le même nombre de pièces, la même configuration : la seule différence qui se trouve dans ces genres, est dans la proportion des pièces des parties de la *bouche*. L'une & l'autre de ces trompes sont composées de cinq pièces, dont trois au milieu forment le suçoir renfermé entre deux pièces plus grandes, dont l'une supérieure, & l'autre inférieure bifide ou bilabiée.

Le Cousin a, suivant M. Fabricius, un suçoir sans trompe, & cependant, d'après l'examen de cet insecte, on trouve dans sa *bouche* le même instrument qui constitue une trompe. Cette *bouche* est composée de six pièces, dont l'une inférieure, un peu plus grosse que les autres, cylindrique, bifide ou bilabiée à son extrémité, est cannelée à sa partie supérieure, pour recevoir les soies : la trompe des cousins ne diffère donc pas de celle des autres diptères.

Si nous avons voulu relever quelques fautes dans lesquelles a dû tomber M. Fabricius, en établissant sur les parties de la *bouche* des insectes la division de son systême, ce n'est pas pour affoiblir le mérite de cet entomologiste, ni la reconnoissance de ceux que ses grandes recherches doivent éclairer; nous avons voulu prouver par là même, combien son entreprise étoit hérissée de difficultés insurmontables. Nous avons été nous-mêmes d'abord séduits par toutes les ressources que sembloit présenter un appareil aussi combiné & aussi intéressant, si essentiel à la vie de l'animal, & qui doit tant influer sur sa manière de vivre. Mais la réflexion nous a bientôt appris que ce sont les parties les plus simples & les plus apparentes, & non des parties compliquées & cachées, qui doivent servir de base aux premières divisions d'un arrangement systématique. Nous avons vu cependant de quelle utilité pouvoient être les parties de la *bouche* dans la division des genres. Sans doute, nous rendons un hommage sincère aux connoissances profondes de M. Fabricius; mais les égards que l'on doit au savant, ne doivent marcher qu'après ceux que l'on doit à la science, & c'est sur-tout dans les sciences le plus immédiatement liées à l'histoire de la nature, que l'on doit être le plus au-dessus de tous les petits ménagemens de l'amour-propre.

Pour faciliter la connoissance des parties de la *bouche*, nous allons rapporter quelques exemples pris sur différens insectes.

Le Hanneton vulgaire.
Melolontha vulgaris, FAB.
Scaraboeus melolontha, LIN.
Le Hanneton, GEOFF.
SCHAEFF. *Icon. inf. pl.* 93, *fig.* 1, 2. *Elem. Ent. pl.* 8, *fig.* 3.

La lèvre supérieure, placée immédiatement au-dessous de la partie antérieure du chaperon, est large, assez épaisse, & profondément échancrée : elle est velue & ciliée sur ses bords.

Les mandibules, cachées en partie par la lèvre supérieure, sont courtes, épaisses & très-dures : elles ont, à leur partie interne, depuis leur base jusques vers leur milieu, des élévations transversales, un peu tranchantes; elles sont comprimées sur les côtés, depuis leur milieu jusqu'à leur extrémité, & elles se terminent en une pointe assez aiguë : la partie externe est un peu figurée en arc.

Les mâchoires, placées entre les mandibules & la lèvre inférieure, sont courtes, assez dures & un peu arquées : elles sont terminées par plusieurs dentelures assez fortes : leur partie extérieure est couverte de poils longs & roides.

La lèvre inférieure, qui termine la bouche, est alongée, applatie, un peu moins large que la lèvre supérieure, & d'une consistance assez dure : elle est couverte en-dessous de quelques poils assez longs.

Les antennules sont au nombre de quatre; les deux antérieures sont composées de quatre articles, dont le premier est petit & presque globuleux; le second est plus alongé, & il a une figure presque conique; le troisième est plus court que le second; & le dernier, le plus long de tous, a une figure ovale, très-alongée. Elles ont leur insertion à la partie extérieure des mâchoires.

Les postérieures, un peu plus courtes que les antérieures, sont composées de trois articles, dont le premier est le plus court, & les deux autres beaucoup plus alongés, sont à-peu-près d'égale longueur entr'eux. Elles ont leur insertion à la partie latérale de la lèvre inférieure.

Le Carabe doré.
Carabus auratus, LIN. FAB.
Le Bupreste doré & sillonné à larges bandes. GEOFF. *pl.* 2. *fig.* 5.

La lèvre supérieure, fortement unie à la partie antérieure du front, est large, profondément échancrée & un peu ciliée : elle est couverte, à sa partie inférieure, de poils très-courts & très-serrés.

Les mandibules sont grandes, arquées, & d'une consistance très-dure : elles sont comprimées sur les côtés, & tranchantes à leur bord intérieur : elles ont quelques dentelures vers le milieu, & elles sont terminées par une pointe très-aiguë.

Les mâchoires, beaucoup plus courtes, plus petites, & moins dures que les mandibules, sont cilliées à leur partie interne; elles sont terminées par une pointe forte, très-aiguë & recourbée.

La lèvre inférieure est très-petite, presque membraneuse, entière, terminée en pointe & cilliée : elle est appliquée sur une pièce échancrée, très-dure, qui fait partie de la tête de l'insecte.

Les antennules sont au nombre de six, dont quatre assez longues & très-apparentes, & deux courtes & cachées dans la *bouche*, lorsque l'insecte la tient fermée : elles sont divisées en antérieures, moyennes & postérieures. Les antérieures sont petites, courtes, composées de deux articles presqu'égaux, & insérées à la partie extérieure des mâchoires, entre celles-ci & les antennules moyennes.

Les antennules moyennes ou extérieures sont une fois plus longues que les antérieures : elles sont composées de quatre articles, dont le premier est très-court, & le second alongé; le dernier est très-court, un peu comprimé, & beaucoup plus large à sa pointe qu'à sa base. Elles ont leur insertion à la partie extérieure des mâchoires, à côté des antennules antérieures.

Les postérieures sont composées de trois articles, dont le premier est très-court, le second alongé, & le dernier plus court que le second, un peu comprimé, est plus large à sa pointe qu'à sa base.

Elles ont leur insertion à la partie latérale de la lèvre inférieure.

La Sauterelle à coutelas. GEOFF. *tom.* 1. *pl.* 8. *fig.* 3.
Locusta viridissima, FAB.
Gryllus viridissimus, LIN.

La lèvre supérieure est membraneuse, grande, applatie & arrondie : elle couvre supérieurement une partie des mandibules.

Les mandibules sont grandes, larges à leur base, convexes extérieurement, noires & dentées intérieurement, & terminées en pointe aiguë.

Les mâchoires sont membraneuses, étroites, assez alongées, terminées par trois dents longues, courbées, très-fortes & coriaces.

Les galètes sont deux pièces alongées, étroites, un peu aplaties & membraneuses, qui couvrent les mâchoires, & qui ont leur insertion entre celles-ci & les antennules antérieures.

La lèvre inférieure est membraneuse, large, aplatie, arrondie & un peu échancrée antérieurement.

Les antennules sont au nombre de quatre ; les deux antérieures sont filiformes, plus longues que les postérieures, & composées de cinq articles, dont les deux premiers sont les plus courts, & les autres presqu'égaux entr'eux & cylindriques ; le dernier paroît tronqué ; elles ont leur insertion à la partie extérieure de la mâchoire, au bas des galètes.

Les postérieures sont composées de trois articles, dont le premier est le plus court, & les autres sont presqu'égaux & cylindriques ; le dernier paroît tronqué : elles ont leur insertion à la base latérale de la lèvre inférieure.

La Cigale plébéienne.
Cicada plebeia, LIN.
Tettigonia orni, FAB.
RÉAUM. *Mém. tom.* 5. *pl.* 16. *fig.* 1, 2, 5, 6.

Le bec est alongé & appliqué tout le long de la poitrine, lorsque l'insecte n'en fait pas usage : il comprend la gaîne & les soies.

La gaîne est la pièce qui se montre à découvert, & qui est composée de trois articles, dont le premier est un peu plus grand que le second, & celui-ci un peu plus renflé : le troisième est alongé & cylindrique : elle est creusée en gouttière à sa partie antérieure, pour recevoir trois soies égales, minces, très-déliées, qui partent de la partie antérieure & inférieure de la tête, & entrent dans la gaîne à une ligne de distance de leur base. La portion des soies, qui n'est pas enfermée dans la gaîne, est recouverte d'une pièce très-mince & très-fine, nommée *lèvre*. On peut, lorsque l'insecte est vivant ou suffisamment ramolli à la vapeur de l'eau chaude, détacher ces soies par le moyen d'une aiguille très-fine. La gaîne a son insertion entre la tête & la partie inférieure du corcelet, tandis que les soies sont insérées à la partie la plus antérieure de la tête.

La Libellule Eléonore.
Libellula depressa, LIN. FAB.
L'Eléonore. GEOFF. *tom.* 2. *pl.* 13. *fig.* 1.

La lèvre supérieure est large, membraneuse, arrondie à son bord antérieur ; elle couvre presqu'entièrement les mandibules.

Les mandibules sont courtes, épaisses, très-dures, armées de dents fortes & aiguës.

Les mâchoires sont presque membraneuses, larges à leur base, comprimées, ciliées à leur bord interne, armées, à leur extrémité, de plusieurs dents longues, très-aiguës & très-fortes.

Les antennules sont au nombre de deux ; elles ne paroissent composées que de deux articles, dont le premier est très-court, & le second alongé, un peu courbé, presque terminé en pointe : elles ont leur insertion à la partie externe des mâchoires.

La lèvre inférieure est très grande, membraneuse, convexe extérieurement & appliquée sur la bouche, qu'elle couvre presqu'entièrement : elle est bifide, & chaque division est arrondie. Quand on enlève cette pièce, on voit un peu au-dessous des mâchoires une autre pièce qui ressemble à une lèvre inférieure : elle est alongée, un peu renflée, presque vésiculeuse, ciliée tout autour, anguleuse, trois fois plus étroite que la lèvre inférieure, & beaucoup plus épaisse.

Le Papillon atalante.
Papilio atalanta, LIN. FAB.
Le Vulcain, GEOFF.
RÉAUM. *Mém. tom.* 1. *pl.* 10. *fig.* 8, 9.

Les deux antennules sont droites, dirigées en avant, un peu renflées vers leur milieu, & velues dans toute leur étendue : elles sont composées de trois articles, dont le premier est très-court, le second est très-long & presque cylindrique ; le dernier est court, un peu plus petit que les autres, & presque terminé en pointe : elles ont leur insertion à la partie latérale un peu inférieure de la trompe.

La langue ou trompe est de la longueur de la poitrine, divisée en deux pièces sétacées, creusées en gouttière à leur partie interne, convexes à leur partie externe, réunies, roulées en spirale, & placées entre les deux antennules, lorsque l'insecte n'en fait pas usage.

L'Abeille terrestre.
Apis terrestris, LIN. FAB.
L'Abeille à couronne du corcelet, &c. nº. 24, GEOFF.
RÉAUM. *Mém. tom. VI. pl.* 3, *fig* 1.

La lèvre supérieure, est courte, large, aplatie,

membraneuse & couverte de poils à son bord antérieur.

Les mandibules sont fortes, très-dures, en forme de cuiller, convexes, cannelées à leur partie extérieure, arrondies & tranchantes à leur bord interne.

La trompe est longue, composée de cinq pièces : les deux extérieures tiennent lieu de mâchoires : elles sont longues, coudées, larges, aplaties, terminées en pointe ; elles embrassent les trois pièces du milieu : celles-ci sont réunies à leur base, jusqu'à leur courbure : elles se divisent en trois pièces ; les deux latérales servent de gaine à celle du milieu, qui est la véritable trompe de l'insecte, celle qui lui sert à extraire les sucs des fleurs.

Les antennules sont au nombre de quatre : les antérieures prennent naissance à la courbure des deux pièces extérieures ; elles sont filiformes & composées de deux articles, dont le second est un peu plus petit, & terminé en pointe. Les postérieures naissent à l'extrémité des deux pièces qui enveloppent la véritable trompe. Elles sont courtes, filiformes, & composées de deux articles, dont le premier est un peu plus long que l'autre, & presque conique.

Le Bombile ponctué.
Bombylius medius, Lin. Fab.
Schaeff. *Elem. Ent. pl.* 27, *fig.* 1. *Icon. inf. pl.* 78, *fig.* 3.

La trompe est de la longueur des deux tiers du corps ; elle paroît comme un filet mince & délié. M. Fabricius la nomme *suçoir*, quoiqu'elle ne diffère pas de la trompe de la plupart des autres Diptères : elle est implantée dans une cavité qui se trouve au-devant de la tête, un peu au-dessous des antennes ; elle est composée de cinq pièces principales ; on en voit deux un peu plus grandes, qui servent de gaine aux trois autres. La plus grande & la plus longue est celle qui se trouve au-dessous ; c'est un filet mince, délié, alongé, porté droit en avant, légèrement creusé en gouttière à la partie supérieure & bifide, ou divisée en deux parties à son extrémité. L'autre pièce, placée sur celle-ci, est beaucoup plus courte ; elle est mince, déliée, & terminée en une pointe très-fine : elle sert à contenir les soies dans la cannelure de la trompe.

Les soies sont d'inégale longueur : celle du milieu est un peu plus longue que les deux latérales ; celles-ci sont à-peu-près de la longueur de la pièce supérieure.

Les antennules, au nombre de deux, sont très-courtes, très velues, composées de trois articles, & insérées à la base latérale de la trompe.

Le Syrphe ténace.
Syrphus tenax, Fab.
Musca tenax, Lin.
La mouche apisforme, Geoff.
Réaum. *Mem. tom.* IV, *pl.* 30, *fig.* 7.

La trompe est alongée, rétractible, coudée vers sa base, de figure cylindrique, & terminée par une espèce de tête divisée en deux parties ou lèvres : cette trompe est creusée supérieurement, & sert de gaine à quatre soies subulées & un peu comprimées latéralement, dont deux extérieures beaucoup plus courtes que les deux autres. Ces soies forment le suçoir.

Les antennules, au nombre de deux, sont courtes & composées d'articles peu distincts ; elles ont leur insertion à la base externe des soies extérieures, dont elles ont presque la longueur.

L'Araignée domestique.
Aranea domestica, Lin. Fab.
L'Araignée brune domestique, Geoff.
Clerck. *Aran. Suec. pl.* 2, *fig.* 9.

Les mandibules, nommées griffes & tenailles, sont grandes, & composées de deux pièces, dont la première est très-grosse, assez dure, un peu velue, presque cylindrique, coupée obliquement à son extrémité, du côté de sa partie interne, & armée, à cet endroit, d'une double rangée de dents : l'autre pièce, nommée crochet, est très-mince, très-dure, entièrement glabre, courbée & terminée en une pointe très-fine : ce crochet n'est point saillant, mais placé entre les dentelures de la première pièce, lorsque l'Araignée n'en fait pas usage ; il n'a qu'un mouvement de flexion & d'extension, tandis que la première pièce se meut dans tous les sens. C'est par le moyen des mandibules que les Araignées saisissent leur proie, & qu'elles piquent.

Les mâchoires placées au-dessous des mandibules, entre les deux antennules, sont courtes, dures, assez larges, & ciliées à leur partie interne. Elles servent à l'Araignée pour manger ou sucer sa proie.

La lèvre inférieure est une pièce alongée, assez mince, presque membraneuse, ciliée & légèrement échancrée à son extrémité : elle termine la bouche postérieurement.

Les antennules sont au nombre de deux : elles ont été regardées comme de véritables antennes, par la plupart des Naturalistes qui n'avoient pas fait attention qu'elles faisoient partie de la bouche de ces insectes. Ces pièces diffèrent dans les deux sexes : elles sont filiformes & composées de cinq articles, dont le dernier, dans les mâles seulement, in peu plus renflé que les autres, renferme les parties de la génération : elles ont leur insertion à la base latérale externe des mâchoires.

Le Crabe rameur.
Cancer depurator, Lin. Fab.
Cancer ramipes, Barrel. *icon.* 1287, *fig.* 2.
Seba. *Mus.* 3, *pl.* 18, *fig.* 9.

Les antennules sont au nombre de huit. Deux ont leur attache à la partie latérale des mandibules, deux à la lèvre inférieure, & quatre un peu au-dessous de la bouche.

Les

Les deux premières, guère plus longues que les mandibules, sont filiformes, velues & composées de deux articles bien distincts, dont le premier est plus court que le second, & celui-ci est terminé en pointe. Elles ont leur attache à la partie latérale externe des mandibules.

Les secondes, plus longues que les premières, sont composées de deux articles, dont le premier alongé, égal, prismatique, & le second plus mince, sétacé & recourbé : elles ont leur attache à la base externe de la lèvre inférieure.

Les troisièmes, immédiatement au-dessous de celles-ci, sont bifides, ou composées de deux pièces, dont l'extérieure, semblable à l'antennule précédente, est seulement un peu plus grosse : l'intérieure est composée de cinq articles, dont le premier est court & très-large, le second alongé & prismatique; les trois derniers sont presqu'égaux, courts & velus.

Les quatrièmes, insérées au-devant des pattes, sont bifides : la pièce extérieure est semblable à celle de la précédente; elle est seulement un peu plus grosse : l'intérieure est composée de six articles, dont le premier est large & très-court, le second alongé & prismatique, le troisième large, aplati & presque rond, les deux suivans courts & égaux, le dernier terminé en pointe.

La lèvre inférieure est double, & divisée en quatre parties, appliquées sur quatre autres presque semblables, dont la moitié d'un côté, & la moitié de l'autre : ces pièces sont membraneuses, ciliées à leur bord; on en voit deux de chaque côté qui sont très-minces, fortement ciliées, & qui ressemblent aux mâchoires de la plupart des insectes : elles sont appliquées contre les mandibules. Par la réunion de ces deux pièces ciliées, la bouche se trouve exactement fermée; peut être font-elles aussi l'office de mâchoires?

Les mandibules sont très-fortes, très-dures, d'une consistance presqu'osseuse, convexes d'un côté, concaves ou en forme de cuiller, à bords tranchans, de l'autre. Ces mandibules se meuvent latéralement, ainsi que celles de tous les insectes.

Je n'ai donné ici que les différences les plus remarquables qui se trouvent dans la *bouche* de quelques insectes. Dans un ouvrage qui a pour objet la description & l'histoire générale des insectes tant indigènes qu'exotiques, j'ai donné, avec beaucoup plus de détail, l'anatomie de la bouche d'un grand nombre d'insectes de chaque genre, persuadé que cette partie, négligée ou peu connue jusqu'à présent, doit rendre notre travail très-intéressant, & qu'elle peut offrir l'explication des faits singuliers & surprenans que nous présentent, à chaque instant, ces petits animaux, auxquels on fait peu d'attention, mais qui, malgré leur petitesse, jouent cependant un très-grand rôle dans l'économie de la nature.

BOUCLIER, PELTIS, SILPHA. Genre d'insectes de la première Section de l'Ordre des Coléoptères.

Les *Boucliers* ont deux aîles recouvertes par deux étuis; le corps un peu déprimé; les antennes un peu plus grosses par le bout; le corcelet grand, dilaté, presque aussi large que les élytres, & cachant la tête; les tarses filiformes & composés de cinq articles.

Ce genre avoit d'abord été confondu avec celui des Cassides, par *Linné*. Il l'a ensuite séparé sous le nom de *Silpha*. M. Geoffroy en a aussi formé un genre particulier, sous le nom de *Bouclier*, en latin, *Peltis*. Je conserverai le nom latin *Silpha*, parce qu'il est généralement adopté, & je le rendrai en françois par celui de *Bouclier*, à l'imitation de MM. Geoffroy & de Geer.

Le genre de *Silpha*, dans Linné, comprend ceux de l'Elophore, du Sphéridie, du Nicrophore, de l'Opatre, & de la Nitidule : mais tous ces genres se distinguent aisément par les caractères que nous avons assignés à chacun d'eux. *Voy.* ces mots.

Les antennes des *Boucliers*, un peu plus courtes que le corcelet, sont composées de onze articles très-distincts. Le premier est aussi long que les deux ou trois suivants; il est étroit à la base, & il va en grossissant. Les autres sont presque globuleux, mais ils deviennent plus larges & plus courts en avançant vers la pointe; de sorte que les derniers qui forment la masse, sont larges, aplatis par les deux bouts, & enfilés les uns dans les autres, à leur milieu. Le dernier est un peu aplati à sa base, & il se termine en une pointe mousse ou arrondie : ces antennes sont un peu comprimées, sur-tout à la partie qui forme la masse, & elles sont chargées de quelques poils assez longs & assez roides.

La bouche est composée d'une lèvre supérieure, de deux mandibules, de deux mâchoires, d'une lèvre inférieure, & de quatre antennules.

La lèvre supérieure est large, cornée, échancrée & ciliée antérieurement.

Les mandibules sont cornées, arquées, simples, un peu ciliées intérieurement.

Les mâchoires sont cornées à leur base, presque membraneuses & couvertes de poils, depuis le milieu jusqu'à leur extrémité. On remarque parmi les cils une dent arquée, aiguë & cornée.

La lèvre inférieure est avancée, cornée, membraneuse & échancrée à l'extrémité.

Les antennules antérieures sont filiformes & composées de quatre articles. Le premier est très-petit, à peine apparent. Les deux suivans sont coniques, assez grands : le dernier est plus petit, plus mince, terminé en pointe mousse. Elles sont insérées au dos des mâchoires. Les antennules postérieures, presque aussi longues que les antérieures, sont composées de rois articles, dont les deux premiers sont coniques & égaux entre eux, le dernier est un peu plus petit & ovale. Elles sont insérées à la partie latérale antérieure de la lèvre inférieure.

La tête est petite; elle est aplatie, étroite, & un peu alongée; elle déborde toujours le corcelet, lorsque l'insecte la porte horisontalement, mais le plus souvent elle est baissée ou inclinée, sur tout lorsqu'on le prend, & alors elle se trouve entièrement cachée par le corcelet. Les yeux sont saillans, ronds, ou un peu ovales.

Le corcelet est plus étroit que le corps. Il est recouvert par une plaque dure, écailleuse, presque aussi large que les élytres, terminé par un rebord plus ou moins marqué. Cette plaque, en forme de bouclier, déborde beaucoup le corcelet, par les côtés. C'est cette pièce qui a fait donner le nom de *Bouclier* à ces insectes.

Les élytres, un peu plus larges que le corps, ont latéralement un rebord assez grand, relevé, & forment une espèce de gouttière; de plus, elles se terminent en-dessous par une marge, qui embrasse & recouvre un peu les côtés de la poitrine & de l'abdomen. Tous ces insectes sont pourvus d'un écusson triangulaire. Les ailes manquent, ou sont très-courtes dans quelques espèces; elles sont repliées sous les élytres dans les autres, & l'insecte paroît s'en servir très-rarement, & faire plus volontiers usage de ses pattes; cependant, la plupart ont une démarche assez lourde, telle, à-peu-près, que celle des Ténébrions.

La poitrine & l'abdomen sont assez larges : celui-ci est divisé en six anneaux, dont le dernier, terminé par une fente transversale, donne passage aux excrémens & aux parties de la génération. L'insecte alonge quelquefois considérablement les derniers anneaux; de sorte qu'il paroît avoir alors une longue queue, mobile & rétractible.

Les pattes sont de longueur moyenne. Les cuisses sont un peu renflées : les jambes beaucoup plus déliées à leur partie supérieure, sont légèrement comprimées : elles ont des nervures ou élévations longitudinales, & des épines très-petites, mais nombreuses à leur bord interne & externe : elles sont terminées par deux épines longues & droites. Les tarses sont composés de cinq articles, un peu plus longs aux quatre pattes de derrière qu'aux deux de devant. Le premier article est un peu plus long; ceux qui suivent sont courts, plus larges à leur pointe qu'à leur base. Le dernier, le plus long de tous, est légèrement courbé; il va un peu en grossissant, & il est terminé par deux crochets forts, courbés, & dont les pointes sont assez distantes l'une de l'autre.

Les *Boucliers* désignent assez par leur malpropreté dégoutante, & par l'odeur fétide qu'ils exhalent, quelle est leur manière de vivre, & le lieu ordinair de leur habitation. On les trouve quelquefois dan les champs; mais ils recherchent habituellement le lieux sombres & retirés, qui recèlent les cadavre ou les excrémens des animaux, dont ils font leu nourriture. Ce qui doit prouver que leur odeur es l'effet de ces matières animales en putréfaction, qu'ils fouillent, & dont ils se nourrissent, c'est qu ceux qui ne font que de naître, & qui n'ont pas encore fait usage de ce genre d'alimens, n'ont aucune odeur. Ainsi, l'utilité qu'on pourroit donner à ces insectes, dans l'économie générale de la nature, c'est de purger la terre des immondices que la destruction ou la décomposition des êtres doit sans cesse entraîner; comme à la plupart des larves de Mouches, de Dermestes, de Nicrophores, de quelques Staphilins, &c., qui semblent être destinés de même à consumer les cadavres, pour empêcher que l'infection répandue dans l'air, ne soit nuisible à la santé & funeste à la vie. Ainsi, on doit considérer la nature dans l'ensemble de toutes ses opérations, & le systême de tous ses résultats, pour juger de la coordination des êtres à une seule fin universelle : le bien. Lorsqu'on prend les *Boucliers* avec la main, ils font sortir par la bouche & par l'anus, une goutte d'une liqueur noire & bourbeuse, dont l'odeur est des plus désagréables. Cette liqueur n'est pas produite par l'effet de la compression, puisqu'à mesure qu'on l'essuie, elle reparoît aussi-tôt, jusqu'à ce que la source en soit épuisée : elle sert sans doute à hâter la putréfaction des viandes, & à préparer à ces insectes la nourriture qui leur convient. Si ce genre ne fournit pas un grand nombre d'espèces étrangères, quoique les espèces connues soient assez grandes, c'est sans doute parce que dans les pays chauds sur-tout, où ces insectes doivent se trouver, le naturaliste n'est pas tenté d'aller les surprendre aux endroits infects & dangereux qu'ils habitent.

Les larves des *Boucliers* vivent dans la terre, dans les fumiers, & sur-tout dans les charognes, c'est-là qu'on les trouve souvent à côté de l'insecte parfait; on les voit aussi courir quelquefois sur la terre. Le corps est plus ou moins alongé dans les différentes espèces, applati & composé de douze anneaux ou segmens, terminés latéralement par un angle assez aigu, & dont le dernier est garni de deux petites appendices coniques : elles ont six pattes courtes, composées de trois pièces seulement; la dernière, qui paroît renfermer les tarses, est terminée par un seul crochet. La tête est petite, & armée de deux fortes mâchoires; elle a des antennes filiformes, un peu plus longues qu'elles, & composées seulement de trois articles. Ces larves courent avec assez de promptitude, & ne sont pas attachées à leur proie comme bien des larves, qui, quand elles ont consumé leurs provisions, périssent : elles cherchent des provisions nouvelles, & savent pourvoir à leurs nouveaux besoins. Elles s'enfoncent dans la terre pour subir leur métamorphose.

BOUCLIER.

SILPHA, LIN. FAB.

PELTIS, GEOFF.

CARACTÈRES GÉNÉRIQUES.

ANTENNES en masse perfoliée, un peu comprimée, presque de la longueur du corcelet: onze articles; le premier gros, alongé, en masse; les autres insensiblement plus courts & plus larges; le dernier presque ovale.

Bouche munie de mandibules cornées, simples, de mâchoires onglées, & de quatre antennules inégales, filiformes.

Corcelet large, applati, rebordé.

Tarses filiformes, composés de cinq articles: le premier alongé; les autres courts; le dernier alongé, terminé par deux ongles crochus & distans.

ESPÈCES.

1. BOUCLIER surinamois.

Noir, alongé; élytres avec trois lignes longitudinales, élevées, & une bande fauve vers la partie postérieure.

2. BOUCLIER littoral.

Noir, alongé; élytres avec trois lignes élevées, & une petite bosse transversale.

3. BOUCLIER livide.

Noirâtre; corcelet, élytres & pattes livides.

4. BOUCLIER indien.

Noir; élytres avec deux bandes ferrugineuses; corcelet bidenté antérieurement.

5. BOUCLIER américain.

Déprimé, noir; corcelet jaunâtre, noir au milieu.

6. BOUCLIER thoracique.

Noir, ovale, déprimé; corcelet fauve; élytres avec des lignes élevées.

7. BOUCLIER lévicolle.

Noir, ovale, un peu convexe; corcelet lisse, échancré; élytres raboteuses, avec trois lignes élevées.

8. BOUCLIER granulé.

Noir, un peu déprimé; corcelet lisse; élytres avec trois lignes élevées, & quelques points enfoncés.

BOUCLIER. (Insectes).

9. Bouclier pointillé.

Noir ; corcelet & élytres pointillés ; élytres avec trois lignes élevées , lisses.

10. Bouclier marginal.

Noir ; bords du corcelet pâles ; élytres obscures.

11. Bouclier raboteux.

Noir ; élytres raboteuses, avec trois lignes élevées ; corcelet raboteux, sinué postérieurement.

12. Bouclier atre.

Très-noir ; élytres pointillées, avec trois lignes élevées , lisses ; corcelet entier.

13. Bouclier inégal.

Noir, ovale, déprimé ; corcelet inégal, échancré ; élytres avec trois lignes peu élevées.

14. Bouclier échancré.

Noirâtre ; élytres pointillées, avec trois lignes élevées , lisses ; corcelet court, échancré antérieurement.

15. Bouclier lisse.

Noir, convexe ; élytres pointillées & lisses.

16. Bouclier obscur.

Noir , un peu convexe ; élytres pointillées , avec trois lignes élevées , peu marquées.

17. Bouclier réticulé.

Noir , un peu convexe ; élytres avec trois lignes élevées , & deux petites élévations transversales.

18. Bouclier opaque.

Noir ; corcelet soyeux ; élytres avec trtrois lignes élevées.

19. Bouclier sinué.

Noir ; corcelet presque raboteux ; élytytres avec trois lignes élevées, & l'extrémité sinuuée.

20. Bouclier quadriponctué.

Ovale , déprimé , noir ; élytres d'un jaunne pâle , avec deux points noirs sur chaque.

21. Bouclier piémontois.

Testacé ; antennes noires à leur extrémité.

22. Bouclier ferrugineux.

Ovale , déprimé , d'un brun ferrugineuux ; élytres pointillées , avec six lignes élevées.

23. Bouclier oblong.

Oblong, un peu déprimé, noir ; élyttres pointillées , avec six lignes élevées.

24. Bouclier denté.

Oblong , noir ; corcelet antérieurement , élytres vers l'extrémité, bidentés.

25. Bouclier bordé.

Ovale , d'un brun noirâtre ; bords du corcelet & des élytres ferrugineux , élytres striées.

26. Bouclier ondé.

Noir , luisant ; élytres avec deux bandes ondées , & un point vers l'extrémité blancs.

1. Bouclier surinamois.

Silpha surinamensis.

Silpha atra, elytris fascia postica flava, femoribus posticis dentatis. Ent. ou Hist. nat. des inf. Bouclier, *pl.* 2. *fig.* 11.

Silpha surinamensis. Fab. *Syst. entom. pag.* 72. *n°.* 1.—*Spec. inf. tom.* 1. *pag.* 85. *n°.* 1.—*Mant. inf. tom.* 1. *pag.* 48. *n°.* 1.

Il ressemble entièrement, pour la forme & la grandeur, au *Bouclier* littoral. Les antennes sont terminées par une masse perfoliée. Les yeux sont jaunes bruns, saillans. Le corcelet est arrondi, peu échancré antérieurement, avec une impression longitudinale de chaque côté. L'écusson est assez grand & triangulaire. Les élytres ont trois stries longitudinales, élevées, lisses, indépendamment du rebord & de la suture : entre ces lignes, les élytres sont pointillées. On voit une petite élévation transversale vers la partie postérieure, & une petite bande interrompue, fauve, derrière l'élévation. L'abdomen des mâles est terminé en pointe, & les cuisses postérieures sont très-grosses. Tout le corps est noir.

Il se trouve dans l'Amérique méridionale, à Cayenne, à Surinam.

2. Bouclier littoral.

Silpha littoralis.

Silpha atra, elytris lævibus, lineis elevatis tribus, thorace orbiculato nitido. Ent. ou Hist. nat. des inf. Bouclier, *pl.* 1. *fig.* 8. *A. B.*

Silpha littoralis. Lin. *Syst. nat. pag.* 570. *n°.* 11. — *Faun. suec. n°.* 450.

Silpha littoralis. Fab. *Syst. entom. p.* 72. *n°.* 2. — *Spec. inf. tom.* 1. *pag.* 85. *n°.* 2. — *Mant. inf. tom.* 1. *pag.* 48. *n°.* 2.

Peltis nigra, elytris lineis tribus elevatis, prima & secunda gibbositate connexis, thorace lævi. Geoff. *Inf. tom.* 1. *pag.* 120. *n°.* 3.

Le *Bouclier* à bosses. Geoff. *Ibid.*

Silpha rufo-clavata, *oblonga nigra, thorace orbiculato nitido, elytris lineis elevatis tribus, clava antennarum rufa.* Deg. *Mém. inf. tom.* 4. *pag.* 176. *n°.* 4.

Bouclier *à boutons roux*, noir, à corps alongé, à corcelet circulaire luisant, à trois arrêtes sur les étuis, & à antennes à boutons roux. Deg. *Ibid.*

Scarabæus campestris. Frisch. *Inf.* 6. *pag.* 11. *tab.* 5.?

Bergstr. *nomenclat.* 1. 24. 6. *tab.* 3. *fig.* 6.— *Tab.* 11. *fig.* 3.

Silpha clavipes *femoribus posticis incurvis crassissimis.* Sulz. *Hist. inf. tab.* 2. *fig.* 14.

Voet. *Coleopt. tab.* 32. *fig* 1. *B.*

Silpha littoralis. Scop. *Entom. n°.* 55.

Silpha littoralis. Schrank. *Enum. inf. aust. n°.* 75.

Silpha littoralis. Laichart. *Inf.* 1. *pag.* 90. *n°.* 2.

Peltis gibbosa. Fourc. *Entom. par.* 1. *pag.* 30. *n°.* 3.

Vill. *Entom.* 1. *pag.* 76. *n°.* 8.

Il a environ neuf lignes de long, sur quatre de large. Tout son corps est noir, un peu plus alongé que celui des autres espèces, & un peu déprimé. Les antennes, plus longues que la moitié du corcelet, ont leur premier article gros, les suivans petits, & presque arrondis, mais grossissant insensiblement, applatis par les bouts, & enfilés dans leur milieu : les trois derniers ont une couleur fauve brune. Le corcelet est circulaire, lisse & luisant. Les élytres sont un peu plus courtes que le ventre ; elles ont trois lignes élevées, longitudinales & parallèles : les deux extérieures sont jointes ensemble par une petite base ou élévation transversale, placée un peu au dessous du milieu de l'élytre. L'écusson est grand & triangulaire. Les cuisses postérieures sont beaucoup plus grosses & plus renflées dans le mâle que dans la femelle.

Ce *Bouclier* vit dans les charognes & les ordures. C'est là aussi que l'on trouve sa larve. Il est assez commun dans toute l'Europe.

3. Bouclier livide.

Silpha livida.

Silpha fusca, thorace elytris pedibusque lividis. Ent. ou Hist. nat. des inf. Bouclier, *pl.* 1. *fig.* 8. *C.*

Silpha livida. Fab. *Mant. inf. tom.* 1. *pag.* 48. *n°.* 3.

Silpha livida. Fuesl. *Archiv. Coleopt. pag.* 34. *n°.* 10.

Cette espèce ressemble beaucoup à la précédente ; mais elle est une fois plus petite. Les antennes sont d'une couleur ferrugineuse pâle. Tout le corps est d'un brun obscur. Les élytres sont d'un brun pâle, avec trois lignes longitudinales élevées, & une petite gibbosité transversale, placée au-delà du milieu.

Il se trouve en France, en Allemagne.

4. Bouclier indien.

Silpha indica.

Silpha nigra, elytris fasciis duabus ferrugineis, thorace antice bidentato. Lin. *Syst. nat. pag.* 570. *n°.* 6. — *Muf. Lud. Ulr. pag.* 36.

Silpha indica. Fab. *Syst. ent. pag.* 73. *n°.* 3. — *Spec. inf. tom.* 1. *pag.* 85. *n°.* 3. — *Mant. inf. tom.* 1. *pag.* 48. *n°.* 4.

Il e[illegible] [illegible], [illegible]eu-près de la grandeur du précédent. La tê[illegible]n peu arrondie. Les antennes sont de la lon[illegible]u corcelet. Le corcelet est allongé, noir, re[illegible]d, coupé antérieurement, & terminé latérale[illegible] ar un angle aigu. L'écusson est petit. Les élytres sont de la longueur de l'abdomen. Elles so[illegible]t [illegible]oires, presque aiguës, avec des points enfoncés rangés en stries, & deux bandes ferrugineuses dentel[illegible]es de chaque côté, l'une placée vers la base, & l'autre vers la pointe de l'élytre.

Il se trouve dans l'Amérique méridionale.

5. Bouclier américain.

Silpha americana.

Silpha ovata fusca, clypeo flavo, centro nigro intra annulum fulvum. Ent. ou Hist. nat. des inf. Bouclier. *Pl. 1. fig. 9. A. B.*

Silpha americana. Lin. *Syst. nat. pag.* 570. *n°.* 7.

Silpha americana *depressa nigra, thorace flavo, centro nigro.* Fab. *Syst. entom. pag.* 73. *n°.* 4. — *Spec. inf. tom.* 1. *pag.* 85. *n°.* 4. — *Mant. inf. tom.* 1. *pag.* 48. *n°.* 5.

Il a la forme du *Bouclier* thoracique, mais il est beaucoup plus grand. Il est noir & déprimé. Les antennes sont terminées par une masse perfoliée. Les yeux sont bruns, peu saillans. Le corcelet est jaune, avec une grande tache noire au milieu. La partie antérieure du corcelet est échancrée, & la partie postérieure est un peu avancée. L'écusson est noir, triangulaire, assez large. Les élytres sont brunes, raboteuses, avec trois lignes longitudinales très-peu marquées.

Il se trouve dans l'Amérique méridionale.

6. Bouclier thoracique.

Silpha thoracica.

Silpha nigra, elytris obscuris: linea elevata unica, clypeo retuso testaceo. Ent. ou Hist. nat. des inf. Bouclier. *Pl. 1. fig. 3. A. B.*

Silpha thoracica. Lin. *Syst. nat. pag.* 571. *n°.* 10. — *Faun. suec. n°.* 452.

Silpha thoracica, *nigra, elytris linea elevata unica, thorace testaceo.* Fab. *Syst. entom. pag.* 73. *n°.* 6. — *Spec. inf. tom.* 1. *pag.* 86. *n°.* 6. — *Mant. inf. tom.* 1. *pag.* 48. *n°.* 7.

Peltis nigra, lineis tribus elevatis acutis, thorace ferrugineo. Geoff. *Inf. tom.* 1. *pag.* 121. *n°.* 6.

Le *Bouclier* à corcelet jaune. Geoff. *Ibid.*

Silpha nigra, thorace ferrugineo, elytris lineis tribus longitudinalibus: unica elevata. Deg. *Mem. inf. tom.* 4. *pag.* 174. *n°.* 3. *pl.* 6. *fig.* 7.

Bouclier *à corcelet rouillé*, noir, à corcelet et roux à étuis, avec trois lignes longitudinales, dont un est élevée en arrête. Deg. *Ibid.*

Scarabæus primo similis parum canaliculatus scapulis croceis. Rai. *Inf. pag.* 90. *n°.* 10.

Cassida nigra, clypeo latissimo pallide rufo fo, macula lata, nigra nitida. Gadd. *Satag. pag.* 25.

Stroem. *act. nidros.* 3. *pag.* 384. *tab.* 6 *fig.* 1.

Schæff. *Icon. inf. tab.* 75. *fig.* 4.
Sulz. *Inf. tab.* 2. *fig.* 12.
Bergstr. *Nomencl.* 1. 23. 5. *tab.* 3. *fig.* 5.
Silpha thoracica. Scop. *Ent. carn. n°.* 54.
Silpha thoracica. Poda. *mus. græc. pag.* 23.
Silpha thoracica. Schrank. *Enum. inf. f. austr. n°.* 76.

Silpha thoracica. Laichart. *Inf. tom.* 1. *pag.* 92. *n°.* 5.
Silpha thoracica. Vill. *Entom. tom.* 1. *pag.* 77. *n°.* 10.
Peltis thoracica. Fourc. *Entom. par.* 1. *pag.* 91. *n°.* 6.

Ce *Bouclier* a environ six lignes de long, & près de quatre de large. Il est noir, ovale & applati. Ses antennes sont un peu plus courtes que le corcelet: le premier article est gros; le second & le troisième sont un peu plus gros & plus alongés que les deux suivans, presque globuleux; les quatre derniers, en masse, sont enfilés dans le milieu, & applatis par les bouts, & le dernier est terminé en pointe mousse. Le corcelet est large, rebordé, raboteux & relevé au milieu, plat sur les côtés, échancré en devant pour laisser paroître la tête; il est d'une couleur de rouille luisante, produite par des poils courts qui ne paroissent qu'à la loupe: on voit quelques poils de la même couleur sur la tête, plus longs que ceux du corcelet, mais en très-petite quantité. Les élytres, d'un noir mat, ont latéralement un rebord large, un peu relevé, & formant une gouttière. Leur surface est raboteuse & inégale: on y voit trois lignes longitudinales élevées: l'extérieure, un peu au-dessous du milieu, rentre en dedans, & forme une petite bosse angulaire.

Il vit dans les charognes, dans les excrémens & les endroits les plus sales. On le trouve dans toute l'Europe.

7. Bouclier lévicolle.

Silpha lævicollis.

Silpha gibba nigra, elytris rugosis, lineis elevatis tribus, thorace lævi emarginato. Ent. ou Hist. nat. des inf. Bouclier. *Pl.* 2. *fig.* 15.

Silpha lævicollis. Fab. *Syst. entom. pag.* 73. *n°.* 7. — *Spec. inf. tom.* 1. *pag.* 86. *n°.* 7. — *Mant. inf. tom.* 1. *pag.* 48. *n°.* 8.

Il est un peu plus grand que le *Bouclier* thoracique ; mais son corps est ovale & convexe en-dessus. Les antennes vont en grossissant insensiblement : les derniers articles sont plus gros & perfoliés. La tête est peu saillante. Le corcelet est très-échancré pour recevoir la tête : il est finement pointillé, convexe au milieu, & un peu applati par les côtés. L'écusson est petit & triangulaire. Les élytres sont raboteuses : elles ont trois lignes longitudinales peu saillantes; & on remarque entre chacune d'elles une autre petite ligne peu marquée. Tout le corps est noir, & point du tout luisant.

Il se trouve dans la Nouvelle-Hollande.

8. BOUCLIER granulé.

SILPHA granulata.

Silpha atra, elytris lineis elevatis tribus punctisque granulatis, thorace emarginato. Ent. ou Hist. nat. des inf. BOUCLIER. *Pl.* 2. *fig.* 10.

Silpha granulata. FAB. *Mant. inf. tom.* 1. *pag.* 49. *n°.* 12.

Silpha rugosa. SCOP. *Ent. carn. n°.* 53.

Il est un peu plus grand que le *Bouclier* obscur. Tout le corps est noir, un peu déprimé. Les antennes sont plus courtes que le corcelet : celui ci est assez grand, légérement chagriné, très-peu échancré antérieurement, & un peu sinué postérieurement. L'écusson est triangulaire, légérement chagriné. Les élytres sont pointillées : elles ont trois lignes longitudinales élevées, & une suite de points enfoncés de chaque côté des lignes.

Il se trouve dans les Provinces méridionales de la France, en Afrique, dans le Levant.

9. BOUCLIER pointillé.

SILPHA punctulata.

Silpha nigra depressa punctata, elytris lineis tribus lævibus. Ent. ou Hist. nat. des inf. BOUCLIER. *Pl.* 2. *fig.* 19.

Il ressemble, pour la forme & la grandeur, au *Bouclier* granulé. Tout le corps est noir, un peu déprimé. Les antennes sont presque de la longueur du corcelet. Le corcelet est finement chagriné, un peu échancré antérieurement. L'écusson est triangulaire, pointu. Les élytres sont pointillées, & ont chacune trois lignes longitudinales lisses : leur rebord est assez grand.

Il se trouve au Cap de Bonne-Espérance.

10. BOUCLIER marginal.

SILPHA marginalis.

Silpha depressa nigra, thoracis margine rufo, elytris fuscis. Ent. ou Hist. nat. des inf. BOUCLIER. *Pl.* 3. *fig.* 5.

Silpha marginalis atra, thoracis margine pallido, elytris fuscis. FAB. *Gen. inf. Mant. pag.* 215. — *Spec. inf. tom.* 1. *pag.* 86. *n°.* 8. — *Mant. inf. tom.* 1. *pag.* 48. *n°.* 9.

Silpha noveboracensis, nigra, elytris piceis : lineis elevatis subternis, clypeo retuso disco atro, margine rubro. FORST. *Cent. inf. pag.* 17.

Il est de la grandeur du *Bouclier* raboteux. La tête est noire, raboteuse. Le corcelet est coupé antérieurement, un peu sinué postérieurement, parsemé de points enfoncés, noir au milieu, avec tous les bords ferrugineux. L'écusson est noir & triangulaire. Les élytres sont brunes, avec trois lignes longitudinales élevées, lisses, & quelques points enfoncés. Le dessous du corps & les pattes sont noirs.

Il se trouve dans l'Amérique septentrionale.

11. BOUCLIER raboteux.

SILPHA rugosa.

Silpha nigricans, elytris rugosis : lineis elevatis tribus, thorace emarginato. Ent. ou Hist. nat. des inf. BOUCLIER. *Pl.* 2. *fig.* 17.

Silpha rugosa. LIN. *Syst. nat. pag.* 571. *n°.* 16. — *Faun. suec. n°.* 455.

Silpha nigricans, elytris rugosis, lineis elevatis tribus, thorace rugoso postice sinuato. FAB. *Syst. ent. pag.* 74. *n°.* 8. — *Sp. inf. tom.* 1. *pag.* 86. *n°.* 9. — *Mant. inf. tom.* 1. *pag.* 49. *n°.* 10.

Peltis nigra, elytris lineis tribus elevatis acutis, spatio interjecto veluti complicato, thorace scabro. GEOFF. *Inf. tom.* 1. *pag.* 120. *n°.* 3.

Le *Bouclier* à bosses. GEOFF. *ibid.*

Silpha nigra opaca, elytris tuberculatis : lineis tribus elevatis inæqualibus. DEG. *Mém. inf. tom.* 4. *pag.* 182. *n°.* 7.

Bouclier *raboteux*, d'un noir mat, à plusieurs tubercules élevées, & à trois arrêtes inégales sur chaque étui. DEG. *ib.*

Scarabæus niger inter cadavera frequens, depressus, parum canaliculatus, undique niger. RAI. *Inf. pag.* 90. *n°.* 9.

Silpha scabra. SCOP. *Ent. carn. n°.* 59.

Silpha rugosa. SCHRANK. *Enum. inf. austr. n°.* 78.

Silpha rugosa. LAICHART. *Inf. tom.* 1. *pag.* 99. *n°.* 1.

Silpha rugosa. FUESL. *Archiv. Coleopt. p.* 33. *n°.*

Silpha rugosa. VILL. *Ent. tom.* 1. *p.* 78. *n°.* 13.

Peltis complicata. FOURC. *Ent. par.* 1. *p.* 30. *n°.* 4.

VOET *Coléopt. tab.* 32. *fig. a.* 1.

Ce *Bouclier* est long de cinq lignes, & large de près de trois lignes. Le corps est déprimé, d'un noir mat en-dessus, un peu luisant en-dessous. Les antennes sont de la longueur de la moitié du corcelet ;

la masse est grosse & comprimée. Le corcelet est couvert de points larges & élevés, qui forment autant de taches d'un noir plus foncé que celui du fond. Les élytres sont un peu plus longues que l'abdomen; elles ont trois lignes élevées, entre lesquelles il y a des points ou élévations transversales, qui les font paroître raboteuses. Les côtés de l'élytre ont un rebord assez grand.

Cet insecte vit, en Europe, dans les charognes : on le voit quelquefois courir dans les champs. Selon Linné, on le trouve fréquemment dans les cadavres & dans les cabanes des Lapons, où il dévore & consume, avec la Blatte de Laponie, les fourrures de peau, la viande & le poisson sec dont cette nation se nourrit.

12. Bouclier atre.

Silpha atrata.

Silpha atra, elytris subpunctatis : lineis elevatis tribus lævibus, thorace integro. Ent. ou hist. nat. des inf. Bouclier. *pl.* 1. *fig.* 4, & *pl.* 2, *fig.* 4, *b.*

Silpha atrata. Fab. *Syst. ent. pag.* 74. *n°.* 9. —*Spec. inf. p.* 87. *n°.* 10. —*Mant. inf. tom.* 1. *p.* 49. *n°.* 11.

Silpha atrata. Lin. *Syst. nat. pag.* 571. *n°.* 12. — *Faun. suec. n°.* 451.

Peltis nigra, elytris lineis tribus elevatis, spatio interjecto punctato, thorace lævi. Geoff. *Inf. tom.* 1. *p.* 118. *n°.* 1.

Le *Bouclier* noir à trois raies & corcelet lisse. Geoff. *ibid.*

Silpha punctata nigra nitida ; elytris punctatis : lineis elevatis tribus lævibus, clava antennarum nigra. Deg. *Inf. tom.* 4. *p.* 177. *n°.* 5.

Bouclier *à points concaves*, d'un noir luisant, à trois arrêtes lisses & plusieurs points concaves sur les étuis, à antennes à bouton noir. Deg. *ib.*

Scarabæus minor, è rufo sordide nigricans, elytris striatis. Rai. *Inf. p.* 84. *n°.* 33.

Silpha atrata. Scop. *Ent. carn. n°.* 56.

Silpha atrata. Pod. *Mus. græc. p.* 23.

Silpha atrata. Schrank. *Enum. inf. austr. n°.* 80.

Silpha atrata. Laicharт. *Inf. tom.* 1. *pag.* 94. *n°.* 7.

Schaeff. *Elem. inf. tab.* 96. *fig.* 1. —*Icon. tab.* 93. *fig.* 6.

Voet. *Coleopt. tab.* 40. *fig.* 1.

Silpha atrata. Vill. *Entom. tom.* 1. *p.* 76. *n°.* 9.

Peltis atrata. Fourc. *Ent. par.* 1. *p.* 29. *n°.* 1.

Il a près de sept lignes de long, & trois & demie de large : tout son corps est noir, luisant, légèrement convexe. Les antennes sont presque de la longueur du corcelet. Celui-ci est aussi large que les élytres, bordé, finement ponctué, un peu relevé, & coupé quarrément en avant & en arrière. Le bord des élytres forme une gouttière ; elles sont finement ponctuées, & elles ont trois lignes longitudinales peu élevées & lisses : elles débordent l'abdomen de tous les côtés.

On en trouve une variété fréquente en Angleterre, dont tout le corps est d'un brun marron plus ou moins clair.

Il se trouve en Europe, dans les cadavres, plus fréquemment dans les champs. Degeer dit qu'il se cache en hiver dans la terre, & sous de grosses pierres.

13. Bouclier inégal.

Silpha inæqualis.

Silpha atra, elytris lævibus, lineis elevatis tribus, thorace inæquali emarginato. Ent. ou Hist. nat. des inf. Bouclier. *Pl.* 2. *fig.* 20.

Silpha inæqualis. Fab. *Sp. inf. tom.* 1. *pag.* 87. *n°.* 11. — *Mant. inf. tom.* 1. *pag.* 49. *n°.* 13.

Il ressemble entièrement, pour la forme & la grandeur, au *Bouclier* thoracique; mais il est entièrement noir. Les antennes ont leur dernier article en masse perfoliée. Le corcelet est échancré antérieurement. On y remarque, à sa partie postérieure, quelques élévations longitudinales, lisses, irrégulières. L'écusson est triangulaire & assez grand. Les élytres ont trois lignes longitudinales élevées, dont une au milieu, beaucoup plus élevée que les autres, & une latérale extérieure, plus courte que les deux autres. On voit, vers la partie postérieure, une élévation bien marquée. Les élytres ne sont pas si allongées, ni si en pointe que celles du *Bouclier thoracique.*

Il se trouve dans l'Amérique septentrionale.

14. Bouclier échancré.

Silpha lunata.

Silpha atra, elytris punctatis : lineis elevatis tribus lævibus, thorace transverso emarginato. Ent. ou Hist. nat. des inf. Bouclier. *Pl.* 1. *fig.* 2.

Silpha lunata. Fab. *Gen. inf. Mant. pag.* 215. — *Sp. inf. tom.* 1. *pag.* 87. *n°.* 12. *Mant. inf. tom.* 1. *pag.* 49. *n°.* 14.

Silpha grossa nigra, elytris confertim punctatis : lineis elevatis tribus, thorace emarginato. Lin. *Syst. nat. pag.* 572. *n°.* 21. — *Faun. suec. n°.* 459.

Uddm. *Diss.* 9.

Il est un peu plus grand que le précédent : son corps est ovale & déprimé. Les antennes sont noires, un peu plus courtes que le corcelet. La tête est noire & chagrinée. Le corcelet est d'un brun noir, très-court, assez large, échancré antérieurement, & fortement pointillé. L'écusson est petit & en cœur. Les élytres sont brunes, fortement pointillées, presque raboteuses, avec trois lignes longitudinales élevées. Le dessous du corps & les pattes sont d'un brun noir.

Il se trouve dans la partie méridionale de l'Allemagne, dans l'Autriche, la Hongrie.

15. Bouclier lisse.

Silpha lævigata.

Silpha atra, elytris lævibus subpunctatis. Ent. ou Hist. nat. des ins. Bouclier. *Pl.* 1. *fig.* 1. *b.*

Silpha lævigata. Fab. *Syst. ent. pag.* 74. *n°.* 10. — *Sp. ins. tom.* 1. *pag.* 87. *n°.* 13. — *Mant. ins. tom.* 1. *pag.* 49. *n°.* 15.

Peltis nigra tota, elytris lævibus, punctis minimis excavatis. Geoff. *Ins. tom.* 1. *pag.* 122. *n°.* 8.

Scarabæus præcedenti similis, sed paulo major; nigrior, elytris lævibus. Rai. *Ins. pag.* 90. *n°.* 9.

Silpha lævigata. Petag. *Ins. Calab. pag.* 7. *n°.* 28.

Silpha polita. Sulz. *Ins. tab.* 2. *fig.* 16.

Ce *Bouclier* a environ sept lignes de long & trois & demie de large. Il est d'un noir un peu luisant, d'une forme ovale alongée, un peu convexe en dessus. Les antennes ont leur premier anneau aussi long que les deux suivans: les autres vont en grossissant vers le bout; le dernier se termine en pointe mousse un peu arrondie. Le corcelet est finement pointillé, légèrement bordé, & plus étroit que les élytres. Celles-ci sont fortement pointillées & unies: elles se terminent par un rebord assez grand, qui forme tout le long, une gouttière.

On le trouve dans les forêts de l'Europe, principalement dans les lieux humides.

16. Bouclier obscur.

Silpha obscura.

Silpha nigra, elytris punctatis: lineis elevatis tribus, clypeo truncato. Ent. ou Hist. nat. des ins. Bouclier. *Pl.* 2. *fig.* 18.

Silpha obscura. Lin. *Syst. nat. p.* 572. *n°.* 18. — *Faun. suec. n°.* 457.

Silpha obscura *nigra, elytris punctatis, lineis elevatis tribus, thorace antice truncato.* Fab. *Syst. ent. pag.* 74. *n°.* 11. — *Sp. ins. tom.* 1. *pag.* 88. *n°.* 14. — *Mant. ins. tom.* 1. *pag.* 49. *n°.* 16.

Cassida ovata nigra, elytris lineis tribus elevatis: media longissima. Uddm. *Diss.* 8.

Silpha obscura. Scop. *Ent. carn. n°.* 57.

Silpha obscura. Pod. *Mus. græc. pag.* 23.

Silpha obscura. Schrank. *Enum. ins. Austr. n°.* 77.

Silpha obscura. Laichart. *Ins.* 1. *pag.* 97. *n°.* 9.

Schaeff. *Icon. ins. tab.* 93. *fig.* 5.

Vill. *Ent. tom.* 1. *pag.* 90. *n°.* 15.

Il ressemble beaucoup au *Bouclier* lisse; mais il est un peu moins convexe. Tout le corps est très-noir, peu luisant. Les antennes sont de la longueur de la moitié du corcelet. Celui-ci est finement chagriné, assez grand. L'écusson est en cœur. Les élytres sont pointillées, & ont chacune trois lignes longitudinales peu élevées.

Cette espèce a été considérée par M. Geoffroy, comme la femelle du *Bouclier* atre.

On le trouve dans presque toute l'Europe, dans les champs & dans les charognes.

17. Bouclier réticulé.

Silpha reticulata.

Silpha nigra thorace lævi elytris rugosis: lineis elevatis tribus. Fab. *Mant. ins. tom.* 1. *pag.* 49. *n°.* 17.

Il ressemble entièrement, pour la forme & la grandeur, au *Bouclier* obscur, dont il n'est peut-être qu'une variété. Tout le corps est noir, peu luisant. Les antennes vont en grossissant, & sont de la longueur de la moitié du corcelet. La tête est assez grande & inclinée. Le corcelet est finement chagriné, un peu sinué postérieurement. L'écusson est triangulaire, pointu à son extrémité. Les élytres sont un peu raboteuses, & ont trois lignes longitudinales élevées, plus marquées que dans l'espèce précédente.

On le trouve aux environs de Paris, en Allemagne, dans les charognes.

18. Bouclier opaque.

Silpha opaca.

Silpha fusca, elytris concoloribus: lineis elevatis subternis, thorace antice truncato. Lin. *Syst. nat. pag.* 571. *n°.* 15. — *Faun. Suec. n°.* 454.

Silpha opaca. Fab. *Syst. ent. p.* 74. *n°.* 12. — *Sp. ins. tom.* 1. *pag.* 88. *n°.* 15. — *Mant. ins. tom.* 1. *pag.* 49. *n°.* 18.

Peltis nigra, elytris lineis tribus elevatis acutis, spatio interjecto veluti complicato, thorace lævi. Geoff. *Ins. tom.* 1. *p.* 121. *n°.* 5.

Peltis opaca *nigra supra murina tomentosa, clypeo truncato; elytris lineis binis elevatis subternis, unguibus rubris.* Mull. *Zool. dan. prodr. pag.* 63. *n°.* 585.

Silpha opaca. Schrank. *Enum. ins. austr. n°.* 79.

Silpha opaca. Laichart. *Ins. tom.* 1. *p.* 100. *n°.* 12.

Silpha opaca. Vill. *Ent. tom.* 1. *p.* 78. *n°.* 12.

Peltis inæqualis. Fourc. *Ins. tom.* 1. *pag.* 31. *n°.* 5.

Il est un peu plus petit que le *Bouclier* thoracique. Le corps est noir & déprimé. Les antennes sont de la longueur de la moitié du corcelet. Les trois derniers articles forment une masse perfoliée. La tête est couverte d'un duvet roussâtre. Le corcelet est assez large, à peine échancré antérieurement, légèrement sinué postérieurement, couvert d'un duvet court, noir & cendré. L'écusson est triangulaire. Les élytres sont lisses; & ont chacune trois lignes longitudinales élevées. On voit une petite gibbosité au milieu.

Il se trouve dans presque toute l'Europe, dans les cadavres.

19. Bouclier sinué.

Silpha sinuata.

Silpha thorace emarginato scabro, elytris lineis elevatis tribus apice sinuatis. Ent. ou hist. nat. des inf. Bouclier. *pl.* 2. *fig.* 12.

Silpha sinuata. Fab. *Syst. entom. p.* 75. *n°.* 13. —*Sp. inf. tom.* 1. *p.* 88. *n°.* 16. —*Mant. inf. tom.* 1. *pag.* 49. *n°.* 19.

Peltis nigra, elytris lineis tribus elevatis, spatio interjecto minutissime punctato, thorace scabro. Geoff. *Inf. tom.* 1. *p.* 119. *n°.* 2.

Le *Bouclier* noir, à corcelet raboteux. Geoff. *ibid.*

Silpha appendiculata. Sulz. *Hist. inf. tab.* 2. *fig.* 15.

Voet. *Coleopt. tab.* 32. *fig. a.* 2.

Silpha sinuata. Laichart. *Inf.* 1. *p.* 91. *fig.* 4.

Peltis scabra. Fourc. *Ent. par. p.* 30. *n°.* 2.

Cette espèce ressemble beaucoup au *Bouclier raboteux*. Les antennes, plus courtes que le corcelet, sont terminées en masse, un peu comprimée. La tête & le corcelet sont noirâtres & couverts de poils très-courts, qui les font paroître un peu argentés à un certain jour: celui-ci a des points relevés, luisans, & plus noirs que le fond. Les élytres ont trois lignes longitudinales, très-élevées, & un rebord assez grand, qui forme une gouttière: elles sont un peu plus longues que le corps, & terminées en pointe mousse, de chaque côté de laquelle il y a une échancrure bien marquée.

On le trouve en Europe, dans les charognes & les fientes des animaux. Il se trouve aussi au Cap de Bonne-Espérance.

20. Bouclier quadriponctué.

Silpha quadripunctata.

Silpha nigra, elytris pallidis puncto baseos medioque nigro, thorace emarginato. Ent. ou hist. nat. des inf. Bouclier, *pl.* 1. *fig.* 7. *a. b.*

Silpha quadripunctata. Lin. *Syst. nat. pag.* 571. *n°.* 14. — *Faun. suec. n°.* 453.

Silpha quadripunctata. Fab. *Syst. ent. p.* 75 *n°.* 14. —*Sp. inf tom.* 1. *p.* 88. *n°.* 17. —*Mant. inf. tom.* 1. *pag.* 49. *n°.* 20.

Peltis nigra, thorace elytrisque testaceis, thoracis macula coleoptrorumque punctis quinque nig[illegible]. Geoff. *Inf. tom.* 1. *p.* 122. *n°.* 7. *pl.* 2. *fig.* 1.

Le *Boulier jaune à taches noires.* Geoff. *ib.*

Silpha corpore nigro, thorace testaceo : macula magna nigra, elytris flavo-testaceis : punctis duo[illegible] *nigris.* Deg. *Mém. inf. tom.* 4. *p.* 131. *n°.* 6.

Bouclier à corps noir, à corcelet jaune, fau[illegible] avec une grande tache noire, & à étuis jau[illegible] fauves, à deux points noirs. Deg. *ib.*

Silpha quadripunctata nigra, elytris ex albidi[illegible] *maculis quatuor nigris.* Schreb. *Inf.* 2. *fig.* 5.

Silpha flavicans. Lepech. *Itin.* 1. 202. 2. *tab.* [illegible] *fig.* 4.

Silpha quadripunctata. Laichart. *Inf. f. tom. pag.* 93. *n°.* 6.

Voet. *Coleopt. tab.* 41 *fig.* 5.

Ce *Bouclier* a près de six lignes de long, & tr[illegible] de large. Il a une figure ovale-alongée. Son cor[illegible] est noir, un peu luisant & déprimé. Les antenn[illegible] sont plus courtes que le corcelet; les trois dernie[illegible] articles sont d'un noir mat & moins foncé que noir des autres. Le corcelet est échancré antérieur[illegible] ment, pour laisser paroître la tête; il est noir [illegible] milieu, & jaune-fauve sur les côtés. L'écusson e[illegible] noir. Les élytres sont d'un jaune-fauve & pointillées elles ont trois lignes longitudinales, peu marquées & deux points ou taches noirs, l'un à la base l'autre vers le milieu, qui forment, avec les deu[illegible] points de l'autre élytre, un quarré.

Il se trouve en Europe, dans les forêts [illegible] Chênes.

21. Bouclier piémontois.

Silpha pedemontana.

Silpha testacea; antennis apice nigris. Ent. [illegible] *hist. nat. des inf.* Bouclier. *pl.* 1. *fig.* 6.

Silpha pedemontana. Fab. *Syst. ent. p.* 75. *n°.* 1[illegible] —*Sp. inf. tom.* 1. *p.* 88. *n°.* 18. —*Mant. inf. tom.* [illegible] *p.* 49. *n°.* 21.

Peltis tota testacea. Geoff. *Inf. par. tom.* 1. *pa*[illegible] 123. *n°.* 9.

Le *Bouclier* fauve. Geoff. *ibid.*

Peltis testacea. Fourc. *Ent. par.* 1. *p.* 332. *n°.* [illegible]

Nous soupçonnons que l'insecte décrit par M. Fa[illegible] bricius n'est pas le même que celui qu'a décri[illegible] M. Geoffroy, où ils diffèrent beaucoup en gran[illegible] deur l'un de l'autre. Le *Bouclier* des environs d[illegible] Paris n'a pas trois lignes de long, tandis que celu[illegible] de Piémont en a environ cinq. Tout son corps e[illegible] d'une couleur fauve-obscure, un peu plus clair[illegible] sur les élytres. Les trois derniers articles des antennes sont noirs. Les élytres sont finement pointillées, & on y remarque trois lignes longitudinales élevées, très peu marquées.

Il se trouve en Piémont, & très-rarement aux environs de Paris.

22. Bouclier ferrugineux.

Silpha ferruginea.

Silpha ferruginea, elytris lineis elevatis senis thorace emarginato serrato. Ent. ou hist. nat. des ins. Bouclier, *pl. 2. fig. 13. a. b.*

Silpha ferruginea. Lin. *Syst. nat. p. 572. n°. 19. —Faun. suec. n°. 458.*
Silpha ferruginea, elytris lineis elevatissimis, thorace emarginato capite latiore. Fab. *Syst. ent. pag. 75. n°. 16. —Sp. ins. tom. 1. p. 89. n°. 19. —Mant. ins. tom. 1. pag. 49. n°. 22.*

Silpha cimicoides *supra fusco castanea rufo marginata, subtus rufa, elytris lineis elevatis senis punctisque elevatis.* Deg. *Mém. ins. tom. 4. p. 183. n°. 9.*

Bouclier *Punaise*, brun de marron en-dessus, à rebord roux, & tout roux en-dessous, a six arrêtes & des points concaves sur les etuis. Deg. *ib.*

Scarabæus minor, è rufo sordide nigricans, elytris striatis. Rai. *Ins. p. 84. n°. 33.*
Silpha ferruginea. Scop. *Ent. carn. n°. 60.*
Ossoma ferruginea. Laichart. *Ins. tom. 1. pag. 104. n°. 2.*
Schaeff. *Icon. ins. tab. 40. fig. 7.*

Il a près de quatre lignes de long, & deux & demie de large. Son corps est ovale-alongé, déprimé & ferrugineux. Les yeux seuls sont noirs. Les antennes sont courtes, & la masse est assez grosse, un peu comprimée. Le corcelet est aussi large que les élytres, & échancré antérieurement pour laisser paroître la tête. Les élytres ont chacune six lignes longitudinales, élevées, entre lesquelles on voit quelques points enfoncés. Les pattes sont plus courtes dans cette espèce que dans les autres.

Il se trouve dans presque toute l'Europe.

23. Bouclier oblong.

Silpha oblonga.

Silpha nigra, elytris striis punctatis : lineis elevatis senis, thorace emarginato. Ent. ou hist. nat. des ins Bouclier. *pl. 2. fig. 16.*
Silpha oblonga. Lin. *Syst. nat. p. 572. n°. 22. —Faun. suec. n°. 460.*

Silpha oblonga. Fab. *Syst. ent. p. 75. n°. 17. —Sp. ins. tom. 1. p. 89. n°. 20. —Mant. ins. tom. 1. p. 50. n°. 23.*

Silpha oblonga fusco-nigra; elytris lineis octo elevatis punctisque excavatis. Deg. *Mém. ins. tom. 4. pag. 185. n°. 11.*

Bouclier alongé, d'un noir tirant un peu sur le brun, à huit arrêtes & des points concaves sur les étuis. Deg. *ib.*

Silpha oblonga. Fuesl. *Archiv. Coleopt. pag. 34. n°. 9. tab. 20. fig. 22.*

Silpha oblonga. Vill. *Ent. tom. 1. p. 82. n°. 19.*

Il a une figure plus alongée que les autres. Sa longueur est a-peu-près de trois lignes & demie, & sa largeur d'une & demie. La couleur de tout le corps est d'un brun noir. Les antennes sont courtes, & la masse qui les termine est un peu alongée. Le corcelet est finement pointillé, peu rebordé, & échancré antérieurement. Les élytres ont chacune huit ou dix lignes longitudinales élevées, séparées par autant de rangées de points enfoncés.

Il se trouve au nord de l'Europe.

24. Bouclier denté.

Silpha dentata.

Silpha oblonga nigra thorace antice elytrisque ante apice bidentatis. Fab. *Mant. ins. tom. 1. pag. 50. n°. 24.*

Il ressemble, pour la forme & la grandeur, au *Bouclier* oblong. Le corps est noir. Le corcelet est noirâtre, très-rebordé, avec les bords latéraux déprimés, arrondis, un peu ciliés. Le bord antérieur est échancré, & muni de deux dentelures placées au milieu. Les élytres sont noires, & ont chacune deux lignes longitudinales très-élevées, bidentées postérieurement. Les pattes sont noires.

Il se trouve en Europe.

25. Bouclier bordé.

Silpha limbata.

Silpha nigra, thoracis elytrorumque margine subferrugineo, elytris lineis elevatis plurimis obsoletis. Ent. ou hist. nat. des ins. Bouclier, *pl. 1, fig. 14. a. b.*

Silpha limbata. Fab. *Sp. ins. tom. 1. p. 89. n°. 21. —Mant. ins. tom. 1. p. 50. n°. 25.*

Il est un peu plus petit que le *Bouclier* ferrugineux. Tout le corps est brun noirâtre. Les antennes sont brunes, & terminées en masse ovale. Le corcelet est presque plus large que les élytres. Il est uni, finement pointillé, un peu convexe, échancré antérieurement, & coupé droit postérieurement. Le bord extérieur est d'un brun plus clair & presque ferrugineux. L'écusson est petit & triangulaire. Les élytres sont régulièrement striées, & elles ont leurs bords latéraux d'un brun ferrugineux. Les pattes sont d'un brun noirâtre.

Il se trouve dans l'Afrique équinoxiale.

26. Bouclier ondé.

Silpha undata.

Silpha nigra nitida elytris fasciis duabus undatis punctoque apicis albis. Fab. *Mant. ins. tom. 1. p. 50. n°. 26.*

Il ressemble un peu pour la forme & la grandeur au Dermeste ondé ; mais les antennes le distinguent de ce genre. La tête & le corcelet sont noirs, sans taches. Les élytres sont lisses, noires, avec une bande vers la base, une autre au-delà du milieu, & un petit point vers l'extrémité blancs. Le dessous du corps & les pattes sont noirâtres.

Il se trouve en Saxe, sous l'écorce des arbres.

BOURDON, *Apis bombylans*. Linné, M. Geoffroy, & plusieurs autres entomologistes, ont divisé les Abeilles en deux familles, la première comprend les Abeilles très-velues, ou *Bourdons* ; & l'autre, les Abeilles moins velues, ou Abeilles proprement dites.

Les *Bourdons* ne diffèrent des autres Abeilles que par le corps plus gros, couvert de poils plus longs & plus serrés, comme aussi par le bourdonnement plus fort qu'ils font en volant. *Voy.* Abeille.

Bourdon, Faux Bourdon. *Fucus*. On a désigné sous ce nom le mâle de l'Abeille domestique, ou Abeille à miel *Voy.* Abeille.

BOURDONNEMENT, *Bombus*. C'est le nom qu'on a donné au bruit que font les insectes en volant, tels que la plupart des Coléoptères, presque tous les Diptères, les Abeilles, les Guêpes, &c. La cause du *bourdonnement*, assez intéressante à connoître, avoit été oubliée par les naturalistes, ou n'avoit point encore été bien expliquée jusqu'à présent. Les ailerons & les balanciers n'y ont point de part, puisque les insectes sans ailerons le font entendre. Degeer n'est pas mieux fondé, lorsqu'il croit que le *bourdonnement* est produit par le frottement de la base interne de l'aile contre les parois de la cavité du corcelet qui se trouve sous les ailerons, puisque les abeilles, & une multitude d'insectes, bourdonnent en volant, quoiqu'il n'y ait point certainement de frottement de l'aile contre le corcelet. D'après des expériences positives, nous croyons, avec plus de fondement, que ce bruit est dû simplement à la vive agitation des ailes, & à une vibration assez forte & assez rapide pour occasionner le son dans l'air. Les insectes qui ont les aîles très-grandes, & qui ne peuvent pas les mouvoir avec beaucoup de vîtesse, tels que les Papillons, les Libellules, les Friganes, les Myrmeléons, ne bourdonnent pas ; mais comme la perception du son doit avoir ses limites, nous ne pouvons faire mention aussi de ces petites espèces d'insectes, dont le bourdonnement, trop léger, ne nous est point sensible. *Voy.* Aile.

BOUSIER. *Copris*. Genre d'insectes de la première Section de l'Ordre des Coléoptères.

Les *Bousiers*, confondus par presque tous les auteurs, avec les Scarabés, en diffèrent par le chaperon très-large, par le manque de lèvre su rieure, par les mandibules membraneuses, petit souvent imperceptibles, enfin, par la forme de lèvre inférieure & des antennules.

M. Geoffroy a séparé des Scarabés ceux qui n'o point d'écusson, & il en a établi un genre sous nom de *Bousier*, en latin *Copris*, du mot grec Κοπρ qui signifie habitant des fientes, des ordures.

Le manque d'écusson ne suffiroit pas pour sép rer les *Bousiers* des Scarabés, si la bouche ne p sentoit pas d'autres caractères. Leur manière vivre, d'ailleurs, différente de celle des Scarab de la première division, le corps plus raccourci, port qui leur est particulier, & qui les fait reco noître au premier coup-d'œil, tout nous porte suivre l'exemple de M. Geoffroy, & à conserver genre de *Copris* que ce célèbre naturaliste a étab Mais nous croyons devoir joindre aux *Bousi* quelques autres insectes qui n'en diffèrent, q parce qu'ils ont un écusson, & qui ont d'ailleu la même conformation & les mêmes habitude M. Geoffroy ne considérant que l'écusson les avo placés parmi les Scarabés.

Les antennes des *Bousiers* diffèrent essentiellement de celles des Scarabés : elles sont composé de neuf articles seulement, dont le premier est long presque cylindrique, un peu renflé à son extrémité les suivans sont courts & granuleux ; le cinquièm & le sixième sont comprimés par les bouts ; les tro derniers sont en masse ovale feuilletée.

La tête est plus large que celle des Scarabés. L chaperon est avancé, aplati, arrondi, échanc ou dentelé ; il couvre entièrement les parties de bouche. Les yeux sont arrondis, peu saillans, placés à la partie postérieure & latérale de la tête ils y sont fixés par une petite portion de la substanc cornée de la tête, qui paroît souvent les divis en deux parties égales.

La bouche est composée de deux mâchoires d'une lèvre inférieure & de quatre antennules. Le mandibules existent, mais elles sont très-petites aplaties, membraneuses ; elles paroissent ne pa servir à l'insecte qui, vivant dans une matièr molle, n'a pas besoin de mandibules pour coupe & diviser ses alimens. La lèvre supérieure manqu entièrement : on voit seulement, lorsqu'on a enlev toutes les parties, une légère membrane appliqué à la partie supérieure & interne de la bouche & entièrement cachée par les mâchoires & les autres parties.

Les mâchoires sont bifides : la pièce extérieure, beaucoup plus grande que l'autre, es membraneuse, applatie, arrondie : l'autre pièce es très-courte, membraneuse & applatie.

La lèvre inférieure est divisée, à son extrémité, en deux pièces membraneuses, velues égales : les divisions sont insérées sur une pièce cornée, très-dure, poileuse, arrondie ou échancrée.

Les antennules antérieures sont filiformes, un peu plus longues que les postérieures, composées de quatre articles, dont le premier est court & petit; le deux suivans sont presque égaux & coniques; le dernier est alongé, terminé en pointe. Les postérieures sont très-velues; elles sont composées de trois articles, dont le premier est gros, souvent un peu applati, presque dilaté; le second est plus petit, & le dernier est très-petit, arrondi à son extrémité.

Le corcelet est légèrement rebordé, convexe, lisse, ou armé de cornes plus ou moins longues, de dentelures plus ou moins saillantes, de tubercules plus ou moins grands & élevés.

L'écusson est triangulaire, un peu arrondi postérieurement, dans quelques espèces : il est presque imperceptible, ou il manque entièrement, dans le plus grand nombre.

Les élytres sont dures, convexes, rebordées, assez courtes : elles cachent deux ailes membraneuses, assez longues & repliées.

Le corps est plus court, & un peu plus large que celui des Scarabés. L'abdomen, sur-tout, est très-court.

Les pattes sont assez grosses & assez longues : les postérieures sur-tout sont très-longues dans la plupart des espèces. Les jambes antérieures sont armées de trois ou de quatre dentelures latérales; les intermédiaires ont souvent plusieurs épines; celles ci & les postérieures sont ordinairement grosses à leur extrémité. Les tarses diffèrent beaucoup de ceux des Scarabés. Les articles de ceux-ci sont égaux, gros & arrondis à leur extrémité, ceux des *Bousiers*, au contraire, sont triangulaires, & vont en diminuant de grosseur, c'est-à dire, que le premier article est le plus gros, & le dernier est le plus petit.

Quelques *Bousiers*, tels que le Sphinx, l'Inuus, l'Aigulus, n'ont point de tarses aux pattes antérieures; les jambes sont alors longues, arquées à leur extrémité, & velues en dessous. Ces tarses, au reste, ne manquent qu'à l'un des deux sexes, l'autre a les pattes figurées & conformées comme celles des autres espèces.

Les *Bousiers* vivent dans les ordures, les excrémens & les fientes des animaux; ces insectes sont attirés de tous les côtés par l'odeur de ces matières. Un Bœuf, un Cheval, un Homme, ne se sont pas plutôt délivrés de leurs excrémens, qu'on entend voler des *Bousiers* en bourdonnant, & qu'on les voit se précipiter sur ces excrémens. Presque toutes les espèces qui n'ont point d'écusson forment des pilules ou boules de ces matières fécales, les enterrent ensuite, & y déposent leurs œufs. Aristote & Pline ont parlé de ces insectes, & les ont désignés sous le nom de Pilulaires, *Pilularii*.

On a donné le nom de pilulaires à quelques *Bousiers*, à cause qu'ils forment, dans la fiente des animaux, une boule assez grosse, en la roulant, par le moyen des pattes de derrière. Cette boule, fort humide d'abord, ne prend une figure parfaitement sphérique, qu'à mesure qu'elle sèche, l'insecte continuant de la faire tourner sur elle-même. Lorsqu'elle a acquis un peu de solidité, le *Bousier* la fait rouler par le moyen de deux pattes postérieures, & en marchant lui-même à reculon sur les quatre pattes de devant, jusqu'à ce que, parvenu à son trou, il l'y précipite. Cette boule est destinée à servir de provision, & à nourrir la larve dès l'instant de sa naissance. On ne trouve, au reste, aucun de ces insectes au nord de l'Europe, mais il y en a plusieurs espèces au midi, & un plus grand nombre dans les pays chauds.

C'est ordinairement à la fin du printemps, & vers le milieu de l'été, qu'on voit les *Bousiers* former leurs pilules, & travailler à l'envi, avec d'autant plus d'ardeur que la chaleur est plus forte. Il y a quelquefois, sur une seule fiente, un grand nombre de ces insectes, occupés chacun à la formation de sa boule. Ils se réunissent souvent deux ou trois, soit pour la former, soit pour la faire rouler; & cela leur est d'autant plus avantageux, qu'on en voit à chaque instant faire la culbute & se renverser sur le dos, tandis que la boule roule d'un autre côté, souvent à quelques distance d'eux, suivant que le terrein est plus ou moins inégal, ou incliné. Il arrive alors presque toujours que d'autres viennent se saisir de cette boule, & que ceux-ci, relevés de leur chute, vont s'emparer de la première qu'ils rencontrent. Il paroît que ces insectes ne connoissent pas le droit de propriété, puisqu'ils s'emparent indifféremment de la première qu'ils voient à portée, & qu'ils abandonnent facilement celle qu'ils ont construite, au premier qui se présente, pour aller travailler à la formation d'une autre. Peu fermes sur les quatre pattes antérieures, & obligés de marcher à reculon, ces insectes sont renversés à chaque instant, sur tout lorsque le terrein est inégal, & qu'ils ont des élévations un peu considérables à franchir. Les *Bousiers* se relèvent avec beaucoup de peine lorsqu'ils sont renversés sur le dos, ce qui rend quelquefois leur travail très-long & très-pénible. Les difficultés, cependant, bien loin de les rebuter, redoublent au contraire leur ardeur : on est étonné de voir ces insectes, naturellement lourds & pesans, devenir très-agiles & infatigables, & surmonter, par leur opiniâtreté, des obstacles qu'on auroit jugés insurmontables.

Les larves des *Bousiers* ressemblent à celles des Scarabés : elles vivent dans la terre, & se nourrissent pendant quelque temps de la provision qu'elles trouvent à leur portée.

BOUSIER.

COPRIS. GEOFF.

SCARABEUS. LIN. FAB.

CARACTERES GÉNÉRIQUES.

ANTENNES courtes, en masse, composées de neuf articles : le premier long, presque cylindrique ; les autres courts, granuleux ; les trois derniers en masse ovale, feuilletée.

Chaperon avancé, large, sans lèvre supérieure.

Bouche munie de deux mandibules membraneuses très-petites, de deux mâchoires membraneuses, bifides, d'une lèvre inférieure, membraneuse, & de quatre antennules filiformes.

Jambes épineuses. Tarses composés de cinq articles, triangulaires, qui diminuent insensiblement de grosseur.

ESPECES.

1. A ECUSSON.

* *Tête cornue ou tuberculée.*

1. BOUSIER Fossoyeur.

Noir ; corcelet avec un léger enfoncement antérieur ; tête avec trois tubercules ; chaperon échancré.

2. BOUSIER anal.

Noir ; tête avec trois tubercules égaux ; élytres striées, ferrugineuses à leur extrémité.

3. BOUSIER souterrain.

Noir ; tête presque anguleuse, munie de trois petites tubercules ; élytres striées.

4. BOUSIER terrestre.

Noir, luisant ; corcelet lisse ; tête avec trois tubercules égaux ; élytres striées.

5. BOUSIER rougeâtre.

Noir ; abdomen brun ; élytres rougeâtres ; tête avec trois tubercules pointus ; corcelet avec une légère impression.

6. BOUSIER fimetaire.

Noir ; tête avec trois tubercules ; élytres rouges, striées ; bords du corcelet testacés.

7. BOUSIER bicolor.

Corcelet presque lisse ; tête avec un tubercule ; noir en-dessus, brun en-dessous.

BOUSIER. (Insectes.)

8. BOUSIER errant.

Noir; chaperon arrondi; tête tuberculée; élytres striées, obscures.

9. BOUSIER scybalaire.

Noir; corcelet lisse; tête avec trois tubercules; élytres striées, testacées, avec une tache obscure, marginale.

10. BOUSIER brûlé.

Noir, luisant; corcelet lisse; tête avec trois tubercules; élytres testacées, avec une tache obscure.

11. BOUSIER sale.

Noir; tête avec trois tubercules; bords du corcelet pâles; élytres striées, grises, avec des points noirs, oblongs.

12. BOUSIER sordide.

Noir; tête avec trois petits tubercules; bords du corcelet, élytres & pattes pâles.

13. BOUSIER grenaille.

Noir; chaperon échancré; tête avec un tubercule; élytres striées, ferrugineuses à leur extrémité.

14. BOUSIER hémorroïdal.

Noir; chaperon presque échancré; tête tuberculée; élytres striées, ferrugineuses à leur extrémité.

15. BOUSIER taché.

Noir, luisant; tête avec trois tubercules; élytres striées, mélangées de noir & de testacé.

16. BOUSIER bimaculé.

Noir, luisant; tête avec trois tubercules peu élevés; élytres striées, avec une tache rougeâtre à leur base.

17. BOUSIER puant.

Noir; tête avec trois tubercules; élytres striées, noires, avec la suture & le bord ferrugineux.

18. BOUSIER livide.

Livide; tête tuberculée, livide antérieurement; élytres striées, avec une grande tache oblongue, noirâtre.

I. A ÉCUSSON.

*** Tête sans cornes ni tubercules.*

19. BOUSIER rufipède.

Noir; antennes & pattes brunes; corcelet lisse; élytres striées.

20. BOUSIER jayet.

Noir; chaperon arrondi; élytres pointillées & striées.

21. BOUSIER sept-taches.

Pâle; tête & corcelet un peu obscurs; élytres striées, avec sept taches noires.

22. BOUSIER relevé.

Noir, luisant, convexe; chaperon échancré; élytres striées.

23. BOUSIER merdeux.

Très-noir; tête échancrée, anguleuse de chaque côté; élytres striées.

24. BOUSIER fascié.

Noir; tête & corcelet lisses; élytres striées, noires, avec le bord & une bande postérieure rougâtres.

BOUSIER. (Insectes).

25. BOUSIER luride.

Noir ; chaperon arrondi ; élytres striées, grisâtres, avec des lignes longitudinales, courtes, noires.

26. BOUSIER pubescent.

Livide, pubescent ; élytres striées, d'un gris jaunâtre, avec des points oblongs, obscurs.

27. BOUSIER marginé.

Noirâtre ; bords du corcelet, des élytres & pattes jaunâtres ; tête & corcelet lisses.

28. BOUSIER biponctué.

Corcelet noir, bordé de rouge ; élytres rouges, avec un point noir sur chaque.

29. BOUSIER quadrimaculé.

Noir ; élytres striées, noires, avec deux taches rouges sur chaque ; pattes rougeâtres.

30. BOUSIER Pourceau.

D'un rouge brun ; élytres testacées, avec des taches noires.

31. BOUSIER à plaie.

Noir ; chaperon presque échancré ; élytres striées, avec une tache oblongue, rouge.

32. BOUSIER Tortue.

Noir ; élytres sillonnées, noires, avec des points ferrugineux.

33. BOUSIER Truie.

Noir, oblong ; élytres noirâtres, légèrement striées.

34. BOUSIER ridé.

Noirâtre ; antennes & pattes ferrugineuses ; corcelet avec des rides transversales.

35. BOUSIER fouille-merde.

Noir ; élytres striées, testacées, avec la suture noire.

36. BOUSIER ordurier.

Noir, luisant ; élytres & pattes d'un jaune testacé ; élytres striées.

37. BOUSIER sillonné.

Noirâtre ; tête & corcelet lisses ; élytres sillonnées.

38. BOUSIER arénaire.

Oblong, noir ; pattes brunes ; chaperon échancré ; élytres striées.

2. SANS ECUSSON.

* *Corcelet cornu, denté, tuberculé.*

39. BOUSIER Anténor.

Noir ; tête avec une corne transversale, tridentée ; corcelet coupé, multidenté.

40. BOUSIER Hamadryas.

Noir ; corcelet coupé antérieurement, avec cinq éminences ; tête avec deux cornes courtes, égales.

41. BOUSIER Bucéphale.

Noir ; chaperon presque anguleux ; tête avec une corne élevée ; corcelet coupé, quadridenté.

BOUSIER. (Insectes.)

42. Bousier Midas.

Noir ; corcelet coupé & velu antérieurement, avec trois éminences ; tête anguleuse, avec deux petites cornes élevées, latérales.

43. Bousier Molosse.

Noir, opaque ; corcelet coupé, avec une corne pointue, latérale ; tête avec une corne simple ; élytres lisses.

44. Bousier Janus.

Noir ; corcelet coupé, bicornu ; tête avec une corne relevée, dentée à la base.

45. Bousier porte-lance.

Violet ; tête avec une corne simple, longue, anguleuse ; corcelet denté ; élytres sillonnées.

46. Bousier belliqueux.

D'un noir violet ; tête avec une longue corne recourbée ; corcelet coupé, inégal, avec deux cornes comprimées, élevées.

47. Bousier Faune.

Noir ; corcelet avec quatre cornes, dont deux intermédiaires, très-courtes ; tête avec une longue corne recourbée, en scie à son extrémité.

48. Bousier Némestrinus.

Noir ; corcelet avec deux cornes avancées, un peu divergentes ; tête avec une corne droite, élevée.

49. Bousier Jacchus.

Noir, luisant ; corcelet avec deux cornes courtes, égales ; tête avec une corne simple, recourbée.

50. Bousier Phidias.

Noir ; chaperon bidenté ; tête avec une corne déprimée, courbée ; corcelet bidenté.

51. Bousier Borée.

Noir ; tête avec deux petites cornes, dont l'une antérieure, courte & échancrée ; corcelet coupé antérieurement, avec deux cornes courtes, échancrées.

52. Bousier Belzébut.

Noir ; corcelet avec six petites cornes ; tête avec une corne longue & recourbée.

53. Bousier Mimas.

Noir & vert doré ; corcelet avancé, coupé, anguleux ; tête avec deux petites cornes.

54. Bousier Jasius.

D'un vert noir ; chaperon bidenté ; tête avec une élévation transversale ; partie antérieure du corcelet enfoncée.

55. Bousier élégant.

D'un rouge cuivreux, brillant ; tête avec une corne relevée ; corcelet avec deux cornes comprimées.

56. Bousier éclatant.

Vert bronzé ; corcelet cuivreux, avec deux cornes comprimées, noires ; tête avec une corne noire, recourbée.

57. Bousier Œdipe.

Noir ; corcelet avec une corne plate, avancée ; tête avec une corne élevée, tridentée.

58. Bousier Paniscus.

Noir, corcelet coupé, avec le bord avancé ; chaperon fendu ; tête avec une corne longue, recourbée.

BOUSIER. (Insectes.)

59. Bousier espagnol.

Noir ; corcelet coupé antérieurement ; chaperon fendu ; tête avec une corne recourbée.

60. Bousier lunaire.

Noir ; corcelet avec trois cornes ; dont l'intermédiaire large, obtuse, bifide ; tête avec une corne longue, recourbée.

61. Bousier échancré.

Noir ; chaperon échancré ; corne courte, relevée, large, échancrée.

62. Bousier Ancée.

Noir ; tête avec une corne recourbée ; corcelet avec trois cornes ; l'intermédiaire large, obtuse ; les latérales divergentes, pointues.

63. Bousier Capucin.

Noir ; corcelet avec quatre dents ; tête avec une corne un peu courbée, dentée à sa base.

64. Bousier Pithécius.

Ferrugineux ; corcelet avec deux cornes très-courtes ; tête avec une corne simple, droite, élevée.

65. Bousier Sabæus.

Noir ; corcelet avec deux élévations pointues ; tête avec une corne élevée, droite, simple.

66. Bousier Tullius.

Noir ; tête avec une corne élevée ; corcelet avec quatre petites cornes presque égales ; élytres striées.

67. Bousier Pactole.

Vert ; tête & côtés du corcelet dorés ; tête avec une corne relevée, longue, bidentée.

68. Bouclier Rhadamiste.

Noirâtre ; corcelet bronzé, relevé, avec une corne recourbée ; élytres rougeâtres, avec la suture & deux points noirs.

69. Bousier Bison.

Noir ; corcelet mucroné antérieurement ; tête avec deux cornes arquées.

70. Bousier Dorcas.

Vert bronzé ; tête avec deux lignes transversales, élevées ; corcelet bituberculé.

71. Bousier Bonasus.

Obscur ; corcelet vert, avec deux éminences ; tête avec trois cornes, dont deux grandes arquées.

72. Bousier frotteur.

Noir, luisant ; corcelet coupé antérieurement, avec une élévation transversale ; corne de la tête, courte, large, presque échancrée.

73. Bousier Sinon.

Brun ; chaperon arrondi, presque bidenté ; tête avec une corne longue, mince & recourbée ; corcelet quadridenté.

74. Bousier Ammon.

Noir ; tête avec une corne un peu recourbée ; corcelet tridenté ; élytres striées.

75. Bousier Séniculus.

Noirâtre ; corcelet avec deux cornes avancées ; tête avec deux petites cornes élevées.

76. Bousier Calta.

Pâle : corcelet bronzé, bidenté : tête bronzée, avec deux lignes transversales, élevées.

77. Bousier Sagittaire.

Obscur ; corcelet mucroné antérieurement ; tête avec une corne un peu recourbée.

BOUSIER. (Insectes.)

78. Bousier Veau.

Noir ; corcelet quadridenté ; tête avec deux petites cornes droites, élevées.

79. Bousier Amyntas.

Noir ; chaperon arrondi ; tête avec une ligne transversale, élevée ; corcelet coupé, bidenté.

80. Bousier Vache.

Bronzé ; élytres testacées, obscures ; chaperon arrondi ; tête avec une ligne transversale, élevée, & deux petites cornes postérieures.

81. Bousier Lémur.

D'un noir bronzé ; corcelet bronzé, quadridenté ; élytres testacées, avec une bande de taches noires.

82. Bousier bifascié.

Noir ; élytres avec deux bandes rousses ; tête avec une petite corne ; corcelet avec trois tubercules élevés.

83. Bousier bident.

Bronzé ; corcelet bidenté antérieurement ; tête avec une élévation transversale, pointue de chaque côté.

84. Bousier bronzé.

D'un vert bronzé ; corcelet bituberculé ; élytres striées.

85. Bousier bituberculé.

Noir ; chaperon bidenté ; corcelet avec deux tubercules ; élytres testacées, tachées de noir.

2. Sans Ecusson.

*** Corcelet sans cornes ni tubercules.*

** Tête cornue.*

86. Bousier géant.

Noir ; tête avec une élévation transversale, tridentée ; corcelet un peu coupé antérieurement, avec une ligne saillante, tranversale.

87. Bousier Achate.

Noir ; chaperon arrondi ; tête avec une corne courte, large, tridentée.

88. Bousier Eridanus.

Noir ; chaperon arrondi, presque bidenté ; tête avec une élévation transversale, bicornue ; corcelet un peu enfoncé antérieurement.

89. Bousier carolinois.

Noir ; tête avec une corne très-courte ; corcelet un peu coupé antérieurement, avec une fossette profonde de chaque côté.

90. Bousier bourreau.

Cuivreux ; corcelet applati, raboteux ; tête avec une corne recourbée.

91. Bousier Sphinx.

Noir ; chaperon arrondi, presque échancré ; tête avec une petite corne ; corcelet avec quatre impressions.

92. Bousier Nicanor.

Noir ; corcelet avec quatre points enfoncés ; tête avec une corne courte, recourbée, bidentée ; élytres striées.

93. Bousier Mœris.

Noir ; tête avec une petite corne ; élytres avec des lignes longitudinales, élevées.

BOUSIER. (Insectes.)

94. BOUSIER Aygule.

Corcelet vert bronzé, avec quatre points enfoncés; tête avec un tubercule & plusieurs lignes transversales, élevées.

95. BOUSIER Inuus.

Noirâtre bronzé; corcelet convexe, pointillé, avec quatre impressions; tête avec des lignes & un tubercule élevés.

96. BOUSIER Nisus.

Noir; chaperon bidenté; tête avec une corne courte, échancrée; élytres striées.

97. BOUSIER crénelé.

Noir; corcelet lisse, arrondi, crénelé; chaperon arrondi, quadridenté, muni d'un tubercule élevé, ferrugineux.

98. BOUSIER trident.

Bronzé; corcelet cuivreux, légèrement coupé, avec une ligne courte, transversale, élevée, tête avec une élévation transversale, tridentée.

99. BOUSIER Marsyas.

Bronzé; chaperon entier; tête avec une ligne transversale, élevée, & une corne postérieure, très-courte.

100. BOUSIER ondé.

Vert cuivreux; élytres striées, noirâtres, avec deux bandes ondées, fauves; tête avec une corne postérieure, élevée.

101. BOUSIER Apelle.

Brun-fauve, avec le devant de la tête & les côtés du corcelet d'un jaune doré; tête avec une corne très-petite.

102. BOUSIER Pélée.

Noir; corcelet avec un léger enfoncement; tête avec une corne élevée, très courte.

103. BOUSIER sillonneur.

Noir, luisant; corcelet lisse; tête avec une petite corne; élytres striées.

104. BOUSIER quatre-points.

Noir-bleuâtre; élytres testacées, avec quatre points noirs; tête avec une petite corne.

105. BOUSIER Tagès.

Noir; chaperon arrondi; élytres striées; tête avec trois tubercules, dont celui du milieu plus grand.

106. BOUSIER Taureau.

Noir; corcelet simple; tête avec deux cornes longues, arquées.

107. BOUSIER Chèvre.

Noir; corcelet lisse, un peu coupé antérieurement; tête avec deux petites cornes relevées.

108. BOUSIER penché.

Noir; corcelet enfoncé antérieurement; tête avec une corne postérieure, applatie, recourbée à l'extrémité.

109. BOUSIER nuchicorne.

Bronzé; élytres testacées; tête avec une corne postérieure, élevée, déprimée à la base.

110. BOUSIER cénobite.

Noir-bronzé; élytres testacées; corcelet simple; tête avec une corne postérieure, déprimée.

BOUSIER. (Insectes.)

111. Bousier verticicorne.

Corcelet lisse, grisâtre, pointillé de noir; tête avec une corne élevée & courte.

112. Bousier rebordé.

Noir; corcelet lisse; tête avec trois tubercules; chaperon rebordé, échancré.

113. Bousier ferrugineux.

Brun; chaperon échancré; tête avec une petite corne; élytres ferrugineuses, avec la suture noire.

114. Bousier porte-épine.

Bronzé; corcelet simple, arrondi; tête avec une longue épine recourbée.

115. Bousier thoracique.

Bronzé; corcelet cuivreux; tête avec une longue corne recourbée; élytres jaunâtres, avec une bande noire.

116. Bousier fourchu.

Noir; corcelet lisse; tête avec trois cornes élevées, droites, dont l'intermédiaire large & courte.

2. Sans Ecusson.

**** Corcelet lisse; tête sans corne.*

117. Bousier sacré.

Noir; chaperon sixdenté; tête avec deux tubercules; corcelet & élytres lisses.

118. Bousier variolé.

Noir; chaperon sixdenté; corcelet grand, convexe, variolé; cuisses postérieures dentées.

119. Bousier large col.

Noir; chaperon sixdenté; élytres sillonnées.

120. Bousier Bacchus.

Noir, presque hémisphérique; chaperon bidenté; corcelet & élytres lisses, convexes.

121. Bousier Esculape.

Très-noir, chaperon quadridenté; dentelures du milieu saillantes & arrondies; corcelet & élytres lisses.

122. Bousier bossu.

Noir; chaperon quadridenté; élytres avec deux bosses vers la base.

123. Bousier Icare.

Bronzé, un peu cuivreux; chaperon quadridenté; élytres convexes, sillonnées.

124. Bousier cuivreux.

Cuivreux, un peu bronzé; chaperon échancré; corcelet & élytres élevés.

125. Bousier Astyanax.

D'un noir bronzé; chaperon bidenté; élytres striées.

126. Bousier Ménalque.

Vert-bronzé; chaperon arrondi; élytres testacées, avec la suture & des lignes élevées, vertes.

127. Bousier onglé.

Noir; chaperon arrondi; cuisses dentées; jambes antérieures avec un onglet.

BOUSIER. (Insectes.)

128. BOUSIER Hespérus.

D'un vert-doré en-dessus, cuivreux, très-brillant en-dessous; tête avec trois petits tubercules.

129. BOUSIER émeraude.

D'un vert cuivreux, luisant; tête & corcelet lisses; chaperon bidenté.

130. BOUSIER brillant.

Cuivreux, brillant; chaperon quadridenté; corcelet avec un point enfoncé de chaque côté.

131. BOUSIER sinué.

Noir-bronzé, lisse; chaperon bidenté; antennes jaunâtres.

132. BOUSIER lisse.

Noir, un peu bronzé, lisse; chaperon presque bidenté; élytres courtes, entières,

133. BOUSIER pilulaire.

Noir, lisse; chaperon échancré; corcelet grand, relevé, avec un point enfoncé de chaque côté.

134. BOUSIER flagellé.

Noir; chaperon échancré; corcelet & élytres raboteux.

135. BOUSIER Palémon.

Noir, luisant; chaperon sixdenté; élytres striées, raboteuses.

136. BOUSIER de Koenig.

Noir; chaperon bidenté; corcelet raboteux; élytres avec des points blancs.

137. BOUSIER de Schaeffer.

Noir; chaperon bidenté; corcelet grand, relevé; pattes postérieures longues & dentées.

138. BOUSIER longipède.

Noir; chaperon sixdenté; pattes postérieures très-longues.

139. BOUSIER oblique.

Noirâtre; chaperon arrondi; corcelet bronzé, obliquement tronqué de chaque côté.

140. BOUSIER triangulaire.

Noirâtre; tête bronzée; corcelet jaune, avec une tache bronzée, triangulaire.

141. BOUSIER six-points.

Obscur; tête lisse, bronzée; corcelet lisse, jaunâtre, avec six taches noires.

142. BOUSIER squalide.

Noirâtre, bronzé; chaperon échancré; élytres striées.

143. BOUSIER miliaire.

Noir; chaperon sixdenté; corcelet & élytres avec des taches très-noires, luisantes, élevées.

144. BOUSIER éclatant.

Rouge-cuivreux, brillant; chaperon bidenté; corcelet & élytres variolés.

145. BOUSIER grenu.

Noir, opaque; chaperon échancré, anguleux; élytres avec des stries grenues.

146. BOUSIER ceint.

Noir; élytres striées, bordées de jaune; chaperon échancré.

BOUSIER. (Insectes).

147. BOUSIER flavipède.

Testacé obscur ; tête cuivreuse ; corcelet grand, arrondi, cuivreux, avec les côtés jaunes livides.

148. BOUSIER pâle.

Testacé pâle, sans cornes ; élytres striées, avec des points jaunes.

149. BOUSIER discoïde.

Noir ; chaperon bidenté ; élytres d'un jaune testacé, avec une tache noire sur la suture.

150. BOUSIER violet.

D'un noir violet, luisant ; chaperon bidenté ; tache jaune à l'extrémité de l'abdomen.

151. BOUSIER bleuâtre.

D'un bleu verdâtre, pointillé ; corcelet avec des élévations lisses ; élytres sinuées.

152. BOUSIER de Schreber.

Noir ; corcelet relevé, presque coupé ; élytres striées, avec quatre taches rouges.

153. BOUSIER quadrille.

Noirâtre, bronzé ; tête & corcelet lisses, d'un vert bronzé ; élytres noires, avec quatre taches fauves.

154. BOUSIER tête-noire.

Testacé ; tête noire : chaperon bidenté ; corcelet avec une ligne longitudinale, noire.

155. BOUSIER de la Nouvelle-Hollande.

Noir ; chaperon quadridenté ; élytres sillonnées.

156. BOUSIER bipustulé.

Noir ; élytres striées, avec une tache rouge à leur base latérale.

157. BOUSIER quadripustulé.

Noir ; tête presque bituberculée ; élytres striées, avec quatre taches rouges.

158. BOUSIER ovale.

Noir ; chaperon échancré ; tête avec deux lignes transversales, courtes, élevées.

I. A. ÉCUSSON.

* *Tête cornue ou tuberculée.*

BOUSIER fossoyeur.

COPRIS fossor.

Copris scutellatus, thorace inermi subretuso, capite tuberculis tribus, medio subcornuto. Ent. ou Hist. nat. des inf. SCARABÉ. *Pl.* 20. *fig.* 184. *a. b.*

Scarabæus fossor. LIN. *Syst. nat. pag.* 548. *n°.* 31. — *Faun. suec. n°.* 384.

Scarabæus fossor. FAB. *Syst. entom. pag.* 14. *n°.* 47. — *Spec. inf. tom.* 1. *pag.* 15. *n°.* 59. — *Mant. inf. tom.* 1. *pag.* 8. *n°.* 62.

Scarabæus totus niger, spinulis tribus capitis transversim positis. GEOFF. *Inf. tom.* 1. *pag.* 82. *n°.* 20.

La tête armée. GEOFF. *Ib.*

Scarabæus scutellatus oblongus ater, capite magno tuberculis tribus. DEG. *Mém. tom.* 4. *pag.* 264. *n°.* 8. *pl.* 10. *fig.* 7.

Scarabæus atro rubens, corpore subcylindrico atro rubente. Act. Nidr. 4. *pag.* 286. *n°.* 2. *tab.* 16. *fig.* 1.

SCHAEFF. *Icon. inf. tab.* 144. *fig.* 7. 8.
VOET. *Coleopt. tab.* 21. *fig.* 141. 142.
JABLONSK. *Coleopt. tab.* 12. *fig.* 1.
FUESLY. *Coleopt. pag.* 5. *n°.* 8.
Scarabæus fossor. FOURC. *Entom. par.* 1. *p.* 10. *n°.* 20.
VILLERS. *Entom. tom.* 1. *pag.* 17. *n°.* 15.

Il a une figure ovale alongée : il est noir, convexe, & luisant en-dessus. Le chaperon est échancré. La tête est munie de trois tubercules, dont l'intermédiaire est un peu plus élevé. Le corcelet est lisse, convexe, avec une petite impression antérieurement. L'écusson est triangulaire, pointu. Les élytres sont striées ; les jambes antérieures ont trois dents latérales.

Il varie pour les couleurs : les élytres sont quelquefois rougeâtres, ou d'un rouge brun.

Il se trouve en Europe, dans les bouses.

2. BOUSIER anal.

COPRIS analis.

Copris scutellatus thorace inermi, capite tuberculis tribus æqualibus, niger, elytris apice ferrugineis.

Scarabæus analis. FAB. *Mant. inf. tom.* 1. *pag.* 8. *n°.* 64.

Il ressemble, pour la forme & la grandeur, au *Bousier* fossoyeur. Le chaperon est arrondi, presque échancré, muni postérieurement de trois tubercules égaux, élevés en forme de cornes. Le corcelet est arrondi, lisse, noir, luisant. Les élytres sont striées, noires, avec une grande tache ferrugineuse à l'extrémité : le rebord de l'élytre est noir par-tout. Les pattes sont dentées, noires ; les jambes postérieures sont un peu comprimées & un peu dilatées.

Il se trouve aux Indes orientales.

3. BOUSIER souterrain.

COPRIS subterraneus.

Copris scutellatus, thorace inermi glabro, capite tuberculis tribus, elytris striis crenatis. Ent. ou Hist. nat. des Inf. SCARABÉ. *Pl.* 18. *fig.* 162. *a. b.*

Scarabæus subterraneus. LIN. *Syst. nat. p.* 548. *n°.* 28. — *Faun. suec. n°.* 382.

Scarabæus subterraneus. FAB. *Syst. entom. pag.* 14. *n°.* 46. — *Spec. inf. tom.* 1. *pag.* 15. *n°.* 58. *Mant. inf. tom.* 1. *pag.* 8. *n°.* 61.

Scarabæus exscutellatus oblongus niger totus, capite tuberculis tribus, elytris profunde sulcatis. DEG. *Mém. tom.* 4. *pag.* 267. *n°.* 12.

Scarabæus exsubterraneus. SCHRANK. *Enum. inf. aust. n°.* 7.

SULZ. *Hist. inf. tab.* 1. *fig.* 2.
JABLONSK. *Coleopt.* 1. *tab.* 11. *fig.* 6.
FUESLY. *Coleopt.* 1. *pag.* 4. *n°.* 7. — *Inf. helvet. pag.* 1. *n°.* 8.
VILLERS. *Entom. tom.* 1. *pag.* 17. *n°.* 13.

Il est de la grandeur du *Bousier* fimétaire. Il est entièrement noir & luisant. Le chaperon est presque échancré. La tête est un peu anguleuse de chaque côté ; on y voit, à sa partie supérieure, trois petits tubercules peu élevés. Le corcelet est convexe & lisse. Les élytres sont profondément striées. Le dessous du corps est un peu pubescent. Les jambes antérieures ont trois dents latérales.

Il se trouve en Europe, dans les bouses.

4. BOUSIER terrestre.

COPRIS terrestris.

Copris scutellatus, thorace inermi, capite tuberculis tribus æqualibus, elytris striatis. Ent. ou Hist. nat. des inf. SCARABÉ. *Pl.* 24. *fig.* 209. *a. b.*

Scarabæus terrestris. FAB. *Syst. Entom. pag.* 15. *n°.* 48. — *Spec. inf. tom.* 1. *pag.* 16. *n°.* 61. — *Mant. inf. tom.* 1. *pag.* 8. *n°.* 66.

Il est deux ou trois fois plus petit que le *Bousier* fossoyeur. Tout le corps est noir & luisant. Le chaperon est légèrement échancré. La tête est munie de trois petits tubercules égaux. Le corcelet est lisse. L'écusson est triangulaire. Les élytres sont striées.

Les

Les jambes antérieures ont trois fortes dents latérales.

Il se trouve en Europe, dans les bouses.

5. BOUSIER rougeâtre.

COPRIS rubidus.

Copris scutellatus niger, abdomine elytrisque ferrugineis, thorace antice vix excavato, capite tuberculis tribus. Ent. ou Hist. nat. des inf. SCARABÉ. *Pl.* 26. *fig.* 224.

Il est de la grandeur du *Bousier* fossoyeur, & il ressemble beaucoup au Scarabé fimétaire. Les antennes sont d'un rouge brun. La tête est noire, luisante, presque échancrée antérieurement, un peu anguleuse sur les côtés, avec trois tubercules au-dessus, dont l'un au milieu, élevé & pointu. Le corcelet est noir, luisant, pointillé, un peu enfoncé antérieurement, d'un rouge brun sur les côtés. L'écusson est noir, petit, triangulaire, un peu alongé. Les élytres sont rougeâtres & striées. Le dessous du corps & les pattes sont noirs luisans; l'abdomen & les tarses sont d'un rouge brun.

Il se trouve en Languedoc.

6. BOUSIER fimétaire.

COPRIS fimetarius.

Copris scutellatus, thorace inermi, capite tuberculato, elytris rubris, corpore nigro. Ent. ou Hist. nat. des inf. SCARABÉ. *Pl.* 18. *fig.* 167.

Scarabæus fimetarius. LIN. *Syst. nat. pag.* 548. *n°.* 32. — *Faun. suec. n°.* 385.

Scarabæus fimetarius. FAB. *Syst. entom. pag.* 15. *n°.* 51. — *Spec. inf. tom.* 1. *pag.* 16. *n°.* 64. — — *Mant. inf. tom.* 1. *pag.* 9. *n°.* 70.

Scarabæus capite thoraceque nigro, antennis elytrisque rubris. GEOFF. *inf. tom.* 1. *pag.* 81. *n°.* 18.

Le Scarabé bedeau. GEOFF. *Ib.*

Scarabæus pedellus *scutellatus oblongus niger, elytris sulcatis rubris, thorace antice maculis binis rufis.* DEG. *Mém. tom.* 4. *pag.* 266. *n°.* 10. *tab.* 10. *fig.* 8.

Scarabæus pillularius nonus. RAJ. *Inf. pag.* 106. *n°.* 9.

Scarabæus equinus medius, Coleoptris rubris, collari nigro. FRISCH. *Inf.* 4. 35. *tab.* 19. *fig.* 3.

Scarabæus fimetarius. SCOP. *Entom. carn. n°.* 20.

PODA. *Mus. græc. pag.* 18. *n°.* 4.

FUESLY. *Coleopt. pag.* 5. *n°.* 9. — *Inf. helv. n°.* 10.

Scarabæus fimetarius. SCHRANK. *Enum. inf. aust. n°.* 4.

Scarabæus bicolor. FOURC. *Entom. par. pag.* 9. *n°.* 18.

VILL. *Entom. tom.* 1. *pag.* 18. *n°.* 16.

ROESEL. *Inf. tom.* 2. *class.* 1. *Scarab. terr. tab. A. fig.* 3.

SCHAEFF. *Icon. inf. tom.* 2. *tab.* 144. *fig.* 6.

VOET. *Coleopt. tab.* 21. *fig.* 147.

JABLONSK. *Coleopt.* 1. *tab.* 12. *fig.* 4.

Les antennes sont rougeâtres. Le chaperon est arrondi, presque échancré. La tête est noire & munie de trois petits tubercules. Le corcelet est noir, luisant, avec les bords latéraux rougeâtres. L'écusson est petit, noir & triangulaire. Les élytres sont striées, rouges, sans taches. Le dessous du corps & les pattes sont noirs.

Il se trouve dans toute l'Europe, dans les bouses & les fientes.

J'ai reçu de Corse & de Provence, une variété, dont tout le corcelet est noir, & dont les élytres sont d'un rouge brun.

7. BOUSIER bicolor.

COPRIS bicolor.

Copris scutellatus thorace subinermi, capite tuberculo unico, elytris nigris, abdomine rufo.

Scarabæus bicolor. FAB. *Syst. Ent. pag.* 15. *n°.* 51. — *Sp. inf. tom.* 1. *pag.* 17. *n°.* 65. — *Mant. inf. tom.* 1. *pag.* 9. *n°.* 71.

Le corps de cet insecte est petit, ovale, très-convexe. La tête est noire, avec la bouche & les antennes rougeâtres. Le chaperon est entier, presque arrondi, muni d'un tubercule élevé, recourbé. Le corcelet est noir, glabre, pointillé; il a au milieu, une ligne longitudinale enfoncée, & un point élevé de chaque côté. Les élytres sont striées. Le dessous du corps & les pattes sont rougeâtres.

Il se trouve en Allemagne.

8. BOUSIER errant.

COPRIS erraticus.

Copris thorace inermi lævi, capite tuberculo unico; elytris testaceis. Ent. ou Hist, nat. des inf. SCARABÉ. *Pl.* 18. *fig.* 163. *a. b.*

Scarabæus erraticus. LIN. *Syst. nat. pag.* 548. *n°.* 29. — *Faun. suec. n°.* 383.

Scarabæus thorace inermi lævi, capite tuberculo unico, elytris fuscis. FAB. *Syst. entom. pag.* 16. *n°.* 53. — *Spec. inf. tom.* 1. *pag.* 17. *n°.* 66. — *Mant. inf. tom.* 1. *pag.* 9. *n°.* 72.

Scarabæus scutellatus niger, elytris testaceis substriatis, capite tuberculo unico, antennis nigris. DEG. *Mém. tom.* 4. *pag.* 270. *n°.* 15.

SCHAEFF. *Icon. inf. tab.* 26. *fig.* 9.
FUESLY. *Coleopt.* 1. *pag.* 5. *n°.* 10. *tab.* 19. *fig.* 2.
Scarabæus erraticus. JABLONSK. *Coleopt.* 1. *tab.* 12. *fig.* 6.
Scarabæus erraticus. VILLERS. *Entom. tom.* 1. *p.* 17. *n°.* 14.

Il ressemble, pour la forme & la grandeur, au *Bousier* fimétaire. Le corps est noirâtre. Les antennes sont obscures. Le chaperon est arrondi. La tête est munie de trois petits tubercules, dont deux latéraux imperceptibles. Le corcelet est lisse & luisant. L'écusson est noirâtre. Les élytres sont striées, testacées, obscures.

Il se trouve en Europe, dans les bouses. Il n'est pas commun aux environs de Paris.

9. BOUSIER scybalaire.

COPRIS *scybalarius.*

Copris scutellatus, thorace inermi, capite tuberculis tribus, intermedio acuto, elytris striatis testaceis. Ent. ou Hist. nat. des inf. SCARABÉ. *Pl.* 26. *fig.* 226. *a. b.*

Scarabæus scybalarius. FAB. *Spec. inf. tom* 1. *p.* 16. *n°.* 60. — *Mant. inf. tom.* 1. *p.* 65.
VOET. *Coleopt. tab.* 21. *fig.* 146.
Scarabæus scybalarius. JABLONSK. *Coleopt.* 1. *tab.* 12. *fig.* 2.

Il est un peu plus grand que le *Bousier* sâle. Le chaperon est arrondi, légèrement coupé antérieurement. La tête est noire, munie de trois tubercules, dont l'un au milieu, un peu plus élevé & pointu. Le corcelet est lisse, noir, luisant. L'écusson est noir. Les élytres sont testacées, avec une tache obscure vers le bord extérieur. Le dessous du corps est noir. Les pattes sont livides, un peu obscures.

Il se trouve en Allemagne.

10. BOUSIER brûlé.

COPRIS *conflagratus.*

Copris scutellatus, thorace mutico, capite tuberculis tribus, elytris testaceis, macula oblonga fusca. Ent. ou Hist. nat. des inf. SCARABÉ. *Pl.* 26. *fig.* 220.
Scarabæus conflagratus. JABLONSK. *Coleopt.* 1. *tab.* 12. *fig.* 7.

Il ressemble au *Bousier* scybalaire. Le corps est noir & luisant. Le chaperon est presque échancré. La tête est munie de trois petits tubercules, dont l'un au milieu, un peu plus élevé. Le corcelet est lisse, à peine pointillé, sans taches. L'écusson est noir, petit & triangulaire. Les élytres sont striées, testacées, avec une tache oblongue, obscure, sur chaque. Les pattes sont noires; les jambes antérieures ont trois dents latérales.

Il se trouve en Allemagne, en Provence.

11. BOUSIER sâle.

COPRIS *conspurcatus.*

Copris scutellatus, thorace inermi, marginibus lateralibus albidis, capite tuberculato, elytris lividis nigro maculatis. Ent. ou Hist. nat. des inf. SCARABÉ. *Pl.* 24. *fig.* 210. *a. b.* & *pl.* 25. *fig.* 214. *a. b.*

Scarabæus conspurcatus. LIN. *Syst. nat. pag.* 549. *n°.* 34. — *Faun. suec. n°.* 387.
Scarabæus conspurcatus. FAB. *Syst. entom. pag.* 16. *n°.* 54. — *Spec. inf. tom.* 1. *pag.* 17. *n°.* 67. — *Mant. inf. tom.* 1. *p.* 9. *n°.* 73.

Scarabæus capite thoraceque nigro glabro, elytris griseis, pedibus pallidis. GEOFF. *Inf. tom.* 1. *pag.* 82. *n°.* 19.
Le Scarabé gris des bouses. GEOFF. *ib.*
Scarabæus scutellatus nigro-fuscus, thoracis margine fulvo, elytris striatis fulvis: maculis binis nigris, antennis rufis. DEG. *Mém. tom.* 4. *pag.* 268. *n°.* 13.
Scarabæus conspurcatus. SCHRANK. *Enum. inf. aust. n°.* 5.
Scarabæus pilularius decimus. RAI. *Inf. p.* 108.
FUESLY. *Coleopt. pag.* 5. *n°.* 12.
Scarabæus fimetarius. FOURC. *Entom. par. pag.* 10. *n°.* 19.
VILL. *Entom. tom.* 1. *p.* 19. *n°.* 18.
SCHAEFF. *Icon. inf. tab.* 26. *fig.* 8.
PONTOP. *Atl. dan. tab.* 1. *fig.* 82.
VOET. *Coleopt. tab.* 21. *fig.* 145.
JABLONSK. *Coleopt.* 1. *tab.* 12. *fig.* 8.
Il est à-peu-près de la grandeur du *Bousier* sordide. Les antennes sont noirâtres. Le chaperon est arrondi. La tête est noire & munie de trois petits tubercules. Le corcelet est noir, lisse, luisant, avec les bords latéraux pâles. L'écusson est noir & triangulaire. Les élytres sont striées, grises, avec des points oblongs, noirs. Le corps est noir; les pattes sont pâles. Les jambes antérieures ont trois dents latérales.

Il se trouve dans toute l'Europe, dans les fientes.

12. BOUSIER sordide.

COPRIS *sordidus.*

Copris scutellatus, capite tuberculato, thorace nigro, margine pallido puncto nigro, elytris griseis. Ent. ou Hist. nat. des inf. SCARABÉ. *Pl.* 25. *fig.* 216. *a. b.*

Scarabæus sordidus. FAB. *Syst. entom. p.* 16. *n°.* 55. — *Spec. inf. tom.* 1. *pag.* 17. *n°.* 68. — *Mant. inf. tom.* 1. *p.* 9. *n°.* 75.
FUESLY. *Coleopt. pag.* 6. *n°.* 13. *tab.* 19. *fig.* 3.

JABLONSK. *Coleopt. tab.* 12. *fig.* 9.
SCHAEFF. *Icon. inf. tom.* 1. *tab.* 74. *fig.* 3.

Il reſſemble beaucoup au *Bouſier* ſale, dont il n'eſt peut-être qu'une variété. Le chaperon eſt arrondi, légèrement coupé antérieurement. Les antennes ſont pâles. La tête eſt noire, avec une petite tache pâle de chaque côté, & trois petits tubercules élevés. Le corcelet eſt noir, liſſe, luiſant, avec les bords extérieurs pâles, ſur leſquels il y a un point noir. L'écuſſon eſt noir & triangulaire. Les élytres ſont pâles. Le deſſous du corps eſt noirâtre. Les pattes ſont pâles. Les jambes antérieures ont trois dents latérales.

Il ſe trouve en Europe, dans les fientes, & ſurtout dans les bouſes.

13. BOUSIER grenaille.

COPRIS granarius.

Copris ſcutellatus niger, thorace mutico, clypeo tuberculo ſolitario, elytris poſtice teſtaceis. Entom. ou Hiſt. nat. des inſ. SCARABÉ. *Pl.* 18. *fig.* 172. *a. b.*

Scarabæus granarius. FAB. *Syſt. entom. pag.* 16. *n°.* 56. — *Spec. inſ. tom.* 1. *p.* 17. *n°.* 70. — *Mant. inſ. tom.* 1. *p.* 9. *n°.* 77.

Scarabæus granarius *ſcutellatus niger, thorace inermi : clypeo tuberculato, elytris ſubſtriatis margine poſtico teſtaceis.* LIN. *Syſt. nat. pag.* 547. *n°.* 23.

Scarabæus granarius. JABLONSK. *Coleopt.* 1. *tab.* 12. *fig.* 10.

FUESLY. *Coleopt. pag.* 6. *n°.* 14.
VILLERS. *Entom. tom.* 1. *p.* 14. *n°.* 8.

Il reſſemble beaucoup au *Bouſier* terreſtre. Tout le corps eſt noir & luiſant. Le chaperon eſt échancré. La tête eſt munie d'un tubercule peu élevé. Le corcelet eſt luiſant, finement pointillé. L'écuſſon eſt triangulaire. Les élytres ſont ſtriées, & leur extrémité eſt ferrugineuſe. Les pattes ſont noires & quelquefois brunes. Les jambes antérieures ont trois dents latérales.

Il ſe trouve en Europe, dans les fientes.

14. BOUSIER hémorrhoïdal.

COPRIS hæmorrhoïdalis.

Copris ſcutellatus, thorace inermi, capite tuberculato, elytris apice rubris. Ent. ou Hiſt. nat. des inſ. SCARABÉ. *Pl.* 26. *fig.* 223. *a. b.*

Scarabæus hæmorrhoïdalis. LIN. *Syſt. nat. pag.* 548. *n°.* 33. — *Faun. ſuec. n°.* 386.

Scarabæus ſcutellatus niger elytris profundè ſulcatis apice rufis. DEG. *Mém. inſ. tom.* 4. *pag.* 271. *n°.* 17.

Scarabæus alpinus. SCOP. *Entom. carn. n°.* 21. ?

Scarabæus hæmorrhoïdalis. VILL. *Entom. tom.* 1. *p.* 18. *n°.* 17.

JABLONSK. *Coleopt.* 1. *tab.* 12. *fig.* 11.

Scarabæus ſanguinolentus FUESL. *Archiv. p.* 6. *n°.* 15. *tab.* 19. *fig.* 4.

Je crois que cet inſecte n'eſt qu'une légère variété du *Bouſier* grenaille. Tout le corps eſt noir & luiſant, avec l'extrémité, & ſouvent la moitié des élytres d'un rouge brun. Les antennes & les pattes ſont noires, & quelquefois d'un rouge brun. Le chaperon eſt preſque échancré. La tête a trois petits tubercules, mais les deux latéraux ſont à peine marqués. Le corcelet eſt liſſe, finement pointillé. L'écuſſon eſt triangulaire. Les élytres ſont profondément ſtriées. Les jambes antérieures ont trois dents latérales.

Il ſe trouve au nord de l'Europe.

15. BOUSIER taché.

COPRIS inquinatus.

Copris ſcutellatus, capite trituberculato, elytris griſeis fuſco maculatis. Entom. ou Hiſt. nat. des inſ. SCARABÉ. *Pl.* 26. *fig.* 221. *a. b.*

Scarabæus inquinatus. FAB. *Mant. inſ. tom.* 1. *p.* 9. *n°.* 74.

VOET. *Coleopt. tab.* 21, *fig.* 149. ?

Scarabæus inquinatus. FUESL. *Arch.* 6. *p.* 16.

Scarabæus inquinatus. JABLONSK. *Coleopt.* 1. *tab.* 12. *fig.* 13.

Scarabæus teſſulatus. LAICHART. *Inſ.* 1. *pag.* 14. *n°.* 7.

Il eſt preſque de la grandeur du *Bouſier* hémorroïdal. Le corps eſt noir & luiſant. Le chaperon eſt preſque échancré. La tête eſt munie de trois tubercules. Le corcelet eſt liſſe, pointillé, noir, ſans taches, ou avec un peu de rouge brun ſur les bords latéraux. Les élytres ont des ſtries pointillées, & ſont mélangées de teſtacé & de noir. Les pattes ſont noires.

Il ſe trouve aux environs de Paris, en Allemagne.

16. BOUSIER bimaculé.

COPRIS bimaculatus.

Copris ſcutellatus thorace inermi, capite ſubtrituberculato, elytris ſtriatis; macula baſeos rufa. Ent. ou Hiſt. nat. des inſ. SCARABÉ. *Pl.* 9 *fig.* 72. *a. b.*

Scarabæus bimaculatus. FAB. *Mant. inſ. tom.* 1. *pag.* 8. *n°.* 67.

Il eſt un peu plus grand que le *Bouſier* quadrimaculé. Tout le corps eſt noir & luiſant. Les élytres seules ont chacune à leur base, une tache d'un rouge très foncé. Le chaperon est légèrement échancré. La tête est munie de trois tubercules très-petits. Le corcelet est pointillé. L'écusson est petit & triangulaire. Les élytres sont striées. Les pattes sont noires, & les jambes antérieures ont trois dents latérales, & quelques crénelures.

Il se trouve en Allemagne, dans les provinces méridionales de la France.

Il m'a été envoyé de Provence, par M. l'abbé de Léoube.

17. BOUSIER puant.

Copris fœtens.

Copris scutellatus, thorace inermi, capite tuberculis tribus medio acuto, elytrorum limbo ferrugineo. Entom. ou Hist. nat. des inf. SCARABÉ. *Pl.* 9. *fig.* 71. *a. b.*

Scarabæus fœtens. FAB. *Mant. inf. tom.* 1. *pag.* 8. *n°.* 63.
Scarabæus fœtens. JABLONSK. *Coleopt.* 2. *p.* 173. *n°.* 109.

Les antennes & les antennules sont ferrugineuses. Le chaperon est arrondi, presque échancré. La tête est noire, armée de trois tubercules, dont celui du milieu est un peu plus élevé que les latéraux. Le corcelet est noir, avec les bords latéraux d'un brun ferrugineux. L'écusson est noir. Les élytres sont striées, noires, avec la suture & tous les bords ferrugineux. Le corps est noir, avec l'extrémité de l'abdomen ferrugineux. Les pattes sont ferrugineuses brunes, dans les individus que nous avons vus.

J'ai un individu trouvé dans les bouses en Provence, dont le corcelet & l'abdomen sont noirs, sans taches. Les élytres sont rougeâtres, avec la suture noirâtre, laquelle couleur s'élargit un peu postérieurement.

Je doute que cet insecte soit le même que le *Scarabæus fœtens* de M. Fabricius.

Il se trouve dans les Provinces méridionales de la France.

18. BOUSIER livide.

Copris lividus.

Copris scutellatus, thorace inermi, lividus, capite trituberculato nigro antice livido, elytris striatis macula oblonga nigra. Ent. ou hist. natur. des inf. SCARABÉ. *pl.* 26. *fig.* 222. *a. b.*

Il est un peu plus petit que le *Bousier* taché. La tête est noire, testacée antérieurement, presque échancrée, un peu anguleuse sur les côtés, avec trois tubercules bien marqués à la partie supérieure. Le corcelet est noir, luisant, avec les côtés pâles & un point noir. L'écusson est noir & triangulaire, les élytres sont striées, testacées, avec une grande tache oblongue, noirâtre, sur chaque. Le dessous du corps & les pattes sont d'une couleur testacée livide.

Il se trouve rarement dans les bouses aux environs de Paris.

1. A. ÉCUSSON.

** *Tête sans cornes ni tubercules.*

19. BOUSIER rufipède.

Copris rufipes.

Copris scutellatus muticus ater, thorace glabro nitido, elytris striatis. Ent. ou hist. nat. des inf. SCARABÉ. *Pl.* 18. *fig.* 171.

Scarabæus rufipes. FAB. *Syst. entom. p.* 19. *n°.* 68. — *Spec. inf. tom.* 1. *pag.* 20. *no.* 84. — *Mant. inf. tom.* 1. *p.* 10. *n°.* 92.

Scarabæus rufipes *muticus ater, antennis pallidis, elytris lævibus.* LIN. *Syst. nat. pag.* 559. *no.* 86. — *Faun. suec. n°.* 403.
Scarabæus capitatus *scutellatus nigro fuscus, corpore oblongo, elytris striatis, capite magno lævi.* DEG. *Mém. tom.* 4. *pag.* 263. *n°.* 7. *pl.* 10. *fig.* 6.

Scarabæus rufipes. SCHRANK. *Enum. inf. aust. no.* 30.
Scarabæus rufipes. JABLONSK. *Coleopt.* 2. *tab.* 18. *fig.* 2.
FUESLY. *Coleopt. pag.* 7. *n°.* 20. — *Inf. helvet. n°.* 36.

Il est un peu plus petit, plus étroit, & un peu moins convexe que le *Bousier* fossoyeur. Les antennes sont d'un brun ferrugineux. Le chaperon est arrondi. La tête est sans cornes ni tubercules. Tout le corps est noir. Le corcelet est lisse, luisant. L'écusson est triangulaire. Les élytres sont striées. Les pattes sont d'un brun noirâtre. Les jambes antérieures ont trois dents latérales.

Il se trouve au nord de l'Europe, dans les fientes.

20. BOUSIER jayet.

Copris gagates.

Copris scutellatus muticus niger, clypeo subrotundato; elytris striatis punctatisque. Ent. ou hist. nat. des inf. SCARABÉ. *Pl.* 24. *fig.* 213.

Scarabæus totus niger, capite inermi. GEOFF. *Inf. tom.* 1. *pag.* 83. *no.* 21.

Le Scarabé jayet. GEOFF. *Ib.*
Scarabæus gagatinus. FOURC. *Entom. par. p.* 10. *n°.* 21.

Il ressemble entièrement au *Bousier* rufipède, mais il est un peu moins convexe; les pattes sont noires, & on remarque des points enfoncés entre chaque strie. Les jambes antérieures ont trois dents latérales & plusieurs crénelures.

On le trouve aux environs de Paris, dans les bouses.

21. BOUSIER sept taches.

COPRIS septem maculatus.

Copris scutellatus muticus, elytris striatis pallidis, nigro maculatis. Ent. ou hist. nat. des inf. SCARABÉ. *Pl.* 14. *fig.* 134.

Scarabaus septem maculatus. FAB. *Spec. inf. tom.* 1. *p.* 20. *no.* 81. — *Mant. inf. tom.* 1. *pag.* 10. *no.* 88.

Il ressemble au *Bousier* sâle, mais il est une fois plus grand. Le chaperon est arrondi. La tête est simple, pâle, avec une tache obscure au milieu. Le corcelet est lisse, pâle-obscur, avec deux grandes taches obscures. Les élytres sont striées, pâles, avec sept taches noires: savoir, un point à la base de chaque élytre, une tache au bord externe vers le milieu, une tache commune sur la suture, un peu au-delà du milieu, & enfin une tache à l'extrémité de chaque élytre. L'écusson est petit, triangulaire & obscur. Le dessous du corps & les pattes sont pâles.

Il se trouve dans l'Afrique équinoxiale.

22. BOUSIER relevé.

COPRIS elevatus.

Copris scutellatus muticus, niger, convexus, clypeo emarginato, elytris striatis. Ent. ou hist. nat. des inf. SCARABÉ. *Pl.* 21. *fig.* 190. *a. b.*

Il est de la grandeur du *Bousier* fimétaire, mais il est un peu plus convexe. Tout le corps est noir & luisant. Les antennes sont d'un brun ferrugineux. La tête est sans cornes ni tubercules. Le chaperon est échancré. Le corcelet est lisse, luisant. L'écusson est triangulaire. Les élytres sont striées, & les stries sont pointillées.

J'ai trouvé cet insecte dans les bouses, en Provence.

23. BOUSIER merdeux.

COPRIS stercorator.

Copris scutellatus muticus ater lævis, elytris striato-crenatis, clypeo emarginato. Ent. ou hist. nat. des inf. SCARABÉ. *pl.* 17. *fig.* 155. *a. b.*

Scarabaus stercorator. FAB. *Syst. entom. pag.* 20. *no.* 76. — *Spec. inf. tom.* 1. *pag.* 22, *no.* 93. — *Mant. inf. tom.* 1. *pag.* 11. *no.* 102.

Il ressemble, pour la forme & la grandeur, au *Bousier* souterrain. Le chaperon est échancré, & la tête est un peu anguleuse de chaque côté. Le corcelet est lisse, finement pointillé, avec le bord antérieur légèrement roux. L'écusson est petit. Les élytres sont fortement striées, & les stries sont ponctuées. Tout l'insecte est d'un noir foncé peu luisant.

Il se trouve au Brésil.

24. BOUSIER fascié.

COPRIS fasciatus.

Copris scutellatus muticus niger, elytris striatis margine fasciaque postica rubris. Ent. ou hist. nat. des inf. SCARABÉ. *Pl.* 14. *fig.* 130. *a. b.*

Il est de la grandeur du *Bousier* terrestre. Le corps est noir. Le chaperon est un peu échancré. La tête & le corcelet sont lisses. L'écusson est triangulaire. Les élytres sont striées, noires, avec le bord extérieur & une bande postérieure rougeâtres.

Il se trouve. . . .

25. BOUSIER luride.

COPRIS luridus.

Copris scutellatus muticus ater, elytris griseis nigro striatis. Ent. ou Hist. nat. des inf. SCARABÉ. *Pl.* 18. *fig.* 168. & *pl.* 26. *fig.* 168. *b.*

Scarabaus luridus. FAB. *Syst. entom. pag.* 19. *no.* 67. — *Spec. inf. tom.* 1. *pag.* 17. *n°.* 69. — *Mant. inf. tom.* 1. *pag.* 9. *n°.* 76.

VOET. *Coleopt. tab.* 21. *fig.* 144. & *fig.* 145.
JABLONSK. *Coleopt.* 2. *tab.* 18. *fig.* 3.
Scarabaus tessellatus. MULL. *Zool. dan. prodrom.*

Il est une fois plus grand que le *Bousier* sâle. Il est noir & luisant. Le chaperon est arrondi, la tête & le corcelet sont lisses, sans tubercules. L'écusson est triangulaire. Les élytres sont striées, grises, avec des lignes longitudinales, courtes, noires. Les pattes sont noires, & les jambes antérieures ont trois dents latérales.

On le trouve en Europe, dans les bouses, les fientes. Il est assez commun aux environs de Paris.

26. BOUSIER pubescent.

COPRIS pubescens.

Copris scutellatus, muticus; corpore livido, pubescente; elytris striatis, pallidis, punctis oblongis, fuscis. Ent. ou Hist. nat. des inf. SCARABÉ. *Pl.* 24. *fig.* 205. *a. b.*

Il est un peu plus petit que le *Bousier* sâle. Son corps est pubescent. Les antennes sont livides. Le chaperon est un peu coupé antérieurement. La tête

& le corcelet sont obscurs, livides, sans cornes ni tubercules. L'écusson est obscur. Les élytres sont striées, d'un gris jaunâtre, avec des points oblongs, obscurs. Le corps, en-dessous, & les pattes, sont livides. Les jambes antérieures ont trois dents latérales.

Il se trouve aux environs de Paris, dans les bouses.

Il m'a été communiqué par M. Lermina.

27. BOUSIER marginé.

COPRIS marginellus.

Copris scutellatus muticus niger, thoracis elytrorumque margine testaceo. Ent. ou Hist. nat. des ins. SCARABÉ. *Pl.* 13. *fig.* 116. *a. b.*

Scarabæus marginellus. FAB. *Spec. ins. tom.* 1. *pag.* 21. *n°.* 88. — *Mant. ins. tom.* 1. *pag.* 11. *n°.* 97.

Il ressemble, pour la forme & la grandeur, au *Bousier* fimétaire. Le chaperon est arrondi. La tête est simple, noire, avec une petite tache testacée de chaque côté. Le corcelet est convexe, noir, avec les bords latéraux testacés. L'écusson est petit. Les élytres sont striées, noires, avec le bord extérieur & l'extrémité testacés. Le corps est obscur en dessous. Les pattes sont testacées.

Il se trouve sur la côte de Coromandel.

Du cabinet de M. Banks.

28. BOUSIER biponctué.

COPRIS bipunctatus.

Copris scutellatus muticus thorace nigro rubro marginato, elytris rubris puncto nigro.

Scarabæus bipunctatus. FAB. *Mant. ins. tom.* 1. *pag.* 10. *n°.* 89.

Scarabæus bipunctatus *muticus thorace nigro rubro marginato, elytris rubris puncto nigro.* LEPECH. *Itin.* 2. *pag.* 324. *tab.* 10. *fig.* 7.

Scarabæus bimaculatus. LAXMANN. *Nov. comm. petrop.* 14. *p.* 593. *tab.* 24. *fig.* 1.

Scarabæus coccinelloides *stercorarius, oblongus, muticus, ater: clypei lateribus rufis; elytris rubris, macula orbiculari nigra.* PALL. *Ins. sib. pag.* 12. *tab. A. fig.* 12.

Scarabæus bipunctatus. JABLONSK. *Coleopt.* 2. *tab.* 16. *fig.* 10.

Il est à-peu-près de la grandeur du *Bousier* fimétaire. Les antennes sont brunes. Le chaperon est arrondi, presque échancré. La tête est lisse, noire; le corcelet est lisse, noir, avec les bords latéraux rougeâtres. L'écusson est noir, petit, triangulaire. Les élytres sont lisses, rougeâtres, avec une petite tache noire orbiculaire. Le dessous du corps est noir, avec l'anus rougeâtre. Les pattes sont noires, avec les jambes brunes.

Il se trouve dans la Russie méridionale, vers le Volga.

29. BOUSIER quadrimaculé.

COPRIS quadrimaculatus.

Copris scutellatus muticus niger oblongus, elytris maculis duabus rubris. Ent. ou Hist. nat. des ins. SCARABÉ. *Pl.* 19. *fig.* 174. *a. b.*

Scarabæus quadrimaculatus. LIN. *Syst. nat. pag.* 558. *n°.* 84. — *Faun. suec. n°.* 398.

Scarabæus quadrimaculatus. FAB. *Syst. entom. p.* 19. *n°.* 70. — *Spec. ins. tom.* 1. *pag.* 21. *n°.* 86. — *Mant. ins. tom.* 1. *p.* 10. *n°.* 94.

Scarabæus 4. *maculatus.* JABLONSK. *Coleopt.* 2. *tab.* 18. *fig.* 10.

Scarabæus 4 guttatus. FUESL. *Arch.* 7. 21.

VILL. *Entom. tom.* 1. *pag.* 35. *n°.* 58.

Il varie un peu pour la grandeur: ceux des provinces méridionales de la France sont presque une fois plus grands que ceux des environs de Paris. Les antennes sont rougeâtres. Le chaperon est arrondi, presque échancré. La tête est noire, lisse, sans tubercules. Le corcelet est lisse, noir, luisant, quelquefois avec un peu de rouge sur les bords latéraux. L'écusson est noir, petit & triangulaire. Les élytres sont striées, noires, avec deux taches rougeâtres sur chaque, plus ou moins grandes. Le dessous du corps est noir. Les pattes sont rougeâtres.

Il se trouve en Europe, dans les bouses & les fientes.

30. BOUSIER Porceau.

COPRIS Sus.

Copris scutellatus muticus oblongus obscure rufus, elytris testaceis nigro maculatis.

Scarabæus Sus. FAB. *Mant. ins. tom.* 1. *pag.* 11. *n°.* 95.

Scarabæus Sus. FUESL. *Archiv. pag.* 9. *n°.* 29. *tab.* 19. *fig.* 14. *A. B.*

Scarabæus Sus. JABLONSK. *Coleopt.* 2. *tab.* 18. *fig.* 9.

Il est un peu plus grand que le *Bousier* Tortue. La tête est lisse. Tout le corps est brun luisant. Les élytres sont striées, testacées & parsemées de points noirs.

Il se trouve dans les bouses, en Allemagne.

31. BOUSIER à plaie.

COPRIS plagiatus.

Copris muticus niger, elytris plaga rufescente Entom. ou Hist. nat. des ins. SCARABÉ. *Pl.* 25. *fig* 215. *a. b.*

Scarabæus plagiatus. LIN. *Syst. nat. pag.* 559 *n°.* 85.

Scarabæus plagiatus. FAB. *Syst. entom. pag.* 19

no. 70. — *Spec. inf. tom.* 1. *pag.* 21. *no.* 87. — *Mant. inf. tom.* 1. *pag.* 11. no. 96.

VILL. *Entom. tom.* 1. *p.* 35. *n°.* 59.

Il eft un peu plus petit que le *Boufier* terreftre. Le chaperon eft légèrement échancré. La tête & le corcelet font liffes. L'écuffon eft petit & triangulaire. Tout le corps eft noir & luifant; les élytres font ftriées, & ont chacune, au milieu, une tache oblongue, rouge. Les pattes font noires & les jambes antérieures ont trois dents latérales.

Il fe trouve au nord de l'Europe, en Suède.

32. BOUSIER Tortue.

COPRIS teftudinarius.

Copris fcutellatus muticus niger, elytris fulcatis piceis ferrugineo punctatis. Entom. ou Hift. nat. des inf. SCARABÉ. *Pl.* 20. *fig.* 186. *a. b.*

Scarabæus teftidunarius. FAB. *Syft. entom. p.* 19. *no.* 72. — *Spec. inf. tom.* 1. *p.* 21. no. 89. — *Mant. inf. tom.* 1. *p.* 11. *no.* 98.

FUESLY. *Coleopt. pag.* 7. *n°.* 21. *tab.* 19. *fig.* 7. *A. B.*

JABLONSK. *Coleopt.* 2. *tab.* 18. *fig.* 13.

Il eft un peu plus grand & un peu plus large que le *Boufier* fillonné, les antennes font brunes. Le chaperon eft un peu échancré. La tête eft noire, liffe, fans tubercule apparent. Le corcelet eft noir, pointillé, pubefcent. L'écuffon eft noir. Les élytres font profondément ftriées, noirâtres, avec des taches ferrugineufes. Le deffous du corps eft noir. Les pattes font ferrugineufes brunes.

Il fe trouve en Angleterre, en France : il eft rare aux environs de Paris.

33. BOUSIER Truie.

COPRIS Scrofa.

Copris fcutellatus muticus oblongus niger, elytris fufcis fubftriatis.

Scarabæus Scrofa. FAB. *Mant. inf. tom.* 1. *p.* 11. *no.* 99.

Il eft de la grandeur du *Boufier* Tortue. La tête & le corcelet font liffes & noirs. Les élytres font noirâtres, obfcures, fans taches, prefque ftriées.

Il fe trouve en Saxe.

34. BOUSIER ridé.

COPRIS afper.

Copris fcutellatus nigricans, thorace tranfverfim fulcato, antennis pedibufque ferrugineis. Ent. ou hift. nat. des infect. SCARABÉ. *pl.* 23. *fig.* 204. *a. b.*

Scarabæus fcutellatus muticus, capite thoraceque tranfverfim fulcatis, elytris ftriatis. FAB. *Syft. entom. pag.* 19. *n°.* 77. — *Spec. inf. tom.* 1. *pag.* 22. *n°.* 94. — *Mant. inf. tom.* 1. *pag.* 11. *n°.* 103.

Ptinus germanus *fufcus, thorace tranfverfim rugofo, pedibus ferrugineis.* LINN. *Syft. nat. pag.* 566. *no.* 6.

FUESL. *Coleopt. pag.* 8. *no.* 25. *tab.* 19. *fig.* 10. *A. B.*

Il eft prefque de la grandeur du *Boufier* fouille-merde. Les antennes font jaunâtres, terminées en maffe, compofée de trois feuillets, femblable celles des autres *Boufiers*. Tout le corps eft noir, un peu brun. Le chaperon eft échancré. La tête eft liffe. Le corcelet eft convexe, poileux fur tous fes bords; & il a cinq lignes élevées, & cinq fillons placés tranfverfalement. L'écuffon eft triangulaire. Les élytres font ftriées & légèrement crénelées. Les pattes font ferrugineufes, brunâtres. Les jambes antérieures ont trois petites dentelures latérales.

Il fe trouve aux environs de Paris, & dans prefque toute l'Europe.

35. BOUSIER fouille-merde.

COPRIS merdarius.

Copris fcutellatus muticus ater, elytris teftaceis, futura nigra. Ent. ou hift. nat. des inf. SCARABÉ. *pl.* 19. *fig.* 173. *a. b.*

Scarabæus merdarius. FAB. *Syft. Entom. pag.* 19. *n°.* 73. — *Spec. inf. tom.* 1. *pag.* 21. *no.* 90.

Scarabæus quifquilius. FAB. *Mant. inf. tom.* 1. *p.* 11. *no.* 100.

Scarabæus merdarius. JABLONSK. *Coleopt.* 2. *tab.* 18. *fig.* 5.

FUESLY. *Coleopt. pag.* 7. *no.* 22.

Il diffère du *Boufier* ordurier par la groffeur, par les couleurs, & fur-tout par la forme du corps. Il eft de la grandeur du *Boufier* pubefcent. Le corps eft noir & luifant. Les antennes font noires. Le chaperon eft très-légèrement échancré. La tête eft liffe, fans tubercules. Le corcelet eft liffe, luifant, noir, avec les bords latéraux teftacés. L'écuffon eft noir, petit & triangulaire. Les élytres font ftriées, d'un jaune teftacé, avec la future noire. Les pattes font noires. Les jambes antérieures ont trois dents latérales.

On le trouve en Europe, dans lesboufes & les fientes. Il eft rare aux environs de Paris.

36. BOUSIER ordurier.

COPRIS quifquilius.

Copris fcutellatus muticus ater, elytris pedibufque livido-teftaceis. Ent. ou hift. nat. des inf. SCARABÉ. *Pl.* 18. *fig.* 170. *a. b.*

Scarabæus exfcutellatus ater glaber, elytris livido-teftaceis LIN. *Syft. nat. pag.* 558. *n°.* 83. — *Faun. fuec. n°.* 397.

Scarabæus scutellatus muticus ater, elytris lividis. FAB. *Syst. entom. pag.* 20. *n°.* 74. — *Spec. inf. tom.* 1. *pag.* 21. *n°.* 91. — *Mant. inf. tom.* 1. *pag.* 11. *n°.* 100.

Scarabæus exscutellatus niger nitidus, elytris striatis livido testaceis. DEG. *Mem. tom.* 4. *pag.* 271. *no.* 18.

Scarabæus minimus. SCOP. *Entom. carn. n°.* 29.
Scarabæus quisquilius. SCHRANK. *Enum. inf. austr. n°.* 29.
FUESLY. *Coleopt. pag.* 7. *no.* 23. *tab.* 19. *fig.* 8.
JABLONSK. *Coleopt.* 2. *tab.* 18. *fig.* 15.

Il est beaucoup plus petit, moins alongé & plus convexe que le *Bousier* fouille-merde. Les antennes sont noires. Le chaperon est arrondi. La tête & le corcelet sont lisses, noirs, luisans, sans taches. L'écusson est noir petit, & triangulaire. Les élytres sont striées, d'un jaune testacé, sans taches. Le dessous du corps est noir, & les pattes sont d'une couleur testacée livide, plus ou moins obscure.

M. Fabricius a réuni cet insecte au *Bousier* fouille-merde, croyant que l'un n'étoit qu'une variété de l'autre.

Il se trouve en Europe. Il est commun aux environs de Paris, dans les bouses, au commencement du printemps.

37. BOUSIER sillonė.

COPRIS porcatus.

Copris scutellatus muticus fuscus, elytris porcatis. Ent. ou Hist. nat. des inf. SCARABÉ. *Pl.* 19. *fig.* 178. *a. b.*

Scarabæus porcatus. FAB. *Syst. entom. pag.* 20. *n°.* 75. — *Spec. inf. tom.* 1. *pag.* 21. *n°.* 92. — *Mant. inf. tom.* 1. *pag.* 11. *n°.* 101.

FUESLY. *Coleopt. p.* 8. *no.* 24. *tab.* 19. *fig.* 9. *A. B. C.*

Scarabæus porcatus. JABLONSK. *Coleopt.* 2. *tab.* 18. *fig.* 12.
Scarabæus fenestralis. SCHRANK. *Enum. inf. aust. n°.* 28?

Il ressemble entièrement, pour la forme & la grandeur, au *Bousier* ridé. Tout le corps est d'une couleur noirâtre, brune, point du tout luisante. Le chaperon est légèrement échancré. La tête & le corcelet sont finement chagrinés, sans cornes ni tubercules. L'écusson est triangulaire. Les élytres ont des stries profondes, & chaque strie a des élévations transversales. Les jambes antérieures ont trois dents latérales.

On le trouve en Europe, dans les bouses, les fumiers, les plantes pourries. Il est assez commun aux environs de Paris.

38. BOUSIER arénaire.

COPRIS arenarius.

Copris scutellatus muticus oblongus niger, pedibus piceis; clypeo emarginato: elytris striatis. Ent. ou Hist. nat. des inf. SCARABÉ. *Pl.* 24. *fig.* 206 *a. b.*

Scarabæus arenarius *scutellatus muticus ater elytris striatis, tibiis piceis.* FAB. *Mant. inf. tom.* 1. *pag.* 11. *n°.* 105?
Scarabæus niger, pedibus rufis, elytris profunde striatis. GEOFF. *Inf. tom.* 1. *pag.* 86. *n°.* 29.

Le petit Scarabé noir strié. GEOFF. *Ibid.*
Scarabæus putridus. FOURC. *Entom. par. pag.* 12. *n°.* 29.

Il ressemble, pour la forme & la grandeur, au *Bousier* silloné. Les antennes sont brunes. Le chaperon est échancré. La tête est simple, noire, avec le bord antérieur quelquefois brun. Le corcelet est noir, pointillé. L'écusson est noir & triangulaire. Les élytres sont profondément striées; elles sont noires & quelquefois brunes. Le dessous du corps est noir. Les pattes sont brunes; les cuisses sont un peu plus obscures que les jambes & les tarses. Les jambes antérieures ont trois dents latérales.

On le trouve aux environs de Paris.

2. SANS ECUSSON.

* *Corcelet cornu, denté, tuberculé.*

39. BOUSIER Anténor.

COPRIS Antenor.

Copris exscutellatus, thorace truncato, multidentato, capitis cornu transverso tridentato. Ent. ou hist. des inf. SCARABÉ. *Pl.* 6. *fig.* 42. *a. b.*

Il ressemble un peu au *Bousier* Hamadrias. La tête est avancée, ridée en-dessus, ciliée sur les côtés; munie d'une corne transversale comprimée, tridentée. Le corcelet est finement chagriné, coupé, & un peu ridé antérieurement, muni de plusieurs dents & de deux enfoncemens assez grands & lisses. Point d'écusson. Les élytres sont finement striées. Le dessous du corps est couvert de poils ferrugineux. Tout le corps est noir; les élytres seules sont quelquefois d'un noir un peu brun.

Il se trouve au Sénégal, d'où il a été apporté par M. Geoffroy de Villeneuve.

40. BOUSIER Hamadryas.

COPRIS Hamadryas.

Copris exscutellatus, thorace tricorni, intermedio plano acuto bidentato, clypeo reflexo bicorni. Ent. ou hist. nat. des inf. SCARABÉ. *Pl.* 10. *fig.* 92. *a.* & *pl.* 23. *fig.* 92. *c.*

Scarabæus

Scarabæus Hamadryas. FAB. *Syst. entom. pag.* 22. n°. 85. — *Spec. inf. tom.* 1. *pag.* 24. n°. 107. — *Mant inf. tom.* 1. *pag.* 12. *no.* 119.

Il est un peu plus grand que le *Bousier* Midas, auquel il ressemble beaucoup. Le chaperon est arrondi. Au-dessus de la tête, il y a deux petites cornes droites, unies l'une à l'autre par une ligne très-saillante. Le corcelet est entièrement pointillé; il est coupé antérieurement, & on y remarque un avancement tranchant, formant trois pointes ou dents, dont deux courtes, & la troisième, au milieu, beaucoup plus avancée que les deux autres : de chaque côté de la partie antérieure du corcelet, il y a un autre avancement tranchant, & à la base supérieure de celui-ci, on voit deux cavités grandes & assez profondes. Les élytres sont striées & finement pointillées. Tout l'insecte est noir & luisant; les élytres seules sont d'un noir un peu brun. Le dessous du corps est couvert de poils roussâtres.

Il se trouve au Cap de Bonne-Espérance.

M. Fabricius cite, avec doute, Voet Coleopt. tab. 27, fig. 38. L'insecte figuré par cet auteur, est bien différent de celui-ci.

41. BOUSIER Bucéphale.

COPRIS Bucephalus.

Copris exscutellatus, thorace retuso quadridentato, capitis clypeo angulato unicorni. Ent. ou Hist. nat. des inf. SCARABÉ. *Pl.* 4. *fig.* 26. *pl.* 10. *fig.* 92. *b.* & *pl.* 22. *fig.* 92. *d.*

Scarabæus Bucephalus. FAB. *Syst. entom. pag.* 24. n°. 93. — *Spec. inf. tom.* 1. *pag.* 26. *no.* 117. — *Mant. inf. tom.* 1. *p.* 14. *no.* 134.

Scarabæus Bucephalus. JABLONSK. *Coleopt.* 2. *tab.* 13. *fig.* 1. 2.

Il ressemble beaucoup au *Bousier* Hamadryas, mais il est un peu plus petit. Tout le corps est noir; les élytres seules sont quelquefois d'un rouge brun. Le chaperon est arrondi, presque anguleux, légèrement échancré. La tête est armée d'une corne relevée. Le corcelet est légèrement ridé; il est coupé antérieurement & muni de quatre dents, dont deux latérales un peu plus avancées. Point d'écusson. Les élytres sont légèrement striées. Les jambes antérieures ont quatre dents latérales.

Il se trouve aux Indes orientales.

42. BOUSIER Midas.

COPRIS Midas.

Copris exscutellatus, thorace tricorni, clypeo sinuato bicorni. Ent. ou hist. nat. des inf. SCARABÉ. *Pl.* 20. *fig.* 183.

Scarabæus Midas. FAB. *Syst. ent. pag.* 21. n°. 84. — *Sp. inf. tom.* 1. *pag.* 24. n°. 106. — *Mant. inf. tom.* 1. *pag.* 12. n°. 118.

Il est de la grandeur du *Bousier* Bucéphale, auquel il ressemble un peu. Le devant de la tête est presque échancré; on apperçoit de chaque côté, au devant des yeux, un angle saillant : la partie antérieure & supérieure de la tête est concave; il y a, vers le milieu, deux petits tubercules réunis par une ligne saillante, qui forme ensuite postérieurement une espèce de quarré : de chaque côté, il y a une petite corne élevée, pointue. Le corcelet est coupé antérieurement & couvert de poils d'un roux ferrugineux : on y remarque un avancement large à la partie supérieure, & un autre de chaque côté de la partie antérieure. Tout le corcelet est fortement pointillé. Les élytres sont striées & finement pointillées. Tout le corps de l'insecte est noir & luisant. Le dessous est couvert de poils roussâtres.

Il se trouve en Amérique.

43. BOUSIER Molosse.

COPRIS Molossus.

Copris exscutellatus, thorace retuso bidentato utrinque impresso, clypeo unicorni lunato integro, elytris lævibus. Ent. ou Hist. nat. des inf. SCARABÉ. *Pl.* 5. *fig.* 37. *pl.* 4. *fig.* 25. & *pl.* 19. *fig.* 25. *c. d.*

Scarabæus Molossus. LIN. *Syst. nat. pag.* 543. n°. 8. — *Mus. Lud. Ulric. p.* 11. — *Amœn. Acad. tom.* 6. *p.* 391.

Scarabæus Molossus. FAB. *Syst. entom. p.* 24. n°. 94. — *Spec. inf. tom.* 1. *p.* 26. n°. 118. — *Mant. inf. tom.* 1. *p.* 14. n°. 134.

Scarabæus exscutellatus-niger, capitis clypeo lunato unicorni, thorace retuso bidentato utrinque impresso, elytris lævibus. DEG. *Mém. tom.* 4. *p.* 307. *no.* 4. *pl.* 18. *fig.* 11.

Scarabæus Molossus. DRURY. *Illust. of inf. tom.* 1. *tab.* 31. *fig.* 2.

SCHROET. *Abh.* 1. *tab.* 3. *fig.* 3.

FUESLY. *Coleopt. p.* 11. n°. 36.

VOET. *Coleopt. tab.* 23. *fig.* 3.

Scarabæus abbreviatus. JABLONSK. *Coleopt.* 1. *tab.* 8. *fig.* 16.

JABLONSK. *Coleopt.* 2. *tab.* 14. *fig.* 1.?

Il varie beaucoup pour la grandeur; il ressemble un peu au *Bousier* Bucéphale. Tout le corps est noir, peu luisant. Le chaperon est grand, arrondi. La tête est armée d'une corne élevée, à la base de laquelle on voit, de chaque côté, une ligne élevée. Le corcelet est coupé antérieurement & muni d'une petite corne avancée de chaque côté. Au-dessous de la corne, il y a un petit enfoncement. Point d'écusson. Les élytres sont lisses, sans aucune strie. Les jambes antérieures ont trois petites dents latérales.

La femelle a la corne de la tête plus courte, & les deux cornes du corcelet sont à peine marquées.

Il se trouve en Chine.

44. Bousier Janus.

Copris Janus.

Copris exscutellatus, thorace antice retuso bicorni, capite cornu erecto basi utrinque unidentato. Ent. ou hist. nat. des inf. Scarabé. *Pl. 26. fig. 227.*

Scarabæus berbiceus *exscutellatus thorace inermi retuso; clypeo unicorni lunato integro, oculi magni ex fusco lutei.* Jablonsk. *Coleopt. 2. p. 227. no-135. tab. 16. fig. 1. & 2. Fem.*

Voet. *Coleopt. tab. 26. fig. 33. & tab. 27. fig. 34.*

Il ressemble au *Bousier* Molosse. Le chaperon est arrondi, légèrement sinué. La tête est armée d'une corne relevée, large, & unidentée à sa base. Le corcelet est coupé antérieurement, & armé de deux cornes courtes, avancées, divergentes : le dessus a un léger sillon, & les côtés un point enfoncé. Point d'écusson. Les élytres sont très légèrement striées. Tout l'insecte est noir, & quelquefois d'un noir brun.

La femelle a la corne de la tête semblable à celle du mâle, mais un peu plus courte. Le corcelet n'a point de sillon ni de cornes; il est coupé antérieurement, & le dessus est saillant.

Il se trouve dans l'Amérique méridionale, aux Berbices.

45. Bousier porte-lance.

Copris lancifer.

Copris exscutellatus violaceus, capite cornu angulato, thorace inæquali, elytris sulcatis. Ent. ou hist. nat. des inf. Scarabé. *Pl. 4. fig. 32.*

Scarabæus lancifer. Lin. *Syst. nat. pag. 544. no. no. 13.*

Scarabæus lancifer. Fab. *Syst. entom. pag. 24. no. 95. — Spec. inf. tom. 1. pag. 26. no. 119. — Mant. inf. tom. 1. pag. 14. no. 135.*

Voet. *Coleopt. tab. 23. fig. 1. 2.*

Scarabæus lancifer. Jablonsk. *Coleopt. 2. tab. 15.* fig. 1.

Taurus Margr. *Brasil. pag. 247.*

Schroet. *Abh. 1. tab. 3 fig. 4.*

Il est une ou deux fois plus grand que le Bousier Mimas. Le Chaperon a deux dents avancées, distinctes. La tête est armée d'une corne simple, un peu anguleuse, recourbée, très-longue; on voit, de chaque côté de la base, une ligne saillante, qui va se terminer aux bords latéraux de la tête. Le corcelet est coupé, creusé antérieurement; on voit à la partie supérieure deux dents rapprochées, avancées, & deux latérales élevées: les côtés ont des lignes saillantes, & on remarque une petite fossète vers le bord extérieur. Point d'écusson. Les élytres ont des stries dans lesquelles il y a de petites élévations transversales, qui les rendent très-raboteuses. Le dessus du corps est d'une couleur violette, plus foncée sur les élytres & sur la tête que sur le corcelet : le dessous est d'un noir violet, avec quelques poils roux bruns. Les jambes antérieures ont quatre dentelures latérales.

Il se trouve au Brésil, à Surinam, à Cayenne.

46. Bousier belliqueux.

Copris bellicosus.

Copris exscutellatus, capitis cornu recurvo, thorace truncato inæquali, cornubus duobus compressis erectis. Ent. ou hist. nat. des inf. Scarabé, *pl. 22. fig. 32. b.*

Il ressemble beaucoup au *Bousier* porte-lance, mais il est plus petit. Le chaperon a deux dentelures distinctes, pointues. La tête est armée d'une corne assez longue, simple, recourbée; on voit deux lignes saillantes qui partent de la base, & vont se terminer aux bords latéraux de la tête. Le corcelet est légèrement ridé; il est coupé antérieurement, & il a des lignes saillantes de chaque côté. A la partie supérieure & postérieure, on voit deux cornes élevées, comprimées, larges, assez courtes, entre lesquelles il y a une cavité assez profonde. Point d'écusson. Les élytres sont striées, & on voit une ligne élevée de chaque côté de la suture, depuis le milieu jusqu'à l'extrémité. Tout le dessus du corps est d'un noir violet : le dessous est noir & velu, & les poils sont d'un roux brun. Les jambes antérieures ont quatre dents latérales.

Il se trouve à Cayenne.

47. Bousier Faune.

Copris Faunus.

Copris exscutellatus, thorace quadricorni, intermediis brevissimis, capitis cornu recurvo serrato. Ent. ou Hist. nat. des inf. Scarabé. *pl. 10. fig. 87. & pl. 22. fig. 87. b.*

Scarabæus Faunus. Fab. *Syst. entom. p. 23. no. 89. — Spec. inf. tom. 1. pag. 25. no. 112 — Mant. inf. tom. 1. p. 13. no. 125.*

Voet. *Scarab. tab. 24. fig. 15.*

Scarabæus Faunus. Drury. *Illust. of inf. tom. 1. tab. 48. fig. 6.*

Scarabæus Faunus. Jablonsk. *Coleopt. 1. tab. 9. fig. 3.*

Il est beaucoup plus grand que le *Bousier* Mimas. Le chaperon est arrondi. La tête est armée d'une corne très-longue, recourbée, dentelée à l'extrémité interne : à la base, il y a une ligne saillante de chaque côté, qui va se terminer aux bords latéraux. Le corcelet est coupé à sa partie antérieure, & il est armé de quatre cornes, dont deux latérales, avancées, comprimées, arquées, coupées à leur extrémité, & deux au milieu échancrées, très-courtes : à la partie postérieure on voit deux petites cavités rapprochées. Les élytres sont sillonnées. Les jambes antérieures ont trois dents latérales. Tout le corps est noir, un peu velu en-dessous.

La femelle diffère du mâle en ce que la corne de la tête est simple & courte ; les cornes latérales du corcelet sont très-courtes, & au lieu des deux du milieu, il y en a quatre, dont deux de chaque côté.

Il se trouve à Cayenne.

48. Bousier Némestrinus.

Copris Nemestrinus.

Copris exscutellatus, thoracis cornubus duobus porrectis acutis, capitis erecto subulato. Ent. ou hist. nat. des ins. Scarabé. *pl.* 12. *fig.* 115.

Scarabæus Nemestrinus. Fab. *Spec. ins. tom.* 1. *pag.* 22. *n°.* 96. —*Mant. ins. tom.* 1. *p.* 11. *n°.* 106.

Scarabæus tricornutus *exscutellatus niger splendens, capitis clypeo lunato : cornu recto, thorace retuso : cornubus duobus porrectis.* Deg. *Mém. tom.* 7. *p.* 637. *n°.* 34. *tab.* 47. *fig.* 16.

Jablonsk. *Coleopt.* 1. *tab.* 7. *fig.* 6.
Fuesly. *Coleopt. mant. p.* 153. *n°.* 48. *tab.* 43. *fig.* 1.

Il est un peu plus grand que le *Bousier Jacchus* ; il est entièrement noir & luisant. La tête est arrondie antérieurement, & armée, à sa partie supérieure, d'une corne droite, élevée, terminée en pointe. Le corcelet est armé de deux cornes égales, un peu divergentes, avancées ; on apperçoit un enfoncement à leur base latérale externe : il y a aussi une petite fossette de chaque côté vers les bords latéraux. Les élytres ont des stries peu enfoncées. Le dessous du corps est couvert de poils fauves, roussâtres.

Il se trouve au Cap de Bonne-Espérance.

49. Bousier Jacchus.

Copris Jacchus.

Copris exscutellatus, thorace prominente bilobo, capitis cornu recurvo simplici. Ent. ou hist. nat. des ins. Scarabé. *pl.* 22. *fig.* 195.

Scarabæus Jacchus. Fab. *Syst. entom. pag.* 20. *n°.* 79. — *Spec. ins. tom.* 1. *pag.* 22. *n°.* 97. — *Mant. ins. tom.* 1. *pag.* 11. *n°.* 107.

Scarabæus Jacchus. Jablonsk. *Coleopt.* 1 *tab.* 7. *fig.* 7.

Il est un peu plus petit que le Bousier Némestrinus ; Il est entèrement noir & luisant. Le chaperon est arrondi, avec le bord antérieur un peu relevé & légèrement échancré. La tête est armée d'une corne assez longue, presque triangulaire, un peu recourbée. Le corcelet est pointillé, luisant, et armé de deux cornes courtes, égales, avancées : on voit de chaque côté du corcelet une fossète placée entre deux lignes saillantes. Les élytres sont légèrement striées & luisantes. Le dessous du corps a quelques poils fauves roussâtres.

Il se trouve au Cap de Bonne-Espérance.

50. Bousier Phidias.

Copris Phidias.

Copris exscutellatus, capitis cornu postico, depresso, apice incurvo, thorace antice excavato, bidentato. Ent. ou Hist. nat. des ins. Scarabé. *pl.* 17. *fig.* 153.

Il est de la grandeur du Bousier Œdipe. Tout le corps est noir. Le chaperon est arrondi, légèrement bidenté. La tête est armée d'une corne postérieure, déprimée, assez large à sa base, relevée à son extrémité. Le corcelet a une impression à sa partie antérieure, & une corne comprimée, peu relevée, arrondie à son extrémité : il y a de chaque côté un point enfoncé, & au milieu une ligne longitudinale, enfoncée, peu marquée. Point d'écusson. Les élytres sont très-légèrement striées. Les jambes antérieures ont trois dents latérales.

Il se trouve à Gorée, d'où il a été rapporté par M. Adanson.

51. Bousier Borée.

Copris Boreus.

Copris exscutellatus, capite cornubus duobus, anteriore minore emarginato ; thorace retuso, cornubus duobus brevibus porrectis apice emarginatis. Ent. ou Hist. nat. des ins. Scarabé, *pl.* 24. *fig.* 123. & *pl.* 13. *fig.* 123.

Il est presque de la grandeur du Bousier Némestrinus. Le chaperon est arrondi, presque bidenté. La tête est armée de deux petites cornes, dont l'une antérieure, très-courte, échancrée à son extrémité, ou presque bidentée, & une postérieure un peu longue & pointue. Le corcelet est coupé antérieurement ; il a deux cornes courtes, avancées, échancrées à leur extrémité : à côté de chaque corne, il y a un enfoncement : on voit encore une ligne longitudinale, enfoncée, au milieu, & un point enfoncé de chaque côté vers le bord. Point d'écusson. Les élytres sont striées. Tout le corps est noir. Le dessous est couvert de poils d'un roux brun. Les jambes antérieures ont trois dents latérales, & une quatrième à peine marquée.

La femelle ne diffère du mâle, qu'en ce que les cornes sont moins marquées.

Il se trouve à Cayenne, au Brésil.

52. Bousier Belzébut.

Copris Belzebut.

Copris exscutellatus, thorace prominentia triplici, capite tricorni intermedio majori. *Ent. ou Hist. nat. des inf.* Scarabé. *pl.* 14. *fig.* 136. *a. b.*

Scarabæus Belzebut. Fab. *Syst. entom. pag.* 23. *n°.* 88. — *Spec. inf. tom.* 1. *pag.* 25. *n°.* 110. — *Mant. inf. tom.* 1. *pag.* 13. *n°.* 122.

Scarabæus sulcatus. Drury. *Ill. of inf. tom.* 1. *tab.* 35. *fig.* 1. Fœmina.

Il est un peu plus petit que le Bousier Mimas. Le chaperon est arrondi, avec deux petites pointes à sa partie antérieure, qui le font paroître presque échancré. La tête est armée d'une corne longue, recourbée, à la base de laquelle on voit un petit tubercule de chaque côté. Le corcelet est comme coupé antérieurement, & on y remarque six petites cornes, dont trois de chaque côté presque égales: il y a une cavité de chaque côté entre la corne extérieure & les deux autres, & une ligne saillante entre la corne & le bord extérieur: au milieu de la partie supérieure, il y a une ligne longitudinale, enfoncée; & deux cavités rapprochées à côté du bord postérieur. Les élytres sont striées, & les stries sont larges & peu profondes.

La femelle diffère du mâle, en ce que la corne est beaucoup plus courte, & que les tubercules de la base forment deux petites cornes. Le corcelet n'a que trois élévations moins saillantes que dans le mâle; celle du milieu est large, presque tranchante.

Tout l'insecte est d'un noir foncé peu luisant. Le dessous est couvert de quelques poils d'un roux brun.

Il se trouve en Amérique.

53. Bousier Mimas.

Copris Mimas.

Copris exscutellatus, thorace inermi retuso angulato, capite obsolete bicorni, elytris inauratis striatis. *Ent. ou Hist. nat. des inf.* Scarabé. *Pl.* 7. *fig.* 50. *a. b. c. d.*

Scarabæus Mimas. Lin. *Syst. Nat. pag.* 543. *n°.* 17. — *Muf. Lud Ulr. pag.* 9.

Scarabæus Mimas. Fab. *Syst. entom. pag.* 23. *n°.* 99. — *Spec. inf. tom.* 1. *p.* 28. *n°.* 124. — *Mant. inf. tom.* 1. *pag.* 15. *n°.* 141.

Roes. *Inf. tom.* 2. *class.* 1. *Scarab. terrest. tab.* B. *fig.* 1.

Sulz. *Hist. inf. tab.* 1. *fig.* 4.

Voet. *Coleopt. tab.* 21. *fig.* 4.

Jablonsk. *Coleopt.* 2. *tab.* 15. *fig.* 2. 3.

Il est plus petit que le Bousier Molosse. Le chaperon est arrondi, presque bidenté, sur-tout dans la femelle. La tête est noire, avec une tache dorée de chaque côté postérieurement: elle a une ligne transversale, élevée, & deux cornes élevées, courtes. Le corcelet est noir, vert doré de chaque côté, élevé, anguleux & coupé antérieurement: on y remarque un enfoncement de chaque côté, & deux points rapprochés, enfoncés, à la partie postérieure. Point d'écusson. Les élytres sont vertes & striées. Le corps est noir en dessous, avec les côtés verts dorés. Les pattes sont noires, & les cuisses ont une tache verte dorée.

La femelle n'a point de cornes: elle a deux lignes transversales, élevées à la tête, & une autre à la partie antérieure du corcelet.

Il est très-commun à Cayenne, à Surinam.

54. Bousier Jasius.

Copris Jasius.

Copris exscutellatus nigro-viridis, clypeo bidentato, capitis cornu transverso brevissimo; thorace antice excavato. *Ent. ou Hist. nat. des inf.* Scarabé. *Pl.* 7. *fig.* 50. *e. f.*

Voet. *Coleopt. tab.* 24. *fig.* 12.

Il ressemble beaucoup au Bousier Mimas. Le chaperon est bidenté. La tête est noirâtre, avec les bords un peu verts, & une élévation transversale au milieu. Le corcelet est d'un vert noir, avec les bords d'un vert doré: un y voit une impression assez grande à la partie antérieure, & un point enfoncé de chaque côté. Point d'écusson. Les élytres sont noirâtres & un peu sillonnées. Le dessous du corps est noir, couvert de poils roussâtres. Les pattes sont noires, avec les cuisses vertes. Les jambes antérieures ont quatre dents latérales.

Il se trouve à Cayenne, à Curaçao.

55. Bousier élégant.

Copris festivus.

Copris exscutellatus, thorace gibbo bicorni, capitis cornu erecto, elytris rubro-æneis. *Ent. ou Hist. nat. des inf.* Scarabé. *Pl.* 3. *fig.* 21. *a. b.*

Scarabæus festivus. Fab. *Sp. inf. tom.* 1. *pag.* 22. *n°.* 101. — *Mant. inf. tom.* 1. *pag.* 12. *n°.* 111.

Scarabæus festivus, thorace nigro maculato, elytris rubro-æneis, sterno porrecto. Lin. *Syst. nat. pag.* 552. *n°.* 52. (Fœmina.)

Scarabæus exscutellatus, capite lunato nigro, thorace convexo rubro; maculis nigris, elytris rubro-æneis sulcatis. Deg. *Inf. tom.* 4. *pag.* 315. *n°.* 8. *pl.* 18. *fig.* 15.

Roes. *Inf tom.* 2. *class.* 1. *Scarab. terrest. tab.* B. *fig.* 8.

Drury. *Illust. of inf. tom.* 3. *tab.* 48. *fig.* 5. (Fœmina.)

VOET. *Coleop. tab.* 23. *fig.* 7. *Mas. fig.* 5. Fœmina, & *tab.* 24. *fig.* 9.
JABLONSK. *Coleopt. tab.* 7. *fig.* 8. 9.

Il est un peu plus grand que le Bousier bourreau Le chaperon est arrondi. La tête est noire, armée d'une corne relevée, droite, assez longue. Le corcelet est d'un rouge cuivreux brillant, avec deux cornes relevées, comprimées, un peu courbées en dedans, noires à leur sommet: on voit de chaque côté un point enfoncé, & derrière ces points une ligne élevée, transversale, noire: la partie postérieure du corcelet s'avance un peu en pointe. Point d'écusson. Les élytres sont striées & d'un beau rouge cuivreux. Le dessous du corps & les pattes sont noirs. Le sternum est avancé antérieurement, recourbé et pointu. Les jambes antérieures ont trois dents latérales, peu avancées.

La femelle n'a point de cornes: son corcelet est convexe, d'un rouge cuivreux, avec des taches noires.

Il se trouve dans l'Amérique méridionale, à Cayenne, à Surinam.

56. BOUSIER éclatant.

COPRIS splendidulus.

Copris exscutellatus, thorace æneo, cornubus duobus compressis nigris, capitis cornu erecto apice compresso. Ent. ou Hist. nat. des ins. SCARABÉ. *Pl.* 2. *fig.* 18. *a. b.*

Scarabæus Splendidulus. FAB. *Spec. ins. tom* 1. *p.* 23. *n°.* 100. — *Mant. ins tom.* 1. *pag.* 12. *n°.* 110.

Il est de la grandeur du Bousier bourreau. Le chaperon est arrondi, entier. La tête est cuivreuse, & armée d'une corne noire, recourbée, un peu comprimée à sa base. Le corcelet est cuivreux brillant, armé de deux cornes élevées, comprimées, longitudinales, noires à leur extrémité: il y a de chaque côté un point enfoncé. Point d'écusson. Les élytres sont vertes, un peu bronzées. Le dessous du corps est bronzé. Les pattes sont noires, avec les cuisses cuivreuses. Les jambes antérieures ont trois petites dents latérales.

La femelle n'a point de cornes: la tête est munie d'une ligne transversale. Le corcelet a une petite impression à sa partie antérieure, un large sillon à sa partie postérieure, & un point enfoncé de chaque côté.

Il se trouve dans l'Amérique Méridionale: il est marqué au cabinet du Roi, comme venant de Madagascar.

57. BOUSIER Œdipe.

COPRIS Œdipus.

Copris exscutellatus, thoracis cornu plano, subtus dentato, capitis truncato tridentato. Ent. ou Hist. nat. des ins. SCARABÉ. *Pl.* 13. *fig.* 121. *a. b.*

Scarabæus Œdipus. FAB. *Syst. entom. pag.* 21. *n°.* 108. — *Spec. ins. tom.* 1. *pag.* 22. *n°.* 98. — *Mant. ins. tom.* 1. *pag.* 11. *n°.* 108.

Il est de la grandeur du Bousier Jacchus. Tout le corps est noir. Le chaperon est échancré. La tête est armée d'une corne relevée, aplatie, courte, tronquée & tridentée. Le corcelet a une corne courte, aplatie, avancée, tronquée, & un point enfoncé de chaque côté. Point d'écusson. Les élytres sont légèrement striées. Les jambes antérieures ont trois dents latérales.

La femelle n'a point de cornes sur le corcelet, & la tête n'a qu'une petite élévation transversale.

Il se trouve au Cap de Bonne-Espérance.

58. BOUSIER Paniscus.

COPRIS Paniscus.

Copris exscutellatus, thorace retuso elevato, capitis cornu recurvo, clypeo fisso. Ent. ou Hist. nat. des ins. SCARABÉ. *Pl.* 5. *fig.* 34.

Scarabæus Paniscus. FAB. *Syst. entom. pag.* 24. *n°.* 96. — *Spec. ins. tom.* 1. *pag.* 27. *n°.* 120. — *Mant. ins. tom.* 1. *pag.* 14. *n°.* 136.

Scarabæus marianus. PETIV. *Gazoph. tab.* 27. *fig.* 8.

ROES. *tom.* 2. *class.* 1. *Scarab. terr. tab.* B. *fig.* 2.

VOET. *Coleopt. tab.* 24. *fig.* 13?

Il ressemble beaucoup au Bousier espagnol, dont il n'est peut-être qu'une variété. Le chaperon est arrondi, un peu fendu au milieu. La tête est armée d'une corne assez grande, recourbée. Le corcelet est coupé antérieurement, et le bord supérieur est un peu avancé, & presque denté. Il y a, à la partie supérieure, une ligne longitudinale, peu enfoncée. Point d'écusson. Les élytres sont striées. Les jambes antérieures ont trois dentelures.

Il se trouve en Afrique, sur la côte de Barbarie; M. Fabricius dit qu'il se trouve en Amérique.

59. BOUSIER espagnol.

COPRIS hispanus.

Copris exscutellatus, thorace mutico, clypeo cornuto emarginato, elytris striatis, femoribus secundis remotissimis. Ent. ou Hist. nat. des ins. SCARABÉ. *Pl.* 6. *fig.* 47. *a. b.*

Scarabæus hispanus. LIN. *Syst. nat. pag.* 546. *n°.* 21. — *Mus. Lud. Ulr pag.* 12.

Scarabæus hispanus. FAB. *Syst. entom. pag.* 26. *n°.* 103. — *Spec. ins. tom.* 1. *pag.* 29. *n°.* 130. — *Mant. ins. tom.* 1. *pag.* 15. *n°.* 148.

Rhinocéros lusitanicus, niger splendens vaginis striatis. PETIV. *Gazoph. tab.* 8 *fig.* 4.

FUESLY. *Coleopt.* 1. *pag.* 10. *n°.* 34.

Scarabæus hispanus. VILL. *Entom. tom.* 1. *pag.* 14. *n°.* 7.

JABLONSK. *Coléopt.* 2. *tab.* 16. *fig.* 5.

Il est un peu plus grand que le Bousier lunaire. Le chaperon est un peu fendu au milieu. La tête est armée d'une corne assez longue, relevée, recourbée. Le corcelet est coupé antérieurement. Point d'écusson. Les élytres sont striées. Les jambes antérieures ont trois dents obtuses.

La femelle ne diffère, qu'en ce que la corne est un peu plus courte, & à peu près de la longueur de la tête.

On le trouve dans les provinces méridionales de la France, en Espagne, en Italie. Il vit dans les bouses & les fientes, dans lesquelles il creuse un trou profond.

60. BOUSIER lunaire.

COPRIS *lunaris.*

Copris exscutellatus thorace tricorni intermedio obtuso bifido, capitis cornu erecto, clypeo emarginato. Ent. ou Hist. nat. des ins. SCARABÉ. *Pl.* 5. *fig.* 36. *a, b.*

Scarabæus lunaris. LIN. *Syst. nat. pag.* 543. *n°.* 10. — *Faun. Suec n°.* 379.
Scarabæus lunaris. FAB. *Syst. entom. pag.* 22. *n°.* 86. — *Spec. ins. tom.* 1. *pag.* 24. *n°.* 108. — *Mant. ins. tom.* 1. *pag.* 13. *n°.* 120.

Copris capitis clypeo lunulato, margine elevato, corniculo denticulato. GEOFF. *Ins. tom.* 1. *pag.* 88. *n°.* 1.

Le *Bousier* capucin. GEOFF. *ibid.*
GRONOV. *Zoop. pag.* 453.
PETIV. *Gazoph. tab.* 8. *fig.* 4.
Scarabæus ovinus tertius seu capite operto. RAI. *Ins. pag.* 103.
Scarabæus nasicornis medius. FRISCH. *Ins.* 4. *pag.* 25. *tab.* 7.
Scarabæus lunaris. SCOP. *Entom. carn. n°.* 22.
Scarabæus lunaris. SCHRANK. *Enum ins. aut. n°.* 1.

Scarabæus bifidus. PODA. *Mus. Græc. p.* 18.
VOET. *Coleopt. tab.* 25. *fig.* 24. 25. & *tab* 26. *fig.* 26. 27.
SCHAEFF. *Icon. ins. tom.* 63. *fig.* 3.
JABLONSK. *Coleopt.* 1. *tab.* 8 *fig.* 7.
BERGSTR. *Nomencl.* 1. 5. 9. *tab.* 1. *fig.* 9. & *tab.* 4. *fig.* 7.
Copris lunaris. FOURC. *Entom. par. pag.* 13. *n°.* 1.
VILL. *Ent. tom.* 1. *pag.* 11. *n°.* 2.

Il est à peu près de la grandeur du Bousier stercoraire. Tout le corps est noir, & quelquefois d'un noir brun. Le chaperon est un peu fendu au milieu. La tête est armée d'une corne droite, peu recourbée, assez longue, armée, à sa base interne, de deux petites dents. Le corcelet est coupé antérieurement; il a deux échancrures profondes, une corne courte, un peu comprimée de chaque côté, & un avancement large, un peu fendu au milieu : on voit un sillon longitudinal, & une impression de chaque côté. Point d'écusson. Les élytres sont sillonnées.

La femelle a la corne de la tête courte, pointue, presque dentée à sa base interne. Le corcelet est peu coupé antérieurement; & il a deux échancrures à peine marquées.

On le trouve dans les bouses & les fientes, dans toute l'Europe.

Il est très-commun dans les provinces méridionales de la France.

61. BOUSIER échancré.

COPRIS *emarginatus.*

Copris exscutellatus niger, clypeo emarginato vertice corniculo brevi emarginato. Ent. ou Hist. nat. des ins. SCARABÉ. *Pl.* 8. *fig.* 64. *a. b.*

Scarabæus thorace submutico, capite lunato : corniculo emarginato. LIN. *Faun. suec. edit.* 1. *n°.* 341.

Scarabæus (lunaris) *exscutellatus fusco-castaneus, thorace gibbo, elytris sulcatis, capitis clypeo lunato : cornu erecto.* DEG. *Mém. tom.* 4. *pag.* 257. *n°.* 2. *pl.* 10. *fig.* 1.
SCHAEFF. *Icon. ins. tab.* 63. *fig.* 2.

Cet insecte a été pris pour la femelle du Bousier lunaire, mais nous le regardons comme une espèce distincte. Il diffère principalement en ce que la tête est courte & échancrée à son extrémité. Le corcelet est peu coupé antérieurement, & il a deux échancrures peu marquées, tandis qu'elles sont très-profondes dans le Bouclier lunaire.

La femelle est plus petite, & la corne de la tête est plus courte que dans le mâle, & n'est presque pas échancrée. Le corcelet est arrondi, & n'a qu'une élévation transversale, peu sensible, à sa partie antérieure.

On le trouve plus communément que le Bousier lunaire aux environs de Paris : il est assez rare dans les provinces méridionales de la France.

62. BOUSIER Ancée.

COPRIS *Anceus.*

Copris exscutellatus, capite cornuto; thorace tricorni, intermedio lato obtuso, lateralibus divergentibus acutis. Ent. ou Hist. nat. des ins. SCARABÉ. *Pl.* 2. *fig.* 14.

Il ressemble beaucoup au Bousier lunaire. Tout le corps est noir & luisant. Le chaperon est fendu antérieurement. La tête est armée d'une corne simple, assez longue, recourbée. Le corcelet est coupé antérieurement; il est élevé, tranchant à sa partie supérieure : il a une échancrure profonde de chaque côté, & ensuite une corne pointue qui s'avance obliquement. La partie supérieure du corcelet est sillonnée. Point d'écusson. Les élytres sont striées. Les jambes antérieures ont trois dents latérales : les postérieures ont une dentelure vers leur milieu.

Il se trouve. . . .

63. Bousier capucin.

Copris capucinus.

Copris exscutellatus thorace quadridentato, capitis cornu recumbente, utrinque unidentato. Ent. ou Hist. nat. des inf. Scarabé. *Pl.* 2. *fig.* 12. & *pl.* 25. *fig.* 12. *b.*

Scarabæus capucinus. Fab. *Spec. inf. tom.* 1. *pag.* 25. *n°.* 113. — *Mant. inf. tom.* 1. *pag.* 13. *n°.* 126.

Scarabæus capucinus. Jablonsk. *Coleopt.* 1. *tab.* 9. *fig.* 4.

Il ressemble, pour la forme & la grandeur, au Bousier lunaire. Le chaperon est arrondi, presque bidenté. La tête est armée postérieurement d'une corne relevée, un peu courbée à son extrémité, munie d'une dentelure de chaque côté, vers sa base. Le corcelet est presque coupé antérieurement, & armé de quatre dents presque égales : il a une ligne longitudinale au milieu, & un point de chaque côté enfoncés. Point d'écusson. Les élytres sont légèrement striées. Les jambes antérieures ont trois dents latérales. Tout le corps est noir.

La femelle n'a qu'une élévation sur la tête au lieu de corne, & son corcelet est arrondi, sans dents.

Il se trouve sur la côte de Coromandel.

64. Bousier Pithécius.

Copris Pithecius.

Copris exscutellatus, thorace bicorni, cornubus brevissimis, capitis cornu erecto subulato. Ent. ou Hist. nat. des inf. Scarabé. *Pl.* 9. *fig.* 73.

Scarabæus Pithecius. Fab. *Syst. entom. pag.* 21. *n°.* 81. — *Spec. inf. tom.* 1 *pag.* 23. *n°.* 102. — *Mant inf. tom.* 1. *pag.* 12. *n°.* 113.

Scarabæus Pithecius. Jablonsk. *Coleopt.* 1. *tab.* 8. *fig.* 2. 3 ?

Il ressemble, pour la forme & la grandeur, au Bousier lunaire. Tout le corps est ferrugineux. Le chaperon est arrondi, presque échancré. La tête est armée d'une corne droite, relevée, simple. Le corcelet est presque coupé antérieurement; il a deux petites cornes en forme de deux dentelures; au milieu il a une ligne longitudinale, enfoncée, & une petite fossète de chaque côté. Point d'écusson. Les élytres sont légèrement striées.

Cet insecte a été rapporté du Sénégal par M. Geoffroy de Villeneuve, qui me l'a communiqué. Il se trouve aussi en Egypte, aux Indes orientales.

65. Bousier Sabæus.

Copris Sabæus.

Copris exscutellatus, thorace prominentia duplici, capitis cornu erecto simplici. Ent. ou Hist. nat. des inf. Scarabé. *Pl.* 9. *fig.* 85.

Scarabæus Sabæus. Fab. *Spec. inf. tom.* 1. *pag.* 32. *n°.* 99. — *Mant. inf. tom.* 1. *pag.* 12. *n°.* 19.

Il ressemble beaucoup au Bousier capucin; mais il est un peu plus petit. Tout le corps est noir & luisant. Le chaperon est arrondi, presque échancré. La tête est armée d'une corne simple, droite, élevée. Le corcelet a deux éminences courtes, un peu pointues, une ligne longitudinale, à peine enfoncée, & un point enfoncé de chaque côté. Point d'écusson. Les élytres sont striées. Les jambes antérieures ont trois dents latérales.

Il se trouve sur la côte de Coromandel.

66. Bousier Tullius.

Copris Tullius.

Copris exscutellatus niger, capite cornu elevato simplici; thorace prominentia quadruplici; elytris striatis. Ent. ou Hist. nat. des inf. Scarabé. *Pl.* 19. *fig.* 88. *b.* & *pl.* 11. *fig.* 98.

Il est presque une fois plus petit que le Bousier lunaire. Le chaperon est un peu échancré. La corne de la tête est relevée, presque recourbée, de longueur moyenne. Le corcelet est pointillé, luisant; il a quatre petites éminences à la partie antérieure, dont deux au milieu, un peu plus rapprochées, obtuses, & deux latérales, un peu plus pointues : on voit de chaque côté une petite fossète, & une ligne élevée entre la fossète & le bord latéral. Les élytres sont luisantes, striées, & chaque strie à une suite de points enfoncés. Tout l'insecte est noir & luisant.

La femelle diffère, en ce que la tête n'a qu'un petit tubercule transversal, & le corcelet n'a point d'éminences.

Il se trouve aux Indes orientales.

67. Bousier Pactole.

Copris Pactolus.

Copris exscutellatus, thorace bidentato, capitis cornu elongato recurvo medio bidentato. Ent. ou Hist. nat. des inf. Scarabé. *Pl.* 16. *fig.* 144. *a. b.*

Scarabæus Pactolus. Fab. *Mant. inf. tom.* 1. *pag.* 12. *n°.* 112.

Scarabæus Pactolus. Jablonsk. *Coleopt.* 1 *tab.* 8. *fig.* 1.

Il est de la grandeur du Bousier Bonasus. Le chaperon est arrondi; la tête est d'un jaune doré, & armée d'une corne longue, recourbée, munie de chaque côté, un peu au-delà du milieu, d'une petite dent pointue. Le corcelet est pointillé, vert au milieu, & jaune doré de chaque côté : on apperçoit une impression au-devant, & deux petites élévations ; il y a au milieu une ligne longitudinale, peu enfoncée. Point d'écusson. Les élytres sont testacées ; avec la suture verte. Le dessous du corps & les pattes sont verts.

Le chaperon de la femelle est arrondi. La tête est dorée, munie d'une ligne arquée, un peu élevée, & de trois petites cornes rapprochées, placées transversalement à la partie postérieure, dont celle du milieu est un peu plus longue que les latérales. Le corcelet est vert, avec les côtés dorés. On y remarque une élévation transversale, courte, à la partie antérieure, une ligne longitudinale, peu enfoncée au milieu, & une petite impression de chaque côté.

Il se trouve au Brésil.

68. Bousier Rhadamiste.

Copris Rhadamistus.

Copris exscutellatus, thorace late foveolato, antice cornu recurvo, elytris rufis, sutura punctisque duobus nigris.

Scarabæus Rhadamistus *exscutellatus, thorace late foveolato antice cornu recurvo, capite inermi, elytris rufis, sutura punctisque duobus nigris.* Fab. *Syst. Ent. pag.* 23, *n°.* 88. —*Spec. inf. tom.* 1. *pag.* 25. *n°.* 109. — *Mant. inf. tom.* 1. *pag.* 13. *n°.* 121.

Il est petit : le chaperon est arrondi, entier, bronzé, blanchâtre, argenté antérieurement. Le corcelet est grand, plus long que les élytres, avec un enfoncement assez grand à sa partie supérieure, un autre petit vers le bord latéral, & une petite corne recourbée à la partie antérieure ; il est bronzé, avec les bords latéraux, pâles, marqués d'un point bronzé. Les élytres sont striées, rougeâtres, avec la suture & deux points noirs. Le dessous du corps est noirâtre, avec les bords pâles. Les pattes sont noires, & les cuisses sont pâles.

Il se trouve à Tranquebar.

69. Bousier Bison.

Copris Bison.

Copris exscutellatus, thorace antice mucronato, vertice capitis cornubus binis lunaribus. Ent. ou Hist. nat. des inf. Scarabé. *Pl.* 6. *fig.* 43. *a. b. c.*

Scarabæus Bison. Lin. *Syst. nat. pag.* 547. *n°.* 27.

Scarabæus Bison. Fab. *Syst. Entom. pag.* 23. *n°.* 91. — *Spec. inf. tom.* 1. *pag.* 26. *n°.* 115. — *Mant. inf. tom.* 1. *pag.* 14. *n°.* 131.

Scarabæus Bison. Jablonsk. *Coleopt.* 2. *tab.* 15. *fig.* 6.

Scarabæus Bison. Vill. *Entom* 1. *pag* 16. *n°.* 12. *tab.* 11. *fig.* 2.

Il est plus petit que le Bousier lunaire. Tout le corps est noir. La masse des antennes est ferrugineuse brune. Le chaperon est arrondi. La tête a une ligne transversale ; élevée, & deux cornes arquées. Le corcelet a une corne avancée, pointue : on voit un point enfoncé de chaque côté, & deux autres rapprochés à la partie postérieure : au milieu il y a une ligne longitudinale, peu enfoncée. Point d'écusson. Les élytres sont striées. Le dessous du corps est couvert de poils ferrugineux bruns. Les jambes antérieures ont quatre dentelures, dont une très-petite.

Il est assez commun dans les bouses & les fientes en Provence, en Languedoc, en Italie, en Espagne, en Barbarie.

70. Bousier Dorcas.

Copris Dorcas.

Copris exscutellatus æneus, thorace bituberculato ; vertice lineis duabus transversis elevatis. Ent. ou Hist. nat. des inf. Scarabé. *Pl.* 4. *fig.* 29.

Il est de la grandeur du Bousier Bonasus. Le chaperon est arrondi. La tête est d'un vert cuivreux, munie de deux lignes transversales, élevées. Le corcelet est arrondi, d'un vert cuivreux, muni de deux tubercules avancés. Point d'écusson. Les élytres sont d'un vert testacé, avec des stries peu marquées Le dessous du corps & les pattes sont d'un vert cuivreux.

Il se trouve à Madagascar.

71. Bousier Bonasus.

Copris Bonasus.

Copris exscutellatus thorace prominentia duplici, capite tricorni, lateralibus majoribus arcuatis. Ent. ou Hist. nat. des inf. Scarabé. *Pl.* 9. *fig.* 82.

Scarabæus Bonasus. Fab. *Syst. entom. pag.* 23. *n°.* 90. — *Spec. inf. tom.* 1. *pag.* 26. *n°.* 114. — *Mant. inf. tom.* 1. *pag.* 14. *n°.* 130.

Pallas *Inf. sibir. pag.* 5. *tab. A. fig.* 5.

Scarabæus Vacca. Schroet. *Abh.* 1. *tab.* 3. *fig.* 5.

Jablonsk. *Coleopt.* 2. *tab.* 13. *fig.* 3. 4.

Fuesly, *Coleopt. Mant. pag.* 153. *n°.* 49. *tab.* 43. *fig.* 2.

Il est une ou deux fois plus grand que le Bousier Vache. Le chaperon est arrondi. La tête est d'un vert bronzé ; elle a une ligne courte, transversale, arquée, & trois cornes à la partie postérieure, dont une droite, courte, placée au milieu, & deux grandes, arquées, un peu plus longues que la tête. Le corcelet est d'un vert brillant : il a un sillon un peu enfoncé, plus large antérieurement, & une petite éminence de chaque côté. Point d'écusson. Les élytres ont des stries peu profondes : elles

elles sont testacées obscures. Les pattes & le dessous du corps sont testacés obscurs. Les jambes sont armées de quatre dents latérales.

Il se trouve à Tranquebar.

72. BOUSIER frotteur.

COPRIS fricator.

Copris exscutellatus, thorace antice elevato acuto, capitis cornu truncato subemarginato. Ent. ou Hist. nat. des ins. SCARABÉ. *Pl.* 16. *fig.* 149.

Scarabæus fricator. FAB. *Mant. ins. tom.* 1. *pag.* 15. *n°.* 140.

Il ressemble au *Bousier* lunaire, mais il est un peu plus petit. Le chaperon est arrondi, un peu fendu antérieurement. La tête est armée d'une corne élevée, un peu applatie, tronquée & presque échancrée. Le corcelet est coupé antérieurement; il a une élévation transversale au milieu, & un petit tubercule arrondi de chaque côté; on voit vers les bords latéraux une impression de chaque côté, & une ligne saillante entre l'impression & le bord: au milieu du corcelet il y a une petite ligne enfoncée, longitudinale. Point d'écusson. Les élytres ont des stries dans lesquelles on apperçoit des points transversaux, serrés, à la suite les uns des autres.

Il se trouve aux Indes orientales.

73. BOUSIER Sinon.

COPRIS Sinon.

Copris exscutellatus, clypeo subbidentato, capitis cornu subulato erecto recurvo: thorace retuso quadridentato. Ent. ou Hist. nat. des ins. SCARABÉ. *pl.* 9. *fig.* 79.

Il ressemble entièrement au *Bousier* lunaire, mais il est deux fois plus petit, & tout son corps est d'un brun ferrugineux. Le chaperon est arrondi, presque bidenté. La tête est armée d'une corne assez longue, mince, recourbée. Le corcelet est coupé antérieurement, & armé de quatre dents: entre celles du milieu, il y a une ligne longitudinale enfoncée, & entre les dents latérales il y a un enfoncement: on voit de chaque côté, vers le bord, un point enfoncé. Point d'écusson. Les élytres sont striées. Les jambes antérieures ont quatre dents latérales.

Il se trouve à Gorée, d'où il a été rapporté par M. Adanson.

74. BOUSIER Ammon.

COPRIS Ammon.

Copris exscutellatus, thorace tridentato, capitis cornu recurvo, elytris striatis. Ent. ou Hist. nat. des ins. SCARABÉ. *Pl.* 12. *fig.* 111.

Scarabæus Ammon. FAB. *Spec. ins. tom.* 1. *p.* 24. *n°.* 105. — *Mant. ins. tom.* 1. *p.* 12. *n°.* 117.

Scarabæus Silenus. FAB. *Syst. entom. pag.* 21. *n°.* 83.

Scarabæus Lar *exscutellatus, thorace tridentato. capitis cornu erecto, clypeo fisso.* FAB. *Mant. ins. tom.* 1. *p.* 13. *n°.* 124.

Il ressemble beaucoup au *Bousier lunaire*, & il est de la grandeur du Scarabé cylindrique. Le chaperon est échancré. La tête est armée d'une corne un peu recourbée, de la longueur de la tête. Le corcelet est coupé antérieurement, & il a trois élévations, dont une au milieu, plus large que les autres: il y a une fossète de chaque côté, & une ligne longitudinale, un peu enfoncée au milieu. Point d'écusson. Les élytres sont profondément striées, & les stries ont des points enfoncés. Tout l'insecte est noir & luisant. On voit quelques poils ferrugineux au devant de la base des pattes antérieures.

Il se trouve aux Indes orientales.

L'insecte décrit par M. Fabricius, dans le cabinet de M. Hunter, sous le nom de *Lar*, est le même que celui qu'il a décrit dans le cabinet de M. Banks, sous le nom de *Ammon*.

75. BOUSIER Séniculus.

COPRIS Seniculus.

Copris exscutellatus, thorace antice, clypeo postice bicorni. Ent. ou Hist. nat. des ins. SCARABÉ. *Pl.* 7. *fig.* 56. *a. b.*

Scarabæus Seniculus. FAB. *Spec. ins. tom.* 1. *pag.* 23. *n°.* 103. — *Mant. ins. tom.* 1. *pag.* 12. *n°.* 114.

Scarabæus Seniculus. JABLONSK. *Coleopt.* 1. *tab.* 8. *fig.* 4. 5.

Scarabæus brevipes. FUESLY. *Coleopt. pag.* 10. *n°.* 35. *tab.* 19. *fig.* 16? Fœmina.

Il est un peu plus alongé que le *Bousier* Bonasus. Le chaperon est arrondi, un peu pointu antérieurement, légèrement échancré de chaque côté. La tête est noirâtre, avec une ligne transversale, peu élevée, & deux petites cornes droites, élevées, à la partie postérieure. Le corcelet est noirâtre, bronzé, avec les bords latéraux fauves: il a deux cornes droites, avancées, fortes, un peu divergentes, placées à la partie antérieure. Point d'écusson. Les élytres sont presque striées, noirâtres, avec quelques petites taches ferrugineuses à leur base. Le dessous du corps est noirâtre, avec quelques taches ferrugineuses. Les pattes sont noirâtres, avec les cuisses ferrugineuses. Les jambes antérieures ont quatre dentelures latérales.

La femelle a le chaperon arrondi, la tête sans cornes, mais avec deux lignes transversales, élevées. Le corcelet a deux dents courtes, assez grosses, placées à la partie antérieure.

Il se trouve sur la côte de Coromandel.

76. BOUSIER Catta.

COPRIS Catta.

Copris exscutellatus, thorace antice bidentato, capitis clypeo lineis duabus elevatis transversis carinatis. Ent. ou Hist. nat. des ins. SCARABÉ. *Pl.* 23. *fig.* 201.

Scarabæus Catta. FAB. *Mant. ins. tom.* 1. *p.* 12. *n°.* 115.

Il ressemble un peu, pour la forme & la grandeur, au *Bousier* Vache. Les antennes sont pâles. Le chaperon est arrondi. La tête est bronzée & munie de deux lignes transversales, élevées. Le corcelet est bronzé, avec les bords latéraux pâles; il est armé antérieurement de deux dents avancées; il est arrondi postérieurement. Point d'écusson. Les élytres sont striées, d'une couleur testacée, obscure, avec les bords latéraux pâles. Tout le dessous du corps & les pattes sont pâles. Les cuisses ont chacune une tache oblongue, noire. Les jambes antérieures ont quatre fortes dents latérales.

Il se trouve sur la côte de Coromandel.

77. BOUSIER sagittaire.

COPRIS sagittarius.

Copris exscutellatus, thorace antice mucronato, capitis cornu solitario erecto. Ent. ou Hist. nat. des ins. SCARABÉ. *Pl.* 14. *fig.* 133.

Scarabæus sagittarius. FAB. *Syst. entom. p.* 24. *n°.* 92. —*Spec. ins. tom.* 1. *p.* 26. *n°.* 116.

Il ressemble, pour la forme & la grandeur, au *Bousier* nuchicorne. Les antennes sont brunes, & la masse est d'un jaune roussâtre. Le chaperon est arrondi. La tête est noire & armée d'une corne un peu recourbée, de la longueur de la tête. Le corcelet est obscur, avec les bords latéraux pâles: au devant il est armé d'une corne droite, avancée. Il y a de chaque côté un petit point enfoncé. Point d'écusson. Les élytres sont d'un gris roussâtre obscur, avec des stries peu marquées. Le dessous est roussâtre obscur. Les pattes antérieures sont noires, & on y remarque une petite tache dorée à leur base antérieure: les autres pattes sont mélangées de jaunâtre & d'obscur.

Il se trouve au Cap de Bonne-Espérance.

78. BOUSIER Veau.

COPRIS Vitulus.

Copris exscutellatus, thorace quadridentato, occipite cornubus duobus erectis brevibus, corpore atro. Ent. ou Hist. nat. des ins. SCARABÉ. *Pl.* 20. *fig.* 181. *a. b.*

Scarabæus Vitulus. FAB. *Gen. ins. mant. p.* 209. —*Spec. ins. tom.* 1. *pag.* 29. *n°.* 127. —*Mant. ins. tom.* 1. *p.* 15. *n°.* 145.

Scarabæus Camelus *exscutellatus thorace quadridentato, clypeo postice subbicorni, corpore atro.* FAB. *Mant. ins. tom.* 1. *p.* 13. *n°.* 128.

Scarabæus Vitulus. JABLONSK. *Coleopt.* 1. *tab.* 14. *fig.* 9.

Il est de la grandeur, ou même un peu plus grand que le *Bousier* Taureau. Tout le corps est noir. Le chaperon est presque échancré. On remarque sur le devant de la tête une ligne transversale, élevée, & deux cornes courtes, droites, sur le derrière. Le corcelet est armé antérieurement de quatre dentelures égales. Point d'écusson. Les élytres sont presque striées. Les jambes antérieures ont quatre dents, dont une très petite.

Il se trouve en Allemagne.

79. BOUSIER Amyntas.

COPRIS Amyntas.

Copris exscutellatus, niger, clypeo rotundato, vertice linea transversali elevata: thorace antice retuso bidentato. Ent. ou Hist. nat. des ins. SCARABÉ. *pl.* 9. *fig.* 81.

Il ressemble beaucoup, pour la forme & la grandeur, au *Bousier* Veau. Il est entièrement noir. Le chaperon est arrondi, & la tête a une ligne transversale, assez élevée. Le corcelet est coupé antérieurement, & armé de deux dents ou petites cornes très-courtes, dont une de chaque côté, à quelque distance du bord extérieur. Les élytres sont presque striées. Point d'écusson. Les jambes antérieures ont quatre dents latérales.

J'ai trouvé cet insecte en Provence, dans les bouses & les fientes.

80. BOUSIER Vache.

COPRIS Vacca.

Copris exscutellatus, thorace inermi retuso, occipite spina erecta gemina. Ent. ou Hist. nat. des ins. SCARABÉ. *Pl.* 8. *fig.* 65. *a. b.*

Scarabæus Vacca. LIN. *Syst. nat. p.* 547. *n°.* 25.

Scarabæus Vacca. FAB. *Syst. ent. p.* 26. *n°.* 101. —*Spec. ins. tom.* 1. *p.* 28. *n°.* 126. —*Mant. ins. tom.* 1. *p.* 15. *n°.* 143.

Copris obscurè æneus, capite ponè bicorni, thorace antice prominente, elytris rufis nigro maculatis. GEOFF. *Ins. tom.* 1. *p.* 90. *n°.* 5.

Le *Bousier* à deux cornes. GEOFF. *ib.*

SCHÆFF. *Icon. ins. tab.* 73. *fig.* 5.

Scarabæus Vacca. JABLONSK. *Coleopt.* 2. *tab.* 14. *fig.* 3, 4.

Scarabæus Vacca. VILLERS. *Ent. tom.* 1. *p.* 15. *n°.* 10.

Copris conspurcatus. FOURC. *Entom. par. pag.* 14. *n°.* 5.

Il est presque de la grandeur du *Bousier* Taureau. Le chaperon est arrondi. La tête est bronzée & munie d'une ligne transversale, élevée, & de deux cornes droites, élevées, plus courtes que la tête. Le corcelet est bronzé, un peu coupé antérieurement, avec une dent ou corne très courte, échancrée. Les élytres sont testacées, parsemées de points irréguliers, obscurs. Le dessous du corps & les pattes sont bronzés, noirâtres. Les jambes antérieures ont quatre dents latérales.

La femelle diffère du mâle en ce qu'au lieu des deux cornes elle a une ligne transversale, assez élevée : le corcelet ne diffère pas de celui du mâle.

Il se trouve dans presque toute l'Europe, dans les bouses & les fientes.

81. Bousier Lémur.

Copris Lemur.

Copris exscutellatus, thorace quadridentato cupreo, clypeo postice transverso carinato, elytris testaceis. Ent. ou Hist. nat. des inf. Scarabé, *pl. 21. fig. 191. a. b.*

Scarabæus Lemur. Fab. *Spec. inf. app. pag. 495. —Mant. inf. tom. 1. p. 13. n°. 127.*

Scarabæus 10 punctatus *exscutellatus, thorace antice tuberculis tribus, elytris testaceis : fascia transversa oblongo punctata. Act. Nat. Cur. Hall. 1. pag. 237.*

Scarabæus 4 tuberculatus. Laichart. *Inf. 1. pag. 23. n°. 16.*

Scarabæus Lemur. Jablonsk. *Coleopt. 2. pag. 213. tab. 16. fig. 9.*

Il ressemble beaucoup, pour la forme & la grandeur, au *Bousier* nuchicorne. Le chaperon est arrondi. La tête est d'un noir bronzé, & munie de deux lignes transversales, courtes, dont l'une postérieure très-élevée. Le corcelet est bronzé, finement chagriné, armé antérieurement de quatre dents, dont deux intermédiaires, rapprochées. Point d'écusson. Les élytres sont presque striées, testacées, avec une bande arquée, formée par une suite de taches noires. Le dessous du corps & les pattes sont bronzés. Les jambes antérieures ont quatre dents latérales.

Il se trouve à Leipsic, en Allemagne, en Provence, dans les bouses.

82. Bousier bifascié.

Copris bifasciatus.

Copris exscutellatus, thorace prominentia triplici, capitis cornu erecto, elytris nigris, fasciis duabus rufis. Ent. ou hist. nat. des inf. Scarabé, *pl. 13. fig. 119. a. b.*

Scarabæus bifasciatus. Fab. *Spec. inf. tom. 1. pag. 25. n°. 111. —Mant. inf. tom. 1. pag. 13. n°. 123.*

Il ressemble, pour la forme & la grandeur, au *Bousier* de Schreber. Le chaperon est arrondi. La tête est armée d'une petite corne droite. Le corcelet est élevé, & muni de trois tubercules égaux, élevés. Point d'écusson. Les élytres sont noires, striées, avec deux bandes roussâtres, anguleuses, presque interrompues, dont l'une, plus large, est placée à la base, & l'autre vers l'extrémité. La tête & le corcelet sont d'un noir un peu bronzé. Le dessous du corps est noir & luisant.

Il se trouve sur la côte de Coromandel.

83. Bousier bident.

Copris bidens.

Copris exscutellatus æneus ; thorace antice bidentato ; vertice linea transversa elevata utrinque acuta. Ent. ou hist. nat. des Inf. Scarabé. *Pl. 9. fig. 75. & pl. 23. fig. 75. b.*

Il ressemble, pour la forme & la grandeur, au *Bousier* nuchicorne. Les antennes sont fauves. Le chaperon est arrondi. La tête est bronzée, & munie antérieurement d'une ligne transversale, peu élevée, & postérieurement d'une autre ligne transversale, très-élevée, terminée de chaque côté par une pointe avancée. Le corcelet est bronzé, un peu enfoncé antérieurement, & muni supérieurement d'une corne avancée, courte, échancrée à son extrémité. Point d'écusson. Les élytres sont légèrement striées, testacées, avec une tache noire sur chaque, qui forme souvent une bande. Le dessous du corps & les pattes sont bronzés. Les jambes antérieures ont quatre dents latérales.

Il se trouve au Sénégal, d'où il a été apporté par MM. Adanson & Geoffroy de Villeneuve.

84. Bousier bronzé.

Copris æneus.

Copris exscutellatus muticus viridi-æneus, thorace bituberculato. Ent. ou Hist. nat. des inf. Scarabé. *Pl. 14. fig. 128. a. b.*

Scarabæus æneus. Fab. *Spec. inf. tom. 1. pag. 34. n°. 156. —Mant. inf. tom. 1. p. 18. n°. 178.*

Il est une fois plus grand que le *Bousier* ovale. Le dessus du corps est d'un vert bronzé. Le chaperon est arrondi. La tête est munie de deux lignes transversales, courtes, élevées. Le corcelet est muni antérieurement de deux petits tubercules. Il est arrondi postérieurement. Point d'écusson. Les élytres sont striées. Le dessous du corps & les pattes sont d'un noir bronzé luisant. Les jambes antérieures ont quatre dents latérales.

Il se trouve sur la côte de Coromandel.

85. Bousier bituberculé.

Copris bituberculatus.

Copris exscutellatus niger, clypeo bidentato, thorace bituberculato, elytris testaceis nigro maculatis. Ent. ou Hist. nat. des ins. Scarabé. *Pl. 22. fig. 197. a. b.*

Il est de la grandeur du Bousier nuchicorne. La tête est noire, & le chaperon bidenté. Le corcelet est noir, & muni, à sa partie supérieure, de deux tubercules arrondis, rapprochés. Point d'écusson. Les élytres sont légérement striées, testacées, avec une grande tache noire sur la suture, & deux ou trois points de chaque côté. Les jambes antérieures ont trois dents latérales & quelques crénelures. Tout le dessous du corps est noir.

Il a été rapporté du Sénégal par M. Geoffroy de Villeneuve.

2. Sans Écusson.

*** Corcelet sans cornes ni tubercules. Tête cornue.*

86. Bousier géant.

Copris gigas.

Copris exscutellatus thorace inermi retuso, capite inermi supra margineque angulato. Ent. ou Hist. nat. des ins. Scarabé. *Pl. 14. fig. 137.*

Scarabæus gigas. Lin. *Syst. nat. p. 549. n°. 36. —Mus. Lud. Ulr. p. 16. n°. 14.*

Il ressemble aux *Bousiers* Bucéphale, Hamadryas, mais il est plus grand. La tête est avancée, un peu échancrée antérieurement, crénelée & poileuse de chaque côté. Le dessus est ridé & muni d'une élévation transversale, tridentée. Le corcelet est un peu coupé antérieurement, fortement pointillé, & couvert de poils ferrugineux. On apperçoit une ligne saillante, transversale, & une impression irrégulière de chaque côté. Le dessus est ridé. Point d'écusson. Les élytres sont luisantes, striées. Tout le corps est noir. Le dessous est luisant, & couvert de poils ferrugineux. Les jambes antérieures ont trois dents latérales, & les autres quelques petites épines: toutes les jambes sont un peu velues.

Cet insecte n'est peut-être qu'une variété femelle du *Bousier* Antenor.

Il se trouve dans l'Afrique équinoxiale.

87. Bousier Achate.

Copris Achates.

Copris exscutellatus niger, clypeo rotundato, vertice cornu breve transverso tridentato. Ent. ou hist. nat. des ins. Scarabé. *Pl. 2. fig. 8.*

Il est un peu plus grand que le *Bousier* Paniscus. Tout le corps est noir. Le chaperon est grand & arrondi. La tête est armée d'une corne courte, large, tridentée à son extrémité. Le corcelet est finement chagriné; il a une ligne transversale, élevée, à la partie antérieure: une ligne longitudinale, peu enfoncée, au milieu, & un enfoncement de chaque côté. Point d'écusson. Les élytres sont striées. Les jambes antérieures ont trois dentelures latérales; les autres sont grosses à leur extrémité.

Il se trouve au Sénégal, & m'a été communiqué par M. Geoffroy de Villeneuve.

88. Bousier Éridanus.

Copris Eridanus.

Copris exscutellatus niger, clypeo rotundato subbidentato, capitis linea elevata bicorni, thorace antice excavato. Ent. ou hist. nat. des ins. Scarabé. *Pl. 14. fig. 127.*

Il ressemble au *Bousier* carolinois, mais il est un peu plus grand. Le chaperon est arrondi, presque bidenté. Le dessus de la tête est un peu ridé: il y a une élévation transversale, terminée par deux petites cornes. Le devant du corcelet est enfoncé; on y voit une ligne longitudinale, enfoncée, au milieu, & un point enfoncé de chaque côté. Point d'écusson. Les élytres sont striées. Tout le corps de l'insecte est noir, mais les cuisses sont d'un noir brun. Les jambes antérieures ont trois dents latérales, & une quatrième très-peu marquée.

Il se trouve....

Du cabinet du roi.

89. Bousier carolinois.

Copris carolinus.

Copris exscutellatus, thorace retuso, capite ovali integro unicorni, elytris striatis. Ent. ou hist. nat. des ins. Scarabé. *Pl. 12. fig. 113.*

Scarabæus carolinus. Lin. *Syst. nat. pag. 545. n°. 16.*

Scarabæus exscutellatus, capitis cornu erecto brevissimo, clypeo integro, elytris sulcatis. Fab. *Syst. entom. pag. 25. n°. 97. —Spec. ins. tom. 1. p. 27. n°. 121. —Mant. ins. tom. 1. p. 14. n°. 137.*

Drury. *Illust. of. ins. tom. 1. tab. 35. fig. 2.*
Voet. *Coleopt. tab. 24. fig. 14.*
Jablonsk. *Coleopt. 2. tab. 14. fig. 2.*

Il ressemble, pour la forme & la grandeur, au *Bousier* Mimas. Le chaperon est arrondi & avancé. La tête est armée d'une corne courte, simple, à la base de laquelle on voit de chaque côté un petit tubercule à peine apparent. Le corcelet est un peu coupé antérieurement, & on y remarque le rudiment d'une corne de chaque côté, derrière lesquelles on voit une fossète assez profonde & bien marquée. Point d'écusson. Les élytres sont striées, & les six stries du milieu sont plus profondes à leur partie postérieure, & ordinairement remplies de terre, & non pas d'un duvet cotonneux. Tout le dessus du corps est noir, un peu luisant; le dessous est noir, très-luisant, avec quelques poils ferrugineux à la poitrine, & quelques-uns aux pattes.

Il se trouve dans l'Amérique septentrionale, à la Caroline.

90. BOUSIER bourreau.

COPRIS *carnifex.*

Copris exscutellatus, thorace inermi plano angulato scabro, capitis cornu inflexo, corpore æneo. Ent. ou hist. nat. des ins. SCARABÉ. *Pl. 6. fig. 46. a. b. & pl. 10 fig. 86.*

Scarabæus carnifex. LIN. *Syst. nat. pag.* 546. *n°.* 22.

Scarabæus carnifex. FAB. *Syst. entom. pag.* 26. *n°.* 102. —*Spec. ins. tom.* 1. *p.* 29. *n°.* 128. —*Mant. ins. tom.* 1. *p.* 15. *n°.* 146.

Scarabæus carnifex. DRURY. *Illust. of ins. tom.* 1. *pl.* 35. *fig.* 3, 4, 5.
VOET. *Coleopt. tab.* 26. *fig.* 31, 32.
JABLONSK. *Coleopt.* 2. *tab.* 15. *fig.* 4, 5.

Il est une fois plus petit que le *Bousier* Mimas. Le chaperon est arrondi. La tête est d'un vert doré, armée d'une corne noire, assez longue, recourbée. Le corcelet est vert doré sur les côtés, cuivreux sur le milieu; il est raboteux, aplati, triangulaire au milieu, terminé de chaque côté postérieurement par un angle saillant. On remarque un point enfoncé de chaque côté vers les bords. Point d'écusson. Les élytres sont vertes, raboteuses, avec plusieurs lignes longitudinales, élevées. Le dessous du corps est d'un vert bronzé. Les cuisses sont vertes, & les jambes & les tarses sont noirâtres.

Il se trouve dans la Caroline, la Virginie, le Maryland: il vit dans les fientes, & y forme des pilules qu'il roule ensuite jusqu'à son nid.

91. BOUSIER Sphinx.

COPRIS *Sphinx.*

Copris exscutellatus niger, thorace inermi, punctis quatuor impressis; vertice cornu brevissimo. Ent. ou hist. nat. des ins. SCARABÉ. *Pl. 7. fig. 57. a. b.*

Scarabæus Sphinx *exscutellatus, thorace inermi, punctis quatuor impressis, capite subcornuto tarsis anticis nullis.* FAB. *Syst. entom. pag.* 25. *n°.* 98. —*Spec. ins. tom.* 1. *p.* 27. *n°.* 122. —*Mant. ins. tom.* 1. *p.* 14. *n°.* 138.

DRURY. *Illust. of ins. tab.* 35. *fig.* 8 ? Fœmina.
VOET. *Coleopt. tab.* 26. *fig.* 30. Mas.
FUESLY. *Coleopt. p.* 11. *tab.* 19. *b. fig.* 17.
JABLONSK. *Coleopt.* 2. *tab.* 13. *fig.* 8 ?

Il est une fois plus grand que le *Bousier* Inuus. Le chaperon du mâle est arrondi. La tête a deux lignes élevées, transversales, dont l'antérieure est courte; elle est armée postérieurement d'une corne élevée, courte. Le corcelet est lisse, grand, convexe, avec un point enfoncé de chaque côté, & deux autres rapprochés, à la partie postérieure. L'écusson est très-petit & imperceptible. Les élytres sont lisses. Les cuisses sont grosses, sans dents. Les jambes sont assez courtes; les antérieures ont quatre dentelures latérales.

La femelle diffère beaucoup du mâle. Le chaperon est presque échancré. La tête est sans corne. Les cuisses sont dentées; les premières sont plus longues que les autres, & ont une petite dentelure au milieu de la partie antérieure. Les secondes sont grandes, comprimées, avec une dent vers la base postérieurement: les dernières ont une profonde échancrure au milieu de leur partie antérieure. Les jambes de devant sont longues, minces, arquées, ciliées intérieurement, quadridentées extérieurement.

J'ai trouvé cet insecte dans les fientes en Provence, en Languedoc; il se trouve aussi en Italie, dans le Levant.

92. BOUSIER Nicanor.

COPRIS *Nicanor.*

Copris exscutellatus, thorace inermi, punctis quatuor impressis, capitis cornu recurvo bidentato, elytris striatis.

Scarabæus Sphinx. FAB. *Syst. ent. p.* 25. *n°.* 98.
Scarabæus Nicanor. FAB. *Spec. ins. tom.* 1. *p.* 27. *n°.* 122. —*Mant. ins. tom.* 1. *p.* 14. *n°.* 139.

Il paroît, par la description que M. Fabricius donne de cet insecte, & par la citation de la planche 35. fig. 1, de l'ouvrage de M. Drury, que cet insecte n'est autre chose que la femelle du *Bousier* Belzébut. Voici la traduction de la description que donne M. Fabricius.

Le chaperon est avancé, échancré antérieurement, muni d'une corne courte, élevée, dentée de chaque côté à sa base. Le corcelet est noir, tronqué antérieurement, avec un point enfoncé de chaque côté: il est arrondi postérieurement, avec deux points enfoncés, rapprochés. Les élytres sont noires, striées.

Il se trouve dans l'Amérique méridionale.

93. BOUSIER Mœris.

COPRIS *Mœris.*

Copris exscutellatus ater, capite cornu brevissimo,

elytris lineis elevatis. Ent. ou Hist. nat. des inf. Scarabé. *Pl.* 21. *fig.* 193.

Scarabæus Mœris *coprideus ater, galea subrotunda integra, centro subcornuto, femoribus ovatis, foveolis thoracis scutellaribus, puncto utrinque impresso.* Pall. *Icon. inf. sib. p.* 3. *tab. A. fig.* 2.

Il ressemble beaucoup, pour la forme & la grandeur, au *Bousier* Inuus. Tout le corps est noir. Le chaperon est arrondi, presque échancré. La tête est armée, à sa partie supérieure, d'une petite corne courte, pointue; on apperçoit au-devant une ligne élevée, transversale, très-courte. Le corcelet est convexe, avec une petite élévation transversale, peu marquée, à la partie antérieure, un point enfoncé, de chaque côté, & deux autres rapprochés, à la partie postérieure. On apperçoit un petit écusson triangulaire, pointu. Les élytres ont des élévations longitudinales. Les cuisses, & sur tout les antérieures, sont assez grosses; les jambes antérieures ont quatre dents latérales. Le dessous du corps est couvert de quelques poils.

Il se trouve dans les déserts de la Tartarie, dans la Toscane.

94. Bousier Aygule.

Copris *Aygulus.*

Copris exscutellatus, thorace æneo inermi quadripunctato, capite tuberculato, elytris testaceis. Ent. ou Hist. nat. des inf. Scarabé. *Pl.* 15. *fig.* 120.

Scarabæus scutellatus, thorace inermi quadripunctato, capite tuberculato, elytris testaceis, tarsis anticis nullis. Fab. *Spec. inf. tom.* 1. *p.* 15. *n°.* 57. —*Mant. inf. tom.* 1. *p.* 8. *n°.* 60.

Voet. *Coleopt. tab.* 28. *fig.* 42.

Il est plus grand que le *Bousier* Inuus. La tête est d'un vert bronzé, avec un petit tubercule, & plusieurs lignes transversales, élevées. Le corcelet est vert bronzé, luisant, très-finement pointillé, avec quatre petites fossètes, dont une de chaque côté, & deux rapprochées vers le bord postérieur. L'écusson est à peine apparent. Les élytres sont testacées, légèrement sillonées. Le corps est brun en-dessous. Les pattes sont d'un vert bronzé. Les cuisses antérieures sont anguleuses, & armées de deux petites épines. Les jambes sont longues, minces, arquées à leur extrémité, & armées, de chaque côté, de plusieurs épines: les tarses manquent dans l'un des deux sexes; les cuisses postérieures sont pareillement armées de deux ou trois petites épines. Le corcelet & les élytres sont quelquefois bronzés.

Cet insecte doit être placé dans la division des *Bousiers* sans écusson.

Il se trouve aux Indes orientales, au Cap de Bonne-Espérance.

95. Bousier Inuus.

Copris *Inuus.*

Copris exscutellatus, thorace inermi quadripunctato, nigro-æneus, capite tuberculato. Ent. ou hist. nat. des inf. Scarabé. *Pl.* 14. *fig.* 135. *a. b.*

Scarabæus scutellatus, thorace inermi quadripunctato capite tuberculato, tarsis anticis nullis. Fab. *Spec. inf. tom.* 1. *p.* 15. *n°.* 56. —*Mant. inf. tom.* 1. *pag.* 8. *n°.* 59.

Scarabæus Sphinx. Fab. *Syst. ent. p.* 14. *n°.* 45.

Il ressemble beaucoup au *Bousier* Aygule, mais il est ordinairement un peu plus petit. Tout le corps est d'une couleur bronzée noirâtre. Le chaperon est arrondi. La tête a plusieurs élévations transversales, & le mâle a un tubercule peu élevé vers le milieu de la partie postérieure. Le corcelet est convexe, très-finement pointillé, lisse, avec quatre impressions, une de chaque côté, & deux autres rapprochées, à la partie postérieure. L'écusson est imperceptible. Les élytres ont des stries très-peu enfoncées. Les tarses antérieurs manquent dans l'un des deux sexes. Les jambes sont longues, arquées, armées de plusieurs dents latérales; les cuisses sont latéralement applaties, & un peu anguleuses: les autres cuisses sont grosses, un peu comprimées & dentées.

Il se trouve en Afrique, à Sierra-Léon.

96. Bousier Nisus.

Copris *Nisus.*

Copris exscutellatus niger clypeo bidentato, vertice cornu brevissimo emarginato, elytris striatis. Ent. ou hist. nat. des inf. Scarabé. *Pl.* 2. *fig.* 17.

Il est de la grandeur du *Bousier* capucin. Tout le corps est noir. Le chaperon est bidenté. La tête est munie d'une corne très-courte, échancrée. Le corcelet est convexe, lisse, avec une ligne longitudinale au milieu, & un point de chaque côté enfoncés. Point d'écusson. Les élytres sont sillonnées. Les jambes antérieures ont quatre dentelures, dont une tres-petite.

Il se trouve à Cayenne.

97. Bousier crénelé.

Copris *cristatus.*

Copris exscutellatus niger, thorace inermi crenato, clypeo tuberculato quadridentato.

Scarabæus cristatus. Fab. *Syst. ent. p.* 27. *n°.* 108. —*Spec. inf. tom.* 1. *p.* 31. *n°.* 138. —*Mant. inf. tom.* 1. *p.* 16. *n°.* 158.

Il ressemble au *Bousier* large-col, mais il est un peu plus petit. Le chaperon est quadridenté, & muni supérieurement d'un tubercule élevé, ferrugineux. Le corcelet est lisse, arrondi, avec les bords crénelés. Les élytres sont lisses. Les pattes sont ciliées.

Il se trouve en Egypte.

98. Bousier trident.

Copris tridens.

Copris exscutellatus, thorace inermi cupreo, capite basi tridentato, elytris nigris. Ent. ou hist. nat. des ins. Scarabé. *Pl.* 11. *fig.* 106.

Scarabæus tridens. Fab. *Spec. ins. tom.* 1. *p.* 29. *n°.* 129. —*Mant. ins. tom.* 1. *p.* 15. *n°.* 147.

Il est un peu plus petit que le *Bousier bourreau.* Le chaperon est arrondi. On voit au milieu de la tête une ligne transversale, élevée, & une autre postérieurement plus élevée, terminée par trois pointes ou dentelures. La tête est d'un noir bronzé antérieurement, & cuivreuse postérieurement. Le corcelet est cuivreux, pointillé, un peu coupé antérieurement, & muni d'une ligne élevée, transversale, courte : on voit de chaque côté une petite fossète. Point d'écusson. Les élytres sont d'un noir un peu bleuâtre, avec quelques lignes longitudinales, régulières, très-peu marquées. Les pattes & le dessous du corps sont d'un noir bronzé, avec quelques poils d'un roux brun.

Il se trouve dans l'Afrique équinoxiale.

99. Bousier Marsyas.

Copris Marsyas.

Copris exscutellatus, æneus, thorace mutico, clypeo rotundato, capite linea transversa elevata cornuque brevi postico. Ent. ou hist. nat. des ins. Scarabé. *Pl.* 21. *fig.* 192.

Il ressemble entièrement, pour la forme & la grandeur, au *Bousier* émeraude. Tout le corps est d'un vert noirâtre-bronzé. Le chaperon est arrondi, entier. La tête a une ligne transversale, élevée, & une corne courte, placée à la partie postérieure. Le corcelet est lisse, & a un point enfoncé de chaque côté. Point d'écusson. Les élytres ont des stries à peine marquées. Les jambes antérieures ont quatre dentelures latérales.

Il a été trouvé à Madagascar par M. de Commerson. Il m'a été aussi communiqué par M. Badier, qui l'avoit reçu de l'isle de France.

100. Bousier ondé.

Copris undatus.

Copris exscutellatus viridi-æneus, elytris fuscis, fasciis duabus undatis testaceis; capitis cornu postico erecto. Ent. ou hist. nat. des ins. Scarabé. *Pl.* 21. *fig.* 194.

Il est de la grandeur du *Bousier* Bonasus. Le chaperon est arrondi. La tête est verte, bronzée, armée postérieurement d'une corne droite, élevée. Le corcelet est vert cuivreux, grand, convexe, avec un point enfoncé de chaque côté, & une ligne longitudinale au milieu, peu enfoncée. L'écusson est imperceptible. Les élytres sont striées, d'un noir bronzé, avec deux bandes ondées, testacées, placées l'une au milieu, l'autre vers l'extrémité. Le dessous du corps & les pattes sont d'un vert bronzé. Les jambes antérieures ont quatre dents latérales.

Il a été trouvé à Madagascar par M. de Commerson.

101. Bousier Apelle.

Copris Apelles.

Copris exscutellatus, thorace inermi, capitis cornu brevissimo, elytris cinereis punctis elevatis fuscis. Ent. ou hist. nat. des ins. Scarabé. *Pl.* 11. *fig.* 97.

Scarabæus Apelles scutellatus, thorace inermi, capitis cornu brevissimo, elytris cinereis punctis elevatis atris. Fab. *Spec. ins. tom.* 1. *p.* 13. *n°.* 46. —*Mant. ins. tom.* 1. *p.* 7. *n°.* 48.

Voet. *Coleopt. tab.* 25. *fig.* 23.

Scarabæus scabrosus. Jablonsk. *Coleopt.* 2. *tab.* 13. *fig.* 9.

Il est de la grandeur du *Bousier* flagellé. Le devant de la tête est presque arrondi. La tête est d'un brun fauve, avec la partie antérieure d'un jaune doré : on y remarque des lignes élevées, & une corne très-petite. Le corcelet est raboteux, d'un brun fauve, avec les côtés & deux points sur le bord antérieur d'un jaune doré. L'écusson est très-petit, & à peine apparent. Les élytres sont d'un brun fauve, avec des lignes longitudinales, peu élevées, sur lesquelles on remarque des points élevés, luisans, noirâtres. Le dessous du corps est d'un jaune brun. Les pattes sont d'un jaune doré, avec du noir au-devant des cuisses antérieures, & au-derrière des cuisses postérieures.

Il se trouve au Cap de Bonne-Espérance.

102. Bousier Pelée.

Copris Peleus.

Copris exscutellatus muticus, thorace mutico vix impresso, capitis cornu elevato brevissimo. Ent. ou hist. nat. des ins. Scarabé. *Pl.* 27. *fig.* 130.

Il est un peu plus grand & plus épais que le *Bousier* sillonneur. Les antennes sont pâles. Le chaperon est bidenté. La tête est armée d'une corne élevée, très-courte. Le corcelet est lisse, relevé, avec un léger enfoncement à sa partie supérieure. Point d'écusson. Les élytres sont lisses; mais avec la loupe on apperçoit quelques stries à peine marquées. Les jambes antérieures ont trois dents latérales. Tout le corps est noir, peu luisant.

Il se trouve au Sénégal.

103. Bousier sillonneur.

Copris sulcator.

Copris exscutellatus ater, capitis tuberculo unico, elytris striatis. Ent. ou hist. nat. des ins. Scarabé. *Pl.* 26. *fig.* 225.

Scarabæus sulcator. FAB. *Syst. entom.* p. 27. n°. 106. — *Spec. ins. tom.* 1. *p.* 31. n°. 136. — *Mant. ins. tom.* 1. *pag.* 16. n°. 155.

Il n'est guère plus grand que le *Bousier* Fossoyeur, mais il est beaucoup plus large. Tout le corps est noir & luisant. Le chaperon est arrondi. La tête est armée d'une corne très-courte. Le corcelet est lisse, avec un point enfoncé antérieurement, & un autre de chaque côté. Point d'écusson. Les élytres sont striées. Les jambes antérieures ont quatre dents latérales.

Il se trouve à Cayenne.

104. BOUSIER quatre-points.

COPRIS *quadripunctatus.*

Copris exscutellatus nigro-violaceus ; elytris testaceis, punctis quatuor nigris ; capite cornu brevi erecto. Ent. ou Hist. nat. des ins. SCARABÉ. *Pl.* 2. *fig.* 13. *a. b.*

Il est une fois plus gros que le *Bousier* Vache. Tout le corps est d'un noir bleuâtre ; les élytres seules sont testacées, avec deux points d'un noir bleuâtre sur chaque. Le chaperon est arrondi, presque coupé antérieurement. La tête a une ligne transversale, élevée, & une corne courte, droite, élevée, placée à la partie postérieure. Le corcelet est convexe, lisse, avec un petit point enfoncé de chaque côté. Point d'écusson. Les élytres sont lisses. Les jambes antérieures ont quatre dents latérales.

Il a été trouvé à Madagascar par M. Commerson.

105. BOUSIER Tagés.

COPRIS *Tages.*

Copris exscutellatus niger, clypeo rotundato ; elytris striatis ; vertice tuberculis tribus, intermedio majori. Ent. ou Hist. nat. des ins. SCARABÉ. *Pl.* 9. *fig.* 76.

Il ressemble beaucoup, pour la forme & pour la grandeur au *Bousier* Taureau : il est entièrement noir. Le chaperon est arrondi. La tête est munie, à la partie supérieure, de trois tubercules, dont l'intermédiaire est le plus grand. Le corcelet est lisse, échancré antérieurement, arrondi postérieurement. Point d'écusson. Les élytres sont striées. Les jambes antérieures ont quatre dentelures latérales.

J'ai trouvé cet insecte dans une fiente de cheval, en Provence.

106. BOUSIER Taureau.

COPRIS *Taurus.*

Copris exscutellatus, thorace inermi, occipite cornubus binis reclinatis arcuatis. Ent. ou Hist. nat. des ins. SCARABÉ. *Pl.* 8. *fig.* 63. *a. b.*

Scarabæus Taurus LIN. *Syst. Nat.* p. 547. n°. 26.

Scarabæus Taurus. FAB. *Syst. Entom. pag.* 26. n°. 100. — *Spec. ins. tom.* 1. *pag.* 28. n°. 125. — *Mant. ins. tom.* 1. *pag.* 15. n°. 142.

Copris niger, capite ponè bicorni, corniculis tenuibus arcuatis, longitudine thoracis, thorace utrinque sinuato. GEOFF. *Ins. tom.* 1. *pag.* 92. n°. 10.

Le *Bousier* à cornes retroussées. GEOFF. *Ib.*

Scarabæus ovinus. RAI. *Ins. pag.* 103. 2.

Scarabæus illyricus. SCOP. *Entom. carn.* n°. 25.

Scarabæus Taurus *capite cornubus duobus lunatis lateralibus.* SCHREB. *Ins, tab.* 1. *fig.* 6. & 7.

SCHAEFF. *Icon. ins. tab.* 63. *fig.* 4. — *Scar.* 1758. *tab.* 3. *fig.* 7. 8.

VOET. *Coleopt. tab.* 24. *fig.* 16.

SULZ. *Hist. ins. tab.* 1. *fig.* 5.

FUESLY. *Coleopt. pag.* 11. n°. 38.

Scarabæus Taurus. JABLONSK. *Coleopt* 2. *tab.* 13. *fig.* 5. 6.

Scarabæus corniger. FOURC. *Entom. par. pag.* 16. n°. 10.

VILLERS. *Entom. tom.* 1. *p.* 16. n°. 11.

Il est entièrement noir. Le chaperon est arrondi. La tête est armée postérieurement de deux cornes longues & arquées. Le corcelet est lisse, convexe, avec un enfoncement longitudinal de chaque côté. Point d'écusson. Les élytres sont presque striées. Les jambes antérieures ont quatre dents latérales.

La femelle a deux cornes très-courtes, & le corcelet est un peu coupé antérieurement.

Il se trouve fréquemment en France, en Italie, en Allemagne.

107. BOUSIER Chèvre.

COPRIS *Capra.*

Copris exscutellatus, thorace inermi, occipite spina erecta gemina, corpore nigro obscuro. Ent. ou Hist. nat. des ins. SCARABÉ. *Pl.* 20. *fig.* 182. *a. b.*

Scarabæus Capra. FAB. *Mant. ins. tom.* 1. *pag.* 15. n°. 144.

Scarabæus Capra. JABLONSK. *Coleopt. pag.* 198. n°. 119.

Il ressemble, pour la forme & la grandeur, au *Bousier* Vache, mais il est entièrement noir. Le chaperon est arrondi. La tête est armée postérieurement de deux petites cornes élevées, un peu recourbées. Le corcelet est lisse, un peu coupé antérieurement. Les élytres ont des stries régulières, peu enfoncées. Les jambes antérieures sont armées de quatre épines latérales

Il se trouve en Allemagne ; dans les provinces méridionales de la France.

108.

108. Bousier penché.

Copris nutans.

Copris exscutellatus, thorace antice impresso, occipite spina erecta apice nutante. Ent. ou Hist. nat. des ins. Scarabé. *Pl.* 21. *fig.* 188. *a. b. c. d.*

Scarabæus nutans. Fab. *Mant. ins. tom.* 1. *p.* 15. *n°.* 151.

Scarabæus nutans. Jablonsk. *Coleopt.* 2. *tab.* 14. *fig.* 10.

Il ressemble beaucoup au *Bousier* nuchicorne : il est entièrement noir. Le chaperon est arrondi, un peu pointu, & relevé antérieurement. La tête est armée postérieurement d'une corne déprimée à sa base, relevée & reçue dans un enfoncement du corcelet. Le corcelet est convexe, pointillé, coupé, & un peu enfoncé antérieurement. Point d'écusson. Les élytres sont courtes, pointillées, avec des stries régulières, formées par des points enfoncés. Les jambes antérieures ont quatre dentelures latérales.

La femelle a le chaperon arrondi : la tête n'a point de corne, mais deux lignes transversales, courtes, élevées ; la postérieure est plus élevée que l'antérieure. Le corcelet est un peu coupé antérieurement, & il a quatre petites dents.

Il se trouve en Languedoc, en Allemagne.

109. Bousier nuchicorne.

Copris nuchicornis.

Copris exscutellatus, thorace rotundato inermi, occipite spina erecta gemina. Ent. ou Hist. nat. des ins. Scarabé. *Pl.* 7 *fig.* 53.

Scarabæus nuchicornis. Linn. *Syst. Nat. pag.* 547. *n°.* 24. — *Faun. suec. n°.* 381.

Scarabæus nuchicornis. Fab *Syst. Entom. pag.* 26. *n°.* 104. — *Spec. ins. tom.* 1. *pag.* 30. *n°.* 132. — *Mant. ins. tom.* 1. *pag.* 15. *n°.* 150.

Copris fusco-niger, capite clypeato angulato, ponè cornuto, elytris ferrugineo-nebulosis, brevibus, striatis. Geoff. *Ins. tom.* 1. *p.* 89. *n°.* 3.

Copris fusco niger, capite clypeato angulato, non cornuto, elytris brevibus striatis. Geoff. *p.* 89. *n°.* 4.

Scarabæus exscutellatus ater, corpore ovato brevi, elytris griseis nigro maculatis, occipite maris spina armato. Deg. *Mém. tom.* 4. *p.* 265 *n°.* 9.

Scarabæus ovinus. Rai. *Ins. p.* 108. *n°.* 2.

Gronov. *Zooph. pag.* 454.

Roesel. *Ins. tom.* 2. *class.* 1. *Scarab. terr. tab. A. fig.* 4.

Schaeff. *Scarab. tab.* 3. *fig.* 9. —14. —*Elem. ins. tab.* 49. *fig.* 1. —*Icon. ins. tab.* 73. *fig.* 4. & *tab.* 96. *fig.* 1.

Voet. *Coleopt. tab.* 25. *fig.* 18.

Scarabæus nuchicornis. Jablonsk. *Coleopt.* 2. *tab.* 14. *fig.* 5, 6.

Scarabæus nuchicornis. Schrank. *Enum. ins. aust. n°.* 3.

Fourc. *Entom. par.* 1. *p.* 14. *n°.* 3. & *pag.* 14. *n°.* 4.

Vill. *Entom. tom.* 1. *p.* 14. *n°.* 9.

Il ressemble, pour la forme & la grandeur, au *Bousier* Vache. Le chaperon est arrondi. La tête est bronzée & armée postérieurement d'une corne déprimée à sa base, unidentée de chaque côté, élevée, arrondie, & un peu courbée vers l'extrémité. Le corcelet est bronzé : il a un enfoncement à la partie antérieure, un point élevé de chaque côté, & une ligne peu enfoncée vers la partie postérieure. Point d'écusson. Les élytres sont testacées, & irrégulièrement pointillées de noirâtre. Le dessous du corps est bronzé noirâtre. Les pattes sont bronzées noirâtres ; les jambes antérieures ont quatre dents latérales.

La femelle diffère seulement en ce que la corne de la tête est très-courte, & que le corcelet a deux petits tubercules à sa partie antérieure.

Il se trouve dans presque toute l'Europe.

110. Bousier cénobite.

Copris cœnobita.

Copris exscutellatus, thorace rotundato inermi viridi, occipite spina erecta basi depressa. Ent. ou hist. nat. des ins. Scarabé. *Pl.* 16. *fig.* 228. *a. b.*

Scarabæus exscutellatus thorace rotundato inermi viridi, occipite spina erecta armato. Herbst. *Archiv. p.* 4. *n°.* 40.

Cœnobita fulgens. Voet. *Coleopt. tab.* 25. *fig.* 20.

Scarabæus cœnobita. Jablonsk. *Coleopt.* 2. *tab.* 14. *fig.* 7, 8.

Il n'est peut-être qu'une variété du *Bousier* nuchicorne. Le chaperon est arrondi. La tête est armée postérieurement d'une corne déprimée à la base, pointue à l'extrémité. Le corcelet est noir-bronzé, pointillé, légèrement enfoncé à sa partie antérieure, avec une ligne enfoncée, à peine marquée sur le dos. Point d'écusson. Les élytres sont testacées, sans taches, presque striées. Le dessous du corps & les pattes sont bronzés. Les jambes antérieures ont quatre dents latérales, dont une peu marquée.

Il a été envoyé de Nuremberg à M. Dantic.

111. Bousier verticicorne.

Copris verticicornis.

Copris exscutellatus, thorace inermi griseo nigro punctato, capitis cornu erecto brevissimo.

Scarabæus verticicornis. Fab. *Syst. ent. pag.* 27. *n°.* 105. — *Spec. ins. tom.* 1. *p.* 30. *n°.* 135. — *Mant. ins. tom.* 1. *p.* 16. *n°.* 154.

Il ressemble beaucoup au *Bousier* nuchicorne, mais il est un peu plus petit. Le chaperon est arrondi, bronzé. La tête est munie d'une corne très-courte, recourbée. Le corcelet est arrondi, lisse, grisâtre, avec deux points noirs à la partie antérieure, & un autre de chaque côté. Les élytres sont lisses, grisâtres. Les pattes sont pâles.

Il se trouve en Angleterre.

112. BOUSIER rebordé.

COPRIS reflexus.

Copris exscutellatus niger, thorace inermi, capite bituberculato, clypeo reflexo emarginato.

Scarabæus reflexus. FAB. *Mant. inf. tom.* 1. *pag.* 16. *n°.* 157.

Il est à-peu-près de la grandeur du *Bousier* Fossoyeur, & il a comme lui une figure un peu alongée; mais il n'a point d'écusson. Le chaperon est rebordé, échancré. La tête est munie de trois petits tubercules. Le corcelet est noir, pointillé. Les élytres sont noires, striées. Les pattes sont noires.

Il se trouve en Chine.

113. BOUSIER ferrugineux.

COPRIS ferrugineus.

Copris exscutellatus, thorace mutico, clypeo emarginato, capitis cornu brevissimo, elytris ferrugineis, sutura nigra. Ent. ou Hist. nat. des inf. SCARABÉ. *Pl.* 23. *fig.* 202.

Il est un peu plus petit que le *Bousier* Ammon. La tête est d'un brun noirâtre, avec une très-petite corne, & le chaperon légèrement échancré, presque bidenté. Le corcelet est d'un brun noirâtre & lisse. Point d'écusson. Les élytres sont striées, ferrugineuses, avec la suture noirâtre. Le dessous du corps & les pattes sont bruns. Les jambes antérieures ont trois dents latérales.

Il a été trouvé au Sénégal par M. Adanson.

114. BOUSIER porte-épine.

COPRIS spinifex.

Copris exscutellatus, thorace rotundato inermi, occipite spina recurva. Ent. ou hist. nat. des inf. SCARABÉ. *Pl.* 12. *fig.* 112.

Scarabæus spinifex. FAB. *Spec. inf. tom.* 1. *p.* 29. *n°.* 131. —*Mant. inf. tom.* 1. *p* 15. *n°.* 149.

Il ressemble, pour la forme & la grandeur, au *Bousier* nuchicorne. Le chaperon est arrondi. La tête est armée d'une corne mince, recourbée, de la longueur du corcelet. Le corcelet est convexe, arrondi, finement pointillé, bronzé, luisant. Point d'écusson. Les élytres sont bronzées, luisantes, légèrement striées. Le dessous du corps est bronzé, noirâtre. Les pattes sont noirâtres, & les cuisses un peu renflées.

Il se trouve sur la côte de Coromandel.

115. BOUSIER thoracique.

COPRIS thoracicus.

Copris exscutellatus, thorace mutico cupreo, capitis cornu longiori recurvo simplici; elytris testaceis, fascia nigra. Ent. ou hist. nat. des inf. SCARABÉ. *Pl.* 25. *fig.* 218. *a. b.*

Il ressemble, pour la forme & la grandeur, au *Bousier* porte-épine. Le chaperon est arrondi. La tête est cuivreuse, & armée d'une corne simple, relevée, recourbée, un peu plus courte que le corcelet. Le corcelet est cuivreux, brillant, marqué d'une ligne longitudinale, peu enfoncée. Point d'écusson. Les élytres sont striées, d'un jaune testacé, avec une bande irrégulière, noirâtre. Le dessous du corps & les pattes sont bronzés. Les jambes antérieures ont quatre dents latérales, & quelques crénelures peu marquées.

Il se trouve au Sénégal.

J'ai reçu cet insecte de M. Dupuis.

116. BOUSIER fourchu.

COPRIS furcatus.

Copris exscutellatus, thorace inermi rotundato, capite cornubus tribus erectis aproximatis, intermedio breviori. Ent. ou hist. nat. des inf. SCARABÉ. *Pl.* 8. *fig.* 61. *a. b. c. d.*

Scarabæus furcatus. FAB. *Spec. inf. tom.* 1. *p.* 30. *n°.* 134. —*Mant. inf. tom.* 1. *p.* 16. *n°.* 153.

Scarabæus Vitulus. LAICHART. *Inf.* 26. *tab.* 1. *fig.* 20.

Scarabæus furcatus. JABLONSK. *Coleopt.* 2. *tab.* 13. *fig.* 5. *a. b.*

VILL. *Entom. tom.* 4. *p.* 208. *n°.* 8.

Il est plus petit que le *Bousier* nuchicorne. Tout le corps est noirâtre, plus foncé & luisant en-dessous, presque pubescent en-dessus. Le chaperon est légèrement échancré. La tête est armée de trois cornes rapprochées, droites, assez longues; l'intermédiaire est plus courte & plus large que les autres. Le corcelet est relevé, presque coupé antérieurement, arrondi postérieurement. Point d'écusson. Les élytres sont presque striées. Les jambes antérieures ont quatre dents latérales, dont une très-courte.

La femelle est sans cornes; elle a une élévation transversale à la place des cornes.

Il se trouve dans les bouses: il est assez commun dans les provinces méridionales de la France. Il se trouve aussi dans l'Arabie, en Italie.

2. SANS ÉCUSSON.

*** *Corcelet lisse, tête sans cornes.*

117. BOUSIER sacré.

COPRIS sacer.

Copris exscutellatus, muticus niger, clypeo sexdentato, vertice bituberculato, thorace elytrisque lævibus. Ent. ou hist. nat. des inf. SCARABÉ. *Pl.* 8. *fig.* 59. *a. b.*

Scarabæus sacer exscutellatus, clypeo sexdentato, thorace inermi crenulato, tibiis posticis ciliatis;

vertice subbidentato. LIN. *Syst. nat. p.* 545, *n°.* 18. —*Mus. Lud. Ulr. p.* 13.

Scarabæus sacer. FAB. *Syst. ent. p.* 28. *n°.* 109. —*Spec. ins. tom.* 1. *p.* 31. *n°.* 139 —*Mant. ins. tom.* 1. *p.* 16. *n°.* 159.

Scarabæus exscutellatus niger, capitis clypeo lunato, margine antice denticulato, thorace elytrisque lævibus. DEG. *Ins. tom.* 7. *p.* 638. *n°.* 36. *tab.* 47. *fig.* 18.

Scarabæus lævis, thorace inermi, capite antice sexdentato. OSB. *Iter. p.* 51.

Scarabæus pilularius niger, clypeo antice serrato, elytris nebulosè maculatis submollibus planiusculis. LOEFL. *It. p.* 20.

PETIV. *Gazoph. tab.* 42. *fig.* 2.

VOET. *Scarab. tab.* 27. *fig.* 39 & 40.

SCHAEFF. *Icon. ins. tab.* 201. *fig.* 3.

Scarabæus sacer. JABLONSK. *Coleopt.* 2. *tab.* 20. *fig.* 2.

VILL. *Entom. tom.* 1. *p.* 13. *n°.* 6.

Il est entièrement noir. Le chaperon est sixdenté. La tête est munie de deux tubercules. Le corcelet est lisse, convexe, de la largeur des élytres, arrondi postérieurement, cilié sur les bords lateraux. Point d'écusson. Les élytres sont lisses. Le dessous du corps est couvert de poils noirs. Les pattes sont ciliées. Les jambes antérieures sont armées de quatre grandes dents ; les postérieures sont un peu arquées.

Il est très-commun dans les provinces méridionales de la France, vers les bords de la mer. Il se trouve aussi dans tout le midi de l'Europe, dans l'Orient, en Egypte, en Barbarie, au Cap de Bonne-Espérance, & dans presque toute l'Afrique. Cet insecte étoit autrefois en vénération en Egypte : on le trouve sculpté sur les colonnes antiques des égyptiens, qui se trouvent à Rome. *Hic in columnis antiquis Romæ exsculptus ab Ægyptiis.* LIN. *Syst. nat. p.* 545.

118. BOUSIER variolé.

COPRIS variolosus.

Copris exscutellatus muticus niger, clypeo sexdentato, thorace punctis impressis variolosis, feminibus posticis unidentatis. Ent. ou Hist. nat. des ins. SCARABÉ. *Pl.* 8. *fig.* 60.

Scarabæus variolosus *exscutellatus muticus, clypeo sexdentato, thorace elytrisque nigris, punctis impressis variolosis.* FAB. *Mant. ins. tom.* 1. *p.* 16. *n°.* 161.

Il ressemble beaucoup au *Bousier* sacré, mais il est un peu plus petit. Il est entièrement noir. Le chaperon est sixdenté. La tête est sans cornes & sans tubercules. Le corcelet est convexe, un peu plus large que les élytres, couvert de points enfoncés, cilié tout autour. Point d'écusson. Les élytres sont lisses, sans stries. Les jambes antérieures ont quatre dents latérales ; les quatre autres sont ciliées. Les cuisses postérieures ont chacune une dent.

On trouve cet insecte dans les fientes & les bouses, vers les bords de la mer Méditerranée, dans les provinces méridionales de la France.

119. BOUSIER large-col.

COPRIS laticollis.

Copris exscutellatus muticus niger, clypeo sexdentato, elytris sulcatis. Ent. ou hist. nat. des ins. SCARABÉ. *Pl.* 8. *fig.* 68.

Scarabæus laticollis. LIN. *Syst. nat. pag.* 549. *n°.* 38.

Scarabæus laticollis. FAB. *Syst. ent. pag.* 28. *n°.* 110. —*Spec. ins. tom.* 1. *p.* 31. *n°.* 140. —*Mant. ins. tom.* 1. *p.* 16. *n°.* 160.

Copris niger; capite clypeato, margine serrato: thorace lato lævi, elytris striatis. GEOFF. *ins. tom.* 1. *pag.* 89. *n°.* 2.

Le Hottentot. GEOFF. *ib.*

Scarabæus pilularius. RAI. *p.* 105. 4.

VOET. *Scarab. tab.* 27. *fig.* 41.

Scarabæus laticollis. JABLONSK. *Coleopt.* 2. *tab.* 20. *fig.* 6.

SULZ. *Hist. ins. tab.* 1. *fig.* 3.

Copris serratus. FOURC. *Entom. par. pars.* 1. *pag.* 13. *n°.* 2.

VILLERS. *Entom. tom.* 1. *p.* 21. *n°.* 31.

Il ressemble un peu au *Bousier* sacré, mais il est plus petit. Il est entièrement noir & luisant. Le chaperon a six dentelures. La tête est sans cornes & sans tubercules. Le corcelet est un peu plus large que les élytres ; il est lisse, convexe, arrondi postérieurement. Point d'écusson. Les élytres sont sillonnées. Les bords du corcelet, le dessous du corps & les pattes sont couverts de poils noirs. Les jambes antérieures ont quatre dantelures latérales.

Cet insecte est très-commun dans les provinces méridionales de la France : il vit dans les bouses & les fientes des animaux ; il forme des pilules, & il est très-puant. On le trouve aussi dans presque toute la France, en Italie, dans une partie de l'Allemagne.

120. BOUSIER Bacchus.

COPRIS Bacchus.

Copris exscutellatus muticus, clypeo quadridentato, thorace gibbo elytrisque glabris. Ent. ou Hist. nat. des ins. SCARABÉ. *Pl.* 17. *fig.* 161.

Scarabæus Bacchus FAB. *Spec. ins. tom.* 1. *pag.* 32. *n°.* 142. — *Mant. ins. tom.* 1. *pag.* 17. *n°.* 163.

Scarabæus hemisphæricus coprideus, hemisphæricus, apterus ater opacus; galea inermi, semiorbiculata, antice obtuso-bidentata. PALL. *ins. sibir. p.* 20. *tab. B. fig.* 23. *A.*

Scarabæus. Bacchus JABLONSK. *Coleopt.* 2. *tab.* 19. *fig.* 4.

Il ressemble beaucoup au *Bousier* hémisphérique, mais il est deux fois plus grand. Tout le corps est noir & luisant : il a une forme arrondie, convexe en dessus & plate en dessous. Le chaperon est terminé par deux dentelures distinctes, peu saillantes : on voit sur la tête deux lignes élevées. Le corcelet est lisse, convexe, avec une impression irrégulière, peu marquée de chaque côté. Point d'écusson. Les élytres sont lisses, convexes. Les jambes antérieures ont trois dents latérales ; les secondes ont trois épines courtes, assez grosses ; les postérieures sont anguleuses, & ont de chaque côté des crénelures assez saillantes.

Il se trouve au Cap de Bonne-Espérance.

121. BOUSIER Esculape.

Copris Æsculapius.

Copris exscutellatus muticus ater, clypeo quadridentato, dentibus intermediis majoribus rotundatis ; thorace elytrisque lævibus. Ent. ou Hist. nat. des inf. SCARABÉ. *Pl.* 24. *fig.* 207.

Il est de la grandeur du *Bousier* sacré. Tout le corps est d'un noir très-foncé. La tête est triangulaire, & les angles latéraux sont aigus. La partie antérieure est munie de quatre dentelures, dont deux au milieu, plus saillantes & arrondies, & une de chaque côté, plus courte & pointue. Le dessus de la tête est lisse. Le corcelet est large, convexe, lisse, rebordé, avec les bords ciliés. Point d'écusson. Les élytres sont lisses, rebordées, avec la suture un peu relevée. Les jambes antérieures ont quatre dents latérales.

Il se trouve au Cap de Bonne-Espérance.

122. BOUSIER bossu.

Copris gibbosus.

Copris exscutellatus muticus, clypeo quadridentato, elytris basi gibbere notatis. Ent. ou Hist. nat. des inf. SCARABÉ. *Pl.* 16. *fig.* 151. *b.*

Scarabæus gibbosus. FAB. *Syst. Entom. pag.* 28. *n°.* 112. — *Spec. inf. tom.* 1. *p.* 32. *n°.* 143. — *Mant. inf. tom.* 1. *pag.* 17. *n°.* 164.

Il est à peu près de la grandeur du *Bousier* large-col. Il est noir & peu luisant. Le chaperon est un peu relevé de chaque côté, & il a quatre dentelures, dont deux au milieu, plus pointues que les latérales. Le corcelet est largement échancré antérieurement pour recevoir la tête ; il est un peu anguleux sur les côtés, lisse & convexe en dessus, avec un point élevé de chaque côté : il est arrondi postérieurement. Point d'écusson. Les élytres ont des stries peu marquées, formées par des points élevés & enfoncés alternativement. On remarque une ligne élevée, courte, longitudinale, de chaque côté de la base, & une élévation en forme de bosse de chaque côté de la suture, vers la base. Les antennules & la masse des antennes, sont d'une couleur ferrugineuse brune. On voit une tache brune à la base antérieure des cuisses de devant. Les jambes postérieures sont minces, longues & arquées : les jambes de devant ont trois dentelures extérieures, & une seule interne.

Il se trouve en Amérique.

123. BOUSIER Icare.

Copris Icarus.

Copris exscutellatus muticus æneus, clypeo quadridentato, elytris elevatis sulcatis. Ent. ou Hist. nat. des inf. SCARABÉ. *Pl.* 16. *fig.* 151. *a.*

Il est de la grandeur du *Bousier* sacré. Tout le corps est d'une couleur bronzée, plus brillante en dessous qu'en dessus. Le chaperon est terminé par quatre petites dentelures. La tête est lisse, & les côtés sont un peu anguleux. Le corcelet est légèrement convexe, lisse, presque anguleux par les côtés, avec une petite impression inégale de chaque côté. Point d'écusson. Les élytres sont sillonées & un peu élevées au milieu. Les pattes sont cuivreuses, les quatre jambes postérieures ont plusieurs lignes longitudinales élevées : elles sont assez longues & un peu arquées.

Il se trouve dans l'Amérique méridionale.

Du cabinet de M. Banks.

124. BOUSIER cuivreux.

Copris cupreus.

Copris exscutellatus muticus nigro-cupreus, clypeo emarginato, thorace gibbo. Ent. ou Hist. nat. des inf. SCARABÉ. *Pl.* 7. *fig.* 58.

Scarabæus cupreus. FAB. *Syst. Entom. pag.* 29. *n°.* 115. — *Spec. inf. tom.* 1. *pag.* 32. *n°.* 146. — *Mant. inf. tom.* 1. *pag.* 17. *n°.* 167.

Il est à peu près de la grandeur du *Bousier* sacré, mais il est plus convexe. Tout le dessus du corps est d'une couleur cuivreuse, un peu bronzée, & le dessous est noir & luisant. Le chaperon est échancré. La tête est lisse, & les côtés sont un peu anguleux. Le corcelet est lisse, finement pointillé, avec un petit point élevé de chaque côté. Point d'écusson. Les élytres sont lisses & convexes. Les pattes sont noires ; les cuisses antérieures sont comprimées & comme tranchantes antérieurement. Les jambes postérieures sont anguleuses, un peu arquées & assez longues.

Il se trouve en Afrique, au Sénégal : il a été rapporté par M. Geoffroy de Villeneuve.

125. BOUSIER Astyanax.

Copris Astyanax.

Copris exscutellatus muticus fusco-æneus clypeo bidentato elytris striatis. Ent. ou Hist. nat. des inf. SCARABÉ. *Pl.* 27. *fig.* 233.

Il est une fois plus petit que le *Bousier* Icare. Tout le corps est bronzé noirâtre luisant. Le chaperon a deux dents avancées arrondies. La tête est lisse. Le corcelet est lisse & convexe. Point d'écusson. Les élytres sont striées. Les pattes sont noirâtres ; les postérieures sont un peu plus longues que les autres ; les jambes antérieures ont trois dents latérales.

Il se trouve....

Du cabinet de M. Hédouin.

126. Bousier Ménalque.

Copris Menalcas.

Copris exscutellatus muticus, clypeo rotundato, viridi-aneus, elytris testaceis, sutura lineisque tribus elevatis viridibus. Ent. ou Hist. nat. des inf. Scarabé. *Pl.* 2. *fig.* 11. *a. b.*

Scarabaus Menalcas *coprideus, sericeus viridi-caruleus, elytris griseis, viridi-nervosis, galea rhombea subcornuta, pedibus anticis adactylis.* Pallas. *inf. Sibir. pag.* 4. *tab. A. fig.* 4. *a. b.*

Scarabaus humerosus. Pallas. *itin.* 1. *app. p.* 462. *n°.* 25.

Il ressemble un peu au *Bousier* Sphinx, mais il en diffère essentiellement. Le chaperon est arrondi. La tête est d'un verd bronzé ; elle a une petite élévation tranversale antérieurement, une ligne transversale, élevée au milieu, & une petite élévation postérieure. Le corcelet est vert bronzé, pointillé, avec une ligne longitudinale, peu enfoncée, peu marquée, un point enfoncé, de chaque côté, & deux autres rapprochés à la partie postérieure. Point d'écusson. Les élytres sont testacées, avec la suture, & trois lignes élevées sur chaque, d'un vert bronzé. Le dessous du corps & les pattes sont d'un vert bronzé. Les jambes antérieures n'ont point de tarses : elles sont assez longues & munies de quatre dents latérales. Les cuisses postérieures ont une petite dent à leur base postérieure, & une épine crochue au milieu de leur partie antérieure.

Il se trouve au nord de la mer Caspienne, vers le Volga.

127. Bousier onglé.

Copris unguiculatus.

Copris exscutellatus muticus niger, clypeo integro, femoribus dentatis, tibiis anticis subtùs unguiculatis. Ent. ou Hist. nat. des inf. Scarabé. *Pl.* 20. *fig.* 180. *a. b.*

Il est un peu plus grand que le *Bousier* Inuus. Tout le corps est noir & luisant. Le chaperon est arrondi. La tête a deux élévations transversales. Le corcelet est élevé, convexe, pointillé, avec un enfoncement de chaque côté, & deux autres rapprochés postérieurement. L'écusson est imperceptible. Les élytres sont striées. Le dessous du corps est couvert de poils roussâtres. Toutes les cuisses sont dentées ; les postérieures ont une dent très-grande, arquée. Les jambes antérieures ont quatre dents latérales, & un onglet très-grand, un peu arqué, placé à la partie inférieure.

Les cuisses de la femelle sont sans dents, & les jambes sans onglet.

Il se trouve au Sénégal ; il a été rapporté par M. Geoffroy de Villeneuve.

128. Bousier Hespérus.

Copris Hesperus.

Copris exscutellatus muticus viridis nitens, capite subrituberculato, elytris striatis. Ent. ou Hist. nat. des inf. Scarabé. *Pl.* 14. *fig.* 129.

Ce *Bousier* est très-brillant ; il est d'une belle couleur verte dorée en-dessus, & d'une très-belle couleur de cuivre en-dessous. Le chaperon est presque arrondi ; & on voit, au-dessus de la tête, trois tubercules très-petits, dont deux latéraux à peine apparens. Le corcelet est élevé, convexe, finement pointillé, avec une petite fossette de chaque côté. Les élytres sont sillonées, striées, & on apperçoit une suite de points enfoncés dans chaque strie. Les côtés sont un peu cuivreux.

Il se trouve aux Indes orientales, à Madras.

Du cabinet de M. Banks.

129. Bousier émeraude.

Copris smaragdulus.

Copris exscutellatus muticus aneus nitidus, clypeo bidentato. Ent. ou Hist. nat. des inf. Scarabé. *Pl.* 14. *fig.* 131.

Scarabaus smaragdulus. Fab. *Spec. inf. tom.* 1. *pag.* 34. *n°.* 157. — *Mant. inf. tom.* 1. *pag.* 18. *n°.* 179.

Il est de la grandeur du *Bousier* Bonasus. Il est d'une couleur verte foncée, très-brillante en-dessus, & d'une couleur verte noirâtre luisante en-dessous. La tête est lisse, & terminée antérieurement par deux dentelures. Le corcelet est lisse & arrondi. Les élytres sont lisses, sans points & sans stries. Les antennes sont d'un vert noirâtre, avec la masse qui les termine brune. Les pattes sont noirâtres, luisantes. Les élytres sont un peu plus courtes que l'abdomen.

Il se trouve dans l'Amérique méridionale, au Brésil.

130. Bousier brillant.

Copris nitens.

Copris exscutellatus inermis, cupreus, clypeo quadridentato, thorace utrinque puncto impresso. Ent. ou Hist. nat. des inf. Scarabé. *Pl.* 7. *fig.* 55.

Il ressemble au *Bousier* pilulaire. Le dessus du corps & les pattes brillent d'une couleur de cuivre rouge. Les antennes sont noires ; le chaperon a quatre dentelures. La tête est lisse ; le corcelet est lisse, avec un enfoncement de chaque côté. Point d'écusson. Les élytres sont lisses, un peu sinuées sur les côtés. Les jambes antérieures ont trois dents latérales; les postérieures sont assez longues, & un peu arquées.

Il se trouve au Sénégal, d'où il a été rapporté par M. Geoffroy de Villeneuve.

131. BOUSIER sinué.

COPRIS sinuatus.

Copris exscutellatus muticus niger, clypeo bidentato antennis flavescentibus. Ent. ou Hist. nat. des inf. SCARABÉ. *Pl.* 21. *fig.* 189.

Il ressemble beaucoup au *Bousier* pilulaire, mais il est un peu plus grand, & un peu plus déprimé. Les antennes sont d'un jaune fauve. Le chaperon est bidenté, avec deux autres dentelures latérales, peu marquées. Tout le dessus du corps est d'un noir un peu bronzé. Le dessous & les pattes sont noires. Le corcelet est assez grand, convexe, avec un point enfoncé de chaque côté. Les élytres sont lisses, presque striées, sinuées de chaque côté. Point d'écusson. Les jambes antérieures sont crénelées, & terminées par trois dents. Les jambes postérieures sont assez longues & arquées.

Il se trouve aux Indes orientales.

132. BOUSIER lisse.

COPRIS lævis.

Copris exscutellatus muticus niger subæneus, clypeo subbidentato, elytris integris abdomine brevioribus. Ent. ou Hist. nat. des inf. SCARABÉ. *Pl.* 10. *fig.* 89.

Scarabæus pilularius. DEG. *Mem. tom.* 4. *pag.* 311. *n°.* 7. *pl.* 18. *fig.* 14.

Scarabæus lævis. DRURY. *Ill. of inf. tab.* 35. *fig.* 7.

Scarabæus pilularius. CATESB. *Carol. app. tab.* 11.

VOET. *Coleopt. tab.* 27. *fig.* 37.

Il diffère évidemment du *Bousier* pilulaire, avec lequel il a été confondu par plusieurs Auteurs. Tout le corps est noir, légèrement bronzé, sur-tout sur le corcelet. La tête est lisse. Le chaperon a un petit rebord, & deux dents peu marquées à sa partie antérieure. Le corcelet est lisse, un peu convexe, arrondi postérieurement. Point d'écusson. Les élytres sont lisses, entières, arrondies latéralement, un peu plus courtes que l'abdomen. Les pattes sont de longueur moyenne; les jambes antérieures ont trois dents latérales.

Il se trouve dans la Caroline, la Pensylvanie.

133. BOUSIER pilulaire.

COPRIS pilularius.

Copris exscutellatus muticus niger opacus lævis, thorace postice rotundato. Ent. ou Hist. nat. des inf. SCARABÉ. *Pl.* 10. *fig.* 91.

Scarabæus pilularius *exscutellatus muticus niger opacus lævis, subtùs æneus, thorace postice rotundato.* LIN. *Syst. Nat. pag.* 550. *n°.* 40. — *Mus. Lud. Ulr. pag.* 19.

Copris niger, capite clypeato, elytris margine exteriore sinuatis. GEOFF. *inf. tom.* 1. *pag.* 91. *n°.* 8.

Le *Bousier* à couture. GEOFF. Ib.

Scarabæus Mopsus *coprideus, ater opacus glaberrimus, galea inermi, subemarginata lævigata, tibiis posticis arcuatis, thorace utrinque foveola obsoleta.* PALL. *Icon. inf. Sibir. pag.* 3. *tab. A. fig.* 3.

VOET. *Coleopt. tab.* 26. *fig.* 28.

SULZ. *Hist. inf. tab.* 1. *fig.* 7.

JABLONSK. *Coleopt.* 2. *tab.* 20. *fig.* 5.

SCHAEFF. *Icon. inf. tom.* 1. *tab.* 3. *fig.* 7.

Scarabæus sinuatus. FOURC. *Entom. par. pag.* 16. *n°.* 8.

VILL. *Entom. tom.* 1. *pag.* 22. *n°.* 32.

Il est presque de la grandeur du *Bousier* printannier. Le chaperon est échancré. La tête a trois lignes élevées, dont une longitudinale, au milieu, & deux obliques. Le corcelet est grand, lisse, relevé, arrondi postérieurement, avec un point enfoncé de chaque côté. Point d'écusson. Les élytres sont lisses, sinuées sur les côtés. Le dessus du corps est noir; le dessous est noir & luisant. Les jambes antérieures ont trois dents latérales; les postérieures sont assez longues & arquées.

On le trouve très-fréquemment dans les provinces méridionales de la France, en Espagne, en Italie, dans les fientes des animaux, occupé à former & à rouler des pilules.

134. BOUSIER flagellé.

COPRIS flagellatus.

Copris exscutellatus muticus niger opacus, clypeo emarginato, elytris scabris. Ent. ou Hist. nat. des inf. SCARABÉ. *Pl.* 7. *fig.* 51. *a. b.*

Scarabæus flagellatus. FAB. *Syst. Entom. pag.* 29. *n°.* 116. — *Spec. inf. tom.* 1. *pag.* 32. *n°.* 147. — *Mant. inf. tom.* 1. *p.* 17. *n°.* 168.

Scarabæus rugosus. SCOP. *Entom. carn. n°.* 23.

Scarabæus coriarius *exscutellatus muticus niger, thorace elytrisque rugosis.* JABLONSK. *Coleopt.* 2. *pag.* 309. *n°.* 149. *tab.* 20. *fig.* 4.

Il ressemble beaucoup au *Bousier* pilulaire, mais il est ordinairement plus petit: il est noir. Le chaperon est échancré. La tête a deux lignes obliques, élevées. Le corcelet est grand, convexe, raboteux, arrondi postérieurement: il a un point enfoncé de chaque côté. Les élytres sont raboteuses, un peu sinuées sur les côtés. Les pattes sont de longueur moyenne; les jambes antérieures ont deux ou trois dentelures latérales; les postérieures sont un peu arquées.

J'ai trouvé cet insecte en Provence dans les fientes, occupé à former des pilules; il se trouve aussi en Allemagne.

135. BOUSIER Palémon.

COPRIS *Palemo.*

Copris exscutellatus muticus, niger, clypeo sexdentato, elytris scabris substriatis. Ent. ou Hist. nat. des inf. SCARABÉ. *Pl. 27. fig. 234.*

Il est plus petit & plus déprimé que le *Bousier* pilulaire. Tout le corps est noir & luisant. Le chaperon a six dentelures bien marquées. Le corcelet est plus large que les élytres, pointillé & cilié. L'écusson est imperceptible. Les élytres sont raboteuses, légèrement striées. Le sternum est un peu avancé. Les pattes sont longues, un peu velues. Les jambes antérieures sont arquées & quadridentées.

Il se trouve au Sénégal, & m'a été envoyé par M. le chevalier de Sade.

136. BOUSIER de Koenig.

COPRIS *Koenigii.*

Copris exscutellatus muticus, niger, clypeo bidentato, thorace scabro, elytris punctis cinereis. Ent. ou hist. nat. des inf. SCARABÉ. *Pl. 9. fig. 77.*

Scarabæus Koenigii *exscutellatus muticus, clypeo bidentato, thorace scabro, elytris variolosis.* FAB. *Syst. entom. p. 29. n°. 114. —Spec. inf. tom. 1. pag. 32. n°. 145. — Mant. inf. tom. 1. pag. 17. n°. 166.*

Scarabæus scriptus *coprideus niger, galea bidentata, clypei calvis lævigatis, elytris sulcatis, punctis linearibus canis ordine duplici.* PALL. *Icon. inf. p. 7. tab. A. fig. 7.*

FUESLY. *Coleopt. p. 12. n°. 43.*

JABLONSK. *Coleopt. 2. tab. 19. fig. 8.*

Il ressemble au *Bousier* pilulaire, mais il est beaucoup plus petit. Il est noir. Le chaperon est bidenté. Le corcelet est grand, convexe, avec des points élevés, lisses, & un point enfoncé à la partie postérieure, couvert de poils grisâtres. Point d'écusson. Les élytres ont des stries élevées, & deux rangées transversales de points oblongs, enfoncés, couverts de poils cendrés. Elles sont sinuées de chaque côté, & on remarque à cet endroit un point blanchâtre. Les jambes antérieures ont trois dents assez grandes; les postérieures sont assez longues, & un peu arquées.

Il se trouve aux Indes orientales, dans les déserts de la Tartarie.

137. BOUSIER de Schaeffer.

COPRIS *Schaefferi.*

Copris exscutellatus muticus, thorace rotundato, clypeo emarginato, elytris triangulis, femoribus posticis elongatis dentatis. Ent. ou hist. nat. des inf. SCARABÉ. *Pl. 5. fig. 41.*

Scarabæus Schaefferi. LIN. *Syst. nat. pag. 550. n°. 41.*

Scarabæus Schaefferi. FAB. *Syst. ent. p. 29. n°. 117. —Spec. inf. tom. 1. p. 32. n°. 148. —Mant. inf. tom. 1. p. 17. n°. 169.*

Copris niger, pedibus longis, femorum posteriorum basi denticulata, elytris postice gibbis. GEOFF. *Inf. tom. 1. p. 92. n°. 9.*

Le *Bousier* Araignée. GEOFF. *Ib.*

Scarabæus longipes. SCOP. *Entom. carn. n°. 24.*

SCHAEFF. *Icon. inf. tab. 3. fig. 8.*

VOET. *Coleopt. tab. 25. fig. 17.*

JABLONSK. *Coleopt. 2. tab. 20. fig. 3.*

Scarabæus Arachnoides. FOURC. *Entom. par. p. 1. pag. 15. n°. 9.*

VILL. *Entom. tom. 1. p. 22. n°. 33.*

Il est entièrement noir. Le chaperon est bidenté. Le corcelet est grand, relevé, échancré antérieurement, arrondi postérieurement. Point d'écusson. Les élytres sont courtes, presque triangulaires. Entre les quatre pattes postérieures, on remarque un enfoncement. Les pattes sont assez longues; les postérieures, les plus longues de toutes, ont une dent à leur base, & une autre vers l'extrémité : les jambes antérieures ont trois dents latérales.

Il se trouve en France, en Allemagne, en Espagne en Italie, dans les fientes.

138. BOUSIER longipède.

COPRIS *longipes.*

Copris exscutellatus muticus niger, clypeo sexdentato, pedibus quatuor posticis longioribus. Ent. ou hist. nat. des inf. SCARABÉ. *Pl. 19. fig. 177.*

Il ressemble entièrement au *Bousier* de Schaeffer, mais il est trois ou quatre fois plus petit. Tout le corps est noir. Le chaperon a six dentelures, dont deux au milieu, un peu saillantes, & deux de chaque côté, arrondies, peu saillantes. Le corcelet est grand, simple, élevé, arrondi postérieurement. Point d'écusson. Les élytres sont simples, beaucoup plus étroites à leur extrémité qu'à la base. Les pattes antérieures sont de longueur moyenne, ciliées; celles du milieu sont assez longues, & les postérieures sont très-longues. Les cuisses sont un peu renflées, & les jambes sont légèrement arquées.

Il se trouve au cap de Bonne-Espérance.

139. BOUSIER oblique.

COPRIS *obliquus.*

Copris exscutellatus, muticus, fuscus, thorace æneo utrinque obliquè truncato, clypeo rotundato. Ent. ou Hist. nat. des inf. SCARABÉ. *Pl. 9. fig. 78.*

Il est de la grandeur du *Bousier* Bonasus. La tête est d'un noir bronzé, avec le chaperon arrondi. Le corcelet est bronzé, obliquement coupé sur les côtés, avec un point enfoncé vers les bords; on apperçoit au milieu une côte qui forme un V renversé; la partie postérieure du corcelet est arrondie. Point d'écusson. Les élytres sont d'un brun testacé obscur. Les pattes sont obscures, & les cuisses sont testacées, avec une raie longitudinale, noire. Les jambes antérieures ont quatre dentelures latérales.

Il se trouve au Sénégal: il a été rapporté par M. Geoffroy de Villeneuve.

140. BOUSIER triangulaire.

COPRIS triangularis.

Copris exscutellatus muticus niger, thoracis margine femoribusque pallidis, clypeo emarginatò. Ent. ou hist. nat. des inf. SCARABÉ. *Pl. 15. fig. 139.*

Scarabæus triangularis. FAB. *Syst. entom. p. 30. n°. 122. —Spec. inf. tom. 1. p. 33. n°. 154. — Mant. inf. tom. 1. p. 18. n°. 175.*

Scarabæus triangularis. DRURY. *Illust. of inf. tom. 1. tab. 36. fig. 7.*

VOET, *Coleopt. tab. 28. fig. 44, 45, 46, 47 & 48.*

JABLONSK. *Coleopt. 2. tab. 19. fig. 5, 6.*

Il est de la grandeur du *Bousier* Taureau. La tête est lisse, bronzée, & le chaperon est un peu échancré, ou presque bidenté. Le corcelet est convexe, jaune, avec une grande tache triangulaire, cuivreuse, au milieu. Point d'écusson. Les élytres sont lisses & obscures. Le dessous du corps est obscur, avec la poitrine & les cuisses jaunes. Le reste est noir.

Il varie beaucoup. Le corcelet est souvent tout jaunâtre, & il a quelquefois plusieurs taches noires. Les élytres sont quelquefois brunes.

Il se trouve à Cayenne, à Surinam.

141. BOUSIER six-points.

COPRIS sex-punctatus.

Copris exscutellatus muticus fuscus, capite æneo, thorace flavo, maculis sex fuscis. Ent. ou Hist. nat. des inf. SCARABÉ. *Pl. 2. fig. 16, a. b. c.*

Il est un peu plus petit que le *Bousier* triangulaire, auquel il ressemble beaucoup, & dont il n'est peut-être qu'une variété. Le chaperon est bidenté. La tête est lisse & bronzée. Le corcelet est lisse, jaunâtre, avec six taches noirâtres. Les élytres sont obscures, un peu brunes, entièrement lisses. Le dessous du corps & les pattes sont d'un jaune livide obscur. Les jambes antérieures ont trois dents latérales bien marquées.

Il se trouve à Cayenne.

142. BOUSIER squalide.

COPRIS squalidus.

Copris exscutellatus muticus, nigro-æneus, clypeo emarginato, elytris striatis.

Scarabæus squalidus *exscutellatus muticus ater, clypeo emarginato, elytris striatis.* FAB. *Syst. ent. p. 30. n°. 119. —Spec. inf. tom. 1. p. 33. n°. 150. —Mant. inf. tom. 1. p. 17. n°. 171.*

Il est à peine plus grand que le *Bousier* fimétaire. Tout le corps est bronzé, luisant. Le chaperon est échancré. La tête est lisse. Le corcelet est arrondi & lisse. L'écusson est très-petit, & à peine apparent. Les élytres sont striées.

Il se trouve au Brésil, dans les bouses.

143. BOUSIER miliaire.

COPRIS miliaris.

Copris exscutellatus muticus, clypeo sexdentato, thorace elytrisque nigris, maculis elevatis atris nitidis. Ent. ou Hist. nat. des inf. SCARABÉ. *Pl. 18. fig. 164.*

Scarabæus miliaris. FAB. *Syst. ent. app. p. 816. —Spec. inf. tom. 1. p. 32. n°. 141. —Mant. inf. tom. 1. p. 17. n°. 162.*

Il ressemble entièrement, pour la forme & la grandeur, au *Bousier* de Koenig. Tout le corps de l'insecte est noir. La tête a trois lignes longitudinales, élevées, très-peu marquées. Le chaperon a six dentelures. Le corcelet est élevé; il est un peu plus large que les élytres, & on y voit quelques taches d'un noir luisant, lisses, un peu élevées. Point d'écusson. Les élytres ont une échancrure latérale: elles ont quelques taches peu élevées, très-noires, luisantes. Les pattes sont assez longues, sur-tout les postérieures. Tout le dessous de l'insecte est d'un noir luisant.

Il se trouve aux Indes orientales.

144. BOUSIER éclatant.

COPRIS fulgidus.

Copris exscutellatus muticus cupreus, clypeo bidentato, thorace elytrisque variolosis. Ent. ou Hist. nat. des inf. SCARABÉ. *Pl. 22. fig. 199.*

Il ressemble entièrement, pour la forme & la grandeur, au *Bousier* miliaire. Tout le corps est d'un rouge cuivreux, plus brillant en dessus qu'en dessous. Le chaperon est bidenté. Le corcelet est assez grand, variolé, avec un point enfoncé de chaque côté. Point d'écusson. Les élytres sont variolées, avec le bord extérieur sinué. Les pattes sont bronzées.

bronzées. Les jambes antérieures ont trois dents latérales.

Il a été rapporté de Gorée par M. Adanson.

145. Bousier grenu.

Copris granulatus.

Copris exscutellatus muticus niger opacus, clypeo emarginato angulato, elytris striato-granulatis. Ent. ou hist. nat. des inf. Scarabé. *Pl. 8. fig. 67.*

Il est un peu plus petit que le *Bousier* triangulaire. Tout le corps est noir, point du tout luisant. Le chaperon est échancré antérieurement, anguleux tout autour, avec les angles arrondis. La tête & le corcelet sont finement chagrinés, & n'ont ni lignes ni tubercules. Point d'écusson. Les élytres ont des points élevés, grenus, rangés en stries. Les jambes antérieures ont trois dents latérales & quelques petites crénelures. Les pattes postérieures sont un peu plus longues que les autres.

Il se trouve.....

146. Bousier ceint.

Copris cinctus.

Copris exscutellatus muticus niger, elytrorum margine pallido, clypeo emarginato. Ent. ou Hist. nat. des inf. Scarabé. *Pl. 10. fig. 90.*

Scarabæus cinctus. Fab. *Syst. ent. p. 30. n°. 123. —Spec. inf. tom. 1. p. 34. n°. 156. —Mant. inf. tom. 1. p. 18. n°. 176.*

Il ressemble un peu, pour la forme & la grandeur, au *Bousier* flavipède. Le chaperon est un peu échancré. La tête est noire & lisse. Le corcelet est arrondi, un peu plus large que les élytres, noir & lisse. Les élytres sont noires, striées, avec les bords latéraux & l'extrémité jaunes; cette couleur ne va pas cependant jusqu'à la base. Le dessous du corps est noir & luisant.

Il se trouve dans la Chine.

147. Bousier flavipède.

Copris flavipes.

Copris exscutellatus muticus nigricans, thoracis marginibus, elytris pedibusque flavescentibus. Ent. ou Hist. nat. des inf. Scarabé. *Pl. 7. fig. 54.*

Scarabæus flavipes. Fab. *Spec. inf. tom. 2. app. pag. 496. —Mant. inf. tom. 1. p. 18. n°. 177.*

Scarabæus pallipes *exscutellatus muticus, capite thoraceque pallido viridique variegatis, pedibus pallidis.* Fab. *Syst. ent. tom. 1. p. 33. n°. 153. —Mant. inf. tom. 1. p. 17. n°. 174.*

Copris fulvus, capite æneo, thoracis utrinque cavitate laterali fusca. Geoff. *Inf. tom. 1. pag. 90. n°. 6.*

Schaeff. *Icon. inf. tom. 1. tab. 74. fig. 6.*

Fuesl. *Coleopt. p. 12. n°. 46. tab. 19. b. fig. 19.*

Scarabæus flavipes. Jablonsk. *Coleopt. 2. tab. 20. fig. 7.*

Scarabæus thoraco-circularis. Laichart. *Inf. n°. 17.*

Fourc. *Entom. par. 1. p. 14. n°. 6.*

Il varie pour la grandeur & pour les couleurs. Il ressemble beaucoup au Scarabé ceint. Le chaperon est presque échancré. La tête est noirâtre ou verdâtre bronzée. Le corcelet est grand, arrondi, convexe, noirâtre, ou bronzé au milieu, avec les bords d'un jaune livide, & un point enfoncé, obscur, de chaque côté. Les élytres sont testacées, obscures. Le corps est jaune-noirâtre en-dessous. Les pattes sont d'un jaune livide. Les jambes antérieures ont quatre dentelures.

Il se trouve très-fréquemment dans les provinces méridionales de la France; il est plus rare aux environs de Paris.

Le *Scarabæus pallipes* de M. Fabricius, que j'ai vu dans le cabinet de M. Banks, ne diffère que très-peu de celui-ci, & n'est point une espèce distincte.

148. Bousier pâle.

Copris pallens.

Copris exscutellatus muticus, testaceo-pallidus; elytris striatis flavo punctatis. Ent. ou Hist. nat. des inf. Scarabé. *Pl. 23. fig. 203. a. b.*

Il ressemble beaucoup au *Bousier* flavipède. Tout le corps est d'une couleur testacée pâle. Le chaperon est entier, & la tête a une ligne transversale, élevée, à sa partie supérieure. La corcelet est grand, & marqué de quelques points noirâtres, luisans. Point d'écusson. Les élytres sont striées, avec quelques points jaunes, qui forment quelquefois deux lignes en croissant. Le dessous du corps & les pattes sont pâles.

Il a été trouvé au Sénégal, & rapporté par M. Adanson.

149. Bousier discoïde.

Copris discoïdeus.

Copris exscutellatus muticus niger, clypeo bidentato; elytris testaceis, macula suturali nigra. Ent. ou Hist. nat. des inf. Scarabé. *Pl. 22. fig. 196. a. b.*

Il est un peu plus petit que le *Bousier* bituberculé. La tête est noire, & le chaperon est bidenté. Le corcelet est noir, arrondi, sans cornes & sans tubercules. Point d'écusson. Les élytres sont striées, d'un jaune testacé, avec une grande tache noire sur la suture, qui s'étend un peu à la base. Le dessous du corps & les pattes sont noirs. Les jambes antérieures ont quatre dents, dont une beaucoup plus petite.

Il a été rapporté du Sénégal & de Gorée par MM. Adanson & Geoffroy de Villeneuve.

150. Bousier violet.

Copris violaceus.

Copris exscutellatus muticus, lævis, clypeo bidentato, abdominis apice macula flava. Ent. ou hist. nat. des inf. Scarabé. *Pl.* 27. *fig.* 229.

Il est un peu plus petit que le *Bousier* triangulaire. Tout le corps est d'un noir violet très-luisant, avec une tache ronde, jaune, à l'extrémité de l'abdomen. Le chaperon a six dentelures, dont deux au milieu avancées, pointues, & deux de chaque côté obtuses, à peine apparentes La tête est lisse. Le corcelet est lisse, assez grand. Les élytres sont lisses, sans aucune strie. Les pattes sont assez longues; les jambes antérieures ont trois dents latérales bien marquées.

Il se trouve à Saint-Domingue.

151. Bousier bleuâtre.

Copris cæruleſcens.

Copris exscutellatus muticus, clypeo sexdentato, thorace elevato varioloso, elytris utrinque sinuatis. Entom. ou Hist. nat. des inf. Scarabé. *Pl.* 27. *fig.* 231.

Il ressemble un peu, pour la forme & la grandeur, au *Bousier* miliaire. Tout le corps est d'un vert bleuâtre. Le chaperon a six dentelures, dont deux au milieu bien marquées, pointues, & deux de chaque côté, à peine marquées, arrondies. Le corcelet est grand, élevé, pointillé, avec quelques élévations longitudinales, lisses, luisantes. Point d'écusson. Les élytres sont sinuées de chaque côté. Leur suture est un peu élevée, lisse & luisante. Les pattes sont d'un noir bleuâtre, assez longues. Les jambes antérieures ont trois dents latérales. Les postérieures sont un peu arquées.

Il se trouve à Gorée, au Sénégal.

152. Bousier de Schreber.

Copris Schreberi.

Copris exscutellatus muticus ater glaber, elytris maculis duabus femoribusque rubris. Ent. ou hist. nat. des inf. Scarabé. *Pl.* 19. *fig.* 176. *a. b.*

Scarabæus Schreberi. Lin. *Syst. nat. pag.* 551. n°. 45.

Scarabæus Schreberi. Fab. *Syst. entom. pag.* 30. n°. 120. —*Spec. inf. tom.* 1. *pag.* 33. n°. 151. — *Mant. inf. tom.* 1. *p.* 17. n°. 172.

Copris niger nitidus, thorace antice gibbo duplici elytro singulo, macula duplici rubra. Geoff. *Inf. tom.* 1. *p.* 91. n°. 7.

Le *Bousier* à points rouges. Geoff. *ib.*

Schaeff. *Icon. inf. tab.* 73. *fig.* 6.

Jablonsk. *Coleopt.* 2. *tab.* 20. *fig.* 8.

Laichart. *Inf.* 1. *p.* 24. n°. 18.

Villers. *Entom tom.* 1. *p.* 24. n°. 36.

Copris hæmorroïdalis. Fourc. *Ent. par.* 1. *p.* 15 n°. 7.

Il est plus petit que le *Bousier* nuchicorne; il est noir & luisant. Le chaperon est arrondi, presque échancré. La tête a deux lignes transversales, courtes, élevées. Le corcelet est grand, relevé, lisse, presque coupé antérieurement, avec deux élévations imperceptibles. Point d'écusson. Les élytres sont courtes, légèrement striées, noires, avec deux taches rouges sur chaque, une à la base & l'autre vers l'extrémité. Les pattes sont d'un rouge brun. Les jambes antérieures ont quatre dents latérales, dont une très-petite.

Il se trouve très-fréquemment dans les provinces méridionales de la France, dans les bouses. Il est rare aux environs de Paris.

L'insecte décrit est figuré par Voët, (pl. 28, fig. 49.) & cité par M. Fabricius, est différent de celui-ci. Voyez ci-après le *Bousier* quadrille.

153. Bousier quadrille.

Copris quadriguttatus.

Copris exscutellatus muticus lævis, clypeo rotundato, thorace æneo, elytris nigris maculis quatuor rufis. Ent. ou hist. nat. des inf. Scarabé. *Pl.* 27. *fig.* 230. *a. b.*

Copris obliquatus. Voet. *Coleopt. p.* 47. n°. 49. *tab.* 28. n°. 49.

Il est un peu plus grand que le *Bousier* de Schreber. Les antennes sont noires. Le chaperon est arrondi. La tête est lisse, & d'une couleur verdâtre bronzée. Le corcelet est lisse, élevé, d'un vert bronzé, sans taches. Point d'écusson. Les élytres ont des stries à peine marquées; elles sont noires, luisantes, & ont chacune deux taches fauves, presque quarrées, dont l'une placée vers la base, & l'autre vers l'extrémité. Le dessous du corps & les pattes sont d'un noir un peu bronzé, luisant. Les jambes antérieures ont quatre petites dents latérales.

Il se trouve à Cayenne, à Surinam.

Cet insecte diffère du *Bousier* de Schreber, & par sa forme, & par ses couleurs.

154. Bousier tête-noire.

Copris melanocephalus.

Copris exscutellatus muticus, clypeo bidentato, testaceus, thorace linea nigra, capite nigro. Ent. ou hist. nat. des inf. Hanneton, *Pl.* 2. *fig.* 18.

Il est plus petit que le *Bousier* triangulaire, auquel il ressemble un peu pour la forme du corps. Les antennes sont testacées, & la masse qui les termine est ovale & cendrée. La tête est noire. Le chaperon est bidenté, & les dents sont un peu aiguës. Le corcelet est lisse, testacé, avec une ligne longitudinale, noire. Point d'écusson. Les élytres sont testacées, & légèrement striées. Le dessous du corps & les pattes sont testacés. Les jambes antérieures ont trois dents latérales, assez grandes.

Il se trouve à la Guadeloupe, & m'a été donné par feu M. de Badier.

155. BOUSIER de la Nouvelle-Hollande.

COPRIS Novæ-Hollandiæ.

Copris exscutellatus muticus, clypeo quadridentato, elytris sulcatis. Ent. ou hist. nat. des inf. SCARABÉ. *Pl.* 13. *fig.* 117. *a b.*

Scarabæus Novæ-Hollandiæ. FAB. *Syst. ent. p.* 29. *n°.* 113. —*Spec. inf. tom.* 1. *pag.* 32. *n°.* 144. —*Mant. inf. tom.* 1. *p.* 17. *n°.* 165.

Il est noir, ovale, de la grandeur du *Bousier* de Schreber. Le chaperon est terminé par quatre dentelures. La tête & le corcelet sont lisses & fortement pointillés. Point d'écusson. Les élytres sont sillonnées. Les pattes sont couvertes de quelques poils courts.

Il se trouve dans la Nouvelle-Hollande.

156. BOUSIER bipustulé.

COPRIS bipustulatus.

Copris exscutellatus muticus ater, elytrorum basi macula rufa. Ent. ou hist. nat. des inf. SCARABÉ. *Pl.* 13. *fig.* 118. *a. b.*

Scarabæus exscutellatus muticus ater, elytrorum basi macula rufa. FAB. *Syst. ent. p.* 30. *n°.* 121. —*Spec. inf. tom.* 1. *pag.* 33. *n°.* 152. —*Mant. inf. tom.* 1. *p.* 17. *n°.* 173.

Il est plus petit que le *Bousier* ovale. Tout le corps est noir; les élytres seules ont chacune une tache rougeâtre à leur base latérale. Le chaperon est un peu échancré. La tête & le corcelet sont lisses. Les élytres sont striées. Les jambes antérieures ont trois dents latérales.

Il se trouve à la Nouvelle-Hollande.

157. BOUSIER quadripustulé.

COPRIS quadripustulatus.

Copris exscutellatus ater thorace inermi, capite bituberculato, elytris maculis duabus rubris. Ent. ou hist. nat. des inf. SCARABÉ. *Pl.* 15. *fig.* 141. *a. b.*

Scarabæus quadripustulatus. FAB. *Syst. ent. p.* 27. *n°.* 107. —*Sp. inf. tom.* 1. *p.* 31. *n°.* 137. —*Mant. inf. tom.* 1. *p.* 16. *n°.* 156.

Il ressemble au *Bousier* de Schreber, mais il est un peu plus petit. Il est noir & luisant. Le chaperon est arrondi, légèrement échancré. La tête est munie de deux petits tubercules rapprochés, à peine apparens. Le corcelet est lisse, arrondi. Les élytres sont striées, & ont chacune deux taches rouges, l'une à la base & l'autre vers l'extrémité. Les jambes antérieures ont quatre dents latérales.

Il se trouve à la Nouvelle-Hollande.

158. BOUSIER ovale.

COPRIS ovatus.

Copris exscutellatus muticus niger, thorace rotundato subæneo, elytris abbreviatis. Ent. ou hist. nat. des inf. SCARABÉ. *Pl.* 20. *fig.* 187. *a. b.*

Scarabæus ovatus. LIN. *Syst. nat. p.* 551. *n°.* 46.

Scarabæus ovatus. FAB. *Syst. ent. p.* 30. *n°.* 124. —*Spec. inf. tom.* 1. *p.* 34. *n°.* 158. —*Mant. inf. tom.* 1. *p.* 18. *n°.* 180.

FUESL. *Coleopt. p.* 12. *n°.* 45. *tab.* 19. *b. fig.* 18.

JABLONSK. *Coleopt.* 2. *tab.* 20. *fig.* 9.

LAICHART. *Inf.* 1. *p.* 26. *n°.* 19.

VILL. *Ent. tom.* 1. *p.* 24. *n°.* 37.

Il ressemble entièrement, pour la forme & la grandeur, au *Bousier* fourchu. Tout le corps est noir; le corcelet seul est d'un noir un peu bronzé. Le chaperon est échancré. La tête est munie de deux lignes courtes, transversales, élevées. Le corcelet est convexe, arrondi, un peu pubescent. Les élytres sont pubescentes, presque striées. Les jambes antérieures ont quatre dentelures latérales.

Il se trouve fréquemment dans presque toute l'Europe; il est très-commun aux environs de Paris.

BRACHYCÈRE, *BRACHYCERUS.* Genre d'insectes de la troisième Section de l'Ordre des Coléoptères.

Les *Brachycères* ressemblent beaucoup aux Charansons : ils ont les antennes droites & assez courtes; la tête inclinée & semblable à une trompe; les élytres ovales ou globuleuses, réunies, sans ailes au-dessous; les tarses enfin filiformes, sans houppes.

Ce genre a été confondu par tous les Entomologistes, avec celui de Charanson, quoiqu'il diffère par la forme des antennes, des parties de la bouche, des tarses, & par la manière de vivre de toutes les espèces qui le composent. Nous lui avons donné le nom de *Brachycère*, de deux mots grecs qui signifient *antenne courte.*

Les antennes des *Brachycères* ne sont point coudées comme celles des Charansons. Elles sont plus courtes que la tête : elles grossissent insensiblement & sont composées de neuf articles, dont le premier n'est guères plus long que les autres; les suivans sont coupés quarrément par les bouts; le dernier, le plus gros de tous & le plus long, est tronqué à son extrémité. Elles sont insérées à la partie latérale de la trompe, un peu au devant des yeux.

La bouche est composée de deux mandibules,

de deux machoires, d'une lèvre inférieure, & de quatre antennules. Elle est placée à l'extrémité d'une espèce de trompe cornée, très-grosse. Les mandibules sont très-courtes, un peu comprimées, multidentées. Les machoires sont très-cornées, courtes, un peu comprimées, cornées, très-ciliées intérieurement. La lèvre inférieure est un peu figurée en cœur. Elle est cornée & très-dure. Les antennules antérieures sont très-courtes, & composées de quatre articles, dont le premier est un peu dilaté extérieurement, & se termine en pointe avancée, très-longue; le second article est très-court, & enchassé dans le premier; le troisième est un peu moins court que celui-ci; le dernier est très-petit & à peine apparent. Elles ont leur insertion à l'extrémité des machoires. Les antennules postérieures sont sétacées, très-courtes, & composées de trois articles, dont le premier est le plus gros, & le dernier est très-petit. Elles sont insérées l'une à côté de l'autre, à l'extrémité de la lèvre inférieure.

La tête est arrondie postérieurement & enchassée dans le corcelet. Elle est inclinée, & se termine en une espèce de trompe très dure, très-grosse, irréguliérement sillonée. Les yeux sont enchassés dans la partie postérieure de la tête, & ne sont point du tout saillans, mais applatis & très-lisses.

Le corcelet est plus large que la tête, plus étroit que les élytres, ordinairement raboteux, irréguliérement sillonée, anguleux ou épineux de chaque côté.

Les élytres sont ordinairement ovales. Elles embrassent l'abdomen par les côtés, & sont réunies à leur suture. Elles sont lisses, ou tuberculées, ou épineuses.

Les *Brachycères* n'ont ni aîles ni écusson.

Les pattes sont assez longues. Les cuisses de toutes les espèces que j'ai eu occasion de voir, ne sont point dentées. Les jambes sont cilindriques, un peu arquées intérieurement à leur extrémité. Les tarses sont filiformes, sans houpes; les trois premiers sont égaux entre eux, & déterminés en dessous par deux petites appendices avancées; le dernier article, un peu plus gros que les autres, & un peu renflé à son extrémité, est terminé par deux ongles crochus, assez forts.

Le corps de quelques espèces est plus ou moins couvert en certains endroits, d'une poussière écailleuse, imbriquée, qui se détache aisément, & que l'insecte perd en vieillissant.

Le Genre de Charanson étant considérablement étendu; nous avons cru devoir en détacher les *Brachycères* & en faire un nouveau genre. Les *Brachycères*, d'ailleurs, different des Charansons, non-seulement par plusieurs parties de leur corps, mais par leur manière de vivre. Les premiers ne fréquentent point les fleurs, & ne se trouvent jamais sur les arbres ni sur les plantes, comme les seconds. N'ayant point d'aîles, ils ne peuvent ni s'élever, ni quitter la surface de la terre. Quoique, en général, les insectes privés d'aîles, aient reçu, pour dédommagement, une plus grande agilité dans les jambes, tels que la plûpart des Carabes, des Ténébrions, &c.; les *Brachycères*, avec des jambes assez longues & assez grosses, ne peuvent marcher qu'avec assez de lenteur.

Ces insectes ne se trouvent que dans les pays étrangers, nous n'avons pu encore acquérir aucune connoissance positive sur leurs larves.

BRACHYCÈRE.

BRACHYCERUS.

CURCULIO. LIN. FAB.

CARACTÈRES GÉNÉRIQUES.

Antennes droites, plus courtes que la tête, grossissant insensiblement : neuf articles ; le premier un peu plus gros que les autres ; le dernier, le plus long, est tronqué à son extrémité.

Tête inclinée, alongée en forme de trompe épaisse.

Bouche placée à l'extrémité de la trompe, & pourvue de mandibules, de mâchoires & d'antennules.

Quatre antennules : les deux antérieures très-courtes, composées de quatre articles, dont le premier, plus large que les autres, est terminé extérieurement par une pointe longue, avancée ; le dernier est très-petit ; les postérieures sont composées de trois articles, qui diminuent de grosseur.

Quatre articles à tous les tarses : les trois premiers égaux entr'eux.

ESPÈCES.

1. Brachycère aptère.

Noir ; corcelet épineux, avec un enfoncement cruciforme ; corps avec des taches ferrugineuses.

2. Brachycère tacheté.

Noir ; corcelet épineux ; élytres ferrugineuses, avec des taches noires.

3. Brachycère épineux.

Cendré ; trompe avec deux épines ; corcelet & élytres tuberculés.

4. Brachycère oculé.

Grisâtre ; corcelet épineux ; élytres avec des points & des tubercules élevés, noirs & luisans.

5. Brachycère dentelé.

Noir ; corcelet épineux, inégal ; élytres avec des lignes longitudinales, rouges, dentelées.

6. Brachycère renflé.

Noir ; corcelet épineux, inégal ; élytres brunes, avec des points enfoncés noirs.

7. Brachycere globuleux.

Noir ; corcelet épineux, silloné ; élytres lisses, presque globuleuses ; jambes tachées de gris fauve.

8. Brachycere chagriné.

Noir ; corcelet épineux, avec un sillon longitudinal ; élytres un peu chagrinées.

BRACHYCÈRES. (Insectes.)

9. BRACHYCERE verruqueux.

Noir, couvert d'une poussière ferrugineuse ; corcelet épineux ; élytres avec quatre rangées de tubercules verruqueux.

10. BRACHYCERE inégal.

Cendré noirâtre ; trompe avec deux petites cornes ; corcelet & élytres tuberculés.

11. BRACHYCERE variolé.

Cendré noirâtre ; corcelet arrondi, inégal ; élytres avec quatre rangées de tubercules arrondis, assez gros.

12. BRACHYCERE perlé.

Noirâtre ; corcelet arrondi, sillonné ; élytres avec six rangées de tubercules arrondis, assez gros.

13. BRACHYCERE cornu.

Noirâtre ; corcelet épineux, raboteux ; élytres avec plusieurs rangées de tubercules velus, assez gros.

14. BRACHYCERE barbaresque.

Noirâtre ; corcelet presque épineux, inégal ; élytres avec quatre élévations longitudinales, crispées.

15. BRACHYCERE algérien.

Noirâtre ; corcelet épineux, irrégulièrement sillonné ; élytres avec quatre élévations crispées, presque épineuses.

16. BRACHYCERE coupé.

Cendré, obscur ; corcelet arrondi, raboteux ; élytres coupées & dentées postérieurement.

17. BRACHYCERE spectre.

Noirâtre ; corcelet & élytres globuleux.

18. BRACHYCERE alongé.

Noirâtre ; tête & corcelet presque cylindriques, sillonnés ; élytres épineuses.

19. BRACHYCERE muriqué.

Cendré ; corcelet sillonné, presque épineux ; élytres couvertes de tubercules épineux.

20. BRACHYCERE crénelé.

Cendré ; corcelet arrondi ; élytres globuleuses, avec des stries crénelées.

1. BRACHYCÈRE aptere.

Brachycerus apterus.

Brachycerus thorace spinoso, cruce impressa, corpore nigro ferrugineo maculato. Ent. ou Hist. nat. des inf. BRACHYCÈRE. *Pl.* 1. *fig.* 3. *a. b.*

Curculio apterus *brevirostris, pedibus muticis, corpore atro, thorace spinoso, elytris coadunatis, abdomine punctato.* LIN. *Syst. nat. pag.* 619. *n°.* 95.

Curculio apterus *brevirostris, thorace spinoso, cruce impresso, elytris ferrugineo punctatis.* FAB. *Syst. ent. pag* 154. *n°.* 142.—*Spec. inf. tom.* 1. *p.* 196. *n°.* 206. —*Mant. inf. tom.* 1. *p.* 121. *n°.* 267.

Curculio cruciatus *apterus brevirostris carinatus, antennis rectis, corpore ovato atro subtus maculis rubris, thorace spinoso crucigero.* DEG. *Mém. inf. tom.* 5. *pag.* 275. *n°.* 9.

Charanson non-aîlé à courte trompe à arrêtes & à antennes droites, à corps ovale noir tacheté de rouge en dessous, à deux épines latérales & une croix sur le corcelet. DEG. *ib.*

Curculio ornatus. DRURY. *Ill. of inf. tom.* 2. *tab.* 3.
VOET. *Coleopt. pars* 2. *tab.* 33. *fig.* A.

Il est très-grand. La trompe est noire, grosse, inclinée, avec des élévations inégales. Les antennes sont noires & beaucoup plus courtes que la tête. Le corcelet est noir, avec quelques taches ferrugineuses. La partie supérieure est raboteuse, inégale. On y remarque un enfoncement en forme de croix. Les élytres sont noires, avec beaucoup de taches ferrugineuses, plus ou moins distinctes. Le dessous du corps est noir, avec quelques taches ferrugineuses. L'abdomen a trois rangées de taches ferrugineuses, bien marquées. Les pattes sont noires, un peu chagrinées, avec une tache ferrugineuse sur les cuisses.

Il se trouve au Cap de Bonne-Espérance.

2. BRACHYCÈRE tacheté.

Brachycerus maculatus.

Brachycerus thorace spinoso, niger, elytris fusco-ferrugineis nigro maculatis. Ent. ou Hist. nat. des inf. BRACHYCÈRE. *Pl.* 2. *fig.* 8.

Il est presque une fois plus petit que le *Brachicère* aptère. La tête est noire, inclinée. Le corcelet est épineux, irrégulièrement silloné, noir, avec quelques taches ferrugineuses. Les élytres sont ovales, presque globuleuses, de couleur ferrugineuse obscure, avec quelques petites taches noires. Les pattes sont noires.

Il a été apporté vivant de Madagascar, par M. Bruguière.

3. BRACHYCÈRE épineux.

Brachycerus spinirostris.

Brachycerus cinereus rostro bispinoso, thorace rotundato elytrisque scabris. Ent. ou Hist. nat. des inf. BRACHYCÈRE. *Pl.* 2. *fig.* 9.

Il est plus petit que le *Brachycère* aptère. Les antennes sont cendrées, à peine de la longueur de la trompe. La tête est arrondie, noirâtre. La trompe est cendrée, & armée de deux petites épines, dont une de chaque côté de la partie supérieure. Le corcelet est arrondi, cendré, couvert de petits tubercules très-élevés, noirâtres. Les élytres sont ovales, noirâtres, presque sillonnées, couvertes de tubercules élevés, irréguliers. Le dessous du corps & les pattes sont cendrés.

Il se trouve au Cap de Bonne-Espérance.

4. BRACHYCÈRE oculé.

Brachycerus ocellatus.

Brachycerus thorace spinoso antice excavato, elytris cinereis punctis atris subspinosis.

Curculio ocellatus *brevirostris, thorace spinoso antice excavato, elytris cinereis, punctis atris subspinosis.* FAB. *Syst. Ent. pag.* 154. *n°.* 143. —*Spec. inf. tom.* 1. *pag.* 196. *n°.* 207. —*Mant. inf. tom.* 1. *pag.* 121. *n°.* 268.

Il est de la grandeur du *Brachycère* renflé. Les antennes sont noirâtres. La trompe est assez grosse & inégale. Les yeux sont petits, noirs, point du tout saillans. La tête est presque toute enfoncée dans le corcelet. Le corcelet est cendré, inégal, très-raboteux, avec les élévations noires & luisantes. Il a une épine de chaque côté, & un enfoncement à sa partie antérieure, formé par deux lignes élevées. L'écusson n'est presque pas apparent. Les élytres sont convexes, ovales, presque globuleuses, cendrées, couvertes de points élevés, noirs, luisans, irrégulièrement placés : elles ont chacune deux rangées longitudinales, formées de points plus gros, plus élevés, noirs & luisans, dont quelques-uns pointus, presque épineux. Le dessous du corps est obscur. L'abdomen est noir. Les pattes sont obscures. Les cuisses ont une bande ou un anneau blanchâtre.

Il se trouve à Madagascar.

5. BRACHYCÈRE dentelé.

Brachycerus scalaris.

Brachycerus niger, thorace spinoso inæquali, elytris striis rufis dentatis. Ent. ou Hist. nat. des inf. BRACHICÈRE. *Pl.* 2. *fig.* 18.

Curculio scalaris *brevirostris, thorace spinoso inæquali ater, elytris striis rufis denticulatis.* FAB. GEN. *inf. Mant. pag.* 228. —*Spec. inf. tom.* 1.

pag. 195. *n°.* 195. —*Mant. inf. tom.* 1. *pag.* 120. *n°.* 255.

Il eft une fois plus petit que le *Brachycère* aptere. Les antennes font noires, un peu plus courtes que la trompe. La trompe eft noire, groffe, inclinée, inégale. Le corcelet eft noir, irrégulièrement fillоné, épineux de chaque côté. Les élytres font pointillées, noires, avec des lignes longitudinales, dentelées, rougeâtres. Le deffous du corps & les pattes font noirs.

Il fe trouve au Cap de Bonne-Efpérance.

6. Brachycère renflé.

Brachycerus obefus.

Brachycerus thorace fpinofo, niger, elytris brunneis, punctis impreffis nigris. Ent. ou Hift. nat. des inf. Brachycère. *Pl.* 1. *fig.* 1. *a. b.*

Curculio obefus *brevirostris ater, thorace fpinofo inæquali, elytris rubris, punctis nigris confertis.* Fab *Syft. Ent. app. pag.* 822. —*Spec. inf. t.* 1. *pag.* 195. *n°.* 194. —*Mant. inf. tom.* 1. *pag.* 120. *n°.* 254.

Curculio tuberculatus *apterus niger brevirostris carinatus, antennis rectis, thorace fpinofo medio excavato, corpore globofo, elytris fufco-caftaneis.* Deg. *Mém. inf. tom.* 7. *pag.* 658. *n°.* 63. *Pl.* 49. *fig.* 8.

Charanfon à corcelet à tubercules non-ailé, noir à courte trompe à arrêtes & à antennes droites, à deux épines latérales & un enfoncement fur le corcelet, à corps arrondi & étuis d'un brun de marron. Deg. *ib.*

Curculio obefus. Fuesl. *Archiv. Coleopt. app. pag.* 167. *tab.* 45. *fig.* 8.

Curculio ædematofus. Sulz. *Hift. inf. tab.* 4. *fig.* 10.

Curculio afer *brevirostris, pedibus muticis, corpore atro, thorace fpinofo, elytris coadunatis atrorubentibus feriatim foveolatis.* Wulf. *inf. cap. tab.* 1. *f.* 11. *a. b.*

Il n'eft peut-être qu'une variété du précédent. Il n'en diffère qu'en ce que les élytres font brunes & parfemées de points enfoncés, noirs. Le corcelet eft noir, épineux & irrégulièrement fillоné. Le deffous du corps eft noir. Les pattes font noires, & quelquefois d'un brun noirâtre.

Il fe trouve au Cap de Bonne-Efpérance.

7. Brachycère globuleux.

Brachycerus globofus.

Brachycerus thorace fpinofo quinque fulcato, elytris lævibus, niger, thorace pedibusque cinereo maculatis. Ent. ou Hift. nat. des inf. Brachycère. *Pl.* 2. *fig.* 10.

Curculio globofus *brevirostris, thorace fpinofo quinque fulcato, elytris lævibus.* Fab. *Syft. Ent. pag.* 153. *n°.* 135. —*Spec. inf. tom.* 1. *pag.* 195. *n°.* 193. —*Mant. inf. tom.* 1. *pag.* 120. *n°.* 253.

Curculio globofus. Drury. *Illuft. of inf. tom.* 1. *tab.* 32. *fig.* 4.

Il reffemble parfaitement, pour la forme & la grandeur, au *Brachycère* renflé. Les antennes font noires, courtes, prefque tronquées à leur extrémité. La trompe eft groffe, courte, avec des élévations & des fillons irréguliers. Le corcelet eft noir, anguleux ou épineux de chaque côté, avec un fillon large, profond le long de la partie fupérieure, & plufieurs autres irréguliers de chaque côté. L'écuffon eft imperceptible. Les élytres font prefque globuleufes, liffes, finement pointillées, d'un brun plus ou moins foncé, prefque noir. Tout le deffous du corps eft noir. Les pattes font noires, légèrement raboteufes, avec des taches cendrées, un peu rouffâtres.

Na. On le trouve quelquefois couvert d'un duvet cendré ou rouge fanguin.

Il fe trouve au Cap de Bonne-Efpérance.

8. Brachycère chagriné.

Brachycerus fcabrofus.

Brachycerus niger, thorace fpinofo fulcato, elytris fcabrofis. Ent. ou Hift. nat. des inf. Brachycère. *Pl.* 2. *fig.* 11.

Il n'eft guères plus grand que le *Brachycère* globuleux. Tout le corps eft noir. La trompe eft groffe, inclinée. Le corcelet eft épineux, légèrement chagriné, avec un fillon longitudinal à fa partie fupérieure. Les élytres font ovales, chagrinées à leur bafe.

Il fe trouve au Cap de Bonne-Efpérance.

9. Brachycère verruqueux.

Brachycerus verrucofus.

Brachycerus nigricans, thorace fpinofo elytris fcabris, lineisque duabus tuberculatis. Ent. ou Hift. nat. des infect. Brachycère. *Pl.* 1. *fig.* 2.

Il reffemble pour la forme & la grandeur au *Brachycère* globuleux. Tout le corps eft noirâtre. La trompe eft groffe, raboteufe, plus courte que le corcelet. Les antennes font à peine de la longueur de la trompe. Le corcelet eft épineux, raboteux, avec deux lignes longitudinales, élevées, liffes, & une troifième au milieu de celle-ci, à peine marquée. Les élytres font prefque globuleufes, raboteufes, avec deux rangées de tubercules élevés, prefque épineux. Les pattes font noires & raboteufes.

Il fe trouve au Cap de Bonne-Efpérance.

10. Brachycère inégal.

Brachycerus inæqualis.

Brachycerus fusco-cinereus, rostro bicornuto, thorace rotundato elytrisque scabris tuberculatis Ent. ou Hist. nat. des inf. Brachycère. *Pl.* 2 *fig.* 12.

Il est un peu plus petit que le *Brachycère* épineux. Les antennes sont cendrées, de la longueur de la trompe. Tout le corps est d'une couleur cendrée noirâtre. La trompe a deux petites cornes à sa partie supérieure, un peu au devant des yeux. Le corcelet est très-raboteux, arrondi. Les élytres sont raboteuses, & ont chacune deux rangées de tubercules élevés.

Il se trouve au Cap de Bonne-Espérance.

11. Brachycère variolé.

Brachycerus variolosus.

Brachycerus fusco-cinereus, thorace rotundato inæquali, elytris lineis duabus tuberculatis. Ent. ou Hist. nat. des inf. Brachycère. *Pl.* 1. *fig.* 7.

Il est à-peu-près de la grandeur du *Brachycère* barbare. Tout le corps est cendré, plus ou moins obscur. Le corcelet est arrondi, inégal. Les élytres ont deux rangées de tubercules élevés, assez grands, oblongs, lisses, noirs. Les pattes sont raboteuses.

Il se trouve au Cap de Bonne-Espérance.

12. Brachycère perlé.

Brachycerus gemmatus.

Brachycerus nigro-cinereus, thorace rotundato sulcato, elytris lineis tribus tuberculatis. Ent. ou Hist. nat. des inf. Brachycère. *Pl.* 2. *fig.* 13.

Il ressemble, pour la forme & la grandeur, au *Brachycère* algérien. Les antennes sont courtes, noirâtres. La trompe est grosse, inégale. Tout le corps est noirâtre, un peu cendré. La tête est lisse, & les yeux sont applatis. Le corcelet est un peu inégal, presque arrondi; il a à sa partie supérieure deux lignes longitudinales, presque sinuées, qui forment entre elles une espèce de sillon. L'écusson est imperceptible. Les élytres sont ovales, obscures, avec trois rangées de tubercules assez gros, élevés, arrondis, obscurs à leur partie supérieure & interne, noirs & luisans à leur base extérieure : les côtés sont un peu luisans, & ont des points enfoncés assez gros. Les pattes sont noires, un peu luisantes, & les cuisses sont sans épines & sans dentelures.

Il se trouve....

13. Brachycère cornu.

Brachycerus cornutus.

Brachycerus niger, thorace rugoso utrinque spinoso, elytris tuberculis pilosis. Ent. ou Hist. nat. des inf. Brachycère. *Pl.* 2. *fig.* 14.

Curculio cornutus *brevirostris cinereus, thorace elytrisque subspinosis, capite cornuto.* Lin. *Syst. nat. pag.* 618. *n°.* 91. — *Mus. Lud. Ulr. pag.* 57. *n°.* 16.

Curculio cornutus. Fab. *Syst. Ent. pag.* 153. *n°.* 137. —*Spec. inf. tom.* 1. *pag.* 195. *n°.* 197. —*Mant. inf. tom.* 1. *pag.* 120. *n°.* 257.

Il est un peu plus grand que le *Brachycère* algérien. Tout le corps est noir, mais il paroît cendré roussâtre par une poussière dont il est couvert. Les antennes sont noires, presque tronquées à leur extrémité. La trompe est courte, grosse, raboteuse, avec une petite élévation sur la base des antennes & sur les yeux. Le corcelet est raboteux, anguleux ou épineux de chaque côté, & couvert de quelques poils assez longs. L'écusson est petit & arrondi postérieurement. Les élytres sont raboteuses; elles ont des points assez grands & enfoncés sur les côtés; & plusieurs rangées de points elevés. Il y a sur chaque élytre deux rangées de tubercules couverts de poils. Le dessous du corps & les pattes sont noirâtres.

Il se trouve aux Indes orientales.

14. Brachycère barbaresque.

Brachycerus barbarus.

Brachycerus niger thorace subspinoso, elytris angulo duplici crispato. Ent. ou Hist. nat. des inf. Brachycère *Pl.* 2. *fig.* 15.

Curculio barbarus *brevirostris ater, thorace subspinoso, elytris angulo duplici crispato.* Lin. *Syst. nat. pag.* 617. *n.* 88.

Curculio barbarus. Fab. *Syst. Ent. pag.* 152. *n°.* 134. —*Spec. inf. tom.* 1. *pag.* 194. *n°.* 191. —*Mant. inf. tom.* 1. *pag.* 120. *n°.* 250.

Curculio barbarus. Petagn. *Inf. Cal. pag.* 13. *n°.* 67.

Il est deux fois plus grand que le *Brachycère* algérien. Tout le corps est noirâtre, ou d'un noir cendré. La trompe est noire, inclinée, assez grosse, raboteuse. Le corcelet est raboteux, inégal, un peu épineux de chaque côté. Les élytres sont raboteuses, & ont chacune deux lignes longitudinales, crispées. Le dessous du corps & les pattes sont raboteux.

Il se trouve en Afrique, sur la côte de Barbarie.

15. Brachycère algérien.

Brachycerus algirus.

Brachycerus fusco-cinereus, thorace spinoso sub-

cato, elytris angulo duplici crispato, spinoso. Ent. ou Hist. nat. des inf. BRACHYCÈRE. *Pl.* 2. *fig.* 16.

Curculio algirus *breviroftris cinereus, thorace spinoso sulcato, elytris angulo duplici spinoso.* FAB. *Mant. inf. tom.* 1. *pag.* 120. *n°.* 251.

Cet insecte n'est peut-être, qu'une variété du précédent. Linné ne l'a regardé que comme le mâle. La principale différence qui le distingue, c'est qu'il est deux ou trois fois plus petit. Tout le corps est noirâtre. La trompe est grosse, inclinée. On y remarque une petite corne au dessus de chaque œil, qui ressemble un peu à une oreille. Le corcelet est un peu épineux, inégal. On y remarque un sillon longitudinal à sa partie supérieure. Les élytres ont des enfoncemens inégaux, irréguliers, & deux lignes longitudinales, élevées, crispées, qui se terminent postérieurement par quelques tubercules distincts, presque épineux. Les pattes sont légèrement raboteuses.

Il se trouve dans les provinces méridionales de la France, en Italie, sur la côte de Barbarie.

16. BRACHYCÈRE coupé.

BRACHYCERUS retusus.

Brachycerus fusco-cinereus, thorace rotundato, elytris postice retusis dentatis. Ent. ou Hist. nat. des inf. BRACHYCÈRE. *Pl.* 1. *fig.* 6.

Curculio retusus *griseo-fuscus, elytris postice retusis dentatis.* FAB. *Spec. inf. tom.* 1. *pag.* 195. *n°.* 199. —*Mant. inf. tom.* 1. *pag.* 120. *n°.* 259.

Il est un peu plus long que le *Brachycère* algérien. Tout le corps est cendré obscur. Les antennes sont courtes, cendrées, noires à leur extrémité. La trompe est courte, assez grosse & raboteuse. Les yeux sont cachés sous une petite élévation en forme de paupière. La tête est raboteuse, de la largeur de la trompe. Le corcelet est raboteux, arrondi, sans épines. L'écusson est imperceptible. Les élytres sont raboteuses, avec quelques lignes longitudinales, élevées, dentelées: de chaque côté il y a une ligne plus élevée. La partie postérieure paroît comme coupée, & munie supérieurement de quelques dents, dont la plus supérieure est aussi la plus saillante. Le dessous du corps & les pattes sont grisâtres.

Il se trouve au Cap de Bonne-Espérance.

17. BRACHYCÈRE spectre.

BRACHYCERUS spectrum.

Brachycerus fuscus, thorace elytrisque globulosis. Ent. ou Hist. nat. des inf. BRACHYCÈRE. *Pl.* 1. *fig.* 5.

Curculio spectrum *breviroftris fuscus, thorace coleoptrisque globulosis.* FAB. *Sp. inf. tom.* 1. *pag.* 194. *n°.* 188. —*Mant. inf. tom.* 1. *pag.* 119. *n°.* 246.

Il est plus petit que le *Brachycère* algérien. Les antennes sont noires, courtes, avec le dernier article plus gros, ovale, très-noir. La trompe est très-courte, raboteuse. La tête est raboteuse, distincte du corcelet. Les yeux sont arrondis, à peine saillans. Le corcelet est raboteux & presque globuleux. Point d'écusson apparent. Les élytres sont presque globuleuses; elles sont un peu raboteuses, & ont chacune plusieurs rangées de petits tubercules plus ou moins élevés. Tout le corps ainsi que les pattes sont noirâtres, un peu cendrés. Les cuisses sont simples, sans épines & sans dentelures. Les tarses sont filiformes, & les articles sont un peu grenus & arrondis.

Il se trouve au Cap de Bonne-Espérance.

18. BRACHYCÈRE allongé.

BRACHYCERUS rostratus.

Brachycerus fuscus, thorace cylindrico sulcato, elytris spinosis. Ent. ou Hist. nat. des inf. BRACHYCÈRE. *Pl.* 1. *fig.* 4.

Curculio rostratus *breviroftris fuscus, capite thoraceque cylindricis angustioribus, elytris postice spinosis.* FAB. *Spec. inf. tom.* 1. *pag.* 194. *n°.* 187. —*Mant. inf tom.* 1. *pag.* 119. *n°.* 245.

Le corps de cet insecte est cendré, noirâtre, étroit. Les antennes sont à peine de la longueur de la tête, & insérées vers l'extrémité de la trompe. On apperçoit une petite corne en forme d'oreille au dessus de chaque œil, & un sillon à la partie supérieure de la trompe. Le corcelet est presque cylindrique & sillonné. Les élytres sont couvertes de tubercules très-élevés, pointus, sur-tout vers la partie postérieure. Les pattes sont cendrées, obscures.

Il se trouve dans l'Afrique équinoxiale, & au Cap de Bonne-Espérance.

19. BRACHYCÈRE muriqué.

BRACHYCERUS muricatus.

Brachycerus cinereus, thorace spinoso sulcato, elytris muricatis. Ent. ou Hist. nat. des inf. BRACHYCÈRE. *Pl.* 2. *fig.* 19.

Il est deux fois plus petit que le *Brachycère* algérien. Tout le corps est cendré. La trompe est assez grosse, inclinée, noirâtre. On apperçoit une très-petite élévation en forme d'oreille au dessus des yeux. Le corcelet est raboteux, sillonné, un peu épineux. Les élytres sont presque globuleuses & couvertes de tubercules élevés, presque épineux.

Il se trouve en Provence, en Languedoc.

20. BRACHYCÈRE crénelé.

BRACHYCERUS crenatus.

Brachycerus cinereus, thorace rotundato, elytris

globulosis, striato punctatis. Ent. ou Hist. nat. des ins. BRACHYCÈRE. *Pl. 2. fig. 17.*

Il est à-peu-près de la grandeur du précédent. Tout le corps est cendré, plus ou moins obscur. La trompe est inclinée, assez grosse. Le corcelet est arrondi, chagriné. Les élytres sont globuleuses. Elles ont des stries formées par des points enfoncés, assez grands.

Il se trouve au Cap de Bonne-Espérance.

BRANCHIPUS, Genre d'insectes de la famille des Crustacés, établi par M. Schæffer. *Voyez* MONOCLE, BINOCLE, & ENTOMOSTRACA.

BRENTE, *Brentus*. Genre d'insectes de la troisième section de l'Ordre des Coléoptères.

Les *Brentes* appartiennent à la famille des Charansons. Ils ont le corps alongé, linéaire, une trompe longue, cylindrique, deux aîles cachées sous des étuis durs, enfin les cuisses simples ou dentées. Ces insectes avoient été placés parmi les Charansons avec lesquels ils ont quelques rapports. M. Fabricius les en a séparés dans ses derniers ouvrages, pour en former un genre particulier sous le nom de *Brentus*. Les antennes simples, moniliformes, les distinguent des Charansons, indépendamment de la différence qui se trouve dans les parties de la bouche.

Les antennes sont filiformes & composées de onze articles, dont le premier, à peine plus long que les autres, est un peu renflé à son extrémité; les autres sont grénus, presque égaux entre eux. Elles sont insérées à la partie latérale de la trompe, à quelque distance des yeux & de l'extrémité.

La bouche est composée de deux mandibules, de deux machoires, d'une lèvre inférieure, & de quatre antennules. La lèvre supérieure manque entièrement. Les mandibules sont cornées, arquées, simples. Les machoires sont alongées, presque cylindriques, velues. La lèvre inférieure est courte, cornée, très-dure, un peu échancrée antérieurement. Les antennules antérieures sont composées de quatre articles, dont le premier à peine apparent, le second assez gros, cylindrique; le troisième cylindrique & plus petit; le quatrième très-petit: elles sont insérées au dos des machoires. Les antennules postérieures sont courtes, sétacées & composées de trois articles presque d'égale longueur: elles sont insérées à la partie antérieure de la lèvre inférieure.

La tête est alongée, un peu renflée; elle se termine en trompe souvent très alongée & très mince.

Les yeux sont petits, arrondis, saillans.

Le corcelet est plus ou moins alongé.

Les élytres sont dures, de la longueur de l'abdomen, ou quelquefois un peu plus longues. Elles couvrent deux aîles repliées, membraneuses. L'écusson n'est point apparent.

Les pattes sont de longueur moyenne. Les antérieures sont presque toujours plus longues & plus grosses que les autres. Les cuisses sont simples & quelquefois armées d'une petite épine.

Ces insectes ne se trouvent que dans les pays chauds. On n'en a encore découvert aucune espèce en Europe. Ils vivent sur les fleurs.

BRENTE.

BRENTUS. FAB.

CURCULIO. LIN.

CARACTERES GÉNÉRIQUES.

ANTENNES moniliformes : onze articles ; le premier un peu plus long, renflé à son extrémité ; les autres grenus, presque égaux.

Tête alongée en forme de trompe.

Bouche placée à l'extrémité de la trompe, pourvue de mandibules, de mâchoires & d'antennules.

Quatre antennules courtes, sétacées.

Quatre articles aux tarses : les deux premiers triangulaires ; le troisième large, bilobé.

ESPECES.

* *Cuisses simples.*

1. BRENTE barbicorne.

Alongé ; trompe très-longue, velue endessous, élytres alongées, en masse à leur extrémité.

2. BRENTE assimilé.

Cylindrique ; trompe noire, lisse, luisante à l'extrémité ; élytres avec quatre bandes ferrugineuses.

3. BRENTE monile.

Cylindrique, noir ; élytres pointues, unistriées.

4. BRENTE brun.

Brun ; élytres ovales, alongées, lisses.

** *Cuisses dentées.*

5. BRENTE Anchorago.

Linéaire ; corcelet très-alongé ; élytres striées, avec quelques lignes jaunes.

6. BRENTE cannelé.

Noir, luisant ; élytres striées, avec une ligne jaune ; tête & corcelet cannelés.

7. BRENTE nasillard.

Alongé, cuivreux ; cuisses de toutes les pattes & jambes antérieures armées d'une épine ; élytres mucronées.

8. BRENTE disparate.

Alongé, brun ; élytres striées, avec quelques lignes fauves.

BRENTES. (Insectes.)

9. BRENTE cylindricorne.

Corcelet arrondi, d'un noir cuivreux; élytres ferrugineuses, avec plusieurs lignes jaunes.

10. BRENTE linéaire.

Brun; tête & corcelet alongés; élytres striées, avec quelques lignes fauves, & l'extrémité large, arrondie.

11. BRENTE maculé.

Corcelet cuivreux; élytres bronzées, avec des taches jaunes.

12. BRENTE bifront.

Noir; élytres striées, avec des taches jaunes, lisses.

13. BRENTE nain.

Noir, linéaire; élytres brunes, striées.

* *Cuisses simples.*

1. BRENTE barbicorne.

BRENTUS barbicornis.

Brentus cylindricus rostro longissimo subtus barbato, elytris elongato striatis. Ent. ou *Hist. nat. des inf.* BRENTE. *Pl.* 1. *fig.* 4. *a.* & *Pl.* 2. *fig.* 5. *b.*

Brentus barbicornis. FAB. *Mant. inf. tom.* 1. *pag.* 95. *n°.* 1.

Curculio barbicornis. FAB. *Syst. entom. pag.* 134. *n°.* 41. — *Sp. inf. tom.* 1. *pag.* 171. *n°.* 61.

Cet insecte varie beaucoup pour la grandeur. Ses antennes sont noires, de la longueur de la moitié de la trompe, composées de onze articles, dont le premier court, un peu renflé, & les autres cylindriques : elles sont velues, mais les poils du dessous sont plus longs que les autres. La trompe est plus longue que les élytres ; elle est cylindrique, tant soit peu plus mince au milieu, un peu renflée à son extrémité ; elle est noire, & couverte, en-dessous, de poils fins assez longs & serrés. La tête est cylindrique, & les yeux sont ronds, bruns & saillans. Le corcelet est un peu plus étroit à sa partie antérieure qu'à sa partie postérieure ; il a au milieu un sillon longitudinal assez enfoncé. Les élytres ont des points très-enfoncés, qui forment des stries assez serrées, régulières : leur extrémité est alongée, & le bord postérieur est plus large & un peu relevé, ce qui fait paroître la pointe presque en masse : elles sont noires, avec deux ou trois taches sur chaque, d'un rouge brun peu marqué. Tout le dessous du corps est noir, avec quelques poils roussâtres, courts. Les pattes sont noires, assez longues, avec quelques poils roussâtres, très-courts. Les cuisses sont simples, sans épines & sans dentelures.

Il se trouve dans la Nouvelle-Zélande.

BRENTE assimilé.

BRENTUS assimilis.

Brentus cylindricus rostro apice glabro atro, elytris ferrugineo subfasciatis. Ent. ou *Hist. nat. des ins.* BRENTE. *Pl.* 2. *fig.* 6.

Brentus assimilis. FAB. *Mant. inf. tom.* 1. *pag.* 95. *n°.* 2.

Curculio assimilis. FAB. *Syst. Ent. pag.* 134. *n°.* 42 — *Sp. inf. tom.* 1. *pag.* 171. *n°.* 60.

Il est plus petit que le *Brente* barbicorne. Les antennes sont brunes, noirâtres, velues, guères plus longues que la trompe. La trompe est noire, couverte de quelques poils roussâtres, très-courts, depuis la base jusqu'à l'insertion des antennes ; elle est cylindrique, lisse, très-noire & luisante depuis l'insertion des antennes jusqu'à l'extrémité. Les yeux sont bruns arrondis, saillans. La tête est presque cylindrique, avec quelques poils roussâtres, très-courts. Le corcelet est noir, couvert de quelques poils roussâtres, très-courts : on y voit un sillon longitudinal au milieu. Les élytres ont des points enfoncés qui forment des stries très-serrées ; elles ont quatre bandes irrégulières, d'un rouge brun, peu marquées. L'extrémité est pointue, & dépasse fort peu l'abdomen. Le dessous du corps & les pattes sont noirs & ont quelques poils roussâtres, très courts. Les pattes sont assez longues, & les cuisses sont simples, sans épines & sans dentelures.

Il se trouve dans la Nouvelle-Zélande.

3. BRENTE monile.

BRENTUS monilis.

Brentus cylindricus ater, elytris acuminatis unistriatis. FAB. *Mant. inf. tom.* 1. *pag.* 95. *n°.* 3.

Il a la forme alongée & cylindrique des précédens ; mais il est plus petit. Les antennes sont moniliformes, de la longueur du corcelet. La trompe est noire, cylindrique, sillonée supérieurement entre les yeux. Le corcelet est cylindrique, silloné, noir. Les élytres sont noires, sans taches, pointues à leur extrémité, avec une seule strie de chaque côté de la suture. Les pattes sont noires : les cuisses sont renflées & sans dents.

Il se trouve dans la Nouvelle-Hollande.

4. BRENTE brun.

BRENTUS brunneus.

Brentus brunneus, elytris ovato-oblongis, lævibus. Ent. ou *Hist. natur. des inf.* BRENTE. *Pl.* 1. *fig.* 3. *a. b.*

Il est beaucoup plus petit que les précédens. Les antennes sont brunes, moniliformes. Tout le corps est brun. Les yeux sont noirs, arrondis, saillans. La trompe est cylindrique, un peu plus courte que le corcelet. Le corcelet est arrondi, alongé, un peu étranglé postérieurement. Les élytres sont lisses, & ont une figure ovale, alongée. Les cuisses sont sans dents & sans épines.

Il se trouve au Sénégal, d'où il a été apporté par M. Adanson.

* * *Cuisses dentées.*

5. BRENTE Anchorago.

BRENTUS Anchorago.

Brentus linearis femoribus dentatis, elytris flavo striatis, thorace elongato. Ent. ou *Hist. nat. des inf.* BRENTE. *Pl.* 1. *fig.* 2. *a. b.*

Brentus Anchorago. FAB. *Mant. inf. tom.* 1. *pag.* 96. *n°.* 5.

Curculio Anchorago. FAB. *Syft. Ent. pag.* 143. *n°.* 86. —*Sp. inf. tom.* 1. *pag.* 182. *n°.* 118.

Curculio Anchorago *longiroftris, femoribus dentatis, Elytris flavo-ftriatis, thorace elongato.* LIN. *Syft. nat. pag.* 613. *n°.* 56. —*Mus. Lud. Ulr. pag.* 52.

Curculio longicollis *longiroftris, antennis rectis, femoribus dentatis, corpore longiffimo nigro, thorace elongato cylindrico, elytris flavo-ftriatis.* DEG. *Mém. inf. tom.* 5. *pag.* 273. *n°.* 8. *Pl.* 15. *fig.* 28.

Charanfon à longue trompe, à antennes droites & à cuiffes dentelées, à corps très alongé noir, à long corcelet cylindrique, & à raies jaunes fur les étuis. DEG. *ib.*

GRONOV. *Zooph. n°.* 581. *tab.* 12. *fig.* 4.
SULZ. *Hift. inf. tab.* 4. *fig.* 6.
VOET. *Coleopt. pars* 2. *tab.* 34. *fig. I. II.*

Il varie beaucoup pour la grandeur. Il eft noir & luifant. Les antennes font noires, moniliformes, un peu plus courtes que la trompe. La trompe eft mince, très-alongée, un peu renflée à l'infertion des antennes & à l'extrémité. La tête eft alongée. Les yeux font arrondis, faillans. Le corcelet eft alongé, fillonné à fa partie fupérieure. Les élytres ont des ftries pointillées, & quelques lignes longitudinales jaunes. Tout le corps eft noir, luifant. Les pattes font de longueur moyenne. Les deux antérieures font plus longues que les autres. Les quatre cuiffes antérieures dans l'un des deux fexes, font armées d'une épine, & les poftérieures de deux. Dans l'autre fexe les cuiffes antérieures feules ont une épine.

Il fe trouve à Cayenne, à Surinam, aux Antilles.

6. BRENTE cannelé.

BRENTUS canaliculatus.

Brentus femoribus dentatis, thorace capiteque oblongis canaliculatis, niger, elytris ftriatis flavo lineatis. Ent. ou Hift. nat. des inf. BRENTE. *Pl.* 1. *fig.* 2. *c. d. e.*

Il reffemble au précédent, mais il eft moins alongé. Les antennes font un peu plus longues que la trompe. La tête eft oblongue, fillonée à fa partie fupérieure, un peu antérieure. La trompe eft mince, égale, point du tout renflée à fon extrémité. Le corcelet eft oblong, fillonné à fa partie fupérieure. Tout le corps eft noir, luifant. Les élytres ont une ligne longitudinale jaune, & des ftries dans lefquelles on voit une fuite de points enfoncés. Les jambes antérieures font un peu plus longues que les autres, & les cuiffes ont une petite épine.

Il fe trouve à la Guadeloupe fur les fleurs, & m'a été donné par M. Badier.

7. BRENTE nafillard.

BRENTUS nafutus.

Brentus femoribus omnibus tibiisque anticis dentatis, thorace elongato æneo, elytris acuminatis. Ent. ou Hift. nat. des inf. BRENTE. *Pl.* 2. *fig.* 7.

Brentus nafutus. FAB. *Mant. inf. tom.* 1. *pag.* 96. *n°.* 6.

Curculio nafutus. FAB. *Spec. inf. tom.* 1. *pag.* 182. *n°.* 119.

Il reffemble beaucoup au *Brente* Anchorago, mais il eft un peu plus grand. Les antennes font noires, filiformes, de la longueur de la trompe. La trompe eft noire, de la longueur des élytres, mince, cylindrique, aplatie, & un peu élargie à fon extrémité. La tête eft bronzée, verdâtre, cylindrique. Les yeux font d'un jaune brun, arrondis, peu faillans. Le corcelet eft prefque cylindrique, un peu plus étroit à fa partie antérieure: il eft très-finement pointillé, & il a une ligne longitudinale, enfoncée au milieu. Les élytres font ftriées, avec une fuite de points enfoncés dans chaque ftrie: elles font brunes, avec quelques lignes courtes, longitudinales, fauves. Leur extrémité eft terminée en pointe aiguë. Tout le deffous du corps eft bronzé. Les pattes font bronzées. Toutes les cuiffes & les jambes antérieures feulement font armées d'une épine.

Il fe trouve dans la Jamaïque, aux Antilles.

8. BRENTE difparate.

BRENTUS difpar.

Brentus femoribus dentatis linearis niger, elytris rubro ftriatis. Ent. ou Hift. nat. des inf. BRENTE. *Pl.* 1. *fig.* 1. *a. b.*

Brentus difpar. FAB. *Mant. inf. tom.* 1. *pag.* 96. *n°.* 7.

Curculio difpar. FAB. *Spec. inf. tom.* 1. *pag.* 182. *n°.* 120.

Curculio difpar *longiroftris, femoribus dentatis, elytris emarginatis rubro ftriatis.* LIN. *Syft. nat. pag.* 613. *n°.* 55. —— *Muf. Lud. Ul. n°.* 50.
VOET. *Coleopt. par.* 2. *tab.* 34. *fig. IV?*

Curculio Anomaloceps *breviroftris oblongus, femoribus dentatis, roftro tetragono forcipato, antennis moniliformibus.* PALL. *Inf. Sib. pag.* 24. *tab. B. fig.* 4.

Il n'eft pas fi alongé que les précédens. Tout le corps eft d'un brun ferrugineux. Les élytres ont des ſtries pointillées, & quelques lignes longitudinales, liſſes, élevées, fauves. Les jambes antérieures ſont un peu plus grandes que les autres. Toutes les cuiſſes ſont armées d'une petite épine.

Il ſe trouve dans l'Amérique méridionale.

9. Brente cylindricorne.

Brentus cylindricornis.

Brentus femoribus dentatis, thorace rotundato nigro æneo, elytris ferrugineis flavo ſubſtriatis. Fab. *Mant. inſ. tom.* 1. *pag.* 96. *n°.* 8.

Il reſſemble au précédent pour la forme & la grandeur. La trompe eſt alongée, cylindrique, d'un brun ferrugineux. Les antennes ſont brunes, une fois plus longues que le corcelet, avec les articles cylindriques. Le corcelet eſt d'un noir bronzé, brillant, arrondi, liſſe. Les élytres ſont obtuſes, ſtriées, ferrugineuſes, avec pluſieurs lignes courtes, jaunes, qui forment, vers la baſe & vers l'extrémité, preſque une bande. Les cuiſſes ſont dentées.

Il ſe trouve dans la Nouvelle Zélande.

10. Brente linéaire.

Brentus linearis.

Brentus brunneus, femoribus dentatis, elytris ſtriatis fulvo lineatis, apice rotundatis ſubexcavatis. Ent. *ou hiſt. nat. des inſ.* Brente. *Pl.* 1. *fig.* 4. *a. b.*

Il reſſemble beaucoup au *Brente* Anchorago. Les antennes ſont moniliformes, un peu plus groſſes vers l'extrémité. La tête & la trompe ſont alongés, liſſes : celle-ci eſt un peu renflée à ſon extrémité. Le corcelet eſt alongé, cannelé à ſa partie ſupérieure. Tout le corps eſt d'un brun plus ou moins obſcur. Les élytres ſont ſtriées & ont chacune quatre lignes longitudinales fauves, ſavoir, une à la baſe, aſſez longue, deux autres courtes au milieu, & une autre vers l'extrémité. Le bout des élytres eſt un peu dilaté & arrondi. Le deſſous du corps eſt d'un brun plus foncé que le deſſus. Les pattes ſont de la couleur du corps; les cuiſſes ſont armées d'une petite dent; les antérieures ſont plus groſſes & plus longues que les autres.

Il ſe trouve à St. Domingue.

11. Brente maculé.

Brentus maculatus.

Brentus corpore elongato æneo, elytris ſtriatis nigro-æneis flavo maculatis. Ent. ou hiſt. nat. des inſ. Brente. *Pl.* 2. *fig.* 8.

Il reſſemble un peu, pour la forme & la grandeur, au *Brente* linéaire. Les antennes ſont filiformes, aſſez longues. La trompe eſt mince, plus longue que le corcelet. Tout le corps eſt bronzé. Les yeux ſont noirs. Le corcelet eſt cuivreux, ovale oblong, liſſe. Les élytres ſont ſtriées, terminées en pointe, & marquées de quelques taches jaunes, irrégulières. Les jambes antérieures ſont un peu plus longues que les autres; & les cuiſſes ont une épine bien marquée.

Il ſe trouve dans l'Amérique méridionale.

12. Brente bifront.

Brentus bifrons.

Brentus femoribus dentatis niger, elytris ſtriatis maculis glabris flavis. Fab. *Mant. inſ. tom.* 1. *pag.* 96. *n°.* 9.

Il reſſemble au précédent. L'un des deux ſexes a la trompe cylindrique, noire, & les antennes courtes, moniliformes; le corcelet purpurin, avec trois lignes longitudinales, noires. L'autre ſexe a la trompe alongée, cylindrique, un peu renflée à l'extrémité, avec les mandibules avancées, arquées; le corcelet noir, ſilloné. Les élytres ſont ſtriées, noirâtres, avec quelques taches liſſes, jaunes : elles ſont tronquées poſtérieurement, & munies d'un petit piquant. Les cuiſſes ſont dentées.

Il ſe trouve à Cayenne.

13. Brente nain.

Brentus minutus.

Brentus femoribus dentatis, linearis niger, elytris ſtriatis nigro brunneis. Ent. ou hiſt. nat. des inſ. Brente. *Pl.* 2. *fig.* 9.

Curculio minutus. Drury. *Illuſt. of inſ. tom.* 1. *pl.* 42. *fig.* 3. 7.

Il reſſemble au précédent, mais il eſt beaucoup plus petit. Les antennes ſont noires, moniliformes, plus longues que la tête. La trompe eſt alongée, cylindrique. La tête eſt noire; les yeux ſont noirs, arrondis & ſaillans. Le corcelet eſt noir, liſſe, alongé. Les élytres ſont d'un brun noirâtre, avec quelques lignes brunes, liſſes : elles ont des ſtries formées par des points enfoncés. Les pattes antérieures ſont un peu plus longues que les autres; & les cuiſſes ſont armées d'une petite épine.

Il ſe trouve dans la Caroline, la Virginie.

BROSSE. M. Geoffroy a donné le nom de *broſſe* ou pelotte ſpongieuſe, à de petits poils courts, ſerrés & rudes, qui ſe trouvent ſous les tarſes de quelques inſectes. C'eſt par le moyen de ces *broſſes*, que l'inſecte peut ſe ſoutenir & marcher ſur la ſurface des corps les plus liſſes & les plus polis, qui, quoique perpendiculaires, préſentent toujours quelques petites aſpérités propres à lui ſervir de point d'appui. C'eſt ainſi que l'on voit tous les jours les Mouches montes monter aisément ou descendre le long des glaces les plus fines & les plus transparentes. Ces poils vus à la loupe paroissent crochus à leur extrémité. On a encore donné le nom de *brosses* aux petits poils serrés qui se trouvent sur les jambes postérieures & le premier article des tarses des Abeilles, & qui leur servent à transporter la poussière des étamines, pour en construire leur gâteau. *Voyez* TARSE.

BRUCHE, *Bruchus*. Genre d'insectes de la troisième Section de l'Ordre des Coléoptères.

Les *Bruches* paroissent appartenir à la famille des Charansons. Leur tête est distincte, déprimée & inclinée. Les élytres sont ordinairement un peu plus courtes que l'abdomen, & recouvrent deux ailes membraneuses, repliées. Les cuisses postérieures sont très-grosses, ordinairement épineuses. Les tarses enfin sont composés de quatre articles.

Les *Bruches* diffèrent des Charansons, par leurs antennes filiformes, un peu en scie, minces à leur base; par le manque de trompe; par leur tête distincte du corcelet, & par les parties de leur bouche.

Dans les premières éditions de ses ouvrages, Linné avoit placé ces insectes parmi les Dermestes & parmi les Charansons. Dans les éditions postérieures, il les a séparés, & en a établi un Genre sous le nom de *Bruchus*. M. Geoffroy avoit donné à ces insectes le nom de Mylabre, qui n'a point été adopté par les Entomologistes qui ont écrit après lui.

Les antennes sont filiformes, à peu-près de la longueur de la moitié du corps. Elles sont composées de onze articles, dont le premier est un peu renflé; les trois suivans sont petits, grenus; les autres sont à peu-près égaux entr'eux, & plus ou moins en scie.

La bouche est composée d'une lèvre supérieure, de deux mandibules, de deux mâchoires, d'une lèvre inférieure, & de quatre antennules. La lèvre supérieure est cornée, arrondie, ciliée. Les mandibules sont cornées, à peine arquées, un peu comprimées, tranchantes, sans dents. Les mâchoires sont avancées, un peu plus courtes que les antennules, membraneuses, bifides, ciliées. La lèvre inférieure est membraneuse, arrondie, peu avancée. Les antennules antérieures, un peu plus longues que les postérieures, sont filiformes & composées de quatre articles, dont le premier est très-petit; le second est assez long & conique; le troisième est conique & un peu plus court; le quatrième est alongé, presque tronqué à son extrémité. Elles sont insérées au dos des mâchoires. Les antennules postérieures sont filiformes, courtes, composées de trois articles, dont le premier est très-petit, & les deux autres sont presque égaux entr'eux. Elles sont insérées à la partie latérale un peu antérieure de la lèvre inférieure.

La tête est séparée du corcelet par une espèce de col. Elle est inclinée, déprimée, un peu avancée antérieurement. Les yeux sont arrondis, peu saillans, assez grands & chagrinés. Ils sont un peu échancrés antérieurement à l'insertion des antennes.

Le corcelet est large à sa partie postérieure, plus étroit à sa partie antérieure.

Les élytres ont une forme presque quarrée. Elles sont ordinairement un peu plus courtes que l'abdomen, & elles recouvrent deux ailes membraneuses, repliées, dont l'insecte fait souvent usage. L'écusson est petit, presque quarré.

Les pattes sont de longueur moyenne. Les quatre antérieures n'ont rien de remarquable. Les postérieures sont plus longues que celles-ci. Les cuisses sont grosses, comprimées, ordinairement dentées. Les jambes sont quelquefois arquées. Les tarses de toutes les pattes sont assez larges, & composées de quatre articles, dont les deux premiers sont triangulaires; le troisième bilobé, plus large que les autres, muni en dessous de poils en forme de brosse; le quatrième est alongé, assez mince, un peu arqué, & terminé par deux crochets.

Les larves de ces insectes ont le corps assez gros, renflé, arqué, très-court, composé de plusieurs anneaux peu distincts. Leur tête est petite, écailleuse, garnie de mandibules très-dures, tranchantes. Elles ont neuf stigmates de chaque côté, par où s'introduit l'air nécessaire à leur vie.

C'est dans cet état de larve que les *Bruches* exercent tant de ravages sur les différentes graines de la plupart des plantes légumineuses & de quelques fruits à noyau: particulièrement dans les Fèves, les Lentilles, les Vesses, les Pois; dans les graines du Gléditsia, du Théobroma, des Mimosa, & de plusieurs espèces de Palmiers. La larve passe l'hiver dans la graine, dont elle consomme une partie de la substance intérieure, s'y change en nymphe au commencement du printemps, ou même avant la fin de l'hiver, & l'insecte parfait en sort au printemps: avant de subir sa métamorphose, elle a eu l'attention de se ménager une issue, en rendant, à un certain endroit de la graine, l'écorce ou la peau extérieure si mince, que le moindre effort suffit pour la percer. Dans son dernier état, la *Bruche* ne fait plus aucun tort aux graines; elle fréquente les fleurs ou différentes plantes, & cherche à s'accoupler. Après l'accouplement, la femelle revient sur les jeunes siliques, sur les gousses prêtes à se former, pour y faire sa ponte. Elle ne dépose ordinairement qu'un œuf dans chaque graine; cependant on trouve quelquefois deux de ces larves dans des fèves de marais. Ces insectes ne sont pas communs en Europe; on en trouve cependant quelques espèces très-répandues dans le midi de l'Europe & aux provinces méridionales de la France: on les rencontre toujours plus rarement en avançant vers le nord. Dans nos contrées, ce sont particulièrement les Fèves, les Lentilles, les Pois & toutes les espèces de Vesses, qui sont le plus exposés aux ravages de ces larves. L'enveloppe extérieure de ces légumes ne manifeste en aucune manière le séjour de la larve ; & quelquefois en ouvrant un Pois ou une Fève, on est surpris de trouver, au milieu d'un vuide assez considérable, l'insecte parfait mort, n'ayant pu sans doute se pratiquer une ouverture. Comme les dégâts qu'occasionnent les *Bruches* sont plus particulièrement au détriment de la culture & de la nourriture du peuple, on doit être d'autant plus jaloux de trouver des moyens propres à les détruire. Un des moyens sans doute les plus efficaces, doit être de plonger dans l'eau bouillante les différentes semences qu'elles attaquent, dès que la recolte en est faite. Mais il faut nécessairement les toutes soumettre à cette immersion, pour faire périr toutes les larves qui y sont renfermées, & détruire entièrement la propagation d'une famille aussi nuisible. On pourroit aussi faire éprouver à ces légumes une chaleur de quarante à quarante-cinq degrés dans un four : cette chaleur, sans les altérer, suffiroit pour la destruction de la larve. On sent bien que ces deux moyens ne doivent pas se pratiquer sur les graines destinées à la reproduction.

B R U C H E.

BRUCHUS. LIN. FAB.

MYLABRIS. GEOFF.

CARACTÈRES GÉNÉRIQUES.

ANTENNES filiformes, un peu en scie, composées de onze articles; second, troisième & quatrième articles petits & grenus.

Bouche munie d'une lèvre supérieure, de deux mandibules simples, de deux mâchoires bifides, d'une lèvre inferieure, & de quatre antennules.

Antennules filiformes: les antérieures quadriarticulées, plus longues; les postérieures triarticulées.

Tête inclinée, distincte.

Quatre articles aux tarses: les deux premiers triangulaires; le troisième bilobé.

ESPECES.

1. BRUCHE du Palmier.

Cendrée; cuisses postérieures renflées, presque dentées; jambes arquées.

2. BRUCHE épineuse.

Grisâtre; antennes filiformes; corcelet & élytres épineux.

3. BRUCHE des ombelles.

Ecailleuse, grisâtre en-dessus, cendrée en dessous.

4. BRUCHE du Pois.

Noirâtre; élytres striées, avec quelques points blancs; anus blanchâtre, avec deux points noirs.

5. BRUCHE difforme.

Brune; couverte d'un duvet cendré; cuisses postérieures avec une épine dentelée.

6. BRUCHE de l'Acacia.

Brune, couverte d'un léger duvet cendré; élytres striées, de la longueur de l'abdomen.

7. BRUCHE ferrugineuse.

Ferrugineuse; antennes noires; élytres noires, avec la base & la suture ferrugineuses.

8. BRUCHE bossue.

Globuleuse; corcelet bossu, bituberculé; élytres raboteuses, avec plusieurs tubercules.

9. BRUCHE du Gléditsia.

Brune; antennes noires; élytres striées, de la longueur de l'abdomen.

BRUCHES. (Insectes.)

10. Bruche du Cacao.

Obscure, mélangée de grisâtre.

11. Bruche dentelée.

Obscure; élytres de la longueur de l'abdomen; cuisses postérieures renflées, dentelées.

12. Bruche ondée.

Noire; élytres noirâtres, avec trois ou quatre bandes ondées, blanches.

13. Bruche du Théobroma.

Elytres grisâtres, tachées de noir; pattes rougeâtres; écusson blanc.

14. Bruche pâle.

Testacée pâle; élytres striées, de la longueur de l'abdomen; cuisses postérieures renflées, dentelées.

15. Bruche marginale.

Noire; élytres cendrées, avec trois taches noires, convexes.

16. Bruche anale.

Ferrugineuse; élytres noires à l'extrémité; anus noir, avec une ligne blanche.

17. Bruche biponctuée.

Cendrée; élytres noirâtres, avec une tache noire, oculée, à la base.

18. Bruche des graines.

Noire; élytres avec quelques points blancs; cuisses postérieures unidentées.

19. Bruche du Ciste.

Noire, sans taches; cuisses postérieures simples.

20. Bruche abdominale.

Noire; abdomen cendré, sans taches; pattes antérieures testacées.

21. Bruche des semences.

Noire; base des antennes & jambes antérieures rougeâtres; cuisses postérieures renflées, simples.

22. Bruche tachetée.

Elytres pointillées, testacées, avec des taches noires; anus grisâtre, avec deux points noirs.

23. Bruche du Mimosa.

Testacée; élytres presque striées; cuisses postérieures munies d'une dent aiguë.

24. Bruche testacée.

Testacée; tête noirâtre; élytres striées; cuisses postérieures simples.

25. Bruche serraticorne.

Grisâtre, avec des taches noirâtres; antennes pectinées, plus longues que le corps.

26. Bruche pectinicorne.

Fauve cendrée; antennes en scie, de la longueur du corps.

27. Bruche rufipède.

Noire, couverte d'un duvet grisâtre; antennes & jambes rougeâtres; cuisses postérieures renflées, simples.

1. BRUCHE du Palmier.

BRUCHUS Bactris.

Bruchus fusco-cinereus, femoribus posticis incrassatis, compressis subbidentatis, tibiis incurvis. Ent. ou hist. nat. des inf. BRUCHE. *Pl.* 1. *fig.* 2.

Bruchus Bactris *elytris lævibus, corpore subincano, femoribus posticis ovatis.* LIN. *Syst. nat. pag.* 605. *n°.* 4.

Dermestes Bactris, *obsolete tomentosus subincanus, antennis filiformibus, elytris læviusculis, femoribus posticis gibbosis.* LIN. *Amœn. acad. tom.* 6. *pag.* 392. *n°.* 6.
JACQ. *Hist. tab.* 170.
Bruchus Bactris. FAB. *Mant. inf. tom.* 1. *pag.* 41. *n°.* 2.
Bruchus Bactris. FUESL. *Archiv. Coleopt. pag.* 28. *n°.* 3. *tab.* 20. *fig.* 16.

Elle est très-grande. Les antennes sont noirâtres, presque en scie, de la longueur de la moitié du corps. La tête est inclinée, noirâtre antérieurement, cendrée postérieurement. Tout le corps est noir, mais couvert d'un duvet très-court, cendré. L'écusson est petit, coupé, presque échancré postérieurement. Les élytres sont de la longueur de l'abdomen : elles ont des stries régulières, formées par des points enfoncés. Les cuisses postérieures sont très-grosses, un peu comprimées, avec deux petites dents, l'une vers la base, & l'autre vers l'extrémité. Les jambes sont arquées & presque dentées à leur base.

Il se trouve dans l'Amérique méridionale ; il est très-commun à Cayenne.

La larve de cet insecte se nourrit de l'amande d'une espèce de Palmier nommé à Cayenne Counana. *Cocos guineensis.* LIN.

2. BRUCHE épineuse.

BRUCHUS spinosus.

Bruchus antennis filiformibus, thorace elytrisque spinosis. FAB. *Syst. ent. pag.* 64. *n°.* 1. — *Spec. inf. tom.* 1. *pag.* 74. *n°.* 1. — *Mant. inf. tom.* 1. *pag.* 41. *n°.* 1.

Les mandibules de cet insecte sont avancées. Les antennes sont filiformes, de la longueur de la moitié du corps. Le corcelet est arrondi, plus étroit antérieurement, grisâtre, muni à sa partie supérieure de trois épines élevées, pointues. Les élytres sont grises, presque de la longueur du corps, munies de quelques épines élevées, courtes. Les pattes & le dessous du corps sont gris.

Elle se trouve à la Jamaïque.

3. BRUCHE des ombelles.

BRUCHUS umbellatarum.

Bruchus squamosus, supra griseus, subtus cinereus. FAB. *Mant. inf. tom.* 1. *pag.* 41. *n°.* 3.

Elle est assez grande. Tout le corps est couvert d'une poussière écailleuse grisâtre en dessus, cendrée en dessous : il est sans taches, mais il devient noir avec l'âge, par la perte de la poussière écailleuse.

Elle se trouve sur la côte de Barbarie, sur les fleurs en ombelles.

4. BRUCHE du Pois.

BRUCHUS Pisi.

BRUCHUS fuscus, cinereo-nebulosus, elytris albo punctatis, abdominis apice albo, punctis duobus nigris. Ent. ou hist. nat. des inf. BRUCHE. *pl.* 1. *fig.* 1. *a. b c.*

Bruchus Pisi *elytris griseis albo punctatis, podice albo maculis binis nigris,* LIN. *Syst. nat. pag.* 604. *n°.* 1. — *Mus. Lud. Ul. n°.* 35.

Bruchus Pisi. FAB. *Syst. ent. pag.* 64. *n°.* 2. — *Spec. inf. tom.* 1. *pag.* 74. *n°.* 2. — *Mant. inf. tom.* 1. *pag.* 41. *n°.* 4.

Mylabris fusca, cinereo-nebulosa, abdominis apice cruce alba. GEOFF. *inf. tom.* 1. *pag.* 267. *n°.* 1. *pl.* 4 *fig.* 9.
Le mylabre à croix blanche. GEOFF. *ib.*

Bruchus nigro-fuscus, maculis villosis sparsis albescentibus, abdominis apice albo maculis binis nigris. DEG. *Mém. inf. tom.* 5. *pag.* 278. *n°.* 1. *pl.* 16. *fig.* 3. 4.

Bruche d'un brun noirâtre, à taches velues d'un blanc sale, dont le derrière est blanc avec deux taches noires. DEG. *ib.*

Curculio Pisorum. LIN. *Amœn. acad. tom.* 3. *pag.* 347.
Dermestes Pisorum. LIN. *Syst. nat. edit.* 10. *pag.* 356.

Bruchus Americæ septentrionalis. KALM. *It. Amer. tom.* 2. *pag.* 293.
Laria Salicis. SCOP. *Ent. car. n°.* 63.
Bruchus Pisi. SCHRANCK. *Enum. inf. austr. n°.* 196.
Mylabris crucigera. FOURC. *Ent. par.* 1. *pag.* 112. *n°.* 1.
Bruchus Pisi. WILL. *Ent. tom.* 2. *p.* 170. *n°.* 1.
LEDERMULL. *Observ. microf. pag.* 195. *tab.* 100.

Tout le corps de ce petit insecte est noirâtre, plus ou moins couvert de petits poils cendrés, qui le font paroître nébuleux. Les antennes sont presque de la longueur de la moitié du corps. Les quatre premiers articles sont petits & rougeâtres ; les autres sont noirs, égaux entr'eux. Les élytres sont plus courtes que l'abdomen, striées, parsemées de petits points blancs. On remarque un point blanc à la partie postérieure du corcelet, et une petite épine de chaque côté. L'écusson est petit & presque quarré. L'extrémité de l'abdomen est blanchâtre, avec deux petites taches noires, ovales. Les pattes sont noirâtres, avec les jambes & tarses antérieurs, rougeâtres. Les cuisses postérieures sont peu renflées, & munies d'une épine.

Elle se trouve en France, en Allemagne, en Italie, en Espagne, dans l'Amérique septentrionale, sur les fleurs.

La larve vit dans l'intérieur des Pois, des Lentilles, des Gesses, des Fèves, & de toutes les espèces de Vesses.

5. Bruche difforme.

Bruchus difformis.

Bruchus fusco cinereoque varius, femoribus posticis incrassatis, spina erecta basi dentata. Ent. ou hist. nat. des inf. Bruche. *Pl.* 1. *fig.* 3. *a. b.*

Elle est deux fois plus grosse que la *Bruche* du Pois. La tête est cendrée. Le corcelet est d'un brun noirâtre, couvert d'un duvet cendré, très étroit à sa partie antérieure. L'écusson est très petit & triangulaire. Les élytres sont larges, aplaties, un peu plus courtes que l'abdomen, marquées par des stries pointillées; elles sont noires, plus ou moins couvertes d'un duvet cendré & roussâtre. Tout le dessous du corps est d'un brun noirâtre, & couvert d'un duvet cendré. Les quatre pattes antérieures sont ferrugineuses. Les postérieures sont brunes, cendrées; les cuisses sont renflées & armées d'une épine assez grande, aiguë, dentelée à sa base postérieure; les jambes sont un peu arquées, & terminées par une épine.

Elle se trouve au Sénégal, & m'a été communiquée par M. Dantic.

6. Bruche de l'Acacia.

Bruchus Robiniæ.

Bruchus castaneus cinereo-squamosus, elytris striatis longitudine abdominis. Ent. ou hist. nat. des inf. Bruche. *Pl.* 1. *fig.* 4. *a. b.*

Bruchus Robiniæ *griseo nitidulus, elytris vix abdomine brevioribus.* Fab. *Sp. inf. tom.* 1. *pag.* 75. *n°.* 3. — *Mant. inf. tom.* 1. *pag.* 41. *n°.* 5.

Elle est une fois plus grande que la *Bruche* du Pois. Les antennes sont d'un brun marron, de la longueur de la moitié du corps, presque en scie. Tout le corps est d'un brun chatain, recouvert de poils courts, cendrés, un peu roussâtres. Les yeux sont noirs. L'écusson est petit, presque quarré, un peu alongé. Les élytres ont des stries pointillées, & sont à peu près de la longueur de l'abdomen. Les cuisses postérieures sont très-peu renflées, sans épines & sans dentelures; les jambes sont terminées par deux petites épines.

Elle se trouve dans l'Amérique septentrionale.

La larve vit dans la substance des graines du faux Acacia, *Robinia pseudoacacia.*

7. Bruche ferrugineuse.

Bruchus ferrugineus.

Bruchus ferrugineus, antennis nigris, elytris nigris basi suturaque ferrugineis. Ent. ou hist. nat. des inf Bruche. *Pl.* 1. *fig.* 5.

Ses antennes sont noires, plus courtes que la moitié du corps, avec la base du premier article ferrugineuse. La tête est ferrugineuse, avec les yeux noirs, un peu saillans. Le corcelet, l'écusson, tout le corps en dessous & les pattes sont ferrugineux. Les élytres sont noires, avec la base, la suture & un peu du bord extérieur, ferrugineux. Les cuisses postérieures sont un peu renflées, sans épines & sans dentelures. Les jambes sont un peu arquées.

Elle se trouve à Cayenne, d'où elle a été apportée par M. Gautier.

8. Bruche bossue.

Bruchus gibbosus.

Bruchus thorace gibboso cupreo, elytris nigris tuberculato-spinosis. Ent. ou hist. nat. des inf. Bruche. *Pl.* 1. *fig.* 6. *a. b.*

Bruchus gibbosus. Fab. *Gen. inf. mant. pag.* 212. — *Sp. inf. tom.* 1. *pag.* 75. *n°.* 4. — *Mant. inf. tom.* 1. *pag.* 41. *n°.* 6.

Le corps de cet insecte est presque globuleux. Les antennes manquent. La tête est enfoncée dans le corcelet; elle est couverte de poils courts, cuivreux, luisans. Les yeux sont noirs. Le corcelet est noirâtre, mais couvert de poils courts, cuivreux, luisans: il est relevé & comme bossu: on apperçoit au milieu une grande élévation bifide. L'écusson est triangulaire, mais en sens inverse: la pointe s'enfonce un peu dans le corcelet, & la partie postérieure est coupée droite. Les élytres sont très-raboteuses; elles ont des tubercules irréguliers, élevés, & elles sont d'un noir cuivreux. Tout le dessous du corps & les pattes sont d'un noir cuivreux. Les tarses sont composés de quatre pièces, dont deux assez larges, triangulaires, & la troisième bifide.

Nous croyons que cet insecte pourroit former un genre, par des caractères qui lui sont propres, mais que nous ne pouvons développer complètement, n'ayant sous nos yeux qu'un insecte très imparfait. Elle se trouve dans l'Amérique septentrionale.

9. Bruche du Gléditsia.

Bruchus Gleditsiæ.

Bruchus elytris striatis longitudine abdominis, corpore piceo, antennis nigris. Ent ou hist. nat. des inf. Bruche, *Pl.* 1. *fig.* 7 *a. b.*

Bruchus Gleditsiæ. LIN. *Syst. nat. pag.* 605. *n*°. 3.

Dermestes Gleditsiæ. LIN. *Amœn. acad. tom.* 6. *pag.* 392. *n*°. 5.

Elle est presque une fois plus grande que la *Bruche* du Pois. Les antennes sont noires, en scie, un peu plus courtes que le corps. Tout le corps est ferrugineux, brun. Les yeux sont noirs. Le corcelet est pointillé, légèrement couvert d'un duvet cendré, obscur. L'écusson est petit & presque quarré. Les élytres sont striées, & couvertes d'un duvet fin, rare, très-court, cendré obscur. Les cuisses postérieures sont renflées, & elles ont des crénelures vers leur extrémité inférieure; les jambes sont un peu arquées.

Elle se trouve dans l'Amérique septentrionale.

La larve vit dans les graines du Gléditsia.

10. BRUCHE du Cacao.

BRUCHUS Cacao.

Bruchus corpore fusco, griseo, maculato. FAB. *Syst. ent. pag.* 64. *n*°. 4. — *Sp. ins. tom.* 1. *pag.* 75. *n*°. 6. — *Mant. ins. tom.* 1. *pag.* 41. *n*°. 8.

Elle ressemble un peu à la *Bruche* du Pois, mais elle est un peu plus petite. Tout le corps est obscur & mélangé de grisâtre.

Elle se trouve dans l'Amérique méridionale, aux Antilles, à Cayenne.

Sa larve se nourrit dans le Cacao, *Theobroma Cacao.*

11. BRUCHE dentelée.

BRUCHUS serratus.

Bruchus fuscus, elytris longitudine abdominis, femoribus posticis serratis. Ent. ou hist. nat. des ins. BRUCHE. *Pl.* 1. *fig.* 8. *a. b.*

Elle est à peu-près de la grandeur de la *Bruche* de l'Acacia. Les antennes sont noirâtres, un peu en scie, de la longueur de la moitié du corps. La tête est obscure. Les yeux sont noirs. Tout le corps est brun, légèrement couvert de poils courts, cendrés obscurs. Les élytres sont de la longueur de l'abdomen, & ont des stries très-peu marquées. Les cuisses postérieures sont renflées, & munies de dentelures à leur partie inférieure.

Elle se trouve au Sénégal, & m'a été donnée par M. Geoffroy de Villeneuve.

12. BRUCHE ondée.

BRUCHUS undatus.

Bruchus niger elytris fuscis: strigis undatis albis. FAB. *Mant. ins. tom.* 1. *pag.* 41. *n*°. 9.

Elle est de grandeur moyenne, noire, sans tache. Les élytres sont lisses, noirâtres, avec trois ou quatre bandes blanches, ondées.

Elle se trouve en Afrique, sur les fleurs.

BRUCHE du Théobroma.

BRUCHUS Theobromæ.

Bruchus elytris canescentibus nigro-punctatis, pedibus anticis rufis, scutello albo. LIN. *Syst. nat. pag.* 605. *n*°. 2.

Bruchus Theobromæ *elytris griseis nigro maculatis, pedibus rufis, scutello albo.* FAB. *Syst. Ent. pag.* 65. *n*°. 5. — *Sp. ins. tom.* 1. *pag.* 75. *n*°. 7. — *Mant. ins. tom.* 1. *pag.* 41. *n*°. 10.

Elle est un peu plus petite que la *Bruche* du Pois. Elle est noire, mais couverte d'un léger duvet blanchâtre. Les élytres ont des points oblongs, noirs, qui forment presque des bandes. L'écusson est blanc. Les pattes antérieures, & la base des antennes sont rougeâtres. Les cuisses postérieures sont un peu renflées & munies d'une dent.

Elle se trouve aux Indes orientales.

La larve se nourrit des graines d'une espèce de Théobroma.

14. BRUCHE pâle.

BRUCHUS pallidus.

Bruchus pallide testaceus, elytris striatis longitudine abdominis, femoribus posticis serratis. Ent. ou hist. nat. des ins. BRUCHE. *Pl.* 2. *fig.* 9. *a. b.*

Elle est un peu plus petite que la *Bruche* du Pois. Tout le corps est d'une couleur testacée, pâle. Les yeux seuls sont noirs. Les antennes sont de la longueur de la moitié du corps, & un peu en scie. L'écusson est petit & presque quarré. Les élytres sont de la longueur du corps & légèrement striées. Les cuisses postérieures sont renflées & dentelées à leur partie inférieure: les jambes sont arquées.

Elle se trouve au Sénégal, & m'a été donnée par M. Geoffroy de Villeneuve.

15. BRUCHE marginale.

BRUCHUS marginalis

Bruchus niger, elytris cinereis, maculis tribus nigris margine connexis. FAB. *Gen. ins. mant. pag.* 212. — *Sp. ins. tom.* 1. *pag.* 75. *n*°. 8. — *Mant. ins. tom.* 1. *pag.* 42. *n*°. 11.

Les antennes sont noires. La tête & le corcelet sont noirs: on voit un point cendré à la base du corcelet. Les élytres sont lisses, cendrées, avec une tache noire vers la base, une autre plus grande au milieu, sur le bord extérieur, & une troisième à l'extrémité de chaque élytre: elles sont plus courtes que l'abdomen. L'anus est cendré, & les pattes sont noires.

Elle se trouve en Allemagne.

16. BRUCHE anale.

BRUCHUS analis.

Bruchus subferrugineus, elytris apice atris, ano atro, linea media alba. FAB. *Sp. inf. tom.* 1. *pag.* 75. *n°.* 9. — *Mant. inf. tom.* 1. *pag.* 42. *n°.* 12.

Elle est beaucoup plus petite que la *Bruche* du Pois. La tête est testacée, couverte à sa partie supérieure d'un duvet cendré. Le corcelet est ferrugineux, avec une tache blanche à la base. Les élytres sont striées, ferrugineuses, noires à leur extrémité, avec une tache noire au-delà du milieu, qui se réunit au noir de l'extrémité. L'abdomen est ferrugineux, & l'anus est avancé, noir, avec une ligne blanche au milieu.

Elle se trouve aux Indes orientales.

17. BRUCHE biponctuée.

BRUCHUS bipunctatus.

Bruchus cinereus, elytris fuscis, puncto baseos ocellari atro. FAB. *Spec. inf. tom.* 1. *pag.* 75. *n°.* 10. — *Mant. inf. tom.* 1. *pag.* 42. *n°.* 13.
SULZ. *Hist. inf. tab.* 4. *fig.* 2. *a.*

Le corps de cet insecte est cendré ; les élytres seules sont noirâtres, avec une tache noire, oculée, dont la prunelle est jaune, placée vers la base de chaque élytre.

Elle se trouve sur différentes plantes, en Suisse.

18. BRUCHE des graines.

BRUCHUS granarius.

Bruchus niger, elytris punctis albis, femoribus posticis unidentatis. *Ent. ou hist. nat. des inf.* BRUCHE. *Pl.* 2. *fig.* 10. *a. b.*

Bruchus granarius *elytris nigris : atomis albis, pedibus anticis rufis : posticis dentatis.* LIN. *Syst. nat. pag.* 605. *n°.* 5.

Curculio atomarius. LIN. *Faun. suec. n°.* 628.
Bruchus granarius *elytris nigris, atomis albis, femoribus posticis unidentatis.* FAB. *Syst. Ent. pag.* 65. *n°.* 6. — *Spec. inf. tom.* 1. *pag.* 76. *n°.* 11. — *Mant. inf. tom.* 1. *pag.* 42. *n°.* 15.

Mylabris nigra, abdomine albo sericeo. GEOFF. *Inf. tom.* 1. *pag.* 268. *n°.* 3.
Le Mylabre satiné. GEOFF. *Ib.*

Bruchus granarius. SCHRANK. *Enum. inf. Austr. n°.* 191.

Mylabris sericea. FOURC. *Ent. par.* 1. *pag.* 112. *n°.* 3.

Bruchus granarius. VILL. *Ent. tom.* 1. *pag.* 171. *n°.* 2.

Elle est un peu plus petite que la *Bruche* du Pois. Les antennes sont filiformes, un peu en scie, de la longueur de la moitié du corps, noires, rougeâtres à leur base. Le corps est noir. Le corcelet a un point blanc. Les élytres sont légèrement striées, guères plus courtes que l'abdomen, avec quelques points blancs, peu marqués. Les pattes sont noires ; les jambes antérieures sont quelquefois rougeâtres ; les cuisses postérieures sont un peu renflées, & munies d'une dent.

Elle se trouve en Europe.

La larve vit dans différentes graines.

19. BRUCHE du Ciste.

BRUCHUS Cisti.

Bruchus ater, immaculatus, femoribus muticis. *Ent. ou hist. nat. des inf.* BRUCHE. *Pl.* 2. *fig.* 11. *a. b.*

Bruchus Cisti. FAB. *Syst. Ent. pag.* 65. *n°.* 7. — *Spec. inf. tom.* 1. *pag.* 76. *n°.* 12. — *Mant. inf. tom.* 1. *pag.* 42. *n°.* 16.

Bruchus Cisti. VILL. *Ent. tom.* 1. *pag.* 171. *n°.* 4.

Elle est plus petite que la *Bruche* des graines. Les antennes sont noires, de la longueur de la moitié du corps. La tête est très-inclinée. Le corcelet est lisse. Les élytres sont légèrement striées, un peu plus courtes que l'abdomen. Tout le corps est noir, sans taches. Les cuisses postérieures ne sont point renflées, & n'ont ni épines ni dentelures.

Elle se trouve en Europe, sur le Ciste, & sur différentes fleurs. Elle est assez commune aux environs de Paris.

20. BRUCHE abdominale.

BRUCHUS abdominalis.

Bruchus niger, abdomine cinereo immaculato, pedibus anticis testaceis. FAB. *Spec. inf. tom.* 1. *pag.* 76. *n°.* 13. — *Mant. inf. tom.* 1. *pag.* 42. *n°.* 17.

Elle est petite. La tête & le corcelet sont noirs, avec les côtés velus, cendrés. Les élytres sont striées, noires, sans taches. Les quatre pattes antérieures sont testacées. L'abdomen est cendré, sans taches. Les pattes postérieures sont noires.

Elle se trouve aux Indes orientales.

21. BRUCHE des semences.

BRUCHUS seminarius.

Bruchus ater, antennarum basi pedibusque anticis testaceis. *Ent. ou hist. nat. des inf.* BRUCHE. *Pl.* 2. *fig.* 12. *a. b.*
Bruchus seminarius. FAB. *Syst. Ent. pag.* 65. *n°.* 8. — *Spec. inf. tom.* 1. *pag.* 76. *n°.* 14. — *Mant. inf. tom.* 1. *pag.* 42. *n°.* 18.

Bruchus

Bruchus feminarius *ater, antennarum basi pedibusque anticis testaceis*. LIN. *Syst. nat. pag.* 605. *n°.* 6.

Bruchus feminarius. VILL. *Ent. tom.* 1. *p.* 171. *n°.* 3.

Elle est très-petite. Les antennes sont en scie, de la longueur de la moitié du corps, noires, rougeâtres à leur base. Le corcelet est aminci antérieurement. Les élytres sont striées, plus courtes que l'abdomen. Les pattes sont noires; les antérieures sont testacées; les cuisses postérieures sont sans dents & sans épines.

Elle se trouve au nord de l'Europe, en France, en Angleterre.

La larve vit dans différentes graines.

22. BRUCHE tachetée.

BRUCHUS *maculatus*.

Bruchus elytris punctatis testaceis nigro maculatis, podice griseo, punctis binis nigris. FAB. *Syst. ent. pag.* 65. *n°.* 9. — *Spec. inf. tom.* 1. *pag.* 76. *no.* 15. — *Mant. inf. tom.* 1. *pag.* 42. *no.* 19.

Elle ressemble, pour la forme & la grandeur, à la *Bruche* des semences. Les antennes sont testacées, en scie, de la longueur de la moitié du corps. Le corcelet est testacé, avec quelques taches obscures. Les élytres sont testacées, avec trois grandes taches noirâtres: elles sont un peu plus courtes que l'abdomen, & ont des stries pointillées. La partie postérieure de l'abdomen est grise, avec deux points noirs.

Elle se trouve en Amérique.

23. BRUCHE du Mimosa.

BRUCHUS *Mimosæ*.

Bruchus testaceus immaculatus, elytris substriatis, femoribus posticis acute dentatis. Ent. ou hist. nat. des inf. BRUCHE, *Pl.* 2. *fig.* 13. *a. b.*

Bruchus Mimosæ. FAB. *Sp. inf. tom.* 1. *p.* 76. *n°.* 16. — *Mant. inf. tom.* 1. *pag.* 42. *n°.* 20.

Elle est presque de la grandeur de la *Bruche* du Pois. Les antennes sont testacées, quelquefois obscures, avec la base testacée, pâle; elles sont presque de la longueur de la moitié du corps. Les yeux sont noirs. Tout le corps est testacé, plus ou moins obscur, couvert en dessous d'un léger duvet cendré. Les élytres sont un peu plus courtes que l'abdomen, & légèrement striées. Les cuisses postérieures sont un peu renflées, & armées d'une petite épine.

Elle se trouve dans l'Amérique méridionale.

La larve vit dans les graines des différentes espèces de Mimosa.

24. BRUCHE testacée.

BRUCHUS *testaceus*.

Bruchus testaceus, capite nigro, femoribus posticis muticis. Ent. ou hist. nat. des inf. BRUCHE. *Pl.* 2. *fig.* 14. *a. b.*

Elle ressemble entièrement, pour la forme & la grandeur, à la *Bruche* du Mimosa. Les antennes sont testacées, en scie, un peu plus courtes que la moitié du corps. La tête est noire. Le corcelet est obscur, légèrement couvert d'un duvet cendré, roussâtre. L'écusson est petit, quarré, un peu échancré postérieurement. Les élytres sont striées, plus courtes que l'abdomen, testacées, légèrement couvertes d'un duvet court, cendré, roussâtre. Le dessous du corps est testacé, & couvert d'un léger duvet court, cendré. Les pattes sont testacées; les cuisses postérieures sont à peine renflées, sans épines & sans dentelures.

Elle se trouve au Cap de Bonne-Espérance.

25. BRUCHE serraticorne.

Bruchus serraticornis.

Bruchus antennis pectinatis corpore longioribus, corpore griseo fusco maculato. FAB. *Syst. ent. pag.* 65. *n°.* 10. — *Spec. inf. tom.* 1. *p.* 77. *n°.* 17. — *Mant. inf. tom.* 1. *pag.* 42. *n°.* 21.

Elle est un peu plus grande que la *Bruche* pectinicorne. Les antennes sont très en scie, & de la longueur du corps. Le corcelet est trilobé postérieurement & entièrement couvert d'un duvet cendré. Les élytres sont cendrées, striées, un peu plus courtes que l'abdomen. Les pattes & le dessous du corps sont cendrés.

Elle se trouve dans l'Orient.

26. BRUCHE pectinicorne.

BRUCHUS *pectinicornis*.

Bruchus rufo-cinereus, antennis pectinatis, longitudine corporis. Ent. ou hist. nat. des inf. BRUCHE. *Pl.* 2. *fig.* 15. *a. b.*

Bruchus pectinicornis *antennis pectinatis corpore longioribus*. LIN. *Syst. nat. pag.* 605. *n°.* 7.

Curculio chinensis. LIN. *Syst. nat. edit.* 10. *pag.* 386. *n°.* 79.

Bruchus pectinicornis *antennis pectinatis corpore ferrugineo longioribus*. FAB. *Syst. ent. pag.* 66. *n°.* 11. — *Spec. inf. tom.* 1. *pag.* 77. *n°.* 18. — *Mant. inf. tom.* 1. *pag.* 42. *n°.* 22.

Bruchus rufus rufo fuscus, elytris pedibusque rufis, corpore griseo maculato, antennis serratis. DEG. *Mem. inf. tom.* 5. *pag.* 201. *n°.* 2.

SCHAEFF. *Elem. inf. tab.* 86. *fig.* 1.

Elle ressemble à la *Bruche* du Pois, mais elle est

un peu plus petite. Les antennes sont roussâtres, presque testacées, en scie, & de la longueur du corps. Tout le corps est testacé & couvert d'un duvet cendré. La tête est distincte ; & les yeux sont noirs, arrondis & saillans. Le corcelet est très-finement chagriné. Les élytres sont striées, un peu plus courtes que le corps. Les pattes sont de la couleur du corps: les cuisses postérieures sont un peu renflées, sans dents & sans épines.

Elle se trouve dans la Chine.

27. BRUCHE rufipède.

BRUCHUS rufipes.

Bruchus niger, antennis pedibusque rufis, femoribus posticis clavatis, muticis, nigris. Ent. ou hist. nat. des inf. BRUCHE. *Pl. 2. fig. 16. a. b.*

Elle a environ une ligne de long. Les antennes sont rougeâtres, à peine de la longueur du corcelet. Tout le corps est noir, & très-légèrement couvert d'un duvet grisâtre. Les élytres n'ont point de stries, & sont un peu plus courtes que l'abdomen. Les pattes sont rougeâtres, & les cuisses postérieures sont renflées, noires, rougeâtres à leur base, sans épines & sans dentelures. Elle varie quelquefois. Les antennes sont alors noires, avec la base rougeâtre. Les pattes sont noires, avec les jambes antérieures rougeâtres.

On la trouve aux environs de Paris, sur différentes fleurs.

BUPRESTE, *BUPRESTIS.* Genre d'insectes de la première Section de l'Ordre des Coléoptères.

Les *Buprestes* sont des insectes qui ont deux ailes membraneuses, cachées sous des étuis très-durs ; des antennes filiformes, en scie, la tête à demi enfoncée dans le corcelet ; le corps alongé ; cinq articles à tous les tarses.

Linné est celui qui, le premier, a donné le nom de *Buprestis* à ces insectes. M. Geoffroy a donné à ce Genre, en françois, le nom de Richard, & en latin, celui de *Cucujus :* il a conservé celui de *Bupreste* aux insectes que nous désignerons sous le nom de Carabe. *Voyez ce mot.* Pour ne pas ajouter à la confusion que les Auteurs ont jetté dans la nomenclature des insectes, nous conserverons, autant qu'il sera possible, les noms adoptés par le plus grand nombre.

Ce Genre est très-distinct, & très-facile à reconnoître. Les insectes auxquels les *Buprestes* ressemblent le plus, sont les Taupins. Les uns & les autres ont les antennes filiformes & en scie, la tête un peu enfoncée dans le corcelet ; mais le corcelet du *Bupreste* n'est point terminé, à sa partie postérieure & latérale, par deux angles aussi aigus que dans le Taupin, & le dessous n'a pas cette pointe qui entre, comme par ressort, dans une cavité pratiquée dans la partie antérieure de la poitrine, & qui sert aux Taupins à exécuter leurs sauts, lorsqu'ils sont renversés sur le dos : les *Buprestes* ne sautent point. Les parties de la bouche présentent aussi des différences remarquables, comme on le verra bientôt.

Les antennes des *Buprestes* sont filiformes, c'est-à-dire, à-peu-près de la même grosseur depuis leur base jusqu'à leur pointe ; elles sont composées de onze articles très-apparens, dont le premier est un peu alongé, presque cylindrique, un peu renflé à son extrémité ; le second est beaucoup plus court, plus petit, & presque sphérique. Les autres ont une forme triangulaire, moins marquée dans le troisième & le quatrième : ils sont aplatis, & leur partie interne s'avance en pointe & représente les dents d'une scie : ces dentelures sont plus ou moins marquées dans les différentes espèces. Le dernier article a une figure ovale, aplatie. Les antennes des *Buprestes* sont généralement plus courtes que le corcelet ; elles ont leur insertion sur le front, à une petite distance de la partie antérieure & inférieure des yeux.

La bouche est composée d'une lèvre supérieure, de deux mandibules, de deux mâchoires, d'une lèvre inférieure, & de quatre antennules. La lèvre supérieure est coriacée, courte, arrondie, ou échancrée, & ciliée. Les mandibules sont courtes, assez grosses, & creusées intérieurement en forme de cuiller ; les bords sont tranchans & unidentés. Les mâchoires sont courtes, presque coriacées, ciliées, dentées à leur base. La lèvre inférieure est courte, cornée, petite, échancrée, ou arrondie. Les antennules antérieures sont courtes, & composées de quatre articles, dont le premier est très-petit, à peine apparent ; les trois autres sont coniques & presque égaux entr'eux ; le dernier est tronqué à son extrémité : elles ont leur insertion au dos des mâchoires. Les antennules postérieures, un peu plus courtes que les antérieures, sont composées de trois articles, dont le premier est à peine apparent ; les deux autres sont coniques & égaux entr'eux : elles ont leur insertion à la partie latérale de la lèvre inférieure.

La tête est assez grosse, à moitié enfoncée dans le corcelet ; les yeux sont grands, ovales, très-peu saillans.

Le corcelet est beaucoup plus large que long : dans plusieurs espèces, il est presque aussi large que les étuis. Il paroît comme coupé transversalement à sa partie antérieure, & il se termine postérieurement en trois angles peu saillans ; l'un placé au milieu, s'avance vers l'écusson ; les deux autres sont à la partie postérieure & latérale, un de chaque côté. La partie supérieure est assez aplatie dans le plus grand nombre, & il se termine alors quelquefois latéralement par un rebord tranchant : mais dans quelques espèces, le corcelet est convexe, très-élevé, arrondi, & terminé alors par des angles moins sailfans : l'angle du milieu est souvent avancé, & tient lieu d'écusson. En dessous il se prolonge postérieurement en une pointe plus ou moins marquée dans les différentes espèces, qui va s'enchâsser dans une cavité placée à l'origine de la poitrine, à-peu près comme on la voit dans les Taupins; mais cette pièce n'est point à ressort, ni aussi grande que dans ces derniers insectes.

L'écusson est ordinairement très-petit, & ne paroît que comme un point un peu élevé & arrondi.

Les élytres sont très-dures, striées, pointillées, souvent couvertes de rugosités. Elles recouvrent tout l'abdomen, & sont arrondies à leur extrémité, ou terminées en une, deux ou trois pointes aiguës. Elles ont quelquefois de petites dentelures, depuis le milieu de la partie externe jusqu'à l'extrémité, qui les font ressembler à une scie. Les ailes qui se trouvent au-dessous, ne sont point repliées, mais étendues, & placées en recouvrement l'une sur l'autre; elles sont à-peu-près de la longueur des élytres.

Les pattes sont de moyenne longueur : les cuisses sont un peu renflées, & les jambes cylindriques, tant soit peu plus grosses à leur partie inférieure. Les tarses sont composés de cinq articles, dont les quatre premiers vont en s'élargissant de la base à la pointe; ils sont courts, larges, figurés en cœur, convexes en dessus, & aplatis en dessous; le dernier, presque aussi long que les quatre autres ensemble, est un peu courbé & aplati; il est plus étroit à sa base qu'à sa pointe, & il est terminé par deux crochets assez forts, recourbés & distans. Ces insectes se servent plus souvent de leurs ailes que de leurs pattes; on les voit peu courir, mais ils volent avec beaucoup d'agilité.

Le corps des *Buprestes* a une forme plus ou moins alongée. L'abdomen est convexe en dessous, un peu aplati en dessus, & de figure conique. Il est composé de cinq anneaux très-apparens, & d'un sixième renfermé dans le précédent, de sorte que, pour le faire paroître, il faut presser assez fortement le ventre. En continuant la pression, on fait sortir de l'ouverture de ce dernier anneau, des parties qui caractérisent le sexe. Dans le derrière du mâle, deux parties se montrent alors. L'une, placée en dessus, est longue & membraneuse, fortifiée par des pièces écailleuses, & terminée par une lame mince & ovale, aussi écailleuse. L'autre partie est en forme de long stilet roide ou de substance de corne, qui augmente un peu de volume près de son extrémité, mais qui se rétrécit ensuite pour se terminer en pointe mousse. Dans l'endroit où elle commence à se former en pointe, elle a de chaque côté un très-petit crochet, tant soit peu courbé seulement. Le bout de cette partie est garni de quelques poils, & accompagné de deux petits tubercules latéraux, qui ont aussi quelques poils. Cette partie, placée en-dessous de la première & de même longueur, est apparemment celle qui caractérise le sexe du mâle, ou le fourreau qui la renferme. En pressant le ventre de la femelle, on fait sortir du derrière une partie coriace, plate, en forme de lame, composée de trois pièces, dont les deux latérales servent ensemble comme d'étui à la pièce du milieu, & elles sont toutes trois pointues au bout. Cette partie est une espèce de tarière propre à percer le bois, pour la ponte des œufs.

La larve de ces insectes n'est pas encore connue. Il est cependant probable qu'elle vit dans le bois. J'ai trouvé le *Bupreste Mariane* sur le tronc d'un Pin maritime, mort & percé de gros trous, & le *Bupreste huit taches* mort dans un trou fait à un Pin silvestre. M. Degeer a trouvé pareillement le *Bupreste rustique* mort dans les trous faits à une poutre. De plus on trouve assez souvent ces insectes dans les chantiers & magasins de bois.

L'insecte parfait vit ordinairement sur les arbres, sur les buissons, sur les plantes & sur les fleurs.

Ce Genre fournit les plus beaux insectes Coléoptères, qui puissent parer le domaine de la nature comme les cabinets des naturalistes. La plupart des espèces sont vêtues de si brillantes, de si riches couleurs, que M. Geoffroi a cru devoir les toutes désigner sous le nom générique de Richard. C'est l'éclat de l'or poli sur un fond d'émeraude, ou l'azur qui brille sur l'or, & souvent le même individu présente le mélange de plusieurs couleurs métalliques. Ces insectes sont peu variés, peu nombreux au nord de l'Europe, plus abondans vers nos provinces méridionales, & très-variés, très-communs aux climats les plus chauds des deux hémisphères; c'est aussi de ces contrées qu'on nous apporte les plus grandes & les plus belles espèces.

Les *Buprestes* marchent assez lentement, mais ils ont le vol très-agile, lorsque le tems est chaud & beau. Quelques-uns se laissent tomber dans les broussailles, lorsqu'on approche pour les saisir.

BUPRESTE.

BUPRESTIS. LIN. FAB.

CUCUJUS. GEOFF.

CARACTÈRES GÉNÉRIQUES.

ANTENNES filiformes, en scie, un peu plus courtes que le corcelet: onze articles; le premier peu alongé; le second petit, arrondi.

Bouche composée d'une lèvre supérieure, de deux mandibules cornées, courtes, à bords tranchans; de deux mâchoires unidentées, d'une lèvre inférieure, & de quatre antennules, courtes, filiformes, tronquées.

Tête à moitié enfoncée dans le corcelet.

Cinq articles aux tarses: les quatre premiers larges, en cœur; le dernier alongé.

ESPECES.

* *Elytres unidentées.*

1. BUPRESTE unidenté.

D'un vert cuivreux; élytres unidentées, avec les bords latéraux d'un rouge doré.

2. BUPRESTE bicolor.

Elytres pointues, unidentées, d'un vert bronzé, avec une tache jaune; poitrine & abdomen jaunes.

3. BUPRRESTE changeant.

D'un vert bronzé brillant; élytres lisses, unidentées; corcelet avec quatre points enfoncés.

** *Elytres bidentées.*

4. BUPRESTE géant.

D'un vert cuivreux; corcelet avec deux taches bronzées; élytres raboteuses, bidentées.

5. BUPRESTE bande-dorée.

D'un vert bleuâtre; élytres bidentées, pointillées, avec quatre lignes élevées, & une raie longitudinale, dorée.

6. BUPRESTE brillant.

D'un vert doré brillant, nuancé de cuivreux; élytres striées, bidentées.

7. BUPRESTE collier-bleu.

D'un vert doré brillant; élytres bidentées, striées; corcelet raboteux, avec une large bande lisse, d'un vert foncé.

8. BUPRESTE fastueux.

Vert doré; élytres tronquées, bidentées, avec des stries pointillées & la suture dorée.

BUPRESTES. (Insectes.)

9. BUPRESTE cicatrisé.

Elytres bidentées, bleuâtres, bronzées, raboteuses, avec des points & des taches blanchâtres.

10. BUPRESTE chevalier.

Vert-doré en-dessous; élytres bidentées, striées, avec des taches vertes, obscures.

11. BUPRESTE porte-or.

D'un vert brillant; élytres bidentées, presque striées, avec des taches irrégulières, dorées.

12. BUPRESTE pointillé.

Elytres bidentées, striées, d'un vert brillant, avec des points violets.

13. BUPRESTE marginal.

D'un vert bronzé; élytres bidentées, striées, avec leur bord grand & lisse.

14. BUPRESTE strié.

Cuivreux; élytres tronquées, presque bidentées, bronzées; avec quatre lignes élevées.

15. BUPRESTE rufipède.

Elytres bidentées, d'un bleu violet, avec des taches jaunes; corps mélangé de vert & de fauve.

16. BUPRESTE bronzé.

Raboteux, bronzé en-dessus, cuivreux en-dessous; élytres striées, bidentées.

17. BUPRESTE reluisant.

D'un vert brillant; extrémité des élytres & abdomen dorés.

18. BUPRESTE décoré.

Cuivreux; élytres striées, bidentées, verdâtres, avec les bords dorés & une raie bleuâtre.

19. BUPRESTE surdoré.

Vert cuivreux, brillant; suture & bords des élytres d'un rouge cuivreux très-brillant.

20. BUPRESTE maure.

D'un noir violet; élytres bidentées, striées; corcelet cannelé.

21. BUPRESTE prussien.

Elytres bidentées, mélangées de verdâtre & de noir; anus tridenté.

22. BUPRESTE autrichien.

Elytres bidentées, bronzées; tête & corcelet verts; abdomen violet.

23. BUPRESTE luride.

Bronzé; élytres bidentées; anus tridenté.

24. BUPRESTE fascié.

Vert brillant; élytres striées, bleuâtres à leur extrémité, avec deux bandes fauves interrompues.

25. BUPRESTE obscur.

Bronzé, noirâtre; élytres bidentées, avec des points élevés, obscurs.

26. BUPRESTE indigo.

Bleu; élytres bidentées, striées, avec les côtés bleus.

BUPRESTES. (Insectes.)

27. BUPRESTE ponctué.

Bronzé; élytres bidentées, striées; tête & abdomen avec des points jaunes.

28. BUPRESTE villageois.

Noir; élytres ponctuées, bidentées; corcelet anguleux, avec un enfoncement ferrugineux de chaque côté.

29. BUPRESTE purpurin.

Purpurin; élytres bidentées, vertes, avec deux raies purpurines; corcelet vert, sans taches.

30. BUPRESTE rauque.

Elytres bidentées, presque striées; corps d'un noir bronzé, sans taches.

*** *Elytres tridentées.*

31. BUPRESTE Chrysis.

D'un vert doré brillant; élytres tridentées, d'un brun marron; sternum avancé.

32. BUPRESTE marron.

Noirâtre; élytres tridentées, d'un brun châtain, avec une tache velue à leur base.

33. BUPRESTE sternicorne.

D'un vert doré brillant; élytres tridentées, avec des points cendrés, enfoncés; sternum avancé.

34. BUPRESTE interrompu.

Elytres noires, presque tridentées, avec des lignes longitudinales blanches; sternum avancé.

35. BUPRESTE oculé.

D'un vert brillant; élytres tridentées, avce deux taches oblongues, dorées, & une autre jaune, presque oculée.

36. BUPRESTE verdelet.

D'un vert doré; corcelet en cœur; élytres striées, tridentées.

37. BUPRESTE rayé.

Cuivreux; élytres presque tridentées, bronzées, avec deux raies longitudinales, ferrugineuses.

38. BUPRESTE tricuspidé.

Cuivreux, brillant; élytres bronzées, striées, tridentées.

39. BUPRESTE maculé.

Elytres tridentées, striées, bleuâtres, tachées de jaune.

40. BUPRESTE huit-taches.

Bronzé; élytres coupées, quadridentées, striées, d'un noir bleuâtre, avec quatre taches jaunes.

41. BUPRESTE tache-jaune.

Noir; élytres tronquées, dentées, striées, noires, avec quatre taches jaunes.

42. BUPRESTE violet.

Elytres tronquées, quadridentées, violettes; corps alongé, bleu.

**** *Elytres en scie.*

43. BUPRESTE enflammé.

Vert brillant en-dessus, vert doré très-brillant en dessous; élytres en scie, finement pointillées.

BUPRESTES. (Insectes.)

44. Bupreste fulgide.

Vert doré brillant ; corcelet & élytres avec deux larges raies pourpres, élytres en scie.

45. Bupreste Iris.

D'un vert doré brillant ; corcelet trilobé ; élytres striées, en scie, tachées de jaune.

46. Bupreste doré.

Elytres en scie, d'un vert doré brillant ; corcelet & abdomen cuivreux.

47. Bupreste Mariane.

Cuivreux, brillant ; élytres en scie, avec des enfoncemens inégaux.

48. Bupreste resserré.

Elytres en scie, striées, d'un vert foncé, brillant ; abdomen doré ; jambes anguleuses.

49. Bupreste farineux.

D'un vert bronzé ; élytres en scie, avec un sillon court près de la suture.

50. Bupreste ventru.

Vert foncé, brillant ; élytres en scie, ponctuées ; corcelet avec des enfoncemens dorés ; abdomen renflé à sa base.

51. Bupreste fulminant.

Bronzé, brillant ; élytres en scie, dorées à leur extrémité.

52. Bupreste émeraude.

D'un vert doré très-brillant ; corcelet avec deux taches enfoncées ; élytres en scie, avec trois élévations longitudinales.

53. Bupreste élégant.

Vert doré brillant ; élytres en scie, avec quatre lignes élevées, & une raie dorée.

54. Bupreste trilobé.

Vert ; corcelet lisse, trilobé ; élytres en scie, obscures.

55. Bupreste hémorrhoïdal.

D'un bleu verdâtre, brillant ; élytres avec une bande & quatre points fauves ; anus ferrugineux.

56. Bupreste cyanipède.

Verdâtre, brillant ; élytres en scie ; striées ; corcelet applati, bleu.

57. Bupreste déprimé.

Cuivreux, déprimé ; élytres en scie, avec des points enfoncés, rangés en stries.

58. Bupreste nègre.

Bronzé, noirâtre ; corcelet trilobé, lobe intermédiaire échancré ; élytres en scie, avec trois lignes élevées.

59. Bupreste modeste.

Vert doré, très-brillant ; élytres en scie, moins brillantes, avec trois impressions dorées.

60. Bupreste uni.

D'un vert cuivreux, déprimé ; élytres en scie, vertes, pointillées.

61. Bupreste charmant.

Vert cuivreux ; élytres en scie, amincies, avec des sillons cuivreux.

BUPRESTES. (Insectes.)

62. Bupreste oripeau.

D'un vert cuivreux; élytres en scie, lisses; corcelet presque trilobé.

63. Bupreste alongé.

Cuivreux; corcelet bronzé; élytres en scie, striées, d'un vert cuivreux, rougeâtres à l'extrémité.

64. Bupreste triponctué.

D'un vert bronzé en-dessus; élytres striées, en scie, avec trois points enfoncés, dorés, sur chaque.

65. Bupreste éclatant.

D'un vert bleuâtre brillant; élytres en scie, striées, avec des points d'un noir violet, & le bord doré.

66. Bupreste noble.

D'un noir bronzé; élytres en scie, avec trois bandes & une ligne verte; tête & corcelet avec des taches obscures.

67. Bupreste enfoncé.

D'un vert bronzé; élytres en scie, obscures, avec trois points enfoncés, brillans.

68. Bupreste frontal.

Bronzé; corcelet mélangé de vert & d'obscur; élytres en scie, obscures, avec des taches vertes.

69. Bupreste chrysostigmate.

Bronzé; élytres en scie, avec trois lignes longitudinales, élevées, & deux points dorés, enfoncés.

70. Bupreste dorsal.

Bronzé; élytres en scie; abdomen bidenté, doré en-dessus.

71. Bupreste bossu.

Vert foncé, brillant; élytres striées, en scie; corps bossu.

72. Bupreste ensanglanté.

Noir; élytres en scie, striées, avec des taches jaunes, & deux taches rouges à l'extrémité.

73. Bupreste neuf-taches.

D'un noir bleuâtre, luisant, presque cylindrique; élytres en scie, avec trois taches jaunes.

74. Bupreste orné.

Noir, pubescent; élytres en scie, d'un noir violet, avec des points irréguliers, jaunes.

75. Bupreste bandé.

Noir, couvert d'un duvet blanchâtre; élytres en scie, striées, avec deux bandes jaunes.

76. Bupreste biponctué.

Noir, pubescent; élytres en scie, striées, avec un point jaunâtre.

77. Bupreste agréable.

Vert brillant; élytres en scie, striées, avec six taches bleues.

78. Bupreste cylindrique.

Cylindrique, noir; élytres en scie, striées.

BUPRESTES. (Insectes.)

***** *Elytres entières.*

79. BUPRESTE d'André.

Bleuâtre, bronzé; élytres entières, raboteuses, avec des lignes enfoncées, blanches.

80. BUPRESTE variolé.

Bronzé; élytres, obscures, avec beaucoup de taches enfoncées; corcelet canelé.

81. BUPRESTE fasciculé.

Cuivreux, velu; élytres entières, pointillées, couvertes de faisceaux de poils roussâtres.

82. BUPRESTE pubescent.

Bronzé, pubesceut; élytres entières, raboteuses.

83. BUPRESTE de l'Onoporde.

Elytres entières, cuivreuses, avec des sillons & plusieurs points velus, blanchâtres; corcelet raboteux.

84. BUPRESTE équinoxial.

D'un noir bronzé; élytres entières, presque raboteuses; corcelet élevé.

85. BUPRESTE tomenteux.

Bronzé; corcelet cuivreux; élytres entières, testacées, avec des raies tomenteuses, interrompues.

86. BUPRESTE velu.

Velu, d'un vert bronzé; pattes testacées; élytres entières.

87. BUPRESTE raboteux.

Cuivreux; raboteux; élytres entières, tête sillonnée.

88. BUPRESTE dilaté.

D'un noir bronzé; corcelet déprimé, dilaté de chaque côté; élytres entières, striées, bossues.

89. BUPRESTE rouillé.

Bronzé, couvert d'une poussière grise, ferrugineuse; corcelet avec une tache oblique, rouillée, de chaque côté.

90. BUPRESTE lugubre.

Obscur en-dessus, cuivreux en-dessous; élytres entières, avec de petites élévations longitudinales.

91. BUPRESTE carié.

Noir, parsemé de points blancs; élytres entières; corcelet avec quelques taches variolées, très-noires.

92. BUPRESTE Ténébrion.

Très-noir; élytres entières, avec des points en stries; corcelet dilaté, variolé.

93. BUPRESTE ténébreux.

D'un noir bronzé; élytres entières, avec des points en stries; dessous du corps avec des points enfoncés, dorés.

94. BUPRESTE plébéïen.

Cuivreux; tête & corcelet obscurs, raboteux; élytres striées, bronzées, avec de petites taches cuivreuses.

95. BUPRESTE creusé.

Noir, obscur; élytres entières, corcelet avec un enfoncement de chaque côté.

BUPRESTES. (Insectes.)

96. BUPRESTE triste.

Bronzé; élytres entières; abdomen cuivreux, avec huit à dix taches violettes.

97. BUPRESTE unicolor.

Entièrement vert doré, chagriné; élytres entières.

98. BUPRESTE cannelé.

Bronzé, obscur; élytres avec des lignes élevées; abdomen avec un large sillon.

99. BUPRESSTE obscur.

Obscur en-dessus; élytres entières, striées; abdomen avec des taches fauves de chaque côté.

100. BUPRESTE bioculé.

Bronzé, noirâtre; élytres striées; corcelet avec deux taches noires, oculées.

101. BUPRESTE latéral.

Noir; élytres lisses, entières; corcelet cannelé, raboteux, & doré de chaque côté.

102. BUPRESTE pointu.

Cuivreux, obscur en-dessus, brillant en-dessous; élytres entières, pointues, striées.

103. BUPRESTE bordé.

D'un vert doré; élytres striées, presque bidentées, vertes, avec les bords dorés.

104. BUPRESTE rustique.

D'un vert bronzé; élytres entières, striées; corcelet pointillé.

105. BUPRESTE Trochile.

Doré, brillant; dos, élytres & pattes verts.

106. BUPRESTE bimaculé.

Verdâtre; élytres entières, striées, avec une grande tache rouge.

107. BUPRESTE sibérien.

Noirâtre; élytres entières, avec deux raies longitudinales, cendrées.

108. BUPRESTE cuivreux.

Cuivreux, lisse; élytres entières; côtés du corcelet raboteux.

109. BUPRESTE métallique.

Cuivreux, brillant; côtés du corcelet & dessous du corps raboteux.

110. BUPRESTE large-col.

Cuivreux, sans taches; élytres entières; corcelet plus large que les élytres.

111. BUPRESTE dix-points.

Bronzé, noirâtre; élytres entières, avec des stries élevées, & cinq points jaunes sur chaque.

112. BUPRESTE bariolé.

Bronzé, déprimé; élytres entières, avec beaucoup de points jaunes.

113. BUPRESTE moucheté.

D'un vert bleuâtre en-dessus; corcelet trilobé, avec deux taches dorées.

114. BUPRESTE sillonné.

Alongé, d'un noir bronzé; corcelet & élytres avec deux sillons blancs.

BUPRESTES. (Insectes.)

115. BUPRESTE sutural.

Vert; corcelet enfoncé de chaque côté; élytres entières, avec la suture d'un rouge doré.

116. BUPRESTE cyanicorne.

Vert; corcelet avec deux lignes parallèles, obscures; élytres entières, légèrement chagrinés.

117. BUPRESTE rubis.

D'un rouge cuivreux; corcelet avec deux raies obscures; élytres entières, obscures.

118. BUPRESTE oblong.

D'un noir bronzé; élytres entières, linéaires, pointues; front avec un enfoncement.

119. BUPRESTE linéaire.

Alongé, d'un noir bronzé; élytres entières, coniques, nébuleuses.

120. BUPRESTE ondé.

D'un vert bronzé; élytres entières, obscures, à leur extrémité, avec des lignes transversales, ondées, blanches.

121. BUPRESTE de la Ronce.

Noir, cylindrique; élytres entières, avec quatre bandes ondées, grisâtres.

122. BUPRESTE sinué.

Linéaire; élytres entières, pointillées, d'un rouge violet obscur; dessous du corps bronzé.

123. BUPRESTE pensif.

Vert cuivreux; élytres entières, bronzées; tête & corcelet d'un rouge cuivreux.

124. BUPRESTE barbaresque.

Bronzé en-dessus; cuivreux en-dessous; élytres entières, presque striées.

125. BUPRESTE pectoral.

Noir; corcelet avec les bords & un point jaunes; élytres avec trois bandes & la base jaunes.

126. BUPRESTE quadrimaculé.

Vert; élytres entières, vertes, avec quatre taches d'un rouge doré.

127. BUPRESTE deux-points.

Linéaire; élytres entières, verdâtres, avec un point blanc; abdomen d'un vert bleuâtre, avec trois points blancs.

128. BUPRESTE porte-croix.

D'un rouge doré en-dessus; élytres entières, avec deux points & une croix d'un noir violet.

129. BUPRESTE ruficolle.

Linéaire, d'un noir bronzé; élytres entières; corcelet d'un rouge cuivreux.

130. BUPRESTE joyeux.

Doré, brillant; élytres entières, vertes, avec la suture dorée.

131. BUPRESTE du Saule.

Vert brillant; élytres entières, cuivreuses, vertes à leur base.

132. BUPRERSTE nitidule.

D'un vert doré, sans taches; élytres entières, vertes, légèrement chagrinées.

133. BUPRESTE quadriponctué.

Obscur; élytres entières, pointillées; corcelet avec quatre points transversaux, enfoncés,

BUPRESTES. (Insectes.)

134. Bupreste des Ombellifères.

D'un noir bronzé ; élytres entières, légèrement chagrinées.

135. Bupreste discoïde.

Légèrement velu, bronzé ; élytres entières, avec le disque testacé.

136. Bupreste vert.

Alongé, vert, bronzé ; élytres entières, linéaires, pointillées.

137. Bupreste atre.

Noir, alongé ; élytres entières, linéaires, pointillées.

138. Bupreste élancé.

Doré, brillant, alongé ; élytres entières, linéaires.

139. Bupreste bleu.

Bleu, alongé ; élytres entières, chagrinées.

140. Bupreste échancré.

Linéaire, bronzé ; tête sillonnée, presque échancrée.

141. Bupreste nain.

Bronzé ; élytres entières, noirâtres, avec des bandes cendrées, ondées.

142. Bupreste pigmée.

Bronzé ; tête & corcelet cuivreux ; élytres entières, bleues, pointillées.

143. Bupreste pédiculaire.

Noir, brillant ; élytres entières, violettes.

* *Elytres unidentées.*

1. Bupreste unidenté.

Buprestis unidentata.

Buprestis elytris unidentatis æneis, margine aureo. Ent. ou hist. nat. des ins. Bupreste. *Pl.* 8. *fig.* 86.

Buprestis unidentata. Fab. *Syst. entom. pag.* 216. *n°.* 1. —*Spec. ins. tom.* 1. *pag.* 273. *n°.* 1. — *Mant. ins. tom.* 1. *pag.* 175. *n°.* 1.

Il ressemble entièrement, pour la forme & la grandeur, au *Bupreste* bande-dorée. Les antennes sont brunes & en scie. La tête est d'un vert doré ou cuivreux: le devant est enfoncé. Le corcelet est pointillé, un peu raboteux, vert doré, avec les bords latéraux, & une large raie longitudinale lisse, d'un rouge cuivreux. L'écusson est imperceptible. Les élytres sont cuivreuses, un peu verdâtres, avec les bords latéraux d'un rouge cuivreux; elles sont très-finement pointillées, & elles ont chacune quatre lignes longitudinales peu élevées: l'extrémité est terminée par une dent pointue. Le dessous du corps est d'un vert cuivreux, avec le milieu du corcelet, de la poitrine & de l'abdomen d'un rouge cuivreux très-brillant. Les pattes sont vertes brillantes.

Il se trouve....

Du cabinet de M. Banks.

2. Bupreste bicolor.

Buprestis bicolor.

Buprestis elytris acuminatis, viridi-æneis, macula flava, pectore, abdomineque flavis. Fab. *Syst. ent. app.* 825. —*Spec. ins. tom.* 1. *pag.* 273. *n°.* 2. —*Mant. ins. tom.* 1. *pag.* 175. *n°.* 2.

Il est grand. Les antennes sont noires, en scie. La tête est d'un vert bronzé, avec les yeux testacés. Le corcelet est d'un vert bronzé, avec une tache jaune de chaque côté de la base. Les élytres sont d'un vert bronzé, avec une tache jaune au milieu, & une dent aiguë à l'extrémité. La poitrine, l'abdomen & le dessous de la tête sont jaunes. Les pattes sont bronzées.

Il se trouve dans l'Amérique méridionale.

3. Bupreste changeant.

Buprestis mutabilis.

Buprestis elytris unidentatis lævibus viridi æneis nitidis, thorace punctis quatuor impressis. Ent. ou hist. nat. des ins. Bupreste. *Pl.* 8. *fig.* 78. *a. b.*

Il est presque une fois plus petit que le *Bupreste* unidenté. Tout le corps en dessus est d'un vert bronzé brillant, un peu changeant suivant les reflets de la lumière. Les antennes sont en scie, noirâtres, avec le premier article verdâtre. La tête est creusée antérieurement. Le corcelet a quatre enfoncemens, disposés en quarré; les deux postérieurs sont plus grands que les deux autres, & un peu en croissant. L'écusson est très-petit. Les élytres sont lisses, très-finement pointillées, unidentées & pointues à leur extrémité. Le dessous du corps est d'un vert cuivreux très-brillant. Les pattes sont vertes.

Il se trouve aux Indes orientales.

Du cabinet du roi.

** *Élytres bidentées.*

4. Bupreste géant.

Buprestis gigantea.

Buprestis elytris bidentatis, rugosis, thorace lævi maculis duabus æneis, corpore inaurato. Ent. ou hist. nat. des ins. Bupreste. *Pl.* 1. *fig.* 1. *a. b.*

Buprestis gigantea *elytris bidentatis, rugosis, thorace lævi, corpore inaurato.* Fab. *Syst. ent. pag.* 216. *n°.* 2. —*Spec. ins. tom.* 1. *pag.* 273. *n°.* 3. —*Mant. ins. tom.* 1. *pag.* 176. *n°.* 3.

Buprestis gigantea *elytris fastigiatis bidentatis rugosis, thorace marginato lævi, corpore inaurato.* Lin. *Syst. nat. pag.* 659. *n°.* 1. —*Mus. Lud. Ulr. pag.* 85.

Buprestis viridi-ænea nitidissima, elytris rugoso-sulcatis, thorace maculis binis nigro-æneis. Deg. *Mem. ins. tom.* 4. *pag.* 134. *n°.* 1.

Carabus Indiæ orientalis maximus. Grew. *Mus. pag.* 165. *tab.* 13.

Cantharis maxima, elytris cuprei coloris, sulcatis. Sloane. *Hist. of jam. tom.* 2. *pag.* 210. *tab.* 236. *fig.* 13.

Sulz. *Ins. tab.* 6. *fig.* 38.

Merian. *Surin. tab.* 50.

Seba. *Mus. tom.* 3. *tab.* 84. *fig.* 12.

Voet. *Coleopt. tab.* 48. *fig.* 1.

Mordella gigantea. Scop. *Ann.* 5. *Hist. nat. pag.* 104. *n°.* 84.

Il est très-grand, un peu déprimé. Les antennes sont plus courtes que le corcelet, en scie, noirâtres, & verdâtres à leur base. La tête a un léger sillon à sa partie supérieure. Tout le corps est bronzé, un peu cuivreux, brillant. Le corcelet est lisse, marqué à sa partie supérieure de deux grandes taches lisses & brillantes. L'écusson est petit, relevé, arrondi. Les élytres sont d'un vert cuivreux à leur bord extérieur & à la suture, d'un rouge cuivreux plus ou moins brillant au milieu; elles sont raboteuses, & ont chacune trois ou quatre lignes longitudinales; leur extrémité est bidentée. La femelle est remarquable par deux taches oblongues, velues, placées à la partie postérieure de la poitrine.

Il se trouve très-fréquemment à Cayenne, à Surinam.

Je doute que cet insecte se trouve aux Indes orientales, comme la plupart des Auteurs le prétendent.

5. Bupreste bande-dorée.

Buprestis vittata.

Buprestis elytris bidentatis, punctatis, lineis elevatis quatuor viridi-æneis, vitta lata aurea. Ent. ou hist. nat. des ins. Bupreste. *Pl.* 3. *fig.* 17. *a. b. c. d.*

Buprestis vittata. Fab. *Syst. ent. pag.* 216. *n°.* 3. — *Spec. ins. tom.* 1. *pag.* 274. *n°.* 4. — *Mant. ins. tom.* 1. *pag.* 176. *n°.* 4.
Sulz. *Hist. ins. tab.* 6. *fig.* 14.
Voet. *Coleopt. tab.* 48. *fig.* 11.

Il a une forme alongée. Les antennes sont noires, bleuâtres à leur base, un peu en scie, de la longueur de la moitié du corcelet. La tête est verte, raboteuse, couverte d'un duvet roussâtre, avec un enfoncement assez large à sa partie supérieure. Les yeux sont bruns, ovales, un peu saillans. Le corcelet est pointillé, d'un vert bleuâtre, très-brillant, avec une tache dorée, lisse, de chaque côté, à sa partie postérieure. L'écusson est imperceptible. Les élytres sont d'un vert bleuâtre très-brillant, avec une raie longitudinale, d'un rouge doré; elles sont pointillées, avec quatre lignes longitudinales élevées & l'extrémité bidentée. Le dessous du corps est doré, très brillant, & couvert d'un duvet cotoneux, roussâtre.
Il se trouve aux Indes orientales.

6. Bupreste brillant.

Buprestis fulgida.

Buprestis elytris bidentatis striatis, corpore viridi aureo, sterno cupreo. Entom. ou hist. nat. des ins. Bupreste. *Pl.* 7. *fig.* 69.

Il ressemble beaucoup, pour la forme & la grandeur, au *Bupreste* colier-bleu. Les antennes sont bronzées, en scie. Tout le corps est un peu raboteux, d'un vert doré brillant. Le corcelet a une impression à sa partie supérieure; il est raboteux, vert, avec les parties lisses d'un rouge cuivreux. Les élytres sont un peu raboteuses, striées, d'un vert doré, avec les élévations des stries d'un rouge cuivreux: leur extrémité est tronquée & bidentée. Le dessous du corps est raboteux, brillant, avec le milieu d'un rouge cuivreux très-brillant. Les pattes sont vertes, avec les tarses bleuâtres.

Il se trouve à la Guadeloupe, d'où il a été apporté par feu M. de Badier.

7. Bupreste colier-bleu.

Buprestis collaris.

Buprestis elytris bidentatis, viridi-aureo cupreoque nitentibus, thorace scabro aureo, fascia fusca lævissima. Ent. ou hist. nat. des ins. Bupreste. *Pl.* 2. *fig.* 9.

Il est plus grand que le *Bupreste* fastueux. Les antennes sont filiformes, légèrement en scie, d'un noir bronzé. La tête est raboteuse, & d'un vert doré. Le corcelet est lisse, & d'un vert foncé au milieu, raboteux & d'un vert doré à sa partie antérieure & à sa postérieure. L'écusson est très-petit. Les élytres sont d'un vert doré très-brillant, avec les élévations d'un rouge cuivreux; elles sont raboteuses, striées & bidentées. Le dessous du corps est raboteux, d'un vert doré très-brillant, & d'un rouge cuivreux au milieu du corcelet, de la poitrine & de l'abdomen. Les pattes sont d'un vert brillant, avec les tarses noirâtres.

Il se trouve à Cayenne, sur différens arbres, & m'a été envoyé par M. Tugni, ingénieur-géographe du roi.

8. Bupreste fastueux.

Buprestis fastuosa.

Buprestis elytris truncatis bidentatis variolosis viridibus, sutura aurea. Ent. ou hist. nat. des ins. Bupreste. *Pl.* 8. *fig.* 81.

Buprestis fastuosa. Fab. *Syst. entom. pag.* 216. *n°.* 4. — *Spec. ins. tom.* 1. *pag.* 274. *n°.* 5. — *Mant. ins. tom.* 1. *pag.* 176. *n°.* 5.

Il est plus petit & plus court que le *Bupreste* bande-dorée. Les antennes sont bronzées, en scie. La tête est raboteuse, cuivreuse; avec une élévation saillante au-dessus de la base des antennes. Le corcelet est pointillé, avec deux petits enfoncemens près de l'écusson; il est vert cuivreux brillant. L'écusson est vert & petit. Les élytres sont vertes extérieurement, & d'un rouge cuivreux à la suture: elles ont des points enfoncés assez gros, rangés en stries: l'extrémité est tronquée, presque sinuée, avec deux dentelures très-petites. Le dessous du corps & les pattes sont d'un vert cuivreux brillant.

Il se trouve en Amérique.

Du cabinet de M. Banks.

9. Bupreste cicatrisé.

Buprestis morbillosa.

Buprestis elytris bidentatis scabrosis cæruleo-æneis, albo punctatis. Ent. ou hist. nat. des ins. Bupreste. *Pl.* 8. *fig.* 84.

Il est de la grandeur du *Bupreste* Mariane. Les antennes sont en scie & d'un bleu bronzé. La tête est bleuâtre bronzée, raboteuse, avec un grand enfoncement sur le front, couvert d'un duvet cendré. Le corcelet est fortement pointillé, presque raboteux & d'une couleur bleuâtre bronzée. L'écusson est petit & bronzé. Les élytres sont raboteuses, bleuâtres bronzées, avec des points irréguliers, enfoncés, blanchâtres : l'extrémité est munie de deux petites dentelures. Le dessous du corps est cuivreux, & couvert d'une poussière blanche. Les pattes sont d'une couleur bleuâtre bronzée.

Il se trouve dans l'Amérique méridionale.

10. Bupreste chevalier.

Buprestis equestris.

Buprestis elytris bidentatis striatis, fusco-viridi maculatis, corpore viridi-aurato. Ent. ou hist. nat. des ins. Bupreste. *Pl.* 9. *fig.* 103.

Il est un peu plus grand que le *Bupreste* fastueux. Les antennes sont en scie, d'un noir bronzé. La tête est verte & raboteuse. Le corcelet est vert, raboteux, avec un enfoncement assez grand, au milieu de la partie postérieure, & un autre plus petit moins marqué de chaque côté. L'écusson est très-petit & arrondi. Les élytres sont bidentées à leur extrémité, striées, d'un beau vert, avec beaucoup de petites taches irrégulières d'un vert foncé. Le dessous du corps est raboteux, d'une couleur de cuivre, dorée, brillante. Les pattes sont vertes.

Il se trouve à Cayenne.

Du cabinet du roi, & de celui de M. Gigot d'Orcy.

11. Bupreste porte-or.

Buprestis aurifer.

Buprestis elytris bidentatis, substriatis, viridibus, aureo maculatis, pedibus cyaneis. Ent. ou hist. nat. des ins. Bupreste. *Pl.* 9. *fig.* 95.

Il ressemble un peu au *Bupreste* chevalier; mais il est presque une fois plus petit. Les antennes sont petites, un peu en scie, & d'un noir bronzé. La tête est raboteuse, verte, avec les yeux testacés. Le corcelet est raboteux, sillonné au milieu, avec un enfoncement oblique de chaque côté; il est vert avec deux taches obliques, lisses, d'un vert bleuâtre. L'écusson est petit & arrondi. Les élytres sont bidentées à leur extrémité, légèrement striées, presque raboteuses, d'un beau vert, avec des taches irrégulières, un peu enfoncées d'une belle couleur d'or. Le dessous du corps est raboteux, cuivreux presque violet. Les pattes sont violettes.

Il se trouve, je crois, à Cayenne; il est cependant marqué au cabinet du roi comme venant des Indes orientales.

12. Bupreste pointillé.

Buprestis punctatissima.

Buprestis elytris bidentatis cupreis, punctis violaceis numerosis. Ent. ou hist. nat. des ins. Bupreste. *Pl.* 7. *fig.* 76.

Buprestis punctatissima. Fab. *Syst. ent. pag.* 217. *n°.* 5. — *Spec. ins. tom.* 1. *pag.* 274. *n°.* 6. — *Mant. ins. tom.* 1. *pag.* 176. *n°.* 6.

Il est de la grandeur du *Bupreste* triponctué. Les antennes sont cuivreuses, légèrement en scie. Le dessus du corps est d'un vert doré très-brillant, parsemé de points violets. La tête & le corcelet sont un peu raboteux. L'écusson est très-petit & arrondi. Les élytres sont striées, & ont des points enfoncés : leur extrémité est bidentée. Tout le dessous du corps & les pattes sont d'une couleur de cuivre rouge, très-brillante.

Il se trouve à Sierra-Léon.

13. Bupreste marginal.

Buprestis marginalis.

Buprestis elytris bidentatis striatis, margine reflexo lævi, viridi-ænea, thorace canaliculato. Ent. ou hist. nat. des ins. Bupreste. *Pl.* 6 *fig.* 60.

Il est presque une fois plus grand que le *Bupreste* rustique. Les antennes sont en scie & d'une couleur bronzée obscure. La tête est un peu raboteuse. Tout le dessus du corps est d'un vert bronzé; le dessous est bronzé, peu brillant. Le corcelet est pointillé, presque raboteux, rebordé de chaque côté, sillonné au milieu. L'écusson est petit & arrondi. Les élytres sont striées; elles sont presque lisses vers le bord extérieur; & le rebord est assez grand : l'extrémité est bidentée. Les pattes sont bronzées.

Il se trouve à Madagascar.

Du cabinet du roi.

14. Bupreste strié.

Buprestis striata.

Buprestis elytris truncatis subbidentatis cupreis; lineis elevatis quatuor. Ent. ou hist. nat. des ins. Bupreste. *Pl.* 7. *fig.* 77.

Buprestis striata. Fab. *Syst. ent. pag.* 217. *n°.* 8. — *Spec. ins. tom.* 1. *pag.* 274. *n°.* 10. — *Mant. ins. tom.* 1. *pag.* 177. *n°.* 15.

Il n'est guères plus grand que le *Bupreste* rustique. Les antennes sont noirâtres, en scie, avec les trois premiers articles cuivreux. La tête & le corcelet sont bronzés, pointillés. L'écusson est arrondi, déprimé, cuivreux. Les élytres sont bronzées; elles sont fortement pointillées & ont chacune quatre lignes longitudinales élevées : l'extrémité est tronquée, presque bidentée. Le dessous du corps & les pattes sont de couleur de cuivre rouge, foncée, brillante.

Il se trouve en Pensylvanie.

15. Bupreste rufipède.

Buprestis rufipes.

Bupreſtis elytris bidentatis cæruleis flavo maculatis, corpore variegato, pedibus rufis. Ænt. ou hiſt. nat. des inſ. BUPRESTE. *pl.* 7. *fig.* 73.

Il a une forme alongée. Les antennes ſont rouſſâtres. La tête & le corcelet ſont pointillés, & d'un vert plus ou moins foncé, brillant. L'écuſſon eſt petit & violet. Les élytres ſont ſtriées, violettes, avec deux taches oblongues jaunes à la baſe, quatre au-delà du milieu, de la même couleur, enfin l'extrémité eſt jaune & bidentée. Le deſſous du corcelet, la poitrine & le premier anneau de l'abdomen ſont verts, avec des taches rouſſâtres; l'extrémité de l'abdomen & les pattes ſont rouſſâtres.

Il ſe trouve dans l'Amérique ſeptentrionale, la Caroline.

16. BUPRESTE bronzé.

BUPRESTIS ænea.

Bupreſtis elytris bidentatis ſtriatis ſcabris, ſuprà ænea, ſubtùs cuprea. Ent. ou hiſt. nat. des inſ. BUPRESTE. *Pl.* 6. *fig.* 57.

Bupreſtis ænea elytris emarginatis, punctis excavatis cicatriſantibus, apice ſtriatis. LIN. *Syſt. nat. pag.* 661. *n°.* 19. — *Faun. ſuec. n°.* 758.

Il eſt à-peu-près de la grandeur du *Bupreſte* pointu. Tout le corps eſt raboteux, bronzé en deſſus, cuivreux en deſſous. Les antennes ſont bronzées, en ſcie. La tête & le corcelet ſont chagrinés. L'écuſſon eſt petit & arrondi. Les élytres ſont ſtriées, & les ſtries ſont mieux marquées vers la ſuture : l'extrémité eſt bidentée. Les pattes ſont cuivreuſes.

Il ſe trouve rarement dans preſque toute l'Europe.

17. BUPRESTE reluiſant.

BUPRESTIS coruſca.

Bupreſtis elytris bidentatis, ænea nitidiſſima, elytris apice abdomineque aureis. Ent. ou hiſt. nat. des inſ. BUPRESTE. *Pl.* 9. *fig.* 99.

Bupreſtis coruſca. FAB. *Mant inſ. tom.* 1. *pag.* 176. *n°.* 8.

Bupreſtis tereticollis *craſſiuſcula, aurato-viridiſſima, polita; thorace antice cylindraceo; elytris læviſſimis præmorſis, apice aureo-rutilis.* PALL. *Inſ. Sibir. pag.* 75. *tab. D. fig.* 18.

Il reſſemble, pour la forme & la grandeur, au *Bupreſte* ruſtique. Tout le corps eſt d'une belle couleur verte dorée, brillante. Les antennes ſont d'un vert foncé luiſant. La tête eſt pointillée; les yeux ſont bruns. Le corcelet eſt liſſe, &, vu à la loupe, il paroît avoir quelques petits points enfoncés. Les élytres ſont liſſes, avec deux taches oblongues d'un rouge doré vers l'extrémité intérieure, une de chaque côté : l'extrémité eſt munie de deux pointes égales. On voit, aux côtés de l'abdomen, une belle couleur rouge dorée.

Il ſe trouve à la Jamaïque.

18. BUPRESTE décoré.

BUPRESTIS decora.

Bupreſtis elytris truncatis bidentatis viridibus, vitta cæruleſcente marginibuſque aureis. Ent ou hiſt. nat. des inſ. BUPRESTE. *Pl.* 8. *fig.* 82.

Bupreſtis decora. FAB. *Syſt. ent. pag.* 217. *n°.* 6. — *Spec. inſ. tom.* 1. *pag.* 274. *n°.* 7. — *Mant. inſ. tom.* 1. *pag.* 176. *n°.* 9.

Il reſſemble entièrement, pour la forme & la grandeur, au *Bupreſte* ruſtique. Les antennes ſont noires, en ſcie. La tête & le corcelet ſont cuivreux, preſque bronzés, peu brillants, pointillés. L'écuſſon eſt cuivreux. Les élytres ſont ſtriées, verdâtres, avec la ſuture & le bord extérieur d'un rouge cuivreux, & une raie longitudinale bleuâtre, au milieu de chaque élytre : l'extrémité eſt bidentée. Le deſſous du corps & les pattes ſont cuivreux, brillans.

Il ſe trouve dans l'Amérique méridionale.

Du cabinet de M. Banks.

19. BUPRESTE ſurdoré.

BUPRESTIS aurulenta.

Bupreſtis elytris bidentatis viridibus, margine corporeque auratis, thorace ſubpunctato. Ent. ou hiſt. nat. des inſ. BUPRESTE. *Pl.* 9. *fig.* 98.

Bupreſtis aurulenta. LIN. *Syſt. nat. pag.* 661. *n°.* 10.

Il reſſemble entièrement, pour la forme & la grandeur, au *Bupreſte* ruſtique. Les antennes ſont en ſcie & d'un noir bleuâtre. La tête & le corcelet ſont pointillés & d'une belle couleur verte cuivreuſe. L'écuſſon eſt d'un vert bleuâtre brillant. Les élytres ſont un peu chagrinées, & elles ont chacune quatre lignes longitudinales élevées : elles ſont d'un vert un peu bleuâtre cuivreux, avec la ſuture & le bord extérieur d'un rouge de cuivre très-brillant. Le deſſous du corps & les pattes ſont d'un vert doré très-brillant. L'extrémité de chaque élytre a deux petites dents.

Il ſe trouve dans la Caroline.
Du cabinet de M. Smith.

20. BUPRESTE maure.

BUPRESTIS maura.

Bupreſtis elytris bidentatis ſtriatis, corpore nigro-violaceo, thorace ſulcato. Ent. ou hiſt. nat. des inſ. BUPRESTE. *Pl.* 5. *fig.* 4. 7.

Il est de la grandeur du *Bupreste* autrichien. Les antennes sont noires en scie. Tout le corps en-dessus est violet noirâtre. Le corcelet a une ligne longitudinale enfoncée. L'écusson est petit, arrondi. Les élytres sont bidentées & striées.

Il se trouve dans l'Amérique méridionale.

21. BUPRESTE prussien.

BUPRESTIS berolinensis.

Buprestis elytris bidentatis viridi nigroque variis, ano tridentato. FAB. *Mant. ins. tom.* 1. *pag.* 176. *n°.* 7.

Buprestis austriaca. SCHRANK. *Enum. ins. austr. n°.* 361.
Mordella gigantea. SCOP. *Ent. carn. n°.* 187.
Buprestis berolinensis. FUESLY. *Archiv.*
Buprestis oxyptera *oblonga, ænea, carioso-inaurata; elytris striatis, subacuminatis, præmorsis; thorace lævi.* PALL. *Icon. ins. sibir. pag.* 70. *tab. D. fig.* 11.

Cet insecte a été pris mal-à-propos pour le *Buprestis a striaca* de Linné, par Schrank & Scopoli. L'insecte de Linné que j'ai vu dans la collection diffère de celui-ci; il est de la grandeur du *Bupreste* obscur. La tête & le corcelet sont verts, pointillés. Les élytres sont bidentées, presque striées, mélangées de noirâtre & de bronzé. Le dessous du corps est cuivreux, & l'anus est obscur.

Il se trouve en Allemagne, en Prusse.

22. BUPRESTE autrichien.

BUPRESTIS austriaca.

Buprestis elytris bidentatis, striatis æneis, capite thoraceque viridibus, abdomine violaceo. *Ent. ou hist. nat. des ins.* BUPRESTE. *Pl.* 10. *fig.* 113.
Buprestis austriaca. LIN. *Syst. nat. pag.* 661. *n°.* 9.

Buprestis austriaca elytris integris sulcatis æneis, capite thoraceque viridibus. FAB. *Syst. ent. pag.* 221. *n°.* 26. — *Spec. ins. tom.* 1. *pag.* 279. *n°.* 36. — *Mant. ins. tom.* 1. *pag.* 181. *n°.* 53.

Il ressemble beaucoup, pour la forme & la grandeur, au *Bupreste* rustique. Les antennes sont en scie, noires, avec le premier article verdâtre. La tête & le corcelet sont verts & finement pointillés. L'écusson est bronzé. Les élytres sont striées, bronzées, terminées par deux petites dents. Le dessous du corcelet & la poitrine sont verts. L'abdomen est violet, très-brillant. Les pattes sont violettes.

Il se trouve en Autriche.
Du cabinet de M. Smith.

23. BUPRESTE luride.

BUPRESTIS lurida.

Buprestis elytris bidentatis, corpore obscuro, ano tridentato. *Ent. ou hist. nat. des ins.* BUPRESTE. *Pl.* 8. *fig.* 83.

Buprestis lurida. FAB. *Syst. ent. pag.* 217. *n°.* 7. — *Spec. ins. tom.* 1. *pag.* 274. *n°.* 8. — *Mant. ins. tom.* 1. *pag.* 176. *n°.* 10.

Il est de la grandeur du *Bupreste* rustique, mais il est un peu plus alongé. Les antennes sont en scie, d'un noir bronzé. La tête & le corcelet sont pointillés, presque raboteux, bronzés. L'écusson est petit, arrondi, cuivreux. Les élytres sont cuivreuses, presque striées, un peu raboteuses; on y remarque quelques petites élévations longitudinales: elles ont leur extrémité un peu alongée & bidentée. Le dessous du corps est bronzé, ainsi que les pattes.

Il se trouve en Amérique.
Du cabinet de M. Banks.

24. BUPRESTE fascié.

BUPRESTIS fasciata.

Buprestis elytris bidentatis viridi-æneis apice cyaneis, fasciis duabus ferrugineis. *Ent. ou hist. nat. des ins.* BUPRESTE. *Pl.* 9. *fig.* 92.

Buprestis fasciata. FAB. *Mant. ins. tom.* 1. *pag.* 177. *n°.* 13.

Il ressemble, pour la forme & la grandeur, au *Bupreste* éclatant. Les antennes sont d'un noir verdâtre, filiformes, à peine en scie, un peu plus courtes que le corcelet. Tout le corps, excepté l'extrémité des élytres, est d'un vert un peu bleuâtre luisant. Le corcelet est pointillé. L'écusson est petit, arrondi. Les élytres sont striées, bidentées à leur extrémité; elles sont vertes, bleues à leur extrémité, avec deux bandes fauves, dont la première est sinuée & interrompue à la suture, & l'autre n'est formée que de deux petites taches transversales qui ne touchent ni la suture ni les bords extérieurs. On voit quelquefois un point fauve vers le milieu de chaque élytre, entouré de bleu. Les pattes sont de la couleur du corps.

Il se trouve dans l'Amérique septentrionale.

25. BUPRESTE obscur.

Buprestis obscura.

Buprestis elytris bidentatis obscure æneis, punctis elevatis obscurioribus. FAB. *Spec. ins. tom.* 1. *pag.* 274. *n°.* 9. — *Mant. ins. tom.* 1. *pag.* 176. *n°.* 11.

Tout le corps de cet insecte en dessus est bronzé, peu brillant, avec des points élevés plus obscurs. Les élytres sont bidentées à leur extrémité. Le dessous du corps est cuivreux, très-brillant.

Il se trouve dans l'Amérique septentrionale.

26. BUPRESTE indigo.

Buprestis cærulea.

Buprestis elytris bidentatis striato-punctatis viridi-aureis, margine corporeque cæruleo. Ent. ou hist. nat. des inf. BUPRESTE. *Pl.* 4. *fig.* 35.

Il est de la grandeur du *Bupreste* rustique. Les antennes sont noirâtres. La tête est bleue, légèrement raboteuse. Le corcelet est pointillé. L'écusson est petit, arrondi, bleuâtre. Les élytres sont bidentées, striées, d'un vert doré, avec les côtés bleus. Le dessous du corps & les pattes sont d'un bleu très-brillant.

Il se trouve aux Indes orientales.

27. BUPRESTE ponctué.

Buprestis punctata.

Buprestis elytris bidentatis striatis, ænea, capite abdomineque testaceo maculatis. Ent. ou hist. nat. des Inf. BUBRESTE. *Pl.* 10. *fig.* 114.

Buprestis punctata. FAB. *Mant. inf. tom.* 1. *pag.* 176. *n°.* 12.

Il ressemble beaucoup au *Bupreste* rustique. Les antennes sont d'un noir bronzé. La tête est bronzée, avec la lèvre supérieure jaune, deux points jaunes sur la bouche, deux autres entre les antennes, & le tour des yeux jaune antérieurement. Le corcelet est pointillé, bronzé, avec un peu des bords latéraux d'un jaune fauve. L'écusson est petit & arrondi. Les élytres sont bronzées, striées, bidentées. Le dessous du corps est bronzé, avec huit points d'un jaune fauve sur l'abdomen, & quelquefois seulement deux petites taches sur le dernier anneau. Les pattes sont bronzées.

Il se trouve en Barbarie, au Levant, dans les provinces méridionales de la France.

28. BUPRESTE villageois.

Buprestis pagana.

Buprestis elytris bidentatis punctatis, nigra, thorace angulato utrinque puncto impresso ferrugineo. Ent. ou hist. nat. des inf. BUPRESTE, *Pl.* 6. *fig.* 55.

Il ressemble un peu au *Bupreste* ténébreux. Les antennes sont noires, en scie. Tout le corps endessus est noir, peu luisant. Le corcelet est presque anguleux, ponctué, un peu déprimé en-dessus, avec une tache enfoncée, ferrugineuse, de chaque côté. L'écusson est à peine apparent. Les élytres sont ponctuées, presque striées, bidentées à leur extrémité. Le dessous du corps est bronzé, légèrement couvert d'écailles blanchâtres, avec une tache ferrugineuse de chaque côté sur les anneaux de l'abdomen. Les pattes sont bronzées, avec quelques écailles blanchâtres sur les cuisses.

Il se trouve au cap de Bonne-Espérance.

Du cabinet du roi.

29. BUPRESTE purpurin.

Buprestis purpurea.

Buprestis elytris bidentatis viridibus vittis duabus purpureis, thorace viridi. Ent. ou hist. nat. des inf. BUPRESTE. *Pl.* 10. *fig.* 105.

Il est un peu plus petit que le *Bupreste* rustique. Les antennes sont bronzées. La tête & le corcelet sont d'un vert doré & finement pointillés. L'écusson est arrondi. Les élytres sont pointillées, bidentées, d'un vert doré, avec une large raie sur chaque, d'une couleur un peu pourpre, qui ne touche ni à la base ni à l'extrémité. Le dessous du corps est un peu pourpre, mais la poitrine & les pattes sont verdâtres.

Il se trouve à l'Isle de France.

Du cabinet du roi.

30. BUPRESTE rauque.

Buprestis rauca.

Buprestis elytris bidentatis substriatis, corpore obscurè ænea, immaculata. FAB. *Mant. inf. tom.* 1. *pag.* 177. *n°.* 14.

Il est petit, d'un noir bronzé, brillant, sans taches. Les élytres sont bidentées, & ont des stries peu marquées.

Il se trouve en Barbarie, sur les fleurs.

*** *Élytres tridentées.*

31. BUPRESTE Chrysis.

Buprestis Chrysis.

Buprestis elytris serrato-tridentatis castaneis, sterno conico porrecto. Ent. ou hist. nat. des inf. pl. 2. *fig.* 8. *a. d. e. & pl.* 6. *fig.* 52. *b.*

Buprestis Chrysis. FAB. *Syst. ent. pag.* 218. *n°.* 13. —*Spec. inf. tom.* 1. *pag.* 275. *n°.* 18. —*Mant. inf. tom.* 1. *pag.* 178. *n°.* 24.

Buprestis sternicornis *viridi aurata, elytris fusco-castaneis serrato-tridentatis, thorace punctato, sterno porrecto.* DEG. *Mem. inf. tom.* 4. *pag.* 136. *n°.* 2.

Buprestis chrysites *crassa, aureo-viridissima, elytris apice serratis, rubris, basi inæqualibus, sterno antrorsum producto, conico.* PALL. *Inf. sibir. pag.* 61. *tab. D. fig.* 1.

Il est presque une fois plus grand que le *Bupreste* sternicorne. Les antennes sont noirâtres, en scie, un peu plus courtes que le corcelet. Le corps est renflé, très-élevé à sa partie supérieure. La tête & le corcelet sont d'un vert doré très-brillant, couverts de points enfoncés, assez gros. Les élytres sont très-finement pointillées, lisses, d'un brun marron, avec un reflet verdâtre à leur base; l'extrémité est tridentée. Le dessous du corps est d'un vert doré très-brillant. Le sternum est avancé & conique. Les pattes sont brunes & les cuisses sont d'un brun violet.

Il se trouve aux Indes orientales.

32. BUPRESTE marron.

BUPRESTIS castanea.

Buprestis elytris serrato-tridentatis castaneis, basi macula villosa, thorace oblongo-punctato. Ent. ou hist. nat. des inf. BUPRESTE. *Pl.* 2. *fig.* 8. *b. c.*

Il ressemble entièrement, pour la forme & la grandeur, au *Bupreste* Chrysis. Les antennes sont en scie, d'un brun marron, avec les dentelures noirâtres. La tête est noirâtre, légèrement raboteuse. Le corcelet est élevé, noirâtre, avec des points enfoncés assez grands, couverts d'un duvet fauve; il est un peu lobé postérieurement. Point d'écusson. Les élytres sont un peu raboteuses, avec quatre lignes longitudinales peu marquées, & une tache enfoncée, ronde, couverte d'un duvet fauve, placée vers la base de chaque élytre; leur extrémité est tridentée. Le dessus du corps est noir, avec un peu de ferrugineux sur l'abdomen. Les pattes sont d'un brun marron, avec un peu de noirâtre sur les cuisses. Le sternum est avancé.

Il se trouve au Sénégal, d'où il a été apporté par M. Geoffroy de Villeneuve.

33. BUPRESTE sternicorne.

BUPRESTIS sternicornis.

Buprestis elytris serrato-tridentatis viridibus, punctis cinereis impressis, sterno porrecto conico. Ent. ou hist. nat. des inf. BUPRESTE. *Pl.* 6. *fig.* 52. *a.*

Buprestis sternicornis. FAB. *Syst. ent. pag.* 218. n°. 12. — *Spec. inf. tom.* 1. *pag.* 275. n°. 17. — *Mant inf. tom.* 1. *pag.* 178. n°. 23.

Buprestis sternicornis *elytris serrato-tridentatis, thorace punctato, sterno porrecto, corpore inaurato.* LINN. *Syst. nat. pag.* 660. n°. 5. — *Mus. Lud. Ulr. pag.* 88.

Carabus orientalis crassus. GREW. *Mus. pag.* 167. *tab.* 13.

Cantharis major, capite & thorace cavitatibus donatis, elytris lævibus. SLOANE. *Hist. of Jam. tab.* 236. *fig.* 8.
VOET. *Coleopt. tab.* 48. *fig. III.*

Il est un peu plus grand que le *Bupreste* fasciculé. Les antennes sont noirâtres, en scie, un peu plus courtes que le corcelet. Tout le corps est d'un vert doré très-brillant. Le corcelet est élevé & couvert de points enfoncés. Point d'écusson. Les élytres ont plusieurs rangées de points peu enfoncés, cendrés, & un point beaucoup plus grand à la base de chaque élytre: l'extrémité est tridentée. Les pattes sont vertes, avec les tarses noirs. Le sternum est avancé & conique.

Il se trouve aux Indes orientales.

34. BUPRESTE interrompu.

BUPRESTIS interrupta.

Buprestis elytris subtridentatis, lineis abbreviatis impressis albis, sterno anticè porrecto. Ent. ou hist. nat. des inf. BUPRESTE. *Pl.* 4. *fig.* 28. *a. b. c.*

Il ressemble, pour la forme & la grandeur, au *Bupreste* sternicorne. Les antennes sont noires, en scie. La tête est d'un noir bleuâtre, pointillée, avec un sillon couvert d'un duvet blanchâtre. Le corcelet est noir, luisant, avec des points enfoncés blanchâtres. Les élytres sont légèrement chagrinées, presque tridentées, avec quelques lignes oblongues enfoncées, couvertes d'un duvet blanchâtre, à la base, & une autre plus longue interrompue, au-delà du milieu. Le dessous du corps est bronzé, brillant, & couvert d'un duvet blanchâtre. Les pattes sont bronzées. Le sternum est avancé & conique.

Il se trouve au Sénégal, d'où il a été apporté par M. Geoffroy de Villeneuve.

35. BUPRESTE oculé.

BUPRESTIS ocellata.

Buprestis elytris tridentatis viridibus, maculis duabus aureis ocellarique flava. Ent. ou hist. nat. des inf. BUPRESTE. *Pl.* 1. *fig.* 3. *a. b.*

Buprestis ocellata *viridi nitens, elytris tridentatis, maculis duabus aureis ocellarique flava.* FAB. *Syst. ent. pag.* 218. n°. 11. — *Spec. inf. tom.* 1. *pag.* 275. n°. 14. — *Mant. inf. tom.* 1. *pag.* 177. n°. 19.
SULZ. *Hist. inf. tab.* 6. *fig.* 15.

Il ressemble, pour la forme & la grandeur, au *Bupreste* enflammé. Les antennes sont noirâtres, en scie. La tête est verte, petite & cannelée. Le corcelet est pointillé, vert doré, avec une large raie longitudinale, bleue, lisse. Les élytres sont tridentées, d'un vert doré, avec deux taches oblongues d'un rouge cuivreux, & une grande tache jaune au milieu, entourée d'un cercle bleu. Le dessous est doré, très-brillant. Les pattes sont d'un vert doré.

Il se trouve aux Indes orientales, à Chandernagor.

36. BUPRESTE verdelet.

Buprestis viridula.

Buprestis elytris tridentatis striatis, scutello cordato, corpore viridi inaurato. Ent. ou hist. nat. des ins. BUPRESTE. *Pl.* 10. *fig.* 112.

Il est un peu plus grand que le *Bupreste* rustique. Les antennes sont vertes, en scie. Tout le corps est d'un vert doré brillant; les yeux seuls sont bruns. Le corcelet est pointillé; il a un sillon & deux points de chaque côté très peu enfoncés. L'écusson est assez grand & en cœur. Les élytres sont striées, tridentées à leur extrémité.

Il se trouve dans la Caroline.
Du cabinet de M. Gigot d'Orcy.

37. BUPRESTE rayé.

Buprestis lineata.

Buprestis elytris truncatis subtridentatis nigroæneis, vittis duabus ferrugineis. Ent. ou hist. nat. des ins. BUPRESTE. *Pl.* 8. *fig.* 80.

Buprestis lineata. FAB. *Syst. Ent. pag.* 217. *n°.* 10. — *Spec. ins. tom.* 1. *pag.* 275. *n°.* 13. — *Mant. ins. tom.* 1. *pag.* 177. *n°.* 18.

Il ressemble, pour la forme & la grandeur, au *Bupreste* rustique. Le corcelet est cuivreux, pointillé, avec un peu de fauve a la partie antérieure & sur les côtés. L'écusson est petit, arrondi. Les élytres sont d'un vert foncé, un peu bronzé, avec deux raies longitudinales, dont l'extérieure va de la base à la pointe, & l'intérieure, un peu plus large vers la base, ne descend pas jusqu'à la pointe : l'extrémité de chaque élytre est terminée par trois petites dentelures. Le dessous du corps est d'une belle couleur cuivreuse, avec un peu de rougeâtre au-dessous du corcelet, & deux petits points rougeâtres sur le dernier anneau. Le premier anneau du ventre a un sillon longitudinal au milieu.

Il se trouve dans l'Amérique méridionale.

38. BUPRESTE tricuspidé.

Buprestis tricuspidata.

Buprestis elytris tridentatis, ænea immaculata, scutello tricuspidato. Ent. ou hist. nat. des ins. BUPRESTE. *Pl.* 8. *fig.* 87.

Buprestis ænea *elytris tridentatis, corpore æneo immaculato.* FAB. *Spec. ins. tom.* 1. *pag.* 275. *n°.* 15. — *Mant. ins. tom.* 1. *pag.* 177. *n°.* 20.

Il est de la grandeur du *Bupreste* rustique. Les antennes sont cuivreuses, un peu en scie. La tête & le corcelet sont cuivreux, brillans, pointillés. L'écusson est tricuspidé, cuivreux. Les élytres sont striées & bronzées : leur extrémité est munie de trois petites dentelures. Le dessous du corps & les pattes sont cuivreux, brillans, mais un peu couverts d'une poussière jaunâtre.

Linné ayant donné le nom de *Buprestis ænea* à une autre espèce, nous avons cru devoir changer le nom de celle-ci.

Il se trouve à la côte de Coromandel.

39. BUPRESTE maculé.

Buprestis maculata.

Buprestis elytris tridentatis cyaneis flavo maculatis. Ent. ou hist. nat. des ins. Pl. 6. *fig.* 61. *a. b. & pl.* 10. *fig.* 61. *c.*

Buprestis maculata. FAB. *Spec. ins. tom.* 1. *pag.* 275. *n°.* 16. — *Mant. ins. tom.* 1. *pag.* 177. *n°.* 21.

Il est à peine plus petit que le *Bupreste* rustique. Les antennes sont noires, un peu en scie. La tête est d'un bleu foncé, jaune antérieurement, avec des points d'un vert noirâtre. Le corcelet est bleu foncé, avec les bords latéraux & un peu du bord antérieur, latéralement jaunes. L'écusson est petit & bleu foncé. Les élytres sont bleues, avec deux taches oblongues, irrégulières, quelquefois divisées, sur chaque; elles sont striées, & leur extrémité est munie de trois petites dentelures. Le dessous du corps est noir bronzé, avec une suite de taches jaunes de chaque côté de l'abdomen.

Il se trouve en Sibérie, à Tripoli.

40. BUPRESTE huit-taches.

Buprestis octoguttata.

Buprestis elytris truncatis quadridentatis striatis nigro-cæruleis, maculis quatuor flavis. Ent. ou hist. nat. des ins. BUPRESTE. *Pl.* 4. *fig.* 36.

Buprestis octoguttata *elytris fastigiatis muticis maculis quatuor albis, corpore cæruleo.* LIN. *Syst. nat. pag.* 659. *n°.* 2. — *Faun. Suec. n°.* 753.

Buprestis octoguttata. FAB. *Syst. ent. pag.* 220. *n°.* 23. — *Spec. ins. tom.* 1. *pag.* 278. *n°.* 32. — *Mant. ins. tom.* 1. *pag.* 180. *n°.* 48 ?

Buprestis albo-punctata *cæruleo-violacea nitida, thoracis lateribus albis, elytris striatis, maculis quinque albis.* DEG. *tom.* 4. *pag.* 132. *n°.* 5. *pl.* 4. *fig.* 20 ?

Bupreste à points blancs, bleu violet luisant, à corcelet bordé de blanc & à étuis cannelés, avec cinq taches blanches. DEG. *Ib.*
Buprestis octoguttata. VILL. *Ent. tom.* 1. *pag.* 327. *n°.* 1.

Il est de la grandeur du *Bupreste* rustique. Les antennes sont noires, presque de la longueur du corcelet. La tête est pointillée, noirâtre, avec quelques points & quelques lignes jaunes à la partie antérieure. Le corcelet est pointillé, noirâtre, avec le bord latéral & un peu le bord antérieur jaunes. Les élytres sont d'un noir un peu bleuâtre, avec quatre points jaunes placés sur une ligne longitudinale. Elles sont pointillées, striées, tronquées à leur extrémité, & munies de quelques petites dentelures. Le dessous du corps & les pattes sont bronzés, avec quelques petits points jaunes. L'abdomen a quatre rangées de points jaunes.

Il se trouve en Europe. Je l'ai trouvé aux isles d'Hières dans un Pin carié.

41. BUPRESTE tache-jaune.

BUPRESTIS flavo-maculata.

Buprestis elytris truncatis dentatis striatis nigris: maculis quatuor flavis. FAB. *Mant. inf. tom.* 1. *pag.* 177. *n°.* 22.

Buprestis flavo-punctata *nigra, thorace margine flavo, elytris punctis abdomineque subtùs maculis flavis quadruplici ordine.* DEG. *Mem. inf. tom.* 4. *pag.* 129. *n°.* 2.

Bupreste à taches jaunes, noir, à corcelet bordé de jaune d'ocre, à points jaunes sur les étuis, & à quatre rangs de taches jaunes sur le dessous du ventre. DEG. *Ib.*

Buprestis flavo maculata. DEVIL. *Inf.* 4. *pag.* 137. *n°.* 6.

Il est de la grandeur du *Bupreste* maculé. La tête est d'un noir bronzé, avec le front jaune. Le corcelet est noirâtre, bordé de jaune. Les élytres sont tronquées, dentées, striées, noirâtres, avec quatre taches jaunes, dont la postérieure est didyme. L'abdomen est d'un noir bronzé, avec deux points jaunes à l'extrémité. Les pattes sont noires.

Il se trouve en Suède.

42. BUPRESTE violet.

BUPRESTIS violacea.

Buprestis elytris truncato quadridentatis violaceis, corpore elongato cyaneo. FAB. *Mant. inf. tom.* 1. *pag.* 178. *n°.* 25.

Le corps est alongé, bleu, brillant, sans taches. Les élytres seules sont violettes, tronquées & quadridentées.

Il se trouve à Sierra-Leona, en Afrique.

* * * * *Elytres en scie.*

43. BUPRESTE enflammé.

BUPRESTIS ignita.

Buprestis elytris serratis viridibus, corpore subtùs aureo, splendente. Ent. ou hist. nat. des inf. Pl. 4. *fig.* 33.

Buprestis ignita *elytris serratis, thorace impresso, corpore inaurato, tibiis teretibus.* LIN. *Syst. nat. pag.* 659. *n°.* 3. — *Mus. Lud. Ulr. pag.* 86?

Buprestis ignita *elytris tridentatis, thorace impresso, corpore inaurato.* FAB. *Syst. ent. pag.* 217. *n°.* 9. — *Spec inf. tom.* 1. *pag.* 274. *n°.* 12. — *Mant. inf. tom.* 1. *pag.* 177. *n°.* 17.

Il ressemble, pour la forme & la grandeur, au *Bupreste* bande-dorée. Les antennes sont noires, en scie, avec le premier article bronzé. La tête est verte & profondément sillonée. Le corcelet est vert, lisse, très-finement pointillé. Point d'écusson apparent. Les élytres sont vertes, lisses, très-finement pointillées, légèrement en scie à leur extrémité. Le dessous du corps est d'un vert doré, un peu cuivreux, très-brillant. Les pattes sont vertes.

Il se trouve aux Indes orientales.

Je doute que cet insecte soit le *Buprestis ignita* de Linné.

44. BUPRESTE fulgide.

BUPRESTIS fulgida.

Buprestis elytris serratis, viridi-aurea, thorace elytrisque vittis duabus purpureis. Ent. ou hist. nat. des inf. BUPRESTE. *Pl.* 11. *fig.* 119.

Il ressemble beaucoup au *Bupreste* bande-dorée. La tête est d'un vert doré, avec un sillon longitudinal à sa partie antérieure. Le corcelet est lisse au milieu, un peu raboteux sur les côtés, d'un vert doré brillant, avec deux larges raies longitudinales pourpres. L'écusson est imperceptible. Les élytres sont en scie à leur extrémité, d'un vert doré brillant, avec une large raie longitudinale pourpre, au milieu de chaque élytre. On voit aussi quelques lignes peu élevées & peu marquées. Le dessous du corps & les pattes sont d'un vert doré brillant.

Il se trouve....

45. BUPRESTE Iris.

BUPRESTIS Iris.

Buprestis elytris serratis striatis viridi-auratis flavo maculatis, thorace trilobo. Ent. ou hist. nat. des inf. BUPRESTE. *Pl.* 5. *fig.* 39.

Il est de la grandeur du *Bupreste* unidenté. Les antennes sont petites, en scie, d'un noir bronzé. Le corps est d'une belle couleur verte, dorée, brillante. Le corcelet est élevé, étroit antérieurement, trilobé & large postérieurement. L'écusson est en cœur. Les élytres sont en scie depuis la pointe jusques vers le milieu; elles sont striées, vertes, avec une très-grande tache commune, jaune, vers la base, sur laquelle s'avance, de chaque côté, un peu de vert en arc; un peu au-delà du milieu, il y a une bande courte, jaune. Les pattes sont de la couleur du corps. Le sternum est très-avancé.

Il se trouve à Cayenne, d'où il a été apporté par M. de la Borde, docteur en médecine.

46. Bupreste doré.

Buprestis aurata.

Buprestis elytris serratis, viridi-aurea, thorace viridi-aeneo. Ent. ou hist. nat. des inf. Bupreste. *Pl. 9. fig. 93.*

Buprestis aurata *elytris serratis aurea, thorace aeneo.* Fab. *Mant. inf. tom. 1. pag. 178. n°. 33.*

Il ressemble beaucoup au *Bupreste* enflammé. Les antennes sont d'un vert foncé brillant, avec les dentelures très-noires. La tête est verte, avec un large sillon à la partie antérieure. Le corcelet est vert, moins brillant que les élytres. On ne voit point d'écusson. Les élytres ont des stries peu régulières, formées par des points enfoncés; leur extrémité est dentelée. Le dessous du corcelet est vert brillant. La poitrine & l'abdomen sont d'une couleur de cuivre rouge très-brillante. Les pattes sont d'un vert cuivreux.

Il se trouve dans l'Amérique méridionale.

47. Bupreste Mariane.

Buprestis Mariana.

Buprestis elytris serratis longitudinaliter rugosis, maculis duabus impressis, thorace sulcato. Ent. ou hist. nat. des inf. Bupreste. *Pl. 1. fig. 4.*

Buprestis Mariana. Lin. *Syst. nat. pag. 660. n°. 6. — Mus. Lud. Ulr. pag. 89. — Faun. Suec. n°. 754.*

Buprestis Mariana. Fab. *Syst. ent. pag. 219. n°. 21. — Spec. inf. tom. 1. p. 276. n°. 20. — Mant. inf. tom. 1. pag. 178. n°. 27.*

Cantharis Marianus viridis perelegans, vaginis sulcatis signaturis flavescentibus notatis. Pet. *Gaz. t. 2. fig. 2.*

Buprestis hiulca *fusco-aenea depressa, scabritie subtùs aurata, thorace elytrisque longitudinaliter rugoso-hiulcis, areolis elytrorum geminis impressis cupreis.* Pall. *Icon. inf. sibir. pag. 68. tab. D. fig. 8.*

Buprestis virginiensis. Drury. *Illust. of inf. tom. 1. tab. 30. fig. 3.*

Schaeff. *Icon. inf. tab. 49. fig. 1.*

Buprestis Mariana. Schrank. *Enum. inf. aust. n°. 361.*

Buprestis Mariana. Vill. *Ent. tom. 1. p. 328. n°. 2.*

Il est de la grandeur du *Bupreste* Ténébrion. Les antennes sont filiformes, presque en scie, noires, avec le premier article cuivreux. Tout le dessus du corps est raboteux, cuivreux, brillant : le dessous est raboteux, d'un rouge cuivreux très-brillant. La tête est sillonée. Le corcelet a des enfoncemens irréguliers, & une raie longitudinale, lisse, au milieu. L'écusson est petit, arrondi, élevé. Les élytres sont un peu en scie; elles ont trois ou quatre lignes longitudinales peu élevées & quelques impressions, dont deux plus marquées forment deux espèces de taches. Les pattes sont raboteuses, cuivreuses.

Cet insecte varie pour les couleurs. Le dessus du corps est quelquefois noirâtre, obscur, & le dessous est cuivreux, peu brillant.

Il se trouve dans presque toute l'Europe, dans la Sibérie, dans l'Amérique septentrionale. Je l'ai trouvé en Provence, sur les troncs vermoulus des Pins, & dans les chantiers de l'arsenal de Toulon.

48. Bupreste resserré.

Buprestis stricta.

Buprestis elytris serratis sulcatis, tibiis angulatis, abdomine glabro. Lin. *Syst. nat. pag. 660. n°. 4. — Mus. Lud. Ulr. pag. 87.*

Il ressemble, pour la forme & la grandeur, au *Bupreste* Mariane. Les antennes sont noires, plus courtes que le corcelet. Le corcelet est cuivreux. Les élytres sont très en scie, sillonées, d'un vert foncé brillant. Le dessous du corps est glabre, doré, très-brillant. Les pattes sont dorées; les jambes sont anguleuses.

Il se trouve aux Indes orientales.

49. Bupreste farineux.

Buprestis farinosa.

Buprestis elytris serratis viridibus, sulco abbreviato, suturali impresso. Ent. ou hist. nat. des inf. Bupreste. *Pl. 7. fig. 70.*

Buprestis farinosa. Fab. *Syst. ent. pag. 219. n°. 16. — Spec inf. tom. 1. p. 276. n°. 21. — Mant. inf. tom. 1. p. 178. n°. 28.*

Il est beaucoup plus petit que le *Bupreste* rayé. Les antennes sont noires & en scie. La tête est bronzée, avec un enfoncement à la partie supérieure. Le corcelet est bronzé, presque quarré, avec une impression longitudinale au milieu, & deux enfoncemens irréguliers, dorés de chaque côté. L'écusson est bronzé & petit. Les élytres sont d'un vert foncé; elles ont beaucoup de points enfoncés, & un sillon enfoncé, doré, depuis le milieu jusqu'à l'extrémité près de la suture; les côtés extérieurs sont un peu en scie vers l'extrémité. Les pattes & tout le dessous du corps sont cuivreux, & couverts d'une poussière fauve. Le premier anneau de l'abdomen a une élévation lisse, brillante, au milieu.

Il se trouve dans la Nouvelle-Hollande.

50. Bupreste ventru.

Buprestis ventricosa.

Buprestis elytris serratis, punctatis, viridis nitens, thorace basique elytrorum maculis impressis aureis. Ent. ou hist. nat. des ins. Bupreste. *Pl. 6. fig. 63. a. b.*

Il ressemble, pour la forme & la grandeur, au *Bupreste* farineux. Les antennes sont noires. La tête est bronzée & sillonée à sa partie antérieure. Le corcelet est d'un vert foncé luisant, avec un large sillon, doré, à sa partie supérieure, & trois taches dorées, enfoncées, irrégulières, de chaque côté. L'écusson est petit & arrondi. Les élytres sont en scie à leur extrémité, fortement pointillées, d'un vert foncé brillant, avec des taches & des points enfoncés, dorés, très-brillans, à leur base. Le dessous du corps & les pattes sont d'un vert très-brillant. L'abdomen est un peu renflé vers sa base.

Il se trouve à Madagascar.

51. Bupreste fulminant.

Buprestis fulminans.

Buprestis elytris serratis æneo nitidissima, elytris apice aureis. Fab. *Mant. ins. tom. 1. pag. 178. n°. 29.*

Le corps est grand, bronzé, très-luisant. Les élytres sont en scie, pointillées, d'un rouge doré à leur extrémité.

Il se trouve aux Indes orientales.

52. Bupreste émeraude.

Buprestis smaragdula.

Buprestis elytris serratis, lineis tribus elevatis, viridi-aurea nitidissima, thorace maculis duabus impressis aureis. Ent. ou hist. nat. des ins. Bupreste. *Pl. 1. fig. 2.*

Il est un peu plus petit que le *Bupreste* farineux. Les antennes sont en scie, noires, avec les deux premiers articles verts. Tout le corps est d'un vert un peu bleuâtre, doré, très-brillant. La tête est un peu enfoncée antérieurement, & marquée d'une petite ligne longitudinale enfoncée. Le corcelet est légèrement raboteux, avec deux taches enfoncées, dorées. L'écusson est petit & arrondi. Les élytres sont en scie, un peu raboteuses, avec trois ou quatre élévations longitudinales. Les pattes sont d'un bleu verdâtre brillant.

Il se trouve aux Indes orientales.

53. Bupreste élégant.

Buprestis elegans.

Buprestis elytris serratis, ænea nitida, thorace lineis duabus elytrorumque unica aureis. Ent. ou hist. nat. des ins. Bupreste. *Pl. 8. fig. 89.*

Buprestis elegans. Fab. *Spec. ins. tom. 1. pag. 277. n°. 24. — Mant. ins. tom. 1. pag. 179. n°. 35.*

Il est de la grandeur du *Bupreste* ponctué. Les antennes sont en scie, d'un noir bleuâtre, avec les deux premiers articles verts. La tête est verte, dorée, raboteuse. Le corcelet est pointillé, presque raboteux, vert doré, avec deux raies cuivreuses. L'écusson est vert & petit. Les élytres sont d'un vert doré, avec une raie longitudinale peu marquée, cuivreuse; elles sont fortement pointillées, presque raboteuses, avec quatre lignes longitudinales, élevées, sur chaque; l'extrémité est en scie. Le dessous du corps & les pattes sont d'un vert doré très-brillant.

Il se trouve au cap de Bonne-Espérance.

54. Bupreste trilobé.

Buprestis triloba.

Buprestis elytris serratis fuscis, corpore viridi, thorace trilobo. Ent. ou hist. nat. des ins. Bupreste. *Pl. 1. fig. 5. & fig. 7.*

Il varie pour la grandeur. Les antennes sont d'un vert bronzé. La tête est verte, & les yeux sont grands & testacés. Le corcelet est vert, pointillé, trilobé postérieurement. L'écusson est triangulaire, pointu & vert. Les élytres sont lisses, noirâtres, un peu en scie vers l'extrémité. Le dessous du corps & les pattes sont verts; les côtés de l'abdomen sont en scie.

Il se trouve dans l'Amérique méridionale, à Cayenne.

Du cabinet de M. Pâris.

55. Bupreste hémorrhoïdal.

Buprestis hæmorrhoidalis.

Buprestis elytris serratis cæruleo-viridibus, punctis quatuor fasciaque postica fulvis; ano ferrugineo. Ent. ou hist. nat. des ins. Bupreste. *Pl. 10. fig. 109.*

Il est presque de la grandeur du *Bupreste* Mariane. Les antennes sont noires, en scie. La tête est d'un vert bleuâtre brillant; les yeux sont bruns. Le corcelet est d'un vert bleuâtre, finement pointillé, avec une ligne longitudinale au milieu, légèrement enfoncée. L'écusson est bleuâtre, plus large que long, arrondi postérieurement. Les élytres sont d'un bleu verdâtre très-brillant, avec quatre points fauves placés sur une ligne transversale vers le milieu, & une bande de la même couleur vers l'extrémité: elles sont très-légèrement striées, & leur bord extérieur est en scie depuis un peu au-delà du milieu jusqu'à l'extrémité. Le dessous du corps est d'un vert brillant, un peu bleuâtre, mais les trois derniers anneaux de l'abdomen sont ferrugineux. Les pattes sont d'un bleu verdâtre. Le sternum est avancé, & il est couvert de quelques poils très-fins, assez longs & grisâtres.

Il se trouve . . . .

56. Bupreste cyanipède.

Buprestis cyanipes.

Buprestis elytris serratis striatis viridi-æneis, thorace plano cæruleo. Ent. ou hist. nat. des inf. Bupreste. *Pl. 9. fig. 104.*

Buprestis cyanipes. Fab. *Mant. inf. tom. 1. p. 178. n°. 30.*

Il ressemble entièrement, pour la forme & la grandeur, au *Bupreste* déprimé. Les antennes sont d'un noir bleuâtre, filiformes, à peine en scie, plus courtes que le corcelet. La tête est bleue & les yeux sont bruns. Le corcelet est bleu au milieu, vert sur les côtés, fortement pointillé, aplati à sa partie supérieure. Les élytres sont vertes, bleuâtres à leur suture, cuivreuses sur les bords extérieurs ; elles ont des stries crénelées, & sont en scie vers leur extrémité. Le dessous du corps est d'un vert brillant : les cuisses sont vertes, & les jambes & les pattes sont bleues.

Il se trouve dans l'Amérique méridionale.

57. Bupreste déprimé.

Buprestis depressa.

Buprestis elytris serratis porcatis punctis impressis, corpore depresso æneo. Ent. ou hist. nat. des inf. Bupreste *Pl. 2. fig. 15.*

Buprestis depressa *elytris subserratis æneo ferrugineis nervoso punctatis, thorace depresso.* Lin. *Syst. nat. mant. 2. p. 533.*

Buprestis depressa *elytris serratis sulcatis, corpore depresso obscuro.* Fab. *Syst. ent. pag. 219. n°. 14. — Spec. inf. tom. 1. pag. 276. n°. 19. — Mant. inf. tom. 1. p. 178. n°. 26.*

Buprestis porcata *elytris serratis porcatis, thorace angulato, corpore fusco nitido.* Fab. *Syst. ent. pag. 219. n°. 17. — Spec. inf. tom. 1. pag. 277. n°. 25. — Mant. inf. tom. 1. pag. 179. n°. 35.*

Il ressemble beaucoup au *Bupreste* cyanipède, pour la forme & la grandeur. Il est entièrement d'une couleur verte très-foncée & cuivreuse. Le corps est un peu déprimé en dessus : les antennes sont d'une couleur bleuâtre foncée. La tête est fortement pointillée. Le corcelet est fortement pointillé, un peu chagriné, déprimé supérieurement. L'écusson est petit. Les élytres ont des stries régulières, formées par des points enfoncés très-rapprochés : l'extrémité extérieure est légèrement dentelée. Les pattes sont d'un bleu foncé.

Le *Buprestis depressa* & le *Buprestis porcata* de M. Fabricius m'ont paru être le même.

Il se trouve dans l'Amérique méridionale, aux Antilles, à Cayenne.

58. Bupreste nègre.

Buprestis nigrita.

Buprestis elytris serratis, lineis tribus elevatis ; thorace postice trilobo, intermedio emarginato. Ent. ou hist. nat. des inf. Bupreste. *Pl. 9. fig. 96.*

Il est un peu plus grand que le *Bupreste* cannelé. Les antennes sont noires, en scie : le corps est bronzé noirâtre, peu luisant en-dessus, bronzé luisant en-dessous. Le corcelet est lisse, trilobé postérieurement, avec le lobe du milieu un peu plus long que les autres & échancré. L'écusson est alongé, très-pointu, enchassé par sa base dans l'échancrure du lobe intermédiaire du corcelet. Les élytres sont en scie depuis le milieu du bord extérieur jusqu'à l'extrémité ; elles ont chacune trois lignes longitudinales élevées. Les pattes sont de la couleur du corps.

Il se trouve au Sénégal.

Du cabinet du roi.

59. Bupreste modeste.

Buprestis modesta.

Buprestis elytris serratis corpore obscurioribus, maculis tribus impressis aureis. Ent. ou hist nat. des inf. Bupreste. *Pl. 7. fig. 72.*

Buprestis modesta. Fab. *Spec. inf. tom. 1. pag. 276. n°. 22. — Mant. inf. tom. 1. p. 178. n°. 31.*

Il est un peu plus petit que le *Bupreste* Mariane. Les antennes sont d'un vert bleuâtre foncé, en scie. La tête est verte dorée, avec le front un peu enfoncé. Le corcelet est doré brillant, très-finement pointillé, avec cinq impressions, dont deux vers les angles postérieurs, moins marquées. L'écusson est vert. Les élytres sont d'un vert doré obscur, brillant à la base & à la suture ; elles sont presque striées & ont chacune trois enfoncemens dorés, dont l'un plus petit en-deçà du milieu, & les deux autres en-delà vers l'extrémité ; l'extrémité latérale est en scie. Le dessous du corps & les pattes sont dorés très-brillans.

Il se trouve dans le Brésil.

60. Bupreste uni.

Buprestis plana.

Buprestis elytris serratis, punctatis, virescentibus, corpore depresso, viridi-aurato. Ent. ou hist. nat. des inf. Bupreste. *Pl. 6. fig. 53. a. b.*

Il est plus petit que le *Bupreste* Mariane. Le corps est

est un peu déprimé : les antennes sont bronzées, en scie, presque de la longueur de la moitié du corcelet. La tête est raboteuse, cuivreuse, avec les yeux noirs. Le corcelet est d'un vert doré & pointillé : l'écusson est petit & arrondi. Les élytres sont verdâtres, peu brillantes au milieu, un peu cuivreuses à la suture ; elles sont un peu en scie, presque bidentées à leur extrémité, & marquées de beaucoup de petits points enfoncés. Le dessous du corps & les pattes sont dorés, brillans, un peu raboteux.

Il se trouve en Provence, sur la côte de Barbarie.

61. Bupreste charmant.

Buprestis blanda.

Buprestis elytris serratis, attenuatis, sulcatis, viridi-aeneis, sulcis cupreis. Ent. ou hist. nat. des inf. Bupreste. *Pl. 9. fig.* 94.

Buprestis blanda. Fab. *Spec. inf. tom.* 1. *pag.* 276. *n°.* 23. — *Mant. inf. tom.* 1. *pag.* 178. *n°.* 32.

Il est de grandeur moyenne. Les antennes sont noires, luisantes, en scie, un peu plus courtes que la moitié du corcelet. La tête est verte, cuivreuse, pointillée, avec une ligne longitudinale enfoncée. Le corcelet est cuivreux, avec un enfoncement longitudinal au milieu, & une élévation longitudinale de chaque côté. L'écusson est petit, cuivreux & arrondi. Les élytres sont amincies, & en scie à leur extrémité ; elles ont des sillons cuivreux, les élévations sont d'un vert cuivreux. Le dessous du corps & les pattes sont d'un vert clair un peu cuivreux.

Il se trouve dans l'Amérique méridionale.

62. Bupreste oripeau.

Buprestis orichalcea.

Buprestis elytris serratis laevibus, thorace subtrilobo, corpore viridi cupreo.

Buprestis orichalcea *crassiuscula oblonga, aeneo varians, elytris subserratis laevibus, thorace subtrilobo, dorso abdominis splendide caeruleo.* Pallas. *inf. sibir. pag.* 75. *tab. D. fig.* 17.

Barrel. *Icon. plant. tab.* 966.

Il varie pour la grandeur : les plus grands sont presque de la grandeur du *Bupreste* Mariane ; les petits sont un peu plus grands que le *Bupreste* rustique. Tout le corps est cuivreux, ou d'un vert cuivreux brillant : la partie supérieure de l'abdomen est d'un bleu très-brillant. Le corcelet est presque aussi large que les élytres, un peu convexe, lisse, presque trilobé postérieurement. Les élytres sont en scie, & ont des points enfoncés rangés en stries. Les pattes sont de la couleur du corps.

Il se trouve dans la Sibérie méridionale.

63. Bupreste alongé.

Buprestis elongata.

Buprestis elytris serratis, elongata cuprea, thorace aeneo, elytris striatis virescentibus, apice cupreis. Ent. ou hist. nat. des inf. Bupreste. *Pl.* 9. *fig.* 102.

Ce *Bupreste* est plus alongé que les espèces précédentes. Les antennes sont d'un noir bronzé, en scie. La tête est bronzée, & elle a un large sillon à sa partie antérieure. Le corcelet est lisse, bronzé, presque trilobé postérieurement. Point d'écusson. Les élytres sont striées, légèrement en scie vers l'extrémité ; elles sont d'un vert bronzé, & ont un reflet cuivreux brillant, sur-tout vers l'extrémité. Le dessous du corps & les pattes sont cuivreux, mais le dessous du corcelet & de la tête sont verdâtres.

Il se trouve sur la côte de Barbarie, & m'a été donné par M. Marsham.

64. Bupreste triponctué.

Buprestis tripunctata

Buprestis elytris serratis, striatis cupreis : punctis tribus impressis aureis. Ent. ou hist. nat. des inf. Bupreste. *Pl.* 2. *fig.* 10. *a. b.*

Buprestis tripunctata. Fab. *Mant. inf. tom.* 1. *p.* 179. *n°.* 34.

Il est un peu plus grand que le *Bupreste* rustique. Les antennes sont bronzées, un peu en scie, guère plus longues que la tête. Tout le dessus du corps est bronzé : la tête & le corcelet sont pointillés : l'écusson est petit. Les élytres sont striées, & ont chacune trois points enfoncés, plus ou moins marqués d'un vert doré ; elles sont en scie à leur extrémité. Le dessous du corps & les pattes sont d'un vert doré très-brillant.

Il se trouve fréquemment à Cayenne, à Surinam.

65. Bupreste éclatant.

Buprestis rutilans.

Buprestis elytris serratis, viridibus nigro-punctatis, margine aureo. Ent. ou hist. nat. des inf. Bupreste *Pl.* 5. *fig.* 45. *a. b.*

Buprestis rutilans. Fab. *Mant. inf. tom.* 1. *pag.* 177. *n°.* 16.

Buprestis rutilans, *depressa, cyaneo-viridissima, lateribus aurea, splendida, thoracis elytrorumque punctis nigro-aeneis glabris.* Pall. *Icon. inf. sibir. pag.* 71. *tab. D. fig.* 12.

Buprestis fastuosa. Jaq. *Misc. austr.* 2. *tab.* 23. *fig.* 2.

Buprestis rustica. SCHRANK. *Enum. inss. austr. n°.* 363.

Il est un peu plus petit que le *Bupreste* rustique. Les antennes sont noirâtres : la tête est légèrement raboteuse, d'un vert doré. Le corcelet est légèrement raboteux, d'un vert bleuâtre, avec les côtés d'un vert doré & quelques points d'un noir violet. Les élytres sont striées, tridentées, d'un vert bleuâtre, avec les côtés dorés & plusieurs points d'un noir violet. Le dessous du corps & les pattes sont d'un vert bleuâtre brillant.

Il se trouve dans les provinces méridionales de France & d'Allemagne. Il m'a été envoyé de Provence par M. l'abbé de Leoube.

66. BUPRESTE noble.

BUPRESTIS nobilis.

Buprestis elytris serratis, viridi-aenea, capite thoraceque fusco maculatis, elytris atris : fasciis tribus lineolaque apicis viridibus. Ent. ou hist. nat. des inf. BUPRESTE. *Pl.* 5. *fig.* 43.

Buprestis nobilis. FAB. *Mant. inf. tom.* 1. *p.* 180. *n°.* 43.

Il est de la grandeur du *Bupreste* chrysostigmate. Les antennes sont noires, d'un duvet bronzé à leur base. La tête est d'un vert bronzé, un peu enfoncée & noirâtre antérieurement. Le corcelet est vert bronzé brillant, avec deux larges raies longitudinales d'un noir violet. L'écusson est vert, petit & triangulaire. Les élytres sont en scie, d'un noir violet, avec deux bandes arquées, vertes, quelquefois interrompues, au milieu, une tache verte à la base, & une ligne longitudinale vers l'extrémité. Le dessous du corps & les pattes sont d'un vert bronzé & brillant.

Il se trouve à Cayenne.
Du cabinet de M. Pâris.

67. BUPRESTE enfoncé.
BUPRESTIS impressa.

Buprestis elytris serratis, punctis tribus impressis. Ent. ou hist. nat. des inf. BUPRESTE. *Pl.* 5. *n°.* 42. *a. b.*

Buprestis impressa. FAB. *Syst. ent. pag.* 220. *n°.* 19. — *Spec. inf. tom.* 1. *pag.* 277. *no.* 27. — *Mant. inf. tom.* 1. *pag.* 179. *n°.* 40.

Il est de la grandeur du *Bupreste* rustique. Les antennes sont vertes, un peu en scie. La tête est verte, & les yeux sont grands & testacés. Le corcelet est vert, un peu cuivreux, trilobé postérieurement, avec un point enfoncé de chaque côté. L'écusson est triangulaire, pointu. Les élytres sont bronzées, & marquées chacune de trois points enfoncés, brillans : on remarque une ligne peu élevée de chaque côté de la suture, depuis le milieu jusqu'à l'extrémité : le bord extérieur est entier, sans crénelures, dans les espèces que j'ai vues. Le dessous du corps & les pattes sont verts, un peu cuivreux, avec le bord des anneaux de l'abdomen quelquefois blanchâtres.

Il se trouve dans l'Amérique méridionale, à Cayenne, à Surinam.

68. BUPRESTE frontal.

BUPRESTIS frontalis.

Buprestis elytris serratis fuscis viridi maculatis; thorace fusco viridique vario. Ent. ou hist. nat. des inf. BUPRESTE. *Pl.* 5. *fig.* 44.

Il est à peine plus grand que le *Bupreste* chrysostigmate. Les antennes sont en scie & d'un vert foncé. La tête est verte, pointillée, avec le front enfoncé, un avancement saillant à la partie antérieure, & une ligne longitudinale, peu enfoncée, à la partie supérieure. Le corcelet est pointillé, lobé postérieurement, un peu anguleux sur les côtés, & mélangé de vert & d'obscur. L'écusson est petit, triangulaire, pointu, noirâtre. Les élytres sont en scie, d'une couleur noirâtre bronzée, avec six taches vertes sur chaque, deux petites à la base, deux vers le milieu, dont l'une en croissant, deux autres rapprochées au-delà du milieu. Le dessous du corps & les pattes sont d'un vert foncé. Les cuisses antérieures sont dentées dans l'un des deux sexes. Tout le corps de cet insecte est très brillant.

Il se trouve à Cayenne & aux Antilles.

69. BUPRESTE chrysostigmate.

BUPRESTIS chrysostigma.

Buprestis elytris serratis longitudinaliter sulcatis; maculis duabus aureis impressis, thorace punctato. Ent. ou hist. nat. des inf. BUPRESTE. *Pl.* 6. *fig.* 54.

Buprestis chrysostigma. LIN. *Syst. nat. pag.* 660. *n°.* 7. — *Faun. suec. n°.* 755.

Buprestis chrysostigma. FAB. *Syst. ent. p.* 219. *n°.* 18. — *Sp. inf. tom.* 1. *p.* 277. *n°.* 26. — *Mant. inf. tom.* 1. *p.* 179. *n°.* 39.

Cucujus aureus, elytrorum fossulis quatuor impressis nitentibus. GEOFF. *Inf. tom.* 1. *p.* 125. *n°.* 1.
Le Richard à fossètes. GEOFF. *ib.*

Buprestis fusca, elytris singulis maculis tribus rubro-aureis impressis, abdomine subtus viridi-aureo : margine purpureo nitido. DEG. *Mém. inf. tom.* 4. *pag.* 129. *n°.* 3.

Buprestis chrysostigma *depressa, elytris quadrinerviis, areolis impressis aureis, femoribus anticis crassis, unidentatis.* PALLAS. *Icon. inf. sibir. p.* 74. *tab. D. fig.* 16.

SCHAEFF. *Elem. ent. tab.* 31. *fig.* 1. 2.
SULZ. *Hist. inf. tab.* 6. *fig.* 39.

Il est presque de la grandeur du *Bupreste* maculé. Tout le dessus du corps est bronzé, obscur; le dessous est cuivreux & brillant. Les antennes sont en scie, de la longueur de la moitié du corcelet. La tête, le corcelet & les élytres sont très-pointillées. L'écusson est petit, triangulaire, pointu, & d'un beau vert. Les élytres sont en scie, & ont chacune trois lignes longitudinales, élevées, & deux petites taches enfoncées, dorées. Les cuisses antérieures sont grosses & dentées dans l'un des deux sexes.

Il se trouve dans presque toute l'Europe, dans les bois.

70. BUPRESTE dorsal.

BUPRESTIS dorsalis.

Buprestis elytris serratis obscure anea, abdominis dorso aureo, ano bidentato. FAB. *Mant. inf. tom.* 1. *p.* 179. *n°.* 38.

Il est presque de la grandeur du *Bupreste* chysostigmate. Les antennes sont cuivreuses, légèrement en scie. La tête a une élévation transversale au-dessus du front. Tout le corps est bronzé, plus brillant en-dessous qu'en dessus. Le corcelet est sinué postérieurement. L'écusson est très-petit & arrondi. Les élytres & le corcelet sont finement pointillés. Les élytres ont deux petits enfoncemens vers leur base, & elles sont finement dentelées à leur bord extérieur, depuis le milieu jusqu'à l'extrémité; lorsque les élytres sont ouvertes, on apperçoit toute la partie supérieure de l'abdomen d'une belle couleur dorée. Les cuisses sont assez grosses, & les antérieures, un peu plus grosses que les autres, sont armées d'une forte dentelure.

Il se trouve dans l'Amérique méridionale.

71. BUPRESTE bossu.

BUPRESTIS gibbosa.

Buprestis elytris serratis, striatis, corpore viridi gibbo. Ent. ou Hist. nat. des inf. BUPRESTE. *Pl.* 6. *fig.* 59 *a. b. c.*

Il est un peu plus petit que le *Bupreste* rustique. Les antennes sont noires, en scie. Tout le dessus du corps est d'un vert foncé, avec un reflet bleu: il est élevé à la base des élytres & paroît bossu. Le corcelet est pointillé, avec un sillon longitudinal, & un point enfoncé de chaque côté, vers le bord postérieur. Point d'écusson. Les élytres sont striées, & les stries sont fortement pointillées: elles sont en scie, depuis le milieu jusqu'à leur extrémité. Le dessous du corps & les pattes sont bleuâtres.

Il se trouve au cap de Bonne-Espérance.

72. BUPRESTE ensanglanté.

BUPRESTIS cruenta.

Buprestis elytris serratis striatis nigris, flavo maculatis, apiceque macula rubra. Ent. ou Hist. nat. des inf. BUPRESTE. *Pl.* 3. *fig.* 21.

Ce *Bupreste* a une forme singulière. Les antennes sont noires, en scie. La tête est petite, d'un noir un peu bronzé. Le corcelet est large postérieurement, plus étroit antérieurement; il est pointillé, noir, avec une tache rouge de chaque côté, & un point assez grand, enfoncé, à côté de la tache. Les élytres sont en scie, striées, avec les stries ponctuées: elles sont larges à la base, pointues à l'extrémité, noires, avec plusieurs petites taches jaunâtres, & une tache plus grande, rouge, à l'extrémité de chaque. Le dessous du corps & les pattes sont noirs, sans taches.

Il se trouve dans l'Amérique méridionale, à Saint-Domingue.

73. BUPRESTE neuf-taches.

BUPRESTIS novem maculata.

Buprestis elytris serratis, nigra, fronte puncto unico, thorace duobus, elytris tribus flavis. Ent. ou hist. nat. des inf. BUPRESTE. *Pl.* 4. *fig.* 30.

Buprestis novem maculata, *elytris integerrimis maculis tribus longitudinalibus, fronte thoracisque lateribus luteis.* LIN. *Syst. nat. p.* 662. *n°.* 17.

Buprestis novem maculata, *elytris serratis nigra, fronte puncto unico, thorace quatuor, elytris tribus flavis.* FAB. *Mant. inf. tom.* 1. *p.* 179. *n°.* 36.

Buprestis novem maculata, *elytris integerrimis nigris, maculis tribus flavis.* FAB. *Syst. ent. p.* 223. *n°.* 44. —*Spec. inf. tom.* 1. *p.* 282. *n°.* 62.

SULZ. *Hist. inf. tab.* 6. *fig.* 17.

Buprestis novem maculata. Naturf. 24. *p.* 33. *tab* 1. *fig.* 48. 48. *b.*

Buprestis novem maculata. PETAG. *Spec. inf. Calab. p.* 22. *n°.* 109.

SCHAEFF. *Icon. inf. tab.* 204. *fig.* 4. *a. b.*

Il est un peu plus petit que le *Bupreste* rustique, & il a une forme presque cylindrique. Il est noir, luisant, avec un reflet bleu, plus marqué sur les élytres & sur l'abdomen. Les antennes sont noires, en scie, plus courtes que la moitié du corcelet. La partie antérieure de la tête est marquée d'un point jaune. Le corcelet est pointillé: il a une ligne longitudinale, à peine enfoncée, & deux petites taches oblongues, jaunes. L'écusson est très petit & arrondi. Les élytres sont légèrement en scie, pointillées, avec trois taches jaunes, dont l'une vers la base, presque en forme de croissant, & les deux autres transversales. L'abdomen est sans taches. Tout le corps est légèrement pubescent.

L'espèce que Linné a décrite avoit quatre points jaunes sur chaque anneau de l'abdomen.

La tête & le corcelet sont quelquefois sans taches.

Il se trouve en Afrique, & dans les provinces méridionales de la France, sur différens arbres.

74. Bupreste orné.

Buprestis ornata.

Buprestis elytris serratis, nigro-violaceis, flavo punctatis. Ent. ou hist. nat. des inf. Bupreste. *Pl.* 7. *fig.* 67.

Buprestis ornata *elytris serratis, obscuris, albo maculatis.* Fab. *Syst. entom. p.* 220. *n°.* 20. —*Sp. inf. tom.* 1. *pag.* 277. *n°.* 28. —*Mant. inf. tom.* 1. *p.* 180. *n°.* 41.

Il ressemble, pour la forme & la grandeur, au *Bupreste* bandé Les antennes sont noires, un peu en scie. Tout le corps est noir & pubescent. Les élytres seules sont d'un noir violet, avec de petites taches irrégulières, jaunes. Le corcelet est pointillé, & presque plus large que les élytres ; il a trois impressions peu profondes, une de chaque côté, & la troisième au milieu, vers la partie postérieure. L'écusson est à peine apparent. Les élytres sont striées, & leur bord latéral est en scie vers l'extrémité. Les pattes sont de la couleur du corps.

Il se trouve dans la Pensylvanie.

75. Bupreste bandé.

Buprestis tæniata.

Buprestis elytris serratis cinereo villosa, elytris nigris : fasciis duabus ferrugineis. Ent. ou hist. nat. des inf. Bupreste. *Pl.* 5. *fig.* 41. *a. b. c. d. e. f. fig.* 49. *a. b.*

Buprestis tæniata. Fab. *Mant. inf. tom.* 1. *p.* 180. *n°.* 42.

Buprestis hirta *elytris fuscis, maculis flavis variegatis & pilis albis rigidisque hirsutis.* Vill. *Ent. tom.* 1. *pag.* 338. *n°.* 35. *tab.* 2. *fig.* 42 ?

Il est plus petit que le *Bupreste* neuf-taches. Les antennes sont noires, filiformes, plus courtes que le corcelet. Tout le corps est noir, plus ou moins bronzé. La tête & le corcelet sont chagrinés, pubescens. Le corcelet est relevé, & aussi large que les élytres. Les élytres sont en scie, légèrement pubescentes, striées, avec deux bandes d'un jaune fauve, dont la premiere est placée vers le milieu de l'élytre ; il y a quelquefois un point jaune fauve au-devant & au derrière des bandes. Le dessous du corps est couvert d'un duvet blanchâtre.

Les élytres varient quelquefois ; elles ont des points jaunes au lieu de bandes, ou elles sont sans taches.

Il se trouve au midi de l'Europe. Je l'ai trouvé fréquemment en Provence, sur différentes plantes.

76. Bupreste biponctué.

Buprestis bipunctata.

Buprestis elytris serratis striatis nigris, puncto flavo, corpore nigro pubescente. Ent. ou hist. nat. des inf. Bupreste. *Pl.* 6. *fig.* 56. *a. b.*

Il ressemble au *Bupreste* bandé, mais il est deux fois plus petit. Tout le corps est noir, pubescent, luisant en-dessous. Le corcelet est élevé, aussi large que les élytres. L'écusson est imperceptible. Les élytres sont en scie, striées, avec un point jaune placé entre le milieu & l'extrémité. Les pattes sont noires.

J'ai trouvé cet insecte sur différentes fleurs en Provence.

77. Bupreste agréable.

Buprestis festiva.

Buprestis elytris serratis, viridis nitens, elytris maculis sex cæruleis. Ent. ou hist. nat. des inf. Bupreste. *Pl.* 9. *fig.* 100.

Buprestis festiva, *elytris integerrimis maculis sex cæruleis, corpore viridissimo elongato.* Lin. *Syst. nat. p.* 663. *n°.* 27.

Buprestis festiva Fab. *Syst. ent. p.* 223. *n°.* 41. —*Spec. inf. tom.* 1. *p.* 282. *n°.* 57. —*Mant. inf. tom.* 1. *pag.* 184. n°. 86.

Il est un peu plus large que le *Bupreste* vert. Les antennes sont d'un noir verdâtre luisant, & en scie. Tout le corps est d'une couleur verte, brillante, plus brillante encore en-dessous. Le corcelet est fortement pointillé ; il a deux petites impressions un peu bleuâtres, placées vers le bord postérieur. L'écusson est petit. Les élytres sont striées & un peu raboteuses : elles ont chacune six points bleus, un vers la base, un autre vers le milieu, deux placés transversalement, un peu au-delà du milieu, un large au-delà, & un autre à l'extrémité : on en voit encore un petit commun, placé sur la suture au-dessous de l'écusson.

Il se trouve en Barbarie.

78. Bupreste cylindrique.

Buprestis cylindrica.

Buprestis elytris serratis, striatis, corpore cylindrico nigro. Fab. *Syst. ent. p.* 220. *n°.* 21. —*Spec. inf. tom.* 1. *p.* 277. *n°.* 29. —*Mant. inf. tom.* 1. *pag.* 180. *n°* 44.

Il est petit. Les yeux sont testacés. Le corps est cylindrique, noir. Le corcelet est lisse, noirâtre, avec un reflet cuivreux. Les élytres sont en scie, striées, noires.

Il se trouve dans l'Orient.

* * * * * *Elytres entières.*

79. Bupreste d'André.

Buprestis Andreæ.

Buprestis elytris integerrimis cæruleo-æneis scabris lineis impressis albis. Ent. ou hist. nat. des inf. Bupreste. *Pl.* 1. *fig.* 6.

Il ressemble au *Bupreste* Chrysis, mais il est un peu plus petit. Les antennes sont noires, en scie : la tête est bronzée, obscure, raboteuse. Le corcelet est bronzé, obscur, raboteux, avec quelques points lisses, cuivreux. Point d'écusson. Les élytres sont entières, d'un bleu verdâtre bronzé, raboteuses, avec quatre lignes longitudinales enfoncées, blanches, sur chaque. Le dessous du corps est d'un violet foncé, cuivreux, avec quatre points blanchâtres de chaque côté de l'abdomen. Les pattes sont d'un violet noirâtre.

Il se trouve dans l'Amérique septentrionale, d'où il a été envoyé à M. Dantic par M. André.

80. BUPRESTE variolé.

BUPRESTIS variolaris.

Buprestis elytris integris obscuris, punctis impressis numerosis, thorace carinato. Ent. ou hist. nat. des ins. BUPRESTE. *Pl.* 8. *fig.* 85.

Buprestis variolaris. FAB. *Mant. ins. tom.* 1. *p.* 181. *n°.* 50.

Buprestis variolaris *crassa, ænea, pubescenti-scabra, elytrorum maculis impressis tomentosis, sterno mutico.* PALL. *Ins. sib. pag.* 63. *tab. D. fig.* 2. — *Itin.* 1. *app. p.* 464. *n°.* 37.

Il ressemble entièrement, pour la forme & la grandeur, au *Bupreste* fasciculé, dont il paroît, au premier aspect, n'être qu'une variété. Les antennes sont noires & en scie. Tout le corps est bronzé, couvert de quelques poils cendrés. Le corcelet est un peu raboteux, & il a une ligne longitudinale relevée, ce qui le distingue le plus du *Bupreste* fasciculé. L'écusson est très-petit : les élytres sont raboteuses, & marquées de beaucoup de taches arrondies, un peu enfoncées : l'extrémité est simple.

Il se trouve aux Indes orientales.

81. BUPRESTE fasciculé.

BUPRESTIS fascicularis.

Buprestis elytris integris punctatis, punctis fasciculato-villosis, corpore inaurato hirsuto. Ent. ou hist. nat. des ins. BUPRESTE. *Pl.* 4. *fig.* 38. *a. b. c.*

Buprestis fascicularis. LIN. *Syst. nat. pag.* 661. *n°.* 12.

Buprestis fascicularis. FAB. *Syst. ent. pag.* 220. *n°.* 24. — *Spec. ins. tom.* 1. *pag.* 278. *n°.* 33. — *Mant. ins. tom.* 1. *pag.* 180. *n°.* 49.

Buprestis viridi-aurata obscura, capite thorace elytrisque scabris hirsutissimis, villis fasciculisque flavis & rubris. DEG. *Mem. ins. tom.* 7. *p.* 629. *n°.* 26. *Pl.* 47. *fig.* 6.

Bupreste velu à touffe de poils d'un vert doré très-foncé, à tête, corcelet & étuis chagrinés très-raboteux, tout velus de poils jaunâtres, & de quelques touffes jaunes & rouges. DEG. *Ib.*

Buprestis fascicularis. WULF. *Ins. cap. pag.* 21. *tab.* 1. *fig.* 12. *a. b.*

Scarabæus Amboinensis, SEB. *Mus. tom.* 2. *tab.* 20. *fig.* 5.

Scarabæus viridis aureus, papulis pilis albis obtusis undique hirtus. PETIV. *Gazoph.* 4. *tab.* 13. *fig.* 5.

SULZ. *Hist. ins. tab.* 6. *fig.* 4.

Il est un peu plus petit que le *Bupreste* sternicorne. Le dessus du corps est bronzé, un peu verdâtre. Les antennes sont noires : la tête est raboteuse : le corcelet est élevé, raboteux, velu. Point d'écusson. Les élytres sont entières, raboteuses, avec cinq rangées de points enfoncés, d'où partent des faisceaux de poils cendrés un peu roussâtres. Le dessous du corps est d'un noir bronzé, un peu velu, avec un faisceau de poils de chaque côté des anneaux de l'abdomen.

Le corps est quelquefois d'un noir bleuâtre.

Il se trouve au Cap de Bonne-Espérance.

82. BUPRESTE pubescent.

BUPRESTIS pubescens.

Buprestis elytris integris, corpore æneo pubescente. Ent. ou hist. nat. des ins. BUPRESTE. *Pl.* 2. *fig.* 16.

Il ressemble au *Bupreste* fasciculé. Les antennes sont bronzées, en scie. Tout le corps est bronzé en dessus, noirâtre en dessous, un peu velu. Le corcelet est élevé, raboteux. Point d'écusson. Les élytres sont entières, raboteuses : les pattes sont noirâtres.

Il se trouve dans le Levant, & m'a été envoyé par M. de Jonville.

83. BUPRESTE de l'Onoporde.

BUPRESTIS Onopordi.

Buprestis elytris integris cupreis : sulcis punctisque numerosis albo-villosis, thorace scabro. FAB. *Mant. ins. tom.* 1. *pag.* 181. *n°.* 51.

Il est un peu plus petit que le *Bupreste* fasciculé. Le corps est bronzé, brillant, couvert de poils blancs. Le corcelet est raboteux : les élytres sont entières, bronzées, avec des sillons & des enfoncemens couverts de poils blancs. Les pattes sont cuivreuses.

Il se trouve en Espagne, sur les Onopordes.

84. BUPRESTE équinoxial.

BUPRESTIS æquinoctialis.

Bupreſtis elytris integris, fuſco-ænea, thorace elytriſque elevatis ſubſcabris. Ent. ou hiſt. nat. des inſ. BUPRESTE. *Pl.* 10. *fig.* 115.

Il reſſemble, pour la forme du corps, au *Bupreſte* ſternicorne, mais il eſt une ou deux fois plus petit. Les antennes ſont noirâtres, en ſcie. Tout le corps eſt bronzé, noirâtre en deſſus, un peu brillant en deſſous. Le corcelet eſt élevé, un peu raboteux. L'écuſſon eſt en cœur & un peu enfoncé. Les élytres ſont entières, à peine raboteuſes. Les pattes ſont de la couleur du corps. Le ſternum eſt très-peu avancé.

Il ſe trouve au Sénégal.

85. BUPRESTE tomenteux.

BUPRESTIS tomentoſa.

Bupreſtis elytris integerrimis, thorace cupreo villoſo, elytris caſtaneis, lineis faſciculato tomentoſis. Ent. ou hiſt. nat. des inſ. BUPRESTE. *Pl.* 4. *fig.* 37.

Il reſſemble au *Bupreſte* velu, mais il eſt un peu plus grand. Les antennes ſont noires, en ſcie. La tête eſt bronzée. Le corcelet eſt élevé, pointillé, cuivreux, preſque glabre, ſouvent marqué de trois lignes longitudinales, formées par un duvet blanchâtre : la partie poſtérieure eſt un peu lobée. Point d'écuſſon apparent. Les élytres ſont d'un brun marron, aſſez clair, avec des lignes longitudinales peu enfoncées, couvertes d'un duvet blanchâtre faſciculé : l'extrémité a une dentelure peu marquée vers l'extrémité. Le deſſous du corps & les pattes ſont bronzés.

Il ſe trouve au Cap de Bonne-Eſpérance.

86. BUPRESTE velu.

BUPRESTIS hirta.

Bupreſtis elytris integerrimis, pedibus ferrugineis, corpore hirſuto. Ent. ou hiſt. nat. des inſ. BUPRESTE. *Pl.* 3. *fig.* 18. *a. b. c.* & *fig.* 19.

Bupreſtis hirta. LIN. *Syſt. nat. pag.* 661. *n°.* 13. — *Muſ. Lud. Ulr. pag.* 91.

Bupreſtis hirta. FAB. *Syſt. ent. pag.* 221. *n°.* 25. — *Spec. inſ. tom.* 1. *pag.* 278. *n°.* 35. — *Mant. inſ. tom.* 1. *pag.* 181. *n°.* 52.

Il eſt deux ou trois fois plus petit que le *Bupreſte* faſciculaire. Les antennes ſont noires, en ſcie. La tête & le corcelet ſont d'un vert bronzé, & couverts d'un duvet blanchâtre. Point d'écuſſon. Les élytres ſont entières, teſtacées, un peu velues, avec trois lignes longitudinales ſur chaque, élevées, vertes ou bleuâtres, qui ne vont pas juſqu'à l'extrémité. Le deſſous du corps eſt d'un vert bronzé. Les pattes ſont teſtacées.

Le corcelet eſt ſouvent cuivreux, & les élytres ſont verdâtres, avec trois lignes peu élevées de la même couleur. Le corcelet & les élytres ſont quelquefois d'un bleu foncé, avec des lignes longitudinales velues blanchâtres.

Il ſe trouve fréquemment au cap de Bonne-Eſpérance.

87. BUPRESTE raboteux.

BUPRESTIS ſcabra.

Bupreſtis elytris integris, fronte ſulcato, corpore ſcabro, aureo. Ent. ou hiſt. nat. des inſ. BUPRESTE. *Pl.* 3. *fig.* 25.

Bupreſtis ſcabra. FAB. *Syſt. ent. pag.* 220. *n°.* 22. — *Spec. inſ. tom.* 1. *pag.* 277. *n°.* 30. — *Mant. inſ. tom.* 1. *pag.* 180. *n°.* 45.

Il eſt preſque de la grandeur du *Bupreſte* enflammé. Les antennes ſont noires. Tout le corps eſt cuivreux brillant. La tête eſt largement ſillonée. Le corcelet eſt raboteux. L'écuſſon n'eſt point apparent. Les élytres ſont raboteuſes, preſque ſtriées, avec une petite dent à leur extrémité. Le deſſous du corps eſt couvert d'un duvet cendré. Les pattes ſont cuivreuſes, avec les tarſes d'un noir bronzé.

Il ſe trouve au Sénégal.

88. BUPRESTE dilaté.

BUPRESTIS dilatata.

Bupreſtis elytris integris ſtriatis, nigro-ænea; thorace depreſſo utrinque dilatato. Ent. ou hiſt. nat. des inſ. BUPRESTE. *Pl.* 3. *fig.* 24. *a. b.*

Le deſſus du corps de ce *Bupreſte* eſt d'un noir un peu bronzé. Les antennes ſont noires, en ſcie. Le corcelet eſt un peu raboteux; la partie ſupérieure eſt ſillonée; les côtés ſont déprimés, dilatés, arrondis extérieurement. L'écuſſon eſt petit & arrondi. Les élytres ſont ſtriées, ponctuées à leur extrémité, avec une élévation ſur chaque, au-delà du milieu, vers les bords latéraux. Le deſſous du corps & les pattes ſont bronzés, raboteux; l'extrémité de l'abdomen eſt liſſe, noire, avec deux taches fauves.

Il ſe trouve au Sénégal.

89. BUPRESTE rouillé.

BUPRESTIS ochreata.

Bupreſtis æneus, griſeo pulverulentus, thorace canaliculato, utrinque macula obliqua ferruginea. Ent. ou hiſt. nat. des inſ. BUPRESTE. *Pl.* 6. *fig.* 64.

Il eſt preſque une fois plus grand que le *Bupreſte* Mariane. Les antennes ſont noires, en ſcie. La tête eſt bronzée, raboteuſe. Le corcelet a un ſillon longitudinal au milieu; il eſt bronzé, couvert d'une pouſſière griſâtre, avec une grande tache de chaque côté, oblique, formée par une poussière rouillée. L'écusson est petit & arrondi. Les élytres sont raboteuses, presque striées, entières, presque bidentées à leur extrémité, cuivreuses & couvertes d'une poussière grisâtre. Le dessous du corps est cuivreux & couvert d'une poussière cendrée. Les pattes sont cuivreuses.

Il se trouve au Sénégal.

90. BUPRESTE lugubre.

BUPRESTIS lugubris.

Buprestis elytris integris obscuris nigro-scabris, corpore subtùs cupreo. Ent. ou hist. nat. des inf. BUPRESTE. *Pl.* 10. *fig.* 106.

Buprestis lugubris. FAB. *Gen. inf. mant. p.* 236. — *Spec. inf. tom.* 1. *pag.* 280. *n°.* 42. — *Mant. inf. tom.* 1. *pag.* 182. *n°.* 62.

Il est de la grandeur du *Bupreste* Ténébrion. Les antennes sont noires, en scie. La tête & le corcelet sont obscurs, très-légèrement raboteux. L'écusson est imperceptible. Les élytres sont entières, obscures, avec des élévations longitudinales plus obscures, rangées en stries. Le dessous du corps & les pattes sont cuivreux. Le sternum a une ligne longitudinale enfoncée.

Il se trouve en Allemagne.

91. BUPRESTE carié.

BUPRESTIS cariosa.

Buprestis elytris integris, nigra, atomis albis, thorace varioloso. Ent. ou hist. nat. des inf. BUPRESTE. *Pl.* 7. *fig.* 68.

Buprestis cariosa. FAB. *Mant. inf. tom.* 1. *pag.* 182. *n°.* 63.

Buprestis cariosa *depressa, atra nitida, thorace dilatato albido-scabro, maculis lævigatis pluribus, elytris albido-lituratis.* PALL. *Itin.* 3. *app. pag.* 708. *n°.* 52. — *Inf. sibir. pag.* 66. *tab. D. fig.* 6.

Buprestis brutia *nigra punctis albicantibus maculata, thorace varioloso dilatato albidiore, maculis quinque nitidis nigris notato.* PETAG. *Spec. inf. cal. pag.* 22. *n°.* 108. *tab.* 1. *fig.* 20.

Il ressemble beaucoup au *Bupreste* Ténébrion, mais il est une fois plus grand. Tout le corps est très-noir & parsemé de petits points blancs. Les antennes sont noires, en scie, presque de la longueur du corcelet. Le corcelet est presque aussi large que les élytres, raboteux, blanchâtre, avec plusieurs taches élevées, lisses, très-noires. Les élytres sont entières, avec des stries pointillées.

Il se trouve en Italie sur le Lentisque, dans la Russie méridionale sur le *Rhus cotinus.*

92. BUPRESTE Ténébrion.

BUPRESTIS Tenebrionis.

Buprestis atra elytris integris lineato punctatis, thorace varioloso dilatato. Ent. ou hist. nat. des inf. BUPRESTE. *Pl.* 4. *fig.* 27. *a. b.*

Buprestis Tenebrionis. LIN. *Syst. nat. pag.* 661. *n°.* 11. *Faun. suec. n°.* 761.

Buprestis Tenebrionis *atra, elytris integris truncatis, thorace varioloso dilatato.* FAB. *Syst. ent. p.* 221. *n°.* 29. — *Spec. inf. tom.* 1. *p.* 280. *n°.* 43. — *Mant. inf. tom.* 1. *pag.* 182. *n°.* 65.

Buprestis Tenebrioïdes *depressa, nigra, thorace dilatato scabro, areolis quatuor politis, antennis incrassatis.* PALLAS. *Icon. inf. sibir. pag.* 67. *tab. D. fig.* 7.

Cucujus ater, thorace scabro, pulvere albicante conspersо, elytris obsolete striatis. GEOFF. *Inf. tom.* 1. *pag.* 128.

Tenebrio variegata. LEPECH. *Itin.* 1. *pag.* 373. *tab.* 17. *fig.* 7.

SULZ. *Hist. inf. tab.* 6. *fig.* 16.
SCHAEFF. *Icon. inf. tab.* 204. *fig.* 5.
VILL. *Ent. tom.* 1. *pag.* 330. *n°.* 6.

Il varie beaucoup pour la grandeur. Les antennes sont noires, en scie, guères plus longues que la tête. Tout le corps est d'un noir très-foncé. Le corcelet est large, variolé ; les élévations sont lisses & noires, les enfoncemens sont raboteux & blanchâtres. Les élytres sont entières, & ont de petits points enfoncés. Les pattes sont très-noires.

Cet insecte a les élytres très-dures, difficiles à percer avec une épingle.

Il se trouve sur la côte de Barbarie, dans les provinces méridionales de la France, sur le Prunier épineux & sur le Poirier sauvage ; en Italie, en Allemagne, dans la Sibérie.

93. BUPRESTE ténébreux.

BUPRESTIS tenebricosa.

Buprestis elytris integris punctato-striatis, nigro-ænea, subtùs punctis impressis aureis. Ent. ou hist. nat. des inf. BUPRESTE. *Pl.* 5. *fig.* 48.

Il ressemble un peu au *Bupreste* Ténébrion. Tout le dessus du corps est d'un noir bronzé peu luisant. Les antennes sont en scie, guères plus longues que la tête. Le corcelet est aussi large que les élytres ; il est pointillé, légèrement chagriné, un peu variolé, avec un point très-enfoncé à sa partie postérieure. L'écusson est petit & arrondi. Les élytres sont entières, pointillées, avec quelques points enfoncés rangés en stries, & quelques légères impressions bronzées. Le dessous du corps est d'un noir bleuâtre, avec des points enfoncés, dorés, brillans. Les pattes sont noires, avec quelques points dorés, brillans, sur les cuisses.

Il se trouve en Provence, en Corse.

94. Bupreste plébéien.

Buprestis plebeia.

Buprestis elytris emarginatis cupreis fusco maculatis. Fab. *Gen. inf. mant. pag.* 236. — *Spec. inf. tom.* 1. *pag.* 280. *n°.* 41. — *Mant. inf. tom.* 1. *pag.* 182. n°. 60.

Il est un peu plus grand que le *Bupreste* rustique. Les antennes sont noires & en scie. La tête est raboteuse, bronzée. Le corcelet est bronzé, un peu raboteux, avec une ligne longitudinale peu élevée, lisse. L'écusson est large & bronzé. Les élytres sont striées, un peu raboteuses, bronzées, avec de petites taches ou points cuivreux; l'extrémité est un peu coupée. Le dessous du corps & les pattes sont d'une couleur cuivreuse foncée, peu brillante.

Il se trouve dans l'Inde.

95. Bupreste creusé.

Buprestis excavata.

Buprestis elytris integerrimis, nigra obscura, thorace macula basteos utrinque impressa.

Buprestis impressa. Fab. *Mant. inf. tom.* 1. *pag.* 182. *n°.* 61.

Il ressemble un peu au *Bupreste* plébéien. Tout le corps est noir, obscur. Le corcelet est élevé antérieurement, & marqué postérieurement d'une grande tache enfoncée de chaque côté. Les élytres sont entières, pointillées, avec quatre lignes longitudinales élevées, réunies postérieurement.

J'ai changé le nom d'*impressa*, parce qu'il avoit été déjà donné, par M. Fabricius, à une autre espèce.

Il se trouve à Tranquebar.

96. Bupreste triste.

Buprestis tristis.

Buprestis elytris integerrimis marginatis, corpore cupreo, abdomine punctis decem nigris. Ent ou hist. nat. des inf. Bupreste. *Pl.* 7. *fig.* 71.

Buprestis tristis. Lin. *Syst. nat. pag.* 662. *n°.* 18. — *Muf. Lud. Ulr. pag.* 93.

Buprestis tristis. Fab. *Syst. ent. p.* 222. n°. 32. — *Spec. inf. tom.* 1. *pag.* 282. *n°.* 47. — *Mant. inf. tom.* 1. *pag.* 183. *n°.* 70.

Il est un peu plus petit que le *Bupreste* Mariane. Les antennes sont noires, un peu bronzées, en scie. La tête & le corcelet sont bronzés, un peu raboteux. L'écusson est petit & arrondi. Les élytres sont un peu raboteuses, striées, avec des points enfoncés dans les stries; elles sont bronzées, avec une raie cuivreuse longitudinale un peu enfoncée, près du bord extérieur; l'extrémité est simple. Le dessous du corps & les pattes, ainsi que la raie des élytres, sont d'une couleur de cuivre non poli. On voit sur l'abdomen huit ou dix petites taches violettes, sur deux rangées longitudinales.

Il se trouve aux Indes orientales.

97. Bupreste unicolor.

Buprestis unicolor.

Buprestis elytris integris, corpore viridi-aureo scabro. Ent. ou hist. nat. des inf. Bupreste. *Pl.* 8. *fig.* 91.

Il ressemble, pour la forme & la grandeur, au *Bupreste* triste. Il est entièrement d'un vert doré, plus brillant en dessous qu'en dessus. Les antennes sont vertes, en scie, & plus courtes que la moitié du corcelet. Tout le corps en dessus est comme raboteux. L'écusson est très-petit, & les élytres sont entières. Tout le dessous du corps est pointillé.

Il se trouve en Barbarie.

98. Bupreste cannelé.

Buprestis canaliculatus.

Buprestis elytris integris obscura, abdomine subtùs canaliculato, ano quadridentato. Fab. *Mant. inf. tom.* 1. *pag.* 181. *n°.* 58.

Il ressemble, pour la forme & la grandeur, au *Bupreste* triponctué. Les antennes sont noirâtres, un peu en scie. Tout le corps est bronzé obscur en dessus, brillant en dessous. Le corcelet a une impression assez profonde, transversale, de chaque côté. L'écusson est triangulaire, très-alongé & pointu. Les élytres ont chacune quatre lignes longitudinales élevées, dont les deux intermédiaires se réunissent en-delà du milieu. Le dessous de l'abdomen a un large sillon longitudinal, & l'abdomen est terminé par quatre dentelures. Les pattes sont de la couleur du corps. Le dessous de l'abdomen est d'une belle couleur violette.

Il se trouve dans l'Afrique équinoxiale.

99. Bupreste obscur.

Buprestis fusca.

Buprestis elytris integris obscure fuscis, subtùs anea, abdomine punctis lateralibus fulvis. Ent. ou hist. nat. des inf. Bupreste. *Pl.* 8. *fig.* 88.

Buprestis fusca. Fab. *Spec. inf. tom.* 1. *pag.* 279. *n°.* 39. — *Mant. inf. tom.* 1. *pag.* 181. *n°.* 56.

Il est presque de la grandeur du *Bupreste* Ténébrion. Les antennes sont noirâtres, un peu en scie. La tête est raboteuse. Tout le dessus du corps est bronzé,

bronzé obscur. Les yeux sont testacés-obscurs dans l'animal mort. Le corcelet a un large sillon raboteux de chaque côté, près du bord. L'écusson est petit. Les élytres ont des stries peu marquées, formées par de petits points enfoncés : on voit aussi quelques points entre les stries. Le dessous du corps est raboteux & bronzé, avec une suite de taches fauves de chaque côté de l'abdomen. Les pattes sont bronzées.

J'en ai vu deux individus au cabinet du roi, dont le corcelet avoit au milieu un sillon longitudinal enfoncé ; ils ressembloient du reste entièrement à celui que nous venons de décrire.

Il se trouve au Cap de Bonne-Espérance.

100. Bupreste bioculé.

Buprestis bioculata.

Buprestis nigro-ænea, elytris striatis, thorace maculis duabus ocellaribus atris. Ent. ou hist. nat. des inf. Bupreste. *Pl.* 8. *fig.* 90.

Il ressemble, pour la forme & la grandeur, au *Bupreste* strié. Les antennes sont noires, en scie. Tout le corps est bronzé noirâtre. Le corcelet est légèrement raboteux ; il a deux taches noires, lisses, luisantes, entourées d'un cercle cuivreux. L'écusson est arrondi & très-petit. Les élytres sont striées. Le dessous du corps & les pattes sont bronzés, un peu cuivreux, peu brillans.

J'ai vu, chez M. Dupuis, un individu envoyé du Sénégal, dont le dessous du corps étoit bronzé, couvert d'une poussière grisâtre, avec quelques points noirs de chaque côté de l'abdomen. Le corcelet avoit quatre taches oculées, dont une très-petite de chaque côté. Les élytres avoient quelques points oblongs, violets, lisses, placés entre les stries.

Il se trouve au Sénégal.

101. Bupreste latéral.

Buprestis lateralis.

Buprestis elytris integerrimis, nigra, thorace sulcato utrinque scabro aureo. Ent. ou hist. nat. des inf. Bupreste. *Pl.* 10. *fig.* 108.

Il ressemble au *Bupreste* obscur. Les antennes sont noires, en scie. La tête est raboteuse, noire. Le corcelet est noir, avec les bords latéraux raboteux & cuivreux ; le milieu a trois sillons, dont deux petits & peu marqués. L'écusson est très-petit. Les élytres sont noires & lisses. Tout le dessous du corps est noir, sans taches.

Il se trouve au cap de Bonne-Espérance.

102. Bupreste pointu.

Buprestis acuminata.

Buprestis elytris integris attenuato-acuminatis obscuris, corpore cupreo. Ent. ou hist. nat. des inf. Bupreste. *Pl.* 5. *fig.* 46.

Buprestis acuminata. Fab. *Mant. inf. tom.* 1. *pag.* 181. *n°.* 59.

Buprestis æneo-nitida, supra cinerea, coleoptris apice attenuatis. Lin. *Faun. suec. edit.* 1. *n°.* 557.

Buprestis nitida supra fusco-ænea, subtùs rubro-cuprea, elytris rugosis posticè dehiscentibus. Deg. *Mém. tom.* 4. *p.* 128. *n°.* 1. *pl.* 4. *fig.* 18.

Buprestis acuminata *oblonga ænea, punctis carioso-aureolis varia, thorace dilatato, obsolete rugoso, elytris longe acuminatis, truncatis.* Pall. *Inf. sibir. pag.* 69. *tab. D. fig.* 10.

Petiv. *Gazoph. tab.* 2. *fig.* 2.

Schaeff. *Icon. inf. tab.* 35. *fig.* 7?

Il ressemble au *Bupreste* bronzé. Les antennes sont bronzées, en scie. Tout le corps est cuivreux, obscur en-dessus, brillant en-dessous. La tête & le corcelet sont un peu raboteux ; on apperçoit sur le corcelet un sillon longitudinal, peu marqué, peu enfoncé. L'écusson est petit & arrondi. Les élytres sont raboteuses, striées, entières, alongées, & pointues à leur extrémité. Les pattes sont cuivreuses. Le dessous du corps est raboteux.

Il se trouve, rarement, dans presque toute l'Europe, en Russie, en Sibérie. J'en ai trouvé deux dans l'arsenal de Toulon, sur des pièces de Chêne venues du Levant, & d'où ils étoient vraisemblablement sortis.

103. Bupreste bordé.

Buprestis marginata.

Buprestis elytris integris subbidentatis striatis viridibus, margine aureo, corpore viridi-inaurato. Ent. ou hist. nat. des inf. Bupreste. *Pl.* 5. *fig.* 51.

Buprestis aurulenta *suprà obscure viridis, elytrorum margine aureo.* Fab. *Mant. inf. tom.* 1. *p.* 182. *n°.* 67.

Il est de la grandeur du *Bupreste* rustique. Les antennes sont d'un noir bronzé. La tête & le corcelet sont d'un vert brillant, légèrement pointillés. L'écusson est arrondi. Les élytres sont striées, presque bidentées, vertes, brillantes, avec le bord latéral doré. Le dessous du corps & les pattes sont d'un vert cuivreux très-brillant.

Il se trouve dans les provinces méridionales de la France, & en Allemagne.

104. Bupreste rustique.

Buprestis rustica.

Buprestis elytris integris striatis, viridi-ænea,

thorace punctato. Ent. ou hist. nat. des inf. BUPRESTE. *Pl.* 3. *fig.* 22.

Buprestis rustica *elytris striatis fastigiatis, thorace punctato.* LIN. *Syst. nat. p.* 660. *n°.* 8. —*Faun. suec. n°.* 756.

Buprestis rustica *elytris emarginatis striatis, obscure aneis.* FAB. *Syst. ent. p.* 221. *n°.* 28. —*Spec. inf. tom.* 1. *p.* 279. *n°.* 40. —*Mant. inf. tom.* 1. *p.* 181. *n°.* 57.

Cucujus viridi-auratus, oblongus, thorace punctato, elytris striatis. GEOFF. *inf. tom.* 1. *pag.* 126. *n°.* 3. *pl.* 2. *fig.* 2.

Le Richard doré à stries. GEOFF. *ib.*

Buprestis violacea *viridi-ænea, seu cærulea nitida, elytris striatis.* DEG. *Mém. inf. tom.* 4. *p.* 130. *n°.* 4.

Bupreste azuré, d'un vert foncé, luisant, couleur de bronze ou bleuâtre, à étuis cannelés. DEG. *ib.*

Mordella rustica. SCOP. *Ent. carn. n°.* 188.

SCHAEFF *Icon. inf. tab.* 2. *fig.* 1 ?

Cucujus rusticus. FOURC. *Ent. par.* 1. *pag.* 33. *n°.* 3.

Buprestis rustica. VILL. *Ent. tom.* 1. *p.* 329. *n°.* 4.

Il est d'une grandeur moyenne. Les antennes sont d'un noir bronzé. Tout le corps est d'un vert un peu bronzé, très-brillant en-dessous. La tête & le corcelet sont pointillés. L'écusson est arrondi. Les élytres sont entières, striées, d'un vert bronzé, moins brillant que celui du corps.

Il se trouve dans presque toute l'Europe.

105. BUPRESTE Trochile.

BUPRESTIS Trochilus.

Buprestis elytris integris, aurea nitidissima, dorso elytris pedibusque viridibus. FAB. *Gen. inf. mant. pag.* 235. —*Spec. inf. tom.* 1. *pag.* 278. *n°.* 31. —*Mant. inf. tom.* 1. *p.* 180. *n°.* 46.

Il ressemble, pour la forme & la grandeur, au Bupreste huit-taches. La tête est dorée, & les antennes sont d'un vert noirâtre. Le corcelet est doré, très-brillant, avec le dos bleu, & une ligne au milieu, verte. Les élytres sont entières, lisses, vertes, luisantes. Le corps est doré, très-brillant. Les pattes sont vertes, brillantes.

Il se trouve en Autriche.

106. BUPRESTE bimaculé.

BUPRESTIS bimaculata.

Buprestis elytris integerrimis striatis, macula rubra, corpore fusco viridi. LIN. *Syst. nat. p.* 662. *n°.* 16. —*Muf. Lud. Ulr. p.* 92.

Buprestis bimaculata. FAB. *Syst. ent. pag.* 222. *n°.* 31. —*Sp. inf. tom.* 1. *pag.* 280. *n°.* 45. —*Mant. inf. tom.* 1. *p.* 182. *n°.* 68.

Il est de grandeur moyenne. Le corcelet est convexe, glabre, avec un reflet cuivreux. Point d'écusson. Les élytres sont entières, verdâtres, avec des lignes élevées, glabres, parmi lesquelles on voit des stries crénelées ; au milieu de chaque élytre il y a une grande tache rouge, presque ronde, qui ne va pas jusqu'au bord extérieur. L'abdomen est cuivreux. Les pattes sont noirâtres.

Il se trouve aux Indes orientales.

107. BUPRESTE sibérien.

BUPRESTIS sibirica.

Buprestis elytris integerrimis atris, vittis duabus cinereo tomentosis impressis. Ent. ou hist. natur. des inf. BUPRESTE. *Pl.* 8. *fig.* 79.

Buprestis sibirica. FAB. *Sp. inf. tom.* 1. *pag.* 279. *n°.* 37. —*Mant. inf. tom.* 1. *p.* 181. *n°.* 54.

Buprestis tatarica *crassa, ovata ænea, elytris integris canaliculatis, sulcis tomentosis subobliquis.* PALLAS. *Inf. sib. p.* 64. *tab. D. fig.* 3. *a. b.* —*Itin.* 1. *app. p.* 464. *n°.* 38.

Il est de grandeur moyenne & assez large. Les antennes sont noires, un peu en scie. La tête & le corcelet sont noirs & pointillés. L'écusson est noir & très-petit. Les élytres sont simples, noires, avec deux raies longitudinales, enfoncées, couvertes d'un duvet cendré : l'une au milieu, part obliquement de la base extérieure à l'extrémité, à côté de la suture ; l'autre, un peu plus petite, s'étend tout le long du bord extérieur. Le dessous du corps est noir, avec un duvet cendré.

Il se trouve en Sibérie.

108. BUPRESTE cuivreux.

BUPRESTIS cuprea.

Buprestis elytris integerrimis, thoracis lateribus scabris, scutello tuberculari, corpore cupreo lævi. LIN. *Syst nat. p.* 662. *n°.* 2. —*Muf. Lud. Ulr. p.* 94.

Buprestis cuprea. FAB. *Syst. ent. p.* 222. *n°.* 33. —*Sp. inf. tom.* 1. *p.* 280. *n°.* 48. —*Mant. inf. tom.* 1. *p.* 183. *n°.* 71.

Les antennes sont noirâtres. Tout le corps est cuivreux. Le corcelet est lisse, un peu convexe, légèrement pointillé, avec les côtés dilatés, enfoncés & raboteux. L'écusson est arrondi & élevé. Les élytres sont entières, de couleur de cuivre antique, avec des stries formées par des points enfoncés, peu marqués. Le dessous du corps est cuivreux, très-brillant, avec des points enfoncés. La partie supérieure de l'abdomen est d'un bleu très-brillant. Les pattes sont noirâtres.

Il se trouve dans l'Amérique septentrionale, la Caroline.

109. Bupreste métallique.

Buprestis metallica.

Buprestis elytris integerrimis, cuprea, immaculata, thoracis lateribus scabris.

Il n'est guère plus grand que le *Bupreste* chrysostigmate. Tout le corps est cuivreux, très-brillant. La tête est raboteuse. Le corcelet est lisse, pointillé, raboteux de chaque côté, de la largeur des élytres. L'écusson est petit & arrondi. Les élytres sont entières, marquées de petits points enfoncés, rangés en stries. Le dessous du corps est raboteux. Les pattes sont cuivreuses & raboteuses. La partie supérieure de l'abdomen est bronzée.

Il se trouve au Cap de Bonne-Espérance, d'où il a été apporté par M. Dumas.

110. Bupreste large-col.

Buprestis laticollis.

Buprestis elytris integris, cuprea, thorace lato. Ent. ou hist. nat. des inf. Bupreste. *Pl. 7. fig. 66.*

Les antennes sont en scie, noires, cuivreuses à leur base. La tête est enfoncée dans le corcelet, celui-ci est plus large que les élytres & pointillé. L'écusson est petit, & plus large que long. Les élytres sont entières : elles ont des stries très-peu marquées, formées par une suite de points oblongs, peu enfoncés. Le dessus du corps est d'une couleur cuivreuse, un peu bronzée ; le dessous est cuivreux & brillant.

Il se trouve en Barbarie.

111. Bupreste dix-points.

Buprestis decostigma.

Buprestis elytris integris elevato-striatis fuscis, punctis quinque flavis. Fab. *Mant. inf. tom.* 1. *pag.* 180. *n°.* 47.

Il ressemble au *Bupreste* chrysostigmate. Le corcelet est pointillé, noirâtre, avec un reflet cuivreux. Les élytres ont trois stries élevées, courtes ; elles sont entières, noires, avec dix points jaunes, dont les deux premiers sont solitaires, & les autres sont disposés en cercle. Le dessous du corps est d'un noir bronzé.

Il se trouve dans l'Autriche.

112. Bupreste bariolé.

Buprestis picta.

Buprestis elytris integris punctis innumeris flavis, corpore depresso aeneo.

Buprestis picta *depressa aenea, elytris trinerviis, maculis multiformibus symmatricis flavis.* Pallas. *Inf. sibir. pag. 73. tab. D. fig. 15. — Itin. 2. append. pag. 719. n°. 46.*

Il est de la grandeur du *Bupreste* huit-taches. La tête est bronzée, quelquefois couverte d'une poussière blanchâtre. Le corcelet est bronzé, brillant. Les élytres sont entières, pointues, bronzées, avec beaucoup de petites taches jaunes ; elles ont chacune trois lignes longitudinales, peu élevées.

Il se trouve sur les fleurs, dans la Russie méridionale, près le fleuve Jaïcus.

113. Bupreste moucheté.

Buprestis guttata.

Buprestis viridi-caerulescens, thorace trilobo maculis duabus aureis. Ent. ou Hist. nat. des inf. Bupreste. *Pl. 6. fig. 58. a. b.*

Il est un peu plus grand que le *Bupreste* rubis. Les antennes sont noires, un peu en scie. La tête est d'un vert bleuâtre. Le corcelet est lisse, trilobé postérieurement, d'un vert bleuâtre, avec deux taches dorées. L'écusson est très-petit & triangulaire. Les élytres sont lisses, entières, d'un vert bleuâtre, sans taches : elles ont à leur base un petit point enfoncé. Le dessous du corps & les pattes sont d'un vert brillant.

Il se trouve à Madagascar.

114. Bupreste sillonné.

Buprestis sulcata.

Buprestis elytris integris, oblonga fusco-aenea, thorace elytrisque sulcis duobus albis.

Buprestis canaliculata *oblonga, crassiuscula, fusco-aenea ; thorace elytrisque fascia impressa alba canaliculatis.* Pallas. *Inf. sibir. p. 65. tab. D. fig. 4.*

Il est un peu plus alongé & plus étroit que le *Bupreste* rustique. Le dessus du corps est d'une couleur noirâtre bronzée. Le corcelet a une ligne longitudinale, enfoncée au milieu, & un large sillon de chaque côté, couvert d'une poussière verdâtre, blanchâtre. Les élytres ont chacune un sillon longitudinal, vers le bord extérieur. Le dessous du corps est cuivreux, brillant, avec les côtés couverts d'un duvet jaune.

Il se trouve dans la Russie méridionale, sur les fleurs.

115. Bupreste sutural.

Buprestis suturalis.

Buprestis elytris integerrimis, thorace utrinque impresso, viridis, sutura aurea. Ent. ou hist. nat. des inf. Bupreste. *Pl. 6. fig. 62. a b.*

Il est à peine plus grand que le *Bupreste* rubis. Les antennes sont d'un vert bronzé, en scie. Le dessus du corps est vert. La tête est pointillée. Le corcelet est pointillé, & il a un enfoncement assez grand, de chaque côté. L'écusson est petit, triangulaire & lisse. Les élytres sont entières; elles ont des stries peu marquées, disposées par paires. La suture est d'un rouge cuivreux, brillant. Le dessous du corps & les pattes sont cuivreux.

Il se trouve au Cap de Bonne Espérance.

116. Bupreste cyanicorne.

Buprestis cyanicornis.

Buprestis elytris integris viridibus, thorace lineis duabus fuscis, antennis cæruleis Ent. ou hist. nat. des ins. Bupreste. *Pl. 2. fig. 11. & pl. 3. fig. 20.*

Buprestis Stephanelli *viridi-aurea nitens, thorace lineis duabus fuscis, elytris integris.* Petagn. *Specim. ins. calab. p. 23. n°. 110.*

Buprestis femorata *tota aurato-viridis, femoribus posterioribus crassis, pedibus villosis.* Vill. *Ent. tom. 1. p. 338. n°. 34. tab. 1. fig. 40.*

Il ressemble un peu au *Bupreste* rubis, mais il est un peu plus grand. Les antennes sont d'un bleu foncé, avec le premier article vert. Tout le dessus du corps est vert, peu brillant, légèrement raboteux, avec deux lignes longitudinales, obscures, peu marquées, parallèles sur le corcelet. L'écusson est petit, triangulaire, lisse & bleuâtre. Les élytres paroissent entières; mais vues à la loupe, l'extrémité paroît légèrement crénelée. Le dessous du corps & les pattes sont d'un vert très-brillant, avec une tache d'un rouge doré, au-devant des cuisses antérieures; les postérieures sont un peu renflées.

L'autre sexe varie. Le corcelet est rougeâtre, avec deux lignes obscures. Tout le dessous du corps est d'un rouge doré, très-brillant. Les pattes sont vertes, sans taches, & les cuisses postérieures sont simples.

J'ai trouvé abondamment cet insecte sur une montagne très-élevée, à l'est de Fréjus, en Provence, vers la fin de Juin. Il se trouve aussi en Calabre. Il vole avec la plus grande légèreté d'une plante à l'autre.

117. Bupreste rubis.

Buprestis manca.

Buprestis elytris integerrimis fuscis, corpore cupreo, thorace lineis duabus fuscis. Ent. ou hist. nat. des ins. Bupreste. *Pl. 2. fig. 12.*

Buprestis manca *aurata, thoracis lineis duabus elytrisque fuscis.* Lin. *Syst. nat. append. pag. 1067. n°. 10.*

Buprestis bistriata *elytris integris, obscuris, thorace aureo, striis duabus nigris.* Fab. *Syst. ent. pag. 222. n°. 37.*

Buprestis manca. Fab. *Spec. ins. tom. 1. p. 281. n°. 52. — Mant. ins. tom. 1. p. 183. n°. 77.*

Cucujus æneus, elytris fuscis, thorace rubro fasciis fuscis. Geoff. *Inf. tom 1. p. 127. pl. 2. fig. 3.*

Le Richard rubis. Geoff. *ib.*

Buprestis elegantula. Schrank. *Enum. ins. aust. no. 365.*

Cucujus rubinus. Fourc. *Ent. par. 1. pag. 33. n°. 4.*

Le corps de cet insecte est un peu déprimé. Les antennes sont noires. La tête est chagrinée, d'un vert doré. Le corcelet est chagriné, d'un vert doré, avec deux lignes longitudinales, assez larges, obscures. L'écusson est petit, obscur. Les élytres sont entières, chagrinées, obscures. Le dessous du corps & les pattes sont d'un rouge cuivreux, très-brillant. Tout le corps est légèrement pubescent.

Il se trouve en France, en Espagne, en Italie, en Allemagne, sur les buissons.

118. Bupreste oblong.

Buprestis juncea.

Buprestis elytris integerrimis linearibus acuminatis nigro-ænea, fronte impressa.

Buprestis juncea *linearis æneo-nigra, frontis thoracisque fossa excavata, elytris lineari-acuminatis, longitudinaliter biconvexis, obtusis.* Pallas. *Ins. sib. p 65. tab. D. fig. 5.*

Le corps de cet insecte est alongé, presque linéaire, d'un noir bronzé, peu brillant en-dessus, noir & très-luisant en-dessous. La tête est enfoncée à sa partie antérieure. Le corcelet a un enfoncement oblong au milieu de sa partie supérieure. Les élytres sont entières, pointues à leur extrémité, linéaires, avec une ligne longitudinale, élevée.

Il se trouve aux Indes orientales.

119. Bupreste linéaire.

Buprestis linearis.

Buprestis linearis oblonga murino-ænea, thorace postice trilobo. Ent. ou hist. nat. des ins. Bupreste. *Pl. 5. fig. 40. a. b.*

Buprestis linearis. Lin. *Syst. nat. pag. 663. n°. 28.*

Buprestis lineari-oblonga nigro ænea, cinereo maculata, elytris carinatis, thorace rugoso postice trilobo. Deg. *Mém. tom. 4. pag. 137. n°. 3. Pl. 17. fig. 26.*

Cet insecte est alongé, presque linéaire. Les antennes sont courtes, noires, en scie. La tête a un sillon à sa partie supérieure; elle est bronzée & mélangée de grisâtre. Le corcelet est raboteux, inégal, trilobé postérieurement, bronzé & mélangé de grisâtre. L'écusson est petit & triangulaire. Les élytres sont alongées, minces à leur extrémité, munies d'une ligne longitudinale élevée, bronzées &

mélangées de grisâtre. Le dessous du corps & les pattes sont d'un noir bronzé.

Il se trouve à Cayenne, à Surinam.

120. BUPRESTE ondé.

Buprestis undata.

Buprestis viridi-ænea, elytris integris apice obscuris : strigis undatis albis. FAB. *Mant. inf. tom.* 1. *pag.* 182. *n°.* 64.

Il ressemble beaucoup au *Bupreste* de la Ronce. La tête & le corcelet sont bronzés, brillans, sans taches. Les élytres sont entières, d'un vert bronzé, avec quelques lignes transversales peu marquées, blanches à leur base; elles sont noirâtres vers l'extrémité, avec des lignes transversales blanches, distinctes, très-ondées.

Il se trouve en Allemagne, & rarement aux environs de Paris.

121. BUPRESTE de la Ronce.

Buprestis Rubi.

Buprestis nigra, elytris fasciis cinereis undulatis. Ent. ou hist. nat. des inf. BUPRESTE. *Pl.* 4. *fig.* 29.

Buprestis Rubi. LIN. *Syst. nat. pag.* 661. *no.* 14.
Buprestis Rubi. FAB. *Syst. ent. pag.* 221. *no.* 30. — *Spec. inf. tom.* 1. *pag.* 286. *n°.* 44. — *Mant. inf. tom.* 1. *pag.* 182. *n°.* 66.

Buprestis Rubi. PETAG. *Spec. inf. calab. p.* 23. *n°.* 111.

Il est de la grandeur du *Bupreste* rubis. Le corps est presque cylindrique, noir en dessus, d'un noir bronzé luisant en dessous. Les antennes sont noires, en scie, guères plus longues que la tête. Le corcelet est chagriné. L'écusson est bronzé, en cœur. Les élytres sont chagrinées, entières, presque en scie, avec quatre lignes transversales, ondées, noirâtres. Les pattes sont d'un noir bronzé.

Il se trouve dans les provinces méridionales de la France, sur les feuilles de Ronce.

122. BUPRESTE sinué.

Buprestis sinuata.

Buprestis elytris integris punctatis purpurascentibus, corpore lineari subtùs æneo. Ent. ou hist. nat. des inf. BUPRESTE. *Pl.* 10. *fig.* 112.

Il ressemble beaucoup, pour la forme & la grandeur, au *Bupreste* deux-points. Tout le dessus du corps est d'une couleur un peu pourprée, obscure. Les antennes sont d'un noir bronzé. La tête est légèrement chagrinée, avec une ligne longitudinale enfoncée. Le corcelet est légèrement chagriné. L'écusson est pointu, large & quarré à la base, avec une ligne transversale, enfoncée. Les élytres sont légèrement chagrinées; elles paroissent entières, mais avec la loupe on voit l'extrémité un peu en scie. Le dessous du corps est bronzé, brillant. Les pattes sont bronzées.

J'ai trouvé cet insecte en Provence, sur différens arbres fruitiers, dans le mois de juillet.

123. BUPRESTE pensif.

Buprestis meditabunda.

Buprestis elytris integris fusco nitidis, capite thoraceque cupreis, corpore æneo. Ent. ou hist. nat. des inf. BUPRESTE. *Pl.* 10. *fig.* 107.

Buprestis meditabunda. FAB. *Mant. inf. tom.* 1. *pag.* 183. *n°.* 80.

Il ressemble au *Bupreste* vert, mais il est beaucoup plus grand. Les antennes sont d'un vert bronzé. La tête & le corcelet sont d'un rouge cuivreux, brillant. Les côtés du corcelet sont un peu déprimés. L'écusson est court, très-large, sinué postérieurement. Les élytres sont bronzées, pointillées, entières à leur extrémité. Tout le dessous du corps & les pattes sont d'un vert cuivreux très-brillant.

Il se trouve dans l'Amérique septentrionale.

124. BUPRESTE barbaresque.

Buprestis barbara.

Buprestis elytris integerrimis substriatis suprà ænea, subtùs cuprea.
Buprestis bicolor. FAB. *Mant. inf. tom.* 1. *p.* 183. *n°.* 73.

Il est petit. La tête & le corcelet sont lisses, bronzés. Les élytres sont entières, presque striées, bronzées, sans taches. Le dessous du corps est cuivreux.

Il se trouve en Barbarie.

M. Fabricius a donné le nom de *bicolor* à deux espèces différentes, ce qui nous a obligé de changer celui-ci.

125. BUPRESTE pectoral.

Buprestis pectoralis.

Buprestis elytris integris niger thoracis marginibus punctoque flavis elytris basi testaceis fasciisque tribus flavis, Ent. ou hist. nat. des inf. BUPRESTE. *Pl.* 9. *fig.* 97. *a. b.*

Il ressemble au *Bupreste* neuf-taches; mais il est un peu plus petit. Les antennes sont noires, un peu en scie. La tête est noire, avec deux points ronds, jaunes sur le front. Le corcelet est noir, avec les bords latéraux & le bord antérieur jaunes; le jaune du bord latéral est un peu interrompu, & celui du bord antérieur l'est davantage : on voit un point arrondi vers le milieu du bord extérieur. L'écusson est imperceptible. Les élytres ont des stries très-marquées, dans lesquelles il y a des points enfoncés ; elles sont noires, testacées à leur base, avec une petite tache jaune de chaque côté, & trois bandes jaunes, interrompues, à la suture, placées sur la partie noire. La première est à-peu-près vers le milieu des élytres. Le dessous du corps est noir, avec une grande tache jaune sur la poitrine. Les pattes sont noires.

Il se trouve.....

126. Bupreste quadrimaculé.

Buprestis quadrimaculata.

Buprestis elytris integris, viridis, thorace postice elytrisque maculis duabus aureis. Ent. ou hist. nat. des inf. Bupreste. *Pl.* 10. *fig.* 110.

Buprestis quadrimaculata. Fab. *Gener. inf. mant. p.* 236. — *Spec. inf. tom.* 1. *p.* 280. *no.* 46. —*Mant. inf. tom.* 1. *p.* 183. *n°.* 69.

Les antennes sont noirâtres, légèrement en scie. La tête est d'un bleu violet très-foncé. Le corcelet est violet, avec une bande verte au bord antérieur, & une rouge, cuivreuse, vers le bord postérieur : ce bord est sinué. Les élytres ont leur bord, leur suture, la base & une bande au milieu, verts ; le reste est violet, avec deux taches d'un beau rouge cuivreux, au milieu de la couleur violette. Le dessous & les pattes sont violet foncé.

Il se trouve dans l'Inde.

127. Bupreste deux-points.

Buprestis biguttata.

Buprestis elytris integerrimis linearibus viridibus puncto albo, abdomine cyaneo punctis tribus albis. Ent. ou hist nat. des inf. Bupreste. *Pl.* 7. *fig.* 75.

Buprestis biguttata. Fab. *Gen. inf. mant. p.* 237. —*Spec. inf. tom.* 1. *p.* 281. *n°.* 55. —*Mant. inf. tom.* 1. 184. *n°.* 82.

Cucujus viridi-aeneus, punctis quatuor impressis albis. Geoff. *Inf. tom.* 1. *p.* 126. *n°.* 2.
Le Richard à points blancs. Geoff. *ib.*
Schaeff. *Icon. inf. tab.* 67. *fig.* 9?

Il est deux ou trois fois plus grand que le *Bupreste* vert. Le corps est alongé, d'un vert un peu bronzé, ou d'un vert bleuâtre. Les antennes sont bronzées, en scie. Le corcelet est rebordé latéralement, sinué postérieurement, un peu chagriné. L'écusson est pointu, traversé vers sa base par une ligne enfoncée. Les élytres sont un peu en scie à leur extrémité, légèrement chagrinées, & marquées postérieurement d'un point blanc, de chaque côté de la suture. Le dessous du corps est brillant. L'abdomen a six points blancs de chaque côté, dont trois supérieurs & trois inférieurs.

Il se trouve en France, en Angleterre.

128. Bupreste porte-croix.

Buprestis cruciata.

Buprestis coleoptris integerrimis aureis, punctis duobus cruceque postica nigris. Ent. ou hist. nat. des inf. Bupreste. *Pl.* 7. *fig.* 74.

Buprestis cruciata. Fab. *Syst. entom. pag.* 222. *n°.* 36. —*Spec. inf. tom.* 1. *p.* 281. *n°.* 51. —*Mant. inf. tom.* 1. *p.* 183. *n°.* 76.

Il est de la grandeur du *Bupreste* de la Ronce. Les antennes sont en scie & d'un noir bronzé. La tête est d'un rouge doré, un peu raboteuse, avec un enfoncement au milieu. Le corcelet est un peu raboteux, & d'un rouge doré. L'écusson est triangulaire, & d'un rouge doré. Les élytres sont d'un rouge doré, avec deux points en-delà du milieu, & une croix en deçà, d'une couleur violette foncée. L'extrémité des élytres est entière. Le dessous du corps & les pattes sont d'un vert doré brillant.

Il se trouve dans la Nouvelle-Hollande.

129. Bupreste ruficolle.

Buprestis ruficollis.

Buprestis elytris integerrimis nigra, thorace cupreo. Ent. ou hist. nat. des inf. Bupreste. *Pl.* 9. *fig.* 101.
Buprestis ruficollis. Fab. *Mant. inf. tom.* 1. *p.* 184. *n°.* 85.

Il ressemble entièrement, pour la forme & la grandeur, au *Bupreste* vert. Les antennes sont noires, légèrement en scie. La tête est noirâtre, un peu cuivreuse. Le corcelet est d'un rouge de cuivre : il est un peu sinué postérieurement. L'écusson est plus large que long. Les élytres sont noirâtres, un peu bronzées & pointillées. Tout le dessous du corps & les pattes sont noirâtres, bronzés, brillans.

Il se trouve dans l'Amérique.

130. Bupreste joyeux.

Buprestis laeta.

Buprestis elytris integris viridibus, capite thoraceque aureis. Ent. ou hist. nat. des inf. Bupreste. *Pl.* 5. *fig.* 50.

Buprestis laeta *elytris integris, linearibus viridibus, capite thoraceque aureis.* Fab. *Syst. ent. pag.* 223. *n°.* 42. —*Spec. inf. tom.* 1. *p.* 281. *n°.* 59. —*Mant. inf. tom.* 1. *p.* 184. *n°.* 88.
Schaeff. *Icon. inf. tab.* 67. *fig* 4.

Il ressemble entièrement, pour la forme & la grandeur, au *Bupreste* nitidule. Les antennes sont noirâtres. La tête & le corcelet sont dorés, très-brillans. Les élytres sont entières, légèrement chagrinées, vertes, avec un peu de la suture doré. Le dessous du corps est doré.

Il se trouve en France, en Allemagne.

131. Bupreste du Saule.

Buprestis Salicis.

Buprestis elytris integerrimis viridis nitens, elytris cupreis, basi viridibus. Ent. ou hist. nat. des inf. Bupreste. *Pl.* 2. *fig.* 13. *a. b.*

Buprestis Salicis *elytris integerrimis viridis nitens, coleoptris aureis basi viridibus.* Fab. *Gen. inf. mant. pag.* 237. n°. 41-42.
Schaeff. *Icon. inf. tab.* 31. *fig.* 12.
Buprestis Salicis. Vill. *Ent. tom.* 1. *pag.* 337. *n°.* 26.

Il ressemble, pour la forme & la grandeur, au *Bupreste* nitidule. Les antennes sont d'un noir bleuâtre, en scie, de la longueur de la moitié du corcelet. La tête est verte ou bleuâtre. Le corcelet est vert ou bleuâtre, avec deux taches d'un bleu foncé. Les élytres sont entières, pointillées, d'un rouge cuivreux, avec la base d'un vert doré. L'écusson est triangulaire, obscur. Le dessous du corps & les pattes sont d'un vert bleuâtre, luisant.

Il se trouve en France, en Allemagne, sur les Saules. Je l'ai trouvé fréquemment en Provence, sur les fleurs des plantes chicoracées.

132. Bupreste nitidule.

Buprestis nitidula.

Buprestis elytris integerrimis, thorace marginato utrinque depresso, corpore viridi nitido. Ent. ou hist. nat. des inf. Bupreste. *Pl.* 11. *fig.* 122. *a. b.*
Buprestis nitidula. Lin. *Syst. nat. pag.* 661. *n°.* 15.

Buprestis nitidula. Fab. *Gen. inf. mant. pag.* 237. — *Spec. inf. tom.* 1. *pag.* 282. *n°.* 58. — *Mant. inf. tom.* 1. *pag.* 184. *n°.* 87.
Schaeff. *Icon. inf. tab.* 50. *fig.* 7.
Buprestis nitidula. Schrank. *Enum. inf. aust. n°.* 368.

Il est deux fois plus petit que le *Bupreste* rubis. Les antennes sont vertes, presque de la longueur de la moitié du corcelet. La tête est légèrement chagrinée. Le corcelet est chagriné & presque aussi large que les élytres. L'écusson est obscur, petit, triangulaire. Les élytres sont entières, légèrement chagrinées. Le dessous du corps & les pattes sont d'un vert brillant, un peu doré.

Il se trouve en Europe. Il est assez rare aux environs de Paris.

133. Bupreste quadriponctué.

Buprestis quadripunctata.

Buprestis elytris integerrimis punctatis, thorace punctis quatuor impressis, corpore obscuro. Ent. ou hist. nat. des inf. Bupreste. *Pl.* 10. *fig.* 117. *a. b.*

Buprestis quadripunctata. Lin. *Syst. nat. pag.* 661. *n°.* 22. — *Faun. suec. n°.* 759.
Buprestis quadripunctata. Fab. *Syst. entom. pag.* 222. *n°.* 36. — *Spec. inf. tom.* 1. *pag.* 281. *n°.* 50. — *Mant. inf. tom.* 1. *pag.* 183. *n°.* 75.

Buprestis subviridi-nigra, thorace punctis quatuor impressis. Deg. *Mem. tom.* 4. *pag.* 134. *n°.* 8.
Buprestis quadripunctatata. Schrank. *Enum. inf. aust. n°.* 366.

Il ressemble, pour la forme & la grandeur, au *Bupreste* des Ombelles. Tout le corps est noirâtre, sans taches. Le corcelet a quatre points enfoncés, placés sur une ligne transversale. Les élytres sont entières, très-légèrement pointillées.

Il se trouve aux environs de Paris, & vers le nord de l'Europe.

134. Bupreste des ombellifères.

Buprestis umbellatarum.

Buprestis elytris integerrimis lævibus, corpore obscure cupreo immaculato. Ent. ou hist. nat. des inf. Bupreste. *Pl.* 3. *fig.* 23. *a. b.*
Buprestis umbellatarum. Fab. *Mant. inf. tom.* 1. *pag.* 183. *n°.* 74.

Il ressemble entièrement, pour la forme & la grandeur, au *Bupreste* quadriponctué. Tout le dessus du corps est chagriné, d'un noir bronzé, peu luisant; le dessous est d'un noir bronzé brillant. Les antennes sont noires, un peu plus longues que la moitié du corcelet. Les élytres sont entières.

Il se trouve en Afrique, sur les fleurs en ombelles, selon M. Fabricius. Je l'ai trouvé fréquemment en Provence, sur différentes fleurs, plus souvent sur celles des plantes chicoracées.

135. Bupreste discoïde.

Buprestis discoïdea.

Buprestis elytris integris ænea villosa, elytrorum disco testaceo. Ent. ou hist. nat. des inf. Bupreste. *Pl.* 7. *fig.* 65. *a. b. & pl.* 10. *fig.* 65. *c.*

Buprestis dioscoïdea. Fab. *Mant. inf. tom.* 1. *p.* 184. *n°.* 90.

Il est deux fois plus petit que le *Bupreste* neuf-taches. Les antennes sont noires. La tête & le corcelet sont bronzés & légèrement velus. Le corcelet est aussi large que les élytres. L'écusson est très-petit. Les élytres sont presque en scie, striées, pubescentes, bronzées, avec le disque testacé, sinué. Le dessous du corps est bronzé, brillant. Les pattes sont d'un noir bronzé.

Il se trouve en Provence & sur la côte de Barbarie, sur différentes fleurs.

136. BUPRESTE vert.

BUPRESTIS viridis.

Buprestis elytris integerrimis sublinearibus punctatis, thorace deflexo, corpore viridi elongato. Ent. ou hist. nat. des inf. BUPRESTE. *Pl.* 11. *fig.* 124. *a. b.*
Buprestis viridis. LIN. *Syst. nat. pag.* 663. *n°.* 25. — *Faun. suec. n°.* 762.

Buprestis viridis. FAB. *Syst. ent. pag.* 223. *n°.* 39. — *Spec. inf. tom.* 1. *pag.* 281. *n°.* 54. — *Mant. inf. tom.* 1. *pag.* 184. *n°.* 81.

Cucujus viridi-cupreus, lævis oblongus. GEOFF. *Inf. tom.* 1. *pag.* 127. *n°.* 5.
Le Richard vert alongé. GEOFF. *Ib.*

Buprestis viridis nitida, corpore elongato, elytris linearibus scabris integerrimis. DEG. *Mém. inf. tom.* 4. *pag.* 133. *n°. 6. pl.* 5. *fig.* 1. 2.

Bupreste vert alongé, alongé, d'un vert luisant, à étuis étroits, chagrinés, & arrondis au bout. DEG. *Ibid.*
SCHAEFF. *Icon. inf. tab.* 67. *fig.* 5. 6.
Mordella rosacea. SCOP. *Ent. carn. n°.* 190.
Buprestis viridis. SCHRANK. *Enum. inf. austr. n°.* 367.

Il est deux fois plus petit que le *Bupreste* deux-points. Tout le corps est vert, vert bronzé, ou bronzé, plus brillant en dessous qu'en dessus. Les antennes sont bronzées, un peu plus longues que la tête. Le corcelet est aussi large que les élytres, légèrement chagriné, sinué postérieurement. L'écusson est triangulaire, pointu, marqué d'une ligne transversale enfoncée. Les élytres sont chagrinées, linéaires, très-légèrement en scie à leur extrémité.

Il se trouve dans presque toute l'Europe, sur différentes fleurs. Il est aussi très-commun aux environs de Paris, dans les chantiers.

137. BUPRESTE âtre.

BUPRESTIS atra.

Buprestis elytris integerrimis sublinearibus punctatis, thorace deflexo, corpore atro elongato. LIN. *Syst. nat. pag.* 663. *n°.* 26.

Buprestis atra *elytris integerrimis linearibus, corpore elongato atro. Syst. ent. pag.* 223. *n°.* 40. — *Spec. inf. tom.* 1. *pag.* 282. *n°.* 56. — *Mant. inf. tom.* 1. *pag.* 184. *n°.* 83.

Buprestis acuminata *nigra, elytris punctatis pone acuminatis, thorace lævi.* DEG. *Mém. inf. tom.* 4. *pag.* 133. *n°.* 7.

Bupreste à étuis pointus noir, à étuis chagrinés pointus au bout & à corcelet uni. DEG *Ib.*
Buprestis linearis. SCHRANK. *Enum. inf. austr. n°.* 369.

Il ressemble beaucoup au *Bupreste* vert, dont il n'est peut-être qu'une variété. Tout le corps est d'un noir un peu bronzé. Le corcelet est légèrement chagriné, aussi large que les élytres : celles-ci sont légèrement chagrinées & entières.

Il se trouve en Allemagne.

138. BUPRESTE élancé.

BUPRESTIS elata.

Buprestis elytris integerrimis linearibus, corpore elongato aureo nitido. FAB. *Mant. inf. tom.* 1. *p.* 184. *n°.* 84.

Il ressemble au *Bupreste* âtre, mais il est plus petit, & tout le corps est d'un noir bronzé, brillant.

Il se trouve en Allemagne.

139. BUPRESTE bleu.

BUPRESTIS cyanea.

Buprestis elytris integerrimis rugosis, corpore cyaneo. FAB. *Syst. ent. pag.* 223. *n°.* 43. — *Spec. inf. tom.* 1. *pag.* 282. *n°.* 61. — *Mant. inf. tom.* 1. *pag.* 184. *n°.* 91.

Il ressemble, pour la forme & la grandeur, au *Bupreste* vert. Tout le corps est bleu, luisant, les yeux seuls sont testacés.

Il se trouve en Allemagne.

140. BUPRESTE échancré.

BUPRESTIS emarginata.

Buprestis elytris integerrimis, ænea linearis, capite sulcato subemarginato. Ent. ou hist. nat. des inf. BUPRESTE. *Pl.* 10. *fig.* 116.

Il est deux fois plus petit que le *Bupreste* vert. Les antennes sont d'un noir bronzé. Le corps est alongé, linéaire, entièrement bronzé. La tête est profondément fillonée, & elle paroît comme échancrée antérieurement. Le corcelet a deux lignes transversales, enfoncées; il est un peu lobé postérieurement. L'écusson est petit & triangulaire. Les élytres sont pointillées, entières. Les pattes sont de la couleur du corps.

Il se trouve aux environs de Paris.

141. BUPRESTE nain.

BUPRESTIS minuta.

Buprestis elytris integerrimis fuscis strigis undatis cinereis, corpore æneo. Ent. ou hist. nat. des inf. BUPRESTE. *Pl.* 2. *fig.* 14. *a. b.*

Buprestis minuta *elytris integerrimis transverse rugosis, thorace subtrilobo lævi æneo.* LIN. *Syst. nat. pag.* 663. *n°.* 23. & *n°.* 24. — *Faun. suec. n°.* 760.

Buprestis

Bupreſtis minuta *elytris integerrimis transverſe rugoſis, thorace ſubtrilobo lævi, corpore ovato nigro.* Fab. *Syſt. ent. pag* 223. *n°.* 38. — *Spec. inſ. tom.* 1. *pag.* 281. *n°.* 53. — *Mant. inſ. tom.* 1. *pag.* 183. *n°.* 79.

Cucujus fuſco-cupreus, triangularis, faſciis undulatis villoſo-albidis. Geoff. *Inſ. tom.* 1. *pag.* 128. *n°.* 6.

Le *Richard* triangulaire ondé. Geoff. *Ib.*

Bupreſtis minuta. Schrank. *Enum. inſ. auſtr. n°.* 370.

Cucujus minutus. Fourc. *Ent. par.* 1. *pag.* 34. *n°.* 6.

Il eſt petit & il a preſque une forme triangulaire. Les antennes ſont noirâtres. La tête eſt bronzée, brillante, enfoncée à ſa partie antérieure. Le corcelet eſt bronzé, un peu violet, preſque lobé poſtérieurement. L'écuſſon eſt très-petit. Les élytres ſont entières, un peu boſſues à leur baſe latérale, d'un noir bleuâtre, avec quatre lignes tranſverſales, ondées, cendrées. Le deſſous du corps & les pattes ſont d'un noir bronzé.

On le trouve dans preſque toute l'Europe, ſur les fleurs.

142. Bupreste pygmée.

Buprestis pygmæa.

Bupreſtis elytris integris cyaneis, capite thoraceque æneis nitidis. Ent. ou hiſt. nat. des inſ. Bupreste. *Pl.* 4. *fig.* 34. *a. b.*

Bupreſtis pygmæa. Fab. *Mant. inſ. tom.* 1. *p.* 183. *n°.* 78.

Il eſt de la grandeur du *Bupreſte* nain. Le corps eſt large & aſſez court. Les antennes ſont noires. La tête eſt cuivreuſe, légèrement ſillonée antérieurement. Le corcelet eſt cuivreux, un peu lobé poſtérieurement. L'écuſſon eſt très-petit. Les élytres ſont entières, marquées de points enfoncés, & d'un bleu luiſant. Le deſſous du corps & les pattes ſont bronzés.

Il ſe trouve en France & en Barbarie, ſur différentes fleurs.

143. Bupreste pédiculaire.

Buprestis pedicularis.

Bupreſtis elytris integerrimis violaceis, corpore nigro nitido.

Bupreſtis pygmæa *nigra nitida, elytris cæruleo-violaceis nitidiſſimis.* Deg. *Mém. inſ. tom.* 4. *pag.* 137. *n°.* 4.

Bupreſte nain noir luiſant, à étuis d'un bleu violet très-luiſant. Deg. *Ib.*

Il n'eſt guère plus grand qu'une Puce. La tête, le corcelet & le deſſous du corps ſont d'un noir très-luiſant. Les élytres ſont entières, terminées en pointe, d'un bleu violet très-luiſant. La partie ſupérieure de l'abdomen eſt d'un violet foncé.

Il ſe trouve à Surinam.

BYRRHE, *Voyez* Birrhe.

C.

CADELLE. Dans les provinces méridionales de la France, on donne le nom de *Cadelle* à une larve qui attaque le bled renfermé dans les greniers, & en ronge la substance farineuse. On a beaucoup cherché à reconnoître à quel genre d'insectes appartenoit une larve aussi nuisible. M. l'abbé Rosier, dans son cours d'agriculture, nous fournit très-peu de connoissances sur cet objet, quoiqu'il donne une description très-détaillée de la larve. On trouve dans les mémoires publiés par la société royale d'agriculture de Paris, trimestre du printemps, 1787, quelques observations de M. Dorthe D. M. sur plusieurs insectes nuisibles au bled & à la luzerne, & particulièrement sur la *Cadelle*, dont il a suivi le développement. Il paroît avoir véritablement trouvé & reconnu l'insecte parfait, qu'il rapporte avec raison au *Tenebrio Mauritanicus* de Linné : mais c'est la Chevrette brune, *Platycerus*, no. 5. de M. Geoffroy, & non point le Ténébrion à stries lisses de cet auteur. M. Dorthe a sans doute rempli son objet ; mais il seroit à souhaiter que l'on eût plus de lumières sur la larve elle-même ; que l'on pût savoir si l'œuf est déposé dans le bled recueilli, ou sur sa tige, ou même si la larve s'y introduit : objet très-essentiel, très-utile à connoître, & encore très-peu connu. Nous ne pouvons que solliciter là-dessus l'attention des personnes jalouses d'instruire les autres autant que de s'instruire elles-mêmes.

Il paroît que, dans l'intérieur & le nord du royaume, le grain n'est pas exposé aux ravages de ces larves, quoiqu'on y trouve l'insecte parfait, sur-tout à Paris, où il est assez commun en printemps, sous l'écorce des troncs morts. Comme l'histoire de la larve est liée & appartient à celle de l'insecte parfait ; comme nous lui avons trouvé des caractères assez distingués pour devoir en former un genre, nous renvoyons au mot Trogossite, pour tous les détails qui peuvent concerner & l'insecte & la larve.

CALANDRE. On a donné ce nom, dans quelques provinces de la France, à la larve du Charanson qui attaque le grain. *Voyez* CHARANSON.

CALIGUS, *Caligus*. Genre d'insectes de la classe *Entomostraca*, établie par M. Othon Frédéric Müller. *Voyez* MONOCLE & ENTOMOSTRACA.

CALLIDIE, *Callidium*. Genre d'insectes de la troisième section de l'Ordre des Coléoptères.

Les *Callidies* ressemblent un peu aux Capricornes. Ils ont le corps alongé, les antennes filiformes, assez longues, les yeux un peu échancrés antérieurement, le corcelet arrondi, quelquefois globuleux, rarement épineux, enfin les tarses composés de quatre articles, dont le dernier est assez grand & bilobé.

Ces insectes ont été placés parmi les Capricornes & les Leptures, par Linné. Ils forment la seconde & la troisième famille des Leptures de M. Geoffroy, & la quatrième famille des Capricornes de De Geer. Fabricius, d'après la forme des parties de la bouche, a trouvé à propos de les séparer des Capricornes & des Leptures, & d'en faire un genre sous le nom de *Callidium*.

Les antennes filiformes, un peu sétacées, insérées à côté d'une légère échancrure qui se trouve à la partie antérieure des yeux, distinguent les *Callidies* des Capricornes, des Saperdes, dont les antennes sont sétacées & insérées dans une échancrure très-profonde. Elles les distinguent aussi des Leptures & des Sténocores, dont les antennes sont filiformes & placées au-devant des yeux.

Les antennes des *Callidies* sont presque d'égale épaisseur dans toute leur longueur, tandis que celles des Capricornes & des Saperdes diminuent insensiblement d'épaisseur pour se terminer en une pointe fine. Elles sont à peu-près de la longueur du corps de l'insecte, dans les mâles ; les femelles les ont ordinairement un peu plus courtes. Ces antennes sont composées de onze articles, dont le premier est gros & renflé ; le second est très court & plus petit, & les suivans sont presque cylindriques & à peu-près égaux entr'eux. Elles ont leur insertion à côté d'une échancrure qui se trouve à la partie antérieure de l'œil ; de sorte que l'œil n'entoure pas une partie de la base de l'antenne ; on y voit seulement une entaille pratiquée vis-à-vis l'antenne, pour en faciliter le jeu.

La bouche est composée d'une lèvre supérieure, de deux mandibules, de deux mâchoires, de quatre antennules, & d'une lèvre inférieure.

La lèvre supérieure, placée à la partie la plus antérieure de la tête, au-dessus des mandibules qu'elle recouvre en partie, est une petite pièce mobile, large, aplatie, coriacée, arrondie & ciliée antérieurement.

Les mandibules sont courtes & très-dures ; elles ont quelques dentelures peu marquées, & elles sont terminées en une pointe aiguë, un peu courbée.

Les mâchoires sont petites, cornées, dures, terminées en deux pièces inégales, aplaties & membraneuſes : la pièce interne, un peu plus courte que l'autre, ſe termine en pointe ; l'extérieure, mince & étroite à ſa baſe, s'élargit, s'arrondit à ſon extrémité, & paroît frangée tout autour.

La lèvre inférieure eſt très-petite, membraneuſe & bifide ; les deux pièces ſont égales & un peu diſtantes l'une de l'autre.

Les antennules antérieures ſont courtes & compoſées de quatre articles, dont le premier eſt le plus petit & le dernier eſt le plus gros : elles ont leur inſertion au dos des mâchoires, à côté de la pièce extérieure. Les poſtérieures ſont courtes & compoſées de trois articles, dont le premier eſt court & petit, & le dernier eſt aſſez gros : elles ont leur inſertion à la baſe latérale de la lèvre inférieure.

Le corcelet eſt arrondi ſur ſes bords : il eſt globuleux dans la plupart des eſpèces, & un peu aplati dans quelques autres. Cette forme du corcelet fait diſtinguer au premier coup d'œil ce genre de ceux avec qui il a des rapports.

Les élytres ſont un peu convexes dans les eſpèces dont le corcelet eſt globuleux ; elles le ſont beaucoup moins dans celles qui ont le corcelet un peu aplati.

Les pattes ſont aſſez longues. Les cuiſſes ſont groſſes & renflées vers leur extrémité, & minces à leur baſe. Les jambes ſont longues, preſque cylindriques, & terminées par deux petites épines. Les tarſes ont quatre articles : les deux premiers ſont larges, aplatis & triangulaires ; le troiſième eſt bifide, & il reçoit le dernier article qui eſt mince, alongé, un peu arqué, en maſſe, terminé par deux crochets. Le premier article des quatre pattes poſtérieures eſt plus alongé & un peu moins aplati que celui des pattes antérieures : les autres n'en diffèrent pas. Ces tarſes ſont garnis en deſſous de poils courts & très-ſerrés, en forme de broſſe.

On trouve la plupart des *Callidies* dans les forêts, ſur le tronc à moitié pourri des arbres, dans les chantiers, où on les ſaiſit ſouvent au moment qu'ils ſortent du bois dans lequel la larve s'eſt nourrie. Ils entrent auſſi quelquefois dans les appartemens. Quelques eſpèces fréquentent les fleurs & s'y nourriſſent de leur nectar. Ces inſectes font entendre un bruit occaſionné par le frottement du corcelet contre la baſe de l'écuſſon qui eſt chagrinée : ce bruit augmente à meſure qu'on les inquiète davantage, & que les mouvemens de flexion & de relèvement de la tête ſont plus précipités. *Voyez* Insecte. Les *Callidies* font ſouvent uſage de leurs ailes : ils prennent aiſément leur eſſor, & leur vol eſt aſſez ſoutenu. L'accouplement de ces inſectes n'a rien de remarquable. Le mâle, ordinairement plus petit, eſt placé ſur le dos de la femelle. Celle-ci eſt pourvue d'une eſpèce de tarière, qu'elle fait ſortir de l'abdomen, & par le moyen de laquelle elle perce le bois & y dépoſe ſes œufs.

Les larves des *Callidies* reſſemblent à des vers mous & alongés. Leur corps eſt compoſé de treize anneaux. Leur bouche eſt armée de deux fortes mâchoires qui leur ſervent à ronger & réduire en poudre le bois dont elles font leur nourriture. Ce n'eſt auſſi que dans les ſillons qu'elles tracent dans le bois qu'on peut les trouver, & tandis qu'elles avancent en rongeant, elles rempliſſent les vides qu'elles laiſſent, de leurs excrémens, pouſſière même du bois qui a ſervi d'aliment, un peu liée mais très-friable, & qui en conſerve la couleur. Ces larves ont ſix pattes écailleuſes très-petites, que l'on diſtingue avec peine. Elles reſtent dans l'état de larve environ deux ans. Pendant ce temps, elles changent pluſieurs fois de peau, juſqu'à ce que, parvenues à leur entier accroiſſement, elles la quittent pour paroître ſous la forme de chryſalide. Celle-ci diffère de la larve ; ſon corps eſt plus court & plus ramaſſé ; ſes anneaux ſont moins apparens, & l'on diſtingue les élytres à travers l'enveloppe qui les cache : elles ſont courtes & repliées à peu-près comme l'aile du Papillon l'eſt dans ſa chryſalide. On peut élever ces larves dans la farine ; elles y vivent très-bien & s'y changent en chryſalide ; mais il eſt rare qu'elles ne périſſent dans cet état : on n'obtient preſque jamais l'inſecte parfait.

CALLIDIE.

CALLIDIUM. Fab.

CERAMBYX. Lin. LEPTURA. Lin. Geoff.

CARACTÈRES GÉNÉRIQUES.

Antennes filiformes, à peu-près de la longueur du corps : onze articles; premier gros & renflé; second très-court; les autres presque cylindriques & égaux entr'eux.

Bouche munie d'une lèvre supérieure, de deux mandibules cornées, de deux mâchoires membraneuses, bifides, d'une lèvre inférieure cornée & échancrée, & de quatre antennules presque en masse.

Yeux ovales, avec une légère échancrure.

Quatre articles aux tarses, dont le troisième large, bifide.

ESPECES.

1. Callidie hispicorne.

Obscur; corcelet arrondi; élytres bidentées; antennes courtes, presque épineuses.

2. Callidie marylandois.

Corcelet arrondi, légèrement déprimé; élytres bidentées, mélangées de cendré & d'obscur; antennes moyennes.

3. Callidie obscur.

Brun; corcelet arrondi, avec trois tubercules luisans; élytres obscures, mélangées de gris.

4. Callidie portefaix.

Noirâtr : corcelet arrondi, légèrement déprimé, avec deux taches noires, luisantes, un peu élevees.

5. Callidie stigmate.

Noir, un peu applati; écusson triangulaire, très-alongé; élytres avec une tache jaune, oblique.

6. Callidie velu.

Brun, très-velu; élytres pâles, avec une dentelure.

7. Callidie comprimé.

Brun; abdomen & pattes testacés; antennes longues.

8. Callidie barbu.

Brun; corcelet arrondi, avec une tache roussâtre de chaque côté; antennes longues, velues.

CALLIDIES. (Insectes.)

9. CALLIDIE soyeux.

D'un brun cendré, soyeux; corcelet arrondi; élytres testacées, avec de petits points élevés, rougeâtres.

10. CALLIDIE rétréci.

Noir; corcelet arrondi; élytres rétrécies, avec quatre taches jaunes.

11. CALLIDIE rustique.

D'un brun noirâtre; corcelet arrondi, un peu déprimé; élytres avec deux lignes longitudinales, élevées.

12. CALLIDIE bariolé.

Noirâtre; corcelet avec quatre lignes longitudinales, jaunâtres; élytres parsemées de points jaunes.

13. CALLIDIE linéolé.

Testacé; corcelet avec deux raies; élytres avec plusieurs lignes longitudinales, jaunâtres.

14. CALLIDIE sillonné.

Brun; corcelet couvert de poils jaunâtres; élytres avec des raies jaunâtres & brunes.

15. CALLIDIE ruficolle.

Noir; corcelet fauve, tuberculé; élytres d'un vert bleuâtre.

16. CALLIDIE de l'Yéble.

Noir; corcelet tuberculé; élytres violettes.

17. CALLIDIE fugace.

Cendré, obscur, pubescent; écusson gris; jambes & base des cuisses brunes.

18. CALLIDIE bleuâtre.

Noirâtre; corcelet fauve, arrondi, légèrement tuberculé; élytres bleuâtres.

19. CALLIDIE bronzé.

Noirâtre; corcelet & élytres d'un vert bronzé; cuisses ferrugineuses.

20. CALLIDIE clavipède.

Très-noir; corcelet arrondi, légèrement déprimé; cuisses renflées; antennes longues.

21. CALLIDIE pointu.

Noirâtre; corcelet arrondi, verruqueux; élytres pointues, vertes, avec la suture bleue.

22. CALLIDIE violet.

Noir; corcelet arrondi, pubescent; élytres violettes.

23. CALLIDIE testacé.

Testacé; corcelet arrondi, un peu tuberculé, fauve; antennes moyennes.

24. CALLIDIE luride.

Noir; corcelet arrondi, un peu déprimé, légèrement tuberculé; élytres testacées.

25. CALLIDIE fémoral.

Noir; corcelet arrondi; cuisses rouges; antennes médiocres.

26. CALLIDIE variable.

D'un noir bronzé; corcelet arrondi; antennes & pattes obscures.

27. CALLIDIE chlorotique.

Testacé pâle, pubescent; corcelet arrondi; élytres avec deux bandes pâles.

CALLIDIES. (Insectes.)

28. Callidie pubescent.

Obscur, pubescent ; corcelet arrondi ; élytres glauques, obscures à leur base.

29. Callidie pâle.

Testacé pâle ; corcelet arrondi ; élytres pâles, avec une bande testacée.

30. Callidie sanguin.

Noir ; corcelet tuberculé, soyeux, sanguin ; élytres & extrémité de l'abdomen d'un rouge sanguin.

31. Callidie nébuleux.

Brun marron ; corcelet arrondi, nébuleux ; élytres nébuleuses.

32. Callidie strié.

Noir ; corcelet arrondi, glabre ; élytres avec des lignes longitudinales, élevées.

33. Callidie lugubre.

Noirâtre ; corcelet arrondi, soyeux ; écusson roussâtre ; antennes plus longues que le corps.

34. Callidie marron.

Noir ; corcelet arrondi ; élytres testacées, avec trois petites lignes élevées.

35. Callidie pallipède.

Testacé ; corcelet arrondi ; élytres noires, avec trois bandes testacées, pâles.

36. Callidie unicolor.

Testacé ; corcelet arrondi, ponctué ; antennes longues ; cuisses renflées.

37. Callidie fascié.

Bleu ; corcelet arrondi, presque épineux, élytres avec deux bandes jaunes.

38. Callidie bicolor.

Vert brillant ; corcelet fauve, presque arrondi ; antennes plus longues que le corps.

39. Callidie clavicorne.

Noir ; antennes courtes, un peu renflées vers leur extrémité ; corcelet un peu plus étroit antérieurement ; élytres dentelées à leur extrémité.

40. Callidie bifascié.

Noir ; corcelet arrondi, pubescent ; élytres avec deux bandes rougeâtres.

41. Callidie bimaculé.

Obscur ; corcelet arrondi, velu ; élytres avec deux taches ferrugineuses.

42. Callidie ondé.

Noirâtre ; corcelet arrondi, tuberculé ; élytres avec deux bandes ondées, pâles.

43. Callidie colon.

Obscur ; corcelet arrondi ; élytres livides, avec trois bandes obscures.

44. Callidie triste.

Luride, sans taches ; corcelet arrondi, presque tuberculé ; élytres avec des lignes élevées.

45. Callidie agreste.

Noir ; corcelet presque arrondi ; élytres noirâtres, striées ; antennes courtes.

CALLIDIES. (Insectes.)

46. CALLIDIE équestre.

Noir, luisant; corcelet arrondi; élytres avec une bande interrompue, rouge.

47. CALLIDIE varié.

Ferrugineux; corcelet arrondi; élytres noires, avec deux bandes blanches, & la base ferrugineuse.

48. CALLIDIE Russe.

Noir; corcelet arrondi, tuberculé; élytres jaunes, avec une tache au milieu, & l'extrémité, noires.

49. CALLIDIE brûlé.

Testacé; corcelet arrondi, presque tuberculé; élytres violettes à leur extrémité.

50. CALLIDIE forestier.

Noir; corcelet velu, tuberculé; élytres rougeâtres, avec l'extrémité & une tache bleuâtres.

51. CALLIDIE noirâtre.

Noir; corcelet cannelé, presque tuberculé; élytres striées, testacées, obscures.

52. CALLIDIE brévicorne.

Fauve-marron; corcelet arrondi, tuberculé, presque épineux; élytres avec quatre bandes & deux points jaunes.

53. CALLIDIE rauque.

Testacé; corcelet arrondi, lisse, ferrugineux, obscur; élytres lisses, testacées.

54. CALLIDIE danois.

Noir; corcelet arrondi, légèrement velu, avec quatre lignes blanches, antennes courtes.

55. CALLIDIE aulique.

Noir; corcelet arrondi, lisse, luisant; antennes courtes.

56. CALLIDIE Lynx.

Noir; corcelet arrondi, velu, presque épineux; élytres avec une grande tache fauve.

57. CALLIDIE timide.

Noir; corcelet arrondi; antennes & jambes testacées.

58. CALLIDIE jaune.

Jaune; corcelet arrondi; cuisses très-renflées; antennes moyennes.

59. CALLIDIE courbe.

Noir; corcelet globuleux, avec deux bandes & les bords jaunes; élytres avec sept bandes arquées, dont quelques-unes interrompues.

60. CALLIDIE usé.

Noirâtre; corcelet globuleux, avec deux bandes jaunes; élytres brunes, avec cinq bandes jaunes.

61. CALLIDIE arqué.

Noir; corcelet globuleux, avec deux bandes jaunes; élytres avec cinq bandes jaunes, arquées, dont la première interrompue.

62. CALLIDIE Bélier.

Noir; corcelet globuleux, bordé de jaune; élytres avec quatre bandes jaunes, arquées, dont la première interrompue.

63. CALLIDIE floral.

Noir; corcelet globuleux, avec deux bandes jaunes; élytres avec cinq bandes jaunes, dont la seconde & la troisième arquées.

CALLIDIES. (Insectes.)

64. CALLIDIE lunulé.

Noir; corcelet globuleux, avec des bandes jaunes; élytres avec cinq bandes jaunes; la première formée par des taches.

65. CALLIDIE fulminant.

Noir; corcelet globuleux, cendré, avec trois taches noires; élytres avec des raies transversales, ondées, grises.

66. CALLIDIE cordonné.

Noirâtre; corcelet globuleux, avec quelques points cendrés, roussâtres; élytres avec deux bandes ondées, peu marquées, grises

67. CALLIDIE glauque.

Noirâtre; corcelet globuleux; élytres glauques, avec quelques points noirs.

68. CALLIDIE six-points.

Noir; corcelet globuleux, jaunâtre; élytres jaunâtres, avec trois points noirs.

69. CALLIDIE sixfascié.

Noir; corcelet globuleux, avec deux bandes; élytres avec quatre bandes jaunes.

70. CALLIDIE rayé.

Noir; corcelet globuleux, avec trois lignes rouges; élytres avec une tache & deux bandes jaunes.

71. CALLIDIE du Verbascum.

D'un vert jaune; corcelet globuleux, avec une bande noire; élytres avec deux bandes & une tache en croissant, noires.

72. CALLIDIE érythrocéphale.

Noirâtre; corcelet globuleux, rougeâtre, tuberculé supérieurement; élytres noires, avec trois bandes jaunes.

73. CALLIDIE mucroné.

Noir; corcelet globuleux, avec quatre points jaunes; élytres avec quatre bandes jaunes, & la base ferrugineuse.

74. CALLIDIE hottentot.

Noir; corcelet globuleux, brun; élytres avec trois bandes jaunes.

75. CALLIDIE plébéien.

Noir; corcelet globuleux; élytres avec trois bandes cendrées, la première courbée.

76. CALLIDIE bossu.

Noir; corcelet globuleux; élytres avec deux bandes cendrées, & un tubercule élevé, oblong à la base.

77. CALLIDIE écussoné

Noirâtre; corcelet globuleux; élytres avec trois bandes & l'écusson jaunes, & la base brune.

78. CALLIDIE trifascié.

Noir; corcelet globuleux, ferrugineux; élytres noires, avec trois bandes blanches, dont la première annulaire.

79. CALLIDE ruficorne.

Noir; corcelet globuleux, rougeâtre; élytres avec trois bandes cendrées; antennes fauves.

80. CALLIDIE annulaire.

Corcelet arrondi, jaune, taché de noir; élytres jaunes, avec trois bandes noires, dont la première annulaire.

CALLIDIE. (Insectes.)

81. CALLIDIE marseillois.

Noir; taché de blanc; corcelet globuleux; élytres avec trois lignes transversales, blanches.

82. CALLIDIE mystique.

Noir; corcelet globuleux; élytres avec des bandes & l'extrémité cendrées, & la base rougeâtre.

83. CALLIDIE égyptien.

Corcelet arrondi, ferrugineux; élytres cendrées, avec trois bandes obscures, dont la première annulaire.

84. CALLIDIE dentipède.

Testacé; élytres avec deux bandes obscures; cuisses épineuses.

85. CALLIDIE rufipède.

Corcelet globuleux, violet, luisant; élytres violettes; jambes rougeâtres; antennes courtes.

86. CALLIDIE picipède.

Noir; corcelet globuleux; élytres avec une ligne transversale, oblique, blanche.

87. CALLIDIE portugais.

Testacé; corcelet arrondi, un peu épineux; élytres avec une bande & l'extrémité grisâtres.

88. CALLIDIE de l'Aune.

Noir; corcelet arrondi; élytres avec deux bandes blanches; antennes, base des élytres & pattes ferrugineuses.

89. CALLIDIE unifascié.

D'un rouge brun; élytres obscures, brunes à leur base, avec une bande blanche.

90. CALLIDIE nain.

Testacé; élytres avec une bande interrompue, blanche.

1. Callidie hispicorne.

Callidium hispicornis.

Callidium thorace subrotundo mutico, corpore fusco, elytris bidentatis, antennis mediocribus postice subspinosis. Ent. ou hist. nat. des ins. Callidie. *Pl.* 5. *fig.* 57.

Cerambyx hispicornis *thorace mutico subrotundo, corpore subfusco, elytris fastigiatis bidentatis, antennis mediocribus postice dentatis.* Lin. *Syst. nat. pag.* 634. *n°.* 66.

Il ressemble au *Callidie* soyeux, mais il est plus gros. Les antennes sont obscures, un peu plus courtes que le corps, & les articles sont munis, à leur extrémité extérieure, d'une très-petite épine. Tout le corps est d'un brun marron obscur, couvert de poils très-courts, cendrés, obscurs. Le corcelet est arrondi, légèrement chagriné. L'écusson est arrondi postérieurement. Les élytres sont d'un brun marron plus clair que le corcelet : elles sont terminées chacune par deux petites épines. L'abdomen est un peu plus clair que la poitrine. Les pattes sont de la couleur du corps.

Il se trouve dans l'Amérique méridionale.

2. Callidie marylandois.

Callidium marylandicum.

Callidium thorace rotundato tuberculato, elytris bidentatis fusco cinereoque nebulosis, antennis mediocribus. Ent. ou hist. nat. des ins. Callidie. *Pl.* 1. *fig.* 5.

Stenocorus marylandicus *thorace depresso tuberculato mutico, elytris bidentatis fusco cinereoque nebulosis, antennis mediocribus.* Fab. *Syst. ent. p.* 179. *n°.* 5. — *Spec. ins. tom.* 1. *pag.* 226. *n°.* 6. — *Mant. ins. tom.* 1. *pag.* 143. *n°.* 6.

Il est de la grandeur du *Callidie* spinicorne. Les antennes sont nébuleuses & de la longueur du corps. Le corcelet est légèrement velu, arrondi, un peu déprimé, muni de quelques tubercules lisses. Les élytres sont bidentées & mélangées d'obscur & de cendré. Tout le dessous du corps est couvert d'un léger duvet cendré.

Il se trouve dans l'Amérique septentrionale.

3. Callidie obscur.

Callidium obscurum.

Callidium thorace subvilloso fusco, elytris testaceo cinereoque variis, antennis mediocribus. Fab. *Mant. ins. tom.* 1. *pag.* 151. *n°.* 1.

Il ressemble au *Callidie* porte-faix ; mais il est un peu plus grand. Les antennes sont obscures, velues, de la longueur du corps. Tout le corps est brun. Le corcelet est arrondi, légèrement pubescent. On y remarque trois petits tubercules peu élevés, lisses, luisans. L'écusson est petit & cendré. Les élytres sont d'un brun testacé, & variées de cendré formé par des poils. Le dessous du corps & les pattes sont testacés, bruns.

Il se trouve à la terre de Diëmen.

4. Callidie porte-faix.

Callidium Bajulus.

Callidium thorace rotundato depresso villoso, tuberculis duobus, corpore fusco. Ent. ou hist. nat. des ins. Callidie. *Pl.* 3. *fig.* 30. *a. b.*

Cerambyx Bajulus *thorace mutico subrotundo villoso, tuberculis duobus, antennis brevibus.* Lin. *Syst. nat. pag.* 636. *n°.* 76. — *Mus. Lud. Ulr. p.* 76. — *Faun. suec. n°.* 672.

Callidium Bajulus *thorace villoso, tuberculis duobus, corpore fusco.* Fab. *Syst. ent. pag.* 187. *n°.* 1. — *Spec. ins. tom.* 1. *pag.* 236. *n°.* 1. — *Mant. ins. tom.* 1. *pag.* 151. *n°.* 2.

Leptura testaceo-fusca, thorace rhomboïdali villoso, elytrorum maculis quatuor albidis transversim positis. Geoff. *Ins. tom.* 1. *p.* 218. *n°.* 17.

La *Lepture* brune à corcelet rhomboïdal. Geoff. *Ibid.*

Cerambyx caudatus *fusco-obscurus, thorace mutico subrotundo depresso cinereo villoso : punctis duobus nigris glabris, antennis brevibus.* Deg. *Mem. ins. tom.* 5. *pag.* 86. *n°.* 22.

Capricorne à queue brun obscur, à corcelet arrondi & aplati, velu, cendré, à deux points noirs luisans, à antennes courtes. Deg. *Ib.*

Frisch. *Ins.* 13. *pag.* 17. *tab.* 10.
Leptura Bajula. Scop. *Ent. carn. n°.* 156.
Pod. *Mus. græc. pag.* 36.
Sulz. *Hist. ins. tab.* 4. *fig.* 29.
Voet. *Coleopt. par.* 2. *tab.* 22. *fig.* 111.
Schaeff. *Elem. ins. tab.* 76. *fig.* 4. — *Icon. tab.* 64. *fig.* 4. 5.
Cerambyx Bajulus. Schrank. *Enum. ins. austr. n°.* 281.
Callidium Bajulus. Laichart. *Ins. tom.* 1. *p.* 65. *n°.* 5.
Leptura quadripunctata. Fourc. *Ent. par.* 1. *p.* 82. *n°.* 19.
Cerambyx Bajulus. Vill. *Ent. tom.* 1. *p.* 249. *n°.* 75.

Cet insecte varie beaucoup pour la grandeur. Les mâles sont ordinairement de quatre à six lignes de longueur, & les femelles de six à huit. Le corps est un peu aplati, noirâtre, & couvert de poils cendrés. Les antennes sont de la longueur de la moitié du corps dans la femelle ; elles sont un peu plus longues dans le mâle. Le corcelet est arrondi & légèrement aplati ; on y voit deux tubercules peu élevés, noirs & luisans. Les élytres sont chagrinées ; elles on quelques points blanchâtres, placés sur une ligne transversale & formés par des poils de cette couleur; mais souvent ces points manquent, parce que les poils ont été enlevés. On voit à la femelle une espèce de queue, qui n'est autre chose que l'instrument dont elle se sert pour percer le bois & y déposer ses œufs.

Il se trouve en Europe, & suivant De Geer, dans l'Amérique septentrionale, sur le tronc des arbres, dans les chantiers, & souvent dans les maisons. Il est commun dans les provinces méridionales de la France.

5. Callidie stigmate.

Callidium stigma.

Callidium thorace subrotundo excavato punctato, corpore nigro, elytris lævibus stigmate flavo. Ent. ou hist. nat. des ins. Callidie. *Pl.* 2. *fig.* 21. *a. b.*

Cerambyx stigma *thorace submutico subrotundo excavato-punctato, corpore atro, elytris lævibus: stigmate albo.* Lin. *Syst. nat. p.* 635. *n°.* 72.

Callidium stigma *thorace punctato, corpore atro, elytris lævibus stigmate albo.* Fab. *Syst. ent. p.* 189. *n°.* 7. — *Spec. ins. tom.* 1. *pag.* 238. *n°.* 11. — *Mant. ins. tom.* 1. *p.* 152. *n°.* 17.

Cerambyx totus niger, thorace submutico semilunari punctato, corpore depresso, elytris lævibus stigmate flavo, antennis brevibus. Deg. *Mem. ins. tom.* 5. *p.* 119. *no.* 22. *pl.* 14. *fig.* 13.

Capricorne stigmate tout noir, à corcelet demi-lunaire chagriné, à corps aplati, à étuis lisses avec un point ovale jaune, & à antennes courtes. Deg. *Ibid.*

Voet. *Coleop. par.* 2. *tab.* 25. *fig.* 134 & 135.

Il varie pour la grandeur: les mâles ont ordinairement neuf à dix lignes de long, & les femelles environ un pouce. Les antennes du mâle sont de la longueur du corps, tandis que celles de la femelle sont la moitié plus courtes. Tout le corps est noir. Le corcelet est un peu aplati, chagriné, & de la largeur des élytres: on y voit une échancrure derrière les angles postérieurs, & deux petits tubercules en forme d'épines courtes & mousses. L'écusson est triangulaire, lisse & très-alongé. Les élytres, vues à la loupe, paroissent parsemées de points concaves: elles ont chacune une tache d'un jaune fauve, qui part de la pointe de l'écusson, descend obliquement, & qui, dans quelques individus, traverse toute l'élytre.

Il se trouve à Cayenne & à Surinam.

6. Callidie velu.

Callidium hirtum.

Callidium thorace rotundato hirto, elytris acuminatis pallide testaceis. Ent. ou hist. nat. des ins. Callidie. *Pl.* 5. *fig.* 62.

Callidium hirtum. Fab. *Mant. ins. tom.* 1. *p.* 153. *no.* 19.

Les antennes sont filiformes, noires, brunes à leur extrémité, plus courtes que le corps. La tête est obscure, velue, avec une ligne longitudinale enfoncée, entre les yeux. Les yeux sont grands, un peu échancrés antérieurement. Le corcelet est noirâtre, très-velu, à peine bordé. L'écusson est assez grand & triangulaire, obscur, un peu velu. Les élytres sont testacées, pâles, avec une petite dentelure à leur partie interne. Le dessous du corps est brun & très-velu. Les pattes sont noirâtres.

Il se trouve au cap de Bonne-Espérance.

7. Callidie comprimé.

Callidium compressum.

Callidium thorace lævi obscure nigrum, antennis longis pedibusque testaceis, femoribus compressis. Ent. ou hist. nat. des ins. Callidie. *Pl.* 4. *fig.* 44.

Callidium compressum. Fab. *Mant. ins. tom.* 1. *p.* 153. *n°.* 21.

Il ressemble un peu au *Callidie* rustique. Les antennes sont brunes, de la longueur du corps, ou beaucoup plus longues. Tout le corps est brun. Le corcelet est arrondi. L'abdomen & les pattes sont testacés, presque fauves. Les pattes sont assez longues, & les cuisses sont un peu comprimées.

Il se trouve à Siam.

8. Callidie barbu.

Callidium barbatum.

Callidium thorace rotundato, subtus utrinque macula tomentosa, ferruginea, antennis longioribus, barbatis. Ent. ou hist. nat. des ins. Callidie. *Pl.* 4. *fig.* 41.

Callidium barbatum. Fab. *Syst. ent. pag.* 189. *n°.* 8. — *Spec. ins. tom.* 1. *pag.* 238. *n°.* 12. — *Mant. ins. tom.* 1. *pag.* 153. *n°.* 20.

Il est de la grandeur du *Callidie* rustique. Les antennes sont brunes, plus longues que le corps, un peu velues. Tout le corps est brun. Les yeux sont bruns, échancrés antérieurement. Le corcelet est pointillé, arrondi, avec une grande tache de chaque côté, un peu enfoncée, formée de poils roussâtres. L'écusson est petit & en cœur. Les élytres ont chacune trois ou quatre lignes longitudinales peu élevées. Les pattes sont de la couleur du corps.

Il se trouve à Tranquebar.

9. Callidie soyeux.

Callidium sericeum.

Callidium thorace rotundato mutico, corpore testaceo cinereo holosericeo, elytris punctis plurimis elevatis rufis. Ent. ou hist. nat des inf. CALLIDIE. *Pl.* 3. *fig.* 38. *a, b.*

Callidium sericeum *thorace mutico holosericeo cinereo, elytris testaceis, punctis elevatis rubris.* FAB. *Mant. inf. tom.* 1. *pag.* 152. *n°.* 14.

Tout le corps de cet insecte est marron & légèrement couvert d'un duvet cendré. Les antennes sont soyeuses, un peu plus longues que le corps. Les yeux sont noirs. Le corcelet est arrondi, presque globuleux. L'écusson est petit, en cœur, & cendré. Les élytres sont entières, & parsemées de petits points élevés, rougeâtres. Les pattes sont de la couleur du corps.

Il se trouve en Barbarie & dans les provinces méridionales de la France.

10. CALLIDIE rétréci.

CALLIDIUM angustatum.

Callidium thorace mutico rotundato, nigrum, elytris maculis quatuor flavis. Ent. ou hist. nat. des inf. CALLIDIE. *Pl.* 6. *fig.* 71.

Il est noir, alongé, presque cylindrique. Les antennes sont noirâtres, beaucoup plus courtes que le corps, filiformes & comprimées. Les yeux sont en croissant, & ils entourent une partie de la base des antennes. Le corcelet est arrondi, presque globuleux. Les élytres sont lisses, un peu rétrécies au milieu, & marquées chacune de deux taches jaunes, dont l'une oblongue vers la base, & l'autre plus grosse au milieu. Les cuisses sont simples. On voit sur tout le corps quelques poils cendrés, assez longs.

Il se trouve....

11. CALLIDIE rustique.

CALLIDIUM rusticum.

Callidium thorace rotundato mutico, corpore lurido, antennis brevibus. Ent. ou hist. nat. des inf. CALLIDIE. *Pl.* 3. *fig.* 39.

Cerambyx rusticus *thorace mutico subrotundo nudo, corpore lurido, antennis subulatis brevioribus.* LIN. *Syst. nat. pag.* 634. *n°.* 67. — *Faun. suec. n°.* 666.

Callidium rusticum *thorace nudo, corpore lurido, antennis brevibus.* FAB. *Syst. ent. pag.* 188. *n°.* 6. — *Spec. inf. tom.* 1. *pag.* 238. *n°.* 10. — *Mant. inf. tom.* 1. *pag.* 152. *n°.* 15.

Cerambyx griseo-fuscus, thorace mutico subrotundo depresso: punctis impressis, antennis subulatis brevioribus. DEG. *Mem. inf. tom.* 5. *p.* 83. *n°.* 20.

Capricorne rustique d'un brun grisâtre, à corcelet circulaire & aplati, à points concaves, à antennes courtes en filets. DEG. *Ib.*

VOET. *Coleopt. par.* 2. *tab.* 23. *fig.* 126?
SULZ. *Hist. inf. tab.* 4. *fig.* 20.
SCHAEFF. *Icon. inf. tab.* 63. *fig.* 6.
Cerambyx rusticus. VILL. *Ent. tom.* 1. *p.* 246. *n°.* 68.

Il est un peu plus grand & un peu moins aplati que le *Callidie* porte-faix. Tout le corps est d'une couleur brune, plus ou moins foncée. Les antennes sont noires & plus courtes que le corps. Le corcelet est arrondi & un peu aplati : on y voit, à la partie supérieure, quelques légers enfoncemens. Les élytres paroissent à la loupe très-finement chagrinées : on y voit sur chaque deux lignes longitudinales peu élevées. Les pattes sont de la couleur du corps, & les cuisses sont très-peu renflées.

Il se trouve en Europe, & rarement aux environs de Paris.

12. CALLIDIE bariolé.

CALLIDIUM variegatum.

Callidium thoracis dorso glabro, atro, lineis quatuor albis, elytris flavo irroratis. Ent. ou hist. nat. des inf. CALLIDIE. *Pl.* 5. *fig.* 58.

Callidium variegatum. FAB. *Syst. ent. p.* 189. *n°.* 9. — *Spec. inf. tom.* 1. *p.* 238. *n°.* 13. — *Mant. inf. tom.* 1. *p.* 153. *no.* 22.

Les antennes sont ou de la longueur ou plus longues que le corps; elles sont noires, avec les derniers articles obscurs. La tête est noire, avec une ligne transversale sur le front, & deux lignes longitudinales jaunes à la partie supérieure. Les yeux sont très-échancrés à leur partie antérieure. Le corcelet est arrondi, presque cylindrique, noirâtre, avec quatre lignes longitudinales jaunes sur la partie supérieure. L'écusson est noirâtre, petit, presque triangulaire. Les élytres sont noirâtres, parsemées de points ou d'une poussière jaune; elles ont chacune deux ou trois lignes longitudinales élevées. Le dessous du corps est noir, avec des taches jaunes. Les pattes sont noires; les cuisses postérieures sont assez longues & marquées d'une tache blanche.

Il se trouve dans la Nouvelle-Zélande.

13. CALLIDIE linéolé.

CALLIDIUM lineatum.

Callidium thorace lineis duabus, elytris quatuor albis, mediis coëuntibus, abbreviatis. Ent. ou hist. nat. des inf. CALLIDIE. *Pl.* 4. *fig.* 50.

Callidium lineatum. FAB. *Syst. ent. p.* 189. *n°.* 10. — *Spec. inf. tom.* 1. *p.* 238. *n°.* 14. — *Mant. inf. tom.* 1. *p.* 153. *n°.* 23.

Il ressemble beaucoup au *Callidie* varié; mais il est deux fois plus petit. Les antennes sont testacées, obscures, un peu plus courtes que le corps. Les antennules sont égales, avec le dernier article plus gros que les autres & triangulaire. La tête est brune, rayée de jaune. Les yeux sont noirs, échancrés antérieurement, avec l'échancrure jaune. Le corcelet est testacé, brun, luisant, avec deux raies longitudinales jaunâtres. L'écusson est petit, triangulaire & jaunâtre. Les élytres sont d'un brun ferrugineux, avec la suture, le bord extérieur & deux lignes longitudinales sur chaque, rapprochées, réunies postérieurement à une petite distance de l'extrémité de l'élytre, blanchâtres. Le dessous du corps est mélangé de brun luisant & de jaune. L'abdomen est brun, luisant, avec les bords jaunes & une rangée de points jaunes de chaque côté. Les pattes sont testacées, avec la base des cuisses noirâtre.

Il se trouve dans la Nouvelle Zélande.

14. Callidie sillonné.

Callidium sulcatum.

Callidium thorace tomentoso cinereo, elytris albo nigroque striatis. Ent. ou hist. nat. des inf. Callidie. *Pl.* 4. *fig.* 48.

Callidium sulcatum. Fab. *Syst. ent. pag.* 189. *n°.* 11. — *Spec. inf. tom.* 1. *pag.* 238. *n°.* 15. — *Mant. inf. tom.* 1. *pag.* 153. *n°.* 24.

Il ressemble entièrement au *Callidie* rayé; mais il est beaucoup plus petit. Les antennes sont courtes, obscures, testacées à leur base. La tête est brune, avec deux raies longitudinales larges, un peu enfoncées, couvertes de poils roussâtres. Les yeux sont échancrés antérieurement. Le corcelet est testacé, brun, & couvert de poils jaunâtres. L'écusson est triangulaire, & couvert de poils roussâtres. Les élytres sont testacées, brunes, avec des raies jaunâtres un peu enfoncées. Le dessous du corps & les pattes sont testacés, bruns, légèrement couverts de poils roussâtres courts.

Il se trouve dans la Nouvelle-Zélande.

15. Callidie ruficolle.

Callidium ruficolle.

Callidium thorace subcylindrico hirto rufo, elytris violaceis, antennis mediocribus piceis, pedibus nigris. Ent. ou hist. nat. des inf. Callidie. *Pl.* 2. *fig.* 27.

Callidium ruficolle. Fab. *Spec. inf. tom.* 1. *pag.* 236. *n°.* 3. — *Mant. inf. tom.* 1. *p.* 151. *n°.* 4.

Saperda ruficollis, *thorace cylindrico subspinoso nigra, antennis thoraceque ferrugineis, elytris cyaneis.* Fab. *Mant. inf. tom.* 1. *p.* 150. *n°.* 36.

Les antennes sont ferrugineuses, avec le premier article noir. Tout le corps est pubescent. La tête est noire. Le corcelet est rougeâtre, tuberculé, presque épineux. Les élytres sont d'un vert bleuâtre. Le dessous du corps & les pattes sont noirs. L'abdomen est quelquefois rouge.

Le *Saperda ruficollis* est le même insecte que le *Callidium ruficolle* de M. Fabricius, comme on peut le voir par la description qu'il donne de ces deux insectes.

Il se trouve dans les provinces méridionales de la France, en Italie, & sur la côte d'Afrique.

16. Callidie de l'Yèble.

Callidium ebulinum.

Callidium thorace tuberculato, nigrum, elytris violaceis. Fab. *Mant. inf. tom.* 1. *p.* 151. *n°.* 5.

Cerambyx ebulinus *thorace mutico, corpore nigro, elytris viridi-cæruleis, antennis mediocribus.* Lin. *Syst. nat. p.* 637. *n°.* 83.

Il ressemble beaucoup au précédent, dont il n'est peut-être qu'une variété. Tout le corps est noir & pubescent. Les antennes sont ferrugineuses, presque de la longueur du corps, avec leur premier article gros & noir. Le corcelet a de chaque côté un tubercule peu marqué. Les elytres sont lisses, d'un vert bleuâtre ou violet. Les cuisses sont grosses & renflées.

L'insecte que j'ai vu dans la collection de Linné, possédée par M. Smith, ne m'a paru être qu'une variété du *Callidie* ruficolle.

Il se trouve sur les fleurs, en Afrique, & dans les provinces méridionales de la France.

17. Callidie fugace.

Callidium fugax.

Callidium thorace subcylindrico, fusco-cinereum pubescens, scutello albo, tibiis ferrugineis. Ent. ou hist. nat. des inf. Callidie. *Pl.* 6. *fig.* 69.

Les antennes sont filiformes, un peu plus courtes que le corps, noires, avec la base de la plupart des articles ferrugineuse. Tout le corps est pubescent, noirâtre, légèrement couvert d'un duvet cendré. Le corcelet est arrondi, presque cylindrique. L'écusson est gris. Les élytres sont fortement pointillées, & ont chacune une ligne longitudinale, élevée. Les cuisses sont renflées, noires, avec la base ferrugineuse. Les jambes sont ferrugineuses, avec l'extrémité noire.

J'ai trouvé cet insecte en Provence, sur les fleurs; il s'échappe avec beaucoup de célérité lorsqu'on veut le prendre.

18. Callidie bleuâtre.

Callidium fennicum.

Callidium thorace rotundato rufo, elytris violaceis, antennis mediocribus. Ent. ou hist. nat. des inf. Callidie. *Pl.* 1. *fig.* 9.

Cerambyx fennicus *thorace mutico subrotundo tuberculis subferrugineo-obsoletis, elytris violaceis, antennis longiusculis.* LIN. *Syst. nat. p.* 636. *n°.* 77. —*Faun. suec. n°.* 674.

Callidium fennicum. FAB. *Syst. ent. p.* 188. *n°.* 2. —*Sp. ins. tom.* 1. *p.* 236. *n°.* 2. —*Mant. ins. tom.* 1. *p.* 151. *n°.* 3.

Leptura atra, thorace testaceo, femoribus crassis. GEOFF. *Ins. tom.* 1. *p.* 219. *n°.* 19.

La Lepture noire, à corcelet rougeâtre. GEOF. *ib.*

Cerambyx elytris nigro cæruleis, apice abdominis ferrugineo. UDDM. *Diss.* 33.

VOET. *Coleopt. pars* 2. *tab.* 20. *fig.* 97.

Cerambyx fennicus. SCHRANK. *Enum. ins. austr. n°.* 282.

Cerambyx fennicus. VILL. *Ent. tom.* 1. *pag.* 250. *n°.* 76.

Callidium variabile. LAICHART. *Ins. tom.* 1. *p.* 75. *n°.* 9.

Leptura femorata. FOURC. *Ent. par.* 1. *pag.* 83. *n°.* 23.

Il a de quatre à six lignes de long. Les antennes sont noirâtres & de la longueur du corps. La tête est noire. Le corcelet est fauve, rond, un peu aplati, avec quelques tubercules peu élevés. Les élytres sont très-finement chagrinées ; elles sont d'un noir violet, un peu verdâtre. La poitrine est noire, & l'abdomen est d'une couleur fauve, livide, & quelquefois obscure. Les pattes sont fauves, & la partie renflée des cuisses est noire.

On trouve cet insecte en Europe ; il est très-commun dans les chantiers de Paris, aux mois de Juin & de Juillet.

19. CALLIDIE bronzé.

CALLIDIUM æneum.

Callidium fuscum, thorace elytrisque viridi æneis, femoribus ferrugineis. Ent. ou hist. nat. des ins. CALLIDIE. *Pl.* 4. *fig.* 46.

Callidium æneum. FAB. *Mant. ins. tom.* 1. *p.* 151. *n°.* 6.

Il est de la grandeur du *Callidie* violet. Les antennes sont noirâtres, pubescentes, de la longueur du corps. La tête est noirâtre. Le corcelet est arrondi, d'un vert bronzé, un peu pubescent. L'écusson est noirâtre, arrondi postérieurement. Les élytres sont d'un vert bronzé. Tout le dessous du corps & les pattes sont d'une couleur noirâtre, un peu pubescens. Les cuisses sont souvent rougeâtres, avec l'extrémité noire.

Il se trouve en Afrique.

20. CALLIDIE clavipède.

CALLIDIUM clavipes.

Callidium thorace rotundato, nigrum opacum femoribus omnibus clavatis, antennis longioribus. Ent. ou hist. nat. des ins. CALLIDIE. *Pl.* 3. *fig.* 33.

Callidium clavipes *nigrum opacum, femoribus omnibus clavatis, antennis longioribus.* FAB. *Syst. ent. pag.* 188. *n°.* 2. —*Spec. ins. tom.* 1. *p.* 236. *n°.* 4. —*Mant. ins. tom.* 1. *p.* 150. *n°.* 7.

Cerambyx nigro-planus *niger, corpore thoraceque mutico subrotundo depressis, femoribus clavatis, antennis mediocribus crassis.*

Capricorne noir, à corcelet arrondi & applati, à corps plat & antennes médiocres, grosses. HOEFN. *Ins. tab.* 16.

VOET. *Coleopt. pars* 2. *tab.* 22. *fig.* 115.

Leptura vidua. FOURC. *Ent. par.* 1. *p.* 82. *n°.* 1[illegible]

Il a environ sept à huit lignes de long. Tout son corps est très-noir, & un peu aplati. Les antennes sont un peu plus longues que le corps. Le corcelet est arrondi & un peu applati ; il est, ainsi que les élytres, finement chagriné. Les cuisses, minces & déliées à leur base, sont très-grosses, depuis le milieu jusqu'à leur pointe.

Il se trouve en Europe, & rarement aux environs de Paris.

21. CALLIDIE pointu.

CALLIDIUM acuminatum.

Callidium thorace verrucoso nigricante, elytris acuminatis viridibus : sutura cyanea. FAB. *Gen. ins. mant. p.* 231. —*Sp. ins. tom.* 1. *pag.* 237. *n°.* 7. —*Mant. ins. tom.* 1. *p.* 152. *n°.* 11.

Il est un peu plus petit que le *Callidie* violet. La tête est noirâtre. Les antennes sont noirâtres, de la longueur du corps, avec l'extrémité des articles épineuse. Le corcelet est noir, arrondi, avec plusieurs tubercules élevés. Les élytres sont pointues, vertes, luisantes, avec la suture bleue. Les pattes sont noires. Les cuisses sont renflées & rouges.

Il se trouve au Cap de Bonne-Espérance.

22. CALLIDIE violet.

CALLIDIUM violaceum.

Callidium thorace rotundato subpubescente, corpore violaceo, antennis brevibus. Ent. ou hist. nat. des ins. CALLIDIE. *Pl.* 1. *fig.* 1.

Cerambyx violaceus *thorace mutico subrotundo pubescente, corpore violaceo, antennis mediocribus.* LIN. *Syst. nat. p.* 635. *n°.* 70. —*Faun. suec. n°.* 667.

Callidium violaceum. FAB. *Syst. ent. p.* 188. *n°.* 4. —*Sp. ins. tom.* 1. *p.* 237. *n°.* 5. —*Mant. ins. tom.* 1. *p.* 152. *n°.* 8.

Cerambyx violaceus nitens, corpore thoraceque mutico subrotundo depressis, femoribus clavatis,

Antennis mediocribus nigris. Deg. *Mém. inſ. tom.* 5. *pag.* 88. *n°.* 24.

Capricorne *violet*, violet, luiſant, à corcelet arrondi & applati, à corps plat, à cuiſſes groſſes & antennes médiocres, noires. Deg. *ib.*

Cantharis nigra, thorace rotundato, elytris cœruleſcentibus. Gadd. *Diſſ.* 28.
Frisch. *Inſ.* 12. *pl.* 3. *tab.* 6. *fig.* 1.
Voet. *Coleopt. pars* 2. *tab.* 23. *fig.* 123.
Schaeff. *Icon. inſ. tab.* 4. *fig.* 13.
Cerambyx violaceus. Pod. *Muſ. græc. p.* 36.
Stenocorus violaceus. Ann. V. hiſt. nat. p. 597. *n°.* 59.
Cerambyx violaceus. Schrank. *Enum. inſ. auſt. n°.* 277.
Callidium violaceum. Laichart. *Inſ. tom.* 1. *p.* 72. *n°.* 7.
Cerambyx violaceus. Vill. *Ent. tom.* 1. *p.* 248. *n°.* 73.

Il reſſemble, pour la forme & la grandeur, au *Callidie* clavipède. Les antennes ſont noires, un peu plus courtes que le corps. La tête eſt d'un noir violet. Le corcelet eſt violet, arrondi, un peu déprimé, légèrement pubeſcent, chagriné. Les élytres ſont violettes & chagrinées. La poitrine & l'abdomen ſont d'un brun noirâtre. Les pattes ſont d'un noir bleuâtre.

Il ſe trouve au nord de l'Europe, en Allemagne, en Angleterre, & très rarement aux environs de Paris.

23. Callidie teſtacé.

Callidium teſtaceum.

Callidium thorace rotundato ſubtuberculato, antennis mediocribus fuſcis. Ent. ou hiſt. nat. des inſ. Callidie. *Pl.* 1. *fig.* 11.

Cerambyx teſtaceus *thorace mutico ſubrotundo glabro, corpore teſtaceo, antennis mediocribus.* Lin. *Syſt. nat. p.* 635. *n°.* 75. —*Faun. ſuec. n°.* 670.

Callidium teſtaceum. Fab. *Syſt. ent. pag.* 190. *n°.* 13. —*Sp. inſ. tom.* 1. *p.* 239. *n°.* 17. —*Mant. inſ. tom.* 1. *p.* 153. *n°.* 26.

Leptura teſtacea, thorace glabro. Geoff. *Inſ. tom.* 1. *p.* 218. *n°.* 18.
La Lepture livide à corcelet liſſe. Geoff. *ib.*

Cerambyx teſtaceus. Deg. *Mém. inſ. tom.* 5. *pag.* 93. *n°.* 30.

Capricorne fauve, à corcelet arrondi, applati & liſſe, & à antennes médiocres. Deg. *ib.*

Schaeff. *Icon. inſ. tab.* 64. *fig.* 6.
Cerambyx teſtaceus. Vill. *Ent. tom.* 1, *p.* 249. *n°.* 74.
Leptura teſtacea. Fourc. *Ent. par.* 1. *pag.* 83. *n°.* 21.

Il a de cinq à ſept lignes de long. Le corps eſt d'une couleur fauve, un peu livide; la poitrine ſeule eſt quelquefois noirâtre. Les antennes ſont teſtacées, obſcures, de la longueur du corps dans les mâles, & un peu plus courtes dans la femelle. Les yeux ſont noirs. Le corcelet eſt fauve, luiſant, arrondi & légèrement applati, avec quelques tubercules peu élevés. Les cuiſſes ſont groſſes & renflées, & de la même couleur que le corps.

Il ſe trouve en Europe, dans les bois: il eſt très-commun dans les chantiers de Paris, aux mois de Juin & de Juillet.

24. Callidie luride.

Callidium luridum.

Callidium thorace rotundato ſubtuberculato, nigrum, elytris teſtaceis. Ent. ou hiſt. nat. des inſ. Callidie. *Pl.* 7. *fig.* 78.

Cerambyx luridus *thorace mutico ſubrotundo, corpore nigro, elytris luridis.* Lin. *Syſt. nat. p.* 634. *n°.* 68.

Callidium luridum. Fab. *Syſt. ent. p.* 190. *n°.* 14. —*Spec. inſ. tom.* 1. *p.* 239. *n°.* 18. —*Mant. inſ. tom.* 1. *p.* 154 *n°.* 29.

Leptura atra, femoribus craſſis rufis. Geoff. *Inſ. tom.* 1. *p.* 219. *n°.* 20.
La Lepture noire à groſſes cuiſſes brunes. Geof. *ib.*
Voet. *Coleopt. pars* 2. *tab.* 21. *fig.* 109.
Callidium luridum. Laichart. *Inſ.* 1. *pag.* 84. *n°.* 11.
Leptura craſſipes. Fourc. *Ent. par.* 1. *pag.* 84. *n°.* 25.

Il reſſemble beaucoup au précédent pour la forme & la grandeur. Tout le corps eſt noir. Les élytres ſeules ſont d'une couleur teſtacée, livide, & quelquefois obſcure. Les antennes ſont de la longueur du corps. Le corcelet eſt arrondi, légèrement applati, avec quelques tubercules peu élevés. L'écuſſon eſt noir & petit. Les pattes ſont noires. Les cuiſſes ſont renflées, noires, & brunes dans quelques individus.

Il ſe trouve en Europe, dans les bois: il eſt commun dans les chantiers de Paris.

25. Callidie fémoral.

Callidium femoratum.

Callidium thorace rotundato, corpore atro opaco, femoribus rufis, antennis mediocribus. Ent. ou hiſt. nat. des inſ. Callidie. *Pl.* 7. *fig.* 77.
Cerambyx femoratus. Lin. *Syſt. nat. pag.* 634. *n°.* 69.

Callidium femoratum. Fab. *Spec. inſ. tom.* 1. *p.* 237. *n°.* 6. —*Mant. inſ. tom.* 1. *p.* 152. *n°.* 9.
Cerambyx femoratus. Deg. *Mém. inſ. tom.* 5. *p.* 93. *n°.* 31.

Capricorne *à cuisses rouges*, noir, à corcelet arrondi & applati, à cuisses rouges & antennes médiocres. Deg. *ib.*

Schaeff. *Icon. inf. tab.* 55. *fig.* 7.

Cerambyx femoratus. Schrank. *Enum. inf. austr.* n°. 278.

Leptura punctuosa. Fourc. *Ent. par.* 1. *p.* 83. n°. 22.

Cerambyx femoratus. Vill. *Ent. tom.* 1. *p.* 247. *n°.* 70.

Il ressemble beaucoup au *Callidie* violet, mais il est beaucoup plus petit. Le corps est noir. Les antennes sont de la longueur du corps. Le corcelet est arrondi, légèrement applati & chagriné. Les élytres sont applaties & un peu chagrinées. Les cuisses, grosses & renflées, sont rouges, avec les deux extrémités noires.

Il se trouve au nord de l'Europe, & très-rarement aux environs de Paris.

26. Callidie variable.

Callidium variabile.

Callidium thorace rotundato glabro, corpore fusco æneo, antennis pedibusque fuscis. Ent. ou hist. nat. des inf. Callidie. *Pl.* 6. *fig.* 65. *a. b.*

Cerambyx variabilis *thorace mutico subrotundo inæquali glabro, pectore anoque ferrugineo, antennis mediocribus.* Lin. *Syst. nat. p.* 635. *n°.* 74.—*Faun. suec. n°.* 669.

Callidium variabile. Fab. *Syst. ent. p.* 88. *n°.* 5. —*Sp. inf. tom.* 1. *p.* 237. *n°.* 9. —*Mant. inf. tom.* 1. *p.* 152. *n°.* 13.

Cerambyx æneus *fusco-æneus nitidus, thorace mutico subrotundo depresso, antennis pedibusque nigris.* Deg. *Mém. inf. tom.* 5. *p.* 89. *n°.* 25.

Capricorne *bronzé*, d'un vert foncé, bronzé, luisant, à corcelet arrondi & applati, à antennes & pattes noires. Deg. *ib.*

Frisch. *Inf.* 12. *pl.* 3. *tab.* 6. *fig.* 3. 4.
Cerambyx scaber. Pod. *Mus. græc. p.* 36.
Cerambyx variabilis. Schrank. *Enum. inf. austr.* n°. 279 ?

Callidium cognatum. Laicharт. *Inf. tom.* 1. *pag.* 58. *n°.* 2.

Il ressemble, pour la forme & la grandeur, au *Calidie* violet. Les antennes sont noirâtres. La tête est d'un vert noirâtre, un peu bronzé. Le corcelet est arrondi, un peu déprimé, bronzé, légèrement couvert d'un duvet grisâtre. Les élytres sont d'un vert bronzé, & légèrement chagrinées. Le dessous du corps & les pattes sont noirâtres. L'abdomen est quelquefois brun.

Il se trouve au nord de l'Europe, dans les bois.

27. Callidie chlorotique.

Calladium chloroticum.

Calladium thorace rotundato, fusco-testaceum pubescens, elytris fasciis duabus pallidis, antennis mediocribus. Ent. ou hist. nat. des inf. Callidie. *Pl.* 3. *fig.* 31.

Les antennes sont testacées, obscures, de la longueur du corps. Les yeux sont noirs. Tout le corps est testacé, brun & pubescent. Le corcelet est arrondi. Les élytres ont deux bandes assez larges, pâles. Les cuisses sont peu renflées.

Il se trouve au Cap de Bonne-Espérance.

28. Callidie pubescent.

Callidium pubescens.

Callidium thorace rotundato, fusco-testaceum pubescens, elytris virescentibus basi fusco-testaceis. Ent. ou hist. nat. des inf. Callidie. *Pl.* 6. *fig.* 75.

Il ressemble, pour la forme & la grandeur, au *Callidie* testacé. Les antennes sont d'un brun testacé, de la longueur du corps. Tout le corps est pubescent. La tête est noirâtre. Le corcelet est arrondi, légèrement déprimé, d'un brun testacé. Les élytres sont un peu verdâtres, d'un brun testacé à leur base. Le dessous du corps est d'un brun testacé, obscur. Les pattes sont noirâtres.

Il se trouve au Cap de Bonne-Espérance.

29. Callidie pâle.

Callidium pallidum.

Callidium thorace rotundato, pallide testaceum, elytris pallidis postice testaceis. Ent. ou hist. nat. des inf. Callidie. *Pl.* 6. *fig.* 72.

Il est à-peu-près de la granceur du *Callidie* testacé. Les antennes sont testacés, de la longueur du corps. La tête est testacée, avec les yeux noirs. Le corcelet est arrondi, presque tuberculé, testacé, légèrement couvert de poils courts, cendrés. Les élytres sont d'une couleur testaée, pâle, couvertes d'un duvet cendré, testacées à leur partie supérieure. Le dessous du corps & les pattes sont d'une couleur testacée, pâle, sans tachs. Toutes les cuisses sont un peu renflées.

Il se trouve en Italie.

30. Callidie sanguin.

Callidium sanguineum.

Callidium thorace rotundato uberculato, elytrisque sanguineis, corpore nigro, atennis mediocribus. Ent. ou hist. nat. des inf. Callidie. *Pl.* 1. *fig.* 1.

Cerambyx sanguineus. Lin. *Syst. nat. p.* 636. n°. 80. —*Faun. suec. n°.* 673

Callidi

Callidium sanguineum *thorace subtuberculato elytrisque sanguineis, antennis mediocribus.* FAB. *Syst. ent. p.* 190. *n°.* 12. —*Sp. inf. tom.* 1. *p.* 238. *n°.* 16. —*Mant. inf. tom.* 1. *p.* 153. *n°.* 25.

Leptura nigra, thorace coleoptris sericeo rubris. GEOFF. *Inf. tom.* 1. *p.* 220. *n°.* 21.

La Lepture veloutée couleur de feu. GEOFF. *ib.*

Cerambyx thorace mutico subrotundo depresso angulato elytrisque sanguineis, corpore nigro, antennis brevioribus. DEG. *Mém. inf. tom.* 5. *pag.* 92. *fig.* 29.

Capricorne *couleur de feu*, à corcelet applati, arrondi, angulaire, & à étuis rouges, à corps noir & à antennes courtes. DEG. *ib.*

VOET. *Coleopt. pars.* 2. *tab.* 23. *fig.* 122.

SCHAEFF. *Icon. inf. tab.* 64. *fig.* 7.

POD. *Mus. græc. p.* 36.

Cerambyx sanguineus. SCHRANK. *Enum. inf. austr. n°.* 284.

Callidium sanguineum. LAICHART. *Inf. tom.* 1. *pag.* 59. *n°.* 3.

Leptura sanguinea. FOURC. *Ent. par.* 1. *p.* 84. *n°.* 27.

Cerambyx sanguineus. VILL. *Ent. tom.* 1. *p.* 252. *n°.* 79.

Il a de quatre à cinq lignes de long. Les antennes sont noires, filiformes, de la longueur du corps. La tête est noire. Le corcelet est arrondi, déprimé, tuberculé, couvert d'un duvet rouge sanguin; il est quelquefois noirâtre. Les élytres sont d'un beau rouge sanguin. Le dessous du corps est noir: l'extrémité de l'abdomen est quelquefois d'un rouge brun. Les pattes sont noires, & les cuisses sont renflées.

Il se trouve en Europe, dans les bois, dans les chantiers; & souvent dans les maisons. Il est très-commun aux environs de Paris, au commencement du printemps.

31. CALLIDIE nébuleux.

Callidium nebulosum.

Callidium thorace rotundato elytrisque nebulosis, corpore brunneo, antennis brevibus. Ent. ou hist. nat. des inf. CALLIDIE. *Pl.* 1. *fig.* 6.

Les antennes sont obscures, plus courtes que le corps. Le corcelet est arrondi, & couvert d'un duvet grisâtre. Les élytres sont brunes, & couvertes d'un duvet grisâtre, qui les fait paroître nébuleuses. Le dessous du corps & les pattes sont bruns. Les cuisses sont peu renflées.

J'ai trouvé cet insecte à Paris, dans une toile d'Araignée.

32. CALLIDIE strié.

CALLIDIUM *striatum.*

Callidium thorace rotundato glabro, corpore nigro, elytris striatis, antennis brevibus. Ent. ou hist. nat. des inf. CALLIDIE. *Pl.* 24. *a. b. c.*

Cerambyx striatis. LIN. *Syst. nat. p.* 635. *n°.* 73. —*Faun. suec. n°.* 668.

Callidium striatum. FAB. *Syst. ent. p.* 191. *n°.* 17. —*Spec. inf. tom.* 1. *p.* 240. *n°.* 23. —*Mant. inf. tom.* 1. *p.* 154. *n°.* 36.

Cerambyx niger nitidus, thorace mutico subrotundo, subdepresso, elytris striatis, antennis brevioribus dentibusque parvis. DEG. *Mém. inf. tom.* 5. *p.* 90. *n°.* 26.

Capricorne *strié*, noir luisant, à corcelet arrondi, peu applati, à étuis striés, à antennes courtes & à dents petites. DEG. *ib.*

Callidium striatum. LAICHART. *Inf. tom.* 1. *p.* 74. *n°.* 8.

Cerambyx striatus. VILL. *Ent. tom.* 1. *pag.* 248. *n°.* 72.

Il est de la grandeur du *Callidie* violet: mais il est un peu moins déprimé. Tout le corps est noir. Les antennes sont filiformes, de la longueur de la moitié du corps. Le corcelet est arrondi. Les élytres ont deux ou trois lignes longitudinales, peu élevées. Les pattes sont courtes, & les cuisses ne sont point renflées.

Cet insecte varie: les élytres sont quelquefois d'un brun marron.

Il se trouve au nord de l'Europe.

34. CALLIDIE lugubre.

CALLIDIUM *lugubre.*

Callidium thorace rotundato, nigricans, scutello cinereo, antennis longioribus. Ent. ou hist. nat. des inf. CALLIDIE. *Pl.* 1. *fig.* 13.

Les antennes sont noirâtres, sétacées, pubescentes, un peu plus longues que le corps. Tout le corps est noirâtre, légèrement couvert de poils courts, d'un roux cendré. Le corcelet est arrondi. L'écusson est grisâtre. Les élytres sont presque terminées en pointe. Les cuisses postérieures sont un peu plus longues que les autres, & un peu renflées.

Il se trouve au Sénégal, d'où il a été apporté par M. Geoffroy de Villeneuve.

34. CALLIDIE marron.

CALLIDIUM *castaneum.*

Callidium thorace mutico subrotundo corporeque nigro, elytris, antennis pedibusque ferrugineis, antennis brevioribus. LIN. *Syst. nat. p.* 636. *n°.* 81. —*Faun. suec. n°.* 676.

Cerambyx thorace nigro mutico subrotundo subdepresso, elytris pedibusque ferrugineis, antennis brevioribus. DEG. *Mém. inf. tom.* 5. *p.* 90. *n°.* 27.

Capricorne *roussâtre* à corcelet noir arrondi, peu aplati, à étuis & pattes d'un brun roussâtre, & à antennes courtes. Deg. *ib.*

Schaeff. *Icon. inf. tab.* 108 *fig.* 1.

Cerambyx castaneus. Schrank. *Enum. inf. austr.* n°. 285.

Callidium castaneum. Laichart. *Inf. tom.* 1. *p.* 81. n°. 10.

Cerambyx castaneus. Vill. *Ent. tom.* 1. *p.* 253. n°. 80.

Il ressemble beaucoup au *Callidie* strié : il est de la grandeur du *Callidie* ondé, mais un peu plus étroit. Les antennes sont testacées, obscures, guères plus longues que la moitié du corps. La tête est noire, & les yeux sont légèrement échancrés antérieurement. Le corcelet est arrondi, noir, avec les côtés & le dessous rougeâtres. L'écusson est noir & arrondi postérieurement. Les élytres sont testacées, presque marron, avec trois lignes longitudinales, sur chaque. Le dessous du corps est noir, avec l'extrémité de l'abdomen ferrugineuse, brune. Les pattes sont testacées, obscures, avec un peu de noir aux cuisses. Les cuisses sont légèrement renflées.

Il se trouve en Europe.

35. Callidie pallipède.

Callidium pallipes.

Callidium thorace rotundato, testaceum, elytris nigris fasciis tribus testaceis, pedibus pallidis.

Il est de la grandeur du *Callidie* testacé. Les antennes sont testacées, beaucoup plus longues que le corps. La tête est noirâtre. Les yeux sont noirs, un peu échancrés antérieurement. Le corcelet est arrondi; il est noirâtre a sa partie antérieure, & testacé à la partie postérieure. L'écusson est testacé, petit, arrondi postérieurement. Les élytres sont noirâtres, avec trois bandes testacées, dont la troisième occupe l'extrémité des élytres. Le dessous du corps est testacé obscur. L'abdomen & les pattes sont testacés pâles. Les cuisses sont un peu renflées.

Il se trouve....

36. Callidie unicolor.

Callidium unicolor.

Callidium thorace rotundato punctato, testaceum, antennis pedibusque concoloribus, antennis longis.

Saperda unicolor *thorace rotundato punctato, testacea, antennis pedibusque concoloribus, antennis longis.* Fab. *Mant. inf. tom.* 1. *p.* 147. n°. 8.

Il est de la grandeur du *Callidie* testacé, mais plus arrondi. Les antennes sont testacées, & plus longues que le corps. Tout le corps est testacé. Les yeux sont noirs, échancrés antérieurement. Le corcelet est arrondi, pointillé, sans taches, ou avec deux raies longitudinales, jaunâtres, formées par des poils courts. L'écusson est arrondi & grisâtre. Les élytres sont pointillées. Les pattes sont de la couleur du corps, & les cuisses sont un peu renflées. Tout le corps est légèrement couvert de poils cendrés très-courts.

Il se trouve dans les isles des amis, dans la mer du Sud.

37. Callidie fascié.

Callidium fasciatum.

Callidium thorace subspinoso, cyaneum, elytris fasciis duabus flavis. Fab. *Sp. inf. tom.* 1. *p.* 232. n°. 8. —*Mant. inf. tom.* 1. *p.* 148. n°. 14.

Il ressemble un peu au *Callidie* clavicorne. Les antennes sont noires, filiformes, de la longueur du corps, posées dans une échancrure des yeux. La tête est bleue. Le corcelet est bleu, arrondi, un peu chagriné, avec une petite épine de chaque côté. L'écusson est bleu & triangulaire. Les élytres sont d'un bleu foncé, avec deux larges bandes jaunes. Tout le dessous du corps est bleu. Les pattes sont d'un bleu foncé : les postérieures sont un peu plus longues que les autres.

Il se trouve dans la Sibérie.

38. Callidie bicolor.

Callidium bicolor.

Callidium thorace rotundato fulvo, capite elytrisque viridibus, antennis mediocribus nigris. Ent. ou hist. nat. des inf. Callidie. *Pl.* 1. *fig.* 4.

Il est un peu plus court & un peu plus gros que les précédens. Les antennes sont noires, guères plus longues que le corps. La tête est verte. Le corcelet est arrondi & fauve. Les élytres sont vertes. Les pattes sont noires & de longueur moyenne.

Il se trouve dans l'Amérique méridionale.

39. Callidie clavicorne.

Callidium clavicorne.

Callidium nigrum, thorace subrotundato, elytris apice crenatis, antennis brevibus extrorsum crassioribus. Ent. ou hist. nat. des inf. Callidie. *Pl.* 2. *fig.* 23.

Les antennes sont noires, un peu comprimées, de la longueur de la moitié du corps, un peu renflées vers leur extrémité. Le corps est noirâtre. Le corcelet est presque arrondi, un peu plus large à sa partie postérieure. Les élytres sont larges à leur base, dentelées à leur extrémité. L'abdomen est brun. Les pattes sont de longueur moyenne, & les cuisses sont peu renflées.

Il se trouve en Europe.

40. Callidie bifascié.

Callidium bifasciatum.

Callidium thorace pubescente, atrum, elytris fasciis duabus rufis. Ent. ou hist. nat. des inf. Callidie. *Pl. 4. fig. 42.*

Callidium bifasciatum. Fab. *Mant. inf. tom. 1. p. 152. n°. 10.*

Il ressemble beaucoup, pour la forme & la grandeur, au *Callidie* ondé. Les antennes sont noires, poileuses, presque de la longueur du corps. Le corps est noir. Le corcelet est pubescent, arrondi, légèrement aplati, avec quelques tubercules lisses, peu élevés. Les élytres sont pointillées, légèrement raboteuses, avec deux bandes rougeâtres: la seconde manque quelquefois, & alors il y a une tache sur chaque élytre, vers le bord latéral. Les pattes sont de la couleur du corps, & les cuisses sont un peu renflées.

Il se trouve sur la côte occidentale de l'Amérique.

41. Callidie bimaculé.

Callidium bimaculatum.

Callidium thorace rotundato villoso, fuscum, elytris maculis duabus ferrugineis. Ent. ou hist. nat. des inf. Callidie. *Pl. 5. fig. 61.*

Callidium bimaculatum. Fab. *Sp. inf. tom. 1. p. 240. n°. 25. —Mant. inf. tom. 1. p. 155. n°. 40.*

Il est de la grandeur du *Callidie* violet. Les antennes sont obscures, presque de la longueur du corps. Le corps est brun, obscur. Le corcelet est arrondi, légèrement velu. Les élytres ont chacune deux taches ferrugineuses, l'une au milieu & l'autre à l'extrémité. Le dessous du corps est d'un brun marron. Les pattes sont brunes.

Il se trouve au Cap de Bonne-Espérance.

42. Callidie ondé.

Callidium undatum.

Callidium thorace rotundato tuberculato, elytris nigris fasciis duabus undatis pallidis, antennis brevibus. Ent. ou hist. nat. des inf. Callidie. *Pl. 3. fig. 36. a. b.*

Cerambyx undatus *thorace mutico subrotundo tuberculato, elytris fasciis duabus undulatis, antennis submediocribus.* Lin. *Syst. nat. pag. 636. n°. 79. —Faun. suec. n°. 675.*

Callidium undatum *thorace tuberculato, elytris nigris, fasciis duabus undatis albis, antennis brevibus.* Fab. *Syst. ent. p. 191. n°. 20. —Spec. inf. tom. 1. p. 240. n°. 27. —Mant. inf. tom. 1. p. 155. n°. 42.*

Cerambyx nigro-fuscus, thorace mutico subrotundo depresso tuberculato, elytris fasciis duabus albidis undulatis, antennis submediocribus. Deg. *Mém. inf. tom. 5. p. 91. n°. 28.*

Capricorne à *ondes blanches*, brun, noirâtre, à corcelet arrondi & aplati, à tubercules luisans, à deux bandes découpées, blanches sur les étuis, & à antennes assez longues. Deg. *ib.*

Cerambyx undatus. Pod. *Mus. græc. p. 18.*
Cerambyx undatus. Schrank. *Enum. inf. austr. n°. 283.*

Callidium undatum. Laichart. *inf. tom. 1. p. 86. n°. 11.*
Voet. *Coleopt. pars 2. tab. 19. fig. 87.*
Schaeff. *Icon. inf. tab. 206. fig. 4.*
Cerambyx undatus. Vill. *Ent. tom. 1. pag. 252. n°. 78.*

Tout le corps est noir & pubescent. Les antennes sont noires, filiformes, un peu plus courtes que le corps. Le corcelet est arrondi, légèrement tuberculé. Les élytres ont des points enfoncés & deux bandes ondées, d'un blanc jaunâtre. Les pattes sont de longueur moyenne, & les cuisses sont peu renflées.

Il se trouve au nord de l'Europe, en Suède, en Allemagne.

43. Callidie colon.

Callidium colonum.

Callidium thorace rotundato, elytris lividis, fasciis tribus fuscis, antennis brevibus. Ent. ou hist. nat. des inf. Callidie. *Pl. 6. fig. 67.*

Callidium colonum. Fab. *Syst. ent. p. 191. n°. 21. —Spec. inf. tom. 1. p. 241. n°. 28. —Mant. inf. tom. 1. p. 155. n°. 43.*

Il ressemble beaucoup au précédent, mais il est un peu plus alongé. Le corps est d'un brun livide. Les antennes sont obscures, & presque de la longueur du corps. Le corcelet est arrondi, avec une bande pâle. Les élytres sont noirâtres, avec deux bandes & l'extrémité pâles, ou elles sont pâles, avec trois bandes noirâtres, dont l'une à la base, l'autre au milieu, & la troisième vers l'extrémité. Les pattes sont noirâtres.

Il se trouve dans l'Amérique septentrionale, la Caroline.

44. Callidie triste.

Callidium triste.

Callidium thorace subtuberculato nudo, elytris substriatis, corpore lurido immaculato. Fab. *Mant. inf. tom. 1. p. 154. n°. 51.*

Il ressemble beaucoup au *Callidie* rustique; mais il est deux fois plus petit, & les élytres ont des lignes élevées, un peu plus marquées. Tout le corps est d'un brun testacé, luride, sans taches.

Il se trouve en Saxe.

45. Callidie agreste.

Callidium agreste.

Callidium thorace nudo, nigrum, elytris striatis fuscis, antennis brevibus. Fab. *Mant. inf. tom.* 1. *p.* 152. *n°.* 16.

Il ressemble au *Callidie* rustique, mais il est beaucoup plus petit, & les élytres sont noirâtres, striées. Les antennes sont plus courtes que le corps. Les pattes & le corps sont noirs.

Il se trouve en Saxe.

46. Callidie équestre.

Callidium equestre.

Callidium thorace mutico nudo, atrum nitidum, coleoptris fascia interrupta rubra. Fab. *Mant. inf. tom.* 1. *p.* 153. *n°.* 18.

Il ressemble au *Callidie* stigmate, mais il est beaucoup plus petit. Les antennes sont noires, comprimées, presque de la longueur du corps. La tête & le corcelet sont noirs, luisans. Les élytres sont lisses, noires, luisantes, avec une bande rougeâtre, placée au milieu, interrompue à la suture. Le dessous du corps & les pattes sont noirs.

Il se trouve à Cayenne.

47. Callidie varié.

Callidium varium.

Callidium thorace rotundato rufo, elytris nigris basi rufis, fasciis duabus albis. Ent. ou hist. nat. des inf. Callidie. *Pl.* 5. *fig.* 55.

Callidium rufum. Fab. *Gen. inf. mant. pag.* 232. —*Sp. inf. tom.* 1. *pag.* 241. *n°.* 29. —*Mant. inf. tom.* 1. *p.* 155. *n°.* 44.

Il est plus petit que le *Callidie* ondé. Les antennes sont brunes, de la longueur du corps. La tête est ferrugineuse, & les yeux sont noirs, un peu échancrés antérieurement. Le corcelet est arrondi, ferrugineux. L'écusson est ferrugineux, arrondi postérieurement. Les élytres sont noires, avec toute la base ferrugineuse; elles ont deux bandes blanches, dont l'une sépare le ferrugineux d'avec le noir. Le dessous du corps est ferrugineux, avec l'abdomen noirâtre. Les cuisses sont fauves, & un peu renflées. Les jambes & les tarses sont noirâtres.

Il se trouve dans l'Amérique septentrionale.

48. Callidie russe.

Callidium russicum.

Callidium thorace verrucoso, nigrum, elytris testaceis macula media apiceque nigris. Ent. ou hist. nat. des inf. Callidie. *Pl.* 4. *fig.* 49.

Callidium russicum. Fab. *Gen. inf. mant. p.* 232. —*Sp. inf. tom.* 1. *p.* 237. *n°.* 8. —*Mant. inf. tom.* 1. *p.* 152. *n°.* 12.

Il est plus petit que le *Callidie* ondé. Les antennes sont noires, presque de la longueur du corps. La tête est noire. Le corcelet est noir, un peu déprimé, avec trois tubercules lisses, peu élevés, luisans. L'écusson est noir, arrondi postérieurement. Les élytres sont d'un jaune fauve, pointillées, avec une tache ronde sur chaque, vers le milieu & l'extrémité noire. Le dessous du corps & les pattes sont noirs.

Il se trouve dans les forêts de la Russie.

49. Callidie brûlé.

Callidium praeustum.

Callidium thorace subtuberculato, testaceum, elytris apice violaceis. Fab. *Spec. inf. app. pag.* 500. —*Mant. inf. tom.* 1. *p.* 153. *n°.* 27.

Il ressemble beaucoup au *Callidie* testacé, dont il n'est peut-être qu'une variété. Les antennes sont de la longueur du corps, testacées, noirâtres à leur extrémité. Tout le corps est testacé. Les élytres sont testacées, avec leur extrémité violette. Les cuisses sont renflées.

Il se trouve en Italie.

50. Callidie forestier.

Callidium ligneum.

Callidium thorace tuberculato villoso nigrum, elytris rubris: macula apiceque violaceis. Fab. *Mant. inf. tom.* 1. *p.* 153. *n°.* 28.

Il est noir & de grandeur moyenne. Les antennes sont un peu ples courtes que le corps. Le corcelet est déprimé, velu, noir, avec quelques tubercules élevés, lisses. Les élytres sont rougeâtres, avec une tache au milieu, & une autre à l'extrémité violettes. Les pattes sont noires, & les cuisses sont comprimées.

Il se trouve.....

51. Callidie noirâtre.

Callidium fuscum.

Callidium thorace subtuberculato canaliculato nudo, nigrum, elytris striatis obscure testaceis, antennis mediocribus. Fab. *Mant. inf. tom.* 1. *pag.* 154. *n°.* 30.

Il ressemble beaucoup, pour la forme & la grandeur, au *Callidie* luride. Les antennes sont courtes, noirâtres. Le corps est noir. Le corcelet est arrondi, presque tuberculé, cannelé à sa partie supérieure. Les élytres sont striées, d'une couleur testacée, obscure. Les pattes sont noires. Les cuisses sont courtes, grosses & comprimées.

Il se trouve en Saxe.

52. CALLIDIE brevicorne.

CALLIDIUM brevicorne.

Callidium castaneum, thorace rotundato tuberculato, elytris fasciis quatuor punctisque duobus flavis. Ent. ou hist. nat. des ins. CALLIDIE. *Pl.* 4. *fig.* 51. *a. b.*

Il est plus grand que le *Callidie* arqué. Les antennes sont ferrugineuses, filiformes, plus courtes que la moitié du corps, posées devant les yeux. La tête est fauve marron, & les yeux sont noirs. Le corcelet est fauve marron, avec une ligne transversale sur le bord antérieur & sur le bord postérieur; il est arrondi, avec un tubercule de chaque côté, & plusieurs petits tubercules ou lignes transversales, courtes, élevées, sur la partie supérieure. L'écusson est fauve marron, arrondi postérieurement. Les élytres sont fauves marron, avec une raie transversale, droite, jaune à la base; une autre arquée, un peu au-delà; un point sur chaque élytre; une bande droite, plus large à la suture, placée un peu au-delà du milieu; enfin l'extrémité est jaune, & munie d'une épine. Le corps en-dessous est fauve marron, & mélangé de jaune. Les pattes sont fauves marron, & les postérieures sont plus longues que les autres.

Il se trouve dans la Géorgie.

53. CALLIDIE rauque.

CALLIDIUM raucum.

Callidium thorace lævi obscure ferrugineo, elytris testaceis. FAB. *Sp. ins. tom.* 1. *pag.* 239. *n°.* 17. —*Mant. ins. tom.* 1. *p.* 154. *n°.* 32.

Il ressemble un peu au *Callidie* luride. Les antennes sont ferrugineuses, de la longueur du corps. La tête & le corcelet sont lisses, d'une couleur ferrugineuse obscure, sans taches. Les élytres sont lisses, glabres, testacées. L'abdomen est conique & testacé. Les pattes ne sont point renflées.

Il se trouve dans l'Afrique équinoxiale.

54. CALLIDIE danois.

CALLIDIUM hafniense.

Callidium thorace subvilloso nigro, lineis quatuor albis, intermediis abbreviatis, antennis brevibus. FAB. *Syst. ent. p.* 190. *no.* 15. —*Sp. ins. tom.* 1. *p.* 239. *n°.* 20. —*Mant. ins. tom.* 1. *p.* 154. *n°.* 33.

Il ressemble au *Callidie* strié. Les antennes sont courtes, noires. Le corcelet est arrondi, légèrement velu, noir, avec quatre lignes longitudinales, blanches, dont les deux du milieu sont plus courtes. Les élytres sont noires, & recouvertes d'une poussière blanche.

Il se trouve en Danemarck.

55. CALLIDIE aulique.

CALLIDIUM aulicum.

Callidium thorace lævi nitido, corpore nigro opaco, elytris lævibus, antennis brevibus. FAB. *Syst. ent. p.* 190. *n°.* 16. —*Sp. ins. tom.* 1. *p.* 229. *n°.* 21. —*Mant. ins. tom.* 1. *p.* 154. *n°.* 34.

Callidium aulicum. Naturf. 24. *pag.* 29. *tab.* 1. *fig.* 39.

Il ressemble entièrement au *Callidie* strié; mais le corcelet est luisant, sans tubercules, & les élytres ne sont point striées. Les antennes sont courtes, & tout le corps est noir.

Il se trouve en Danemarck.

56. CALLIDIE Lynx.

CALLIDIUM Lynceum.

Callidium thorace subspinoso rotundato villoso, nigrum, elytris macula subdidyma fulva. FAB. *Syst. ent. p.* 191. *n°.* 18. —*Sp. ins. tom.* 1. *p.* 240. *n°.* 24. —*Mant. ins. tom.* 1. *p.* 154. *n°.* 37.

Il ressemble au *Callidie* porte-faix. Tout le corps est noir. Le corcelet est velu, arrondi, muni de chaque côté d'une très-petite épine. Les élytres ont, vers leur base, une grande tache double, fauve.

Il se trouve au Cap de Bonne-Espérance.

57. CALLIDIE timide.

CALLIDIUM pusillum.

Callidium thorace rotundato nigrum, antennis tibiisque testaceis. FAB. *Mant. ins. tom.* 1. *pag.* 155. *n°.* 39.

Il est petit, noir. Les antennes sont testacées, & plus longues que le corps. Le corcelet est lisse, arrondi. Les pattes sont noires. Les jambes sont testacées. Toutes les cuisses sont renflées.

Il se trouve en Allemagne.

58. CALLIDIE jaune.

CALLIDIUM flavum.

Callidium thorace subrotundo mutico, corpore flavo, femoribus clavatis, antennis mediocribus. FAB. *Syst. ent. p.* 191. *n°.* 19. —*Spec. ins. tom.* 1. *p.* 240. *n°.* 26. —*Mant. ins. tom.* 4. *p.* 155. *n°.* 41.

Il ressemble au *Callidie* strié. Les antennes sont jaunes, de la longueur du corps. Les quatre antennules sont en masse. Tout le corps est jaune, sans taches; les yeux seuls sont noirs. Le corcelet est presque arrondi, lisse. Toutes les cuisses sont très-renflées.

Il se trouve dans les isles de l'Amérique méridionale.

59. CALLIDIE courbe.

CALLIDIUM flexuosum.

Callidium thorace rotundato flavo fasciato, elytris fasciis septem flavis : anticis antrorsum, posticis retrorsum arcuatis. Ent. ou hist. nat. des ins. CALLIDIE. *Pl. 6. fig.* 76.

Callidium flexuosum. FAB. *Syst. ent. p.* 191. *n°.* 22. —*Sp. ins. tom.* 1. *p.* 241. *n°.* 30. —*Mant. ins. tom.* 1. *p.* 155. *n°.* 45.

Callidium angulosum *thorace globoso nigro flavo fasciato, elytris nigris, fasciis sex flavis, secunda tertiaque angulatis.* FAB. *Syst. ent. p.* 192. *n°.* 24. —*Sp. ins. tom.* 1. *p.* 241. *n°.* 32.

Leptura Robiniæ *thorace globoso fasciato, nigra, elytris fasciis sex flavis, tribus prioribus antrorsum arcuatis, posticis undulatis.* FORST. *Cent. ins. p.* 43.

Leptura picta. DRURY. *Illust. of ins. tom.* 1. *pl.* 41. *fig.* 2.

VOET. *Coleopt. pars* 2. *tab.* 19. *fig.* 91.

Les antennes sont filiformes, d'un jaune fauve, un peu plus courtes que le corps. La tête est noire, bordée de jaune, avec une tache jaune entre les antennes. Le corcelet est globuleux, noir, avec deux bandes & les bords antérieur & postérieur jaunes. Les élytres sont noires, avec six bandes jaunes, dont trois arquées & trois ondées, souvent interrompues. L'abdomen est brun, avec le bord des anneaux jaune. Les pattes sont d'un jaune fauve.

Il se trouve dans l'Amérique septentrionale, à la Nouvelle-Yorck.

60. CALLIDIE usé.

CALLIDIUM detritum.

Callidium thorace rotundato flavo fasciato, elytris nigris, fasciis quinque flavis, pedibus ferrugineis. Ent. ou hist. nat. des ins. CALLIDIE. *Pl.* 2. *fig.* 17.

Leptura detrita *thorace globoso nigricante, elytris fuscis; fasciis quatuor transversis flavis, pedibus rufis.* LIN. *Syst. nat. p.* 640. *n°.* 20. —*Faun. suec. n°.* 694.

Callidium detritum. FAB. *Syst. ent. p.* 194. *n°.* 31. —*Sp. ins. tom.* 1. *pag.* 243. *n°.* 40. —*Mant. ins. tom.* 1. *p.* 156. *n°.* 55.

SCHAEFF. *Elem. ins. tab.* 76. *fig.* 2. —*Icon. tab.* 38. *fig.* 9. —*tab.* 64. *fig.* 3. —*tab.* 238. *fig.* 1.

Clytus detritus. LAICHART. *ins. tom.* 1. *p.* 99. *n°.* 4.

GEOFF. *ins. tom.* 1. *p.* 213.

VOET. *Coleopt. pars.* 2. *tab.* 26. *fig.* X.

Les antennes sont filiformes, d'un brun fauve, un peu plus courtes que le corps. La tête est noire, avec une bande postérieure & quelques taches jaunes. Le corcelet est globuleux, noir, avec deux bandes jaunes, dont l'une au milieu très-petite, & l'autre plus grande à la partie antérieure. Les élytres sont noires ou brunes, avec cinq bandes jaunes, dont deux à l'extrémité plus grandes & plus rapprochées. Le dessous du corps est noir, avec quelques taches sur la poitrine, & le bord des anneaux de l'abdomen jaune. Les pattes sont d'un brun fauve.

M. Geoffroy a regardé cet insecte comme une variété du *Callidie* arqué.

Il se trouve dans presque toute l'Europe, & rarement aux environs de Paris.

61. CALLIDIE arqué.

CALLIDIUM arcuatum.

Callidium thorace rotundato, elytris fasciis quatuor flavis, prima interrupta, reliquis retrorsum arcuatis. Ent. ou hist. nat. des ins. CALLIDIE. *Pl.* 2. *fig.* 16.

Leptura arcuata *thorace globoso nigra, elytris fasciis linearibus flavis : tribus retrorsum arcuatis, pedibus ferrugineis.* LIN. *Syst. nat. p.* 640. *n°.* 21. —*Faun. suec. n°.* 696.

Callidium arcuatum. FAB. *Syst. ent. pag.* 192. *n°.* 26. — *Sp. ins. tom.* 1. *pag.* 241. *n°.* 35. — *Mant. ins. tom.* 1. *pag.* 155. *n°.* 50.

Leptura nigra, elytrorum lineis quatuor arcuatis, punctisque flavis, pedibus testaceis. GEOFF. *Ins. tom.* 1. *pag.* 212. *n°.* 10.

La *Lepture* aux croissans dorés. GEOFF. *Ib.*

Cerambyx niger, elytris fasciis quatuor flavis arcuatis. LECH. *Nov. ins. spec. n°.* 30.

Scarabæus major, corpore longo angusto niger, cum tribus in utravis ala lineis transversis lutescentibus. RAJ. *Ins. pag.* 83. *n°.* 23.

Scarabæus quartæ magnitudinis niger, caracteribus flavis. FRISCH. *Germ.* 12. *pag.* 31. *pl.* 3. *tab.* 4.

Cerambyx niger, elytris fasciis quatuor flavis arcuatis. UDD. *Diss.* 30.

PETIV. *Gazoph. tab.* 63. *fig.* 7.

SCHAEFF. *Icon. tab.* 38. *fig.* 6. — *Tab.* 107. *fig.* 2. 3.

VOET. *Coleopt. pars* 2. *tab.* 19. *fig.* 92.

Stenocorus arcuatus. SCOP. *Ann.* 5. *hist. nat. p.* 97. *n°.* 58.

Leptura arcuata. SCHRANK. *Enum. ins. austr. n°.* 308.

Clytus arcuatus. LAICHART. *Ins. tom.* 1. *pag.* 95. *n°.* 3.

Leptura arcuata. FOURC. *Ent. par.* 1. *pag.* 80. *n°.* 12.

Leptura arcuata. VILL. *Ent. tom.* 1. *pag.* 262. *n°.* 24.

Les antennes sont filiformes, fauves, un peu plus courtes que le corps. La tête est noire, avec une ligne transversale postérieure & une tache sur le front, jaunes. Le corcelet est globuleux, noir, avec deux bandes jaunes, quelquefois interrompues. Les élytres sont noires, avec quelques points jaunes à la base, trois bandes arquées & l'extrémité jaunes. Le dessous du corps est noir. La poitrine a quelques taches blanches ou jaunâtres, & l'abdomen a le bord des anneaux jaune. Les pattes sont fauves. Les cuisses sont renflées, les antérieures sont tachées de noir.

Il se trouve dans presque toute l'Europe. Il est très-commun dans les chantiers de Paris.

62. CALLIDIE Bélier.

CALLIDIUM arietis.

Callidium thorace rotundato nigro, elytris nigris, fasciis flavis, secunda antrorsum arcuata, pedibus ferrugineis. Ent. ou hist. nat. des inf. CALLIDIE. *Pl. 2. fig.* 20.

Leptura arietis. LIN. *Syst. nat. pag.* 640. *n°.* 23. *Faun. suec. n°.* 695.

Callidium arietis. FAB. *Syst. ent. pag.* 193. *n°.* 27. — *Spec. inf. tom.* 1. *p.* 242. *n°.* 36. — *Mant. inf. tom.* 1. *pag.* 155. *n°.* 51.

Leptura nigra, elytrorum lineis tribus transversis punctisque flavis, pedibus testaceis. GEOFF. *Inf. tom.* 1. *pag.* 214. *n°.* 11.

La *Lepture* à trois bandes dorées. GEOFF. *Ib.*

Cerambyx quadrifasciatus *niger, thorace mutico subglobofo, elytris fasciis flavo-citreis : secunda obliqua, pedibus ferrugineis, antennis brevioribus.* DEG. *Mem. inf. tom.* 5. *pag.* 81. *n°.* 18.

Capricorne à quatre bandes jaunes noir, à corcelet arrondi & bossu, à raies transverses d'un jaune citron sur les étuis, dont la seconde est oblique, à pattes rousses & antennes courtes. DEG. *Ib.*

Scarabæus medius, abdomine longo, angusto, niger, lineolis & maculis luteis pulchre variegatus. RAJ. *Inf. pag.* 82. *n°.* 22.

FRISCH. *Germ.* 12. *pag.* 32. *tab.* 3. *fig.* 5.

LIST. *Tab. mut. tab.* 2. *fig.* 1.

Scarabæus niger, lineolis quibusdam luteis distinctus, subcroceis pedibus. LIST. *Loq. pag.* 385. °. 14.

PETIV. *Gazoph. tab.* 63. *fig.* 6.

Leptura elytris nigris, lineis flavis. Act. Upf. 736. *pag.* 20. *n°.* 8.

VOET. *Coleopt. pars* 2. *tab.* 19. *fig.* 88.

SCHAEFF. *Icon. tab.* 38. *fig.* 7. 8.

Stenocorus arietis. SCOP. *Ann.* 5. *hist. nat. pag.* 6. *n°.* 57.

Leptura arietis. SCHRANK. *Enum. inf. austr. n°.* 07.

Clytus arietis. LAICHART. *Inf. tom.* 1. *pag.* 92. *n°.* 2.

Leptura arietis. FOURC. *Ent. par.* 1. *pag.* 80. *n°.* 13.

Leptura arietis. VILL. *Ent. tom.* 1. *pag.* 270. *n°.* 26.

Callidium arietis. PETAG. *Spec. inf. Calab. pag.* 18. *n°.* 88.

Il varie beaucoup pour la grandeur. Il est ordinairement une ou deux fois plus petit que le *Callidie* arqué. Les antennes sont filiformes, de la longueur de la moitié du corps, noirâtres, un peu fauves vers leur base. La tête est noire, sans taches. Le corcelet est globuleux, avec les bords antérieur & postérieur jaunes. Les élytres sont noires, avec trois bandes jaunes, & un point transversal vers la base, qui manque quelquefois. Le dessous du corps est noir, avec quelques points sur la poitrine & le bord de l'abdomen jaunes. Les jambes sont fauves. Les cuisses sont noirâtres & un peu renflées.

Il se trouve dans presque toute l'Europe, sur les fleurs & dans les chantiers.

63. CALLIDIE floral.

CALLIDIUM florale.

Callidium thorace globofo flavo-fasciato, elytris nigris, fasciis quinque albis, secunda tertiaque lunatis. Ent. ou hist. nat. des inf. CALLIDIE. *Pl.* 5. *fig.* 53.

Callidium florale. FAB. *Spec. inf. tom.* 1. *pag.* 241. *n°.* 3. — *Mant. inf. tom.* 1. *pag.* 155. *n°.* 48.

Cerambyx floralis. PALL. *Iter.* 2. *pag.* 724. *n°.* 63.

VOET. *Coleopt. par.* 2. *tab.* 19. *fig.* 93.

Il est ordinairement un peu plus grand que le *Callidie* Bélier. Les antennes sont ferrugineuses, filiformes, de la longueur de la moitié du corps. La tête est noire. Le corcelet est globuleux, noir, avec deux bandes jaunes, l'une sur le bord antérieur, & l'autre vers le bord postérieur. L'écusson est jaune. Les élytres ont cinq bandes jaunes, qui ne touchent point au bord extérieur : la seconde & la troisième sont arquées. Le dessous du corps est noir, avec quelques taches sur la poitrine & le bord des anneaux, jaunes. Les pattes sont ferrugineuses, avec un peu de noir sur les cuisses.

Il se trouve dans les provinces méridionales de la France, en Italie.

64. CALLIDIE lunulé.

CALLIDIUM lunatum.

Callidium thorace globofo nigro flavo fasciato; elytris atris, fasciis quinque flavis, baseos maculari. FAB. *Sp. inf. app. p.* 500. — *Mant. inf. tom.* 1. *p.* 155. *n°.* 47.

Il est assez grand. Les antennes sont ferrugineuses. La tête est noire, avec la lèvre ferrugineuse & deux lignes transversales jaunes, l'une à la partie supérieure & l'autre à la partie postérieure. Le corcelet est globuleux, noir, avec une ligne transversale à la partie antérieure, & une autre interrompue, au milieu. L'écusson est jaune. Les élytres sont noires, un peu soyeuses, avec cinq bandes, dont quatre arquées, & la première vers la base est formée de quelques points jaunes : on en voit un oblong sur le bord extérieur, un autre au milieu, & un troisième vers la suture. L'abdomen est noir, avec le bord des anneaux jaune. Les pattes sont ferrugineuses.

Il se trouve dans les isles de l'Amérique méridionale.

65. CALLIDIE fulminant.

CALLIDIUM fulminans.

Callidium thorace globoso maculato, elytris nigris, fasciis undato angulatis albis. Ent. ou hist. nat. des ins. CALLIDIE. *Pl.* 5. *fig.* 63.

Callidium fulminans. FAB. *Syst. ent. pag.* 192. *n°.* 25. — *Sp. ins. tom.* 1. *p.* 241. *n°.* 34. — *Mant. ins. tom.* 1. *pag.* 155. *n°.* 49.

Il ressemble entièrement, pour la forme & la grandeur, au *Callidie* cordonné. Les antennes sont noirâtres, plus courtes que le corps. La tête est noire, avec la partie supérieure cendrée. Les yeux sont noirs, légèrement échancrés à leur partie antérieure. Le corcelet est globuleux, cendré en dessous, avec une grande tache noire au milieu, & une petite de chaque côté. L'écusson est arrondi postérieurement; il est noir, avec le bord postérieur cendré. Les élytres sont noires, avec cinq ou six lignes transversales ondées & cendrées. Le dessous du corps & les pattes sont noirs.

Il se trouve dans l'Amérique septentrionale.

66. CALLIDIE cordonné.

CALLIDIUM liciatum.

Callidium thorace globoso, nigrum cinereo-nebulosum, elytris fasciis duabus undatis cinerascentibus. Ent. ou hist. nat. des ins. CALLIDIE. *Pl.* 1. *fig.* 8.

Cerambyx liciatus *thorace mutico subrotundo niger cinereo-nebulosus, antennis brevibus.* LIN. *Syst. nat. pag.* 636. *n°.* 78.

Leptura rustica *thorace globoso tomentoso, elytris cinereis : fasciis linearibus albidis undatis.* LIN. *Syst. nat. pag.* 639. *n°.* 17. — *Faun. suec. n°.* 692.

Leptura nigra, maculis villoso-flavis, thorace globoso, antennis corpore dimidio brevioribus. GEOFF. *ins. tom.* 1. *p.* 211. *n°.* 7.

La *Lepture* à corcelet rond & à taches jaunes. GEOFF. *Ib.*

Callidium liciatum. Naturf. 24. *tab.* 1. *fig.* 38.

Cerambyx longipes. VILL. *Ent. tom.* 1. *pag.* 256. *n°.* 101. *tab.* 1. *fig.* 29.

Il est de la grandeur du *Callidie* arqué. Les antennes sont noires, courtes, filiformes. La tête est noire & couverte, à la partie supérieure, de poils d'un roux cendré. Le corcelet est presque globuleux, noir, & mélangé de cendré. Les élytres sont noires, avec quelques poils courts cendrés, & deux bandes cendrées, ondées, plus ou moins marquées. Le dessous du corps & les pattes sont noirs & légèrement couverts de poils courts cendrés.

Il se trouve aux environs de Paris, dans les chantiers.

67. CALLIDIE glauque.

CALLIDIUM glaucum.

Callidium thorace rotundato, nigrum, elytris glaucis basi nigro maculatis. Ent. ou hist. nat. des ins. CALLIDIE. *Pl.* 6. *fig.* 68.

Callidium glaucum. FAB. *Spec. ins. tom.* 1. *pag.* 243. *n°.* 41. — *Mant. ins. tom.* 1. *pag.* 156. *n°.* 56.

Il ressemble entièrement, pour la forme & la grandeur, au *Callidie* six-points. Les antennes sont noirâtres & courtes. La tête est noirâtre. Le corcelet est noirâtre, sans taches, globuleux. L'écusson est noirâtre & arrondi postérieurement. Les élytres sont noirâtres, couvertes de poils courts, glauques, avec plusieurs taches noires, placées depuis la base jusqu'au milieu. Les pattes & le dessous du corps sont noirâtres.

Il se trouve aux Indes orientales.

68. CALLIDIE six-points.

CALLIDIUM sex-punctatum.

Callidium thorace globoso flavo, elytris flavis punctis sex nigris. Ent. ou hist. nat. des ins. CALLIDIE. *Pl.* 2. *fig.* 19.

Leptura nigra, villoso-flava, maculis duabus in elytro singulo glabris nigris. GEOFF. *Ins. tom.* 1. *p.* 211. *n°.* 8.

La *Lepture* velours jaune. GEOFF. *Ib.*

Leptura villosa. FOURC. *Ent. par.* 1. *pag.* 80. *n°.* 10.

Leptura villosa. VILL. *Ent. tom.* 1. *p.* 272. *n°.* 32. *Pl.* 1. *fig.* 31.

Il est presque de la grandeur du *Callidie* arqué. Les antennes sont noires, filiformes, de la longueur de de la moitié du corps. La tête est noire. Le corcelet est globuleux, d'un jaune verdâtre, sans taches. L'écusson est jaunâtre. Les élytres sont un peu tronquées, d'un jaune verdâtre, avec deux ou trois taches noires placées sur une ligne longitudinale. Le dessous du corps & les pattes sont noirs.

On le trouve aux environs de Paris, sur les fleurs.

69. Callidie six-fascié.

Callidium sex-fasciatum.

Callidium nigrum, thorace globoso bifasciato, elytris fasciis sex flavis. Ent. ou hist. nat. des ins. Callidie. *Pl.* 4. *fig.* 7.

Il ressemble beaucoup, pour la forme & la grandeur, au *Callidie* floral. Les antennes sont noires, à peine plus longues que le corps, avec l'extrémité des articles garnie d'une petite épine. La tête est noire, avec des lignes jaunes. Le corcelet est globuleux, noir, avec deux bandes jaunes. L'écusson est noir, petit & triangulaire. Les élytres sont noires, avec quatre bandes jaunes, dont les deux dernières sont un peu interrompues à la suture. Le dessous du corps est noir, avec des taches jaunes. Les pattes sont noires, sans taches.

Les deux premières bandes jaunes sont quelquefois réunies à la suture, & le corps est varié de blanc.

Il se trouve à Cayenne.

70. Callidie rayé.

Callidium vittatum.

Callidium nigrum, thorace subgloboso, vittis tribus rufis, elytris puncto fasciisque duabus flavis.

Il est à peine plus grand que le *Callidie* Bélier. Les antennes sont ferrugineuses, de la longueur du corps. La tête est noirâtre, mélangée de brun. Le corcelet est presque globuleux, noir, fortement pointillé, avec trois raies longitudinales, rougeâtres, peu marquées. L'écusson est obscur, arrondi postérieurement. Les élytres sont noires, fortement pointillées, avec une tache jaune à la base, & deux bandes jaunes arquées. Le dessous du corps est brun, mélangé d'obscur. Les pattes sont ferrugineuses brunes, avec le dessus des cuisses noir.

Il se trouve.....

71. Callidie du Verbascum.

Callidium Verbasci.

Callidium thorace globoso, nigro fasciato, elytris virescentibus, fasciis duabus nigris maculaque lunari. Ent. ou hist. nat. des ins. Callidie. *Pl.* 6. *fig.* 15. *b.* & *pl.* 1. *fig.* 11.

Leptura Verbasci *thorace subovato nigro, elytris fasciis tribus nigris: prima semiannulata.* Lin. *Syst. nat. pag.* 640. n°. 22.

Callidium Verbasci *thorace rotundato nigro maculato, elytris subvirescentibus, fasciis tribus nigris, prima lunari.* Fab. *Syst. ent. p.* 194 n°. 32. — *Sp. ins. tom.* 1. *p.* 244. n°. 43. — *Mant. ins. tom.* 1. *p.* 156. n°. 58.

Leptura villoso-flava, elytris lineis tribus transversis nigris. Geoff. *Ins. tom.* 1. *p.* 216. n°. 14.
La *Lepture* jaune à bandes noires. Geoff. *Ib.*
Leptura Verbasci. Sulz. *Hist. ins. tab.* 5. *fig.* 12.
Callidium Verbasci. Schrank. *Enum. ins. austr.* n°. 309.

Clytus Verbasci. Laichart. *ins. tom.* 1. *p.* 105. n°. 6.
Leptura gammoides. Fourc. *Ent. par.* 1. *p.* 81. n°. 16.
Leptura Verbasci. Vill. *Ent. tom.* 1. *p.* 270. n°. 15.

Il est à-peu-près de la grandeur du *Callidie* Bélier. Les antennes sont noires, filiformes, guères plus longues que la moitié du corps. La tête est verdâtre, avec les yeux noirs. Le corcelet est globuleux, verdâtre, avec une bande noire. L'écusson est verdâtre. Les élytres sont verdâtres, avec deux bandes noires, l'une au milieu, l'autre vers l'extrémité, & une tache en croissant, vers la base. Le dessous du corps & les pattes sont verdâtres.

Il varie pour les taches noires. Le corcelet a une tache & deux points noirs, & les bandes des élytres sont interrompues.

Il se trouve dans les provinces méridionales de la France & en Italie. La variété se trouve aux environs de Paris.

72. Callidie érythrocéphale.

Callidium erythrocephalum.

Callidium thorace rotundato subspinoso, elytris bidentatis fuscis: strigis quatuor flavis, femoribus clavatis compressis. Ent. ou hist. nat. des ins. Callidie. *Pl.* 5. *fig.* 60.

Callidium acuminatum. Fab. *Syst. ent. p.* 194. n°. 30. — *Sp. ins. tom.* 1. *p.* 243. n°. 29.

Callidium erythrocephalum. Fab. *Mant. ins. tom.* 1. *p.* 156. n°. 54.

Il ressemble un peu au *Callidie* Bélier. Les antennes sont ferrugineuses, obscures à leur extrémité, plus courtes que la moitié du corps. La tête est ferrugineuse, obscure, & les yeux sont noirs. Le corcelet est assez gros, arrondi, avec une rangée longitudinale de petits tubercules presque épineux, placés à la partie supérieure. L'écusson est obscur & triangulaire. Les élytres sont noirâtres, ferrugineuses obscures à leur base, avec quatre lignes transversales jaunes, dont l'une à la base, un peu moins marqué que les autres ; l'extrémité de chaque élytre est terminée par deux dentelures très-petites. Le dessous du corps est obscur, avec deux taches jaunes sur les côtés de la poitrine, & des bandes jaunes sur l'abdomen. Les pattes sont ferrugineuses, obscures. Les cuisses sont peu renflées & ont chacune un peu de noirâtre au milieu.

Il se trouve dans l'Amérique septentrionale.

73. CALLIDIE mucroné.

CALLIDIUM mucronatum.

Callidium thorace rotundato maculato, elytris mucronatis nigris, strigis tribus arcuatis flavis basi ferrugineis. Ent. ou hist. nat. des inf. CALLIDIE. *Pl.* 3. *fig.* 34.

Callidium mucronatum. FAB. *Syst. ent. pag.* 194. *n°.* 30. — *Spec. inf. tom.* 1. *pag.* 243, *n°.* 38. — *Mant. inf. tom.* 1. *p.* 156. *n°.* 53.

Il est un peu plus grand que le *Callidie* Bélier. Les antennes sont courtes, filiformes, ferrugineuses, noirâtres à leur extrémité. La tête est noirâtre, avec deux lignes jaunes. Le corcelet est globuleux, noir, avec une raie transversale, jaune, sur le bord antérieur, & une tache ferrugineuse de chaque côté. L'écusson est noirâtre, bordé de jaune. Les élytres sont noires, avec la base ferrugineuse & trois bandes arquées, jaunes : l'extrémité de chaque élytre est armée d'une pointe.

Il se trouve dans l'Amérique méridionale.

74. CALLIDIE hottentot.

CALLIDIUM hottentotum.

Callidium thorace globoso fusco-ferrugineo, elytris nigris fasciis tribus flavis. Ent. ou hist. nat. des inf. CALLIDIE. *Pl.* 3. *fig.* 29.

Il est un peu plus grand que le *Callidie* Bélier. Les antennes sont ferrugineuses, filiformes, un peu plus courtes que le corps. La tête est noirâtre. Le corcelet est globuleux, d'un brun noirâtre. L'écusson est noir. Les élytres ont deux bandes jaunes & une tache transversale à la base. Le dessous du corps est d'un brun noirâtre. Les cuisses sont noirâtres. Les jambes & les tarses sont d'une couleur testacée obscure.

Il se trouve au cap de Bonne-Espérance, dans le pays des Hottentots.

75. CALLIDIE plébéien.

CALLIDIUM plebeium.

Callidium thorace globoso immaculato, elytris nigris fasciis tribus punctoque albis. Ent. ou hist. nat. des inf. CALLIDIE. *Pl.* 6. *fig.* 72.

Callidium plebeium *thorace globoso immaculato, elytris nigris fasciis lineraribus albis.* FAB, *Syst. ent. p.* 193. *n°.* 28. — *Sp. inf. tom.* 1. *p.* 243. *n°.* 37. — *Mant. inf. tom.* 1. *p.* 156, *n°.* 52.

SCHAEFF. *Icon. inf. tab.* 2. *fig.* 7.

VOET. *Coleopt. par.* 2. *tab.* 19. *fig.* 94.

Cerambyx figuratus. SCOP. *Ent. carn. n°.* 176.

Leptura figurata. SCHRANK. *Enum. inf. austr. n°.* 306.

Clytus funebris. LAICHART. *Inf. tom.* 1. *p.* 111 *n°.* 8.

Il est de la grandeur du *Callidie* du Verbascum. Les antennes sont filiformes, guères plus longues que la moitié du corps, noires, légèrement couvertes d'un duvet cendré. La tête est noire. Le corcelet est noir, globuleux, sans taches. L'écusson est cendré. Les élytres sont noires, avec une tache cendrée autour de l'écusson, deux lignes arquées blanches, qui descendent de l'écusson, un point oblong blanc, vers la base, une bande grisâtre au-delà du milieu, & l'extrémité grisâtre. Le dessous du corps est noir, avec deux taches blanches de chaque côté de la poitrine, & le bord des anneaux de l'abdomen, blanc. Les pattes sont noires.

Il se trouve dans les provinces méridionales de la France, en Italie, en Allemagne.

La *Lepture* n°. 12. de M. Geoffroy diffère de celle-ci, & se rapporte au *Callidie* marseillois. La *Leptura rustica* de Linné, citée par plusieurs auteurs, est le même insecte que la *Leptura ticiata* du même auteur, ainsi que je m'en suis assuré en examinant sa propre collection.

76. CALLIDIE bossu.

CALLIDIUM gibbosum.

Callidium thorace globoso, nigrum, elytris cinereo fasciatis basi bituberculatis apice acuminatis. Ent. ou hist. nat. des inf. CALLIDIE. *Pl.* 2. *fig.* 18.

Callidium gibbosum. FAB. *Mant. inf. tom.* 1 *p.* 156. *n°.* 61.

Il est de la grandeur du *Callidie* du Verbascum. Les antennes sont filiformes, de la longueur du corps, presque épineuses, d'un brun ferrugineux, avec l'extrémité de chaque article obscure. La tête est noire. Le corcelet est globuleux, noir, sans taches. Les élytres sont noires, avec une ligne, une large bande au milieu, & l'extrémité, cendrées, & un tubercule élevé, oblong, à la base. L'extrémité de chaque élytre est coupée, & armée extérieurement d'une petite épine. Le dessous du corps est noir, avec quelques taches blanches.

Il se trouve à Kiell. Je l'ai trouvé fréquemment en Provence.

77. CALLIDIE écussonné.

CALLIDIUM scutellare.

Callidium thorace rotundato, elytris nigris basi brunneis fasciis tres arcuatis flavis, scutello flavo. Ent. ou hist. nat. des ins. CALLIDIE. *Pl.* 5. *fig.* 52.

Il ressemble un peu, pour la forme & la grandeur, au *Callidie* du Verbascum. Les antennes sont courtes & testacées. La tête est noirâtre, avec une ligne transversale, jaune, à la partie postérieure, & deux petites taches de la même couleur sur le front. Le corcelet est globuleux, noirâtre, avec trois lignes transversales, jaunes, l'une au milieu, & les deux autres sur les bords antérieur & postérieur. L'écusson est jaune, arrondi postérieurement. Les élytres sont noirâtres, brunes à leur base, avec trois raies transversales jaunes, dont l'une part de l'écusson & forme un arc sur chaque élytre; les deux autres lignes ont leur convexité opposée à celle-ci. L'extrémité de chaque élytre est armée d'une épine. Le dessous du corps est noirâtre, avec un peu de blanc de chaque côté de la poitrine, & quatre bandes jaunes sur l'abdomen. Les cuisses sont noires, un peu renflées, testacées à leur base. Les jambes sont testacées, avec leur extrémité noirâtre. Les tarses sont testacés.

Il se trouve dans l'Amérique septentrionale, la Géorgie, la Caroline.

78. CALLIDIE trifascié.

CALLIDIUM trifasciatum.

Callidium thorace globoso ferrugineo, elytris nigris fasciis tribus albis prima annulari. Ent. ou hist. nat. des ins. CALLIDIE. *Pl.* 5. *fig.* 59.

Callidium trifasciatum. FAB. *Spec. inf. tom.* 1. *p.* 244. *n°.* 42. — *Mant. inf. tom.* 1. *pag.* 156. *n°.* 57.

Callidium trifasciatum. PETAG. *Inf. Cal. p.* 18. *n°.* 86. *tab.* 1. *fig.* 32.

Il ressemble, pour la forme & la grandeur, au *Callidie* du Verbascum. Les antennes sont rougeâtres & plus courtes que la moitié du corps. La tête est noire. Le corcelet est globuleux, rougeâtre, couvert d'un duvet cendré, & marqué au milieu d'une bande plus obscure. Les élytres sont noires, avec trois bandes blanches, dont la première forme deux demi-cercles adossés l'un à l'autre à la suture, les deux autres sont un peu arqués. La poitrine est noire & marquée de taches blanches. L'abdomen est noir, avec une bande blanche sur chaque anneau. Les pattes sont rougeâtres.

Il se trouve dans le Portugal, dans la Calabre.

79. CALLIDIE ruficorne.

CALLIDIUM ruficorne.

Callidium thorace globoso rufo, elytris nigris fasciis tribus cinereis, antennis brevibus rufis. Ent. ou hist. nat. des ins. CALLIDIE. *Pl.* 6. *fig.* 73.

Il ressemble au *Callidie* plébéien. Les antennes sont rougeâtres, filiformes, plus courtes que le corps. La tête est rougeâtre. Le corcelet est globuleux, rougeâtre, sans taches. L'écusson est cendré. Les élytres sont noires, avec trois bandes cendrées, dont l'une est placée à l'extrémité, & l'autre linéaire, arquée, part de l'écusson. Le dessous du corps est noir, avec quelques taches sur la poitrine, & le bord des anneaux de l'abdomen, blanc. Les pattes sont brunes, avec les cuisses plus obscures.

J'ai trouvé cet insecte en Provence, sur des fleurs.

80. CALLIDIE annulaire.

CALLIDIUM annulare.

Callidium thorace rotundato nigro maculato, elytris bidentatis subvirescentibus fasciis tribus nigris: prima annulari. Ent. ou hist. nat. des ins. CALLIDIE. *Pl.* 6. *fig.* 74.

Callidium annulare. FAB. *Mant. inf. tom.* 1. *pag.* 156. *n°.* 59.

Il ressemble entièrement au *Callidie* du Verbascum. Les antennes sont courtes & obscures. La tête est couverte de poils courts, d'un jaune vert. Les yeux & la bouche sont noirs. Le corcelet est jaune-verdâtre, avec une tache rameuse ou palmée à sa partie supérieure. L'écusson est triangulaire, jaune-verdâtre. Les élytres sont jaunes-verdâtres, avec un anneau oblong noir, vers la base, une bande un peu arquée vers le milieu, & une bande interrompue vers l'extrémité: chaque élytre est terminée par deux petites dents, dont l'extérieure est la plus grande. Le dessous du corps est mélangé de noir & de jaune. Les pattes sont noirâtres, mais légèrement couvertes d'un duvet jaunâtre, très-court.

Il se trouve à Siam.

81. CALLIDIE marseillois.

CALLIDIUM massiliense.

Callidium thorace globoso, nigrum, elytris fasciis tribus linearibus albis. Ent. ou hist. nat. des ins. CALLIDIE. *Pl.* 6. *fig.* 70.

Leptura massiliensis *thorace subgloboso nigra, elytris fasciis subtribus albis introrsum fractis.* LIN. *Syst. nat. adden. p.* 1067.

Leptura nigra, elytrorum lineis transversis punctisque albis. GEOFF. *Inf. tom.* 1. *p.* 215. *n°.* 12.

La *Lepture* à raies blanches. GEOFF. *Ib.*

Leptura rustica. FOURC. *Ent. par.* 1. *pag.* 81. *n°.* 14.

Il ressemble beaucoup au *Callidie* plébéien, mais il est une fois plus petit. Les antennes sont noires, filiformes, de la longueur de la moitié du corps. La tête est noire. Le corcelet est globuleux, noir, sans taches. L'écusson est blanc. Les élytres sont noires, avec trois bandes blanches. La première part de l'écusson, est arquée & interrompue; la seconde est parallèle & placée au milieu; la troisième occupe l'extrémité de l'élytre. Le dessous du corps est noir, avec deux taches de chaque côté de la poitrine, & le bord des anneaux de l'abdomen, blancs.

Il se trouve très-fréquemment dans les provinces méridionales de la France, aux environs de Paris, en Portugal, sur les fleurs en Ombelle.

82. Callidie mystique.

Callidium mysticum.

Callidium thorace rotundato, elytris fuscis, fasciis apiceque cinereis, basi rufis. Ent. ou hist. nat. des inf. Callidie. *Pl.* 1. *fig.* 14.

Leptura mystica *thorace globoso tomentoso, elytris fusco-cinereis antice rufis : fasciis linearibus arcuatis lataque canis.* Lin. *Syst. nat. pag.* 639. *n°.* 18. — *Faun. suec. n°.* 693.

Callidium mysticum. Fab. *Syst. ent. pag.* 194. *n°.* 34. — *Sp. inf. tom.* 1. *pag.* 244. *n°.* 45. —*Mant. inf. tom.* 1. *p.* 156. *n°.* 61.

Leptura nigra, elytris maculis testaceis, nigris, albidis, lineisque nigris & albicantibus variegatis. Geoff. *Inf. tom.* 1. *p.* 217. *n°.* 15.

La *Lepture* arlequine. Geoff. *Ib.*

Cerambyx albo-fasciatus *niger, thorace mutico subgloboso, elytris lineis tribus arcuatis fasciaque transversa griseis, antennis brevioribus.* Deg. *Mem. inf. tom.* 5. *p.* 82. *n°.* 19.

Capricorne à raies blanches courbées, noir, à corcelet arrondi & bossu, à trois raies courbées & une bande transverse grises sur les étuis, & à antennes courtes. Deg. *Ib.*

Scarabæus parvus, corpore angusto longo, elytris triplici colore rufo, albo, nigroque pulchre distinctis. Raj. *Inf. p.* 83. *n°.* 26.

Scarabæus niger, summis alarum thecis flavescentibus, iisdemque imis albicantibus, præter alias quasdam lineolas albidas. List. *Append. p.* 386. *n°.* 15.

Cerambyx quadricolor. Scop. *Ent. carn. n°.* 177.

Schæff. *Icon. inf. tab.* 2. *fig.* 9.

Voet. *Coleopt. par.* 2. *tab.* 26. *fig.* 8.

Leptura mystica. Schrank. *Enum. inf. austr n°.* 303.

Clytus mysticus. Laichart. *Inf. tom.* 1. *p.* 107. *n°.* 7.

Leptura mystica. Fourc. *Ent. par.* 1. *pag.* 81. *n°.* 17.

Leptura mystica. Vill. *Ent. tom.* 1. *pag.* 267. *n°.* 21.

Il est à-peu-près de la grandeur du *Callidie* Bélier. Les antennes sont filiformes, de la longueur du corps : les premiers articles sont noirs; les autres sont cendrés, avec leur extrémité noire. La tête est noire. Le corcelet est globuleux, noir, sans taches. Les élytres sont noires, ferrugineuses à leur base, avec quelques petites lignes blanches, une ligne transversale au-delà du milieu, qui remonte le long de la suture, & l'extrémité blanche. Le dessous du corps est noir, avec quelques taches blanches de chaque côté de la poitrine. Les pattes sont noires.

Il se trouve dans presque toute l'Europe, sur les fleurs & dans les bois.

83. Callidie égyptien.

Callidium ægyptiacum.

Callidium thorace rotundato ferrugineo, elytris cinerascentibus, fasciis tribus fuscis, prima annulari. Fab. *Syst. ent. p.* 194. *n°.* 33. —*Sp. inf. tom.* 1. *p.* 244. *n°.* 45. —*Mant. inf. tom.* 1. *p.* 156. *n°.* 60.

Il ressemble beaucoup au *Callidie* du Verbascum; mais il est une fois plus petit. Le corcelet est globuleux, ferrugineux, sans taches. Les élytres sont un peu cendrées, avec trois bandes noirâtres, dont la première est annulaire.

Il se trouve dans l'Orient.

84. Callidie dentipède.

Callidium dentipes.

Callidium thorace cylindrico, testaceum, elytris fasciis duabus fuscis, femoribus dentatis. Ent. ou hist. nat. des inf. Callidie. *Pl.* 4. *fig.* 40.

Il est de la grandeur du *Callidie* mystique. Les antennes sont testacées, de la longueur du corps. Les antennules sont testacées, filiformes, avec le dernier article un peu plus gros que les autres. La tête est testacée, & les yeux sont bruns; ils ont une petite échancrure à côté de l'insertion des antennes. Le corcelet est testacé, arrondi, presque cylindrique. L'écusson est petit & arrondi postérieurement. Les élytres sont pointillées, testacées, avec des bandes obscures. Le dessous du corps & les pattes sont testacés. Les cuisses sont un peu renflées, & armées chacune d'une dent, dont celle des postérieures est la plus longue.

Il se trouve dans l'Amérique Septentrionale, la Géorgie.

85. Callidie rufipède.

Callidium rufipes.

Callidium thorace subgloboso, violaceum, tibiis rufis, antennis brevibus. Ent. ou hist. nat. des inf. Callidie. *Pl.* 6. *fig.* 66. *a. b.*

Callidium rufipes *thorace lævi nitido, elytris*

violaceis, tibiis rufis, antennis brevibus. FAB. *Gen. inf. mant. p.* 232. — *Sp. inf. tom.* 1. *p.* 240. *n°.* 22. — *Mant. inf. tom.* 1. *p.* 154. *n°.* 35.

Leptura cærulea, tibiis rufis, thorace subgloboso. GEOFF. *Inf. tom.* 1. *p.* 217. *n°.* 16.

La Lepture bleue. GEOFF. *ib.*

Leptura Spinosa. SCHRANK. *Enum. inf. aust. n°.* 310.

Leptura cyanea. FOURC. *Ent. par.* 1. *pag.* 82. *n°.* 18.

Il est de la grandeur du *Callidie* de l'Aune. Les antennes sont filiformes, un peu plus courtes que le corps, ferrugineuses à leur base, noirâtres à leur extrémité. La tête est bleue. Le corcelet est presque globuleux, d'un bleu violet luisant. Les élytres sont lisses, d'un bleu violet, sans taches. Le dessous du corps est d'un noir bronzé, luisant. Les cuisses sont renflées & bleuâtres. Les jambes & la base des cuisses postérieures sont fauves.

Il se trouve aux environs de Paris, en Allemagne, dans les bois & dans les chantiers.

86. CALLIDIE picipède.

CALLIDIUM picipes.

Callidium thorace globoso, atrum, elytris striga obliqua alba. Ent. ou hist. nat. des inf. CALLIDIE. *Pl.* 4. *fig.* 43. *a. b.*

Callidium picipes. FAB. *Mant. inf. tom.* 1. *p.* 157. *n°.* 63.

Il est un peu plus grand & plus alongé que le *Callidie* de l'Aune. Les antennes sont brunes, de la longueur du corps. La tête est noire. Le corcelet est globuleux, noir, un peu luisant & soyeux. L'écusson est noir, très-petit & arrondi postérieurement. Les élytres sont pointillées, noires, un peu luisantes, avec une ligne blanche transversale, arquée, interrompue à la suture. Tout le dessous du corps est noir. Les pattes sont brunes, & les cuisses sont un peu renflées.

Il se trouve....

87. CALLIDIE portugais.

CALLIDIUM lusitanicum.

Callidium thorace rotundato spinoso, corpore testaceo, elytris fascia undata fusca. Ent. ou hist. nat. des inf. CALLIDIE. *Pl.* 5. *fig.* 54. *a. b.*

Cerambyx lusitanicus *thorace spinoso, corpore toto testaceo, elytris fascia undulata pallida.* LIN. *Syst. nat. add. p.* 1067. *n°.* 5.

Il est de la grandeur du *Callidie* de l'Aune. Les antennes sont testacées, un peu poileuses, & un peu plus longues que le corps. Tout le corps est testacé. Le corcelet est armé de chaque côté d'une épine aiguë. L'écusson est petit, triangulaire, un peu cendré. Les élytres sont testacées, pâles, avec une bande grisâtre, peu marquée au milieu, & l'extrémité grisâtre; elles sont couvertes de quelques poils longs. Les pattes sont de la couleur du corps.

Il se trouve dans le Portugal.

88. CALLIDIE de l'Aune.

CALLIDIUM Alni.

Callidium thorace rotundato, nigrum, elytris fasciis duabus albis, elytrorum basi antennis tibiisque ferrugineis. Ent. ou hist. nat. des inf. CALLIDIE. *Pl.* 3. *fig.* 37. *a. b.*

Leptura Alni *nigra, elytris fasciis duabus albis, elytrorum basi antennis tibiisque ferrugineis.* LIN. *Syst. nat. p* 639. *n°.* 19.

Callidium Alni. FAB. *Syst. ent. pag.* 195. *n°.* 35. — *Sp. inf. tom.* 1. *p.* 235. *n°.* 46. — *Mant. inf. tom.* 1. *p.* 157. *n°.* 64.

VOET. *Coleopt. pars* 2. *tab.* 18. *fig.* 80. & *tab.* 22. *fig.* 116.

Leptura Alni. VILL. *Ent. tom.* 1. *p.* 268. *n°.* 22.

Il est petit. Les antennes sont ferrugineuses, filiformes, de la longueur du corps. La tête est noire. Le corcelet est presque globuleux, noir, sans taches. Les élytres sont noires, ferrugineuses à leur base; elles ont deux bandes blanches, dont l'une sépare la couleur ferrugineuse de la noire. Le dessous du corps est noir. Les pattes sont ferrugineuses: toutes les cuisses sont renflées.

Il se trouve dans presque toute l'Europe; il est très-commun au printems dans les chantiers de Paris.

89. CALLIDIE unifascié.

CALLIDIUM unifasciatum.

Callidium thorace subgloboso, brunneum, elytris fascia unica alba Ent. ou hist. nat. des inf. CALLIDIE. *Pl.* 1. *fig.* 22.

Il est un peu plus grand que le *Callidie* de l'Aune Les antennes sont d'un brun ferrugineux, presque de la longueur du corps. La tête est d'un brun ferrugineux. Le corcelet est d'un brun ferrugineux, arrondi, légèrement déprimé. Les élytres sont noirâtres, d'un brun ferrugineux à leur base, avec une bande d'un blanc de neige au milieu, un peu interrompue à la suture. Le dessous du corps & les pattes sont d'un brun ferrugineux. L'abdomen & les pattes postérieures sont noirâtres. Toutes les cuisses sont un peu renflées.

Il m'a été envoyé de Provence par M. Danthoine.

90. CALLIDIE nain.

CALLIDIUM minutum.

Callidium testaceum, elytris fascia abbreviata alba. Ent. ou hist. nat. des ins. CALLIDIE. *Pl.* 5. *fig.* 56. *a. b.*

Callidium minutum. FAB. *Syst. ent. pag.* 192. *n°.* 23. —*Sp. ins. tom.* 1. *p.* 241. *no.* 31. —*Mant. ins. tom.* 1. *p.* 155. *n°.* 46.

Il est petit. Les antennes sont testacées, & de la longueur du corps. Tout le corps est testacé. Le corcelet est arrondi, presque anguleux de chaque côté, de la largeur de la tête. L'écusson est petit. Les élytres sont plus pâles que le corps; elles ont chacune une tache transversale, qui forme une bande interrompue à la suture, & qui ne touche pas au bord extérieur. Les cuisses sont renflées vers le bout, pâles & minces à leur base.

Il se trouve dans la Nouvelle-Zélande.

CALOPE, *Calopus.* Genre d'insectes de la troisième Section de l'Ordre des Coléoptères.

Ce genre appartient à la famille des Capricornes. Nous n'en connoissons encore qu'une seule espèce, qui diffère des Capricornes par les antennes en scie, par les antennules antérieures, longues & en masse, par les mâchoires courtes, bifides, avec la division extérieure mince, à peine plus longue que l'autre.

Les antennes sont à-peu-près de la longueur du corps; elles sont comprimées, & chaque articulation forme, à son extrémité antérieure, un avancement qui réprésente les dents d'une scie: elles sont insérées dans une échancrure pratiquée à la partie antérieure des yeux.

La bouche est composée d'une lèvre supérieure, de deux mandibules, de deux mâchoires, d'une lèvre inférieure & de quatre antennules.

La lèvre supérieure est cornée, arrondie, ciliée. Les mandibules sont cornées, dures, courtes, arquées, pointues, sans dents. Les mâchoires sont un peu arquées, bifides, membraneuses, obtuses; la pièce extérieure est plus mince & guères plus longue que l'autre. La lèvre inférieure est avancée, membraneuse, bifide: les divisions sont égales, arrondies & distantes.

Les antennules antérieures, plus longues que les autres, sont en masse: elles ont quatre articles, dont le premier est très-petit; le second est plus long que le troisième; le dernier est gros & tronqué à son extrémité: elles ont leur insertion au dos des mâchoires. Les antennules postérieures sont filiformes, & composées de trois articles presque égaux entr'eux: elles ont leur insertion à la base latérale de la lèvre inférieure.

Le corps n'a rien de remarquable; il a une forme alongée, telle à-peu-près que celle de la plupart des Capricornes.

Cet insecte nous étant étranger, nous ne connoissons pas sa larve; mais nous croyons qu'elle ne doit pas différer de celle des Capricornes, des Leptures.

CALOPE.

CALOPUS. FAB.

CERAMBYX. LIN. DEG.

CARACTERES GÉNÉRIQUES.

ANTENNES filiformes, en ſcie, poſées dans une échancrure au devant des yeux : onze articles; le premier gros, en maſſe; le ſecond petit; les autres un peu comprimés.

Bouche compoſée d'une lèvre ſupérieure, de deux mandibules cornées, pointues, ſimples, de deux mâchoires membraneuſes, bifides, d'une lèvre inférieure, bifide, & de quatre antennules inégales; les antérieures plus longues, terminées en maſſe.

Quatre articles aux tarſes; pénultième article large, bilobé, garni de houppes.

ESPECES.

1. CALOPE ſerraticorne.

Obſcur; corcelet cylindrique; antennes moyennes, comprimées, en ſcie.

1. Calope ferraticorne.

Calopus ferraticornis.

Calopus fuscus, antennis compressis. Fab. *Syst. ent. pag.* 182. *n°.* 1. — *Sp. inf. tom.* 1. *pag.* 228. *n°.* 1. — *Mant. inf. tom.* 1. *p.* 145. *n°.* 1.

Cerambyx ferraticornis *thorace mutico subovali, corpore lurido fusco, antennis compressis antice ferratis mediocribus.* Lin *Syst. nat. p.* 634. *n°.* 65. — *Faun. suec. n°.* 665.

Cerambyx thorace mutico cylindrico, griseo-fuscus, oculis nigris, antennis ferratis mediocribus, tentaculis longis pedibusque teretibus. Deg. *Mém. inf. tom.* 5. *p.* 79. *n°.* 16.

Capricorne à corcelet cylindrique fans épines, d'un brun grisâtre, à yeux noirs, à antennes médiocres dentelées, à barbillons longs & à pattes déliées. Deg. *ib.*

Cet infecte a une forme alongée & prefque cylindrique. Sa longueur eft environ de neuf lignes, & fa largeur de deux & demie. Les antennes font obfcures, de la longueur du corps, & d'un gris obfcur, prefque brun. La tête eft un peu avancée. Le corcelet eft un peu plus étroit que le corps, cylindrique, un peu raboteux, ou inégal en-deffus, fans épines & fans tubercules. Les pattes font minces & de longueur moyenne.

Il fe trouve au nord de l'Europe, en Suède, dans les bois.

CANNELURE, *Canalicula.* On donne, en Entomologie, le nom de *cannelure* à des fillons plus ou moins enfoncés, qui fe trouvent fur la tête, fur le corcelet, fur la poitrine, & fur différentes parties du corps des infectes.

CANTHARIDE, *Cantharis.* Genre d'infectes de la feconde Section de l'Ordre des Coléoptères.

Les *Cantharides* font des infectes à deux ailes recouvertes par des étuis durs, mais flexibles. Le corps eft alongé, prefque rond ou cylindrique; la tête eft inclinée; les tarfes des quatre pattes antérieures font compofés de cinq articles, & ceux des poftérieures font compofés de quatre.

A l'exemple de MM. De Geer & Schaeffer, nous avons reftitué le nom de *Cantharide* à des infectes connus de tous les tems fous ce nom, défignés de même dans tous les ouvrages de Médecine; nom que M. Geoffroy leur avoit confervé, & que Linné a donné à des infectes très-différens, qui n'ont aucune vertu médicinale, ni rien de remarquable. *Voyez* Théléphore.

Le genre des *Cantharides* de M. Geoffroy comprend la plupart des Nécydales de Linné & de M. Fabricius, qu'il ne faut pas cependant confondre avec les vraies Nécydales, qui n'ont que quatre articles aux tarfes de chaque patte, & qui font de la famille des Capricornes. Les efpèces placées par M. Geoffroy, dans la feconde divifion des *Cantharides*, diffèrent peu des infectes de ce genre : elles ont, comme les *Cantharides*, des antennes filiformes, mais plus déliées; & leurs tarfes, garnis en-deffous de pelottes, font terminés par deux crochets fimples. Nous avons donné à ces infectes le nom de Œdemère, de deux mots grecs qui fignifient *groffe cuiffe.*

Linné a réuni fous un même genre, auquel il a donné le nom de *Méloë*, la *Cantharide*, le Méloë proprement dit, le Mylabre, la Cérocome, la Notoxe & l'Apale. *Voyez* ces mots. Quelques-uns de ces genres, comme par exemple le Méloë, le Mylabre & la Cérocome, auxquels on peut joindre celui de l'Œdemère, ont beaucoup de rapports avec la *Cantharide.* Ils ne préfentent des différences bien marquées que dans la figure de leurs antennes. Les tarfes font parfaitement femblables, & les parties même de la bouche du Profcarabé, du Mylabre de la Chicorée & de la *Cantharide* véficatoire, que j'ai examinées avec attention, ne m'ont pas paru avoir des différences bien remarquables, ainfi qu'on peut le voir dans la defcription que je donne de ces parties. Les antennes font moniliformes dans le Méloë; elles vont en groffiffant dans le Mylabre; elles ont le dernier article en maffe comprimée dans la Cérocome. Les tarfes enfin font garnis de pelottes, & terminés par deux crochets fimples dans l'Œdemère.

Les antennes des *Cantharides* font filiformes, & à-peu-près de la longueur de la moitié du corps de l'infecte : elles font compofées de onze articles, dont le premier eft le plus gros, & le fecond le plus court, les autres font prefque cylindriques & égaux entre eux. Le dernier eft terminé en pointe mouffe.

La tête eft plus large que le corcelet, & un peu aplatie. L'infecte la porte fort inclinée & très-recourbée en-deffous. Les yeux font petits, ovales, peu faillans, & placés derrière les antennes.

La bouche eft compofée d'une lèvre fupérieure, d'une lèvre inférieure, de deux mandibules, de deux mâchoires, & de quatre antennules.

La lèvre fupérieure eft large, ordinairement échancrée, rarement arrondie, & ciliée antérieurement.

Les mandibules font épaiffes, dures, courtes, arquées, fans dentelures.

Les mâchoires font dures à leur bafe, membraneufes, dilatées & bifides, ou coupées tranfverfalement à leur extrémité. Les divifions font inégales : l'extérieure eft plus grande que l'autre.

Les antennules font courtes & prefque filiformes. Les antérieures font compofées de quatre articles, & non pas de trois, comme le dit M. Fabricius. Le premier

premier article est court & petit; les deux suivans sont égaux & coniques; le dernier est un peu plus gros que ceux-ci, & il a une figure ovale-alongée: elles ont leur insertion au côté extérieur de la partie membraneuse de la mâchoire. Les deux postérieures sont plus courtes que les antérieures, & sont composées de trois articles, dont le premier est très-court & très-petit; le second est plus gros, plus alongé, & d'une figure conique; le dernier, plus gros & un peu plus court que le second, paroît comme tronqué: elles ont leur insertion à la partie latérale de la lèvre inférieure, un peu au-dessous de sa base.

La lèvre inférieure est échancrée & ciliée antérieurement: elle est presque membraneuse, & un peu plus étroite que la lèvre supérieure.

Les élytres sont flexibles dans toutes les espèces connues. L'écusson est petit & arrondi postérieurement.

Les tarses sont filiformes; ils ne sont point garnis en dessous de pelottes: mais vus à la loupe, ils paroissent avoir des poils courts & serrés. Ceux des quatre pattes antérieures ont cinq articles, tandis que ceux des postérieures n'en ont que quatre. Le premier article est long, sur-tout dans les tarses postérieurs; les autres sont plus courts, & vont en diminuant de longueur; mais le dernier est le plus alongé; il est très-peu en masse, & il est terminé par deux paires de crochets joints ensemble, d'égale longueur, & un peu recourbés. Ce caractère leur est commun avec le Méloë, le Mylabre, & la Cérocome.

Les larves des *Cantharides* ont leur corps mol, d'un blanc jaunâtre, composé de treize anneaux. La tête est arrondie, un peu aplatie, munie de deux antennes courtes, filiformes. La bouche est pourvue de deux mâchoires assez solides & de quatre antennules. Ces larves ont six pattes courtes, écailleuses: elles vivent dans la terre, & se nourrissent de diverses racines. Parvenues à toute leur croissance, elles se changent en nymphe dans la terre, & elles n'en sortent que sous la forme d'insecte parfait.

La *Cantharide* est un des insectes le plus anciennement & le plus universellement connu. Les médecins, qui ont été les premiers physiciens & les premiers observateurs de la nature, en ont fait mention dans des tems très-reculés; mais ils ne l'ont considérée que sous le rapport qui leur convenoit, & comme fournissant à la Médecine un de ses plus puissans agens. Le naturaliste, qui cherche moins à connoître dans les *Cantharides* les vertus médicinales dont on peut faire usage après leur mort, que les habitudes qui leur sont propres pendant la vie, est encore loin d'avoir acquis à cet égard des connoissances certaines, étendues & satisfaisantes. La seule espèce qu'on a cru douée de propriétés utiles, a fait oublier toutes les autres qui composent le genre entier; & tout ce que nous savons en général sur ces insectes, c'est qu'ils vivent, dans nos climats, sur les plantes, dévorent les feuilles de certains arbres, craignent le froid, & paroissent vers la fin du printems pour disparoître au commencement de l'automne. Nous ne pouvons dès lors présenter que quelques notions sur la *Cantharide* spécialement appropriée aux vésicatoires.

Baglivi ne paroît pas fondé lorsqu'il avance que l'usage des *Cantharides* a été introduit en Médecine par les arabes, puisqu'il est assez prouvé que cet usage n'étoit pas inconnu à Hippocrate même; mais il faut dire aussi que les *Cantharides* des anciens, & celles des chinois, ne sont pas les mêmes que celles des européens. Les chinois emploient le Mylabre de la Chicorée, *Mylabris Cichorii*, & il paroît, par ce que dit Dioscoride, *Mat. Med. lib. 2. cap. 65*, que les *Cantharides* des anciens étoient les mêmes que celles dont les chinois se servent encore aujourd'hui. « Les *Cantharides* les plus efficaces, dit » Dioscoride, sont celles de plusieurs couleurs, » qui ont des bandes jaunes, transverses, avec le » corps alongé, gros & gras; celles d'une seule » couleur sont sans force ». La description que cet auteur donne de la *Cantharide*, ne convient point à notre espèce, qui est d'une belle couleur verte: elle convient bien mieux au Mylabre de la Chicorée, très-commun d'ailleurs dans le pays qu'habitoit Dioscoride, & dans tout l'Orient.

On a d'abord désigné la *Cantharide* sous le nom de Mouche d'Espagne, parce que l'Espagne la fournissoit. Sa métamorphose se fait assez rapidement; & lorsqu'on s'est apperçu de ces insectes, & qu'on les a vu paroître tout-à-coup au mois de Juin en grande quantité, on a cru que c'étoit des émigrations qui venoient des terres australes, & alloient bientôt se perdre dans les pays du nord; mais nous savons que cette espèce médicinale naît & vit, non seulement en Espagne, en Italie & en France, mais en Allemagne, en Suède, & dans presque toute l'Europe. Cet insecte, qui mérite bien d'être distingué par le beau vert doré brillant dont tout le corps est coloré, excepté les antennes qui sont noires, varie en grandeur, depuis quatre jusqu'à neuf lignes de longueur. Il vit également sur le Lilas, le Chevrefeuille, le Troëne, le Sureau noir, le Peuplier noir & blanc, le Catalpa, & même sur les bleds; mais il paroît se nourrir préférablement des feuilles du Frêne; & à l'inspection de ces feuilles, dont elles ne rongent ordinairement que les bords, on peut juger de leurs habitations, & parvenir à les découvrir.

Quoique les *Cantharides* s'élèvent assez haut, elles paroissent naturellement pesantes & se mouvoir difficilement; aussi est-il facile de les prendre. Il ne s'agit que de secouer avec un bâton les rameaux sur lesquels elles vivent, & de les ramasser sur le drap qu'on a eu le soin d'étendre; mais ce n'est pas sans danger, & le principe actif, d'une odeur pénétrante & désagréable, émané sans cesse de leur corps, suffit pour incommoder ceux qui les manient trop long-temps, ou respirent l'air qu'e les infectent. A mesure qu'on les prend, on les fait périr en les noyant dans le vinaigre. On les retire quelques heures après pour les faire sécher au soleil. C'est à tort que quelques-uns prescrivent de rejetter la tête, les élytres & les pattes, & de ne conserver que le reste du corps, lorsqu'il est prouvé que toutes les parties jouissent de la même force & de la même vertu. On les renferme dans des bocaux, que l'on doit avoir soin de tenir bien fermés, si l'on ne veut pas laisser échapper le principe volatil & fugace. Lorsqu'on veut en faire usage, on les pulvérise, & on mêle la poudre avec de la cire, de la graisse, ou de la térébenthine, pour en composer un emplâtre vésicant. L'analyse chimique n'a point encore donné des connoissances positives sur le principe caustique dont cette poussière est douée; cependant, à en juger par les effets mêmes, on peut être fondé à croire que ce principe participe de la nature d'un alkali volatil. Sans doute, l'usage interne des *Cantharides* peut être suivi des plus grands dangers, & exige la plus sévère circonspection avant de l'ordonner. Cependant, prescrit, modifié à propos & avec prudence, peut-être en résulteroit-il des effets salutaires, & pourroit-on combattre avec succès certaines maladies violentes, où échouent toutes les ressources de l'art. On lit dans Cartheuser, que les peuples de Hongrie guérissent la rage par l'usage des *Cantharides*, à haute dose. La sueur abondante qu'elles provoquent suffit pour dissiper le venin. Mais outre que les peuples du Nord peuvent mieux supporter que ceux du Midi des remèdes très-actifs, cet auteur remarque lui même que les *Cantharides* ont d'autant moins de vertus, qu'elles naissent dans des pays plus froids.

On a peut-être trop négligé de faire des expériences sur les insectes, relativement à leur utilité dans la Médecine & dans les arts; leur petitesse sans doute les a trop fait mépriser. Il n'est pas douteux cependant qu'il n'y en ait un grand nombre dont les vertus soient égales à celles de la *Cantharide*; & plusieurs autres, moins âcres, moins caustiques, pourroient, dans divers cas, être pris intérieurement avec moins de danger & plus de succès. Nous pouvons assurer que toutes les espèces qui tiennent au genre de *Cantharide* jouissent à-peu-près des mêmes vertus que l'espèce que nous connoissons; & par conséquent dans tous les pays où on les trouve, on pourroit en faire le même usage. Parmi les insectes pris dans d'autres genres, qui pourroient fournir des particules caustiques & irritantes, & qu'on pourroit substituer jusqu'à un certain point à la *Cantharide*, nous pouvons ranger les Méloës, les Mylabres, les Carabes, les Ténébrions, les Cicindèles, les Scarites, les Coccinèles, &c. La dépouille de la plupart des chenilles produit une poussière qui, dispersée par les vents, soulève des pustules sur le visage qui la reçoit. Le même effet est occasionné par le poil & la laine de quelques Phalènes lorsqu'on les touche. Mérian a trouvé à Surinam des espèces de larves des Lépidoptères velus, qu'on ne pouvoit toucher sans ressentir soudain une inflammation.

On prépare aussi avec les *Cantharides* une teinture connue sous le nom de *teinture de Cantharides*. Cette préparation consiste à tenir pendant quelques jours de la poudre de *Cantharides* en digestion dans de l'esprit-de-vin.

CANTHARIDE.

CANTHARIS. GEOFF. SCHAEFF. *DEG.*

MELOE. LIN. *LYTTA.* FAB.

CARACTÈRES GÉNÉRIQUES.

ANTENNES filiformes, de la longueur de la moitié du corps : premier article assez gros ; le second petit ; les autres presque égaux entr'eux.

Bouche pourvue d'une lèvre supérieure, de deux mandibules simples, arquées, de deux mâchoires bifides, & de quatre antennules filiformes.

Cinq articles aux tarses des quatre pattes antérieures ; quatre articles aux pattes postérieures, tous filiformes, terminés par quatre crochets.

Elytres flexibles.

ESPECES.

1. CANTHARIDE véficatoire.

D'un vert doré ; antennes noires.

2. CANTHARIDE géant.

D'un bleu violet, foncé ; poitrine d'un rouge brun.

3. CANTHARIDE testacée.

Noire ; tête & élytres testacées.

4. CANTHARIDE obscure.

Noirâtre, légèrement couverte d'un duvet cendré ; élytres avec le bord & une ligne postérieure, cendres.

5. CANTHARIDE corcelet-rouge.

Ferrugineuse ; tête & corcelet bordé de noir ; élytres bleuâtres.

6. CANTHRIDE sinuée.

Testacée ; tête & corcelet avec des points noirs ; élytres avec une tache & une raie noires.

7. CANTHARIDE ruficolle.

D'un vert doré ; corcelet rouge, aminci antérieurement.

8. CANTHARIDE nitidule.

D'un vert brillant ; élytres d'un jaune testacé.

9. CANTHARIDE syrienne.

D'un vert bleuâtre foncé ; corcelet rougeâtre, arrondi.

10. CANTHARIDE agréable.

D'un vert bleuâtre brillant ; élytres testacées, avec des taches verdâtres.

CANTHARIDES. (Insectes.)

11. CANTHARIDE marginée.

D'un noir cendré; élytres noires, avec la suture & les bords cendrés.

12. CANTHARIDE rayée.

Noirâtre; élytres avec la suture, le bord extérieur, & une ligne longitudinale jaunâtres.

13. CANTHARIDE tête-rouge.

Noire; tête rougeâtre; corcelet & élytres rayés de gris.

14. CANTHARIDE douteuse.

Noire; tête rougeâtre; corcelet & élytres sans taches.

15. CANTHARIDE atre.

Entièrement noire, sans taches.

16. CANTHARIDE africaine.

Noire; corcelet rougeâtre.

17. CANTHARIDE soyeuse.

Noire, couverte d'un léger duvet cendré, soyeux; antennes courtes.

18. CANTHARIDE humérale.

Noire, luisante; élytres courtes, subulées, jaunes à leur base.

19. CANTHARIDE de la Clématite.

Légèrement velue, d'un noir bronzé; élytres d'un gris jaunâtre.

20. CANTHARIDE birayée.

D'un noir bronzé; élytres jaunes, avec deux lignes longitudinales, d'un noir violet.

21. CANTHARIDE ponctuée.

Noire, alongée; élytres fauves, avec six points noirs.

22. CANTHARIDE Nécydale.

Noire; élytres plus courtes que l'abdomen, rouges, avec un point noir à l'extrémité.

1. CANTHARIDE véſicatoire.

CANTHARIS veſicatoria.

Cantharis viridi-inaurata, antennis nigris.
Meloë veſicatorius, *alatus viridiſſimus nitens, antennis nigris.* LIN. *Syſt. nat. p.* 679. *n°.* 3. — *Faun. ſuec. n°.* 827.

Lytta veſicatoria *viridis, antennis nigris.* FAB. *Syſt. entom. p.* 260. *n°.* 1. — *Spec. inſ. tom.* 1. *pag.* 328. *n°.* 1. — *Mant. inſ. tom.* 1. *pag.* 215. *n°.* 1.

Cantharis viridi-inaurata, antennis nigris. GEOF. *Inſ. tom.* 1. *p.* 341. *Pl.* 6. *fig.* 5.
La *Cantharide* des boutiques. GEOFF. *Ib.*

Cantharis veſicatoria *alata viridi-aurea nitidiſſima, antennis nigris.* DEG. *Mem. inſ. tom.* 5. *p.* 12. *Pl.* 1. *fig.* 9.

Cantharide véſicatoire ailée, d'un vert-doré très-luiſant, à antennes noires. DEG. *Ib.*

PALLAS. *Inſ. ſibir. tab. E. fig.* 28.
Meloë veſicatorius. SCOP. *Ent. carn. n°.* 185.
Meloë veſicatorius POD. *Muſ. græc. p.* 47.
Meloë veſicatorius. SCHRANK. *Enum. inſ. auſtr. n.* 98.

SCHAEFF. *Elem. inſ. tab.* 33. — *Icon. inſ. tab.* 47. *fig.* 1.
Cantharis vulgaris officinarum. RAI. *Inſ. p.* 101. *n°.* 1.

Cantharis major. JONS. *Pag.* 76. *tab.* 15. *fig.* 6.
ALDROV. *Inſ. p.* 476.
SWAMM. *Bibl. nat. p.* 119.
CHARLET. *Onom. p.* 47.

MOUFFET. *Theat. inſ. p.* 144. *fig.* 1.
SULZ. *Hiſt. inſ. tab.* 7. *fig.* 55.

Meloë veſicatorius. FUESL. *Inſec. Helvet. n°.* 397.

Cantharis veſicatoria. FOURC. *Ent. par.* 1. *p.* 154. *n°.* 1.

Meloë veſicatorius. VILL. *Inſ. tom.* 1. *p.* 398. *no.* 3.

Cette *Cantharide* varie beaucoup pour la grandeur. Elle a depuis ſix juſqu'à dix lignes de longueur. Tout ſon corps eſt d'une belle couleur verte dorée, ſouvent un peu bleuâtre. Les antennes ſont noires, filiformes, & un peu plus courtes que la moitié du corps. La tête a une ligne longitudinale enfoncée à ſa partie ſupérieure. Le corcelet eſt inégal; plus étroit que la tête, étranglé antérieurement, & terminé de chaque côté par une pointe mouſſe. Les élytres ſont flexibles, finement chagrinées, & arrondies à leur extrémité : elles ont deux lignes longitudinales élevées, mais peu marquées. Le deſſous du corps eſt couvert d'un léger duvet griſâtre. Les pattes ſont longues, déliées, d'un vert bleuâtre & luiſant. Les tarſes ſont d'une couleur bleue noirâtre.

Elle ſe trouve dans preſque toute l'Europe, ſur le Frêne, le Troëne, le Sureau, le Lilas, le Chèvrefeuille.

2. CANTHARIDE géant.

CANTHARIS gigas.

Cantharis fuſco-violacea, pectore macula rubra.

Les antennes ſont filiformes, un peu plus longues que la moitié du corps, d'un noir bleuâtre. Tout le corps en deſſus eſt d'un vert bleuâtre foncé, avec des reflets violets. La tête eſt grande & inclinée. Le corcelet, plus étroit que la tête, eſt aminci antérieurement. Les élytres ſont finement chagrinées, liſſes dans l'un des deux ſexes, avec trois lignes élevées dans l'autre. Le deſſous du corps eſt d'un noir bleuâtre, avec une grande tache d'un rouge brun ſur la poitrine. Les pattes ſont longues & noirâtres.

Elle ſe trouve au Sénégal, ſur différentes plantes. Elle m'a été donnée par M. Geoffroy de Villeneuve.

3. CANTHARIDE teſtacée.

CANTHARIS teſtacea.

Cantharis nigra, capite elytriſque teſtaceis.

Elle eſt une fois plus grande que la *Cantharide* véſicatoire. Les antennes ſont noires, brunes à leur extrémité, de la longueur du corcelet. La tête eſt teſtacée, noire antérieurement, aſſez groſſe, avec une ligne longitudinale enfoncée : elle eſt très-diſtincte du corcelet. Le corcelet eſt noir, luiſant, inégal, de la largeur de la tête. L'écuſſon eſt noir. Les élytres ſont teſtacées ; elles ont deux lignes longitudinales vers la ſuture, un peu élevées, qui ne vont pas juſqu'à l'extrémité. Le deſſous du corps eſt noir, avec des poils très-courts ſur la poitrine & ſur la partie interne des pattes.

Elle ſe trouve.....

Du cabinet de feu M. Hunter.

4. CANTHARIDE obſcure.

CANTHARIS fuſca.

Cantharis fuſca cinereo ſquamoſa, elytris fuſcis margine lineaque poſtica cinereis.

Elle eſt deux ou trois fois plus grande que la *Cantharide* rayée. Les antennes ſont ferrugineuſes. Tout le corps eſt noirâtre, & couvert de poils courts, ſerrés, cendrés. Le corcelet eſt liſſe, plus étroit que la tête. Les élytres ont leur rebord cendré, & une ligne longitudinale qui va du milieu juſqu'à l'extrémité de chaque élytre. Les pattes ſont aſſez longues & de la couleur du corps.

Elle se trouve au Sénégal, d'où elle a été apportée par M. Adanson.

5. Cantharide corcelet-rouge.

Cantharis collaris.

Cantharis ferruginea, capite thoraceque nigro marginatis, elytris cyaneis.

Lytta collaris, *Meloë erythrocyana.* Pall. *Inf. sib. pag. 96. pl. E. fig. 27. a. b.*

Cette espèce est souvent une fois plus grande que la *Cantharide* vésicatoire, & presque entièrement glabre : la poitrine seule est couverte d'un duvet imperceptible. La partie antérieure de la tête est d'un rouge écarlate; mais la bouche, tout le tour des yeux & le bord postérieur de la tête, sont d'un noir de poix. Les antennes sont d'un rouge testacé, filiformes, & à peine un peu plus grosses vers leur extrémité. Le corcelet est convexe, d'un rouge écarlate, bordé de noir, avec deux points noirs enfoncés, placés à la partie supérieure. Les élytres sont d'une belle couleur violette, soyeuse, & quelquefois verdâtre. Le corps est noir & luisant en dessous. Les pattes sont assez longues, testacées, avec les genoux noirâtres.

Elle se trouve fréquemment, au commencement du mois de juin, dans la Russie méridionale, vers le Jaick, le Volga, le Tanaïs, le mont Caucase, &c. sur les vesses & les pois.

6. Cantharide sinuée.

Cantharis sinuata.

Cantharis elytris testaceis, macula oblonga, vittaque sinuata nigra.

Elle ressemble un peu, pour la forme & la grandeur, à la *Cantharide* vésicatoire. Les antennes sont noires, filiformes. La tête est inclinée, testacée, avec deux points noirs sur la partie supérieure. Le corcelet est plus étroit que la tête, testacé, avec deux points noirs. Les élytres sont lisses, testacées, avec une tache oblongue, noire, à la base, & une raie sinuée, noire, sur chaque élytre. Le dessous du corps est mélangé de noir & de testacé. Les pattes sont noires, avec la moitié des cuisses testacée.

Elle se trouve.....

Du cabinet de M. Francillon.

7. Cantharide ruficolle.

Cantharis ruficollis.

Cantharis viridi-inaurata, thorace rufo, antice attenuato. Pall. *Inf. sibir. tab. E. fig. 35.*

Elle est un peu plus petite que la *Cantharide* vésicatoire. Les antennes sont filiformes, bronzées, de la longueur de la moitié du corps. La tête est inclinée, d'un vert doré, avec les yeux noirs. Le corcelet est rougeâtre, plus étroit que la tête, aminci antérieurement. L'écusson est imperceptible. Les élytres sont finement chagrinées, très-flexibles, & d'un vert doré. Le dessous du corps est vert doré. Les pattes sont d'un vert cuivreux.

Elle se trouve aux Indes orientales.

8. Cantharide nitidule.

Cantharis nitidula.

Cantharis viridi-aenea, elytris testaceis.

Lytta nitidula, *viridi-aenea, elytris testaceis.* Fab. *Syst. ent. app. p. 826. — Spec. inf. tom. 1. pag. 328. n°. 2. — Mant. inf. tom. 1. pag. 215. n°. 2.*

Elle est plus petite que la *Cantharide* vésicatoire. Les antennes sont filiformes, noires, plus courtes que la moitié du corps. La tête est verte, brillante & penchée. Le corcelet est vert, brillant, un peu plus étroit que la tête. L'écusson est triangulaire & vert. Les élytres sont testacées, sans taches. Tout le dessous du corps & les pattes sont verts brillans.

Elle se trouve au cap de Bonne-Espérance.

9. Cantharide syrienne.

Cantharis syriaca.

Cantharis fusco-viridis, thorace ferrugineo, elytris viridi-caeruleis.

Meloë syriacus, *alatus viridi-caeruleus, thorace luteo.* Lin. *Syst. nat. pag. 680. n°. 4. — Muf. Lud. Ulr. pag. 102.*

Lytta syriaca, *viridi-caerulea, thorace ferrugineo.* Fab. *Spec. inf. tom. 1. pag. 329. n°. 3. — Mant. inf. tom. 1. pag. 216. n°. 4.*

Meloë dorso rufo. Scop. *Ann. 5. hist. nat. pag. 103. n°. 81.*

Meloë Crambes. Pall. *Inf. sibir. p. 95. tab. E. fig. 26.*

Cette espèce ressemble beaucoup à la *Cantharide* vésicatoire. Elle est seulement un peu plus petite. Tout le corps en dessous est d'une couleur noire bleuâtre, & couvert d'un léger duvet. Les antennes sont noires, filiformes, de la longueur du corcelet. La tête est noire. Le corcelet est d'un jaune fauve, presque rond. Les élytres sont d'un beau vert bleuâtre, luisant. Les pattes sont noires.

Elle se trouve dans la Syrie, & au midi de l'Europe.

10. Cantharide agréable.

Cantharis festiva.

Cantharis viridi-ænea nitida, elytris testaceis, maculis viridi-æneis.

Lytta festiva *viridi-ænea nitida, elytris testaceis, maculis viridi æneis.* FAB. *Spec. inf. tom.* 1. *pag.* 329. n°. 4.

Meloë festiva. PALL. *Iter.* 2. *pag.* 721. n°. 54. — *Inf. sibir. tab. E. fig.* 11.

Elle est un peu plus petite que la *Cantharide* de Syrie. Les antennes sont noirâtres. La tête, le corcelet & le corps en dessous sont d'une couleur verte bleuâtre brillante. L'écusson est de la même couleur. Les élytres sont testacées, avec plusieurs taches d'un vert bleuâtre brillant.

Elle se trouve dans la Sibérie méridionale.

11. CANTHARIDE marginée.

CANTHARIS marginata.

Cantharis atra; thorace utrinque, elytrorum marginibus cinereis.

Lytta marginata *atra, elytrorum marginibus cinerascentibus.* FAB, *Syst. ent. pag.* 260 n°. 2. — *Spec. inf. tom.* 1. *pag.* 329. n°. 5. — *Mant. inf. tom.* 1. *p.* 216. n°. 6.

Meloë cinereus *alatus, antennis elytrisque atris, margine cinereis.* FORST. *Nov. spec. inf. cent.* 1. *pag.* 62.

Elle est presque de la grandeur de la *Cantharide* véficatoire. Les antennes sont noires, plus courtes que la moitié du corps. La tête est noire & couverte d'un duvet court cendré. Le corcelet est noir, avec les côtés cendrés & une ligne longitudinale enfoncée au milieu. L'écusson est à peine apparent. Les élytres sont noires, avec la suture & les bords extérieurs cendrés. Le dessous du corps est couvert d'un duvet cendré. Les pattes sont noires; mais les cuisses sont couvertes d'un duvet cendré.

Elle se trouve, selon M. Forster, dans l'Amérique septentrionale, & selon M. Fabricius, au cap de Bonne-Espérance.

12. CANTHARIDE rayée.

CANTHARIS vittata.

Cantharis fusca, elytris nigris, vitta marginibusque flavis.

Lytta vittata, *elytris nigris, vitta marginibusque flavis.* FAB. *Syst. ent. pag.* 260. n°. 3. — *Spec. inf. tom.* 1. *p.* 329. n°. 6. — *Mant. inf. tom.* 1. *p.* 216. n°. 7.

PALL. *Inf. sibir. tab. E. fig.* 33.

Cette *Cantharide* a environ six lignes de long. Les antennes sont noires, filiformes, & de la longueur de la moitié du corps. La tête est d'un jaune fauve, avec les yeux noirs & deux taches jaunes à la partie supérieure. Le corcelet est noir, avec trois lignes d'un jaune cendré, formées par des poils. Les élytres sont noires & flexibles, avec leur bord, la suture & une ligne longitudinale vers le milieu, d'un jaune pâle : vues à la loupe, elles paroissent couvertes de poils courts & assez serrés. Le corps en dessous est noirâtre. Les pattes sont noires, avec la base des cuisses un peu fauve.

Elle se trouve en Amérique. Elle n'est pas rare à Cayenne.

13. CANTHARIDE tête-rouge.

CANTHARIS erythrocephala.

Cantharis atra, capite testaceo, thorace elytrisque cinereo lineatis.

Lytta erythrocephala, *capite testaceo, thorace elytrisque cinereo lineatis.* FAB. *Sp. inf. tom.* 1. *p.* 329. n°. 8. — *Mant. inf. tom.* 1. *p.* 216. n°. 9.

Elle est un peu plus petite que la *Cantharide* marginée, à laquelle elle ressemble beaucoup. Les antennes sont noires, testacées à leur base, un peu plus courtes que la moitié du corps. La tête est rouge-pâle, avec une ligne longitudinale noire, courte, placée au milieu. Le corcelet est noir, avec une ligne longitudinale cendrée, un peu enfoncée. Les élytres sont noires, avec la suture, les bords extérieurs & une raie au milieu, cendrés. Le dessous du corps est noir, & légèrement couvert d'un duvet cendré. Les pattes sont noires, avec un léger duvet cendré sur les cuisses.

Elle se trouve au midi de l'Europe.

14. CANTHARIDE douteuse.

CANTHARIS dubia.

Cantharis atra, capite rufo linea nigra, elytrorum margine cinereo.

Lytta dubia, *capitis vertice fulvo, thorace elytrisque immaculatis.* FAB. *Spec. inf. tom.* 1. *p.* 329. n°. 9. — *Mant. inf. tom.* 1. *pag.* 216. n°. 10.

Meloë capite rufo, *niger, capite rufo.* SCOP. *Ann.* 5. *hist. nat. p.* 103. n°. 82.

PALL. *Inf. sibir. tab. E. fig.* 29. *a. b.*

Meloë algiricus. SULZ. *Hist. inf. tab.* 7. *fig.* 12.

Mém. d'agric. Trim. print. 1787. *p.* 69. *tab. fig.* 9. & 10.

Elle est presque de la grandeur de la *Cantharide* véficatoire. Les antennes sont noires, filiformes, de la longueur de la moitié du corps. La tête est rougeâtre, avec la bouche, les yeux & une ligne longitudinale à la partie supérieure, noirs. Le corcelet est plus étroit que la tête, noir, & marqué d'une ligne longitudinale, peu enfoncée. Les élytres sont flexibles, noires, avec leur bord latéral cendré. Le dessous du corps & les pattes sont noirs.

Elle se trouve fréquemment dans les prairies, sur

la luzerne & différentes plantes, dans les provinces méridionales de la France, en Italie, dans le Levant, & dans la Sibérie méridionale.

15. CANTHARIDE atre.

CANTHARIS atrata.

Cantharis atra immaculata.

Lytta atrata, *corpore atro immaculato.* FAB. *Syst. ent. p.* 260. *n°.* 4. *Spec. inf. pag.* 329. *n°.* 7. — *Mant. inf. tom.* 1. *pag.* 216. *n°.* 8.

Cantharis Pensilvanica, *alata, nigra tota.* DEG. *Mem. inf. tom.* 5. *p.* 16. *n°.* 1. *pl.* 13. *fig.* 1.

Elle ressemble beaucoup à la précédente ; mais elle est plus petite, & d'un noir très-foncé, sans aucune tache. Les antennes sont filiformes, presque de la longueur de la moitié du corps. Le corcelet est arrondi, un peu plus étroit que les élytres.

Elle se trouve dans l'Amérique septentrionale, dans la Caroline, la Pensylvanie.

16. CANTHARIDE africaine.

CANTHARIS afra.

Cantharis nigra, thorace rufo.
Meloë afer, *alatus, niger, thorace rufo.* LIN. *Syst. nat. p.* 680. *n°.* 10.

Lytta afra, *nigra, thorace rufo.* FAB. *Syst. ent. p.* 260. *n°.* 5. — *Spec. inf. tom.* 1. *p.* 330. *n°.* 10. — *Mant. inf. tom.* 1. *pag.* 216. *n°.* 11.

Elle ressemble beaucoup à la *Cantharide* atre. Les antennes sont noires, filiformes, à peine plus longues que le corcelet. La tête est noire & très-inclinée. Le corcelet est rouge & un peu plus étroit que la tête. Les élytres sont noires & pointillées. Tout le corps en dessous est noir & luisant.

Elle se trouve sur la côte de Barbarie.

17. CANTHARIDE soyeuse.

CANTHARIS sericea.

Cantharis corpore nigro-cinereo sericeo, antennis brevibus.

Elle est à-peu-près de la grandeur de la *Cantharide* douteuse. Tout le corps est noir, sans taches, légèrement couvert d'un duvet très-court, cendré & soyeux. Les antennes sont plus noires que le corps, & à peine de la longueur du corcelet.

Elle se trouve dans l'Amérique méridionale.

18. CANTHARIDE humérale.

CANTHARIS humeralis.

Cantharis nigra nitida, elytris subulatis, basi flavis.

Necydalis humeralis, *elytris subulatis nigris, basi flavis.* FAB. *Syst. ent. p.* 209. *n°.* 4. — *Spec. inf. tom.* 1. *p.* 263. *n°.* 5. — *Mant. inf. tom.* 1. *p.* 170. *n°.* 7.

Cantharis nigra, elytris attenuatis, antice luteis. GEOFF. *Inf. tom.* 1. *p.* 342. *n°.* 2.

La *Cantharide* à bande jaune. GEOFF. *Ib.*

Necydalis muralis, *elytris subulatis, fusca, humeris flavis, pedibus simplicibus.* FORST. *Nov. sp. inf. cent.* 1 *pag.* 48.

Nous placerons cet insecte parmi les *Cantharides*, à l'exemple de M. Geoffroy, parce qu'il appartient à ce genre, & non point à celui des Nécydales. Il a environ cinq lignes de long. Tout son corps est noir & luisant : la base seule des élytres est jaune. Les antennes sont filiformes & semblables à celles des autres Cantharides. La tête est très-inclinée. Le corcelet est à-peu-près de la largeur de la tête. L'écusson est noir & un peu plus grand que celui des espèces précédentes. Les élytres sont plus courtes que l'abdomen : elles vont en se rétrécissant vers le bout, & en s'éloignant l'une de l'autre. Les ailes sont noires. Les pattes sont d'une longueur moyenne. Les tarses des quatre pattes antérieures ont cinq articles, tandis que les postérieures n'en ont que quatre : le dernier article est terminé, ainsi que dans toutes les espèces de ce genre, par deux paires de crochets. Si on les regarde à la loupe, sous les véritables crochets, on en verra deux autres plus minces, mais aussi longs, & figurés de même que les supérieurs.

Elle se trouve dans presque toute l'Europe.

19. CANTHARIDE de la Clématite.

CANTHARIS Clematidis.

Cantharis clematidis, *fusco-ænea, pubescens, elytris flavescentibus immaculatis.*

Meloë clematidis, *alata filicornis, æneo-atra, pubescens, elytris griseo-lutescentibus immaculatis.* PALL. *Itin.* 2. *app. p.* 720. *n°.* 51. — *Inf. sibir. p.* 95. *tab. E. fig.* 25.

Nous ne sommes pas sûrs que cet insecte soit différent du Mylabre algérien, *Meloë algiricus*, LIN. *Mylabris algirica*, FAB. Il paroît cependant, d'après la figure & la description que M. Pallas donne de cet insecte, qu'il en diffère, & qu'il appartient plutôt au genre de *Cantharide* qu'à celui de Mylabre. Il ressemble, pour la forme & la grandeur, à la *Cantharide* syrienne. La tête, le corcelet & tout le corps, sont d'un noir un peu bleuâtre & très-luisant. La poitrine est couverte d'un duvet blanchâtre. Le corcelet est inégal. Les élytres sont flexibles, d'un gris jaune & sans taches. Tout son corps est très-légèrement velu.

Elle se trouve rarement dans la Sibérie méridionale, vers le fleuve Yrtis, sur une espèce de clématite.

20. CANTHARIDE

20. CANTHARIDE birayée.

Cantharis bivittata.

Cantharis nigro-ænea, elytris flavis, vittis duabus violaceis.

Meloë bivittis, *alata filicornis, æneo-atra, elytris luteis, fascia longitudinali obliquata violaceo-atra.* PALL. *Inf. sibir. pag.* 93. *pl. E. fig.* 21.

Elle ressemble, pour la forme & la grandeur, à la *Cantharide* de la Clématite. La tête, le corcelet & le corps, sont d'un noir bleuâtre luisant, & couverts d'un léger duvet blanchâtre. Les élytres sont d'un jaune grisâtre, avec une bande longitudinale d'un noir violet sur chaque élytre; cette bande ne touche ni à la base, ni à la pointe de l'élytre; elle paroît échancrée postérieurement, & coupée obliquement à sa partie antérieure.

Elle se trouve dans la Russie méridionale.

21. CANTHARIDE ponctuée.

Cantharis sexpunctata.

Cantharis nigra, elytris fulvis, punctis sex nigris.

Meloë caustica, *alata filicornis, atra, thorace tereti, elytris fulvis tripunctatis.* PALL. *Inf. sibir. pag.* 94. *tab. E. fig.* 24.

Cette *Canthatide* est plus mince & plus cylindrique que les autres espèces. Elle n'a guères plus de cinq lignes de long. La tête, le corcelet & le corps sont glabres & très-noirs. Les antennes sont noires, sétacées & de la longueur du corps. Les élytres sont convexes, d'un jaune fauve, avec trois points noirs sur chaque, dont deux placés sur la base, & le troisième, un peu plus grand que les autres, est placé en-deçà du milieu. Les pattes sont noires, minces & assez longues.

Elle se trouve rarement sur les arbres, vers le mont Caucase.

22. CANTHARIDE Nécydale.

Cantharis necydalea.

Cantharis nigra, elytris abbreviatis rubris, apice puncto nigro.

Meloë necydalea, *alata filicornis atra, elytris subacuminatis rubris, puncto versus apicem nigro.* PALL. *Itin.* 2. *app. pag.* 720. *n°.* 49. — *Inf. sibir. p.* 92. *tab. E. fig.* 19.

Cette *Cantharide* n'a guères plus de six lignes de long. Les antennes sont noires & filiformes. La tête & le corcelet sont noirs & étroits. Les élytres sont d'un rouge foncé, presque couleur de brique, un peu plus courtes que l'abdomen, avec un point noir vers leur extrémité: les deux pointes sont presque aiguës & un peu écartées l'une de l'autre.

Elle se trouve au mois de mai, vers le fleuve Irtis.

CAPRICORNE, *Cerambyx.* Genre d'insectes de la troisième Section de l'Ordre des Coléoptères.

Les *Capricornes* sont remarquables par la longueur de leurs antennes, par leurs yeux figurés en croissant, par le corcelet souvent épineux ou tuberculé, enfin par les tarses composés de quatre articles, dont le quatrième est large & bilobé.

Ces insectes, nommés par les anciens *Capricorni*, *Cerambyces*, font partie d'une famille très-nombreuse, facile à reconnoître par la figure & la position de leurs antennes, & par le nombre des pièces qui composent leurs tarses. Linné a divisé cette famille en deux genres, celui de *Cerambyx* & celui de *Leptura.* M. Geoffroy en a établi quatre, sous les noms de Prione, de Capricorne, de Lepture & de Sténocore. M. de Geér a ajouté seulement aux deux genres de Linné, celui de Nécydale. M. Fabricius enfin l'a divisée en onze genres, auxquels il a donné les noms suivans.

Spondylis.	Spondyle.
Prionus.	Prione.
Cerambyx.	Capricorne.
Lamia.	Lamie.
Stenocorus.	Sténocore.
Calopus.	Calope.
Rhagium.	Rhagion.
Saperda.	Saperde.
Callidium.	Callidie.
Donacia.	Donacie.
Leptura.	Lepture.

On peut consulter chacun de ces articles.

Il faut encore ajouter aux genres de la famille des *Capricornes*, celui de Nécydale. *Voyez* ce mot.

Les Priones ont beaucoup de rapports avec les *Capricornes*; mais ils en diffèrent par la forme de leur corcelet, qui est légèrement rebordé, un peu comprimé & tranchant par les côtés. Les antennes filiformes & placées devant les yeux, distinguent les genres de Sténocore, de Lepture & de Donacie. Les antennes filiformes, & les yeux avec une échancrure moins profonde que dans ceux des *Capricornes*, suffisent pour reconnoître le genre de Callidie. Les Saperdes ne diffèrent que par leur corcelet, dont la forme est cylindrique. Quant aux Lamies, elles resemblent si fort aux *Capricornes*, qu'il n'est guères possible de leur assigner des caractères suffisans pour les faire distinguer. Elles ont seulement le corps un peu plus court, & le dernier article des antennules un peu plus mince.

Le genre *Cerambyx* de M. Fabricius renferme plusieurs espèces qui appartiennent plutôt à son genre *Lamia* : telles que le *ædilis*, *araneiformis*, *nodosus*, *cancriformis*, *tuberculatus*, *Hebræus*, *Scorpio*, *glaucus*, &c. &c. tandis qu'on trouve dans le genre *Stenocorus* plusieurs espèces qui appartiennent au genre *Cerambyx*.

Je réunirai les genres *Capricorne* & Lamie ; j'établirai seulement deux divisions. Je ferai entrer dans la première les espèces que M. Fabricius a désignées sous le nom de Lamie, ainsi que toutes celles qui leur sont conformes, & je placerai dans la seconde les *Capricornes* proprement dits.

Les antennes des *Capricornes* sont longues & sétacées, c'est-à-dire qu'elles vont en diminuant d'épaisseur de la base à la pointe. Elles sont composées de onze articles, dont le premier est gros & un peu renflé ; le second est petit & très-court ; les autres sont alongés & cylindriques, les premiers seulement sont un peu renflés à leur pointe. Dans quelques espèces, les antennes sont un peu comprimées depuis le milieu jusqu'à l'extrémité. Elles sont souvent beaucoup plus longues que le corps dans les mâles ; elles sont un peu plus courtes dans les femelles. Elles ont leur insertion dans une échancrure profonde qui se trouve à la partie antérieure & un peu supérieure de l'œil, c'est-à-dire que celui-ci est figuré en croissant, & qu'il entoure la majeure partie de la base de l'antenne : ce caractère appartient de même aux Lamies & aux Saperdes.

La bouche est composée d'une lèvre supérieure, de deux mandibules, de deux mâchoires, d'une lèvre inférieure & de quatre antennules.

La lèvre supérieure est mobile, coriacée, arrondie & ciliée antérieurement.

Les mandibules sont courtes, fortes, cornées, arquées & pointues, sans aucune dentelure, ou avec des dentelures peu marquées.

Les mâchoires inférieures sont bifides, ou composées de deux pièces bien distinctes, un peu comprimées & presque membraneuses, dont l'une interne, plus courte, plus grosse & plus dure que l'autre, est presque conique ; l'autre externe, plus alongée, membraneuse & étroite à sa base, a plus ou moins la figure d'une spatule dont les bords seroient légèrement frangés. Elles sont insérées à une base dure & coriace.

La lèvre inférieure est profondément échancrée, & chaque division est arrondie.

Les antennules antérieures ont quatre articles, dont le premier est petit & très-mince à sa base ; les deux autres sont égaux entr'eux & coniques ; le quatrième est alongé, assez gros, presque en masse & tronqué. Elles ont leur insertion à la base extérieure des pièces membraneuses des mâchoires. Les postérieures ont trois articles, dont le premier est petit & mince à sa base ; le second est conique, & le dernier a la même figure que celui des antennules antérieures. Elles ont leur insertion à la base latérale, un peu extérieure, de la lèvre inférieure.

Les antennules du *Capricorne* musqué diffèrent un peu. Les antérieures ont leur premier article mince à sa base, très-large à son extrémité, & de la figure d'un entonnoir. Le second & le troisième sont très-courts & entièrement aplatis par les deux bouts. Le dernier est alongé, tronqué, presque cylindrique. Les postérieures ont leur premier article très-court & cylindrique ; le second est conique, & le dernier, un peu plus étroit à sa base, est alongé & tronqué.

Quelques espèces de *Capricornes* portent la tête presque perpendiculaire au plan de position, ou très-peu avancée ; d'autres la portent tout-à-fait perpendiculaire : celles-ci ont le corps plus court, plus ramassé, & ne peuvent être distinguées des Lamies.

Le corcelet est toujours plus large que la tête. Il est raboteux ou plissé, souvent tuberculé, rarement lisse & poli, & presque toujours armé d'une ou de plusieurs épines, plus ou moins longues & pointues, & dont la base est assez large.

Les élytres sont plus ou moins convexes ; elles couvrent entièrement l'abdomen, & leur bout est quelquefois armé d'une ou de deux pointes.

Les pattes sont assez longues : les cuisses sont souvent grosses & un peu renflées : les jambes sont longues, comprimées & terminées par deux petites dents ou épines très-courtes.

Les tarses sont composés de quatre articles, dont le premier est court, triangulaire & un peu aplati aux quatre pattes antérieures, il est plus long & presque cylindrique aux pattes postérieures ; le second est court, triangulaire & aplati ; le troisième est large & bifide, & il reçoit le dernier qui est mince, alongé, un peu arqué, figuré en masse & armé de deux petits crochets. Les trois premiers seulement sont garnis en dessous de poils courts & très serrés, en forme de brosse. Toutes les pièces des pattes postérieures sont un peu plus longues que celles des pattes intermédiaires, & celles-ci le sont un peu plus que celles des pattes antérieures.

Les *Capricornes* sont des insectes qui ont dû être distingués depuis long-temps par les belles proportions & les couleurs variées que présentent la plupart des espèces, & sur-tout par la longueur des antennes, qui caractérise le genre. Leur corps est alongé. Les antennes diffèrent par leur longueur, dans l'espèce même : les mâles les ont ordinairement beaucoup plus longues que les femelles. Leur marche n'est ni lente ni précipitée, & ils font souvent usage de leurs ailes. Dès qu'ils se sentent saisis, ils cherchent à se défendre, & font entendre un son aigu assez fort, en frottant leur corcelet contre la base de l'écusson. On rencontre ordinairement les *Capricornes* dans les bois & sur le tronc des arbres ; on les voit rarement sur les fleurs. Ils se nourrissent du bois, ou des sucs qui découlent des arbres.

L'abdomen de la femelle, ordinairement long & conique, a au bout du dernier anneau, une fente qui le divise en deux lames, l'une supérieure & l'autre inférieure. De cette fente sort un long tuyau noir, cylindrique & charnu, qui ne paroît pas dans l'état ordinaire, mais qui se montre & s'alonge de plus en plus, à mesure qu'on presse davantage le bout de l'abdomen, & qui prend en même temps une forme toujours plus courbée en dessous. Ce tuyau semble être composé de deux pièces qui rentrent l'une dans l'autre. Une plus forte pression encore fait enfin sortir du bout du tuyau deux longs filets cartilagineux, à extrémité mousse, que l'insecte fait jouer alternativement pendant qu'on continue la pression, en les faisant sortir plus ou moins. Quand l'instrument entier, qui renferme le tuyau & les filets, est alongé le plus qu'il est possible, il surpasse la moitié du corps en longueur. La femelle se sert de cette queue comme d'une espèce de tarière, pour percer le bois, & pour y introduire & y déposer ses œufs.

Les larves ont le corps alongé, assez mou, composé de treize anneaux bien distincts. Leur tête est écailleuse, assez dure. La bouche est pourvue de deux fortes mâchoires, par le moyen desquelles ces larves rongent la substance du bois, dont elles font leur nourriture. Elles changent plusieurs fois de peau, restent deux ou trois années dans leur premier état, se changent ensuite en une nymphe de la troisième espèce, & l'insecte parfait en sort au bout de quelque temps. On peut élever ces larves dans la farine ou dans la sciure de bois. Elles y vivent très-bien, s'y changent en nymphe ; mais on obtient rarement l'insecte parfait.

CAPRICORNE.

CERAMBYX. LIN. FAB. GEOFF.

CARACTÈRES GÉNÉRIQUES.

ANTENNES longues, sétacées, composées de onze articles : le premier gros, le second court & petit ; les suivans renflés à leur extrémité.

Bouche composée d'une lèvre supérieure, de deux mandibules arquées, cornées, de deux mâchoires membraneuses, bifides, d'une lèvre inférieure, membraneuse, bifide, & de quatre antennules filiformes.

Yeux en croissant, entourant la base des antennes.

Tarses composés de quatre articles ; le troisième bifide, assez large, garni en-dessous de pelottes.

ESPECES.

1. *Corps raccourci. Antennules sétacées.*

1. CAPRICORNE charpentier.

Corcelet épineux, cendré, avec quatre points jaunes ; élytres nébuleuses ; antennes très longues.

2. CAPRICORNE varié.

Corcelet épineux, tuberculé ; corps mélangé de noirâtre & de cendré ; cuisses renflées ; antennes moyennes.

3. CAPRICORNE aranéiforme.

Corcelet épineux, tuberculé ; élytres cendrées, avec une tache latérale obscure ; antennes longues, sixième article unidenté.

4. CAPRICORNE noueux.

Corcelet épineux ; élytres cendrées, avec des taches irrégulières, noirâtres ; antennes longues ; quatrième article noueux à l'extrémité.

5. CAPRICORNE cancriforme.

Corcelet multidenté, aplati supérieurement ; élytres & jambes antérieures unidentées.

6. CAPRICORNE tuberculé.

Corcelet épineux & tuberculé ; élytres épineuses, avec des points élevés ; antennes longues.

7. CAPRICORNE hébraïque.

Corcelet épineux, avec deux lignes longitudinales élevées ; élytres cendrées, avec des stries & de petites taches noires.

8. CAPRICORNE glauque.

Corcelet avec cinq épines ; élytres cendrées, épineuses, avec deux taches latérales & une petite bande irrégulière, noirâtres ; antennes longues.

CAPRICORNES. (Insectes.)

9. CAPRICORNE bidenté.

Corcelet un peu épineux ; élytres bidentées, raboteuses, mélangées de cendré & de noirâtre.

10. CAPRICORNE déprimé.

Corcelet multiépineux ; corps déprimé, mélangé de cendré & de noirâtre ; élytres aiguës ; antennes longues.

CAPRICORNE nébuleux.

Corcelet épineux ; élytres cendrées, avec des points & une bande noirs ; antennes longues.

12. CAPRICORNE fasciculé.

Corcelet épineux ; élytres entières, avec trois points élevés, velus ; antennes moyennes, un peu velues.

13. CAPRICORNE hispide.

Corcelet épineux ; élytres bidentées, obscures, grises à leur base ; antennes moyennes, un peu velues.

14. CAPRICORNE poileux.

Corcelet avec deux épines de chaque côté ; élytres grises, unidentées ; antennes moyennes, un peu velues.

2. *Corps alongé. Antennules filiformes.*

15. CAPRICORNE cannelle.

Corcelet épineux ; corps d'un fauve testacé ; antennes noires, longues.

16. CAPRICORNE scabreux.

Corcelet épineux ; corps cendré, obscur ; élytres bidentées, un peu déprimées, tuberculées, avec les côtés & une tache postérieure, obscurs.

17. CAPRICORNE Batus.

Corcelet ridé, presque épineux ; élytres bidentées ; antennes moyennes, épineuses.

18. CAPRICORNE ferrugineux.

Corcelet épineux, raboteux ; élytres tronquées, brunes ; antennes longues.

19. CAPRICORNE héros.

Corcelet épineux, raboteux ; corps noir ; extrémité des élytres brune ; antennes longues.

20. CAPRICORNE savetier.

Corcelet épineux, raboteux ; corps noir ; élytres raboteuses, sans taches ; antennes longues.

21. CAPRICORNE géant.

Corcelet épineux, raboteux ; corps noir ; élytres ferrugineuses ; antennes longues.

22. CAPRICORNE Sentis.

Corcelet épineux, lisse ; corps grisâtre ; élytres avec deux petites taches & une raie marginale, blanches ; antennes longues, épineuses.

23. CAPRICORNE musqué.

Corcelet épineux ; élytres obtuses, verdâtres ; cuisses simples ; antennes moyennes.

24. CAPRICORNE verdoyant.

Corcelet épineux ; élytres obtuses ; corps vert ; cuisses rougeâtres ; antennes longues.

CAPRICORNES. (Insectes.)

25. CAPRICORNE brillant.

Corcelet arrondi, presque épineux; corps vert brillant; cuisses en masse, les antérieures rougeâtres.

26. CAPRICORNE africain.

Corcelet épineux; corps vert brillant; suture des élytres jaune; antennes & pattes fauves.

27. CAPRICORNE agréable.

Corcelet épineux, vert; élytres violettes, vertes à leur base, cuisses ferrugineuses, unidentées.

28. CAPRICORNE fémoral.

Corcelet épineux; corps bleu; antennes & pattes noires; cuisses unidentées, rougeâtres.

29. CAPRICORNE rayé.

Corcelet épineux; corps vert brillant; corcelet & élytres avec des raies d'un vert obscur.

30. CAPRICORNE velouté.

Corcelet épineux; corps noir, velouté; élytres avec une large raie très-noire.

31. CAPRICORNE sutural.

Corcelet épineux; corps noir; élytres avec la suture & une large raie dorées.

32. CAPRICORNE torride.

Corcelet un peu épineux; corps noir; élytres vertes, épineuses; antennes épineuses.

33. CAPRICORNE marginal.

Corcelet sans épines; élytres presque testacées, avec tous les bords noirs.

34. CAPRICORNE élégant.

Corcelet arrondi, presque épineux, vert, avec des raies obscures; élytres verdâtres, avec une raie obscure.

35. CAPRICORNE large-patte.

Corcelet épineux; corps violet; élytres cuivreuses; jambes postérieures dilatées, comprimées.

36. CAPRICORNE bleu.

Corcelet arrondi, un peu épineux; corps bleu; élytres d'un vert bleuâtre à leur base; antennes moyennes, noires.

37. CAPRICORNE ridé.

Corcelet presque épineux, ridé, brun; élytres bidentées, testacées; antennes longues, un peu épineuses.

38. CAPRICORNE fuligineux.

Corcelet arrondi, sans épines; corps noir, sans taches; élytres tronquées; antennes longues.

39. CAPRICORNE barbicorne.

Corcelet épineux; premier article des antennes barbu; corps mélangé de noir & de jaune fauve.

40. CAPRICORNE d'Ammiral.

Corcelet presque épineux; quatrième article des antennes barbu, le second épineux.

41. CAPRICORNE Rosalie.

Corcelet épineux; corps d'un bleu cendré; élytres avec une bande & quatre taches noires; antennes longues.

CAPRICORNES. (Insectes.)

42. Capricorne fascié.

Corcelet épineux ; corps bleuâtre ; élytres avec une large bande jaune ; antennes moyennes, jaunes vers leur extrémité.

43. Capricorne barbu.

Corcelet tuberculé, presque épineux, cotonneux ; front très-barbu ; suture fauve postérieurement.

44. Capricorne thoracique.

Corcelet multiépineux, cotonneux ; élytres glauques, sinuées à l'extrémité ; antennes moyennes.

45. Capricorne morio.

Corcelet inégal, avec deux épines de chaque côté ; corps noir ; antennes longues, ferrugineuses.

46. Capricorne rufipède.

Corcelet avec deux épines de chaque côté, fauve ; élytres lisses, noires ; antennes longues.

47. Capricorne cordoné.

Corcelet inégal, avec deux épines de chaque côté ; corps brun ; élytres avec une bande jaune ; antennes longues, comprimées.

48. Capricorne mi-parti.

Corcelet inégal, avec deux épines ; corps jaunâtre, pointillé de noir ; élytres noires, jaunâtres à leur base ; antennes moyennes.

49. Capricorne bicolor.

Corcelet tuberculé, biépineux ; corps ferrugineux ; moitié des élytres & abdomen noirs.

50. Capricorne strié.

Corcelet biépineux, raboteux ; corps ferrugineux ; élytres avec des lignes longitudinales, jaunes ; antennes longues.

51. Capricorne porte-échelle.

Corcelet épineux ; corps noirâtre ; avec une raie longitudinale blanche, dentée ; antennes longues.

52. Capricorne farineux.

Corcelet épineux ; corps d'un brun noir ; élytres avec des points blancs ; antennes longues.

53. Capricorne pulvérulent.

Corcelet arrondi, épineux, noirâtre, rayé de blanc ; élytres d'un brun noirâtre, parsemées de points blancs.

54. Capricorne solitaire.

Corcelet épineux, rayé de blanc ; corps noirâtre ; élytres bidentées, avec des bandes blanches ; antennes longues.

55. Capricorne soyeux.

Corcelet raboteux, sans épines ; corps grisâtre ; élytres unidentées, soyeuses, mélangées d'obscur & de cendré ; antennes moyennes.

56. Capricorne semiponctué.

Corcelet épineux, inégal ; élytres bidentées, fortement pointillées à la base, mélangées de brun & de jaune.

57. Capricorne garganique.

Corcelet épineux ; élytres bidentées, testacées, avec une tache arquée, pâle.

58. Capricorne sillоné.

Corcelet biépineux ; élytres bidentées, sillonnées, vertes, avec une raie latérale, jaune.

CAPRICORNES. (Insectes.)

59. CAPRICORNE trilinée.

Corcelet arrondi, sans épines; élytres unidentées, avec la suture & le bord extérieur blancs.

60. CAPRICORNE dix-taches.

Corcelet presque épineux, brun, avec quatre taches blanchâtres; élytres bidentées; ferrugineuses, avec des taches jaunes & blanchâtres.

61. CAPRICORNE quadrimaculé.

Corcelet arrondi, épineux; élytres bidentées, ferrugineuses, avec deux paires de taches lisses, jaunes.

62. CAPRICORNE six-taches.

Corcelet arrondi, presque épineux; corps testacé fauve; élytres unidentées, avec trois taches simples, oblongues, jaunes.

63. CAPRICORNE maculé.

Corcelet arrondi, presque épineux; élytres bidentées, obscures, avec deux paires de taches lisses, jaunes.

64. CAPRICORNE parsemé.

Corcelet arrondi, tuberculé; élytres bidentées, ferrugineuses, couvertes de poussière blanches; antennes longues, un peu épineuses.

65. CAPRICORNE rustique.

Corcelet épineux, ferrugineux; élytres bidentées, pâles; antennes longues.

66. CAPRICORNE spinicorne.

Corcelet arrondi, tuberculé, sans épines; élytres bidentées; antennes avec deux rangs d'épines.

67. CAPRICORNE bident.

Corcelet arrondi, presque tuberculé; élytres bidentées; corps testacé; antennes avec deux rangs d'épines.

68. CAPRICORNE rugicolle.

Corcelet très-raboteux; corps noir; antennes & pattes brunes.

69. CAPRICORNE annulaire.

Corcelet sans épines, rayé de blanc; élytres unidentées; antennes testacées, avec trois anneaux blancs.

70. CAPRICORNE linéole.

Corcelet épineux, ferrugineux; élytres aiguës, testacées, avec trois petites lignes glabres, jaunes.

71. CAPRICORNE interrompu.

Corcelet arrondi; corps noir; élytres avec deux points & deux petites bandes interrompues, blanchâtres; antennes courtes, filiformes.

72. CAPRICORNE Lynx.

Corcelet arrondi, unituberculé; élytres sillonnées, avec une bande jaune.

73. CAPRICORNE rouge.

Corcelet arrondi; corps noir; élytres rouges, avec une tache suturale postérieure, noire.

74. CAPRICORNE jouvenceau.

Corcelet raboteux, sans épines; élytres aiguës, couvertes d'un duvet blanchâtre; antennes longues.

75. CAPRICORNE longicolle.

Corcelet alongé, presque cylindrique; corps noir, parsemé de points ferrugineux; antennes longues.

CANTHARIDES. (Insectes.)

76. CAPRICORNE brévicorne.

Corcelet presque épineux, vert brillant; élytres d'un vert obscur; antennes courtes, noires.

77. CAPRICORNE surinamois.

Corcelet arrondi, presque cylindrique; corps ferrugineux obscur; élytres avec quelques points oblongs, noirs.

78. CAPRICORNE longipède.

Corcelet presque épineux; corps violet; antennes longues; cuisses renflées.

79. CAPRICORNE luisant.

Corcelet arrondi, presque épineux; corps d'un bleu verdâtre; antennes & pattes noires.

80. CAPRICORNE atre.

Corcelet arrondi, presque épineux; corps noir; antennes médiocres, rougeâtres, avec des anneaux noirs.

81. CAPRICORNE pubescent.

Corcelet arrondi, presque épineux; corps pubescent; élytres bidentées, noires, rougeâtres à leur base.

82. CAPRICORNE ténébreux.

Noir; corcelet arrondi, presque tuberculé, d'un rouge obscur, avec une tache noire; élytres déprimées, avec deux lignes élevées, très-noires.

83. CAPRICORNE ceint.

Corcelet épineux; corps ferrugineux; élytres ovales, avec une bande noirâtre.

I Corps raccourci. Antennules sétacées.

1. CAPRICORNE charpentier.

CERAMBYX ædilis.

Cerambyx thorace spinoso, punctis quatuor luteis, elytris obscuris nebulosis, antennis longissimis Ent. ou hist. nat. des ins. CAPRICORNE. *Pl. 9. fig. 59. a. b. c. d.*

Cerambyx ædilis. LIN. *Syst. nat. p. 628. n°. 37. — Faun. suec. n°. 653.*

Cerambyx nebulosus, antennis corpore longioribus, thoracis punctis quatuor luteis. LIN. *It. œl.* 8.

Cerambyx ædilis. FAB. *Syst. ent. p. 164. n°. 1. — Spec. ins. tom. 1. p. 209. n°. 1. — Mant. ins. tom. 1. p. 130. n°. 1.*

Cerambyx ædilis *thorace spinoso punctis quatuor luteis, elytris griseo-cinereis fusco-maculatis, antennis longissimis.* DEG. *Mém. ins. tom. 5. pag. 66. n°. 5. Pl. 4. fig. 1. & 2.*

Capricorne charpentier à corcelet épineux avec quatre taches jaunes, à étuis d'un gris cendré tacheté de brun & à antennes très-longues. DEG. *Ibid.*

Capricornus rusticus. PETIV. *Gazoph. tab. 8. fig.* 8.

MOUFF. *Theat. ins. p. 151. fig. 2. & tab. penult. fig.* 8.

FRISCH. *Ins. tom. 13. tab. 12.*

VOET. *Coleopt. par. 2. tab. 4. fig.* A. B. C. D. *n.* 3.

SCHAEFF. *Icon. tab. 14. fig. 7.*

SULZ. *Ins. tab. 4. fig. 27.*

ACT. *Nidros. tom. 4. tab. 16. fig. 8.*

BERGSTR. *Nomencl. 1. 3. 5. tab. 1. fig. 5. 6. tab. 2. fig. 1.*

Cerambyx ædilis. SCOP. *Ann. 5. hist. nat. p. 95. n°. 53.*

Cerambyx ædilis. POD. *Mus. græc. p. 32.*

Cerambyx ædilis. SCHRANK. *Enum. ins. austr. n°. 254.*

Lamia ædilis. LAICHART. *Ins. tom. 2. p. 23. n°. 5.*

Cerambyx ædilis. VILL. *Ent. tom. 1. pag. 228. n°. 9.*

M. de Geer a donné à ce *Capricorne* le nom de charpentier, parce qu'il est appellé en suédois *timmerman*, qui veut dire charpentier. Il a environ huit lignes de long. Tout le corps est d'un gris cendré, plus ou moins nébuleux, & parsemé de points ou taches irrégulières, obscures. Les antennes sont très-longues, sur-tout dans les mâles ; elles ont deux ou trois fois la longueur du corps de l'insecte ; elles sont d'un gris cendré, avec le bout de chaque article noir. Le corcelet est armé d'une épine de chaque côté : le dessus est un peu aplati, & on y voit quatre points jaunes formés par des poils courts & placés sur une ligne transversale. Les élytres sont d'un gris nébuleux, avec deux bandes plus obscures, un peu ondées : leur extrémité est arrondie & sans épine. Les cuisses sont grosses & un peu renflées. La femelle a au bout du ventre une espèce de queue ou tarière, dont M. de Geer nous a donné une longue description & une bonne figure.

Il se trouve communément en Suède, dans le nord de l'Europe, & dans tous les pays élevés de la France.

2. CAPRICORNE varié.

CERAMBYX varius.

Cerambyx thorace spinoso tuberculatoque, corpore nigro cinereoque variegato, femoribus clavatis, antennis mediocribus. Ent. ou hist. nat. des ins. CAPRICORNE. *Pl. 3. fig. 16.*

Cerambyx varius. FAB. *Mant. ins. tom. 1. p. 130. n°. 2.*

Il est plus petit que le précédent. Les antennes sont un peu plus longues que le corps, cendrées, avec le bout des articles noir. La tête est cendrée obscure. Le corcelet est cendré obscur, tuberculé, muni de chaque côté d'une épine. Les élytres sont fortement pointillées, inégales, mélangées de gris, de cendré & d'obscur. Le dessous du corps est cendré obscur. Les jambes sont mélangées de gris, de cendré & de noirâtre. Toutes les cuisses sont très-renflées : les tarses antérieurs sont larges & velus.

Il se trouve dans les provinces méridionales de la France & dans l'Autriche.

3. CAPRICORNE aranéiforme.

CERAMBYX araneiformis.

Cerambyx thorace spinoso tuberculatoque, elytris porosis, antennis longis : articulo quinto unidentato. Ent. ou hist. nat. des ins. CAPRICORNE. *Pl. 5 fig. 34. a. b.*

Cerambyx araneiformis *thorace spinoso antennis longis : articulo quinto barbato, elytris porosis.* LIN. *Syst. nat. pag. 625. n°. 22.*

Cerambyx araneiformis. FAB. *Syst. ent. p. 164. no. 2. — Spec. ins. tom. 1. p. 209. n°. 2. — Mant. ins. tom. 1. p. 131. n°. 3.*

SLOAN. *Jam. tom. 2. tab. 237. fig. 24.*

Cerambyx araneiformis. DRURY. *Ill. of. ins. tom. 2. tab. 35. fig. 4.*

Cerambyx ypsilon. VOET. *Coleopt. par. 2. p. 11. tab. 9. fig. 33.*

Cerambyx undatus. VOET. *Coleopt. par. 2. p. 11. tab. 9. fig. 34.*

Il a environ neuf lignes de long. Son corps est court, assez large & d'une couleur cendrée. Les antennes sont un peu plus longues que le corps : le sixième article est armé, à sa pointe, d'un petit onglet recourbé, & accompagné d'une touffe de poils. Le corcelet est épineux : il a en dessus cinq tubercules entourés d'un cercle peu marqué, de couleur plus obscure. Les élytres ont quelques petites élévations irrégulières à leur base ; elles sont grises & parsemées de points noirs enfoncés, beaucoup plus nombreux à la base : on voit de chaque côté, vers le milieu de l'élytre, une grande tache obscure, & la pointe de l'élytre est pareillement un peu obscure. Toutes les cuisses sont très-renflées. Le bout des jambes & les tarses des pattes antérieures seulement sont couverts de poils longs assez serrés, d'un fauve obscur.

Il se trouve dans l'Amérique méridionale, à Cayenne.

4. CAPRICORNE noueux.

CERAMBYX nodosus.

Cerambyx thorace spinoso, elytris cinereis nigro maculatis, antennis longissimis, articulo tertio apice nodoso. Ent. ou hist. nat. des inf. CAPRICORNE. *Pl.* 14. *fig.* 103.

Cerambyx nodosus. FAB. *Spec. inf. tom.* 1. *p.* 164. *n°.* 3. — *Mant. inf. tom.* 1. *p.* 131. *n°.* 4.

Il ressemble un peu, pour la forme & la grandeur, au *Capricorne* aranéiforme. Les antennes sont deux fois plus longues que le corps ; elles sont grises & obscures à leur extrémité : on voit, à l'extrémité interne du quatrième article, une espèce de nœud arrondi. La tête est cendrée. Les antennules sont filiformes, & le dernier article est un peu pointu. Le corcelet est cendré & muni latéralement d'une épine peu saillante. L'écusson est triangulaire. Les élytres sont testacées à leur base, d'un jaune testacé à leur extrémité : elles sont fortement pointillées à leur base, & ont quelques taches oblongues, irrégulières, noires ; une petite alongée vers l'écusson, une plus grande & plus longue sur le bord extérieur de la base, & une autre irrégulière au-delà du milieu, vers l'extrémité. Le dessous du corps est testacé, mais couvert d'un duvet cendré très-court. Les pattes sont couvertes d'un duvet cendré très-court. Les cuisses sont renflées.

Il se trouve dans l'Amérique septentrionale, au Maryland.

5. CAPRICORNE canceriforme.

CERAMBYX cancriformis.

Cerambyx thorace multidentato, dorso plano, elytris tibiisque anticis unidentatis. FAB. *Syst. ent. p.* 165. *n°.* 4. —*Spec. inf. tom.* 1. *pag.* 209. *n°.* 4. — *Mant. inf. tom.* 1. *pag.* 131. *n°.* 5.

Cerambyx pustulatus. DRURY. *Illustr. of inf. tom.* 2. *tab.* 35. *fig.* 1.

Il ressemble, pour la forme & la grandeur, au *Capricorne* aranéiforme. Les antennes sont un peu plus longues que le corps : le premier article est denté à son extrémité. Le corcelet est cendré, aplati en dessus, muni, de chaque côté, de cinq à six petites épines, disposées en deux rangées. Les élytres sont cendrées, parsemées de points élevés & noirâtres, munies d'une dent à leur extrémité. Toutes les cuisses sont très-renflées : les jambes antérieures sont unidentées.

Je soupçonne que cet insecte n'est qu'une variété du *Capricorne* déprimé.

Il se trouve dans l'Amérique méridionale, à la Jamaïque.

6. CAPRICORNE tuberculé.

CERAMBYX tuberculatus.

Cerambyx thorace spinoso tuberculatoque, elytris punctatis spinosisque, antennis longis. Ent. ou hist. nat. des inf. CAPRICORNE. *Pl.* 16. *fig.* 114.

Cerambyx tuberculatus. FAB. *Mant. inf. tom.* 1. *p.* 131. *n°.* 6.

Il est un peu plus petit que le *Capricorne* aranéiforme. Tout le corps est d'une couleur cendrée roussâtre. Le corcelet a une épine de chaque côté, quelques tubercules assez gros, peu élevés, & plusieurs points lisses, luisans, élevés, d'une couleur de grenat foncée. L'écusson est arrondi postérieurement, & il est plus large que long. Les élytres sont couvertes de petits points élevés, luisans, d'un rouge de grenat foncé, & de quelques petites épines vers la base ; elles sont cendrées, roussâtres, foncées, avec une bande blanchâtre, ondée. Les pattes sont de la couleur du corps, avec un anneau cendré aux jambes : les cuisses sont un peu renflées. Les antennes sont cendrées, obscures, avec des anneaux cendrés ; elles sont un peu plus longues que le corps.

Il se trouve dans l'Amérique méridionale, à la Jamaïque.

7. CAPRICORNE hébraïque.

CERAMBYX hebraeus.

Cerambyx thorace acute dentato, dorso bicarinato, elytris cinereis fusco striatis maculatisque. Ent. ou hist. nat. des inf. CAPRICORNE. *Pl.* 15. *fig.* 106.

Cerambyx hebraeus. FAB. *Spec. inf. tom.* 1. *pag.* 210. *n°.* 5. — *Mant. inf. tom.* 1, *pag.* 131. *n°.* 7.

Il est plus gros que le *Capricorne* aranéiforme Les antennes sont noires & plus courtes que le corps. La lèvre supérieure est obscure, grosse & avancée. La tête est cendrée, avec une petite ligne longitudinale enfoncée : Les yeux sont noirs, très-échancrés antérieurement. Le corcelet est cendré, & il a deux lignes longitudinales, élevées, noires & luisantes à leur sommet, & une autre plus petite entre ces deux ; il est armé de chaque côté d'une épine assez longue, aiguë, munie d'une dentelure antérieurement à sa base. L'écusson est cendré. Les élytres sont cendrées, & elles ont plusieurs lignes longitudinales, élevées, noirâtres, & plusieurs taches irrégulières de la même couleur. Le dessous du corps & les pattes sont cendrés.

Il se trouve dans l'Amérique méridionale.

8. CAPRICORNE glauque.

CERAMBYX glaucus.

Cerambyx thorace quinquespinoso glaucus, elytris muricatis latere fasciaque nigris, antennis longis. Ent. ou hist. nat. des inf. CAPRICORNE. *Pl.* 17. *fig.* 123.

Cerambyx glaucus. LIN. *Syst. nat. pag.* 626. *n°.* 28.

Cerambyx glaucus. FAB. *Syst. ent. pag.* 165. *n°.* 5. — *Spec. inf. tom.* 1. *pag.* 210. *n°.* 7. — *Mant. inf. tom.* 1. *pag.* 131. *n°.* 9.

Cerambyx tuberculatus *cinereus, thorace quinquespinoso, elytris spinosis postice unidentatis latere fasciaque nigris, antennis longioribus.* DEG. *Mém. inf. tom.* 5. *p.* 112. *n°.* 13. *pl.* 14. *fig.* 4.

Capricorne à tubercules, cendré, à corcelet à cinq épines, à étuis épineux à pointe unique à l'extrémité, bordés & traversés de bandes noires, à antennes longues. DEG. *Ib.*

Il est de la grandeur du *Capricorne* noueux. Les antennes sont beaucoup plus longues que le corps : elles sont cendrées, avec l'extrémité de chaque article obscure. Tout le corps est cendré grisâtre. Le corcelet a une épine de chaque côté & trois tubercules en dessus, presque épineux. L'écusson est arrondi postérieurement. Les élytres ont quelques points élevés, luisans, d'un rouge de grenat ; elles ont une raie sinuée, noirâtre, sur le bord extérieur, & une bande de la même couleur, interrompue à la suture, au-delà du milieu : l'extrémité est armée de deux épines, dont une extérieure, beaucoup plus grande que l'autre. Les cuisses sont de la couleur du corps & assez renflées. Les jambes sont obscures à la base & à l'extrémité, & cendrées au milieu. Les tarses sont obscurs, avec le premier article cendré.

Il se trouve dans l'Amérique méridionale.

9. CAPRICORNE bidenté.

CERAMBYX bidentatus.

Cerambyx thorace subspinoso, elytris bidentatis scabris cinereo-fuscis, FAB. *Syst. ent. pag.* 165. *n°.* 6. — *Spec. inf. tom.* 1. *pag.* 210. *n°.* 8. — *Mant. inf. tom.* 1. *pag.* 131. *n°.* 10.

Cerambyx punctatus. VOET. *Coleopt. par.* 2. *p.* 16. *tab.* 15. *fig.* 61.

Il ressemble au *Capricorne* aranéiforme, mais il est un peu plus petit. Les antennes sont plus longues que le corps, grises, avec l'extrémité des articles noirâtre. Le corcelet est cendré, inégal, armé de chaque côté d'une petite épine obtuse. Les élytres sont mélangées de cendré & d'obscur ; elles ont des points élevés, & leur extrémité est bidentée. Le dessous du corps & les pattes sont mélangés de cendré & d'obscur.

Il se trouve dans l'Amérique méridionale.

10. CAPRICORNE déprimé.

CERAMBYX depressus.

Cerambyx thorace multispinoso, depressus niger cinereo variegatus, elytris acuminatis, antennis longis. Ent. ou hist. nat. des inf. CAPRICORNE. *Pl.* 5. *fig.* 30. *a. b.*

Cerambyx depressus. FAB. *Spec. inf. tom.* 1. *pag.* 214. *n°.* 22. — *Mant. inf. tom.* 1. *pag.* 134. *n°.* 32.

Cerambyx carinatus. VOET. *Coleopt. par.* 2. *p.* 15. *tab.* 13. *fig.* 55. 56.
Cerambyx brevis. SULZ. *Hist. inf. tab.* 5. *fig.* 5.

Il est court, large & un peu aplati. Il est noir, mais plus ou moins couvert de poils très-courts, d'un gris cendré, qui le font paroître nébuleux. Les antennes sont noires & souvent légérement cendrées : elles ne sont guère plus longues que le corps, & leur premier article est très-renflé à son extrémité. Les antennules antérieures ont leur dernier article plus mince que les autres. Le corcelet est inégal, raboteux, un peu aplati en dessus, & armé latéralement de plusieurs pointes ou tubercules. Les élytres ont des lignes élevées, lisses & noires, & des points noirs, élevés, presque rangés en stries : leur extrémité est terminée par une dent assez forte. Toutes les cuisses sont un peu renflées.

Il se trouve fréquemment à Cayenne, à Surinam, & dans les isles de l'Amérique méridionale.

11. CAPRICORNE nébuleux.

CERAMBYX nebulosus.

Cerambyx thorace spinoso, elytris punctis fasciisque nigris, antennis longioribus. Ent. ou hist. nat. des inf. CAPRICORNE. *Pl.* 7. *fig.* 47. *a. b. c.*

Cerambyx nebulosus *thorace spinoso, elytris fastigiatis punctis fasciisque nigris, antennis longioribus.* LIN. *Syst. nat. pag.* 627. *n°.* 29. — *Faun. suec. n°.* 650.

Cerambyx nebulosus. FAB. *Syst. ent. pag.* 168. *n°.* 20. — *Spec. ins. tom.* 1. *pag.* 215. *n°.* 26. — *Mant. ins. tom.* 1. *pag.* 134. *n°.* 36.

Cerambyx niger, elytris vellere cinereo marmoratis, antennis pedibusque cinereo intersectis. GEOF. *ins. tom.* 1. *p.* 204. *n°.* 7.

Le *Capricorne* noir, marbré de gris. GEOFF. *Ib.*

Cerambyx thorace spinoso, elytris cinereis punctis fasciisque nigris, antennis mediocribus cinereo nigroque maculatis. DEG. *Mem. ins. tom.* 5. *pag.* 71. *n°.* 8.

Capricorne nébuleux à corcelet épineux, à étuis cendrés avec des points & des ondes noires, à antennes médiocres tachetées de cendré & de noir. DEG. *Ib.*

Cerambyx parvus tigriformis. VOET. *Coleopt. par.* 2. *pag.* 7. *tab.* 4. *fig* 4.

SCHAEFF. *Icon. ins. tab.* 14. *fig.* 9.

Cerambyx nebulosus. SCOP. *Ent. carn. n°.* 173.

Cerambyx nebulosus. SCHRANK. *Enum. ins. aust. n°.* 246.

Lamia nebulosa. LAICHART. *Ins. tom.* 2. *p.* 25. *n°.* 6.

Cerambyx monilis. FOURC. *Ent. par.* 1. *pag.* 75. *n°.* 7.

VILL. *Ent. tom.* 1. *p.* 225. *n°.* 5.

Il est petit. Les antennes sont presque une fois plus longues que le corps. Les articles sont moitié noirs & moitié cendrés. La tête est cendrée obscure. Le corcelet est cendré obscur, & muni d'une petite épine de chaque côté. Les élytres sont cendrées, avec des points & des taches irrégulières : on distingue quelquefois une bande ondée, noire, au-delà du milieu. Le dessous du corps est cendré, noirâtre. Les pattes sont cendrées, avec des anneaux noirâtres.

Il se trouve dans presque toute l'Europe. Il est très-commun dans les chantiers de Paris.

12. CAPRICORNE fasciculé.

CERAMBYX fasciculatus.

Cerambyx thorace spinoso, elytris integris : punctis tribus hispidis, antennis mediocribus hirtis. FAB. *Mant. ins. tom.* 1. *pag.* 134. *n°.* 37.

Cerambyx fasciculatus. *Naturf.* 24. *p.* 26. *tab.* 1. *fig.* 34.

Cet insecte paroît tenir le milieu entre le *Capricorne* nébuleux & le *Capricorne* hispide. Les antennes sont moyennes, velues, noirâtres. La tête & le corcelet sont noirâtres, pâles à leur base, munis de trois faisceaux de poils; leur extrémité est arrondie. Les pattes sont grisâtres.

Il se trouve en Allemagne.

13. CAPRICORNE hispide.

CERAMBYX hispidus.

Cerambyx thorace spinoso, elytris apice bidentatis, antennis mediocribus hirtis. *Ent. ou hist. nat. des ins.* CAPRICORNE. *Pl.* 11. *fig.* 77. *a. b.*

Cerambyx hispidus *thorace spinoso, elytris subpræmorsis, punctisque tribus hispidis, antennis hirtis longioribus.* LIN. *Syst. nat. pag.* 627. *n°.* 30. — *Faun. suec. n°.* 651.

Cerambyx hispidus. FAB. *Syst. entom. pag.* 169 *n°.* 21. — *Spec. ins. tom.* 1. *pag.* 215. *n°.* 27. — *Mant. ins. tom.* 1. *pag.* 134. *n°.* 38.

Cerambyx ovatus fuscus, elytris antice cinereis, apice bidentatis. GEOFF. *Ins. tom.* 1. *pag.* 206. *n°.* 9.

Le *Capricorne* à étuis dentelés. GEOFF. *Ib.*

Cerambyx fasciculatus *thorace spinoso, elytris fuscis : fascia transversa alba fasciculisque sex nigris, antennis longioribus.* DEG. *Mem. ins. tom.* 5. *p.* 71. *n°.* 9. *Pl.* 3. *fig.* 17.

Capricorne à brosses, à corcelet épineux, à étuis bruns, avec une bande transverse blanche & six petites brosses noires, à antennes longues. DEG. *Ibid.*

Scarabæus antennis articulatis longis, quartus. RAI. *Ins. p.* 97.

SCHAEFF. *Icon. ins. tab.* 176. *fig.* 5. *a. b.*

FRISCH. *Ins.* 13. *p.* 22. *tab.* 16.

Cerambyx hispidus. *Naturf.* 24. *p.* 26. *tab.* 1. *fig.* 35.

Cerambyx hispidus. SCHRANK. *Enum. ins. austr. n°.* 248.

Lamia hispida. LAICHART. *Ins. tom.* 2. *p.* 27. *n°.* 7.

Cerambyx hispidus. FOURC. *Ent. par.* 1. *p.* 76. *n°.* 9.

Cerambyx hispidus. VILL. *Ent. tom.* 1. *p.* 225. *n°.* 6.

BERNARD. *Mem. sur le figuier. p.* 212.

Il est très-petit. Les antennes sont d'un brun cendré obscur, un peu velues, guère plus longues que le corps. La tête est cendrée obscure. Le corcelet est cendré obscur, avec deux tubercules assez gros, à sa partie supérieure, & une épine assez forte de chaque côté. Les élytres sont obscures, avec une bande assez large, cendrée en forme de V, à la base, & trois faisceaux de poils disposés sur une ligne longitudinale : l'extrémité des élytres est coupée, & munie extérieurement d'une forte dent. Le dessous du corps est noirâtre. Les pattes sont noires, avec la base des cuisses & des jambes d'un brun rougeâtre.

Il se trouve dans presque toute l'Europe.

14. CAPRICORNE poileux.

CERAMBYX pilosus.

Cerambyx thorace bispinoso, elytris griseis apice unidentatis, antennis mediocribus hirtis. FAB. *Mant. inf. tom.* 1. *p.* 134. *n°.* 39.

Il ressemble au *Capricorne* hispide; mais il est différent. Il est plus petit. Les antennes sont velues & de la longueur du corps. Le corcelet est gris, & armé de quelques épines de chaque côté. Les élytres ont trois points élevés, couverts de poils; elles sont grises, pâles à leur base, unidentées à leur extrémité.

Il se trouve en Allemagne.

2. *Corps alongé. Antennules filiformes.*

15. CAPRICORNE cannelle.

CERAMBYX corticinus.

Cerambyx thorace spinoso, corpore corticino, antennis nigris longioribus. Ent. ou hist. nat. des inf. CAPRICORNE. *Pl.* 4. *fig.* 28.

Il est un peu plus gros que le *Capricorne* héros. Les antennes sont noires, un peu plus longues que le corps, munies de quelques tubercules épineux, sur le premier & le troisième anneaux. Tout le dessus du corps est d'une couleur cannelle. La tête a un sillon longitudinal. Le corcelet est armé d'une forte épine de chaque côté. Les élytres sont lisses. Les pattes sont noirâtres.

Il se trouve dans l'Amérique méridionale.

16. CAPRICORNE scabreux.

CERAMBYX scabrosus.

Cerambyx thorace spinoso, fusco-cinereus, elytris bidentatis tuberculatis, postice macula laterali fusca. Ent. ou hist. nat. des inf. CAPRICORNE. *Pl.* 10. *fig.* 70.

Il est un peu plus petit que le précédent Les antennes sont cendrées, un peu plus longues que le corps. La tête est cendrée. Le corcelet est cendré, inégal, muni d'une forte épine de chaque côté. L'écusson est très-petit, triangulaire, grisâtre. Les élytres sont cendrées, avec le tour de l'écusson & les côtés obscurs: la couleur obscure des côtés s'avance un peu, & forme une tache vers l'extrémité de l'élytre: on apperçoit de petits tubercules très-élevés: la partie supérieure des élytres est aplatie, & l'extrémité est bidentée. Le dessous du corps & les pattes sont cendrés.

Il se trouve aux isles Moluques.

17. CAPRICORNE Batus.

CERAMBYX Batus.

Cerambyx thorace rugoso subspinoso, elytris bidentatis, antennis mediocribus spinosis. Ent. ou hist. nat. des inf. CAPRICORNE. *Pl.* 5. *fig.* 32.

Cerambyx Batus *thorace spinoso rugoso, elytris bidentatis, antennis longis uncinato aculeatis.* LIN. *Syst. nat. pag.* 625. *n°.* 10. — *Mus. Lud. Ulr. p.* 69.

Capricornus niger cornutus peculiaris, antennis curiose articulatis longissimis, geniculo quovis hamato. Mus. Petrop. p. 651. *n°.* 154.

Il est un peu plus petit que le *Capricorne* héros. Les antennes sont obscures, guère plus longues que le corps, avec les troisième, quatrième & cinquième articles munis d'une épine courbée, crochue. Tout le corps est d'un brun légèrement cendré. Le corcelet est entièrement ridé, presque épineux. Les élytres sont lisses, bidentées à leur extrémité: la dent extérieure est alongée & pointue. Les pattes sont de la couleur du corps. Les tarses sont roussâtres.

Il se trouve dans l'Amérique méridionale, à l'isle de la Trinité. Il m'a été communiqué par feu M. de Badier.

18. CAPRICORNE ferrugineux.

CERAMBYX ferrugineus.

Cerambyx thorace spinoso rugoso, elytris truncatis brunneis, antennis longis. Ent. ou hist. nat. des inf. CAPRICORNE. *Pl.* 18. *fig.* 140. *a. b.*

Cerambyx ferrugineus *thorace spinoso rugoso, elytris fastigiatis subferrugineis, antennis longis.* LIN. *Syst. nat. pag.* 626. *n°.* 25. — *Mus. Lud. Ulr. p.* 70.

Il est de la grandeur du précédent. Les antennes du mâle sont beaucoup plus longues que le corps; celles de la femelle sont à peine de la longueur du corps: elles sont brunes, avec la base noire. La tête est noire. Le corcelet est noir, tout raboteux, muni d'une épine aiguë de chaque côté. L'écusson est petit, brun & triangulaire. Les élytres sont brunes, lisses, tronquées à leur extrémité. Le dessous du corps est brun, & couvert d'un léger duvet cendré. Les pattes sont d'un brun noirâtre.

Il se trouve aux Indes orientales.

19. CAPRICORNE héros.

CERAMBYX heros.

Cerambyx thorace spinoso scabro, niger, elytris apice piceis, antennis longis. Ent. ou hist. nat. des inf. CAPRICORNE. *Pl.* 1. *fig.* 1. *a. b. c. d.*

Cerambyx heros *thorace spinoso rugoso niger, elytris apice subspinosis testaceis, antennis longis.* FAB. *Mant. inf. tom.* 1. *p.* 132. *n°.* 22.

Cerambyx fusco-niger, elytris rugosis, apice in-

teriore spinosis, antennis corpore longio ibus: GEOF. *Inf. tom.* 1. *p.* 200. *n°.* 1.

Le grand *Capricorne* noir. GEOFF. *Ib.*

Cerambyx Cerdo *thorace spinoso rugoso nudo, corpore nigro, antennis longis : articulis quatuor primis clavatis.* LIN. *Syst nat. p.* 629. *n°.* 39.

Cerambyx heros. SCOP. *Ent. carn. n°.* 163.
FRISCH. *Inf.* 13 *tab.* 8.
MOUFF. *Theat. inf. p.* 149. *fig.* 2.

Cerambyx Cerdo. DRURY. *Ill. of inf. tom.* 1. *pl.* 49. *fig.* 1.

SCHAEFF. *Icon. inf. tab.* 124. *fig.* 3. —*Elem. inf. tab.* 36.

VOET *Coleopt. par.* 2. *tab.* 5. *fig.* 9.
Cerambyx heros. BERGSTR. *Nomencl.* 1. *tab.* 11. *fig.* 5. 6.

Cerambyx Cerdo. LAICHART. *Inf. tom.* 2. *p.* 6. *n°.* 1.

Cerambyx Cerdo. FOURC. *Ent. par,* 1. *pag.* 72. *n°.* 1.

Ce *Capricorne* n'a guère plus d'un pouce & demi de long, aux environs de Paris; mais dans les provinces méridionales de la France, il a près de deux pouces. Il est tout noir; l'extrémité seulement des élytres a une couleur brune qui se fond insensiblement avec le noir. Les antennes sont plus longues que le corps dans les mâles; elles sont plus courtes dans les femelles : le bout de chaque article est renflé, sur-tout dans les premiers. Le corcelet est très-raboteux, & armé d'une petite épine de chaque côté. Les élytres sont finement chagrinées; leur extremité est arrondie & terminée à la suture par une très-petite épine. Les pattes sont assez longues. Les tarses sont noirâtres & d'un fauve nébuleux en dessous.

Il se trouve en Europe.

20. CAPRICORNE savetier.

CERAMBYX Cerdo.

Cerambyx thorace spinoso scabro, niger, elytris scabris unicoloribus, antennis longis. *Ent. ou hist. nat. des inf.* CAPRICORNE. *Pl.* 10. *fig.* 65.

Cerambyx Cerdo *thorace spinoso rugoso, niger, antennis longis.* FAB. *Syst. ent. pag.* 157. *n°.* 14. —*Sp. inf tom.* 1. *p.* 212. *n°.* 18. —*Mant. inf. tom.* 1. *p.* 132. *n°.* 21.

Cerambyx ater, elytris rugosis integris, antennis corpore longioribus. GEOFF. *Inf. tom.* 1. *pag.* 201. *n°.* 2.

Le petit *Capricorne* noir. GEOFF. *Ib.*
Cerambyx niger, thorace spinoso rugoso, elytris scabris, antennis mediocribus. DEG. *Mem. inf. tom.* 5. *p.* 69. *n°.* 6.

Capricorne savetier, noir, à corcelet épineux & chargé de rugosités, à étuis chagrinés & à antennes médiocres. DEG. *Ib.*
Cerambyx Cerdo. LIN. *Variet.*
Cerambyx Cerdo. SCOP. *Ent. carn. n°.* 162.
POD. *Mus. græc. pag.* 33.
SCHAEFF. *Icon. inf. tab.* 14 *fig.* 8.
VOET. *Coleopt. par.* 2. *tab.* 4. *fig.* 5.
Cerambyx Scopoli. FUESL. *Inf. Helv. pag.* 12. *n°.* 233.
Cerambyx Scopoli. LAICHART. *Inf. tom.* 2. *pag.* 8. *n°.* 2.
Cerambyx piceus. FOURC. *Ent. par.* 1. *pag* 74. *n°.* 2.

Il ressemble au précédent; mais il est beaucoup plus petit, n'ayant que depuis neuf lignes jusqu'à un pouce de long. Il est d'un noir plus foncé. Les élytres sont plus fortement chagrinées, entièrement noires, & nullement terminées par une épine. Les antennes ne sont guère plus longues que le corps, dans les mâles Linné a regardé cette espèce comme une variété de la précédente. Fabricius l'avoit regardée de même, mais l'a distinguée dans son dernier ouvrage.

Il se trouve dans presque toute l'Europe.

21. CAPRICORNE géant.

CERAMBYX gigas.

Cerambyx thorace rugoso acuteque spinoso niger, elytris ferrugineis, antennis longis. FAB. *Mant. inf. tom.* 1. *pag.* 132. *n°.* 20.

Il est très-grand. Le corps est noir. Les antennes sont noires, une fois plus grandes que le corps. Le corcelet est raboteux, armé de chaque côté, d'une épine longue, très-aiguë. Les élytres sont glabres, lisses, ferrugineuses, échancrées à leur extrémité. Les pattes sont ferrugineuses.

Il se trouve aux Indes orientales.

22. CAPRICORNE Sentis.

CERAMBYX Sentis.

Cerambyx thorace spinoso lævi, elytris fastigiatis biguttatis, antennis subtus aculeatis longioribus. LIN. *Syst. nat. p.* 626. *n°.* 23.

Les antennes sont épineuses à leur partie inférieure, & un peu plus longues que le corps. Tout le corps est grisâtre. Les élytres ont des points élevés à leur base, deux petites taches longitudinales blanches & une raie de la même couleur, vers le bord extérieur. Le corcelet est épineux, marqué ligne longitudinale blanche de chaque côté.
Il se trouve aux Indes orientales.

23. CAPRICORNE musqué.

CERAMBYX moschatus.

Cerambyx thorace spinoso, elytris obtusis viridibus nitentibus, femoribus muticis, antennis mediocribus. Ent. ou hist. nat. des ins. CAPRICORNE. *Pl. 2. fig. 7. a. b. c.*

Cerambyx moschatus. LIN. *Syst. nat. p. 627. n°. 34. — Faun. suec. n°. 651.*

Cerambyx moschatus *thorace spinoso viridis nitens, antennis cyaneis mediocribus.* FAB. *Syst. ent pag. 165. n°. 7. —Sp. ins. tom. 1. pag. 210. n°. 9. —Mant. ins. tom. 1. p. 131. n°. 11.*

Cerambyx viridi-cærulescens. GEOFF. *Ins. tom. 1. p. 205. n°. 5.*

Le *Capricorne* vert à odeur de rose. GEOFF. *Ib.*

Cerambyx odoratus *thorace spinoso, viridi-aureo nitidus, antennis mediocribus cæruleo-violaceis* DEG. *Mem. ins. tom. 5. p. 63. n°. 2.*

Capricorne odoriférant à corcelet épineux, d'un vert doré luisant, à antennes médiocres d'un bleu violet. DEG. *Ib.*

Scarabæus Capricornus dictus, major viridis odoratus. RAJ. *Inf. p. 81. n°. 17.*

Scarabæus arboreus cæruleo-viridis. FRISCH. *Ins. 13. p. 17. tab. 11.*

Scarabæus magnus suaviter olens. LIST. *Loq. p. 384. n°. 11.*

Cerambyx viridi-æneus. Act. Ups. ann. 1736. p. 120. n°. 1.

MOUFF. *Theat. ins. p. 150. fig. ult.*
BERGST. *Nomencl. 1. 13. 2. tab. 2. fig. 2.*
SCHAEFF. *Icon. ins. tab. 11. fig. 7.*
VOET. *Coleopt. par. 2. tab. 6. fig. 14.*
SULZ. *Ins. tab. 4. fig. e.*

Cerambyx moschatus. SCOP. *Ent. carn. n°. 165.*

Cerambyx moschatus. POD. *Mus. græc. pag. 32. n°. 2.*

Cerambyx moschatus. SCHRANK. *Enum. ins. aust. n°. 249.*

Cerambyx moschatus. LAICHART. *Ins. tom. 2. p. 10. n°. 3.*

Cerambyx moschatus. FOURC. *Ent. par. 1. pag. 74. n°. 5.*

Cerambyx moschatus. VILL. *Ent. tom. 1. p. 226. n°. 7.*

Il a de douze à quatorze lignes de long. Il est d'une belle couleur verte, bleuâtre en dessus, un peu cuivreuse en dessous. Les antennes & les pattes sont plus bleues que le corps : mais dans les provinces méridionales de la France, cet insecte est presque toujours d'une couleur noirâtre un peu bronzée. Les antennes sont un peu plus courtes que le corps, dans les femelles, & un peu plus longues dans les mâles. Le corcelet a une épine de chaque côté, & quelques tubercules peu marqués en dessus, qui le rendent raboteux. Les élytres sont très-finement chagrinées ; elles ont deux lignes longitudinales peu élevées, & elles sont un peu flexibles. Les pattes, sur-tout les postérieures, sont assez longues. Les cuisses antérieures sont un peu renflées.

Il se trouve en Europe, sur le Saule : il répand une odeur très-suave, semblable à celle de la Rose, qui se fait plus fortement sentir dans le tems de l'accouplement.

24. CAPRICORNE verdoyant.

CERAMBYX virens.

Cerambyx thorace spinoso, elytris obtusis, corpore viridi, antennis longioribus, femoribus unidentatis. LIN. *Syst. nat. pag. 627. n°. 33. —Mus. Lud. Ulr. p. 73.*

Cerambyx virens *thorace rotundato spinoso, corpore viridi, femoribus rufis.* FAB. *Syst. ent. p. 166. n°. 8. —Spec. ins. tom. 1. p. 211. n°. 10. —Mant. ins. tom. 1. p. 131. n°. 12.*

Cerambyx virens. DRURY. *Ill. of ins. tom. 1. pag. 40. fig. 1.*

Scarabæus Capricornus major viridis suave olens. SLOAN. *Jam. tom. 2. p. 208. tab. 237. fig. 39. 40.*

Cerambyx major oblongus viridis auro splendens, scuta thoracica aculeo utrinque armata, antennis longissimis. BROWN. *Jam. p. 430. pl. 43. fig. 8.*

Il est presque aussi grand que le *Capricorne* héros. Les antennes sont noires, une fois plus longues que le corps. La tête est verte & brillante. Le corcelet est vert brillant, raboteux, muni d'une forte épine de chaque côté. Les élytres sont d'un vert brillant, lisses, amincies vers leur extrémité. Les pattes sont noires, avec les cuisses rougeâtres.

Il se trouve dans l'Amérique méridionale, à la Jamaïque, aux Antilles.

25. CAPRICORNE brillant.

CERAMBYX nitens.

Cerambyx thorace rotundato subspinoso viridis nitens, femoribus clavatis, clava anticorum rufa Ent. ou hist. nat. des ins. CAPRICORNE. *Pl. 15. fig. 107.*

Cerambyx nitens. FAB. *Spec. ins. tom. 1. p. 211. n°. 11. —Mant. ins. tom. 1. p. 131. n°. 13.*

Cerambyx afer. VOET. *Coleopt. pars 2. p. 3. tab. 6. fig. 15.*

Il est un peu plus petit que le *Capricorne* musqué. Les antennes sont noires, & une fois plus longues que le corps. Tout le corps est d'une belle couleur verte, un peu bleuâtre, luisante. Le corcelet est arrondi, inégal, à peine épineux, avec un tubercule arrondi de chaque côté. L'écusson est triangulaire,

triangulaire. Les élytres sont pointillées ; & les points très-rapprochés ; leur extrémité est arrondie. Les pattes sont noires. Les quatre cuisses de devant sont renflées & d'un rouge brun ; les postérieures sont longues & renflées vers leur extrémité. Les jambes postérieures sont longues & comprimées.

Il se trouve dans l'Afrique équinoxiale.

26. Capricorne africain.

Cerambyx afer.

Cerambyx thorace spinoso, viridis nitens, elytrorum sutura flava, antennis pedibusque fulvis. Ent. ou hist. nat. des ins. Capricorne. *Pl.* 19. *fig.* 141

Cerambyx afer *thorace spinoso, nitenti, virens, elytrorum sutura flava, antennis longioribus, pedibusque fulvis.* Lin. *Syst. nat. mant. p.* 532.

Cerambyx afer *thorace rotundato, spinoso, corpore viridi, antennis pedibusque rufis.* Fab. *Syst. ent. p.* 166. *n°.* 9. —*Spec. ins. tom.* 1. *p.* 211. *n°.* 12. —*Mant. ins. tom.* 1. *p.* 132. *n°.* 14.

Cerambyx afer. Drury. *Ill. of ins. tom.* 1. *pl.* 39. *fig.* 4.

Il est plus petit que le *Capricorne* musqué. Les antennes sont fauves, guères plus longues que le corps. Tout le corps est d'une couleur verte brillante. Les yeux sont noirs. Le corcelet a quelques plis peu marqués, à sa partie supérieure. Les côtés sont un peu épineux. L'écusson est triangulaire. Les élytres sont d'un vert moins brillant que le corps ; mais la suture est verte dorée brillante. Leur extrémité est arrondie. Toutes les pattes sont fauves. Les quatre cuisses antérieures sont renflées. Les pattes postérieures sont assez longues.

Il se trouve en Afrique.

27. Capricorne agréable.

Cerambyx festivus.

Cerambyx thorace spinoso, viridi, elytris violaceis, basi viridibus, femoribus ferrugineis unidentatis. Ent. ou hist. nat. des ins. Capricorne. *Pl.* 7. *fig.* 44. & *pl.* 18. *fig.* 44. *b.*

Cerambyx festivus. Fab. *Syst. ent. p.* 166. *n°.* 10. —*Spec. ins. tom.* 1. *p.* 212. *n°.* 13. —*Mant. ins. tom.* 1. *p.* 132. *n°.* 15.

Il ressemble au précédent pour la forme & la grandeur. Les antennes sont de la longueur du corps, noires, avec le premier article rougeâtre. La tête est d'un vert doré brillant, avec la lèvre supérieure, les antennules, rougeâtres, & l'extrémité des mandibules noire. Le corcelet est vert doré brillant, avec deux épines latérales, dont l'antérieure est très-petite. L'écusson est petit & vert brillant. Les élytres sont bleues, avec la base d'un vert doré brillant. Le dessous du corps est vert doré brillant. Les cuisses sont renflées, dentées, rougeâtres ; les postérieures sont plus longues que les autres. Les jambes & les tarses sont noirâtres.

Il varie un peu par les couleurs : il est quelquefois d'un vert bleuâtre, avec la base des élytres d'un bleu doré.

Il se trouve au Sénégal, & m'a été envoyé par M. le chevalier de Sade.

28. Capricorne fémoral.

Cerambyx femoralis.

Cerambyx thorace spinoso, caeruleus, antennis pedibusque nigris, femoribus dentatis rufis. Ent. ou hist. nat. des ins. Capricorne. *Pl.* 7. *fig.* 45.

Il ressemble beaucoup au *Capricorne* élégant. Les antennes sont noires, un peu plus longues que le corps. Tout le corps est d'un bleu violet luisant. Le corcelet est muni de chaque côté d'une épine & d'un tubercule. Les cuisses sont renflées, unidentées, avec la base & l'extrémité noires : les postérieures sont beaucoup plus longues que les autres. Les jambes & les tarses sont noirs ; les jambes postérieures sont longues & un peu comprimées.

Il se trouve à Madagascar.

29. Capricorne rayé.

Cerambyx vittatus.

Cerambyx thorace spinoso, viridis nitens, thorace elytrisque nigro lineatis. Ent. ou hist. nat. des ins. Capricorne. *Pl.* 2. *fig.* 10.

Cerambyx vittatus. Fab. *Syst. ent. p.* 166. *n°.* 11. —*Sp. ins. tom.* 1. *pag.* 212. *n°.* 14. —*Mant. ins. tom.* 1. *p.* 132. *n°.* 16.

Cerambyx ochropus. Voet. *Coleopt. pars* 2. *p.* 12. *tab.* 10. *fig.* 41.

Il ressemble entièrement, pour la forme & la grandeur, au *Capricorne* africain. Les antennes sont noires, à peine plus longues que le corps. Tout le corps est d'une couleur verte bleuâtre. Le corcelet est arrondi, un peu épineux sur les côtés, avec deux raies longitudinales noires, à sa partie supérieure. L'écusson est triangulaire. Les élytres ont chacune une large raie longitudinale, noire. Leur extrémité est arrondie. Les cuisses sont fauves ; les quatre antérieures sont un peu renflées. Les jambes & les tarses sont noirâtres. Les pattes postérieures sont assez longues.

Il se trouve au Brésil, à Cayenne.

30. Capricorne velouté.

Cerambyx velutinus.

Cerambyx thorace spinoso, niger, vitta atra. Ent. ou hist. nat. des ins. Capricorne. *Pl.* 6. *fig.* 41.

Cerambyx velutinus. FAB. *Syst. ent. p.* 167. *n°.* 12. —*Spec. inf. tom.* 1. *p.* 212. *n°.* 15. —*Mant. inf. tom.* 1. *p.* 132. *n°.* 17.

Cerambyx spectabilis. VOET. *Coleopt. pars* 2. *p.* 12. *tab.* 10. *fig.* 40.

Il ressemble au *Capricorne* verdoyant. Les antennes sont noires, & un peu plus longues que le corps. Tout le corps est noir & velouté. Le corcelet est armé, de chaque côté, d'une forte épine. Les élytres ont une raie longitudinale d'un noir très-foncé. Les pattes sont noires. Les quatre cuisses antérieures sont un peu renflées; les postérieures sont alongées. Les jambes postérieures sont longues & comprimées.

Il se trouve dans l'Amérique méridionale, aux Antilles, à Cayenne.

31. CAPRICORNE sutural.

CERAMBYX suturalis.

Cerambyx thorace spinoso ater, elytris sutura vittaque media aureis. Ent. ou hist. nat. des inf. CAPRICORNE. *Pl.* 6. *fig.* 40.

Cerambyx suturalis. FAB. *Spec. inf. tom.* 1. *pag.* 212. *n°.* 16. —*Mant. inf. tom.* 1. *p.* 132. *n°.* 18.

Cerambyx auricomus. VOET. *Coleopt. pars* 2. *p.* 13. *tab.* 10. *fig.* 42, 43.

Les antennes sont noires, un peu plus longues que le corps. La tête est noire. Le corcelet est noir, velouté, muni de chaque côté d'une épine & de plusieurs tubercules. L'écusson est noir & triangulaire. Les élytres sont noires, veloutées, avec la suture & une raie longitudinale, dorées. Le dessous du corps est noir. L'abdomen est d'un noir bleuâtre luisant. Les pattes sont noires. Les quatre cuisses antérieures sont renflées; les postérieures sont alongées. Les jambes postérieures sont longues & comprimées.

Il se trouve dans l'Amérique méridionale, à Cayenne, à Surinam.

32. CAPRICORNE torride.

CERAMBYX torridus.

Cerambyx thorace subspinoso, niger, elytris viridibus apice spinosis. Ent. ou hist. nat. des inf. CAPRICORNE. *Pl.* 14. *fig.* 95.

Cerambyx spinicornis. FAB. *Syst. ent. p.* 167. *n°.* 13. —*Spec. inf. tom.* 1. *p.* 212. *n°.* 17. —*Mant. inf. tom.* 1. *p.* 132. *n°.* 19.

Cerambyx torridus. LIN. *Syst. nat. édit.* 13. *pars* 4. *p.* 1824. *n°.* 122.

Il ressemble entièrement, pour la forme & la grandeur, au *Capricorne* africain. Les antennes sont noires, un peu plus longues que le corps, avec les troisième, quatrième, cinquième, sixième & septième articles épineux à leur extrémité latérale. La tête est noire. Le corcelet est noir, arrondi, avec deux tubercules de chaque côté. L'écusson est noir & triangulaire. Les élytres sont vertes, bleuâtres à leur suture, & terminées en pointe aiguë. Tout le dessous du corps est noir. Les cuisses sont ferrugineuses brunes, renflées. Les pattes & les tarses sont noirs. Les pattes postérieures sont assez longues.

Il se trouve en Afrique, à Sierra-Léon.

33. CAPRICORNE marginal.

Cerambyx marginalis.

Cerambyx thorace inermi, elytris subtestaceis, margine omni nigro. FAB. *Syst. ent. p.* 169. *n°.* 22. —*Spec. inf. tom.* 1. *pag.* 215 *n°.* 9. —*Mant. inf. tom.* 1. *p.* 135. *n°.* 42.

Les antennes sont brunes, testacées, de la longueur du corps. Les yeux sont noirs & un peu échancrés. Tout le corps est d'une couleur testacée. Le corcelet est arrondi, un peu bordé. L'écusson est arrondi postérieurement. Les élytres ont leur suture & les bords extérieurs noirs. Tout le corps est couvert d'un duvet très-court, grisâtre. Les pattes sont brunes.

Il se trouve au Cap de Bonne-Espérance.

34. CAPRICORNE élégant.

Cerambyx elegans.

Cerambyx thorace rotundato subspinoso viridi-fusco lineato, elytris virescentibus vitta media fusca. Ent. ou hist. nat. des inf. CAPRICORNE. *Pl.* 5. *fig.* 35.

Les antennes sont d'un brun ferrugineux, une fois plus longues que le corps. La tête est verdâtre, avec les yeux noirs. Le corcelet est arrondi, muni d'une petite épine & d'un petit tubercule de chaque côté, verdâtre, avec quatre raies longitudinales peu marquées, d'un brun ferrugineux. Les élytres sont verdâtres, moins brillantes que le corcelet, avec une raie longitudinale peu marquée. Le dessous du corps est d'un vert brun, un peu cendré. Les pattes sont d'un brun ferrugineux. Les quatre cuisses antérieures sont renflées; les postérieures sont alongées. Les jambes postérieures sont longues & un peu comprimées.

Il se trouve dans l'Amérique méridionale, aux Antilles, à Cayenne.

35. CAPRICORNE large-patte.

CERAMBYX latipes.

Cerambyx thorace spinoso, violaceus, elytris cupreis, tibiis posticis compressis dilatatis. Ent. ou hist. nat. des inf. CAPRICORNE. *Pl.* 16. *fig.* 116.

Cerambyx latipes *thorace spinoso viridi-aneo, an-*

tennis mediocribus, elytris obscure purpureis, pedibus violaceis : tibiis posticis latissimis compressis. Deg. *Mém. ins. tom.* 7. *pag.* 655. n°. 60. *pl.* 49. *fig.* 3.

Capricorne à larges jambes, à corcelet épineux, d'un vert bronzé, à antennes médiocres, à étuis couleur de pourpre foncé, à pattes violettes, & à jambes postérieures très-larges & aplaties. Deg. *Ib.*
Fuesl. *Arch.* 7. *p.* 169. n°. 12. *tab.* 45. *fig.* 11.

Il ressemble entièrement, pour la forme & la grandeur, au *Capricorne* musqué. Les antennes sont d'un bleu noirâtre, plus courtes que le corps. La tête est bleue, & les yeux sont noirs, très-échancrés. Le corcelet est bleu, très-ponctué, presque tuberculé supérieurement, & armé d'une épine de chaque côté. L'écusson est bleu & triangulaire. Les élytres sont cuivreuses, un peu violettes au bord extérieur & à l'extrémité. Le dessous du corps & les pattes sont d'un beau bleu. Les jambes postérieures sont très-dilatées & très-comprimées à leur extrémité.

Il se trouve au Cap de Bonne-Espérance.

36. Capricorne bleu.

Cerambyx cæruleus.

Cerambyx thorace rotundato subspinoso, cyaneus, elytris basi viridibus, antennis mediocribus nigris. Ent. ou hist. nat. des ins. Capricorne. *Pl.* 18. *fig.* 140.

Il ressemble au *Capricorne* agréable. Les antennes sont noires, filiformes, de la longueur du corps. La tête est bleue, avec les antennules rougeâtres, & les yeux noirs. Le corcelet est bleu, arrondi, muni d'un tubercule de chaque côté. Les élytres sont finement chagrinées, bleues, avec un peu de la base d'un bleu verdâtre. Le dessous du corps est d'un bleu verdâtre, avec un reflet cendré. Les cuisses sont rougeâtres, avec la base noire. Les jambes sont noires; les postérieures sont un peu plus longues, & légèrement comprimées.

Il se trouve au Sénégal.

37. Capricorne ridé.

Cerambyx plicatus.

Cerambyx thorace subspinoso plicato brunneo, elytris bidentatis testaceis, antennis longioribus spinosis. Ent. ou hist. nat. des ins. Capricorne. *Pl.* 18. *fig.* 136.

Les antennes sont testacées, un peu plus longues que le corps: tous les articles, excepté les deux premiers & les deux derniers, sont épineux à leur extrémité. La tête est obscure. Les yeux sont noirs & échancrés à l'insertion des antennes. Le corcelet est brun, tout plissé, arrondi, légèrement épineux. Les élytres sont testacées, bidentées à leur extrémité. Le dessous du corps & les pattes sont d'un brun testacé.

Il se trouve.....

38. Capricorne fuligineux.

Cerambyx fuliginosus.

Cerambyx thorace rotundato mutico, niger, antennis corpore longioribus. Ent. ou hist. nat. des ins. Capricorne. *Pl.* 10. *fig.* 64.

Il est de la grandeur du *Capricorne* bande-jaune. Tout le corps est d'un noir fuligineux. Les antennes sont un peu plus longues que le corps, avec quelques articles presque épineux. Le corcelet est arrondi, sans épines. Les élytres sont lisses; leur extrémité est coupée, presque bidentée.

Il se trouve.....

39. Capricorne barbicorne.

Cerambyx barbicornis.

Cerambyx thorace spinoso, antennarum quatuor primis articulis nigro-barbatis, corpore testaceo nigro variegato. Ent. ou hist. nat. des ins. Capricorne. *Pl.* 7. *fig.* 48.

Cerambyx barbicornis. Lin. *Syst. nat. p.* 625. n°. 18. —*Mus. Lud. Ulr. p.* 68.

Cerambyx barbicornis. Fab. *Syst. ent. p.* 168. n°. 19. —*Spec. ins. tom.* 1. *p.* 214. n°. 24. —*Mant. ins. tom.* 1. *p.* 134. n°. 32.

Cerambyx speciosus. Voet. *Coleopt. pars* 2. *p.* 12. *tab.* 9. *fig.* 37.

Les antennes sont un peu plus longues que le corps. Les cinq premiers articles sont très-velus, noirs à leur base, jaunâtres à leur extrémité; les autres sont glabres & jaunâtres. La tête est jaune, avec les yeux noirs. Le corcelet est jaune, avec quelques taches jaunes sur les côtés. Il est armé de chaque côté d'une forte épine & de quelques petits tubercules. Les élytres sont mélangées de jaune & de noir. L'abdomen est noirâtre, avec le milieu jaune. Les pattes sont jaunes, sans taches.

Il se trouve à Cayenne, à Surinam, & non point dans l'Asie, comme le disent Linné & M. Fabricius.

40. Capricorne d'Ammiral.

Cerambyx Ammiralis.

Cerambyx thorace subspinoso, antennarum quarto articulo barbato, secundo spinoso. Lin. *Syst. nat. p.* 625. n°. 19.

Les antennes sont noires, de la longueur du corps. Le troisième article est armé, à son extrémité, d'une épine recourbée, le cinquième est couvert de poils noirs & pâles. Le corps est noir. Le corcelet est presque épineux, noir, avec les côtés rougeâtres. Les élytres sont noires, rougeâtres à leur base, avec une large bande blanche, au milieu.

Il se trouve à Surinam.

41. CAPRICORNE Rosalie.

CERAMBYX alpinus.

Cerambyx thorace spinoso, coleoptris fascia maculisque quatuor atris, antennis longis. Ent. ou hist. nat. des inf. CAPRICORNE. *Pl.* 9. *fig.* 58. *a. b.*

Cerambyx alpinus. LIN. *Syst. nat. p.* 628. *n°.* 35. —*Faun. suec. n°.* 654.

Cerambyx alpinus. FAB. *Syst. ent. p.* 168. *n°.* 15. —*Sp. inf. tom.* 1. *p.* 213. *n°.* 19. —*Mant. inf. tom.* 1. *p.* 132. *n°.* 23.

Cerambyx subcærulescens, fascia maculisque quatuor nigris. LIN. *It. scan. p.* 260.

Cerambyx cinereo-cærulescens, elytrorum maculis sex fuscis. GEOFF. *Inf. tom.* 1. *p.* 202. *n°.* 4. *Pl.* 3. *fig.* 6.
La Rosalie. GEOFF. *Ibid.*

Capricornus primus. Mouffeti coloris fere cinerei, cujus venter, crura & cornua cærulea, articulis nigris interstincta, scapula cauda & elytra nigris quibusdam maculis variegata. SCHEUCHZ. *Itin.* 1. *tab.* 1. *fig.* 5.

JONST. *Inf. tab.* 15. *fig.* 3.
MOUFF. *Theat. inf. p.* 150. *fig.* 1.
SULZ. *Inf. tab.* 4. *fig. d.*

Cerambyx alpinus. VOET. *Coleopt. pars* 2. *p.* 12. *tab.* 9. *fig.* 38.
Cerambyx alpinus. DRURY. *Illust. of inf. tom.* 2. *pag.* 31 *fig.* 5.

SCHAEFF. *Icon. inf. tab.* 123. *fig.* 1.
Cerambyx alpinus. SCOP. *Ent. carn. n°.* 166.
Cerambyx pilosus. PODA. *Mus. græc. pag.* 32.

Cerambyx alpinus. FOURC. *Ent. par.* 1. *pag.* 74. *n°.* 4.

Cerambyx alpinus. VILL. *Ent. tom.* 1. *pag.* 227. *n°.* 8.

Il a environ quinze lignes de long. Le corps est alongé, & d'une couleur bleue cendrée. Les antennes sont un peu plus longues que le corps; elles sont bleues, cendrées, avec le bout de chaque article très-noir & velu. Le corcelet a deux petites épines de chaque côté, avec une tache noire à la partie antérieure & supérieure. Les élytres ont une large bande vers le milieu, une grande tache vers la base, & une petite vers l'extrémité, d'un beau noir de velours.

Il se trouve sur les hautes montagnes de l'Europe. On le voit rarement dans les chantiers de Paris.

42. CAPRICORNE fascié.

CERAMBYX fasciatus.

Cerambyx thorace spinoso cyaneus, elytris fascia flava, antennis mediocribus ante apicem flavis. Ent. ou hist. nat. des inf. CAPRICORNE. *Pl.* 1. *fig.* 4. *a. b.*

Cerambyx fasciatus. FAB. *Syst. ent. p.* 168. *n°.* 17. —*Spec. inf. tom.* 1. *p.* 214. *n°.* 23. —*Mant. inf. tom.* 1. *p.* 134. *n°.* 33.
PALL. *Inf. sibir. tab. f. fig.* 4.
Cerambyx fasciatus. VOET. *Coleopt. pars* 2. *pag.* 14. *tab.* 11. *fig.* 49. *A.*
FUESL. *Arch. inf.* 5. *tab.* 25. *fig.* 5.

Il est presque de la grandeur du *Capricorne* Rosalie. Les antennes sont à-peu-près de la longueur du corps, comprimées, d'un noir bleuâtre, avec les cinq derniers articles jaunes, & le dernier d'un noir bleuâtre à son extrémité. La tête est d'un bleu foncé. Le corcelet est d'un bleu foncé, luisant, muni d'une épine de chaque côté. Les élytres sont d'un noir bleuâtre, avec une large bande jaune. Le dessous du corps est bleu. Les pattes sont bleues, & les jambes postérieures sont un peu comprimées.

Il se trouve aux Indes orientales, à Tranquebar.

43. CAPRICORNE barbu.

CERAMBYX barbatus.

Cerambyx thorace tuberculato subspinoso villoso, fronte barbato, sutura postice rufa. Ent. ou hist. nat. des inf. CAPRICORNE. *Pl.* 13. *fig.* 94.

Il ressemble, pour la forme & la grandeur, au *Capricorne* cordoné. Les antennes sont plus longues que le corps: elles sont rougeâtres, avec le premier, le second articles, & l'extrémité des autres, noirs; L'extrémité de ceux-ci est un peu épineuse. La tête est noire, avec le front couvert d'un duvet long, serré, fauve. Le corcelet est noir, tuberculé, muni de deux courtes épines de chaque côté, & couvert d'un duvet fauve. L'écusson est fauve. Les élytres sont d'un rouge de laque noirâtre, avec la suture jaune-fauve, depuis le milieu jusqu'à l'extrémité. Les pattes sont noires, avec les tarses fauves.

Il se trouve au Brésil.

44. CAPRICORNE thoracique.

CERAMBYX thoracicus.

Cerambyx thorace multispinoso tomentoso, elytris glaucis apice sinuatis, antennis mediocribus. Ent. ou hist. nat. des inf. CAPRICORNE. *Pl.* 12. *fig.* 85.

Il ressemble au *Capricorne* cordoné. Les antennes sont presque de la longueur du corps, rougeâtres, avec les trois premiers articles & l'extrémité des autres, noirs. La tête est noire, & couverte d'un duvet cendré. Le corcelet est noirâtre, couvert d'un duvet cendré, avec une bande glabre au milieu ; il est muni de plusieurs tubercules & de deux épines courtes, assez grosses de chaque côté. L'écusson est grand, alongé, pointu. Les élytres sont glauques, lisses ; leur extrémité est coupée, sinuée. Les pattes sont noires.

Il se trouve au Brésil

45. CAPRICORNE morio.

CERAMBYX morio.

Cerambyx bispinoso rugoso ater, antennis longioribus ferrugineis. FAB. *Mant. inf. tom.* 1. *pag.* 133. *n°.* 26.

Il ressemble beaucoup, pour la forme & la grandeur, au *Capricorne* cordoné. Les antennes sont une fois plus longues que le corps : les articles sont cylindriques, ferrugineux, avec le premier, second & troisième articles, & la base du quatrième, cinquième & sixième noirs. Le corcelet est noir, sans taches, inégal, muni de deux épines de chaque côté, dont la postérieure est un peu plus longue. Les élytres sont glabres, lisses, noires, sans taches, un peu enfoncées à la base, tronquées à l'extrémité.

Il se trouve à Cayenne.

46. CAPRICORNE rufipède.

CERAMBYX rufipes.

Cerambyx thorace bispinoso rufo, elytris lævibus nigris, antennis longis. Ent. ou hist. nat. des inf. CAPRICORNE. *Pl.* 1. *fig.* 3. *& pl.* 13. *fig.* 89.

Cerambyx rufipes. FAB. *Mant. inf. tom.* 1. *p.* 133. *n°.* 29.

Il ressemble entièrement, pour la forme & la grandeur, au *Capricorne* cordoné. Les antennes sont plus longues que le corps, d'une couleur fauve, avec les deux premiers articles & l'extrémité des autres bruns, ferrugineux. La tête est ferrugineuse, brune, & les yeux sont noirs & très-échancrés antérieurement. Le corcelet est inégal, armé de chaque côté de deux épines, dont l'antérieure est très-petite ; il est d'une couleur ferrugineuse, brune. L'écusson est noirâtre, luisant, triangulaire & alongé. Les élytres sont lisses & noirâtres. La poitrine & l'abdomen sont noirâtres. Les pattes sont fauves, avec la moitié des cuisses noirâtres.

Il se trouve dans l'Amérique méridionale.

47. CAPRICORNE cordoné.

CERAMBYX succinctus.

Cerambyx thorace bispinoso rugoso, elytris fascia flava, antennis longioribus compressis. Ent. ou hist. nat. des inf. CAPRICORNE. *Pl.* 7. *fig.* 43. *a. b.*

Cerambyx succinctus. LIN. *Syst. nat. p.* 627. *n°.* 32. — *Mus. Lud. Ulr. p.* 72.

Cerambyx succinctus. FAB. *Syst. ent. p.* 168. *n°.* 16. — *Sp. inf. tom.* 1. *p.* 213. *n°.* 21. — *Mant. inf. tom.* 1. *p.* 133. *n°.* 27.

Cerambyx fusco-castaneus, thorace rugoso quadrispinoso, elytris fascia transversali flava, antennis longioribus compressis. DEG. *Mém. inf. tom.* 5. *p.* 113. *n°.* 14. *pl.* 14. *fig.* 5.

Capricorne à cordon d'un brun de marron, à corcelet raboteux, à quatre épines, à bande jaune au travers des étuis, & à antennes longues aplaties. DEG. *ib.*

Quici. MARCGR. *Bras. p.* 254.

Cerambyx succinctus. VOET. *Coleopt. pars* 2. *p.* 9. *tab.* 6. *fig.* 16.

Cerambyx zonarius. VOET. *Coleopt. pars* 2. *p.* 9. *tab.* 7. *fig.* 17.

Cerambyx succinctus. DRURY. *Ill. of inf. tom.* 1. *tab.* 39. *fig.* 2.

Il a de huit à douze lignes de long. Les antennes sont rougeâtres, une fois plus longues que le corps dans les mâles, un peu comprimées, rougeâtres, avec les trois premiers articles & l'extrémité des autres, noirs. Tout le corps est d'un noir plus ou moins châtain, entièrement glabre & luisant. Le corcelet est raboteux, & armé de deux épines de chaque côté. L'écusson est grand, alongé, terminé en pointe. Les élytres sont arrondies à leur extrémité, & coupées dans leur milieu, d'une bande jaune. Les pattes sont ferrugineuses, avec les cuisses renflées, noirâtres vers leur extrémité.

Il se trouve dans l'Amérique méridionale, aux Antilles, à Cayenne, à Surinam.

48. CAPRICORNE mi-parti.

CERAMBYX dimidiatus.

Cerambyx thorace bispinoso rugoso, flavus, nigro punctatus, elytris nigris basi flavis, antennis mediocribus. Ent. ou hist. nat. des inf. CAPRICORNE. *Pl.* 14. *fig.* 96.

Cerambyx dimidiatus. FAB. *Mant. inf. tom.* 1. *p.* 133. *n°.* 30.

Il n'est peut être qu'une variété du *Capricorne* bicolor. Les antennes sont fauves, guères plus longues que le corps. La tête est fauve, avec un point noir à la partie supérieure. Les yeux sont noirs, très-échancrés, presque divisés en deux. Le corcelet est inégal, fauve, armé de deux petites épines noires, de chaque côté ; le dessus a plusieurs taches noires. L'écusson est alongé, triangulaire, fauve, avec l'extrémité noire. Les élytres sont noires, avec la base & la moitié, du côté de la suture, fauves. Le dessous du corps est fauve, avec l'abdomen noir, excepté le premier anneau qui est fauve. Les pattes sont fauves, sans taches.

Il se trouve à Cayenne.

49. CAPRICORNE bicolor.

CERAMBYX bicolor.

Cerambyx thorace bispinoso tuberculatoque ferrugineus, elytris ultra dimidium abdomineque atris. *Ent. ou hist. nat. des inf.* CAPRICORNE. *Pl.* 9. *fig.* 61.

Cerambyx bicolor. FAB. *Mant. inf. tom.* 1. *p.* 134. *n°.* 31.

Cerambyx bicolor. VOET. *Coleopt. pars* 2. *p.* 10. *tab.* 8. *fig.* 24?

Il ressemble entièrement, pour la forme & la grandeur, au *Capricorne* rufipède. Les antennes sont de la longueur du corps, ferrugineuses, avec l'extrémité de chaque article, & les derniers, noirâtres. La tête est ferrugineuse, sans taches. Le corcelet est ferrugineux, sans taches, inégal, tuberculé, armé de deux fortes épines de chaque côté. Les élytres sont lisses, noires, ferrugineuses à leur base. Le dessous du corps & les pattes sont ferrugineux. L'abdomen est noir.

Il se trouve à Cayenne.

50. CAPRICORNE strié.

CERAMBYX striatus.

Cerambyx thorace bispinoso rugoso ferrugineus, elytris flavo-striatis, antennis longis. *Ent. ou hist. nat. des inf.* CAPRICORNE. *Pl.* 10. *fig.* 71. *a. b.*

Cerambyx striatus. FAB. *Mant. inf. tom.* 1. *pag.* 133. *n°.* 28.

Il ressemble entièrement, pour la forme & la grandeur, au *Capricorne* cordoné. Les antennes sont ferrugineuses, noirâtres à leur extrémité, une fois plus longues que le corps. La tête est ferrugineuse, avec trois points noirs, à sa partie supérieure. Le corcelet est inégal, armé de deux épines de chaque côté, ferrugineux, avec plusieurs points noirs. L'écusson est grand, triangulaire, pointu, ferrugineux, noirâtre à son extrémité. Les élytres sont bidentées, lisses, ferrugineuses, avec quelques lignes longitudinales, jaunes, qui ne vont pas jusqu'à l'extrémité. Le dessous du corps & les pattes sont ferrugineux. L'extrémité des cuisses est obscure.

Il se trouve à Cayenne.

51. CAPRICORNE porte-échelle.

CERAMBYX scalaris.

Cerambyx thorace spinoso, fuscus, linea longitudinali alba, antennis longissimis. FAB. *Spec. inf. tom.* 1. *p.* 213. *n°.* 20. — *Mant. inf. tom.* 1. *p.* 132. *n°.* 24.

Il est de grandeur moyenne. Les antennes sont deux fois plus longues que le corps. La tête est noirâtre, avec le tour des yeux & une ligne à la partie supérieure, blancs. Le corcelet est muni d'une forte épine de chaque côté; il est noirâtre, avec une ligne longitudinale blanche, à la partie supérieure. L'écusson est blanchâtre. Les élytres sont noirâtres, avec un point blanc au milieu, & une raie sur la suture, dentée, blanche. Les pattes sont noirâtres.

Il se trouve dans l'Amérique méridionale.

52. CAPRICORNE farineux.

CERAMBYX farinosus.

Cerambyx thorace spinoso, piceus, elytris punctis sparsis farinosis, antennis longis. *Ent. ou hist. nat. des inf.* CAPRICORNE. *Pl.* 7. *fig* 46. *a.*

Cerambyx farinosus. LIN. *Syst. nat. pag.* 626. *n°.* 24.

Cerambyx farinosus. FAB. *Syst. ent. p.* 168. *n°.* 19. — *Spec. inf. tom.* 1. *p.* 214. *n°.* 25. — *Mant. inf. tom.* 1. *p.* 134. *n°.* 35.

Cerambyx niger, thorace spinoso, elytris maculis rotundatis pilosis flavo-albidis sparsis, abdomine bidentato. DEG. *Mém. inf. tom.* 5. *pag.* 108. *n°.* 9. *pl.* 13. *fig.* 17.

Capricorne farineux noir à corcelet épineux, à étuis avec des taches rondes, velues, d'un blanc jaunâtre, & deux pointes au derrière. DEG. *ib.*

MÉRIAN. *Inf. Surin. Pl.* 24. *n°.* 1.

Cerambyx paramaribous maculosus. VOET. *Coleopt. pars* 2. *p.* 8. *tab.* 6. *fig.* 12.

Il a environ quatorze lignes de long. Les antennes sont noires, plus longues que le corps. Le corcelet est noir, taché de blanc, muni de chaque côté d'une épine assez forte. Les élytres sont d'un noir brun, avec des points & quelques taches arrondies, blanchâtres. Les pattes sont noires.

La larve, selon les observations de Mérian, vit dans la racine de la plante, connue par les botanistes sous le nom de *Argemone Mexicana*. Elle est grosse, molle, blanchâtre, avec la tête & l'extrémité du corps, noirs.

L'insecte décrit par Foster, sous le nom de *Cerambyx Chinensis*, & figuré par Drury, tom. 2, pl. 31, fig. 4, me paroît différer de celui-ci, & appartenir plutôt au genre Lamie qu'à celui de *Capricorne*.

Il se trouve dans l'Amérique méridionale.

53. CAPRICORNE pulvérulent.

CERAMBYX pulverulentus.

Cerambyx thorace rotundato spinoso albo-lineato, elytris piceis punctis innumeris albis. *Ent. ou hist. nat. inf.* CAPRICORNE. *Pl.* 7. *fig.* 46. *b.*

DEG. *Mém. inf. tom. 5. pag. 109. pl. 14. fig. 1.*

Cerambyx Surinamensis maculosus. VOET. *Coleop. pars 2. pag. 7. tab. 5. fig. 8.*

Cet insecte diffère du précédent, quoique de Geer ne l'ait regardé que comme une variété. Il est beaucoup plus petit. Les antennes sont noirâtres, un peu plus longues que le corps. La tête est noirâtre, avec le tour des yeux, & cinq lignes longitudinales blanches. Le corcelet est muni d'une petite épine de chaque côté; il est noirâtre, avec cinq lignes longitudinales blanches. Les élytres sont d'un brun noirâtre, parsemées de points blancs. Le dessous du corps est noir, avec quelques points blancs sur les côtés de la poitrine & de l'abdomen. Les pattes sont noires.

Il se trouve aux Antilles, à Cayenne, à Surinam.

54. CAPRICORNE solitaire.

CERAMBYX *desertus.*

Cerambyx thorace spinoso albo-lineato, elytris bidentatis albo fasciatis, antennis longioribus. LIN. *Syst. nat. pag. 627. n°. 31. — Mus. Lud. Ulr. p. 71.*

Il est de grandeur moyenne. Les antennes sont noires, un peu plus longues que le corps. La tête est noire, avec des lignes blanches. Le corcelet est épineux, noirâtre, avec trois lignes longitudinales, blanches, & une autre de chaque côté au dessous de l'épine. Les élytres sont noirâtres, parsemées de points blancs, avec deux bandes inégales, blanches, parsemées de points noirs; la bande antérieure est plus large que l'autre; l'extrémité de chaque élytre est tronquée, & munie de deux petites épines. L'abdomen est noirâtre, avec le bord des anneaux, & un point latéral sur chaque blanc. Les pattes sont noirâtres.

Il se trouve en Amérique.

55. CAPRICORNE soyeux.

CERAMBYX *holosericeus.*

Cerambyx thorace inermi rugoso, griseus, elytris unidentatis holosericeis fusco cinereoque micantibus, antennis mediocribus. Ent. ou hist. nat. des inf. CAPRICORNE. *Pl. 17. fig. 127.*

Cerambyx holosericeus. FAB. *Mant. inf. tom. 1. p. 135. n°. 45.*

Les antennes sont noirâtres, de la longueur du corps. Tout le corps est noirâtre, mais couvert d'un duvet serré, très-court, cendré, brillant. Les yeux sont noirs, très-échancrés antérieurement. Le corcelet est arrondi & ridé. L'écusson est petit & triangulaire. Les élytres ont leur extrémité coupée, avec deux dentelures très-petites, très-courtes. Les pattes sont de la couleur du corps.

Il se trouve aux Indes orientales.

56. CAPRICORNE sémi-ponctué.

CERAMBYX *semi-punctatus.*

Cerambyx thorace spinoso inaquali, elytris bidentatis basi punctatis, flavo brunneoque variegatis. Ent. ou hist. nat. des inf. STÉNOCORE. *Pl. 2 fig. 19.*

Stenocorus semi-punctatus *thorace spinoso inaquali, elytris bidentatis basi punctatis apice glabris.* FAB. *Syst. ent. pag. 180. n°. 8. — Sp. inf. tom. 1. pag. 227. n°. 9. — Mant. inf. tom. 1. p. 143. n°. 9.*

Il ressemble au *Capricorne* quadrimaculé, mais il est un peu déprimé. Les antennes sont marron, légèrement velues, un peu plus longues que le corps, avec une petite épine à l'extrémité latérale des articles; elles sont posées sur les yeux. Tout le corps est d'une couleur brune, plus ou moins claire. Le corcelet est arrondi, un peu déprimé, fortement pointillé, avec une petite épine de chaque côté, & quelques tubercules peu élevés, lisses à la partie supérieure. L'écusson est triangulaire. Les élytres sont fortement pointillées, depuis la base jusqu'au milieu, & lisses depuis le milieu jusqu'à l'extrémité; elles sont mélangées de jaune & de brun à l'endroit pointillé; le reste est brun, avec une tache jaune à l'extrémité; elles sont terminées par deux épines, dont l'extérieure est la plus grande. L'abdomen est d'un brun plus clair que le corps. Les pattes sont d'une couleur marron clair.

Il se trouve dans la Nouvelle-Hollande.

57. CAPRICORNE garganique.

CERAMBYX *garganicus.*

Cerambyx thorace spinoso, elytris bidentatis testaceis: macula pallida, antennis longis. Ent. ou hist. nat. des inf. CAPRICORNE. *Pl. 15. fig. 105.*

Stenocorus garganicus. FAB. *Syst. ent. pag. 178. n°. 3. — Spec. inf. tom. 1. pag. 226. n°. 4. — Mant. inf. tom. 1. p. 143. n°. 4.*

Cerambyx balteatus *griseo-fuscus, thorace spinoso, elytris apice bidentatis fasciaque ferruginea, antennis longissimis.* DEG. *Mém. inf. tom. 5, pag. 111. n°. 12. pl. 14. fig. 3.*

Capricorne *à baudrier*, d'un brun grisâtre, à corselet épineux, à étuis, avec deux épines au bout & une bande rousse, à antennes très-longues. DEG. *ib.*

Cerambyx cinctus. DRURY. *Ill. of. inf. tom. 1. Pl. 37. fig. 6.*

Il ressemble pour la forme & la grandeur, au *Capricorne* quadrimaculé. Les antennes sont couleur de marron clair, beaucoup plus longues que le corps; elles sont posées dans les yeux. Tout le corps est d'une couleur testacée, couvert d'un duvet très-court & grisâtre. Le corcelet est arrondi & armé de chaque côté, d'une très-petite épine. L'écusson est triangulaire. Les élytres ont chacune, à côté de la suture, entre le milieu & la base, une tache pâle, en croissant; leur extrémité est armée de deux épines. Les pattes sont de la couleur du corps. Les jambes postérieures sont un peu plus longues que les autres.

Il se trouve dans l'Amérique septentrionale, au Maryland.

58. CAPRICORNE sillonné.

CERAMBYX sulcatus.

Cerambyx thorace utrinque bispinoso, elytris bidentatis sulcatis viridibus, linea laterali lutea. Ent. ou hist. nat. des ins. CAPRICORNE. *Pl.* 16. *fig.* 113.

Cerambyx festivus *thorace utrinque bidentato, elytris bidentatis viridibus : linea laterali lutea.* LIN. *Syst. nat. pag.* 623. *n°.* 11.

Stenocorus festivus. FAB. *Syst. Ent. pag.* 179. *n°.* 4. — *Sp. ins. tom.* 1. *p.* 226. *n°.* 5. — *Mant. ins. tom.* 1. *p.* 143. *n°.* 5.

Cerambyx spinosus *thorace depresso rufo utrinque bidentato : fasciis longitudinalibus quinque nigris, elytris bidentatis viridibus : linea lutea.* DEG. *Mém. ins. tom.* 5. *pag.* 100. *n°.* 4. *pl.* 13. *fig.* 14.

Capricorne épineux à corcelet applati, roux, avec deux épines de chaque côté & cinq raies noires longitudinales, à étuis verds, avec une raie jaune & deux pointes au bout. DEG. *ibid.*

GRONOV. *Zooph. n°.* 141. *tab.* 16. *fig.* 5.
Cerambyx festivus. DRURY. *Illust. of ins. tom.* 1. *pl.* 37. *fig.* 5.

Cerambyx sulcatus. SULZ. *Hist. ins. tab.* 5. *fig.* 6.
Cerambyx Africanus. VOET. *Coleop. pars.* 2. *pag.* 17. *tab.* 16. *fig.* 66.

Les antennes sont brunes, un peu plus longues que le corps. La tête est ferrugineuse, avec quelques taches d'un vert obscur. Le corcelet est ferrugineux, rayé, d'un vert obscur, arrondi, tuberculé supérieurement, muni de deux épines de chaque côté. Les élytres sont sillonnées, bidentées, vertes, avec une raie jaune vers le bord extérieur. Le dessous du corps & les pattes sont ferrugineux.

J'ai une variété dont la tête & le corcelet sont d'un vert foncé, sans taches. La raie jaune de l'élytre se termine au milieu, & forme une petite bande inégale.

Cet insecte perd quelquefois ses couleurs, & il est alors d'un jaune obscur, un peu livide.

Il se trouve dans l'Amérique méridionale, aux Antilles, à la Jamaïque, à Cayenne.

59. CAPRIÇONE trilinée.

CERAMBYX trilineatus.

Cerambyx thorace mutico, elytris apice unidentatis, margine omni albo. Ent. ou hist. nat. des ins. CAPRIÇORNE. *Pl.* 19. *fig.* 142.

Stenocorus trilineatus. FAB. *Syst. ent. p.* 179. *n°.* 6. — *Spec. ins. tom.* 1. *p.* 226. *n°.* 7.

Cerambyx trilineatus *thorace cylindrico, corpore ferrugineo, elytris mucronatis, marginibus dentatis albis, antennis longissimis.* LIN. *Syst. nat. Mant. pag.* 532.

DRURY. *Illust. of ins. tom.* 1. *tab.* 41. *fig.* 1.

Il ressemble un peu au *Capricorne* farineux, pour la grandeur & la forme du corps. Les antennes sont obscures, une fois plus longues que le corps. La tête est cendrée, avec une large raie blanche de chaque côté, & une autre raie jaune presque double; à la partie supérieure. Les yeux sont noirs, très-échancrés, presque doubles. Le corcelet est presque cylindrique, cendré, & couvert d'une poussière fauve, avec une large raie blanche de chaque côté, & une troisième à la partie supérieure. L'écusson est blanc & arrondi postérieurement. Les élytres sont couvertes d'une poussière fauve ; elles ont une large raie irrégulièrement dentée, blanche à la suture, & une autre pareille au bord extérieur: l'extrémité est terminée par une épine aiguë. Le dessous est cendré, avec un peu de poussière fauve. Les pattes sont cendrées.

Il se trouve dans l'Amérique méridionale, aux Antilles.

60. CAPRICORNE dix-taches.

CERAMBYX decem-maculatus.

Cerambyx thorace subspinoso quadrimaculato ; elytris bidentatis ferrugineis flavo cinereoque maculatis. Ent. ou hist. nat. des ins. CAPRICORNE. *Pl.* 12. *fig.* 86.

Stenocorus decemmaculatus. FAB. *Syst. ent. pag.* 181. *n°.* 13. — *Sp. ins. tom.* 1. *p.* 228. *n°.* 15. — *Mant. ins. tom.* 1. *p.* 144. *n°.* 17.

Il ressemble beaucoup au *Capricorne* quadrimaculé. Les antennes sont feruginenses, plus longues que le corps. La tête est d'un brun ferrugineux, avec les yeux noirs & le tour des yeux jaunâtre. Le corcelet est arrondi, presque tuberculé, muni d'une petite épine de chaque côté, d'un brun ferrugineux, avec quatre taches d'un gris jaunâtre. L'écusson est d'un gris jaunâtre. Les élytres sont bidentées, d'un brun ferrugineux, avec une petite tache jaune, solitaire, à la base, deux oblongues, presque réunies, au milieu, & une ligne d'un gris cendré, à l'extrémité. Le dessous du corps est d'un brun ferrugineux, taché de gris cendré. Les pattes sont d'un brun ferrugineux, sans taches.

Il se trouve dans l'Amérique méridionale, aux Antilles.

61. CAPRICORNE quadrimaculé.

CERAMBYX quadrimaculatus.

Cerambyx

Cerambyx thorace rotundato spinoso, elytris bidentatis, maculis duorum parium glabris. Ent. ou hist. nat. des ins. CAPRICORNE. *Pl.* 19. *fig.* 144.

Cerambyx quadrimaculatus *thorace supra spinoso rufescens, elytris bidentatis maculis duorum parium glabris.* LIN. *Syt. nat. pag.* 626. n°. 27.

Stenocorus quadrimaculatus. FAB. *Syst. ent. pag.* 180. *n°.* 11. — *Spec. ins tom.* 1. *p.* 227. *n°.* 12. *Mant. ins. t.* 1. *p.* 143. *n°.* 12.

SLOAN, *Jam. tom.* 2. *tab.* 237. *fig.* 21.

Cerambyx quadrimaculatus. DRURY. *Ill. of ins. tom.* 1. *pl.* 37. *fig.* 3.

Cerambyx bimaculatus. VOET. *Coleopt. pars* 2. *p.* 16. *tab.* 15. *fig.* 65.

Il est un peu plus petit que le *Capricorne* dix-taches. Les antennes sont ferrugineuses, plus longues que le corps. La tête est ferrugineuse, avec les yeux noirs. Le corcelet est brun, arrondi, presque tuberculé, muni d'une épine de chaque côté. L'écusson est petit & grisâtre. Les élytres sont testacées, avec deux taches oblongues, jaunes, glabres, presque réunies, à la base, & deux autres un peu plus grandes, au-delà du milieu. Le dessous du corps est d'un brun ferrugineux, légèrement couvert d'un duvet soyeux, cendré. Les pattes sont testacées.

Il se trouve dans l'Amérique méridionale, aux Antilles.

62. CAPRICORNE six-taches.

CERAMBYX sex maculatus.

Cerambyx thorace rotundato subspinoso, rufus, elytris unidentatis, maculis tribus oblongis simplicibus flavis. Ent. ou hist. nat. des ins. CAPRICORNE. *Pl.* 15. *fig.* 108.

Il ressemble beaucoup au *Capricorne* quadrimaculé. Les antennes sont fauves, velues, un peu plus longues que le corps. La tête est fauve, avec les yeux noirs, en croissant. Le corcelet est arrondi, fauve, avec une petite épine noire, de chaque côté, deux petits tubercules & deux lignes longitudinales courtes, à la partie supérieure. L'écusson est fauve, petit, arrondi postérieurement. Les élytres sont fauves, avec trois taches jaunes oblongues, simples, sur chaque; elles sont terminées par une dent ou épine noires. Le dessous du corps & les pattes sont fauves. Les cuisses antérieures sont un peu renflées; les quatre postérieures sont presque cylindriques, assez longues & terminées par une épine noire.

Il se trouve à Cayenne, d'où il a été apporté par M. Gautier.

63. CAPRICORNE maculé.

CERAMBYX maculosus.

Cerambyx thorace rotundato subspinoso, elytris bidentatis fuscis maculis duorum parium glabris flavis. Ent. ou hist. nat. des ins. CAPRICORNE. *Pl.* 19. *fig.* 143.

Les antennes sont noires, légèrement velues, un peu plus longues que le corps. Le corcelet est noirâtre, arrondi, muni d'une très-petite épine de chaque côté. L'écusson est noirâtre. Les élytres sont bidentées, noirâtres, avec deux taches jaunes, oblongues, glabres, presque réunies à la base, & deux autres égales au milieu. Le dessous du corps est noir: les cuisses sont rougeâtres; les jambes & les tarses sont noirs. Il ressemble un peu au *Capricorne* quadrimaculé; mais il est deux fois plus petit.

Il se trouve dans l'Amérique septentrionale.

64. CAPRICORNE parsemé.

CERAMBYX irroratus.

Cerambyx thorace rotundato tuberculato, elytris bidentatis albo irroratis, antennis longis aculeatis. Ent. ou hist. nat. des ins. CAPRICORNE. *Pl.* 19. *fig.* 145.

Cerambyx irroratus *thorace mutico cylindrico inæquali, elytris apice bidentatis, albo irroratis, antennis longioribus aculeatis.* LIN. *Syst. nat. p.* 635. *n°.* 63.

Stenocorus irroratus. FAB. *Syst. ent. pag.* 180. *n°.* 9. — *Spec. ins. tom.* 1. *pag.* 227. *n°.* 10. — *Mant. ins. tom.* 1. *pag.* 143. *n°.* 10.

Cerambyx irroratus. DRURY. *Ill. of ins. tab.* 41. *fig.* 3.

Il est plus petit que le *Capricorne* dix taches. Les antennes sont d'un brun ferrugineux, un peu plus longues que le corps, avec l'extrémité des premiers articles, munie d'une petite épine. Le corcelet est d'un brun ferrugineux, arrondi, avec quelques petits tubercules peu élevés, luisans. Les élytres sont d'un brun ferrugineux, bidentées à leur extrémité, fortement pointillées & couvertes, en quelques endroits, d'une poussière blanche. Le dessous du corps & les pattes, sont d'un brun ferrugineux.

Il se trouve dans l'Amérique méridionale, aux Antilles, à Cayenne.

65. CAPRICORNE rustique.

CERAMBYX rusticus.

Cerambyx thorace spinoso ferrugineo, fuscus, elytris bidentatis pallidioribus, antennis longis. Ent. ou hist. nat. des ins. STENOCORE. *Pl.* 2. *fig.* 16.

Stenocorus rusticus. FAB. *Spec. ins. tom.* 1. *p.* 228. *n°.* 19. — *Mant. ins. tom.* 1. *p.* 145. *n°.* 22.

Il ressemble, pour la forme & la grandeur, au *Capricorne* quadrimaculé. Les antennes sont testacées, un peu plus longues que le corps, placées dans les yeux. Tout le corps est testacé, ferrugineux, mais couvert d'un duvet cendré, court. Le corcelet est arrondi, avec une très-petite épine de chaque côté. L'écusson est oblong, couvert de poils cendrés roussâtres. Les élytres sont testacées & terminées par deux épines égales. Les pattes sont de la couleur du corps.

Il se trouve aux Indes orientales.

66. CAPRICORNE spinicorne.

CERAMBYX spinicornis.

Cerambyx thorace inermi tuberculato, elytris bidentatis, antennarum articulis bispinosis. Ent. ou hist. nat. des ins. CAPRICORNE. *Pl.* 17. *fig.* 130

Stenocorus spinicornis. FAB. *Syst. Ent. p.* 179. *n°.* 7. — *Spec. ins. tom.* 1. *p.* 227. *n°.* 8. — *Mant. ins. tom.* 1. *p.* 143. *n°* 7.

VOET. *Coleopt. pars* 2. *tab.* 24. *fig.* 131.

Il ressemble au *Capricorne* quadrimaculé. Les antennes sont testacées, de la longueur du corps, posées dans les yeux, avec une épine de chaque côté, à l'extrémité des articles. Tout le corps est testacé marron, mais couvert de poils très-courts cendrés, un peu roussâtres. Les yeux sont noirâtres. Le corcelet est arrondi, presque globuleux, avec une ligne longitudinale, lisse, & quelques petits tubercules peu élevés. L'écusson est triangulaire. Les élytres sont terminées chacune par deux petites épines, dont l'extérieure est la plus longue. Les pattes sont testacées marron.

Il se trouve dans l'Amérique méridionale, aux Antilles.

67. CAPRICORNE bident.

CERAMBYX bidens.

Cerambyx thorace inermi subtuberculato, elytris bidentatis, antennarum articulis bispinosis, corpore testaceo. Ent. ou hist. nat. des ins. CAPRICORNE. *Pl.* 17. *fig.* 125.

Stenocorus bidens. FAB. *Mant. ins. tom.* 1. *p.* 143. *n°.* 8.

Il ressemble beaucoup au *Capricorne* spinicorne. Les antennes sont testacées, un peu plus longues que le corps, munies de deux petites épines, à l'extrémité de chaque article. Tout le corps est testacé, couvert en quelques endroits de poils courts cendrés. Le corcelet est arrondi, presque globuleux. Les élytres sont terminées par deux petites épines.

Il se trouve dans l'Amérique septentrionale, à la Caroline, au Maryland.

68. CAPRICORNE rugicolle.

CERAMBYX rugicollis.

Cerambyx thorace inermi rugosissimo, niger, antennis mediocribus pedibusque piceis. FAB. *Mant. ins. tom.* 1. *p.* 135. *n°.* 40.

Les antennes sont d'un brun noirâtre, comprimées, & à peine plus longues que le corps. Le corcelet est noir, sans taches, très-raboteux, sans épines & sans tubercules. Les élytres sont courtes, noires, obtuses & presque tronquées à leur extrémité. Les pattes sont d'un brun noirâtre.

Il se trouve à Tranquebar.

69. CAPRICORNE annulaire.

CERAMBYX annulatus.

Cerambyx thorace mutico albo lineato, elytris unidentatis, antennis testaceis, annulis tribus albis. Ent. ou hist. nat. des ins. CAPRICORNE. *Pl.* 16. *fig.* 117.

Stenocorus annulatus. FAB. *Syst. ent. pag.* 180. *n°.* 12. — *Spec. ins. tom.* 1. *p.* 228. *n°.* 14. — *Mant. ins. tom.* 1. *p.* 144. *n°.* 16.

Cerambyx hirtipes *fuscus, thorace mutico cylindrico, elytris apice truncatis bidentatis plantis anticis hirsutis, antennis longioribus medio macula alba.* DEG. *Mém. ins. tom.* 5. *p.* 16. *n°.* 19. *pl.* 14. *fig.* 10.

Capricorne *à tarses velues*, brun, à corcelet cylindrique uni, à étuis tronqués à deux épines au bout, à tarses antérieurs velus, & à antennes longues, avec une tache blanche au milieu. DEG. *ibid.*

Les antennes sont testacées, un peu plus longues que le corps, avec trois anneaux blancs, un à la base du quatrième article, un autre à la base du cinquième, & l'autre à la base du dixième. Tout le corps est marron, plus ou moins couvert de poils très-courts, cendrés. La tête a cinq lignes longitudinales jaunâtres, dont celle du milieu est placée sur une plus petite ligne enfoncée. Le corcelet a quatre lignes longitudinales jaunâtres à la partie supérieure, & une autre plus large de chaque côté. L'écusson est arrondi postérieurement. Les élytres ont une ligne longitudinale, saillante, de chaque côté; elles sont parsemées de points obscurs, enfoncés; leur extrémité est obscure, avec le bord tronqué, blanchâtre, denté. Les pattes sont d'un brun marron, avec un anneau cendré aux cuisses & aux jambes.

Il se trouve...

70. CAPRINORNE linéole.

CERAMBYX lineola.

Cerambyx thorace spinoso ferrugineo, elytris acuminatis testaceis, lineolis tribus glabris flavis. Ent. ou hist. nat. des ins. STENOCORE. *Pl.* 2. *fig.* 17.

Stenocorus lineola. FAB. *Spec. inf. tom.* 1. *p.* 218. *n°*. 16. —— *Mant. inf. tom.* 1. *pag.* 144. *n°*. 18.

Il a environ huit lignes de long. Les antennes sont noires, une fois plus longues que le corps, avec le premier article ferrugineux; elles sont posées sur les yeux. La tête est ferrugineuse & les yeux sont noirs. Le corcelet est ferrugineux, avec une petite épine de chaque côté, & deux tubercules peu élevés, peu marqués, à la partie supérieure. L'écusson est petit, testacé, arrondi postérieurement. Les élytres sont pointillées, testacées, avec une ligne jaune longitudinale, à la base, & deux autres un peu au-delà du milieu, placées l'une à côté de l'autre: l'extérieure est un peu plus longue que l'autre; à côté ou entre ces lignes, l'élytre est un peu obscure; l'extrémité de chaque élytre est armée d'une épine.

Il se trouve au Brésil.

71. CAPRICORNE interrompu.

CERAMBYX interruptus.

Cerambyx thorace rotundato, ater, elytris punctis duobus strigisque duabus interruptis albis, antennis brevibus filiformibus. Ent. ou hist. nat. des inf. CAPRICORNE. *Pl.* 17. *fig.* 133.

Il est de la grandeur du *Capricorne* rouge. Les antennes sont noires, filiformes, un peu comprimées à leur extrémité. Tout le corps est d'un noir de velours. Les yeux sont échancrés antérieurement. Le corcelet est arrondi, armé d'une petite épine de chaque côté. Les élytres ont chacune à leur base un point oblong, d'un jaune blanchâtre, & deux raies tranversales interrompues, à la suture, dont l'une en-deçà & l'autre en-delà du milieu. Les pattes sont d'un noir luisant. Toutes les cuisses sont renflées. Les pattes postérieures sont longues, & les jambes sont comprimées.

Il se trouve...

72. CAPRICORNE Lynx.

CERAMBYX Lynceus.

Cerambyx thorace rotundato unituberculato, ater, elytris sulcatis fascia flava. Ent ou hist. nat. des inf. CAPRICORNE. *Pl.* 14. *fig.* 97.

Callidium Lynceum *thorace subspinoso rotundato villoso, nigrum, elytris macula subdidyma fulva.* FAB. *Syst. ent. p.* 191. *n°*. 18. —— *Spec. inf. tom.* 1. *p.* 240. *n°*. 14. — *Mant. inf. tom. p.* 154. *n°*. 37.

Il ressemble entiérement, pour la forme & la grandeur, au *Capricorne* rouge. Les antennes sont noires, filiformes, de la longueur du corps, insérées dans une large échancrure des yeux. Tout le corps est d'un noir de velours, un peu pubescent. Le corcelet est arrondi, presque globuleux, avec un petit tubercule de chaque côté. L'écusson est petit & triangulaire. Les élytres sont un peu sillonnées; elles ont un peu au devant du milieu, une bande jaune, plus étroite à la suture que sur les bords extérieurs; l'extrémité de chaque élytre est arrondie. Le dessous du corps & les pattes sont noirs.

Cet insecte a été placé par M. Fabricius, parmi les Callidies, quoiqu'il ait les caractères assignés aux Capricornes.

Il se trouve au Cap de-Bonne-Espérance.

73. CAPRICONE rouge.

CERAMBYX Kaehleri.

Cerambyx thorace spinoso, niger, elytris sanguineis, macula suturali nigra. Ent. ou hist. nat. des inf. CAPRICORNE. *Pl.* 3. *fig.* 13. *a. b. c. d.*

Cerambyx Kaehleri *thorace spinoso niger, thorace elytrisque sanguineis : macula magna nigra, antennis mediocribus.* LIN. *Syst. nat. pag.* 631. *n°*. 50.

Lamia Kaehleri. FAB. *Syst. ent. pag.* 173. *n°*. 13. — *Spec. inf. tom.* 1. *p.* 219. *n°*. 20. — *Mant. inf. tom.* 1. *p.* 138. *n°*. 24.

Cerambyx niger, elytris thoracisque lateribus rubris. GEOFF. *Inf. tom.* 1. *p.* 204. *n°*. 6.

Le *Capricorne* rouge. GEOFF. *id.*

Cerambyx Kaehleri. SCOP. *ann.* 5. *hist. nat. p.* 96. *n°*. 56.

Cerambyx Kaehleri. LAICHART. *Ent. tom.* 2. *p.* 12. *n°*. 4.

SCHAEFF. *icon. inf. tab.* 1. *fig.* 1. *& tab.* 153. *fig.* 4.

Lamia ungarica. FUESL. *Archiv. p.* 90. *tab.* 25. *fig.* 6.

Cerambyx ruber. FOURC. *Ent. par.* 1. *p.* 75. *n°*. 6.

Cerambyx Kaehleri. VILL. *Ent. tom.* 1. *pag.* 235. *n°*. 20.

Il varie beaucoup pour les couleurs. Les antennes sont noires, de la longueur du corps, ou quelquefois plus longues. La tête est noire, sans taches. Le corcelet est arrondi, muni d'une très-petite épine de chaque côté, pubescent, noir, sans taches, ou avec une tache d'un rouge de sang de chaque côté. L'écusson est noir, petit, triangulaire. Les élytres sont d'un rouge sanguin, sans taches, ou avec une tache ovale oblongue, au milieu, sur la suture, & quelquefois avec l'extrémité & la suture jusqu'au milieu noires. Le dessous du corps & les pattes sont noirs, sans taches.

Les antennules filiformes annoncent que cet insecte n'appartient point au genre Lamie, où M. Fabricius l'a placé.

Il se trouve dans toute l'Europe méridionale & dans toute la France.

74. Capricorne jouvenceau.

Cerambyx juvencus.

Cerambyx thorace inermi rugoso, elytris acuminatis nigris lanuginoso canescentibus, antennis longissimis. Fab. *Syst. ent. p. 169. n°. 24. — Sp. inf. tom. 1. pag. 216. n°. 31. — Mant. inf. tom. 1. p. 235. n°. 44.*

Cerambyx juvencus *thorace mutico cylindrico rugoso, elytris levibus ferrugineis lanuginoso-canescentibus mucronatis, antennis longioribus.* Lin. *Syst. nat. pag. 631. n°. 53.*

Il est presque de la grandeur du *Capricorne* savetier. Les antennes sont plus longues que le corps. La tête & le corcelet sont ferrugineux. Le corcelet est très-raboteux, sans épines & sans dentelures. Les élytres sont ferrugineuses, & couvertes d'un duvet serré, blanchâtre : elles sont tronquées à l'extrémité, & munies d'une petite dent à la suture.

Il se trouve dans l'Amérique méridionale.

75. Capricorne longicolle.

Cerambyx longicollis.

Cerambyx thorace inermi elongato cylindrico, niger ferrugineo irroratus, antennis longissimis. Fab. *mant. inf. tom. 1. p. 135. n°. 46.*

Il est de grandeur moyenne. Les antennes sont noirâtres & un peu plus longues que le corps. La tête est noirâtre. Le corcelet est noirâtre, allongé, cylindrique, un peu plus étroit antérieurement. L'écusson est ferrugineux ; les élytres sont noires, parsemées d'une poussière ferrugineuse. Les pattes sont noirâtres. Les quatre jambes antérieures ont une dent à leur extrémité. Les tarses antérieurs sont velus en dessous.

Il se trouve aux Indes orientales.

76. Capricorne brévicorne.

Cerambyx brevicornis.

Cerambyx thorace inermi viridi, elytris obscuris, antennis brevibus nigris. Ent. ou hist. nat. des inf. Callidie. *Pl. 2. fig. 22.*

Cerambyx brevicornis. Fab. *Syst. ent. p. 169. n°. 23. — Spec inf. tom. 1. pag. 216. n°. 30. Mant. inf. tom. 1. p. 135. n°. 43.*

Il est de la grandeur du *Capricorne* longipède. Les antennes sont noires, filiformes, un peu plus courtes que le corps ; le troisième article est beaucoup plus long que les autres. La tête est d'un vert brillant, avec les yeux noirs. Le corcelet est légèrement raboteux, presque tuberculé de chaque côté, d'un vert brillant. L'écusson est d'un vert brillant. Les élytres sont d'un vert foncé, un peu obscur. Le dessous du corps est d'un vert brillant. Les pattes sont d'un noir bleuâtre. Les cuisses sont renflées. Les quatre antérieures sont rougeâtres.

Il se trouve dans l'Afrique équinoxiale, au Sénégal, à Sierra-Léon.

77. Capricorne Surinamois.

Cerambyx Surinamus.

Cerambyx thorace mutico subcylindrico, corpore fusco-ferrugineo. elytris litura una alterave fusca, antennis mediocribus. Ent. ou hist. nat. des inf. Capricorne. *Pl. 13. fig. 93.*

Cerambyx surinamus. Lin. *Syst. nat. pag. 632. n°. 54.*

Cerambyx longicollis *thorace mutico cylindrico elongato rufo, eyltris testaceis, punctis quatuor nigris, antennis longioribus.* Deg. *Mem. inf. tom. 5. p. 117. n°. 20. pl. 14. fig. 11.*

Capricorne à *long col*, à long corcelet cylindrique, roux & uni, à étuis fauves, avec quatre points noirs & à antennes longues. Deg. *ib.*

Il a environ huit lignes de long & une & demie de large. Son corps est alongé & presque cylindrique, d'une couleur ferrugineuse obscure. Les yeux sont noirs & en croissant. Les antennes sont obscures, un peu plus longues que le corps. Le corcelet est arrondi, sans épines & sans tubercules. Les élytres ont plus ou moins de petits points noirs.

Il se trouve à Cayenne, à Surinam, aux Antilles.

78. Capricorne longipede.

Cerambyx longipes.

Cerambyx thorace subspinoso, violaceus, antennis logioribus, femoribus clavatis. Ent. ou hist. nat. des inf. Callidie. *Pl. 1. fig. 3.*

Saperda longipes *thorace subgloboso, violacea, antennnis longioribus, femoribus clavatis.* Fab. *Syst. ent. app. p. 824. — Sp. inf. tom. 1. p. 233. n°. 10. — Mant. inf. tom. 1. p. 148. n°. 16.*

Cerambyx fusiformis *thorace mutico cylindrico, violaceus nitidus, antennis longissimis nigris.* Deg. *Mem. inf. tom. 7. p. 657. n°. 62. pl. 49. fig. 7.*

Capricorne *en fuseau*, à corcelet cylindrique, uni, violet, luisant, à antennes très-longues, noires, Deg. *ibid.*

Il ressemble au *Capricorne* musqué ; mais il est trois ou quatre fois plus petit. — Les antennes sont noires, avec l'extrémité cendrée ; elles sont une fois plus longues que le corps. La tête est bleue verdâtre, & les yeux sont noirs & figurés en croissant. Le corcelet est bleu, arrondi, un peu anguleux, presque tuberculé sur les côtés. Tout le corps est d'une couleur bleue un peu verdâtre.

l'écusson est triangulaire. Les élytres sont un peu chagrinées ; elles ont deux ou trois lignes longitudinales peu élevées, peu marquées. Les pattes, & sur-tout les postérieures, sont assez longues. Les cuisses sont un peu renflées vers leur extrémité. Les jambes postérieures sont assez longues & légèrement comprimées.

L'un des deux sexes a les antennes filiformes, de la longueur du corps.

Il se trouve au Cap de Bonne-Espérance.

79. CAPRICORNE luisant.

CERAMBYX lucidus.

Cerambyx thorace rotundato subspinoso, viridi-cæruleus, antennis, pedibusque nigris. Ent. ou hist. nat. des ins. CALLIDIE. *Pl.* 1. *fig.* 10.

Il ressemble beaucoup au précédent ; mais les pattes sont noires & beaucoup plus courtes. Les antennes sont noires, guere plus longues que le corps. La tête, le corcelet & les élytres, sont d'un vert bleuâtre. Le corcelet est arrondi, presque épineux. Le dessous du corps est bleuâtre.

Il se trouve dans l'Amérique méridionale.

80. CAPRICORNE atre.

CERAMBYX ater.

Cerambyx thorace rotundato mutico, corpore nigro, antennis mediocribus rufis nigro annulatis. Ent. ou hist. nat. des ins. CALLIDIE. *Pl.* 3. *fig.* 32.

Il est une ou deux fois plus petit que le *Capricorne* musqué. Les antennes sont de la longueur du corps, ferrugineuses ; avec les trois premiers articles & l'extrémité des autres, noirs. Le corps est noir. Le corcelet est arrondi, presque tuberculé de chaque côté. Les élytres sont très-finement chagrinées. Les quatre pattes antérieures sont ferrugineuses, avec les tarses & le renflement des cuisses, noirs. Les pattes postérieures sont longues, noires, avec la base des cuisses ferrugineuse : les jambes sont un peu comprimées.

Il se trouve au Cap de Bonne-Espérance.

81. CAPRICORNE pubescent.

CERAMBYX pubescens.

Cerambyx thorace rotundato subspinoso, elytris bidentatis nigris basi rufis, antennis longis. Ent. ou hist. nat. des ins. CAPRICORNE. *Pl.* 18. *fig.* 135.

Il est presque de la grandeur du *Capricorne* Surinamois. Les antennes sont cendrées, obscures, plus longues que le corps, un peu velues, avec l'extrémité externe de chaque article, munie d'une petite épine. La tête est noire. Le corcelet est noir, arrondi, un peu tuberculé, muni d'une petite épine de chaque côté. L'écusson est cendré, arrondi postérieurement. Les élytres sont d'un rouge brun, depuis la base jusqu'au milieu, le reste est noir ; l'extremité est bidentée, la dent extérieure est beaucoup plus longue que l'autre. Le dessous du corps est testacé. L'abdomen est noir, avec le premier anneau testacé. Les pattes sont brunes. Les cuisses sont un peu renflées. Tout le corps de cet insecte est pubescent.

Il se trouve à Cayenne.

82. CAPRICORNE ténébreux.

CERAMBYX tenebricosus.

Cerambyx ater, thorace rotundato subtuberculato rufo, macula nigra, elytris depressis, lineis duabus elevatis. Ent. ou hist. nat. des ins. CAPRICORNE. *Pl.* 18. *fig.* 139.

Il est petit. Les antennes sont noires, guère plus longues que le corps. La tête est noire. Le corcelet est arrondi, presque tuberculé, d'un rouge sanguin obscur, avec une tache longitudinale noire, à la partie supérieure. Les élytres sont déprimées, arrondies à leur extrémité, d'un noir cendré, avec la suture & deux lignes longitudinales, élevées, très-noires. Le dessous du corps est d'un noir un peu cendré. Les pattes sont noires, assez longues.

Il se trouve à Cayenne.

83. CAPRICORNE ceint.

CERAMBYX balteus

Cerambyx thorace spinoso, corpore ferrugineo, abdomine ovato, elytris fascia nigricante. Ent. ou hist. nat. des ins. CAPRICORNE. *Pl.* 17. *fig.* 124. *a. b.*

Cerambyx balteus. LIN. *Syst. nat. add. pag.* 1067. *n°.* 6.

Il est de la grandeur du *Capricorne* hispide. Les antennes sont testacées brunes, de la longueur du corps. La tête est ferrugineuse brune. Les yeux sont noirs & très-échancrés antérieurement. Le corcelet est ferrugineux brun, un peu raboteux, armé de chaque côté d'une épine. L'écusson est petit & triangulaire. Les élytres sont ovales, ferrugineuses, brunes, avec une large bande obscure, terminée postérieurement par une ligne blanchâtre sinuée. Les pattes & le dessous du corps sont testacés bruns.

Il se trouve en Portugal.

CAPRIFICATION, opération pratiquée anciennement, & encore aujourd'hui, dans la plupart des isles de l'Archipel, qui consiste à employer les insectes qui ont vécu dans les figues sauvages, pour hâter la mâturité de quelques variétés de figues cultivées. Les anciens ont parlé avec admiration de la *Caprification*, & plusieurs naturalistes modernes ont donné là-dessus de grands détails ; mais outre qu'il n'est pas facile de bien entendre les anciens sur cet objet, & de trouver dans les modernes des applications bien satisfaisantes, nous ne pouvons l'envisager que sous le point de vue qui doit nous être propre. On s'étoit apperçu dans des temps très-reculés, que les insectes qui ont vécu dans les figues sauvages, introduits dans les figues cultivées, accéléroient la maturité, & augmentoient la quantité de ces fruits : on avoit voulu mettre ces observations à profit ; & les grecs d'autre fois faisoient sans doute ce que font encore les grecs d'à présent : ils plantoient des caprifiguiers du côté des figueries, d'où le vent souffloit plus ordinairement, afin que les Moucherons se répandissent plus aisément sur les figues, ou bien ils enfiloient ces fruits sauvages & les suspendoient aux branches des figuiers ordinaires.

M. Bernard, de l'académie de Marseille, a donné sur cette matière, des mémoires aussi intéressans qu'instructifs. Il a observé que les figues que l'on cultive en Provence, ne sont jamais attaquées par des Cynips (genre auquel il rapporte ces insectes). tandis qu'on les trouve constamment dans les graines des figues sauvages. Lorsque les figues sont assez grosses pour que les fleurs femelles soient bien sensibles, des Cynips pénètrent dans l'intérieur par l'œil, & vont sur chaque semence déposer les germes qui doivent reproduire ces insectes. Un mois suffit pour que les larves parviennent à la dernière métamorphose. Le Cynips sort de chaque graine par une ouverture qui suit constamment la direction du pistil.

Cet insecte a environ une ligne de longueur. Il est tout noir. Les antennes sont presque de la longueur du corps. Il a quatre aîles membraneuses, veinées, inégales : les supérieures sont une fois plus grandes que les inférieures. La femelle a son ventre terminé par un aiguillon, caché entre deux lames, qui sert à piquer la graine où l'œuf doit être déposé. La larve qui sort de cet œuf, est blanche : elle se nourrit de l'amande & s'y développe sans laisser d'excrément. On ne trouve jamais qu'une larve dans chaque graine. Cet insecte sera décrit sous le nom du Cynips du figuier. *V.* Cynips.

CARABE, Carabus. Genre d'insectes de la première Section de l'Ordre des Coléoptères.

Les *Carabes* ont le corps alongé, les antennes filiformes, le corcelet ordinairement en cœur, les élytres convexes, distinctes du corcelet, une appendice à la base des cuisses postérieures, enfin les tarses filiformes, composés de cinq articles.

Linné a donné à ce genre le nom de *Carabus*, du mot *Scarabæus* légèrement changé. M. Geoffroy lui avoit restitué le nom de *Buprestis*, que les anciens lui avoient donné, & qui est tiré de la qualité malfaisante que l'on attribuoit à ces insectes : le mot *Buprestis* signifiant en grec, faire crever les bœufs. Le mot *Cara bus*, *arabe*, a prévalu, & à l'exemple de tous les entomologistes, nous le conserverons. Nous désignons sous celui de Bupreste, des insectes très-differens, c'est-à-dire, ceux que M. Geoffroy a décrits sous le nom de Richard.

Le genre *Carabes* est facile à reconnoître. In-dépendamment des caractères génériques qu'offrent les antennes & les tarses, ces insectes ont une forme particulière qui empêche de les confondre avec aucun autre insecte. Une démarche beaucoup moins vive ; les antennes à articles & plus courts & plus grenus ; quatre articles seulement aux tarses des pattes postérieures, distinguent la nombreuse famille des Ténébrions. Les Cicindelles, placées par M. Geoffroy, parmi les Buprestes, qui composent notre genre *Carabe*, & réunies en une seule famille, ont quelques rapports avec les *Carabes* : ces insectes se ressemblent un peu par les antennes, par le nombre d'antennules, par la pièce ou appendice qui se trouve à la base des cuisses postérieures, & enfin par la vivacité & la légèreté de leur démarche : mais la tête grosse & les yeux très-saillans ; le corcelet presque cylindrique, avec un très-léger rebord ; les pattes longues & déliées, & les tarses composées d'articles longs & amincis, forment dans la Cicindelle une différence assez considérable. Les Scarites ont bien plus de rapports avec les *Carabes* qu'avec les Ténébrions, quoique Linné ait placé parmi les Ténébrions le seul Scarite qu'il a décrit. Ces insectes ont de commun entr'eux le nombre d'articles aux tarses de toutes les pattes, l'appendice à la base des cuisses postérieures ; six antennules, & une façon de vivre à-peu-près semblable ; mais ils différent par les antennes, dont les articles sont plus courts dans les Scarites ; tandis que le premier article seulement est beaucoup plus long : d'ailleurs les pattes antérieurs ont leurs jambes larges & garnies de fortes épines, par le moyen desquelles ces insectes creusent & sillonent la terre, comme le Grillon Taupe.

Les antennes des *Carabes*, placées au devant des yeux, égalent à peine la moitié de la longueur du corps, elles sont presque filiformes ; elles diminuent seulement un peu vers leur pointe. Elles sont composées de onze articles bien distincts : le premier est le plus gros & le plus long de tous ; le second est petit & beaucoup plus court ; les suivans sont à-peu-près d'égale longueur entr'eux, les derniers seulement diminuent un peu d'épaisseur. Ils ont une figure cylindrique ; mais ils paroissent un peu plus étroits à leur base qu'à leur pointe.

La tête est assez longue & avancée. L'insecte la porte presque horizontale ou très-peu penchée. Les yeux sont ronds & saillans, mais beaucoup moins que dans les Cicindelles.

La bouche est munie d'une lèvre supérieure,

de deux mandibules, de deux mâchoires, d'une lèvre inférieure, & de six antennules.

La lèvre supérieure est une pièce mobile, transversale, large, coriacée, échancrée & ciliée. Elle se trouve à la partie antérieure de la tête; elle est placée sur les mandibules, & ferme la bouche supérieurement.

Les mandibules sont grandes, cornées, arquées, très-pointues, munies de plusieurs dents aiguës.

Les mâchoires sont cornées, ciliées intérieurement, terminées en pointe forte, courbée, très-aiguë.

La lèvre inférieure est avancée, cornée, mince, entière.

Les antennules antérieures sont courtes, filiformes, de la longueur des mâchoires, composées de deux articles, dont le premier est un peu plus court que le second; elles ont leur insertion au dos des mâchoires. Les antennules moyennes ou extérieures sont longues & composées de quatre articles, dont le premier est court, le second assez long, le troisième conique, le quatrième assez large, un peu comprimé, tronqué à son extrémité; elles ont leur insertion à la base latérale des antennules antérieures. Les antennules postérieures, presque aussi longues que les moyennes, sont composées de trois articles dont le premier est le plus court, & le dernier est le plus large, un peu comprimé & tronqué à son extrémité; elles ont leur insertion à l'extrémité de la lèvre inférieure.

Le corcelet, très-peu convexe en-dessus, a un léger sillon ou ligne longitudinale, plus ou moins marquée dans les différentes espèces. Il est terminé latéralement par un rebord élevé & un peu tranchant. Il est coupé quarrément, dans la plupart des espèces, à sa partie antérieure & postérieure: dans les espèces où le corcelet est beaucoup plus étroit à sa partie postérieure, il est légérement échancré en devant, ce qui représente assez mal, un cœur dont la pointe seroit tronquée. C'est d'après la forme du corcelet, que M. Geoffroy a divisé ces insectes en plusieurs familles.

Les élytres plus convexes & plus élevées dans les grandes espèces que dans les petites, sont garnies, dans presque toutes, de stries longitudinales, & les côtés sont terminés par un petit rebord élevé.

L'écusson ne manque dans aucune espèce connue; mais il est en général très-petit.

La plupart des *Carabes* sont aptères, quoique les élytres soient séparées l'une de l'autre, & qu'elles puissent s'ouvrir ou s'écarter du corps; on ne trouve au-dessus qu'un moignon d'aîle, c'est-à-dire, une petite pièce mince, étroite, membraneuse, garnie de nervures, plus ou moins longue, mais toujours trop courte pour pouvoir servir à l'insecte pour voler. Plusieurs espèces ont des aîles, dont elles font rarement usage.

Les pattes sont d'une moyenne longueur. Les cuisses sont un peu renflées, & les jambes un peu plus grosses par le bas que par le haut, sont garnies tout le long de très-petites épines: le bas est terminé par deux épines longues & droites. On voit à la base des cuisses postérieures, une appendice ovale & alongée, qui ressemble à un moignon d'une autre cuisse. Cette pièce que l'on voit sur quelques autres Coléoptères, est beaucoup plus grande dans les insectes de ce genre, ainsi que dans celui des Cicindelles & des Scarites, qui en approchent beaucoup.

Les tarses sont composés de cinq articles, dont le premier est plus long que le second, celui-ci l'est plus que le troisième, & le quatrième est le plus court: ils ont une figure triangulaire, plus marquée dans le troisième & le quatrième, à cause qu'ils sont plus courts, c'est-à-dire que chaque article est étroit à sa base, & large à sa pointe. Le dernier article, à-peu-près de la longueur du premier, est un peu en masse, & garni de deux crochets recourbés & aigus. Les tarses des pattes antérieures sont un peu plus larges que ceux des autres pattes. Ils sont tous garnis de poils ou d'épines moins roides, mais plus nombreuses que celles des jambes.

Les larves des *Carabes* vivent dans la terre, dans le bois pourri; elles sont difficiles à rencontrer, & conséquemment peu connues. Ce sont des vers mols, dont le corps alongé a six pattes écailleuses, & une bouche armée de deux fortes mâchoires ou pinces, qui leur servent à saisir les larves & les insectes dont ils se nourrissent. Reaumur nous a donné l'histoire de la larve du *Carabe Sycophante*, qui vit dans le nid des chenilles processionnaires. *Mém. des inf. tom.* 2. *pag.* 455. *pl.* 37. *fig.* 14. — 19.

« Un des insectes des plus redoutables pour les chenilles, dit ce célèbre observateur, est un ver noir qui a seulement six jambes écailleuses, attachées aux trois premiers anneaux. Il devient aussi long & plus gros qu'une chenille de médiocre grandeur. Le dessous de son corps est d'un beau noir lustré; il semble que ses anneaux soient écailleux ou crustacés, ils sont pourtant plus mols que les anneaux écailleux. En devant de la tête, il porte deux pinces écailleuses, recourbées en croisant l'une vers l'autre, avec lesquelles il a bientôt percé le ventre d'une chenille, car c'est ordinairement par le ventre qu'il les attaque. La chenille qu'il a une fois percée a beau se donner des mouvemens, s'agiter, se tourmenter, marcher, il ne l'abandonne pas jusqu'à ce qu'il l'ait entièrement mangée. La plus grosse chenille ne suffit, qu'à peine, pour le nourrir un jour, il en tue & il en mange plusieurs dans la même journée, quand il les trouve ».

« Ces vers sont gloutons, savent se placer à merveille pour que la proie ne leur manque pas ; ils savent trouver le nid des processionnaires & s'y établir. Il ne m'est guère arrivé de défaire un nid de ces chenilles, où je n'aie rencontré quelque ver de cette espèce, & souvent j'y en ai rencontré cinq à six. Là ils peuvent assurément manger autant qu'ils veulent ; il n'y a pas de jour apparemment où chacun d'eux ne fasse périr un bon nombre de ces chenilles ou de leurs chrysalides, car ils continuent à se tenir dans les nids des processionnaires, après qu'elles se sont métamorphosées en chrysalides ».

« Ce ver n'est pas en tout temps précisément de même couleur ; le temps où il paroît d'un plus beau noir, est celui où il a besoin de manger, ou au moins celui où il ne s'est pas rassasié à son gré. Quand il a bien mangé, quand il s'est, pour ainsi dire, trop guédé, comme il lui arrive souvent, sa peau devient tendue, ses anneaux sont déboités, & laissent voir du brun sur le corps, & du blanc sur les côtés. A force de manger il se met quelquefois dans un état où sa peau paroît prête à crever ; il semble presque étouffé : aussi quoiqu'ils soient vifs & farouches dans d'autres temps, ils se laissent prendre alors & manier comme s'ils étoient morts ; & j'ai souvent cru qu'ils l'étoient, ou au moins qu'ils étoient mourans. Mais quand leur digestion étoit avancée, & qu'ils s'étoient vidés, ils commençoient à se mouvoir & à reprendre l'agilité qui leur est ordinaire ».

« J'ai vu quelquefois les plus gros de ces vers, bien punis de leur gloutonnerie : lorsqu'elle les avoit mis hors d'état de se pouvoir remuer, ils étoient attaqués par d'autres vers de leur espèce, encore jeunes & assez petits, qui leur perçoient le ventre & les mangoient. Rien ne mettoit ces jeunes vers dans la nécessité d'en venir à une telle barbarie, car ils attaquoient si cruellement leurs camarades, dans des temps où les chenilles ne leur manquoient pas ».

Les *Carabes* sont des insectes très-agiles. On les rencontre très-fréquemment dans les champs & dans les jardins, courant avec beaucoup de vîtesse & de célérité, & se cachant le plus souvent dans la terre & sous les pierres. La plupart, parmi les grandes espèces sur-tout, évitent la lumière & ne sortent que la nuit. Ils sont très-voraces. Ils se nourrissent de larves de chenilles, & souvent d'insectes parfaits, dont ils se saisissent avec leurs grandes & fortes mâchoires : ils ne s'épargnent pas même entr'eux, car souvent ils se dévorent impitoyablement les uns les autres.

Ces insectes répandent une odeur très-forte & très-désagréable, qui approche de celle du tabac, & de quelque plante vénéneuse. Lorsqu'on les prend on voit sortir de la bouche ou de l'anus, une liqueur d'un vert noirâtre, très âcre & très-caustique, & dont l'odeur est plus forte & plus pénétrante que celle que répand leur corps. Les anciens avoient regardé ces insectes comme un poison pour les bœufs qui en avaloient quelques-uns, mêlés avec l'herbe dont ils se nourrissent dans les champs & dans les prés. Ils les croyoient capables d'enflammer les intestins de ces animaux, par leur acrimonie & leur causticité. C'est à cause de cette qualité malfaisante qu'ils leur avoient donné le nom de *Bupreste*, *Buprestis*, nom que Linné a changé en celui de *Carabus*, désignant sous celui de *Buprestis*, des insectes très-différens, & qui n'ont rien de malfaisant.

Hippocrate, Pline, & les anciens médecins, attribuoient à ces insectes une vertu peu inférieure à celle des Cantharides. Ils en faisoient usage dans diverses maladies : dans l'hydropisie, dans la tympanite, & sur-tout dans quelques maladies auxquelles les femmes sont particulièrement sujettes : comme par exemple la suppression des règles, le squirre à la matrice, &c. Ils les faisoient prendre intérieurement à très-petite dose, & ils les employoient quelquefois en pessaires, mêlés avec des substances aromatiques.

CARABE.

CARABE.

CARABUS. LIN. FAB.

BUPRESTIS. GEOFF.

CARACTÈRES GÉNÉRIQUES.

ANTENNES filiformes, de la longueur environ de la moitié du corps.

Bouche munie d'une lèvre supérieure, de deux mandibules grandes, arquées, dentées; de deux mâchoires cornées; d'une lèvre inférieure, & de six antennules.

Yeux un peu saillans & ronds.

Corcelet & élytres avec un rebord.

Appendice à la base des cuisses postérieures.

Cinq articles aux tarses, presque filiformes; les antérieurs plus larges que les autres, tous terminés par deux crochets forts & aigus.

ESPECES.

1. CARABE maxillaire.

Aptère, noir; mandibules avancées, de la longueur de la tête; corcelet alongé, bilobé postérieurement.

2. CARABE thoracique.

Aptère, noir; corcelet avancé, bilobé postérieurement; bords des élytres & du corcelet couverts d'un duvet blanchâtre.

3. CARABE frangé.

Aptère, noir; corcelet simple, en cœur; bords du corcelet & des élytres couverts d'un duvet blanchâtre.

4. CARABE immaculé.

Aptère, noir, sans taches; corcelet en cœur, sillonné; élytres lisses.

5. CARABE six-taches.

Aptère, noir; corcelet avec deux taches, élytres avec quatre taches, couvertes d'un duvet blanchâtre.

6. CARABE scabreux.

Aptère, noir; corps raboteux, violet; antennes & pattes noires.

7. CARABE ténébroïde.

Ailé, d'un brun noirâtre; corcelet presque en cœur; élytres striées, avec les bords verdâtres.

8. CARABE chagriné.

Aptère, noir, opaque; élytres chagrinées.

CARABES. (Insectes.)

9. CARABE variolé.

Aptère, noir; élytres avec des points variolés, enfoncés.

10. CARABE violet.

Ailé; élytres lisses, noires, avec le bord doré; corcelet un peu violet.

11. CARABE embrouillé.

Aptère, noir; bord du corcelet & des élytres violet; élytres avec trois rangées de points enfoncés.

12. CARABE purpurin.

Aptère, noir; bord du corcelet & des élytres violet; élytres striées.

13. CARABE bleu.

Aptère, noir, avec un reflet violet; élytres raboteuses.

14. CARABE espagnol.

Aptère, noir; corcelet bleu; élytres raboteuses, d'un vert doré.

15. CARABE splendide.

Aptère, vert brillant; élytres lisses, avec les bords dorés.

16. CARABE dix-taches.

Aptère, noir; élytres avec neuf sillons & dix petites taches enfoncées, blanches.

17. CARABE six-maculé.

Aptère, noir; corcelet rétréci postérieurement, bordé de blanc; élytres presque striées, avec trois taches blanches.

18. CARABE sillonné.

Aptère, noir; élytres sillonnées, avec les bords & quatre taches enfoncées, couverts d'un duvet blanc.

19. CARABE alongé.

Aptère, noir; corcelet brun; élytres sillonnées, avec deux petits points blancs.

20. CARABE languissant.

Aptère, noir; corcelet aminci postérieurement; élytres sillonnées & raboteuses.

21. CARABE bigarré.

Aptère, noir; élytres aplaties, lisses, avec le bord sinué & des points blancs, au milieu.

22. CARABE perlé.

Aptère, noir; élytres striées, avec trois rangées de points enfoncés, bilobés.

23. CARABE jardinier.

Aptère, d'un noir bronzé; élytres avec trois rangées de points enfoncés, bronzés.

24. CARABE enfumé.

Aptère, noir; élytres presque lisses, noirâtres, avec trois rangées de points enfoncés.

25. CARABE campagnard.

Aptère, d'un noir cuivreux; élytres striées, avec trois rangées de points enfoncés.

26. CARABE calide.

Aptère, noir; élytres avec des stries crénelées, & trois rangées de points enfoncés, dorés.

CARABES. (Insectes.)

27. CARABE rétus.

Aptère ; élytres striées , coupées à leur base, verdâtres, avec trois rangées de points enfoncés.

28. CARABE de Madère.

Aptere , noir ; élytres coupées à leur base.

29. CARABE rugueux.

Aptère , noir ; corcelet arrondi ; elytres avec des stries raboteuses & des points dorés.

30. CARABE convexe.

Aptère , noir , lisse, convexe ; corcelet échancré postérieurement.

31. CARABE doré.

Aptère , noir en-dessous , d'un vert doré en-dessus ; élytres avec de larges sillons lisses.

32. CARABE sutural.

Aptère ; élytres striées , vertes , avec la suture dorée.

33. CARABE en croissant.

Aptère , noir ; corcelet en croissant ; élytres striées.

34. CARABE difforme.

Aptère , noir ; corcelet transversal , tronqué postérieurement ; élytres striées.

35. CARABE granulé.

Aptère , noirâtre ; élytres d'un vert bronzé , striées , avec des points élevés , oblongs.

36. CARABE grillé.

Aptère , noirâtre ; élytres bronzées , striées, avec des points oblongs , enfoncés , cuivreux.

37. CARABE enchaîné.

Aptère , verdâtre en-dessus ; élytres avec des points élevés , oblongs , entre trois lignes élevées.

38. CARABE poméranien.

Cuivreux en-dessus , noir en dessous ; élytres striées , avec trois rangées de points élevés , oblongs.

39. CARABE à côtes.

Aptère , noir ; élytres avec des stries granulées.

40. CARABE recourbé.

Aptère , noir ; bords du corcelet arrondis , recourbés ; élytres sillonnées , avec deux taches jaunes.

41. CARABE anguleux.

Aptère , velu , noir ; corcelet cannelé ; élytres sillonnées , avec deux bandes jaunes interrompues.

42. CARABE brillant.

Aptère ; élytres largement sillonnées, vertes , avec les bords dorés.

43. CARABE inquisiteur.

Ailé ; élytres striées , d'un vert bronzé , avec trois rangées de petits points enfoncés.

44. CARABE scrutateur.

Ailé ; élytres striées , vertes , avec trois rangées de petits points enfoncés ; corcelet bleu , avec les bords dorés.

45. CARABE réticulé.

Ailé , noir ; élytres réticulées , d'un vert bronzé ; bords du corcelet verdâtres.

CARABES. (Insectes.)

46. CARABE sycaphante.

Ailé, d'un noir violet; élytres striées, d'un vert doré.

47. CARABE rechercheur.

Aptère, noir; bords du corcelet arrondis; élytres lisses, avec trois rangées de points enfoncés.

48. CARABE muselier.

Aptère, noir; élytres lisses; corcelet étroit; tête étroite, avancée.

49. CARABE relevé.

Aptère; bords du corcelet arrondis, relevés; corps noir; élytres violettes.

50. CARABE unicolor.

Aptère; bords du corcelet arrondis, relevés; corps noir; élytres striées.

51. CARABE lisse.

Ailé; déprimé, noir, très-lisse; angles postérieurs du corcelet arrondis.

52. CARABE leucophtalme.

Ailé, noir; élytres striées; corcelet cannelé.

53. CARABE parallélipipède.

Aptère, noir; corcelet quarré, large; élytres lisses.

54. CARABE fuligineux.

Noir; corcelet quarré, lisse; élytres striées; antennes brunes.

55. CARABE attélaboïde.

Aptère, noir; corcelet étroit; tête amincie postérieurement; élytres tronquées, fillonées.

56. CARABE cicindéloïde.

Aptère, noir; corcelet aminci postérieurement; élytres ovales, aplaties, ferrugineuses, bordées de blanc.

57. CARABE moucheté.

Aptère, noir; corcelet en cœur, bordé de blanc; élytres ovales, avec plusieurs points blancs.

58. CARABE trilinéé.

Aptère, noir; corcelet aminci postérieurement, bordé de blanc; élytres blanchâtres, avec la suture & une ligne noires.

59. CARABE du Cap.

Noir; antennes fauves; élytres rougeâtres, bordées de noir.

60. CARABE obtus.

Corcelet & élytres noirâtres; tête, antennes & pattes rougeâtres.

61. CARABE strié.

Noir; base du corcelet avec un point enfoncé de chaque côté; élytres striées, lisses, au milieu.

62. CARABE arénaire.

Pâle; élytres striées, avec deux taches noires, au milieu.

63. CARABE sabloneux.

Pâle; tête noire; élytres striées, avec une grande tache noire.

64. CARABE aplati.

Pâle; élytres striées, avec deux bandes ondées, noires.

CARABES. (Insectes.)

65. CARABE agricole.

Très-noir; élytres avec trois lignes longitudinales, élevées.

66. CARABE effacé.

Noir; corcelet en cœur, bordé de blanc; élytres avec des lignes & le bord blancs, peu marqués.

67. CARABE ruficorne.

Noir; élytres striées, lisses; antennes & pattes fauves.

68. CARABE bicolor.

Noir en-dessus, ferrugineux en-dessous; antennes & pattes fauves.

69. CARABE flavicorne.

Noir; bords du corcelet, antennes & pattes jaunâtres.

70. CARABE brun.

Noir; antennes & pattes d'un brun de poix; élytres striées.

71. CARABE fémoral.

Tête & corcelet d'un vert bronzé; élytres striées, obscures; cuisses fauves.

72. CARABE velouté.

Noir, soyeux; tête bronzée, luisante.

73. CARABE paresseux.

Noir, convexe; corcelet avec un point enfoncé de chaque côté postérieurement; cuisses fauves.

74. CARABE binoté.

Noir; tête avec deux petits points rouges; antennes jaunes, à leur base.

75. CARABE interrompu.

Noir; corcelet arrondi postérieurement, séparé de l'abdomen par un étranglement.

76. CARABE uni.

Corcelet arrondi; corps fauve; élytres avec deux bandes noires.

77. CARABE américain.

Noir; corcelet, antennes & pattes ferrugineux.

78. CARABE fastigié.

Ferrugineux; élytres & abdomen noirs.

79. CARABE occidental.

Ailé; tête & corcelet étroits, d'un brun ferrugineux; élytres sillonnées, d'un noir bleuâtre.

80. CARABE latéral.

Noir; corcelet & bord des élytres ferrugineux.

81. CARABE fumant.

Ferrugineux; élytres striées, d'un noir bleuâtre.

82. CARABE petard.

Tête, corcelet & pattes ferrugineux; élytres striées, noires.

83. CARABE bimaculé.

Noir; tête jaune; élytres striées, avec un point à la base, & une bande interrompue, jaunes.

CARABES. (Insectes.)

84. CARABE six-pustules.

Fauve ; élytres noires, avec six taches fauves.

85. CARABE livide.

Corcelet & pattes ferrugineux ; élytres noires, avec les bords latéraux livides.

86. CARABE aigu.

Noir ; élytres aiguës à leur extrémité, avec deux taches blanches sur chaque.

87. CARABE spinibarbe.

Corcelet arrondi ; corps bleuâtre ; bouche, antennes & pattes fauves.

88. CARABE buprestoïde.

Noir ; tête enfoncée ; antennes ferrugineuses ; pattes brunes.

89. CARABE soyeux.

Ailé, noir ; tête, corcelet & élytres d'un noir brillant ; antennes & pattes fauves.

90. CARABE pilicorne.

Corcelet arrondi ; élytres striées, avec trois points enfoncés ; antennes velues à leur base.

91. CARABE bleuâtre.

D'un noir bleuâtre ; antennes noires, rougeâtres à leur base.

92. CARABE savonnier.

Noir ; bords du corcelet & des élytres rougeâtres ; antennes & pattes pâles.

93. CARABE agréable.

D'un vert bronzé ; corcelet quarré, avec deux petites lignes enfoncées de chaque côté postérieurement ; élytres striées.

94. CARABE charmant.

D'un noir bleuâtre en-dessous ; tête & corcelet d'un vert bleuâtre ; élytres lisses, d'un vert doré.

95. CARABE africain.

Noir ; antennes & pattes fauves ; élytres lisses.

96. CARABE anal.

Tête & corcelet d'un vert bronzé ; élytres striées, noirâtres, avec une tache postérieure, sinuée, fauve.

97. CARABE pensylvain

Testacé ; tête obscure ; élytres striées.

98. CARABE cuivreux.

Bronzé ; antennes noires, rougeâtres à leur base ; pattes & dessous du corps noirs.

99. CARABE bourreau.

Ailé, d'un vert bronzé ; antennes & pattes fauves ; corcelet étroit.

100. CARABE vulgaire.

D'un noir bronzé ; antennes, pattes & dessous du corps noirs.

101. CARABE azuré.

Bleu ; antennes & pattes rougeâtres ; élytres striées.

CARABES. (Insectes.)

102. CARABE érythrocéphale.

Noir ; tête fauve ; antennes & pattes jaunes.

103. CARABE large.

Noir ; élytres striées ; corcelet large ; antennes & pattes d'un brun ferrugineux.

104. CARABE quadricolor.

Noir ; tête & corcelet cuivreux, élytres d'un noir bleuâtre, striées ; antennes & pattes fauves.

105. CARABE agreste.

Noir ; antennes & pattes fauves ; élytres striées, soyeuses, d'un noir bronzé.

106. CARABE abdominal.

Noir ; antennes, disque de l'abdomen & pattes ferrugineux.

107. CARABE linéole.

Ferrugineux ; corcelet presque égal ; élytres avec une petite ligne noire.

108. CARABE ferrugineux.

Ferrugineux ; élytres striées, plus obscures.

109. CARABE pâle.

Pâle, sans taches ; élytres striées.

110. CARABE porte-lune.

Ferrugineux ; abdomen noir ; élytres avec une grande tache noire.

111. CARABE multiponctué.

Bronzé ; élytres couvertes de beaucoup de points enfoncés.

112. CARABE points-oblongs.

Noir ; élytres striées, couvertes de beaucoup de points enfoncés.

113. CARABE bronzé.

Ferrugineux ; corcelet & élytres bronzés ; élytres striées.

114. CARABE nigricorne.

Noir ; corcelet cuivreux ; élytres striées, vertes ; pattes brunes.

115. CARABE six-points.

Noir ; tête & corcelet verts ; élytres cuivreuses, avec six points enfoncés.

116. CARABE rural.

D'un vert brillant ; élytres striées, avec trois points enfoncés ; bords des élytres & pattes fauves.

117. CARABE marginé.

Noir ; élytres vertes, avec les bords testacés ; pattes jaunes.

118. CARABE ceint.

Obscur ; tête & corcelet d'un vert bronzé ; bord des élytres & pattes pâles.

119. CARABE bifascié.

Tête & corcelet fauves ; élytres jaunes, avec deux bandes noires.

120. CARABE trimaculé.

Noirâtre ; élytres striées, avec deux taches & l'extrémité testacées.

CARABES. (Insectes.)

121. CARABE pallipède.

Noir ; corcelet arrondi ; bord du corcelet, des élytres & pattes pâles.

122. CARABE bordé.

Tête & corcelet verts, bordés de jaune ; élytres pâles, avec la suture & trois bandes ondées, courtes, vertes.

123. CARABE bilinéé.

Ferrugineux ; corcelet, suture des élytres & ligne longitudinale, noirs.

124. CARABE échelon.

Testacé ; corcelet avec deux raies noires ; élytres avec une tache suturale, dentée.

125. CARABE nitidule.

Noir ; élytres d'un noir bleuâtre, avec les bords extérieurs d'un vert doré.

126. CARABE mélanocéphale.

Noir ; corcelet & pattes ferrugineux ; élytres lisses.

127. CARABE tête-bleue.

Corcelet & pattes ferrugineux ; tête & élytres bleues.

128. CARABE ruficolle.

Corcelet presque en cœur, ferrugineux ; élytres tronquées, striées, vertes ; tête noire.

129. CARABE améthyste.

Bleu ; tête & corcelet cuivreux, brillans.

130. CARABE sinueux.

Noir ; élytres ferrugineuses, avec une tache sinuée, au milieu, & un point à l'extrémité, noirs.

131. CARABE grand-croix.

Corcelet arrondi, rouge ; élytres tronquées, rouges, avec une croix noire.

132. CARABE rayé.

Corcelet rebordé, fauve ; élytres noires, avec une ligne longitudinale, blanche.

133. CARABE turcique.

Corcelet arrondi, fauve ; élytres noires, avec une tache en croissant, d'un jaune pâle, à la base extérieure.

134. CARABE hémorrhoïdal.

Corcelet presque arrondi, rougeâtre ; élytres noires, avec l'extrémité fauve.

135. CARABE picipède.

Noir, luisant ; corcelet arrondi ; élytres striées, noirâtres ; pattes d'un brun ferrugineux.

136. CARABE agile.

Fauve ; corcelet arrondi ; élytres & abdomen noirs.

137. CARABE petite-croix.

Noir ; corcelet arrondi, fauve ; élytres fauves, avec la suture & une large bande, fauves.

138. CARABE en sautoir.

Corcelet arrondi, noir, luisant ; élytres pâles, avec une large bande noire, dilatée à la suture.

CARABES. (Insectes.)

139. CARABE germain.

Noir ; tête & pattes testacées ; élytres testacées, avec une grande tache postérieure, violette.

140. CARABE prompt.

Noirâtre ; antennes & pattes pâles ; élytres striées, très-obtuses.

141. CARABE roussâtre.

Ferrugineux ; corcelet arrondi ; partie supérieure de la tête & anus noirs.

142. CARABE verdelet.

D'un vert bronzé ; élytres ferrugineuses, avec une grande tache arrondie, commune, d'un noir bronzé.

143. CARABE bipustulé.

Corcelet arrondi, noir, pubescent ; élytres noires, avec deux grandes taches rougeâtres sur chaque.

144. CARABE équinoxial.

Jaune ; corcelet en cœur ; élytres noirâtres, avec deux taches jaunes sur chaque.

145. CARABE lunulé.

Corcelet arrondi, fauve ; élytres jaunes, avec trois taches noires sur chaque.

146. CARABE vert.

Noir ; tête & corcelet d'un vert bronzé ; élytres rougeâtres, avec une grande tache commune, postérieure, noire.

147. CARABE étuvier.

Corcelet, antennes & pattes ferrugineux ; élytres noirâtres, avec la base & le bord extérieur ferrugineux.

148. CARABE méridien.

Noir ; base des élytres & pattes testacées.

149. CARABE empreint.

Noir ; corcelet ferrugineux, obscur ; élytres grisâtres, avec une ligne longitudinale, noire.

150. CARABE fascié.

Ferrugineux ; élytres avec une bande noire.

151. CARABE quadrimaculé.

Corcelet ferrugineux, glabre ; élytres obscures, noirâtres, avec deux taches blanches sur chaque.

152. CARABE quadripustulé.

Tête ferrugineuse ; corcelet noir ; élytres noires, avec deux taches jaunes sur chaque.

153. CARABE quadrimoucheté.

Corcelet arrondi, noir ; élytres noires, avec deux taches pâles sur chaque.

154. CARABE brûlé.

Corcelet noirâtre ; élytres obscures, avec deux bandes d'un brun ferrugineux.

155. CARABE dorsal.

Corcelet arrondi, noir ; élytres pâles, avec une grande tache noire, au milieu.

156. CARABE tête-noire.

Corcelet arrondi, fauve ; tête noire ; élytres obtuses, testacées.

CARABES. (Insectes.)

157. Carabe bimoucheté.

Corcelet arrondi, bronzé; élytres noires, avec une tache à l'extrémité, pâle.

158. Carabe testacé.

Tête & corcelet ferrugineux; élytres testacées, lisses.

159. Carabe racourci.

Corcelet arrondi, fauve; élytres courtes, testacées.

160. Carabe biponctué.

Bronzé; antennes noires; jambes pâles; élytres avec deux petits points enfoncés.

161. Carabe connexe.

Noir; élytres testacées, avec la suture & le bord postérieur noirs; pattes fauves.

162. Carabe rétréci.

Corcelet cylindrique, d'un vert bleuâtre; élytres testacées, avec l'extrémité noire.

163. Carabe tronqué.

Noir en-dessous; d'un noir bronzé en-dessus; extrémité des élytres un peu tronquée.

164. Carabe octomaculé.

Noir; pattes fauves; élytres striées, avec huit taches pâles.

1. Carabe maxillaire.

Carabus maxillosus.

Carabus apterus ater, mandibulis exsertis longitudine capitis, thorace postice producto bilobo. Ent. ou hist. nat. des inf. Carabe. *Pl.* 8. *fig.* 90.

Carabus maxillosus. Fab. *Sp. inf. tom.* 1. *pag.* 298. *n°.* 1.—*Mant. inf. tom.* 1. *p.* 194. *n°.* 1.
Carabus maxillosus *apterus, ater thorace postice producto bilobo unicolore.* Thunb. *Nov. spec. inf. diss.* 4. *pag.* 69.
Voet. *Coleopt. tab.* 29. *fig.* 47, 48.
Fuesl. *Archiv. inf.* 8. *tab.* 47. *fig.* 3.
Carabus maxillosus. Lin. *Syst. nat. édit.* 13. *p.* 1959.

Il est très-grand & entièrement noir. Les mandibules sont grandes, arquées, pointues: il y en a ordinairement une plus grande que l'autre. La tête est inégalement enfoncée en dessus; elle est assez grande. La lèvre supérieure est grande & arrondie. Le corcelet est en cœur, enfoncé au milieu de la partie supérieure, très-avancé & bilobé postérieurement. L'écusson est petit & triangulaire. Les élytres sont réunies, ovales & bordées.

L'autre sexe a les mandibules moins grandes, & l'avancement postérieur du corcelet beaucoup moins grand.

Il se trouve au cap de Bonne-Espérance.

2. Carabe thoracique.

Carabus thoracicus.

Carabus apterus ater, thorace postice producto bilobo: lateribus elytrorumque marginibus albo villosis. Fab. *Mant. inf. tom.* 1. *p.* 195. *n°.* 2.
Carabus thoracicus. Thunb. *Nov. sp. inf. diss.* 4. *pag.* 69. *fig* 82.
Fuesl. *Archiv. inf.* 8. *tab.* 47. *fig.* 2.
Carabus thoracicus. Lin. *Syst. nat. edit.* 13. *pag.* 1960.

Il est de la grandeur du précédent. Les mandibules sont grandes, un peu plus longues que la tête, arquées Le corps est noir. Le corcelet est presqu'en cœur, un peu dilaté antérieurement, avec les côtés arrondis, enfoncés & couverts d'un duvet blanchâtre; il est avancé postérieurement sur les élytres & il est bilobé. Les élytres sont convexes, réunies, avec tout le bord extérieur couvert d'un duvet blanchâtre.

Il se trouve au Cap de Bonne-Espérance.

3. Carabe frangé.

Carabus fimbriatus.

Carabus apterus, thorace cordato simplici lateribus elytrorumque marginibus albo tomentosis. Ent. ou hist. nat. des inf. Carabe. *Pl.* 1. *fig.* 5.

Carabus fimbriatus: *apterus, ater thorace simplici lateribus elytrorumque marginibus albo tomentosis.* Thunb. *Nov. sp. inf. diss.* 4. *pag.* 70. *fig.* 83.

Il ressemble entièrement au précédent, dont il ne diffère que par la forme du corcelet. Le corps est noir. La lèvre supérieure est grande, arrondie. Les mandibules sont arquées, unidentées vers leur base, presque aussi grandes que la tête. La tête est grande, inégale à sa partie supérieure. Le corcelet est en cœur, aminci postérieurement, sillonné à sa partie supérieure, marqué d'une grande tache d'un blanc jaunâtre de chaque côté. Les élytres sont lisses, réunies, convexes, ovales, noires, avec tout le bord extérieur d'un blanc jaunâtre. Les jambes sont légèrement épineuses.

Il se trouve au cap de Bonne-Espérance.

4. Carabe immaculé.

Carabus immaculatus.

Carabus apterus ater, immaculatus, thorace cordato sulcato, elytris lævibus.

Carabus agilis *apterus, ater, immaculatus, thorace postice rotundato sulcato.* Thunb. *Nov. sp. inf. diss.* 4. *pag.* 70.

Il ressemble entièrement, pour la forme & la grandeur au *Carabe* frangé; mais il est tout noir, sans taches. Le corcelet est en cœur, un peu moins dilaté que celui du précédent.

Il se trouve au cap de Bonne-Espérance.

5. Carabe six-taches.

Carabus sexguttatus.

Corabus apterus ater, thorace maculis duabus, elytris quatuor albo tomentosis. Ent. ou hist. nat. des inf. Carabe. *Pl.* 1, *fig.* 6.

Carabus sexguttatus *apterus, thorace postice angustato, elytris lævibus atris, punctis duobus griseis.* Fab. *Syst. ent. pag.* 236. *n°* 4.—*Sp. inf. tom.* 1. *pag.* 300. *n°.* 6.—*Mant. inf. tom.* 1. *pag.* 195. *n°.* 10.

Carabus sexguttatus. Thunb. *Nov. sp. inf. diss.* 4. *pag.* 70. *fig.* 84.

Carabus sexguttatus. Lin. *Syst. nat. edit* 13. *pag.* 1965.

Il est de la grandeur du *Carabe* thoracique. La tête est noire, assez grande, un peu inégale à sa partie supérieure. Le corcelet est presque en cœur, un peu sillonné à sa partie supérieure, noir, avec les côtés couverts d'un duvet blanchâtre. Les élytres sont lisses, réunies, noires, avec deux grandes taches formées par un duvet blanchâtre. Le dessous du corps & les pattes sont noirs.

Il se trouve au cap de Bonne-Espérance.

6. CARABE scabreux.

CARABUS scabrosus.

Carabus apterus, corpore scabro violaceo, antennis pedibusque nigris. Ent. ou hist. nat. des ins. CARABE. *Pl.* 7. *fig.* 83.

Il ressemble beaucoup au *Carabe* chagriné, mais il est beaucoup plus grand & d'une belle couleur violette en dessus. Les antennes sont noires. Les mandibules sont noires, arquées, très-pointues à leur extrémité, armées d'une dent assez longue & aiguë, vers leur milieu. La tête est violette & raboteuse. Le corcelet est coupé antérieurement, presque sinué postérieurement; il est très-raboteux. L'écusson est noir & triangulaire. Les élytres sont très-raboteuses, presque variolées, réunies. Le dessous du corps est noir & violet sur les côtés du corcelet, de la poitrine & de l'abdomen. Les pattes sont noires.

Il se trouve à Constantinople.

7. CARABE ténébrioïde.

CARABUS tenebrioïdes.

Carabus alatus piceus, thorace subcordato, elytris striatis marginibus virescentibus. Ent. ou hist. nat. des ins. CARABE. *Pl.* 6. *fig.* 67.
VOET. *Coleopt. tab.* 39. *fig.* 50.

Il a la forme alongée & un peu déprimée des Ténébrions. Les antennes sont noires, de la longueur du corcelet. La tête est assez grande & d'un brun noirâtre. Le corcelet est presqu'en cœur, tronqué antérieurement & postérieurement, silloné à sa partie supérieure, avec une impression aux angles postérieurs; il est d'un brun noirâtre, luisant, avec les bords latéraux verdâtres. Les élytres sont sillonées, d'un brun noirâtre, luisant, avec les bords latéraux verdâtres. Le dessous du corps est d'un noir brun. Les pattes sont noires.

Il se trouve aux indes orientales, à Amboine.

8. CARABE chagriné.

CARABUS coriaceus.

Carabus apterus ater opacus, elytris punctis intricatis subrugosis. Ent. ou hist. nat. des ins. CARABE. *Pl.* 1. *fig.* 1. *a. b.*

Carabus coriaceus. LIN. *Syst. nat. pag.* 668. *n°.* 1.

Carabus coriaceus. FAB. *Syst. ent. pag.* 235. *n°.* 1.—*Sp. ins. tom.* 1. *pag.* 298. *n°.* 2.—*Mant. ins. tom.* 1. *pag.* 195. *n°.* 3.

Buprestis ater, elytris rugosis, GEOFF. *Ins. tom.* 1. *pag.* 141. *n°.* 1.

Le Bupreste noir chagriné. GEOFF. *Ib.*
Carabus coriaceus. DEG. *Mém. ins. tom.* 4. *pag.* 90. *n°.* 4.

Carabe noir chagriné non ailé entièrement noir, à étuis chagrinés. DEG. *Ib.*

Carabus coriaceus. SCOP. *Ent. carn. n°.* 265.
POD. *Mus. græc. pag.* 45.
Carabus coriaceus. SCHRANK. *Enum. ins. aust. n°.* 388.

SULZ. *Ins.* 1. *tab.* 6. *fig.* 44.
VOET. *Coleopt. n°.* 38. *fig.* 43.
PONTOP. *Atl. Dan.* 1. *tab.* 29.
BERGSTR. *Nomencl.* 1. *tab.* 13. *fig.* 7.
SCHAEFF. *Icon. ins. p.* 141. *fig.* 1.

Buprestis coriaceus. FOURC. *Ent. par.* 1. *pag.* 40. *n°.* 1.

Carabus coriaceus. VILL. *Ent. tom.* 1. *pag.* 355. *n°.* 1.
Carabus coriaceus. FUESL. *Ins. helv. n°.* 357.

Ce *Carabe* le plus grand de ceux d'Europe, a quelquefois plus de quinze lignes de long. Il est d'un noir luisant en-dessous, & d'un noir mat en-dessus. Les antennes presque de la longueur de la moitié du corps, sont un peu amincies vers leur extrémité. Le corcelet est en cœur, légèrement rebordé, finement pointillé, & on voit dans le milieu une ligne longitudinale enfoncée, peu marquée. L'écusson est petit, triangulaire, plus large que long. Les élytres sont convexes & couvertes de points élevés & irréguliers, qui les font paroître très-chagrinées.

Il se trouve dans presque toute l'Europe, sous les pierres, dans les lieux humides.

9. CARABE variolé.

CARABUS variolosus.

Carabus apterus ater, elytris punctis variolosis impressis. FAB. *Mant. ins. tom.* 1. *pag.* 195. *n°.* 4.

Il est grand & tout noir. Les antennes sont noires, avec leur extrémité noirâtre. Le corcelet est lisse, échancré antérieurement, presque quarré, noir, sans taches. Les élytres sont réunies; elles ont des points enfoncés & variolés. Le dessous du corps & les pattes sont noirs.

Il se trouve dans la Transylvanie.

10. CARABE violet.

CARABUS violaceus.

Carabus alatus, elytris læviusculis nigris margine aureo, thorace subviolaceo. Ent. ou hist. nat. des ins. CARABE. *Pl.* 4. *fig.* 39.

Carabus violaceus. LIN. *Syst. nat. pag.* 669. *n°.* 8.—*Faun. suec. n°.* 787.

Carabus violaceus *alatus niger, thorace elytrorumque marginibus violaceis.* Fab. *Syst. ent. pag.* 236. *n°.* 2. — *Sp. ins. tom.* 1. *pag.* 299. *n°.* 3. — *Mant. ins. tom.* 1. *p.* 195. *n°.* 5.

Scarabæus major è purpura nigricans. Rai. *Ins. pag.* 96. *n°.* 1.

Scarabæus maximus è viola nigricans. List. *Scar. angl. pag.* 389. *n°.* 22.

Scarabæus terrestris nigricans. Frisch. *Ins.* 13. *tab.* 23.

Bergstr. *Nomencl.* 1. 16. 14. *tab.* 2. *fig.* 14. *tab.* 10. *fig.* 6.

Schaeff. *Icon. ins. tab.* 88. *fig.* 1. ?
Voet. *Coleopt. tab.* 37. *fig.* 30.

Carabus violaceus. Schrank. *Enum. ins. austr.* *n°.* 392.

Les antennes sont noires, de la longueur de la moitié du corps. La tête est noire. Le corcelet est presque en cœur, échancré antérieurement & postérieurement rebordé, noir, avec les bords latéraux violets. Les élytres sont réunies, très-légèrement chagrinées, sans stries & sans rangées de points enfoncés. Il est noir, avec les bords latéraux violets. Le dessous du corps & les pattes sont noirs.

Il se trouve au nord de l'Europe, en Allemagne, en Angleterre.

11. Carabe embrouillé.

Carabus intricatus.

Carabus apterus niger, thorace elytrisque margine violaceis, elytris punctis excavatis triplici ordine. Ent. ou hist. nat. des ins. Carabe. *Pl.* 1. *fig.* 11.

Carabus intricatus *violaceo-niger, elytris intricatis elevato-striatis punctatisque.* Lin. *Faun. suec. n°.* 780.

Carabus apterus æneo-niger nitidus, thorace subviolaceo, elytris punctis minutissimis excavatis triplici ordine. Deg. *Mem. tom.* 4. *pag.* 89. *n°.* 3.

Carabe *azuré* non-ailé, d'un noir bronzé luisant, à corcelet bordé de violet, à trois rangs de très-petits points concaves sur les étuis. Deg. *Ib.*

Carabus intricatus. Vill. *Ent. tom.* 1. *pag.* 363. *n°.* 12.

Il ressemble entièrement au *Carabe* violet, par la forme & la grandeur; il en diffère par le corcelet presque tout violet, & par les élytres très-légèrement raboteuses, marquées chacune de trois petites lignes longitudinales élevées, interrompues par de petits points enfoncés.

Il se trouve au nord de l'Europe, en France, aux environs de Lyon.

12. Carabe purpurin.

Carabus purpurascens.

Carabus apterus ater, thoracis elytrorum margine violaceo, elytris striatis. Ent. ou hist. nat. des ins. Carabe. *Pl.* 4. *fig.* 40. & *pl.* 5. *fig.* 48.

Carabus purpurascens. Fab. *Mant. ins. tom.* 1. *pag.* 195. *n°.* 6.

Buprestis totus nigro-violaceus, elytris dense striatis. Geoff. *Ins. tom.* 1. *pag.* 144. *n°.* 4.

Le Bupreste azuré. Geoff. *Ib.*
Schaeff. *Icon. ins. pl.* 3. *fig.* 1.
Voet. *Coleopt. tab.* 37. *fig.* 36.

Il est un peu plus grand que le *Carabe* violet. Il est noir & très-luisant en-dessous, d'un noir violet & luisant en dessus, avec le bord du corcelet & des élytres d'une belle couleur violette dorée. Les antennes sont noires, de la longueur de la moitié du corps, & un peu amincies vers leur extrémité. Le corcelet est rebordé & finement pointillé: on voit au milieu une petite ligne longitudinale enfoncée. Les angles postérieurs sont un peu avancés vers les élytres; celles-ci sont convexes & ont des stries très-fines & très-rapprochées; on voit sur les élytres de quelques espèces, trois rangs de petits points enfoncés. Il n'a point d'ailes, quoique les élytres ne soient pas réunies.

Il se trouve en Europe, sous les pierres & dans les ordures des jardins. Il n'est pas rare aux environs de Paris.

13. Carabe bleu.

Carabus cyaneus.

Carabus apterus niger violaceo nitens, elytris punctis intricatis rugosis. Ent. ou hist. nat. des ins. Carabe. *Pl.* 5. *fig.* 47.

Carabus cyaneus. Fab. *Gen. ins. mant. pag.* 239. — *Sp. ins. tom.* 1. *pag.* 299. *n°.* 4. — *Mant. ins. tom.* 1. *pag.* 195. *n°.* 7.
Pontop. *Atl. Dan.* 1. *tab.* 29.
Bergstr. *Nomencl.* 1. *tab.* 10. *fig.* 7.

Il diffère beaucoup des précédens. Les antennes sont plus longues que le corcelet, noires, avec l'extrémité d'un noir cendré. La tête est noire. Le corcelet est presque en cœur, silloné à sa partie supérieure, d'une couleur violette foncée. Les élytres ne sont point réunies, quoiqu'il n'y ait point d'ailes au-dessous; elles sont raboteuses, noires, avec un peu du bord extérieur violet. Le dessous du corps & les pattes sont noirs.

Cet insecte nous paroît différer du *Carabus intricatus* de Linné, & le Bupreste, n°. 4, de Geoffroy, cité par Fabricius, se rapporte au *C. purpurascens* de cet auteur.

Il se trouve au nord de l'Europe, en Allemagne.

14. CARABE espagnol.

CARABUS hispanus.

Carabus apterus niger, thorace cyaneo, elytris rugosis aureis. Ent. ou hist. nat. des inf. CARABE. *Pl.* 1. *fig.* 9.

Carabus hispanus. FAB. *Mant. inf. tom.* 1. *pag.* 195. *n°.* 8.

Il ressemble pour la forme & la grandeur au *Carabe* bleu. Les antennes sont noires. La tête est d'un noir violet. Le corcelet est violet, un peu figuré en cœur, finement pointillé, avec une ligne longitudinale enfoncée. Les élytres sont un peu raboteuses, d'une couleur verte dorée, très-brillante, avec les bords d'un rouge cuivreux Le dessous du corps est noir. Les pattes sont d'un noir violet.

Il se trouve dans les provinces méridionales de la France.

15. CARABE splendide.

CARABUS splendens.

Carabus apterus viridis nitens, elytris lævibus, margine aureo. Ent. ou hist. nat. des inf. CARABE. *Pl.* 1. *fig.* 2.

Il ressemble un peu au *Carabe* espagnol. Les antennes sont noires. La tête est verte. Le corcelet est presque en cœur, d'un vert doré, avec les bords latéraux dorés, & une ligne longitudinale au milieu. Les élytres sont lisses, réunies, d'un vert doré brillant, avec les bords dorés. Le dessous du corps est noir. Les pattes sont d'un noir un peu verdâtre.

Il se trouve dans les provinces méridionales de la France.

16. CARABE dix-taches.

CARABUS decemguttatus.

Carabus apterus ater, coleoptris novem sulcatis punctisque decem albis. Ent. ou hist. nat. des inf. CARABE. *Pl.* 2. *fig.* 15. & *pl.* 8. *fig.* 15. *c.*

Carabus decemguttatus. LIN. *Syst. nat. pag.* 669. *n°.* 10. — *Mus. Lud. ulr. pag.* 96.

Carabus decemguttatus *apterus, thorace angustato ater, coleoptris novem sulcatis punctisque decem albis.* FAB. *Syst. ent. pag.* 236. *n°.* 3. — *Sp. inf. tom.* 1. *pag.* 299. *n°.* 5. — *Mant. inf. tom.* 1. *pag.* 195. *n°.* 9.

Carabus alboguttatus *apterus niger, elytris sulcatis thoraceque maculis niveis.* DEG. *Mem. tom.* 7. *pag.* 624. *n°.* 21. *pl.* 46. *fig.* 15. 16.

Carabe à taches blanches non ailé, noir, à étuis canelés, à taches très-blanches sur le corcelet & les étuis. DEG. *Ib.*

Carabus decemguttatus *apterus ater, coleoptris novem sulcatis, punctis decem albis.* WULF. *Inf. cap. pag.* 21. *tab.* 1. *fig.* 13.

VOET. *Coleopt. tab.* 39. *fig.* 46.

Il est très-noir & luisant. Les mandibules sont grandes & arquées. La tête est grosse, aussi large que le corcelet, inégale à sa partie supérieure. Le corcelet est rebordé, en cœur, pointillé, & marqué d'une ligne longitudinale enfoncée. Les élytres sont réunies; elles ont neuf sillons & dix points enfoncés, couverts d'un duvet blanc.

Cet insecte varie. Les taches blanches sont quelquefois moins nombreuses & souvent entièrement effacées.

Il se trouve au cap de Bonne-Espérance.

17. CARABE six-maculé.

CARABUS sexmaculatus.

Carabus apterus ater, thorace postice angustato: margine albo; elytris substriatis: maculis tribus albis. FAB. *Mant. inf. tom.* 1. *pag.* 196. *n°.* 11.

Il est presque une fois plus petit que le *Carabe* six-taches. Les antennes sont noires, couvertes supérieurement d'un léger duvet blanchâtre. Le corcelet est noir, en cœur, aminci postérieurement, marqué d'une ligne longitudinale à sa partie supérieure, avec les bords latéraux couverts d'un duvet blanchâtre, interrompu au milieu. Les élytres sont presque striées, noires, avec une grande tache à la base, une autre au-delà du milieu, & une troisième vers l'extrémité, formées par un duvet blanchâtre: le bord extérieur est couvert, un peu au-delà du milieu, de ce duvet blanchâtre.

Il se trouve en Barbarie.

18. CARABE silloné.

CARABUS sulcatus.

Carabus apterus, niger, elytris sulcatis, maculis quatuor impressis marginibusque albo villosis. Ent. ou hist. nat. des inf. CARABE. *Pl.* 8. *fig.* 97.

Il ressemble, pour la forme & la grandeur, au *Carabe* dix-taches. Les antennes sont noires, légèrement couvertes d'un duvet cendré. La tête est noire & inégale. Le corcelet est en cœur, aminci postérieurement, noir, avec les bords latéraux couverts d'un duvet blanchâtre. Les élytres sont réunies, sillonées, noires, avec deux taches sur chaque, enfoncées, formées par un duvet blanchâtre: les bords extérieurs sont couverts du même duvet. Le dessous du corps & les pattes sont noirs.

Il se trouve au Sénégal, d'où il a été envoyé par M. Roussillon, chirurgien major de la compagnie du Sénégal.

19. CARABE alongé.

CARABUS elongatus.

Carabus apterus, thorace postice attenuato, elytris sulcatis, maculis duabus griseis remotis. Ent. ou hist. nat. des ins. CARABE. *Pl.* 9. *fig.* 107.

Carabus quadriguttatus. FAB. *Syst. ent. pag* 236. *n°.* 5.—*Sp. ins. tom.* 1. *p.* 3. *n°.* 7.—*Mant ins. tom.* 1. *pag.* 196. *n°.* 12.

Carabus elongatus *apterus elongatus niger, thorace cordato angulato, abdomine ovali, elytris profunde sulcatis.* DEG. *Mem. tom.* 7. *pag.* 626. *n°.* 22. *pl.* 47. *fig.* 1.

Carabe alongé non-ailé alongé noir, à corcelet angulaire en cœur, à corps ovale & à étuis profondément fillonés. DEG. *Ib.*
VOET. *Coleopt. tab.* 38. *fig.* 45.

Il varie beaucoup par la grandeur. Les antennes sont noires, couvertes à leur base supérieure, d'un duvet cendré. La tête est noire, marquée à sa partie supérieure, de trois élévations longitudinales, une au milieu, une autre de chaque côté au-dessus des yeux. Le corcelet est en cœur, aminci postérieurement, marqué d'une ligne longitudinale enfoncée, à sa partie supérieure; il est d'un rouge brun, avec un petit point blanc de chaque côté. Les élytres sont réunies & ont chacune quatre larges fillons, dans chacun desquels on apperçoit une petite ligne longitudinale élevée; ces fillons sont couverts d'un léger duvet cendré que l'insecte perd en vieillissant. On apperçoit un petit point blanc à la base latérale, & un autre vers l'extrémité.

Nous avons changé le nom de cet insecte, parce qu'il étoit donné à un autre.

Il se trouve au cap de Bonne-Espérance.

20. CARABE languissant.

CARABUS tabidus.

Carabus apterus, thorace postice angustato, ater, elytris rugoso sulcatis. Ent. ou hist. nat. des ins. CARABE. *Pl.* 2. *fig.* 17.

Carabus tabidus. FAB. *Syst. Ent. pag.* 237. *no.* 6. —*Sp. ins. tom.* 1. *pag.* 300. *n°.* 8.—*Mant. ins. tom.* 1. *pag.* 196. *n°.* 13.

Carabus tabidus; *apterus, ater elytris octo-sulcatis punctato-rugosis postice spinosis.* THUNB. *Nov. sp. ins. diss.* 4. *pag.* 70.
VOET. *Coleopt. tab.* 38. *fig.* 44.

Il est deux fois plus petit que le *Carabe* dix-taches. Les antennes & tout le corps sont noirs, sans taches. Le corcelet est en cœur, étroit postérieurement, rebordé, avec deux élévations longitudinales. Les élytres ont chacune trois lignes élevées, lisses, entre lesquelles se trouve un fillon raboteux, divisé par une ligne longitudinale peu élevée. Sous les élytres il n'y a point d'ailes.

Il se trouve au cap de Bonne-Espérance.

21. CARABE bigarré.

CARABUS variegatus.

Carabus apterus ater, elytris planis lævibus, margine sinuato punctisque disci albis. FAB. *Sp. ins. app. pag.* 501.—*Mant. ins. tom.* 1. *p.* 196. *n°.* 14.
Cicindela. FORSK. *Icon. tab.* 24. *fig.* A.

Il est de grandeur moyenne. Les antennes sont noires, avec les yeux testacés. Le corcelet est presque en cœur noir, avec le bord latéral blanchâtre. Les élytres sont réunies, applaties, lisses, avec le bord latéral doublement sinué, blanc, & cinq points blancs sur chaque élytre. Le dessous du corps est noir.

Il se trouve dans l'Orient.

22. CARABE perlé.

CARABUS gemmatus.

Carabus apterus niger, elytris striatis, punctis aneis bilobis excavatis triplici serie. Ent. ou hist. nat. des ins. CARABE. *Pl.* 3. *fig.* 30.

Carabus gemmatus. FAB. *Sp. ins. tom.* 1. *p.* 300 *n°.* 9.—*Mant. ins. tom.* 1. *p.* 196. *n°.* 15.

Carabus striatus *apterus niger; elytris striatis margine violaceis: punctis aureis excavatis triplici serie.* DEG. *Mém. tom.* 4, *pag.* 90. *n°.* 5. *pl.* 3, *fig.* 2.

Carabe *noir à points dorés*, non-ailé, noir, à étuis bordés de violet & à fines canelures, avec trois rangs de points concaves dorés. DEG. *ib.*
Carabus hortensis. SCHRANK. *Enum. ins. austr. n°.* 389.
VOET. *Coleopt. tab.* 37. *fig.* 35.

Les antennes sont noires. La tête est noire. Le corcelet est presque en cœur, noir, avec les bords latéraux quelquefois d'un noir violet. Les élytres ont des stries très-fines, très-rapprochées, & trois rangées de points enfoncés, cuivreux; elles sont noires, avec le bord extérieur d'un noir violet. Le dessous du corps & les pattes sont noirs.

Cet insecte a été confondu avec le *Carabe* jardinier, dont il diffère cependant par les stries des élytres.

Il se trouve en Europe.

23. CARABE jardinier.

CARABUS hortensis.

Carabus apterus, elytris punctis aneis excavatis triplici serie.

Carabus hortensis. Lin. *Syst. nat. p.* 668. *n*°. 3. — *Faun. suec. n°.* 783.

Carabus hortensis *apterus niger, elytris lævibus, punctis æneis excavatis triplici serie*. Fab. *Syst. ent. p.* 237. *n°.* 7. — *Sp. inf. tom.* 1. *p.* 300. *n°.* 10. — *Mant. inf. tom.* 1. *p.* 196. *n°.* 16.

Cerambyx purpurea punctata. Raj. *inf. pag.* 96. *n°.* 2.

List. *Mut. tab.* 8. *fig.* 4.
Stroem. *Act. nidros.* 3. *p.* 401. *tab.* 6. *fig.* 7.
Schaeff. *Icon. inf. tab.* 11. *fig.* 2.
Voet. *Coleopt. tab.* 37. *fig.* 33.
Bergstr. *Nomencl.* 1. *tab.* 10. *fig.* 4. 5.

Il ressemble un peu au précédent. Les antennes sont noires à leur base, noirâtres à leur extrémité. La tête est noire. Le corcelet est d'un noir un peu bronzé, avec les bords latéraux un peu violets. Les élytres n'ont pas des stries régulières, comme l'espèce précédente; mais elles paroissent, à la loupe, un peu chagrinées; elles sont d'un noir un peu bronzé, avec trois rangées de points enfoncés, un peu cuivreux, & le bord latéral d'un noir violet. Le dessous du corps & les pattes sont noirs.

Il se trouve au nord de l'Europe, en Suisse.

24. Carabe enfumé.

Carabus tædatus.

Carabus apterus niger, elytris sublævibus fuscis: punctis excavatis triplici serie. Ent. ou hist. nat. des inf. Carabe. *Pl.* 6. *fig.* 65.

Carabus tædatus. Fab. *Mant. inf. tom.* 1. *p.* 196. *n°.* 17.

Il est un peu plus petit que le *Carabe* jardinier. Les antennes sont noires. La tête est noire. Le corcelet est noir, presqu'en cœur, anguleux postérieurement, presque chagriné, avec une ligne longitudinale peu enfoncée. L'écusson est noir & triangulaire. Les élytres sont brunes, presque lisses ou sans stries bien marquées, avec trois rangées de points enfoncés, de la couleur des élytres: la suture est noire. Le dessous du corps & les pattes sont noirs.

Il se trouve dans l'Amérique septentrionale.

25. Carabe campagnard.

Carabus arvensis.

Carabus apterus nigro-cupreus, elytris striatis: punctis excavatis triplici serie. Fab. *Mant. inf. tom.* 1. *p.* 196. *n°.* 18.

Voet. *Coleopt. tab.* 37. *fig.* 34.

Il ressemble au *Carabe* jardinier, mais il est un peu plus petit. Les antennes sont noires. La tête & le corcelet sont d'un noir cuivreux. Les élytres sont noirâtres, avec le bord extérieur & trois rangées de points enfoncés, cuivreux.

Il se trouve en Allemagne.

26. Carabe calide.

Carabus calidus.

Carabus apterus niger, elytris crenato-striatis punctisque aureis excavatis triplici serie. Ent. ou hist. nat. des inf. Carabe. *Pl.* 4. *fig.* 45.

Carabus calidus. Fab. *Syst. ent. p.* 237. *n°.* 8. — *Spec. inf. tom.* 1. *p.* 300. *n°.* 11. — *Mant. inf. tom.* 1. *p.* 197. *n°.* 19.

Il ressemble un peu, pour la forme & la grandeur, au *Carabe* jardinier. Les antennes sont noires, brunes à leur extrémité. La tête est noire. Le corcelet est noir, avec une ligne longitudinale enfoncée; il est presque en cœur, & un peu sinué postérieurement. L'écusson est noir & petit. Les élytres sont noires, un peu bronzées, régulièrement striées, avec les stries légèrement crénelées, & trois rangées longitudinales de points enfoncés, ronds, cuivreux, brillans. Le dessous du corps & les pattes sont noirs.

Il se trouve dans l'Amérique méridionale.

27. Carabe rétus.

Carabus retusus.

Carabes apterus, elytris striatis virescentibus; punctis æneis excavatis triplici serie, basi retusis.

Carabus retusus. Fab. *Syst. ent. p.* 237. *n°.* 9. — *Spec. inf. tom.* 1. *p.* 300. *n°.* 12. — *Mant. inf. tom.* 1. *p.* 197. *n°.* 20.

Il ressemble au *Carabe* scrutateur. Les antennes sont noires. La tête est d'un noir bronzé. Le corcelet est en cœur, bronzé, avec une ligne longitudinale enfoncée, & un enfoncement de chaque côté du bord postérieur. L'écusson est noirâtre & triangulaire. Les élytres sont bronzées, un peu verdâtres, striées, avec trois rangées de points enfoncés cuivreux sur chaque, formés par l'interruption d'une ligne élevée. Le dessous du corps & les pattes sont noirs.

Il se trouve vers les bords de la mer, au pays des Patagons.

28. Carabe de Madère.

Carabus Maderæ.

Carabus apterus ater, elytris basi retusis. Ent. ou hist. nat. des inf. Carabe. *Pl.* 7. *fig.* 74.

Carabus Maderæ. Fab. *Syst. ent. p.* 237. *n°.* 10. — *Spec inf. tom.* 1. *p.* 301. *n°.* 13. — *Mant. inf. tom.* 1. *p.* 191. *n°.* 21.

Il est de la grandeur du *Carabe* inquisiteur; mais les élytres sont un peu moins larges. Tout le corp corps est noir. Le corcelet est en cœur, avec une ligne longitudinale enfoncée, très-peu marquée, & une impression de chaque côté de la partie postérieure. L'écusson est petit & triangulaire. Les élytres ont des stries peu marquées, dans lesquelles il y a des points enfoncés : on remarque, par le moyen de la loupe, de petites lignes enfoncées, transversales, d'une strie à l'autre, & trois rangées de petits points enfoncés, verdâtres.

Il se trouve dans l'isle de Madère.

29. Carabe rugueux.

Carabus rugosus.

Carabus apterus niger, thorace rotundato, elytris striis rugosis atomisque aureis. Deg. *Inf. tom.* 7. *p.* 627. *no.* 23. *pl.* 47. *fig.* 2.

Il a environ un pouce de long. Tout le corps est noir. Le corcelet est rebordé, presque arrondi. Les élytres ont un grand nombre de lignes longitudinales, formées par de petits tubercules très-rapprochés, & quelques points enfoncés, petits, d'un vert doré.

Il se trouve au Cap de Bonne-Espérance.

30. Carabe convexe.

Carabus convexus.

Carabus apterus convexus ater lævis, thorace postice emarginato. Fab. *Syst. ent. p.* 238. *n°.* 11. — *Sp. inf. tom.* 1. *p.* 301. *n°.* 14. — *Mant. inf. tom.* 1. *p.* 197. *n°* 22.

Carabus convexus. Lin. *Syst. nat. édit.* 13. *pag.* 1961.

Fuesl. *Archiv. inf.* 6. *tab.* 29. *fig.* 2.

Il ressemble au *Carabe* violet. Tout le corps est noir. Le corcelet est échancré postérieurement. Les élytres sont lisses, convexes.

Il se trouve en Allemagne.

31. Carabe doré.

Carabus auratus.

Carabus apterus, elytris porcatis : striis sulcisque lævibus inauratis. Ent. ou hist. nat. des inf. Carabe. *Pl.* 5. *fig.* 51. *a. b. c.*

Carabus auratus. Lin. *Syst. nat. p.* 669. *n°.* 7. — *Faun. suec. n°.* 786.

Carabus auratus, *elytris auratis sulcatis, antennis pedibusque rufis.* Fab. *Syst. ent. p.* 238. *n°.* 12. — *Spec. inf. tom.* 1. *p.* 301. *n°.* 15. — *Mant. inf. tom.* 1. *p.* 197. *n°.* 23.

Buprestis viridis, elytris obtuse sulcatis, non punctatis, pedibus antennisque ferrugineis. Geoff. *inf. tom.* 1. *p.* 142. *n°.* 2. *Pl.* 2. *fig.* 5.

Le Bupreste doré & sillonné à larges bandes. Geoff. *ib.*

Carabus sulcatus apterus viridi-aneus nitidus, antennis pedibusque rufis, abdomine nigro, elytris sulcatis. Deg. *Mém. inf. tom.* 4. *p.* 104. *n°.* 1. *pl.* 17. *fig.* 20.

Carabe *sillonné*, non-ailé, d'un vert cuivreux, luisant, à antennes & pattes rousses, à ventre noir & à étuis à profondes canelures. Deg. *ib.*

Cerambyx dorso in longas rugulas diviso omnium pulcherrima. Rai. *inf. p.* 96. *sect.* 6. *n°.* 6.

Schaeff. *Icon. inf. tab.* 202. *fig.* 5.

Voet. *Coleopt. tab.* 36. *fig.* 29.

Bergstr. *Nomencl.* 1. *tab.* 12. *fig.* 8. 9.

Carabus auratus. Schrank. *Enum. inf. austr. n°.* 391.

Buprestis nitens. Fourc. *Ent. par.* 1. *pag.* 40. *n°.* 2.

Carabus auratus. Vill. *Ent. tom.* 1. *pag.* 360. *n°.* 7.

Les antennes sont rougeâtres à leur base, noirâtres à leur extrémité. Les mandibules & les antennules sont rougeâtres, avec l'extrémité d'un brun noir. La tête est verte. Le corcelet est un peu en cœur, marqué à sa partie supérieure, d'une petite ligne enfoncée; il est vert doré, avec les rebords cuivreux. Les élytres sont réunies, marquées de trois larges sillons; elles sont d'un vert doré, avec les bords latéraux cuivreux. Le dessous du corps est noir. Les jambes sont rougeâtres, avec les tarses noirs.

Il se trouve dans presque toute l'Europe, dans les champs, dans les jardins. Il est très-commun aux environs de Paris.

32. Carabe sutural.

Carabus suturalis.

Carabus apterus, elytris striatis viridibus; sutura aurea. Ent. ou hist. nat. des inf. Carabe. *Pl.* 6. *fig.* 71.

Carabus suturalis. Fab. *Syst. ent. p.* 238. *n°.* 13. — *Spec. inf. tom.* 1. *p.* 301. *n°.* 16. — *Mant. inf. tom.* 1. *p.* 197. *n°.* 24.

Il ressemble au *Carabe* espagnol, mais il est plus petit. Les antennes sont noirâtres, obscures, avec les quatre premiers articles ferrugineux bruns. La tête est verte. Le corcelet est en cœur, vert, avec les bords extérieurs dorés; il est légèrement raboteux, & il a une ligne longitudinale peu enfoncée. L'écusson est vert & triangulaire. Les élytres sont striées, vertes, avec la suture & le bord extérieur dorés. Le dessous du corcelet & la poitrine sont verts bronzés. L'abdomen est noirâtre, bronzé. Les pattes sont ferrugineuses, brunes, avec les tarses noirs.

Il se trouve dans la terre de feu.

33. Carabe en croissant.

Carabus lunulatus.

Carabus apterus ater, thorace lunato, elytris striatis. Thunb. *Nov. sp. inf. diss.* 4. *p.* 72. *fig.* 86.

Carabus lunulatus. Lin. *Syst. nat. edit.* 13. *pag.* 1967.

Il est de la grandeur du *Carabe* violet, mais il est plus large & plus déprimé. Les mandibules sont avancées, un peu plus courtes que la tête. La tête est oblongue, inégale. La lèvre supérieure est avancée & entière. Le corcelet est en croissant, convexe, rebordé, lisse, arrondi postérieurement, séparé des élytres par un petit espace. Les élytres sont réunies, convexes, arrondies, marquées de neuf stries, sans points enfoncés. Les cuisses sont grosses; les jambes antérieures sont armées d'épines fortes. Tout le corps est noir, glabre.

Je n'ai point vu cet insecte, mais d'après la figure & la description de M. Thunberg, je crois qu'il appartient au genre Scarite.

Il se trouve au Cap de Bonne-Espérance.

34. Carabe difforme.

Carabus difformis.

Carabus apterus ater, thorace transverso postice truncato, elytris striatis. Thunb. *Nov. sp. inf. diss.* 4. *p.* 72.

Carabus difformis. Lin. *Syst. nat. edit.* 13. *pag.* 1967.

Il ressemble, pour la forme & la grandeur, au *Carabe* jardinier. Tout le corps est noir. La tête est plus étroite que le corcelet. Les antennes sont filiformes. Le corcelet est aussi large que les élytres, coupé antérieurement, rebordé, convexe, couvert de petits points enfoncés, qui le rendent un peu raboteux. Les élytres sont réunies, convexes, arrondies, rebordées, légèrement striées, & couvertes de points élevés, qui les rendent un peu raboteuses. Le dessous du corps a des points enfoncés.

Il se trouve en Afrique.

35. Carabe granulé.

Carabus granulatus.

Carabus apterus nigricans, elytris aneis striatis interjectis punctis elevatis longitudinalibus. Ent. ou hist. des inf. Carabe. *Pl.* 2. *fig.* 20. *a. b.*

Carabus granulatus. Fab. *Syst. ent. pag.* 238. *n°.* 14. —. *Sp. inf. tom.* 1. *pag.* 301. *n°.* 17. — *Mant. inf. tom.* 1. *p.* 197. *n°.* 25.

Carabus granulatus *apterus, elytris longitudinaliter convexe punctatis.* Lin. *Syst. nat. p.* 668. — *Faun. suec. n°.* 780.

Buprestis niger, elytris aneis, convexe punctatis striatisque. Geoff. *inf. tom.* 1. *p.* 143. *n°.* 3.

Le Bupreste galonné. Geoff. *Ib.*

Buprestis totus violaceus, elytris convexe punctatis striatisque. Geoff. *Ib.*

Carabus subapterus supra viridi-aneus, subtus niger elytris tuberculis elongatis triplici ordine : sulcis elevatis. Deg. *Mém. tom.* 4. *pag.* 88. *n°.* 2.

Carabe *à points convexes*, non-ailé, d'un vert bronzé, obscur en-dessus & noir en-dessous, à trois rangs de tubercules alongés sur les étuis, séparés par des arêtes. Deg. *Ib.*

Carabus granulatus. Sulz. *Hist. inf. tab.* 7. *fig.* 2.

Schaeff. *Icon. inf. tab.* 18. *fig.* 6.

Voet. *Coleopt. tab.* 37. *fig.* 31.

Carabus granulatus. Bergstr. *Nomencl.* 1. *tab.* 12. *fig.* 4. 5.

Carabus granulatus. Scop. *Ent. carn. n°.* 263.

Carabus hortensis. Pod. *Mus. græc. p.* 45.

Carabus granulatus. Schrank. *Enum. inf. austr. n°.* 393.

Buprestis granulatus. Fourc. *Ent. par.* 1. *p.* 41. *n°.* 3.

Carabus granulatus. Vill. *Ent. tom.* 1. *pag.* 355. *n°.* 2.

Les antennes sont noires. La tête est bronzée, avec les mandibules & les antennules noires. Le corcelet est presque en cœur, coupé antérieurement, échancré postérieurement, marqué au milieu, d'une petite ligne longitudinale enfoncée; il est bronzé, un peu cuivreux, avec les bords latéraux cuivreux. Les élytres sont bronzées, un peu cuivreuses; elles ont trois rangées longitudinales de points élevés, oblongs, séparées par trois lignes, dont l'une plus élevée & mieux marquée. Le dessous du corps & les pattes sont noirs.

Cet insecte n'a point d'ailes, quoique les élytres soient ordinairement séparées.

On trouve quelquefois une variété de ce *Carabe*, dont la couleur est d'un violet foncé, un peu plus clair au bord des élytres & du corcelet, mais d'ailleurs parfaitement semblable à l'insecte que nous venons de décrire.

Il se trouve dans presque toute l'Europe.

36. Carabe grillé.

Carabus clatratus.

Carabus apterus nigricans, elytris aneis striatis interjectis punctis excavatis cupreis. Ent. ou hist. nat. des inf. Carabe. *Pl.* 5. *fig.* 59.

Carabus clatratus. FAB. *Syst. ent. p.* 238. *n°.* 15. — *Sp. inf. tom.* 1. *p.* 302. *n°.* 18. — *Mant. inf. tom.* 1. *p.* 197. *n°.* 26.

Carabus clatratus *apterus nigricans, elytris aneis porcatis interjectis punctis excavatis longitudinalibus.* LIN. *Syst. nat. pag.* 669. *n°.* 5. *Faun. suec. n°.* 782.

Il ressemble au *Carabe* granulé, mais il est un peu plus petit. Les antennes sont noires. La tête est noire. Le corcelet est presque en cœur, bronzé. Les élytres sont bronzées : elles ont des stries élevées, & entre chaque strie, des points oblongs élevés, entre lesquels on apperçoit des points enfoncés, assez grands. Le dessous du corps & les pattes sont noirs.

Il se trouve au nord de l'Europe.

37. CARABE enchaîné.

CARABUS catenulatus.

Carabus apterus virescens, elytris striatis lineisque tribus punctato-elevatis. Ent. ou hist. nat. des inf. CARABE. *Pl.* 3. *fig.* 29.

Carabus catenulatus. SCOP. *Ent. carn. n°.* 264.
Carabus catenulatus *elytris porcatis, seriebus in singulo tribus punctorum elevatorum; intermediis striis elevatis scabris.* SCHRANK. *Enum. inf. austr. p.* 20-. *n°.* 390.

Carabus catenulatus *elytris porcatis : punctorum elevatorum tripl.ci serie tribus striis elevatis scabriusculis decussata.* LIN. *Syst. nat. edit.* 13. *p.* 1968.

Carabus catenulatus. VILL. *Ent. tom.* 1. *p.* 363. *n°.* 14.

Il est de la grandeur du *Carabe* granulé. Les antennes sont noires. Le corcelet est échancré antérieurement & postérieurement. Il est d'un vert foncé, marqué d'une petite ligne longitudinale enfoncée. Les élytres sont d'un vert foncé ; elles ont trois rangées longitudinales de points élevés, oblongs, entre lesquelles on apperçoit trois lignes longitudinales, élevées, égales. Le dessous du corps & les pattes sont noirs.

Il varie par les couleurs : la tête, le corcelet & les élytres sont d'un noir violet. La couleur de tout le corps est quelquefois noire, avec les élytres verdâtres à l'extrémité.

Il se trouve aux environs de Lyon, en Allemagne, en Suisse.

38. CARABE poméranien.

CARABUS pomeranus.

Carabus cupreus subtus niger, elytris decussatim striatis : punctorum elevatorum serie triplici. LIN. *Syst. nat. edit.* 13. *p.* 1968.

FUESL. *Archiv. inf.* 6. *p.* 132. *n°.* 16.

Il ressemble au *Carabe* granulé. Les antennes sont noires. Le dessus du corps est cuivreux. Les élytres ont des lignes longitudinales élevées, parmi lesquelles on apperçoit trois rangées de points élevés.

Il se trouve dans la Poméranie.

39. CARABE à côtes.

CARABUS porcatus.

Carabus apterus ater, elytris striatis, apice granulatis. Ent. ou hist. nat. des inf. CARABE. *Pl.* 7. *fig.* 84.

Carabus porcatus FAB. *Syst. ent. p.* 239. *n°.* 16. — *Sp. inf. tom.* 1. *p.* 302. *n°.* 19. — *Mant. inf. tom.* 1. *p.* 197. *n°.* 27.

Il est un peu plus petit que le *Carabe* bimaculé. Tout le corps est très-noir, sans taches. La tête & le corcelet sont chagrinés. L'écusson est petit & chagriné. Les élytres sont striées ; elles ont des lignes longitudinales élevées, interrompues, surtout à l'extrémité & vers le bord postérieur, qui forment des granelures.

Il se trouve dans la Nouvelle-Hollande.

40. CARABE recourbé.

CARABUS reflexus.

Carabus apterus ater, thoracis margine rotundato reflexo, elytris sulcatis maculis duabus flavis. Ent. ou hist. nat. des inf. CARABE. *Pl.* 7. *fig.* 77.

Carabus reflexus, FAB. *Spec. inf. tom.* 1. *p.* 302. *n°.* 20. — *Mant. inf. tom.* 1. *p.* 197. *n°.* 28.

La tête est noire & assez étroite. Les antennes sont noires. Le corcelet est un peu chagriné, avec les bords latéraux relevés. L'écusson est petit & triangulaire. Les élytres sont striées, presque sillonnées, noires, avec deux taches jaunes, tranversales sur chaque. Le dessous du corps & les pattes sont noirs.

Il se trouve dans le Coromandel.

41. CARABE anguleux.

CARABUS angulatus.

Carabus apterus hirtus ater, thorace canaliculato, coleoptris sulcatis, fasciis duabus flavis interruptis. Ent. ou hist. nat. des inf. CARABE. *Pl.* 7. *fig.* 76.

Carabus angulatus. FAB. *Sp. inf. tom.* 1. *p.* 302. *n°.* 21. — *Mant. inf. tom.* 1. *p.* 197. *n°.* 29.

Il est de la grandeur du *Carabe* recourbé. Les antennes sont noires & un peu velues. La tête, le corcelet, le corps en-dessous & les pattes, sont noirs & un peu velus. Le corcelet est légèrement chagriné, avec une ligne longitudinale enfoncée; il a de chaque côté un angle arrondi. L'écusson est petit & noir. Les élytres sont ovales, plus convexes que dans le *Carabe* recourbé; elles sont striées, presque fillonées, avec deux bandes jaunes interrompues à la suture.

Il se trouve dans le Coromandel.

42. CARABE brillant.

Carabus nitens.

Carabus apterus, elytris porcatis scabris viribus, margine aureo. Ent. ou hist. nat. des ins. CARABE. *Pl. 2. fig.* 18.

Carabus nitens. FAB. *Syst. ent. p.* 239. *n°.* 17. — *Sp. ins. tom.* 1. *p.* 302. *n°.* 22. — *Mant. ins. tom.* 1. *p.* 197. *n°.* 30.

Carabus nitens *apterus, elytris porcatis : striis passim interruptis sulcisque scabriusculis inauratis.* LIN. *Syst. nat. p.* 669. *n°.* 6. — *Faun. suec. n°.* 185. — *It. Oel. p.* 96.

Carabus aureus *apterus, capite thoraceque aureis corpore subtus nigro, elytris viridi-æneis margine aureis : sulcis elevatis nigris.* DEG. *mem. tom.* 4. *p.* 91. *n°.* 6.

Carabe *doré* non-ailé, à tête & à corcelet dorés, à étuis d'un vert luisant bordés d'or, avec des arêtes élevées noires, à corps noir en-dessous. DEG. *ib.*

Carabus nitens. SCOP. *Ent. carn. n°.* 262.
SCHAEFF. *Icon. ins. tab.* 51. *fig.* 1.
SULZ. *Hist. ins. tab.* 7. *fig.* 3.
VOET. *Coleopt. tab.* 38. *fig.* 41.
Carabus nitens. VILL. *Ent. tom.* 1. *p.* 359. *n°.* 6.

Il est plus petit que le *Carabe* jardinier. Les antennes sont noires. La tête est bronzée. Le corcelet est un peu échancré antérieurement & postérieurement, légèrement raboteux à sa partie supérieure, & d'une belle couleur de cuivre rouge. Les élytres ont chacune trois lignes longitudinales assez grosses, noires; l'espace qui se trouve entre ces lignes est un peu raboteux & d'un vert doré brillant; les bords extérieurs sont d'un rouge cuivreux. Le dessous du corps & les pattes sont noirs.

Il se trouve au nord de l'Europe.

43. CARABE inquisiteur.

CARABUS inquisitor.

Carabus elytris striatis viridi-æneis : punctis triplici ordine. Ent. ou hist. nat. des ins. CARABE. *Pl.* 3. *fig.* 3.
Carabus inquisitor. LIN. *Syst. nat. p.* 669. *n°.* 11. — *Faun. suec. n°.* 789.
Carabus inquisitor. FAB. *Syst. ent. p.* 239. *n°.* 18. — *Sp. ins. tom.* 1. *p.* 303. *n°.* 23. — *Mant. ins. tom.* 1. *p.* 197. *n°.* 31.

Buprestis totus è fusco-viridi-cupreus, elytris latis; singulo striis sexdecim. GEOFF. *ins. tom.* 1. *p.* 145. *n°.* 6.

Le Bupreste quarré couleur de bronze antique. GEOFF. *ib.*

Carabus alatus supra æneo-fuscus, subtus viridi-aureus, elytris striatis margine æneis : punctis excavatis triplici ordine. DEG. *Mem. tom.* 4. *pag.* 94. *n°.* 9.

Carabe *inquisiteur*, ailé, d'un brun cuivreux en-dessus, & vert doré en-dessous, à étuis canelés, bordé de vert luisant, & à trois rangs de points concaves. DEG. *Ib.*

Carabus alatus viridi-æneus, concave punctatus striatusque, pedibus antennisque nigris. ROLAND. *Act. Stokh.* 1750. *p.* 292. *tab.* 7. *fig.* 3.

VOET. *Coleopt. tab.* 38. *fig.* 39.
BERGSTR. *Nomencl.* 1. *tab.* 11. *fig.* 3.
Carabus inquisitor. SCHRANK. *Enum. ins. aust. n°.* 394.
Carabus antiquus. FOURC. *Ent. par.* 1. *pag.* 42. *n°.* 6.

Carabus inquisitor. VILL. *Ent. tom.* 1. *pag.* 391. *n°.* 10.

Cet insecte a sept ou huit lignes de long; il est plus large & moins alongé que les espèces précédentes. Les antennes & les pattes sont noires. Le dessous du corps est d'un noir verdâtre & luisant, & le dessus est d'une couleur de bronze antique, un peu verdâtre, avec le bord des élytres & du corcelet d'un vert brillant. Celui-ci est court, finement ponctué, avec une ligne longitudinale enfoncée, peu marquée. Les élytres sont striées, & on voit sur chaque trois rangées de très-petits points enfoncés.

Ce *Carabe* a des ailes cachées sous les élytres. Il se tient ordinairement sur les arbres & principalement sur les chênes, où il donne chasse à différens insectes dont il se nourrit.

Il se trouve dans la plus grande partie de l'Europe.

44. CARABE scrutateur.

CARABUS scrutator.

Carabus alatus, elytris striatis viridibus, punctis triplici serie, thorace cyaneo, margine reflexo inaurato. Ent. ou hist. nat. des ins. CARABE. *Pl.* 3. *fig.* 32. *a. b.*

Carabus scrutator. FAB. *Syst. ent. pag.* 239. *n°.* 19. — *Sp. ins. tom.* 1. *pag.* 303. *n°.* 24. — *Mant. ins. tom.* 1. *pag.* 197. *n°.* 32.

Carabus alatus nitens, thorace femoribusque violaceis, elytris viridibus striatis, abdomine viridi aureo. DEG. *Mem. tom.* 4. *pag.* 105. *n°.* 2. *pl.* 17. *fig.* 19.

Carabe sycophante ailé luisant, à corcelet & à cuisses de couleur violette, à étuis verts canelés & à ventre vert doré. DEG. *Ib.*

Il ressemble au *Carabe* sycophante. Les antennes sont noires. La tête est noire à sa partie antérieure, d'un vert foncé, bleuâtre, avec deux taches dorées à sa partie supérieure. Les yeux sont arrondis, saillans, grisâtres. Le corcelet est court, bleuâtre, avec tous les bords d'un vert doré. Les élytres sont striées, avec trois rangées de petits points enfoncés; elles sont d'un vert foncé, avec les bords extérieurs cuivreux. Le dessous du corps est bleuâtre, avec des taches dorées. L'abdomen est verdâtre, avec des taches sur les côtés, & la base des anneaux dorée. Les pattes sont noires, avec les cuisses violettes.

Il se trouve dans l'Amérique septentrionale, la Caroline, la Virginie.

45. CARABE réticulé.

CARABUS reticulatus.

Carabus alatus niger, elytris reticulatis viridi aeneis, thoracis margine virescente. FAB. *Mant. inf. tom.* 1. *pag.* 197. *n°.* 33.

Il ressemble, pour la forme & la grandeur, au *Carabe* inquisiteur. La tête est noire. Les antennes sont noires, avec le dernier article ferrugineux. Le corcelet est noirâtre, avec les bords relevés & d'un vert doré. Les élytres sont vertes, brillantes & finement réticulées. Les pattes sont noires.

Il se trouve en Europe.

46. CARABE sycophante.

CARABUS sycophanta.

Carabus alatus violaceo nitens, elytris striatis aureis. Ent. ou hist. nat. des inf. CARABE. *Pl.* 3. *fig.* 31.

Carabus sycophanta. FAB. *Syst. ent. pag.* 239. *n°.* 20.—*Sp. inf. tom.* 1. *pag.* 303. *n°.* 25.—*Mant. inf. tom.* 1. *pag.* 197. *n°.* 34.

Carabus sycophanta *aureo nitens, thorace caeruleo, elytris aureo viridibus striatis, abdomine subatro.* LIN. *Syst. nat. pag.* 670. *n°.* 12.—*Muf. Lud. Ulr. pag.* 95.—*Faun. suec. n°.* 790.

Buprestis nigro-violaceus, elytris latis aeneis, viridi purpureis, singulo striis sexdecim. GEOFF. *Inf. tom.* 1. *pag.* 144. *n°.* 5.

Le bupreste quarré couleur d'or. GEOFF. *Ib.*

Carabus alatus, thorace violaceo, elytris aureo viridibus: striis 15 *crenatis; subtus violaceus.* PODA. *Muf. graec. pag.* 46.

RÉAUMUR. *Mem. des inf. tom.* 2. *pl.* 37. *fig.* 18.

ROB. *Icon. tab.* 20. *fig.* 2.

SCHAEFF. *Elem. inf. tab.* 2. *fig.* 1.—*Icon. tab.* 66. *fig.* 6.

Carabus sycophanta. SULZ. *Hist. inf. tab.* 7. *fig.* 1.

BERGSTR. *Nomencl.* 1. *tab.* 12. *fig.* 1. 2.

VOET. *Coleopt. tab.* 37. *fig.* 32.

Buprestis sycophanta. FOURC. *Ent. par.* 1. *pag.* 42. *n°.* 5.

Carabus sycophanta. VILL. *Ent. tom.* 1. *pag.* 362. *n°.* 11.

Carabus punctato sulcatus. MULL. *Zool. dan. prodr. pag.* 357. *n°.* 12. *tab.* 7. *fig.* 14.

Il est presque une fois plus grand que le *Carabe* inquisiteur. Les antennes sont noires, à peine de la longueur de la moitié du corps. La tête est noire, avec les yeux cendrés, arrondis, saillans. Le corcelet est d'un noir bleuâtre, avec les bords latéraux verdâtres. Les élytres sont striées & marquées de trois rangées de petits points enfoncés; elles sont vertes, & elles ont vers les côtés un reflet cuivreux. Le dessous du corps est d'un noir bleuâtre. Les pattes sont noires.

J'ai une variété de cet insecte dont tout le corps est vert brillant, avec les antennes, les jambes & les tarses noirs.

Il se trouve en Europe, sur les chênes, sur les frênes. Nous avons donné, dans l'historique du genre, l'histoire de sa larve.

47. CARABE rechercheur.

CARABUS indagator.

Carabus apterus thoracis margine rotundato ater, elytris laevissimis: punctis aeneis triplici serie. Ent. ou hist. nat. des inf. CARABE. *Pl.* 8. *fig.* 88.

Carabus indagator. FAB. *Mant. inf. tom.* 1. *pag.* 197. *n°.* 35.

Il est de la grandeur du *Carabe* sycophante, mais les élytres sont un peu moins larges. Les antennes sont noires, obscures à leur extrémité, un peu plus courtes que la moitié du corps. La tête est noire. Le corcelet est d'un noir un peu bronzé. Les élytres sont lisses, d'un noir bronzé, avec trois rangées de points enfoncés, d'un vert doré. Le dessous du corps & les pattes sont noirs.

Il se trouve en Barbarie, aux environs de Paris.

48. CARABE muselier.

CARABUS rostratus.

Carabus apterus, elytris laevibus nigris, thorace angustiore, capite angustissimo. Ent. ou hist. nat. des inf. CARABE. *Pl.* 4. *fig.* 37.

Carabus rostratus. FAB. *Syst. ent. pag.* 240. *n°.* 21.—*Sp. inf. tom.* 1. *pag.* 304. *n°.* 26.—*Mant. inf. tom.* 1. *pag.* 198. *n°.* 36.

Tenebrio rostratus *apterus niger, elytris laeviusculis uniangulatis, thorace angustiore, capite angustissimo.*

LIN. *Syst. nat. pag.* 677. *n°.* 20. — *Faun. suec. n°.* 823.

Carabus coadunatus *apterus niger totus, corpore ovato brevi, elytris coadunatis scabriusculis.* DEG. *Mem. tom.* 4. *pag.* 92. *n°.* 7. *pl.* 3. *fig.* 13. 14.

Carabe noir à étuis collés non-ailé, entièrement noir, à corps court & ovale, dont les étuis sont chagrinés & collés ensemble. DEG. *Ib.*

Tout le corps de cet insecte est noir, luisant. Les antennules sont longues & terminées par un article large, comprimé. Les antennes sont noires à leur base & obscures à leur extrémité. La tête est amincie, avancée. Le corcelet est étroit, presque en cœur, coupé antérieurement & postérieurement; il est finement chagriné & très-légèrement marqué d'une ligne longitudinale enfoncée. Les élytres sont réunies, convexes, un peu chagrinées; elles embrassent l'abdomen par les côtés, & elles ont une ligne longitudinale saillante vers les bords latéraux.

Il se trouve au nord de l'Europe, en Angleterre, très-rarement aux environs de Paris.

49. CARABE relevé.

CARABUS elevatus.

Carabus apterus, thoracis margine rotundato reflexo, elytris violaceis, corpore atro. Ent. ou hist. nat. des inf. CARABE. *Pl.* 7. *fig.* 82.

Carabus elevatus. FAB. *Mant. inf. tom.* 1. *pag.* 198. *n°.* 37.

Il est de la grandeur du *Carabe* muselier, mais il est déprimé & beaucoup plus large. Les antennes sont noires, sétacées. La tête est noire & étroite: on apperçoit quatre antennules assez longues dont le dernier article est ovale, comprimé, plus large que les autres. Le corcelet est d'un noir violet, avec les bords latéraux arrondis & relevés. L'écusson est triangulaire & à peine apparent. Les élytres sont violettes, striées, très-anguleuses latéralement. Tout le dessous du corps & les pattes sont noirs.

Il se trouve dans l'Amérique méridionale.

50. CARABE unicolor.

CARABUS unicolor.

Carabus apterus, thoracis margine rotundato reflexo, corpore atro, elytris striatis. Ent. ou hist. nat. des inf. CARABE. *Pl.* 6. *fig.* 61.

Carabus unicolor. FAB. *Mant. inf. tom.* 1. *pag.* 198. *n°.* 38.

Il est presque une fois plus gros que le *Carabe* relevé, auquel il ressemble entièrement par la forme du corps. Les antennes sont noires & sétacées. Tout le corps est noir. La tête est mince, avancée. Le corcelet a ses bords latéraux relevés. Les élytres sont striées & les côtés sont très-anguleux.

Il se trouve dans l'Amérique méridionale.

51. CARABE lisse.

CARABUS lævigatus.

Carabus alatus depressus ater, thoracis angulis postice rotundatis, thorace elytrisque lævissimis. FAB. *Sp. inf. tom.* 1. *pag.* 304. *n°.* 28. — *Mant. inf. tom.* 1. *pag.* 198. *n°.* 40.

Cet insecte appartient peut-être au genre *scarite.* Les antennes sont noires, filiformes, un peu poileuses. Tout le corps est noir. La tête est grosse & lisse. Le corcelet est lisse, avec une ligne longitudinale enfoncée, à peine marquée, & les bords latéraux un peu rebordés; il est en cœur, arrondi postérieurement & séparé des élytres par un étranglement. Les élytres sont très-lisses. Les quatre jambes antérieures ont des poils courts, serrés, ferrugineux à leur extrémité interne; les deux postérieurs ont deux ou trois petites épines.

Il se trouve dans le Coromandel.

52. CARABE leucophtalme.

CARABUS leucophtalmus.

Carabus alatus ater, elytris striatis, thorace canaliculato. Ent. ou hist. des inf. CARABE. *Pl.* 5. *fig.* 58.

Carabus leucophtalmus. FAB. *Syst. ent. pag.* 240. *n°.* 2. — *Spec. inf. tom.* 1. *pag.* 304. *n°.* 29. — *Mant. inf. tom.* 1. *pag.* 198. *n°.* 41.

Carabus leucophtalmus elytris lævibus, striis obsoletis octo. LIN. *Syst. nat. pag.* 668. *n°.* 4. — *Faun. suec. n°.* 784.

Carabus nigro-striatus *alatus totus niger nitidus, elytris striatis.* DEG. *Mem. tom.* 4. *pag.* 96. *n°.* 12.

Carabe noir cannelé ailé entièrement noir & luisant, à étuis cannelés. DEG. *Ib.*

Buprestis ater, elytro singulo striis octo lævibus; pedibus nigris. GEOFF. *Inf. tom.* 1. *pag.* 146. *n°.* 7. ?

Le Bupreste tout noir. GEOFF. *Ib.*

Scarabæus ex toto niger. LIST. *Scar. Angl. p.* 390. *n°.* 23.

SCHÆFF. *Icon. inf. tab.* 18. *fig.* 1.

BERGSTR. *Nomencl.* 1. 9. 13. *tab.* 1. *fig.* 13.

Carabus leucophtalmus. SCOP. *Ent. carn. n°.* 266.

Carabus leucophtalmus. SCHRANK. *Enum. inf. austr. n°.* 396.

Buprestis leucophtalmus. FOURC. *Ent. par.* 1. *pag.* 42. *n°.* 7.

Carabus leucophtalmus. VILL. *Ent. tom.* 1. *pag.* 358. *n°.* 4.

L'insecte que M. Geoffroy a décrit, sous le nom de *Bupreste* tout noir, n°. 7, me paroît différer

Carabus leucophtalmus de Linné. Celui de ce dernier auteur est beaucoup plus grand & les stries des élytres sont moins marquées. Tout l'insecte est noir. Le corcelet est presque en cœur, légèrement échancré antérieurement & postérieurement; il a une ligne longitudinale peu enfoncée, peu marquée, à sa partie supérieure. Les élytres ont chacune huit stries.

Il se trouve dans presque toute l'Europe.

53. CARABE parallélipipède.

CARABUS parallelipipedus.

Carabus apterus, niger, thorace quadrato, elytris lævibus. Ent. ou hist. nat. des ins. CARABE. *Pl.* 4. *fig.* 34.

Il est un peu plus grand que le *Carabe* leucophtalme. Tout le corps est noir luisant. Les antennes sont filiformes, de la longueur du corcelet. La tête est assez grosse. Le corcelet est aussi large que les élytres, & il a une figure presque quarrée. Les élytres sont lisses, sans aucune strie.

Il se trouve......

54. CARABE fuligineux.

CARABUS caliginosus.

Carabus ater thorace quadrato, lævi, antennis piceis. Ent. ou hist. nat. des ins. CARABE. *Pl.* 6. *fig.* 64.

Carabus caliginosus. FAB. *Syst. Ent. pag.* 240. *n°.* 25.—*Spec. ins. tom.* 1. *pag.* 305. *n°.* 33.—*Mant. ins. tom.* 1. *pag.* 199. *n°.* 45.

Il est de la grandeur du *Carabe* leucophtalme. Les antennes & les antennules sont ferrugineuses brunes. La tête lisse, avec deux impressions peu profondes à la partie antérieure. Le corcelet est large, lisse, presque quarré. L'écusson est petit & triangulaire. Les élytres sont striées. Tout le corps est noir. On remarque sur les cuisses une rangée de points enfoncés très-petits.

Il se trouve dans l'Amérique septentrionale, la Virginie, la Caroline.

55. CARABE attélaboïde.

CARABUS attelaboïdes.

Carabus apterus ater, thorace angustiori, capite postice attenuato, elytris sulcatis truncatis. Ent. ou hist. nat. des ins. CARABE. *Pl.* 6. *fig.* 70.

Carabus attelaboïdes. FAB. *Spec. ins. tom.* 1. *pag.* 305. *n°.* 30.—*Mant. ins. tom.* 1. *pag.* 198. *n°.* 42.

Il est presque de la grandeur du *Carabe* leucophtalme, mais il a une forme plus allongée. Tout le corps est noir. La tête est ovale, réunie au corcelet par un étranglement. Le corcelet est étroit, alongé, de la longueur de la tête, un peu chagriné & rebordé. L'écusson est petit & triangulaire. Les élytres ont chacune neuf stries bien marquées, & leur extrémité est tronquée.

Il se trouve dans le Coromandel.

56. CARABE cicindéloïde.

CARABUS cicindeloïdes.

Carabus apterus ater, thorace posterius angustato, elytris ovatis planis ferrugineis villosis: margine albo. SWEDER. *Nov. act. Stockl.* 8. 1787. *n°.* 3. 24.

Carabus cicindeloïdes. LIN. *Syst. Nat. edit.* 13. *pag.* 1962.

Il est un peu plus grand que le *Carabe* trilinée, & il a un peu la figure d'une Cicindèle. Tout le corps est noir. Le corcelet est aminci postérieurement. Les élytres sont applaties, ovales, ferrugineuses, un peu velues, avec tout le bord extérieur blanc. Les pattes sont noires.

Il se trouve au cap de Bonne-Espérance.

57. CARABE moucheté.

CARABUS multiguttatus.

Carabus apterus niger, thorace cordato albo marginato, elytris maculis plurimis albis. Ent. ou hist. nat. des ins. CARABE. *Pl.* 6. *fig.* 66.

Il est une fois plus grand que le *Carabe* trilinée. Les antennes sont noires. La tête est noire. Le corcelet est en cœur, un peu échancré antérieurement, tronqué postérieurement, noir, avec les bords extérieurs couverts d'un duvet blanchâtre. Les élytres sont applaties, ovales, noires, avec une vingtaine de taches formées par un duvet blanchâtre. Le dessous du corps & les pattes sont noirs.

Il se trouve en Egypte.

58. CARABE trilinée.

CARABUS trilineatus.

Carabus apterus ater, thorace postice angustato, marginibus albis, elytris albidis, sutura lineaque atris. Ent. ou hist. nat. des ins. CARABE. *Pl.* 9. *fig.* 101.

Carabus trilineatus. FAB. *Sp. Ins. tom.* 1. *p.* 305. *n°.* 31. —*Mant. ins. tom.* 1. *pag.* 198. *n°.* 43.

Carabus trilineatus. THUNB. *Nov. spec. ins. diss.* 4. *p.* 71. *fig.* 85.

Les antennes sont noires. La tête est noire, avec deux raies longitudinales grises. Le corcelet est en cœur, noir au milieu, gris de chaque côté. L'écusson est noir & très-petit. Les élytres sont noires, avec le bord extérieur & une raie longitudinale cendrée. Le dessous du corps & les pattes sont noirs.

Il se trouve dans le Coromandel.

59. Carabe du Cap.

Carabus capensis.

Carabus ater antennis elytrisque rubris: margine nigro.

Carabus dorsalis. Thunb. *Nov. spec. ins. diss.* 4. *pag.* 73.

Carabus dorsalis. Lin. *Syst. nat. edit.* 13. *pag.* 1967.

Il est presque de la grandeur du *Carabe* leucophtalme. Il est glabre. La tête, le corcelet, l'abdomen, les cuisses & les jambes sont noirs. Les antennes & les tarses sont rougeâtres. Le corcelet est en cœur, aminci postérieurement, rebordé, lisse, avec une ligne longitudinale enfoncée, au milieu, & deux points enfoncés, à la partie postérieure. Les élytres sont plus larges que le corcelet, obtuses, striées, d'un rouge sanguin obscur, avec le bord extérieur noir.

Il se trouve au cap de Bonne-Espérance.

60. Carabe obtus.

Carabus obtusus.

Carabus thorace elytrisque fuscis, capite antennis pedibusque rubris. Thunb. *Nov. spec. ins. diss.* 4. *pag.* 74.

Carabus obtusus. Lin. *Syst. nat. edit.* 13. *pag.* 1967.

Il est un peu plus grand que le précédent, & il ressemble un peu au *Carabe* pétard. Les antennes sont rougeâtres. La tête est amincie postérieurement, rougeâtre, avec les yeux glauques. Le corcelet est plus étroit que les élytres, en cœur, aminci postérieurement, rebordé, sillonné, noirâtre. Les élytres sont noirâtres, un peu velues, striées, courtes, obtuses ou tronquées à leur extrémité. Le dessous du corps est noirâtre. Les pattes sont rougeâtres.

Il se trouve au cap de Bonne-Espérance.

61. Carabe strié.

Carabus striatus.

Carabus niger, thoracis basi utrinque puncto impresso, elytris striatis, medio glabris. Ent. ou hist. nat. des ins. Carabe. *Pl.* 9. *fig.* 100.

Carabus striatus. Fab. *Syst. ent. pag.* 240. *n°.* 24. — *Sp. ins. tom.* 1. *pag.* 305. *n°.* 32. — *Mant. ins. tom.* 1. *pag.* 199. *n°.* 44.

Il est de la grandeur du *Carabe* leucophtalme. Tout le corps est noir & luisant. La tête est lisse, avec deux petites impressions à sa partie antérieure. Le corcelet est lisse, en cœur, rétréci postérieurement, avec un petit enfoncement aux angles latéraux postérieurs, & une ligne longitudinale au milieu, enfoncée, à peine marquée. L'écusson est triangulaire, presque arrondi postérieurement. Les élytres ont des stries vers la suture, & elles sont lisses au milieu.

Il se trouve au pays des Patagons, sur les bords de la mer.

62. Carabe arénaire.

Carabus arenarius.

Carabus pallidus, elytris maculis duabus dorsalibus atris. Fab. *Syst. ent. pag.* 241. *n°.* 26. — *Sp. ins. tom.* 1. *pag.* 305. *n°.* 34. — *Mant. ins. tom.* 1. *pag.* 199. *n°.* 46.

Il est de la grandeur du *Carabe* leucophtalme. Les mandibules sont avancées, pâles, noires à leur extrémité. La tête est pâle, avec les yeux testacés. Le corcelet est presque en cœur, tronqué antérieurement & postérieurement, pâle, sans taches. Les élytres sont striées, pâles, avec deux taches communes aux deux élytres anguleuses, noires. Les pattes sont pâles.

Il se trouve dans les endroits sabloneux de l'Angleterre.

63. Carabe sabloneux.

Carabus sabulosus.

Carabus pallidus, capite coleoptrorumque macula dorsali nigris. Fab. *Mant. ins. tom.* 1. *pag.* 199. *n°.* 47.

Il ressemble beaucoup au *Carabe* arénaire, dont il n'est peut-être qu'une variété. La tête est noire, luisante, avec les mandibules pâles, noires à leur extrémité. Les antennes sont pâles. Le corcelet est pâle, en cœur. Les élytres sont striées, pâles, avec une grande tache commune aux deux élytres, qui descend de la base au milieu. Le dessous du corps est noirâtre. Les pattes sont pâles.

64. Carabe applati.

Carabus complanatus.

Carabus pallidus, elytris fasciis duabus undulatis nigricantibus. Ent. ou hist. nat. des ins. Carabe. *Pl.* 5. *fig.* 54. *a. b. c.*

Carabus complanatus. Lin. *Syst. nat. pag.* 671. *n°.* 17.

Voet. *Coleopt. tab.* 36. *fig.* 27.

Les deux précédens ne sont peut être qu'une variété de celui-ci. Les antennes sont pâles, de la longueur de la moitié du corps. La tête est pâle. Le corcelet est pâle, presque en cœur, tronqué antérieurement & postérieurement. Les élytres varient beaucoup; elles sont striées & pâles, plus ou moins tachées de noir: le noir y forme quelquefois deux bandes ondées, & ces bandes sont souvent petites & interrompues.

rompues. Le dessous du corps & les pattes sont pâles.

Il se trouve dans les provinces méridionales de la France.

Nota. Le *Carabus complanatus* de M. Fabricius diffère de celui de Linné, comme on le verra par la description que nous en donnerons plus bas.

65. Carabe agricole.

Carabus agricola.

Carabus niger, elytris lineîs tribus elevatis. Ent. ou hist. nat. des inf. Carabe. *Pl. 5. fig. 53.*

Il est plus petit que le *Carabe* leucophtalme. Les antennes sont noirâtres, filiformes, de la longueur de la moitié du corps. Tout le corps est noir, très-luisant en dessous. Le corcelet est échancré antérieurement & postérieurement. Les angles postérieurs sont arrondis. Les élytres ont chacune trois lignes longitudinales élevées; vues à la loupe, elles paroissent pointillées & striées. L'extrémité de chaque élytre est légèrement sinuée.

J'ai trouvé cet insecte assez commun en Provence, dans les champs.

66. Carabe effacé.

Carabus obsoletus.

Carabus niger, elytris truncatis nigris, lineis obsoletis albis, margine albo. Ent. ou hist. nat. des inf. Carabe. *Pl. 5. fig. 60.*

Il est un peu plus petit que le *Carabe* trilinéé. Les antennes sont noires, couvertes à leur base supérieure d'un léger duvet blanchâtre. La tête est noire assez grosse, couverte de quelques poils blanchâtres. Le corcelet est en cœur, noir, avec les bords couverts de poils blanchâtres. Les élytres sont ovales, un peu applaties, noires, avec trois lignes longitudinales blanchâtres, presque effacées, & les bords extérieurs blanchâtres. Le dessous du corps & les pattes sont noirs.

Il se trouve au Sénégal, d'où il a été apporté par M. Geoffroy de Villeneuve.

67. Carabe ruficorne.

Carabus ruficornis.

Carabus ater, elytris sulcatis lævibus, antennis pedibusque rufis. Fab. *Syst. ent. pag. 241. n°. 27. — Sp. inf. tom. 1. pag. 305. n°. 35. — Mant. inf. tom. 1. pag. 199. n°. 48.*

Carabus spinipes *piceus, thorace linea excavata longitudinali, manibus spinosis.* Lin. *Syst. nat. pag. 671. n°. 20. — Faun. suec. n°. 793.*

Buprestis niger elytro singulo striis octo punctatis, pedibus ferrugineis. Geoff. *Inf. tom. 1. pag. 146. n°. 8.*

Le Bupreste noir à pattes rougeâtres. Geoff. *Ib.*

Carabus spinipes. Scop. *Ent. carn. n°. 267.*

Carabus spinipes. Schrank. *Enum. inf. austr. n°. 398.*

Buprestis rufipes. Fourc. *Ent. par. 1. pag. 43. n°. 9.*

Il est un peu plus petit que le *Carabe* leucophtalme. Il est tout noir: les antennes & les pattes seulement sont fauves. Le corcelet est en cœur, & il a au milieu une ligne longitudinale enfoncée. Les élytres ont huit stries chacune, dans lesquelles on apperçoit, à l'aide de la loupe, des points plus enfoncés.

Il se trouve en Europe.

68. Carabe bicolor.

Carabus bicolor.

Carabus supra niger, subtus ferrugineus.

Carabus bicolor. Fab. *Syst. Ent. pag. 241. n°. 28. — Sp. inf. tom. 1. pag. 306. n°. 36. — Mant. inf. tom. 1. pag. 199. n°. 49.*

Il ressemble beaucoup au *Carabe* ruficorne. Les antennes sont ferrugineuses. La tête est noirâtre. Le corcelet est brun, presque quarré, avec une ligne longitudinale enfoncée, & deux enfoncemens postérieurs. L'écusson est brun, petit & triangulaire. Les élytres sont brunes & striées. Le dessous du corps & les pattes sont fauves.

Il se trouve dans l'Amérique septentrionale.

69. Carabe flavicorne.

Carabus flavicornis.

Carabus niger, thoracis margine, antennis pedibusque flavescentibus. Fab. *Mant. inf. tom. 1. pag. 199. n°. 50.*

Il est de grandeur moyenne. Les antennes sont jaunâtres. La tête est noire. Le corcelet est en cœur, noir, bordé de jaune. Les élytres sont striées, noires. Les pattes sont jaunâtres.

Dans l'un des deux sexes, la base des élytres vers la suture, est rougeâtre.

Il se trouve en Saxe.

70. Carabe brun.

Carabus piceus.

Carabus niger pedibus antennisque piceis. Lin. *Syst. nat. pag. 672. n°. 30. — Faun. suec. n°. 801.*

Carabus thorace obcordato, antennis tibisque

piceis, *elytris striatis.* FAB. *Syst. Ent. pag.* 241. *n°.* 29.—*Spec. inf. tom.* 1. *pagg.* 306. *n°.* 37.—*Mant. inf. tom.* 1. *pag.* 199. *n°.* 51.

Il est un peu plus petit que le *Carabe* leucophtalme. Tout le corps est noir. Les antennes & les pattes sont d'une couleur de poix. Le corcelet est presque figuré en cœur, tronqué antérieurement & postérieurement.

Il se trouve au nord de l'Europe.

71. CARABE fémoral.

CARABUS femoralis.

Carabus capite, thoraceque aeneis, elytris striatis obscurioribus, femoribus rufis.

Carabus femoralis. FAB. *Syst. ent. pag.* 241. *n°.* 30.—*Spec. inf. tom.* 1. *pag.* 306. *n°.* 38.—*Mant. inf. tom.* 1. *pag.* 199. *n°.* 53.

Il est un peu plus grand que le *Carabe* ruficorne. La tête est d'un vert bronzé luisant. Le corcelet est vert bronzé luisant, presque quarré, avec une ligne longitudinale enfoncée & une impression longitudinale de chaque côté, postérieurement. L'écusson est noirâtre & triangulaire. Les élytres sont striées, noires, avec un reflet verdâtre. Le dessous du corps est noir. Les cuisses sont ferrugineuses brunes, & les jambes & les tarses sont noirs. Les antennes sont noires.

Il se trouve en Afrique à Sierra-Leon.

72. CARABE velouté.

CARABUS holosericeus.

Carabus holosericeus niger, capite aeneo nitido. FAB. *Mant. inf. tom.* 1. *pag.* 199. *n°.* 52.

Il ressemble au précédent. La tête est bronzée, luisante, avec les parties de la bouche noires. Les antennes sont noires. Le corcelet & les élytres sont noirs, un peu soyeux, point du tout luisans. Les élytres sont striées. Les pattes sont noires.

Il se trouve à Kiell.

73. CARABE paresseux.

CARABUS madidus.

Carabus thorace postice utrinque impresso niger, femoribus rufis. Ent. ou hist. nat. des inf. CARABE. *Pl.* 5. *fig.* 61.

Carabus madidus. FAB. *Syst. ent. p.* 241. *n°.* 31.—*Spec. inf. tom.* 1. *pag.* 306. *n°.* 39.—*Mant. inf. tom.* 1. *p.* 199. *n°.* 54.

Bupreftis ater, thorace lato, elytrorum striis punctatis. GEOFF. *Inf. tom.* 1. *pag.* 159. *n°.* 34.

Le Bupreste paresseux. GEOFF. *ib.*

Il est un peu plus petit que le *Carabe* leucophtalme. Son corps est beaucoup plus convexe. Les antennes sont filiformes, de la longueur du corcelet, noires à leur base, noirâtres à leur extrémité. Tout le corps est noir. Le corcelet est aussi large que les élytres. Il est élevé, & il a deux points enfoncés, à sa partie postérieure. Les élytres sont striées. Les pattes sont noires. Les cuisses sont quelquefois d'un rouge brun.

Il se trouve aux environs de Paris, en Angleterre.

74. CARABE binoté.

CARABUS binotatus.

Carabus ater capite punctis duobus frontalibus rubris, antennis basi flavis. FAB. *Mant. inf. tom.* 1. *pag.* 199. *n°.* 55.

Il est presque de la grandeur du *Carabe* ruficorne, auquel il ressemble un peu. Il est tout noir. La tête est lisse, luisante, avec deux petits points enfoncés, & deux autres plus petits, peu marqués, rougeâtres. Le corcelet est lisse, glabre. Les élytres sont striées. Les antennes sont noires, jaunes à leur base.

Il se trouve à Kiell.

75. CARABE interrompu.

CARABUS interruptus.

Carabus ater, thorace postice rotundato abdomineque remotis. Ent. ou hist. nat. des inf. CARABE. *Pl.* 5. *fig.* 52.

Carabus interruptus. FAB. *Syst. ent. pag.* 242. *n°.* 32.—*Spec. inf. tom.* 1. *p.* 306. *n°.* 40.—*Mant. inf. tom.* 1. *p.* 200. *n°.* 56.

Il est un peu plus petit que le *Carabe* leucophtalme. Tout le corps est noir. Les antennes sont filiformes, un peu plus longues que la moitié du corps. La tête est aussi large que le corcelet. Le corcelet est échancré antérieurement, arrondi postérieurement, séparé des élytres par un étranglement. Les élytres sont striées.

Il se trouve dans l'Orient, dans les provinces méridionales de la France.

76. CARABE uni.

CARABUS planus.

Carabus thorace orbiculato, rufus, elytris fasciis duabus nigris. Ent. ou hist. nat. des inf. CARABE. *Pl.* 6. *fig.* 63.

Carabus complanatus. FAB. *Syst. ent. pag.* 242. *n°.* 33.—*Spec. inf. tom.* 1. *p.* 306. *n°.* 41.—*Mant. inf. tom.* 1. *p.* 200. *n°.* 57.

Il ressemble entièrement, pour la forme & la grandeur, au Carabe bimaculé. Les antennes sont filiformes & jaunes. La tête est d'un jaune un peu fauve, avec l'extrémité des mandibules noire. Le corcelet est jaune fauve, en cœur, avec une petite ligne enfoncée, longitudinale. L'écusson est jaune fauve, petit & triangulaire. Les élytres sont striées, fauves, avec deux larges bandes inégales, noires, dont la première est interrompue vers le milieu. Le dessous du corps & les pattes sont jaunes pâles.

Il se trouve à Saint-Domingue.

77. Carabe américain.

Carabus americanus.

Carabus niger, thorace pedibus antennisque ferrugineis. Ent. ou hist. nat. des inf. Carabe. *Pl. 6. fig. 72.*

Carabus americanus. Lin. *Syst. nat. pag.* 671. *n°.* 19.

Carabus americanus. Fab. *Syst. ent. pag.* 242. *n°.* 34. —*Sp. inf. tom.* 1. *p.* 306. *n°.* 41. —*Mant. inf. tom.* 1. *p.* 200. *n°.* 58.

Carabus alatus niger, thorace antennis pedibusque ferrugineis, genubus nigris, elytris striatis. Deg. *Mém. tom.* 4. *p.* 107. *no.* 3. *pl.* 17. *fig.* 21.

Carabe américain ailé noir, à corcelet, antennes & pattes rousses, à genoux noirs & à étuis striés. Deg. *ib.*

Il est trois ou quatre fois plus grand que le *Carabe* petard. Les antennes sont rougeâtres, filiformes, un peu plus longues que la moitié du corps. La tête est noire, avancée. Le corcelet est étroit, presque en cœur, rougeâtre. Les élytres sont noires, ou d'un noir bleuâtre, striées. Le dessous du corps est noir. Les pattes sont rougeâtres, assez longues.

Il se trouve dans l'Amérique septentrionale.

78. Carabe fastigié.

Carabus fastigiatus.

Carabus ferrugineus, abdomine elytrisque fastigiatis nigris. Ent. ou hist. nat. des inf. Carabe. *Pl.* 8. *fig.* 93.

Carabus fastigiatus. Lin. *Syst. nat. p.* 670. *n°.* 14. —*Muf. Lud. Ulr. p.* 97.

Il ressemble au *Carabe* fumant; mais il est presque une fois plus grand. Les antennes, la tête, le corcelet & les pattes sont ferrugineux. Les élytres sont noires, striées, coupées à leur extrémité. La poitrine & l'abdomen sont noirs.

Il se trouve au Cap de Bonne-Espérance.

79. Carabe occidental.

Carabus occidentalis.

Carabus alatus, fusco-rufus, elytris sulcatis, nigro-cæruleis. Ent. ou hist. nat. des inf. Carabe. *Pl.* 8. *fig.* 94.

Les antennes sont noirâtres. La tête est d'un rouge brun, étroite, avancée. Le corcelet est étroit, d'un rouge brun. Les élytres sont sillonnées, un peu coupées à leur extrémité, d'un noir bleuâtre. Le dessous du corps est d'un noir un peu brun. Les pattes sont noires.

Il se trouve à Cayenne, d'où il m'a été envoyé par M. Tugni.

80. Carabe latéral.

Carabus lateralis.

Carabus niger, thorace elytrorumque margine ferrugineis. Fab. *Mant. inf. tom.* 1. *p.* 200. *n°.* 59.

Il ressemble, pour la forme & la grandeur, au *Carabe* américain. Les antennes sont ferrugineuses, noires à leur base. Le corcelet est ferrugineux, avec le bord antérieur, le bord postérieur, & les côtés près du bord, noirs. Les élytres sont striées, noires, avec les bords latéraux d'une couleur ferrugineuse, plus large à la base.

Il se trouve à Kiell.

81. Carabe fumant.

Carabus fumans.

Carabus ferrugineus, elytris nigro-cyaneis. Fab. *Spec. inf. tom.* 1. *pag.* 307. *n°.* 43. —*Mant. inf. tom.* 1. *p.* 200. *n°.* 60.

Carabus occidentalis. Voet. *Coleopt. pars.* 1. *p.* 69. *tab.* 36. *fig.* 28.

Il ressemble beaucoup au *Carabe* petard, mais il est trois fois plus grand & entièrement ferrugineux. Les élytres seules sont bleuâtres.

Il se trouve dans l'Amérique méridionale.

82. Carabe petard.

Carabus crepitans.

Carabus thorace capite pedibusque ferrugineis, elytris nigris. Ent. ou hist. nat. des inf. Carabe. *Pl.* 4. *fig.* 35.

Carabus crepitans. Lin. *Syst. nat. p.* 671. *n°.* 18. —*Faun. suec. n°.* 792.

Carabus crepitans. Fab. *Syst. ent. p.* 242. *no.* 35. —*Spec. inf. tom.* 1. *p.* 307. *n°.* 44. —*Mant. inf. tom.* 1. *p.* 200. *n°.* 61.

Buprestis capite, thorace pedibusque rubris, elytris cæruleo-nigris. Geoff. *Inf. tom.* 1. *pag.* 151. *n°.* 19.

Le Bupreste à tête, corcelet & pattes rouges & étuis bleus. Geoff. *ib.*

Carabus alatus ferrugineus, thorace angusto, elytris cinereo-nigris. Deg. *Mém. tom.* 1. *pag.* 103. *n°.* 22. *pl.* 3. *fig.* 18.

Carabe petard ailé roux, à étuis couleur d'ardoise noirâtre, & à corcelet étroit. DEG. *ib.*

Cicindela capite thorace pedibusque rufis, elytris nigro caruleis. ROLAND. *Act. Stockh.* 1750. *pag.* 292. *tab.* 7. *fig.* 2.

VOET. *Coleopt. tab.* 36. *fig.* 26.
SCHAEFF. *Icon. inf. tab.* 11. *fig.* 13.
BERGSTR. *Nomencl.* 1. *tab.* 13. *fig.* 9.
Buprestis crepitans. FOURC. *Ent. par.* 1. *pag.* 46. *n°.* 20.

Carabus crepitans. VILL. *Ent. tom.* 1. *pag.* 365. *n°.* 23.

Il varie pour la grandeur : ceux des provinces méridionales de la France sont une ou deux fois plus grands que ceux des environs de Paris. Les antennes sont d'un rouge obscur. La tête est ferrugineuse, avec les yeux noirs. Le corcelet est ferrugineux, en cœur, de la largeur de la tête, rebordé, marqué à sa partie supérieure, d'une ligne longitudinale enfoncée. Les élytres sont striées, d'un noir bleuâtre. Le dessous du corps & les pattes sont ferrugineux. L'abdomen est quelquefois obscur.

Rolander a observé que quand on prend cet insecte dans la main, ou quand on lui touche le ventre, il fait sortir avec éclat de l'anus une fumée bleue, formant un petit bruit, tel que celui d'un peu de poudre à canon à laquelle on met le feu, & il répète cette fumée avec un pareil bruit plus de vingt fois de suite & aussi long-tems qu'on le touche : c'est ce qui lui a fait donner le nom de *crepitans* par Linné. Il a pour ennemi le *Carabe* inquisiteur. Quand il est poursuivi par cet insecte, il fait sortir la fumée, ce qui arrête le grand *Carabe*, & donne occasion au petit d'échapper par la fuite; mais s'il ne trouve pas quelque endroit propre à le cacher, il finit par être la proie de l'ennemi, qui ne cesse de le poursuivre.

Il se trouve dans toute l'Europe.

83. CARABE bimaculé.

CARABUS bimaculatus.

Carabus niger, capite elytrisque truncatis puncto baseos fasciaque media ferrugineis. Ent. ou hist. nat. des inf. CARABE. *Pl.* 2. *fig.* 16. *a. b. c.*

Carabus bimaculatus. FAB. *Syst. ent. p.* 243. *n°.* 36. —*Spec. inf. tom.* 1. *p.* 307. *n°.* 45. —*Mant. inf. tom.* 1. *p.* 200. *n°.* 62.

Carabus bimaculatus *niger, fascia communi flava interrupta, antennis pedibusque testaceis.* LIN. *Mant. p.* 532.

Carabus bimaculatus. SULZ. *Hist. inf. tab.* 7. *fig.* 5.
VOET. *Coleopt. pars* 1. *tab.* 34. *fig.* 9, 10, 11.

Il ressemble un peu au *Carabe* petard, mais il est quatre ou cinq fois plus grand. Les antennes sont jaunes, filiformes, de la longueur de la moitié du corps. La tête est jaune, avec une tache noire à la partie supérieure. Le corcelet est en cœur, légèrement rebordé, noir, avec une grande tache jaune de chaque côté. Les élytres sont striées, tronquées, noires, avec une petite tache jaune à la base, une autre très-grande au milieu, & quelquefois une petite à l'extrémité. Le dessous du corps est noir, taché de jaune. Les pattes sont jaunes.

La tête & le corcelet de cet insecte sont quelquefois jaunes, sans taches.

Il se trouve dans toute l'Afrique, & aux Indes orientales.

84. CARABE six-pustules.

CARABUS sexpustulatus.

Carabus rufus, elytris nigris, punctis sex rufis. FAB. *Syst. ent. app. pag.* 825. —*Spec. inf. tom.* 1. *p.* 307. *n°.* 46. —*Mant. inf. tom.* 1. *p.* 200. *n°.* 63.

Il est de la grandeur du *Carabe* petard. La tête & le corcelet sont rougeâtres, sans taches. Les antennes sont rougeâtres. Les élytres sont striées, noires, avec trois points rougeâtres, dont le dernier, placé à l'extrémité de l'élytre, est figuré en croissant. L'abdomen est rougeâtre, bordé de noir. Les pattes sont rougeâtres.

Il se trouve aux Indes orientales.

85. CARABE livide.

CARABUS lividus.

Carabus thorace pedibusque ferrugineis, elytris nigris lateribus lividis.

Carabus lividus. LIN. *Syst. nat. p.* 670. *n°.* 15. —*Faun. suec. n°.* 791.

Il est aussi long & un peu plus large que le *Carabe* vulgaire. Les antennes sont ferrugineuses. La tête est noire, avec les antennules & la bouche ferrugineuses. Le corcelet est court, en cœur, ferrugineux, rebordé, avec une petite ligne longitudinale, enfoncée. L'écusson est noir & très-petit. Les élytres sont striées, noires, avec le bord extérieur & l'extrémité ferrugineux. Le dessous du corps est noir. Les pattes sont ferrugineuses.

Il se trouve en Europe.

86. CARABE aigu.

CARABUS acuminatus.

Carabus niger, elytris acuminatis : maculis duabus albis. Ent. ou hist. nat. des inf. CARABE. *Pl.* 1. *fig.* 8.

Les antennes sont noires à leur base, obscures à leur extrémité, presque sétacées, un peu plus courtes que le corps. La tête est noire, avancée. Le corcelet est noir, alongé, de la largeur de la tête. Les élytres sont pointues à leur extrémité, noires, avec deux taches blanches sur chaque. Le dessous du corps & les pattes sont noirs.

Il se trouve dans l'Amérique méridionale.

87. CARABE spinibarbe.

CARABUS spinibarbis.

Carabus thorace orbiculato cyaneus, ore, antennis tibiisque rufis. Ent. ou hist. nat. des inf. CARABE. *Pl.* 3. *fig.* 22. *a. b. c.*

Carabus spinibarbis. FAB. *Syst. ent. p.* 243. *n°.* 37. —*Sp. inf. tom.* 1. *p.* 307. *n°.* 47. —*Mant. inf. tom.* 1. *p.* 200. *n°.* 64.

Il n'a guères plus de quatre lignes de long. Les antennes sont fauves, un peu plus longues que la moitié du corps. Les parties de la bouche sont fauves. Les mâchoires sont couvertes extérieurement de cils longs & roides. La tête est bleuâtre. Le corcelet est bleuâtre, rebordé, figuré en cœur, un peu plus large que la tête. Les élytres sont striées, bleuâtres. Le dessous du corps est noir. Les pattes sont fauves.

Il se trouve aux environs de Paris, en Angleterre.

88. CARABE buprestoïde.

CARABUS buprestoïdes.

Carabus niger, capite recepto, antennis palpisque ferrugineis, pedibus piceis. LIN. *Syst. nat. p.* 672. *n°.* 13.

Il est de grandeur moyenne. Les antennes & les antennules sont ferrugineuses. Les mâchoires sont avancées. La tête & le corcelet sont noirs. Les élytres sont noires, & ont chacune des stries interrompues, disposées par paires. Le dessous du corps est noir. La tête est un peu enfoncée dans le corcelet. Les pattes sont brunes.

Il se trouve au midi de l'Europe.

89. CARABE soyeux.

CARABUS sericeus.

Carabus alatus ater, capite, thorace & elytris viridi-nitentibus, antennis pedibusque rufis. FORST. *Nov. Sp. inf. cent.* 1. *p.* 58.

Il est un peu plus grand que le *Carabe* ruficorne. Les antennes sont fauves. La tête est d'un vert soyeux, avec la lèvre supérieure & les antennules ferrugineuses. Les yeux sont noirs. Le corcelet est presque en cœur, d'un vert soyeux. Les élytres sont d'un vert soyeux, & ont chacune huit stries, formées par de petits points enfoncés. Les ailes sont blanches, avec le bord extérieur fauve. L'abdomen est noir. Les pattes sont fauves.

Il se trouve dans l'Amérique septentrionale.

90. CARABE pilicorne.

Carabus pilicornis.

Carabus thorace rotundato, elytris striatis punctisque impressis, antennis pilosis. FAB. *Syst. ent. p.* 243. *n°.* 38. —*Spec. inf. tom.* 1. *p.* 307. *n°.* 48. —*Mant. inf. tom.* 1. *p.* 200. *n°.* 65.

Il est de la grandeur du précédent. Les antennes sont ferrugineuses, couvertes de poils longs, avec le premier article bronzé. Le corcelet est arrondi, bronzé, avec un point enfoncé, de chaque côté, à sa partie postérieure. Les élytres sont bronzées, striées, avec trois points enfoncés. Les pattes sont fauves, avec les cuisses noires.

Il varie pour les couleurs. Tout le corps est noir ou bronzé.

Il se trouve aux environs de Paris, en Angleterre.

91. CARABE bleuâtre.

CARABUS cærulescens.

Carabus nigro-cæruleus, antennis basi rubris. LIN. *Syst. nat. p.* 672. *n°.* 28. —*Faun. suec. n°.* 800.

Carabus cærulescens. FAB. *Syst. ent. p.* 243. *n°.* 39. —*Spec. inf. tom.* 1. *p.* 308. *n°.* 49. —*Mant. inf. tom.* 1. *p.* 200. *n°.* 66.

SCHAEFF. *Icon. inf. tab.* 18. *fig.* 3, 4.

Carabus virens. MULL. *Prodr. zool. dan. p.* 76. *n°.* 817.

Buprestis episcopalis. FOURC. *Ent. par.* 1. *p.* 48. *n°.* 29.

Il est de la grandeur des précédens. Les antennes sont noires, rougeâtres à leur base. Tout le corps en-dessus est d'un vert bleuâtre. Les élytres sont striées. Le dessous du corps est noir. Les cuisses sont noires, & les jambes sont rougeâtres.

Il se trouve dans presque toute l'Europe.

92. CARABE savonnier.

CARABUS saponarius.

Carabus niger, thoracis elytrorumque marginibus rufis, antennis pedibusque pallidis. Ent. ou hist. nat. des inf. CARABE. *Pl.* 3. *fig.* 26.

Il est de la grandeur des précédens. Les antennes sont filiformes, d'un jaune obscur. La tête est noire, avec la lèvre supérieure rougeâtre. Le corcelet est presque aussi large que les élytres, noir, avec tous les bords d'un rouge obscur. Les élytres sont striées, noires, avec les bords d'un rouge obscur. Le dessous du corps est noir. Les pattes sont jaunâtres.

Il se trouve au Sénégal, d'où il a été apporté par M. Geoffroy de Villeneuve.

Voici une note que M. Geoffroy de Villeneuve, officier au bataillon d'Afrique, m'a donnée au sujet de cette espèce.

« Etant au village de Postudal, à quelques lieues du Sénégal, comme je m'occupois à ramasser des insectes, & que j'engageois les nègres à m'en apporter, l'un d'eux me présenta dans un pot plusieurs milliers d'une petite espèce de *Carabe*. Ils étoient secs, & leur nombre faisoient voir qu'ils avoient été ramassés à dessein. Je questionnai ce nègre sur l emploi qu'il vouloit en faire : il me dit que cet insecte entroit dans la composition du savon employé dans le pays ; il me montra en même temps une boule de ce même savon, dont la couleur étoit noire, mais qui avoit la même propriété que le nôtre. Depuis j'ai remarqué que cet insecte étoit employé au même usage tout le long de la côte du Sénégal ».

93. CARABE agréable.

CARABUS lepidus.

Carabus viridi-æneus, thorace quadrato postice utrinque bistriato, elytris striatis. FAB. *Mant. inf. tom.* 1. *p.* 200. *n°.* 67.

Carabus lepidus. LESKE. *It.* i. 17. 8. *tab. A. fig.* 6.

Il ressemble entièrement, pour la forme & la grandeur, au *Carabe* bleuâtre. Le corps est d'un noir violet, d'un vert bronzé brillant en-dessus. Les antennes sont noires. Le corcelet est quarré, marqué d'une ligne longitudinale enfoncée, & de deux petites lignes rapprochées, courtes, de chaque côté de la partie supérieure. Les élytres sont striées. Les pattes sont noires. Les jambes antérieures sont un peu renflées à leur extrémité.

Il se trouve en Portugal, dans les endroits sabloneux.

94. CARABE charmant.

CARABUS amoenus.

Carabus nigro-cæruleus, capite thoraceque cæruleis, elytris inauratis lævibus. Ent. ou hist. nat. des inf. CARABE. *Pl.* 8. *fig.* 87.

Il est de la grandeur des précédens. Les antennes sont noires, filiformes, de la longueur du corcelet. La tête est d'un bleu verdâtre, avec les yeux cendrés. Le corcelet est quarré, presque aussi large que les élytres, d'un bleu verdâtre. Les élytres sont lisses, d'un beau vert doré. Le dessous du corps & les pattes sont d'un noir bleuâtre.

Il se trouve à Cayenne.

95. CARABE africain.

CARABUS afer.

Carabus niger, antennis pedibusque rufescentibus, elytris lævibus. THUNB. *Nov. spec. inf. diff.* 4. *pag.* 73.

Carabus afer. LIN. *Syst. nat. edit.* 13. *p.* 1969.

Il est de la grandeur du *Carabe* bleuâtre. Le corps est oblong, noir luisant en-dessus, d'un brun roussâtre en-dessous. Les antennes sont fauves, filiformes, de la longueur du corcelet. Le corcelet est en cœur, rebordé, arrondi & un peu tronqué postérieurement, de la largeur des élytres. Les élytres ont chacune huit stries, à peine marquées, & quelques points enfoncés vers les bords extérieurs. L'extrémité est pointue & un peu fauve. Le dessous du corps & les pattes sont fauves ou bruns.

Il se trouve sur les pierres des montagnes du Cap de Bonne-Espérance.

96. CARABE anal.

CARABUS analis.

Carabus capite thoraceque viridi-æneis, elytris striatis nigro-æneis, macula postica sinuata rufa.

Il est de la grandeur du *Carabe* vulgaire. Les antennes sont fauves. La tête est d'un vert bronzé. Le corcelet est beaucoup plus large que la tête, un peu plus étroit que les élytres, & d'une couleur verte bronzée. Les élytres sont striées, d'un noir bronzé, avec une tache postérieure sinuée, fauve. Le dessous du corps est noir. Les pattes sont fauves.

Il se trouve au Sénégal.
Du cabinet du roi.

97. CARABE pensylvain.

CARABUS pensylvanicus.

Carabus testaceus, capite fusco, elytris striatis.

Carabus pensylvanicus *rufo-fuscus, capite obscuro, antennis pedibus corporeque subtus testaceis, elytris striatis.* DEG. *Mém. tom.* 4. *p.* 108. *n°.* 4. *pl.* 17. *fig.* 22.

Carabe de Pensylvanie ailé, d'un brun roussâtre, à tête obscure, à antennes, pattes & le dessous du corps fauves, à étuis cannelés. DEG. *ib.*

Il est de la grandeur du *Carabe* ruficorne. Les antennes sont fauves. La tête est d'un brun testacé, obscur. Le corcelet est d'un brun testacé, presque aussi large que les élytres. Les élytres sont striées, d'un brun testacé. Le dessous du corps & les pattes sont testacés.

Il se trouve dans l'Amérique septentrionale, dans la Pensylvanie.

98. CARABE cuivreux.

CARABUS cupreus.

Carabus æneus, antennis basi rubris. Ent. ou hist. nat. des inf. CARABE. *Pl.* 3. *fig.* 25.

Carabus cupreus. LIN. *Syst. nat. p.* 672. *n°.* 29. *—Faun. suec. n°.* 801.

Carabus cupreus. FAB. *Syst. ent. p.* 243. *n°.* 40. *—Spec. inf. tom.* 1. *p.* 308. *n°.* 50. *—Mant. inf. tom.* 1. *p.* 201. *n°.* 68.

Buprestis totus viridi cupreus, antennis nigris. GEOFF. *Inf. tom.* 1. *p.* 161. *n°.* 40.
Le Bupreste perroquet. GEOFF. *ib.*

Carabus alatus supra viridi-aeneus, subtus niger, antennis basi rufis. DEG. *Mém. tom.* 4. *p.* 97. *n°.* 13. *pl.* 3. *fig.* 15.

Carabe rosette ailé d'un vert doré ou cuivreux luisant en-dessus & noir en-dessous, à pattes noires & à antennes rousses à leur base. DEG. *ib.*

Carabus metallicus. SCOP. *Ent. carn. n°.* 270.
Carabus cupreus. SCHRANK. *Enum. inf. austr. n°.* 400.
Carabus psittaceus. FOURC. *Ent. par.* 1. *pag.* 55. *n°.* 54.

Carabus cupreus. VILL. *Ent. tom.* 1. *pag.* 370. *n°.* 33.

Il a environ cinq lignes de long. Sa couleur en-dessus est d'un vert plus ou moins cuivreux & luisant. Les antennes sont noires & fauves à leur base. Le corcelet est presque quarré, un peu moins large que les élytres ; il a une ligne longitudinale au milieu, & deux enfoncemens oblongs à la partie postérieure. Tout le dessous du corps est noir & luisant, & quelquefois il paroît un peu verdâtre, vu à un certain jour.

Il est commun dans toute l'Europe.

99. CARABE bourreau.

CARABUS carnifex.

Carabus alatus, viridi-aeneus, antennis pedibusque rufis, thorace angustato. Ent. ou hist. nat. des inf. CARABE. *Pl.* 7. *fig.* 73.

Carabus carnifex. FAB. *Syst. ent. p.* 244. *n°.* 41. *—Spec. inf. tom.* 1. *p.* 308. *n°.* 52. *—Mant. inf. tom.* 1. *p.* 201. *n°.* 69.

Il est de la grandeur du Carabe six-points, mais un peu plus alongé. Les antennes sont ferrugineuses. La tête est verte. Le corcelet est vert, presque quarré, guères plus large que la tête, avec une ligne longitudinale enfoncée, & une impression de chaque côté postérieurement. L'écusson est petit, triangulaire & cuivreux. Les élytres sont striées, vertes dorées, avec la suture bleuâtre. Le dessous du corps est noirâtre. Les pattes sont fauves.

Il se trouve dans la terre de feu.

100. CARABE vulgaire.

CARABUS vulgaris.

Carabus nigro-aeneus, pedibus antennisque nigris. Ent. ou hist. nat. des inf. CARABE. *Pl.* 4. *fig.* 36.

Carabus vulgaris. LIN. *Syst. nat. p.* 672. *n°.* 27. *—Faun. suec. n°.* 799.

Carabus vulgaris. FAB. *Syst. ent. p.* 244. *n°.* 42. *—Spec. inf. tom.* 1. *p.* 308. *n°.* 52. *—Mant. inf. tom.* 1. *p.* 201. *n°.* 70.

Buprestis infra niger, supra nigro-aeneus, thorace lato. GEOFF. *inf. tom.* 1. *p.* 160. *n°.* 36.
Le Bupreste rosette. GEOFF. *ib.*

Carabus alatus supra viridi-aeneus nitidus, subtus niger, pedibus antennisque nigris. DEG. *Mém. tom.* 4. *p.* 97. *n°.* 14.

Carabe vulgaire ailé couleur de cuivre verdâtre & luisant en-dessus & noir en-dessous, à antennes & à pattes toutes noires. DEG. *ib.*

Carabus vulgaris. SCOP. *Ent. carn. n°.* 268.
SCHAEFF. *Icon. inf. tab.* 18. *fig.* 2 ?
Buprestis vulgaris. FOURC. *Ent. par.* 1. *p.* 53. *n°.* 46.
Carabus vulgaris. VILL. *Ent. tom.* 1. *p.* 369. *n°.* 31.

Il ressemble, pour la forme & la grandeur, au *Carabe* ferrugineux. Le dessus du corps est cuivreux ou bronzé. Les antennes sont noires. Le corcelet est aussi large que les élytres, & il a deux petits points enfoncés, à la partie postérieure. Les élytres sont striées. Le dessous du corps & les pattes sont noirs.

Le dessus du corps de cet insecte est quelquefois d'un noir bronzé.

Il se trouve dans presque toute l'Europe, dans les champs & dans les jardins.

101. CARABE azuré.

CARABUS azureus.

Carabus cyaneus, antennis pedibusque rubris. FAB. *Syst. ent. p.* 244. *n°.* 43. *—Sp. inf. tom.* 1. *p.* 308. *n°.* 53. *—Mant. inf. tom.* 1. *p.* 201. *n°.* 71.
BERGSTR. *Nomencl.* 1. *tab.* 10. *fig.* 3.

Il ressemble au *Carabe* large. Les antennes sont rougeâtres. Tout le corps est bleu. Les élytres sont striées. Les pattes sont rougeâtres.

Il se trouve sur les montagnes sabloneuses, à Léipsic.

102. CARABE érythrocéphale.

CARABUS erythrocephalus.

Carabus niger, capite rufo, antennis pedibusque flavis. FAB. *Mant. inf. tom.* 1. *p.* 201. *n°.* 72.

Il est de grandeur moyenne. La tête est fauve ; luisante. Les antennes sont jaunes. Le corcelet est glabre, noir, luisant, sans taches. Les élytres sont noires, striées. Les pattes sont jaunâtres.

Il se trouve à Kiell.

103. CARABE large.

CARABUS latus.

Carabus niger, elytris striatis crenatis, antennis pedibusque ferrugineis. FAB. *Syst. ent. p.* 241. *n°.* 44. —*Spec. ins. tom.* 1. *p.* 308. *n°.* 54. —*Mant. ins. tom.* 1. *p.* 201. *n°.* 73.

Carabus latus *niger, pedibus antennisque rufis.* LIN. *Syst. nat. p.* 672. *n°.* 24. —*Faun. suec. édit.* 1. *n°.* 521. *Edit.* 2. *n°.* 2276.

Buprestis totus niger, thorace lato lævi, elytrorum striis lævibus. GEOFF. *Ins. tom.* 1. *pag.* 160. *n°.* 37. Le Bupreste en deuil. GEOFF. *ib.*

Carabus alatus niger, nitidus, elytris striatis, pedibus antennisque rufis. DEG. *Mém. tom.* 4. *pag.* 101. *n°.* 18.

Carabe large ailé d'un noir luisant, à étuis cannelés, à pattes & à antennes rousses. DEG. *ib.* SCHAEFF. *Icon. ins. tab.* 194. *fig.* 7.

Carabus latus. SCHRANK. *Enum. ins. aust. n°.* 397.

Buprestis luctuosus. FOURC. *Ent. par.* 1. *pag.* 53. *n°.* 48.

Il est de la grandeur du *Carabe* bleuâtre. Les antennes sont fauves. Tout le corps est noir, luisant. Le corcelet est de la largeur des élytres. Les élytres ont chacune huit stries bien marquées. Les pattes sont fauves.

Il se trouve dans presque toute l'Europe.

104. CARABE quadricolor.

CARABUS quadricolor.

Carabus niger, capite thoraceque cupreis, elytris nigro-cæruleis, antennis pedibusque rufis.

Il est de la grandeur du *Carabe* large. Les antennes sont fauves. La tête & le corcelet sont cuivreux. Celui ci est plus large que la tête, plus étroit que les élytres, presque quarré, avec une ligne longitudinale au milieu, & deux courtes vers le bord postérieur. Les élytres sont striées, d'un noir bleuâtre. Le dessous du corps est noir. Les pattes sont fauves.

Il se trouve au cap de Bonne-Espérance.

105. CARABE agreste.

CARABUS agrestis.

Carabus niger, antennis pedibusque rufis, elytris striatis sericeis nigro-æneis.

Buprestis ater subvillosus, antennis pedibusque ferrugineis. GEOFF. *Ins. tom.* 1. *pag.* 160. *n°.* 38. Le Bupreste noir velouté. GEOFF. *Ib.*

Buprestis sericeus. FOURC. *Ent. par.* 1. *pag.* 54. *n°.* 50.

Il est de la grandeur du précédent. Les antennes sont fauves. La tête est noire, assez grosse. Le corcelet est noir, presque aussi large que les élytres. Les élytres sont striées, d'un noir un peu verdâtre, couvertes d'un léger duvet soyeux. Le dessous du corps est noir. Les pattes sont fauves.

Il est très-commun aux environs de Paris, dans les champs.

106. CARABE abdominal.

CARABUS abdominalis.

Carabus niger, antennis abdominis disco pedibusque ferrugineis. FAB. *Mant. ins. tom.* 1. *pag.* 201. *n°.* 74.

Il ressemble, pour la forme & la grandeur, au précédent. Les antennes & les antennules sont ferrugineuses. La tête est noire, luisante. Le corcelet est lisse, noir, luisant. Les élytres sont striées, noires, sans taches. Le dessous du corps est noir, avec la poitrine & le milieu de l'abdomen ferrugineux. Les pattes sont ferrugineuses.

Il se trouve au cap de Bonne-Espérance.

107. CARABE linéole.

CARABUS lineola.

Carabus thorace subæquali, ferrugineus, elytris lineola nigra. Ent. ou hist. nat. des ins. CARABE. *Pl.* 7. *fig.* 75.

Carabus lineola. FAB. *Syst. ent. p.* 244. *n°.* 45. —*Spec. ins. tom.* 1. *p.* 309. *n°.* 55. —*Mant. ins. tom.* 1. *p.* 201. *n°.* 75.

Il ressemble beaucoup au *Carabe* ferrugineux. Les antennes sont ferrugineuses, de la longueur du corcelet. La tête est ferrugineuse. Le corcelet est un peu plus étroit que les élytres, ferrugineux, avec deux points noirs peu marqués. Les élytres sont striées, ferrugineuses, avec une ligne sur chaque, bifurquée antérieurement. Le dessous du corps est d'un brun ferrugineux. Les pattes sont ferrugineuses.

Il se trouve dans l'Amérique septentrionale.

108. CARABE ferrugineux.

CARABUS ferrugineus.

Carabus ferrugineus, elytris striatis obscurioribus. FAB. *Syst. ent. p.* 244. *n°.* 46. —*Spec. ins. tom.* 1. *p.* 309. *n°.* 56. —*Mant. ins. tom.* 1. *pag.* 201. *n°.* 76.

Carabus

Carabus ferrugines, *ferrugineus thorace glaberrimo.* LIN. *Syst. nat. p.* 672. n°. 25.—*Faun. suec.* n°. 798.

Buprestis ferrugineo-lividus, elytris punctato-striatis. GEOFF. *Inf. tom.* 1. *p.* 162. n°. 43.

Le Bupreste fauve. GEOFF. *ib.*

Carabus alatus flavo-griseus nitidus, oculis nigris, elytris striatis. DEG. *Mém. tom.* 4. *p.* 101. n°. 19.

Carabe fauve ailé d'un gris jaunâtre luisant, à yeux noirs & à étuis cannelés. DEG. *ib.*

FUESL. *Archiv. inf.* 6. *tab.* 29. *fig.* 6. *c.*

Buprestis rubescens. FOURC. *Ent. par.* 1. *p.* 56. *n°.* 57.

Carabus ferrugineus. VILL. *Ent. tom.* 1. *p.* 368. *n°.* 29.

Il a environ trois lignes & demie de long. Tout le corps est d'un brun ferrugineux, plus pâle sur les élytres que sur le corcelet. Les yeux sont noirs. Les antennes sont testacées, de la longueur du corcelet. Le corcelet est lisse, aussi large que les élytres, marqué de deux petits enfoncemens à sa partie postérieure. Les élytres sont striées. Les pattes sont de la couleur du corps.

Il se trouve dans presque toute l'Europe.

109. CARABE pâle.

CARABUS pallens.

Carabus pallidus, elytris striatis. FAB. *Syst. ent. p.* 244. *n°.* 47. —*Spec. inf. tom.* 1. *p.* 309. *n°.* 57. —*Mant. inf. tom.* 1. *p.*201. *n°.* 77.

Il ressemble au *Carabe* vulgaire. Tout le corps est pâle, sans taches. Les élytres sont striées.

Il se trouve à Dresde.

Cet insecte n'est peut-être qu'une variété du *Carabe* ferrugineux.

110. CARABE porte-lune.

CARABUS dosiger.

Carabus ferrugineus, abdomine coleoptrorumque lunula lata nigris. FAB. *Mant. inf. tom.* 1. *p.* 201. *n°.* 78.

Il ressemble au *Carabe* ferrugineux. La tête est obscure. Le corcelet est ferrugineux. Les élytres sont striées, ferrugineuses, avec une grande tache noire, au milieu, commune aux deux élytres. L'abdomen est noir. Les pattes sont ferrugineuses.

Il se trouve en Barbarie.

111. CARABE multiponctué.

CARABUS multipunctatus.

Carabus subæneus, elytris punctis vagis plurimis impressis.

Carabus multipunctatus. LIN. *Syst. nat. p.* 672. *n°.* 32.

Carabus multipunctatus. FAB. *Syst. ent. p.* 245. *n°.* 48. —*Spec. inf. tom.* 1. *p.* 309. *n°.* 58. —*Mant. inf. tom.* 1. *p.* 201. *n°.* 79.

Les antennes sont noires. Tout le corps est d'une couleur bronzée. Le corcelet est en cœur, coupé antérieurement & postérieurement; il est un peu plus large que la tête, & plus étroit que les élytres; il a une ligne longitudinale, enfoncée, au milieu. L'écusson est petit & triangulaire. Les élytres ont des stries peu marquées, dans lesquelles il y a un peu de vert brillant; elles ont plusieurs points enfoncés assez gros, dans lesquels il y a du vert. Le dessous du corps & les pattes sont d'un noir bronzé.

Il se trouve au nord de l'Europe.

112. CARABE points-oblongs.

CARABUS oblongo-punctatus.

Carabus niger, elytris striatis: punctis dorsalibus plurimis impressis. FAB. *Mant. inf. tom.* 1. *pag.* 202. *n°.* 80.

Il est de grandeur moyenne. Les antennes sont noires. La tête & le corcelet sont noirs, luisans, sans taches. Les élytres sont d'un noir plus obscur, striées, avec plusieurs points enfoncés, oblongs, sur le dos: le bord extérieur est pointillé.

Il se trouve en Dannemark.

113. CARABE bronzé.

CARABUS æneus.

Carabus ferrugineus, thorace elytrisque æneis. FAB. *Syst. ent. p.* 245. *n°.* 49. —*Spec. inf. tom.* 1. *pag.* 309. *n°.* 59. —*Mant. inf. tom.* 1. *p.* 202. *n°.* 81.

Il ressemble, pour la forme & la grandeur, au *Carabe* cuivreux. Les antennes sont ferrugineuses. La tête est ferrugineuse, avec une tache à la partie supérieure & les yeux noirs. Le corcelet est bronzé, luisant, avec une ligne enfoncée, au milieu de sa partie supérieure. Les élytres sont striées, bronzées, luisantes, sans taches. Le dessous du corps & les pattes sont d'une couleur ferrugineuse, pâle.

Il se trouve dans les jardins de Léipsic.

114. CARABE nigricorne.

CARABUS nigricornis.

Carabus niger, thorace cupreo, elytris striatis viridibus, pedibus piceis. FAB. *Mant. inf. tom.* 1. *p.* 202. *n°.* 82.

Il ressemble au *Carabe* six-points, mais il est un peu plus grand. Les antennes sont noires. La tête est d'un vert bronzé, avec les parties de la bouche noires. Le corcelet est cuivreux, brillant, avec une ligne longitudinale & un point de chaque côté, enfoncés. Les élytres sont striées, vertes. Le dessous du corps est d'un noir bleuâtre, luisant. Les pattes sont brunes, avec les tarses noirs.

Il se trouve en Dannemarck.

115. CARABE six-points.

CARABUS sexpunctatus.

Carabus capite thoraceque viridibus, elytris cupreis, punctis seximpressis. Ent. ou hist nat. des inf. CARABE. *Pl.* 5. *fig.* 50.

Carabus sexpunctatus *subæneus, elytris punctis longitudinalibus seximpressis.* LIN. *Syst. nat. p.* 672. *n°.* 35. —*Faun. suec. n°.* 807.

Carabus nitens, capite thoraceque cyaneo, elytris purpureis. LIN. *Faun. suec. édit.* 1. *n°.* 519.

Carabus sexpunctatus *capite thoraceque viridibus, elytris cupreis.* FAB. *Syst. ent. p.* 245. *n°.* 50. —*Spec. inf. tom.* 1. *p.* 309. *n°* 60. —*Mant. inf. tom.* 1. *p* 202. *n°.* 83.

Buprestis nitens, capite thoraceque viridi, elytris cupreis punctulis duodecim. GEOFF. *Inf. tom.* 1. *p.* 149. *n°.* 14.

Le Bupreste à étuis cuivreux. GEOFF. *ib.*

Carabus alatus, capite thoraceque viridi-aureis, elytris rubro-æneis : punctis seximpressis. DEG. *Mém. tom.* 4. *p.* 99. *n°.* 16.

Carabe a six points ailé, à tête & à corcelet d'un vert doré, & à étuis d'un rouge cuivreux, avec six points concaves. DEG. *ib.*

Buprestis capite collarique cæruleo, elytris rubro æneis. Act. Upf. 1736. *p.* 20. *n°.* 6.

Cantharis auricolor. BAUH. *Ballon. pag.* 212. *fig.* 4.

GOED. *Inf. tom.* 2. *p.* 126. *tab.* 31.
VOET. *Coleopt. tab.* 33. *fig.* 4.
SCHAEFF. *Icon. inf. tub.* 66. *fig.* 7.
Carabus sexpunctatus. SCHRANK. *Enum. inf. austr. n°.* 402.

Buprestis sexpunctatus. FOURC. *Ent. par.* 1. *pag.* 45. *n°.* 15.

Carabus sexpunctatus. VILL. *Ent. tom.* 1. *p.* 372. n°. 39

Il a environ quatre lignes de long. Les antennes sont noires, de la longueur de la moitié du corps La tête est verte, ou d'un vert cuivreux. Le corcelet est vert brillant, quelquefois cuivreux, en cœur, rebordé, avec une petite ligne longitudinale enfoncée. Les élytres sont cuivreuses, striées, avec six points enfoncés sur chaque, rangés sur une ligne longitudinale : le bord extérieur a aussi une rangée de points enfoncés.

Il se trouve dans toute l'Europe.

116. CARABE rural.

CARABUS agrorum.

Carabus viridis nitens, elytris striatis, punctis tribus impressis, margine pedibusque rufis.

Buprestis viridis punctatus, elytro singulo, striis octo, pedibus pallidis. GEOFF. *Inf. tom.* 1. *p.* 147. *n°.* 11.

Le Bupreste vert pointillé à huit stries & pattes fauves. GEOFF. *ib.*

Buprestis agrorum. FOURC. *Ent. par.* 1. *pag.* 43. *n°.* 12.

Il ressemble beaucoup au *Carabe* six points. Les antennes sont noires. La tête est verte. Le corcelet est vert, rebordé, presque en cœur, un peu plus large que la tête, marqué d'une ligne longitudinale, au milieu, & de deux enfoncemens oblongs, postérieurs. Les élytres sont vertes, légerement striées, avec trois points enfoncés, placés sur une ligne longitudinale près de la suture, & une suite d'autres points enfoncés, vers le bord extérieur : ce bord est d'un jaune fauve. Le dessous du corps est d'un vert noirâtre, bronzé. Les pattes sont fauves. Les cuisses sont quelquefois obscures.

Il se trouve aux environs de Paris, dans les champs, dans les vignes.

117. CARABE marginé.

CARABUS marginatus.

Carabus niger, elytris margine tibiisque testaceis. Ent. ou hist. nat. des inf. CARABE, *Pl.* 5. *fig.* 49.

Carabus marginatus. LIN. *Syst. nat. p.* 670. *n°.* 16. —*Faun. suec n°.* 804.

Carabus marginatus. FAB. *Syst. Ent. p.* 245. *n°.* 51. —*Spec. inf. tom.* 1. *p.* 310. *n°.* 61. —*Mant. inf. tom.* 1. *p.* 202. *n°.* 84.

Buprestis viridis, pedibus elytrorumque margine exteriore pallide testaceis. GEOFF. *inf. tom.* 1. *p.* 162. *n°.* 41.

Le Bupreste vert à bordure. GEOFF. *ib.*
PONTOP. *Atl. dan.* 1. *tab.* 29.

Buprestis variegatus. FOURC. *Ent. par.* 1. *p.* 55. *n°.* 55.

Carabus marginatus. VILL. *Ent. tom.* 1. *p.* 365. *n°.* 21.

Les antennes sont noirâtres & fauves à leur base. La tête est d'un brun vert. Le corcelet est large, ponctué & vert ; il a deux enfoncemens à sa partie postérieure, & une ligne longitudinale enfoncée. Les élytres sont d'un vert mat ; elles ont huit stries peu profondes, & elles sont chargées de petits points serrés, du fond de chacun desquels part un petit poil : leur bord est d'un jaune fauve, le dessous du corps est noir, & les pattes sont fauves.

Il se trouve en Europe, dans les champs.

118. Carabe ceint.

Carabus cinctus.

Carabus fuscus, capite thoraceque viridi aneis, elytrorum margine pedibusque pallidis. Ent. ou hist. nat des inf. Carabe. *Pl. 3. fig. 28.*

Carabus cinctus. Fab. *Spec. inf. tom. 1. p. 310. n°. 62. — Mant. inf. tom. 1. p. 202. n°. 85.*

Carabus cinctus. Lin. *Syst. nat. édit. 13. p. 1970.* Fuesl. *Archv. inf. 6. tab. 29. fig. 7.*

Il est presque une fois plus grand que le *Carabe* marginé. Les antennes & les antennules sont fauves. La tête est d'un vert doré. Le corcelet est presque en cœur, gueres plus étroit à sa partie postérieure ; il est d'un vert doré, un peu cuivreux, avec une ligne longitudinale peu marquée, & une impression longitudinale de chaque côté, postérieurement. L'écusson est petit, triangulaire & noirâtre. Les élytres sont striées d'un vert noir, avec tout le bord extérieur jaune. Le dessous du corps est noirâtre, & les pattes sont jaunes pâles.

Il se trouve sur la côte de Coromandel. Il est très commun dans les provinces méridionales de la France.

119. Carabe bifascié.

Carabus bifasciatus.

Carabus capite thoraceque rufis, elytris flavis fasciis duabus nigris. Ent. ou hist. nat. des inf. Carabe. *Pl. 7. fig. 80.*

Les antennes sont jaunes, un peu plus longues que la moitié du corps. La tête est avancée, fauve, avec les yeux noirs. Le corcelet est fauve, de la largeur de la tête. Les élytres sont jaunes, avec deux bandes noires. Le dessous du corps & les pattes sont d'un jaune testacé.

Il se trouve dans l'Amérique Septentrionale, & m'a été communiqué par M. Francillon.

120. Carabe trimaculé.

Carabus trimaculatus.

Carabus niger, elytris striatis maculis duabus apiceque testaceis. Ent. ou hist. nat. des inf. Carabe. *Pl. 7. fig. 85.*

Il est un peu plus grand & un peu plus allongé que le Carabe marginé. Les antennes sont noirâtres, de la longueur du corcelet. La tête & le corcelet sont noirs, sans taches. Les élytres sont striées, noirâtres, avec une tache arrondie, testacées vers la base, & une autre à l'extrémité. Les pattes sont d'un brun testacé.

Il se trouve.....

Du cabinet de M. Banks.

121. Carabe pallipède.

Carabus pallipes.

Carabus thorace rotundato ater, thoracis coleoptrorumque limbo pedibusque pallidis. Ent. ou hist. nat. des inf. Carabe. *Pl. 9. fig. 99.*

Carabus pallipes. Fab. *Mant. inf. tom. 1. p. 202. n°. 86.*

Il est de la grandeur du *Carabe* ferrugineux. Les antennes sont ferrugineuses obscures. La tête est noire, avec la bouche & les antennules ferrugineuses. Le corcelet est noir, avec tous les bords ferrugineux. Les élytres sont striées, noires, avec les bords ferrugineux pâles. Le dessous du corps est noir, & les pattes sont pâles.

Il se trouve dans l'Amérique.

122. Carabe bordé.

Carabus limbatus.

Carabus thorace elytrisque viridibus, margine fasciisque abbreviatis pallidis. Ent. ou hist. nat. des inf. Carabe. *Pl. 4. fig. 43. a. b.*

Carabus limbatus. Fab. *Gen. inf. Mant. p. 240. Spec. inf. tom. 1. p. 310. n°. 63. — Mant. inf. tom. 1. p. 202. n°. 87.*

Carabus dubius. Act. soc. berol. phys. 4. tab. 7. fig. 4.

Carabus limbatus. Vill. *Ent. tom. 1. p. 380. n°. 89. tab. 2. fig. 46.*

Il a environ trois lignes de long & deux de large. Il est ovale & convexe. Les antennes sont jaunes. La tête est pointillée, verte, avec la bouche & une tache antérieure, triangulaire, d'un jaune fauve. Le corcelet est pointillé, vert, avec le bord antérieur & les bords latéraux d'un jaune fauve. Les élytres sont striées, d'un jaune fauve, avec la suture & trois bandes ondées, vertes, qui ne vont point jusqu'au bord extérieur. Le dessous du corps est d'un jaune obscur. Les pattes sont jaunes.

Il se trouve dans les provinces méridionales de la France, & en Allemagne.

123. Carabe bilinéé.

Carabus bilineatus.

Carabus ferrugineus thorace elytrorumque sutura linea longitudinali nigra. Thunb. *Nov. sp. inf. diss. 4. p. 75. fig. 88.*

Carabus capensis. LIN. *Syst. nat. édit.* 13. *p.* 1969.

Il a la forme du *Carabe* marginé; mais il est un peu plus petit. Tout le corps est ferrugineux pâle. Le corcelet est en cœur, rebordé, avec une ligne longitudinale, ou deux lignes parallèles noires, & un sillon au milieu. Les élytres sont striées, courtes, tronquées, avec une ligne oblongue, noirâtre vers la suture, commune aux deux élytres. Le dessous du corps est ferrugineux, & l'abdomen est tantôt noir, tantôt ferrugineux.

Il se trouve au Cap de Bonne-Espérance.

124. CARABE échelon.

CARABUS *scalaris.*

Carabus testaceus, thorace vittis duabus nigris, elytris macula suturali dentata.

Il ressemble au *Carabe* ferrugineux; mais il est une ou deux fois plus grand. Tout le corps est testacé. La tête a une tache noirâtre de chaque côté. Le corcelet est à peu près de la largeur des élytres, & il a à sa partie supérieure deux raies longitudinales noires. Les élytres sont striées, & ont, le long de la suture, une grande tache noirâtre, dentée vers le milieu. Les pattes sont de la couleur du corps.

Il se trouve au Sénégal.

125. CARABE nitidule.

CARABUS *nitidulus.*

Carabus niger, elytrorum margine æneo nitido. Ent. ou hist. nat. des inf. CARABE. *Pl.* 9. *fig.* 102.

Carabus nitidulus. FAB. *Mant. inf. tom.* 1. *p.* 202. *n°.* 88.

Il ressemble, pour la forme & la grandeur, au *Carabe* cuivreux. Les antennes sont noires. La tête est d'un noir violet. Le corcelet est en cœur, d'un noir violet, avec une ligne longitudinale enfoncée. L'écusson est triangulaire, & d'un noir bleuâtre. Les élytres sont à moitié d'un noir bleuâtre intérieurement, & d'une belle couleur verte, dorée extérieurement; elles sont striées, & elles ont alternativement des lignes élevées, interrompues par un point enfoncé. Le dessous du corps & les pattes sont noires.

Il se trouve dans le Kamschatka.

126. CARABE mélanocéphale.

CARABUS *melanocephalus.*

Carabus niger, thorace pedibusque ferrugineis. Ent. ou hist. nat. des inf. CARABE. *Pl.* 2. *fig.* 14. *a. b.*

Carabus melanocephalus. FAB. *Syst. Ent. p.* 245. *n°.* 52. — *Sp. inf. tom.* 1. *p.* 310. *n°.* 64. — *Mant. inf. tom.* 1. *p.* 202. *n°.* 89.

Carabus melanocephalus *thorace pedibusque ferrugineis, elytris capiteque atris.* LIN. *Syst. nat. p.* 671. *n°.* 22. — *Faun. suec. n°.* 795.

Carabus capite elytrisque atris, thorace rubro. LIN. *Faun. suec. édit.* 1. *n°.* 526.

Buprestis niger, thorace, antennis pedibusque ferrugineis. GEOFF. *Inf. tom.* 1. *p.* 162. *n°.* 42.

Le Bupreste noir à corcelet rouge. GEOFF. *ib.*

Carabus apterus niger nitidus, elytris lævibus, antennis pedibusque flavo testaceis. DEG. *Mém. tom.* 4. *p.* 93. *n°.* 2.

Carabe *tête noire*, non aîlé, d'un noir luisant, à étuis lisses, à pattes & antennes d'un jaune d'ocre. DEG. *ib.*

VOET. *Coleopt. pars* 1. *tab.* 35. *fig.* 15.

Buprestis melanocephalus. FOURC. *Ent. par.* 1. *p.* 56. *n°.* 56.

Carabus melanocephalus. VILL. *Ent. tom.* 1. *p.* 367. *n°.* 26.

Il a à peu près trois lignes de long. La tête, les élytres, la poitrine & l'abdomen sont noirâtres. Les antennes, le corcelet, tant en dessus qu'en dessous, & les pattes, sont fauves. Le corcelet est lisse, presque quarré, & un peu moins large que les élytres : celles-ci ont des stries très-fines.

Cet insecte varie. Il a quelquefois le corcelet noir au milieu, avec ses bords seulement fauves. Dans quelques espèces les élytres sont brunes.

Il est commun dans toute l'Europe. On le trouve sous les pierres.

127. CARABE tête-bleue.

CARABUS *cyanocephalus.*

Carabus thorace pedibusque ferrugineis, elytris capiteque cyaneis. Ent. ou hist. nat. des inf. CARABE. *Pl.* 3. *fig.* 24. *a. b.*

Carabus cyanocephalus. LIN. *Syst. nat. p.* 671. *n°.* 21. — *Faun. suec. n°.* 794.

Carabus capite elytrisque cæruleis, thorace rubro. LIN. *Faun. suec. édit.* 1. *n°.* 525.

Carabus cyanocephalus. FAB. *Syst. Ent. p.* 245. *n°.* 53. — *Spec. inf. tom.* 1. *p.* 310. *n°.* 65. — *Mant. inf. tom.* 1. *p.* 203. *n°.* 90.

Buprestis capite elytrisque cæruleis, thorace rubro. GEOFF. *inf. tom.* 1. *p.* 149. *n°.* 16.

Le Bupreste bleu à corcelet rouge. GEOFF. *ib.*

Carabus alatus, capite elytrisque viridi cæruleis, thorace pedibusque ferrugineis. DEG. *Mém. tom.* 4. *p.* 100. *n°.* 17.

Carabe *tête bleue* aîlé à tête & à étuis d'un vert bleuâtre luisant, à corcelet & à pattes couleur d'orange. Deg. *ib.*

Cantharis seu scarabæus exiguus, elytris & capite cæruleis, scapulis croceis. Raj. *inf. p.* 89. *sect.* 1. *n°.* 1.

Schaeff. *Icon. inf. tab.* 11. *fig.* 14.

Buprestis cyanocephalus. Fourc. *Ent. par.* 1. *p.* 45. *n°.* 17.

Carabus cyanocephalus. Vill. *Ent. tom.* 1. *p.* 366. *n°.* 25.

Il ressemble au *Carabe* petard. Comme ce dernier, il varie pour la grandeur : les petits ont trois lignes, & les plus grands quatre lignes & demie de long. Les antennes sont brunes & fauves à leur base. La tête est bleuâtre. Le corcelet est figuré en cœur; il est d'un rouge fauve, tant en dessus qu'en dessous. Les élytres sont d'un vert bleu; elles ont des stries peu profondes. On apperçoit, avec la loupe, des points enfoncés, irréguliers : leur pointe paroît comme tronquée. Le dessous du corps est d'une couleur noire, bleuâtre & luisante. Les pattes sont fauves : dans quelques individus les jambes & les tarses sont bruns.

Il se trouve en Europe, dans les champs, sous les pierres.

128. Carabe ruficolle.

Carabus ruficollis.

Carabus thorace obcordato ferrugineo, elytris truncatis, striatis viridibus, capite plano atro. Ent. ou hist. nat. des inf. Carabe. *Pl.* 7. *fig.* 78.

Carabus ruficollis. Fab. *Mant. inf. tom.* 1. *p.* 203. *n°.* 91.

Il est un peu plus alongé que le *Carabe* tête bleue. Les antennes sont noires, ferrugineuses à leur base, moins noires à leur extrémité. La tête est noire. Le corcelet est en cœur, aussi étroit que la tête, rougeâtre. L'écusson est petit & rougeâtre. Les élytres sont vertes, luisantes, striées, tronquées à leur extrémité. Le dessous de la tête & l'abdomen sont noirs. Le dessous du corcelet, la poitrine & l'extrémité de l'abdomen sont rougeâtres. Les pattes sont noires, avec la base des cuisses rougeâtre.

Il se trouve dans l'Amérique méridionale.

129. Carabe améthyste.

Carabus amethystinus.

Carabus cyaneus, capite thoraceque æneis nitidis. Fab. *Mant. inf. tom.* 1. *p.* 203. *n°.* 92.

Il ressemble, pour la forme & la grandeur, au *Carabe* tête bleue. Les antennes sont velues, noirâtres, ferrugineuses à leur base. La tête est cuivreuse, brillante. Le corcelet est cuivreux, brillant, un peu en cœur. Les élytres sont bleues, striées. Le dessous du corps est bleu.

Il se trouve à Cayenne.

130. Carabe sinueux.

Carabus flexuosus.

Carabus niger, elytris ferrugineis, macula media sinuata punctoque apicis nigris. Fab. *Syst. Ent. p.* 246. *n°.* 54. — *Spec. inf. tom.* 1. *p.* 311. *n°.* 66. — *Mant. inf. tom.* 1. *p.* 203. *n°.* 93.

Il ressemble au suivant. Il est petit & déprimé. La tête est noire. Le corcelet est noir rebordé, très-coupé antérieurement. L'écusson est noir. Les élytres sont ferrugineuses, noires à leur base, de chaque côté de l'écusson, avec une tache sinuée, au milieu, noire, & un petit point postérieur, de la même couleur. Le dessous du corps & les pattes sont noirs.

Il se trouve aux Indes orientales.

131. Carabe grand-croix.

Carabus crux major.

Carabus thorace orbiculato rubro, coleoptris truncatis rubris, cruce nigra. Fab. *Syst. Ent. p.* 246. *n°.* 55. — *Spec. inf. tom.* 1. *p.* 311. *n°.* 67. — *Mant. inf. tom.* 1. *p.* 203. *n°.* 94.

Carabus crux major *thorace capiteque nigro rubescente, coleoptris ferrugineis cruce nigra.* Lin. *Syst. nat. p.* 673. *n°.* 39. — *Faun. suec. n°.* 808.

Buprestis niger, thorace pedibusque rubris, elytris rubris cruce nigra. Geoff. *inf. tom.* 1. *p.* 150. *n°.* 18.

Le chevalier rouge. Geoff. *ibid.*

Fourc. Ent. par. 1. *p.* 46. *n°.* 19.

Carabus crux major. Vill. *Ent. tom.* 1. *p.* 373. *n°.* 43.

Il a environ trois lignes de long, & une & demie dans sa plus grande largeur. Les antennes sont brunes & rougeâtres à leur base. La tête est noire. Le corcelet est presque orbiculé; il est petit & rougeâtre. Les élytres sont rougeâtres, avec la suture & une large bande noire, qui forment à peu près une croix. Le bord des élytres est quelquefois noir, & alors on voit seulement quatre grandes taches rouges. La pointe des élytres paroît comme tronquée : on apperçoit, à l'aide de la loupe, quelques stries peu profondes.

Il se trouve en Europe, & quelquefois aux environs de Paris, dans les bois.

132. Carabe rayé.

Carabus vittatus.

Carabus thorace marginato rufo, elytris atris, vitta alba. Ent. ou hist. nat. des inf. CARABE. *Pl. 6. fig. 69. a. b.*

Carabus vittatus. FAB. *Gen. inf. Mant. p.* 240. — *Spec. inf. tom.* 1. *p.* 311. *n°.* 68. — *Mant. inf. tom.* 1. *p.* 203. *n°.* 95.

Il est plus petit que le *Carabe* tête bleue. Les antennes sont noirâtres. La tête est fauve, avec les yeux noirs. Le corcelet est fauve, en cœur, guère plus large que la tête. L'écusson est fauve & triangulaire. Les élytres sont noires, légèrement striées, avec tout le bord extérieur, & une tache triangulaire autour de l'écusson, fauves, & une ligne longitudinale, blanchâtre, au milieu de chaque. Tout le dessous du corps est fauve. Les pattes sont noires, avec la moitié des cuisses fauve.

Il se trouve dans l'Amérique septentrionale.

133. CARABE turcique.

CARABUS turcicus.

Carabus thorace orbiculato rufo, elytris nigris: lunula baseos pallida. Ent. ou hist. nat. des inf. CARABE. *Pl. 6. fig. 68. a. b.*

Carabus turcicus. FAB. *Mant. inf. tom.* 1. *p.* 203. no. 96.

Il est un peu plus petit que le *Carabe* tête bleue. Les antennes sont fauves, plus claires à leur base. La tête est noire, avec la bouche fauve. Le corcelet est en cœur, à peine plus large que la tête, & de couleur fauve. L'écusson est fauve & triangulaire. Les élytres sont striées, noires, avec une tache assez grande, en croissant, à la base extérieure de chaque. Le dessous du corcelet & la poitrine sont fauves. L'abdomen est noir, avec une tache fauve au milieu. Les pattes sont fauves.

Il se trouve....

134. CARABE hémorrhoïdal.

CARABUS hemorrhoidalis.

Carabus thorace suborbiculato, elytris nigris apice rufis. FAB. *Mant. inf. tom.* 1. *p.* 203. *n°.* 97.

Il ressemble entièrement, pour la forme & la grandeur, au précédent. Les antennes sont rougeâtres, noirâtres à leur extrémité. La tête & le corcelet sont rougeâtres, sans taches. Les élytres sont à peine striées, noires, luisantes, rougeâtres à leur extrémité. Le dessous du corps est rougeâtre.

Il se trouve à Dresde.

135. CARABE picipede.

CARABUS picipes.

Carabus thorace rotundato ater nitidus, elytris fuscis, pedibus ferrugineis. FAB. *Mant. inf. tom.* 1. *p.* 203. *n°.* 98.

Il est petit, oblong, noir. Le corcelet est arrondi, lisse, luisant. Les élytres sont striées, noirâtres. Les pattes sont ferrugineuses.

Il se trouve en Suède.

136. CARABE agile.

Carabus agilis.

Carabus thorace rotundato rufus, elytris abdomineque nigris. FAB. *Mant. inf. tom.* 1. *p.* 204. *n°.* 99.

Il ressemble aux précédens. Le corcelet est arrondi, rougeâtre. La tête est rougeâtre. Les élytres sont noires. Le dessous du corps est rougeâtre, avec l'abdomen noir. Les pattes sont rougeâtres.

Il se trouve en Suède.

137. CARABE petite-croix.

CARABUS crux minor.

Carabus thorace orbiculato rufo, coleoptris apice nigris, macula rufa. Ent. ou hist. nat. des inf. CARABE. *Pl. 4 fig. 41. a. b.*

Carabus crux minor. FAB. *Syst. Ent. p.* 246. *n°.* 56. — *Sp. inf. tom.* 1. *p.* 311. *n°.* 69. — *Mant. inf. tom.* 1. *p.* 204. *n°.* 100.

Carabus crux minor *thorace luteo glabro, elytris postice nigris: maculis duabus flavis.* LIN. *Syst. nat. n°.* 673. *n°.* 40. —*Faun. suec. n°.* 809.
SCHAEFF. *Icon. inf. tab.* 18. *fig.* 8.
Carabus crux minor. SULZ. *Hist. inf. tab.* 7. *fig.* 6.
Carabus crux minor. SCHRANK. *Enum. inf. aust. n°.* 407.
Carabus crux minor. VILL. *Ent. tom.* 1. *p.* 374. *n°.* 44.

Il est un peu plus petit que le *Carabe* grand-croix, auquel il ressemble beaucoup, & dont il n'est peut-être qu'une variété. Les antennes sont noires, rougeâtres à leur base. La tête est noire. Le corcelet est rougeâtre, guère plus large que la tête. L'écusson est noir. Les élytres sont légèrement striées, rougeâtres, avec la suture, & une large bande noires. La poitrine & l'abdomen sont noirs. Les jambes sont rougeâtres.

Il se trouve en Europe, aux environs de Paris, en Angleterre.

138. CARABE en sautoir.

CARABUS andrea.

Carabus thorace orbiculato nigro nitido, elytris pallidis, fascia media nigra. FAB. *Spec. inf. tom.* 1. *p.* 311. *n°.* 70. — *Mant. inf. tom.* 1. *p.* 204. *n°.* 101.

Il ressemble entièrement au *Carabe* petite-croix. La tête est noire. Le corcelet est arrondi, noir, luisant. Les élytres sont pâles, avec une large bande noire au milieu, un peu dilatée à la suture. L'extrémité est un peu noirâtre. Les pattes sont pâles.

Il se trouve en Italie.

139. CARABE germain.

CARABUS germanus.

Carabus niger, capite pedibus elytrisque testaceis, elytris apice violaceis. Ent. ou hist. nat. des ins. CARABE. *Pl.* 5. *fig.* 56.

Carabus germanus. LIN. *Syst. nat. p.* 672. *n°.* 26.
Carabus germanus *cyaneus, capite, pedibus elytrisque testaceis, elytris apice violaceis.* FAB *Spec. ins. tom.* 1. *p.* 312. *n°.* 71. — *Mant. ins. tom.* 1. *p.* 204. *n°.* 102.

Carabus germanus. SCOP. *Ent. carn. n°.* 273.
PODA *Mus. gr. c. p.* 17.

Carabus germanus. VILL. *Ent. tom.* 1. *p.* 368. *n°.* 30.

Il est un peu plus grand que les précédens. Les antennes sont d'un fauve obscur, un peu clair à leur base. La tête est d'un fauve obscur. Le corcelet est en cœur, plus large que la tête, d'un noir bleuâtre. Les élytres sont striées, ferrugineuses, avec une grande tache postérieure bleue. Le dessous du corps est noir. Les pattes sont fauves.

M. Fabricius cite Schaeffer, *Icon. ins. tab.* 31. *fig.* 13. L'insecte figuré dans cette planche appartient au carabe verdelet, *Carabus viridanus.*

Il se trouve dans presque toute l'Europe.

140. CARABE prompt.

CARABUS velox.

Carabus nigricans, antennis pedibusque pallidis, elytris obtusissimis. FAB. *Syst. Ent. p.* 247. *n°.* 57. — *Spec. ins. tom.* 1. *p.* 302. *n°.* 72. — *Mant. ins. tom.* 1. *p.* 204 *n°.* 103.

Carabus velox *nigricans, pedibus tibiisque pallidis.* LIN. *Syst. nat. p.* 672. *n°* 31. — *Faun. suec. n°* 803. — *It. goll.* 207.

Il est presque de la grandeur du précédent. Il est d'un noir un peu bronzé. Les élytres sont striées. Les pattes sont noires, avec les jambes pâles.

Il se trouve au nord de l'Europe, sur le sable, aux bords de la mer.

141. CARABE roussâtre.

CARABUS rufescens.

Carabus thorace rotundato ferrugineus, vertice anoque nigris. FAB. *Syst. Ent. p.* 247. *n°.* 58. — *Spec. ins. tom.* 1. *p.* 312. *n°.* 73. — *Mant. ins. tom.* 1. *p.* 204. *n°.* 140.

Il ressemble au *Carabe* pâle. Les antennes sont testacées. Tout le corps est d'une couleur ferrugineuse brune, plus ou moins claire. Le dessus de la tête & l'extrémité de l'abdomen sont quelquefois noirâtres. Le corcelet est en cœur, & guère plus large que la tête. Les élytres sont striées.

Il se trouve en Angleterre.

142. CARABE verdelet.

CARABUS viridanus.

Carabus viridi aeneus, elytris ferrugineis: macula communi nigro aenea. Ent. ou hist. nat. des ins. CARABE. *Pl.* 5. *fig.* 55.
Carabus viridanus. FAB. *Mant. ins. tom.* 1. *p.* 204. *n°.* 105.

Buprestis viridis, elytro singulo striis octo, pedibus extrorumque antica parte & margine fulvis. GEOFF. *ins. tom.* 1. *p.* 148. *n°.* 13.

Le Bupreste à étuis verts & bruns. GEOFF. *ib.*
SCHAEFF. *Icon. ins. pl.* 31. *fig.* 13.
Buprestis bicolor. FOURC. *Ent. par.* 1. *p.* 44. *n°.* 14.

Les antennes sont roussâtres. La tête est verte. Le corcelet est vert, en cœur, avec une ligne longitudinale enfoncée. Les élytres sont striées, fauves, avec une grande tache postérieure, commune aux deux élytres, d'un noir bleuâtre, verdâtre. Le dessous du corps est noir. Les pattes sont fauves.

Il se trouve dans presque toute l'Europe. Il est commun aux environs de Paris, dans les endroits sabloneux & humides.

143. CARABE bipustulé.

CARABUS bipustulatus.

Carabus thorace orbiculato elytrisque nigris, maculis duabus rufis. FAB. *Syst. Ent. p.* 247. *n°.* 59. — *Sp. ins. tom.* 1. *p.* 312. *n°.* 74. — *Mant. ins. tom.* 1. *p.* 204. *n°.* 106.

Buprestis niger, thorace atro, elytris rubris, cruce nigra. GEOFF. *ins. tom.* 1. *p.* 150. *n°.* 17.
Le Chevalier noir. GEOFF. *ib.*

SCHAEFF. *Icon. ins. tab.* 1. *fig.* 13.
VOET. *Coleopt. par.* 1. *tab.* 34 *fig.* 7.

Buprestis equestris. FOURC. *Ent. par.* 1. *p.* 45. *n°.* 18.

Il est de la grandeur du *Carabe* grand-croix; mais le corcelet de celui-ci est très-noir & beaucoup plus grand que la tête. Les antennes sont noires. La tête est noire, avancée. Les yeux sont noirs, arrondis, très-saillans. Le corcelet est arrondi, pubefcent, légerement chagriné. Les élytres ont des ftries pointillées ; elles font rougeâtres, avec la future, un peu de la bafe & de l'extrémité, & une bande au delà du milieu, noirs. Le deffous du corps & les pattes font noirs.

Il fe trouve aux environs de Paris, en Angleterre.

144. CARABE équinoxial.

CARABUS æquinoctialis.

Carabus thorace cordato, flavus, elytris fufcis maculis duabus flavis Ent. ou hift. nat. des inf CARABE. *Pl.* 7. *fig.* 79.

Carabus quadripuftulatus. FAB. *Sp. inf. tom.* 1. *p.* 312. *n°.* 75. —*Mant. inf. tom.* 1. *p.* 204. *n°.* 107.

Carabus æquinoctialis. LIN. *Syft. nat. edit.* 13. *p.* 1976.
FUESL. *Arch. inf.* 6. *tab.* 29. *fig.* 8. *d.*

Il reffemble beaucoup au *Carabe* petard. Les antennes font d'un jaune obfcur. La tête eft jaune, avec les yeux noirs. Le corcelet eft jaune, en cœur, de la largeur de la tête, avec une ligne longitudinale, enfoncée. L'écuffon eft jaune, petit & triangulaire. Les élytres n'ont point de ftries : elles font noirâtres, avec deux taches jaunes fur chaque, une à la bafe extérieure & l'autre vers l'extrémité extérieure. Tout le deffus du corps eft couvert de poils courts. Le deffous & les pattes font jaunes.

Il fe trouve dans l'Afrique équinoxiale.

145. CARABE lunulé.

CARABUS lunatus.

Carabus thorace orbiculato rufo, elytris flavis : maculis tribus nigris. Ent. ou hift. nat. des inf. CARABE. *Pl.* 3. *fig.* 27.

Carabus lunatus. FAB. *Syft. ent. p.* 247. *n°.* 60. —*Mant. inf. tom.* 1. *p.* 204. *n°.* 108.

Bupreftis plateofus *capite cæruleo-nitido, thorace fulvo ; elytris luteis friatis maculis fex atris.* FOURC. *Ent. par.* 1. *p.* 53. *n°.* 47.

Les antennes font noires, ferrugineufes à leur bafe. La tête eft d'un noir bleuâtre, luifante. Le corcelet eft prefque en cœur, guères plus large que la tête, pointillé, fauve. Les élytres font jaunes, avec trois taches très-noires, dont une petite à la bafe extérieure, une autre au milieu, fur le bord extérieur ; la troifième eft placée vers l'extrémité : vues à la loupe, on apperçoit des ftries formées par de petits points enfoncés. La poitrine & l'abdomen font d'un noir bleuâtre. Les pattes font fauves, avec l'extrémité des cuiffes d'un noir bleuâtre.

Il fe trouve dans l'Alfaçe, la Lorraine & en Angleterre.

146. CARABE vert.

CARABUS prafinus.

Carabus niger, capite thoraceque viridi æneis, elytris macula magna communi poftica nigra. FAB. *Mant. inf. tom.* 1. *p.* 204. *n°.* 109.

Carabus prafinus *thorace capiteque cyaneis, elytris rubris : poftice macula communi fufca.* THUNB. *Nov. Sp. inf. diff.* 4. *p.* 74. *fig.* 87.
Carabus prafinus. LIN. *Syft. nat. edit.* 13. *p.* 1976.

Il reffemble entièrement au *Carabe* enfumé ; mais il eft un peu plus grand. Les antennes font noires, avec le premier article ferrugineux. La tête & le corcelet font glabres, d'un vert bronzé, brillant. Les élytres font ftriées, rougeâtres, avec une grande tache noire, commune aux deux élytres, qui s'étend depuis le milieu jufques vers l'extrémité. Le deffous du corps eft noir. Les pattes font rougeâtres.

Il fe trouve au cap de Bonne-Efpérance, & à Copenhague.

147. CARABE étuvier.

CARABUS vaporariorum.

Carabus thorace, elytris antice margineque, antennis pedibufque ferrugineis. Ent. ou hift. nat. des inf. CARABE. *Pl.* 5. *fig.* 57. *a. b.*

Carabus vaporariorum. FAB. *Syft. ent. p.* 247. *n°.* 60. —*Sp. inf. tom.* 1. *p.* 312. *n°.* 76. —*Mant. inf. tom.* 1. *p.* 205. *n°.* 110.

Carabus vaporariorum *thorace fufco, pedibus, antennis elytrifque antice ferrugineis.* LIN. *Syft. nat. p.* 671. *n°.* 23. —*Faun. fuec. n°.* 796.

Carabus ater, elytris antice grifeis. LIN. *Faun. fuec. edit.* 1. *n°.* 529.
Carabus nigricans, antennis, thorace, pedibus elytrifque antice ferrugineis. MULL. *Prodr. zool. dan. p.* 78. *n°.* 850.
VOET. *Coleopt. pars* 1. *tab.* 35. *fig.* 18.
Carabus vaporariorum. VILL. *Ent. tom.* 1. *p.* 367. *n°.* 37.

Il eft un peu plus petit que le *Carabe* germain. Les antennes font noires, rougeâtres à leur bafe. La tête eft noire, avec les antennules rougeâtres. Le corcelet eft rougeâtre, arrondi, rebordé, plus large que la tête, plus étroit que les élytres. Les élytres font ftriées, noires, avec la bafe & un peu du bord extérieur rougeâtres. Le deffous du corps eft noir. Les pattes font fauves.

Il fe trouve dans prefque toute l'Europe.

148. CARABE méridien.

CARABUS meridianus.

Carabus niger, elytris antico pedibufque teftaceis. LIN. *Syft. nat. pag.* 673. *n°.* 36.

Carabus

Carabus meridianus. FAB. *Syst. ent. pag.* 247. *n°*. 62. — *Sp. ins. tom.* 1. *pag.* 312. *n°*. 77. *Mant. ins. tom.* 1. *pag.* 205. *n°*. 111.

Carabus meridianus. SCHRANK. *Enum. ins. austr. n°*. 408.

Carabus meridianus. VILL. *Ent. tom.* 1. *p.* 363. *n°*. 40.

Il est plus petit que le précédent. Les antennes sont noirâtres, fauves à leur base. La tête & le corcelet sont noirs, luisans. Les élytres sont striées, noires, avec la base fauve. Le dessous du corps est noir.

Il se trouve en Europe.

149. CARABE empreint.

CARABUS comma.

Carabus niger, thorace fusco, elytris griseis, macula lineari nigra. FAB. *Syst. ent. pag.* 248. *n°*. 63.—*Sp. ins. tom.* 1. *p.* 318. *n°*. 78. — *Mant. ins. tom.* 1. *pag.* 205. *n°*. 112.

Carabus lineatus *niger, thorace ferrugineo, elytris griseis, sutura linea communi, alteraque in singuli elytri medio nigra, ante apicem desinente, pedibus griseis, tarsis nigris*. FORST. *Nov. sp. ins. cent.* 1. *pag.* 59. *n°*. 59.

Il est de la grandeur du *Carabe* quadripustulé. Les antennes sont d'un jaune pâle. La tête est noire, luisante, avec les antennules ferrugineuses. Le corcelet est arrondi, ferrugineux. Les élytres sont striées, pâles, avec une ligne longitudinale de chaque côté de la suture, & quelquefois une autre courte, au milieu de chaque élytre. Le dessous du corps est noir. Les pattes sont pâles, avec les tarses noirs.

Il se trouve dans l'Amérique septentrionale.

150. CARABE fascié.

CARABUS fasciatus.

Carabus ferrugineus fascia elytrorum nigra. THUNB. *Nov. sp. ins. diss.* 4. *pag.* 75. *fig.* 89.

Carabus fasciatus. LIN. *Syst. nat. edit.* 13. *p.* 1969.

Il ressemble, pour la forme & la grandeur, au *Carabe* quadrimaculé, dont il diffère principalement par le corcelet noirâtre, & par le bord des élytres ferrugineux. Les antennes & la tête sont rougeâtres. Le corcelet est noirâtre, en cœur, marqué d'une ligne longitudinale enfoncée. Les élytres sont courtes, tronquées, striées, ferrugineuses, avec une bande au milieu, noire, droite. Le dessous du corps & les pattes sont rougeâtres.

Il se trouve au cap de Bonne-Espérance.

151. CARABE quadrimaculé.

CARABUS quadrimaculatus.

Carabus thorace ferrugineo glabro, elytris obtusissimis fuscis, maculis duabus albis. FAB. *Syst. ent. pag.* 248. *n°*. 64. — *Sp. ins. tom.* 1. *pag.* 313. *n°*. 79. — *Mant. ins. tom.* 1. *pag* 205, *n°*. 113.

Carabus quadrimaculatus *thorace flavo, elytris obtusissimis fuscis: maculis duabus albis*. LIN. *Syst. nat. pag* 671. *n°* 41. — *Faun. suec. n°*. 813.

Carabus niger, thorace ferrugineo, elytrorum maculis quatuor lividis. LIN. *Faun. suec. edit.* 1. *n°*. 532.

Buprestis niger, thorace plano ferrugineo, elytris lævibus, maculis quatuor lividis. GEOFF. *ins. tom.* 1. *pag.* 152, *n°*. 21.

Le Bupreste quadrille à corcelet plat & étuis lisses. GEOFF. *Ib.*

PONTOP. *Atl. dan.* 1. *tab.* 29.

Buprestis quadrimaculatus. FOURC. *Ent. part.* 1. *pag.* 46. *n°*. 22.

Carabus quadrimaculatus. VILL. *Ent. tom.* 1. *pag.* 374. *n°*. 45.

Il est plus petit que les précédens. Les antennes & les antennules sont rougeâtres. La tête est noire. Le corcelet est en cœur, de la largeur de la tête, rougeâtre. Les élytres sont striées, un peu tronquées, noires, avec deux taches pâles sur chaque, dont l'une ovale, oblongue, vers la base, & l'autre à l'extrémité. L'abdomen est noir. Les pattes sont pâles.

Il se trouve en Europe, dans les endroits sablonneux, humides.

152. CARABE quadripustulé.

CARABUS quadripustulatus.

Carabus capite ferrugineo, thorace atro, elytris maculis duabus flavis. LIN. *Syst. nat. pag.* 672. *n°*. 34. — *Faun. suec. n°*. 811.

Carabus quadripustulatus. LIN. *Syst. nat. edit.* 13. *pag.* 1977.

Il est à-peu-près de la grandeur du *Carabe* quadrimoucheté. Les antennes sont filiformes, de la longueur du corcelet, ferrugineuses à la base, noirâtres au milieu. La tête est d'un jaune ferrugineux. Les antennules sont d'un brun marron. Le corcelet est noir, lisse, un peu plus large à sa partie postérieure. Les élytres sont striées, noires, avec deux taches jaunes sur chaque, dont l'une antérieure, plus grande, placée vers la base, l'autre transversale, & placée un peu au-delà du milieu. Le dessous du corps est jaune, avec le bord de l'abdomen noir. Les aîles sont noirâtres, une fois plus longues que les élytres.

Il se trouve en Suède.

153. CARABE quadrimoucheté.

CARABUS quadriguttatus.

Carabus thorace rotundato atro, elytris nigris,

punctis quatuor albis. Fab. *Syst. ent. pag.* 148. *n°.* 65. — *Sp. inf. tom.* 1. *pag.* 313. *n°.* 80. — *Mant. inf. tom.* 1. *pag.* 205. *n°.* 114.

Bupreſtis niger, thorace ovato, nigro, elytris ſtriatis, maculis quatuor lividis. Geoff. *inſ. t.* 1. *pag* 151. *n°.* 20.

Le Bupreſte quadrille à corcelet rond & étuis ſtriés. Geoff. *Ib.*
Fuesl. *Archiv. inſ.* 6. *tab.* 29. *fig.* 9. *e.*

Bupreſtis uſtulatus. Fourc. *Ent. par.* 1. *pag.* 46, *n°.* 21.

Il eſt à-peu-près de la grandeur du précédent. Les antennes ſont ferrugineuſes, obſcures. La tête eſt noire. Le corcelet eſt de la largeur de la tête, noir, avec les rebords ſouvent pâles. Les élytres ſont à peine ſtriées, noires, avec deux taches pâles ſur chaque. L'abdomen eſt noir. Les pattes ſont pâles.

Il ſe trouve en Angleterre, aux environs de Paris.

154. Carabe brûlé.

Carabus uſtulatus.

Carabus, thorace nigricante, elytris obſcuris ferrugineo bifaſciatis. Lin. *Syſt. nat. pag.* 673. *n°.* 38. —*Faun. ſuec. n°.* 810.

Carabus niger, coleoptris pone faſcia ferruginea, lateribus macula ferruginea. Lin. *Faun. ſuec. edit* 1. *n°.* 528.

Carabus uſtulatus *thorace nigro, elytris obſcuris pallido bifaſciatis.* Fab. *Syſt. ent. pag.* 248. *n°.* 66. — *Sp. inſ. tom.* 1. *pag.* 313. *n°.* 81. *Mant. inſ. tom.* 1. *pag.* 205. *n°.* 115.

Bupeſtris niger, thorace plano nigro, elytris ſtriatis, maculis quatuor lividis. Geoff. *Inſ. t.* 1. *pag.* 152. *n°.* 23.

Le Bupreſte quadrille à corcelet plat & noir & étuis ſtriés. Geoff. *Ib.*

Carabus uſtulatus. Schrank, *Enum. inſ. auſt. n°.* 406.

Bupreſtis quadriſer. Fourc. *Ent. par.* 1. *pag.* 47. *n°.* 24.

Carabus uſtulatus. Vill. *Ent. tom.* 1. *pag.* 373. *n°.* 42.

Il eſt de la grandeur du précédent. Les antennes ſont noires, rougeâtres à leur baſe. La tête & le corcelet ſont noirs, luiſans. Les élytres ont des ſtries pointillées; elles ſont noires, avec une tache d'un rouge pâle, plus ou moins marqué, à la baſe, & une autre à l'extrémité. Le deſſous du corps eſt noir. Les pattes ſont fauves, & quelquefois noirâtre

Il ſe trouve dans preſque toute l'Europe, aux endroits ſabloneux humides.

155. Carabe dorſal.

Carabus dorſalis.

Carabus thorace rotundato nigro, coleoptris pallidis: macula magna dorſali nigra. Fab. *Mant. inſ. tom.* 1. *pag.* 205. *n°.* 116.

Il eſt petit. Les antennes ſont ferrugineuſes. La tête eſt noire, luiſante. Le corcelet eſt noir, luiſant, avec le rebord un peu pâle. Les élytres ſont finement ſtriées, pâles, luiſantes, avec une tache au milieu, noire, preſque commune aux deux élytres: la ſuture eſt un peu pâle. Le deſſous du corps eſt noir. Les pattes ſont ferrugineuſes.

Il ſe trouve à Kiell.

156. Carabe tête-noire.

Carabus atricapillus.

Carabus thorace rotundato rufo, elytris obtuſis teſtaceis, capite atro. Fab. *Syſt. ent. pag.* 248. *n°.* 67. — *Sp. inſ. tom.* 1. *pag.* 313. *n°.* 82. — *Mant inſ. tom.* 1. *pag.* 205. *n°.* 117.

Carabus atricapillus *flavus, capite nigro, elytris obtuſiſſimis.* Lin. *Syſt. nat. pag.* 673. *n°.* 42.

Bupreſtis teſtaceus, capite nigro. Geoff. *inſ. t.* 1. *pag.* 153. *n°* 25.
Le Bupreſte noir ſans ſtries. Geoff. *Ib.*

Bupreſtis fulvus. Fourc. *Ent. par.* 1. *pag.* 48. *n°.* 26.

Carabus atricapillus. Vill. *Ent. tom.* 1. *p.* 375. *n°.* 46.

Il reſſemble un peu aux précédens. Les antennes ſont fauves. La tête eſt noire. Le corcelet eſt fauve, de la largeur de la tête. Les élytres ſont d'un fauve pâle. Le deſſous du corps & les pattes ſont pâles.

Il ſe trouve au nord de l'Europe, aux environs de Paris.

157. Carabe bimoucheté.

Carabus biguttatus.

Carabus thorace rotundato æneo, elytris nigris, macula apicis pallida. Fab. *Sp. inſ. tom.* 1. *pag.* 313. *n°.* 83. —*Mant. inſ. t.* 1. *p.* 205. *n°.* — *It. Norweg. d.* 13. *jul.*

Carabus biguttatus *thorace æneo, elytris punctis quatuor impreſſis maculiſque duabus pallidis.* Thunb. *Nov. ſp. inſ. diſſ.* 4. *pag.* 76. ?

Il eſt un peu plus petit que le précédent. Les antennes & la tête ſont noires. Le corcelet eſt d'un noir bronzé. Les élytres ſont ſtriées, noires, avec l'extrémité d'un jaune pâle. Le dessous du corps & les pattes sont noirs.

Il se trouve en Suède, en Norwege, sous l'écorce des arbres. Il se trouve aussi au cap de Bonne-Espérance, selon M. Thunberg.

158. Carabe testacé.

Carabus testaceus.

Carabus capite thoraceque ferrugineis, elytris testaceis. Fab. *Syst. ent. pag.* 248, *n°.* 68. — *Sp. inf. tom.* 1. *pag.* 313. *n°.* 84. — *Mant. inf. t.* 1. *p.* 205. *n°.* 119.

Carabus testaceus *pallide testaceus, elytris glabris.* Lin. *Syst. nat. pag.* 673. *n°.* 37. — *Faun. suec. n°.* 812.

Il diffère du *Carabe* tête-noire, en ce que la tête est testacée. Le corcelet est testacé. Les élytres sont testacées pâles, sans points & sans stries. Le dessous du corps & les pattes sont testacés pâles.

Le Bupreste, n°. 25, décrit par M. Geoffroy, cité par M. Fabricius, est le même que le *Carabe atricapillus.*

Il se trouve au nord de l'Europe.

159. Carabe racourci.

Carabus abbreviatus.

Carabus thorace rotundato rufo, elytris abbreviatis testaceis. Fab. *Spec. inf. tom.* 1. *pag.* 313. *n°.* 85. — *Mant. inf. tom.* 1. *pag.* 205. *n°.* 120. — *It. Norweg. d.* 22. *jul.*

Il est à-peu-près de la grandeur des précédens. Le corcelet est arrondi & rougeâtre. Les élytres sont courtes, testacées.

Il se trouve sur les rochers de la Norwege.

160. Carabe biponctué.

Carabus bipunctatus.

Carabus æneus, antennis nigris, tibiis pallidis. Fab. *Syst. ent. pag.* 249. *n°* 69. — *Sp. inf. t.* 1. *p.* 313. *n°.* 86. — *Mant. inf. tom.* 1. *pag.* 205. *n°.* 121.

Carabus bipunctatus *subæneus, elytris punctis duobus impressis.* Lin. *Syst. nat. pag.* 672. *n°.* 33. — *Faun. suec, n°.* 806.

Buprestis totus niger lævis. Geoff. *inf. tom* 1. *pag.* 153. *n°.* 26.

Le Bupreste noir sans stries. Geoff. *Ib.*

Buprestis minutus. Fourc. *Ent. par.* 1. *pag.* 48. *n°.* 27.

Il est très-petit. Les antennes sont noires. La tête & le corcelet sont d'un noir bronzé. Les élytres sont bronzées, & ont chacune deux petits points enfoncés. Le dessous du corps & les pattes sont noirs.

Il se trouve en Europe, dans les endroits humides.

161. Carabe connexe.

Carabus connexus.

Carabus niger, elytris testaceis, sutura latè margineque postico nigris.

Buprestis connexus *niger, pedibus fulvis : elytris fulvis sutura margineque postico nigris.* Fourc. *Ent. par.* 1. *pag.* 55. *n°.* 53.

Il est étroit & alongé. Le corps est noir, luisant. Les élytres sont testacées, avec une raie sur la suture, & les bords postérieurs noirs. Les pattes sont fauves.

Il se trouve rarement aux environs de Paris.

162. Carabe rétréci.

Carabus angustatus.

Carabus thorace cylindrico cyaneo, elytris testaceis apice nigris. Ent. ou hist. nat. des inf. Carabe. *Pl.* 1. *fig.* 7. *a. b.*

Carabus angustatus. Fab. *Mant. inf. t.* 1. *p.* 205. *n°.* 122.

Il est petit. Les antennes sont noires, fauves à leur base. La tête est grande, d'un noir bleuâtre luisant. Le corcelet est alongé, presque cylindrique, d'un vert bleuâtre luisant. Les élytres sont un peu striées, testacées, avec l'extrémité noire. Le dessous du corps est noir. Les pattes sont testacées, avec les articulations noires.

Il se trouve en Allemagne.

163. Carabe tronqué.

Carabus truncatellus.

Carabus niger supra æneus, elytris apice subtruncatis. Lin. *Syst. nat. pag.* 673. *n°.* 43. — *Faun. suec. n°.* 814.

Carabus truncatellus *thorace rotundato supra obscure æneus, subtus ater.* Fab. *Mant. inf. tom.* 1. *pag.* 206. *n°.* 123.

Il est plus petit que le *Carabe* tête-noire. Tout le corps est noir en-dessous, d'un noir un peu bronzé en-dessus. Le corcelet est en cœur, à peine plus large que la tête. Les élytres sont lisses, obliquement tronquées à l'extrémité.

Il se trouve rarement en Suède.

164. Carabe octomaculé.

Carabus octomaculatus.

Carabus niger, pedibus rufis, elytris striatis, maculis quatuor pallidis.

Buprestis niger, elytris striatis, maculis octo lividis. Geoff. *Inf. tom.* 1. *pag.* 153. *n°.* 24.

Le Bupreste noir a huit taches fauves. GEOFF. *Ib.*
Buprestis octomaculatus. FOURC. *Ent. par.* I. *pag.* 47. *n°.* 25.

Cet insecte n'a guères plus d'une ligne de long. Les antennes sont noirâtres, fauves à leur base. La tête est noire. Le corcelet est noir, un peu en cœur, presque arrondi. Les élytres sont striées, noires, avec quatre taches d'un jaune pâle sur chaque. Le dessous du corps est noir. Les pattes sont fauves.

On le trouve aux environs de Paris, sur le sable, aux bords des rivières, & dans les endroits humides.

Espèces moins connues.

1. CARABE de Herbst.

Carabus Herbstii.

Carabe verdâtre ou noir, élytres transversalement ondulées, avec trois rangées longitudinales de points dorés.

Carabus elytris transversim undulatis : punctorum aureorum ordine triplici. LIN. *Syst. Nat. edit.* 13. *pag.* 1968.

Carabus auro punctatus. FUESL. *Archiv. inf.* 6. *p.* 131. *n°.* 15.

Il ressemble beaucoup au *Carabe* inquisiteur; mais il est un peu plus grand, & le corps est tantôt verdâtre, tantôt noir.

Il se trouve en Allemagne.

2. CARABE cylindrique.

CARABUS cylindricus.

Carabe noir, cylindrique, corcelet aminci postérieurement, sillonné; élytres sillonées, avec le bord extérieur pointillé.

Carabus ater cylindricus, thorace angustato, medio sulcato, elytris novem sulcatis: margine exteriori punctato. LIN. *Syst. nat. edit.* 13. *p.* 1968.

Carabus cylindricus. FUESL. *Arch. inf.* 6. *pag.* 132. *n°.* 17. *tab.* 29. *fig.* 3.

Il a un peu plus de neuf lignes de long. Le corps est alongé, assez étroit, entièrement noir.

Il se trouve.....

3. CARABE forestier.

CARABUS nemoralis.

Carabe noir; élytres bronzées, avec des lignes longitudinales élevées, presque raboteuses, & trois rangées de points enfoncés.

Carabus niger, elytris æneis : lineolis intricatis subrugosis punctisque excavatis triplici serie. LIN. *Syst. nat. edit.* 13. *p.* 1968.

MULL. *Zool. dan. prodr. p.* 75. *n°.* 809. —*Faun. fridrichsd. p.* 21. *n°.* 211.

Il se trouve en Danemarck; il n'est peut-être qu'une variété du *Carabe* granulé.

4. CARABE problématique.

Carabus problematicus.

Carabe aptère, noir, avec un reflet bleu; élytres presque striées.

Carabus apterus niger cæruleo-nitens, elytris obsolete striatis. LIN. *Syst. nat. edit.* 13. *p.* 1968.

Carabus problematicus. FUESL. *Archiv. inf.* 8. *p.* 177. *n°.* 67. *tab.* 47. *fig.* 5.

Cet insecte n'est vraisemblablement qu'une variété du *Carabe* embrouillé.

Il se trouve en Allemagne.

5. CARABE atome.

CARABUS atomarius.

Carabe aptère, noir, glabre; élytres presque lisses, parsemées de petits points enfoncés; bords d'un noir violet.

Carabus apterus, ater, glaber, elytris sublævibus punctis minutissimis, confluentibus, confusis, obsessis, marginibus subviolaceis. Mus. Lesk. pag. 37. *n°.* 808.

Carabus atomarius. LIN. *Syst. nat. edit.* 13. *pag.* 1968.

Il se trouve en Europe.

6. CARABE rubicond.

CARABUS rubicundus.

Carabe aptère, noir en-dessous, corcelet violet; élytres rougeâtres, avec la suture & les bords blancs.

Carabus apterus, subtus niger, thorace violaceo, elytris rubicundis: sutura atque marginibus albis. LIN. *Syst. nat. edit.* 13. *pag.* 1968.
LEPECH. *Itin.* 2. *p.* 195. *tab.* 10. *fig.* 1.

Il se trouve dans les fentes des rochers, sur les montagnes de la Russie.

7. CARABE miliaire.

CARABUS miliarius.

Carabe aptère, noir; élytres avec quelques points élevés & les bords extérieurs violets, bronzés.

Carabus apterus ater, elytris punctis elevatis, confusis, adspersis, marginibus externis violaceo-æneis. Mus. Lesk. p. 37. *n°.* 819.

Carabus miliarius, *apterus ater, elytris marginibus externis, violaceo-æneis, punctisque elevatis sparsis.* LIN. *Syst. nat. edit.* 13. *p.* 1969.

Il se trouve en Europe.

8. CARABE ærugineux.

CARABUS æruginosus.

Carabe aptère, noir; élytres avec des stries serrées, & trois rangées de points verts, enfoncés.

Carabus apterus, ater, elytris confertim striatis, punctis impressis viridibus triplici serie. Muf. Lesk. *p.* 37. *n°.* 823.

Carabus æruginosus. LIN. *Syst. nat. edit.* 13. *pag.* 1969.

Cet insecte est peut-être le même que le *Carabe* perlé.

Il se trouve en Europe.

9. CARABE cyprien.

CARABUS cyprius.

Carabe aptère, noir; tête, corcelet & élytres cuivreux; élytres avec quatre lignes longitudinales de points élevés, oblongs.

Carabus apterus niger, capite, thorace elytrisque cupreis: his rugis quatuor singulis triplici punctorum elevatorum serie discretis. LIN. *Syst. nat. edit.* 13. *p.* 1969.

Carabus apterus niger, capite, thorace elytris cupreis, elytris rugis quatuor intercurrentibus serie punctorum elevatorum, oblongorum, huicque utrinque serie punctorum elevatorum minorum, similique ad marginem externum. Muf. Lesk. p. 38. *n°.* 824.

Il se trouve en Europe.

10. CARABE de Thunberg.

CARABUS Thunbergii.

Carabe, élytres testacées, avec une tache violette, commune; tête & corcelet noirs.

Carabus elytris testaceis: macula communi violacea, capite thoraceque nigris. THUNB. *Nov. Act. Upf.* 4. *p.* 20. *n°.* 34.

Carabus Thunbergii. LIN. *Syst. nat. edit.* 13. *p.* 1980.

Il est de la grandeur du *Carabe* bleu, & il ressemble au *Carabe* étuvier.

Il se trouve à Upsal.

11. CARABE upsalien.

CARABUS upsaliensis.

Carabe élytres vertes, striées; corcelet avec des points bronzés.

Carabus elytris viridibus striatis, thorace plano æneo punctato. THUNB. *Nov. Act. Upf.* 4. *p.* 20. *n°.* 35.

Carabus upsaliensis. LIN. *Syst. nat. edit.* 13. *p.* 1980.

Il est de la grandeur du *Carabe* vulgaire: il ressemble au *Carabe* cuivreux, mais il en diffère par les points bronzés du corcelet.

12. CARABE des bois.

CARABUS lucorum.

Carabe vert, bronzé; pattes jaunâtres, avec huit stries & trois points enfoncés.

Carabus viridi-æneus, abdomine nigro, pedibus antennisque pallide rufis.

Buprestis viridis nitidus, elytro singulo striis octo, pedibus pallidis, punctis tribus impressis. GEOFF. *Inf. tom.* 1. *p.* 148. *n°.* 12.

Le Bupreste vert lisse, à huit stries & pattes fauves. GEOFF. *Ib.*

Carabus nitidulus. SCHRANK. *Enum. inf. austr.* *n°.* 401.

Buprestis lucorum. FOURC. *Ent. par.* 1. *p.* 44. *n°.* 13.

Carabus Schrankii. LIN. *Syst. nat. edit.* 13. *p.* 1980.

Je crois qu'il n'est qu'une variété du *Carabe* des vignes, auquel il ressemble entièrement pour la forme & la grandeur; il est d'un vert brillant. Les élytres sont striées, & ont trois points enfoncés, rangés longitudinalement près de la suture.

Il se trouve aux environs de Paris, en Allemagne.

13. CARABE des vignes.

CARABUS vinearum.

Carabe d'un noir verdâtre; élytres avec huit stries & trois points enfoncés.

Carabus nigro-æneus, elytris striis octo punctisque tribus impressis.

Buprestis nigro-viridis, elytro singulo striis octo, punctis tribus impressis. GEOFF. *Inf. tom.* 1. *p.* 147. *n°.* 10.

Le Bupreste à six points enfoncés. GEOFF. *ib.*

Buprestis vinearum. FOURC. *Ent. par.* 1. *p.* 43. *n°.* 11.

Sa couleur est par-tout d'un noir verdâtre, seulement le dessous de son corps est d'un noir plus foncé, & le bout des pattes est plus clair. Chaque étui a huit stries formées par de petits points, & de plus trois enfoncemens rangés perpendiculairement sur son milieu, ce qui fait en tout six cadroits creusés pour les deux étuis. Le corcelet a un sillon longitudinal dans son milieu, & de chaque côté un enfoncement considérable à l'endroit de sa jonction avec les étuis. On voit aussi sur la tête entre les antennes, deux points enfoncés. Ce Bupreste a des ailes sous ses étuis. On remarque aux premiers anneaux qui forment la base de ses antennes, quelques poils assez longs : il varie pour la grandeur, & les stries des étuis qui sont plus ou moins marquées. GEOFF.

Cet insecte n'est peut-être qu'une variété du *Carabe* cyprien.

Il se trouve aux environs de Paris.

14. CARABE fulvicorne.

CARABUS fulvicornis.

Carabe noir; élytres avec huit stries lisses; antennes & pattes d'un fauve livide.

Carabus niger, elytris striis octo lævibus, antennis pedibusque pallidis.

Buprestis niger, elytro singulo, striis octo lævibus, pedibus pallidis. GEOFF. *Inf. tom.* 1. *p.* 147. *n°.* 9.
Le Bupreste noir à pattes jaunes. GEOFF. *ib.*

Buprestis flavipes. FOURC. *Ent. par.* 1. *pag.* 43. *n°.* 10.

Carabus fulvicornis *niger, glaber, elytris striatis antennis palpis pedibusque fulvis.* LIN. *Syst. nat. edit.* 13. *p.* 1985.
MULL. *Zool. dan. prodr. p.* 77. *n°.* 816.

Tout son corps est noir & lisse, à l'exception des antennules, des antennes & des pattes qui sont entièrement d'un jaune pâle : le noir des étuis est moins foncé, & leurs stries, au nombre de huit sur chacun, sont lisses, sans qu'on y découvre des points, même à l'aide de la loupe. GEOFF.

Il se trouve en Europe, aux environs de Paris.

15. CARABE indien.

CARABUS indicus.

Carabe noir; extrémité des antennes grises; corcelet avec une ligne enfoncée; élytres avec sept stries.

Carabus niger, antennis apice griseis, thorace linea impressa, elytris septem sulcatis. LIN. *Syst. nat. edit.* 13. *p.* 1981.

Carabus indicus. FUESL. *Archiv. inf.* 6. *p.* 138. *n°.* 40. *tab.* 29. *fig.* 11.

Il a environ neuf lignes de long.

Il se trouve aux Indes orientales.

16. CARABE splendide.

CARABUS splendidus.

Carabe noirâtre: tête & corcelet verts; pattes pâles.

Carabus fuscus, capite thoraceque viridi-aeneis, pedibus pallidis. LIN. *Syst. nat. edit.* 13. *p.* 1981.

Carabus splendidus. FUESL. *Archiv. inf.* 6. *p.* 138. *n°.* 41.

Il ressemble beaucoup au *Carabe* ceint, dont ils n'est peut-être qu'une variété.

Il se trouve aux Indes orientales.

17. CARABE marginelle.

CARABUS marginellus.

Carabe d'un noir brun; pattes épineuses; antennes & bords du corcelet jaunâtres, élytres striées.

Carabus piceus, pedibus spinulosis, antennis thoracisque margine flavescentibus, elytris octo striatis. LIN. *Syst. nat. edit.* 13. *p.* 1981.

Carabus marginellus. FUESL. *Archiv. inf.* 6. *pag.* 138. *n°.* 42.

Il est étroit, & d'environ sept lignes & demie de longueur.

Il se trouve aux Indes orientales.

18. CARABE de Frisch.

CARABUS Frischii.

Carabe noir; corcelet avec un sillon au milieu; élytres avec huit stries.

Carabus niger, thoracis sulco unico medio, elytrorum octo. LIN. *Syst. nat. edit.* 13. *p.* 1981.

Carabus Frischii. FUESL. *Archiv. inf.* 6. *pag.* 138. *n°.* 43.

Il a de huit à neuf lignes de long.

Il se trouve à Berlin.

19. CARABE varié.

CARABUS varius.

Carabe d'un noir bronzé en-dessus, ovale, convexe, lisse; base des antennes fauves.

Carabus æneus *alatus, corpore ovato brevi supra nigro aeneo, subtus nigro, thorace convexo, elytris lævibus, antennis basi rufis.* DEG. *Mém. inf. tom.* 4. *p.* 48. *n°.* 15.

Carabe bronzé, ailé, à corps court & ovale, d'un noir bronzé en-dessus, & tout noir en-dessous, à étuis lisses & à corcelet convexe, à antennes rousses à la base. DEG. *ib.*

Carabus varius. LIN. *Syst. nat. edit.* 13. *p.* 1981.

Carabus varius. MULL. *Zool. dan. prodr. pag.* 77 *n°.* 21.

Il a environ trois lignes de long. Les antennes sont obscures. Le corps est ovale, convexe en-dessus. Le corcelet est postérieurement de la largeur des élytres. Les élytres sont légèrement striées.

Il se trouve en Europe.

20. CARABE obscur.

CARABUS obscurus.

Carabe noir, d'un brun fauve en dessous; élytres obscures, striées; antennes & pattes jaunes.

Carabus niger, subtus badius, elytris fuscis; striis octo punctatis, antennis pedibusque luteis. LIN. *Syst. nat. edit.* 13. *p.* 1981.

Carabus obscurus. FUESL. *Archiv. inf.* 6. *p.* 139. *n°.* 47. *tab.* 29. *fig.* 12.

Carabus obscurus. MULL. *Zool. dan. prodr. no.* 819.

Il a environ trois lignes de long. Le corcelet est à-peu-près de la largeur de la tête.

Il se trouve en Europe.

21. CARABE pelidnus.

CARABUS pelidnus.

Carabe noir; corcelet arrondi; élytres striées, d'un jaune sale.

Carabus niger, thorace orbiculato, elytris sordidè luteis, octo striatis. LIN. *Syst. nat. edit.* 13. *p.* 1981.

Carabus pelidnus. FUESL. *Archiv. inf.* 6. *p.* 139. *n°.* 48.

Il se trouve à Berlin.

22. CARABE hongrois.
CARABUS hungaricus.

Carabe d'un fauve obscur; élytres striées; corcelet arrondi.

Carabus fusco-rufus, elytris striatis, thorace rotundato. LIN. *Syst. nat. edit.* 13. *p.* 1981.

Carabus rufescens. SCOP. *Ann.* 5. *hist. nat. p.* 108. *n°.* 103.

Carabus rufescens. FUESL. *Archiv. inf.* 6. *p.* 139. *n°.* 49.

Il n'a guère plus de deux lignes de long.

Il se trouve dans la Hongrie & l'Allemagne.

23. CARABE très-noir.
CARABUS aterrimus.

Carabe très-noir, luisant; corcelet arrondi; élytres presque striées, avec deux points enfoncés de chaque côté de la suture.

Carabus totus ater, nitidus, thorace rotundato; elytris obsolete striatis; punctis quatuor ad suturam excavatis. LIN. *Syst. nat. edit.* 13. *p.* 1982.

Carabus aterrimus. FUESL. *Archiv. inf.* 6. *p.* 140. *n°.* 50. *tab.* 29. *fig.* 13.

Il ressemble au *Carabe* multiponctué, mais il est un peu plus grand.

Il se trouve à Berlin.

24. CARABE terricole.

CARABUS terricola.

Carabe noirâtre; tête & corcelet noirs; élytres bleues, avec neuf stries pointillées, dont l'extérieure crénelée.

Carabus niger, subtus fuscus; elytris cæruleis; striis novem punctatis, extima crenata. LIN. *Syst. nat. edit.* 13. *p.* 1982.

Carabus terricola. FUESL. *Archiv. inf.* 6. *p.* 140. *n°.* 51. *tab.* 29. *fig.* 14.

Il a environ sept ou huit lignes de long, & n'est peut-être qu'une variété du *carabe* bleu.

Il se trouve à Berlin.

25. CARABE platys.

CARABUS platys.

Carabe noir; corcelet presque rebordé; élytres glabres, presque striées.

Carabus totus niger, thorace submarginato, elytris glabris, obsolete striatis. LIN. *Syst. nat. edit.* 13. *p.* 1982.

Carabus platys. FUESL. *Archiv inf.* 6. *p.* 140. *n°.* 52.

Il ressemble au *carabe* large; mais il est un peu plus large, & les élytres sont moins striées.

Il se trouve à Berlin.

26. CARABE vierge.

CARABUS virgo.

Carabe noir; antennes & pattes obscures; corcelet sinué postérieurement; élytres presque striées.

Carabus niger, antennis pedibusque fuscis, thorace posteriùs sinuato, elytris obsolete striatis. LIN. *Syst. nat. edit.* 13. *p.* 1982.

Carabus virgo. FUESL. *Archiv. inf.* 6. *p.* 141. *n°.* 54.

Il ressemble au *carabe* vulgaire, & il a environ trois lignes de long.

Il se trouve à Berlin.

27. Carabe glabre.

Carabus glaber.

Carabe noir, luisant; élytres noirâtres, striées; bouche, antennules & pattes brunes.

Carabus niger, nitidus, elytris fuscis striatis, ore palpis pedibusque piceis. Lin. *Syst. nat. edit.* 13. *p.* 1982.

Carabus glaber. Fuesl. *Archiv. inf.* 6. *p.* 141. n°. 55.

Il ressemble au *carabe* vulgaire; mais il est un peu plus étroit.

Il se trouve à Berlin.

28. Carabe chalcus.

Carabus chalcus.

Carabe bronzé, noir en dessous; base des antennes ferrugineuse; corcelet pointillé; élytres avec des stries pointillées.

Carabus aeneus, subtus niger, antennis basi ferrugineis, thorace punctato; elytris punctato-striatis. Lin. *Syst. nat. edit.* 13. *p.* 1982.

Carabus chalcus. Fuesl. *Archiv. inf.* 6. *p.* 142. n°. 59.

Il a environ deux lignes & demie de long.

Il se trouve à Berlin.

29. Carabe microscopique.

Carabus micros.

Carabe marron; élytres avec des stries pointillées; yeux noirs.

Carabus badius, elytris punctato-striatis, oculis nigris. Lin. *Syst. nat. edit.* 13. *p.* 1982.

Carabus micros. Fuesl. *Archiv. inf.* 6. *p.* 142. n°. 60.

Il a environ deux lignes de long.

Il se trouve à Berlin.

30. Carabe reluisant.

Carabus lampros.

Carabe glabre, d'un noir bronzé, luisant; élytres, avec des stries pointillées; antennes grisâtres.

Carabus nitens, glaberrimus, aeneo-niger, subtus niger; elytris punctato-striatis, antennis griseis, pedibus fuscis. Lin. *Syst. nat. edit.* 13. *p.* 1983.

Carabus lamp[illegible]s. Fuesl. *Archiv. inf.* 6. *p.* 143. n°. 61.

Il ressembl[illegible] *carabe* chalcus, mais il est plus petit; il a [illegible] e & demie de long; le dessous du corps est [illegible] les pattes sont noirâtres.

Il se trouve à Berlin, dans les endroits humides.

31. Carabe pyrope.

Carabus pyropus.

Carabe noir, luisant; corcelet très-rebordé; antennes & pattes brunes.

Carabus ater nitens, thoracis margine elevato, antennis pedibusque piceis. Lin. *Syst. nat. edit.* 13. *p.* 1983.

Carabus pyropus. Fuesl. *Archiv. inf.* 6. *p.* 143. n°. 62.

Il ressemble au *carabe* large, & il a environ quatre lignes de long.

Il se trouve à Berlin.

32. Carabe mixte.

Carabus mixtus.

Carabe jaune; tête noire; extrémité des élytres, avec quelques points noirs.

Carabus luteus, capite nigro, elytris posterius nigro irroratis. Lin. *Syst. nat. edit.* 13. *p.* 1983.

Carabus mixtus. Fuesl. *Archiv. inf.* 6. *p.* 143. n°. 63.

Il n'est peut-être qu'une légère variété du *carabe* tête-noire. Il a environ deux lignes de long.

Il se trouve à Berlin.

33. Carabe didyme.

Carabus didymus.

Carabe d'un noir bleuâtre; élytres jaunes, avec une tache double, obscure.

Carabus nigro-caeruleus, elytris flavis; macula didyma fusca. Lin. *Syst. nat. edit.* 13. *p.* 1983.

Carabus didymus. Mull. *Zool. dan. prodr. p.* 78. n°. 849.

Il se trouve en Danemarck.

34. Carabe minime.

Carabus minimus.

Carabe corcelet presque noir; élytres striées; antennes & pattes obscures.

Carabus thorace subnigro, elytris striatis, pedibus antennisque fuscis. Lin. *Syst. nat. edit.* 13. *p.* 1983.

Carabus minimus. Mull. *Faun. fridr. p.* 21. n°. 212. — *Zool. dan. prodr. p.* 77. n°. 833.

Il a environ une ligne de long.

Il se trouve en Danemarck.

35.

35. Carabe jaune.

Carabus flavus.

Carabe jaune; élytres striées; tête, corcelet & tache à l'extrémité des élytres verts.

Carabus flavus, elytris striatis; capite, thorace, maculâque apicis elytrorum viridi. Lin. *Syst. nat. edit.* 13. *p.* 1983.

Carabus flavus. Mull. *Zool. dan. prodr. p.* 78. *n°.* 846.

Il se trouve en Danemarck.

36. Carabe courbe.

Carabus inflexus.

Carabe noir; jambes & tarses bruns; élytres, avec une rangée sinuée de points enfoncés.

Carabus niger, tibiis, tarsisque piceis, elytris punctorum impressorum serie flexuosâ. Lin. *Syst. nat. edit.* 13. *p.* 1983.
Mull. *Zool. dan. prodr. p.* 76. *n°.* 814.

Il se trouve en Danemarck.

37. Carabe fulvipède.

Carabus fulvipes.

Carabe noir; élytres bronzées; pattes & antennes fauves.

Carabus niger, elytris aneis, pedibus antennisque fulvis. Lin. *Syst. nat. edit.* 13. *p.* 1983.
Mull. *Zool. dan. prodr. p.* 76. *n°.* 816.

Il se trouve en Danemarck.

38. Carabe noirâtre.

Carabus nigricans.

Carabe noir, élytres, antennes, antennules & pattes brunes.

Carabus ater, elytris, antennis, palpis, pedibusque piceis. Lin. *Syst. nat. edit.* 13. *p.* 1984.
Mull. *Zool. dan. prodr. p.* 76. *n°.* 819.

Il se trouve en Danemarck.

39. Carabe similaire.

Carabus similis.

Carabe noir; corcelet, avec deux enfoncemens postérieurs; élytres avec des stries un peu pointillées.

Carabus niger, thorace posteriùs utrinquè excavato, elytrorum striis subpunctatis. Lin. *Syst. nat. edit.* 13. *p.* 1984.
Mull. *Zool. dan. prodr. p.* 77. *n°.* 828.

Il se trouve en Danemarck.

40. Carabe estival.

Carabus æstivus.

Carabe jaune; tête ferrugineuse; corcelet & élytres noirs.

Carabus flavus, capite ferrugineo, thorace elytrisque nigris. Lin. *Syst. nat. edit.* 13. *p.* 1984.
Mull. *Zool. dan. prodr. p.* 77. *n°.* 832.

Il se trouve en Danemarck.

41. Carabe flexible.

Carabus flexilis.

Carabe jaunâtre; tête noire; élytres livides.

Carabus flavicans, capite nigro, elytris lividis. Lin *Syst. nat. edit* 13. *pag.* 1984.
Mull. *Zool. dan prodr. pag.* 78. *n°.* 837.
Acta. Nidros. 4. *pag.* 30.

Il se trouve dans la Scandinavie.

42. Carabe lisse.

Carabus lævis.

Carabe bronzé, tête & corcelet verts; élytres cuivreuses; pattes brunes.

Carabus aneus, capite thoraceque viridi, elytris cupreis, pedibus piceis. Lin. *Syst. nat. edit.* 13. *pag.* 1984.
Mull. *Zool. dan. prodr. pag.* 78. *n°.* 841.

Il se trouve en Danemarck.

43. Carabe vernal.

Carabus vernalis.

Carabe noir; antennes, antennules & pattes jaunes; élytres avec des stries pointillées.

Carabus niger, antennis, palpis pedibusque flavis, elytris striato punctatis. Lin. *Syst. nat. edit.* 13. *pag* 1984.
Mull. *Zool. dan. prodr. p.* 78. *n°.* 847.

Il se trouve en Danemarck.

44. Carabe discolor.

Carabus discolor.

Carabe noir, roussâtre en-dessous; élytres flexibles.

Carabus ater, subtus rufus, elytris mollibus. Lin. *Syst. nat. edit.* 13. *pag.* 1984.
Mull. *Zool. dan. prodr. p.* 79. *n°.* 857.
Act. nidros. 4. *p.* 31.

Il se trouve au nord de l'Europe.

45. Carabe auripeau.

Carabus aurichalceus.

Carabe jaunâtre, bronzé en-dessus.

Carabus flavescens supra æneus, LIN. *Syst. nat. edit.* 13. *pag.* 1984.
MULL. *Zool. dan. prod. p.* 79. *n°.* 859.

Il se trouve en Danemarck.

46. CARABE lépreux.

CARABUS leprosus.

Carabe bleu; base des antennes & pattes ferrugineuses; élytres noirâtres, avec deux taches blanches.

Carabus cæruleus, antennis basi pedibusque ferrugineis, elytris fuscis : maculis binis albis. LIN. *Syst. nat. edit.* 13. *pag.* 1985.

Carabus quadriguttatus. PONTOPP. *Nat. din. pag.* 211. *tab.* 16.

Il se trouve en Danemarck.

47. CARABE indérien.

Carabus inderiensis.

Carabe d'un vert obscur, noir en-dessous; pattes testacées; élytres striées, avec les bords latéraux d'un gris jaunâtre.

Carabus obscure viridis, subtus ater, pedibus testaceis, elytris striatis : margine laterali ex griseo lutescente. LIN. *Syst nat. edit.* 13. *pag.* 1985.
PALLAS. *Itin. tom.* 1. *app. n°.* 39.

Il se trouve en Sibérie.

48. CARABE peint.

CARABUS pictus.

Carabe déprimé, testacé; élytres striées & pattes grisâtres.

Carabus depressus testaceus, elytris striatis pedibusque griseis. LIN *Syst. nat. edit.* 13. *p.* 1985.
PALLAS. *Itin. tom.* 1. *app. n°.* 40.

Il se trouve dans les champs arides de la Sibérie, sur les cadavres.

49. CARABE métallique.

CARABUS metallicus.

Carabe bronzé, brillant en-dessus; base des antennes fauve.

Carabus supra æneus nitens, thorace lateribus conniveate, antennis basi fulvis. LIN *Syst. nat. edit.* 13. *pag* 1985.
Carabus metallicus. SCOP. *Ent. carn. n°.* 270.

Les élytres ont chacune neuf stries, & une ligne formée de points enfoncés vers le bord extérieur. Le dessous du corps & les pattes sont noirs.

Il se trouve dans la Carniole.

50. CARABE en cœur.
CARABUS cordatus.

Carabe d'un vert foncé brillant; élytres striées, d'un vert bronzé; corcelet en cœur.

Carabus thorace inverse cordato. LIN. *Syst. nat. edit* 13. *pag.* 1985.
Carabus cordatus. SCOP. *Ent. carn. n°.* 271.

Il se trouve dans la Carniole.

51. CARABE aminci.
CARABUS junceus.

Carabe presque linéaire; corcelet aminci postérieurement.

Carabus corpore sublineari, thorace pone angustiori. LIN. *Syst. nat. edit.* 13. *pag.* 1985.
Carabus junceus. SCOP. *Ent carn. n°.* 272.

Il se trouve dans la Carniole & dans l'Alsace.

52. CARABE de Scopoli.
CARABUS Scopolii.

Carabe d'un vert bronzé; élytres testacées, avec tout le bord & une bande obscurs.

Carabus æneo-viridis, elytris testaceis : margine toto fasciaque fuscis. LIN. *Syst. nat. edit.* 13. *pag.* 1985.
Carabus marginatus. SCOP. *Ent. carn. n°.* 275.

Il a à peine trois lignes de long. Les antennes sont noires, avec la base ferrugineuse.

Il se trouve dans la Carniole.

53. CARABE salicine.

CARABUS salicinus.

Carabe noir, pointillé; élytres obscures, striées; antennes & pattes ferrugineuses.

Carabus niger punctatus, elytris fuscis striatis, antennis pedibusque ferrugineis. SCOP. *Ent. carn. n°.* 276.

Carabus salicinus. LIN. *Syst. nat. edit.* 13. *p.* 1985.

Il n'a guères plus de trois lignes de long. Les élytres sont couvertes d'un léger duvet.

Il se trouve dans la Carniole, sur le Saule.

54. CARABE aréneux.

CARABUS arenosus.

Carabe d'un noir bronzé; corcelet arrondi, denté postérieurement; pattes fauves.

Carabus arenarius, *æneo-fuscus, thorace subrotundo pone dentato, pedibus rufis.* SCOP. *Ent. carn. n°.* 277.

Carabus arenosus. LIN. *Syst. nat. edit.* 13. *pag.* 1985.

Il n'a pas deux lignes de long. Les antennes sont un peu velues. Les élytres ont des stries pointillées.

Il se trouve dans la Carniole & dans la Suisse, sur le sable.

55. CARABE lucide.

CARABUS lucidus.

Carabe noir, luisant; élytres & pattes testacées.
Carabus niger, nitens; elytris pedibusque testaceis. SCOP. *Ann.* 5. *hist. nat. p.* 108. *n°.* 104.
Carabus lucidus. LIN. *Syst. nat. edit.* 13. *p.* 1986.

Il est très-petit, & se trouve dans la Hongrie.

56. CARABE verdet.

CARABUS viridulus.

Carabe tout vert, corcelet large.
Carabus viridis, thorace lato.

Buprestis totus viridis, thorace lato. GEOFF. *inf. tom.* 1. *pag.* 159. *n°.* 25.
Le Bupreste verdet. GEOFF. *Ib.*

Buprestis viridulus. FOURC. *Ent. par.* 1. *pag.* 52. *n°.* 44.

Carabus laticollis. LIN. *Syst. nat. edit.* 13. *pag.* 1987.

Il ressemble beaucoup, pour sa forme, au *Carabe* paresseux, seulement son corcelet n'a pas des rebords tout-à-fait si considérables, & les stries des étuis, qui sont au nombre de huit, sont lisses, & sans aucuns points: tout l'insecte est vert & luisant, à l'exception des pattes & des antennes, qui sont brunes.

Il se trouve aux environs de Paris.

57. CARABE de Geer.

CARABUS Geerii.

Carabe noir en-dessus, jaune en-dessous; élytres avec une tache jaune; antennes & pattes jaunes.

Carabus bimaculatus *alatus supra niger subtus flavus, elytris maculis binis, pedibus antennisque flavis.* DEG. *Mem. inf. tom.* 4. *pag.* 102. *n°.* 20.

Carabe *à deux taches jaunes*, ailé, noir en-dessus, & jaune en-dessous, à deux taches jaunes sur les étuis, à pattes & antennes jaunes. DEG. *Ib.*

Carabus Geerii LIN. *Syst. nat. edit.* 13 *p.* 1983.
Carabus bimaculatus. MULL. *Zool. dan. prodr. pag.* 78. *n°.* 840. ?

Les élytres sont striées, noires, avec une grande tache ovale, jaune vers la base.
Il se trouve au nord de l'Europe.

58. CARABE saxon.

CARABUS halensis.

Carabe noir; élytres striées, ferrugineuses à leur base; antennes & pattes testacées.

Carabus niger, elytris striatis, versus thoracem ferrugineis, antennis pebibusque testaceis. Lin. *Syst. nat. edit* 13. *pag.* 1987.
SCHALL. *Abh. der hall. naturf. ges.* 1. *p.* 317.

Il est de la grandeur du *Carabe* ruficorne, mais plus oblong.

Il se trouve en Saxe, sous les pierres, dans les lieux humides.

59. CARABE de Schaller.

CARABUS Schalleri.

Carabe noir, lisse; élytres avec des stries finement pointillées.

Carabus ater lævis, elytris striis subtilissimis punctatis. LIN *Syst. nat. edit.* 13. *p.* 1988.
SCHALL. *Abh. der hall. naturf. ges.* 1. *p.* 318.

Il ressembe, pour la forme & la grandeur, au *Carabe* cuivreux.

Il se trouve en Saxe, dans les champs, dans les chemins.

60. CARABE triste.

CARABUS tristis.

Carabe noir; corcelet & élytres raboteux, opaques; élytres striées.

Carabus niger, elytris striatis thoraceque scabris opacis. LIN. *Syst. nat. edit.* 13 *p.* 1988.
SCHALL. *Abh. der hall. naturf. ges.* 1. *p.* 318.

Il ressemble, pour la forme & la grandeur, au *Carabe cuivreux.*

Il se trouve en Saxe, dans les champs, dans les chemins.

61. CARABE cinq-lignes.

CARABUS quinquelineatus.

Carabe noir; élytres avec des rugosités, les cinq internes se réunissant par leur extrémité avec la sixième.

Carabus ater, thorace lateribus rotundato, postice truncato, linea dorsali & utrinque lineola duplici baseos impressa, elytris rugosis, internis quinque apicibus in sextam incidentibus. Mus. Lesk. p. 38. *n°.* 836.

Carabus quinquelineatus. LIN. *Syst. nat. edit.* 13. *p.* 1988.

Le corcelet est arrondi de chaque côté, tronqué

postérieurement, muni, d'une ligne longitudinale, enfoncée à sa partie supérieure, & de deux petites lignes à la partie postérieure.

Il se trouve en Europe.

62. CARABE tricolor.

CARABUS tricolor.

Carabe d'un noir ferrugineux; tête & corcelet noirs; élytres déprimées, tronquées, striées.

Carabus nigro-ferrugineus, capite thoraceque nigris, elytris depressis, striatis apice truncatis.

Carabus nigro-ferrugineus, capite nigro, antennis cinereis, basi nigris glabris, thorace nigro, marginibus externis ferrugineis, linea dorsali, & utrinque postice lineolis duabus impressis, elytris ferrugineis, depressis, striatis, apice truncatis, pedibus nigro-ferrugineis. Mus. Lesk. pag. 38. *n°.* 837.

Carabus tricolor. LIN. *Syst. nat. edit.* 13. *pag.* 1988.

Les antennes sont cendrées, noires à leur extrémité, entièrement glabres. Le corcelet est noir, avec les bords extérieurs ferrugineux, une ligne longitudinale au milieu, & deux petites postérieures, enfoncées. Les élytres sont ferrugineuses.

Il se trouve en Europe.

63. CARABE confluent.

CARABUS confluens.

Carabe noir; élytres striées; stries première & huitieme, seconde & septieme, réunies postérieurement.

Carabus ater, thorace lateribus rotundato, elytris striatis, rugis, prima & octava, secunda & septima apice unitis. Mus. Lesk. p. 38. *n°.* 843.

Carabus confluens. LIN. *Syst. nat. edit.* 13. *p.* 1988.

Le corcelet est arrondi de chaque côté.

Il se trouve en Europe.

64. CARABE trichrous.

CARABUS trichrous.

Carabe noir, antennes & pattes ferrugineuses, tête & corcelet bronzés; élytres lisses, striées.

Carabus niger, latus, antennis pedibusque ferrugineis, capite æneo, thorace æneo, linea dorsali, & postice utrinque lineolis duabus impressis, elytris æneis, levissime striatis. Mus. Lesk. p. 38. *n°.* 845.

Carabus trichrous. LIN. *Syst. nat edit.* 13. *p.* 1988.
Carabus antennis basi rubris. Mus. Lesk. p. 39. *n°.* 861.

Carabus ater. Mus. Lesk. p. 40. *n°.* 880.
Carabus niger. Mus. Lesk. p. 40. *n°.* 888.

Le corcelet a une ligne longitudinale, enfoncée au milieu, & deux petites à la partie postérieure.

Il se trouve en Europe.

65. CARABE brun.

CARABUS pullus.

Carabe d'un noir ferrugineux; antennes rougeâtres; élytres striées.

Carabus nigro-ferrugineus, elytris striatis, antennis rufis. Mus. Lesk. p. 38. *n°.* 846.

Carabus pullus. LIN. *Syst. nat. edit.* 13. *p.* 1988.

Il se trouve en Europe.

66. CARABE quarré.

CARABUS quadratus.

Carabe noir; corcelet presque quarré, avec une ligne longitudinale, enfoncée au milieu, & deux petites postérieures; élytres striées.

Carabus niger, thorace subquadrato, lineâ dorsali, & postice utrinquè lineolâ impressâ, elytris striatis. Mus. Lesk. p. 39. *nos.* 848. & 860.

Carabus quadratus. LIN. *Syst. nat. edit.* 13. *p.* 1989.

Il se trouve en Europe.

67. CARABE plissé.

CARABUS plicatus.

Carabe noir; corcelet presque arrondi, plissé postérieurement de chaque côté; élytres raboteuses.

Carabus ater, thorace suborbiculato, postice utrinquè plicato, elytris rugosis. Mus. Lesk. p. 39. *n°.* 849.

Carabus plicatus. LIN. *Syst. nat. edit.* 13. *p.* 1989.

Il se trouve en Europe.

68. CARABE, couleur de poix.

CARABUS picatus.

Carabe couleur de poix; élytres noires, striées; corcelet avec une ligne dorsale, & deux petites postérieures de chaque côté, enfoncées.

Carabus piceus, elytris atris striatis, thorace lineâ dorsali, & postice utrinquè lineolis duabus impressis, internâ altiore. Mus. Lesk. p. 39. *n°.* 850.

Carabus picatus. Lin. *Syst. nat edit* 13. *p.* 1989.

Il se trouve en Europe.

69. Carabe échancré.

Carabus emarginatus.

Carabe noir ; corcelet presque quarré, tronqué postérieurement, échancré à l'extrémité.

Carabus ater, thorace subquadrato, postice truncato, elytris striatis, apice emarginatis. Mus. Lesk. p. 39. *n°.* 851.
Carabus emarginatus. Lin. *Syst. nat. edit.* 13. *p.* 1989.

Il se trouve en Europe.

70. Carabe calybé.

Carabus calybeus.

Carabe noir, tête & corcelet bronzés ; élytres striées, d'un noir bronzé, avec le bord extérieur verdâtre.

Carabus niger, capite thoraceque aneis, elytris aneo-nigris striatis ; marginibus externis virescentibus. Mus. Lesk. p. 39. *n°.* 852.

Carabus calybeus. Lin. *Syst. nat. edit.* 13. *p.* 1989.

Il se trouve en Europe.

71. Carabe rousse-antenne.

Carabus erythrocerus.

Carabe noir ; corcelet presque quarré ; élytres striées ; antennes rougeâtres ; pattes ferrugineuses.

Carabus niger, thorace subquadrato, lateribus rotundato, elytris striatis, antennis rufis, pedibus ferrugineis. Mus. Lesk. p. 39. *n°.* 853.

Carabus erythrocerus. Lin. *Syst. nat. edit.* 13. *p.* 1989.

Les bords latéraux du corcelet sont un peu arrondis.

Il se trouve en Europe.

72. Carabe concolor.

Carabus concolor.

Carabe noir ; corcelet presque quarré ; élytres légèrement striées.

Carabus niger, thorace subquadrato, elytris atris, lævissimè striatis. Mus. Lesk. pag. 39. *n°.* 854.

Carabus niger, elytris lævissimè striatis. Mus. Lesk. p. 39. *n°* 866.
Carabus concolor. Lin. *Syst. nat. edit.* 13. *p.* 1989.

Il se trouve en Europe.

73. Carabe patte-fauve.

Carabus erythropus.

Carabe noir ; corcelet tronqué postérieurement ; élytres striées ; antennes & pattes fauves.

Carabus niger, thorace posticè truncato, elytris striatis, antennis pedibusque rufis. Mus. Lesk. p. 39. *n°.* 859.

Carabus niger, elytris striatis, striis punctis sparsìm impressis, antennis pedibusque rufis. Mus. Lesk. p. 40. *n°.* 875.

Carabus erythropus. Lin. *Syst. nat. edit.* 13. *p.* 1989.

Il se trouve en Europe.

74. Carabe crénelé.

Carabus crenatus.

Carabe noir ; élytres striées ; stries crénelées.
Carabus niger, elytris striatis, punctis crenatis. Mus. Lesk. p. 39. *n°.* 862.

Carabus crenatus. Lin. *Syst. nat. edit.* 13. *p.* 1989.

Il se trouve en Europe.

75. Carabe distinct.

Carabus distinctus.

Carabe noir en-dessus, ferrugineux en-dessous ; corcelet tronqué postérieurement.

Carabus thorace posticè truncatò, suprà niger, subtùs ferrugineus. Mus. Lesk. p. 39. *n°.* 865.

Carabus distinctus. Lin. *Syst. nat. edit.* 13. *p.* 1989.

Il se trouve en Europe.

76. Carabe rubricorne.

Carabus rubricornis.

Carabe noir ; antennes rouges ; corcelet avec une ligne longitudinale, enfoncée, tronqué postérieurement.

Carabus niger, thorace lineâ dorsali, posticè truncato, antennis rubris. Mus. Lesk. p. 39. *n°.* 868.

Carabus rubricornis. Lin. *Syst. nat. edit.* 13. *p.* 1990.

Il se trouve en Europe.

77. Carabe pointillé.

Carabus punctulatus.

Carabe noir; élytres à peine ſtriées, avec des points enfoncés.

Carabus niger, elytris vix ſtriatis, punctulis ordine læviſſimè notatis. Muſ. Lesk. p. 39. *n°.* 869.

Carabus niger, elytris ſtriatis, punctis ſex impreſſis. Muſ. Lesk. p. 40. *n°.* 881.

Carabus punctulatus. LIN. *Syſt. nat. edit.* 13. *p.* 1990.

Il ſe trouve en Europe.

78. CARABE biépineux.

CARABUS biſpinoſus.

Carabe noir; corcelet poſtérieurement tronqué; jambes antérieures groſſes, armées de deux épines.

Carabus niger, thorace poſticè truncato, tibiis anticis craſſis biſpinoſis. Muſ. Lesk. p. 39. *n°.* 870.

Carabus biſpinoſus. LIN. *Syſt. nat. edit.* 13. *p.* 1990.

Il ſe trouve en Europe.

79. CARABE très-glabre.

CARABUS glaberrimus.

Carabe noir, glabre; corcelet tronqué poſtérieurement, enfoncé de chaque côté; élytres ſtriées.

Carabus niger glaber, thorace poſticè utrinquè impreſſo, truncato, elytris ſtriatis. Muſ. Lesk. p. 49. *n°.* 872.

Carabus glaber. LIN. *Syſt. nat. edit.* 13. *p.* 1990.

Il ſe trouve en Europe.

80. CARABE vert-foncé.

CARABUS viridans.

Carabe, d'un verd noirâtre; antennes & pattes fauves; élytres ſtriées, ſtries légèrement pointillées.

Carabus nigro-vireſcens; elytris ſtriatis, rugis læviſſimè punctatis planis, antennis pedibuſque rufis. Muſ. Lesk. p. 40. *n°.* 874.

Carabus viridans. LIN. *Syſt. nat. edit.* 13. *p.* 1990.

Il ſe trouve en Europe.

81. CARABE multicolor.

CARABUS multicolor.

Carabe noir; tête & corcelet verts; élytres d'un vert bleuâtre, couvertes d'un duvet jaunâtre; bouche, baſe des antennes, & pattes fauves.

Carabus niger, capite thoraceque viridibus, elytris viridi-cæruleſcentibus, villis luteſcentibus tectis, ore antennarum baſi pedibuſque rufis. Muſ. Lesk. p. 40. *n°.* 876.

Carabus multicolor. LIN. *Syſt. nat. edit.* 13. *p.* 1990.

Il ſe trouve en Europe.

82. CARABE diſcolor.

CARABUS diſcolor.

Carabe noir; corcelet tronqué poſtérieurement, avec une ligne au milieu, & des points de chaque côté, enfoncés; élytres ſtriées, avec le bord extérieur verdâtre; antennes ferrugineuſes.

Carabus niger, thorace poſtice truncato, lineâ dorſali, punctiſque utrinquè impreſſis; elytris ſtriatis, margine vireſcente, antennis ferrugineis baſi rufis. Muſ. Lesk. p. 40. *n°.* 882.

Carabus diſcolor. LIN. *Syſt. nat. edit.* 13. *p.* 1990.

Il ſe trouve en Europe.

83. CARABE coupé.

CARABUS exciſus.

Carabe ferrugineux, glabre; corcelet tronqué antérieurement, coupé poſtérieurement; élytres ſtriées.

Carabus ferrugineus glaber, thorace anticè truncato, poſticè exciſo; elytris ſtriatis. Muſ. Lesk. p. 40. *n°.* 884.

Carabus exciſus. LIN. *Syſt. nat. edit.* 13. *p.* 1991.

Il ſe trouve en Europe.

84. CARABE ſinué.

CARABUS ſinuatus.

Carabe noir; élytres ſtriées, ſinuées à l'extrémité; antennes fauves à leur baſe.

Carabus niger, elytris ſtriatis, apice ſinuatis, antennis baſi rufis. Muſ. Lesk. p. 40. *n°.* 889.

Carabus ſinuatus. LIN. *Syſt. nat. edit.* 13. *p.* 1991.

Il ſe trouve en Europe.

85. CARABE pallidicorne.

CARABUS pallidicornis.

Carabe noir; corcelet tronqué poſtérieurement, bord du corcelet, antennes & pattes pâles.

Carabus niger, thorace postice truncato, marginibus externis, antennis pedibusque pallidis; elytris striatis. Mus. Lesk. p. 40. n°. 892.

Carabus pallidicornis, LIN. *Syst. nat. edit.* 13. p. 1991.

Il se trouve en Europe.

86. CARABE rouillé.

CARABUS ferruginosus.

Carabe ferrugineux; corcelet arrondi; élytres striées, antennes & pattes livides.

Carabus ferrugineus, thorace rotundato, elytris striatis, antennis pedibusque lividis. Mus. Lesk. p. 41. n°. 904.

Carabus ferruginosus. LIN. *Syst. nat. edit.* 13. p. 1992.

Il se trouve en Europe.

87. CARABE dénigré.

CARABUS denigratus.

Carabe noir; corcelet arrondi; élytres striées; antennes & pattes ferrugineuses; cuisses comprimées, noires en-dessus.

Carabus niger, thorace rotundato, elytris striatis, antennis pedibusque ferrugineis, femoribus compressis, suprà nigris. Mus. Lesk. p. 41. n°. 905.

Carabus denigratus. LIN. *Syst. nat. edit.* 13. p. 1992.

Il se trouve en Europe.

88. CARABE géniculé.

CARABUS geniculatus.

Carabe noir; corcelet presque arrondi; élytres & pattes testacées; articulation des pattes noires.

Carabus niger, thorace suborbiculato, elytris fusco-testaceis, pedibus testaceis, geniculis fuscis. Mus. Lesk. p. 41. n°. 911.

Carabus geniculatus. LIN. *Syst. nat. edit.* 13. p. 1992.

Il se trouve en Europe.

89. CARABE quadrille.

CARABUS guttulatus.

Carabe noir; corcelet arrondi; élytres d'un noir bleuâtre, avec quatre taches testacées; pattes testacées.

Carabus niger, thorace orbiculato, elytris fusco-cæruleis, guttis quatuor testaceis, duabus ad basim, & duabus versus apicem, pedibus testaceis. Mus. Lesk. p. 41. n°. 916.

Carabus quadriguttatus. LIN. *Syst. nat. edit.* 13. p. 1992.

Il se trouve en Europe.

90. CARABE triponctué.

CARABUS tripunctatus.

Carabe, d'un noir bronzé; corcelet arrondi; élytres striées, avec trois points enfoncés, de chaque côté de la suture.

Carabus nigro-æneus, thorace rotundato, elytris striatis, punctis ad suturam impressis æneis trium parium. Mus. Lesk. p. 41. n°. 917.

Carabus sexpunctatus. LIN. *Syst. nat. edit.* 13. p. 1992.

Il se trouve en Europe.

91. CARABE fuscicorne.

CARABUS fuscicornis.

Carabe noir en-dessous, bronzé en-dessus; corcelet arrondi, ponctué; élytres, avec des stries crénelées; antennes noirâtres; pattes fauves.

Carabus niger, suprà æneus, thorace rotundato punctato, elytris crenato-striatis, antennis fuscis, pedibus rufis. Mus. Lesk. p. 41. n°. 921.

Carabus fuscicornis. LIN. *Syst. nat. edit.* 13. p. 1992.

Il se trouve en Europe.

92. CARABE atre.

CARABUS atratus.

Carabe noir; corcelet arrondi; élytres pâles, mélangées de noir; antennes & pattes d'un brun ferrugineux.

Carabus niger, thorace orbiculato, elytris pallidis, nigro-variegatis, antennis pedibusque fusco-ferrugineis. Mus. Lesk. p. 42. n°. 924.

Carabus atratus. LIN. *Syst. nat. edit.* 13. p. 1992.

Il se trouve en Europe.

93. CARABE triépineux.

CARABUS trispinosus.

Carabe noir; tête & corcelet bronzés; élytres ferrugineuses, bronzées; jambes antérieures armées de trois épines.

Carabus niger, capite thoraceque æneis, thorace orbiculato; elytris ferrugineo-æneis, striato-

punctatis, pedibus rufis, femoribus crassis, tibiis spinis tribus armatis. Mus. Lesk. p. 43. n°. 925.

Carabus trispinosus. LIN. *Syst. nat. edit.* 13. *p.* 1992.

Le corcelet est orbiculé : les élytres ont des stries pointillées ; les pattes sont fauves ; les cuisses sont un peu renflées.

Il se trouve en Europe.

94. CARABE languissant.

CARABUS mœstus.

Carabe ferrugineux ; corcelet arrondi ; élytres striées ; tête obscure ; antennes & pattes testacées.

Carabus ferrugineus, thorace rotundato ; elytris striatis, capite fusco, antennis pedibusque testaceis. Mus. Lesk. p 42. *n°.* 926.

Carabus mœstus. LIN. *Syst. nat. edit.* 13. *p.* 1993.

Il se trouve en Europe.

95. CARABE longicorne.

CARABUS longicornis.

Carabe noir ; élytres légèrement striées ; antennes obscures, une fois plus longues que le corcelet.

Carabus ater, elytris vix striatis, antennis fuscis, thorace duplo longioribus.

Buprestis longicornis *ater, elytro singulo, striis octo lævibus vix impressis, pedibus nigris, antennis fuscis, thorace duplo longioribus.* FOURC. *Ent. par.* 1. *p.* 42. *n°.* 8.

Il a environ dix lignes de long. Chaque élytre a huit stries lisses, peu marquées.

Il se trouve aux environs de Paris.

96. CARABE scapulaire.

CARABUS scapularis.

Carabe testacé ; tête noire ; élytres striées, noires, avec une tache fauve à leur base.

Carabus testaceus, capite nigro, elytris striatis nigris, utrinquè maculâ fulvâ.

Buprestis scapularis. FOURC. *Ent. par.* 1. *p.* 50. *n°.* 35.

Il se trouve aux environs de Paris.

97. CARABE rouget.

CARABUS rosaceus.

Carabe noir, lisse ; corcelet, antennes & pattes rouges.

Carabus niger, lævis, thorace, antennis pedibusque rubris.

Buprestis rosaceus. FOURC. *Ent. par.* 1. *p.* 56. *n°.* 58.

Il se trouve aux environs de Paris, & il a à-peu-près trois lignes de long.

98. CARABE brunet.

CARABUS rusticus.

Carabe noir, pointillé ; tête, corcelet, antennes & pattes obscures.

Carabus niger punctatus, thorace, capite, antennis pedibusque fuscis.

Buprestis rusticus. FOURC. *Ent. par.* 1. *p.* 56. *n°.* 59.

Il se trouve aux environs de Paris, & il a près de trois lignes de long.

99. CARABE huméral.

CARABUS humeralis.

Carabe noir ; pattes pâles ; élytres striées, avec une tache jaune à la base.

Carabus niger, elytris striatis, basi maculâ flavâ, pedibus pallidis.

Buprestis humeralis, FOURC. *Ent. par.* 1. *p.* 57. *n°.* 60.

Il a trois lignes de long, & se trouve aux environs de Paris.

100. CARABE teuton.

CARABUS teutonus.

Carabe noir ; corcelet, antennes, pattes & base des élytres ferrugineux.

Carabus niger, thorace, pedibus, antennis, elytrorumque basi ferrugineis. SCHRANK. *Enum. ins. austr. n.* 404.

Il ressemble au *carabe* germain. Les élytres ont chacune neuf stries lisses.

Il se trouve en Allemagne.

101. CARABE quadristrié.

CARABUS quadristriatus.

Carabe noir ; corcelet & élytres bruns ; élytres striées vers le bord intérieur.

Carabus niger, thorace, elytrisque fuscis, pone marginem interiorem, tantùm striatis. SCHRANK. *Enum. ins. aust. n°.* 410.

Il a une ligne & demie de long. Les élytres sont d'un brun marron ; elles ont quatre stries vers le bord interne, le reste est lisse.

Il se trouve en Allemagne.

CARDINALE, *Pyrochroa*. Genre d'insecte établi par M. Geoffroy, qui ne comprend qu'une seule espèce.

Le nom de *Cardinale* ne convenant point à un genre, nous ne l'avons conservé que pour désigner l'espèce, & nous avons donné au genre le nom de Pyrochre. *Voyez* Pyrochre.

CASSIDE, *Cassida*. Genre d'insectes de la troisième section de l'ordre des Coléoptères.

Les *Cassides*, vulgairement nommées Tortues, Scarabés-Tortues, sont des insectes plats en-dessous, convexes en-dessus, dont le contour du corps est presque circulaire, souvent ovale, & quelquefois approchant de la figure triangulaire. Cependant leur corps, proprement dit, est alongé, & beaucoup plus petit & plus étroit qu'il ne paroit : le corcelet & les étuis dans lesquels il est comme encadré, le débordent considérablement par les côtés, & lui ont fait donner par l'illustre naturaliste suédois, le nom de *Cassida*, qui signifie casque.

Les *Cassides* sont très-aisées à reconnoître, & ne peuvent être confondues avec aucun autre genre d'insecte. Ceux à qui elles ressemblent le plus pour la forme du corps, sont les Boucliers & les Coccinelles; mais les *Cassides* n'ont que quatre pièces aux tarses, tandis que les Boucliers en ont cinq, & les Coccinelles trois seulement. Les Erotyles ont beaucoup plus de rapports avec les *Cassides* : cependant, outre que le corcelet & les élytres des Erotyles ne debordent pas le corps autant que ceux des *Cassides*, leurs antennes présentent encore des différences assez remarquables : celles des Erotyles ont leurs trois ou quatre derniers articles en masse un peu comprimée, tandis que celles des *Cassides* vont en grossissant insensiblement.

Les antennes des *Cassides*, guère plus longues que le corcelet, sont filiformes, ou vont un peu plus en grossissant vers la pointe : elles sont composées de onze articles, dont la forme varie un peu dans les différentes espèces. Les premiers articles sont courts & grénus dans les unes, tandis qu'ils sont plus alongés dans les autres : mais dans toutes, les antennes sont très-rapprochées à leur base, & elles ont leur insertion sur le front, à la partie latérale interne des yeux.

La tête est petite & enchassée dans le corcelet. Les yeux sont petits, ovales & peu saillans. La bouche est composée d'une lèvre supérieure, de deux mandibules, de deux mâchoires, d'une lèvre inférieure, & de quatre antennules.

La lèvre supérieure est courte, assez large, un peu échancrée, & ciliée antérieurement.

Les mandibules sont courtes, larges, creusées en cueiller intérieurement, & terminées par trois dentelures.

Les mâchoires sont petites, presque membraneuses & entières.

La lèvre inférieure est étroite, alongée & entière.

Les antennules antérieures, un peu plus longues que les postérieures, sont filiformes & composées de quatre articles, dont le premier est très-court; le second est le plus long, & le dernier est alongé & terminé en pointe. Les postérieures ont trois articles, dont le premier est très-court, & le dernier, un peu plus renflé que les autres, a une figure ovale alongée.

Le corcelet ressemble à une large plaque très-mince. Il est très-grand, plat en-dessus, débordant la tête de tous les côtés. Il est quelquefois échancré antérieurement, pour laisser paroître un peu la tête, d'autrefois il la cache entièrement; de sorte que, pour l'appercevoir, on est obligé de retourner l'insecte.

L'écusson est petit & triangulaire.

Les élytres sont grandes & convexes en-dessus; elles débordent, ainsi que le corcelet, le corps par les côtés. On apperçoit en-dessous une arrête longitudinale très-saillante, qui se trouve tout le long du corps de l'insecte. On trouve dans toutes les espèces connues, des ailes cachées sous les élytres.

Les pattes sont courtes, & n'excèdent guères le rebord des élytres. Les tarses sont courts, assez larges, & composés de quatre articles, dont le premier est court, applati & triangulaire; le second est large & applati; le troisième est bifide, & il reçoit le dernier, qui est assez court, rond, un peu en masse, & terminé par deux petits crochets. Les trois premiers articles sont garnis en-dessous de poils fins & très-serrés, qui servent à l'insecte pour se cramponer.

Les *Cassides* vivent sur les plantes dont elles font leur nourriture, & rarement les voit-on courir, plus rarement encore font-elles usage de leurs ailes. Elles composent un genre bien digne d'attirer les regards des amateurs. La plupart des espèces sont enrichies de belles couleurs dorées ou argentées, qui disparoissent, il est vrai, lorsque l'insecte est mort & conservé dans les cabinets; mais que l'on peut faire reparoître par le moyen de l'eau chaude, dans laquelle on met à ramollir la *Casside* pendant environ un quart-d'heure. A côté de l'insecte parfait, sur les mêmes plantes, on trouve souvent la larve, qui mérite de fixer l'attention particulière des naturalistes. Ces larves ont été observées, décrites & figurées par Reaumur, Goedard, Roesel, Geoffroy, de Geer; & nous allons rassembler les détails intéressans que nous avons puisés dans ces différens auteurs.

Les larves des *Cassides* ont six pattes écailleuses, & leur corps est mol, large, court, applati, bordé sur les côtés d'appendices branchues & épineuses. Ces épines se trouvent sur des éminences en forme de mamelons charnus, & leur position est horisontale avec le plan sur lequel la larve marche. Lorsqu'elle est en repos, la tête & les pattes sont entièrement cachées sous le corps. La tête est petite & écailleuse, garnie de dents, & de chaque côté de trois petits tubercules noirs, avec un point blanc au milieu, placés dans une ligne oblique, que de Geer a regardés comme des yeux, quoiqu'il soit prouvé que les larves des Coléoptères en sont dépourvues; plus près du haut de la tête, on remarque encore de chaque côté quatre points noirs, placés en ligne, qui ne sont pas plus des yeux que les premiers, quoique le même auteur le mette en doute. Les six pattes sont grosses & coniques, terminées par un petit crochet brun. Ce qui doit surtout nous arrêter, c'est la forme singulière de la queue, qui se recourbe en-dessus du corps, & se termine en une espèce de fourche, entre les deux fourchons de laquelle se trouve l'anus. Cette queue fourchue est environ de la longueur de la moitié du corps. Les deux branches ou fourchons dont elle est composée sont en filets coniques, qui se terminent en pointe assez fine; elles ont des espèces d'épines courtes, depuis leur origine jusqu'à une certaine distance de leur étendue, mais seulement du côté extérieur. Entre les deux fourchons, à l'extrémité d'un mamelon plus ou moins recourbé & élevé au gré de l'insecte, on voit l'anus qui a la forme d'un tuyau cylindrique, & qui est placé de manière que les excrémens qui en sortent glissent sur la fourche inclinée & disposée pour les recevoir. Quand il s'en amoncele trop près de l'origine de ces petits fourchons, le mamelon où est l'anus peut les pousser & les faire aller plus loin: peut-être que les anneaux & les épines qui les bordent, aident encore à faire aller les excrémens plus avant. Peu-à-peu ils s'accumulent, se collent les uns contre les autres, & alors poussés insensiblement par-delà les pointes des fourchons, ils forment une masse ou un toit capable de couvrir tout l'insecte. Tels sont les moyens aussi simples que dignes de remarque, ménagés par la nature pour mettre le corps mol de ces larves à l'abri des impressions qui pourroient leur nuire. Le plus souvent ce toit est immédiatement au-dessus du corps; il le touche sans le charger; quelquefois il est presque perpendiculaire au plan du corps; souvent il est placé un peu au-dessus, & presque parallèle. Toutes les différentes positions de cette espèce de parasol sont variées, comme le sont celles de la queue fourchue qui le soutient. Cette couverture, quoiqu'assez bien cimentée par elle-même, est encore fortifiée par la dépouille de l'insecte qui lui sert quelquefois de base. De chaque côté de la moitié postérieure du corps, sur la face supérieure, proche de la racine des épines, on remarque sept points blancs placés chacun sur un anneau distinct. Ce ne sont pas simplement des points; le microscope fait voir qu'ils ont du relief, qu'ils sont en forme de petits tuyaux très courts & cylindriques, tronqués au bout. Ces quatorze petits tubercules sont sans doute les stigmates, ou des ouvertures propres à la respiration.

Avant de se métamorphoser, les larves doivent changer plusieurs fois de peau. La dépouille que l'insecte abandonne est complette; les fourchons même doivent se dépouiller. Si le temps où on observe la couverture n'est pas trop éloigné de celui où se fait le changement de peau, les deux fourchons ont encore leurs pointes engagées dans les bases de l'enveloppe des deux vieux fourchons. Lorsque la larve se défait de la peau qui le serroit trop, après l'avoir obligée de se fendre sur la partie antérieure, elle la pousse peu-à-peu vers son derrière; quand elle y est rendue, il reste à tirer les fourchons de leurs étuis, qui tiennent à la vieille enveloppe du corps. Cette vieille enveloppe est alors réduite en un paquet qui doit être ramené du côté de la tête par les mouvemens & frottemens des anneaux, pour que les fourchons soient eux-mêmes entièrement dépouillés; & c'est ce qu'il y a de plus long, & peut-être de plus difficile dans toute l'opération du dépouillement.

C'est sur la feuille même où ces larves ont vécu, qu'elles doivent subir leur métamorphose, sans former ni coque, ni enveloppe d'aucune espèce. Pour s'y préparer, elles cessent de tenir la queue relevée; elles la portent alors étendue en arrière, & dans une même ligne avec le corps. Par le frottement contre la feuille, elles quittent avec la peau les fourchons, & font tomber cette couverture, dont elles ne doivent plus avoir besoin; elles se fixent ensuite contre la feuille, mais non point par leurs pattes. C'est par les deux anneaux du corps qui suivent celui où est attachée la dernière paire de pattes qu'elles tiennnent fortement à la feuille; & ces anneaux y sont si bien collés, qu'on a besoin de faire un effort pour les en détacher, & souvent on ne peut y parvenir sans blesser l'insecte. Il fait apparemment sortir du corps une liqueur gluante, qui, en se séchant, devient propre à le coller ainsi contre la surface de la feuille. Les pattes sont alors comme contractées, & appliquées contre le dessous du corps, sans toucher à la feuille. Après que la larve se trouve ainsi fixée, elle reste tranquille pendant deux ou trois jours, & quitte ensuite sa peau, pour paroître sous la forme de nymphe, qui doit rester engagée par le derrière dans la peau, alors réduite en peloton, seul soutien qu'elle puisse avoir, & qu'elle doit aussi conserver. En voulant la dégager & la tirer de cette peau, on tire en même-temps de la fourchette de la larve, deux longs filets déliés & transparens, unis à la nymphe, & qui étoient enfermés dans les fourchons, comme dans des étuis. La nymphe a donc aussi une queue fourchue; & c'est au moyen de cette queue engagée dans la dépouille de la fourchette, qu'elle se trouve d'autant mieux attachée à la peau qu'elle vient de quitter; mais les filets de la queue de la nymphe sont plus déliés, & moins longs que ceux de la larve, & ils n'ont ni poils, ni épines. La nymphe ainsi fixée, on la voit souvent soulever le corps, le hausser, le baisser alternativement; ensorte que quelquefois elle se redresse presque perpendiculairenent, & c'est le seul mouvement qu'elle peut se donner dans sa position.

Cette nymphe, moins longue que la larve, est de figure ovale & applatie: elle a un ample corcelet, à-peu-près de forme semi-lunaire, au-dessous duquel la tête est placée, & entièrement cachée; le contour de ce corcelet est bordé d'un rang d'épines courtes & simples, ou sans poils. Le ventre est bordé des deux côtés d'appendices ou de lames plattes, en forme de feuilles, pointues au bout, garnies d'épines ou d'espèces de poils. De chaque côté du dos on voit quatre petits tuyaux, dont les deux premiers ou les plus proches du corcelet sont fort courts, & les deux autres beaucoup plus longs, sont semblables à des pointes: ces tuyaux sont les stigmates. En regardant la nymphe en-dessous, on y apperçoit presque toutes les parties de l'insecte parfait, la tête, les antennes, les pattes, les ailes; mais les lames pointues des côtés du ventre, & le corcelet terminé en arc de cercle, chargé de pointes, semblable, en quelque façon, à un écusson d'armoirie couronné, présentent une forme assez singulière pour faire douter si elle peut appartenir à un animal. Au bout de quinze jours on voit sortir de cette nymphe l'insecte parfait, par la rupture qui se fait à la partie antérieure de la peau de dessus. L'insecte parfait dépose sur les feuilles ses œufs qui sont rangés les uns auprès des autres, & forment des plaques souvent couvertes d'excrémens.

CASSIDE.

CASSIDA. LIN. GEOFF. FAB.

CARACTÈRES GÉNÉRIQUES.

ANTENNES presque filiformes, à peine plus grosses vers l'extrémité, très-rapprochées à leur base.

Bouche composée d'une lévre supérieure, de deux mandibules larges, tranchantes, tridentées; de deux mâchoires simples, d'une lèvre inférieure, & de quatre antennules presque filiformes.

Corcelet & élytres débordant considérablement le corps.

Quatre articles aux tarses; les deux premiers courts, en cœur; le troisième bilobé.

ESPECES.

1. CASSIDE verte.

Verte en-dessus; corps noir; pattes d'un jaune pâle.

2. CASSIDE équestre.

Verte en-dessus; base des élytres argentée; abdomen noir, bordé de jaune pâle.

3. CASSIDE tigrée.

Verte en-dessus; élytres pointillées de noir; corcelet avec deux petites taches blanches.

4. CASSIDE panachée.

Verte; élytres avec des points noirs, plus serrés vers la suture.

5. CASSIDE maculée.

Noire; corcelet rougeâtre; élytres d'un rouge sanguin, avec quelques points noirs.

6. CASSIDE pointillée.

Elytres grisâtres, pointillées de noir; corcelet jaunâtre, sans taches.

7. CASSIDE marquée.

Verdâtre; élytres avec la suture d'un rouge sanguin.

8. CASSIDE nébuleuse.

Cendrée obscure; élytres avec des points noirâtres.

9. CASSIDE atre.

D'un noir foncé; bords antérieurs du corcelet d'un rouge sanguin.

10. CASSIDE ferrugineuse.

Noire; corcelet & élytres ferrugineux, sans taches.

CASSIDES. (Insectes.)

11. Casside brune.

D'un brun ferrugineux, luisant; bords du corcelet & des élytres ciliés.

12. Casside bordée.

Tête & corcelet bronzés, obscurs, pubescens, avec les bords rougeâtres.

13. Casside obscure.

Noire; corcelet & élytres obscurs, sans taches.

14. Casside changeante.

Dorée, brillante, sans taches.

15. Casside marginelle.

Verte; bords du corcelet & des élytres jaunes.

16. Casside ceinte.

Tête & corcelet obscurs, bordés de jaunâtre; élytres avec une tache transparente vers le bord.

17. Casside hébraïque.

D'un jaune pâle; milieu des élytres avec un réseau noir.

18. Casside judaïque.

Ferrugineuse; disque des élytres avec des points enfoncés & beaucoup de petites taches noires.

19. Casside anneau.

Jaunâtre; disque des élytres noirâtre, avec un anneau jaune.

20. Casside purpurine.

Jaune; élytres avec une tache commune pourprée.

21. Casside immaculée.

Jaunâtre en-dessus; corps noir, bordé de jaune.

22. Casside six-points.

Jaunâtre; disque des élytres ferrugineux, avec six points noirs, un peu enfoncés.

23. Casside bifasciée.

Pâle; élytres avec deux bandes obscures.

24. Casside interrompue.

Jaunâtre; corcelet sans taches; élytres avec une tache circulaire vers le bord & des points noirs.

25. Casside huit-taches.

Fauve; corcelet avec deux points; élytres avec quatre taches d'un noir violet.

26. Casside brûlée.

Fauve; corcelet avec deux points; élytres avec plusieurs taches d'un noir bleuâtre; corcelet arrondi antérieurement.

27. Casside criblée.

Fauve; corcelet avec quatre points; élytres avec plusieurs petites taches noires; corcelet échancré.

28. Casside noble.

D'un gris pâle; élytres avec une raie vers la suture d'un bleu doré.

CASSIDES. (Insectes.)

29. CASSIDE perlée.

Verdâtre ; élytres d'un vert argenté, brillant ; tête & poitrine noires.

30. CASSIDE en croix.

Pâle ; disque des élytres obscur, en croix

31. CASSIDE mouchetée.

Jaunâtre ; disque des élytres noir, avec quatre taches jaunes.

32. CASSIDE porte-croix.

Jaune ; corcelet avec une ligne ferrugineuse ; élytres avec le disque ferrugineux & quatre taches jaunes.

33. CASSIDE onze-points.

Jaunâtre ; corcelet avec un point au milieu ; élytres avec onze points noirs.

34. CASSIDE nigripède.

Ferrugineuse ; écusson, pattes & dessous du corps noirs.

35. CASSIDE tuberculée.

D'un brun ferrugineux ; bords du corcelet & des élytres d'un jaune fauve.

36. CASSIDE multiponctuée.

Noire ; corcelet ferrugineux, avec deux points noirs ; élytres testacées, avec beaucoup de points noirs.

37. CASSIDE variolée.

Ferrugineuse ; élytres fauves, avec beaucoup de points noirs.

38. CASSIDE suturale.

Brune ; élytres jaunes, avec la suture & la base brunes.

39. CASSIDE bimouchetée.

Corcelet jaune ; élytres fauves, avec le bord noir & deux taches jaunes.

40. CASSIDE miliaire.

Jaune ; corcelet sans taches ; élytres avec des points noirs & des taches transversales vers les bords.

41. CASSIDE ponctuée.

Noire ; corcelet brun ; élytres jaunes, avec des points noirs.

42. CASSIDE marginée.

Elytres testacées, bordées de noir ; corcelet d'un vert bronzé.

43. CASSIDE bituberculée.

Brune, bordée de blanc ; élytres avec des taches noires, un tubercule à la base.

44. CASSIDE quadripustulée.

Corcelet obscur ; élytres d'un rouge sanguin, avec le bord extérieur bleu, marqué de deux taches rouges.

45. CASSIDE dorsale.

Corcelet & élytres obscurs ; élytres avec une épine suturale & les bords d'un blanc pâle.

CASSIDES. (Insectes.)

46. CASSIDE de la Jamaïque.

D'un jaune bronzé; élytres sans taches, avec des points enfoncés.

47. CASSIDE perforée.

Testacée; élytres avec l'angle antérieur épineux, & la base perforée.

48. CASSIDE bicorne.

D'un vert bleuâtre; angle antérieur des élytres avec une longue épine tronquée.

49. CASSIDE Taureau.

Noire; angle antérieur des élytres avec une épine tronquée.

50. CASSIDE bleue.

D'un bleu bronzé; élytres sans taches, avec des points enfoncés.

51. CASSIDE rétiforme.

Noire; corcelet avec deux grandes taches jaunes; élytres jaunes, avec des taches réticulées, noires.

52. CASSIDE porte-épine.

Ferrugineuse; angle antérieur des élytres avec une épine avancée; corcelet terminé en pointe de chaque côté.

53. CASSIDE bident.

Noire; angle antérieur des élytres un peu avancé; épine élevée, longue, sur la suture.

54. CASSIDE en manteau.

Noire; corcelet légèrement velu, verdâtre; élytres vertes, avec le bord & une ligne au milieu, ferrugineux.

55. CASSIDE cuivreuse.

Cuivreuse en-dessus; bord du corcelet rougeâtre; élytres avec deux taches marginales, rougeâtres.

56. CASSIDE bossue.

Noire; corcelet avec deux grandes taches dorées; élytres avec un réseau verdâtre, & une élévation suturale.

57. CASSIDE tronquée.

Rougeâtre; élytres presque réticulées, avec des taches noires, & une élévation suturale.

58. CASSIDE jaune.

Jaune, sans taches; corps testacé; élytres avec un point noir, sutural, vers l'écusson.

59. CASSIDE leucophée.

Testacée; corcelet & élytres avec des points & les bords jaunes.

60. CASSIDE réticulée.

Jaune; élytres mélangées de bleu, avec les bords unifasciés.

61. CASSIDE variée.

Rougeâtre; élytres mélangées de bleu, avec les côtés bifasciés.

62. CASSIDE trifasciée.

Rougeâtre; bord des élytres avec trois bandes noires.

CASSIDES. (Insectes.)

63. CASSIDE annulaire.

Bleue; corcelet avec deux taches; élytres avec six taches annulaires, rougeâtres.

64. CASSIDE grosse.

D'un rouge sanguin; disque des élytres mélangé de noir bleuâtre; bords latéraux bleuâtres, avec des bandes rouges.

65. CASSIDE parallèle.

Jaune; élytres avec trois lignes longitudinales noirâtres; celles du milieu représentant un point d'exclamation.

66. CASSIDE treillée.

Ferrugineuse; élytres avec tous les bords, une ligne longitudinale & une autre courte, transverse, noirs.

67. CASSIDE retrécie.

Ferrugineuse, sans taches; élytres retrécies postérieurement.

68. CASSIDE linéolée.

Cendrée; élytres avec quatre lignes blanchâtres.

69. CASSIDE inégale.

Bronzée; élytres avec une tache ovale, au milieu de chaque.

70. CASSIDE bronzée.

Bronzée; élytres avec une tache jaune, inégale, au milieu.

71. CASSIDE supposée.

Elytres noires, annulaires antérieurement, avec un point fauve au milieu.

72. CASSIDE latérale.

Bronzée; élytres avec une tache jaune, sur le bord latéral.

73. CASSIDE discoïde.

D'un vert bronzé; élytres avec une double tache jaune, au milieu de chaque.

74. CASSIDE bipustulée.

Verte; élytres avec deux taches latérales, d'un rouge sanguin.

75. CASSIDE six-pustulée.

D'un vert bleu; élytres avec trois taches rouges sur chaque.

76. CASSIDE seize-taches.

Noire; corcelet avec deux taches; élytres avec sept taches sur chaque, rouges.

77. CASSIDE en sautoir.

D'un noir bleuâtre; élytres avec des taches jaunes, réticulées, au milieu, & six ou sept distinctes, sur les bords.

78. CASSIDE sinuée.

Fauve; corcelet sinué postérieurement; élytres avec cinq taches noires sur chaque.

79. CASSIDE biponctuée.

Jaunâtre; élytres avec deux points noirs sur chaque.

80. CASSIDE sept-mouchetures.

Noire; élytres avec sept taches blanches.

CASSIDES. (Insectes.)

81. CASSIDE encadrée.

D'un jaune pâle, transparent ; disque des élytres obscur, bordé de noir.

82. CASSIDE arquée.

Testacée ; élytres d'un jaune doré, avec sept taches noires, dont une commune & quatre arquées.

83. CASSIDE flavicorne.

Noire ; antennes jaunes ; corcelet & élytres mélangés de noir & de jaune.

84. CASSIDE douze-taches.

D'un vert bleuâtre en-dessus, noire en-dessous ; élytres avec six taches rouges sur chaque.

1. CASSIDE verte.

CASSIDA viridis.

Cassida viridis, corpore nigro, pedibus pallidis.
Cassida viridis. LIN. *Syst. nat. p.* 574. *n°.* 1. — *Faun. suec. n°.* 467. — *It. Oeland.* 153.

Cassida viridis, corpore nigro. FAB. *Syst. ent. p.* 88. *n°.* 1. — *Sp. inf. tom.* 1. *p.* 107. *n°.* 1. — *Mant. inf. tom.* 1. *p.* 62. *n°.* 1.

Cassida viridis, corpore nigro. GEOFF. *inf. t.* 1. *p.* 312. *n°.* 1.
La *casside* verte. GEOFF. *Ib.*

Cassida Cardui *viridis, corpore nigro, pedibus flavescentibus.* DEG. *Mém. inf. tom.* 5 *p.* 174. *n°.* 2.

Casside du Chardon verte, à corps noir & à pattes jaunâtres. DEG. *Ib.*

Scarabæus antennis clavatis, clavis in annulos divisis. RAI. *Inf. p.* 107. *n°.* 5.

Testudo viridis. GOED. *Inf. tom.* 1. *p.* 94. *tab.* 43.

LIST. GOED. *Inf. p.* 286. *t.* 116.
BLANK. *Inf.* 89. *t.* 11. *fig.* D. E. F.
MERIAN. *Inf. europ. Pl.* 115.
REAUM. *Mém. inf. tom.* 3. *tab.* 18.
ROES. *inf. tom.* 2. *class.* 3. *Scarab. terr. t.* 6.
FRISCH. *Inf. tom.* 4 *tab.* 15.

SCHAEFF. *Elem. inf. tab.* 35. — *Icon. inf. t.* 27. *fig.* 5.

VOLK. *Hesp.* 1. *p.* 166. *fig.* 4.
Cassida viridis. SCOP. *Ent. carn. n°.* 117.

Cassida viridis. SCHRANK. *Enum. inf. austr. n°.* 92.
Cassida viridis. LAICHART. *inf tom.* 1. *p.* 111. *n°.* 3.

Cassida viridis. FOURC. *Ent. par.* 1. *p.* 140. *n°.* 1.

Cassida viridis. VILL. *Ent. tom.* 1. *p.* 90. *n°.* 1.

Cette *Casside* varie un peu pour la grandeur ; elle a ordinairement de trois à quatre lignes de long, & deux ou trois de large. Elle est ovale, plate en-dessous, & convexe en-dessus. Les antennes sont jaunes à leur base, & noirâtres à leur extrémité. Le corcelet & les élytres sont d'un beau vert, sans aucune tache ; ils débordent beaucoup le corps, & la couleur verte du dessus se montre de même en-dessous. La tête & le corps sont noirs. L'abdomen est un peu bordé de jaune. Les pattes sont d'un jaune d'ocre ; quelquefois les cuisses sont noires.

Elle se trouve dans toute l'Europe ; elle est assez commune sur les plantes labiées & sur le Chardon.

2. CASSIDE équestre.

CASSIDA equestris.

Cassida viridis, elytrorum basi argenteâ, abdomine atro, margine pallido. FAB. *Mant. inf. t.* 1. *p.* 62. *n°.* 2.

Elle ressemble entièrement à la *Casside* verte, dont elle n'est peut-être qu'une légère variété. Tout le dessus du corps est d'un beau vert, avec la base des élytres, d'une belle couleur argentée, qui disparoît à la mort de l'insecte. Le dessous du corps est noir, & l'abdomen est bordé de jaune pâle. Les pattes sont d'un jaune pâle.

Elle se trouve à Halle, sur la Mente aquatique.

3. CASSIDE tigrée.

CASSIDA tigrina.

Cassida viridis nigropunctata, thorace maculis duabus albis.

Cassida tigrina *viridis, punctis nigris, corpore subtùs nigro, thorace maculis binis albis.* DEG. *Inf. tom.* 5. *p.* 168. *n°.* 1. *Pl.* 5. *fig.* 15 & 16.

Casside tigrée, d'un vert clair en-dessus, tachetée de noir, & noire en-dessous, avec deux taches blanches sur le corcelet. DEG. *Ib.*

Elle ressemble, pour la grandeur, à la *Casside* verte. Les antennes sont jaunâtres, avec l'extrémité noire. Le corcelet est vert, & marqué de deux taches blanches, un peu élevées en bosse, près du bord postérieur. Les élytres sont vertes, avec une infinité de points & de petites taches noires ; elles ont des stries longitudinales, un peu irrégulières, formées par des points enfoncés. Le corps est noir. Les pattes sont d'un jaune verdâtre, avec les cuisses noires.

Elle se trouve en Suède, sur le *Chenopodium Hybridum.*

4. CASSIDE panachée.

CASSIDA maculata.

Cassida viridis, elytris rariùs, suturâ dorsali, confertiùs nigro maculatis. LIN. *Syst. nat. p.* 575. *n°.* 6.

Cassida maculata. FAB. *Syst. ent. p.* 88. *n°.* 2. — *Spec. inf. tom.* 1. *p.* 107. *n°.* 2. — *Mant. inf. tom.* 1. *p.* 62. *n°.* 3.

Cassida viridis, maculis nigris variegata. GEOFF. *Inf. tom.* 1. *p.* 314. *n°.* 5. *pl.* 5. *fig.* 6.
La *Casside* panachée. GEOFF. *Ib.*

Cassida suprà viridis, subtùs nigra ; elytris aliquot nigro maculatis, pedibus nigris. DEG. *Mém. tom.* 5. *p.* 175. *n°.* 3.

Casside panachée, verte en-dessus & noire en-dessous, à quelques taches noires sur les étuis, & à pattes noires. DEG. *Ib.*

Cassida variegata. FOURC. *Ent. par.* 1. *p.* 141. *n°.* 5.

Elle ne diffère des précédentes que par les couleurs. Les antennes, les pattes, & tout le dessous du corps sont d'un noir luisant. Le corcelet est vert & sans taches. Les élytres sont vertes, avec des taches noires, irrégulières, placées principalement vers la suture.

Elle se trouve en Europe, sur l'Aunée.

5. CASSIDE maculée.

CASSIDA murræa.

Cassida nigra, clypeo rubro, elytris sanguineis; punctis nigris sparsis. LIN. *Syst. nat. p.* 575. *n°.* 2.

Cassida murræa. FAB. *Syst. ent. p.* 90. *n°.* 10. — *Spec. inf. tom.* 1. *p.* 108. *no.* 6. — *Mant. inf. tom.* 1. *p.* 62. *n°.* 8.

Cassida rubra, maculis nigris variegata. GEOFF. *inf. tom.* 1. *p.* 314. *n°.* 5.

Cassida murræa. FUESL. *Archiv. inf.* 4. *p.* 50. *n°.* 5. *tab.* 22. *fig.* 28.

Elle ressemble à la *Casside* verte. Le corcelet est d'un rouge plus ou moins obscur. Les élytres sont striées, rougeâtres, avec quelques points noirs. Le dessous du corps, les antennes & les pattes sont noirs.

M. Geoffroy regarde cet insecte comme une variété de la *Casside* panachée. « Les larves, dit cet auteur distingué, ressemblent à celles de la *Casside* verte; elles sont applaties, épineuses, sur-tout sur les côtés, & ont une queue fourchue, avec laquelle elles soutiennent leurs excrémens: elles rongent les feuilles de l'Aunée. J'en ai nourri plusieurs, qui m'ont toujours donné des *Cassides* vertes panachées; ce qui m'a fait soupçonner que les rouges & les vertes ne différoient que par l'âge, les dernières étant les plus jeunes, & les autres les plus vieilles. Pour m'en assurer encore, j'ai nourri des *Cassides* de couleur verte. Le vert de leurs étuis a pris peu-à-peu une teinte d'abord jaune, puis de plus en plus rouge; ce qui prouve que la différence de couleur ne vient que de l'âge plus ou moins avancé ».

Elle se trouve en Europe.

6. CASSIDE pointillée.

CASSIDA affinis.

Cassida elytris griseis, nigro punctatis, thorace flavescente immaculato. FAB. *Syst. ent. p.* 88. *n°.* 3. — *Sp. inf. tom.* 1. *p.* 108. *n°.* 3. — *Mant. inf. tom.* 1. *p.* 62. *n°.* 4.

Cassida affinis. LAICHART. *Inf. tom.* 1. *p.* 110. *n°.* 2.

Cassida affinis. FUESL. *Archiv. inf.* 4. *p.* 50. *n°.* 3.

Elle ressemble aux précédentes pour la forme & la grandeur. Le corps est noir. Les antennes sont pâles à leur base, noirâtres à l'extrémité. Le corcelet est jaunâtre, sans taches. Les élytres ont des stries formées par des points enfoncés; elles sont d'un gris verdâtre, parsemées de points irréguliers noirs: le bord est sans taches depuis la base jusqu'au-delà du milieu, le reste a quatre ou cinq points noirs. Les pattes sont d'un jaune pâle.

Elle se trouve aux environs de Paris, en Allemagne.

7. CASSIDE marquée.

CASSIDA vibex.

Cassida virens, suturâ dorsali sanguinolentâ. LIN. *Syst. nat. p.* 575. *n°.* 5.

Cassida vibex. FAB. *Syst. ent. p.* 89. *n°.* 4. — *Sp. inf. tom.* 1. *p.* 108. *n°.* 4. — *Mant. inf. tom.* 1. *p.* 62. *n°.* 5.

Cassida vibex. SCHRANK. *Enum. inf. aust. n°.* 89.

Elle ressemble, pour la forme, la grandeur & les couleurs, à la *Casside* verte; mais elle en diffère, en ce que le milieu des élytres est noirâtre, & la suture est d'un rouge de sang.

Elle se trouve en Allemagne.

8. CASSIDE nébuleuse.

CASSIDA nebulosa.

Cassida pallido-nebulosa, fusco-punctata. FAB. *Syst. ent. p.* 89. *n°.* 5. — *Sp. inf. tom.* 1. *p.* 108. *n°.* 5. — *Mant. inf. tom.* 1. *p.* 62. *n°.* 6.

Cassida nebulosa, *pallido-nebulosa.* LIN. *Syst. nat. p.* 575. *n°.* 3.

Cassida nebulosa *pallida, corpore nigro.* GEOFF. *inf. tom.* 1. *p.* 313. *n°.* 2.

La *Casside* brune. GEOFF. *Ib.*

Scarabæus minor, sordidè fulvus, punctis & maculis aliquot nigris, temerè sparsis notatus. RAI. *inf. p.* 88. *no.* 13.

GOED. *Inf.* 1. *p.* 96. *tab.* 44.

LIST. GOED. *Pag.* 287. *tab.* 117.

SCHAEFF. *Icon. inf. tab.* 27. *fig.* 4. *a. b.*

Cassida nebulosa. SCHRANK. *Enum. inf. aust. n°.* 91.

Cassida nebulosa. FOURC. *Ent. par.* 1. *p.* 140. *n°.* 2.

Cassida nebulosa. VILL. *Ent. tom.* 1. *p.* 91. *n°.* 3.

Elle est presque de la grandeur de la *Casside* verte. Les antennes sont noires. Le corcelet est d'un jaune obscur, sans taches, arrondi antérieurement. Les élytres ont des stries formées par des points enfoncés; elles sont d'un jaune obscur, & parsemées de points noirs, irréguliers, qui les font paroître nébuleuses. Le corps est noir. Les pattes sont d'un jaune obscur, avec une tache noire sur les cuisses.

Elle se trouve en Europe sur les chardons.

9. CASSIDE atre.

CASSIDA atrata.

Cassida atra, clypeo anticè sanguineo. FAB. *Mant. ins. tom.* 1. *p.* 62. *n°.* 7.

Elle ressemble à la précédente, mais elle est plus petite & toute noire. La plaque du corcelet est arrondie, entière, lisse, noire, avec une grande tache couleur de sang, au bord antérieur. Les élytres sont un peu raboteuses, noires, & sans taches.

Elle se trouve en Allemagne.

10. CASSIDE ferrugineuse.

CASSIDA ferruginea.

Cassida nigra, thorace, elytrisque ferrugineis immaculatis. FAB. *Sp. ins. tom.* 1. *p.* 108. *n°.* 7. — *Mant. ins. tom* 1. *p.* 62. *n°.* 9.

Cassida subferruginea. SCHRANK. *Enum. ins. aust. n°.* 90.

Cassida ferruginea. FUESL. *Archiv. ins.* 4. *p.* 50. *n°.* 6. *tab.* 22. *fig.* 29.

Elle est presque une fois plus petite que la *Casside* verte. Les antennes sont ferrugineuses, un peu obscures à leur extrémité. Tout le dessus du corps est d une couleur ferrugineuse, brune, sans taches. Les élytres ont quatre lignes longitudinales, élevées, peu marquées. Le dessous du corps est noir. Les pattes sont ferrugineuses.

Elle se trouve dans presque toute l'Europe.

11. CASSIDE brune.

CASSIDA brunnea.

Cassida fusco-ferruginea immaculata, thorace elytrisque punctatis, marginibus ciliatis.

Cassida ferruginea, thorace elytrisque fuscis punctatis, marginibus externis ciliatis. *Mus. lesk. par. ent. p.* 12. *n°.* 236.

Cassida rubiginosa. LIN. *Syst. nat. edit.* 13. *p.* 1643.

Elle est presque de la grandeur de la *Casside* verte: elle est plus arrondie & plus convexe. Tout le dessus du corps est d'un brun-ferrugineux, luisant; le dessous est brun. Les élytres sont fortement pointillées. Les bords du corcelet & des élytres sont garnis de poils fins assez longs.

Elle se trouve en Europe.

12. CASSIDE bordée.

CASSIDA limbata.

Cassida capite thoraceque pubescentibus, obscurè aneis, margine rufescente. FAB. *Mant. ins. t.* 1. *p.* 63. *n°.* 10.

Elle ressemble aux précédentes pour la forme & la grandeur. Le corcelet est bronzé, avec le bord d'un rouge obscur. Les élytres sont pointillées, d'un vert obscur, bordées de rouge obscur. Le corps est fauve.

Elle se trouve en Allemagne, sur une espèce de *Dianthus*.

13. CASSIDE obscure.

CASSIDA fusca.

Cassida nigra, suprà fusca. LAICHART. *Ins. t.* 1. *p.* 112. *n°.* 4.

Cassida fusca. FUESL. *Archiv. ins.* 4. *p.* 51. *n°.* 9.

Cassida fusca spadicea, elytris striis duabus elevatis. LIN. *Syst. nat. edit.* 13. *p.* 1639 *n°.* 53.

Elle est de la grandeur de la *Casside* ferrugineuse. Le dessus du corps est noirâtre, sans taches. Les élytres sont pointillées, presque striées, avec deux lignes élevées vers la suture. Le dessous du corps est noir.

Elle se trouve en Allemagne.

14. CASSIDE changeante.

CASSIDA mutabilis.

Cassida aurata nitida. VILL. *Ent. tom.* 1. *p.* 93. *n°.* 11. *tab.* 1. *fig.* 11.

Elle est plus petite que la *Casside* noble: elle est d'une couleur dorée, brillante; mais elle devient pâle après sa mort.

Elle se trouve aux environs de Lyon.

15. CASSIDE marginelle.

CASSIDA marginella.

Cassida viridis, thoracis elytrorumque marginibus flavis. FAB. *Syst. ent. p.* 89. *n°.* 6. — *Sp. ins.*

tom. 1. *p.* 108. *n°.* 8. — *Mant. inf. tom.* 1. *p.* 63. *n°.* 11.

Elle reffemble beaucoup, pour la forme, la grandeur & les couleurs, à la *Caffide* verte. Les antennes, la tête, tout le deffous du corps & les pattes font jaunes. Le corcelet eft vert, arrondi antérieurement, avec les bords pâles. L'écuffon eft triangulaire & verdâtre. Les élytres font pointillées, vertes, avec les bords extérieurs pâles.

Elle fe trouve au Bréfil.

Nota. J'ai vu, dans le cabinet de M. Banks, un individu, dont tout le deffus du corps eft d'un jaune pâle.

16. CASSIDE ceinte.

CASSIDA cincta.

Caffida thorace, elytrifque obfcuris, margine flavefcente, elytris ante marginem, maculâ albo-hyalinâ. FAB. *Sp. inf. tom.* 1. *p.* 109. *n°.* 9. — *Mant. inf. tom.* 1. *p.* 63. *n°.* 12.

Elle reffemble à la *Caffide* interrompue, mais elle eft fouvent un peu plus petite. Les antennes font jaunes, & la tête eft noire & cachée. Le corcelet eft d'un jaune teftacé, avec les bords jaunes fauves; le bord antérieur eft arrondi: l'écuffon eft triangulaire & teftacé. Les élytres font jaunes teftacées, avec les bords latéraux jaunes fauves; elles ont fouvent une tache obfcure à l'angle antérieur, & une autre au bord extérieur, vers l'extrémité: entre le corps & le bord extérieur, on apperçoit une tache ovale, oblongue, blanchâtre, tranfparente. Le deffous du corps eft teftacé, avec le milieu de la poitrine noir, & un peu de noir à la bafe de l'abdomen. Les pattes font teftacées.

Elle fe trouve dans l'Afrique équinoxiale.

Nota. Les individus que nous avons dit avoir deux taches obfcures à chaque élytre, ont les mêmes taches en-deffous, mais noirâtres.

17. CASSIDE hébraïque.

CASSIDA hebraa.

Caffida pallida, coleoptris lineolis numerofiffimis iformibus nigris. FAB. *Sp. inf. tom.* 1. *p.* 109. *n°.* 0. —*Mant. inf. tom.* 1. *p.* 63. *n°.* 13.

Caffida pellucida albo-flavefcens, elytrorum difco igro reticulato. DEG. *Mém. inf. tom.* 5. *pag.* 188. °. 14. *pl.* 15. *fig.* 17.

Caffide à réfeau tranfparente, d'un blanc jaunâtre, ont le milieu des étuis eft veiné de noir. DEG. *Ib.*

Elle eft un peu plus petite & un peu plus arondie que la *Caffide* verte. Les antennes font jaunes un peu obfcures vers l'extrémité. Le corcelet eft jaune, fans taches, & arrondi antérieurement, veiné de noir au milieu. Les élytres font jaunes, avec un réfeau noir, un peu enfoncé, au milieu; les bords font jaunâtres, fans taches. Les yeux font noirs. Le corps & les pattes font d'un jaune pâle, fans taches.

Elle fe trouve dans l'Amérique méridionale, à Cayenne, à Surinam.

18. CASSIDE judaïque.

CASSIDA judea.

Caffida ferruginea coleoptrorum difco punctis impreffis maculifque nigris. FAB. *Sp. inf. tom.* 1. *p.* 109. *no.* 11. —*Mant. inf. tom.* 1. *p.* 63. *n°.* 14.

Elle eft un peu plus petite & un peu plus ovale que la *Caffide* hébraïque. Les antennes font ferrugineufes. Le corcelet eft d'un brun ferrugineux, un peu plus pâle fur les bords. Les élytres font d'un jaune obfcur, avec beaucoup de points noirs, au milieu defquels il y a un petit enfoncement. Les bords font fans taches. Le corps eft noir. Les pattes & la tête font brunes.

Elle fe trouve à Cayenne.

19. CASSIDE anneau.

CASSIDA annulus.

CASSIDA flavefcens, coleoptrorum difco fufco, annulo flavefcente. FAB. *Sp. inf. tom.* 1. *p.* 109. *n°.* 12. —*Mant. inf. tom.* 1. *p.* 63. *n°.* 15.

Elle reffemble un peu aux précédentes. Les antennes font jaunes, avec l'extrémité un peu obfcure. Le corcelet eft jaune pâle, arrondi antérieurement, avec une petite tache obfcure, au milieu de la partie poftérieure. Les élytres font finement pointillées, obfcures, avec une tache circulaire, jaune, commune aux deux élytres; les bords font jaunes pâles. Le deffous du corps & les pattes font d'un jaune fauve: il y a un peu de noir de chaque côté, à la partie des élytres qui touche à la poitrine.

Elle fe trouve à Cayenne.

20. CASSIDE purpurine.

CASSIDA purpurea.

Caffida flava, elytris macula communi purpurea.
Caffida purpurea *flava, fupra corpus purpurea.* LIN. *Syft. nat. p.* 576. *n°.* 12.

Caffida flavo-citrea, elytrorum difco macula rotunda dorfali rubro-purpurea. DEG. *Mém. inf. tom.* 5. *p.* 190. *n°.* 16. *pl.* 15. *fig.* 19.

Caffide à difque rouge d'un jaune citron, avec une grande tache ronde d'un rouge couleur de pourpre au milieu des étuis. DEG. *ib.*

VOET. *Coleopt. pars. 2. tab. 43. fig. 17.*

Elle est de la grandeur de la *Casside* anneau. Les antennes sont d'un jaune fauve, avec l'extrémité obscure. Le corcelet est d'un jaune citron, sans taches. Les élytres sont d'un jaune citron, & ont au milieu une grande tache pourpre, commune aux deux élytres. Le dessous du corps & les pattes sont d'un jaune fauve.

Elle se trouve à Surinam.

21. CASSIDE immaculée.

CASSIDA immaculata.

Cassida supra flavescens immaculata, corpore nigro flavo marginato.
VOET. *Coleopt. pars 2. tab. 43. fig. 18.*

Elle est un peu plus petite que la précédente. Les antennes sont pâles à leur base, obscures à leur extrémité. Le corcelet est arrondi antérieurement. Le corps est hémisphérique. Tout le dessus est lisse, jaune, sans taches. Le dessous du corps est noir, avec la tête & les bords de l'abdomen jaunes. Les yeux sont noirs, & les pattes sont jaunes.

Elle se trouve à Cayenne.

22. CASSIDE six-points.

CASSIDA sex-punctata.

Cassida flavescens, coleoptrorum disco ferrugineo, punctis sex nigris. FAB. *Sp. inf. tom. 1. pag. 109. n°. 13. —Mant. inf. tom. 1. p. 63. n°. 16.*

Elle est presque de la grandeur de la *Casside* verte, mais elle est plus arrondie. Les antennes sont jaunes à leur base, noirâtres à leur extrémité. La partie antérieure du corcelet est arrondie. Le dessus du corps est fauve, avec les bords plus pâles. Les élytres sont finement pointillées, & ont chacune trois petites taches noires, dont une vers le milieu, & deux vers les bords externes. Le dessous du corps est noir, avec les bords de l'abdomen jaunes. Les pattes sont jaunes, avec la hanche noire.

Elle se trouve à Cayenne.

23. CASSIDE bifasciée.

CASSIDA bifasciata.

Cassida pallida, corpore fasciis duabus fuscis. LIN. *Syst. nat. p. 576. n°. 10.*

Cassida nigro-maculata pellucida albo-flavescens, elytris subtus maculis quatuor nigris, abdomine nigro maculato. DEG. *Mém. inf. tom. 5. pag. 189. n°. 15. pl. 15. fig. 18.*

Casside à quatre taches noires, transparente, d'un blanc jaunâtre, à deux grandes taches noires sur le dessous de chaque étui, & à ventre tacheté de noir. DEG. *ib.*

Elle ressemble à la précédente pour la forme & la grandeur. Les antennes sont jaunes. Les yeux sont noirs. Le corcelet est arrondi antérieurement. Le dessus du corps est jaune fauve, avec les bords pâles. Les élytres ont deux bandes noires, quelquefois interrompues à la suture, qui ne vont pas jusqu'au bord extérieur. Le dessous du corps est jaune, taché de noir. Les pattes sont jaunes.

Elle se trouve dans l'Amérique méridionale, à Surinam.

24. CASSIDE interrompue.

CASSIDA interrupta.

Cassida flavescens, thorace immaculato, elytris ante marginem punctisque nigris. FAB. *Syst. ent. p. 89. n°. 7. —Sp. inf. tom. 1. p. 109. n°. 14. —Mant. inf. tom. 1. p. 63. n°. 17.*

Elle ressemble un peu à la *Casside* de la Jamaïque. Les antennes sont jaunes, avec l'extrémité un peu obscure. La tête est jaune & cachée. Le corcelet est jaune, sans taches, arrondi antérieurement. L'écusson est triangulaire & jaune fauve. Les élytres sont jaunes fauves, au milieu, avec quelques taches irrégulières, noires, & le tour du corps noir, interrompu de chaque côté. Le bord extérieur est jaune, avec une tache noire à l'angle antérieur & une autre vers l'extrémité. Les taches noires des bords extérieurs sont aussi marquées en-dessous qu'en-dessus.

Elle se trouve dans la Nouvelle-Hollande.

25. CASSIDE huit-taches.

CASSIDA octopunctata.

Cassida rufescens thorace punctis duobus, elytris quatuor cyaneo-nigris. FAB. *Mant. inf. tom. 1. p. 63. n°. 18.*

Elle est un peu plus grande que la *Casside* brûlée. Les antennes sont fauves, avec un peu de noir à l'extrémité. La tête est fauve. Le corcelet est échancré antérieurement; il est fauve, avec deux petits points noirs. L'écusson est fauve & triangulaire. Les élytres sont pointillées, fauves, avec quatre taches d'un noir violet sur chaque, disposées sur deux lignes transversales. Tout le dessous du corps & les pattes sont fauves. On voit une tache noire bleuâtre sur le bord des élytres, en-dessous.

Elle se trouve à Siam.

26. CASSIDE brûlée.

CASSIDA deusta.

Cassida rufescens, thorace punctis duobus, elytr

merosis cyaneo-nigris, clypeo integro. Fab. Syst. ent. p. 89. n°. 8. —Sp. ins. tom. 1. p. 109. n°. 15. —Mant. ins. tom. 1. p. 63. n°. 19.

Elle a la forme de la *Casside* verte; mais elle est plus grande. Les antennes sont jaunes fauves, noirâtres à leur extrémité. La tête est jaune fauve, & cachée. Les yeux sont noirs. Le corcelet est arrondi antérieurement; il est jaune fauve, avec deux petites taches noires, à la partie supérieure. L'écusson est triangulaire & jaune fauve. Les élytres sont jaunes fauves, avec plusieurs taches d'un noir un peu bleuâtre : on y voit une tache de la même couleur à l'angle de la base latérale, une autre sur le bord, au-delà du milieu, & une troisième à l'extrémité. Le dessous du corps & les pattes sont d'un jaune fauve. Le bord des élytres en-dessous, a les trois taches noires que nous avons remarquées en-dessus.

Elle se trouve dans la Nouvelle Hollande.

27. Casside criblée.

Cassida cribraria.

Cassida rufescens, thorace punctis quatuor, elytris numerosis nigris, clypeo emarginato. Fab. *Syst. ent. p.* 90. *n°.* 9. —*Sp. ins. tom.* 1. *p.* 110. *n°.* 16. —*Mant. ins. tom.* 1. *p.* 63. *n°.* 20.

Elle est un peu plus grande que la *Casside* verte. Les antennes sont noires, ferrugineuses à leur base. Le corcelet est ferrugineux, avec quatre petits points noirs sur une ligne transversale; il est bordé, échancré antérieurement, & il dépasse peu le corps. La tête est ferrugineuse, avec la bouche & les yeux noirs L'écusson est noir, petit & triangulaire. Les élytres sont convexes, pointillées, avec plusieurs points noirs, qui varient pour le nombre & la grosseur. Les pattes & tout le dessous du corps sont noirs.

Elle se trouve en Amérique.

28. Casside noble.

Cassida nobilis.

Cassida grisea, elytris linea cærulea nitidissima. Lin. *Syst. nat. p.* 575. *n°.* 4.—*Faun. suec. n°.* 469.
Cassida nobilis. Fab. *Syst. ent. pag.* 90. *n°.* 11. —*Sp. ins. tom.* 1. *p.* 110. *n°.* 17. —*Mant. ins. tom.* 1. *p.* 63. *n°.* 21.

Cassida pallida, linea duplici longitudinali, viridi-deaurata. Geoff. *Ins. tom.* 1. *p.* 313. *n°.* 3.
La *Casside* à bandes d'or. Geoff. *ib.*

Scarabæus antennis clavatis, clavis in annulos divisis. Raj. *Ins. p.* 107. *n°.* 7.
Schaeff. *Icon. ins. tab.* 96. *fig.* 6.

Cassida nobilis. Fourc. *Ent. par.* 1. *pag.* 140. n°. 3.

Cassida nobilis. Vill. *Ent. tom.* 1. *p.* 92. *n°.* 4.

Elle est un peu plus petite que la *Casside* verte. Le corps est ovale oblong, d'un vert pâle en-dessus, avec une ligne longitudinale, de chaque côté de la suture, d'une belle couleur bleuâtre dorée, qui disparoît à la mort de l'insecte. Le corcelet est arrondi, sans taches. Les élytres ont des points enfoncés, rangés en stries. Le dessus du corps est noir. Les pattes sont d'un vert jaunâtre. Les antennes sont jaunâtres à leur base, un peu obscures à leur extrémité.

Elle se trouve en Europe, sur les Chardons & sur les plantes chicoracées.

29. Casside perlée.

Cassida margaritacea.

Cassida virens, elytris viridi-argenteis nitidis, capite pectoreque nigris. Fab. *Mant. ins. tom.* 1. *p.* 63. *n°.* 22.
Cassida margaritacea. Schall. *Act. hall. p.* 259.

Elle ressemble beaucoup, pour la forme & la grandeur, à la *Casside* nébuleuse. Le corcelet est verdâtre. Les élytres sont d'un vert argenté brillant, qui disparoît à la mort de l'insecte. La tête & la poitrine sont noires.
Elle se trouve en Allemagne.

30. Casside en croix.

Cassida cruciata.

Cassida pallida, elytris disco fusco cruciato. Lin. *Syst. nat. p.* 576. *n°.* 9.

Cassida hyalina pallide flava, elytris disco macula magna fusca cruciata. Deg. *Mém. ins. tom.* 5. *p.* 187. *n°.* 12. *p.* 15. *fig.* 15.

Casside en croix, transparente, d'un jaune blanchâtre, avec une grande tache brune, à quatre branches croisées sur le milieu des étuis. Deg. *ib.*
Voet. *Coleopt. pars* 2. *tab.* 44. *fig.* 26.

Elle est à-peu-près de la grandeur de la *Casside* verte. Tout le corps est d'un jaune pâle. Le corcelet a une petite ligne longitudinale au milieu. Le milieu des élytres est élevé & marqué d'une grande tache inégale, d'un brun noirâtre, qui s'étend de chaque côté, à l'angle extérieur & vers l'extrémité, formant une espèce de croix. Les antennes sont d'un jaune pâle, avec les trois derniers articles noirâtres.

Elle se trouve dans l'Amérique méridionale, à Surinam.

31. Casside mouchetée.

Cassida guttata.

Cassida flavescens, coleoptris disco nigro ; maculis quatuor flavescentibus.

Cassida cruciata. Fab. *Syst. ent. p.* 90. *n°*. 12. —*Spec. ins. tom.* 1. *p.* 110. *n°*. 18. —*Mant. ins. tom.* 1. *p.* 64. *n°*. 23.

Elle est de la grandeur de la *Casside* nébuleuse. Les antennes sont jaunes. La tête est jaune & cachée. Le corcelet est grand, arrondi antérieurement, jaune, avec une tache noire au milieu, ou plus souvent avec trois petites lignes courtes. Les élytres sont noires au milieu, avec quatre taches jaunes: tout le bord est jaune. L'écusson est noir & triangulaire. Les pattes & tout le dessous du corps sont jaunes pâles.

Elle se trouve dans l'Amérique septentrionale.

Nous croyons cet insecte très-différent du *Cassida cruciata* de Linné, comme on peut le voir par la description qu'il en donne.

32. Casside porte-croix.

Cassida crux.

Cassida flava, thoracis linea dorsali ferruginea, coleoptris disco ferrugineo maculis quatuor flavis. Fab. *Sp. ins. tom.* 1. *p.* 110. *n°*. 19. —*Mant. ins. tom.* 1. *p.* 64. *n°*. 24.

Elle ressemble beaucoup à la précédente. Le corcelet est jaune, avec une ligne au milieu, ferrugineuse. Le milieu des élytres est ferrugineux, & cette couleur s'étend à l'angle antérieur & vers l'extrémité, en forme de croix: on apperçoit au milieu de chaque élytre deux taches jaunes, dont l'une antérieure plus grande, & l'autre touche au bord.

Elle se trouve à Cayenne.

33. Casside onze-points.

Cassida undecimpunctata.

Cassida flavescens, thoracis puncto medio, coleoptris undecim nigris. Fab. *Spec. ins. tom.* 1. *p.* 110. *n°*. 20. — *Mant. ins. tom.* 1. *p.* 64. *n°*. 25.

Voet. *Coleopt. pars* 2. *tab.* 43. *fig.* 16.

Elle est presque de la grandeur de la *Casside* miliaire. Les antennes sont fauves. La tête est fauve & cachée. Le corcelet est jaune-fauve, arrondi antérieurement, avec un point noir au milieu. L'écusson est fauve, triangulaire. Les élytres sont jaunes au milieu, fauves sur les bords, avec onze points noirs, cinq sur chaque élytre, & un sur la suture, commun: il y en a deux vers la base, posés un peu obliquement, un plus grand que les autres, vers le milieu, & deux un peu au-delà, posés obliquement. Tout le dessous du corps & les pattes sont fauves.

Elle se trouve dans l'Amérique méridionale.

34. Casside nigripède.

Cassida nigripes.

Cassida ferruginea, corpore subtùs, scutelloque nigris.

Elle n'est guère plus grande que la *Casside* verte. Les antennes sont pâles, avec les quatre derniers articles noirs. Le corcelet est ferrugineux, avec le bord antérieur arrondi, pâle. L'écusson est triangulaire, d'un brun noir. Les élytres sont ferrugineuses, & ont des points enfoncés, rangés en stries. Le dessous du corps & les pattes sont noirs.

Elle se trouve dans l'Amérique septentrionale, & m'a été envoyée par M. John Francillon.

35. Casside tuberculée.

Cassida tuberculata.

Cassida ferruginea, margine thoracis elytrorumque flavo.

Cassida marginata *testacea, margine thoracis elytrorumque flavo.* Lin. *Syst. nat. p.* 576. *n°*. 14.

Cassida tuberculata *testacea, margine thoracis elytrorumque flavo, coleoptris basi trituberculatis.* Fab. *Syst. ent. p.* 90. *n°*. 13. — *Sp. ins. t.* 1. *p.* 110. *n°*. 21. — *Mant. ins. tom.* 1. *p.* 64. *n°*. 26.

Cassida cincta *ferruginea, thorace aeneo elytrisque punctatis, margine flavo.* Deg. *Mém. ins. t.* 5. *p.* 186. *n°*. 11. *pl.* 15. *fig.* 14.

Casside à bordure rousse, à corcelet bronzé & à étuis ponctués, bordés tout autour de jaune. Deg. *Ib.*

Elle est un peu plus grande que la *Casside* verte. Le corps est ovale, très-convexe. Les antennes sont ferrugineuses, avec les quatre derniers articles noirâtres. Le corcelet & les élytres sont fortement pointillés, d'un brun ferrugineux, avec les bords d'un jaune fauve. Le corcelet est un peu échancré antérieurement. Le dessous du corps & les pattes sont ferrugineux.

Elle se trouve dans l'Amérique méridionale, à Cayenne, à Surinam.

36. Casside multiponctuée.

Cassida multipunctata.

Cassida nigra, thorace ferrugineo bipunctato, elytris testaceis, punctis innumeris nigris.

Elle est un peu plus oblongue que la précédente. Les antennes sont noires, ferrugineuses à leur base. Le corcelet est d'un brun ferrugineux, légèrement échancré antérieurement, un peu lobé postérieurement, avec deux taches noirâtres, peu marquées.

marquées. L'écusson est noir, petit, triangulaire. Les élytres sont pointillées & parsemées de petits points noirs. Le dessous du corps & les pattes sont noirs.

Le corcelet & les élytres de cette espèce & de la précédente dépassent fort peu le corps.

Elle se trouve à la Guadeloupe, & m'a été donnée par feu M. de Badier.

37. CASSIDE variolée.

CASSIDA variolosa.

Cassida ferruginea, elytris rufis, punctis innumeris nigris.

Elle est moins alongée que les deux précédentes. Les antennes sont noires, avec les quatre premiers articles ferrugineux. Le corcelet est d'un rouge ferrugineux, avec le rebord, & deux points à la partie supérieure, peu marqués, noirs; il est échancré antérieurement, & un peu lobé postérieurement. L'écusson est noir, petit, presque triangulaire. Les élytres sont d'un rouge ferrugineux, avec beaucoup de points noirs, pointillés, légèrement enfoncés. Le rebord est noir. Le dessous du corps & les pattes sont d'un brun ferrugineux.

Elle se trouve dans l'Amérique méridionale.

38. CASSIDE suturale.

CASSIDA suturalis.

Cassida brunnea, elytris flavis, suturis brunneis. FAB. *Gen. inf. mant. p.* 119. — *Sp. inf. t.* 1. *p.* 111. *n°.* 21. — *Mant. inf. tom.* 1. *p.* 64. *n°.* 27.

Elle est de la grandeur de la *Casside* marginée. Les antennes sont noires, filiformes, légèrement comprimées, un peu plus longues que le corcelet. La tête est noire & cachée. Le corcelet est arrondi antérieurement, plus large que long, anguleux de chaque côté, presque sinué postérieurement, légèrement en pointe vers l'écusson, jaune, sans taches. L'écusson est noir, & à peine apparent. Les élytres sont jaunes, avec la suture & toute la base d'un rouge de laque brun; elles sont un peu relevées à la suture, un peu au-dessous de l'écusson. Le corps en-dessous & les pattes sont noirs.

Elle se trouve au Cap de Bonne-Espérance.

39. CASSIDE bimouchetée.

CASSIDA biguttata.

Cassida, thorace flavo, elytris rufescentibus, margine nigro, maculis duabus flavis. FAB. *Syst. ent. p.* 91. *n°.* 14. — *Sp. inf. tom.* 1. *p.* 111. *n°.* 23. — *Mant. inf. tom.* 1. *p.* 64. *n°.* 28.

Elle ressemble, pour la forme & la grandeur, à la *Casside* porte-croix. Le corcelet est arrondi, jaune, sans taches. Les élytres sont d'un fauve obscur, avec deux grandes taches jaunes, oblongues vers le bord extérieur : l'antérieure est beaucoup plus grande que l'autre. Le dessous du corps & les pattes sont d'un jaune fauve.

Elle se trouve à Cayenne.

40. CASSIDE miliaire.

CASSIDA miliaris.

Cassida flava, thorace immaculato, elytris nigro-punctatis, margine bifasciato. FAB *Syst. ent p.* 91. *n°.* 15. — *Sp. inf. tom.* 1. *p.* 111. *n°.* 24. — *Mant. inf. tom.* 1. *p.* 64. *n°.* 29.

Elle ressemble à la *Casside* marginée. Les antennes sont jaunes, & noires à l'extrémité. La tête est jaune, cachée, avec les yeux bruns. Le corcelet est grand, arrondi antérieurement, jaune pâle, sans taches. L'écusson est jaune, petit & triangulaire Les élytres sont jaunes pâles, avec plusieurs petits points noirs, un peu bleuâtres, & deux petites taches transversales sur le bord extérieur, de chaque élytre, une vers la base, & l'autre au-delà du milieu. Le corps en-dessous est noir, & bordé de jaune. L'extrémité de l'abdomen est jaune. Les pattes sont d'un jaune testacé, sans taches.

Elle se trouve dans l'isle Ste.-Hélène

41. CASSIDE ponctuée.

CASSIDA punctata.

Cassida nigra, clypeo brunneo, elytris flavis, nigro-punctatis. FAB. *Mant. inf. tom.* 1. *p.* 64. *n°.* 30.

Elle est de la grandeur de la *Casside* miliaire. Le corps est noir. Le corcelet est arrondi, brun, sans taches. Les élytres sont lisses, jaunes, avec beaucoup de points noirs.

Elle se trouve au Cap de Bonne-Espérance.

42. CASSIDE marginée.

CASSIDA marginata.

Cassida elytris testaceis, corpore elytrorumque margine nigro, thorace aeneo. LIN. *Syst. nat. p.* 578. *n°.* 23.

Cassida marginata, *cyaneo-nigra, elytris testaceis, margine nigro.* FAB. *Syst. ent. p.* 91. *n°.* 16. — *Sp. inf. tom.* 1. *p.* 111. *n°.* 25. — *Mant. inf. tom.* 1. *p.* 64. *n°.* 31.

Cassida, thorace violaceo-nigro, elytris testaceis, margine punctisque duobus nigris. DEG. *Mém. inf. tom.* 5. *p.* 185. *n°.* 10.

Casside marginée, à corcelet noir-violet, à étuis

d'un jaune fauve, bordés de noir, avec deux points noirs. Deg. *Ib.*

Voet. *Coleopt. pars* 2. *tab.* 42. *fig.* 5.
Cassida marginata. *Naturf.* 9. *tab.* 2.
Fuesly. *Arch. inf. tab.* 45. *fig.* 1.

Les antennes sont noires. Le corcelet est d'un vert bronzé, sans taches, presque arrondi antérieurement. Les élytres sont grandes, avec la suture, le bord extérieur, & un point à la base, d'un noir bronzé. Le dessous du corps & les pattes sont d'un noir un peu bronzé.

Elle se trouve dans l'Amérique méridionale, à Cayenne, à Surinam.

43. Casside bituberculée.

Cassida bituberculata.

Cassida brunnea, albo marginata, elytris nigromaculatis; basi unituberculatis. Fab. *Mant. inf. tom.* 2. *App. p.* 379.

Elle est plus petite que la *Casside* tuberculée. Les antennes sont d'un jaune pâle, noires à leur extrémité. Le corcelet est jaunâtre, avec le bord pâle. Les élytres sont brunes, avec deux points noirs: l'antérieur est plus grand que l'autre; le bord est pâle. Le dessous du corps est noir, bordé de pâle. Les pattes sont pâles.

Elle se trouve à Cayenne.

44. Casside quadripustulée.

Cassida quadripustulata.

Cassida thorace obscuro, elytris sanguineis, margine cyaneo, maculis duabus rubris. Fab. *Sp. inf. tom.* 1. *p.* 111. *n°.* 26. — *Mant. inf. tom.* 1. *p.* 64. *n°.* 32.

Elle est de moyenne grandeur. Le corcelet est d'un brun ferrugineux, sans taches. Les élytres sont rougeâtres, avec le bord extérieur bleu, marqué de deux grandes taches rougeâtres. La suture est noire. Le dessous du corps & les pattes sont noirs.

Elle se trouve dans l'Amérique méridionale.

45. Casside dorsale.

Cassida dorsata.

Cassida thorace, elytrisque obscuris, elytris spinâ suturali, margineque albicante; basi obscuro. Fab. *Mant. inf. tom.* 1. *p.* 64. *n°.* 33.

Elle ressemble à la *Cassida* de la Jamaïque; mais elle est une fois plus petite. Les antennes sont jaunes. La tête est jaune, cachée, avec les yeux noirs. Le corcelet est jaune, sans taches, arrondi antérieurement. L'écusson est jaune, triangulaire. Les élytres sont d'un jaune un peu foncé au milieu, & d'un jaune pâle, presque transparent sur les bords, avec une tache d'un jaune foncé à l'angle extérieur de la base: on voit, un peu au-delà de l'écusson, une élévation pointue. Le dessous du corps & les pattes sont jaunes. La tache du bord des élytres y est d'un jaune brun.

Elle se trouve à Siam.

46. Casside de la Jamaïque.

Cassida Jamaïcensis.

Cassida luteo-ænea, elytris immaculatis, excavato-punctatis. Lin. *Syst. nat. p.* 577. *n°.* 21.

Cassida Jamaïcensis. Fab. *Syst. ent. p.* 91. *n°.* 17. — *Spec. inf. tom.* 1. *p.* 111. *n°.* 27. — *Mant. inf. tom. p.* 64. *n°.* 34.

Scarabæus hemisphæricus, totus luteus auri instar splendens, testudinis forma. Sloan. *Jam. tom.* 2. *p.* 208. *tab.* 237. *fig.* 27. 28.

Elle ressemble à la *Casside* ceinte; mais elle est plus grande. Les antennes sont jaunes, avec un peu de l'extrémité noire. La tête est jaune, cachée sous le corcelet. Les yeux sont bruns. Le corcelet est arrondi antérieurement, d'un jaune testacé, un peu plus foncé sur le milieu. L'écusson est triangulaire, d'un jaune testacé. Les élytres sont pointillées, un peu raboteuses, élevées à leur suture derrière l'écusson; les bords sont grands, plus pâles que le milieu, avec une tache jaune testacée à la base extérieure, & une autre vers l'extrémité, qui viennent du milieu. Les pattes & le dessous du corps sont testacés. Le bord inférieur des élytres est marqué, de chaque côté, de deux taches noires.

Elle se trouve dans l'Amérique méridionale.

47. Casside perforée.

Cassida perforata.

Cassida testacea, elytris angulo antico spinoso basique perforatis. Fab. *Gen. inf. mant. p.* 219. — *Sp. inf. tom.* 1. *p.* 111. *n°.* 28. — *Mant. inf. tom.* 1. *p.* 64. *n°.* 35.

Cassida perforata. Pall. *Spicil. Zool. fasc.* 9. *tab.* 1. *fig.* 1.

Elle ressemble, pour la forme & la grandeur, à la *Casside* porte-épine. Tout le corps est testacé, luisant en-dessous, très-peu luisant en-dessus. Les antennes sont noirâtres. Le corcelet est étroit, coupé antérieurement, anguleux de chaque côté. Les élytres sont presque triangulaires, avancées, & presque épineuses à leur base latérale: on apperçoit vers la base une petite tache ovale, transparente.

Elle se trouve à Surinam.

48. CASSIDE bicorne.

CASSIDA bicornis.

Caſſida cyanea, elytris angulo antico ſpina truncata. LIN. *Syſt. nat. p.* 576. *n°.* 8. — *Amœnit. acad. tom.* 6. *p.* 393. *n°.* 9.

Caſſida bicornis. FAB. *Syſt. ent. p.* 91. *n°.* 18. — *Sp. inſ. tom.* 1. *p.* 112. *n°.* 29. — *Mant. inſ. tom.* 1. *p.* 64. *n°.* 36.

VOET. *Coleopt. pars* 2. *tab.* 43. *fig.* 19.

Elle eſt grande. Les antennes ſont noires, preſque filiformes. La tête eſt bleue, & un peu apparente. Le corcelet eſt d'un vert bleuâtre, échancré antérieurement, arrondi ſur les côtés, un peu anguleux de chaque côté poſtérieurement, avec quelques petites impreſſions au-deſſus. L'écuſſon eſt bleu, petit, arrondi poſtérieurement. Les élytres ſont d'un bleu verdâtre, pointillées, arrondies poſtérieurement, convexes en-deſſus, avec une épine longue, tronquée de chaque côté, à l'angle de la baſe. Le deſſous du corps & les pattes ſont bleus.

Elle ſe trouve dans l'Amérique méridionale.

49. CASSIDE Taureau.

CASSIDA Taurus.

Caſſida atra, elytris angulo antico ſpinâ truncatâ. FAB. *Mant. inſ. app. tom.* 2. *p.* 380.

Elle reſſemble beaucoup à la *Caſſide* bicorne; mais elle eſt un peu plus petite. La tête, le corcelet & le deſſous du corps ſont d'un noir bronzé, un peu luiſant. Les élytres ſont noires; elles ont des points enfoncés, réticulés, & une épine de chaque côté, vers la baſe extérieure.

Elle ſe trouve à Cayenne.

50. CASSIDE bleue.

CASSIDA cyanea.

Caſſida cyaneo-ænea, elytris immaculatis, excavato-punctatis. LIN. *Syſt. nat. p.* 577. *n°.* 22. — *Muſ. Lud. Ulr. p.* 39.

Caſſida cyanea. FAB. *Syſt. ent. p.* 91. *n°.* 19. — *Sp. inſ. tom.* 1. *p.* 112. *n°.* 30. — *Mant. inſ. tom.* 1. *p.* 65. *n°.* 37.

Caſſida cyanea. DEG. *Mém. inſ. tom.* 5. *p.* 181. *n°.* 5. *pl.* 15. *fig.* 9.

Caſſide azurée, d'un vert bleuâtre, luiſant, à étuis raboteux, ſans taches. DEG. *Ib.*

VOET. *Coleopt. pars* 2. *tab.* 42. *fig.* 13.

PETIV. *Gazoph. tab.* 57. *fig.* 6.

Elle eſt preſque hémiſphérique. Tout le deſſus du corps eſt d'un vert bleuâtre. Le deſſous & les pattes ſont noirs. Le corcelet eſt liſſe, échancré antérieurement, un peu avancé poſtérieurement vers l'écuſſon. Les élytres ont des enfoncemens réticulés.

Elle ſe trouve au Bréſil.

51. CASSIDE réſiforme.

CASSIDA retiformis.

Caſſida nigra, thorace bimaculato, elytris flavis nigro reticulatis. FAB. *Mant. inſ. app. tom.* 2. *p.* 380.

Les antennes ſont noires. Le corcelet eſt noir, avec deux grandes taches jaunâtres. Les élytres ſont jaunâtres, avec tout le bord noir, & quelques lignes interrompues, preſque réticulées, noires. Le deſſous du corps & les pattes ſont noirs.

Elle ſe trouve à Cayenne.

52. CASSIDE porte-épine.

CASSIDA ſpinifex.

Caſſida ferruginea, elytris angulo antico ſpinâ porrectâ, thorace utrinque ſpinâ tranſverſâ. LIN. *Syſt. nat. p.* 576. *n°.* 7. — *Amœnit. acad. t.* 6. *p.* 392. *n°.* 7.

Caſſida ſpinifex. FAB. *Syſt. ent. p.* 92. *n°.* 20. — *Sp. inſ. tom.* 1. *p.* 112. *n°.* 31. — *Mant. inſ. tom.* 1. *p.* 65. *n°.* 38.

VOET. *Coleopt. pars* 2. *tab.* 43. *fig.* 21.

Elle eſt de la grandeur de la *Caſside* ſuturale. Les antennes ſont filiformes, plus longues que le corcelet, & brunes. La tête eſt ferrugineuſe & cachée. La partie antérieure du corcelet eſt comme coupée; les côtés ſont anguleux & avancés latéralement en forme d'épine: il eſt liſſe & ferrugineux, ſans taches. Les élytres ſont ferrugineuſes, ſans taches, avec une élévation un peu au-delà de l'écuſſon, qui les fait paroître tronquées antérieurement, avec une ligne ſaillante, qui va ſe terminer à l'angle extérieur. L'angle extérieur eſt très-avancé en avant en forme d'épine. L'extrémité des élytres n'eſt point réunie à la ſuture. Le deſſous du corps & les pattes ſont ferrugineux.

L'autre ſexe n'a pas les angles du corcelet ſi avancés, & les élytres ne ſont pas avancées en avant à leur baſe extérieure.

Elle ſe trouve dans l'Amérique méridionale.

53. CASSIDE bident.

CASSIDA bidens.

Caſſida atra, elytris anticè porrectis, ſpinâ ſuturali erectâ. FAB. *Sp. inſ. tom.* 1. *p.* 112. *n°.* 32. — *Mant. inſ. tom.* 1. *p.* 65. *n°.* 39.

Elle reſſemble à la *Caſſide* tronquée. Les antennes

font noires, pâles à leur base. La tête est noire & cachée. Le corcelet est presque échancré antérieurement; il est noir & un peu carené, légérement anguleux sur les côtés: il y a deux petites taches oblongues, ferrugineuses, très-peu marquées. L'écusson est noir, petit & triangulaire. Les élytres sont noires, pointillées, avec une longue épine droite, relevée sur chaque élytre, qui part de la suture, & se réunit à l'épine de l'autre élytre. Les angles latéraux des élytres sont assez saillans; & on remarque une ligne élevée, saillante, qui se termine à chaque angle. Le dessous du corps & les pattes sont noirs, luisans.

Elle se trouve dans le Brésil.

54. Casside en manteau.

Cassida palliata.

Cassida nigra, thorace villoso virescente, elytris viridibus, margine lineâque mediâ ferrugineis. Fab. *Man. inf. app. tom.* 2. *p.* 380.

Elle est d'une grandeur moyenne. Les antennes sont noires, de la longueur du corps. Le corcelet est légèrement velu, verdâtre, sans taches, point du tout luisant. Les élytres sont vertes, avec le bord extérieur, la moitié de la suture, & une ligne longitudinale au milieu, d'un rouge sanguin. Le dessous du corps & les pattes sont noirs.

Elle se trouve à Cayenne.

55. Casside cuivreuse.

Cassida cuprea.

Cassida supra cuprea, thoracis margine elytrisque maculis duabus marginalibus rufis. Fab. *Mant. inf. app. tom.* 2. *p.* 380.

Elle est d'une grandeur moyenne. Les antennes sont noires. Le corcelet est un peu cuivreux, avec les bords rougeâtres. Les élytres sont pointillées, presque lisses vers l'extrémité, d'un vert cuivreux, avec deux taches marginales rougeâtres.

Elle se trouve à Cayenne.

56. Casside bossue.

Cassida gibbosa.

Cassida atra, thorace maculis duabus villoso aureis, elytris virescenti reticulatis, spina suturali obtusa. Fab. *Sp. inf. tom.* 1. *p.* 112. *n°.* 33. —*Mant. inf. tom.* 1. *pag.* 65. *n°.* 40.

Elle est de la grandeur de la *Casside* grosse. Les antennes sont noires. La tête est noire, cachée, avec les yeux jaunes bruns. Le corcelet est échancré antérieurement: il est noir, avec deux grandes taches rousses, dorées, formées par des poils courts, serrés. L'écusson est noir, triangulaire. Les élytres sont noires, avec un réseau formé par des poils courts, d'un roux verdâtre; le milieu est élevé en bosse pointue. Les pattes & tout le dessous du corps sont noirs, luisans.

Elle se trouve dans le Brésil.

57. Casside tronquée.

Cassida truncata.

Cassida rufa, elytris subreticulatis nigro maculatis dorso gibbis. Fab. *Sp. inf. tom.* 1. *p.* 112. *n°.* 34. —*Mant. inf. tom.* 1. *p.* 65. *n°.* 41.

Elle n'est guère plus grande que la *Casside* bident. Les antennes sont noires. La tête est noire & cachée. Le corcelet est rouge foncé, avec deux taches noires, peu marquées; la partie antérieure est arrondie, presque échancrée. L'écusson est rouge obscur, presque arrondi. Les élytres sont élevées, presque coupées antérieurement, ce qui forme une ligne saillante de chaque côté: elles sont pointillées, légèrement raboteuses, d'un rouge foncé, avec des taches d'un noir bleuâtre: les bords latéraux sont un peu noirs bleuâtres. Les pattes & tout le dessous du corps sont noirs, luisans.

Elle se trouve.....

58. Casside jaune.

Cassida flava.

Cassida flava immaculata, corpore testaceo, puncto scutellari nigro. Lin. *Syst. nat. p.* 576. *n°.* 11.

Cassida flava. Fab. *Syst. ent. p.* 92. *n°.* 21. —*Sp. inf. tom.* 1. *p.* 113. *n°.* 35. —*Mant. inf. tom.* 1. *p.* 65. *n°.* 42.

Cassida pallide flava immaculata, corpore subtus pedibusque rufis. Deg. *Mém. inf. tom.* 5. *p.* 184. *tab.* 15. *fig.* 13.

Casside jaune, d'un jaune pâle grisâtre, sans taches, dont le dessous du corps & les pattes sont rousses. Deg. *ib.*

Voet. *Coleopt. pars.* 2. *tab.* 44. *fig.* 28.

Les antennes sont filiformes, un peu comprimées, noires, avec leur base ferrugineuse brune. La tête est d'un brun ferrugineux, presqu'entièrement cachée. Le corcelet est d'un jaune testacé, sans taches, avec une ligne longitudinale très-peu marquée, au milieu. Les élytres sont jaunes, avec un point noir sur la suture, un peu au-delà de l'écusson. Le bord de la base est très-légèrement noir. L'écusson est noir & très-petit. Les pattes & le dessous du corps sont d'un brun ferrugineux.

Elle se trouve dans l'Amérique méridionale.

59. Casside leucophée.

Cassida leucophæa.

Cassida testacea margine punctisque flavis. Lin.

Syst. nat. p. 576. *n°*. 13. —*Amœnit. acad. tom.* 6. *p.* 393. *n°*. 10.

Cassida leucophæa. Fab. *Syst. ent. p.* 92. *n°*. 22. —*Spec. inf. tom.* 1. *pag.* 113. *n°*. 36. —*Mant. inf. tom.* 1. *p.* 65. *n°*. 43.

Elle est beaucoup plus petite que les précédentes. Le corcelet & les élytres sont testacés, bordés de jaune, avec quelques points élevés, jaunes dans le milieu. Les élytres ont aussi des points enfoncés, peu marqués, rangés en stries. Le dessous du corps & les pattes sont testacés.

Elle se trouve dans l'Amérique méridionale.

60. Casside réticulée.

Cassida reticularis.

Cassida flava, elytris cæruleo variegatis : lateribus unifasciatis. Lin. *Syst. nat. p.* 576. *n°*. 15.

Cassida reticularis. Fab. *Syst. ent. p.* 92. *n°*. 23. —*Sp. inf. tom.* 1. *p.* 113. *n°*. 37. —*Mant. inf. tom.* 1. *p.* 65. *n°*. 44.

Cassida punctata *flavo-testacea rufa, maculis inæqualibus nitidis viridi-æneis, corpore subtus nigro.* Deg. *Mém. inf. tom.* 5. *p.* 180. *n°*. 4. *pl.* 15. *fig.* 8.

Casside ponctuée, d'un jaune fauve roussâtre, à taches irregulières, luisantes, d'un vert obscur, & dont le dessous du corps est noir. Deg. *ib.*
Voet. *Coleopt. pars* 2. *tab.* 41. *fig.* 4.

Cassida ornata. Fuesl. *Inf.* 4. *p.* 50. *n°*. 8. *tab.* 22. *fig.* 30 ?

Elle est assez grande. Les antennes sont noires. La tête est noire & presque entièrement cachée. Le corcelet est échancré antérieurement ; il est jaune, avec les bords extérieurs & le milieu bleu verdâtre, foncé. L'écusson est petit & noir. Les élytres sont jaunes, avec la suture, le bord extérieur, & plusieurs taches irrégulières, d'un bleu verdâtre foncé ; on voit une tache transversale vers le milieu de l'élytre, à côté du bord extérieur. Le dessous du corps & les pattes sont noirs.

Elle se trouve dans l'Amérique méridionale.

Nota. La *Casside* à réseau de de Geer, tom. 5, pag. 188, pl. 15, fig. 17, citée par M. Fabricius, appartient à la *Casside* hébraïque.

61. Casside variée.

Cassida variegata.

Cassida rufa, elytris cæruleo variegatis, lateribus bifasciatis. Lin. *Syst. nat. p.* 576. *n°*. 16.

Cassida variegata. Fab. *Syst. ent. p.* 92. *n°*. 24. —*Sp. inf. tom.* 1. *p.* 113. *n°*. 38. —*Mant. inf. tom.* 1. *p.* 65. *n°*. 45.

Cassida fusco-rubra, elytris scabris nigro variegatis : lateribus bifasciatis, thorace angulato, antennis nigris. Deg. *Mém. inf. tom.* 5. *p.* 178. *n°*. 2. *pl.* 15. *fig.* 6.

Casside variée, d'un rouge obscur, à étuis raboteux, variés de noir, avec deux bandes transverses, noires au bord, à corcelet angulaire, & à antennes noires. Deg. *ib.*

Voet. *Coleopt. pars* 2. *tab.* 42. *fig.* 8.

Elle est presque de la grandeur de la *Casside* grosse. Les antennes sont noires, filiformes. Le corcelet est mélangé de brun & de noir ; il est terminé de chaque côté en pointe aiguë. Les élytres sont presque anguleuses de chaque côté, vers leur base ; elles sont fortement ponctuées, rouges, mélangées de noir bleuâtre, avec le bord extérieur & deux lignes transversales vers ce bord, d'un noir bleuâtre. Le dessous du corps & les pattes sont d'un noir un peu brun.

Elle se trouve dans l'Amérique méridionale, à Cayenne.

62. Casside trifasciée.

Cassida trifasciata.

Cassida rufa, elytrorum lateribus trifasciatis. Fab. *Mant. inf. tom.* 1. *p.* 65. *n°*. 46.

Elle est de grandeur moyenne. Le corcelet est arrondi, d'un rouge obscur, sans taches. Les élytres sont lisses, glabres, avec le bord extérieur dilaté, sur lequel on remarque trois bandes noires : le rebord est noir. L'abdomen est jaunâtre.

Elle se trouve aux Indes orientales.

63. Casside annulaire.

Cassida annulata.

Cassida cærulea, thorace maculis duabus, elytris annulis rufis. Fab. *Sp. inf. tom.* 1. *p.* 113. *n°*. 39. —*Mant. inf. tom.* 1. *p.* 65. *n°*. 47.
Cassida annulata. Naturf. 9. *tab.* 2. *fig.* 6.

Elle est de la grandeur de la *Casside* réticulée. Le corcelet est noirâtre, point du tout luisant, avec deux grandes taches, d'un rouge obscur. Les élytres sont bossues, d'un bleu obscur, avec six taches annulaires, rougeâtres, dont quelques-unes sinuées. Le dessous du corps est noir. Les anneaux de l'abdomen ont un point rougeâtre, de chaque côté.

Elle se ttouve aux Indes orientales.

64. Casside grosse.

Cassida grossa.

Cassida sanguinea, elytris disco punctis nigris sparsis, margine lineis ramosis nigris. Lin. *Syst. nat. p.* 577. *n°*. 17.

Cassida grossa. Fab. *Syst. ent. p.* 92. *n°*. 25. —

Sp. inf. tom. 1. p. 113. n°. 40. —Mant. inf. tom. 1. p. 65. n°. 48.

Caffida groffa. Deg. *Mém. inf. tom.* 5. *pag.* 176. n°. 1. *pl.* 15. *fig.* 5.

Caffide groffe rouge, à taches rondes, noires fur le milieu, & à raies branchues, noires fur les bords des étuis. Deg. *ib.*

Caffida groffa. Sulz. *Inf. tab.* 3. *fig.* 1.
Caffida groffa. *Naturf.* 6. *tab.* 4. *fig.* 1.

Elle eft la plus grande des efpèces connues. Les antennes font noires, filiformes. Le corcelet eft noir, fans taches, arrondi fur les côtés, un peu échancré antérieurement, marqué de deux enfoncemens à fa partie fupérieure. Le milieu des élytres eft mélangé de rouge & de noir bleuâtre. Les côtés font dilatés, arrondis, d'un noir bleuâtre, avec quatre bandes rouges. Le deffous du corps & les pattes font noirs.

Elle fe trouve dans l'Amérique méridionale, à Cayenne.

65. Casside parallèle.

Cassida exclamationis.

Caffida flava, elytris lineis ternis nigris, intermedia fignum ! referente. Lin. *Syft. nat. p.* 577. n°. 20.

Caffida exclamationis. Fab. *Syft. ent. p.* 92. n°. 27. —*Sp. inf. tom.* 1. *p.* 114. n°. 41. —*Mant. inf. tom.* 1. *p.* 65. n°. 49.

Elle eft un peu plus grande que la *Caffide* verte. Les antennes font jaunes, avec les cinq derniers articles noirs. Le corcelet eft jaune, arrondi antérieurement, un peu avancé vers l'écuffon poftérieurement. L'écuffon eft noir, petit, triangulaire. Les élytres font finement pointillées, jaunâtres, avec trois lignes longitudinales, noirâtres : celle du milieu eft plus noire, & repréfente ordinairement un point d'admiration. Le deffous du corps & les pattes font teftacés.

Elle fe trouve dans l'Amérique méridionale, aux Antilles, à Cayenne.

66. Casside treillée.

Cassida clatrata.

Caffida ferruginea, elytris margine omni, linea longitudinali, femique tranfverfali nigris. Lin. *Syft. nat. p.* 577. n°. 18.

Cassida clatrata. Deg. *Mém. inf. tom.* 5. *p.* 179. n°. 3. *pl.* 15. *fig.* 7.

Caßide treillée rouge, dont les étuis, qui font bordés de noir, ont une raie longitudinale & une demi tranfverfale, noires. Deg. *ib.*

Voet. *Coleopt. pars* 2. *tab.* 41. *fig.* 3.

Elle eft de la grandeur de la *Caßide* fix-points. Les antennes font filiformes, d'un brun obfcur. La tête eft d'un rouge brun & enfoncée dans le corcelet. Le corcelet eft arrondi antérieurement, & d'un rouge brun. Les élytres font d'un rouge brun, avec les bords extérieurs, la future, une raie longitudinale au milieu, & une tranfverfale de la raie aux bords extérieurs, d'un noir un peu bleuâtre. Le deffous du corps & les pattes font d'un brun clair.

Elle fe trouve dans l'Amérique méridionale, à Cayenne.

67. Casside rétrécie.

Cassida anguftata.

Caffida ferruginea immaculata, elytris poftice anguftatis.

Caffida anguftata *flavefcens, elytris poftice anguftatis.* Lin. *Syft. nat. p.* 578. n°. 31.

Elle eft un peu plus petite que la précédente. Les antennes font filiformes, un peu plus longues que le corcelet. Tout le corps eft ferrugineux, un peu fauve. Le corcelet eft coupé antérieurement, terminé de chaque côté par un angle aigu, un peu avancé, vers l'écuffon, à fa partie fupérieure. Les élytres font triangulaires, un peu alongées & amincies à leur extrémité : on y remarque, vers leur bafe, une ligne faillante, qui va former une élévation à la future.

Elle fe trouve dans l'Amérique méridionale.

68. Casside linéolée.

Cassida lineata.

Caffida cinerafcens, elytris lineis quatuor albidis. Fab. *Mant. inf. tom.* 1. *p.* 65. n°. 50.

Elle eft de la grandeur de la *Caffide* marquée. Le corcelet eft cendré obfcur, fans taches. Les élytres font cendrées, plus pâles que le corcelet, avec quatre lignes longitudinales, blanchâtres. Le deffous du corps eft noir, fans taches.

Elle fe trouve au Cap de Bonne-Efpérance.

69. Casside inégale.

Cassida inæqualis.

Caffida ferrugineo-ænea, elytris maculâ flavâ fubovatâ difci. Lin. *Syft. nat. p.* 578. n°. 24.

Caffida inæqualis. Fab. *Syft. ent. p.* 93. n°. 28. —*Sp. inf. tom.* 1. *p.* 114. n°. 42. —*Mant. inf. tom.* 1. *p.* 65. n°. 51.

Caffida bimaculata, *suprà fufco-ænea, fubtùs viridis nitens, elytrorum difco maculâ magnâ flavâ.* Deg. *Mém. inf. tom.* 5. *p.* 182. n°. 6. *pl.* 15. *fig.* 10.

Casside à deux taches jaunes, bronzée en-dessus & d'un vert luisant en-dessous, avec une grande tache jaune au milieu de chaque étui. Deg. *Ib.*
Cassida lateralis. Sulz. *Hist. ins. tab.* 3. *fig.* 2.
Naturf. 9. *tab.* 2. *fig.* 5.
Mus. Petrop. pag. 650. *n°.* 130.
Voet. *Coleopt. pars* 2. *tab.* 41. *fig.* 2.

Elle est de la grandeur de la *Casside* treillée. Les antennes sont noires. Le corcelet est bronzé, un peu ferrugineux & luisant. Les élytres sont bronzées, un peu ferrugineuses, légèrement raboteuses, avec une grande tache ovale jaune, vers le milieu de chaque élytre. Le dessous du corps & les pattes sont d'un vert bronzé.

Elle se trouve dans l'Amérique méridionale.

70. Casside bronzée.

Cassida ænea.

Cassida ænea ; elytris maculâ flavâ inæquali disci.

Elle est plus petite que la précédente, à laquelle elle ressemble d'ailleurs un peu. Les antennes sont noires. Le corcelet est bronzé, échancré antérieurement, un peu élevé à sa partie supérieure, avec un petit enfoncement de chaque côté. Les élytres sont bronzées, légèrement terminées en pointe, avec une tache jaune, irrégulière, pointillée, placée vers le milieu de chaque élytre. Le dessous du corps & les pattes sont bronzés.

Elle se trouve dans l'Amérique méridionale, au Brésil.

71. Casside supposée.

Cassida supposita.

Cassida, elytris nigris anticè annulatis, puncto centrali fulvo. Lin. *Syst. nat. p.* 578. *n°.* 25.

Ledermull. *Microscop. tab.* 28. *fig.* F. 8. & *tab.* 44. *fig.* b. c. d.

Elle est de la grandeur des précédentes. Le corps est noir. Les élytres sont annulaires antérieurement, & ont un point fauve au milieu.

Elle se trouve dans l'Amérique méridionale, sur une espèce de Raquette, *Cactus Cochenillifer.* Elle paroît différer de la Coccinelle, qui vit sur les mêmes plantes.

72. Casside latérale.

Cassida lateralis.

Cassida fusco-ænea, elytris maculâ flavâ laterali. Lin. *Syst. nat. p.* 578. *n°.* 26.

Cassida lateralis. Fab. *Syst. ent. p.* 93. *n°.* 29. — *Sp. ins. tom.* 1. *p.* 114. *n°.* 42. — *Mant. ins. tom.* 1. *p.* 66. *n°.* 52.

Cassida fusco-ænea, abdomine nigro nitido, elytrorum margine exteriore maculâ magnâ flavâ. Deg. *Mém. ins. tom.* 5. *p.* 184. *n°.* 8. *pl.* 15. *fig.* 12.

Casside latérale bronzée, à ventre noir, luisant, avec une grande tache jaune au bord extérieur de chaque étui. Deg. *Ib.*
Voet. *Coleopt. pars* 2. *tab.* 43. *fig.* 24.

Elle est une fois plus petite que la *Casside* inégale. Les antennes sont d'un noir bronzé. Le corcelet est bronzé, légèrement échancré antérieurement, un peu élevé & marqué d'une petite ligne longitudinale, enfoncée, à sa partie supérieure. Les élytres sont bronzées, avec une tache jaune assez grande, sur le bord latéral. Le dessous du corps & les pattes sont bronzés, luisans.

Elle se trouve à Cayenne, à Surinam.

Nota. La *Cassida lateralis* de Sulzer est le même insecte que la *Cassida inæqualis* de Linné.

73. Casside discoïde.

Cassida discoides.

Cassida viridi-ænea, elytris macula didyma flava disci. Lin. *Syst. nat. p.* 578. *n°.* 27.

Cassida discoides. Fab. *Syst. ent. p.* 93. *n°.* 30. *Sp. ins. tom.* 1. *p.* 114 *n°.* 44. — *Mant. ins. tom.* 1. *p.* 66. *n°.* 53.

Cassida quadrimaculata, *viridi-ænea nitida, abdomine nigro, elytrorum disco maculis binis magnis flavis.* Deg. *Mém. ins. tom.* 5. *p.* 183. *n°.* 7. *pl.* 15. *fig.* 11.

Casside à quatre taches jaunes, d'un vert doré, luisant, à ventre noir, avec deux grandes taches jaunes au milieu de chaque étui. Deg. *Ib.*
Voet. *Coleopt. pars* 2. *tab.* 42. *fig.* 12.

Elle est de la grandeur de la *Casside* bipustulée. Les antennes sont noires. Le corcelet est échancré antérieurement, d'un vert bronzé, un peu bleuâtre, sans taches. La tête est noire. L'écusson est vert, petit, arrondi postérieurement. Les élytres sont vertes, pointillées, un peu relevées, avec une grande tache double, jaune, sur chaque élytre. Le dessous du corps & les pattes sont noirs. Le rebord des élytres en-dessous est bleu, avec une grande tache fauve, semblable à celle du dessus.

Elle se trouve dans l'Amérique méridionale, à Cayenne, à Surinam.

74. Casside bipustulée.

Cassida bipustulata.

Cassida viridis, elytris maculis duabus lateralibus sanguineis. Lin. *Syst. nat. p.* 578. *n°.* 30. — *Amœnit. acad. tom.* 6. *p.* 392. *n°.* 8.

Cassida bipustulata. FAB *Syst. ent. p.* 93. *n°.* 31. — *Sp. ins. tom.* 1. *p.* 114. *n°.* 45. — *Mant. ins. tom.* 1. *p.* 66. *n°.* 54.

Cassida bipustulata. Naturf. 6. *tab.* 4. *fig.* 2. VOET. *Coleopt. pars* 2. *tab.* 42. *fig.* 6.

Elle est un peu plus petite que la *Casside* inégale. Les antennes sont noires. Le corcelet est vert, un peu échancré antérieurement. Les élytres sont raboteuses, vertes, avec deux petites taches rouges vers le bord extérieur: la partie inférieure des élytres, qui déborde, est bleue, avec deux taches rouges. Le dessous du corps & les pattes sont noirs.

Elle se trouve dans l'Amérique méridionale, à Cayenne, à Surinam.

75. CASSIDE sixpustulée.

CASSIDA *sexpustulata.*

Cassida cyanea, elytris maculis tribus rubris. FAB. *Sp. ins. tom.* 1. *p.* 114. *n°.* 46. — *Mant. ins. tom.* 1. *p.* 66. *n°.* 55.

Elle est de la grandeur de la *Casside* bipustulée. Les antennes sont noires. Le corcelet est bleu, sans taches, un peu échancré antérieurement. L'écusson est noir, petit, arrondi postérieurement. Les élytres sont bleues, avec trois taches rouges, petites, sur chaque; une à la base, la seconde vers le bord extérieur, la troisième au-delà du milieu: elles sont finement pointillées. Le dessous du corps & les pattes sont noirs luisans.

Elle se trouve dans l'Amérique méridionale, au Brésil.

76. CASSIDE seize-taches.

CASSIDA *sexdecimpustulata.*

Cassida nigra, thorace punctis duobus, elytris septem rubris. FAB. *Sp. ins. tom.* 1. *p.* 115. *n°.* 47. — *Mant. ins. tom.* 1. *p.* 66. *n°.* 56.

VOET. *Coleopt. pars* 2. *tab.* 43. *fig.* 20.

Elle est ovale & convexe. Les antennes sont noires, presque filiformes, à peine plus grosses vers leur extrémité, de la longueur du corcelet. Le corcelet est arrondi, noir, avec deux taches rouges, sur le bord antérieur; il est un peu déprimé de chaque côté, à l'endroit des taches. L'écusson est noir & triangulaire. Les élytres sont noires, pointillées, avec sept taches rouges, sur chaque, dont une à la base, à côté de l'écusson; deux transversales un peu obliques, au-delà du milieu; trois sur une ligne transversale, courbe, un peu au delà; la dernière est placée vers l'extrémité. Le corps en-dessous & les pattes sont noirs.

Elle se trouve dans l'Amérique méridionale.

77. CASSIDE en-sautoir.

CASSIDA *decussata.*

Cassida nigro-cærulescens, elytris flavo maculatis, maculis dorsalibus reticulatis, lateralibus distinctis. FAB. *Syst. ent. p.* 93. *n°.* 32. — *Sp. ins. tom.* 1. *p.* 115. *n°.* 48. — *Mant. ins. tom.* 1. *p.* 66. *n°.* 57.

Elle est plus grande que les précédentes. Le corcelet est échancré, bleuâtre, avec une grande tache jaune de chaque côté. Les élytres sont d'un noir bleuâtre, avec des taches jaunes réticulées au milieu, & six ou sept taches jaunes, distinctes, sur les bords latéraux.

Elle se trouve à la Jamaïque.

78. CASSIDE sinuée.

CASSIDA *sinuata.*

Cassida rufo-testacea, thorace postice sinuato, elytris maculis quinque nigris.

Elle est un peu plus grande que la *Casside* verte. Les antennes sont fauves & filiformes. La tête est fauve. Le corcelet est testacé, fauve, échancré antérieurement, sinué postérieurement. L'écusson est testacé, fauve, petit, triangulaire, un peu alongé. Les élytres sont testacées, fauves, avec cinq petites taches noires sur chaque, presque alternes. Tout le dessous du corps & les pattes sont fauves. On voit au bord inférieur des élytres une tache noire.

Elle se trouve dans l'Amérique septentrionale.

79. CASSIDE biponctuée.

CASSIDA *bipunctata.*

Cassida flavescens, elytris punctis duobus nigris. LIN. *Syst. nat. p.* 578. *n°.* 29.

Cassida bipunctata. FAB. *Syst. ent. p.* 93. *n°.* 33. — *Sp. ins. tom.* 1. *p.* 115. *n°.* 49. — *Mant. ins. tom.* 1. *p.* 66. *n°.* 58.

Elle ressemble un peu, pour la forme & la grandeur, à la *Casside* nébuleuse. Tout le corps est jaunâtre. Les élytres ont chacune deux ou trois petites taches noires.

Elle se trouve aux Indes orientales.

80. CASSIDE sept-mouchetures.

CASSIDA *septemguttata.*

Cassida nigra, coleoptris maculis septem albis. LIN. *Syst. nat. p.* 577. *n°.* 19.

Elle est noire. Chaque élytre a trois taches blanches, arrondies, disposées sur une ligne longitudinale: on voit une autre tache vers le milieu de la suture, commune aux deux élytres.

Elle

Elle se trouve aux Indes orientales.

81. CASSIDE encadrée.

CASSIDA quadrata.

Cassida pellucida, albo flavescens, elytrorum disco griseo-fusco, margine nigro. DEG. *Mém. inf. tom.* 5. *p.* 188. *n°.* 13. *pl.* 15. *fig.* 16.

Casside encadrée transparente, d'un blanc jaunâtre, dont le milieu des étuis est d'un brun grisâtre, bordé de noir. DEG. *Ib.*

Elle n'est guère plus grande que la *Casside* hébraïque. Les antennes sont pâles. Le corcelet est d'un jaune pâle, sans taches, arrondi antérieurement. Le milieu des élytres est cendré, bordé de noir; les bords sont grands, transparens, d'un jaune pâle. Le dessous du corps & les pattes sont pâles.

Elle se trouve à Surinam.

82. CASSIDE arquée.

CASSIDA arcuata.

Cassida testacea, elytris maculis septem nigris, una communi, quatuor arcuatis.

Elle est de la grandeur de la *Casside* miliaire; mais elle est plus convexe. Les antennes sont jaunes, un peu obscures à leur extrémité. Tout le corps est d'un jaune testacé. Le corcelet est arrondi, sans taches, ou avec quelques points noirs. Les élytres sont d'un jaune doré au milieu, avec sept taches noires, dont une arquée vers la base, une autre vers l'extrémité, une autre simple vers le milieu, & la septième un peu en-deçà du milieu, placée sur la suture, & commune aux deux élytres.

Elle se trouve dans l'Amérique méridionale.

83. CASSIDE flavicorne.

CASSIDA flavicornis.

Cassida nigra, thorace elytrisque flavo nigroque variis.

Elle est un peu plus grande que la *Casside* multiponctuée. Les antennes sont jaunes. Le corcelet est noir, avec le bord jaune, arrondi, & plusieurs points jaunes au-dessus. Les élytres sont mélangées de noir & de jaune. Le corps est noir. Les pattes sont brunes.

Elle se trouve dans l'Amérique méridionale.

84. CASSIDE douze-taches.

CASSIDA duodecimpustulata.

Cassida viridi-cærulea, elytris maculis sex rubris.

Elle est plus petite que la *Casside* bipustulée. Les antennes sont noires. Le corcelet est vert, sans taches. Les élytres sont d'un vert bleuâtre, avec quatre taches rouges, sur chaque, vers la suture, & deux autres vers le bord extérieur. Le dessous du corps & les pattes sont noirs.

Elle se trouve à Cayenne.

Espèces moins connues.

1. CASSIDE fastueuse.

CASSIDA fastuosa.

Casside noire; élytres d'un rouge cuivreux, tachées de noir.

Cassida atra, elytris rubro-æneis nigro maculatis. LIN. *Syst. nat. edit.* 13. *p.* 1639.

SCHALLER *Abh. der hall. naturf. ges.* 1. *p.* 259.

Elle est à peine plus grande que la *Casside* noble, & elle perd ses couleurs en mourant.

Elle se trouve en Saxe, sur le peuplier blanc.

2. CASSIDE brillante.

CASSIDA nitens.

Casside noire, corcelet & élytres gris, avec un reflet doré brillant, pattes livides.

Cassida nigra, thorace elytrisque griseis aureo nitentibus, pedibus lividis. Muf. lesk. pars ent. pag. 12. *no.* 237.

Cassida nitens. LIN. *Syst. nat. edit.* 13. *p.* 1644.

Elle se trouve....

3. CASSIDE superbe.

CASSIDA superba.

Casside noire; corcelet & élytres d'un vert doré; antennes, abdomen & pattes verdâtres.

Cassida nigra, thorace elytrisque viridi-aureis, abdomine antennis pedibusque virescentibus.

Cassida capite pectoreque nigro, clypeo viridi-aureo, antennis viridibus, elytris punctatis, viridi-aureis, abdomine pedibusque viridibus. Muf. l. sk. pars ent. pag. 13. *n°.* 238.

Cassida superba. LIN. *Syst. nat. edit.* 13. *pag.* 1644.

La couleur d'un vert brillant disparoît à la mort de l'insecte.

Elle se trouve en Europe.

4. CASSIDE sanguinolente.

CASSIDA sanguinolenta.

Casside d'un jaune doré; élytres avec un anneau ovale & un tubercule futural, d'un rouge de fang.

Caffida aureo-flava, elytrorum annulo ovali tuberculoque futurali fanguineis. SWEDER. *Nov. act. ftockh.* 8. 1787. 3. n°. 3. 11.

Caffida fanguinolenta. LIN. *Syft. nat. edit.* 13. *p.* 1644.

Elle eft de grandeur moyenne. Le deffous du corps eft d'un jaune pâle.

Elle fe trouve à Rio-Janeiro.

5. CASSIDE arquée.

Caffida arcuata.

Caffide blanchâtre; élytres avec le milieu noir, un anneau ovale, une tache arquée poftérieure, & le bord jaunes.

Caffida albida, difco communi nigro: limbo annulo ovali arcuque pofterius flaviffimis. SWED. *Nov. act. Stockh.* 8. 1787. 3. n°. 3. 12.

Elle eft de grandeur moyenne. La poitrine & l'abdomen font noirs.

Elle fe trouve à Rio-Janeiro.

CELLULE. On donne le nom de *cellule* aux petites loges que fe conftruifent les Guêpes & les Abeilles. Quoique l'on donne plus particulièrement le nom d'alvéole aux *cellules* des Abeilles, nous devons cependant les comprendre dans le même article, puifque la même dénomination générale leur appartient. Les *cellules* des Abeilles font comme celles des Guêpes, de figure hexagone; mais leur fond a une forme beaucoup plus recherchée: au lieu d'être à-peu près plat, il eft pyramidal, & compofé de trois lofanges égales & femblables, dont les proportions font telles qu'elles réuniffent ces deux conditions très-remarquables; la première de donner à la *cellule* la plus grande capacité; la feconde, d'exiger le moins de matière pour fa conftruction. C'eft cette figure pyramidale qui permet aux fonds des *cellules* des deux faces oppofées du gâteau, de s'ajufter les uns contre les autres, de manière qu'ils ne laiffent entr'eux aucun vuide. Il en eft de même du corps des *cellules*: fa figure hexagone leur permet auffi de s'appliquer immédiatement les unes aux autres, fans qu'il refte entr'elles aucun intervalle. L'architecture des Abeilles furpaffe encore celle des Guêpes dans l'ordonnance des gâteaux: ils n'ont chez celles-ci qu'un feul rang de *cellules*; chaque gâteau porte un double rang de *cellules* chez celles-là. Les *cellules* des Abeilles à miel font horizontales; & celles des Guêpes varient dans les différentes efpèces: elles font horizontales dans le plus petit nombre, & perpendiculaires dans le grand nombre. Les trois ordres d'individus qui compofent la fociété des Abeilles étant différens en grandeur, & les larves dont proviennent ces trois ordres étant différentes auffi par leur taille, demandoient des *cellules* de capacité différente. Les ouvriers conftruifent des *cellules* de trois ordres. Les *cellules* deftinées aux mâles aux neutres font toujours hexagones; mais celles des mâles font plus grandes que celles des neutres dans un rapport déterminé à la différence de taille de ces deux ordres d'individus. Les *cellules* deftinées aux larves qui doivent devenir des reines, ne diffèrent pas feulement des autres par la grandeur, elles en diffèrent encore par la forme, par la pofition, & par la quantité de matière qui entre dans leur conftruction. Quand les ouvrieres bâtiffent ces *cellules*, elles ne fuivent point les règles ordinaires de leur architecture: ce ne font plus des tubes hexagones qu'elles conftruifent; ce font des efpèces de bouteilles ou de matras, dont le ventre affez renflé eft tourné en enhaut. Ces fingulières *cellules* pendent du bord inférieur d'un gâteau, comme les ftalactiles pendent de la voûte d'une caverne. Elles font fi maffives, que la quantité de matière employée à bâtir une feule de ces *cellules*, fuffiroit à la conftruction de cent ou cent cinquante *cellules* ordinaires. On fait que les gâteaux & les *cellules* qui les compofent, où femble fe déceler une fi fine géométrie, font l'ouvrage des neutres ou Abeilles ouvrières. Les *cellules* des Abeilles folitaires ont ordinairement une forme cylindrique.

La matière qui fert à la conftruction des *cellules*, n'eft pas la même pour toutes les Abeilles & les Guêpes. Tout le monde connoît la cire employée par les Abeilles à miel. Les Abeilles-Bourdons fe fervent d'une cire très-groffière. Quelques-unes emploient d'autres fubftances, telles que les feuilles des différentes plantes, l'argile, une terre délayée, &c. Prefque toutes les Guêpes conftruifent leurs *cellules* avec une matière femblable à celle du gros papier ou du carton grifâtre. *Voyez* ALVÉOLE, ABEILLE, GUÊPE.

CERAMBYX, *Voyez* CAPRICORNE.

CERCOPE, *Cercopis.* Genre d'infectes de la claffe des Ryngota, établi par M. Fabricius.

Les Cigales ont été divifées par cet auteur en quatre genres, fous les noms de *Membracis*, *Tettigonia*, *Cicada* & *Cercopis*. Nous confervons le premier genre tel que l'a donné M. Fabricius. Ceux de *Cicada* & *de Cercopis* ne nous ayant pas préfenté des caractères diftincts, nous les avons réunis fous le nom de Tettigone, *Tettigonia.* Nous avons cru devoir reftituer aux efpèces défignées fous le nom générique de *Tettigonia* par M. Fabricius, le nom de *Cicada*, connu & adopté par les anciens, comme par tous les modernes. *Voyez* TETTIGONE. CIGALE.

CÉROCOME, *Cerocoma.* Genre d'infecte des la feconde Section de l'Ordre des Coléoptères.

Les *Cérocomes* font remarquables par les antennes, dont les articles font dilatés, inégaux, irréguliers dans les mâles, moniliformes & arrondis dans les femelles. Semblables aux Cantarides, elles ont la tête inclinée, les élytres molles, cinq articles aux tarses des quatre pattes antérieures, & quatre aux tarses postérieurs, les uns & les autres terminés par deux paires de crochets.

Ce genre est peu nombreux. Linné n'avoit connu qu'une espèce, & l'avoit placée parmi les Méloës. M, Geoffroy est le premier qui en ait établi un genre sous le nom de *Cerocoma*, mot composé, qui exprime la forme des antennes. Ces insectes ont quelques rapports avec les Mylabres; mais ils en diffèrent par les antennes, composées de neuf articles dans les femelles des *Cérocomes*, & de onze dans les Mylabres. La forme singulière des antennes des *Cérocomes* mâles ne permet pas de les confondre avec aucun autre genre d'insectes.

Les antennes des *Cérocomes*, ainsi que nous venons de le dire, diffèrent dans les deux sexes. Celles des mâles, presque de la longueur du corcelet, ont une forme bisarre & impossible à décrire; elles sont composées d'articles inégaux, irréguliers, plus ou moins dilatés. Le premier & le dernier sont beaucoup plus gros que les autres. Celles de la femelle sont plus courtes, & composées de neuf articles, dont le premier est le plus long de tous; les autres sont grenus, & vont un peu en grossissant; le dernier est assez gros, & a presque une figure ovale. Elles sont insérées au-dessus de la bouche, à quelque distance des yeux.

La bouche est composée d'une lèvre supérieure, de deux mandibules, de deux mâchoires, d'une lèvre inférieure, & de quatre antennules.

La lèvre supérieure est coriacée, très-courte, à peine apparente.

Les mandibules sont courtes, petites, cornées, arquées, simples, pointues, un peu dilatées & membraneuses à leur base.

Les mâchoires sont longues, membraneuses, cylindriques, linéaires, pointues, & un peu velues à leur extrémité.

La lèvre inférieure est alongée, membraneuse, bifide à l'extrémité, un peu rétrécie au milieu, à l'insertion des antennules.

Les antennules antérieures diffèrent dans les deux sexes. Celles du mâle sont de la longueur des mâchoires, & composées de quatre articles, dont le premier est très-petit; le second & le troisième sont très-renflés, assez courts; le dernier est mince, alongé, presque cylindrique. Celles de la femelle sont filiformes, & composées de quatre articles, dont le premier est très-petit, & les autres sont cylindriques, presque égaux entr'eux; le dernier est tronqué à son extrémité: elles sont insérées au dos des mâchoires. Les antennules postérieures, dans les deux sexes, sont filiformes, un peu plus courtes que les autres, & composées de trois articles cylindriques, presque égaux entr'eux. Elles sont insérées vers le milieu de la partie latérale de la lèvre inférieure.

La tête est inclinée à-peu-près de la largeur du corcelet, dont elle est séparée par un étranglement; les yeux sont arrondis, peu saillans.

Le corcelet est sans rebord.

L'écusson est à peine apparent.

Les élytres sont flexibles, quoique coriacées; elles recouvrent deux ailes membraneuses, repliées.

Le corps est alongé, & à-peu-près semblable à celui des Cantharides.

Les pattes sont de longueur moyenne. Les tarses sont filiformes. Les quatre antérieurs sont composés de cinq articles, & les postérieurs de quatre. Ils sont tous terminés par quatre crochets, dont deux beaucoup plus forts que les autres.

Ces insectes présentent des couleurs très-brillantes & propres à les faire distinguer. Ils fréquentent les fleurs, sur lesquelles on les trouve pendant une grande partie de l'été. Ils volent avec beaucoup d'agilité; mais on les saisit facilement, lorsqu'ils ont la tête enfoncée dans le calice des fleurs, pour en extraire le suc mielleux. Les habitudes des larves nous sont encore entièrement inconnues: cependant nous présumons qu'elles vivent dans la terre, comme les larves des Cantharides, & qu'elles se nourrissent des racines des plantes.

CÉROCOME.

CEROCOMA. Geoff. Fab.

MELOE. Lin.

CARACTERES GÉNÉRIQUES.

Antennes courtes, moniliformes ; articles inégaux, irréguliers, dilatés dans les mâles, arrondis dans les femelles : le dernier gros, un peu en masse.

Bouche composée d'une lèvre supérieure très-courte ; de deux mandibules cornées, courtes, arquées ; de deux mâchoires alongées, cylindriques ; d'une lèvre inférieure avancée, bifide, membraneuse, & de quatre antennules filiformes.

Second & troisième articles des antennules antérieures renflés, presque vésiculeux dans les mâles.

Tête inclinée, distincte.

Tarses filiformes ; cinq articles aux quatre antérieurs, & quatre aux postérieurs, tous terminés par quatre crochets.

ESPECES.

1. Cérocome de Schaeffer.

Verte ; antennes & pattes jaunes.

2. Cérocome de Wahl.

Verte ; antennes & pattes noires.

3. Cérocome de Schreber.

Verte ; antennes, pattes & trois anneaux de l'abdomen jaunes.

4. Cérocome oculée.

Noirâtre ; élytres avec des taches jaunes, bordées de noir ; antennes & pattes fauves.

1. Cérocome de Schaeffer.

Cerocoma Schaefferi.

Cerocoma viridis, antennis pedibusque luteis. Fab. *Syst. ent. p.* 262. n°. 1. — *Sp. inf. t.* 1. *p.* 331. n°. 1. — *Mant. inf. t.* 1. *p.* 217. n°. 1.

Meloë Schaefferi *alatus viridis, pedibus luteis, antennis mari abbreviatis clavatis brevibus irregularibus.* Lin. *Syst. nat. pag.* 681. n°. 12.

Cerocoma. Geoff. *Inf. tom.* 1. *p.* 358. n°. 1. *pl.* 6. *fig.* 9.

La Cérocome. Geoff. *Ib.*

Cerocoma. Schaeff. *Elem. inf. tab.* 37. — *Icon. inf. tab.* 53. *fig.* 8. 9.

Meloë Cerocoma. Sulz. *Hist. inf. tab.* 7. *fig.* 13

Cerocoma viridis. Fourc. *Ent. par.* 1. *pag.* 163. n°. 1.

Cerocoma Schaefferi. Fuesl. archiv. inf. pag. 148. n°. 1.

Les antennes sont d'un jaune fauve. Tout le corps est pubescent, d'un vert brillant, sans taches. Les élytres sont chagrinées. Les pattes sont d'un jaune fauve, avec les tarses obscurs.

Elle se trouve sur les fleurs, en France, au midi de l'Allemagne, en Italie.

2. Cérocome de Wahl.

Cerocoma Wahlii.

Cerocoma viridis, antennis pedibusque nigris. Fab. *Mant inf. t.* 1. *p.* 217. n°. 2.

Elle ressemble entièrement, pour la forme & la grandeur, à la précédente : elle n'en diffère qu'en ce que les antennes & les pattes sont tout-à-fait noires.

Elle se trouve sur la côte de Barbarie, sur les fleurs des Ombellifères.

3. Cérocome de Schreber.

Cerocoma Schreberi.

Cerocoma viridis, antennis pedibus abdominisque segmentis tribus flavis. Fab. *sp. inf. tom.* 1. *p.* 331. n°. 2. — *Mant. inf. tom.* 1. *pag.* 217. n°. 3.

Meloë Schreberi. Vill. *Ent. tom.* 1. *pag.* 404. n°. 18.

Elle ressemble entièrement à la Cérocome de Schaeffer. Les antennes sont jaunes. Le corps est vert brillant, couvert de poils cendrés. L'abdomen est jaune, avec l'extrémité d'un vert bleuâtre. Les pattes sont jaunes, avec les tarses postérieurs noirs.

Elle se trouve dans les Provinces méridionales de la France, en Italie.

4. Cérocome oculée.

Cerocoma ocellata.

Cerocoma fusca cinereo-pubescens, elytris maculis plurimis flavis nigro cinctis.

Elle est presque de la grandeur des précédentes. Les antennes sont fauves. Tout le corps est noirâtre, & couvert d'un léger duvet cendré. La tête & le corcelet sont sans taches. Les élytres ont chacune huit ou neuf taches jaunes, entourées d'un cercle noir : une de ces taches est placée à l'extrémité de chaque élytre. Les pattes sont fauves.

Les antennes de cette espèce, dans neuf ou dix individus que j'ai vus, étoient simples, & composées de neuf articles.

Elle se trouve sur les fleurs, au Sénégal, d'où elle a été apportée par M. Geoffroy de Villeneuve.

CERF-VOLANT. On a donné en françois le nom de *Cerf-volant* à des insectes de l'Ordre des Coléop- dont la bouche est munie de deux mandibules dentées, très longues. *Voyez* Lucane.

CÉTOINE, *Cetonia.* Genre d'insecte de la première Section de l'Ordre des Coléoptères.

Les *Cétoines* ont les antennes courtes, en masse triphylle ; la tête inclinée, étroite, rebordée ; le corps un peu déprimé ; les jambes dentées, & cinq articles aux tarses de toutes les pattes.

Ces insectes confondus avec les Scarabés par Linné, M. Geoffroy, & presque tous les entomologistes, en ont été séparés par M. Fabricius, qui en a établi un genre sous le nom de *Cétonia*, du mot grec Κετονια, employé, selon lui, par Hésychius ; mais dont l'étymologie nous est entièrement inconnue. Voët & de Geer avoient déjà distingué ces insectes, & en avoient formé une division sous le nom de *Scarabés des fleurs.* Les *Cetoines* en effet fréquentent les fleurs, & se nourrissent de leur nectar, & de la poussière des étamines.

Le principal caractère qui distingue les *Cétoines* des Scarabés consiste dans la forme du chaperon, & dans l'absence des mandibules. Nous observerons, en parlant des Scarabés, que ceux de la première & de la seconde famille ont des mandibules très-apparentes, & que ceux de la troisième n'ont ni mandibules, ni lèvre supérieure, mais un chaperon large, arrondi ou denté. Les *Cétoines* diffèrent donc des premiers, en ce qu'elles n'ont point de mandibules apparentes ; & elles diffèrent des seconds, en ce qu'elles ont la tête étroite, avancée, & le chaperon échancré ou rebordé, très-étroit. Elles diffèrent des Hannetons, en ce que ceux-ci ont une lèvre supérieure, des mandibules fortes, cornées & dentées

M. Fabricius a aussi établi un genre d'insecte, sous le non de *Trichius*, du mot Τρὶξ, *capillus*, cheveu, vraisemblablement parce que quelques espèces de ce genre sont velues. En examinant attentivement ces insectes, nous n'avons trouvé entr'eux & les *Cétoines*, que quelques légères différences dans la forme du corps; mais les antennes & les parties de la bouche ne nous en ont présenté aucune. Nous avons cru, par cette raison, devoir les réunir avec les *Cétoines*; nous en formerons seulement une division, dans laquelle nous ferons entrer les espèces, rangées par M. Fabricius, parmi les *Cétoines*, qui nous ont paru avoir quelque analogie avec celles que cet entomologiste avoit nommées *Trichius*; telles sont, par exemple, la *Cétoine* Hermite, la *Cétoine* noble, la *Cetoine* variable, &c. Le caractère de cette division consistera dans l'absence des mandibules & de la pièce triangulaire de la base des élytres.

Nous formerons une troisième division des *Cétoines*, qui nous paroissent tenir le milieu entre ce genre & celui de Hanneton, & appartenir plutôt à ce dernier qu'à celui de *Cétoine*. Ces insectes ont, comme les Hannetons, une lèvre supérieure & des mandibules cornées, dentées; ils n'ont point la pièce triangulaire qui se trouve à la base latérale des élytres des *Cétoines*; cependant ils ont les pattes & les antennes semblables à celles des *Cétoines*; ils ont le sternum avancé, & la pièce écailleuse de la base de l'abdomen aussi grande que celle des *Cétoines*. Le caractère de cette division consistera dans les mandibules cornées, & dans l'absence de la pièce triangulaire de la base des élytres.

Les antennes sont courtes, & composées de dix articles, dont le premier est assez long & assez gros à son extrémité; le second est plus petit que le premier, mais un peu plus alongé que les suivans; ceux-ci sont grenus; le sixième & le septième sont un peu applatis par les bouts; les trois derniers forment une masse ovale-oblongue, composée de trois feuillets.

La bouche est composée de deux mâchoires, d'une lèvre inférieure, & de quatre antennules. La lèvre supérieure manque entièrement. Les mandibules sont membraneuses, petites, applaties, quelquefois imperceptibles; elles sont ordinairement ciliées tout autour.

Les mâchoires sont petites, cornées à leur base, couvertes de poils serrés à leur extrémité, & ciliées à leur bord interne: elles ont une petite dent opposée à l'insertion des antennules.

La lèvre inférieure est avancée, cornée, dure, échancrée & velue.

Les antennules antérieures sont courtes, filiformes, & composées de quatre articles, dont le premier est très-petit; le second & le troisième sont coniques & égaux entr'eux; le dernier est un peu plus gros que ceux-ci, & allongé: elles sont insérées au dos des mâchires.

Les antennules postérieures sont très-courtes, filiformes, & composées de trois articles, dont le premier est très-petit, le second est conique, & le dernier est unpeu plus gros & alongé: elles sont insérées à la base latérale de la lèvre inférieure.

Le corps des *Cétoines* est ordinairement un peu plus applati que celui des Hannetons & des Scarabés. La tête est penchée, assez étroite. Les yeux sont arrondis, peu saillans. Le chaperon est avancé, échancré, un peu rebordé, rarement arrondi. Le corcelet a un très-petit rebord de chaque côté: il a une légère échancrure postérieurement à l'insertion de l'écusson; il est quelquefois lobé, & alors l'écusson manque, ou il est très-petit.

Les élytres présentent une forme presque quarrée: elles sont ordinairement un peu plus courtes que l'abdomen, & elles cachent deux ailes membraneuses, repliées, dont l'insecte fait souvent usage. A la base latérale des élytres de la plupart des *Cétoines*, on remarque une pièce surnuméraire, qui se trouve enchassée entre les élytres & le corcelet: cette pièce nous sert pour la division de ce genre. Le sternum d'un grand nombre d'espèces est plus ou moins avancé en avant; cet avancement est commun avec quelques Hannetons qui paroissent se rapprocher des *Cétoines* par la forme des pattes & des antennes, par le poli & le brillant des élytres.

Les pattes sont de longueur médiocre. Les jambes antérieures ont quelques dents moins fortes, moins marquées que dans les Scarabés; les autres sont souvent ciliées intérieurement. Les tarses sont filiformes, & composés de cinq articles, dont les quatre premiers sont égaux entr'eux; le dernier, un peu plus long que les autres, est armé de deux ongles assez grands, crochus, souvent réunis; ce qui a fait croire à plusieurs entomologistes que quelques espèces n'avoient qu'un onglet aux tarses.

L'abdomen est composé de six anneaux bien distincts. A la base latérale du premier, à côté de l'insertion des cuisses postérieures, on remarque une grande pièce écailleuse qui se relève, & forme une dent de chaque côté: les élytres sont un peu sinuées à l'endroit de cette pièce.

Nous avons dit que quelques espèces différoient des véritables *Cétoines*, & qu'elles nous paroissoient appartenir plutôt au genre Hanneton qu'à celui de *Cétoine*: telles sont la *Cétoine* Chrysis, *la Cétoine* linéole, la *Cétoine* splendide, &c. Le corps est plus convexe que celui des autres *Cétoines*. Le chaperon est moins avancé, & ordinairement arrondi. La lèvre supérieure est arrondie & ciliée. Les mandibules sont courtes, cornées, assez grosses à leur base. Les mâchoires sont cornées, dentées, couvertes de poils. La lèvre inférieure est cornée, très-dure, échancrée. Les antennules antérieures sont composées de quatre articles, dont le premier est très-petit; les deux suivans sont coniques, & le dernier est ovale, alongé. Les postérieures sont un peu plus courtes que les antérieures, & composées de trois articles, dont les deux premiers sont égeux, & le dernier est ovale, alongé.

On trouve les *Cétoines* pendant l'été sur les fleurs en ombelle, sur les fleurs composées, sur les Saules, les Peupliers, les buissons fleuris, sur les haies, &c. On ne doit pas les confondre avec les Hannetons, les plus malfaisans de tous les insectes, destructeurs des racines de tous les végétaux, & des feuilles de tous les arbres. Les *Cétoines*, au contraire, ne font presque aucun tort aux plantes, dans leur état de larve, & elles fréquentent les fleurs, sous leur dernière forme, sans leur nuire : elles se contentent uniquement de la liqueur miellée répandue au fond de la corolle, & n'attaquent jamais ni les fleurs, ni les feuilles.

Les larves des *Cétoines* vivent dans la terre grasse & humide, dans le terreau, dans les terres argilleuses, dans celles qui se trouvent au voisinage d'une rivière, d'un lac, d'un étang : elles se nourrissent de terre grasse, d'argile, de débris de végétaux, & quelquefois aussi de racines. Elles restent ordinairement trois ou quatre années dans cet état de larve : semblables à celles des Hannetons, elles s'enfoncent, à la fin de l'automne, à la profondeur de deux ou trois pieds, pour se mettre à l'abri du froid, se pratiquent une loge dans laquelle elles passent l'hiver, sans prendre aucune nourriture, & elles n'en sortent qu'au retour de la belle saison.

Le corps de ces larves est mol, assez gros, un peu renflé; il est composé de douze anneaux peu distincts, à cause des plis qui se trouvent sur le dos. Elles ont neuf stigmates de chaque côté; & au-dessous des stigmates, on remarque un rebord ou espèce de bourrelet un peu ridé. La tête est petite, plus large que longue, assez dure, munie de deux antennes courtes, filiformes, articulées, composées de cinq articles assez distincts. La bouche est pourvue de deux mandibules cornées, dures, arquées, multidentées, de deux mâchoires membraneuses, d'une lèvre supérieure, d'une lèvre inférieure, & de quatre barbillons articulés. Ces larves ont six pattes assez courtes, écailleuses, placées sur les trois premiers anneaux du corps. Leurs yeux sont cachés sous les enveloppes de larve & de nymphe. Elles muent ou changent de peau une fois chaque année.

On peut facilement élever ces larves dans une terre grasse, un peu humide, sans leur donner même aucune sorte de nourriture, pourvu toutefois qu'on entretienne avec soin l'humidité de la terre; elles se plaisent davantage dans le terreau, dans une terre chargée de débris de végétaux. Lorsqu'elles ont pris toutleur accroissement à la fin de la troisième ou de la quatrième année, elles construisent une coque ovale avec des grains de sable, de terre délayée, de débris de végétaux, & quelquefois aussi avec leurs excrémens; cette coque est très-solide, quoiqu'assez mince; l'extérieur est inégal & raboteux, mais les parois internes sont lisses & très-unies. Dès que la coque est construite, la larve se raccourcit peu-à-peu, son corps se gonfle, & elle quitte sa peau de larve pour se changer en une nymphe, dont on distingue bien toutes les parties que doit avoir l'insecte parfait. Le temps de sa dernière métamorphose étant venu, l'insecte quitte sa peau de nymphe, perce la coque, sort peu-à-peu de terre, & prend son essor sur les fleurs.

Les larves des espèces que nous avons placées dans la seconde division ne diffèrent de celles-ci que par leur manière de vivre. On les trouve dans le bois mort, dans la racine des arbres, qu'elles percent & rongent. Leurs mandibules seulement sont plus fortes & plus tranchantes que celles des autres *Cétoines*.

Nous ne connoissons pas la larve des espèces que nous avons placées dans la troisième division; mais nous ne doutons pas qu'elles ne vivent dans la terre, & qu'elles ne ressemblent à celle des Hannetons.

CÉTOINE.

CETONIA. FAB.

SCARABÆUS. LIN. GEOFF.

CARACTÈRES GÉNÉRIQUES.

Antennes courtes, en masse, composées de dix articles : le premier long & renflé ; les autres grenus ; les trois derniers en masse oblongue, triphylle.

Point de lèvre supérieure.

Mandibules membraneuses, à peine apparentes.

Quatre antennules inégales, presque filiformes ; les antérieures un peu plus longues, quadriarticulées : premier article très-petit ; le dernier un peu plus gros & alongé. Les postérieures triarticulées : dernier article un peu plus gros & alongé.

Cinq articles aux tarses.

ESPÈCES.

* *Mandibules membraneuses ; pièce triangulaire à la base latérale des élytres.*

1. CÉTOINE Goliath.

Corcelet brun, rayé de blanc ; chaperon avancé, bifourchu.

2. CÉTOINE Cacique.

Corcelet jaunâtre, rayé de noir ; élytres blanches ; chaperon bicornu ; cornes arquées.

3. CÉTOINE Polyphême.

Verdâtre, avec des taches jaunâtres ; tête avec trois cornes ; l'antérieure longue, avancée, bifide.

4. CÉTOINE éclatante.

Verte, brillante ; chaperon cornu ; corne intermédiaire, avancée, bifide ; jambes antérieures en scie.

5. CÉTOINE chinoise.

D'un vert foncé brillant ; chaperon bidenté ; corcelet lobé postérieurement.

6. CÉTOINE nègre.

Noire, lisse, luisante, avec un reflet brun ; corcelet lobé postérieurement.

7. CÉTOINE dorée.

D'un vert doré ; élytres avec des lignes transversales, courtes, blanches.

8. CÉTOINE corticine.

Noire ; chaperon avancé, échancré ; corcelet & élytres rougeâtres, avec le milieu noirâtre.

9. CÉTOINE bimaculée.

Brune ; élytres d'un brun marron, avec une grande tache jaune, sinuée, bordée de noir.

10.

CÉTOINES. (Insectes.)

10. CÉTOINE mouchetée.

D'un vert brillant ; bord du corcelet ferrugineux ; élytres avec de petites taches blanches.

11. CÉTOINE aulique.

Verte ; corcelet bordé de blanc ; élytres avec des points blancs, & une ligne latérale blanche.

12. CÉTOINE fasciculée.

Noire ; élytres vertes ; corcelet avec quatre lignes blanches ; dessous du corps velu.

13. CÉTOINE marbrée.

Noire, luisante en-dessous ; tête, corcelet & élytres mélangés de jaune & de noir ; corcelet lobé.

14. CÉTOINE brillante.

Verte ; corcelet lobé, bordé de jaune, tête armée d'une épine courte & courbée.

15. CÉTOINE carmélite.

D'un noir verdâtre ; corcelet & élytres testacés ; anus avec deux points blancs.

16. CÉTOINE capucine.

D'un brun noirâtre ; bords du corcelet jaunes ; sternum avancé.

17. CÉTOINE boucher.

Cendrée, obscure ; corcelet lobé ; élytres mélangées de cendré & de noir.

18. CÉTOINE bourreau.

Rouge ; élytres avec des taches noires ; écusson noir, triangulaire.

19. CÉTOINE ondée.

D'un noir fuligineux ; corcelet lobé ; élytres avec des lignes en zig-zag.

20. CÉTOINE fuligineuse.

D'un noir brun, obscur ; chaperon presque arrondi ; élytres lisses.

21. CÉTOINE rauque

D'un noir obscur ; élytres avec des taches rougeâtres, à peine marquées.

22. CÉTOINE cornue.

D'un noir obscur, sans taches ; bord antérieur du corcelet presque cornu.

23. CÉTOINE pubescente.

Bronzée, pubescente ; extrémité de l'abdomen avec deux taches blanches.

24. CÉTOINE hépatique.

Noire ; corcelet & élytres d'un rouge obscur ; corcelet avec un sillon longitudinal.

25. CÉTOINE unifasciée.

Bronzée ; élytres avec une bande postérieure d'un jaune doré.

26. CÉTOINE soyeuse.

D'un noir soyeux ; élytres avec trois taches transversales, jaunes ; corcelet lobé.

27. CÉTOINE triste.

Noire en-dessous, d'un noir bleuâtre en-dessus, avec des taches jaunes & irrégulières vers les bords du corcelet & des élytres.

CÉTOINES. (Insectes.)

28. CÉTOINE lobée.

Noire, luisante ; corcelet lobé ; chaperon échancré, presque bifide.

29. CÉTOINE saupoudrée.

Noire fuligineuse, couverte d'une poussière roussâtre ; corcelet lobé.

30. CÉTOINE alongée.

Très-noire, alongée ; tête avec deux petits tubercules rapprochés ; premier article des antennes gros & triangulaire.

31. CÉTOINE sinuée.

D'un noir verdâtre, avec les bords du corcelet & des élytres jaunes, & quatre taches jaunes sur les élytres.

32. CÉTOINE jayet.

Noire ou brune, luisante ; chaperon coupé ; tête rebordée.

33. CÉTOINE opaque.

D'un vert obscur en-dessus, noire, luisante en-dessous ; chaperon rebordé.

34. CÉTOINE marginée.

Noire, obscure ; corcelet & élytres bordés de fauve.

35. CÉTOINE morio.

Noire, obscure en-dessus, luisante en-dessous.

36. CÉTOINE du Cap.

Velue, rougeâtre & pointillée de blanc en-dessus.

37. CÉTOINE notée.

Noire, velue en-dessous ; corcelet noir, bordé de blanc ; élytres testacées, avec la suture & le bord noirs.

38. CÉTOINE élégante.

D'un vert très-brillant ; élytres avec la suture & une tache noire vers l'extrémité.

39. CÉTOINE quadrimaculée.

Verte ; élytres d'un vert rougeâtre brillant, avec quatre taches noires.

40. CÉTOINE marginelle.

D'un vert mat en-dessus ; bord du corcelet & des élytres fauve.

41. CÉTOINE africaine.

D'un vert très-brillant ; élytres avec plusieurs rangées de points enfoncés ; sternum très avancé.

42. CÉTOINE cuivreuse.

Cuivreuse, brillante ; corcelet, écusson & élytres verts.

43. CÉTOINE Iris.

D'un très-beau vert brillant, avec un reflet d'un vert noirâtre.

44. CÉTOINE trois-lignes.

Noire ; corcelet avec trois lignes ; élytres avec une bande sinuée, & écusson blancs.

45. CÉTOINE semiponctuée.

Verte, brillante ; corcelet avec quatre lignes ; élytres avec des lignes à la base & des points à l'extrémité, blancs.

CÉTOINES. (Insectes.)

46. CÉTOINE suturale.

Brune; corcelet noir, avec les bords bruns; élytres vertes, avec la suture noire.

47. CÉTOINE reluisante.

D'un vert cuivreux, très-brillant; abdomen avec quatre rangées de taches blanches.

48. CÉTOINE bandée.

Noire; corcelet & élytres testacés; élytres avec la suture & une bande dentée, noires.

49. CÉTOINE thoracique.

Noire; corcelet ferrugineux; élytres noires, avec un reflet pourpre.

50. CÉTOINE cinq-lignes.

Noirâtre; corcelet avec cinq lignes longitudinales, blanchâtres; élytres avec des taches blanchâtres; chaperon rebordé.

51. CÉTOINE philippine.

Verte, brillante; corcelet avec le bord & deux points blancs; élytres mucronées, tachées de blanc.

52. CÉTOINE herbacée.

D'un vert d'herbe, mat en-dessus, luisant en-dessous; chaperon presque échancré.

53. CÉTOINE sillonée.

Verte, brillante; chaperon bifide; élytres sillonnées.

54. CÉTOINE maculée.

Bronzée, brillante; corcelet avec une grande tache blanche de chaque côté; élytres avec plusieurs taches irrégulières, blanches.

55. CÉTOINE olivâtre.

Corcelet jaunâtre, avec deux larges raies longitudinales & deux points noirs; élytres noires, avec le bord extérieur & des taches transversales, jaunes.

56. CÉTOINE interrompue.

Noire; corcelet avec deux larges raies & deux points noirs; élytres avec des bandes fauves, interrompues.

57. CÉTOINE peinte.

Noire; corcelet avec cinq lignes blanches; élytres aiguës, tachées de blanc.

58. CÉTOINE bordée.

Noire; bords du corcelet ferrugineux; élytres avec une ligne pourprée vers la suture.

59. CÉTOINE bifide.

Noire; chaperon bifide; élytres bordées de jaune.

60. CÉTOINE florale.

Glabre, noire; bords du corcelet, des élytres & de l'abdomen, blancs.

61. CÉTOINE porte-croix.

Noire; bords du corcelet gris; élytres avec une petite tache grise, en croix.

62. CÉTOINE enfoncée.

Noirâtre; corcelet blanc, avec deux larges raies noirâtres; élytres avec des taches blanches enfoncées.

CÉTOINES. (Insectes.)

63. CÉTOINE indienne.

Brune; élytres livides, avec des points noirs, irréguliers.

64. CÉTOINE indigo.

Bleue, luisante; chaperon échancré; élytres avec quelques points blancs.

65. CÉTOINE aiguë.

Bronzée, avec des taches blanchâtres; élytres mucronées.

66. CÉTOINE auripeau.

Cuivreuse, presque bronzée; brillante; élytres mucronées, avec des taches blanchâtres.

67. CÉTOINE luride.

D'un noir bronzé; élytres avec deux lignes longitudinales élevées, & des taches grisâtres, transversales.

68. CÉTOINE estolée.

Bronzée; corcelet avec le bord & des points blancs; élytres avec une bande inégale & des points blancs.

69. CÉTOINE lugubre.

D'un noir foncé; élytres avec une tache irrégulière, latérale & l'anus, blancs.

70. CÉTOINE histrion.

Noire; corcelet rougeâtre, avec deux taches; élytres rougeâtres, avec la suture & le bord extérieur noirâtres.

71. CÉTOINE versicolor.

Noire; corcelet rougeâtre, taché de noir; élytres avec une large raie rougeâtre & des points blancs.

72. CÉTOINE bleuâtre.

Bleue; corcelet lobé, sans taches; élytres & abdomen avec plusieurs points blancs.

73. CÉTOINE variée.

Noire; corcelet avec le bord, élytres avec plusieurs taches blanches.

74. CÉTOINE biponctuée.

Noire; bord du corcelet & deux points sur les élytres, rouges.

75. CÉTOINE discoïde.

Noire, pubescente; disque de chaque élytre rouge.

76. CÉTOINE sanguinolente.

Très-noire; élytres avec une grande tache irrégulière, d'un rouge de sang.

77. CÉTOINE équinoxiale.

Noire; corcelet bordé de blanc; élytres rouges, avec une tache autour de l'écusson & l'extrémité noires.

78. CÉTOINE argentée.

Noire, mélangée de gris; dessous du corps & cuisses argentés, brillans.

79. CÉTOINE irrégulière.

Brune; corcelet avec deux taches oblongues; élytres avec plusieurs taches irrégulières, noires.

80. CÉTOINE funeste.

Glabre, noire; corcelet & élytres avec des points blancs.

81. CÉTOINE velue.

Noirâtre, velue; corcelet caréné; élytres avec des taches blanchâtres.

CÉTOINES. (Insectes.)

82. CÉTOINE stictique.

Noire, parsemée de points blancs; abdomen avec quatre points blancs.

83. CÉTOINE pointillée.

Cendrée; élytres striées, parsemées de points blancs.

84. CÉTOINE hémorrhoïdale.

Noire; élytres vertes; bords du corcelet & extrémité de l'abdomen d'un rouge brun.

85. CÉTOINE nitidule.

Corcelet noir, avec les côtés bruns; élytres vertes, avec plusieurs points blancs.

86. CÉTOINE hottentote.

Alongée, noire, luisante; extrémité des élytres avec quatre points blancs.

87. CÉTOINE ensanglantée.

Noire, alongée; corcelet avec deux taches postérieures; élytres avec une ligne longitudinale, rouges.

** *Mandibules membraneuses. Point de pièce triangulaire à la base latérale des élytres.*

88. CÉTOINE pulvérulente.

D'un vert foncé; chaperon coupé, rebordé; corcelet & élytres couverts d'une poussière jaune.

89. CÉTOINE hermite.

D'un noir brun; corcelet inégal; écusson sillonné.

90. CÉTOINE noble.

Cuivreuse; élytres raboteuses, d'un vert doré; extrémité de l'abdomen avec des taches blanches.

91. CÉTOINE variable.

Noire; corcelet avec deux points; élytres avec quatre points blancs.

92. CÉTOINE fasciée.

Noire, couverte d'un duvet fauve; élytres jaunes, avec trois bandes interrompues, noires.

93. CÉTOINE cordonnée.

Noire, couverte d'un duvet cendré; élytres noires, avec deux bandes jaunes.

94. CÉTOINE bident.

Velue, d'un noir cuivreux; élytres d'un vert testacé, brillant.

95. CÉTOINE verdelette.

Verte, pubescente; anus avec deux taches blanches.

96. CÉTOINE lunulée.

Bleue; élytres courtes, avec deux petites taches blanches, latérales.

97. CÉTOINE paresseuse.

Noire; tête & corcelet bronzés, pubescens; élytres testacées, brunes, avec des taches blanches.

98. CÉTOINE delta.

Corcelet noir, avec une ligne triangulaire, jaunâtre; élytres testacées, avec un point noir.

99. CÉTOINE hémiptère.

Noire; élytres courtes; corcelet avec deux lignes élevées.

CÉTOINES. (Insectes.)

100. CÉTOINE rayée.

Pubescente ; corcelet noir, avec les bords & deux lignes jaunes ; élytres testacées, avec la suture jaune.

101. CÉTOINE nigripède.

Noire ; élytres testacées, avec le bord postérieur & l'anus jaunes.

102. CÉTOINE crassipède.

Noire en-dessus, avec des taches cendrées ; abdomen jaune.

103. CÉTOINE cannelée.

Brune ; corcelet avec un large sillon ; élytres courtes, presque striées.

*** *Mandibules cornées. Point de pièce triangulaire à la base latérale des élytres.*

104. CÉTOINE fulminante.

Dorée, très-brillante ; abdomen velu ; élytres presque striées.

105. CÉTOINE glabre.

D'un jaune testacé, brillant en-dessus ; corcelet avec deux grandes taches & deux points d'un noir verdâtre.

106. CÉTOINE bicolor.

D'un vert bronzé, brillant ; élytres brunes, striées ; chaperon arrondi.

107. CÉTOINE émérite.

Verte, un peu cuivreuse en-dessus ; élytres striées ; sternum avancé.

108. CÉTOINE massue.

D'un vert cuivreux ; élytres testacées ; sternum très-avancé, en masse.

109. CÉTOINE convexe.

Verte, lisse, convexe ; chaperon arrondi ; corcelet grand & triangulaire.

110. CÉTOINE émeraude.

D'un jaune testacé ; élytres verdâtres, striées.

111. CÉTOINE quadrirayée.

Noire ; corcelet bordé de jaune ; élytres avec quatre raies longitudinales, jaunes.

112. CÉTOINE tétradactyle.

Noire, luisante ; écusson de la longueur de la moitié des élytres.

113. CÉTOINE luisante.

D'un vert foncé brillant ; écusson très-grand ; élytres lisses.

114. CÉTOINE splendide.

Verte, brillante ; élytres & bord du corcelet testacés.

115. CÉTOINE Chrysis.

Verte, lisse, brillante ; écusson grand, triangulaire ; pattes cuivreuses.

116. CÉTOINE brunipède.

Noire, luisante ; antennes, pattes & bords du corcelet d'un brun fauve.

CÉTOINES. (Insectes.)

117. CÉTOINE linéole.

Noire ; bords du corcelet & ligne de la tête à l'écusson, jaunes.

118. CÉTOINE surinamoise.

Noire, luisante ; bords du corcelet & anneaux de l'abdomen jaunes.

119. CÉTOINE striée.

Corcelet noir, avec les bords latéraux jaunes & un point noir ; élytres brunes, striées.

120. CÉTOINE quadriponctuée.

Noire, luisante ; antennes & pattes rougeâtres ; extrémité de l'abdomen avec deux points gris.

121. CÉTOINE latérale.

D'un vert herbacé, luisant ; corcelet avec deux taches fauves ; écusson très-grand, triangulaire.

122. CÉTOINE pustulée.

Noire, luisante ; élytres courtes, avec des taches jaunes.

* *Mandibules membraneuses. Pièce triangulaire à la base laterale des élytres.*

1. CÉTOINE Goliath.

CETONIA Goliathus.

Cetonia, thorace brunneo, albo lineato, capitis clypeo bifurco. Ent. ou *hist. nat. des inf.* CÉTOINE. *Pl. 5. fig. 33. & pl. 9. fig. 33. c.*

Scarabæus Goliathus scutellatus, thorace inermi, capite rostro bifurco. LIN. *Syst. nat. mant. p.* 530.

Scarabæus Goliathus scutellatus, thorace inermi, clypeo bifurco. FAB. *Sp. inf. tom. 1. p. 14. n°. 51.* — *Mant. inf. tom. 1. p. 7. n°. 54.*

Scarabæus Goliathus. DRURY. *Illust. of inf. t. 1. tab. 31. & tom. 3. tab. 40.*

Scarabæus Goliathus. JABLONSK. *Coleopt. 1. tab. 10. fig. 4.*

Elle est beaucoup plus grande que la *Cétoine* Polyphême. Les antennes sont noires, & terminées par une masse alongée, composée de trois feuillets. La tête est noire, & couverte d'une poussière écailleuse, serrée, d'un blanc sale; elle est armée à sa partie antérieure de deux cornes divergentes, un peu recourbées, réunies à leur base. De chaque côté de la tête, au-dessus de l'insertion des antennes, s'élève une corne large, courte, en forme d'oreille. Le corcelet est d'un brun noirâtre, avec les bords latéraux, & cinq raies longitudinales, d'un blanc sale; les deux latérales vont se joindre à la couleur du bord, un peu au-delà du milieu; la bordure du corcelet est noire. L'écusson est assez grand, triangulaire, brun, avec une raie longitudinale, d'un blanc sale, assez large. Les élytres sont brunes, avec un peu de blanc sale à leur base; la pièce triangulaire de la base latérale est d'un vert foncé. Le dessous de l'insecte & les cuisses sont d'un vert foncé, luisant. Les jambes sont d'un vert noir, & les tarses sont noirs. Les quatre jambes postérieures ont des poils roux très-serrés. Le sternum est un peu avancé, & il a une ligne longitudinale, enfoncée.

On trouve quelquefois une variété qui diffère de l'autre, en ce que le corcelet est blanc, avec des raies noires; & les élytres sont noires, avec le disque & le bord extérieur blancs.

Elle se trouve à Sierra-Léon.

2. CÉTOINE Cacique.

CETONIA Cacicus.

Cetonia, clypeo porrecto bicornuto, thorace luteo nigro lineato, elytris albis nigro marginatis. Ent. ou *hist. nat. des inf.* CÉTOINE. *Pl. 4. fig. 22.*

Scarabæus Goliathus. JABLONSK. *Coleopt. 1. tab. 11. fig. 2.*

Scarabæus cacicus ingens. VOET. *Coleopt. t. 22. fig. 151.*

SULZ. *Hist. inf. tab. 1. fig. 2.*

Elle est un peu plus petite que la *Cétoine* Goliath. Les antennes sont noires; & la masse, qui les termine, est oblongue & triphylle. La tête est couverte d'un duvet jaunâtre: elle a de chaque côté une dent aiguë, noire. Le chaperon est avancé & terminé par deux cornes noires, latéralement arquées. Le corcelet est jaunâtre, & marqué de six raies noires. L'écusson est jaunâtre & triangulaire. Les élytres sont d'un blanc argenté, avec tous les bords noirs. Le dessous du corps est couvert de poils roussâtres. Les pattes sont noires, avec le bord interne des jambes, couvert de poils serrés, roussâtres.

Elle se trouve dans l'Amérique méridionale.

3. CÉTOINE Polyphême.

CETONIA Polyphemus.

Cetonia, capite tricorni, antico porrecto bifido; elytris viridibus luteo maculatis. Ent. ou *hist. nat. des inf.* CÉTOINE. *Pl. 8. fig. 61.*

Scarabæus Polyphemus *scutellatus, thorace inermi, capite tricorni, antico porrecto bifido.* FAB. *Sp. inf. tom. 1. p. 14. n°. 50.* — *Mant. inf. t. 1. p. 7. n°. 53.*

Elle est un peu plus grande que la *Cétoine* éclatante. La tête est applatie, couverte d'un duvet court, d'un gris verdâtre, & armée de trois cornes, dont une antérieure, longue, recourbée, noire & bifide à l'extrémité, avec les divisions arquées; deux latérales plus courtes, simples, noires, presque droites, ou légèrement arquées, & terminées en pointe. Le corcelet est d'un vert mat, un peu foncé, avec cinq raies longitudinales, jaunâtres, dont une au milieu, plus courte que les autres. L'écusson est grand & triangulaire. Les élytres sont d'un vert mat, un peu foncé, avec trois rangées longitudinales de taches irrégulières, d'un jaune sale. L'extrémité des élytres est armée d'une petite épine courte, placée à côté de la suture. La pièce triangulaire de la base externe des élytres est grisâtre. Le dessous de l'insecte est d'un beau vert luisant, & les côtés sont grisâtres. Le sternum est vert & avancé, avec une ligne peu enfoncée au milieu. L'extrémité de l'abdomen est marquée de deux grandes taches grisâtres. Les pattes sont d'un beau vert luisant, avec un peu de gris aux cuisses, & des poils fauves à la partie interne des jambes postérieures. Les jambes antérieures sont armées de plusieurs épines de chaque côté.

Elle se trouve dans l'Afrique équinoxiale.

4. CÉTOINE éclatante.

CETONIA micans.

Cetonia

Cetonia viridis nitens, clypeo porrecto recurvo bifido, tibiis anticis serratis. Ent. ou *hist. nat. des ins. Pl.* 1. *fig.* 2. *a. b.*

Cetonia micans. FAB. *Syst. ent. p.* 42. *n°.* 1. — *Sp. ins. tom.* 1. *p.* 50 *n°.* 1. — *Mant. ins. tom.* 1. *p.* 26. *n°.* 1.

Scarabæus micans. DRURY. *Illust. of ins. tom.* 2. *tab.* 32. *fi.* 3.

Elle est un peu plus petite que la *Cétoine* Polyphême. Les antennes sont noires. Tout le corps est d'un vert très-brillant. La tête a une ligne saillante, qui se termine antérieurement en une corne avancée, recourbée, bifide, avec les divisions divergentes : elle a, de chaque côté, deux dents saillantes, pointues, deux petites dentelures antérieurement, & une autre au-devant des yeux. Le corcelet est lisse, très-finement pointillé, rebordé de chaque côté. L'écusson est lisse & triangulaire. Les élytres sont lisses, terminées par une petite épine, un peu plus courte que l'abdomen. Le sternum est avancé, assez large, obtus, marqué d'une ligne longitudinale, très-petite, ferrugineuse. Les pattes sont vertes, avec les tarses noirs : les jambes antérieures sont assez longues, & munies intérieurement de plusieurs dents aiguës.

Elle se trouve dans l'Afrique équinoxiale.

5. CÉTOINE chinoise.

CETONIA chinensis.

Cetonia ænea, clypeo emarginato subspinoso, thorace postice lobato, elytris acuminatis. Ent. ou *hist. nat. des ins.* CÉTOINE. *Pl.* 2. *fig.* 5. *a. b.*

Cetonia chinensis. FAB. *Syst. ent. p.* 42. *no.* 2. — *Sp. ins. tom.* 1. *p.* 50. *no.* 2. — *Mant. ins. tom.* 1. *p.* 26. *n°.* 2.

Scarabæus chinensis *scutellatus muticus, viridi-sericeus, glaber, subtùs viridi-inauratus, elytris obtusis submucronatis.* FORST. *Cent. ins.* 1. *p.* 2. *n°.* 2.

VOET. *Coleopt. tab.* 5. *fig.* 40.

Elle est presque de la grandeur de la *Cétoine* brillante. Les antennes sont brunes. Le chaperon est largement échancré, presque bidenté. Tout le dessus du corps est d'un vert foncé, brillant, quelquefois un peu bleuâtre. La tête est lisse, sans cornes. Le corcelet est lisse, lobé postérieurement. L'écusson est petit, triangulaire, très-pointu. Les élytres sont lisses, & terminées par une petite épine. Le dessous du corps est d'un brun châtain, avec quelques taches noires. Le sternum est avancé & obtus. Les pattes sont brunes, avec les tarses noirs.

Elle se trouve à la Chine, à Ceylan.

6. CÉTOINE nègre.

CETONIA nigrita.

Cetonia glabra atra, clypeo emarginato subspinoso, thorace postice lobato. Ent. ou *hist. nat. des ins.* CÉTOINE. *Pl.* 10. *fig.* 92.

Cetonia nigrita. FAB. *Syst. ent. p.* 43. *n°.* 3. — *Sp. ins. tom.* 1. *p.* 50. *n°.* 3. — *Mant. ins. tom.* 1. *p.* 26. *n°.* 3.

HERMANN. *Mus. p.* 17. *n°.* 257.
PETIV. *Gazoph. tab.* 28. *fig.* 3.

Elle ressemble, pour la forme & la grandeur, à la *Cétoine* chinoise. La tête est presque quarrée antérieurement. Le chaperon est échancré, & terminé par deux pointes aiguës. Les antennes sont d'un brun noirâtre. Tout le dessus du corps est lisse, luisant & noir. Le corcelet a un peu de brun foncé de chaque côté; il est lobé ou avancé postérieurement. L'écusson est petit, triangulaire, alongé. Les élytres ont une pointe très-courte, à côté de la suture. Le dessous du corps est d'un noir brun, luisant. Le sternum est peu avancé. Les pattes sont brunes, & les cuisses sont d'un brun un peu plus clair. La pièce triangulaire qui se trouve à la base latérale des élytres est brune.

Elle n'est peut-être qu'une variété de la *Cétoine* chinoise.

Elle se trouve à Ceylan.

7. CÉTOINE dorée.

CETONIA aurata.

Cetonia aurata, segmento abdominis primo lateribus unidentatis, elytris albo maculatis. Ent. ou *hist. nat. des ins.* CÉTOINE. *Pl.* 1. *fig.* 1. *a. b. c. d. e. f. g. h. i.*

Cetonia aurata. FAB. *Syst. entom. p.* 43. *n°.* 4. — *Spec. ins. tom.* 1. *pag.* 50. *n°.* 1. — *Mant. ins. tom.* 1. *pag.* 26. *n°.* 4.

Scarabæus auratus *scutellatus muticus auratus, segmento abdominis primo lateribus unidentato, clypeo planiusculo.* LIN. *Syst. nat. pag.* 557. *n°.* 78. — *Faun. suec. n°.* 400.

Scarabæus viridi-æneus, thoracis parte pronâ antice prominente. GEOFF. *Inf. t.* 1. *p.* 73. *n°.* 5.
L'Emeraudine. GEOFF. *Ib.*

Scarabæus major, corpore breviore, alarum elytris & thoracis tegmine crustaceo, colore viridi serici instar splendentibus. RAI. *ins. p.* 76. *n°.* 7.

Scarabæus arboreus viridis seu Scarabæus auratus dictus. FRISCH. *Ins.* 12. *p.* 25. *tab.* 3. *fig.* 1. 2. 3.

Scarabæus auratus. ROES. *Ins. tom.* 2. *class.* 1. *Scar. terrest. tab.* 2. *fig.* 1. — 9.

Scarabæus aurat . Scop. *Ent. carn. n°.* 17.

Scarabæus aurat . Schrank *Enum. inf. aust.* n°. 14.

Schæff. *Icon. inf. tab.* 26. *fig.* 2. 3. 5. 6. 7. — *Id. tab.* 50. *fig.* 8. 9.

Voet. *Coleop. tab.* 1. *fig.* 1. 2. 3.

Drury. *Illust. of inf. tom.* 1. *tab* 33. *fig.* 1. 4.

Bergst. *Nomencl.* 1. 14. 5. 6. 7. *tab.* 2. *fig.* 5. 6. 7.

Buprestis. Bauh. *Ballon. pag.* 211. *fig.* 3.

Hoefn. *Inf.* 3. *tab.* 6. *fig.* 1.

Scarabæus chlorochryfos. Worm. *Mus. p.* 342.

Smaragdulus vel viridulus. Merr. *Pin. p.* 201.

Cetonia aurata. Petagn. *Spec. inf. calab. p.* 6. *n°.* 23.

Cetonia aurata. Laichart. *Inf.* 1. *p.* 48. *n°.* 1.

Scarabæus auratus. Fourc. *Entom. par. pars.* 1. *pag.* 6. *n°.* 5.

Vill. *Entom. tom.* 1. *pag.* 33. *n°.* 54.

Elle varie beaucoup pour la grandeur & pour les couleurs. Les antennes font noires. Le chaperon eft échancré. La tête eft verte. Le corcelet eft vert doré, finement pointillé, échancré à l'infertion de l'écuffon. Celui-ci eft vert doré, triangulaire. Les élytres font vertes, avec quelques lignes tranfverfales, ondées, blanches : on apperçoit auffi deux ou trois élévations longitudinales. Le deffous du corps eft cuivreux, très-brillant. Le fternum eft un peu avancé. Les pattes font d'un vert cuivreux, avec des poils rouffâtres fur les cuiffes. La poitrine & les côtés de l'abomen ont auffi des poils rouffâtres. Elle varie beaucoup : elle eft quelquefois fans taches, ou entièrement cuivreufe, fans taches, ou avec des lignes tranfverfables, ondées, blanches.

Elle fe trouve dans toute l'Europe fur les fleurs.

8. Cétoine corticine.

Cetonia corticina.

Cetonia clypeo porrecto emarginato, nigra, thoracis elytrorumque difco nigro. Ent. ou hift. nat. des inf. Cétoine. *Pl.* 3. *fig.* 11. *a, b, c.*

Elle eft plus grande que la *Cétoine* dorée. Les antennes font noires. La tête eft noire, & le chaperon eft avancé, un peu échancré. Le corcelet eft rougeâtre, avec le milieu noirâtre. L'écuffon eft noir & triangulaire. Les élytres font rougeâtres, avec le milieu noir : elles ont chacune trois lignes longitudinales élevées. Le deffous du corps & les pattes font d'un noir luifant. Les jambes ont des cils rouffâtres à leur partie interne. Le fternum eft très-peu avancé.

Cet infecte varie pour les couleurs. Le noir de la partie fupérieure du corps eft plus ou moins grand ; il n'en refte quelquefois prefque rien.

Il fe trouve au Sénégal, fur les cotonniers. La larve fait fa coque dans le fable, fuivant l'obfervation de M. Adanfon.

9. Cétoine bimaculée.

Cetonia bimaculata.

Cetonia brunnea, elytris caftaneis, macula magna laterali finuata flava nigro cincta. Ent. ou hift. nat. des inf. Cétoine. *Pl.* 2. *fig.* 6. & *pl.* 7. *fig.* 52.

Scarabæus bimaculatus *fcutellatus rufo-caftaneus nitens, elytris fingulis macula magna irregulari flava.* Deg. *Mém. tom.* 7. *pag.* 639. *n.* 37. *pl.* 47. *fig.* 19.

Elle eft un peu plus grande que la *Cétoine* trifte. Les antennes font d'un brun châtain. Le chaperon eft avancé & échancré. La tête eft d'un brun châtain, fans taches. Le corcelet eft brun châtain, avec quatre taches noires, dont deux antérieures, plus petites. L'écuffon eft brun, obfcur, ou d'un brun marron, avec deux points noirs. Les élytres font d'un brun marron, avec une grande tache latérale fur chaque, finuée, jaune, bordée de noir. Le deffous du corps eft brun, & les pattes font d'un brun marron. Le fternum eft avancé, & un peu pointu.

Elle fe trouve au cap de Bonne-Efpérance.

10. Cétoine mouchetée.

Cetonia guttata.

Cetonia viridis nitens, thoracis marginibus ferrugineis, elytris albo maculatis. Ent. ou hift. nat. des inf. Cétoine. *Pl.* 2. *fig.* 7. *a.*

Elle eft un peu plus grande que la *Cétoine* dorée. Les antennes font noirâtres. Le chaperon eft échancré, ferrugineux. Le corps eft d'un vert brillant. Le corcelet eft liffe, avec tous les bords ferrugineux. L'écuffon eft triangulaire, avec l'extrémité ferrugineufe. Les élytres font liffes, avec plufieurs petites taches blanches, arrondies, un peu enfoncées, & la future ferrugineufe. Les pattes font cuivreufes, brillantes.

Elle fe trouve dans l'Amérique méridionale.

11. Cétoine aulique.

Cetonia aulica.

Cetonia viridis nitida, thoracis margine elytrorumque maculis albis. Ent. ou hift. nat. des inf. Cétoine. *Pl.* 8. *fig.* 67. & *pl.* 2. *fig.* 7. *b.*

Cetonia aulica. Fab. *Spec. inf. tom.* 1. *pag.* 54. *n°.* 17. — *Mant. inf. tom.* 1. *pag.* 28. *n°.* 25.

Elle reffemble, pour la forme & la grandeur, à la *Cétoine* fafciculée. Le chaperon eft échancré. La tête eft verte, avec deux points blancs, très-petits. Le corcelet eft vert, avec une ligne blanche, près du bord latéral. L'écuffon eft vert, affez grand, triangulaire. Les élytres sont vertes, & elles ont une ligne blanche, longitudinale, courte, près du bord extérieur de la base, & quelques taches blanches, placées principalement vers le bord extérieur. Le dessous du corps est vert, avec quatre rangées de taches blanchâtres sur l'abdomen, de grandes taches de la même couleur sur la poitrine, & deux autres taches au-dessous du corcelet. Le sternum est un peu avancé. Les pattes sont vertes, un peu velues, avec une petite tache blanchâtre à la partie externe des cuisses postérieures.

Elle se trouve au cap de Bonne-Espérance.

12. CÉTOINE fasciculée.

CETONIA fascicularis.

Cetonia thorace lineis quatuor albis, elytris viridibus, abdominis incisuris barbatis. Ent. ou hist. nat. des ins. CÉTOINE. *Pl.* 11. *fig.* 108.

Cetonia fascicularis. FAB. *Syst. ent. p.* 45. *n°.* 13. — *Spec. ins. tom.* 1. *pag.* 63, *n°.* 16. *Mant. ins. t.* 1. *p.* 28. *n°.* 24.

Scarabæus fascicularis *scutellatus muticus, thorace lineolis quatuor albis, elytris viridibus, abdominis incisuris barbatis.* LIN. *Syst. nat. p.* 557, *n°.* 75. — *Mus. Lud. Ulr. pag.* 28. *n°.* 26.

VOET. *Coleopt. tab.* 3. *fig.* 17.
Scarabæus fascicularis. DRURY. *Illust. of ins. tom.* 1. *tab.* 33. *fig.* 2.
WULF. *Ins. Capens. p.* 12. *tab.* 1. *fig. a. b.*

Elle est un peu plus grande que la *Cétoine* dorée. Les antennes & la tête sont noires. Le chaperon est échancré. Le corcelet est lisse, noir, avec quatre lignes longitudinales, enfoncées, blanches. L'écusson est noir & lisse. Les élytres sont d'un vert foncé, point du tout luisant. Le dessous du corps est noir, mais couvert de poils serrés, assez longs & fauves : ces poils paroissent disposés par faisceaux de chaque côté de l'abdomen. Les pattes sont noires ; les cuisses & le bord intérieur des jambes sont couverts de poils fauves.

Elle se trouve au cap de Bonne-Espérance.

13. CÉTOINE marbrée.

CETONIA marmorea

Cetonia thorace lobato, nigra, thorace elytrisque flavo nigroque variis. Ent. ou hist. nat. des ins. CÉTOINE *Pl.* 11. *fig.* 110.

Elle ressemble un peu, pour la forme & la grandeur, à la *Cétoine* brillante. Les antennes sont noires. Le chaperon est avancé, un peu rebordé, légèrement échancré. Le dessus de la tête est jaune, avec une tache noire. Le corcelet est avancé postérieurement ; il est mélangé de jaune & de noir. Point d'écusson. Les élytres sont lisses & mélangées de jaune & de noir. Le dessous du corps & les pattes sont d'un noir très foncé, luisant. Le sternum est avancé.

Elle se trouve à l'île de Tabago.

14. CÉTOINE brillante.

CETONIA nitida.

Cetonia thorace postice lobato, capite spina recumbente, sterno cornuto. Ent. ou hist. nat. des ins. CÉTOINE *Pl.* 3. *fig.* 16. & *pl.* 7. *fig.* 56. *a. b. c.*

Cetonia nitida. FAB. *Syst. ent. pag.* 44. *n°.* 7. — *Spec. ins. tom.* 1. *pag.* 52. *n°.* 9. — *Mant. ins. tom.* 1. *pag.* 28. *n°.* 13.

Scarabæus nitidus *scutellatus muticus, thorace postice lobato, capite spina recumbente, sterno porrecto.* LIN. *Syst. nat. p.* 551. *n°.* 51. — *Mus. Lud. Ulric. pag.* 26.

GRONOV. *Zooph. p.* 455.
ROES. *Ins. tom.* 2. *Scarab.* 1. *tab. B. fig.* 4.
VOET. *Coleopt. tab.* 3. *fig.* 23.

Scarabæus nitidus. DRURY *Illust. of ins. tom.* 1. *tab.* 33. *fig.* 5. 6.

Scarabæus scutello minimo, viridis obscurus, thorace angulato elytrisque flavo marginatis, capite spina incumbente. DEG. *Mém. t.* 4 *p.* 322. *n°.* 16. *pl.* 19. *fig.* 8. 9.

Elle est de la grandeur de la *Cétoine* dorée. Le corps est d'une couleur verte, point du tout luisante en-dessus, & d'une couleur verte, un peu testacée, brillante en-dessous. Le chaperon est relevé en forme de petite corne plate. Au milieu de la tête on voit une épine très-courte, couchée sur la tête, & avancée. Le corcelet est lisse, bordé de jaune obscur ; il est prolongé en-arrière en forme d'écusson. L'écusson est petit, à peine visible. Les élytres sont bordées de jaune obscur, & quelquefois avec un peu de jaune obscur à la partie postérieure qui s'avance sur l'élytre. Le sternum est un peu avancé.

Elle se trouve dans l'Amérique septentrionale, à la Caroline, la Nouvelle-York, le Maryland, la Floride, la Virginie, & même à la Jamaïque.

15. CÉTOINE carmélite.

CETONIA carmelita.

Cetonia nigro-viridis, thorace elytrisque testaceis, ano albo bipunctato. FAB. *Mant. ins. t.* 1. *p.* 28. *n°.* 14.

Elle ressemble à la *Cétoine* brillante. La tête est noire, avec le chaperon échancré. Le corcelet est arrondi, testacé, obscur au milieu. Les élytres sont testacées, sans taches. Le corps est d'un noir verdâtre. Le bord des anneaux de l'abdomen est blanc de chaque côté. L'anus est avancé, & marqué de deux points blancs. Les jambes postérieures ont une dent au milieu.

Elle se trouve en Afrique.

16. CÉTOINE capucine.

CETONIA capucina.

Cetonia picea, thoracis margine flavescente, sterno porrecto. FAB. *Mant. inf. t. 1. p. 28. n°. 16.*

Elle ressemble beaucoup à la *Cétoine* Chrysis; mais elle est entièrement d'un brun noirâtre. Le dessus du corps est glabre. Les bords du corcelet sont jaunâtres. Le dessous du corps est velu, brillant. Le sternum est avancé & recourbé. Les cuisses postérieures sont très-comprimées.

Elle se trouve aux Indes orientales.

Nota. N'ayant pas vu cet insecte, je ne sais s'il doit être placé dans la première ou dans la troisième division.

17. CÉTOINE Boucher.

CETONIA Lanius.

Cetonia thorace lobato, fusco-cinerea, elytris nebulosis, sterno antice cornuto. Ent. ou hist. nat. des inf. CÉTOINE. *Pl. 2. fig. 4.*

Cetonia Lanius *exscutellata livida nigro maculata, sterno antice cornuto.* FAB. *Syst. ent. pag. 44. n°. 9. — Spec. inf. tom. 1. pag. 52. n°. 11. — Mant. inf. tom. 1. pag. 28. n°. 17.*

Scarabæus è rubro cinereus minor, maculis nigris notatus. SLOANE. *Jam. 2. tab. 237. fig. 7. 8.*

Scarabæus Lanius. DRURY. *Illust. of inf. tom. 1. tab. 33. fig. 8.*

VOET. *Coleopt. tab. 5. fig. 44.*

Elle ressemble à la *Cétoine* brilante; mais elle est ordinairement un peu plus grosse. Les antennes sont d'un noir cendré. Le chaperon est arrondi. La tête est cendrée, sans taches. Le corcelet est lisse, lobé postérieurement, cendré, avec quatre points noirâtres. Point d'écusson apparent. Les élytres sont lisses, mélangées de noir & de cendré. Le dessous du corps & les pattes sont cendrés, obscurs. Le sternum est très-avancé.

MM. Fabricius & Drury citent mal-à-propos Linné. Le *Scarabæus Lanius* de cet auteur est différent de celui-ci, c'est la *Cetonia carnifex* de M. Fabricius.

Elle se trouve dans le Maryland, la Caroline, la Jamaïque.

18. CÉTOINE Bourreau.

CETONIA Carnifex.

Cetonia scutellata rubra, elytris nigro maculatis. Ent. ou hist. nat. des inf. CÉTOINE *Pl. 6. fig. 43.*

Cetonia Carnifex. FAB. *Spec. inf. tom. 1. p. 53. n°. 12. — Mant. inf. tom. 1. pag. 28. n°. 18.*

Scarabæus Lanius *exscutellatus muticus ruber adspersus punctis nigris.* LIN. *Syst. nat. p. 557. n°. 77.*

ROES. *inf. tom. 2. Scar. terest. class. 1. tab. B. fig. 3.*

VOET. *Coleop. tab. 2. fig. 16.*

Elle est de la grandeur de la *Cétoine* dorée. Les antennes sont noires. Le chaperon est échancré. La tête est rouge, sans taches. Le corcelet est rouge, avec quelques points noirs. Les élytres sont lisses, rouges, avec plusieurs points noirs. L'écusson est noir & triangulaire. Le dessous du corps est d'un rouge brun, avec plusieurs poins noirs. Le sternum est peu avancé. Les pattes antérieures sont noires. Les quatre cuisses postérieures sont rougeâtres, bordées de noir. Les jambes sont noires, avec l'extrémité rougeâtre.

Elle se trouve dans l'Amérique méridionale.

19. CÉTOINE ondée.

CETONIA undata.

Cetonia thorace lobato, nigra, elytris maculis strigisque plurimis undatis rufo-cinereis.

Elle ressemble à la *Cétoine* boucher. Les antennes sont noires. La tête est noirâtre. Le corcelet est lobé postérieurement, noirâtre, avec quelques taches noires, peu marquées. L'écusson est très-petit. Les élytres sont d'un noir fuligineux, avec quelques taches irrégulières & des lignes transversales en zig-zag, d'un roux cendré. Le dessous du corps est d'un noir un peu bronzé, avec les côtés d'un noir cendré. Les pattes sont d'un noir cendré, avec les tarses noirs. Le sternum est avancé.

Elle se trouve à Cayenne.

Du Cabinet de M. Millin.

20. CÉTOINE fuligineuse.

CETONIA fuliginea.

Cetonia nigro-brunnea, clypeo subemarginato, elytris lævibus. Ent. ou hist. nat. des inf. CÉTOINE. *pl. 3. fig. 12.*

Elle ressemble, pour la forme & la grandeur, à la *Cétoine* dorée. Les antennes sont brunes. Le chaperon est presque échancré. Tout le corps est d'un brun noir, point du tout luisant. Le corcelet & les élytres sont pointillés. L'écusson est triangulaire. Le sternum n'est point avancé. Les pattes sont noires.

Elle se trouve.....

21. Cétoine rauque.

Cetonia rauca.

Cetonia nigra obscura, elytris obsolete ruso maculatis. Fab. *Sp. ins. app. pag.* 496. —*Mant. ins. tom.* 1. *p.* 28. *n°.* 19.

Elle ressemble aux précédentes. Le corps est d'un noir obscur. Le corcelet est arrondi, lisse, sans taches. Les élytres ont plusieurs taches rougeâtres, à peine marquées. Le sternum n'est point avancé.

Elle se trouve au Cap de Bonne-Espérance.

22. Cétoine cornue.

Cetonia cornuta.

Cetonia nigra obscura immaculata, thoracis margine antico subcornuto. Fab. *Sp. ins. app. p.* 496. —*Mant. ins. tom.* 1. *p.* 28. *n°.* 20.

Elle ressemble à la *Cétoine* dorée. Le corps est noir, obsur, glabre en-dessus, couvert de poils roussâtres en-dessous. Le corcelet est arrondi, avec le milieu du bord antérieur élevé, presque cornu. Les élytres sont à peine striées. Les cuisses postérieures sont renflées.

Elle se trouve au Cap de Bonne-Espérance.

23. Cétoine pubescente.

Cetonia pubescens.

Cetonia fusco-ænea pubescens, abdominis apice maculis duabus albis. Ent. ou hist. nat. des ins. Cétoine. *Pl.* 11. *fig.* 100.

Elle ressemble, pour la forme & la grandeur, à la *Cétoine* dorée. Tout le corps est bronzé, pubescent. Le chaperon est arrondi, & muni antérieurement de deux dentelures rapprochées. La tête & le corcelet sont pointillés. L'écusson est triangulaire, pointu, & il a deux enfoncemens vers l'extrémité. Les élytres sont légèrement raboteuses. La poitrine est couverte d'un duvet cendré. L'abdomen a deux taches blanches à son extrémité. On voit quelquefois une tache brune à la base externe de chaque élytre.

Elle se trouve au Cap de Bonne-Espérance.

24. Cétoine hépatique.

Cetonia hepatica.

Cetonia nigra, thorace elytrisque obscurè sanguineis, thorace sulcato. Ent. ou hist. nat. des ins. Cétoine. *Pl.* 11. *fig.* 99.

Elle ressemble, pour la forme & la grandeur, à la *Cétoine* dorée. Les antennes sont noires. Le chaperon est échancré. La tête est d'un rouge de sang obscur en-dessus, noire en-dessous. Le corcelet est d'un rouge de sang obscur, & marqué d'un sillon longitudinal, peu enfoncé : la partie postérieure est échancrée pour recevoir la base de l'écusson. Celui-ci est de la couleur du corcelet. Les élytres sont d'un rouge de sang obscur, avec deux ou trois élévations longitudinales sur chaque. Le dessous du corps & les pattes sont noirs & pubescens. Le sternum n'est pas avancé.

Elle se trouve à Saint-Domingue.

25. Cétoine unifasciée.

Cetonia unifasciata.

Cetonia ænea, elytris fascia postica flava. Voet. *Coleopt. tab.* 2. *fig.* 9.

Elle ressemble entièrement, pour la forme & la grandeur, à la *Cétoine* dorée. Tout le corps est bronzé, très-brillant. Les élytres ont une bande d'un jaune doré, placée un peu au-delà du milieu.

Elle se trouve aux Indes orientales.

26. Cétoine soyeuse.

Cetonia holosericea.

Cetonia thorace lobato, nigra sericea, elytris maculis tribus flavis.

Scarabæus holosericeus. Voet. *Coleopt. pars* 1. *tab.* 2. *fig.* 10.

Elle ressemble beaucoup à la *Cétoine* triste, dont elle n'est peut-être qu'une variété. Le chaperon est rebordé, échancré. Tout le corps est d'un noir foncé, un peu velouté. La tête & le corcelet sont sans taches. Les élytres ont chacune trois taches transversales jaunes, dont deux placées au bord extérieur, & l'autre à l'extrémité. Le corcelet est lobé postérieurement. Le dessous du corps & les pattes sont d'un noir luisant.

Elle se trouve aux Indes orientales.

27. Cétoine triste.

Cetonia tristis.

Cetonia thorace lobato, supra nigro-cærulea flavo maculata, subtus nigra immaculata. Ent. ou hist. nat. des ins. Cétoine. *Pl.* 10. *fig.* 91.

Cetonia tristis *picea, abdominis segmentis margine albis, clypeo emarginato, sterno cornuto.* Fab. *Syst. ent. p.* 45. *n°.* 10. —*Spec. ins. tom.* 1. *p.* 53. *n°.* 13.

Cetonia tristis *nigro maculata, abdominis segmentis margine albis, clypeo emarginato, sterno cornuto.* Fab. *Mant. ins. tom.* 1. *p.* 28. *n°.* 21.

Elle ressemble un peu, pour la forme & la grandeur, à la *Cétoine* brillante. Les antennes sont noires. Le chaperon est échancré. La tête est noire, mélangée de jaune. Le corcelet est lisse, lobé postérieurement, d'un noir bleuâtre, avec les bords extérieurs & quelques taches irrégulières, jaunes, vers les bords. Point d'écusson. Les élytres sont d'un noir bleuâtre, avec quelques taches irrégulières, jaunes, vers les bords extérieurs & à l'extrémité. Le dessous du corps & les pattes sont noirs. Le sternum est avancé & pointu.

Elle se trouve dans l'Amérique septentrionale, à la Caroline, la Floride.

28. Cétoine lobée.

Cetonia lobata.

Cetonia nigra nitida, thorace lobato, clypeo emarginato subbifido. Ent. ou hist. nat. des inf. Cétoine. *Pl.* 4. *fig.* 26.

Voet. *Coleopt. tab.* 3. *fig.* 20.

Elle est un peu plus alongée que la *Cétoine* brillante. Tout le corps est noir & luisant. Le chaperon est profondément échancré, presque fendu. La tête est pointillée. Le corcelet est pointillé, lobé postérieurement. Les élytres sont pointillées, & ont chacune deux ou trois lignes longitudinales, élevées. L'écusson est très-petit & triangulaire. Le sternum est avancé. Les quatre jambes postérieures sont ciliées à leur partie interne.

Elle se trouve dans l'Amérique méridionale.

29. Cétoine saupoudrée.

Cetonia irrorata.

Cetonia fuliginosa pulvere flavescente adspersa, thorace postice lobato. Ent. ou hist. nat. des inf. Cétoine. *Pl.* 11. *fig.* 105.

Voet. *Coleopt. tab.* 3. *fig.* 22.

Elle est un peu plus petite que la *Cétoine* dorée. Les antennes sont noires. Le chaperon est recourbé & un peu échancré. Tout le corps est d'un noir de suie, & couvert d'une poussière d'un jaune roussâtre. Le corcelet est lobé postérieurement. L'écusson est triangulaire & très-petit. Le sternum est très-peu avancé. La pièce triangulaire de la base extérieure des élytres ne diffère pas du reste du corps pour les couleurs.

Elle se trouve dans l'Amérique méridionale.

30. Cétoine alongée.

Cetonia elongata.

Cetonia atra, capite tuberculis binis posticis approximatis, antennarum articulo primo magno triangulari. Ent. ou hist. nat. des inf. Cétoine. *Pl.* 6. *fig.* 51.

Le corps de cet insecte est très-noir & alongé. Le premier article des antennes est gros, un peu comprimé, triangulaire. Le chaperon est un peu rebordé, & presque bidenté. La tête a deux petits tubercules rapprochés, à sa partie postérieure. Le corcelet est lisse, & presque rond. L'écusson est alongé & très-pointu. Les élytres sont lisses. Les jambes ont chacune deux petites épines latérales.

Elle se trouve....

31. Cétoine sinuée.

Cetonia sinuata.

Cetonia fusco-viridis, thorace elytrisque margine punctisque duobus flavis. Ent. ou hist. nat. des inf. Cétoine. *Pl.* 8. *fig.* 78.

Cetonia sinuata. Fab. *Syst. ent. app. p.* 819.—*Sp. inf. tom.* 1. *p.* 55. *n°.* 23. —*Mant. inf. tom.* 1. *pag.* 29. *n°.* 32.

Scarabæus punctato-marginatus *scutellatus niger, thorace fascia marginali flavo-fulva; puncto nigro, elytris maculis quatuor margineque flavo-fulvis.* Deg. *Mém. tom.* 7. *p.* 639. *n°.* 38. *pl.* 47. *fig.* 20.

Elle ressemble, pour la forme & la grandeur, à la *Cétoine* dorée. Le chaperon est échancré. La tête est d'un noir verdâtre. Le corcelet est d'un noir verdâtre, avec une grande partie du bord extérieur jaune, un point noir sur ce bord, & deux points jaunes vers la partie postérieure. L'écusson est triangulaire, d'un noir verdâtre, avec un point jaune de chaque côté de la base. Les élytres sont d'un noir verdâtre, avec le bord extérieur jaune & sinué, sur lequel on remarque une tache triangulaire à la base, & une autre, plus petite, presque ronde, à l'extrémité. Au milieu des élytres, on voit quatre taches jaunes, disposées en quarré long. Tout le dessous du corps est noir & luisant. Le sternum est un peu avancé & arrondi.

Elle se trouve au Cap de Bonne Espérance.

32. Cétoine jayet.

Cetonia gagates.

Cetonia atra nitida, clypeo truncato reflexo, sterno obtuso. Ent. ou hist. nat. des inf. Cétoine. *Pl.* 4. *fig.* 20. & *pl.* 11. *fig.* 20. *b.*

Cetonia gagates. Fab. *Syst. ent. p.* 49. *n°.* 28. —*Spec. inf. tom.* 1. *p.* 57. *n°.* 40. —*Mant. inf. tom.* 1. *p.* 30. *n°.* 50.

Scarabæus carbonarius *scutellatus totus niger nitidus, corpore depresso, elytris glaberrimis: areis excavatis.* Deg. *Mém. tom.* 4. *p.* 321. *n°.* 18.

Scarabæus gagates *scutellatus, muticus, totus ater, glaber, nitens, alis fuscis.* Forst. *Cent. inf. pag.* 6. *n°.* 6.

Elle ressemble un peu, pour la forme & la grandeur, à la *Cétoine* dorée. Tout le corps est d'une couleur noire, très luisante. Le chaperon est coupé antérieurement. La tête paroît quarrée, avec un petit rebord. Le corcelet est échancré postérieurement, à l'insertion de l'écusson. Celui-ci est triangulaire & de grandeur moyenne. Les élytres ont quelques élévations très-peu marquées. Le sternum est très-avancé.

Elle varie pour la couleur : elle est quelquefois entièrement d'une couleur brune, plus ou moins foncée.

Elle se trouve à Sierra-Léon, au Sénégal.

33. Cetoine opaque.

Cetonia opaca.

Cetonia obscure viridis, opaca, capitis clypeo reflexo. Fab. *Mant. inf. tom.* 1. *p.* 27. *n°.* 5.

Elle ressemble, pour la forme & la grandeur, à la *Cétoine* dorée. Le chaperon est rebordé. Tout le dessus du corps est d'un verr foncé, point du tout luisant, sans taches. Le dessous est noir & luisant.

Elle se trouve dans l'Afrique, sur les fleurs.

34. Cetoine marginée.

Cetonia marginata.

Cetonia nigra, thoracis elytrorumque marginibus rufis. Ent. ou hist. nat. des inf. Cétoine. *Pl.* 5. *fig.* 34.

Cetonia marginata. Fab. *Syst. ent. pag.* 46. *n°.* 15, —*Spec. inf. tom.* 1. *p.* 55. *n°.* 20. —*Mant. inf. tom.* 1. *p.* 29. *n°.* 28.

Scarabæus marginatus *scutellatus niger, thorace elytrisque fascia marginali flavo-fulva.* Deg. *Mém. tom.* 4 *p.* 314. *n°.* 17. *pl.* 19. *fig.* 10.

Scarabæus marginatus. Drury. *Ilust. of inf. tom.* 2. *tab.* 32. *fig.* 1.

Voet. *Coleopt. tab.* 1. *fig.* 4, 5, 6.

Elle varie beaucoup pour la grandeur & pour les couleurs. Les antennes sont noires. Le chaperon est échancré. La tête est lisse, noire, sans taches. Le corcelet est noir, avec les bords fauves. L'écusson est noir & triangulaire. Les élytres sont noires, avec les bords latéraux fauves. Le dessous du corps est noir. Le sternum est peu avancé. Dans l'un des deux sexes, on apperçoit sur l'abdomen un sillon longitudinal. Les pattes sont noires.

Elle est quelquefois d'un brun plus ou moins foncé, & rarement d'un brun fauve avec les bords du corcelet & des élytres fauves.

Elle se trouve à Sierra-Léon, au Sénégal.

35. Cetoine morio.

Cetonia morio.

Cetonia nigra obscura, corpore subtus nitidiore. Ent. ou hist. nat. des inf. Cétoine. *Pl.* 2. *fig.* 3. *a. b. c.*

Cetonia morio. Fab. *Spec. inf. tom.* 1. *p.* 51. *n°.* 5. —*Mant. inf. tom.* 1. *p.* 27. *n°.* 6.

Cetonia 4 punctata *nigra, thorace punctis quatuor albis.* Fab. *Spec. inf. tom.* 1. *p.* 52. *n°.* 8.

Scarabæus fuliginosus *scutellatus, inermis, niger, supernè opacus, subtùs nitens, segmento femorali in dentem exeunte.* Scop. *Faun. insub.* 1. *tab.* 21. *fig.* D.

Voet. *Coleopt. tab.* 2. *fig.* 14.

Cetonia morio. Pétagn. *Spec. inf. calab. pag.* 6, *n°.* 22.

Elle est presque de la grandeur de la *Cétoine* dorée. Tout le dessus du corps est noir, point du tout luisant, sans taches, ou avec quelques points blanchâtres. Le chaperon est à peine échancré. Le corcelet est lisse. L'écusson est triangulaire. Les élytres ont une petite gibbosité vers leur extrémité. Le dessous du corps est noir & luisant. Le sternum est peu avancé. Les pattes sont noires, avec des poils roussâtres sur les cuisses & sur la partie interne des quatre jambes postérieures.

Elle se trouve dans les provinces méridionales de la France, sur les fleurs, & plus souvent sur le tronc des Saules cariés.

36. Cétoine du Cap.

Cetonia capensis.

Cetonia hirta rufa albo-punctata. Ent. ou *hist. nat. des inf.* Cétoine. *Pl.* 6. *fig.* 38. *a. b.*

Cetonia capensis. Fab. *Syst. ent. p.* 46. *n°.* 14. — *Spec. inf. tom.* 1. *p.* 54. *n°.* 18. — *Mant. inf. tom.* 1. *p.* 28. *n°.* 26.

Scarabæus capensis, *scutellatus muticus rufus hirtus adspersus punctis albis.* Lin. *Syst. nat. p.* 556. *n°.* 73. — *Mus. Lud. Ulric. p.* 30.

Scarabæus albo-punctatus, *scutellatus obscurè rubro-purpureus, capite nigro, thorace lineâ albâ marginali, elytrisque punctis albis.* Deg. *Mém. t.* 7. *p.* 640. *n°.* 40. *pl.* 48. *fig.* 2.

Scarabæus capensis *pilosus, vaginis rubris plurimis punctulis albis adspersus.* Petiv. *Gazoph. tab.* 8. *fig.* 6.

Roes. *Inf. tom.* 2. *class.* 1. *Scarab. terrest. tab. B. fig.* 6.

Voet. *Coleopt. tab.* 2. *fig.* 11.

Scarabæus capensis. Drury. *Ilust. of inf. t.* 1. *tab.* 33. *fig.* 3.

Scarabæus capensis. Wulf. *Inf. cap. p.* 12. *t.* 1. *fig.* 2. *a. b.*

Elle ressemble, pour la forme & la grandeur, à la *Cétoine* dorée. Les antennes sont noires. Le chaperon est à peine échancré. La tête est noirâtre, un peu velue. Le corcelet est velu, d'un rouge foncé, avec quelques points blancs, & une ligne longitudinale, peu enfoncée. L'écusson est noir & triangulaire. Les élytres sont d'un rouge foncé, avec beaucoup de points blancs, & la suture noire. Le dessous du corps & les pattes sont noirs & couverts de poils roussâtres. Le sternum est peu avancé. Les jambes antérieures ont trois petites dents latérales.

Elle se trouve fréquemment, sur les fleurs, au Cap-de-Bonne-Espérance.

37. Cétoine notée.

Cetonia signata.

Cetonia thorace nigro, margine albo, elytris testaceis, suturâ margineque nigris. Ent. ou *hist. nat. des inf.* Cétoine. *Pl.* 5. *fig.* 35.

Cetonia signata. Fab. *Syst. ent. app. p.* 818. — *Sp. inf. tom.* 1. *p.* 54. *n°.* 19, — *Mant. inf. tom.* 1. *p.* 29. *n°.* 27.

Voet. *Coleopt. tab.* 2. *fig.* 13.

Elle est de la grandeur de la *Cétoine* du Cap. La tête est lisse, noire, & le chaperon est un peu échancré. Le corcelet est noir, avec une ligne rougeâtre au milieu, plus large à la partie postérieure; les côtés sont bordés de blanc. L'écusson est noir & triangulaire. Les élytres sont testacées, avec la suture, le tour de l'écusson, un peu du bord extérieur, noirs: on voit aussi quelquefois une ligne longitudinale, noire, qui va de la base jusques près du milieu de l'élytre, & il y a une petite tache noire vers l'extrémité. Le dessous du corps est noir; mais le dessous du corcelet & la poitrine sont couverts de poils roux. L'abdomen a une suite de points blancs de chaque côté, & quatre taches blanches à la partie postérieure. Les pattes sont noires, avec des poils roux. Le sternum est peu avancé.

Elle se trouve au Cap de Bonne-Espérance.

38. Cétoine élégante.

Cetonia elegans.

Cetonia viridis nitidissima, elytrorum suturâ, punctoque apicis atris. Ent. ou *hist nat. des inf.* Cétoine. *Pl.* 4. *fig.* 25.

Cetonia elegans. Fab. *Sp. inf tom.* 1. *p.* 56. *n.* 32. — *Mant. inf. tom.* 1. *p.* 30. *n°.* 42.

Elle ressemble beaucoup à la *Cétoine* quadrimaculée. Les antennes sont noires. Le chaperon est avancé, coupé, un peu relevé; & on voit une corne avancée, très-courte à la partie supérieure de la tête. Tout le corps est d'un vert très-brillant. Les élytres seules ont leur suture, & une tache noire, très-brillante, vers leur extrémité. Il y a aussi quelquefois une tache noire à l'angle extérieur de la base. L'écusson est triangulaire. Le corcelet & les élytres sont très-lisses. Le dessous du corps & les pattes sont d'un vert foncé, très-brillant. Le sternum est avancé & un peu recourbé.

Elle se trouve sur la côte de Coromandel.

39. Cétoine quadrimaculée.

Cetonia quadrimaculata.

Cetonia viridis, fulvo micans, elytris maculis duabus nigris, sterno obtuso. Ent. ou *hist. nat. des inf.* Cétoine. *Pl.* 8. *fig.* 73.

Cetonia quadrimaculata. Fab. *Sp. inf. tom.* 1. *pag.* 56. *n°.* 33. — *Mant. inf. tom.* 1. *pag.* 30. *n°.* 43.

Elle ressemble, pour la forme & la grandeur, à la *Cétoine* élégante. Le chaperon est un peu échancré. La tête est d'un vert ferrugineux doré. Le corcelet est un peu applati, finement pointillé, d'un vert doré, très-brillant. L'écusson est triangulaire, & d'un vert doré, brillant. Les élytres sont d'un vert rougeâtre, très-luisant, avec quatre taches noires; une vers la base extérieure de chaque élytre; & l'autre vers l'extrémité. Le bord extérieur & la suture sont très-légérement noirs. Le dessous du corps est d'un vert très-brillant. Les pattes sont vertes, avec un peu de ferrugineux aux cuisses. Les tarses seuls sont noirs. La partie postérieure de l'abdomen est ferrugineuse. Le sternum est un peu avancé.

Elle se trouve dans l'Afrique équinoxiale.

40. Cétoine marginelle.

Cetonia marginella.

Cetonia viridis, thoracis, elytrorumque margine ferrugineo. Fab. *Syst. Ent. p.* 46. *n°.* 16. — *Sp. inf. tom.* 1. *p.* 55. *n°.* 21. — *Mant. inf. t.* 1. *p.* 29. *n°.* 29.

Roes. *Inf. tom.* 2. *Scarab. terrest. class.* 1. *tab. B. fig.* 4.

Elle ressemble à la *Cétoine* africaine. Les antennes sont d'un noir verdâtre. La tête est verte, brillante, rebordée, avec le chaperon presque échancré. Le dessus du corps est d'un beau vert, point du tout brillant, avec les bords du corcelet & des élytres fauves. Le dessous du corps & les pattes sont d'un vert un peu doré, très-brillant. La poitrine a une tache blanchâtre de chaque côté; & l'abdomen, quatre rangées de taches blanchâtres;

châtres : l'extrémité a deux taches blanches, & deux autres un peu plus grandes, fauves, presque effacées.

Elle se trouve au Sénégal.

41. CÉTOINE africaine.

CETONIA africana.

Cetonia ænea nitens, capitis spinâ incumbente, sterno porrecto. Ent. ou *hist. nat. des inf.* CÉTOINE. *Pl.* 8. *fig.* 70.

Cetonia africana. FAB. *Syst. ent. p.* 48. *n°.* 25. — *Sp. inf. tom.* 1. *p.* 57. *n°.* 35. — *Mant. inf. tom.* 1. *p.* 30. *n°.* 45.

Scarabæus africanus. DRURY. *Illust. of inf. t.* 2. *tab.* 30. *fig.* 4.

Elle ressemble, pour la forme & la grandeur, à la *Cétoine* élégante. Tout le corps est d'une couleur verte, très-brillante, tant en-dessus qu'en dessous. Le chaperon est un peu relevé. La tête a une ligne longitudinale, saillante, qui se termine en pointe avancée. Le corcelet est lisse, très-finement pointillé ; l'écusson est triangulaire. Les élytres ont plusieurs rangées longitudinales de points très-rapprochés, petits, peu enfoncés, obscurs : on voit vers l'extrémité beaucoup de petits points enfoncés, obscurs, très-rapprochés, & irrégulièrement placés. Le dessous du corps est finement pointillé. Le sternum est assez avancé, & on y remarque une ligne longitudinale, rougeâtre. Les pattes sont vertes, avec les tarses noirs.

Elle se trouve à Sierra-Léon.

42. CÉTOINE cuivreuse.

CETONIA cuprea.

Cetonia cuprea nitida, thorace scutello, elytrisque viridibus. FAB. *Syst. ent. p.* 48. *n°.* 24. — *Sp. inf. tom.* 1. *p.* 57. *n°.* 34. — *Mant. inf. t.* 1. *p.* 30. *n°.* 44.

Elle est de la grandeur de la *Cétoine* dorée. La tête est cuivreuse. Le chaperon est tronqué, rebordé, entier. Le corcelet est vert, brillant, échancré postérieurement. L'écusson est triangulaire. Les élytres sont vertes, lisses, sans taches. Tout le dessous du corps est d'une couleur cuivreuse, très-brillante. Le sternum est obtus, peu avancé.

Elle se trouve à Surinam.

43. CÉTOINE iris.

CETONIA iris.

Cetonia viridis nitidissima, fusco-micans, immaculata. Ent. ou *hist. nat. des inf.* CÉTOINE. *Pl.* 8. *fig.* 77.

Cetonia iris. FAB. *Sp. inf. tom.* 1. *p.* 57. *n°.* 39. — *Mant. inf. tom.* 1. *p.* 30. *n°.* 49.

VOET. *Coleopt. tab.* 4. *fig.* 25.

Elle ressemble beaucoup à la *Cétoine* africaine ; mais le chaperon est échancré, point du tout relevé, & la tête est sans épine. Tout le corps est d'une très-belle couleur verte, avec un reflet d'un vert noirâtre, où, à la loupe, il paroît parsemé de très-petits points noirâtres. Les pattes sont vertes, avec un peu de couleur ferrugineuse. Les tarses seuls sont noirs. Le sternum est un peu avancé & arrondi.

Elle se trouve à Surinam.

44. CÉTOINE trois-lignes.

CETONIA trilineata.

Cetonia nigra, thorace lineis tribus, elytris fascia flexuosa, scutelloque albis. FAB. *Gen. inf. Mant. p.* 211. — *Sp. inf. tom.* 1. *p.* 56. *n°.* 28. — *Mant. inf. tom.* 1. *p.* 29. *n°.* 37.

Elle est de grandeur moyenne. La tête est noire, avec une ligne longitudinale, jaune. Le chaperon est échancré. Le corcelet est noir, avec une ligne au milieu, & une de chaque côté, jaunes : on remarque un point noir, de chaque côté, vers le bord. L'écusson est jaune & triangulaire. Les élytres sont légèrement striées, noires, avec une bande sinuée, courte, jaune. L'abdomen est noir, & l'anus est marqué d'une bande sinuée, jaune. Les pattes sont noires, mélangées de jaune.

Elle se trouve au Cap-de-Bonne-Espérance.

45. CÉTOINE semi-ponctuée.

CETONIA semipunctata.

Cetonia viridis nitida, thorace quadrilineato, elytris basi lineatis, apice punctatis. FAB. *Mant. inf. tom.* 1. *p.* 29. *n°.* 38.

VOET. *Coleopt. tab.* 22. *fig.* 151.

Elle est un peu plus alongée que la *Cétoine* dorée. La tête est verte, avec des lignes longitudinales, courtes, blanchâtres. Le chaperon est rebordé, légèrement échancré. Le corcelet est vert-brillant, avec deux lignes longitudinales, blanches, de chaque côté. L'écusson est vert, triangulaire, sans taches. Les élytres ont chacune deux lignes blanches, de la base au milieu, & plusieurs taches blanches, du milieu à l'extrémité. Le dessous du corps est couvert d'un duvet blanchâtre, avec une ligne au milieu, glabre, bronzée. Les pattes sont vertes ; les cuisses sont couvertes d'un duvet blanchâtre.

Elle se trouve.......

46. Cétoine suturale.

Cetonia suturalis.

Cetonia thorace nigro, margine rufo, elytris æneo nitidis, suturâ nigrâ. Ent. ou *hist. nat. des inf.* Cétoine. *Pl.* 8. *fig* 74.

Cetonia suturalis. Fab. *Syst. ent. p.* 48. *n°* 26. — *Sp. inf. tom.* 1. *p.* 57. *n°.* 36. — *Mant. inf. tom.* 1. *p.* 30. *n°.* 46.

Elle ressemble, pour la forme & la grandeur, à la *Cétoine* iris. La tête est noire, avec le chaperon un peu rebordé, & une ligne saillante, terminée en pointe avancée. Le corcelet est noir, avec le bord extérieur brun, obscur. L'écusson est noir, luisant & triangulaire. Les élytres sont d'un vert doré, avec une tache à la base; l'extrémité & la suture sont noires. Le rebord extérieur est noir. On apperçoit de legères stries formées par une suite de petits points enfoncés Le dessous du corps & les pattes sont d'un brun noir, & les tarses seuls sont noirs. Le sternum est un peu avancé.

Elle se trouve dans l'Afrique équinoxiale, au Sénégal.

47. Cétoine reluisante.

Cetonia fulgida.

Cetonia ænea nitidissima, abdominis ultimo segmento prominente quadripunctato. Ent. ou *hist. nat. des inf.* Cétoine. *Pl.* 8. *fig.* 76.

Cetonia fulgida. Fab. *Syst. ent. p.* 48. *n°.* 27. — *Sp. inf. tom.* 1. *p.* 57. *n°.* 38. — *Mant. inf. tom.* 1. *p.* 30. *n°* 48.

Voet. *Coleopt. tab.* 3. *fig.* 24.

Elle ressemble à la *Cétoine* dorée; mais elle est un peu plus petite. La tête est verte, lisse, & le chaperon est coupé. Le corcelet est d'un vert cuivreux, très-brillant, avec le bord plus cuivreux. L'écusson est vert-luisant, triangulaire. Les élytres sont d'un vert cuivreux, brillant. Le dessous du corps est vert, cuivreux, très-brillant, avec deux rangées de taches blanches, qui se croisent de chaque côté, & une ligne longitudinale, rouge, sur le sternum. La partie postérieure de l'abdomen a quatre taches blanches, & l'anus est un peu ferrugineux. Le sternum est peu avancé. Les pattes sont cuivreuses, & les tarses sont noirs.

Elle se trouve......

48. Cétoine bandée.

Cetonia cincta.

Cetonia nigra, thoracis, margine elytrisque testaceis, elytris, suturâ fasciâque dentatâ nigris. Fab. *Syst. ent. p.* 46. *n°.* 18. — *Sp. inf. tom.* 1. *p.* 55. *n°.* 24. — *Mant. inf. tom.* 1. *p.* 29. *n°.* 33.

Le corps est noir. Le corcelet est noir, avec le bord antérieur & le bord latéral, testacés. Les élytres sont testacées, avec la suture & une bande postérieure, dentées, noires.

Elle se trouve à Alexandrie.

49. Cétoine thoracique.

Cetonia thoracica.

Cetonia nigra, thorace ferrugineo, elytris nigris subpurpurescentibus. Fab. *Syst. ent. p.* 47. *n°.* 19. — *Sp. inf. tom.* 1. *p.* 55. *n°.* 25. — *Mant. inf. tom.* 1. *p.* 29. *n°.* 34.

Elle est un peu plus grande que la *Cétoine* dorée. Le corps est noir. Le corcelet est ferrugineux, noir à sa base. Les élytres sont noirâtres, avec un reflet pourpre, un peu mieux marqué vers les bords extérieurs.

Elle se trouve à Alexandrie.

50. Cétoine cinq-lignes.

Cetonia quinquelineata.

Cetonia nigra, thorace quinquelineato, elytris albo-maculatis; clypeo reflexo spinâque incumbente. Ent. ou *hist. nat. des inf.* Cétoine. *Pl.* 8. *fig.* 76.

Cetonia quinquelineata. Fab. *Sp. inf. tom.* 1. *p.* 56. *n°.* 29. — *Mant. inf. tom.* 1. *p.* 30. *n°.* 39.

Elle est de la longueur de la *Cétoine* dorée; mais elle est moins large. La tête est noire, & munie, au milieu, d'une ligne longitudinale, saillante, qui se termine un peu en pointe avancée. Le chaperon est rebordé. Le corcelet est d'un noir mat, avec cinq lignes longitudinales, légèrement enfoncées, & couvertes d'un duvet court, serré, d'un jaune blanchâtre, un peu doré. L'écusson est triangulaire, pointu, avec les bords latéraux d'un jaune doré. Les élytres sont noirâtres, avec plusieurs taches irrégulières, d'un jaune doré: la suture est relevée & brune. On voit aussi deux lignes saillantes, brunes, dont l'une assez courbe. Le dessous du corps est noir, avec quatre rangées de taches jaunâtres sur l'abdomen, & une poussière jaunâtre sur la poitrine. Le sternum est assez avancé.

Elle se trouve....

51. Cetoine Philippine.

Cetonia Philippensis.

Cetonia ænea nitida, thorace, margine punctisque duobus albis, elytris maculatis acuminatis. Ent. ou *hist. nat. des inf.* Cétoine. *Pl.* 10. *fig.* 97.

Cetonia Philippensis. Fab. *Syst. entom. pag.* 49. n°. 32. — *Spec. ins. t.* 1. *p.* 58. n°. 44. — *Mant. ins. tom.* 1. *pag.* 30. *n°.* 54.

Petiv. *Gazoph. tab.* 26. *fig.* 7.

Elle ressemble exactement pour la forme & la grandeur à la *Cétoine* dorée. Le chaperon est échancré. La tête est brillante, sans taches. Le corcelet est vert brillant, avec les bords latéraux & quatre points, au milieu, blancs, dont deux postérieurs, très-petits, à peine distincts. La partie postérieure du corcelet est échancrée à l'insertion de l'écusson. L'écusson est triangulaire, émoussé à son extrémité. Les élytres sont vertes, brillantes, avec plusieurs taches & plusieurs points blancs : l'extrémité est terminée en pointe à la suture. La pièce triangulaire de la base des élytres est verte brillante, bordée postérieurement de blanc. Tout le dessous du corps est cuivreux, avec de grandes taches blanchâtres, transversales. Le sternum est un peu avancé. La partie postérieure de l'abdomen est marquée de quatre taches blanches. Les pattes sont vertes, brillantes.

Elle se trouve aux isles Philippines.

52. Cétoine herbacée.

Cetonia herbacea.

Cetonia herbacea immaculata subtùs nitida, clypeo subemarginato. Ent. ou hist. nat. des ins. Cétoine. *Pl.* 11. *fig.* 101.

Elle est un peu plus petite que la *Cétoine* dorée. Les antennes sont noires Tout le corps est d'un vert herbacé, mat en-dessus, luisant en-dessous. Le chaperon est échancré. Le corcelet est légèrement pointillé. L'écusson est triangulaire. Les élytres sont lisses & marquées d'une petite bosse vers leur extrémité. La poitrine est un peu pubescente, & le sternum est à peine avancé. Les pattes sont de la couleur du corps.

Elle se trouve dans l'Amérique septentrionale.

53. Cétoine sillonée.

Cetonia sulcata.

Cetonia viridis nitida, immaculata, clypeo bifido, elytris sulcatis. Ent. ou hist. nat. des ins. Cétoine. *Pl.* 5. *fig.* 32.

Elle est de la grandeur de la *Cétoine* chrysis. Les antennes sont ferrugineuses, brunes. Le chaperon est avancé, bifide. La tête & le corcelet sont lisses. L'écusson est triangulaire. Les élytres sont sillonnées. Les jambes antérieures ont trois dentelures peu saillantes. Tout le corps est vert, brillant, sans taches.

Elle se trouve à l'isle de Bourbon.

54. Cétoine maculée.

Cetonia maculata.

Cetonia ænea nitida, thorace utrinque macula, elytris plurimis albis, sterno obtuso. Ent. ou hist. nat. des ins. Cétoine. *Pl.* 7. *fig.* 66.

Cetonia maculata. Fab. *Sp. ins. tom.* 1. *p.* 58. n°. 46.—*Mant. ins. t.* 1. p. 31. *n°.* 56.

Voet. *Coleopt. tab.* 1. *fig.* 8.

Elle ressemble à la *Cétoine* aiguë. Les antennes sont bronzées. La tête est bronzée, sans taches, avec le chaperon coupé, rebordé. Le corcelet est bronzé, brillant, avec une grande tache irrégulière, blanche, de chaque côté. L'écusson est triangulaire, bronzé, sans taches. Les élytres sont bronzées, brillantes, avec plusieurs taches irrégulières, blanches, dont une plus grande, dans le milieu, forme presque une bande. L'extrémité de l'élytre est terminée par une petite pointe de chaque côté de la suture. Le dessous du corps est bronzé ou cuivreux très-brillant, avec une grande tache de chaque côté de la poitrine, & quatre rangées de taches blanches sur l'abdomen. Le sternum est un peu avancé & obtus. Les pattes sont bronzées, brillantes, avec quelques poils roussâtres sur le bord interne des quatre jambes postérieures.

Elle se trouve aux Indes orientales, à la côte de Coromandel.

55. Cétoine olivâtre.

Cetonia olivacea.

Cetonia testacea, thorace lineis punctisque duobus, elytris maculis quatuor transversis nigris. Ent. ou hist. nat. des ins. Cétoine. *Pl.* 8. *fig.* 69. *a.*

Cetonia olivacea. Fab. *Syst. entom. p.* 47. *n°.* 20. — *Spec. ins. tom.* 1 *p.* 55. *n°.* 26. — *Mant. ins. tom.* 1. *p.* 29. *n°.* 35.

Scarabæus cordatus. Drury *Illust. of ins. tom.* 2. *tab.* 32.

Voet. *Coleopt. tab.* 1. *fig.* 7.

Elle ressemble pour la forme & la grandeur, à la *Cétoine* dorée. La tête est noire, avec une tache oblongue d'un jaune souci. Le chaperon est échancré. Le corcelet est d'un jaune souci, avec deux larges raies longitudinales, noires, & un point noir de chaque côté vers le bord. L'écusson est triangulaire, noir, avec une tache prune-souci, en forme de T. Les élytres sont noires, avec le bord extérieur jaune souci, & plusieurs taches transversales, irrégulières, jaunes. Le rebord latéral est noir. Tout le dessous de l'insecte est d'un jaune plus pâle que le dessus, avec une ligne longiudinale, noire, sur le sternum, & le bord des anneaux de l'abdomen noir. Les pattes sont jaunes; les jambes sont ferrugineuses & les tarses sont noirâtres. Le sternum est un peu avancé.

Elle se trouve à Sierra-Léon.

Du cabinet de M. Banks.

56. Cétoine interrompue.

Cetonia interrupta.

Cetonia nigra, thorace rufo, vittis punctisque duobus nigris, elytris nigris, fasciis interruptis rufis. Ent. ou hist. nat. des inf. Cétoine. *Pl.* 8. *fig.* 69. *b. c.*

Elle est une ou deux fois plus petite que la *Cétoine* olivâtre. Les antennes sont noires. La tête est noire, & le chaperon est à peine échancré. Le corcelet est d'un jaune fauve, avec deux larges raies longitudinales, noires, qui ne vont pas jusqu'au bord antérieur, & un point noir de chaque côté. L'écusson est jaune fauve & triangulaire. Les élytres sont noires, avec tout le bord extérieur, une tache à la base, une autre transversale, vers le milieu, & une bande d'un jaune fauve vers l'extrémité. Le dessous du corps & les pattes sont noirs, luisans. Le sternum est avané & obtus.

Elle se trouve au Sénégal.

57. Cétoine peinte.

Cetonia picta.

Cetonia nigra, thorace quinque lineato, elytris albo maculatis acuminatis. Fab. *Syst. ent. p.* 47. *n°.* 21 — *Sp. inf. tom.* 1. *p.* 56. *n°.* 27. — *Mant. inf. tom.* 1. *pag.* 29. *n°.* 36.

Elle ressemble, pour la forme & la grandeur, à la *Cétoine* linéole. La tête est noire, avec deux lignes & une tache de chaque côté, autour des yeux, blanches. Le corcelet est noir, avec cinq lignes blanches. L'écusson est triangulaire, noir, avec une ligne blanche qui ne va point jusqu'à la base. Les élytres sont pointues, avec des lignes courtes à la base, & des taches blanches postérieures. Le dernier anneau de l'abdomen est avancé, blanc, avec une ligne noire. Le dessous du corps est blanc, avec une ligne au milieu noire.

Elle se trouve dans l'Orient.

58. Cétoine bordée.

Cetonia limbata.

Cetonia nigra, thoracis margine ferrugineo. Fab. *Syst. ent. p.* 47. *n°.* 22. — *Sp. inf. tom.* 1. *p.* 56. *n°.* 36. — *Mant. inf. tom.* 1. *p.* 29. *n°.* 36.

Elle ressemble aux précédentes. Elle est d'un noir obscur, point du tout brillant. Les bords antérieur & latéral du corcelet, sont ferrugineux. Les élytres ont une petite ligne pourprée, vers la suture.

Elle se trouve en Egypte.

59. Cétoine bifide.

Cetonia bifida.

Cetonia nigra, clypeo bifido, elytris margine luteo. Ent. ou hist. nat. des inf. Cétoine. *Pl.* 2. *fig.* 9.

Elle est de la grandeur de la *Cétoine* dorée. Les antennes sont noires. Le chaperon est avancé & bifide. Tour le corps est noir, excepté le bord extérieur des élytres, qui est jaune, pointillé de noir. Le corcelet est fortement pointillé. L'écusson est triangulaire. Les pattes sont de la couleur du corps. Les jambes antérieures ont trois dents latérales.

Elle se trouve aux indes orientales.

60. Cétoine florale.

Cetonia floralis.

Cetonia glabra nigra, thoracis elytrorum abdominisque margine albo Fab. *Mant. inf. tom.* 1. *pag.* 31. *no.* 63.

Elle est grande. La tête est noire, avec deux points blancs entre les yeux. Le chaperon est légèrement échancré. Le corcelet est lisse, noir, avec le bord latéral & le bord postérieur blancs. Les élytres sont lisses, luisantes, avec le bord taché de blanc, & quelques petites taches blanches, répandues assez souvent vers le milieu des élytres. Le dernier anneau de l'abdomen est blanc & avancé. L'abdomen est noir, luisant, avec des taches blanches sur les bords. Les pattes sont noires.

Elle se trouve en Afrique sur les fleurs composées.

61. Cétoine porte-croix.

Cetonia crucifera.

Cetonia nigra, thoracis margine griseo, elytris macula cruciata grisea. Ent. ou hist. nat. des inf. Cétoine. *Pl.* 5. *fig.* 29.

Elle est de la grandeur de la *Cétoine* morio. Les antennes sont noire, le chaperon est arrondi, la tête est noire avec un peu de gris à la partie postérieure. Le corcelet est lisse, avec les bords latéraux gris. L'écusson est noir, avec trois points blancs. Les élytres sont noires, presque raboteuses, avec les bords & l'extrémité mélangés de gris; on voit une petite tache en forme de croix vers les bords extérieurs de chaque. Le dessous du corps est noir, avec un peu de gris sur les côtés. Le sternum est peu avancé. Les jambes antérieures ont trois petites dents latérales.

Elle se trouve aux indes orientales d'où elle a été apportée par M. Sonnerat.

62. Cétoine enfoncée.

Cetonia impressa.

Cetonia nigricans. thorace albo, lineis duabus fuscis; elytris punctis albis impressis. Ent. ou hist. nat. des ins. CÉTOINE. *Pl.* 8. *fig.* 71.

Elle est presque de la grandeur de la *Cétoine* histrion. Les antennes sont noires. La tête est noire, & le chaperon est arrondi. Le corcelet est noirâtre, avec les bords latéraux, & une raie longitudinale, au milieu, blancs. L'écusson est triangulaire, cendré. Les élytres sont noirâtres, avec plusieurs petites taches enfoncées, blanches. Les pattes sont d'un brun ferrugineux.

Elle se trouve aux indes orientales.

63. CÉTOINE indienne.

CETONIA inda.

Cetonia fusca thorace hirsuto, elytris lividis fusco punctatis. Ent. ou hist. nat. des ins. CÉTOINE. *Pl.* 6. *fig.* 40.

Scarabæus indus *scutellatus muticus, thorace hirsuto : elytris lividis fusco punctatis.* LIN. *Syst. nat. pag.* 556. *n°.* 71. — *Mus Lud. Ulr. pag.* 27.

PALL. *Ins. sibir. tab. B. fig.* 25. *A.*

Trichius indus *thorace hirsuto, elytris lividis fusco maculatis.* FAB. *Syst. entom. pag.* 40. *n°.* 2. — *Spec. ins. tom.* 1. *pag.* 48. *n°* 2. — *Mant. in. tom.* 1. *pag.* 25. *n°.* 3.

Elle varie pour la grandeur : elle est quelquefois aussi grande que la *Cétoine* maculée à laquelle elle ressemble beaucoup pour la forme du corps. La tête & le corcelet sont bruns & couverts de poils fins, serrés, assez courts, d'un gris roussâtre. Les antennes sont brunes, & le chaperon est arrondi & rebordé. L'écusson est triangulaire, & le derrière du corcelet est échancré pour son insertion. Les élytres sont testacées, un peu livides, avec beaucoup de points & de petites taches irrégulières, brunes. La poitrine est noirâtre & couverte de poils d'un gris roussâtre. L'abdomen est brun & très-peu velu. On voit à la base des élytres la pièce triangulaire dont toute cette division est pourvue. Le sternum est très-peu avancé.

Elle se trouve aux indes orientales.

64 CÉTOINE indigo.

CETONIA cyanea.

Cetonia clypeo emarginato cærulea, elytris punctis albis. Ent. ou hist. nat. des ins. CÉTOINE. *Pl.* 9. *fig.* 79.

Elle ressemble, pour la forme & la grandeur, à la *Cétoine* aiguë; tout le corps est d'une couleur bleue foncée, luisante. Les antennes sont noires. La tête est lisse. Le chaperon est profondément échancré. Le corcelet est lisse, sans taches; il est un peu échancré postérieurement à l'insertion de l'écusson. L'écusson est triangulaire, émoussé postérieurement. Les élytres ont trois lignes longitudinales, élevées, & quelques points blancs, depuis le milieu jusqu'à l'extrémité. Le dessous est bleu luisant. L'abdomen a quatre rangées longitudinales de points blancs. L'extrémité du ventre est brune rougeâtre. Les pattes sont d'un bleu noir.

Elle se trouve...

65. CÉTOINE aiguë.

CETONIA acuminata.

Cetonia obscure ænea, pallido maculata, elytris acuminatis. Ent. ou hist. nat. des ins. CÉTOINE. *Pl.* 8. *fig.* 72.

Cetonia acuminata. FAB. *Syst. entom. p.* 50. *n°.* 34. — *Spec. ins. tom.* 1. *pag.* 58. *n°.* 47. — *Mant. ins. tom.* 1. *pag.* 31. *n°.* 57.

VOET. *Coleopt. tab.* 5. *fig.* 37.

Elle est de la grandeur de la *Cétoine* maculée, mais elle a une forme plus alongée. Le chaperon est coupé, la tête est lisse & légèrement rebordée. Le corcelet est échancré postérieurement à l'insertion de l'écusson. Les élytres ont une ligne un peu élevée au milieu; leur suture est élevée, & elle se termine en pointes très-aiguës. Tout le dessous du corps est d'une couleur bronzée, un peu cuivreuse, couvert d'une poussière blanchâtre sur le corcelet & sur les élytres, qui y forment des taches irrégulières. Le dessous du corps est d'une couleur cuivreuse luisante, avec les côtés de la poitrine & des taches sur l'abdomen blanchâtres. Le sternum est un peu avancé.

Elle se trouve au Cap de Bonne-Espérance.

66. CÉTOINE auripeau.

CETONIA aurichalcea.

Cetonia ænea nitens, elytris acuminatis albo maculatis. Ent. ou hist. nat. des ins. CÉTOINE. *Pl.* 9. *fig.* 78.

Cetonia aurichalcea *ænea, opaca, elytris acuminatis albo maculatis.* FAB. *Syst. entom. pag.* 49. *n°.* 31. — *Spec. ins. tom.* 1. *pag.* 58. *n°.* 43. — *Mant. ins. tom.* 1. *pag.* 30. *n°.* 53.

Elle ressemble beaucoup à la *Cétoine* maculée : tout le corps est très-brillant, cuivreux, presque bronzé en-dessus, & d'un rouge cuivreux en-dessous. Le chaperon est arrondi. La tête est lisse. Le corcelet est lisse, avec une grande tache irrégulière de chaque côté, grisâtre, qui semble n'être produite que parce que l'épiderme brillant est enlevé : la partie postérieure est un peu échancrée à l'insertion de l'écusson. L'écusson est triangulaire, émoussé postérieurement. Les élytres sont terminées par une pointe à côté de la suture : elles ont quelques petits points irréguliers, & une tache grande, très-irrégulière vers les bords extérieurs.

Cet insecte étoit couvert de terre, ce qui le rendoit peu brillant; nétoyé, il est devenu tel que je viens de le décrire.

Il se trouve aux indes orientales, à Surate.

67. CÉTOINE luride.

CETONIA lurida.

Cetonia nigro-ænea, elytris lineis duabus elevatis alboque maculatis. Ent. ou hist. nat. des inf. CÉTOINE. *Pl.* 9. *fig.* 81.

Cetonia lurida. FAB. *Syst. entom. pag.* 49. *n°.* 30. — *Spec. inf. tom.* 1. *pag.* 58. *n°.* 42. — *Mant. inf. tom.* 1. *pag.* 30. *n°.* 52.

Elle ressemble entièrement, pour la forme & la grandeur, à la *Cétoine* stictique. Le chaperon est arrondi. Le corcelet est finement pointillé, presque échancré postérieurement à l'insertion de l'écusson. L'écusson est triangulaire & pointu. Les élytres ont deux stries élevées, réunies postérieurement vers l'extrémité. Tout le dessus du corps est d'une couleur de bronze foncée, luisante, avec quelques taches transversales, ondées, sur les élytres. Le dessous du corps est d'une couleur bronzée, foncée, très-brillante. Le sternum est peu avancé.

Elle se trouve au Brésil.

68. CÉTOINE estolée.

CETONIA stolata.

Cetonia viridi-fusca, thorace, margine punctisque, elytris fascia media maculisque niveis postice acuminatis. Ent. ou hist. nat. des inf. CÉTOINE. *Pl.* 7. *fig.* 59.

Cetonia stolata. FAB. *Spec. inf. tom.* 1. *pag.* 58. *n°.* 45. — *Mant. inf. tom.* 1. *p.* 31. *n°.* 55.

Cetonia fasciata. FAB. *Syst. entom. pag.* 50. *n°.* 33.

Elle ressemble un peu, pour la forme & la grandeur, à la *Cétoine* stictique. Le chaperon est échancré. La tête est bronzée, avec deux petites lignes longitudinales blanches; le corcelet est bronzé, avec les bords latéraux & quelques points blancs: la partie postérieure est à peine échancrée à l'insertion de l'écusson. Celui-ci est triangulaire. Les élytres sont bronzées, avec deux taches irrégulières, transversales, qui forment une bande interrompue, & des points irréguliers, plus ou moins nombreux. Le dessous du corps est mélangé de blanc & de brun: la poitrine est presque toute blanche. Le sternum est peu avancé. Les pattes sont entièrement brunes. L'extrémité des élytres est armée de chaque côté de la suture d'une petite pointe aiguë.

Elle se trouve dans la Nouvelle-Hollande: elle est très-commune au Sénégal sur les fleurs.

69. CÉTOINE lugubre.

CETONIA lugubris.

Cetonia glabra, atra, elytris macula laterali anoque albis. Ent. ou hist. nat. des inf. CÉTOINE. *Pl* 7. *fig.* 60.

Cetonia lugubris. FAB. *Syst. entom. app. pag* 819. — *Spec. inf. tom.* 1. *pag.* 60. *n°.* 53. — *Mant. inf. tom.* 1. *p.* 31. *n°.* 65.

Elle est un peu plus grande que la *Cétoine* versicolor. Le chaperon est coupé. Le corcelet est échancré postérieurement à l'insertion de l'écusson. Celui-ci est triangulaire & assez large. Les élytres ont des points enfoncés. Tout le corps est noir & luisant, & on voit une tache irrégulière, blanche, vers le bord extérieur de chaque élytre, une autre de chaque côté de la poitrine, une suite de taches contiguës, sur les côtés de l'abdomen, enfin une tache de la même couleur à la partie postérieure de l'abdomen. Le sternum n'est presque pas avancé.

Elle se trouve au Cap de Bonne-Espérance.

70. CÉTOINE histrion.

CETONIA histrio.

Cetonia testacea, capite, thoracis lineis duabus, elytrorum sutura maculisque tribus nigris. Ent. ou hist. nat. des inf. CÉTOINE. *Pl.* 10. *fig.* 94.

Cetonia histrio. FAB. *Syst. entom. pag.* 51. *n°* 39. — *Spec. inf. tom.* 1 *pag* 60. *n°.* 54. — *Mant. inf. tom.* 1. *pag.* 31. *n°.* 66.

Elle ressemble beaucoup à la *Cétoine* versicolor, mais elle est un peu plus grande. La tête est noire. Le chaperon est un peu échancré. Les antennes sont noires. Le corcelet est lisse, rougeâtre, avec deux petites taches d'un noir verdâtre, distinctes. L'écusson est triangulaire, rougeâtre. Les élytres sont rougeâtres, avec la suture d'un noir verdâtre, & le bord extérieur noirâtre, coupé par trois taches blanchâtres: il y a une quatrième tache à l'extrémité. Le dessous du corps est noir un peu velu, avec quatre rangées longitudinales de points blanchâtres sur l'abdomen, & quatre petites taches blanches à la partie postérieure de l'abdomen. Les pattes sont noires. Le sternum est peu avancé. La pièce triangulaire de la base extérieure des élytres est noire.

Elle se trouve en Egypte.

71. CÉTOINE versicolor.

CETONIA versicolor.

Cetonia nigra, thorace rufo nigro maculato, elytris nigris albo punctatis, dorso rufo. Ent. ou hist. nat. des inf. CÉTOINE. *Pl.* 4. *fig.* 23.

Cetonia versicolor. FAB. *Syst. entom. pag.* 51. *n°.* 38. — *sp. inf. tom.* 1. *p.* 59. *n°.* 52. — *Mant. inf. tom.* 1. *pag.* 31. *n°.* 64.

Scarabæus cruentus *phytophagus depresso-angulatus, niger, thorace supra elytrisque disco rubris, punctis elytrorum abdominisque crebris albis.* PALL. *inf. sibir. pag.* 21. *tab. B. fig.* 24. *A.*

Scarabæus thebanus. Acta soziet. Berol. Phys. 4. *tab.* 1. *fig.* 8.

Cetonia versicolor. FUESLY. *Archiv. coleopt. p.* 18. *n°.* 6. *tab.* 19. *b fig.* 28.

Elle est de la grandeur de la *Cétoine* velue. Les antennes sont noires. La tête est noire, & le chaperon est échancré. Le corcelet est d'un rouge foncé, légèrement bordé de noir, avec deux taches noires, & une ligne blanchâtre le long des bords latéraux. L'écusson est noir & triangulaire. Les élytres sont noires, avec une large raie longitudinale, courte, d'un rouge foncé, & plusieurs points blancs. Le dessous du corps est noir, avec deux taches blanches de chaque côté de la poitrine, & quatre rangées de points blancs sur l'abdomen. Les pattes sont noires, & les cuisses sont velues. Le sternum est un peu avancé.

Elle se trouve aux indes orientales, en Egypte.

72. CÉTOINE bleuâtre.

CETONIA cærulea.

Cetonia cærulea thorace lobato immaculato, elytris albo punctatis. Ent. ou *hist. nat. des inf.* CÉTOINE. *Pl.* 5. *fig.* 31. *a.*

Cetonia cærulea. FUESL. *Archiv. Coleopt. pag.* 19. *n°.* 8. *tab.* 19. *b. fig.* 30.

Elle ressemble à la *Cétoine* variée. Les antennes sont noires. Le chaperon est échancré, presque bidenté. La tête est bleue. Le corcelet est bleu, plus ou moins bronzé, sans taches, lisse, lobé postérieurement. L'écusson est petit & triangulaire. Les élytres sont bleues, avec plusieurs points blancs. Le dessous du corps & les pattes sont bleus, & l'abdomen a plusieurs points blancs.

Elle se trouve aux indes orientales.

73. CÉTOINE variée.

CETONIA variegata.

Cetonia atra, thorace, margine elytrisque maculis sparsis albis. Ent. ou *hist. nat. des inf.* CÉTOINE. *Pl.* 5. *fig* 31. *b*, & *fig.* 30.

Cetonia variegata. FAB. *Syst. entom. pag.* 51. *n°.* 40. — *Spec. inf. tom.* 1. *pag.* 60. *n°.* 55. — *Mant. inf. t.* 1 *p.* 31. *n°.* 67.

Scarabæus albellus *phytophagus, depresso-angulatus, niger, thoracis lateralibus, maculisque elytrorum anique albatis.* PALLAS. *Iter.* 1. *p.* 462. *n°.* 27. — *Icon. inf. sibir.* 1. *pag.* 17. *tab. A. fig.* 18.

Cetonia variegata. FUESL. *Arch. Coleopt. pag.* 18. *n°.* 7. *tab.* 19. *b. fig.* 29.

Elle ressemble entièrement, pour la forme & la grandeur, à la *Cétoine* versicolor. Tout le corps est très-noir, avec des taches blanches. Le chaperon est échancré. Le corcelet est lisse, avec les bords extérieurs blancs. L'écusson est triangulaire, sans taches, ou avec un point blanc à l'extrémité. Les élytres ont plusieurs taches blanches. La pièce triangulaire de la base latérale des élytres a une petite tache blanche. La poitrine a deux taches blanches de chaque côté. On voit aussi deux rangées de taches blanches de chaque côté de l'abdomen, & deux taches plus grandes à l'extrémité. Le sternum est très-peu avancé. Les pattes sont noires.

La couleur noire de cet insecte est quelquefois un peu bleuâtre.

La variété, fig. 30, ne diffère qu'en ce ce que tout le corps est ferrugineux, avec des taches blanches.

Elle se trouve aux indes orientales, à Tranquebar, à Pondichery.

74. CÉTOINE biponctuée.

CETONIA bipunctata.

Cetonia nigra thoracis margine, elytris punctis duobus rubris. Ent. ou *hist. nat. des inf.* CÉTOINE. *Pl.* 6. *fig.* 45.

Elle ressemble beaucoup à la *Cétoine* interrompue. Le chaperon est échancré. La tête est noire & le corcelet est noir, lisse, luisant, avec le rebord rougeâtre. L'écusson est noir, triangulaire, assez large à sa base. Les élytres sont noires, avec deux points rougeâtres, un de chaque côté de la suture, vers l'extrémité; elles ont des rangées de points enfoncés. Le dessous du corps & les pattes sont noirs, luisans. Le sternum est à peine avancé.

Elle se trouve au Sénégal.

75. CÉTOINE discoïde.

CETONIA areata.

Cetonia nigra pubescens elytris disco rufo. Ent. ou *hist. nat. des inf.* CÉTOINE. *Pl.* 9. *fig.* 81.

Cetonia areata. FAB. *Syst. entom. pag.* 50. *n°.* 35. — *Spec. inf. tom.* 1. *pag.* 59. *n°.* 49. — *Mant. inf. tom.* 1. *pag.* 3. *n°.* 59.

Elle ressemble, pour la forme & la grandeur, à la *Cétoine* versicolor. La tête est noire, pubescente. Le chaperon est arrondi, entier, un peu rebordé. Le corcelet est noir & pubescent. L'écusson est triangulaire, assez alongé & pointu. Les élytres sont noires, avec une grande tache alongée sur chaque élytre : elles sont quelquefois rouges, avec un peu de noir à la base, la suture & l'extrémité noires. Le dessous du corps & les pattes sont noirs & pubescens. La pièce triangulaire de la base extérieure des élytres est noire & pubescente. L'écusson n'est pas avancé.

Elle se trouve dans la Virginie.

76. Cétoine sanguinolente.

Cetonia sanguinolenta.

Cetonia atra, elytris utrinque macula magna irregulari sanguinea. Ent. ou *hist. nat. des inf.* Cétoine. *Pl. 6. fig. 41.*

Elle est de la grandeur de la *Cétoine* histrion. Le chaperon est avancé, échancré, presque bidenté. La tête, le corcelet & l'écusson sont noirs, sans taches. Les élytres sont noires, avec une grande tache oblongue, très-irrégulière, d'un rouge de sang sur chaque. La suture est noire, & l'extrémité, à côté de la suture, est un peu mucronée. La pièce triangulaire de la base extérieure des élytres est d'un rouge de sang. Le dessous du corps & les pattes sont noirs. Le sternum n'est pas avancé, & les jambes antérieures ont trois dents latérales.

Elle se trouve au Sénégal, d'où elle a été apportée par M. Geoffroy de Villeneuve.

77. Cétoine équinoxiale.

Cetonia æquinoctialis.

Cetonia atra, thoracis marginibus albis, elytris rubris, macula scutellari apiceque nigris. Ent. ou *hist. nat. des inf.* Cétoine. *Pl. 6. fig. 42.*

Elle ressemble beaucoup à la *Cetoine* sanguinolente ; dont elle n'est peut-être qu'une variété. Les antennes sont noires. Le chaperon est échancré. La tête est noire, sans taches. Le corcelet est noir, avec les bords latéraux blancs. L'écusson est noir & triangulaire. Les élytres sont rouges, avec une tache autour de l'écusson, noire, & l'extrémité noire avec un point blanc. Le dessous du corps & les pattes sont noirs. Le sternum est peu avancé. La pièce triangulaire de la base des élytres est rouge.

Elle se trouve au Sénégal, d'où elle a été apportée par M. Geoffroy de Villeneuve.

78. Cétoine argentée.

Cetonia argentea.

Cetonia nigra, grisseo-varia, corpore subtùs pedibusque argenteis nitentibus. Ent. ou *hist. nat. des inf.* Cétoine. *Pl. 6. fig. 49. a. b. c.*

Elle ressemble entièrement, pour la forme & la grandeur, à la *Cétoine* stictique. Les antennes sont noires. Le chaperon est avancé, un peu échancré. La tête est noire, avec deux lignes longitudinales, d'un gris roussâtre, le corcelet est noir, sans taches au milieu, ou avec quelques taches, & tout le bord d'un gris roussâtre. L'écusson est triangulaire, pointu, noir, avec les bords grisâtres. Les élytres sont mélangées de noir & de gris roussâtre. La pièce triangulaire qui se trouve à la base latérale des élytres est grisâtre. Tout le dessous du corps est noir, mais couvert d'une poussière argentée, brillante. Les pattes sont noires, avec les cuisses argentées.

Elle se trouve à Madagascar, d'où elle a été envoyée par M. Comerson.

79. Cétoine irrégulière.

Cetonia irregularis.

Cetonia brunnea, thorace maculis duabus oblongis, elytris maculis tribus irregularibus nigris. Ent. ou *hist. nat. des inf.* Cétoine. *Pl. 6. fig. 39.*

Elle est de la grandeur de la *Cétoine* versicolor. Les antennes sont noires. Le chaperon est arrondi. La tête est brune, sans taches. Le corcelet est lisse, brun, avec deux taches oblongues, très-noires. L'écusson est brun & triangulaire. Les élytres sont lisses, brunes, avec trois taches irrégulières, très-noires sur chaque, dont les deux postérieures sont souvent contiguës. Le dessous du corps est brun, avec le bord des anneaux de l'abdomen cendré. Les pattes sont noires.

Tout le brun de cette *Cétoine* approche un peu du rouge de laque.

Elle se trouve....

80. Cétoine funeste.

Cetonia funesta.

Cetonia glabra nigra, thorace elytrisque albo punctatis. Fab. *Sp. inf. app. pag. 497.—Mant. inf. tom. 1. pag. 31. n°. 62.*

Elle est de grandeur moyenne. La tête est noire, sans taches. Le chaperon est échancré. Le corcelet est glabre, lisse, obscur, avec cinq points blancs de chaque côté. L'écusson est noir, sans taches. Les élytres sont obscures, d'un noir obscur, avec quelques points blancs. Le dessous du corps est noir luisant.

Elle se trouve en Italie.

81. Cétoine velue.

Cetonia hirta.

Cetonia nigricans hirta, elytris pallido maculatis; thorace carinato. Ent. ou *hist. nat. des inf.* Cétoine. *Pl. 6. fig. 36. a. b. fig. 44.*

Cetonia hirta. Fab. *Syst. entom. p. 50. n°. 36. — Spec. inf. tom. 1. p. 59. n°. 50. — Mant. inf. tom. 1. p. 31. n°. 60.*

Scarabæus

Scarabæus hirtellus, *scutellatus, muticus hirtus testaceo nigricans, elytris pallido maculatis.* LIN. *Syst, nat. pag.* 556. *n°.* 69.

Scarabæus villosus albo, nigro, flavoque irregulariter variegatus. GEOFF. *Inf. tom.* 1. *pag.* 81. *n°.* 17.

L'Arlequin velu. GEOFF. *ibid.*

Scarabæus hirtus. SCOP. *Entom. carn. n°.* 8.

Scarabæus hirtus. PODA. *Mus. græc. p.* 21.

Scarabæus hirtellus. SCHRANK. *Enum. inf. aust. n°.* 19.

Cetonia hirta. LAICHART. *Inf.* 1. *p.* 51. *n°.* 3.

Scarabæus hirtellus. VILL. *Entom. tom.* 1. *p.* 31. *n°.* 50.

Scarabæus villosus. FOURC. *Entom. par. pars* 1. *p.* 9. *n°.* 17.

VOET. *Coleopt. tab.* 4. *fig.* 34.

Scarabæus squalidus *scutellatus muticus niger hirtus, thorace subcarinato.* LIN. *Syst. nat. p.* 556. *n°.* 68.

Scarabæus squalidus. SCOP. *Entom. carn. n°.* 13?

VOET. *Coleopt. tab.* 4. *fig.* 33.

Elle est un peu plus grande que la *Cétoine* stictique. Les antennes sont noires. Le chaperon est échancré. La tête est noire & couverte postérieurement de poils roussâtres. Le corcelet est noirâtre, marqué d'une ligne longitudinale, élevée & couverte de poils roussâtres. L'écusson est noirâtre & triangulaire. Les élytres sont noirâtres, couvertes de poils roussâtres, avec quelques petites taches transversales, blanchâtres. Le dessous du corps & les pattes sont noirâtres, couverts de poils roussâtres.

Le *Scarabæus squalidus* de Linné ne diffère de celui-ci qu'en ce que les élytres sont sans taches.

Elle se trouve dans presque toute l'Europe, sur les fleurs.

82. CÉTOINE stictique.

CETONIA stictica.

Cetonia clypeo emarginato, nigra albo maculata, abdomine subtùs punctis albis. Ent. ou hist. nat. des inf. CÉTOINE. *Pl.* 7. *fig.* 57.

Cetonia stictica. FAB. *Syst. ent. p.* 51. *n°.* 37. — *Spec. inf. tom.* 1. *p.* 59. *no.* 51. — *Mant. inf. tom.* 1. *p.* 31. *n°.* 61.

Scarabæus sticticus *scutellatus muticus niger glaber punctis albis sparsis, abdomine subtùs punctis quaternis albis.* LIN. *Syst. nat. p.* 552. *n°.* 54.

Scarabæus nigro-cærulescens, maculis albis sparsis, ordine macularum abdominalium longitudinali. GEOFF. *Inf. tom.* 1. *p.* 79. *n°.* 14.

Le *Drap-mortuaire.* GEOFF. *Ib.*

Scarabæus albo punctatus *scutellatus niger, corpore depresso.* DEG. *Mém. tom.* 4. *pag.* 301. *n°.* 29. *pl.* 10. *fig.* 22.

Scarabæus funestus. SCOP. *Entom. carn. n°.* 7.

Scarabæus funestus. PODA. *Mus. græc. pag.* 20.

Scarabæus funestus *muticus niger; thorace punctorum alborum paribus tribus.* SCHRANK. *Enum. inf. aust. n°.* 20.

Cetonia stictica. LAICHART. *Entom.* 1. *pag.* 50. *no.* 2.

Scarabæus sticticus. VILL. *Entom. tom.* 1. *pag.* 25. *n°.* 39.

Scarabæus funerarius. FOURC. *Entom. par.* 1. *p.* 8. *n°.* 14.

Cetonia stictica. FUESLY. *Archiv. Coleopt. p.* 18. *n°.* 5. *tab.* 19. *b. fig.* 27.

VOET. *Coleopt. tab.* 4. *fig.* 32.

Elle est un peu plus petite que la *Cétoine* velue. Les antennes sont noires. La tête est noire, sans taches, & le chaperon est légèrement échancré. Le corcelet est noir, avec deux & quelquefois quatre rangées longitudinales de points blancs, très-petits: on voit, au milieu, une ligne longitudinale, peu élevée. L'écusson est noir & triangulaire. Les élytres sont noires & parsemées de points blancs. Le dessous du corps est noir, légèrement velu, avec quatre points blancs au milieu de l'abdomen, une suite de points très-petits de chaque côté, & l'anus taché de blanc. On ne voit point dans l'un des deux sexes les quatre points du milieu de l'abdomen. Les pattes sont noires.

On la trouve dans presque toute l'Europe sur les fleurs, & sur-tout sur celle des Chardons.

83. CÉTOINE pointillée.

CETONIA punctulata.

Cetonia cinerea, elytris striatis albo punctatis. Ent. ou hist. nat. des inf. CÉTOINE. *Pl.* 6. *fig.* 47.

Elle ressemble pour la forme & la grandeur à la *Cétoine* stictique. Les antennes sont noires. La tête est cendrée, & le chaperon est noir, presque échancré. Le corcelet est lisse, cendré, pointillé de blanc. L'écusson est cendré, triangulaire. Les élytres sont striées, cendrées, pointillées de blanc. Le dessous du corps est cendré. Le sternum est peu avancé. Les pattes sont noires, très-légèrement couvertes de poils cendrés.

Elle se trouve sur les fleurs au Sénégal, d'où elle a été apportée par M. Geoffroy de Villeneuve.

84. Cétoine hémorrhoïdale.

Cetonia hæmorrhoïdalis.

Cetonia nigra, elytris viridibus, nitidis, thoracis margine anoque rufis. Ent. ou hist. nat. des ins. Cétoine. *Pl.* 4. *fig.* 24. & *pl.* 11. *fig.* 24. *b.*

Cetonia hemorrhoïdalis. Fab. *Syst. entom. app. p.* 819. — *Spec. ins. tom.* 1. *p.* 59. *n°.* 48. — — *Mant. ins. tom.* 1. *p.* 31. *n°.* 58.

Scarabæus ruficollis *scutellatus nitidus, thorace podiceque rufo-fuscis, elytris viridi-auratis : apice puncto albo.* Deg. *Mém. tom.* 7. *p.* 642. *n°.* 43.

Cetonia hæmorrhoïdalis. Fuesly. *Coleopt. p.* 156. *n°.* 11. *tab.* 41. *fig.* 8.

Elle est presque de la grandeur de la *Cétoine* stictique, mais elle a une forme un peu plus alongée, & la partie postérieure du corps est un peu plus étroite. La tête est noire, & le chaperon est un peu échancré. Le corcelet est d'un rouge brun & noirâtre au milieu. L'écusson est noir, petit, triangulaire, & très-pointu. Les élytres sont d'un vert très-brillant, avec quelques stries enfoncées, d'un rouge brun. La pièce triangulaire de la base latérale des élytres est noire. Le dessous du corps est noir, mais l'extrémité de l'abdomen est rouge-brun. Les pattes sont noires. Le sternum est très-peu avancé.

Les élytres de cet insecte sont quelquefois d'un rouge cuivreux.

Elle se trouve au Cap de Bonne-Espérance.

85 Cétoine nitidule.

Cetonia nitidula.

Cetonia thorace nigro, lateribus brunneis, elytris viridibus albo-punctatis. Ent. ou hist. nat. des ins. Cétoine. *Pl.* 6. *fig.* 46.

Elle ressemble beaucoup à la *Cétoine* hémorrhoïdale, mais elle est un peu plus petite. Les antennes sont noires. La tête est noire, pointillée, & le chaperon est à peine échancré. Le corcelet est finement pointillé, noir, luisant, avec les côtés bruns. L'écusson est noir, triangulaire, pointu. Les élytres sont vertes, brillantes, parsemées de points blancs : elles ont des stries disposées par paires, & formées par des points enfoncés. Le dessous du corps & les pattes sont d'un noir brun, mais l'abdomen est brun, avec une rangée de points blancs, très-petits, de chaque côté.

Elle se trouve au Sénégal, sur les fleurs, d'où elle a été apportée par M. Geoffroy de Villeneuve.

86 Cétoine hottentote.

Cetonia hottentota.

Cetonia atra glabra, elytris postice punctis duobus albis. Ent. ou hist. nat. des ins. Cétoine. *Pl.* 7. *fig.* 55.

Cetonia hottentota. Fab. *Syst. ent. p.* 52. *n°.* 41. — *Spec. ins. tom.* 1. *p.* 60. *n°.* 56. — *Mant. ins. tom.* 1. *p.* 32. *no.* 69.

Elle est beaucoup plus petite & beaucoup plus étroite que la *Cétoine* hémorrhoïdale. Le chaperon est un peu avancé, presque recourbé. Le corcelet est arrondi. L'écusson est petit, triangulaire, pointu. Les élytres ont quelques lignes longitudinales enfoncées. Tout le corps est très-noir & luisant ; on apperçoit seulement quatre petits points blancs, deux à l'extrémité de chaque élytre, & deux petites taches rouges, brunes à la partie postérieure de l'abdomen. Le sternum n'est pas avancé.

Elle se trouve au Cap de Bonne-Espérance.

87. Cétoine ensanglantée.

Cetonia cruenta.

Cetonia atra glabra, thorace postice maculis duabus elytrisque vitta sanguineis. Ent. ou *hist. nat. des ins.* Cétoine. *Pl.* 6. *fig.* 37. & *pl* 7. *fig.* 58.

Cetonia cruenta. Fab. *Mant. ins. tom.* 1. *pag.* 32. *n°.* 69.

Elle ressemble beaucoup à la précédente, mais elle est un peu plus grande. Le chaperon est arrondi, presque recourbé. La tête est noire : elle a une élévation à la partie postérieure, au devant de laquelle on remarque un enfoncement. Le corcelet est arrondi, noir, avec deux taches d'un rouge de sang, sur le bord postérieur. L'écusson est noir, petit, triangulaire. Les élytres ont des lignes longitudinales, enfoncées ; elles sont noires, avec une large raie rouge sur chaque élytre, & plus souvent elles sont rouges, avec la suture noire : vers l'extrémité on apperçoit quatre petits points blancs. Le dessous du corps est noir, avec l'extrémité de l'abdomen d'un rouge brun. Le sternum n'est pas avancé.

Elle se trouve au Cap de Bonne-Espérance.

** *Mandibules membraneuses. Point de pièce triangulaire à la base latérale des élytres.*

88. Cétoine pulvérulente.

Cetonia pulverulenta.

Cetonia clypeo truncato reflexo, fusco-viridis, thorace elytrisque flavo pulverulentis. Ent. ou *hist. nat. des ins.* Cétoine. *Pl.* 10. *fig.* 95.

Elle a la forme de la Cétoine noble, mais elle est deux fois plus grande. Tout le corps en-dessus est d'un vert foncé, point du tout luisant, tout couvert de petits points jaunes. Le dessous du corps & les pattes sont d'un vert foncé, un peu luisant, avec des poils courts, d'un roux brun. Les antennes sont testacées. Le chaperon est coupé antérieurement & un peu rebordé. Le corcelet est presque arrondi & un peu crénelé sur les côtés. L'écusson est triangulaire. Les élytres sont lisses. Les jambes antérieures ont trois dents latérales, & les autres, quelques petites épines très-courtes.

Elle se trouve . . .

89. Cétoine Hermite.

Cetonia Eremita.

Cetonia æneo-atra, thorace inæquali, scutello sulco longitudinali. Ent. ou hist. nat. des inf. Cétoine *Pl.* 3. *fig.* 17.

Cetonia Eremita. Fab. *Syst. Entom. pag.* 45. *n°.* 12. — *Sp. inf. tom.* 1. *p.* 53. *n°.* 15. — *Mant. inf. tom.* 1. *pag.* 28. *n°.* 23.

Scarabæus Eremita *scutallatus muticus æneo-ater, thorace inæquali, scutello sulco longitudinali.* Lin. *Syst. nat. pag.* 556. *n°.* 74.

Scarabæus Coriarius *scutellatus, æneo-niger nitidus, corpore planiusculo glabro, thorace suturis binis totidemque tuberculis.* Deg. *Mém. tom.* 4. *pag.* 300. *n°.* 28. *pl.* 10. *fig.* 21.

Roes. *Inf. tom.* 2. *class.* 1. *Scarab. terrest. tab.* 3. *fig.* 6.

Scarabæus Eremita. Scop. *Entom. carn. n°.* 15.

Scarabæus Eremita. Schrank. *Enum. inf. aust. n°.* 10.

Voet. *Coleopt. tab.* 3. *fig.* 21.

Schaeff. *Icon. inf. tab.* 26. *fig.* 1.

Scarabæus Eremita. Vill. *Entom. tom.* 1. *pag.* 32. *n°.* 53.

Elle est une ou deux fois plus grande que la Cétoine noble. Le chaperon est quarré, rebordé. Les antennes sont noirâtres. La tête a une petite dent au-dessus de l'insertion des antennes. Le corcelet est inégal; il a une élévation transversale à sa partie antérieure, & deux élévations longitudinales sur le dos. L'écusson est triangulaire. Les élytres sont très-légèrement raboteuses, surtout vers la suture. Tout le corps est d'un noir plus ou moins brun. Les jambes antérieures ont trois dents latérales; les autres ont quelques épines.

Elle se trouve dans presque toute l'Europe, sur les troncs d'arbres cariés. La larve vit dans les troncs des Saules, des Poiriers, & de quelques autres arbres.

90. Cétoine noble.

Cetonia nobilis.

Cetonia aurata, abdomine postico, albo punctato, elytris rugosis. Ent. ou hist. nat. des inf. Cétoine. *Pl.* 3. *fig.* 1. a. b. c.

Cetonia nobilis. Fab. *Syst. Entom. pag.* 43. *n°.* 5. — *Sp. Inf. tom.* 1. *pag.* 51. *n°.* 6.

Scarabæus nobilis *scutellatus muticus lævis auratus, abdomine postice albo punctato.* Lin. *Syst. Nat. pag.* 558. *n°.* 81. — *Faun. suec. n°.* 401.

Scarabæus viridis nitens, thorace infrà æquali, non prominente. Geoff. *inf. tom.* 1. *pag.* 73. *n°.* 6.

Le verdet. Geoff. *Ibid.*

Scarabæus viridulus *scutellatus aureo-viridis nitidus, elytris rugosis, abdomine postice albodine maculato, pectore mutico.* Deg. *Mem. tom.* 4. *pag.* 297. *n°.* 26.

Scarabæus viridi-æneus, thorace sulcato, elytris rugosis. Uddm. *Diss.* 1.

Roes. *Inf. tom.* 2. *class.* 1. *Scarab. terrest. tab.* 3. *fig.* 1.—5.

Voet. *Coleopt. tab.* 4. *fig.* 28 ?

Schaeff. *Icon. inf. tab.* 66. *fig.* 5. *tab.* 201. *fig.* 4.

Scarabæus nobilis. Scop. *Entom. Carn. n°.* 18.

Scarabæus nobilis. Schrank. *Enum. inf. aust. n°.* 15.

Scarabæus nobilis. Vill. *Entom.* 1. *pag.* 34. *n°.* 56.

Scarabæus nobilis. Fourc. *Entom. par.* 1. *p.* 6. *n°.* 5.

Elle est un peu plus petite que la Cétoine variable. Les antennes sont noires. Le chaperon est avancé, rebordé, légèrement échancré. Tout le dessus du corps est d'une couleur verte cuivreuse, brillante. Le corcelet est finement pointillé & marqué d'une ligne longitudinale enfoncée. L'écusson est en cœur. Les élytres sont un peu raboteuses, plus courtes que l'abdomen, souvent sans taches, & quelquefois avec des lignes transversales, courtes blanchâtres. Le dessous du corps est cuivreux, mais la poitrine & le dessous du corcelet sont couverts de poils courts, fins, roussâtres. La partie supérieure de l'extrémité de l'abdomen a plusieurs petites taches blanchâtres. Les pattes sont cuivreuses.

Elle se trouve en Europe sur les fleurs. La larve vit dans le bois.

91. Cétoine variable.

Cetonia variabilis.

Cetonia nigra, thorace utrinque puncto basicos elytrisque duobus flavis. Ent. ou hist. nat. des inf. Cétoine *Pl.* 4. *fig.* 27.

Cetonia variabilis. Fab. *Syst. Entom. pag.* 44. *n°.* 6. — *Sp. inf. tom.* 1. *pag.* 51. *n°.* 7. — *Mant. inf. tom.* 1. *pag.* 27. *n°.* 11.

Scarabæus variabilis *scutellatus muticus lævis opacus ater, elytris albo punctatis.* Lin. *Syst. Nat. pag.* 558. *n°.* 79. — *Faun. suec. n°* 402.

Voet. *Coleopt. tab.* 5. *fig.* 41. 42.

Elle ressemble à la Cétoine noble pour la forme & la grandeur. Le chaperon est un peu échancré. Tout le corps est noir, mais on apperçoit quelquefois un ou deux points blancs de chaque côté du corcelet, & quatre sur chaque élytre. Le corcelet a une ligne longitudinale, à peine enfoncée. L'écusson est petit & en cœur. Les élytres sont un peu plus courtes que l'abdomen. Le dessous du corps & les pattes sont noirs; on voit quelquefois des points blancs de chaque côté de l'abdomen. Le dessous du corps & les pattes sont noirs; on voit quelquefois des points blancs de chaque côté de l'abdomen.

Elle se trouve en Allemagne, en Suède, sur les Chênes.

La citation de Linné, & la plupart de celles de M. Fabricius sont fausses.

92. Cétoine fasciée.

Cetonia fasciata.

Cetonia nigra flavo tomentosa, elytris flavis fasciis tribus nigris interruptis. Ent. ou hist. nat. des inf. Cétoine. *Pl.* 9. *fig.* 84.

Scarabæus fasciatus *scutellatus muticus niger tomentoso-flavus, elytris fasciis duabus luteis coadunatis.* Lin. *Syst. Nat. pag.* 556. *n°.* 70. — *Faun. suec. n°.* 395.

Trichius fasciatus *niger tomentoso-flavus, elytris fasciis tribus nigris abbreviatis.* Fab. *Syst. Entom. pag.* 40. *n°.* 1. — *Sp. inf. tom.* 1. *pag.* 48. *n°.* 1. — *Mant. inf. tom.* 1. *pag.* 25. *n°.* 1.

Scarabæus niger, hirsutie flavus, elytris luteis, fasciis tribus nigris interruptis. Geoff. *inf. tom.* 1. *pag.* 80. *n°.* 16.

La livrée d'Ancre. Geoff. *Ibid.*

Scarabæus fasciatus. Deg. *Mém. tom.* 4. *pag.* 299. *n°.* 27. *pl.* 10. *fig.* 19.

Acta nidros. 4. *tab.* 16. *fig.* 2.

Scarabæus fasciatus. Drury. *Illust of inf. tom.* 1. *tab.* 36. *fig.* 2.

Voet. *Coleopt. tab.* 5. *fig.* 43.

Schaeff. *Icon. tab. fig.* 14.

Scarabæus fasciatus. Scop. *Entom. carn. n°.* 5.

Poda. *Mus. Græc. pag.* 20.

Schrank. *Enum. inf. aust. n°.* 16.

Villers. *Entom. tom.* 1. *pag.* 31. *n°.* 51.

Fourc. *Entom. par.* 1. *p.* 9. *n°.* 16.

Les antennes sont d'un brun noir. Le chaperon est rebordé, presque échancré. La tête & le corcelet sont noirs, & couverts de poils serrés, roussâtres. L'écusson est noir triangulaire, légèrement couvert de poils roussâtres. Les élytres sont d'un jaune pâle, avec les rebords noirs, & trois taches sur chaque, noires, dont l'une à la base, l'autre à l'extrémité, & la troisième, placée au mi lieu, forme une bande interrompue. Le dessous du corps est noir, mais la poitrine & le dessous du corcelet sont couverts de poils roussâtres. L'extrémité de l'abdomen est jaune, avec une grande tache noire. Les pattes sont noires légèrement velues.

Elle se trouve dans presque toute l'Europe sur les fleurs.

93. Cétoine cordonnée.

Cetonia succincta.

Cetonia nigra cinereo-tomentosa, elytris glabris nigris fasciis duabus flavis.

Trichius succinctus. Fab. *Mant. inf. tom.* 1. *pag.* 25. *no.* 2.

Scarabæus succinctus *phytophagus, depresso-subangulatus, flavo-lanuginosus, elytris nigris griseo-bifasciatis. Pall. inf. sib. tab. A. fig.* 19.

Elle ressemble beaucoup à la précédente, mais elle est un peu plus petite. La tête est noire avec le chaperon arrondi. Le corcelet est noir & couvert d'un duvet cendré. Les élytres sont glabres, noires, avec deux bandes jaunes. L'abdomen est noir & couvert d'un duvet cendré.

Elle se trouve en Allemagne & dans la Russie méridionale.

94. Cétoine bident.

Cetonia bidens.

Cetonia capite thoraceque viridi-æneis pilosis, elytris glabris testaceis viridi-nitentibus. Ent. ou hist. nat. des inf. Cétoine. *Pl.* 10. *fig.* 87.

Trichius bidens *capite thoraceque viridi-æneis*

pilosis, elytris testaceis viridi-nitentibus. FAB. *Syst. Entom. pag.* 40. *n°.* 3. — *Sp. ins. tom.* 1. *pag.* 48. *n°.* 3. — *Mant. ins. t.* 1. *p.* 26. *n°.* 5.

Elle ressemble entièrement, pour la forme & la grandeur, à la Cétoine verdelette. La tête, le corcelet & le corps en-dessous sont d'une belle couleur verte, un peu cuivreuse, & couverts de poils très-fins. Le chaperon est échancré. La tête & le corcelet sont lisses, pointillés, finement chagrinés. L'écusson est vert & triangulaire. Les élytres sont glabres, testacées, & elles brillent d'une couleur verte; elles sont plus courtes que l'abdomen, & elles ont quelques élévations longitudinales. Il y a de chaque côté de la partie postérieure de l'abdomen, une petite tache oblongue blanchâtre. Les pattes sont vertes cuivreuses, un peu velues.

Elle se trouve en Amérique.

95. CÉTOINE verdelette.

CETONIA viridula.

Cetonia viridis, pubescens, ano albo bimaculato. Ent. ou hist. nat. des ins. CÉTOINE. *Pl.* 9. *fig.* 86.

Trichius viridulus *viridis pubescens, ano albo bimaculato.* FAB. *Syst. Ent. app. pag.* 820.—*Sp. ins. tom.* 1 *pag.* 49. *n°.* 6. — *Mant. ins. tom.* 1. *pag.* 26. *n°.* 8.

Elle ressemble à la Cétoine fasciée, mais elle est un peu plus petite. Tout le corps est vert, couvert d'un léger duvet grisâtre. Le chaperon est échancré. Les antennes & les antennules sont d'un brun ferrugineux. La tête & le corcelet sont pointillés. L'écusson est petit & triangulaire. Les élytres sont plus courtes que l'abdomen : elles ont quelques lignes élevées, & deux points blancs vers le bord extérieur, & une autre sur la suture. La poitrine est couverte de poils grisâtres. L'abomen est blanc, avec une raie formée de poils blancs, de chaque côté. L'extrémité a deux taches blanches, oblongues.

Elle se trouve aux Indes orientales.

96. CÉTOINE lunulée.

CETONIA lunulata.

Cetonia glabra cyanea, elytris lunulis duabus lateralibus albis. Ent. ou hist. nat. des ins. CÉTOINE *Pl.* 10. *fig.* 88.

Trichius lunulatus *glaber cyaneus elytris lunulis duabus albis.* FAB. *Syst. Entom. pag.* 41. *n°.* 5. — *Sp. ins. tom.* 1. *pag.* 49. *n°.* 5. — *Mant. ins. tom.* 1. *pag.* 26. *n°.* 7.

Elle ressemble entièrement à la Cétoine verdelette. Les antennes sont noires. Le chaperon est échancré. Tout le corps est d'une couleur bleue luisante; les élytres seules ont deux petites taches blanches, en croissant, sur leurs bords extérieurs. Les yeux sont bruns. Le corcelet est pointillé. Les élytres sont courtes, & ont quelques lignes longitudinales, peu élevées. Le dessous du corps est bleu. La poitrine & le dessous du corcelet ont quelques poils roussâtres : on voit deux taches oblongues, blanches à l'extrémité de l'abdomen. Les pattes sont bleues.

Elle se trouve dans la Caroline.

97 CÉTOINE paresseuse.

CETONIA pigra.

Cetonia capite thoraceque æneis villosis, elytris testaceis albo maculatis. Ent. ou hist. nat. des ins. CÉTOINE. *Pl.* 7. *fig.* 54.

Trichius piger capite thoraceque æneis villosis, elytris testaceis albo maculatis. FAB. *Syst. Etom. pag.* 41. *n°.* 6. — *Sp. ins. tom.* 1. *pag.* 49. *n°.* 7. — *Mant. ins. tom, pag.* 26. *n°.* 9.

Elle ressemble à la Cétoine fasciée, mais elle est un peu plus petite. La tête est bronzée, pointillée & couverte de poils courts, roussâtres. Le chaperon est échancré. Le corcelet est bronzé, pointillé, couvert de poils courts, roussâtres, & presque bordé de gris. L'écusson est petit, triangulaire, noir & couvert de poils roussâtres. Les élytres sont d'un brun clair, avec deux taches transversales blanches, placées vers le bord extérieur. L'abdomen a deux taches blanches oblongues, à son extrémité. Les pattes sont d'un noir un peu bronzé,

Elle se trouve dans l'Amérique septentrionale, dans la Caroline, le Maryland,

98. CÉTOINE delta.

CETONIA delta.

Cetonia nigra, thorace triangulo flavo, elytris testaceis fusco punctatis. Ent. ou hist. nat. des ins. CETOINE *pl.* 11. *fig.* 107.

Trichius Delta *thorace nigro, triangulo albo, elytris testaceis, puncto fusco.* FAB. *Syst. Entom. pag.* 41. *n°.* 7. — *Spec. ins. tom.* 1. *pag.* 49. *n°.* 8. — *Mant. ins. tom.* 1. *pag.* 26. *n°.* 10.

Scarabæus Delta *scutellatus, muticus, flavus, thorace atro, triangulo flavo, elytris testaceo-rufis, nigro trimaculatis.* FORST. *Cent. ins. pag.* 7.

Scarabæus Delta DRURY. *Illust. of ins. tom.* 2. *tab.* 30. *fig.* 12.

Elle est de la grandeur de la Cétoine paresseuse. Les antennes sont brunes. Le chaperon est échancré, noir, avec le bord brun. La tête est noire. Le corcelet est noir, avec un peu du bord

& une ligne triangulaire au milieu, jaunâtres. L'écusson est noir. Les élytres sont d'un jaune testacé, avec deux ou trois points noirs. Le dessous du corps est noir & couvert d'une poussière écailleuse, grise. Les cuisses sont d'un brun ferrugineux, avec les jambes & les tarses noirs.

Elle se trouve dans l'Amérique septentrionale, la Virginie, le Maryland.

99. CÉTOINE hémiptère.

CETONIA hemiptera.

Cetonia nigra, elytris abbreviatis, thorace squamoso rugis duabus longitudinalibus. Ent. ou hist. nat. des inf. CETOINE. *Pl.* 9. *fig.* 83. & *pl.* 11. *fig.* 103. *a.*

Scarabæus hemipterus *scutellatus muticus, thorace tomentoso rugis duabus longitudinalibus marginato, elytris abbreviatis.* LIN. *Syst. Nat. p.* 555. *n°.* 63.

Trichius hemipterus. FAB. SYST. *Entom. p.* 41. *n°.* 4.—*Spec. inf. tom.* 1. *pag.* 48. *n°.* 4. — *Mant. inf. tom.* 1. *pag.* 26. *n°.* 6.

Scarabæus ater depressus & squamosus, maculis albis variegatus, elytris abdomine brevioribus, fœmina aculeo ani. GEOFF. *inf. tom.* 1. *pag.* 78. *n°.* 12.

Le Scarabé à tarière. GEOFF. *Ibid.*

Scarabæus hemipterus. SCOP. *Entom. carn. n°.* 28.

Scarabæus hemipterus. SCHRANK. *Enum. inf. aust. n°.* 22.

Scarabæus hemipterus. LAICHART. *Inf. tom.* 1. *pag.* 46. *n°.* 2.

BERGSTR. *Nomencl.* 1. *tab.* 11. *fig.* 7.

SCHAEFF. *Icon. inf. tab.* 46. *fig.* 10. 11.

VOET. *Coleopt. tab.* 10. *fig.* 88. 89. 90.

Scarabæus hemipterus. FOURC. *Entom. par.* 1. *pag.* 8. *n°.* 12.

Scarabæus hemipterus. VILL. *Entom.* 1. *pag.* 29. *n°.* 45.

Les antennes sont d'un brun noir. La tête est chagrinée, & le chaperon légèrement échancré. Le corcelet est chagriné, rebordé, marqué de deux lignes longitudinales, élevées. L'écusson est petit, triangulaire, alongé, pointu. Les élytres sont beaucoup plus courtes que l'abdomen. Tout le corps est noir, rarement brun, plus ou moins couvert de petites écailles imbriquées, grises. L'abdomen de la femelle est terminé par une tarière assez longue, pointue, doublement dentée à sa partie supérieure. Les jambes antérieures ont cinq dentelures latérales.

On la trouve dans une grande partie de l'Europe, sur les fleurs. La femelle fréquente les bois cariés pour y déposer ses œufs. C'est dans ces bois que vit la larve.

100. CÉTOINE rayée.

CETONIA lineata.

CETONIA pubescens, thorace nigro, margine lineolisque duabus flavis, elytris testaceis, sutura flava. Ent. ou hist. des inf. CÉTOINE. *Pl.* 7. *fig.* 63.

Trichius lineatus *pubescens, thorace fulvo nigro lineato, elytris testaceis, sutura fulva.* FAB. *Syst. Entom. app. pag.* 820. — *Spec. inf. tom.* 1. *pag.* 49. *n°.* 9. — *Mant. inf. tom.* 1. *pag.* 26. *n°.* 11.

Scarabæus quadratus *scutellatus hirsutus, thorace nigro flavo marginato, elytris abbreviatis fulvis intùs margine flavo, corpore subtùs villis albidis :* DEG. *Mem. inf. tom.* 7. *pag.* 645. *n°.* 48 *pl.* 48. *fig.* 10. 11.

VOET. *Coleopt. tab.* 10. *fig.* 83.

Elle ressemble un peu à la Cétoine Delta. La tête est noire, couverte de poils roussâtres. Le chaperon est arrondi, rebordé. Le corcelet est presque quarré, un peu convexe, noir, avec le bord tout autour & deux lignes au milieu, jaunes formées par des poils très courts. L'écusson est noir & couvert d'une poussière jaune. Les élytres, sont testacées avec la suture & le bord postérieur jaunes. Les pattes sont brunes. Le dessous du corcelet & la poitrine sont couverts de poils cendrés, assez serrés. L'abdomen est couvert d'un duvet gris-jaune. La partie postérieure de l'abdomen est jaune.

Elle se trouve au Cap de Bonne-Espérance.

101. CÉTOINE nigripède.

CETONIA nigripes.

Cetonia nigra, elytris testaceis, apice abdomineque postice flavis. Ent. ou hist. nat. des inf. CÉTOINE. *Pl.* 9. *fig.* 85.

Trichius nigripes *hirtus fuscus, elytris subtestaceis.* FAB. *Spec. inf. tom.* 1. *pag.* 49. *n°.* 10. — *Mant. inf. tom.* 1. *pag.* 26. *n°.* 12.

Scarabæus stigma *scutellatus hirsutissimus, capite thorace que nigris, elytris abbreviatis obscurè testaceis : apice macula flava, podice flavo villoso.* DEG. *Mem. inf. tom.* 1. *pag.* 645. *n°* 47. *pl.* 48. *fig.* 9.

Elle ressemble entièrement à la Cétoine rayée dont elle n'est peut-être qu'une variété. La tête est noire, & le chaperon est arrondi & rebordé. Le corcelet est presque quarré, tout noir & glabre. L'écusson est noir. Les élytres sont testacées, avec le bord postérieur jaune. La poitrine est noire & couverte de poils cendrés. L'abdomen est pubescent, jaunâtre, avec la partie postérieure jaune. Les pattes diffèrent de celles de la précédente en ce qu'elles sont noires ou d'un brun noir.

Elle se trouve au Cap de Bonne-Espérance.

102. Cétoine crassipède.

Cetonia crassipes.

Cetonia suprà glabra cinereo maculata, capite thoraceque nigris, elytris piceis. Ent. ou hist. nat. des ins. Cétoine. *Pl. 7. fig. 62.*

Trichius maculatus *suprà glaber cinereo maculatus, capite thoraceque nigris, elytris piceis.* Fab. *Sp. ins. tom. 1. p. 4. n°. 11.— Mant. ins. t. 1. p. 26. n°. 13.*

Scarabæus obscurè purpureus *scutellatus villosus, thorace nigro elytrisque obscurè purpureis : maculis albis sparsis, abdomine subtùs albo.* Deg. *Mem. tom. 7. pag. 646. n°. 49. tab. 48. fig. 12.*

Elle ressemble un peu à la Cétoine rayée. La tête est noire & légèrement couverte de poils roussâtres. Le chaperon est un peu échancré. Le corcelet est noir, légèrement velu, avec une très-petite bordure & deux petits points gris, formés par des poils courts. L'écusson est petit, triangulaire, alongé, noir & couvert d'une poussière grise. Les élytres sont brunes, avec quelques petites taches formées par une poussière grise. Le dessous du corcelet & l'abdomen sont noirs & couverts de poils cendrés. L'abdomen est entièrement couvert d'une poussière jaune. Les pattes sont d'un brun noir : les postérieures sont assez grosses, surtout les jambes qui paroissent comme tronquées à leur extrémité.

Elle se trouve au Cap de Bonne-Espérance.

103. Cétoine cannelée.

Cetonia canaliculata.

Cetonia brunnea thorace canaliculato, elytris abbreviatis substriatis. Ent. ou hist. nat. des ins. Cétoine. *Pl. 10. fig. 89. a. b.*

Elle ressemble beaucoup à la Cétoine hémiptère. Tout le corps est d'un brun marron, plus ou moins couvert de petites écailles ferrugineuses, imbriquées. La tête est penchée. Le corcelet a un sillon large, longitudinal, au milieu. L'écusson est triangulaire. Les élytres sont beaucoup plus courtes que l'abdomen & presque striées. L'abdomen est couvert d'écailles ferrugineuses, imbriquées. Les jambes antérieures ont trois épines latérales, assez distantes.

Elle se trouve au Cap de Bonne-Espérance.

* * * *Mandibules cornées. Point de pièce triangulaire à la base latérale des élytres.*

104. Cétoine fulminante.

Cetonia ignita.

Cetonia aurata nitidissima, abdomine villoso ; elytris substriatis. Ent. ou hist. nat. des ins. Cétoine. *Pl. 10. fig. 96.*

Scarabæus Chamæleon. Voet. *Coleopt. tab. 21. fig. 139.*

Scarabæus Chamæleon. Jablonsk. *Coleopt. 2. tab. 17. fig. 2.*

Elle est une fois plus grande que la Cétoine noble. Le dessus du corps est glabre & d'une couleur de cuivre doré, très-brillante : le dessous brille de la même couleur, mais il est couvert de poils roux. Le chaperon est arrondi. La tête est pointillée. Le corcelet est lisse, très-finement pointillé. L'écusson est arrondi postérieurement. Les élytres ont des stries pointillées. Les cuisses sont cuivreuses, un peu testacées ; les jambes sont cuivreuses, un peu verdâtres, & les tarses sont bleuâtres. Les pattes postérieures sont assez grosses. Le sternum est très-peu avancé, & il a une ligne longitudinale enfoncée, au milieu.

Elle se trouve dans l'Amérique méridionale, à Cayenne, à Surinam.

105. Cétoine glabre.

Cetonia glabrata.

Cetonia testacea nitida, thorace maculis duabus nigro-æneis, sterno porrecto obtuso. Ent. ou hist. nat. des ins. Cétoine. *Pl. 9. fig. 80.*

Melolontha glabrata *testacea nitida, sterno antice porrecto, obtuso.* Fab. *Spec. ins. tom. 1. pag. 34. n°. 9. — Mant. ins. tom. 1. pag. 20. n°. 17.*

Elle ressemble pour la forme & la grandeur, au Hanneton laineux. Le chaperon est échancré. La tête est jaunâtre, avec deux taches d'un vert noirâtre. Le corcelet est jaunâtre, avec deux grandes taches presque quarrées, d'un vert noirâtre, & un point de la même couleur, de chaque côté. L'écusson est jaunâtre, triangulaire, avec un peu de vert noirâtre sur les bords latéraux. Les élytres sont jaunâtres, lisses, sans points & sans stries. Le dessous du corps est d'une couleur verte foncée, un peu bronzée & brillante, avec un peu de jaunâtre vers l'origine des pattes. Le sternum est avancé, obtus, avec un peu de jaunâtre à son extrémité. Les pattes sont bronzées, brillantes, avec un peu de jaune testacé aux cuisses.

Elle se trouve aux Indes orientales.

106. CÉTOINE bicolor.

CETONIA bicolor.

Cetonia clypeo rotundato, viridi-ænea nitida, elytris brunneis sulcatis. Ent. ou hist. nat. des ins. CÉTOINE. *Pl.* 11. *fig.* 109.

Elle est de la grandeur de la Cétoine dorée. Les antennes sont brunes. Le chaperon est arrondi. La tête, le corcelet & l'écusson sont d'un vert foncé très-luisant. Les élytres sont sillonnées & brunes. Le dessous du corps & les pattes sont d'un vert foncé, très-luisant. Le sternum est très-avancé. Les jambes antérieures ont trois dents latérales.

Elle se trouve dans l'Amérique méridionale.

107. CÉTOINE émérite.

CETONIA emerita.

Cetonia viridis nitens suprà viridi-cuprea, elytris striatis, sterno porrecto. Ent. ou hist. nat. des ins. CÉTOINE. *Pl.* 11. *fig.* 98.

Elle est un peu plus grande que la Cétoine Chrysis. Les antennes sont d'un noir un peu bronzé. Le chaperon est arrondi, légèrement échancré. Tout le corps est glabre, brillant, d'un vert cuivreux en dessus, & d'un beau vert en dessous. La tête & le corcelet sont fortement pointillés. L'écusson est petit & en cœur. Les élytres sont pointillées, striées, & chaque strie a une suite de points enfoncés. Le sternum est avancé & pointu. Les jambes antérieures ont trois dents latérales à peine marquées.

Elle se trouve dans l'Amérique méridionale.

108 CÉTOINE massue.

CETONIA clavata.

Cetonia viridi-cuprea, elytris testaceis, sterno porrecto elevato. Ent. ou hist. nat. des ins. CÉTOINE. *Pl.* 8. *fig.* 68.

Elle ressemble beaucoup à la Cétoine splendide, mais elle est un peu plus grande. Le chaperon est arrondi. La tête est lisse & d'un vert plus ou moins cuivreux. Le corcelet est convexe, un peu échancré postérieurement à l'insertion de l'écusson, d'un vert plus ou moins cuivreux. L'écusson est presque de la longueur de la moitié des élytres; il est triangulaire, & de la couleur de la tête & du corcelet. Les élytres sont lisses, convexes & testacées. Tout le dessous du corps est d'une belle couleur de cuivre. Le sternum est très-avancé; il est obtus & presqu'en masse à son extrémité.

Elle se trouve dans l'Amérique méridionale.

109. CÉTOINE convexe.

CETONIA convexa.

Cetonia corpore viridi-glabro, clypeo rotundato, scutello magno triangulo. Ent. ou hist. nat. des ins. CÉTOINE. *Pl.* 6. *fig.* 48.

VOET. *Coleop. tab.* 8. *fig.* 66.

Elle ressemble beaucoup à la Cétoine émeraude. Les antennes sont obscures. Le chaperon est arrondi. Tout le corps est vert & luisant, convexe & lisse en dessus. L'écusson est grand, triangulaire, un peu plus court que la moitié des élytres. Les élytres sont un peu plus courtes que l'adomen. Le sternum est avancé & recourbé. Les pattes sont de la couleur du corps.

Elle se trouve dans la nouvelle Yorck, en Pensylvanie, à Saint-Domingue.

110. CÉTOINE émeraude.

CETONIA smaragdula.

Cetonia ferrugineo flavescens, elytris virescentibus sterno cornuto. Ent. ou hist. nat. des ins. CÉTOINE. *Pl.* 10. *fig.* 90.

Cetonia smaragdula FAB. *Syst. Entom. pag.* 45. *n°.* 11. — *Spec. ins. tom.* 1. *pag.* 53. *n°.* 14. — *Mant. ins. tom.* 1. *pag.* 28. *n°.* 22.

Scarabæus virens. DRURY. *Illust. of ins. tom.* 2. *tab.* 3. *fig.* 3.

Elle ressemble beaucoup à la Cétoine convexe. Le chaperon est arrondi. La tête & le corcelet sont d'un jaune obscur, presque testacé. L'écusson est grand, triangulaire, de la couleur du corcelet. Les élytres sont d'un vert pâle: elles ont des stries régulières, peu marquées. Le dessus du corps est jaunâtre obscur. L'abdomen est obscur, avec une petite tache testacée au millieu de chaque anneau. Les pattes sont testacées, avec les tarses noirâtres. Les jambes ont quelques petits points enfoncés, noirs. Le sternum est avancé & un peu recourbé.

Elle se trouve dans l'Amérique méridionale.

111. CÉTOINE quadrirayée.

CETONIA quadrivittata.

Cetonia nigra thorace undique flavo marginato, elytris vittis quatuor flavis. Ent. ou hist. nat. des ins. CÉTOINE. *Pl.* 7 *fig.* 65.

Scarabæus cinctus. DRURY. *Illust. of ins. tom.* 3. *tab.* 44. *fig.* 4.

Elle ressemble, pour la forme & la grandeur, à la

à la Cétoine splendide. Elle est noire & luisante. Le chaperon est arrondi. La tête est lisse. Le corcelet est convexe, noir, avec un large bord jaune tout autour, sur lequel on remarque de chaque côté un petit point noir. L'écusson est triangulaire, presque de la longueur de la moitié des élytres. Les élytres sont convexes, & on y remarque, sur chaque deux raies longitudinales, jaunes, qui se réunissent sur le bord postérieur. L'extrémité de l'abdomen est quelquefois d'un brun noir. Le sternum est très-avancé, un peu recourbé, obtus & presque en masse.

Elle se trouve dans l'Amérique méridionalle, le Brésil.

112 CÉTOINE tétradactyle.

CETONIA tetradactila,

Cetonia atra, scutello elytris dimidio breviore, pedibus triunguiculatis, pollice fixo. Ent. ou *hist. nat. des inf.* CÉTOINE. *Pl.* 2. *fig.* 8. & *pl.* 7. *fig.* 53.

Cetonia tetradactila. FAB. *Syst. Entom. pag.* 49. *n°.* 29. — *Spec. inf. tom.* 1. *pag.* 58. *n°.* 41. — *Mant. inf. tom.* 1. *pag.* 30. *n°.* 51.

Scarabæus tetradactilus *scutellatus muticus niger, pedibus triunguiculatis, pollice fixo.* LIN. *Syst. Nat. Mant. p.* 530.

Scarabæus major niger. SLOANE. *Jam. tom.* 2. *pag.* 237. *fig.* 2.

Scarabæus tetradactilus. DRURY. *Illust. of inf. tom.* 1. *tab.* 33. *fig.* 7.

Elle est plus grande que la Cétoine splendide. Tout le corps est noir, luisant, très-convexe. Le chaperon est arrondi, la tête, le corcelet & les élytres sont lisses. L'écusson est grand, presque de la longueur de la moitié des élytres. Le sternum est avancé & recourbé. Les pattes sont noires : le dernier article des tarses est grand & terminé par quatre crochets,

Elle se trouve dans l'Amérique méridionale, à la Jamaïque.

113. CÉTOINE luisante.

CETONIA lucida.

Cetonia viridis nitida, scutello magno triangulo, elytris lævibus. Ent. ou *hist. nat. des inf.* CÉTOINE *Pl.* 7. *fig.* 64.

Elle ressemble, pour la forme & la grandeur, à la Cétoine splendide. Les antennes sont noires. Tout le corps est d'un vert un peu foncé, brillant. Le chaperon est arrondi. Le corcelet & les élytres sont lisses, sans points & sans stries. L'écusson est très-grand & triangulaire. Le sternum est avancé, obtus & recourbé. Les pattes sont de la couleur du corps. Les jambes antérieures ont trois petites dents latérales.

Elle se trouve à la Guadeloupe, & m'a été donnée par M. de Badier.

114. CÉTOINE splendide.

CETONIA splendida.

Cetonia viridis nitida, thoracis margine elytrisque testaceis. Ent. ou *hist. nat. des inf.* CÉTOINE. *Pl.* 4. *fig.* 21.

Cetonia splendida *cyanea, thoracis margine elytrisque testaceis* FAB. *Syst. Entom. pag.* 47. *n°.* 23. — *Sp. inf. tom.* 1. *pag.* 56. *n°.* 31. — *Mant. inf. tom.* 1. *p.* 30. *n°.* 41.

VOET. *Coleopt. tab.* 8. *fig.* 62.

Elle est un peu plus grande, plus ovale & plus convexe que la Cétoine Chrysis. Les antennes sont noires. La tête est verte & le chaperon est arrondi. Le corcelet est lisse, vert & brillant, avec les bords latéraux testacés. L'écusson est triangulaire, presque de la longueur de la moitié des élytres. Les élytres sont lisses, testacées, avec un léger reflet vert. Le dessous du corps & les pattes sont glabres, verts, brillants. Le sternum est avancé & recourbé.

Elle se trouve dans l'Amérique méridionale, à Cayenne, à Surinam.

115. CÉTOINE Chrysis.

CETONIA. Chrysis.

Cetonia scutello elytris dimidio breviore sterno porrecto, corpore viridi. Ent. ou *hist. nat. des inf.* CÉTOINE. *Pl.* 4. *fig.* 19. a. b. c.

Cetonia Chrysis. FAB. *Syst. Entom. pag.* 44. *n°.* 8. — *Spec. inf. tom.* 1. *pag.* 52. *n°.* 10. — *Mant. inf. tom.* 1. *pag.* 28. *n°.* 15.

Scarabæus Chrysis *scutellatus muticus, sterno porrecto, scutello elytris dimidio breviore.* LIN. *Syst. Nat. pag.* 551. *n°.* 49. — *Mus. Lud. Ulric. pag.* 21.

Scarabæus scutello longissimo, corpore ovato convexo : suprà viridi nitente, infrà viridi-æneo, pectore porrecto. DEG. *Mem. tom.* 4. *pag.* 319. *n°.* 12. *pl.* 19. *fig.* 4.

GRONOV. *Zooph. p.* 428. *tab* 15. *fig.* 8.

SULZ. *Hist. inf. tab.* 1. *fig.* 10.

VOET. *Coleopt. tab.* 8. *fig.* 63. 64.

Elle est un peu plus petite & plus étroite que la Cétoine luisante. Les antennes sont d'un noir bronzé. Le chaperon est arrondi. Tout le dessus du corps est lisse, vert, brillant, sans taches. L'écusson est triangulaire & presque de la longueur de la moitié des élytres. Celles-ci sont un peu plus courtes que l'abdomen. Le dessous du corps est vert cuivreux, très-brillant. Les pattes sont cuivreuses. Le sternum est très-avancé.

Elle se trouve dans l'Amérique méridionale, à Cayenne, à Surinam.

116. Cétoine brunipède.

Cetonia brunnipes.

Cetonia nigra nitida, thoracis lateribus, antennis pedibusque piceis. Ent. ou *hist. nat. des inf.* Cétoine *Pl. 6. fig. 50.*

Elle ressemble un peu pour la forme & la grandeur à la Cétoine Chrysis. La tête est noire, avec la bouche & les antennes d'un brun ferrugineux. Le corcelet est lisse, échancré antérieurement, noir, avec les bords latéraux d'un brun ferrugineux. L'écusson est noir, grand & triangulaire. Les élytres sont noires, lisses, luisantes, un peu plus courtes que l'abdomen. Le dessous du corps est brun. Les pattes sont d'un brun ferrugineux, avec les tarses noirs. Le sternum est avancé & obtus.

Elle se trouve . . . . . .

117 Cétoine linéole.

Cetonia lineola.

Cetonia nigra lineola flava, à capite ad scutellum ducta. Ent. ou *hist. nat. des inf.* Cétoine. *Pl. 5. fig. 28. a. b.*

Cetonia lineola. Fab. *Syst. Entom. pag. 46. n°. 17. — Spec. inf. tom. 1. pag. 55. n°. 22 — Mant. inf. tom. 1. pag. 29. n°. 30.*

Scarabæus lineola *muticus niger, lineola flava à capite ad scutellum ducta.* Lin. *Syst. nat. pag. 552. n°. 53.*

Scarabæus scutellatus niger nitidus flavo maculatus, capite thoraceque linea flava, thoracis margine flavo. Deg. *Mém. tom. 4. pag. 320. n°. 13. pl. 19. fig. 5.*

Ross. *Inf. tom. 2. class. 1. Scarab. terrest. tab B. fig. 7.*

Voet. *Coleopt. tab. B. fig. 81.*

Cetonia ephippium. Pl. 11. fig. 106.

Cetona ephippium *nigra thoracis margine lineaque dorsali, elytris macula difformi ferrugineis.* Fab. *Mant. inf. tom. 1. pag. 29. n°. 31.*

Scarabæus Hespera. Drury. *Illust. of inf. tom. 3. tab. 44. fig. 3.*

Les antennes sont noires. Le chaperon est arrondi. La tête est noire, avec une ligne longitudinale, jaune. Le corcelet est lisse, noir, luisant, avec une ligne longitudinale & les bords latéraux jaunes : il y a un point noir, oblong, sur le jaune des bords. L'écusson est noir, lisse, marqué d'une petite tache jaune. Les élytres sont lisses, noires, luisantes, un peu plus courtes que l'abdomen, rarement sans taches, & souvent avec deux points jaunes, plus ou moins grands, qui forment quelquefois, par leur réunion, une grande tache jaune. Le dessous du corps est mélangé de noir & de jaune. L'abdomen est noir avec le bord des anneaux jaune, & quatre points de la même couleur à l'extrémité. Les pattes sont noires; mais les cuisses sont mélangées de jaune & de noir. Le sternum est avancé, obtus & jaune.

Elle se trouve à Cayenne, à Surinam, au Brésil.

118. Cétoine surinamoise.

Cetonia surinama.

Cetonia nigra thoracis lateribus abdominisque segmentis flavis, ano maculis septem flavis. Ent. ou *hist. nat. des inf.* Cétoine. *Pl. 11. fi. 104.*

Scarabæus surinamus *muticus niger, thoracis incisurarumque marginibus flavis, sterno porrecto.* Lin. *Syst. nat. pag. 552. n°. 50. — Amœnit. acad. tom. 6. pag. 391. n°. 3.*

Voet. *Coleopt. tab. 10. fig. 85.*

Elle ressemble beaucoup à la Cétoine linéole, dont elle n'est peut-être qu'une variété. Les antennes sont noires. La tête est noire, quelquefois marquée d'une ligne longitudinale, jaune. Le chaperon est arrondi. Le corcelet est noir, lisse, luisant, avec les rebords latéraux jaunes. L'écusson est noir, lisse & triangulaire. Les élytres sont lisses, noires, sans taches. Le dessous du corps est noir, & mélangé de jaune. L'abdomen est noir, avec le bord & les anneaux jaunes & quatre taches jaunes sur le dernier anneau, en dessus, & trois en-dessous, Les pattes sont jaunes, avec les cuisses mélangées de jaune & de noir.

Elle se trouve à Cayenne, à Surinam.

119. Cétoine striée.

Cetonia striata.

Cetonia thorace nigro, marginibus flavis puncto nigro, elytris brunneis, striatis. Ent. ou *hist. nat des inf.* Cétoine. *Pl. 11. fig. 102.*

Elle ressemble entièrement, pour la forme & l grandeur, à la Cétoine linéole. Les antennes son d'un brun rougeâtre. Le chaperon est un peu échan cré. La tête est lisse, noire, avec une ligne lon gitudinale, jaune. Le corcelet est lisse, noir avec les bords latéraux jaunes, & un point noi sur le jaune. L'écusson est noir & triangulaire. Le élytres sont brunes, striées, un peu plus courtes que l'abdomen. Le dessous du corps est mélangé de brun & de brun rougeâtre. Le sternum est avancé. Les pattes sont brunes & les cuisses sont d'un brun rougeâtre.

Elle se trouve à la Guadeloupe, & m'a été donnée par M. de Badier.

120. CÉTOINE quadriponctuée.

CETONIA quadripunctata.

Cetonia nigra ano bipunctato, pedibus rufis: tibiis posticis spinis annulatis. Ent. ou *hist. nat. des ins.* CÉTOINE. *Pl.* 10. *fig.* 93.

Cetonia quadripunctata FAB. *Mant. ins. tom.* 1. *pag.* 27. *n°.* 12.

Elle est un peu plus épaisse que la Cétoine surinamoise. Le chaperon est arrondi, un peu rebordé. Les antennes sont fauves. La tête & le corcelet sont noirs, lisses, pointillés. Le corcelet est échancré postérieurement à l'insertion de l'écusson. Celui-ci est noir & triangulaire. Les élytres sont noires, un peu striées. Le dessous du corps est d'un noir verdâtre, couvert d'un duvet gris. L'extrémité de l'abdomen est un peu brune, & marquée de deux taches grises placées à la partie postérieure. Le sternum est avancé & un peu recourbé. Les pattes sont testacées. Les tarses sont bruns.

Elle se trouve aux Indes orientales.
Du cabinet de feu M. Hunter.

121. CÉTOINE latérale.

CETONIA lateralis.

Cetonia viridis nitens, thorace maculis duabus testaceis, scutello magno triangulo. Ent. ou *hist. nat. des ins.* CÉTOINE. *Pl.* 3. *fig.* 13.

Elle ressemble à la Cétoine Chrysis, mais elle est une fois plus petite. Les antennes sont bronzées Le chaperon est arrondi. Tout le corps est d'un vert herbacé, luisant. Le corcelet seul a de chaque côté une tache fauve, postérieure, assez grande. L'écusson est triangulaire & de la longueur de la moitié des élytres. Les élytres sont lisses & un peu plus courtes que l'abdomen. Les pattes sont d'un vert herbacé.

Elle se trouve dans l'Amérique méridionale.

122. CÉTOINE pustulée.

CETONIA pustulata.

Cetonia nigra nitida, elytris abbreviatis flavo maculatis. Ent. ou *hist. nat. des ins.* CÉTOINE. *Pl.* 3. *fig.* 15.

Elle ressemble un peu pour la forme & pour la grandeur au Hanneton floral. Les antennes sont noires. Le chaperon est légèrement bidenté. La tête & le corcelet sont noirs, sans taches. Le corcelet est échancré postérieurement, à l'insertion de l'écusson L'écusson est noir. Les élytres sont courtes, noires, tachées de jaune fauve. Le dessous du corps & les pattes sont noirs. Les jambes sont assez grosses & comprimées.

Elle se trouve à la Guadeloupe, & m'a été donnée par M. de Badier.

CHALCIS, CHALCIS; genre d'insectes de la première section de l'Ordre des hyménoptères.

Ces insectes ont deux antennes coudées vers leur base; quatres ailes membraneuses, inégales; l'abdomen armé d'un aiguillon; les cuisses postérieures ordinairement grosses, munies de dentelures à leur partie interne.

Les Chalcis ont beaucoup de rapports avec les Cynips. Ils en diffèrent par les antennules presque en masse; par les antennes un peu plus renflées; par l'aiguillon caché dans l'abdomen; par le pédicule qui joint l'abdomen au corcelet, beaucoup plus alongé; enfin par les cuisses renflées.

Linné a placé ces insectes parmi les Sphex & parmi les Guêpes; M. Geoffroy, parmi les Guêpes: M. Fabricius les avoit placés parmi les Sphex, dans ses premiers ouvrages, & leur ayant ensuite reconnu des caractères propres & distincts, il en a établi un genre sous le nom de *Chalcis*.

Les antennes sont filiformes, beaucoup plus courtes que le corcelet, & composées de dix ou onze articles peu distincts. Le premier est alongé & presque cylindrique; le second est très-petit; les autres sont presque égaux entr'eux. Elles sont très-rapprochées à leur base, insérées au devant de la tête, & coudées à la jonction du premier avec le second articles.

La bouche est composée d'une lèvre supérieure, de deux mandibules, & d'une trompe courte, imperceptible, munie de quatre antennules.

La lèvre supérieure est cornée, arrondie, ciliée.

Les mandibules sont petites, arquées, simples, pointues.

La trompe est plus courte que les mandibules, & composée de trois pièces, dont deux latérales, semblables à des mâchoires, & une en dessous semblable à une lèvre inférieure. Ces pièces distinctes à leur sommet, sont réunies à leur base.

Les antenules sont filiformes. Les antérieures un peu plus longues que les postérieures, sont composées de cinq articles, dont le premier est très-petit, & les autres sont presque égaux entr'eux, le dernier est tronqué obliquement; elles ont leur insertion aux pièces latérales de la trompe. Les poſtérieures ſont compoſées de trois articles preſque égaux ; elles ont leur inſertion à la partie latérale de la pièce inférieure.

La tête eſt jointe au corcelet par un pédicule très-court. Les yeux ſont ovales, peu ſaillans, placés à la partie latérale de la tête. On apperçoit à la partie ſupérieure trois petits yeux liſſes, diſpoſés en ligne courbe.

Le corcelet eſt un peu élevé, aſſez grand. L'abdomen eſt ovale & réuni au corcelet par un pédicule mince. L'anus eſt armé d'un aiguillon, ordinairement caché dans le ventre.

Les pattes ſont de longueur moyenne. Les cuiſſes poſtérieures, dans toutes les eſpèces connues, ſont renflées, un peu comprimées, dentelées à leur partie inférieure. Les jambes de ces pattes ſont arquées, creuſées en gouttière à leur partie inférieure. Ainſi, lorſque l'inſecte replie ſes pattes, les dentelures des cuiſſes entrent dans la cannelure de la jambe. Ces cuiſſes ſont unies au corps par une hanche très-grande.

On trouve l'inſecte parfait ſur différentes fleurs; ſon vol eſt très-agile. La larve n'eſt point encore connue.

CHALCIS.

CHALCIS. FAB.

SPHEX. LIN. FAB.

VESPA. LIN. GEOFF.

CARACTÈRES GÉNÉRIQUES.

ANTENNES coudées presque en fuseau, courtes, rapprochées à leur base.

Bouche composée d'une lévre supérieure, de deux mandibules cornées, d'une trompe courte imperceptible, formée de trois pièces & de quatre antennules filiformes, obliquement tronquées : les antérieures composées de cinq, & les postérieures, de trois articles.

Abdomen joint au corcelet par un pédicule.

Aiguillon caché dans le ventre.

ESPECES.

1. CHALCIS velu.

Noir; bords des anneaux de l'abdomen velus, fauves; cuisses postérieures renflées, avec une taches jaune à la partie supérieure.

2. CHALCIS sispès.

Noir; pédicule de l'abdomen jaune; cuisses postérieures renflées, jaunes, avec une grande tache noire.

3. CHALCIS clavipède..

Noir; cuisses postérieures renflées, fauves.

4. CHALCIS prolongé.

Noir; abdomen prolongé pointu; cuisses postérieures renflées, avec une petite tache oblongue blanchâtre.

5. CHALCIS nain.

Noir; cuisses postérieures renflées, noires, avec l'extrémité jaune.

6. CHALCIS ponctué.

Jaune, avec des points noirs; adomen conique; cuisses postérieures renflées, noires à la base & à l'extrémité.

7. CHALCIS podagre.

Noir; cuisses postérieures renflées, ferrugineuses, avec une tache à l'extrémité blanche.

8. CHALCIS timide.

Noir, luisant; cuisses postérieures renflées, noires, avec un point blanc à l'extrémité.

9. CHALCIS fascié.

Jaune; corcelet avec trois lignes; abdomen avec trois ou quatre bandes nores; cuisses postérieures renflées, tachées de noir.

10. CHALCIS maculé.

Jaune, taché de noir; bord des anneaux de l'abdomen ferruginéux; cuisses postérieures renflées, sans taches.

11. CHALCIS rufipède.

Noir, luisant; jambes & tarses fauves.

1. CHALCIS velu.

CHALCIS villosa.

Chalcis nigra, abdominis segmentis margine villosis fulvis femoribus posticis incrassatis, suprà flavis.

Il est presque une fois plus grand que le Chalcis sispès. Les antennes sont noires, avec le premier article jaune. La tête est noire & couverte de quelques poils fauves. Le corcelet est noir, bidenté postérieurement, couvert de quelques poils fauves, avec un point d'un jaune fauve, à la base des aîles supérieures. L'abdomen est ovale, noir, avec le bord des anneaux couvert de poils longs, fauves. Les aîles sont un peu fauves. Les quatres pattes antérieures sont noires, avec un peu de jaune aux jambes & à l'extrémité des cuisses. Les pattes postérieures sont beaucoup plus grandes. Les cuisses sont renflées, un peu comprimées, dentelées à leur base & leur partie inférieure, avec un peu de jaune à leur partie supérieure. Les jambes sont arquées, jaunes, avec le dessous noir.

Il se trouve dans l'Amérique méridionale, à l'isle de la Trinité.

2. CHALCIS sispès.

CHALCIS sispès.

Chalcis nigra, abdominis petiolo femoribusque posticis incrassatis flavis. FAB. *Mant. ins. tom.* 1. *pag.* 272. *n°.* 1.

Sphex sispes *atra, abdomine petiolato brevissimo, tibiis posticis clavatis denticulatis rufis.* LIN. *Syst. nat. p.* 943. *n°.* 13.—*Faun. suec. n°.* 1657.

Chrysis sispes *atra abdomine brevissimo, pedibus posticis clavatis denticulatis rufis.* FAB. *Syst. ent. pag.* 359. *n°.* 15.

Sphex sispes.. FAB. *Sp. ins. tom.* 1. *pag.* 446. *n°.* 21.

Vespa femoribus posticis crassis, globosis, serratis, denticulo donatis, abdominis globosi petiolo tenui longo. GEOFF. *ins. tom.* 2. *pag.* 380. *n°.* 16.

La Guêpe déginguendée. GEOFF. *Ib.*

Sphex myrifex. SULZ. *Hist. ins. tab.* 27. *fig.* 1.
Chalcis sispès. Naturf. 24. *pag.* 54. *n°.* 18. *tab.* 2. *fig.* 22.

Sphex sispes. VILL. *Ent. tom.* 1. *pag.* 222. *n°.* 6.

Vespa dearticulata. FOURC. *ent. par. tom.* 2. *pag.* 437. *n°.* 16.

Il n'a guère plus de trois lignes de long. Les antennes sont noires, presque filiformes. La tête est noire avec deux points jaunes à la partie antérieure. Le corcelet est noir, presque bidenté postérieurement, avec un petit point jaune à l'origine des aîles supérieures. Le pédicule qui unit l'abdomen au corcelet est jaune, assez long, & cylindrique. L'abdomen est court, arrondi, entièrement noir. Les quatre pattes antérieures sont noires, avec la base des jambes & l'extrémité des cuisses jaunes. Les pattes postérieures sont noires, avec une grande tache jaune à la partie inférieure & postérieure des cuisses. Tous les tarses sont fauves, avec l'extrémité noirâtre. Les cuisses postérieures sont renflées & dentelées à leur partie inférieure.

Il se trouve au midi de l'Europe, & rarement aux environs de Paris.

3. CHALCIS clavipède.

CHALCIS clavipes.

Chalcis atra, femoribus posticis incrassatis rufis. FAB. *Mant. ins. tom.* 1. *pag.* 272. *n°.* 2.

Chalcis clavipès. Naturf. 24. *pag.* 56. *n°.* 19. *tab.* 2. *fig.* 23.

Il ressemble au précédent pour la forme & la grandeur. Il est noir & luisant. Les quatre jambes antérieures sont noires, avec l'extrémité des cuisses ferrugineuses. Les cuisses postérieures sont renflées, fauves, sans taches, dentelées à leur partie inférieure. Les jambes sont noires & arquées.

Il se trouve en Allemagne.

4. CHALCIS prolongé.

Chalcis producta.

Chalcis nigra, abdomine producto acuto, femoribus posticis macula oblonga alba.

Il est un peu plus petit que les précédens. Les antennes sont noires. La tête & le corcelet sont noirs, chagrinés. L'abdomen est alongé & terminé en pointe. Les pattes sont noires, avec l'articulation des quatre pattes antérieures blanchâtre. Les pattes postérieures sont noires, avec un peu de blanc à la partie supérieure des cuisses & des jambes. Tous les tarses sont blanchâtres, avec le crochet qui les termine noir. Les cuisses postérieures sont renflées, un peu comprimées, dentelées à leur partie inférieure.

Il se trouve ....

Il m'a été donné par M. Geoffroy de Ville-Neuve. Je le crois de Cayenne ou des Indes orientales.

5. Chalcis nain.

Chalcis minuta.

Chalchis atra femoribus posticis incrassatis apice flavis. Fab. *Mant. inf. tom.* 1. *pag.* 272. *n°.* 3.

Vespa minuta *atra geniculis pedum luteis femoribus posticis ovatis subtus muricatis.* Lin. *Syst. Nat. pag.* 952. *n°.* 28.

Vespa nigra femoribus, posticis globosis serratis tibiis arcuatis, alarum basi genubusque flavis. Geoff. *Inf. tom.* 2. *pag.* 380. *n°.* 15.

La Guêpe noire à cuisses postérieures fort grosses. Geoff. *Ib.*

Vespa femoralis. Fourc. *Ent. par.* 2. *p.* 437. *n°.* 15.

Il a environ deux lignes & demie de long. Les antennes sont noires, coudées, un peu en fuseau. Tout le corps est noir. Le corcelet est chagriné, presque bidenté postérieurement, avec un point jaune à la base des aîles supérieures. L'abdomen est ovale & luisant. Les quatre pattes antérieures sont noires, avec les genoux & les tarses jaunâtres. Les pattes postérieures sont noires, avec une tache jaune à l'extrémité des cuisses, à la base & à l'extrémité des jambes. Les cuisses sont renflées & dentées inférieurement.

Il se trouve dans toute la France, en Allemagne.

6. Chalcis ponctué.

Chalcis punctata.

Chalcis flava nigro punctata, femoribus posticis clavatis dentatis abdomine conico. Fab. Mant. *inf. tom.* 1. *pag.* 272. *n°.* 4.

Sphex punctata. Fab. *Spec. inf. tom.* 1. *pag.* 446. *n°.* 22.

Le corcelet est jaune, avec des taches & des points noirs. L'abdomen est conique, jaune, noir à l'extrémité, séparé du corcelet par un léger pédicule. Les pattes sont jaunes. Les cuisses postérieures sont renflées, dentées à leur partie inférieure, jaunes, avec un point à la base & une autre à l'extrémité, noirs. Les aîles sont transparentes, sans taches.

Il se trouve en Europe.

7. Chalcis podagre.

Chalcis podagrica.

Chalcis nigra, femoribus incrassatis, serratis ferrugineis, macula apicis alba. Fab. *Mant. inf. tom.* 1. *pag.* 272. *n°.* 5.

Chalcis podagrica. Naturf. 24. *pag.* 57. *n°.* 20. *tab.* 2 *fig.* 24.

Il est de la grandeur du Chalcis nain. Les antennes sont courtes, assez grosses, filiformes, noires. La tête & le corcelet sont noirs, avec un point jaunâtre à la base des aîles supérieures. L'abdomen est court, un peu comprimé, noir, sans taches, joint au corcelet par un pédicule très-court. Les pattes sont blanchâtres avec les cuisses noires. Les postérieures sont allongées & ont les cuisses renflées, dentelées à leur partie inférieure, ferrugineuses, avec une tache blanchâtre, au-dessus & à l'extrémité. Les jambes sont arquées, blanches, avec le milieu noir.

Il se trouve à Tranquebar.

8. Chalcis timide.

Chalcis pusilla.

Chalcis atra nitida, femoribus posticis incrassatis puncto apicis albo. Fab. *Mant. inf. tom.* 1. *pag.* 272. *n°.* 6.

Chalcis pusilla. Naturf. 24. *pag.* 57. *n°.* 21. *tab.* 2. *fig.* 25.

Il est un peu plus petit que les précédens. Tout le corps est noir, sans taches. Les pattes sont noires, avec les tarses blanchâtres, noirs à leur extrémité. Les cuisses postérieures sont renflées, dentelées, avec un point blanc vers l'extrémité.

Il se trouve en Allemagne.

9. Chalcis fascié.

Chalcis fasciata.

Chalcis flava, thorace lineis tribus, abdomine fasciis quatuor nigris, femoribus posticis clavatis nigro maculatis.

Il est de la grandeur du Chalcis nain, mais il a une forme plus allongée. Les antennes sont noires filiformes, avec le premier article jaune, cylindrique. La tête est jaune, sans taches. Les trois petits yeux lisses placés au sommet, sont noirâtres. Le corcelet est jaune, pointillé, avec trois raies longitudinales courtes, une autre petite transversale & un point à la partie postérieure noirs. L'abdomen est alongé, jaune, avec trois ou quatre bandes noires. Il est séparé du corcelet par un pédicule long, jaune. Les quatre pattes antérieures sont jaunes, sans taches. Les postérieures sont jaunes, avec les articulations noires, & un point noir au milieu des cuisses. Les cuisses sont grosses, renflées, dentées à leur partie inférieure.

Il se trouve dans l'Amérique méridionale, à l'isle de la Trinité. Je l'ai reçu de M. de Badier.

10. CHALCIS maculé.

CHALCIS *maculata.*

Chalcis flava nigro maculata, abdominis segmentis basi ferrugineis, femoribus posticis clavatis immaculatis. FAB. *Mant. inf. tom.* 1. *pag.* 273. *n°.* 7.

Il est petit. Les antennes sont courtes, cylindriques, noires, avec le premier article long, testacé. La tête est jaune, avec une ligne au milieu, & quatre points à la partie supérieure, noirs. Le corcelet est jaune, avec un point antérieurement, une ligne longitudinale sur le dos, & un point de chaque côté, noirs. L'abdomen est jaune, avec le bord des anneaux ferrugineux. Les pattes sont jaunes. Les cuisses postérieures sont renflées, ovales, dentelées en-dessous, jaunes, sans taches, avec la base seulement tachée de noir.

Il se trouve à Cayenne.

11. CHALCIS rufipède.

CHALCIS *rufipes.*

Chalcis nigra nitida, tibiis plantisque rufis.

Il est un peu plus petit que le Chalcis nain. Tout le corps est noir, luisant, sans taches. La tête & le corcelet sont pointillés, moins luisans que le reste du corps. Le corcelet est terminé postérieurement par deux pointes assez avancées. Les quatre pattes postérieures sont d'un brun fauve, avec la partie renflée des cuisses noire. Les pattes postérieures sont noires, avec les tarses & l'extrémité des jambes d'un brun fauve. Les cuisses postérieures sont renflées.

Il se trouve en France, dans le Limousin, d'où il m'a été envoyé par M. l'Abbé Latreille.

CHAPERON, *CLYPEUS.* Linnée & M. Fabricius ont donné le nom de *Clypeus* à la partie antérieure & supérieure de la tête des Scarabés, des Hannetons, des Cétoines, &c. à cause de sa forme. Dans presque tous les autres insectes, M. Fabricius désigne par ce mot la partie qui termine le front & qui se trouve au dessus de la bouche. On ne doit pas cependant confondre, comme a fait cet auteur, le *clypeus* ou chaperon avec la levre supérieure qui est une pièce mobile & plus avancée, tandis que le chaperon proprement dit, est fixe & fait partie de la tête. Presque tous les auteurs ont aussi désigné par ce mot, la partie supérieure du corcelet des Boucliers, des Cassides, &c. On fait que dans ces insectes, cette pièce s'avance sur la bouche, déborde souvent de tous les côtés, & forme une espèce de chapeau ou de bouclier.

CHARANSON. *CURCULIO.* Genre d'insectes de la troisième SECTION de l'ORDRE des COLEOPTERES.

Les Charansons sont très-reconnoissables par leur tête plus ou moins allongée en forme de bec ou de trompe; par leurs antennes coudées, terminées en masse; par leur corps oblong; enfin par leurs tarses composés de quatres articles, dont le troisième est bilobé.

Ces insectes ont beaucoup de rapports avec les Attelabes, les Brentes, les Macrocéphales, les Rinomacers & les Brachyceres. Mais les antennes coudées doivent les faire distinguer au premier coup d'œil des différens insectes que nous venons de désigner, qui ont tous les antennes droites. De plus les tarses des Brachyceres sont simples, & ceux des Macrocéphales ont leur troisième article très-court à peine apparent. Les antennes simples, filiformes & presque sétacées des Rhinomacers, empêchent de confondre ce genre avec celui des Charansons.

Les antennes sont ordinairement plus courtes que le corcelet. Elles sont composées de onze articles, dont le premier est mince, long, un peu renflé à son extrémité; les autres sont grenus, les trois derniers forment une masse ovale, quelquefois pointue & rarement tronquée. Ces antennes forment un angle presque droit à la réunion du premier & du second articles. Elles sont insérées à la partie latérale de la trompe.

La tête est ordinairement arrondie, un peu enfoncée dans le corcelet. Elles se prolongent antérieurement, & forment une espèce de trompe plus ou moins longue, plus ou moins épaisse, lisse ou raboteuse, cylindrique ou cannelée à l'extrémité de laquelle la bouche est placée.

La bouche est composée de deux mandibules, de deux mâchoires, d'une levre inférieure & de quatre antennules. La levre supérieure manque, & le chaperon est échancré, fortement cilié.

Les mandibules sont courtes, grosses, inégales, tranchantes.

Les mâchoires sont courtes, presque cornées, fortement ciliées à leur partie interne.

La levre inférieure est cornée, courte, presque figurée en cœur.

Les antennules antérieures sont courtes, presque sétacées, composées de trois articles qui diminuent

diminuent insensiblement de grosseur. Elles sont insérées à la partie supérieure des mâchoires. Les antennules sont plus courtes & composées de trois articles, qui diminuent aussi insensiblement de grosseur. Elles sont rapprochées à leur base, & insérées à la partie antérieure interne de la lèvre inférieure.

Les yeux sont arrondis & saillans, dans le plus grand nombre des espèces; ils sont ovales & applatis dans les autres. Ils sont placés au bas de la trompe, à la partie latérale de la tête.

La forme du corcelet diffère beaucoup dans les diverses espèces. Il est arrondi ou cylindrique, lisse ou pointillé, simple ou tuberculé, caréné, épineux.

Les élytres ont une forme ovale plus ou moins oblongue. Elles sont lisses ou striées, pointillées, simples ou tuberculées, épineuses. Elles sont très-dures, & embrassent une partie de l'abdomen. Elles recouvrent deux aîles membraneuses, repliées dans la plupart des espèces; elles sont réunies dans d'autres, & alors l'insecte n'a point d'aîles.

Les pattes sont de grandeur moyenne. Les antérieures sont quelquefois plus grosses & beaucoup plus longues que les autres. Les cuisses sont plus ou moins renflées, simples ou armées d'une dent plus ou moins forte. Les jambes sont rarement dentées, mais elles sont souvent crochues & pointues à leur extrémité. Les tarses sont composés de quatre articles. Les deux premiers sont triangulaires, garnis de brosses en-dessous; le troisième est large, bilobé & garni de brosses endessous; le quatrième est mince, arqué & terminé par deux crochets.

Les Charansons sont des insectes si répandus & si connus par les dégâts qu'ils occasionnent; que leur histoire doit mériter une attention particulière, & ils composent une famille si nombreuse que pour ne pas les confondre, & pour en faciliter la connoissance, leur distribution exigeoit un ordre particulier & des divisions propres à constituer cet ordre. A l'exemple des différens auteurs, nous avons établi nos divisions d'après la forme de la trompe & des cuisses.

Les charansons, dans toutes les dimensions de leur échelle, embrassent une latitude assez étendue & s'élèvent à une grandeur assez remarquable: mais en général ce sont des insectes petits, sur-tout dans le nord de l'Europe, & c'est vers le midi, dans les Indes, qu'on trouve les plus grandes espèces: ce qui est assez général dans les insectes. Ils peuplent plusieurs climats différens & vivent sur un grand nombre de différentes plantes; mais ce sont plus particulièrement les climats chauds qu'ils habitent, & ce sont là les plantes les plus utiles qui sont le plus exposées à leurs ravages. Semblables aux autres insectes, c'est dans leur premier état de larve qu'ils sont véritablement redoutables; & c'est dans cet état qu'ils doivent exciter l'attention des économistes, pour chercher à les détruire. Le naturaliste ne trouve dans l'insecte parfait, qu'un animal qui exige trop peu de nourriture pour être nuisible, & dont le premier besoin, & le plus souvent le seul, est de perpétuer sa race. La plupart des charansons présentent avec une forme agréable, des couleurs très-variées, dont les nuances sont d'autant plus vives & brillantes, qu'elles sont dues à de petites écailles imbriquées, comme celles qui couvrent les aîles des Lépidoptères; quelques espèces n'ont que des poils au lieu d'écailles; d'autres ont la peau toute rase. Ils sont en général timides, & fuient la lumière autant que le bruit: pour peu qu'on les trouble ou qu'on les touche, ils manifestent bientôt par leur évasion, ou par leur chute & leur mort apparente, combien ils sont peu faits pour braver le danger qui les menace. Ils redoutent encore plus le froid que la lumière, & dès que l'hiver s'annonce, ils abandonnent les lieux trop à découverts, pour chercher des retraites plus chaudes. Les charansons aiment naturellement le repos, ils ont toujours de la peine à marcher. Très-rarement quelques espèces font usage de leurs aîles, la plupart sont apterès. Il y en a quelques-uns, ordinairement très-petits, qui ont le don de sauter assez loin & promptement, ce qu'ils exécutent par le débandement de leurs pattes postérieures, dont les cuisses sont renflées & très-grosses.

Les larves ont ordinairement des habitudes plus particulières, plus variées & plus dignes des regards de l'observateur, que les insectes parfaits, dont les habitudes sont presque toujours les mêmes. Les larves des Charansons présentent aussi bien des variétés remarquables dans le genre de leur nourriture & dans leur manière de vivre, toujours analogue à leur organisation. Les femelles qui connoissent les grains ou les plantes propres à la subsistance de leurs familles, ont soin de déposer leurs œufs de manière que la larve qui en sort, soit à portée des alimens qui lui conviennent. Ces larves ne diffèrent pas beaucoup entr'elles & ont une tête écailleuse garnie de dents, mais point de pattes: celles qui vivent sur les feuilles des plantes, sont couvertes d'une matière visqueuse, au moyen de laquelle elles peuvent s'y tenir fixées; d'autres ont tout au plus au-dessous du corps, des mamelons charnus garnis de glu, qui leur servent comme de pattes pour marcher. Parmi les larves des Charansons, les unes vivent dans l'intérieur du blé dont elles consument toute la substance farineuse, d'autres trouvent leur subsistance dans d'autres espèces de graines, telles que les Pois, les Lentilles, les Noisettes, les Féves, & autres légumes. Elles percent & rongent encore les tiges, les branches, les boutons & minent les feuilles des arbres. Pour se transformer, les unes se construisent des coques faites d'une matière gomeuſe ; & d'autres filent des coques de ſoie. Il y en a auſſi qui entrent ſimplement dans la terre pour y changer de forme. Comme la plupart des ces larves ſont très-connues, & ont été très-bien obſervées, nous renvoyons à l'article particulier des Charanſons auxquels elles appartiennent, tous les détails auſſi intéreſſans que variés, que leur hiſtoire fournit, ſoit par rapport à leur habitation, ſoit par rapport à leur métamorphoſe.

De tous les Charanſons, celui qui doit le plus nous occuper, c'eſt le plus commun & le plus redoutable pour nous, puiſqu'il attaque la principale baſe de notre nourriture : c'eſt dans les grains de blé, que cette eſpèce établit ſon domicile pour en manger la ſubſtance farineuſe. Ces inſectes ſont quelquefois en ſi grand nombre dans un monceau de blé, qu'ils gâtent tout, & ne laiſſent exactement que le ſon, c'eſt-à-dire l'enveloppe du grain. Une larve eſt toujours ſeule dans un grain de blé, c'eſt dans cette loge qu'elle prend ſon accroiſſement aux dépens de la farine dont elle ſe nourrit ; à meſure qu'elle mange, elle agrandit ſon logement, afin qu'il ſoit aſſez ſpacieux pour la contenir ſous la forme de nymphe. Cette petite larve fort blanche, a la forme d'un vers alongé & mol, dont le corps eſt composé de neuf anneaux ſaillans & arrondis ; elle eſt longue à-peu-près d'une ligne, a une tête arrondie, jaune, écailleuſe & munie des organes propres à ronger la ſubſtance du grain. Lorſque la larve a mangé toute la farine, & qu'elle eſt parvenue à ſa groſſeur, elle reſte dans l'enveloppe du grain, où elle ſe métamorphoſe en nymphe, d'un blanc clair & tranſparent. On diſtingue ſous ſon enveloppe, la trompe, les antennes qui ſont ramenées en avant, & le reſte de l'inſecte. Dans cet état, le Charanſon ne prend point de nourriture, il ne donne aucun ſigne de vie que par la partie inférieure de la nymphe, capable de quelques mouvemens quand on l'agite. Huit ou dix jours après cette première métamorphoſe, l'inſecte rompt l'enveloppe qui le tenoit emmailloté, il perce la peau du grain, pour ſe pratiquer une ouverture, & ſortir de ſa priſon : le Charanſon paroît alors ſous ſa dernière forme. En général ce qui ſert de nourriture aux inſectes dans leur état de larve ou de chenille, ne leur convient plus dans leur état parfait. Il n'en eſt pas ainſi du Charanſon : s'il faut en croire quelques naturaliſtes qui prétendent qu'à peine il eſt ſorti de ſon état de nymphe, qu'il perce encore l'enveloppe des grains pour s'y loger de nouveau, & ſe nourrir de leur farine. Nous devons penſer que le Charanſon dans ſon état d'inſecte parfait, ne ſe nourit de la farine du blé, que quant il ne trouve pas mieux, & que s'il paroît rechercher les tas de blé, c'eſt pour y dépoſer ſes œufs. Les premières conſidérations peuvent n'être pas hazardées ; car en viſitant des monceaux de blé ou de légumes attaqués par des Charanſons, on trouve ſouvent l'inſecte logé dans l'intérieur du grain : ſa couleur noire n'annonce pas que le Charanſon ſort ſeulement de ſon enveloppe de nymphe, puiſqu'il eſt couleur de paille dès qu'il vient de quitter ſon fourreau. Cependant il faut croire, ſans doute, qu'il occaſionne bien moins de dégât dans ce dernièr état, que dans celui de larve.

Pendant long-temps, on a cru qu'un monceau de blé échauffé, ou des grains germés par l'humidité, engendroient des Charanſons. Quelques naturaliſtes qui, ſans doute, s'étoient peu appliqués a obſerver cette eſpèce d'inſectes, ont aſſuré que le Charanſon pondoit ſes œufs ſur les épis, lorſque le grain étoit encore en lait, & qu'il étoit tranſporté avec le blé dans les greniers. Des obſervations plus exactes ont détruit ces erreurs que l'ignorance avoit accréditées. Le Charanſon n'eſt pas plutôt ſorti de ſon enveloppe de nymphe, qu'il eſt en état de s'accoupler, comme la plupart des inſectes, pour reproduire ſon eſpèce. Son accouplement eſt toujours rélatif à un certain degré de chaleur, quand elle va au dixième ou douxième degré, elle ſuffit pour donner aux Charanſons l'activité néceſſaire pour cet acte reproductif des individus de leur eſpèce : quand la chaleur eſt au-deſſous de huit ou neuf degrés, ces inſectes n'ont pas aſſez de vigueur pour chercher à s'accoupler ; ils vivent dans un état de repos & même d'engourdiſſement, s'il fait froid, ils ſont alors incapables de nuire. Suivant la ſaiſon & le pays, la ponte commence plutôt ou plus tard. On peut aſſigner le commencement de leur accouplement au retour du printemps, ſur-tout dans les pays où cette ſaiſon eſt aſſez favorable pour que la chaleur aille juſqu'au dixième dégré. Le mois d'Avril ſert d'époque à la ponte pour nos provinces méridionales, & elle s'y propage ſouvent juſqu'à la fin d'Août : ainſi le dégât des grains eſt beaucoup plus conſidérable dans ces provinces que dans celles du Nord. Tant qu'il fait chaud, ces inſectes s'accouplent très-ſouvent, ils reſtent unis long-temps dans cet acte, on peut les balayer, les tranſporter ſans qu'ils ſe déſuniſſent. La femelle fait par conſéquent ſa ponte dans tous les mois où la chaleur eſt à un dégré convenable ; dès qu'il commence à faire froid le matin, elle ceſſe de pondre. Depuis le moment de l'accouplement, juſqu'à celui où l'inſecte paroît ſous la forme de Charanſon, il s'écoule environ quarante ou quarante-cinq jours : on voit par-là qu'il y a dans une année, pluſieurs générations de ces inſectes, qui multiplient encore davantage dans les pays fort chauds. D'après une table très-curieuſe, établie ſur la multiplication des Charanſons, il réſulte qu'en ajoutant enſemble le nombre de chaque génération, on a la ſomme totale de ſix-mille quarante-cinq Charanſons provenans d'une ſeule paire pendant un été, c'eſt-à-dire, pendant cinq mois ; à dater du quinze Avril au quinze Septembre, où la liqueur ſe ſoutient dans le Thermometre au-dessus de quinze dégrés, & ne descend jamais guère plus bas dans nos provinces méridionales. On ne doit plus être étonné si des monceaux énormes de blé sont si promptement dévorés. Dès que la femelle du Charanson a été fécondée, elle s'enfonce dans des tas de blé, pour déposer & cacher ses œufs immédiatement sous la peau des grains : elle y fait une piqûre qui la tient un peu soulevée en cet endroit, & y forme une petite élévation peu sensible à la vérité. Ces trous ne sont pas perpendiculaires à la surface des grains, mais obliques ou même parallèles, & bouchés d'une espèce de gluten de la couleur du blé. Il paroît, d'après des observations suivies, que ces insectes commencent à enfoncer, entre la peau & la substance du grain, le petit dard caché sous la partie inférieure de la trompe : 1°. parce que l'orifice du trou est visiblement plus droit que ne seroit celui d'un pareil trou fait avec la trompe, plus grosse que le trou ; 2°. parce que l'extrémité de la trompe est mousse & arrondie. La femelle ne met jamais qu'un œuf à chaque grain. Cet œuf ne tarde pas à éclore : au bout de quelques jours, il en sort une petite larve, qui se loge dans l'intérieur du grain, pour y prendre son accroissement, en rongeant la substance farineuse. Une larve logée dans un grain, est parfaitement à l'abri des injures de l'air, parce que les excrémens qu'elle fait servent à fermer l'ouverture par où elle est entrée dans le grain : de sorte qu'on a beau remuer le blé, elle n'est point incommodée des différentes secousses qu'elle éprouve.

C'est dans les tas de blé qu'on trouve ordinairement les Charansons, à quelques pouces de profondeur, & non pas à la surface, à moins qu'on ne les ait troublés dans leur retraite, & qu'ils cherchent à s'enfuir : c'est-là qu'ils vivent, qu'ils s'accouplent assez communément, & que les femelles font leur ponte. En observant un monceau de blé, on ne peu guère connoître, en voyant les grains, quels sont ceux qui sont attaqués par ces insectes, parce qu'ils rongent toujours au milieu du grain en épargnant l'enveloppe ; de sorte que les grains dans lesquels ils sont logés, ont la même forme, la même apparence, ils paroissent enfin aussi gros, aussi fermes que ceux qui ne sont point attaqués. On peut connoître au poids, les grains dont l'intérieur a été rongé par les Charansons. La marque la moins équivoque, c'est lorsqu'on jette plusieures poignées de grains dans l'eau, ceux qui paroissent beaux & qui surnagent, annoncent qu'ils ont perdu une partie de leur substance farineuse par les dégâts des Charansons. Tant qu'il fait chaud, les Charansons ne quittent point les tas de blé dont ils se sont emparés, à moins qu'on ne les oblige à en déloger & à l'abandonner, en le remuant avec des pelles, ou en le passant au crible. Dès que les matinées commencent à devenir fraiches, touts les Charansons, jeunes & vieux, abandonnent les monceaux de blé qui ne sont plus une retraite assez chaude pour eux : ils se retirent dans les fentes des murs, dans les gerçures des bois, des planchers ; on en trouve quelquefois derrière les tapisseries, sous les cheminées, enfin par-tout où ils peuvent trouver une retraite assurée qui les garantisse du froid qui les fait fuir des greniers. C'est à tort cependant qu'on a pensé que les Charansons restent dans l'engourdissement pendant tout l'hiver, pour regagner au retour du printemps, les tas de blé qu'ils ont abandonné, & y recommencer leur ponte. Une règle générale & constante parmi les insectes, c'est que ceux qui se sont accouplés périssent bientôt après, & qu'ils ne passent l'hiver que dans l'œuf, & dans l'état de larve. Il est sans doute rare que ceux mêmes qui ne sont pas épuisés en remplissant le vœu de la nature, puissent braver la rigueur de la saison, & ne périssent avant que le printemps arrive. Les Charansons paroissent aimer les ténèbres & la tranquillité : dès qu'ils sont au grand jour, ils fuyent pour se cacher ; si on en met sous des verres, ils courent de tous côtés pour s'échapper, quand on y a mis quelques poignées de grains, ils cherchent tout de suite à s'y enfoncer. Quand on remue les monceaux de blé où ils se sont retirés, ils les abandonnent pour chercher une retraite dans les fentes des murs, dans les gerçures des bois, où ils ne soient point inquiétés.

On a dû s'occuper, sans doute, à trouver des moyens propres à détruire les Charansons ; mais tous ces moyens ont eu jusqu'à présent si peu de succès, qu'on peut les regarder à-peu-près comme inutiles. La plupart consistent dans des fumigations de décoctions composées d'herbes d'une odeur forte & désagréable. Le résultat de tous ces procédés a été de communiquer au blé une odeur fétide & dégoûtante, sans nuire aux Charansons, qui enfoncés dans les tas de grains, ne pouvoient point en être incommodés. L'expérience a prouvé d'ailleurs que les odeurs qui nous paroissent les plus désagréables, n'occasionnent sur les Charansons aucun effet nuisible. Et quand même elles pourroient leur nuire, il est difficile qu'elles parviennent jusqu'à eux, lorsqu'ils sont enfoncés dans un monceau de blé : ceux qui se trouveroient à la surface, s'enfonceroient tout de suite, ou abandonneroient le grenier, pour revenir quand la mauvaise odeur seroit dissipée. L'odeur de l'huile essentielle de térébenthine ne paroît leur causer aucune souffrance. La fumée du souffre, si active pour rompre l'élasticité de l'air, est sans succès pour suffoquer & faire mourir les Charansons, qui n'ont pas besoin pour respirer d'une aussi grande quantité d'air que les grands animaux. Toutes ces fumigations sont encore plus infructueuses pour détruire les larves de ces insectes. Ce sont elles cependant qui font les plus grands dégâts ; renfermées dans le grain dont elles rongent la substance farineuse, les odeurs ni la fumée n'arrivent jamais jusqu'à elles. Quelques économistes ont pensé que pour garantir le blé des Charansons, il suffiroit de le mettre dans des caves boisées, ou de le cribler en hiver. Mais en mettant le blé dans des caves, il seroit difficile de le préserver de l'humidité qui le feroit germer & pourrir; d'ailleurs les Charansons n'y seroient que plus tranquillement & plus sûrement pour commettre leurs ravages. Le criblage est très-inutile en hiver, parce que dès qu'il fait froid, les Charansons quittent les tas de blé; ce moyen est très-infructueux pour détacher les œufs qui sont si bien collés, & si adhérans au grain, qu'il est impossible de les en séparer en le criblant, ou en le remuant à la pelle. Des expériences ont constaté qu'une chaleur subite de dix-neuf dégrés est suffisante pour faire périr les Charansons sans les bruler; mais cette raréfaction subite de l'air, ne sauroit suffoquer ces insectes lorsqu'ils sont enfoncés dans un monceau de blé. On a observé qu'il falloit une chaleur de soixante à soixante-dix degrés, pour faire mourir les Charansons dans l'étuve; mais cette chaleur excessive qui a aussi l'avantage de détruire les œufs & les larves renfermées dans le grain, est capable de trop dessécher le blé, même de le calciner, & ne préserve pas des insectes qui sont restés dans les greniers, & qui vont l'attaquer s'ils n'en ont pas d'autre. Comme les Charansons sont incapables de nuire pendant le froid, qu'ils cessent alors de manger & de multiplier, on a aussi pensé de substituer le froid à la chaleur. On a proposé en conséquence un ventilateur, dont l'effet seroit d'entretenir dans un grenier, un air assez froid, pour que ces insectes fussent réduits à ne faire aucunes des fonctions nécessaires pour conserver leur existence & multiplier. En continuant l'action de ce ventilateur pendant tout l'été, on pourroit obliger les Charansons à déloger, ou en les engourdissant, on les rendroit incapables de nuire. Cette méthode paroît d'autant plus efficace, qu'elle est relative à la manière de vivre de ces insectes. Nous n'indiquerons pas plusieurs autres moyens fondés sur des suppositions gratuites & fausses; mais nous ferons encore mention d'un procédé aussi simple que peu dispendieux & qui mérite l'attention de ceux qui s'intéressent à la conservation des grains. Lorsqu'on s'apperçoit au retour du printemps, que les Charansons sont répandus dans les monceaux de blé qui ont passé l'hiver dans les greniers, il faut en former un petit tas de cinq ou six mesures qu'on place à une distance convenable du tas principal. On remue alors avec la pelle, le blé du principal monceau où ces insectes se sont établis. Les Charansons, qui aiment singulièrement la tranquillité, étant troublés par ce mouvement, cherchent à s'enfuir, à s'échapper, & voyant un autre tas de blé à côté de celui d'où on les force de s'éloigner, ils courent s'y refugier. S'ils cherchent à gagner les murs pour se sauver, ce qui est rare, les personnes qui veillent à leur fuite, ont soin de les rassembler avec un balai qu'elles doivent avoir à la main, vers le tas où les autres se retirent, ou de les écraser avec le pied: cela est d'autant plus facile que cet insecte ne bouge plus, il reste immobile, comme s'il étoit mort, dès qu'on le touche. Si on l'a ramené près du petit monceau de blé mis en réserve, il cherchera tout de suite à y entrer, & à s'y enfoncer, dès qu'on ne l'inquietera plus avec le balai. Lorsque tous les Charansons se trouvent rassemblés, on apporte de l'eau bouillante dans un chaudron, on la verse sur le blé qu'on remue en même temps avec une pelle, afin que l'eau pénètre par-tout avant de se refroidir. Tous ces insectes meurent brûlés & étouffés dans le moment. On étend ensuite le blé pour qu'il puisse se sécher, après quoi il est facile, en le criblant, d'en séparer les Charansons morts. Il faut observer qu'il est essentiel de faire cette opération au commencement du printemps, afin de prévenir la ponte de ces insectes, si on la faisoit trop tard, ce moyen seroit infructueux, parce que les œufs déposés & collés au grain dont ils ne se séparent point quoiqu'on l'agite avec violence, donneroient une génération de Charansons, qui détruiroient tout le blé qu'on veut conserver. La génération qui existe n'est dangereuse qu'en donnant naissance à celle qui lui succède: c'est donc celles-ci qu'il faut prévenir, en détruisant celle qui lui donneroit l'existence. Ce moyen peut être exécuté en grand comme en petit, sans occasionner une dépense considérable, qui est souvent la cause que les meilleurs projets restent sans exécution.

Linné a formé cinq division de ce genre nombreux.

1. Trompe longue: cuisses simples.

2. Trompe longue: cuisses dentées.

3. Trompe longue: cuisses postérieures renflées.

4. Trompe courte: cuisses simples.

5. Trompe courte: cuisses dentées.

M. Geoffroy n'a divisé ce genre qu'en deux familles:

Famille première: cuisses simples.

Famille seconde: cuisses dentelées.

De Geer confondant les Brentes, les Brachycères, les Attelebas avec les Charansons, les a divisé, en sept familles d'après la figure de leurs trompes, de leurs antennes & de leurs cuisses.

Famille première, à longue trompe, à antennes coudées & à cuisses simples.

Famille seconde, à courte trompe, à antennes coudées, & à cuisses dentelées.

Famille troisième, à longue trompe, à antennes coudées, à cuisses simples, ou sans dentelures.

Fam. 4. à courte trompe, à antennes coudées, & à cuisses simples.

Fam. 5. à longue trompe, à antennes droites articles égaux en longueur.

Fam. 6. à courte trompe, & à antennes droites à articles égaux.

Fam. 7. à cuisses postérieures grosses.

CHARANSON.

CURCULIO. LIN. GEOFF. FAB.

CARACTERES GÉNÉRIQUES.

ANTENNES coudées : premier article long ; les trois derniers en masse ovale.

Tête plus ou moins alongée en forme de trompe.

Bouche placée à l'extrémité de la trompe, & pourvue de mandibules, de mâchoires, d'antennules & d'une lèvre inférieure.

Quatre antennules courtes, sétacées : les antérieures composées de quatre, & les postérieures de trois articles.

Quatre articles aux tarses : les deux premiers courts, triangulaires ; le troisième large, bilobé.

ESPECES.

* *Trompe mince, alongée : cuisses simples.*

1. CHARANSON géant.

Longirostre ; corcelet & élytres raboteux, nébuleux ; extrémité des antennes blanche.

2. CHARANSON colosse.

Longirostre, noirâtre ; pattes longues ; trompe tuberculée.

3. CHARANSON palmiste.

Longirostre, très-noir, velouté ; corcelet ovale, applati ; élytres courtes, striées.

4. CHARANSON ensanglanté.

Longirostre, très-noir ; corcelet avec deux lignes ; élytres avec deux points sanguins.

5. CHARANSON longipède.

Longirostre, d'un brun noirâtre ; élytres ferrugineuses, striées ; trompe échancrée ; pattes antérieures longues, velues antérieurement.

6. CHARANSON ferrugineux.

Longirostre, brun ; corcelet lisse, taché de noir ; élytres striées.

7. CHARANSON bordé.

Longirostre, noir ; corcelet & élytres bordés de ferrugineux.

8. CHARANSON sanguinolant.

Longirostre, noir, velouté ; élytres striées, avec une bande d'un rouge sanguin à la base.

CHARANSON. (Insectes.)

9. CHARANSON fascié.

Longirostre, noir; élytres striées, avec une bande rouge, interrompue.

10. CHARANSON indien.

Longirostre, noir; corcelet presque ovale, avec des points enfoncés; élytres sillonnées, raboteuses; jambes épineuses.

11. CHARANSON villageois.

Longirostre, grisâtre, obscur sur le dos, avec quatre taches arquées, cendrées; trompe avec deux sillons.

12. CHARANSON Éléphant.

Longirostre obscur; corcelet & élytres variolés; élytres postérieurement épineuses.

13. CHARANSON morbilleux.

Longirostre, cendré; élytres avec des tubercules élevés, noirs, rangés en stries.

14. CHARANSON hémiptère.

Longirostre, d'un brun ferrugineux; élytres courtes, striées, tachées de noir.

15. CHARANSON bariolé.

Longirostre, mélangé de noir & de rougeâtre; trompe noire à l'extrémité.

16. CHARANSON noirâtre.

Longirostre, noir, glabre; corcelet ovale, déprimé; élytres presque striées, plus courtes que l'abdomen.

17. CHARANSON cafre.

Longirostre, noir; élytres striées, plus courtes que l'abdomen; jambes ciliées.

18. CHARANSON mélanocarde.

Longirostre, cendré; élytres avec une tache commune, obscure.

19. CHARANSON porte-croix.

Longirostre, noir; corcelet presque épineux, avec des lignes blanches; élytres avec une croix blanche postérieurement.

20. CHARANSON striolé.

Longirostre, noir; élytres soyeuses, striées, d'un brun-noirâtre; pattes brunes.

21. CHARANSON rubétra.

Longirostre, noir, lisse, sans taches; cuisses cannelées.

22. CHARANSON du Pin.

Longirostre; élytres d'un brun ferrugineux, avec des bandes interrompues blanchâtres.

23. CHARANSON de l'Onoporde.

Longirostre, noir, avec un duvet cendré; trompe très-noire, avec un sillon court, de chaque côté de la base.

24. CHARANSON cannelé.

Longirostre, d'un brun ferrugineux, rayé de blanc; trompe noire, cannelée de chaque côté de sa base.

25. CHARANSON de la Jacée.

Longirostre, noir, couvert d'un léger duvet cendré; élytres avec un point blanc à la base.

26. CHARANSON pointillé.

Longirostre, mélangé de jaune & de noirâtre; abdomen cendré, pointillé de noir.

CHARANSON. (Insectes.)

27. CHARANSON de l'Artichaut.

Longirostre, noir, couvert d'un duvet verdâtre; trompe noire, presque carenée.

28. CHARANSON colon.

Longirostre, grisâtre; corcelet avec une ligne blanche de chaque côté; élytres avec un point blanc au milieu.

29. CHARANSON bimaculé.

Longirostre, obscur; élytres avec un point cendré; trompe & pattes noires.

30. CHARANSON bimoucheté.

Longirostre, noir; élytres avec un point élevé; abdomen & pattes postérieures jaunes.

31. CHARANSON bilinéé.

Longirostre, obscur; élytres avec deux rangées de points blancs.

32. CHARANSON échiquier.

Longirostre, cendré; élytres avec cinq lignes blanches à l'extrémité, pointillées de noir.

33. CHARANSON bossu.

Longirostre, ovale, noir; élytres tuberculées, cendrées postérieurement.

34. CHARANSON de la Prêle.

Longirostre; élytres muriquées, noires, avec deux points à l'extrémité blancs.

35. CHARANSON racourci.

Longirostre, noir; corcelet un peu applati, pointillé; élytres courtes, striées & pointillées.

36. CHARANSON mélanocéphale.

Longirostre, presque globuleux, noirâtre; tête & trompe noires.

37. CHARANSON Crapaud.

Longirostre, obscur en-dessus, blanc en-dessous; élytres avec une bande blanche.

38. CHARANSON couleur-de-poix.

Longirostre, noir, luisant; élytres avec des stries pointillées.

39. CHARANSON jayet.

Longirostre ovale, noir, luisant, sans taches; élytres avec des stries pointillées, peu marquées.

40. CHARANSON mendiant.

Longirostre, ovale, cendré, sans taches; élytres striées.

41. CHARANSON bicolor.

Longirostre, noir; corcelet & élytres fauves.

42. CHARANSON miparti.

Longirostre, noir; élytres striées, rouges.

43. CHARANSON atrirostre.

Longirostre, cendré; trompe arquée, noire.

44. CHARANSON tête-bleue.

Longirostre, violet, luisant; corcelet & élytres testacés.

45. CHARANSON cuivreux.

Longirostre, bronzé obscur en-dessus, plus obscur en-dessous.

CHARANSON. (Insectes.)

46. CHARANSON du Tragia.

Longirostre, bronzé; trompe & pattes noires.

47. CHARANSON bronzé.

Longirostre, noir; élytres bronzées.

48. CHARANSON curvirostre.

Longirostre, noir, luisant; trompe arquée; élytres striées, d'un brun noirâtre.

49. CHARANSON du Prunier.

Longirostre, noir; antennes ferrugineuses; corcelet bituberculé.

50. CHARANSON quadrituberculé.

Longirostre; corcelet noir, quadrituberculé; élytres striées, mélangées de noirâtre & de cendré.

51. CHARANSON de la Campanule.

Longirostre, noir, ovale; élytres striées, avec des lignes cendrées.

52. CHARANSON fuscirostre.

Longirostre gris, pattes fauves; trompe & base des cuisses noires.

53. CHARANSON du Roure.

Longirostre; trompe & corcelet fauves; élytres violettes.

54. CHARANSON cuprirostre.

Longirostre, oblong; d'un vert bronzé, brillant; élytres striées; trompe cuivreuse.

55. CHARANSON nigrirostre.

Longirostre, vert; trompe très-noire.

56. CHARANSON variable.

Longirostre, testacé pâle; corcelet avec trois lignes vertes; extrémité de la trompe noirâtre.

57. CHARANSON rufirostre.

Longirostre, noir; moitié de la trompe & pattes fauves.

58. CHARANSON picirostre.

Longirostre, oblong, noir; couvert d'un duvet argenté; moitié de la trompe & pattes brunes.

59. CHARANSON de la Salicaire.

Longirostre, noir; base des antennes, disque des élytres & pattes testacés, pâles.

60. CHARANSON péricarpe.

Longirostre, presque globuleux, nébuleux; élytres avec une tache blanche, en cœur.

61. CHARANSON du Sisymbrium.

Longirostre, mélangé de blanc & d'obscur; élytres avec un point élevé à la base; trompe noire.

62. CHARANSON caprier.

Longirostre, noir; élytres avec deux bandes courtes, ondées, blanches.

63. CHARANSON Grenouille.

Longirostre; corcelet obscur, avec le bord testacé; élytres testacées, avec trois bandes ondées, cendrées.

CHARANSON. (Insectes.)

64. CHARANSON du Velar.

Longirostre, noir; corcelet bituberculé, verdâtre; élytres bleues.

65. CHARANSON quadrimaculé.

Longirostre, noirâtre; élytres avec quatre taches blanches.

66. CHARANSON bifascié.

Longirostre noir; éyltres avec deux bandes cendrées: celle de la base, plus grande, ondée.

67. CHARANSON unifascié.

Longirostre, obscur en-dessus; élytres avec une large bande cendrée au milieu.

68. CHARANSON du Lythrum.

Longirostre, très-noir; élytres avec une bande blanche, courte au milieu, & un point blanc à l'extrémité; pattes jaunes.

69. CHARANSON acridule.

Longirostre brun; abdomen ovale.

70. CHARANSON dorsal.

Longirostre; élitres striées, rouges, avec suture noire.

71. CHARANSON du Chêne.

Longirostre, cendré; dos du corcelet obscur; élytres testacées, avec des bandes ondées, cendrées.

72. CHARANSON sutural.

Longirostre, ovale, obscur en-dessus, avec une ligne longitudinale blanche.

73. CHARANSON en-croix.

Longirostre, noir; corcelet avec deux points à la base; élytres avec la suture & quelques points blancs.

74. CHARANSON exclamation.

Longirostre, noir; élytres avec un point & une ligne longitudinale vers l'extrémité, blancs.

75. CHARANSON gracieux.

Longirostre, obscur; corcelet & élytres rayés de blanc; pattes testacées.

76. CHARANSON du Plantain.

Longirostre; élytres cendrées, avec une tache obscure cendrée au milieu.

77. CHARANSON de l'Oseille.

Longirostre, gris, taché de noir; antennes obscures.

78. CHARANSON du Blé.

Longirostre, alongé, brun; corcelet pointillé, de la longueur des élytres.

79. CHARANSON du Riz.

Longirostre, oblong, d'un brun noirâtre; élytres avec quatre taches ferrugineuses.

80. CHARANSON anal.

Longirostre, oblong, noir; élytres striées, ferrugineuses à l'extrémité.

81. CHARANSON bituberculé.

Longirostre ferrugineux; corcelet de la longueur des élytres, avec deux petits points élevés.

CHARANSON. (Insectes.)

81. CHARANSON paraplectique.

Longirostre, cylindrique, cendré; élytres mucronées.

83. CHARANSON Serpent.

Longirostre, cylindrique, blanchâtre, rayé de noir; élytres mucronées.

84. CHARANSON huit-lignes.

Longirostre, noir; élytres mucronées, avec quatre lignes longitudinales blanches.

85. CHARANSON sémiponctué.

Longirostre, cylindrique, noirâtre; corcelet avec des lignes, élytres avec des points blancs.

86. CHARANSON des Ombelles.

Longirostre; corcelet noir, rayé de gris; élytres grises, mucronées.

87. CHARANSON filiforme.

Longirostre, cylindrique, cendré; corcelet avec trois lignes obscures.

88. CHARANSON cylindrique.

Longirostre, cylindrique, noirâtre en-dessus; élytres pointues, avec une bande cendrée.

89. CHARANSON noté.

Longirostre; corcelet obscur avec quatre points blancs; élytres obscures, avec deux lignes testacées.

90. CHARANSON mucroné.

Longirostre, cylindrique obscur; corcelet avec trois lignes cendrées; élytres mucronés.

91. CHARANSON barbirostre.

Longirostre, noir; trompe velue; jambes antérieures tridentées.

92. CHARANSON rétréci.

Longirostre, cylindrique, noir, couvert d'un léger duvet ceudré; élytres obtuses, pointillées.

93. CHARANSON de la Bardane.

Longirostre, cylindrique, couvert d'un duvet gris; pattes antérieures alongées.

94. CHARANSON d'Ascanius.

Longirostre, cylindrique, noirâtre; côtés du corcelet & des élytres d'un blanc azuré.

95. CHARANSON linéole.

Longirostre, cylindrique, noir; élytres avec une raie testacée.

96. CHARANSON linéaire.

Longirostre, alongé, noir; antennes & pattes brunes; trompe amincie à la base.

97. CHARANSON crassipède.

Longirostre, noir, sans taches; cuisses antérieures un peu renflées.

98. CHARANSON de l'Atriplex.

Longirostre, alongé, noir; corcelet luisant; élytres striées, obtuses.

99. CHARANSON Algérien.

Longirostre, presque cylindrique, obscur, couvert de petits points élevés.

CHARANSON. (Insectes.)

100. CHARANSON quadripustulé.

Longirostre, noir; cuisses simples; élytres avec deux taches ferrugineuses.

101. CHARANSON marron.

Longirostre, oblong, noir en-dessous, marron en-dessus; élytres avec une petite gibbosité & des stries pointillées.

102. CHARANSON bai.

Longirostre, noir; pattes brunes.

103. CHARANSON scabre.

Longirostre, cendré; pattes fauves; élytres raboteuses.

104. CHARANSON T blanc.

Longirostre, noir; côtés de l'abdomen & extrémité blancs.

105. CHARANSON ruficolle.

Longirostre ferrugineux; élytres & base de la tête d'un noir bleuâtre.

106. CHARANSON du Lychnis.

Longirostre presque arrondi, cendré; corcelet & élytres d'un vert cendré.

107. CHARANSON unipонctué.

Longirostre, cendré; élytres avec une tache noire; jambes jaunâtres.

108. CHARANSON cinq-taches.

Longirostre gris; élytres avec cinq taches blanches.

109. CHARANSON de l'Ajonc.

Longirostre, cendré; abdomen ovale, antennes, tarses, jambes & cuisses antérieures fauves.

110. CHARANSON cendré.

Longirostre, cendré; corcelet & élytres avec des lignes longitudinales plus claires.

111. CHARANSON marbré.

Longirostre, noir; élytres testacées, avec des bandes obliques, obscures.

112. CHARANSON spinifere.

Longirostre, obscur; corcelet & élytres muriquées.

113. CHARANSON denticulé.

Longirostre noir; écusson blanchâtre; élytres avec des stries dentelées.

114. CHARANSON Souris.

Longirostre, couvert d'un duvet cendré; écusson blanchâtre.

115. CHARANSON floral.

Longirostre, noir en-dessus, cendré en-dessous; élytres striées.

116. CHARANSON bandé.

Longirostre, globuleux, fauve; élytres avec trois bandes blanches.

117. CHARANSON transversal.

Longirostre globuleux, noir; élytres striées, avec une bande blanche.

CHARANSON. (Insectes.)

118. CHARANSON pygmée.

Longirostre, presque arrondi, noir; corcelet épineux de chaque côté, avec trois lignes longitudinales blanches.

119. CHARANSON large.

Longirostre, noir, déprimé, couvert d'une poussière jaunâtre; corcelet granulé.

120. CHARANSON cyanocéphale.

Longirostre, noir, velu; tête bleue; corcelet rouge; élytres d'un brun marron.

121. CHARANSON strié.

Longirostre couvert d'un duvet cendré; corcelet rayé de blanc; élytres rayées de noir.

122. CHARANSON gris-blanc.

Longirostre, presque globuleux, couvert d'un duvet grisâtre; élytres courtes.

123. CHARANSON porte-croix.

Longirostre, très-noir; base des antennes & tarses obscurs; élytres striées, courtes, tachées de blanc.

124. CHARANSON Alouete.

Longirostre, cendré, presque globuleux; corcelet & élytres, avec des taches transversales noires.

125. CHARANSON urticaire.

Longirostre, obscur, avec des bandes velues, blanchâtres, ondées; pattes fauves.

126. CHARANSON point-blanc.

Longirostre, très-noir en-dessus, avec les côtés & le dessous jaunâtres; antennes fauves, point-blanc au milieu de la suture.

** * Trompe mince, alongée. Cuisses dentées.*

127. CHARANSON bident.

Longirostre; cuisses postérieures dentées, noir; élytres avec une épine élevée.

128. CHARANSON jamaïquois.

Longirostre, obscur, raboteux; corcelet avec un tubercule fascicule de chaque côté élytres striées.

129. CHARANSON miliaire.

Longirostre, cuisses dentées, obscur; corcelet & élytres, couverts de tubercules arrondis, noirs, luisans.

130. CHARANSON cyanicolle.

Longirostre, cuisses dentées; corcelet bleu, latéralement raboteux; élytres raboteuses, striées.

131. CHARANSON valide.

Longirostre, cuisses & les quatre jambes antérieures dentées; corcelet & élytres raboteux.

132. CHARANSON couronné.

Longirostre, cuisses dentées, noir; corcelet arrondi, muni antérieurement de plusieurs épines arquées.

133. CHARANSON Taureau.

Longirostre, cuisses dentées; corcelet & élytres, avec des tubercules élevés; trompe avec deux cornes arquées.

CHARANSON. (Insecte.)

134. CHARANSON cornu.

Longirostre, cuisses dentées; corcelet arrondi, tuberculé; trompe avec une corne droite de chaque côté.

135. CHARANSON moisi.

Longirostre, cuisses antérieures & intermédiaires, dentées; élytres bossues vers l'extrémité, & couvertes d'une poussière jaunâtre.

136. CHARANSON page.

Longirostre; cuisses intermédiaires & postérieures dentées; élytres noires, avec une ligne sinuée, grisâtre.

137. CHARANSON spinipède.

Longirostre, cuisses dentées, noir; corcelet avec deux lignes, élytres avec quatre petites bandes blanches; jambes antérieures épineuses.

138. CHARANSON bombine.

Longirostre, cuisses dentées, d'un brun ferrugineux; élytres striées, avec des tubercules élevés noirs.

139. CHARANSON vaginal.

Longirostre, cuisses dentées; élytres striées, tuberculées: tubercules épineux vers l'extrémité.

140. CHARANSON variqueu

Longirostre; cuisses dentées, noir, cendré en-dessus; élytres mucronées, avec des stries pointillées & un tubercule arrondi.

141. CHARANSON Scorpion.

Longirostre, cuisses dentées, noir; corcelet plat, cendré à la base; élytres cendrées au milieu, avec des tubercules presque épineux.

142. CHARANSON raboteux.

Longirostre, cuisses dentées; corcelet lisse, caréné; élytres mucronées, striées, tuberculées.

143. CHARANSON moucheté.

Longirostre, cuisses presque dentées, noir; corcelet lisse, avec deux taches postérieures, jaunâtres; élytres tuberculées, avec des taches jaunes.

144. CHARANSON fasciculé.

Longirostre, cuisses dentées, noir; élytres raboteuses, couvertes de faisceaux de poils; pattes mélangées de noir & de cendré.

145. CHARANSON six-taches.

Longirostre, cuisses dentées, noir; corcelet arrondi & raboteux; élytres avec des stries pointillées & six taches fauves.

146. CHARANSON muriqué.

Longistre, cuisses dentées, d'un noir cendré; élytres striées, verruqueuses.

147. CHARANSON histrix.

Longirostre, cuisses dentées, noir; élytres avec des stries crénelées & quatre taches d'un gris jaunâtre.

148. CHARANSON trifascié.

Longirostre, cuisses dentées; corcelet avec une ligne latérale blanche; élytres avec des points blancs & deux taches brunes.

149. CHARANSON urbain.

Longirostre, cuisses dentées, d'un vert

CHARANSON. (Insectes.)

foncé; bords latéraux du corcelet & des élytres jaunes.

150. CHARANSON cylindriroſtre.

Longiroſtre, cuiſſes dentées; corcelet raboteux; élytres avec deux tubercules poſtérieurs.

151. CHARANSON ſtigmate.

Longiroſtre, cuiſſes dentées, cendré; élytres avec une tache grande, latérale, ferrugineuſe.

152. CHARANSON hébété.

Longiroſtre, cuiſſes légèrement dentées; corcelet raboteux; élytres ſillonnées, tuberculées; bouche barbue.

153. CHARANSON dentipède.

Longiroſtre, cuiſſes & jambes antérieures dentées, couvert d'un duvet blanchâtre; élytres ſtriées, noires, avec deux raies rapprochées blanches.

154. CHARANSON annulé.

Longiroſtre, cuiſſes dentées; corcelet & élytres avec des bandes linéaires, noires.

155. CHARANSON à-zones.

Longiroſtre, cuiſſes dentées, noir, luiſant; corcelet avec une grande tache de chaque côté; élytres avec trois bandes blanchâtres.

156. CHARANSON caligineux.

Longiroſtre, cuiſſes dentées, oblong; élytres avec des ſtries pointillées, rapprochées.

157. CHARANSON douteux.

Longiroſtre, cuiſſes dentées, noir; corcelet liſſe; élytres ſtriées, raboteuſes.

158. CHARANSON pulvérulent.

Longiroſtre, cuiſſes légèrement dentées, oblong, mélangé d'obſcur & de cendré; élytres avec des ſtries pointillées.

159. CHARANSON parſemé.

Longiroſtre, cuiſſes dentées, parſemé de points fauves; pattes antérieures alongées.

160. CHARANSON lanipède.

Longiroſtre, cuiſſes dentées, noir; élytres avec des ſtries crénélées; pattes antérieures longues, velues à l'extrémité.

161. CHARANSON Panthère.

Longiroſtre, cuiſſes dentées, brun; trompe noirâtre; corcelet & élytres avec des points & des taches jaunâtres.

162. CHARANSON brun.

Longiroſtre, cuiſſes dentées, d'un brun ferrugineux; trompe noirâtre; élytres avec des ſtries pointillées.

163. CHARANSON Hibou.

Longiroſtre, cuiſſes dentées, noirâtre; élytres parſemées d'une pouſſière fauve; abdomen coupé, avec deux grandes taches occulées, atres.

164. CHARANSON du Sapin.

Longiroſtre, cuiſſes dentées; élytres noirâtres, avec des bandes linéaires, interrompues, griſâtres.

165. CHARANSON ré.iculé.

Longiroſtre, cuiſſes dentées, oblong, d'un brun noirâtre; élytres réticulées, avec des

CHARANSON (Insectes.)

bandes obliques pâles; jambes antérieures épineuses.

166. CHARANSON chinois.

Longirostre, cuisses dentées, noir, raboteux; corcelet, base & extrémité des élytres, tachés de ferrugineux & de cendré.

167. CHARANSON convexe.

Longirostre, cuisses dentées, noir, élevé; élytres avec des points enfoncés & une bande linéaire postérieure, interrompue, grise.

168. CHARANSON latéral.

Longirostre, cuisses dentées, noir; corcelet & élytres un peu raboteux, cendrés, obscurs; élytres avec une tache latérale noire.

169. CHARANSON multi-moucheté.

Longirostre, cuisses dentées, noir; corcelet & élytres avec des points jaunes.

170. CHARANSON pupillaire.

Longirostre, cuisses dentées, obscur; corcelet & élytres tuberculés; élytres avec une tache latérale cendrée, marquée d'un point noir.

171. CHARANSON de la Patience.

Longirostre, cuisses bidentées, mélangé de noir & de blanc; corcelet & élytres muriqués.

172. CHARANSON irroré.

Longirostre, cuisses dentées, blanc en-dessous, obscur & tacheté de blanc en-dessus; cuisses avec un anneau obscur.

173. CHARANSON six-moucheté.

Longirostre, cuisses dentées, noir; élLtres avec trois taches blanches sur chaque.

174. CHARANSON luride.

Longirostre, cuisses dentées, ovale, d'un noir obscur; élytres avec des stries pointillées.

175. CHARANSON stolide.

Longirostre, cuisses dentées, obscur; jambes postérieures arquées, dentées.

176. CHARANSON frigide.

Longirostre, cuisses dentées, obscur; élytres striées, presque tuberculées, mélangées de ferrugineux.

177. CHARANSON méditatif.

Longirostre, cuisses dentées; élytres striées, très-pointues à leur extrémité.

178. CHARANSON stupide.

Longirostre, cuisses dentées, noir; côtés du corcelet arrondis; élytres presque épineuses.

179. CHARANSON du Manglier.

Longirostre, cuisses dentées, grisâtre; corcelet avec une ligne & deux points blancs.

180. CHARANSON folâtre.

Longirostre, cuisses dentées, grisâtre; élytres avec une tache commune, en croissant, cendrée; trompe très-noire.

181. CHARANSON oculé.

Longirostre, cuisses dentées, noir; élytres avec une tache oculée, atre, veloutée.

182. CHARANSON squalide.

Longirostre, cuisses dentées, couvertes d'un duvet grisâtre; trompe testacée.

CHARANSON. (Insectes.)

183. CHARANSON germain.

Longirostre, cuisses dentées, noir, luisant; corcelet avec deux points testacés de chaque côté.

184. CHARANSON charbonier.

Longirostre, cuisses dentées, oblong, noir; élytres striées.

185. CHARANSON de la Scrophulaire.

Longirostre, presque globuleux; élytres avec deux taches dorsales noires.

186. CHARANSON du Verbascum.

Longirostre, cuisses dentées, noir; côtés du corcelet jaunâtres; élytres avec des rangées de points alternes blancs & noirs.

187. CHARANSON grave.

Longirostre, cuisses dentées, noir; élytres mélangées de ferrugineux; cuisses canelées.

188. CHARANSON cinq-points.

Longirostre, cuisses dentées; élytres avec la suture & deux taches blanches sur chaque.

189. CHARANSON gouttelette.

Longirostre, cuisses dentées; corcelet tuberculé, noir; élytres striées, avec un point blanc postérieur.

190. CHARANSON didyme.

Longirostre, cuisses dentées, noirâtre en-dessus; élytres striées, avec une tache latérale, transversale, blanche.

191. CHARANSON hémorrhoïdal.

Longirostre, cuisses dentées; corcelet obscur, avec les côtés cendrés; élytres avec la suture postérieurement & l'extrémité ferrugineuses.

192. CHARANSON trimaculé.

Longirostre, cuisses dentées; élytres noires, avec trois taches cendrées, la postérieure commune en croissant.

193. CHARANSON petite-ligne.

Longirostre, cuisses dentées, mélangé de noir & de blanc; trompe très-noire.

194. CHARANSON velu.

Longirostre, cuisses dentées, velu, grisâtre; écusson & bande postérieure sur les élytres, blancs.

195. CHARANSON du Beccabunga.

Longirostre, cuisses dentées, obscur; élytres rougeâtres, avec le bord & l'anus obscurs.

196. CHARANSON troglodite.

Longirostre, cuisses dentées, obscur; corcelet avec une ligne dorsale cendrée; élytres & pattes testacées.

197. CHARANSON très-atre.

Longirostre, cuisses dentées, atre; élytres luisantes, avec des stries pointillées.

198. CHARANSON du Cerisier.

Longirostre, cuisses dentées, très-noir,

CHARANSON. (Insectes.)

oblong; corcelet avec une épine avancée, de chaque côté.

199. CHARANSON violet.

Longirostre, cuisses dentées, violet; trompe noire, de la longueur du corcelet.

200. CHARANSON varié.

Longirostre, cuisses dentées, d'un brun ferrugineux, parsemé de points cendrés; trompe & pattes ferrugineuses; cuisses avec une tache noire.

201. CHARANSON des Noisettes.

Longirostre, cuisses dentées, d'un gris fauve; trompe presque de la longueur du corps.

202. CHARANSON phalangiste.

Longirostre, cuisses dentées, ferrugineux, pubescent; pattes antérieures longues.

203. CHARANSON nasillard.

Longirostre, cuisses dentées; élytres cendrées, fauves à l'extrémité; trompe brune, de la longueur du corps.

204. CHARANSON longue-trompe.

Longirostre, cuisses dentées, grisâtre; trompe mince, plus longue que le corps.

205. CHARANSON trompette.

Longirostre, cuisses dentées, marron; élytres striées; trompe mince, deux fois plus longue que le corps.

206. CHARANSON agréable.

Longirostre, cuisses dentées, noir; corcelet avec deux, élytres avec cinq points blancs.

207. CHARANSON des Cerises.

Longirostre, cuisses dentées, obscur; écusson & bande sur les élytres peu marqués, cendrés.

208. CHARANSON bicorne.

Longirostre, cuisses fortement dentées; tête bidentée.

209. CHARANSON ténuirostre.

Longirostre, cuisses dentées, noir; élytres avec des bandes peu marquées, blanches; antennes fauves.

210. CHARANSON des Baies.

Longirostre, cuisses dentées; trompe rouge, élytres testacées, avec des bandes peu marquées.

211. CHARANSON du Frêne.

Longirostre, cuisses dentées, ferrugineuses, obscur; tête & dos noirs.

212. CHARANSON déprimé.

Longirostre, cuisses dentées; corcelet déprimé, avec les côtés presque anguleux.

213. CHARANSON des Vergers.

Longirostre, cuisses antérieures dentées; corps d'un gris cendré, nébuleux.

CHARANSON. (Insectes.)

214. CHARANSON rouleur.

Longirostre, cuisses dentées ; corps testacé ; poitrine noirâtre.

215. CHARANSON du Tremble.

Longirostre, cuisses dentées, noirâtre ; élytres striées, couvertes de poils grisâtres.

216. CHARANSON rubané.

Longirostre, cuisses dentées ; corcelet noir, avec les bords antérieurs & postérieurs fauves ; élytres pâles, tachetées de noir.

217. CHARANSON alongé.

Longirostre, cuisses dentées ; corcelet alongé ; jambes antérieures bidentées.

218. CHARANSON de l'Orme.

Longirostre, cuisses dentées, d'un brun fauve ; trompe noire ; élytres avec une tache noirâtre.

219. CHARANSON de Forster.

Longirostre, cuisses dentées, pattes antérieures longues ; corps brun, couvert d'un duvet cendré.

220. CHARANSON hispide.

Longirostre, cuisses dentées ; élytres sillonnées, couvertes de poils hérissés.

221. CHARANSON pédiculaire.

Longirostre, cuisses dentées ; corps rougeâtre ; élytres avec des bandes blanches peu marquées.

222. CHARANSON poudreux.

Longirostre, cuisses dentées ; élytres applaties, courtes ; abdomen & bord des élytres, couverts d'une poussière cendrée.

223. CHARANSON écussoné.

Longirostre, cuisses dentées, obscur ; écusson blanc ; élytres avec une tache fauve.

224. CHARANSON vierge.

Longirostre, cuisses dentées, oblong, obscur, couvert d'un duvet grisâtre.

225. CHARANSON du Chardon.

Longirostre, cuisses dentées, cendré obscur ; corcelet tuberculé ; écusson, ligne sur les élytres, & points jaunes.

*** *Trompe alongée ; cuisses postérieures renflées.*

226. CHARANSON de l'Aulne.

Longirostre, cuisses renflées ; élytres testacées, avec deux taches obscures.

227. CHARANSON poileux.

Longirostre, cuisses renflées, noir, mélangé de cendré.

228. CHARANSON éperoné.

Longirostre, cuisses renflées, unidentées, noir ; antennes & tarses testacés.

229. CHARANSON du Saule.

Longirostre, cuisses dentées ; élytres noires, avec deux bandes blanches.

CHARANSON. (Insectes.)

230. CHARANSON de l'Osier.

Longirostre, cuisses renflées ; corps testacé, sans taches.

231. CHARANSON de l'Yeuse.

Longirostre, cuisses renflées, noirâtre ; élytres striées, mélangées de cendré.

232. CHARANSON iota.

Longirostre, cuisses renflées, noir ; élytres striées, suture blanche à la base.

233. CHARANSON du Hêtre.

Longirostre, cuisses renflées, corps noir ; cuisses pâles.

234. CHARANSON céréal.

Longirostre, cuisses renflées, corps brun ; élytres oblongues.

**** *Trompe courte ; cuisses simples.*

235. CHARANSON fastueux.

Brévirostre, d'un vert foncé ; élytres avec des points enfoncés brillans, en stries, & des taches dorées.

236. CHARANSON impérial.

Brévirostre, d'un vert noirâtre ; élytres avec des stries élevées & des points enfoncés, en stries, d'un vert doré.

237. CHARANSON noble.

Brévirostre, d'un vert doré ; élytres avec des stries élevées, crénelées, d'un vert noirâtre.

238. CHARANSON somptueux.

Brévirostre ; élytres grisâtres, avec beaucoup de points elevés, d'un noir verdâtre.

239. CHARANSON chrysis.

Brévirostre, blanchâtre ; élytres avec deux bandes & quatre points dorés.

240. CHARANSON argyrien.

Brévirostre, corps d'un vert argenté, avec des taches dorées.

241. CHARANSON royal.

Brévirostre, corps d'un vert brillant ; élytres avec des bandes ondées, d'un rouge doré.

242. CHARANSON marginé.

Brévirostre, obscur ; suture des élytres & bords de l'abdomen d'un vert doré.

243. CHARANSON dix-neuf-points.

Brévirostre, d'un blanc azuré ; corcelet avec quatre, élytres avec dix-neuf points noirs.

244. CHARANSON seize-points.

Brévirostre, bleuâtre ; corcelet avec quatre, élytres avec douze points noirs.

245. CHARANSON décoré.

Brévirostre, obscur en-dessus ; corcelet & élytres avec deux raies d'un vert doré.

246. CHARANSON nitidule.

Brévirostre, entièrement couvert d'écailles

CHARANSON. (Insectes.)

vertes dorées; élytres avec des stries pointillées.

247. CHARANSON candide.

Brévirostre; élytres presque épineuses, blanches, avec une tache latérale, obscure.

248. CHARANSON blanc-de-neige.

Brévirostre; trompe & dos du corcelet obscurs; élytres presque épineuses & terminées en pointe.

249. CHARANSON blanc-de lait.

Brévirostre, blanc, avec un reflet doré; élytres sillonnées, terminées en pointe.

250. CHARANSON émeraude.

Brévirostre verdâtre; élytres pointillées, avec une épine antérieure & postérieure, élevée, forte.

251. CHARANSON octotuberculé.

Brévirostre, mélangé de cendré & d'obscur; élytres pointillées, avec huit tubercules & une gibbosité postérieure.

252. CHARANSON spécieux.

Brévirostre; corps jaune verdâtre, brillant; élytres avec quelques épines.

253. CHARANSON serf.

Brévirostre, tête & corcelet d'un brun ferrugineux; élytres obscures, avec des taches blanches.

254. CHARANSON modeste.

Brévirostre, cendré; corcelet & élytres avec des taches obscures.

255. CHARANSON jaunâtre.

Brévirostre, obscur; côtés du corcelet & des élytres jaunes; extrémité des élytres pointue.

256. CHARANSON vert.

Brévirostre, verdâtre; côtés du corcelet & des élytres jaunes.

257. CHARANSON porte-bosse.

Brévirostre, d'un blanc verdâtre; élytres unidentées à leur base, bossues vers leur extrémité.

258. CHARANSON fauve.

Brévirostre, fauve, base de la tête & pattes obscures; trompe échancrée.

259. CHARANSON mantelé.

Brévirostre, obscur; bord du corcelet & des élytres cendré.

260. CHARANSON aurifère.

Brévirostre; corps ferrugineux, avec des lignes & des taches d'un vert doré.

261. CHARANSON cyanipède.

Brévirostre, blanc; élytres avec une raie élevée, dentée, bleuâtre; pattes bleues.

262. CHARANSON du Tamaris.

Brévirostre, d'un vert brillant; élytres mélangées de vert, de ferrugineux, de noirâtre & de cendré.

CHARANSON. (Insectes.)

263. CHARANSON splendidule.

Brévirostre, d'un vert brillant ; disque des élytres d'un gris cuivreux, avec une bande noire.

264. CHARANSON curvipède.

Brévirostre noirâtre, couvert de quelques écailles argentées ; jambes postérieures arquées, dentées & ciliées.

265. CHARANSON nébuleux.

Brévirostre, oblong, grisâtre ; élytres avec des bandes obliques noires.

266. CHARANSON fulcirostre.

Brévirostre, oblong, cendré, un peu nébuleux ; trompe sillonnée.

267. CHARANSON tigré.

Brévirostre, cendré ; élytres avec quatre bandes courtes, blanches ; trompe tricarenée.

268. CHARANSON plissé.

Brévirostre, cendré ; corcelet avec des rides longitudinales ; élytres avec deux bandes ondées, cendrées, peu marquées.

269. CHARANSON échancré.

Brévirostre, oblong, obscur ; dos des élytres cendré, avec deux lignes de points noirs enfoncés.

270. CHARANSON perlé.

Brévirostre, noir ; abdomen blanc, avec des points élevés glabres, noirs ; trompe sillomée.

271. CHARANSON glauque.

Brévirostre ; corcelet inégal, obscur ; élytres glauques, avec un point postérieur, élevé ; trompe carenée.

272. CHARANSON blanchâtre.

Brévirostre, oblong, obscur ; élytres blanchâtres, avec une bande au milieu, une petite ligne à la base & à l'extrémité, obscures.

273. CHARANSON portugais.

Brévirostre, oblong, obscur en-dessus ; élytres avec une tache obscure à la base & les bords latéraux blanchâtres.

274. CHARANSON crénelé.

Brévirostre, cendré ; élytres avec trois lignes élevées, crénelées, noires.

275. CHARANSON ponctulé.

Brévirostre, noir ; élytres avec des points noirs, blancs, soyeux, alternes, rangés en stries.

276. CHARANSON carené.

Brévirostre, obscur ; corcelet carené ; élytres avec des lignes élevées, un peu tuberculées.

277. CHARANSON à-côtes.

Brévirostre, cendré ; corcelet noir, avec quatre lignes longitudinales cendrées.

278. CHARANSON barbaresque.

Brévirostre, obscur, couvert d'une poussière ferrugineuse ; yeux noirs, entourés d'un cercle blanc.

CHARANSON. (Insectes.)

279. CHARANSON ophtalmique.

Bréviroſtre, d'un gris obſcur; élytres avec ſix points gris.

280. CHARANSON tabide.

Bréviroſtre, obſcur, parſemé de ferrugineux; corcelet avec deux lignes, élytres avec le bord & deux points cendrés.

281. CHARANSON grammique.

Bréviroſtre, obſcur; corcelet avec une ligne de chaque côté, élytres avec un point à la baſe, cendrés.

282. CHARANSON de Bonſdorff.

Bréviroſtre, blanchâtre; corcelet avec le dos, élytres avec trois taches tranſverſales, noirs.

283. CHARANSON interrompu.

Bréviroſtre, obſcur; élytres avec une bande interrompue blanche.

284. CHARANSON ſcutellaire.

Bréviroſtre, noir; élytres avec des ſtries crénelées; pattes antérieures alongées.

285. CHARANSON longimane.

Bréviroſtre, obſcur; corcelet avec le bord & deux points ferrugineux; pattes antérieures alongées.

286. CHARANSON rauque.

Bréviroſtre, noirâtre; élytres griſes, avec des points cendrés.

287. CHARANSON cotoneux.

Bréviroſtre, obſcur; corcelet avec une tache latérale blanche; élytres tuberculées blanches, avec une tache obſcure de chaque côté.

288. CHARANSON porte-épine.

Bréviroſtre, cendré, parſemé de points obſcurs; corcelet avec une épine aiguë de chaque côté.

289. CHARANSON du Polygonum.

Bréviroſtre, cendré; corcelet rayé de blanc; ſuture des élytres blanche, avec des points noirs.

290. CHARANSON gris.

Bréviroſtre, d'un gris obſcur en-deſſus, cendré en-deſſous; trompe cannelée.

291. CHARANSON trimoucheté.

Bréviroſtre, noirâtre; élytres griſes, avec deux taches blanches, la poſtérieure plus grande & commune.

292. CHARANSON géminé.

Bréviroſtre cendré; corcelet rayé; élytres avec des ſtries nombreuſes, obſcures, diſpoſées par paires.

293. CHARANSON diadème.

Bréviroſtre, couvert d'un duvet jaune; trompe coupée, noire à l'extrémité.

294. CHARANSON du Coudrier.

Bréviroſtre, mélangé de cendré & d'obſcur; ſuture noire, de la baſe au milieu.

CHARANSON. (Insectes.)

295. CHARANSON linéé.

Brévirostre, gris; corcelet avec trois lignes longitudinales pâles.

296. CHARANSON lunulé.

Brévirostre; élytres avec des stries élevées, une bande sémi circulaire, une tache postérieure blanche, & une autre en croissant, noire.

297. CHARANSON fulvipède.

Brévirostre, couvert d'un duvet verdâtre; pattes testacées.

298. CHARANSON ruficolle.

Brévirostre, testacé; tête & élytres striées, d'un gris obscur.

299. CHARANSON ondé.

Brévirostre, obscur; extrémité des élytres pâle, avec une ligne transversale ondée, obscure.

300. CHARANSON hispidule.

Brévirostre, obscur; corcelet avec des raies cendrées; élytres hérissées, avec des rangées de points obscurs.

301. CHARANSON scabricule.

Brévirostre cendré; élytres presque globuleuses, hérissées.

302. CHARANSON cervine.

Brévirostre, grisâtre; base des antennes fauve.

303. CHARANSON hérissé.

Brévirostre, ferrugineux, abdomen globuleux; élytres avec des poils roides, hérissés.

304. CHARANSON strié.

Brévirostre, obscur; élytres avec des stries cendrées, pointillées de noir.

305. CHARANSON Lézard.

Brévirostre, grisâtre; élytres striées; extrémité des antennes noire.

306. CHARANSON écailleux.

Brévirostre, grisâtre; élytres avec des stries pointillées.

307. CHARANSON sombre.

Brévirostre, mélangé d'obscur & de cendré; élytres avec des stries pointillées.

308. CHARANSON agile.

Brévirostre, velu, noir; élytres avec le bord, un point à la base, une bande interrompue & un point à l'extrémité, blancs.

309. CHARANSON ruficorne.

Brévirostre, noir; antennes rouges; corcelet avec deux tubercules de chaque côté.

310. CHARANSON chloropède.

Brévirostre, noir; antennes & pattes fauves.

311. CHARANSON atre.

Brévirostre, oblong, très-noir; antennes fauves.

CHARANSON. (Insectes.)

312. CHARANSON triste.

Brévirostre, noir; élytres cendrées, striées.

313. CHARANSON saupoudré.

Brévirostre, très-noir; élytres tachetées de blanc postérieurement.

314. CHARANSON ponctué.

Brévirostre, obscur; élytres avec des points soyeux, élevés, noirs, & le bord latéral, jaune.

315. CHARANSON obscur.

Brévirostre, ovale, d'un brun ferrugineux, sans taches.

316. CHARANSON noir.

Brévirostre, ovale, raboteux, noir; pattes fauves.

317. CHARANSON variolé.

Brévirostre, noir; corcelet carené, variolé; élytres striées.

318. CHARANSON stictique.

Brévirostre; corcelet & élytres variolés, noirs, pointillés de blanc.

319. CHARANSON cagneux.

Brévirostre, noir, luisant; élytres avec des stries pointillées; cuisses avec un anneau cendré.

320. CHARANSON marginelle.

Brévirostre, noir; bord du corcelet & des élytres blanc; élytres avec une ligne longitudinale, interrompue, blanche.

321. CHARANSON à bandelettes.

Brévirostre, noir; élytres avec des raies courtes, blanches & rouges.

322. CHARANSON de Spengler.

Brévirostre; élytres d'un blanc jaunâtre, avec des lignes élevées, courtes, noires, lisses.

323. CHARANSON birayé.

Brévirostre, noir; élytres avec des stries pointillées, une raie marginale & une autre dorsale, interrompue, jaunâtres.

324. CHARANSON livide.

Brévirostre, gris; corcelet & élytres avec des taches cendrées & noires.

325. CHARANSON superbe.

Brévirostre; élytres noires, avec six raies longitudinales, courtes, rapprochées, blanches.

326. CHARANSON Caméléon.

Brévirostre, bronzé; élytres avec la suture & une bande courtes, d'un vert doré.

327. CHARANSON histrionique.

Brévirostre, gris; corcelet avec des lignes

CHARANSON. (Insectes.)

latérales & fauves; élytres blanches avec des taches noires & fauves.

328. CHARANSON de Rohr.

Brévirostre; élytres pointues, grises, avec le bord extérieur jaunâtre à la base.

329. CHARANSON famélique.

Brévirostre, noirâtre; élytres pointues, avec des stries pointillées.

330. CHARANSON imprimé.

Brévirostre noir; corcelet & élytres avec des points enfoncés, blancs.

331. CHARANSON albipède.

Brévirostre, noirâtre; corcelet anguleux; élytres tuberculées, cendrées à la base & à l'extrémité; jambes grises.

332. CHARANSON riverain.

Brévirostre, noirâtre; corcelet avec une ligne enfoncée & des taches d'un gris rougeâtre; élytres striées, avec trois raies enfoncées, cendrées.

333. CHARANSON verruqueux.

Brévirostre, d'un noir bronzé, avec des points élevés; extrémité des élytres verruqueuse.

334. CHARANSON six-rayé.

Brévirostre, noir; corcelet & élytres avec six raies blanches.

335. CHARANSON du Cap.

Brévirostre, noir; corcelet élevé, pointillé, élytres avec des stries crénelées.

336. CHARANSON Veau.

Brévirostre noir; front bidenté; élytres raboteuses, avec une épine vers l'extrémité.

337. CHARANSON inégal.

Brévirostre gris; corcelet inégal, relevé antérieurement; élytres sillonnées, bidentées postérieurement; trompe avec trois sillons.

338. CHARANSON aigu.

Brévirostre, cylindrique, obscur; extrémité des élytres pointue.

339. CHARANSON emmuselé.

Brévirostre, obscur; élytres pointues, avec des stries crénelées; trompe sillonnée.

340. CHARANSON émérite.

Brévirostre, noir; corcelet & élytres épineux; tête avec deux petits enfoncemens.

341. CHARANSON crispé.

Brévirostre; corcelet raboteux; élytres avec trois lignes élevées, dentées.

342. CHARANSON tranchant.

Brévirostre; corcelet avec deux tubercules comprimés; élytres tuberculées, cendrées à leur partie postérieure.

CHARANSON. (Insectes.)

243. CHARANSON tribule.

Bréviroſtre, cendré; corcelet raboteux, enfoncé antérieurement; élytres épineuſes.

344. CHARANSON quadrident.

Bréviroſtre, cendré; corcelet raboteux; élytres épineuſes; épines poſtérieures longues.

345. CHARANSON quadriépineux.

Bréviroſtre, blanchâtre; trompe noirâtre; élytres avec quatre épines élevées.

346. CHARANSON clavellé.

Bréviroſtre, blanchâtre; corcelet cannelé; élytres épineuſes, avec trois petites lignes à la baſe rouges.

347. CHARANSON noduleux.

Bréviroſtre; corcelet avec ſix lignes noduleuſes; élytres épineuſes.

348. CHARANSON rubifère.

Bréviroſtre, cendré; corcelet raboteux; élytres avec des tubercules preſque épineux, rougeâtres.

349. CHARANSON globulifère.

Bréviroſtre; corcelet raboteux; élytres épineuſes, pointues à l'extrémité.

350. CHARANSON pillulaire.

Bréviroſtre; corcelet épineux, tuberculé; élytres pointues, avec pluſieurs rangées de tubercules.

351. CHARANSON frontal.

Bréviroſtre, noir; front rétus; corcelet & élytres, avec pluſieurs rangées de tubercules.

352. CHARANSON court.

Bréviroſtre, obſcur; élytres griſâtres, avec des ſtries courtes, noires, glabres, élevées.

353. CHARANSON indérien.

Bréviroſtre, griſâtre; corcelet épineux de chaque côté; élytres avec des ſtries pointillées.

354. CHARANSON nomade.

Bréviroſtre, blanchâtre; corcelet raboteux; élytres avec des lignes obliques obſcures.

355. CHARANSON candidat.

Bréviroſtre, mélangé de blanc & d'obſcur; dos du corcelet cendré, avec une ligne & deux points blancs.

356. CHARANSON arroſé.

Bréviroſtre, blanchâtre; deſſus du corps avec des lignes & des points élevés, noirs; trompe avec une ligne élevée.

357. CHARANSON Cenchrus.

Bréviroſtre, blanchâtre; corcelet & élytres avec des lignes confluentes, cendrées, pointillées de noir; trompe avec une ligne élevée.

CHARANSON (Insectes.)

358. CHARANSON quadrilinéé.

Brévirostre, cendré ; corcelet obscur, avec quatre lignes blanches ; élytres avec quatre petites lignes noires.

359. CHARANSON rayure-noire.

Brévirostre, blanchâtre ; corcelet avec une ligne noire de chaque côté ; trompe carenée.

360. CHARANSON marqué.

Brévirostre, cylindrique, blanc ; corcelet & élytres avec une raie noire de chaque côté.

361. CHARANSON fenestré.

Brévirostre, blanc ; élytres avec six taches rhomboïdales obscures.

362. CHARANSON tête-jaune.

Brévirostre, blanchâtre ; tête jaunâtre ; corcelet & élytres avec des lignes blanches & obscures, alternes.

363. CHARANSON peint.

Brévirostre, blanc ; corcelet avec trois lignes, élytres avec une bande arquée, obscures.

364. CHARANSON yeux-noirs.

Brévirostre, presque cylindrique, blanc, sans taches ; yeux noirs.

365. CHARANSON ténébrioïde.

Brévirostre aptere, noir, glabre ; élytres lisses.

366. CHARANSON ténébreux.

Brévirostre, noir luisant ; corcelet arrondi, un peu raboteux ; élytres réunies, avec des stries pointillées.

367. CHARANSON fabricateur.

Brévirostre, noir ; antennes obscures ; élytres réunies, avec huit rangées de points enfoncés.

368. CHARANSON majeur.

Brévirostre, noir, couvert d'un duvet cendré ; corcelet raboteux, pointillé ; élytres avec des stries pointillées.

369. CHARANSON globuleux.

Brévirostre, obscur ; élytres globuleuses, avec des raies cendrées & des taches peu marquées blanches.

370. CHARANSON singulier.

Brévirostre, cendré ; élytres avec des rangées de points enfoncés : point élevé au milieu de chaque enfoncement.

371. CHARANSON américain.

Brévirostre, blanc ; élytres avec cinq rangées blanches, pointillées de noir ; écusson jaunâtre.

372. CHARANSON grisette.

Brévirostre, fauve ; tête noirâtre ; élytres avec des stries pointillées.

373. CHARANSON téréticolle.

Brévirostre, ovale oblong ; tête & cor-

CHARANSON (Insectes.)

celet cylindrique ; élytres cendrées, avec de petites lignes noirâtres.

374. CHARANSON linéelle.

Bréviroſtre, oblong ; d'un gris obſcur ; corcelet avec trois lignes pâles ; élytres avec une ligne longitudinale blanchâtre, de chaque côté.

375. CHARANSON tronçoné.

Bréviroſtre, noir, abdomen preſque globuleux ; trompe très courte ; antennes & pattes fauves.

376. CHARANSON clavipède.

Bréviroſtre ; ovale oblong, noir ; pattes longues, fauves ; cuiſſes renflées.

377. CHARANSON obtus.

Bréviroſtre, ovale, poſtérieurement obtus ; corcelet obſcur, un peu carené ; antennes & pattes noirâtres.

378. CHARANSON entrecoupé.

Bréviroſtre, obſcur ; corcelet & élytres avec des raies bronzées.

379. CHARANSON quadrille.

Bréviroſtre, cendré ; élytres avec quatre points noirs.

***** *Trompe courte. Cuiſſes dentées.*

380. CHARANSON admirable.

Bréviroſtre, cuiſſes dentées ; corps mélangé de vert brillant & de noir.

381. CHARANSON renflé.

Bréviroſtre, cuiſſes antérieures dentées ; corps élevé, noirâtre ; corcelet avec des lignes ; élytres avec deux bandes linéaires & une ligne à l'extrémité, jaunâtres.

382. CHARANSON trident.

Bréviroſtre, cuiſſes dentées, cendré ; élytres avec trois dents & l'extrémité échancrée.

383. CHARANSON tête-obſcure.

Bréviroſtre, cuiſſes un peu dentées, noir ; corcelet & élytres liſſes, avec des taches obſcures.

384. CHARANSON de la Liveche.

Bréviroſtre, cuiſſes dentées ; corps d'un gris obſcur ; élytres légèrement chagrinées.

385. CHARANSON nubile.

Bréviroſtre, cuiſſes dentées, gris ; élytres avec beaucoup de points obſcurs.

386. CHARANSON nègre.

Bréviroſtre, cuiſſes dentées, d'un noir obſcur ; corcelet chagriné ; élytres avec des ſtries crénelées.

387. CHARANSON ſilloné.

Bréviroſtre, cuiſſes dentées, noir ; élytres ſtriées, avec de petites taches rouillées.

388. CHARANSON gemmifère.

Bréviroſtre, cuiſſes dentées, noir luiſant ;

CHARANSON (Insectes.)

corcelet chagriné; élytres avec des points d'un vert blanchâtre.

389. CHARANSON picipède.

Brévirostre, cuisses dentées, gris; élytres nébuleuses; cuisses postérieures fauves.

390. CHARANSON morio.

Brévirostre, cuisses dentées, noir luisant; élytres glabres, lisses.

391. CHARANSON bisillonė.

Brévirostre, cuisses dentées, noir; bord des élytres cendré; trompe avec deux sillons.

392. CHARANSON arenaire.

Brévirostre, cuisses dentées; noir glabre; élytres avec des stries pointillées; base des antennes brune.

393. CHARANSON du Poirier.

Brévirostre; cuisses dentées; corps bronzé; élytres striées.

394. CHARANSON argenté.

Brévirostre, cuisses dentées; corps d'un vert argenté.

395. CHARANSON du Pommier.

Brévirostre, cuisses dentées, un peu pubescent, obscur; antennes & pattes testacées.

396. CHARANSON des arbrisseaux.

Brévirostre, cuisses antérieures dentées; corps cendré; élytres avec des stries pointillées.

397. CHARANSON verdelet.

Brévirostre, cuisses dentées, vert; bouche & antennes noires; yeux très-noirs.

398. CHARANSON oblong.

Brévirostre, cuisses dentées, oblong, noir; antennes, élytres & pattes ferrugineuses.

399. CHARANSON prase.

Brévirostre, cuisses fortement dentées; corps vert; antennes & pattes noirâtres.

400. CHARANSON ovale.

Brévirostre, cuisses dentées, noir, abdomen ovale; antennes & pattes fauves.

401. CHARANSON rouillé.

Brévirostre, oblong, vert; cuisses ferrugineuses; antennes longues.

402. CHARANSON du Padus.

Brévirostre, cuisses dentées, ovale oblong, d'un vert grisâtre; antennes & pattes ferrugineuses.

403. CHARANSON érythrope.

Brévirostre, cuisses dentées, ovale oblong, noir; antennes & pattes fauves; antennes longues.

CHARANSON (Insectes.)

404. CHARANSON rude.

Brévirostre, cuisses dentées, cendré; abdomen ovale; élytres avec des poils élevés, courts, roides.

405. CHARANSON marqueté.

Brévirostre, cuisses dentées, ovale, noirâtre; élytres striées, avec des rangées alternes de taches noires & blanches.

406. CHARANSON attelaboïde.

Brévirostre, cuisses dentées, cendré; trompe & élytres, avec un tubercule gros, oblong.

* *Trompe mince, alongée; cuisses simples.*

1. CHARANSON géant.

CURCULIO gigas.

Curculio longirostris, thorace elytrisque scabris, antennis apice albis. Ent. ou hist nat. des inf. CHARANSON. *Pl.* 12 *fig.* 146.

Curculio gigas. FAB. *Syst. ent. p.* 127. *no.* 1. — *Sp. inf. t.* 1. *p.* 161. *no.* 1. — *mant. inf. tom.* 1. *p.* 97. *no.* 1.

Il n'est pas aussi grand que le *Charanson* palmiste, & son corps est plus arrondi. La trompe est presque de la longueur du corcelet. Elle est nébuleuse à la base, & noire-luisante depuis l'insertion des antennes. La tête est arrondie, nébuleuse, & les yeux sont noirs, & point-du-tout saillans. Le corcelet est arrondi, nébuleux, très-raboteux, tuberculé à la partie latérale. L'écusson est arrondi, petit & grisâtre. Les élytres ont des rangées de points enfoncés, & des stries de petits points élevés. Elles sont mêlangées de gris cendré & d'obscur. Le corps en-dessous est obscur. Les pattes sont d'un gris obscur & chagrinées. Les cuisses sont simples, sans épines & sans dentelures. Les jambes sont terminées par un ongle très-fort.

Il se trouve dans le Japon.

2. CHARANSON colosse.

CURCULIO colossus.

Curculio longirostris nigricans, pedibus longis, rostro tuberculato. Ent. ou hist. nat. des inf. CHARANSON. *Pl.* 3. *fig.* 32. *a. b.*

Curculio longipes. DRURY. *Ill. of inf. t.* 2. *tab.* 33. *fig.* 3.

VOET. *Coleopt. pars* 2. *tab.* 36. *fig.* 9.

Il est presque une fois plus grand que le *Charanson* palmiste. Tout le corps est d'un brun noir, couvert d'un velouté d'un brun cendré. La trompe est longue, amincie, cylindrique, couverte dans l'un des deux sexes, depuis la base jusqu'au milieu, de tubercules inégaux, luisans. Le corcelet est grand, un peu applati. Les élytres sont légèrement striées, un peu plus courtes que l'abdomen, & d'un brun plus clair que le reste du corps. Les pattes sont noires, assez longues.

Il se trouve aux Indes orientales.

Nota. Cet insecte diffère du *Curculio longipes* de M. Fabricius, quoique cet auteur cite la figure de Drury.

3. CHARANSON palmiste.

CURCULIO Palmarum.

Curculio longirostris ater, thorace ovato planiusculo, elytris abbreviatis striatis. Ent. ou hist. nat. des inf. CHARANSON. *Pl.* 2. *fig.* 16. *a. b.*

Curculio Palmarum. LIN. *Syst. nat. p.* 606. *n°* 1. — *Mus. lud. ulr. p.* 42.

Curculio Palmarum, *longirostris ater, thorace suprà plano, elytris abbreviatis striatis.* FAB. *Syst. ent. p.* 128. *n°.* 2. — *Sp. inf. t.* 1. *p.* 162. *n°.* 2. — *Mant. inf. t.* 1. *p.* 97. *no.* 2.

Curculio longirostris, antennis fractis, clavâ truncatâ, femoribus muticis, corpore nigro depresso, thorace ovato planiusculo, elytris abbreviatis striatis. DEG. *Mem. inf. t.* 5. *p.* 269. *n.* 4. *pl.* 15. *fig.* 26.

Charanson à longue trompe, à antennes coudées à bouton tronqué & à cuisses simples, à corps applati, noir, à corcelet ovale, plat, & à étuis canelés, plus court que le ventre. DEG. *Ib.*

Cossus saguarius. RUMPH. *Amb.* 1. *p.* 79. *t.* 17. *fig.* 9.

GRONOV. *Zooph. n.* 578. *tab.* 16. *fig.* 4.

MERIAN. *Inf. surin. tab.* 48. *fig.* 3.

Curculio Palmarum. Scop. ann. 5. *hist. nat. p.* 89. *n°.* 40.

PETIV. *Gazoph. tab.* 35. *fig.* 5.

SULZ. *Inf. tab.* 3. *fig.* 20.

VOET. *Coleopt. pars* 2. *tab.* 37. *fig.* 25.

Il a environ dix-huit lignes de long, depuis la tête jusqu'à l'extrémité du corps, & la trompe a environ six lignes. Tout le corps est très-noir, velouté à sa partie supérieure. La trompe est cylindrique, mince, couverte d'un duvet assez long, très-serré dans l'un des deux sexes. Le corcelet est un peu applati. L'écusson est triangulaire, terminé en pointe alongée. Les élytres sont striées, plus courtes que l'abdomen. Les jambes sont terminées en un crochet très-fort. Le dernier article des antennes est grand, tronqué & cendré à son extrémité.

La larve vit dans le tronc des Palmiers, où elle se nourrit de la substance qui s'y trouve, comme Mérian nous l'apprend dans son histoire des insectes de Surinam. Elle donne la figure de cette larve, qu'elle dit être blanchâtre. Elle ajoute encore que les naturels du pays la rotissent & la mangent comme une chose délicieuse. C'est aussi ce qui est confirmé par M. Fermin dans sa description de Surinam.

Il se trouve dans l'Amérique méridionale, à Cayenne, à Surinam.

4. CHARANSON ensanglanté.

CURCULIO cruentatus.

Curculio longirostris ater, thorace lineis, elytrisque punctis duabus sanguineis. Ent. ou hist. nat. des inf. CHARANSON. *Pl.* 12. *fig.* 147.

Curculio cruentatus. FAB. *Syst. ent. pag.* 128. *n°.* 3. — *Sp. inf. tom.* 1. *pag.* 162. *n°.* 3. — *Mant. inf. tom.* 1. *pag.* 97. *n°.* 3.

Il ressemble beaucoup au Charanson palmiste; mais il est un peu plus petit. Les antennes sont noires, coudées, terminées en masse tronquée. La trompe est longue, courbée, mince, noire. La tête est arrondie. Le corcelet est assez long, lisse, velouté, très-noir, avec deux larges raies longitudinales, sinuées, d'un rouge de sang. L'écusson est triangulaire, très-pointu, assez long & noir. Les élytres sont noires, veloutées, striées, avec deux petites taches allongées, d'un rouge de sang, sur chaque. Elles sont un peu plus courtes que l'abdomen. Le dessous du corps est noir luisant, avec quelques taches brunes peu marquées. Les pattes sont noires; les cuisses sont simples, sans épines & sans dentelures. Les jambes sont terminées par un ongle fort. Les antérieures ont des poils courts, serrés à leur partie interne.

Il se trouve dans la Caroline.

5. CHARANSON longipede.

CURCULIO longipes.

Curculio longirostris, nigricans, elytris ferrugineis, rostro emarginato, pedibus anticis longioribus. Ent. ou hist. nat. des inf. CHARANSON. *Pl.* 15. *fig.* 191.

Curculio longipes. FAB. *Syst. ent. app.* 1. *pag.* 822. — *Sp. inf. tom.* 1. *pag.* 162. *n°.* 4. — *Mant. inf. tom.* 1. *pag.* 97. *n°.* 4.

VOET. *Coleopt. pars* 2. *tab.* 36. *fig.* 10.

Il est presque une fois plus petit que le Charanson palmiste. La trompe est noire, longue, presque quadrangulaire, un peu plus grosse & échancrée à son extrémité. Les antennes sont noires, coudées, tronquées à leur extrémité, insérées presque à la base de la trompe. La tête est noire & arrondie, & les yeux ne sont pas saillans. Le corcelet est lisse, brun, un peu plus convexe que celui du Charanson palmiste. L'écusson est triangulaire alongé, noirâtre. Les élytres sont d'un brun ferrugineux, striées, un peu plus courtes que l'abdomen. Tout le dessous du corps est noir brun. Les pattes sont d'un noir brun. Les antérieures sont un peu plus longues que les autres. Les jambes sont un peu arquées, & fortement ciliées intérieurement; les autres quatre sont très-peu ciliées; elles sont toutes terminées par un ongle crochu assez fort.

Il se trouve au Cap de Bonne-Espérance.

Du cabinet de M. Lee.

Le *Curculio longipes* de DRURY, *inf. tom.* 2. *tab.* 33. *fig.* 3, diffère de celui-ci, & est le même que le Charanson colosse.

6. CHARANSON ferrugineux.

CURCULIO ferrugineus.

Curculio longirostris, thorace plano lævi nigromaculato, elytris striatis. Ent. ou hist. nat. des inf. CHARANSON. *Pl.* 2. *fig.* 16. d.

Curculio hemipterus. SULZ. *hist. inf. tab.* 4. *fig.* 5.

Il est un peu plus petit que le Charanson palmiste. Tout le corps est d'un brun ferrugineux, plus ou moins clair. La trompe est longue & mince. Les antennes sont noires; le dernier article est ferrugineux, coupé & cendré à son extrémité. Le corcelet est lisse, un peu aplati, presque ovale, avec plusieurs taches noires. Les élytres sont striées, plus courtes que l'abdomen. L'écusson est triangulaire, terminé en pointe alongée. Le dessous du corps est d'un brun noir. Les pattes sont quelquefois d'un brun noirâtre.

Il se trouve aux Indes orientales.

7. CHARANSON bordé.

Curculio limbatus.

Curculio longirostris, niger, thorace elytrisque ferrugineo marginatis. Ent. ou hist. nat. des inf. CHARANSON. *Pl.* 3. *fig.* 22.

Il est plus petit que le Charanson palmiste. Les antennes sont noires, avec la masse ovale presque arrondie. La trompe est noire, cylindrique, un peu plus longue que le corcelet. Tout le corps est noir. Le corcelet est lisse, un peu applati, avec les bords latéraux couverts d'une poussière écailleuse, ferrugineuse. Les élytres ont des stries pointillées, les bords latéraux & l'extrémité couverts d'une poussière écailleuse, ferrugineuse. Les cuisses sont sans épines & sans dentelures. Les jambes sont terminées par un crochet, & leur partie interne est ciliée.

Il se trouve à l'isle de Bourbon.

8. CHARANSON sanguinolent.

Curculio sanguinolentus.

Curculio longirostris ater, elytris striatis, basi fascia sanguinea. Ent. ou hist. nat. des inf. CHARANSON. *Pl.* 10. *fig.* 116.

Il est presque une fois plus petit que le Charanson ensanglanté, auquel il ressemble pour la forme du corps. Tout le corps est d'un noir de velours. Les antennes sont coudées. La trompe est courbée, cylindrique, presque plus longue que le corcelet. Le corcelet est arrondi. L'écusson est noir & petit. Les élytres ont une bande d'un rouge de sang, à leur base, elles ont des stries qui paroissent fort peu à cause du velouté de l'insecte. Le dessous du corps est noir & luisant; les pattes sont noires, les cuisses sont simples, & les jambes sont terminées par un ongle assez fort.

Il se trouve en Amérique, dans l'isle de Tabago.

9. CHARANSON fascié.

CURCULIO fasciatus.

Curculio longirostris niger, elytris striatis, fascia rufa interrupta. Ent. ou hist. nat. des ins. CHARANSON. *Pl.* 11. *fig.* 136.

Il ressemble beaucoup au Charanson palmiste; mais il est deux fois plus petit. Tout le corps est d'un noir de velours en-dessus & d'un noir luisant en-dessous. Les élytres seules ont une bande rougeâtre au milieu, interrompue à la suture. La trompe est mince, courbée, égale, de la longueur du corcelet. La tête est arondie, & les yeux ne sont point du tout saillans. Les antennes sont coudées, & elles ont leur insertion près de la base de la trompe. Le corcelet est lisse & velouté. L'écusson est petit & triangulaire. Les élytres sont striées & un peu plus courtes que l'abdomen. Les cuisses de toutes les pattes, sont simples, sans dents & sans épines. Les jambes sont terminées par un ongle fort, crochu, semblable à celui du Charanson palmiste.

Il se trouve ....

10. CHARANSON indien.

CURCULIO indus.

Curculio longirostris ater, thorace subovato excavato punctato, elytris rugoso-sulcatis, tibiis spinosis. LIN. *Syst. nat. pag.* 606. *n°.* 2. — *Mus. Lud. Ulr. pag.* 43.

Curculio indus. FAB. *Syst. ent. pag.* 128. *n°.* 4. —*Sp. ins. tom.* 1. *pag.* 162. *n°.* 5. — *Mant. ins. tom.* 1. *pag.* 97. *n°.* 5.

Curculio longirostris, antennis fractis, femoribus dentatis, corpore nigro depresso, thoracis lateribus tuberculo villoso elytris rugoso-sulcatis. DEG. *Mem. ins. tom.* 5. *pag.* 265. *n°.* 1. *pl.* 15. *fig.* 22.

Charanson *des Indes*, à longue trompe, à antennes coudées & à cuisses dentellées, à corps noir applati, à tubercule velu aux côtés du corcelet, à étuis chagrinés & canelés. DEG. Ib.

Il est un peu plus court & un peu plus gros que le charanson palmiste. La trompe est mince, cylindrique & un peu courbée. Tout le corps est noir. La tête est arrondie. Le corcelet est gros, applati, avec un enfoncement au milieu; il est chagriné & garni de chaque côté, d'un tubercule assez gros, couvert de poils roides, courts, très-serrés, d'un brun fauve. Les élytres, sont un peu applaties, chagrinées, & ont chacune neuf stries crénelées. Le dessous du corps & les pattes sont un peu chagrinés.

De Geer place cet insecte dans la division des *Charansons* dont les cuisses sont dentées.

Il se trouve aux Indes orientales.

11. CHARANSON villageois.

CURCULIO paganus.

Curculio longirostris griseus, thoracis dorso fusco, arcubus cinereis, rostro bisulcato. FAB. *Syst. ent. pag.* 128. *n°.* 6.—*Spec. ins. tom.* 1. *pag.* 162. *n°.* 6.—*Mant. ins. tom.* 1. *pag.* 97. *n°.* 6.

Il ressemble au Charanson du Pin, mais il est une fois plus grand. La trompe est assez grosse, deux fois plus longue que la tête, noirâtre, avec deux cannelures. Les antennes sont grisâtres, noires à leur base. Le corcelet est grisâtre sur les côtés, noirâtre sur le dos, avec quatre taches arquées & une petite tache au milieu, cendrée. Les élytres sont obtuses, grisâtres, sans taches.

Il se trouve aux Indes.

12. CHARANSON Eléphant.

CURCULIO Elephas.

Curculio longirostris fuscus, thorace elytrisque variolosis, elytris postice spinosis. FAB. *Sp. ins. tom.* 1. *pag.* 162. *n°.* 7. — *Mant. ins. tom.* 1. *pag.* 97. *n°.* 7.

Il est assez grand. La trompe est noirâtre, cylindrique. La tête est noire a sa base. Le corcelet est un peu applati, très-variolé, noirâtre, avec des taches plus obscures. Les élytres sont variolées, noirâtres, avec des taches plus obscures; elles ont vers l'extrémité plusieurs épines élevées, courtes, aiguës. Les pattes sont noirâtres, sans épines & sans dentelures.

Il varie pour les couleurs. Il est noirâtre, ou couvert d'une poussière d'un gris roussâtre.

Nous croyons que cet insecte n'est qu'une variété du Charanson géant.

Il se trouve dans l'Afrique équinoxiale.

13. CHARANSON morbilleux.

CURCULIO morbillosus.

Curculio longirostris cinereus, elytris tuberculis seriatis elevatis nigris.

Curculio morbillosus. DRURY. *Ill. of ins. tom.* 3. *tab.* 49. *fig.* 5.

Il est un peu plus petit que le *Charanson* géant. Sa trompe est longue, mince, un peu arquée, d'un noir luisant. Les antennes sont coudées, d'un noir cendré. Tout le corps est cendré, obscur. Le corcelet est arondi, couvert de petits tubercules noirs, lisses. Les élytres ont plusieurs rangées de tubercules élevés, noirs, lisses, luisans. Les pattes sont noires, les cuisses sont simples.

Il se trouve à Cayenne.

14. CHARANSON hémiptère.

CURCULIO hemipterus.

Curculio longirostris obscurè purpurascens, elytris abbreviatis strictis nigro-maculatis. Ent. ou hist. nat. des inf. CHARANSON. *Pl.* 1. *fig.* 4. & *pl.* 16. *fig.* 4. *b.*

Curculio hemipterus. LIN. *Syst. nat. p.* 606. *n.* 3. — *Muf. lud. ulr. p.* 44.

Curculio hemipterus, *longirostris obscurè purpurascens, elytris abbreviatis maculatis.* FAB. *Syst. ent. p.* 128. *n.* 5. — *Sp. inf. t.* 1. *p.* 163. *n.* 8. — *Mant. inf. tom.* 1. *p.* 97. *n°.* 8.

Curculio rufo-fasciatus *longirostris, antennis fractis, femoribus muticis, corpore oblongo, rufo, thorace magno, fasciis longitudinalibus nigris.* DEG. *Mém. inf. t.* 5. *p.* 271. *n.* 5. *pl.* 15. *fig.* 25.

Charanson roux-rayé, à longue trompe, à antennes coudées & à cuisses simples; à corps alongé, roux, & à grand corcelet, avec des raies longitudinales, noires. DEG. *Ib.*

VOET. *Coleopt. pars* 2. *tab.* 37. *fig.* 24.

Il a environ six lignes de long, depuis la tête jusqu'à l'extrémité de l'abdomen. La trompe est longue, mince, courbée. Tout le corps est d'un brun ferrugineux. Le corcelet est lisse, avec trois taches longitudinales, noires. L'écusson est triangulaire, alongé. Les élytres sont plus courtes que l'abdomen, striées, avec quelques taches noires. Le dessous du corps a quelques taches noires. Les jambes sont terminées en un crochet assez fort.

Il se trouve dans l'Amérique méridionale, à Cayenne, à Surinam.

15. CHARANSON bariolé.

CURCULIO variegatus.

Curculio longirostris, rufo nigroque varius, rostro apice nigro. Ent. ou hist. nat. des inf. CHARANSON. *Pl.* 13. *fig.* 158.

Curculio varius. FAB. *Gen. inf. mant. p.* 223. — *Sp. inf t.* 1. *p.* 163. *n°.* 9. — *Mant. inf. t.* 1. *p.* 97. *n.* 9.

Il est un peu plus grand que le *Charanson* du Pin. Les antennes sont brunes, noires, coudées, un peu tronquées à leur extrémité. La trompe est mince, cylindrique, de la longueur du corcelet, ferrugineuse, avec un peu de l'extrémité noire. La tête est arrondie, brune, ferrugineuse, avec les yeux noirs, point-du-tout saillans. Le corcelet a des raies rouges, brunes, & d'autres noires. L'écusson est petit, triangulaire, noir. Les élytres sont striées, à peine plus courtes que l'abdomen, noires, avec quelques lignes longitudinales, ferrugineuses, plus ou moins longues. Le dessous du corps est mêlangé de noir & de rouge brun. Les pattes sont noires, avec les trois quarts des cuisses rouges. Les cuisses sont sans épines & sans dentelures.

J'en ai vu une variété dans le cabinet de M. Lee, dont la base des élytres étoit d'un rouge brun.

Il se trouve au Cap de Bonne-Espérance.

16. CHARANSON noirâtre.

CURCULIO piceus.

Curculio longirostris, ater glaber, thorace ovato depresso, elytris abdomine brevioribus substriatis.

Curculio piceus. PALL. *Inf. sibir. p.* 23. *t. B. fig.* 3. — *Itin.* 1. *app. p.* 464. *n.* 34.

Il est un peu plus grand que le précédent. La trompe est mince, de la longueur du corcelet, courbée. Tout le corps est d'un brun noir. La masse des antennes est globuleuse, d'un brun testacé. Le corcelet est ovale, un peu déprimé, couvert de très-petits points enfoncés. Les élytres sont un peu déprimées, plus courtes que l'abdomen, obtuses, légèrement striées, avec de très-petits points enfoncés entre les stries. Les pattes antérieures sont un peu plus grosses que les autres. Toutes les jambes sont légèrement raboteuses & ciliées intérieurement.

Il se trouve dans les déserts de la Tartarie.

17. CHARANSON cafre.

CURCULIO cafer.

Curculio longirostris ater, elytris striatis abdomine brevioribus, tibiis ciliatis. Ent. ou hist. nat. des inf. CHARANSON. *Pl.* 16. *fig.* 194.

Il ressemble entièrement au Charanson palmiste, mais il est deux fois plus petit. Tout le corps est très-noir, un peu velouté. Les antennes sont tronquées à leur extrémité. La trompe est mince, courbée, un peu plus longue que le corcelet. Le corcelet est lisse, légèrement lobé postérieurement. L'écusson est triangulaire, pointu postérieurement. Les élytres sont striées, un peu plus courtes que le corps. Les cuisses n'ont ni épines ni dentelures. Toutes les jambes sont ciliées à leur partie interne.

Il se trouve au Cap de Bonne-Espérance.

18. CHARANSON mélanocarde.

Curculio melanocardius.

Curculio longirostris cinereus, coleoptris macula communi cordata fusca. FAB. *Syst. ent. pag.* 129. *n°.* 7. — *Sp. inf. tom.* 1. *pag.* 163. *n°.* 10. — *Mant. inf. tom.* 1. *pag.* 97. *n°.* 10.

Curculio melanocardius, longirostris cinereus, coleoptris fascia cordata fusca. LIN. *Syst. nat. pag.* 608. *n°.* 18. — *Mus. lud. ulr. pag.* 45.

Il est de grandeur moyenne, & d'une couleur cendrée. Les antennes sont noires. La trompe est noirâtre, longue, arquée, glabre. Le corcelet est ovale. Les élytres ont au milieu une tache en cœur, obscure, commune aux deux élytres. Les cuisses n'ont ni épines ni dentelures.

M. Fabricius cite à deux insectes différens la figure. 11. tab. 4. de Sulzer. Voy. *Charanson* *t moucheté.*

Il se trouve aux Indes orientales.

19. CHARANSON porte-croix.

Curculio cruciatus.

Curculio longirostris niger, thorace subspinoso, lineis elytris posticè cruce albis. Ent. ou hist. nat. des inf. CHARANSON. *Pl.* 11. *fig.* 131.

Curculio cruciatus. FAB. *Syst. ent. pag.* 129. *n°.* 8. — *Sp. inf. tom.* 1. *pag.* 163. *n°.* 11. — *Mant. inf. tom.* 1. *pag.* 97. *n°.* 11.

Il ressemble pour la forme & la grandeur, au Charanson de la Patience. Les antennes sont coudées, noirâtres, brunes à leur base. La trompe est presque de la longueur du corcelet; elle est fortement ponctuée, & l'insecte la porte colée contre le corps. La tête est noire, petite, arrondie, avec les yeux noirs & point du tout saillans. Le corcelet est très-raboteux; on y voit des enfoncemens assez profonds, très-irréguliers; il est noir, avec une ligne d'un gris roussâtre de chaque côté. L'écusson n'est pas apparent. Les élytres ont des stries régulières: la ligne élevée entre chaque strie a une suite de tubercules élevés, pointus; elles sont noires, très-convexes, avec une ligne transversale d'un gris roussâtre, placée au-delà du milieu, & la suture du même gris, depuis la ligne jusqu'à l'extrémité, ce qui forme un T, ou une espèce de croix. Les pattes sont noires, avec un point blanc à l'extrémité des cuisses, & un autre à la base des jambes. Les cuisses ont quelques petites écailles blanches qu'on ne peut distinguer qu'à la loupe. Les cuisses sont simples, sans épines & sans dentelures.

Il se trouve dans la nouvelle-Hollande.

20. CHARANSON striolé.

Curculio striatulus.

Curculio longirostris niger, elytris holosericeo-striatis. Ent. ou hist. nat. des inf. CHARANSON. *Pl.* 11. *fig.* 140.

Curculio striatus. FAB. *Syst. ent. pag.* 129. *n°.* 9. — *Sp. inf. tom.* 1. *pag.* 163. *n°.* 11. — *Mant. inf. tom.* 1. *pag.* 97. *n°.* 12.

Il ressemble au Charanson du Sapin, pour la forme & la grandeur. Les antennes sont noires, coudées, avec le premier article long & brun. La trompe est mince, courbée, très-peu renflée à son extrémité, brune, avec l'extrémité seulement noire. La tête est brune & arrondie. Le corcelet est brun, noirâtre, fortement pointillé. L'écusson est à peine apparent. Les élytres sont brunes noirâtres, avec quelques écailles blanchâtres, irrégulièrement répandues; elles ont des stries régulières, dans lesquelles on remarque de grands points enfoncés. Le dessous du corps est noirâtre, & couvert de quelques écailles blanchâtres. Les pattes sont brunes, avec quelques poils très-courts, blanchâtres. Les cuisses sont simples, & les jambes sont terminées par un ongle assez fort.

Il se trouve en Amérique, dans l'isle de Terre-Neuve.

21. CHARANSON rubétra.

Curculio rubetra.

Curculio longirostris ater lævis immaculatus, femoribus sulcatis. Ent. ou hist. nat. des inf. CHARANSON. *Pl.* 4. *fig.* 34. a. b. c.

Curculio rubetra. FAB. *Mant. inf. tom.* 1. *pag.* 97. *n°.* 13.

Il est de la grandeur du Charanson du Pin. Le corps est noir luisant. La trompe est longue, mince, arquée. Le corcelet est très-lisse à la partie supérieure, finement pointillé sur les côtés. Les élytres sont striées, & les stries sont pointillées. Le dessous du corps est finement pointillé. Les cuisses sont un peu cannelées & velues. Les jambes sont terminées par un onglet; les postérieures seulement sont munies d'une petite dent.

La larve vit dans les Palmiers. Parvenue à toute sa grosseur, elle forme une coque avec les fibres de l'arbre, s'y change en nymphe, & en sort insecte parfait.

Il se trouve à Cayenne.

22. CHARANSON du Pin.

Curculio Pini.

Curculio longirostris, elytris rufescentibus, fasciis

nebulosis. Ent. ou hist. nat. des inf. CHARANSON *Pl.* 4. *fig.* 42.

Curculio Pini. FAB. *Syst. ent. pag.* 129. *n°.* 10. —*Sp. inf. tom.* 1. *pag.* 163. *n°.* 13. —*Mant. inf. tom.* 1. *pag.* 98. *n°.* 14.

Curculio Pini. LIN. *Syst. Nat. pag.* 608. *n°.* 19. —*Faun. suec. n°.* 589.

Curculio longirostris, antennis fractis, femoribus muticis, corpore oblongo testaceo, maculis lineisque transversis flavis, elytris gibbosis. DEG. *Mem. inf. tom.* 5. *pag.* 222. *n°.* 15.

Charanson *du Pin*, à longue trompe, à antennes coudées & à cuisses simples, à corps oblong d'un brun de marron, avec des taches & raies transverses jaunes, & à deux bosses sur les étuis. DEG. *Ib.*

Curculio Pini. SCHRANK. *Enum. inf. aust. n°.* 135.

Curculio Abietis. LAICHART. *inf. tom.* 1. *pag.* 213. *n°.* 10.

FRISCH. *inf.* 11. *tab.* 23. *fig.* 5.

Il varie pour la grandeur. Il a depuis quatre jusqu'à six lignes de long, de la tête à l'anus. Tout le corps est d'un brun marron, plus ou moins obscur, & couvert quelquefois de petites écailles cendrées. La trompe est brune cylindrique, de la longueur du corcelet. Les antennes sont brunes. Le corcelet a quelques taches roussâtres, formées par de petites écailles. L'écusson est roussâtre. Les élytres ont des stries formées par des points enfoncés assez gros, & quelques lignes transversales d'un gris roussâtre, formées par de petites écailles. Les cuisses n'ont ni épines ni dentelures.

Il se trouve en Europe sur le Pin silvestre.

23. CHARANSON de l'Onoporde.

CURCULIO Onopordii.

Curculio longirostris niger cinereo villosus, rostro atro: utrinque sulco abbreviato baseos. FAB. *Mant. inf. tom.* 1. *pag.* 98. *n°.* 15.

Il ressemble au Charanson rayé, mais il est plus grand. La trompe n'est pas aussi longue que celle des autres espèces de cette division; elle est noire & marquée de chaque côté, à sa base, d'un léger sillon. Le corcelet est raboteux, noir, & couvert ainsi que les élytres, de petites écailles cendrées. Les cuisses sont simples.

Il se trouve en Afrique sur l'Onoporde.

24. CHARANSON cannelé.

CURCULIO canaliculatus.

Curculio vittatus longirostris ferrugineo-fuscus albo lineatus, rostro nigro utrinque sulco abbreviato baseos. FAB. *Sp. inf. tom.* 1. *pag.* 164. *n°.* 14.— *Mant. inf. tom.* 1. *pag.* 98. *no.* 16.

Il est assez grand. La trompe est cylindrique, noire, marquée de deux petites cannelures courtes, entre les yeux. Le corcelet est d'un brun ferrugineux, avec cinq lignes longitudinales blanches. Les élytres sont lisses, avec le bord extérieur & une ligne au milieu, blancs. Les cuisses sont simples.

Il se trouve en Italie.

25. CHARANSON de la Jacée.

CURCULIO Jaceæ.

Curculio longirostris niger cinereo irroratus, elytris puncto baseos distincto. FAB. *Syst. ent. pag.* 129. *n°.* 11. —*Sp. inf. tom.* 1. *pag.* 164. *n°.* 15.— *Mant. inf. tom.* 1. *pag.* 98. *n°.* 17.

Il ressemble au Charanson du Pin. Les antennes sont noires. La trompe est noire, cylindrique, assez grosse. Le corcelet est ovale, noir, couvert d'une poussière cendrée. Les élytres sont noires & couvertes d'un léger duvet court, cendré, & marquées d'un point distinct, cendré, vers l'écusson.

Le duvet cendré dont cet insecte est couvert, disparoît à mesure qu'il vieillit.

Il se trouve en Europe, sur la CENTAURÉE-JACÉE.

26. CHARANSON pointillé.

CURCULIO punctulatus.

Curculio longirostris flavo fuscoque varius, abdomine cinereo nigro punctato. FAB. *Mant. inf. tom.* 1. *pag.* 98. *n°.* 18.

Il ressemble beaucoup au Charanson de la Jacée, mais il est un peu plus petit. Tout le corps est velu, mélangé de jaune & d'obscur. Les antennes sont noires. Le corcelet est inégal. L'abdomen est cendré, couvert de plusieurs points élevés noirs luisans. Les pattes sont cendrées. Les cuisses sont simples.

Il se trouve en Amérique.

27. CHARANSON de l'Artichaut.

CURCULIO Cynaræ.

Curculio longirostris niger virescenti irroratus, rostro nigro subcarinato. FAB. *Mant. inf. tom.* 1. *pag.* 98. *n°.* 19.

Curculio niger, striatus, maculis villoso-fuscis nebulosus. GEOFF. *inf. tom.* 1. *pag.* 281. *n°.* 8.

Le Charanson tacheté de tête de Chardon GEOFF. *Ib.*

Curculio Cinara. *Naturf.* 24. *pag.* 18. *tab.* 1. *fig.* 25.

Curculio Cardui. FOURC. *Ent. par.* 1. *pag.* 118. *n°.* 8.

Il reſſemble au Charanſon de la Jacée, & il varie beaucoup pour la grandeur. La trompe eſt noire, un peu plus courte que dans les autres eſpèces, avec une ligne longitudinale élevée au milieu. Le corcelet eſt un peu applati, raboteux, avec une ligne latérale verdâtre. Les élytres ont des ſtries pointillées, & ſont parſemées de points un peu velus, verdâtres. Le deſſous du corps eſt cendré.

Il ſe trouve en Afrique, en France, ſur les fleurs d'une eſpèce d'Artichaut, ſur les Chardons.

28. CHRANSON Colon.

CURCULIO *Colon.*

Curculio longiroſtris griſeus, thorace utrinque lineâ, elytris puncto albo. Ent. ou hiſt. nat. des inſ. CHRANSON. *Pl.* 7. *fig.* 76.

Curculio Colon *longiroſtris caneſcens, femoribus anticis ſubdentatis, thorace utrinque linea, elytriſque puncto albo.* LIN. *Mant. pag.* 531.

Curculio Colon *longiroſtris griſeus, elytris puncto albo.* FAB. *Syſt. ent. pag.* 130. *n°.* 12. — *Sp. inſ. tom.* 1. *pag.* 164. *n°.* 16. — *Mant. inſ. tom.* 1. *pag.* 98. *n°.* 80.

Curculio oblongus, fuſcus, thoracis lateribus albidis, elytris ſtriatis, puncto albo. GEOFF. *inſ. tom.* 1. *pag.* 280. *n°.* 6.

Le Charanſon à deux points blancs. GEOFF. *Ib.*

SCAEFF. *Icon. inſ. tab.* 155. *fig.* 2.

Curculio paluſtris. SCOP. *Ent. carn. n°.* 104.
Curculio Colon. LAICHART. *inſ. tom.* 1. *pag.* 227. *n°.* 20.

Curculio paluſtris. SCHRANK. *Enum. inſ. auſt. n°.* 208.

Curculio bipunctatus. FOURC. *Ent. par.* 1. *pag.* 118. *n°.* 6.

Il a près de cinq lignes de long, depuis la tête juſqu'à l'anus. La trompe eſt noirâtre, un peu plus longue que le corcelet. Tout le corps eſt d'une couleur cendrée plus ou moins claire. Les élytres ont un point blanc vers le milieu. L'abdomen a quatre points d'un gris jaunâtre, de chaque côté. Les pattes ſont cendrées. Les cuiſſes ont un anneau blanchâtre. Les antérieures ſont preſque dentées.

Il ſe trouve en Europe. Il eſt commun dans toute la France.

29. CHARANSON bimaculé.

Curculio bimaculatus.

Curculio longiroſtris fuſcus, elytris puncto cinereo, roſtro pedibuſque atris. FAB. *Mant. inſ. tom.* 1. *pag.* 98. *n°.* 21.

Il reſſemble beaucoup au précédent, mais il eſt un peu plus petit. La trompe eſt noire, luiſante, courbée. Le corcelet eſt noirâtre avec une ligne cendrée de chaque côté. Les élytres ſont liſſes, noirâtres, avec un point cendré diſtinct. Les pattes ſont noires.

Il ſe trouve dans la Saxe.

30. CHARANSON bimoucheté.

CURCULIO *biguttatus.*

Curculio longiroſtris niger, elytris puncto elevato; abdomine pedibuſque poſticis flavis. FAB. *Syſt. ent. pag.* 130. *n°.* 13. — *Sp. inſ. tom.* 1. *pag.* 164. *n°.* 17. — *Mant. inſ. tom.* 1. *pag.* 99. *n°.* 22.

Il eſt petit. La tête eſt noire. Les antennes ſont noires, en maſſe. Le corcelet eſt cylindrique, noir, ſans taches. Les élytres ſont liſſes, noires, avec un point grand, élevé, globuleux, jaunâtre, placé vers la baſe. L'abdomen eſt jaune. Les pattes antérieures ſont alongées, noires; les autres ſont jaunes.

Il ſe trouve dans l'Amérique méridionale.

31. CHARANSON biliné.

CURCULIO *bilineatus.*

Curculio longiroſtris fuſcus, elytris lineis duabus punctorum alborum. FAB. *Sp. inſ. tom.* 1. *pag.* 164. *n°.* 18. — *Mant. inſ. tom.* 1. *pag.* 99. *n°.* 23.

Il eſt de grandeur moyenne. La trompe eſt noire, aſſez groſſe, un peu plus longue que dans les autres eſpèces. Le corcelet eſt noir, avec trois lignes blanches. Les élytres ſont ſtriées, noires, avec deux lignes ſur chaque, formées par des points quarrés blancs, placées l'une vers le bord extérieur & l'autre vers la ſuture. Les pattes ſont noires, les cuiſſes ſont ſimples.

Il ſe trouve en Allemagne.

32. CHARANSON échiquier.

CURCULIO *teſſellatus.*

Curculio longiroſtris cinereus, elytris apice ſtriis albis nigro-punctatis. FAB. *Sp. inſ. tom.* 1. *pag.* 165. *n°.* 19. — *Mant. inſ. tom.* 1. *pag.* 99. *n°.* 24.

Il eſt de grandeur moyenne. Les antennes & la tête ſont noirâtres. Le corcelet & les élytres ſont gris. Les élytres ont vers leur extrémité cinq ſtries blanches, dans leſquelles on apperçoit des points noirs diſtincts.

Il ſe trouve en Allemagne.

33. CHARANSON boſſu.

CURCULIO gibboſus.

Curculio ovatus niger, elytris tuberculatis poſteriùs cinereis. LIN. *Syſt. nat. edit.* 13. *pag.* 1756.

Curculio nigro-gibboſus *longiroſtris, antennis fractis, femoribus muticis, corpore ovato nigro, elytris tuberculatis poſticè cinereis.* DEG. *Mem. inſ. tom.* 5. *pag.* 224. *n°.* 17.

Charanſon *noir-boſſu*, à longue trompe déliée, à antennes coudées, & à cuiſſes ſimples, à corps oblong, noir, & à étuis cendrés garnis d'éminences par derrière. DEG. *Ib.*

Il a environ deux lignes & demie de long & une ligne de large. La trompe eſt longue, mince, très-arquée, noire. Les antennes ſont noires, coudées, plus longues que le corcelet. Le corcelet eſt noir, élevé, preſque boſſu & chagriné. Les élytres ſont noires, avec un peu de blanc de chaque côté & l'extrémité blanche; elles ſont convexes, ſtriées, avec quelques élévations inégales. Les pattes ſont noires, & les cuiſſes ſont ſimples.

Il ſe trouve au nord de l'Europe.

34. CHARANSON de la Prêle.

CURCULIO Equiſeti.

Curculio longiroſtris, thorace lævi, elytris muricatis nigris, punctis duobus apiceque albis. FAB. *Syſt. ent. pag.* 130 *n°.* 14. — *Sp. inſ. tom.* 1. *pag.* 165. *n°.* 20 — *Mant. inſ. tom.* 1. *pag.* 99. *n°.* 26.

Il reſſemble beaucoup au Charanſon de la Patience. La trompe eſt noire, amincie. Le corcelet eſt noir, à peine tuberculé, avec les côtés blancs. Les élytres ſont un peu muriquées, avec les côtés & l'extrémité blancs & la partie antérieure noire, avec deux petits points blancs. Les cuiſſes ſont ſimples.

Il ſe trouve en France, en Angleterre ſur la Prêle.

35. CHARANSON racourci.

CURCULIO abbreviatus.

Curculio longiroſtris ater, thorace plano punctato, elytris abbreviatis ſubſtriatis. Ent. ou hiſt. nat. des inſ. CHARANSON. *Pl.* 16. *fig.* 195. a. b.

Curculio abbreviatus. FAB. *Mant. inſ. tom.* 1. *pag.* 99. *n°.* 25.

Curculio niger, thorace punctato, elytris alternatim ſtriatis & punctatis. GEOFF. *inſ. tom.* 1. *pag.* 281. *n°.* 9.

Le Charanſon brodé. GEOFF. *Ib.*

Curculio elegans. FOURC. *Ent. par.* 1. *pag.* 118. *n°.* 9.

Il eſt un peu plus petit que le Charanſon rubètra. Tout le corps eſt très-noir. Les antennes ont leur maſſe cendrée à leur extrémité. La trompe eſt mince, courbée, luiſante. Le corcelet eſt luiſant, pointillé, preſque caréné. Les élytres ſont un peu plus courtes que l'abdomen, légèrement ſtriées, avec deux rangées de points à peine marqués entre les ſtries. Les jambes ſont terminées par un ongle aſſez fort. Les cuiſſes ſont ſimples.

Il ſe trouve aux environs de Paris, & en Saxe.

36. CHARANSON mélanocéphale.

CURCULIO melanocephalus.

Curculio longiroſtris ſubgloboſus fuſcus, capite roſtroque nigris.

Curculio mélanocephalus *longiroſtris, antennis fractis, femoribus muticis, corpore ſubgloboſo fuſco, capite roſtroque nigris, elytris gibbis.* DEG. *Mem. inſ. tom.* 5. *pag.* 272. *n°.* 6. *pl.* 15. *fig.* 17.

Charanſon *à tête & trompe noires* à longue trompe, à antennes coudées & à cuiſſes ſimples, à corps court & ovale brun, à tête & trompe noires & à étuis boſſus par derrière. DEG. *Ib.*

Il a environ quatre lignes de long, & deux de large. Il reſſemble beaucoup au Charanſon jayet. Il eſt ovale, noirâtre, entièrement couvert de petites écailles d'un brun jaunâtre. Les antennes ſont coudées, brunes, avec la maſſe noire. La trompe eſt noire, mince, un peu plus longue que le corcelet. Les élytres ont des ſtries formées par des points enfoncés, & une petite gibboſité vers l'extrémité. Les cuiſſes ſont ſimples.

Il ſe trouve à Surinam.

37. CHARANSON Crapaud.

CURCULIO Bufo.

Curculio longiroſtris ſuprà fuſcus, elytris faſciâ albâ. Ent. ou hiſt. nat. des inſ. CHARANSON. *Pl.* 10. *fig.* 118.

Curculio Bufo. FAB. *Sp. inſ. tom.* 1. *pag.* 165. *n°.* 21. — *Mant. inſ. tom.* 1. *pag.* 99. *n°.* 27.

Il reſſemble au Charanſon de la Scrophulaire, mais il eſt un peu plus grand. Les antennes ſont ferrugineuſes brunes, coudées. La trompe eſt mince, cylindrique, de la longueur du corcelet, noire & couverte en-deſſus, ſur-tout à la baſe, de petites écailles d'un gris rouſsâtre. La tête eſt petite, arrondie, noire, avec quelques petites écailles roussâtres. Le corcelet est noir en-dessus, avec quelques écailles roussâtres, il est blanc sur les côtés. L'écusson est blanc, petit & triangulaire. Les élytres sont striées; elles sont noires, couvertes de quelques écailles rousses, avec une large bande blanche au milieu & quelques points blancs, vers les bords postérieurs. Tout le dessous du corps est blanc. Les pattes sont blanchâtres, avec l'extrémité des cuisses noire, & couverte de petites écailles roussâtres. Les cuisses sont simples, sans épines & sans dentelures. Les jambes ont une dentelure à leur partie externe.

Il se trouve dans la Sibérie.

38. CHARANSON couleur-de-poix.

Curculio picatus.

Curculio longirostris niger nitens, elytris punctato-striatis.

Curculio piceus *longirostris, antennis fractis fuscis, femoribus muticis, corpore oblongo nigro-piceo.* DEG. *Mem. inf. tom.* 5. *pag.* 221. *n°.* 14.

Charanson *couleur de poix* à longue trompe, à antennes coudées brunes & à cuisses simples, à corps oblong entièrement noir & luisant. DEG. *Ib.*

Il a environ quatre lignes & demie de long & deux & demie de large. La trompe est mince plus longue que le corcelet. Les antennes sont coudées, de la longueur de la trompe. Tout le corps est d'un noir luisant, sans taches. Le corcelet est un peu raboteux. Les élytres ont chacune neuf ou dix stries, formées par des points enfoncés oblongs. Les cuisses sont simples.

Il se trouve au nord de l'Europe.

39. CHARANSON jayet.

Curculio gagates.

Curculio longirostris ovatus niger nitidus, elytris obsoletè punctato-striatis. Ent. ou hist. nat. des inf. CHARANSON. *Pl.* 9. *fig.* 104.

Il a environ quatre lignes & demie de long, depuis la tête jusqu'à l'extrémité du corps. Il est noir luisant & de forme ovale. Les antennes sont d'un brun noirâtre. La trompe est mince, de la longueur du corcelet, un peu arquée. Le corcelet est très-finement pointillé, un peu plus étroit à sa partie antérieure. Les élytres ont des stries à peine marquées, formées par des points enfoncés; elles ont une très-petite gibbosité vers leur extrémité. Les pattes sont noires, & les cuisses sont simples,

Il se trouve à Cayenne.

40. CHARANSON mendiant.

Curculio mendicus.

Curculio longirostris, femoribus muticis, ovatus cinereus, immaculatus, elytris striatis. Ent. ou hist. nat. des inf. CHARANSON. *Pl.* 9. *fig.* 108.

Il est petit, ovale, d'une couleur cendrée roussâtre. Les yeux sont noirs. La trompe est cylindrique, presque de la longueur du corcelet. Le corcelet est aussi large que les élytres à sa partie postérieure. Les élytres sont striées. Les cuisses sont sans épines, & sans dentelures.

Il se trouve à Madagascar.

41. CHARANSON bicolor.

Curculio bicolor.

Curculio longirostris niger, thorace elytrisque rufis. FAB. *Syst. ent. pag.* 131. *n°.* 18. — *Spec. inf. tom.* 1. *pag.* 166. *n°.* 25. — *Mant. inf. tom.* 1. *pag.* 99. *n°.* 32.

Il ressemble pour la forme & la grandeur à l'Attelabe du Bouleau. Les antennes sont noires, droites, filiformes, en masse, ovale à l'extrémité, presque de la longueur de la trompe. La trompe est mince, noire, cylindrique, à peine plus grosse à son extrémité. La tête est arrondie, rougeâtre, avec les yeux noirs. Le corcelet est rougeâtre, arrondi, pointillé. L'écusson est rougeâtre, petit & en cœur. Les élytres ont des stries, dans lesquelles il y a des points enfoncés; elles sont rougeâtres, presque quarrées. Les pattes & tout le dessous du corps sont noirs luisans. Les cuisses sont sans dents & sans épines.

Il se trouve en Amérique.

Je n'avois point vu cet insecte, lorsque j'ai fait l'article Attelabe, auquel genre, du depuis, je me suis assuré qu'il appartient.

42. CHARANSON mi-parti.

Curculio dimidiatus.

Curculio longirostris niger, elytris striatis rubris Ent. ou hist. nat. des inf. CHARANSON. *Pl.* 1. *fig.* 5.

Il a de quatre à cinq lignes de long, depuis la tête jusqu'à l'extrémité du corps. Les antennes sont noires, coudées. La trompe est mince, noire, lisse, luisante, alongée. Le corcelet est noir, lisse, luisant, un peu plus étroit à sa partie antérieure. L'écusson est noir. Les élytres sont rouges, striées. Le dessous du corps & les pattes sont noires, les cuisses sont simples.

Il se trouve dans l'Amérique méridionale.

43. CHARANSON atrirostre.

Curculio atrirostris.

Curculio longirostris cinereus, rostro arcuatus

atro

atro. FAB. *Sp. inf. app. pag.* 499. — *Mant. inf. tom.* 1. *pag.* 99. *n*°. 28.

Il reſſemble pour la forme & la grandeur, au Charanſon de la Prêle. Tout le corps eſt cendré, obſcur; la trompe ſeule eſt noire, courbée. L'extrémité du corps eſt obtuſe. Les pattes ſont cendrées; les cuiſſes ſont ſimples.

Il ſe trouve à Leipſick

44. CHARANSON tête-bleue.

CURCULIO cæruleocephalus.

Curculio longiroſtris violaceus nitens, thorace elytriſque teſtaceis. FAB. *Mant. inſ. tom.* 1. *p.* 199. *n*°. 33.

Curculio cæruleocephalus *longiroſtris atro-cæruleus, thorace elytriſque fulvis.* ACT. *Hall.* 1. 282.

Il reſſemble aux précédens. La tête eſt pubeſcente, violette. Le corcelet & les élytres ſont pubeſcens, teſtacés, luiſans. Le corps & les pattes ſont violets.

Il ſe trouve en Saxe, ſur l'Épine-blanche.

45. CHARANSON cuivreux.

CURCULIO cupreus.

Curculio longiroſtris obſcurè æneus ſubtus obſcurior. LIN. *Syſt. nat. pag.* 608. *n*°. 21. — *Faun. ſuec. n*° 593.

Curculio cupreus. FAB. *Syſt. ent. pag.* 131 *n*°. 20. — *Sp. inſ. tom.* 1. *pag.* 166. *n*°. 26. — *Mant. inſ. tom.* 1. *pag.* 100. *n*°. 34.

Curculio infidus. SCOP. *Ent. carn. n*°. 94.

Curculio cupreus LAICHART. *Inſ. tom.* 1. *pag.* 208. *n*°. 4.

Il eſt très-petit. Les antennes ſont noires. La trompe eſt mince, alongée. Le corcelet & les élytres ſont cuivreux, raboteux, brillans. Les élytres ont des ſtries pointillées. Les pattes ſont noires. Les cuiſſes ſont ſimples; elles ſont dentées, ſuivant M. Laicharting.

Il ſe trouve en Europe.

46. CHARANSON du Tragia.

CURCULIO Tragiæ.

Curculio longiroſtris æneus, roſtro pedibuſque nigris. Ent. ou hiſt. nat. des inſ. CHARANSON. *Pl.* 10. *fig* 112. a. b.

Curculio Tragiæ. FAB. *Syſt. ent. pag.* 131. *n*°. 21. — *Sp. inſ. tom.* 1. *pag.* 166. *n*°. 27. — *Mant. inſ. tom.* 1. *pag.* 100. *n*°. 35.

Il eſt très-petit, un peu alongé. Les antennes ſont brunes, preſque ferrugineuſes, coudées. La trompe eſt cylindrique, courbée, noire, de la longueur du corcelet. La tête eſt arrondie, & les yeux ne ſont pas du tout ſaillans. Le corcelet eſt bronzé & légèrement couvert de poils courts, d'un gris rouſsâtre. L'écuſſon eſt petit & bronzé. Les élytres ſont ſtriées, bronzées, avec quelques poils d'un gris rouſsâtre. Le deſſous du corps & les pattes ſont d'un noir bronzé, avec quelques poils très-courts, gris rouſsâtres. Les cuiſſes ſont ſimples, ſans dentelures & ſans épines. Les tarſes ſont d'un brun ferrugineux.

Il ſe trouve au Bréſil, dans les ſemences du *Tragia volubilis.*

47. CHARANSON bronzé.

CURCULIO æneus.

Curculio longiroſtris niger, elytris æneis. FAB. *Syſt. ent. pag.* 131. *n*°. 22. — *Sp. inſ. tom.* 1. *pag.* 166. *n*°. 28. — *Mant. inſ. tom.* 1. *pag.* 100. *n*°. 36.

Il eſt petit. Le corps eſt noir; les élytres ſeules ſont bronzées. Les cuiſſes ſont ſimples.

Il ſe trouve en France, en Angleterre, ſur les fleurs.

48. CHARANSON curviroſtre.

CURCULIO curviroſtris.

Curculio longiroſtris ater nitidus, roſtro arcuato. Ent. ou hiſt. nat. des inſ. CHARANSON. *Pl.* 10. *fig.* 115. a. b.

Curculio curviroſtris. FAB. *Sp. inſ. tom.* 1. *pag.* 166. *n*°. 29. — *Mant. inſ. tom.* 1. *pag.* 100. *n*°. 37.

Il eſt de la grandeur du Charanſon du Tragia. Les antennes ſont noires, coudées. La trompe eſt noire, cylindrique, arquée, de la longueur du corcelet. La tête eſt noire, arrondie, & les yeux ne ſont pas du tout ſaillans. Le corcelet eſt noir & finement pointillé. Les élytres ſont brunes noirâtres, ſtriées, un peu plus courtes que l'abdomen. Le deſſous du corps eſt noir. Les pattes ſont noires; les cuiſſes ſont ſimples, les jambes ſont terminées par un petit onglet.

Il ſe trouve dans la nouvelle-Hollande.

49. CHARANSON du Prunier.

CURCULIO Pruni.

Curculio longiroſtris ater, antennis ferrugineis, thorace bituberculato. LIN. *Syſt. nat. pag.* 607. *n*°. 12.

Curculio Pruni. FAB. *Gen. inſ. mant. pag.* 223. — *Sp. inſ. tom.* 1. *pag.* 167. *n*°. 30. — *Mant. inſ. tom.* 1. *pag.* 100. *n*°. 38.

Curculio fusco-niger, thorace inermi. Geoff. *Inf. tom.* 1. *pag.* 299. *n°.* 49.

Le Charanson noir, à corcelet sans pointes. Goeff. *Ib.*

Il est entièrement noir. Les antennes sont d'un brun ferrugineux. Le corcelet est muni postérieurement de deux petits tubercules élevés, presque mucronés. Les élytres sont striées. Les cuisses sont simples.

Il se trouve en Europe, sur les feuilles du Cérisier.

50. Charanson quadrituberculé.

Curculio quadrituberculatus.

Curculio longirostris, thorace quadrituberculato-nigro, elytris striatis cinereo variegatis. Fab. *Mant. inf. tom.* 1. *pag.* 100. *n°.* 39.

Il est petit. La trompe est courbée, noire. Le corps est cendré. La partie supérieure du corcelet est noire, avec quatre tubercules élevés, droits. Les élytres sont striées, mélangées de noirâtre & de cendré. Les pattes sont cendrées, les cuisses postérieures sont noires.

Il se trouve à Kiell.

51. Charanson de la Campanule.

Curculio Campanulæ.

Curculio longirostris niger ovatus, elytris striatis. Lin. *Syst. nat. pag.* 607. *n°.* 7.

Curculio Campanulæ. Fab. *Gen. inf. mant. pag.* 224.—*Sp. inf. tom.* 1. *pag.* 167. *n°.* 31.—*Mant. inf. tom.* 1. *pag.* 100. *n°.* 40.

Curculio longirostris, antennis fractis fuscis, femoribus muticis, corpore subgloboso cinereo-nigro, elytris lineis grisis. Deg. *Mém. inf. tom.* 5. *pag.* 236. *n°.* 23.

Charanson *de la Campanule*, à longue trompe, à antennes coudées, brunes & à cuisses simples, à corps court d'un noir ardoisé, avec des lignes grises sur les étuits. Deg. *Ib.*

Il est petit; & le mâle est encore plus petit que la femelle. Le corps est court, presque arrondi. La trompe plus longue que le corcelet, est déliée, courbée & d'un noir luisant. Les antennes sont coudées, d'un brun obscur. Il est de couleur noire, avec un grand nombre de petits poils gris, mêlés de petites écailles qui rendent cette couleur cendrée ou ardoisée. Les élytres ont des lignes longitudinales formées par des points. Les cuisses sont simples, sans dentelures.

La larve vit dans les boutons & sur les fleurs de la Campanule, ou plus exactement dans les gousses qui renferment les graines. C'est dans les boutons des fleurs, avant leur épanouissement, que le Charanson introduit son œuf, après quoi le bouton ne s'ouvre plus, mais quoique fermé, ne laisse pas de croître, & devient enfin comme une boule, une vessie ou une galle. La larve qui sort de l'œuf, prend son accroissement dans ce bouton ainsi défiguré, en pénétrant dans la gousse des graines dont elle mange toute la substance intérieure. Elle s'y métamorphose pour en sortir sous la forme d'insecte parfait dans le printemps suivant.

52. Charanson fuscirostre.

Curculio fuscirostris.

Curculio longirostris griseus, pedibus rufis, rostro femoribusque basi nigris. Fab. *Syst ent. pag.* 131. *n°.* 23.—*Sp. inf. tom.* 1. *pag.* 167. *n°.* 32.—*Mant. inf. tom.* 1. *pag.* 100. *n°.* 41.

Il est petit, & il ressemble au Charanson du Chêne. La trompe est alongée, cylindrique, noire. Le corcelet & les élytres sont striées, grisâtres, avec deux ou trois lignes blanches. Les élytres sont striées. Les pattes sont fauves, avec la base des cuisses noire.

Il se trouve en Allemagne.

53. Charanson du Roure.

Curculio Roboris.

Curculio longirostris, rostro thorace que rufis, elytris violaceis. Fab. *Mant. inf. tom.* 1. *pag.* 100. *n°.* 42.

Il est petit. La tête est violette, avec la trompe alongée rougeâtre. Le corcelet est arrondi, lisse, rougeâtre, sans taches. Les élytres sont à peine striées, violettes, luisantes, sans taches.

Il se trouve en Saxe sur le Chêne.

54. Charanson cuprirostre.

Curculio cuprirostris.

Curculio longirostris oblongus, viridi-æneus, elytris striatis, rostro cupreo. Fab. *Mant. inf. tom.* 1. *pag.* 100. *n°.* 43.

Curculio cæruleo-viridis nitens, thorace punctato, elytris striatis. Geoff. *inf. tom.* 1. *pag.* 284. *n°.* 16.

Le Charanson satin-vert. Geoff. *Ib.*

Curculio parisinus elytris thoraceque viridibus, rostro pedibusque nigris. Lin. *Syst. nat. edit.* 13. *pag.* 1753.

Thumb. nov. Act. *Ups.* 4. *pag.* 16. *n°.* 27.

Curculio viridis. Fourc. *Ent. par. 1. pag. 120. n°. 16.*

Il eſt petit, oblong. Les antennes ſont noires. La trompe eſt alongée, courbée, un peu cuivreuſe. Le corcelet eſt d'un vert bronzé brillant. Les élytres ſont ſtriées, d'un vert brillant, ſans taches. Les pattes ſont noirâtres.

Il ſe trouve en Europe, ſur le Bouleau & différentes plantes.

55. Charanson nigriroſtre.

Curculio nigriroſtris.

Curculio longiroſtris viridis, roſtro atro. Fab. *Syſt. ent. pag. 131. n°. 24.—Sp. inſ. tom. 1. pag. 167. n°. 33. — Mant. inſ. tom. 1. pag. 100. n°. 44.*

Il eſt petit. Les antennes ſont ferrugineuſes brunes, coudées. La trompe eſt noire, cylindrique, courbée, plus courte que le corcelet. La tête eſt petite, arrondie, brune, noirâtre, avec les yeux noirs & point du tout ſaillans. Le corcelet eſt couvert de poils courts, ſerrés, verdâtres. L'écuſſon eſt noir, triangulaire, très-petit. Les élytres ſont ſtriées, couvertes de poils courts, ſerrés, verdâtres. Le deſſous du corps eſt noirâtre. Les pattes ſont d'un brun ferrugineux, plus ou moins obſcur. Les cuiſſes ſont ſimples.

Il ſe trouve en Angleterre.

56. Charanson variable.

Curculio variabilis.

Curculio longiroſtris ſubteſtaceus, thorace viridi lineato, roſtro apice fuſco. Fab. *Gen. inſ. mant. p. 224.—Sp. inſ. tom. 1. pag. 167. n°. 34.—Mant. inſ. tom. 1. pag. 100. n°. 45.*

Il eſt de grandeur moyenne. Les antennes ſont fauves, avec la maſſe cendrée. La tête eſt d'une couleur teſtacée pâle, avec l'extrémité de la trompe noirâtre. Le corcelet eſt obſcur, avec trois lignes diſtinctes vertes. Les élytres ſont d'une couleur rougeâtre pâle, & couvertes d'une pouſſière verdâtre. Les pattes ſont fauves.

Il ſe trouve à Hambourg.

57. Charanson rufiroſtre.

Curculio rufiroſtris.

Curculio longiroſtris niger, roſtro dimidiato pedibuſque rufis. Fab. *Syſt. ent. pag. 132. n°. 25. —Sp. inſ. tom. 1. pag. 167. n°. 35.—Mant. inſ. tom. 1. pag. 100. n°. 46.*

Il eſt petit & preſque de la grandeur du Charanſon bronzé. Les antennes ſont droites, fauves, de la longueur de la trompe. La trompe eſt fauve depuis l'inſertion des antennes, juſqu'à l'extrémité: l'extrémité eſt un peu noire. La tête eſt noirâtre, les yeux ſont arrondis, un peu ſaillans. Le corcelet eſt noirâtre. Les élytres ſont ovales, bronzées, noirâtres, ſtriées. Le corps en-deſſous, eſt couvert de poils courts, griſâtres. Les pattes ſont fauves, & les cuiſſes ſont ſimples, ſans épines & ſans dentelures.

Il ſe trouve en Angleterre.

58. Charanson piciroſtre.

Curculio piciroſtris.

Curculio longiroſtris oblongus niger argento holoſericeus, roſtro dimidiato pedibuſque piceis. Fab. *Mant. inſ. tom. 1. pag. 101. n°. 47.*

Il reſſemble au Charanſon rufiroſtre, mais il eſt un peu plus grand. La tête eſt noire. La trompe eſt alongée & la moitié brune. Le corcelet & les élytres ſont noirs & légèrement couverts d'un duvet argenté ſoyeux. Les pattes ſont brunes, avec les genoux noirs.

Il ſe trouve à Copenhague.

59. Charanson de la Salicaire.

Curculio Salicariæ.

Curculio longiroſtris niger, antennarum baſi, coleoptrorum diſco pedibuſque pallide teſtaceis. Fab. *Sp. inſ. tom. 1. pag. 167. n°. 36.—Mant. inſ. tom. 1. pag. 101. n°. 48.*

Il eſt très-petit. Les antennes ſont coudées, fauves, avec la maſſe ovale, alongée noirâtre. La trompe eſt noire, cylindrique, courbée, de la longueur du corcelet. La tête eſt petite, preſque arrondie, noire, & les yeux ſont noirs, très-peu ſaillans. Le corcelet eſt noir, ſans taches. L'écuſſon eſt noir, triangulaire & très-petit. Les élytres ſont ſtriées, noires, avec tout le milieu fauve cendré. Le deſſous du corps eſt noir, avec un peu de blanc de chaque côté de la poitrine. Les pattes ſont fauves. Les cuiſſes ſont ſimples, un peu renflées, avec l'extrémité un peu obſcure.

Il ſe trouve en Angleterre.

60. Charanson péricarpe.

Curculio pericarpius.

Curculio longiroſtris ſubgloboſus nebuloſus, coleoptris macula cordata alba. Lin. *Syſt. nat. pag. 609. n°. 31 — Faun. ſuec. n°. 601.*

Curculio pericarpius. Fab. *Syſt. ent. pag. 132. n°. 26. — Sp. inſ. tom. 1. pag. 167. n°. 37.— Mant. inſ. tom. 1. pag. 101. n°. 49.*

Curculio ſubgloboſus, fuſco-nebuloſus; macula cordata alba in medio dorſo. Geoff. *inſ. tom. 1. pag. 298. n°. 46.*

Le Charanson porte-cœur de la Scrofulaire. Geoff. *Ib.*

Curculio pericarpius. Schrank. *Enum. inf. aust.* n°. 209.

Curculio pericarpius. Laichart. *inf. tom.* 1. *pag.* 223. n°. 17.

Curculio pericarpius. Fourc. *Ent. par.* 1. *pag.* 130. n°. 49.

Curculio pericarpius. Vill. *Ent. tom.* 1. *pag.* 182. n°. 27.

Il ressemble au Charanson de la Scrofulaire, mais il est plus petit. Tout le corps est noirâtre, légèrement couvert d'un duvet grisâtre. La trompe est noire, mince, longue. Les élytres sont striées & ont une tache blanche, presqu'en cœur, placée sur la suture, un peu au-dessous de l'écusson. Les pattes sont noirâtres. Les cuisses sont sans épines, ou quelquefois munies d'une seule petite épine.

Il se trouve en Europe, sur la Scrofulaire.

61. Charanson du Sisymbrium.

Curculio Sisymbrii.

Curculio longirostris albo fuscoque varius, elytris puncto baseos elevato atro, rostro nigro. Fab. *Gen. inf. Mant. pag.* 224. — *Sp. inf. tom.* 1. *pag.* 168. n°. 38. — *Mant. inf. tom.* 1. *pag.* 101. n°. 50.

Il est petit. La trompe est alongée, noire. Les antennes sont noirâtres, le corcelet est blanc, avec une tache au milieu noire, dans laquelle on remarque une ligne longitudinale blanche. Les élytres sont mélangées de blanc & de noirâtre, avec un petit point noir oblong. Le dessous du corps est blanchâtre.

Il se trouve à Kiell, & aux environs de Paris, sur la plante nommée *Sisymbrium amphibium.*

62. Charanson caprier.

Curculio Caprea.

Curculio longirostris, coleoptris fasciis duabus abbreviatis undatis albis. Fab. *Sp. inf. tom.* 1. *pag.* 168. n°. 39. — *Mant. inf. tom.* 1. *pag.* 101. n°. 51.

Il est très-petit. Les antennes sont noires & coudées. La trompe est noire & de la longueur du corcelet. La tête est noire, presque arrondie. Les yeux sont noirs, assez grands & point saillans. Le corcelet est noir, avec une ligne longitudinale plus ou moins marquée, formée par des poils courts, d'un gris roussâtre. L'écusson est petit & couvert des mêmes poils. Les élytres sont noires striées, avec deux bandes blanchâtres, ondées, dont l'antérieure touche presque aux bords latéraux, & dont la seconde est plus courte & plus petite. Tout le dessous du corps est noir. Les pattes sont noires, & les cuisses sont simples, sans épines & sans dentelures. Il y a à l'extrémité des élytres une petite impression. Les stries sont pointillées.

Il se trouve en Angleterre, sur le Saule caprier, *Salix Caprea.*

63. Charanson Grenouille.

Curculio Rana.

Curculio longirostris thorace fusco: limbo testaceo, elytris testaceis, fasciis tribus-undatis cinereis. Fab. *Mant. inf. tom.* 1. *pag.* 101. n°. 52.

Il est petit, bossu. La tête est noirâtre. La trompe est longue, testacée à son extrémité. Le corcelet est noirâtre, avec tout le bord testacé. Les élytres sont striées, testacées, avec trois bandes cendrées. Le corps est cendré. Les pattes sont testacées.

Il se trouve à Kiell.

64. Charanson du Vélar.

Curculio Erysimi.

Curculio longirostris niger, thorace bituberculato virescente, elytris cyaneis. Fab. *Mant. inf. t.* 1. *p.* 101. n°. 54.

Il ressemble à l'Attelabe bleuet; mais il est plus arrondi. La trompe est alongée, courbée, noire. Le corcelet est d'un vert foncé, avec un tubercule élevé de chaque côté. Les élytres sont striées, bleues. Les pattes sont noires.

Il se trouve à Kiell, aux environs de Paris.

65. Charanson quadrimaculé.

Curculio quadrimaculatus.

Curculio longirostris nigricans, coleoptris maculis quatuor albidis. Lin. *Syst. nat. p.* 609. n°. 29. — *Faun. suec.* n°. 600.

Curculio quadrimaculatus. Fab. *Syst. ent. p.* 133. n°. 31. — *Sp. inf. tom.* 1. *p.* 169. n°. 44. — *Mant. inf. tom.* 1. *pag.* 101. n°. 58.

Curculio cinereus, elytrorum puncto quadruplici albo, proboscide thorace longiore. Geoff. *Inf. tom.* 1. *p.* 287. n°. 22.

Le *Charanson* quadrille à longue trompe. Geoff. *Ib.*

Curculio quinque maculatus. Fourc. *Ent. par.* 1. *p.* 122. n°. 22.

Curculio quadrimaculatus. Vill. *Ent. tom.* 1. *pag.* 181. n°. 25.

Il a environ deux lignes de long, de la tête à

l'anus. La trompe est noire, mince, plus longue que le corcelet. Les antennes sont noires. Le corcelet est noirâtre Les élytres sont striées, & ont un point blanc commun à l'écusson, un autre à l'extrémité, & un de chaque côté vers le bord extérieur.

Il se trouve en Europe.

66. CHARANSON bifascié.

CURCULIO *bifasciatus*.

Curculio longirostris niger, elytris fasciis duabus cinereis, baseos majore undata. FAB. *Gen. inf. mant. pag.* 225. — *Sp. inf. tom.* 1. *p.* 169. *n°.* 45. — *Mant. inf. tom.* 1. *p.* 102. *n°.* 60.

Il est petit. La trompe est longue, cylindrique, noire. Les antennes sont noires, avec la masse qui les termine, cendrée. Le corcelet est arrondi, noir, avec une ligne longitudinale au milieu, un peu plus pâle. L'écusson est cendré. Les élytres sont striées avec deux bandes ondées, cendrées, qui vont à peine jusqu'aux bords extérieurs : la première placée vers la suture, est assez grande; l'autre placée vers le milieu, est beaucoup plus étroite. Les pattes sont noires; les cuisses sont simples.

Il se trouve à Kiell.

67. CHARANSON unifascié.

CURCULIO *unifasciatus*.

Curculio longirostris supra fuscus : fascia media cinerea. FAB. *Mant. inf. tom.* 1. *p.* 101. *n°.* 59.

Il est de grandeur moyenne. La tête est noirâtre, avec la trompe alongée, arquée, noire. Le corcelet est noirâtre en-dessus, cendrée en-dessous. Les élytres sont presque striées, noirâtres, avec une large bande au milieu, cendrée, & une petite ligne de la même couleur, vers l'extrémité. Le dessous du corps est cendré. Les pattes sont noires, avec les cuisses blanchâtres.

Il se trouve en Saxe.

68. CHARANSON du Lythrum.

CURCULIO *Lythri*.

Curculio longirostris ater, elytris fascia media abbreviata punctoque postico albis, pedibus flavis. FAB. *Mant. inf. tom.* 1. *p.* 102. *n°.* 61.

Il est petit. La tête & le corcelet sont noirs, luisans, sans taches. Les élytres sont striées, noires, avec une bande au milieu, blanche, qui ne touche point au bord extérieur; derrière la bande, on apperçoit un point blanc, petit, oblong. Les pattes sont jaunes, avec les articulations noires.

Il se trouve au nord de l'Europe, sur les fleurs du Lythrum.

69. CHARANSON acridule.

CURCULIO *acridulus*.

Curculio longirostris piceus, abdomine ovato. LIN. *Syst. nat. pag.* 607. *n°.* 13. — FAUN. *suec. n°.* 584.

Curculio acridulus. FAB. *Syst. ent. pag.* 133. *n°.* 32. — *Sp. inf. tom.* 1. *p.* 169. *n°.* 46. — *Mant. inf. tom.* 1. *p.* 102. *n°.* 62.

Curculio pyriformis nigro-cæruleſcens abdomine ovato. GEOFF. *Inf. tom.* 1. *pag.* 290. *n°.* 32.

Le *Charanson* pyriforme. GEOFF. *Ib.*

Curculio longirostris arcuatus, antennis fractis fuscis, femoribus muticis, corpore ovato nigro-fusco, tibiis pallidis. DEG. *Mém. inf. tom.* 5. *p.* 235. *n°.* 22.

Charanson *acridule* à longue trompe courbée, à antennes coudées d'un brun clair & à cuisses simples, à corps ovale, d'un brun noirâtre, & à jambes d'un brun clair. DEG. *Ib.*

Curculio acridulus. FOURC. *Ent. par.* 1. *p.* 125. *n°.* 32.

Curculio acridulus. VILL. *Ent. tom.* 1. *pag.* 176. *n°.* 10.

Curculio acridulus. FUESL. *Archiv. inf.* 4. *pag.* 72. *n°.* 24. *tab.* 24. *fig.* 12.

Il a environ deux lignes de long. Son corps a une figure ovale alongée. La trompe est mince, courbée, plus longue que le corcelet, d'un noir luisant. Le corcelet est arrondi, pointillé, d'un brun noirâtre luisant. Les élytres sont striées, d'un brun noirâtre luisant. Les antennes sont noires, coudées. Les cuisses n'ont ni épines ni dentelures.

Il se trouve en Europe, sur les plantes crucifères.

70. CHARANSON dorsal.

CURCULIO *dorsalis*.

Curculio longirostris, elytris rubris sutura nigra. *Ent. ou hist. nat. des inf.* CHARANSON. *Pl.* 14. *fig.* 169. a. b.

Curculio dorsalis. LIN. *Syst. nat. pag.* 608. *n°.* 17. — *Faun. suec. n°.* 588.

Curculio dorsalis. FAB. *Syst. ent. pag.* 133. *n°.* 35. — *Sp. inf. tom.* 1. *pag.* 170. *n°.* 50. — *Mant. inf. tom.* 1. *pag.* 102. *n°.* 66.

Il est petit. Les antennes sont coudées, noires, avec le premier article long & ferrugineux. La trompe est noire, cylindrique, courbée & plus longue que le corcelet. La tête est arrondie, & les yeux ne sont pas saillans. Le corcelet est arrondi, noir, pointillé. L'écusson est noir & petit.

Les élytres sont striées, & les stries ont une suite de points enfoncés; elles sont rouges, avec la suture noire depuis la base jusqu'au de-là du milieu. Le dessous du corps est noir, les pattes sont entièrement noires dans les individus que j'ai vus, & les cuisses sont sans épines & sans dentelures.

Il se trouve au nord de l'Europe, sur une espèce de Renoncule, *Ranunculus ficaria*.

71. CHARANSON du Chêne.

CURCULIO Quercus.

Curculio longirostris cinereus thoracis dorso fusco, elytris testaceis cinereo undatis. FAB. *Mant. inf. tom.* 1. *pag.* 102. *n°.* 67.

Curculio Quercus. *longirostris pallidè flavus, oculis nigris.* LIN. *Syst. nat. pag.* 609. *n°.* 25. — *Faun. suec. n°.* 596.

Il est petit. Le corps est cendré. La trompe est noire. Le corcelet est obscur, avec une ligne longitudinale au milieu, plus pâle. Les élytres sont striées, testacées, pâles avec quatre ou cinq bandes ondées, cendrées. Les pattes sont testacées.

Il se trouve en Suede, sur les feuilles de Chêne.

72. CHARANSON sutural.

CURCULIO suturalis.

Curculio longirostris ovatus fuscus, linea longitudinali alba. FAB. *Syst. ent. pag.* 133. *n°.* 36. — *Sp. inf. tom.* 1. *pag.* 170. *n°.* 51. — *Mant. inf. tom.* 1. *pag.* 101. *n°.* 68.

Il est petit. La trompe est alongée, arquée, noire. Le corcelet est noirâtre, avec une ligne longitudinale blanche. Les élytres sont striées, élevées noirâtres, avec la suture blanche. Le dessous du corps est cendré.

Il se trouve en Allemagne sur le Saule.

73. CHARANSON en-croix.

CURCULIO crux.

Curculio longirostris ater, thorace punctis duobus baseos, elytris sutura punctisque sparsis albis. FAB. *Gen. inf. Mant. pag.* 225. — *Sp. inf. tom.* 1. *pag.* 170. *n°.* 52. — *Mant. inf. tom.* 1. *pag.* 102. *n°.* 69.

Curculio crux. FUESL. *Archiv. inf.* 4. *pag.* 70. *n°.* 14. *tab.* 24. *fig.* 6.

Curculio crux. VILL. *Ent. tom.* 1. *pag.* 188. *n°.* 52. *tab.* 1. *fig.* 20.

Il ressemble pour la forme & la grandeur au Charanson sutural. La tête est noire, sans taches. La trompe est alongée, noire, luisante. Le corcelet est arrondi, noir, avec un point blanc de chaque côté à la base. L'écusson est blanc. Les élytres sont striées, noires, avec la suture vers la base & quelques points blancs. Les pattes sont noires. Le dessous du corps est couvert d'un léger duvet blanchâtre.

Il se trouve en Europe.

74. CHARANSON exclamation.

CURCULIO exclamationis.

Curculio longirostris ater, elytris puncto lineoque apicis albis. Ent. ou hist. nat. des inf. CHARANSON. *Pl.* 13. *fig.* 165. a. b.

Curculio exclamationis. FAB. *Syst. ent. pag.* 133. *n°.* 37. — *Sp. inf. tom.* 1. *pag.* 170. *n°.* 53. — *Mant. inf. tom.* 1. *pag.* 102. *n°.* 70.

Il est très-petit. La trompe est d'un noir brun & de la longueur du corcelet. Les antennes & tout le corps sont noirs luisans. La tête & le corcelet sont pointillés. L'écusson est très-petit. Les élytres sont striées, & elles ont chacune un point blanc vers le milieu, & une ligne longitudinale blanche derrière le point vers l'extrémité. Les cuisses sont simples, sans épines.

Il se trouve dans la nouvelle-Hollande.

75. CHARANSON gracieux.

CURCULIO venustus.

Curculio longirostris fuscus, thorace elytrisque albo lineatis, pedibus testaceis. FAB. *Sp. inf. tom.* 1. *pag.* 170. *n°.* 54. — *Mant. inf. tom.* 1. *pag.* 102. *n°.* 71.

Il est très-petit un peu alongé. Les antennes sont brunes, un peu testacées. La trompe est presque aussi longue que le corcelet, elle est noirâtre, avec une ligne longitudinale formée par des poils d'un gris roussâtre. Le corcelet est brun, pointillé, avec trois lignes longitudinales formées par des poils d'un gris roussâtre. L'écusson est très-petit & couvert de poils gris roussâtres. Les élytres sont brunes, avec deux lignes longitudinales formées de poils gris roussâtres, dont l'une interne un peu oblique, & l'autre externe sur le bord extérieur. Les élytres ont des stries formées par des points enfoncés. Le dessous du corps est brun. Les pattes sont d'un brun testacé. Les cuisses sont simples, sans épines & sans dents.

Il se trouve en Angleterre.

76. CHARANSON du Plantain.

CURCULIO Plantaginis.

Curculio longirostris, elytris cinereis, macula media fusca. FAB. *Mant. inf. tom.* 1. *pag.* 103. *n°.* 72.

Curculio Plantaginis *longirostris antennis fractis femoribus muticis, corpore ovato griseo, thorace fasciis elytris, macula magna punctisque fuscis.* Deg. *Mem. inf. tom.* 5. *pag.* 237. *n°.* 24. *pl.* 7. *fig.* 17. & 18.

Charanson *du plantain* à longue trompe, à antennes coudées & à cuisses simples, à corps court & ovale d'un gris clair, à bandes brunes sur le corcelet, à points & une grande tache brune sur les étuis. Deg. *Ib.*

Il est petit, court & ovale, d'un gris clair. La trompe est cylindrique, courbée, de la longueur du corcelet. Les antennes sont coudées, d'un brun obscur. Le corcelet est brun, avec trois raies longitudinales grises. Les élytres sont d'un gris presque testacé, avec une grande tache obscure sur chaque, & quelques points oblongs, de la même couleur. Les pattes sont fauves, avec les tarses noirs.

La larve est petite, d'un vert clair, avec une raie blanche bien marquée tout le long du dos. Le corps est divisé en anneaux, mais qui ne sont pas bien distincts, à cause d'un grand nombre de rides transversales dont la peau est garnie; en-dessous on voit sur chaque anneau, une paire de mammelons, avec lesquels la larve marche en s'attachant aux feuilles par une liqueur gluante qu'elle en fait sortir. La loupe fait découvrir sur la peau, de très-petits points noirs arrangés en lignes transversales, de chacun desquels sort un petit poil très-court. Elle vit sur le Plantain, & file sa coque vers le mois de juiliet, sur les fleurs ou les épis de cette plante. Cette coque, d'un vert jaunâtre, a la figure d'une boule alongée, & ses parois minces & élastiques, laissent paroître l'insecte au travers & vis-à-vis du grand jour. C'est vers la fin du même mois, que le Charanson sort de la coque où il a subi sa métamorphose.

Il se trouve en Europe.

77. Charanson de l'Oseille.

Curculio Rumicis.

Curculio longirostris griseus nigro-nebulosus, antennis fuscis. Fab. *Syst. ent. pag.* 134. *n°.* 38.— *Sp. inf. tom.* 1. *pag.* 170 *n°.* 55.—*Mant. inf. tom.* 1. *pag.* 103. *n°.* 73.

Curculio Rumicis *longirostris griseus nigro nebulosus oblongus, pedibus dentatis, antennis subfuscis.* Lin. *Syst. nat. pag.* 614. *n°.* 60.—*Faun. suec. n°.* 590.

Curculio longirostris, antennis fractis, femoribus muticis, corpore oblongo griseo fusco-nebuloso, thorace fasciis binis nigricantibus, pedibus fuscis. Deg. *Mem. inf. tom.* 5. *pag.* 231. *n°.* 20. *pl.* 7. *fig.* 10 & 11.

Charanson *de la patience* à longue trompe, à antennes coudées, à cuisses simples, à corps oblong, gris tacheté de brun obscur, à deux bandes noirâtres sur le corcelet, & à pattes brunes. Deg. *Ib.*

Scarabæus parvus, corpore sublongo, totus obscurè rufus seu fuscus, punctis nigricantibus adspersus. Raj. *inf. pag.* 85. *n°.* 36.

Curculio Rumicis. Vill. *Ent. tom.* 1. *pag.* 197. *n°.* 94.

Il a environ trois lignes de long sur une de large. La trompe est noire, cylindrique, assez mince, de la longueur du corcelet. Les antennes sont obscures. Le corcelet est cendré, avec deux raies longitudinales noirâtres plus ou moins marquées. Les élytres sont striées, cendrées, avec une grande tache quarrée, obscure à la base, & quelques petites taches noirâtres. Le dessous du corps est cendré. Les pattes sont brunes.

La larve vit en nombreuse compagnie, sur la plante nommée Patience, en latin *Lapathum* ou *Rumex*, dont elle ronge les feuilles & même les fleurs: on l'y trouve aux mois de juin & de juillet. Elle a trois lignes de longueur & environ une de largeur. La tête, d'un noir luisant, est écailleuse & semblable en général à celle des chenilles, ayant des dents, des lèvres & des barbillons: on voit aussi une filiere à la lèvre inférieure. Le corps divisé en douze anneaux, est garni de rides transversales, & vers les côtés, de deux plis qui s'étendent dans toute sa longueur. Les trois premiers anneaux sont entièrement noirs en-dessus & vers les côtés, mais en-dessous, ils sont d'un jaune clair & verdâtre, & cette dernière couleur est aussi celle du dessous & des côtés des autres anneaux. Tout le long du dos, on voit régner une ligne du même jaune, & chaque anneau, excepté les trois premiers, a en-dessus une raie transversale élevée de la même couleur, garnie de tubercules hémisphériques, noirs & luisans; on voit aussi des tubercules semblables dans d'autres endroits du corps, & en particulier sur les plis longitudinaux qui s'étendent le long des côtés. Chaque tubercule est garni d'un petit poil noir. Chacun des trois premiers anneaux porte en-dessous deux mamelons charnus, semblables en quelque manière aux pattes membraneuses des fausses-chenilles, & qui tiennent lieu de pattes à la larve. Les autres anneaux ont aussi chacun une paire de mamelons ou d'éminences charnues, mais moins longues que les précédentes, qui servent aussi à la marche, la larve les posant réciproquement sur les feuilles & les tiges, comme les fausses-chenilles y appuyent leurs pattes membraneuses, en sorte que l'on pourroit très-bien regarder tous ces mamelons, comme des espèces de pattes, quoiqu'ils n'aient pas de crochets, à quoi l'auteur de la nature a pourvu d'une autre manière, le dessous du corps de ces larves étant toujours couvert & comme enduit d'une matière humide & visqueuse, qui les maintient fixées sur les tiges & les feuilles, & les empêche de tomber. Pour se transformer en nymphes, elles filent des coques sur les tiges mêmes de la plante, ou bien entre les fleurs & la graine au sommet de la tige. Ces coques sont fort jolies, & environ de la grandeur d'un pois ordinaire; elles sont presque parfaitement sphériques, faites d'une soye jaune ou blanche, que les larves filent à grandes mailles & à couche simple, de façon que l'insecte paroît assez distinctement à travers les parois : le tissu des coques est comme celui d'un filet ou plutôt d'une grosse gaze. En filant la coque, la larve tient toujours le corps courbé en demi cercle, & c'est de cette position que dépend la rondeur de la coque, le corps de la larve servant de moule pour lui donner cette forme. Les fils dont elle est composée, sont assez gros, ils ont de l'élasticité, de façon qu'étant pressés du doigt, ils se remettent dans leur première situation dès qu'on l'ôte. Peu de jours après, les larves prennent la forme de nymphes toutes noires & plus courtes, dont la tête & le derrière sont garnis de longs poils noirs. On leur voit toutes les parties de l'insecte aîlé, comme emmaillottées, & la trompe est couchée sur le dessous du corps entre les pattes. Au bout de quelques jours, dans le mois de juillet, les Charansons paroissent au jour, en perçant la coque d'une ouverture avec les dents.

78. CHARANSON du Blé.

CURCULIO granarius.

Curculio longirostris piceus oblongus, thorace punctato longitudine elytrorum. Ent. ou hist. nat. des inf. CHARANSON. *Pl.* 16. *fig.* 196. a. b.

Curculio granarius. LIN. *Syst. nat. pag.* 608. *n°.* 16.—*Faun. suec. n°.* 587.

Curculio granarius. FAB. *Syst. ent. pag.* 134. *n°.* 39. — *Sp. inf. tom.* 1. *pag.* 171 *n°.* 56. —*Mant. inf. tom.* 1. *pag.* 103. *n°.* 74.

Curculio rufo-testaceus oblongus, thorace elytrorum fere longitudine. GEOFF. *inf. tom.* 1. *pag.* 285. *n°.* 18.

Le Charanson brun du Bled. GEOFF. *Ib.*

Curculio longirostris, antennis fractis, femoribus muticis, corpore oblongo fusco-castaneo, thorace longitudine elytrorum. DEG. *Mem. inf. tom.* 5. *pag.* 239. *n°.* 25.

Charanson *du bled* à longue trompe, à antennes coudées à cuisses simples, à corps alongé d'un brun de marron obscur, & à corcelet de la longueur des étuis. DEG. *Ib.*

Luwenh. Litt. 6. *august.* 1687. *pag.* 74. 83. *fig.* 1.

Scarabæus parvus corpore breviore, sordidè seu obscurè fulvus, proboscide longa deorsum arcuata. RAJ. *inf. pag.* 88.

Curculio granarius. SCOP. *Ent. carn. n°.* 89.

Curculio granarius. SCHRANK. *Enum. inf. aust. n°.* 207.

Curculio granarius. LAICHART. *inf. tom.* 1. *pag.* 208. *n°.* 14.

Curculio granarius. FOURC. *Ent. par.* 1. *pag.* 121. *n°.* 18.

Curculio granarius. VILL. *Ent. tom.* 1. *pag.* 177. *n°.* 13.

JOBLOT. *obs. microsc.* 1754. *tab.* 7. *fig.* 1.

VOET. *Coleopt. pars* 2. *tab.* 37. *fig.* 17.

Il a une forme alongée, & a à peine une ligne & demie de long. Tout le corps est brun. La trompe est cylindrique, un peu courbée, presque de la longueur du corcelet. La tête est arrondie. Le corcelet est presque de la longueur des élytres & fortement pointillé. Les élytres sont striées, & les stries sont pointillées. Les cuisses n'ont point d'épines. Les jambes sont terminées par un crochet assez fort.

Ce petit insecte, connu aussi sous le nom de *Calandre*, se multiplie considérablement dans les greniers & les magazins de blé de toute espèce, dans lesquels il fait de terribles dégâts, sur-tout dans son état de larve, en consommant toute la substance farineuse du grain, & n'en lassiant que l'écorce. Leeuwenhok a fait plusieurs observations sur ces insectes pernicieux, & il a trouvé que pour se multiplier, le Charanson, après avoir eu la compagnie du mâle, fait avec sa trompe un trou au grain de froment, & dépose un œuf dans ce trou, d'où naît un petit ver ou une petite larve, qui mange en se développant toute la substance intérieure du grain, & qui ensuite se transforme en nymphe dans le grain vuide, & y prend enfin la forme de Charanson, qui se fait jour en perçant l'écorce. La larve est blanche & garnie d'une grosse tête écailleuse, avec des dents, au moyen desquelles elle ronge la substance du grain. On ne trouve jamais qu'un seul de ces insectes dans chaque grain, parce que chaque Charanson demande un grain entier pour parvenir à sa grandeur complette.

79. CHARANSON du Riz.

CURCULIO Oryzæ.

Curculio longirostris oblongus piceus, elytris crenato-striatis, maculis duabus ferrugineis, Ent. ou qui naissent d'une base commune. Ses ramifications sont fort étroites, un peu applaties, blanchâtres, lisses en leurs surfaces, & légèrement lacuneuses. Elles sont garnies en leurs bords de petites scutelles ou verrues applaties, sessiles, blanches, & farineuses. Cette espèce est commune en Europe, sur les troncs & sur les branches des arbres. (*v. v.*) Elle peut servir à teindre en rouge, comme beaucoup d'autres espèces.

81. LICHEN calicaire; *Lichen calicaris.* L. *Lichen foliaceus, erectus, linearis, ramosus, lacunosus, mucronatus, scutellis in summitatibus.*

Lichen cinereus, latifolius, ramosus. Tournef. 550. Vaill. Parif. t. 20. f. 6. *Muscus alter quernus, latifolius coralloides aphyllos.* Col. Ecphr. 1. p. 335. *Muscus arboreus coralloides.* Bauh. Pin. 361. *Musco-fungus arboreus, capitulis rostratis.* Morif. Hist. 3. p. 634. sec. 15. t. 7. f. 5. *Lichenoides arboreum ramosum, angustioribus cinereo-virentibus ramulis.* Raj. Synopf. 3. p. 75. n°. 81. *Lichenoides corally-forme rostratum & canaliculatum.* Dill. Musc. 170. t. 23. f. 62. A. B. C. Lichen. Hall. Helv. n°. 1983. *Lichen calicaris.* Weis. Crypt. p. 67. Pollich. Pal. n°. 1112. Hagen. Lich. n°. 47. Lightf. Scot. p. 834.

Il forme une touffe convexe ou arrondie, composée d'expansions libres, foliacées, linéaires, un peu rameuses, lacuneuses sur les faces, pointues ou mucronées à leur sommet, d'un vert cendré, un peu roides, longues d'environ quinze lignes, & qui naissent comme en faisceau d'une base commune. Ces expansions sont chargées en leurs bords, vers leur sommet, de quelques scutelles un peu grandes, légèrement pédiculées, blanchâtres, comme farineuses, concaves, & qui ressemblent en quelque sorte à de petits gobelets. Souvent la plupart de ces scutelles paroissent terminales, la pointe aiguë des rameaux étant arquée ou en crochet. Ce Lichen croît en Europe, sur les troncs d'arbres, principalement sur le Chêne (*v. v.*).

82. LICHEN à grandes lanières; *Lichen fraxineus.* L. *Lichen foliaceus, erectus, compressus, ramosus, sublaciniatus, lacunosus, scutellis marginalibus farinosis.*

Lichen pulmonarius cinereus mollior in amplas lacinias divisus. Tournef. 549. Tab. 325. F. A. B. *Musco-fungus quernus latifolius cinereus.* Morif. Hist. 3. p. 634. sec. 15. t. 7. f. 3 & 4. *Lichenoides arboreum ramosum scutellatum majus & rigidius, colore virescente.* Raj. Synopf. 3. p. 75. n°. 79. *Lichenoides longifolium rugosum rigidum.* Dill. Musc. 165. t. 22. f. 59. *Lichen.* Hall. Helv. n°. 1985. *Lichen fraxineus.* Weis. Crypt. 72. Hagen. Lich. n°. 48. Lightf. Scot. p. 835.

β. *Lichen pulmonarius rufescens durior, in amplas lacinias divisus.* Michel. Gen. 74. t. 36. f. 1.

Ses expansions, qui naissent d'une base commune, forment de grandes lanières, fort longues, quelquefois larges presque d'un pouce, un peu laciniées, d'un vert cendré, ou grisâtres, glabres, ridées, lacuneuses, & quelquefois munies d'aspérités; ces lanières ont une certaine roideur qui les rend âpres ou rudes au toucher. Les scutelles sont latérales, éparses, légèrement pédiculées, quelquefois fort amples, farineuses, & d'une couleur pâle, obscurément roussâtre. Ce Lichen croît en Europe, sur les troncs d'arbres, principalement sur le Chêne, le Pommier, le Hêtre; on le trouve moins communément sur le Frêne. (*v. v.*). Il a de grands rapports avec le précédent.

83. Lichen leucomèle; *Lichen leucomelos.* L. *Lichen foliaceus linearis ramosus nigro-subciliatus, peltis subpedunculatis radiatis.* Lin.

Ses feuilles sont rameuses à la base, linéaires, longues de trois pouces sur une ligne de diamètre, étalées, inégales, d'un blanc de lait, glabres en dessus, un peu farineuses en dessous, & munies sur les bords de cils longs, noirs, rares, un peu rameux. Les cupules sont légèrement pédunculées, hémisphériques, concaves, blanches, & comme rayonnées, leur bord étant muni de dents subulées, aussi de couleur blanche. Cette plante croît dans l'Amérique septentrionale.

84. LICHEN ampoulé; *Lichen ampullaceus.* L. *Lichen foliaceus planiusculus lobatus crenatus, peltis globosis inflatis.* Lin.

Lichenoides tinctorium glabrum vesiculosum. Dill. Musc. 188. t. 24. f. 82.

Les expansions de ce Lichen sont étalées, planes, lobées, laciniées, crênelées; elles forment une petite rosette au centre de laquelle on voit une grosse cupule enflée, globuleuse ou véficuleuse, & que sa forme rend très-singulière. Ce Lichen croît en Angleterre. Il paroît que depuis Dillen, peu de Botanistes ont eu occasion de l'observer.

85. LICHEN charnu; *Lichen carnosus.* D. *Lichen imbricatus, foliolis confertissimis, erectiusculis rotundatis laceris, margine farinaceo, scutellis crassis elevatis planis rufis.* Dicks. Crypt. Fasc. 2. p. 21. t. 6. f. 7.

Il consiste en folioles très-petites, fort ramassées, un peu redressées, d'un vert brun, arrondies, lacérées, crêpues par la dessication, & à bord farineux. Les scutelles sont un peu rares, viennent entre les folioles, & les surpassent un peu en hauteur; elles sont charnues, glabres, rousses, d'une couleur plus pâle en dessous. Ce Lichen croît en Ecosse, sur les rochers des montagnes.

86. Lichen fasciculaire; *Lichen fascicularis.* L. *Lichen foliaceus gelatinosus, tuberculis turbinatis fasciculatis fronde majoribus.* Lin. Mant. 133. Fl. Dan. t. 452. f. 2. Web. Spicil. p. 256. Lightf. Scot. p. 841.

Lichenoides gelatinosum palmatum, tuberculis conglomeratis. Dill. Musc. 141. t. 19. f. 27. *Lichen glomeratus.* Neck. Meth. p. 86. n°. 55.

Ses expansions sont de très-petites folioles membraneuses, gélatineuses comme les Tremelles, d'un vert noirâtre, divisées, découpées à leur sommet, & ramassées, formant des touffes denses, pulvinées ou hémisphériques. Les scutelles sont terminales, turbinées, planes ou un peu convexes avec un petit rebord, concaves dans leur jeunesse, d'un rouge brun, grandes proportionnellement à la petitesse des folioles, nombreuses, & comme fasciculées. Ce Lichen croît en Europe, sur les murs & sur les rochers.

Observ. Le *Lichen fascularis* de M. Jacquin (Collect. vol. 3. p. 137. t. 11. f. 2.) paroît être une espèce différente de celle-ci.

87. Lichen trémelloïde; *Lichen tremelloides. Lichen foliaceus gelatinosus, foliolis membranaceis laciniatis margine fimbriato-ciliatis.*

Lichen terrestris minimus fuscus. Vaill. Paris. t. 21. f. 15. *Lichenoides gelatinosum tenerius laciniatum ex fusco purpurascens.* Raj. Synops. 3. p. 72. n°. 54. *Musco-fungus terrestris minor fuscus, foliis è latitudine crenatis, musco innascens.* Moris. Hist. 3. p. 632. sec. 15. t. 7. f. 4. *Lichen terrestris membranaceus mollior fuscus, receptaculis florum sordide rubris per exiguis.* Michel. Gen. p. 76. Ord. 3. t. 38. *Lichenoides pellucidum, endiviæ foliis tenuibus crispis.* Dill. Musc. 143. t. 19. f. 31. Lichen. Hall. Helv. n°. 2032. *tremella Lichenoides.* Lin. Pollich. Pal. n°. 1138. *Lichen tremelloides.* Weis. Crypt. p. 52. Lightf. Scot. p. 842. *Lichen lichenoides.* Jacq. Collect. vol. 3. p. 136. t. 11. f. 1.

Il forme de petites touffes orbiculaires, assez garnies, pulvinées, & composées de folioles membraneuses, transparentes, d'un vert noirâtre ou très-brun. Ces folioles sont un peu allongées, laciniées, frangées & comme ciliées sur les bords. Elles varient dans leur grandeur, & dans la profondeur & la ténuité de leurs découpures, comme on peut le voir dans les figures (*tab.* 19) 32, 33, 34 & 35, de l'ouvrage cité de Dillénius. Les scutelles sont petites, d'un rouge obscur, en forme de tubercules, sessiles, & situées sur les folioles, principalement vers leur marge. Cette plante croît en Europe, sur la terre, parmi les mousses, aux lieux frais & ombragés. (*v. s.*). Peut-être conviendroit-il de la rapprocher du Lichen à crêtes n°. 58.

Le *Lichen* (tremelloides) *foliaceus plumbeus rugoso-crispus glaber, peltis sparsis rubris*, de Linné fils (Suppl. 450) est une plante du Cap de Bonne-Espérance, qui paroît différente de celle que nous venons de mentionner.

88. Lichen menu; *Lichen tenuissimus.* D. *Lichen imbricatus fusco virescens, foliis digitato-multifidis, scutellis subimmersis fusco-rufescentibus, marginibus obtusis.* Diks. Crypt. Fasc. 1. p. 12. tab. 2. f. 8.

Ce Lichen nous paroît avoir des rapports avec le précédent; mais il en est très-distingué, principalement par la grandeur de ses scutelles.

Il vient en touffes denses, composées de folioles très-petites, d'un vert brun, tendres, membraneuses, un peu gélatineuses, laciniées, multifides, à découpures linéaires, inégales, étendues, presqu'en forme de cils. Les scutelles à proportion de la petitesse du Lichen, sont grandes, obscurément bordées, orbiculaires, concaves ou urcéolées dans leur jeunesse, planes ou même convexes dans leur complet développement, situées sur les folioles, comme enfoncées dans leur substance, & d'un rouge sale ou d'un brun roussâtre. Ce Lichen croît en Angleterre, sur des tas ou des monticules de sable.

89. Lichen décoré; *Lichen ornatus.* L. F. *Lichen foliaceus erectiusculus pellucidus crispus, scutellis marginalibus plano-depressis rubris margine crispis.* L. F. Suppl. p. 450.

Il est d'un vert luisant, tendre, & a un aspect fort agréable. Ses expansions sont des folioles petites, un peu droites, transparentes, crêpues. Les scutelles sont rouges, planes, luisantes: elles ont un bord élevé, cilié, crêpu, vert, & qui fait paroître les scutelles comme enfoncées dans les expansions du Lichen. Il semble que ce Lichen n'ait point de feuilles, à cause de la grandeur & du grand nombre de ses scutelles, & de la petitesse des folioles dont il est garni. Cette espèce croît en Europe.

90. Lichen à feuilles d'Endive; *Lichen nivalis. Lichen foliaceus adscendens laciniatus crispus glaber lacunosus, margine elevato.*

α. *Foliolis candidis vel albidis, basi purpurascentibus. Lichenoides lacunosum candidum glabrum, endiviæ crispæ facie.* Dill. Musc. 162. t. 21. f. 56. *Lichen candidus.* Fl. Fr. 1274. 19. *Lichen nivalis.* Fl. Dan. t. 227.

β. *Foliolis ochroleucis vel flavescentibus. Lichen pulmonarius alpinus saxatilis, tenuiter laciniatus, elegantis sulphurei coloris.* Scheuch. Itin. Alp. 514. Lichen. Hall. Helv. n°. 1977. *Lichen ochroleucus.* Fl. Fr. 1274. - 20.

Peut-être que les deux plantes présentées ici comme variétés d'une même espèce, méritent d'être distinguées comme je l'avois fait auparavant, dans ma flore françoise; néanmoins ces plantes ayant entr'elles les plus grands rapports, j'ai suivi, dans cet ouvrage, le sentiment des Botanistes qui les ont réunies. L'une & l'autre ont leurs folioles divisées, laciniées, & crêpues à peu près de la même manière; mais elles diffèrent, constamment & principalement, par la couleur, la consistance, & même l'élévation du lieu où on les trouve.

La première forme une touffe ou un gazon très-garni, dense, & diffus. Ses expansions sont droites ou montantes, un peu dures, hautes d'un pouce ou un peu plus, rameuses, convexes d'un côté, concaves de l'autre, foliacées, lacuneuses, glabres, de chaque côté, laciniées, ondulées & crêpues vers leurs sommet, comme les feuilles de l'Endive ou Chicorée frisée. Elles sont blanches ou blanchâtres, dans toute leur partie supérieure, & d'un pourpre brun à leur base. Cette plante croît en Europe, sur la terre, dans les plaines stériles, les landes, ou sur les côtes inférieures des montagnes. (*v. s.*).

La seconde a ses expansions d'un jaune pâle ou quelquefois d'un jaune foncé presque roussâtre, non pourprées à leur base, & plus molles ou ayant moins de roideur. On la trouve sur la terre, aux lieux les plus élevés des montagnes. (*v. s.*).

91. LICHEN du Genevier; *Lichen juniperinus* L. *Lichen foliaceus laciniatus crispus fulvus, peltis lividis.* Lin. Fl. Suec. p. 416. no. 1093. *Lichen fulvus, sinubus dædaleis laciniatus.* Lin. Fl. Lapp. p. 344. n°. 451. *An Lichen juniperinus.* Hoffm. Enum. Lich. p. 101. t. 22. f. 1. *Et squamaria juniperina.* Ejusd. Pl. Lichenos. Fasc. 2. p. 35. t. 7. f. 2.

M. Hoffmann pense que le *Lichen juniperinus* de Linné est la même plante que la variété β. du *Lichen nivalis* mentionné ci-dessus. Mais nous soupçonnons qu'il se trompe, la plante de Linné se trouvant sur les troncs d'arbres, & principalement sur le Genevrier; au lieu que le *Lichen nivalis luteus* est une plante terrestre. Au reste, le *Lichen juniperinus* de M. Hoffmann est-il vraiment le même que celui de Linné, quoique recueilli à Upsal par M. Ehrhart? Nous laissons la dicussion & la détermination de ces objets aux Botanistes à portée de prononcer à cet égard. En attendant nous présumons que le *Lichen juniperinus* L. a plus de rapports avec le *Lichen parietinus* qu'avec le *Lichen nivalis*.

92. LICHEN fistuleux; *Lichen fistulosus. Lichen foliaceus, foliolis fasciculatis fistulosis ramosis luteo-fulvis, scutellis terminalibus concoloribus marginatis.*

An Lichen flammeus. L. F. Suppl. 451. *Lichenoides flammeum.* Hoffm. Pl. Lichenos. Fasc. 1. p. 11. t. 3. f. 1.

Ce Lichen ne paroît pas devoir être rangé dans la division des Scyphifères à cause du caractère de ses scutelles; mais il est singulier, ayant ses folioles fistuleuses ou tubuleuses, sans fissure latérale. Il est entièrement de la couleur du *Lichen parietinus*, c'est-à-dire, d'un jaune orangé qui a beaucoup d'éclat. Ses expansions sont des folioles libres, ramassées en touffe ou fasciculées, membraneuses, tubuleuses, un peu renflées, divisées en quelques rameaux, fermées & obtuses à leur sommet. Les scutelles terminent des rameaux courts qu'elles font paroître comme tronqués: elles sont orbiculaires, ont le disque plane, entouré d'un petit rebord élevé, & sont entièrement de même couleur que les expansions. Cette espèce croît au Cap de Bonne-Espérance sur les arbres, & nous a été communiquée par M. Sonnerat. (*v. s.*).

* 5. (Les coriacées) *expansions coriaces, membraneuses, élargies, rampantes.*

93. LICHEN à bords jaunes; *Lichen crocatus.* L. *Lichen foliaceus, margine pulvere flavo.* Lin. Mant. 310.

Ses expansions sont foliacées à peu près à la manière des Hépatiques: elles sont lisses, un peu sinuées & scabres sur les bords, velues & adhérentes en leur surface inférieure. Leur bord est chargé d'une poussière jaune. Ce Lichen croît naturellement dans l'Inde.

Obs. M. Dikson (Fasc. 2. p. 22. *sub Lichene crocato*) rapporte à cette espèce de Linné, le *Lichénoides lacunosum, rutilum, marginibus flavis* de Dillen. (Musc. 549. t. 84. f. 12.), & dit qu'il croît sur les rochers des montagnes de l'Ecosse. Il ressemble au suivant par ses découpures, son aspect; mais sa substance est jaune à l'intérieur, & sa surface inférieure est parsemée de points jaunes & de poils noirâtres. Ce Lichen est lacuneux.

94. LICHEN pulmonaire; Fl. Fr. *Lichen pulmonarius.* L. *Lichen foliaceus laciniatus obtusus glaber: suprà lacunosus, subtus tomentosus.* Lin. Fl. Suec. p. 414. no. 1087. Scop. Carn. 2. n°. 1392. Weis. Crypt. p. 64. Pollich. Pal. n°. 1108. Hagen. Lich. n°. 44. Lightf. Scot. p. 831.

Lichen arboreus s. pulmonaria arborea. J. B. 3. p. 759. Tournef. 549. Michel. Gen. p. 86. Ord. 14. t. 45. *Muscus pulmonarius.* Bauh. Pin. 361. Lob. Ic. 2. p. 248. Blackw. t. 335. *Pul-*

monaria. Fusch. Hist. p. 636. Ic. 637. Cam. Epit. 783. Dod. Pempt. 474. *Musco-fungus arboreus platyphyllos ramosus è viridi fuscus.* Moris. Hist. 3. p. 634. sec. 15. t. 7. f. 1. *Lichenoides peltatum arboreum maximum.* Raj. Synopf. 3. p. 76. n°. 86. *Lichenoides pulmoneum reticulatum vulgare, marginibus peltiferis.* Dill. Musc. 212. t. 29. f. 113. Lichen. Hall. Helv. n°. 1986. *Pulmonaria reticulata.* Hoffm. Pl. Lich. Fasc. 1. t. 1. f. 2. Vulg. Pulmonaire de Chêne.

Cette espèce forme des expansions fort amples, étalées, coriaces, laciniées, à découpures élargies, un peu courtes, anguleuses, en nombre médiocre, & à sinus arrondis ou obtus. La surface supérieure de ces expansions est verdâtre, glabre, réticulée, lacuneuse, ou parsemée de fossettes nombreuses & presqu'alvéolaires; l'inférieure est d'un gris rousseâtre, toute bosselée, ou comme bullée, & couverte d'un duvet court, presque tomenteux. La crète réticulaire, qui forme les bords des fossettes de la superficie de ce Lichen est quelquefois chargée de très-petits tubercules farineux, blanchâtres, rangés de même en lignes rétiformes. Les scutelles sont orbiculaires, sessiles, d'un rouge-brun, de la grandeur d'une Lentille, & situées ordinairement à la marge des expansions ou de leurs découpures.

Cette plante croît en Europe, dans les bois, sur les troncs d'arbre, & particulièrement sur le Chêne & sur le Hêtre. (*v. s.*) Elle est un peu amère, astringente, vulnéraire, pectorale & dissicative. On la recommande principalement dans le crachement de sang, les ulcères & autres maladies du poumon. Elle arrête les hémorragies, étant prise en décoction, & appliquée sur les plaies.

95. Lichen à fossettes; *Lichen scrobiculatus. Lichen coriaceus repens lobatus obtusus, supernè scrobiculatus verrucosus, infernè villosus tumoribus albidis.* Lightf. Scot. p. 850. n°. 61.

Lichen pulmonarius arboribus adnascens, infernè obscurus, desuper lacunatus ex glauco & cinereo flavescens, receptaculis florum rubeis. Michel. Gen. 90. Ord. 21. t. 49. *Lichen pulmoneum villosum, superficie scrobiculata & peltata.* Dill. Musc. 216. t. 29. f. 114. *Lichen.* Hall. Helv. n°. 1989. Leers. p. 259. n°. 960. *Lichen scrobiculatus.* Scop. Carn. 2. n° 1391. *Pulmonaria verrucosa.* Hoffm. Pl. Lich. Fasc. 1. p. 1. . 1. f. 1.

Il a des rapports avec le Lichen pulmonaire; mais il en est distingué par les lobes arrondis de ses expansions, & par la situation (non marginale) de ses scutelles. Il forme une plaque foliacée, large comme la main, étalée, rampante, coriace, & divisée en lanières larges, sinuées, lobées & arrondies à leur sommet. Sa surface supérieure est d'un vert glauque ou jaunâtre, glabre, lacuneuse, ou parsemée de fossettes irrégulières, assez grandes; & les bords de ces fossettes, ainsi que ceux de plusieurs lobes, offrent des séries de tubercules très-petits, blancs & farineux. La surface inférieure est d'un gris rousseâtre, velue, bullée ou bosselée, à bosselures blanchâtres; ce qui la fait paroître tachetée de blanc. Je n'ai point vu les scutelles; mais il paroît, d'après les auteurs cités, qu'elles sont rougeâtres, presque sessiles, orbiculaires, & situées sur le disque même du Lichen; & non sur ses bords. J'ai trouvé cette espèce au Mont d'Or, en Auvergne, au pied de vieux arbres. Elle croît aussi dans l'Italie, l'Allemagne, l'Angleterre, & sans doute dans divers autres endroits de l'Europe. (*v. v.*).

96. Lichen membraneux; *Lichen membranaceus. Lichen membranaceus, laciniatus, sublacunosus, albidus, punctis tuberculatis nigris adspersus, scutellis terminalibus.*

Lichen alpinus membranaceus elegans, in amplas lacinias divisus, infernè albus, supernè è glauco subvirescens, receptaculis florum amplioribus, interna parte fuscis. Mich. Gen. p. 75. t. 37. *Lichenoides membranaceum, tubæ fallopianæ æmulum.* Dill. Musc. 165. t. 22. f. 58. *Lichen fallax.* Web. Spicil. p. 244. n°. 275.

C'est une espèce des plus tranchées par ses caractères, & qu'on ne peut confondre avec aucune de celles qui sont connues. Ses expansions sont minces, membraneuses par excellence, étalées, profondément laciniées, glabres des deux côtés, d'un glauque blanchâtre en-dessus, blanches en dessous, & obscurément lacuneuses en leurs surfaces. Ses découpures sont grandes, & un peu crêpues sur les bords, sur-tout à leur sommet, ou souvent elles sont multifides, dendroïdes & très-menues. Il naît sur les expansions, principalement vers les bords & vers les extrémités des découpures, des points tuberculeux, noirâtres, quelquefois abondans & même confluens, & qui font paroître les expansions tachetées de noir vers les extrémités des découpures. Les scutelles sont brunes & terminales. Cette plante croît en Europe, dans les montagnes, sur les troncs des vieux arbres, & sur les rochers: je l'ai trouvée assez abondamment au Mont d'Or en Auvergne (*v. v.*). Le *Lichen membranaceus* de M. Dickson (Crypt. Fasc. 2. p. 21. t. 6. f. 1.) est une espèce différente.

97. Lichen glauque; *Lichen glaucus.* L. *Lichen foliaceus, depressus, lobatus, glaber, margine crispo farinaceo.* Lin. Fl. Suec. n°. 1094. Weis. Crypt. p. 75. Pollich. Pal. n°. 1115.

Web. Spicil. p. 242. Fl. Dan. t. 598. Lightf. Scot. p. 838. Hoffm. Enum. Lich. p. 97. t. 20. f. 1.

Lichenoides endiviæ foliis crispis splendentibus subtus nigricantibus. Dill. Musc. 192. t. 25. f. 96. Lichen. Hall. Helv. n°. 2007.

Je n'ai pu encore me procurer la connoissance de cette espèce: cependant elle ne doit pas être rare, car les Botanistes qui ont décrit ou mentionné les plantes de leur pays, en traitent tous comme la connoissant ou l'ayant observée.

Néanmoins il est certain qu'on y rapporte des synonymes de Morison, de Vaillant & de Micheli, qui appartiennent à la suivante; ce qui m'a trompé moi-même dans la composition de ma flore françoise. Quoi qu'il en soit, si la plante de Linnœus, celle citée de Dillénius, & celle qu'a représentée M. Hoffmann, appartiennent à la même espèce, on ne peut douter que cette espèce ne soit différente de celle qui suit.

98. Lichen perlé; *Lichen perlatus.* L. *Lichen foliaceus repens lobatus glauco-cinereus; margine crispo farinaceo, scutellis subpedunculatis.*

Musco-fungus lichenoides arborum crispus cinereus, subtus nigricans. Morif. Hist. 3. p. 633. Sec. 15. t. 7. f. 4. *Lichen pulmonarius crispus infernè nigerrimus & glaber, supernè cinereus, receptaculis florum subobscuris.* Michel. Gen. p. 91. Ord. 24. t. 50. f. 1. *Bona. Lichen pulmonarius saxatilis cinereus minor, umbilicis nigricantibus.* Tournef. 549. Vail. Paris. t. 21. f. 12. *Lichenoides glaucum perlatum subtus nigrum & cirrhosum.* Dill. Musc. 147. t. 20. f. 39. *Lichen perlatus.* Pollich. Pal. n°. 1119. Huds. Fl. Angl. p. 448. Ligtf. Scot. p. 839.

β. *Idem lobis foliorum margine ciliato-crinitis. Lichenoides glaucum, foliorum laciniis crinitis.* Dill. t. 20. f. 42. *Etiam.* t. 84. f. 11.

γ. *Idem subtus versus marginem auranticus. Lichen perforatus.* Jacq. collect. vol. 1. p. 116. t. 3.

Comme nous possédons en herbier cette espèce, ainsi que sa variété, nous croyons pouvoir donner comme exacte, la synonymie que nous y rapportons.

Les expansions de ce Lichen sont minces comme du papier, mem braneuses foliacées, rampantes, talées en rosette, non applaties, mais ondulées, comme chiffonnées ou crêpues, lobées, d'unglauque cendré en dessus, & d'une couleur noirâtre en dessous. Les lobes sont arrondis, incisés en crênelures grossières, ondulés ou diversement repliés. Les bords des découpures & sur-tout des lobes intérieurs ont des renflemens ou des tubercules pulvérulens, comme farineux, de la couleur même des expansions, & qui semblent une sorte de broderie marginale, ou des vermisseaux en bordure. Les cupules sont un peu pédonculées, & d'un brun pourpré ou obscur. Cette espèce croît en Europe dans les bois, sur les troncs d'arbres. (*v. v.*).

La variété β. a sur les bords de ses lobes des cils noirs qui les font paroître comme chevelus. Nous en possédons un exemplaire rapporté du Cap de Bonne-Espérance, par M. Sonnerat, & qui ressemble tout à fait à l'individu figuré par Dillen (tab. 20. f. 42. lett. B.); & quelques autres exemplaires moins hérissés de cils, & recueillis dans la Caroline par M. Fraser. (*v. s.*). Le *Lichenoides platyphyllum, marginibus crinitis* de Dillen (t. 84. f. 11.). appartient à cette variété. La plante γ. croît dans la Pensylvanie.

99. Lichen aquatique; *Lichen aquaticus.* L. *Lichen coriaceus repens lobatus obtusus, peltis hemisphæricis maximis.* Lin. Fl. Suec. p. 417. n°. 1095.

Lichenoides scutellis amplis. Dill. Musc. 150. t. 20. f. 44?

Ses expansions sont des feuilles rampantes, lobées, obtuses, entières en leur bord & d'un vert pâle. Les scutelles ou cupules sont presque sessiles, & situées sur le disque des feuilles: elles sont d'abord planes, ensuite dilatées, hémisphériques, fort grandes, plus grandes même que les feuilles, d'un brun rougeâtre, à bord élevé & réfléchi. Ce Lichen croît dans la Suède, sous l'eau aux lieux marécageux. Il rampe sur la terre.

100. Lichen renversé; *Lichen resupinatus.* L. *Lichen coriaceus repens lobatus: peltis marginalibus posticis.* Lin. Fl. Suec. 417. n°. 1096. Web. Spicil. p. 266. n°. 288. Lightf. Scot. p. 843. Fl. Dan. t. 764.

Lichen pulmonarius major (& minor) ex obscuro cinereus, infernè ex albo rufescens, receptaculis florum rubris amplioribus ad latera oblongis. Michel. Gen. p. 86. Ord. 13. t. 44. f. 1. 2. *Lichenoides fuscum, peltis posticis ferrugineis.* Dill. Musc. p. 206. t. 28. f. 105.

Il a le port du Lichen contre-rage; mais il est plus petit, & on l'en distingue principalement par la situation de ses scutelles. Ses expansions sont coriaces, membraneuses, rampantes, découpées, lobées, d'un brun verdâtre en dessus dans l'état frais, plombé ou grisâtre lorsqu'il est desséché, & d'un blanc rousseâtre en dessous. Ses scutelles sont marginales, rougeâtres ou ferrugineuses, plus larges que longues, & situées en la surface inférieure des expansions; position singulière qui fait qu'on n'apperçoit ces scutelles à la surface supérieure de ce Lichen, que lorsque les lobes qui en sont chargés se renversent ou se retournent. Cette espèce croît en Europe, dans les bois, sur la terre, au pied des arbres. (*v. s.*)

101. LICHEN veineux; *Lichen venosus.* L. *Lichen coriaceus repens ovatus planus, subtus venosus villosus, peltis marginalibus horisontalibus.* Lin. Fl. Suec. n°. 1097. Weiss. Crypt. p. 82. Pollich. Pal. n°. 1116. Lightf. Scot. p. 844.

Lichen pulmonarius minimus; inferne albus & niger reticulatus, superne è cinereo-virescens, &c. Michel. Gen. p. 85. n°. 12 & 13. Tab. 44. f. 3 & 5. *Lichenoides parvum virescens, peltis nigricantibus planis.* Dill. Musc. 208. t. 28. f. 109. *Lichen.* Hall. Helv. n°. 1993. *Peltigera venosa.* Hoffm. Pl. Lich. Fasc. 1. p. 31. t. 6. f. 2.

C'est le plus petit des Lichens de cette division, & il est remarquable par les intertices colorées qui séparent les veines de sa surface inférieure. Ses expansions sont des folioles simples, sinuées, un peu lobées, souvent solitairess, longues de 5 à 8 lignes, rampantes, coriaces, d'un vert grisâtre en dessus, & ayant leur surface inférieure un peu velue, munie de veines brunes, comme palmées ou flabelliformes, décurrentes sur un fond blanc, très-apparent dans leurs intertices. En regardant ces veines ou nervures rameuses, on croit voir en quelque sorte le dessous du chapeau d'une petite chanterelle (*agaricus cantharellus.* L.), ou encore celui de son *agaricus alneus.* Les scutelles sont marginales, arrondies, planes, horisontales, & noirâtres. Ce Lichen croît en Europe, dans les bois, sur la terre; on le trouve aux environs de Paris. (*v. s.*).

102. LICHEN arctique; *Lichen arcticus.* L. *Lichen coriaceus repens lobatus obtusus lævis: subtus avenius villosus.* Lin. Fl. Suec. p. 418. n°. 1099.

Lichen foliis planis subrotundis lobatis obtusis, calyce plano ovali lacinulæ propriæ adnato, niveus. Lin. Fl. Lapp. p. 337. n°. 442.

Il a le port, & à-peu-près la forme du Lichen contre-rage; mais il est blanc des deux côtés. Sa surface inférieure, principalement par tout le disque de ses expansions, est garnie de radicules capillaires, noires, & qui la font paroître velue. Ses scutelles, situées vers le bord de ses expansions, sont fort grandes, ont jusqu'à un pouce de diamètre, & sont d'un rouge livide. Ce Lichen croît dans la Suède Septentrionale, sur la terre, sous les Genevriers.

103. LICHEN antarctique; *Lichen antarcticus.* *Lichen coriaceus repens lobatus obtusus utrinque glaber supra lacunosus, peltis posticis planis amplissimis.*

Lichen (antarcticus) coriaceus repens lobatus obtusus planus glaber supra lacunosus, subtus bullatus, peltis planis amplissimis. Jacq. Miscell. vol. 2. p. 370. t. 10. f. 1.

Très-belle espèce remarquable par la grandeur & la situation de ses scutelles, & qui, comme la précédente est blanche ou blanchâtre des deux côtés, mais qui n'a point comme elle des radicules noirâtres ou des poils en sa surface inférieure.

Ses expansions sont coriaces, membraneuses, étalées, divisées, lobées, glabres des deux côtés, blanchâtres & grossièrement ou irrégulièrement lacuneuses en dessus, blanches & bosselées ou bullées en dessous. Les scutelles sont marginales, fort grandes, d'une rouge sale, planes, & situées en la face inférieure des expansions, comme celles du Lichen renversé. Cette espèce croît au Magellan, sur l'écorce des arbres, & y a été découverte par Commerson. (*v. s.*)

104. LICHEN contre-rage *Lichen caninus.* L. *Lichen coriaceus repens lobatus obtusus planus, subtus venosus villosus, pelta marginali adscendente.* Lin. Fl. Suec. n°. 1100. Weiss. Crypt. p. 78. (*α*). Pollich. Pal. n°. 1118. Web. Spicil. p. 269. Lightf. p. 845. Hagen. Lich. p. 100. n°. 5. Fl. Dan. t. 767. f. 2.

Musco-fungus terrestris latifolius cinereus, hepaticæ facie. Moris. Hist. 3. p. 632. Sec. 15. t. 7. f. 1. *Lichen pulmonarius saxatilis digitatus major, cinereus.* Tournef. 549. *Lichenoides peltatum terrestre cinereum majus, foliis divisis.* Raj. Synops. 3. p. 76. n°. 87. *Lichen terrestris cinereus.* Vaill. Paris. t. 21. f. 16. *Lichenoides digitatum cinereum, lactucæ foliis sinuosis.* Dill. Musc. 200. t. 27. f. 102. *Lichen cinereus.* Blackw. t. 336. *Lichen* Hall. Helv. n°. 1988.

β. Lichenoides digitatum rufescens, foliis lactucæ crispis. Dill. Musc. 203. t. 27. f. 103. *Lichen pulmonarius,* &c. Michel. Gen. p. 85. n°. 4. t. 44. f. 2. *Lichen.* Hall. Helv. n°. 1990. *Lichen caninus rufescens.* Weiss. Crypt. p. 79. [*β*].

Cette espèce, la plus commune de celles que l'on trouve dans les bois, rampe sur la terre parmi la mousse, & y forme des expansions assez larges, planes, divisées, lobées, lisses, d'un vert brun ou d'une couleur plombée en dessus dans l'état frais, mais d'un gris cendré ou quelquefois rousseâtres dans l'état sec. La surface inférieure de ce Lichen est blanche, comme réticulée par des nervures, & souvent garnie de radicules nombreuses, qui la font paroître velue. Les scutelles sont ovales, unguiformes, d'un rouge brun, planes ou un peu convexes antérieurement, & situées au bord terminal des lobes fertiles. Ces lobes sont redressés ou ascendans, & moins larges que les autres. On trouve ce Lichen en Europe, dans les bois & les lieux ombragés, sur la terre & sur la mousse. (*v. v.*) On l'a dit propre à guérir la morsure des chiens enragés, & il fut autrefois célèbre sous ce point de vue: mais cette vertu ne paroît pas confirmée. Peut-être que cette maladie cruelle n'étant pas encore déclarée, l'usage de ce remède pourroit en garantir. Ce seroit une qualité bien précieuse;

mais je doute fort que l'on puisse compter sur ce remède. La cautérisation des plaies récentes, & la salivation mercurielle, sont sans doute des moyens plus sûrs.

105. LICHEN digité; *Lichen polydactylon. Lichen coriaceus repens lobatus subtus venosus, lobis lateribus revolutis, scutellis numerosis digitatis marginalibus.*

Lichenoides cinereum polydactylon. Dill. Musc. t. 28. f. 107. *Lichen polydactylon.* Neck. Method. p. 85. no. 52. Leers. Herborn. n°. 975. Roth. Fl. Germ. p. 508. n°. 102. *Peltigera polydactylon.* Hoffm. Pl. Lichenos. Fasc. 1. p. 19. t. 4. f. 1.

β. *Lichenoides membranaceum pellucidum, peltis digitatis geminatis.* Dill. Musc. t. 28. f. 108.

Plusieurs Botanistes regardent ce Lichen comme une variété du précédent; il en est en effet rapproché par beaucoup de rapports : néanmoins il est toujours plus petit, & on l'en distingue sur-tout par ses scutelles nombreuses, rapprochées les unes des autres, & qui forment comme des digitations aux extrémités des lobes. Il est plus grossièrement veineux en dessous, & laisse appercevoir entre ses nervures des lacunes blanches presque comme dans le Lichen veineux. On trouve cette plante en Europe, sur la terre, dans les bois montagneux, sur les collines ombragées. (*v. s.*).

106. LICHEN des bois; *Lichen sylvaticus.* L. *Lichen coriaceus repens laciniatus lacunosus, peltis marginalibus adscendentibus.* Lin. Leers. Herborn. n°. 977. Huds. Fl. Angl. p. 453. Lightf. Scot. p. 848.

Lichen pulmonarius saxatilis fusco-rufus, receptaculis florum albidis. Michel. Gen. p. 84. Ord. 11 t. 43. *Lichenoides polychides villosum & scabrum, peltis parvis.* Dill. Musc. 199. t. 27. f. 101. *Lichen.* Hall. Helv. n°. 1987. *Lichen polyschides.* Neck. Meth. p. 84. no. 51. *peltigera sylvatica.* Hoffm. Pl. Lich. Fasc. 1. p. 21. t. 4. f. 2.

Il a des rapports avec le Lichen pulmonaire; mais il est moins ample, & sa surface supérieure offre des verrues pulvérulentes & des fossettes qui le rendent assez remarquable. Ses expansions sont coriaces, rampantes, libres, divisées, laciniées, à découpures obtusément anguleuses : leur surface supérieure est d'un vert brun ou obscur, toute parsemée de fossettes, & munie de petites verrues arrondies, noirâtres, velues & comme pulvérulentes. L'inférieur est velue, & d'une couleur rousseâtre, plus foncée ou presque brune vers le centre, plus claire vers les bords des expansions, avec de petites taches blanches qui la font paroître mouchetée. Les scutelles sont marginales, d'un roux-brun, terminent les découpures, & ressemblent un peu à celles du Lichen *caninus*, mais sont plus petites. Cette espèce croît en Europe, sur la terre ou au bas des rochers, dans les lieux ombragés & les bois.

107. LICHEN horisontal; *Lichen horisontalis.* L. *Lichen coriaceus repens planus avenius, peltis marginalibus horisontalibus.* Lin. Mant. 132. Huds. Angl. p. 453. Web. Spicil. p. 270. no. 291. Fl. Dan. t. 533. Lightf. Scot. p. 849.

Lichen pulmonarius maximus, supernè è cinereo rufescens, infernè subrufus, receptaculis florum rubris, ad latera oblongis. Michel. Gen. p. 86. no. 8. Ord. 12. t. 44. f. 1. *Lichenoides subfuscum, peltis horisontalibus planis.* Dill. Musc. 205. t. 28. f. 104. *Muscus pulmonarius fungoides.* Barrel. Ic. 1278. f. 1. *Lichen.* Hall. Helv. 1991.

Cette espèce ressemble beaucoup au Lichen contre-rage. Mais outre qu'elle n'est point veineuse en dessous, ses scutelles sont plus larges que longues, planes & horisontales; ce qui suffit pour la distinguer. Ses expansions sont coriaces, minces, rampantes, arrondies, lobées, d'un cendré verdâtre dans l'état frais & d'un brun rousseâtre lorsqu'elles sont sèches ou qu'elles vieillissent. Il naît sur les bords de ses expansions des scutelles solitaires, d'un rouge-brun, d'abord presqu'orbiculaires, ensuite plus larges que longues, & situées horisontalement comme les expansions mêmes. Ce Lichen croît en Europe, dans les bois, sur la terre.

108. LICHEN aux aphtes; *Lichen aphtosus* L. *Lichen coriaceus repens planus lobatus, supra verrucosus, subtus radiculis hirsutus; peltis marginalibus.*

Lichen pulmonarius maximus verrucosus; supernè è cinereo-virescens infernè obscurus, receptaculis florum rubris & circinatis. Michel. Gen. 85. no. 3. *Lichenoides digitatum læte virens, verrucis nigris notatum.* Dill. Musc. 207. t. 28. f. 106. *Lichen.* Hall. Helv. n°. 1992. *Lichen aphtosus.* Lin. Fl. Suec. p. 417. no. 1098. Weis. Crypt. p. 80. Pollich. Pal. no. 1117. Web. Spicil. no. 289. Hagen. Lich. p. 104. Neck. Meth. p. 80. n°. 46. Lightf. Scot. p. 847. *Peltigera aphtosa.* Hoffm. Pl. Lich. Fasc. 1. p. 28. t. 6. f. 1.

Ses expansions sont membraneuses, un peu coriaces, arrondies, lobées, rampantes, planes, lisses, parsemées de petites verrues brunes & inégales. Elles sont vertes en dessus dans l'état frais, & d'une couleur pâle, jaunâtre ou rousseâtre lorsqu'elles sont desséchées. Leur surface inférieure est brune, avec des radicules noires; mais vers les bords elle est nue, & d'une couleur plus claire. Je n'ai point vu les scutelles : selon les Auteurs, elles sont marginales, d'un rouge brun, & à peu près semblables à celles du *Lichen caninus.* Cette plante croît en Europe, sur la terre, dans les bois montagneux. (*v. v.*).

109. Lichen glomulifère; *Lichen glomuliferus. Lichen coriaceus repens planus laciniato-lobatus, glomulis cespitosis in axillis laciniarum, scutellis parvis subimmersis.*

Lichen pulmonarius arboribus adnascens maximus, inferne obscurus, desuper è glauco cinereus, receptaculis florum rubris, seminibus nigrisceutibus. Mich. Gen. p. 88. Ord. 17. t. 46. f. A. *Lichen subglaucum cumatile, foliis tenacibus eleganter laciniatis.* Dill. Musc. p. 197. t. 26. f. 99. *Lichen.* Hall. Helv. n°. 2004. *Lichen amplissimus.* Scop. Carn. n°. 1393. *Lichen laciniatus.* Huds. Fl. Ang. p. 449. *Lichen glomuliferus.* Ligthf. Scot. p. 853.

Il est fort remarquable par les paquets de corpuscules rameux, glomérulés, qui naissent en petites touffes pulvinées & d'un vert brun, dans les aisselles de ses découpures. Ses expansions sont coriaces, rampantes, découpées, lobées, festonnées ou godronnées sur les bords, glabres, & d'un glauque grisâtre en dessus. Leur surface inférieure est d'une couleur brune ou obscure, & munie d'un duvet court, comme spongieux. Les scutelles sont petites, orbiculaires, éparses, & en partie enfoncées dans la substance des expansions. J'ai trouvé cette espèce en Auvergne, au Mont-d'Or, sur les troncs des vieux arbres; elle y forme des plaques aussi larges ou plus larges que la main. (*v. v.*).

110. Lichen à pochettes. Fl. Fr. *Lichen saccatus.* L. *Lichen coriaceus repens subrotundus: peltis depressis subtus saccatis.* Lin. Fl. Suec. n°. 1102. Web. Spicil. no. 293. Neck. Meth. p. 83. Lightf. Scot. p. 855. Fl. Dan. t. 532. f. 3.

Lichen pulmonarius alpinus terrestris glauco-virescens, receptaculis florum fuscis. Michel. Gen. p. 95. Ord. 31. t. 52. *Lichenoides Lichenis facie, peltis acetabulis immersis.* Dill. Musc. 223. t. 30. f. 121.

Ses expansions sont coriaces, rampantes, adhérentes, divisées, lobées, & disposées en rosette arrondie, beaucoup moins large que dans l'espèce ci-dessus. Elles sont d'un vert glauque en dessus dans l'état frais; mais elles deviennent d'un gris rousseâtre en se séchant. Leur superficie offre des enfoncemens fort remarquables, épars, semblables à de petites poches, au fond desquelles sont situées des cupules noirâtres & orbiculaires. On trouve cette espèce dans le Dauphiné, & dans d'autres parties de l'Europe, sur la terre, & plus communément sur les rochers. (*v. s.*).

111. Lichen safrané. Fl. Fr. *Lichen croceus.* L. *Lichen coriaceus repens subrotundus planus subtus venosus villosus croceus, peltis sparsis adnatis.* Lin. Fl. Suec. no. 1101.

Lichenoides subtus croceum, peltis appressis. Dill. Musc. 221. t. 30. f. 120. *Lichen.* Lin. Fl. Lapp. p. 338. n°. 443. t. 11. f. 3. *Lich.* Hall. Helv. n°. 1994. *Lichen croceus.* Neck. Meth. p. 84. no. 50. Lightf. Scot. p. 856. Fl. Dan. t. 263.

La couleur de la surface inférieure de ses expansions offre une particularité des plus remarquables dans cette espèce. Ses expansions sont rampantes, coriaces, planes, presque foliacées, incisées, lobées, d'un vert grisâtre en dessus dans l'état frais, veinées & d'une belle couleur de Safran en dessous. Elles sont étalées en rosette irrégulière, comme celles du Lichen de terre. Les scutelles sont orbiculaires, d'un rouge très-brun, planes, tout-à-fait sessiles, & disposées comme des taches, sur la superficie des expansions, sans former de saillie bien apparente. On trouve ce Lichen sur la terre, dans les montagnes du Dauphiné, de la Suisse, & dans le nord de l'Europe. (*v. s.*).

112. Lichen enfumé; *Lichen fuliginosus.* D. *Lichen foliaceus repens sinuato-lobatus scaber, subtus spongioso-villosus lacunosus, scutellis planis ferrugineis, marginibus pallidis.* Dicf. Crypt. Fasc. 1. p. 13.

Lichenoides fuliginosum & pulverulentum, scutellis rubiginosis. Dill. Musc. 198. t. 26. f. 100.

La couleur de ce Lichen est d'un cendré glauque en dessus avec une teinte livide : en dessous il est jaunâtre & muni de petites fossettes blanches. On le trouve en Angleterre dans les bois, sur les branches des arbres.

6.* (Les Ombiliqués) *expansions cartilagineuses, ombiliquées, d'une couleur enfumée ou noirâtre, & adhérentes par le centre de leur face inférieure.*

113. Lichen ponctué; *Lichen miniatus.* L. *Lichen umbilicatus gibbus punctatus : subtus fulvus.* Lin. Scop. Carn. 2. no. 1407. Fl. Dan. t. 532. f. 1. Lightf. Scot. p. 857.

Lichen pulmonarius saxatilis è cinereo fuscus minimus. Michel. Gen. p. 101. Ord. 36. t. 54. f. 1. *Lichenoides coriaceum nebulosum cinereum punctatum subtus fulvum.* Dill. Musc. 223. t. 30. f. 127. Lichen. Hall. Helv. no.

114. CHARANSON Souris.

CURCULIO murinus.

Curculio longirostris subvillosus cinereus, scutello albicante.

Curculio subvilloso-murinus, scutello albicante. GEOFF. *inf. tom.* 1. *pag.* 290. *n°.* 29.

Le Charanſon Souris. GEOFF. *Ib.*

Curculio murinus. FOURC. *Ent. tom.* 1. *pag.* 124. *n°.* 29.

Il a environ une ligne de long. Tout le corps de cet inſecte eſt noir, mais légèrement couvert de poils courts d'un gris cendré. La trompe eſt mince, de la longueur du corcelet. La partie poſtérieure du corcelet & l'écuſſon ſont blanchâtres.

Il ſe trouve aux environs de Paris.

115. CHARANSON floral.

CURCULIO floralis.

Curculio longirostris niger, subtùs cinereus, elytris striatis.

Curculio subglobosus, cinereo-ater, striatus, proboscide thoracis longitudine. GEOFF. *inf. tom.* 1. *pag.* 289. *n°.* 26.

Le Charanſon noir ſtrié. GEOFF. *Ib.*

Curculio floriger. FOURC. *Ent. par.* 1. *pag.* 123. *n°.* 26.

Il a une ligne de long. Tout le deſſus du corps eſt noir; le deſſous eſt couvert de petites écailles cendrées. La trompe eſt mince, longue, courbée. La tête & le corcelet ſont pointillés. Les élytres ont des ſtries ſerrées.

Il ſe trouve aux environs de Paris ſur les fleurs.

116. CHARANSON bandé.

CURCULIO tricinctus.

Curculio longirostris globosus rufus, elytris fasciâ albâ.

Curculio globosus rufus, elytris striatis, fascia transversa alba. GEOFF. *inf. tom.* 1. *pag.* 289. *n°.* 27.

Le Charanſon roux à bande tranſverſale blanche. GEOFF. *Ib.*

Curculio cinctus. FOURC. *Ent. par.* 1. *pag.* 124. *n°.* 27.

Il a une ligne de long. Tout le corps eſt de couleur fauve rouſsâtre. Les élytres ſont ſtriées, & ont une bande blanche au milieu & deux autres peu apparentes, l'une vers la baſe & l'autre vers l'extrémité. Ces bandes ſont formées par de petits poils blancs. Les pattes ſont de la couleur du corps & les cuiſſes ſont ſimples.

Il ſe trouve aux environs de Paris.

117. CHARANSON tranſverſal.

CURCULIO transversus.

Curculio longirostris globosus niger, elytris striatis, fasciâ albâ.

Curculio globosus niger, elytris striatis, fasciâ transversâ albâ. GEOFF. *inf. tom.* 1. *pag.* 289. *n°.* 28.

Le Charanſon noir à bande tranſverſale blanche. GEOFF. *Ib.*

Curculio vittatus. FOURC. *Ent. par.* 1. *pag.* 124. *n°.* 28.

Il reſſemble entièrement pour la forme & la grandeur au précédent. Le corps eſt noir, preſque globuleux. La trompe eſt aſſez longue. Le corcelet paroît un peu plus étroit que celui de l'eſpèce précédente. Les élytres ſont ſtriées, & ont une bande blanche.

Il ſe trouve aux environs de Paris, ſur le Saule. La larve ſe nourrit des feuilles de cet arbre.

118. CHARANSON pygmée.

CURCULIO pygmæus.

Curculio longirostris subrotundus niger, thorace utrinque spinoso lineisque tribus albis.

Curculio subrotundus niger, squamosus, elytris striatis, thorace utrinque aculeato, lateribus lineâque mediâ albis. GEOFF. *inf. tom.* 1. *pag.* 288. *n°.* 25.

Le Charanſon à bandes blanches. GEOFF. *Ib.*

Curculio pultiaris. FOURC. *Ent. par.* 1. *pag.* 123. *n°.* 25.

Il eſt très-petit, ovale, preſque rond, noir & couvert de petites écailles. La trompe eſt longue. Le corcelet eſt un peu épineux de chaque côté, & il a trois lignes longitudinales, blanches, dont une au milieu & une de chaque côté. Les élytres ſont ſtriées.

Il ſe trouve aux environs de Paris.

119. CHARANSON large.

CURCULIO latus.

Curculio longirostris ater depressus flavo irroratus, thorace granulato: lineâ mediâ elevatâ transversâ, elytris sulcatis. LIN. *Syst. nat. edit.* 13. *pag.* 1754.

Curculio latus. FUESL. *Arch. inf.* 4. *pag.* 71. *n°.* 21. *tab.* 24. *fig.* 9.

Il ressemble un peu au Charanson ascanius. Tout le corps est noir, légèrement couvert d'une poussière jaune. Le corcelet est granulé, & il a une petite ligne élevée & transversale. Les élytres sont striées. Les cuisses sont simples.

Il se trouve dans la Hongrie.

120. CHARANSON cyanocéphale.

CURCULIO *cyanocephalus.*

Curculio longirostris niger villosus, capite chalybeo, thorace rubro, elytris subspadiceis punctato-striatis, femoribus virescentibus. LIN. *Syst. nat. edit.* 13. *pag.* 1754.

Curculio cyanocephalus. FUESL. *Archiv. inf.* 4. *pag.* 72. *n°.* 23. *tab.* 24. *fig.* 11.

Il a environ deux lignes de long. Il est noir & velu. La tête est d'un bleu d'acier. Le corcelet est rouge. Les élytres sont d'un brun marron & ont des stries pointillées. Les cuisses sont simples, verdâtres.

Il se trouve en France, en Allemagne sur le Bouleau.

121. CHARANSON strié.

CURCULIO *striatus.*

Curculio longirostris cinereo pubescens, thoracis striis tribus albidis, elytrorum totidem nigris. LIN. *Syst. nat. edit.* 13. *pag.* 1754.

Curculio striatus. FUESL. *Arch. inf.* 4. *pag.* 72. *n°.* 25. *tab.* 24. *fig.* 13.

Il a environ trois lignes de long & ressemble un peu au Charanson du Polygonum. Tout le corps est couvert d'un léger duvet cendré. Le corcelet a trois lignes longitudinales blanches, & les élytres ont trois lignes longitudinales noires. Les cuisses sont simples.

Il se trouve à Berlin.

122 CHARANSON gris-blanc.

CURCULIO *canus.*

Curculio longirostris subglobosus, cinereo-pubescens, elytris abbreviatis. LIN. *Syst. nat. edit.* 13. *pag.* 1754.

Curculio canus. FUESL. *Arch. inf.* 5. *pag.* 73. *n°.* 26. *tab.* 24. *fig.* 14. e.

Il a environ deux lignes de long. Tout le corps est couvert d'un léger duvet gris blanchâtre. La trompe est mince, de la longueur du corcelet. Le corcelet est arrondi. Les élytres sont un peu plus courtes que l'abdomen.

Il se trouve à Berlin.

123. CHARANSON porte-croix.

CURCULIO *cruciger.*

Curculio longirostris nigerrimus, antennarum basi tarsisque fuscis, elytris abbreviatis striatis albo-maculatis. LIN. *Syst. nat. edit.* 13. *pag.* 1754.

Curculio cruciger. FUESL. *Arch. inf.* 5. *pag.* 73. *n°.* 27. *tab.* 24. *fig.* 15.

Il a environ deux lignes de long. Il est très-noir. La base des antennes & les tarses sont noirâtres. Les élytres sont courtes, striées, tachetées de blanc.

Il se trouve à Berlin.

124. CHARANSON Alouette.

CURCULIO *Alauda.*

Curculio longirostris cinereus, subglobosus, thoracis dorso fasciâ transversâ maculisque nigris, pedibus fuscis. LIN. *Syst. nat. edit.* 13. *pag.* 1755.

Curculio Alauda. FUESL. *Arch. inf.* 5. *pag.* 74. *n°.* 29. *tab.* 24. *fig.* 16. f.

Il a environ deux lignes de long. Le corps est presque globuleux, couvert d'un duvet cendré. Les antennes & les pattes sont obscures. La trompe est mince un peu plus longue que le corcelet. Le corcelet a une tache transversale noire. Les élytres sont striées & ont plusieurs taches noires.

Il se trouve dans la Poméranie.

125. CHARANSON urticaire.

CURCULIO *urticarius.*

Curculio longirostris fuscus, fasciis villosis albidis undulatis, pedibus fulvis. LIN. *Syst. nat. edit.* 13 *pag.* 1755.

Curculio urticarius. FUESL. *Arch. inf.* 5. *pag.* 74. *n°.* 30.

Il est très-petit & noirâtre, avec des bandes velues, ondées, blanches. Les pattes sont fauves, & les cuisses sont simples.

Il se trouve dans la Poméranie.

126. CHARANSON point-blanc.

CURCULIO *punctum-album.*

Curculio longirostris nigerrimus, subtus & ad latera ochroleuco irroratus, antennis fulvis, elytrorum sutura puncto medio albo. LIN. *Syst. nat. edit.* 13. *pag.* 1755.

Curculio punctum - album. FUESL. *Arch. inf. 5. pag.* 74. *n°.* 31. *tab.* 24. *fig.* 17.

Il reſſemble pour la forme & la grandeur, au *Charanſon* de la Scrophulaire. Il eſt très noir. Le deſſous du corps & les côtés ſont couverts d'une pouſſière jaunâtre. Les antennes ſont fauves. Les élytres ont au milieu de leur ſuture, un point blanc. Les cuiſſes ſont ſimples.

Il ſe trouve en Europe ſur les fleurs du Nénuphar jaune, *nymphaa lutea*.

** *Trompe mince, alongée. Cuiſſes dentées.*

127. CHARANSON bident.

CURCULIO bidens.

Curculio longiroſtris, femoribus poſticis dentatis, niger, elytris uniſpinoſis. Ent. ou hiſt. nat. des inſ. CHARANSON. *Pl.* 10. *fig.* 113.

Curculio bidens. FAB. *Syſt. ent. pag.* 136. *n°.* 51. —*Sp. inſ tom.* 1. *pag.* 173. *n°.* 72—*Mant. inſ. tom.* 1. *pag.* 104. *n°.* 90.

Il eſt de grandeur moyenne. Tout le corps eſt noir & luiſant. Les antennes ſont coudées, & le premier article eſt auſſi long que tous les autres pris enſemble. La trompe eſt un peu plus longue que le corcelet. La tête eſt mince, pointillée, avec les yeux peu ſaillans. Le corcelet eſt ridé, cylindrique, aſſez étroit. L'écuſſon eſt ovale, petit un peu élevé. Les élytres ont des ſtries régulières, dans leſqu'elles il y a une ſuite de points enfoncés : on voit s'élever au milieu de chaque, une épine droite, aſſez large à la baſe, pointue à l'extrémité : les deux épines divergent un peu latéralement. Les pattes ſont noires ; les cuiſſes des quatre antérieures ſont ſimples, celles des poſtérieures ont une dent aſſez forte.

Il ſe trouve dans la Nouvelle-Zélande.

128. CHARANSON jamaïquois.

CURCULIO jamaïcenſis.

Curculio longiroſtris obſcurus ſcaber, thorace utrinque faſciculato tuberculato, elytris ſtriatis. Ent. ou hiſt. nat. des inſ. CHARANSON *Pl.* 4. *fig.* 44.

Curculio jamaïcenſis. FAB. *Sp. inſ. tom.* 1. *pag.* 173. *n°.* 73. — *Mant. inſ. tom.* 1. *pag.* 104. *n°.* 91.

Il eſt grand, un peu déprimé & d'une couleur obſcure. Les antennes ſont noirâtres, coudées. La trompe eſt cylindrique, courbée, de la longueur du corcelet. La tête eſt noire, arrondie, les yeux ſont noirs, point du tout ſaillans. Le corcelet eſt chagriné, déprimé, avec un ongle de chaque côté, au bout duquel, il y a des poils ſerrés, courts, roux. L'écuſſon eſt petit, élevé, arrondi. Les élytres ſont chagrinées, & elles ont chacune des ſtries élevées. Les pattes ſont de la couleur du corps & chagrinées comme lui. Les cuiſſes ſont munies d'une dent. Les tarſes ſont bruns, rouſsâtres.

Il ſe trouve dans la Jamaïque.

129. CHARANSON miliaire.

CURCULIO miliaris.

Curculio longiroſtris, femoribus dentatis, fuſcus, thorace elytriſque tuberculis innumeris nigris. Ent. ou hiſt. nat. des inſ. CHARANSON. *Pl.* 3. *fig.* 33.

Il eſt de la grandeur du *Charanſon* jamaïquois. Les antennes ſont noires, avec la maſſe ovale cendrée. La trompe eſt noire, cylindrique, courbée, un peu plus longue que le corcelet. La tête eſt arrondie noire, avec le tour des yeux cendré. Le corcelet eſt cendré, tout couvert de petits tubercules arrondis, noirs, luiſans. Les élytres ſont cendrées, arrondies à leur extrémité, entièrement couvertes de tubercules arrondis, noirs, luiſans. Le deſſous du corps eſt couvert d'une pouſſière ferrugineuſe. Les pattes ſont noirâtres, aſſez longues, & les cuiſſes ſont armées d'une dent.
Il ſe trouve à Cayenne.

130. CHARANSON cyanicolle.

CURCULIO cyanicollis.

Curculio longiroſtris, femoribus dentatis, thorace cyaneo lateribus ſcabris, elytris ſcabris ſtriatis. Ent. ou hiſt. nat. des inſ. CHARANSON. *Pl.* 10. *fig.* 121.

Il eſt preſque de la grandeur du *Charanſon* Jamaïquois. Les antennes ſont cendrées, noirâtres, coudées, avec la première pièce bleuâtre obſcure. La trompe eſt cylindrique, un peu courbée, d'un noir bleu, de la longueur du corcelet. La tête eſt arrondie, bleuâtre, & les yeux ſont noirs & point ſaillans. Le corcelet eſt arrondi, un peu applati en-deſſus, légèrement pointillé au milieu & chagriné ſur les bords latéraux. L'écuſſon eſt arrondi poſtérieurement. Les élytres ſont noirâtres, chagrinées, & elles ont des ſtries régulières, chagrinées, peu marquées. Les pattes ſont noirâtres un peu bleuâtres, chagrinées, avec une dent à chaque cuiſſe & une dent aux jambes antérieures ſeulement.

Il ſe trouve ....

131. CHARANSON valide.

CURCULIO validus.

Curculio longiroſtris, femoribus tibiiſque quatuor anticis dentatis, thorace elytriſqne ſcabris. Ent.

ou hist. nat. des inſ. CHARANSON. Pl. 15. fig. 186.

Il reſſemble entièrement au *Charanſon* cyanicolle, mais il eſt plus grand. Les antennes ſont coudées, noirâtres, avec le premier article long & noir. La trompe eſt noire, cylindrique, un peu courbée, de la longueur du corcelet. La tête eſt noire, arrondie, & les yeux ne ſont point ſaillans. Le corcelet eſt preſque quarré, noir, chagriné, un peu applatti en-deſſus. L'écuſſon eſt arrondi poſtérieurement. Les élytres ſont ſillonées & chagrinées ; elles ſont noirâtres, avec de petites taches cendrées ; leur extrémité eſt un peu terminée en pointe. Les cuiſſes ſont dentées, & les poſtérieures ſont ciliées. Les quatre pattes antérieures ont une dent interne & les quatre pattes poſtérieures ont des cils roux, ſerrés à leur extrémité extérieure.

Il ſe trouve dans l'Amérique méridionale.

132. CHARANSON couronné.

CURCULIO coronatus.

Curculio longiroſtris, femoribus dentatis, niger, thorace rotundato antice ſpinis plurimis arcuatis. Ent. ou hiſt. nat. des inſ. CHARANSON. *Pl. 6. fig.* 70.

Il eſt de la grandeur du *Charanſon* barbiroſtre. Tout le corps eſt noir. La trompe eſt cylindrique, de la longueur du corcelet. La tête eſt arrondie. Le corcelet eſt un peu plus large que les élytres, arrondi, liſſe à ſa partie ſupérieure, armé de petites épines avancées, un peu arquées, tout autour de ſa partie antérieure. Les élytres ont des points enfoncés, aſſez grands & aſſez ſerrés, rangés en ſtries. Les pattes ſont noires, les antérieures ſont un peu plus groſſes que les autres. Toutes les cuiſſes ſont munies d'une dent.

Il ſe trouve dans l'Amérique méridionale, à Cayenne.

133. CHARANSON Taureau.

CURCULIO Taurus.

Curculio longiroſtris, femoribus dentatis, thorace elytriſque tuberculis elevatis, roſtro cornubus duobus arcuatis. Ent. ou hiſt. nat. des inſ. CHARANSON. *Pl. 6. fig.* 60. & *pl.* 5. *fig.* 45.

Curculio rhynchoceros, *longiroſtris, femoribus dentatis, elytris connatis tuberculatis mucronatis roſtro baſi bicorni.* PALL. *Icon. inſ. Sib. pag.* 23. *n°.* 2. *tab.* B. *fig.* 2.

Il eſt preſque de la grandeur du *Charanſon* impérial. Les antennes ſont noires, arquées, un peu plus longues que le corcelet. La trompe eſt noire, courbée, aſſez longue, elle a deux petites élévations au devant des antennes, & deux cornes aſſez grandes arquées, pointues, en-deçà. Le corcelet eſt noir, légèrement couvert d'une pouſſière cendrée, muni de pluſieurs petits tubercules arrondis. Les élytres ont des points enfoncés & quelques tubercules élevés, arrondis ; elles ſont noires, plus ou moins couvertes d'une pouſſière cendrée, & leur extrémité eſt terminée en pointe. Les pattes ſont noires. Toutes les cuiſſes ſont munies d'une petite dent.

La femelle ne diffère du mâle qu'en ce qu'elle eſt un peu plus petite, & qu'elle n'a que le rudiment des deux cornes.

Il ſe trouve dans l'Amérique méridionale.

134. CHARANSON cornu.

CURCULIO cornutus.

Curculio longiroſtris, femoribus dentatis, thorace rotundato tuberculato, roſtro utrinque ſpinâ acutâ. Ent. ou hiſt. nat. des inſ. CHARANSON. *Pl.* 15. *fig.* 193.

Il reſſemble pour la forme & la grandeur au *Charanſon* Taureau. Tout le corps eſt noir. La trompe eſt courbée, de la longueur du corcelet, munie de chaque côté, vers ſa baſe, d'une corne droite pointue. Le corcelet eſt arrondi, tout couvert de petits tubercules arrondis. Les élytres ſont ſillonées : les ſillons ont des points enfoncés, & on voit entr'eux des tubercules élevés, pointus. Toutes les cuiſſes ſont munies d'une dent.

Il ſe trouve à Cayenne.

135. CHARANSON moiſi.

CURCULIO mucoreus.

Curculio longiroſtris, femoribus quatuor anterioribus dentatis elytris polline flaveſcentibus : ſuprà apicem gibboſis LIN. *Syſt. nat. pag.* 612. *n°.* 49. — *Muſ. Lud. ulr. pag.* 53.

Curculio mucoreus. FAB. *Syſt. ent. pag.* 136. *n°.* 52. — *Sp. inſ. tom.* 1. *pag.* 173. *n°.* 74. — *Mant. inſ. tom.* 1. *pag.* 104. *n°.* 92.

GRONOV. *Muſ. pag.* 589.

Il eſt aſſez grand. La trompe eſt cylindrique, courbée, liſſe, noire. Le corcelet eſt liſſe, couvert de chaque côté d'une pouſſière d'un jaune fauve. Les élytres ſont noires, légèrement couvertes d'une pouſſière jaunâtre, elles ſont ſtriées, arrondies & raboteuſes à leur baſe, munies d'une gibboſité aſſez grande vers l'extrémité. Les pattes ſont noires. Les quatre cuiſſes antérieures ſont munies d'une dent, & les poſtérieures ſont ſimples.

Il ſe trouve dans l'Amérique méridionale.

136. CHARANSON page.

CURCULIO pusio

Curculio longirostris, femoribus quatuor posterioribus dentatis, elytris nigris striatis, lineâ repanda griseâ. LIN. *Syst. nat. pag.* 612. *n°.* 50. — *Mus. lud. ulr. pag.* 46.

Curculio pusio. FAB. *Syst. ent. pag.* 136. *n°.* 53. — *Sp. inf. tom.* 1. *pag.* 134. *n°.* 75. — *Mant. inf. tom.* 1. *pag.* 104 *n°.* 93.

Il est presque de la grandeur des précédens. Tout le corps est noirâtre obscur La trompe est cylindrique, courbée, glabre, bifide à l'extrémité. Le corcelet est ovale noir, avec une ligne ferrugineuse sur les côtés. Les élytres ont des stries formées par des points oblongs, très-enfoncés: on voit une ligne ferrugineuse, sinuée, qui s'étend de la base à l'extrémité de chaque élytre. Les quatre cuisses postérieures sont munies d'une forte dent. On voit une pointe sur la poitrine à la naissance des cuisses antérieures.

Il se trouve aux Indes orientales.

137. CHARANSON spinipède.

CURCULIO spinipes.

Curculio longirostris, femoribus dentatis niger, thorace lineis duabus, elytris strigis quatuor albis, tibiis anticis spinosis. FAB. *Spec. inf. tom.* 1. *pag.* 174. *n°.* 76. — *Mant. inf. tom.* 1. *pag.* 104. *n°.* 94.

Il est assez grand. Tout le corps est noir, mais vu à la loupe, il paroît légèrement couvert de poils blanchâtres, rares & très-courts. Les antennes sont noires, terminées en masse ovale; elles sont coudées, & le premier article est aussi long que tous les autres pris ensemble, la trompe est cylindrique, arquée, plus longue que le corcelet. La tête est arrondie & les yeux sont très-peu saillans. Le corcelet est légèrement chagriné: il a une ligne longitudinale blanche, un peu sinuée, vers les côtés extérieurs, & une ligne blanche transversale sur les côtés. L'écusson est petit, noir, arrondi postérieurement. Les élytres sont chagrinées; elles ont des rangées régulières de points élevés: on y remarque trois lignes transversales blanches, dont une arquée vers la base, qui vient se réunir à la seconde sur le bord extérieur, les deux autres sont droites: il y a aussi un peu de blanc à l'extrémité. Les cuisses sont armées d'une dent. Les jambes antérieures seulement ont une petite dent au milieu de leur partie interne.

Il se trouve dans l'Amérique méridionale, aux Antilles.

138. CHARANSON bombine.

CURCULIO bombina.

Curculio longirostris, femoribus dentatis, ferrugineo fuscus, elytris striatis: tuberculis elevatis atris. Ent. ou *hist. nat. des inf.* CHARANSON. *Pl.* 1. *fig.* 12.

Curculio bombina. FAB. *Mant. inf. tom.* 1. p. 104. *n°.* 95.

Il est un peu plus gros que le *Charanson* Taureau. Les antennes sont noires. La trompe est noire, courbée, presque de la longueur du corcelet. Le corcelet est arrondi, noir, avec des taches d'un roux cendré, plus ou moins marquées. Les élytres sont noires, avec des taches d'un roux cendré; elles ont des stries formées par des points enfoncés, & quelques tubercules élevés, noirs, lisses dont quelques-uns postérieurs sont presque épineux. Les pattes sont noires & les cuisses sont épineuses.

Il se trouve à Cayenne.

139. CHARANSON vaginal.

CURCULIO vaginalis.

Curculio longirostris, femoribus dentatis, elytris striatis: tuberculis sparsis juxtà apicem mucronatis. LIN. *Syst. nat. pag.* 612. *n°.* 51. — *Mus. lud. ulr. pag.* 47.

Curculio longirostris, antennis fractis, femoribus dentatis, corpore nigro, elytris sulcatis: tuberculis sparsis juxtà apicem mucronatis. DEG. *Mém. Inf. tom.* 5. *pag.* 266. *n°.* 2. *pl.* 15. *fig.* 23.

Charanson *à étui*, à longue trompe, à antennes coudées, & à cuisses dentelées, à corps noir, à étuis cannelés terminés en épine & garnis de tubercules élevés. DEG. *Ib.*

GRON. *Zooph. n°.* 581. *tab.* 14. *fig.* 6.

Il a environ un pouce de long & six lignes de large. Il est d'un noir luisant. La trompe est noire, longue, large, assez grosse, très-courbée. La tête est lisse & arrondie. Le corcelet est gros, un peu convèxe, garni de trois tubercules coniques, élevés, assez gros, & de quelques autres plus petits. Les élytres ont des stries bien marquées dans lesquelles se trouvent des points enfoncés: elles ont plusieurs tubercules coniques, dont les postérieurs sont presque épineux; leur extrémité est terminée en pointe. Toutes les cuisses ont une forte dent.

Il se trouve dans l'Amérique méridionale, à Cayenne, à Surinam.

140. CHARANSON variqueux.

CURCULIO varicosus.

Curculio longirostris, femoribus dentatis, niger supra cinereus, elytris mucronatis striato-punctatis tuberculoque rotundato. Ent. ou hist. nat. des ins. CHARANSON. *Pl.* 1. *fig.* 14.

Curculio variicosus longirostris, femoribus dentatis, elytris connatis sulcatis suprà sextuberculatis, posticè bimucronatis. PALL. *Ins. sib. pag.* 22. *n°.* 1. *tab.* B. *fig.* 1.

Il est presque de la grandeur du *Charanson* impérial. Les antennes sont noires. La trompe est noire, cylindrique, courbée, de la longueur du corcelet. La tête est noire, arrondie. Le corcelet est lisse, muni supérieurement de deux petits tubercules arrondis, noir, légèrement couvert de poils cendrés, depuis le milieu jusqu'à la partie postérieure. L'écusson est arrondi, cendré. Les élytres sont cendrées à leur partie supérieure, les bords latéraux sont noirs, & le noir avance un peu vers le milieu de chaque élytre. L'extrémité est mucronée; on y remarque des points enfoncés, assez gros, rangés en stries, quelques petits tubercules, & un autre plus gros, plus élevé, arrondi, placé vers la base de chaque élytre. Le dessous du corps & les pattes sont noirs. Les cuisses sont munies d'une petite dent.

Le corps de cet insecte est quelquefois entièrement noir.

Il se trouve dans l'Amérique méridionale.

141 CHARANSON Scorpion.

CURCULIO *Scorpio.*

Curculio longirostris femoribus dentatis ater, thorace plano basi cinereo, coleoptris tuberculatis acuminatisque medio cinereis. FAB. *Mant. ins. tom.* 1. *pag.* 105. *n°.* 96.

Il est de la grandeur du précédent. Le corcelet est lisse, anguleux de chaque côté, noir, avec la partie postérieure cendrée. Les élytres ont des stries pointillés & des tubercules presque épineux; elles sont cendrées, avec les bords noirs. Cette couleur s'avance vers le milieu de l'élytre & y forme une large bande. La tête est noire, & la trompe est longue, avancée. Les pattes sont noires, toutes les cuisses sont dentées.

Il se trouve à Cayenne.

142. CHARANSON raboteux.

CURCULIO *scaber.*

Curculio longirostris, femoribus dentatis, thorace lævi carinato, elytris mucronatis striatis tuberculatis.

Curculio scaber *longirostris, femoribus dentatis, thorace carinato, elytris sulcatis tuberculato spinosis.* FAB. *Syst. ent. pag.* 137. *n°.* 54. — *Sp. ins. tom.* 1. *pag.* 174. *n°.* 77. — *Mant. ins. tom.* 1. *pag.* 105. *n°.* 97.

Il ressemble au *Charanson* Taureau. Tout le corps est noir. La trompe est lisse, courbée, de la longueur du corcelet. Le corcelet est lisse, & muni d'une élévation longitudinale à sa partie supérieure. Les élytres sont pointues à leur extrémité; elles sont striées: les stries sont pointillées, & entr'elles on voit des tubercules élevés, arrondis. Toutes les cuisses sont munies d'une dent aiguë.

Il se trouve à Cayenne.

143. CHARANSON moucheté.

CURCULIO *guttatus.*

Curculio longirostris, femoribus subdentatis, niger, thorace lævi maculis duabus posticis flavescentibus, elytris tuberculatis flavo punctatis. Ent. ou hist. nat. des ins. CHARANSON. *Pl.* 5. *fig.* 46.

Il est à peu près de la grandeur du *Charanson* fasciculé. Les antennes sont noires. La trompe est noire, cylindrique, un peu plus courte que le corcelet. La tête est noire, arrondie. Le corcelet est arrondi, lisse, noir, avec deux taches jaunâtres, placées à la partie postérieure. Les élytres sont noires, avec quelques points jaunâtres placés depuis le milieu jusqu'à l'extrémité; elles ont des points enfoncés, rangés en stries, & des tubercules arrondis, dont les postérieurs sont presque épineux. Le dessous du corps & les pattes sont très-noirs. Les cuisses ont une dent peu marquée.

Il se trouve à Cayenne.

144. CHARANSON fasciculé.

CURCULIO *fascicularis.*

Curculio longirostris, femoribus dentatis, niger, elytris scabris fasciculato-pilosis, pedibus nigro cinereoque variis. Ent. ou hist. nat. des ins. CHARANSON. *Pl.* 1. *fig.* 9.

Les antennes sont noires. La trompe est noire, courbée, cylindrique, de la longueur du corcelet. La tête est noire, arrondie. Le corcelet est arrondi, fortement pointillé, noir, avec des poils cendrés & quelques-uns grisâtres. Les élytres sont raboteuses, noires, couvertes de faisceaux de poils noirs dont quelques-uns sont gris. Les pattes sont mélangées de noir & de cendré. Les cuisses sont munies d'une dent.

Il se trouve....

145. CHARANSON six-taches.

CURCULIO *sexmaculatus.*

Curculio longirostris femoribus dentatis, niger thorace rotundato scabro, elytris striato-punctatis maculis sex fulvis.

Les antennes sont noirâtres. La trompe est noire, luisante, cylindrique, courbée, un peu plus longue que le corcelet. La tête est noire, arrondie. Le corcelet est noir en-dessus, couvert d'une poussière rouillée en-dessous, presque arrondi, avec de petits tubercules peu élevés. Les élytres ont des points enfoncés, assez gros, rangés en stries, & trois taches rouillées, dont une à la base, l'autre un peu au-delà du milieu & la troisième plus petite vers l'extrémité. Le dessous du corps est couvert d'une poussière rouillée. Les pattes sont noires; les antérieures sont un peu plus grandes. Les cuisses sont armées d'une petite dent.

Il se trouve à Cayenne.

146. CHARANSON muriqué.

CURCULIO muricatus.

Curculio longirostris femoribus dentatis fusco-cinereus, elytris striatis verrucosis.

Curculio muricatus. DRURY. *Ill. of inf. tom.* 2. *tab.* 34. *fig.* 4.

Curculio muricatus *ex fusco nigricans, elytris verrucoso-striatis, femoribus uni-dentatis.* LIN. *Syst. nat. edit.* 13. *pag.* 1762.

Il a près de huit lignes de long, depuis la tête jusqu'à l'extrémité du corps. La trompe est noire, de la longueur du corcelet. Les yeux sont noirs, grands, oblongs. Le corcelet est obscur & couvert de petits tubercules noirs. Les élytres sont obscures striées & couvertes de tubercules assez grands, arrondis, régulièrement placés, d'inégale grosseur. Les jambes sont de la couleur du corps. Les cuisses sont dentées.

Il se trouve à la baie de Honduras en Amérique.

147. CHARANSON histrix.

CURCULIO histrix.

Curculio longirostris, femoribus dentatis, niger, elytris crenato-striatis, maculis quatuor griseis. *Ent. ou hist. nat. des inf.* CHARANSON. *Pl.* 15. *fig.* 182.

Il est noir. Les antennes sont noires, avec l'extrémité cendrée. La trompe est noire, cylindrique, un peu plus longue que le corcelet. La tête est arrondie. Le corcelet est légèrement chagriné à sa partie supérieure, couvert de chaque côté de petits points élevés, arrondis. Les élytres ont des stries crénelées, une petite gibbosité vers l'extrémité, & deux points grisâtres, formés par une poussière écailleuse. Les jambes antérieures sont un peu plus grandes que les autres, & toutes les cuisses sont munies d'une dent.

Il se trouve à Cayenne.

148. CHARANSON trifascié.

CURCULIO trifasciatus.

Curculio longirostris femoribus dentatis, thorace linea laterali, elytris albo punctatis maculisque duabus brunneis.

Curculio trifasciatus. FAB. *Mant. inf. tom.* 1. *pag.* 105. *n°.* 98.

Il est un peu plus grand que le *Charanson* du Sapin. Tout le corps est d'une couleur rouge brune. La trompe est de la longueur du corcelet, rouge brune, noirâtre à l'extrémité seulement. Les yeux sont noirs, très-peu saillans. Les antennes sont brunes, coudées, & le premier article est assez long. La tête & le corcelet sont pointillés, & dans le point enfoncé on voit avec la loupe un poil blanc, court, assez gros, distinct. L'écusson est petit. Les élytres ont des stries régulières de points enfoncés, & dans chaque point il y a plusieurs poils blancs réunis, formant des points blancs. De chaque côté du corcelet, il y a une tache oblongue, ferrugineuse, & sur chaque élytre il y en a deux de la même couleur, posées transversalement. Les pattes sont de la couleur du corps. Les cuisses ont une petite épine.

Il se trouve à Cayenne.

149. CHARANSON urbain.

CURCULIO urbanus.

Curculio longirostris, femoribus dentatis, fusco-viridis, thorace elytrisque flavo marginatis.

Curculio cinctus. DRURY. *Ill. of inf. tom.* 3. *plan.* 48. *fig.* 2.

Il a de huit à neuf lignes de long, depuis la tête jusqu'à l'extrémité du corps. La trompe est mince, noire, arquée, un peu plus longue que le corcelet. Les antennes sont noires & coudées. Le corcelet est d'un vert obscur, avec une raie longitudinale jaune, de chaque côté. Les élytres sont striées, raboteuses, d'un vert obscur, avec les bords extérieurs jaunes. Le dessous du corps est jaune. Les pattes sont d'un vert noirâtre, & les cuisses sont dentées.

Il se trouve sur la côte des Moskites, près la baie de Honduras, en Amérique.

150. CHARANSON cylindrirostre.

CURCULIO cylindrirostris.

Curculio longirostris, femoribus dentatis, thorace scabro, elytris postice bituberculatis. *Ent. ou hist. nat. des inf.* CHARANSON. *Pl.* 11. *fig.* 128.

Curculio cylindrirostris. FAB. *Syst. ent. pag.* 137. *n°.* 55. — *Sp. inf tom.* 1. *p.* 174. *n°.* 78. — *Mant. inf. tom.* 1. *p.* 105. *n.* 99.

Il est assez grand. Tout le corps est noir & plus ou moins couvert d'une poussière ou de petites écailles cendrées, un peu roussâtres. Les antennes sont coudées, & le premier article est plus long que tous les autres pris ensemble. La trompe est droite, cylindrique, un peu plus longue que le corcelet. La tête est arrondie, & les yeux sont noirs & point saillans. Le corcelet est arrondi & tout couvert de tubercules élevés. L'écusson est très-petit. Les élytres ont des lignes longitudinales élevées, crénelées, entre lesquelles il y a des points élevés: on y remarque un tubercule beaucoup plus élevé, au-delà du milieu, & un autre vers l'extrémité. Les pattes sont noires, plus ou moins couvertes d'une poussière écailleuse. Toutes les cuisses sont armées d'une dent aiguë assez forte.

Il se trouve dans la Nouvelle-Hollande.

151. CHARANSON stigmate.

Curculio stigma.

Curculio longirostris, femoribus dentatis, elytris macula ferruginea. LIN. *Syst. nat. p.* 612. *n°.* 52. — *Mus. Lud. ulr. p.* 48.

Curculio stigma. FAB. *Syst. ent. pag.* 137. *n°.* 56. — *Sp. ins. tom.* 1. *pag.* 174. *n°.* 79. — *Mant. ins. tom.* 1. *pag.* 105. *n°.* 100.

Curculio Daviesii. SWED. *Nov. act. Stockh.* 8. 1787. 3. *n°.* 3. 13. *tab.* 8. *f.* 5.

Il est de la grandeur du *Charanson* du Pin. La tête est arrondie, couverte d'une poussière d'un roux cendré. Les yeux sont noirs; l'extrémité de la trompe est noire. Les antennes sont brunes, avec la masse ovale, cendrée. Le corcelet est arrondi, d'un brun ferrugineux, plus ou moins couvert d'une poussière écailleuse d'un roux cendré. Les élytres sont couvertes d'une poussière d'un roux cendré, avec une grande tache ferrugineuse, au milieu de chaque, vers le bord extérieur; elles ont des points enfoncés, rangés en stries, & une gibbosité à peine marquée, vers l'extrémité. Les pattes sont couvertes d'une poussière d'un roux cendré. Les cuisses ont une dent à peine marquée. Le dessous du corcelet a un enfoncement assez profond, dans lequel la trompe s'enchasse.

Il se trouve à Cayenne.

152. CHARANSON hébété.

Curculio hebes.

Curculio longirostris femoribus subdentatis, thorace scabro, elytris sulcatis tuberculatis, ore barbato. Ent. ou hist. nat. des ins. CHARANSON. *Pl.* 12. *fig.* 144.

Curculio hebes. FAB. *Sp. ins. tom.* 1. *pag.* 174. *n°.* 80. — *Mant. ins. tom.* 1. *pag.* 105. *n°.* 101.

Il est court, assez large, d'une forme presque ovale. Il est entièrement très-noir. La trompe est plus courte que le corcelet; elle est chagrinée, & terminée par des poils d'un brun ferrugineux. La tête est chagrinée, & les yeux sont petits, point du tout saillans & bruns. Le corcelet est arrondi, relevé, fortement chagriné. L'écusson est très-petit. Les élytres ont des stries, dans lesquelles il y a une suite de points élevés: on voit sur chaque élytre six tubercules assez élevés, très-noirs, couverts de poils très-courts, disposés sur deux lignes longitudinales: à la base latérale il y a une élévation assez grande. On remarque sur chaque élytre deux taches d'un gris roussâtre, une vers le bord extérieur, & l'autre vers l'extrémité. Les pattes sont couvertes de poils noirs, très-courts. Les cuisses ont une dentelure très-peu marquée. Les jambes antérieures sont un peu comprimées.

Il se trouve au Bengale.

153. CHARANSON dentipède.

Curculio dentipes.

Curculio longirostris femoribus dentatis albo-tomentosus, elytris striatis nigris, vittis duabus approximatis albis. Ent. ou hist. nat. des ins. CHARANSON. *Pl.* 7. *fig.* 90. *a. b.*

Il a environ de cinq à six lignes de long, depuis la tête jusqu'à l'extremité du corps. Les antennes sont noirâtres. La trompe est noire, cylindrique, un peu raboteuse, de la longueur du corcelet. Les yeux sont noirs & point du tout saillans. Le corcelet est couvert d'un duvet blanchâtre; il est lobé postérieurement, & on y remarque quelques petits points noirs élevés. Les élytres sont noires, sillonnées, avec deux raies longitudinales blanches, rapprochées, dont l'extérieure est un peu plus courte. Le dessous du corps est blanc, avec deux rangées de petits points noirs sur l'abdomen. Les pattes sont noires, avec une poussière écailleuse, blanchâtre sur les cuisses. Les cuisses antérieures sont munies d'une petite dent, & les jambes ont une dent assez forte vers le milieu de leur partie interne.

Il se trouve au Sénégal, sur différentes fleurs.

154. CHARANSON annulé.

Curculio annulatus.

Curculio longirostris, femoribus dentatis, thorace elytrisque fasciis linearibus nigris. Ent. ou hist. nat. des ins. CHARANSON. *Pl.* 6. *fig.* 61. *a. b.*

Curculio annulatus. LIN. *Syst. nat.* 2. 613. *n°.* 54. — *Mus. Lud. ulr. p.* 51.

Curculio annulatus *longirostris pallidus, femoribus dentatis, thorace elytrisque strigis nigris.* FAB. *Syst. ent. pag.* 137. *n°.* 57. — *Sp. ins. tom.* 1. *p.* 175.

p. 175. n°. 81. — *Mant. inf. tom.* 1. *p.* 105. *n°.* 101.

Le dessus du corps est d'un blanc sale ; le dessous est cendré. La trompe est noire, mince, cylindrique, courbée. Les yeux sont noirs, entourés d'un anneau blanc. Le corcelet a une bande arquée, noire. Les élytres sont légèrement striées, & ont deux bandes étroites, noires. Les pattes sont noires.

Les cuisses sont dentées.

Il se trouve dans l'Amérique méridionale.

155. CHARANSON à zones.

CURCULIO zonatus.

Curculio longirostris femoribus dentatis niger, thorace maculis duabus, elytris fasciis tribus albicantibus. Ent. ou hist. nat. des inf. CHARANSON. *Pl.* 6. *fig.* 61. *a. b.*

Curculio zonatus. SWEDER. *Nov. act. Stockh.* 8. 1787. 3. *n°.* 3. 13. *tab.* 8. *fig.* 5.

Il ressemble beaucoup au précédent. Les antennes sont noires, coudées, minces, assez longues. La trompe est noire, luisante, courbée, mince, plus longue que le corcelet. La tête est arrondie, noire, luisante. Le corcelet est noir, luisant, de la largeur des élytres, avec deux grandes taches, formées par une poussière blanchâtre, une de chaque côté, qui se réunissent en dessous, & forment une bande. L'écusson est noir, petit, distinct. Les élytres sont noires, luisantes, avec des points enfoncés, rangés en stries ; & trois bandes quelquefois interrompues, formées par une poussière écailleuse, blanchâtre. Le dessous du corps est noir, avec une grande tache blanchâtre de chaque côté de la poitrine, & une bande sur l'abdomen. Les pattes sont noires ; les antérieures sont un peu plus longues que les autres. Les cuisses sont armées d'une forte dent.

Il se trouve à la Guadeloupe, & m'a été donné par feu M. de Badier.

156. CHARANSON caligineux.

CURCULIO caliginosus.

Curculio longirostris, femoribus dentatis, oblongus, elytrorum striis punctatis approximatis. FAB. *Syst. ent. p.* 137. *n°.* 15. — *Sp. inf t.* 1. *p.* 175. *n°.* 82. — *Mant. inf. t.* 1. *p.* 105. *n.* 103.

Il est un peu plus petit que le *Charanson* du Pin. Les antennes sont brunes & coudées. Tout le corps est noir, point du tout luisant, sans taches. La trompe est de la longueur du corcelet, & finement raboteuse. La tête est arrondie, & les yeux ne sont point saillans. Le corcelet est arrondi, fortement ponctué, avec une ligne élevée, assez saillante, tout le long de la partie supérieure. Les élytres ont des stries disposées par paires, & formées par des points rapprochés, très-enfoncés ; entre chaque paire de stries est une ligne un peu saillante. Les cuisses sont armées d'une épine assez forte.

Il se trouve en Angleterre.

157. CHARANSON douteux.

CURCULIO dubius.

Curculio longirostris, femoribus dentatis, niger, thorace lævi, elytris striatis scabris. FAB. *Mant. inf. t.* 1. *pag.* 106. *n°.* 104.

Il est grand. La trompe est alongée, noire, unie à l'extrémité. Le corcelet est arrondi, lisse, noir, obscur. Les élytres sont obtuses, striées, avec des points élevés, noirs, luisans, qui les font paroître raboteuses. Les pattes antérieures sont un peu plus longues que les autres.

Il se trouve.....

158. CHARANSON pulvérulent.

CURCULIO pulverulentus.

Curculio longirostris femoribus subdentatis, oblongus fusco cinereoque nebulosus, elytris striato-punctatis. Ent. ou hist. nat. des inf. CHARANSON *Pl.* 8. *fig.* 98.

Curculio pulverulentus *longirostris, antennis fractis, femoribus dentatis, corpore oblongo nigro, elytris cinereo maculatis.* DEG. *Mém. inf. tom.* 5. *p.* 268. *n°.* 3. *pl.* 15. *fig.* 24.

Charanson *poudré*, à longue trompe, à antennes coudées & à cuisses dentelées, à corps oblong, noir, avec des taches cendrées sur les étuis. DEG. *Ib.*

Curculio pulverulentus *oblongus niger, elytris cinereo maculatis.* LIN. *Syst. Nat. edit.* 13. *pag.* 1772.

VOET. *Coleopt. par.* 2. *tab.* 38. *fig.* 36.

Il est un peu plus grand que les précédens. La trompe est noire, courbée, un peu plus longue que le corcelet. Les antennes sont noires, avec les trois derniers articles cendrés. Le corcelet est un peu inégal, mélangé de cendré & de noirâtre, un peu sinué postérieurement. Les élytres sont noirâtres mélangées de cendré ; elles ont des stries formées par des points enfoncés, & une gibbosité peu marquée vers l'extrémité. Le dessous du corps & les pattes sont noirâtres. Les cuisses sont à peine dentées.

Il se trouve dans l'Amérique méridionale, à Cayenne, à Surinam.

159. CHARANSON parsemé.

CURCULIO conspersus.

Curculio longirostris femoribus dentatis fulvo irroratus, pedibus anticis elongatis. Ent. ou hist. nat. des inf. CHARANSON. *Pl.* 14 *fig.* 179.

Curculio adspersus. FAB. *Mant. inf. tom.* 1. *p.* 106. *n°.* 105.

Il ressemble pour la forme & la grandeur, au *Charanson* lanipède. Les antennes sont coudées, noires, avec la masse ovale, obscure. La trompe est cylindrique, courbée, plus longue que le corcelet, noire, & luisante. La tête est noire & arrondie. Le corcelet est noir, chagriné & légèrement couvert d'une poussière jaune blanchâtre. L'écusson est noir, arrondi. Les élytres ont des stries un peu crénelées; elles sont noires & parsemées de points jaunes, blanchâtres. Le dessous du corps est noir, parsemé de points jaunes blanchâtres. Les pattes sont noires, luisantes, & les cuisses sont toutes armées d'une dent ou épine. Les pattes antérieures sont un peu plus longues que les autres.

Nous avons changé le nom de *adspersus* parce-que M. Fabricius l'avoit déjà donné à une autre espèce.

Il se trouve dans l'Amérique méridionale à Cayenne.

160. CHARANSON lanipède.

CURCULIO lanipes.

Curculio longirostris niger, elytris crenatis albo irroratis, pedibus anticis longissimis. Ent. ou hist. nat. des inf. CHARANSON. *Pl.* 11. *fig.* 130.

Il est un peu plus grand que le *Charanson* annulé. Les antennes sont noires & coudées. La trompe est noire, luisante, mince, cylindrique, courbée, de la longueur du corcelet. La tête est noire, sans taches, arrondie, avec les yeux point du tout saillans. Le corcelet est raboteux, très-noir, avec le bord antérieur, une ligne longitudinale interrompue & deux points postérieurs, d'un blanc jaunâtre. L'écusson est petit, arrondi, blanc jaunâtre. Les élytres sont striées & crénelées, noires & parsemées de points d'un blanc jaunâtre. Le corps en-dessous est noir, avec un peu de bleu jaunâtre au-dessous du corcelet, aux côtés de la poitrine, & vers l'extrémité du ventre. Les pattes sont noires luisantes, avec les tarses roussâtres. Les pattes antérieures sont très-longues, les jambes un peu arquées & les tarses laineux ou garnis de poils roussâtres, longs & fins. Toutes les cuisses sont armées d'une petite dent.

Il se trouve dans l'isle de Sainte Lucie.

161. CHARANSON Panthère.

CURCULIO pantherinus.

Curculio longirostris femoribus dentatis, brunneus, rostro nigricante, thorace elytrisque flavo punctatis & maculatis Ent. ou hist. nat. des inf. CHARANSON. *Pl.* 13 *fig.* 153.

Il ressemble pour la forme & la grandeur au *Charanson parsemé.* Les antennes sont noires, avec la masse cendrée. La trompe est mince, brune, luisante, de la longueur du corcelet. La tête est arrondie, couverte d'une poussière cendrée, roussâtre. Les yeux sont noirs. Le corcelet est arrondi, brun, avec plusieurs taches roussâtres. Les élytres ont des points rangés, en stries, elles sont brunes, avec des points & des taches d'un roux cendré. Le dessous du corps est cendré. Les pattes sont brunes, légèrement couvertes d'un duvet cendré: les antérieures sont un peu plus grandes que les autres. Les cuisses sont armées d'une dent.

Il se trouve à Cayenne.

162. CHARANSON brun.

CURCULIO brunneus.

Curculio longirostris femoribus dentatis, brunneus rostro fusco, elytris testaceis punctato striatis. Ent. ou hist. nat. des inf. CHARANSON. *Pl.* 10. *fig.* 120.

Curculio brunneus. FAB. *Spec. inf. tom.* 1. *pag.* 175. *n°.* 83. — *Mant. inf. tom.* 1. *pag.* 106. *n°.* 106.

Il est de la grandeur du *Charanson* parsemé. Les antennes sont noirâtres, avec la masse cendrée obscure. La trompe est de la longueur du corcelet; elle est brune obscure, avec deux sillons de chaque côté, depuis sa base jusqu'à l'insertion des antennes. La tête est pointillée, brune. Les yeux sont noirs, assez grands & point saillans. Le corcelet est brun & fortement pointillé. L'écusson est brun & très-petit. Les élytres sont d'un brun clair ferrugineux, avec des stries régulières, formées par des points enfoncés, & une petite élévation vers l'extrémité. Le dessous du corps est d'un brun clair. Les pattes sont d'un brun ferrugineux ou testacé, avec une dent assez forte à toutes les cuisses.

Il se trouve au Cap de Bonne-Espérance.

163. CHARANSON Hibou.

CURCULIO Strix.

Curculio longirostris femoribus dentatis, fuscus, elytris fulvo irroratis, abdomine retuso; maculis duabus ocellaribus atris.

Il a cinq lignes de long depuis la tête jusqu'à l'extrémité du corps. Les antennes sont minces, coudées, d'un brun noirâtre. Le troisième & le quatrième articles sont alongés. La trompe est mince, arquée, d'un brun noirâtre, un peu plus longue que le corcelet, & appliquée contre le dessous du corps. La tête est arrondie, couverte d'un duvet roussâtre. Les yeux sont noirs, grands, presque réunis à leur partie supérieure. Le corcelet est noir, avec quelques lignes irrégulières fauves. Les élytres sont noires & parsemées de points fauves. Le dessous du corps est d'une couleur cendrée un peu fauve, avec quelques taches latérales noires. L'abdomen est court, presque tronqué & marqué postérieurement de deux grandes taches oblongues très-noires, entourées d'un anneau grisâtre, les pattes sont obscures & les cuisses sont dentées.

Il se trouve à Cayenne.

164. CHARANSON du Sapin.

CURCULIO Abietis.

Curculio longirostris, elytris fuscis : fasciis duabus linearibus interruptis griseis, femoribus dentatis. Ent. ou hist. nat. des ins. CHARANSON. *Pl.* 7. *fig.* 78. a. b.

Curculio Abietis. LIN. *Syst. nat. pag.* 613. *n°.* 57. — *Faun. suec. n°.* 615.

Curculio subfuscus. LIN. *It. Oel. pag.* 26.

Curculio Abietis. FAB. *Syst. ent. pag.* 138. *n°.* 59. — *Spec. ins. tom.* 1. *pag.* 175. *n°.* 84. — *Mant. ins. tom.* 1. *pag.* 106. *n°.* 107.

Curculio longirostris, antennis fractis, femoribus dentatis, corpore oblongo nigro maculis grisco-flavis. DEG. *Mem. ins. tom.* 5. *pag.* 204. *n°.* 1. *pl.* 6. *fig.* 11.

Charanson *du Sapin*, à longue trompe, à antennes coudées & à cuisses dentelées, à corps oblong noir, avec des mouchetures d'un jaune grisâtre. DEG. Ib.

Curculio niger, maculis villoso-flavis, elytris subrugosis. GEOFF. *ins. tom.* 1. *pag.* 292 *n°.* 35.

Le Charanson tigré. GEOFF. *Ib.*

Curculio norwegicus niger, signaturis flavescentibus adspersus. PET. *Gaz.* 14. *tab.* 8. *fig.* 6.

SCHÆFF. *Icon. ins. tab.* 25. *fig.* 1.

Curculio Abietis. SCHRANK. *Enum. ins. aust. n°.* 211.

Curculio Abietis. LAICHART. *Ins.* 1. *pag.* 213. *n°.* 10.

Curculio tigrinus. FOURC. *Ent. par.* 1. *pag.* 126. *n°.* 36.

Curculio Abietis. VILL. *Ent. tom.* 1. *pag.* 195. *n°.* 91.

Il ressemble beaucoup au *Charanson* du Pin. Il est un peu plus grand, & ses cuisses sont dentées. Tout le corps est d'un brun noirâtre. La trompe est presque de la longueur du corcelet. La tête & le corcelet sont arrondis, finement chagrinés, légèrement couverts de quelques poils fauves. Les élytres sont chagrinées, avec des points peu enfoncés, presque quarrés, rangés en stries ; elles ont des points fauves, disposés en lignes transversales. Les pattes sont de la couleur du corps.

Il se trouve au nord de l'Europe.

165. CHARANSON réticulé.

CURCULIO reticulatus.

Curculio longirostris oblongus piceus, femoribus dentatis, elytris reticulatis, fasciis obliquis pallidis, tibiis anticis spinosis. FAB. *Syst. ent. p.* 138. *n.* 60. — *Sp. ins. t.* 1. *p.* 176. *n.* 85. — *Mant. ins. tom.* 1. *p.* 106. *n°.* 108.

Il ressemble au *Charanson* du Sapin, mais il est un peu plus alongé. La trompe est très-noire. Les élytres sont finement réticulées, avec quelques lignes obliques pâles. Tout le corps est d'un brun noirâtre. Les cuisses sont dentées. Les jambes antérieures sont terminées par un crochet fort.

Il se trouve à Tranquebar.

166. CHARANSON chinois.

CURCULIO chinensis.

Curculio longirostris femoribus dentatis, niger scaber, thorace elytris basi apiceque ferrugineo cinereoque maculatis. Ent. ou hist. nat. des ins. CHARANSON. *Pl.* 8. *fig.* 97. *a. b.*

Les antennes sont noires. La trompe est noire, cylindrique, mince, de la longueur du corcelet. Le corcelet est raboteux, noir & couvert d'une poussière grise & ferrugineuse. Les élytres sont raboteuses, anguleuses à leur base extérieure, noires, avec la base & l'extrémité d'un gris ferrugineux. Le dessous du corps est noir, avec des points d'un gris ferrugineux. Les pattes sont noires, & les cuisses sont dentées & ont quelques petites taches ferrugineuses.

Il se trouve à la Chine.

167. CHARANSON convexe.

CURCULIO convexus.

Curculio longirostris femoribus dentatis, niger, elytris excavato-punctatis striga postica interrupta grisea. Ent. ou hist. nat. des ins. CHARANSON. *Pl.* 8. *fig.* 88.

Le corps de cet insecte est très-élevé, noir. La trompe est cylindrique, à-peu-près de la longueur du corcelet. Le corcelet est arrondi, chagriné

Les élytres ont des points enfoncés assez gros, presque rangés en stries, & une ligne transversale, au-delà du milieu, interrompue, formée par une poussière écailleuse, grise. Le dessous du corps est couvert d'une poussière écailleuse, ferrugineuse. Toutes les cuisses & les quatre jambes antérieures sont munies d'une dent pointue.

Il se trouve à l'isle de Bourbon.

168. CHARANSON latéral.

CURCULIO lateralis.

Curculio longirostris femoribus dentatis, niger, thorace elytrisque scabriusculis fusco-cinereis, elytris macula atra laterali. Ent. ou hist. nat. des inf. CHARANSON. *Pl.* 5. *fig.* 49.

Il est de la grandeur du *Charanson* colon. Les antennes sont noires. La trompe est noire, cylindrique, de la longueur du corcelet. La tête est noire, arrondie. Le corcelet est arrondi, un peu raboteux, noir, légèrement couvert d'une poussière cendrée. L'écusson est cendré. Les élytres sont noires, un peu raboteuses, couvertes d'un duvet cendré, avec une grande tache irrégulière très-noire, de chaque côté. Le dessous du corps & les pattes sont noirs. Toutes les cuisses sont armées d'une forte dent.

Il se trouve dans l'Amérique méridionale, à Cayenne.

169. CHARANSON multimoucheté.

CURCULIO multiguttatus.

Curculio longirostris femoribus dentatis, niger, thorace elytrisque punctis luteis. Ent. ou hist. nat. des inf. CHARANSON. *Pl.* 13. *fig.* 163.

Il est de la grandeur du *Charanson* du Sapin. Les antennes sont obscures & coudées. La trompe est cylindrique, un peu courbée, de la longueur du corcelet. La tête est arrondie, noirâtre, sans taches. Le corcelet est arrondi, noirâtre, avec deux points de chaque côté, d'un jaune blanc, dont le plus bas est le plus gros. Les élytres ont des stries peu marquées, formées par des points enfoncés; elles sont noirâtres, avec plusieurs points d'un jaune blanchâtre. Les pattes sont obscures, & les cuisses ont chacune une dentelure.

Il se trouve......

170. CHARANSON pupillaire.

CURCULIO pupillatus.

Curculio longirostris, femoribus dentatis, fuscus, thorace elytrisque tuberculatis, elytris macula laterali cinerea nigro punctata. Ent. ou hist. nat. des inf. CHARANSON. *Pl.* 15. *fig.* 183.

Il ressemble pour la forme & la grandeur au *Charanson* colon. La trompe est brune cylindrique, courbée, un peu plus longue que le corcelet. Les antennes sont brunes, avec la masse ovale, un peu cendrée. Le corcelet est obscur, arrondi, tout couvert de petits tubercules. L'écusson est cendré. Les élytres sont tuberculées, obscures, avec une grande tache cendrée, de chaque côté, marquée de trois points noirs, dont l'un au milieu, plus grand & oblong. Le dessous du corps est obscur. Les pattes sont brunes, & les cuisses sont munies d'une dent pointue.

Il se trouve à Cayenne.

171. CHARANSON de la Patience.

CURCULIO Lapathi.

Curculio longirostris femoribus bidentatis albo nigroque varius, thorace elytrisque muricatis. Ent. ou hist. nat. des inf. CHARANSON. *Pl.* 6. *fig.* 69. *a. b.*

Curculio Lapathi. FAB. *Syst. ent. pag.* 138. *n°.* 61. — *Sp. inf. tom.* 1. *pag.* 176. *n°.* 86. — *Mant. inf. tom.* 1. *pag.* 106. *n°.* 109.

Curculio Lapathi *longirostris albido nigroque varius muricatus.* LIN. *Syst. nat. pag.* 608. *n°.* 20. — FAUN. *Suec. n°.* 591.

Curculio albicaudis *longirostris, antennis fractis, femoribus muticis, corpore ovato nigro : fasciculis pilosis, elytris postice albis.* DEG. *Mém. inf. t.* 5. *p.* 223. *n.* 16. *Pl.* 7. *fig.* 1. & 2.

Charanson *noir, à derrière blanc*, à longue trompe déliée, à antennes coudées & à cuisses simples, à corps oblong noir, à petites brosses élevées, & à étuis blancs par derrière. DEG. *Ib.*

Curculio Lapathi. SCHRANK. *Enum. inf. aust. n°.* 212.

Curculio Lapathi. LAICHART. *tom.* 1. *pag.* 220. *n°.* 15.

VOET. *Coleopt. pars* 2. *tab.* 39. *fig.* 40.

Curculio Lapathi. FUESL. *Archiv. inf.* 4. *pag.* 75. *n°.* 36.

Curculio Lapathi. VILL. *Ent. tom.* 1. *pag.* 178. *n°.* 16.

Il a environ quatre lignes de long, depuis la tête jusqu'à l'anus. La trompe est noire, mince, courbée, de la longueur du corcelet. Les antennes sont d'un brun noirâtre, avec la masse noire. La tête est noire, arrondie. Le corcelet est noir, couvert de quelques tubercules velus, très-noirs; avec une tache cendrée, de chaque côté, un peu en-dessous. Les élytres sont noires, avec des points enfoncés, rangés en stries, quelques tubercules couverts de poils courts, serrés, très-noirs; & toute la partie postérieure blanchâtre. Le dessous du corps est noir. Les pattes sont mélangées de noir & de cendré. Les cuisses ont une dent à peine marquée.

Il se trouve en Europe, sur la Patience.

172. CHARANSON irroré.

CURCULIO irroratus.

Curculio longirostris femoribus dentatis albus supra fuscus albo maculatus, femoribus fusco annulatis. FAB. *Mant. inf. tom.* 1. *pag.* 106. *n°.* 110.

Il ressemble au précédent, pour la forme & la grandeur. La tête est mélangée de blanc & de noir. La trompe est noire. Le corcelet & les élytres sont lisses, noirs, parsemés de petits points blancs. Le corps est blanc. Les pattes sont blanches. Les cuisses sont dentées & marquées de deux points blancs.

Il se trouve à Cayenne.

173. CHARANSON sixmoucheté.

CURCULIO sexguttatus.

Curculio longirostris femoribus dentatis, niger, elytris maculis tribus albis. Ent. ou hist. nat. des inf. CHARANSON. *Pl.* 14. *fig.* 170.

Curculio sexguttatus. FAB. *Syst. ent. pag.* 138. *n°.* 62. — *Sp. inf. tom.* 1. *pag.* 176. *n°.* 87. — *Mant. inf. tom.* 1. *pag.* 106. *n°.* 111.

Curculio ovalis. DRURY. *Illust. of inf. tom.* 2. *pl.* 33. *fig.* 1. 2.

Il est plus petit que le *Charanson* de la Patience. Les antennes sont noires & coudées. La trompe est cylindrique, courbée, de la longueur du corcelet, noire, avec un peu de blanc à la partie supérieure. Le corcelet est arrondi, noir, avec une grande tache blanche de chaque côté. L'écusson est noir & petit. Les élytres sont noires avec trois grandes taches blanches sur chaque. Le dessous du corps est noir, avec les côtés de la poitrine & les bords de l'abdomen blancs. Les pattes sont noires, avec un peu de blanc sur les cuisses. Toutes les cuisses sont armées d'une dentelure ou épine.

Il se trouve dans l'Amérique méridionale, à la Jamaïque.

174. CHARANSON luride.

CURCULIO luridus.

Curculio longirostris femoribus dentatis, ovatus obscure niger, elytris punctato-striatis. Ent. ou hist. nat. des inf. CHARANSON. *Pl.* 14. *fig.* 175.

Curculio luridus. FAB. *Syst. ent. pag.* 138. *n°.* 63. — *Sp. inf. tom.* 1. *pag.* 176. *n°.* 88. — *Mant. inf. tom.* 1. *pag.* 106. *n°.* 112.

Il ressemble pour la forme & la grandeur, au *Charanson* de la Patience. Tout le corps est d'un noir obscur très-foncé. L'extrémité des antennes est cendrée noirâtre. La trompe est presque de la longueur du corcelet, & l'insecte la porte collée contre la poitrine. La tête est petite, arrondie, chagrinée, avec une petite ligne élevée, longitudinale. Les yeux ne sont point saillans. Le corcelet est arrondi, chagriné, avec une ligne longitudinale élevée, peu marquée. L'écusson est à peine apparent. Les élytres ont des rangées de points oblongs, enfoncés, qui forment des stries qui se joignent deux à deux, à leur partie postérieure. Les jambes sont fortement pointillées. Les cuisses sont armées d'une dent, assez courte.

Il se trouve dans la nouvelle-Hollande.

175. CHARANSON stolide.

CURCULIO stolidus.

Curculio longirostris, femoribus dentatis, fuscus, tibiis posticis incurvis dentatis. Ent. ou hist. nat. des inf. CHARANSON. *Pl.* 12. *fig.* 115.

Curculio stolidus. FAB. *Sp. inf. tom.* 1. *pag.* 176. *n°.* 89. — *Mant. inf. tom.* 1. *pag.* 106. *n°.* 113.

Il est de grandeur moyenne. Les antennes sont noires. Tout le corps est obscur, & plus ou moins couvert de petites écailles d'un gris roussâtre. La trompe est noire, presque de la longueur du corcelet. La tête est couverte d'écailles roussâtres obscures. Les yeux sont bruns, petits, & point saillans. Le corcelet est arrondi & chagriné. L'écusson est petit, à peine apparent, couvert de poils roussâtres, très-courts. Les élytres ont des stries régulières, dans lesquelles il y a quelques points enfoncés. Le dessous du corps est tout couvert d'écailles cendrées roussâtres. Les pattes sont couvertes des mêmes écailles. Les cuisses sont armées d'une dent. Les jambes postérieures sont courtes, un peu courbées, & armées d'une dent à la partie interne & d'une autre à la partie externe, vers l'extrémité.

Il se trouve au cap de Bonne-Espérance.

176. CHARANSON frigide.

CURCULIO frigidus.

Curculio longirostris, femoribus dentatis fuscus, elytris striatis subtuberculatis ferrugineo variis. FAB. *Mant. inf. app. pag.* 381.

Il est de grandeur moyenne, & il ressemble un peu au précédent. La tête est noirâtre, avec un point ferrugineux, à la base de la trompe, & une ligne blanchâtre à la partie supérieure. Le corcelet est arrondi, noir, avec un ou deux points ferrugineux & une ligne longitudinale de la même couleur, à la partie supérieure. Les élytres ont des stries pointillées; elles sont un peu tuberculées, noires, mélangées de ferrugineux: cette dernière couleur forme presque trois bandes. Les pattes sont pâles & les cuisses sont dentées.

Il se trouve à Amboine.

177. CHARANSON méditatif.

CURCULIO meditabundus.

Curculio longirostris, femoribus dentatis, elytris striatis postice acuminatis. Ent. ou hist. nat. des inf. CHARANSON. *Pl.* 11. *fig.* 132.

Curculio meditabundus. FAB. *Syst. entom. pag.* 139. *n°.* 64. — *Sp. inf. tom.* 1. *pag.* 176. *n°.* 90. — *Mant. inf. tom.* 1. *pag.* 106. *n°.* 114.

Il est à-peu-près de la grandeur du *Charanson* de la Patience. Il est tout noir, & point du tout luisant. Les antennes sont coudées. La trompe est mince, cylindrique, presque de la longueur du corcelet. La tête est arrondie, & les yeux ne sont pas saillans. Le corcelet est chagriné & un peu sinué postérieurement. L'écusson est arrondi & très-petit. Les élytres sont striées, elles ont des points enfoncés dans les stries; leur extrémité est terminée en pointe très-aigue. Les cuisses sont armées d'une épine. Les jambes sont un peu arquées, & terminées par un ongle assez fort. Vu à la loupe, tout le corps paroît couvert de petites écailles noires, imbriquées.

Il se trouve dans la nouvelle-Hollande.

178. CHARANSON stupide.

CURCULIO stupidus.

Curculio longirostris, femoribus dentatis, niger, thoracis lateribus rotundatis, elytris subspinosis. Ent. ou hist. nat. des inf. CHARANSON. *Pl.* 12. *fig.* 151.

Curculio stupidus. FAB. *Syst. ent. p.* 139. *n°.* 65. — *Sp. inf. t.* 1. *p.* 177. *n°.* 91. — *mant. inf. t.* 1. *p.* 107. *n°.* 115.

Il est de la grandeur du *Charanson* méditatif, mais plus large, ce qui lui donne une forme ovale. Tout le corps est noir & point du tout luisant. Les antennes sont coudées. La trompe est un peu plus courte que le corcelet; elle est raboteuse, avec quelques lignes longitudinales élevées, irrégulières, & l'insecte la porte colée contre son corps. La tête est petite, & les yeux ne sont pas du tout saillans; elle est chagrinée. Le corcelet est aussi large que les élytres, il est arrondi sur les côtés, & coupé droit postérieurement. L'écusson manque entièrement. Les élytres sont raboteuses; elles ont des lignes longitudinales un peu élevées, sur lesquelles il y a des tubercules élevés, un peu pointus. Les pattes sont fortement pointillées: il y a quelques poils rares, très-courts. Les cuisses sont armées d'une épine, & les jambes postérieures sont plus longues que les autres & un peu arquées.

Il se trouve dans la nouvelle-Hollande.

179. CHARANSON du Manglier.

CURCULIO Mangiferæ.

Curculio longirostris, femoribus dentatis, griseus, thorace linea, punctisque duobus dorsalibus albis. Ent. ou hist. nat. des inf. CHARANSON. *Pl.* 11. *fig.* 137.

Curculio Mangiferæ. FAB. *Syst. ent. p.* 139. *n°.* 66. — *Sp. inf. tom.* 1. *pag.* 177. *n°.* 92. — *Mant. inf. tom.* 1. *pag.* 107. *n°.* 116.

Curculio Mangiferæ. Naturf. 24. *pag.* 46. *n°.* 12. *tab.* 2. *fig.* 13.

Il ressemble un peu pour la forme & la grandeur, au *Charanson* de la Patience. Tout le corps est grisâtre, obscur. La trompe est cylindrique, mince, courbée, presque de la longueur du corcelet; elle est grise, avec l'extrémité noire. Les antennes sont noires, coudées. La tête est arrondie, & les yeux sont noirs, point saillans. Le corcelet a une ligne longitudinale, au milieu, grise: les points blancs manquent dans les espèces que j'ai vues. L'écusson est blanchâtre, arrondi, très-petit. Les élytres sont striées, & dans chaque strie il y a des points enfoncés assez grands. Les cuisses sont légèrement dentées.

Il se trouve aux Indes Orientales. La larve vit dans les noyaux des fruits du Manglier.

180. CHARANSON folâtre.

CURCULIO stultus.

Curculio longirostris femoribus dentatis griseus, elytris maculâ communi lunatâ cinereâ, rostro atro. FAB. *Mant. inf. tom.* 1. *pag.* 107. *n°.* 117.

Il est un peu plus petit que le *Charanson* du Manglier. La trompe est mince, alongée, courbée & noire. Le corcelet est gris, couvert de points élevés qui le font paroître raboteux. Les élytres sont striées, grises, avec une grande tache postérieure, commune aux deux élytres, cendrée, en forme de croissant. Les pattes sont grises & les cuisses sont dentées.

Il se trouve sur la côte de Coromandel.

181. CHARANSON oculé.

CURCULIO ocellatus.

Curculio longirostris femoribus dentatis niger, elytris maculâ ocellari atrâ. Ent. ou hist. nat. des inf. CHARANSON. *Pl.* 3. *fig.* 31.

VOET. *Coleopt. pars* 2. *tab.* 58. *fig.* 29.

Il a environ cinq lignes de long, depuis la tête jusqu'à l'extrémité du corps. Les antennes sont noires, coudées. La trompe est noire, luisante, de la longueur du corcelet. Tout le corps est, d'un noir obscur. Les élytres ont chacune vers le milieu, une tache très-noire, veloutée, entourée d'un cercle d'un fauve obscur. Les pattes sont de la couleur du corps & les cuisses sont dentées.

Il se trouve dans l'Amérique méridionale.

182. CHARANSON squalide.

CURCULIO squalidus.

Curculio longirostris, femoribus dentatis, villoso-griseus, rostro testaceo. Ent. ou hist. nat. des inf. CHARANSON. *Pl.* 15. *fig.* 184. a. b.

Curculio squalidus. FAB. *Sp. inf. tom.* 1. *pag.* 177. *no.* 93. — *Mant. inf. tom.* 1. *pag.* 107. *n°.* 118.

Il ressemble entièrement pour la forme & la grandeur au *Charanson* du Verbascum. Les antennes sont ferrugineuses & coudées. La trompe est ferrugineuse, cylindrique, un peu courbée, mince, plus longue que le corcelet. La tête est obscure arrondie, avec une très-petite ligne longitudinale élevée. Les yeux sont noirs & point saillans. Le corcelet est obscur, avec trois lignes longitudinales grises, peu marquées. L'écusson est blanchâtre, alongé, petit. Les élytres sont striées; elles sont d'un gris brun, sans taches. Le dessous du corps est grisâtre. Les pattes sont ferrugineuses foncées, avec des poils courts, gris. Tout le corps est couvert de petites écailles imbriquées.

Il se trouve à Surinam.

183. CHARANSON germain.

CURCULIO germanus.

Curculio longirostris femoribus dentatis ater, thorace utrinque punctis duobus testaceis. Ent. ou hist. nat. des inf. CHARANSON. *Pl.* 4. *fig.* 43. a. b.

Curculio germanus. FAB. *Syst. ent. pag.* 139. *n°.* 67. — *Sp. inf. tom.* 1. *pag.* 177. *n°.* 94. — *Mant. inf. tom.* 1. *pag.* 107. *n°.* 115.

Curculio longirostris femoribus subdentatis, corpore ovato nigro punctis testaceis adspersso. LIN. *Syst. nat. pag* 613. *n°.* 58.

Curculio niger apterus, thorace utrinque puncto duplici fulvo, basi pilis fulvis coronata. GEOFF. *inf. tom.* 1. *pag.* 291. *n°.* 34.

Le *Charanson* à corcelet couronné. GOEFF. *Ib.*

FRICH. *Inf.* 13. *pag.* 28. *tab.* 26.

Curculio germanus. Scop. ann. 5. *hist. nat. p.* 91. *n°.* 44.

Curculio germanus. SULZ. *Hist. inf. tab.* 4. *fig.* 8.

SCHAEFF. *Icon. inf. tab.* 15. *fig.* 2. ?

Curculio germanus. SCHRANK. *Enum. inf. aust.* no. 210.

Curculio germanus. LAICHART. *Tom.* 1. *p.* 204. *n°.* 1.

Curculio coronatus. FOURC. *Ent. par.* 1. *pag.* 126. *n°.* 34.

Curculio germanus. VILL. *Ent. tom.* 1. *pag.* 195. *n°.* 92.

Il a environ cinq à six lignes de long, depuis la tête jusqu'à l'extrémité du corps. La trompe est assez grosse, presque de la longueur du corcelet. Tout le corps est noir, luisant. Le corcelet est arrondi, finement chagriné, avec deux petits points cendrés, de chaque côté; le bord postérieur est quelquefois cendré. Les élytres sont chagrinées, ordinairement sans taches. Le dessous du corps a quelques taches cendrées. Les pattes sont noires, luisantes, sans taches. Les cuisses sont dentées.

Il se trouve dans toute l'Europe.

184. CHARANSON charbonier.

CURCULIO carbonarius.

Curculio longirostris, femoribus omnibus dentatis, corpore nigro oblongo, elytris striatis. LIN. *Syst. nat. pag.* 612. *n°.* 48. — *Faun. suec. n°.* 614.

Curculio carbonarius. FUESL. *Archiv. inf.* 5. *p.* 27. *n°.* 47. *tab.* 27. *fig.* 21.

Curculio carbonarius. SCOP. *Ent. carn. n°.* 79.

Il est presque de la grandeur du Charanson Sapin; tout le corps est noir. La trompe est alongée. Les antennes sont coudées, légèrement velues à leur extrémité. Le corcelet a des points enfoncés, irréguliers. Les élytres ont des stries pointillées. Les cuisses sont dentées.

Il se trouve en Europe.

185. CHARANSON de la Scrophulaire.

Curculio Scrophulariæ.

Curculio longirostris subglobosus, coleoptris maculis duabus atris dorsalibus.

Curculio Scrophulariæ. LIN. *Syst. nat. pag.* 614. *n°.* 61. — *Faun. suec. n°.* 603.

Curculio punctis duobus nigris thorace exalbido. LIN. *Faun. suec. ed.* 1. *n°.* 460.

Curculio longirostris, femoribus dentatis, coleoptris maculis duabus dorsalibus atris. FAB. *Syst. ent. p.* 140. *n°.* 68. — *Sp. inf. t.* 1. *p.* 177. *no.* 95. — *Mant. inf. tom.* 1. *pag.* 107. *n°.* 120.

Curculio subglobosus, cinereus punctis duobus, nigris sutura longitudinalis coleoptrorum. GEOFF. *Inf. tom.* 1. *pag.* 298. *n°.* 45.

Le *Charanson* gris de la Scrophulaire. GEOFF. *Ib.*

Curculio longirostris, antennis fractis, femoribus dentatis, corpore subgloboso fusco griseove, coleoptris maculis duabus rotundis nigris dorsalibus. DEG. *Mem. inf. tom.* 5. *pag.* 208. *n°.* 3. *pl.* 6. *fig.* 17. 18. 19. & 20.

Charanson *de la Scrophulaire*, à longue trompe à antennes coudées & à cuisses dentelées, à corps court brun ou gris, avec deux taches circulaires noires, sur les étuis. DEG. *Ib.*

REAUM. *Mem. inf. tom.* 3. *pl.* 2. *fig.* 12.

Scarabæus exiguus cinereus duabus maculis nigris in alarum thecis insignitus. LIST. *Inf. pag.* 395. *tit.* 35.

Curculio Scrophulariæ. SCHRANK. *Enum. inf. aust. n°.* 215.

Curculio Scrophulariæ. LAICHART. *Inf. t.* 1. *pag.* 224. *n°.* 18.

Curculio hortulanus. FOURC. *Entom. par.* 1. *pag.* 129. *n°.* 48.

Curculio Scrophulariæ. VILL. *Ent. tom.* 1. *pag.* 197. *n°.* 95.

Cet insecte a une forme globuleuse. La trompe est mince, noire, plus longue que le corcelet. Les antennes sont brunes, avec la masse qui les termine, cendrée. Le corcelet est gris, sans taches. Les élytres sont grises, avec deux taches noires sur la suture, l'une vers la base & l'autre vers l'extrémité, & des lignes longitudinales formées par des points noirs & des points gris. Le dessous du corps & les pattes sont gris.

La couleur de cet insecte est due à des poils courts serrés.

Ce Charanson vit sur la Scrophulaire nommée *Scrophularia nodosa.* LIN. *Flor. suec.* Pour peu qu'on touche à la plante, il se laisse tomber, & imite le mort comme bien d'autres Charansons. La larve vit également sur la Scrophulaire, on l'y trouve en grande quantité au mois de juillet. Elle ronge les feuilles de cette plante, dont elle ne détache quelquefois que la substance du dessous de la feuille, mais souvent elle les perce d'outre en outre. Elle se tient ordinairement sur le dessous des feuilles, comme pour se mettre à couvert des rayons du soleil & de la pluye. Souvent elle dévore les fleurs & même les capsules de la graine. Elle est d'un blanc verdâtre & quelquefois d'un vert sale, ayant une tête écailleuse noire, deux petites plaques noires également écailleuses sur le premier anneau du corps, mais point de pattes. Elle a un air dégoutant parce que le corps est toujours couvert & enduit d'une couche de matière humide & gluante, qui l'aide à se tenir fixée sur la feuille ou sur la tige où elle marche, ce qu'elle exécute uniquement par le mouvement des anneaux. Quant on la force à jeuner long-temps, le corps s'affaisse & devient tout ridé, mais ces rides s'effacent à mesure qu'elle se nourrit. Pour se transformer elle se construit une coque brune ronde, en forme de boule, & semblable à une petite vessie qu'elle attache fortement à la feuille ou à la tige. Quoique très-mince, cette coque est assez forte & a une espèce d'élasticité : il y a apparence qu'elle est composée de la matière gluante du corps de la larve ; car sèchée, elle est friable comme une gomme sèche : peut-être qu'elle est encore mêlée de soye. Elle est un peu transparente, & l'on peut y distinguer l'insecte qui s'y transforme en nymphe & puis en Charanson. Quant celui-ci doit sortir de sa coque, il en détache avec ses dents une grande portion en forme de segment de sphère ou de calotte, qui laissant une grande ouverture, lui donne un passage libre. La calotte reste quelquefois attachée à la coque par une petite portion, & représente alors un couvercle à charnière, mais le plus souvent elle tombe entièrement. On trouve souvent ensemble sur la même plante, des larves, des coques, & des Charansons de différens âges.

Il se trouve dans toute l'Europe.

186 CHARANSON du Verbascum.

CURCULIO *Verbasci.*

Curculio longirostris femoribus dentatis niger, thoracis lateribus flavescentibus, elytris punctis albis nigrisque alternis striatis. FAB. *Mant. inf. tom.* 1. *pag.* 107. *n°.* 121.

Curculio subglobosus niger, punctis duobus atris, sutura longitudinalis coleoptrorum, thorace exalbido. GEOFF. *inf. tom.* 1. *pag.* 296. *n°.* 44.

Le Charanson à lozange de la Scrophulaire. GEOFF. *Ib.*

Curculio tuberculosus. SCOP. *Ent. carn. n°.* 80.

Curculio Scrophularis. FOURC. *Ent. par.* 1. *pag.* 129. *n°.* 47.

Il est à-peu-près de la grandeur du *Charanson* de la Scrophulaire, auquel il ressemble beaucoup. La trompe est noire, mince, un peu plus longue que le corcelet. La tête est noire, arrondie. Le corcelet est noir à la partie supérieure, roussâtre de chaque côté. Les élytres sont noires, avec plusieurs rangées

gées de points très-noirs, élevés, un point très-noir, vers la base, au milieu de la suture, un point blanchâtre derrière le point noir, & un autre moins marqué vers l'extrémité.

Il se trouve en France, à Kiell, sur le Verbascum. Il est commun en Provence sur la Scrophulaire.

187. CHARANSON grave.

CURCULIO gravis.

Curculio longirostris, femoribus dentatis, niger, elytris ferrugineo variegatis, femoribus canaliculatis. Ent. ou hist. nat. des inf. CHARANSON. *Pl.* 14. *fig.* 177. a. b.

Curculio gravis. FAB. *Syst. ent. p.* 140. *n°.* 69. — *Sp. inf. tom.* 1. *p.* 178. *n°.* 96. — *Mant. inf. tom.* 1. *p.* 107. *n°.* 122.

Il est de la grandeur du *Charanson* des Noix. La trompe est noire, raboteuse, de la longueur du corcelet. Les antennes sont noires & coudées. La tête est petite, arrondie, noirâtre, raboteuse. Les yeux sont noirs & point saillans. Le corcelet est noir, raboteux, avec trois lignes longitudinales effacées, ferrugineuses. L'écusson est petit & blanchâtre. Les élytres sont raboteuses, striées, avec des points enfoncés dans les stries : elles sont obscures avec quelques taches irrégulières ferrugineuses ; cette couleur est due à de petites écailles imbriquées. Le dessous du corps est obscur, avec quelques écailles d'un gris roussâtre. Les pattes sont obscures, avec quelques poils grisâtres. Les cuisses ont un sillon longitudinal à leur partie inférieure, & elles sont armées d'une dent.

Il se trouve au Cap de Bonne-Espérance.

188. CHARANSON cinq-points.

CURCULIO quinquepunctatus.

Curculio longirostris, femoribus dentatis, elytris sutura alba maculisque duabus. LIN. *Syst. nat. p.* 614. *n°* 64. — FAUN. *Suec. n°.* 618.

Curculio quinquepunctatus *longirostris, femoribus dentatis, elytris sutura punctisque duobus albis.* FAB. *Syst. ent. pag.* 140. *n°.* 70. — *Sp. inf. tom.* 1. *pag.* 178. *n°.* 97. — *Mant. inf. tom.* 1. *pag.* 107. *n°.* 123.

Curculio quinquepunctatus. FUESL. *Archiv. inf.* 5. *pag.* 75. *n°.* 40. *tab.* 24. *fig.* 18. *g.*

Il a environ deux lignes de long, depuis la tête jusqu'à l'anus, & il a une forme alongée. La trompe est mince, de la longueur du corcelet. Les antennes sont brunes. Tout le corps est d'un brun luisant, quelquefois bronzé. Le corcelet a une ligne longitudinale blanche, à sa partie supérieure. Les élytres sont finement striées ; elles ont la suture blanche & deux points blancs oblongs, sur chaque élytre. Le dessous du corps est cendré. Les cuisses sont armées d'une forte dent.

Il se trouve au nord de l'Europe, aux environs de Paris.

189. CHARANSON gouttelete.

CURCULIO guttula.

Curculio longirostris, femoribus dentatis, thorace tuberculato niger, elytris striatis : puncto postico albo. FAB. *Mant. inf. tom.* 1. *pag.* 107. *n°.* 124.

Curculio subglobosus, squamosus, cinereo-fuscus, elytrorum maculis tribus & apice albis. GEOFF. *Inf. tom.* 1. *pag.* 299. *n°.* 47.

Le *Charanson* brun à points blancs. GEOFF. *Ib.*

Curculio Urticæ. SCOP. *Ent. carn. n°.* 83.

Curculio Urticæ. SCHRANK. *Enum. inf. aust. n°.* 216.

Curculio tripunctatus. FOURC. *Ent. par.* 1. *p.* 130, *n°.* 50.

Il est deux fois plus petit que le *Charanson* de la Scrophulaire. La trompe est mince, courbée, un peu plus longue que le corcelet. Les antennes sont brunes, avec la masse qui les termine, noirâtre. Le corcelet est noir, avec les côtés & le dessous cendré ; il a une ligne longitudinale un peu enfoncée, au milieu, & un tubercule presque épineux, de chaque côté. Les élytres sont striées, noires, avec quelques écailles blanches, & un point blanchâtre plus ou moins marqués, vers l'extrémité, & l'extrémité quelquefois blanchâtre. Les pattes sont brunes, & les cuisses sont dentées, & couvertes de quelques écailles cendrées.

Il se trouve en Europe, sur l'Ortie.

190. CHARANSON didyme.

CURCULIO didymus.

Curculio longirostris, femoribus dentatis, supra fuscus, elytris striatis, macula laterali transversa alba. FAB. *Sp. inf. tom* 1. *p.* 178. *n°.* 98. — *Mant. inf. tom.* 1. *pag.* 108. *n°.* 125.

Il est petit. Le dessus du corps est noirâtre & le dessous est gris. La trompe est alongée, noire. Les élytres sont obscures, fortement striées, avec une tache transversale blanche, formée de trois points. Les cuisses sont fortement dentées.

Il se trouve en Allemagne.

191. CHARANSON hémorrhoïdal.

CURCULIO hæmorrhoidalis.

Curculio longirostris, femoribus dentatis, thorace fusco : lateribus cinerescentibus, elytrorum sutura apice ferruginea. FAB. *Syst. ent. pag.* 140. *n°.* 71. — *Sp. inf. tom.* 1. *pag.* 178. *n°.* 99. — *Mant. inf. tom.* 1. *p.* 108. *n°.* 126.

Il eſt de la grandeur du *Charanſon* de la Scrophulaire. Les antennes ſont brunes, noirâtres & coudées. La trompe eſt noire, un peu chagrinée, preſque de la longueur du corcelet. La tête eſt arrondie, noire, chagrinée. Les yeux ſont noirs & point ſaillans. Le corcelet eſt chagriné ; il eſt noir, avec les côtés couverts d'une pouſſière d'un gris ferrugineux. L'écuſſon eſt oblong, arrondi poſtérieurement & noir. Les élytres ont des ſtries régulieres, dans leſquelles il y a une ſuite de gros points enfoncés ; elles ſont d'un brun noir, avec la ſuture poſtérieurement & l'extrémité, couvertes d'une pouſſière écailleuſe, ferrugineuſe. Le deſſous du corps eſt noir, & couvert de petites écailles griſes ou ferrugineuſes. Les pattes ſont brunes, noirâtres, avec des écailles griſâtres. Les cuiſſes ſont armées d'une épine.

Il ſe trouve dans la nouvelle-Hollande.

192. CHARANSON trimaculé.

CURCULIO trimaculatus.

Curculio longiroſtris, femoribus dentatis, coleoptris nigris, maculis ribus cinereis, poſtica communi lunata. FAB. *Syſt. ent. pag.* 141. *n°.* 72. — *Sp. inf. tom.* 1. *pag.* 178. *n°.* 100. — *Mant. inf. tom.* 1. *p.* 108. *n°.* 127.

La tête eſt noire, ſans taches. Le corcelet eſt noirâtre en-deſſus, avec une tache de chaque côté, cendrée, vers le bord antérieur, & une ligne longitudinale brune, ſur le dos. Les élytres ſont noirâtres, avec la ſuture brune, à la baſe, un petit point blanc, une grande tache blanche, au milieu du bord extérieur, & une autre en croiſſant, vers l'extrémité. La poitrine & l'abdomen ſont cendrés. Les cuiſſes ſont dentées, noirâtres, avec un cercle cendré.

M. Fabricius dit avoir reçu un individu de Suède, qui avoit une grande tache commune aux deux élytres, placée vers le milieu, indépendamment de celles dont nous venons de parler.

Il ſe trouve dans l'Alſace.

193. CHARANSON petite-ligne.

CURCULIO li[illegible]a.

Curculio lo[illegible]ſtris, femoribus dentatis, albo q[illegible]e [illegible], roſtro atro. FAB. *Syſt. ent. p.* 141. *n°.* 73. — *Sp. inſ. tom.* 1. *pag.* 178. *n°.* 101. — *Mant. inſ. tom.* 1. *pag.* 108. *n°.* 128.

Il reſſemble au *Charanſon* trimaculé. La trompe eſt très-noire. Le corcelet a une ligne longitudinale au milieu, noire, une petite ligne blanche antérieurement, & un point blanc poſtérieurement.

Il ſe trouve en Europe.

194. CHARANSON velu.

CURCULIO villoſus.

Curculio longiroſtris, femoribus dentatis, villoſus griſeus, ſcutello faſciaque elytrorum poſtica albis. FAB. *Sp. inſ. tom.* 1. *pag.* 178. *n°.* 102. — *Mant. inſ. tom.* 1. *p.* 108. *n°.* 129.

Curculio villoſus. FUESL. *Archiv. inſ.* 5. *pag.* 75. *no.* 41. *tab.* 24. *fig.* 19.

Il eſt de la grandeur du précédent. La trompe eſt avancée, cylindrique, noire. Le corcelet eſt gris, avec une ligne longitudinale blanchâtre. Les élytres ſont griſes, avec une bande blanche oblique, vers la partie poſtérieure, qui ne touche point au bord extérieur. Les pattes ſont griſes, & toutes les cuiſſes ſont dentées.

Il ſe trouve en Allemagne.

195. CHARANSON du Beccabunga.

CURCULIO Beccabungæ.

Curculio longiroſtris fuſcus elytris ſubſanguineis margine anoque fuſcis. LIN. *Syſt. nat. pag.* 611. *n°.* 41. — *Faun. ſuec. n°.* 607.

Curculio Beccabungæ *longiroſtris femoribus dentatis niger, elytris rufis : margine omni nigro.* FAB. *Mant. inſ. t.* 1. *p.* 108. *no.* 130.

Il eſt petit, noir. La trompe eſt alongée, arquée, noire. Le corcelet eſt obſcur. Les élytres ſont ſtriées, rougâtres, avec la ſuture & le bord extérieur noirs. Les pattes ſont noires, & les cuiſſes ſont dentées.

Il ſe trouve en Europe, ſur la Véronique d'eau *Veronica Beccabunga.*

196. CHARANSON troglodyte.

CURCULIO troglodytes.

Curculio longiroſtris, femoribus dentatis, fuſcus, thorace linea dorſali cinerea, elytris, pedibuſque teſtaceis. FAB. *Mant. inſ. tom.* 1. *p.* 108. *n°.* 131.

Il eſt petit. La tête eſt obſcure. Les antennes ſont un peu teſtacées. Le corcelet eſt obſcur, avec une ligne longitudinale blanchâtre, au milieu. Les élytres ſont ſtriées, preſque teſtacées, avec la ſuture noire. Les pattes ſont teſtacées.

Il ſe trouve à Kiell.

197. CHARANSON très-atre.

Curculio aterrimus.

Curculio longirostris, femoribus dentatis, ater, elytris nitidis. FAB. *Syst. ent. pag.* 141. *n°.* 74. — *Sp. ins. tom.* 1. *p.* 179. *n°.* 103. — *Mant. ins. tom.* 1. *pag.* 108. *n°.* 132.

Curculio aterrimus *longirostris ater, elytris nitidis.* LIN. *Syst. nat. p.* 607. *n.* 10. — *Faun. suec. n°.* 582.

Il est très-petit. Tout le corps est très-noir. Les élytres sont ovales, avec des stries pointillées. Les cuisses sont dentées.

Il se trouve en Europe.

198. CHARANSON du Cerisier.

Curculio Cerasi.

Curculio longirostris, femoribus dentatis, ater, thorace utrinque spina porrecta, elytris striato-punctatis.

Curculio Cerasi longirostris, ater, elytris opacis oblongis. LIN. *Syst. nat. pag.* 607. *n°.* 11. — *Faun. suec. n°.* 583. — *It. scan.* 355.

Curculio Cerasi. FAB. *Syst. ent. pag.* 141. *n°.* 75. — *Sp. ins. t.* 1. *p.* 179. *n.* 104. — *Mant. ins. t.* 1. *pag.* 108. *n°.* 133.

Curculio niger, thorace utrinque dentato. GEOFF. *ins. tom.* 1. *pag.* 299. *n°.* 48.

Le *Charanson* noir à corcelet armé. GEOFF. *Ib.*

FRISCH. *Ins. tom.* 11. *p.* 31. *tab.* 23. *fig.* 1. 3.

Curculio Cerasi. SCOP. *Ent. carn. n°.* 84.

Curculio Cerasi. VILL. *Ent. tom.* 1. *pag.* 175. *n°.* 8.

Curculio armiger. FOURC. *Ent. par.* 1. *pag.* 130. *n°.* 51.

Curculio Cerasi. FUESL. *Archiv. ins.* 5. *pag.* 75. *n°.* 42.

Il varie pour la grandeur. Il a depuis une ligne & demie jusqu'à deux lignes & demie de long, depuis la tête jusqu'à l'extrémité du corps. Il est entièrement noir, sans taches. Le corcelet est pointillé & armé d'une dent de chaque côté antérieurement. Les élytres sont fortement striées, & les stries sont pointillées. Les cuisses sont dentées.

Le corcelet de l'un des deux sexes est arrondi, sans dents, & les cuisses sont simples.

Il se trouve en Europe, sur les feuilles du Cérisier, du Poirier. Je l'ai trouvé très-commun au printems, dans les chantiers de Paris.

199. CHARANSON violet.

Curculio violaceus.

Curculio longirostris violaceus, femoribus dentatis, proboscide thoracis longitudine. LIN. *Syst. nat. pag.* 614. *n°.* 63. — *Faun. suec. n°.* 579.

Curculio violaceus *longirostris, femoribus dentatis violaceus totus.* FAB. *Syst. ent. pag.* 141. *n°.* 76. — *Sp. ins. tom.* 1. *pag.* 179. *n°.* 105. — *Mant. ins. tom.* 1. *pag.* 108. *n°.* 134.

Curculio violaceus *longirostris, antennis fractis, femoribus dentatis, corpore oblongo nigro-carulescente nitido, elytris striatis.* DEG. *Mém. ins. t.* 5. *pag.* 213. *n°.* 5.

Charanson *noir-bleuâtre*, à longue trompe, à antennes coudées & à cuisses dentelées, à corps oblong, d'un noir bleuâtre, luisant & à étuis canelés. DEG. *Ib.*

Curculio icosandriæ. SCOP. *Ent. carn. n°.* 85.

Curculio violaceus. LAICHART. *Ins. tom.* 1. *pag.* 207. *n°.* 14.

Bergstr. nomencl. 1. *pag.* 16. *n°.* 13. *tab.* 2. *fig.* 13.

Il a environ deux lignes & demie de long. La trompe est noire, mince, de la longueur du corcelet. Les antennes sont noires. Tout le corps est d'un bleu noirâtre, luisant. Le corcelet est d'un bleu violet, chagriné. Les élytres ont des stries, dans lesquelles on apperçoit des points enfoncés.

Il se trouve en Europe, sur les fleurs.

200. CHARANSON varié.

Curculio varius.

Curculio longirostris, femoribus dentatis, fusco-ferrugineus cinereo irroratus, rostro pedibusque ferrugineis femoribus macula nigra. Ent. ou hist. nat. des ins. CHARANSON. *Pl.* 15. *fig.* 181.

Curculio varius *longirostris femoribus omnibus dentatis, griseus nigroque varius rostro pedibusque rufis.* FAB. *Syst. ent. pag.* 142. *n°.* 79. — *Sp. ins. tom.* 1. *p.* 180. *n°.* 108. — *Mant. ins. tom.* 1. *pag.* 109. *n°.* 137.

VOET. *Coleopt. pars* 2. *tab.* 35. *fig.* 6.

Il est un peu plus grand que le *Charanson* des Noisettes. La trompe est ferrugineuse, mince, cylindrique, à-peu-près de la longueur du corps. Le corcelet est d'un brun ferrugineux, légèrement couvert de poils courts, cendrés, avec une ligne longitudinale, au milieu, cendrée. L'écusson est cendré. Les élytres sont striées, d'une couleur ferrugineuse, brune, & couvertes de poils courts, cendrés, qui les font paroître nébuleuses. Les pattes sont ferrugineuses. Les cuisses ont une tache obscure, & sont munies d'une dent.

Il se trouve à Cayenne.

201 CHARANSON des Noisettes.

CURCULIO Nucum.

Curculio longirostris femoribus dentatis, corpore griseo longitudine rostri. Ent. ou hist. nat. des inf. CHARANSON. *Pl. 5. fig. 47.* a. b.

Curculio Nucum. LIN. *Syst. nat. p. 613. n°. 59. — Faun. suec. n°. 616.*

Curculio Nucum. FAB. *Syst. ent. pag. 141. n°. 77. —Sp. inf. tom. 1. pag. 179. n°. 106.—Mant. inf. tom. 1. pag. 108. n°. 135.*

Curculio rufo-marmoratus, scutello cordato albo, proboscide subulatâ longissimâ. GEOFF. *Inf. tom. 1. pag. 295. n°. 42.*

Le Charanson trompette. GEOFF. *Ib.*

Curculio longirostris, antennis fractis, femoribus dentatis rufis, corpore oblongo nigro pilis viridi flavis. DEG. *Mem. inf. tom. 5. pag. 105. n°. 2.*

Charanson des *noisetres*, à très-longue trompe, à antennes coudées & à cuisses dentelées roussâtres, à corps ovale noir, avec des poils d'un jaune verdâtre. DEG. *Ib.*

Curculio ovatus griseus, rostro filiformi longitudine corporis. Uddm. differt. 24.

RŒSEL. *inf. tom. 3. Scar. terr. class. 4. tab. 67.*

SCHAEFF. *Icon. inf. tab. 50. fig. 4.*

SULZ. *inf. tab 3. fig. 22.*

Curculio Nucum. SCOP. *Ent. carn. n°. 105.*

PODD. *Mus. græc. pag. 29.*

Curculio Nucum. SCHRANK. *Enum. inf. aust. n°. 213.*

Curculio Nucum. FOURC. *Ent. par. 1. pag. 129. n°. 45.*

Curculio Nucum. VILL. *Ent. tom. 1. pag. 196. n°. 93.*

Il varie un peu pour la grandeur. Il a depuis trois jusqu'à trois lignes & demie de long, de la tête à l'extrémité du corps. La trompe est mince, courbée, brune, luisante, de la longueur de la moitié du corps. Les antennes sont minces, assez longues, brunes, avec les trois derniers articles cendrés. Tout le corps est couvert d'un léger duvet cendré, un peu plus clair dans quelques endroits. Les élytres sont striées. L'écusson est petit, grisâtre, bien distinct. Les pattes sont de la couleur du corps. Toutes les cuisses sont armées d'une forte dent.

La larve de ce Charanson vit dans les Noisettes dont elle ronge la substance intérieure ou le noyau. Elle est grosse & dodue, blanche & de la grandeur d'un grain d'orge. Elle a le corps très-garni de plis & de rides ou d'inégalités, qui forment vers les côtés, comme des mamelons ou tubercules élevés, de sorte que la peau est très-inégale. Quant elle est en repos, elle a le corps courbé en arc & souvent plié en double, de façon que la tête touche au derrière. La tête qui est écailleuse & d'un brun jaunâtre, luisante, est ronde & garnie de deux grosses dents, ayant en-dessous une lèvre charnue, à laquelle sont attachés vers les côtés, deux espèces de barbillons applatis, mobiles, & en-devant, une petite pointe fine, qui paroît être une filière. La larve est absolument dépourvue de pattes, elle n'en a aucunes, quoiqu'en dise M. Rœsel, qui a prétendu qu'elle avoit au devant du corps, des pattes à crochets, quoiqu'a la vérité très-petites, & à peine visibles, comme s'exprime l'auteur; l'examen le plus scrupuleux ne peut y en découvrir la moindre apparence. Néanmoins la larve mise sur un plan uni, comme par exemple sur une table, peut changer de place, & marcher en quelque manière; mais cette démarche qui s'exécute uniquement par le mouvement vermiculaire des anneaux du corps & de leurs mamelons, se fait très-lentement, de sorte que la larve ne fait que glisser sur le plan de position. Parvenue à toute sa grandeur, elle perce la coque de la Noisette, d'un trou rond, & en sort pour se retirer dans la terre, où elle subit ses transformations.

Il se trouve dans toute l'Europe.

202. CHARANSON phalangiste.

CURCULIO phalangium.

Curculio longirostris femoribus dentatis ferrugineus pubescens, pedibus anticis longioribus.

VOET. *Coleopt. par. 2. tab. 35. fig. 4.*

Il est plus grand que le *Charanson* longue trompe. Les antennes sont noirâtres, coudées, assez longues. La trompe est brune, luisante, mince, presque de la longueur du corps. Le corcelet est arrondi. Tout le corps est pubescent & d'un brun ferrugineux. Les pattes sont assez longues, les antérieures le sont un peu plus que les autres. Les cuisses sont dentées.

Il se trouve ....

203. CHARANSON nasillard.

CURCULIO nasutus.

Curculio longirostris femoribus dentatis, elytris cinereis apice rufis, rostro brunneo longitudine corporis. Ent. ou hist. nat. des inf. CHARANSON. *Pl. 11. fig. 138.*

Il ressemble beaucoup au *Charanson* des Noisettes, mais il est un peu plus grand. Les antennes sont brisées, assez longues, & ferrugineuses. La trompe est cylindrique, mince, presque de la longueur du corps & brune luisante. La tête est brune, arrondie, & les yeux ne sont pas saillans. Le corcelet est cendré, un peu obscur. L'écusson est petit, arrondi postérieurement, un peu relevé, cendré. Les élytres sont cendrées, & leur extrémité est d'un brun roussâtre ; l'angle latéral antérieur est assez saillant. On y remarque quatre lignes longitudinales élevées entre lesquelles il y a deux rangées peu marquées de points enfoncés. Le dessous du corps est brun. Les pattes sont d'un brun roussâtre, un peu cendré, avec les cuisses armées d'une épine assez forte. Les pattes antérieures sont un peu plus longues que les autres.

Il se trouve ....

204. CHARANSON longue trompe.

CURCULIO proboscideus.

Curculio longirostris femoribus dentatis griseus, rostro corpore duplo longiore. Ent. ou hist. nat. des inf. CHARANSON. *Pl.* 11. *fig.* 127.

Curculio proboscideus. FAB. *Syst. ent. pag.* 141. *n°.* 78. — *Sp. inf. tom.* 1. *pag.* 180. *n°.* 107. —*Mant. inf. tom.* 1. *pag.* 108. *n°.* 136.

Il ressemble beaucoup au *Charanson* des Noisettes, mais il est un peu plus long. Les antennes sont minces, coudées, noires, brunes à leur base. La trompe est mince, droite, un peu courbée à l'extrémité, brune noirâtre & plus longue que le corps. La tête est arrondie, grisâtre, avec les yeux noirs. Tout le corps est couvert de poils courts, d'un gris roussâtre. L'écusson est très-petit & de la couleur du corps. Les élytres ont des stries régulières. Les cuisses sont armées d'une dent.

Il se trouve dans l'Amérique septentrionale.

205. CHARANSON trompette.

CURCULIO haustellatus.

Curculio longirostris, femoribus dentatis, castaneus, elytris striatis, rostro corpore quadruplo longiore. Ent. ou hist. nat. des inf. CHARANSON. *Pl.* 14. *fig.* 171.

Il ressemble au *Charanson* des Noisettes, mais il est un peu plus étroit. La trompe est mince, courbée, trois fois plus longue que le corps. Les antennes sont coudées & insérées vers la base de la trompe. Tout le corps est d'une couleur de marron, les yeux seuls sont noirs, arrondis, un peu saillans. Le corcelet est arrondi. L'écusson est petit & arrondi postérieurement. Les élytres sont striées. Les cuisses sont très-légèrement dentées.

Il se trouve au Cap de Bonne-Espérance.

206. CHARANSON agréable.

CURCULIO amœnus.

Curculio longirostris femoribus dentatis ater, thorace punctis duobus, coleoptris quinque niveis. Ent. ou hist. nat. des inf. CHARANSON. *Pl.* 12. *fig.* 143. a. b.

Curculio amœnus. FAB. *Syst. ent. pag.* 142. *n°.* 81. — *Sp. inf. tom.* 1. *pag.* 180. *n°.* 110.—*Mant. inf. tom.* 1. *pag.* 109. *n°.* 139.

Il ressemble beaucoup pour la forme du corps, au *Charanson* des Noisettes, mais il est deux ou trois fois plus petit. Les antennes sont noires & coudées. Tout le corps est très-noir. La trompe est mince, cylindrique, un peu courbée, de la longueur du corps. La tête est arrondie, noire, avec un peu de blanc sur le front, entre les yeux. Le corcelet est noir, avec un peu de blanc sur le bord latéral antérieur & deux points sur le bord postérieur. L'écusson est noir, petit & arrondi. Les élytres sont striées ; elles sont noires, avec une ligne courte, longitudinale de chaque côté de la suture, & deux points blancs vers la partie postérieure, l'un vers le bord extérieur, un peu au-delà du milieu, & l'autre vers l'extrémité. Le dessous du corps est noir, & couvert de poils courts très-blancs. Les pattes sont noires, assez longues. Toutes les cuisses sont minces à leur base, renflées vers leur extrémité, & armées d'une épine ou dent assez forte.

Il se trouve dans la Nouvelle-Hollande.

207. CHARANSON des Cerises.

CURCULIO Cerasorum.

Curculio longirostris femoribus acutè dentatis, fuscus, scutello elytrorumque fasciis obsoletis cinereis. FAB. *Syst. ent. pag.* 142. *n°.* 80.—*Sp. inf. tom.* 1. *pag.* 180. *n°.* 109.— *Mant. inf. tom.* 1. *p.* 109. *n°.* 138.

Il ressemble au *Charanson* des Noisettes, mais il est deux fois plus petit. La trompe est cylindrique, glabre, noire. Le corcelet est noirâtre, avec une ligne longitudinale au milieu, cendrée, peu marquée. L'écusson est cendré. Les élytres sont striées, & ont deux bandes cendrées, peu marquées.

Il se trouve en Angleterre.

208. CHARANSON bicorne.

CURCULIO bicornis.

Curculio longirostris femoribus acutè dentatis capite bidentato. FAB. *Sp. inf. tom.* 1. *pag.* 180. *n°.* 111. — *Mant. inf. tom.* 1. *pag.* 109. *n°.* 140.

Il est à peine de la grandeur du *Charanson* de l'Aulne. Tout le corps est d'un gris roussâtre, plus ou moins obscur. Les antennes sont brunes & coudées. La trompe est obscure, de la longueur du corcelet. Les yeux sont noirs. La tête est obscure, munie à sa partie supérieure de deux tubercules couverts de poils courts. Le corcelet est simple & presque cylindrique. L'écusson est noirâtre. Les élytres sont striées, & elles ont quelques petits faisceaux de poils courts. Les pattes sont brunes, & les cuisses sont armées d'une dent.

Il se trouve dans la Nouvelle-Zélande.

209. CHARANSON ténuirostre.

CURCULIO tenuirostris.

Curculio longirostris femoribus dentatis niger, elytris albo subfasciatis, antennis rufis. FAB. *Sp. inf. tom.* 1. *pag.* 180. *n°.* 112. — *Mant. inf. tom.* 1. *pag.* 109. *n°.* 141.

Il est plus petit que le *Charanson* des Cerises. Les antennes sont d'un brun ferrugineux, coudées, avec la masse oblongue, d'un noir cendré. La trompe est cylindrique, courbée, noire, de la longueur de la moitié du corps. La tête est noire arrondie. Les yeux sont noirs. Le corcelet est noirâtre & légèrement couvert de poils cendrés, très-courts. L'écusson est petit, arrondi & blanchâtre. Les élytres sont striées, obscures, couvertes de poils grisâtres, très-courts, avec quelques bandes irrégulières peu marquées, formées par des poils courts, gris. Tout le dessous du corps est couvert de poils très-courts, gris. Les pattes sont noirâtres, & légèrement couvertes de poils gris très-courts. Les cuisses sont armées d'une épine.

Il se trouve en Angleterre.

210. CHARANSON des Baies.

CURCULIO Druparum.

Curculio longirostris femoribus dentatis, rostro rubro, elytris testaceis obsolete fasciatis. LIN. *Syst. nat. p.* 614. *n°.* 62. — *Faun. suec. n°.* 617.

Curculio rectirostris. LIN. *Syst. nat. edit.* 10. *p.* 383. *n°.* 54.

Curculio Druparum. FAB. *Syst. ent. pag.* 143. *n°.* 82. — *Sp. inf. tom.* 1. *pag.* 181. *n°.* 113. — *Mant. inf. tom.* 1. *p.* 109. *n°.* 142.

Curculio flavescens, elytris luteo & rufo tessellatis. GEOFF. *inf. tom.* 1. *pag.* 296. *n°.* 43.

Le *Charanson* damier. GEOFF. *Ib.*

Curculio longirostris, antennis fractis, femoribus dentatis corpore oblongo, rufo-fusco, elytris obsolete-fasciatis. DEG. *Mem. inf. tom.* 5. *pag.* 214. *n°.* 7.

Charanson *des baies* à longue trompe, à antennes coudées & à cuisses dentelées, à corps oblong, d'un brun roussâtre, à taches obscures sur les étuis. DEG. *Ib.*

Curculio Druparum. SULZ. *Inf. tab.* 3. *fig.* 21.

SCAEFF. *Icon. inf. tab.* 1. *fig.* 11. *a. b.*

Curculio tessellatus. FOURC. *Ent. par.* 1. *p.* 129. *n°.* 46.

Curculio Druparum. VILL. *Ent. tom.* 1. *pag.* 198. *n°.* 96.

Il est une ou deux fois plus petit que le *Charanson* des Noisettes. La trompe est noire, assez mince, un peu plus longue que le corcelet. Les antennes sont d'un brun fauve, avec la masse noirâtre. La tête est arrondie, & les yeux sont un peu saillans. Tout le corps est brun & couvert de poils courts, légèrement roussâtres, ce qui le fait paroître plus ou moins nébuleux. L'écusson est petit, arrondi, grisâtre. Les élytres ont quelquefois une bande plus claire, peu marquée. Les pattes sont d'un brun ferrugineux. Les cuisses sont dentées. Dans l'un des deux sexes, les cuisses antérieures sont armées d'une dent forte & assez grande.

Il se trouve en Europe.

211. CHARANSON du Frêne.

CURCULIO Fraxini.

Curculio longirostris femoribus dentatis ferrugineis fuscus, capite dorsoque nigris. FAB. *Mant. inf. tom.* 1. *pag.* 109. *n°.* 143.

Curculio Fraxini *longirostris antennis fractis, femoribus dentatis, corpore subgloboso griseo, coleoptris macula magna fusca dorsali.* DEG. *Mem. inf. tom.* 5. *pag.* 212. *n°.* 4.

Charanson *du Fresne* à longue trompe, à antennes coudées & à cuisses dentelées, à corps court, gris, avec une grande tache brune sur les étuis. DEG. *Ib.*

Il est de la grandeur du *Charanson* des Bayes. La tête est noire & la trompe est courbée. Le corcelet est mélangé de noirâtre & de ferrugineux, avec la partie supérieure noire. Les élytres sont légèrement velues, brunes, avec la partie supérieure noire. Le dessous du corps est d'un brun ferrugineux.

La larve de ce *Charanson* vit sur les feuilles du Frêne, dont elle ne ronge que la substance charnue, & elle ressemble beaucoup à celle de la Scrophulaire : ayant comme elle le corps couvert d'une matière humide & gluante : elle est d'un blanc sâle & jaunâtre, mais la tête est noire & écailleuse. Elle n'a point de pattes, marchant uniquement par le mouvement des anneaux. Pour se transformer, elle se construit une coque presque sphérique, d'un jaune brun, & composée comme celle de la larve déjà citée : cette coque ressemble à une petite vessie, & la larve la place sur les feuilles de Frêne où elle a vécu. Pour en sortir, le *Charanson* détache une grande pièce en forme de calotte ou de segment de sphère, & il ne reste sous la forme de nymphe que peu de jours, la transformation s'achevant dans un tems assez court.

Il se trouve en Suède, sur le Frêne.

212. CHARANSON déprimé.

Curculio depressus.

Curculio longirostris, femoribus dentatis, thorace depresso lateribus obtuse angulato. LIN. *Syst. nat. pag.* 612. *n°.* 53. — *Mus. lud. ulr. p.* 49.

Curculio depressus. FAB. *Syst. ent. p.* 143. *n°.* 83. — *Sp. ins. tom.* 1. *pag.* 181. *n°.* 114. — *Mant. ins. tom.* 1. *pag.* 109. *n°.* 144.

Le mâle, selon Linné, diffère de la femelle. Voici la description qu'il donne du premier. Tout le corps est gris & couvert de points élevés, noirs, glabres. La trompe est cylindrique, glabre, noire, de la longueur du corcelet. Les antennes sont en masse. La tête est arrondie. Le corcelet est déprimé, presque rhomboïque ou avec un angle de chaque côté, couvert de poils gris. Les élytres sont déprimées, un peu crénelées, avec des stries entre les crénelures, formées par des points élevés. Les cuisses sont dentées, mais la dent des postérieures est un peu moins marquée.

Le corps de la femelle est gris, couvert de points élevés, noirs, glabres. La trompe est cylindrique, courbée, de la longueur du corcelet. Les antennes sont en masse. La tête est presque arrondie. Le corcelet est large presque arrondi. Les élytres sont un peu déprimées, striées ; les stries sont élevées & formées par une suite de points noirs. L'angle latéral de la base des élytres, est droit, un peu avancé, & terminé par des poils gris. Les cuisses sont dentées.

Il se trouve dans l'Amérique méridionale.

313. CHARANSON des Vergers.

Curculio Pomorum.

Curculio longirostris, femoribus anticis dentatis, corpore griseo nebuloso. LIN. *Syst. nat. pag.* 612. *n°.* 46. — *Faun. suec. n°.* 612.

Curculio Pomorum. FAB. *Syst. ent. p.* 143. *n°.* 84. — *Sp. ins. tom.* 1. *pag.* 181. *n°.* 115. — *Mant. ins. tom.* 1. *pag.* 109. *n°.* 145.

Curculio in floribus arborum. *Frisch. ins.* 1. *p.* 32. *tab.* 8.

Curculio Pomorum. VILL. *Ent. tom.* 1. *pag.* 194. *n°.* 88.

Il est petit. Tout le corps est nébuleux, ou d'un gris cendré. Les antennes sont obscures. Les élytres ont deux bandes transversales, dont l'antérieure forme un angle vers la suture & dont la postérieure est droite. Les cuisses antérieures sont munies d'une forte dent.

Il se trouve en Europe sur les fleurs de quelques arbres fruitiers.

214. CHARANSON rouleur.

Curculio tortrix.

Curculio longirostris, femoribus dentatis, corpore testaceo, pectore fusco. LIN. *Syst. nat. pag.* 615. *n°.* 67. — *Faun. suec. n°.* 622.

Curculio tortrix. FAB. *Syst. ent. pag.* 143. *n°.* 85. — *Sp. ins. tom.* 1. *pag.* 181. *n°.* 116. — *Mant. ins. tom.* 1. *pag.* 109. *n°.* 146.

Curculio ferrugineus, elytris striatis, oculis nigris. GEOFF. *ins. tom.* 1. *pag.* 300. *n°.* 51.

Le *Charanson* couleur de rouille. GEOFF. *Ib.*

Curculio fulvus *longirostris, antennis fractis, femoribus dentatis, corpore oblongo flavo testaceo, oculis nigris.* DEG. *Mém. ins. tom.* 5. *pag.* 214. *n°.* 6.

Charanson *fauve*, à longue trompe, à antennes coudées, & à cuisses dentelées, à corps oblong, d'un jaune fauve & à yeux noirs. DEG. *Ib.*

Curculio rubigineus. FOURC. *Ent. par.* 1. *p.* 131. *n°.* 54.

Curculio tortrix. VILL. *Ent. tom.* 1. *pag.* 199. *n°.* 101.

Il a ordinairement deux lignes & demie de long. La trompe est noire, mince, cylindrique, courbée, plus longue que le corcelet. Tout le corps est d'un jaune fauve. Les yeux sont noirs, & on voit une tache obscure entre les cuisses postérieures. Les antennes sont minces, avec la masse obscure. Les élytres ont des stries pointillées, peu marquées. Les cuisses sont dentées. Les jambes antérieures sont quelquefois plus grandes que les autres.

J'ai une variété de cet insecte, qui me vient de Hongrie, dont tout le corps est obscur. Les antennes & les jambes sont d'un brun ferrugineux.

Il se trouve dans toute l'Europe, sur les Peupliers, dont il tord & roule les feuilles.

215. CHARANSON du Tremble.

Curculio Tremulæ.

Curculio longirostris femoribus dentatis nigricans, elytris striatis griseo irroratis. FAB. *Mant. ins. tom.* 1. *pag.* 109. *n°.* 147.

Il ressemble pour la forme & la grandeur, au

Charanson rouleur. La trompe est avancée & noire. Le corcelet est noir, lisse, luisant, d'un rouge brillant à sa partie postérieure. Les élytres sont noires, couvertes de petits poils grisâtres ; elles ont des stries pointillées.

Il se trouve en Suède, sur le Tremble. *Populus Tremula*.

216. CHARANSON rubané.

CURCULIO tæniatus.

Curculio longirostris femoribus dentatis, thorace nigro, margine antico posticoque rufis, elytris pallidis nigro maculatis. FAB. *Sp. inf. tom.* 1. *p.* 181. *n°.* 117. — *Mant. inf. tom.* 1. *pag.* 109. *n°.* 148.

Il est deux fois plus petit que le *Charanson* rouleur. Les antennes sont ferrugineuses & coudées. La trompe est cylindrique, de la longueur du corcelet, noire, avec l'extrémité d'un brun ferrugineux. La tête est arrondie, & d'un brun noirâtre. Le corcelet est noirâtre au milieu, avec le bord antérieur & le bord postérieur d'un brun ferrugineux. L'écusson est petit & noirâtre. Les élytres sont striées ; elles sont couvertes de poils d'un gris roussâtre, & elles ont quelques taches obscures irrégulières. Le dessous du corcelet est un peu brun. La poitrine & l'abdomen sont noirs. Les pattes sont ferrugineuses, brunes, & les cuisses sont armées d'une petite épine.

Il se trouve en France, en Angleterre.

217. CHARANSON alongé.

Curculio elongatus.

Curculio longirostris femoribus dentatis, thorace elongato, tibiis anticis bidentatis. FAB. *Syst. ent. pag.* 144. *n°.* 89. — *Sp. inf. tom.* 1. *pag* 183. *n°.* 122. — *Mant. inf. tom.* 1. *pag.* 110. *n°.* 150.

Il a la forme alongée du Brenté Anchorago, mais il est une fois plus petit. Tout le corps est noir. Les élytres sont noires avec deux bandes ferrugineuses ; elles ont des stries pointillées.

Il se trouve à la Jamaïque.

218. CHARANSON de l'Ormeau.

CURCULIO Ulmi.

Curculio longirostris femoribus dentatis fusco-rufus, rostro nigro, elytris macula nigricante.

Curculio Ulmi *longirostris, antennis fractis, femoribus dentatis, corpore oblongo rufo-fusco, elytris macula nigricante, proboscide nigra.* DEG. *Mem. inf. tom.* 5. *pag.* 215. *n°.* 8. *Pl.* 6. *fig.* 26. & 27.

Charanson *des boutons de l'Orme*, à longue trompe noire, à antennes coudées & à cuisses dentelées, à corps oblong d'un brun roussâtre, à tache noirâtre sur les étuis. DEG. *Ib.*

Il est petit, d'une forme ovale alongée. La trompe est noire, mince, assez longue. Les antennes sont coudées. Tout le corps est d'un brun roussâtre. La tête & le corcelet ont une ligne longitudinale blanchâtre, à leur partie supérieure. L'écusson est petit, blanchâtre. Les élytres ont chacune une grande tache noire, vers le milieu, & une autre blanchâtre transversale, vers l'extrémité. Les cuisses sont dentées.

Vers la fin du mois de mai, lorsque l'Orme a déjà poussé d'assez grandes feuilles, on peut remarquer sur les branches plusieurs boutons, qui sont gros & enflés, même assez verts, & dont les feuilles écailleuses ont commencé à s'épanouir, mais qui n'ont pas encore poussé de véritables feuilles, tandis que le reste des branches en est tout chargé. Si venant à soupçonner que quelque insecte a gâté l'organisation de ces boutons tardifs, on veut les ouvrir, on trouve dans chacun une petite larve sans patte & à tête écailleuse, qu'on ne peut méconnoître pour celle d'un *Charanson*. Elle a rongé les tendres feuilles contenues dans le bouton & détruit leur dévelppement. Le corps de cette larve est gros & dodu, d'un blanc de lait, plein de rides & d'inégalités, & ordinairement roulé en cercle : dans son intérieur on voit un grand nombre de petites masses comme de graisse blanche, qui paroissent au travers de la peau transparente. Vers la fin de juin elle se transforme en insecte parfait, sans sortir du bouton qui lui sert de demeure, & que le *Charanson* perce ensuite pour se mettre en liberté.

Il se trouve en Suède.

219. CHARANSON de Forster.

CURCULIO Forsteri.

Curculio longirostris femoribus dentatis, pedibus anticis longioribus.

Curculio longimanus *longirostris femoribus dentatis, manibus longissimis.* FORST. *Nov. Sp. inf. cent.* 1. *pag.* 32.

Curculio Forsteri. LIN. *Syst. nat. edit.* 1. *pag.* 1770.

Il est de la grandeur du *Charanson* des Pommiers. Tout le corps est brun & couvert de petits poils cendrés. Les antennes sont fauves. La trompe est noire, courbée, mince, un peu plus longue que le corcelet. Les élytres sont cendrées & marquées de quelques petits points noirs. Les jambes antérieures sont plus courtes que les autres. Les cuisses sont dentées, les tarses sont fauves.

Il se trouve en Angleterre.

Le

Je soupçonne que cet insecte est le même que le *Curculio Tremulæ* de M. Fabricius.

220. CHARANSON hispide.

CURCULIO hispidus.

Curculio longirostris, femoribus dentatis, corpore sulcato adsperso squammis erectis. LIN. *Syst. nat. pag.* 614. *n°.* 65. — *Faun. suec. n°.* 619.

Il est petit, grisâtre. La trompe est rouge, assez longue. Le corcelet est un peu obscur à sa partie supérieure. Les élytres sont fortement sillonées, couvertes de petits poils hérissés, avec une bande blanchâtre, linéaire, ondée. Les cuisses sont dentées, grosses, assez longues.

Il se trouve en Europe, sur différentes plantes.

221. CHARANSON pédiculaire.

CURCULIO pedicularius.

Curculio longirostris, femoribus dentatis, corpore rubro, elytris albido-subfasciatis. LIN. *Syst. nat. pag.* 615. *n°.* 66. — *Faun. suec. n°.* 610.

Il est un peu plus grand que le précédent. La trompe est rouge, droite, presque de la longueur du corps. Les élytres sont grises, avec des bandes blanches peu marquées. les cuisses sont dentées.

Il se trouve en Europe, dans les bois.

222. CHARANSON poudreux.

CURCULIO pollinarius.

Curculio longirostris, femoribus dentatis, elytris planis abbreviatis, abdomine elytrorumque margine polline cinereo aspersis.

Curculio pollinarius *longirostris femoribus omnibus dentatis, elytris depressis planis abbreviatis, ventre, elytrorum margine & pedibus polline aspersis.* FORST. *Nov. spec. inf. pag.* 33. *n°.* 33.

Curculio pollinarius. LIN. *Syst. nat. edit.* 13. *pag.* 1771.

Le corps de ce petit insecte est applati, obscur en-dessus, renflé & couvert d'une poussière écailleuse grisâtre en-dessous. La trompe est noire, mince, longue, appliquée contre le dessous du corps. Les antennes sont coudées, fauves. Le corcelet a une ligne longitudinale au milieu, & deux points élevés, presque épineux, sur les côtés. Les élytres sont un peu anguleuses à leur base latérale, un peu plus courtes que l'abdomen, & obtuses à leur extrémité; elles sont obscures, avec le bord extérieur couvert d'une poussière grisâtre. Les pattes sont couvertes d'une poussière écailleuse, grisâtre. Les cuisses sont dentées.

Lorsqu'on touche cet insecte, il applique les pattes & la trompe contre le corps & présente la figure d'une petite boule de terre.

Il se trouve en Europe, sur différentes plantes, mais plus ordinairement sur l'Ortie dioïque.

223. CHARANSON écussonné.

CURCULIO scutellatus.

Curculio longirostris, femoribus dentatis, fuscus, scutello albo, elytris macula rufescente.

Curculio fuscus, scutello puncto albo, elytris macula rubescente. GEOFF. *inf. tom.* 1. *pag.* 300. *n°.* 50.

Le Charanson brun à écusson blanc. GEOFF. *Ib.*

Curculio scutellatus. FOURC. *Ent. par.* 1. *p.* 131. *n°.* 53.

Il a environ une ligne & demie de long. La trompe est mince, un peu plus longue que le corcelet. Tout le corps est obscur. Le corcelet est finement chagriné. L'écusson est petit & blanchâtre. Les élytres sont striées, & ont une tache d'un brun rougeâtre, un peu au-delà du milieu, qui forme presque une bande. Les pattes sont de la couleur du corps, & les cuisses sont dentées.

Il se trouve aux environs de Paris.

224. CHARANSON vierge.

CURCULIO virgo.

Curculio longirostris, femoribus dentatis, oblongus fuscus, villo cinereo aspersus.

Curculio oblongus, villis cinereis aspersus, rostro thoraci æquali. GEOFF. *inf. tom.* 1. *pag.* 301. *n°.* 53.

Le *Charanson* vierge. GEOFF. *Ib.*

Curculio virgo. FOURC. *Ent. par.* 1. *pag.* 132. *n°.* 56.

Il a une ligne de long. La trompe est mince, brune, de la longueur du corcelet. Les yeux sont noirs. Tout le corps est d'un brun foncé, noirâtre, mais légèrement couvert d'un duvet gris blanchâtre. Les élytres sont striées. Les pattes sont brunes & les cuisses sont dentées.

Il se trouve aux environs de Paris, sur les fleurs.

225. CHARANSON du Chardon.

CURCULIO Cardui.

Curculio longirostris, femoribus dentatis, fuscocinereus, thorace tuberculato, scutello, elytrorum lineola punctoque flavis.

Curculio Cardui *gibbus ex flavicante cinereus, thorace tuberculato, elytris convexis abbreviatis: lineola, puncto scutelloque flavis.* LIN. *Syst. nat. edit.* 13. *pag.* 1771.

Curculio Cardui. FUESL. *Archiv. inf.* 5. *pag.* 79. *n°.* 54. *tab.* 24. *fig.* 22. *k.*

Il a un peu plus d'une ligne & demie de long. La trompe est mince, de la longueur du corcelet. Tout le corps est d'une couleur cendrée obscure, un peu roussâtre. Le corcelet est tuberculé. Les élytres sont globuleuses, striées, avec une ligne longitudinale jaune, sur la suture, un peu au-delà du milieu, & un point de la même couleur à la base latérale. L'écusson est jaune. Les pattes sont de la couleur du corps. Les cuisses sont dentées.

Il se trouve à Berlin, sur les Chardons.

*** *Trompe alongée. Cuisses postérieures renflées.*

226. CHARANSON de l'Aulne.

CURCULIO Alni.

Curculio pedibus saltatoriis, niger, coleoptris testaceis, maculis duabus obscuris. FAB. *Syst. ent. pag.* 144. *n°.* 90. — *Sp. inf. tom.* 1. *pag.* 183. *n°.* 123. — *Mant. inf. tom.* 1. *pag.* 110. *n°.* 151.

Curculio Alni *longirostris, elytris lividis, maculis duabus obscuris.* LIN. *Syst. nat. p.* 611. *n°.* 42. — *Faun. suec. n°.* 608.

Curculio rufus, femoribus posticis crassioribus, elytris maculis quatuor nigris. GEOFF. *inf. tom.* 1. *pag.* 286. *n°.* 20.

Le *Charanson* sauteur à taches noires. GEOFF. *Ib.*

Curculio saltator alni, *saltator longirostris, corpore ovato testaceo, elytris maculis binis fuscis, capite nigro.* DEG. *Mém. inf. tom.* 5. *pag.* 262. *n°.* 49.

Charanson *sauteur de l'Aûne.* Sauteur à longue trompe, à corps ovale, d'un jaune d'ocre, avec deux taches brunes sur les étuis & à tête noire. DEG. *Ib.*

Curculio Alni. FOURC. *Ent. par.* 1. *pag.* 122. *n°.* 20.

Curculio Alni. VILL. *Ent. tom.* 1. *pag.* 192. *n°.* 82.

Il a une ligne & demie de long, depuis la tête jusqu'à l'extrémité du corps. La trompe est noire, de la longueur du corcelet. Les antennes sont testacées. La tête est noire. Le corcelet est testacé sans taches, ou avec un peu de noir à sa partie supérieure. Les élytres sont testacées avec une tache noire à la base, de chaque côté de la suture. Le dessus du corps est noir, avec l'extrémité de l'abdomen testacée. Les pattes sont noires, avec les tarses testacés. Les cuisses postérieures sont renflées dentées, un peu crenelées au-dessous de la dentelures. Ce Charanson, ainsi que tous ceux de cette division, sautent comme la Puce, en appliquant les jambes de derrière contre les grosses cuisses & les débandant ensuite avec force. Tout le corps est velu.

La larve vit dans les feuilles de l'Aulne qu'elle mine, & où elle produit un renflement formé par les deux membranes de la feuille, qui ensuite se déssechent & deviennent brunes.

Il se trouve dans presque toute l'Europe.

227. CHARANSON poileux.

CURCULIO pilosus.

CURCULIO longirostris pedibus saltatoriis, niger cinereo variegatus. FAB. *Sp. inf. tom.* 1. *pag.* 183. *n°.* 124. — *Mant. inf. tom.* 1. *pag.* 110. *n°.* 152.

Il est de la grandeur du *Charanson* de l'Aulne. Les antennes sont coudées, testacées. La trompe est noire, de la longueur du corcelet. Tout le corps est noir, couvert de quelques poils obscurs, & mélangé d'un duvet cendré, qui forme des taches irrégulières. La tête est arrondie, & les yeux sont un peu saillans. L'écusson est petit, triangulaire, cendré. Les élytres sont striées. Les pattes sont noirâtres, avec les tarses testacés. Les cuisses sont sans épines, les postérieures sont renflées, un peu crénelées, & elles servent à l'insecte pour sauter.

Il se trouve en France, en Anglerre; il n'est pas rare aux environs de Paris, sur différens arbres.

228. CHARANSON éperonné.

CURCULIO calcar.

Curculio longirostris femoribus saltatoriis unidentatis niger, antennis plantisque testaceis. FAB. *Mant. inf. t.* 1. *p.* 110. *n°.* 153.

Il ressemble aux précédens. Le corps est noir. Les antennes sont testacées. Les élytres sont à peine striées. Les pattes sont noires, avec les tarses testacés. Les cuisses postérieures sont renflées, unidentées.

Il se trouve à Kiell.

229. CHARANSON du Saule.

CURCULIO Salicis.

Curculio longirostris pedibus saltatoriis, elytris atris: fasciis duabus albis. LIN. *Syst. nat. p.* 611. *n°.* 43. — *Faun. Suec. n°.* 610.

Curculio salicis. FAB. *Syst. ent. pag.* 144. *n°.* 91. — *Sp. inf. t.* 1. *pag.* 183. *n°.* 125. — *Mant. inf. tom.* 1. *pag.* 110. *n°.* 154.

Curculio saltator salicis *saltator longirostris*, *corpore subgloboso atro*, *elytris fasciis duabus transversis albis maculaque fulva*. DEG. *Mém. inf. tom.* 5. *pag.* 264. *n°.* 51.

Charanson *sauteur du saule*, sauteur à longue trompe, à corps court, arrondi, noir, à deux bandes transversales, blanches, & une tache rousse sur les étuis. DEG. *Ib.*

Il est de la grandeur du précédent. Le corps est noir. La trompe est mince, déliée, de la longueur du corcelet. Les élytres ont deux bandes transversales, ondées, un peu inégales : à la base on voit une tache fauve, commune aux deux élytres. L'écusson est blanchâtre.

Il se trouve sur le Saule, dans presque toute l'Europe.

230. CHARANSON de l'Osier.

CURCULIO Viminalis.

Curculio longirostris, *pedibus saltatoriis*, *corpore testaceo.* FAB. *Syst. ent. pag.* 145. *n°.* 92. — *Sp. inf. t.* 1. *pag.* 184. *n°.* 126. — *Mant. inf. t.* 1. *p.* 110. *n°.* 155.

Curculio Quercus *longirostris pallide flavus*, *oculis nigris*. LIN. *Syst. nat. pag.* 609. *n°.* 25. — *Faun. Suec. n°.* 596.

Curculio rufus, *femoribus posticis crassioribus*, *elytris rufis*. GEOFF. *inf. tom.* 1. *pag.* 286. *n°.* 19.

Le Charanson sauteur brun. GEOFF. *Ib.*

Curculio saltator Ulmi, *saltator longirostris*, *corpore ovato flavo-testaceo*, *oculis nigris*. DEG. *Mem. inf. tom.* 5. *pag.* 260. *n°.* 48. *Pl.* 8. *fig.* 5.

Charanson *sauteur de l'Orme* sauteur à longue trompe, à corps ovale d'un jaune d'ocre foncé & à yeux noirs. DEG. *Ib.*

REAUM. *Mém. inf. tom.* 3. *pag.* 31. *Pl.* 3. *fig.* 17. 18.

Curculio saltator. FOURC. *Ent. par.* 1. *p.* 121. *n°.* 19.

Curculio rufus. SCHRANK. *Enum. inf. aust. n°.* 220. ?

Curculio Quercus. VILL. *Ent. tom.* 1. *pag.* 180. *n°.* 21.

Tout le corps est testacé. Les yeux sont noirs, & les élytres sont striées. Cet insecte, aux environs de Paris, a ordinairement la tête noire, l'abdomen noir, avec l'extrémité testacée, les pattes testacées, avec le genou noir.

La larve de ce Charanson vit dans les feuilles de l'Orme, qu'elle mine en grand, se nourrissant de la substance intérieure de la feuille, qu'elle ronge en ménageant adroitement les deux membranes. L'endroit où elle se trouve placée, se présente comme une tache circulaire, renflée dans le milieu des deux côtés de la feuille, en forme de petite vessie : ces plaques sont composées des deux membranes de la feuille qui se sont desséchées, la substance qui se trouvoit entre deux, ayant été consommée par la larve ; c'est pourquoi leur couleur est brune ou feuille-morte, comme une feuille seche. L'élévation du milieu de l'endroit miné n'est pas seulement produite par la larve qui s'y trouve placée & qui par sa grosseur excède déjà l'épaisseur de la feuille, mais elle est encore augmentée par une coque que la larve file dans l'endroit miné de la feuille, avant que les membranes de cette feuille soient entièrement desséchées, & lorsqu'elles sont encore susceptibles de quelque extension. Ces vessies sont ordinairement placées près des bords de la feuille, parce que les nervures y sont plus tendres & par conséquent plus faciles à ronger ; c'est vers le mois de mai & de juin que l'on découvre cette larve & le nid qui la recele. Elle est très-petite, de couleur blanche jaunâtre, avec quelques points obscurs. La tête & le premier anneau du corps sont d'un brun obscur. Le corps est divisé en douze anneaux, dont les séparations ou incisions sont profondes & bien marquées ; les côtés sont un peu ridés & le derrière est conique. On voit tout le long du dos à travers la peau, le grand canal des alimens, qui paroît noir quand la larve a bien mangé. Elle a la tête écailleuse, assez semblable à celle des chenilles. Elle est sans pattes. Parvenue au dernier degré d'accroissement, elle file une petite coque très-mince dans la feuille même, & prend ensuite la forme de nymphe, qui est d'un beau jaune, avec les yeux d'un brun clair, & sur laquelle on voit toutes les parties de l'insecte parfait arrangées avec ordre. Vers la fin de juin le Charanson quitte la peau de nymphe, & perce la feuille pour en sortir. Il continue encore de manger les feuilles de l'Orme, & survit l'hiver ; car on le trouve souvent en hiver, sous la vieille écorce à demie détachée des arbres, où il séjourne pour se mettre à l'abri du froid, & c'est au printems suivant qu'il se multiplie de nouveau.

Il se trouve en Europe.

231. CHARANSON de l'Yeuse.

CURCULIO Ilicis.

Curculio longirostris femoribus saltatoris nigrimus, *elytris striatis cinereo-variis*. FAB. *Mant. inf. tom.* 1. *pag.* 110. *n°.* 156.

Il ressemble au précédent. Le corps est noir. Le corcelet a une tache trilobée, cendrée, à sa parrtie supérieure. Les élytres sont mélangées de cendré.

Il se trouve en Suède, sur le Chêne.

232. CHARANSON iota.

CURCULIO iota.

Curculio longirostris femoribus saltatoriis ater, elytris striatis suturâ basi albâ. FAB. *Mant inf. tom.* 1. *pag.* 110. *n°.* 157.

Il est plus petit que le *Charanson* de l'Aulne. La trompe est noire, courbée, un peu plus longue que le corcelet. Tout le corps est noir. Les élytres sont striées, avec la suture blanche à la base. Les cuisses postérieures sont renflées.

Il se trouve en Suède, aux environs de Paris, sur différens arbres.

233. CHARANSON du Hêtre.

CURCULIO Fagi.

Curculio longirostris pedibus saltatoriis, corpore atro, femoribus pallidis. LIN. *Syst. nat. pag.* 611. *n°.* 44. — *Faun. suec. n°.* 609. — IT. *scan.* 111.

Curculio Fagi. FAB. *Syst. ent. pag.* 145. *n°.* 93 — *Sp. inf. tom.* 1. *pag.* 184. *n°.* 127. — *Mant. inf. tom.* 1. *pag.* 110. *n°.* 158.

Curculio Fagi. SCOP. *Ent. carn. n°.* 73.

Curculio Fagi. VILL. *Ent. tom.* 1. *pag.* 193. *n°.* 84.

Tout le corps est noir. La tête & le corcelet sont pointillés. Les élytres sont striées, sans taches. Les pattes sont noires, avec les jambes d'un jaune pâle. Les cuisses postérieures sont renflées.

Il se trouve en Europe, sur les feuilles du Hêtre.

234. CHARANSON céréal.

CURCULIO segetis.

Curculio longirostris, pedibus saltatoriis, corpore piceo, elytris oblongis. LIN. *Syst. nat. pag.* 612. *n°.* 45 — *Faun. suec. n°.* 611.

Curculio saltator segetis *saltator longirostris, corpore ovato nigro griseo-nebuloso, antennis plantisque pallidè fuscis.* DEG. *Mem. inf. t.* 5. *p.* 264. *n°.* 50.

Charanson *sauteur des blés* sauteur à longue trompe, à corps ovale, noir, nuancé de gris, à antennes & à pieds d'un brun clair. DEG. *Ib.*

Curculio segetis. VILL. *Ent. t.* 1. *p.* 193. *n°.* 85.

Il est très-petit. Le corps est oval, d'un brun noirâtre. Les antennes sont fauves. La trompe est mince, courbée, un peu plus longue que le corcelet. Les élytres ont des stries pointillées. Les pattes sont fauves, & les cuisses postérieures sont renflées.

Il se trouve en Europe sur les épis de blé.

**** *Trompe courte, cuisses simples.*

235. CHARANSON fastueux.

CURCULIO fastuosus.

Curculio brevirostris, nigro-viridis, elytris punctato-striatis, basi utrinque gibbis aureo maculatis. *Ent. ou hist. nat. des inf.* CHARANSON. *Pl.* 5. *fig.* 51.

Il ressemble entièrement pour la forme & la grandeur, au *Charanson* impérial. Les antennes sont noirâtres. La trompe est grosse, plus courte que le corcelet, sillonée, d'un noir verdâtre. Le corcelet est beaucoup plus étroit que les élytres; il est d'un noir verdâtre supérieurement & marqué d'un sillon longitudinal doré : les côtés sont dorés & couverts de petits points élevés & noirâtres. Les élytres sont anguleuses de chaque côté de leur base, presque mucronées à leur extrémité; elles sont d'un noir verdâtre, avec des points enfoncés, rangés en stries, dorés, très-brillans, & quelques taches dorées. Les pattes sont noirâtres & pubescentes.

Il se trouve au Brésil.

236. CHARANSON impérial.

CURCULIO imperialis.

Curculio brevirostris, elytris striis elevatis atris sulcisque punctatis viridi-aureis alternis, basi gibbis apice acuminatis. *Ent. ou hist. nat. des inf.* CHARANSON. *Pl.* 1. *fig.* 1. *a. b. c.*

Curculio imperialis. FAB. *Sp. inf. tom.* 1. *pag.* 184. *n°.* 129. — *Mant. inf. tom.* 1. *pag.* 110. *n°.* 160.

Curculio imperialis *brevirostris ater, femoribus muticis, thoracis lineâ longitudinali, elytrorumque punctis per strias dispositis viridi-inauratis.* FORST. *Nov. Spec. inf. Cent.* 1. *pag.* 34. *n°.* 34.

Curculio imperialis DRURY. *Ill. of inf. tom.* 2. *tab.* 34. *fig.* 1.

Naturf. 10. *tab.* 2. *fig.* 1.

Ce superbe *Charanson* a ordinairement quinze lignes de long depuis le bout de la trompe jusqu'à l'extrémité du corps. Les antennes sont noirâtres. La trompe est grosse, d'un vert doré, avec une ligne longitudinale au milieu, & une de chaque côté, noires. La tête est d'un vert doré, avec deux lignes rapprochées, noires. Les yeux sont noirs, arrondis, un peu saillans. Le corcelet est beaucoup plus étroit que les élytres, il a un sillon longitudinal, d'un vert argenté, deux larges raies noires, luisantes, presque lisses : les côtés sont d'un vert doré, très-brillant, avec pluſieurs petits tubercules arrondis, noirs. Les élytres ſont anguleuſes à leur baſe, elles ont des ſtries élevées, noires, luiſantes, & entre ces ſtries autant de rangées de points enfoncés, aſſez gros, d'un vert doré, très-brillant : au milieu de chaque enfoncement, on apperçoit un petit point noir. Le deſſous du corps & les pattes ſont couverts de petites écailles dorées & de quelques poils cendrés. Les cuiſſes n'ont ni épines, ni dentelures.

Il ſe trouve au Bréſil. Il eſt très-commun dans les collections de Paris.

237. CHARANSON noble.

CURCULIO nobilis.

Curculio breviroſtris viridi-aureus, elytris ſtriis elevatis crenatis nigris baſi acutè angulatis. Ent. ou hiſt. nat. des inſ. CHARANSON. *Pl.* 5. *fig.* 57.

Il reſſemble beaucoup au *Charanſon* impérial, mais il eſt un peu plus petit. Les antennes ſont noires. La trompe eſt groſſe, d'un vert doré, avec une ligne longitudinale noire, & un ſillon longitudinal au milieu. Les yeux ſont noirs. Le corcelet eſt beaucoup plus étroit que les élytres, d'un vert doré brillant, couvert de tubercules noirs luiſans, avec un ſillon longitudinal au milieu, doré. L'écuſſon eſt griſâtre. Les élytres ont un angle ſaillant, aigu de chaque côté, à leur baſe ; elles ſont d'un vert doré très-brillant, & ont des ſtries élevées, crénelées, d'un noir luiſant. On apperçoit entre les ſtries de très-petits points noirs, enfoncés. Le deſſous du corps & les pattes ſont couverts d'écailles d'un vert doré. Les pattes ſont quelquefois très-velues.

Il ſe trouve au Bréſil.

238. CHARANSON ſomptueux.

CURCULIO ſumptuoſus.

Curculio breviroſtris, elytris griſeis punctis innumeris elevatis nigro-vireſcentibus, baſi utrinque gibbis. Ent. ou hiſt. nat. des inſ. CHARANSON. *Pl.* 1. *fig.* 13.

Il reſſemble entièrement, pour la forme & la grandeur, au *Charanſon* impérial. Les antennes ſont noirâtres. La trompe eſt groſſe, plus courte que le corcelet, ſillonnée, d'un noir bleuâtre. Les yeux ſont noirs, arrondis, un peu ſaillans. Le corcelet eſt raboteux, beaucoup plus étroit que les élytres, d'un noir bleuâtre, avec un ſillon longitudinal, couvert d'une pouſſière cendrée. Les élytres ſont cendrées, légèrement ſtriées, couvertes de petits tubercules élevés, luiſans, d'un noir verdâtre. Les pattes ſont d'un noir bleuâtre, légèrement couvertes d'un bleu cendré. Les cuiſſes n'ont ni épines ni dentelures.

Il ſe trouve dans l'Amérique méridionale.

239. CHARANSON chryſis.

CURCULIO chryſis.

Curculio breviroſtris, femoribus muticis, elytris albis faſciis duabus punctiſque quatuor aureis. Ent. ou hiſt. nat. des inſ. CHARANSON, *Pl.* 1. *fig.* 6.

Il eſt un peu plus grand que le *Charanſon* laiteux. Les antennes ſont noires. La trompe eſt courte, aſſez groſſe, noire, & couverte d'une pouſſière blanchâtre : on y remarque une ligne longitudinale noire. Les yeux ſont noirs. Le corcelet eſt raboteux, couvert d'une pouſſière blanche, avec une tache alongée, enfoncée, dorée. Les élytres ſont couvertes d'une pouſſière blanche, elles ont des points enfoncés, noirs, deux bandes vers le milieu, une petite tache à la baſe, & une autre vers l'extrémité, de couleur d'or ; l'extrémité de chaque élytre eſt terminée en pointe aiguë. Le deſſous du corps eſt cendré & marqué de quatre petites taches dorées. Les pattes ſont cendrées. Les cuiſſes ſont ſans épines & ſans dentelures.

Il ſe trouve aux Indes orientales.

240. CHARANSON argyrien.

CURCULIO argyreus.

Curculio breviroſtris, femoribus ſubmuticis, corpore toto viridi-argenteo aureoque maculato. LIN. *Syſt. nat. pag.* 615. *n°.* 74. — *Mus. Lud. Ulr. pag.* 54.

Curculio argyreus. FAB. *Syſt. ent. pag.* 145. *n°.* 94. — *Sp. inſ. tom.* 1. *pag.* 184. *n°.* 128. — *Mant. inſ. t.* 1. *pag.* 110. *n°.* 159.

La couleur de cet inſecte, eſt celle d'un blanc d'argent mat, & il reſſemble un peu pour la forme du corps au *Charanſon* argenté. La trompe eſt courte, groſſe, preſque bifide à ſon extrémité. Les antennes ſont coudées, en maſſe, de la couleur du corps. Les yeux ſont noirs. Le corcelet eſt arrondi. Les élytres ſont ovales, avec des ſtries pointillées, parſemées de taches d'un vert doré brillant. L'abdomen eſt argenté. Les pattes ſont verdâtres. Les cuiſſes ſont ſimples, les premières ont ſeulement une dent obtuſe, très-peu marquée.

Il ſe trouve aux Indes.

241. CHARANSON royal.

CURCULIO regalis.

Curculio breviroſtris femoribus muticis, corpore viridi ſericeo : faſciis rubro-aureis repandis. Ent. ou hiſt. nat. des inſ. CHARANSON. *Pl.* 1. *fig.* 8. *a. b.*

Curculio regalis. LIN. *Syſt. nat. p.* 616. *n°.* 75.

Curculio regalis *breviroſtris, corpore viridi ſe-*

riceo, fasciis aureis repandis. FAB. *Syst. ent. pag.* 145. *n°.* 95. — *Sp. inf. tom.* 1. *pag.* 185. *n°.* 130. — *Mant. inf. tom.* II. *pag.* 111. *n°.* 161.

Il a environ sept lignes de long. Les antennes sont noires. La trompe est noire, assez grosse & couverte de quelques écailles bleues & vertes, brillantes. Les yeux sont noirs, arrondis, saillans. Le corcelet est noir, couvert d'écailles bleues & dorées, avec un enfoncement assez grand à sa partie supérieure. Les élytres sont d'un vert doré, avec la base & trois bandes ondées, d'un rouge doré, bordées d'une ligne noire. Le dessous du corps est d'un vert doré très-brillant. Les pattes sont noires, avec un anneau doré sur les cuisses. Les cuisses sont simples.

Il se trouve aux Indes orientales, à Pondichery. Linné dit qu'il se trouve dans le Brésil.

242. CHARANSON marginé.

CURCULIO *marginatus.*

Curculio brevirostris fuscus elytrorum suturâ abdominisque marginibus aureis. Ent. ou hist. nat. des inf. CHARANSON. *Pl.* 7. *fig.* 82. *a.*

Curculio marginatus. FAB. *Syst. ent. pag.* 145. *n°.* 96. — *Sp. inf. tom.* 1. *pag.* 185. *n°.* 131. — *Mant. inf. tom.* 1. *p.* 111. *n°.* 162.

Il a environ huit lignes de long. Les antennes sont noires. La trompe est noire, assez grosse, avec deux légers sillons couverts d'une poussière écailleuse dorée. Le corcelet est noir, un peu raboteux, avec les enfoncemens couverts de petites écailles d'un vert doré : on apperçoit de chaque côté, un peu en-dessous, une large raie, formée par des écailles, tantôt d'un vert argenté, tantôt d'un vert doré. Les élytres sont noires, avec une ligne longitudinale, de chaque côté de la suture, & une autre sur le bord extérieur, formées par de petites écailles d'un blanc argenté ou d'un vert doré : on apperçoit aussi des points enfoncés, rangés en stries. Le dessous du corps est noir, avec deux rangées de taches argentées ou dorées, sur la poitrine & sur l'abdomen. Les pattes sont noires, avec les tarses cendrés. Les cuisses sont simples.

J'ai une variété de cet insecte, dont le corps est brun, au lieu d'être noir.

Il se trouve dans l'Amérique meridionale, aux Antilles.

243. CHARANSON dix-neufs-points.

CURCULIO *novemdecimpunctatus.*

Curculio brevirostris canescens, thorace punctis nigris quatuor, coleoptris novemdecim. Ent. ou hist. nat. des inf. CHARANSON. *Pl.* 3. *fig.* 25.

Curculio novemdecimpunctatus. FAB. *Syst. ent. pag.* 145. *n°.* 97. — *Spec. inf. tom.* 1. *p.* 185. *n°.* 132. — *Mant. inf. tom.* 1. *pag.* 111. *n°.* 163.

Il est de la grandeur du *Charanson* royal. Les antennes sont noires. La trompe est grosse, courte, bleuâtre. Les yeux sont noirs, arrondis, un peu saillans. Le corcelet est d'un blanc azuré, avec quatre points noirs à sa partie supérieure. L'écusson est noir. Les élytres sont d'un blanc azuré, avec huit points noirs sur chaque, un autre plus petit commun aux deux élytres, placé vers l'extrémité. Les pattes sont bleuâtres. Les cuisses sont simples.

Il se trouve dans l'Amérique méridionale.

244. CHARANSON seize-points.

CURCULIO *sexdecimpunctatus.*

Curculio brevirostris cærulescens, thorace punctis nigris quatuor, coleoptris duodecim. Ent. ou hist. nat. des inf. CHARANSON. *Pl.* 2. *fig.* 17. *a. b.*

Curculio sexdecimpunctatus. LIN. *Syst. nat. p.* 618. *n°.* 92. — *Mus. Lud. Ulr. pag.* 58.

Curculio sexdecimpunctatus. FAB. *Syst. ent. p.* 146. *n°.* 98. — *Sp. inf. tom.* 1. *pag.* 185. *n°.* 133. — *Mant. inf. tom.* 1. *pag.* 111. *n°.* 164.

Curculio sexdecimpunctatus. DRURY. *Illust. of inf. tom.* 3. *tab.* 49. *fig.* 4.

Il est deux ou trois fois plus grand que le précédent. Les antennes sont noires. La trompe est courte, grosse, bleue, marquée à la partie supérieure, d'une ligne longitudinale enfoncée. Les yeux sont noirs, arrondis, saillans. Le corcelet est bleu, un peu enfoncé supérieurement, avec cinq taches noires, une au milieu & deux de chaque côté. Les élytres sont bleues, terminées en pointe, un peu anguleuses à leur base extérieure, avec six taches noires sur chaque, dont deux rapprochées à l'angle de la base, & deux presque réunies, formant une sinuosité, un peu au-delà du milieu, de chaque côté de la suture; les deux autres sont un peu plus grandes & isolées. Le dessous du corps est bleu, avec quelques taches noires. Les pattes sont bleues, simples, avec deux taches sur les cuisses.

On voit dans la collection de M. Banks, une variété fort remarquable de cet insecte. Elle est de la même grandeur; mais tout le corps est d'une couleur verte claire, légèrement bleuâtre & dorée, un peu plus bleue sur les élytres. Les taches des élytres sont noires & séparées. Le corcelet est sans taches, avec un sillon longitudinal enfoncé. Les yeux sont noirs & saillans. Les antennes sont noires & coudées. Les pattes & tout le dessous du corps sont d'un vert très-clair doré, brillant. Le dessous des tarses seul est roux.

Il se trouve dans l'Amérique méridionale, aux Antilles, à Cayenne.

245. CHARANSON décoré.

CURCULIO decorus.

Curculio brevirostris suprà fuscus, thorace coleoptrisque vittis duabus viridi-aureis. Ent. ou hist. nat. des ins. CHARANSON. *Pl.* 12. *fig.* 152.

Curculio decorus. FAB, *Syst. ent. pag.* 146. *n°.* 99. — *Spec. ins. tom.* 1. *pag.* 185. *n°.* 134.— *Mant. ins. tom.* 1. *p.* 111. *n°.* 165.

Il est plus petit & il a une figure plus alongée que le *Charanson* royal. Les antennes sont noires, coudées, brunes à leur base. La trompe est courte & assez grosse. Tout le corps en-dessus est noirâtre, mais couvert de petites écailles d'un vert très-clair doré. Les yeux sont noirs, arrondis, saillans. Le corcelet est arrondi, & il a deux lignes longitudinales d'un vert clair doré. L'écusson est petit, arrondi postérieurement, doré. Les élytres ont des stries, & chaque strie a une suite de points enfoncés : on voit sur chaque élytre, une ligne longitudinale, d'un vert clair doré, suite de celles du corcelet. Tout le dessous du corps brille d'une belle couleur dorée. Les pattes sont noirâtres, & les cuisses sont sans dents & sans épines.

Il se trouve dans le Brésil.

246. CHARANSON nitidule.

CURCULIO nitidulus.

Curculio brevirostris femoribus muticis viridi tomentosus, elytris punctatis. Ent. ou hist. nat. des ins. CHARANSON. *Pl.* 4. *fig.* 38. *a. b.*

Curculio nitidulus. FAB. *Syst. ent. pag.* 146. *n°.* 100. — *Sp. ins. tom.* 1. *p.* 185. *n°.* 135. — *Mant. ins. tom.* 1. *pag.* 111. *n°.* 166.

Il ressemble au *Charanson* argenté, mais il est un peu plus grand. Les antennes sont noires. La trompe est courte, assez grosse. Tout le corps est couvert d'une poussière écailleuse d'un vert doré brillant.

Il se trouve à Cayenne.

247. CHARANSON candide.

CURCULIO candidus.

Curculio brevirostris, elytris spinosis albis, maculâ laterali fuscâ. FAB. *Syst. ent. pag.* 146. *n°.* 101.—*Spec. ins. tom.* 1. *pag.* 185. *n°.* 136.—*Mant. ins. tom.* 1. *pag.* 111. *n°.* 167.

Il est à-peu-près de la grandeur du précédent. La tête est dorée brillante. Le corcelet est obscur à sa partie supérieure & blanc de chaque côté. Les élytres sont blanchâtres, avec une grande tache latérale obscure, de chaque côté vers l'extrémité ; elles ont quelques tubercules élevés, presque épineux. Les pattes sont obscures & les jambes sont fauves.

Il se trouve à Cayenne.

248. CHARANSON blanc-de-neige.

CURCULIO niveus.

Curculio brevirostris niveus, thoracis dorso rostroque fuscis, elytris spinosis acuminatisque. Ent. ou hist. nat. des ins. CHARANSON. *Pl.* 14. *fig.* 173.

Curculio niveus. FAB. *Mant. ins. tom.* 1. *p.* 111. *n°.* 168.

Il est un peu plus grand que le *Charanson* dix-neuf points. Les antennes sont coudées, roussâtres, avec l'extrémité noire. La trompe est courte, grosse, roussâtre en-dessus, blanche en-dessous. Les yeux sont noirs, arrondis, saillans. La tête est blanche, avec la partie supérieure roussâtre. Le corcelet est blanc, avec une large raie longitudinale roussâtre, à sa partie supérieure. L'écusson est petit & roussâtre. Les élytres sont blanches, avec plusieurs lignes élevées, crénelées : celle qui se trouve à côté de la suture est terminée par une épine. L'extrémité des élytres est terminée en pointe assez longue, dont les deux divergent un peu : on voit une ligne longitudinale courte, sur la suture, qui est une suite de celle de la tête & du corcelet. Tout le dessous du corps & les pattes sont blancs. Les cuisses sont sans dentelures & sans épines.

Il se trouve dans le Brésil, à Cayenne.

249. CHARANSON blanc-de-lait.

CURCULIO lacteus.

Curculio brevirostris albus auro nitidulus, elytris sulcatis acuminatis. Ent. ou hist. nat. des ins. CHARANSON. *Pl.* 14. *fig.* 172.

Curculio lacteus. FAB. *Sp. ins. tom.* 1. *p.* 185. *n°.* 137. — *Mant. ins. tom.* 1. *pag.* 111. *n°.* 169.

Il est un peu plus petit que le *Charanson* blanc-de-neige. Les antennes sont coudées, cendrées, avec le premier article obscur. La trompe est courte, grosse, blanche, avec l'extrémité obscure. La tête est blanche, avec une raie un peu obscure, dorée, de chaque côté. Les yeux sont noirs, arrondis, saillans. Le corcelet est arrondi, pointillé, blanc, légèrement brillant d'or, avec une raie longitudinale un peu obscure & brillante d'or. L'écusson est petit & presque tridenté. Les élytres ont chacune trois lignes longitudinales élevées, & deux rangées de points enfoncés entre chaque ligne : l'extrémité de chaque élytre est terminée en pointe, dont les deux divergent un peu. Le dessous du corps est blanc, avec un reflet un peu doré. Les pattes sont blanches, avec le bout des cuisses & les jambes azurés. Les cuisses n'ont ni épines ni dentelures.

Il se trouve dans la Jamaïque, au Brésil.

250. CHARANSON émeraude.

CURCULIO smaragdulus.

Curculio brevirostris virescens, elytris punctatis, spina antica posticaque erecta valida. FAB. *Mant. inf. tom.* I. *pag.* 111. *n°.* 170.

Il ressemble entiérement, pour la forme & la grandeur, au *Charanson* candide. La trompe est courte, échancrée, verdâtre: les antennes sont un peu cendrées. Le corcellet est cylindrique, verdâtre, avec une ligne transversale un peu enfoncée. Les élytres sont vertes, pointillées, avec une épine à la base, vers le bord extérieur, & une autre plus grande, un peu au-delà du milieu, vers la suture: on voit encore quelques petites épines peu marquées, qui forment une strie terminée par l'épine postérieure. Le corps est verdâtre.

Il se trouve à Cayenne.

251. CHARANSON octotuberculé.

CURCULIO octotuberculatus.

Curculio brevirostris cinereo fuscoque varius, coleoptris punctatis postice gibbis: tuberculis octo. FAB. *Mant. inf. t.* 1. *p.* 112. *no.* 171.

Il ressemble aux précédens. La trompe est courte, cendrée, presque échancrée. Le corcelet est cylindrique, pointillé, cendré, avec trois lignes longitudinales obscures, dont une de chaque côté, moins marquée. Les élytres sont pointillées, mélangées de cendré & d'obscur; elles ont une gibbosité à la partie postérieure, & quatre tubercules rapprochés, obtus. Le corps est cendré, & l'anus est noir.

Il se trouve à Cayenne.

252. CHARANSON spécieux.

CURCULIO speciosus.

Curculio brevirostris, femoribus muticis, corpore luteo viridi-nitente, elytris spinis sparsis. LIN. *Syst. nat. pag.* 616. *n°.* 77. — *Mus. Lud. Ulr. no.* 55.

Il est d'une grandeur moyenne. Le corps est d'un jaune verdâtre brillant. La trompe est courte, un peu déprimée, noire, ciliée, presque bifide à l'extrémité. Le corcelet est presque arrondi. Les élytres sont ovales, striées; elles ont chacune cinq épines élevées, dont la plus grande est au milieu du dos. Les cuisses sont simples.

Il se trouve dans l'Amérique méridionale.

253. CHARANSON serf.

CURCULIO servus.

Curculio brevirostris capite thoraceque obscure ferrugineis, elytris fuscis: punctis maculisque albis. FAB. *Mant. inf. tom.* 1. *pag.* 112. *n°.* 172.

Il ressemble beaucoup, pour la forme & la grandeur, au *Charanson* octotuberculé. Les antennes sont coudées, noirâtres, avec le premier article long, ferrugineux. La tête est ferrugineuse, avec un point noir entre les yeux. La trompe est noire, coupée à l'extrémité. Le corcelet est ferrugineux, sans taches. Les élytres ont des stries pointillées; elles sont obscures, ferrugineuses à l'extrémité, avec des taches & des points blancs. Le corps est blanchâtre.

Il se trouve à Cayenne.

254. CHARANSON modeste.

CURCULIO modestus.

Curculio brevirostris cinereus, thorace elytrisque fusco maculatis. Ent. ou hist. nat. des inf. CHARANSON. *Pl.* 14. *fig.* 178.

Curculio modestus. FAB. *Spec. inf. t.* 1. *p.* 186. *n°.* 138. — *Mant. inf. tom.* 1. *pag.* 112. *n°.* 173.

Il est petit. Les antennes sont noirâtres & coudées. La trompe & tout le corps sont couverts d'écailles cendrées, serrées, imbriquées: on voit seulement quelques taches plus obscures sur le corcelet & les élytres. La trompe est courte. La tête est arrondie & les yeux ne sont pas saillans. Le corcelet est aussi large que les élytres: on y voit, avec la loupe, une petite ligne longitudinale, peu enfoncée. L'écusson est très-petit. Les élytres ont des stries régulières, formées par des points enfoncés. Les pattes sont brunes, mais couvertes d'écailles grises. Les cuisses sont simples, sans épines & sans dentelures.

Il se trouve dans la nouvelle-Zélande.

255. CHARANSON jaunâtre.

CURCULIO flavescens.

Curculio brevirostris obscurus, thoracis elytrorumque acuminatorum lateribus flavis. FAB. *Mant. inf. tom.* 1. *pag.* 112. *n°.* 174.

Il ressemble au *Charanson* vert, mais il est un peu plus grand. La tête est obscure. Le corcelet & les élytres sont d'un brun ferrugineux, avec les côtés jaunes. Les élytres sont pointues a leur extrémité. Le corps est jaunâtre. Les pattes sont vertes.

Il se trouve dans l'Amérique méridionale.

256. CHARANSON vert.

CURCULIO viridis.

Curculio brevirostris virescens, thoracis elytrorumque lateribus flavis. Ent. ou hist. nat. des inf. CHARANSON. *Pl.* 2. *fig.* 18. *a. b.*

Curculio viridis. FAB. *Syst. ent. pag.* 146. *n°.* 102. — *Sp. inf. tom.* 1. *pag.* 186. *n°.* 139. — *Mant. inf. tom.* 1. *pag.* 112. *n°.* 175.

Curculio

Curculio viridis *brevirostris, femoribus muticis corpore viridi suprà obscuro, subtus flavidiore.* LIN. *Syst. nat. pag.* 616. n°. 76.—*Faun. suec.* n°. 629.

Curculio flavo-cinctus *brevirostris, antennis rectis, corpore oblongo viridi: fascia laterali flava.* DEG. *Mem. inf. tom.* 5. *pag.* 256. n°. 45.

Charanson *vert à bande jaune*, à courte trompe, & à antennes droites, à corps oblong d'un vert luisant à bande jaune sur les côtés. DEG. *Ib.*

SULZ. *Inf. tab.* 3. *fig.* 14.

VOET. *Coleopt. pars* 2. *tab.* 40. *fig.* 50.

Rhinomacer. SCHÆFF. *Elem. inf. tab.* 108. & *Icon. inf. tab.* 53. *fig.* 6. *tab.* 76. *fig.* 1. 2. 3.

Curculio viridis. SCHRANK *Enum. inf. aust.* n°. 233.

Cerambyx viridis. POD. *Muf. græc. pag.* 30.

Curculio viridis. LAICHART. *Inf. tom.* 1. *p.* 236. n°. 26.

Curculio viridis. VILL. *Ent. tom.* 1. *p.* 207. n°. 145.

Il a environ cinq lignes de long. Les antennes sont noirâtres, avec le premier article un peu plus court que dans les autres espèces. La trompe est courte, assez grosse & couverte de quelques écailles vertes, & marquée d'une ligne longitudinale élevée. Le corcelet est arrondi, verdâtre, avec les côtés d'un vert jaunâtre doré. Les élytres sont verdâtres, striées, terminées en pointe, avec les côtés d'un jaune vert doré. Le dessous du corps est jaunâtre. Les pattes sont noirâtres & couvertes de quelques écailles dorées.

Il se trouve dans presque toute l'Europe, sur différens arbres.

257. CHARANSON porte-bosse.

CURCULIO gibber.

Curculio brevirostris virescenti-albus, elytris basi unidentatis posticè gibbosis. Ent. ou hist. nat. des inf. CHARANSON. *Pl.* 15. *fig.* 189.

Curculio gibber. FAB. *Mant. inf. tom.* 1. *p.* 112. n°. 176.

Curculio gibber *brevirostris, totus cærulescenti-candidus, elytris nervosis, gibbere postico communi.* PAL. *Icon. inf. sib. pag.* 32. *tab. B. fig.* 14.

Il est de la grandeur du *Charanson* blanc-de-neige. Les antennes sont coudées, cendrées, avec l'extrémité noire. La trompe est courte, grosse, avec une ligne longitudinale enfoncée. Tout le corps est blanc, avec une légère teinte d'un vert bleuâtre. Les yeux sont noirs, arrondis, saillans. La tête a une ligne longitudinale enfoncée. Le corcelet a trois élévations longitudinales, peu saillantes. L'écusson est petit. Les élytres sont comme raboteuses, elles ont des points enfoncés rangés en stries, & quelques lignes longitudinales élevées: il y a à la base latérale, une élévation horizontale déprimée, & la partie supérieure un peu postérieure est relevée en bosse, au milieu des deux élytres sur la suture. Les pattes sont de la couleur du corps. Les cuisses n'ont ni épines ni dentelures.

Il se trouve à Cayenne.

258. CHARANSON fauve.

CURCULIO fulvus.

Curculio brevirostris fulvus, capitis basi pedibusque fuscis, rostro emarginato. FAB. *Mant. inf. tom.* 1. *p.* 113. n°. 177.

Il est petit. La tête est fauve, obscure à sa base. La trompe est courte, échancrée à son extrémité. Le corcelet est bossu, lisse, fauve, sans taches. Les élytres sont obscures, à peine striées. Les pattes sont noirâtres.

Il se trouve en Saxe.

259. CHARANSON mantelé.

CURCULIO palliatus.

Curculio brevirostris fuscus, thoracis elytrorumque margine cinereo. FAB. *Mant. inf. tom.* 1. *p.* 113. n°. 178.

Il ressemble beaucoup au *Charanson* vert, mais il est un peu plus petit. Le dessus du corps est obscur, le dessous est cendré. Cette dernière couleur s'étend un peu sur le bord extérieur des élytres & du corcelet.

Il se trouve en Allemagne.

260. CHARANSON aurifère.

CURCULIO aurifer.

Curculio brevirostris, corpore ferrugineo, aureo maculato. Ent. ou hist. nat. des inf. CHARANSON. *Pl.* 10. *fig.* 124.

Curculio aurifer. FAB. *Syst. ent. p.* 147. n°. 103. —*Sp. inf. tom.* 1. *pag.* 186. n°. 140.—*Mant. inf. tom.* 1. *pag.* 113. n°. 179.

Curculio aurifer. DRURY. *Illust. of inf. tom.* 1. *tab* 32. *fig.* 1.

Il ressemble un peu, pour la forme & la grandeur, au *Charanson* nébuleux. Les antennes sont coudées, noires, presque brunes à leur base. La trompe est courte, noire, avec un peu de vert doré à la base. La tête est d'un noir un peu brun, avec un peu de vert doré. Le corcelet est brun, avec les côtés & quatre raies longitudinales dorées: ces raies ne vont pas jusqu'au bord postérieur, &

les deux latérales s'unissent au vert du bord à leur partie antérieure. L'écusson est petit, arrondi & vert doré. Les élytres sont brunes, avec la base & plusieurs raies longitudinales plus ou moins longues, & quelques points distincts, d'une belle couleur verte dorée très-brillante. Le dessous du corps est mélangé de brun & de vert doré brillant. Les pattes sont brunes, avec la base & l'extrémité des cuisses vertes dorées. Les cuisses sont simples, sans dents & sans épines, les antérieures sont un peu plus longues que les autres.

Il se trouve dans l'Amérique, à la Jamaïque.

261. CHARANSON cyanipede.

CURCULIO cyanipes.

Curculio brevirostris albus, elytris vitta abbreviata dentata pedibusque cyaneis. Ent. ou hist. nat. des ins. CHARANSON. *Pl.* 15. *fig.* 190.

Curculio cyanipes. FAB. *Mant. ins. tom* 1. *p.* 113. *n°.* 180.

Il est de la grandeur du *Charanson* dix-neuf points. Les antennes sont coudées, noirâtres, avec le premier article bleu. La trompe est grosse, très-courte blanche. La tête est blanche, & les yeux sont petits, arrondis, noirs, un peu saillans. Le corcelet est blanc, avec une légère dépression. Les élytres sont blanches, avec des points enfoncés, presque rangés en stries; elles ont chacune une ligne longitudinale élevée, bleue, latéralement dentelée. Elle se termine un peu au-delà du milieu. Le dessous du corps est blanc. Les pattes sont blanches, mais le bout des cuisses & les jambes sont azurés. Les cuisses n'ont ni épines ni dentelures,

Il se trouve à Cayenne.

262. CHARANSON du Tamaris.

CURCULIO Tamarisci.

Curculio brevirostris viridi-nitens, elytris viridi ferrugineo nigro cinereoque variis. Ent. ou hist. nat. des ins. CHARANSON. *Pl.* 6. *fig.* 71. *a. b.*

Curculio Tamarisci. FAB. *Mant. ins. t.* 1. *p.* 113. *n°.* 181.

Il a environ deux lignes & demie de long, depuis la tête jusqu'à l'extrémité du corps. La trompe est mince, presque de la longueur du corcelet, ferrugineuse, un peu obscure à sa base. Les antennes sont ferrugineuses. Les yeux sont noirs, arrondis, peu saillans. Tout le corps est couvert d'écailles, d'une belle couleur verte dorée. Le corcelet est un peu obscur à sa partie supérieure. Les élytres sont mêlangées de vert, de cendré, de ferrugineux & d'obscur. Les cuisses sont simples.

Il se trouve en Afrique. Il est très-commun en Provence, dans le mois d'avril, sur le Tamaris.

263. CHARANSON splendidule.

CURCULIO splendidulus.

Curculio brevirostris viridi nitens, coleoptrorum disco cinereo-cupreo nigro fasciato. FAB. *Sp. ins. tom.* 1. *pag.* 186. *n°.* 141. — *Mant. ins. tom.* 1. *p.* 113. *n°.* 182.

Il ressemble beaucoup au *Charanson* argenté, mais il est un peu plus petit, & les cuisses sont simples La tête est cendrée, & la trompe est un peu testacée à l'extrémité Le corcelet est vert, brillant, avec le dos cendré, marqué de deux lignes longitudinales noires. Le bord des élytres est d'un vert brillant: le disque est cendré, un peu cuivreux, avec une bande au milieu anguleuse, & une petite ligne postérieure, noires. Le dessous du corps est d'un vert brillant.

Il se trouve en Sibérie.

264. CHARANSON curvipède.

Curculio curvipes.

Curculio brevirostris argenteo squamosus, tibiis posticis arcuatis intus dentatis ciliatis. Ent. ou hist. nat. des ins. CHARANSON. *Pl.* 7. *fig.* 84. *a. b.*

Curculio curvipes. FAB. *Mant. ins. t.* 1. *p.* 113. *n°.* 183.

Il a environ quatre lignes de long. Les antennes sont noirâtres, avec le premier article alongé, brun. Tout le corps est noir, luisant, légèrement couvert de petites écailles blanches, argentées, qu'on ne peut bien voir qu'à l'aide de la loupe. Les élytres ont des points enfoncés, rangés en stries. Les cuisses sont simples. Les jambes postérieures dans l'un des deux sexes, sont arquées, velues à leur partie interne, & munies d'une forte dent vers leur base. Les jambes de l'autre sexe sont droites, sans poils & sans dents.

Il se trouve à la Guadeloupe, d'où il a été apporté par feu M. de Badier. M. Fabricius dit qu'il se trouve aux Indes orientales.

265. CHARANSON nébuleux.

CURCULIO nebulosus.

Curculio brevirostris oblongus, canus, elytris fasciis obliquis nigris. LIN. *Syst. nat. pag.* 617. *n°.* 84. — *Faun. suec. n°.* 635.

Curculio albo nigroque varius, proboscide planiuscula carinata thoracis longitudine. LIN. *Faun. suec. edit.* 1. *n°.* 448.

Curculio nebulosus. FAB. *Syst. ent. pag.* 147. *n°.* 104. — *Sp. ins. tom.* 1. *pag.* 186. *n°.* 142. — *Mant. ins. tom.* 1. *pag.* 114. *n°.* 184.

Curculio nigro-fuscus, thorace utrinque fascia

longitudinali, elytris duplici transversa cinerea. Geoff. *inf. tom.* 1. *pag.* 280. *n°.* 7.

Le *Charanson* à deux bandes transversales. Goeff. *Ib.*

Curculio carinatus *brevirostris carinatus, antennis fractis femoribus muticis, corpore oblongo nigro maculis fasciisque albidis, elytris gibbosis.* Deg. *Mém. inf. tom.* 5. *pag.* 241. *n°.* 27.

Charanson *à trompe, à arrête*, à courte & grosse trompe, à arrête, à antennes coudées & à cuisses simples, à corps oblong noir, avec des taches & nuances blanches, & à bosses sur les étuis. Deg. *Ib.*

Curculio nebulosus, *brevirostris, oblongus, albo nigro rufoque varius, rostro carinato.* Bonsd. *Hist. Curc. suec. pag.* 20. *n°.* 3. *tab. fig.* 4.

Frisch. *Inf.* 11. *pag.* 32. *tab.* 23. *fig.* 5.

Schæff. *Icon. inf. tab.* 25. *fig.* 3.

Voet. *Coleopt. pars* 2. *tab.* 39. *fig.* 37.

Curculio iners. Scop. *Ent. carn. n°.* 68.

Curculio nebulosus. Schrank. *Enum. inf. aust. n°.* 229.

Curculio nebulosus. Vill. *Ent. tom.* 1. *pag.* 210. *n°.* 152.

Il a environ cinq lignes de long & deux de large. La trompe est grosse, presque aussi longue que le corcelet, noire sur les côtés, grise en-dessus, avec une ligne longitudinale, noire, élevée, au milieu. Les antennes sont coudées, d'un noir un peu cendré. La couleur de cet insecte est noire; mais elle paroît nébuleuse par les poils courts, d'un gris cendré, qui le couvrent entièrement. Les élytres ont deux bandes transversales obliques, noires. Les cuisses sont simples.

Il se trouve dans presque toute l'Europe, sur les chemins & dans les champs.

266. Charanson sulcirostre.

Curculio sulcirostris.

Curculio brevirostris oblongus cinereus subnebulosus: rostro trisulcato. Ent. ou hist. nat. des inf. Charanson. *Pl.* 3. *fig.* 24.

Curculio sulcirostris. Lin. *Syst. nat. pag.* 617. *n°.* 85.

Curculio sulcirostris. Fab. *Spec. inf. tom.* 1. *pag.* 187. *n°.* 143. — *Mant. inf. tom.* 1. *pag.* 114. *n°.* 185.

Curculio albo nigroque varius, proboscide planiuscula carinata, thoracis longitudine. Geoff. *inf. tom.* 1. *pag.* 278. *n°.* 1.

Le *Charanson* à trompe sillonnée. Geoff. *Ib.*

Curculio brevirostris, antennis fractis femoribus muticis, corpore oblongo cinereo, elytris maculis fasciisque obliquis nigris. Deg. *Mém. inf. tom.* 5. *p.* 240. *n°.* 26.

Charanson *à trompe sillonnée* à courte & grosse trompe, à antennes coudées & à cuisses simples, à corps oblong cendré, avec des taches & nuances noires obliques sur les étuis. Deg. *Ib.*

Curculio sulcirostris, *brevirostris, oblongus, canescens, fasciis obliquis nigris, rostro trisulcato.* Bonsd. *Hist. Curc. suec. pag.* 21. *n°.* 4. *tab. fig.* 5.

Curculio sulcirostris. Schrank. *Enum. inf. austr. n°.* 228.

Curculio sulcirostris. Laichart. *tom.* 1. *pag.* 233. *n°.* 24.

Voet. *Coleopt. pars* 2. *tab.* 39. *fig.* 39.

Curculio nebulosus. Fourc. *Ent. par.* 1. *p.* 116. *n°.* 1.

Curculio sulcirostris. Vill. *Ent. tom.* 1. *pag.* 210. *n°.* 153.

Cet insecte diffère du précédent en ce qu'il est beaucoup plus grand, que la trompe à trois sillons, au lieu que celle du précédent a une ligne longitudinale élevée. Les antennes sont courtes, noires, légèrement cendrées. La trompe est grosse, plus courte que le corcelet. Les yeux sont noirs, oblongs, point du tout saillans, entourés d'un duvet roussâtre. Tout le corps est noir, mais couvert de poils gris & cendrés, courts, qui le font paroître nébuleux. On remarque sur le corcelet quelques lignes longitudinales plus claires, & trois bandes obliques, peu marquées, sur les élytres. Les pattes sont de la couleur du corps. Les cuisses sont simples.

Il se trouve dans presque toute l'Europe. Il est très-commun aux environs de Paris.

267. Charanson tigré.

Curculio tigrinus.

Curculio brevirostris cinereus, elytris fasciis quatuor abbreviatis albis, rostro tricarinato.

Curculio tigrinus: *brevirostris oblongus niger, elytris fasciis cinereo-villosis decussatis, abdomine pedibusque punctis glabris atris. Naturf.* 24. *p.* 21. *n°.* 29. *tab.* 1. *fig.* 29.

Il a environ sept lignes de long & deux de large. Les antennes sont d'un noir cendré. La trompe est grosse, plus courte que le corcelet, couverte d'un duvet roussâtre, avec une élévation longitudinale au milieu, & une autre de chaque côté. Les yeux ſont noirs, à peine ſaillans. Le corcelet eſt cendré, couvert de petits tubercules noirs, liſſes, avec une ligne longitudinale blanchâtre, au milieu, & une autre de chaque côté, qui s'élargit au milieu. Les élytres ſont cendrées, un peu nébuleuſes, couvertes de petits tubercules noirs, élevés, avec quatre bandes blanchâtres, courtes, obliques, interrompues à la ſuture. Le deſſous du corps & les pattes ſont cendrés, & marqués de petits points noirs. Les cuiſſes ſont ſimples.

Il ſe trouve à Lyon d'où il m'a été envoyé, à Nuremberg.

268. CHARANSON pliſſé.

CURCULIO plicatus.

Curculio breviroſtris cinereus, thorace plicato, elytris faſciis duabus undatis cinereis. Ent. ou hiſt. nat. des inſ. CHARANSON. *Pl. 6. fig. 65.*

Curculio fuſco-nebuloſus, thorace ſulcato; elytris ſtriatis. GEOFF. *Inſ. tom. 1. pag. 278. n°. 3.*

Le *Charanſon* à corcelet ſillonné. GEOFF. *Ib.*

Il a environ ſix lignes de long. Les antennes ſont coudées, cendrées, avec la maſſe obſcure. Tout le corps eſt cendré. La trompe eſt groſſe, un peu plus courte que le corcelet, ſillonnée. Le corcelet a huit ou dix plis longitudinaux. Les élytres ſont raboteuſes : on y remarque des points enfoncés, rangés en ſtries, quelques poils courts, & deux bandes ondées, griſes. Le deſſous du corps eſt gris, avec deux taches noires, rapprochées, ſur l'abdomen. Les pattes ſont cendrées, avec un anneau gris, ſur les cuiſſes.

Il ſe trouve dans les provinces méridionales de la France, & rarement aux environs de Paris.

269. CHARANSON échancré.

CURCULIO emarginatus.

Curculio breviroſtris oblongus fuſcus, coleoptrorum dorſo cinereo : lineis duabus punctorum impreſſorum atrorum. FAB. *Mant. inſ. tom. 1. pag. 114. n°. 186.*

Il reſſemble beaucoup au *Charanſon* nébuleux. La trompe eſt courte, groſſe, noirâtre, marquée de deux ſillons. Les antennes ſont obſcures, cendrées à leur extrémité. Le corcelet eſt obſcur, avec une ligne longitudinale blanchâtre, de chaque côté. Les élytres ont des points élevés, très-petits, preſque rangés en ſtries ; elles ſont noirâtres, cendrées vers la ſuture, avec une ſtrie de points noirs. L'extrémité des élytres paroît échancrée.

Il ſe trouve en Saxe.

270. CHARANSON perlé.

CURCULIO perlatus.

Curculio breviroſtris niger, abdomine albo : punctis elevatis glabris atris, roſtro ſulcato. FAB. *Mant. inſ. tom. 1. pag. 114. n°. 187.*

Il reſſemble, pour la forme & la grandeur, au *Charanſon* ſulciroſtre. La trompe eſt groſſe, noire, ſillonnée. Le corcelet eſt noir, avec une ligne blanche, de chaque côté ; il a des points élevés qui le rendent raboteux. Les élytres ſont légèrement velues, pointillées, noirâtres, avec un petit point blanchâtre, à la baſe. L'abdomen eſt velu, blanc, avec des points élevés, noirs, glabres.

Il ſe trouve dans la Chine.

271. CHARANSON glauque.

CURCULIO glaucus.

Curculio breviroſtris roſtro carinato thoraceque inæquali obſcuris, elytris glaucis : puncto poſtice elevato. FAB. *Mant. inſ. tom. 1. pag. 114. n°. 188.*

Curculio glaucus. Naturf. 24. pag. 22. n°. 30. tab. 1. fig. 30.

Il eſt un peu plus petit que le *Charanſon* nébuleux. La trompe eſt courte, groſſe, noirâtre, ferrugineuſe à ſa partie ſupérieure, avec une ligne longitudinale élevée, un peu tranchante. Les antennes ſont obſcures, avec la maſſe cendrée. Le corcelet eſt inégal, mélangé de noir & de cendré. Les élytres ſont liſſes, glauques, avec un point élevé poſtérieur, un peu cintré, noir. Le deſſous du corps & les pattes ſont livides & ſans taches.

Il ſe trouve à Kiell.

272. CHARANSON blanchâtre.

CURCULIO albidus.

Curculio breviroſtris oblongus fuſcus, elytris albidis : faſcia media lituraque baſeos apiciſque fuſcis. FAB. *Mant. inſ. tom. 1. pag. 114. n°. 189.*

Curculio candidus. FUESL. *Archiv. inſ. 5. p. 83. n°. 75. tab. 24. fig. 31.*

Il eſt un plus petit que le *Charanſon* nébuleux. La tête eſt noirâtre. Le corcelet eſt noirâtre, avec une petite ligne de chaque côté, antérieure, blanche, pointillée de noir. Les élytres ſont blanchâtres, avec une petite ligne à la baſe, une bande ſouvent courte, au milieu, & une petite ligne à l'extrémité, noires. La trompe eſt carenée. L'abdomen eſt blanc, avec pluſieurs lignes de points élevés, noirs.

Il ſe trouve en Allemagne.

273. CHARANSON portugais.

CURCULIO luſitanicus.

Curculio breviroſtris oblongus ſupra fuſcus, ely-

tris macula baseos alba. Ent. ou hist. nat. des inf. CHARANSON. *Pl.* 16. *fig.* 202.

Curculio lusitanicus. FAB. *Sp. inf. tom.* 1. *p.* 187. *n°.* 144. — *Mant. inf. tom.* 1. *p.* 115. *n°.* 190.

Il ressemble pour la forme & la grandeur, au *Charanson* incane. Le corcelet est un peu convexe, arrondi, pointillé, noirâtre en-dessus, avec de petites écailles dorées en-dessous. Les élytres sont pointillées, noirâtres, avec les bords latéraux & un point à la base, argentés. L'abdomen est noir, & couvert sur les côtés, de petites écailles argentées. Les pattes sont simples, noires, & couvertes de très-petites écailles argentées.

Il se trouve dans le Portugal.

274. CHARANSON crénelé.

CURCULIO crenulatus.

Curculio brevirostris cinereus, elytris lineis tribus elevatis, crenulatis atris. Ent. ou hist. nat. des inf. CHARANSON. *Pl.* 11. *fig.* 129.

Curculio crenulatus. FAB. *Syst. ent. pag.* 147. *n°.* 105.—*Sp. inf tom.* 1. *pag.* 187. *n°.* 145.— *Mant. inf. tom.* 1. *pag.* 115 *n°.* 191.

Il est un peu plus grand que le *Charanson* du Troëne. Les antennes sont coudées, cendrées, avec les derniers articles en masse obscure. La trompe est courte, assez grosse, un peu sillonnée, grisâtre. Les yeux sont noirs. La tête est grisâtre, avec la partie supérieure noirâtre. L'écusson est noir & à peine apparent. Les élytres ont chacune trois lignes longitudinales élevées, noires, entre lesquelles il y a des sillons pointillés grisâtres. Tout le dessous du corps est grisâtre : toute cette couleur grisâtre, est due, tant en-dessus qu'en-dessous, à de petites écailles imbriquées. Les pattes sont noires & les cuisses sont simples, sans épines & sans dentelures.

Il se trouve dans la Nouvelle-Hollande.

275. CHARANSON ponctulé.

CURCULIO punctatulus.

Curculio brevirostris niger, elytris punctis nigris albisque alternis holosericeis striatis. Ent. ou hist. nat. des inf. CHARANSON. *Pl.* 10. *fig.* 119.

Curculio punctatulus. FAB. *Sp. inf. tom.* 1. *p.* 187. *n°.* 146.—*Mant. inf. tom.* 1. *pag.* 115. *n°.* 192.

Il est à peine plus grand que le *Charanson* du Troëne. La trompe est sillonnée, un peu plus courte que le corcelet. Tout l'insecte est noir, mais couvert de poils gris roussâtres, couchés sur le corps. La tête est arrondie, & les yeux ne sont presque pas saillans. Le corcelet est arrondi & il a une ligne longitudinale peu élevée. L'écusson est arrondi postérieurement. Les élytres ont des stries régulières formées par des points enfoncés d'un noir de velours : entre ces points, il y a beaucoup plus de poils gris. Les pattes sont noires & couvertes ainsi que le corps, de poils gris roussâtres. Les cuisses sont simples, sans épines & sans dentelures.

Il se trouve dans l'Amérique septentrionale, à Terre-Neuve.

276. CHARANSON incane.

CURCULIO incanus.

Curculio brevirostris cinereus oblongus, elytris obtusiusculis. LIN. *Syst. nat. p.* 616. *n°.* 81. — *Faun. suec. n°.* 631.

Curculio incanus *brevirostris oblongus fuscus thoracis dorso plano.* FAB. *Syst. ent. p.* 147. *n°.* 106. —*Sp. inf. tom.* 1. *p.* 187. *n°.* 147.—*Mant. inf. t.* 1. *p.* 115. *n°.* 193.

Curculio cinereus, squamosus, alis carens, elytris striatis. GEOFF. *inf. tom.* 1. *pag.* 282. *n°.* 10.

Le Charanson gris, strié & sans aîles. GEOFF. *Ib.*

Curculio griseo-apterus *brevirostris, antennis fractis longissimis rufis, femoribus muticis, corpore oblongo nigrofusco : pilis nitidis griseis.* DEG. *Mém. inf. tom.* 5. *pag.* 242. *no.* 28.

Charanson *gris non ailé*, non ailé à courte & grosse trompe, à antennes coudées rousses très-longues, & à cuisses simples, à corps oblong d'un brun noirâtre, couvert de poils gris luisans. DEG. *Ib.*

Scarabæus-fuscus, lanugine incanus. LIST. *Scar. ang. pag.* 394. *tit.* 30.

Curculio incanus. BONSD. *Hist. Curc. suec. pag.* 41. *n°.* 36. *tab. fig.* 37.

La trompe est courte, très-grosse. Les antennes sont minces, longues, d'un brun ferrugineux, avec la masse cendrée. Tout le corps est noir, mais légèrement couvert d'un duvet cendré. Les yeux sont arrondis, saillans. Le corcelet est un peu chagriné. Les élytres sont ovales, légèrement striées, & les stries sont pointillées. Les élytres embrassent une partie de l'abdomen, & elles sont réunies à leur suture; au-dessous, il n'y a point d'aîles. Les cuisses sont simples. Les pattes sont de la couleur du corps.

Il se trouve dans presque toute l'Europe.

277. CHARANSON carené.

CURCULIO carinatus.

Curculio brevirostris fuscus, thorace carinato, elytris angulatis tuberculatis. Ent. ou hist. nat. des inf. CHARANSON. *Pl.* 6. *fig.* 73.

Curculio carinatus subbrevirostris niger, thorace subcarinato, elytris angulatis tuberculatis. LIN. *Syst. nat. add. pagg.* 1066.

Curculio totus fuscus rugosus. GEOFF. *inf. tom* 1. *pag.* 278. *n°.* 2.

Le Charanson ridé. GEOFF. *Ib.*

Curculio rugosus. FOURC. *Ent. par.* 1. *pag.* 117. *n°.* 2.

Il a de quatre à cinq lignes de long. Tout le corps est d'un noir cendré obscur. La trompe est grosse, un peu plus courte que le corcelet. Les antennes sont coudées, de la longueur de la tête. Le corcelet est raboteux, marqué d'une ligne longitudinale élevée au milieu. Les élytres sont raboteuses, réunies ; elles ont trois ou quatre lignes longitudinales, peu élevées ; presque crénelées. Le dessous du corps & les pattes sont noirâtres.

Il se trouve aux environs de Paris, dans les provinces méridionales de la France, en Portugal.

278. CHARANSON à côtes.

CURCULIO costatus.

Curculio brevirostris cinereus, thorace nigro ; lineis quatuor cinereis. FAB. *Mant. inf. tom.* 1. *pag.* 115. *no.* 194.

Il est de la grandeur du *Charanson* incane. Les antennes sont coudées, ferrugineuses à leur base. La trompe est courte un peu renflée à son extrémité, noire, avec la partie supérieure cendrée. Le corcelet est arrondi, noir, avec une ligne longitudinale à la partie supérieure, un peu élevée, plus noire. Les élytres & les pattes sont cendrées.

Il se trouve dans les provinces méridionales de la France.

279. CHARANSON barbaresque.

CURCULIO barbarus.

Curculio brevirostris fuscus ferrugineo irroratus, orbitâ oculorum albâ.

Il est un peu plus grand que le *Charanson* sulcirostre. Les antennes sont noirâtres, avec la masse cendrée. La trompe est cylindrique, un peu plus courte que le corcelet ; elle a à sa partie supérieure, une ligne longitudinale un peu élevée. Tout le corps est noir, mais légèrement couvert de poils très-courts, ferrugineux. Les yeux sont noirs & entourés d'un cercle blanc. Le corcelet est arrondi & très-légèrement chagriné. L'abdomen a quatre petits points noirs. Les cuisses sont simples.

Il se trouve en Barbarie, & m'a été communiqué par M. Marsham.

280. CHARANSON ophtalmique.

CURCULIO ophtalmicus.

Curculio brevirostris fusco-cinereus, elytris punctis sex griseis.

Il est un peu plus grand que le *Charanson* sulcirostre. Les antennes sont courtes, coudées, d'un noir cendré. La trompe est courte, grosse, tricarenée. Tout le corps est noir & couvert de poils courts, cendrés. Le corcelet a deux lignes longitudinales sinuées, peu marquées, grisâtres de chaque côté. Les élytres ont chacune trois points grisâtres, entourés de noir, placés sur une ligne longitudinale : le point du milieu est un peu plus gros que les autres, & ceux-ci sont très-petits & à peine marqués. Les cuisses sont simples.

Il se trouve en Provence, dans les champs.

281. CHARANSON tabide.

CURCULIO tabidus.

Curculio brevirostris fuscus ferrugineo irroratus; thorace lineis duabus, elytris margine punctis duobus cinereis

Curculio lateralis *longirostris cylindricus ferrugineus, thorace margine striga oblonga, elytrisque lateribus punctis duobus cinereis. Naturf.* 24. *p.* 20. *n°.* 27. *tab.* 1. *fig.* 27.

Il a environ six lignes de long, depuis la tête jusqu'à l'extrémité du corps. Les antennes sont d'un noir cendré. Tout le corps est noir, mais légèrement couvert de poils courts d'un gris ferrugineux. La trompe est grosse, plus courte que le corcelet, carenée à sa partie supérieure. Les yeux sont entourés d'un cercle blanc. Le corcelet est presque cylindrique, un peu raboteux, muni d'une ligne longitudinale élevée & d'une ligne blanche, de chaque côté. Les élytres ont un point blanc à leur base extérieure, & un autre oblong, vers le milieu du bord extérieur : on remarque, au moyen de la loupe, des points enfoncés, rangés en stries. Les cuisses sont simples.

Il se trouve dans les provinces méridionales de la France, en Italie.

282. CHARANSON grammique.

CURCULIO grammicus.

Curculio brevirostris fuscus, thorace utrinque lineola, elytris baseos puncto cinereo.

Curculio grammicus *brevirostris*, *thorace margine lineola, elytrisque baseos puncto cinereo. Naturf.* 24. *pag.* 21. *n°.* 28. *tab.* 1. *fig.* 28.

Il est un peu plus petit que le précédent. Tout le corps est noir, très-légèrement couvert de poils gris, courts. Les antennes sont noires, avec l'extrémité cendrée. La trompe est courte, avec une ligne longitudinale peu élevée à sa partie supérieure. Les yeux sont entourés d'un cercle blanchâtre. Le corcelet est légèrement raboteux; il a une ligne longitudinale élevée, à peine marquée, qui ne va pas jusqu'au bord postérieur. De chaque côté on voit une ligne longitudinale blanche. Les élytres ont un point blanc, à leur base. Les cuisses sont simples.

Il se trouve dans les provinces méridionales de la France, en Italie.

283. CHARANSON de Bonsdorff.

CURCULIO Bonsdorffii.

Curculio brevirostris canescens, thoracis dorso, elytris maculis tribus transversis nigris.

Curculio niveus. BONSD. *Hist. Curc. suec. p.* 21. *n8.* 5. *tab. fig.* 6.

Curculio candidus. FUESL. *Arch. ins.* 5. *p.* 83. *n°.* 75. *tab.* 24. *fig.* 31.

Il ressemble pour la forme & la grandeur au *Charanson* nébuleux. Les antennes sont noires. La trompe est noire, courte, assez grosse, inégale. Les yeux sont noirs, presqu'entourés d'un cercle blanc. Le corcelet est un peu raboteux en-dessous & sur les côtés; il est noir à sa partie supérieure. Les élytres sont blanchâtres, avec une tache irrégulière à la base, une autre transversale au milieu, & une plus petite, vers l'extrémité, noires. Le dessous du corps & les pattes sont blanchâtres. Les cuisses sont simples.

La couleur blanche de cet insecte est due à des poils courts, serrés.

Il se trouve dans les provinces méridionales de la France.

284. CHARANSON interrompu.

CURCULIO interruptus.

Curculio brevirostris obscurus, coleoptrorum fascia interrupta alba. Ent. ou hist. nat. des ins. CHARANSON. *Pl.* 10. *fig.* 122.

Curculio interruptus. FAB. *Sp. ins. tom.* 1. *pag.* 188. *n°.* 148.—*Mant. ins. tom.* 1. *pag.* 115. *n°.* 195.

Il est à peu près de la grandeur du *Charanson* du Polygonum. Les antennes sont cendrées, obscures, coudées. Tout le corps est couvert de petites écailles imbriquées, serrées, cendrées. La trompe est assez grosse & plus courte que le corcelet. La tête est un peu arrondie, & les yeux sont noirs, arrondis, un peu saillans. Le corcelet est arrondi, avec quelques lignes longitudinales peu marquées, d'un gris plus clair. L'écusson est petit, coupé postérieurement, d'un gris blanchâtre. Les élytres sont régulièrement striées, & dans chaque strie il y a des points enfoncés. Les côtés & toute leur partie postérieure, sont d'un gris plus clair. Le dessous du corps & les pattes sont cendrés. Les cuisses sont simples, sans épines & sans dentelures.

Il se trouve dans la Nouvelle-Hollande.

285. CHARANSON scutellaire.

Curculio scutellaris.

Curculio brevirostris ater, elytris crenato-striatis, pedibus anticis elongatis. Ent. ou hist. nat. des ins. CHARANSON. *Pl.* 12. *fig.* 141.

Curculio scutellaris. FAB. *Mant. ins. tom.* 1. *p.* 115. *n°.* 196.

Il est grand. Tout le corps est noir, glabre, sans taches. Les antennes sont coudées. La trompe est grosse, assez courte, sillonnée. Les yeux sont petits, arrondis, saillans. La tête est lisse. Le corcelet est arrondi, irrégulièrement pointillé. L'écusson est petit, arrondi, relevé. Les élytres ont des stries serrées, dans lesquelles il y a des points enfoncés, très-rapprochés : on voit une élévation vers la partie postérieure de chaque. Les cuisses sont simples, sans épines & sans dentelures; les antérieures sont assez grosses, & un peu plus longues que les autres.

Il se trouve dans la terre de Diémen.

286. CHARANSON longimane.

CURCULIO longimanus.

Curculio brevirostris fuscus, thoracis margine punctisque duobus ferrugineis, pedibus anticis elongatis. Ent. ou hist. nat. des ins. CHARANSON. *Pl.* 10. *fig.* 114.

Curculio longimanus. FAB. *Syst. ent. pag.* 147. *n°.* 107. — *Sp. ins. tom.* 1. *pag.* 188. *n°.* 149. —*Mant. ins. tom* 1. *pag.* 115. *n°.* 197.

Il est de la grandeur du *Charanson* incane. Les antennes sont ferrugineuses obscures, légèrement poileuses, coudées. La tête est noirâtre, couverte de quelques écailles verdâtres dorées. La trompe est courte. Les yeux sont noirs, arrondis, saillans. Le corcelet est arrondi, noirâtre, couvert de quelques écailles verdâtres, avec deux taches à la partie postérieure, le bord antérieur & les côtés ferrugineux dorés. L'écusson est vert & triangulaire. Les élytres sont obscures, couvertes d'écailles verdâtres dorées ; elles ont des stries régulières, dans lesquelles il y a des points enfoncés transversalement, très-serrés. Les pattes antérieures sont obscures, un peu plus longues que les autres, avec les cuisses renflées, sans épines, & les jambes garnies intérieurement de plusieurs épines courtes. Les autres pattes sont ferrugineuses obscures, sans épines & sans dentelures.

La couleur du corcelet varie. Il est quelquefois presque tout ferrugineux, avec une ligne longitudinale obscure au milieu, ainsi que le bord extérieur des élytres.

Il se trouve dans le Brésil.

287. CHARANSON rauque.

Curculio raucus.

Curculio brevirostris nigricans, elytris griseis cinereo punctatis. FAB. *Gen. inf. app. pag.* 216.— *Sp. inf. tom.* 1. *pag.* 188. *n°.* 152.—*Mant. inf. tom.* 1. *p.* 115. *n°.* 198.

Curculio raucus. Naturf. 24. *pag.* 23. *n°.* 31. *tab.* 1. *fig.* 31.

Curculio raucus. FUESL. *Arch. inf. p.* 82. *n°.* 64. *tab.* 24. *fig.* 25.

Il est plus petit que le *Charanson* du Troëne. Les antennes sont noirâtres, un peu poileuses, coudées. La trompe est courte, couverte d'écailles cendrées. Tout le corps est couvert de pareilles écailles. Les yeux ne sont pas saillans. Le corcelet est arrondi. L'écusson est très-petit. Les élytres ont des stries régulières : celles que j'ai vues étoient cendrées obscures, & plus ou moins parsemées de points irréguliers gris. Les pattes sont brunes, avec des écailles & des poils cendrés. Les cuisses sont simples, sans épines & sans dentelures.

Il se trouve en Allemagne.

288. CHARANSON cotonneux.

Curculio tomentosus.

Curculio brevirostris fuscus, thorace maculâ laterali albâ, elytris tuberculatis albis utrinque macula fusca. Ent. ou hist. nat. des inf. CHARANSON. *Pl.* 13. *fig.* 153. *a. b.*

Il est de la grandeur du *Charanson* du Polygonum. Les antennes sont brunes. La trompe est grosse, courte, obscure. La tête est obscure, avec les yeux noirs, arrondis, un peu saillans. Le corcelet est obscur, avec une grande tache blanche de chaque côté. L'écusson est obscur. Les élytres sont couvertes d'un duvet cotonneux blanchâtre, avec une tache obscure de chaque côté, & plusieurs tubercules élevés presque épineux, sur le dos. Les pattes sont obscures, & les cuisses sont simples.

Il se trouve dans l'Amérique méridionale.

289. CHARANSON porte-épine.

Curculio spinifex.

Curculio brevirostris cinereus fusco irroratus, thorace acute spinoso. FAB. *Mant. inf. t.* 1. *p.* 115. *n°.* 199.

Il est de grandeur moyenne, & son corps est très-convexe. La trompe est courte, grosse, unie à la partie supérieure. Le corcelet a une épine aigue, de chaque côté. Il est cendré & parsemé de petits points noirâtres. Les élytres sont striées, cendrées, parsemées de points noirâtres, l'abdomen est noirâtre, avec trois rangées de points blancs.

Il se trouve.......

290. CHARANSON du Polygonum.

Curculio Polygoni.

Curculio brevirostris, thorace lineato, elytris cinereis, lineolis fuscis suturaque nigro punctata. Ent. ou hist. nat. des inf. CHARANSON. *Pl.* 4. *fig.* 41.

Curculio Polygoni. FAB. *Sp. inf. tom.* 1. *p.* 188. *n°.* 151.—*Mant. inf. tom.* 1. *pag.* 116. *n°.* 200.

Curculio Polygoni *brevirostris testaceus, coleoptrorum sutura nigra repanda.* LIN. *Syst. nat. p.* 609. *n°.* 26.—*Faun. suec. n°.* 597.

Curculio Polygoni. VILL. *Ent. tom.* 1. *pag.* 180. *n°.* 22.

Il est de grandeur moyenne. La trompe est assez mince, plus courte que le corcelet, cendrée, avec un peu de gris à sa partie supérieure. Le corcelet est cendré, avec trois lignes longitudinales blanches. Les élytres sont cendrées, avec une ligne à la base, & deux autres vers le milieu, blanchâtres ; la suture est blanchâtre, avec de petits points noirâtres. Le bord extérieur dans quelques espèces est blanchâtre. Les pattes sont cendrées. Les cuisses sont simples.

Il se trouve en Europe, sur la Renouée *Polygonum aviculare.*

291. CHARANSON gris.

Curculio griseus.

Curculio brevirostris supra griseo-fuscus subtus cinereus, rostro canaliculato. FAB. *Syst. ent. pag.* 148. *n°.* 108.—*Sp. inf. tom.* 1. *p.* 188. *n°.* 152.—*Mant. inf. tom.* 1. *pag.* 216. *n°.* 201.

Il

Il ressemble au *Charanson* linéé, mais il est un peu plus long. La trompe est cylindrique, avec un sillon longitudinal assez profond. Tout le dessus du corps est d'un gris obscur, sans taches. Le dessous est cendré. Les cuisses sont simples.

Il se trouve en Angleterre.

292. CHARANSON trimoucheté.

CURCULIO triguttatus.

Curculio brevirostris nigricans, elytris griseis, maculis duabus albis, posteriori majori communi. FAB. *Syst. ent. pag.* 148. *n°.* 109. — *Sp. inf. tom.* 1. *pag.* 188. *n°.* 153. — *Mant. inf. tom.* 1. *pag.* 116. *n°.* 202.

Curculio cordiger. SULZ. *Hist. inf. tab.* 4. *fig.* 11.

Il ressemble pour la forme & la grandeur, au *Charanson* triste. La trompe est courte, cannelée. Le corcelet est obscur, sans taches. Les élytres sont presque striées, grisâtres, avec un point blanc, vers le milieu, & une tache plus grande, commune aux deux élytres, vers l'extrémité.

Il se trouve en Angleterre, dans les endroits sablonneux, près Richmond.

293. CHARANSON géminé.

CURCULIO geminatus.

Curculio brevirostris cinereus, thorace trilineato, elytris striis numerosis fuscis per paria approximatis. FAB. *Mant. inf. tom.* 1. *pag.* 116. *n°.* 203.

Il est de grandeur moyenne, presque globuleux. Les antennes sont coudées, terminées en masse ferrugineuse. La trompe est courte, grosse, cendrée. Le corcelet est arrondi, cendré, avec trois larges lignes longitudinales, obscures. Les élytres sont globuleuses, cendrées, avec des stries longitudinales obscures, disposées par paires. Les pattes sont cendrées.

Il se trouve à Kiell.

294. CHARANSON diadêmé.

CURCULIO diadema.

Curculio brevirostris flavescenti villosus, rostro apice retuso-atro. FAB. *Mant. inf. tom.* 1. *p.* 116. *n°.* 204.

Il ressemble au *Charanson* du Coudrier, mais il est un peu plus grand. Les antennes sont coudées, cendrées. La trompe est courte, obscure, tronquée & noire à son extrémité. Le corcelet & les élytres sont couverts de poils courts, jaunâtres. Les pattes sont cendrées.

Il se trouve à Cayenne.

295. CHARANSON du Coudrier.

CURCULIO Coryli.

Curculio brevirostris cinereo fuscoque varius, elytrorum sutura dimidiata atra. FAB. *Syst. ent. p.* 148. *n°.* 110. — *Sp. inf. t.* 1. *p.* 189. *n°.* 154. — *Mant. inf. tom.* 1. *pag.* 116. *n°.* 205.

Curculio capitatus *brevirostris antennis fractis fuscis, femoribus muticis, capite lato, corpore subgloboso griseo-cinereo, pedibus fuscis.* DEG. *Mem. inf. tom.* 5. *pag.* 245. *n°.* 32.

Charanson *gris, à large tête*, à courte trompe, à antennes coudées & à cuisses simples, à corps court & ovale, d'un gris cendré, à pattes & antennes brunes. DEG. *Ib.*

Curculio capitatus *brevirostris, fusco-cinereus, sutura, elytrorum basi nigra, rostro brevissimo, lato, abdomine subgloboso.* BONSD. *Hist. curc. suec. p.* 33. *n°.* 23. *tab. fig.* 24.

Il ressemble au *Charanson* cervine. La trompe est courte, noire à son extrémité. Le corcelet, les élytres sont glabres, mélangés de cendré & d'obscur. La suture, depuis la base jusqu'au milieu, est noire, glabre.

Il se trouve en Angleterre, sur le Coudrier.

296. CHARANSON linéé.

Curculio lineatus.

Curculio brevirostris griseus, thorace striis tribus pallidioribus. LIN. *Syst. nat. p.* 616. *n°.* 80. — *Faun. suec. n°.* 630.

Curculio lineatus. FAB. *Syst. ent. p.* 148. *n°.* 111. — *Sp. inf. tom.* 1. *pag.* 189. *n°.* 155. — *Mant. inf. tom.* 1. *pag.* 116. *n°.* 206.

Curculio rostro thoracis longitudine, thorace tribus striis pallidioribus. GEOFF. *Inf. tom.* 1. *p.* 283. *n°.* 13?

Le *Charanson* à corcelet rayé. GEOFF. *Ib.*

Curculio brevirostris, antennis fractis, femoribus muticis, corpore oblongo griseo, thorace striis tribus pallidioribus. DEG. *Mem. inf. tom.* 5. *p.* 247. *n°.* 35.

Charanson *rayé à courte trompe.* A courte trompe, à antennes coudées, à cuisses simples, à corps ovale gris, avec trois bandes plus pâles sur le corcelet. DEG. *Ib.*

Curculio lineatus. BONSD. *Hist. curc. suec. p.* 129. *n°.* 16. *tab. fig.* 16. 17.

Curculio lineatus. SCHRANK. *Enum. inf. aust. n°.* 242.

SCHAEFF. *Icon. inf. tab.* 103. *fig.* 8.

Yyy

Curculio fasciolatus. FOURC. *Entom. par.* 1. *pag.* 120. n°. 13. ?

Curculio lineatus. VILL. *Ent. tom.* 1. *pag.* 208. n°. 148.

Il a environ deux lignes & demie de long & une de large. La trompe est courte, grosse, à peine plus longue que la tête. Les antennes sont coudées, brunes, assez longues. Tout le corps est grisâtre. Le corcelet a trois lignes longitudinales d'un gris plus clair que le reste du corps. Les élytres ont des stries formées par des points enfoncés. Les pattes sont d'un brun roussâtre. Les cuisses sont simples.

Il se trouve dans presque toute l'Europe, sur les arbres & sur les buissons.

297. CHARANSON lunulé.

CURCULIO *lunatus.*

Curculio brevirostris, coleoptris elevato-striatis, fascia semicirculari maculaque postica albis, lunula nigra. FAB. *Syst. ent. p.* 148. n°. 112. — *Sp. ins. tom.* 1. *pag.* 189. n°. 156. — *Mant. ins. t.* 1. *pag.* 116. n°. 207.

Il est petit & il ressemble au *Charanson* linéé. La trompe est courte, grosse, cendrée, avec un point enfoncé, sur le front. Les élytres ont trois ou quatre lignes élevées, un peu tranchantes, qui ne vont pas jusqu'à l'extrémité de l'élytre, elles sont cendrées, avec une bande blanche, sémi-circulaire, qui part de l'angle extérieur de la base, & descend jusqu'au milieu des élytres: on voit postérieurement une grande tache blanche, commune aux deux élytres, dans laquelle se trouve une autre tache plus petite, en croissant, noire. Les pattes sont cendrées, avec des bandes obscures.

Il se trouve en Angleterre.

298. CHARANSON fulvipède.

CURCULIO *fulvipes.*

Curculio brevirostris tomentoso virescens, pedibus testaceis. FAB. *Mant. ins. tom.* 1. *pag.* 116. n°. 208.

Il a la forme du *Charanson* linéé. La trompe est courte, unie à sa partie supérieure. Le corps est pubescent, verdâtre. L'abdomen est argenté. Les antennes sont coudées, obscures. Les pattes sont testacées.

Il se trouve en Saxe, & aux environs de Paris.

299. CHARANSON ruficolle.

CURCULIO *ruficollis.*

Curculio brevirostris testaceus, capite elytrisque striatis cinereo fuscis. FAB. *Mant. ins. tom.* 1. *pag.* 116. n°. 209.

Il est petit. La tête est obscure. Les antennes sont coudées, fauves, avec la masse obscure. Le corcelet est lisse, testacé. Les élytres sont striées, d'une couleur cendrée, obscure.

Il se trouve en Saxe.

300. CHARANSON ondé.

CURCULIO *undatus.*

Curculio brevirostris fuscus, elytris apice pallidis, striga undata fusca. FAB. *Sp. ins. tom.* 1. *pag.* 189. n°. 157. — *Mant. Ins. t.* 1. *p.* 117. n°. 210.

Il est petit, & ressemble beaucoup au *Charanson* lunulé. La trompe est courte. Tout le corps est obscur. Les élytres sont pâles à l'extrémité, & elles ont une ligne transversale, ondée, obscure. Les cuisses sont simples.

Il se trouve en Allemagne.

301. CHARANSON hispidule.

CURCULIO *hispidulus.*

Curculio brevirostris fuscus, thorace cinereo lineato, elytris hispidis, punctis obscurioribus striatis. FAB. *Gen. ins. mant. p.* 226. — *Sp. ins. t.* 1. *p.* 189. n°. 158. — *Mant. ins. tom.* 1. *p.* 117. n°. 211.

Il est petit & ressemble au *Charanson* linéé. Les antennes sont coudées; le premier article est long. Le corcelet est pointillé, obscur, avec trois lignes longitudinales cendrées: l'intermédiaire est plus étroite que les autres: on voit de chaque côté du corcelet un point cendré. Les élytres sont obscures, avec des poils élevés, roides, & des points noirâtres rangés en stries: les poils sont insérés, entre les points, ce qui forme des lignes interrompues, blanches & noires. Les pattes sont noirâtres.

Il se trouve à Kiell, sur les plantes aquatiques.

302. CHARANSON scabricule.

CURCULIO *scabriculus.*

Curculio brevirostris, corpore cinereo hispido. FAB. *Syst. ent. pag.* 149. n°. 113. — *Sp. ins. t.* 1. *p.* 189. n°. 159. — *Mant. ins. tom.* 1. *p.* 117. n°. 212.

Curculio scabriusculus *brevirostris, femoribus muticis cinereus, elytris hispidis.* LIN. *Mant. p.* 531.

Curculio scabriculus *brevirostris, subglobosus, rostro canaliculato, corpore cinereo, hispido.* BONSD. *Hist. curc. suec. pag.* 32. n°. 20. *tab. fig.* 21.

La trompe est raboteuse, sillonnée. Les yeux sont arrondis, peu saillans. Les antennes sont coudées, d'une couleur fauve, un peu cendrée. Le corcelet est raboteux, & muni d'un tubercule assez grand, de chaque côté. Les élytres sont arrondies, presque globuleuses, souvent réunies, raboteuses, striées, couvertes de poils courts, élevés, roides

Le dessous du corps & les pattes sont d'une couleur cendrée obscure. Les cuisses sont simples.

Il se trouve dans les endroits sabloneux de la Suède, au commencement du printems.

303. CHARANSON cervine.

Curculio cervinus.

Curculio brevirostris griseus, antennis basi rufescentibus. FAB. *Syst. ent. pag.* 149. *n°.* 114. — *Sp. ins. tom.* 1. *pag.* 190. *n°.* 160. — *Mant. ins. tom.* 1. *p.* 117. *n°.* 213.

Curculio cervinus *brevirostris, femoribus dentatis, antennis basi rufescentibus.* LIN. *Syst. nat. pag.* 615. *n°.* 70. — *Faun. suec. n°.* 627.

Curculio griseo-æneus, *brevirostris, antennis fractis rufis, femoribus dentatis, corpore oblongo griseo-æneo nitido.* DEG. *Mem. ins. tom.* 5. *p.* 220. *n°.* 13.

Charanson *gris-bronzé* à courte trompe, à antennes coudées rousses & à cuisses dentelées, à corps oblong, d'un gris bronzé, luisant. DEG. *Ib.*

Curculio cervinus *brevirostris oblongo ovatus, cinereus, nigro irroratus, antennis basi rufis.* BONSD. *Hist. curc. suec. pag.* 29. *n°.* 15. *tab. fig.* 15.

Curculio cervinus. VILL. *Ent. tom.* 1. *pag.* 203. *n°.* 124.

Il a environ deux lignes & demie de long & une de large. La trompe est courte, grosse, de la longueur de la tête. Les antennes sont coudées, assez longues, fauves, avec la masse qui les termine, noirâtre. Tout le corps est couvert de petites écailles cendrées. L'écusson est petit & blanchâtre. Les élytres ont neuf stries, formées par des points enfoncés. Les pattes sont obscures. Les cuisses, suivant Linné & de Geer, ont une petite épine.

Il se trouve au nord de l'Europe.

304. CHARANSON hérissé.

Curculio echinatus.

Curculio brevirostris, ferrugineus, abdomine globoso, elytris setis erectis dense echinatis. BONSD. *Hist. curc. suec. pag.* 33. *n°.* 21. *tab. fig.* 22.

Curculio scaber. MULL. *Zool. Dan.* 86. 947.

Il est un peu plus ovale que le *Charanson* cervine. La trompe est courte, anguleuse à son extrémité. Les antennes sont ferrugineuses. Les yeux sont arrondis, à peine saillans. Le corcelet est cylindrique, étroit, hérissé. Les élytres sont réunies, renflées, ferrugineuses avec huit stries pointillées, & des poils élevés, roides, qui les font paroître hérissées. La poitrine & l'abdomen sont noirâtres, & l'anus est fauve. Les pattes sont d'un jaune ferrugineux. Les cuisses sont simples.

Il se trouve au nord de l'Europe.

305. CHARANSON strié.

Curculio striatus.

Curculio brevirostris fuscus, elytris striis cinereis nigro punctatis. FAB. *Mant. ins. t.* 1. *pag.* 117. *n°.* 214.

Il est petit. La tête est noirâtre. Le corcelet est noirâtre, avec une ligne longitudinal e cendrée, à la partie supérieure. Les élytres sont noirâtres, avec trois stries longitudinales & la suture cendrées, veloutées, ponctuées de noir.

Il se trouve en Afrique.

306. CHARANSON Lézard.

Curculio Lacerta.

Curculio brevirostris griseus, elytris striatis, antennis apice nigris. Ent. ou hist. nat. des ins. CHARANSON, *Pl.* 6. *fig.* 68. & *pl.* 12. *fig.* 148.

Curculio Lacerta. FAB. *Sp. ins. t.* 1. *pag.* 190. *n°.* 161. — *Mant. ins. tom.* 1. *p.* 117. *n°.* 215.

Il est un peu plus gros que le *Charanson* du Troëne. Les antennes sont coudées, grises, avec l'extrémité noirâtre. La trompe est grosse & courte. Tout le corps est grisâtre, un peu plus obscur en-dessus qu'en dessous. Les yeux sont petits, arrondis, noirs & saillans. Le corcelet a une ligne longitudinale peu enfoncée, au milieu. Les élytres sont ovales; elles ont des stries régulières crénelées, & vers leur milieu, une bande moins obscure. L'écusson est imperceptible. Les cuisses sont simples.

Il se trouve aux Indes orientales.

307. CHARANSON écailleux.

Curculio squamosus.

Curculio brevirostris, femoribus muticis, griseus, elytris punctato-striatis. Ent. ou hist. nat. des ins. CHARANSON. *Pl.* 8. *fig.* 96.

Il ressemble beaucoup au *Charanson* Lézard. Tout le corps est couvert d'une poussière écailleuse grisâtre. La trompe est courte. Les yeux sont noirs, arrondis, un peu saillans. Le corcelet est arrondi. Les élytres ont des stries formées par des points enfoncés, & une tache transversale obscure, très-peu marquée. Les pattes n'ont ni épines ni dentelures.

Il se trouve à Madagascar.

308. CHARANSON sombre.

Curculio fuscus.

Curculio brevirostris, femoribus muticis, fusco cinereoque varius, elytris punctato-striatis. Ent. ou hist. nat. des ins. CHARANSON. *Pl.* 8. *fig.* 93.

Il est un peu plus petit que le *Charanson* nébuleux. Tout le corps est mélangé d'obscur & de cendré. Les antennes sont obscures. La trompe est grosse, courte, marquée d'une ligne longitudinale élevée. Les élytres ont des stries formées par des points enfoncés. Toutes les cuisses sont sans épines & sans dentelures.

Il se trouve au Sénégal.

309. CHARANSON agile.

Curculio velox.

Curculio brevirostris pilosus niger, elytris margine puncto baseos fascia interrupta punctoque apicis albis. FAB. *Mant. inf. t.* 1. *p.* 117. *n°.* 216.

Il est petit. Les antennes sont coudées, noires. La tête est carenée, noire, sans taches. Le corcelet est arrondi, noir, avec une ligne blanche, de chaque côté. Les élytres sont poileuses, striées, noires, avec le bord extérieur, un grand point, à la base, une bande au milieu, interrompue, & un point à l'extrémité, blancs. Les pattes sont noires.

Il se trouve à Cayenne.

310. CHARANSON ruficorne.

Curculio ruficornis.

Curculio brevirostris ater, antennis rubris, thorace utrinque bituberculato. FAB. *Syst. ent. p.* 149. *n°.* 115.—*Sp. inf. tom.* 1, *pag.* 190. *n°.* 162.—*Mant. inf. tom.* 1. *pag.* 117. *n°.* 217.

Curculio ruficornis *brevirostris, femoribus muticis, corpore atro, thorace bituberculato, antennis rubris.* LIN. *Syst. nat. pag.* 616. *n°.* 78.—*Faun. suec. n°.*636.

Curculio ruficornis *brevirostris oblongo ovatus, thorace cylindrico utrinque bituberculato, antennis pedibusque rufis.* BONSD. *Hist. curc. suec. p.* 27. *n°.* 13. *tab. fig.* 13.

Il a environ deux lignes de long. Le corps est ovale, oblong, noirâtre. Les antennes sont rougeâtres, coudées. La trompe est courte, assez grosse, avec un sillon un peu plus enfoncé vers l'extrémité. Les yeux sont noirs, arrondis, saillans. Le corcelet est cylindrique, muni de deux tubercules de chaque côté. Les élytres sont striées, cendrées, avec trois bandes roussâtres, la première peu marquée, à la base, la seconde droite, au milieu, la troisième ondée, vers l'extrémité. L'anus est fauve. Les pattes sont rougeâtres. Les cuisses sont simples.

Il se trouve au nord de l'Europe.

311. CHARANSON chloropède.

Curculio cloropus.

Curculio brevirostris niger antennis pedibusque rufis. FAB. *Syst. ent. p.* 149. *n°.* 116.—*Sp. inf. tom.* 1. *p.* 190. *n°.* 163.—*Mant. inf. tom.* 1. *pag.* 117. *n°.* 218.

Curculio cloropus. LIN. *Syst. Nat. pag.* 617. *n°.* 82.—*Faun. suec. n°.* 635.

Curculio cloropus *brevirostris, elongatus totus niger, antennis pedibusque rufescentibus.* BONSD. *Hist. curc. suec. pag.* 31. *n°.* 18. *tab. fig.* 19.

Il a à peine deux lignes de long. Tout le corps est noir. Les antennes sont rougeâtres. La trompe est courte, à peine sillonnée. Les yeux sont noirs, arrondis, très-saillans. Le corcelet est lisse, légèrement pointillé. Les élytres sont oblongues, avec des stries pointillées. La poitrine & l'abdomen sont noirs, légèrement couverts d'écailles cendrées. Les cuisses sont simples, noires, ferrugineuses à leur base. Les jambes & les tarses sont rougeâtres.

Il se trouve dans le nord de l'Europe sur différentes plantes.

312. CHARANSON atre.

Curculio ater.

Curculio brevirostris oblongus ater, antennis rufis. LIN. *Syst. nat. pag.* 617. *n°.* 86.—*Faun. suec. n°.* 637.

Curculio ater *brevirostris, linearis ater, thorace longissimo, antennis pedibusque piceis.* BONSD. *Hist. curc. suec. pag.* 31. *n°.* 19. *tab. fig.* 20.

Le corps est noir, alongé, linéaire, un peu plus petit que celui du précédent. La trompe est courte. Les antennes sont coudées, d'un brun noirâtre, avec le premier article ferrugineux. Les yeux sont noirs, arrondis, un peu saillans. Le corcelet est long, presque aussi large que les élytres, fortement pointillé. Les élytres sont glabres obtuses, avec huit stries pointillées. Les pattes sont courtes, d'un brun noirâtre. Les cuisses sont simples, un peu renflées.

M. Fabricius a regardé cet insecte, comme une variété du précédent.

Il se trouve au nord de l'Europe.

313. CHARANSON triste.

Curculio tristis.

Curculio brevirostris niger, elytris striatis ci-

nereis. FAB. *Syst. ent. pag.* 149. *n°.* 117.—*Sp. inf. tom.* 1. *pag.* 190. *n°.* 164. — *Mant. inf. tom.* 1. *pag.* 117. *n°.* 219.

Curculio tristis brevirostris, ovatus, niger, elytris cinereis profundè striatis. BONSD. *Hist. curc. succ. pag.* 36. *n°.* 27. *tab. fig.* 28.

Il ressemble au *Charanson* du Troëne, mais il est deux ou trois fois plus petit. Les antennes sont noires & coudées. La trompe est noire, courte, un peu plus étroite au milieu. La tête est noire & arrondie. Les yeux ne sont pas saillans. Le corcelet est arrondi, finement chagriné. L'écusson est noir & très-petit, à peine visible. Les élytres sont ovales, striées, avec des points enfoncés, bien marqués dans chaque strie; elles sont d'une couleur cendrée roussâtre, un peu obscure. Le dessous du corps est noir. Les cuisses sont noires, simples, sans épines. Les jambes sont brunes.

Il se trouve en Angleterre.

314. CHARANSON saupoudré.

CURCULIO adspersus.

Curculio brevirostris ater, elytris posticè albo maculatis. Ent. ou hist. nat. des inf. CHARANSON. *Pl.* 13. *fig.* 156. *a. b.*

Curculio adspersus. FAB. *Syst. ent. pag.* 149. *n°.* 118. — *Sp. inf. tom.* 1. *pag.* 190. *n°.* 164. —*Mant. inf. tom.* 1. *pag.* 117. *n°.* 220.

Il ressemble un peu au *Charanson* triste, mais il est une fois plus petit. Les antennes sont coudées, noires, assez longues. Tout le corps est d'un noir très-foncé & couvert en quelques endroits d'écailles blanches. La trompe est courte. Les yeux sont arrondis, peu saillans. Le corcelet est arrondi & pointillé. L'écusson n'est pas apparent. Les élytres sont ovales, avec des stries de points enfoncés assez grands; elles ont quelques écailles blanches, sur-tout vers leur partie postérieure. Les pattes sont noires, avec des écailles peu nombreuses, blanches. Les cuisses sont simples sans épines & sans dentelures.

Il se trouve dans la Nouvelle-Hollande.

315. CHARANSON ponctué.

CURCULIO punctatus.

Curculio brevirostris fuscus, elytris punctis holosericeis elevatis margineque flavo. FAB. *Syst. ent. pag.* 150. *n°.* 119. — *Sp. inf. tom.* 1. *pag.* 190. *n°.* 166. — *Mant. inf. tom.* 1. *pag.* 117. *n°.* 221.

Curculio punctatus. LAICHART. *Inf. t.* 1. *p.* 221. *n°.* 16.

Curculio fuscus, fulvo maculatus, elytris striatis, striis alternatim nigro maculatis. GEOFF. *inf. tom.* 1. *pag.* 279. *n°.* 5.

Le Charanson à côtes tachetées. GEOFF. *Ib.*

Il est plus grand que le précédent. Le corps est ovale, obscur. La trompe est courte. Le corcelet est glabre, élevé. Les élytres ont des stries pointillées, & des points élevés noirs, soyeux, parmi lesquels se trouvent des points blanchâtres. Les pattes sont simples.

Il se trouve en Suède.

316. CHARANSON obscur.

CURCULIO obscurus.

Curculio brevirostris ovatus ferrugineo-fuscus. FAB. *Syst. ent. pag.* 150. *n°.* 120. — *Sp. inf. tom.* 1. *pag.* 191. *n°.* 167.—*Mant. inf. tom.* 1. *p.* 118. *n°.* 222.

Tout le corps de cet insecte est d'une couleur ferrugineuse obscure. Les élytres ont quelques lignes élevées, peu marquées.

Il se trouve en Suède.

317. CHARANSON noir.

CURCULIO niger.

Curculio brevirostris ovatus scaber niger, pedibus rufis. FAB. *Syst. ent. pag.* 150. *n°.* 121.— *Sp. inf. tom.* 1. *pag.* 191. *n°.* 168.—*Mant. inf. tom.* 1. *pag.* 118 *n°.* 223.

Il ressemble pour la forme & la grandeur, au *Charanson* triste. Tout le corps est noir, obscur, couvert de petits points élevés, qui le rendent un peu raboteux. Les antennes sont noires. Les pattes sont fauves, avec les genoux & les tarses noirs.

Il se trouve en Allemagne.

318. CHARANSON variolé.

CURCULIO variolosus.

Curculio brevirostris niger, thorace carinato varioloso, elytris striatis. FAB. *Syst. ent. p.* 150. *n°.* 122. — *Sp. inf. tom.* 1. *pag.* 191. *n°.* 169.— *Mant. inf. tom.* 1. *pag.* 118. *n°.* 224.

Il ressemble au *Charanson* ponctué. Tout le corps est noir. La trompe est courte. Le corcelet est caréné, couvert de points enfoncés, irréguliers. Les élytres sont réunies pointues à leur extrémité. Les cuisses sont simples.

Il se trouve en Saxe, dans les champs.

319. CHARANSON stictique.

CURCULIO sticticus.

Curculio brevirostris thorace elytrisque variolosis nigris albo punctatis. FAB. *Gen. inf. mant. p.* 226. —*Spec. inf. tom.* 1. *pag.* 191. *n°.* 170. — *Mant. inf. tom.* 1. *pag.* 118. *n°.* 225.

Il est petit. La tête est noire, sans taches. La trompe est courte. Le corcelet est variolé, noir, pointillé de blanc. Les élytres sont variolées, noires, avec une bande noire, vers l'extrémité. Le dessous du corps & les pattes sont noirs.

Il se trouve au cap de Bonne-Espérance.

320. CHARANSON cagneux.

CURCULIO valgus.

Curculio brevirostris ater, nitens, elytris punctato striatis, femoribus annulo cinereo. FAB. *Syst. ent. p.* 150. *n°.* 123. — *Sp. inf. tom.* 1. *p.* 191. *n°.* 171. — *Mant. inf. tom.* 1. *p.* 118. *n°.* 226.

Il est de grandeur moyenne, & il ressemble un peu au *Charanson* du Poirier. Tout le corps est noir, luisant. Les élytres ont des stries pointillées. Les pattes sont noires. Les cuisses sont simples, & elles ont vers leur extrémité, un anneau cendré, peu marqué.

Il se trouve dans l'Amérique méridionale.

321. CHARANSON marginelle.

CURCULIO marginellus.

Curculio brevirostris niger, thorace elytrisque marginibus albis, elytris linea longitudinali interrupta alba. Ent. ou hist. nat. des inf. CHARANSON. *Pl.* 11. *fig.* 134.

Curculio succinctus *brevirostris ater, elytris margine lineolisque duabus albis.* FAB. *Gen. inf. mant. pag.* 226. — *Sp. inf. tom.* 1. *p.* 191. *n°.* 172. — *Mant. inf. tom.* 1. *pag.* 118. *n°.* 227.

Curculio marginellus *brevirostris niger, thoracis elytrorumque margine albis.* FAB. *Sp. inf. tom.* 1. *p.* 193. *n°.* 182. — *Mant. inf. tom.* 1. *pag.* 119. *n°.* 240.

Curculio albator *crassirostris oblongus alatus niger, elytris nitidis punctatis, postice compressis pubescentibus, fasciis lateralibus niveis. Pall. inf. sib. pag.* 36. *tab. B. fig.* 21.

Il est plus étroit & un peu plus long que le *Charanson* nébuleux. Les antennes sont noires & coudées. La trompe est noire, un peu plus longue que la tête, avec quelques impressions longitudinales. La tête est noire, avec un peu de blanc de chaque côté. Le corcelet est presque cylindrique, noir, chagriné, avec une ligne longitudinale sur les bords extérieurs. L'écusson est noir, petit & arrondi. Les élytres sont un peu comprimées par les côtés, elles ont des stries régulières, formées par des points enfoncés: on y remarque le bord extérieur blanc, une raie longitudinale, qui part obliquement de ce bord, une ligne longitudinale droite depuis la base jusqu'au milieu, & formant à cet endroit un angle obtus, une autre ligne irrégulière au-delà du milieu. Le corps est noir en-dessous, & mélangé de blanc. L'abdomen de chaque côté a une raie longitudinale blanche. Les pattes sont noires; & les cuisses sont sans épines & sans dentelures.

Il se trouve......

322. CHARANSON à-bandelettes.

CURCULIO vittatus.

Curculio brevirostris ater, elytris striis albis rubrisque abbreviatis. Ent. ou hist. nat. des inf. CHARANSON. *Pl.* 15. *fig.* 192.

Curculio vittatus. FAB. *Syst. ent. p.* 150. *n°.* 124. — *Sp. inf. tom.* 1. *pag.* 191. *n°.* 173. — *Mant. inf. tom.* 1. *pag.* 118. *n°.* 228.

Curculio vittatus *longirostris elytris lineis albis luteisque.* LIN. *Syst. nat. pag.* 610. *n°.* 33.

Scarabæus Curculio *proboscide longa, dorsum arcuatum, elytris fasciis albis & luteis variegatis. Sloan. hist. of jam. tom.* 2. *pag.* 210.

Il ressemble beaucoup pour la forme & la grandeur, au *Charanson* superbe. Les antennes sont cendrées, noirâtres, & noires à leur base. La trompe est grosse, plus courte que le corcelet, noire. Les yeux sont saillans. La tête a un peu de blanc ou de vert au tour des yeux; elle est noire. Le corcelet est noir, finement chagriné, avec quelques taches vertes ou blanches à leur partie latérale. L'écusson est vert ou blanchâtre, arrondi postérieurement. Les élytres sont noires, avec de légères stries de points enfoncés: on y remarque une raie sur la suture blanche ou verdâtre, qui descend de la base jusqu'au-delà du milieu, une autre raie de la même longueur rougeâtre, presque couleur de rose, un peu enfoncée, assez large, une autre verte ou blanchâtre, à côté; enfin, une autre d'un rouge fauve vers le bord extérieur: l'extrémité est grisâtre. Le dessous du corps est noir, avec les côtés blancs ou verdâtres. Les pattes sont noires. Les cuisses sont simples, un peu renflées.

Cet insecte varie. Tout le noir est souvent brun.

Il se trouve dans l'Amérique méridionale, à la Jamaïque.

323. CHARANSON de Spengler.

CURCULIO Spengleri.

Curculio brevirostris, elytris flavis, lineis atris glaberrimis abbreviatis. Ent. ou hist. nat. des inf. CHARANSON. *Pl.* 2. *fig.* 15. a. b. c. & *pl.* 7. *fig.* 81. b.

Curculio Spengleri. FAB. *Syst. ent. pag.* 151. *n°.* 125. — *Sp. inf. tom.* 1. *pag.* 191. *n°.* 174. — *Mant. inf. tom.* 1. *pag.* 118. *n°.* 229.

Curculio spengleri longirostris fuscus, elytris flavis: lineis atris glaberrimis abbreviatis inæqualibus pedibus ferrugineis. LIN. *Syst. nat. p.* 609. *n°.* 32.

Curculio Spengleri. Act. Soc. Berol. phys. 4. *tab* 7. *fig.* 7.

VOET. *Coleopt. pars* 2. *tab.* 39. *fig.* 41.

Il a de huit à neuf lignes de long. Les antennes sont noires, un peu cendrées. La trompe est assez grosse plus courte que le corcelet, noire, couverte d'une poussière verte, dorée en-dessus, blanche sur les côtés: la partie supérieure est presque carenée. Les yeux sont noirs, arrondis, peu saillans. Le corcelet est noir, un peu raboteux à sa partie supérieure, avec une poussière écailleuse, verdâtre & blanche dans les enfoncemens, & une large raie blanchâtre de chaque côté. Les élytres ont des stries pointillées; elles sont couvertes de petites écailles, tantôt blanches, tantôt jaunâtres, avec quelques lignes longitudinales élevées, lisses, qui partent de la base, & se terminent un peu en-delà du milieu. Le dessous du corps est blanchâtre, avec le milieu de la poitrine & de l'abdomen, d'un brun noirâtre. Les pattes sont d'un brun noirâtre. Les cuisses sont simples.

Il se trouve aux Antilles. Il est très-commun à la Guadeloupe, sur les fleurs des orangers.

324. CHARANSON birayé.

CURCULIO bivittatus.

Curculio brevirostris niger, elytris punctato-striatis: vitta marginali dorsalique interrupta flavis. Ent. ou hist. nat. des inf. CHARANSON. *Pl.* 3. *fig.* 23.

Curculio bivittatus. FAB. *Mant. inf. tom.* 1. *pag.* 118. *n°.* 230.

Il ressemble un peu, pour la forme & la grandeur, au précédent. Les antennes sont coudées, blanchâtres au milieu, avec le premier & le dernier articles très-noirs. La trompe est unie, pointillée. Tout le corps est très-noir. Le corcelet a quelques petits points blancs. Les élytres sont fortement pointillées, & ont chacune deux raies longitudinales, dont l'une placée vers la suture, interrompue en-deçà du milieu, & l'autre entière, vers le bord postérieur: la suture est blanche. Le dessous du corps est noir, avec quelques taches blanches. Les pattes sont noires. Les cuisses sont simples.

Il se trouve dans l'Amérique méridionale, à l'isle Saint-Thomas.

325. CHARANSON livide.

CURCULIO lividus.

Curculio brevirostris griseus, thorace elytrisque cinereo atroque maculatis. Ent. ou hist. nat. des inf. CHARANSON. *Pl.* 5. *fig.* 59.

Curculio lividus. FAB. *Spec. inf. tom.* 1. *p.* 191. *n°.* 175.—*Mant. inf. tom.* 1. *pag.* 118. *n°.* 231.

Curculio lividus. BROWN. *Illust. pag.* 129. *tab. fig.* 8.

Il ressemble au *Charanson* rétréci; mais il est beaucoup plus grand. Les antennes sont grises & coudées. La trompe est assez grosse, plus courte que le corcelet, & couverte d'une poussière roussâtre. La tête est couverte de la même poussière. Les yeux sont noirs, oblongs, point du tout saillans. Le corcelet est grisâtre, avec quatre raies longitudinales rousses & quelques points noirs. L'écusson est à peine apparent. Les élytres sont variées de gris & de cendré roussâtre, avec plusieurs points & taches noirs. Le dessous du corps & les pattes sont cendrés roussâtres. Les cuisses sont simples.

Il se trouve dans l'Amérique méridionale.

326. CHARANSON superbe.

CURCULIO pulcher.

Curculio brevirostris, coleoptris atris, striis sex dorsalibus approximatis abbreviatis albis. Ent. ou hist. nat. des inf. CHARANSON. *Pl.* 12. *fig.* 150.

Curculio pulcher. FAB. *Sp. inf. tom.* 1. *p.* 192. *n°.* 176. — *Mant. inf. tom.* 1. *pag.* 118. *n°.* 232.

Curculio pulcher. BROWN. *Illust. pag.* 126. *tab.* 49. *fig.* 6.

Il varie beaucoup pour la grandeur. Il est ordinairement aussi grand que le *Charanson* à bandelettes. La trompe est noire, assez grosse, une fois plus courte que le corcelet. La tête est à peine plus grosse que la trompe. Les yeux sont arrondis un peu saillans. Les antennes sont noirâtres, coudées. Le corcelet est très-finement chagriné; il a au milieu une ligne très-petite & peu marquée. Les élytres sont noires, avec sept sillons larges, peu enfoncés, très-blancs, couverts d'une poussière ou de petites écailles blanches, imbriquées, très-serrées: la raie du milieu est commune & plus large que les autres; on voit quelquefois des commencemens d'une autre raie sur les côtés; à la base extérieure de chaque élytre, il y a une tache allongée, rougeâtre. Les élytres ont des stries formées par des points sur les côtés extérieurs. Le dessous du corps est noir, avec un peu de gris sur les cotés. Les pattes sont noires. Les cuisses sont simples. Les tarses sont d'un noir cendré.

Il se trouve à la Jamaïque.

327. CHARANSON Caméléon.

CURCULIO Cameleon.

Curculio breviroſtris æneus, elytris ſutura vittaque abbreviata viridi-aurea. Ent. ou hiſt. nat. des inſ. CHARANSON. *Pl. 13. fig. 166.*

Curculio rufeſcens, Curculio ſimilis. DRURY. *Ill. of inſ. t. 2. tab. 33. fig. 4. 5.*

Il reſſemble au *Charanſon* à bandelettes, mais il eſt ordinairement plus grand. Il varie cependant beaucoup pour les couleurs & pour la grandeur. Les antennes ſont cendrées, avec la première pièce un peu cuivreuſe, & l'extrémité obſcure. Tout le corps eſt couvert d'une pouſſière écailleuſe, imbriquée, d'une belle couleur cuivreuſe, plus ou moins dorée. La trompe eſt groſſe & courte. Les yeux ſont arrondis, noirs & ſaillans. Le corcelet eſt arrondi. L'écuſſon eſt arrondi poſtérieurement, il eſt ordinairement de la couleur du corps & quelquefois d'un vert doré. Les élytres ſont quelquefois d'une ſeule couleur, & quelquefois elles ont leur ſuture & une raie longitudinale courte, d'un vert brillant ou d'une couleur dorée brillante : on remarque ſur les élytres des ſtries régulières, formées par des points enfoncés, qui vont ſe réunir deux à deux poſtérieurement. Les pattes ſont de la couleur du corps. Les cuiſſes ſont ſimples.

Il ſe trouve à la Jamaïque.

328. CHARANSON hiſtrionique.

CURCULIO hiſtrionicus.

Curculio breviroſtris griſeus, thorace lineis lateralibus fulvis, elytris albis, maculis atris fulviſque. FAB. *Gen. inſ. mant. pag. 227. — Sp. inſ. tom. 1. pag. 192. n°. 177. — Mant. inſ. tom. 1. p. 118. n°. 233.*

Il eſt grand. La tête eſt griſâtre. La trompe eſt groſſe, plus courte que le corcelet. Les antennes ſont coudées. Le corcelet eſt griſâtre ſupérieurement, avec une ligne de chaque côté, large, fauve, & le bord blanc. Les élytres ſont blanches, avec pluſieurs taches élevées, noires, & deux autres oblongues, fauves. L'abdomen eſt blanchâtre, avec une rangée longitudinale de points noirs, de chaque côté. Les pattes ſont cendrées, & les cuiſſes ſont ſimples.

Il ſe trouve au cap de Bonne-Eſpérance.

329. CHARANSON de Rohr.

CURCULIO Rohrii.

Curculio breviroſtris, elytris acuminatis griſeis, margine baſeos flaveſcente. FAB. *Syſt. ent. p. 151. n°. 126. — Sp. inſ. tom. 1. pag 192. no. 178. — Mant. inſ. tom. 1. pag. 118. n°. 234.*

Il reſſemble beaucoup pour la forme & la grandeur, au *Charanſon* de Spengler. La trompe eſt noire, avec deux ſillons à ſa partie ſupérieure. Le corcelet eſt noirâtre, couvert d'une pouſſière blanche, avec les bords jaunâtres. Les élytres ſont griſes, terminées en pointe. Les pattes ſont noires. Les cuiſſes ſont ſimples.

Il ſe trouve dans l'Amérique méridionale.

330. CHARANSON famélique.

CURCULIO famelicus.

Curculio breviroſtris niger, elytris punctato-ſtriatis, apice acutis.

Il reſſemble beaucoup, pour la forme & la grandeur, au *Charanſon* de Spengler. Les antennes ſont noires, coudées. La trompe eſt groſſe, plus courte que le corcelet, unie à ſa partie ſupérieure. Tout le corps eſt noir, plus foncé & plus luiſant en-deſſous qu'en deſſus. Les yeux ſont arrondis, très-noirs, peu ſaillans. Le corcelet eſt à peine raboteux. Les élytres ont des points enfoncés, très-marqués, rangés en ſtries ; l'extrémité eſt terminée en pointe. Les pattes ſont noires, & les cuiſſes ſont ſimples.

Il ſe trouve dans l'Amérique méridionale. Il eſt commun à la Guadeloupe, ſur les fleurs.

331. CHARANSON imprimé.

CURCULIO impreſſus.

Curculio breviroſtris niger thorace elytriſque punctis impreſſis albis. Ent. ou hiſt. nat. des inſ. CHARANSON. *Pl. 10. fig. 126. & pl. 5. fig. 58.*

Curculio impreſſus. FAB. *Sp. inſ. tom. 1. p. 192. n°. 179. — Mant. inſ. tom. 1. pag. 118. n°. 235.*

Il reſſemble pour la forme & la grandeur, au *Charanſon* marginé. Les antennes ſont noires & coudées. La trompe eſt courte, aſſez groſſe, avec deux lignes blanchâtres à ſa baſe. La tête eſt noire, & les yeux ſont un peu ſaillans. Le corcelet eſt noir, luiſant, avec ſix petites taches enfoncées blanchâtres, deux petites de chaque côté & deux plus grandes vers le bord poſtérieur. L'écuſſon eſt petit, noir, arrondi, preſque coupé poſtérieurement. Les élytres ont des ſtries peu marquées, formées par des points peu enfoncés, avec deux rangées de taches blanches, très-peu enfoncées. Le deſſous du corps eſt noir, avec les côtés de l'abdomen un peu blanchâtres. Les pattes ſont noires, ſans taches. Les cuiſſes ſont ſimples.

Il ſe trouve à la Jamaïque.

332. CHARANSON albipède.

Curculio albipes.

Curculio breviroſtris, thorace angulato, niger; elytris tuberculatis baſi apiceque cinereis, tibiis griſeis. Ent. ou hiſt. nat. des inſ. CHARANSON. *Pl. 9. fig. 102.*

Il a environ dix lignes de long. Les antennes sont noires. La trompe est noire avec le tour des yeux grisâtre. Le corcelet a un angle peu saillant, de chaque côté. Il est caréné à sa partie supérieure, antérieurement, tuberculé, noir, avec la partie supérieure cendrée. Les élytres sont tuberculées, noires, cendrées à la base & à l'extrémité. Les pattes sont grisâtres, avec les tarses & la base des cuisses noirs. Les cuisses sont sans épines & sans dentelures.

Il se trouve à Madagascar.

333. CHARANSON riverain.

CURCULIO rivulosus.

Curculio brevirostris nigricans, thorace linea impressa maculisque cinereo rubescentibus, élytris striatis lineis tribus impressis cinereis. Ent. ou hist. nat. des ins. CHARANSON. *Pl.* 11. *fig.* 133.

Il est un peu plus grand que le *Charanson* nébuleux, & il a la forme ovale arrondie du *Charanson* du Troëne. Les antennes sont noirâtres, coudées, assez longues. La trompe est grosse, courte, noirâtre, avec un sillon assez large, longitudinal, à sa partie supérieure. La tête n'est guère plus large que la trompe; elle est noirâtre, avec les yeux noirs, arrondis, saillans. Le corcelet est noirâtre, & il a une ligne longitudinale enfoncée, d'un gris rougeâtre à sa partie supérieure, une ligne transversale de chaque côté du bord antérieur, & une tache irrégulière de la même couleur, de chaque côté du bord postérieur. L'écusson est petit & grisâtre. Les élytres ont des stries formées par des points enfoncés : on y remarque trois lignes longitudinales, cendrées, un peu enfoncées, l'une placée vers le bord extérieur, & les deux autres plus rapprochées vers la suture : la ligne intermédiaire se divise vers le milieu & forme comme deux petites isles oblongues. Le dessous du corps est noir, & couvert de poils gris très-courts. Les pattes sont noirâtres & les cuisses sont simples.

Il se trouve aux Indes orientales.

334. CHARANSON verruqueux.

CURCULIO verrucosus.

Curculio brevirostris æneo-niger elevato punctatus elytris postice biverrucosis. Ent. ou hist. nat. des ins. CHARANSON. *Pl.* 10. *fig.* 125.

Curculio verrucosus. LIN. *Syst. nat. pag.* 618. *n°.* 90.— *Mus. Lud. ulr. p.* 60. *n°.* 19.

Curculio verrucosus. FAB. *Syst. ent. pag.* 152. *n°.* 129.— *Sp. ins. tom.* 1. *pag.* 193. *n°.* 183. — *Mant. ins. tom.* 1. *pag.* 119. *n°.* 241.

Curculio verrucosus. DRURY. *Ill. of ins. t.* 1. *tab.* 32. *fig.* 5.

Il est grand & oblong. Les antennes sont noires & coudées. La trompe est noire, grosse, sillonnée, un peu étranglée à sa base. La tête est noire, lisse & arrondie, & les yeux ne sont pas saillans, mais sont entourés d'une ligne enfoncée. Le corcelet est noir, & tout couvert de points élevés arrondis. L'écusson est à peine apparent. Les élytres sont d'un noir bronzé; elles ont chacune trois stries formées par des points élevés assez gros, presque épineux : entre chaque strie, il y en a une autre de points élevés plus petits; l'extrémité est avancée & verruqueuse. Le dessous du corps & les pattes sont noirs, presque bronzés, les cuisses sont simples.

Il se trouve en Afrique.

335. CHARANSON sixrayé.

CURCULIO sexvittatus.

Curculio brevirostris niger, thorace elytrisque vittis sex albis. Ent. ou hist. nat. des ins. CHARANSON. *Pl.* 12. *fig.* 149.

Il est grand, alongé, semblable au *Charanson* verruqueux. Les antennes sont noires & coudées. La trompe est grosse, presque de la longueur du corcelet, sillonnée, noire, avec deux lignes longitudinales blanches, depuis la base jusqu'au milieu. La tête est arrondie, noire, avec quatre lignes blanches. Le corcelet est noir, chagriné, avec trois raies longitudinales blanches, de chaque côté. L'écusson est petit, noir, un peu marqué de blanc. Les élytres ont des sillons & des lignes saillantes crénelées; elles sont terminées en pointe; leur couleur est noire, avec trois raies longitudinales blanches sur chaque : entre chaque raie est une ligne un peu élevée & crénelée, & les raies sont un peu enfoncées, avec des points enfoncés. Le dessous du corps est mélangé de noir & de blanc. Les pattes sont noires avec un peu de blanc aux cuisses. Les cuisses sont simples.

Nota. Les raies blanches sont dues à de petites écailles imbriquées.

Il se trouve.....

336. CHARANSON du Cap.

CURCULIO capensis.

Curculio brevirostris ater, thorace elevato punctato, coleoptris striis crenatis. Ent. ou hist. nat. des ins. CHARANSON. *Pl.* 5. *fig.* 52.

Curculio capensis. LIN. *Syst. nat. pag.* 618. *n°.* 89.— *Mus. Lud. ulr. p.* 59. *n°.* 18.

Curculio capensis. FAB. *Syst. ent. pag.* 152. *n°.* 130. — *Sp. ins. tom.* 1. *pag.* 193. *n°.* 184. — *Mant. ins. tom.* 1. *pag.* 119. *n°.* 242.

Il varie pour la grandeur. Il est plus grand que le *Charanson* Jacchus. Les antennes sont noires & coudées. Tout le corps est noir, point du tout luisant, sans taches. La trompe est grosse, sillonnée, presque quarrée, à peine plus courte que le corcelet, avec un étranglement bien marqué, à sa base. La tête est lisse & arrondie. Les yeux ne sont pas saillans. Le corcelet est arrondi & entièrement chagriné. L'écusson est imperceptible. Les élytres ont des stries, dans lesquelles il y a des points enfoncés : les lignes élevées entre chaque strie sont crénelées. Les pattes sont noires, & les cuisses sont simples.

Il se trouve au cap de Bonne-Espérance.

337. CHARANSON Veau.

CURCULIO Vitulus.

Curculio brevirostris niger, fronte bidentato, elytris unispinosis. FAB. *Syst. ent. p.* 152. *n°.* 131. — *Sp. ins. tom.* 1. *pag.* 193. *n°.* 185. — *Mant. ins. tom.* 1. *p.* 119. *n°.* 243.

Il est plus alongé que le *Charanson* du Cap. Les antennes sont noires & coudées. Tout le corps est noir, sans taches. La trompe est assez grosse & sillonnée. La tête est armée de deux petites cornes courtes, à sa partie antérieure, qui semblent défendre les yeux. Les yeux sont arrondis, saillans, distincts. Le corcelet est raboteux & a deux petites élévations à sa partie antérieure. L'écusson est très-petit. Les élytres sont raboteuses; elles ont des points assez gros, irréguliers, enfoncés : entre le milieu & l'extrémité de chaque élytre, il y a une élévation arrondie, assez grande. Les pattes sont noires, & les cuisses sont simples.

Il se trouve à la Terre de Feu.

338. CHARANSON inégal.

CURCULIO inæqualis.

Curculio brevirostris griseus, thorace inæquali antice prominulo, elytris sulcatis postice bidentatis, rostro trisulco. Ent. ou hist. nat. des ins. CHARANSON. *Pl.* 13. *fig.* 164.

Curculio inæqualis. FAB. *Sp. ins. tom.* 1. *p.* 193. *n°.* 186. — *Mant. ins. tom.* 1. *pag.* 119. *n°.* 244.

Il est de grandeur moyenne. Les antennes sont coudées, ferrugineuses, brunes, avec le premier article noir. Tout le corps est d'un gris obscur. La trompe est courte, assez grosse, avec trois sillons longitudinaux, à sa partie supérieure. Le corcelet est très-raboteux; il a un sillon inégal, au milieu, & il avance un peu antérieurement sur la tête. Les élytres sont raboteuses; elles ont chacune trois lignes longitudinales élevées, crénelées, presque épineuses, & au-delà du milieu, on voit sur la ligne interne, une élévation assez grosse. Les pattes sont chagrinées, cendrées, obscures, & elles ont quelques poils gris, courts, assez gros. Les cuisses sont sans épines & sans dentelures.

Il se trouve au cap de Bonne-Espérance.

339. CHARANSON aigu.

CURCULIO acuminatus.

Curculio brevirostris cylindricus fuscus, elytris apice acuminatis. Ent. ou hist. nat. des ins. CHARANSON. *Pl.* 11. *fig.* 139.

Curculio acuminatus. FAB. *Syst. ent. pag.* 152. *n°.* 132. — *Sp. ins. t.* 1. *p.* 194. *n.* 189. — *Mant. ins. tom.* 1. *pag.* 119. *n°.* 247.

Ce *Charanson* est étroit & alongé. Les antennes sont noirâtres & coudées. Tout le corps est d'un brun plus ou moins foncé. La trompe est courte. La tête est cylindrique & très-longue. Les yeux sont noirs, arrondis, peu saillans. Le corcelet est mince, long & cylindrique. L'écusson est très-petit. Les élytres sont régulièrement striées, & dans chaque strie il y a des points enfoncés; elles sont terminées chacune par une pointe aigue assez longue. Les pattes sont ferrugineuses, brunes, & les cuisses sont simples.

Il se trouve dans la Nouvelle-Zélande.

340. CHARANSON emmuselé.

CURCULIO capistratus.

Curculio brevirostris fuscus, elytris acuminatis crenato striatis, rostro sulcato. FAB. *Mant. ins. tom.* 1. *pag.* 120. *n°.* 248.

Il est plus grand que le *Charanson* du Cap. La trompe est courte, grosse, noire, marquée de plusieurs sillons. Les antennes sont coudées, d'un brun noirâtre. Le corcelet a plusieurs petits tubercules élevés. Les élytres sont pointues & marquées de plusieurs lignes fortement crénelées. Le dessous du corps & les pattes sont noirs.

Il se trouve au cap de Bonne-Espérance.

341. CHARANSON émérite.

CURCULIO emeritus.

Curculio brevirostris niger, thorace elytrisque spinosis, fronte excavata. LIN. *Syst. nat. pag.* 617. *n°.* 87. — *Mus. lud. ulr. n°.* 56.

Curculio emeritus. FAB. *Syst. ent. p.* 152. *n°.* 133. — *Sp. ins. tom.* 1. *pag.* 194. *n°.* 190. — *Mant. ins. tom.* 1. *pag.* 120. *n°.* 249.

Il est assez grand, d'un noir obscur. La trompe est courte raboteuse. La partie supérieure de la tête a deux petits enfoncemens. Les antennes sont courtes, en masse. Au dessus des yeux on voit une ligne élevée. Le corcelet est presque arrondi, muni d'une épine de chaque côté, avec un enfoncement à sa partie supérieure. Les élytres sont couvertes de tubercules verruqueux, poileux; elles ont un avancement conique, pointu, avancé de chaque côté de la base. Les cuisses sont simples.

Il se trouve aux Indes orientales.

342. CHARANSON crispé.

CURCULIO crispatus.

Curculio brevirostris, thorace mutico scabro, elytris lineis tribus elevatis dentatis. Ent. ou hist. nat. des inf. CHARANSON. *Pl* 13. *fig.* 160.

Curculio crispatus. FAB. *Sp. inf. t.* 1. *pag.* 194. *n°.* 192. — *Mant. inf. tom.* 1. *pag.* 120. *n°.* 252.

Il est plus grand que le *Charanson* du Cap. Tout le corps est noirâtre, sans taches. Les antennes sont noires & coudées. La trompe est grosse, plus courte que le corcelet, sillonnée, un peu raboteuse, La tête est un peu raboteuse, & elle a un léger sillon à sa partie supérieure. Les yeux sont petits & point saillans. Le corcelet est raboteux, couvert de points élevés, avec un sillon longitudinal, au milieu. L'écusson est petit, triangulaire & grisâtre. Les élytres sont raboteuses; elles ont chacune six lignes élevées, formées par des tubercules distincts: trois sont plus élevées, & elles sont placées alternativement. Les pattes sont noirâtres. Les cuisses sont simples.

Il se trouve au cap de Bonne-Espérance.

343. CHARANSON tranchant.

CURCULIO cultratus.

Curculio brevirostris, thorace tuberculis duobus compressis, elytris tuberculatis postice cinereis. Ent. ou hist. nat. des inf. CHARANSON. *Pl.* 13. *fig.* 157.

Curculio cultratus. FAB. *Syst. ent. p.* 153. *n°.* 136. — *Sp. inf. tom.* 1. *pag.* 195. *n°.* 196. — *Mant. inf. tom.* 1. *p.* 120. *n°.* 256.

Il est de la grandeur du *Charanson* de la Patience. Les antennes sont noires & coudées. La trompe est courte, assez grosse & noire. La tête est arrondie & couverte d'une poussière roussâtre. Le corcelet est chagriné, avec deux tubercules élevés, latéralement comprimés, placés l'un à côté de l'autre, à la partie antérieure; il est noir avec un peu de poussière roussâtre, sur le bord antérieur. L'écusson est petit, arrondi & relevé. Les élytres ont des stries crenelées & six tubercules élevés; quatre à la partie antérieure, sur une ligne transversale, & un au-delà du milieu de chaque côté de la suture; elles sont noires, avec la partie postérieure roussâtre. Le dessous du corps & les pattes sont noirs & couverts d'une poussière roussâtre. Les cuisses sont simples.

Il se trouve dans la Nouvelle-Zélande.

344. CHARANSON tribule.

CURCULIO tribulus.

Curculio brevirostris cinereus, thorace scabro antice impresso, elytris spinosis. Ent. ou hist. nat. des inf. CHARANSON. *Pl.* 13. *fig.* 161.

Curculio tribulus. FAB. *Syst. ent. p.* 153. *n°.* 138. *Sp. inf. tom.* 1. *pag.* 195. *n°.* 198. — *Mant. inf. tom.* 1. *p.* 120. *n°.* 258.

Il n'est gueres plus grand que le *Charanson* du Troëne. Les antennes sont cendrées, coudées: le premier article est long, & les autres sont un peu poileux. La trompe est noire, sillonnée, plus grosse à son extrémité & gueres plus courte que le corcelet. La tête est arrondie. Les yeux sont oblongs, point saillans, entourés d'une ligne blanchâtre. Le corcelet est arrondi & raboteux. Les élytres sont raboteuses, & ont chacune trois rangées d'épines assez grosses & courtes: il y en a une de chaque côté de la suture, vers la partie postérieure, une fois plus longue que les autres. Tout le dessus du corps est cendré, obscur; le dessous est cendré, un peu plus clair que le dessus. Les pattes sont cendrées, & les cuisses sont simples.

Il se trouve à la Nouvelle-Hollande.

345. CHARANSON quadrident.

CURCULIO quadridens.

Curculio brevirostris cinereus, thorace scabro, elytris spinosis spinis quatuor posticis longioribus. Ent. ou hist. nat. des inf. CHARANSON. *Pl.* 15. *fig.* 187.

Curculio quadridens. FAB. *Syst. ent. pag.* 153. *n°.* 139. — *Sp. inf. tom.* 1. *pag.* 196. *n°.* 200. — *Mant. inf. tom.* 1. *pag.* 120. *n°.* 260.

Il est de la grandeur du *Charanson* tribule. Les antennes sont coudées & cendrées. Tout le corps est cendré. La trompe est sillonnée, un peu plus courte que le corcelet. La tête est arrondie, & les yeux ne sont pas saillans. Le corcelet est arrondi, raboteux. L'écusson est arrondi, à peine apparent. Les élytres sont raboteuses; elles ont chacune trois rangées de tubercules petits & élevés, & vers la partie postérieure, ces rangées sont terminées par deux tubercules plus gros, plus élevés sur chaque élytre. Le dessous du corps & les pattes sont gris. Les cuisses sont simples.

Il se trouve dans la Nouvelle-Hollande.

346. CHARANSON quadriépineux.

CURCULIO quadrispinosus.

Curculio brevirostris albidus, elytris quadrispi-

nosis, rostro fusco. Fab. *Gen. ins. mant. pag.* 128. — *Sp. ins. tom.* 1. *pag.* 196. *n°.* 201. — *Mant. ins. tom.* 1. *p.* 121. *n°.* 261.

Il est plus petit que le *Charanson* quadrident. La trompe est courte, canaliculée, obscure. Le corcelet est arrondi, blanchâtre, sans taches; la partie supérieure est unie. Les élytres sont blanchâtres, & ont quatre épines élevées très-fortes, une à la base, deux au milieu, & la quatrième vers l'extrémité. Les pattes sont blanchâtres, & les cuisses sont simples.

Il se trouve au Cap de Bonne-Espérance.

347. Charanson clavellé.

Curculio clavus.

Curculio brevirostris albicans, thorace canaliculato; coleoptris spinosis, lineolis tribus baseos rubris. Ent. ou hist. nat. des ins. Charanson. *Pl.* 13. *fig.* 162.

Curculio clavus. Fab. *Syst. ent. pag.* 154. *n°.* 140. — *Sp. ins. tom.* 1. *pag.* 196. *n°.* 202. — *Mant. ins. tom.* 1. *p.* 121. *n°.* 262.

Il ressemble au *Charanson* tribule, mais il est un peu plus grand. Tout le corps est d'une couleur grise blanchâtre, due à une poussière écailleuse imbriquée. Les antennes sont coudées & cendrées. La trompe est assez grosse, plus courte que le corcelet; elle a au milieu une petite ligne longitudinale élevée. La tête est arrondie, & les yeux sont noirs, point du tout saillans. Le corcelet est arrondi, un peu raboteux; il a un sillon assez profond, couvert d'une poussière écailleuse rougeâtre, le long de sa partie supérieure. Les élytres ont des stries de points enfoncés, avec trois rangées chacune de petites épines: la première épine de la rangée externe & la dernière de la rangée interne sont plus grosses & plus longues que les autres; on remarque une tache oblongue rougeâtre, de chaque côté, & une autre commune sur la suture, à la base des élytres. Le dessous du corps & les pattes sont blanchâtres. Les cuisses sont simples.

Il se trouve dans la Nouvelle-Hollande.

348. Charanson noduleux.

Curculio nodulosus.

Curculio brevirostris, thorace lineis sex nodulosis, elytris spinosis. Ent. ou hist. nat. des ins. Charanson. *Pl.* 15. *fig.* 188.

Curculio nodulosus. Fab. *Syst. ent. pag.* 154. *n°.* 141. — *Sp. ins. tom.* 1. *pag.* 196. *n°.* 203. — *Mant. ins. tom.* 1. *pag.* 121. *n°.* 263.

Il ressemble un peu pour la forme & la grandeur, au *Charanson* tribule. Tout le corps est d'une couleur cendrée obscure. Les antennes sont coudées. La trompe est sillonnée sur les côtés: elle est grosse & de la longueur du corcelet. Le corcelet est arrondi, & a six rangées longitudinales d'élévations arrondies, noires, & semblables à de petits boutons. L'écusson est petit, triangulaire & grisâtre. Les élytres ont plusieurs rangées de tubercules élevés, dont les postérieurs sont épineux: à la base de chaque élytre, on remarque une élévation plus grosse, plus arrondie que les autres; l'extrémité des élytres est un peu pointue. Les pattes & le dessous du corps sont obscurs. Les cuisses sont simples.

Il se trouve au Cap de Bonne-Espérance.

349. Charanson rubifère.

Curculio rubifer.

Curculio brevirostris cinereus, thorace scabro, elytris spinis elevatis sanguineis. Ent. ou hist. nat. des ins. Charanson. *Pl.* 13. *fig.* 159.

Curculio rubifer. Fab. *Syst. ent. append. p.* 822. — *Sp. ins. tom.* 1. *pag.* 196. *n°.* 204. — *Mant. ins. tom.* 1. *pag.* 121. *n°.* 264.

Il est presque une fois plus grand que le *Charanson* du Cap. Le dessus du corps est d'une couleur cendrée obscure, & le dessous est d'un gris blanchâtre. Les antennes sont noirâtres & coudées. La trompe est grosse, de la longueur du corcelet, avec une ligne longitudinale peu élevée, peu marquée, à sa partie supérieure. La tête est arrondie, & les yeux sont noirs & point saillans. Le corcelet est couvert de points élevés arrondis, d'un rouge de grenat; le milieu a un large sillon couvert d'une poussière écailleuse grise. L'écusson est petit, triangulaire, gris. Les élytres sont couvertes de tubercules arrondis, un peu épineux postérieurement, d'un rouge de grenat; l'extrémité de chaque élytre est terminée en pointe aiguë. Les bords latéraux du corcelet & des élytres sont gris. Les pattes sont grises, & les cuisses sont simples.

Il se trouve au Cap de Bonne-Espérance.

350. Charanson globulifère.

Curculio globifer.

Curculio brevirostris, thorace scabro, elytris spinosis, postice acuminatis. Ent. ou hist. nat. des ins. Charanson. *Pl.* 11. *fig.* 135.

Curculio globifer. Fab. *Syst. ent. append. p.* 823. — *Sp. ins. tom.* 1. *pag.* 196. *n°.* 205. — *Mant. ins. tom.* 1. *p.* 121. *n°.* 265.

Voet. *Coleopt. pars* 2. *tab.* 38. *fig.* 27.

Il ressemble au *Charanson* verruqueux, mais il est plus grand. Les antennes sont noirâtres & coudées. La trompe est noire, grosse, presque quarrée, plus renflée à sa base, un peu plus courte que le corcelet. La tête est arrondie, noire, couverte de poils roussâtres. Le corcelet est arrondi & couvert de tubercules élevés, arrondis, noirs: il a un sillon longitudinal, au milieu, grisâtre, & au milieu du sillon, on apperçoit une petite ligne saillante. Les élytres sont couvertes de tubercules élevés arrondis, dont quelques-uns plus élevés, rangés en stries longitudinales; elles sont cendrées obscures, avec la suture, une ou deux raies longitudinales & les bords extérieurs, d'un gris blanchâtre; l'extrémité de chaque élytre est avancée & presque verruqueuse. Le dessus du corps est couvert d'une poussière écailleuse blanchâtre. Les pattes ont quelques écailles à poils courts cendrés. Les cuisses sont simples.

Il se trouve au Cap de Bonne-Espérance.

351. CHARANSON pillulaire.

CURCULIO *pillularius.*

Curculio brevirostris, thorace utrinque spinoso noduloso, elytris tuberculato-striatis apice acuminatis. FAB. *Mant. ins. tom.* 1. *pag.* 121. *n°.* 265.

Il ressemble beaucoup au *Charanson* globulifère. La trompe est unie en-dessus & renflée à son extrémité. Le corcelet est épineux de chaque côté, noir, couvert de petits tubercules arrondis, très-élevés, lisses. Les élytres sont noires, terminées en pointe, couvertes de petits tubercules très-élevés, presque épineux. Le dessous du corps & les pattes sont noirs, les cuisses sont simples.

Il se trouve au Cap de Bonne-Espérance.

352. CHARANSON frontal.

CURCULIO *frontalis.*

Curculio brevirostris ater, fronte retusa, thorace elytrisque tuberculato-seriatis. LIN. *Syst. nat. edit.* 13. *p.* 1791.

SPARM. *nov. act. Stockh.* 1785. I. *n°.* 4. *p.* 43. *n°.* 14.

Il ressemble aux précédens. Le corcelet a quatre rangées de tubercules élevées. Les élytres ont chacune trois rangées de tubercules coniques.

Il se trouve au Cap de Bonne-Espérance.

353. CHARANSON court.

CURCULIO *brevis.*

Curculio brevirostris subfuscus, elytris griseis: striis atris glabris elevatis abbreviatis.

Curculio abbreviatus. LIN. *Syst. nat. pag.* 618. *n°.* 94. — *Mus. Lud. Ulr. p.* 62.

GRON. *Zooph.* 597.

Il est de la grandeur du *Charanson* du Pin. La trompe est courte, déprimée, cendrée, presque de la longueur du corcelet. Le corcelet est presque ovale, noir, avec des points enfoncés, grisâtres; le dessous est grisâtre. Les élytres sont convèxes, couvertes d'une poussière écailleuse grisâtre, avec la suture, le rebord & quelques lignes longitudinales élevées, courtes, noires. Les pattes sont ferrugineuses. Les cuisses sont simples.

Il se trouve dans l'Amérique méridionale.

354. CHARANSON indérien.

CURCULIO *inderiensis.*

Curculio brevirostris griseus, thorace utrinque mucronato, elytris punctato-striatis.

Curculio inderiensis *brevirostris, apterus ovatus, opalino-albus, thorace utrinque mucronato, elytris excavato punctatis.* PALL. *Ins. sib. pag.* 26. *n°.* 5. *tab.* 8. *fig.* 5.

Curculio inderiensis. PALL. *Itin.* I. *app. pag.* 464. *n°.* 36.

Curculio albicans. LEPECH. *Itin. russ.* I. *pag.* 508. *tab.* 16. *fig.* 5.

Curculio inderiensis. LIN. *Syst. nat. edit.* 13. *p.* 1796.

Il a environ sept lignes de long & trois de large. La trompe est courte, grosse, presque quarrée. Les antennes sont coudées, mais le premier article est court. Tout le corps est d'un gris blanchâtre. Le corcelet est couvert de petits points élevés, il est armé de chaque côté d'une épine aiguë, un peu courbée postérieurement. Les élytres sont réunies, & elles ont des points enfoncés, assez grands, rangés en stries. Les ailes manquent. L'abdomen a deux rangées de points noirs. Les pattes sont de la couleur du corps, & les cuisses sont simples.

Il se trouve dans la Sibérie, près le Lac indérien.

355. CHARANSON nomade.

CURCULIO *nomas.*

Curculio brevirostris albicans, thorace scabro; elytris lituris obliquis fuscis.

Curculio nomas *crassirostris, dealbatus, rostro biporcato, thorace scaberrimo, elytris fusco oblique lituratis.* PALL. *Ins. sib. pag.* 27. *n°.* 6. *tab. B. f.* 6.

Curculio nomas. PALL. *Itin.* I. *app. pag.* 463. *n°.* 31.

Curculio nomas. LIN. *Syst. nat. edit.* 13. *pag.* 1796.

Il ressemble beaucoup au *Charanson* nébuleux & sulcirostre, mais il est un peu plus grand. La trompe est grosse, presque de la longueur du corcelet, avec deux élévations longitudinales à la partie supérieure. Tout le corps est blanchâtre. Le corcelet est raboteux, presque muriqué, noirâtre au milieu, avec les côtés blanchâtres; il est enfoncé & un peu avancé postérieurement. Les élytres ont deux bandes obliques, obscures, quelques points élevés vers la base, & des stries formées par des points enfoncés. Les ailes sont jaunâtres. L'abdomen a quatre rangées de points noirs, luisans. Les pattes sont blanchâtres. Les cuisses sont simples.

Il se trouve dans les déserts arides de la Russie méridionale, près de la mer Caspienne.

356. CHARANSON candidat.

CURCULIO candidatus.

Curculio brevirostris, albo fuscoque nebulosus, thoracis dorso cinereo, linea punctisque duobus niveis.

Curculio candidatus *crassirostris albato nebulosus, rostro stria trifurca, thoracis dorso cinereo, linea punctisque duobus niveis.* PALL. *Ins. sib. pag.* 28. *n°.* 7. *tab. B. fig.* 7.

Curculio candidatus. PALL. *Itin.* 1. *app. p.* 463. *n°.* 32.

Curculio candidatus. LIN. *Syst. nat. edit.* 13. *p.* 1796.

Il est un peu plus épais que le *Charanson* sulcirostre. Tout le dessus du corps est mélangé de blanc & de cendré, le dessous est d'un blanc sans taches. La trompe est courte, marquée de trois lignes élevées, qui se réunissent sur le front. Le corcelet a une ligne blanche, au milieu, une tache de chaque côté, postérieure, une petite ligne moins distincte, & un point latéral blanc. Les élytres sont striées. Les pattes sont de la couleur du corps & les cuisses sont simples.

Il se trouve dans les déserts de la Russie méridionale, près de la mer Caspienne.

357. CHARANSON arrosé.

CURCULIO roridus.

Curculio brevirostris albicans, supra lituris punctisque elevatis nigris, rostro porcato.

Curculio roridus *crassirostris, apterus, rufescente albus, supra lituris punctisque subverrucosis nigris, porco rostri longitudinali.* PALL. *Ins. sib. pag.* 28. *n°.* 8. *tab. B. fig.* 8.

Curculio roridus. LIN. *Syst. nat. edit.* 13. *pag.* 1796.

Il ressemble au *Charanson* sulcirostre. La trompe est grosse, courte, blanchâtre, marquée à sa partie supérieure, d'une ligne longitudinale, élevée, noire. Les antennes sont coudées, obscures, blanchâtres à leur extrémité. La tête est obscure, blanchâtre à sa partie postérieure. Tout le dessus du corps est blanchâtre, avec des taches irrégulières obscures. Le corcelet a des points noirs, arrondis, élevés. Les élytres ont des points semblables, depuis la base jusqu'au milieu; elles sont réunies & ont des stries peu marquées. Le dessous du corps & les pattes sont blanchâtres & parsemées de points obscurs. Les cuisses sont simples.

Il se trouve dans la Russie méridionale, vers le Volga.

358. CHARANSON *Cenchrus.*

Curculio Cenchrus.

Curculio brevirostris albicans, thorace elytrisque lituris confluentibus cinereis, nigro punctatis, rostro porcato.

Curculio Cenchrus *crassirostris dealbatus, thorace elytrisque lituris confluentibus cinereis, nigroque punctatis, rostro uniporcato.* PALL. *Ins. sib. p.* 29. *n°.* 9. *tab. B. fig.* 9.

Curculio Cenchrus. LIN. *Syst. nat. edit.* 13. *pag.* 1796.

Il ressemble pour la forme & la grandeur au *Charanson* sulcirostre. La trompe est grosse, presque de la longueur du corcelet, blanchâtre, avec une ligne longitudinale élevée, noire, à la partie supérieure. Les antennes sont blanches, coudées. Le corcelet a quatre lignes longitudinales élevées, d'un blanc obscur. Les élytres ont des lignes cendrées, inégales, confluentes, pointillées de noir, & des stries à peine visibles, sous le duvet qui couvre les élytres: on apperçoit quelques points élevés noirs. Le dessous du corps & les pattes sont noirs.

Il se trouve dans la Russie méridionale, près du Volga.

359. CHARANSON quadriliné.

CURCULIO tetragrammus.

Curculio brevirostris cinereus, thorace fusco lineis quatuor albis, elytris lituris quatuor nigris.

Curculio tetragrammus *crassirostris, apterus, cinerascens, thorace fusco, lineis quatuor lacteis, elytrorum lituris quatuor nigris.* PALL. *Ins. sib. pag.* 29. *tab. B. fig.* 10.

Curculio brevirostris, thorace scabro, elytris nebulosis, punctis duobus prope apicem nigris, nitidis. LEPECH. *Itin. ruff.* 2. *app. pag.* 329. *tab.* 11. *fig.* 28.

Curculio tetragrammus. LIN. *Syst. nat. edit.* 13. *pag.* 1797.

Il est de la grandeur du *Charanson* nébuleux. La trompe est grosse, presque de la longueur du corcelet, d'un gris roussâtre, avec une ligne longitudinale élevée noire. Le corcelet est obscur, marqué de points enfoncés & de quatre lignes longitudinales blanches. Les élytres sont réunies, un peu pointues à leur extrémité, cendrées, avec des points enfoncés, rangés en stries, une petite tache noire, vers la base, & une ligne presque longitudinale, de la même couleur, vers l'extrémité. Le dessous du corps est d'un blanc roussâtre. Les pattes sont blanchâtres. Les cuisses sont simples; les quatre postérieures ont extérieurement deux points obscurs.

Il se trouve dans les déserts arides de la Russie méridionale, près du Volga.

360. CHARANSON rayure-noire.

CURCULIO nigrivittis.

Curculio brevirostris albicans, thorace utrinque vitta nigra, rostro carinato.

Curculio nigrivittis *brevirostris cylindraceus, dealbatus, capite thoraceque subcarinatis, fascia utrinque longitudinali fusca.* PALL. *Inf. sib. pag.* 31. *tab. B. fig.* 12.

Curculio nigrivittis. LIN. *Syst. nat. edit.* 13. *pag.* 1797.

Il est de la grandeur du *Charanson* sulcirostre, mais un peu plus étroit. La trompe est courte, grosse, un peu plus mince vers l'extrémité, blanche, carenée, noirâtre de chaque côté. Le corcelet est blanc, presque cylindrique, avec une ligne longitudinale, noire de chaque côté, & une autre élevée, noire, à la partie supérieure. Les élytres sont blanchâtres & marquées de stries, dans lesquelles on apperçoit de petits points enfoncés, obscurs. Le dessous du corps & les pattes sont blanchâtres. Les cuisses sont simples.

Il se trouve dans les déserts arides de la Russie méridionale.

361. CHARANSON marqué.

CURCULIO vibex.

Curculio brevirostris cylindricus albus thorace elytrisque utrinque vitta nigra.

Curculio vibex *brevirostris cylindraceus albissimus, striga utrinque nigra per thoracem elytraque longitudinali.* PALL. *Inf. sib. pag.* 32. *tab. B. fig.* 13.

Curculio vibex. LIN. *Syst. nat. edit.* 13. *p.* 1797.

Il a environ quatre lignes de long, & il est presque d'une forme cylindrique. La trompe est grosse, presque de la longueur du corcelet. Tout le corps est blanchâtre, avec une ligne longitudinale noire, de chaque côté du corcelet & des élytres. Les élytres sont un peu pointues à leur extrémité, & ont des stries pointillées. Les pattes sont simples.

Il se trouve à Sélinga, dans la Tartarie russienne.

362. CHARANSON fenestré.

CURCULIO fenestratus.

Curculio brevirostris albus, elytris maculis sex rhombeis fuscis.

Curculio fenestratus *crassirostris apterus albatus elytrorum maculis sex rhombeis fuscis.* PALL. *Inf. sib. pag.* 33. *tab. H. fig. B.* 16.

Curculio fenestratus. LIN. *Syst. nat. pag.* 1797.

Il est un peu plus petit que le *Charanson* nébuleux. La trompe est courte, blanchâtre, anguleuse, carenée à sa partie supérieure. Le corcelet est bleu en-dessous, & sur les côtés, à la partie supérieure, avec une tache obscure, de chaque côté de la partie postérieure, & quelques points noirs enfoncés. Les élytres sont réunies, striées, d'un blanc pâle, grisâtres à leur base, avec deux taches quarrées obliquement paralleles, noirâtres, & une petite ligne presque longitudinale vers l'extrémité. Le dessous du corps & les pattes sont blanchâtres, pointillées de noir. Les côtés de la poitrine & les bords des anneaux de l'abdomen sont un peu roussâtres. Les pattes & sur-tout les postérieures sont assez grosses.

Il se trouve à Sélinga, dans la Tartarie russienne.

363. CHARANSON tête-jaune.

CURCULIO flaviceps.

Curculio brevirostris albicans capite flavescente, thorace elytrisque albo lineatis fusco interruptis.

Curculio flaviceps *crassirostris, apterus albatus: capite flavescente lateribus rufo, thorace elytrisque albo-lineatis, fusco interruptis.* PALL. *inf. sib. pag.* 34. *tab. B. fig.* 17.

Curculio brevirostris corpore cano, elytris sulcatis, nigro maculatis. LEPECH. *Itin.* 2. *app. pag.* 327. *tab.* 11. *fig.* 27.

Curculio flaviceps. LIN. *Syst. nat. edit.* 13. *pag.* 1797.

Il a près de six lignes de long. La trompe est courte, blanchâtre, marquée de deux sillons & d'une ligne élevée, noire, au milieu. La tête est jaunâtre en-dessus, & fauve sur les côtés. Le corcelet est marqué de six lignes blanches, & de six lignes obscures, alternes. Les élytres sont réunies, blanches, sillonnées, avec la suture & l'intervalle des sillons, élevés: on apperçoit quelques points obscurs, dans les sillons. L'abdomen est blanchâtre, avec une raie longitudinale obscure. Les pattes sont blanches, pointillées; les postérieures sont un peu plus grandes que les autres.

Il se trouve dans la Russie méridionale, près Sélinga, & rarement dans les déserts de la Tartarie,

364. CHARANSON peint.

CURCULIO pictus.

Curculio brevirostris albus, thorace lineis tribus, elytris fascia arcuata, fuscis.

Curculio pictus *crassirostris, albatus, thorace fasciis tribus longitudinalibus, elytrorum arcuata, fuscis.* PALL. *Inf. sib. pag.* 35. *tab. H. fig. B.* 18. — *Itin.* 1. *app. pag.* 463. *n°.* 33.

Curculio pictus. LIN. *Syst. nat. edit.* 13. *p.* 1797.

Il est de la grandeur du précédent, mais il a une forme plus alongée. Tout le corps est blanc. La trompe est courte, grosse, munie d'une ligne longitudinale élevée. La tête est d'un blanc roussâtre. Le corcelet a une large raie longitudinale obscure, au milieu, & une autre de chaque côté, de la même couleur. Les élytres sont légèrement striées; elles ont une petite ligne & quatre points obscurs, une bande arquée, vers le milieu.

Il se trouve dans les déserts arides de la Russie méridionale, & près le Lac Indérien.

365. CHARANSON yeux-noirs.

CURCULIO hololeucus.

Curculio brevirostris, subcylindricus albus immaculatus, oculis atris.

Curculio hololeucus *crassirostris, subcylindraceus: totus dealbatus, immaculatus, oculis atris.* PALL. *Inf. sib. pag.* 35. *tab. H. fig. B.* 19.

Curculio hololeucus. LIN. *Syst. nat. edit.* 13. *pag.* 1797.

Il a environ cinq lignes de long, & il a une forme un peu alongée. Tout le corps est d'une couleur blanchâtre, sans taches. La trompe est grosse & marquée supérieurement d'une ligne longitudinale élevée. Les élytres ont des points enfoncés, peu marqués, rangés en stries; l'extrémité est un peu terminée en pointe. Les pattes sont blanches; les antérieures sont un peu plus grandes que les autres. Les cuisses sont simples.

Il se trouve dans les déserts de la Russie méridionale.

366. CHARANSON ténébrioïde.

CURCULIO tenebrioïdes.

Curculio brevirostris apterus ater glaber, elytris lævigatis.

Curculio tenebriodes *sublongirostris, apterus, aterrimus glaber, elytris lævigatis.* PALL. *Inf. sib. pag.* 36. *tab. B. fig.* 26.

SCHAEFF. *Icon. inf. tab.* 62. *fig.* 11.

FRISCH. *Inf.* 13. *p.* 28. *tab.* 26.?

Curculio tenebrioïdes. LIN. *Syst. nat. edit.* 13. *pag.* 1798.

Il a huit lignes de long, depuis la tête jusqu'à l'extrémité du corps. La trompe est grosse, un peu plus courte que le corcelet. Tout le corps est très-noir, un peu luisant. Les yeux sont ovales, point du tout saillans. Le corcelet est finement pointillé. Les élytres sont ovales, lisses. Les pattes sont simples.

Il se trouve dans la Russie méridionale, en Allemagne, dans les provinces méridionales de la France.

367. CHARANSON ténébreux.

CURCULIO tenebricosus.

Curculio brevirostris niger nitidus, thorace rotundato scabro, elytris connatis striato-punctatis.

Curculio tenebricosus *niger nitidus, oculis fuscis elytris connatis acuminatis excavato-punctatis.* LIN. *Syst. nat. edit.* 13. *pag.* 1798.

Curculio tenebricosus. FUESL. *Archiv. p.* 81. *n°.* 67. *tab.* 24. *fig.* 27.

Il a environ six lignes de long, & il ressemble un peu au *Charanson* perlé. Tout le corps est très-noir & un peu luisant. La trompe est courte, un peu chagrinée. Les antennes sont coudées, de la longueur du corcelet. Les yeux sont petits, arrondis, peu saillans. Le corcelet est arrondi, chagriné. Les élytres sont ovales, réunies, avec quelques petits points enfoncés, réunis, peu marqués, rangés en stries. Les cuisses sont simples, un peu renflées.

Il se trouve en France, en Allemagne, à Berlin.

368. CHARANSON fabricateur.

CURCULIO faber.

Curculio brevirostris niger, antennis fuscis, elytris connatis, punctorum excavatorum seriebus octo.

Curculio faber. FUESL. *Archiv. inf.* 5. *pag.* 81. *n°.* 68. *tab.* 24. *fig.* 28.

Curculio faber. LIN. *Syst. edit.* 13. *pag.* 1799.

Il a près de quatre lignes de long. Tout le corps est noir. Les antennes sont coudées, de la longueur du corcelet. La trompe est courte, large. Les élytres ont chacune huit stries pointillées. Les cuisses sont simples.

Il se trouve en Allemagne.

369. CHARANSON majeur.

CURCULIO major.

Curculio

Curculio brevirostris niger cinereo villosus, thorace punctato rugoso, elytris punctato-striatis.

Curculio major *niger albido villosus, thorace punctato rugoso rostrum aquante, elytris punctato-striatis.* LIN. *Syst. nat. edit.* 13. *pag.* 1799.

Curculio major. FUESL. *Archiv. ins.* 5. *pag.* 81. *n°.* 69. *tab.* 24. *fig.* 29.

Il a près de neuf lignes de long. Tout le corps est noir & couvert d'un léger duvet cendré. La trompe est grosse, presque de la longueur du corcelet. Les antennes sont coudées. Le corcelet est pointillé, raboteux. Les élytres ont des stries pointillées.

Il se trouve en Allemagne.

370. CHARANSON globuleux.

CURCULIO globatus.

Curculio brevirostris fuscus, elytris globosis, vittis cinereis maculisque obsoletis albis.

Curculio globatus. FUESL. *Archiv. ins.* 5. *p.* 83. *n°.* 76. *tab.* 24. *fig.* 32.

Curculio globatus *capite thoraceque fuscescentibus subaneis, thoracis margine arcubusque duobus mediis longitudinalibus cinereis, abdomine subgloboso, elytris connatis punctato-striatis: interstitiis fasciis alternis cinereis & fuscescentibus maculisque obsoletis albidis.* LIN. *Syst. nat. edit.* 13. *pag.* 1799.

Il a environ trois lignes de long. La trompe est courte, obscure. Le corcelet est obscur, un peu bronzé, avec deux lignes longitudinales arquées, cendrées, à la partie supérieure, & les bords extérieurs cendrés. Les élytres sont globuleuses, réunies, obscures, avec des stries pointillées, des lignes longitudinales cendrées, & quelques taches blanchâtres peu marquées.

Il se trouve à Berlin.

371. CHARANSON singulier.

Curculio singularis.

Curculio subbrevirostris cinereus elytris striis punctatis: punctis excavatis centro eminentibus. LIN. *Syst. nat. add. pag.* 1066.

Il est de grandeur moyenne. Le corps est cendré. La trompe est un peu plus courte que le corcelet. Les élytres sont légèrement striées. Les stries sont formées par des points enfoncés, & chacun de ces points en porte un autre petit élevé. Les cuisses sont un peu renflées.

Il se trouve en Portugal.

372. CHARANSON américain.

CURCULIO noveboracensis.

Curculio brevirostris canus, elytris striis quinque albidis nigro punctatis, scutello flavicante.

Curculio noveboracensis *brevirostris muticus, canus, elytris subfastigiatis, striis quinque albidis nigro punctatis, scutello flavicante.* FORST. *Nov. spec. ins. pag.* 35. *n°.* 35.

Curculio noveboracensis. LIN. *Syst. nat. edit.* 13. *p.* 1798.

Il a environ sept lignes de long. Tout le corps est couvert d'écailles blanchâtres. La trompe est grosse, marquée d'une ligne longitudinale noire, au milieu de sa partie supérieure. Les yeux sont noirâtres, entourés de poils roussâtres. Le corcelet est arrondi. L'écusson est jaunâtre. Les élytres sont convexes, oblongues, avec des stries pointillées & dix lignes longitudinales de petits points noirs.

Il se trouve dans l'Amérique septentrionale.

373. CHARANSON grisette.

CURCULIO humilis.

Curculio brevirostris rufus, capite nigricante elytris punctato-striatis.

Curculio rufus, subvillosus, capite nigricante, rostro thorace breviore. GEOFF. *Ins. t.* 1. *p.* 284. *n°.* 15.

Le *Charanson* grisette. GEOFF. *Ib.*

Curculio modestus. FOURC. *Ent. par.* 1. *pag.* 120. *n°.* 15.

Curculio nitidulus. SCHRANK. *Enum. ins. aust. no.* 206.

Il a environ une ligne & demie de long. La trompe est grosse, courte. La tête est noirâtre. Le corcelet est irrégulièrement pointillé, roussâtre. Les élytres sont roussâtres, & ont chacune dix stries formées par des points enfoncés. Tout le corps, vu à la loupe, paroît couvert de poils clair-semés.

Il se trouve aux environs de Paris.

374. CHARANSON téréticolle.

CURCULIO tereticollis.

Curculio brevirostris oblongo-ovatus, capite thoraceque cylindricis, elytris cinereis nigro lituratis.

Curculio tereticollis *brevirostris, antennis fractis pedibusque rufis, femoribus muticis, capite cylindrico, corpore oblongo griseo-cinereo.* DEG. *Mém. ins. t.* 5. *pag.* 246. *n°.* 33.

Charanson gris *à tête cylindrique*, à courte trompe, à antennes coudées, rousses & à cuisses simples, à corps oblong, d'un gris cendré, à pattes rousses & à tête cylindrique. DEG. *Ib.*

Curculio tereticollis. LIN. *Syst. nat. edit.* 13. *pag.* 1795.

Curculio tereticollis. BONSD. *Hist. curc. suec. pag.* 28. *no.* 14. *tab. fig.* 14.

Il a environ trois lignes de long. La trompe est courte, mince, cendrée. Les yeux sont noirs, globuleux, peu saillans. Les antennes sont fauves, coudées, une fois plus longues que la tête. Le corcelet est cylindrique, beaucoup plus étroit que les élytres, obscur à sa partie supérieure, plus pâle sur les côtés. Les élytres ont des stries pointillées; elles varient beaucoup pour les couleurs: tantôt elles sont cendrées, avec un point postérieur, & une bande peu marquée, obscurs; tantôt elles sont plus obscures à la partie supérieure, avec des points & des lignes divergentes, inégales, noires: elles sont cendrées sur les côtés & pâles postérieurement, avec une bande obscure, ondée, peu marquée. La poitrine & l'abdomen sont blancs. Les pattes sont d'un jaune pâle, & les cuisses sont simples.

Il se trouve en Suède.

375. CHARANSON linécile.

CURCULIO lincellus.

Curculio brevirostris, oblongus, cinereo-fuscus; thorace striis tribus pallidioribus, elytris utrinque linea longitudinali albida. BONSD. *Hist. curc. suec. pag.* 30. *n°.* 17. *tab. fig.* 18.

Curculio cinereus fasciis longitudinalibus dilutioribus. LIN. *Faun. suec. edit.* 1. *n°.* 472. *edit.* 2. *p.* 546. *n°.* 2274.

Curculio lineellus. LIN. *Syst. nat. edit.* 13. *p.* 1795.

Il n'a gueres plus d'une ligne de long. La trompe est courte, largement sillonnée. Les yeux sont globuleux, d'un brun noirâtre. Les antennes sont fauves, coudées, de la longueur de la tête. Le corcelet est cylindrique, obscur en-dessus, avec trois lignes longitudinales pâles, dont une au milieu, une de chaque côté. Les élytres sont d'une couleur cendrée, obscure, avec une ligne longitudinale blanchâtre, au milieu, qui va se joindre à la ligne latérale du corcelet: on apperçoit sur chaque élytre dix stries pointillées. La poitrine & l'abdomen sont cendrés. Les cuisses sont simples, d'un brun noirâtre. Les jambes sont fauves, & les tarses bruns.

Il se trouve au nord de l'Europe.

376. CHARANSON tronçonné.

CURCULIO trunculus.

Curculio brevirostris, ater, abdomine subgloboso, rostro brevissimo, antennis pedibusque rufis. BONSD. *Hist. curc. suec. pag.* 33. *n°.* 22. *tab. fig.* 23.

La trompe est courte, mince, tronquée. Les antennes sont fauves, un peu plus longues que le corps. Les yeux sont arrondis, très-saillans, noirâtres. Le corcelet est globuleux, beaucoup plus étroit que les élytres, couvert de points enfoncés & relevés, qui le rendent raboteux. Les élytres sont réunies, glabres, très-noires, marquées de huit stries pointillées. La poitrine & l'abdomen sont obscurs. Les pattes sont fauves, & les cuisses sont simples.

Il se trouve au nord de l'Europe.

377. CHARANSON clavipède.

CURCULIO clavipes.

Curculio brevirostris, oblongo-ovatus, gibbus, totus ater, antennis nigris; pedibus longis rufis, femoribus clavatis crassis. BONSD. *Hist. curc. suec. pag.* 40. *n°.* 35. *tab. fig.* 36.

Curculio clavipes. LIN. *Syst. nat. edit.* 13. *p.* 1796.

Il a un peu plus de quatre lignes de long, depuis la tête jusqu'à l'extrémité du corps. La trompe est mince, obtuse, raboteuse, & un peu plus courte que le corcelet. Les yeux sont arrondis, saillans, d'un brun noirâtre. Les antennes sont coudées, assez longues, noirâtres. Le corcelet est arrondi, relevé, raboteux, glabre, plus étroit que les élytres. Les élytres sont oblongues, un peu renflées, plus étroites postérieurement, glabres, luisantes, avec des stries pointillées. Tout le corps est noir. Les pattes sont fauves, assez longues. Les tarses sont obscurs. Les cuisses sont simples & renflées.

Il se trouve en Suède.

378. CHARANSON obtus.

CURCULIO obtusus.

Curculio brevirostris, ovatus, postice obtusissimus, thorace carinulato, obscurus, antennis & pedibus fuscis. BONSD. *Hist. curc. suec. pag.* 37. *n°.* 29. *tab. fig.* 30.

Curculio suecicus. LIN. *Syst. nat. edit.* 13. *pag.* 1796.

Il a environ trois lignes de long depuis la tête jusqu'à l'extrémité du corps. La trompe est d'un gris obscur, noire & mince à l'extrémité, de la longueur du corcelet. Les yeux sont noirs, point du tout saillans. Les antennes sont coudées, obscures, une fois plus longues que la trompe. Le corcelet est cylindrique, une fois plus étroit que l'abdomen, raboteux, avec une ligne longitudinale au milieu. Les élytres sont presque coupées postérieurement, avec la suture un peu élevée; elles sont écailleuses, tachetées de noirâtre & de gris; elles ont des stries pointillées, & les côtés sont un peu anguleux. La poitrine & l'abdomen sont noirâtres. Les pattes sont obscures. Les cuisses sont simples.

Il se trouve en Suède.

379. CHARANSON entrecoupé.

CURCULIO intersectus.

Curculio brevirostris fuscus, thorace elytrisque vittis æneis.

Curculio rostro thorace breviore, squamis nitentibus, thoracis elytrorumque fasciis longitudinalibus. GEOFF. *inf. tom.* 1. *pag.* 284. *n°.* 14.

Le Charanson écailleux à bandes. GEOFF. *Ib.*

Curculio intersectus. FOURC. *Ent. par.* 1. *p.* 120. *n°.* 14.

Il a environ deux lignes de long. La trompe est grosse, courte. Tout le corps est brun & couvert d'écailles cuivreuses, qui forment trois lignes longitudinales sur le corcelet, dont une au milieu & une de chaque côté. Les élytres ont des stries pointillées, formées par des points enfoncés, & quatre lignes longitudinales cuivreuses, moins marquées que sur le corcelet.

Il se trouve aux environs de Paris, sur les fleurs.

380. CHARANSON quadrille.

CURCULIO quadrilis.

Curculio brevirostris cinereus, elytris punctis quatuor nigris.

Curculio cinereus, elytrorum puncto quadruplici nigricante, proboscide thorace breviore. GEOFF. *inf. tom.* 1. *pag.* 287. *n°.* 21.

Charanson quadrille à courte trompe. GEOFF. *Ib.*

Curculio quadrilis. FOURC. *Ent. par.* 1. *p.* 122. *n°.* 21.

Il a environ une ligne & demie de long. Il est alongé, d'un gris cendré. La trompe est plus courte que le corcelet. La tête est obscure. Le corcelet a deux lignes longitudinales, obscures, terminées postérieurement par une tache noire. Les élytres sont striées, & ont chacune deux points noirs, séparés par un point blanc.

Il se trouve aux environs de Paris.

***** *Trompe courte, cuisses dentées.*

381. CHARANSON admirable.

CURCULIO spectabilis.

Curculio brevirostris femoribus dentatis, corpore viridi nigroque variegato. Ent. ou hist. nat. des inf. CHARANSON. *Pl.* 14. *fig.* 180.

Curculio spectabilis. FAB. *Syst. ent. pag.* 155. *n°.* 144.—*Sp. inf. tom.* 1. *p.* 197. *n°.* 208.—*Mant. inf. tom.* 1. *pag.* 121. *n°.* 269.

Il n'est guère plus grand que le *Charanson* nébuleux. Les antennes sont coudées, noires, avec l'extrémité un peu roussâtre. La trompe est grosse, plus courte que le corcelet, noire, & plus ou moins couverte d'une poussière écailleuse verte brillante. Le corcelet est arrondi, raboteux, avec trois raies longitudinales & les côtés verts. L'écusson est vert & arrondi postérieurement. Les élytres ont des stries très-serrées de points enfoncés assez gros ; elles sont mélangées de noir & de vert brillant. Le dessous du corps & les pattes sont mélangées de noir & de vert brillant. Les cuisses sont armées d'une dent ou épine courte.

Il se trouve dans la Nouvelle-Hollande.

382. CHARANSON renflé.

CURCULIO pinguis.

Curculio brevirostris femoribus anticis dentatis, gibbus nigricans, thorace lineis elytris strigis duabus lineaque apicis flavescentibus. FAB. *Mant. inf. tom.* 1. *pag.* 121. *n°.* 270.

Il est grand. La trompe est courte, grosse, cylindrique, noire, sans taches. Le corcelet est noir, avec un reflet vert, & deux lignes longitudinales jaunes, courtes, de chaque côté. Les élytres ont des stries pointillées, elles sont de la couleur du corcelet ; elles ont deux lignes obliques, jaunes, & une autre petite vers l'extrémité : on voit encore une raie longitudinale jaune presque marginale, qui s'étend depuis la ligne antérieure jusqu'à l'extrémité, à la base de chaque élytre il y a une épine courte, obtuse. Les pattes sont noires, & les cuisses antérieures sont dentées.

Il se trouve à Cayenne.

383. CHARANSON trident.

CURCULIO tridens.

Curculio brevirostris femoribus dentatis, cinereus, elytris dentibus tribus apiceque emarginatis. Ent. ou hist. nat. des inf. CHARANSON. *Pl.* 13. *fig.* 154.

Curculio tridens. FAB. *Mant. inf. t.* 1. *p.* 122. *no.* 271.

Il est de la grandeur du *Charanson* nébuleux. Les premiers articles des antennes sont alongés presque cylindriques ; le premier est un peu renflé à son extrémité ; elles sont cendrées & brunes à leur base. Tout le corps est gris cendré. La trompe est courte, noire à son extrémité. Les yeux sont noirs, petits, arrondis, très-saillans. La tête est presque cylindrique. Le corcelet est très-légèrement raboteux. Les élytres ont chacune trois élévations asſez groſſes, un peu oblongues, elles ſont terminées en pointe aiguë, dont les deux forment comme une échancrure. Les pattes ſont de la couleur du corps. Les cuiſſes ſont légèrement renflées & armées d'un très-petite dent.

Il ſe trouve dans la Nouvelle-Zélande.

384. CHARANSON tache-obſcure.

CURCULIO fuſcomaculatus.

Curculio breviroſtris femoribus ſubdentatis ater, thorace elytriſque lævibus fuſco maculatis. FAB. *Mant. inſ. tom.* 1. *pag.* 122. *n°.* 272.

Il eſt grand, liſſe, glabre, très-noir. Le corcelet a des taches latérales obſcures. Les élytres ſont liſſes, & ont pluſieurs taches obſcures. Les pattes ſont noires, & les cuiſſes ſont un peu dentées.

Il ſe trouve en Allemagne.

385. CHARANSON de la Liveche.

CURCULIO Liguſtici.

Curculio breviroſtris femoribus dentatis, corpore obſcuro. Ent. ou hiſt. nat. des inſ. CHARANSON. *Pl.* 7. *fig.* 77.

Curculio Liguſtici. FAB. *Syſt. ent. p.* 155. *n°.* 145. — *Sp. inſ. tom.* 1. *pag.* 197. *n°.* 209. — *Mant. inſ. tom.* 1. *pag.* 122. *n°.* 273.

Curculio Liguſtici *breviroſtris, femoribus ſubdentatis abdomine ſubovato murino.* LIN. *Syſt. nat. p.* 615. *n°.* 68. — *Faun. Suec. n°.* 621.

Curculio cinereus, ſquamoſus, alis carens, elytris rugoſis. GEOFF. *inſ. tom.* 1. *pag.* 292. *n°.* 36.

Le Charanſon gris à étuis réunis & chagrinés. GEOFF. *Ib.*

Curculio apterus breviroſtris, antennis fractis, femoribus dentatis, corpore oblongo nigro-fuſco: ſquamulis griſeis nitidis. DEG. *Mém. inſ. tom.* 5. *pag.* 218. *n°.* 10.

Charanſon du *Liguſticum* non-ailé, à courte trompe à antennes coudées, & à cuiſſes dentelées, à corps oblong d'un brun noir, couvert d'écailles griſes luiſantes. DEG. *Ib.*

SCHAEFF. *Icon. inſ. tab.* 2. *fig.* 12.

Curculio monopterus. FOURC. *Ent. par.* 1. *p.* 127. *n°.* 38.

Curculio Liguſtici. VILL. *Ent. tom.* 1. *pag.* 202. *n°.* 122.

Curculio Liguſtici *breviroſtris, ovatus, niger, cinereo ſquamatus, roſtro carinato, elytris ſcabris.* BONSD. *Hiſt. curc. ſuec. p.* 38. *n°.* 32. *tab. fig.* 33.

Il a environ ſix lignes de long. Tout le corps eſt cendré, un peu noirâtre. La trompe eſt courte aſſez groſſe & marquée à ſa partie ſupérieure, d'une ligne longitudinale élevée. Les yeux ſont noirs, arrondis, un peu ſaillans. Le corcelet eſt arrondi, chagriné. Les élytres ſont ovales, finement chagrinées, ſans aucune ſtrie. Les pattes ſont noirâtres. Les cuiſſes ſont légèrement dentées.

Il ſe trouve dans preſque toute l'Europe, ſur la Livèche, *Liguſticum leviſticum.*

385. CHARANSON nubile.

CURCULIO nubilus.

Curculio breviroſtris femoribus dentatis griſeus, elytris punctis obſcurioribus numeroſis. FAB. *Gen. inſ. mant. pag.* 228. — *Sp. inſ. tom.* 1. *pag.* 197. *n°.* 210. — *Mant. inſ. tom.* 1. *pag.* 122. *n°.* 274.

Curculio murinus. BONSD. *Hiſt. curc. ſuec. p.* 37. *n°.* 30. *tab. fig.* 31.

Il reſſemble pour la forme & la grandeur, au *Charanſon* de la Livèche. Les antennes ſont noires terminées en maſſe aiguë. a Ltête & le corcelet ſont gris, ſans taches. Les élytres ont des ſtries pointillées; elles ſont griſâtres, avec pluſieurs points obſcurs, diſtincts. Tout le corps eſt griſâtre. Les cuiſſes ſont dentées; les poſtérieures ont un anneau blanc.

Il ſe trouve à Hambourg.

386. CHARANSON nègre.

CURCULIO nigrita.

Curculio breviroſtris femoribus dentatis niger obſcurus, thorace ſcabro, elytris crenato ſtriatis. FAB. *Spec. inſ. t.* 1. *p.* 197. *n°.* 211. — *Mant. inſ. tom.* 1. *pag.* 122. *n°.* 275.

Il reſſemble, pour la forme & la grandeur, au *Charanſon* ſillonné; il en diffère ſeulement en ce que les élytres ſont ſans taches.

Il ſe trouve en Italie.

388. CHARANSON ſillonné.

CURCULIO ſulcatus.

Curculio breviroſtris, femoribus dentatis, ater, elytris ſtriatis ferrugineo maculatis. FAB. *Syſt. ent. pag.* 155. *n°.* 146. — *Sp. inſ. t.* 1. *pag.* 197. *n°.* 212. — *Mant. inſ. tom.* 1. *pag.* 122. *n°.* 276.

Curculio griſeo punctatus *breviroſtris, antennis longis fractis, femoribus dentatis, corpore oblongo nigro: punctis flaveſcentibus ſparſis.* DEG. *Mem. inſ. tom.* 5. *pag.* 217. *n°.* 9.

Charanſon *noir, à points gris* à courte trompe, à antennes coudées longues & à cuiſſes dentelées, à corps oblong, noir, avec des points d'un gris jaunâtre. DEG. *Ib.*

Curculio ſulcatus *breviroſtris, ovatus, totus ater, elytris profunde ſtriatis, antennis ferrugineo-æneis irroratis.* BONSD. *Hiſt. curc. ſuec. pag.* 40. *n°.* 34. *tab. fig.* 35.

Il ressemble entièrement, pour la forme & la grandeur au *Charanson gemmifere*. Les antennes sont coudées, assez longues & noires. La trompe est noire, courte & légèrement sillonée. Le corcelet est arrondi & chagriné; il est tout couvert de points arrondis, élevés. Les élytres sont ovales noires, avec quelques points testacés, formés par des poils courts; elles ont des stries crénelées. Le dessous du corps & les pattes sont noirs. Les cuisses sont armées d'une dent ou petite épine.

Il se trouve en France, en Saxe, dans les bois.

389. CHARANSON gemmifère.

CURCULIO gemmatus.

Curculio brevirostris femoribus dentatis ater, elytris punctis viridibus. Ent. ou hist. nat. des inf. CHARANSON. *Pl. 6. fig. 74.*

Curculio gemmatus. FAB. *Gen. inf. mant. p. 229. — Spec. inf. tom. 1. p. 197. n°. 213. — Mant. inf. tom. 1. pag. 122. n°. 277.*

Curculio gemmatus. SCOP. *Ent. carn. n°. 90.*

Curculio gemmatus. Naturf. 6. tab. 4. fig. 6.

Curculio fullo. SCHRANK. *Enum. inf. aust. n°. 221.*

Curculio gemmatus. LAICHART. *Inf. tom. 1. p. 205. n°. 2.*

Il a cinq lignes de long, & il ressemble beaucoup au *Charanson* de la Livèche. Les antennes sont noirâtres, coudées, assez longues. La trompe est courte, assez grosse, inégale. Les yeux sont arrondis, saillans. Tout le corps est très-noir. Le corcelet est arrondi, chagriné, sans taches. Les élytres sont chagrinées, marquées de plusieurs points d'un blanc verdâtre, formées par de petites écailles. Les pattes sont de la couleur du corps. Les cuisses sont munies d'une dent.

Il se trouve en Allemagne, dans la Hongrie.

390. CHARANSON picipède.

CURCULIO picipes.

Curculio brevirostris femoribus dentatis griseus, elytris nebulosis, femoribus posticis rufis. FAB. *Gen. inf. mant. pag. 229. — Sp. inf. tom. 1. pag. 197. n°. 214. — Mant. inf. tom. 1. pag. 122. n°. 278.*

Curculio notatus *brevirostris, ovatus, griseo fuscus, elytris sulcatis, punctis & strigis transversis pallidioribus notatis.* BONSD. *Hist. curc. suec. p. 39, n°. 33. tab. fig. 34.*

Il est plus petit que le *Charanson* nébuleux. Les antennes sont coudées. Tout le corps est grisâtre. La trompe est grosse, courte, obtuse, noire à son extrémité. Le corcelet est couvert de petits points élevés, globuleux. Les élytres sont nébuleuses, & ont des points relevés, rangées en stries. Les pattes sont grisâtres, avec les cuisses dentées, rougeâtres.

Il se trouve à Kiell.

391. CHARANSON morio.

CURCULIO morio.

Curculio brevirostris femoribus dentatis ater nitens, elytris glabris. Ent. ou hist. nat. des inf. CHARANSON. *Pl. 3. fig. 26.*

Curculio morio. FAB. *Sp. inf. tom. 1. pag. 198. n°. 215. — Mant. inf. tom. 1. p. 122. n°. 279.*

Curculio atro-apterus *apterus brevirostris, antennis fractis, femoribus muticis, corpore oblongo nigro nitido lævi.* DEG. *Inf. tom. 5. pag. 243. n°. 29. Pl. 7. fig. 22.*

Charanson *non-ailé noir*, non-ailé à courte & grosse trompe, à antennes coudées & à cuisses simples, à corps oblong noir, luisant & uni. DEG. *Ib.*

Curculio morio *brevirostris, ovatus, ater, elytris glabris nitidis, antennis pedibusque piceis.* BONSD. *Hist. curc. suec. pag. 36. n°. 28. tab. fig. 29.*

ISNARD. *Obs. sur les inf. de l'Oliv. Pl. 1. fig. 10.*

Il est un peu plus petit que le *Charanson* gemmifère. Tout le corps est noir, luisant. Les antennes sont coudées, assez longues, d'un noir cendré à l'extrémité. La trompe est courte, assez grosse, avec trois lignes longitudinales, peu élevées, à sa partie supérieure. Les yeux sont arrondis, peu saillans. Le corcelet est arrondi, chagriné. Les élytres sont légèrement chagrinées, & ont des stries pointillées, à peine marquées. Les pattes sont noires. Les cuisses sont renflées, rarement dentées.

Il se trouve dans presque toute l'Europe sur le tronc des arbres.

392. CHARANSON bisilloné.

CURCULIO bisulcatus.

Curculio brevirostris femoribus dentatis niger, coleoptrorum limbo cinereo, rostro bisulcato. FAB. *Sp. inf. tom. 1. pag. 198. n°. 216. — Mant. inf. tom. 1. p. 122. n°. 280.*

Il ressemble au *Charanson* fillonné. La trompe est courte, un peu renflée à son extrémité, marquée de deux sillons à sa partie supérieure. Le corcelet est noir à sa partie supérieure, cendré de chaque côté. Les élytres sont légèrement striées, avec la base & les bords latéraux cendrés. Les pattes sont noires & les cuisses sont dentées.

Il se trouve en Italie.

393. CHARANSON arénaire.

CURCULIO arenarius.

Curculio brevirostris femoribus dentatis, niger glaber, elytris punctato-striatis, antennis basi piceis.

Il a une forme plus alongée que celle des précédens. Les antennes sont de la longueur de la tête, noires, avec le premier article brun. Tout le corps est noir, glabre luisant. La trompe est un peu plus courte que le corcelet. Les yeux sont oblongs, point du tout saillans. Le corcelet est un peu raboteux. Les élytres ont des points enfoncés, assez gros. Le dessous du corps est noir, avec quelques poils ecailleux blanchâtres, à la partie inférieure du corcelet, sur la poitrine & à la partie interne des cuisses. Les cuisses antérieures ont une dent très-petite.

Il se trouve aux Indes orientales.

394. CHARANSON du Poirier.

CURCULIO Pyri.

Curculio brevirostris, femoribus dentatis, æneo-fuscus. Ent. ou hist. nat. des inf. CHARANSON. *Pl.* 3. *fig.* 30. *a. b.*

Curculio Pyri. LIN. *Syst. nat. pag.* 615. *n°.* 72.— *Faun. suec. n°.* 623.

Curculio viridis opacus, pedibus antennisque magis fuscis. LIN. *It. scan. p.* 355.

Curculio Pyri. FAB. *Syst. ent. p.* 155. *n°.* 147. — *Sp. inf. tom.* 1. *p.* 198. *n°.* 217. — *Mant. inf. t.* 1. *p.* 122. *n°.* 281.

Curculio squamoso-viridis, rostro thorace breviore, pedibus rufis. GEOFF. *inf. tom.* 1. *p.* 282. *n°.* 12.

Le Charanson à écailes vertes & à pattes fauves. GEOFF. *Ib.*

Curculio brevirostris, antennis fractis rufis, femoribus muticis, corpore oblongo æneo-nitido, pedibus rufis. DEG. *Mém. inf. tom.* 5. *pag.* 246. *n°* 34.

Charanson *bronzé du Poirier*, à courte trompe, à antennes coudées rousses & à cuisses simples, à corps oblong, couleur de bronze luisant & à pattes rousses. DEG. *Ib.*

Scarabæus majusculus è nigro rufescens. LIST. *pag.* 394. *tit.* 31.

Curculio mollis, griseo auratus nitens, femoribus muticis, elytris mollibus. ACT. *Nidr. tom.* 4. *pag.* 321. *n°.* 12.

Curculio acuminatus oblongiusculus æneo fuscus. act. upf. 1736. *p.* 16. *n°.* 2.

Curculio Pyri *brevirostris, oblongo-ovatus, fusco-auratus, antennis brevibus pedibusque rufis.* BONSD. *Hist. curc. suec. pag.* 24. *n°.* 8. *tab. fig.* 9.

MULL. *Zool. Dan.* 87. 960.

SULZ. *Inf. tab.* 3. *fig.* 23.

Curculio argentatus. FOURC. *Ent. par.* 1. *p.* 119. *n°.* 11.

Curculio Pyri. VILL. *Ent. tom.* 1. *pag.* 204. *n°.* 116.

Il a environ quatre lignes de long. Tout le corps est noirâtre & recouvert d'écailles bronzées ou cuivreuses, qui le font paroître plus ou moins brillant. Les antennes sont fauves. La trompe est courte, unie à sa partie supérieure. Les yeux sont noirs, arrondis, saillans. Le corcelet est petit, arrondi. Les élytres ont chacune neuf ou dix stries pointillées. Les pattes sont fauves, & les cuisses sont dentées.

Il se trouve dans toute l'Europe, sur les feuilles de Poirier, de Pommier, d'Aubépine.

395. CHARANSON argenté.

CURCULIO argentatus.

Curculio brevirostris femoribus dentatis, corpore viridi-argenteo. Ent. ou hist. nat. des inf. CHARANSON. *Pl.* 5. *fig.* 56. *a. b.*

Curculio argenteus. LIN. *Syst. nat. p.* 613. *no.* 73. — *Faun. suec. n°.* 614.

Curculio femoribus omnibus denticulo notatis, corpore viridi oblongo. LIN. *Faun. suec. edit.* 1. *n°.* 459.

Curculio argentatus. FAB. *Syst. ent. pag.* 155. *n°.* 148. — *Sp. inf. t.* 1. *pag.* 198. *n°.* 218. — *Mant. inf. tom.* 1. *pag.* 123. *n°.* 284.

Curculio squamosus; viridi-auratus. GEOFF. *inf. tom.* 1. *pag.* 293. *n°.* 38.

Le Charanson à écailles vertes. GEOFF. *Ib.*

Curculio Urticæ *brevirostris, antennis fractis femoribus dentatis, corpore oblongo viridi nitido, pedibus viridibus.* DEG. *Mém. inf. tom.* 5. *p.* 219. *n°.* 12.

Charanson *vert-doré de l'Ortie*, à courte trompe, à antennes coudées & à cuisses dentelées, à corps oblong d'un vert luisant & à pattes vertes. DEG. *Ib.*

VOET. *Coleopt. pars* 2. *tab.* 39. *fig.* 44.

Curculio argentatus. SULZ. *Inf. tab.* 4. *fig.* 9.

Curculio argentatus *brevirostris, oblongo ovatus, corpore viridi nitente, antennis tibiis plantisque flavis.* BONSD. *Hist. curc. suec. p.* 27. *n°.* 12. *tab. fig.* 12.

Curculio argentatus. SCOP. *Ent. carn. n°.* 91.

POD. *Mus. græc. pag.* 30.

Curculio argentatus. SCHRANK. *Enum. inf. aust. n°.* 223.

Curculio argentatus. LAICHART. *Inf. tom.* 1. *p.* 209. *n°.* 6.

Curculio auratus. FOURC. *Ent. par.* 1. *p.* 127. *n°.* 41.

Curculio argentatus. VILL. *Ent. t.* 1. *pag.* 204. *n°.* 127.

Il eſt plus petit & plus étroit que le précédent. Les antennes ſont d'un jaune fauve, avec la maſſe obſcure. Tout le corps eſt couvert d'écailles d'un vert clair argenté brillant. Le corcelet eſt arrondi, beaucoup plus étroit que les élytres. Les élytres ont chacune neuf ſtries bien marquées, dans leſquelles on apperçoit une ſuite de points enfoncés. Les pattes ſont d'un jaune fauve. Les cuiſſes ſont dentées dans l'un des deux ſexes. La trompe eſt courte & les yeux ſont noirs, arrondis, un peu ſaillans.

Il ſe trouve dans preſque toute l'Europe, ſur différens arbres.

396. CHARANSON du Pommier.

CURCULIO Mali.

Curculio breviroſtris femoribus acute dentatis, ſubpubeſcens fuſcus antennis pedibuſque teſtaceis. FAB. *Sp. inſ. app. p.* 499. — *Mant. inſ. tom.* 1. *p.* 122. *n°.* 282.

Il reſſemble beaucoup au *Charanſon* du Poirier, dont il n'eſt peut-être qu'une variété. Il en diffère en ce que tout le corps eſt obſcur noirâtre, & que les antennes & les pattes ſont teſtacées.

Il ſe trouve à Leipſick.

397. CHARANSON des arbriſſeaux.

CURCULIO arboreti.

Curculio breviroſtris femoribus anticis dentatis cinereus, elytris punctato-ſtriatis. FAB. *Mant. inſ. tom.* 1. *pag.* 122. *n°.* 283.

Il reſſemble, pour la forme & la grandeur, au *Charanſon* argenté. Les antennes ſont cendrées, avec la maſſe obſcure. Tout le corps eſt cendré, avec un reflet verdâtre. Les élytres ont des ſtries formées par des points enfoncés, aſſez gros. Les cuiſſes antérieures ſont dentées; les autres ſont ſimples.

Il ſe trouve à Cayenne.

398. CHARANSON verdelet.

CURCULIO viridanus.

Curculio breviroſtris femoribus dentatis viridis, ore antenniſque nigris, oculis atris. FAB. *Syſt. ent. pag.* 155. *n°.* 149. — *Sp. inſ. tom.* 1. *p.* 198. *n°.* 219. — *Mant. inſ. tom.* 1. *pag.* 123. *n°.* 285.

Il reſſemble beaucoup, pour la forme & la grandeur, au *Charanſon* argenté. Tout le corps eſt d'un vert brillant, qui devient inſenſiblement plus obſcur. l'extrémité de la trompe & les antennes ſont noires. Les yeux ſont grands, très-noirs.

Il ſe trouve à Tranquebar.

399. CHARANSON oblong.

CURCULIO oblongus.

Curculio breviroſtris oblongus femoribus dentatis, antennis elytris pedibuſque ferrugineis. LIN. *Syſt. nat. p.* 615. *n°.* 71. — *Faun. ſuec. n°.* 625.

Curculio oblongus. FAB. *Syſt. ent. pag.* 156. *n°.* 150. — *Sp. inſ. tom.* 1. *p.* 199. *n°.* 220. — *Mant. inſ. tom.* 1. *p.* 123. *n°.* 286.

Curculio oblongus, niger, elytris pedibuſque teſtaceis. GEOFF. *inſ. tom.* 1. *pag.* 294. *n°.* 39.

Le Charanſon à étuis fauves. GEOFF. *Ib.*

Curculio Pruni. SCOP. *Ent. carn. n°.* 95.

Curculio oblongus. SCHRANK. *Enum. inſ. auſt. n°.* 224.

Curculio oblongus *breviroſtris, oblongus, lanuginoſus, capite & thorace nigris, elytris ferrugineis, linea marginali nigra.* BONSD. *Hiſt. Curc. ſuec. pag.* 25. *n°.* 9.

Curculio oblongus. VILL. *Ent. tom.* 1. *pag.* 203. *n°.* 125.

Curculio querneus. FOURC. *Ent. par.* 1. *pag.* 128. *n°.* 42.

Il eſt un peu plus petit que le *Charanſon* argenté. Les antennes ſont fauves, un peu plus longues que le corcelet. La trompe eſt noire, courte. Les yeux ſont noirs, arrondis, ſaillans. Le corcelet eſt noir, arrondi, beaucoup plus étroit que les élytres. L'écuſſon eſt noir, petit, triangulaire. Les élytres ſont teſtacées, avec des ſtries formées par des points enfoncés. Le deſſous du corps eſt noir. Les pattes ſont fauves. Les cuiſſes ſont dentées. Tout le corps de cet inſecte eſt un peu pubeſcent.

Il ſe trouve en Europe ſur les arbres. Il eſt très commun aux environs de Paris.

400. CHARANSON praſe.

CURCULIO praſinus.

Curculio breviroſtris femoribus acute dentatis, viridis, antennis fuſcis.

Il eſt un peu plus grand que le *Charanſon* argenté. Tout le corps eſt noir, mais entièrement couvert d'écailles vertes brillantes. Les antennes ſont noirâtres. La trompe eſt courte : les yeux ſont noirs, arrondis, ſaillans. Le corcelet eſt arrondi. Les élytres ont des ſtries peu marquées, formées par de petits points enfoncés. Les pattes ſont noires légèrement couvertes d'écailles vertes. Les cuisses sont fortement dentées.

Il se trouve en Provence, sur différens arbres; & plus particulièrement sur le Chêne.

401. CHARANSON ovale.

Curculio ovatus.

Curculio brevirostris, femoribus dentatis, abdomine ovato nigro, pedibus antennisque rufis. LIN. *Syst. nat. p.* 615. *n°.* 69. — *Faun. suec. n°.* 626.

Curculio ovatus *brevirostris, femoribus dentatis, corpore nigro, pedibus antennisque rufis.* FAB. *Syst. ent. pag.* 156. *n°.* 151. — *Sp. inf. tom.* 1. *p.* 199. *n°.* 221. — *Mant. inf. tom.* 1. *pag.* 123. *n°.* 287.

Curculio Rosæ *apterus brevirostris, pedibus antennisque fractis rufis, femoribus dentatis, corpore oblongo nigro fusco.* DEG. *Mem. inf. tom.* 5. *p.* 209. *n°.* 11.

Charanson de l'*Eglantier* non-aîlé, à courte trompe, à pattes & antennes coudées rousses, à cuisses dentelées, à corps oblong d'un brun noirâtre. DEG. Ib.

Curculio rufipes. SCOP. *Ent. carn. n°.* 98.

Curculio oblongus. SCHRANK. *Enum. inf. aust. n°.* 226.

Curculio ovatus *brevirostris, niger seu piceus, abdomine ovato, pedibus & antennis piceis, femoribus ut plurimum dentatis.* BONSD. *Hist. curc. suec. pag.* 35. *n°.* 25. *tab. fig.* 26.

Curculio ovatus. VILL. *Ent. tom.* 1. *pag.* 205. *n°.* 123.

Il a environ deux lignes de long & une ligne de large. Les antennes sont d'un brun fauve, coudées, un peu plus longues que le corcelet. La trompe est courte. Tout le corps est d'un noir luisant. Le corcelet est un peu raboteux. Les élytres sont ovales, marquées de dix stries pointillées. Les pattes sont d'un brun fauve. Les cuisses sont dentées.

Il se trouve en Europe, sur différens arbustes.

402. CHARANSON rouillé.

Curculio æruginosus.

Curculio brevirostris, oblongus, totus viridis femoribus dentatis ferrugineis, antennis longioribus. BONSD. *Hist. curc. suec. pag.* 23. *n°.* 7. *tab. fig.* 8.

Il ressemble beaucoup au *Charanson* du Poirier, mais il a une forme plus oblongue, & les antennes sont plus longues, & d'un brun ferrugineux. La trompe est cylindrique de la longueur du corcelet, un peu raboteuse, verte. Les yeux sont bruns, globuleux, posés au milieu de la trompe. Le corcelet est bossu, couvert de petits points élevés. Les élytres sont oblongues, convexes, obtuses, couvertes de petites écailles vertes, avec des stries pointillées. Les aîles sont obscures, avec le bord extérieur ferrugineux. Les cuisses sont renflées vers l'extrémité, un peu comprimées, armées d'une sorte dent; elles sont ferrugineuses. Les jambes sont verdâtres.

Il se trouve au nord de l'Europe.

403. CHARANSON du Padus.

Curculio Padi.

Curculio brevirostris, oblongo-ellipticus, griseo virescens, antennis pedibusque ferrugineis. BONSD. *Hist. curc. suec. pag.* 26. *n°.* 11. *tab. fig.* 11.

Les antennes sont de la longueur de la moitié du corps, ferrugineuses, avec la masse cendrée. La tête est cylindrique, finement pointillée. La trompe est courte, velue à son extrémité. Le front a une large cannelure. Les yeux sont noirs, arrondis, saillans. Le corcelet est pointillé cylindrique, guère plus étroit que les élytres. L'écusson est très-petit, arrondi, pâle. Les élytres sont oblongues, convèxes avec des stries pointillées. Tout le corps est d'un vert cendré. Les cuisses sont dentées, ferrugineuses à leur base, renflées, glauques & luisantes vers leur extrémité. Les jambes & les tarses sont ferrugineux.

Il se trouve en Suède, sur une espèce de Prunier, *Prunus Padus.*

404. CHARANSON érythrope.

Curculio erythropus.

Curculio brevirostris, oblongo-ovatus, niger, antennis longioribus pedibusque rufis. BONSD. *Hist. curc. suec. pag.* 25. *n°.* 10. *tab. fig.* 10.

Curculio erythropus. LIN. *Syst. nat. edit.* 13. *pag.* 1776.

Curculio salicis, femoribus dentatis & dubius femoribus muticis. STROM. *Act. Acad. scient. Hafn. t.* 2, *p.* 57. *n°.* 28. & 29.

La trompe est courte, un peu raboteuse. Les yeux sont globuleux, noirs, arrondis. Les antennes sont fauves, coudées, une fois plus longues que la tête. Le corcelet est convèxe, un peu raboteux, beaucoup plus étroit que les élytres. Les élytres sont noires, très-légèrement couvertes de petits poils cendrés, courts, qui se détachent au moindre frottement; elles ont des stries pointillées. Les pattes sont fauves, les jambes sont un peu plus obscures. Les cuisses sont un peu renflées, tantôt simples, tantôt dentées.

Il se trouve au nord de l'Europe.

405. CHARANSON rude.

Curculio asperatus.

Curculio brevirostris, cinereus, abdomine ovato, elytris

elytris setis erectis brevissimis exasperatis. BONSD. *Hist. curc. suec. pag.* 34. *n°.* 24. *tab. fig.* 25.

Curculio niger, ovatus, striatus, totus villoso-cinereus, thorace inermi. GEOFF. *inf. tom.* 1. *pag.* 288. *n°.* 23.?

Le *Charanson* satin-gris. GEOFF. *Ib.*

Il a environ deux lignes de long. La trompe est presque de la longueur du corcelet; elle est anguleuse, couverte d'écailles cendrées, avec l'extrémité noire & la partie supérieure unie. Les yeux sont noirs, peu saillans. Les antennes sont coudées d'un fauve cendré, de la longueur du corcelet. Le corcelet est cylindrique, raboteux, beaucoup plus étroit que les élytres, transversalement bossu, terminé de chaque côté par un tubercule souvent bifide. Les élytres sont couvertes d'une poussière cendrée, & de poils courts, élevés, disposés en rangées longitudinales; elles ont chacune dix stries pointillées. La poitrine & l'abdomen sont cendrés. Les pattes sont pâles. Les cuisses sont armées d'une petite dentelure.

Il se trouve au commencement du printemps, sous les feuilles sèches des arbustes.

406. CHARANSON marqueté.

CURCULIO *tessellatus.*

Curculio brevirostris, ovatus niger seu obscure fuscus, elytris striatis striarum intervallis albo nigroque alternatim maculatis. BONSD. *Hist. curc. suec. pag.* 38. *n°.* 31. *tab. fig.* 32.

La trompe est presque de la longueur du corcelet assez grosse, un peu raboteuse, couverte de petites écailles cendrées. Les yeux sont bruns, arrondis, saillans. Les antennes sont d'un brun fauve, coudées, de la longueur du corcelet. Le corcelet est cylindrique, beaucoup plus étroit que les élytres, raboteux, avec les bords relevés. Les élytres ont chacune dix stries finement pointillées, entre lesquelles il y a alternativement des taches quarrées noires & pâles. La poitrine & l'abdomen sont noirâtres. Les pattes sont noirâtres, & les cuisses sont dentées.

Il se trouve au nord de l'Europe.

407. CHARANSON attelaboïde.

CURCULIO *attelaboïdes.*

Curculio brevirostris femoribus dentatis, rostro elytrisque unituberculatis. Ent. ou hist. nat. des inf. CHARANSON. *Pl.* 14. *fig.* 174. *a. b.*

Curculio attelaboïdes. FAB. *Syst. ent. pag.* 156. *n°.* 152. — *Sp. inf. tom.* 1. *pag.* 199. *n°.* 222. — *Mant. inf. tom.* 1. *pag.* 123 *n°.* 288.

Il ressemble au premier d'œil, à un Attelabe. Il est petit. Tout le corps est d'une couleur cendrée roussâtre. Les antennes sont coudées, le premier article est long, ferrugineux. La trompe est courte, & munie à sa partie supérieure, d'un tubercule élevé oblong, carené. Les yeux sont noirs, arrondis, un peu saillans. La tête a deux tubercules élevés, à sa partie supérieure; elle est distincte, un peu plus étroite à sa jonction avec le corcelet. Le corcelet est étroit, & il a quelques tubercules élevés. L'écusson est arrondi & relevé à sa partie postérieure. Les élytres ont quelques tubercules élevés, & un plus grand, plus élevé, oblong, de chaque côté de la suture, vers le milieu. Les cuisses sont minces à leur base, renflées vers leur extrémité, & armées d'une dent ou épine assez grande.

Il se trouve dans le Brésil.

ESPECES MOINS CONNUES.

** Longirostre; cuisses simples.*

1. CHARANSON exotique.

CURCULIO *exoticus.*

Charanson grisâtre; base du corcelet enfoncée; élytres bossues postérieurement, avec dix rangées alternes de points blancs & de points noirs enfoncés.

Curculio griseus, thorace basi impresso, elytris gibbis, punctis seratis albis & nigris.

Curculio longirostris griseus, thorace basi impresso, dorso ruga abbreviata, elytris griseis albo punctatis decem ordinibus, interstitiis profunde nigro punctatis, basi ad suturam impressis, postice gibbis. Mus. Lesk. pars ent. pag. 18. *n°.* 368.

Curculio exoticus. LIN. *Syst. nat. edit.* 13. *p.* 1741.

Tout le corps est grisâtre. Le corcelet a un enfoncement à sa base, une ride, courte à sa partie supérieure. Les élytres ont une gibbosité vers leur extrémité, & dix rangées de points blancs, entre lesquels il y a des points noirs enfoncés.

Il se trouve aux Indes.

2. CHARANSON brachyptère.

CURCULIO *brachypterus.*

Charanson noir; corcelet uni, pointillé; élytres courtes, striées, pointillées entre les stries.

Curculio ater, thorace plano punctato, elytris abbreviatis striatis, interstitiis punctatis.

Curculio longirostris, ater, thorace plano, punctato, linea media parum elevata, elytris abbreviatis, substriatis, interstitiis punctatis. Mus. Lesk. p. 18. *n°.* 374.

Curculio brachypterus. LIN. *Syst. nat. edit.* 13. *pag.* 1741.

Tout le corps est noir. Le corcelet est pointillé, & il a au milieu une ligne longitudinale peu élevée. Les élytres sont courtes, légèrement striées, avec de petits points enfoncés entre les stries.

Cet insecte n'est peut-être que le *Curculio abbreviatus* de M. Fabricius.

Il se trouve en Europe.

3. CHARANSON ondulé.

CURCULIO undulatus.

Charanson noir; élytres avec des stries pointillées & des bandes ondées, interrompues, blanches.

Curculio niger, elytris striato-punctatis fasciis undatis interruptis albis.

Curculio longirostris, niger, elytris ordine punctatis, fasciis undulatis, interruptis, albis. Mus. Lesk. pag. 18. *n°.* 379.

Curculio undatus. LIN. *Syst. nat. edit.* 13. *pag.* 1741.

Tout le corps est noir. La trompe est alongée. Les élytres ont des points enfoncés, rangés en stries, & plusieurs bandes ondées, interrompues, blanches.

Il se trouve en Europe.

4. CHARANSON pilifere.

CURCULIO pilifer.

Charanson obscur; élytres striées, pointillées, couvertes de poils gris; jambes fauves.

Curculio fuscus, elytris striatis, lævissime punctatis, griseo villosis, tibiis rufis.

Curculio longirostris, fuscus, elytris striatis, interstitiis lævissime punctatis; atomis griseis, pilosis adspersis, tibiis rufis. Mus. Lesk. pag. 18. *n°.* 380.

Curculio atomarius. LIN. *Syst. nat. edit.* 13. *pag.* 1741.

La trompe est alongée. Le corps est obscur. Les élytres sont striées, finement pointillées, & légèrement couvertes de poils gris. Les jambes sont fauves.

Il se trouve en Europe.

5. CHARANSON rouge.

CURCULIO coccineus.

Charanson rouge, élytres avec des stries pointillées.

Curculio coccineus, elytris punctato-striatis.

Curculio longirostris coccineus, elytris punctatis decem ordinibus. Mus. Lesk. pag. 18. *no.* 381.

Curculio coccineus. LIN. *Syst. nat. edit.* 13. *pag.* 1742.

Tout le corps est d'un beau rouge, sans taches. Les élytres ont chacune dix stries pointillées.

Il se trouve en Europe.

6. CHARANSON du Zamia.

CURCULIO Zamiæ.

Charanson rouge; corcelet avec une ligne noire, trompe testacée, très-longue.

Curculio ruber, thoracis linea nigra, rostro setaceo longissimo. Thunb. nov. act. Ups. 4. *pag.* 29. *tab.* 1. *fig.* 7.

Curculio Zamiæ. LIN. *Syst. nat. edit.* 13. *p.* 1741.

Tout le corps est rouge, avec une ligne longitudinale noire sur le corcelet. La trompe est mince, sétacée, très-longue.

La larve a six pattes, & elle est couverte de quelques poils blancs; elle vit dans les cones d'une espèce de *Cycas* ou de *Zamia*, se nourrissant des noyeaux & de la chair rouge qui les recouvre

Il se trouve au Cap de Bonne-Espérance.

7. CHARANSON cylindroïde.

CURCULIO cylindroïdes.

Charanson alongé, couvert d'une poussière jaune; élytres obtuses, avec des stries pointillées.

Curculio elongatus flavo irroratus, elytris punctato-striatis, apice obtusiusculis. SPARRM. *Nov. act. stockh.* 1785. *pag.* 38. *n°.* 1.

Curculio cylindroïdes. LIN. *Syst. nat. edit.* 13. *pag.* 1753.

Il ressemble un peu au *Charanson* paraplectique. Le corps de cet insecte est alongé, recouvert d'une poussière jaune. Les élytres sont obtuses à leur extrémité, & elles ont des stries pointillées.

Il se trouve au Cap de Bonne-Espérance.

8. CHARANSON porifère.

CURCULIO porifer.

Charanson noirâtre, corcelet presque globuleux, avec trois épines courtes, percées à leur extrémité; élytres noirâtres, avec deux lignes blanches.

Curculio thorace subgloboso: spinulis brevioribus

bus trifariis apice pertusis, elytrisque nigricantibus albo-lineatis. SPARRM. *Nov. act. stockh.* 1785. *pag.* 39. *n°.* 3.

Curculio porifer. LIN. *Syst. nat. edit.* 13. *pag.* 1753.

Le dessus du corps est noirâtre, le dessous est couvert d'un duvet cendré. La trompe est alongée. Le corcelet est presque globuleux, & armé de trois petites épines, courtes, percées à leur extrémité. Les élytres sont rayées de blanc.

Il se trouve au Cap de bonne-Espérance.

9. CHARANSON anneau-gris.

CURCULIO armillatus.

Charanson d'un gris obscur, corcelet presque épineux, cuisses avec un anneau gris, jambes dentées.

Curculio thorace utrinque subspinoso, femoribus ad apicem cingulo griseo notatis, tibiis fere omnibus dentatis. SPARRM. *Nov. act. stockh.* 1785. *p.* 40. *n°.* 10.

Curculio armillatus. LIN. *Syst. nat. edit.* 13. *pag.* 1753.

Il varie un peu pour les couleurs. Le corps est d'une couleur cendrée obscure, sans taches, & quelquefois les élytres sont nébuleuses, avec quelques taches de chaque côté, oblongues, obliques, cendrées. La trompe est alongée. Le corcelet est presque épineux de chaque côté. Les cuisses ont un anneau grisâtre, vers leur extrémité. Les jambes sont presque toutes dentées.

Il se trouve au Cap de Bonne-Espérance.

10. CHARANSON Grue.

CURCULIO Grus.

Charanson noir, cendré en-dessous, corcelet & élytres raboteux, cuisses renflées.

Curculio niger, subtus cinereus, thorace elytrisque punctato-striatis scabris, femoribus clavatis. LIN. *Syst. nat. edit.* 13. *pag.* 1755.

Curculio Grus. FUESL. *Archiv. inf.* 5. *pag.* 73. *n°.* 28.

Il a à peine une ligne & demie de long. Tout le dessus du corps est noir, le dessous est cendré. Le corcelet est raboteux. Les élytres sont raboteuses & elles ont des stries pointillées. Les cuisses sont renflées.

Il se trouve dans la Poméranie.

11. CHARANSON éthiopique.

CURCULIO ethiopicus.

Charanson noir; corcelet raboteux; antennes avec une cicatrice de chaque côté; élytres avec des stries pointillées.

Curculio ater, thorace scabro, antennis utrinque cicatrice notato, elytris punctato striatis.

Curculio caffer. SPARRM. *Nov. act. stockh.* 1785. *pag.* 39. *n°.* 5.

Curculio caffer. LIN. *Sist. nat. edit.* 13. *p.* 1753.

Le dessus du corps est noir; le dessous est couvert d'un léger duvet gris. Les antennes sont noires, avec la masse couverte d'un léger duvet argenté. Le corcelet est raboteux. Les élytres ont des stries pointillées.

Il se trouve au Cap de Bonne-Espérance.

12. CHARANSON versicolor.

CURCULIO versicolor.

Charanson d'un brun noirâtre, couvert d'un duvet blanchâtre; trompe noire.

Curculio piceus albido-pubescens, rostro nigro.

Curculio versicolor. FUESL. *Archiv. inf.* 5. *p.* 75. *n°.* 34.

Curculio versicolor. LIN. *Syst. nat. edit.* 13. *pag.* 1755.

Il ressemble pour la forme & la grandeur au *Charanson* du blé. La trompe est noire, alongée. Tout le corps est d'un brun noirâtre, mais légèrement couvert d'un duvet blanchâtre.

Il se trouve en Allemagne.

13. CHARANSON quadrille.

CURCULIO quadrillis.

Charanson grisâtre; corcelet avec deux lignes, élytres avec quatre points blancs.

Curculio griseus, thorace lineis duabus, elytris punctis quatuor albis.

LEPECH. *It.* 2. *pag.* 204. *tab.* 11. *fig.* 23.

Curculio quadripunctatus. LIN. *Syst. nat. edit.* 13. *pag.* 1755.

La trompe est alongée. Tout le corps est gris. Le corcelet a deux lignes longitudinales blanches, & les élytres ont chacune deux points blancs.

Il se trouve dans l'Amérique méridionale.

14. CHARANSON variant.

CURCULIO varians.

Charanſon mélangé de blauc & de noir, extrémité des élytres aiguë.

Curculio albo nigroque varius : elytris apice acuminatis.

Lepech. *It.* 2. *pag.* 204. *tab.* 11. *fig.* 33.

Curculio varius. Lin. *Syſt. nat. edit.* 13. *p.* 1756.

La trompe eſt alongée. Tout le corps eſt mélangé de noir & de blanc. Les élytres ſont terminées en pointe aiguë.

Il ſe trouve dans la Ruſſie méridionale.

15. Charanson inciſé.

Curculio inciſus.

Charanſon oblong noir; corcelet pointillé, élytres ſillonnées.

Curculio oblongus totus niger, thorace punctato elytris ſulcatis. Geoff. *Inſ. tom* 1. *pag.* 282. *n°.* 11.

Curculio inciſus. Fourc. *Ent. par.* 1. *pag.* 119. *n°.* 11.

La couleur de cette petite eſpèce eſt noire partout, à l'exception des pattes, qui ſont un peu fauves. Le corcelet eſt ponctué, & les élytres ont des ſillons profonds formés par des points.

Il ſe trouve aux environs de Paris.

16. Charanson poudreux.

Curculio pulvereus.

Charanſon obſcur; corcelet granulé; élytres tranſverſalement ridées.

Curculio fuſcus, thorace granulato, elytris tranſverſim rugoſis.

Curculio pulverulentus. Scop. *Ent. carn. n°.* 75.

Curculio pulverulentus. Lin. *Syſt. nat. edit.* 13. *pag.* 1757.

Curculio pulverulentus. Schrank. *Enum. inſ. auſtr. n°.* 196.

Il a environ huit lignes de long, depuis la tête juſqu'à l'extrémité du corps. La trompe eſt groſſe & aſſez longue. Tout le corps eſt noirâtre, ordinairement couvert de la pouſſière des étamines. Les antennes ſont fauves. Le corcelet eſt couvert de petits tubercules arrondis. Les élytres ſont réunies & légèrement ridées tranſverſalement.

Il ſe trouve dans la Carniole.

17. Charanson de la Centaurée.

Curculio Centaureæ.

Charanſon ovale, noirâtre, couvert d'un duvet fauve; trompe avec une ligne longitudinale élevée.

Curculio ovatus fuſcus rufo-pubeſcens, roſtro marginato, linea ad apicem elevata.

Curculio Centaureæ. Lin. *Syſt. nat. edit.* 13. *pag.* 1757.

Curculio Centaureæ. Scop. *Ent. carn. n°.* 76.

Le corps eſt ovale, noirâtre & légèrement couvert d'un duvet fin, rouſsâtre. La trompe eſt longue, courbée, anguleuſe, marquée d'une ligne longitudinale élevée vers l'extrémité. Les yeux ſont noirs. Les élytres ont chacune dix ſtries.

Il ſe trouve dans la Carniole, ſur les fleurs de la Centaurée ſcabieuſe.

18. Charanson orifère.

Curculio aurifer.

Charanſon d'un vert doré, antennes & extrémité de la trompe, dilatées, noires.

Curculio totus viridi auratus, antennis roſtrique apice dilatato nigris. Scop. *Ent. carn. n°.* 77.

Curculio auratus. Lin. *Syſt. nat. edit.* 13. *pag.* 1757.

Il n'a guères plus de trois lignes de long. Tout le corps eſt d'un vert doré. Les antennes ſont noires. La trompe eſt noire, alongée, un peu dilatée à ſon extrémité. Les yeux ſont noirs. La tête, le corcelet & les élytres ſont légèrement raboteux.

Il ſe trouve dans la Carniole, ſur différentes plantes.

19. Charanson érythrope.

Curculio erythropus.

Charanſon gris, élytres ſtriées; trompe & pattes noires, jambes rouges, un peu courbées à leur extrémité.

Curculio longiroſtris griſeus, elytris ſtriatis, roſtro pedibuſque nigris tibiis apice incurvis, rubris, plantiſque. Muſ. Lesk. *p.* 18. *n°.* 385.

Curculio erythropus. Lin. *Syſt. nat. edit.* 13. *pag.* 1759.

Le corps eſt gris. La trompe eſt alongée, noire. Les élytres ſont ſtriées. Les cuiſſes ſont noires. Les jambes & les tarses sont rouges : l'extrémité des jambes est un peu arquée.

Il se trouve en Europe.

20. CHARANSON verdoyant.

CURCULIO virens.

Charanson oblong, cylindrique, d'un vert brillant, trompe & pattes cuivreuses.

Curculio longirostris, oblongus, cylindricus, viridis, nitens, rostro pedibusque cupreo-nitentibus. Mus. Lesk. pag. 19. *n°.* 392.

Curculio virens. LIN. *Syst. nat. edit.* 13. *pag.* 1759.

Il est oblong, cylindrique, d'un vert brillant. La trompe est alongée, cuivreuse. Les pattes sont cuivreuses.

Il se trouve en Europe.

21. CHARANSON de Rhédi.

CURCULIO Rhedi.

Charanson noir, corcelet avec des points élevés; élytres striées, verdâtres.

Curculio longirostris femoribus simplicibus niger; thorace punctis elevatis scabro, elytris striatis, viridescentibus. SCHRANK. *Enum. ins. aust. n°.* 203.

Rhedi, opusc. tom. 1. *tab.* 25. ?

Les antennes sont courtes. La trompe est alongée, mince. Le corps est noir. Le corcelet est couvert de petits points élevés. Les élytres sont verdâtres & ont chacune sept stries lisses.

Il se trouve en Allemagne, sur les fleurs d'une espèce d'Ornithogale.

22. CHARANSON crassicorne.

CURCULIO crassicornis.

Charanson noir, trompe comprimée, antennes renflées à l'extrémité; corcelet & élytres légèrement pointillés.

Curculio longirostris, niger, rostro compresso, antennis non fractis, apice crassioribus, thorace elytrisque lævissime punctatis. Mus. Lesk. pag. 19. *n°.* 393.

Curculio crassicornis. LIN. *Syst. nat. edit.* 13. *pag.* 1759.

Il est noir. La trompe est alongée & comprimée. Les antennes sont très-renflées à leur extrémité. Le corcelet & les élytres sont légèrement pointillés.

Il se trouve en Europe.

23. CHARANSON lisse.

CURCULIO glabratus.

Charanson noir glabre; élytres striées, d'un noir bronzé.

Curculio longirostris, niger, glaber elytris striatis, nigro-æneis. Mus. Lesk. pag. 19. *n°.* 398.

Curculio glabratus. LIN. *Syst. nat. edit.* 13. *pag.* 1759.

La trompe est longue, noire. Tout le corps est noir, lisse. Les élytres sont striées & d'un noir bronzé.

Il se trouve en Europe.

24. CHARANSON à-poil.

CURCULIO crinitus.

Charanson noir, globuleux, couverts de poils grisâtres; trompe lisse, courbée; élytres striées.

Curculio niger, globosus, pilis griseis adspersus, rostro glabro incurvo, elytris striatis. Mus. Lesk. pars ent. pag. 19. *n°.* 407.

Curculio crinitus. LIN. *Syst. nat. edit.* 13. *pag.* 1760.

La trompe est alongée, lisse, courbée. Le corps est globuleux, noir & couvert de poils gris. Les élytres sont striées.

Il se trouve en Europe.

** *Longirostres, Cuisses dentées.*

25. CHARANSON byrrhoïde.

CURCULIO byrrhinus.

Charanson noir, ovale; corcelet & élytres noirs, bordés de ferrugineux; poitrine blanche de chaque côté.

Curculio thorace elytrisque nigris margine ferrugineis pectore utrinque niveo. LIN. *Syst. nat. edit.* 13. *pag.* 1770.

SPARRM. *Nov. act. stockh.* 1785. 1. *n°.* 4. *p.* 39. *n°.* 4.

Le corps est noir, ovale. La trompe est alongée. Le corcelet & les élytres sont bordés de ferrugineux. La poitrine est d'un blanc de neige de chaque côté.

Il se trouve au Cap de Bonne-Espérance.

26. CHARANSON strigirostre.

CURCULIO strigirostris.

Charanson noirâtre; corcelet grenu, élytres avec des stries pointillées, trompe sillonée.

Curculio thorace granulato, elytris punctato-striatis, rostro longitudinaliter utrinque sulcato. LIN. *Syst. nat. pag.* 1770.

SPARRM. *Nov. act. stockh.* 1785. 1. *n°.* 4. *pag.* 39. *n°.* 5.

Cet insecte est tantôt noirâtre, tantôt d'une couleur baie, excepté la tête & le corcelet. La trompe est alongée, sillonnée de chaque côté. Le corcelet est couvert de points élevés, grenus. Les élytres ont des stries pointillées.

Il se trouve au Cap de Bonne-Espérance.

27. CHARANSON lanigère.

CURCULIO laniger.

Charanson noir en-dessus, couvert d'un duvet rougeâtre en-dessous, élytres avec deux taches postérieures blanches, lunulées.

Curculio niger, subtus rufo tomentosus, elytris maculis duabus posticis lunatis albidis.

Curculio elytris cicatrisato-reticulatis: posterius maculatis duabus albidis lunatis, tibiis anterioribus dentatis. LIN. *Syst. nat. edit.* 13. *pag.* 1770.

SPARRM. *Nov. act. stockh.* 1785. 1. *n°.* 4. *p.* 40. *n°.* 6.

Il est noir en-dessus, couvert en-dessous d'un duvet cotonneux, rougeâtre. La trompe est alongée. Le corcelet est couvert de petits points grenus. Les élytres ont des cicatrices presque réticulées & deux taches postérieures blanches, en croissant Les jambes antérieures sont dentelées.

Il se trouve au Cap de Bonne-Espérance.

28. CHARANSON tibial.

CURCULIO tibialis.

Charanson oblong, nébuleux; corcelet presque globuleux; élytres striées; jambes antérieures velues intérieurement.

Curculio oblongus, cinereo nebulosus, thorace subgloboso elytris striatis, tibiis anticis intus barbatis.

Curculio niger cinereo nebulosus oblongus, thorace subgloboso, elytris striatis, rostro inflexo canali pectoris immerso, tibiis anterioribus intus barbatis. LIN. *Syst. nat. edit.* 13. *p.* 1770.

SPARRM. *Nov. act. stockh.* 1785. 1. *n°.* 4. *p.* 40. *n°* 7.

Le corps est oblong, noir, mélangé de cendré. Le corcelet est presque globuleux. La trompe est courbée, enchassée dans une cannelure qui se trouve le long de la poitrine. Les élytres sont striées. Les jambes antérieures sont velues à leur partie interne.

Il se trouve au Cap de Bonne-Espérance.

29. CHARANSON glyphique.

CURCULIO glyphicus.

Charanson ovale, noir, élytres, avec des lignes blanches, réticulées.

Curculio corpore ovato nigro, elytris lineis albis reticulatis. LIN. *Syst. nat. edit.* 13. *pag.* 1770.

SCHALL. *Abh. der hall. Ges. Naturf. Fr.* 1. *pag.* 282.

Il est ovale, noir, presque de la grandeur du *Charanson* des Noisettes. Les élytres ont des lignes blanches réticulées.

Il se trouve en Saxe.

30. CHARANSON capucin.

CURCULIO capucinus.

Charanson ovale, élytres d'un gris nébuleux, avec des taches vers la suture, & deux points blancs.

Curculio elytris griseo-nebulosis maculis posterius ad suturam oblongis punctisque binis albidis. LIN. *Syst. nat. edit.* 13. *pag.* 1770.

SCHALL. *Abh. der hall. Ges. Naturf.* 1. *pag.* 283.

Il est presque de la grandeur du *Charanson* nébuleux, mais il est plus ovale. Les élytres sont d'un gris nébuleux, avec des taches postérieures oblongues vers la suture, & deux points blancs.

Il se trouve en Saxe.

31. CHARANSON étoilé.

CURCULIO stellifer.

Charanson obscur, élytres striées, avec trois rangées transversales de taches blanches.

Curculio fuscus elytris striatis, macularum albarum fascia triplici transversa. GEOFF. *Inf. tom.* 1. *pag.* 295. *n°.* 41.

Le Charanson brun à bandes transverses de taches blanches. GEOFF. *Ib.*

Curculio stellifer. FOURC. *Ent. par.* 1. *pag.* 128. *n°.* 44.

Il est brun. La trompe est grosse & de la longueur du corcelet. Le corcelet est un peu chagriné. Les élytres ont chacune dix stries formées par des points enfoncés. L'écusson est couvert de poils jaunes. Les élytres ont trois bandes transverses de taches blanchâtres, formées par de petits poils d'un blanc jaunâtre. On voit aussi une tache à l'angle extérieur de la base.

Il se trouve aux environs de Paris.

32. CHARANSON dénigré.

Curculio denigratus.

Charanson noir; corcelet pointillé; élytres avec des stries pointillées, & l'extrémité inférieure rougeâtre.

Curculio ater, thorace punctato, elytris punctato striatis, apice subtus rubicundis. LIN. *Syst. nat. edit.* 13. 1771.

FUESL. *Archiv. ins.* 5. *pag.* 78. *n°.* 52.

Il ressemble au *Charanson* très-noir. Il a environ une ligne de long, depuis la tête jusqu'à l'extrémité du corps. La trompe est alongée. Le corps est noir. Le corcelet est pointillé. Les élytres ont des stries pointillées, & leur extrémité inférieure un peu rougeâtre.

Il se trouve en Allemagne.

33. CHARANSON danubial.

Curculio danubialis.

Charanson noirâtre, élytres fauves, parsemées de points noirs.

Curculio longirostris; femoribus omnibus dentatis; elytris cervinis, punctis nigris sparsis. SCHRANK. *Enum. ins. aust. p.* 113. *n°.* 214.

Il est noirâtre. Les antennes sont coudées. La trompe est noire, alongée. Les élytres sont un peu fauves & parsemées de points noirs. On apperçoit au moyen de la loupe, des stries pointillées. Toutes les cuisses sont dentées. Les jambes & les tarses sont testacés.

Il se trouve près de Vienne, dans les îles que forme le Danube, sous l'écorce des arbres.

34. CHARANSON carié.

Curculio cariosus.

Charanson oblong; trompe mince, avancée, élytres striées; cuisses antérieures, renflées & fortement dentées.

Curculio oblongus; rostro porrecto, tereti, nitidulo; elytris striatis; femoribus anticis crassioribus & majore dente notatis. SCOP. *Ent. can. n°.* 81.

Curculio cariosus. LIN. *Syst. nat. edit* 13. *p.* 1772.

Il est oblong, d'une couleur roussâtre obscure. La trompe est alongée, mince, luisante. Les élytres ont chacune dix stries pointillées. Les cuisses antérieures sont renflées, & munies d'une forte dent. Les pattes sont ferrugineuses.

Il se trouve dans la Carniole, sur le tronc carié du Poirier.

35. CHARANSON des Syngéneses.

Curculio Syngenesiæ.

Charanson fauve, couvert de poils courts; trompe noire, luisante à l'extrémité.

Curculio cervinus brevissimis villis adspersus, rostro nigro, apice nitido. SCOP. *Ent. carn. n°.* 82.

Curculio Syngenesiæ. LIN. *Syst. nat. edit.* 13. *pag.* 1772.

Il est d'une couleur fauve en-dessus, un peu plus pâle en-dessous, & entièrement couvert de poils courts. La trompe est noire, luisante à son extrémité. Les élytres sont striées. Les cuisses sont munies d'une petite dent obtuse.

Il se trouve dans la Carniole, sur les fleurs des plantes Syngéneses.

36. CHARANSON réticulé.

Curculio reticulatus.

Charanson oblong, noir; élytres fortement ponctuées & réticulées, avec de légeres rides transversales.

Curculio longirostris oblongus, niger elytris profunde punctatis reticulatisque, rugis transversè lævissime striatis. *Mus. Lesk. pars ent. pag.* 20. *n°.* 423.

Curculio reticulatus. LIN. *Syst. nat. edit.* 13. *pag.* 1772.

Il est oblong, noir. La trompe est alongée. Les élytres sont profondément pointillées & réticulées, elles ont des rides transversales un peu marquées.

Il se trouve en Europe.

37. CHARANSON tricolor.

Curculio tricolor.

Charanson testacé, tête, corcelet & pattes fauves; élytres, avec deux bandes dentées, ferrugineuses.

Curculio testaceus, capite, thorace pedibusque rufis, elytris fasciis duabus dentatis ferrugineis. LIN. *Syst. nat. edit.* 13. *pag.* 1773.

Mus. Lesk. pars ent. pag. 20. *n°.* 427.

La trompe est alongée. Le corps est testacé. La tête, le corcelet & les pattes sont fauves. Les élytres ont deux bandes ferrugineuses, dentées. Les cuisses sont munies d'une forte dent.

Il se trouve en Europe.

**** Brévirostre ; cuisses simples.*

38. Charanson nycthémere.

Curculio nycthemerus.

Charanson blanc ; corcelet & élytres noirs, latéralement rayés de blanc ; abdomen noir, avec des taches latérales blanches.

Curculio albus, thorace elytrisque nigris, vittis lateralibus albis, abdomine atro, utrinque niveo maculato.

Curculio albus, thorace elytrisque in parte summa atris, fasciis longitudinalibus albis nigrisque utrinque alternantibus, abdomine atro, ad latera niveo maculato. Lin. *Syst. nat. edit.* 13. *pag.* 1793.

Sparrm. *Nov. act. stockh.* 1785. 1. n°. 41. *pag.* 42. n°. 12.

La trompe est courte. Le corps est blanc. La partie supérieure du corcelet & des élytres est très-noire. Les côtés ont des raies longitudinales alternes, blanches & noires. L'abdomen est très-noir, avec les côtés tachés de blanc.

Il se trouve au Cap de Bonne-Espérance.

39. Charanson rayé de blanc.

Curculio nivosus.

Charanson noir en-dessus, blanchâtre en-dessous ; corcelet & élytres, avec des rangées de tubercules & des raies blanches.

Curculio thorace elytrisque seriatim tuberculatis niveo lineatis. Lin. *Syst. nat. edit.* 13. *pag.* 1792.

Sparrm. *Nov. act. stockh.* 1785. 1. n°. 4. *p.* 41. n°. 11.

La trompe est courte. Le dessous du corps est couvert de petites écailles d'un blanc jaunâtre. Le corcelet & les élytres sont rayés d'un blanc de neige, & ont des tubercules rangés en stries.

Il se trouve au Cap de Bonne-Espérance.

40. Charanson Argus.

Curculio Argus.

Charanson cotonneux, tête, bord antérieur du corcelet pointillés de blanc & de gris ; élytres, avec des stries élevées, tachées de blanc & de cendré.

Curculio tomentosus, capite thoracisque margine anteriore griseo alboque punctatis, elytris striis elevatis albo cinereoque maculatis punctatisque. Lin. *Syst. nat. edit.* 13. *pag.* 1793.

Sparrm. *Nov. act. stockh.* 1785. 1. no. 4. *pag.* 43. n°. 15.

La trompe est courte. Le corps est couvert d'un duvet cotonneux. La tête & le bord antérieur du corcelet sont pointillés de blanc & de gris. Les élytres ont des stries élevées, tachées & pointillées de blanc & de cendré.

Il se trouve au Cap de Bonne-Espérance.

41. Charanson Pourceau.

Curculio Porculus.

Charanson cendré obscur, velu, corcelet, avec cinq lignes ; élytres, avec deux taches postérieures blanches.

Curculio cinereo-fuscus pilosus, thorace lineis quinque, elytris posterius maculis duabus albis. Lin. *Syst. nat. edit.* 13. *pag.* 1793.

Sparrm. *Nov. act. stockh.* 1685. n°. 4. *pag.* 45. n°. 20.

La trompe est courte. Le corps est velu & d'une couleur cendrée obscure. Le corcelet a cinq lignes longitudinales blanches. Les élytres ont deux taches blanches à leur partie postérieure.

Il se trouve au Cap de Bonne-Espérance.

42. Charanson noir-brillant.

Curculio atratus.

Charanson glabre, d'un noir luisant ; élytres striées, pointillées entre les stries.

Curculio glabriusculus nigro-nitens, elytris striatis interstitiorum punctis impressis. Lin. *Syst. nat. edit.* 13. *pag.* 1793.

Sparrm. *Nov. act. stockh.* 1785. 1. n°. 4. *p.* 46. n°. 22.

Le corps est glabre, d'un noir luisant. Les élytres sont striées, & elles ont des points enfoncés entre les stries.

Il se trouve au Cap de Bonne-Espérance.

43. Charanson porte-cœur.

Curculio cordiger.

Charanson brévirostre ; corcelet en cœur pointu de chaque côté, élytres avec des stries pointillées.

Curculio thorace subdidymo cordato, utrinque aculeato, elytris striatis punctatis. Lin. *Syst. nat edit.* 13. *pag.* 1793.

Sparrm. *Nov. act. stockh.* 1785. 1. n°. 4. *p.* 46. n°. 23.

La trompe est courte. Le corcelet est presque didyme, en cœur, épineux de chaque côté. Les élytres ont des stries pointillées.

Il se trouve au Cap de Bonne-Espérance.

44. CHARANSON petit-Taureau.

Curculio Tauriculus.

Charanson noir, front arrondi, pointillé; corcelet bicarené; élytres avec quatre rangs de tubercules dont les derniers plus courts.

Curculio niger, fronte rotundata punctata, thorace bicarinato punctato subcrispato scabro, elytris lineis quatuor tuberculosis, infimis abbreviatis. LIN. *Syst. nat. edit.* 13. *pag.* 1793.

SPARRM. *Nov. act. stockh.* 1785. I. *n°.* 4. *pag.* 47. *no.* 25.

Le corps est noir. La trompe est courte. La tête arrondie pointillée. Le corcelet est raboteux, pointillé, bicarené. Les élytres ont quatre rangées longitudinales de tubercules dont les derniers sont plus courts que les autres.

Il se trouve au cap de Bonne-Espérance.

45. CHARANSON Bouvillon.

Curculio Juvencus.

Charanson brévirostre; front rétus; corcelet raboteux, unidenté; élytres avec trois rangées courtes de tubercules.

Curculio fronte excavato-retusa, thorace scabro utrinque unidentato, elytris utrinque tuberculorum serie abbreviata triplici. LIN. *Syst. nat. edit.* 13. *pag.* 1793.

SPARRM. *Nov. act. stockh.* 1785. I. *n°.* 4. *p.* 47. *no.* 26.

Il ressemble au précédent, mais il est trois fois plus petit. La trompe est courte. Le front est rétus, un peu enfoncé. Le corcelet est raboteux, muni d'une dent de chaque côté. Les élytres ont chacune trois rangées courtes de tubercules.

Il se trouve au Cap de Bonne-Espérance.

46. CHARANSON harnaché.

Curculio ephippiatus.

Charanson brévirostre; corcelet ridé & raboteux; élytres, avec des rangées de tubercules épineux, suture avec des épines conniventes.

Curculio thorace tuberculis rugisque scabro, elytris utrinque serie sesquitertia spinularum: sutura spinulis conniventibus. LIN. *Syst. nat. edit.* 13. *pag.* 1793.

SPARRM. *Nov. act. stockh.* 1785. I. *n°.* 4. *p.* 47. *n°.* 27.

La trompe est courte. Le corcelet a des tubercules & des rides qui le font paroître raboteux; les élytres ont chacune trois ou quatre rangées de petites épines, & la suture a des épines qui se joignent.

Il se trouve au Cap de Bonne-Espérance.

47. CHARANSON cucullé.

Curculio cucullatus.

Charanson brévirostre, gris; front déprimé, raboteux; corcelet avancé; élytres bituberculées postérieurement.

Curculio fronte depressa scabra, thorace anterius porrecto rostroque bisulcato canaliculatis, elytris pone bituberculatis. LIN. *Syst. nat. edit.* 13. *pag.* 1794.

SPARRM. *Nov. act. stockh.* 1785. I. *n°.* 4. *p.* 48. *n°.* 28.

Le corps est gris. Les antennes & les yeux sont noirs. La trompe est courte, cannelée. Le front est déprimé, raboteux. Le corcelet est avancé antérieurement & cannelé. Les élytres ont deux tubercules à leur partie postérieure.

Il se trouve au Cap de Bonne-Espérance.

48. CHARANSON uvifère.

Curculio Uva.

Charanson noir, corcelet avec une tache de chaque côté de la base; élytres avec des tubercules noduleux, presque globuleux, glabres.

Curculio ater thorace utrinque macula baseos ferruginea, elytris nodulis subglobosis confertis glabris.

Curculio ater, capite emarginato, thorace anterius foveo lato, elytris nodulis subglobosis confertis glabris: macula baseos thoracis utrinque supra & subtus femorumque ferruginea. LIN. *Syst. nat. edit.* 13. *pag.* 1794.

SPARRM. *Nov. act. stockh.* 1785. I. *n°.* 4. *p.* 49. *n°.* 29.

Il est noir. La tête est échancrée. Le corcelet a une fossette à sa partie antérieure, & une tache ferrugineuse de chaque côté, à la base. Les élytres ont des tubercules noduleux, presque globuleux, glabres.

Il se trouve au Cap de Bonne-Espérance.

49. CHARANSON biglobuleux.

Curculio biglobatus.

Charanson noir, trompe cannelée; corcelet globuleux, raboteux; élytres avec deux rangs de tubercules.

Curculio niger rostro canaliculato, thorace globoso punctato scaberrimo, elytris punctato-scabris: tuberculorum utrinque ordinibus duobus. LIN. *Syst. nat. edit.* 13. *pag* 1794.

SPARRM. *Nov. act, stockh.* 1785. I. n°. 4. p. 49. n°. 30.

Il est noir. La trompe est courte cannelée. Le corcelet est globuleux, pointillé, très-raboteux. Les élytres sont pointillées & raboteuses, & ont chacune deux rangées de tubercules.

Il se trouve au Cap de Bonne-Espérance.

50. CHARANSON chauve.

CURCULIO calvus.

Charanson noir; corcelet avec des points élevés sur les côtés; élytres avec des stries élevées, lisses & des sillons pointillés.

Curculio ater, thorace utrinque punctis elevatis scabro: disco læviusculo, elytris striis elevatis glabriusculis: sulcis interjectis impresso punctatis. LIN. *Syst. nat. edit.* 13. *pag.* 1794.

SPARRM. *Nov. act. stockh.* 1785. I. n°. 4. p. 50. n°. 34.

Il est noir. La trompe est courte. Le corcelet est lisse au milieu & raboteux sur les côtés. Les élytres ont des stries élevées, lisses, & des sillons pointillés placés entre les stries.

Il se trouve au Cap de Bonne-Espérance.

51. CHARANSON vieux.

CURCULIO senilis.

Charanson obscur, parsemé de gris, corcelet mince, élytres avec des stries élevées, lisses, distantes, & des points enfoncés.

Curculio fuscus griseo-irroratus, thorace teretiusculo, elytris striis elevatis lævibus distantibus ternis aut quinis: interstitiis planis impresso-punctatis. LIN. *Syst. nat. edit.* 13. *pag.* 1794.

SPARRM. *Nov. act. stockh.* 1785. I. n°. 4. p. 50. n°. 35.

Il est noirâtre, & parsemé de points grisâtres. La trompe est courte. Le corcelet est aminci. Les élytres ont des stries élevées, lisses, distantes; elles sont unies & pointillées entre ces stries.

Il se trouve au Cap de Bonne-Espérance.

52. CHARANSON platine.

CURCULIO platina.

Charanson grisâtre en-dessus, dessous & côté du corps mélangés de blanc argenté & de vert doré brillant; élytres avec des raies noires.

Curculio griseus, subtus lateribusque viridi-aureo argenteoque splendidus, elytris vittis atris.

Curculio platina *subtus lateribusque albo argenteo, viridique aureo splendidus, supra pedibusque griseus, elytrorum fasciis longitudinalibus atris.* LIN. *Syst. nat. edit.* 13. *pag.* 1794.

SPARRM. *Nov. act. stockh.* 1785. I. n°. 4. p. 50. n°. 36.

Le dessus du corps est gris, le dessous & les côtés brillent d'un blanc argenté & d'un vert doré. Les élytres ont des raies longitudinales noires. Les pattes sont grises.

Il se trouve au Cap de Bonne-Espérance.

53. CHARANSON Poule.

CURCULIO Gallina.

Charanson gris en-dessus, blanc en-dessous; corcelet, avec cinq sillons de chaque côté, un peu arqués, obliques; élytres légèrement striées.

Curculio griseus, subtus canus, thorace utrinque sulcis quinque subarcuatis obliquis, elytris leviter striatis. LIN. *Syst. nat. edit.* 13. *p.* 1794.

SPARRM. *Nov. act. stockh.* 1785. I. n°. 4. p. 51. n°. 37.

Le dessus du corps est gris, & le dessous est blanc. La trompe est courte. Le corcelet a cinq sillons de chaque côté, obliques, un peu arqués. Les élytres sont légèrement striées.

Il se trouve au Cap de Bonne-Espérance.

54. CHARANSON argynelle.

CURCULIO argynellus.

Charanson d'un vert argenté; yeux noirs; trompe platte en-dessus, avec une ligne longitudinale noire, enfoncée.

Curculio viridi-argenteus, oculis atris, rostro supra plano: linea longitudinali nigra impressa. LIN. *Syst. nat. edit.* 13. *pag.* 1794.

SPARRM. *Nov. act. stokh.* 1785. I. n°. 4. *pag.* 51. n°. 39.

Il est d'un vert argenté. La trompe est courte, platte en-dessus, marquée d'une ligne longitudinale noire enfoncée, à sa partie supérieure. Les yeux sont noirs.

Il se trouve au Cap de Bonne-Espérance.

55. CHARANSON nigelle.

CURCULIO nigellus.

Charanson noirâtre en-dessus, d'un gris roussâtre en-dessous; corcelet & élytres épineux.

Curculio nigricans, subtus ex griseo rufescens,

antennis rectis, thorace elytrisque spinulosis. LIN. *Syst. nat. edit.* 13. *pag.* 1795.

SPARRM. *Nov. act. stockh.* 1785. 1. *n°.* 4. *p.* 52. *n°.* 40.

Il ressemble au Macrocéphale albinos, mais il est plus petit. Les antennes ne sont point coudées. Le corps est noirâtre en-dessus, d'un gris roussâtre en-dessous. La trompe est courte. Le corcelet & les élytres sont légèrement épineux.

Les antennes droites de cet insecte annoncent qu'il n'appartient point à ce genre.

Il se trouve au Cap de Bonne-Espérance.

56. CHARANSON autrichien.

CURCULIO austriacus.

Charanson bréviroste, aptère, noirâtre; bord du corcelet & des élytres, fauve.

Curculio brevirostris femoribus muticis, apterus fuscus, thoracis elytrorumque lateribus rufis. SCHRANK. *Enum. inf. aust. n°.* 234.

Curculio Linzensis. LIN. *Syst. nat. edit.* 13. *pag.* 1799.

Tout le corps est légèrement cotonneux noirâtre, avec les bords du corcelet & des élytres, fauves. La trompe est grosse, courte Les élytres ont des stries pointillées, & au-dessous on ne trouve point d'aîles.

Il se trouve en Allemagne.

57. CHARANSON chrysoptère.

CURCULIO chrysopterus.

Chranson bréviroste noir; élytres mélangées de blanc, avec le bord interne doré.

Curculio brevirostris femoribus muticis, niger, elytris cano variegatis, margine interiore aureo. SCHRANK. *Enum. inf. aust. n°.* 237.

Il est alongé, noir, un peu mélangé de cendré. La trompe est courte. Le corcelet a des enfoncemens en forme de cicatrice. Les elytres ont des stries pointillées, & une poussière ferrugineuse, principalement vers la suture, qui étoit dans l'insecte vivant, d'une belle couleur dorée; l'extrémité de l'abdomen est couverte de poils fauves.

Il se trouve à Vienne en Autriche.

58. CHARANSON aranéiforme.

CURCULIO araneiformis.

Charanson bréviroste, ovale, d'un rouge ferrugineux; élytres striées.

Curculio brevirostris muticus, ovatus ex rubello ferrugineus, elytris striatis. SCHRANK. *Enum. inf. aust. n°.* 238.

Il est de grandeur moyenne, & ressemble un peu à une Araignée. Tout le corps est d'un rouge ferrugineux. La trompe est très-courte. Le corcelet est court, parsemé de points enfoncés. L'abdomen est ovale, presque globuleux.

Il se trouve en Allemagne.

59. CHARANSON trivial.

CURCULIO trivialis.

Charanson cendré; corcelet avec trois lignes peu marquées, blanches; élytres avec des taches fauves.

Curculio cinereus thorace lineis tribus obsoletis albis, elytris maculis fuscis. LIN. *Syst. nat. edit.* 13. *pag.* 1799.

FUESL. *Archiv. inf.* 5. *pag.* 81. *n°.* 73.

Il ressemble au *Charanson* du Polygonum, & il a environ trois lignes de long. Le corps est cendré La trompe est courte. Le corcelet a trois lignes longitudinales peu marquées, blanches. Les élytres ont des taches noirâtres.

Il se trouve à Berlin.

60. CHARANSON *Viverra.*

CURCULIO Viverra.

Charanson d'un gris sale; trompe large; corcelet raboteux, sillonné; élytres raboteuses striées.

Curculio sordide cinereus rostro lato, thorace scabro, anterius turgido, per mediam longitudinem sulcato elytris striatis: interstitiis scabris. LIN. *Syst. nat. edit.* 13. *pag.* 1799.

FUESL. *Archiv. inf.* 5. *pag.* 83. *n°.* 77.

Il a environ une ligne & demie de long. Il est d'une couleur cendrée obscure. La trompe est courte, large. Le corcelet est raboteux, marqué d'une ligne longitudinale enfoncée, à sa partie supérieure, un peu renflée antérieurement. Les élytres sont striées & raboteuses entre les stries. Les antennes sont noirâtres.

Il se trouve dans la Poméranie.

61. CHARANSON de Herbst.

CURCULIO Herbstii.

Charanson cendré, corcelet granulé, presque globuleux, élytres arrondies, striées, avec des taches oculées, d'un rouge doré.

Curculio cinereus, thorace subgloboso granulato,

elytris rotundatis striatis : oculis rubro-aureis. LIN. *Syst. nat. edit.* 13. *pag.* 1800.

FUESL. *Archiv. inf.* 5. *pag.* 84. *n°.* 78.

Le corps est cendré. La trompe est courte. Le corcelet est presque globuleux, granulé. Les élytres sont striées, arrondies, ornées de taches oculées, d'un rouge doré.

Il se trouve à Berlin.

62. CHARANSON pyricole.

CURCULIO pyricola.

Charanson aminci, noir; antennes & dessous du corps de couleur baie, corcelet granulé, élytres sillonnées.

Curculio angustus ater, subtus antennisque spadiceus, thorace granulato, elytris sulcatis. LIN. *Syst. nat. edit.* 13. *pag.* 1800.

FUESL. *Archiv. inf.* 5. *pag.* 84. *n°.* 79.

Il a à peine deux lignes de long. La trompe n'est pas aussi courte que dans les autres espèces. Le corps est étroit, noir en dessus, d'une couleur baie en-dessous. Le corcelet est granulé. Les élytres sont sillonnées.

Il se trouve en Poméranie.

63. CHARANSON granulé.

CURCULIO granulatus.

Charanson ovale gris, granulé en-dessus, avec quelques granelures rouges, luisantes; élytres réunies.

Curculio ovatus griseus, supra granulatus : granulis hinc inde rubris pellucidis, elytris connatis. LIN. *Syst. nat. edit.* 13. *pag.* 1800.

FUESL. *Archiv. inf.* 5. *pag.* 84. *n°.* 80. *tab.* 24. *fig.* 33.

Il a environ trois lignes de long. La trompe est courte. Le corps est ovale gris, granulé à sa partie supérieure : on voit par-ci, par-là, quelques granelures rouges, luisantes. Les élytres sont réunies.

Il se trouve en Allemagne.

64. CHARANSON piniperde.

CURCULIO piniperda.

Charanson bai; corcelet allongé pointillé; élytres avec des stries pointillées.

Curculio spadiceus, thorace elongato punctato, elytris punctato-striatis, femoribus subdentatis. LIN. *Syst. nat. edit.* 13. *pag.* 1800.

FUESL. *Archiv. inf.* 5. *pag.* 84. *n°.* 81.

Il a la forme du Scolite piniperde, & il a une ligne & demie de long. Le corps est d'une couleur baie. Le corcelet est allongé, pointillé. La trompe est courte, les élytres ont des stries pointillées. Les cuisses sont presque dentées.

Il se trouve en Allemagne.

65. CHARANSON suture-blanche.

CURCULIO sutura alba.

Charanson allongé cendré, mélangé de noirâtre; dessous du corps, côtés & suture blancs, antennes & yeux noirs.

Curculio elongatus cinereus fusco subvarius, subtus, lateribus suturaque albus, antennis oculisque nigris. LIN. *Syst. nat. edit.* 13. *pag.* 1800.

FUESL. *Archiv. inf.* 5. *pag.* 84. *n°.* 82. *tab.* 24. *fig.* 34.

Il a environ trois lignes de long. Le corps est étroit, allongé, cendré un peu mélangé de noirâtre, avec le dessous, les côtés & la suture, blancs. Les antennes & les yeux sont noirs.

Il se trouve en Allemagne.

66. CHARANSON Hermite.

CURCULIO Eremita.

Charanson couvert de poils jaunâtres en-dessus, trompe & corcelet noirs, élytres noirâtres, avec des stries pointillées.

Curculio supra flavescente pilosus, rostro tenui thoraceque subpunctato nigris, antennis elytrisque punctato-striatis fuscis. LIN. *Syst. nat. edit.* 13. *pag.* 1800.

FUESL. *Archiv. inf.* 5. *pag.* 85. *n°.* 83.

Il a environ deux lignes de long. Le dessus du corps est couvert de poils jaunâtres. La trompe est mince, courte, noire. Le corcelet est noir, légèrement pointillé. Les élytres sont noirâtres, & ont des stries pointillées. Les antennes sont noirâtres.

Il se trouve en Allemagne.

67. CHARANSON bruchoïde.

CURCULIO bruchoïdes.

Charanson presque cylindrique, élytres courtes, noires, granulées & striées.

Curculio thorace elytrisque abbreviatis nigris granulatis & striatis. LIN. *Syst. nat. edit.* 13. *p.* 1800.

FUESL. *Archiv. inf.* 5. *pag.* 85. *n°.* 84.

Il ressemble à une Bruche. Il est gros, presque cylindrique, & a à peine une ligne de long. La trompe est penchée, courte. Le corcelet est noir. Les élytres sont noires, grenues & striées.

Il se trouve en Allemagne.

68. CHARANSON triangulaire.

CURCULIO triangularis.

Charanson bréviroftre, d'un jaune obscur, base du corcelet triangulaire, élytres avec des stries pointillées.

Curculio breviroftris obscurus flavicans, thoracis basi triangulari, elytris striato-punctatis. PETAG. *Sp. inf. cal. pag.* 14. *n°.* 71.

Curculio triangularis. LIN. *Syst. nat. edit.* 13. *pag.* 1806.

Il est ovale, assez grand. Tout le corps est d'une couleur ferrugineuse cendrée, couvert d'une poussière jaune. Le dessous du corps est couvert d'un léger duvet d'un blanc jaunâtre. La trompe est courte, noire, avec une ligne longitudinale élevée au milieu. Le corcelet a quelques points variolés; il est terminé postérieurement par trois angles dont l'intermédiaire occupe la place de l'écusson. Les élytres ont des stries pointillées, & des taches velues jaunes.

Il se trouve dans la Calabre, sur les fleurs du Chardon commun.

69. CHARANSON C blanc.

CURCULIO C album.

Charanson mélangé de noir & de cuivreux, angle extérieur de la base des élytres avec une ligne arquée, blanche.

Curculio cupreo nigroque varius, angulo externo baseos elytri linea arcuata alba.

Curculio C album. SCOP. *Ent. carn. n°.* 99.

Curculio C album. LIN. *Syst. nat. edit.* 13. *pag.* 1802.

Le corps est mélangé de noir & de cuivreux, un peu raboteux & couvert de quelques poils. Les élytres sont réunies, avec sept stries pointillées, sur chaque, & une tache blanche représentant un C à l'angle extérieur de la base. Les cuisses sont armées d'une petite dent.

Il se trouve dans la Carniole, la Grece.

70. CHARANSON sensitif.

CURCULIO sensitivus.

Charanson noir, cuisses fauves, avec l'extrémité noire.

Curculio niger, femoribus fulvis apice nigris. LIN. *Syst. nat. edit.* 13. *pag.* 1802.

Curculio sensitivus. SCOP. *Ent. carn. n°.* 100.

La trompe est courte. Le corps est noir. Les élytres sont striées, réunies. Les cuisses sont fauves, avec l'extrémité noire.

Il se trouve dans les forêts de la Carniole.

71. CHARANSON némoral

CURCULIO nemoreus.

Charanson aptère, noir, opaque, trompe bifide.

Curculio apterus niger, opacus, rostro bifido, thorace elytrisque scabris acuminatis.

Curculio nemoreus. SCOP. *Ent. carn. n°.* 101.

Curculio nemoreus. LIN. *Syst. nat. edit.* 13. *pag.* 1802.

Les antennes sont longues. Le corps est noir opaque. La trompe est bifide. La tête est glabre. Le corcelet est raboteux. Les élytres sont raboteuses, striées, terminées en pointe. Les cuisses sont renflées.

Il se trouve dans la Carniole, sur le Sapin.

72. CHARANSON Momus.

CURCULIO Momus.

Charanson obscur, trompe avec deux sillons; abdomen couvert de poils fauves, cuisses antérieures renflées.

Curculio rostro supra bisulcato, abdomine posterius fulvo villoso; femoribus anterioribus crassioribus. LIN. *Syst. nat. edit.* 13. *p.* 1802.

Curculio Momus. SCOP. *Ent. carn. n°.* 102.

Tout le corps est noirâtre, mais entièrement couvert de poils cendrés, un peu roussâtres. La trompe est courte, marquée de deux sillons à sa partie antérieure. Les antennes sont de la longueur du corcelet. Le corcelet a antérieurement une petite ligne en croissant de chaque côté & deux points pâles postérieurement. Les élytres ont une tache arrondie au milieu, & un point, pâles, vers l'extrémité. On ne trouve point d'aîles au-dessous. L'abdomen est couvert de poils fauves, entre les pattes postérieures. Les cuisses antérieures sont renflées.

Il se trouve dans la Carniole méridionale.

73. CHARANSON Zoïle.

CURCULIO Zoïlus.

Charanſon velu, trompe courbée, élytres ſtriées, mélangées de points noirs, avec une tache commune, noire, vers l'extrémité.

Curculio villoſus roſtro deflexo, elytris ſtriatis nigro variegatis, puncto majori communi ad apicem.

Curculio Zoïlus. Scop. *Ent. carn. n°.* 103.

Curculio Zoïlus. Lin. *Syſt. nat. edit.* 13. *p.* 1802.

Tout le corps eſt velu, d'une couleur terreuſe en-deſſus, avec les côtés & quelques lignes plus pâles ſur les élytres La trompe eſt courbée, courte. Les élytres ſont réunies, ſtriées & mélangées de points noirs : on voit un point plus grand, commun vers l'extrémité.

Il ſe trouve dans la Carniole.

74. Charanson précoce.

Curculio precox.

Charanſon ferrugineux, élytres ſtriées, un peu velues.

Curculio ferrugineus, elytris ſtriatis ſubvilloſis. Lin. *Syſt. nat. edit.* 13. *pag.* 1802.

Curculio precox. Scop. *Ent. carn. n°.* 109.

Tout le corps eſt ferrugineux, mais la trompe & la tête ſont d'une couleur plus obſcure. Le corcelet eſt pointillé. Les élytres ſont ſtriées, un peu velues.

Il ſe trouve dans la Carniole, ſur le Saule.

**** *Bréviroſtre; cuiſſes dentées.*

75. Charanson floricole.

Curculio floricola.

Charanſon noir; élytres blanches, antennes fauves au milieu.

Curculio niger, elytris incanis, antennarum articulis mediis ſpadiceis. Lin. *Syſt. nat. edit.* 13. *pag.* 1777.

Fuesl. *Archiv. inſ.* 5. *pag.* 86. *n°.* 93.

Il a environ trois lignes de long, & il reſſemble un peu au *Charanſon* du Poirier. Le corps eſt noir. La trompe eſt courte. Les antennes ſont noires, avec les articles du milieu fauves. Les élytres ſont blanchâtres. Les cuiſſes ſont dentées.

Il ſe trouve....

76. Charanson anthracine.

Curculio anthracinus.

Charanſon noir, un peu raboteux, élytres avec des ſtries pointillées, cuiſſes unidentées.

Curculio niger, elytris punctatim ſtriatis, femoribus unidentatis. Lin. *Syſt. nat. edit.* 13. *p.* 1777.

Curculio anthracinus. Scop. *Ent. carn. n°.* 92.

Tout le corps eſt noir. La trompe eſt courte munie de quelques poils à ſon extrémité. Le corcelet eſt un peu raboteux; les élytres ſont liſſes & ont chacune neuf ſtries. Les antennes ſont légèrement velues.

Il ſe trouve dans la Carniole.

77. Charanson triſte.

Curculio triſtis.

Charanſon noirâtre, élytres raboteuſes, légèrement ſtriées, un peu velues.

Curculio fuſcus, elytris punctis ſcabris ſubſtriatis villoſulis coadunatis.

Curculio triſtis. Scop. *Ent. carn. n°.* 93.

Curculio lugubris. Lin. *Syſt. nat. edit.* 13. *pag.* 1777.

Il reſſemble au précédent. Il eſt aptère, noirâtre. La trompe eſt courte. Le corcelet eſt raboteux. Les élytres ſont raboteuſes, légèrement ſtriées. Toutes les cuiſſes ſont dentées.

Il ſe trouve dans la Carniole.

78. Charanson infidelle.

Curculio infidus.

Charanſon un peu cuivreux, légèrement couvert de poils bleuâtres.

Curculio obſolete cupreus, cæruleſcente villoſus. Lin. *Syſt. nat. edit.* 13. *p.* 1777.

Curculio infidus. Scop. *Ent. carn. n°.* 94.

Le corps paroît un peu cuivreux, légèrement couvert de poils courts, bleuâtres, luiſans. Les yeux ſont noirs. La trompe eſt courte. Les antennes ſont fauves, avec la maſſe noirâtre. Les pattes ſont fauves; toutes les cuiſſes ſont dentées.

Il ſe trouve dans la Carniole.

79. Charanson céleſtin.

Curculio cœleſtinus.

Charanſon bleu; antennes & pattes ferrugineuſes.

Curculio totus cæruleſcens, antennis pedibuſque ferrugineis. Scop. *Ent. carn. n°.* 96.

Curculio cœleſtinus. Lin. *Syſt. nat. edit.* 13. *p.* 1777.

Tout le corps est bleu, avec les antennes & les pattes ferrugineuses. La trompe est courte, & les cuisses sont à peine dentées.

Il se trouve dans la Carniole.

80. CHARANSON carniolique.

CURCULIO carniolicus.

Charanson noirâtre, légèrement couvert de poils glauques, élytres avec des stries pointillées.

Curculio fuscus, glaucescenti villosus, elytris punctato-striatis.

Curculio glaucus. SCOP. *Ent. carn. n°.* 97.

Curculio carniolicus. LIN. *Syst. nat. edit.* 13. *pag.* 1777.

Il ressemble au *Charanson* argenté. Tout le corps est noirâtre, légèrement couvert de poils courts, glauques. Les élytres ont des stries pointillées, & sont un peu anguleuses à leur base latérale. Le dessous du corps est noir. Les cuisses sont grosses, luisantes, armées d'une forte dent.

Il se trouve dans la Carniole, sur les feuilles des arbres.

81. CHARANSON de Scopoli.

CURCULIO Scopolii.

Charanson noirâtre, un peu plus velu, antennes & pattes fauves.

Curculio fuscus, villosulus, antennis pedibusque rufis. LIN. *Syst. nat. edit.* 13. *pag.* 1777.

Curculio rufipes. SCOP. *Ent. carn. n°.* 98.

Tout le corps est noirâtre, légèrement velu, un peu luisant. Les antennes & les pattes sont fauves. La tête & le corcelet sont un peu raboteux. Les élytres ont des stries pointillées. Toutes les cuisses sont dentées.

Il se trouve dans la Carniole.

82. CHARANSON de Rœsel.

CURCULIO Rœselii.

Charanson bréviroftre; corcelet d'un vert obscur, avec une ligne longitudinale blanche, élytres obscures, avec des lignes élevées.

Curculio thorace obscure viridi: linea longitudinali alba, elytris fusco-fulvis: lineis elevatis sulcatis. LIN. *Syst. nat. edit.* 13. *pag.* 1777.

RŒS. *Inf.* 3. *pag.* 391. *tab.* 67. *fig. A. B. C. D.*

La trompe est grosse, courte, noirâtre. Le corcelet est d'un vert obscur, avec une ligne longitudinale blanche au milieu de sa partie supérieure. Les élytres sont obscures, avec des lignes élevées, un peu raboteuses.

Il se trouve en Allemagne.

83. CHARANSON religieux.

CURCULIO religiosus.

Charanson noir, luisant, élytres avec de petites taches blanches.

Curculio breviroftris, femoribus omnibus dentatis: ater nitens; elytris albo maculatis. SCHRANK. *Enum. inf. aust. n°.* 225.

Il ressemble au *Charanson* germain, pour la forme & la grandeur, mais il est plus noir & plus luisant. La trompe est grosse, le corcelet est légèrement couvert de petits points élevés. Les élytres ont de petits points élevés, & des points blancs, formés par de petits poils courts. Toutes les cuisses sont dentées.

Il se trouve en Allemagne.

CHENILLE, *ERUCA*, mot qui désigne la larve sortie de l'œuf d'un papillon, & qui par des mues & des transformations successives, doit parvenir au même état que l'insecte qui lui a donné le jour. Ce mot désigne en même-temps l'animal peut-être le plus destructeur & le plus industrieux, le plus digne à la fois de la haine de l'économiste agriculteur & de l'observation du naturaliste philosophe. Si notre devoir est de consigner dans ce répertoire universel des sciences, toutes les connoissances acquises, relativement à l'objet que nous avons à traiter; nous ne pouvons que nous louer sans doute, de ce que pour remplir un devoir aussi doux & pour traiter un objet aussi intéressant que celui qui va nous occuper, nous avons à puiser dans les sources les plus pures, à fouiller dans les mines les plus riches; nous devons enfin trouver les interprètes les plus profonds & les plus exacts que la nature ait formé jusqu'à présent pour la contemplation de ses ouvrages. Citer Réaumur & Lyonet, c'est attacher la reconnoissance & la vénération à des travaux dont on ne peut trop apprécier le mérite. L'un, en cherchant à distribuer dans un tableau systématique, les espèces si prodigieusement variées des chenilles, & en nous traçant l'histoire de leurs mœurs, a travaillé autant pour avancer les progrès de la science, que pour reculer les bornes de l'admiration. L'autre plus étonnant peut-être, en nous donnant l'anatomie de l'individu, a confondu, pour ainsi dire, l'admiration elle-même & ne lui a laissé aucunes bornes. Avec le premier on se dit, comment la nature peut-elle présenter une forme aussi simple sous tant d'apparences différentes, & suffire à tant de soins pour manifester une industrie aussi combinée & des mœurs aussi diverses? Avec le second, on ne peut que se taire, en considérant tant de milliers de parties qui doivent toutes concourir sans cesse à la conservation d'un être si foible, si nul à nos yeux, pour se reproduire dans le même être sous des formes entiérement changées ? Ajouter à ces deux grands hommes les noms de Malphigi, Swammerdam, Geer, Bonnet, &c. c'est ajouter à l'intérêt & à l'importance du sujet, l'obligation de mettre à profit les grandes ressources qui nous sont offertes, & d'user des plus précieux matériaux que l'on puisse recueillir. Excepté de consacrer absolument ses veilles à l'étude seule des Chenilles, il est bien difficile de fournir de nouvelles connoissances ; aussi nous ne devons aspirer qu'à présenter dans un ordre méthodique & clair, les connoissances répandues dans les différens auteurs que nous venons de citer. Mais forcés de nous circonscrire, & de resserrer nos idées, nous ne pouvons que renvoyer, trop souvent, avec regret, à ces mêmes auteurs, pour les développemens plus étendus, ou aux articles particuliers des Lépidoptères auxquels les Chenilles appartiennent.

Observations générales sur les Chenilles relativement aux divers caractères distinctifs que leur forme extérieure présente.

Un corps alongé, cylindrique, composé de douze parties qu'on nomme *anneaux* ; une tête écailleuse garnie de deux dents ; seize pattes au plus, & jamais moins de huit, dont les six premières ou antérieures, sont écailleuses & incapables de s'alonger ou de se raccourcir d'une manière sensible, quoiqu'elles puissent plus ou moins se recourber, & dont les autres, que l'insecte peut alonger ou racourcir, gonfler ou applatir à son gré, & qui varient par leur nombre, relativement aux différentes espèces, sont membraneuses : tels sont les caractères généraux & les plus apparens, qui doivent faire distinguer au premier coup d'œil les Chenilles. Toutes ont généralement six pattes écailleuses, qui sont placées par paires aux trois premiers anneaux de leur corps. Elles n'ont pas toutes le même nombre de pattes membraneuses ; il y en a qui n'en ont que deux, placées au dernier anneau du corps, d'autres en ont quatre, six, huit, dix. Le genre des Chenilles renferme un nombre prodigieux d'espèces qui sont toutes extrêmement variées, soit pour la grandeur, la couleur ou la figure. Toutes les Chenilles qui ont depuis huit jusqu'à seize pattes, subissent une métamorphose qui les change en Lépidoptères ; celles qui ont plus de seize pattes se changent en Tentrèdes ; on les appelle *fausses Chenilles*. Nous n'avons à parler maintenant que des premières.

En observant un peu plus particulièrement, nous trouvons que les anneaux dont le corps de la Chenille est composé, & qui en se racourcissant ou en s'éloignant les uns des autres, servent à sa marche, sont assez semblables, à l'exception du dernier sous lequel est l'anus ; leur circonférence est assez souvent circulaire ou ovale, leur partie inférieure est néanmoins, pour l'ordinaire, plus applatie que la supérieure. Il y a des Chenilles dont le milieu du dessus de chaque anneau, forme une espèce de languette, qui va recouvrir l'anneau qui le précède ; dans d'autres les anneaux sont comme entaillés dans cet endroit. Enfin, le contour supérieur de l'anneau, dans plusieurs espèces, a différentes inflexions. La figure ordinaire de l'anus est un espèce de prisme à faces inégales, tronqué à son extrémité, & le plus souvent recouvert d'un petit chaperon charnu. Les anneaux sont tous membraneux : c'est même ce qui distingue les Chenilles de divers autres insectes, qui, comme elles, ont le corps alongé & composé de douze anneaux, mais écailleux. La tête est formée par deux espèces de calottes sphériques, dures & écailleuses, dans lesquelles on remarque quelques points noirs, en forme de tubercules hémisphériques, qu'on est tenté de prendre pour les yeux, comme ont fait quelques entomologistes, mais qui n'en sont pas. Les yeux que doit avoir l'insecte parfait, sont couverts dans la Chenille, par les deux calottes de la tête. A la partie antérieure de la tête est la bouche, qui est armée de deux fortes mâchoires, dures, aigües & tranchantes, avec lesquelles la Chenille coupe sa nourriture. Au dessus de la bouche, à la lèvre inférieure, on remarque un petit trou, par où sort la soie qu'elle file, & ce trou s'appelle la *filière*. Il y a des Chenilles qui portent sur la partie antérieure de la tête, deux petites cornes ou antennes. Sur les deux côtés de la Chenille on voit de petites ouvertures oblongues, en forme de boutonnières, posées obliquement : ces trous qu'on appelle *stigmates*, sont regardés comme les organes qui servent à la respiration. Il y en a dix-huit sur la longeur de la Chenille, neuf de chaque côté. Il y en a deux sur chaque anneau, excepté le second, le troisième & le dernier qui n'en ont pas. Les deux premiers trous, placés sur le premier anneau, répondent à ceux qui par la suite se trouveront sur le corcelet du papillon, & les seize autres, qui sont depuis le quatrième jusqu'au onzième anneau inclusivement, doivent disparoître dans ce dernier état. Les six pattes appelées *écailleuses*, sont dures, fixes & terminées en pointe : elles servent d'enveloppe aux six pattes que le papillon doit avoir. Quant aux autres, appellées *membraneuses*, qui varient pour le nombre & la figure, ce sont des espèces de mamelons larges, mols, armés de plusieurs petits crochets durs, pour s'attacher & se cramponner au besoin, elles disparoissent dans l'état parfait.

Parcourons maintenant les principales variétés qu'une observation plus suivie doit nous présenter sur

sur l'extérieur des Chenilles. Il n'y a aucun genre d'animal dont les espèces soient formées sur autant de modèles, & si différens entr'eux. Une des variétés, non pas les plus apparentes, il est vrai, mais les plus remarquables, c'est que parmi les insectes auxquels on ne peut s'empêcher de donner le même nom, il y en ait qui ont plus de pattes les uns que les autres : cette variété ne se rapporte pas aux pattes écailleuses, ou recouvertes d'un cartilage luisant, mais seulement aux pattes membraneuses, ou enveloppées d'une peau flexible & molle. On appelle ces pattes, qui varient par le nombre, & qui sont placées entre les six premières écailleuses & les deux dernières postérieures, *pattes intermédiaires*. Il y a des Chenilles qui ont huit pattes intermédiaires, quatre de chaque côté, ce qui fait seize pattes en tout. Ces huit pattes intermédiaires, sont attachées à quatre anneaux consécutifs ; quatre autres anneaux en sont dépourvus ; savoir : deux entre la dernière paire de pattes écailleuses, & la première paire d'intermédiaire, & deux entre les dernières paires de pattes intermédiaires & la paire de pattes postérieures. On trouve cette distribution sur les plus grandes espèces de Chenilles & les plus communes. D'autres n'ont que trois pattes intermédiaires de chaque côté, & quatorze pattes en tout. Elles ont trois anneaux de suite sans pattes, mais ces trois anneaux sont entre la dernière paire des écailleuses & la première des membraneuses, ou entre la troisième paire de pattes postérieures & la dernière des pattes intermédiaires. Il y a des Chenilles à quatorze pattes, qui demandent encore une attention particulière. Les deux pattes postérieures leur manquent, mais le derrière se termine souvent par deux longues cornes, qui ont de la solidité, qui peuvent s'approcher plus ou moins, s'écarter plus ou moins l'une de l'autre, se diriger en haut & en bas, à droite & à gauche, sans pourtant se courber sensiblement. Ces espèces de cornes ne sont que les étuis de véritables cornes charnues, qui ont quelque ressemblance avec celles des limaçons, & que la Chenille ne fait sortir de ces étuis que quand il lui plaît. On ne compte dans plusieurs espèces de Chenilles que quatre pattes intermédiaires, ou douze pattes en tout, & dans d'autres que dix pattes en tout, deux intermédiaires seulement. Les unes ont quatre & les autres ont cinq anneaux de suite dépourvus de pattes, qui sont placés entre les pattes écailleuses & les intermédiaires. Ces Chenilles ont une démarche très-différente de la démarche de celles qui ont huit pattes intermédiaires. Ces dernières portent ordinairement leur corps parallèlement au plan sur lequel elles le font avancer, & leurs pas sont petits. La distribution des pattes des autres les oblige à marcher à plus grands pas. Entre les pattes écailleuses, & les intermédiaires, il y a une étendue de quatre ou de cinq anneaux où le corps n'a point d'appui. Si une de ces Chenilles, tranquille & alongée, comme elles le sont souvent, se détermine à marcher ; elle commence par se faire une sorte de bosse, en courbant en arc la partie qui n'a point de pattes ; elle en élève le milieu plus que le reste, elle courbe cette partie de plus en plus, jusqu'à ce qu'elle ait apporté les deux pattes intermédiaires contre les dernières écailleuses. Alors elle cramponne ses pattes intermédiaires & postérieures, & elle n'a plus qu'à redresser, qu'à remettre en ligne droite les cinq anneaux qu'elle a courbé en forme de boucle, & porter sa tête en avant, à une distance égale à la longueur des anneaux. Voilà le premier pas complet ; pour en faire un second, elle n'a qu'à répéter la même manœuvre, & elle l'exécute assez promptement pour courir plus vîte que les précédentes qui ont plus de pattes. Cette sorte d'allure a fait nommer ces Chenilles des *géometres* ou des *arpenteuses* ; elles semblent mesurer le chemin qu'elles parcourent ; elles appliquent sur le terrein la partie de leur corps qu'elles courbent, comme un arpenteur y appliqueroit sa chaîne. La plupart de ces Chenilles ne gonflent point, ne contractent, n'alongent, ne racourcissent point leurs anneaux : elles ressemblent presque à un morceau de bois sec ; aussi sont-elles appellées des *arpenteuses en bâton*. Leur corps long, roide, & dans quelques espèces, de couleur de bois, les fait souvent prendre pour un petit bâton. Ce qui aide encore à les faire méconnoître, ce sont les attitudes dans lesquelles elles se tiennent immobiles, & qui supposent une force étonnante dans les muscles. On en voit qui embrassent une petite tige d'arbre, la queue d'une feuille, avec les deux pattes postérieures & les deux intermédiaires qui en sont proches & qu'elles cramponnent ; le reste du corps élevé verticalement, demeure roide & immobile pendant des demi-heures & des heures entières. D'autres soutiennent pendant aussi longtemps leur corps dans une infinité d'autres attitudes, qui demandent incomparablement plus de force ; car on en voit qui ont le corps en l'air, dans toutes les positions qui sont entre la verticale, que nous venons de considérer, & l'horizontale, ou dans toutes les positions inclinées, depuis l'horizontale jusqu'à la verticale en-bas. Elles soutiennent de même leur corps immobile, après lui avoir fait prendre diverses courbures tout-à-fait bizarres, & soit aussi le ventre en-bas, soit en-haut. Les muscles qui ont soutenu les Chenilles vivantes dans ces attitudes singulières, les y maintiennent après leur mort : on en trouve de mortes dans toutes les positions que nous venons de décrire. Viennent enfin les Chenilles qui n'ont que huit pattes en tout, les six écailleuses & les deux postérieures. Ces dernières sont les plus petites de toutes. La plupart d'entr'elles appartiennent aux Teignes, qui se logent ordinairement ou dans des fourreaux qu'elles se forment de différentes matières, ou dans l'intérieur des feuilles, des fleurs & d'autres substances semblables, & qui dès-lors n'ont pas besoin de pattes intermédiaires. Parmi les autres larves dont le nombre est beaucoup plus considérable que celui des Chenilles, il y en a une grande quantité qui paroissent avoir huit pattes; mais les deux postérieures ne sont que deux sortes de mamelons formés par l'anus prolongé, & qui ne sont point terminés par des pièces armées d'ongles ou de crochets, comme le sont ceux des pattes postérieures & intermédiaires des Chenilles.

Une variété ensuite la plus capable de nous frapper, c'est celle qui résulte de la grandeur. Elle se présente sous bien des dégrés differens dans l'échelle des chenilles. On peut cependant les reduire à trois; les chenilles du dégré moyen ou de moyenne grandeur, ont environ douze ou treize lignes de longueur, lorsqu'elles ne s'étendent que médiocrement; & le diametre de leur corps a un peu moins de trois lignes. Celles qui sont sensiblement plus grandes, sont de la première grandeur; & celles qui sont sensiblement plus petites, sont du dernier dégré de grandeur, ou des petites.

La grandeur de la chenille est prodigieuse par rapport à l'œuf & aux petits. Quand on compare une chenille naissante qui n'a qu'environ une ligne de longueur, à une autre qui a tout son accroissement & qui est longue de trois pouces & demi, cette augmentation de volume, dans un même animal, doit paroître bien considérable : quoique le soit peu de chose en comparaison de celle qu'on peut observer dans les poissons. On a calculé qu'il falloit 36000 œufs pour faire le poids d'une chenille.

Les chenilles dont l'extérieur est le plus simple, sont celles dont la peau n'est point couverte par des poils ou par des corps analogues aux poils, & qu'on appele *Chenilles rases*. Il y en a dont la peau est si mince & si transparente, qu'elle laisse appercevoir une partie de l'intérieur de l'animal; d'autres ont une peau plus épaisse & plus opaque. Entre celles-ci, les unes l'ont lisse, luisante comme si elle étoit vernie; d'autres l'ont matte. Les chenilles dont la peau est tendre, transparente & d'une couleur blanchâtre ou rougeâtre, qui tire sur la couleur de chair, sont celles qu'on a le plus souvent confondues avec les larves. Au contraire les autres larves qui ont la peau plus opaque & jaune, verte ou brune, ou rayée de ces différentes couleurs, ont été nommées des chenilles, quoiqu'elles n'aient ni tête écailleuse, ni pattes, ni aucuns des caractères distinctifs & propres à ces dernières.

Ce sont sans doute les couleurs qui doivent le plus faire remarquer les chenilles. On voit sur leur corps toutes celles qui nous sont connues, & une infinité de nuances dont il seroit difficile de trouver ailleurs des exemples. Les unes ne sont que d'une seule couleur; plusieurs couleurs différentes, très-vives, très-tranchées, servent de parure à d'autres. Tantôt elles y sont distribuées par raies, par bandes qui suivent la longueur du corps, tantôt par raies ou bandes qui suivent le contour des anneaux. Tantôt elles sont par ondes ou par taches, soit de figure régulière ou irrégulière; tantôt par points, ou avec des variétés qu'il n'est pas possible de décrire en général: on peut à peine les rendre dans les descriptions particulières.

Entre les chenilles rases, les unes le sont plus que les autres : ce nom n'est pas donné seulement à celles qui sont entièrement dépourvues de poils, mais aussi à celles dont les poils sont en petit nombre ou peu sensibles, & qu'on ne voit que quand on cherche à les voir. La peau de la plupart des chenilles rases est douce au toucher; mais il y en a d'autres dont la peau est hérissée d'une infinité de petits grains durs, qui font sur le doigt qu'on passe dessus, la même impression que feroit du chagrin, & on les appelle *chenilles chagrinées*. Quand on observe attentivement ces petites éminences, on voit qu'elles sont rangées avec ordre : ces points semblent être d'une matière osseuse ou de corne. Si on les observe à la loupe, ils paroissent de petits mamelons, qui partent d'une base circulaire.

Plusieurs chenilles chagrinées sont encore plus remarquables par une corne qu'elles portent sur l'onzième anneau : elle est ordinairement dirigée vers le derrière & un peu courbée en arc. La figure & la direction de cette corne ont fait imaginer qu'elle étoit une arme offensive ou défensive; mais l'observation ne voit pas l'insecte s'en servir pour attaquer ou pour se défendre. D'ailleurs cette partie qui n'a de commun avec son nom que sa figure & sa position, est de substance charnue & trop molle pour pouvoir lui donner une pareille destination. On peut croire que la nature n'a pas toujours tout fait pour un usage fixe; & qu'il y a souvent bien des parties qui ne sont qu'à la suite de l'organisation de l'animal, sans lui être d'aucune utilité; alors nos recherches ne peuvent être qu'aussi inutiles. Ces cornes sont plus ou moins courbées, toutes le sont un peu vers le derrier de l'insecte, qui les tient tantôt plus droites, tantô plus inclinées. La loupe y fait appercevoir un travail que la vue simple n'y découvre point. Elle ont une infinité de petites éminences épineuses, arrangées à la manière des écailles, dont elles on quelquefois la forme; on croit même y appercevoir des articulations, mais s'il y en a, ce n'e pas pour servir aux fléxions de ces cornes, qui n se plient en aucun endroit. Au reste toutes les chenilles chagrinées n'ont pas une corne, & elles n sont pas les seules qui l'ayent; d'autres chenille rases & non chagrinées, en portent une semblabl Communément les chenilles à corne ont le cor ferme, il paroît dur sous le doigt.

On considere encore comme des chenilles rase celles qui sont assez remarquables par des tube cules arrondis ordinairement en portion de spher

& distribués régulièrement sur chaque anneau ; les uns au dessus des autres ; ceux des différens anneaux sont disposés en différens rangs, sur des lignes parallèles à la longueur du corps. Plusieurs des grosses espèces de chenille, & de celles qui donnent les plus beaux papillons, en sont pourvues. Elles sont véritablement ornées par ces mêmes tubercules. Les unes les ont d'un très-beau bleu, qui fait le plus bel effet sur une peau d'un brun un peu clair ; il y a aussi des Chenilles d'un vert un peu jaunâtre, qui ont de ces tubercules de couleur de turquoise ; d'autres Chenilles vertes, plus petites que les précédentes, mais qui sont pourtant au dessus de celles de moyenne grandeur, ont de ces tubercules d'une couleur de chair vive, qui brille merveilleusement sur le vert tendre de leur peau. Des poils partent de chacun de ces tubercules, mais en petit nombre & trop courts pour ne pas placer parmi les Chenilles rases, celles qui en sont pourvues.

Des Chenilles rases ou chagrinées nous passons à celles qui sont hérissées de poils si gros, si durs, si semblables à des épines, qu'on les a nommées *Chenilles épineuses*. Ces gros poils, qui sont assez durs pour être piquans, ressemblent encore aux épines des plantes par leur forme. Les unes sont des épines simples depuis leur base jusqu'à leur sommet, elles vont en diminuant pour se terminer en pointe ; souvent cette épine est une tige d'où partent divers poils longs & très-fins ; d'autres épines sont composées ou branchues : la tige principale jette en divers sens plusieurs épines, qui ne sont pas moins considérables que celle par laquelle elle se termine elle même. Il y a des Chenilles dont les épines ne sont qu'une seule tige qui s'éléve en diminuant de grosseur, & qui se divise ensuite pour former une fourche. Le microscope fait voir que toutes les pointes des épines branchues, ont chacune leur base engagée dans une partie qui forme autour d'elle une espèce de bourlet ou de manche. Les figures, les couleurs, les grandeurs, la quantité des épines varient suivant les différentes espèces de Chenilles épineuses. Il y a des épines brunes, noires, jaunâtres, violettes & de bien d'autres couleurs. Quoiqu'une Chenille en soit quelquefois très-chargée, il est aisé de reconnoître qu'elles sont arrangées avec ordre, tant selon la longueur du corps, que selon son contour ; & il y a des Chenilles qui n'en ont que quatre, d'autres en ont cinq, six, sept, huit sur chaque anneau. Tous les anneaux d'une Chenille n'ont pourtant pas le même nombre d'épines ; les plus proches de la tête & les derniers en ont quelquefois plus & quelquefois moins que les autres.

Enfin les Chenilles les plus communes, & qui sont les plus belles ou les plus hideuses, selon qu'on est disposé pour elles, sont les *velues*. La quantité, la longueur, la disposition de leurs poils, peuvent servir à les faire distinguer les unes des autres. Il y en a qui ne sont que *demi-velues* ; elles ont quelques parties de leur corps assez chargées de poils même longs, tandis que d'autres parties en sont dénuées, & que leur peau est presque par tout ailleurs à découvert. Entre celles qui sont entièrement velues, c'est-à-dire, qui ont au moins quelques touffes de poils sur chacun de leurs anneaux, il y en a de velues à poils courts ou à poils ras. Des Chenilles dont le corps plus court par rapport à son diamètre, & plus applatti en dessous, leur a fait donner le nom de *Chenilles-cloportes*, ont leurs poils courts, durs, rangés les uns près des autres. D'autres Chenilles ont leurs poils plus doux & encore plus pressés les uns contre les autres, comme le sont ceux d'un velours bien fourni & bien coupé : ce sont des *Chenilles veloutées*. On nomme *veloutées à poils longs*, celles dont la peau est entièrement cachée par les poils ; quoiqu'ils soient de longueur inégale, pourvu qu'ils paroissent partir également de tous les endroits de la peau. Sur quantité d'autres Chenilles, les poils ou le gros des poils paroît disposé par bouquets, par houppes, par aigrettes ; & il l'est réellement ainsi sur bien d'autres où cet arrangement ne se fait pas remarquer d'abord. Pour peu qu'on les considere, on remarque sur la plûpart que les touffes de poils partent de tubercules arrondis. Le nombre de ces tubercules décide de celui des houppes de poils dont nos Chenilles velues sont couvertes : chacun de ces tubercules semble percé comme un arrosoir, pour laisser passer les poils sur les endroits où il n'y en a point ; on y voit comme les trous & les places où il devroit y en avoir. Ces tubercules qui servent de bases aux poils, sont alignés tant suivant la longueur du corps, que suivant la courbure de la partie supérieure de chaque anneau, c'est à dire de cette partie d'anneau qui se termine de part & d'autre à la hauteur de l'origine des pattes. Il y a des Chenilles qui sur chacun de leurs anneaux, ont douze de ces tubercules, ou douze touffes de poils ; d'autres n'en ont que dix ou huit, sept, six ou même que quatre. Sur certaines Chenilles les poils de chaque touffe sont à peu près également longs, & sont comme autant de rayons qui se dirigent vers le centre de la sphere, dont le tubercule est une partie, c'est à dire, que chaque poil est perpendiculaire à la surface du tubercule ; ils forment des espèces d'aigrettes plus ou moins fournies dans différentes Chenilles, mais de figure assez régulière. D'autres Chenilles n'ont pas les poils qui forment leurs touffes, perpendiculaires à la surface du tubercule ; l'axe du tubercule est incliné au corps de la Chenille, & les poils se dirigent tous vers la queue. Les poils des houppes ou des tubercules antérieurs, c'est-à-dire de ceux des premiers anneaux, se dirigent du côté de la tête dans quelques Chenilles, & ceux des autres anneaux s'inclinent vers le derriere. Mais ce qui est le plus à remarquer dans la direction des poils, c'est que dans certaines Chenilles, une moitié ou plus de ceux d'un même tubercule, tend en bas, & l'autre moitié tend en haut; & avec cette circonstance, que partie de ceux qui montent, s'appliquent sur le corps de la Chenille, le ceignent, & que les autres s'élevent & tendent à passer par-delà le milieu du dos, où ceux d'un côté sont rencontrés par ceux qui viennent du côté opposé. Une autre variété des Chenilles velues, c'est que les poils de la moitié d'un des tubercules sont longs, même très-longs, & tendent en bas, lorsque les poils de la moitié du même tubercule sont si courts qu'ils n'ont pas la septième ou huitième partie de la longueur des autres, & sont même d'une autre couleur. Enfin il y a des Chenilles dont les poils se dirigent presque tous en bas, qui par là sont très-velues autour des pattes & qui ne le sont point sur le dos.

Quelques Chenilles ont des touffes de poils qui ne partent pas de tubercules apparens, ils tirent leur origine d'endroits aussi peu élevés que le reste de la peau. Mais ce qui rend ces houppes remarquables, c'est qu'au lieu que les autres s'épanouissent en s'éloignant de leur base, celles-ci au contraire diminuent de grosseur à mesure qu'elles s'élevent. Les poils qui partent d'une base assez large, montent en cherchant à se réunir, & leur masse forme un pinceau. Nous avons dit que les tubercules sont arrondis en portion de sphere, mais quelques Chenilles en ont de charnus, faits en pyramide conique qui s'éleve davantage. Des poils partent de toute la surface du cône.

L'arrangement des poils met encore d'autres distinctions très-sensibles entre les Chenilles velues. Il y en a qui ont sur leur dos, des houppes de poils qui ressemblent parfaitement à des brosses, qui leur ont fait donner le nom de *Chenilles à brosses*. Les uns ont trois, les autres quatre, cinq de ces brosses placées sur différens anneaux. Enfin parmi les Chenilles à brosses, il y en a qui portent sur leur premier anneau, & qui semblent porter sur leur tête deux aigrettes dirigées comme les antennes de la plupart des insectes. Ce ne sont pas de simples poils qui forment ces aigrettes, ce sont de vraies plumes. Des barbes sont attachées les unes au dessus des autres, aux côtés opposés d'une tige commune. Sur la plus grande partie de la tige, les barbes sont égales, mais celles qui approchent du bout supérieur, croissent & décroissent ensuite, de maniere que ce bout a la forme d'un écran. Ces barbes sont aussi de véritables barbes, c'est-à dire, que comme celles des plumes ordinaires, elles sont chacune une plume en petit. Le microscope fait voir à chacune une petite tige commune à d'autres petites barbes qui lui sont attachées de part & d'autre. L'aigrette est un faisceau de pareilles plumes de différentes longueurs. Les mêmes Chenilles qui portent deux de ces aigrettes au-devant de leur tête, en ont une posée sur le onzième anneau, & dirigée comme les cornes de quelques autres Chenilles dont nous avons parlé. Il y a encore de ces Chenilles qui ont deux autres aigrettes semblables, qui tirent leur origine des anneaux antérieurs, & disposées comme les bras d'une croix dont le corps de la Chenille seroit la tige. Il y en a même d'autres qui de chaque côté ont deux de ces aigrettes. Nous devons dire aussi que les poils des Chenilles n'ont pas toujours des formes aussi simples que celles sous lesquelles ils paroissent à nos yeux; ils nous semblent des corps unis & lisses, tels que des cheveux courts & fins. Si on les observe avec un microscope qui grossisse beaucoup, on a peine à trouver de ces poils lisses. Ceux qui le sont se terminent comme une épingle, par une espèce de pointe. Les autres paroissent une tige arrondie & applatie, c'est-à-dire qui a plus de diametre dans un sens que dans l'autre. De différens endroits de cette tige sortent de petits corps qui la font ressembler à une tige d'arbre ou de plante. Ces petits corps qui se trouvent sur la tige des poils de différentes espèces de Chenilles, different sur-tout par les proportions de leur longueur à leur grosseur, & par la manière dont ils sont distribués. Quelques-uns sont si fins que le microscope ne les fait paroître eux-mêmes que comme des poils; & entre ceux qui partent des différentes tiges, il y en a de différentes grosseurs. D'autres plus gros paroissent de véritables épines, dont la pointe se dirige du même côté que celle de la tige. Il y a telle tige de chaque côté de laquelle il part à même hauteur une épine, comme partent les feuilles qui sont rangées par paires sur les tiges de certaines plantes. Sur d'autres tiges, les épines, les piquans sont distribués alternativement sur différens endroits des deux côtés, c'est-à-dire que l'origine d'un de ces piquans n'est pas vis à-vis celle de l'autre. Il a des poils où ces piquans sont assez éloignés les uns des autres; il y en a où ils sont très-proches. Ces piquans sur d'autres poils ne paroissent que comme les boutons, les yeux des branches des arbres à fruits.

Les différentes couleurs des poils peuvent encore servir à nous faire distinguer les Chenilles. Ceux de quelques-unes sont tous de la même couleur; Ceux des autres sont de couleurs très-variées & mêlées très-agréablement. Il y a des poils blancs, il y en a de noirs, de bruns, de jaunes, de bleus, de verts, de rouges, en un mot de toutes les couleurs & de toutes les nuances des couleurs. Quelques Chenilles à brosses ont leurs brosses du plus beau jaune, d'autres les ont blanches, d'autres les ont de couleur de rose, pendant que leurs autres poils sont de différentes couleurs. Les bouquets de poils sont disposés sur le corps des Chenilles, comme les arbres le sont dans nos bosquets plantés en quinconce: souvent la peau qui est entre ces rangées de poils n'est pas cachée; elle a elle-même ses couleurs propres, & quelquefois belles & diversifiées; alors la variété des couleurs des poils, jointe à celle des couleurs de la peau, forme autant de couleurs si singulièrement mêlées, qu'on ne peut s'empêcher d'admirer la beauté de certaines Chenilles, pour peu qu'on s'arrête à les considérer.

Sur le corps de diverses Chenilles velues, on peut observer quelques mamelons qui méritent d'être remarqués, & que l'on prend pour de petites touffes de poils quand on ne les cherche pas. Ils sont cependant charnus, dépourvus de poils, & posés sur les neuvième & dixième anneaux. On les voit s'élever tantôt plus tantôt moins sur le corps de l'insecte; souvent ils sont de petits cônes. Quand la Chenille veut les racourcir, elle retire leur sommet en dedans, & alors on voit un entonnoir où on voyoit auparavant une pyramide conique. On remarque sur le dos de diverses autres Chenilles, des mamelons charnus qui ont une forme fixe & qui ne rentrent point en eux-mêmes, comme les précédens. Il y a des Chenilles qui sur le même anneau ou sur d'autres anneaux, ont des mamelons plus courts ou plus longs: quelques-unes les ont velus, & d'autres les ont ras; ceux de quelques-unes ressemblent à une vraie corne; enfin il y en a qui ont plusieurs de ces mamelons. Entre celles qui en ont deux, ceux de quelques-unes sont placés sur la ligne du milieu du dos qui va de la tête à la queue, & ceux de quelques autres sont posés à côté l'un de l'autre sur le même arc du même anneau. Enfin ils sont disposés sur différens anneaux de différentes Chenilles. Certaine belle Chenille rase a une espèce de corne charnue plus singulière, qui sort de la jonction du premier anneau avec le col: elle a la forme d'un Y, deux branches partent d'une tige commune: ces branches & la tige même, comme les cornes du limaçon, rentrent au gré de la Chenille, de manière qu'on ne voit plus aucun vestige de corne. Elle ne montre cette corne singuliere que quand il lui plaît, elle passe des journées entieres sans la faire voir lorsque le tems de se métamorphoser approche.

Les formes du corps des Chenilles, nous fournissent encore de quoi les distinguer. Les unes ont la partie antérieure plus déliée que la postérieure; d'autres ont la partie postérieure beaucoup moins grosse que l'antérieure, la figure du corps ressemble à celle du corps d'un poisson. Le derriere de quelques-unes se termine par une espèce de fourche. Le corps de diverses autres plus communes, a un diametre à peu près égal dans toute son étendue.

Manière de vivre & habitudes industrieuses des Chenilles.

La manière de vivre des Chenilles est presque aussi variée que les espèces. Il y en a qui aiment à vivre seules dans les retraites qu'elles choisissent; d'autres se plaisent ensemble & forment des sociétés. On trouve des espèces qui vivent dans la terre, dans l'intérieur des plantes, dans les troncs d'arbres, dans les racines; le plus grand nombre se plaît sur les feuilles, les arbres, les plantes à portée des alimens qui leur sont nécessaires, elles n'ont d'autres précautions à prendre pour se garantir des injures du mauvais tems, que de se cacher sous les feuilles, sous les branches, jusqu'à ce qu'elles puissent reparoître sans danger. Quelques-unes, pour se mettre en sûreté, roulent des feuilles pour se retirer dans la cavité formée par les plis; d'autres, d'une très-petite espèce, habitent & vivent même dans l'intérieur des feuilles qu'elles minent, & où elles ne sont point apperçues des ennemis qu'elles ont à craindre. Il y en a enfin qui se forment exactement une maisonnette en forme de tuyau, qui les rend invisibles & les accompagne par tout.

Cherchons maintenant dans la manière de vivre des Chenilles, les différens points de vue sous lesquels on peut les considérer plus particulièrement & qui doivent servir à les faire distinguer entre elles. Celles dont l'extérieur est assez semblable, & qui montrent dans leur genre de vie des différences caractéristiques, doivent être rangées parmi des espèces différentes. Ainsi il y en a qui sont solitaires pendant tout le cours de leur vie, & qui semblent n'avoir aucun commerce les unes avec les autres. D'autres passent la plus grande partie de leur vie en société; elles ne se séparent que quand après leur accroissement, elles sont prêtes à subir leur premiere transformation. Enfin d'autres ne se quittent point, restent même les unes auprès des autres lorsquelles se transforment en chrysalides, & ne se séparent qu'après avoir pris la forme de papillons. Les diverses substances qui leur servent d'alimens, doivent aussi nous les présenter sous les divers aspects qui leur sont propres.

La premiere loi que la nature impose à tous les êtres en leur donnant la vie, c'est celle de vivre. Ils ont les moyens de suffire à cette loi, dès qu'ils existent; & ils ont les mêmes droits à l'existence, dès qu'ils ont les moyens d'exister. Cessons donc de croire que la nature n'ait dû penser qu'à nous, & de nous plaindre des êtres qui semblent vivre à nos dépens. Cessons de nous étonner si les Chenilles, dont la multiplication est si prodigieuse & l'accroissement si prompt, exercent tant de ravages, sont à la fois le fléau des vergers, des jardins, des forêts. Il y a très-peu de plantes que les Chenilles n'attaquent & ne dépouillent de leurs feuilles, quand elles sont en grand nombre. Elles sont si communes pendant certaines années, que très-peu de plantes échappent à leur dégâts. En rongeant les feuilles des arbres elles les réduisent dans un état presque aussi triste que celui où nous les voyons pendant l'hyver; avec cette différence, que la perte de leurs feuilles, dans cette saison, ne leur cause aucun dommage, ne nuit point à la végétation; au lieu qu'au printemps, en été, ils souffrent d'en être dépouillés. Quand les Chenilles ont dévoré la verdure d'un arbre, elles ne l'abandonnent pas toujours, quoiqu'il semble ne plus leur offrir de quoi vivre; elles attendent la seconde pousse pour ronger les bourgeons. Il y a cependant des espèces qui l'abandonnent, pour aller chercher de quoi vivre ailleurs. Parmi les animaux de la plus grande espèce, on n'a pas d'exemple d'une voracité qu'on puisse comparer à celle des Chenilles. Il n'en est aucune qui ne mange dans l'espace de vingt-quatre heures, plus pesant de feuilles qu'elle; quelques-unes mangent au-delà du double de leurs poids. Mais on est si accoutumé à ne voir vivre les Chenilles que d'herbes & de feuilles, que quand on trouve des arbres criblés de trous, quand on les voit sécher sur pied, & même rompus & renversés par terre, on ne s'avise guere de penser que ce soit-là l'ouvrage des Chenilles.

On a cru & l'on croit encore assez ordinairement, que chaque plante a son espèce particulière de Chenilles qu'elle nourrit. On pourroit plutôt douter s'il peut y avoir une seule espèce de Chenille à qui la nature n'ait assigné pour aliment qu'une seule espèce de plante ou une seule substance. Si cela existe, ce n'est sans doute que dans ces espèces que leur petitesse dérobe entièrement à nos yeux, & leur permet de vivre par-tout où elles se trouvent. Nous voyons une Chenille velue & rousse, nommée *Chenille de la Vigne*, parce qu'elle se nourrit communément de ses feuilles, manger encore plus avidement des feuilles du Coq des jardins. Elle tire sa nourriture & des feuilles qui nous semblent très-insipides, & des feuilles aromatiques. On en voit des espèces qui rongent indifféremment les feuilles du Chêne, celles de l'Orme, celles de l'Epine, celles des Poiriers, des Pruniers, des Pêchers, &c. On en voit d'autres espèces qui mangent également les feuilles de la Mauve, du Soleil ou *Hélianthus*, de la Pimprenelle, des Giroflées jaunes, des Oreilles d'ours, de la Lavande, & toutes les plantes potagères. Il paroît cependant vrai qu'il n'y a qu'un certain nombre de plantes ou d'arbres analogues qui conviennent à chaque espèce de Chenilles. Que deviendroient nos moissons, si les Chenilles qui ravagent les bois, pouvoient de même se nourrir de bled verd? Ainsi les plantes sur lesquelles les Chenilles vivent, peuvent aussi servir à les faire distinguer: une Chenille de même forme & de même couleur, sur un Chêne & sur un Chou, doit nous faire plus que soupçonner qu'elle n'est pas de la même espèce.

On pourroit trouver étrange que la nature ait assigné pour aliment à quelques Chenilles, non-seulement des plantes dont l'amertume nous paroît insupportable, mais des plantes remplies d'une liqueur âcre & caustique; si l'on ne savoit pas que les qualités des corps ne s'exercent qu'en raison de leurs rapports respectifs & de leur action réciproque. Ainsi des Chenilles vivent des feuilles de certains Titimales, malgré la qualité corrosive du lait qu'elles enferment. Les conduits par où l'insecte fait passer ce suc, tout petits qu'ils sont & quelque délicats qu'ils semblent être, ne sont aucunement altérés par une liqueur qui agiroit bien différemment sur notre langue. Il doit paroître aussi extraordinaire qu'il y ait des Chenilles qui vivent sur l'Ortie. Plusieurs espèces qu'on trouve sur cette plante, sont à la vérité armées de longues épines qui pourroient sembler nécessaires pour tenir celles des feuilles éloignées de leur peau; mais on trouve aussi sur l'Ortie plusieurs espèces de Chenilles rases, & dont la peau paroît même plus tendre que celle de quantité d'autres Chenilles qui se tiennent sur des plantes dont les feuilles sont très-douces au toucher. Ces Chenilles des Orties mangent des feuilles armées de piquans, qui, dès qu'ils ont atteint notre peau, y causent des démangeaisons cuisantes. Le palais & l'œsophage de ces Chenilles, que nous devons pourtant juger très-délicats, seroient-ils plus à l'épreuve de ces piquans. Peut-être que ces Chenilles font entrer les piquans dans leur bouche par leur base, & dans un sens où ils ne peuvent les piquer.

La plupart des chenilles vivent sur les arbres & sur les plantes, pour manger leurs feuilles, quelques-unes même rongent leurs fleurs, d'autres n'épargnent pas les fruits; les racines enfin sont aussi attaquées: mais combien en est-il encore qui vivent dans l'intérieur même des différentes parties des arbres & des plantes. La peau de ces dernières Chenilles rases, transparente, ordinairement plus tendre que celle des autres, n'est pas aussi en état de résister à l'action de l'air; si elle y étoit exposée, elle dessécheroit trop; c'est dans des retraites obscures qu'elles doivent se cacher. Les unes se tiennent dans l'intérieur des branches, des tiges, ordinairement dans l'aubier. La sciure que l'on peut voir journellement sortir par un trou dont l'ouverture est à la surface extérieure de l'écorce, avertit qu'il y a un insecte qui hâche les fibres intérieures. Entre les Chenilles qui vivent de bois, il y en a à qui les bois de différentes espèces d'arbres conviennent, comme entre celles qui mangent des feuilles, il y en a qui mangent des feuilles de plantes différentes. Les fruits que nous trouvons les plus succulens & les plus doux, ne nous ont pas été accordés à nous seuls; la nature a voulu que des insectes de différens genres les partageassent avec nous. Des poires, des pommes, des prunes, &c. qui sont plutôt à maturité que les autres fruits de même espèce, tombent tous les ans dans nos jardins, & ces fruits ne sont devenus plus précoces, & ne sont tombés, que parce que quelque insecte a crû dans leur intérieur. Les plus importans de nos fruits, ceux qui sont la base de nos alimens, ne sont pas encore en sûreté, après que la récolte en a été faite. On ne sait que trop que nos bleds de toutes espèces, nos fromens, nos seigles, nos orges, &c. sont quelquefois entièrement consommés dans les greniers. Outre bien des espèces de vers & d'insectes de différens genres, il y a un grand nombre de Chenilles qui attaquent les fruits. Comme entre les Chenilles qui vivent de feuilles, les unes rongent celles de certaines plantes, ou de certains arbres, auprès desquels d'autres Chenilles mourroient de faim, de même certaines espèces de Chenilles mangent des fruits qui ne conviennent pas à celles de plusieurs autres espèces. Celles qui s'élèvent dans les poires, périroient apparemment dans les noisettes, & réciproquement celles qui croissent dans les noisettes, périroient dans les poires. Nos différentes espèces de fruits ne sont pas pourtant aussi généralement attaqués par les Chenilles, que le sont les feuilles: on ne sait pas s'il y a des feuilles de quelque plante qui soient épargnées par les Chenilles, mais il y a des espèces de fruits dans lesquels elles ne s'élèvent point du tout, ou très-rarement. Il ne seroit pas plus aisé de donner la raison pourquoi certaines espèces de fruits sont épargnées, pendant que d'autres espèces sont maltraitées, que de rendre raison pourquoi les feuilles de Chou sont plus attaquées par les Chenilles que les feuilles de la Poirée; pourquoi beaucoup plus d'insectes vivent sur le Chêne que sur le Tilleul. Les prunes sont très-sujettes à être verreuses; une espèce de petite Chenille croît dans leur intérieur. La pêche & l'abricot ne présentent ni Ver, ni Chenille qui s'y élèvent. On sait que les Papillons ne jettent pas leurs œufs à l'aventure. Leur principale attention est de les déposer dans des endroits, tels que les Chenilles qui en doivent sortir, puissent trouver dès l'instant de leur naissance, des alimens convenables, & tout prêts. Ainsi les Papillons dont les Chenilles doivent se nourrir de fruits, collent leurs œufs sur ces fruits, souvent si jeunes que les pétales de la fleur ne sont pas encore tombées, & c'est quelquefois entre ces pétales même, qu'ils les laissent contre le pistil, qui est l'embryon du fruit. Les Chenilles qui ne sont pas long-temps à éclore, dès leur naissance se trouvent placées sur un fruit tendre qu'elles percent aisément; elles s'introduisent dans son intérieur; là, elles se trouvent au milieu des alimens qu'elles aiment, & bien à couvert. L'endroit même par où elles sont entrées se referme quelquefois, de façon qu'il est difficile ou même impossible de retrouver le petit trou qui leur a donné passage. Les Chenilles qui vivent dans les fruits, sont communément petites, bien au-dessous de celles de grandeur médiocre. Les petites Chenilles qui vivent dans les gousses, ne cherchent point à se cacher dans le fruit qu'elles mangent, elles en sont dehors en partie; mais celles qui mangent des fruits qui ne sont pas renfermés dans des gousses, se tiennent toujours dans l'intérieur du fruit. Une remarque qui ne doit pas être omise, & qu'on a fait depuis long-temps, par rapport aux vers, c'est que dans chaque fruit, on ne trouve jamais ou presque jamais, qu'une Chenille. Si l'on trouve quelquefois dans un fruit deux habitans, l'un est une Chenille & l'autre un ver. Il y a de petites Chenilles qui se logent dans les grains: des tas de Froment ou d'Orge, peuvent en être remplis, sans qu'on s'apperçoive qu'il y en ait une seule qui les ronge. Les grains dans lesquels elles sont logées, & dont elles ont dans certain temps mangé toute la substance, paroissent tels que les autres, ils n'en sont aucunement différens à l'extérieur, parce qu'elles en ont épargné l'écorce. Mais qu'on presse entre deux doigts différens grains, on distinguera aisément ceux qui sont habités, de ceux qui ne le sont pas. On reconnoîtra même, jusqu'à un certain point, l'âge de la Chenille qui est dans le grain. Si le grain cède de toutes parts sous le doigt qui le presse, il renferme une Chenille qui a pris tout son accroissement, ou la chrysalide de cette Chenille. S'il y a seulement quelqu'endroit du grain qui se laisse applatir, la Chenille n'a pas encore mangé toute la substance intérieure du grain, elle a encore à croître. Un grain de Bled, ou un grain d'Orge, contient la juste provision d'alimens nécessaires pour faire vivre & croître cette Chenille depuis sa naissance jusqu'à sa transformation. Si l'on en ouvre un qui renferme une de ces Chenilles prête à se métamorphoser, on voit qu'il n'y a plus précisément que l'écorce; toute sa substance farineuse a été mangée. Dans la cavité qu'occupe alors la Chenille, & qui est le plus grand logement qu'elle ait eu de sa vie, on trouve quelques petits grains bruns ou jaunâtres, qui sont des excrémens. Ce qui est à remarquer, c'est que dans un grain habité par une plus jeune Chenille, & bien moins consommé, on trouve au moins autant ou peut-être plus d'excrémens, & d'excrémens plus gros qu'on n'en trouve dans le grain occupé par une Chenille plus avancée en âge. Ils sont même d'une couleur plus claire, plus blanchâtre, & ils ont souvent une rondeur propre à les faire prendre pour de petits œufs. Si on se rappelle à présent que le grain n'a aucune ouverture sensible, aucune ouverture par où la Chenille puisse jeter ses excrémens dehors, on en conclura que dans le commencement elle vit avec peu d'économie, & que par la suite elle vient à remanger ce qu'elle avoit déjà mangé, & peut-être à le remanger plus d'une fois. Il y a quelques autres insectes qui font aussi passer plusieurs fois les mêmes matières par leur corps. Le besoin de boire ne paroît pas nécessaire aux Chenilles, ou pour mieux dire la plupart savent extraire leur boisson de leurs alimens, & semblent ne se nourrir que du suc dont les feuilles sont pénétrées; les excrémens de celles qui mangent beaucoup, ne ſont que des feuilles macérées : il ſemble qu'elles rejettent tout ce que la feuille a de ſolide, & que leur eſtomac & leurs inteſtins n'aient fait qu'en exprimer le ſuc qui y étoit contenu. Il eſt encore un fait qui ne doit pas être oublié dans la manière de vivre des Chenilles, quoiqu'il les préſente ſous le jour le plus odieux. La maxime ſi ſouvent citée contre nous, qu'il n'y a que l'homme qui faſſe la guerre à l'homme, que les animaux de même eſpèce s'épargnent, a été avancée par des perſonnes qui n'avoient pas étudié les inſectes. Leur hiſtoire fait voir en plus d'un endroit, que ceux qui ſont carnaciers en mangent fort bien d'autres de leur eſpèce, quand ils le peuvent. Mais ce qui eſt pire & particulier à quelques Chenilles, c'eſt que, quoique faites, ce ſemble, pour vivre de feuilles, quoiqu'elles les aiment, & qu'elles en faiſent leur nourriture ordinaire, elles trouvent la chair de leurs compagnes, un mets préférable ; elles s'entremangent quand elles le peuvent.

Le temps où les Chenilles prennent leurs alimens, peut encore aider à les diſtinguer d'avec d'autres qui ſont d'ailleurs très-ſemblables. Il y a des Chenilles qui mangent à toutes heures du jour ; il y en a qui ne mangent que le matin & le ſoir, & qui ſe tiennent tranquilles pendant la grande chaleur ; il y en a enfin qui ne mangent jamais que pendant la nuit. Ainſi, parmi les Chenilles raſes, qui ſont celles où l'on a le moins de priſe pour les déſigner, le Chou en nourrit de brunes, qui ſont tout-à-fait ſemblables à des Chenilles brunes de pluſieurs autres plantes ; il en nourrit auſſi de vertes de différentes eſpèces, entre leſquelles on n'apperçoit pas de différences bien ſenſibles ; mais il y a de ces Chenilles vertes & des brunes, qui ont une façon de vivre particulière & propre à les faire diſtinguer. Elles abandonnent le Chou dès le matin, pour ſe cacher dans la terre & y reſter pendant le jour. Elles ne ſortent de leur retraite que le ſoir, & ne rongent les feuilles que pendant la nuit. Auſſi le jardinier qui veut les écheniller & le naturaliſte qui veut les obſerver, ne doivent les chercher qu'à la chandelle. Combien d'autres eſpèces qui doivent ſe cacher dans certain temps de la nuit ou du jour, & qu'on ne peut découvrir qu'au moment de leur ſortie. Il y a des Chenilles, & le fait eſt moins ſingulier, qui aiment les racines des plantes, & ſe tiennent conſtamment ſous terre. Les jardiniers connoiſſent beaucoup l'eſpèce qui mange les racines des laitues.

La manière dont agiſſent différentes Chenilles, lorſqu'on veut les prendre, peut encore nous aider à établir pluſieurs nouvelles diſtinctions entre pluſieurs eſpèces. Les unes ſe roulent en anneau dès qu'on les touche, & reſtent immobiles, comme ſi elles étoient mortes ; celles qui ſont velues ſe contournent de cette manière, prennent alors la forme d'un hériſſon ; d'autres ſe laiſſent tomber à terre, dès qu'on touche les feuilles ſur leſquelles elles ſont poſées ; d'autres cherchent à ſe ſauver par la fuite : parmi celles-ci il y en a de remarquables par la vîteſſe avec laquelle elles marchent ; d'autres plus courageuſes ſemblent vouloir ſe défendre ; elles fixent la moitié de leur corps, & agitent l'autre en des ſens contraires, comme pour frapper celui qui les inquiette : c'eſt la partie antérieure de leur corps que les unes mettent alors en mouvement, d'autres y mettent leur partie poſtérieure. Enfin, il y en a qui, quand on les touche, font prendre à leur corps des inflexions ſemblables à celles des Serpens, qui les changent avec vîteſſe & un grand nombre de fois en des ſens oppoſés, cela, non pour marcher, mais comme pour marquer leur impatience.

Quoique toutes les Chenilles, en général, ſoient le fléau des végétaux, il faut cependant avouer qu'elles ne ſont pas toutes également nuiſibles aux arbres & aux plantes : il y en a des eſpèces ſi petites & ſi peu multipliées, que l'on peut regarder comme nuls les dégâts qu'elles font ; d'autres vivent ſur certaines plantes que nous ſommes peu intéreſſés à conſerver ; mais malheureuſement il y a des eſpèces dont nous avons ſi fort à nous plaindre, & qui cauſent tant de dommages aux plantes qui nous intéreſſent, que notre haine pour elles s'étend à tout ce qui porte le nom de Chenille. Les dégâts dont nous avons à nous plaindre, excitent tellement notre vengeance envers ces inſectes deſtructeurs, que nous ne deſirons les connoître qu'afin de les détruire, pour nous venger de tout le mal qu'ils nous ont fait. Les ravages que font les Chenilles, n'ont pas été le ſeul motif qui nous ait prévenu contre elles : pendant long-temps on a cru que cet inſecte étoit vénimeux. C'eſt une erreur qui n'a d'autre fondement que le préjugé & l'horreur qu'excitent ces inſectes à quantité de perſonnes qui les craignent. Les volatiles dévorent les Chenilles ; ils en font de très-bons repas qui ne leur ſont pas dangereux : on a vu des enfans manger des vers à ſoie, ſans en être incommodés ; ceux même qu'on a donné à la volaille, parce qu'ils ſont malades, ne lui cauſent aucun mal. Quoiqu'il y ait de groſſes Chenilles dont l'attouchement fait naître des boutons ſur la peau, qui excitent des démangeaiſons, il n'y a cependant jamais d'effets dangereux à craindre ; ces boutons ſont dûs à leurs poils, qui s'implantent dans les pores de notre peau, & y produiſent la même ſenſation, les mêmes élévations que celles occaſionnées par l'attouchement de l'Ortie. Jamais Chenille raſe n'a produit de ſemblables effets.

Mais lorſque dépouillé de toute eſpèce de préjugé & de crainte, animé du déſir de connoître la nature dans tous ſes ouvrages, on porte ſes regards ſur les Chenilles, on examine leurs différentes propriétés, leurs habitudes, leur induſtrie, leur utilité même,

même, comme on a bientôt oublié le mal qu'elles semblent nous faire! comme après le tribut d'admiration qui leur est dû, on est tenté de les aimer! On ne s'étonne plus dès-lors qu'elles aient pu attirer & fixer l'attention des observateurs les plus profonds & les plus dignes d'être admis au rang de philosophe. Tachons de rassembler la plupart des traits particuliers qui doivent composer l'histoire générale des Chenilles, de les présenter dans un ordre propre à les faire distinguer, & de justifier l'intérêt que nous voulons répandre sur elles.

L'auteur de la nature a donné aux divers animaux des moyens différens pour se mettre à l'abri de la saison rigoureuse qui, dans les pays du nord sur-tout, est si longue & pourroit être si funeste. Dès que l'hiver commence, l'Ours se fait une demeure dans quelque cavité des montagnes, sous de gros débris de rochers, sous des troncs d'arbres abattus, qu'il couvre de branches sèches, de mousse ou d'autres matières semblables: dans cette espèce de tanière il brave le froid, sans prendre de nourriture. Bien d'autres animaux passent l'hiver engourdis dans les différentes retraites qu'ils ont eu le soin de se choisir ou de se fabriquer. Les oiseaux, qu'on appelle de *passage*, quand le froid se fait sentir, savent le braver en se transportant dans des climats plus chauds. Notre devoir est de faire connoître les moyens employés par les chenilles, pour se garantir des rigueurs de l'hiver qui doit être pour elles bien plus rédoutable. Toutes les espèces de ces insectes ne survivent point pendant cette saison, d'une même manière ou dans un même état; la nature employe à leur conservation d'une année à l'autre, quatre moyens très-différens, mais tous d'une sûreté convenable. Il y en a qui passent l'hiver sous la forme ou sous l'enveloppe d'œufs; d'autres sous la forme de chenilles, d'autres sous celle de chrysalides, enfin d'autres le passent dans l'état de papillons. Nous allons un peu étendre le tableau de ces quatre nouvelles divisions.

Lorsque l'hiver a commencé à dépouiller les arbres de leurs feuilles, la nature semble avoir perdu ses insectes. Nos campagnes s'en repeuplent, dès que les feuilles des arbres commencent à pointer, des chenilles de toute espèce les rongent avant même qu'elles se soient développées. Tout a été combiné par la nature, de façon que la chaleur nécessaire pour faire croître les petites chenilles dans leurs œufs, est la même qui est nécessaire pour faire pousser les feuilles des plantes & des arbres propres à les nourrir. Quand elles ont acquis la force de briser leur coque, d'en sortir, elles trouvent les alimens que leurs besoins leur font chercher.

Les chenilles qui passent l'hiver enfermées dans l'œuf, sous la forme d'embryons, après avoir quitté leur enveloppe, vivent sous la forme de chenilles une partie de l'été; ensuite elles se transforment en chrysalides, qui ne restent pas long-tems dans cet état; les papillons en sortent au bout de quelques semaines, c'est-à-dire, avant la fin de l'automne. Ces papillons ne tardent gueres à s'accoupler, & ordinairement les femelles pondent leurs œufs tout de suite. Les papillons meurent dès qu'ils se sont acquitté de tout ce qui est nécessaire à la conservation de leur espèce. Mais leurs œufs sont destinés à passer l'hiver & à résister aux rigueurs de cette saison, c'est pourquoi ils les pondent dans des endroits convenables à cette fin, & la coque de ces œufs est faite de manière que le froid ne sauroit détruire l'embryon qu'elle renferme. Quelques papillons savent couvrir leurs œufs d'une épaisse couche de poils, qui peut servir singulièrement à cet usage.

Il est d'autres chenilles qui vivent sous cette forme, jusques environ au commencement de l'été; alors elles se disposent à la transformation, & avant la fin de cette saison ou au plus tard au commencement de l'automne, les papillons sortent des chrysalides. Ils s'accouplent tout de suite & font des œufs. Peu de jours après, les petites chenilles s'échappent de ces œufs. Alors les feuilles des plantes ne sont pas encore passées; ces jeunes chenilles s'en nourrissent aussi long-tems que la saison le permet, & il y en a des espèces qui parviennent de cette manière avant l'hiver, environ à la moitié de leur grandeur complette; d'autres qui sortent plus tard des œufs, ne croissent que fort peu la même année; elles varient en cela, selon leurs différentes espèces. Quand l'hiver commence à se faire sentir, nos jeunes chenilles employent les moyens qui leur sont propres pour se mettre à l'abri du grand froid. Au printems suivant, quand l'air devient plus tempéré, quand les plantes & les arbres commencent à se couvrir de nouvelles feuilles, nos petites chenilles quittent leur asyle & vont chercher leur nourriture. On trouve au commencement de la belle saison bien des espèces de chenilles qu'on est étonné de voir alors si grandes & si avancées; mais l'étonnement cesse dès qu'on se rappelle que ces chenilles ont déjà pris une partie de leur accroissement avant l'hiver, qu'elles ont vécu sous cette forme une partie de l'automne précédent. Les retraites pour l'hiver que ces chenilles se choisissent ou se fabriquent elles-mêmes avec beaucoup d'industrie, sont très-différentes & très-variées. Les solitaires, ou celles qui ne vivent point en société, se cachent simplement sous des pierres, entre l'écorce des vieux troncs d'arbres abattus qu'elles rencontrent, ou bien elles se retirent dans la terre, & à une profondeur convenable pour que le trop grand froid ne puisse les atteindre. Les chenilles qui doivent passer l'hiver en société, se font des espèces de nids très-remarquables, construits de plusieurs feuilles qu'elles lient ensemble avec de la soie & qu'elles attachent au haut des arbres sur les branches. Les petites chenilles habitent ensemble l'intérieur de ce gros paquet de feuilles, où elles sont parfaitement à l'abri du froid. Bien des chenilles se servent de cette industrie.

Les chenilles qui passent l'hiver sous la forme de chrysalides, sont les plus nombreuses. Elles vivent comme chenilles une grande partie de la belle saison; vers la fin de l'été ou dans l'automne, les unes plutôt, les autres plus tard, selon leurs différentes espèces, elles cessent de manger & se préparent à la transformation. Un grand nombre de ces chenilles entre alors dans la terre pour y prendre la forme de chrysalides; d'autres cherchent des retraites dans les trous des vieux murs ou des arbres, sous les pierres qu'elles rencontrent, &c. d'autres se font des coques de soie ou d'autres matières étrangeres, qui garantissent les chrysalides contre les dangers de l'hiver. Enfin il y en a qui n'ont pas besoin d'être couvertes, c'est à l'air libre qu'elles prennent la forme de chrysalides, & résistent parfaitement au froid. Les papillons de toutes ces chenilles ne sortent ordinairement qu'au printems ou au milieu de l'été.

Enfin il y a des chenilles qui survivent l'hiver sous la forme de papillons, destinés au printems suivant à perpétuer leur espèce. Ces chenilles après avoir vécu sous cette forme une partie du printems & de l'été, se transforment en chrysalides, & avant la fin de la belle saison les papillons paroissent au jour; on les voit voler dans les jardins & dans les campagnes, aussi long-tems que la chaleur de l'air le leur permet. Mais ils ne sentent pas cette même année le besoin de se propager; à l'approche de la rude saison, ils vont se cacher dans les cavités des arbres, dans les trous des vieilles murailles, dans les maisons même, dans les gréniers; là ils passent l'hiver en sûreté, & le froid ne les fait point mourir. Aux premiers beaux jours de l'année suivante, ils sortent de leur quartier d'hiver & vont voler à la campagne; ils y paroissent dès que l'air est un peu échauffé par les rayons du soleil. Alors ces papillons travaillent à perpétuer leur espèce, ils s'accouplent, ils pondent des œufs sur les feuilles de plantes ou des arbres, qui doivent servir de nourriture aux petites chenilles, & ces chenilles ne tardent gueres de sortir.

Nous devons maintenant considérer les habitudes industrieuses & les plus intéressantes des chenilles, d'abord dans quelques espèces qui vivent en société, ensuite dans quelques espèces qui vivent solitaires.

Parmi les sociétés improprement dites, il en est plusieurs qui dépendent du hasard ou du fait de l'homme, si non en tout, du moins en partie. Il n'en est pas de même des sociétés proprement dites. Elles ne doivent leur origine à aucun fait humain ni à aucune circonstance étrangère; mais elles rélevent uniquement de la nature. Les membres qui les composent ne sont pas seulement unis par des besoins ou des avantages communs, & ce a pour un tems souvent assez court; ils le sont encore par un lien plus fort, & qui subsiste jusqu'à la mort de l'animal ou du moins pendant une grande partie de sa vie; ce lien est la propre conservation de l'individu ou de sa famille. L'une & l'autre sont nécessairement attachées à l'état de société. C'est pour cette grande fin que les différentes espèces d'animaux sociables, ont été instruits à travailler en commun à des ouvrages si dignes d'être admirés. Les sociétés proprement dites peuvent être divisées en deux classes; la première comprend les sociétés dont la fin principale se borne à la conservation des individus, la seconde celles qui ont pour but & la conservation des individus & l'éducation des petits. Plusieurs espèces de chenilles & quelques espèces de larves appartiennent à la première classe; les fourmis, les guêpes, les abeilles, les castors, &c. appartiennent à la seconde. La première classe peut avoir sous elle deux genres principaux; l'un comprend les societés à tems, l'autre les sociétés à vie.

Les sociétés que nous allons parcourir, ne devroient-elles point leur origine à cette circonstance commune aux chenilles qui les composent, de naître d'œufs déposés les uns auprès des autres? Il n'y a pas lieu de le soupçonner; puisque cette circonstance se rencontre dans beaucoup d'espèces de chenilles, qui cependant ne travaillent point de concert aux mêmes ouvrages; & des individus de quantité d'autres espèces se dispersent après leur naissance pour ne se réunir jamais. Comme les chenilles n'engendrent point qu'elles ne soient parvenues à l'état de papillon, il ne s'agit point dans leurs sociétés de l'éducation des petits: leur propre conservation est l'unique fin de leur travail. Il règne parmi elles la plus parfaite égalité: nulle distinction de sexes, & presque nulle distinction de grandeur. Toutes se ressemblent, toutes ont la même part aux travaux, toutes ne composent proprement qu'une seule famille issue de la même mère.

Les chenilles qui vivent ensemble, viennent toutes des œufs d'un même papillon, qui ont été déposés les uns auprès des autres, ou entassés les uns sur les autres, pour former une espèce de nid, & cela dans un intervalle de peu de jours. Les petites chenilles en éclosent presque toutes dans le même jour; en naissant elles se trouvent ensemble, & elles continuent d'y vivre autant que leur instinct le leur prescrit. Ces sociétés, pour ainsi dire, de freres & de sœurs, sont assez nombreuses pour composer quelque fois une république de six ou sept cens chenilles, & communément de deux ou de trois cens. Les unes ne se séparent que lorsqu'elles sortent de leur dernière dépouille de chrysalide, & elles forment presque des sociétés à vie; d'autres ne vivent ensemble que jusqu'à ce qu'elles soient parvenues à une certaine grandeur, & elles ne forment que des sociétés à tems. Ces dernières chenilles sont celles que nous allons examiner, dans quelques espèces qui sont les plus répandues, que nous trouvons presque par-tout sur nos pas, & qui doivent le plus nous intéresser.

La chenille nommée *commune*, parce qu'elle est en effet de celles qu'on rencontre le plus fréquemment, est trop connue par ses dégâts, pour ne pas chercher à la faire connoître aussi par les habitudes qui lui sont propres. Cette chenille, de grandeur médiocre & velue, a seize pattes. À la vue simple, on ne distingue point l'arrangement de ses poils qui sont roux. La couleur de son corps est brune. On apperçoit de chaque côté à une distance égale de l'origine de ses pattes & du milieu de son dos, deux lignes de taches blanches, formées par des poils courts. Sur le milieu du dos, on remarque de petites taches rougeâtres. Sur l'anneau auquel est attachée la dernière paire des pattes membraneuses, & sur le suivant, on observe au milieu un mamelon rouge; ces deux mamelons charnus sont remarquables en ce qu'ils n'ont point de poils, & qu'ils s'élèvent souvent en pyramides coniques; le Bombix qui pond les œufs d'où naissent ces chenilles, est blanc & d'une grandeur moyenne. La femelle fait sa ponte quinze jours ou trois semaines après qu'elle a quitté sa dépouille de chrysalide, parce qu'elle est fécondée par le mâle presque aussitôt qu'elle sort de sa prison. Elle dépose ses œufs sur une feuille vers le milieu de l'été, & les enveloppe d'une espèce de soie jaune, formée de poils qui sont à l'extrémité de son corps. De chacun de ces œufs, dont le nombre est d'environ trois ou quatre cens, sort au bout de quelques jours une très-petite chenille, qui bientôt est succédée par d'autres. Loin de se disperser sur les feuilles voisines, toutes demeurent rassemblées sur la même feuille qui les a vu naître. A peine sont elles écloses, qu'elles se mettent à manger & à filer de concert. Le même esprit de société & de travail les unit. Elles se construisent un nid où elles se retirent pendant la nuit, & qui doit aussi leur servir de retraite pendant le mauvais tems & sur-tout pendant l'hiver. Elles supportent la rigueur de cette saison sans périr, en attendant le printems pour sortir & aller ronger les feuilles naissantes. Les détails que l'histoire plus particulière de ces chenilles présente, ne sauroient être indifférens, & nous devons sans doute les rapporter d'après l'historien le plus digne de les décrire.

Les chenilles de cette espèce sortent des œufs de chaque nichée, environ quinze jours après qu'ils ont été pondus. C'est depuis la mi-juillet jusques vers le commencement d'août qu'elles naissent toutes. Le jour où celles d'une nichée doivent éclore étant arrivé, on en voit à chaque instant qui, avec leur tête, séparent les poils dont le nid est couvert, & viennent de l'intérieur se rendre à la surface. Après y être un peu restées en repos, elles marchent pour chercher leur nourriture. Chaque tas d'œufs est appliqué sur le dessus de la feuille. Ils sont plus exposés aux injures de l'air, mais ils sont aussi plus exposés aux rayons du soleil, dont la chaleur doit servir à les faire éclorre. Un autre avantage pour ces chenilles, c'est que ne pouvant se nourrir du dessous de la feuille, elles ont bientôt trouvé la nourriture qui leur convient. Elles ne rongent qu'à peu-près la moitié de l'épaisseur de la feuille, encore ne la rongent-elles pas en entier; elles ne touchent pas aux grosses nervures, ni même aux fibres d'une grosseur sensible à la vue simple: ces fibres seroient trop dures pour d'aussi petites dents, qui n'ont pas encore eu le tems de s'affermir; elles ne détachent que le parenchyme ou la substance qui est dans les petites aires renfermées dans les fibres sensibles.

Dès qu'une chenille naissante s'est mise à ronger la feuille, elle a bientôt une compagne; une autre qui vient de sortir du nid se place auprès d'elle côte-à-côte; une troisième ne tarde pas à se rendre auprès de cette seconde, ainsi de suite se forme un rang de petites chenilles, toutes posées parallèlement les unes aux autres, ayant toutes leur tête sur une ligne à-peu-près droite, ce rang est aussi long que le permet la largeur de la feuille, dans le sens où elles se sont disposées. Le premier rang étant rempli, la chenille qui vient ensuite en commence un second, en se mettant à la queue d'une des précédentes; & peu après le second rang est formé comme le premier l'a été; un troisième se forme quand le second est complet; & ainsi dans peu de temps une feuille se trouve entièrement couverte de chenilles, excepté dans la partie que les premières ont laissée devant elles. A mesure que celles du premier rang avancent pour ronger, toutes à-peu-près également, celles du second rang, rongent l'endroit que viennent de quitter les premières. Par cette disposition, chaque rang qui suit le premier peut trouver à manger sur une bande de la feuille, de la longueur d'une file, & qui a pour largeur la longueur d'une chenille, ou ce qui revient au même, chaque chenille d'un rang postérieur, ne peut ronger qu'une surface de la feuille égale à celle que son corps peut couvrir. C'est un assez joli spectacle que de voir une feuille ainsi couverte de rangs de chenilles toutes occupées à manger à-la-fois, & avec tant d'ordre. Elles sont alors si petites, qu'une feuille peut en contenir un grand nombre, elle ne suffit pourtant pas pour toutes celles d'une même nichée, aussi, les premières sorties, vont-elles se partager sur différentes feuilles les plus voisines, & pour se mettre plus à leur aise, elles ne forment quelquefois que deux ou trois rangs, & même qu'un seul sur une feuille : quelquefois les têtes des chenilles d'un rang, sont placées sur une ligne courbe. A peine les premières ont-elles eu le temps de se rassasier, qu'elles se mettent à filer : elles travaillent à tirer des fils d'un des bords de la feuille au bord opposé, en commençant près de sa pointe. D'autres se joignent bientôt à celles-ci pour avancer l'ouvrage. Le côté de la feuille qui a été rongé s'est plus desseché que l'autre; la feuille est devenue concave vers ce côté, de sorte que les fils qui sont attachés à ces bords, se trouvent élevés au-dessus de son milieu. Bientôt tous ces fils composent une toile qui forme un voile étendu sur tout le dessus de la feuille; pendant qu'un grand nombre de chenilles travaille à le fortifier, à l'épaissir, d'autres rongent tranquillement, & à couvert en quelque sorte, ce qui peut rester de nourriture sur cette même feuille. La toile est d'abord très-transparente, & ne cache pas les chenilles qui sont dessous, mais celles qui sont dessus y ajoutent successivement tant de fils qu'elles la rendent opaque; alors elle est extrêmement blanche. Cette toile forme une espèce de tente, au-dessous de laquelle est un logement où les Chenilles sont à couvert dans leur temps de repos; lorsqu'elles n'ont besoin ni de manger ni de filer, elles se rendent sous cette tente. Elles couvrent ainsi de soie plusieurs des feuilles dont le parenchyme supérieur a été mangé. Il leur faut plusieurs de ses petits logemens pour les contenir toutes; mais ce ne sont que des logemens, pour ainsi dire, faits à la hâte, & en attendant qu'elles soient en état de s'en procurer un plus spacieux, qu'elles doivent toutes habiter ensemble. Elles y travaillent au bout de quelques jours; après avoir rongé la moitié de la substance des feuilles qui sont près du bout de quelque jeune pousse ou de quelque petite branche, elles commencent leur grand ouvrage. Pour former ce nouvel édifice, qu'on ne doit appeller pourtant que leur nid, elles tapissent d'une toile de soie blanche, une assez longue partie de la tige où il doit reposer; elles enveloppent aussi d'une toile de soie une ou deux feuilles des plus proches du bout de cette tige; ensuite elles font des toiles plus grandes, dans lesquelles ces feuilles & la tige se trouvent renfermées, & en embrassant les feuilles sous ces toiles, elles les obligent à se courber vers la tige. Elles sont presque toutes occupées en même-temps à ce travail, & toutes au moins y ont part successivement.

On ne voit que trop de ces nids, dont nous venons de poser les fondemens, sur les arbres fruitiers, en autômne, & encore mieux en hiver, lorsque les arbres sont entièrement dépouillés de leurs feuilles. Ce sont de gros paquets de soie blanche & de feuilles, dont la forme extérieure n'a rien d'agréable ni de constant. Les uns sont plus applatis, les autres plus renflés, plus arrondis, mais tous ont à l'extérieur quelques angles. A mesure que les jeunes Chenilles prennent leur accroissement, elles étendent leur logement par de nouvelles couches de feuilles & de soie. Ces différentes couches ou toiles sont autant de cloisons qui partagent l'intérieur du nid en différens appartemens qui n'ont rien de régulier, mais les espaces compris entre ces cloisons, sont propres à loger des Chenilles. Pour arriver à ce logement, elles ont eu l'attention de laisser à chaque toile un ou deux trous ronds, dont le contour est rebordé de soie, & qui sont des portes ménagées à dessein, pour pénétrer dans l'intérieur. Chaque nid se trouve donc composé de plusieurs enceintes de toiles, & chaque enceinte de toile a ses portes, jamais embarrassées, & qui, sans être disposées en enfilade, permettent toujours aux Chenilles de passer d'une enceinte à l'autre. Les toiles qui composent ces nids, quoique faites d'une soie extrêmement fine, sont fortes, parce que les Chenilles y emploient chacune un nombre prodigieux de fils étendus les uns sur les autres; aussi ces nids résistent-ils à toutes les attaques du vent, & à toutes les injures de l'air. Le temps où ils pourroient être le plus dérangés, ce seroit au printems, si les tiges qu'ils enveloppent venoient à se couvrir de nouvelles feuilles, à croître elles-mêmes; mais les Chenilles en rongeant les principaux yeux de la tige, la mettent hors d'état de pousser. Ces nids sont des retraites assurées où nos Chenilles ne manquent pas de se rendre dès qu'il vient à pleuvoir : la pluie ne peut point y entrer, parce que toutes les issues sont en bas, de sorte qu'elle glisse sans pénétrer le tissu soyeux. Elles s'y renferment aussi quand le soleil est trop ardent; elles y passent une partie de la nuit; de sorte qu'il y a des heures où elles sont toutes dans le nid, & rarement n'y en trouve-t-on pas toujours quelques-unes. Elles s'y rendent pour se reposer, pour se mettre à l'abri du mauvais temps, & elles en sortent pour aller chercher de la nourriture. Il leur est sur-tout nécessaire dans les temps où elles ont à changer de peau, c'est toujours dans le nid qu'elles quittent celle dont elles ont à se défaire; aussi les trouve-t-on remplis de vieilles dépouilles; les Chenilles y sont en sûreté pendant ce temps critique, & elles ne s'exposent à l'air, que quand leur nouvelle peau s'est suffisamment affermie.

Nous ne devons point craindre de poursuivre nos petits détails, puisqu'ils ne peuvent qu'assurer de nouveaux plaisirs à ceux qui aiment les champs & la nature, si dignes d'être aimés. En leur donnant ces observations ils ne peuvent qu'être sollicités à en reconnoître par eux-même l'exactitude & la vérité. Avec quelle douce satisfaction doivent-ils bientôt s'approcher du nid de nos Chenilles, & les voir sortir par leurs petites portes, pour venir jouir sur la toile, de l'air ou du soleil. Quelques-unes ne tardent pas à prolonger leur promenade; mais elles ne s'éloignent du nid que de la longueur de la branche qui le porte, elles n'osent pousser plus loin. En marchant, elles tapissent leur chemin; aussi remarque-t-on sur la surface de cette branche, des traces de soie, & les Chenilles ne vont pas au-delà de l'endroit où ces traces se terminent. Quoiqu'elles ne paroissent pas observer une grande police, elles ne sont pas cependant sans discipline. Elles ne manquent pas de rentrer toutes dans l'habitation à l'approche de la nuit ou du mauvais tems. Tous les matins, lorsque le soleil commence à darder ses rayons sur le nid, elles sortent en grand nombre, & se promènent sur la toile ou le long de la branche. Elles vont pâturer, &, après s'être rassasiées, elles rentrent dans le nid, ou se reposent sur sa surface. Elles se mettent ensuite à tirer de nouveaux fils, qui en fortifient, & en agrandissent de plus en plus les enveloppes ou l'enceinte. C'est un spectacle très-amusant, que de voir ces petites Chenilles aller & venir, les unes d'un côté, les autres d'un autre, sans confusion, & s'entrebaiser, comme les fourmis, quand elles se rencontrent. Le son de la voix ou d'un instrument paroît leur être incommode, & tandis que l'on parle, elles agitent brusquement & à plusieurs reprises leur partie antérieure. On ne doit pas supposer qu'elles soient douées de l'organe de l'ouïe: aucune observation ne prouve que les insectes soient doués de ce sens; mais on doit conjecturer avec plus de fondement, que le son se communique aux Chenilles par l'organe du toucher, qu'elles doivent avoir très-délicat. Un spectacle toujours nouveau, & qu'on ne peut se lasser de contempler, c'est de les voir descendre en grand nombre la branche qui porte le nid, & s'arranger les unes à côté des autres, sur le dessus d'une feuille pour la fourrager. Toutes sont rangées exactement sur une même ligne, ordinairement en arc de cercle, & si serrées les unes près des autres, qu'il n'y a pas de la place entre deux Chenilles pour en recevoir une troisième. Toutes les têtes des petites Chenilles regardent vers le haut de la feuille, & les dents de toutes travaillent en même tems. Si l'on veut jouir de ce spectacle, il faut éviter avec grand soin d'occasionner aucun mouvement dans les environs de la demeure des Chenilles, ou dans les feuilles sur lesquelles elles sont établies; elles sont bientôt déterminées à abandonner la feuille qu'elles attaquent, & à regagner leur gîte.

Dès que les froids commencent à se faire sentir, nos Chenilles se renferment toutes dans leur nid pour y passer l'hiver: & cela quelquefois avant la fin de septembre, ou au moins dès le commencement d'octobre. Pendant tout l'hiver, elles y sont immobiles, un peu recourbées en arc, & couchées les unes auprès des autres. Si on les en retire, elles semblent véritablement mortes, & sont incapables de se donner aucun mouvement; mais si on les tient un peu dans la main, & qu'on les réchauffe de quelque manière que ce soit, elles se redressent & se mettent à marcher. Dans ce climat, elles ne commencent à sortir de leur nid que vers la fin de mars, ou dans les premiers jours d'avril. Le retour du printems vient les ranimer, & les invite à aller ronger les feuilles naissantes. Comme leur nouveau réveil doit encore nous intéresser! A leur première sortie, elles s'arrangent les unes auprès des autres sur la surface extérieure du nid; elles le couvrent entièrement d'un côté; elles paroissent ne chercher d'abord qu'à respirer le grand air. Le même jour néanmoins, ou le jour suivant, elles vont chercher de la nourriture, elles doivent avoir grand besoin d'en prendre, après un jeûne qui a duré plus de six mois; car, quand elles se sont une fois renfermées, elles cessent absolument de manger. Pendant l'hiver il se fait apparemment très-peu de transpiration dans nos Chenilles, elles n'ont pas besoin que des alimens réparent ce qu'elles perdent par cette voie; mais l'air devenu plus chaud, les fait transpirer davantage, & elles sentent alors le besoin qu'elles ont de prendre de la nourriture. Le premier ou le second jour de leur sortie, elles vont chercher les feuilles des environs, elles les rongent; alors les feuilles sont tendres, aussi ne s'en tiennent-elles pas, comme elles faisoient en automne, à détacher seulement l'épiderme ou le parenchyme de leur partie supérieure, elles les percent d'outre en outre, elles n'épargnent que les plus grosses fibres. Enfin, à mesure que ces feuilles deviennent plus fermes, nos Chenilles deviennent plus fortes, & par la suite, elles mangent indistinctement toutes les parties de la feuille. Ce n'est aussi qu'au printems qu'on remarque bien le désordre qu'elles font, parce qu'alors elles dépouillent les arbres de leurs feuilles. Elles ne leur avoient pourtant guère moins fait de mal, vers la fin de l'été; mais c'est un mal qu'on met moins alors sur leur compte, parce qu'elles laissent les feuilles dans leur entier: on pense d'ailleurs que c'est la sécheresse qui a fait périr la plupart de celles qui n'ont cependant perdu leur verdure que parce que la moitié de leur substance a été mangée par nos petits insectes; après avoir mangé, elles reviennent sur leur nid; & si l'air est doux, elles se placent sur sa surface extérieure les unes auprès des autres, elles s'y tiennent en repos & comme immobiles. Mais lorsque l'air devient froid, ou qu'il tombe de la pluie abondamment, elles rentrent dans leur retraite. Quand elles se renferment à la fin de l'automne, elles sont extrêmement petites; elles sont au moins aussi petites au printemps, mais alors leur volume croît assez vîte. Leur nid plein de dépouilles & d'excrémens, n'auroit plus assez de capacité pour les contenir: plusieurs des portes, les plus intérieures sur-tout, cessent même d'être proportionnées à la grosseur de leur corps: à mesure qu'elles croissent elles songent donc à étendre l'enceinte de leur nid; elles ajoutent tout au tour de nouvelles toiles. Les espaces renfermés entre l'ancien nid & ces nouvelles toiles, leur fournissent de nouveaux logemens. C'est dans ces nouveaux logemens, dont elles augmentent encore le nombre par la suite, en filant toujours d'autres toiles, qu'elles se rendent toutes les fois qu'elles veulent se tenir tranquilles, se mettre à l'abri des injures de l'air, ou enfin lorsqu'elles ont à changer de peau : elles quittent celles de l'hiver peu de jours après leur première sortie. Enfin après avoir changé de peau plusieurs fois, le temps de leur dispersion arrive; la société se dissout ; chaque Chenille tire de son côté, & va passer le reste de sa vie dans la solitude. A quelque heure, soit du jour, soit de la nuit, qu'on observe alors les nids, on les trouve abandonnés. Si on les déchire, on ne rencontre dans leur intérieur, que des dépouilles & des excrémens, & souvent des insectes de diverses espèces qui s'en sont emparés. C'est dans les premiers jours du mois de mai qu'on commence à voir de ces Chenilles une à une, ou par petites troupes, dans des endroits fort éloignés des nids : alors devenues plus fortes, l'état de société ne leur est plus nécessaire; elles n'ont plus besoin d'habitation commune. Nous aurons occasion de poursuivre leur histoire. C'est assez sans doute pour solliciter le désir de les observer, & pour nous engager à présenter quelques autres exemples de même genre.

Les forêts de Pins nourrissent des Chenilles d'une autre espèce, qui passent une grande partie de leur vie en société, & qui paroissent plus dignes d'attention que les précédentes, par la quantité & la qualité de la soie dont est fait le nid qu'elles habitent en commun. Ces nids, fort communs en certaines années, sont quelquefois plus gros que la tête d'un homme; la soie en est forte & blanche. Cette Chenille ne doit point être rangée dans la classe de celles dont nous avons à nous plaindre. Les dégâts qu'elle fait ne doivent ni exciter ni mériter notre vengeance : peu nous importe qu'elle ronge les feuilles étroites & pointues du pin, qui est le seul arbre qu'elle attaque. Loin de nous nuire, elle construit des cocons avec la soie qu'elle file, qui pourroient être d'une grande utilité, si on prenoit les soins nécessaires pour les préparer & les mettre en état d'être cardés. Cette Chenille très-commune dans les endroits incultes où croissent les Pins, est de grandeur médiocre, c'est-à-dire, de douze à quinze lignes, & de la classe de celles qui ont seize pattes. Sa peau, noire en-dessus, est très-velue; en-dessous elle est de couleur de feuilles mortes; sa tête est ronde & noire. Ces Chenilles vivent en société dans un nid que toute la famille a contribué à construire; elles s'y retirent pendant la nuit; dès qu'il fait jour, elles en sortent pour se répandre sur l'arbre & en ronger les feuilles. Leur marche, quand elles sortent & rentrent dans leur nid, est dans le même ordre que celle de Chenilles qu'on a nommé processionnaires, & elles forment comme elles une espèce de procession.

Toutes les Chenilles du Pin sorties des œufs d'un même papillon, travaillent de concert comme les Chenilles communes, à se faire un nid, peu de temps après qu'elles sont nées. Elles le font d'abord assez petit, proportionné à leur propre grandeur; à mesure qu'elles grossissent, elles en augmentent l'enceinte, en filant de nouvelles toiles; elles forcent de nouvelles feuilles à s'y réunir. Ce n'est que vers l'automne que ces nids sont assez gros pour se faire remarquer. Leur figure n'a rien de constant ni de régulier, mais elle est toujours à-peu-près celle d'un cône renversé. Ils sont revêtus d'une belle soie blanche, qui enveloppe divers paquets de feuilles, couchées la plupart suivant leur longueur. En quelques endroits de la surface extérieure, les toiles sont minces, mais dans d'autres endroits elles sont assez épaisses pour empêcher de voir les feuilles qu'elles enveloppent. Tout l'intérieur du nid est rempli de toiles dirigées en différens sens, qui forment divers logemens pour les Chenilles, & tous ces logemens se communiquent apparemment comme ceux de la Chenille commune. Quelquefois on peut remarquer dans le gros bout du nid, une ouverture en forme d'entonnoir, d'environ quatre lignes de diamètre, entourée de toiles plus épaisses que celle des autres endroits : c'est-là la grande entrée du nid, mais ce n'est pas la seule; on peut en observer d'autres plus petites. La principale entrée n'est pas constamment dans le même endroit. Dès que les Chenilles ont commencé à sortir de leur nid, elles se répandent bientôt en grand nombre sur la toile, qu'elles épaississent par de nouveaux fils qu'elles tendent de côté & d'autre. Elles marchent fort vîte & ne s'écartent d'abord un peu que pour aller ronger quelques feuilles placées dans les environs. Quand elles viennent à se dévaler, elles se servent d'un fil de soie très-délié, comme d'une échelle pour remonter à leur nid. Quoiqu'elles paroissent sortir plus volontiers la nuit que le jour, & semblent fuir la lumière, on en voit néanmoins qui sortent à toutes les heures du jour. Elles ont deux manières de marcher très-aisées à distinguer : l'une semblable à celle des Chenilles à seize pattes; l'autre se fait par petites secousses de tout le corps, & celle-ci est plus lente. Elles marchent en procession, à la file les unes des autres, & dans le plus bel ordre. Elles défilent toutes une à une, d'un pas égal & assez lent. La file qui est souvent très-longue, est presque par-tout continue, c'est-à-dire, que la tête de la Chenille qui suit, touche le derrière de la Chenille qui précède. Tantôt elles défilent sur une ligne droite, tantôt elles tracent des courbes plus ou moins irrégulières, qui imitent quelquefois des festons ou des guirlandes, d'autant plus agréables à l'œil, que toutes les parties de la guirlande sont en mouvement & varient sans cesse leurs aspects. Quand plusieurs de ces sociétés s'avoisinent & que les processions partent de différens nids, les guirlandes ou les cordons se multiplient, se dirigent en différens sens, tracent une multitude de figures, & le spectacle en devient plus amusant encore. Elles s'éloignent souvent à d'assez grandes distances du nid : les files de Chenilles sont alors fort longues. Tandis qu'une procession suit la même ligne droite, d'autres se détournent en différens sens. Les unes montent, les autres descendent. Toutes les Chenilles d'une même procession marchent d'un pas uniforme & presque grave : aucune ne se presse de dévancer les autres, aucune ne demeure en arrière dans l'intérieure de la file. La Chenille qui est à la tête de la procession détermine les évolutions de toute la troupe. Quand cette Chenille s'arrête, celle qui la suit immédiatement s'arrête aussi, puis la troisième, la quatrième, la cinquième, &c. & si la file est fort longue, on juge bien que les Chenilles qui en occupent le milieu ou la queue, cheminent encore, tandis que celles qui en occupent la tête ne cheminent plus. Il se passe là précisément ce qui se passe dans les troupes qui défilent en bon ordre. Chaque Chenille garde sa place, & dirige sa marche sur celle de la Chenille qui la précède immédiatement. Elles n'ont pas proprement un chef : mais la Chenille qui marche la première en tient lieu, & toutes les Chenilles suivent ses pas. Lorsque les premières Chenilles d'une procession font halte, elles se rassemblent ordinairement les unes auprès des autres, & les unes sur les autres en monceau, & se renferment dans une espèce de poche à claires voies, assez semblable à un filet à prendre les poissons. S'il arrive que cette poche soit fort fréquentée, elle devient en quelque sorte un second nid ; car les Chenilles l'aggrandissent, & le fortifient de plus en plus par de nouveaux fils. Lorsque nos processionnaires reviennent à leur nid, c'est par la même route qu'elles ont suivie en s'en éloignant. Souvent elles s'éloignent beaucoup de leur domicile & par différens détours ; cependant elles savent toujours le retrouver & s'y rendre au besoin. Ce n'est pas la vue qui les dirige si sûrement dans leurs marches : cela est très-prouvé. La nature leur a donné un autre moyen de regagner leur gîte. Nous pavons nos chemins ; nos Chenilles tapissent les leurs, elles ne marchent jamais que sur des tapis de soie. Tous les chemins qui aboutissent à leurs nids, sont couverts de fils de soie. Ces fils forment des traces d'un blanc lustré, qui ont au moins deux ou trois lignes de largeur. C'est en suivant à la file ces traces, qu'elles ne manquent point de gîte, quelque tortueux que soient les détours dans lesquels elles s'engagent. Si l'on passe le doigt sur la trace, l'on rompra le chemin, & l'on jettera les Chenilles dans le plus grand embarras. On les verra s'arrêter tout-à-coup à cet endroit, & donner toutes les marques de la crainte & de la défiance. La marche demeurera suspendue, jusqu'à ce qu'une Chenille plus hardie ou plus impatiente que les autres, ait franchi le mauvais pas. Le fil qu'elle tend en le franchissant, devient pour un autre un pont sur lequel elle passe. Celle-ci tend en passant un autre fil ; une troisième en tend un autre, &c. & le chemin est bientôt réparé. Les procédés industrieux des insectes, & en général des animaux, s'emparent facilement de notre imagination. Nous nous plaisons à leur prêter nos raisonnemens & nos vues. Nos Chenilles sans doute ne tapissent pas leurs chemins, pour ne point s'égarer ; mais elles ne s'égarent point parce qu'elles tapissent leurs chemins. Elles filent continuellement, parce qu'elles ont continuellement besoin d'évacuer la matière soyeuse que la nourriture reproduit, & que leurs intestins renferment. En satisfaisant à ce besoin, elles assurent leur marche sans y songer, & ne le font que mieux. La construction du nid est encore liée à ce besoin. Son architecture l'est à la forme de l'animal, à la structure & au jeu de ses organes, & aux circonstances particulières où il se trouve. En observant la manière dont nos Chenilles du Pin tapissent leurs chemins, on les voit élever & abaisser alternativement leur tête. Quand elles l'abaissent, la filière colle le fil sur le plan, le long duquel défile la procession : quand elles l'élèvent, la filière laisse couler le fil, & il continue à couler tandis que la Chenille fait quelques pas : la tête s'abaisse ensuite de nouveau, & le fil est collé sur le plan. Lorsqu'elles ont pris tout leur accroissement vers mars, avril ou mai, selon les climats, & que le temps de leur métamorphose approche, elles abandonnent leurs nids, se séparent & vont se construire, dans la terre, des coques de pure soie, qui ne répondent pas à ce qu'on attendoit de si grandes fileuses. On doit se défier des poils de ces Chenilles. Lorsqu'on les touche, on sent au bout de quelques temps une sorte d'engourdissement dans les doigts ; puis des démangeaisons & des cuisons assez fortes, qui sont bientôt suivies d'enflure.

La Chenille *à livrée* (*Bombyx neustria*) est ainsi nommée à cause des bandes longitudinales de diverses couleurs qui parent son corps, & lui donnent quelque ressemblance à un ruban. Il règne au milieu de son dos, dans toute la longueur un petit filet blanc, accompagné de chaque côté d'une bande bleue, bordée de part & d'autre, d'un cordonnet rougeâtre ; la tête & la partie postérieure sont bleuâtres. Cette Chenille est très-commune dans les jardins & dans les vergers. Les feuilles des arbres à fruits, & celles de plusieurs autres sont de son goût. Il y a des années où elle est si commune, qu'elle fait les plus grands dégats, qu'elle dépouille de leurs feuilles tous les arbres fruitiers sur lesquels elle s'établit. Il seroit sans doute très-intéressant de détruire les couvées de ces sortes d'insectes, si nuisibles par leur voracité; mais l'industrie des femelles les dérobe souvent à nos yeux & à nos recherches. Lorsqu'on est curieux d'observer dans les campagnes où les femelles des papillons déposent leurs œufs, on peut remarquer autour des jeunes branches d'arbres, des anneaux de cinq ou six lignes de largeur, formés par de petits grains, qui sont les œufs de cette espèce de Chenille, que la femelle du Bombix dépose & arrange en forme de spirale, quelquefois au nombre de deux ou trois cens. Ils passent ainsi l'hiver, sans que le froid fasse mourir le germe qu'ils contiennent. Au retour du printems, tous ces œufs éclosent; il en sort des Chenilles qui vivent en société pendant leur enfance; elles filent ensemble une toile qui leur sert de tente, sous laquelle elles ont soin de faire entrer quelques feuilles pour se nourrir. Dès que la provision est finie, la famille se transporte à un autre endroit de l'arbre, où elle peut trouver d'autres provisions: là, elle s'établit, en formant de nouveau avec sa toile, une tente qui enveloppe les feuilles qui sont à sa portée. Dès que la provision est finie, elle déloge. Ce petit manège, qui dure tout le tems que les Chenilles sont jeunes, suffit pour dépouiller un arbre entièrement, quand il y a deux ou trois de ces familles nombreuses. A mesure qu'elles prennent leur accroissement, elles se dispersent de côté & d'autre pour aller filer leur coque solitaire. Oublions maintenant les torts qu'elles peuvent nous causer, pour ne rappeller que ce qu'elles présentent vraiment d'intéressant depuis leur naissance jusqu'au moment de leur dispersion.

C'est vers le mois d'avril qu'on voit naître dans nos climats les premières *livrées*. On peut remarquer que le bout de chaque œuf, qui est sur le contour extérieur du brasselet, a une sorte de petit couvercle. Quand la Chenille qui est renfermée dans l'œuf, est devenue assez forte, elle perçe avec une de ses dents le couvercle; toutes ne le perçent pas au même endroit, mais ordinairement c'est entre le bord & le milieu. Le trou est d'une grandeur proportionnée à celle de l'instrument qui l'a ouvert, c'est-à-dire, qu'il laisse seulement sortir en dehors la pointe de la dent; mais dès que ce trou est ouvert, la petite Chenille est en état de travailler avec succès à l'aggrandir, & à se faire un passage par où tout son corps puisse sortir. Elle saisit entre la pointe de la dent qui s'est élevée au-dessus du couvercle, & la dent qui est restée au-dessous, une petite portion de ce couvercle, elle le coupe, & ainsi successivement & continuellement, elle détache, elle ronge de petites portions nouvelles, pour aggrandir l'ouverture commencée. Ce n'est quelquefois qu'après une matinée de travail que ces Chenilles parviennent à faire une ouverture dont le diamètre soit égal à celui de leur petite tête. Il ne leur faut aussi à d'autres quelquefois qu'une couple d'heures. Dès qu'elles ont pu faire passer leur tête, elles sont en état de se tirer assez vite de leur prison; elles font sortir leurs deux premières pattes écailleuses, elles les cramponnent sur les bords de l'ouverture, & au moyen de ce point d'appui, & des efforts faits pour avancer, elles font bientôt paroître en dehors la partie du corps à laquelle tiennent les quatre autres parties écailleuses, & elles achevent avec leur secours, de se tirer de la coque de l'œuf; elles se posent sur le brasselet & y restent tranquilles les unes auprès des autres. Leurs poils qui étoient pressés & couchés pendant qu'elles étoient dans l'œuf, se redressent, & sont tres-grands. Ordinairement, il se passe deux jours avant que toutes celles d'un même anneau soient nées. Celles qui sont écloses le matin, dès l'aprè-midi du même jour, ou au plus tard le jour suivant, vont chercher de la nourriture. Elles attaquent les feuilles qui ne commencent qu'à pointer, & si les feuilles ne paroissent pas encore, elles n'épargnent pas les fleurs. Quoiqu'elles se tiennent assez proches les unes des autres, pendant qu'elles mangent, elles se dispersent plus alors que ne font les *Communes*, elles ne s'arrangent pas avec autant d'ordre. Chacune attaque la feuille par un endroit différent du bord, elles la mangent dans toute son épaisseur.

A peine ces petites Chenilles à *livrée* ont-elles cessé de manger, qu'elles s'occupent à filer, elles travaillent de concert à des toiles qu'elles étendent, & qu'elles attachent aux angles d'où partent les rejettons qui leur donnent des feuilles. Ce sont ces feuilles assujetties par les toiles qu'elles mangent par préférence. Ces toiles qui composent leur nid, sont d'abord si transparentes, qu'elles ne dérobent pas aux yeux les petites Chenilles qui logent dans l'intérieur. Vue d'un peu loin, cette Chenille fort jolie, semble dorée; mais quand on la regarde de près, on reconnoît que sa couleur n'est qu'un beau jaune très-vif. Pendant la nuit, nos jeunes Chenilles reviennent ordinairement dans l'intérieur du nid; mais dans le jour elles se rendent sur sa surface, & s'y arrangent les unes au-dessus des autres, comme sur une terrasse pour y prendre l'air. S'il vient à pleuvoir sur le nid, elles savent très bien se retirer sous la surface opposée. Ce qu'elles font voir de remarquable dans ce tems de repos, surtout lorsqu'il fait chaud, & ce qui ne leur est pas commun avec beaucoup d'autres Chenilles, ce sont des espèces de coups de tête extrêmement brusques, qu'elles donnent en l'air, tantôt à droite, tantôt à gauche, tantôt en haut, & tantôt en bas; il semble qu'elles sont en colère, & qu'elles veulent frapper. La partie antérieure de leur corps, se meut alors avec la tête. Lorsqu'on les observe la nuit, à la lumière d'une bougie, elles paroissent se réveiller aussitôt, plusieurs se mettent en mouvement, & commencent à marcher; à peine a-t-on retiré la lumière, elles cessent de se mouvoir, & paroissent se rendormir. On remarque encore qu'elles sont sensibles à des sons un peu forts, alors celles qui sont en marche, s'arrêtent, & font faire à leur partie antérieure des vibrations très-promptes, comme si ce bruit leur étoit incommode. Lorsqu'une Guêpe, ou tout autre insecte redoutable vient voltiger au-dessus du nid, toutes

toutes les Chenilles qui sont attroupées sur la toile, se mettent aussi à agiter brusquement la partie antérieure, & par ces coups réitérés, elles écartent le volatil dangereux. Quand on touche du doigt le derrière d'une de ces Chenilles, elle y porte brusquement la tête comme pour mordre.

Lorsque nos petites républicaines commencent à s'éloigner de leur habitation, leur marche est encore singulière; elles vont, comme les précédentes, en procession, à la file les unes des autres: mais leur file n'est pas si continue, & les rangs ne sont pas égaux. Il y en a de quatre, de trois, de deux Chenilles; & la plupart ne sont que d'une seule. Toutes marchent d'un pas égal & tranquille, en promenant la tête alternativement à droite & à gauche. On croit voir une colonie qui va chercher ailleurs un établissement. Souvent la procession est interrompue dans sa marche, par des Chenilles qui retournent au nid, ou par d'autres qui font halte. Après avoir fait un certain chemin, souvent la procession s'arrête, & les Chenilles s'attroupent; ensuite les unes retonruent au nid par le même chemin, les autres continuent leur route. Ainsi une partie de la procession monte, & l'autre descend, sans la moindre confusion; celles qui regagnent le nid, passent immédiatement à côté de celles qui s'en éloignent, sans que la marche des unes & des autres en soit aucunement troublée; elles marchent d'un pas assez lent. Lorsqu'elles reprennent le chemin du nid, c'est aussi par la même route qu'elles ont suivie pour s'en éloigner. On devine aisément le procédé au moyen duquel elles retrouvent toujours le chemin de leur habitation; la Chenille du Pin nous a déjà instruit. On comprend pourquoi chaque Chenille porte la tête de droit à gauche, tandis qu'elle marche, manœuvre différente de celle des processionnaires du Pin, qui élèvent & abaissent alternativement leur tête, mais qui remplit les mêmes vues. Pendant qu'elle exécute ce mouvement, la filière laisse sortir le fil qui trace la route. Elle recouvre ainsi, de soie, le chemin qu'elle parcourt; & celles qui la suivent, exécutant la même manœuvre; il se forme peu-à-peu de tous les fils réunis, une sorte de ruban ou de tapis de soie, dont le tissu se fortifie de plus en plus & détermine toujours mieux la route. La première route tracée par nos nouvelles processionnaires, est la plus fréquentée; mais elles en tracent d'autres plus ou moins irrégulières, ou plus ou moins obliques, qui aboutissent toutes au nid. A voir nos petites Chenilles marcher toujours en grande procession, on croit d'abord qu'elles n'osent s'écarter seules du nid. On voit cependant bien des fois une de ces Chenilles faire seule toute la route qui a été tracée par une procession. De petites compagnies de six à sept Chenilles, vont souvent à la quête, à une grande distance du nid. On peut quelquefois prendre plaisir à toucher légèrement du doigt la Chenille ou les Chenilles qui marchent à la tête d'une procession. Elles secouent aussi-tôt la tête à plusieurs reprises & rebroussent avec vîtesse, sans être arrêtées dans leur fuite par celles qui suivent d'un pas tranquille la première route. Lorsqu'on enlève aussi avec le doigt un peu de la soie qui tapisse le chemin de nos processionnaires, on remarque avec surprise que quand la Chenille qui conduit la procession est arrivée à l'endroit où la trace a été interrompue, elle rebrousse chemin aussitôt, comme si elle étoit effrayée: celle qui la suit immédiatement en fait de même, & elles sont suivies de plusieurs autres. Toutes semblent se hâter de regagner le nid. L'effroi ne se répand pas cependant dans toute la procession: elle continue à défiler en bon ordre, d'un pas égal & tranquille; mais à mesure que les Chenilles qui précèdent arrivent à l'endroit où l'on a rompu la trace, elles interrompent leur marche & paroissent plus ou moins embarrassées. On voit, à ne pouvoir s'y méprendre, qu'elles n'osent hasarder de continuer leur route. Elles restent à la même place, tâtent de tous côtés avec leur tête & hésitent toujours de franchir le pas. Enfin, une des Chenilles plus hardie que les autres, ose le franchir. Le fil qu'elle tend en passant, rétablit la route. D'autres Chenilles la suivent, qui tendent de même de nouveaux fils, & au bout de quelques temps, on ne voit plus d'interruption dans la trace de soie. On s'apperçoit néanmoins que, jusqu'à ce que la voie ait été entièrement réparée, nos Chenilles montrent toujours quelque inquiétude en traversant l'endroit où elle a été rompue. Elles s'éloignent quelquefois du nid à de grandes distances; souvent, par divers détours, elles font plus de quarante pieds de chemin. C'est un bien long pélérinage pour de si jeunes Chenilles, qui n'ont guères que trois ou quatre lignes de longueur. On ne peut vraiment se lasser d'admirer leur police, dès qu'on a été tenté de l'observer, & des détails même répétés sur cet objet, ne paroîtront point fastidieux à nos lecteurs. Il n'y a peut-être rien de si joli que les cordons que nos Chenilles forment par leurs évolutions diverses. Ils paroissent, à une certaine distance, des traits d'or; mais ces traits sont tous en mouvement, & les uns sont tirés en ligne droite, tandis que les autres représentent des courbes à plusieurs inflexions. Ce qui rend le spectacle plus agréable encore, c'est que le cordon d'or, formé par le corps des Chenilles, placées immédiatement à la file les unes des autres & au nombre de plusieurs centaines, semble couché sur un ruban de soie, d'un blanc vif & argenté; & l'on voit bien que ce ruban est le petit sentier tapissé de soie que les Chenilles suivent si constamment. Quand les feuilles des environs de leur habitation sont rongées, elles vont plus loin filer de nouvelles toiles auprès des feuilles qu'elles se proposent de manger dans la suite. C'est dans ces mêmes toiles qu'elles cramponnent leurs pieds toutes les fois qu'elles ont à changer de dépouilles. Après leur seconde mue, ordinairement, elles n'observent plus la même discipline. Elles ne marchent plus en procession, & ne suivent plus les sentiers de soie qui ont servi à les diriger dans leur enfance. Elles errent de côté & d'autre sans aucun ordre. Elles se séparent enfin les unes des autres, quelques semaines avant que de songer à faire leurs coques. On ne les trouve plus alors qu'une à une.

Arrêtons-nous encore quelques instans sur l'histoire d'une Chenille un peu plus petite que la précédente, & qui donne aussi un papillon diurne; on la trouve dans les prairies vers la fin de septembre; mais elle y est encore plus aisée à trouver vers le milieu d'octobre. Dans le besoin, elle mange les feuilles des gramens des prés, mais elle préfère le plantin, & sur-tout celui à feuilles étroites. Quand on commence à voir de ces Chenilles, elles sont d'une couleur de marron; par la suite, après avoir mué, elles sont d'un très-beau noir, & leur tête devient rouge. Elles forment une classe moyenne entre les épineuses & les velues. Quoique leurs sociétés ne soient pas bien nombreuses, & ne renferment jamais plus d'une centaine de *Chenilles*; les endroits où elles se sont établies, sont aisés à reconnoître. On voit dans des prairies certaines touffes d'herbes, qui sont recouvertes de toiles blanches, qu'on est d'abord tenté de prendre pour des toiles d'araignées; mais quand on les regarde de plus près, on connoît qu'elles ont été faites par d'autres ouvrières & pour d'autres usages. Ce sont des espèces de tentes, au-dessous desquelles nos *Chenilles* mangent, se reposent & changent de peau toutes les fois qu'elles en ont besoin. La disposition de ces toiles n'a rien de régulier: il y en a de posées en divers sens, & plusieurs les unes sur les autres; la figure de la touffe d'herbe, la direction des branches qu'elle jette, décide de la disposition des toiles, qui, souvent, vont depuis les feuilles qui s'élèvent le plus, jusqu'à celles qui sont les plus proches de la surface de la terre. Le gros de la masse approche pourtant, pour l'ordinaire de la figure pyramidale. L'intérieur est comme partagé par plusieurs cloisons, en différens logemens, qui s'élargissent en s'approchant de la base. Ce qui a été renfermé sous une pareille tente, ou, si l'on veut, sous plusieurs tentes rassemblées les unes auprès des autres, est destiné à la pâture de nos *Chenilles*. Quand elles ont rongé toutes ces feuilles, ou ce qu'elles avoient chacune de meilleur & de plus tendre, elles abandonnent ce premier camp pour en aller établir un autre sur une touffe d'herbe plus fraîche; elles n'y transportent pas leurs tentes; comme elles sont de bonnes fileuses, il leur en coûte peu d'en faire de nouvelles. Leurs différens campemens sont aisés à retrouver; souvent on voit quatre ou cinq touffes d'herbe, éloignées les unes des autres d'un pied ou deux, encore couvertes de toiles en assez mauvais état, & étendues au-dessus de feuilles très-maltraitées. Elles se construisent ainsi, pendant le cours de l'automne, une suite de tentes, qui sont des logemens suffisans pour la saison. Mais lorsqu'elles se préparent à changer de peau, & sur-tout quand elles sentent les approches de l'hiver, elles songent à se loger plus chaudement, elles se font un logement plus solide dans l'intérieur de la principale tente. Les toiles de la tente sont minces, & souvent assez transparentes pour laisser voir les feuilles au dessus desquelles elles sont tendues; la toile qui doit composer ce logement intérieur, est forte, épaisse & opaque. Cette derniere toile forme une espece de bourse, c'est à dire, que sa figure est arrondie & que l'intérieur de sa cavité n'est partagé par aucune cloison. Les *Chenilles* sont les unes sur les autres dans cette bourse; chacune y est roulée: elles sont aussi de celles qui se roulent dans bien d'autres circonstances. Dans le tems où elles sont occupées à manger, si on en veut prendre quelqu'une, à peine a-t-on touché les feuilles dont elle est proche, qu'aussitôt elle se laisse tomber; la plupart de ses voisines en font de même, elles tombent roulées, & paroissent comme mortes. Après avoir passé la mauvaise saison dans un état d'engourdissement, elles commencent à sortir au plus tard vers les premiers jours de mars, c'est-à-dire, un mois avant la sortie des *Chenilles communes*; aussi les premières trouvent-elles des feuilles de Gramen & de Plantain, lorsque les autres ne trouvent pas encore des feuilles d'arbres. Dès qu'elles sont sorties de leur bourse ou de leur nid, elles se remettent à filer, & reprennent leur genre de vie; elles couvrent de toiles les feuilles dont elles veulent se nourrir. Elles se font de nouvelles tentes de soie, qui servent à les défendre contre la pluie. C'est sur-tout; pendant que soleil brille, qu'elles travaillent à étendre & à fortifier ces tentes. Elles se réservent dans les toiles, diverses ouvertures dirigées obliquement, par où elles peuvent rentrer sous leurs tentes ou en sortir. Lorsque les nuits sont douces, on les voit souvent hors de la tente, attachées les unes auprès des autres, & même les unes sur les autres, contre une tige de Gramen; mais quand les nuits sont froides, elles ne restent pas ainsi exposées aux injures de l'air. Ce ne sont pas seulement les *Chenilles* d'une même famille qui sont disposées à vivre ensemble; pour rassembler différentes familles en une même société, il ne faut que des circonstances qui y soient favorables; aussi voit-on souvent les *Chenilles* de différens nids, se réunir pour travailler en commun à une même tente. Enfin, après s'être dépouillées, vers le milieu d'avril, elles se dispersent, elles abandonnent leur tente sans songer à s'en faire une nouvelle; chacune va de son côté pour vivre en particulier & se préparer à la métamorphose.

Il nous reste encore à parler de deux nouvelles espèces de Chenilles qui ne vivent également en société qu'une partie de leur vie, & que l'on peut rencontrer assez fréquemment pour ne devoir pas être oubliées. Après avoir travaillé à une longue suite d'articles particuliers, & n'avoir eu le plus souvent à présenter que de pures descriptions qui ne peuvent être intéressantes que pour le naturaliste spécialement occupé de cette partie de l'histoire naturelle; il est si doux d'avoir à traiter dans un article général, un sujet qui doit intéresser l'observateur philosophe, & le plus simple amateur de la nature, qu'on nous pardonnera sans doute aisément tous les détails auxquels nous nous livrons dans ce moment. Nous pourrions les abréger, il est vrai, par le moyen des renvois; mais, outre que ces nouvelles recherches sont pénibles pour bien des lecteurs, on n'auroit pas aussitôt sous ses yeux cette suite d'observations & de faits particuliers, qui peuvent être d'autant plus aisément rassemblés, & qui sont nécessaires pour former avec assez d'étendue l'histoire générale des Chenilles. Nous aurons dans l'occasion, le soin d'éviter les répétitions en renvoyant à cet article-ci.

Les Chenilles dont nous avons à parler, paroissent au premier coup d'œil entièrement noires, & d'un noir qui imite celui de l'encre de la Chine. Mais, lorsqu'on les regarde de plus près, on leur voit sur les côtés, au dessus des stigmates, une sorte de bordure très-fine, de couleur blanche, ou quelquefois jaune citron, assez semblable à une dentelle étroite, qui s'étend depuis le second anneau, jusqu'au derrière. Tout leur corps est parsemé de longs poils roux, avec deux houppes de poils rouges, fort courts. Elles ont seize pattes: les écailleuses sont noires; les membraneuses rougeâtres. On trouve leur nid sur l'Aubépine, le Prunier sauvage, ou autres arbrisseaux. Ces nids sont ordinairement de pure soie, & cette soie est très-blanche. Elle semble inviter à la mettre en œuvre. Ces nids n'affectent pas de forme régulière. Ils sont construits autour des tiges ou des branches, & sont bien plus grands que ceux des *Livrées* ou des *Communes*. Aussi, les *Chenilles* qui les habitent, sont elles plus grandes & plus grosses que les *Communes*. C'est dans le mois de mai qu'il faut les chercher. Ils ne sont pas rares sur les haies. On voit à la surface du nid quelques ouvertures oblongues, d'inégale grandeur, & qui sont les portes de l'habitation. On y découvre quelquefois deux chemins principaux, tapissés d'une belle soie blanche, & l'on croit voir les principales avenues d'une grande ville. L'un se dirige en ligne droite & en bas, & aboutit à la grande porte du nid. L'autre serpente sur le dessus de la haie, s'élève, s'abaisse, se relève pour s'abaisser encore, & se plonger enfin dans l'épaisseur de la haie, à une certaine distance du nid. D'autres chemins moins marqués, plus tortueux, & qui sont comme des chemins de traverse, & des routes détournées, viennent aussi aboutir à l'habitation par divers côtés. On peut voir nos *Chenilles* sortir & rentrer à certaines heures, par les ouvertures de leur nid. Elles en sortent pour aller prendre leur repas sur les feuilles des environs, & y rentrent après les avoir pris, à peu-près dans le même tems. Lorsque le soleil darde ses rayons sur le nid, elles sont dans une grande agitation, & courent fort vîte de tous côtés. Elles augmentent chaque jour les dimensions du nid par de nouveaux fils, qui forment des toiles superposées & plus ou moins épaisses. Après avoir changé deux ou trois fois de peau, elles commencent à abandonner leur nid & à se séparer.

L'autre espèce de *Chenilles*, dont nous avons à rendre compte, a été mieux observée, & doit fournir plus de détails. Vers la fin de juin, on peut appercevoir sur des feuilles d'Aubépine, de Prunier sauvage, ou d'autres arbustes des haies, un petit amas d'œufs, dignes d'exciter la curiosité & l'attention. Leur forme ne ressemble point à celle des œufs les plus connus. Elle est pyramidale. Chaque pyramide repose sur sa base, & toutes sont arrangées adroitement, les unes à côté des autres dans un espace circulaire. Elles sont cannelées, & leur base est arrondie en manière de poire. Ces œufs si jolis, paroissent plus jolis encore, considérés à la loupe. On y compte sept cannelures. Le sommet de la pyramide présente une surface plane, où les sept cannelures traçent la figure d'une petite étoile à sept rayons. On voit au centre de l'étoile un point brun, bien marqué. L'extrémité supérieure des cannelures est de couleur blanchâtre, & le corps de l'œuf d'un beau jaune. Au bout de quelques jours, on peut voir ces œufs changer de couleur, & leur beau jaune s'altérer de plus en plus. Ce changement de couleur, annonce assez que les *Chenilles* ne tarderont pas à éclore, & en effet, les plus diligentes paroissent bientôt au jour. On doit, vraiment, se féliciter de pouvoir assister à leur naissance. Il paroît d'abord que l'enveloppe ou la coquille de l'œuf devient plus mince, ou plus transparente vers le haut de la pyramide. La petite *Chenille*, non encore éclose, ronge intérieurement la partie de l'enveloppe comprise entre les cannelures; & elle les dispose ainsi à se prêter plus facilement, à sa sortie. Le point brun placé au centre de la petite étoile, que les cannelures traçent au sommet de la pyramide, se rembrunit de plus en plus, & devient enfin d'un noir assez foncé. Alors paroît à découvert, la tête de la *Chenille* naissante. De moment en moment, une plus grande partie de son corps se montre hors de l'œuf. Cette *Chenille* est de couleur grise, demie-velue, à seize pattes. On remarque que les petites *Chenilles* restent posées sur l'amas d'œufs, comme si elles n'osoient s'en éloigner. On observe encore que leur tête est ramenée vers les premières jambes. Cette attitude ne doit pas être jugée indifférente. On est bientôt instruit que les petites *Chenilles* dévorent la coquille des œufs dont elles viennent de sortir, & ce qui surprend davantage, après avoir dévoré leurs propres œufs, elles vont encore ronger la coquille des œufs dont les *Chenilles* ne sont pas écloses. On diroit qu'elles veulent les aider à éclore; & des naturalistes amoureux du merveilleux, pourroient bien leur attribuer cette bonne intention. Il est bien évident néanmoins, qu'elles n'ont que celle de satisfaire leur goût. Elles se plaisent apparemment à manger la coquille des œufs, & cette singulière nourriture peut leur être alors d'une utilité particulière que nous ne devinons pas, & qui entre sans doute dans les vues de la nature. On voit assez que cet aliment un peu dur, exerce fort leurs petites dents encore tendres, & que ce n'est que lentement & avec peine qu'elles parviennent à le broyer. Quoique nos *Chenilles* nouvellement écloses, ne se proposent pas d'aider à leurs compagnes à venir au jour, il est pourtant vrai que celles dont les œufs sont ainsi rongés par dehors, sont plus facilement écloses: elles ont moins d'ouvrage à faire. Il s'écoule quelques jours avant que toute la nichée soit éclose. On ne voit plus enfin sur la feuille, que des vestiges des bases de quelques unes des pyramides. La plupart ont été dévorées en entier. Bientôt nos petites *Chenilles* rapprochent avec des fils de soie les jeunes feuilles dont elles ont dévoré le parenchyme, & qui se sont desséchées. Elles les lient comme tant d'autres espèces de *Chenilles* lient les feuilles de différentes plantes; ainsi, les premières feuilles dont le parenchyme a été dévoré, & qui sont ordinairement celles sur lesquelles les œufs ont été déposés, doivent être regardées comme les fondemens du petit édifice. C'est ordinairement du côté du pédicule, que nos jeunes *Chenilles* commencent à ronger le dessus de la feuille: Elles sont alors rangées les unes auprès des autres, sur une même ligne droite ou courbe, & s'avançant peu à peu, comme en ordre de bataille vers l'autre extrémité de la feuille, elles en fourragent ainsi toute la surface. Les nids de nos *Chenilles* sont donc composés la plupart d'une seule feuille sèche, pliée en deux. Un fil de soie assez fort paroît tenir au pédicule de chaque feuille. Ce fil va s'entortiller autour d'un des boutons de la branche. Là il semble plus épais; il l'est effectivement, parceque les différens tours du fil se recouvrent en partie les uns les autres. Quelquefois on parvient à désentortiller le fil, & à faire descendre le nid qu'il tient suspendu; mais souvent les différens tours du fil sont si bien collés les uns aux autres, & à l'écorce de la branche, qu'il est impossible de les séparer sans rompre le fil; & ces nids sont si bien suspendus que le plus grand vent ne sauroit les détacher. On peut remarquer encore que ce même fil de soie qui les tient ainsi suspendus, n'est pas simplement attaché par une de ses extrémités au pédicule de la feuille, comme le premier coup d'œil le fait croire, mais qu'il pénètre dans l'intérieur même du nid, & qu'il n'est ainsi qu'un prolongement de la doublure de soie qui tapisse les parois du logement. Le nid que ces *Chenilles* se construisent peu de temps après leur naissance, n'est pas celui où elles passent l'hiver. Dès qu'elles ont dévoré toutes les feuilles sorties du même bouton, elles vont ronger celles d'un autre; & tel est l'origine de ces différens nids qu'elles habitent successivement. Le paquet de feuilles qu'elles ont rongé le dernier, compose le dernier nid, où celui dans lequel elles doivent passer la mauvaise saison. On a encore observé que lorsqu'elles abandonnent le nid qu'elles ont construit le premier, elles commencent à se diviser en sociétés plus petites ou moins nombreuses, qui se soudivisent elles-mêmes dans la suite en sociétés moins nombreuses encore; & c'est ainsi qu'il arrive que lorsque l'on ouvre de ces nids pendant l'hiver, on les trouve si inégalement peuplés; en sorte que les uns ne renferment que deux *Chenilles*, tandis que d'autres en renferment quatre, six, douze, quinze, &c. Mais en ouvrant alors ces nids, on est singulièrement étonné de trouver constamment dans chaque de très-petites espèces de coques d'une soie blanchâtre, adossées les unes contre les autres, qui renferment chacune sa *Chenille*. Des coques plus ou moins nombreuses sont distribuées par paquets en différens endroits de l'intérieur du nid. Ce n'est apparemment qu'à la fin de l'automne que nos *Chenilles* filent ces petites coques, où elles se renferment jusqu'au retour du printemps. Alors elles ne tardent pas à sortir de leur coque & de leur nid; on les voit chaque jour se promener sur la branche & aux environs. On observe qu'elles tirent toujours des fils sur le terrain qu'elles parcourent, & ces fils les aident à retrouver le chemin de leur nid, lorsqu'elles s'en sont un peu éloignées. Elles se retirent de temps en temps dans leur habitation, & s'y arrangent les unes à côté des autres, de manière que la tête de toutes regarde vers le même endroit. Quelque temps après leur seconde mue, elles abandonnent le nid & se dispersent. On trouve ordinairement dans ces petits nids, une sorte de poche ou de sac, qui est entièrement rempli d'excrémens, ce qui peut faire juger que ces *Chenilles* ont soin d'aller déposer leurs excrémens à part.

Nous devons maintenant faire connoître, quelques nouvelles *Chenilles*, qui non-seulement vivent en société tant que dure leur vie de *Chenille*, mais qui restent encore toutes ensemble sous la forme de chrysalide. De toutes les républiques de *Chenilles*, les plus nombreuses sont celles d'une espèce qui vit ordinairement sur le Chêne, & qui a été nommée particulièrement *processionnaire* ou *évolutionnaire*. Chaque couvée compose une famille de sept à huit cents individus, qui ne doivent se séparer que sous la forme de papillons. Cette *Chenille* est de la classe de celles qui ont seize pattes. Elle est de grandeur médiocre: sa couleur est un brun presque noir au-dessus du dos, blanchâtre sur les côtés & sous le ventre. Elle est couverte de poils très-blancs, & si longs, qu'ils égalent presque la longueur de leur corps: ils s'élèvent perpendiculairement jusqu'à très-peu de distance de leur bout, qui se termine en crochet, dont la pointe est dirigée en arrière. Tant que ces *Chenilles* sont jeunes, elles n'ont point d'établissement fixe; les différentes familles campent tantôt dans un endroit, tantôt dans un autre, sur le même arbre où elles sont nées: elles filent ensemble pour former des nids qui leur servent d'asyle. A mesure qu'elles changent de peau, elles quittent leur ancien établissement, pour en aller former un autre ailleurs. Quand elles sont parvenues au terme de leur accroissement, qui n'est point éloigné de celui de leur métamorphose en chrysalide, l'habitation qu'elles choisissent alors est fixe. Les nids propres à contenir des familles si nombreuses, doivent être assez considérables; il y en a qui ont jusqu'à dix-huit ou vingt pouces de longueur, sur six à sept de largeur: ils sont souvent appliqués contre des troncs de Chêne, quelquefois proche de la terre, quelquefois à sept ou huit pieds de haut; il y en a aussi d'attachés contre une des principales branches qui partent de la tige. Leur figure n'a rien de singulier ni de bien constant. Ils forment sur l'endroit du Chêne où ils sont appliqués, une bosse pareille aux nœuds qu'on voit à ces arbres. Plusieurs couches de toiles appliquées les unes sur les autres, forment les parois du nid. Entre le tronc de l'arbre & ces parois, est la cavité où les *Chenilles* vont se renfermer de temps en temps, qui n'est partagée par aucune cloison; de sorte que le nid n'est qu'une espèce de poche. Au haut de la toile, près du tronc de l'arbre, est un trou par où les *Chenilles* entrent où sortent à leur gré. Malgré le grand volume de ces nids, quoiqu'il y en ait quelquefois trois ou quatre sur le même Chêne, quoiqu'ils soient attachés à une tige nue & à hauteur des yeux, on ne les apperçoit que quand on cherche à les voir, autrement on les confond avec les tubérosités, les bosses de l'arbre même. La soie qui les couvre devient d'un blanc grisâtre, qui n'imite pas mal la couleur des Lichens, dont les tiges des Chênes sont ordinairement couvertes. Il est rare d'en trouver dans le milieu des forêts; c'est ordinairement sur les grands Chênes & sur les lisières qu'on rencontre ces sortes de républiques.

Quand ces insectes quittent leur logement pour aller s'établir ailleurs, leur marche est faite avec un ordre trop singulier, pour n'avoir pas mérité d'être remarqué par leur premier observateur. Au moment qu'ils sortent de leur habitation, une Chenille va la première, & ouvre la marche, les autres la suivent à la file, en formant une espèce de cordon. La première est toujours seule; les autres sont quelquefois deux, trois, quatre de front. Elles observent un alignement si parfait, que la tête de l'une ne passe pas celle de l'autre. Quand la conductrice s'arrête, la troupe qui la suit, n'avance point; elle attend que celle qui est à la tête, se détermine à marcher pour la suivre. C'est dans cet ordre qu'on les voit souvent traverser les chemins, ou passer d'un arbre à l'autre, quand elles ne trouvent plus de quoi vivre sur celui qu'elles abandonnent. Ont-elles trouvé une branche de Chêne, couverte de feuilles fraiches; alors les rangs se forment autrement, ils se fortifient; les Chenilles se distribuent sur les feuilles, & elles sont si contiguës les unes aux autres, que leur corps se touche dans toute sa longueur. Ont-elles fini de ronger les nouvelles feuilles, & terminé leur repas, elles regagnent leur nid dans le même ordre, une d'entr'elles se met en mouvement, une seconde la suit en queue, une troisième suit celle-ci, & ainsi de suite elles commencent à défiler, toujours si proches les unes des autres, qu'il n'y a pas plus d'intervalle entre les différens rangs qu'entre les *Chenilles* de chaque rang. Souvent le petit corps d'armée fait une infinité d'évolutions tout-à-fait singulières, il se forme sous une infinité de figures différentes; mais il est toujours conduit par une seule *Chenille*: la tête du corps est toujours angulaire, le reste est tantôt plus, tantôt moins développé; il y a quelquefois des rangs de quinze à vingt *Chenilles*. C'est un vrai spectacle pour qui peut aimer celui de la nature, que de se trouver dans les jours chauds d'été, vers le coucher du soleil, dans un bois où il y a plusieurs nids de nos processionnaires sur des arbres peu éloignés les uns des autres. On en voit sortir une de quelque nid, par l'ouverture qui est à sa partie supérieure, & qui suffiroit à peine pour en laisser sortir deux de front. Dès qu'elle est sortie, elle est suivie à la file par plusieurs autres; arrivée environ à deux pieds du nid, tantôt plus près, tantôt plus loin, elle fait une pause pendant laquelle celles qui sont dans le nid continuent d'en sortir; elles prennent leur rang, le bataillon se forme; enfin la conductrice marche, & toute la troupe la suit, entièrement subordonnée à tous les mouvemens de son chef. La même scène se passe dans les nids des environs; on les voit tous se vider à la fois; l'heure est venue, où les *Chenilles* doivent aller chercher de la nourriture: ainsi, c'est pendant la nuit qu'elles se promenent, qu'elles rongent les feuilles fraiches: pendant le jour, & sur tout lorsqu'il fait chaud, elles se tiennent en repos dans leurs nids. On en trouve pourtant quelquefois en plein midi, à peu de distance de leur asyle, sur des troncs ou sur des branches de Chêne, pour prendre le frais; mais alors elles y sont ordinairement plaquées les unes contre les autres, sans se donner aucun mouvement; d'où il arrive qu'il est difficile de les appercevoir, quoiqu'elles y occupent une assez grande surface. Quelquefois au lieu d'être simplement couchées les unes à côté des autres, elles sont les unes sur les autres, & comme lacées; les supérieures se contournent sur les inférieures, & elles forment ainsi diverses masses assez singulières. Quand elles sont dans leur nid, elles y sont aussi arrangées de quelques-unes de ces manières. Elles s'y vident d'une partie de leurs excrémens qui tombent au fond ; elles n'évitent pourtant pas d'en faire tomber sur la toile des parois, peut-être même le cherchent-elles : ils s'y embarrassent, & servent à épaissir, & à fortifier l'enveloppe du nid. En commençant le nid qui doit leur servir de dernière retraite, elles lui donnent, au moins en largeur & en épaisseur, toutes les dimensions qu'il doit avoir ; mais il leur arrive quelquefois de l'alonger quand elles ne lui trouvent pas assez de capacité. La distance de la toile à l'arbre, ne laisse pas de supposer une sorte d'industrie ; car comment une toile mince peut elle prendre une certaine courbure & se soutenir dans un certain éloignement du tronc qu'elle ne touche que par les bords ? Si le nid étoit posé horizontalement au-dessus des branches, il n'y auroit rien de difficile à concevoir ; il n'en est pas de même dès qu'il est posé verticalement contre une tige d'arbre, & que son épaisseur ou sa distance, en certains endroits, est beaucoup plus considérable que ne l'est la longueur du corps d'une *Chenille*. Il suit de-là que la *Chenille* ne sauroit être posée sur l'arbre, quand elle construit la partie du ceintre qui s'en éloigne le plus ; il faut qu'elle soit sur le nid commencé, & que la portion la dernière faite & sur laquelle la *Chenille* est posée, serve d'appui à la portion qu'elle veut faire plus ceintrée, pour la tenir plus éloignée de l'arbre. Il est rare qu'on voie quelques-unes de ces *Chenilles* occupées pendant le jour à travailler à ce nid. La nuit qui est le temps pendant lequel elles mangent, est aussi apparemment celui du fort de leur travail. Elles ont encore une fois à changer de peau, après avoir commencé à se faire leur dernier nid. Lorsque ce temps est arrivé, elles cramponnent leurs pattes contre la surface intérieure de la toile ; la dépouille y reste accrochée : plusieurs centaines de dépouilles pareilles qui se trouvent successivement attachées à la toile, épaississent & fortifient l'enveloppe, d'autant plus que les *Chenilles* les lient encore avec de nouveaux fils, & le tissu qui est d'abord transparent, au bout de quelques jours est entièrement opaque. C'est dans le même nid que ces *Chenilles* doivent chacune se filer une coque particulière, pour y prendre la forme de chrysalide. Quand on veut détruire, ou qu'on est simplement curieux d'examiner le nid de la *Chenille processionnaire*, il faut les toucher ou même les observer avec beaucoup de précautions, à cause des démangeaisons violentes, suivies d'enflure, qu'ils sont capables de produire. Nous avons remarqué que ces *Chenilles* se retirent dans leurs nids pour changer de peau : toutes ces dépouilles & les poils dont elles sont couvertes, se brisent pour se réduire en poussière très-fine. Quand on touche ces nids, les poils brisés s'élèvent en forme d'épines, qui s'attachent aux mains, au visage, comme les piquans d'une ortie que l'on a touchée : cette poussière cause sur la peau des démangeaisons très cuisantes, accompagnées d'inflammation qui dure quatre ou cinq jours, pour peu qu'on ait la peau délicate. Les plus dangereux sont ceux dont les papillons sont sortis, parce que leurs dépouilles ont eu le temps de se briser en séchant. Ils ne sont point aussi à craindre quand ils sont habités par les *Chenilles*. Cependant il faut toujours user de précaution vis-à-vis d'elles-mêmes, ou plutôt de leurs robe, qui seule est dangereuse : car elles font naître sur la peau des ampoules lors même qu'on ne les touche point. L'air qui les environne peut être rempli de la poussière de leurs poils, & il suffit quelquefois de se reposer au pied d'un Chêne où elles se sont établies, pour éprouver bientôt des démangeaisons très-incommodes.

Une espèce de Chenilles que l'on n'a pas besoin d'aller chercher ailleurs que dans nos jardins fruitiers, nous fournira un second exemple de celles qui restent ensemble, même sous la forme de chrysalide. On les trouve au printems sur les feuilles des Pommiers. On peut les trouver aussi sur divers arbustes qui croissent dans les haies, tels que le Prunier sauvage, le Fusain, &c. elles sont plus petites que celles de moyenne grandeur, sans être cependant des plus petites ; elles sont rases, & ont seize pattes ; la couleur de leur corps est d'un blanc qui a une teinte de jaune ; elles sont marquées de divers points noirs. Ces Chenilles qui se tiennent dans des espèces de branles, ou de hamacs qu'elles savent se construire, doivent non-seulement s'y reposer comme les autres dans leur nid, mais y trouver leur nourriture, & y faire leurs repas. Elles ne mangent que le parenchyme de la surface supérieure des feuilles ; & ce qui est assez remarquable, leur corps ne touche jamais la feuille qu'elles rongent, comme s'il étoit trop délicat pour supporter cet attouchement. Il n'est au moins recouvert que d'une peau très-molle, & douée d'une grande sensibilité. Pour peu qu'on touche ces Chenilles, elles avancent ou reculent dans leur hamac, avec une extrême vitesse. On est surpris de voir qu'elles ne se détournent ni à droite, ni à gauche, tandis qu'elles exécutent des mouvemens si prompts : mais on cesse de l'être, dès qu'on vient à découvrir que chaque Chenille est logée dans une sorte de très-longue gaîne à claire voie, que l'œil ne démêle pas, & qu'elle s'est elle même filée. Tout le nid, ou tout le hamac est formé d'un assemblage de ces gaînes couchées parallèlement les unes sur les autres, dans chacune desquelles est renfermée une Chenille. Le nid enveloppe un certain nombre de menus jets, ou de feuilles, & quand le parenchyme de toutes ces feuilles a été consommé, les Chenilles vont tendre un autre hamac sur les feuilles voisines. Elles en tendent ainsi plusieurs successivement dans le cours de leur vie. On les prendroit au premier coup d'œil pour des toiles d'Araignée. On n'apperçoit qu'un assemblage confus de toiles, de forme irrégulière, & très-transparentes. Les Chenilles sont couchées dans ce nid, comme dans une espèce de branle très-mollet, par-delà lequel elles allongent leur tête. Quand elles sont en repos, elles forment ensemble une masse, une espèce de paquet qui approche de la régularité d'un petit paquet de bâtons de bois; tels par exemple que ceux d'allumettes; or, chacune d'elles est alors soutenue par une des toiles du nid, d'où il est aisé de juger de l'ordre dans lequel ces toiles sont arrangées. Quand elles mangent, ce qu'elles font toutes aux mêmes heures, quoique leurs têtes soient inclinées vers différentes parties de la surface de la feuille, leurs corps sont presque parallèles entr'eux; ce qui est aussi une suite de l'arrangement & de l'ordre des toiles qui composent leur nid. Ce nid a son origine à certaines feuilles, & finit à d'autres qui en sont éloignées de trois à quatre pouces, plus ou moins. Après l'avoir abandonné, le nouveau nid que nos *Chenilles* se construisent, est toujours à peu de distance du premier, c'est-à-dire, à un demi-pied ou à un pied, tantôt plus près, tantôt plus loin, selon que la place leur a paru plus propre. Toutes s'y occupent à la fois, & chacune fournit un grand nombre de fils. Le nid qu'elles habitent est toujours plus difficile à trouver que ceux qu'elles ont abandonnés; ordinairement il est moins gros; tant qu'elles y sont, elles l'étendent de différens côtés. D'ailleurs il est environné de feuilles vertes qui ne l'indiquent pas comme les feuilles sèches indiquent les autres. C'est dans leur nid même que ces *Chenilles* jettent leurs excrémens; ils sont ordinairement vers un des bouts & restent entre les toiles. Enfin c'est à un des bouts de leur dernier nid, qu'elles se construisent chacune une coque de soie très-blanche, dans laquelle elle se renferment pour prendre la forme de chrysalide.

Les animaux qui vivent ensemble, qui travaillent de concert aux mêmes ouvrages & pour une même fin, qui savent profiter des avantages de la société, sont ceux à qui nous sommes le plus tentés d'accorder de la raison. Comment n'admirerions-nous pas des insectes qui, comme nous, savent s'entr'aider & fonder sur leurs secours mutuels, sur leurs travaux réciproques, la base de leur industrie & de leur bonheur commun. On a admiré depuis longtems les républiques des Fourmis & celles des Abeilles: l'enthousiasme a même été à leur égard beaucoup trop au-delà des bornes de l'admiration. Les *Chenilles* n'étoient pas trop regardées comme des insectes sociables. Le plus grand nombre vit sans paroître avoir aucune communication avec ses semblables, & celles qui vivent ensemble n'avoient provoqué que le desir de les détruire plutôt que celui de les observer. L'observateur naturaliste, peut-être le plus digne de porter ses regards sur elles, nous a enfin présenté le tableau du genre de vie de quelques espèces, & nous a forcés de reconnoître autant le mérite de ses propres travaux que de ceux qu'il a décrits. Nous avons dû sans doute profiter de ses observations & de celles des naturalistes qui l'ont suivi dans la route qu'il a frayée, pour recueillir tout ce que nous avons jusqu'à présent de connoissances intéressantes sur quelques *Chenilles* les plus communes qui vivent en société, & pour engager les observateurs à nous fournir des connoissances nouvelles. Nous devons maintenant puiser dans les mêmes sources, pour attirer l'attention sur quelques-unes de celles qui vivent solitaires, & qui nous découvrent néanmoins une industrie aussi digne d'être admirée.

Il y a des chenilles qu'on trouve souvent en grand nombre sur le même arbre, sur la même plante, que nous ne laissons pas de regarder comme solitaires, parce qu'elles ne font point d'ouvrages en commun, que les travaux des unes n'influent point sur ceux des autres; elles vivent en compagnie comme si elles étoient seules; telles sont les chenilles dont le maronnier d'inde est quelquefois tout couvert, celles qui mangent les choux &c.; mais il y en a qui sont bien plus solitaires; elles se font successivement plusieurs habitations, où elles se tiennent renfermées, sans se mettre à portée de communiquer avec les autres, tant qu'elles sont Chenilles. C'est dans cette grande solitude que vivent presque toutes celles qui plient ou qui roulent des feuilles pour s'y loger; & toutes celles qui lient ensemble plusieurs feuilles pour les réunir dans un paquet, vers le centre duquel elles se tiennent.

Nos Poiriers, nos Pommiers, nos Groseillers, nos Rosiers, & bien d'autres arbres ou arbrisseaux des jardins & des bois, même de simples plantes, mettent chaque jour sous nos yeux, des feuilles simplement courbées, d'autres pliées en deux, d'autres roulées plusieurs fois sur elles-mêmes, d'autres enfin ramassées plusieurs ensemble dans un paquet informe; on peut bientôt remarquer que ces feuilles sont tenues dans ces différens états par un grand nombre de fils, & que la cavité que ces feuilles renferment, est ordinairement occupée par une chenille. Si l'on considère sur-tout les feuilles des Chênes vers le milieu du printemps, lorsqu'elles se sont entièrement développées, on en apperçoit plusieurs pliées & roulées de différentes manières, & avec une régularité bien étonnante. La partie supérieure du bout des unes paroît avoir été ramenée vers le dessous de la feuille, pour y décrire le premier tour d'une spirale, qui ensuite a été recouvert de plusieurs autres tours fournis par des roulemens successifs, & poussés quelquefois jusqu'au milieu de la feuille, & quelquefois par-delà. Nos oublis ne sont pas mieux roulés; le centre du rouleau est vide, c'est un tuyau creux, dont le diamètre est proportionné à celui du corps de la chenille qui l'habite. D'autres feuilles des mêmes arbres, mais en plus petit nombre, sont roulées vers le dessus, comme les premières le sont vers le dessous; d'autres en grand nombre sont roulées vers le dessous de la feuille, comme les premières, mais dans des directions totalement différentes. La longueur, & l'axe des premiers rouleaux, est perpendiculaire à la principale côte & à la queue de la feuille; la longueur de ceux-ci est parallèle à la même côte : le roulement de celles-ci n'est quelquefois poussé que jusqu'à la principale nervure, & quelquefois la largeur entière de la feuille est roulée. Les axes ou longueurs de divers autres rouleaux sont obliques à la principale nervure; leurs obliquités varient sous une infinité d'angles, de façon néanmoins que l'axe du rouleau prolongé, rencontre ordinairement la principale nervure du côté du bout de la feuille. Quoique la surface des rouleaux soit quelquefois très-unie, & telle que la donne, celle d'une feuille assez lisse, il y en a pourtant qui ont des inégalités, des enfoncemens, tels que les donneroit une feuille chiffonnée. Quelquefois plusieurs feuilles sont employées à faire un seul rouleau : de pareils ouvrages ne seroient pas bien difficiles pour nos doigts; mais les chenilles n'ont aucune partie qui semble équivalente. D'ailleurs, en roulant les feuilles, il faut encore les contenir dans un état d'où leur ressort naturel tend continuellement à les tirer.

La méchanique à laquelle les chenilles ont recours, pour cette seconde partie de l'ouvrage, est aisée à observer. On voit des paquets de fils attachés par un bout à la surface extérieure du rouleau, & par l'autre, au plat de la feuille. Ce sont autant de liens, autant de petites cordes qui tiennent contre le ressort de la feuille : il y a quelquefois plus de dix ou douze de ces liens rangés à peu près sur une même ligne, lorsque le dernier tour du rouleau a près de la longueur, ou seulement la largeur entière de la feuille. Chaque lien est un paquet de fils de soie blanche, pressés les uns contre les autres, mais qu'on juge pourtant tous séparés. On imagine assez que ces petits cordages sont suffisans pour conserver à la feuille la forme de rouleau; mais il n'est pas aussi aisé de deviner comment la chenille lui donne cette forme, comment & dans quel temps elle attache les liens. Tout cela doit dépendre de petites manœuvres, qu'on ne peut apprendre qu'en les voyant pratiquer par l'insecte même.

Il n'y a guères d'apparence d'y parvenir, en observant les Chenilles sur les Chênes qu'elles habitent; le moment où elles travaillent n'est pas facile à saisir, & la présence d'un spectateur ne les excite pas au travail. On peut faire choix d'un moyen plus facile : on pique dans un grand vase plein de terre humide, des branches de Chêne, fraîchement cassées; on distribue sur leurs feuilles une certaine quantité de chenilles que l'on tire des rouleaux qu'elles se sont déjà faits : elles souffrent impatiemment d'être à découvert, elles sentent qu'elles ont besoin d'être à l'abri des impressions du grand air, car toutes les rouleuses sont des chenilles rases; aussi se mettent-elles bientôt à travailler dans un cabinet, & sous vos yeux, comme elles peuvent le faire en plein bois. Ordinairement c'est le dessus de la feuille qu'elles roulent vers le dessous; mais les unes commencent le rouleau par le bout même de la feuille, & les autres par une des dentelures des côtés. Les rouleaux commencés de la première façon, se trouvent perpendiculaires à la principale côte, & ceux de la seconde, lui sont ou parallèles, ou inclinés. Quelque platte que paroisse une feuille, lors même que sa surface supérieure est concave, il est rare que le bord, ou quelque endroit du bord d'une de ses dentelures, ne soit point un peu recourbé en-dessous; quelque petite que soit l'étendue de la partie recourbée, & quelque petite aussi que soit la courbure, c'en est assez pour donner prise à la *Chenille* : elle s'y établit & commence à travailler. Alors sa tête se donne des mouvemens alternatifs très-prompts; elle décrit alternativement des espèces d'arcs en des sens opposés, comme le font ceux des vibrations d'un pendule. La tête va s'appliquer contre le dessous de la feuille, tout près du bord, & de là, le plus loin qu'elle peut aller, du côté de la principale nervure. Elle retourne sur le champ d'où elle étoit partie la première fois, & revient de même retoucher ensuite une seconde fois l'endroit le plus éloigné du bord. Ainsi continue-t-elle à se donner successivement plus de deux ou trois cents mouvemens alternatifs, c'est-à-dire, à filer autant de fils : car chaque mouvement de tête, chaque allée produit un fil, & chaque retour en produit un autre, que la Chenille attache par chaque bout aux endroits où sa tête paroît s'appliquer. Tous ces fils ensemble doivent faire un espèce de lien. Ce premier lien ayant été assez fourni de fils, & ayant déjà donné une augmentation sensible de courbure à la feuille vers le dessous, la Chenille va en commencer un autre à deux ou trois lignes de distance du précédent. Pour former celui-ci, elle fait une manœuvre semblable, qui a aussi un effet pareil; la partie qui est entre le premier lien & le second, se recourbe davantage, & ce qui est par delà déjà recourbé, le sera encore plus par un troisième lien. L'étendue de la partie qui doit former le premier tour du rouleau, n'est pas grande; il en est ici comme d'un papier qu'on roule, en commençant par un de ses angles : aussi trois ou quatre paquets de fils suffisent pour donner la courbure à tout ce premier tour. C'est encore au moyen de pareils fils, de pareils liens, que le second tour doit se former. Il faut tirer vers le dessous de la feuille, une portion de sa surface supérieure, suffisamment distante de celle qui a été roulée; il faut aussi que chaque nouveau lien soit attaché par un bout à une partie de la feuille plus éloignée du bord, & que par l'autre bout, il soit attaché plus près de la principale nervure, ou de la queue de la feuille : & comme les premiers paquets de fils ont fait faire environ un premier tour de spirale, de même les autres lui en feront faire partie

partie d'un second, & ainsi de tours en tours: quoique cependant la feuille se courbe de plus en plus, à mesure que chaque lien se finit, on n'apperçoit pas encore la cause de ce roulement. Le paquet n'est que l'assemblage de fils filés successivement. Chaque fil sorti de la filière, est assez gluant pour se coler sur la feuille où il est appliqué; mais il ne sauroit avoir été assez tendu pour faire un effort capable de ramener une des deux parties de la feuille vers l'autre. Si après avoir été filé, il se raccourcissoit en séchant, ce raccourcissement le mettroit en état d'agir; mais combien seroit petite la courbure qu'il pourroit donner à la feuille. Une force plus puissante agit aussi contr'elle, c'est une grande partie du poids de la Chenille, & ce n'est qu'après avoir vu l'insecte faire souvent de pareils ouvrages, qu'on apperçoit tout l'artifice de sa méchanique. Il dépend de la structure de chaque paquet de fils. Nous avons considéré chaque lien comme formé de fils à-peu-près parallèles, mais à présent, pour nous en faire une idée plus exacte, nous devons le regarder comme composé de deux plans de fils posés l'un au-dessous de l'autre. Tous les fils du plan supérieur croisent ceux du plan inférieur, comme on peut s'en convaincre par la manœuvre de l'insecte & par le moyen de la loupe, ou même par la vue simple. Le paquet est plus large à l'un & à l'autre de ses bouts, qu'il ne l'est au milieu; le nombre des fils du milieu est pourtant égal à celui des fils des bouts. Pourquoi y occupent-ils moins de place? c'est qu'ils y sont plus serrés les uns contre les autres, c'est qu'ils s'y croisent. Si nous suivons maintenant la Chenille pendant qu'elle file les fils de chacun de ces plans, nous découvrirons le double usage de ces deux plans, de ces deux espèces de toile. Les fils du premier plan étant tous attachés à-peu-près parallèlement les uns aux autres, la Chenille passe de l'autre côté pour filer ceux du second plan; pendant qu'elle file, elle ne peut aller de l'une à l'autre extrémité de ce second plan, sans passer sur les fils du premier, & loin de chercher à les éviter, elle y applique sa tête & une partie de son corps: les fils de ce plan sont une espèce de toile, ou de chaîne de toile, capable de soutenir cette pression; ils tirent par conséquent les deux parties de la feuille, l'une vers l'autre: celle qui est près du bord cède, se rapproche, & la feuille se courbe. Il n'est plus question que de lui conserver la courbure qu'elle vient de prendre, & c'est à quoi sert le nouveau fil que la *Chenille* attache. Chacun de ces fils, quoiqu'extrémement délié, est capable de soutenir un effort aussi considérable que celui que fait la feuille contre lui, puisqu'il peut soutenir une *Chenille* en l'air. Il suit de ce que nous venons de dire, que les fils de la couche supérieure sont les seuls qui soient tendus, que ceux de la couche inférieure deviennent lâches. La même disposition qui s'observe dans les deux différentes couches d'un même lien, doit se trouver, & s'apperçoit bien plus aisément dans les liens des différens tours comparés les uns aux autres. Quand la feuille ne fait encore qu'un tour de spirale, la partie supérieure des liens qui le retiennent est tendue; mais à un second tour, ces premiers liens deviennent lâches & flottans. Il n'y a donc que les liens du dernier tour, ou plutôt que les fils des couches supérieures des liens du dernier tour, qui conservent la courbure de la feuille.

Une *Chenille* qui doit rouler une feuille de Chêne épaisse, dont les nervures sont grosses, pourroit ne pas filer des fils assez forts pour tenir contre la roideur des principales nervures, & surtout de celles du milieu; mais elle sait les rendre souples: elle ronge à trois ou quatre endroits différens, ce que ces nervures ont d'épaisseur de plus que le reste de la feuille. Les endroits ainsi rongés n'ont qu'une petite étendue, ils paroissent se trouver où la feuille doit être pliée, pour recommencer un nouveau tour. Quand la *Chenille* après avoir roulé une portion de la feuille trouve une grande dentelure qui déborde beaucoup, au lieu de la rouler, elle la plie par les fils qu'elle attache au bout, & dans la suite elle en forme un tuyau d'un diametre proportionné & très-bien arrondi; pour cela, elle a besoin d'avoir recours à deux manœuvres différentes. D'abord elle racourcit la partie pliée, elle en retranche, pour ainsi dire, tout ce qu'elle a de trop d'étendue, sans en rien couper néanmoins, elle en attache une portion à plat contre la feuille par un millier de fils. Ce qui reste libre est trop applati, c'est à coups de tête qu'il paroît qu'elle l'arrondit. On voit des *Chenilles* renfermées dans ces endroits trop applatis, qui agitent leur tête vivement & alternativement en des sens contraires; à chaque mouvement la tête frappe contre les parois, elle donne des espèces de petits coups de marteau dont on peut entendre le bruit. Au reste, quand la *Chenille* a fini le premier tour du rouleau, elle travaille presque à moitié à couvert. Le bout replié ne touche jamais entièrement la partie de la feuille sur laquelle il a été ramené; outre que souvent il n'est pas courbé autant qu'il le faudroit pour cela, ses bords sont dentelés & laissent des passages au corps flexible de l'insecte. La *Chenille* se sert de ses passages pour faire sortir la moitié de son corps ou plus, lorsqu'elle file les liens qui attachent le milieu du troisième ou du quatrième tour. Les ouvertures des bouts lui donnent une libre sortie pour les liens qui en sont plus près; le derrière reste dans l'intérieur du rouleau, pendant que la tête va filer aussi loin qu'elle peut atteindre. Outre les liens qui sont tout le long du dernier tour du rouleau, l'insecte a souvent besoin d'en mettre aux deux bouts, ou au moins à un des bouts; mais ils sont tellement disposés, qu'ils ne lui ôtent pas la liberté de sortir de l'intérieur de ce rouleau, & d'y rentrer. C'est-là son domicile, c'est une espèce de cellule cylindrique qui ne reçoit le jour que par les deux bouts ; & ses murs doivent fournir la nourriture à l'animal qui l'habite. La *Chenille* commence par ronger le bout qui a été contourné le premier & de suite elle mange tout ce qui a été tortillé, au dernier tour près. Quelquefois on trouve que le rouleau a été formé de deux ou trois feuilles roulées selon leur longueur, & on voit ensuite que la feuille ou les feuilles, qui en occupent le centre, sont presque entièrement rongées; il n'en reste que les plus grosses fibres. On voit des *Chenilles*, qui en faisant leur rouleau, ne laissent pas que de manger; elles dressent en même-temps les endroits qui se sont mal-aisément pliés, & les rongent.

Pour donner plus d'intérêt à l'histoire générale des chenilles, & pour en faciliter la connoissance, il est bon d'en faire connoître quelques-unes en particulier, parmi celles qui indiquent la certitude des observations auxquelles elles ont donné lieu. L'industrieuse & laborieuse chenille qui sait si bien se mettre en sûreté dans les feuilles de chêne qu'elle ronge à son aise, est de celles qui sont au-dessous de la grandeur moyenne; elle est rase, avec seize pattes, dont les membraneuses sont terminées par des couronnes complettes de crochets; sa couleur est d'un gris ardoisé ou d'un gris verdâtre. Elle est d'une extrême vivacité; pour peu qu'on la touche, on la voit se remuer en différens sens avec une grande vitesse, & faire faire à son corps des ondulations. Un des bouts du rouleau est l'ouverture par où elle jette ses excrémens, qui sont de petits grains noirs & à peu près ronds. Une partie d'une feuille, ou même une feuille de chêne entière, ne seroit pas une provision suffisante pour la nourriture de notre chenille pendant toute sa vie; elle se fait un nouveau rouleau quand elle en a besoin : après y avoir vécu en chenille, elle doit s'y métamorphoser en chrysalide, & ensuite en papillon.

Le dernier rouleau que ces chenilles se font, diffère quelquefois un peu des autres, les tours en sont moins serrés; l'insecte devenu plus gros, a besoin d'un plus grand logement. Chaque tour de ce dernier rouleau n'est pas attaché par des liens distribués d'espace en espace; des fils un peu écartés les uns des autres, mais qui regnent depuis un bout jusqu'à l'autre, le retiennent; c'est une espèce de toile fine, dont la force n'est pas équivalente à celle des cordages employés ci-devant. Il semble que l'insecte sache proportionner la force qu'il emploie, à la résistance qu'il a à vaincre : plus le diamètre des tours est petit, & plus le ressort de la feuille agit pour le redresser, aussi est-ce le dernier tour sur-tout qui n'est tenu que par la toile dont nous parlons. Dans la fabrique de cette espèce de toile, on observe la même méchanique que nous avons remarquée dans celle des liens : elle est de même composée de deux plans de fils qui se croisent très-visiblement; ceux de dessous servent à tirer la feuille, à la courber pendant que l'insecte s'appuye dessus, & qu'il file ceux du plan supérieur qui doivent fixer la courbure.

Comme les diverses espèces de chenilles qui roulent de même les feuilles de Chêne, ou d'Orme, ou d'autres arbres, n'ont pas un art différent, & que leurs rouleaux ne sont pas toujours aussi bien faits que ceux que nous avons décrits, elles ne doivent point nous arrêter. Les plantes, ainsi que les arbres & les arbrisseaux, ont aussi leurs rouleuses; il y en a plusieurs qui mangent les feuilles de l'Ortie, après les avoir roulées. En général presque toutes les rouleuses sont d'une très-grande vivacité. Dès qu'on les touche, elles se donnent des mouvemens si prompts & si différens en tous sens, qu'elles semblent être en convulsion : il y a une rouleuse qui, quoique des plus petites, mérite que nous en fassions une mention particulière, elle n'est pourtant remarquable ni par sa couleur, ni par sa forme. Elle est rase, d'un blanc verdâtre, sa peau est presque transparente. Elle a quatorze pattes; on lui trouve toute la vivacité des autres rouleuses. L'Oseille est sa plante; la manière dont elle roule une portion d'une feuille d'Oseille, est digne d'être connue. Le rouleau n'a pourtant rien de singulier dans sa forme, c'est une espèce de pyramide conique, composée de cinq ou six tours qui s'enveloppent les uns les autres, mais c'est la position de ce rouleau qui est singulière. Il est planté sur la feuille, comme une quille : outre le travail de contourner la feuille, qui est commun à cette chenille avec celles dont nous avons parlé, elle en a donc un particulier, qui est celui de dresser le rouleau, de le poser perpendiculairement sur la feuille. Pour voir comment elle y parvient, on peut employer le même petit expédient que nous avons désigné pour observer les Chenilles du chêne. On plante dans un pot plein de terre un pied d'oseille, sur lequel on met plusieurs Chenilles tirées de leurs rouleaux; on n'a pas un quart d'heure à attendre pour les voir travailler. C'est ordinairement au mois de septembre qu'on les trouve plus communément. La position que cette Chenille veut donner, & qu'elle a apparemment besoin de donner à son rouleau, ne lui permet pas de rouler la feuille telle qu'elle la trouve. Elle coupe une bande, une lanière de cette feuille, mais elle ne l'en détache pas entièrement. La plus grande largeur de la bande coupée formera la hauteur du rouleau, & sa longueur fournira à tous les tours qui doivent s'y trouver. Après avoir entaillé la feuille selon une direction perpendiculaire à la côte, ou grosse nervure, elle la coupe selon une direction presque parallèle à cette même côte, & c'est cette dernière coupe qui détache une bande du reste de la feuille. Dès que l'entaille transversale a été faite, la Chenille commence à contourner la pointe de la partie qui est entre l'entaille & le pédicule, ou la queue de la feuille; elle attache des fils par un de leurs bouts à cette pointe, & par l'autre bout, sur la surface de la feuille : c'est en les chargeant du poids de tout son corps, manœuvre équivalente à celle que nous avons déja vu pratiquer, qu'elle oblige cet angle, cette pointe à se recourber. On voit quelquefois la Chenille ayant le milieu du corps sur quelques fils, avec la tête & le derrière en bas, comme posée sur une ou plusieurs cordes, où elle seroit en équilibre. Quand ce bout s'est contourné, elle commence à couper la feuille dans une direction parallèle à la côte; il n'est pas besoin de dire que ses dents font ici l'office de ciseau : à mesure qu'une portion de la lanière a été détachée, la Chenille la roule, & en même-temps elle redresse un peu le rouleau qu'elle commence a former, & cela par un artifice qui consiste dans une traction oblique, à laquelle nous aurions recours, si nous voulions élever perpendiculairement une pyramide, ou un obélisque qui seroit très-incliné à l'horison. Elle attache des fils par un de leurs bouts vers le milieu de ce rouleau, & même plus proche de sa partie supérieure, & elle attache les autres bouts de ces mêmes fils le plus loin qu'elle peut sur le plan de la feuille; elle charge ensuite ces fils du poids de tout son corps. On voit assez que l'effort de cette charge tend à redresser le rouleau sur sa bâse. Quand il est fini, il n'est pas loin d'être posé à plomb sur la feuille. On remarque pourtant que la Chenille achève de lui faire prendre une position bien perpendiculaire, en se plaçant dans le vide qui est à son centre, qu'elle le pousse alors, qu'elle lui donne même des coups qui forcent l'axe à s'éloigner du côté vers lequel il inclinoit. Cette Chenille, comme celles dont nous avons parlé, mange tout l'intérieur de son rouleau; & c'est aussi dans l'intérieur du même rouleau, qu'elle se file une petite coque mince, dont le tissu est serré & de soie blanche, pour se transformer en chrysalide.

Il y a encore une espèce de rouleau fait par une Chenille du chêne, qui par sa construction mérite qu'on en dise quelque chose : il est petit, la Chenille le forme d'une partie de la feuille qui est comprise entre deux découpures, elle contourne cette partie en manière de cornet. Elle ajuste une autre portion de la feuille contre la base ou le gros bout de ce cornet, pour en boucher l'ouverture. Divers liens de fils, qu'on voit en dehors, servent, & à tenir le cornet roulé, & à le tenir appliqué contre partie de la feuille qui le ferme. L'intérieur de ce rouleau est occupé par une *Chenille* à seize pattes, dont la peau est transparente & blanche.

Nous devons parler des *Chenilles*, qui, au lieu de rouler les feuilles, se contentent de les plier : le nombre de ces plieuses est encore plus grand que celui des rouleuses; leurs ouvrages sont plus simples, mais il y en a qui malgré leur simplicité, n'en sont pas moins industrieux. Le Chêne nous offre encore de ces sortes d'ouvrages. On voit de ses feuilles dont le bout a été ramené vers le dessous; il y a été appliqué & assujetti presque à plat, il ne reste d'élévation sensible qu'à l'endroit du pli. On observe de ces mêmes feuilles, où tout le contour de la partie pliée est logé dans une espèce de rainure que la *Chenille* a creusée dans plus de la moitié de l'épaisseur de la feuille. Sur d'autres feuilles du même arbre, on voit que leurs grandes dentelures ont été pliées de même en-dessous. La plupart des autres arbres nous offrent aussi des feuilles pliées par les *Chenilles*, mais il n'y en a point où on en puisse observer plus commodément que sur les Pommiers. Ils en ont de toutes espèces à nous faire voir : de seulement pliées en partie, ou simplement courbées; de pliées entièrement, c'est-à-dire, ou la partie pliée a été ramenée à plat sur une autre partie de la feuille; de courbées ou pliées vers le dessus; de courbées ou pliées vers le dessous. Entre ces dernières, le Pommier même en a qui ont une singularité qu'on n'observe sur aucune de celles des autres arbres, que sur les feuilles de figuier. Tout au tour du bord de la dentelure de la partie repliée, il y a un bourlet comme cottonneux, qui est pourtant de soie d'un jaune pâle; il s'élève d'environ une ligne au-dessus de la partie qu'il entoure; il la borde comme feroit un cordonnet; il a plus d'épaisseur que de largeur.

Si les *Chenilles* rouleuses habitent des rouleaux, les plieuses se tiennent dans une espèce de boîte platte; elles n'y ont pas un grand espace, mais il est proportionné à la grandeur & à la grosseur de leur corps : ordinairement elles sont des plus petites *Chenilles*. Chacune est bien close dans cet espèce d'étui plat ou de boîte : il reste pourtant quelquefois une ouverture à chaque bout, mais à peine ces ouvertures sont-elles apparentes. Elles se renferment ainsi pour se nourrir à couvert. Elles ne mangent qu'une partie de l'épaisseur de la feuille : car si elles en rongoient comme font les rouleuses, l'épaisseur entière, leur logement seroit bientôt tout à jour; au lieu que tant qu'elles y demeurent, jamais on n'y voit des trous. Celles qui plient les feuilles en-dessous, épargnent la membrane qui en fait le dessus. Les unes & les autres n'attaquent point les nervures & les fibres un peu grosses. Elles savent ne détacher que la substance la plus molle, le parenchyme qui est renfermé dans le rézeau fait par l'entrelacement des fibres. Aussi la structure de ce rézeau est-elle bien plus sensible dans les endroits où ces *Chenilles* ont rongé. Celles qui habitent des feuilles bien pliées, commencent à ronger la substance de la feuille à un des bouts de l'étui; la partie qui a été rongée la première est celle sur laquelle elles dépoſent leurs excrémens. Elles continuent de ronger en avançant vers l'autre bout, mais elles ont la propreté d'aller jetter leurs excrémens dans l'endroit où ſont les premiers: ainſi ils ſe trouvent accumulés à un coin, & jamais ils ne ſont épars. C'eſt au moins ce qu'obſervent régulièrement les *Chenilles* de nos Pommiers, dont les étuis ſont bordés d'un bourlet ou cordon ſoyeux.

On peut voir avec plaiſir manger les *Chenilles* qui ſe contentent de courber des feuilles, ſurtout ſi on les conſidère à la loupe. On remarque avec quelle adreſſe & avec quelle vîteſſe elles découpent une partie de l'épaiſſeur de la feuille. Leur tête eſt un peu inclinée vers un côté, afin apparemment qu'une ſeule de leurs dents, perce d'abord une petite portion de la ſubſtance de la feuille, que les deux dents ſerrées l'une contre l'autre dans le moment ſuivant, ont bientôt détachée. Les coups de dents ſe ſuccèdent avec une vîteſſe prodigieuſe, & à meſure qu'ils ſont réitérés, le rézeau formé par les fibres, ſe découvre, il devient diſtinct dans les endroits où auparavant il étoit à peine ſenſible. Ce n'eſt que par petites aires que la ſubſtance de la feuille eſt emportée.

Ces *Chenilles* qui ſe contentent de courber les feuilles, ſont celles qu'on peut plus aiſément obſerver dans leur travail, il eſt le plus ſimple de ceux de ce genre; il ſuffira pourtant de l'avoir détaillé pour avoir donné une idée de tous les autres. Une petite *Chenille* d'un vert clair, dont chaque anneau eſt chargé de pluſieurs petits grains noirs, eſt des plus commodes à ſuivre; elle aime à ronger le deſſus de la feuille de Pommier, & par conſéquent elle doit plier la feuille ou ramener la dentelure de quelque endroit de ſes bords vers le deſſus. Elle ſe contente de faire décrire un arc, tantôt plus, tantôt moins courbe, à la partie qu'elle contourne; mais jamais elle ne la contourne au point de ramener une partie de ſes bords à toucher le deſſus de la feuille. Elle ne craint point la préſence du ſpectateur, elle plie la feuille ſur ſa main, s'il tient ſa main en repos; & elle a bientôt donné à cette feuille la courbure qui lui convient. Entre les différens endroits des bords de la feuille, il y en a toujours qui s'élèvent plus que les autres; c'eſt à un de ceux-là qu'elle s'adreſſe; elle s'en approche à une diſtance convenable, & ſe fixant ſur ſon derrière, & ſur les anneaux qui en ſont proches, elle porte ſa tête ſur le bord de la feuille, & delà la ramène ſur le plat du côté de la principale nervure; elle file de ſuite pluſieurs fils parallèles les uns aux autres, qui font partie d'une pièce de toile qu'elle va étendre. Nous n'avons conſidéré la feuille que comme à-peu-près platte, ainſi les fils qui viennent d'être filés ne ſont appliqués contre cette feuille que par leurs bouts, le reſte de leur longueur eſt en l'air. La *Chenille* monte ſur ces fils, qui chargés de ce poids, forcent le bord de la feuille à s'approcher de la principale nervure. Les nouveaux fils que la *Chenille* file en cette poſition, maintiennent le bord de la feuille dans le commencement de la courbure qu'elle a priſe. En étendant enſuite cette toile, & marchant deſſus à meſure qu'elle l'étend, la Chenille force toujours de plus en plus la feuille à ſe courber. Cette méchanique eſt bien ſimple, & ne mériteroit pas de nous arrêter, après en avoir vu pratiquer une équivalente par nos rouleuſes; mais le ſupplément qu'il reſte à y ajouter, ne doit pas être paſſé ſous ſilence. Les fils qui compoſent la toile, n'ont qu'une longueur proportionnée aux arcs que la Chenille, fixée ſur une portion de ſon corps, peut décrire avec ſa tête. Si au moyen de cordes ſi courtes, & dirigées comme elles le ſont, la Chenille forçoit la feuille à ſe courber entièrement; cette feuille ainſi courbée, décriroit une circonférence d'un très-petit rayon, telles que ſont celles des premiers tours de certains rouleaux; mais la courbure qu'elle a beſoin de donner à cette partie de la feuille, doit être celle d'un cercle, ou d'une autre courbe d'un plus grand rayon. Pour parvenir à la lui donner, elle ne continue pas à la tirer par des cordes ſi courtes, ou dont les directions ſoient ſi inclinées. Après avoir filé une certaine étendue de toile, elle ceſſe de ſuivre la même ligne, elle vient ſe placer plus près de la groſſe nervure, & là elle commence à filer les fils d'une nouvelle toile; elle colle un des bouts de chacun des nouveaux fils à la toile précédente, & l'autre bout de ces fils le plus près qu'elle peut atteindre de la principale nervure, ou même par-delà: ce qui produit le même effet que ſi elle augmentoit près d'une fois la longueur des premières cordes. Elle monte alors ſur ce nouveau plan, & ſe place vers l'endroit où les deux pièces de toiles ont été réunies. Là placée, elle attache des fils au bord de la feuille & vers la principale nervure; elle file une nouvelle toile; à cette nouvelle toile elle attache bientôt les fils d'une autre, qui croiſent ceux de la précédente: & ainſi de ſuite elle continue à faire courber la feuille, mais doucement, & ſans rendre ſa courbure conſidérable. Des plans de toile s'élèvent donc ſucceſſivement les uns au-deſſus des autres; & quand la Chenille a avancé ſon ouvrage, elle paroît, par rapport à la ſurface de la feuille, comme ſur un échaffaut. Elle ne ſe tient pourtant pas toujours ſur ces plans de toiles; de temps en temps elle en deſcend, & vient ſur la ſurface de la feuille: quelquefois c'eſt pour s'y repoſer en mangeant; quelquefois on l'y voit la tête levée agiter avec vîteſſe ſes premières jambes: elles lui ſervent alors de mains pour briſer les toiles des plans inférieurs, qui ne peuvent plus que l'incommoder, lorſqu'elle veut marcher ſur la feuille, & qui peuvent même s'oppoſer à l'effet qu'elle a à faire produire aux toiles des plans ſupérieurs.

Ces Chenilles, comme nous avons dit, se contentent de courber une portion de la feuille; mais celles qui achèvent de la plier ne commencent pas leur ouvrage autrement: elles commencent par faire prendre de la courbure à la partie qui doit être ramenée à plat; quand cette partie en a pris suffisamment, la Chenille passe sous le plan de toile qui la tient courbée, & au-dessous de ce plan elle en file d'autres successivement, qui sont toujours plus proche du pli de la partie recourbée. L'effet de ceux-ci dépend de leur position. N'en considérons qu'un, savoir: celui qui suit immédiatement l'extérieur; d'un côté les bouts de ses fils, au lieu d'être attachés à la dentelure, le sont un peu au-dessous, & par l'autre bout ils sont attachés à la partie de la feuille correspondante: d'où il est clair que quand la Chenille charge ce plan de fils ou cette toile, elle force à s'approcher l'une de l'autre les deux parties de la feuille. Elle les forcera à s'approcher encore davantage, & elle les conduira à s'appliquer l'une contre l'autre, en filant une troisième, & ensuite, s'il en est besoin, une quatrième couche de fils, dont les bouts se trouveront toujours attachés plus près de l'endroit où doit être le pli. Les couches de fils, les toiles qui précèdent la dernière filée, ne produisent presque plus d'effet. Les fils des premières toiles se trouvent en dehors de la dentelure, & la Chenille y pousse ceux des toiles qui la suivent; il arrive que ces fils lâches & entrelacés étant poussés par-delà le bord de la partie pliée, forment une espèce de bourlet, qui semble avoir été fait avec plus d'artifice qu'il ne l'a été. On trouve sur le Figuier une Chenille qui, comme celle du Pommier, entoure d'un bourlet cotonneux de soie le bord de la partie de la feuille qu'elle a repliée, mais ce bourlet est plus mince que celui des feuilles de Pommiers. Les feuilles pliées par la plupart des autres espèces de Chenilles, n'ont point ce bourlet. On n'en voit point par exemple, autour de la partie de la feuille du Châtaignier, qui a été pliée par une Chenille d'un blanc verdâtre.

Au reste, quelque soit la position de la feuille, la Chenille fait toujours le même usage du poids de son corps pour la courber ou plier. Si une feuille est posée horizontalement, & que la Chenille la courbe en-dessus, alors le plan des fils est plus élevé que la surface de la feuille, & la Chenille va se mettre sur le dessus de cette toile. Mais si la Chenille roule la feuille en-dessous, le plan de chaque toile est plus bas que celui de la feuille, & la Chenille charge cette toile, tantôt en se posant sur la surface intérieure, & elle est alors dans une situation naturelle, tantôt en se mettant à la renverse sur la surface extérieure, & tenant ses pattes cramponnées dans les fils de la toile. Il y a même des Chenilles qui ne travaillent à plier les feuilles du Chêne, qu'en se tenant cramponnées de la sorte. Des circonstances déterminent quelquefois des Chenilles, qui plient ordinairement les feuilles en-dessous, à les plier en-dessus; elles profitent des dispositions de la feuille à se contourner plus d'un côté que de l'autre: ainsi, il ne leur est pas absolument essentiel de ronger la feuille par l'une plutôt que par l'autre des ses surfaces.

Quantité de Chenilles, plus petites que celles dont nous venons de parler, ne se contentent pas de rouler ou de plier une seule feuille, elles en réunissent plusieurs dans un même paquet: on trouve de ces paquets sur presque tous les arbres & arbrisseaux; ils sont composés de feuilles assez différemment arrangées, & presque toujours irrégulièrement: elles sont attachées les unes contre les autres, dans les endroits par où la Chenille a eu plus de facilité pour les obliger à se toucher. Cette Chenille nichée vers le milieu du paquet, se trouve à couvert & environnée de toutes parts d'une bonne provision d'alimens convenables. On voit fréquemment sur les poiriers, de ces paquets de feuilles, qui ressemblent assez aux nids des Chenilles *communes*, à cela près qu'ils ne sont pas couverts de toiles; quelques fils seulement sont employés pour les contenir. Chacun des paquets de feuilles qu'on observe sur les Poiriers, la Ronce, l'Epine, &c. est ordinairement habité par une Chenille rase, à seize pattes, souvent d'un brun café. Les paquets faits sur le rosier sont souvent composés de plusieurs feuilles, chacune pliée en deux, & appliquées les unes sur les autres assez exactement. La Chenille brune & rase qui les a réunies, s'y est prise avant qu'elles se fussent développées. Elle perce ordinairement vers leur milieu toutes les feuilles qui sont appliquées ainsi les unes contre les autres, & autour des ouvertures des trous elle dispose des fils qui les tiennent là assujetties. Elle mange ensuite à son aise les portions des feuilles de ce paquet qui sont le plus de son goût.

Mais, en paquets de feuilles, rien de si bien fait peut-être que ceux que l'on trouve sur certaines espèces de saules, & sur-tout sur une espèce d'ozier. Les feuilles longues & étroites de l'arbre & de l'arbrisseau en question, sont très-propres à s'ajuster parallèlement les unes aux autres; c'est même la direction qu'elles ont au bout de chaque tige, quand elles ne sont pas entièrement développées. Une espèce de petite Chenille rase, à seize pattes, dont le fond de la couleur est brun & tacheté de blanc, lie ces feuilles les unes contre les autres, & en fait des paquets où elles sont souvent très-bien étendues & très-bien arrangées. Sa méchanique n'a pourtant ici rien de bien remarquable, elle fait précisément ce que nous ferions en pareil cas; elle dévide un fil autour des feuilles qui doivent être tenues ensemble, depuis un peu au-dessous de leur queue, jusqu'à une assez petite distance de leur pointe. Elle a trouvé les feuilles presque couchées les unes auprès des autres, elle a eu peu à faire pour les rapprocher ; les tours du fil qui les maintiennent sont très-proches les uns des autres. Les plus jolis de ces paquets sont ceux qui sont faits sur une espèce d'Ozier, dont le bord des feuilles forme en certain temps, savoir, avant qu'elles se soient développées, des cordons gaudronnés; la face de chaque feuille sur laquelle sont ces cordons, est en dehors du paquet composé d'un grand nombre de pareilles feuilles ; ce qui le fait paroître un ouvrage très-travaillé. La surface unie & convèxe de chaque feuille est tournée vers le centre du paquet ; tout le long du milieu de ce paquet, il y a une espèce de tuyau creux, dans lequel la Chenille se tient, elle ronge les feuilles & les parties des feuilles qui en sont proches. Mais ce qu'elle mange d'abord, c'est l'œilleton du bout de la tige, qui se trouve renfermé vers le commencement du paquet : si elle laissoit cet œilleton sain, il pourroit se développer, s'étendre vers le centre du paquet; le paquet pourroit être défait, & les fils qui le tiennent seroient bientôt brisés, si le bout de la tige s'étendoit, grossissoit, ou s'il poussoit des feuilles : la Chenille, en rongeant sa pointe, le met hors d'état de croître & de rien pousser en dehors.

Une autre espèce de Chenille lieuse, qui aime le fenouil & qui vit de ses fleurs, fait encore un assez joli ouvrage dans ce genre. Cette Chenille est rase, transparente, d'une couleur d'olive un peu brune, & à seize pattes. On la trouve dans les mois de juin, de juillet & d'août. La disposition des fleurs du fenouil, n'a pas besoin d'être expliquée; on sait qu'un grand nombre de pédicules chargés de bouquets y forment une espèce de parasol : les bouquets les plus proches du centre sont portés par des pédicules plus courts que ceux des bouquets de la circonférence. Notre Chenille lie ensemble tous les bouquets qui sont vers le centre ; elle les réunit en un tas, au milieu duquel elle se loge. Une des premières lieuses de feuilles qui paroissent au printemps, & qui est très-commune, rassemble en paquet les feuilles qui se trouvent au bout des jets ou des pousses du Chêne. Ce paquet est quelquefois assez gros, mais d'ailleurs sa forme irrégulière n'est pas propre à lui attirer l'attention. Si on le défait, on y trouve pourtant une particularité qu'on peut observer en quelques autres paquets de feuilles, mais qui ne se rencontre dans aucun de ceux dont nous avons parlé. Le centre du paquet est occupé par un tuyau de soie blanche, dans lequel la Chenille rentre toutes les fois qu'elle sent qu'il se fait quelque mouvement extraordinaire autour des feuilles qu'elle a réunies; du moins toutes les fois qu'on les écarte pour mettre le tuyau à découvert, la Chenille s'y cache dedans : elle n'a pas besoin d'en sortir entièrement pour ronger les feuilles, elle les a mises si bien à sa portée, qu'elle peut attaquer plusieurs de celles qui sont le plus loin, pendant que sa partie postérieure reste dans le tuyau.

Nous avons fait connoître assez particulièrement les trois genres de Chenilles solitaires, qui comprennent les rouleuses, les plieuses, & les lieuses. Nous devons dire maintenant que toutes les rouleuses ne vivent pas dans une parfaite solitude, & que cette règle générale, comme toutes les autres, a aussi quelques exceptions. En dépliant & en étendant des rouleaux de feuilles de lilas, au lieu d'une seule Chenille qu'on croyoit trouver, on voit qu'ils en renferment quelquefois plus d'une douzaine; & on trouve pour le moins cinq ou six Chenilles dans chaque rouleau. Elles n'ont pas la vivacité ordinaire aux autres rouleuses; leur grandeur est au-dessous de la médiocre, elles sont rases & transparentes, leur peau blanchâtre a quelquefois une légère teinte de vert. Leurs rouleaux sont des mieux faits, soit parce qu'elles sont des rouleuses très-adroites, soit parce que les feuilles de lilas, dont la tissure est lisse & assez égale par-tout, sont des plus aisées à rouler. Constamment c'est le dessus de la feuille qui forme le dessus du rouleau, la pointe a été ramenée vers le dessous, pour faire un premier tour de spirale, qui dans la suite se trouve enveloppé par environ trois tours; les deux bouts de ces rouleaux sont fermés. Les rouleuses du Chêne mangent toute la substance de la partie roulée : avec le temps elles réduisent un rouleau qui avoit quatre ou cinq tours de spirale à n'en avoir qu'un seul. Les Chenilles de lilas ont beau ronger, leur rouleau conserve tous ses tours, parce qu'elles se contentent de manger une partie du parenchyme de la partie roulée; elles commencent par manger celle du premier tour, & de tour en tour, elles détachent celui de tout ce qui a été roulé; alors le rouleau a la couleur d'une feuille fanée, mais encore humide. Les Chenilles que l'on tire de leurs étuis & que l'on met sur de nouvelles feuilles, se contentent de ramener le bout de celle-ci sur le dessous, de plier la feuille par le bout; elles mangent le parenchyme de cette espèce de boîte platte, comme elles mangeoient auparavant celui du rouleau. Quand elles veulent se transformer en chrysalides, elles abandonnent le rouleau, elles se dispersent, elles passent sur d'autres feuilles plattes; chacune s'y fixe à l'endroit qui lui convient; elle oblige la partie sur laquelle elle s'est arrêtée, à se courber; elle lui fait faire un pli, & c'est dans ce pli qu'elle se file une coque de soie. Des rouleuses fort adroites, s'établissent aussi en commun sur les feuilles du Troëne. Les rouleaux qu'elles forment sont ordinairement applatis; mais d'ailleurs très-bien faits. Leur applatissement vient de ce que les Chenilles les ferment exactement par les deux bouts; chaque bout est appliqué & assujetti contre le bord de la feuille. C'est encore ici le dessus qui est ramené vers le dessous,

& tous les tours du rouleau sont maintenus par des liens de fils, construits avec la méchanique que nous avons déja expliquée, en parlant des autres liens. Ces rouleuses, comme celles du lilas, n'ont que quatorze pattes, & distribuées de la même maniere; leur couleur, comme celle des autres, est un vert blanchâtre, mais elles sont plus petites. Leurs sociétés sont communément moins nombreuses; on ne trouve jamais de rouleau habité par plus de six de ces Chenilles, & souvent elles ne sont que deux ou trois. Elles ne mangent que le parenchyme du dessous de la feuille, ou du côté de la feuille qui fait l'intérieur du rouleau. On peut les voir travailler avec bien de l'activité à rouler de concert une feuille, mais leurs manœuvres n'offrent rien d'ailleurs qui mérite d'être rapporté.

Toutes les Chenilles arpenteuses qui n'ont que dix pattes, c'est-à-dire, celles qui n'ont que deux pattes intermédiaires, vivent ordinairement solitaires. Elles sont communément assez petites, ou elles le paroissent, quoique longues, parce qu'elles sont très-effilées, & que leur corps a peu de diamètre. Elles rongent les feuilles de tous les arbres les plus communs, dès qu'elles commencent à pousser, les feuilles des Chênes, des Ormes, des Charmes, des Hêtres, des Erables, des Noisettiers, des Aubépines, &c. Il est pourtant difficile de les voir sur les arbres qu'elles ont déjà très-maltraités, & sur lesquels elles sont encore; les feuilles même qu'elles mangent, servent à les cacher. La plupart ignorent néanmoins l'art de les rouler, de les plier, de les rassembler en un même paquet; elles n'ont point recours à des procédés industrieux, que nous avons vû pratiquer par tant d'autres Chenilles. L'expédient dont elles se servent, est plus simple, & est le meilleur de tous, si elles ne se proposent que de se cacher à nos yeux, de façon que rien ne les décèle. Elles se tiennent entre deux feuilles appliquées à plat l'une sur l'autre en entier ou en partie. Ces feuilles sont retenues en cet état, par des fils de soie collés contre les deux surfaces qui se touchent. Leur position n'a rien qui détermine l'observateur le plus attentif à les considérer; elles sont placées, l'une par rapport à l'autre, comme le sont mille autres feuilles qui ne doivent leur situation qu'au hazard. Mais ce qui distingue les feuilles entre lesquelles les Chenilles ont vécu, c'est qu'elles sont percées, découpées & rongées : 'on les sépare doucement, on appercevra qu'elles ont tenues l'une contre l'autre par des fils. Si elles ne sont pas encore trop mangées, on trouvera, entre es parties qui se touchent, & qui n'ont point été attaquées, la Chenille pliée presque en deux, ayant a tête assez proche du derrière. Il n'est pas particulier à ces seules arpenteuses de se cacher entre deux feuilles qu'elles ont assujetties à plat l'une contre l'autre; il y a des Chenilles à seize pattes à qui cette ruse n'est pas inconnue.

La plupart des arpenteuses qui sont sur des feuilles se laissent tomber lorsque la main qui les veut prendre, agite les feuilles sur lesquelles elles sont en repos, en mouvement, ou occupées à manger, elles se jettent aussi-tôt à bas pour se sauver. Néanmoins elles ne tombent pas ordinairement à terre; il y a une corde prête à les soutenir en l'air, & une corde qu'elles peuvent alonger à leur gré. Cette corde n'est qu'un fil très-fin, mais qui a de la force de reste pour porter une Chenille. Ce fil, qui se trouve toujours attaché assez près de l'endroit où est la Chenille, & qui par son autre bout tient à la filière, à un autre usage que celui de marquer le chemin pour le retrouver: les Chenilles de ces espèces ne retournent point aux endroits qu'elles ont quittés, comme font les Chenilles de société; mais toutes les fois qu'elles tombent de dessus une feuille, soit volontairement, soit involontairement, une petite corde est toujours disposée pour les soutenir en l'air, & elles ne courent point le risque de tomber jusqu'à terre. Nos arpenteuses ne se servent pas seulement d'un semblable fil pour se suspendre un peu au-dessous d'une feuille, elles s'en servent pour descendre des plus hauts arbres, & pour remonter jusqu'à la cîme de ces mêmes arbres; & cette voie est bien plus courte & bien plus commode que celles qu'elles seroient obligées de suivre en marchant. Les petites manœuvres auxquelles elles ont recours pour aller ainsi de haut en bas, ou de bas en haut, au moyen d'une espèce de corde, méritent que nous nous arrêtions un instant à les examiner; car quoique ces faits soient connus, on ne connoît pas assez les procédés qu'ils exigent.

Dès que la Chenille est suspendue au moyen d'un fil qui tient par un bout à une feuille, à une tige d'arbre, & par l'autre à la filière, c'est-à-dire, à la liqueur visqueuse contenue dans la filière & dans les réservoirs à soie, il n'est pas étonnant que ce fil s'alonge, que de nouvelle liqueur soit continuellement tirée hors des réservoirs & de la filière; le poids de la Chenille est une force plus que suffisante pour cela. Tout ce qui sembleroit être à craindre, c'est que le fil ne s'alongeât trop vîte, & que la Chenille ne vînt frapper la terre avec tout le poids de son corps & la vîtesse acquise. Mais ce que nous devons remarquer d'abord, c'est que la Chenille est maîtresse de ne pas descendre trop vîte; elle descend à plusieurs reprises; elle s'arrête en l'air quand il lui plaît. Ordinairement elle ne descend de suite que d'un pied de haut au plus, quelquefois d'un demi-pied, ou seulement de quelques pouces; après quoi elle fait une pause plus ou moins longue à sa volonté. Ainsi elle arrive à terre sans jamais la frapper rudement, parce qu'elle n'y tombe jamais de bien haut. Cette manœuvre nous apprend que tant que le poids n'est que celui de la Chenille, elle peut empêcher de nouvelle matière visqueuse de passer par la filiere; d'où il paroît que cette filiere est musculeuse, que son bec, au moins, a un sphincter qui peut presser la partie du fil qui tient à son ouverture, & s'y arrêter. Ce sphincter n'a de force, & n'a besoin d'en avoir, que pour tenir contre le corps de la Chenille; car si une force plus grande, comme celle des doigts, agit, elle contraint une nouvelle portion de fil à sortir de la filiere. Nous apprenons encore que la matière visqueuse, avant d'être sortie de la filiere, a acquis le degré de consistance nécessaire pour former le fil de soie : ce même fil qui a servi à notre Chenille pour descendre du haut d'un arbre, lui sert aussi pour y remonter, mais par une méchanique tout-à-fait différente de celle de l'homme qui grimpe le long d'une corde. Plusieurs espèces de Chenilles peuvent nous faire voir cette manœuvre; mais les arpenteuses en bâton & un peu grosses, sont celles qu'il est le plus aisé d'obliger d'y avoir recours, & celles qu'on peut le mieux observer pendant qu'elles la pratiquent. Quand on prend une de ces arpenteuses, on peut appercevoir le fil qui tient à sa filiere; qu'on saisisse ce fil entre deux doigts, & qu'on fasse tomber la Chenille de dessus le corps où elle étoit posée, elle se trouve en l'air pendue au fil. Si alors on secoue le fil, c'est-à-dire, si on élève & abaisse brusquement la main à diverses reprises, le fil s'allonge, la Chenille descend plus bas; si on la tiroit en bas avec l'autre main, on produiroit le même effet, mais on courroit plus de risque de rompre le fil. Qu'ensuite on laisse la Chenille tranquille, ordinairement on la voit sur le champ travailler à remonter le long du fil. C'est une manœuvre qu'on lui fait recommencer autant de fois qu'on veut, & qu'il faut lui faire recommencer plusieurs fois, pour voir comment elle l'exécute, & pour s'assurer qu'on a bien vu, parce que tous les mouvemens sont plus prompts qu'on ne le voudroit. Si pourtant on fatigue trop une Chenille, on ralentit son activité. Pour se remonter, elle saisit le fil entre ses deux dents, le plus haut qu'elle peut le prendre; aussi-tôt sa tête se contourne, se courbe d'un côté, & cela de plus en plus, elle semble descendre au-dessous de la dernière des pates écailleuses qui est du même côté. Le vrai est pourtant, que ce n'est pas la tête qui descend, l'endroit du fil qu'elle tient saisi est un point fixe pour elle & pour tout le reste du corps; c'est la partie du dos qui répond aux pattes écailleuses, que la Chenille recourbe en-haut, par conséquent ce sont les pattes écailleuses, & la partie à laquelle elles tiennent, qui remontent alors. Quand celles de la dernière paire se trouvent au-dessus des dents de la Chenille, une de ces pattes, celle qui est du côté vers lequel la tête est inclinée, saisit le fil & l'amène à la patte correspondante qui s'avance pour prendre ce même fil. Il n'est pas aisé de voir laquelle des deux le retient, mais dès qu'on suppose la partie du fil qui étoit auprès de la tête, saisie & tenue par les dernières pattes écailleuses, voilà un nouveau point fixe. Si la tête alors se redresse, ce qu'elle ne manque pas de faire aussitôt, elle est en état d'aller saisir le fil entre ses dents, à un endroit égal à la longueur de tout le corps qu'elle remonte. Voilà, pour ainsi dire, le premier pas fait en haut. A peine est-il achevé que la Chenille en fait un second; elle se recourbe du côté opposé à celui où elle s'étoit recourbée la première fois; la dernière des pattes écailleuses de ce même côté, vient accrocher le fil, quand elle s'en trouve à portée : la patte correspondante se présente pour lui aider à le prendre ou à le tenir; la tête se redresse ensuite; & ainsi la même manœuvre se répète, la tête s'inclinant alternativement de l'un & de l'autre côté, & se redressant lorsque le fil a été saisi par les dernières pattes, & cela jusqu'à ce que la Chenille soit arrivée assez près des doigts par lesquels nous avons fait tenir le bout du fil, pour pouvoir monter dessus ces doigts & y marcher. Si on saisit la Chenille qui est arrivée à son terme, au plan sur lequel elle peut marcher; on lui voit un paquet de fils mêlés, entre les quatre dernières pattes écailleuses. Ce paquet est plus ou moins gros, selon qu'elle s'est plus ou moins remontée. Dès que la Chenille peut marcher, elle s'en défait, elle en débarrasse ses pattes, & elle le laisse avant de faire un premier, ou au plus un second pas. Ainsi chaque fois qu'elle remonte, il lui en coute le fil qui lui a servi pour descendre, mais c'est une dépense à laquelle elle fournit tant qu'elle veut; elle en a elle-même la source de la matière nécessaire à la composition du fil, & c'est une source où ce qui en a été tiré se répare continuellement.

Quantité d'espèces d'insectes, naissent & croissent sous les eaux, y changent de forme, après s'être métamorphosés pour la dernière fois, deviennent des habitans de la terre & de l'air, deviennent des insectes à qui l'eau est ensuite redoutable. Les insectes aquatiques sont communément plus difficiles à trouver que ceux qui se tiennent sur terre, & leur histoire est plus difficile à suivre que celle des autres. Quoiqu'on n'ait encore observé que peu d'espèces de Chenilles d'eau; on en a trouvé cependant qui méritent une place parmi les Chenilles industrieuses. Une plante nommée par les botanistes *Potamogeton*, qui croît dans les mares, peut servir à prouver la vérité de cette assertion. On peut observer sur ses feuilles, une élévation dont le contour est ovale, & qui est formée par une portion d'une feuille de même espèce. En tirant doucement la pièce de rapport, on reconnoît que les liens de soie sont attachés à tout le contour. En forçant ces liens, en soulevant un des bouts, on voit une cavité dans laquelle est logée une Chenille rase, d'un blanc luisant, avec seize pattes. On trouve sur ces mêmes feuilles, des coques faites de deux pièces égales & semblables, proprement attachées l'une contre l'autre, & qui semblent supposer bien de de l'adresse & de l'intelligence dans l'insecte qui les a ainsi disposées pour se mettre à couvert. Cette Chenille qui vit au milieu de l'eau, a l'art d'y tenir son corps dans une cavité pleine d'air; sa tête sait sortir de cette cavité & y rentrer sans donner de passage à l'eau. Quand la tête entre, les bords de la coque qui ont été écartés, sont ramenés l'un sur l'autre, tant par leur propre ressort que par celui des fils qui les assujettissent ensemble. Mais comme la Chenille empêche l'eau d'entrer dans la coque qu'elle se construit: Il faut donc qu'elle sache encore l'en faire sortir. Cette Chenille peut donc se tenir dans l'eau immédiatement, & cela lui arrive au moins toutes les fois qu'elle a besoin de se faire une coque, & elle s'en fait plusieurs dans sa vie. Elle sait toujours proportionner son logement à la grandeur de son corps. Pour se faire une nouvelle coque, la Chenille se cramponne contre le dessous d'une feuille, avec ses dents elle perce quelque part cette feuille, & elle la ronge ensuite peu-à-peu, en suivant la ligne courbe que doit avoir le contour de la pièce qu'elle veut détacher. Quand elle a la moitié de l'étoffe nécessaire pour se faire un fourreau, elle saisit cette pièce avec les dents, elle la transporte quelque part, ou sous un autre endroit du dessous de la même feuille, ou sous le dessous d'une autre feuille, elle l'arrête & l'attache dans une place qui lui a paru convenable. Mais il est à remarquer que les parois intérieures de la coque sont toujours faites de la surface du dessous des deux portions de feuilles. Ce n'est pas sans raisons que la Chenille est déterminée à en user constamment ainsi: quoique les feuilles du *Potamogeton* soient assez planes, elles sont néanmoins un peu concaves, & peuvent plutôt ménager une cavité par-là, que par le dessus. Quand la Chenille qui a transporté & posé un morceau de feuille contre une autre feuille, n'est pas prête à se transformer en chrysalide, elle songe à se faire une coque, un logement qu'elle puisse porter partout où elle aura besoin d'aller. Elle commence par arrêter légèrement, par faufiler, pour ainsi dire, la pièce contre la feuille entière, & la pièce qu'elle a attaché lui sert de modèle pour en couper une autre égale. Ce sont ces deux pièces ensemble qui font un habit complet; la Chenille achève de les assembler très-bien dans leur contour, excepté à un des bouts où les deux moitiés de la coque restent simplement appliqués l'un contre l'autre, là elles peuvent s'écarter l'une de l'autre toutes les fois que la tête de l'insecte fait effort pour sortir; & il y a bien des temps où non-seulement la tête, mais où les premiers anneaux avec les pattes écailleuses, sont en-dehors de la coque. Lorsque la Chenille veut changer de place, c'est avec ses pattes écailleuses cramponnées sur quelque feuille ou sur quelque tige de plante, qu'elle se tire en avant; les pattes membraneuses cramponnées contre les parois intérieures de la coque, l'obligent à suivre la partie antérieure du corps, à mesure que cette partie avance. La Chenille fait aussi sortir sa tête de sa coque toutes les fois qu'elle veut manger; elle n'attaque ordinairement avec ses dents que le parenchyme d'un des côtés de la feuille. Au reste, tant que la Chenille est à croître, son logement n'est précisément composé que de deux morceaux de feuilles collés l'un contre l'autre par leurs bords; mais elle le tapisse, elle se fait une coque de soie blanche, lorsque le temps de sa transformation approche.

Une des plus petites plantes est la Lentille aquatique; ses feuilles presque rondes n'ont guère plus de diamètre que la tête d'une grosse épingle; sa tige n'est qu'un filet délié. Les eaux qui croupissent sont souvent couvertes de cette plante qui forme un beau tapis vert sur leur surface. En-dessous des tapis de cette Lentille aquatique, on trouve une Chenille plus petite que la précédente, rase, d'un brun un peu olive: elle est logée dans une coque de soie blanche, recouverte de toutes parts de petites feuilles. Une de ces Chenilles avoit été jettée dans un poudrier plein d'eau, dont la surface étoit couverte de feuilles de Lentilles. On avoit aussi jetté auprès d'elle le reste de l'espèce de tuyau d'où on l'avoit tirée, qui avoit été racourci & fendu. Sur le champ elle entra dans ce reste informe de tuyau, & elle travailla aussi-tôt à le réparer, à l'alonger, en un mot, à se faire un logement assez spacieux & solide. Elle sortoit en partie de son fourreau délabré; sa tête alloit saisir quelquefois une seule feuille, quelquefois une plante entière de Lentille; elle retournoit ensuite en arrière & entraînoit avec elle la feuille ou la plante de Lentille; elle l'appliquoit contre les débris de son ancien fourreau; elle l'y assujettissoit par le moyen de plusieurs fils de soie. L'instant d'après elle ressortoit pour aller chercher, saisir & amener de nouveaux matériaux. Quand elle eut assemblé assez de feuilles en dessus elle forçoit les autres à descendre sous l'eau. Elle eût ainsi achevé en peu la carcasse, pour ainsi dire, de son édifice, car les feuilles ne furent d'abord ajustées & assemblées que grossièrement, elles laissoient des vides entr'elles. La Chenille songea ensuite à perfectionner son ouvrage, elle faisoit passer sa tête dans les vides qui étoient entre les feuilles; elle arrangeoit mieux ces feuilles; elle les rapprochoit les unes des autres; & elle remplissoit le peu d'espace qui pouvoit être entr'elles, par un tissu de soie qu'on voyoit très-bien avec la loupe. Enfin, quand elle fut contente de son ouvrage, elle conduisit le fourreau dans lequel elle étoit, auprès des parois du poudrier; elle fixa avec des fils de soie un des bouts de son logement, contre l'endroit des parois qu'il touchoit. Elle ne fut pas long-temps à s'y transformer en chrysalide, qui n'avoit rien de particulier. Au reste, ces Chenilles aquatiques, du côté de leur organisation, sont en tout semblables aux Chenilles terrestres. Les deux exemples que nous venons de rapporter, doivent suffire pour annonçer quelle nouvelle source de phénomènes curieux l'histoire des Chenilles pourroit fournir aux observateurs, s'ils vouloient entreprendre de les connoître dans tous les lieux qu'elles habitent, & cherchoient à les étudier même au milieu des eaux.

Sans vouloir nous attacher à caractériser toutes les différentes espèces de Chenilles qui roulent, qui plient, qui assemblent en paquet, qui collent ensemble des feuilles, nous avons dû donner une idée de la prodigieuse quantité des espèces de petites Chenilles, puisqu'il y a tant d'espèces différentes de celles seulement qui ont recours aux industries que nous avons expliquées. Cependant on sait que ce ne sont pas les seules Chenilles qui roulent les feuilles, qui les plient, & qui les mettent en paquet. Bien des espèces de rouleaux, faits encore avec plus d'industrie que ceux des Chenilles, & pour d'autres usages, sont construits par différentes espèces de larves & par des insectes de différentes classes. Les Chenilles sociétaires sont sans doute plus aisées à découvrir dans leur domicile, parce qu'elles exigent plus d'étendue pour l'établissement de leur société : aussi vivent-elles ordinairement sur les parties extérieures des arbres ou des plantes qui leur conviennent. Nous sommes bien loin pourtant d'en connoître toutes les différentes espèces & tous les divers genres d'industrie qui peuvent leur être propres ; notre but, en traçant rapidement l'histoire particulière de quelques-unes, a été d'exciter la curiosité sur un objet vraiment intéressant & trop peu connu, même par les naturalistes ; d'engager les observateurs à tenter de nouvelles découvertes dans ce petit champ de l'histoire naturelle, qui doit renfermer encore bien de nouveaux prodiges. Les Chenilles solitaires devoient aussi fixer notre attention. En donnant un léger précis des habitudes industrieuses de quelques-unes, nous avons dû inspirer le même intérêt. Mais outre que leur habitation & leur petitesse même donnent moins de prise à la vue & en dérobent bien d'autres à nos recherches, la plupart vivent dans l'intérieur même des différentes parties des arbres & des plantes. Là elles ne sont point exposées à nos regards, & comme il n'y a que des hasards assez rares qui puissent les mettre à portée de nos yeux, elles nous seront long-temps inconnues. Les unes se creusent dans les branches ou dans les tiges un long tuyau, qui n'est couvert que par l'écorce & par une couche de bois assez mince. A peine a-t-on mis la Chenille à découvert, qu'elle travaille à se cacher. Elle détache de la sciure avec ses dents tranchantes ; elle apporte les grains détachés au bord de l'ouverture que l'on a faite ; elle les y lie avec de la soie ; & enfin, au bout de quelques heures, sa cellule est encore close. Si elle se nourrit de la moëlle de la tige qu'elle habite, où elle s'est creusée un canal, & si on sépare les parties de la tige où se trouve son habitation, elle ne reste pas long-temps sans continuer de la creuser ; elle apporte des fragmens de moëlle au bord du trou, elle y jette aussi des excrémens : ces divers grains sont liés avec des fils & forment un bouchon de plusieurs lignes d'épaisseur.

On n'a pas besoin d'être favorisé par le hasard, pour parvenir à trouver les Chenilles qui vivent dans les fruits qui sont le plus de notre goût, ou même qui nous sont les plus nécessaires. La vie d'un insecte qui est toujours renfermé dans l'intérieur d'un fruit, ne sauroit nous fournir beaucoup de faits, aussi en avons-nous peu à rapporter des Chenilles qui vivent dans les Pommes, dans les Poires, dans les Prunes, &c. Tout ce qu'elles font, c'est de manger, de rejetter des excrémens & de filer. Il semble qu'elles ne filent alors que pour lier ensemble les grains de leurs excrémens : ainsi assujettis les uns contre les autres, & contre le fruit, ils ne les incommodent pas comme ils feroient, s'ils rouloient de différens côtés, toutes les fois que le vent fait prendre différentes positions au fruit. Il n'est personne qui n'ait vu cent fois les petits tas de grains dont nous parlons, sur plusieurs espèces de fruits, qu'on appelle alors *verreux*. Au lieu de ce petit tas de grains, on voit souvent un petit trou bordé de noirâtre ; les grains sont tombés alors, & l'ouverture par laquelle ils sont sortis de l'intérieur du fruit est à découvert. Ces grains sont encore ordinairement des excrémens de la Chenille. Il vient un temps où elle les jette dehors, parce qu'il arrive un temps où la Chenille qui s'étoit tenue vers le centre du fruit, s'ouvre un chemin jusqu'à sa circonférence ; elle entretient ce chemin ouvert, & vient pendant quelques jours de suite, jetter ses excrémens à l'endroit où il se termine. La Chenille qui se métamorphose dans le grain même où elle a vécu, ne présente pas les mêmes considérations. Le trou par où la Chenille sort du fruit, & qu'elle a aggrandi à un point convenable, n'est pas, comme on le pourroit croire, celui par lequel elle y est entrée. On voit, par exemple, que ce trou est différemment placé sur différens glands ; mais jamais il n'est percé dans la partie du gland qui est contenue dans le calice. L'insecte agit comme il agiroit s'il avoit visité les dehors du gland, comme s'il avoit appris qu'en le perçant près de sa base, il auroit ensuite à percer un calice aussi dur, & plus dur que le gland même. Si les endroits qui commencent à se dessécher, sont ceux où il lui est plus aisé d'ouvrir un trou rond, il est déterminé par-là à ne pas percer la partie du gland, qui étant moins exposée aux impressions de l'air, reste fraîche pendant plus long-temps ; cette dernière étant plus tendre, résisteroit pourtant moins aux dents de l'insecte. Si on tire ce gland de son calice, on apperçoit sur quelques endroits de la partie qui y étoit logée, une petite tache, un petit point brun ou noirâtre, d'autant plus aisé à distinguer, que la partie du gland où il est, & qui a toujours été enveloppée, est blanchâtre. Cette petite tache, ce point est la petite cicatrice de l'ouverture par laquelle l'insecte est entré dans le gland. Ce qui doit en convaincre, c'est qu'on la trouve à tous les glands verreux, & qu'on ne la trouve point aux autres. Sur les parois intérieures du calice, on voit la même cicatricule, & posée immédiatement sur celle du gland. On apperçoit encore cette petite cicatrice sur les parois extérieures du calice : ce qui apprend que l'insecte a dû s'introduire par-là dans le fruit : & tout ce qu'on doit en conclure, c'est qu'il s'est introduit dans le gland, qui étoit très-petit; qu'il s'y est introduit dans le temps où le gland étoit renfermé de toutes parts dans son calice; qu'ayant été nécessité de le percer par-là pour parvenir dans son intérieur, & contraint de s'enfoncer toujours plus avant pour prendre sa nourriture, il perce le dernier bord qu'il trouve, lorsqu'il doit en sortir. Malgré la dureté de leurs enveloppes, les parties de divers fruits, ne sont pas assez défendues contre les Chenilles. Ces enveloppes sont percées, soit par la mère de l'insecte, soit par l'insecte naissant, dans un temps où elles sont tendres. L'amande d'une Noisette donne un logement à la Chenille qui la mange long-temps avant que sa coque soit devenue ligneuse; à la vérité lorsque la Chenille veut sortir du fruit, elle est obligée de percer une coque dure, mais alors elle a pris tout son accroissement, ses dents sont devenues assez fortes pour agir avec succès contre les murs de sa prison.

En voilà sans doute assez pour faire connoître le génie des Chenilles qui vivent dans l'intérieur des fruits, ainsi que sur l'extérieur des feuilles. Cependant combien de nouvelles observations ou de nouvelles expériences, apporteroient encore des découvertes aussi instructives qu'intéressantes! & combien ces découvertes pourroient être aussi faciles que peu coûteuses! En renfermant les insectes dans des poudriers, comme les naturalistes ont coutume de le faire, on gêne, il est vrai, plus ou moins leurs manœuvres naturelles, parce qu'on les place ainsi dans des circonstances qui les éloignent plus ou moins de leur genre de vie ordinaire; mais on n'en apperçoit que mieux combien est étendue & susceptible de combinaisons différentes, l'industrie que la nature leur a donnée: soit pour présenter encore des connoissances qui ont trait à l'histoire générale des Chenilles, soit pour engager à entreprendre de nouvelles acquisitions en ce genre, nous ne pouvons nous dispenser de placer ici un exemple particulier dans une espèce de Chenille, qui a donné lieu à quelques expériences qu'un observateur aussi digne de les décrire que de les faire, nous a transmises.

Le chardon *à bonnetier* est ce grand Chardon qui porte sur une tige longue & droite une tête oblongue, hérissée de piquans, dont l'art fait faire un emploi pour la perfection de nos draps. Cette tête est creuse, & c'est au centre de sa cavité que loge une petite Chenille. Là elle vit dans la plus parfaite solitude & dans l'obscurité la plus profonde, & elle est défendue par l'écorce dure & par les piquans du chardon : une Chenille si bien cachée n'étoit pas facile à découvrir. Elle a cinq à six lignes de longueur. Elle est raze, de couleur blanche ou blanchâtre, & a seize pattes, dont les membraneuses sont à couronnes complettes de crochets; il n'est pas facile de distinguer au premier coup-d'œil les chardons qui sont habités, de ceux qui ne le sont pas. On est réduit, pour l'ordinaire, à ouvrir au hasard les têtes des chardons qu'on vient à rencontrer; mais lorsqu'on s'est beaucoup exercé dans cette petite recherche, on parvient jusqu'à un certain point à discerner à la simple vue les chardons qui sont habités, & l'on ne s'y trompe pas souvent. Dans l'endroit où la tige du chardon s'implante dans la tête, est une sorte de fente ou de crevasse, qui annonce que cette tête est habitée par une Chenille. On ne voit pas cette crevasse dans les chardons qui ne sont pas habités. La première chose qui s'offre aux regards de l'observateur, quand il ouvre une tête de chardon qui renferme une Chenille, est un amas plus ou moins considérable d'excrémens noirâtres & de petits grains blanchâtres, liés ensemble par des fils de soie : cet amas occupe ordinairement une grande partie de la cavité de la tête. Cette cavité est de figure ellypsoïde. En y regardant de plus près, on reconnoît que les excrémens & les grains recouvrent une sorte de fourreau assez alongé, fait d'une soie fine & blanche, & couché suivant la longueur de la cavité. Les parois de cette cavité sont formées par une écorce mince, mais assez dure. Dans cette écorce, tantôt vers un des bouts du fourreau, tantôt vers le milieu de sa longueur, se voit un petit trou rond, d'environ trois quarts de ligne de diamètre, qui traverse l'épaisseur de l'écorce. On s'en assure facilement en introduisant dans le trou la pointe d'une épingle; & si on la pousse plus avant, on la verra paroître à l'extérieur de la tête, entre les piquans. La position du petit trou rond n'a rien de bien constant; elle est en général déterminée par celle du fourreau, à un des bouts duquel le trou est le plus souvent percé. Il arrive quelquefois qu'on ouvre des têtes de chardon, dans lesquelles le trou ne traverse pas l'épaisseur de l'écorce : il n'y pénètre qu'à une petite profondeur, ou plutôt, il n'est encore que tracé sur la surface de l'écorce. On reconnoît qu'il n'est que commencé, & que l'ouvrage reste à finir. D'autres fois, mais ce cas n'est pas fort commun, on observe plusieurs trous percés dans les parois de la même cavité. Tous ne sont pas achevés; il en est qui ne sont qu'à demi percés. Un ou deux seulement le sont en entier : enfin, & ce qu'il importe beaucoup de remarquer, on ne voit de ces trous ronds que dans les têtes de Chardons habités par une Chenille qui n'est pas éloignée du terme de son parfait accroissement. Si l'on s'imagine que cette petite ouverture si bien terminée & si exactement circulaire, n'étant pas là sans dessein, sert de porte à la Chenille pour sortir au besoin de l'intérieur de la tête du Chardon; une petite expérience qu'on peut faire sur le champ, persuade bientôt que cette conjecture n'est pas fondée. Avec la pointe d'un piquant on touche légèrement, à plusieurs reprises, la Chenille logée dans son fourreau, afin de savoir si elle enfilera la petite porte pour s'échapper : elle ne paroît point du tout disposée à profiter de l'ouverture. On continue à la harceler, jusqu'à ce qu'on la force à y introduire sa partie antérieure; & on reconnoît alors que l'ouverture est trop petite pour lui permettre de s'échapper : elle ne peut y introduire que la tête & les premiers anneaux. La Chenille aussi ne cherche jamais cette issue pour se soustraire aux poursuites qu'on lui fait. D'ailleurs, on ne trouve point la petite porte dans la tête des Chardons habités par de jeunes Chenilles. En pensant que cette petite porte ronde est ménagée de loin par la prudente Chenille pour le service du papillon, on substitue une conjecture qui est la vraie.

Mais en préparant ainsi une porte au papillon, & en la laissant ouverte, la Chenille ne facilite-t-elle pas l'entrée de sa cellule à quantité d'insectes mal-faisants, qui en veulent à sa vie, ou à celle de la chrysalide plus incapable encore de leur opposer aucune résistance. La Chenille recourroit-elle donc à quelque moyen secret pour obvier à ce fâcheux inconvénient? Quand on vit quelque tems avec les insectes, on est fort accoutumé à présumer beaucoup de leur prévoyance. Il est vrai que les piquans dont la tête du Chardon est hérissée, sont en si grand nombre & si serrés les uns près des autres, qu'il semble d'abord qu'ils peuvent suffire à interdire l'entrée de la porte aux insectes rodeurs. Néanmoins, on peut présumer que la Chenille ne se repose pas entièrement sur cette sorte de défense dont la nature seule a fait tous les frais, & que l'insecte y ajoute encore quelque petit ouvrage de sa façon, qui rend les approches plus difficiles, sur-tout à certains insectes carnassiers, assez petits pour se glisser facilement entre les piquans. Si l'on cherche à vérifier sa conjecture, & dans cette vue, si l'on examine bien attentivement le dedans & le dehors de cette porte, on ne tarde pas à découvrir au dehors, de petits corps longuets, durs & cannelés, plantés tout autour des bords de l'ouverture, & qui la bouchent exactement. En observant ensuite le dedans de l'ouverture, on remarque qu'il est tapissé de soie, & que les fils de la tapisserie tendent à retenir en place les corps cannelés. On remarque encore, que la tapisserie n'est qu'un prolongement de celle qui revêt l'intérieur du fourreau. Ce prolongement paroît donc avoir un double emploi; celui de maintenir en place les corps cannelés, en les assujettissant les uns aux autres autour de l'ouverture; & celui de diriger le papillon dans sa route, & le conduire ainsi plus aisément vers la porte qui a été préparée pour sa sortie. Mais les corps cannelés ferment si exactement la porte de l'habitation, qu'il reste à savoir s'il est bien facile au papillon de se faire jour au travers. Une expérience fort simple peut en instruire : une épingle que l'on introduit de dedans en dehors entre les corps cannelés, prouve bientôt qu'ils s'écartent assez facilement les uns des autres pour n'opposer que la plus petite résistance à la sortie du papillon. Si l'on est curieux de découvrir ce que sont ces corps cannelés, posés si artistement à l'ouverture de la cellule, & destinés manifestement à en défendre l'entrée, il n'est pas difficile d'y parvenir, & l'on reconnoît bientôt qu'ils ne sont autre chose que les graines mêmes du Chardon. On sait qu'elles sont disséminées par-tout entre les piquans; mais il vient un temps où elles se détachent d'elles-mêmes de l'écorce, & notre Chenille semble se conduire comme si elle le savoit, puisqu'elle prend la précaution de les assujettir autour de sa porte avec des liens de soie. Il ne faut pas néanmoins laisser penser que l'industrieuse Chenille rassemble à dessein, autour de sa porte, les graines de Chardon qui en ferment si bien l'entrée : mais en tapissant de soie le dedans & le dehors de la porte, elle retient par cela même les graines qui répondent à l'ouverture. C'est pendant que le Chardon végète encore, que la jeune Chenille se loge dans sa cavité. Il ne lui est pas difficile alors d'y pénétrer : elle n'a à percer qu'une écorce molle, & qui n'oppose que peu de résistance.

Nous avons déja rapporté un fait assez singulier, c'est qu'on ne trouve jamais, ou presque jamais, dans le même fruit, qu'une seule larve ou une seule Chenille, quoiqu'il y ait des fruits qui en pourroient nourrir à la fois un assez bon nombre. Les mères papillons, demande à ce sujet le premier historien des Chenilles, portent-elles l'attention jusqu'à ne laisser qu'un seul œuf sur chaque fruit? Veulent-elles donner un fruit tout entier à chacun de leurs petits? Craignent-elles que deux jeunes Chenilles qui auroient à se partager une pomme, ne le fissent pas en bonnes sœurs; qu'elles ne se fissent la guerre, ou au moins qu'elles ne s'incommodassent mutuellement? Ce n'est pas même assez de l'attention de la mère, dont nous venons de parler; il faut encore celle des autres mères papillons de la même espèce. Pourquoi une autre femelle ne seroit-elle pas invitée par la pomme bien conditionnée sur laquelle la première a laissé un œuf, à y venir placer un des siens? Le papillon commence-t-il par examiner s'il n'y a pas déja un œuf sur cette pomme? Tout cela a pourtant l'air très-vraisemblable. Notre auteur cite à cette occasion la petite Chenille des grains d'orge, & il remarque que le papillon laisse sur un seul grain d'orge un paquet de vingt à trente œufs, & puisqu'on ne trouve dans chaque grain qu'une seule Chenille, il faut que celle qui a pris possession d'un grain sache en défendre l'entrée aux autres. Il ajoute à ce sujet, qu'il y a grande apparence que dans certaines circonstances il y a des guerres, & des guerres très-meurtrières, pour s'assurer la paisible possession d'un grain d'orge, plus important pour chacune de nos Chenilles, que ne le sont pour nous nos plus riches héritages. Il est sûr au moins que la prévoyance du papillon qui dépose ses œufs sur les grains d'orge, ne mérite pas les éloges qu'on a soupçonnés être dus à celle de quelques autres papillons; car que deviennent les petites Chenilles qui éclosent sur le même grain? La première qui y naît s'empare-t-elle de l'intérieur du grain, & quand elle en a une fois pris possession, les autres qui naissent ensuite ont-elles la discrétion de ne pas faire des tentatives pour y pénétrer? Les grains dont nous parlons, ont un endroit plus tendre que le reste, & il y a grande apparence que la jeune Chenille qui a à percer le grain d'orge, sait choisir cet endroit. En ce cas, il est aisé à la Chenille qui ne s'est pas encore logée, de s'appercevoir si celui des grains qui est le plus à sa bienséance, n'est point déja occupé, & la Chenille qui s'y est logée doit être en état d'en garder les avenues.

Notre petite Chenille du Chardon est bien du nombre de celles qui vivent dans la plus parfaite solitude; & on a tenté sur elle diverses expériences qui peuvent répandre quelque jour sur la partie la plus intéressante de l'histoire des insectes qui vivent dans l'intérieur des fruits. Après avoir tracassé assez longtemps une Chenille du Chardon, & l'avoir forcée plusieurs fois à sortir de son fourreau & à y rentrer alternativement; qu'on la fasse tomber sur une feuille de papier blanc; elle y demeure quelque temps immobile, portant seulement sa tête de côté & d'autre, comme pour chercher son fourreau. Ses mouvemens sont fort lents: on diroit qu'elle se trouve mal. Qu'on la touche légèrement près de la tête avec la pointe d'un piquant, elle recule aussitôt avec une grande vîtesse, & ce qui paroît digne de remarque, c'est que c'est en ligne droite, & précisément comme elle le feroit si elle étoit encore dans son fourreau. On observe même que la ligne qu'elle trace en reculant, est à-peu-près égale à la longueur du fourreau. Qu'on la laisse enfin à elle-même sans la perdre de vue, elle demeure à la même place, & porte la tête à droite & à gauche, mais avec plus de lenteur encore que la première fois. Quand elle a demeuré quelque temps dans cette sorte d'inaction, qu'on s'avise de placer auprès d'elle la tête du Chardon qu'elle a été forcée d'abandonner, après l'avoir ouverte suivant sa longueur, elle en reprend aussitôt possession, & il est aisé de reconnoître qu'on l'a servie comme elle le désiroit. Un moment avant que d'y rentrer, elle paroît fort languissante & ne se donne presqu'aucun mouvement: mais dès qu'elle est rentrée dans sa cellule, elle semble se ranimer & prendre une nouvelle vie. Tous ses mouvemens sont incomparablement plus vifs; on la voit reculer dans la cavité du Chardon avec une merveilleuse vîtesse: mais elle se donne bien de garde d'outrepasser l'extrémité de la cavité: elle ne l'a pas si-tôt atteinte du bout de son derrière qu'elle s'arrête. Qu'on la pique alors près de la tête pour la déterminer à reculer davantage, & à sortir de la cavité; on la voit saisir fortement avec les dents la pointe du piquant, elle la saisit même si fortement qu'elle y demeure suspendue. Dans cette attitude, elle se met à pirouetter en l'air; & après quelques tours de pirouette, elle lâche le piquant, & retombe dans la cavité. Cette expérience apprend donc ce qu'on doit penser du naturel de notre Chenille, & elle montre assez qu'elle n'est point endurante. On peut en inférer qu'elle ne seroit point d'humeur de partager son domicile avec une autre Chenille de son espèce, & que si on tentoit de faire vivre ensemble deux ou plusieurs de ces Chenilles, on occasionneroit entr'elles bien des combats. Il convient encore de s'assurer, si on ne pourroit point parvenir par des moyens appropriés, à les forcer à travailler en commun dans la même habitation.

Pour cet effet, on peut commencer par renfermer deux ou trois Chenilles avec quelques fragmens de Chardon dans une boîte cylindrique de verre, d'environ un ou deux pouces de diamètre, sur à-peu-près autant de profondeur, à l'ouverture de laquelle on a adapté une loupe de dix à douze lignes de foyer, qui lui sert de couvercle. Nos Chenilles tirent un grand nombre de fils de soie qui vont d'une paroi à l'autre, & qui se croisent de mille & mille manieres. De tous ces fils se forme peu-à-peu une sorte de toile ou une façon de tente qui recouvre les Chenilles. Elles se tiennent constamment à une certaine distance l'une de l'autre. Les fragmens de Chardon qui occupent le milieu du logement, semblent faire à leur égard l'office d'un mur de séparation. Ils ne les séparent pas entièrement: elles peuvent quelquefois se rencontrer; & lorsque cela arrive, on voit une de ces Chenilles ou toutes les deux ensemble s'éloigner à reculons avec beaucoup de vitesse. Il n'est pas même nécessaire qu'elles parviennent à se toucher l'une l'autre pour se fuir réciproquement. On les voit s'éloigner promptement, quoiqu'elles soient encore à une distance assez considérable l'une de l'autre. Les fils tendus de tous cotés les avertissent sans doute de leur approche, & les plus légers ébranlemens de ces fils les déterminent à s'éloigner. Elles persistent donc à vivre séparées & à travailler chacune à part. Mais que l'une se trouve enfin sur le fond de l'autre, alors ni l'une ni l'autre ne veulent reculer, &

à l'instant commence un furieux combat. On ne sauroit mieux le rendre, qu'en rappelant à l'esprit l'image de deux Chiens acharnés l'un contre l'autre. Elles se mordent à outrance; on les voit engager réciproquement leurs machoires l'une dans l'autre, & faire tous leurs efforts pour se porter quelque coup mortel. Elles n'y parviennent pas néanmoins: leur tête & leur premier anneau sont trop bien cuirassés. Le combat dure quelque tems avec le même acharnement. Elles lâchent prise enfin; mais elles restent en présence & à la même place. Toutes deux détournent un peu la tête en sens opposé, comme deux Coqs qui sont aux prises, & qui sont prêts à recommencer le combat. Elles reviennent à la charge, & se livrent tant de combats, qu'à la fin l'une ou l'autre périssent, & quelque fois toutes les deux. On peut donc affirmer qu'elles ne se rencontrent jamais sans en venir aux prises, & toujours avec un nouvel acharnement. Cependant il paroît que la partie n'est pas tout-à-fait égale, & que la Chenille qui occupe le fond de la boîte, a ordinairement l'avantage, quoiqu'elle ne soit pas sensiblement plus grande que l'autre.

Si l'on renferme encore une de nos Chenilles dans une petite boîte ronde, avec une portion de son fourreau & quelques fragmens de Chardon; elle s'établit entre les parois de la boîte & la portion de fourreau. Bientôt elle assujettit celle-ci aux parois par des fils de soie qu'elle tire de l'une à l'autre. Elle parvient ainsi à se faire une sorte de cellule qu'elle laisse ouverte aux deux bouts. Si l'on cherche à introduire dans le logement une autre Chenille de même âge, on a de la peine à l'obliger à entrer dans ce logement. Elle n'est pas plutôt entrée, que la maîtresse de la loge lui court dessus & la force à regagner la porte: qu'on la contraigne de rentrer, en la piquant près du derrière, on engage un second combat entre les deux Chenilles. Il est très-vif: tandis qu'elles sont aux prises à l'entrée de la loge, & que l'habitante fait les plus grands efforts pour s'en conserver la possession, on peut piquer si fortement l'étrangère, qu'on la met dans la nécessité de franchir le passage & de pénétrer jusques dans l'intérieur de l'habitation, ce qu'elle exécute avec une promptitude qui indique assez combien elle désire esquiver les coups de dents de son ennemie. Celle-ci se retourne à l'instant, bout par bout, pour courir de nouveau sur l'étrangère qui est déja parvenue à l'autre extrémité de la loge, & qui cherche à s'y faire jour. Elles se livrent un plus furieux combat: & l'on trouve ordinairement un ou deux jours après, une des combattantes morte, à l'extrémité de la loge. Le genre de sa mort ne paroît pas équivoque: elle a rejetté par la bouche une liqueur qui a sali le fond de la boîte, & qui prouve assez qu'elle a péri de mort violente. Si on veut obliger la Chenille qui est demeurée en possession de la cellule à se montrer au dehors, on remarque que lorsqu'elle s'est avancée près de l'endroit où l'autre Chenille a été mise à mort, & qui a été sali par la liqueur répandue, elle s'arrête tout d'un coup & refuse de passer outre: c'est en vain qu'on la pique fortement près du derrière. Si l'on tente d'autres expériences, les résultats sont toujours les mêmes. En introduisant dans la tête d'un Chardon que l'on sait être habitée par une de nos Chenilles, deux autres Chenilles de la même espèce, au bout de quelques jours on trouve deux de ces Chenilles mortes à une des extrémités de la cellule. L'habitante cependant ne parvient pas toujours à égorger l'étrangere; & il paroît probable que la cellule demeure le plus souvent à celle qui a le plus de force ou de vigueur.

Toutes ces expériences prouvent d'une manière bien démonstrative, que la Chenille du Chardon ne sauroit souffrir dans la cellule une autre Chenille de son espèce, & que lorsqu'une telle Chenille s'y introduit, ou qu'on l'y introduit, il est entre les deux Chenilles une guerre presque perpétuelle. On ne peut guère douter après cela, qu'il n'en fût de même des Chenilles & des larves qui vivent solitaires, dans l'intérieur de quantité de fruits, si l'on tentoit sur ces Chenilles & sur ces larves, des expériences semblables à celles que nous venons de rapporter. De pareilles expériences ne seroient pas à négliger, & pourroient offrir des résultats intéressans qu'on ne prévoit pas, & qui différeroient plus ou moins de ceux que les expériences précédentes ont donnés. On peut facilement imaginer en ce genre des combinaisons nouvelles, qui, en plaçant les insectes dont il s'agit, dans des circonstances très-éloignées de celles où la nature les place, donneroient lieu à des résultats très-nouveaux. On ne sauroit trop varier les expériences du genre de celles-ci, puisqu'elles sont si propres à répandre du jour sur l'histoire de nos petites solitaires. Combien d'expériences encore ne pourroit-on pas tenter, relativement au travail & à l'industrie de ces Chenilles! Qu'après avoir tiré de leur habitation bon nombre de Chenilles du Chardon, on les renferme dans de petites boîtes, en observant de ne mettre dans chaque boîte qu'une seule Chenille, afin qu'elle ne soit point troublée pendant le travail. On donne aux unes des rognures de piquans; aux autres, des fragmens plus ou moins considérables de la tête du Chardon; à d'autres des portions plus ou moins longues du fourreau qu'elles se sont construit dans leur ancienne habitation: enfin, on en laisse d'autres dépourvues de tous matériaux. Le travail de ces solitaires se diversifie en raison des circonstances différentes où on les a placées. En général, on remarque que les Chenilles qui ont à leur disposition une portion du fourreau, se mettent à l'ouvrage plutôt que les autres, & qu'elles travaillent bien plus en temps égal. On devine bien que celles qu'on a privées de matériaux, sont les moins diligentes & les moins laborieuses. La plupart se bornent à tirer des fils de côté & d'autre, qui n'offrent rien qui ait le moins du monde l'air d'un fourreau. Que de rapprochemens ne pourroit-on pas trouver avec ce que nos propres sociétés présentent! Mais il est temps de passer à d'autres considérations que les Chenilles sont dans le cas de nous fournir. Les ébauches que nous venons de donner sur leur manière de vivre & leurs habitudes industrieuses, en général, doivent suffire à la tâche que nous avons à remplir : car, quel est l'insecte dont le naturaliste le plus patient & le plus laborieux puisse se flatter d'épuiser l'histoire! Ce que nous connoissons des productions de la nature, se réduit toujours à un certain nombre de faits plus ou moins particuliers, & ce nombre peut accroître sans cesse, parce que les combinaisons sont diversifiables à l'infini.

Mues & transformation des Chenilles.

Parmi les faits que les Chenilles nous font voir dans le cours de leur vie, il n'en est guère qui méritent plus d'être examinés, & qui soient plus dignes de nous étonner, que leurs changemens de peau. Ils ne sont simples qu'en apparence : ce changement de peau n'est pas seulement commun à toutes les Chenilles, il l'est aussi à tous les insectes, qui, avant de parvenir a leur dernier terme d'accroissement, doivent se dépouiller une ou plusieurs fois. La plupart des Chenilles ne changent que trois ou quatre fois de peau avant que de se transformer en chrysalide; mais il en est qui en changent jusqu'à huit & même jusqu'à neuf fois. On peut observer que les Chenilles qui donnent les papillons de jour, ne changent communément que trois fois de peau; au lieu que celles d'où sortent les papillons de nuit ou phalènes, en changent ordinairement quatre fois. Ce sont ces mues qu'on nomme *maladies* dans le ver à soie, & qui en sont effectivement, puisque quelquefois elles font perdre la vie. Ce qu'il est important d'abord de remarquer, c'est que la dépouille que la Chenille rejette à chaque mue, est si complette, qu'elle paroît elle-même une véritable Chenille. On lui trouve toutes les parties extérieures qui sont propres à l'insecte. La dépouille d'une Chenille velue est toute hérissée de poils; les fourreaux des pattes, tant écailleuses que membraneuses, y restent attachés : on y voit tous les ongles, tous les crochets de leurs pieds; les parties qui ne sont même visibles qu'au microscope, s'y retrouvent. Il est peut-être encore plus singulier d'y voir toutes les parties dures & solides qui enveloppent la tête; en un mot, le crâne, les mâchoires, les dents s'y trouvent attachés.

C'est assurément une grande opération pour un animal, que celle de quitter une dépouille si complette, de tirer tant de parties des fourreaux où elles étoient contenues : un jour ou deux avant que ce moment critique arrive, les Chenilles cessent de manger; elles perdent leur activité ordinaire, elles ne marchent point, ou marchent peu; elles choisissent quelque endroit où elles se fixent, la plupart y restent, quoiqu'on les touche; elles sont alors devenues paresseuses ou languissantes; elles se donnent pourtant divers mouvemens, mais sans sortir de leur place. De fois à autres, elles se recourbent, elles rendent leur dos convexe : peu après elles s'étendent; quelquefois elles élevent leur tête au-dessus du plan sur lequel elles se sont posées, pour la laisser ensuite retomber brusquement sur ce même plan. Dans d'autres momens, la moitié antérieure de leur corps fait deux ou trois vibrations consécutives, extrêmement promptes, tant à droite qu'à gauche, & revient ensuite à sa première situation. Des mouvemens moins sensibles que les précédens, sont ceux qui se passent successivement dans différens anneaux; quelques-uns se gonflent considérablement, pendant que les autres se contractent. L'effet de ces gonflemens & de ces contractions alternatives est aisé à appercevoir, la peau est distendue par l'anneau gonflé, & le même anneau se resserrant ensuite, se désunit, au moins en quelques endroits, de cette peau. C'est donc par de pareils mouvemens & par la diette, que les Chenilles se préparent à quitter leur dépouille. Celles qui vivent en société ont des logemens de soie, des espèces de nids où elles se retirent en certain temps, elles ne manquent pas de s'y rendre pour se dépouiller; elles accrochent les ongles de leurs pieds dans les toiles des nids. Celles qui vivent solitaires filent aussi pour la plupart, des toiles légères, lorsque le temps de leur mue approche. Il est plus aisé aux Chenilles de se tirer de leur vêtement, quand elles l'ont ainsi arrêtées, il ne suit pas le corps dans les mouvemens qu'il se donne pour s'en dégager.

A mesure que le temps où une Chenille va se dépouiller approche, ses couleurs s'affoiblissent, les plus vives & les plus brillantes deviennent foncées & ternes, ou presque effacées. Leur peau alors se desseche en quelque sorte, elle ne reçoit plus les sucs qui la nourrissoient auparavant; il doit lui arriver ce qui arrive à une feuille d'arbre à qui la sève cesse d'être apportée. Enfin, quand cette peau s'est dessechée jusqu'à un certain point, si la Chenille continue à recourber son dos, & sur-tout si elle gonfle quelques-uns de ses anneaux plus que les autres, la peau ne résistera pas à de pareils tiraillemens; elle se fendra quelque part sur l'anneau qui aura le plus agi contre elle. Le moment arrive aussi où elle commence à se fendre; c'est au-dessus du dos, sur le second ou le troisième anneau, que la fente s'ouvre. Elle laisse entrevoir une nouvelle portion de la nouvelle peau, très-reconnoissable par la fraîcheur & la vivacité de ses couleurs. Dès que la fente est commencée, il est facile à l'insecte de l'étendre; il continue de gonfler la partie de son corps qui est vis-à-vis la fente; bientôt cette partie s'élève au-dessus des bords, elle fait l'office d'un coin qui oblige la fente à s'alonger : aussi parvient-elle dans un instant à s'étendre depuis la fin ou le commencement du premier anneau, jusques par-delà la fin du quatrième. La portion supérieure du corps qui répond à ces quatre anneaux, est alors à découvert, & la Chenille a une ouverture suffisante pour se retirer entièrement de son ancien fourreau. Elle recourbe sa partie antérieure, elle la retire du côté du derrière; par ce mouvement elle dégage sa tête de dessous l'ancienne enveloppe, & elle l'amène au commencement de la fente; aussitôt elle l'élève, & la fait sortir par cette fente. L'instant d'après elle étend sa partie antérieure, & laisse retomber sa tête, qui se trouve posée, comme un espèce de coussin, sur une partie de cet étui où elle étoit renfermée. Il ne reste plus alors à la Chenille qu'à tirer du fourreau la partie postérieure, ce qu'elle exécute encore en recourbant ses anneaux postérieurs, & en les retirant vers la tête, jusqu'à ce que le dernier de tous soit parvenu à l'endroit où la fente lui permet de s'élever. La partie postérieure étant ainsi dégagée, la Chenille l'alonge & la laisse retomber à son tour sur la dépouille. Toute laborieuse qu'est cette opération, elle est finie en moins d'une minute. Pour la bien voir, il faut s'attacher aux Chenilles qui vivent en nombreuse société, dont on trouve quantité d'espèces dans les jardins ou dans les bois. Comme des centaines de ces Chenilles changent de peau dans le même jour, il est aisé à l'observateur d'en saisir dans l'instant où le changement se fait, les dépouilles qui ont été quittées par quelques-unes, l'avertissent que d'autres se disposent de quitter les leurs.

Les Chenilles qui sont couvertes d'une nouvelle peau, sont très-reconnoissables; leurs couleurs sont plus fraîches & plus belles. Quelquefois ce n'est pas seulement par la vivacité & le degré de nuance, que les couleurs qu'elles ont sur leur nouvelle peau, diffèrent de celles qu'elles avoient sur l'ancienne; s'en sont de tout-à-fait différentes. Mais où étoient logés les poils dont une Chenille velue est hérissée avant qu'elle se dépouillât! Ceux de la dépouille ne sont-ils que des tuyaux creux; des étuis dans lesquels les autres étoient contenus? Ce qui doit d'abord faire naître le doute, c'est qu'une Chenille qui vient de changer de peau, est quelquefois couverte de poils considérablement plus grands & plus nombreux, que ceux qui sont restés attachés à la vieille peau. Ce qui doit éclaircir le fait, c'est qu'en tondant en tout ou en partie une Chenille prête à se dépouiller, les endroits qui répondent à ceux dont on a coupé les poils, en sont également fournis; d'où il suit que ces poils sont placés & couchés entre la vieille & la nouvelle peau. Les poils des quadrupèdes se renouvellent au moins une fois chaque année; les vieux poils tombent, de nouveaux reprennent leur place; il en arrive de même aux plumes des oiseaux. Mais c'est peu-à-peu que les oiseaux perdent toutes leurs vieilles plumes, & que les quadrupèdes quittent leurs anciens poils, au lieu que nos insectes quittent tous les vieux poils dans un instant. Les nouveaux poils des quadrupèdes, & les plumes des oiseaux, percent l'épiderme; après avoir commencé à paroître au jour, ils croissent insensiblement, peu-à-peu ils s'élèvent au-dessus de la peau. L'accroissement des poils de nos insectes se fait, au contraire, tout entier entre deux membranes; quand ils paroissent au jour, ils ont acquis toute leur grandeur, & dès lors ils cessent de croître. Nous devons donc concevoir qu'une Chenille qui a à changer de dépouille quatre ou cinq fois dans sa vie, à quatre ou cinq peaux, les unes au-dessus des autres, dans chacune desquelles des germes de poils sont, pour ainsi dire, semés; que les peaux les plus intérieures sont les plus éloignées de leur terme d'accroissement, & qu'elles contiennent des poils dont le développement est moins avancé; que chacune de ces peaux, à mesure qu'elle se fortifie, & qu'elle s'épaissit, doit, avec le secours des poils qu'elle nourrit & qui croissent avec elle, se détacher de la peau qui la couvre. Il en est de même dans les Chenilles appelées rases : la peau de toutes est remplie de mamelons; & des mamelons charnus peuvent produire dans les unes l'effet que produisent les poils, ou de petits grains durs dans les autres. Quant aux organes plus essentiels, les nouveaux sont véritablement logés dans les anciens comme dans autant d'étuis ou de fourreaux. On peut le démontrer par une expérience très-facile. Si à l'approche de la mue, on coupe les premières pattes de la Chenille, elle sortira de la dépouille privée de ces pattes.

Ainsi un insecte qui doit muer cinq fois avant de revêtir la forme de chrysalide, est un composé de cinq corps organisés, renfermés les uns dans les autres, & nourris par des viscères communs, placés au centre. Ce qu'est le bouton d'un arbre aux boutons invisibles qu'il renferme, le corps extérieur de la Chenille nouvellement éclose, l'est aux corps intérieurs qu'elle recèle dans son sein. Quatre de ces corps ont la même structure essentielle, & cette structure est celle qui est propre à l'insecte dans l'état de Chenille. Le cinquième corps, très-différent, est celui de la chrysalide. L'état respectif de ces corps, suit la proportion de leur distance au centre de l'animal. Ceux qui en sont les plus éloignés, ont le plus de consistance, ou se développent le plutôt. Lorsque le corps extérieur a pris tout son accroissement, le corps intérieur qui le suit immédiatement, est déja fort développé. Bientôt il se trouve logé trop à l'étroit. Il distend de toutes parts les fourreaux qui le renferment. Les vaisseaux qui portoient la nourriture à ces enveloppes, rompus ou étranglés par cette forte distension

tension, cessent de servir. La peau se ride, se dessèche; elle s'ouvre enfin, & l'insecte paroît revêtu d'une peau nouvelle, & d'organes nouveaux. Un jeûne d'un jour ou deux, précède la mue, il est probablement occasionné par l'état violent où se trouvent alors tous les organes. Peut-être aussi qu'il étoit nécessaire à la réussite de l'opération, & qu'il prévient par là les obstructions, les dépôts, &c. Quoiqu'il en soit, l'insecte est toujours très-foible au sortir de chaque mue. Tous ses organes se ressentent encore de l'état où ils étoient sous l'enveloppe dont ils viennent d'être débarrassés. Les parties écailleuses, comme la tête & les pattes, ne sont presque que membraneuses, & toutes sont baignées d'une liqueur qui se glisse avant la mue entre les deux peaux, & en facilite la séparation. Mais peu à peu cette humidité s'évapore : Toutes les parties prennent de la consistance & l'insecte est en état d'agir. Le premier usage que quelques espèces de Chenilles, qui ne vivent que de feuilles, font de leurs nouvelles dents, est de dévorer avidement leur dépouille. Quelquefois même, elles n'attendent pas à le faire, que leurs mâchoires aient achevé de se fortifier. Il est aisé de voir que la Chenille vêtue de neuf, est autrement proportionnée qu'elle ne l'étoit avant la mue; sa tête, ses pattes, & en général, tout ce qu'elle a d'écailleux, est sensiblement plus grand, a proportion du reste; aussi, ces parties solides ne croissent-elles plus dans la suite : c'est le corps seul, ce sont les parties molles de l'animal, qui croissent & s'étendent, au moyen des alimens, jusqu'à ce que, devenues trop grandes, pour les parties solides, la nature y supplée par une nouvelle mue, où, déposant toutes ces parties, la Chenille en revêt d'autres plus convenables à sa taille.

Après avoir pris tout son accroissement, & après avoir passé par toutes les révolutions périodiques qui lui sont propres, la Chenille a encore un dernier vêtement dont elle doit se dépouiller pour paroître sous une autre forme & être désignée sous un autre nom. Ce sont de grands événemens pour un insecte, que ces transformations, qui dans un temps assez court, le font paroître totalement différent de ce qu'il étoit auparavant. De tels changemens ne se font point sans que sa vie coure de grands risques. S'il prévoit les efforts qu'il aura à faire pour se dépouiller de la forme de Chenille; l'état de foiblesse & d'impuissance où il restera sous celle de chrysalide, il doit songer à choisir les endroits les plus commodes, les situations les plus avantageuses à une opération si considérable. Il doit songer à choisir les endroits où il sera exposé à moins de dangers, pendant le temps qu'il vivra sous une forme qui ne lui permettra ni de se défendre ni de fuir. Dans les approches de ce temps critique, toutes les Chenilles agissent comme si elles savoient quelles en doivent être les suites; mais différentes espèces ont recours à différens moyens pour se préparer à cette métamorphose, pour se mettre en état de l'exécuter sûrement, & pour se précautionner contre les accidens qui la peuvent suivre.

L'industrie des Chenilles qui se filent des coques de soie où elles se renferment pour subir leur transformation en sûreté, est généralement connue : à qui le ver à-soie, qui est véritablement une Chenille, ne l'a-t-il pas apprise? Mais il y a bien des variétés dans la structure, dans la figure des coques de différentes Chenilles, dans la manière de les suspendre, de les attacher, de les travailler, qui méritent sans doute d'être connues. D'autres Chenilles ignorent l'art de se faire des coques de pure soie, elles s'en bâtissent de terre & de soie, ou de terre seule. Lorsque le temps de leur transformation approche, elles vont se cacher sous terre; c'est-là qu'elles quittent leur forme de Chenille, & que les chrysalides restent tranquilles jusqu'à ce qu'elles soient prêtes à paroître avec des aîles. Enfin, plusieurs espèces de Chenilles ne savent ni se faire des coques ni s'aller cacher sous terre; pour l'ordinaire elles s'éloignent néanmoins des endroits où elles ont vécu; c'est souvent dans des trous de mur, sous des entablemens d'édifices, dans des creux d'arbres, contre de petites branches assez cachées qu'elles vont se changer en chrysalide. Sans avoir songé à observer les insectes, on a pu voir souvent de ces différentes chrysalides immobiles dans des lieux écartés. On a pu remarquer les différentes positions dans lesquelles elles se trouvent, & comment elles sont retenues dans ces positions. Les unes sont pendues en l'air verticalement, la tête en bas : le seul bout de leur queue est attaché contre quelque corps élevé; d'autres au contraire sont attachées contre des murs, ayant la tête plus haute que la queue : il s'en présente de celles-ci sous toutes sortes d'inclinaisons. D'autres sont posées horisontalement, leur ventre est appliqué contre le dessous de quelque espèce de voûte, ou de quelque corps saillant; & la plupart y sont fixées par le bout de leur queue : cette seule attache ne suffiroit pas pour retenir leur corps, mais un lien singulier, une ceinture embrassant leur dos, est bien en état de le soutenir. Chacun de ses bouts est collé contre le bois, ou contre la pierre, à quelque distance de la chrysalide. La force de cette espèce de petit cable est bien supérieure à celle qui est nécessaire pour tenir suspendu le poids de l'insecte, dont il est chargé; il est composé d'un grand nombre de fils de soie très-rapprochés les uns des autres : d'autres chrysalides semblent être attachées avec moins d'artifice, elles paroissent collées par quelque partie de leur ventre, contre le corps sur lequel elles sont fixées. Ces faits sont connus, & ont dû exciter la curiosité des observateurs; car, pour peu qu'on y pense, on voit qu'il doit y avoir en tout cela bien de l'industrie : qu'on ne considère même que les suspensions les plus simples, on verra qu'elles supposent des manœuvres qui ne sont pas aisées à deviner.

Lorsque le temps de la métamorphose approche, les Chenilles quittent souvent les plantes, ou les arbres sur lesquels elles ont vécu, au moins s'attachent-elles plus volontiers aux tiges & aux branches qu'aux feuilles qu'elles rongeoient auparavant. Celles qu'on voyoit manger les jours précédens, & qui sont tranquilles aux heures où elles avoient coutume de manger, qui d'ailleurs sont parvenues à la grosseur ordinaire à leur espèce, se préparent à la transformation par la diète. Après avoir cessé de prendre des alimens, elles se vuident copieusement; elles rejettent même la membrane qui double tout le canal de leur estomac & de leurs intestins. Il y en a qui changent totalement de couleur; mais ce qui est plus ordinaire, c'est que leurs couleurs deviennent plus ternes, qu'elles s'effacent, & qu'elles perdent leur vivacité. Alors celles qui savent se filer des coques se mettent à y travailler. La coque a souvent une épaisseur qui ne permet pas de voir la Chenille qui s'y est renfermée. On ne sauroit appercevoir au-travers de ses parois, comment l'insecte quitte sa première forme pour en prendre une nouvelle; mais il est aisé d'ouvrir sa coque, sans le blesser. Il y a des Chenilles qui n'ont pas besoin d'être si bien défendues contre les impressions de l'air pendant qu'elles sont en chrysalide; l'assemblage des fils qu'elles filent, pour se préparer à leur première métamorphose, ne mérite presque pas le nom de coque; les fils qui se croisent, laissent entr'eux tant de vides, qu'ils ne cachent nullement la Chenille; ils ne semblent destinés qu'à la soutenir. Quand les Chenilles ont achevé de filer, si on les retire de leur coque, elle paroissent dans un état de langueur, incapables de se donner des mouvemens; elles ne cherchent point à marcher, elles restent dans les endroits où on les pose. Les Chenilles qui portent une corne sur le derrière, ont un signe certain pour avertir que le moment de la transformation est proche. Si on est attentif à observer leur corne, on remarque que d'opaque qu'elle étoit, elle devient transparente; phénomène dont la cause n'est pas difficile à trouver. Quand les parties charnues qui remplissoient l'intérieur de la corne s'en sont retirées, le passage de la lumiere n'est plus arrêté que par les parois de cette corne. Encore un autre signe, & plus aisé à observer, c'est que peu après que la corne est devenue transparente, elle tombe sur le corps de la Chenille, au-dessus duquel elle étoit élevée auparavant; les muscles nécessaires pour la soutenir l'ont abandonnée. Les stigmates, ces dix-huit bouches qui donnent entrée à l'air que les Chenilles respirent, semblent aussi se fermer quand l'instant de la transformation approche

L'opération à laquelle les Chenilles se préparent est dans le fonds semblable à celle qu'elles ont subie toutes les fois qu'elles ont changé de peau: c'est encore une dépouille que l'insecte a à quitter, mais, à la vérité, c'est une dépouille plus considérable. Il ne parviendra à s'en défaire que par des mouvemens semblables à ceux dont nous avons parlé, mais par de plus grands mouvemens, qui demandent plus de force de sa part, & qui offrent aussi quelques circonstances de plus. Les Chenilles dont la transformation est encore éloignée de plusieurs heures, sont pour la plupart du tems parfaitement tranquilles, leur corps est un peu plié en arc, il semble d'ailleurs racourci, leur tête est recourbée & ramenée sur le ventre; de fois à autres elles s'étendent pourtant, mais bientôt elles se recourbent. La partie la plus proche de la tête est celle qui est la plus recourbée. Quelquefois elles se renversent d'un côté sur l'autre. Si elles changent de place, ce n'est pas pour aller bien loin; elles se tirent alors avec leur tête & se poussent avec leur derrière, lorsqu'elles tendent à aller en avant, & au contraire elles se poussent avec leur tête & se tirent par leur partie postérieure pour aller en arrière. Alors elles ne font aucun usage de leurs pattes, il semble qu'elles ne peuvent plus s'en servir. Les pattes membraneuses commencent déja apparemment à se tirer de leurs fourreaux, & les écailleuses sont trop pressées dans les leurs. Le plus vif de tous les mouvemens qu'elles font voir dans cet état, est celui de leur partie postérieure: il y a des momens où elles l'élèvent & l'abaissent pour en frapper le plan sur lequel elles sont posées, trois ou quatre fois de suite très-prestement. Ces derniers mouvemens sont rares; elles sont souvent des heures entières sans s'en donner aucun de bien sensible. Leur attitude, d'avoir le corps recourbé, est ce qui semble de plus nécessaire pour les disposer à la métamorphose; aussi plus elle est prochaine, & plus leur tête avance vers le dessous du ventre; quelquefois leur partie postérieure est étendue, & alors leur corps forme une espèce de crochet dont la tête est le bout, la partie propre à accrocher. Enfin, plus la Chenille se racourcit & se recourbe, & plus le moment de la transformation approche; les mouvemens de la queue, les alongemens & les contractions alternatifs deviennent aussi plus fréquens. Elle ne semble plus être dans un si grand état de foiblesse, elle est bientôt prête à faire des actions qui demandent beaucoup de vigueur. *Voyez* CHRYSALIDE.

De toutes les industries auxquelles les Chenilles ont recours pour se métamorphoser plus commodément, & pour être plus en sûreté dans l'état de foiblesse où elles restent après leur métamorphose, la plus généralement connue, est celle qu'elles ont de se faire des coques où elles se renferment. C'est même la plus connue de toutes les industries des insectes; aussi tous ensemble ne font-ils rien de si utile pour nous que les coques que nous file une seule espèce de Chenille, qu'on appelle ver-à-soie. *Voyez* BOMBIX.

Les coques des vers-à-soie sont sans doute des plus belles de celles que les Chenilles nous font voir, soit par rapport à la matière dont elles sont composées, soit par rapport à la manière dont elle est mise en œuvre. D'autres Chenilles pourtant en fabriquent de moins utiles, mais plus remarquables par leur forme & par l'intelligence que leur construction semble supposer dans les ouvrières. Nous allons rassembler ce que les différentes espèces de coques de ces insectes offrent de plus digne d'être observé.

Quelques espèces de Chenilles se contentent de remplir un certain espace de fils qui se croisent en différens sens, mais qui laissent entr'eux beaucoup de vides. La Chenille occupe le centre de cet espace; les fils servent à la soutenir, mais ils ne la cachent pas. D'autres Chenilles se font des coques un peu mieux formées, mais dont le tissu encore peu fourni de fils, laisse appercevoir la chrysalide, ou la Chenille qu'il recouvre. La plupart de ces Chenilles qui font entrer peu de fils & écartés les uns des autres, dans la construction de leurs coques, qui y seroient presqu'à découvert, semblent pourtant n'aimer pas à y être en vue, & elles réussissent à se cacher assez bien. Tantôt elles attachent leurs fils à plusieurs feuilles assez proches les unes des autres, & qu'elles rapprochent encore davantage. Tantôt c'est entre deux ou trois feuilles seulement, qu'elles forcent à venir se toucher par leurs bords, qu'est le tas même de fils qui les a contraintes à prendre & à garder cette position. Tantôt ce tas de fils est couvert par une seule feuille qu'il a obligée à se courber & à se contourner. Quelquefois sous le même paquet de feuilles il y a plusieurs coques de Chenilles de la même espèce. Quelques-unes même, qui arrangent leurs fils avec plus d'ordre, qui les pressent davantage les uns contre les autres, en un mot, qui en font une coque bien arrondie, la recouvrent des feuilles de l'arbre, ou de la plante sur laquelle elles ont vécu. Les Chenilles qui emploient plus de soie que les précédentes dans la conctruction de leurs coques, qui les font plus fortes & plus serrées, ne cherchent pas de même à les couvrir, ou du moins à les couvrir de toutes parts avec des corps étrangers. Les coques de pure soie sont celles qui sont plus souvent exposées à nos yeux. Leurs figures ordinaires sont des ellypsoïdes, des espèces de boules plus ou moins alongées. Entre celles-ci, quelques-unes ont des figures assez régulières, leurs deux bouts sont à-peu-près de même grosseur; mais d'autres ont un de leurs bouts plus grand, plus racourci, & l'autre bout plus alongé & plus mince. Il y en a d'autres qui sont presque des cylindres, ou de petits fusts de colonnes arrondis par les bouts. Entre les coques de pure soie & de figures arrondies, les unes ne semblent formées que d'une toile fine, mince & très-serrée: telles sont celles que se font quantité d'espèces de Chenilles de grandeur au-dessous de la médiocre. D'autres plus épaisses & plus soyeuses, ressemblent à de bonnes étoffes: telle est la coque du ver-à-soie; d'autres, quoiqu'assez fermes & épaisses, paroissent des espèces de réseaux. Ce n'est pourtant qu'en apparence que ces tissus ressemblent aux nôtres. Les coques les plus grossières, comme les mieux finies, ne sont composées que d'un seul fil continu, s'il n'est point arrivé à l'ouvrière de le casser pendant qu'elle l'employoit, & c'est ce qui ne lui arrive guère. Nos tissus doivent leur solidité à l'entrelacement du fil de la trame, avec ceux de la chaîne; le fil qui forme le tissu des coques, n'en rencontre pas d'autres avec qui il puisse s'entrelacer; ce ne sont que différens tours & retours de ce même fil, appliqués les uns contre les autres, qui composent le tissu. A mesure qu'une nouvelle portion de fil est tirée de la filière, la Chenille la pose dans la place qui lui est convenable, & elle l'y attache en même-tems; le fil nouvellement sorti est toujours en état d'être attaché au corps contre lequel elle l'applique; il s'y colle, parce qu'alors il est encore gluant. Mais il est heureux pour nous que les différens tours du fil dont est faite la coque d'un ver-à-soie, ne soient pas collés entr'eux par une gomme trop adhérente. Si leur union étoit plus parfaite, il ne seroit pas possible de dévider ce fil, qui se dévide cependant comme un peloton, si on a le soin de tenir la coque dans l'eau chaude. L'espèce de gomme dont la soie est imprégnée, a pour une de ses qualités essentielles, de sécher très-promptement; presque dans l'instant même qu'elle vient de sortir, il ne lui reste assez de viscosité que pour s'attacher légèrement aux fils qu'elle touche. Il y a des coques de diverses espèces de Chenilles dont il n'est pas possible de dévider le fil, qui apparemment est collé par un gluten qui sèche moins vîte & devient plus tenace: la ressource est de les carder. Mais il a des coques dont les différens tours de fil sont si parfaitement collés les uns contre les autres, qu'on les réduiroit en fragmens trop courts en les cardant. Dans chaque coque de Chenilles de plusieurs espèces différentes, il y a deux arrangemens du fil sensiblement différens. Les tours & les retours de celui qui est le plus proche de la surface extérieure, ne forment point un tout qui ressemble à un tissu; ils ne forment qu'une ou plusieurs couches assez semblables à celle d'une matière cotonneuse, ou d'une espèce de charpie: c'est ce que les coques du *ver-à-soie* font assez voir. Avant que de parvenir à l'endroit où le fil peut être dévidé, on en enlève une soie qui n'est propre qu'à être cardée. La coque ne commence, à proprement parler, qu'où le tissu devient serré, le reste lui sert d'enveloppe. Quelquefois le tissu extérieur est plus serré, il est lui-même une première coque qui renferme la seconde. Tout ce qui est comme cotonneux, est l'espèce d'échafaudage que la Chenille a été obligée de faire pour construire sa coque. Des feuilles courbées, des fourches formées par plusieurs petites branches, fournissent des appuis aux coques de plusieurs espèces de Chenilles. La disposition du fil qui compose la coque, ne ressemble pas à celle d'un peloton comme on pourroit le croire par la manière dont on le dévide. Lorsque la Chenille est cramponnée dans ces fils lâches qui doivent servir d'enveloppe & de soutien à la coque qu'elle va commencer à construire, on voit sa tête se porter & s'appuyer successivement sur des côtés opposés, & cela, jusqu'aux distances où il lui est permis d'aller, en lui faisant décrire des arcs de cercle à la partie antérieure, qui est depuis la tête jusqu'à la première paire de pattes intermédiaires. Chaque arc que la tête décrit, fait sortir de la filière une portion de fil qui est la corde de cet arc. La Chenille allonge un peu son corps, lorsqu'elle decrit un second arc, sans quitter la même place, & fait sortir de la filière une seconde portion de fil plus longue que la première, elle trouve des fils dans le tissu lâche, contre lesquels elle colle les nouveaux qu'elle file. Il est donc clair qu'elle file des portions de fils qui forment des espèces de zigzags, tant quelle reste en place, & qu'en s'alongeant ou en se recourbant elle fait mouvoir sa tête en différens sens. Delà elle va dans un autre endroit, pour le remplir de pareils zigzags. Quand elle a rempli de tours de fils cette surface concave, qui doit terminer celle de la coque, la première couche est faite, & tout le travail qui reste se réduit à la fortifier, à l'épaissir, & cela en répétant la même manœuvre. On a pu distinguer six couches différentes à la coque du *ver-à-soie*; & on a trouvé plus de mille pieds, à la longueur du fil qui peut se dévider. Le microscope nous met en état de voir que ce fil est, en quelque sorte plat, qu'il a au moins plus d'épaisseur que de largeur; il fait aussi découvrir que le milieu de chaque fil est comme creusé en gouttière, c'est-à-dire, comme formé par deux cylindres applatis, collés l'un contre l'autre. D'où il est déjà naturel de conclure que le fil est composé de deux brins, fournis par deux réservoirs ou vaisseaux à soie semblables, qui vont aboutir également par un filet délié, à la filière commune. Cependant la structure des fils de toutes les Chenilles, ni même celle de tous les fils d'une même coque, ne sont pas parfaitement semblables; bien des circonstances peuvent entraîner des exceptions, des différences plus ou moins sensibles. Ainsi, il arrive assez souvent que le fil d'une même coque est de différentes couleurs, ou au moins de très-différentes nuances de couleur, parce que chacun des deux réservoirs peut fournir une matière différemment nuancée. Les couleurs les plus ordinaires des coques des différentes espèces de Chenilles, sont le blanc, le jaune, le brun, ou le roux; mais on leur trouve des nuances de toutes ces couleurs extrêmement variées. Il y en a encore dont la soie est d'un bleu presque céleste, & d'autres dont la soie est verdâtre. Le *ver à soie* emploie quelquefois deux jours, & quelquefois trois à finir sa coque; mais il y a des Chenilles qui font les leurs en un seul jour, d'autres en font de très-bien travaillées, en quelques heures. Des Chenilles de plusieurs espèces ne recouvrent point leurs coques d'une bourre, d'une espèce de cotton de soie; elles en font le tissu si serré, qu'on les croiroit plutôt composées d'une membrane bien continue, d'une sorte de cuir, que de fils appliqués les uns contre les autres. Les grandeurs des coques ne sont nullement proportionnées à celles des Chenilles. S'il y a des coques beaucoup plus grandes que les Chenilles, il y en a de si petites, qu'on ne conçoit pas trop comment une grosse Chenille a pu se renfermer dans une enceinte aussi resserrée. Mais il convient aux unes des logemens plus spacieux, & des logemens plus étroits valent mieux pour d'autres.

Il y a des Chenilles qui, pour rendre leurs coques plus fermes, les mouillent d'une liqueur différente de celle de la soie, qu'elles jettent par l'anus; il y en a d'autres qui n'ayant point assez de soie pour fournir à la construction de la coque épaisse ou opaque qui leur est nécessaire, la couvrent d'une poudre jaune qui se trouve répandue dans tout le tissu. La Chenille ne songe à pénétrer sa coque de cette poudre, que lorsqu'elle n'a plus aucun tour de fil à y ajouter. Elle jette par l'anus une matière jaune, molle & liquide même, comme une bouillie épaisse. La Chenille sur le champ recourbe son corps, porte sa tête sur le petit tas de matière, & en prend une portion entre ses dents. Elle dresse ensuite son corps peu à peu, en conduisant sa tête sur la surface intérieure de la coque, qui se colore & devient opaque dans tous les endroits où la tête a passé. Cette matière, en partie liquide, pressée par la tête, entre dans les vuides des espèces de mailles que ce fil forme; & elle enduit tout l'intérieur de la vraie coque; car elle ne va pas jusqu'au tissu lâche qui sert d'enveloppe. Cette matière ainsi distribuée en petites parcelles, sèche vîte, & se change bientôt en poudre légère, parce qu'elle est composée de grains extrêmement fins qui ne tiennent point ensemble. Elle ne doit point être regardée comme un reste d'excrémens; elle est renfermée dans des vaisseaux variqueux qui forment une espèce de lacis autour des intestins, pres du derriere.

Il y a un grand nombre de Chenilles velues, qui n'ont pas une assez grande provision de matière soyeuse, pour fournir à la construction d'une coque solide, capable de les bien cacher, & qui n'ont pas aussi la ressource de la poudre jaune dont nous venons de parler. La nature leur a appris à trouver sur elles-mêmes une autre ressource. Elles s'arrachent leurs propres poils, elles les emploient pour fortifier leurs coques, & lui ôter la transparence. Ces Chenilles font de pure soie la couche qui doit former la surface extérieure de leur coque; elles l'épaississent même par des couches de fils qu'elles étendent dessous. Quand elles la jugent assez épaisse, elles commencent à s'arracher les poils, tantôt d'un endroit, tantôt d'un autre. Les deux dents sont les pinces dont la Chenille se sert pour saisir partie des poils, ou tous ceux ensemble d'une touffe, & les arracher sans grand effort; alors ils tiennent peu. Sur le champ elle les porte contre le tissu commencé, dans lequel elle les engage d'abord par la seule pression; elle les y arrête ensuite plus solidement, en filant dessus. Elle ne laisse pas ensemble les paquets de poils qu'elle vient d'arracher & de déposer; dans l'instant suivant, on voit que la tête se donne des mouvemens vifs, qu'elle va prendre une partie des poils du petit tas, pour les distribuer sur les endroits voisins. Elle ne cesse de s'arracher les poils, que quand elle s'est entièrement épilée. Si on ouvre la coque avant que la Chenille soit métamorphosée, on la trouve nue & méconnoissable. Il y a beaucoup de Chenilles velues qui négligent de faire entrer leurs poils dans la composition de leurs coques; mais il y a peut-être un plus grand nombre de celles qui mettent leurs poils à profit. Les espèces de Chenilles qui portent sur quelques parties des aigrettes composées de poils en plumes, engagent les poils de ces aigrettes dans les premières couches de soie de leur coque; de sorte qu'en observant le dessus de la coque à la loupe, on peut savoir de quel genre est la Chenille qui l'a faite. Il y a des Chenilles dont la coque paroit presque toute de poils, qui en conservant leurs couleurs variées, forment des tissus fort agréables. Il y a des Chenilles dont les poils tiennent peu à la peau, & dont elles se dépouillent aisément; mais il y en a d'autres qui ne pourroient se les arracher sans douleur, aussi prennent-elles le parti de les couper, & on les trouve couvertes de poils très-courts, quoiqu'ils fussent très-longs avant la composition de leur coque. On peut observer une petite manœuvre qui est propre à quelques Chenilles dont les poils longs se contournent sur les anneaux, & dont les uns se dirigent en bas, & les autres en haut. Lorsque le tissu de la coque, est devenu une espèce de réseau à mailles assez serrées, & qui a de la consistance, on voit tout à coup une partie de la coque devenir hérissée de poils, qui s'élèvent beaucoup au-dessus de sa surface extérieure. Ce sont ceux d'une partie du dos que la Chenille a fait passer au travers des mailles. Elle se donne alors de petits mouvemens, comme pour frotter cette partie de son dos successivement en des sens contraires, contre la surface intérieure de la coque. Quand l'œil ne pourroit pas suivre ces petits mouvemens; les poils qui sont à l'extérieur les désigneroient: on leur voit faire des vibrations, s'incliner successivement, & assez vîte, vers des côtés opposés. Ces poils sont aussi bientôt détachés par cette manœuvre. Dès qu'ils le sont, la Chenille se retourne, & conduit sa tête à l'endroit où ils sont restés engagés en partie dans le tissu de la coque: quoiqu'ils s'élèvent là au-dessus de la surface supérieure, il y a encore en dedans une longue portion de chacun, hérissée comme par dehors, ce qui n'accommoderait pas la Chenille: elles veulent toutes que lorsqu'elles seront en chrysalide, leur corps ne soit touché que par des surfaces lisses. La tête travaille donc à coucher sur les parois intérieures, les bouts intérieurs des poils, & à les retenir couchés par des fils qu'elle tire dessus. Le tissu de la coque se fortifie, & devient plus opaque. Enfin, quand la Chenille s'est entièrement épilée, que tous ses poils ont été bien arrangés & bien attachés, on ne peut plus l'appercevoir. L'ouvrage est conduit à ce point en trois heures, mais il n'est entièrement fini qu'en neuf ou dix heures; & alors l'intérieur de la coque est tapissé d'une couche de soie bien lustrée. On trouve une espèce de coque très-petite, que l'on prend pour une Chenille en repos, quand on ne la regarde pas de près. Les murs, quelque morceau de pierre plate en font la base. La Chenille qui la construit, s'arrache les poils; mais ce n'est pas pour les faire entrer dans le tissu. Elle les plante droit comme des piquets de palissades; sur la circonférence d'un ovale, où elle est placée dans l'enceinte qui est renfermée par cette palissade, elle file pourtant une toile blanche & si mince, qu'elle est à peine visible. Cette toile mince, cette coque soutient les poils, elle en contraint même la plupart à se courber par leur bout supérieur, de sorte qu'ils forment une espèce de berceau.

Des Chenilles qui n'ont ni assez de matière soyeuse pour fournir à la construction d'une coque aussi forte & aussi épaisse qu'elles le veulent, ni assez de poils pour suppléer au manque de soie, ont recours à des matières étrangères. Quelques-unes lient ensemble les feuilles de la plante même sur laquelle elles ont vécu. Une espèce de Chenille fait sa coque, vers le commencement d'Août, en ajustant & attachant les unes contre les autres, des feuilles de Mouron & de petites branches de la même plante De cet assemblage elle se forme une enveloppe au dessous de laquelle elle est très-bien cachée. Pour mieux tenir le tout ensemble, elle file par dessous une coque même de soie. D'autres espèces de Chenilles nous font voir encore des coques recouvertes de feuilles, arrangées avec plus ou moins de régularité, selon que ces feuilles étant plus ou moins étroites, sont plus ou moins aisées à ajuster. Ainsi la Chenille qui vit sur la Linaire, forme toute la couche extérieure de sa coque, des feuilles qu'elle détache de la tige, & qu'elle ajuste dans toute leur longueur, les unes à côté des autres, en les contournant autant que l'exige la figure convexe de l'enveloppe qu'elle doit former. Il y a des endroits où ce ne sont que des portions de la feuille qui doivent trouver place, la Chenille n'y met pas aussi des feuilles entières: tout est disposé avec symétrie & d'une manière agréable.

Quand on laisse les Chenilles en liberté dans la campagne, quand on veut ne les observer que sur les plantes qu'elles aiment, ce n'est que par des hasards heureux, qu'on peut parvenir a leur voir faire des coques, & même souvent à trouver leurs coques, puisque la plupart abandonnent les plantes sur lesquelles elles s'étoient toujours tenues, pour aller filer dans des endroits écartés. Pour les suivre dans leur travail, on a imaginé de les nourrir dans des endroits clos, & sur-tout dans des poudriers de verre, qui, à chaque instant permettent de les voir. On n'est pourtant pas sûr alors que les Chenilles qui employent d'autres matériaux que la soie dans la construction de leur coque, trouvent dans le poudrier ceux dont elles se servent par préférence; il est aisé même d'avoir des preuves que souvent elles ne les y trouvent pas. Mais quelquefois on n'en reconnoît que mieux leur industrie, pour suppléer à ce qui leur manque; ainsi, il y en a qui couvrent leur coque d'une couche de petits fragmens de papiers, plutôt que de feuilles qui ne leur conviennent pas autant. Quelques Chenilles qui vivent sur le mur, tapissent tous les dehors de la coque dans laquelle elles se renferment, de petits grains de la pierre du mur, qui est ordinairement assez tendre. D'autres se couvrent avec une mousse verte, qui a crû sur la pierre, & qui est assez épaisse en quelques endroits. Elles coupent avec leurs dents de petites mottes de cette mousse; elles les enlèvent avec le peu de terre qui y est adhérant, & les arrangent au-dessus dans une position semblable à celle où elles étoient avant d'etre détachées. Elles les placent de façon qu'elles forment ensemble une petite voûte sous laquelle elles se trouvent fort bien cachées. Tous les petits gazons d'une coque sont si bien ajustés les uns contre les autres, & si bien liés ensemble, que la mousse de l'enveloppe de la Chenille fait un corps aussi continu que celui de la mousse qui n'a point été remuée. Les endroits où elle couvre une Chenille, ne sont reconnoissables que parce qu'ils ont plus de hauteur & forment de petites bosses.

On ne peut assez présenter à l'attention & exposer à la curiosité, jusqu'où les Chenilles portent l'industrie dans la construction de leurs coques, soit par rapport au choix des matériaux, soit par rapport à la manière de les mettre en œuvre, soit enfin par rapport aux formes qu'elles savent leur faire prendre. Une espèce de Chenille velue, à quatorze pattes, qui s'enveloppe des fragmens qu'elle détache de l'écorce de quelque branche du Chêne, a fourni des faits bien dignes d'être connus. Elle se forme deux lames d'abord triangulaires, appliquées & collées contre une petite tige. On voit par le moyen de la loupe, que ces lames sont composées d'un grand nombre de petites pièces rectangulaires, très-minces, environ quatre à cinq fois plus longues que larges, posées bout à bout, & à côté les unes des autres, à peu près comme le sont les carreaux des chambres.

Lorsque la Chenille a détaché & saisi avec ses dents une petite bande de peau ou d'écorce, elle applique la branche de ce petit carreau dont sa tête est chargée, contre la tranche de la grande lame. Les jambes écailleuses font la fonction de mains pour la bien ajuster en place. Le bord de la lame se trouve entre deux pattes de la même paire, qui donnent alternativement des coups sur les endroits du petit carreau de peau qui ne sont pas bien placés. L'opération d'ajuster le bord d'une bande si fine contre le bord de la lame, ne paroît pas difficile pour la Chenille. Après qu'elle l'a bien mise en place, pour l'arrêter, elle y attache des fils qu'elle colle sur des bandes déja posées, qui portent la dernière, ou en sont proches. Pour étendre & pour élever chacune des grandes lames, la Chenille répete continuellement la même manœuvre. Pour donner à l'une & l'autre la même grandeur & la même figure, elle sait se conduire de la manière la plus sûre : après avoir ajouté à l'une trois à quatre petits carreaux, elle va en attacher autant à la partie correspondante de l'autre. Les endroits, d'où elle va enlever la peau de la branche sont aisés à connoître : on voit de longues raies parallèles à la longueur de la tige, d'une couleur plus fraîche que celle du reste. Elle dépouille ainsi successivement tout le contour de la petite tige, détachant cette peau mince, ou l'espèce d'épiderme qui la couvre, du côté supérieur ou inférieur, selon le côté où la lame qu'elle veut étendre se trouve placée. La nature ne semble pas avoir besoin de donner de l'intelligence à un insecte de qui elle exige seulement qu'il se construise une coque de figure arrondie, qu'il commence à lui faire prendre dès qu'il commence à la construire. Les positions où se met successivement l'insecte lorsqu'il travaille à s'entourer de fils de toutes parts, déterminent la forme de l'enveloppe composée de tous ces fils, à avoir une rondeur, & une forme qui ne variera que pour être plus ou moins alongée, ou plus ou moins applatie. Mais quand on voit un insecte, qui, pour se bâtir une coque, commence par assembler une infinité de petits carreaux pour en composer deux lames plattes & triangulaires, & qui pour arriver à une fin, prend des voies qui semblent si détournées, quoiqu'elles soient des plus commodes & des plus courtes pour y arriver, on est bien tenté de lui supposer du génie; on le voit agir comme s'il en avoit. Il est hors de doute que le but du travail de notre Chenille, est de parvenir à se faire une coque, mais il n'est pas aisé de deviner quelle forme elle doit lui donner. On peut remarquer que la partie du bois, qui est comprise entre les deux lames, est elle-même un peu triangulaire, de telle sorte que quand les deux lames ont toute leur longueur, elles sont très-peu distantes l'une de l'autre vers leur bout le moins élevé. La Chenille les prolonge aussi à un point où elles sont près de se rencontrer, & dans ce même endroit elle les élève chacune un peu plus que la forme triangulaire ne le demande. Cela fait, la Chenille qui est entre les lames, & qui y va toujours rester, attache un fil au bord d'une lame, & le tire jusqu'au bord de l'autre lame, en commençant à l'endroit où ils sont tous deux moins élevés & moins écartés, & où ils ont moins de chemin à faire pour venir se réunir l'un contre l'autre. Après avoir amené ces bords l'un contre l'autre, elle les assujettit par de nouveaux fils. On voit assez qu'à mesure que la Chenille a forcé des endroits correspondans des bords des lames à venir se toucher, elle a contraint ceux qui suivent à s'approcher; mais plus les endroits à réunir sont voisins de la partie la plus élevée, plus ils s'écartent les uns des autres, & plus le rapprochement est difficile. Pour le faciliter, après que la Chenille a réuni les bords d'environ le quart ou le tiers de la longueur des grands côtés supérieurs, elle pousse en dehors avec sa tête les parties qui sont au-dessous de celles qui sont liées, ce qu'elle fait à un grand nombre de reprises; ainsi elle oblige les parties de ces deux lames, qui étoient planes auparavant, à prendre une courbure, à former le commencement d'un cornet. La partie inférieure & la plus étroite de chaque lame ne sauroit prendre cette courbure, sans que la partie qui la suit se courbe un peu dans le même sens, & par conséquent, sans que les deux bords des lames se rapprochent un peu : la Chenille n'a donc pas besoin de les tirailler autant avec des fils, pour les forcer à venir se rencontrer : c'est ainsi qu'elle continue de réunir ensemble les bords des deux grands côtés, mais elle n'y parvient qu'à bien des reprises. On voit sur-tout, vers les portions les plus élevées, des parties qui laissent encore du vide entre elles, quoiqu'elles soient liées & tirées par des fils : on voit ensuite la Chenille frapper contre ces portions de lames avec la tête, pour les obliger à se courber davantage; après quoi elle attache contre leurs bords, des fils qui vont de l'une à l'autre; elle charge ces fils du poids de son corps, & ce poids force là les deux bords, à s'appliquer ensemble. Il ne lui faut pourtant qu'environ une demi-heure pour parvenir à réunir les deux grands côtés dans toute leur longueur, & à les réunir si bien que la loupe ne fait pas distinguer des autres endroits ceux où ils sont appliqués l'un contre l'autre. A mesure qu'elle les a joints ensemble & qu'elle a fait prendre de la rondeur aux lames, elle fortifie la coque, elle la tapisse de soie. La coque ayant pris la forme de cornet, il ne reste plus, pour la former, qu'à réunir les deux petits côtés l'un contre l'autre. Ils se touchent déja par le bout, où ils rencontrent chacun un grand côté; c'est aussi par-là que la Chenile commence à les réunir avec des fils, & peu à peu elle parvient à les joindre jusqu'à leur bout qui pose sur la tige. Elle fait prendre une forme presque platte aux parties terminées à ces mêmes côtés : elles forment chacune une moitié de couvercle. La Chenille a une prise commode pour les applatir, elle n'a qu'à les tirer en bas, & c'est ce qu'elle peut faire en chargeant du poids de son corps les fils qu'elle a attachés à leurs bords. Ce n'est que par un très-grand basard qu'on peut trouver de ces sortes de coques; elles sont assez cachées par leur petitesse, mais leur couleur les cache encore; elles ont celle de la branche même contre laquelle elles sont appliquées, puisqu'elles sont couvertes de la propre peau extérieure de cette branche. Plusieurs autres espèces de Chenilles font des coques de pure soie, à qui elles donnent la même figure qui les a fait nommer *coques en bateau*, parce qu'elles ont toutes de la ressemblance avec un bateau renversé, bas & pointu par le devant, & dont le derrière est élevé & plat, ou comme coupé par le devant. Au reste leur travail ne diffère guère de celui que la coque parquetée nous a donné occasion de décrire, & qui, pour l'essentiel, revient aussi au même.

Nous connoissons une espèce de coque en bateau, de pure soie, dont la forme est plus recherchée que celle des autres, & dont la construction plus compliquée, semble demander plus d'industrie dans la Chenille. La soie qui la compose est forte, comme l'est généralement celle des coques en bateau; sa couleur est un jaune pâle : on la trouve presque toujours appliquée sur une feuille de Chêne. Sa base est une espèce de plan ovale, un peu aigu par ses deux bouts. Les murs de soie s'élèvent presque perpendiculairement sur la circonférence de cet ovale, ou en se courbant doucement; ainsi ils ont, dans toute leur hauteur, à peu près la même courbure & le même contour qu'à leur bâse, ils se renflent pourtant un peu en s'élevant, pour se retrécir un peu ensuite. De chaque moitié de la circonférence supérieure, il part un petit plan de soie; ces deux plans s'élèvent un peu, ils se dirigent l'un vers l'autre, & par leur rencontre ils forment le toit surbaissé de notre petit édifice. Ces parois, ces murs courbes qui s'élèvent presque perpendiculairement, le toit qui en part & qui est composé de deux moitiés, chacune un peu inclinée aux parois, & un peu convexe, tout cela ne peut être fait par deux lames triangulaires, dont les deux longs côtés supérieurs ont été d'abord réunis ensemble pour former un cornet, & dont les deux petits côtés ont été réunis ensuite pour former la coque. Pour faire admirer l'art qui brille dans les nouveaux procédés de l'insecte qui doit se construire la nouvelle coque, il suffit de les décrire. Cette Chenille est de grandeur médiocre, à seize pattes rases, & d'un beau vert. Elle commence d'abord par s'environner depuis la tête jusqu'environ le septième anneau, d'un fil de soie. Bientôt on la voit se détourner & porter sa tête du côté opposé à celui vers lequel elle étoit dirigée. Elle paroît alors s'occuper à fortifier le fil de soie qui l'environne. Ce fil ne semble plus un simple fil destiné seulement à former une ceinture : on reconnoît évidemment qu'il est le fondement d'une véritable coque, & qu'il doit en déterminer les contours. La Chenille ramène ensuite sa tête vers l'endroit du fil ou de l'enceinte, sur lequel elle l'a d'abord appliquée. En s'armant d'une loupe, on observe distinctement que ce qu'on avoit d'abord pris pour un simple fil, est une sorte de petit mur de pure soie, que l'ouvrière s'occupe à élever, en y ajoutant successivement de nouveaux fils. Voici comment elle s'y prend. Elle applique sa filière sur un point du bord supérieur du petit mur : elle l'éloigne ensuite de ce point, & en l'en éloignant, elle tend à lui faire parcourir une certaine étendue du bord supérieur du petit mur. L'espace parcouru peut être environ d'une ligne. Tandis que la filière parcourt cet espace, elle laisse couler le fil de soie qu'elle est destinée à mouler. Il sort donc de la filière un fil d'une ligne de longueur. Après avoir tiré ce fil, la Chenille rapproche sa filière du bord supérieur du mur ; elle l'y applique de nouveau, & colle à cet endroit l'extrémité du fil. Elle répète la même manœuvre de distance en distance, jusqu'à ce qu'elle soit parvenue à l'extrémité de la petite muraille de soie. Parvenue enfin à cet endroit, elle revient en quelque sorte sur ses pas ; elle repasse sur les bords du mur, & y ajoute ainsi de nouveaux fils. Elle l'élève donc de plus en plus par l'addition de ses fils. Elle exécute ses manœuvres avec une grande vîtesse : elle semble pressée de finir son ouvrage, & n'avoir pas un seul moment à perdre. Si pourtant quelque mouvement se fait sentir autour d'elle, elle suspend son travail; mais elle le reprend un instant après avec une nouvelle ardeur.

Par tout ce qui vient d'être exposé sur la construction du petit mur de soie, on pourroit croire qu'il n'est composé que d'une suite de fils couchés parallèlement les uns aux autres, & à la longueur du mur. On se représente les fils comme la chaîne d'une toile. Ce n'est pas néanmoins sur un semblable modèle que notre Chenille travaille. Chaque fois qu'elle tire un fil d'un point à un autre, elle élève sa tête au-dessus du mur ; elle l'éloigne un peu du bord supérieur en la faisant rentrer dans l'espace ovale. Pendant ce mouvement, le fil continue à couler de la filière; la Chenille rapproche ensuite sa tête du bord du mur ; elle y applique sa filière, & y colle le bout du fil. Elle a donc filé ainsi une petite boucle ; & c'est d'une suite de pareilles boucles qu'elle forme son tissu. Qu'on se représente l'adroite fileuse placée entre deux murs de soie, qu'elle ne fait que commencer à élever. Quand elle a travaillé quelque temps à l'un des murs, elle passe à l'autre, & revient ensuite au premier. Ces murs ne sont pas perpendiculaires au plan de position : quoique la Chenille ne leur ait donné encore que fort peu d'élévation, on ne laisse pas d'appercevoir qu'ils tendent à se rapprocher par le haut, & à former ainsi un espèce de berceau ou de voûte. On distingue déja la naissance de la courbure qu'ils doivent prendre à mesure qu'il s'élèveront. On se rappelle la longueur de ces murs : ils ne s'étendent que depuis la tête de la Chenille jusques vers le septième anneau : ici, ils sont interrompus. Ils le sont encore à l'extrémité de l'ovale qui répondoit à la tête de l'ouvrière. Son corps étoit étendu parallélement au grand diamètre de l'ovale. Il y a donc à cette extrémité, un intervalle égal à la largeur du corps de la Chenille, qui n'est point enceint par les murs. On ne voit point encore pourquoi l'ouvrière n'a point prolongé l'enceinte à cet endroit, & pourquoi elle y a laissé une ouverture ; mais on peut juger qu'elle a eu une bonne raison pour en user ainsi. Sa tête passe au-delà de cette ouverture ; & comparant alors la longueur de la Chenille avec celle de l'enceinte, on a peine à concevoir, comment l'insecte pourra se loger dans une coque en apparence si disproportionnée à sa taille. Suivons toutes les manœuvres de notre industrieuse ouvrière. Quand elle a travaillé un certain tems à exhausser les murs du côté antérieur de la coque, elle se retourne bout par bout pour aller travailler au côté postérieur. Ici il s'agit d'achever l'enceinte & d'élever les murs qui doivent la former. On comprend bien que ces murs ne doivent être que le prolongement de ceux qui sont déjà élevés, & qu'ils doivent aller à la rencontre l'un de l'autre vers le bout postérieur de la coque, où ils sont destinés à s'unir. La Chenille continue son travail de la même manière dont elle l'a commencé. Elle trace le reste de l'enceinte ou de l'espace ovale par des fils de soie, qui déterminent la direction qu'elle doit faire prendre aux murs en les prolongeant. Ce prolongement est aussi exécuté par une suite continue de petites boucles liées les unes aux autres & couchées les unes sur les autres. Cependant la Chenille ne prolonge pas les murs jusqu'à l'extrémité de la coque : elle laisse à cette extrémité une ouverture pareille à celle qu'elle a laissé à l'extrémité opposée. Sa tête passe par-delà cette ouverture, & son derrière, par-delà l'ouverture placée à l'autre bout. La longueur de la coque est donc bien inférieure à celle de la Chenille ; & cette dernière ne pourroit y être renfermée de son long, sans être forcée de se contracter beaucoup & sans être fort gênée dans toutes ses manœuvres. On découvre alors pourquoi elle a pris la précaution de ne prolonger point d'abord les murs autant qu'ils devoient l'être pour former l'enceinte, & pourquoi elle a ménagé une ouverture assez considérable aux deux extrémités de l'enceinte. Elle n'a donc pas été appellée par la nature à travailler comme le *ver-à-soie* & tant d'autres Chenilles, qui sont renfermées en entier

entier dans leur coque tandis qu'elles la construisent, & dont le corps contourné, tantôt en manière d'anneau, tantôt en manière d'S, devient ainsi l'espèce de moule qui détermine la forme & les proportions de la coque. Notre Chenille travaille sur un modèle bien différent; & sans doute que la forme assez recherchée qu'elle doit donner à sa coque, exige qu'elle n'y soit pas renfermée en entier pendant quelle est occupée à la construire.

Il arrive quelquefois que les murs se renversent en dehors, par une suite des mouvemens divers que la Chenille est obligée de se donner pendant le travail. Elle ne manque point de remédier à cet accident & de forcer les murs à se redresser en les tirant avec ses dents. Elle le fait même assez rudement, & sans paroître ménager beaucoup le tissu soyeux. Mais elle sait proportionner la force à la résistance qu'il s'agit de surmonter, & rien n'est dérangé dans le tissu. On remarque même dans sa manœuvre une chose qui frappe : elle ne saisit pas les murs par leur bord supérieur; ce qui lui donneroit bien plus d'avantages pour les redresser, & exigeroit moins de force : elle les saisit, au contraire, à une certaine distance du bord. Si elle en usoit autrement, si elle appliquoit ses dents aux boucles qui bordent les murs par le haut, elles ne résisteroient pas à l'effort; elles pourroient céder, & le tissu en souffriroit plus ou moins. Il n'en est pas de même des boucles qui se trouvent placées dans le corps du tissu : comme elles sont étroitement liées à toutes celles qui les environnent immédiatement, elles sont plus capables de soutenir les efforts réitérés de la Chenille.

Notre architecte n'élève pas les murs par-tout à la même hauteur. Depuis environ le milieu de la longueur du petit édifice, jusque près de l'extrémité supérieure, ils vont graduellement en s'abaissant. Ils sont donc peu élevés à cette extrémité; & ils le sont beaucoup proportionnellement vers l'extrémité opposée. Le plan suivant lequel l'architecte bâtit, suppose essentiellement ces différences de proportion. Quand la Chenille ajoute de nouvelles boucles aux parties les plus élevées du mur, ses premières pattes sont appliquées contre le mur, & accompagnent la tête dans tous ses mouvemens. A mesure que les murs prennent plus de hauteur ils tendent à se courber davantage ou à se rapprocher par leur bord supérieur & à former une espèce de voûte. On n'a pas oublié qu'ils laissent une ouverture assez considérable à chaque bout de l'enceinte. Cette ouverture n'est que pour un tems & ne doit pas subsister. Aussi la Chenille travaille-t-elle à la boucher; soit en forçant les murs à se rapprocher à cet endroit; soit en y ajoutant de nouveaux fils ou de nouvelles boucles. Les deux espèces de coquilles ne se touchent l'une & l'autre que par un de leurs bouts. La Chenille lie avec des fils l'une contre l'autre une portion du bord supérieur de chaque coquille, mais une portion proche des bouts qui se touchent. Cette réunion ne doit pas être durable, elle ne doit servir qu'à assujettir les coquilles jusqu'à ce qu'elles soient assez fortifiées. Quand la Chenille les a rendues assez solides, elle brise ces derniers fils. Elle ne permet plus aux deux coquilles de se toucher que vers la partie inférieure de leur bout. Elle écarte les bords supérieurs l'un de l'autre, & la manière dont elle est étendue entre les deux coquilles, maintient l'écartement. Lorsque les deux murs ont été bien réunis au bout antérieur de la coque, leur réunion se trouve marquée par une sorte de cordon qui a du relief, & qui descend en ligne droite, depuis l'endroit le plus élevé de la coque jusques sur le plan où elle repose. Le cordon est donc perpendiculaire à ce plan. La coque n'est pas coupée quarrément à ce bout : les murs ont été prolongés conformément aux contours de l'espace ovale : le cordon en est la partie la plus saillante. L'endroit le plus élevé de la coque, ou celui qui répond au bout supérieur du cordon, est marqué par une petite pointe, dont la saillie est sensible. Cette petite pointe semble imiter ces aiguilles que nous plaçons au sommet de nos édifices. On l'a déjà remarqué : les murs s'abaissent beaucoup en s'approchant du bout postérieur de la coque; & en s'y réunissant, ils donnent à ce bout un air très-éfilé. L'ovale est donc là très-alongé, & beaucoup plus qu'il ne l'est à l'autre bout.

On vient de voir que la réunion des murs sur le devant de la coque est marquée par un rebord ou cordon saillant, qui ne permet pas de la méconnoître. Par-tout ailleurs cette réunion est invisible ou à-peu-près. La Chenille l'a exécutée d'une manière fort simple, & qui n'offre rien de particulier. Elle tire des fils de l'un à l'autre mur, en promenant sa filière de l'une à l'autre extrémité des deux murs : elle a rempli ainsi l'intervalle par un nouveau tissu de soie, qui ne forme plus qu'un seul tout avec le reste de l'édifice. Ainsi la coque, par les différens mouvemens, les différentes inflexions du corps de la Chenille, a pris peu-à-peu la forme d'un bateau renversé, ou si l'on veut celle d'un sabot; car on lui trouve quelque ressemblance avec cette chaussure rustique. L'ouvrage est allé si vite, qu'en moins de deux heures, il a acquis la forme & les dimensions requises, & qu'il ne reste plus à l'ouvrière qu'à fortifier intérieurement son tissu par de nouvelles couches de soie. Revenons encore à ce cordon si remarquable, placé au devant du gros bout de la coque, & qui marque la réunion des deux murs ou des deux grandes pièces dont la coque est formée. En considérant ce cordon de plus près & avec plus d'attention, on reconnoît que la réunion des deux murs n'y est pas parfaite, & qu'il est resté à cet endroit une fente fort étroite, qui règne le long du cordon, & dont celui-ci détermine les bords. Cette petite ouverture subsiste toujours. La Chenille l'a donc pratiquée à dessein : car il lui seroit bien facile de la fermer ; quelques fils de soie suffiroient pour un si petit ouvrage. On croit découvrir là un petit artifice de la Chenille : on présume d'avance qu'elle a ménagé cette fente pour faciliter la sortie du papillon. On ne se trompe pas ; c'est par le gros bout de la coque qu'on peut voir sortir le papillon ; mais ce qui doit surprendre, & ce qu'on n'a point du tout prévu, c'est que la coque paroît aussi bien close ou à-peu-près qu'avant sa sortie : la fente est seulement un peu plus sensible. Il y a donc encore plus d'art qu'on ne le pense dans la construction de notre coque en bateau ; & il semble qu'il faille conclure du fait dont il s'agit, que les deux murs ou les deux grandes pièces dont la coque est composée, sont deux espèces de ressorts façonnés, de manière qu'ils se rapprochent d'eux-mêmes l'un de l'autre, au moment où la force qui tendoit à les écarter cesse d'agir.

On peut appercevoir sur le jeune Frêne, des feuilles roulées très-artistement en manière de cornet. En ouvrant ces cornets, on trouve dans chacun une petite coque de pure soie de couleur blanche, dont la forme paroît remarquable. Elle est très-alongée, & se termine en pointe aux deux extrémités. De petites canelures très-applaties, qui imitent les côtes d'un melon, règnent sur toute la longueur de la coque, & partagent la surface en plusieurs segmens. Au premier coup d'œil, cette coque ne ressemble pas mal à un grain d'Avoine. Il a aussi une autre coque de pure soie, dont la forme a été comparée à celle d'un grain d'Orge. Cette coque en grain d'Orge est aussi divisée par côtes ; mais elle n'est point renfermée dans une feuille ; la Chenille qui la construit, l'attache contre une tige de Gramen. L'adroite fileuse se nourrit de cette plante. Notre coque en grain d'Avoine paroît bien plus singulière, surtout par la manière ingénieuse dont elle est suspendue au milieu du cornet. Elle ne touche à aucune de ses parois ; elle est, en quelque sorte, suspendue en l'air, à l'aide d'un fil de soie assez délié, qui tient par une de ses extrémités au sommet du cornet, & par l'autre à sa base. Ce fil est donc comme l'axe du cornet, & la coque occupe à-peu-près le milieu de la longueur du fil, dont elle semble n'être qu'un renflement. Ce n'est pas-là tout ce que l'industrie de la fileuse doit offrir. En fixant les regards sur la base du cornet, précisément à l'endroit où le fil de soie est attaché, on observe un espace exactement circulaire, d'environ trois quarts de ligne de diametre, tracé sur l'épiderme de la feuille & parfaitement bien terminé. C'est près du bord de cet espace circulaire que le fil est attaché. Il n'est pas difficile de deviner ce qu'est ce petit cercle aussi régulièrement décrit que s'il l'avoit été avec un compas, si l'on se rappelle la petite porte ronde que pratique la Chenille de l'Orge & celle du Chardon à bonnetier ; on ne peut s'y méprendre : l'analogie entre les procédés est trop parfaite. On peut donc juger que le petit espace circulaire est la porte que la prévoyante rouleuse a préparée à son papillon. On reconnoît qu'elle l'a taillée dans l'épaisseur de la feuille, & qu'elle a eu soin de laisser en place la pièce circulaire, pour tenir la porte fermée, & interdire l'entrée du cornet aux insectes malfaisans. Mais le cornet dont il s'agit, est un vaste appartement en comparaison de la petite cavité que renferme l'intérieur d'un grain d'Orge habité par une Chenille. Le papillon de notre rouleuse s'égareroit facilement dans un si grand appartement, & ne parviendroit jamais à trouver l'issue qui lui a été menagée, si l'industrieuse ouvrière ne lui laissoit un fil destiné à le diriger vers la porte qui lui a été préparée, & qu'il n'a qu'à pousser avec sa tête pour la faire tomber. On voit donc à présent, pourquoi le fil qui tient la coque suspendue, est attaché par son extrémité inférieure près du bord de la petite porte. Dès que le papillon est éclos, & qu'il a percé sa coque, il n'a qu'à suivre le fil pour parvenir à la porte du cornet, & s'y faire jour. Cette rouleuse est une petite Chenille rase de couleur verte, avec quatorze pattes, & appartient à une classe de Chenille, dont la plupart sont remarquables par quelque traits d'industrie.

On ne peut encore s'empêcher d'admirer le procédé industrieux de la grande Chenille à tubercules du Poirier. La grosse coque qu'elle se construit, est d'une soie très-forte, très-gommée, & d'un tissu serré & fort épais. Le papillon y demeureroit infailliblement prisonnier, si la Chenille ne prenoit la précaution de la laisser ouverte par une de ses extrémités. Cette extrémité est effilée ; l'autre est grosse & arrondie. Si l'on regarde de près l'extrémité effilée, & mieux encore, si l'on ouvre la coque suivant sa longueur, on reconnoîtra que tous les fils vont se réunir vers l'ouverture à la manière des baguettes qui composent les nasses dont on se sert pour prendre le poisson. Les fils de la coque forment donc là une sorte d'entonnoir : ils y sont plus forts, plus roides qu'ailleurs. L'adroite ouvrière ne se contente pas même d'un seul entonnoir : elle en construit un second sous le premier, & les fils de celui-là sont encore plus serrés que les fils de celui-ci. On voit assez l'usage de ces entonnoirs : ils servent à interdire l'entrée de la coque aux insectes rodeurs & malfaisans. Ils sont pour ces insectes ce que sont les nasses pour les poissons qui en veulent sortir ; & ils sont pour le papillon ce que sont ces mêmes nasses pour les poissons qui s'y présentent. Il y a lieu de présumer que le procédé de la Chenille à tubercules du Poirier est commun à plusieurs autres espèces de Chenilles, & qu'il n'est pas propre uniquement à celles qui se filent des coques de soie d'un tissu fort serré. Un léger précis de quelques observations faites sur cette Chenille à tubercules du Poirier, pourra donner une idée de la manière dont elle s'y prend pour exécuter son entonnoir, qui est la partie la plus intéressante de son travail; car la disposition & l'arrangement des fils qui le composent, ne ressemblent point du tout à ceux des autres fils de la coque, & supposent manifestement une toute autre manière d'opérer.

Après même que l'ouvrière vient de terminer son ouvrage, on peut la mettre dans la nécessité de construire un autre entonnoir. Pour cet effet on coupe circulairement avec des ciseaux le bout pointu de la coque, précisément à l'origine de l'entonnoir. Peu de momens après on voit la Chenille avancer sa tête vers la brèche, la porter ensuite en avant & hors de l'ouverture, l'appliquer contre le plan sur lequel la coque est assujettie, y coller un fil de soie, ramener sa tête en ligne droite, mais dans une direction oblique, vers le bord de la brèche, & y attacher le fil qu'elle vient de tirer. Ce fil est assez gros, très-brillant, & peut être long d'environ cinq lignes. La Chenille a donc porté sa tête à cinq lignes des bords de l'ouverture. Il est aisé de reconnoître que ce premier fil détermine la longueur que doit avoir le nouvel entonnoir que la Chenille entreprend de construire. Après avoir tiré ce premier fil, elle en tire un second qui lui est à-peu-près parallèle, & dont elle colle de même l'extrémité au bord de la brèche. L'ouverture de cette brèche étant presque circulaire, c'est à-peu-près le sommet d'un cône tronqué: pour y pratiquer un entonnoir, ou ce qui revient au même, pour prolonger le cône d'environ cinq lignes, il ne s'agit que de tirer du plan de position aux bords de l'ouverture, ou des bords de l'ouverture au plan de position, des fils dont les plus longs aient au moins cinq lignes, & de les coucher en ligne droite les uns près des autres, de manière qu'ils se touchent tous & qu'ils convergent tous, vers le même point. C'est précisément ce que la Chenille exécute sous vos yeux. Elle tire en ligne droite, & sous un certain angle, une suite de fils fort gros & fort tendus, presque parallèles les uns aux autres, ou du moins peu divergens, inclinés à l'axe de la coque, & qui embrassent exactement tous les contours de l'ouverture. Ainsi, tous ces fils droits, semblables à de très-petites baguettes, sont collés par leur extrémité inférieure tout au tour des bords de la brèche, & par l'extrémité opposée ils le sont au plan de position, ou les uns aux autres: on comprend assez que le plus grand nombre doit l'être de cette seconde manière, puisque la coque ne touche au plan que par une assez petite portion de sa surface. La soie de notre Chenille abonde en substance gommeuse, & c'est principalement à cette substance qu'elle doit son lustre: elle lui doit encore une partie de sa consistance. Les fils de cette soie ont donc beaucoup de disposition à se coller les uns aux autres, & au plan de position. Ils sont de plus presque aussi gros que des cheveux, & ceux qui forment l'entonnoir sont les plus gros de tous: de là, leur aptitude à représenter les baguettes qui entrent dans la construction des nasses à prendre le poisson.

Ici on ne peut s'empêcher de fixer l'attention sur la diversité si remarquable de notre adroite fileuse, relativement à la fabrique des différentes parties de son tissu. Lorsqu'elle jette les fondemens de la coque, ou qu'elle en façonne le corps, elle trace avec sa filière une multitude de zigzags, entrelacés les uns dans les autres, & formés par les plis & replis, ou par les circonvolutions prodigieusement multipliées d'un même fil. On voit de ces zigzags tracés avec autant de précision & de grace que ceux qu'une main habile traceroit sur le papier avec une plume ou un pinceau. Mais quand elle vient à s'occuper de la construction des entonnoirs, elle change entièrement de procédé; ce ne sont plus alors des zigzags qu'elle trace: une pareille disposition des fils ne conviendroit point à cette partie de l'ouvrage: elle tire donc des fils droits, forts, assez courts & bien tendus, qu'elle couche presque parallèlement les uns aux autres, & qu'elle incline vers l'axe de la coque, de manière qu'ils convergent tous dans le même point. Notre ouvrière se montre aussi diligente qu'industrieuse: en moins de trois-quarts d'heure, le nouvel entonnoir est déjà très-reconnoissable. Elle le perfectionne de plus en plus par l'augmentation du nombre des baguettes; & bientôt on voit un entonnoir aussi grand aussi parfait que le premier. Il n'est pas possible de la suivre dans la construction de l'entonnoir intérieur: l'opacité du tissu ne le permet pas; mais on a vu tout ce qui est relatif à l'essentiel de la manœuvre.

On peut encore ne pas se borner à enlever les entonnoirs, & ouvrir la coque parallèlement à l'axe, sur une longueur même de plus d'un pouce. Les bords de la brèche s'écartent aussi-tôt l'un de l'autre, & l'ouverture en devient bien plus grande: elle laisse à découvert une partie assez considérable du corps de la Chenille. Après avoir travaillé à la reconstruction de l'entonnoir, elle s'occupe à réparer la grande brèche longitudinale. Ici elle varie ses procédés: elle commence par tirer des fils de l'un à l'autre bord de la brèche. La plupart sont plus ou moins obliques à l'axe de la coque: quelques-uns lui sont perpendiculaires. Les fils obliques se croisent de plus en plus, & tous tendent à rapprocher insensiblement les bords opposés de l'ouverture. On la voit diminuer peu-à-peu; & comme le tissu de la coque n'a pas pris encore toute sa consistance, l'action des fils transversaux n'en est que plus forte. Mais on croit observer que la Chenille a recours à un moyen beaucoup plus efficace pour forcer les deux bords de la brêche à se rapprocher de plus en plus : on voit assez distinctement, qu'elle saisit avec ses premières pattes les fils transversaux, & qu'elle les tire à elle : elle semble peser dessous de tout le poids de son corps. On conçoit facilement quel grand effet doit produire cette nouvelle manœuvre. Aussi, les bords de l'ouverture se rapprochent-ils beaucoup plus, & bien plus promptement. La Chenille continue toujours à tirer des fils de l'un à l'autre bord, & à fortifier son tissu. Tout cela est exécuté si vîte & si bien, qu'au bout d'environ deux heures, la coque se trouve parfaitement close. On ne voit plus à la place de la brêche qu'un léger trait, qu'une petite rainure très-peu profonde, qui ne règne pas même dans toute la longueur de la brêche : les deux bords ont été réunis avec une précision & une propreté qu'on ne peut se lasser d'admirer.

Nous avons déjà dit que parmi les Chenilles qui se construisent des coques, il en est beaucoup qui, n'ayant pas une assez grande provision de soie pour donner à leur tissu la consistance & l'opacité qu'elles veulent, savent y suppléer par des matières étrangères. Les unes introduisent dans les mailles leurs propres poils; d'autres y font pénétrer une matière plus ou moins grasse, d'autres emploient à la fois une semblable matière & leurs propres poils; d'autres enfin rendent leurs ouvrages plus solides encore en y insérant des fragmens de bois ou des grains de sable. Rien n'est plus propre sans doute à intéresser la curiosité d'un observateur philosophe que ces variétés si remarquables dans l'architecture des insectes de la même classe; & peut être doit-on regretter que les naturalistes célèbres, en s'occupant de la classification de ces petits animaux, ne s'occupent avec autant de soin de leur industrie. Non-seulement on observe des différences frappantes dans la manière de bâtir des insectes d'une même classe; mais on peut encore en occasionner de nouvelles chez les individus d'une même espèce, soit en les privant de matériaux dont ils ont coutume de se servir, soit en leur en substituant qu'ils n'ont pas accoutumé de mettre en œuvre, soit enfin en les plaçant dans des circonstances où ils ne se seroient pas trouvés s'ils n'avoient pas été laissés à eux-mêmes. Les observations apprennent bientôt que les procédés des insectes se diversifient dans le rapport aux nouvelles situations dans lesquelles l'observateur fait les placer. Ainsi, pour donner un exemple, on connoît une espèce de Chenille qui se construit une coque de soie, d'un tissu assez serré, de couleur gris de souris, qu'elle recouvre ordinairement en partie de graines dont elle se nourrit, & que l'on peut contraindre à la recouvrir de morceaux de papiers. Une de ces Chenilles s'étoit établie sur un des côtés d'un poudrier. Elle avoit commencé de recouvrir de feuilles son petit édifice. On renversa aussi-tôt tout ce qu'elle avoit fait, pour l'obliger à travailler avec du papier coupé par petits morceaux, auxquels on avoit donné toutes sortes de figures. En pareilles circonstances nos insectes ne se découragent pas facilement. La Chenille entreprit bientôt d'élever une nouvelle coque sur les fondemens de l'ancienne. Elle se servit des matériaux qu'on lui avoit livrés; elle eut le soin de poser & d'arrêter sur leur tranche plusieurs des petits morceaux de papier qu'on avoit jettés au fond du vase, & de les arranger au tour d'elle de manière qu'ils formoient une espèce de clôture. On peut détruire son travail pour la seconde fois, & laisser en place cependant un morceau de papier, pour ne pas trop décourager l'industrieuse architecte. Elle paroît d'abord embarrassée : elle tâte à droite & à gauche, comme pour chercher les morceaux de papiers qu'on lui a enlevés. Elle rencontre celui qu'on lui a laissé, elle le saisit avec ses dents & ses premières pattes, & en le tirant à elle, elle le force de prendre une position plus avantageuse ou plus appropriée au but de son travail. Elle se remet à tâter de tous côtés, & ne découvrant rien, elle descend vers le fond du vase, mais sans abandonner entièrement l'espace qu'elle occupe, auquel elle tient toujours par sa partie postérieure ou ses dernières pattes. Dès qu'elle a rencontré un des morceaux de papier qui sont au fond du vase, elle s'en saisit aussi-tôt avec ses dents & ses premières pattes, à la manière d'un écureuil. Elle l'élève en l'air, en se renversant en arrière, & en rapprochant ainsi sa tête de son dos; elle remonte ensuite à reculon, met en place le morceau de papier, le fixe contre les parois du vase avec des fils de soie, & redescend comme la première fois vers le fond du vase, pour y chercher un autre morceau de papier, s'en saisir & le mettre en place. On reconnoît facilement qu'elle ne fait point de choix, & qu'elle s'empare du premier morceau qu'elle rencontre, quelle que soit sa figure, pour aller le poser aussi-tôt à côté ou fort près de ceux qui sont déjà placés. Ainsi elle pose les uns auprès des autres des matériaux dont les figures & les proportions ne sont point en rapport, ni entr'elles, ni avec la place que les matériaux occupent.

Lorsque la Chenille a rassemblé autour d'elle assez de matériaux pour former l'enceinte de son logement, son grand travail est de leur donner le degré de courbure qu'exige la forme d'ouvrage qu'elle veut construire. Le papier est une matière bien ingrate, & dont la roideur oppose beaucoup de résistance à la Chenille, & d'autant plus qu'il est coupé en morceaux plus petits. Aussi se donne-t-elle des peines infinies pour forcer le papier à plier. On peut observer que quand le morceau qu'elle attaque est de forme triangulaire, c'est par l'angle opposé à la base qu'elle le saisit avec ses nts, comme si elle connoissoit cette règle de méchanique, qui veut que la puissance, pour agir avec plus d'efficacité, soit le plus éloignée qu'il est possible du point d'appui. Si le morceau de papier est quadrilatère, elle l'attaque par un des côtés. Mais il arrive quelquefois que les efforts que la Chenille se donne pour courber un de ces morceaux de papier, le détache de sa place : alors elle prend le parti de le fixer de nouveau à la même place, ou elle va le fixer ailleurs, si elle ne parvient point à se satisfaire par l'un ou l'autre de ces deux procédés, elle laisse là le morceau de papier, & va en chercher un autre. Enfin, à force de patience, de soins & d'industrie, notre Chenille se trouve en possession d'un logement commode. Elle n'est pourtant pas parvenue à donner aux matériaux la courbure propre à leur faire représenter une coque : mais elle les a disposés les uns à côté des autres, & les uns sur les autres, de façon qu'ils recouvrent très-bien le tissu soyeux qui l'enveloppe immédiatement, & qui est comme le doublage de l'édifice. On peut remarquer que ce sont les plus grands morceaux de papier qui occupent les grands côtés de l'édifice : les plus petits sont aux extrémités. La Chenille est très-attentive à garnir de soie tous les petits vuides que les morceaux de papier laissent entre eux. & que l'irrégularité de leurs figures rend inévitables. Elle épaissit & fortifie de plus en plus le tissu soyeux; & c'est ainsi qu'elle réussit à donner une telle solidité à l'ouvrage, qu'il résiste très-bien à une assez forte pression du doigt.

Une autre Chenille, d'espèce très-différente, a offert les mêmes procédés à l'observateur qui s'est attaché à suivre ses manœuvres. On la voit se construire aussi une coque avec de petits morceaux de papier, les transporter, les mettre en place, les y retenir d'abord par des fils de soie peu serrés, les y assujettir ensuite par des fils plus serrés & plus multipliés, & donner ainsi à tout l'ouvrage une propreté & une solidité bien remarquables. Les différens morceaux de papier qu'elle assemble avec tant d'industrie, sont même si étroitement liés les uns aux autres, qu'ils semblent plutôt unis avec une colle fine, que liés avec des fils de soie. L'assemblage est si solide, si parfait, que lorsqu'on veut détacher un des morceaux de papier qui entrent dans la construction de la coque, on réussit mieux à le déchirer, qu'à le séparer des morceaux avec lesquels il est lié. Cette Chenille ne se contente pas d'assembler & d'unir si promptement entre eux les morceaux de papier; elle ratisse encore avec ses dents la surface de plusieurs : elle en détache de très-petits fragmens qu'elle mélange avec sa soie, & dont elle garnit tous les vuides de la coque. Elle remplace avec le même art un des morceaux de papier qu'on lui enlève à dessein : elle bouche la brèche avec un tissu de soie & des fragmens de papier.

Il arrive quelquefois que les insectes semblent commettre des méprises dans l'exécution de leurs ouvrages; & ce fait bien remarquable est un de ceux qu'on pourroit alléguer pour prouver, s'il en étoit besoin, qu'ils ne sont pas de pures machines. Les Chenilles nous fourniroient divers exemples de ces méprises, ou de ces sortes d'irrégularités qu'on croiroit des méprises. C'est ainsi que l'on peut trouver deux ou trois vers-à-soie renfermés dans une même coque, & qui y subissent heureusement leur métamorphose en chrysalide & celle en papillon. Il faudroit voir sans doute si les couches de soie de cette coque extraordinaire y sont multipliées proportionnellement au nombre des Chenilles qui ont concouru à la construire. Que sait-on si elles n'ont pas cherché à construire en commun cette coque, pour suppléer à la soie qui auroit pu leur manquer si chacune s'étoit construit une coque particulière ?

Plusieurs espèces de Chenilles ne savent pas seulement se cacher dans leurs coques, elles savent cacher les coques mêmes, de façon que, quoique souvent très-grosses, il ne nous est presque plus possible ou du moins difficile de les trouver; nous voulons parler de ces Chenilles qui, lorsqu'elles sentent approcher le temps de leur métamorphose, s'enfoncent dans la terre. Que des Chenilles, trop connues des jardiniers, parce qu'elles mangent les racines de divers plantes potagères, prennent ce parti, il n'y a là rien d'étonnant; elles passent sous terre ou à fleur de terre une partie de leur vie. Il n'est pas étonnant non plus que quelques-unes, telles que celles du chou, qui ne viennent sur cette plante que pendant la nuit, & qui entrent en terre dès que le jour paroît, aillent aussi s'y transformer; mais il est assez singulier que des Chenilles qui sont nées & qui ont passé toute leur vie sur des plantes, sur des arbres, aillent faire leurs coques assez avant dans la terre. Cependant il y a peut-être autant ou plus de Chenilles, soit rases soit velues, qui font leurs coques dans la terre, qu'il y en a qui les font au dehors. La plupart de ceux qui ont nourri des Chenilles n'ont songé qu'à leur donner les feuilles qu'elles aiment. Il y en a pourtant qui pour vivre commodément dans le vase où on les tient, ont besoin de trouver de la terre où elles puissent entrer de temps en temps, sans quoi elles périssent : mais il est nécessaire à beaucoup plus d'espèces de Chenilles d'avoir de la terre dans laquelle elles puissent aller se métamorphoser. Quand la terre manque pourtant à des Chenilles de plusieurs genres qui s'y enfoncent lorsque leur transformation est proche, elles ne laissent pas de se métamorphoser, soit sans coques, soit après avoir filé des coques imparfaites.

Parmi les Chenilles qui entrent dans la terre

pour se métamorphoser, quelques-unes semblent négliger de s'y faire des coques. Il leur suffit d'être environnées de tous côtés d'une terre qui se soutient, ou elles s'y font des coques très-imparfaites & qu'on ne peut reconnoître : mais la plupart s'y font des coques : ce sont des espèces d'ouvrages de maçonnerie, qui tous se ressemblent dans l'essentiel. A l'extérieur toutes ces coques paroissent une petite motte de terre, dont la figure approche de celle d'une boule, ou d'une boule alongée. Il y en a pourtant dont l'extérieur est très-informe, & d'autres qui sont mieux façonnées. Au milieu de cette espéce de boule est la cavité occupée par la Chenille ou par la chrysalide. La surface des parois de la cavité de toutes ces coques, est lisse & polie. Le poli, le lisse de quelques-unes est précisément tel que celui d'une terre grasse, qui, après avoir été humectée & pétrie, a été unie avec soin, ce qui lui donne un luisant qu'a aussi l'intérieur de ces coques. Si on observe avec attention la surface intérieure de quelques-unes, on apperçoit de plus qu'elle est tapissée de fils, mais qui y sont si bien appliqués, & qui forment une toile si mince, qu'elle n'est visible que quand on cherche bien à la voir. L'intérieur de quelques autres est couvert d'une toile de fils de soie très-sensible. L'épaisseur de la couche de terre qui forme la coque, est plus ou moins grande dans des coques différentes; mais communément elle paroît faite d'une terre bien pétrie, dont tous les grains ont été bien pressés & bien arrangés les uns contre les autres. Il y en a pourtant de plus mal faites dont les grains de terre ne sont pas arrangés avec autant de soin & sont mêlés avec plus de sable ou de gravier. Quoique la construction de ces sortes de coques soit simple en apparence, pour peu qu'on l'ait examinée, on n'imaginera pas qu'une Chenille s'en puisse faire de pareilles par la grossière méchanique qu'on leur a fait employer dans quelques traités sur les insectes. On les fait s'agiter, se mettre en sueur; après quoi on suppose qu'elles se roulent dans le sable, dans la terre, dont elles rassemblent & réunissent les grains par le moyen de la colle dont elles sont couvertes, & qui n'est autre chose que leur sueur. Les coques qu'elles se feroient de la sorte, seroient des espèces d'habits moulés sur leur corps; il n'y auroit point dans l'intérieur de ces coques, un espace vuide plus considérable que le volume du corps de l'insecte, & il faut qu'il y soit : il suffit d'examiner ces coques, pour voir que les grains qui les composent, sont liés par des fils de soie. Si même on fait attention au travail auquel elles engagent les Chenilles, elles paroîtront supposer une suite de procédés assez industrieux, dont on peut voir quelques-uns, & dont on ne peut que deviner les autres. On a beau mettre la Chenille dans un poudrier transparent, elle travaille au milieu d'une terre opaque; & lors-même qu'elle bâtit sa coque auprès de la surface du poudrier, elle est encore cachée, ou au moins la voit-on très-mal; des grains de terre qui s'attachent toujours à la surface intérieure du verre, lui ôtent beaucoup de sa transparence.

Dès que la Chenille s'est enfoncée sous terre, & qu'elle est arrivée à l'endroit qu'il lui a plu de choisir pour y construire sa coque, le premier travail doit être d'agrandir le vuide qui est autour d'elle, ce qu'elle ne peut faire qu'en soulevant la terre, ou qu'en la pressant. Le premier parti n'est praticable que lorsqu'elle ne s'enfonce pas bien en avant. Le second parti, celui de presser la terre, répond mieux d'ailleurs à toutes ses vues. La terre doit faire autour d'elle une voûte qui se soutienne ; pour la solidité de cette voûte la Chenille ne s'en repose pourtant pas à la seule viscosité d'une terre humide & pressée, cette terre pourroit se dessécher par la suite, ou, au contraire, s'humecter trop; car une coque qui doit rester neuf à dix mois en terre, est exposée à bien des vicissitudes de sécheresse & d'humidité. La voûte s'ébouleroit peut-être, il seroit au moins presque impossible qu'il ne s'en détachât des grains qui tomberoient dans l'espace que la chrysalide habite, & qui l'y incommoderoient. Quoiqu'une coque ne paroisse faite que de pure terre & bien compacte, les grains de cette terre sont liés ensemble par des fils de soie. On n'a qu'à la briser doucement, & qu'à observer les fragmens au microscope, pour appercevoir ces fils : on les apperçoit même assez souvent à la vue simple. Mais pour le mieux voir encore, on mettra une de ces coques dans l'eau; quand elle en aura été bien pénétrée, on la menera doucement ; les grains qui se dissoudront, qui seront emportés par l'eau, laisseront observer ceux qui sont tenus par des fils. Qu'on ne croie pas que les fils ne sont employés que pour tapisser la surface intérieure de la voûte, qu'ils ne lui donnent de la liaison que parce qu'ils retiennent les grains de terre de la dernière couche. Ceux de la couche extérieure sont de même liés ensemble; on peut en avoir des preuves. On tire des Chenilles d'une terre sèche & friable, qu'on leur a donnée, avant qu'elles aient le temps d'y finir leur coque, ou lorsqu'elles l'ont très-peu avancée; alors on trouve une espèce de réseau de grains de terre, qui est trop mince pour conserver la forme de coque, mais dont les grains restent dans les distances où ils sont les uns des autres, parce qu'ils sont tous attachés par des fils. Quelquefois on n'a fait que découvrir légèrement ces coques commencées, la Chenille continue à les fortifier, à les épaissir, & rend leurs parois compactes. Les manœuvres des Chenilles ne se réduisent pas encore à lier avec des fils de soie, des grains de terre; elles n'en feroient pas un tout assez serré, dont la surface intérieure seroit luisante. La Chenille, pour assembler les grains de terre de façon qu'il reste entre eux le moins de vuide qu'il est possible, est obligée de pétrir la terre, & pour pétrir une terre qui est sèche, elle est dans la nécessité de l'humecter; c'est avec ses dents qu'elle la manie, qu'elle la presse, & la bouche fournit la liqueur qui la ramollit.

Il est difficile, comme nous l'avons dit, de voir la suite d'un travail qui se passe sous terre, mais on peut se ménager des circonstances qui mettent à la portée de nos yeux ce que les différentes manœuvres de la construction des coques ont de plus singulier. Nous allons présenter quelques observations auxquelles une espèce de Chenille a donné lieu, & qui suffiront pour donner quelques apperçus aussi instructifs qu'intéressans. Une Chenille assez commune sur le bouillon-blanc, à seize pattes, rase, un peu au-dessus de la grandeur moyenne, dont le fond de la couleur est un gris de perle un peu jaunâtre, est une de celles qui se font des coques de terre, de la forme d'un œuf, épaisses & bien compactes. On a pu observer l'artifice de ses procédés pour la construction de sa coque: on avoit tiré la sienne du milieu de la terre, dans le temps où elle venoit d'être à peine finie, & où même son intérieur n'étoit pas encore fortifié. On l'avoit tiré un peu rudement, pour la dégager de tout ce qui l'environnoit; elle se déchira, une portion en fut détachée; elle laissa un vuide qui étoit bien le tiers de la surface extérieure. On posa cette coque maltraitée sur la terre contenue dans un poudrier, de manière que l'ouverture faite par le déchirement n'étoit ni en dessous ni en dessus. La Chenille ne fut pas longtems à travailler pour réparer le désordre qu'on avoit fait, & quelque grand qu'il fît, elle parvint en moins de quatre heures à remettre sa coque dans son premier état. Elle commence par en sortir presque entièrement; elle ne laisse dedans que sa partie postérieure. Elle porte sa tête aussi loin qu'il est nécessaire, pour que ses dents puissent saisir un grain de terre; dès qu'elles en sont chargées, elle rentre dans l'intérieur de sa coque; elle y laisse le grain de terre, & resort sur le champ pour en prendre & en reporter un second, comme la première fois. C'est un manège qu'on lui voit faire pendant plus d'une demi-heure. On remarque que c'est pourtant avec quelque choix qu'elle se charge d'un grain de terre; avant de le saisir, elle tâte à droite & à gauche, pour reconnoître celui qui lui convient le mieux. Après tout ce travail d'une heure, l'ouverture faite à la coque est à-peu-près la même. Il n'y a encore que quelques grains de terre qu'elle a laissés sur ses bords, & qu'elle y a arrêtés. Quelquefois au lieu de porter dans l'intérieur de la coque le grain de terre, elle l'attache en quelqu'endroit du contour de l'ouverture, mais cela arrive très-rarement; lorsque peut-être la figure d'un grain, très-convenable, à une certaine place, la détermine à l'y poser. Elle n'a donc, à proprement parler, travaillé pendant une heure entière, qu'à ramasser & qu'à porter dans sa coque la quantité de matériaux nécessaire pour réparer la brêche qui a été faite. Enfin, la provision de matériaux étant rassemblée, la Chenille ne songe plus qu'à les mettre en œuvre. Elle ne sort plus de sa coque, & ne s'occupe qu'à les employer. Elle commence par filer sur un endroit de l'ouverture. Après y avoir mis une petite bande de toile très-lâche, d'une espèce de réseau, la tête quitte les bords de l'ouverture; la Chenille rentre entièrement dans sa coque, & la tête revient chargée d'un petit grain de terre qu'elle engage dans les fils de soie. Elle y engage de suite deux ou trois, ou un plus grand nombre de grains, selon que la quantité des fils le permet: elle les y lie aussi avec d'autres fils; après quoi elle tire des fils sur les bords d'un autre endroit. En parcourant ainsi successivement tout le contour de l'ouverture, & en portant & arrêtant les grains de terre dans les fils qui ont été étendus les derniers, elle rend le diametre de l'ouverture de plus en plus petit. Souvent sa partie antérieure est posée sur le bord d'une portion du contour de l'ouverture, qu'elle tient entre ses pattes, comme une Chenille tient une feuille qu'elle ronge. Cet endroit, quelquefois encore trop mince ou trop foible, pour porter une si grande partie du corps de l'animal, s'enfonce en dedans de la coque, il perd sa rondeur. Bientôt la Chenille la lui fait reprendre; elle rentre dans la coque, & donne des coups de tête contre la surface intérieure de la partie enfoncée, elle la repousse en-dehors; & à force de pareils coups répétés, elle lui redonne la courbure qu'elle doit avoir. Ce qui semble le plus curieux, c'est de savoir comment elle achève de boucher totalement l'ouverture dont elle a beaucoup diminué le diametre; car, jusques-là ses procédés ont demandé qu'elle mît sa tête sur l'endroit du bord auquel elle vouloit ajouter. Quand il est question de finir, de fermer entièrement sa coque, elle fait changer sa manœuvre. Lorsque l'ouverture est reduite à être un cercle de peu de lignes de diametre, elle tire des fils d'un endroit du bord à un endroit opposé. Les fils sont dirigés comme les cordes d'un arc de cercle; & elle remplit ainsi peu à-peu tout l'espace de ces fils. Mais ils ne sont pas tous parallèles les uns aux autres; il y en a qui se croisent sous différens angles; ainsi toute l'ouverture est tapissée d'une toile peu serrée. Quoique le dehors des coques ordinaires paroisse fait entièrement de terre, il semble qu'il doit y avoir un endroit de cette coque raccommodée, qui ne soit ou ne paroisse bouché que par une toile de soie. Mais la Chenille sait le moyen de rendre ce même endroit semblable à tous les autres. Elle n'a pas encore employé toute la terre qu'elle a mise en provision. Dès que la toile est finie, elle va prendre un grain de cette terre entre ses dents, elle l'apporte contre la toile, & le poussant & le pressant, elle le fait passer au travers de ses mailles, jusques sur sa surface extérieure. Ainsi successivement toute la toile est couverte de grains de terre. Peut-être qu'avant que de contraindre un grain de terre à passer au travers de la toile, elle l'entoure d'un fil de soie, afin qu'il lui soit plus aisé de l'arrêter solidement. Mais c'est-là une de ces manœuvres qu'on ne peut que soupçonner. Enfin, la Chenille ne se contente pas de rendre l'extérieur de cet endroit entièrement semblable à celui des autres; elle le fortifie intérieurement, elle y ajoute successivement des couches de grains de terre, jusques à ce qu'il ait la solidité & l'épaisseur des autres endroits. C'est de quoi on peut s'assurer quand la coque est entièrement finie. On la coupe en deux, en faisant passer le tranchant du couteau par l'endroit qui a été fermé le dernier, & l'on voit que la coupe de cet endroit n'est pas moins épaisse que celle des autres.

De nouvelles observations sur l'industrie de la même Chenille, ont donné à-peu-près les mêmes faits, mais toujours avec les variétés relatives aux nouvelles circonstances, aux nouvelles positions, ou même à l'attention de l'observateur. Une de ces Chenilles avoit été exposée au même dégat dans la construction de sa coque; à peine eut-elle achevé de réparer le désordre qu'on avoit occasionné à son petit bâtiment, qu'on lui prépara un nouveau travail beaucoup plus considérable que le premier, en faisant une plus large brêche à un des bouts de la coque. Quoique la diligente ouvriere dût être déjà assez fatiguée & que sa provision de soie dût être fort épuisée, elle ne laissa pas de se remettre à l'ouvrage, & d'entreprendre de réparer l'énorme brêche. Son premier soin fut d'attacher un fil à un des bords de l'ouverture. On la vit ensuite se servir de ce fil comme d'un petit cable pour forcer le bord à se courber en arc, & à reprendre la forme convexe qu'on lui avoit fait perdre en ouvrant la coque. Elle tira donc à elle le petit cable, & quand elle eut donné au bord de la coque la convexité qu'elle vouloit, elle fixa le bout du cable à une des parois intérieures, & parvint ainsi à maintenir le bord de la brêche dans la situation que requéroit la nature du travail. On avoit comme déchiré les bords de l'ouverture : il y avoit donc des portions qui sailloient plus en dehors les unes que les autres : la Chenille attacha de petits cables à toutes les portions qui sailloient trop, ou qui étoient trop renversées; & à l'aide de ces cables, elle les redressa peu-à-peu, les ramena vers l'axe de la coque, leur fit reprendre le dégré de courbure convenable, & les maintint dans cette situation, en arrêtant les extrémités des cables, aux parois intérieures de la coque. Quelquefois c'étoit avec ses dents qu'elle forçoit les bords de l'ouverture à reprendre la position & la courbure qu'exigeoit la forme de cette partie de la coque. Par ces divers procédés, elle parvint enfin à rendre l'ouverture assez exactement circulaire, d'irrégulière, ou d'échancrée qu'elle étoit auparavant. Il lui restoit à boucher cette grande ouverture, & ce n'étoit pas un petit travail. Elle s'y prit d'une manière différente que la Chenille dont nous avons parlé. Elle s'avança hors de sa coque, & alongea sa partie antérieure, tâta de tous côtés avec sa tête, jusqu'à ce qu'elle eût rencontré la terre sèche, sur laquelle reposoit son petit bâtiment. Elle saisit avec ses dents un grain de terre qu'elle alla enchasser dans les bords de la brêche, & après l'y avoir bien enchassé, elle fila par dessus. Elle réitéra plusieurs fois la même manœuvre. Enfin, comme si elle se fut lassée de transporter un à un les grains de terre, & de les mettre en place les uns après les autres, on la vit en lier plusieurs ensemble avec des fils de soie; en former un paquet qu'elle transporta dans sa coque, & qu'elle appliqua aux bords de la brêche. Elle l'y arrêta solidement à l'aide d'un bon nombre de fils de soie; puis, avec sa tête & ses dents, elle donna à ce paquet de grains de terre, la forme & le dégré de courbure requis. Elle transporta ainsi, & mit en place plusieurs de ces paquets : l'ouverture de la brêche, se rétrécissoit de plus en plus, & la réparation étoit déjà assez avancée, lorsque la Chenille voulut aller travailler à l'autre extrémité de la coque. Elle ne pouvoit y parvenir qu'en se retournant bout par bout, & en amenant sa tête à l'endroit où étoit auparavant son derrière. Elle l'exécuta fort heureusement. Après avoir travaillé quelque tems vers cette extrémité de la coque, elle voulut revenir travailler à fermer la brêche. Pour cet effet, elle se contourna de manière que la tête & le derriere se trouverent tous deux dans l'ouverture. Ils ne devoient pas y rester : elle retira le derrière dans l'intérieur de la coque, & porta sa tête en avant: mais ce grand mouvement ne fut pas sans doute bien calculé. Dans l'instant où la Chenille l'exécutoit, elle fut jettée entièrement hors de l'ouverture. Elle ne sut point rentrer dans sa coque; & lorsqu'on l'y eut même replacée, elle refusa d'y travailler & en ressortit. Elle préféra de percer la terre à côté de sa coque; de s'y enfoncer à une certaine profondeur, & d'y entreprendre un nouvel édifice. On juge bien qu'il se ressentit beaucoup de la dépense considérable que l'architecte avoit faite, aussi n'eût-il guère que la moitié de la grandeur du premier, & les parois en étoient très-minces. Une terre réduite en poudre très-fine, ne paroît pas convenir à cette espèce de Chenilles; il leur faut une terre dont les grains ont une certaine grosseur : une de ces Chenilles à qui on avoit servi une terre très-pulvérisée, refusa d'y travailler, & en ressortit quelque tems après s'y être enfoncée. Pour varier davantage les expériences sur un sujet aussi digne d'exciter l'étonnement & la curiosité, on avoit renfermé plusieurs de ces Chenilles, les unes dans des poudriers, les autres dans des boîtes, sans leur donner de la terre, ni aucuns autres matériaux. On vouloit savoir si elles parviendroient à se construire une coque de pure soie. Elles n'y réussirent point, & après avoir tiré des fils de côté & d'autre, elles périrent. Parmi les

Chenilles

Chenilles qu'on avoit privées de terre, il y en eut une qui se trouva par hasard à portée de quelques restes de feuilles de Bouillon-blanc. Elle essaya de les faire entrer dans la construction de sa coque. Avec ses dents elle en détacha des parcelles, & se mit à les arranger autour d'elle. L'arrangement qu'elle leur donnoit, n'imitoit pas mal celui qu'un maçon donne aux pierres avec lesquelles il veut élever un mur. Le petit mur que la Chenille avoit commencé d'élever autour d'elle, sembloit destiné à servir de base à une sorte de voûte. On voulut mettre alors auprès de l'ouvriere quelques petits morceaux de papier, & un peu de terre sèche, pour voir si elle entreprendroit de faire usage de ces différens matériaux. Elle l'entreprit en effet, elle lia ensemble quelques-uns de ces morceaux de papier, & se saisit de la terre dont elle tenta d'employer les grains à élever son mur, comme elle y avoit employé des parcelles de feuilles : mais de tout cela, il ne résulta rien qui eut l'air d'une véritable coque : elle ne réussit proprement, qu'à jetter les premiers fondemens d'une coque, c'est-à-dire, à tracer l'enceinte qui devoit en déterminer la grandeur. Nous avons dit que les Chenilles qui se construisent des coques de forme ovale, parviennent à leur donner cette forme en contournant leur corps en divers sens, qui est ainsi une sorte de moule. Cette manière de bâtir est commune à quantité d'espèces de Chenilles, qui, pour travailler sur un pareil modèle, sont renfermées dans leur coque, tandis qu'elles la construisent. La Chenille dont nous racontons ici les procédés, offrit à cet égard une particularité remarquable : elle parvint à donner la forme à sa coque, sans y être enfermée pendant sa construction. Ordinairement, sa partie postérieure reposoit sur la terre du poudrier : elle n'étoit donc point renfermée dans l'enceinte de l'édifice, tandis que la tête s'y portoit de côté & d'autre, pour y arranger & y assujettir les matériaux ; mais lorsqu'elle fut sur le point d'achever sa coque, elle s'y renferma en entier. Cette coque, construite d'une manière si nouvelle, avoit bien à-peu-près la forme & les dimensions qu'elle devoit avoir ; cependant elle se ressentoit un peu de la façon singulière dont elle avoit été travaillée. Enfin pour terminer sur ces Chenilles, quelques-unes qu'on avoit entièrement privées de terre, parvinrent à se faire de fort bonnes coques avec leurs excrémens, & des portions de feuilles, qu'elles lierent les unes aux autres au moyen d'un tissu soyeux.

On se tromperoit beaucoup, si l'on pensoit que toutes les Chenilles qui entrent en terre à l'approche de la métamorphose, travaillent sur le même modèle. Il en est de diverses espèces, qui, n'ayant point de soie à mettre en œuvre, ne sauroient lier ensemble les grains de terre, comme le pratique si habilement la Chenille dont nous venons de retracer les divers procédés. Elles ont été réduites à n'y employer qu'une sorte de colle plus ou moins visqueuse, & plus ou moins abondante. Les coques construites de la sorte, n'ont point pour l'ordinaire, le dégré de solidité qui est propre à celle de la Chenille du Bouillon-blanc. Elles ne sauroient être maniées sans se rompre, & cèdent aux plus petits chocs. La construction des coques de terre & de colle, est quelque chose de fort simple, & qui ne suppose pas autant de travail que celles des coques de terre & de soie. Tout l'art de l'ouvriére paroît consister à pratiquer autour d'elle une cavité proportionnée à sa grandeur, & à donner aux parois de cette cavité, une certaine consistance. Pour y parvenir, elle humecte la terre avec sa liqueur, & par des battemens réitérés de son corps, elle lui fait prendre la forme d'une voûte. La même manœuvre qui produit la voûte, en lie les matériaux, & les retient en place. Le dessèchement de la colle fait le reste. Pour établir un milieu entre ces deux sortes d'ouvrages si différens que nous venons de considérer, nous devons dire un mot des coques qui ne sont, pour ainsi dire, que des demi-coques de terre, qui n'ont que le fond, & une partie du contour qui soient de terre. Les Chenilles qui les construisent, creusent peu avant, & elles ne creusent que pour faire une cavité égale à-peu-près à celle de la moitié de leur coque. Pour la renfermer, pour en former le dessus ou la voûte, elles se servent des racines & des herbes qui sont à la surface de la terre : elles en lient les petits morceaux avec une toile de soie assez épaisse ; elles portent même contre cette toile, & y arrêtent divers grains de terre.

Il nous reste à observer une espèce de coque de terre, dont la construction semble exiger plus d'industrie encore que la construction de celles dont nous venons de parler. Les Chenilles ne les bâtissent pas dans la terre. Quelquefois on trouve une de ces coques sur une des feuilles qui ont été données à la Chenille pour aliment. Quelquefois on en trouve d'attachées contre les parois, & contre le haut des parois du poudrier dans lequel la Chenille est renfermée. Elle a donc été obligée d'aller chercher au fond du poudrier, & de transporter assez haut toute la terre nécessaire pour bâtir sa coque. Il est une particularité qui cause d'abord quelques embarras. Les autres coques de terre sont raboteuses, ou au moins grainées par dehors. La surface extérieure de celle-ci est partout lisse & polie ; comme l'est celle d'une terre fine, qu'on a pris plaisir à polir pendant qu'elle est humectée à consistance de pâte. On n'imagine pas comment la Chenille, qui doit être renfermée dans sa coque, au moins pendant qu'elle achève d'en faire une grande partie, parvient à polir également toute sa surface extérieure. Le procédé par lequel elle y parvient, est cependant bien simple. Elle se fait d'abord une coque de soie, dont le tissu est peu serré, ce n'est qu'une espèce de grillage destiné à soutenir la terre. Quand cette coque ou bâtis de soie est avancé à un certain point, la Chenille va chercher de la terre ; elle en porte à différentes reprises dans sa coque, jusqu'à ce qu'elle y en ait fait un amas qui puisse suffire à l'édifice qu'elle médite, s'il est permis de parler de la sorte. Sa provision de terre étant faite, elle achève de former sa coque de soie, d'où elle ne doit plus sortir que sous la forme de papillon. Elle prend alors quelques parcelles de la terre qu'elle a mise en provision ; elle les humecte avec une eau que sa bouche fournit : elle applique cette terre ramolie contre les parois intérieurs du grillage de soie ; elle la presse contre ce grillage. La terre délayée a la consistance d'une boue très-liquide, passe au travers du réseau de soie contre lequel elle est pressée; elle arrive sur sa surface extérieure, elle s'y étend, & y prend un uni, un poli qu'a toujours la surface d'une terre fine, qui a été rendue liquide, & qui a pu s'étendre librement & se sécher peu-à-peu. On voit que la Chenille frotte avec vîtesse le dessous de sa tête contre les parois intérieures de la coque, elle les enduit de terre, & force en même-tems la terre la plus liquide, la mieux délayée, à passer au travers du réseau de soie, sur lequel elle coule & s'étend dans l'instant. La coque de soie se trouve donc ainsi renfermée entre deux couches de terre.

Nous avons encore à donner un exemple des Chenilles qui doivent subir leur transformation dans le bois des arbres sur lesquels elles ont vécu. Il y a une espèce de Chenille qui est devenue fameuse par la description anatomique qui en a été donnée. Elle vit dans le tronc ou dans les tiges des arbres, particulièrement du Saule. C'est ordinairement en mai que cette Chenille se dispose à la métamorphose, son premier soin alors est de chercher si l'arbre n'a pas quelque ouverture, pour donner issue à la phaléne, qu'elle doit mettre au jour : si elle n'en trouve point, elle fait, à l'arbre, une ouverture ronde tout exprès, & elle la compasse si juste, qu'elle est presque toujours égale à la grosseur qu'aura sa chrysalide, & qu'elle n'est jamais moindre. Si la Chenille trouve l'arbre percé de quelqu'ouverture suffisante, elle s'épargne la peine d'en faire une, & près de l'ouverture trouvée ou faite, elle commence à construire sa coque, ce qu'elle fait en coupant de l'arbre, des éclats de bois fort menus, qu'elle réunit les uns aux autres avec de la soie : de cette manière elle bâtit au tour de son corps une loge ellypsoïde assez régulière, dont tout le dehors n'est qu'un assemblage de bûches, réunies en tout sens, & elle ne manque pas d'avoir soin de diriger l'ouvrage, de façon que l'une des extrémités de la coque est pointée vers l'ouverture de l'arbre. Après s'être ainsi enfermée dans ce réduit de charpente, elle travaille à s'en faire un logement commode, qui la mette à l'abri de toute insulte d'insectes. Elle en tapisse, pour cet effet, tout le dedans, d'une tenture de soie grisâtre très-unie, & par-tout très-épaisse & très-serrée, à la réserve de l'extrémité qui fait face au trou de l'arbre, où elle a soin d'en rendre le tissu moins lié, afin qu'elle puisse plus aisément se faire jour au travers, quand il en sera tems. Tout l'ouvrage étant achevé, son dernier soin est de se placer dans la coque de façon qu'elle ait la tête tournée vers l'ouverture de l'arbre; attention qui ne lui est pas indifférente, puisque, si elle se plaçoit autrement, ne pouvant se retourner, après être devenue chrysalide, tant par manque de souplesse, en cet état, qu'à cause du peu de largeur de la coque, elle seroit obligée d'en sortir par ce même côté, ce qui ne lui réussiroit que très-difficilement, à cause de la consistance de la coque en cet endroit, & la conduiroit toujours vers l'intérieur de l'arbre, où, bien souvent elle ne trouveroit aucune issue pour en sortir.

Il y a des coques de pure soie dont nous n'avons encore rien dit, parce que leur forme est à-peu-près semblable à la forme de quelques-unes de celles dont nous avons parlé; mais qui cependant sont arrangées d'une manière que nous devons faire remarquer : au lieu que les autres sont dispersées çà & là, plusieurs de ces coques réunies forment un seul paquet, & quelquefois une espèce de grand gâteau. Il y en a quelquefois des centaines exactement appliquées les unes contre les autres, & alignées de façon, que les bouts des unes n'excédent point les bouts des autres. On trouve de ces coques renfermées sous une enveloppe commune, & on en trouve qui n'ont point cette enveloppe. Il suffit d'indiquer cet arrangement, pour faire entendre que nous voulons parler des Chenilles qui vivent en société & qui passent ensemble dans l'état de chrysalide. Nous ne prendrons qu'un exemple dans les Chenilles processionnaires, dont nous avons déjà présenté un léger précis historique. On se rappellera des nids qu'elles se construisent en commun & qui doivent leur servir d'habitation commune. Lorsqu'elles sentent que le tems de leur métamorphose approche, c'est alors qu'elles songent à se faire un nid plus solide que ceux d'auparavant. En commençant ce nid, elles lui donnent toutes les dimensions, au moins en largeur & en épaisseur, qu'il doit avoir; mais il leur arrive quelquefois de l'alonger quand elles ne lui trouvent pas assez de capacité. L'épaisseur du nid, la distance de la toile à l'arbre, la courbure de cette toile qui doit se soutenir dans un certain éloignement du tronc, qu'elle ne touche que par les bords, tout cela ne laisse pas de supposer une sorte d'industrie. C'est dans leur nid que ces Chenilles doivent changer de forme & devenir chrysalides. Pour se préparer à ce changement, elles se filent chacune en particulier une coque; elles joignent à la soie qu'elles emploient pour la former, tous leurs poils : si on ouvre une coque avant que la Chenille se soit métamorphosée, la Chenille est méconnoissable, parce qu'elle est toute rase. Pendant qu'elles ont vécu en Chenilles, elles ont toujours été ensemble, & pour ainsi dire appliquées les unes contre les autres; pendant qu'elles sont chrysalides, elles doivent aussi pareillement être appliquées les unes contre les autres, autant qu'il est possible : les coques sont posées les unes contre les autres, & toutes parallèlement les unes aux autres. L'assemblage de ces coques forme un gâteau dont l'épaisseur est égale à la longueur d'une coque, & dont les autres dimensions sont aussi grandes que le permet l'étendue intérieure du nid; mais ordinairement l'étendue du nid ne permet pas que toutes les Chenilles disposent leurs coques dans un seul gâteau; elles en font un second, & quelquefois un troisième; ils sont à-peu-près parallèles les uns aux autres, & se touchent par quelques endroits. Entre ces gâteaux & les parois du nid, il y a ordinairement une couche d'excrémens assez épaisse, qui ont été jettés par les Chenilles avant qu'elles travaillassent à leurs coques. Nous ne répéterons pas les précautions que l'on doit prendre, quand on veut toucher ou observer les nids & les gâteaux de ces Chenilles.

Nous avons dit qu'entre les Chenilles qui ne se filent point de coques, il y en a qui, lorsque le tems de la transformation approche, se pendent la tête en-bas; elles sont uniquement arrêtées par l'extrémité postérieure de leur corps: la chrysalide se trouve ainsi pendue la tête en-bas, précisément dans la même place où étoit la Chenille. Tout cela n'est peut-être pas aussi simple qu'on le croiroit d'abord. La première difficulté est de savoir comment la Chenille parvient à se pendre. Toutes savent filer des fils qui sont encore gluans dans le premier instant qu'ils sortent de la filière, mais on ne voit pas trop comment la Chenille colleroit son derrière avec des fils tirés d'auprès de sa tête. Représentons-nous la Chenille pendante en l'air: comment, dans cette situation, l'insecte va-t-il se dépouiller de sa peau, & des parties qui lui donnent & la forme & l'état de Chenille? Comment la queue de la chrysalide se trouve-t-elle par la suite arrêtée dans le même endroit où l'étoit une partie propre à la Chenille, & dont on ne trouve aucune trace de la dépouille. Ce n'est qu'en voyant opérer ces insectes, qu'on peut découvrir leurs mystères, mais les momens de les voir opérer sont difficiles à saisir. Les procédés les plus dignes de notre admiration sont quelquefois si prompts, qu'il n'est qu'un hazard heureux qui puisse les mettre sous nos yeux. Cependant en rassemblant un bon nombre de Chenilles, on peut multiplier à son gré des évènemens, qui autrement seroient très-rares, & on les multiplie à un point où il n'est pas possible qu'on puisse manquer de les voir. Il y a beaucoup d'espèces de Chenilles à qui cette façon de se mettre en état de se métamorphoser est commune: elle l'est généralement à toutes les Chenilles épineuses connues, & elle n'est pas particulière à ces Chenilles; il y en a de rases qui sont semblablement posées lorsqu'elles se transforment. Lorsque le tems approche où ces Chenilles doivent cesser d'être Chenilles, elles quittent ordinairement la plante qui leur a fourni jusqu'alors d'aliment. Après avoir un peu erré, elles se fixent quelque part; & enfin elles se pendent de façon que leur tête est en-bas, & que leur corps alongé se trouve dans une position verticale. L'industrie à laquelle elles ont recours pour se pendre de la sorte, est plus simple que tout ce qu'on avoit imaginé, & plus convenable à la suite des manœuvres, qu'elles auront à faire. Quand la soie vient de sortir des filières des insectes, on sait qu'elle est gluante, & s'attache par sa viscosité à tous les corps sur lesquels elle est appliquée. On croit d'abord que c'est avec de ces fils gluans, des fils récemment filés, que la Chenille colle son derrière contre quelque corps solide: des fils servent bien à la tenir, mais ils ne sont nullement gluans, lorsqu'elle s'y attache. Elle commence par couvrir de fils tirés en différens sens une assez grande étendue de la surface du corps contre lequel elle veut se fixer. Après l'avoir tapissée d'une espèce de toile mince, elle ajoute différentes couches de fils sur une petite portion de cette surface; la disposition des nouvelles couches est telle, que la supérieure est toujours plus petite que celle sur laquelle elle est appliquée; ainsi toutes ensemble forment une espèce de monticule de soie, de figure à peu-près conique. Quand il s'agit seulement de tapisser de soie une surface, la Chenille étend simplement sur cette surface le fil qu'elle tire de sa filière; mais quand elle est à l'endroit où elle veut faire le monticule de soie renversé, ce monticule qui descend en-dessous du plan, après avoir appliqué sa tête, ou ce qui est la même chose, sa filière, contre un des endroits où doit être la base de ce petit tas de fils de soie, elle éloigne sa tête de cet endroit, elle la ramène ensuite pour l'appliquer assez proche du même endroit; c'est une manœuvre qu'elle répète un grand nombre de fois, & l'effet qu'elle produit est aisé à concevoir. La tête en s'éloignant file; ainsi en éloignant sa tête du plan & l'y rappliquant ensuite, elle met en-dessous de ce plan un fil plié en double; d'un grand nombre de pareils fils il se forme donc une masse de soie qui pend en-dessous du plan. Une autre circonstance à remarquer, & importante pour la suite, c'est que cette masse est un assemblage de fils qui ne composent pas un tissu serré, mais de fils qui sont comme flottans, ou mal entrelacés les uns avec les autres; enfin, chacun de ces fils est une espèce de boucle. Le monticule de soie étant fini, la Chenille est en état de se pendre, & elle ne tarde pas à le faire. Les Chenilles dont nous parlons ont seize pattes. On connoît la structure de l'espèce de pied qui termine chaque patte membraneuse; on peut sur-tout remarquer l'arrangement des crochets de différentes longueurs dont les pieds sont armés; on peut voir que chaque pied est entouré d'une demi couronne de deux rangs de crochets, les uns plus grands, & les autres plus petits. Au moyen de tant de crochets, il est bien facile à la Chenille de s'accrocher, dès qu'elle a préparé, comme nous venons de le voir, une petite masse de fils de soie. C'est seulement avec ceux de ses deux derniers pieds qu'elle s'y cramponne; elle n'a qu'à presser ses deux pieds contre le petit monticule de soie; dans l'instant, plusieurs de ces petits crochets dont ils sont hérissés s'y embarrassent. On la voit pousser ses pattes postérieures contre ce monticule de soie, sans les retirer, ou au moins leurs bouts, des endroits contre lesquels elle les a fixés; elle étend son corps en avant, & le retire ensuite en arrière. Par ces mouvemens alternatifs de contraction & d'alongement du corps, qu'elle répète sept à huit fois de suite, elle pousse ses dernières pattes contre le monticule de soie, elle presse les crochets des pieds pour les y mieux engager. Quand elle sent que les crochets sont bien cramponnés, qu'elle y est solidement arrêtée, elle laisse tomber son corps dans une position verticale; sa tête se trouve par conséquent en-bas. Alors la Chenille semble n'être tenue & attachée que par le derrière, parce que les deux dernières pattes l'excèdent de peu, & qu'elles partent du dernier anneau. Comme le reste de l'opération touche de plus près la chrysalide, nous renvoyons à ce mot.

Economie vitale & animale des Chenilles.

Nous n'avons encore vu sur l'organisation des Chenilles que ce que le premier coup d'œuil y fait voir. Les parties essentielles dont elles sont organisées méritent d'être regardées de plus près, & chacune séparément, en suivant l'ordre des fonctions auxquelles elles sont destinées. Sur neufs anneaux des Chenilles, c'est-à-dire, sur chaque anneau, excepté sur le dernier, le troisième & le second, on peut appercevoir deux taches ovales, une de chaque côté, placées plus proche du ventre, que du dos, & de façon que le grand diamètre de l'ovale va du bas en haut. Pour peu qu'on les observe, on reconnoît que ces figures ovales sont imprimées en creux dans la peau de la Chenille, qu'elles sont bordées d'un petit cordon qui souvent est noir; il y en a pourtant qui sont jaunes, d'autres qui sont blanches, ou avec un rebord blanc & jaune. Par leur forme, & par ce qui paroît de leur structure, elles ne s'attireroient pas une grande attention; mais elles en méritent beaucoup quand on en connoît les usages: il est prouvé que ce sont autant d'ouvertures, autant de bouches, par où l'air est introduit dans les poumons des Chenilles. On a donné à ces bouches le nom de stigmates. Au-lieu que nous n'avons qu'une ouverture pour le passage de l'air qui entre dans nos poumons, elles en ont dix-huit qui le conduisent dans les leurs; aussi ont-elles neufs poumons de chaque côté, ou si on l'aime mieux, elles ont de chaque côté un poumon composé de neufs différens paquets de trachées, qui règne tout le long du corps.

Revenons maintenant sur la structure de ces stigmates. Dans le milieu de l'espace ovale renfermé par le rebord, est une ligne à-peu-près droite, qui en semble être le grand diamètre; cette ligne marque la séparation des deux plans qui le remplissent. Chacun de ces plans ou demi ovales, est composé de fibres, qui toutes partent de la circonférence du stigmate, & qui toutes paralèlles les unes aux autres, sont perpendiculaires à l'espèce de diamètre dont nous venons de parler. Cette structure est sensible, même à la vue simple dans les grandes Chenilles; mais ce que la vue même armée d'une forte loupe, ne peut appercevoir dans le *Ver-à-soie* vivant, c'est que le diamètre dont nous venons de parler, est une fente qui sépare réellement les deux plans de fibres. On voit très-bien cette fente, cette séparation de deux demi cercles, dans les grosses Chenilles à tubercules. Ces fibres sont disposées & agissent comme les fibres de l'iris; selon qu'elles se contractent ou s'allongent, cette fente s'aggrandit, ou s'étrécit. Malgré l'ouverture apparente, les deux membranes peuvent se toucher, s'appliquer l'une contre l'autre par leur bord intérieur, & faire la fonction de soupapes, ou valvules, pour empêcher l'air de sortir, & afin qu'il soit forcé de passer par-tous les conduits qui lui sont préparés. La fente du stigmate est bordée par une forêt très-touffue de petites tiges barbues, qu'on ne peut appercevoir que par le moyen d'un bon microscope, & qui ne paroissent d'abord qu'une pulpe friable. On ne sauroit guère douter que cet amas de tiges barbues, pressées les unes contre les autres, ne serve à empêcher que les corpuscules dont l'air est chargé, n'entrent avec lui dans le corps de la Chenille. On sent bien que l'air, avant de s'y introduire, venant à passer au travers de toutes ces barbes, comme par un filtre, y doit nécessairement déposer tous les corps étrangers, tant soit peu capables de causer des obstructions, & c'est vraisemblablement aussi pour cette raison que les barbes de ces tiges ont la pointe dirigée en tout sens, vers l'orifice extérieur du stigmate, cette direction étant la plus propre à empêcher l'entrée des corps étrangers, & à en faciliter l'expulsion: peut-être est-ce encore pour la même raison que la fente, par laquelle le stigmate s'ouvre dans le canal qui s'y abouche, est oblique; cette obliquité donnant naturellement au cours de l'air, une direction inclinée, beaucoup plus propre à le faire passer au travers des tiges barbues, que s'il entroit perpendiculairement dans la fente. Les parois de la cavité du stigmate paroissent être d'une écaille très-mince & très simple, qui, par son ressort naturel tend toujours à tenir les lèvres fermées. C'est par le moyen de deux muscles placés aux côtés, & près du sommet du stigmate, que l'insecte a la faculté de pouvoir ouvrir & fermer cette bouche, & donner, ou empêcher à volonté, l'entrée ou la sortie de l'air.

Les écrits immortels d'un Leuwenhoeck, d'un Malpighi, & sur-tout d'un Swammerdam, nous avoient déjà donné de bien grandes idées de l'organisation des insectes; & l'on n'imaginoit pas que l'art de disséquer ces petits animaux pût être porté fort au-delà du point où Swammerdam étoit parvenu. On sait qu'il disséquoit les insectes avec des instrumens si fins, qu'il falloit les aiguiser au microscope. Mais il avoit été réservé à notre siècle de produire un naturaliste aussi supérieur à Swammerdam dans l'art si difficile de disséquer les plus petites parties des insectes, que ce dernier l'étoit aux anatomistes de son temps, & des temps qui l'avoient précédé. On a déjà nommé le célèbre Lyonnet, auteur du fameux traité anatomique de la Chenille du Saule. Nous ne pouvons détacher de cet ouvrage que quelques particularités qui se rapportent à la distribution de nos idées, mais qui feront sentir assez fortement tout ce que l'organisation des insectes renferme de merveilleux, & combien elle est digne d'occuper un être pensant. Nous ne pouvons que renvoyer à cet ouvrage; & en consultant les planches dessinées & gravées par l'auteur même, & à la vue de ces chefs-d'œuvres, vraiment uniques dans leur genre, l'admiration se portera tour-à-tour sur la nature & sur son interprete. Quand on fait attention au nombre & à la simple organisation des stigmates dont la Chenille est pourvue, rien ne paroît plus naturel que de les regarder comme des organes propres à la respiration, & de conclure que la respiration doit être bien plus nécessaire à ces insectes qu'aux grands animaux; puisqu'ils ont bien plus d'ouvertures pour donner entrée à l'air : on est encore plus convaincu de cette nécessité, quand on cherche à pousser plus loin ses observations, & que l'on découvre cette prodigieuse quantité de vaisseaux destinés à recevoir & distribuer l'air introduit par les stigmates. Quelles que soient cependant les ramifications des trachées, il en est deux principales, par-tout à peu près cylindriques, étendues en ligne droite le long des côtés de la Chenille, & à la hauteur des stigmates ou des bouches extérieures, destinées à introduire l'air dans l'intérieur de l'insecte. Vis-à-vis de chacune de ces bouches, qui, comme on sait, sont au nombre de neuf de chaque côté, la trachée principale fournit un paquet de trachées subordonnées, qui ont reçu le nom de bronches, & qui en se divisant & se sousdivisant sans cesse, fournissent des rameaux à toutes les parties & même aux plus petites. Le diamètre de ces bronches diminue graduellement, à mesure qu'elles s'éloignent de leur origine; elles sont donc des tuyaux coniques. Les trachées ont un brillant argenté qui les fait aisément reconnoître, & qui ajoute beaucoup au grand spectacle qu'elles offrent au microscope. Leur structure est très-singulière : elles sont formées d'une lame élastique, très-fine, tournée en spirale à la manière d'un ressort à boudin, & dont les tours sont plus ou moins serrés. Deux membranes, dont une est vasculeuse, recouvrent la lame élastique, & en maintiennent en place les tours de spirale. La consistance cartilagineuse & le ressort de la lame défendent le tuyau contre les pressions, & le tiennent toujours ouvert.

Quelque soit l'appareil de ces organes, nous ignorons quelle sorte de respiration s'opère dans la Chenille : nous savons seulement qu'elle ne sauroit respirer à la manière des grands animaux; puisque les parties qui font chez elle l'office de poumons, sont répandues dans toute l'habitude du corps, & jusques dans le cerveau. On a cru sur des expériences spécieuses, que les stigmates ne servoient qu'à l'inspiration, & que l'expiration se faisoit par les pores de la peau. Mais des expériences faites avec plus de soin, sur des Chenilles de tout âge, tenues sous l'eau, après avoir pris la précaution de chasser l'air de leur extérieur, ont persuadé que les stigmates servoient également à l'inspiration & à l'expiration. Les expirations n'ont rien offert de régulier; elles ont paru dépendre principalement des mouvemens de l'animal. Il est au moins certain que l'air est nécessaire à la vie de la Chenille : lorsqu'on la plonge dans l'eau, elle tombe dans une espèce de léthargie, dont elle revient après qu'on lui redonne l'air libre; mais lorsqu'on bouche les stigmates avec un enduit graisseux, l'insecte périt presque sur le champ. Si l'on ne bouche qu'un ou deux stigmates, les muscles les plus voisins tomberont en paralysie. Il semble donc qu'on pourroit en inférer que l'air influe sur la Chenille, même sur les mouvemens musculaires. Mais combien nos connoissances sur l'économie vitale de cet insecte, sont-elles encore imparfaites, malgré l'étonnant travail de son profond anatomiste. Cet homme extraordinaire, qui a décrit, dessiné, dénombré les muscles, les troncs des nerfs de la Chenille, & leurs principales ramifications, n'a pas manqué d'exécuter sur les trachées le même travail; & il nous apprend que les deux maitresses trachées fournissent deux cent trente-six tiges, qui donnent elles-mêmes naissance à treize-cent trente-six branches, auxquelles il faut ajouter deux-cent-trente-deux bronches détachées.

La respiration & la nutrition, de quelque manière qu'elles s'operent dans les Chenilles, sont, comme dans les autres animaux, les principaux soutiens de leur vie. Après avoir jetté un coup-d'œil rapide sur l'appareil des parties qui constituent la première fonction, nous devons donner également une foible idée de la seconde, en parcourant aussi rapidement l'appareil des parties les plus apparentes qui lui appartiennent. Nous considérerons, dès-lors, la conformation extérieure de la tête; elle semble tenir au premier anneau : dans le vrai pourtant, il y a un col, ordinairement si court & si replié, qu'il n'est pas visible. Elle est principalement composée de deux grandes pièces écailleuses & semblables : chacune d'elles a une forme approchante de celle d'une espèce de calotte qui auroit été un peu pliée, comme pour ramener une moitié de sa circonférence sur l'autre plus pliée pourtant, plus applatie à un bout de son diamètre, qu'à l'autre. Les deux moitiés su périeures de ces deux calottes forment le dessus de la tête ou le crâne, & les deux moitiés inférieures en forment le dessous : ces deux calottes ne se touchent & ne sont unies l'une à l'autre, que par leur partie la moins applattie; leurs parties plus comprimées forment le devant de la tête & ne se touchent point, elles laissent même entre elles une espace triangulaire assez considérable, rempli par une petite pièce écailleuse. Le contour de nos deux espèces de calottes est aisé à suivre, il a une sorte de rebord plus épais que le reste, & qui fait une espèce de cordon. L'ouverture qui reste entre ces deux pièces au dessous & en devant de la tête, est la cavité où se trouve la bouche de la Chenille. L'idée que nous prendrons de leur structure fera voir combien elle diffère de celle des grands animaux. Le bout supérieur de la tête, ou pour ainsi parler, le museau, est terminé par une partie charnue, échancrée au milieu, que l'insecte peut porter plus ou moins en avant : sa situation lui a fait donner le nom de *lèvre supérieure;* elle part de dessous un bourlet charnu sous lequel elle peut rentrer plus ou moins : ce bourlet même peut aussi être porté plus ou moins en avant. On a donné le nom de *lèvre inférieure* à une partie composée pourtant de trois pièces différentes, qui ne sont réunies qu'à leur bâse, mais qui sont opposées à la lèvre supérieure, & exécutent les mêmes fonctions. La partie du milieu est la plus considérable; en dehors de la bouche elle a la forme de mamelon, ou une figure pyramidale, ainsi que les autres parties. Dans les grands animaux, les mâchoires sont parallèles aux lèvres, & la seule rencontre des lèvres peut fermer l'ouverture de la bouche. Dans les Chenilles il n'y a ni mâchoire supérieure, ni mâchoire inférieure; elles sont semblables & placées toutes deux à la même hauteur, elles vont mutuellement à leur rencontre, & ne sont munies chacune que d'une dent, mais d'une dent si large & si épaisse, que, vu la petitesse de l'insecte, elle équivaut à toutes les dents dont sont armées les mâchoires des grands animaux. Enfin, lors-même que la bouche de l'insecte est fermée, les dents sont à découvert; les lèvres ne remplissent que la partie superieure & la partie inférieure de son ouverture; le milieu de l'ouverture & les côtés sont alors bouchés par les dents qui se rencontrent l'une & l'autre par leurs extrémités. Quand la bouche s'ouvre, quand les dents s'écartent l'une de l'autre, leurs extrémités tendent à se rapprocher du derrière de la tête. Ces mâchoires sont noires, écailleuses, & beaucoup plus dures que les autres parties écailleuses de la Chenille. Leur superficie n'a ni le poli, ni les irrégularités de certaines écailles; mais on y voit, avec une forte loupe, de petites élévations oblongues, arrondies, qui se touchent & sont rangées assez régulièrement; les seules dents sont unies & sans de pareilles élévations. La dent placée sur le tranchant de la mâchoire, également vue à une forte loupe, paroit composée de quatre ou si l'on veut de cinq éminences, dans quelques Chenilles, dont la première est la plus grande, & les suivantes diminuent graduellement. Leur extrémité est arrondie en pointe émoussée. Elles ne sont pas enchassées dans des alvéoles; mais elles font partie de la mâchoire même qui est dentée à cet endroit. De la façon dont les mâchoires des Chenilles sont construites & articulées, on remarque bien qu'elles ont peu de rapport avec celles des grands animaux, puisqu'il n'y a que la mâchoire d'en bas, de ceux-ci, qui soit sensiblement mobile, & que sa forme diffère extrêmement de celle d'enhaut; au lieu qu'ici, les deux mâchoires sont pareilles, qu'elles agissent toutes deux & latéralement de droite à gauche, & de gauche à droite, pour s'écarter, ou pour se rapprocher l'une de l'autre. La courbure de ces mâchoires ne doit pas être regardée comme une circonstance indifférente; elle sert à leur donner plus de force, & contribue encore à en rendre l'effort plus efficace, en les faisant agir avec moins d'obliquité, & de manière que leurs parties s'entresoutiennent davantage. Aussi voit-on que les animaux, qui ont reçu des griffes, ou des serres, pour se défendre, en ont généralement les ongles très-crochus, & que les oiseaux de proie, & ceux qui cassent des fruits durs, ont le bec fort recourbé. On peut juger de la force que les Chenilles ont dans leurs mâchoires, par les trous que quelques-unes creusent dans les arbres, & même dans les Chênes les plus durs. On sera moins surpris, lorsqu'on saura le nombre considérable de muscles qui concourent à faire agir ces mâchoires, & sur-tout, si l'on fait attention aux différentes dispositions nécessaires, pour donner de l'avantage à l'action de ces muscles. Comme ils sont en trop grand nombre pour pouvoir trouver place autour de la base de la mâchoire, & que, d'ailleurs, s'ils avoient eu leurs attaches autour de cette base, la force avec laquelle chacun auroit pu contribuer à la faire agir, auroit diminué en raison directe de la proximité de son attache, des points d'appui sur lesquels la mâchoire se meut, il y a été suppléé de manière que, non-seulement un beaucoup plus grand nombre de muscles peuvent agir ensemble, que ceux que la base seule auroit pu recevoir; mais qu'encore ils le peuvent tous, avec une efficacité à-peu-près pareille à celle qu'ils auroient eue, s'ils avoient tous pu être attachés à l'endroit de la mâchoire le plus éloigné de ses points d'appui, qui est l'endroit où leur action pouvoit la rendre capable du plus grand effort. Le moyen employé pour produire un effet si singulier, est des plus simples : il ne consiste qu'en quelques lames solides & fortes, dont les deux extrémités de la base de la mâchoire, opposées aux points d'appui sur lesquels elle agit, ont été pourvues au-dedans de la tête. Les muscles qui concourent à faire ouvrir la mâchoire, sont attachés, d'un côté des points d'appui, à une de ces lames, & ceux qui concourent à la faire fermer, sont attachés, de l'autre, aux autres lames, ce qui produit le même effet, ou peu s'en faut, que s'ils avoient tous eu leur insertion aux deux extrémités de la base de la mâchoire, où ces lames se trouvent attachées. Pour ce qui est de ces lames mêmes, elles sont de la couleur des arrêtes de Poisson, & semblent tenir plutôt de leur nature que de celle de l'écaille; elles sont dentées; leur origine à quelque épaisseur, leur autre extrémité est fort mince.

C'est par le mouvement alternatif des dents, qui toutes deux s'écartent l'une de l'autre, & qui toutes deux viennent ensuite se rencontrer, que les Chenilles hachent par petits morceaux les feuilles qui leur doivent servir de nourriture. Il y en a des espèces, qui, pendant toute leur vie, & d'autres seulement qui, quand elles sont jeunes, ne font que détacher le parenchyme des feuilles, & en épargnent toutes les fibres, mais le plus grand nombre des espèces de Chenilles attaque toute l'épaisseur de la feuille. On peut s'amuser quelques quart-d'heures à voir l'avidité & l'adresse avec laquelle elles mangent, & nous devons nous arrêter un instant à le décrire : elles ont, pour ainsi dire, les heures de leurs repas. Nous avons déja vû qu'il y en a qui ne les prennent que la nuit, d'autres les prennent à certain temps du matin ou du soir, d'autres passent le jour & la nuit à manger; celles-ci dans une heure mangent & cessent de manger à plusieurs reprises. Une Chenille qui veut commencer à ronger le bord d'une feuille, se contourne le corps de façon, qu'au moins une portion du bord de cette feuille est passée entre les pattes écailleuses, & quelquefois entre quelques-unes, ou entre toutes les pattes membraneuses : ces pattes tiennent assujettie la portion de feuille que les dents vont couper. Pour en donner le premier coup, la Chenille alonge son corps, porte sa tête le plus loin qu'elle peut. La portion de la feuille qui se trouve entre les dents écartées, est coupée dans l'instant qu'elles viennent à se rencontrer; les coups de dents se succèdent vîte; il n'en est point, où il n'en est guères, qui ne détache un morceau, & chaque morceau est presque aussi-tôt avalé que coupé. A chaque nouveau coup de dents la tête se rapproche des pattes; de sorte que pendant la suite des coups de dents, elle décrit un arc, elle creuse la portion de feuille eu segment de cercle, & c'est toujours dans cet ordre qu'elle la ronge; ainsi lorsque sa tête s'est rapprochée jusqu'à un certain point de ses pattes, & qu'elle a en même temps raccourci son corps jusqu'à un certain point; alors elle l'alonge, elle reporte ses premières pattes plus haut, & elle saisit avec ses dents la partie contiguë à celle qui a été emportée pour la première bouchée; la tête continue donc à se rapprocher de la queue, à mesure que la Chenille ronge. Elle ne donneroit pas les coups de dents à beaucoup près si vîte ni si sûrement, si elle les donnoit dans un ordre contraire. Pour en voir la raison, nous rappellerons une particularité de la lèvre supérieure, à laquelle nous devons faire attention actuellement. Elle est échancré au milieu: & cette échancrure est d'un grand usage, c'est une espèce d'entaille ou de coulisse qui maintient la feuille, & qui donne la facilité aux dents d'appliquer leurs coups sûrement & sans avoir à chercher. Si la feuille n'étoit suivie que par les pattes écailleuses, la portion de la feuille qui est par-delà ces pattes auroit du jeu; après que les dents en auroient emporté un morceau, la feuille se déplaceroit souvent, elle ne se trouveroit plus dans la ligne qui est au milieu des deux dents, les dents seroient obligées de chercher, de tâtonner, elles courroient risque de se presser à faux; au lieu qu'une portion de la feuille étant assujettie d'un côté entre les pattes écailleuses, & posée de l'autre côté dans la coulisse de la lèvre supérieure, elle se trouve toujours en ligne droite au milieu des deux dents. On observe aussi que la Chenille a grand soin, en ramenant sa tête vers les pattes, de suivre le contour de la feuille, de maintenir la tranche de cette feuille dans la coulisse de la lèvre; & ceci, qui lui est aisé pendant qu'elle conduit sa tête vers ses pattes, lui seroit difficile si elle la portoit vers le côté opposé; le premier mouvement tend à l'approcher de la feuille, & le second tendroit à l'en éloigner. Quelques Chenilles se nourrissent de feuilles si étroites, qu'elles ne sont pas trop larges pour leur bouche; telles sont les feuilles du titimale à feuilles de Cyprès. On peut trouver du plaisir à voir comment la grande & belle Chenille de cette plante, ne manque jamais de prendre une de ses feuilles par la pointe, & elle la mange aussi vîte jusqu'à la tige, & de la même manière que nous mangeons une rave. On a pourtant observé que la coulisse aide souvent ces Chenilles, comme les autres, à tenir la feuille. Ces dernières Chenilles pourroient servir d'exemple de celles qui sont extrêmement voraces; la présence du spectateur ne les arrête point; on leur voit quelquefois manger huit à dix feuilles de suite, après quoi elles se reposent, quelquefois pendant moins d'un quart-d'heure, pour recommencer ensuite à manger. On a observé qu'un *ver-à-soie* mange souvent dans une journée aussi pésant de feuilles de mûrier qu'il pèse lui-même. La terre ne suffiroit pas, à beaucoup près, à nourrir les hommes qui l'habitent, s'ils étoient voraces jusqu'à ce point. Il y a pourtant des Chenilles qui le sont encore plus, & qui mangent dans un jour plus du double de leur poids; il est vrai que leur accroissement est beaucoup plus promt & plus considérable que celui des Chenilles qui sont moins voraces.

De l'assemblage des deux mâchoires & des deux lèvres de la Chenille résulte un tout, dont les côtés extérieurs & intérieurs forment la bouche externe & interne de la Chenille. Les mouvemens de la lèvre supérieure, & sur-tout ceux de la lèvre inférieure, aident à faire entrer dans la bouche, à pousser plus avant le morceau que les dents viennent de couper. Pour ce qui est de la bouche interne, laquelle quoiqu'invisible, quand les mâchoires sont rapprochées, paroît pourtant devoir être mise au rang des parties extérieures de la tête, parce qu'elle se découvre aussi-tôt que l'insecte écarte ses dents, & sans qu'il soit nécessaire d'avoir recours à la dissection, elle est composée des mêmes parties que la bouche externe. Il reste à parler d'une partie qu'on entrevoit dans la bouche, qu'au premier coup d'œil on prendroit pour une langue, tant elle en a la forme, qui n'est pourtant que le dessus de la lèvre inférieure, si épaisse en cet endroit, qu'elle s'élève dans la bouche jusque près de la lèvre opposée. La nature n'a point donné de langue proprement dite, à la Chenille; mais cette partie a une mobilité si grande, que dans la manducation elle supplée à ce défaut, & paroît servir à conduire les morceaux d'alimens vers l'œsophage.

Les trachées sont encore les seules parties intérieures dont nous ayons fait une légère mention. Nous ne pouvons nous dispenser de donner quelques idées sur la plupart des autres parties qui se font le plus remarquer, soit par leur grandeur, soit par leur figure, soit par leurs usages. Le canal qui reçoit les alimens, & où ils se digèrent, c'est-à-dire, ce canal continu où se trouvent les différentes capacités analogues à l'œsophage, à l'estomac & aux intestins, va en ligne droite de la bouche à l'anus: à une assez petite distance de la bouche, où l'on peut mettre la fin de l'œsophage, il s'élargit considérablement; il conserve cette grande capacité dans près des trois quarts de la longueur du corps, après quoi il se rétrécit subitement & considérablement. Il se renfle ensuite un peu; ce renflement est suivi d'un second étranglement, après lequel vient un nouveau renflement, auquel succède un troisième étranglement: enfin le canal s'élargit encore un peu pour former le *rectum*, & aller se terminer à l'anus. L'ouverture de l'anus est comme composée dans plusieurs espèces de Chenilles, de six parties charnues qui sont comme six sillons séparés par des cannelures; aussi les excrémens de ces espèces de Chenilles sont de petits prismes à six faces cannelées. Dans toutes les Chenilles la forme du canal qui fait les fonctions propres à la digestion est à-peu-près la même. Il est de même composé d'un œsophage, dont la partie antérieure qui est dans la tête, est charnue, étroite, & attachée par divers muscles, à quelques écailles; & dont la partie postérieure s'élargit en entrant dans le corps, & forme une manière de sac membraneux, sur lequel rampe, en tout sens, une grande quantité de petits muscles. Près de l'estomac, il se resserre, & est entouré d'un large sphincter. L'œsophage est comme bridé dans toute sa longueur, par un grand nerf, qui y tient par intervalles, & qui se partage en trois sur ce sphincter. Le ventricule commence où l'œsophage finit. Il est pour le moins sept fois plus long qu'il n'est large, & sa capacité surpasse celle de l'œsophage & des gros intestins. La partie antérieure, qui est la plus large, forme ordinairement des plissures qui diminuent avec son volume, à mesure qu'il approche des intestins. Quantité de muscles longitudinaux & transversaux, rampent sur sa surface, & il est parsemé d'un très-grand nombre de branches circulaires, & de plusieurs nerfs qui ne paroissent pas. Il s'ouvre dans un large conduit, qui à peine a un tiers d'anneau de longueur, & qu'on a nommé le *premier gros intestin*. La partie antérieure de cet intestin est presque aussi large que l'extrémité des ventricules, mais la postérieure est sensiblement plus étroite, elle est terminée par un sphincter, capable d'intercepter, au besoin, la communication de cet intestin avec celui qui le suit. Depuis ce sphincter, on voit continuer, en droite ligne, un vaisseau, qui n'est guère moins gros & moins court que le précédent, & qui se termine par une enveloppe charnue, de forme singulière. On a appellé ce vaisseau, le *second gros intestin*. Il est suivi d'un canal de moitié plus étroit, qui a bien un anneau & demi de long, & qui se termine près de l'anus: on lui a donné le nom de *troisième gros intestin*. Ces intestins ont chacun une structure particulière, & des caractères, qui autorisent à les distinguer les uns des autres. On ne doit pas passer sous silence, un point qui caractérise extrêmement le second des gros intestins. C'est qu'il produit de part & d'autre, une suite de vaisseaux qui serpentent autour du ventricule, & surtout autour des gros intestins, vaisseaux, auxquels on a donné le nom d'*intestins grêles*, parce qu'ils paroissent faire les fonctions d'intestins, & qu'ils sont incomparablement plus menus que ceux dont on vient de parler. Lorsqu'on examine au microscope, la tunique intérieure de la partie de l'œsophage qui compose l'estomac, on la trouve garnie de capsules, dont quelques unes sont vuides, & ne paroissent que comme de petits sachets membraneux affaissés, & dont les autres sont plus ou moins remplies d'une matière opaque blanchâtre. Ces sachets fournissent probablement un mucus propre à faire glisser les alimens, & peut-être encore un suc qui concourt à la digestion. Le canal intestinal est composé dans toute sa longueur de deux espèces de sacs mis l'un dans l'autre, qui ne semblent qu'appliqués l'un contre l'autre. Le sac intérieur est fait d'une membrane mince & si transparente, qu'on ne voit point l'arrangement de ses fibres; dans quelques circonstances, on la prendroit pour une espèce de gelée. Le sac extérieur, celui qui enveloppe le précédent, est d'une substance beaucoup plus charnue, on y distingue très bien des fibres longitudinales, qui ont leur direction de l'œsophage vers l'anus, elles sont déliées & rondes; on y en distingue d'autres transversales, qui comme des ceintures ou des cerceaux,

ceaux, embrassent, & serrent le ventricule. Tout du long de l'estomac, en deux endroits diamétralement opposés, c'est-à-dire, au milieu du dessous & au milieu du dessus, il y a une espèce de corde charnue, dirigée selon la longueur du canal. On a très-bien observé que la partie extérieure du canal peut être enlevée & séparée du sac membraneux & transparent, dans lequel les alimens sont contenus immédiatement. Il est bon de savoir & de se souvenir que ces deux parties tiennent très-peu l'une à l'autre; on en reconnoîtra plus aisément que des portions d'une membrane transparente & visqueuse que les Chenilles rejettent dans certains tems avec leurs excrémens, sont des portions de la partie intérieure de leur estomac; & on les verra avec moins de surprise se défaire de cette partie de l'estomac qui tient si peu à l'autre.

De toutes les parties de la Chenille, le corps qu'on a appellé *graisseux*, est celle qui a le moins de consistance & le plus de volume. Si l'on en réunissoit toutes les masses répandues en divers endroits de cet insecte, en trouveroit peut-être qu'elles composent un tout aussi grand que toutes les autres parties intérieures de la Chenille prises ensemble. C'est le premier, & presque le seul objet qui frappe, quand on ouvre la Chenille soit sur le dos, soit du côté du ventre. On diroit qu'il en remplit toute la capacité depuis la tête jusqu'à l'extrémité opposée. Ce qu'on voit alors de cette substance, en est aussi la partie la plus considérable. Elle est façonnée de manière qu'elle forme à droite & à gauche, dans toute la longueur de la Chenille, une suite de lobes de graisse, qui, pliée à l'entour de plusieurs viscères, les enveloppe & les renferme comme dans un étui. Cette espèce de fourreau graisseux, sert sur-tout à couvrir presque toutes les entrailles. On s'apperçoit de plus, en le suivant, qu'il s'introduit dans la tête, & entre tous les muscles du corps, & qu'il remplit la plupart des vuides que les autres parties de la Chenille laissent entr'elles. Sa couleur est ordinairement d'un très-beau blanc de lait. Sa configuration tient un peu de celle de notre cerveau. C'est un composé de différentes masses irrégulières, plus ou moins applaties, qui communiquent les unes avec les autres, & qui laissent entr'elles des sillons très-profonds & très-variés. Sa substance est mollasse & facile à rompre. On a fait inutilement des essais pour en découvrir la contexture. Lorsqu'on en examine une parcelle, avec un bon microscope, sur un morceau de verre, elle paroît être un amas confus de vésicules amoncelées. Quand cette parcelle est très-platte & mince, elle se montre d'abord comme une couche de petites molécules irrégulières, séparées, de grandeur peu dissemblable, placées très-près les unes des autres, entre deux fines membranes, & l'on n'y voit que quelques bronches clair-semées. Lorsqu'après l'avoir posée sur un morceau de verre, on en laisse évaporer l'humidité; comme il arrive alors que le bord de ces membranes s'attache le premier au verre, en se séchant, & empêche les membranes de se racourcir, elles se pressent l'une sur l'autre, écrasent les molécules, & en font sortir une huile. Alors cette lamelle de corps graisseux ne paroît que comme une double membrane, entre laquelle on voit, au lieu de molécules, diverses petites gouttes d'huile, transparentes, répandues çà & là, & des bronches, qui se ramifient à perte de vue sur ces membranes, & jusqu'à un tel point de finesse, que de très-bons microscopes ne suffisent pas pour en découvrir les extrémités. Si l'on bat cette graisse avec un pinceau, ou qu'on la presse avec une aiguille, on en fait sortir une grande quantité d'huile très-limpide, accompagnée d'un peu de matière nébuleuse, & ce qui reste ne paroît être que des fragmens de membranes fort transparentes, nombre de bronches & quelques nerfs; de sorte que la plus grande partie du corps graisseux n'est que de l'huile toute pure, amoncelée par très-petites gouttes, telles, à-peu-près, qu'on en voit, plus en grand, dans les vaisseaux de la membrane cellulaire du corps humain. L'estomac & les intestins des Chenilles, remplis d'alimens, paroissent verts, parce qu'on voit au travers de leurs parois la couleur des matières qu'ils renferment: il vient un tems où un suc vert est porté dans le corps graisseux de certaines Chenilles, & lui donne alors cette même couleur; mais, pour l'ordinaire, lorsque le tems de la métamorphose approche, cette matière graisseuse perd sa grande blancheur, & prend une couleur jaunâtre.

Inutilement chercheroit-on dans le corps des Chenilles un cœur de la figure de tous ceux que nous connoissons, c'est-à-dire, une masse charnue & pyramidale, d'où partent les vaisseaux qui vont distribuer le sang à toutes les parties, & où il est ensuite reporté par d'autres vaisseaux. Le cœur de la Chenille diffère encore plus de celui des grands animaux, que ses trachées ne diffèrent de leurs poumons; ou plutôt, la Chenille n'a pas proprement un cœur. La partie qui paroît en faire chez elle les fonctions, est un vaisseau couché le long du dos, qui s'étend en ligne droite, de la tête à l'anus, & dont les battemens alternatifs s'observent facilement au travers de la peau, dans les espèces qui l'ont un peu transparente. L'origine ou le principe des battemens est près de l'anus. Là, ils sont plus sensibles que par-tout ailleurs, parce que c'est à cet endroit que le vaisseau a le plus de diametre. Il se rétrécit insensiblement, à mesure qu'il approche de la tête; & quand il y pénètre, il n'est plus qu'un fil extrémement délié. De part & d'autre de ce long vaisseau, s'observent de distance en distance, des paquets de beaux muscles, en forme d'ailerons, qui président à ces mouvemens. Ces ailerons sont beaucoup plus grands à la partie postérieure du vaisseau, c'est-à-dire, à celle où les battemens sont plus forts. Il s'y trouve aussi un beaucoup plus grand nombre de trachées. Ce vaisseau, dont la belle structure est si appropriée à ses fonctions, pousse continuellement, du derrière vers la tête, une liqueur limpide, un peu gommeuse, foiblement colorée en vert ou en orangé, & qu'on croit tenir lieu de sang à l'insecte. Examinée au microscope, on la trouve pleine d'une multitude de globules transparens, trois millions de fois plus petits qu'un grain de sable. Ce grand vaisseau, le plus remarquable de tous par ses mouvemens perpétuels de contraction & de dilatation, semble donc être plutôt une maîtresse artère, qu'un véritable cœur. Aussi lui a-t-on donné le nom de *grande artère*, qui lui convient mieux que celui de cœur. Mais une maîtresse artère suppose des artères subordonnées : celles-ci supposent des rameaux de veines auxquels elles aillent aboutir ; & ces rameaux supposent pareillement un principal tronc ou une maîtresse veine. Il doit donc paroître bien étrange que notre grand anatomiste n'ait rien apperçu de tout cela dans la Chenille, lui qui avoit dénombré tant de centaines de nerfs & de bronches, beaucoup plus petits que ne devroient l'être des vaisseaux sanguins, toujours plus apparens que les nerfs dans l'animal : ça même été très-inutilement qu'il a injecté la grand artère avec des liqueurs colorées : jamais il n'a pu parvenir à y découvrir aucune ramification. L'inutilité de ses tentatives lui a fait naître une conjecture singulière, qu'on ne doit pas se presser d'adopter ; mais qui mérite de fixer l'attention. Il soupçonne que la nutrition des parties ne s'opère point dans la Chenille par aucune sorte de circulation. Mais, comme toutes les parties communiquent par une multitude de fibres & de fibrilles, avec cet amas de graisse généralement répandue dans l'intérieur, & auquel on n'a prescrit aucun usage, il présume que cette substance grasse est à toutes les parties, ce que la terre est aux plantes qui y croissent & en tirent leur nourriture. Mais, puisqu'il est incontestable que la grande artère chasse du derrière vers la tête, une liqueur analogue au sang, il faut bien, ce semble, que cette liqueur lui soit apportée par des vaisseaux analogues aux veines, & que leur prodigieuse finesse a pu dérober aux recherches de l'Observateur. Il est même de bonnes raisons de présumer qu'à l'opposite de la grande artère, & le long du ventre, il y a une maîtresse veine, qu'on croit avoir apperçu dans quelques Chenilles & dans certains insectes qui leur ressemblent beaucoup.

Des organes propres à l'action vitale, nous devons passer à ceux qui sont plus spécialement affectés à l'animal. C'est à l'aide des différens ordres de muscles, dont les Chenilles sont richement pourvues, qu'elles exécutent les mouvemens, soit volontaires, soit involontaires, qui leur sont propres. Nous avons donné le nom de pattes aux parties qui servent principalement au mouvement progressif, puisque dans ces parties, comme dans celles des grands animaux, on peut distinguer des cuisses, des jambes & des pieds. Des matières qui par leur dureté sont analogues à la corne & à l'écaille, qui sont plus que cartilagineuses, tiennent lieu d'os aux insectes. Il n'entre rien ou presque rien d'écailleux dans la structure du corps des Chenilles, mais leur tête est toute couverte d'écailles, & les six premières pattes sont écailleuses, comme le sont aussi celles de tant d'autres insectes. Cette structure, pour être commune, n'en mérite pas moins d'être remarquée. Ce que les pattes des insectes ont d'analogue aux os, ce sont des espèces de boîtes, d'étuis écailleux qui renferment tous les muscles qui servent à les mettre en mouvement : leurs chairs molles & tendres avoient besoin d'être aussi bien défendues. On a distingué les pattes des Chenilles en antérieures, intermédiaires & postérieures. Les six antérieures sont articulées & se terminent par un ongle crochu ; les intermédiaires & les deux postérieures n'ont point d'articulations, & se terminent par une plante de pied ovalaire ; la plante des intermédiaires est entièrement environnée de crochets, pendant que celle des postérieures n'en a simplement que par-devant. Les verres qui grossissent nous mettent en état de porter ce détail plus loin, & nous apprennent que les six antérieures, qui sont pareilles, sont composées chacune de cinq pièces mobiles, armées de quelques épines, & articulées les unes sur les autres, mais bien différemment des grands animaux, puisque les articulations mobiles de ceux-ci sont un effet de l'assemblage de leurs os, dont les extrémités s'appuyent & glissent de différente façon les unes sur les autres, ou les unes dans les autres ; au lieu que les articulations des pattes antérieures de toute espèce de Chenilles, sont un effet de la souplesse de la peau, qui en réunit bout à bout les différentes pièces, lesquelles étant couvertes ailleurs d'une enveloppe beaucoup plus dure, ne cèdent à l'action des muscles, qu'aux endroits où cette peau flexible les assemble. La première pièce des pattes antérieures, celle par où elles tiennent au corps, est précédée & entourée d'un large rebord, irrégulièrement circulaire, que fait la peau à cet endroit ; elle y est articulée par le pli d'une membrane flexible, qui laisse à la patte la liberté de se mouvoir en tout sens sur ce rebord, autant que l'étendue de la membrane peut le permettre. Cette première pièce tient pour la dureté, un peu de l'écaille ; au côté opposé elle est membraneuse & flexible ; ce qui a été ainsi ménagé, pour laisser à la patte la faculté de se renverser de côté contre le corps, attitude qui lui est fort naturelle. Entre la première & la seconde pièce il y a un double pli, muni de part & d'autre d'une lame écailleuse, dont l'usage est de faciliter les mouvemens de la seconde pièce sur la première. Cette seconde pièce, qui est beaucoup moins grosse que la première, & qui est la plus longue des cinq, est presque toute membraneuse d'un côté, ce qui lui permet de pouvoir se replier en avant sur celle qui la précède. Le côté opposé en est brun & écailleux; il est échancré par en-bas, pour laisser à la patte la liberté de se renverser plus aisément, & de prendre l'attitude que nous avons dit lui être naturelle. La troisième pièce, plus courte & moins grosse que la seconde, est par derrière toute écailleuse & sans échancrure. A l'opposite elle a un intervalle membraneux, & à ce côté, l'écaille est entaillée en-dessus & en-dessous, de manière qu'elle permet à cette pièce de se courber sur la précédente, & à la quatrième pièce de se replier, quoiqu'un peu moins, sur la troisième. Cette quatrième pièce, qui a encore moins de volume en tout sens que la troisième, est toute écailleuse, à la réserve d'une échancrure, qui y a été ménagée pour laisser à cette pièce, le moyen de s'incliner plus aisément sur celle qui précède. La cinquième & dernière pièce est l'ongle. Il est articulé par une membrane sur la quatrième, sur laquelle il peut un peu se mouvoir en différens sens. Dans les grandes Chenilles mêmes, il n'a pas une demi-ligne de longueur. Il est très-dur, écailleux, noir, crochu & terminé en [illegible]. Avec une très-forte loupe, on y voit que [illegible]os est renforcé par une crête écailleuse, & que sa base s'élargit en pince d'écrévisse. Il est creux, & de l'extrémité de cette base, part une double appendice très-forte, qui prête tant soit peu quand on la tire, & qui pour la consistance, semble tenir le milieu entre l'arrête, dont il a la couleur, & la membrane. C'est à cette appendice, qui entre dans l'intérieur de la patte, que tiennent divers muscles, qui concourent à la fléchir, & qui font diversement courber l'ongle. L'attitude ordinaire des pattes antérieures & écailleuses est d'être un peu courbée en dedans. On ne sauroit même, sans effort, les redresser entièrement, parce que les membranes souples, qui forment leurs articulations, ne s'étendent & ne prêtent pas naturellement jusques-là; à plus forte raison la Chenille ne sauroit elle courber ses pattes antérieures en arrière. Il y a des Chenilles qui ont des pattes écailleuses plus grandes que celles des autres, proportionnellement à la grandeur de leur corps. Toutes vont en diminuant de grosseur, depuis leur origine jusqu'à l'ongle crochu qui les termine. Il y en a dont la figure est presque conique, ce sont les plus courtes & les plus droites; mais les plus longues sont plus courbées vers le dessous du ventre. Celles dont la couleur est brune, qui sont luisantes & opaques, sont aisément regardées comme écailleuses; mais on a plus de peine à prendre pour telles, celles qui étant blanches & transparentes, comme quelques-unes le sont, ne semblent avoir qu'une consistance propre à des chairs; on ne balancera pas pourtant à les regarder comme écailleuses, ou comme cartilagineuses au moins, si on fait attention que les tuyaux qui les composent sont comme ceux des autres, incapables de s'alonger, de se racourcir & de se plier bien sensiblement.

Les pattes membraneuses sont encore plus différentes par leur structure, de celles des grands animaux, que les pattes écailleuses. Leur forme n'a aucun rapport avec celle des précédentes; elles sont en général incomparablement plus grosses que ces dernières; elles sont plus courtes; elles n'ont aucune articulation distincte; elles ne se terminent pas en pointe, & elles n'ont rien d'écailleux, sinon les crochets, qui, aux intermédiaires, forment une couronne au tour de la plante du pied. L'insecte peut les alonger & les raccourcir à son gré. Il y a des Chenilles qui, dans certain tems de repos, les racourcissent si fort, qu'elles les font entièrement disparoître; il semble qu'elles les font entièrement rentrer dans leur corps. On ne peut presqu'alors distinguer les anneaux qui ont des pattes de ceux qui n'en ont point. En général, leur figure approche de celle d'un cône tronqué; les différens genres de Chenilles nous en font pourtant voir de trois formes différentes. Au bout du cône, qui fait le corps des pattes membraneuses de la forme la plus commune, est un pied charnu qui prend successivement tant de figures différentes, qu'il seroit impossible de les toutes décrire. Souvent il prend une forme qui approche plus de celle d'une main que de celle d'un pied, c'est-à-dire, qu'il prend celle d'une espèce de palette triangulaire, dont les côtés sont curvilignes. La patte est comme le manche de cette palette. Le bout du pied est alors l'endroit où il est le plus large; là est le grand côté de la palette triangulaire; il est convexe, & il a seulement une petite inflexion à son milieu; les deux autres côtés, ceux qui viennent se rendre à la patte, tournent leur concavité vers le dehors. Quoique la Chenille donne souvent à ses pieds la forme applatie ou des formes approchantes, ce n'est gueres que dans des tems d'inaction; les crochets peuvent seulement servir alors à la tenir contre les corps où ils se sont cramponnés. Mais, elle peut à volonté gonfler une des deux faces qui étoient plattes auparavant, & leur donner des courbures & des positions tout à-fait différentes, & cela lui est nécessaire, non-seulement selon la grosseur & la figure du corps qu'elle veut saisir, mais sur-tout pour marcher. Le côté intérieur du pied est celui qu'elle applique à la surface du corps sur lequel elle marche; ainsi ce côté doit être regardé comme le dessous, comme la plante du pied, & le côté opposé doit être regardé comme le dessus du pied. Il arrive néanmoins si souvent à l'une & à l'autre de ces parties, d'être alternativement au dessus & au-dessous de l'autre, que si on n'apportoit quelque soin à démêler leurs fonctions, on prendroit même plutôt, pour le dessous du pied, celle qui a été nommée le dessus. De toutes les formes que prend le pied, il n'en a aucune qui approche plus de celle d'un pied, que lorsqu'il fait un large empattement au bout de la patte. Si pendant que la Chenille marche, ſon pied avoit cette forme, les crochets dont il eſt pourvu ne lui ſerviroient de rien, ils ne ſaiſiroient point les corps ſur leſquels ce pied s'appliqueroit, puiſque leur convexité ſeroit toujours tournée vers la ſurface de ce corps; au lieu que la concavité des crochets doit être tournée vers la ſurface des corps ſur leſquels la Chenille avance : lorſqu'on en fait marcher une ſur la main, on ſent l'impreſſion des pointes de ces crochets, elles y cauſent un petit chatouillement. Quelquefois la Chenille fait rentrer ſes crochets; les chairs de la patte s'élèvent par-deſſus, & forment une eſpèce de bourrelet qui les cache preſqu'entiérement, alors on ne voit que la patte qui a une figure conique; ainſi le pied peut rentrer dans la patte, comme la patte elle-même peut rentrer dans le corps. Mais lorſque la Chenille fait uſage de ſon pied pour marcher, elle n'a garde de renfermer ainſi ſes crochets; elle gonfle la plante du pied, cette partie qui eſt ſur le côté intérieur, par-delà les crochets. C'eſt cette partie qu'elle applique contre le plan ſur lequel elle marche; les crochets aident à affermir le pas. Pour bien voir cette manœuvre, il faut poſer une Chenille ſur un carreau de verre, & ſuivre au travers du carreau tous ſes mouvemens; on remarquera alors que dans le pas qui porte la Chenille en avant, la patte fait un angle obtus avec la partie antérieure du corps, & que le pied eſt contourné de façon qu'il déborde la partie poſtérieure de la patte, & il déborde la partie extérieure de la même patte, lorſque l'inſecte ne s'en ſert que pour ſe cramponner. Le plus grand nombre des eſpèces de Chenilles, au moins des eſpèces les plus groſſes & les plus connues, ont des pattes membraneuſes & des pieds tels que nous venons de les décrire; mais quantité d'eſpèces de Chenilles de grandeur médiocre, & de grandeur au deſſous de la médiocre, ainſi que quelques très-grandes eſpèces, ont une autre conſtruction de pattes membraneuſes & de pieds. Leurs pattes, comme les précédentes, ont une figure qui tient de celle d'un cône tronqué; mais au lieu que les pieds des premières Chenilles ſont entourés d'une demi-couronne de crochets, c'eſt à proprement parler, le bout des pattes des ſecondes qui eſt entouré de crochets, & il eſt entouré par une couronne de crochets, complette ou preſque complette; elles n'ont point un pied capable des gonflemens, des contractions, des changemens de figure que les autres font voir: un mammelon charnu, qui, quand la Chenille veut, rentre entièrement dans la patte, & qui en ſort quand elle marche, eſt ce pied. Ce pied ne s'alonge pas beaucoup, & n'eſt jamais bien gros. Il a toujours moins de diamètre que la couronne de crochets; les crochets de cette couronne ſe courbent tous vers le dehors de la patte. Les pattes de la plupart de ces dernières Chenilles ſont courtes; le plus grand nombre des Chenilles qui en ont de telles ſe tient dans les feuilles roulées, dans les tiges même des plantes, dans les fruits; elles ont des toiles autour d'elles, dans leſquelles les crochets des pattes peuvent ſe cramponner aiſément. Ces pattes ſont ſouvent moins longues que les premières dont nous avons parlé; mais d'autres Chenilles qui ont auſſi leurs pattes entourées par le bout d'une couronne de crochets, les ont plus longues par rapport à la grandeur de leurs corps, que celles des deux eſpèces précédentes, & différemment conformées. Les pattes de la ſeconde eſpèce, lors même qu'elles ſervent au mouvement progreſſif de l'inſecte, ſont ridées, elles ſemblent aſſez malfaçonnées, & elles ſont groſſes par rapport à leur longueur. Les pattes de cette troiſième eſpèce ſont plus longues & plus déliées; malgré leur flexibilité, elles ſont toutes toujours bien tendues. Cette patte eſt aſſez exactement cylindrique; elle eſt terminée par un empâtement dont le contour eſt circulaire & armé de crochets, & c'eſt du milieu de cet empâtement que ſort le petit mammelon qui tient lieu du pied.

La Chenille du ſaule, d'après ſon anatomiſte, doit nous fournir encore les détails qui avoient échappés [illegible] autres obſervateurs. Les quatre paires de pattes [illegible]médiaires de cette eſpèce de Chenille, ſont plus courtes, à proportion que ne le ſont celles de la plupart des autres eſpèces. Les différens plis, que l'on voit autour de la patte, ſervent, en rentrant les uns dans les autres, non-ſeulement à la raccourcir, mais encore à la fléchir diverſement à droite, à gauche, en avant & en arrière. Quand la plante du pied eſt ouverte, les crochets, dont elle eſt environnée, paroiſſent à diſtances égales les uns des autres, & forment une couronne très-proprement alignée tout à l'entour du pied; ils ſont alors dreſſés, & toutes leurs pointes recourbées ſont tournées en dehors, & en ſituation de pouvoir s'accrocher & ſe tenir aux corps qui les environnent. Si la Chenille, après s'être ainſi cramponnée, veut lâcher priſe & fixer ſa patte ailleurs, elle commence par faire rentrer la peau: à meſure que cette peau rentre, les crochets qui y ſont attachés, ſe renverſent vers le long diamètre de la plante du pied & ſe décrochent ainſi; enſuite, après avoir tranſporté ſa patte ailleurs, elle ouvre la plante, & par le mouvement que les crochets font en ſe redreſſant, ils s'attachent de nouveau aux corps qu'ils rencontrent. C'eſt apparemment pour ſaiſir plus ſûrement ces corps, que la couronne de chaque patte eſt composée de deux ordres de crochets de grandeur différente, rangés alternativement de façon, qu'après un grand crochet ſuit un petit, & après un petit ſuit un grand : ce qui n'eſt pourtant pas ſi conſtant, qu'il n'arrive quelquefois que deux grands crochets ou deux petits ſe ſuivent; comme auſſi chaque rang de crochets n'eſt pas composé de crochets, ſi préciſément de la même grandeur, qu'on n'y remarque, à des endroits, du plus ou du moins; mais ce qu'il y a d'assez constant, c'est que vers les extrémités du long diamètre de la plante, les deux rangs sont composés de crochets plus petits que par-tout ailleurs : cela paroissoit nécessaire pour que la plante pût se fermer plus aisément, & sans que les crochets, qui se trouvent alors aux extrémités du long diamètre, s'embarrassent les uns dans les autres; ce qui pourroit arriver, si les crochets y étoient plus longs qu'ils ne le sont. La figure de ces crochets, & la manière dont ils sont arrangés dans la peau, sont remarquables. On les trouve constamment crochus par les deux bouts : quelquefois l'extrémité postérieure est beaucoup plus recourbée que l'antérieure, & c'est ce que l'on voit à certaines Chenilles dont les crochets ont de plus ceci de particulier que chacun est pourvu d'un ardillon dans sa courbure antérieure. Les crochets se rompent difficilement, & ils tiennent si fort à la patte, qu'ils se rompent encore bien plutôt qu'on ne les en arrache. Ils sont environnés & couverts par devant, d'une membrane transparente, mais très-forte, qui embrasse toute la moitié antérieure de leur largeur, y est adhérente, & permet, par sa souplesse, aux crochets, de s'écarter & de se rapprocher les uns des autres; on voit encore que non-seulement la partie antérieure du crochet perce cette membrane & paroit en dehors, mais qu'aussi son extrémité opposée la perce pareillement & se montre à découvert, ce qui fait que pour arracher le crochet, il faudroit en même-temps déchirer cette membrane. Ce n'est pas tout, ces crochets tiennent encore, par derrière, à la peau même de la patte, & l'éminence s'arrêtant de plus dans cette peau, semble porter un troisième obstacle aux efforts que l'on feroit pour arracher le crochet. On conçoit que de cette façon, les crochets sont arrêtés autour de la plante, par une force supérieure à leur propre dureté, & qu'il doit être plus facile de les rompre que de les arracher; aussi voit-on des Chenilles qu'on met plutôt en pièces, que de leur faire lâcher ce qu'elles ont saisi de leurs crochets. Quant au nombre des crochets dont les pattes intermédiaires sont munies, il est considérable, mais sans avoir rien de fixe. Il n'est pas même égal dans les deux pattes d'une même paire de la même Chenille; les pattes des différentes paires ne s'accordent pas mieux sur ce point; il n'y a aucun ordre pour le plus & le moins entre les pattes; & différentes Chenilles parvenues à leur dernière grandeur, varient entre elles à cet égard. Ce n'est pas tout : la même Chenille n'a pas à tout âge le même nombre de crochets. Quand elles sont devenues grandes, elles en ont beaucoup davantage que quand elles sont encore petites : telle Chenille qui doit avoir plus de quatre-vingt crochets à une patte intermédiaire, n'en a d'abord qu'une trentaine.

La différence des pattes postérieures de la Chenille du Saule, avec les pattes intermédiaires, ne consiste principalement qu'en ce que celles-là sont beaucoup plus près l'une de l'autre que les antérieures, & même si près, que souvent elles se touchent; qu'elles sont plus larges vers la plante qu'à leur origine; qu'elles n'ont qu'une demi-couronne de crochet, & que les crochets en sont plus grands que ceux des pattes intermédiaires. La demi-couronne en est placée sur le bord antérieur de la plante. Les crochets en sont alternativement grands & petits comme ceux des intermédiaires. Ils diminuent tous ensemble de volume; à mesure qu'ils sont plus près des deux extrémités de la demi-couronne, & ils agissent par un méchanisme semblable à celui des huit pattes qui les précèdent. Le nombre des crochets des pattes postérieures n'est pas fixe; mais comme il ne font qu'un demi-tour, il est beaucoup inférieur à celui des pattes intermédiaires : immédiatement au-dessus des pattes postérieures se trouve l'anus, qui, bien qu'il soit la plus grande des ouvertures dont la peau de la Chenille est percée, ne paroît point du tout en dehors, sinon lorsque l'insecte vuide ses excrémens. Dans tout autre temps, il est couvert d'une valvule triangulaire, qui termine l'extrémité du dernier anneau, & avance un peu par delà la dernière paire de pattes. Elle est de la même consistance que le reste de la peau de l'insecte.

Si après avoir ouvert une Chenille par-dessus le dos, on emporte toutes les parties intérieures qui couvrent les endroits où les pattes membraneuses sont placées, on n'est plus si surpris qu'elles soient capables de tant de mouvemens différens; on voit quantité de beaux muscles, au moyen desquels ils peuvent être exécutés. Il paroît que chaque patte est une espèce de tuyau creux; on apperçoit un trou vis à-vis le milieu de sa base, dans lequel plusieurs muscles se plongent. Ainsi, dans la Chenille à qui on a ôté toutes les parties qui remplissent la cavité du ventre, on voit la surface intérieure des anneaux qui nous offre des objets qui méritent d'être examinés : c'est la disposition des fibres employées pour faire prendre à chacun de ces anneaux tant de formes différentes, sous lesquelles ils peuvent paroître successivement. Des paquets de fibres longitudinales se font remarquer les premieres. Tous ces paquets sont autant de muscles, qui, lorsqu'ils se raccourcissent, obligent l'anneau à se plier, ils sont chacun attachés à deux termes communs, à deux anneaux, c'est-à-dire, d'un côté à la jonction d'un anneau avec celui qui le précède, & de l'autre à la jonction du même anneau avec celui qui le suit. Dans tout le reste de leur étendue, ils ne sont qu'appliqués comme des cordes sur l'anneau, sans lui être aucunement adhérens. Sous ces muscles droits, qui ne sont adhérens à la peau que par leurs extrémités, on trouve dans la peau des assemblages de fibres obliques, dirigées en des sens opposés, & qui peuvent servir à faire prendre diverses inflexions aux anneaux, à les contourner en différens sens.

Les muscles des Chenilles ne ressemblent point à ceux des grands animaux. Ce sont des paquets de fibres molles, flexibles, & d'une transparence qui imite celle d'une gelée. La plupart n'ont point de ventre, ou ne sont point renflés dans le milieu de leur longueur. Ils ne se montrent que sous l'aspect de petites bandelettes, ou de petits rubans, dont l'épaisseur & la largeur sont par-tout assez égales. Chaque bandelette est formée elle-même d'une multitude de fibres parallèles les unes aux autres. Il est même des observations qui semblent indiquer que chaque fibre musculaire est composée de deux substances, de consistance inégale. La moins molle forme un fil tourné en spirale, & qui donne à la fibre musculaire l'air d'une cordelette. C'est par leurs extrémités que les muscles s'attachent à la peau, ou aux parties écailleuses ou membraneuses, qu'ils sont destinés à mouvoir. On est étonné que la patience de l'observateur ait suffi à faire le dénombrement de la totalité de ces muscles, & l'on n'apprend point sans surprise, qu'il en a compté deux-cent-vingt-huit dans la tête; seize cent quarante-sept dans le corps, deux mille cent soixante-six dans le canal intestinal : en tout, quatre mille quarante-un, tandis que les anatomistes n'en comptent que quelques centaines [illegible] l'homme.

La moëlle épinière de la Chenille diffère par des caractères bien saillans de celle de l'homme & des grands animaux. Dans ceux-ci, elle est placée du côté du dos, & logée dans un tuyau osseux. Dans la Chenille, qui n'a rien d'osseux, elle est entièrement à nud, & couchée le long du ventre. Elle offre de distance en distance, des espèces de nœuds d'où partent différens troncs de nerfs. On compte treize de ces nœuds. Le premier, qui est le plus considérable, constitue le le cerveau proprement ainsi nommé. On y distingue deux parties convexes par dessus, qui semblent être deux lobes, & qui donnent naissance à huit paires de nerfs, & à deux nerfs solitaires. Cette espèce de cerveau est si petite, qu'elle ne fait pas la cinquantième partie de la tête. Les douze autres nœuds pourroient être regardés comme autant de cerveaux subordonnés. Le premier de ces nœuds produit quatre paires de nerfs; les onze autres en produisent chacun deux paires. Il en part encore dix autres paires, des nœuds & du cordon médullaire. Tous ces nerfs appropriés au sentiment & au mouvement, se divisent & se soudivisent en un nombre presque infini de branches & de rameaux, qui se distribuent à toutes les parties. On découvre au microscope sur chaque nœud ou sur chaque cerveau, un lacis admirable de trachées d'une finesse extrême, qui leur donne une couleur de girasol ou d'un gris bleuâtre, & qui paroît leur former une enveloppe analogue à la dure-mère. Au-dessous de celle-ci en est une autre beaucoup plus fine, qu'on seroit tenté de comparer à la pie-mère. L'étonnant anatomiste de la Chenille a pénétré plus avant encore : il croit avoir apperçu dans les cerveaux & dans la moëlle épinière, deux substances distinctes, l'une corticale, l'autre médullaire. Cette dernière paroissoit plus délicate & plus transparente que l'autre; & la masse entière sembloit composée d'une multitude de petits grains opaques. L'espèce de cordon que forme la moëlle épinière, & qui s'étend d'un bout à l'autre du corps, se divise çà & là, en deux ou plusieurs cordons plus petits, qui laissent entr'eux des intervalles sensibles. On ne voit point sur le cordon médullaire ce lacis de trachées, qui se fait tant admirer dans les nœuds. Ainsi le patient observateur a compté dans la Chenille quarante-cinq paires de nerfs & deux nerfs sans paire. La Chenille a donc quatre-vingt-douze troncs de nerfs, dont les ramifications sont innombrables. Les muscles sont de toutes les parties celles où les nerfs abondent le plus.

Utilité du travail des Chenilles.

De toutes les actions des Chenilles, & même de toutes celles des autres insectes, la plus utile pour nous est celle de filer. On doit être curieux de connoître les vaisseaux dans lesquels se prépare la liqueur soyeuse qui fournit tant à nos besoins & à notre luxe, lorsqu'elle est sortie par la filière, dont nous allons déterminer la position & décrire la figure. On ne connoît point de Chenille qui ne file dans quelque tems de sa vie. En l'examinant un peu attentivement, on apperçoit que le devant de la lèvre inférieure se termine par trois petites éminences mobiles. Celle du milieu est l'instrument où se moule la liqueur, qui, après en être sortie, devient un fil de soie; c'est par cette raison qu'il porte le nom de *filière*. Celles des côtés sont deux barbillons, qui peuvent servir à plus d'un usage, & qu'on a nommé les *gros barbillons*; pour les distinguer de deux barbillons beaucoup plus petits, placés tout près de la filière, & qu'on n'apperçoit que difficilement sans loupe. La base de la filière est la plus courte des trois; la filière qu'elle soutient, a, du côté visible, la forme d'un vase large & arrondi. On y remarque plusieurs écailles brunes, entremêlées de parties membraneuses grisâtres, qui forment ensemble un tout symmétrique qui plaît. Cette filière est une machine très composée, qui se meut en tout sens sur sa base. Elle est naturellement penchée vers le plan de position de la Chenille, & fait, avec la base qui la soutient, un angle plus ou moins obtus. De l'autre côté, elle est adhérente à une des parties qui forment l'intérieur de la bouche, ce qui fait que, quand la filière se remue, cette partie en suit les mouvemens. Outre les divers mouvemens dont la filière est capable, elle a encore la facilité de pouvoir se retirer presque entièrement sous sa base, & quand elle le fait, elle s'incline en même tems de plus en plus, jusqu'à faire un angle presque droit avec cette base, lorsqu'elle y est à-peu-près toute cachée. On apperçoit à l'extrémité antérieure de la filière, trois élévations, dont les deux latérales portent les barbillons de la filière, & l'intermédiaire, qui est la plus grande, porte un tuyau flexible & élastique, qu'on a nommé le *tuyau soyeux*, parce que c'est par lui que passe la soie que la Chenille file. Ce tuyau se remue en tout sens sur la filière, de même que la filière le fait sur sa base; ce qui rend ce tuyau d'une agilité surprenante. Quand on l'examine au microscope, on trouve son extrémité percée d'une ouverture oblique, taillée en deux coupes, comme une plume à écrire, mais avec moins d'obliquité & sans pointe. Cette ouverture est du côté de la ligne inférieure, ce qui fait que, dans la situation inclinée où se trouve naturellement la filière, son orifice est tourné vers le corps, sur lequel la Chenille est posée, & peut aisément s'y appliquer; d'où il résulte que quand la Chenille a fait monter la matière soyeuse jusqu'à cet orifice, elle n'a qu'à appliquer sa filière sur ces corps, pour y coller cette matière & être en état de tirer un fil: ce qui seroit plus difficile si l'ouverture étoit perpendiculaire au tuyau soyeux, ou tournée vers quelqu'autre côté que la ligne inférieure parce qu'alors l'épaisseur du bord du tuyau, qui se trouveroit entre ces corps & la matière soyeuse, s'opposeroit à l'application immédiate de la matière soyeuse sur ces corps. Le tuyau soyeux paroît être en partie écailleux & en partie membraneux. Du moins on y observe de longues raies, d'un brun presque noir, séparées par des intervalles grisâtres. Si ces intervalles sont de véritables membranes, comme leur couleur semble l'indiquer, elles pourront fournir à la Chenille, un moyen de dilater & de retrécir le tuyau soyeux, ce qui pourra contribuer à rendre le fil plus ou moins gros, quoique la différence qui se trouve entre l'épaisseur des fils que la Chenille file dans un même-tems, ne provienne pas vraisemblablement de cette seule cause; mais nous nous contenterons seulement d'observer ici en passant, que la différence d'épaisseur de ces fils est si considérable, qu'il y en a qui sont sept ou huit fois plus gros les uns que les autres; qu'ils ne sont pas tous cylindriques; qu'il s'en trouve qui sont plats, & que parmi ceux-ci, on en voit dont les bords sont plus épais que le milieu. D'ailleurs, le même fil n'a pas toujours par-tout la même épaisseur. On en voit qui, par intervalles, sont fort renflés à des endroits & fort menus à d'autres, & qui ont par-ci, par-là, des grosseurs ou des nodosités telles qu'on en voit dans le fil de lin mal filé.

Les barbillons de la filière sont extrémement petits: ils n'ont qu'environ l'épaisseur d'un poil médiocre de Chenille. Ils sont placés chacun sur une élévation arrondie, membraneuse & grisâtre, à côté d'une autre plus grande & plus alongée, qui porte le tuyau soyeux: leur direction est moins inclinée que celle de ce tuyau, & fait avec lui, un angle d'au moins trente degrés. Quand on les observe au microscope, on voit qu'ils ont la figure d'une phiole, c'est-à-dire, que leur corps est cylindrique; que près de son extrémité il s'arrondit & se rétrécit considérablement, & que sur cet endroit s'élève un petit cou, en forme de goulot assez large. Le corps du barbillon paroît composé de deux écailles, l'une d'un brun moins foncé que l'autre, & réunies par les côtés; l'endroit où il se rétrécit, est grisâtre & paroît membraneux; un petit corps brun en sort par le côté, & du goulot même, un filet longuet, tant soit peu courbe, & d'un brun clair, qu'on croit être un tuyau, parce qu'en le mouillant, il paroît qu'il y monte de l'eau, à laquelle on croit voir succéder de l'air lorsqu'il se sèche. L'usage de ces petits barbillons est inconnu; ils sont si courts, qu'on ne croit pas qu'ils puissent être d'aucuns secours à la Chenille quand elle file. Leur direction vers la bouche dont ils sont tous près, & le tuyau, par où ils se terminent, ont fait présumer qu'ils sont plutôt les organes de l'odorat; mais c'est ce qu'il ne faut pas se hâter de décider.

Les deux gros barbillons sont placés à droite & à gauche de la filière, chacun sur sa propre bâse. Ils avancent plus vers le devant de la tête que le corps de la filière, parce que leurs bâses sont plus longues que celles de la filière. Ils ne sont point inclinés vers le plan de position, mais plutot du côté opposé, en penchant un peu l'un vers l'autre. Leur fût est composé de deux tuyaux courts, dont le second rentre dans le premier, & le premier dans sa bâse: tout deux ont leur partie antérieure membraneuse & grisâtre; l'autre est écailleuse & d'un brun de marron. Du premier tuyau s'élève une épine conique, qui, vue au microscope, paroît creuse, & semblable à celles de la lèvre inférieure. On voit, au côté membraneux du second tuyau, deux lames écailleuses, qui ont chacune la forme d'une lame de couteau différemment façonnée. Chacune est implantée dans un anneau écailleux. Sur ce second tuyau s'élèvent deux autres tuyaux plus courts, membraneux par le haut, écailleux par le bas, & placés à côté l'un de l'autre. L'un des deux, porte un tuyau encore plus délié, qui paroît terminé par une membrane arrondie; l'autre porte une aigrette de trois cones écailleux, extrémement petits. Les différens tuyaux dont chaque barbillon est composé, forment non-seulement autant d'articulations mobiles en tout sens, mais fournissent encore à la Chenille, le moyen de raccourcir ses barbillons, autant que bon lui semble, jusqu'au point de pouvoir entièrement les faire disparoître, en faisant rentrer tous ces tuyaux les uns dans les autres, & le dernier dans la base du barbillon. La Chenille paroît se servir de ces barbillons comme de main, quand elle mange & quand elle file : dans l'un & dans l'autre de ces cas, on les voit continuellement en action, & l'on conçoit que, placés comme ils sont, à l'ouverture de la bouche & en même temps tout près de la filière, ils peuvent être très-propres, d'un côté, à retenir & à porter sous la dent les morceaux qu'elle mâche, & de l'autre, à placer & arranger les petits corps étrangers dont elle peut composer sa coque, à y conduire le fil de sa filière pour les fixer, à tapper & à ranger ce fil, à sentir les endroits où il en manque, à trouver les endroits les plus propres à le faire tenir, & à remplir d'autres fonctions de cette espèce.

La nature ayant donné aux Chenilles la faculté de filer, les a pourvues, pour cet effet, de deux vaisseaux, où se prépare la matière, qui, étendue à l'air, se fige & se convertit en fil. Ces vaisseaux sont très-sensibles dans la plupart des espèces de Chenilles; ils occupent une bonne partie de la capacité du ventre ; dans quelques espèces, ils ont plus de volume que l'estomac & les intestins ensemble. Les deux vaisseaux soyeux sont parfaitement semblables ; tous deux vont se terminer à la filière, avant que d'y arriver ils deviennent si déliés, que ce ne sont que deux filets parallèles l'un à l'autre. Si on ouvre tout du long du ventre, jusqu'à la tête, une Chenille qui a séjourné dans l'esprit-de-vin, on trouve auprès de la tête ces deux filets, qui s'en éloignent à-peu-près parallèlement, & deviennent de plus en plus gros ; ils se rendent, en suivant l'estomac, sur lequel ils sont appliqués, jusques vers la dernière paire des pattes membraneuses. Là ils se replient chacun de leur côté; la partie qui est par-delà ce coude, retourne en ligne droite vers la tête. Chaque vaisseau arrivé environ vis-à-vis les premières pattes écailleuses, se courbe une seconde fois pour reprendre sa route vers le derrière : la partie comprise entre ces deux coudes, est, à-peu-près par-tout d'un égal diamètre, & c'est celle qui en a le plus. La partie qui retourne après le second coude, va un peu en diminuant de grosseur, jusques vers le milieu de la portion comprise entre le premier & le second coudes ; là le vaisseau se recourbe une troisième fois & remonte vers la tête, en prenant un peu sa route du côté du dos, & toujours en diminuant de grosseur. Enfin, il se recourbe une quatrieme fois, après quoi le vaisseau conservant une égale grosseur, ne va plus en ligne droite, ce ne sont que plis & replis qui s'entrelacent même en quelque sorte, & qui couvrent une grande étendue de la partie supérieure de l'estomac & des intestins. Chacun de ces vaisseaux est rempli d'une liqueur épaisse & gluante, & elle est de différente couleur selon celle de la soie que la Chenille file. Dans les unes elle est d'un jaune d'or ; dans les autres, elle est d'un jaune plus pâle; dans d'autres elle est presque blanche. Le même vaisseau contient quelquefois dans une de ces moitiés une liqueur différemment colorée que celle qui est dans son autre moitié. La première, celle qui se termine à la filière, est quelquefois remplie d'une liqueur très-jaune, pendant que la liqueur contenue dans l'autre est pâle ; ou tout au contraire, celle-ci est remplie de la liqueur la plus jaune, & l'autre de la plus pâle, & c'est de là qu'il arrive que partie de la soie d'une coque est d'un beau jaune, pendant que le reste est d'une soie presque blanche. La qualité des feuilles dont se nourrit une Chenille, & la disposition intérieure où elle est elle-même, sont apparemment les causes des différentes couleurs que prend la liqueur à soie.

Combien ne devons-nous pas regreter que parmi tant de Chenilles qui filent & se construisent des nids ou des coques de soie, nous n'ayons pu encore tirer parti que du travail d'une seule espèce : voy. Bombix. Dans tous les pays, la soie que la Chenille connue sous le nom de *ver-à-soie* fournit, n'est pas d'une égale beauté : celle de la Chine est renommée par sa finesse; il y a des pays où la soie est très-grossière, ce qui dépend sans doute de la différente qualité des alimens. On sait combien la différence des pâturages influe sur celle des beurres. On a remarqué que dans un même endroit, les vers qui sont nourris de feuilles de mûrier blanc filent une soie plus fine que celle des vers qui sont nourris de feuilles de mûrier noir. Entre les Chenilles qui filent inutilement pour nous, il y en a des espèces qui vivent sur beaucoup de différentes espèces d'arbres; on a observé que quoique communément les coques qu'elles font soient d'un soie trop foible pour être employée à nos tissus, on trouvoit des coques de ces mêmes Chenilles, composées d'une soie propre à se laisser mettre en œuvre. Cette différence entre la qualité des soies des Chenilles de même espèce, qui vivoient de différentes sortes de feuilles, venoit sans doute de la différente qualité des feuilles dont elles s'étoient nourries; elle devroit nous engager à éprouver si nous ne mettrions pas ces Chenilles en état de travailler utilement pour nous, en ne les nourrissant que de certaines feuilles. Combien d'autres richesses nous vaudroient les Chenilles, si nous entreprenions de mettre en œuvre toutes les coques de soie qu'elles savent se construire. Les coques qui ne pourroient pas être filées, pourroient être cardées & servir utilement à différentes fabriques, telles que celles des bas, des draps, des feutres, des ouates, du papier, &c. Les épreuves qu'on a déjà faites en quelques-unes de ce genre, sont très-propres à encourager les amis des arts. Ce ne ne sont pas seulement les coques, mais les nids même de quelques Chenilles, formés de pure soie, qui pourroient donner lieu à des essais utiles. L'illustre Reaumur, qui s'étoit tant occupé de la pratique des arts, n'a pas manqué d'insister là-dessus, & de faire sentir tout l'avantage qu'on pourroit s'en promettre. Cependant, quoique cet objet tienne de près à l'utilité la plus recherchée, on est bien loin d'avoir fait des expériences assez nombreuses & assez variées, pour tâcher de le rendre encore plus utile. L'examen même de la liqueur à soie auroit dû beaucoup plus exercer ceux qui aiment la physique & ceux qui aiment les arts: elle a des qualités qui invitent à des recherches également curieuses & utiles. Elle est sur-tout remarquable par trois qualités: par celle de se sécher presque dans un instant; par celle de ne se laisser dissoudre, ni par l'eau, ni par aucun des dissolvans les plus actifs, lorsqu'elle est une fois desséchée; enfin par celle qu'elle a encore, lorsqu'elle est seche, de ne se point laisser ramollir par la chaleur. Ce sont ces trois qualités qui rendent cette liqueur si utile pour nous comme pour les Chenilles: si la première qualité lui manquoit, les fils se romproient peu après être sortis de la filière, ou ces fils gluans, dévidés les uns sur les autres, se colleroient au point de composer une seule masse dont nous ne pourrions faire aucun usage. Enfin, de quelle utilité nous seroient ces fils, s'ils n'avoient pas les deux autres qualités, si l'eau pouvoit les dissoudre comme elle dissoud tant de gommes sèches, ou si la chaleur les ramollissoit, comme elle ramollit tant de résines? Nous ne pourrions faire sans doute ni habits ni meubles d'étoffe de soie. L'illustre auteur, dans les mémoires duquel nous avons dû tant puiser pour composer l'article des Chenilles, a présenté quelques vues d'utilité nouvelles qu'on pourroit retirer de ces insectes. Si nous pouvions, dit-il, tirer la liqueur soyeuse des vaisseaux où elle est contenue, & si nous avions l'art de l'employer, on en feroit les plus beaux & les meilleurs vernis, les plus flexibles, les plus durs, les moins altérables par la chaleur & par l'humidité. Dès qu'une espèce de Chenille nous fournit seule une si prodigieuse quantité de soie, il paroît que s'il y avoit des gens occupés à tirer, du corps de quantité d'autres espèces de Chenilles, la liqueur soyeuse qui s'y trouve, on en pourroit faire des amas considérables, sur-tout dans les années où certaines espèces sont si communes. L'idée de tirer des vernis du corps des insectes, n'est pas nouvelle : Reaumur fait mention du procédé dont les Mexicains font usage pour retirer la matière de leurs admirables vernis du corps de certains vers. Une autre idée assez singulière, ce seroit de faire avec nos vernis soyeux, des étoffes qui ne fussent nullement tissues, des étoffes qui ne fussent point composées de fils entrelacés les uns avec les autres. Pour se procurer de pareilles étoffes, tout semble se réduire à avoir le secret d'enlever de grandes pièces, de grandes feuilles de vernis de dessus les corps sur lesquels on les auroit appliqués. Pour retourner encore à considérer nos vaisseaux à soie dans le corps de la Chenille, nous les avons décrits l'un & l'autre comme deux canaux tortueux, ouverts seulement par le bout qui va se rendre à la filière, & qu'on a cru bouchés par le bout. Lionet a vu dans sa Chenille, la partie postérieure du vaisseau soyeux communiquer à son extrémité, par un filet assez sensible, à un plexus de fibres qui se répandent sur le premier gros intestin, sur les intestins grêles, & dans le corps graisseux; c'est par-là apparemment qu'est introduite la liqueur soyeuse. Il y a quelque variété dans les formes des vaisseaux soyeux des Chenilles de différentes espèces; mais elles ne sont pas bien considérables; les inflexions, les coudes reviennent à-peu-près à ceux que nous avons décrits.

Pour donner une idée assez complette de l'organisation intérieure des Chenilles, il nous reste encore à parler d'une autre espèce de vaisseaux, que leur couleur pourroit faire confondre avec ceux de la soie, & dont nous croyons devoir donner ici une légère description. Ils sont ordinairement remplis d'une liqueur jaune, souvent très-épaisse; c'est sur-tout vers la partie postérieure & inférieure des intestins qu'ils sont les plus apparens. Non seulement ils font une infinité d'inflexions, de détours; leur conformation est telle qu'ils sont tortueux dans chacune de leurs portions. Chaque petite partie forme un coude d'un côté, & celle qui la suit en forme un du côté opposé. Ils sont continus à des vaisseaux plus droits, cylindriques, remplis d'une liqueur plus transparente, qui vont jusques vers la moitié du corps de la Chenille. Il y a quatre branches de ces derniers vaisseaux, dont on ne voit pas trop bien l'origine; mais les vaisseaux tortueux & comme variqueux en sont une continuation. Malpighi n'a rien pu décider sur les usages de ces derniers vaisseaux; il croit qu'on peut soupçonner qu'ils reçoivent la partie la plus tenue du suc qui a été macéré & digéré dans l'estomac, & que ce suc, après avoir suivi tous leurs détours, & s'y être affiné, en peut être porté au cœur, à la peau, & à d'autres parties du corps. Reaumur avoit grande envie de leur trouver quelque communication avec les vaisseaux à soie; il sembloit, a-t-il dit, que la nature auroit bien pu donner, pour ainsi dire, aux Chenilles, de seconds intestins, des intestins particuliers, pour digérer, pour préparer la matière qui fournit cette liqueur, qui doit devenir soie, pour l'extraire, & que ces vaisseaux tortueux étoient ces espèces de laboratoires: mais il n'a pu leur trouver la communication qu'il cherchoit. Il faudroit que la liqueur digérée retournât encore à l'estomac, pour être ensuite portée à ces réservoirs. Ce qu'on sait, c'est que les bouts de ces vaisseaux s'ouvrent dans le rectum, qu'ils y portent une matière jaune, plus épaisse qu'une bouillie. Ce qui disposeroit à la regarder comme le sédiment de la matière qui fournit la soie, c'est qu'elle est toujours de la même couleur, mais pourtant plus foncée.

Ennemis des Chenilles.

Quand la nature a rendu certains genres d'animaux prodigieusement féconds, elle a pris soin en même-tems d'empêcher leur trop grande multiplication, en produisant d'autres animaux pour les détruire : ainsi les Chenilles sont destinées à nourrir quantité d'espèces de grands & de petits animaux. Elles ont un prodigieux nombre d'ennemis : les uns les mangent toutes entières ; les autres les hachent, les rongent ; d'autres les sucent peu-à-peu, & ne les fait pas moins périr. Quelque grand cependant que soit le nombre de leurs destructeurs, on le trouve toujours trop petit, lorsqu'on ne fait attention qu'aux ravages qu'elles nous causent. Tout ce que nous avons pu rapporter à leur éloge, ne sauroit faire changer les sentimens de haine qu'on leur porte. On voudroit pouvoir les toutes détruire sur le champ, & ne laisser pas la moindre trace de leur existence. Cependant, si nous aimons à voir les arbres de nos jardins & de nos bois ornés de feuilles, nous aimons aussi à entendre le chant & le ramage des oiseaux qui vivent sur ces mêmes arbres : faisons périr toutes les chenilles, & nous nous priverons bientôt de la plupart de ces espèces d'oiseaux. Ainsi nous ne voyons pas tous les rapports que tant d'êtres différens ont les uns avec les autres. En supposant que nous sommes le centre de tout, que tout doit se rapporter à nous; nous ne voyons pas combien nos intérêts tiennent à ces rapports, quoique souvent très-éloignés. Si les chenilles ne nourrissent pas immédiatement la plupart de leurs ennemis qui nous plaisent davantage, elles sont encore nécessaires, pour fournir de leur propre substance de quoi vivre à un très-grand nombre de larves qui se transforment en mouches & moucherons, & que certains oiseaux préfèrent & savent très-bien attraper. On a remarqué que si les Rossignols & les Hirondelles paroissent au printems dans nos pays, elles abandonnent leurs climats moins pour cherchent une température plus douce, que des alimens qui leur conviennent. Ainsi donc, si les chenilles nous font du mal, elles nous donnent des dédommagemens. D'ailleurs, on a pour elles une haine trop générale, qui enveloppe des milliers d'espèces innocentes avec quelques espèces coupables, selon notre manière de juger. On a dû prendre une idée du nombre prodigieux d'espèces de chenilles que l'on peut trouver dans ces contrées ; cependant il n'y en a peut-être pas une douzaine d'espèces qui nous soient véritablement nuisibles & incommodes. Si on pouvoit les détruire, celles qui paroitroient sur nos plantes & sur nos arbres n'y feroient pas de dégât sensible, & fourniroient un spectacle intéressant & agréable aux yeux curieux.

Quels que soient les dégâts, souvent trop funestes il est vrai, qu'occasionnent les chenilles à nos dépens, ils seroient bien plus considérables, si les fortes gêlées d'hiver, & sur-tout les pluies froides du printems n'en faisoient pas mourir une partie. Celles qui sont logées dans des nids où elles peuvent braver la rigueur de la saison, n'échappent souvent à ces deux fléaux, que pour devenir la proie de leurs ennemis, qui comptent sur elles pour vivre & nourrir leur famille pendant la belle saison. Les Chenilles au contraire qui vivent isolées, par exemple, celles du chou, servent d'aliment aux oiseaux à bec pointu, qui passent l'hiver dans nos climats. Ainsi les oiseaux leur font continuellement la guerre; ils en détruisent des quantités prodigieuses quand elles sont jeunes : ces insectes sont un mets friand pour le Rossignol, la Fauvette, le Pinçon, &c. Le Moineau, tant décrié à cause de sa voracité, en détruit un très-grand nombre pendant ses nichées : on a cherché a prouver qu'une seule paire de moineaux qui a des petits à nourrir, détruit dans une semaine trois mille trois cents soixante chenilles. Quand il ne trouve plus de chenilles, il vole après les papillons pour les prendre & les emporter dans son nid. La guerre trop meurtrière qu'on déclare à ces sortes d'oiseaux, est peut-être la cause que les chenilles sont si multipliées dans certaines années : il est évident qu'en détruisant les espèces qui les dévorent, nous veillons à la sûreté de nos ennemis, sans nous en douter. Les Lézards, les Grenouilles font aussi leur proie des chenilles, & des chrysalides qui ne sont pas enfermées dans des coques.

Dans sa propre espèce, la chenille a des ennemis acharnés à la détruire. On ne croiroit pas qu'un insecte qui ne semble destiné qu'à ronger les feuilles, soit un animal aussi carnassier, jusqu'à dévorer les individus de son espèce. On n'a pu encore découvrir que deux espèces de chenilles capables de s'entremanger; & il faut observer qu'elles ne sont pas de celles qui vivent en société : des goûts pareils ne peuvent point régner dans le sein d'une famille. Si toutes les chenilles avoient ces inclinations carnacières, on pourroit se reposer sur elles du soin de leur destruction. Cependant il n'en est pas ainsi ; presque toutes les chenilles vivent entr'elles d'un bon accord, quoiqu'elles ne soient pas de la même famille ou de la même espèce.

Les chenilles ont encore d'autres ennemis extérieurs. Les Punaises des bois & des jardins sont armées d'une longue trompe, qu'on ne voit point quand elles n'en font pas usage, parce qu'elle est appliquée contre leur ventre : elles la redressent pour l'enfoncer dans le corps des plus grosses chenilles, qu'elles sucent tranquillement, malgré leurs efforts pour s'en débarasser. Un autre ennemi bien plus redoutable pour elle, c'est une espèce de larve de Carabe, noire, plus longue qu'une chenille de médiocre grandeur. Le devant de sa tête est armé de deux pinces écailleuses, dont elle perce le ventre des chenilles qu'elle attaque. La plus grosse chenille, qui suffit à peine pour la nourrir pendant un jour, ne peut éviter ses poursuites ; dès qu'elle l'a percée au ventre, elle ne la quitte plus qu'elle ne l'ait dévorée. Ces insectes ont soin de se loger à portée de leur proie, on les trouve ordinairement dans les nids des *processionnaires*, dont la nombreuse famille fournit abondamment de quoi rassasier leur appétit & satisfaire leur gloutonnerie. La Guêpe est aussi un des ennemis des chenilles : quand elles sont petites, elle les emporte dans son nid, pour nourrir ses larves.

Enfin les chenilles ont des ennemis qu'il n'est guère possible de connoître, sans un cours d'observations très-exactes. Telle chenille qui nous paroît en bon état, est souvent rongée toute vive par des larves qui se nourrissent & croissent aux dépens de sa propre substance. Il y a de ces larves qui se tiennent sur le corps de la chenille, qu'elles percent pour le sucer ; d'autres sont si bien cachées dans son intérieur, qu'on ne se douteroit pas qu'elle en ait une, quoique son corps en soit tout farci : c'est un fait dont il est facile de se convaincre : on n'a qu'à prendre des chenilles du Chou, & les enfermer sous un poudrier ; on ne tardera pas à voir s'élever sur leur peau de petits tubercules blancs, qui sont les larves qui sortent de l'intérieur de la chenille. Les œufs qui contiennent les germes de ces petits insectes, sont pondus par un petit Ichneumon d'un beau vert doré, qui se promène sur la chenille du Chou, pour enfoncer dans sa peau un aiguillon dont la partie postérieure de son corps est pourvue. Cet aiguillon presque aussi long que lui, fait une ouverture presque aussi profonde dans le corps de la chenille, où il dépose un œuf qui glisse par le canal de l'aiguillon même. Ces œufs sont placés à une telle profondeur, qu'ils sont toujours à l'abri, quoique la chenille vienne à changer de peau. On comprend que les larves qui naissent de ces œufs, ne peuvent ni vivre, ni arriver au tems de leur accroissement, qu'aux dépens de la Chenille. Quand elles ont pris tout leur accroissement, elles sortent du corps de la chenille, par des trous qu'elles font à sa peau, de côté & d'autre. Ces larves n'ont pas toujours le tems de prendre leur accroissement : si elles sont déposées peu de tems avant la métamorphose de la chenille en chrysalide, elles meurent avant d'arriver à l'état nécessaire pour qu'elles se changent en nymphes ; parce que dans l'état de chrysalide, la chenille ne prend pas la nourriture qui seroit nécessaire, pour réparer sa substance dévorée par ces insectes. Il y a très-peu de chenilles dans le corps desquelles on ne trouve quantité de larves dévorantes. Quand on voit tant d'insectes, & assez gros, sortir du corps d'une chenille, on a peine à concevoir comment ils y avoient pu y être tous contenus. Mais il paroît plus difficile de concevoir comment tant de larves ont pu naître dans le corps de cette chenille, & y croître, sans qu'elle soit morte. Il y a plus encore, cette chenille non seulement ne périt pas, elle croît elle-même, pendant que ces insectes semblent remplir toute la capacité de son ventre, & être occupés à dévorer les viscères & toutes les parties essentielles à la vie, que cette capacité renferme. Mais ils savent pour ainsi dire, ménager les organes nécessaires pour faire vivre, & pour faire croître les chenilles, dont la vie est aussi nécessaire à eux-mêmes. Ils trouvent moyen de se nourrir à leurs dépens, sans leur faire des blessures mortelles. Le corps graisseux qui remplit tous les vides, qui sont entre les parois de la capacité du ventre, les trachées, les vaisseaux à soie, l'estomac, les intestins, &c. & dont le volume surpasse souvent celui de toutes les parties que nous venons de nommer, paroît être la seule substance que ces larves attaquent & qui leur sert de nourriture. La chenille dont la capacité du ventre est remplie d'un grand nombre de larves, peut donc vivre, croître même ; mais elle ne parviendra pas à se transformer en papillon, parce que la matière propre à nourrir en quelque sorte le papillon sous la forme de chrysalide, est consommée. Plusieurs autres espèces de chenilles que celle du Chou, nourrissent encore dans leur intérieur des insectes qui les dévorent, quoiqu'en moindre quantité. Les parties intérieures & vitales de la chenille, ne sont pas toujours aussi ménagées par toutes les espèces de larves. Une larve ou deux font quelquefois périr la chenille dans laquelle elles ont crû, pendant qu'elle est encore jeune ; mais on peut remarquer en même-tems que ces larves, pour prendre tout l'accroissement qui leur est nécessaire, n'ont pas besoin que la chenille puisse prendre tout le sien. Ce sont de ces combinaisons ménagées par la nature, & qui méritent bien l'observation & l'admiration des naturalistes. Les Ichneumons n'ont pas la même facilité de déposer leurs œufs dans le corps des Chenilles qui sont velues, comme dans celui des espèces rases. Les chenilles qui se renferment dans des coques pour se métamorphoser en chrysalides, ne sont pas plus exemptes que les autres, d'être mangées intérieurement par les insectes. Pendant que la chenille fait sa coque, pendant qu'elle se prépare à sa transformation, la larve vit & croît dans son intérieur : elle sort par la suite du corps de la chenille ; elle file sa coque dans celle même de la chenille qu'elle a dévorée, & dont le travail sert à la mettre plus à couvert. Quelquefois on est surpris de voir des chrysalides d'une belle apparence, qui tombent en poussière lorsqu'on les touche : tant que la chenille ronge les feuilles, elle répare par de nouveaux alimens, ce que les larves mangent dans son corps ; mais après sa métamorphose en chrysalide, elle succombe sous leurs dents meurtrières. Enfin, s'il est des Ichneumons qui attachent leurs œufs sur la peau, ou les déposent dans le corps des chenilles, il en est encore qui vont déposer leurs œufs ou leurs larves dans les œufs même des papillons ; ainsi il y a des insectes qui mangent les chenilles avant même qu'elles soient nées. V. ICHNEUMON, SPHEX, CINIPS.

Moyens de détruire les Chenilles.

Lorsque nous observons les arbres de nos jardins, de nos vergers, dépouillés de leurs feuilles par les Chenilles qui les ont réduits dans un état si languissant que nous craignons de les perdre; lorsque nous voyons les campagnes dévastées par leurs dégâts, nous voudrions que le nombre des ennemis de ces insectes fût encore plus grand, afin qu'ils succombassent entièrement à leurs attaques. En conjurant leur perte, nous souhaitons d'anéantir leur espèce : mais comme il y a toujours une compensation dans l'ordre de la nature, on ne peut détruire une espèce, sans qu'une autre, souvent plus désastreuse, ne se multiplie : détruisez les renards, les mulots ravageront vos terres. Il faut avouer qu'il y a des années où les Chenilles font de si grands ravages, qu'elles nous privent des plus beaux fruits, de l'agrément de voir une belle verdure, de nous mettre sous son ombre dans une saison où on la recherche avec plaisir, & où on en jouit avec délices; ce qui est bien propre à exciter notre courroux & notre vengeance contre elles. Quand on considère sur-tout la prodigieuse fécondité de ces êtres si destructeurs, on demande à quoi elle sert. Si l'Auteur de la nature n'avoit considéré que l'homme dans la formation de l'univers, il paroît que les Chenilles auroient été inutiles dans la création; mais nous avons observé que le nombre de chaque insecte est proportionné à celui des individus qu'il doit nourrir. La Chenille, la mouche ne sont donc pas inutiles, puisqu'elles servent d'aliment à tous les oiseaux qui ont le bec pointu. Et d'ailleurs, les Chenilles n'eussent-elles que la faculté de vivre, pourquoi n'auroient-elles pas entré comme l'homme, dans le système universel de la vie. Nous ne pouvons sans doute nous dissimuler que tout ce que nous avons dit & tout ce que nous pourrions dire en faveur des Chenilles, ne sauroit jamais dissiper l'impression désavantageuse à laquelle elles ont donné & donnent sans cesse lieu; & des recettes sûres pour les détruire, seroient plus intéressantes que toutes les merveilles que nous avons rapportées sur leur compte. Pour être du moins justes dans notre haine, rappellons-nous qu'elle ne doit tomber que sur dix à douze espèces qui sont véritablement nuisibles à nos propres intérêts : telle que la Chenille nommée *commune*, la *livrée*, *la processionnaire*, la Chenille à oreilles, celle du pin, du chou, des grains, quelques arpenteuses, & en général la plupart de celles qui vivent en société. Pour venir à bout de nos desseins destructeurs, il faut attaquer ces sortes d'ennemis dans leur berceau : si nous attendons que l'âge les ait affranchis des entraves de leur enfance, tous nos efforts seront inutiles; malgré nous, ils feront le mal dont ils sont capables.

Dans le détail des Chenilles les plus communes & les plus à craindre, nous avons indiqué la manière dont les papillons femelles font leur ponte : cette connoissance est nécessaire pour pouvoir distinguer les nids des jeunes Chenilles. Nous avons vu qu'il y en avoit qui formoient des nids en filant une espèce de coque, dans laquelle elles se retirent pendant la nuit, lorsqu'il fait froid ou qu'il pleut : voila donc le berceau où croissent, où vivent les ennemis que nous sommes si intéressés à détruire. Pour y réussir d'une manière efficace, il faut couper les extrémités des branches, sur lesquelles ces nids sont placés, & les jetter au feu tout de suite; parce que, si on les laissoit à terre, les jeunes Chenilles qui ont été secouées, sortiroient & se répandroient par-tout. Ces nids ne sont pas toujours à la portée de notre main, quelques-uns sont placés à l'extrémité des branches des arbres très-élevés ; dans ces circonstances, on se pourvoit d'une longue perche, au bout de laquelle on attache des ciseaux, nommés *échenilloirs*. Le temps le plus propre pour écheniller, c'est lorsqu'il fait froid, parce qu'alors toutes les jeunes Chenilles sont rassemblées dans leur nid. Si on n'a pas eu la précaution d'écheniller pendant l'hiver, on ne peut plus le faire qu'immédiatement après une forte pluye, qui a fait rentrer les Chenilles dans leur domicile. Cette méthode de les détruire, est la meilleure & la plus efficace de toutes celles qu'on peut indiquer. Les autres n'attaquent que quelques individus ; mais celle-ci tend à la destruction générale de l'espèce, en faisant mourir à la fois de nombreuses familles, qui auroient des générations à l'infini, si on les laissoit subsister.

Il ne suffit pas d'attaquer les Chenilles sur les arbres fruitiers, il faut encore les chercher dans les haies voisines des vergers & des jardins : si on n'avoit point cette précaution, après qu'elles auroient ravagé les arbustes sur lesquels elles naissent, on les verroit bientôt se mettre en route, pour arriver sur les arbres qui leur offriroient de quoi vivre. Cet insecte, comme nous l'avons observé, se répand par-tout où il peut se nourrir & nous nuire ; ainsi, quoiqu'on ait bien pris la peine d'écheniller chez soi, si les voisins n'ont point eu les mêmes précautions après que les Chenilles auront tout ravagé chez eux, qu'elles ne trouveront plus de quoi y vivre, elles viendront dépouiller les arbres de celui qui aura pris les plus grands soins pour se mettre à l'abri de leurs dégâts. Il seroit à désirer qu'il y eût une loi qui ordonnât à tous les propriétaires d'écheniller les arbres & les haies de leurs possessions.

Quand on craint qu'un arbre ne soit attaqué par les Chenilles répandues dans le voisinage, on peut enduire tout le tour du tronc, à la largeur de deux pouces, avec du miel, ou avec toute autre matière gluante & visqueuse; lorsqu'elles veulent traverser cette barrière, leurs pattes s'y attachent, & elles ne peuvent plus avancer: alors, il faut avoir soin de visiter l'arbre de temps en temps, afin d'ôter les Chenilles qui sont prises aux piéges qu'on leur a tendus, pour les écraser: si on les laissoit, leur corps serviroit de planche à d'autres, pour traverser la barrière sans s'engluer. Quelquefois on réussit à faire tomber les Chenilles d'un arbre qui en est couvert, en brûlant au bas, de la paille mouillée, ou celle de la litière des Chevaux, qui occasionne une fumée très épaisse qui les étourdit: lorsqu'on mêle à ce feu un peu de souffre, la fumée est bien plus propre à les étourdir. On ne doit point leur donner le temps de revenir de cette sorte de convulsion; il faut les écraser tout de suite à mesure qu'elles tombent; autrement, elles regagneroient bientôt les arbres. On a encore annoncé une eau de savon avec laquelle on arrose les plantes qui sont couvertes de Chenilles. Mais quelque soit l'efficacité de tous ces moyens, au lieu d'attendre la belle saison pour en faire usage, il est toujours plus prudent & plus sûr d'écheniller pendant l'hiver.

Moyens de préparer les Chenilles.

On peut sans doute mettre sur le compte des progrès de la raison humaine, les progrès de l'histoire naturelle, qui a fait de si grands pas tout-à-coup, ou pour mieux dire, qui n'a été vraiment bien cultivée que de nos jours. On a senti que l'étude de la nature étoit la plus essentielle des études, du côté de l'utilité comme de l'agrément, & de toutes parts on s'est livré à la recherche & à l'observation des objets qu'elle renferme. L'Entomologie, quoique moins cultivée que les autres sciences, a cependant participé à l'influence dominante. De riches collections d'insectes ont autant intéressé le goût pour cette science, que facilité son étude & ses progrès. Mais il paroît qu'on s'est plus occupé de rassembler les individus dans l'état parfait, que de les faire connoître dans leur premier état. Pour avoir cependant une idée complette de leur histoire, il faut pouvoir les suivre dans tout leur développement. La difficulté de conserver les larves & les Chenilles a été sans doute la cause de cet oubli à leur égard. On n'avoit que deux moyens pour se les rappeller, celui de les figurer, & celui de les conserver dans l'esprit de vin. Par le premier, on ne peut rendre tout le brillant de leurs couleurs; par le second, on les détruit complettement. Nous devons dire cependant qu'en saturant de sucre l'esprit-de-vin, les couleurs ne s'altèrent pas bien considérablement. Par ces deux moyens, les larves ou les Chenilles sont séparées des insectes parfaits, & on ne présente pas le rapprochement de leurs métamorphoses & l'identité de l'individu. Pour suppléer à cette insuffisance, on a proposé d'injecter les larves, & particulièrement les Chenilles, avec parties égales de cire & de suif fondus, ou de les remplir de sable, après les avoir vuidées: nous préférerions le coton, comme bien plus propre que le sable. Ces deux moyens qui réussissent assez bien sur les grosses Chenilles velues, ne peuvent être employés sur les petites, ainsi que sur celles qui sont rases. Il a fallu recourir à d'autres tentatives, qui ont été suivies du plus heureux succès. On est parvenu à obtenir des Chenilles qui, quoique desséchées, conservent toutes les apparences de la vie. Cette méthode est trop intéressante, pour ne pas la rapporter avec tous les détails qui la concernent. Les instrumens qu'elle exige ne sont ni nombreux, ni couteux: un pot de terre épais & ventru, haut d'un demi-pied; un fourneau suffisamment large pour que le pot puisse être chauffé par les côtés; plusieurs chalumeaux de paille de différentes grosseurs; une aiguille fixée à l'extrémité d'un manche de huit pouces, & du fil, sont les seuls instrumens nécessaires. On en sentira mieux l'utilité, en désignant leur usage.

On entretient le pot dans une chaleur sèche, dont l'intensité est relative à la grosseur des Chenilles à dessécher. On peut employer un bain de sable pour la conserver égale, & la graduer par le moyen du thermomètre. Le moment le plus propre, pour la préparation des Chenilles, est celui qui précède l'avant-dernière mue. Leurs couleurs sont alors plus prononcées, leurs poils sont plus fortement fixés à leur corps, qu'en aucun autre temps de leur vie; elles ont aussi acquis un développement assez complet, qui rend moins sensible la petite augmentation qu'elles éprouvent dans l'opération. Cependant il est quelques espèces qu'il faut préparer à différens âges, parce qu'il se passe en elles, à chaque mue, des changemens si grands, qu'elles en deviennent méconnoissables.

On peut faire mourir d'abord les Chenilles dans une bouteille avec du camphre en évaporation : il est reconnu que cette méthode n'a pas les inconvéniens de celles où l'on se sert de souffre ou d'eau chaude. Lorsque l'appareil est disposé, que toutes les Chenilles qu'on veut préparer à la fois sont mortes, on en prend une, & on détermine par une pression successive, la sortie de l'extrémité de son canal intestinal, que l'on arrache en entier avec les ongles qui dans ce cas, sont préférables aux pinces. Il faut observer que lorsqu'il reste une portion d'intestin dans le corps de la Chenille, elle nuit à l'égalité de la dessication, & fait presque toujours manquer l'opération. La sortie des autres viscères s'opère de même par des compressions réitérées; elle se fait sans difficulté dans les Chenilles rases, mais quelques-unes de la classe des velues ne s'y prêtent pas aussi facilement; leurs poils tombent au moindre effort; avec de la patience & de la dextérité, on ne peut cependant manquer de réussir. Lorsque la Chenille est parfaitement vidée, on se dispose à la remplir d'air, en introduisant dans l'anus un des chalumeaux dont il est parlé plus haut, & on passe un fil prêt à être noué entre le dernier anneau & la dernière paire de pattes. La peau est gonflée avec la bouche, & au même instant on retire le chalumeau, & on noue le fil. On a bientôt acquis l'usage de ces différentes manipulations; il ne faut qu'un essai pour les exécuter.

Il ne s'agit plus que de conserver la Chenille par une prompte dessication, dans l'état de gonflement où elle a été mise. Si elle est petite, on la suspend perpendiculairement dans le dessicatoire précédemment décrit. Si elle est grosse, on lui attache un second fil à la tête, & on l'y suspend horizontalement; il faut dans ce cas avoir soin de la retourner souvent. Le manche de l'aiguille, dont on a parlé, sert à s'assurer, par des attouchemens légers & fréquens, du moment où la peau commence à acquérir assez de solidité pour se soutenir. Lorsqu'on juge qu'elle est suffisamment affermie, on la perce entre les pattes avec l'aiguille pour favoriser la sortie de l'humidité intérieure, & accélérer l'entière dessication. Si l'on retiroit la Chenille avant de l'avoir percée, sur-tout si elle n'est pas très-petite, l'air humide intérieur, très-dilaté par la chaleur se condenseroit subitement, la Chenille s'applatiroit & ne pourroit plus être employée. Le même effet auroit lieu si le pot avoit été fermé; & qu'on l'ouvrit avant le refroidissement total de l'appareil. Il doit toujours rester ouvert.

Quelque précaution que l'on prenne, on peut manquer quelques Chenilles, sans connoître la cause du défaut de succès : quelquefois elles sont percées de larves, d'autres fois l'air s'échappe par la bouche ou par les trachées, il est difficile de remédier à ces inconvéniens. On ne doit pas non plus dissimuler que l'expérience a appris que les Chenilles d'un vert clair, perdent une nuance par l'effet de la chaleur, & deviennent d'un vert jaune, & que quelques arpenteuses brunes prennent une teinte rougeâtre. Mais le nombre de celles dont les couleurs sont altérées est très-petit en comparaison de celles qui ne perdent rien à la dessication. Il est même possible de diminuer l'altération des premières. On a éprouvé que l'alkali volatil produit souvent de bons effets. Après avoir subi toutes ces opérations, après que le fil a été coupé le plus près possible du corps, les Chenilles sont en état de se conserver une longue suite d'années, pourvu qu'elles soient dans un lieu exempt d'humidité.

Pour ne rien laisser échapper, nous donnerons encore ici un moyen simple & bien propre à faciliter l'examen de l'insecte vivant. Lorsque la Chenille par ses mouvemens, nuit à l'observation, on peut la plonger dans l'eau & l'y laisser un certain temps. L'expérience a appris que cette petite épreuve ne nuit point aux Chenilles, & qu'elle donne beaucoup de facilité à l'observateur de les considérer à son aise. L'eau ramollit tout le corps de l'insecte, & permet de le manier comme un gant : elle le prive de tout mouvement, & peut-être de tout sentiment.

Division des Chenilles.

Si nous recherchons les principales causes qui ont le plus influé sur les progrès de l'histoire naturelle, sur la facilité & l'utilité de son étude, nous les trouverons dans l'art des méthodes, des classifications, introduit par la nécessité même. Il est assez prouvé que sans cet art, il étoit impossible de faire quelques pas assurés dans la vaste enceinte de la nature, & qu'on n'eût marché que d'écart en écart, d'oubli en oubli, sans pouvoir laisser aucunes traces à ceux qui devoient les suivre. Si les Chenilles méritent d'être connues, il falloit aussi recourir au seul moyen de pouvoir les faire reconnoître, il convenoit de les distribuer en classes, en genres, en espèces, auxquels on peut rapporter celles qui se présentent sous nos yeux, & pour s'assurer, lorsque quelqu'une a excité notre curiosité, si elle est du nombre de celles dont on a déja l'histoire. Par ce moyen on apperçoit presque d'un coup d'œil les variétés remarquables qui se trouvent entre elles. Les variétés constantes que nous offrent les Chenilles, peuvent suffire à un grand nombre de divisions & de sous-divisions bien distinctes. Il reste pourtant une difficulté considérable par rapport à l'établissement des classes, des genres & des espèces de ces insectes. Ils ne sont Chenilles que pour un temps, par la suite ils doivent prendre des aîles & devenir papillons. On est également curieux de savoir en quel papillon la Chenille doit se transformer, & quelle Chenille doit sortir d'un papillon : on veut avec raison les voir, les reconnoître ensemble, autant qu'il est possible. Or, si on prend pour caractère des différentes classes de Chenilles, & pour caractères des différentes classes de papillons, ceux qui nous frappent le plus & qui semblent les plus naturels à sa fir; des Chenilles de même classe, de même genre, donneront des papillons de différentes classes, & des Chenilles de différentes classes donneront des papillons de même classe, & peut-être de même genre. Il en est de même réciproquement de la distribution des papillons considérée par rapport à celle des Chenilles. Comme rien ne sauroit sauver cet inconvénient, il faut se réduire nécessairement à ne chercher que les caractères principaux qui peuvent plus ou moins absolument convenir aux seules Chenilles; ces caractères étant établis, on peut donner les histoires détaillées des Chenilles de différentes classes & de leurs différens genres, & faire connoître les papillons dans lesquels elles se transforment.

Pour pouvoir être frappé des différences qui sont entre les insectes, il falloit qu'elles fussent beaucoup plus considérables que celles qui sont entre les grands animaux. L'auteur de tant de petits êtres animés, semble avoir eu dessein de nous mettre en état de les distinguer les uns des autres, & de nous exciter à les observer, en leur donnant des formes si singulièrement diversifiées. Des espèces d'insectes d'un même genre sont souvent plus différentes entre elles, que ne le sont entre eux les genres des grands animaux. Il faut avouer néanmoins que quoique la nature ait mis des variétés très-considérables dans ces productions de toute espèce, elle a infiniment nuancé ces variétés, de sorte que les extrêmes des genres & même des classes, se rapprochent quelquefois de façon que le point de partage est difficile, & presque impossible à saisir. On a déja vu que peu de caractères suffisent pour désigner tous les insectes qui peuvent être compris sous la dénomination générale de Chenilles. Le nombre différent de leurs pattes étoit un caractère trop frappant & trop constant pour ne pas servir à les faire distinguer entre elles. D'après le nombre de ces pattes, on a distingué toutes les espèces de Chenilles en cinq classes. Celles qui en ont seize forment la première; celles de quatorze, la seconde; celles de douze, la troisième; celles de dix, la quatrième; & enfin celles de huit pattes seulement, la cinquième & dernière classe.

Nous avons déja vu que toutes les Chenilles, quoique différentes par le nombre de pattes, se ressemblent en un point; c'est qu'elles ont toutes six pattes écailleuses attachées aux trois premiers anneaux. Ce sont seulement les seules pattes membraneuses qui varient pour le nombre, la figure & la distribution, & qui ont du servir de base à cette classification. Un coup d'œil rapide & rapproché pourra la faire bientôt connoître.

PREMIERE CLASSE.

Seize pattes.

Les Chenilles de la première classe, après les six pattes écailleuses sur les trois premiers anneaux, ont deux anneaux sans pattes; mais les sixième, septième, huitième & neuvième en ont chacun deux, ce qui fait huit pattes, qu'on nomme intermédiaires : les dixième & onzième anneaux sont encore sans pattes; le douzième, & par conséquent le dernier, en a deux qu'on appelle pattes postérieures.

SECONDE CLASSE.

Quatorze pattes.

Aux Chenilles de la seconde classe, il y a de la variété pour les pattes intermédiaires. Aux unes après les trois premiers anneaux qui portent les six pattes écailleuses, les quatrième, cinquième & sixième anneaux sont sans pattes; sur les septième, huitième & neuvième, sont les six pattes membraneuses intermédiaires; les dixième & onzième n'en ont pas, & le douzième a toujours les deux pattes postérieures. Aux autres, après les pattes écailleuses, les quatrième & cinquième anneaux n'ont point de pattes; les sixième, septième & huitième portent les six pattes intermédiaires; les neuvième, dixième & onzième n'en ont pas, & le douzième a toujours les deux pattes postérieures. Cette variété a engagé plusieurs auteurs à faire deux classes de Chenilles à quatorze pattes.

TROISIEME CLASSE.

Douze pattes.

Les Chenilles de la troisième classe, ont les quatrième, cinquième, sixième & septième anneaux nuds & sans pattes; les huitième & neuvième anneaux portent les quatre pattes intermédiaires; les dixième & onzième sont nus, & les postérieures sont au dernier anneau. Nous avons déja vu que le grand espace qui se trouve entre les pattes écailleuses & les intermédiaires, oblige cette classe de Chenilles à marcher d'une manière particulière qui leur a fait donner le nom de *Geomètres* ou *Arpenteuses*.

QUATRIEME CLASSE.

Dix pattes.

Les Arpenteuses à douze pattes sont communément assez grosses; mais il en est de plus petites qu'on nomme aussi arpenteuses, qui n'ont que dix pattes, & qui marchent d'un pas encore plus alongé. Les quatrième, cinquième, sixième, septième & huitième anneaux sont sans pattes; le dixième seulement porte deux pattes intermédiaires, le onzième n'en a pas, & le douzième enfin a les deux pattes postérieures.

Cinquieme classe.

Huit pattes.

Enfin les Chenilles de la cinquième classe sont encore des Arpenteuses qui n'ont que huit pattes: les six écailleuses sur les trois premiers anneaux, & les deux postérieures sur le dernier. Tous les autres anneaux n'en ont point. Ces chenilles sont les plus petites de toutes. Elles appartiennent communément aux Teignes. Comme elles se logent ordinairement dans des fourreaux qu'elles fabriquent, elles n'ont pas besoin de pattes intermédiaires pour avancer ou reculer.

Ces cinq classes différentes peuvent assurément fixer une distinction assez générale parmi les chenilles; mais il s'en faut de beaucoup, comme nous l'avons dit, qu'il en résulte une uniformité, qui fournisse des insectes parfaits du même genre. Sous chacune de ces classes se rangent quantité de chenilles qui ont entr'elles des différences sensibles, & qui y peuvent être distribuées en différens genres, composés eux-mêmes de bien des espèces. Toutes ces vérités peuvent être rapportées à deux espèces principales à celles que l'extérieur de ces insectes nous présente, & à celles qui dépendent pour ainsi dire de leur génie, & qui regardent leurs différentes façons de vivre. Ainsi la grandeur, la conformation extérieure, la peau rase, velue, chagrinée, épineuse, peuvent servir de caractères propres à cette nouvelle distribution. Les différences des couleurs & leur arrangement feront aussi distinguer les espèces, mais ils ne serviront pas autant qu'il seroit à souhaiter. Dans les changemens de peau, les couleurs s'affoiblissent, s'effacent même. Il y a des chenilles dont la seconde peau est tout-à-fait différente de la première, & dont les couleurs de la troisième ne sont plus aussi celles de la seconde. Des alimens différens peuvent donner encore différentes teintes à la peau des chenilles. Les variétés spécifiques qui peuvent être entre ces petits animaux, ne sont pas aisées à saisir; mais on peut conclure qu'ils sont de différentes espèces quand on observe des différences dans leur genre de vie, solitaire ou en société, dans leur nourriture, dans leurs procédés; enfin, quand, après les avoir suivis jusqu'à leur dernière transformation, on voit que des chenilles semblables en apparence, donnent des papillons qui ont entr'eux des différences bien sensibles.

Nous avons cru devoir donner quelque étendue à un article aussi intéressant; nous avons dû présenter sur un objet aussi digne d'attirer les regards de l'amateur superficiel du spectacle de la nature, que de fixer l'attention du profond observateur des œuvres de la création, un ensemble de connoissances générales & particulières, qui pût suffire, pour rappeller à ceux qui savent, ce qu'ils ont appris, & pour apprendre à ceux qui ne savent pas, ce qu'il est utile ou agréable de savoir. Telle est sans doute la tâche qui nous est imposée dans la composition de cet ouvrage immense, & que nous nous efforcerons toujours de remplir, autant pour satisfaire à nos goûts qu'à nos devoirs.

CHENILLE (fausse). On a donné le nom de *fausses Chenilles* à des insectes qui ressemblent beaucoup aux chenilles par leur forme, par leur structure & par leurs inclinations, & qui en diffèrent principalement par le nombre de leurs pattes membraneuses. Les fausses chenilles ne diffèrent pas des chenilles uniquement par le nombre des pattes; elles en diffèrent encore par la forme de la tête qui est plus arrondie, & par celle du corps qui est plus applati sur les côtés & plus relevé sur le dos. Nous devons nous borner ici à ces traits généraux. Comme la fausse chenille est un insecte tout-à-fait différent de la chenille, puisqu'elle devient un insecte à quatre ailes veinées, nues, bien différent aussi du papillon; nous ne devons laisser aucun rapport de conformité entre leur nom, & nous renvoyons au mot Tentrede, pour décrire son histoire.

CHERMES. *Voyez* Kermes.

CHIQUE. *Pulex.* Espèce de Puce que l'on trouve dans l'Amérique méridionale, à Cayenne, à Surinam, & principalement aux Antilles. Cet insecte s'introduit dans le corps calleux des pieds, au-dessous des ongles, sous le talon, & n'y cause d'abord qu'une démangeaison qui n'est pas même désagréable. Il a bientôt acquis le volume d'un petit pois, par le prompt accroissement des œufs qu'il porte dans un sac membraneux, au-dessous de l'abdomen. Il faut se hâter de se débarrasser de ce petit animal redoutable, car si on lui laisse le temps de déposer ses œufs, il donne bientôt naissance à une famille nombreuse, qui occasionne un ulcère malin difficile à détruire. En ayant le soin de se laver souvent & de se tenir propre, on est peu exposé à cette incommodité fâcheuse. Le plus sûr antidote pour se préserver de cette espèce de Puce, c'est de se frotter les pieds avec des feuilles de tabac broyées. On se sert également avec succès, d'autres plantes âcres & amères, telles que le Roucou, une espèce de Tournefortiana, appelée dans le pays herbe aux Chiques. *Voyez* Puce.

CHRYSALIDE,

CHRYSALIDE, *Chrysalis*, *Pupa*, *Aurelia* : second état par où la chenille doit passer, pour parvenir à son état parfait, & paroître sous la forme de Papillon. Rien n'étonne plus, & ne doit plus étonner sans doute, que cette métamorphose ; ce qui la rend encore plus surprenante, c'est qu'elle semble s'opérer tout d'un coup. Quelle est ici la marche de la nature ? Par-tout ailleurs elle va par degrés. Un développement insensible conduit tous les corps organisés à leur état de perfection. Cependant, si nous suivons de près & attentivement ces changemens de forme dans les insectes, nous les trouverons assujettis à la même progression successive, qui forme une des premières loix universelles de la nature.

Nous avons déjà vu que la chenille (*V.* Chenille), dans ses différentes mues, ne fait que retirer ses nouveaux organes des anciens, dans lesquels ils étoient logés, & qu'elle les en a retirés ; parce que ces fourreaux étoient devenus trop étroits. Ainsi cette chenille que nous regardions comme un être simple & unique, est en quelque sorte un être multiple & composé de plusieurs êtres, renfermés les uns dans les autres & qui se développent successivement. On peut aussi être conduit à une conjecture très-vraisemblable, & penser que la chrysalide étoit logée sous la dernière peau que la chenille doit rejeter, que cette peau n'est qu'un masque qui la dérobe à nos yeux. Un observateur célèbre, Swammerdan, s'est assuré le premier, par une expérience décisive, de la vérité de cette conjecture. Il a mis à découvert une chrysalide très-aisée à reconnoître ; il a vu les six pattes de cette chrysalide sortir des six premières pattes de la chenille, & tous les autres membres de celle-là, ployés & couchés sous différentes parties de celle-ci. Les métamorphoses des insectes ne sont donc que rentrer dans l'ordre des développemens gradués & successifs. La chrysalide qui n'est au fond qu'un papillon emmailloté, préexistoit dans la chenille. Elle ne fait que s'y développer, & la chenille est l'espèce de machine préparée pour opérer de loin ce développement. Elle est en quelque sorte, à la chrysalide, ce que l'œuf est au poulet. Notre curiosité s'excite à la vue de ces vérités : nous voudrions voir plus loin, & suivre tous les changemens progressifs qui se font dans l'intérieur de l'insecte, lorsqu'il passe de la première période à la seconde. Nous désirerions pénétrer le secret de tous ces changemens. Nous souhaiterions de surprendre la nature, tandis qu'elle est occupée à finir, à perfectionner son ouvrage, en le faisant passer par divers degrés de composition & de consistance. L'art n'est point encore parvenu jusques-là : mais l'on ne peut trop exhorter les naturalistes à diriger leurs recherches vers ce sujet intéressant, & qui a des liasons si étroites avec les points les plus importans de l'économie animale. Nous allons développer quelques faits les plus connus, qui pourront éclaircir un peu cette matière obscure, & frayer une route à de nouvelles découvertes.

Dans les chenilles, le sac intestinal est formé de deux membranes principales, ou de deux sacs très-distincts insérés l'un dans l'autre : le sac extérieur est compacte & charnu ; le sac intérieur est mince & transparent. Quelques jours avant la métamorphose, la chenille se vide & rejette avec ses excrémens la membrane qui revêt intérieurement son estomac & ses intestins. Une matière, ordinairement jaune, répandue dans tout l'intérieur de la chenille, & qui y prend le nom de *corps graisseux*, s'épaissit de plus en plus après la métamorphose, & paroît être à la chrysalide, ce qu'on a cru que le jaune de l'œuf étoit au poulet. Pendant la métamorphose, l'on voit des paquets de trachées, qui sortent des stigmates de la chrysalide, & qui demeurent attachés à la dépouille de la chenille : la même chose s'observe dans les différentes mues qui précèdent la métamorphose. Immédiatement avant & après la transformation, toutes les parties de la chrysalide sont d'une molesse extrême. Ce n'est que par degrés insensibles qu'elles prennent de la consistance. Le superflu des liqueurs qui baignent intérieurement toutes les parties de la chrysalide, doit s'évaporer, pour que ces parties acquièrent le degré de consistance qui leur convient. Cela s'exécute par une transpiration insensible, mais quelquefois si abondante, qu'elle égale le vingtième du poids de l'insecte. Si l'on retarde cette transpiration, soit en induisant la chrysalide d'un vernis impénétrable, soit en la tenant dans un lieu froid, on prolongera sa vie dans un rapport direct à la diminution de la transpiration. Le contraire arrivera si on l'expose à un air plus chaud que celui auquel elle auroit été exposée naturellement. Ainsi, tel insecte, qui, laissé à lui-même, n'auroit vécu que quelques semaines, pourra par ces divers moyens n'achever sa carrière qu'au bout de quelques mois, ou l'achever au contraire au bout de quelques jours. Voilà déjà rassemblés les principaux faits qui doivent servir de base aux premiers apperçus & aux premières conjectures.

Nous devons donner maintenant un développement un peu plus étendu de ces faits, & distribuer dans leur ordre la plupart des connoissances générales & particulières qu'ils renferment. Les mêmes sources où nous avons dû puiser, pour composer l'article Chenille, doivent nous être ouvertes sans doute, pour la composition de cet article, qui, resserré dans des bornes bien plus étroites, exige bien moins de recherches & fournit bien moins de détails. Nous avons déjà vu comment les chenilles semblent pressentir de loin le changement qu'elles doivent subir, & quelles sont les précautions, quels sont les procédés admirables qu'elles savent employer, pour se mettre à l'abri de tout danger, & parvenir à leur nouvel état sans obstacle, & avec le plus de facilité. Nous avons commencé d'observer une chenille, qui ne se construisant qu'une espèce de coque très-claire, laisse à l'œil toute la liberté de suivre ses opérations. Nous l'avons vue dans cette enveloppe, tenir sa tête recourbée & ramenée sous le ventre, paroître dans un état foible & languissant, n'avoir d'autre mouvement de tems en tems, que celui de la partie postérieure; se racourcir, se recourber de plus en plus, & rendre aussi plus fréquens les mouvemens de sa queue, ses alongemens & ses contractions alternatives. Nous l'avons laissée là, prête à faire ses derniers efforts; & nous allons ici la suivre.

Le derrière & les deux dernières pattes sont les premières parties que l'insecte dégage du fourreau de chenille; il les retire vers la tête. La partie du fourreau qu'elles occupoient, reste vide, & n'étant plus soutenue, elle se contracte; elle a alors très-peu de diamètre. La méchanique que la chrysalide emploie pour commencer à dégager du fourreau de chenille ses parties postérieures, est la meilleure qui puisse être choisie pour parvenir à cette fin, & aisée à observer dès qu'on l'a vue une fois. Elle gonfle & alonge en même-tems les deux ou trois derniers anneaux de son enveloppe; l'augmentation qu'elle leur fait prendre en grosseur est considérable; mais celle de leur longueur est plus remarquable encore; ces deux ou trois anneaux, quoique renflés, ont alors plus de longueur que les neuf ou dix anneaux restans: elle racourcit tous les antérieurs, pour avoir de quoi forcer les postérieurs à s'étendre en tout sens. Les parties antérieures poussées & pressées vers le derrière, y font l'office de coin contre le fourreau de chenille; il est forcé à s'élargir. Dans l'instant suivant, ce sont ces anneaux postérieurs en tout sens distendus, qu'elle contracte aussi en tout sens. L'effet qui en doit suivre est aisé à appercevoir, sur-tout si on considère le fourreau de chenille, comme simplement appliqué sur l'enveloppe immédiate de la chrysalide, & très-peu adhérent; dans cette supposition, quand elle diminuera en tout sens les dimensions de ses derniers anneaux, elle les séparera des parties de l'enveloppe de la Chenille; les parties de cette enveloppe, prêtes à périr, & qui ont été trop forcées, n'ont plus un ressort capable de les ramener sur les anneaux & de leur faire suivre leurs mouvemens; ainsi dans la portion du corps que nous considérons, la peau de la chrysalide se séparera réellement de celle de la chenille. Que la chrysalide fasse encore plus alors que nous n'avons supposé, comme elle le fait réellement, qu'elle retire le bout de son derrière vers la tête, elle le dégagera du fourreau; elle en dégagera en même-tems les quatre dernières pattes membraneuses. Dans la supposition que nous avons faite, que l'enveloppe immédiate de la chrysalide ne tient point ou presque point au fourreau de chenille, il n'y a donc nulle difficulté à ce qu'une portion du corps de la chrysalide glisse le long des parois de ce fourreau; mais pour cela il faut que deux membranes qui autrefois ont été unies, se trouvent détachées l'une de l'autre: cette difficulté n'en est plus une, si on peut se rappeller ce que nous avons dit à l'occasion des divers changemens de peau des chenilles: alors elle a été résolue bientôt pour toutes les chenilles velues, & pour celles dont la peau est chagrinée ou hérissée de mammelons; car ces poils, ces mammelons, qui tirent leur origine de la membrane propre à la chrysalide, la séparent en croissant, de celle qui est propre à la chenille. La nature emploie encore visiblement un autre moyen, dans la plupart des chrysalides, pour faire cette séparation; dans l'instant où elles viennent de rejeter leurs dépouilles, elles ont pour la plupart le corps tout humide, tout mouillé. On peut aisément présumer que la liqueur qui suinte de la membrane propre à la chrysalide, s'introduit entr'elle & la surface intérieure du fourreau de chenille; qu'elle sépare peu-à-peu ces deux enveloppes l'une de l'autre. Les différens mouvemens que l'insecte se donne, expriment, pour ainsi dire, cette liqueur, & la contraignent à s'échapper, à se placer entre les deux membranes. Cette liqueur met d'ailleurs en état une des deux membranes séparées, de glisser le long de l'autre avec moins de frottement. Si on pique une chenille prête à se métamorphoser, quelque légère que soit la piqûre, il en sort plus d'eau qu'il n'en sortiroit en d'autres tems par une plaie semblable, & beaucoup plus qu'il ne sembleroit devoir en sortir par une si petite plaie.

La manœuvre que la chrysalide a employée pour se retirer des deux ou trois derniers anneaux, est celle dont elle se sert pour se dégager des deux ou trois anneaux suivans; elle les gonfle & les alonge en même-tems, & ensuite elle s'en retire; de sorte qu'alors la partie antérieure du fourreau de chenille, loge seule ce qui peu auparavant étoit logé dans le fourreau entier. La moitié qui a été abandonnée, est flasque, racourcie, telle, en un mot, qu'elle doit être, n'étant plus soutenue intérieurement. La partie antérieure, au contraire, est alors très-renflée, & fortement distendue. La chrysalide qui l'occupe y a presque alors la forme avec laquelle elle doit paroître au jour; car l'insecte, sous celle de chenille, est considérablement plus alongé & moins gros que sous celle de chrysalide. Quand la chrysalide est parvenue à ne plus occuper que la moitié du fourreau de chenille, elle doit le distendre considérablement; pour le distendre encore davantage, elle se gonfle plus qu'ailleurs vers les premiers anneaux; quoique l'enveloppe ait de la force & de l'épaisseur, elle n'en a pas assez pour résister à de pareils efforts; elle se fend endessus, vers le troisième anneau. La direction de la fente est la même que celle de la longueur du corps. Elle n'est pas plutôt ouverte, que la portion du corps de la chrysalide, qui y répond, s'élève au-dessus de ses bords ; là elle cesse d'être comprimée. Ensuite la chrysalide renfle encore davantage cette même partie & les parties voisines ; aussi, dans un clin d'œil, la fente s'agrandit, elle laisse sortir une plus grande portion du corps. Enfin, quand l'ouverture est aggrandie jusqu'à un certain point, la chrysalide retire sa partie antérieure du côté de cette ouverture, par où elle la fait sortir ; elle retire de même sa queue, & elle se trouve hors de ce fourreau, dont elle a eu tant de peine à se défaire. Outre le gonflement général qui force le fourreau de la chenille à s'entrouvrir, on peut encore observer, dans l'instant où la fente est prête à se faire, des gonflemens, des contractions alternatives & très-promptes d'une petite portion du corps, qui répond à celle où l'enveloppe s'ouvre ensuite : là, cette portion du dessus du corps s'abaisse & s'élève subitement, & par conséquent la membrane est attaquée en cet endroit par des coups réitérés.

Il y a quelques petites variétés dans les manœuvres des chrysalides de chenilles de différentes espèces, pour se dégager de leur fourreau, qu'il seroit trop long de décrire. Il suffit d'avoir décrit les plus générales. Nous remarquerons seulement ici que quelques chrysalides, après avoir assez aggrandi la fente, & après avoir fait sortir la tête par cette fente, se recourbent pour faire sortir leur queue par cette même ouverture ; au lieu que d'autres chrysalides, après qu'elles ont dégagé leur tête & la partie antérieure de leur corps, poussent successivement la dépouille, d'où elles veulent achever de se tirer, vers leur derrière, au bout duquel elle se trouve bientôt réduite en un petit paquet plissé, & comme chiffonné. Des contractions & des alongemens alternatifs de son corps, produisent nécessairement cet effet, la figure de la chrysalide étant conique.

L'intervalle est bien court entre le moment où la chrysalide a commencé à dégager sa queue du fourreau de chenille, & celui où elle fait sortir sa tête & tout son corps de ce fourreau ; il est au plus d'une minute. On peut prendre hardiment l'insecte entre ses doigts, quand l'opération est commencée ; on ne l'arrêtera pas ; on n'y apportera même aucun retardement. C'est un instant bien important pour lui ; il n'y fait pas voir les craintes qu'il pourroit montrer en d'autres tems ; il a même alors une force dont il est difficile d'arrêter l'effet. Pour peu que la fente de dessus le dos soit grande, la chrysalide achève de se dépouiller au milieu même de l'esprit-de-vin, qui pourtant la fait périr bientôt après. Celles que l'on y jette dans l'instant où elles ne font que commencer de dégager leur queue, ne se dépouillent pas entièrement, mais ne laissent pas que d'avancer l'opération. Ces chrysalides qu'on met dans la nécessité d'achever de quitter leur dépouille dans l'esprit-de-vin, sont celles où il est le plus aisé de voir distinctement qu'elles ne sont que des papillons emmaillottés. Les mouvemens que se donne l'insecte, qui y meurt d'une mort violente, redressent son corps, séparent les parties qui étoient appliquées les unes contre les autres. Les pattes, les aîles dirigées en différens sens, flottent dans la liqueur, sans s'y coller ensemble.

Les manœuvres que nous venons de voir employer par les chrysalides pour se dépouiller, sont les manœuvres de toutes les chenilles des Sphinx & des Phalènes, qui ont leurs chrysalides cachées & à couvert dans une coque plus ou moins forte. Les chrysalides des Papillons ne sont point renfermées comme celles des vers-à-soie & des autres Phalènes ; elles sont à nud, attachées ordinairement par leur partie postérieure, & quelquefois encore par le milieu de leur corps, à une branche ou à quelque endroit saillant d'un mur, qui les met à l'abri de la pluie. Leur figure est oblongue ; elles sont anguleuses, & comme armées de plusieurs pointes, particulièrement sur la tête & sur le corcelet. Ces pointes ont paru à quelques naturalistes, représenter une espèce de visage d'une personne couverte d'un voile ou de bandelettes, ce qui les a engagés à donner aux chrysalides en général le nom de *nymphes*. Plusieurs de ces chrysalides sont toutes dorées, ou ont seulement quelques taches qui paroissent ou dorées ou argentées ; ce qui les a fait appeler par les Grecs *chrysalis*, & par les Latins *aurelia*. Toute la famille des Papillons qui ne se servent que de quatre pattes pour marcher, donne des chrysalides qui ne sont attachées que par la queue. Nous avons déjà vu comment la chenille, quand elle doit se métamorphoser, file un peu de soie, qu'elle attache au dessous de quelque endroit avancé d'un toît ou d'un mur, & comment elle attache ensuite à ces fils, ses deux pattes postérieures, par le moyen des crochets nombreux dont elles sont garnies. Elle se tient ainsi suspendue, la tête en bas, un peu relevée cependant, & c'est dans cette situation gênante, qu'elle se change en chrysalide, en quitant sa dernière peau. Cette opération se fait cependant très-promptement, & on est étonné au bout de quelques instans, de voir, au lieu de la chenille, une chrysalide posée de même, & qui tient aux mêmes fils, par quelques petits crochets, dont sa queue est hérissée. Mais si l'on voit la chenille faire cette même opération, on est encore plus étonné de la promptitude & de l'adresse avec laquelle elle exécute un travail aussi difficile. Elle tenoit aux fils, qu'elle avoit tendus, par ses pattes postérieures ; lorsque sa peau se fend, que la chrysalide en sort, il faut que sa queue aille, au sortir de l'étui qu'elle quitte, s'implanter dans ces mêmes fils : c'est ce que fait la chenille ou du moins sa chrysalide. Elle se tient accrochée à la peau qu'elle quitte, en la pinçant ; & pendant ce tems, elle fait une espèce de saut, par lequel la queue doit quitter sa peau, & être poussée contre les fils où elle s'accroche, le tout au risque de tomber par terre, si elle manquoit son coup, ce qui n'arrive cependant que bien rarement. Ainsi suspendue, elle abandonne sa peau ou sa dépouille, que l'on trouve souvent en un petit paquet chiffonné, encore attachée auprès d'elle.

D'autres chrysalides, d'où naissent les Papillons de jour à six pattes, & ceux qu'on appelle Ptérophores ou Porte-plumes, ont une manœuvre un peu différente. Elles sont à la vérité attachées par la queue, ainsi que les premieres; mais au lieu d'être suspendues perpendiculairement la tête en bas, ells sont posées horizontalement, & comme attachées contre le plan du toit ou de la branche où elles sont fixées, par le moyen d'un anneau ou d'une anse de fils, qui passe par dessous le corps à l'endroit du corcelet. Après que la Chenille a attaché les fils dans lesquels elle accroche ses pattes de derrière, elle file ceux qui composent l'anse ou anneau dans lequel elle doit se suspendre, & affermit fortement par les deux bouts, cette anse composée de plusieurs fils de soie. Pour lors, elle y passe sa tête & la partie antérieure de son corps, & reste ainsi posée, jusqu'à ce qu'elle se change en chrysalide. Lorsque cette chrysalide sort de la peau de la chenille, elle se trouve soutenue par le même anneau, ce qui l'aide à exécuter avec plus de facilité, l'espèce de mouvement par lequel elle tire sa queue de la peau qu'elle quitte, & va l'accrocher dans les fils qui sont placés à cet endroit. Ces chrysalides sont posées plus horizontalement ou plus obliquement, selon que l'anneau de fils, qui les tient suspendues, est plus court & plus lâche. Il y a une remarque essentielle, par rapport à ces chrysalides. Toutes sont angulaires, comme nous avons dit, & ont le devant de leur tête qui se termine en une seule pointe ou corne, en quoi elles diffèrent de celles des Papillons de la première famille, dont la tête est garnie de deux pointes, en forme de cornes; mais il faut excepter de cette règle générale, les chrysalides des chenilles cloportes; ces dernières chrysalides ne sont point angulaires & pointues; elles sont coniques & ovales, comme celles des Phalènes, quoiqu'elles soient nues & suspendues transversalement.

La chrysalide est d'abord molle & gluante; on peut avec la pointe d'une épingle, séparer & développer toutes les parties de l'insecte parfait, mais encore foibles, sans consistance & sans mouvement. Quelques heures plus tard on ne peut plus faire la même opération. Cette matière visqueuse, qui enduit la chrysalide, se sèche, unit toutes ses parties, & lui forme une espèce de peau qui devient dure & coriace. C'est sous cette espèce d'enveloppe & de peau étrangère, que les membres de l'insecte parfait se trouvent à l'abri, se fortifient & acquièrent la solidité nécessaire. Des insectes de genres très-différens ne diffèrent pas plus entre eux, à nos yeux, que diffère le même insecte sous les formes de chenille, de chrysalide, & de Papillon. Cependant cet insecte, qui étoit chenille, paroît, après quelques instans, chrysalide. Il ne faut de même que quelques instans pour que l'insecte qui étoit chrysalide, soit Papillon. De si grands changemens, opérés si subitement, ont été regardés comme des métamorphoses semblables à celles que la fable raconte; & peut-être est-ce là la source où la fable elle-même a pris la première idée de celles qu'elle a divinisées. Il a paru qu'un insecte étoit transformé presque sur le champ en un autre insecte, & on a cru pendant long-temps que cela étoit ainsi. Qu'on ne demande point comment on imaginoit qu'une pareille transformation pouvoit être opérée, quelle idée raisonnable on pouvoit se faire là-dessus. Ceux qui pensoient qu'un peu de chair pourrie, qu'un peu de bois pourri, devenoient les pattes, les aîles, les yeux, la trompe, en un mot, tout le corps d'un insecte composé de tant d'admirables organes, de tant de muscles, de nerfs, d'artères, ne devoient pas avoir de peine à admettre que quelques chairs de la chrysalide formoient les aîles d'un papillon; que les seize pattes d'une chenille fournissoient de quoi faire les six pattes du papillon, que la trompe de celui-ci pût être faite des dents de celle-là : ou plutôt, on tenoit le fait pour vrai, on admiroit la transformation, sans examiner si elle étoit réelle ou possible. Mais lorsque la nouvelle philosophie a eu fait des progrès, lorsque les insectes ont été observés par ceux à qui elle avoit appris à être en garde contre les apparences, & à ne recevoir que des idées claires, on a reconnu que les transformations subites n'étoient pas au nombre des moyens que la nature emploie à la production de ses ouvrages, & que, malgré les apparences propres à en imposer, elles étoient aussi chimériques que celles de la fable. C'est ce que de grands anatomistes nous ont bien dévoilé; ils ont vu, & très-bien prouvé, que le papillon croît, se fortifie, que ses parties se développent sous la figure de cet insecte que nous appelons une chenille, & que l'accroissement du papillon se fait par un développement, comme se font ceux de tous les corps organisés qui nous sont connus. Ils ont fait disparoître tout le faux merveilleux dont les noms de métamorphose & de transformation donnoient des idées confuses, mais en même-tems ils nous ont laissé bien du merveilleux réel à admirer. En nous servant encore de ces termes, il n'y aura plus à craindre qu'ils donnent de fausses idées, après que nous aurons observé à quoi précisément se réduisent ici les changemens de forme. La seconde métamorphose n'a plus rien de miraculeux, dès qu'on veut bien considérer la première avec quelque attention : on reconnoît que la chrysalide est bien un véritable papillon, mais qui est en quelque sorte emmailloté. On lui trouve généralement toutes les parties du papillon, les ailes, les pattes, les antennes, la trompe, &c. Mais ces parties sont posées, pliées & empaquetées de façon qu'il n'est pas permis à la chrysalide d'en faire usage ; il ne convenoit pas qu'il lui fût permis de s'en servir, dans un tems où elles sont encore trop tendres & trop molles.

Cherchons à reconnoître dans la chrysalide, toutes ces parties qui caractérisent le papillon, & à voir comment elles sont posées. Le côté du dos n'en montre aucune ; on y peut voir seulement d'où partent les ailes. Mais c'est sur ce même côté qu'on peut mieux distinguer le nombre des anneaux dont la chrysalide est composée ; on lui en compte neuf complets, en prenant, comme nous avons fait dans les chenilles, pour un anneau, la partie conique qui termine le corps. Il en manque donc trois pour remplir le nombre de douze que nous avons trouvé aux chenilles, savoir, les trois premières; mais le dernier de ceux-ci, ou le plus éloigné de la tête, paroît en partie, & est en partie caché par une plaque qui n'est point divisée annulairement, & qui occupe la place des deux premiers : on a pu lui donner le nom de corcelet, parce qu'elle se trouve au-dessus de la partie du papillon, à laquelle on a donné le même nom. C'est sur la portion antérieure, du côté opposé à celui que nous venons de considérer, ou de celui du ventre, & dans cette portion, qui est comme gravée en relief, qu'on retrouve les principales parties extérieures du papillon : chaque petit relief est celui d'une de ses parties. Deux plaques très-grandes, par rapport au reste, qui ont leur origine à la partie antérieure du corcelet, se rencontrent presque sur le ventre. Ce sont les élévations formées par les quatre ailes ; il y en a deux dans chaque plaque ; elles y sont posées l'une au-dessus de l'autre, & sont réduites à avoir une étendue bien différente de celle qu'elles ont dans le papillon en état de voler. Entre ces ailes reste un espace triangulaire qui est rempli par tous nos petits reliefs en forme de bandelettes : qu'on s'attache à les suivre, & on verra que les uns sont les antennes, & que les autres sont les pattes. Toutes ces parties sont étendues en ligne droite, quoiqu'elles ne soient pas aussi alongées qu'elles le sont dans le papillon. Enfin, dans les chrysalides des papillons à trompe, on trouve la trompe, qui, au lieu d'être roulée en spirale, comme elle l'est dans le papillon qui ne suce point les fleurs, est étendue, ainsi que les autres parties, le long du milieu du ventre. On distingue donc sur la chrysalide, si elle est celle d'un papillon à trompe, ou celle d'un papillon sans trompe. Avec le secours de la loupe, on reconnoît aussi, en observant les antennes, si celui qui en doit sortir est de la classe des papillons diurnes, ou de celle des papillons nocturnes. La forme des antennes en masse, & celle des antennes en massue, ne laissent pas que de paroître au travers des enveloppes. Dans les chrysalides des papillons à antennes à plumes, on peut même distinguer celle d'où doit sortir un papillon mâle, & celle d'où doit sortir un papillon femelle ; les antennes de ce dernier sont plus étroites, & n'ont pas autant de relief que celles de l'autre.

Toutes ces parties sont pourtant si pressées les unes contre les autres, qu'elles semblent ne faire qu'une même masse ; elles ont chacune des enveloppes particulières, & elles en ont de plus une qui leur est commune à toutes. Ce n'est qu'au travers de ces enveloppes qu'on les apperçoit, ou plutôt c'est sur ces enveloppes qu'on reconnoît les moules des figures de chacune d'elles en particulier ; aussi n'est-ce qu'avec quelque attention qu'on les y démêle. Mais le tems où elles sont pour ainsi dire à découvert, où l'enveloppe commune est mince & transparente, où même elle n'existe pas, & où toutes les autres enveloppes sont transparentes, enfin le tems où l'on peut séparer sans peine toutes les parties extérieures ; c'est celui même où quelques auteurs ont dit que la chrysalide n'étoit qu'une espèce de bouillie, celui où elle vient, pour ainsi dire, de naître, en quittant la dépouille de chenille. La chrysalide, comme nous avons dit, dont l'enveloppe extérieure s'endurcit jusqu'à devenir friable, est tendre & molle ; la plupart ont le corps tout mouillé d'une liqueur visqueuse ; & il n'en est point où l'on ne puisse observer alors de cette liqueur qui suinte du dessous des ailes & de leurs bords, & généralement de toutes les parties qui sont renfermées entre les aîles. Elle s'épaissit, seche assez vîte, & colle ensemble les parties qui ne faisoient que se toucher : ainsi ces parties qu'on a pu observer dans les premiers instans, à travers une couche d'une liqueur transparente, sont cachées dans la suite sous une espéce de membrane opaque & colorée. Mais si on observe la chrysalide, avant que la liqueur ait eu le tems de sécher, on y reconnoît la tête, qui est penchée vers la poitrine ; les deux yeux se font remarquer. D'au-dessus des yeux partent les antennes qui sont ramenées dans l'état ordinaire de la chrysalide, en devant, comme le seroient deux rubans ou deux bandelettes, qui partiroient du dessus de la coëffure d'une femme & qui seroient conduites en ligne droite sur son sein : on y apperçoit des raies transversales, toutes parallèles les unes aux autres, qui y font un fort joli travail, & qui marquent les différentes articulations. C'est alors que l'on peut très-bien voir les aîles, & dans leur espace, les six pattes, ainsi que la trompe, & généralement toutes les parties qui accompagnent la tête.

Un insecte est pour nous une chenille, tant que nous lui en voyons la forme, & pendant qu'il est encore chenille pour nous, il est aisé de se convaincre qu'il est réellement papillon, caché, si l'on veut, sous le masque d'une chenille. Pour trouver les principales parties du papillon sous la peau de chenille, il n'est pas même besoin d'attendre que le moment de la transformation soit bien proche. Si on fait périr la chenille dans l'esprit-de vin, dans le vinaigre ou dans quelqu'autre liqueur forte, un jour ou deux avant celui où la transformation devoit se faire, & si on la laisse dans la liqueur pendant quelques jours, afin que ses chairs s'y affermissent, on parvient avec un peu d'adresse & d'attention, à enlever le fourreau de chenille, à mettre le papillon à découvert, & on peut reconnoître toutes ses parties. Une longue trompe, des aîles, des antennes, des pattes aussi grandes qu'on les trouve dans la chrysalide, ne sont pas l'ouvrage d'un instant; & dès que dans celui où la chrysalide commence à paroître, elle les a telles, il est certain qu'elle les avoit lorsqu'elle étoit cachée sous le fourreau de chenille. Le dépouillement artificiel est nécessaire pour nous instruire d'un fait qui ne peut manquer d'exciter notre curiosité. Il fait voir que tant que les parties du papillon sont contenues sous la peau de chenille, elles sont plus repliées, plus resserrées & autrement arrangées que sur la chrysalide. Les aîles, qui sont deux plaques assez grandes, étendues sur la poitrine & sur le ventre de la chrysalide, sont ici ramassées de chaque côté, en une espèce de cordon, ayant assez de place pour se loger dans la cavité qui est entre le premier & le second anneau. Les antennes qui sont ramenées en-devant de la chrysalide, & qui y sont étendues, sont ici posées à plat sur la tête même, & roulées de façon que la partie qui forme le second tour, est appliquée sur celle qui forme le premier. La trompe est aussi roulée, mais le rouleau qu'elle forme est posé à plat sur la partie supérieure & antérieure du crâne, de sorte qu'elle n'est pas alors placée comme elle l'est dans le papillon ni dans la chrysalide. Il est donc toujours certain que toutes les parties du papillon sont cachées sous le fourreau de chenille, mais elles y sont d'autant plus aisées à trouver, que la transformation est plus proche; elles y sont néanmoins en tout tems: il ne s'agiroit peut-être que d'une grande dextérité pour les découvrir dans des chenilles très-petites. On trouve même dans la chenille des dépendances du papillon, qu'on ne devroit pas s'attendre à y trouver. On a pu découvrir dans la chrysalide & même dans la chenille, avant sa métamorphose, les œufs du papillon. Ainsi quand on veut essayer de se faire des idées claires sur l'origine & la première formation des corps organisés, on sent bientôt que la force de notre raisonnement & l'étendue des connoissances qu'il nous est permis d'avoir, ne sauroit nous y conduire; il nous faut commencer au developpement, à l'accroissement des êtres déja formés, sans tenter de remonter plus haut. Les simples développemens ne nous présentent encore que trop de difficultés à resoudre: il est vrai qu'ils nous permettent de faire des observations qui peuvent au moins nous donner des connoissances sur l'ordre dans lequel ils se font.

La nature a employé différens moyens pour faire croître jusqu'à leur dernier terme les corps animés. Le moment où les fœtus humains & où ceux des quadrupèdes sortent du corps de leur mère, est le moment que nous prenons pour celui de leur naissance; nous reculons plus tard celui de la naissance des animaux que nous voyons sortir d'un œuf: le poulet naît quand il se dégage de sa coque. Selon ce langage, la chrysalide naît lorsqu'elle laisse la dépouille de chenille, & le papillon, lorsqu'il quitte la forme de chrysalide. Mais au lieu que le poulet nouvellement éclos, les fœtus humains & ceux des quadrupèdes, ont considérablement à croître après leur naissance; la chrysalide & le papillon ont acquis, dès en naissant, tout leur accroissement. Toutes les parties extérieures du papillon, sous la forme de chrysalide, ont obtenu leur véritable grandeur, & l'on peut se convaincre que les aîles de la chrysalide, quelque peu de place qu'elles occupent, ont toute l'étendue de celles qui soutiennent le papillon dans l'air. Il seroit sans doute très-curieux de connoître toutes les communications intimes qui sont entre la chenille & le papillon, de savoir précisément en quoi elles consistent, & comment elles se font; mais elles dépendent de parties si fines & si molles, qu'il ne nous est presque pas permis d'espérer de voir sur cela tout ce qu'il est naturel de souhaiter. Contentons-nous de reconnoître quelles sont les principales parties propres à la chenille, & celles qui n'appartiennent aucunement au papillon. Nous voyons qu'il y en a dont il se dégage, & qu'il rejette pour paroître en chrysalide. On trouve seize pattes à quantité d'espèces de chenilles, & on n'en trouve que six à tout papillon. On seroit porté à croire que ces dix pattes membraneuses, dont on retrouve tout l'extérieur, jusqu'aux ongles, sur le fourreau de la chenille, sont rejetées en entier: si on considère une chrysalide de quelques jours, on y reconnoît bien leurs places, elles sont marquées chacune par un petit enfoncement, qui semble la cicatrice de la plaie qui a été faite, lorsque les pattes ont été détachées; mais on porte un jugement tout différent, si on observe une chrysalide qui ne vient que de naître, ou encore mieux, si on achève soi-même de dépouiller une chrysalide qui a commencé à faire des efforts efficaces pour se tirer de son fourreau. Dans cette dernière circonstance sur-tout, on voit distinctement de petites élévations charnues, dans les endroits qui répondoient aux pattes membraneuses de la chenille: on y apperçoit divers plis, tous parallèles à leur base commune, qui montrent que ces pattes se retirent vers le corps du papillon, ou plutôt vers la membrane qui l'enveloppe, & qui le contient dans la forme de chrysalide. D'instant en instant ces parties charnues se racourcissent, elles deviennent de moins en moins sensibles, & elles le sont si peu au bout de quelques jours, qu'il faut de l'attention pour reconnoître leurs places; elles se dessechent totalement; elles sont attachées à une membrane peu propre à leur fournir de la nourriture, puisqu'elle se desseche elle-même journellement. Les positions des six pattes du papillon donnent lieu de croire qu'elles étoient logées dans les six pattes écailleuses de la chenille, & l'on ne se trompe pas. Si les pattes de la chrysalide paroissent plus longues & plus grosses que celles de la chenille où elles étoient renfermées, c'est qu'elles y étoient pliées & comprimées: les frottemens qu'elles souffrent quand la chrysalide les tire des fourreaux, les alongent & les déplient. Si on les observe à la loupe, on y voit des raies transversales, toutes parallèles entr'elles, & très-proches les unes des autres, qu'on ne leur verra plus quand elles seront sorties de la dépouille de chrysalide. Ces raies apprennent qu'elles étoient raccourcies comme l'est un ressort à boudin chargé de quelque poids: non-seulement elles s'étendent en devenant libres, elles se gonflent en même-tems; c'est à quoi aide le suc qui y est porté. La tête de la chenille comparée avec celle de la chrysalide, ou, ce qui est la même chose, avec celle du papillon, nous fait voir encore plusieurs portions extérieures qui étoient essentielles à la première forme de l'insecte, & que ses dernières formes demandent qu'il rejette. Les dents, ou les espèces de mâchoires, & les muscles qui les faisoient agir, restent attachés à la dépouille que la chrysalide vient de quitter. Il n'y a ni papillon ni chrysalide qui file; cette filière qui est un espèce de petit bec qui part de la lèvre inférieure, est devenue un instrument inutile, & est aussi une des parties dont la chrysalide se dépouille; elle se défait en même-tems de la lèvre inférieure à laquelle elle tenoit: cette lèvre, la supérieure, & généralement toutes les parties qui formoient la bouche de la chenille, sont rejetées avec la dépouille, elles ne doivent plus servir aux usages auxquels elles étoient employées. Tout papillon, au moins tout papillon à trompe, ne doit plus avoir une bouche ressemblante en aucune façon à celle des chenilles; il ne doit plus couper des fragmens de feuilles, ni les broyer, ni les avaler, son aliment n'est plus qu'un suc très fluide, qui est pompé par la trompe. L'ordre ordinaire semble ici entièrement renversé; c'est comme si la nature ne nourrissoit que de lait les plus forts animaux, & qu'elle ne donnât aux fœtus que des alimens solides. Mais la chenille hache, broie, digère des alimens qu'elle distribue au papillon, comme les mères préparent ceux qui sont portés aux fœtus. Notre chenille, en un mot, est destinée à nourrir & à défendre le papillon qu'elle renferme.

Tant que l'insecte paroît sous la forme de chenille, lors même que la peau de chenille a commencé à se fendre, toutes les parties extérieures dont nous avons parlé, sont encore dans leur premier arrangement, elles ne prennent celui où nous les voyons dans la chrysalide, que dans l'instant où elle achève de se tirer de sa dépouille. Ce ne sont pas ces parties elles-mêmes qui vont chercher la situation qui leur convient le mieux; elles sont incapables de tout mouvement, & elles le seront pendant long-tems: elles sont trop molles, trop foibles pour se mouvoir, elles ne peuvent pas se soutenir elles-mêmes. Comment sont-elles donc toutes ramenées en-devant sur la poitrine, comment sont-elles si bien étendues les unes à côté des autres en ligne droite? Tout cet arrangement se fait sans que la chrysalide semble chercher à le faire; il est l'effet des mouvemens qu'elle se donne pour sortir du fourreau de chenille. Représentons-nous le ventre de la chenille, dont la métamorphose est prochaine, posé sur un plan horizontal; que la peau de cette chenille ait déjà commencé à se fendre sur le dos; qu'une partie du dos ou du corcelet de la chrysalide commence à s'élever au-dessus des bords de cette fente. Voyons faire à la chrysalide les nouveaux efforts, pour aggrandir la fente, & pour faire sortir par son ouverture une plus grande partie de son corcelet; elle le recourbe, elle l'élève en-haut; les frottemens du fourreau de chenille sont une des résistances qu'elle a alors à vaincre, & ce sont ces frottemens qui déplient les aîles & qui les tirent en-bas, qui les obligent à s'étendre, & à rester étendues du côté du ventre. Lorsque l'opération est plus avancée, lorsque la chrysalide tire sa partie antérieure hors du fourreau, pour la faire paroître au jour, les frottemens de la dépouille qu'elle quitte, doivent de même tirer en-dessous de son corps, les antennes & la trompe. Enfin, si elle porte en avant sa partie antérieure, sortie du fourreau, elle obligera ces mêmes parties à s'étendre & à s'appliquer sur sa poitrine; les pattes qui se dégagent alors de celles de la chenille, doivent prendre la même direction; le fourreau poussé en arrière, produira le même effet. On voit assez comment des frottemens peuvent agir suffisamment sur des parties délicates, & molles, pour les déplacer & les mettre dans un certain arrangement; mais on ne voit pas si bien comment cet arrangement, que la chrysalide fait pour ainsi dire à l'aveugle, se trouve si exact, que la trompe est étendue en ligne droite, précisément au milieu du corps & de toutes les autres parties; que les aîles sont étendues autant qu'elles le sont & si également; que les pattes & les antennes remplissent si exactement l'espace compris entre les aîles & la trompe, qui n'est précisément que ce qu'il faut pour les contenir; comment quelques-unes de ces parties ne s'inclinent pas trop & ne vont pas croiser sur les autres. Lorsque la chrysalide se tire de son fourreau, lorsqu'elle porte la partie antérieure en avant, ou lorsqu'elle pousse son fourreau en arrière, il faut que ce soit dans une ligne bien droite, & qui soit exactement dans la direction de la longueur du corps & de la dépouille.

Une chrysalide qui vient de paroître au jour est si molle, qu'on la blesse si on ne la touche pas avec grande précaution; ce sont des frottemens qui ont mis à leur place les parties que nous venons de considérer; si alors on les frotte un peu, on trouble leur arrangement, & on ne vient point à bout de le rétablir. Mais après quelques heures ces mêmes parties sont toutes liées ensemble, de manière qu'on ne peut plus les séparer les unes des autres, sans avoir recours à des instrumens tranchans. La liqueur qui suinte du corps de l'insecte, & celle que ces parties elles mêmes laissent échapper, leur forme à toutes un enduit commun, qui devient une espèce de membrane lorsqu'il s'est bien desseché. Tous les anneaux de la chrysalide, en un mot, tout son extérieur se desseche & s'affermit peu-à-peu: en moins de vingt-quatre heures elle devient dans un état où on peut la manier hardiment sans risque de l'offenser. Sous cette forme, qui lui a fait donner le nom de *feve*, par ceux qui élèvent des vers-à-soie, l'insecte ne paroît avoir ni pattes, ni aîles; il ne peut ni marcher ni se traîner; il semble à peine avoir vie, ou n'être qu'une masse mal organisée; il ne prend aucune nourriture & n'a point d'organes pour en prendre. Sa partie postérieure est la seule qui paroisse animée; elle se peut donner quelques mouvemens, quelques inflexions sur les jointures des anneaux qui la composent. Leur peau ou leur enveloppe exterieure semble cartilagineuse. Elle est communément rase, & même lisse. On voit pourtant quelques espèces de chrysalides qui ont des poils semés sur leur corps; il y en a même d'aussi velues que des chenilles. Il y en a d'autres dont la peau paroît chagrinée. Voilà déjà quelques-unes des variétés des chrysalides; il n'y en a pas d'aussi considérables, ni en aussi grand nombre, qu'entre les chenilles d'où elles viennent, & qu'entre les papillons qui en doivent sortir. Nous allons désigner celles qu'elles nous offrent. On distingue à toutes deux côtés opposés; l'un est celui du dos de l'insecte, l'autre est celui du ventre. Sur la partie antérieure de ce dernier, on apperçoit les divers petits reliefs disposés en forme de bandelettes, & l'on prend pour la tête de la chrysalide, l'endroit d'où ces espèces de bandelettes semblent tirer leur origine. Le côté du dos est uni & arrondi dans le plus grand nombre des chrysalides; mais quantité d'autres ont sur la partie antérieure de ce même côté, & même tout du long des bords qui séparent les deux côtés, ou les deux faces, de petites bosses, des éminences plus larges qu'épaisses, qui finissent par des pointes aiguës, & qui ont fait nommer ces chrysalides *angulaires*. On a formé des chrysalides angulaires & des chrysalides arrondies, deux classes générales, dont la division s'accommode assez à la division générale des papillons. Les chrysalides angulaires donnent toutes des papillons diurnes, & il n'y a que peu de chrysalides arrondies qui ne donnent pas des papillons nocturnes. La tête de celles de la première classe se termine quelquefois par deux parties angulaires, qui s'écartent l'une de l'autre, & lui forment deux espèces de cornes; dans quelques autres, ces deux parties sont courbées en croissans, tournés l'un vers l'autre. D'autres n'ont au bout de la tête qu'une seule partie pointue. Ces espèces de cornes leur font à toutes une coëffure singulière, lorsqu'on les regarde du côté du ventre. Du côté du dos on est encore plus frappé de la figure qu'on apperçoit sur quelques-unes: on y croit voir une face humaine, ou celle de certains masques de satyres. Une éminence qui est au milieu du dos a autant la forme d'un nez, que le sculpteur pourroit la donner si en petit; diverses autres petites éminences & divers creux sont disposés de façon, que l'imagination a peu à faire pour trouver là un visage bien complet. Il y a d'ailleurs beaucoup d'autres variétés dans le nombre, la forme, la grandeur & dans l'arrangement des éminences qui sont sur le reste du corps des différentes espèces de chrysalides. Quelques-unes en ont un rang d'assez petites, le long de chacun de leurs côtés; elles ne semblent que des épines qui partent de chaque anneau. D'autres ont un autre rang de pareilles épines, qui commence à-peu-près où finit l'espèce de face humaine, & qui va jusqu'au derrière; il en part de la partie supérieure de chaque anneau. Les chrysalides qui en sont ainsi chargées semblent épineuses: d'autres ont moins de ces espèces d'épines, mais elles ont de chaque côté une ou deux plus grandes éminences angulaires, qui ressemblent un peu aux aîlerons des poissons. Nous pourrions suivre plusieurs autres différences, mais il n'est pas nécessaire par rapport aux chrysalides, de descendre dans les détails où les chenilles ont dû nous engager. Les insectes, dans cet état de sommeil, qui paroît presque un état de mort, ne s'attirent pas notre attention, comme ils doivent se l'attirer dans des états où ils agissent. Les chrysalides plus arrondies, ou celles de la seconde classe, ont aussi entr'elles des différences: la plus grande partie du corps de quelques-unes a une figure conique; le gros bout, celui qu'on peut nommer la tête de la chrysalide, celui où devroit être la base plane & circulaire du cône, est arrondi en forme de genou. Il y a pourtant des chrysalides dont le gros bout est terminé par une surface presque plane. Il y en a qui sont des cônes plus aigus, plus alongés; d'autres sont des cônes plus gros par rapport à leur longueur. Quelques autres plus

plus raccourcies encore, n'ont de conique que leur extrémité postérieure. Quelques-unes de celles qui sont plus raccourcies, ont une espèce d'entaille, d'enfoncement sur le dos. Il y en a enfin qui ne sont pas coniques, qui sont applaties du côté du ventre, & seulement arrondies du côté du dos.

Les couleurs des chrysalides, au moins les couleurs de quelques-unes de celles de la première classe, ou des angulaires, sont plus propres que leurs figures à leur attirer nos regards; il y en a de bien superbement vêtues; elles paroissent tout or. Cet or, plus pâle, plus verdâtre, plus jaune dans différentes espèces de chrysalides, a toujours le brillant & l'éclat de l'or bruni. L'or se trouve employé avec plus d'économie sur d'autres chrysalides; elles n'ont que quelques taches dorées, sur le dos, ou sur le ventre. On trouve aussi de même sur quelques autres, des taches d'argent. Les chrysalides qui n'ont ni or ni argent, n'ont pas des couleurs capables de les faire remarquer. Parmi les angulaires, il y en a pourtant qui restent toujours d'un assez beau vert. D'autres sont jaunes ou jaunâtres. D'autres, sur un fond d'un jaune verdâtre, sont marquées de taches noires & allignées avec ordre. Mais la couleur du plus grand nombre des chrysalides est brune : elles font voir différentes nuances de brun, qui tirent assez communément sur le marron. Il y a de ces nuances de brun plus clair, ou plus foncé; il y en a même d'absolument noires & d'un très-beau noir, luisant & poli, comme le vernis noir de la Chine. Il y a pourtant entre les chrysalides arrondies, des mélanges de couleurs, comme des taches noires sur un fond jaunâtre. Au reste, avant que d'arriver à une couleur permanente, elles en ont toutes eû de passagères, & la chrysalide qui vient d'éclore, est autrement colorée qu'elle le sera un jour ou deux après sa naissance. Mais la couleur qu'elle a prise au bout de deux ou trois jours, elle la conserve tant qu'elle vit chrysalide; si par la suite on voit sa couleur noircir en quelque endroit, c'est qu'elle est morte, ou prête à périr. En général les couleurs des chrysalides n'offrent rien de bien remarquable que leur dorure.

On sait que c'est à la belle couleur d'or de certaines chrysalides, que toutes les chrysalides ont dû leur nom. Il avoit été réservé à l'illustre Reaumur, de nous découvrir l'art secret que la nature emploie pour opérer à peu de fraix cette brillante décoration. Il a prouvé qu'il n'entre pas la plus petite parcelle d'or dans cette dorure, & qu'elle est due uniquement à une pratique analogue à celle dont nos ouvriers font usage dans la fabrique des cuirs dorés. Une membrane mince, transparente & légèrement colorée, appliquée immédiatement sur une substance d'un blanc brillant, suffit dans les mains de la nature, pour produire une dorure fort supérieure à celle de nos plus beaux cuirs dorés. La chrysalide qui vient de sortir de sa dépouille, n'est nullement dorée, quelque parfaitement qu'elle doive l'être par la suite. A mesure que la peau se desseche & s'affermit, on lui voit prendre ces nuances qui tirent sur le jaune, & qui ont quelque brillant. Peu à peu ces nuances montent & deviennent de plus en plus éclatantes; enfin, en moins de vingt-quatre heures, & quelquefois au bout de dix ou douze, la chrysalide paroit toute couverte du plus bel or. On enlève aisément de dessus une chrysalide, des morceaux de peau qui ont toute leur dorure, si on les enlève avec la matière blanche qui y est attachée. Si on les garde pendant quelques heures, ils perdent leur éclat & la plus grande partie de leur couleur; la couche de matière blanche exposée à l'air, se desseche & se ride en même-temps; elle perd son poli & son luisant, & n'est plus en état de faire briller la couche extérieure. Mais on éprouve que si on mouille cette couche de matière blanche, tout aussi-tôt on la rend brillante argentée, & le dessus reprend la couleur d'or. On entrevoit assez que diverses circonstances peuvent contribuer à rendre cette couleur d'or plus ou moins belle sur différentes chrysalides, plus ou moins apparente sur certains endroits de la peau, & empêcher quelquefois qu'elle ne paroisse nulle part. Le plus ou moins d'épaisseur de la peau extérieure, & les variétés qu'il peut y avoir dans les nuances de sa couleur, produiront ces différens effets. D'ailleurs, la matière argentée qui la vernit par dessous, pourroit n'être pas si belle, ni en si grande quantité dans toutes les chrysalides de même espèce. Quand la peau extérieure est trop épaisse, ou n'a qu'un certain degré de transparence, l'or paroît terne; si cette peau est encore plus épaisse ou presque opaque, elle ne paroitra aucunement dorée. Enfin, cette peau n'est pas d'une égale épaisseur par-tout, où elle sera suffisamment mince, elle sera dorée, quoiqu'elle ne le soit pas où elle est plus épaisse. L'endroit où elle est ordinairement le plus mince est sur le dos, vers la jonction du corcelet avec le corps, c'est-là un des endroits où elle se brise lorsque le papillon s'en débarrasse, & c'est-là où il est ordinaire de voir deux ou trois petites plaques d'une très-belle couleur d'or sur des chrysalides qui n'ont aucune dorure par-tout ailleurs. Au lieu de taches d'or, on voit des taches d'argent au même endroit sur plusieurs chrysalides : celles-ci ont dans cet endroit une peau encore plus mince & moins colorée, qui laisse voir la couleur de la matière argentée qui est dessous, sans l'altérer. L'état de l'air, qui fait que la peau de la chrysalide se desseche plus ou moins vite, peut encore contribuer à les rendre plus ou moins dorées. Quelques expériences ont paru prouver que celles qui se dessechent trop promptement, ne prennent pas une belle couleur d'or. Mais on peut revenir encore à dire que la couleur de quelques chryſalides eſt ſi belle, ſi éclatante, ſi haute, qu'il n'y a pas d'or poli plus beau; leur couleur ſurpaſſe extrémement toutes celles de nos dorures, faites ſans or, comme ſont celles de nos cuirs dorés. L'obſervateur qui le premier nous a dévoilé ce petit myſtère, n'avoit pas ſuivi la chryſalide juſqu'au moment où le papillon ſe dégage de ſes enveloppes. Il n'avoit donc pu s'aſſurer du temps où la dorure de la chryſalide commence à diſparoître. Il a penſé que ce n'étoit qu'au moment de la ſortie du papillon. Mais de nouvelles obſervations exactes ont prouvé que les couleurs dorées des chryſalides commencent à s'altérer quelque temps avant la transformation en papillon, & que cette altération eſt même un des ſignes les plus certains d'une transformation prochaine.

Nous avons vu à quoi ſe réduit la métamorphoſe qu'on peut appeller extérieure. Il s'en doit faire une intérieure, qui ſans doute n'eſt pas moins conſidérable; des parties qui étoient propres à la chenille, & qui ne peuvent plus ſervir à leurs anciennes fonctions, doivent périr, ou changer de conformation; d'autres propres au papillon, doivent ſe développer, croître, ſe fortifier. Mais la métamorphoſe intérieure, celle des parties contenues dans la grande capacité du corps, ne ſe fait pas ſubitement comme la première; le temps que l'inſecte paſſe ſous la forme de chryſalide, eſt employé à la rendre complette. Les vaiſſeaux à ſoie, par exemple, qui ſont conſidérables dans pluſieurs chenilles, ſe voient encore dans la chryſalide née depuis peu; on les retrouve pendant plus ou moins de jours, ſelon que le papillon doit reſter plus ou moins long-temps ſous cette forme. Enfin, ils s'effacent, ils diſparoiſſent entièrement, comme il arrive dans les animaux, aux autres vaiſſeaux qui ceſſent de recevoir le liquide, qui avoit coutume de les remplir & d'entretenir leur cavité. Dès qu'on a une fois conçu que toutes les parties extérieures de même genre ſont renfermées les unes dans les autres, ou poſées les unes ſous les autres, la production des nouveaux organes n'a plus rien d'embarraſſant, & il ne doit y avoir aucune différence eſſentielle entre les mues qui précèdent la transformation. Il ne s'agit dans tout cela que d'un ſimple développement. Mais il n'en eſt pas abſolument de même des changemens qui ſe font dans les viſcères, avant, pendant & après la métamorphoſe. Ici la lumière s'éteint preſque entièrement, & nous ſommes réduits à tâtonner.

Il ne paroit pas que l'inſecte change de viſcéres, comme il change de peau. Ceux qui exiſtoient dans la chenille, exiſtent encore dans la chryſalide, mais modifiés; & ce ſont la nature de ces modifications & la manière dont elles s'opèrent, que nous voudrions pénétrer & qui nous échappent. Nous ſavons que peu de temps avant la métamorphoſe, la chenille rejette la membrane qui tapiſſe intérieurement le ſac inteſtinal. Ce viſcère qui n'a encore digéré que des nourritures aſſez groſſières, doit déſormais en digérer de très-délicates. Le ſang qui circuloit dans la chenille, du derrière vers la tête, circule en ſens contraire après la transformation. Si ce renverſement eſt auſſi réel que les obſervations paroiſſent l'indiquer, quelle idée ne donne-t-il pas des changemens que ſouffre l'intérieur de l'animal. Ceux qu'éprouve la circulation du ſang, dans l'enfant nouveau né, ne ſont rien en comparaiſon. Si l'on met les trachées au rang des viſcères, le changement eſt alors bien réel. Nous avons remarqué, que pendant la mue l'on voit des paquets de ces vaiſſeaux qui ſuivent la dépouille & ſont rejettés avec elle. De nouvelles trachées ſont donc ſubſtituées aux anciennes : mais comment ſe fait cette ſubſtitution? Comment des poumons ſont-ils remplacés par d'autres poumons? Plus on cherche à approfondir cette matière, & plus l'obſcurité s'accroît. Mais quel eſt le ſujet de phyſique où nous n'éprouvions pas de pareilles difficultés, lorſque nous voulons en atteindre le fond? Il ſemble que notre condition actuelle ſoit de ne voir que la première ſurface des choſes.

Pendant que la nature travaille à changer les viſcères & à leur donner une nouvelle vie, elle s'occupe en même temps du développement de divers organes qui étoient inutiles à l'inſecte, tandis qu'il vivoit ſous la forme de chenille, & que le nouvel état auquel il eſt appellé, lui rend néceſſaires. Pour mieux aſſurer le ſuccès de ſes différentes opérations, elle fait tomber l'inſecte dans un profond ſommeil, pendant lequel elle opère à loiſir, & par degrés inſenſibles. Le corps graiſſeux, ſubſtance délicate & préparée de loin, paroît être le principal fond de la nourriture qu'elle diſtribue à toutes les parties, pour les conduire à la perfection. L'évaporation qui ſe fait des humeurs acqueuſes ou ſuperflues, donne lieu aux élémens des fibres de ſe rapprocher & de s'unir plus étroitement. De-là naît une augmentation de conſiſtance dans touts les organes. Les petites plaies que la rupture de pluſieurs vaiſſeaux a occaſionnées, en divers endroits de l'intérieur, ſe conſolident inſenſiblement. Les parties qui ont été miſes dans un état violent, ou dont les formes & les proportions ont été modifiées juſqu'à un certain point, ſe plient par degrés à ces changemens. Les liqueurs obligées d'enfiler de nouvelles routes, prennent peu-à-peu cette direction. Enfin, les vaiſſeaux qui étoient propres à la chenille, & dont quelques-uns occupoient une place conſidérable dans ſon intérieur, ſont effacés ou convertis en un ſédiment liquide, que le papillon rejette après avoir dépoſé le fourreau de chryſalide.

Nos inſectes doivent reſter plus ou moins long-temps ſous la forme de chryſalide. En général, les papillons de jour, dont la chryſalide eſt nue, y reſtent moins de temps. Preſque tous deviennent inſectes parfaits au bout de quinze ou vingt jours, du moins pendant l'été. Il n'y a que ceux qui ſe ſont transformés à la fin de l'automne, qui ne ſubiſſent leur dernier changement qu'au printemps. Au contraire, les Sphinx, les Phalènes & les autres papillons de nuit, dont la chryſalide eſt enfermée dans une coque, reſtent beaucoup plus long-temps dans cet état. La plupart ne deviennent inſectes parfaits, que l'année ſuivante; il y en a même qui ne ſont éclos qu'au bout de deux, de trois ans, & même davantage. Plus la coque eſt dure, forte, ſerrée, plus ils doivent y reſter. Mais la chaleur ou le froid contribuent beaucoup à accélérer ou retarder leur ſortie. On peut, comme nous avons dit, par une chaleur ou un froid artificiels, changer à cet égard, l'ordre de la nature. Il paroît prouvé par des expériences, que les organes de la reſpiration qui étoient néceſſaires à la chenille, le ſont encore au papillon dans les premiers temps qu'il paroît ſous la forme de chryſalide; mais qu'une partie de ces organes ſe bouche dans la ſuite; que lorſque le papillon s'eſt fortifié juſqu'à un certain point, il n'y a plus d'ouvertures, pour lui fournir de l'air, qu'à la partie antérieure de la chryſalide. On peut penſer que les ſtigmates doivent ſe fermer plus ou moins tard, ſelon que les chryſalides ont à reſter plus ou moins long-temps dans cet état. Tout dépend de la tranſpiration que les chryſalides ont à éprouver. Il ſuffit de la retarder ou de la hâter, pour étendre ou abréger la durée de leur vie. Il en eſt à-peu-près d'un œuf de poule, comme d'une chryſalide. Il doit auſſi tranſpirer, & tranſpirer beaucoup : ſi on l'enduit de vernis, ou ſimplement de graiſſe, on le conſervera frais des mois entiers. Il eſt aſſez conſtaté que moins les animaux tranſpirent, moins ils ont beſoin de manger, & plus ils vivent long-temps.

Il eſt donc bien certain que la chryſalide n'eſt autre choſe qu'un papillon, dont les parties ſont cachées ſous certaines enveloppes, qui les collent toutes enſemble, qu'elle n'eſt préciſément, comme on a dit, qu'un papillon emmailloté. Dès que ce papillon aura acquis la force de briſer ſes enveloppes, dès que ſes aîles, ſes pattes ſeront devenues capables de faire leurs fonctions, & dès que ſes beſoins exigeront qu'il ſe débarraſſe des fourreaux qui ne lui ſeront plus qu'incommodes, il cherchera à s'en défaire; toutes ſes parties extérieures, devenues libres, s'étendront ou ſe plieront, ſe placeront & s'arrangeront, comme le demandent les uſages auxquels elles ſont deſtinées. C'eſt-là à quoi ſe réduit la ſeconde métamorphoſe, celle de chryſalide en papillon; & c'eſt auſſi à l'article *Papillon* que nous devons renvoyer, pour développer tous les détails qui la concernent.

CHRYSIS. *Chrysis*. Genre d'inſectes de la première Section de l'Ordre des Hyménoptères.

Les Chryſis ont quatre aîles membraneuſes, veinées, inégales; les antennes courtes, filiformes, un peu coudées vers leur bâſe; l'anus ordinairement terminé par pluſieurs dentelures, enfin le corps orné des couleurs les plus brillantes.

Ces inſectes ont quelques rapports avec les Guêpes, avec leſquelles M. Geoffroy les avoit confondus; mais les antennes filiformes, coudées, les antennules longues, ſétacées, les diſtinguent ſuffiſamment de ces dernières dont les antennes ſont légèrement renflées vers leur extrémité, & les antennules courtes, filiformes.

Les antennes ſont filiformes, guères plus longues que la tête, compoſées de douze articles, dont le premier eſt long & cylindrique, le ſecond court, le troiſième aſſez long & un peu aminci à ſa baſe, les autres ſont égaux & cylindriques. Elles ſont coudées entre le premier & le ſecond articles, & ſont inſérées au devant de la tête.

La bouche eſt compoſée d'une lèvre ſupérieure, de deux mandibules, d'une trompe très-courte, & de quatre antennules ſétacées.

La lèvre ſupérieure eſt coriacée, courte, très-petite, ordinairement arrondie & ciliée. Les mandibules ſont cornées, minces, arquées, pointues, ſimples; la trompe eſt très-courte, coriacée, compoſée de trois pièces, dont deux latérales arrondies, un peu voûtées, & une au milieu ſimple, arrondie, un peu avancée. Les antennules antérieures ſont longues ſétacées, & compoſées de cinq articles dont les trois premiers ſont égaux & un peu coniques, les deux derniers ſont alongés, cylindriques, un peu plus minces que les autres; elles ſont inſérées au dos des pièces latérales de la trompe. Les antennules poſtérieures ſont une fois plus courtes que les autres, & compoſées de quatre articles, dont le premier à peine diſtinct, les deux ſuivans un peu coniques, le dernier alongé, mince, preſque cylindrique; elles ont leur inſertion à la partie latérale de la pièce intermédiaire de la trompe.

Les yeux ſont aſſez grands, ovales, & peu ſaillans.

La tête eſt ſéparée du corcelet par un étranglement. On remarque ſur le vertex trois petits yeux liſſes, brillans.

Le corcelet eſt court, de la largeur du dos, légèrement arqué à ſa partie poſtérieure.

Le dos eſt grand, ordinairement pointillé, très-convexe, terminé de chaque côté postérieurement par un angle pointu.

L'abdomen tient au corcelet par un pédicule très-court : il est convexe en dessus, applati ou concave en dessous, avec les bords latéraux tranchans ; il est terminé, dans le plus grand nombre des espèces, par plusieurs dentelures.

Les pattes sont de longueur moyenne ; les deux antérieures ont leur attache à la partie inférieure du corcelet, & les quatre postérieures à la poitrine. Les tarses sont filiformes, composés de cinq articles, dont le premier est le plus long, & le dernier est terminé par deux crochets.

Les aîles sont membraneuses, veinées, inégales : elles sont étendues & non pas plissées comme on le remarque dans les Guêpes ; elles ont leur attache à la partie latérale du dos.

Les Chrysis font sortir de leur derrière, lorsqu'on veut les prendre, une longue partie cylindrique, ou un filet conique, qu'on ne sauroit appeller un aiguillon, puisque cette pièce est d'une substance membraneuse, molle & très-fléxible. L'insecte la porte de côté & d'autre, l'alonge considérablement, &, avec une vitesse surprenante, en applique la pointe contre la peau du doigt, comme s'il vouloit piquer, mais sans produire cependant la moindre piqûre. Cet instrument est l'étui du véritable aiguillon, & nous le nommerons *tarière*, comme a fait de Geer.

La tarière sort d'une pièce noire, membraneuse, conique ou en forme d'entonnoir, cachée dans le dernier anneau de l'abdomen. Cette tarière est brune, luisante, à-peu-près cylindrique, souvent très-grosse, & terminée en pointe. On voit avec le microscope, que cette pointe n'est pas simple, mais double ou comme refendue, formée de deux parties déliées & mousses, à leur extrémité, un peu écartées l'une de l'autre. On apperçoit, toujours à l'aide du microscope, que le corps de la tarière est composé de différentes couches ou demi-tuyaux disposés en recouvrement, & dont le jeu est de glisser les unes sur les autres, lorsque l'insecte alonge la tarière. En détachant ces écailles, on met à découvert le véritable aiguillon dont l'extrémité se trouve placée entre les deux pointes mousses.

L'aiguillon s'étend dans l'intérieur de la tarière & y forme deux tiges déliées & écailleuses. Si l'on introduit entr'elles la pointe d'une épingle, l'aiguillon se sépare de lui-même en deux pièces, à côté desquelles sont placées deux autres tiges écailleuses, formées par le prolongement des deux pointes mousses qui terminent la tarière. Elles servent de fourreau aux deux autres.

Une des pièces qui composent l'aiguillon est plus large que l'autre, près de son extrémité. On parvient, avec de la patience, à en détacher une seconde, semblable à celle qui étoit déja séparée. L'aiguillon est donc composé de trois piéces, dont l'une sert d'étui aux deux autres.

L'insecte se sert sans doute de cet aiguillon pour piquer, quoique son action ne fasse sur nous aucun effet sensible.

De Geer ouvrit l'abdomen de la femelle du Chrysis enflammé, sur laquelle il avoit fait les observations que nous venons de rapporter. Il y trouva des œufs blancs, très alongés. Le même auteur a vu sortir le Chrysis bidenté, d'une galle résineuse du Pin, que l'insecte avoit percée d'un trou. Cette galle étoit remplie d'excrémens de chenille, sans qu'il restât des traces de la chenille même, que la larve du Chrysis avoit probablement dévorée. Une coque ovale, d'une soie lâche, d'un brun clair, occupoit la cavité de la galle. L'insecte étoit sorti de cette coque.

Nous n'avons point d'autres observations sur l'histoire des Chrysis. Leurs habitudes & leurs métamorphoses, doivent beaucoup ressembler à celles des Sphex & des Ichneumons.

On rencontre souvent l'insecte parfait, voltigeant autour des murs ou du vieux bois, & cherchant à y deposer ses œufs. On le trouve aussi sur les fleurs, ordinairement dans les lieux secs. Son mouvement est très-vif, & son vol est agile.

Quand on prend les Chrysis, ils se mettent en boule. Ils courbent pour cela l'abdomen en-dessous, & en portent l'extrémité jusqu'à la tête ; ils appliquent en même-temps les pattes & les antennes contre le corcelet & l'abdomen.

CHRYSIS.

CHRYSIS. LIN. FAB.

VESPA. GEOFF.

CARACTÈRES GÉNÉRIQUES.

Antennes filiformes, guères plus longues que la tête, composées de douze articles, dont le premier assez long & cylindrique, le second court, le troisième plus long, à peine aminci à sa base.

Bouche composée de deux mandibules cornées, simples, d'une trompe courte, composée de trois pièces, & de quatre antennules.

Antennules antérieures longues, sétacées, composées de cinq articles, dont les trois premiers égaux, les autres cylindriques, plus minces.

Antennules postérieures plus courtes que les antérieures, composées de quatre articles, dont le premier à peine distinct, les deux suivans coniques, le dernier aminci.

Corps ordinairement brillant, terminé par plusieurs dentelures.

Aiguillon caché dans le ventre.

ESPÈCES.

1. CHRYSIS splendide.

D'un vert bleuâtre; extrémité de l'abdomen bleue; anus quadridenté.

2. CHRYSIS vert.

Vert; anus bleuâtre, quadridenté.

3. CHRYSIS smaragdule.

Vert; anus bleu, sixdenté.

4. CHRYSIS amethyste.

Vert; écusson proéminent; anus bleu, quadridenté.

5. CHRYSIS brûlant.

D'un vert bleu; abdomen doré, quadridenté.

6. CHRYSIS oculé.

Vert; abdomen, avec une tache dorée

CHRYSIS (Insectes.)

de chaque côté, en forme d'œil ; anus bleu, sixdenté.

7. Chrysis Lynx.

Vert ; abdomen avec un petite tache oculée bleue, de chaque côté du second anneau.

8. Chrysis incarnat.

D'un rouge incarnat ; corcelet & premier anneau de l'abdomen verts ; anus dentelé.

9. Chrysis éclatant.

Bleu ; abdomen doré, avec le premier anneau bleu ; anus quadridenté.

10. Chrysis pourpré.

Doré ; abdomen avec une bande au milieu & l'anus pourpre ; anus dentelé.

11. Chrysis enflammé.

D'un vert bleu ; abdomen doré ; anus quadridenté.

12. Chrysis bidenté.

D'un bleu azuré ; abdomen avec les deux premiers anneaux dorés.

13. Chrysis entier.

Vert ; abdomen doré, vert aux deux extrémités ; anus entier.

14. Chrysis ceint.

Vert ; corcelet avec une bande d'un rouge cuivreux ; abdomen doré ; anus presque tridenté.

15. Chrysis lucidule.

Vert ; corcelet antérieurement & abdomen d'un rouge cuivreux ; anus entier.

16. Chrysis ardent.

Doré ; abdomen noir en-dessous.

17. Chrysis bronzé.

Bronzé ; antennes & pattes noirâtres.

18. Chrysis doré.

D'un vert mêlé de bleu ; abdomen doré ; anus bidenté.

19. Chrysis bleu.

Bleu ; anus tridenté.

20. Chrysis nitidule.

Vert ; anus quadridenté.

21. Chrysis sémi-doré.

Doré ; abdomen fauve, avec l'extrémité bleue.

22. Chrysis viridule.

Vert ; corcelet & les deux premiers anneaux de l'abdomen dorés en-dessus ; anus quadridenté.

23. Chrysis rutilant.

D'un vert bleuâtre ; les deux premiers

CHRYSIS (Insectes.)

anneaux de l'abdomen d'un rouge cuivreux ; anus bleu, quadridenté.

24. CHRYSIS brillant.

D'un vert bleuâtre ; abdomen doré, avec une tache noire à sa base ; anus entier.

25. CHRYSIS bigaré.

D'un rouge cuivreux ; sommet de la tête, dessus du corcelet, & taches à l'abdomen bleues ; anus sixdenté.

26. CHRYSIS bandé.

D'un vert bleu ; base de l'abdomen, second anneau & le troisième antérieurement, d'un noir bleuâtre ; anus sixdenté.

1 CHRYSIS splendide.

CHRYSIS *splendida.*

Chrysis cyaneo-viridis, abdominis apice cæruleo, ano quadridentato.

Chrysis viridis, cyaneo-nitida, ano cæruleo quadridentato. FAB. *Mant. inf. tom.* 1. *pag.* 281. *n°.* 1.

Chrysis viridis, nitida, ano cæruleo, quadridentato. FAB. *Syst. ent. p.* 357. *n°.* 1. — *Sp. inf. tom.* 1. *pag.* 554 *n°.* 1.

Chrysis punctatissima. VILL. *Entom. tom.* 3. *pag.* 259. *n°.* 13?

Ce Chrysis, un des plus grands qui nous soient connus, est long d'environ huit lignes & large de deux. Le corps est gros, d'un vert brillant, mélangé de bleu, finement pointillé; on voit sortir un petit poil de chaque point, si on examine l'insecte avec une loupe. Les yeux sont noirâtres; les antennes sont de cette couleur, avec le premier article vert: le derrière de la tête a un enfoncement. Le corcelet est renflé, marqué de deux sillons longitudinaux: l'écusson est creux, avancé. Les aîles sont brunes; l'abdomen est arrondi, très convexe en dessus; le second anneau est fort grand, séparé des derniers par un étranglement; ces derniers, au nombre de deux, sont d'un bleu indigo; l'anus a quatre dents ou pointes, très distinctes. Les cuisses & les jambes sont vertes; les tarses sont noirâtres.

Il se trouve aux Indes orientales.

2. CHRYSIS vert.

CHRYSIS *viridis.*

Chrysis viridis, ano quadridentato, cærulescente.

Il a cinq ou six lignes de longueur sur une & un tiers de largeur: il est vert, mat en dessus, brillant en dessous, très-pointillé, presque chagriné. Les antennes & les yeux sont noirs; l'écusson n'a point d'enfoncement; en quoi il diffère du Chrysis amethyste de M. Fabricius. Les aîles sont noires. L'abdomen a dans son milieu une ligne longitudinale élevée; le second anneau est mélangé de bleu; l'extrémité du troisième est bleu & muni de quatre dentelures.

Cet insecte approche beaucoup de celui que M. Fabricius désigne sous le nom d'amethyste; mais nous le croyons différent.

Il se trouve à Cayenne.

3. CHRYSIS smaragdule.

CHRYSIS *smaragdula.*

Chrysis viridis nitida, ano sexdentato cæruleo. FAB. *Syst. ent. p.* 357. *n°.* 2. — *Spec. inf. tom.* 1. *pag.* 454. *n°.* 2. — *Mant. inf. tom.* 1. *pag.* 281. *n°.* 2.

Il approche beaucoup du Chrysis splendide, & en differe par le nombre des dentelures de l'anus; le premier en a quatre, & celui-ci en a six.

Il se trouve dans l'Amérique septentrionale.

4. CHRYSIS amethystine.

CHRYSIS *amethystina.*

Chrysis viridis nitens, ano quadridentato cæruleo, alis fuscis. FAB. *Syst. ent. pag.* 359. *n°.* 12. — *Sp. inf. tom.* 1. *pag.* 457. *n°.* 15. — *Mant. inf. tom.* 1. *pag.* 284. *n°.* 18.

Il est de la grandeur du Chrysis doré. Les antennes sont noirâtres, avec la base verte. Le corcelet est vert; l'écusson est un peu proéminent & concave. Les ailes sont obscures.

Il se trouve à la Nouvelle-Hollande.

5. CHRYSIS brûlant.

CHRYSIS *calens.*

Chrysis viridis cæruleo-nitida, abdomine aureo quadridentato. FAB. *Sp. inf. tom.* 1. *pag.* 455. *n°.* 3. — *Mant. inf. tom.* 1. *pag.* 283. *n°.* 3.

Il est un peu plus petit que le Chrysis splendide; tout le corps est vert, nuancé d'un bleu violet, avec une infinité de points concaves, du fond desquels on voit sortir un petit poil, à l'aide de la loupe. Les antennes sont noirâtres & vertes à leur base; les yeux sont noirâtres. Le corcelet est renflé, vert antérieurement, bleu postérieurement; l'écusson est avancé, concave; les aîles sont légèrement noirâtres. L'abdomen est d'un rouge doré en-dessus, vert doré en-dessous, renflé, avec le second anneau grand, séparé des derniers par un étranglement; ceux-ci sont bleus; l'anus a quatre dents. Les pattes sont vertes dorées, avec les tarses noirâtres.

Il se trouve en Sibérie, à Cayenne, dans les provinces méridionales de la France. Il n'est pas rare aux environs de Brives, d'où je l'ai reçu de M. l'abbé Latreille.

6. CHRYSIS oculé.

CHRYSIS *oculata.*

Chrysis viridis nitens, abdomine utrinque macula ocellari aurea, ano sexdentato cæruleo. FAB. *Syst. ent. p.* 257. *n°.* 3. — *Spec. inf. tom.* 1. *p.* 455. *n°.* 4. — *Mant. inf. tom.* 1. *pag.* 283. *n°.* 4.

Il est de la grandeur du Chrysis splendide & de couleur verte. Les antennes & les yeux sont noirs. Le corcelet est renflé, finement pointillé. L'abdomen

domen est arrondi, avec une tache dorée, en forme d'œil, de chaque côté, vers son extrémité. L'anus est bleu, armé de six dentelures. Les pattes sont vertes; les tarses sont noirâtres.

Il se trouve sur les côtes de Malabar.

7. CHRYSIS Lynx.

CHRYSIS Lyncea.

Chrysis viridis nitida, abdominis secundo segmento utrinque ocello cæruleo, scutello prominulo acuto. FAB. *Syst. ent. p.* 357. *n°.* 4. — *Spec. ins. tom.* 1. *p.* 455. *n°.* 5. — *Mant. ins. t.* 1. *pag.* 283. *n°.* 5.

Il est de la grandeur du Chrysis oculé, & d'une couleur verte très-brillante. La tête est creusée en gouttière; les antennes sont noires. Le corcelet est gros, avec l'écusson avancé, pointu, presque épineux. L'abdomen a, sur chaque côté du second anneau, une petite tache oculée bleuâtre; dont la prunelle est fauve; l'anus est bleu & muni de quatre dentelures. Les pattes sont vertes, avec les tarses noirâtres.

Il se trouve dans l'Afrique équinoxiale, à Sierra Léon.

8. CHRYSIS incarnat.

CHRYSIS carnea.

Chrysis glabra nitida, thorace abdominisque primo segmento viridibus, reliquis carneis, ano serrato. FAB. *Syst. ent. pag.* 357. *n°.* 5. — *Sp. ins. tom.* 1. *p.* 455. *n°.* 6. — *Mant. ins. tom.* 1. *p.* 283. *n°.* 6.

Chrysis carnea. VILL. *Entom. tom.* 3. *pag.* 258. *n°.* 8.

Il est de grandeur moyenne. La tête est verte, avec la lèvre supérieure argentée, & les antennes noires. Le corcelet est chagriné. L'écusson est proéminent, obtus; on voit un point élevé, couleur de chair, à l'origine des aîles. L'abdomen est incarnat, avec le premier anneau vert. L'anus est très-dentelé. Les pattes sont fauves.

Il se trouve en Italie.

9. CHRYSIS éclatant.

CHRYSIS fulgida.

Chrysis glabra nitida, thorace abdominisque primo segmento cæruleis, reliquis aureis, ano quadridentato. LIN. *Syst. nat. p.* 948. *n°.* 7. — *Faun. Suec. n°.* 1669.

Chrysis fulgida. FAB. *Sp. ins. tom.* 1. *pag.* 455. *n°.* 7. — *Mant. ins. tom.* 1. *pag.* 283. *n°.* 7.

Chrysis fulgida. SCHRANK. *Enum. ins. aust. n°.* 783.

Chrysis fulgida. VILL. *Ent. tom.* 3. *pag.* 257. *n°.* 7.

Il est de la grandeur du Chrysis enflammé, auquel il ressemble beaucoup. La tête est d'un bleu violet, avec les yeux & les antennes noirs. Le corcelet est d'un bleu violet, mélangé de vert. L'abdomen est d'un rouge cuivreux, avec le premier anneau bleu. L'anus est muni de quatre dents. Le dessous du corps est vert. Les pattes sont vertes, avec les tarses noirâtres.

Schrank rapporte à cet insecte la guêpe dorée de Geoffroy, que nous croyons être le Chrysis enflammé, quoique la description convienne un peu au Chrysis éclatant. Il est très-vraisemblable que cet auteur a confondu les deux espèces.

Il se trouve dans toute l'Europe.

10. CHRYSIS pourpré.

CHRYSIS purpurata.

Chrysis glabra aurea nitida, abdomine fascia media anoque serruto purpureis. FAB. *Mant. ins. tom.* 1. *pag.* 283. *n°.* 8.

Chrysis purpurata. VILL. *Ent. tom.* 3. *pag.* 259. *n°.* 11.

Il est de grandeur moyenne. La tête est dorée, chagrinée; les antennes sont noires. Le corcelet est doré raboteux, avec trois petites lignes d'un pourpre obscur au milieu. L'abdomen est doré, orné à son milieu d'une bande pourpre; l'anus est dentelé & pourpre; cette couleur est confluante avec la bande vers le milieu de l'anus. Les pattes sont dorées.

Il se trouve en Saxe.

11. CHRYSIS enflammé.

CHRYSIS ignita.

Chrysis glabra nitida, thorace viridi, abdomine aureo, apice quadridentato. LIN. *Syst. nat. p.* 947. *n°.* 1. — FAUN. *Suec. edit.* 2. *n°.* 1665.

Apis nitida, thorace viridi cæruleo, abdomine inaurato. LIN. *Faun. suec. edit.* 1. *n°.* 1004.

Sphex ignita. LIN. *Syst. nat. edit.* 10. *p.* 571. *n°.* 23.

Chrysis ignita. FAB. *Syst. ent. pag.* 358. *n°.* 6. — *Sp. ins. tom.* 1. *pag.* 455. *n°.* 6. — *Mant. ins. tom.* 1. *pag.* 283. *n°.* 9.

Vespa thorace viridi cæruleo, abdomine inaurato, pone cupreo dentato. GEOFF. *Ins. tom.* 2. *p.* 382. *n°.* 20.

La guêpe-dorée à corcelet vert & derniers anneaux du ventre épineux. GEOFF. *Ib.*

Chrysis ignita *viridis nitida, thorace postice* cæ-

ruleo, abdomine aureo quadridentato. Deg. *Mém. inf. t. 2. pars 2. p.* 832. *n°.* 1. *tab.* 28. *fig.* 17. 18.

Guêpe dorée *à ventre cramoisi*, très-luisante; verte, dont le derrière du corcelet est bleu & le ventre d'un rouge cramoisi doré, avec quatre dentelures. Deg. *Ib.*

Frisch. *Inf. tom.* 9. *tab.* 10. *fig.* 1.

Sulz. *Inf. tab.* 19. *fig.* 121.

Schæff. *Elem. tab.* 40. — *Icon. inf. tab.* 74 *fig.* 7. 8.

Sphex ignita. Scop. *Ent. carn. n°.* 791.

Chrysis ignita. Schrank. *Enum. inf. aust. n°.* 782.

Vespa ignita. Fourc. *Entom. pars* 2. *pag.* 440. *n°.* 125.

Chrysis ignita. Vill. *Ent. tom.* 3. *p.* 255. *n°.* 1.

Ce Chrysis varie beaucoup pour la grandeur. Il a communément de quatre à cinq lignes de longueur sur une & demie de largeur. Il est d'un vert bleu en-dessus & d'un vert doré en-dessous. Le corps est finement pointillé. Les antennes, depuis le second article, & les yeux sont noirs. Les aîles sont un peu noirâtres. L'abdomen est d'un rouge cuivreux en-dessus, composé de quatre anneaux convexes en-dessus & concaves en-dessous; le second est le plus grand; le troisième est couronné de pointes fines & serrées, & le dernier est terminé par quatre dents fort distinctes; le dessous de l'abdomen est d'un rouge verdâtre. Les pattes sont vertes, avec les tarses noirâtres.

Quand on prend cet insecte dans la main, il courbe l'abdomen en-dessous, porte son extrémité jusqu'à la tête, applique ses antennes & ses pattes contre le corcelet & l'abdomen, & renferme dans sa concavité ces parties. Son corps ressemble alors à une boule, situation gênante qu'il ne garde pas longtems. Cette particularité est commune à plusieurs espèces de ce genre.

Il fait sortir de son derrière une partie longue, cylindrique, molle, membraneuse, fléxible, qu'il promène de côté & d'autre. Il en applique la pointe sur la peau du doigt, comme s'il vouloit piquer; mais cette partie n'est point offensive; elle n'est que la gaine du véritable aiguillon. On découvre avec le secours du microscope, que cette tarière est composée de différentes couches ou de différens demi-tuyaux, imbriqués les uns sur les autres; l'extrémité finit en une espèce de pointe double, ou refendue, dont les deux parties déliées & mousses, renferment l'aiguillon composé lui-même de trois pièces.

Il fait son habitation dans les trous des murs, dans le mortier qui en lie les pierres & dans le vieux bois.

On le trouve dans toute l'Europe.

12. Chrysis bidenté.

Chrysis bidentata.

Chrysis glabra nitida, cyanea, thorace bidentato abdominisque segmentis duobus primis aureis. Lin. *Syst. nat. p.* 947. *n°.* 2.

Chrysis bidentata. Fab. *Syst. entom. pag.* 358. *n°.* 7. — *Sp. inf. tom.* 1. *p.* 456. *n°.* 9. — *Mant. inf. tom.* 1. *pag.* 283. *n°.* 3.

Chrysis bidentata. Vill. *Ent. tom.* 3. *pag.* 256. *n°.* 2.

De Géer a cru que l'insecte qu'il décrit so le nom de *Guêpe-dorée, bleue, à taches noires, tom.* 2. *par.* 2. *p.* 837. *n°.* 2. étoit le Chrysis bidenté de Linné.

La description de cet illustre naturaliste, comparée avec celle du premier, présente cependant des différences, d'après lesquelles nous croyons que ce sont deux espèces différentes.

Il a trois lignes & demie de long & une de largeur. Il est bleu azuré, mélangé d'un peu de vert, principalement en-dessous. Les antennes & les yeux sont noirâtres. Le corcelet est d'un rouge cramoisi en-dessus. Les aîles sont légèrement obscures. La plus grande partie du premier anneau de l'abdomen & le second sont d'un rouge cramoisi; la loupe fait voir à l'extrémité du quatrième, quatre dentelures à peine marquées, dont les deux du milieu sont rapprochées & paroissent ne former qu'une échancrure. Les pattes sont bleues, avec les tarses noires.

Il se trouve en Europe. M. l'abbé Latreille m'en a donné un qu'il avoit pris aux environs de Brives.

13. Chrysis entier.

Chrysis integra.

Chrysis glabra viridis nitida, abdomine aureo basi apiceque viridi, ano integro. Fab. *Mant. inf. tom.* 1. *p.* 283. *n°.* 11.

Chrysis integra. Vill. *Ent. tom.* 3. *pag.* 259. *n°.* 12.

Il a beaucoup de rapports avec le Chrysis enflammé, pour la forme & pour la grandeur. La tête & le corcelet sont verts, brillans, sans taches. L'abdomen est doré en-dessus, avec une petite partie du premier anneau, & l'anus verts; celui-ci est entier; le dessous de l'abdomen est vert.

Il se trouve en Espagne.

14 Chrysis ceint.

Chrysis succincta.

Chrysis glabra nitens viridis, thorace fascia coccinea, abdomine aureo subtridentato. Lin. *Syst. nat. pag.* 957. *n°.* 3.

Chrysis succincta. Fab. *Syst. ent. pag.* 358. n°. 8. —. *Sp. inf. t.* 1. *p.* 456. n°. 10. — *Mant. inf. tom.* 1. *pag.* 283. n°. 12.

Chrysis succincta. Vill *Ent. tom.* 3. *pag.* 256. n°. 3.

Il est petit, d'un vert soyeux. Les antennes & les yeux sont noirs; le corcelet a, dans son milieu, une bande transversale d'un rouge cramoisi; la base est un peu de cette couleur. L'abdomen est d'un rouge cuivreux : les tarses sont noirs.

Il se trouve en Suède.

15. Chrysis lucidule.

Chrysis lucidula

Chrysis glabra, nitens, viridis thorace antice abdomineque aureo-rubris, ano integro. Fab. *Syst. ent. p.* 358. n°. 9. — *Sp. inf. tom.* 1. *pag.* 456. n°. 11. — *Mant. inf. tom.* 1. *p.* 283. n°. 13.

Vespa viridi cærulea abdomine thoracisque antica parte ruberrimis. Geoff. *Inf. t.* 2. *p.* 382. n°. 19.

La guêpe dorée à corcelet mi-parti de rouge & de vert. Geoff. *Ib.*

Sphex nobilis. Scop. *Ent. carn.* n°. 792.

Sphex nobilis. Schrank. *Enum. inf. aust.* n°. 784.

Vespa carbunculus. Fourc. *Ent. par. pars* 2. 440. n°. 24.

Chrysis lucidula. Vill. *Ent. tom.* 3. *pag.* 258. n°. 9.

Il a environ quatre lignes de long : tout le corps est vert, mélangé de bleu, chagriné; les antennes & les yeux sont noirs; la partie postérieure de la tête est rouge cuivreuse, matte : le dessus du corcelet, jusqu'à l'origine des aîles, est de la même couleur. Les aîles sont obscures; l'abdomen est d'un rouge cuivreux, éclatant, en dessus, & noirâtre en dessous; l'anus est entier. Les pattes sont vertes, avec les tarses noirâtres.

Il se trouve au midi de l'Europe.

16. Chrysis ardent.

Chrysis fervida.

Chrysis glabra aurea, nitida abdomine subtus atro. Fab. *Sp. inf. tom.* 1. *p.* 456. *n.* 12. — *Mant. inf. tom.* 1. *pag.* 284. n°. 14.

Chrysis fervida. Vill. *Ent. tom.* 3. *p.* 259. n°. 10.

Il a trois lignes de longueur & une & quart de largeur : le dessus du corps est doré. La poitrine est d'un bleu azuré. L'abdomen est noir en dessous; les pattes varient pour la couleur; elles sont ordinairement vertes.

Il se trouve en Italie & en Espagne.

17. Chrysis bronzé.

Chrysis ænea.

Chrysis glabra, ænea, nitida, pedibus antennisque fuscis. Fab. *Mant. inf. t.* 1. *p.* 284. n°. 15.

Il est de la grandeur du Chrysis ardent : tout le corps est bronzé, éclatant. Les antennes, l'extrémité des aîles & les pattes sont noirâtres.

Il se trouve en Saxe.

18. Chrysis doré.

Chrysis aurata.

Chrysis glabra nitens, thorace viridi, abdomine aureo, ano bidentato. Lin. *Syst. nat. p.* 948 n°. 4. — *Faun. suec. n.* 1666.

Chrysis aurata. Fab. *Syst. ent. p.* 359. n°. 10. — *Sp. inf. tom.* 1. *pag.* 456. n°. 13. — *Mant. inf. tom.* 1. *pag.* 284. n°. 16.

Vespa thorace viridi cæruleo, abdomine aurato, cupreo, ano subintegro. Geoff. *inf. tom.* 2. *p.* 383. n°. 21.

La Guêpe dorée à corcelet vert & derniers anneaux du ventre lisses. Geoff. *Ib.*

Schaeff. *Icon. inf. tab* 42. *fig.* 5. 6.

Chrysis aurata. Schrank. *Enum. inf. aust.* n°. 785.

Vespa aurata. Fourc. *Ent. par.* 2. *pag.* 441. n°. 26.

Chrysis aurata. Vill. *Ent. tom.* 3. *p.* 256. n°. 4.

Cette espèce varie singulièrement pour la grandeur : les plus grandes sont longues de trois à quatre lignes sur une & demie de large. Le corps est vert, mélangé de bleu. Les antennes & les yeux sont noirs; le bout des aîles est obscur. L'abdomen est presque hémisphérique, d'un rouge cuivreux poli en dessus, noir en dessous, composé de trois anneaux, dont le dernier a une échancrure à son extrémité.

Il se trouve dans toute l'Europe, sur les murs.

19. Chrysis bleu.

Chrysis cyanea.

Chrysis glabra nitens, thorace abdomineque cæruleis, ano tridentato. Lin. *Syst. nat. p.* 908. n°. 5. — *Faun. suec.* n°. 1667.

Chrysis cyanea. Fab. *Syst. ent. tom. pag.* 359. n°. 11. — *Sp. inf. tom.* 1. *pag.* 456. n°. 14. — *Mant. inf. tom.* 1. *pag.* 284. n°. 17.

Vespa cærulea nitens. Geoff. *Inf. tom.* 2. *p.* 384. n°. 22.

La Guêpe dorée verte. Geoff. *Ib.*

Sphex violacea. SCOPOL. *Ent. carn. n°.* 793.

SCHAEFF. *Icon. inf. tab.* 81. *fig.* 5.

Vespa cuprea. FOURC. *Ent. par.* 2. *p.* 441. *n°.* 27.

Chrysis cyanea. VILL. *Ent. tom.* 3. *p.* 257. *n°.* 5.

β. *Vespa viridis nitens.* GEOFF. *Inf. tom.* 2. *p.* 384. *n°.* 27.

La Guêpe dorée verte. GEOFF. *Ib.*

Vespa viridis. FOURC. *Ent. par.* 2. *pag.* 441. *n°.* 28.

Il est des plus petits de ce genre, n'ayant qu'une ligne & demie ou deux de longueur : le corps est d'un bleu azuré, avec un peu de vert doré, ou quelquefois il est entièrement de cette dernière couleur. Les antennes & les yeux sont noirs ; la tête & le corcelet sont pointillés, presque chagrinés. L'abdomen est très-lisse ; l'avant dernier anneau est finement denté ; le dernier à trois pointes, dont celle du milieu est la plus forte. L'aiguillon, ou plutôt sa gaîne, est très-grosse, relativement à la grandeur de l'insecte.

Il se trouve dans toute l'Europe.

20. CHRYSIS nitidule

CHRYSIS nitidula.

Chrysis viridis nitens thorace postice bidentato, ano quadridentato. FAB. *Syst. ent. p.* 359. *n°.* 13. — *Sp. inf. tom.* 1. *pag.* 457. *n°.* 16. — *Mant. inf. tom.* 1. *pag.* 284 *n°.* 19.

Cet insecte, que je n'ai point vu, paroît ne différer du Chrysis vert qu'en ce que l'anus de ce dernier est bleu.

On le trouve dans l'Amérique.

21. CHRYSIS sémi-doré.

CHRYSIS semiaurata.

Chrysis aurea, abdomine ferrugineo apice cyaneo. FAB. *Syst. ent. p.* 359. *n°.* 14. — *Sp. inf. tom.* 1. *pag.* 457. *n°.* 17.

Sphex semiaurata *viridis nitida, abdomine ferrugineo, apice nigro.* LIN. *Syst. nat. pag.* 946. *n°.* 35. — *Faun. suec. n°.* 1661.

Ichneumon semiauratus *abdomine ferrugineo, apice cyaneo.* FAB. *Mant. inf. tom* 1. *p.* 259. *n°.* 127.

Vespa capite thoraceque rubro cupreo, abdomine rufo pone nigro. GEOFF. *Inf. tom.* 2. *p.* 384. *n°.* 24.

La guêpe dorée cuivreuse à ventre fauve & noir. GEOFF. *Ib.*

Sphex semiaurata. SCHRANK. *Enum. inf. aust. n°.* 781.

Vespa rufescens. FOURC. *Ent. par.* 2. *pag.* 441. *n°.* 29.

Sphex semiaurata. VILL. *Ent. tom.* 3. *pag.* 257. *n°.* 42.

Il est de la grandeur du Chrysis bleu, & d'une couleur verte dorée. Les antennes sont noires coudées, plus alongées dans cette espece que dans les autres. Les yeux sont noirs ; le corcelet, vu à la loupe, paroît pubescent. Les aîles sont un peu obscures ; l'abdomen est fauve, avec les deux derniers anneaux noirs ; il n'est point en dessous si plat ou si concave que dans les autres espèces ; les bords ne sont point si saillans, & il se termine en pointe. Les pattes sont fauves, avec les cuisses vertes.

Il se trouve dans toute l'Europe.

22. CHRYSIS viridule.

CHRYSIS viridula.

Chrysis glabra, nitens viridis, thorace abdominisque segmentis duobus primoribus tergo aureis, ano quadridentato. LIN. *Syst. nat. pag.* 948. *n°.* 6. — *Faun. suec. n°.* 1668.

Chrysis viridula. VILL. *Ent. tom.* 3. *pag.* 257. *n°.* 6.

Il a beaucoup de ressemblance avec le Chrysis enflammé. Le corps est vert : le dessus du corcelet & les deux premiers anneaux de l'abdomen sont d'un rouge doré. L'anus est terminé par quatre pointes.

Il fait son habitation dans les murs.

Il se trouve en Suède.

23. CHRYSIS rutilant.

CHRYSIS rutilans.

Chrysis cyaneo-viridis, abdominis segmentis duobus primoribus rubro-cupreis, ano cyaneo quadridentato.

Il est petit, d'un vert bleuâtre. Les antennes & les yeux sont noirs ; la tête est verte, un peu bleuâtre postérieurement. Le corcelet est vert, bleuâtre au milieu : les pattes sont vertes, avec un peu de bleu à leur bâse, & avec les tarses noirs ; l'abdomen est alongé, d'un noir bleuâtre, avec les deux premiers anneaux rouges en dessus, & quatre dents à l'extrémité du dernier.

Je l'ai reçu de M. l'abbé Latreille qui l'avoit trouvé en Angoumois.

24. CHRYSIS brillant.

CHRYSIS micans.

Chrysis viridi-cærulea, abdomine aureo in medio basi macula nigra.

Chrysis bidentata *cyanea nitida, abdomine macula magna nigra, alis apice fuscis.* Deg. *Mém. inf. t. 2. par. 2. pag. 837. nº. 2. tab. 29. fig. 3. 4.*

Guêpe dorée très-luisante, d'un bleu verdâtre, avec une grande tache noire luisante sur le ventre, & dont le bout des aîles est noirâtre. Deg. *Ib.*

Il est de la grandeur du Chrysis bidenté, & d'une couleur bleue verdâtre, luisante. Les antennes & les yeux sont noirs; le corcelet est chagriné, alongé. L'extrémité des premières aîles est obscure. L'abdomen est lisse, composé de trois anneaux, avec une grande tache noire, luisante, sur le premier; l'anus est entier.

De Géer présume que la larve de ce Chrysis avoit dévoré une Chenille, renfermée dans une galle résineuse du pin, d'où il étoit sorti : il y trouva les excrémens de la larve, sans découvrir aucune trace de la Chenille. La cavité de la galle étoit occupée par une coque ovale, d'une soie lâche & brune : un des bouts avoit été percé par l'insecte.

Il se trouve en Suède.

25. Chrysis bigarré.

Chrysis variegata.

Chrysis cuprea, capitis vertice, thoracis dorso, abdominisque maculis cyaneis, ano sexdentato.

Il est de la grandeur du Chrysis lucidule, le corps est d'un rouge cuivreux, pointillé, plus brillant sur l'abdomen. Les antennes sont noires, le derrière de la tête est d'un bleu foncé. Le milieu du corcelet est marqué de trois lignes bleues, courtes. Les aîles sont obscures, avec un point bleu à leur origine. L'abdomen est bleu à sa bâse; il a une tache bleue sur le bord du premier anneau, & deux taches réunies sur le second, placées sur une ligne longitudinale : les derniers anneaux sont bleus; l'anus a six dentelures. Les pattes sont fauves, avec les cuisses bleues.

Il se trouve dans les provinces méridionales de la France.

26. Chrysis bandé.

Chrysis fasciata.

Chrysis cyaneo viridis, abdominis basi, segmento secundo tertioque antice nigro-cyaneis, ano sexdentato.

Il est de la grandeur du Chrysis bigarré. Le corps est d'un vert bleuâtre, pointillé, luisant. Les antennes & les yeux sont noirs; les aîles sont noirâtres. L'abdomen est renflé, avec la base, le second & le troisième anneaux antérieurement, d'un bleu indigo; l'anus a six pointes. Le dessous du corps & les pattes sont verts; les tarses sont noirâtres.

Il se trouve dans les provinces méridionales de la France.

CHRYSOMELE, *Chrysomela.* Genre d'insectes de la troisième Section de l'Ordre des Coléoptères.

Les Chrysomèles ont les antennes moniliformes, plus longues que le corcelet, le corps plus ou moins ovale, très-convexe, deux aîles membraneuses repliées, cachées sous des étuis durs, enfin les tarses composés de quatre articles courts, assez larges, garnis de pelottes en dessous, & dont le troisième est bilobé.

Ces insectes ont beaucoup de rapports avec les Altises, les Galéruques, les Criocères, les Erotyles, les Cassides & les Coccinelles; mais les antennes filiformes, presque de la longueur du corps, & les cuisses postérieures renflées des Altises; le corcelet inégal & les antennes filiformes des Galéruques; le corcelet étroit, cylindrique, & les antennes filiformes des Criocères, distinguent suffisamment ces insectes. Les antennes en masse des Erotyles & des Coccinelles, le corcelet & les élytres très-larges des Cassides, & les antennes un peu plus grosses vers l'extrémité, empêchent de confondre ces insectes avec les Chrysomèles; les Coccinelles n'ont d'ailleurs que trois articles aux tarses.

Les antennes des Chrysomèles sont moniliformes, un peu plus longues que le corcelet, & composées de onze articles, dont le premier est un peu renflé, les autres sont grenus, plus ou moins arrondis; elles ont leur insertion à la partie latérale, un peu antérieure de la tête, au devant des yeux.

La tête est de grosseur moyenne, un peu inclinée, & à moitié enfoncée dans le corcelet. Les yeux sont oblongs, petits, peu saillans.

La bouche est composée d'une lèvre supérieure, de deux mandibules, de deux mâchoires, d'une lèvre inférieure, & de quatre antennules.

La lèvre supérieure est courte, assez large, cornée, arrondie, ou presque tronquée, ciliée à sa partie antérieure.

Les mandibules sont courtes, cornées, assez larges, arquées, voûtées, avec les bords tranchans.

Les mâchoires sont cornées, courtes, petites & bifides : la division extérieure est cylindrique, un peu arquée, couverte de cils à son extrémité; l'intérieure est applatie, légèrement arquée, & ciliée.

La lèvre inférieure est cornée, légèrement échancrée, & ciliée antérieurement.

Les antennules antérieures sont presque en masse, composées de quatre articles, dont le premier est très-petit, le second & le troisième sont coniques & égaux entre eux, le quatrième est plus gros & tronqué à son extrémité : elles sont insérées au dos des mâchoires, à la base de la division extérieure. Les antennules postérieures, plus courtes & plus petites que les antérieures, sont composées de trois articles, dont le premier est petit, le second conique, le troisième plus gros & tronqué; elles sont insérées à la partie antérieure de la lèvre inférieure.

Le corcelet est échancré antérieurement, plus ou moins rebordé sur les côtés, presque de la largeur des élytres.

L'écusson est petit & triangulaire. Les élytres sont convexes, coriacées, très-dures, de la longueur de l'abdomen. Les aîles sont membraneuses, repliées, & cachées sous les élytres.

Les pattes sont de longueur moyenne. Les tarses sont courts, assez larges, composés de quatre articles, dont les trois premiers sont garnis en dessous de pelotes spongieuses : le troisième est bilobé; le dernier est arqué, renflé à son extrémité, & terminé par deux ongles crochus, assez forts.

Le corps de ces insectes est arrondi, ou plus ou moins ovale, très-convexe en dessus, un peu applati en dessous. Les Chrysomèles en général, sont assez petites; les plus grandes ne s'élèvent qu'à cinq ou six lignes de longueur, sur trois ou quatre de largeur. Leur forme très-agréable & ordinairement enrichie des plus belles couleurs, telles que le rouge d'écarlate, l'azur, le bleu, le vert doré, devoit les faire rechercher avec empressement par les amateurs jaloux d'embellir leurs collections; & les naturalistes devoient les rencontrer trop fréquemment sur leurs pas, pour ne pas les consigner dans leurs descriptions. On n'en trouve point de velues; elles sont toutes très-rases, lisses, sans poils sensibles, & le brillant de leurs couleurs jouit de toute sa pureté. Elles vivent sur les arbres & sur les plantes, se nourrissent de leurs feuilles, & y déposent leurs œufs : dans l'accouplement, le mâle est placé sur le dos de la femelle, qui dans quelques espèces est si féconde, & a le ventre si rempli d'œufs, & par conséquent si renflé, qu'à peine les élytres peuvent le couvrir.

Les larves ont six pattes écailleuses, articulées & assez longues. Leur corps est allongé, divisé en anneaux & terminé en pointe garnie au bout d'un mamelon charnu, qui leur sert de septième patte; elles le posent sur le plan où elles marchent, & comme il est ordinairement couvert d'une matière gluante, elles se servent de cette espèce d'empâtement pour se tenir fixées sur la feuille. Leur tête est écailleuse & arrondie, munie de dents, de petites antennes & de petits barbillons. Plusieurs espèces de ces larves aiment à vivre en société sur une même feuille, qu'elles rongent en compagnie. Pour se transformer, elles se servent des mêmes précautions que les larves des Coccinelles; elles s'attachent quelque part, ordinairement sur les feuilles, avec le mammelon du derrière; ensuite elles font glisser la peau de larve jusqu'au bout du corps, où elle reste réduite en peloton. Il y a cependant quelques espèces qui entrent dans la terre, pour s'y transformer en nymphe.

Ces nymphes sont ordinairement de figure ovale, plus ou moins allongée, & ressemblent en général à celles de tant d'autres Coléoptères; elles restent engagées par le derrière dans la peau de larve réduite en peloton, & se soutiennent uniquement par cet endroit à la feuille. Les Chrysomèles ne restent ordinairement sous la forme de nymphe, que quelques semaines, & souvent que quelques jours.

CHRYSOMELE.

CHRYSOMELA. LIN. GEOFF. FAB.

CARACTERES GÉNÉRIQUES.

Antennes moniliformes, plus courtes que le corps; composées de onze articles, dont le premier un peu renflé.

Bouche munie d'une lèvre supérieure cornée; de deux mandibules cornées, courtes, voûtées, tranchantes; de deux mâchoires bifides; d'une lèvre inférieure cornée, & de quatre antennules courtes, presque en masse.

Corps plus ou moins ovale, très-convexe:

Corcelet rebordé.

Quatre articles aux tarses: les trois premiers larges, garnis en dessous de pelotes spongieuses; le troisième bilobé.

ESPECES.

1. Chrysomele Ténébrion.

Aptère, ovale, très-noire; antennes & pattes violettes.

2. Chrysomele raboteuse.

Aptère, noire; élytres raboteuses, d'un noir bronzé; abdomen & pattes bleuâtres.

3. Chrysomele Morio.

Ovale d'un brun noir; antennes & pattes noires.

4. Chrysomele de Gottingue.

Ovale, noire; pattes violettes.

5. Chrysomele rayée.

Ovale, bleue; élytres avec le bord extérieur & une raie au milieu, jaunes.

6. Chrysomele bicolor.

Ovale, d'un vert bronzé en-dessus, violette en-dessous.

CHRYSOMELE. (Insectes.)

7. CHRYSOMELE semblable.

Ovale, bronzée, obscure en-dessus, violette en-dessous ; élytres lisses.

8. CHRYSOMELE lusitanique.

Ovale ; corcelet cuivreux ; élytres bronzées ; dessous du corps violet.

9. CHRYSOMELE de Banks.

Ovale, bronzée en-dessus, ferrugineuse en-dessous.

10. CHRYSOMELE fémorale.

Ovale, noire luisante en dessus, violette en-dessous ; cuisses ferrugineuses.

11. CHRYSOMELE ferrugineuse.

Ovale, ferrugineuse ; abdomen & pattes noirs.

12. CHRYSOMELE pustulée.

Ovale, noire ; élytres avec cinq rangées transversales de points rouges ; sternum avancé.

13. CHRYSOMELE pointillée.

Ovale, noire ; élytres jaunes, marquées de beaucoup de points noirs ; sternum avancé.

14. CHRYSOMELE miliaire.

Ovale ; tête & corcelet bronzés ; élytres noires, avec plusieurs petites taches rouges.

15. CHRYSOMELE aigue.

Hémisphérique, verte, brillante ; corcelet échancré antérieurement ; sternum avancé, aigu.

16. CHRYSOMELE arquée.

Ovale, bronzée ; élytres jaunes, avec deux bandes arquées, noires ; sternum avancé, aigu.

17. CHRYSOMELE maculée.

Ovale, testacée ; élytres jaunes, mélangées de bronzé ; sternum avancé.

18. CHRYSOMELE bossue.

Ovale, noire ; élytres jaunes, avec deux bandes & un point à la base noirs.

19. CHRYSOMELE trimaculée.

Ovale, bleue, élytres jaunes, avec une bande & deux taches noires.

20. CHRYSOMELE jaune.

Ovale, d'un jaune testacé ; élytres jaunes ; cuisses postérieures & jambes intermédiaires dentées.

21. CHRYSOMELE de l'Adonis.

Noire ; bord du corcelet jaune, avec un point noir ; élytres jaunes, avec la suture & une raie noires.

22. CHRYSOMELE dorsale.

Noire ; bord du corcelet testacés, avec

CHRYSOMELLE. (Insectes.)

un point noir; élytres testacées, avec une raie courte sur la suture.

23. CHRYSOMELE suturale.

Bronzée; élytres jaunes, avec la suture & une raie bronzées.

24. CHRYSOMELE massue.

Ovale; tête & corcelet ferrugineux; élytres noires, avec une raie longitudinale jaunâtre.

25. CHRYSOMELE bifasciée.

Testacée; élytres bronzées, luisantes, avec deux points & deux bandes jaunes.

26. CHRYSOMELE quatorze points.

Ovale, testacée; élytres jaunes, avec seize points noirs, dont deux communs.

27. CHRYSOMELE Surinamoise.

Bleue, lisse, luisante; antennes & tarses noirs.

28. CHRYSOMELE enflammée.

D'un vert bleuâtre brillant; élytres d'un vert bronzé; antennes & tarses noirs.

29. CHRYSOMELE asiatique.

Ovale, d'un vert bleuâtre luisant; élytres bleues.

30. CHRYSOMELE du Gramen.

Ovale, d'un vert brillant doré; antennes & pattes vertes.

31. CHRYSOMELE cuivreuse.

Ovale; tête & corcelet bronzés; élytres cuivreuses; dessous du corps très-noir.

32. CHRYSOMELE hæmoptère.

Ovale, violette; tarses & aîles rouges.

33. CHRYSOMELE immaculée.

Ovale, bronzée, sans taches; antennes & pattes noires.

34. CHRYSOMELE variante.

Ovale, verte ou bleue; antennes & pattes noires.

35. CHRYSOMELE de la Centaurée.

Ovale, cuivreuse brillante en-dessus, d'un vert bronzé en-dessous; pattes cuivreuses.

36. CHRYSOMELE semi-striée.

Ovale, noire; élytres jaunes, avec une bande au milieu noire, & des stries noires, à la base & à l'extrémité.

37. CHRYSOMELE du Peuplier.

Ovale, d'un noir bleuâtre; élytres testacées.

CHRYSOMELE. (Insectes.)

38. CHRYSOMELE lisse.

Ovale ; corcelet bronzé ; élytres rougeâtres.

39. CHRYSOMELE staphilée.

Ovale, testacée obscure ; yeux noirs ; élytres avec quelques points enfoncés, irrégulièrement placés.

40. CHRYSOMELE viminale.

Ovale, noire ; corcelet bitubercule ; élytres testacées.

41. CHRYSOMELE hæmorrhoïdale.

Ovale, noire, luisante ; antennes jaunâtres à leur base ; anus rouge en-dessus.

42. CHRYSOMELE dix-points.

Ovale, rougeâtre en-dessus ; corcelet & élytres avec des points noirs.

43. CHRYSOMELE fervide.

Ovale, oblongue, testacée ; élytres vertes, avec le bord extérieur testacé.

44. CHRYSOMELE luride.

Ovale, noire ; élytres testacées obscures, avec des points enfoncés, noirs.

45. CHRYSOMELE lunulée.

Ovale, ferrugineuse ; élytres avec le bord, une raie & une tache en croissant, au milieu, jaunâtres.

46. CHRYSOMELE neuf-stries.

Ovale ; corcelet d'un noir bronzé ; élytres jaunes, avec neuf lignes noirâtres.

47. CHRYSOMELE stolide.

Ovale, ferrugineuse ; tête & corcelet jaunes ; élytres mélangées de ferrugineux & de jaune.

48. CHRYSOMELE nigricorne.

Noire ; tête, bords du corcelet & taches sur les élytres, ferrugineux.

49. CHRYSOMELE à-collier.

Ovale, violette ; bords du corcelet jaunes, avec un point noir.

50. CHRYSOMELE pâle.

Ovale, entièrement jaunâtre ; yeux noirs ; élytres avec des stries pointillées.

51. CHRYSOMELE striée.

Ovale, d'un noir verdâtre luisant ; élytres striées, testacées, avec la suture noire.

52. CHRYSOMELE de la Patience.

Ovale ; corcelet fauve, avec quatre points noirs ; élytres fauves, avec la suture & une raie au milieu, noires.

53. CHRYSOMELE notée.

Ovale ; corcelet fauve, avec quatre points noirs ; élytres pâles, mélangées de noir.

CHRYSOMELE. (Insectes.)

54. CHRYSOMELE vulpine.

Ovale, noire; élytres mélangées de jaune & noir.

55. CHRYSOMELE crassicorne.

Ovale, jaunâtre; élytres avec quatre taches noires.

56. CHRYSOMELE mi-partie.

Ovale, ferrugineuse; corcelet avec deux points noirs; élytres vertes, bordées de ferrugineux.

57. CHRYSOMELE variolée.

Ovale, noire; élytres rouges, avec des points enfoncés, bleus.

58. CHRYSOMELE Lapone.

Ovale, d'un vert noirâtre; élytres rougeâtres, avec une bande placée entre un point & une tache lunulée, bleuâtres.

59. CHRYSOMELE ondulée.

Ovale, fauve; élytres avec trois bandes larges, ondées, d'un noir bleuâtre.

60. CHRYSOMELE dix huit taches.

Ovale, élytres obscures, avec huit points pâles sur chaque, dont quelques uns réunis.

61. CHRYSOMELE ruficorne.

Ovale, d'un vert bleuâtre; élytres jaunes, avec la suture & quelques points bleus.

62. CHRYSOMELE quadrimouchetée.

Ovale; corcelet jaune; élytres noires, avec trois taches blanches.

63. CHRYSOMELE brune.

Ovale, testacée; élytres avec la suture & une ligne au milieu, noirâtres.

64. CHRYSOMELE du Polygonum.

Ovale, noire; élytres d'un vert bleuâtre; base des antennes, corcelet, pattes & anus rougeâtres.

65. CHRYSOMELE ruficolle.

Ovale, bleue; base des antennes, deux points sur la tête, corcelet & pattes rougeâtres.

66. CHRYSOMELE érythrocéphale.

Ovale, oblongue; tête, corcelet & pattes rougeâtres; élytres d'un vert bleuâtre.

67. CHRYSOMELE céréale.

Ovale, dorée; corcelet avec trois lignes; élytres avec cinq lignes bleues.

68. CHRYSOMELE américaine.

Ovale, d'un vert bronzé; élytres avec cinq lignes rouges.

69. CHRYSOMELE superbe.

Ovale, d'un rouge cuivreux en dessus; élytres avec une raie au milieu, & la suture, d'un vert doré.

CHRYSOMELE. (Insectes.)

70. CHRYSOMELE agréable.

Ovale, d'un noir bronzé ; élytres avec trois lignes & la suture vers la base, jaunes.

71. CHRYSOMELE fastueuse.

Ovale, dorée ; élytres avec trois lignes bleues.

72. CHRYSOMELE glorieuse.

Ovale, oblongue, d'un vert brillant ; élytres avec une seule bande bleue.

73. CHRYSOMELE spécieuse.

Ovale, d'un vert soyeux ; élytres avec deux lignes dorées.

74. CHRYSOMELE bordée.

Ovale, noire ; bord extérieur des élytres sanguin.

75. CHRYSOMELE sanguinolente.

Ovale, très-noire ; élytres raboteuses, avec le bord extérieur sanguin.

76. CHRYSOMELE marginée.

Ovale, d'un noir bronzé ; élytres avec le bord extérieur jaune.

77. CHRYSOMELE marginelle.

Ovale, oblongue, d'un vert bronzé ; bords du corcelet & des élytres, jaunes.

78. CHRYSOMELE hanovrienne.

Ovale, bleue ; bord du corcelet ferrugineux ; élytres avec le bord & une ligne ferrugineux.

79. CHRYSOMELE variable.

Ovale, noire ; élytres avec le bord & des lignes courtes, rouges.

80. CHRYSOMELE uniponctuée.

Ovale, noire ; corcelet avec une tache pâle de chaque côté ; élytres d'un jaune testacé, avec un point noir, au milieu de chaque.

81. CHRYSOMELE cinq-points.

Ovale, noire ; corcelet fauve ; élytres testacées, avec cinq points noirs.

82. CHRYSOMELE écussonnée.

Ovale, fauve ; élytres avec cinq points noirs.

83. CHRYSOMELE petite-ligne.

Ovale, roussâtre ; élytres avec la suture & une ligne longitudinale, noires.

84. CHRYSOMELE linéole.

Ovale, jaune ; élytres avec onze points & deux lignes, noirs.

85. CHRYSOMELE sacrée.

Ovale, rougeâtre en-dessus ; corcelet

CHRYSOMELE. (Insectes.)

avec une ligne & deux points, élytres avec la suture, noirs.

86. CHRYSOMELE jaunâtre.

Ovale, jaunâtre; élytres d'un vert cendré.

87. CHRYSOMELE fardée.

Ovale, d'un noir bleuâtre; corcelet & élytres d'un vert bronzé.

88. CHRYSOMELE fuscicorne.

Ovale, d'un vert bronzé; antennes & jambes noires.

89. CHRYSOMELE perle.

Ovale, cuivreuse, brillante; antennes noires, elytres finement pointillées.

90. CHRYSOMELE biponctuée.

Ovale, testacée; élytres avec une tache obscure.

91. CHRYSOMELE Philadelphique.

Ovale, d'un vert foncé; élytres jaunes, avec des points verdâtres, oblongs; antennes & pattes ferrugineuses.

92. CHRYSOMELE occidentale.

Ovale, d'un vert bronzé; antennes & pattes jaunes.

93. CHRYSOMELE du Cresson.

Ovale, bleuâtre en-dessus, noire en-dessous; élytres avec des stries pointillées.

94. CHRYSOMELE du Bouleau.

Ovale, violette; élytres avec des stries pointillées.

95. CHRYSOMELE pallipède.

Ovale, noire; élytres & pattes pâles.

96. CHRYSOMELE du Sophia.

Ovale, bleue; jambes & tarses jaunes.

97. CHRYSOMELE bimaculée.

Oblongue, noire; élytres testacées, avec une tache noire sur chaque.

98. CHRYSOMELE fasciée.

Oblongue, noire; élytres avec trois bandes jaunes.

99. CHRYSOMELE ruficolle.

Oblongue, d'un vert bronzé; corcelet & pattes rougeâtres.

100. CHRYSOMELE crénelée.

Oblongue, cuivreuse en-dessus, bronzée en dessous; antennes jaunes, avec le cinquième & le dernier articles noirâtres.

101. CHRYSOMELE cyanicorne.

Ovale, rougeâtre; corcelet avec une

CHRYSOMELE. (Insectes.)

tache & deux points bleus ; élytres avec huit taches bleues.

102. CHRYSOMELE cyanipède.

Oblongue, rougeâtre en-dessus ; élytres avec des taches & la partie postérieure bleues.

103. CHRYSOMELE ceinte.

Ovale, d'un noir verdâtre luisant ; base des antennes, bords du corcelet & des élytres, rougeâtres.

104. CHRYSOMELE de Cayenne.

Oblongue, noire ; tête, corcelet & cuisses antérieures d'un rouge obscur.

105. CHRYSOMELE douze-points.

Oblongue ; corcelet jaunâtre ; élytres verdâtres ; avec six points noirs.

106. CHRYSOMELE de l'Absynthe.

Oblongue, pâle ; corcelet avec une tache, élytres avec trois lignes noires.

107. CHRYSOMELE tricolor.

Oblongue ; corcelet fauve, pointillé de vert ; élytres vertes, luisantes ; abdomen noir.

108. CHRYSOMELE de l'Osier.

Ovale, d'un vert bleuâtre, luisant.

109. CHRYSOMELE commune.

Ovale, oblongue, bleue ; base des antennes ferrugineuse.

110. CHRYSOMELE de la Laitue.

Oblongue ; tête & corcelet ferrugineux obscurs ; élytres d'un noir bronzé.

111. CHRYSOMELE bronzée.

Ovale, d'un vert brillant ; abdomen ferrugineux postérieurement.

112. CHRYSOMELE anale.

Oblongue, noire ; élytres obscures, avec le bord extérieur testacé.

113. CHRYSOMELE sanglante.

Oblongue, d'un rouge sanguin ; corcelet sans taches ; élytres avec trois points noirs.

114. CHRYSOMELE écarlate.

Ovale ; corcelet échancré, d'un rouge sanguin, avec une tache noire ; élytres rouges, avec deux taches noires.

115. CHRYSOMELE porte-croix.

Oblongue, rouge ; élytres avec une croix noire.

116. CHRYSOMELE quadrimaculée.

Oblongue ; corcelet testacé, sans ta-

CHRYSOMELE. (Insectes.)

ches ; élytres testacées, avec deux taches noires.

117. CHRYSOMELE vingt-points.

Oblongue, d'un vert bronzé ; bords du corcelet pâles ; élytres pâles, avec dix points bronzés.

118. CHRYSOMELE du Cerisier.

Ovale, livide ; extrémité des antennes & yeux noirs.

119. CHRYSOMELE du Prunier.

Ovale, noire ; extrémité des élytres livide.

120. CHRYSOMELE naine.

Ovale, d'un noir opaque.

121. CHRYSOMELE marron.

Ovale, obscure ; bord extérieur des élytres d'un brun marron.

122. CHRYSOMELE ardente.

Ovale, ferrugineuse ; élytres avec quatre taches jaunâtres.

123. CHRYSOMELE autrichienne.

Ovale, noire ; élytres pointillées ; extrémité des pattes rouge.

124. CHRYSOMELE ruficaude.

Ovale, d'un vert bronzé ; côté de l'abdomen, anus & bord des élytres rouges.

125. CHRYSOMELE verdelette.

Ovale, oblongue, d'un vert doré brillant ; corcelet coupé antérieurement ; abdomen noir en-dessus.

126. CHRYSOMELE violette.

Ovale, violette en-dessus, verdâtre en-dessous ; antennes courtes, noires.

127. CHRYSOMELE clavicorne.

Ovale, noire ; élytres & abdomen rouges ; antennes presque en masse.

128. CHRYSOMELE bleue.

Ovale, oblongue, bleue, finement pointillée ; antennes noires.

129. CHRYSOMELE sombre.

Ovale, obscure, déprimée ; corcelet & élytres d'un gris obscur ; antennes noires.

130. CHRYSOMELE de la Phellandrie.

Alongée, d'un noir bronzé ; bords du corcelet jaunes ; élytres avec deux raies jaunes.

CHRYSOMELE (Insectes.)

131. Chrysomele bigarrée.

Ovale ; corcelet rougeâtre, avec le milieu noir ; élytres rougeâtres, avec la suture, des lignes & des points noirs.

132. Chrysomele frontale.

Ovale, noire ; tête, base des antennes, bord des élytres & pattes, ferrugineux.

133. Chrysomele atre.

Ovale, très-noire, irrégulièrement pointillée ; corcelet arrondi postérieurement.

134. Chrysomele Saphir.

Ovale, verte brillante ; yeux & bouche rouges ; antennes noires.

135. Chrysomele du Rhoé.

Ovale, ferrugineuse ; tête, corcelet & stries sur les élytres, pâles.

1. Chrysomele Ténébrion.

Chrysomela tenebricosa.

Chrysomela aptera ovata atra, antennis pedibusque violaceis. Fab. *Syst. entom. pag.* 94. *n°.* 1. — *Spec. inf. tom.* 1. *pag.* 116. *n°.* 1. — *Mant. inf. tom.* 1. *p.* 66. *n°.* 1.

Tenebrio lævigatus *apterus, niger, lævis, elytris lævibus, thorace lunato, subtus cæruleus.* Lin. *Syst. nat. pag.* 678. *n°.* 29.

Chrysomela atro-purpurea, elytris coadunatis, alis nullis. Geoff. *inf. tom.* 1. *pag.* 265. *n°.* 19.

La Chrysomèle à un seul étui. Geoff. *Ib.*

Schaeff. *Elem. ent. tab.* 1. *fig.* 6. — *Icon. inf. tab.* 126. *fig.* 1.

Chrysomela tenebricosa. Laichart. *Inf. tom.* 1. *p.* 151. *n°.* 1.

Chrysomela tenebricosa. Fuesly. *Arch. inf. tab.* 23. *fig.* 1.

Chrysomela caraboides. Fourc. *Entom. par.* 1. *p.* 151. *n°.* 19.

Cette Chrysomèle varie beaucoup pour la grandeur; les plus grandes ont environ huit lignes de long, & les plus petites trois. Il y a une disproportion très-remarquable dans les deux sexes. Le corps est ovale, renflé, d'un noir foncé, souvent un peu violet, plus mat dans les femelles. Les antennes sont violettes, moliniformes. Le sommet de la tête a un enfoncement en forme de V. Le corcelet est échancré antérieurement, arrondi à sa partie postérieure, finement pointillé. Les élytres sont lisses, très-convexes, réunies à la suture, pointillées; leur rebord extérieur est large & recouvre les côtés de l'abdomen. Il n'y a point d'ailes en-dessous. Les pattes sont noires ou violettes; les pelottes des tarses sont d'un brun ferrugineux.

La larve se nourrit de la plante, connue vulgairement sous le nom de *Caille-lait*, & de toutes les plantes rubiacées; elle est violette, très-renflée, avec l'extrémité fauve: elle est quelquefois d'une belle couleur bronzée. Sa démarche est fort lourde. Elle se métamorphose dans la terre.

Elle se trouve par terre, dans les bois, les haies, les jardins, au midi de l'Europe.

2. Chrysomele raboteuse.

Chrysomela rugosa.

Chrysomela aptera, nigra, elytris nigro-æneis rugosis, abdomine pedibusque cærulescentibus, thorace lunato.

Tenebrio rugosus *apterus niger, elytris rugosis, abdomine pedibusque cærulescentibus, thorace lunato.* Lin. *Syst. nat. p.* 678. *n°.* 27.

Elle ressemble entièrement à la Chrysomèle Ténébrion; mais elle est plus grande. Les antennes sont noires, moniliformes. La tête & le corcelet sont noirs & lisses. L'écusson est noir, petit, triangulaire, plus large que long. Les élytres sont d'un noir bronzé, arrondies, presque globuleuses, raboteuses. Le dessous du corps & les pattes sont d'un noir violet.

Elle se trouve au midi de la France, en Espagne, en Afrique.

3. Chrysomele Morio.

Chrysomela Morio.

Chrysomela ovata, atra, antennis pedibusque nigris. Fab. *Mant. inf. t.* 1. *p.* 66. *n°.* 2.

Elle est un peu plus grande que la Chrysomèle lusitanique. Tout le corps est d'un noir un peu brun, luisant en dessus, noir en-dessous. Les antennes sont noires. Le corcelet est lisse, avec une impression latérale. L'écusson est petit & triangulaire. Les élytres ont des stries régulières, très-peu enfoncées. Les pattes sont noires; le dernier article des tarses est d'un roux brun en-dessous.

Elle se trouve dans les terres australes.

4. Chrysomele de Gottingue.

Chrysomela gœttingensis.

Chrysomela ovata, atra, pedibus violaceis. Lin. *Syst. nat. pag.* 586. *n°.* 4. — *Faun. suec.* *n°.* 506.

Chrysomela gœttingensis. Fab. *Syst. ent. p.* 94. *n°.* 2. — *Spec inf. tom.* 1. *p.* 116. *n°.* 2. — *Mant. inf. tom.* 1. *pag.* 67. *n°.* 3.

Chrysomela violaceo-nigra; *ovata violacea nigra, thorace corporeque convexis.* Deg. *Mém. inf. tom.* 5. *p.* 298. *n°.* 8.

Chrysomèle ovale d'un noir violet luisant, à corcelet & corps voûté. Deg. *Ib.*

Chrysomela gœttingensis. Laichart. *Inf. t.* 1. *p.* 145. *n°.* 4.

Chrysomela gœttingensis. Naturf. 24. *pag.* 67. *n°.* 17.

Chrysomela gœttingensis. Vill. *Ent. tom.* 1. *p.* 117. *n°.* 1.

Elle a quatre lignes de long & deux & demie de large: elle est ovale, fort convexe en dessus, noire, luisante, avec un peu de violet, sur-tout en dessous; les antennes sont de la longueur du corcelet; les articles sont presque tous égaux. Le corcelet & les élytres ont des points enfoncés, disposés sans ordre; les points des élytres se touchent en quelques endroits, & les font paroître un peu raboteuses. Les pattes sont noires; les éponges des tarses sont d'un fauve obscur.

Elle se trouve en Allemagne, sur les Gramens.

5. Chrysomèle rayée.

Chrysomela vittata.

Chrysomela ovata, cyanea, elytris margine vittaque media flavis. Fab. *Sp. inf. tom.* 1. *p.* 116. *n°.* 3. — *Mant. inf. tom* 1. *pag.* 67. *n°.* 4.

Chrysomela vittata. Naturf. 24. *p.* 37. *tab.* 2. *fig.* 1.

Elle est grande, ovale, renflée, azurée, brillante. Les élytres sont lisses, bordées extérieurement de jaune, avec une raie longitudinale, jaune au milieu, réunie à la bordure des élytres à leur bâse & à leur extrémité.

Elle se trouve en Amérique.

6. Chrysomele bicolor.

Chrysomela bicolor.

Chrysomela ovata, viridi-ænea, subtus violacea. Fab. *Syst. ent. p.* 95. *n°.* 3.—*Spec. inf. t.* 1. *p.* 116. *n°.* 4. — *Mant. inf. tom.* 1. *pag.* 67. *n°.* 5.

Chrysomela viridi cærulea. Forsk. *Desc. p.* 77. *n°.* 2.

Elle a la grandeur de la Chrysomèle du Peuplier; elle est d'un bronzé obscur en dessus; les élytres ont des stries disposées par paires, & formées par des points enfoncés. Le corps est violet en dessous.

Elle se trouve en Orient.

7. Chrysomele semblable.

Chrysomela affinis.

Chrysomela ovata, obscure ænea, subtus violacea, elytris lævibus. Fab. *Mant. inf. tom.* 1. *p.* 67. *n°.* 6.

Elle est deux fois plus petite que la Chrysomele bicolor, à laquelle elle ressemble beaucoup. Sa forme est ovale. Le corps est en dessus d'un bronzé obscur, mat. Les élytres sont lisses; le dessous du corps est violet.

Elle se trouve en Afrique.

8. Chrysomele lusitanique.

Chrysomela lusitanica.

Chrysomela ovata, thorace cupreo, elytris æneis, subtus violacea. Fab. *Sp. inf. tom.* 1. *pag.* 116. *n°.* 5. — *Mant. inf. tom.* 1. *pag.* 67. *n°.* 7.

Elle est un peu plus grande que la Chrysomèle de Banks, & un peu plus convexe : les antennes ont une moitié d'un noir violet luisant, & l'autre moitié d'un noir mat. La tête est bronzée ; le corcelet est cuivreux, presque bronzé, un peu luisant, & très-finement pointillé. L'Ecusson est très-petit, assez large & triangulaire. Les élytres sont irrégulièrement pointillées & d'une couleur bronzée. Le dessous du corps & les pattes sont d'un cuivreux violet, peu brillant. Les tarses sont noirâtres.

Elle se trouve en Portugal.

9. Chrysomele de Banks.

Chrysomela Bankii.

Chrysomela ovata, supra ænea, subtus ferruginea. Fab. *Syst. ent. pag.* 95. *n°.* 4. — *Sp. inf. tom.* 1. *pag.* 117. *n°.* 7. — *Mant. inf. tom.* 1. *pag.* 67. *n°.* 9.

Elle est longue de cinq lignes & large de trois; le corps est ovale, bronzé, luisant, en dessus. La bouche & les antennes sont d'un fauve obscur. Le corcelet est pointillé, avec un enfoncement longitudinal de chaque côté des rebords. L'écusson est triangulaire. Les élytres ont des points enfoncés, plus grands que ceux du corcelet, placés sans ordre, irréguliers, réunis en quelques endroits. Les aîles sont rouges; le dessous du corps & les pattes sont d'un fauve obscur, plus foncé sur la poitrine & sur l'abdomen.

Elle se trouve en Provence, en Portugal.

10. Chrysomele fémorale.

Chrysomela femoralis.

Chrysomela ovata, supra nigra, subtus violacea, femoribus rufis.

Elle ressemble, pour la forme & la grandeur, à la Chrysomèle de Banks : elle est ovale, noire, luisante en dessus. Le premier article des antennes est brun. Le corcelet est pointillé, avec un enfoncement sur les côtés, peu apparent. L'écusson est triangulaire. Les élytres ont des points enfoncés, sans ordre, moins sensibles que ceux de la Chrysomèle de Banks; le dessous du corps & les pattes sont violets; les cuisses & les rebords de l'abdomen, près de la base, sont fauves.

Elle se trouve en Provence.

11. Chrysomele ferrugineuse.

Chrysomela ferruginea.

Chrysomela ovata, ferruginea, abdomine pedibusque nigris.

Chrysomela ovata, ferruginea, subtus nigra. Fab. *Sp. inf. tom.* 1. *pag.* 117. *n°.* 6. — *Mant. inf. t.* 1. *p.* 67. *n°.* 8.

Elle est un peu plus grande que la Chrysomèle du Peuplier. Les antennes sont noires, filiformes, avec les trois premiers articles ferrugineux. Le corps est d'une couleur ferrugineuse, un peu foncée. Le corcelet est lisse, avec une légère impression de chaque côté L'écusson est assez grand & arrondi postérieurement. Les élytres sont finement & irrégulièrement pointillées. Le dessous du corcelet est ferrugineux. La poitrine est noire, avec les côtés ferrugineux. L'abdomen & les pattes sont noirs.

Elle se trouve dans l Afrique équinoxiale.

12. CHRYSOMELE pustulée.

CHRYSOMELA pustulata.

Chrysomela ovata, atra, elytris fasciis quinque punctorum rubrorum, sterno antice producto.

Chrysomela undata *ovata nigra, elytris glabris: fasciis transversalibus undatis maculisque rubris.* DEG *Mém. inf. t. 5. p. 350. n°. 2. Pl. 16. fig 9.*

Chrysomèle ovale noire, à étuis lisses avec des bandes transversales ondées & tachetées, rouges. DEG. *Ib.*

Erotylus pustulatus *ater, elytris fasciis quinque punctorum fulvorum.* FAB. *Sp. inf. append. tom. 2. p.* 498. — *Mant. inf. tom. 1. pag. 91. n°. 6.*

Cette Chrysomèle est longue de neuf lignes, & large de six : elle est ovale, très-convexe, noire, luisante en dessous. Les antennes sont un peu plus longues que le corcelet; les premiers articles sont arrondis, & les derniers sont alongés; le troisième est le plus long de tous. Les yeux sont noirâtres. Le corcelet est échancré antérieurement pour recevoir la tête, convexe au milieu, aplati sur les côtés, très-peu rebordé; on y remarque deux principaux enfoncemens arrondis sur le milieu du dos, & d'autres plus petits. Les élytres ont chacune cinq rangées transversales de taches rouges, qui se réunissent dans quelques individus; la première rangée est composée de cinq taches, de même que la seconde; la troisième n'en a que quatre: la dernière se prolonge le long de la suture, & forme la quatrième tache de la rangée suivante; l'extrémité des élytres est terminée par une tache alongée. Le rebord des élytres est large & embrasse un peu les côtés de l'abdomen. Les pattes sont d'un noir violet. Le sternum est avancé en pointe très-forte, conique.

Elle se trouve à Cayenne, à Surinam.

13. CHRYSOMELE pointillée.

CHRYSOMELA punctatissima.

Chrysomela ovata atra, elytris flavis punctis numerosissimis nigris, sterno cornuto.

Elle est un peu plus grande que la Chrysomèle pustulée. Le corps est noir, convexe, ovale, presque hémisphérique. Les élytres sont lisses, jaunes, marquées d'une infinité de poinrs noirs. Le sternum est très-avancé, pointu, un peu recourbé.

Elle se trouve à Cayenne, d'où elle m'a été envoyée par M. Tugni, ingénieur-géographe du roi.

14. CHRYSOMELE miliaire.

CHRYSOMELA miliaris.

Chrysomela ovata, capite thoraceque viridi-aeneis; elytris nigris, maculis plurimis rubris; sterno antice producto.

Chrysomela rubro-punctata *ovata, capite thoraceque viridi-aeneis, obscuris; elytris nigris maculis plurimis rubris punctisque excavatis.* DEG. *Mém. inf. tom. 5. pag. 350. n°. 3. tab. 6. fig. 10.*

Chrysomèle ovale, à tête & corcelet d'un vert obscur bronzé, à étuis noirs avec plusieurs taches rondes rouges & des points concaves. DEG. *Ib.*

Elle est longue de cinq à six lignes & large de quatre environ. Elle est ovale & très-convexe. Les antennes sont noires, un peu plus longues que le corcelet, avec les derniers articles aplatis, un peu plus gros; les yeux sont noirâtres; la tête est d'un vert bronzé obscur, luisant. Le corcelet est d'un vert bronzé noirâtre luisant, pointillé, un peu convexe. Les élytres sont noires, luisantes, avec une vingtaine de taches d'un rouge pâle sur chaque, & des points concaves, sans ordre. Le dessous du corps & les pattes sont noirs, luisans; le sternum est avancé en pointe conique.

Elle se trouve à Surinam.

15. CHRYSOMELE aiguë.

CHRYSOMELA acuminata.

Chrysomela hemispherica viridis nitens, thorace emarginato, sterno porrecto acuto.

Elle ressemble entièrement, pour la forme du corps, à la Chrysomèle pustulée; mais elle est un peu plus petite. Les antennes sont moniliformes, d'un bleu noirâtre luisant. Le corps est d'une belle couleur verte en dessus, & d'un vert bleuâtre en dessous. Le corcelet est échancré antérieurement. L'écusson est triangulaire. Les élytres sont lisses; le sternum est terminé antérieurement en une épine forte & avancée.

J'en ai vu à Londres dans le cabinet de feu M. Hunter, un individu cuivreux, & presque de la grandeur de la Chrysomèle pustulée.
Elle se trouve au Brésil.

16. CHRYSOMELE arquée.

CHRYSOMELA arcuata.

Chrysomela avata, aenea, elytris pallide-flavis; fasciis duabus arcuatis nigris, sterno porrecto acuto.

Elle est ovale, plus grande que la Chrysomèle du Gramen. La tête est d'un noir bronzé, avec une petite ligne enfoncée, longitudinale, postérieure. Le corcelet est d'un noir bronzé, lisse, légement échancré antérieurement. L'écusson est petit, triangulaire, d'un noir bronzé. Les élytres sont lisses, finement pointillées, d'un jaune paille, avec la suture, les bords & deux bandes arquées, d'un noir bronzé; les bandes ne vont pas jusqu'aux bords latéraux, & la seconde est interrompue à la suture. Le dessous du corps est d'un noir brun : le sternum est noir, très-avancé, recourbé, pointu.

Elle se trouve. . . . .
du cabinet de M. Geoffroi.

17. CHRYSOMELE maculée.

CHRYSOMELA maculata.

Chrysomela ovata testacea, elytris flavis aneo variegatis, sterno antice producto.

Elle est un peu plus grande que la Chrysomèle philadelphique. Elle est ovale & très-convexe. Le corps est testacé. Les antennes sont de la longueur du corcelet. La tête est bronzée, luisante, avec une impression sur le vertex; les yeux sont noirs. Le corcelet est bronzé, échancré antérieurement, avec plusieurs points enfoncés. L'écusson est bronzé, triangulaire : les élytres sont jaunâtres avec les bords extérieurs, la suture & des taches, bronzés; on voit sur chaque élytre une grande tache arquée près de l'angle extérieur de la base, une seconde vers l'extrémité moins alongée & irrégulière, une troisieme vers le milieu de la suture, commune aux deux élytres; elles ont des points enfoncés, bruns, formant des commencemens de stries. Le dessous du corps & les pattes sont testacés; le sternum est avancé en pointe conique.

Elle se trouve à Cayenne, d'où elle m'a été envoyée par M. Tugni.

18. CHRYSOMELE bossue.

CHRYSOMELA gibbosa.

Chrysomela ovata nigra, elytris flavis; fasciis duabus punctisque baseos nigris. FAB. *Syst. ent. p. 95. n°. 5. — Sp. inf. tom. 1. pag. 117. n°. 8. — Mant. inf. tom. 1. pag. 67. n°. 10.*

Chrysomela gibbosa *ovata nigra, elytris testaceis nigro punctatis, fascia media posticaque nigris.* LIN. *Syst. nat. pag. 586. n°. 2. — amanit. acad. t. 6. p. 393. n°. 13.*

GRONOV. *Zooph. 606. t. 14. fig. 5. coccinella.*

Chrysomela gibbosa. FUESL. *Archiv. inf. tab. 23. fig. 2.*

Elle est de la grandeur de la Chrysomèle du Gramen, ovale & de couleur noire. Les élytres sont très-élevées, jaunâtres, avec deux bandes noires dentées, & quatre points noirs à leur base; le dernier est transversal & commun aux deux élytres.

Elle se trouve dans l'Amérique méridionale.

19. CHRYSOMELE trimaculée.

CHRYSOMELA trimaculata.

Chrysomela ovata cyanea, coleoptris flavis : fascia maculisque duabus nigris. FAB. *Syst. ent. p. 95. n°. 6. — Sp. inf. tom. 1. pag. 117. n°. 9. — Mant. inf. tom. 1. pag. 67. n°. 11.*

Chrysomela trimaculata *ovata nigra, elytris flavis, maculis tribus oblongis nigris, intermedia sutura communi.* LIN. *Syst. nat. p. 592. n°. 45.*

Elle est de la grandeur de la Chrysomèle du Peuplier; mais elle est un peu plus ovale & plus convexe. Les antennes sont d'un noir violet, luisant, à leur base, & d'un noir mat à leur extrémité. La tête & le corcelet sont noirs bleuâtres, pointillés. L'écusson est triangulaire & violet. Les élytres sont jaunes, avec une large bande violette, noirâtre, qui n'atteint pas les bords latéraux; vers l'extrémité de chaque élytre, il y a une grande tache triangulaire, violette noirâtre. Le corps en dessous & les pattes sont d'un noir violet.

Elle se trouve en Amérique.

20. CHRYSOMELE jaune.

CHRYSOMELA lutea.

Chrysomela ovata testacea, elytris flavis, femoribus posticis tibiisque intermediis dentatis.

Elle est longue de six à sept lignes, sur quatre de large. Le corps est testacé luisant. Les antennes sont moniliformes, de la longueur du corcelet, noirâtres, avec la base testacée. Les yeux sont d'un brun verdâtre, avec la prunelle noirâtre; le sommet de la tête a une légere impression. Le corcelet est échancré antérieurement, peu élevé, avec quelques enfoncemens à sa partie supérieure. Les élytres sont d'un jaune un peu testacé, avec dix stries, sur chaque, formées par des points enfoncés; le dessous du corps est testacé. Les pattes sont noirâtres, avec les cuisses testacées; les cuisses postérieures & les jambes intermédiaires ont une dent; les pelottes des tarses sont d'un brun grisâtre.

Elle se trouve aux indes Orientales.

21. CHRYSOMELE de l'Adonis.

Chrysomela Adonidis.

Chrysomela atra, thoracis margine flavo, puncto nigro, elytris flavis sutura vittaque nigris. FAB. *Spec. inf. tom.* 1. *pag.* 117. *n°.* 10. — *Mant. inf. tom.* 1. *p.* 67. *n°.* 12.

Chrysomela trilineata. FAB. *Gen. inf. mant. pag.* 219.

Chrysomela Adonidis. FUESL. *Arch. inf. tab.* 23. *fig.* 17.

Chrysomela Adonidis. PAL. *It.* 1. 463. 29.

Chrysomela Adonidis. Naturf. 24. *pag.* 38.

Elle est un peu plus petite que la Chrysomèle du Gramen. Le corps est ovale, un peu oblong. Les antennes sont noires, luisantes; la tête est jaune, avec la bouche noire & un point noir sur le vertex. Le corcelet est noir, un peu bleuâtre, avec les côtés jaunes, marqués d'un point noir. L'écusson est noir & arrondi postérieurement. Les élytres sont jaunes, avec une large raie d'un noir bleuâtre, qui ne touche ni à la base ni à l'extrémité de l'élytre; la suture est noire jusque vers l'écusson. Le dessous du corps & les pattes sont noirs, luisans.

Elle se trouve en Autriche, en Sibérie, sur l'Adonis.

22. CHRYSOMELE dorsale.

CHRYSOMELA dorsalis.

Chrysomela atra, thoracis margine testaceo, puncto nigro, elytris testaceis, sutura abbreviata atra. FAB. *Gener. inf. mant. pag.* 220. — *Sp. inf. t.* 1. *pag.* 117. *n°.* 11. — *Mant. inf. tom.* 1. *pag.* 67. *n°.* 13.

Chrysomela dorsalis, Naturf. 24. *pag.* 39. *tab.* 2. *fig.* 2.

Elle ressemble beaucoup à la précédente, dont elle n'est peut-être qu'une variété. Elle en diffère en ce qu'elle est un peu plus petite, & que le corcelet & les élytres sont testacés, au lieu d'être jaunes.

Elle se trouve en Autriche.

23. CHRYSOMELE suturale.

CHRYSOMELA suturalis.

Chrysomela ænea, elytris flavis, sutura vittaque æneis. FAB. *Syst. ent. p.* 95. *n°.* 7. *Spec. inf. tom.* 1. *pag.* 112. *n°.* 12. — *Mant. inf. tom.* 1. *pag.* 68. *n°.* 16.

Elle est ovale & plus petite que la Chrysomèle de l'Adonis; les antennes sont testacées; la tête & le corcelet sont bronzés, presque cuivreux, pointillés. L'écusson est petit, triangulaire, bronzé: les élytres sont pointillées, avec quelques stries régulières, vers la suture. Elles sont jaunes avec la suture bronzée, & une raie longitudinale de la même couleur, qui n'atteint ni la base ni l'extrémité. Le dessous du corps est bronzé. Les pattes sont bronzées, avec un peu de brun.

Elle se trouve dans l'Amérique septentrionale, la Caroline, la Georgie.

24. CHRYSOMELE massue.

CHRYSOMELA clavata.

Chrysomela capite thoraceque ferrugineis, elytris nigris, vitta flavescente. FAB. *Mant. inf. tom.* 1. *pag.* 67. *n°.* 14.

Elle est de grandeur moyenne. Le corps est noir: la tête & le corcelet sont fauves, lisses, sans taches; les élytres ont une petite raie longitudinale, obscure, jaunâtre, plus large à ses deux extrémités; les pattes sont noires.

Elle se trouve . . . . .

25. CHRYSOMELE bifasciée.

CHRYSOMELA bifasciata.

Chrysomela testacea, elytris æneis nitidis, punctis duobus, fasciisque duabus flavis. FAB. *Mant. inf. tom.* 1. *p.* 68. *n°.* 15.

Elle est grande, le corps est testacé: les rebords du corcelet sont jaunâtres. Les élytres sont unies, bronzées, très-brillantes, avec un point à la base, un autre à l'extrémité, & deux bandes au milieu qui ne vont pas jusqu'au bord, jaunes.

Elle se trouve à Cayenne.

26. CHRYSOMELE quatorze points.

CHRYSOMELA quatuordecim punctata.

Chrysomela ovata, testacea, coleoptris flavis; punctis sedecim nigris, duobus communibus. FAB. *Sp. inf. tom.* 1. *pag.* 117. *n°.* 15. — *Mant. inf. tom.* 1. *p.* 68. *n°.* 17.

Chrysomela quatuordecim punctata *cylindrica, femoribus posticis incrassatis dentatis, thorace rufo, coleoptris flavis punctis quatuordecim nigris.* LIN. *Syst. nat. pag.* 599. *n°.* 94.

Elle est de grandeur moyenne, le corps est fauve: les élytres sont jaunes, avec six points noirs sur le disque de chaque, & deux autres sur la suture, l'un à la base, l'autre à l'extrémité. Les cuisses postérieures sont renflées & armées d'une dent.

Elle se trouve aux Indes Orientales.

27. CHRYSOMELE surinamoise.

CHRYSOMELA surinamensis.

Chrysomela cyanea glaberrima, antennis plan-

tisque fuscis. FAB. *Syst. ent. pag.* 98. *n°.* 8. — *Sp. inf. tom.* 1. *pag.* 118. *n°.* 14. — *Mant. inf. tom.* 1. *pag.* 68. *n°.* 19.

Chrysomela americana. SULZ. *Hist. inf. tab.* 3. *fig.* 12.

Elle est des plus grandes & d'une forme ovale, un peu alongée. Tout le corps est d'un bleu violet, luisant, pointillé. Les antennes sont filiformes, de la longueur de la moitié du corps, & ont leurs articles plus alongés que ne le sont ceux des antennes des autres espèces. Les six premiers sont bleus, les autres sont d'un noir mat; les yeux sont noirâtres. Le corcelet est très-lisse, plus étroit antérieurement. L'écusson est petit, triangulaire. Les élytres sont rebordées, avec deux pointes mousses à l'angle extérieur de la base. Les pattes sont bleues, avec les cuisses un peu en masse.

Elle se trouve à Surinam, à Cayenne.

28. CHRYSOMELE enflammée.

CHRYSOMELA ignita.

Chrysomela cyanea nitida, elytris æneis, antennis plantisque fuscis. FAB. *Mant. inf. tom.* 1. *pag.* 68. *n°.* 18.

Elle est très-grande. Les antennes sont noirâtres, d'un bleu violet à leur base. La tête, le corcelet, & l'écusson, sont d'un bleu verdâtre, brillant. Les élytres sont bronzées ou d'un vert doré, avec un rebord verdâtre & une protubérance à l'angle extérieur de la base. Le dessous du corps est bleu violet : les tarses sont noirâtres.

Elle se trouve à Cayenne, à Surinam, au Brésil.

29. CHRYSOMELE asiatique.

CHRYSOMELA asiatica.

Chrysomela ovata, viridi-ænea nitidissima, elytris cyaneis. FAB. *Sp. inf. tom.* 1. *pag.* 118. *n°.* 15. — *Mant. inf. tom.* 1. *p.* 68. *n°.* 20.

Chrysomela asiatica. PALL. *It.* 1. *p.* 463. 30.

Elle est à peu près de la grandeur de la Chrysomèle surinamoise. Les antennes sont noires, filiformes, de la longueur de la moitié du corps. La tête est verte, cachée dans le corcelet : le corcelet est vert, luisant, arrondi, finement pointillé. L'écusson est vert, petit, triangulaire. Les élytres sont violettes, lisses, brillantes; vues à la loupe, elles paroissent très-finement pointillées. Le corps est d'un vert bleuâtre en dessous; les pattes sont d'un bleu verdâtre.

Elle se trouve en Sibérie.

30. CHRYSOMELE du Gramen.

CHRYSOMELA Graminis.

Chrysomela ovata, viridi-cærulea, nitida, antennis pedibusque concoloribus. LIN. *Syst. nat. pag.* 587. *n°.* 7. — *Faun. suec. edit.* 2. *n°.* 509.

Chrysomela viridi-cærulea. LIN. *Faun. suec. edit.* 1. *n°.* 419.

Chrysomela Graminis. FAB. *Syst. ent. pag.* 96. *n°.* 9. — *Sp. inf. t.* 1. *p.* 118. *n°.* 16. — *Mant. inf. tom.* 1. *pag.* 68. *n°.* 28.

Chrysomela viridi-cærulea. GEOFF. *tom.* 1. *pag.* 260. *n°.* 10.

Le grand vertubleu. GEOFF. *Ib.*

Chrysomela ovata, viridi-cærulea, aurata, antennis dimidio fuscis, pedibus concoloribus. DEG. *Mém. inf. tom.* 5. *pag.* 304. *n°.* 16.

Chrysomèle ovale d'un vert doré nuancé de bleu, à antennes moitié brunes & à pattes vertes. DEG. *Ib.*

Chrysomela viridi-cærulea nitida. Acta upsal. 1736. *p.* 17. *no.* 1.

Coccinella Graminis. SCOP. *Ent. carn. n°.* 220.

Chrysomela Graminis. POD. *Mus. græc. p.* 26.

SCHAEFF. *Icon. inf. tab.* 21. *fig.* 10.

Chrysomela Graminis. SCHRANK. *Enum. inf. aust. n°.* 132.

Chrysomela Graminis. FOURC. *Ent. par.* 1. *pag.* 118. *n°.* 4.

Chrysomela Graminis. VILL. *Ent. t.* 1. *p.* 118. *n°.* 4.

Elle est longue de quatre à cinq lignes, & large environ de deux & demie. Le corps est ovale, très-convexe, finement pointillé, d'un vert doré, brillant, quelquefois bleuâtre. Les antennes sont filiformes, un peu plus longues que le corcelet, mi-parties de vert & de noirâtre. Les yeux sont noirâtres. La tête a sur le vertex un sillon longitudinal, court, le corcelet est échancré antérieurement, très-peu rebordé, légèrement marqué de quelques impressions latérales. L'écusson est arrondi postérieurement. Les élytres sont lisses, rebordées; les aîles sont rouges, excepté à leur extrémité. Le dessous du corps & les pattes sont d'un vert doré; les pelottes des tarses sont d'un brun pâle.

Elle se trouve dans toute l'Europe, sur les plantes labiées & les graminées.

31. CHRYSOMELE cuivreuse.

CHRYSOMELA cuprea.

Chrysomela capite thoraceque æneis elytris cupreis, corpore atro. FAB. *Syst. ent. pag.* 96. *n°.* 10. —

Spec. in. tom. 1. *p.* 118. *n°.* 17. — *Mant. inf. tom.* 1. *pag.* 68. *n°.* 22.

Chrysomela supra rubro-cupreo, infra nigro nitens. GEOFF. *inf. tom.* 1. *pag.* 263. *n°.* 15?

La Chrysomèle briquetée. GEOFF. *Ib.*

Chrysomela metallica. LAICHART. *tom.* 1. *p.* 144. *n°.* 3.

Chrysomela metallica. FUESL. *Archiv. inf.* 4. *pag.* 55. *n°.* 26. *tab.* 23. *fig.* 14.

Elle ressemble, pour la forme & la grandeur, à la Chrysomèle du Gramen. Les antennes sont noires; la tête est bronzée, avec les yeux noirâtres. Le corcelet est bronzé, finement & irrégulièrement pointillé, avec des rebords épais. Les élytres sont cuivreuses, luisantes, marquées de quelques stries irrégulières, formées par des points enfoncés. Les aîles & le bord de l'abdomen sont rouges; le dessous du corps & les pattes sont très-noirs.

Elle se trouve en France, en Allemagne.

32. CHRYSOMELE hémoptère.

CHRYSOMELA hæmoptera.

Chrysomela ovata, violacea, plantis alisque rubris. LIN. *Syst. nat. pag.* 587. *n°.* 11. — *Faun. suec. n°.* 512.

Chrysomela hæmoptera. FAB. *Syst. ent. pag* 96. *n°.* 10. — *Spec. inf. t.* 1. *p.* 118. *n°.* 18. — *Mant. inf. t.* 1. *pag.* 68. *n°.* 23.

Chrysomela tota violacea. GEOFF. *Inf. tom.* 1. *p.* 258. *n°.* 5.

La Chrysomèle violette. GEOFF. *Ib.*

Chrysomela Hyperici *ovata, subglobosa violaceo-cærulea, nitida, seu viridiuscula, thorace amplo.* DEG. *Mém. inf. tom.* 5. *pag.* 312. *n°.* 20.

Chrysomèle ovale, très-convexe, d'un bleu violet, luisant ou verdâtre, à corcelet large. DEG. *Ib.*

Chrysomela erythroptera. SCHRANK. *Enum inf. aust. n°.* 128.

Chrysomela hæmoptera. LAICHART. *Inf. tom.* 1. *p.* 146. *n°.* 5.

Chrysomela Hyperici. FORST. *Centur. inf.* 1. *pag.* 20. *n°.* 20.

Chrysomela hæmoptera. FOURC. *Entom. par.* 1. *pag.* 106. *n°.* 5.

Chrysomela hæmoptera. VILL. *Ent. t.* 1. *p.* 120. *n°.* 8.

Elle est longue de trois lignes & demie, large de trois; d'une forme ovale, très-convexe. Le corps est d'un bleu violet, luisant ou d'un vert bronzé; il est finement & irrégulièrement pointillé. Les antennes sont un peu plus longues que le corcelet, noires, avec leur base violette. Les yeux sont noirâtres; le corcelet est de la largeur des élytres, échancré antérieurement, court, avec de petits rebords. L'écusson est triangulaire. Les élytres sont lisses, striées irrégulièrement; les stries sont formées par des points enfoncés; les aîles sont rouges. Le dessus de l'abdomen est d'un jaune rougeâtre, plus ou moins foncé. Le corps en dessous & les pattes sont d'un noir violet; les pelottes des tarses sont rougeâtres.

De Géer trouva vers la fin de juin, sur le Millepertuis, *hypericum perfoliatum*, les larves de ces Chrysomèles: elles en mangeoient les feuilles & même les fleurs. Ces larves sont hexapodes, d'un brun un peu rougeâtre; la tête, le premier anneau de l'abdomen qui est écailleux, & les pattes sont noirs ou noirâtres, luisans. Le corps est gros, très-élevé au milieu; son extrémité postérieure est plus grosse que le reste & arrondie. La démarche de cette larve est lourde, & pour marcher plus facilement, elle fait sortir du derrière un mamelon charnu, orangé, au bout duquel est l'ouverture qui sert d'issue aux excrémens.

Elle entre dans la terre, à peu de distance de sa surface, pour s'y changer en une nymphe, ovale, fauve, couverte de quelques petits poils. Ces nymphes ne sont point renfermées dans des coques, & au bout de quelques jours on en voit sortir l'insecte parfait.

Elle se trouve dans toute l'Europe.

33. CHRYSOMELE immaculée.

CHRYSOMELA immaculata.

Chrysomela ovata, ænea, immaculata, antennis pedibusque nigris.

Elle ressemble, pour la forme & la grandeur, à la Chrysomèle du Gramen, mais elle est plus convexe. Tout le corps est bronzé. Les antennes sont noires; le corcelet & les élytres sont pointillés. Les pattes sont noires.

Elle se trouve au Cap de Bonne-Espérance d'où elle a été apportée par M. Dumas.

34. CHRYSOMELE variante.

CHRYSOMELA varians.

Chrysomela ovata cærulea seu viridis, antennis pedibusque nigris. FAB. *Mant. inf. tom.* 1. *p.* 68. *n°.* 24.

Chrysomela varians. act. hall. 1. 272.

Son corps est de grandeur moyenne, entièrement d'un vert bronzé, ou d'un vert bleuâtre ſans taches. Les antennes & les pattes ſont noires. Elle ſe trouve en Saxe.

35. CHRYSOMELE de la Centaurée.

CHRYSOMELA Centaurii.

Chryſomela ovata cuprea nitens, ſubtus viridi-ænea, pedibus cupreis. FAB. *Mant inſ. tom.* 1. *pag.* 68. *n°.* 25.

Elle a la forme & la grandeur de la Chryſomèle variable. Les antennes ſont noires; le corps eſt cuivreux, brillant en deſſus, d'un vert bronzé en deſſous. L'écuſſon eſt bronzé. Les pattes ſont cuivreuſes.

Elle ſe trouve en Allemagne, ſur la Centaurée.

36. CHRYSOMELE ſemiſtriée.

CHRYSOMELA ſemiſtriata.

Chryſomela ovata nigra, elytris flavis; faſcia media nigra; antice poſticeque nigro ſtriatis. FAB. *Syſt. ent pag.* 96. *n°.* 12. — *Spec inſ. tom.* 1. *pag.* 119. *n°.* 19. — *Mant. inſ. t.* 1. *p.* 69. *n°.* 26.

Elle reſſemble, pour la forme & la grandeur, à la Chryſomèle trimaculée : elle eſt ovale. Les antennes ſont teſtacées, de la longueur du corcelet, un peu plus groſſes par le bout. La tête eſt noire. Le corcelet eſt noir, avec le bord antérieur & les côtés jaunes; cette couleur eſt plus large antérieurement que poſtérieurement : vu à la loupe, le corcelet paroît finement pointillé. L'écuſſon eſt petit, noir, triangulaire. Les élytres ſont jaunes; on y remarque une bande noire au milieu, & des lignes longitudinales, rangées en ſtries, courtes, noires, vers la baſe & vers l'extrémité. On voit avec la loupe des ſtries régulières, longitudinales, formées par des points enfoncés. Le deſſous du corps & les pattes ſont noirs.

Elle ſe trouve au Bréſil.

37. CHRYSOMELE du Peuplier.

CHRYSOMELA Populi.

Chryſomela ovata, thorace cæruleſcente, elytris nigris. LIN. *Syſt. nat. pag.* 590. *n°.* 30. — *Faun. ſuec. n°.* 523.

Chryſomela Populi. FAB. *Syſt. ent. p.* 96. *n°.* 13. — *Spec. inſ. tom.* 1. *p.* 119. *n°.* 20. — *Mant. inſ. tom.* 1. *pag.* 69. *n°.* 27.

Chryſomela nigro cærulea, elytris rubris, apice nigris. GEOFF. *Inſ. tom.* 1. *pag.* 256. *n°.* 1.

La grande Chryſomèle rouge à corcelet bleu. GEOFF. Ib.

Chryſomela ovata obſcure cærulea nitida, elytris flavo rubris : puncto terminali nigro. DEG. *Mém. inſ. tom.* 5. *p.* 290. *n°.* 1. *tab.* 8. *fig.* 16.

Chryſomèle ovale d'un bleu foncé luiſant, à étuis rouges jaunâtres avec un point noir à l'extrémité. DEG. Ib.

Scarabæus viridis, alarum thecis miniatis. *Liſt. ſcar. angl. pag.* 381. *n°.* 6.

MERIAN. *Inſ. europ. tab.* 27.

ALBIN. *Inſ. pl.* 63. *a. b. c.*

Chryſomela polita. POD. *Muſ. græc. pag.* 27.

Coccinella Populi. SCOP. *Ent. carn. n°.* 228.

SCHAEFF. *Icon. inſ. tab.* 21. *fig.* 9. — & *tab.* 47. *fig.* 4. 5.

Chryſomela Populi. SCHRANK. *Enum. inſ. auſt. n°.* 123.

Chryſomela Populi. LAICHART. *Inſ. tom.* 1. *pag.* 149. *n°.* 8.

Chryſomela Populi. FOURC. *Ent. par.* 1. *p.* 104. *n°.* 1.

Chryſomela Populi. VILL. *Ent. tom.* 1. *pag.* 127. *n°.* 25.

Var. A. Chryſomela tremula *ovata cæruleſcens, elytris teſtaceis.* FAB. *Mant. inſ. tom.* 1. *pag.* 69. *n°.* 28.

(B) Eadem elytris omnino rubris. GEOFF. *inſ. tom.* 1. *p.* 257.

La petite Chryſomèle rouge à corcelet bleu. GEOFF. *Ib.*

Elle eſt longue de cinq à ſix lignes, large de trois, & d'une forme ovale. Le corps eſt d'un bleu foncé luiſant. Les antennes ſont minces, un peu plus longues que le corcelet : les yeux ſont noirs; le corcelet eſt échancré antérieurement, finement pointillé, avec deux impreſſions longitudinales ſur les côtés. L'écuſſon eſt bleuâtre, petit, arrondi poſtérieurement. Les élytres ſont d'un rouge pâle, noires à leur extrémité, un peu chagrinées, avec des rebords élargis qui embraſſent l'abdomen. Le deſſous du corps & les pattes ſont d'un bleu foncé.

La Chryſomèle du Tremble de M. Fabricius ne nous paroît qu'une variété de celle-ci : elle eſt plus petite, & les élytres ſont entièrement teſtacées.

On les trouve avec les larves en grande quantité ſur le Saule & ſur le Tremble, dont elles mangent les feuilles. Le corps des larves eſt alongé, conique vers le derrière, compoſé de douze anneaux. La tête & les ſix pattes écailleuſes ſont noires, luiſantes; le reſte eſt d'un blanc ſale, avec deux grandes taches noires ſur la plaque

plaque écailleuse du premier anneau, réunies postérieurement, & six rangées de taches noires élevées, de différente grandeur : on remarque de chaque côté du corps neuf mammelons coniques, noirs, desquels la larve fait sortir, quand on la touche, une liqueur blanche, comme laiteuse, très-fétide, dont l'impression se fait sentir long-temps aux doigts qui l'ont touchée. Ces gouttes de liqueur rentrent bientôt après dans les mammelons, sans qu'il en paroisse rien. Sur les quatre derniers anneaux, les deux taches du milieu se confondent & n'en forment plus qu'une grande. Au dessous du corps on voit aussi plusieurs rangées de taches noires, écailleuses, élevées.

Examiné au microscope, le bout du mammelon paroît comme coupé transversalement. L'ouverture est formée par une peau membraneuse, & par des chairs que la larve peut à volonté pousser en-dehors & faire rentrer en-dedans. Il est à présumer que la liqueur qui en sort n'est qu'une excrétion des sucs des feuilles, dont la larve se nourrit. Lorsque celles qu'on lui donne dans les poudriers viennent à se dessécher, la liqueur disparoît.

Pour parvenir à l'état de nymphe, ces insectes se collent contre les feuilles, avec le mammelon du derrière, au moyen d'une liqueur gluante. Leur dépouille reste engagée à l'extrêmité du corps. La nymphe est jaunâtre, avec plusieurs lignes de taches noires. La tête est noire; les élytres & les pattes sont bigarrées de noir. Au bout de quelques jours paroît l'insecte parfait. On trouve souvent sur le Saule les deux sexes accouplés. Le mâle est posé sur le dos de la femelle. Celle-ci pond bientôt des œufs ovales, rougeâtres, placés les uns près des autres.

Elle se trouve dans toute l'Europe.

38. Chrysomele lisse.

Chrysomela polita.

Chrysomela ovata, thorace aurato, elytris rufis. Lin. *Syst. nat. p.* 590. *n°.* 27. — *Faun. suec. edit.* 2. *n°.* 522.

Chrysomela viridi-aenea, elytris rubicundis Lin. *Faun. suec. edit.* 1. *n°.* 427.

Chrysomela polita *ovata, thorace aurato, elytris testaceis.* Fab. *Syst. ent. pag.* 97. *n°.* 16. — *Spec. ins. tom.* 1. *p.* 119. *n°.* 23. — *Mant. ins. tom.* 1. *p.* 69. *n°.* 31.

Chrysomela viridi-aenea, elytris rubicundis, punctis sparsis. Geoff. *Ins. tom.* 1. *pag.* 257. *n°.* 2.

La Chrysomèle rouge à corcelet doré. Geoff. Ib.

Chrysomela ovata viridi-aurata nitida, elytris flavo-rubris. Deg. *Mém. ins. tom.* 5. *p.* 294. *n°.* 2. *tab.* 8. *fig.* 23.

Chrysomèle ovale d'un vert doré luisant, à étuis rouge-jaunes. Deg. *Ib.*

Coccinella polita. Scop. *Ent. carn. n°.* 229.

Schaeff. *Icon. ins. Pl.* 65. *fig.* 9.

Chrysomela polita. Schranck. *Enum. ins. aust. n°.* 124.

Chrysomela polita. Laichart. *Ins. tom.* 1. *p.* 151. *n°.* 10.

Chrysomela polita. Fourc. *Ent. par.* 1. *p.* 105. *n°.* 2.

Chrysomela polita. Vill. *Ent. tom.* 1. *pag.* 127. *n°.* 23.

Elle est de grandeur moyenne & de figure ovale. Le corps est d'un vert doré ou bronzé. Les antennes sont noirâtres, un peu plus longues que le corcelet. Les yeux sont noirâtres; le corcelet est finement pointillé, convexe, avec une impression longitudinale de chaque côté; le disque est d'une couleur bronzée, dorée, éclatante. L'écusson est triangulaire, doré. Les élytres sont d'un rouge jaunâtre, lisses, finement pointillées; elles embrassent tous les côtés de l'abdomen. Le corps en dessous & les pattes sont d'un vert obscur.

Elle se trouve sur le Saule & sur le Peuplier, dans toute l'Europe.

39. Chrysomele staphylée.

Chrysomela staphylea.

Chrysomela ovata, obscure testacea, elytris punctis vagis impressis.

Chrysomela staphylæa *ovata, obscure testacea tota.* Lin. *Syst. nat. pag.* 590. *n°.* 25. — *Faun. suec. n°.* 518.

Chrysomela staphylæa *ovata, obscure testacea.* Fab. *Syst. ent. pag.* 97. *n°.* 14. — *Spec. ins. t.* 1. *pag.* 119. *n°* 21. — *Mant. ins. tom.* 1. *pag.* 69. *n°.* 29.

Chrysomela cuprea *ovata rubro-cuprea nitida, oculis nigris.* Deg. *Mém. ins. tom.* 5. *p.* 294. *n°.* 3. *tab.* 8. *fig.* 24.

Chrysomèle ovale d'un rouge couleur de cuivre luisant, à yeux noirs. Deg. Ib.

Chrysomela staphilæa. Schrank. *Enum. ins. aust. n°.* 129.

Chrysomela staphilæa. Laichart. *Ins. tom.* 1. *p.* 151. *n°.* 9.

Chrysomela staphilæa. Vill. *Ent. tom.* 1. *p.* 126. *n°.* 22.

Elle est de la longueur de la Chrysomèle lisse; mais elle est un peu plus large. Tout le corps est testacé, sans taches, quelquefois d'un rouge cuivreux. Les yeux sont noirs; le corcelet est finement pointillé, convexe, avec une impression latérale, & des rebords épais. Les élytres sont convexes, irrégulièrement pointillées. Les pattes sont de la couleur du corps.

Elle se trouve en Europe.

40. CHRYSOMELE viminale.

CHRYSOMELA viminalis.

Chrysomela ovata nigra, thorace bimaculato, elytris testaceis. LIN. *Syst. nat. pag.* 590. *n°.* 31. — *Faun. suec. edit.* 2. *n°.* 524.

Chrysomela thorace elytrisque rubris. LIN. *Faun. suec. edit.* 1. *n°.* 429.

Chrysomela ovata, nigra, thorace rufo bimaculato, elytris rufis. FAB. *Syst. ent. pag.* 98. *n°.* 22. — *Sp. ins. tom.* 1. *p.* 121. *n°.* 30. — *Mant. ins. tom.* 1. *pag.* 69. *n°.* 39.

Chrysomela rubra, thorace punctis duobus nigris, coleoptrorum sutura nigra. GEOFF. *ins. tom.* 1. *pag.* 265. *n°.* 18.

La Chrysomèle à suture noire. GEOFF. Ib.

Coccinella signata. SCOP. *Ent. carn. n°.* 233.

Chrysomela thoracica. FOURC. *Ent. par.* 1. *p.* 109. *n°.* 18.

Chrysomela viminalis. VILL. *Ent. tom.* 1. *p.* 118. *n°.* 3.

Elle ressemble, pour la forme & la grandeur, à la Chrysomèle à collier. Les antennes sont noires, avec la base jaunâtre. La tête est noire; le corcelet est fauve, convexe, lisse, sans rebords, avec deux points noirs, postérieurement; on trouve une variété qui en a un troisième, plus petit, au milieu des deux. L'écusson est noir & triangulaire. Les élytres sont fauves, sans taches, dans quelques individus, ou marquées, dans d'autres, d'une tache noire sur chaque élytre, près du corcelet; la suture est quelquefois noire; on remarque sur chacune des élytres neuf stries formées par des points enfoncés. Le dessous du corps & les pattes sont noirs; l'anus est rouge. La larve est noire, ridée, & la nymphe est jaune.

Elle se trouve dans toute l'Europe.

41. CHRYSOMELE hémorrhoïdale.

CHRYSOMELA hamorroidalis.

Chrysomela ovata nigra nitida, antennis basi flavescentibus ano supra rubro. LIN. *Syst. nat. pag.* 587. *n°.* 6. — *Faun. suec. n°.* 1508.

Chrysomela hæmorrhoïdalis. FAB. *Syst. entom. pag.* 100. *n°.* 47. — *Sp. ins. tom.* 1. *p.* 126. *n°.* 60. — *Mant. ins. t.* 1. *p.* 72. *n°.* 78.

Chrysomela hæmorrhoïdalis *ovata nigra, seu rufa, thorace punctis duobus nigris, antennarum basi subflava.* DEG. *Mém. ins. tom.* 5. *p.* 296. *n°.* 6.

Chrysomèle ovale ou entièrement noire, ou bien rousse en dessus, à deux points noirs sur le corcelet, & à antennes feuille-morte vers leur origine. DEG. *Ib.*

Coccinella hæmorrhoïdalis. SCOP. *Ent. carn. n°.* 225.

Chrysomela hæmorrhoïdalis. VILL. *Ent. tom.* 1. *p.* 118. *n°.* 3.

Elle ressemble beaucoup, pour la forme & pour la grandeur, à la Chrysomèle viminale, avec laquelle de Géer l'a confondue, les ayant, dit-il, trouvées accouplées ensemble: elle est noire, la base des antennes est fauve; le corcelet est lisse, convexe, sans rebords. Les élytres ont neuf stries, formées par des points concaves. L'anus est rouge.

Elle se trouve en Europe.

42. CHRYSOMELE dix-points.

CHRYSOMELA decempunctata.

Chrysomela ovata, supra rufa, thorace postice elytrisque nigro maculatis.

Chrysomela decempunctata *ovata thorace rubro postice nigro, elytris rufis, punctis subquinis nigris.* LIN. *Syst. nat. pag* 590. *n°.* 32. — *Faun. suec. edit.* 2. *n°.* 525.

Chrysomela supra rufa, thoracis punctis nigris duobus, elytris pluribus. LIN. *Faun. suec. edit.* 1. *n°.* 436.

Chrysomela rubra, elytro singulo maculis quinque nigris. LIN. *Faun. suec. edit.* 1. *app. n°.* 1354.

Chrysomela decem punctata. FAB. *Syst. entom. pag.* 99. *n°.* 25. — *Sp. ins. t.* 1. *p.* 121. *n°.* 33. — *Mant. ins. tom.* 1. *pag.* 69. *n°.* 42.

Chrysomela sex punctata *nigra, thorace rufo punctis duobus elytris punctis tribus nigris.* FAB. *Mant. ins. tom.* 1. *p.* 70. *n°.* 43.

Chrysomela rubra, elytro singulo maculis quinque nigris. GEOFF. *Ins. tom.* 1. *p.* 258. *n°.* 4.

La Chrysomèle rouge à points noirs. GEOFF. *Ib.*

Chrysomela rufipes *ovata supra rufa, subtus nigra, elytris punctis subquinis nigris, pedibus rufis.* DEG. *Mém. ins. tom.* 5. *p.* 295. *n°.* 4. *Pl.* 8. *fig.* 25.

Chrysomèle ovale, rousse en dessus & noire en dessous, à huit ou dix taches noires sur les étuis & pattes rousses. DEG. Ib.

Chrysomela nigripes *ovata supra rubra, subtus*

nigra, thorace macula magna nigra, elytris punctis subquinis nigris. Deg. *Tom.* 5. *p.* 296. *n°.* 5.

Chrysomèle ovale rouge en dessus & noire en dessous, à grande tache noire sur le corcelet, à huit ou dix taches noires sur les élytres & pattes noires. Deg. Ib.

Schaeff. *Icon. inf. tab.* 21. *fig.* 11. — *Tab.* 194. *fig.* 4.

Chrysomela 10 *punctata.* Schrank. *Enum. inf. aust. n°.* 138.

Chrysomela 10 *punctata.* Laichart. *Inf. tom.* 1. *p.* 152. *n°.* 11.

Chrysomela 10 *punctata.* Fourc. *Ent. par.* 1. *pag.* 105. *n°.* 4.

Chrysomela 10. *punctata.* Vill. *Ent. tom.* 1. *pag.* 129. *n°.* 27.

Elle est longue de trois lignes & demie, & large de deux. Les antennes sont noirâtres, fauves à leur base, moniliformes, de la longueur du corcelet. La tête est noire, quelquefois fauve, & enfoncée dans le corcelet : le corcelet est fauve, lisse, sans rebords; la partie postérieure est élevée, marquée d'une grande tache noire, ou de deux à trois points noirs; l'écusson est noir, triangulaire. Les élytres sont fauves, luisantes, avec neuf stries régulières, formées par des points enfoncés, sur chaque. Les élytres ont tantôt un peu de noir à leur base, tantôt différentes taches, ordinairement depuis deux jusqu'à six, sur chaque : quelquefois elles n'en ont que cinq, dont trois sur le bord extérieur, deux autres près de la suture, l'une à la base, l'autre au milieu : le dessous du corps est noir, les pattes sont noires ou fauves; les jambes ont près de leur articulation avec les tarses, une épine bien marquée.

La Chrysomèle six-points de M. Fabricius ne me paroît être qu'une variété de celle-ci.

De Géer a cru trouver dans la différence de la couleur des pattes un caractère suffisant pour former deux espèces : je crois que ce n'est encore qu'une variété, d'autant mieux que cet insecte varie beaucoup. Il auroit dû alors rapporter la Chrysomèle de M. Geoffroy, que nous citons ici, à sa Chrysomèle rufipède, puisque celle de M. Geoffroy a ses pattes fauves.

Elle se trouve sur le Tremble, dans toute l'Europe.

43. Chrysomele fervide.

Chrysomela fervida.

Chrysomela ovata, testacea, elytris aneis, margine testaceo. Fab. *Syst. ent. p.* 97. *n°.* 15. — *Sp. inf. tom.* 1. *p.* 119. *n°.* 22. — *Mant. inf. tom.* 1. *pag.* 69. *n°.* 30.

Elle est assez grande & d'une forme ovale, un peu oblongue. La tête est testacée, & les yeux sont blanchâtres; le corcelet est arrondi, testacé, luisant, avec quatre points noirs, placés sur la partie la plus élevée. Les élytres sont d'un vert luisant, avec les bords testacés.

Elle se trouve dans l'isle de Java.

44. Chrysomele luride.

Chrysomela lurida.

Chrysomela ovata, nigra, elytris fusco-testaceis, punctis impressis nigris.

Chrysomela lurida, *ovata, nigra, elytris castaneis.* Lin. *Syst. nat. p.* 590. *n°.* 28.

Chrysomela lurida Fab. *Syst. ent. pag.* 97. *n°.* 17. — *Sp. inf tom.* 1. *p.* 120. *n°.* 24. — *Mant. inf. tom.* 1. *pag.* 67. *n°.* 33.

Chrysomela nigra, elytris rubris striatis, striis punctatis. Geoff. *inf. tom.* 1. *pag.* 258. *n°.* 3.

La Chrysomèle rouge à corcelet noir. Geoff. Ib.

Chrysomela striata. Fourc. *Ent. par.* 1. *p.* 105. *n°.* 3.

Chrysomela lurida. Vill. *Ent. tom.* 1. *pag.* 127. *n°.* 24.

Elle est presque une fois plus petite que la Chrysomèle lisse; sa forme est ovale. La tête est noire; les antennes sont noires & guères plus longues que le corcelet : le corcelet est noir, pointillé. L'écusson est noir, petit & triangulaire. Les élytres sont d'un testacé brun, avec des points enfoncés, noirs, qui forment quelques stries régulières vers la suture; mais les autres sont placés irrégulierement. Le corps & les pattes sont d'un noir bleuâtre, luisant.

Elle se trouve en Allemagne, en France, sur la Vigne, au témoignage du docteur *Muller*. M. l'abbé de Léoube me l'a envoyée de Provence.

45. Chrysomele lunulée.

Chrysomela lunata.

Chrysomela ovata ferruginea, elytris margine vitta lunulaque media flavicantibus. Fab. *Mant. inf. tom.* 1. *pag.* 69. *n°.* 32.

Elle ressemble, pour la forme & la grandeur, à la Chrysomèle lisse. Tout le corps est d'une couleur ferrugineuse testacée. Les antennes sont testacées, moniliformes; la tête & le corcelet sont pointillés; l'écusson est petit & triangulaire. Les élytres sont irrégulièrement pointillées; mais elles ont deux ou trois ſtries régulières, formées par de petits points, vers la ſuture; on remarque une raie longitudinale près la ſuture, une tache en croiſſant vers le milieu, & les bords extérieurs, jaunes.

Elle ſe trouve......

46. CHRYSOMELE neuf-ſtries.

CHRYSOMELA novemvittata.

Chryſomela ovata, thorace nigro-æneo, coleoptris flavis, vittis novem fuſcis. FAB. *Spec. inſ. tom.* 1. *p.* 120. *n°.* 26. — *Mant. inſ. tom.* 1. *p.* 69. *n°.* 35.

Elle eſt de la grandeur de la Chryſomèle dix points, mais plus ovale. Les antennes ſont brunes à leur baſe & noirâtres à leur extrémité. La tête & le corcelet ſont d'un vert foncé un peu bronzé. L'écuſſon eſt petit, triangulaire, vert bronzé. Les élytres ſont d'un rouge de ſang, avec neuf lignes longitudinales, d'une couleur bleuâtre cuivreuſe. La ſeconde & la quatrième ſont réunies à leur extrémité : on voit une ſtrie de points enfoncés de chaque côté de toutes les rayes. Le deſſous du corps & les pattes ſont bruns.

Elle ſe trouve au Cap de Bonne-Eſpérance.

47. CHRYSOMELE ſtolide.

CHRYSOMELA ſtolida.

Chryſomela ovata ferruginea, capite thoraceque flavis, elytris variegatis. FAB. *Syſt. ent. pag.* 98. *n°.* 19. — *Spec. inſ. tom.* 1. *pag.* 120. *n°.* 27. — *Mant. inſ. tom.* 1. *p.* 69. *n°.* 36.

Elle reſſemble, pour la forme & la grandeur, à la Chryſomèle ſuturale. Les antennes ſont noirâtres, avec les cinq premiers articles ferrugineux. La tête eſt jaune fauve, avec les yeux noirs; le corcelet eſt jaune fauve, ſans taches. L'écuſſon eſt ferrugineux, petit & triangulaire. Les élytres ont des ſtries régulières formées par des points enfoncés : elles ſont mélangées de ferrugineux & de jaune, avec les bords extérieurs jaunes. Le deſſous du corps & les pattes ſont ferrugineux.

Elle ſe trouve en Amérique.

48. CHRYSOMELE nigricorne.

CHRYSOMELA nigricornis.

Chryſomela ovata nigro-ænea, capite, thoracis lateribus elytrorumque macula duplici baſeos ferrugineis. FAB. *Syſt. ent. pag.* 98. *n°.* 20. — *Spec. inſ. tom.* 1. *pag.* 121. *n°.* 28. — *Mant. inſ. t.* 1. *pag.* 69. *n°.* 37.

Elle eſt de grandeur moyenne. Le corps eſt un peu alongé : les antennes ſont noires & grenues; la tête eſt d'un rouge brun. Le corcelet eſt liſſe, noir, luiſant, avec les côtés ferrugineux. L'écuſſon eſt noir & très-petit. Les élytres ſont noires, avec des taches rougeâtres, dont le nombre varie : il y en a une double à la baſe extérieure, quelquefois une autre vers l'extrémité, & rarement une autre au milieu. Le deſſous du corps eſt noir; mais le deſſous du corcelet, les côtés de la poitrine, ceux de l'abdomen & ſon extrémité ſont rougeâtres; les pattes ſont noires, ſans taches.

Elle ſe trouve à la Nouvelle-Hollande.

49. CHRYSOMELE à collier.

CHRYSOMELA collaris.

Chryſomela ovata violacea, thorace marginibus luteo : puncto nigro. LIN. *Syſt. nat. p.* 591. *n°.* 37. — *Faun. ſuec. n°.* 528.

Chryſomela collaris *ovata, violacea, thoracis marginibus albis : puncto nigro.* FAB. *Syſt. ent. pag.* 98. *n°.* 21. — *Sp. inſ. t.* 1. *pag.* 121. *n°.* 29. — *Mant. inſ. tom.* 1. *p.* 69. *n°.* 38.

Chryſomela ovata violacea ſeu viridi-ænea nitida, thorace marginibus rubro : puncto nigro. DEG. *Mém. inſ. t.* 5. *pag.* 302. *n°.* 13.

Chryſomèle ovale violette ou verte bronzée luiſante, à corcelet bordé de rouge avec un point noir. DEG. Ib.

SCHAEFF. *Icon. inſ. Pl.* 52. *fig.* 9. 11.

Chryſomela collaris. SCHRANK. *Enum. inſ. auſt. no.* 141.

Chryſomela collaris. VILL. *Ent. tom.* 1. *p.* 130. *n°.* 30.

Cette Chryſomèle eſt de figure ovale, longue de trois lignes environ ſur deux de large. Sa couleur eſt d'un violet foncé & luiſant; on rencontre des individus qui ſont d'un vert bronzé. Les antennes égalent la longueur du corcelet; elles ſont noires aux deux extrémités, fauves, au milieu, moniliformes & très-ſenſiblement plus groſſes au bout. Le corcelet eſt un peu aplati, fortement rebordé; les rebords ſont larges, élevés, rouges ou d'un jaune rougeâtre, avec un point noir au milieu; j'ai remarqué une cicatrice aſſez grande, de chaque côté. L'écuſſon eſt très-petit, & il paroît ovale. Les élytres ſont irrégulièrement pointillées; le corps en-deſſous & les pattes ſont d'un noir violet.

Elle ſe trouve au nord de l'Europe, en Allemagne, ſur le Saule.

50. CHRYSOMELE pâle.

CHRYSOMELA pallida.

Chryſomela ovata flaveſcens, oculis nigris. LIN.

Syst. nat. pag. 589. *n°.* 25. — *Faun. suec. edit.* 2. *n°.* 521.

Chrysomela pallido-grisea. LIN. *Faun. suec. edit.* 1. *n°.* 423.

Chrysomela pallida. FAB. *Syst. ent. pag.* 99. *n°.* 26. — *Sp. inf. tom.* 1. *pag.* 122. *n°.* 34. — *Mant. inf. tom.* 1. *p.* 70. *n°.* 44.

Chrysomela pallida. LAICHART. *Inf. tom.* 1. *pag.* 153. *n°.* 12.

Elle n'a guère que deux lignes de longueur & une & demie de largeur. Elle ressemble un peu à la Chrysomèle staphylée, mais elle est constamment plus petite, & d'une forme plus alongée. Tout le corps est d'un fauve pâle, luisant. Les antennes sont un peu plus longues que le corcelet, moniliformes, avec le premier article assez gros. Les yeux sont noirs. Le corcelet est pointillé. L'écusson est triangulaire. Les élytres ont des stries formées par des points enfoncés; on voit au milieu, près de la suture, une petite tache noire.

Cette Chrysomèle ne me paroît pas être le Criocère aux yeux noirs de M. Geoffroy, comme l'a cru M. Fabricius. La forme du corcelet & du corps l'éloignent de ce genre, & doivent la faire placer dans celui-ci.

Elle se trouve en Europe sur le Saule.

51. CHRYSOMELE striée.

CHRYSOMELA striata.

Chrysomela ovata, atra nitida, elytris striatis, testaceis, sutura atra. FAB. *Spec. inf. t.* 1. *p.* 122. *n°.* 35. — *Mant. inf. tom.* 1. *pag.* 70. *n°.* 45.

Elle est de la grandeur de la Chrysomèle suturale. Son corps est ovale, très-convexe en dessus. Les antennes sont grenues, noires, brunes à leur bâse. La tête & le corcelet sont d'un noir verdâtre & finement pointillés. L'écusson est triangulaire & d'un noir verdâtre. Les élytres sont testacées, avec la suture d'un noir verdâtre & des stries formées par de petits points enfoncés noirs, qui se réunissent par paires à la partie postérieure. Le dessous du corps & les pattes sont d'un noir bleuâtre luisant.

Elle se trouve au Cap de Bonne-Espérance.

52. CHRYSOMELE de la Patience.

CHRYSOMELA Rumicis.

Chrysomela ovata, thorace fulvo: punctis quatuor nigris, elytris fulvis: sutura vittaque media nigris. FAB. *Mant. inf. tom.* 1. *pag.* 70. *n°.* 47.

Elle a la grandeur & la forme de la Chrysomèle pâle. Les antennes sont noires, avec le premier article fauve. La tête est noire, lisse, brillante, avec un point noir à sa partie supérieure. Le corcelet est fauve, lisse, luisant, avec quatre points noirs en ligne transversale; l'écusson est noir. Les élytres sont fauves, lisses, avec la suture noire, une petite bande noire, placée au milieu, & qui ne va pas jusqu'à sa bâse ni jusqu'au bout des élytres. Le dessous de l'insecte est noir. Les pattes sont fauves.

On la trouve en Espagne sur la Patience épineuse, *Rumex spinosa.*

53. CHRYSOMELE notée.

CHRYSOMELA notata.

Chrysomela ovata, thorace fulvo, punctis quatuor nigris, elytris pallidis, nigro variis. FAB. *Sp. inf. tom.* 1. *pag.* 122. *n°.* 36. — *Mant. inf. tom.* 1. *p.* 70. *n°.* 46.

Elle est petite, ovale, très-convexe, semblable à une Coccinelle. Les antennes sont pâles & grenues. La tête est d'un jaune fauve antérieurement & noire postérieurement. Les yeux sont noirs. Le corcelet est d'un jaune fauve, avec quatre points noirs, placés sur une ligne transversale: il est lisse & très-finement pointillé. L'écusson est noir, petit & triangulaire. Les élytres sont jaunes, avec plusieurs taches irrégulières, noires. Le dessous du corps est d'un jaune fauve, avec le milieu de la poitrine & la base de l'abdomen, noirs. Les pattes sont d'un jaune fauve, sans taches.

Elle se trouve au Cap de Bonne-Espérance.

54. CHRYSOMELE vulpine.

CHRYSOMELA vulpina.

Chrysomela ovata nigra, elytris flavo nigroque variis.

Chrysomela vulpina *ovata, atra, elytris margine punctis quatuor apiceque nigro maculato albis.* FAB. *Sp. inf. tom.* 1. *pag.* 122. *n°.* 37. — *Mant. inf. tom.* 1. *pag.* 70. *n°.* 48.

Elle ressemble beaucoup à la Chrysomèle notée. Les antennes sont noires & grenues. Le corcelet & la tête sont noirs, sans taches, lisses & très-finement pointillés. L'écusson est noir, petit & triangulaire. Les élytres sont mélangées de jaune & de noir. Le bord extérieur est jaune, & la suture est noire: on voit quelques points jaunes distincts à la base, quatre autres vers le milieu, enfin six noirs, vers l'extrémité. Tout le dessous du corps & les pattes sont noirs & luisans. Les élytres ont des stries régulières, peu marquées, formées par une suite de points enfoncés.

Elle se trouve au Cap de Bonne-Espérance.

55. Chrysomele crassicorne.

Chrysomela crassicornis.

Chrysomela ovata, flavescens, elytris maculis duabus nigris. Fab. *Syst. ent. pag.* 99. *n°.* 27. — *Sp. ins. tom.* 1. *p.* 122. *n°.* 38. — *Mant. ins. tom.* 1. *pag.* 70. *n°.* 49.

Elle ressemble beaucoup, pour la forme & pour la grandeur, à la Chrysomèle écarlate. Les antennes vont en grossissant; elles sont pâles à leur base, & noires à leur extrémité. La tête & le corcelet sont jaunes, lisses, finement pointillés. L'écusson est petit, triangulaire & jaune. Les élytres sont jaunes & ont chacune deux taches noires dont une est presque arrondie, & dont l'autre est oblongue; vues à la loupe, les élytres ont des stries régulières, formées par de petits points enfoncés. Tout le dessous du corps est jaune. Les pattes sont noires, avec la base des cuisses pâle.

Elle se trouve à la Nouvelle-Hollande.

56. Chrysomele mi-partie.

Chrysomela dimidiata.

Chrysomela ovata, ferruginea, thorace punctis duobus nigris, elytris viridibus ferrugineo-marginatis.

Les antennes sont ferrugineuses & un peu plus courtes que le corps. La tête est ferrugineuse, sans taches. Le corcelet est ferrugineux, avec deux points noirs. L'écusson est ferrugineux, petit, triangulaire. Les élytres sont d'un vert foncé, brillant, bordé de ferrugineux. Le dessous du corps & les pattes sont ferrugineux.

Elle se trouve à Cayenne.
Du cabinet de M. Geoffroy.

57. Chrysomele variolée.

Chrysomela variolosa.

Chrysomela ovata, nigra, elytris rubris, punctis sparsis impressis cæruleis. Lin. *Syst. nat. pag.* 591. *n°.* 33.

Chrysomela variolosa. Fab. *Syst. ent. pag.* 99. *n°.* 28 — *Spec. ins. tom.* 1. *p.* 122. *n°.* 39. — *Mant. ins. tom.* 1. *pag.* 70. *n°.* 50.

Elle est de grandeur moyenne, & elle ressemble à la Chrysomèle dix-points. Le corps est noir. Le corcelet est lisse. Les élytres ont plusieurs points enfoncés, épars, bleus.

Elle se trouve en Afrique.

58. Chrysomele lapone.

Chrysomela laponica.

Chrysomela ovata, thorace viridi, elytris rubris, fascia inter punctum maculamque lunatam cæruleis. Lin. *Syst. nat. pag.* 591. *n°.* 34. — *Faun. suec. edit.* 2. *n°.* 526.

Chrysomela thorace viridi, coleoptris rubris cruce cærulea. Lin. *Faun. suec. edit.* 1. *n°.* 431.

Chrysomela viridi aurea rubro variegata. act. ups. 1736. *p.* 17. *n°.* 4.

Chrysomela laponica. Fab. *Syst. ent. pag.* 99. *n°.* 29. — *Spec. ins. tom.* 1. *pag.* 123. *n°.* 40. — *Mant. ins. tom.* 1. *pag.* 70. *n°.* 51.

Chrysomela curvilinea *ovata viridi-ænea nitida, elytris fasciis curvis testaceis.* Deg. *Mém. ins. t.* 5. *pag.* 301. *n°.* 12. *tab.* 9. *fig.* 3.

Chrysomèle ovale, d'un vert bronzé, luisant, à raies courbes, d'un jaune fauve sur les étuis. Deg. *Ib.*

Schaeff. *Icon. ins. tab.* 44. *fig.* 2.

Chrysomela laponica. Vill. *Ent. tom.* 1. *p.* 129. *n°.* 28.

Elle est de grandeur moyenne, d'une figure ovale & peu convexe. Le corps est d'un vert noirâtre, luisant, un peu bronzé. Les antennes sont noires, avec la base fauve, & de la longueur du corcelet. Le corcelet est d'un vert bronzé, pointillé; il est peu élevé, très-rebordé, avec un enfoncement longitudinal sur les côtés. L'écusson est petit, triangulaire, d'un vert noirâtre. Les élytres sont d'un rouge incarnat, pâle, avec des taches, une bande & la suture, verdâtres; on voit sur chaque élytre une grande tache arrondie près de la base, une bande au milieu, une seconde tache presque circulaire vers l'extrémité, près de la suture, & au-dessous de la bande. Le corps en-dessous & les pattes sont d'un vert noirâtre. Les jambes sont fauves.

Elle se trouve en Saxe, en Suède, en Laponie, sur le Frêne.

59. Chrysomele ondulée.

Chrysomela undulata.

Chrysomela ovata rufa, elytris fasciis tribus atro-cæruleis, undulatis. Lin. *Syst. nat. p.* 591. *n°.* 35. — *Amœnit. acad. tom.* 6. *p.* 393. *n°.* 14.

Chryſomela undulata. FAB. *Syſt. ent. pag.* 100. *n°.* 30. — *Spec. inſ. tom.* 1. *pag.* 123. *n°.* 41. — *Mant. inſ. tom.* 1. *p.* 70. *n°,* 52.

Elle eſt un peu plus petite que la Chryſomèle du Peuplier, & ſa forme eſt ovale. Le corcelet eſt roux, d'un noir bleuâtre au milieu. Les élytres ſont rouſſes, avec trois bandes d'un noir bleuâtre: la premiere eſt large, ondée, & un peu avancée près la ſuture; la ſeconde eſt plus étroite & plus ondée; la troiſième placée à l'extrémité ſe réunit à la ſeconde le long de la ſuture. Les antennes, les pattes & la partie antérieure de l'abdomen, ſont d'un noir bleu.

Elle ſe trouve dans l'Inde.

60. CHRYSOMELE dix-huit taches.

CHRYSOMELA *octodecim guttata.*

Chryſomela ovata, elytris fuſcis: punctis octo pallidis quibuſdam connexis. FAB. *Syſt. ent. p.* 100. *n°.* 31. —— *Sp. inſ. tom.* 1. *pag.* 123. *n°.* 42. — *Mant. inſ. tom.* 1. *p.* 70. *n°.* 53.

Les antennes ſont noires. La tête eſt pâle, avec une tache noire à ſa baſe. Le corcelet eſt liſſe, pâle, avec trois taches ſur le dos, noirâtres. Les élytres ſont pâles, ſtriées & finement pointillées. On y voit huit petites taches arrondies, pâles, dont quelques-unes ſont réunies à la baſe. L'abdomen eſt noir, avec un rebord pâle.

Elle ſe trouve à la Nouvelle-Hollande.

61. CHRYSOMELE ruficorne.

CHRYSOMELA *ruficornis.*

Chryſomela ovata, viridi-cærulea, elytris flavis, ſutura punctiſque plurimis cæruleis.

Elle reſſemble beaucoup à la Chryſomèle philadelphique; le corps eſt ovale. Les antennes ſont ferrugineuſes. La tête & le corcelet ſont d'un vert bleuâtre. L'écuſſon eſt petit & d'un vert-bleuâtre. Les élytres ſont jaunes, avec la ſuture & pluſieurs taches, bleues. Le deſſous du corps eſt bleuâtre, avec les pattes ferrugineuſes.

Elle ſe trouve...
Du cabinet de M. Geoffroy.

62. CHRYSOMELE quadri-mouchetée.

CHRYSOMELA *quadriguttata.*

Chryſomela ovata, thorace flavo, elytris nigris, maculis tribus albis.

Les antennes ſont filiformes, jaunes; la tête eſt jaune, avec les yeux noirs. Le corcelet eſt arrondi, jaune, ſans taches. Les élytres ſont liſſes, d'un noir bleuâtre, avec trois taches blanches ſur chaque: les deux antérieures preſque réunies & placées ſur une ligne tranſverſale, au milieu de l'élytre, forment une bande interrompue; la troiſième eſt ſituée vers l'extrémité de chaque élytre. Le deſſous du corps eſt d'un jaune obſcur.

Elle ſe trouve dans l'Amérique méridionale.
Du cabinet de M. Dufrène.

63. CHRYSOMELE brune.

CHRYSOMELA *brunnea.*

Chryſomela ovata teſtacea, elytris ſutura lineolaque media fuſcis. FAB. *Spec inſ. tom.* 1. *p.* 123. *n°.* 44. —— *Mant. inſ. tom.* 1. *p.* 71. *n°.* 56.

Elle eſt de la grandeur de la Chryſomèle du Polygonum. Elle eſt ovale, aſſez convexe. Tout le corps eſt d'une couleur brune-marron. Le corcelet eſt liſſe & marqué de deux points noirs. L'écuſſon eſt petit, triangulaire & d'un brun obſcur. Les élytres ſont pointillées; leur ſuture eſt noire, & elles ont une raie longitudinale, plus ou moins longue, au milieu, un peu vers le bord extérieur. Les pattes & le deſſous du corps ſont bruns.

Elle ſe trouve à la Nouvelle-Hollande.

64. CHRYSOMELE du Polygonum.

CHRYSOMELA *Polygoni.*

Chryſomela ovata, nigra, elytris cæruleis, thorace pedibus anoque rufis.

Chryſomela Polygoni *ovata cærulea, thorace femoribus anoque rufis.* LIN. *Syſt. nat. pag.* 589. *n°.* 24. — *Faun. ſuec. n°.* 520.

Chryſomela Polygoni. FAB. *Syſt. ent. pag.* 100. *n°.* 32. — *Spec. inſ. tom.* 1. *pag.* 123. *n°.* 43. — *Mant. inſ. tom.* 1. *pag.* 70. *n°.* 54.

Chryſomela nigra, elytris cæruleo-viridibus, thorace pedibus antennarumque baſi rufis. GEOFF. *Inſ. t.* 1. *p.* 263. *n°.* 16.

La Chryſomèle *verte à corcelet rouge.* GEOFF. *Ib.*

Chryſomela Polygoni *ovata violacea ſeu viridis nitida, thorace lato pedibuſque rufo-flavis.* DEG. *Mem. inſ. tom.* 5. *pag.* 322. *n°.* 26.

Chryſomèle ovale violette ou verte, luiſante, à large corcelet & pattes d'un jaune rougeâtre. DEG. *Ib.*

Scarabæus quartus. RAI. *Inſ. p.* 100.

SCHAEFF. *Icon. inſ. tab.* 161. *fig.* 4. *a. b.*

Chryſomela nitida. POD. *Muſ. græc. pag.* 27.

Bupreſtis ſalicina. SCOP. *Ent. carn. n°.* 199.

Chryſomela Polygoni. SCHRANK, *Enum. inſ. auſt. n°.* 142.

Chrysomela Polygoni. LAICHART. *Inf. t.* 1. *p.* 154. *n°.* 13.

Chrysomela Malvæ. FOURC. *Ent. par.* 1. *p.* 109. *n°.* 16.

Chrysomela Polygoni. VILL. *Ent. tom.* 1. *p.* 125. *n°.* 20.

Elle est longue de deux lignes & large d'une & un quart environ. Le corps est ovale, un peu oblong, d'un violet verdâtre; les femelles, suivant de Géer, sont plus vertes. Les antennes sont noires, avec la base fauve, un peu plus longues que le corcelet; les yeux sont noirâtres. Le corcelet est d'un rouge fauve, luisant; il est large, peu échancré antérieurement, convexe, pointillé, très-peu rebordé; on y apperçoit quelquefois deux petites taches obscures; une antérieure, l'autre postérieure. L'écusson est vert, petit & triangulaire. Les élytres sont d'un bleu verdâtre, luisantes, finement & irrégulièrement pointillées. L'abdomen est rougeâtre en dessus. L'anus & les pattes sont fauves; les tarses sont noirâtres; le corps en dessous est vert ou violet foncé.

Elle se trouve dans toute l'Europe sur la Renouée, *Polygonum aviculare*, dont elle mange les feuilles. Dès qu'on touche la Plante, cet insecte se laisse tomber par terre. Les femelles ont quelquefois l'abdomen excessivement renflé par le grand nombre d'œufs qu'il contient.

65. CHRYSOMELE ruficolle.

CHRYSOMELA ruficollis.

Chrysomela ovata cyanea, antennarum basi thorace pedibusque rufis. FAB. *Mant. inf. tom.* 1. *pag.* 71. *n°.* 55.

Elle diffère très-peu de la Chrysomèle du Polygonum; elle est un peu plus petite. Les antennes sont noirâtres, avec la base fauve; les yeux sont noirâtres; la tête a un point rouge de chaque côté de sa base. Le corcelet est fauve, brillant, sans taches. L'écusson est azuré, petit & triangulaire. Les élytres sont d'un bleu clair, brillant, à peine pointillées. Le corps en dessous est violet; l'anus & les pattes sont fauves.

Elle se trouve dans la Russie méridionale.

66. CHRYSOMELE érythrocéphale.

CHRYSOMELA erythrocephala.

Chrysomela ovato-oblonga, capite thorace pedibusque rufis, elytris cyaneo-viridibus.

Elle ressemble parfaitement à la Chrysomèle du Polygonum, dont elle n'est peut-être qu'une variété. Les antennes sont de la longueur du corcelet, noires, avec la base fauve. La tête est fauve, avec les yeux noirs. Le corcelet est échancré antérieurement, peu rebordé, fauve & lisse. L'écusson est triangulaire. Les élytres sont d'un bleu verdâtre. Le dessous du corps est noir. Les pattes sont fauves, avec l'extrémité des cuisses noirâtre.

Je l'ai reçue de Provence, de M. l'abbé de Léoube.

67. CHRYSOMELE céréale.

CHRYSOMELA cerealis.

Chrysomela ovata aurata, thorace lineis tribus, coleoptris quinque cæruleis. LIN. *Syst. nat. pag.* 588. *n°.* 17.

Chrysomela cerealis. FAB. *Syst. ent. pag.* 100. *n°.* 33. — *Spec. inf. tom.* 1. *p.* 124. *n°.* 45. — *Mant. inf. tom.* 1. *p.* 71. *n°.* 58.

Chrysomela aurea, fasciis cæruleis cupreisque alternis, punctis inordinatis. GEOFF. *Inf. tom.* 1. *pag.* 262. *n°.* 14.

L'arlequin doré. GEOFF. Ib.

SCHAEFF. *Icon. inf. tab.* 1. *fig.* 3.

Chrysomela cerealis. LAICHART. *Inf. tom.* 1. *p.* 156. *n°.* 14.

Chrysomela fasciata. FOURC. *Ent. par.* 1. *p.* 108. *n°.* 14.

Chrysomela cerealis. VILL. *Ent. tom.* 1. *p.* 122. *n°.* 13.

Elle est de grandeur moyenne & d'une forme ovale. Les antennes sont un peu plus longues que le corcelet, noirâtres, avec leur base violette. Les yeux sont noirs. La tête est d'un vert doré, avec un peu de bleu; elle est traversée longitudinalement par une ligne peu profonde; deux grandes taches d'un rouge cuivreux occupent tout le sommet. Le corcelet est convexe, pointillé, échancré antérieurement, entrecoupé alternativement par quatre bandes d'un rouge cuivreux, & trois bleues. Les côtés sont d'un rouge cuivreux. L'écusson est bleu, triangulaire. Les élytres sont finement & irrégulièrement pointillées; on voit sur chacune quatre bandes longitudinales d'un rouge cuivreux, entremêlées d'autant de bandes bleues. Les aîles sont rouges. Tout le dessous de l'insecte est violet; les pelottes des tarses sont brunes.

Cette Chrysomèle se trouve au midi de l'Europe, dans les endroits arides, élevés, parmi les bleds : je l'ai trouvée fréquemment sur le Genêt dans le midi de la France. Elle se laisse tomber lorsqu'on veut la saisir.

68. CHRYSOMELE américaine.

CHRYSOMELA americana.

Chrysomela ovata viridi-ænea, elytris striis quinque

que sanguineis. FAB. *Syst. ent. p.* 100. n°. 34. — *Spec. ins. tom.* 1. *pag.* 124. n°. 46. — *Mant. ins. tom.* 1. *p.* 71. n°. 58.

Chrysomela viridis nitida, striis decem cupreis, punctorum duplici serie. GEOFF. *Ins. t.* 1. *p.* 261. no. 13.

La Chrysomèle à galons. GEOFF. Ib.

Chrysomela nitidula. FOURC. *Ent. par.* 1. *pag.* 108. n°. 13.

Cette Chrysomèle est de grandeur moyenne, & d'une forme ovale. Son corps est d'un vert doré, un peu bronzé brillant. Les antennes sont d'un fauve obscur : les yeux sont noirs, & le sommet de la tête est d'un rouge cuivreux. Le corcelet est lisse, très-brillant, ponctué irrégulièrement sur les côtés, orné d'une raie rouge dorée au milieu, avec les rebords rouges dorés. L'écusson est petit, d'un vert bronzé. Les élytres sont d'un vert bronzé, entrecoupées par dix raies longitudinales, d'un beau rouge cuivreux très-éclatant, dont cinq sur chaque élytre; les raies vertes ont chacune deux rangs de points, qui forment deux stries; les aîles sont rouges. Le dessous de l'insecte est d'un vert obscur; les pattes sont brunes, avec les genoux verts.

Elle se trouve au midi de l'Europe, sur les plantes labiées.

69. CHRYSOMELE superbe.

CHRYSOMELA *superba.*

Chrysomela ovata, supra rubro-cuprea, elytris vitta media suturaque viridi-auratis.

Elle est un peu plus grande que la Chrysomèle céréale, & n'est pas aussi convexe. Elle est ovale : tout son corps en dessus est d'un rouge cuivreux très-éclatant, finement & irrégulièrement pointillé. Les antennes sont d'un fauve obscur, un peu cuivreuses à leur base, plus longues que le corcelet. Les yeux sont noirâtres; la tête & le corcelet sont d'un rouge cuivreux, un peu obscur; le corcelet est élevé dans son milieu & il a sur les côtés une impression longitudinale, courte. L'écusson est petit, triangulaire, d'une couleur cuivreuse obscure. Les élytres sont presque entièrement d'un beau rouge cuivreux, très-brillant; on voit sur chaque une raie d'un vert doré, qui commence à l'angle extérieur de leur base, & se prolonge au milieu des élytres, jusques vers leur extrémité; la suture est d'un vert doré. Les aîles sont rouges. Le dessous du corps est d'un vert soyeux luisant. Les tarses sont bruns.

Elle a été trouvée au Mont Pilat, près de Lyon.

70. CHRYSOMELE agréable.

CHRYSOMELA *festiva.*

Chrysomela ovata nigro-ænea, elytris lineis tribus suturaque antica flavis. FAB. *Syst. ent. p.* 100. n°. 35. — *Spec. ins. tom.* 1. *pag.* 124. n°. 47. — *Mant. ins. tom.* 1. *p.* 71. n°. 59.

Elle a la forme de la Chrysomèle fastueuse; mais elle est deux fois plus petite. Le corps est d'une couleur bronzée obscure; les élytres ont des stries formées par des points enfoncés; elles ont leur bord antérieur & trois lignes longitudinales jaunes; les deux extérieures se réunissent à l'extrémité.

Elle se trouve en Amérique.

71. CHRYSOMELE fastueuse.

CHRYSOMELA *fastuosa.*

Chrysomela ovata, aurea, coleoptris lineis tribus cæruleis. LIN. *Syst. nat. pag.* 588. n°. 18.

Chrysomela fastuosa. FAB. *Syst. ent. pag.* 101. n°. 36. — *Spec. ins. tom.* 1. *p.* 124. n°. 48. — *Mant. ins. tom.* 1. *p.* 71. n°. 60.

Chrysomela viridis nitida, thorace antice excavato, fasciis elytrorum longitudinalibus cæruleis. GEOFF. *Ins. tom.* 1. *p.* 261. n°. 12.

Le petit vertubleu. GEOFF. Ib.

GRONOV. *Zooph.* 561.

Coccinella speciosissima. SCOP. *Ent. carn.* n°. 232.

Chrysomela fastuosa. SCHRANK. *Enum. ins. aust.* n°. 175.

Chrysomela fastuosa. LAICHART. *Ins. tom.* 1. *pag.* 157. n°. 15.

FUESL. *Archiv. ins.* 4. *pag.* 53. n°. 15. *tab.* 23. *fig.* 6.

Chrysomela ænea. FOURC. *Ent. par.* 1. *pag.* 108. n°. 12.

Chrysomela fastuosa. VILL. *Ent. tom.* 1. *pag.* 122. n°. 14.

La longueur de cette espèce est de deux lignes & demie, & sa largeur d'une & demie : elle a beaucoup de ressemblance avec la Chrysomèle du Gramen. Elle est ovale & d'un beau vert doré. Les antennes sont grenues, un peu plus longues que le corcelet, brunes, luisantes à leur base, noirâtres obscures à leur extrémité; les yeux sont noirs; le vertex de la tête est doré, cuivreux. Le corcelet est pointillé, échancré & doré antérieurement, cuivreux vers les côtés, & vert postérieurement. On trouve des variétés où il est entièrement vert. L'écusson est petit, triangulaire, vert. Les élytres sont d'un vert doré, un peu cuivreux, entrecoupé dans le milieu par une raie bleue, avec quelques stries formées par des points. La suture est bleue. Les ailes sont rouges. Le dessous du corps est vert doré ; les côtés de la poitrine sont bleus. Les tarses sont un peu bruns, & les éponges sont blanchâtres.

Elle se trouve en Europe sur les plantes labiées.

72. CHRYSOMELE glorieuse.

CHRYSOMELA gloriosa.

Chrysomela ovata viridis nitida linea unica cærulea. FAB. *Spec. inf. tom. 2. append. p.* 497. — *Mant. inf. tom.* 1. *p.* 71. *n°.* 61.

Elle est oblongue, un peu plus grande que la Chrysomèle fastueuse & moins convexe. Le corps est vert. Les antennes sont un peu plus longues que le corcelet, noirâtres, avec la base brune & luisante ; les yeux sont noirs. Le corcelet est brillant, pointillé irrégulièrement ; les points sont plus larges sur les côtés, & l'on y voit une ligne enfoncée longitudinale ; les rebords sont épais, & ont un reflet bleu. L'écusson est azuré, triangulaire. Les élytres sont un peu chagrinées, irrégulièrement pointillées. L'angle extérieur de la base est protubérant. On voit sur le milieu une petite raie courte, bleue, qui ne paroît bien qu'avec la loupe. La suture est azurée. Le dessous de l'insecte & les pattes sont verts. Les tarses sont bruns, avec les pelottes d'un rougeâtre obscur.

Elle se trouve en France, en Italie. M. Danthoine me l'a envoyée du Dauphiné.

73. CHRYSOMELE spécieuse.

CHRYSOMELA speciosa.

Chrysomela ovata viridi-sericea, elytris lineis duabus aureis. LIN. *Syst. nat. pag.* 588. *n°.* 19.

Chrysomela speciosa. FAB. *Syst. ent. pag.* 101. *n°.* 37. — *Spec. inf. tom.* 1. *p.* 124. *n°.* 49. — *Mant. inf. tom.* 1. *pag.* 71. *n°.* 62.

Coccinella fastuosa. SCOP. *Ent. carn. n°.* 232.

HOLLAR. *Inf. tab.* 6. *fig.* 2.

FUESL. *Archiv. inf.* 4. *pag.* 54. *n°.* 16. *tab.* 23. *fig.* 7. ?

Chrysomela speciosa. VILL. *Ent. tom.* 1. *p.* 123. *n°.* 15.

Elle est semblable, pour la forme du corps, à la Chrysomèle céréale ; mais elle est une fois plus petite. Sa couleur est verte, brillante. Les bords extérieurs & intérieurs des élytres sont dorés. Les antennes sont noires.

Elle se trouve en France, en Allemagne.

74. CHRYSOMELE bordée.

CHRYSOMELA limbata.

Chrysomela ovata, atra : coleoptrorum limbo sanguineo. FAB. *Syst. ent. p.* 101. *n°.* 39. — *Spec. inf. tom.* 1. *pag.* 125. *n°.* 52. — *Mant. inf. tom.* 1. *pag.* 71. *n°.* 66.

Chrysomela nigro cærulea, elytris lucidis, punctatis, margine exteriori & anteriori rubris. GEOFF. *Inf. tom.* 1. *p.* 260. *n°.* 9.

La Chrysomèle bleue à bordure rouge. GEOFF. *Ib.*

SCHAEFF. *Icon. inf. tab.* 21. *fig.* 20.

Chrysomela marginata. FOURC. *Ent. par.* 1. *pag.* 107. *n°.* 9.

Chrysomela limbata. VILL. *Ent. tom.* 1. *p.* 135. *n°.* 54.

Elle a beaucoup de rapports avec la Chrysomèle sanguinolente. Elle est assez arrondie. Tout son corps est d'une couleur noire un peu bleuâtre foncée. Les antennes sont grenues, brunes, un peu plus longues que le corcelet. Le corcelet est pointillé, lisse, avec une impression latérale & longitudinale, & ses bords relevés. L'écusson est noir, triangulaire. Les élytres ont de petits points enfoncés, placés sans ordre ; sur les bords extérieurs & antérieurs on voit une large raie, d'un rouge de sang, livide. Le dessous de l'insecte est noir.

Elle se trouve en France, en Angleterre.

75. CHRYSOMELE sanguinolente.

CHRYSOMELA sanguinolenta.

Chrysomela ovata, atra, elytris margine exteriori sanguineis. LIN. *Syst. nat. pag.* 591. *n°.* 38. — *Faun. suec. n°.* 529.

Chrysomela sanguinolenta. FAB. *Syst. ent. p.* 101. *n°.* 40. — *Spec. inf. tom.* 1. *p.* 125. *n°.* 43. — *Mant. inf. tom.* 1. *pag.* 71. *n°.* 67.

Chrysomela nigro-cærulea, elytris atris punctatis, margine exteriori rubro. GEOFF. *Inf. tom.* 1. *p.* 259. *n°.* 8. *Pl.* 4. *fig.* 7.

La Chrysomèle noire à bordure rouge. GEOFF. *Ib.*

Chrysomela rubro-marginata, *ovata, supra nigra subtus violacea nitida, elytris scabris rubro marginatis.* DEG. *Mém. inf. tom.* 5. *p.* 298. *n°.* 7. *tab.* 8. *fig.* 26.

Chrysomèle *à bordure rouge*, ovale, noire en-dessus, & violette, luisante en-dessous, à étuis chagrinés, bordés de rouge. DEG. *Ib.*

SCHAEFF. *Icon. inf. tab.* 21. *fig.* 15.

SULZ. *Hist. inf. tab.* 3. *fig.* 10.

Chrysomela sanguinolenta. SCHRANK. *Enum. inf. aust.* n°. 133.

Chrysomela sanguinolenta. LAICHART. *Inf. t.* 1. *pag.* 159. *n°.* 16.

Chrysomela sanguinolenta. FOURC. *Ent. par.* 1. *p.* 106. *n°.* 8.

Chrysomela sanguinolenta. VILL. *Ent. tom.* 1. *p.* 131. *n°.* 31.

Cette Chrysomèle est de figure ovale, longue de quatre lignes & demie, sur deux & demie de large. Elle est noire en dessus, pointillée, presque chagrinée. Les antennes sont un peu plus longues que le corcelet. Le corcelet est lisse au milieu; il a sur les côtés un enfoncement longitudinal, & ses bords sont élevés, assez gros. Les élytres sont d'un noir foncé, & bordées de rouge. Les ailes sont rouges. Le dessous du corps & les pattes sont violets.

Elle se trouve en Europe, dans les bois, dans les champs, sur les bords des chemins.

76. CHRYSOMELE marginée.

CHRYSOMELA marginata.

Chrysomela ovata nigro-ænea, elytris margine luteis. LIN. *Syst. nat. p.* 591. *n°.* 39. — *Faun. suec.* *n°.* 530.

Chrysomela marginata. FAB. *Syst. ent. p.* 101. *n°.* 41. --- *Spec. inf. tom.* 1. *pag.* 125. *n°.* 54. — *Mant. inf. tom.* 1. *p.* 71. *n°.* 68.

Chrysomela ovata, supra viridi-ænea obscura nitida, subtus nigra, elytris margine luteo-rubris. DEG. *Mém. inf. tom.* 5. *p.* 103. *n°.* 14.

Chrysomèle ovale, d'un vert obscur, bronzé, luisant en-dessus & noir en-dessous, à étuis bordés de rouge jaunâtre. DEG. *Ib.*

SCHAEFF. *Icon. inf. tab.* 21. *fig.* 19.

Chrysomela marginata. LAICHART. *Inf. tom.* 1. *pag.* 160. *n°.* 17.

Chrysomela marginata. VILL. *Ent. tom.* 1. *p.* 131. *n°.* 32.

Elle est d'une forme ovale, alongée, longue de trois & large de deux lignes. Tout le dessus du corps est d'un noir bronzé, luisant. Les antennes sont un peu plus longues que le corcelet. Le corcelet est rebordé. Les élytres ont des stries formées par des points concaves; & leur bord extérieur est d'un rouge jaunâtre. Le dessous du corps est d'un noir luisant.

Elle se trouve en Europe, dans les prairies.

77. CHRYSOMELE marginelle.

CHRYSOMELA marginella.

Chrysomela oblongo-ovata nigro-cærulea, thorace elytrisque margine luteis. LIN. *Syst. nat. p.* 591. *n°.* 40. — *Faun. suec. n°.* 531.

Chrysomela marginella. FAB. *Syst. ent. p.* 102. *n°.* 42. — *Spec. inf. tom.* 1. *pag.* 125. *n°.* 55. — *Mant. inf. tom.* 1. *pag.* 72. *n°.* 69.

Chrysomela marginella Ranunculi *oblongo-ovata, viridi-ænea obscura nitida, thorace elytrisque margine luteis.* DEG. *Mém. inf. tom.* 5. *p.* 304. *n°.* 15.

Chrysomèle ovale oblongue, d'un vert obscur bronzé, luisant, à corcelet & étuis bordés de jaune fauve. DEG. *Ib.*

Scarabæus antennis clavatis tertius. RAI. *Inf. pag.* 99.

Chrysomela marginella. LAICHART. *Inf. tom.* 1. *p.* 168. *n°.* 18.

Chrysomela marginella. VILL. *Ent. tom.* 1. *pag.* 131. *n°.* 33.

Elle est petite, & d'une figure ovale-oblongue; le corps est entièrement d'un vert bronzé, luisant. Les antennes sont noires. Le corcelet est large, pointillé, légèrement rebordé, avec une large raie jaunâtre, sur les côtés. Les élytres ont le bord extérieur jaunâtre & des stries régulières, disposées par paires, formées par des points enfoncés. Les pattes sont noires.

Elle se trouve en Europe principalement sur la Renoncule âcre, *Ranunculus acris.*

78. CHRYSOMELE hannovriène.

CHRYSOMELA hannoveriana.

Chrysomela ovata cyanea, thorace margine, elytris margine vittaque ferrugineis. FAB. *Syst. ent. pag.* 102. *n°.* 43. — *Spec. inf. tom.* 1. *pag.* 126. *n°.* 56. — *Mant. inf. tom.* 1. *pag.* 72. *n°.* 71.

Chrysomela hannoveriana. VILL. *Ent. tom.* 1. *pag.* 136. *n°.* 55.

Chrysomela hannoveriana. FUESL. *Archiv. inf.* 4. *pag.* 54. *n°.* 22. *tab.* 23. *fig.* 10.

β. *Chrysomela Potentillæ.* FUESL. *Archiv. inf.* 4. *pag.* 55. *n°.* 23. *tab.* 23. *fig.* 11.

γ. *Chrysomela Ranunculi.* FUESL. *Archiv. inf.* 4. *p.* 55. *n°.* 24. *tab.* 23. *fig.* 11.

Elle est de la grandeur de la Chrysomèle marginée; le corps est bleu, luisant & lisse. Les antennes sont noires. Le corcelet a sur les côtés une bordure ferrugineuse, large. Les élytres sont bordées de ferrugineux & ont dans le milieu une petite raie ferrugineuse, qui se réunit à la bordure vers l'extrémité; elles ont des stries formées par des points enfoncés.

On la trouve en Allemagne.

79. CHRYSOMELE variable.

CHRYSOMELA variabilis.

Chrysomela ovata nigra, elytris margine lineisque abbreviatis rubris.

Elle est plus petite & d'une forme plus oblongue que la Chrysomèle sanguinolente. Les antennes sont d'un fauve obscur, à peine plus longues que le corcelet. Le corps est noir. Le corcelet est lisse, sans taches. Les élytres sont pointillées, noires, avec le bord extérieur & quelques lignes longitudinales courtes, d'un rouge plus ou moins pâle. Les pattes sont noires.

Les élytres varient beaucoup; elles sont noires, avec le bord extérieur rouge, ou marquées de lignes rouges, dont le nombre & la forme varient. Une partie des élytres est quelquefois rouge.

Elle se trouve en Espagne.

80. CHRYSOMELE uniponctuée.

CHRYSOMELA unipunctata.

Chrysomela ovata nigra, thorace utrinque macula pallida, elytris pallide testaceis, puncto medio nigro.

Elle ressemble, pour la forme & la grandeur, à la Chrysomèle variable. Les antennes sont noires, pâles à leur base, gueres plus longues que le corcelet. La tête est noire, avec deux points peu marqués, d'un jaune pâle à la partie postérieure. Le corcelet est lisse, noir, avec le bord antérieur & une tache de chaque côté d'un jaune pâle. Les élytres sont pointillées, d'un jaune testacé, avec un petit point noir, au milieu, vers la suture. Le dessous du corps & les pattes sont noirs.

Elle se trouve en Espagne.

81. CHRYSOMELE cinq-points.

CHRYSOMELA quinquepunctata.

Chrysomela ovata nigra, thorace rufo, coleoptris testaceis punctis quinque nigris. FAB. *Mant. inf. tom.* 1. *p.* 72. *n°.* 72.

Elle est de grandeur moyenne. La tête & les antennes sont noires. Le corcelet est arrondi, rougeâtre, sans taches. Les élytres sont lisses, testacées, avec cinq points noirs à la base, un autre à l'extrémité, & un troisième au milieu, commun aux deux élytres. Le dessous du corps est noir.

Elle se trouve à Hambourg.

82. CHRYSOMELE écussonnée.

CHRYSOMELA scutellata.

Chrysomela ovata rufa, coleoptris maculis quinque nigris. FAB. *Mant. inf. tom.* 1. *pag.* 72. *n°.* 73.

Chrysomela scutellata. FUESL. *Archiv. inf.* 4. *pag.* 58. *n°.* 32. *tab.* 23. *fig.* 20. *c.*

Elle est petite. La tête & le corcelet sont fauves, sans taches. Les antennes sont noirâtres à leur extrémité. Les élytres sont lisses, fauves, avec cinq taches noires, une tache commune à la base, deux autres sur chaque au milieu, rapprochées, presque confluentes. L'abdomen est noir à sa base.

Elle se trouve en Allemagne.

83. CHRYSOMELE petite-ligne.

CHRYSOMELA litura.

Chrysomela ovata, rufescens, elytris sutura lineaque longitudinali nigris. FAB. *Syst. ent. p.* 102. *n°.* 44. — *Sp. inf. tom.* 1. *pag.* 126. *n°.* 57. — *Mant. inf. tom.* 1. *p.* 72. *n°.* 74.

FUESL. *Archiv. inf.* 4. *p.* 57. *n°.* 30. *tab.* 23. *fig.* 18. *a.*

Chrysomela litura. VILL. *Ent. tom.* 1. *pag.* 136. *n°.* 56.

Chrysomela olivacea. FORST. *Nov. spec. inf. pag.* 23. ?

Elle est petite, ovale & convexe. Sa couleur est fauve, d'un jaune pâle dans l'un ou l'autre sexe. Les antennes sont fauves, un peu plus longues que le corcelet. Les yeux & le derrière de la tête sont noirs. Le corcelet est lisse, ponctué, convexe, très peu rebordé. L'écusson est noir, arrondi postérieurement. Les élytres sont fauves ou pâles, avec la suture noire, & une ligne noire, longitudinale, placée au milieu & qui n'atteint pas l'extrémité des élytres; cette ligne est quelquefois très-large, & forme une espèce de raie. On voit sur chaque élytre neuf stries, formées par des points enfoncés, disposées par paire. Le dessous du corps est noir. Les pattes sont fauves.

Elle se trouve en France, en Angleterre, sur le Genêt.

84. CHRYSOMELE linéole.

CHRYSOMELA lineola.

Chrysomela ovata, flava coleoptris punctis undecim lineisque duabus nigris. LIN. *Syst. nat. pag.* 592. *n°.* 47.

Chrysomela lineola. FAB. *Syst. ent. pag.* 102. *n°.* 45. — *Sp. inf. tom.* 1. *pag.* 176. *n°.* 58. — *Mant. inf. tom.* 1. *pag.* 72. *n°.* 76.

Elle est très-petite, & de couleur jaune. Les yeux sont noirs; la tête & le corcelet sont pâles. Les élytres sont jaunes, avec des points noirs; trois à la base, deux à l'extrémité, un autre placé au bas de la suture; on remarque un trait noir au milieu de chaque élytre.

Elle se trouve en Amérique.

85. CHRYSOMELE sacrée.

CHRYSOMELA sacra.

Chrysomela ovata supra rufa, thoracis linea punctis duobus elytrorumque sutura nigris, LIN. *Syst. nat. pag.* 593. *n°.* 49.

Chrysomela sacra. FAB. *Syst. ent. pag.* 102. *n°.* 46. — *Sp. ins. tom.* 1. *pag.* 126. *n°.* 59. — *Mant. ins. tom.* 1. *pag.* 72. *n°.* 77.

Elle ressemble, pour la forme & la grandeur, à la Chrysomèle lisse. Les antennes & les yeux sont noirs. La tête est fauve, avec un point noir au milieu, près du corcelet. Le corcelet est roux, avec une grande tache, noire, longitudinale, & un point noir de chaque côté. Les élytres sont fauves, lisses, avec la suture & quelques lignes noirâtres; la plus extérieure est unie à la base avec la plus intérieure; l'intermédiaire fait quelques zigzags vers son extrémité; il y a au milieu de la ligne marginale un avancement qui est rouge. Les aîles sont d'un rouge de sang.

Elle se trouve dans la Palestine.

86. CHRYSOMELE jaunâtre.

CHRYSOMELA flavicans.

Chrysomela ovata flavescens, elytris viridi-cinereis. FAB. *Mant. ins. tom.* 1. *pag.* 72. *n°.* 75.

Elle ressemble, pour la forme & pour la grandeur, à la Chrysomèle petite-ligne. La tête, le corcelet & les pattes sont jaunâtres. Les élytres ont des stries, formées par des points enfoncés, elles sont d'un vert cendré, & leur rebord est un peu jaune.

Elle se trouve en Saxe.

87. CHRYSOMELE fardée.

CHRYSOMELA fucata.

Chrysomela ovata atra, thorace elytrisque viridi-aneis. FAB. *Sp. ins. tom.* 1. *pag.* 126. *n°.* 61. — *Mant. ins. tom.* 1. *pag.* 72. *n°.* 79.

Elle est semblable, pour la forme & la grandeur, à la Chrysomèle viminale. Les antennes sont noires, avec la base d'un noir bleuâtre luisant. La tête, le corcelet & les élytres sont d'une couleur verte bronzée foncée. Le corcelet est lisse au milieu, avec une impression longitudinale de chaque côté. L'écusson est très-petit & triangulaire. Les élytres ont des points presque rouges, rangés en stries, & les stries sont deux à deux. Le dessous du corps & les pattes sont d'un noir bleuâtre, luisant.

Elle se trouve en Italie.

88. CHRYSOMELE fuscicorne.

CHRYSOMELA fuscicornis.

Chrysomela ovata viridi-anea, antennis tibiisque nigris. FAB. *Sp. ins. tom.* 1. *pag.* 126. *n°.* 62. — *Mant. ins. tom.* 1. *pag.* 73. *n°.* 80.

Elle ressemble à la Chrysomèle du Gramen, mais elle est plus petite: les antennes sont noirâtres, assez courtes & grenues. La tête & le corcelet sont d'un vert brillant & légèrement pointillés. L'écusson est triangulaire, petit & d'un beau vert. Les élytres sont d'un beau vert brillant & irrégulièrement pointillées. Le dessous du corps est d'un vert un peu bleuâtre & foncé, luisant. L'abdomen est d'un vert un peu cuivreux, avec les bords postérieurs légèrement rougeâtres. Les pattes sont d'un vert foncé luisant, & les jambes d'un vert noirâtre.

Elle se trouve en Russie.

89. CHRYSOMELE perle.

CHRYSOMELA margarita.

Chrysomela ovata cuprea nitida, antennis nigris, elytris punctatis.

Elle est une fois plus petite que la Chrysomèle philadelphique. Les antennes sont noires. La tête & le corcelet sont lisses, dorés, brillans. L'écusson est triangulaire, lisse, bleu, luisant. Les élytres sont cuivreuses & finement pointillées. Le dessous du corps est d'un bleu foncé, un peu verdâtre. Les pattes sont d'un vert bleuâtre.

Elle se trouve en France, dans les endroits montagneux.

90. CHRYSOMELE biponctuée.

CHRYSOMELA bipunctata.

Chrysomela ovata testacea, elytris macula fusca. FAB. *Spec ins. tom.* 1. *pag.* 127. *n°.* 64. — *Mant. ins. tom.* 1. *pag.* 73. *n°.* 81.

Elle est un peu plus grande que la Chrysomèle philadelphique. Les antennes sont noirâtres, testacées à leur base. Les élytres sont lisses testacées, avec une grande tache noirâtre, au-deçà du milieu. Les pattes sont testacées, avec les tarses noirâtres.

On la trouve au Cap de Bonne-Espérance.

91. CHRYSOMELE philadelphique.

CHRYSOMELA philadelphica.

Chrysomela ovata viridis, elytris flavis, punctis virescentibus oblongiusculis, antennis pedibusque ferrugineis. LIN. *Syst. nat. pag.* 592. *n°.* 44.

Chrysomela philadelphica *ovata viridis, elytris flavis viridi maculatis, antennis pedibusque ferru-*

gineis. FAB. Syst. ent. pag. 103. n°. 49. — Spec. inf. tom. 1. pag. 127. n°. 65. — Mant. inf. tom. 1. pag. 73. n°. 83.

Chrysomela ovata viridi-ænea obscura, elytris flavis: punctis virescenti-æneis oblongiusculis, antennis pedibusque rufis. DEG. *Mém. inf. t. 5. p. 353. n°. 6. Pl. 16. fig. 13.*

Chrysomèle ovale d'un vert obscur bronzé, à étuis jaunes, avec des points alongés verdâtres, bronzés, à antennes & pattes rousses. DEG. Ib.

PETIV. *Gazoph. tab. 26. fig. 11.*

Elle a beaucoup de ressemblance, soit pour la forme, soit pour la grandeur, avec la Chrysomèle sanguinolente. Les antennes sont grenues, un peu plus longues que le corcelet, & d'un rouge brun. La tête & le corcelet sont d'un vert foncé luisant, lisses & légèrement pointillés. L'écusson est petit, triangulaire, d'un vert noirâtre. Les élytres sont jaunes, avec beaucoup de points d'un vert très-foncé, dont quelques-uns oblongs, principalement vers le haut de la suture qui est aussi quelquefois d'un vert très-foncé: elles sont irrégulièrement pointillées. Le dessous du corps est de la même couleur que le corcelet & la tête. Les pattes sont d'un rouge brun.

Elle se trouve en Pensylvanie, en Georgie.

92. CHRYSOMELE occidentale.

CHRYSOMELA occidentalis.

Chrysomela ovata viridi-ænea, pedibus antennisque flavis. LIN. *Syst. nat. pag. 588. n°. 12.*

Chrysomela ovata, viridi-aurea nitidissima, punctis excavatis, antennis pedibusque flavis. DEG. *Mém. inf. tom. 5. p. 353. n°. 7. Pl. 16. fig. 4.*

Chrysomèle ovale d'un vert doré très-luisant avec des points concaves, à antennes & pattes jaunes. DEG. Ib.

Elle est ovale & de grandeur moyenne. Le corps est d'un vert doré, luisant, pointillé. Les antennes sont jaunes; les yeux sont noirs. Les élytres ont un grand nombre de points concaves, disposés en lignes. Les pattes sont d'un jaune d'ocre, clair; les premières sont presque aussi longues que le corps.

Le dessus du corps est quelquefois d'un brun grisâtre ou un peu jaunâtre, garni de points concaves d'un vert luisant.

93. CHRYSOMELE du Cresson.

CHRYSOMELA Armoraciæ.

Chrysomela ovata supra cærulescens subtus nigra, elytris striato-punctatis.

Chrysomela Armoraciæ, *ovata nigra nitidissima subcærulescens subtus nigra.* LIN. *Syst. nat. p. 588 n°. 16. — Faun. suec. n°. 515.*

Chrysomela Armoraciæ *ovata cærulescens nitida, subtus nigra.* FAB. *Syst. ent. p. 103. n°. 50. — Spec. inf. tom. 1. pag. 127. n°. 66. — Mant. inf. tom. 1. pag. 73. n°. 84.*

Chrysomela Plantaginis *subglobosa, supra violacea nitida subtus nigra, punctis excavatis striatis.* DEG. *Mém. inf. tom. 5. pag. 322. n°. 25.*

Chrysomèle presque arrondie, violette, luisante en dessus & noire en dessous, à points concaves alignés. DEG. Ib.

Chrysomela Armoraciæ. SCHRANK. *Enum. in. aust. n°. 143.*

FUESL. *Archiv. inf. 7. tab. 44. fig. 7. c. d.*

Chrysomela Armoraciæ. VILL. *Ent. tom. 1. p. 122. n°. 22.*

Cette Chrysomèle est très-petite, d'une forme presque arrondie, fort convexe. Le dessus du corps est d'un violet foncé luisant ou quelquefois verdâtre, un peu bronzé. Les antennes & les yeux sont noirs. Le corcelet est échancré, élevé, pointillé, très-lisse, avec un petit rebord. L'écusson est triangulaire. Les élytres ont des stries régulières, formées par des points enfoncés. L'anus est d'un brun jaunâtre. Le dessous du corps & les pattes sont noirs.

On trouve cette Chrysomèle sur différentes plantes, telles que la Renoncule d'eau, le Plantain, &c., dans toute l'Europe.

94. CHRYSOMELE du Bouleau.

CHRYSOMELA Betulæ.

Chrysomela ovata violacea, elytris punctis excavato-striatis. LIN. *Syst. nat. pag. 587. n°. 10. — Faun. suec. n°. 514.*

Chrysomela oblongo-violacea, elytris punctato-striatis. FAB. *Syst. ent. pag. 104. n°. 54. — Spec. inf. tom. 1. pag. 129. n°. 76. — Mant. inf. tom. 1. pag. 74. n°. 101.*

Chrysomela nigro-purpurea, punctis excavatis striata. GEOFF. *Inf. tom. 1. pag. 264. n°. 17.*

La Chrysomèle bleue du Saule. GEOFF. Ib.

Chrysomela cærulea salicis *subglobosa viridi-cærulea nitida obscura, punctis excavatis sparsis.* DEG. *Mém. inf. tom. 5. p. 318. n°. 24.*

Chrysomèle presque arrondie, d'un bleu foncé luisant, un peu verdâtre, à points concaves dispersés. DEG. Ib.

RAI. *Inf. pag.* 90. *fcarab.* 5.

ROES. *Inf. tom.* 2. *claff.* 3. *fcar. terr. tab.* 1.

Coccinella Betulæ. SCOP. *Ent. carn.* n°. 221.

PODA. *Muf. græc. pag.* 26.

Chryfomela Betulæ. LAICHART. *Inf. tom.* 1. *pag.* 162. n°. 19.

Chryfomela Betulæ. FOURC. *Ent. par.* 1. *p.* 109. n°. 17.

Chryfomela Betulæ. VILL. *Ent. tom.* 1. *pag.* 120. n°. 7.

Elle eft ovale, prefque hémifphérique & affez petite. Elle eft en deffus d'un bleu foncé luifant, un peu vert, & noire en deffous, avec un reflet violet. Les antennes font noires, brunes à leur bafe, moniliformes, un peu plus longues que le corcelet. Les yeux font noirs. Le corcelet eft liffe, pointillé, peu convexe, légèrement rebordé. L'écuffon eft petit, triangulaire. Les élytres font irrégulièrement pointillées. Les aîles font noirâtres & une fois plus longues que les élytres. Les éponges des tarfes font d'un brun fauve.

On trouve ces Chryfomèles en grande quantité fur le Saule & fur le Bouleau. Les larves y vivent en fociété très-nombreufe : elles font noires, hexapodes, longues de deux lignes & demie : le corps eft un peu applati & terminé en cône. La tête eft garnie de chaque côté d'une petite pointe angulaire, & les fix pattes écailleufes font noires, affez longues, & terminées par un crochet : on voit fur chaque anneau, excepté fur le premier, quatre mammelons coniques, dont le bout eft velu & donne une petite liqueur. Ces mammelons font placés deux à deux fur les côtés du corps. Le dos eft marqué d'un double rang de taches, plus noires que le fond; le deffous de la larve eft verdâtre, avec plufieurs taches noires, difpofées en ligne.

Ces larves fe nourriffent des feuilles du Saule & du Bouleau; mais elles fe contentent d'en détacher la fubftance fupérieure, de manière que la membrane inférieure refte entière; peu à près les feuilles fe deffechent, deviennent brunes, & tombent. Ces larves ont ordinairement l'extrémité de l'abdomen fort élevé, quand elles prennent leur nourriture. Elles exhalent une odeur affez agréable, qui devient encore plus pénétrante, fi on les écrafe; ce qu'on ne remarque pas dans la nymphe.

Pour parvenir à ce nouvel état, elles s'attachent fortement à la feuille par la partie poftérieure du corps, fe raccourciffent enfuite, & fe renflent de manière que la peau fe fend à fa partie fupérieure & antérieure, fe détache & gliffe jufqu'à l'extrémité du corps. Les nymphes font arrondies, d'un vert mêlé de brun & entièrement femblables à celles des Coccinelles; pour peu qu'on les touche, elles s'élèvent perpendiculairement & retombent dans l'inftant, continuant plufieurs fois ce mouvement. Au bout de quinze jours, la peau de la nymphe fe fend vers le corcelet, & on voit fortir l'infecte parfait.

Elle fe trouve dans toute l'Europe, fur les différentes efpèces de Saule, & de Bouleau.

95. CHRYSOMELE pallipède.

CHRYSOMELA pallipes.

Chryfomela ovata nigra, elytris pedibufque pallefcentibus. FAB. *Mant. inf. tom.* 1. *p.* 73. n°. 85.

Elle eft petite. Les antennes font noires, pâles à la bafe. La tête & le corcelet font noirs, liffes, fans taches. Les élytres font très-liffes, un peu pâles. Les pattes font de la même couleur.

Elle fe trouve en Allemagne.

96. CHRYSOMELE du Sophia.

CHRYSOMELA Sophiæ.

Chryfomela ovata cærulea, tibiis plantifque flavis. FAB. *Mant. inf. tom.* 1. *pag.* 73. n°. 86.

Chryfomela Sophiæ *ovata viridis, elytris poftice acuminatis, tibiis plantifque ferrugineis.* SCHALL. *Act. hall.* 1. 272.

Elle a la grandeur & la figure de la Chryfomèle du Creffon. Tout le corps eft liffe, bleu, luifant. Les jambes feules & les tarfes font jaunâtres. Les élytres font un peu terminées en pointe.

Elle fe trouve en Allemagne fur le *Sifymbrium fophia.*

97. CHRYSOMELE bimaculée.

CHRYSOMELA bimaculata.

Chryfomela oblonga atra, elytris teftaceis, macula atra. FAB. *Syft. ent. app. pag.* 820. — *Spec. inf. tom.* 1. *p.* 127. n°. 67. — *Mant. inf. tom.* 1. *p.* 73. n°. 87.

Elle eft de la grandeur & de la forme de la Chryfomèle du Peuplier. Les antennes font grenues, plus groffes par le bout, noires. La tête & le corcelet font très-noirs, fans taches. L'écuffon eft noir. Les élytres font liffes, teftacées, avec une grande tache noire au milieu. Les pattes font noires & l'extrémité de l'abdomen eft teftacée.

Elle fe trouve en Amérique.

98. CHRYSOMELE fafciée.

CHRYSOMELA faciata.

Chryfomela oblonga atra elytris fafciis tribus fla-

vis. FAB. *Syst. ent. app. pag.* 820. — *Spec. inf. t.* 1. *pag.* 128. *n°.* 68. — *Mant. inf. tom.* 1. *pag.* 73. *n°.* 88.

Cette Chrysomèle est grande. Les antennes sont moniliformes, noires, pâles à leur base. La tête est noire, avec le bord postérieur pâle; le corcelet est lisse, très-noir, sans taches, les élytres sont lisses, très-noires, avec trois bandes jaunes : une à la base, une autre au milieu, une troisième vers l'extrémité. L'abdomen est très-noir, avec l'anus jaune. Les pattes sont très-noires, avec le bout des cuisses & les jambes jaunes.

Elle se trouve en Amérique.

99. CHRYSOMELE ruficolle.

CHRYSOMELA *ruficollis.*

Chrysomela oblonga viridi-ænea, thorace pedibusque rufis. FAB. *Syst. ent. app. p.* 820. — *Spec. inf. tom.* 1. *p.* 128. *n°.* 69. — *Mant. inf. tom.* 1. *p.* 73. *n°.* 89.

FUESL. *Archiv. inf.* 7. *pag.* 162. *n°.* 61. *tab.* 45. *fig.* 3.

Elle est de la grandeur de la Chrysomèle du Bouleau. Les antennes sont noirâtres, fauves à leur base. La bouche est fauve, & la tête est d'un vert bronzé. Le corcelet est fauve, sans taches. Les élytres sont vertes, brillantes, sans taches. Le corps en dessous est vert. Les pattes sont fauves.

Elle ressemble beaucoup à la Chrysomèle du Polygonum, & n'en est peut-être qu'une variété.

On la trouve dans l'Europe méridionale.

100. CHRYSOMELE crénelée.

CHRYSOMELA *crenata.*

Chrysomela oblonga subtus ænea, supra cuprea, antennis flavis : articulo quinto & ultimo fuscis. FAB. *Mant. inf tom.* 1. *pag.* 73. *n°.* 91.

Elle est de la grandeur de la Chrysomèle du Peuplier. Les antennes sont jaunes, noires à l'extrémité. La tête & le corcelet sont d'un cuivreux obscur, sans taches, pointillés. Les élytres sont cuivreuses, luisantes, striées. Le corps & les pattes en dessous sont bronzés.

Elle se trouve à Cayenne.

101. CHRYSOMELE cyanicorne.

CHRYSOMELA *cyanicornis.*

Chrysomela ovata rufa, thorace macula dorsali punctisque duobus, coleoptris maculis octo cyaneis. FAB. *Syst. ent. p.* 99. *n°.* 24. — *Sp. inf. tom.* 1. *pag.* 121. *n°.* 31. — *Mant. inf. tom.* 1. *pag.* 69. *n°.* 41.

Elle ressemble beaucoup, pour la forme & la grandeur, à la Chrysomèle cyanipède. Les antennes sont d'un noir bleuâtre & grenues. La tête est rougeâtre, avec une tache d'un bleu foncé sur le vertex. Le corcelet est rougeâtre, avec une tache ovale, d'un bleu noirâtre, au milieu, & souvent un petit point de chaque côté. L'écusson est petit, triangulaire, bleu foncé. Les élytres sont rougeâtres, avec huit taches bleues, savoir deux à la base, trois sur une ligne courbe, dont celle du milieu est commune & trois sur une autre ligne courbe, dont celle du milieu est encore commune & placée à l'extrémité. Le dessous du corcelet est rougeâtre; la poitrine est rougeâtre, avec les côtés d'un bleu foncé. L'abdomen est d'un bleu foncé, avec les bords & l'extrémité postérieure rougeâtres. Les pattes sont d'un bleu foncé, sans taches.

Elle se trouve à la Nouvelle-Hollande.

102. CHRYSOMELE cyanipède.

CHRYSOMELA *cyanipes.*

Chrysomela ovata, rufa, elytris punctis posticeque cyaneis. FAB. *Syst. ent. pag.* 98. *n°.* 23. — *Spec. inf. t.* 1. *p.* 121. *n°.* 31. — *Mant. inf. tom.* 1. *pag.* 99. *n°.* 40.

Elle est plus grande & plus alongée que la Chrysomèle *dix-points*. Les antennes sont d'un noir un peu bleuâtre, grenues. La tête est rougeâtre, avec une tache d'un bleu très-foncé sur le vertex. Le corcelet est rougeâtre, sans taches, avec une petite impression de chaque côté vers la partie postérieure. L'écusson est petit, triangulaire, d'un bleu foncé. Les élytres sont rougeâtres, avec quatre taches bleues foncées. L'extrémité est d'un bleu foncé, & cette couleur remonte un peu le long de la suture : on apperçoit vers la pointe un point rougeâtre. Les élytres, vues à la loupe, paroissent avoir des stries régulières, formées par des points concaves. Le dessous du corps & les pattes sont d'un bleu foncé, noirâtre, luisant.

Elle se trouve à la Nouvelle-Hollande.

103. CHRYSOMELE ceinte.

CHRYSOMELA *cincta.*

Chrysomela ovata, nigro-virescens, nitida, thoracis elytrorumque marginibus rufis.

Elle est de la grandeur & de la forme de la Chrysomèle bordée, mais elle est un peu moins convexe. Les antennes sont un peu plus longues que le corcelet. Les cinq premiers articles sont fauves, & les six derniers sont noirs, plus arrondis. Le corps est d'un noir verdâtre, luisant. Le corcelet est lisse, peu élevé, pointillé, sans rebords. On voit sur les côtés une large bande d'un rouge pâle. Les élytres sont bordées de rouge, & chargées de plusieurs petits points concaves, placés sans ordre.

Le

Le dessous du corps est noir, avec un léger reflet verdâtre. Les pelottes des tarses sont brunes.

Elle a été trouvée au Sénégal par M. Roussillon, Chirurgien major.

105. Chrysomele de Cayenne.

Chrysomela Cajennensis.

Chrysomela oblonga atra, capite thorace femoribus quatuor anticis obscure rufis. Fab. *Mant. inf. tom.* 1. *pag.* 74. *n°.* 93.

Elle est oblongue, un peu plus grande que la Chrysomèle du Peuplier. La tête est fauve, avec la bouche & les antennes noires. Le corcelet est noir, avec une impression dans son milieu. Les élytres sont lisses, très-noires, sans taches. Le dessous du corps & les pattes sont très-noirs; le bord de la poitrine, & les quatre cuisses antérieures sont fauves.

Elle se trouve à Cayenne.

106. Chrysomele douze-points.

Chrysomela duodecimpunctata.

Chrysomela oblonga, thorace flavescente, elytris viridibus punctis sex nigris. Fab. *Syst. ent. p.* 103. *n°.* 52. — *Sp. inf. tom.* 1. *pag.* 128. *n°.* 71. — *Mant. inf. tom.* 1. *p.* 74. *n°.* 96.

Elle ressemble, pour la forme & la grandeur, à l'Altise équinoxiale. Les antennes sont noires, filiformes, avec les trois premiers articles d'un jaune verdâtre. La tête est noire. Le corcelet est jaune, rebordé, guère plus large que la tête, avec deux petites impressions. L'écusson est noir & triangulaire. Les élytres sont d'un jaune verdâtre, avec six taches noires sur chaque, disposées deux à deux. Le dessous du corcelet & l'abdomen sont jaunes. La poitrine est noire. Les pattes sont noirâtres, avec la moitié des cuisses jaune, du côté de la base.

Elle se trouve....

107. Chrysomele de l'Absinthe.

Chrysomela Absinthii.

Chrysomela oblonga pallida, thorace macula, elytris lineis tribus nigris. Fab. *Spec. inf. tom.* 1. *p.* 129. *n°.* 73. — *Mant. inf. tom.* 1. *p.* 74. *n°.* 98.

Chrysomela Absinthii. Pall. *It. tom.* 2. *pag.* 725. *n°.* 70.

Elle est de la grandeur de la Chrysomèle du Peuplier. La tête est pâle, noire à la base. Le corcelet est pâle, avec une tache noire au milieu. Les élytres sont pâles, avec trois lignes très-noires, qui ne vont point jusqu'à la base & jusqu'à l'extrémité. Les pattes sont ferrugineuses, avec les genoux noirs.

Elle se trouve en Sibérie.

108. Chrysomele tricolor.

Chrysomela tricolor.

Chrysomela oblonga, thorace fulvo viridi punctato, elytris viridibus nitidis, abdomine nigro. Fab. *Spec. inf. tom.* 1. *pag.* 129. *n°.* 77. — *Mant. inf. tom.* 1. *p.* 74. *n°.* 102.

Elle est plus grande que la Chrysomèle du Bouleau. La tête est verte, brillante, avec la bouche fauve & les antennes noirâtres. Le corcelet est lisse, brillant, fauve, avec cinq points verts à sa base. Les élytres sont glabres, lisses, luisantes, vertes, sans taches. La poitrine & les pattes sont fauves. L'abdomen est noir, & couvert d'un duvet cendré.

Elle se trouve....

109. Chrysomele de l'Osier.

Chrysomela Vitellinæ.

Chrysomela ovata viridi-cærulea. Lin. *Syst. nat. p.* 589. — *Faun. suec. edit.* 2. *n°.* 519.

Chrysomela æneï coloris. Lin. *Faun. suec. edit.* 1. *n°.* 426.

Chrysomela Vitellinæ. Fab. *Syst. ent. pag.* 104. *n°.* 55. — *Spec. inf. tom.* 1. *pag.* 130. *n°.* 78. — *Mant. inf. tom.* 1. *pag.* 74. *n°.* 103.

Chrysomela oblongo-ovata ænea nitida, abdomine supra nigro apice flavescente, elytris punctis striatis. Deg. *Mém. inf. tom.* 5. *pag.* 323. *n°.* 27.

Chrysomèle ovale-oblongue d'un vert bronzé, luisant, à ventre noir en-dessus, à extrémité jaunâtre & à points alignés sur les étuis. Deg. *Ib.*

Roes. *Inf. tom.* 2. *Scarab.* 3. *p.* 5. *tab.* 1.

Coccinella Vitellinæ. Scop. *Ent. carn. n°.* 224.

Chrysomela Vitellinæ. Schrank. *Enum. inf. austr. n°.* 135.

Chrysomela Vitellinæ. Laichart. *Inf. tom.* 1. *pag.* 164. *n°.* 20.

Chrysomela ferruginea. Fourc. *Ent. par.* 1. *p.* 110. *n°.* 21. ?

Chrysomela Vitellinæ. Vill. *Ent. tom.* 1. *p.* 124. *n°.* 19.

Cette Chrysomèle est d'une figure oblongue, un peu ovale. Elle a deux lignes & demie de long sur une environ de large. Le corps est d'un vert bronzé, très-luisant. Les antennes sont un peu plus longues que le corcelet, & d'un noir bronzé. Le corcelet est plus étroit que les élytres, assez convexe, très-uni, pointillé, sans rebords bien marqués. L'écusson est petit, arrondi postérieurement. Les élytres ont beaucoup de petits points concaves, rangés en lignes régulières. Le dessous de l'insecte est d'un bleu foncé. L'abdomen est noir en dessus, & son extrémité est d'un jaune obscur. Les pattes sont d'un noir bronzé; les pelottes des tarses sont fauves.

Cet insecte se trouve dans toute l'Europe sur le Saule, le Peuplier, & sur différentes plantes aquatiques.

109. CHRYSOMELE commune.

CHRYSOMELA vulgatissima.

Chrysomela oblongo-ovata cærulea, antennis basi ferrugineis. LIN. *Syst. nat. pag.* 589. *n°.* 22. — *Faun. suec. n°.* 517.

Chrysomela vulgatissima. FAB. *Syst. ent. pag.* 104. *n°.* 56. — *Spec. inf. tom.* 1. *pag.* 130. *n°.* 79. — *Mant. inf. tom.* 1. *p.* 75. *n°.* 104.

Chrysomela cæruléa betulæ *oblongo-ovata supra cæruleo-violacea subtus rufescens, punctis excavatis striatis, thorace amplo, antennis longioribus.* DEG. *Mém. inf. tom.* 5. *pag.* 317. *n°.* 23.

Chrysomèle ovale-oblongue bleue-violette en dessus & verdâtre en dessous, à points concaves alignés, à large corcelet & à antennes assez longues. DEG. Ib.

Coccinella vulgatissima. SCOP. *Ent. carn. n°.* 222.

Chrysomela vulgatissima. SCHRANK. *Enum. inf. aust. n°.* 126.

Chrysomela vulgatissima. VILL. *Ent. tom.* 1. *pag.* 124. *n°.* 18.

Elle est de la grandeur & de la forme de la Chrysomèle de l'Osier, elle est d'un bleu violet luisant. Les antennes sont plus longues que le corcelet, noires, avec la base fauve. Le corcelet est fort lisse, légèrement rebordé, plus étroit que les élytres. L'écusson est petit, triangulaire. Les élytres, vues à la loupe, sont couvertes de plusieurs points enfoncés, formant des stries régulières. Le dessous du corps est un peu verdâtre. Les pelottes des tarses sont brunes.

Elle se trouve dans toute l'Europe, sur le Saule & sur le Bouleau.

110. CHRYSOMELE de la Laitue.

CHRYSOMELA Lactucæ.

Chrysomela oblonga capite thoraceque obscure ferrugineis, elytris nigro-æneis. FAB. *Mant. inf. tom.* 1. *pag.* 75. *n°.* 105.

Elle ressemble, pour la forme & la grandeur, à la Chrysomèle de l'Osier. La tête & le corcelet sont d'un brun ferrugineux. Les antennes sont grenues & croissent insensiblement. Les élytres sont bronzées noirâtres, avec des stries formées par des points enfoncés. L'abdomen est noir. Les pattes sont fauves.

Elle se trouve à Dresde.

111. CHRYSOMELE bronzée.

CHRYSOMELA ænea.

Chrysomela ovata viridis nitida, abdomine postice ferrugineo. LIN. *Syst. nat. pag.* 587. *n°.* 8. — *Faun. suec. edit.* 2. *n°.* 510.

Chrysomela viridis nitida, thorace antice excavato. LIN. *Faun. suec. edit.* 1. *n°.* 420.

Chrysomela ænea *oblonga viridis nitida, elytris æneis.* FAB. *Syst. ent. pag.* 104. *n°.* 57. — *Spec. inf. t.* 1. *p.* 130. *n°.* 80. — *Mant. inf. t.* 1. *p.* 75. *n°.* 106.

Chrysomela viridis alni *ovata viridi-aurata nitida, thorace antice excavato, abdomine supra nigro apice testaceo, elytris punctis sparsis.* DEG. *Mém. inf. tom.* 5. *p.* 305. *n°.* 18. *Pl.* 9. *fig.* 4.

Chrysomèle ovale d'un vert doré luisant, dont le corcelet est concave en devant, le dessus du ventre noir, à extrémité jaunâtre & les étuis à points irréguliers. DEG. Ib.

SCHAEFF. *Icon. inf. tab.* 21. *fig.* 3. 4.

Chrysomela ænea. VILL. *Ent. tom.* 1. *pag.* 119. *n°.* 5.

Elle est d'une forme ovale-allongée, longue de trois à quatre lignes sur deux environ de large. Elle est entièrement d'un beau vert doré luisant. Les antennes sont moniliformes, plus longues que le corcelet, d'un vert brun; les yeux sont noirs. Le corcelet est échancré en devant, fort lisse, chargé de petits points concaves, convexe, très-peu rebordé. L'écusson est triangulaire. Les élytres sont irrégulièrement pointillées, quelquefois bronzées. Les aîles sont noires: l'abdomen est noir en dessus, avec l'anus jaunâtre. Les pattes sont d'un vert brun, avec les pelottes des tarses un peu pâles.

De Géer a donné une description étendue de la larve de cette Chrysomèle, que l'on trouve sur les feuilles de l'Aûne, pendant l'été: comme elle peut servir à faire connoître un grand nombre d'autres espèces de ce genre, nous allons entrer dans quelques détails.

La tête est arrondie, écailleuse, noire, garnie de chaque côté d'une petite antenne courte, conique, articulée, derriere laquelle on voit de petits grains élevés, coniques, que de Geer a pris pour des yeux. La bouche a deux mandibules & deux lèvres, dont l'inférieure est mobile, munie de quatre antennules coniques, articulées; les antennules extérieures sont plus grandes que les intérieures.

Le corps est convexe en dessus, un peu aplati en dessous, plus gros au milieu, terminé en pointe, & composé de douze anneaux, munis de chaque côté d'un tubercule conique élevé, dont le sommet laisse échapper une petite goutte de liqueur, d'une odeur semblable à celle des amandes amères: liqueur, que ces larves font sortir en même temps de tous les tubercules, si on vient à les toucher, & qu'elles perdent par le défaut ou par le dessechemment des feuilles qui doivent les nourrir. Elles sont d'un noir pâle en dessus, mêlé de gris. Le premier anneau est d'un gris jaunâtre, avec deux grandes plaques noires; on voit de chaque côté du corps une raie d'un gris jaunâtre, & trois rangées de taches noires, un peu en relief, outre deux suites de taches plus grandes, de la même couleur, placées le long du dos.

Les six pattes ont leur attache aux trois premiers anneaux du corps; elles sont assez longues, & d'un gris un peu jaunâtre, avec quelques plaques noires, luisantes; elles sont composées de trois parties, savoir, la cuisse qui est plus grosse, la jambe & le tarse d'égale grosseur; celui-ci est terminé par un petit crochet noir, accompagné d'une espèce de petite vessie, d'où suinte une liqueur gluante, qui sert à l'insecte pour se fixer sur le plan où il marche.

Les larves font sortir du dernier anneau un mamelon mol, flexible, de forme variable, d'un jaune livide, qui se dilate ou se rétrécit à leur gré. Elles s'en servent comme d'une septième patte : elles alongent le corps autant qu'il leur est possible, font sortir le mamelon, & courbant le corps en dessous, elles le fixent le plus en avant qu'elles peuvent; ensuite au moyen des pattes écailleuses, elles avancent le devant du corps.

Pour manger les feuilles, elles les entament au milieu de leur surface inférieure, & les percent de grands trous. Lorsque le temps de la métamorphose est venu, elles s'attachent fortement à la feuille par le derrière, courbent le dos, se raccourcissent & fendent longitudinalement la peau en dessus, après quoi elles la font glisser vers l'extrémité par le mouvement des anneaux.

La nymphe est ovale-alongée, arquée, de manière que la tête & l'extrémité du corps touchent la feuille. La tête, le corcelet, le fourreau des élytres & des aîles sont d'un brun noirâtre luisant. Tout le long du corcelet on voit une raie d'un blanc sale. Les antennes & les pattes sont noires, & le dessus du ventre est d'un brun clair & jaunâtre, orné de quatre rangées de taches noires. Les pattes sont collées au corps, & les antennes sont placées entre la tête & les pattes.

Dès qu'on touche la nymphe, elle relève la partie antérieure du corps, & se met dans une situation perpendiculaire à la feuille, puis elle la baisse; elle réitere plusieurs fois ce mouvement. Deux ou trois semaines après la transformation, les Chrysomèles paroissent au jour.

Elle se trouve dans toute l'Europe, sur le Saule & sur le Bouleau.

112. CHRYSOMELE anale.

CHRYSOMELA analis.

Chrysomela oblonga atra, elytris fuscis, margine exteriori testaceo. FAB. *Syst. ent. pag.* 104. *n°.* 58. — *Sp. ins. t.* 1. *p.* 130. *n°.* 81. — *Mant. ins. t.* 1. *p.* 75. *n°.* 107.

Chrysomela analis *ovata atra, elytris fuscis margine exteriore testaceo.* LIN. *Syst. nat. pag.* 592. *n°.* 42.

Chrysomela analis. SCHRANK. *Enum. ins. aust. n°.* 149.

Chrysomela analis. VILL. *Ent. tom.* 1. *p.* 132. *n°.* 34.

Le corps est d'un noir moins foncé que dans la Chrysomèle marginée. La tête & le corcelet sont très-lisses. Les élytres sont noirâtres, avec les bords extérieurs testacés. Les antennes sont un peu fauves à leur base.

Elle se trouve en Europe.

113. CHRYSOMELE sanglante.

CHRYSOMELA cruenta.

Chrysomela oblonga sanguinea, thorace immaculato, elytris punctis tribus nigris. FAB. *Spec. ins. tom.* 1. *pag.* 130. *n°.* 82. — *Mant. ins. tom.* 1. *p.* 75. *n°.* 108.

Elle est plus grande & plus alongée que la Chrysomèle écarlate. Tout le dessus du corps est d'un rouge pâle. Les antennes sont filiformes. Les yeux sont noirs, arrondis & un peu saillans; le corcelet a un enfoncement transversal au milieu. L'écusson est petit & triangulaire. Les élytres sont lisses & ont chacune trois taches noires, une à la base à côté de l'écusson, & deux transversales vers le milieu. Les pattes & le dessous du corps sont d'un rouge plus pâle qu'en dessus.

Elle se trouve aux Indes Orientales.

114. CHRYSOMELE écarlate.

CHRYSOMELA coccinea.

Chrysomela ovata, thorace emarginato sanguineo macula nigra, elytris sanguineis : maculis duabus nigris. LIN. *Syst. nat. pag.* 592. n°. 43. — *Faun. suec.* n°. 532.

Chrysomela coccinea *oblonga thorace emarginato sanguineo : macula nigra, elytris sanguineis, maculis duabus nigris.* FAB. *Syst. ent. pag.* 105. n°. 59. — *Spec. inf. tom.* 1. *pag.* 131. n°. 83. — *Mant. inf. tom.* 1. *pag.* 75. n°. 109.

Coccinella coleoptris rubris, maculis quatuor nigris. UDDM. *Diss.* 13.

Chrysomela 4. maculata *ovata, thorace quadrato rufo macula nigra, elytris rubris maculis duabus nigris, capite pedibus antennisque nigris.* DEG. *Mém. inf. tom.* 5. *pag.* 301. n°. 10. *Pl.* 9. *fig.* 1.

Chrysomèle ovale à corcelet quarré rouge à tache noire, à étuis rouges avec deux taches noires, à tête, pattes & antennes noires. DEG. Ib.

Chrysomela coccinea. VILL. *Ent. tom.* 1. *p.* 152. n°. 45.

Elle est d'une forme ovale, applatie, longue de trois lignes & large de deux. Les antennes sont noires, moniliformes, plus longues que le corcelet. La tête est noire. Le corcelet est rouge, très-échancré en devant, applati sur les côtés ; le milieu est marqué d'une raie longitudinale noire. L'écusson est noir, triangulaire & enfoncé. Les élytres sont d'un rouge vif, luisant, avec deux grandes taches noires sur chaque, une ovale vers la base, l'autre arrondie vers l'extrémité, à l'angle extérieur de cette base, il y a une petite élévation. L'abdomen est rouge. Les pattes & la poitrine sont noires.

Elle se trouve au nord de l'Europe, aux environs de Paris, sur le Coudrier.

115. CHRYSOMELE porte-croix.

CHRYSOMELA cruciata.

Chrysomela oblonga rubra, coleoptris cruce nigra. FAB. *Mant. inf. tom.* 1. *pag.* 75. n°. 110.

Chrysomela cruciata. SCHALL. *Act. hall.* 1. 273.

Elle est plus petite que la Chrysomèle écarlate. La tête est obscure, avec les antennes noires. Le corcelet est rebordé, lisse, luisant, rouge, sans taches. Les élytres sont lisses, luisantes, rouges, avec la suture & une bande au milieu, noires. Le corps est fauve, avec la base de l'abdomen noire. Les pattes sont noires.

Elle se trouve en Saxe.

116. CHRYSOMELE quadrimaculée.

CHRYSOMELA quadrimaculata.

Chrysomela oblonga, thorace testaceo immaculato, elytris testaceis, maculis duabus nigris. FAB. *Gen. inf. mant. pag.* 221. — *Spec. inf. tom.* 1. *pag.* 131. n°. 84. — *Mant. inf. tom.* 1. *p.* 75. n°. 111.

Chrysomela quadrimaculata. VILL. *Ent. tom.* 1. *pag.* 136. n°. 61.

Elle ressemble, pour la forme & la grandeur, à la Chrysomèle de l'Aûne. La tête est testacée, avec la base & l'espace qui se trouve entre les yeux, noirs. Le corcelet est arrondi, testacé, sans taches. Les élytres sont lisses, luisantes, testacées, avec deux grandes taches noires ; l'une arrondie à la base, l'autre transversale, au-delà du milieu. L'abdomen est très-noir. Les pattes sont testacées.

Elle se trouve dans les bois, à Kiell.

117. CHRYSOMELE vingt-points.

CHRYSOMELA vigintipunctata.

Chrysomela oblonga viridi-aenea, thoracis marginibus albis, elytris albis, maculis decem aeneis. FAB. *Syst. ent. pag.* 105. n°. 61. — *Spec. inf. tom.* 1. *p.* 131. n°. 86. — *Mant. inf. tom.* 1. *p.* 75. n°. 112.

Chrysomela vicies maculata *elytris pallidis, maculis decem nigris.* BERGSTR. *Nomencl.* 1. 87. *tab.* 13. *fig.* 10.

PETIV. *Gazoph. tab.* 29. *fig.* 5.

Chrysomela 20 punctata. VILL. *Ent. tom.* 1. *pag.* 136. n°. 120.

Elle est plus grande que la Chrysomèle lapone : elle est ovale, oblongue. Le corps est d'un vert foncé, luisant. Les antennes sont testacées. Le corcelet a les bords testacés, pâles. L'écusson est petit, triangulaire. Les élytres sont pointillées, d'un jaune pâle, avec dix points oblongs, d'un vert foncé sur chaque. La poitrine est d'un vert foncé. L'abdomen est testacé luisant. Les pattes sont testacées, avec les genoux verts foncés.

Elle se trouve en Angleterre, en Allemagne.

118. CHRYSOMELE du Cerisier.

CHRYSOMELA Cerasi.

Chrysomela ovata livida, antenarum apicibus oculisque nigris. LIN. *Syst. nat. p.* 588. n°. 13. — *Faun. suec.* n°. 570.

Chrysomela Padi *ovata flavo grisea pallida nitida, thorace magno, oculis nigris, antennis brevioribus fuscis.* DEG. *Mém. inf. tom.* 5. *pag.* 301. n°. 11. *tab.* 9. *fig.* 2.

Chryſomèle *du bois de Sainte Lucie*, ovale, griſe, jaunâtre, pâle & luiſante, à corcelet large, à yeux noirs & courtes antennes brunes. DEG. *Ib.*

Chryſomela Ceraſi. SCHRANK. *Enum. inſ. auſt.* n°. 148.

Chryſomela Ceraſi. VILL. *Ent. tom.* 1. *p.* 121. *n°.* 9.

Elle eſt de la grandeur de la Chryſomèle écarlate, & ſa forme eſt ovale : elle eſt d'un gris jaunâtre pâle, luiſant. Les yeux ſont noirs ; les antennes ſont à moitié noire & guère plus longues que le corcelet. Le corcelet égale en largeur le diamètre des élytres, & ſon bord antérieur eſt noirâtre. Les élytres ont chacune dix lignes longitudinales de points concaves ; leur couleur & celle des pattes eſt plus pâle que celle des autres parties du corps.

On trouve ces Chryſomèles ſur l'arbre nommé bois de Ste. Lucie, *Prunus padus*, leurs larves rongent les feuilles, & les perçent d'une infinité de petits trous. Elles ſont applaties, vertes, avec des poils en forme de ſoie.

Elle ſe trouve en Suède, en Autriche.

119. CHRYSOMELE du Prunier.

CHRYSOMELA Padi.

Chryſomela ovata nigra, elytris apice lividis. LIN. *Syſt. nat. pag.* 588. *n°.* 14. — *Faun. ſuec. n°.* 513.

Elle eſt un peu plus grande qu'une puce, & d'une forme ovale. La couleur eſt noire. Les bords & le bout des élytres ſont pâles ou livides.

On la trouve ſur le bois de Ste. Lucie, dans le nord de l'Europe.

120. CHRYSOMÈLE naine.

CHRYSOMELA minutiſſima.

Chryſomela ovata nigra opaca. LIN. *Syſt. nat. pag.* 588. *n°.* 15.

Elle eſt très-petite, d'un noir mat. Les élytres ſont plus courtes que l'abdomen.

Elle ſe trouve en Suède.

121. CHRYSOMÈLE marron.

CHRYSOMELA caſtanea.

Chryſomela ovalis fuſca, elytris margine exteriore caſtaneo. LIN. *pag.* 592. *n°.* 41. — *Amænit. acad. tom.* 6. *pag.* 394. *n°.* 15.

Elle eſt de grandeur moyenne. Le corcelet eſt marqué d'une ligne longitudinale, teſtacée ; ſes bords & ceux des élytres ſont teſtacés.

Elle ſe trouve à Surinam.

122. CHRYSOMELE ardente.

CHRYSOMELA æſtuans.

Chryſomela ovata ferruginea, elytris maculis quatuor flavicantibus difformibus. LIN. *Syſt. nat. p.* 593. *n°.* 48.

Chryſomela 8-guttata, ovata ferruginea, thorace lato, elytris ſingulis maculis quatuor magnis flavis. DEG. *Mém. inſ. tom.* 5. *p.* 352. *n°.* 5. *Pl.* 16. *fig.* 12.

Chryſomèle *à huit taches jaunes*, ovale, rouſſe, à corcelet large, à quatre grandes taches jaunes ſur chaque étui. DEG. *Ib.*

GRONOV. *Zooph.* 565.

Elle eſt ferrugineuſe, de grandeur moyenne. Le corcelet eſt échancré en devant, d'un fauve foncé & mat ſans taches. Les élytres ſont glabres, avec quelques ſtries formées par des points peu apparents ; on voit ſur chaque quatre taches d'un jaune d'ocre olivâtre : une petite, arrondie, à l'angle de la baſe près de l'écuſſon ; une autre plus grande à l'extérieur, faite en croiſſant ; une troiſième ovale, près du milieu de la ſuture, & la quatrième, en cœur, la plus grande de toutes, ſituée à l'extrémité. Les yeux ſont brillans & ont chacun trois prunelles noires, placées longitudinalement.

Elle ſe trouve en Amérique.

123. CHRYSOMELE autrichienne.

CHRYSOMELA auſtriaca.

Chryſomela ovata nigra ; elytris nigro-æneis punctatis ; unguiculis rubris. SCHRANK. *Enum. inſ. auſt. n°.* 127.

Chryſomela bulgarenſis. VILL. *tom.* 1. *p.* 133. *n°.* 38.

Elle eſt de grandeur moyenne & d'une forme ovale. Le corps eſt noir, avec un reflet verdâtre. Les antennes ſont filiformées, avec les deux premiers articles fauves, en-deſſous ; le corcelet eſt rebordé. Les élytres ſont bronzées, d'un noir vert, avec dix lignes de points enfoncés. Les crochets des pattes ſont rouges.

Elle ſe trouve en Autriche.

124. CHRYSOMELE ruficaude.

CHRYSOMELA ruficaudis.

Chryſomela ovata viridi-ænea obſcura nitida, abdominis lateribus, ano, alarumque margine rubris. DEG. *Mém. inſ. tom.* 5. *p.* 305. *n°.* 17.

Chryſomèle ovale d'un vert obſcur bronzé & luiſant, dont les côtés & le bout du ventre & les aîles ſont bordés de rouge. DEG. Ib.

Chryſomela ruficaudis. VILL. *Ent. tom.* 1. *p.* 137. *n°.* 64.

Elle ressemble, pour la forme & pour la grandeur, à la Chrysomèle du Gramen. Elle est entièrement d'un vert obscur bronzé, luisant. Les antennes sont de la longueur du corcelet. Le corcelet est concave en devant, moins large que les élytres. La nervure extérieure des aîles est rouge depuis son origine jusqu'au pli de l'aîle. Les côtés & l'extrémité de l'abdomen sont rouges.

Elle se trouve au printemps sur le Saule, en Suède.

125. CHRYSOMELE verdelette.

CHRYSOMELA viridula

Chrysomela ovata-oblonga viridis aurata nitida, thorace antice æquali, abdomine supra toto nigro. DEG. *Mém. inf. tom.* 5. *p.* 311. *n°.* 19.

Chrysomèle ovale oblongue d'un vert doré luisant, dont le corcelet est égal en devant, & tout le dessus du ventre noir. DEG. Ib.

Chrysomela viridis nitida, thorace antice æquali, elytris pone contiguis. LIN. *Faun. suec. edit.* 1. *n°.* 421. ——— *Edit.* 2. *n°.* 52[illegible] *β.*

GEOFF. *inf. tom.* 1. *pag.* 261. *n°.* 11. ?

La Chrysomèle dorée. GEOFF. Ib.

Chrysomela viridula. FOURC. *Ent. par.* 1. *p.* 107. *n°.* 11 ?

Chrysomela cæruleo-violacea. VILL. *Ent. tom.* 1. *p.* 137. *n°.* 65.

GOEDART. *Inf. tom.* 1. *Pl.* 45.

Elle est beaucoup plus petite, & d'une forme plus alongée que la Chrysomèle bronzée. Elle est entièrement d'un vert doré, luisant; les antennes sont plus longues que le corcelet; le bord antérieur est presque coupé en ligne droite. Les élytres sont pointillées. Le dessus de l'abdomen est noir, sans taches.

Elle se trouve en France, en Suède.

126. CHRYSOMELE violette.

CHRYSOMELA violacea.

Chrysomela ovata supra cæruleo-violacea subtus violaceo-viridis, punctis excavatis sparsis, thorace amplo, antennis brevioribus nigris. DEG. *Mém. inf. tom.* 5. *p.* 316. *n°.* 22.

Chrysomèle ovale bleue-violette en dessus & violette verdâtre en dessous, à points concaves dispersés, à large corcelet & à courtes antennes noires. DEG. Ib.

Elle ressemble beaucoup à la Chrysomèle de l'Aûne; mais elle est un peu plus grande. Sa forme est ovale. Le corps est d'un violet bleuâtre, luisant en dessus, & d'un violet un peu verdâtre en dessous. Les pattes sont bleuâtres. Elle est principalement distinguée de la Chrysomèle de l'Aûne, en ce que le corcelet est presque de la largeur des élytres, que les élytres sont pointillées sans ordre, & que les antennes ne sont pas plus longues que le corcelet.

Elle se trouve en Suède.

127. CHRYSOMELE clavicorne.

CHRYSOMELA clavicornis.

Chrysomela ovata nigra, elytris abdomineque rubris, antennis clavatis. LIN. *Syst. nat. p.* 590. *n°.* 29.

DEG. *Mém. inf. tom.* 5. *pag.* 351. *n°.* 4. *Pl.* 16. *fig.* 11.

Chrysomèle ovale noire, à étuis & ventre rouges, à antennes en bouton. DEG. Ib.

Elle est de figure ovale & de grandeur moyenne. Les antennes ne surpassent pas la longueur du corcelet; elles sont noires, & terminées en masse, formées par trois à quatre articles; les antennules sont rougeâtres; la tête & le corcelet sont noirs. Les élytres & l'abdomen sont d'un rouge un peu brun tant en dessus qu'en dessous. Les aîles sont brunes; les pattes & la poitrine sont noirs.

Elle se trouve à Surinam.

128. CHRYSOMELE bleue.

CHRYSOMELA cærulea.

Chrysomela ovato-oblonga, cærulea, punctis minimis sparsis, antennis nigris.

Elle est presque de la grandeur de la Chrysomèle du Gramen, & d'une forme ovale un peu alongée. Le corps est entièrement d'un bleu foncé, finement & irrégulièrement pointillé. Les antennes sont de la longueur du corcelet, noires, avec la base brune. Le corcelet est échancré antérieurement; ses bords sont épais. L'écusson est triangulaire. Les élytres sont presque chagrinées; le dessous du corps est d'une couleur plus foncée que le dessus; les pelottes des tarses sont brunes.

Elle se trouve aux environs de Paris, sur différens arbres.

129. CHRYSOMELE sombre.

CHRYSOMELA fusca.

Chrysomela ovata fusca depressa, thorace elytrisque griseo-fuscis antennis nigris. DEG. *Mém. inf. tom.* 5. *pag.* 354. *n°.* 8. *Pl.* 16. *fig.* 15.

Chrysomèle *sombre* ovale applatie brune, à corcelet & élytres d'un brun grisâtre, à antennes noires. DEG. Ib.

Elle est à peu près de la grandeur de la Chrysomèle de l'Aûne. Son corps est ovale, un peu applati. Les antennes sont assez grosses, noires, plus courtes que les élytres. Le corcelet est d'un brun grisâtre. Les élytres sont d'un brun grisâtre bordées de gris plus clair, qui forme une tache à leur extrémité. Le dessous du corps & les pattes sont d'un brun plus obscur.

Elle se trouve à Surinam.

130. CHRYSOMELE de la Phellandrie.

CHRYSOMELA Phellandrii.

Chrysomela elongata nigro-ænea, thoracis margine elytrorumque lineis duabus flavis.

Chrysomela Phellandrii *nigra, thorace elytrisque lineis duabus luteis.* LIN. *Syst. nat. p.* 601. *n°.* 111. — *Faun. suec. n°.* 569.

Crioceris Phellandrii *oblonga nigra, thorace elytrisque lineis duabus flavis.* FAB. *Syst. ent. pag.* 122. *n°.* 20. — *Spec. inf. tom.* 1. *pag.* 156. *n°.* 36.

Crioceris oblonga nigra, thoracis margine elytrorumque lineis duabus flavis. FAB. *Mant. inf. tom.* 1. *p.* 90. *n°.* 46.

Chrysomela oblonga nigra, elytrorum lineis duabus longitudinalibus luteis. GEOFF. *Inf. tom.* 1. *pag.* 266.

La Chrysomèle à bandes jaunes. GEOFF. Ib.

Chrysomela oblonga nigro-ænea obscura nitida thorace marginibus flavis, elytris fasciis duabus longitudinalibus flavis. DEG. *Mém. inf. tom.* 5. *p.* 324. *n°.* 28. *Pl.* 9. *fig.* 34.

Chrysomèle de *la Phellandrie*, alongée, d'un noir verdâtre luisant, à corcelet bordé de jaune, & à deux bandes longitudinales jaunes sur les étuis. DEG. *Ib.*

Chrysomela Phellandrii. FOURC. *Ent. par.* 1. *p.* 110. *n°.* 20.

Chrysomela Phellandrii. VILL. *Tom.* 1. *p.* 163. *n°.* 172.

Cette Chrysomèle est d'une forme bien plus alongée que celle des précédentes; elle a deux lignes & demie de long sur une de large. Le corps est d'un noir verdâtre ou bronzé. Les antennes sont noires, de la longueur du corcelet, moniliformes, terminées par cinq articles formant une espèce de masse; le septième article a une petite saillie, particularité qu'on n'avoit pas encore apperçue. La tête est noire. Le corcelet est large, quarré, applati, irrégulièrement pointillé, avec les bords latéraux jaunes. L'écusson est noir, triangulaire. Les élytres ont des stries de points bien marqués; elles sont lisses, avec deux raies jaunes, l'une au bord extérieur, l'autre près du bord intérieur. La suture est noire. Les pattes sont noires bronzées; le milieu des cuisses & les jambes sont pâles.

Elle se trouve sur les plantes aquatiques, dans toute l'Europe.

131. CHRYSOMELE bigarrée.

CHRYSOMELA variegata.

Chrysomela ovata, thorace rufo, disco punctis nigris; elytris rufis, sutura punctis lineolisque nigris. FORST. *Nov. spec. inf. cent. p.* 22.

Elle ressemble, pour la forme & presque pour la grandeur, à la Chrysomèle l'Isle. Les antennes sont plus grosses à leur extrémité, noires, avec la base fauve. La tête est ferrugineuse, noire, à sa base. Les yeux sont noirs. Le corcelet est d'un fauve noirâtre, avec quelques points d'un noir obscur, & des rebords fauves, épais. L'écusson est noir. Les élytres sont d'un fauve pâle, avec la suture & différentes taches noires; on remarque sur chaque élytre un point à la base, un autre vers l'extrémité, une ligne près du bord, composée de trois taches réunies, & deux autres au milieu parallèles. Les aîles sont noirâtres. L'abdomen est d'un noir luisant en dessous. Les pattes sont fauves, avec le milieu des cuisses noir.

Elle se trouve à la Nouvelle-Yorck.

132. CHRYSOMELE frontale.

CHRYSOMELA frontalis.

Chrysomela ovata nigra, capite, antennarum basi, elytrorum margine pedibusque ferrugineis. FORST. *Nov. spec. inf. cent. p.* 24.

Elle est de grandeur moyenne & d'une forme ovale, alongée. Le corps est entièrement noir. La tête & la base des antennes sont fauves; le corcelet est d'une forme circulaire, noir & luisant. Les élytres sont foiblement striées, noires, avec les bords fauves. Les aîles sont transparentes, un peu noirâtres. L'abdomen est noir. Les pattes sont entièrement fauves.

Elle se trouve dans l'Amérique septentrionale.

133. CHRYSOMELE atre.

CHRYSOMELA atra.

Chrysomela ovata atra inordinate punctata, thorace postice rotundato.

Elle est de la grandeur de la Chrysomèle écarlate, d'une figure presque ovale: elle est entièrement noire, luisante, finement & irrégulièrement pointillée. Les antennes sont de la longueur de la moitié du corps, avec la base brune & quelques petits poils qu'on apperçoit à l'aide de la loupe.

Le corcelet est plus étroit que les élytres, très-peu rebordé, arrondi postérieurement, sans angles, ce qui la distingue des autres espèces; on voit sur les côtés une légère impression latérale. L'écusson est demi-circulaire. Les élytres ont leurs bords repliés en dessous. Les tarses sont noirâtres.

Elle se trouve en Provence.

134. CHRYSOMELE saphir.

CHRYSOMELA saphyrina.

Chrysomela ovata, tota saphyrina, nitida, ore oculisque rubris, antennis nigris. FORST. *nov. spec. inf. cent.* 1. *p.* 19.

Elle est trois fois plus grande que la Chrysomèle sanguinolente. Le corps est entièrement d'un vert de saphir, ou d'un bleu de ciel, très-brillant. Les antennes sont noires. Le corcelet & les élytres sont finement pointillés; les points sont très-petits & à peine sensibles. Les tarses sont noirâtres en dessous.

Elle se trouve....

135. CHRYSOMELE du Rhoë.

CHRYSOMELA Rhoi.

Chrysomela ovata ferruginea, capite thorace & striis aliquot elytrorum pallidis. FORST. *Nov. spec. inf. cent.* 1. *p.* 21.

Chrysomela Rhoi. Naturf. 24. *n°.* 4. *tab.* 2. *fig.* 3.

Elle est de la grandeur de la Chrysomèle lisse. Les antennes sont noirâtres, avec la base fauve. Les yeux sont noirs; la tête & le corcelet sont pâles. Les élytres sont fauves, avec une strie longitudinale près du bord, & quelques autres au milieu, pâles; les stries, au nombre de dix à onze, sont formées par des points très-enfoncés.

Elle se trouve dans l'Amérique septentrionale, sur le Rhoë glabre de Linné.

CICINDELE. *CICINDELA*. Genre d'insectes de la première Section de l'Ordre des Coléoptères.

Ces insectes appartiennent à la famille des Carabes. Ils sont remarquables par une tête assez grosse; des yeux saillans; des mandibules grandes, très aiguës, multidentées; des antennes filiformes; le corps brillant; les pattes longues, minces, déliées; une appendice à la base des cuisses postérieures, enfin par les tarses sétacés, composés de cinq articles.

Avant de commencer cet article, nous ne pouvons que nous livrer à quelques plaintes sur le sort des sciences, d'avoir d'abord a passer à travers une confusion de noms, qui est quelquefois l'ouvrage même des savans les plus distingués. Quand un nom a été fixé par le choix du premier auteur qui l'emploie, la reconnoissance même devroit le respecter. Cependant nous ne pouvons nous empêcher de reconnoître & de publier, que l'illustre Linné, trop jaloux peut-être de ne rien devoir aux autres, a souvent affecté de changer la nomenclature de ses prédécesseurs, & par conséquent de jetter quelques nuages au milieu de ses vérités. Ainsi, après avoir changé le nom de Bupreste, que M. Geoffroy avoit eu l'attention scrupuleuse de restituer aux insectes que les anciens désignoient sous ce nom, & après l'avoir transporté sans motif à d'autres insectes, il a encore jugé à propos de donner le nom de Cicindele à des insectes différens de ceux que M. Geoffroy avoit indiqués sous ce nom, & qu'il avoit de même pris des anciens. Ces variations, ces transpositions inutiles, ne peuvent qu'embarrasser les savans, & nuire aux progrès de la science. Forcé de suivre un auteur, dont les ouvrages sont à juste titre les plus répandus, & de le concilier cependant avec les autres, qu'il me soit permis du moins de faire sentir quelquefois toute la gêne de mon travail, & de solliciter ceux qui cultivent les sciences, à se tenir en garde contre des changemens qui, lorsqu'ils ne sont pas nécessaires, ne peuvent être que nuisibles.

Les anciens avoient donné le nom de *Cicindela* à différens insectes malfaisans, ou même à ceux qui brilloient la nuit. Linné s'en est servi pour désigner les insectes dont nous allons parler, quoique M. Geoffroy l'eût déjà employé pour nommer les insectes que nous serons forcés de faire connoître dans cet ouvrage, sous les noms de Télephore & de Malachie. M. Geoffroy n'a point séparé les Cicindèles des Carabes; il a seulement établi, d'après la forme de la tête & du corcelet, trois divisions de ce dernier genre, dont les Cicindèles & les Elaphres forment la seconde.

Les Cicindèles ont beaucoup de rapports avec les Carabes. La forme des antennes, le nombre d'antennules, l'appendice qui se trouve à la base des cuisses postérieures, rapprochent ces deux genres; mais ils different par la forme de la tête, grosse & nullement applatie, par les yeux gros & saillans, par le corcelet presque arrondi & de la largeur de la tête, par les pattes longues & déliées, par les mandibules plus dentées, & par les antennules filiformes, qui sont tout autant de caractères distinctifs des Cicindeles.

Les antennes sont filiformes, de la longueur de la moitié du corps, & composées de onze articles, dont le premier est un peu renflé; le second est court; les autres sont cylindriques, & vont en diminuant de longueur. Elles sont insérées à la partie antérieure, un peu latérale de la tête, au devant des yeux.

Le

La bouche est composée d'une lèvre supérieure, de deux mandibules, de deux mâchoires, d'une lèvre inférieure, & de six antennules.

La lèvre supérieure est grande, coriacée, convexe à la partie supérieure, arrondie, presque anguleuse à sa partie antérieure. Elle cache une partie des mandibules.

Les mandibules sont longues, avancées, cornées, arquées, très-pointues, armées, à leur partie interne, de plusieurs dents aigues, avec une éminence creusée en goutière, & à bords tranchans vers leur base.

Les mâchoires sont cornées, presque cylindriques, fortement ciliées à leur partie interne, & terminées en pointe longue, très-aigue, courbée.

La lèvre inférieure est courte, cornée, tridentée. La lame du milieu est avancée, mince, aigue; les latérales sont dilatées & arrondies.

Les antennules antérieures sont courtes, minces, filiformes, gueres plus longues que la mâchoire, & composées de deux articles égaux. Elles sont insérées au dos des mâchoires. Les antennules intermédiaires sont filiformes, de la longueur des postérieures, & composées de quatre articles, dont le premier est petit; le second alongé; le troisième plus court & conique; le dernier un peu plus long que celui-ci est presque cylindrique, légèrement aminci à sa base. Elles sont insérées au dos des mâchoires, à la base des antennules antérieures. Les antennules postérieures sont filiformes & composées de quatre articles, dont les deux premiers sont courts & égaux; le troisième est long, cylindrique & poileux; le quatrième est plus court & plus mince. Elles sont insérées à la partie antérieure de la lèvre inférieure.

La tête est grosse, à-peu-près de la largeur du corcelet. Les yeux sont grands, arrondis, très-saillans. Le corcelet est plus étroit que les élytres, presque cylindrique, à peine rebordé, ordinairement muni de deux plaques convexes, séparées par une ligne longitudinale enfoncée; on y voit deux autres lignes transversales, l'une à la partie antérieure, & l'autre à la partie postérieure.

L'écusson est très-petit & triangulaire. Les élytres sont légèrement convexes, assez dures, à peine rebordées. Elles cachent deux aîles membraneuses, repliées.

Les pattes sont longues, minces & déliées; elles sont couvertes de poils longs & assez fins. La jambe est terminée par deux longues épines droites. Les tarses sont filiformes & composés de cinq articles longs, minces, un peu plus gros à leur sommet qu'à leur base: les quatre premiers vont en diminuant de longueur, c'est-à-dire, que le premier est le plus long, & le quatrième le plus court; le dernier, un peu plus long que celui-ci, est terminé par deux petits crochets peu courbés.

Les Cicindeles sont voraces & carnacières; elles vivent des différens insectes qu'elles attrapent, & auxquels elles font une guerre continuelle. La nature devoit leur donner une organisation propre à remplir de pareilles habitudes. Aussi l'appareil seul de leurs mandibules peut indiquer leur destination: elles sont grandes, courbées en arc, & croisées lorsque la bouche est formée; mais lorsque l'insecte veut en faire usage, il les ouvre, les écarte considérablement l'une de l'autre, & pince très-fortement la proie dont il se saisit. Les Cicindeles sont très-agiles, courent avec beaucoup de vitesse, & s'envolent avec beaucoup de légèreté, sur-tout lorsque le temps est beau & la chaleur un peu forte. Mais leur vol n'est pas bien grand, elles prennent terre à peu de distance de l'endroit d'où elles sont parties. La plupart des espèces habitent ordinairement les lieux secs, arides & sabloneux.

Les larves de ces insectes vivent dans la terre, & on ne peut les rencontrer que difficilement. Elles sont longues, cylindriques, molles, blanchâtres, munies de six pattes brunes, écailleuses. La tête est de même de couleur brune; elle a en dessus une espèce de plaque ronde, brune & écailleuse, au devant de laquelle est la bouche, armée de deux fortes mâchoires. Nous devons faire admirer, sans doute, les ressources que la nature sait inspirer aux animaux dont le genre de vie est assujetti à des besoins plus difficiles à satisfaire. C'est aussi parmi les animaux carnaciers que l'on trouve le plus d'industrie. Si l'insecte parfait nous a déja présenté ce goût de chair, la larve, dont les appétits sont plus actifs & exigent davantage, doit à plus forte raison manifester les mêmes habitudes; mais comme elle n'a pas la même faculté de courir après la proie, elle sait y suppléer par une ruse qui lui est particulière. Elle se creuse dans la terre des trous profonds, cylindriques, & dont l'ouverture est parfaitement ronde. En se fabriquant un logement, elle tend non-seulement à mettre à l'abri son corps mol & tendre, mais encore à se cacher pour dresser des piéges aux insectes dont elle se nourrit. Cette larve se tient en embuscade précisément à l'ouverture ronde de son trou. Cette ouverture est exactement remplie par une plaque ronde écailleuse, qui est au-dessus de la tête, que la larve pose à fleur de terre; & c'est dans cet état qu'elle attend patiemment, à moins que quelque trouble ne la fasse retirer au fond de sa retraite. Les insectes qui rodent sur l'ouverture de ce trou, sont saisis soudain par de fortes mâchoires, & ils sont précipités dans le trou par un mouvement que fait la tête de la larve, précisément comme celui d'une bascule, pour être ensuite dévorés à loisir. C'est ainsi que ſans ſortir de leur retraite, ces inſectes trouvent le moyen de faire tomber dans leurs piéges d'autres inſectes, & de les faire ſervir à leur curée. C'eſt un ſpectacle même que l'on peut ſe donner. Ce n'eſt qu'au fond de ſon trou que l'on peut rencontrer ordinairement la larve des Cicindeles. Pour la trouver, il faut creuſer peu-à-peu le terrein dans lequel ce trou eſt pratiqué. Mais comme ſouvent dans cette opération, la terre en s'écroulant, remplit le trou même, & empêche de la reconnoître & de la ſuivre, il eſt néceſſaire d'uſer d'une première précaution, c'eſt de commencer par enfoncer dedans une paille ou un petit morceau de bois, qui, pénétrant juſqu'au fond, ſert de guide & empêche de perdre la ſuite du conduit. Lorſqu'on eſt parvenu au fond, on trouve la larve, qui, tirée hors de terre, ſe replie en zig-zag.

C I C I N D E L E.

CICINDELA. LIN. FAB.

BUPRESTIS. GEOFF.

CARACTÈRES GÉNÉRIQUES.

ANTENNES filiformes, plus courtes que le corps, composées de onze articles, presque cylindriques : le premier un peu renflé

Bouche munie d'une lévre supérieure, assez grande ; de deux mandibules grandes, arquées, multidentées ; de deux mâchoires simples ; d'une lèvre inférieure tridentée, & de dix antennules filiformes, inégales.

Tête grande, de la largeur du corcelet.

Yeux arrondis, très-saillans,

Pattes longues, déliées.

Cinq articles aux tarses, filiformes, presque sétacés.

ESPECES.

1. CICINDELE aptère.

Aptère, alongée, très-noire, sans taches.

2. CICINDELE longicolle.

D'un bleu violet foncé ; corcelet alongé, cylindrique ; cuisses ferrugineuses.

3. CICINDELE mégacéphale.

Aptère verdâtre ; antennes & pattes ferrugineuses.

4. CICINDELE grosse.

Noire ; élytres pointues, obscures, avec six taches blanchâtres.

5. CICINDELE bleue.

Bleue, luisante ; bouche testacée.

6. CICINDELE Chinoise.

Bleue, luisante ; élytres vertes, avec deux grandes taches bleues, marquées de deux points blancs.

CICINDELE. (Insectes.)

7. Cicindele ceinte.

Noire; élytres avec une raie vers le bord & trois points blancs sur chaque.

8. Cicindele bicolor.

Bleue; tête & corcelet verts; élytres d'un vert bleuâtre, sans taches.

9. Cicindele champêtre.

Verte; élytres avec cinq points blancs sur chaque.

10. Cicindele hibride.

Bronzée en-dessus; élytres avec une bande interrompue & deux taches en croissant, sur chaque.

11. Cicindele némorale.

D'un vert bronzé; élytres avec quatre points & deux taches en croissant, blancs.

12. Cicindele purpurine.

Purpurine en-dessus, d'un vert bleuâtre en dessous; élytres avec une bande courte & deux points blancs.

13. Cicindele sylvatique.

Noire; élytres avec une bande ondée & deux points blancs.

14. Cicindele littorale.

Bronzée, obscure en-dessus; élytres noirâtres, avec six points blancs sur chaque, l'un en croissant, à la base, le second transversal, au milieu.

15. Cicindele triste.

Noire; élytres avec une tache jaune, en croissant, sur chaque.

16. Cicindele interrompue.

Cuivreuse en-dessous, obscure en dessus; élytres avec un point à la base, & trois bandes interrompues, jaunâtres.

17. Cicindele lunulée.

Bleue en-dessous, obscure en-dessus; élytres avec deux taches rondes sur chaque, deux autres en croissant, & une transversale.

18. Cicindele luride.

Bleue en-dessous, bronzée en-dessus; élytres avec trois points blancs & trois taches, en croissant.

19. Cicindele sinuée.

Bronzée en-dessus; élytres avec quatre points & trois lunules, l'intermédiaire sinuée.

20. Cicindele du Cap.

Cuivreuse; élytres blanches, avec une ligne longitudinale cuivreuse, tribranchue.

21. Cicindele porte-chaîne.

Bronzée; élytres blanches, avec six taches verdâtres, en forme de chaîne.

CICINDELE (Insectes.)

22. CICINDELE germanique.

Cuivreuse; élytres vertes, avec un point oblong & une tache vers l'extrémité, en croissant, blancs.

23. CICINDELE tuberculée.

Verdâtre en-dessus; élytres avec une rangée de tubercules, bord extérieur blanc, tridenté.

24. CICINDELE uniponctuée.

Violette brillante en-dessous, obscure en-dessus; élytres avec un point blanc.

25. CICINDELE cayennoise.

Noirâtre, obscure en-dessus; anus & jambes fauves; élytres avec un point blanc latéral.

26. CICINDELE six-points.

D'un vert bleuâtre, brillant en-dessous; élytres d'un vert bleuâtre obscur, avec six points blancs.

27. CICINDELE quadrirayée.

Cuivreuse; élytres bronzées, avec le bord extérieur & une ligne au milieu, blancs.

28. CICINDELE birameuse.

Cuivreuse, presque bronzée en-dessus; élytres avec le bord extérieur blanc, bidenté.

29. CICINDELE six-mouchetée.

D'un vert bleuâtre brillant; élytres avec trois petits points blanchâtres, sur le bord extérieur.

30. CICINDELE marginée.

Verte; élytres avec le bord extérieur, une bande ondée & deux points, blancs.

31. CICINDELE ponctuée.

Bronzée en-dessus, bleue en-dessous; élytres avec quelques points blancs & une suite de points enfoncés brillans.

32. CICINDELE huit-points.

Bleuâtre; élytres obscures, avec quatre points & deux lunules sur chaque blancs.

33. CICINDELE trifasciée.

Cuivreuse, obscure en-dessus; élytres avec trois lignes transversales, sinuées, blanches.

34. CICINDELE carolinoise.

D'un vert bleu brillant; extrémité des élytres, antennes & pattes, d'un jaune fauve.

35. CICINDELE virginiene.

Violette brillante; bouche, antennes & pattes, testacées.

36. CICINDELE maure.

Noire; élytres avec six points blancs,

CICINDELE (Insectes.)

dont le quatrième & le cinquième, sur une ligne transversale.

37. CICINDELE naine.

Bronzée ; élytres pointillées, avec quatre lignes blanches sur chaque, dont la première en croissant.

38. CICINDELE équinoxiale.

Jaune ; élytres avec deux larges bandes ondées, noires.

39. CICINDELE échancrée.

Bleue luisante ; antennes & pattes fauves ; élytres avec des stries pointillées, & l'extrémité échancrée.

1. Cicindele aptere.

Cicindela aptera.

Cicindela aptera, corpore elongato atro immaculato. Ent. ou hist. nat. des inf. Cicindele. *Pl.* 1. *fig.* 1.

Elle est assez grande, d'un noir très-foncé, sans taches. Les yeux sont arrondis, très-saillans. Le corcelet est presque cylindrique, rebordé postérieurement. Les élytres sont réunies, légèrement chagrinées. Point d'ailes. Les pattes sont assez longues.

Elle se trouve aux Indes Orientales.

Du cabinet du Roi.

2. Cicindele longicolle.

Cicindela longicollis.

Cicindela thorace elongato cylindrico, cyanea, femoribus ferrugineis. Ent. ou hist. nat. des inf. Cicindele. *Pl.* 2. *fig.* 17.

Cicindela longicollis. Fab. *Mant. inf. tom.* 1. *pag.* 185. *n°.* 1.

Elle ressemble un peu à la Cicindele aptere. Mais elle est une fois plus petite. Les antennes sont filiformes, brunes à leur extrémité, d'un noir bleuâtre à leur base. Tout le corps est plus alongé que dans les autres espèces & est d'une couleur bleue-violette foncée. La tête est plus grosse que le corcelet, & les yeux sont arrondis, très-saillans, assez gros. Le corcelet est étroit, alongé, presque cylindrique, un peu plus étroit à sa partie antérieure. L'écusson est très-petit. Les élytres sont pointillées, presque chagrinées, l'extrémité de chaque paroît un peu échancrée. Les cuisses sont ferrugineuses; les jambes & les tarses sont obscurs.

Elle se trouve aux Indes Orientales, à Siam.

3. Cicindele mégacéphale.

Cicindela megacephala.

Cicindela aptera virescens, antennis pedibusque ferrugineis. Ent. ou hist. nat. des inf. Cicindele. *Pl.* 2. *fig.* 12. *a. b.*

Elle est grande, d'un vert foncé brillant, avec les antennes, la bouche, & les pattes ferrugineuses. La tête est grosse. Les yeux sont testacés, arrondis, un peu saillans. Le corcelet est arrondi, & marqué, au milieu, d'une ligne longitudinale enfoncée. Les élytres sont finement pointillées, réunies, arrondies à leur extrémité.

Elle se trouve au Sénégal, d'où elle a été apportée par M. Geoffroy de Villeneuve.

4. Cicindele grosse.

Cicindela grossa.

Cicindela nigra, elytris acuminatis: maculis tribus albis. Ent. ou hist. nat. des inf. Cicindele. *Pl.* 2. *fig.* 23.

Cicindela grossa. Fab. *Spec. inf. tom.* 1. *pag.* 282 *n°.* 1. *Mant inf. tom.* 1. *pag.* 185. *n°.* 2.

Elle est à-peu-près de la grandeur de la précédente. Les antennes sont noires, de la longueur du corcelet. La lèvre supérieure & la base des mandibules sont jaunes. La tête est obscure, légèrement chagrinée. Les yeux sont bruns, arrondis & saillans. Le corcelet est obscur, un peu chagriné, avec une impression transversale, arquée, à la partie antérieure, & une ligne enfoncée, droite, transversale, à la partie postérieure. L'écusson est très-petit & triangulaire. Les élytres sont convexes, obscures, légèrement chagrinées, terminées en pointe, & marquées chacune de trois taches d'un blanc jaunâtre, dont une vers la base extérieure, une autre au milieu, & la troisième alongée, vers l'extrémité. Le corps est noirâtre en-dessous, peu brillant & couvert de poils gris. Les pattes sont bronzées, un peu cuivreuses & garnies de poils.

Elle se trouve sur la côte de Coromandel.

Du cabinet de M. Banks.

5. Cicindele bleue.

Cicindela cyanea.

Cicindela cyanea nitida, ore testaceo. Fab. *Mant. inf. tom.* 1. *pag.* 185. *n°.* 3.

Elle est grande, tout le corps est d'un bleu plus brillant en-dessous qu'en-dessus. Les antennes sont brunes. Les mandibules & les antennules sont testacées, avec l'extrémité noire. Les cuisses antérieures sont vertes en-dessus, & bleues en-dessous; les intermédiaires sont bleues en-dessus, & vertes en-dessous, les postérieures sont entièrement bleues.

Elle se trouve aux Indes Orientales.

6. Cicindele chinoise.

Cicindela chinensis.

Cicindela cæruleo nitens, elytris viridi-aureis, maculis duabus cæruleis punctisque duobus albis. Ent. ou hist. nat. des inf. Cicindele. *Pl.* 2. *fig.* 20. & *Pl.* 3. *fig.* 30.

Cicindela chinensis *capite corporeque subtus cæruleo-violaceis, nitidis, elytris viridibus maculis nigris punctisque quatuor albis.* Deg. *Mem. inf. t.* 4. *pag.* 119. *n°.* 1. *Pl.* 17. *fig.* 23.

Cicindele *chinoise* à tête & le dessous du corps d'un bleu violet, luisant, à étuis verts avec des taches noires & quatre points blancs. DEG. *Ib.*

Cicindela japonica, violacea, elytris basi, apice fasciaque cupreis, punctis duobus fasciaque luteis. THUNB. *Nov. sp. ins. diss.* 1. *p.* 23. *tab.* 1. *fig.* 39.

Elle est un peu plus grande que la Cicindele champêtre. Les antennes sont d'un noir bleuâtre. La tête est bleue en-dessus, d'un vert bleuâtre en-dessous. La levre supérieure est terminée antérieurement par plusieurs dentelures. Les mandibules sont jaunes à leur base extérieure, vertes au milieu, avec leurs dentelures noires. Le corcelet à ses bords antérieur & postérieur bleus, avec le milieu d'un vert doré. Lécusson est petit, bleu, triangulaire. Les élytres sont vertes, avec une tache bleue arrondie vers la base & une autre plus grande ovale, au delà du milieu, sur laquelle sont deux autres taches blanches. Le dessous du corps est violet brillant. Les pattes sont vertes, avec la base des cuisses bleue.

Elle se trouve en Chine.
Du cabinet de M. Smith.

7. CICINDELE ceinte.

CICINDELA cincta.

Cicindela supranigra, elytris vitta marginali punctisque tribus albis. Ent. ou hist. nat. des ins. CICINDELE. *Pl.* 3. *fig.* 33.

Elle est un peu plus grande que la Cicindele silvatique. Les antennes sont noires. La tête est noire, avec la levre supérieure jaune à sa base, noire à son extrémité. Le corcelet est noir, avec un enfoncement transversal, vers le bord antérieur & vers le bord postérieur. L'écusson est noir & triangulaire. Les élytres sont noires, avec le bord extérieur d'un vert bleuâtre, une raie longitudinale blanchâtre vers ce bord, & trois petits points oblongs, au milieu de chaque élytre. Le dessous du corps est vert bleuâtre brillant. Les pattes sont un peu cuivreuses.

Elle se trouve dans l'Afrique équinoxiale.

Du cabinet de M. Hunter.

8. CICINDELE bicolor.

CICINDELA bicolor.

Cicindela viridis nitida, elytris obscure cyaneis immaculatis, abdominis margine testaceo. Ent. ou hist. nat. des ins. CICINDELE. *Pl.* 2. *fig.* 14.

Cicindela bicolor. FAB. *Spec. ins. tom.* 1. *p.* 283. *n°.* 2. — *Mant. ins. tom.* 1. *p.* 185. *n°.* 4.

Elle ressemble à la Cicindele champêtre, pour la forme & la grandeur. Les antennes sont noires & de la longueur de la moitié du corps. Les mandibules sont jaunes à leur base, & noires à leur extrémité. La tête & le corcelet sont d'un beau vert sans taches. Les yeux sont bruns, arrondis & saillans. Le corcelet a une impression transversale, à la partie antérieure, une autre à la partie postérieure, & une ligne longitudinale enfoncée, au milieu. Lécusson est petit, triangulaire & vert. Les élytres sont d'un vert bleuâtre sans taches. Le dessous du corps est bleu, très-luisant, & l'abdomen est bordé de rougeâtre. Les pattes sont d'un vert bleuâtre : on y voit quelques poils gris, ainsi qu'au dessous du corps.

Elle se trouve aux Indes Orientales.

Du cabinet de M. Banks.

9. CICINDELE champêtre.

CICINDELA campestris.

Cicindela viridis, elytris punctis quinque albis. LIN. *Syst. nat. pag.* 657. *n°.* 1. — *Faun. suec. n°.* 745.

Cicindela campestris. FAB. *Syst. ent. pag.* 224. *n°.* 1. — *Sp. ins. tom.* 1. *p.* 283. *n°.* 3. — *Mant. ins. tom.* 1. *pag.* 185. *n°.* 5.

Buprestis inauratus, supraviridis, coleoptris punctis duodecim albis. GEOFF. *ins. tom.* 1. *p.* 153. *n°.* 27.

Le velours vert à douze points blancs. GEOFF. Ib.

Cicindela viridis nitida, *elytris singulis punctis sex albis.* DEG. *Mém. ins. tom.* 4. *p.* 113. *n°.* 1. *tab.* 4. *fig.* 1.

Scarabeus viridis cui decem maculæ albidæ supra alarum thecas sunt. LIST. *Scar. ang. p.* 386. *tit.* 17.

Cantharis quarta. MOUFF. *Theat. ins. pag.* 145. *fig.* 7.

Cantharis Mouffeti minor quarta. JOUST. *ins. tab.* 15.

SCHAEFF. *Icon. ins. tab.* 34. *fig.* 8. 9. *tab.* 228. *fig.* 3.

SULZ. *Ins.* 5. *fig.* 37.

VOET. *Coleopt. pars* 1. *tab.* 40. *fig.* 4.

Cicindela campestris. SCOP. *Ent. carn. n°.* 181.

Cicindela campestris. SCHRANK. *Enum. ins. aust. n°.* 357.

BERG. *Nomencl.* 1. 15, 8. 9. 10. 11. *tab. fig.* 8. — 11.

Les antennes sont noires, cuivreuses à leur base. La levre supérieure est jaune. La tête & le corcelet sont verts, avec quelques taches cuivreuses. Les élytres sont lisses, unies, vertes, avec six points blancs sur chaque, dont l'un très-petit, à l'angle l'angle externe de la base ; deux un peu plus grands, vers le bord extérieur ; le quatrième arrondi, au milieu ; les deux autres vers l'extrémité. Le dessous du corps est d'un vert brillant, avec les côtés de la poitrine & les pattes cuivreux & un peu velus.

Elle se trouve dans toute l'Europe, dans les endroits secs & sabloneux.

10. CICINDELE hybride.

CICINDELA hybrida.

Cicindela subpurpurascens, elytris fascia lunulisque duabus albis. LIN. *Syst. nat. pag.* 657. *n°.* 2. — *Faun. suec. n°.* 747.

Cicindela hybrida. FAB. *Syst. ent. pag.* 224 *n°.* 2. — *Spec. inf. tom.* 1. *pag.* 283. *n°.* 4. — *Mant. inf. tom.* 1. *p.* 185. *n°.* 6.

Buprestis inauratus, supra fusco-viridis, coleoptris fasciis sex undulatis albidis. GEOFF. *Inf. tom.* 1. *p.* 155. *n°.* 28.

Le Bupreste à broderie blanche. GEOFF. Ib.

Cicindela maculata *supra viridi grisea nitida subtus viridi aurea, elytris singulis fascia lunulisque duabus albis.* DEG. *Mém. inf. tom.* 4. *pag.* 115. *n°.* 3. *tab.* 4. *fig.* 8.

Cicindela hybrida. SCOP. *Ent. carn. n°.* 183.

Cicindela hybrida. SCHRANK. *Enum. inf. aust. n°.* 355.

SCHAEFF. *Elem. inf. tab.* 43. — *Icon. tab.* 35. *fig.* 10.

VOET. *Coleopt. pars* 1. *tab.* 40. *fig.* 3.

BERG. *Nomencl.* 1. 26. *tab.* 4. *fig.* 5.

Elle ressemble entièrement, pour la forme & la grandeur, à la Cicindele champêtre, mais elle en diffère par la couleur d'un vert bronzé du dessus du corps. Les élytres ont une tache à leur base extérieure, une autre à l'extrémité, & une bande sinuée, interrompue à la suture, & placée un peu au de-là du milieu.

Elle se trouve en Europe, dans les endroits secs & sabloneux.

11. CICINDELE nemorale.

CICINDELA nemoralis.

Cicindela viridi-aenea, elytris punctis quatuor lunulisque duabus albis. Ent. ou hist. nat. des inf. CICINDELE. *Pl.* 3. *fig.* 36.

Elle ressemble beaucoup à la Cicindele champêtre, dont elle n'est peut-être qu'une variété. Les antennes sont bronzées à leur base, d'un noir cendré à l'extrémité. La tête & le corcelet sont bronzés, nuancés de cuivreux. Les élytres sont d'un vert bronzé, avec une tache en croissant, blanche, à l'angle extérieur de la base, une autre à l'extrémité, & quatre points au milieu, dont deux sur le bord extérieur. Le dessous du corps est bleu luisant, avec les côtés de la poitrine & du corcelet, cuivreux, couverts de poils blanchâtres. Les pattes sont cuivreuses & couvertes de poils blanchâtres.

Elle se trouve en Provence.

Du cabinet de M. Bosc.

12. CICINDELE purpurine.

CICINDELA purpurea.

Cicindela supra purpurascens, subtus viridi caerulea nitida, elytris fascia abbreviata punctisque duobus albis. Ent. ou hist. nat. des inf. CICINDELE. *Pl.* 3. *fig.* 34.

Elle ressemble beaucoup, pour la forme & la grandeur, à la Cicindele champêtre. Les antennes sont noires, guere plus longues que le corcelet. La levre supérieure est jaune, bordée de noir, tridentée à sa partie antérieure. La tête & le corcelet sont assez larges, presque purpurins, avec tous les bords verts. Les élytres sont d'un vert purpurin, avec les bords extérieurs verts brillans, une bande courte, un peu sinuée, blanche, placée vers le milieu, un petit point de la même couleur, vers le bord extérieur, un autre plus grand, à l'extrémité. Le dessous du corps est d'un vert bleuâtre, avec des taches pourprées, de chaque côté du corcelet & de la poitrine. Les pattes sont d'un rouge cuivreux, légèrement velues.

Elle se trouve dans l'Amérique septentrionale, dans la Géorgie, & m'a été envoyée de Londres par M. John Francillon.

13. CICINDELE sylvatique.

CICINDELA sylvatica.

Cicindela nigra, elytris fascia punctisque duobus albis. LIN. *Syst. nat. pag* 658. *n°.* 8. — *Faun. suec. n°.* 748.

Cicindela atra, coleoptris maculis sex fasciaque albis. LIN. *Faun. suec. edit.* 1. *n°.* 549.

Cicindela sylvatica. FAB. *Syst. ent. p.* 224. *n°.* 3. — *Sp. inf. t.* 1. *p.* 284. *n°.* 5. — *Mant. inf. t.* 1. *p.* 185. *n°.* 7.

Cicindela supra nigra, subtus viridis nitida, elytris singulis fascia punctisque tribus albis. DEG. *Mém. inf. tom.* 4. *pag.* 114. *n°.* 2. *tab.* 4. *fig.* 7.

VOET. *Coleopt. pars* 1. *tab.* 40. *fig.* 2.

Cicindela sylvatica. FUESL. *Archiv. inf. tab.* 27. *fig.* 13.

Elle est un peu plus grande que la Cicindele champêtre. Le dessus du corps est d'un noir foncé mat. Le dessous est d'un noir violet brillant, couvert de quelques poils courts blanchâtres. Les élytres sont légèrement raboteuses & marquées d'une tache en croissant, à la base extérieure, d'une bande sinuée, interrompue à la suture, & d'un point arrondi vers l'extrémité, de couleur blanchâtre.

Elle se trouve dans les endroits sabloneux & arides de l'Europe.

14. Cicindele littorale.

Cicindela littoralis.

Cicindela obscure anea, elytris nigricantibus punctis sex albidis baseos lunato, medio transverso. Fab. *Mant. inf. tom.* 1. *p.* 185. *n°.* 8.

Elle ressemble aux précédentes. La tête est bronzée, avec la levre supérieure blanchâtre. Les mandibules sont noires, blanchâtres à leur base. Le corcelet est arrondi sans taches. Les élytres sont obscures, avec une tache en croissant, à la base, un point transversal, au milieu, & quatre vers l'extrémité. Le dessous du corps est d'un vert bronzé brillant.

Elle se trouve sur les côtes de Barbarie.

15. Cicindele triste.

Cicindela tristis.

Cicindela nigra, elytris macula media flava. Ent. ou hist. nat. des inf. Cicindele. *Pl.* 3. *fig.* 25.

Cicindela tristis. Fab. *Syst. ent. app. pag.* 825. — *Spec. inf. tom.* 1. *pag.* 284. *n°.* 6. — *Mant. inf. tom.* 1. *pag.* 186. *n°.* 9.

Elle est plus grande que la Cicindele sylvatique. Les antennes & tout le corps sont d'une couleur noire peu luisante. Les élytres sont pointillées & ont chacune vers le milieu une tache en croissant, presque en forme de S, jaune. Le corcelet a une ligne longitudinale enfoncée.

Elle se trouve dans l'Amérique septentrionale, la Caroline.

16. Cicindele interrompue.

Cicindela interrupta.

Cicindela elytris fuscis puncto baseos, fasciis tribus interruptis lineolaque apicis flavis. Ent. ou hist. nat. des inf. Cicindele. *Pl.* 2. *fig.* 15.

Cicindela interrupta. Fab. *Syst. ent. pag.* 225. *n°.* 4. — *Sp. inf. t.* 1. *pag.* 284. *n°.* 7. — *Mant. inf. tom.* 1. *pag.* 186. *n°.* 10.

Elle est de la grandeur de la Cicindele champêtre. Les antennes sont noires. La levre supérieure est jaune. Les mandibules sont jaunes à leur base & noires à leur extrémité. La tête & le corcelet sont obscurs. Les yeux sont bruns, ronds & saillans. L'écusson est très-petit. Les élytres sont obscures & marquées chacune d'un point jaune, au milieu de la base: on y voit une bande arquée, interrompue, & un point à la suture, entre l'interruption; une autre bande interrompue à la suture, & un point réuni à la bande; une troisième bande interrompue, formée de quatre taches, dont deux transversales & deux obliques; enfin deux autres taches oblongues, à l'extrémité. Le corps en dessous est cuivreux brillant. Les pattes sont d'un vert bleuâtre, cuivreux, avec les tarses noirs.

Elle se trouve dans l'Afrique, à Sierra-Léona.

17. Cicindele lunulée.

Cicindela lunulata.

Cicindela nigra, elytris lunulis duabus maculisque duabus albis anteriore transversa. Ent. ou hist. nat. des inf. Cicindele. *Pl.* 2. *fig.* 24.

Cicindela lunulata. Fab. *Sp. inf. tom.* 1. *p.* 284. *n°.* 8. — *Mant. inf. tom.* 1. *pag.* 186. *n°.* 11.

Elle ressemble, pour la forme & la grandeur, à la Cicindele hybride. Les antennes sont noires. La levre supérieure est jaune. Les mandibules sont assez grandes; elles sont jaunes à leur base & noires à leur extrémité. La tête est obscure. Les yeux sont arrondis, saillans, bruns. Le corcelet est obscur; il a une impression transversale, à sa partie antérieure, une autre à la partie postérieure, & une ligne longitudinale peu enfoncée, au milieu. Lécusson est obscur, petit, triangulaire. Les élytres sont obscures; elles ont une tache en croissant, vers la base extérieure, une tache transversale, presque didyme, vers le milieu, deux taches presque arrondies, un peu au-dessous, enfin une autre tache en croissant, sur le bord postérieur. Le dessous du corps est d'un beau bleu luisant, avec quelques poils gris. Les pattes sont d'un bleu verdâtre luisant.

Elle se trouve au Cap de Bonne-Espérance.

18. Cicindele luride.

Cicindela lurida.

Cicindela obscura, elytris punctis duobus lunulisque tribus albis, intermedia flexuosa. Ent. ou hist. nat. des inf. Cicindele. *Pl.* 3. *fig.* 35.

Cicindela lurida. Fab. *Sp. inf. tom.* 1. *p.* 284. *n°.* 9. — *Mant. inf. tom.* 1. *pag.* 186. *n°.* 12.

Thunb. *Nov. sp. inf. diss.* 1. *tab.* 1. *fig.* 42.

Elle ressemble beaucoup à la Cicindele hybride. La levre supérieure est jaune, avec une rangée de points noirs, à sa partie antérieure. Les antennes sont noires. La tête & le corcelet sont d'une couleur bronzée obscure. Les yeux sont arrondis, saillans, bruns. Le corcelet a une impression transverticale, à sa partie antérieure, une autre à sa partie postérieure, avec une ligne longitudinale peu enfoncée. L'écusson est triangulaire. Les élytres sont bronzées, obscures, avec un point blanc, à la base, une tache en croissant, qui descend de la base extérieure & revient sur l'élytre, un point vers la suture, une raie sinuée, oblique, un peu au de-là du milieu, une tache au côté extérieur de l'extrémité de cette raie, souvent réunie à la raie, enfin l'extrémité de l'élytre est blanche. Le dessous du corps est bleu luisant. Les pattes sont d'un bleu verdâtre, cuivreux.

Elle se trouve au Cap de Bonne-Espérance.

19. Cicindele sinuée.

Cicindela flexuosa.

Cicindela obscura, elytris punctis quatuor lunulisque tribus albis, intermedia flexuosa. Ent. ou hist. nat. des ins. Cicindele. *Pl.* 1. *fig.* 10.

Cicindela flexuosa. Fab. *Mant. ins. t.* 1. *p.* 186. n°. 13.

Elle ressemble beaucoup à la Cicindele luride. La tête est bronzée, obscure, avec la levre supérieure jaune, bordée de noir. Le corcelet est bronzé. Les élytres sont bronzées, avec deux petits points blancs, à la base, vers la suture; une tache en croissant, à l'angle extérieur de la base; un point oblong, à côté de la suture; une tache sinuée, vers le milieu; un point vers le bord extérieur; enfin une tache un peu en croissant, à l'extrémité. Le dessous du corps est d'un vert bronzé un peu brillant, avec les côtés couverts d'un duvet blanchâtre. Les pattes sont cuivreuses, avec les cuisses couvertes d'un duvet blanchâtre.

Elle se trouve sur le rivage de la mer & dans les endroits sabloneux des rivières, en Provence, en Languedoc, en Espagne.

20. Cicindele du Cap.

Cicindela capensis.

Cicindela viridi-ænea, elytris albis linea triramosa ænea. Ent. ou hist. nat. des ins. Cicindele. *Pl.* 1. *fig.* 11.

Cicindela subænea, elytris albis linea fusca triramosa. Lin. *Syst. nat. pag.* 657. n°. 3. — *Mus. Lud. Ulr. pag.* 84.

Cicindela capensis. Fab. *Syst. ent. p.* 225. n°. 5. — *Sp. ins. tom.* 1. *pag.* 285. n°. 10. — *Mant. ins. tom.* 1. *pag.* 186. n°. 14.

Cicindela capensis *viridi-ænea, elytris albis lineis maculisque ramosis æneis.* Deg. *Mém. ins. tom.* 7. *pag.* 628. n°. 24. *Pl.* 47. *fig.* 3.

Cicindela capensis. Sulz. *Hist. ins. tab.* 6. *fig.* 11.

Cicindela capensis. Wulf. *Ins. cap. p.* 20. n°. 16. *tab.* 1. *fig.* 10.

Voet. *Coleopt. pars* 1. *tab.* 40. *fig.* 5.

Cicindela Capensis. Naturf. 24. *pag.* 49. n°. 15. *tab.* 2. *fig.* 19.

Cicindela Capensis. Fuesl. *Archiv. ins. tab.* 27. *fig.* 14.

Elle est presque de la grandeur de la Cicindele champêtre. La tête & le corcelet sont bronzés, luisans. La levre supérieure est blanchâtre. Les élytres sont blanches, avec une ligne longitudinale cuivreuse, d'où partent trois rameaux qui s'avancent un peu du côté extérieur. Le dessous du corps est d'un vert cuivreux, purpurin, très-brillant.

Elle se trouve au Cap de Bonne-Espérance, dans les endroits sabloneux.

21. Cicindele porte-chaîne.

Cicindela catena.

Cicindela viridi-ænea, elytris albidis punctis sex viridibus concatenatis. Ent. ou hist. nat. des ins. Cicindele. *Pl.* 1. *fig.* 12.

Cicindela catena. Fab. *Syst. ent. p.* 226. n°. 11. — *Spec. ins. tom.* 1. *pag.* 286. n°. 18. — *Mant. ins. tom.* 1. *pag.* 187. n°. 22.

Cicindela catena. Thunb. *Nov. spec. ins. diss.* 1. *pag.* 26. *tab.* 1. *fig.* 41.

Cicindela catena. Naturf. 24. *pag.* 52. n°. 16. *tab.* 2. *fig.* 20.

Elle ressemble à la Cicindele du Cap, mais elle est un peu plus petite. La tête est bronzée, avec les côtés couverts d'un duvet blanc au-dessous des yeux, & la levre supérieure jaune. Le corcelet est arrondi, bronzé en-dessus, d'un violet cuivreux en-dessous, avec les côtés couverts d'un duvet cotoneux blanchâtre. Les élytres sont blanchâtres, avec six taches vertes, alternes, disposées sur deux lignes, dont l'une au milieu, & l'autre vers la suture: ces taches sont réunies entr'elles par une ligne, & à la suture, par une autre. Le dessous du corps est d'un vert bleuâtre brillant, avec les côtés couverts d'un duvet cotoneux blanchâtre.

Elle se trouve aux Indes orientales, au Cap de Bonne-Espérance.

22. Cicindele germanique.

Cicindela germanica.

Cicindela cuprea, elytris viridibus, puncto lunulaque apicum albis. Fab. *Syst. ent. pag.* 225. n°. 6. — *Sp. ins. tom.* 1. *p.* 285. n°. 11. — *Mant. ins. tom.* 1. *pag.* 186. n°. 15.

Cicindela germanica. LIN. *Syst. nat. pag.* 657. n°. 4.

Buprestis inauratus, supra fusco-viridis, coleoptris punctis sex albis. GEOFF. *Inf. t.* 1. *p.* 155. n°. 29.

Le Bupreste vert à six points blancs. GEOFF. *Ib.*

Cicindela obscurior *viridis, elytris punctis quatuor lineolaque alba.* SCHREBER. *Inf.* 10. n°. 5.

Cicindela germanica. SCOP. *Ent. carn.* n°. 182.

Cicindela germanica. POD. *Mus. græc. pag.* 42.

Cicindela germanica. SCHRANK. *Enum. inf. aust.* n°. 358.

VOET. *Coleopt. pars* 1. *tab.* 40. *fig.* 6.

Elle est une ou deux fois plus petite que la Cicindele champêtre. Les antennes sont noires, avec le premier article bronzé. La levre supérieure est jaune. La tête & le corcelet sont bronzés. Les élytres sont vertes, avec un petit point blanc, à l'angle extérieur de la base, un autre plus grand, oblong, au milieu, vers le bord extérieur, & une tache en croissant, vers l'extrémité. Le dessous du corps & les pattes sont d'un vert bleuâtre, un peu cuivreux, brillant.

Cet insecte varie. Il est ordinairement vert, quelquefois bleu, & rarement noir.

Elle se trouve en Europe, dans les endroits sablonneux & humides.

23. CICINDELE tuberculée.

CICINDELA tuberculosa.

Cicindela thorace fusco bituberculato, elytris fusco viridique variis margine tridentato albo. Ent. ou hist. nat. des inf. CICINDELE. *Pl.* 3. *fig.* 28.

Cicindela tuberculata. FAB. *Syst. ent. pag.* 225. n°. 7. — *Spec. inf. tom.* 1. *pag.* 285. n°. 12. — *Mant. inf. tom.* 1. *pag.* 186. n°. 16.

Elle ressemble, pour la forme & la grandeur, à la Cicindele germanique. Les antennes sont noires. Les yeux sont bruns, saillans, arrondis. La tête est d'un vert un peu bronzé. Le corcelet est d'un vert un peu bronzé, avec une impression transversale, à sa partie antérieure, une autre à sa partie postérieure, & une ligne longitudinale un peu enfoncée, au milieu. Les élytres sont vertes, bronzées, avec une suite de petits tubercules de chaque côté de la suture : le bord extérieur de l'élytre est blanc, avec trois dentelures internes, dont celle du milieu plus avancée est arquée. Le dessous du corcelet & la poitrine sont cuivreux, brillants. L'abdomen est bleuâtre, brillant. Les pattes sont cuivreuses : il y a quelques poils gris courts sur la poitrine & sur les pattes.

Elle se trouve dans la Nouvelle-Zélande.

24. CICINDELE uni-ponctuée.

CICINDELA unipunctata.

Cicindela subpurpurascens labio elytrisque puncto albo. Ent. ou hist. nat. des inf. CICINDELE. *Pl.* 3. *fig.* 27.

Cicindela unipunctata. FAB. *Syst. ent. p.* 225. n°. 8. — *Spec. inf. tom.* 1. *p.* 285. n°. 13. — *Mant. inf. tom.* 1. *pag.* 186. n°. 17.

Elle ressemble entièrement, pour la forme & la grandeur, à la Cicindele hybride. Les antennes sont noires; tout le dessus du corps est noirâtre, avec un point blanc vers le bord extérieur de chaque élytre. La lèvre supérieure & la base des mandibules sont jaunes. Le dessous du corps est violet, avec l'abdomen & les pattes verdâtres.

Elle se trouve dans l'Amérique méridionale.

25. CICINDELE cayennoise.

CICINDELA Cajennensis.

Cicindela supra fusca, subtus cyanea, ano tibiisque testaceis, elytris puncto laterali albo. Ent. ou hist. nat. des inf. CICINDELE. *Pl.* 1. *fig.* 2.

Cicindela cajennensis *supra fusca subtus cyanea, ano tibiisque posticis testaceis.* FAB. *Mant. inf. t.* 1. *pag.* 187. n°. 28.

Elle est un peu plus alongée que la précédente. Les antennes sont bleuâtres à leur base, obscures à leur extrémité. Tout le dessus du corps est noirâtre obscur, avec les côtés de la tête, du corcelet & des élytres, un peu verdâtres, brillans. Les élytres sont légèrement chagrinées, & marquées de chaque côté, d'un petit point blanchâtre oblong. Le dessous du corps est d'un noir bleuâtre brillant, avec l'extrémité de l'abdomen ferrugineuse. Les pattes sont déliées, assez longues, fauves, avec les cuisses noires.

Elle se trouve à Cayenne.

Du cabinet de M. Pâris.

26. CICINDELE six points.

CICINDELA sexpunctata.

Cicindela viridi-ænea, elytrorum disco obscuriore punctis tribus albis. Ent. ou hist. nat. des inf. CICINDELE. *Pl.* 1. *fig.* 6.

Cicindela sex punctata. FAB. *Syst. ent. pag.* 226. n°. 9. — *Sp. inf. tom.* 1. *p.* 285. n°. 14. — *Mant. inf. tom.* 1. *p.* 186. n°. 18.

Elle est de la grandeur de la Cicindele champêtre; mais les élytres ne sont pas si larges, les antennes sont noirâtres & un peu plus longues que la moitié du corps. La tête est d'un vert bleu, un peu obscur. Le front est d'un bleu luisant, & la lèvre supérieure est jaune. Les mandibules sont jaunes à leur base, & noires à leur extrémité. Le corcelet est d'un vert bleuâtre obscur, un peu brillant sur les côtés, avec une impression transversale, à sa partie antérieure, une autre à sa partie postérieure, & une ligne longitudinale au milieu, peu enfoncée. Les élytres sont d'un vert bleuâtre obscur, plus clair & un peu brillant sur le bord extérieur, avec trois points blancs en ligne longitudinale, sur chaque élytre. Le dessous du corps est brillant & mélangé de vert, de bleu & de cuivreux. La poitrine & les côtés de l'abdomen ont quelques poils gris. Les pattes sont vertes cuivreuses, brillantes, avec quelques poils courts, gris.

Elle se trouve à la côte de Malabar.

27. Cicindele quadrirayée.

Cicindela quadrilineata.

Cicindela viridi-aenea, elytris obscuris margine lineaque media albis. Ent. ou hist. nat. des inf. Cicindele. *Pl.* 1. *fig.* 4. & *fig.* 8. *a. b.*

Cicindela quadrilineata. Fab. *Sp. inf. tom.* 1. *p.* 285. *n°.* 15. — *Mant. inf. t.* 1. *p.* 186. *n°.* 19.

Cicindela quadrilineata. Fuesl. *Archiv. inf. tab.* 27. *fig.* 15.

Elle a une forme un peu plus alongée que la Cicindele champêtre. La lèvre supérieure est jaune, courte, assez large. Les mandibules sont noires, avec la base extérieure jaunâtre. La tête est bronzée. Le corcelet est bronzé en dessus, cuivreux, très-brillant en dessous, avec les côtés couverts d'un léger duvet blanchâtre. Les élytres sont bronzées, avec le bord extérieur blanc, formant une tache en croissant, à l'extrémité : on voit au milieu de chaque élytre, un peu vers la suture, une raie blanche qui ne va point jusqu'à l'extrémité. Le dessous du corps est d'un rouge cuivreux très-brillant, avec les côtés légèrement couverts d'un duvet blanchâtre. Les pattes sont cuivreuses.

Elle se trouve aux Indes Orientales.

28. Cicindele birameuse.

Cicindela biramosa.

Cicindela obscuro-aenea, elytrorum margine biramoso albo. Ent. ou hist. nat. des inf. Cicindele. *Pl.* 2. *fig.* 16. *a. b. & pl.* 3. *fig.* 29.

Cicindela biramosa. Fab. *Sp. inf. tom.* 1. *p.* 286. *n°.* 16. — *Mant. inf. tom.* 1. *pag.* 186. *n°.* 20.

Cicindela tridentata *purpurascenti - aenea elytris linea marginali tridentata.* Thunb. *Nov. spec. inf. diss.* 1. *p.* 26. *tab.* 1. *fig.* 40.

Cicindela biramosa. Fuesl. *Archiv. inf. tab.* 27. *fig.* 16.

Elle ressemble, pour la forme & la grandeur, à la Cicindele germanique. Les antennes sont noirâtres, bronzées à leur base; la tête est cuivreuse, plus ou moins brillante, souvent bronzée. La lèvre supérieure est jaune. Le corcelet est cuivreux, presque bronzé, avec une ligne transversale, enfoncée, à la partie antérieure, une autre à la partie postérieure, & une ligne longitudinale, au milieu, très-peu enfoncée. Les élytres sont cuivreuses, ou bronzées, avec le bord extérieur blanchâtre, deux dentelures internes, une au milieu, arrondie, en forme de tache, & une autre plus petite, moins avancée, vers l'extrémité. La poitrine & le corcelet en dessous sont cuivreux, brillants, légèrement couverts de poils gris. L'abdomen est bleuâtre brillant. Les pattes sont cuivreuses, brillantes.

Elle se trouve aux Indes Orientales.

29. Cicindele six-mouchetée.

Cicindela sexguttata.

Cicindela viridis nitida, elytris punctis tribus marginalibus albis. Ent. ou hist. nat. des inf. Cicindele. *Pl.* 2. *fig.* 21. *a. b.*

Cicindela sexguttata. Fab. *Syst. ent. pag.* 226. *n°.* 10. — *Sp. inf. tom.* 1. *pag.* 286. *n°.* 17. — *Mant. inf. tom.* 1. *pag.* 186. *n°.* 21.

Cicindela sexguttata. Fuesl. *Archiv. inf. tab.* 27. *fig.* 17.

Elle ressemble beaucoup, pour la forme & la grandeur, à la Cicindele hybride. Les antennes sont noires au milieu, obscures à l'extrémité, verdâtres à leur base. Le corcelet est d'un vert bleu, avec une ligne transversale à sa partie antérieure, & une autre à sa partie postérieure. L'écusson est très-petit. Les élytres sont d'un vert bleu, avec trois petits points vers le bord extérieur, un au milieu, un autre vers l'extrémité, & le troisième à côté de l'extrémité. Le dessous du corps & les pattes sont d'un bleu brillant, un peu verdâtre sur l'abdomen.

Elle se trouve dans l'Amérique septentrionale, la Caroline, la Georgie.

30. Cicindele marginée.

Cicindela marginata.

Cicindela viridis, elytris margine fascia undata punctisque duobus albis. Fab. *Syst. ent. pag.* 226.

n°. 12. — *Sp. inf. tom.* 1. *pag.* 286. *n°.* 19. — *Mant. inf. tom.* 1. *pag.* 187. *n°.* 23.

Elle ressemble à la Cicindele champêtre. Le corps est vert. La lèvre supérieure est jaune. Les élytres ont le bord extérieur blanc, une bande très-ondée & sinuée vers le milieu, & deux points blancs à la base.

Elle se trouve dans l'Amérique septentrionale, la Virginie.

31. CICINDELE ponctuée.

CICINDELA punctulata.

Cicindela fusco-anea subtus cyanea, elytris punctis albis punctisque seriatis impressis nitidis. Ent. ou hist. nat. des inf. CICINDELE. *Pl.* 3. *fig.* 37. *a. b.*

Elle est un peu plus grande que la Cicindele germanique. Les antennes sont obscures. La tête & le corcelet sont bronzés, nuancés de cuivreux. Les élytres sont pointillées, bronzées, avec quatre ou cinq points blancs sur chaque, dont le dernier linéaire, à l'extrémité, & une rangée longitudinale de points enfoncés, verts brillans, près la suture. Le dessous du corps & les pattes sont bleus luisans.

Elle se trouve dans l'Amérique septentrionale, à la Nouvelle Jersey.

Du cabinet de M. Bosc.

32. CICINDELE huit-points.

CICINDELA octoguttata.

Cicindela obscura elytris punctis quatuor disco lunulisque duabus marginalibus albis. Ent. ou hist. nat. des inf. CICINDELE. *Pl.* 3. *fig.* 32.

Cicindela octoguttata. FAB. *Mant. inf. tom.* 1. *pag.* 187. *n°.* 24.

Elle est petite. Les antennes sont noires, avec le premier article cuivreux. La tête est bronzée, avec la base des mandibules & la lèvre supérieure jaunes. Le corcelet est bronzé, plus étroit que la tête, presque cylindrique. L'écusson est triangulaire & bronzé. Les élytres sont bronzées, avec quatre points blancs sur chaque, & deux lunules blanches, dont l'une, au milieu du bord extérieur, s'étend un peu sur l'élytre, & l'autre sur le bord de l'extrémité. Le dessous du corps est bleu, avec les côtés cuivreux. Les pattes sont cuivreuses.

Elle se trouve dans l'Amérique méridionale.

33. CICINDELE trifasciée.

CICINDELA trifasciata.

Cicindela obscura, elytris strigis tribus albis, secunda flexuosa. Ent. ou hist. nat. des inf. CICINDELE. *Pl.* 2. *fig.* 18.

Cicindela trifasciata. FAB. *Spec. inf. tom.* 1 *pag.* 286. *n°.* 20. — *Mant. inf. tom.* 1. *pag.* 187 *n°.* 23.

Elle ressemble à la Cicindele luride, mais elle est plus petite. Les antennes sont noirâtres, verdâtres à leur base. La lèvre supérieure est jaune. La tête & le corcelet sont cuivreux obscurs. Le corcelet a une impression transversale, à la partie antérieure, une autre à la partie postérieure, & une ligne longitudinale enfoncée, au milieu. Les élytres sont cuivreuses, obscures, avec trois raies obliques, transversales, sinuées, dont l'une part de la base extérieure, l'autre est vers le milieu, & la troisième sur le bord postérieur : on voit une raie interrompue, le long de la suture, jusques vers le milieu. Le dessous du corps est d'un vert bleu, très-brillant, avec des poils gris sur la poitrine & les côtés de l'abdomen. Les pattes sont vertes, cuivreuses, brillantes.

Elle se trouve dans l'Amérique méridionale, aux Antilles, à la Guadeloupe.

34. CICINDELE carolinoise.

CICINDELA carolina.

Cicindela cyanea nitida, elytrorum apicibus, antennis pedibusque flavis. LIN. *Syst. nat. p.* 657. *n°.* 6. — *Amanit. acad. tom.* 1. *pag.* 395. *n°.* 23.

Cicindela carolina *viridis nitida, elytrorum apicibus ore antennis pedibusque flavis.* FAB. *Syst. ent. pag.* 226. *n°.* 13. — *Spec. inf. tom.* 1. *p.* 286. *n°.* 21. — *Mant. inf. tom.* 1. *pag.* 187. *n°.* 26.

Cicindela purpurea nitida viridi aureo marginata, elytrorum apicibus antennis pedibusque flavis. DEG. *Mem. t.* 4. *pag.* 120. *n°.* 2. *Pl.* 17. *fig.* 24.

Naturf. 24. *p.* 53. *n°.* 17. *tab.* 2. *fig.* 21.

Elle est de la grandeur de la Cicindele champêtre. Les antennes sont fauves & un peu plus longues que la moitié du corps. La lèvre supérieure est jaune fauve. Les mandibules sont jaunes fauves, avec l'extrémité noire. La tête est verte, & les yeux sont bruns ; le corcelet est vert, avec une impression transversale, à la partie antérieure, une autre à la partie postérieure, & une ligne longitudinale enfoncée, bien marquée. Les élytres sont pointillées, d'un vert doré, vers la suture, d'un vert bleuâtre sur les bords extérieurs, avec une tache d'un jaune fauve, en croissant, vers l'extrémité. Le dessous du corps est d'un vert bleuâtre luisant. Les pattes sont d'un jaune fauve.

Elle se trouve dans la Caroline.

35. CICINDELE virginienne.

CICINDELA virginica.

Cicindela violacea nitida, ore, antennis pedibusque testaceis. Ent. ou hist. nat. des inf. CICINDELE. *Pl.* 3. *fig.* 26.

Cicindela virginica. LIN. *Syst. nat. pag.* 657. n°. 5.

Elle ressemble beaucoup à la Cicindele caroloise; elle en diffère principalement en ce que le fond de sa couleur est d'un bleu violet noirâtre. Les antennes, les antennules & la bouche sont jaunes. Les mandibules ont leur extrémité noire. La tête est d'un bleu violet. Le corcelet est de la même couleur, avec une ligne longitudinale enfoncée. Les élytres sont d'un bleu violet, avec l'extrémité testacée : elles sont pointillées depuis la base jusqu'au delà du milieu. Le dessous du corps est violet, avec l'extrémité de l'abdomen pâle. Les pattes sont d'un fauve pâle.

Elle se trouve dans l'Amérique septentrionale, la Virginie, la Caroline.

36. CICINDELE maure.

CICINDELA maura.

Cicindela nigra, elytris punctis sex albis, tertio & quarto parallelis. Ent. ou hist. nat. des inf. CICINDELE. *Pl.* 3. *fig.* 31.

Cicindela maura. LIN. *Syst. nat. pag.* 658. n°. 9.

Cicindela maura. FAB. *Syst. ent. p.* 226. *n°.* 15. — *Spec. inf. tom.* 1. *pag.* 287. *n°.* 24. — *Mant. inf. tom.* 1. *pag.* 187. *n°.* 30.

Elle ressemble, pour la forme & la grandeur, à la Cicindele hybride. Les antennes sont noires, filiformes, brillantes à la base, obscures à l'extrémité. Tout le corps est noirâtre. Les yeux sont bruns & saillans. Les élytres ont chacune six taches noires, presque rondes; une à l'angle extérieur de la base, une autre un peu plus bas, deux sur une ligne transversale au milieu de l'élytre, une cinquième ronde, vers l'extrémité, & la sixième presque en lunule à l'extrémité.

Elle se trouve à Alger.

37. CICINDELE naine.

CICINDELA minuta.

Cicindela anea, elytris punctatis, lineis quatuor albis prima lunata. Ent. ou hist. nat. des inf. CICINDELE. *Pl.* 2. *fig.* 13. *a b.*

Elle est un peu plus petite que la Cicindele trifasciée. Les antennes sont bronzées, avec le premier article vert. La tête est bronzée, avec la lèvre supérieure jaune. Les mandibules sont jaunes à leur base, noires à leur extrémité. Les yeux sont arrondis, très-saillans. Le corcelet est arrondi, pubescent, bronzé. Les élytres sont pointillées, bronzées, avec quatre lignes courtes, sur le bord extérieur, dont la première en croissant, & la seconde sinuée. Le dessous du corps & les pattes sont cuivreux, pubescens.

Elle se trouve aux indes Orientales.

Du cabinet du Roi.

38. CICINDELE équinoxiale.

CICINDELA æquinoctialis.

Cicindela flava, elytris fasciis duabus nigris latis. LIN. *Syst. nat. pag.* 658. *n°.* 7. — *Amœn. acad. tom.* 6. *pag.* 395. *n°.* 22.

Cicindela æquinoctialis. FAB. *Syst. ent. p.* 226. *n°.* 14. — *Sp. inf. tom.* 1. *pag.* 287. *n°.* 23. — *Mant. inf. tom.* 1. *pag.* 187. *n°.* 29.

Elle est de grandeur moyenne. Tout le corps est jaune. Les yeux sont noirs, un peu moins saillans que dans les autres espèces. Le corcelet a une ligne longitudinale enfoncée. Les élytres sont obtuses, jaunes, avec deux larges bandes ondées, noires; elles ont chacune dix lignes longitudinales élevées.

Elle se trouve à Surinam.

39. CICINDELE échancrée.

CICINDELA emarginata.

Cicindela viridi-cærulea, antennis pedibusque rufis, elytris punctato-striatis apice emarginatis. Ent. ou hist. nat. des inf. CICINDELE. *Pl.* 3. *fig.* 38. *a. b.*

Elle ressemble un peu à un Carabe. Les antennes sont fauves, avec le premier article alongé, noirâtre à son extrémité. La bouche est fauve. La tête est bleue, pointillée. Le corcelet est cylindrique, bleu, pointillé, marqué d'une ligne longitudinale enfoncée. Les élytres sont d'un bleu verdâtre, avec des stries fortement pointillées, & l'extrémité un peu échancrée. Le dessous du corps est bleu, luisant. Les pattes sont fauves.

Elle a été trouvé le cinq juin, dans les bois, aux environs de Paris, par M. Bosc.

CIGALE. *CICADA.* Genre d'insectes de la première section de l'Ordre des Hémiptères.

Les Cigales ont quatre aîles membraneuses, veinées, dont les deux supérieures, un peu plus fortes, servent d'étuis aux inférieures; deux antennes très-courtes, minces, sétacées; une trompe collée contre la poitrine, enfin deux écailles coriacées, assez grandes à la base de l'abdomen.

Les Cigales ont beaucoup de rapports avec les Fulgores, les Membracis & les Tettigones. Elles diffèrent des Fulgores par les antennes composées dans celle-ci de deux pièces, dont la première est très-grosse & globuleuse, & l'autre sétacée, très-mince. Les Membracis ont leurs antennes composées de trois articles dont le premier est gros, le second est un peu plus petit & le dernier est mince & sétacé; leur corcelet, d'ailleurs, est plus ou moins dilaté. Les Tettigones ont leurs élytres coriacées, & les antennes composées de trois articles, dont le premier est gros & cylindrique, le second mince & arrondi, & le troisième sétacé.

Les antennes des Cigales sont sétacées, plus courtes que la tête, composées de sept articles dont le premier est gros & cylindrique, les autres sont très-minces, sétacés, & à-peu-près d'égale longueur. Elles sont insérées à sa partie antérieure de la tête, à quelque distance des yeux.

La bouche forme une espèce de trompe, ou de bec alongé que nous nommerons rostre, du mot latin *rostrum*, il est appliqué tout le long de la poitrine, lorsque l'insecte n'en fait pas usage. Il comprend la gaîne & le suçoir. La gaîne est la pièce qui se montre à découvert, elle est composée de trois articles dont le premier est un peu plus grand que le second, celui-ci est un peu renflé, le troisième est alongé & cylindrique. Elle est cannelée à sa partie antérieure & renferme le suçoir composé de trois soies égales, minces, très-déliées, qui partent de la partie antérieure & inférieure de la tête, & entrent dans la cannelure du rostre, à une légère distance de leur base. La portion du suçoir qui n'est pas enfermée dans la gaîne, est recouverte par la levre supérieure, très-mince, très-fine & terminée en pointe. La gaîne a son insertion entre la tête & la partie inférieure du corcelet tandis que les soies partent de la partie la plus antérieure de la tête.

Les yeux sont arrondis, très-saillans, presque globuleux, fixés à la partie latérale de la tête. On remarque trois petits yeux lisses, placés à la partie supérieure de la tête & disposés en triangle.

Le corcelet est large, assez court, ordinairement inégal. Le dos est cette partie qui se trouve entre le corcelet & l'abdomen, & sur la partie latérale de laquelle les aîles sont attachées.

Les élytres, dans la plupart des espèces, ne diffèrent pas des aîles. Elles sont membraneuses, veinées & beaucoup plus longues que l'abdomen. Les deux aîles qui se trouvent au-dessous sont membraneuses, veinées, guère plus longues que l'abdomen.

On remarque à la base de l'abdomen deux grandes plaques coriacées, beaucoup plus grandes dans les mâles que dans les femelles, au-dessou desquelles se trouve une membrane très-fine, organe du chant de ces insectes.

Les pattes sont de longueur moyenne. Les cuisses antérieures sont un peu renflées, & dentées dans la plupart des espèces. Les tarses sont courts, composés de trois articles, dont les deux premiers sont très-courts, le troisième est assez long, un peu arqué & terminé par deux ongles crochus.

Les Cigales sont des insectes connus depuis très-longtems, & sur lesquels les fictions des premiers poëtes & les erreurs des naturalistes anciens ont répandu une sorte de célébrité. On a dit qu'elles n'avoient ni chair ni sang, qu'elle ne vivoient que de rosée; on a appellé chant l'espèce de son qu'elles rendent, & on l'a même qualifié de mélodieux. On ne les considère plus aujourd'hui que comme de simples insectes, qui vivent du suc des feuilles, & leur chant n'est pour nous qu'un bruit incommode & désagréable; nous dédaignons enfin un animal que les Grecs servoient sur leur table, comme un mets très-délicat.

Aristote & tous les anciens naturalistes venus après lui, ont distingué deux principales espèces de Cigales. Ils nommoient les grandes *Achetae*, & les petites, *Tettigonia*. Nous croyons devoir nous conformer à une nomenclature consacrée par le tems même, & ne pas suivre le changement de noms que M. Fabricius à jugé à propos de faire. Nous nommerons donc Cigales les grandes espèces, & Tettigones, les petites.

Ces insectes très-fréquens dans les pays chauds, ne se retrouvent plus dès qu'on abandonne les provinces méridionales. C'est dans les mois de juille & d'août que les Cigales se font entendre, & leu bruit est d'autant plus continu que la chaleur est plus vive: il est si aigu, ou plutôt si monotone, qu'il ne peut qu'incommoder ceux qui sont obligés de l'entendre. Elles se tiennent sur le tronc ou sur les branches des arbres, & elles changent rarement de place. Leur vol est cependant fort & rapide, & elles sont très-actives lorque le soleil est dans sa force. Mais le froid même léger les engourdit; & on peut les prendre aisément le matin ou le soir. Le fond de leur couleur en général est un brun traversé de bandes jaunes, & sablé de quelques poussières blanches. Comme c'est principalement le son qu'elles rendent, qui leur a attiré l'attention de ceux même qui étoient le moins jaloux de les connoître, c'est aussi sur cet objet que nous devons le plus nous attacher à transcrire les vérités qui n'ont été découvertes que de nos jours. C'est à l'illustre Reaumur qui a tant fait pour les progrès des sciences naturelles, à qui nous devons les observations aussi sûres qu'intéressantes que nous allons exposer, sur les vrais organes qui constituent le chant des Cigales.

On

On a cru assez généralement que c'est la femelle seule qui a la faculté de chanter. Cette erreur a été accréditée non seulement par le peuple, mais par des hommes d'ailleurs éclairés. On a enfin reconnu que c'est le mâle seul qui se fait entendre, & que la femelle est absolument muette. Ceux qui ont attribué le chant des Cigales à une agitation prompte des aîles, ou à leur frottement, sont tombés dans une erreur moins pardonnable; car l'examen le plus léger, celui dont les gens de la campagne ont été susceptibles, auroit dû les en garantir. Dès le tems d'Aldrovande, & apparemment plutôt, les paysans, par la seule inspection, avoient appris à distinguer les Cigales chanteuses, de celles qui ne devoient pas l'être. Si le nom de voix ne doit être donné qu'au son produit par l'air chassé des poumons, & modifié à la sortie du larinx, par la glotte & les parties qui l'accompagnent, les insectes, dépourvus de ces organes, n'ont pas de voix. Mais si on croit pouvoir donner plus d'étendue à ce mot, & si l'on veut convenir que tous les bruits, ou les sons, au moyen desquels des animaux peuvent déterminer ceux de leur espèce à certaines actions, ou leur communiquer certaines impressions, doivent mériter le nom de voix, alors nous en trouverons même aux insectes, & les organes de celle de la Cigale nous paroîtront dignes d'être admirés, quoiqu'ils n'accordoient pas placés dans le gosier: c'est dans la cavité du ventre qu'ils sont logés & qu'il faut savoir les chercher. Quoique la position de ces organes, connus même des paysans, mais qu'ils n'accordoient qu'aux femelles, n'ait pu échapper à Aristote & aux naturalistes qui sont venus après lui, il est certain néanmoins, suivant la remarque de Pontédéra, qu'ils avoient été mal vus, ou mal décrits, sur-tout quelques-uns difficiles à découvrir.

Quand on observe, du côté de l'abdomen, un mâle de nos Cigales, on y voit bientôt deux plaques écailleuses, assez grandes, formant un demi-ovale, dont les femelles n'ont pour ainsi dire que les rudimens, qui sont à peine sensibles à la vue. Ces plaques fixées sans aucune articulation, cachent les premiers anneaux, & dans quelques espèces sont encore un peu en recouvrement l'une sur l'autre. Malgré leur défaut d'articulation, on peut les soulever en leur faisant violence; elles tournent alors sur la partie la plus proche de leur attache, & souvent aussi elles sont obligées de céder un peu au mouvement de l'abdomen, lorsqu'il se rapproche de la poitrine; mais pour empêcher que ces deux pièces ne soient trop soulevées, ou pour les faire retomber lorsqu'elles l'ont été, il y a deux espèces de chevilles roides, en forme d'épines, prenant leur origine près de celle des cuisses postérieures, & s'appuyant chacune sur la plaque écailleuse, que nous appellerons avec Linné, opercule.

Si malgré la résistance des chevilles, on vient à soulever les opercules jusqu'à les renverser, si on met à découvert les parties qu'ils cachent dans leur position naturelle, on ne peut qu'être frappé de l'appareil qui se présente, on ne peut douter que la nature n'ait mis autant de soin pour composer l'organe du chant des Cigales, que pour composer l'organe de notre voix. On apperçoit d'abord une cavité pratiquée dans la partie antérieure de l'abdomen. Pour la former, le premier anneau a été coupé & le second retréci. Le contour supérieur de cette cavité a un rebord plus fort & plus épais que ne le sont les anneaux; il est arrondi sur les côtés, & au milieu du ventre, il a une languette qui s'avance vers la tête. Cette même cavité est partagée en deux loges principales.

La cloison est formée par une écaille triangulaire, dont le sommet est placé sous la languette, & dont la base est tournée du côté du corcelet. Sur ce triangle écailleux, dur, s'éleve une arête qui va se terminer à la languette.

On croiroit voir au fond de chaque cellule un petit miroir, taillé en demi-cercle. C'est une membrane tendue, ne le cédant en transparence à aucun verre ni à aucun talc, présentant les couleurs de l'arc-en-ciel, regardée obliquement. Une espèce de petit chevalet, qui part de l'extrémité du corcelet, & qui est dirigé horizontalement jusqu'auprès de la base du triangle écailleux où il se replie à angle droit, empêche les opercules de descendre trop bas dans la cavité, & sert aussi à retenir le corps. Le triangle écailleux ne partage en deux que la partie postérieure de la cavité. La partie antérieure est remplie par une membrane très-blanche, & qui, quoique mince, a de la consistance. Elle est attachée par un de ses côtés à la base du triangle écailleux, & par son autre côté, au bord postérieur du corcelet. Enfin ses deux bouts sont attachés aux parties solides de la cavité qui leur répondent. Cette membrane se plisse, ou devient tendue, suivant les mouvemens de l'insecte.

Plusieurs auteurs ont prétendu que c'étoit par quelques-unes de ces parties que le chant de la Cigale étoit produit. Mais en faisant jouer les opercules contre les anneaux de l'abdomen, il est aisé de s'appercevoir que ce frottement n'est pas capable d'occasionner un bruit sensible. On chercheroit aussi en vain des baguettes propres à frapper sur les petits miroirs, qu'on a considéré comme des tambours. Enfin la membrane blanche qui occupe la partie antérieure de la cavité, est trop humide & trop flexible, pour exciter par sa contraction ou sa dilatation quelque espèce de son.

Il n'y a que la dissection qui puisse faire connoître les vrais organes du chant des Cigales. Après avoir mis à découvert, du côté du dos, la portion de l'intérieur qui répond à la cavité où sont les miroirs, on est frappé de la grandeur de deux muscles, qui sont des faisceaux d'un prodigieux nombre de fibres droites, appliquées les unes sur les autres, aisées à séparer les unes des autres. Ces muscles ne le cèdent point, en force & en grosseur, à ceux qui produisent les mouvemens des aîles dans les mouches. L'observateur en tiraillant doucement un de ces muscles sur une Cigale morte, peut entendre le chant se former, & il n'a besoin que de les suivre, pour trouver la partie propre à laquelle ce chant est dû. Il y a encore dans la grande cavité dont nous avons parlé, deux réduits semblables, qu'il est très-important de connoître; il y en a un de chaque côté. Une cloison solide, écailleuse, est employée aussi de chaque côté, avec une portion du premier anneau, à former une de ces cellules. Cette cloison commence auprès du bout du premier anneau, & là se joignant au rebord qui entoure le contour postérieur de la grande cavité, elle va se terminer à l'origine de ce même anneau. La cloison rentrant un peu dans la grande cavité, augmente la capacité des cellules. C'est dans ces deux cavités que sont les deux organes du chant. Ses ouvertures sont pour la voix des Cigales, ce que notre larinx est pour la nôtre. Les sons peuvent-être modifiés par les volets écailleux, par les cavités où sont les miroirs, par les miroirs même; ainsi que la voute du palais de la bouche, la cavité du nez, modifient la voix dans l'homme. On peut remarquer de chaque côté, sur le premier anneau du mâle, une portion triangulaire plus élevée, destinée à aggrandir les loges des instrumens sonores. En enlevant avec un canif cette partie de l'anneau, relevée en bosse, on voit que l'intérieur est occupé par une membrane contournée en forme de timbale, présentant une face arrondie, plissée, pleine de rugotisés, conservant sa roideur, quoique mouillée. Pour peu qu'on la touche, elle résonne plus que ne le feroit du parchemin sec.

La circonférence de cette timbale est arrêtée fixément sur une espèce de cerceau écailleux, ou sur une pièce qui est percée d'un trou sillonné autour de son bord, dont le diamètre est presque égal à celui de la circonférence de la timbale. La pièce dans laquelle il est percé, est la partie antérieure de cette cloison qui forme d'un côté la cellule de la timbale. Les sillons & les rugosités que l'on y voit, sont disposés avec une espèce de de régularité. Lorsqu'on les frotte avec un corps qui ne puisse les offenser, on fait résonner la timbale, ce qui vient de ce que les petites portions de la timbale enfoncées par les frottemens se relevent dès qu'elles se trouvent libres. Il ne faut point de muscles pour produire cet effet; la disposition & le ressort des parties doivent suffire; mais il en faut un qui tire en dedans une partie de la timbale, pour laisser ensuite agir le ressort qui doit la relever. Le muscle destiné à exécuter ce premier mouvement, est appuyé & arrêté en partie contre la pièce écailleuse qui soutient la timbale. Les fibres qui composent ce muscle, se terminent à une plaque tendineuse presque circulaire, de laquelle partent plusieurs filets ou tendons qui s'attachent à la surface concave de la timbale, vers sa partie postérieure. Quand le muscle se contractera & se relachera, il rendra concave une portion convexe de la timbale, qui reprendra ensuite sa convexité par son propre ressort. De ce mouvement alternatif exécuté avec vitesse, doit résulter ce bruit, ou ce chant que nous avions à expliquer.

Les petites Cigales ou Tettigones, n'ont pas été données par les anciens, comme d'aussi bonnes chanteuses que les grandes espèces; quelques-uns même les font passer pour presque muettes. Pontédéra a prétendu cependant qu'elles chantoient aussi fort que les autres, proportionnellement au volume de leur corps. Elles sont, il est vrai, souvent pourvues de grandes timbales, mais dont le bruit ne semble pas devoir être aussi bien modifié que celui des autres. Les Cigales de petite & de moyenne grandeur n'ont pas dans la disposition des organes les mêmes avantages; leur chant par conséquent doit-être moindre, jusqu'au point même de devenir presque nul. En général, plus les Cigales sont grandes, mieux elles chantent, ou plus leur bruit est fort.

Si les Cigales femelles n'ont pas les organes du chant que nous venons d'observer dans les mâles, & doivent être regardées comme absolument muettes, elles sont pourvues en revanche d'un instrument qui leur est propre, & qui mérite bien la même attention. C'est une tarière des plus solides, que la nature leur a accordée pour percer les arbres & y déposer leurs œufs, qu'elles savent arranger avec un grand art. Cet instrument n'est pas particulier aux Cigales, mais on le trouve dans ces insectes bien plus grand & bien plus fort. Le dernier anneau de l'abdomen est dans les deux sexes d'une figure conique, mais plus long & plus gros à sa base dans les femelles; il n'est dans celle-ci que d'une seule pièce, & il est fendu tout du long pour permettre la sortie de l'instrument que nous allons faire connoître. Le fourreau immédiat de la tarière ne la suit point pendant qu'elle sort de l'anneau. Il est composé de deux pièces semblables, arrêtées contre les chairs; jusques aux environs de la moitié de leur longueur, où elles sont articulées; l'autre moitié se termine en cuilleron alongé, destiné à renfermer la pointe de la tarière. Celle-ci est courbe vers sa base, armée à son sommet de plusieurs dentelures en scie, neuf de chaque côté, dont les plus proches de la pointe sont les plus fines. Cette pointe est renflée un peu avant son extrémité, qui est aigue.

Cette tarière, qui paroît d'abord simple, ne l'est cependant pas. Malpighi l'a très-bien observée. Elle est composée de trois pièces qu'on vient à bout de séparer avec de la dextérité & de la patience. Les deux latérales ont leur pointe taillée en lime : c'est le nom que leur donne Reaumur, & qu'on peut leur conserver, puisqu'elles ont une espèce de ressemblance avec cet instrument. Elles font un angle avec la tige, qui est un peu courbe. La pièce du milieu est à-peu-près de la longueur des autres, une fois plus large qu'épaisse, taillée quarrément presque en entier, & finissant en forme de fer de pique.

La tige de chacune des pièces latérales est fendue dans sa longueur, afin de recevoir les angles de la partie qui est au milieu. Les gouttieres sont tellement creusées, qu'elles recouvrent une moitié de la face de cette partie. Les deux faces qui concourent à sa pointe, servent de support aux limes, & ce support y est comme emboîté. Les pièces de cet assemblage sont si serrées, qu'il est difficile de les dégager sans en briser quelqu'une. Quand on examine avec une forte loupe cet assemblage, on y découvre tout ce qui peut produire un engrenage exact : des coulisses, des languettes, ainsi que dans nos ouvrages de menuiserie, pour que les limes puissent jouer alternativement & librement, pour que la pointe de l'une pût être portée par de-là la pointe de l'autre, & ramenée ensuite en arrière, avec facilité. On reconnoît aisément que la moitié de la face inférieure de la pièce du milieu, dans l'état ordinaire, est entièrement recouverte par une des limes, & que chaque lime recouvre de plus un des côtés, ou la tranche de cette pièce, mais sans la déborder & sans se recourber sur la surface supérieure. Ce qui appartient à la pièce d'assemblage est d'autant plus aisé à distinguer, que cette pièce est très-noire, tandis que les tiges des limes sont châtains. L'endroit de chaque tige d'où part une lime, a une espèce d'appendice, employée à cacher la moitié de la partie faite en fer de pique. La face de la pièce d'assemblage, qui est entièrement à découvert, a une arête longitudinale.

La base de chaque lime est assemblée avec une pièce écailleuse, comme la lime elle-même ; ou si l'on veut, la base de chacune se courbe, & forme une espèce de queue. L'une & l'autre de ces queues sont semblables, larges, épaisses, longues du quart de la circonférence du septième anneau, sous lequel elles sont cachées en certain tems. Elles font un angle avec les limes, au point où elles leur sont jointes, & dans l'état ordinaire, ce point de jonction est plus éloigné du derrière de la Cigale que ne l'est le bout de la pièce. Ainsi chacune des limes peut alternativement être poussée vers le derrière & s'avancer en avant, par le mouvement alternatif de la queue solide à laquelle elle tient.

C'est au moyen de ce jeu alternatif des limes, que la Cigale vient à bout de percer dans les bois, les trous, où elle veut loger ses œufs, suivant Reaumur, dont nous allons extraire les observations qu'il avoit aussi puisées dans Pontédéra. C'est aux branches mortes & séches que cette femelle s'adresse, & préférablement à celles du Mûrier. Ces branches auxquelles les Cigales ont confié leurs œufs, sont petites & assez aisées à connoître ; on peut y remarquer de petites élévations formées par une portion du bois qui a été soulevée, rangées de même côté, & quelquefois assez bien alignées. Ces éminences sont autant de fibres ligneuses, qui ont été soulevées par la tarière, & qui servent à couvrir l'ouverture du trou. Quelque soit le diamètre des branches, ces trous sont constamment profonds de trois lignes & demie, quelquefois de quatre. La tarière, qui peut en avoir cinq de longueur, mais qui s'arrête à la distance de quatre, à cause des paquets des fibres ligneuses, ne perce plus que la moëlle ; dès qu'elle l'a atteinte, elle n'entame pas le bois qui est par de-là. La direction du trou est d'abord oblique, en approchant de la moëlle, elle devient parallèle à l'axe de la branche. C'est dans ces trous que sont nichés les œufs. Ces œufs sont blancs, oblongs, pointus par les deux bouts, au nombre de huit ou de dix dans chaque trou, placés de manière que l'extrémité postérieure de l'un est vis-à-vis l'antérieure du suivant. D'après les observations de Pontédéra & de Reaumur, il paroît que les Cigales peuvent pondre de trois cents jusqu'à six ou sept cents œufs. Le dernier naturaliste n'a pas remarqué de gomme à l'ouverture des trous, comme le premier croyoit l'avoir observé, mais simplement des fibres ligneuses qui la bouchoient.

Si les Cigales femelles paroissent avoir le corps rempli d'œufs ; quand on ouvre le corps des mâles, on y voit un grand nombre de vaisseaux, dans lesquels s'élabore la liqueur spermatique & génératrice. La pression fait sortir de son derrière, un gros crochet brun, écailleux, courbé vers l'abdomen, destiné à saisir le derrière de la femelle, & à défendre ou à couvrir par dessus, un court tuyau, dont le bout est ouvert, rebordé, écailleux, & d'une couleur plus claire que celle du crochet. La pression augmentée fait sortir du bout de ce dernier tuyau, une partie charnue, blanche, oblongue & terminée par un mamelon précédé par une espèce de bourrelet. Les Cigales moyennes & petites ont les deux crochets, suivant Reaumur, tandis qu'il n'en accorde qu'un aux grandes espèces. Nous ne devons pas cependant excepter ces dernières de la règle générale. Tous les mâles des autres genres d'insectes sont aussi pourvus de deux crochets ; sans ce nombre l'accouplement auroit de la peine à avoir lieu.

Alphons ayant ouvert des nids de Cigales en

différens tems, parvint à y trouver des larves écloses. Reaumur en trouva lui-même dans des nids, vers la mi-septembre. Il y en avoit de deux espèces différentes. Les unes étoient des larves d'Ichneumons, apodes, longues à peine d'une ligne & munies de deux dents jaunâtres; les autres étoient des larves blanches, à six pattes, dont la forme approchoit de celle d'une puce. Leur tête courboit en-dessous vers l'abdomen; son bout étoit refendu & formoit deux espèces de longues dents. Les extrémités des deux premières pattes étoient fourchues. Entre l'origine de l'un & de l'autre, s'élevoit un petit tuyau cylindrique, que Reaumur a regardé comme le rudiment de la trompe. Alphons prétend que ces larves des Cigales sortent de leurs nids & s'enfoncent dans la terre dès l'été; & Pontédéra assure que ce n'est qu'après l'hyver. Reaumur est incertain si elles quittent leur première dépouille dans le lieu de leur naissance, ou si ce n'est qu'après être entrées en terre. C'est là toujours qu'elles doivent croître, sous la figure d'une larve hexapode munie d'une trompe, pour se transformer ensuite en nymphe.

Les nymphes des Cigales ont été très-connues des anciens. Aristote les appele Tetrigometres, ou meres des Cigales. Cette nymphe est d'un blanc sale ou verdâtre. Sa tête ressemble à celle qu'aura un jour l'insecte parfait; on lui remarque une trompe disposée de la même manière. Le corcelet & le dos, duquel partent les fourreaux des élytres, sont renflés. L'abdomen est gros, composé de huit anneaux, comme celui de l'insecte parvenu à son dernier état. Le corps est un peu arqué. Afin que ces nymphes pussent plus aisément fouiller la terre, la nature les a pourvues de deux pattes bien remarquables. Ce sont les pattes antérieures qui ont cette singularité dont nous allons parler. La cuisse est assez longue, presque cylindrique, jointe à la jambe par une articulation. Cette jambe est beaucoup plus large & plus épaisse que le reste. Elle a quelques rapports avec celle des Ecrévisses ou mieux encore avec celle des Mantes. Elle est composée de trois pièces principales, qui répondent à la cuisse, à la jambe & au tarse de l'insecte parfait. La cuisse est simple, cylindrique, attachée à la partie antérieure & inférieure du corcelet, à côté des yeux. Elle est unie à la jambe par une pièce un peu plus mince & cylindrique. La jambe est grosse, un peu comprimée, armée à sa partie inférieure, d'épines très-fortes, crochues, aigues: la partie postérieure est beaucoup plus grande & dentée. Le tarse est beaucoup plus mince que la jambe, & d'une substance plus dure. Il est arqué, pointu, denté & tranchant à sa partie inférieure. Son mouvement de flexion s'exécute sur les épines de la jambe, & sert à la nymphe pour pénétrer quelquefois très-avant dans la terre, & couper des racines. La cuisse & la jambe sont velues. Les autres pattes n'ont rien de remarquable. Les Grecs faisoient servir sur leurs tables ces nymphes, qu'ils apprécioient beaucoup. Aristote dit Réaumur, détermine le tems où elles étoient excellentes: *gustu suavissima sunt, antequam cortex rumpatur.* Au témoignage d'Aristote, on préferoit encore les Cigales mâles avant l'accouplement, & les femelles après.

Pontédéra assure avec raison que l'insecte ne quitte son état de nymphe, que dans l'année qui suit celle où il l'a pris. Lorsque ces nymphes sont parvenues à leur dernier accroissement, & que les chaleurs de l'été commencent à se faire sentir, c'est-à-dire, en juin, où les insectes parfaits commencent aussi à paroître, elles quittent la terre, grimpent sur les arbres ou sur les plantes voisines, mais sans s'élever beaucoup. C'est-là qu'elles subissent leur métamorphose. Dès-après leur dépouillement de nymphe, les Cigales sont presque vertes par-tout, couleur qui devient ensuite d'un brun marron, & enfin, au bout d'un jour, d'un brun noirâtre.

Tel est le précis des observations que les savans que nous avons cités, nous ont données sur les Cigales. Il nous reste à y ajouter la remarque suivante. Les insectes posent ordinairement leurs œufs dans les endroits où la larve doit trouver sa nourriture. Nous présumons avec fondement que la larve de la Cigale se nourrit du suc des plantes, ou plutôt, de leurs racines, puisqu'elle vit dans la terre, où elle pénètre jusqu'à la profondeur de trois à quatre pieds, & nous avons de la peine à croire que la femelle dépose ses œufs ailleurs. Si elles les loge dans l'intérieur d'un arbre ou d'un arbuste, ce devroit être au bas du tronc. Des observations postérieures pourront éclaircir ce doute.

Le chant des mâles est différent suivant les espèces. Nous en ferons remarquer la variété, en parlant des espèces d'Europe que nous connoissons.

Stoll, dans un ouvrage particulier qu'il a fait sur les Cigales, n'a établi qu'un genre des Fulgores, des Cigales, des Membracis, des Tettigones. Il l'a divisé en six familles, dont nous allons présenter les caractères d'après cet auteur.

Première famille. Porte lanternes. *Fulgora.*

La tête presque aussi longue que le corps.

Les antennes placées devant les yeux, consistent en trois pièces, dont la première est ovale à sa racine & en forme de poire, la seconde dans la figure d'une demi-balle, sur laquelle la troisième, qui est un petit poil mince, est placée.

Cette famille appartient au genre Fulgore.

Seconde famille. Feuillées. *Foliacea.*

Le corcelet grand, élevé & applati des deux côtés.

Cette famille appartient au genre Membracis.

Troisième famille. Croisées. *Cruciata*.

Le corcelet garni d'épines des deux côtés.

Cette famille appartient au genre Membracis.

Quatrième famille. A aîles fermées. *Deflexa*.

Le corcelet uni, les aîles fermées sur le corps, dans plusieurs la partie postérieure du corps est couverte d'un duvet laineux.

Cette famille appartient au genre Tettigone.

Cinquième famille. Chantantes. *Mannifera Tettigonia*.

Le corcelet uni, les aîles posées en toît, presque entièrement transparentes. Trois petits yeux lisses sur le derrière de la tête.

Cette famille appartient au genre Cigale.

Sixième famille. Sautantes. *Ranatra saltatoria*.

Le corcelet uni, les aîles pendantes, les supérieures non transparentes, mais presque entièrement écailleuses & de différentes couleurs.

Cette famille appartient au genre Tettigone.

CIGALE.

CICADA. LIN. GEOFF.

TETTIGONIA. FAB.

CARACTERES GÉNÉRIQUES.

ANTENNES minces, sétacées, plus courtes que la tête, composées de sept articles, dont le premier très gros & cylindrique.

Bouche formant un rostre long, appliqué contre la poitrine.

Rostre biarticulé, cannelé à sa partie supérieure, & contenant un suçoir formé de trois soies minces, égales.

Tarses composés de trois pièces.

ESPECES.

1. CIGALE grosse.

Corcelet vert, rayé de noir; aîles transparentes, les inférieures avec une tache jaune à leur base.

2. CIGALE fasciée.

Tête & corcelet noirs, tachetés de fauve, élytres noires, avec une bande courte, jaune.

3. CIGALE grise.

Grise; élytres transparentes, avec le bord postérieur pointillé de noir & le bord extérieur blanc à sa base.

4. CIGALE bordée.

Bord du corcelet dilaté, aigu; aîles noires, avec le bord blanc.

5. CIGALE verdâtre.

Verdâtre; tête, corcelet & abdomen d'un brun clair en-dessus.

6. CIGALE dilatée.

Noire; bords du corcelet dilatés; aîles blanches.

7. CIGALE armée.

D'un vert foncé; corcelet épineux de

CIGALE. (Insectes.)

chaque côté ; élytres mélangées de noirâtre & de vert.

8. CIGALE épineuse.

Noirâtre ; corcelet épineux de chaque côté ; élytres obscures, avec une ligne transversale, formée par de petites taches noires.

9. CIGALE bicolor.

Corps & bords extérieurs des élytres testacés ; corcelet & dos d'un jaune verdâtre.

10. CIGALE engaînée.

Testacée ; élytres transparentes, avec le bord extérieur noir.

11. CIGALE tibicen.

Corcelet vert antérieurement ; élytres avec des veines ferrugineuses ; écusson échancré.

12. CIGALE operculaire.

Noire ; corcelet avec deux taches sur les côtés & une ligne au milieu fauves ; opercules presque de la longueur de l'abdomen.

13. CIGALE dix-sept ans.

Noire ; élytres blanches, avec le bord extérieur jaune ; tête à huit stries de chaque côté.

14. CIGALE noirâtre.

Noirâtre ; tête tachetée de noir ; élytres avec des veines & plusieurs points marginaux, noirâtres.

15. CIGALE géante.

Entièrement noirâtre ; élytres & aîles sans taches.

16. CIGALE porte-chaîne.

Corcelet mélangé ; élytres transparentes, avec les nervures antérieures pointillées & deux raies postérieures, noirâtres, ondées.

17. CIGALE noire.

Noire ; élytres & aîles noirâtres à leur base.

18. CIGALE pustulée.

Noire ; tête & corcelet tachetés de rouge ; élytres noirâtres, foncées à leur base, avec les nervures testacées.

19. CIGALE ferrugineuse.

Entièrement noirâtre ferrugineuse.

20. CIGALE tachetée.

Noire ; corcelet & élytres tachetés de jaune.

21. CIGALE oculée.

Elytres avec des yeux & des taches noirâtres & blanchâtres ; aîles jaunes avec une bande noire ondée.

22. CIGALE stridule.

Elytres à sept points blancs, bord dilaté.

CIGALE. (Insectes.)

23. CIGALE du Cap.

Aîles noirâtres & digitées près du bord postérieur.

24. CIGALE mouchetée.

Corcelet tacheté de jaune; élytres transparentes, dilatées, avec le bord extérieur & des taches noirâtres.

25. CIGALE nébuleuse.

Noirâtre testacée; tête & corcelet noirs; élytres nébuleuses.

26. CIGALE cerclée.

Corcelet tacheté; élytres transparentes, avec le bord extérieur & une tache noirâtres; abdomen très-noir, avec des bandes jaunes.

27. CIGALE velue.

Corcelet mélangé de vert & de noirâtre; poitrine blanche, velue.

28. CIGALE ensanglantée.

Corcelet bigarré; élytres transparentes avec le bord extérieur jaunâtre; abdomen très-noir, avec des bandes couleur de sang.

29. CIGALE immaculée.

Noirâtre; élytres & aîles sans taches; abdomen noir; cuisses antérieures armées de deux dents très fortes.

30. CIGALE salie.

Noire; élytres tachetées de jaune à leur base; anus jaune.

31. CIGALE hématode.

Noire, sans taches; incisions de l'abdomen d'un rouge de sang.

32. CIGALE de l'Orme.

Elytres avec une rangée de six points noirâtres vers le bord postérieur & des veines noirâtres.

33. CIGALE plébéienne.

Noire; corcelet bigarré; élytres, aîles dessus de l'abdomen sans taches; opercules grands.

34. CIGALE grosse-tête.

Tête large d'un vert noirâtre; élytres avec deux bandes noirâtres.

35. CIGALE verte.

Verte en-dessus; noirâtre en-dessous; élytres sans taches.

36. CIGALE sinuée.

Elytres avec une ligne noirâtre ondée; bord des aîles transparent.

37. CIGALE rebordée.

Tête, dos & bord extérieur des élytres verts.

38. CIGALE réticulée.

Grise; corcelet avec une ligne blanche; élytres à réseau blanc.

39. CIGALE blanchâtre.

Blanchâtre, mélangée de noirâtre; ély-

CIGALE. (Insectes.)

tres & aîles d'un blanc transparent, avec le bord extérieur rouge.

40. CIGALE noircie.

Noire, élytres & aîles transparentes, noires à leur base, avec les nervures testacées.

41. CIGALE mi-partie.

Verte; abdomen jaune, diaphane.

42. CIGALE transparente.

Noirâtre, tachée de jaune; abdomen transparent.

43. CIGALE testacée.

Noire; abdomen d'un rouge sanguin; élytres & aîles testacées, à nervures noires.

44. CIGALE mélangée.

Mélangée de noir & d'obscur; aîles jaunes, avec deux bandes noires.

45. CIGALE sanguinolente.

Noire; corcelet à deux taches & abdomen, d'un rouge sanguin.

46. CIGALE bimaculée.

Abdomen noirâtre, avec deux taches blanches.

47. CIGALE splendidule.

Elytres dorées noirâtres; jambes antérieures fauves, renflées, dentées.

48. CIGALE muette.

Elytres transparentes; bord extérieur & ligne dorsale de l'abdomen, d'un rouge de sang.

49. CIGALE marginelle.

Noirâtre; bord extérieur des élytres & base des aîles, rouges.

50. CIGALE bigarrée.

Bigarrée de noir & de jaune; bord des anneaux de l'abdomen jaune.

51. CIGALE violette.

Violette; aîles noirâtres à leur extrémité.

52. CIGALE ciliaire.

Aîles d'un brun ferrugineux, avec de petites bandes longitudinales jaunes; anneaux de l'abdomen ciliés.

53. CIGALE vide.

Ferrugineuse obscure; abdomen vide, diaphane.

54. CIGALE voutée.

Corcelet verdâtre; abdomen en voûte.

55. CIGALE gazouilleuse.

Elytres noirâtres, aîles avec l'extrémité d'un bleu pâle.

56. CIGALE jaunâtre.

Jaunâtre; tête, corcelet & nervures des élytres verts.

CIGALE. (Insectes.)

57. CIGALE cafre.

Noire ; abdomen brun à sa base ; bord des anneaux suivans rouge.

58. CIGALE hottentote.

Noire ; extrémité des aîles striée de noir ; abdomen tacheté ; taches & bord des anneaux jaunâtres.

59. CIGALE jaune.

Corcelet & abdomen jaunes ; bord des anneaux noirâtre.

60. CIGALE Mouche.

Obscure ; corps ramassé ; nervures des élytres ferrugineuses noirâtres.

61. CIGALE poudrée.

D'un blanc grisâtre ; poitrine & abdomen couverts d'une poussière d'un blanc un peu bleuâtre.

62. CIGALE cotoneuse.

* *Noire, velue à poils cendrés ; corcelet tacheté ; taches & bord des anneaux de l'abdomen testacés.*

63. CIGALE atre.

Noire, sans taches en-dessus ; élytres avec un point marginal & une petite ligne, noirâtres.

64. CIGALE argentée.

Noire, à taches obscures, avec un duvet argenté, luisant.

65. CIGALE bandée.

Noire, élytres transparentes, avec deux bandes obscures ; dernière bande interrompue.

66. CIGALE pygmée.

Noire ; dessus du corps & élytres sans taches.

1. Cigale grosse.

Cicada grossa.

Cicada thorace viridi nigro sublineato, alis albis, posticis macula baseos flava.

Tettigonia grossa. Fab. *Syst. ent. p.* 678. *n°.* 1. — *Sp. ins. tom.* 2. *p.* 318. *n°.* 1. — *Mant. ins. tom.* 2. *pag.* 265. *n°.* 1.

Cette Cigale est une des plus grandes parmi celles de ce genre. Le rostre est d'un gris noirâtre, avec l'extrémité noire. Le devant de la tête est silloné transversalement. Le corcelet est verdâtre, avec quelques traits noirs. L'écusson est échancré. Les élytres sont blanches; les nervures, le bord extérieur & l'inférieur sont noirs à la base. Les aîles sont transparentes, & ont une grande tache jaune. L'abdomen est noirâtre, avec les bords des des anneaux ciliés; son extrémité se termine en pointe. Les pattes sont grises, avec les tarses noirs.

Elle se trouve au Brésil.

2. Cigale fasciée.

Cicada fasciata.

Cicada capite thoraceque nigris rufo maculatis, elytris nigris: fascia abbreviata alba.

Tettigonia fasciata. Fab. *Mant. ins. tom.* 2. *p.* 265. *n°.* 2.

La Cigale écailleuse de Java. Stoll. *Cicad. Pl* 4. *fig.* 16.

Elle est grande. La tête est d'un brun foncé avec deux croissans d'un rouge brun. Les yeux sont bruns. Le bord antérieur du corcelet est d'un brun foncé, avec deux taches rousses, à demi ovales. Le rebord de ce corcelet, une bande qui le traverse dans le milieu de sa longueur, l'abdomen sont d'un brun foncé brunâtre. Les élytres sont d'un brun foncé, avec une large bande d'un jaune obscur, sinuée, transversale, placée au milieu. Les aîles sont noires, sans taches.

Elle se trouve à l'île de Java.

3. Cigale grise.

Cicada grisea.

Cicada grisea elytris aqueis: margine postico nigro punctato, costa antice alba.

Tettigonia grisea. Fab. *Syst. entom. pag.* 678. *n°.* 2. — *Spec. ins. tom.* 2. *pag.* 318. *n°.* 2. — *Mant. ins. tom.* 2. *pag.* 265. *n°.* 3.

Le corps est entièrement gris ou mélangé de cendré & de noirâtre. Les élytres sont transparentes, avec le bord extérieur blanc à la base, une tache au milieu, & l'extrémité noirâtres. Les nervures sont terminées au bord postérieur par six points noirâtres. Les cuisses antérieures ont un anneau noirâtre. Les jambes sont obscures à leur base & à leur extrémité.

Elle se trouve en Amérique.

4. Cigale bordée.

Cicada limbata.

Cicada thoracis margine dilatato acuto, alis atris: margine albo.

Tettigonia limbata. Fab. *Syst. ent. p.* 678. *n°.* 3. — *Sp. ins. t.* 2. *pag.* 319. *n°.* 3. — *Mant. ins. tom.* 2. *pag.* 265. *n°.* 4.

La Cigale au grand corcelet. Stoll. *Cic. pl.* 12. *fig.* 57.

Elle est grande. Le rostre est de la longueur de la moitié du corps. La tête est verdâtre avec le front silloné. Les yeux sont d'un brun clair & petits yeux lisses sont d'un brun foncé. Le corcelet est arrondi, vert, avec les côtés dilatés, pointus. L'écusson est obtus. Les élytres dont la plus grande partie est écailleuse, sont verdâtres, transparentes à leur bout, avec des taches noirâtres sur un fond blanc. Les aîles sont d'un brun foncé, & leur bord postérieur est blanc. L'abdomen est noirâtre en dessus.

Elle se trouve en Amérique, & au Cap de Bonne-Espérance.

5. Cigale verdâtre.

Cicada virescens.

Cicada virescens, capite, thorace, abdomineque supra dilute fuscis.

La Cigale chanteuse verte. Stoll. *Cic. pl.* 7. *fig.* 25.

Cette Cigale est une des plus grandes; elle a deux pouces de longueur, & environ quatre de largeur, lorsque les aîles sont étendues. La tête, les yeux, une partie du corcelet, ainsi que l'abdomen sont d'un brun clair en dessus. Le reste du corps est verdâtre. Les aîles sont transparentes, verdâtres & sans taches. Les opercules sont très-grands, presque de la longueur de l'abdomen, dont ils couvrent les bords supérieurs.

Elle se trouve à la côte occidentale de Sumatra.

6. Cigale dilatée.

Cicada dilatata.

Cicada thoracis margine dilatato, atra, alis albidis.

Tettigonia dilatata. Fab. *Syst. ent. p.* 678. *n°.* 4. — *Sp. ins. tom.* 2. *pag.* 319. *n°.* 4. — *Mant. ins. tom.* 2. *pag.* 266. *n°.* 5.

Elle n'est pas si grande que la précédente. Le corps est très-noir, sans taches. Les rebords du corcelet sont dilatés. Les élytres sont cendrées, avec la côte & quelques taches noirâtres. Les aîles sont blanchâtres.

Elle se trouve à la Jamaïque.

7. CIGALE armée.

CICADA armata.

Cicada viridi fusca, thorace utrinque spinoso, elytris fusco viridique variis.

La Cigale chanteuse vert sale, à corcelet large. STOLL. *Cicad. pl.* 17. *fig.* 94.

Elle est un peu plus grande que la Cigale du Cap. La tête, la poitrine & l'abdomen sont d'une couleur obscure : les yeux sont d'un brun verdâtre ; les petits yeux lisses sont rouges. Le corcelet a des rebords larges ; il est garni de chaque côté d'une pointe, & il est d'un vert sale. Les quatre aîles ont les bords transparens ; les supérieures sont mélangées de brun & de vert ; les inférieures sont d'un rouge brun. L'abdomen est court & conique.

Elle se trouve au Cap de Bonne-Espérance.

8. CIGALE épineuse.

CICADA spinosa.

Cicada thorace utrinque unispinoso fusca, elytris obscuris : striga maculari nigra.

Tettigonia spinosa. FAB. *Mant. inf. tom.* 2. *pag.* 266. *n°.* 6.

Elle est grande. Le corps est noirâtre, un peu tacheté. Les bords du corcelet sont légèrement dilatés & garnis d'une petite pointe aigue. Les pièces écailleuses sont presque de la longueur de l'abdomen ; elles sont ovales oblongues, testacées, armées à leur base d'une épine assez forte. Les aîles sont obscures, avec les nervures noires, & quatre taches près du bord, dont les trois extérieures sont réunies & forment une espèce de ligne transversale.

Elle se trouve à Sumatra.

9. CIGALE bicolor.

CICADA bicolor.

Cicada corpore elytrorumque costa testaceis, thorace dorsoque viridibus.

Le corps de cette Cigale a un pouce de longueur, & près de trois de largeur, lorsque les aîles sont étendues ; elle est d'une forme ramassée, la tête est d'un jaune pâle. L'extrémité de la base du rostre est noire : les yeux sont réunis par une ligne droite noire. Les petits yeux lisses sont blancs, luisans, & placés sur cette ligne. Le corcelet & le dos sont verts, mêlés de jaunâtre. Les quatre aîles sont transparentes, sans taches, avec les nervures & la côte des supérieures, testacées. L'abdomen est testacé. Le dessous du corps & les pattes sont testacés pâles. Les cuisses sont noires en dessous. Les deux antérieures ont deux ou trois dents. L'abdomen est court & conique. Les opercules sont petits.

Elle se trouve à Cayenne, & m'a été envoyée par M. Tugni, ingénieur-géographe du roi.

10. CIGALE engaînée.

CICADA vaginata.

Cicada testacea, elytris albidis : costa nigra.

Tettigonia vaginata. FAB. *Mant. inf. t.* 2. *p.* 266. *n°.* 7.

Le corps est grand, testacé, sans taches. Les élytres sont d'un blanc obscur, sans taches, avec la nervure extérieure très-noire. Les pièces écailleuses sont alongées, presque de la longueur de l'abdomen, ovales, convexes, testacées, munies à leur base d'une pointe forte, dure, aigue, couchée.

Elle se trouve à Sumatra.

11. CIGALE Tibicen.

CICADA Tibicen.

Cicada thorace antice viridi ; elytris anastomosibus ferrugineis, scutello emarginato.

Cicada tibicen *elytris anastomosibus ferrugineis, scutelli apice emarginato.* LIN. *Syst. nat. pag.* 707. *n°.* 19. — *Mus. Lud. ulr. p.* 160. — *Mus. Ad. fr.* 1. *pag.* 84. *Cicada mannifera.*

Tettigonia tibicen *scutello emarginato, alarum costa virescente.* FAB. *Syst. entom. pag.* 679. *n°.* 5. — *Spec. inf. t.* 2. *p.* 319. *n°.* 5. — *Mant. inf. t.* 2. *pag.* 268. *n°.* 8.

Cicada lyricen *thorace antice viridi, postice fulvo maculis nigris, alis hyalinis venis fuscis : margine dilatato viridi.* DEG. *Mém. inf. t.* 3. *p.* 212. *n°.* 14. *tab.* 22. *fig.* 23.

Cigale *vielleuse* à corcelet vert par devant & fauve par derrière à taches noires, à aîles vitrées avec des nervures brunes & un rebord vert. DEG. *Ib.*

Tibicen. MERIAN. *Inf. de Surinam. Pl.* 49.

Panorpa. BROWN. *jam.* 436. *tab.* 43. *fig.* 15.

MARGR. *Bras.* 256.

SEB. *Mus.* 4. *tab.* 85. *fig.* 9. 10.

La Cigale vielleuse. STOLL. *Cic. pl.* 23. *fig.* 126. 127.

Elle est longue d'environ deux pouces depuis la tête jusqu'a l'extrémité des élytres, & large de près de cinq, lorsque les aîles sont étendues. Les antennes sont noires. La tête est noire avec des lignes fauves, ou quelquefois elle est fauve, avec une tache verte qui s'étend jusqu'au bord intérieur des yeux, entre lesquels sont deux points noirs; les yeux sont fauves, mélangés de jaunâtre; les petits yeux lisses sont rouges, brillans, placés sur une tache noirâtre. Le corcelet est fauve foncé, vert antérieurement & sur le bord postérieur, avec des lignes & les côtés noirs. Le dos est fauve, luisant, orné antérieurement de deux taches, noires, coniques & souvent de quelques raies de la même couleur. L'écusson est relevé en forme d'une X, & il est échancré. Les élytres & les aîles sont transparentes, en toit assez aigu, avec les nervures noirâtres prés du bord postérieur. Les élytres sont un peu dilatées sur les côtés; leur bord extérieur est fauve; les nervures près du bord intérieur sont verdâtres; on voit près du bord postérieur une ligne noirâtre en zig-zag. L'abdomen est conique, une fois plus court que les élytres, velu, fauve ou mélangé de noir & de fauve, avec les bords des anneaux quelquefois pâles. Le dessous du corps est fauve, couvert quelquefois d'une poussière blanchâtre. Les opercules sont de la longueur de la moitié de l'abdomen. Les pattes sont fauves; les jambes postérieures ont un double rang d'épines; les cuisses antérieures ont quatre dents; deux grandes & deux petites.

Le chant de cette Cigale est très-bruyant.

Elle se trouve à Surinam, le plus souvent dans les plantations de café, qu'elle endommage beaucoup, & qu'elle fait même périr, suivant Mérian.

12. CIGALE operculaire.

CICADA opercularis.

Cicada nigra, thorace maculis duabus lateralibus lineaque media rufis, operculis fere longitudine abdominis.

La chanteuse des champs. STOLL. *Cicad. pl.* 3. *fig.* 13.

Elle a un pouce & demi depuis la tête jusqu'à l'extrémité des elytres, & trois & demi de largeur, lorsque les aîles sont étendues: la tête est noire, les yeux sont noirâtres. Le corcelet est noir, avec une ligne longitudinale, placée au milieu, & deux taches sur les côtés, d'un rouge foncé. Les élytres sont noirâtres, sans taches, avec le bord extérieur d'un vert pâle. Les aîles sont noirâtres. Les opercules sont très-grands, & ils couvrent les deux tiers de l'abdomen. Ils sont un peu en recouvrement à leur bord intérieur. Les pattes sont noirâtres.

Elle se trouve à l'isle de Java.

13. CIGALE dix-sept-ans.

CICADA septemdecim.

Cicada nigra, elytris albis: costa flava, capite utrinque octostriato.

Cicada septemdecim *nigro virescens, elytris margine flavescente, capite utrinque octo striato.* LIN. *Syst. nat. pag.* 708. *n°.* 20.

Tettigonia septemdecim *nigra, elytris albis, costa flava.* FAB. *Syst. ent. pag.* 679. *n°.* 6. — *Sp. ins. tom.* 2. *p.* 319. *n°.* 6. — *Mant. ins. tom.* 2. *pag.* 268. *n°.* 9.

Cicada maxilla utrinque lineis octo transversis concavis, alarum margine inferiore lutescente. KALM. *Act. holm.* 1756. 101.

COLL. *Act. Anglic.* 1765. 65. *tab.* 8.

La Cigale de dix-sept ans. STOLL. *Cicad. pl.* 3. *fig.* 14.

Elle est de la grandeur de la Cigale du Cap. La tête est noire. Les yeux sont jaunes. Le corcelet & le dos sont noirs. Celui-ci est bordé latéralement de jaune. Les élytres sont transparentes, avec le bord extérieur épais & jaunâtre. Les aîles sont transparentes, sans taches. L'abdomen est noir, avec les anneaux d'un jaune foncé. Les opercules sont ovales, jaunes. Les pattes & la poitrine sont jaunes, avec une teinte d'un jaune plus foncé, & des taches noires.

Kalm dit avoir observé qu'elles paroissent en plus grande quantité tous les dix-sept ans, dans la Pensylvanie, & qu'elles font alors un tel bruit qu'on ne peut s'entendre parler.

Elle se trouve dans l'Amérique septentrionale.

14. CIGALE noirâtre.

CICADA fusca.

Cicada fusca, capite nigro maculato, elytris anastomosibus punctisque plurimis marginalibus fuscis.

La Cigale chanteuse brune. STOLL. *Cicad. pl.* 7. *fig.* 36.

Elle est de la grandeur de la Cigale Tibicen. Le corps est noirâtre. La tête est tachetée de noir. Les petits yeux lisses sont rouges. Les élytres sont transparentes, avec les bords extérieurs bruns, quelques taches, & sept à huit points près du bord postérieur, noirâtres.

Elle se trouve sur la côte occidentale de Sumatra.

15. Cigale géante.

Cicada gigas.

Cicada tota fusca, elytris alisque immaculatis.

La Cigale géante. Stoll. *Pl.* 22. *fig.* 17.

Elle a deux pouces de longueur & deux de largeur, lorsque les aîles sont étendues : elle est entièrement d'un brun foncé. Les aîles & les élytres sont transparentes, sans taches. Le bord extérieur des dernières est noirâtre. Les opercules sont petits.

Elle se trouve à l'isle de Java.

16. Cigale porte-chaîne.

Cicada catena.

Cicada thorace variegato, elytris hyalinis, nervis anticis punctatis, strigisque duabus undatis fuscis posticis.

Tettigonia Catena. Fab. *Syst. ent. pag.* 679. *n°.* 7. — *Sp. ins. tom.* 2. *pag.* 319. *n°.* 7. — *Mant. ins. tom.* 2. *pag.* 266. *n°.* 10.

La tête est très-noire, avec trois points jaunes, deux entre les yeux, le troisième sur le vertex. Le corcelet est très-noir, avec cinq lignes obliques, & le bord postérieur, jaunes. L'écusson est grand, noir, avec deux points & les rebords jaunes. Les élytres sont transparentes, tachetées de noir jusqu'au-delà de la moitié de leur longueur, avec les nervures testacées, & deux lignes transversales, ondées, noirâtres, près du bord postérieur. Les aîles sont transparentes, sans taches. L'abdomen est blanc, marqué sur le dos de plusieurs taches noires. Les pattes sont noires. Les cuisses antérieures ont de chaque côté une ligne rouge.

Elle se trouve au Cap de Bonne-Espérance.

17. Cigale noire.

Cicada nigra.

Cicada nigra, elytris alisque basi nigricantibus.

La Cigale chinoise noire. Stoll. *Cicad. pl.* 22. *fig.* 118.

Elle est de la grandeur de la Cigale géante. Le corps est noir. Les yeux sont gris; on voit une tache d'un blanc sale près des petits yeux lisses. Les quatre aîles sont brunes, sans taches, avec la base noirâtre. Les pattes sont brunes, mélangées de noir.

Elle se trouve en Chine.

18. Cigale pustulée.

Cicada pustulata.

Cicada atra, capite thoraceque rubro maculatis, elytris fuscis basi obscurioribus : venis testaceis.

Tettigonia pustulata. Fab. *Mant. ins. t.* 2. *p.* 266. *n°.* 11.

Elle est grande. La tête est noire, avec trois taches rouges sur le front. Le corcelet est très-noir, rebordé de rouge antérieurement & latéralement. Les élytres & les aîles sont d'une couleur obscure, plus foncée à leur base. Les nervures sont testacées. L'abdomen est très-noir, avec deux taches testacées sur chaque anneau. L'anus est testacé. Les pattes sont noires; les cuisses ont une tache testacée.

Elle se trouve dans l'Amérique méridionale.

19. Cigale ferrugineuse.

Cicada ferruginea.

Cicada tota fusco-ferruginea.

La Cigale chanteuse, couleur de rouille. Stoll. *Cicad. pl.* 16. *fig.* 86.

Cette Cigale est grande, entièrement ferrugineuse, avec des nuances brunes. Les élytres & les aîles sont d'une couleur foncée, avec les bords postérieurs clairs & transparens.

Elle se trouve aux indes Orientales.

20. Cigale tachetée.

Cicada maculata.

Cicada atra, thorace, elytris alisque flavo maculatis.

Tettigonia maculata. Fab. *Syst. ent. app. p.* 831. — *Spec. ins. tom.* 2. *pag.* 319. *n°.* 8. — *Mant. ins. tom.* 2. *pag.* 266. *n°.* 12.

Cicada maculata. Drury. *Ins. tom.* 2. *tab.* 37. *fig.* 1.

Elle est grande. La tête est noire avec quatre taches fauves; deux entre les yeux & deux en-dessous Les yeux sont d'un jaune brun. Le corcelet est noir, orné de huit taches fauves, dont deux antérieures, & six disposées en deux triangles, un de chaque côté. Le dos est noir. Les élytres sont noires, avec quatre rangées de taches fauves qui vont presque toutes jusqu'au bord intérieur. Les aîles sont noires, avec une bande transversale, courte, qui va du milieu au bord intérieur, deux petites taches réunies, près du bord extérieur, & une suite d'autres taches fauves oblongues, vers le bord postérieur. Le dessous des élytres & des aîles ressemble au dessus. L'abdomen est noir, troi staches latérales inférieures fauves. Le dernier anneau & l'anus, sont fauves. Les pattes sont noires.

Elle se trouve en Chine.

11. CIGALE oculée.

CICADA ocellata.

Cicada elytris, ocellis maculisque fuscis & albidis, alis flavis fascia flexuosa nigra.

Cicada ocellata *viridis fusco fulvoque maculata, alis superioribus ocellis maculisque fuscis albidisque, inferioribus fulvis, fascia flexuosa nigra.* DEG. *Mém. inf. tom.* 3. *pag.* 220. *tab.* 33. *fig.* 2.

Cigale verte, tachetée de brun & de fauve, avec des yeux & des taches brunes & blanchâtres sur les aîles supérieures, à aîles inférieures fauves, avec une bande ondée noire. DEG. *Ibid.*

La Cigale à ailes velues. STOLL. *Cicad. pl.* 7. *fig.* 37. ?

Elle est de la grandeur de la Cigale sinuée. La tête est fauve, avec un peu de noir. Le corcelet est vert, mélangé de taches fauves & de traits bruns. Les élytres sont d'un brun pâle, nuancées de vert, avec des taches blanches & obscures, & des cercles ovales, bruns, représentant de petits yeux. Les élytres sont hérissées de plusieurs petits poils droits, suivant Stoll. Les aîles sont jaunâtres, ornées d'une large bande noirâtre, ondée, coudée. L'abdomen est vert, mêlé de fauve. La tarière de la femelle est brune. Les opercules sont petits. La poitrine est verte, avec des taches fauves & des traits bruns.

Elle se trouve au Cap de Bonne-Espérance.

22. CIGALE stridule.

CICADA stridula.

Cicada elytris margine dilatato, punctis septem albis. LIN. *Syst. nat. pag.* 706. n°. 12.— *Mus. ludov. Ulric. pag.* 157.

Tettigonia stridula *villosa, elytris griseis, alis flavis omnibus margine hyalino.* FAB. *Syst. entom. pag.* 679. n°. 8. — *Spec. inf. t.* 2. *p.* 320. n°. 9. — *Mant. inf. tom.* 2. *pag.* 266. n°. 13.

Scarabæus volans. SEBA. *Thes.* 2. *p.* 23. *tab.* 2. *fig.* 5.

Cicada catenata. DRURY. *Inf. tom.* 2. *pl.* 37. *fig.* 2.

Cette Cigale a environ un pouce de longueur depuis la tête jusqu'à l'anus, & trois de largeur, quand les aîles sont étendues. Elle est d'une figure courte, ramassée & d'une couleur jaunâtre. La tête est courte, grosse, avec une raie au milieu, & les yeux, noirs. Les élytres sont jaunâtres, avec des nervures foncées & sept points transparens, situés entre les nervures, près du bord postérieur. Le bord est transparent & assez grand. Les aîles sont jaunâtres, ornées de cinq à six taches transparentes, sur un fond d'un jaune foncé. L'abdomen est presque noir. Les pattes sont jaunâtres.

Elle se trouve au Cap de Bonne-Espérance,

23. CIGALE du Cap.

CICADA capensis.

Cicada alis inferioribus limbo postico fuscescente palmato picto. LIN. *Syst. nat. pag.* 706. n°. 13. — *Mus. Lud. Ulric. pag.* 158.

Cicada capensis variegata marginibus transparentibus. PETIV. *Gazoph.* 7. *tab.* 4. *fig.* 1.

SULZ. *Hist. inf. pl.* 9. *fig.* 8.

Cette Cigale a beaucoup de ressemblance avec la précédente, & pourroit bien n'en être qu'une variété. Elle est de grandeur moyenne. La tête est jaunâtre, avec quelques caractères noirs. Le front est noirâtre, transversalement strié, courbé. Les petits yeux lisses sont rouges, brillans. Les antennes sont noires. Le corcelet est jaunâtre, un peu velu, avec une ligne longitudinale & des caractères sur les côtés, noirs. L'écusson est échancré. Les élytres sont jaunâtres ou grisâtres, marquées, près du bord inférieur, de sept taches oblongues, transparentes, circonscrites par une ligne ferrugineuse. Les aîles sont jaunâtres, obscures près du bord postérieur : on voit vers ce bord une espèce de digitation formée par des lignes jaunâtres. Les élytres & les aîles ont ce bord postérieur transparent, sans taches, large & strié. L'abdomen est noir en dessus, cendré en dessous, blanchâtre à l'anus. Les opercules sont arrondis, de la longueur de la moitié de l'abdomen. Les pattes sont d'un brun jaunâtre. Les jambes postérieures ont quelques épines.

Elle se trouve au Cap de Bonne-Espérance.

24. CIGALE mouchetée.

CICADA guttata.

Cicada, thorace flavo maculato, elytris hyalinis, dilatatis, costa maculisque fuscis.

Elle ressemble, pour la forme & la grandeur, à la Cigale Tibicen. La tête est noire, mélangée de taches & de lignes jaunes; les yeux sont gris. Le corcelet est noir, marqué de plusieurs traits jaunes irréguliers. Le dos est noir, avec environ huit petites taches jaunes, placées sans ordre, d'inégale grandeur. Les bords de l'écusson sont jaunes, relevés en forme de X. Les élytres & les aîles sont transparentes. Les élytres sont une fois plus longues que l'abdomen, élargies vers leur extrémité, avec deux rangées de taches noirâtres près du bord postérieur : le bord extérieur est ferrugineux. L'abdomen est noir, avec le bord des anneaux jaunâtre, & l'extrémité terminée en pointe. Le dessous du corps est jaunâtre. Les opercules sont petits, accompagnés d'une pièce écailleuse alongée, en forme de dent. Les pattes sont jaunâtres.

Elle se trouve. . . .

25. Cigale nébuleuse.

Cicada nebulosa.

Cicada fusco-testacea, capite thoraceque nigris, elytris nebulosis.

La Cigale bigarée. Stoll. *Cicad. pl.* 4. *fig.* 17.

Elle est de la grandeur de la Cigale du Cap, mais plus alongée. La tête est noire ; les yeux sont gris. Le corcelet est noir. Les élytres & les aîles sont nébuleuses, avec les bords postérieurs transparens. L'abdomen, le dessous du corps & les pattes sont testacés noirâtres.

Elle se trouve au Cap de Bonne-Espérance.

26. Cigale cerclée.

Cicada cingulata.

Cicada thorace maculato, elytris hyalinis, costa maculaque fuscis, abdomine atro, fasciis flavis.

Tettigonia cingulata. Fab. *Syst. ent. pag.* 680. n°. 9. — *Spec. inf. tom.* 2. *pag.* 320. n°. 10. — *Mant. inf. tom.* 2. *pag.* 266. n°. 14.

La tête & le corcelet sont mélangés de noir & de jaune. Le bord du corcelet est échancré. L'écusson est grand, noir, avec deux lignes jaunâtres : le rebord est jaunâtre, marqué d'un point noir. L'abdomen est très-noir, avec le bord des anneaux d'un jaune interrompu au milieu. L'extrémité de l'abdomen est noire & pointue : on voit en dessous quatre lignes formées par des points jaunes. Les opercules sont pâles. Les pattes sont mélangées de jaune & de noir.

Elle se trouve à la Nouvelle-Zélande.

27. Cigale velue.

Cicada villosa.

Cicada thorace fusco viridique variegato, pectore albo villoso.

Tettigonia villosa. Fab. *Sp. inf. tom.* 2. *p.* 320. n. 11. — *Mant. inf. tom.* 2. *pag.* 267. n°. 15.

Le front est vert, rayé transversalement de noir. Le corcelet est mêlé de vert & de noirâtre. L'écusson est noir, avec quatre lignes jaunes. Les élytres & les aîles sont transparentes, avec les nervures noires, & un ou deux points blancs.

Elle se trouve au Cap de Bonne-Espérance.

28. Cigale ensanglantée.

Cicada cruentata.

Cicada thorace variegato, elytris hyalinis, costa flavescente, abdomine atro, fasciis sanguineis.

Tettigonia cruentata. Fab. *Syst. ent. pag.* 680. n°. 10. — *Sp. inf. tom.* 2. *pag.* 320. n°. 12. — *Mant. inf. tom.* 2. *pag.* 267. n°. 16.

Elle est petite. La tête est jaunâtre, avec un point noir sur le front, une tache noire sur le vertex, & un point jaune à sa base. Le corcelet est ferrugineux, avec une ligne dorsale jaune, quatre lignes obliques & deux points à sa base, noirs. Les élytres sont transparentes sans taches ; leur bord extérieur est jaune à la base, & d'un rouge de sang à l'extrémité. L'abdomen est noir en dessus. Les bords du troisième anneau & des suivans sont d'un rouge de sang. Le dessous du corps est de la même couleur, & il est orné d'un duvet argenté, luisant. Les opercules sont ovales, jaunâtres.

Elle se trouve à la Nouvelle-Zélande.

29. Cigale immaculée.

Cicada immaculata.

Cicada fusca, abdomine nigro, alis immaculatis, femoribus anticis spinis validissimis.

La Cigale à bouclier rouge. Stoll. *Cicad. pl.* 7. *fig.* 39.

Cette Cigale a deux pouces de longueur sur quatre & demi de largeur, lorsque les aîles sont étendues. Elle est noirâtre. Les aîles sont vitrées, sans taches. L'abdomen est noir. Les opercules sont rouges. Les épines des cuisses antérieures sont plus grandes que dans les autres espèces, pointues, au nombre de deux.

Elle se trouve à Java.

30. Cigale salie.

Cicada conspurcata.

Cicada atra, elytris basi flavo maculatis, ano flavo.

Tettigonia conspurcata. Fab. *Gen. inf. pag.* 298. — *Sp. inf. tom.* 2. *p.* 320. n°. 13. — *Mant. inf. tom.* 2. *pag.* 267. n°. 17.

Le corps est petit, noir en dessus. Les élytres sont noires, tachetées de jaune à leur base. Les aîles sont noires. L'anus & le dessous de l'abdomen sont jaunâtres.

Elle se trouve dans l'Inde.

31. CIGALE hématode.

CICADA hæmatodes.

Cicada nigra immaculata, abdominis incisuris sanguineis. LIN. *Syst. nat. pag.* 707. *n°.* 14.

Tettigonia hæmatodes. FAB. *Syst. ent. pag.* 680. *n°.* 11. — *Spec. inf. tom.* 2. *pag.* 320. *n°.* 14. — *Mant. inf. tom.* 2. *pag.* 267. *n°.* 18.

Cicada hæmatodes. SCOP. *Ent. carn. n°.* 347.

Cicada hæmatodes. SCHRANK. *Enum. inf. aust. n°.* 477.

PETIV. *Gazoph. tab.* 15. *fig.* 7.

GRONOV. *Zooph.* 675.

Cigale à anneaux rouges. STOLL. *Cicad. pl.* 2. *fig.* 11.

Cicada hæmatodes. VILL. *Ent. tom.* 1. *p.* 456. *n°.* 5.

Elle est longue d'environ deux pouces & demi, depuis la tête jusqu'à l'extrémité des élytres. Elle est noire. Le rostre se termine à la seconde paire de pattes, les yeux sont gris; les petits yeux lisses sont rouges, brillans. Le corcelet est plus ou moins tacheté, ces taches & le bord postérieur sont jaunâtres. Les bords latéraux du dos, l'extrémité de l'écusson, relevé en croix de St.-André, sont jaunes testacés. Les élytres sont plus longues d'un tiers que l'abdomen, transparentes, avec le bord extérieur & les nervures, principalement vers la base, rouges ou verdâtres. Les aîles sont transparentes. L'abdomen est conique, noir, avec les bords des anneaux testacés ou rougeâtres. Les opercules sont noirs, bordés de jaunâtre, petits, arrondis, avec une écaille en forme d'épine. Les pattes sont mélangées de noir & de testacé; les cuisses antérieures ont trois épines; deux, assez fortes, une troisième peu sensible, vers l'articulation de la cuisse avec la jambe. Les côtés de la poitrine sont d'un blanc argenté.

Son chant n'est pas aussi aigu que celui de la plébeïenne : on commence à l'entendre vers la mi-juin.

Elle se trouve dans les provinces méridionales de la France, & dans le midi de l'Europe, sur les arbres.

32. CIGALE de l'Orme.

CICADA Orni.

Cicada elytris intra marginem tenuiorem punctis sex concatenatis, anastomosibusque interioribus fuscis. LIN. *Syst. nat. pag.* 607. *n°.* 16.

Tettigonia Orni *nigra flavo maculata, alis albis, basi flavis, maculis duabus nigris.* FAB. *Syst. ent. pag.* 680. *n°.* 12. — *Spec. inf. tom.* 2. *pag.* 320. *n°.* 15.

Tettigonia elytris intra marginem tenuiorem punctis sex concatenatis, anastomosibusque interioribus fuscis. EJUSD. *Mant. inf. tom.* 2. *pag.* 267. *n°.* 19.

Cicada fusca, thorace scutelloque flavo variegatis, alis nervoso punctatis. GEOFF. *Inf. tom.* 1. *pag.* 429. *n°.* 2.

La Cigale panachée. GEOFF. *Ib.*

REAUM. *Mém. inf. tom.* 5. *p.* 151. *pl.* 16. *fig.* 7.

SEB. *Muf.* 4. *tab.* 85. *fig.* 4. 5.

Cicada Orni. SCOP. *Ent. carn. n°.* 346.

La Cigale ordinaire d'Europe. STOLL. *Cicad. pl.* 22. *fig.* 133.

Cicada Orni. VILL. *Ent. tom.* 1. *pag.* 457. *n°.* 7.

Elle est un peu plus petite que la Cigale hématode, & d'une forme plus alongée. Elle est noire, couverte souvent d'une poussière blanchâtre, luisante. Le rostre est jaune, strié transversalement, & il s'étend jusqu'à la troisième paire de pattes. La lèvre est jaunâtre. La tête est panachée de noir & de testacé; les yeux sont noirâtres. Le corcelet est mélangé de noir & de testacé. Le dos est moins convexe que dans les autres espèces d'Europe, avec une M renversée au milieu, jaune testacée. L'écusson est en relief, disposé en croix de Saint-André, jaune-testacé. Les élytres & les aîles sont transparentes, en toit applati. Les élytres sont marquées vers leur extrémité de quatre petites taches noirâtres, placées sur les veines des grandes nervures, & de cinq à six points noirâtres, le long & à quelque distance du bord postérieur; le bord extérieur est jaunâtre ou grisâtre, avec un point au milieu blanc & épais; les nervures de la base des élytres sont jaunâtres, & celles de l'extrémité sont noirâtres. L'abdomen est de cette couleur, avec les bords des anneaux jaunâtres, & quelquefois un cercle assez large, blanc, vers l'anus. Les opercules sont jaunes testacés, ovales, plus grands que ceux de la Cigale hématode, de la longueur de deux anneaux, accompagnés d'une pointe en forme d'épine. Les pattes sont jaunes, avec un peu de noir; les cuisses antérieures sont moins renflées que dans les autres espèces, & légèrement bidentées.

Son chant est comme enroué & ne se fait pas entendre de bien loin. Elle n'est pas aussi commune dans nos provinces méridionales que les autres grandes espèces; elle habite les arbres & se trouve aussi au midi de l'Europe.

33. CIGALE plébéïenne.

CICADA plebeia.

Cicada nigra, thorace variegato, elytris alis abdomineque supra immaculatis, operculis magnis.

Cicada plebeia *scutello apice bidentato, elytris anastomosibus quatuor, lineisque sex ferrugineis.* LIN. *Syst. nat. pag.* 707. *n°.* 15.

Cicada fusca, thoracis & scutelli margine flavo, alis nervosis. GEOFF. *ins. tom.* 1. *pag.* 429. *n°.* 1.

La Cigale à bordure jaune. *Ib.*

MOUFFET. *Ins.* 127.

ALDROVAND. *Ins.* 307.

MATHIOL. *Diosc.* 264.

REAUM. *Ins. tom.* 5. *p.* 151. *pl.* 16. *fig.* 1.—6.

ROES. *Ins. tom.* 2. *gryll. tab.* 25., 26.

Cicada plebeia. SCOP. *Ent. carn. n°.* 345.

La grande Cigale européenne. STOLL. *Cic. Pl.* 24. *fig.* 13. Femelle.— *Pl.* 25. *fig.* 139. Mâle.

Cicada plebeia. VILL. *Ent. tom.* 1. *p.* 457. *n°.* 5.

Cette Cigale est la plus grande que nous ayons en Europe. Sa longueur, depuis la tête jusqu'à l'extrémité des élytres est de deux pouces, & sa largeur est de quatre pouces & demi, lorsque les aîles sont étendues. Elle est noire. Le rostre est jaunâtre, avec l'extrémité noire. Il s'étend jusqu'à la seconde paire de pattes; sa base est striée transversalement. La tête a trois taches antérieurement, à égale distance; les taches & les yeux sont jaunes; les petits yeux lisses sont rouges & brillans. On voit sur le milieu du corcelet une ligne longitudinale jaune, sur les côtés, des traits irréguliers, jaunes; le bord postérieur est de cette couleur. Le dos est tacheté de jaune; l'écusson & deux taches au-dessous sont jaunes. Les élytres & les aîles sont transparentes; les élytres sont une fois plus longues que l'abdomen, noirâtres à leur origine, avec les nervures de la base rougeâtres, & deux petites taches très-peu apparentes. L'abdomen est noir en dessus, jaune-testacé en dessous, avec le bord d'un ou deux anneaux jaunâtre; il est court & conique. Les opercules sont jaunâtres, arrondis, très-grands; ils couvrent presque la moitié de la longueur de l'abdomen, & sont en recouvrement à leur bord intérieur : on remarque à l'origine des pattes postérieures, en dehors, une écaille large, pointue, en forme de dent, couchée sur les opercules. Les pattes sont jaunâtres, avec un peu de noir aux cuisses antérieures. Les côtés de la poitrine sont jaunâtres. Le corps est parsemé d'une poussière blanchâtre.

Le chant de cette espèce est très fort & très-aigu. Elle se trouve dans les provinces méridionales de la France, & au midi de l'Europe, sur les arbres.

34. CIGALE grosse-tête.

CICADA capitata.

Cicada capite lato fusco-viridi, elytris fasciis duabus fuscis.

La Cigale chantante. STOLL. *Cicad. pl.* 29. *fig.* 103.

Elle a un pouce de longueur, depuis la tête jusqu'à l'anus, & trois & demi de largeur, lorsque les aîles sont étendues. Elle est noirâtre. La tête est verdâtre, très-large; les yeux sont gris; les petits yeux lisses sont rouges. Le corcelet est brun antérieurement. Les élytres & les aîles sont transparentes, avec un peu de gris; les élytres ont deux bandes noirâtres, transversales; la plus près de l'extrémité des élytres part de leur bord extérieur, & n'atteint pas le bord interne : on voit près de l'extérieur de petites taches ou quelques traits noirâtres. L'abdomen est conique & pointu. Les pattes sont brunes.

Elle se trouve à Ceylan.

35. CIGALE verte.

CICADA viridis.

Cicada supra viridis, infra fusca, elytris immaculatis.

Cicada nitida griseo-viridis, alis hyalinis nitidissimis, femoribus anticis tridentatis. DEG. *Mém. ins. tom.* 3. *p.* 220. *n°.* 17. *pl.* 33. *fig.* 4.

Cigale *vernissée* d'un vert grisâtre, à aîles vitrées très-luisantes, & à cuisses antérieures à trois épines. *Ibid.*

La Cigale chanteuse vert lisse. STOLL. *Cicad. pl.* 23. *fig.* 17.

Elle est de grandeur moyenne. La tête est verte; les yeux sont noirâtres. Le corcelet est vert, lisse. Les élytres & les aîles sont transparentes, avec des veines noirâtres. L'abdomen est couvert d'un petit duvet verdâtre. Le dessous du corps est obscur.

Elle se trouve à Surinam.

36. CIGALE sinuée.

CICADA repanda.

Cicada elytris linea-flexuosa, alis margine hyalino. LIN. *Syst. nat. pag.* 707. *n°.* 17. —— *Mus. ludov. Ulric. pag.* 159.

Tettigonia repanda. FAB. *Sp. ins. tom.* 2. *p.* 321. *n°.* 16.— *Mant. ins. tom.* 2. *p.* 267. *n°.* 20.

Cicada nigra linea *fulva, thorace linea nigra; alis linea flexuosa fusca : margine maculisque hya-*

linis. Deg. *Mém. inſ. tom.* 3. *pag.* 219. *n°.* 15. *pl.* 33. *fig.* 1.

Cigale *à raie noire*, fauve, à raie noire le long du corcelet, dont les aîles ont une raie ondée brune, & des taches tranſparentes le long des bords. *Ibid.*

Elle reſſemble pour la forme à la Cigale Tibicen; mais elle eſt plus petite. Sa longueur, depuis la tête juſqu'à l'extrémité des élytres, eſt d'un pouce trois lignes, & ſa largeur eſt d'environ trois pouces, lorſque les aîles ſont étendues. Elle eſt fauve ou brune jaunâtre : on voit ſur la tête & ſur le corcelet une raie longitudinale & de petites taches noires. L'écuſſon eſt peu échancré, preſque en pointe. Les élytres & les aîles ſont fauves, avec une ſuite de taches vitrées, ovales, placées un peu au-deſſus & le long du bord poſtérieur tranſparent. Les élytres ſont traverſées par une raie brune, ondée, & ont une tache vitrée, près du bord extérieur. L'abdomen eſt noir en deſſus ou verdâtre, avec des anneaux noirs. Les opercules ſont grands, & reſſemblent à ceux du mâle de la Cigale Tibicen.

Elle ſe trouve dans l'Inde.

37. Cigale rebordée.

Cicada marginata.

Cicada capite, dorſo alarumque margine exteriore viridibus.

La Cigale chanteuſe à bords verts. Stoll. *Cicad. pl.* 18. *fig.* 100.

Elle eſt de grandeur moyenne. Sa tête eſt d'un vert obſcur, avec des raies enfoncées, noirâtres. Les yeux & les petits yeux liſſes ſont verts. Le corcelet eſt d'un brun clair, marqué de petites lignes noires. Le dos eſt vert. Les élytres & les aîles ſont tranſparentes, avec les bords extérieurs & les nervures, verts. L'abdomen eſt brun, avec de petits poils cendrés. Les pattes ſont d'un gris verdâtre.

Elle ſe trouve à Surinam.

38. Cigale réticulée.

Cicada reticulata.

Cicada griſea, thoracis linea alba, elytris albo reticulatis. Lin. *Syſt. nat. p.* 707. *n°.* 17.

Tettigonia reticulata. Fab. *Syſt. ent. pag.* 681. *n°.* 13. — *Sp. inſ. tom.* 2. *pag.* 321. *n°.* 17. — *Mant. inſ. pag.* 267. *n°.* 21.

Cicada fuſco-teſtacea, capite obtuſo, thorace linea alba, alis albo reticulatis, tibiis poſticis nigro maculatis. Deg. *Mém. inſ. tom.* 3. *pag.* 227. *n°.* 24. *pl.* 33. *fig.* 16.

Cigale brune jaunâtre, à tête tronquée, avec une ligne blanche ſur le corcelet, à aîles ſupérieures à reſeau blanc, & à jambes poſtérieures tachetées de noir. *Ib.*

Elle eſt des petites de ce genre, & d'un jaune obſcur. La tête eſt très-courte, de la largeur du corcelet qui en cache une partie, obtuſe ou comme tronquée antérieurement; la tête & le corcelet ont une forme quarrée. On n'a remarqué que deux petits yeux liſſes. Le corcelet eſt convexe, avec une raie blanche au milieu, un grand nombre de points concaves, une éminence angulaire de chaque côté. L'écuſſon eſt triangulaire, alongé & fauve. Les élytres ſont tranſparentes, ovales, courtes, à nervures blanches, croiſées en forme de réſeau. Les aîles ſont blanches. Les jambes poſtérieures ont des taches annulaires, noires.

Cet inſecte appartient peut-être à un autre genre.

On trouve cette Cigale dans l'Amérique méridionale.

39. Cigale blanchâtre.

Cicada albida.

Cicada griſeo-albida, fuſco varia, elytris aliſque albo hyalinis, margine exteriori rubro.

La Cigale chanteuſe griſe. Stoll. *Cicad. pl.* 23 *fig.* 125.

Elle eſt petite, d'un gris mélangé de taches brunes en deſſus. Les yeux ſont gris; les petits yeux liſſes ſont rouges. Les élytres & les aîles ſont d'un blanc tranſparent, avec des nervures & le bord extérieur d'un rouge pâle. Le deſſous du corps eſt gris.

Elle ſe trouve au Cap de Bonne-Eſpérance, & à Surinam.

40. Cigale noircie.

Cicada atrata.

Cicada atra, alis albis baſi nigris, venis teſtaceis.

Tettigonia atrata. Fab. *Syſt. ent. pag.* 681. *n°.* 15. — *Sp. inſ. tom.* 2. *pag.* 321. *n°.* 18. — *Mant. inſ. tom.* 2. *pag.* 267. *n°.* 22.

Elle eſt de la grandeur de la Cigale réticulée. Elle eſt noire. Les élytres & les aîles ſont blanchâtres, noires à leur baſe, avec des nervures teſtacées. Le bord de l'abdomen, celui du dernier anneau, ſont teſtacés.

Elle ſe trouve à la Chine.

41. Cigale mi-partie.

Cicada dimidiata.

Cicada viridis, abdomine luteo, diaphano.

La Cigale vert & jaune. Stoll. *Cicad. pl.* 22. *fig.* 119.

Elle eſt petite. La tête eſt verte; les yeux ſont bruns. Le corcelet eſt vert clair. Les élytres &

les aîles sont noirâtres, avec le bord extérieur vert. L'abdomen est jaune & diaphane. Les pattes sont d'un vert foncé, mêlé de taches jaunes.

Elle se trouve au Cap de Bonne-Espérance.

42. Cigale transparente.

Cicada hyalina.

Cicada fusca, luteo maculata, abdomine albido vacuo.

La Cigale à ventre blanc. Stoll. *Cicad. pl.* 19. *fig.* 104.

Cette Cigale a un pouce de longueur & deux & demi de largeur, dans sa plus grande étendue. Elle est noirâtre, tachée de jaune. Les élytres & les aîles sont d'un blanc jaunâtre, piqueté de brun, avec le bord postérieur transparent. L'abdomen est blanchâtre, transparent, avec le premier anneau noir.

Elle se trouve au Cap de Bonne-Espérance.

43. Cigale testacée.

Cicada testacea.

Cicada nigra, abdomine sanguineo, elytris alisque testaceis, venis nigris.

Tettigonia testacea. Fab. *Mant. ins. tom.* 2. *pag.* 267. *n°.* 23.

La Cigale ensanglantée. Stoll. *Cicad. tab.* 8. *fig.* 11. *c.*

Elle est de la grandeur de la Cigale transparente. La tête est noire. Le corcelet est noir. Les élytres & les aîles sont testacées, avec les nervures noires. L'abdomen est d'un rouge de sang.

Elle se trouve à Tranquebar.

44. Cigale mélangée.

Cicada varia.

Cicada nigro fuscoque varia, alis luteis fasciis duabus nigris.

La Cigale chanteuse à anneaux bruns. Stoll. *Cicad. pl.* 26. *fig.* 147.

Elle est de la grandeur de la Cigale testacée. La tête est noirâtre, avec des taches & un cercle autour des yeux noirs. Le corcelet est mélangé de noirâtre & de noir. Les élytres ont leurs nervures ferrugineuses, avec plusieurs taches vitrées, luisantes; l'extrémité de ces élytres est d'un gris cendré, un peu velue, & le bord postérieur est transparent; les aîles sont jaunes, avec deux bandes noires; une au milieu, qui se replie le long du bord intérieur, & une seconde près du bord extérieur; les élytres & les aîles sont à-peu-près en-dessous comme elles sont en-dessus. L'abdomen est noirâtre, court, avec une raie longitudinale noire. Les pattes sont foncées.

Elle se trouve au Cap de Bonne-Espérance.

45. Cigale sanguinolente.

Cicada sanguinolenta.

Cicada nigra, ore, thoracis maculis duabus abdomineque sanguineis.

Tettigonia sanguinolenta. Fab. *Syst. ent. p.* 681. *n°.* 15. — *Sp. ins. tom.* 2. *pag.* 321. *n°.* 19. — *Mant. ins. tom.* 2. *pag.* 267. *n°.* 24.

Cicada sanguinea *alis superioribus fuscis, fronte abdomine thoracisque maculis binis sanguineis.* Deg. *Mém. ins. tom.* 3. *p.* 221. *n°.* 18. *pl.* 33. *fig.* 11.

Cigale à ailes supérieures brunes, à museau & à ventre rouges, avec deux taches rouges sur le corcelet. *Ib.*

Elle est de la grandeur de la Cigale transparente. Le rostre est noir; la tête est noire, rouge antérieurement, avec une ligne noire; les yeux sont noirâtres & les petits yeux lisses sont rouges. Le corcelet est noir, avec une tache rouge, arrondie, de chaque côté. Les élytres & les aîles sont obscures, sans taches, avec les nervures noires; les élytres sont plus longues que les aîles & dépassent postérieurement l'abdomen. L'abdomen est rouge. Les pattes sont noires, velues.

Elle se trouve à la Chine.

46. Cigale bimaculée.

Cicada bimaculata.

Cicada abdomine fusco, maculis duabus albis.

La Cigale à deux taches. Stoll. *Cicad. pl.* 24. *fig.* 132.

Elle est à-peu-près de la grandeur de la Cigale sanguinolente. La tête est noirâtre, avec des bandes & des taches d'un vert obscur; les yeux sont noirâtres; les petits yeux lisses sont rouges. Le corcelet, les côtés du dos sont verts. Les élytres & les aîles sont transparentes; le bord extérieur des élytres est ferrugineux. L'abdomen est d'un rouge foncé, avec une tache blanche de chaque côté, entre le second & troisième anneaux, formée par un duvet de petits poils. Les opercules sont très-grands. Les pattes sont rouges foncées.

Elle se trouve à l'Isle de Java.

47. Cigale splendidule.

Cicada splendidula.

Cicada, elytris fusco-aureis, tibiis anticis incrassato dentatis rufis.

Tettigonia splendidula. Fab. *Syst. ent. p.* 681.

n°. 16. — *Spec. inf. tom.* 2. *pag.* 321. n°. 20. — *Mant. inf. tom.* 2. *pag.* 267. n°. 25.

Elle eſt petite. La tête eſt noire, avec les yeux pâles. Le corcelet eſt pâle, avec deux taches noires, grandes & arrondies. L'écuſſon eſt noir; ſes rebords ſont pâles. Les élytres ſont noirâtres & ont un reflet doré, vif & brillant. L'abdomen eſt rouge. Ses pattes poſtérieures ſont noires, avec les cuiſſes rouges; les pattes antérieures ont les leurs noires, avec les jambes rouſſes, renflées & dentées.

Elle ſe trouve à la Chine.

48. Cigale muette.

Cicada muta.

Cicada, elytris hyalinis: coſta ſanguinea, abdomine linea dorſali ſanguinea.

Tettigonia muta. Fab. *Syſt. ent. pag.* 681. n°. 17. — *Sp. inſ. tom.* 2. *pag.* 321. n°. 21. — *Mant. inſ. tom.* 2. *pag.* 267. n°. 26.

Elle eſt petite. Le corps eſt verdâtre ou fauve. Les antennes ſont noires. Le corcelet a une ligne dorſale jaunâtre. L'écuſſon eſt marqué poſtérieurement de deux points noirs. Les élytres & les aîles ſont tranſparentes; le bord extérieur des élytres eſt d'un rouge ſanguin. On voit ſur le dos de l'abdomen une ligne de la même couleur. Les opercules ſont très-courts, avec une pointe aigue à leur baſe.

Elle ſe trouve à la Nouvelle-Zélande.

49. Cigale marginelle.

Cicada marginella.

Cicada fuſca, elytrorum margine aliſque baſi albis.

La Cigale bordée de rouge. Stoll. *Cicad. pl.* 23. *fig.* 124.

Elle eſt des plus petites, & d'un brun foncé en-deſſus. Les yeux ſont gris. Les élytres & les aîles ſont tranſparentes; le bord extérieur des élytres & celui des aîles vers leur baſe ſont rouges.

Elle ſe trouve à Surinam.

50. Cigale bigarrée.

Cicada variegata.

Cicada nigra, luteo variegata, ſegmentis abdominis margine luteis.

La Cigale du Cap tachetée de jaune. Stoll. *Cicad. pl.* 25. *fig.* 140.

Elle eſt de la grandeur de la Cigale violette. Le corps eſt noir, bigarré de taches & de raies jaunes. Le deſſus de la tête eſt gris. Le bord des anneaux de l'abdomen eſt jaune: le deſſous de l'abdomen eſt jaunâtre. Les pattes, la poitrine, ſont d'un gris jaunâtre.

Elle ſe trouve au Cap de Bonne-Eſpérance.

51. Cigale violette.

Cicada violacea.

Cicada violacea, alis apice fuſcis. Lin. *Syſt. nat. pag.* 708. n°. 4. — *Muſ. Ludov. Ulric p.* 161.

Tettigonia violacea. Fab. *Syſt. ent. pag.* 682. n°. 18. — *Spec. inſ. tom.* 2. *pag.* 322. n°. 22. — *Mant. inſ. tom.* 2. *pag.* 267. n°. 27.

Cicada violacea. Vill. *Ent. tom.* 1. *p.* 458. n°. 8.

Elle de la grandeur d'un Taon ordinaire, noirâtre en-deſſus, avec un reflet bleuâtre. Les élytres ſont pâles, avec la baſe brune & l'extrémité ferrugineuſe obſcure aux nervures principalement; les aîles ſont pâles, avec les nervures poſterieures élargies, d'un fauve noirâtre. Les anneaux de l'abdomen ſont légèrement bordés de jaune. Les pattes ſont pâles; les cuiſſes antérieures ont trois dents.

Elle ſe trouve au midi de l'Europe.

52. Cigale ciliaire.

Cicada ciliaris.

Cicada alis poſticis ferrugineo-fuſcis, vittis longitudinalibus luteis, abdominis ſegmentis ciliatis. Lin. *Syſt. nat. pag.* 706. n°. 8. — *Muſ. Lud. Ulric. pag.* 155.

Rumph. *Herb.* 3. *p.* 210. *tab.* 135. *Folium ambulans.*

Elle eſt de la grandeur de la Cigale violette, & teſtacée obſcure. Le corcelet eſt rebordé. Les élytres ſont pâles, tachées de blanc. Les aîles ſont ferrugineuſes noirâtres, comme brulées, avec une bande jaunâtre, repliée vers le diſque; cette bande eſt quelquefois triplée. L'abdomen eſt noirâtre, avec les anneaux pâles & ciliés.

Elle ſe trouve aux Indes.

53. Cigale vide.

Cicada vacua.

Cicada fuſco-ferruginea, abdomine vacuo diaphano.

La Cigale vide. Stoll. *Cicad. pl.* 12. *fig.* 58.

Elle eſt très-petite & d'un fauve noirâtre. Les élytres & les aîles ſont tranſparentes; la figure de

Stoll représente les élytres avec un trait jaune. L'abdomen est vide, transparent, avec un anneau jaune.

Elle se trouve au Japon.

54. Cigale voutée.

Cicada fornicata.

Cicada thorace virescente, abdomine fornicato. Lin. *Syst. nat. pag.* 706. n°. 11. — *Mus. Ludov. Ulr. p.* 156.

Elle ressemble pour la grandeur à la Cigale violette. La tête est verte, mélangée de noir, velue, arrondie antérieurement. Le corcelet & l'écusson sont verts, mêlés de noir. Les élytres & les aîles sont transparentes, avec les nervures ferrugineuses ; le bord extérieur des élytres est vert. L'abdomen est ferrugineux, ovale, convexe, en voûte ; leur surface inférieure est dilatée vers les côtés en une membrane verte, courbée, taillée comme l'abdomen qui en paroît deux fois plus large.

Elle se trouve aux Indes.

55. Cigale gazouilleuse.

Cicada garrula.

Cicada elytris fuscis, alis apice cæruleo-pallidis.

La Cigale gazouilleuse. Stoll. *Cicad. pl.* 12. *fig.* 59.

Elle ressemble pour la grandeur à la Cigale vide. Le dessus du corps est fauve. Le corcelet est noirâtre, avec une bande longitudinale jaunâtre. Les élytres sont noirâtres, avec les bords extérieurs verdâtres ; l'extrémité des aîles est d'un bleu pâle. La tarière de la femelle est aussi longue que la moitié de l'abdomen. Les pattes sont d'un gris cendré.

Elle se trouve au Cap de Bonne-Espérance.

56. Cigale jaunâtre.

Cicada lutescens.

Cicada lutea, capite thorace nervisque elytrorum viridibus.

La petite Cigale chanteuse verte. Stoll. *Cicad. pl.* 25. *fig.* 138.

Elle ressemble pour la grandeur à la Cigale violette. Les yeux sont d'un jaune foncé ; les petits yeux lisses sont rouges. La tête & le corcelet sont d'un vert pâle, taché de noir. Les élytres & les aîles sont transparentes, avec les nervures vertes ; le bord extérieur des élytres est vert. L'abdomen & les pattes sont jaunes.

Elle se trouve au Cap de bonne-Espérance & en Sibérie.

57. Cigale cafre.

Cicada cafra.

Cicada nigra, abdomine basi ferrugineo, segmentis aliis, margine rubris.

Cigale du Cap à anneau rouge. Stoll. *Cicad. pl.* 25. *fig.* 126.

Elle est presque de la grandeur de la Cigale violette. La tête est noire, avec les yeux bruns. Les petits yeux lisses sont rouges. Le corcelet est noir. Les élytres & les aîles sont transparentes ; le bord extérieur & les jointures des élytres sont rouges. La base de l'abdomen est d'un rouge foncé ; les six anneaux suivans sont noirâtres avec leur bord rouge. Les opercules sont petits. Les pattes sont noires, avec des taches d'un rouge foncé. La poitrine est noirâtre.

Elle se trouve au Cap de Bonne-Espérance.

58. Cigale hottentote.

Cicada hottentota.

Cicada nigra, abdomine maculis annulisque fusco-luteis, alis apice nigro striatis.

La Cigale hottentote. Stoll. *Cicad. pl.* 25. *fig.* 137.

Elle est de la grandeur de la Cigale cotoneuse. La tête & le corcelet sont noirs. Les élytres & les aîles ont leurs nervures ferrugineuses. Le bord extérieur des élytres est de la même couleur ; leur extrémité & celle des aîles est rayée longitudinalement de noir. Le dessous du corps, les pattes, sont jaunâtres.

Elle se trouve au Cap de Bonne-Espérance.

59. Cigale jaune.

Cicada lutea.

Cicada thorace abdomineque luteis, segmentis margine fuscis.

La Cigale jaune aux anneaux bruns. Stoll. *Cicad. pl.* 29. *fig.* 73.

Elle est petite. La tête est cendrée. Le corcelet est jaune, tacheté de noirâtre. Les aîles & les élytres sont transparentes. L'abdomen est gros, jaunâtre, avec le bord des anneaux noirâtre. Le dessous du corps est cendré. Les cuisses des pattes antérieures sont très-renflées, relativement à la grosseur de cette espèce, longues, d'un jaune obscur.

Elle se trouve au Cap de Bonne-Espérance.

60. Cigale Mouche.

Cicada Musca.

Cicada atro-fusca, corpore brevi, nervis elytrorum fusco-ferrugineis.

La Cigale mouche. Stoll. *Cicad. pl.* 12. *fig.* 60.

Elle est de la grandeur d'une grosse Mouche, & elle a beaucoup de ressemblance avec celle que Linné appelle la méridienne. Son corps est court, ramassé, obscur, couvert de poils gris. Les élytres sont brunes ou noirâtres, avec le bord extérieur & les nervures jaunâtres.

Elle se trouve au Cap de Bonne-Espérance.

61. Cigale poudrée.

Cicada pulverea.

Cicada albido-grisea, pectore abdomineque pulvere albicante conspersis.

La Cigale blanche. Stoll. *Cicad. pl.* 14. *fig.* 72.

Elle ressemble pour la forme & pour la grandeur à la Cigale gazouilleuse. Son corps est ramassé, d'un gris cendré. Les élytres & les aîles sont transparentes, sans taches. L'abdomen est noirâtre, couvert, avec la poitrine, d'une poussière d'un blanc bleuâtre.

Elle se trouve à Surinam.

62. Cigale cotoneuse.

Cicada tomentosa.

Cicada nigra, cinereo tomentosa, thoracis maculis segmentisque abdominis margine lutescentibus.

Reaum. *Mém. inf. tom.* 5. *pag.* 152. *pl.* 16. *fig.* 8. 9.

Cette Cigale, connue dans les provinces méridionales de la France, sous le nom de Cigalon, est longue d'un pouce, depuis la tête jusqu'à l'extrémité des élytres, & large de deux pouces & demi, lorsque les élytres sont étendues. Elle est noire, couverte dans plusieurs endroits du corps d'un duvet cendré, assez luisant, comme soyeux. Le rostre ne s'étend qu'à la seconde paire de pattes. Les yeux sont noirâtres; on remarque deux points testacés au-dessus des antennes. Le corcelet a des taches antérieures & son rebord postérieur jaunâtres. Les côtés du dos & l'écusson sont jaunâtres. Les élytres & les cuisses sont transparentes, sans taches; les élytres ont leur nervures verdâtres; celles du bord postérieur sont noires. L'abdomen est court, conique, jaune testacé sur le bord des anneaux, avec un duvet cendré en-dessous. Le corps est en-dessous jaune testacé. Les opercules sont petits, n'ayant qu'une ou deux lignes de longueur, arrondis postérieurement, avec une écaille alongée, en forme de dent à leur base. Les pattes sont jaunâtres; les cuisses antérieures sont renflées, munies de deux dents & ont un peu de noir à leur jointure. Les côtés de la poitrine sont cotoneux.

Cette Cigale & les suivantes ont un chant aigu mais très-foible. Elles se trouvent dans les haies, sur les arbustes peu élevés, en quoi elles ne ressemblent pas aux grandes espèces qui se tiennent communément sur les arbres.

Elle se trouve en Provence & en Languedoc.

63. Cigale atre.

Cicada atra.

Cicada nigra, supra immaculata, elytris puncto marginali lineolaque fuscis.

Elle est un peu plus petite que la Cigale cotoneuse, noire, presque sans taches en-dessus. Le rostre & les yeux sont noirâtres; les petits yeux lisses sont rouges. Le corcelet a dans son milieu un trait longitudinal, rougeâtre; son bord postérieur est de cette couleur. Les élytres & les aîles sont transparentes; les élytres sont un peu dilatées, marquées au milieu de leur bord extérieur d'un point épais noirâtre, on voit près du bord extérieur, vers l'extrémité de ces élytres, un trait en zigzac noirâtre qui suit la nervure. Le bord postérieur a des nervures noires. L'abdomen est court & conique. Le dessous du corps est testacé. Les opercules sont grands, contigus au bord intérieur. Les pattes sont mélangées de noir & de testacé; les cuisses antérieures ont deux épines en-dessous.

Elle se trouve en Provence & en Languedoc.

64. Cigale argentée.

Cicada argentata.

Cicada nigra, maculis fuscis, villo sericeo splendenti.

Elle est un peu plus petite que la Cigale noire, & d'une forme plus alongée. Elle est noire, couverte en plusieurs endroits du corps d'un duvet soyeux, argenté, ou doré. Les yeux sont noirâtres, & les petits yeux lisses sont rouges; la tête a de petits poils dorés. Le corcelet a un duvet de la même couleur: il y forme des taches. Le dos est parsemé de poils. Les élytres & les aîles sont transparentes; le bord extérieur & les nervures des élytres sont d'un vert obscur. L'abdomen est noirâtre sur le bord des anneaux, conique, d'un rouge livide en-dessous. Les opercules sont rougeâtres grands, arrondis. Les pattes sont mélangées de noir & de pâle; Les cuisses antérieures ont trois épines. La poitrine est noire avec un duvet argenté.

Cet insecte a été trouvé en bas Limosin, d'où M. l'abbé Latreille me l'a envoyé.

65. CIGALE bandée.

CICADA vittata.

Cicada nigra, elytris hyalinis, fasciis duabus nigro-fuscis, postica interrupta.

La Cigale petite mouche. STOLL. *Cicad. pl.* 14. *fig.* 82.

Cette Cigale est très-petite & ressemble à une Tettigone; mais elle en est distinguée par les opercules qu'on lui remarque à l'aide d'une loupe. Elle est noire. Les élytres & les aîles sont transparentes, les élytres ont près de leur extremité deux bandes noirâtres, transversales; la dernière est interrompue dans son milieu.

Elle se trouve à Surinam.

66. CIGALE pygmée.

CICADA pygmea.

Cicada nigra, corpore supra elytrisque immaculatis.

Elle est longue de sept à huit lignes & large de deux pouces & demi, lorsque les ailes sont étendues. Elle est noire, presque sans taches en-dessus. Le rostre va jusqu'à la dernière paire de pattes. Les yeux sont gris, tachetés de noir; les petits yeux lisses sont rouges; le derrière de la tête a un petit trait brun. Le dos est marqué à son milieu, d'une ligne brune longitudinale. L'écusson est de la couleur de cette ligne. Les élytres & les aîles sont transparentes, sans taches; le bord extérieur des élytres est jaunâtre, & les nervures sont obscures. L'abdomen est conique, un peu alongé, rougeâtre en-dessous sur les côtés. Les opercules sont pâles, arrondis, de grandeur moyenne. Les pattes sont pâles avec des taches noires; les cuisses antérieures sont armées de deux épines. La poitrine est noire.

Elle se trouve en Provence, en Languedoc.

CIMBEX, *CIMBEX*, genre d'insectes de la première Section de l'Ordre des Hyménoptères.

Ces insectes sont remarquables par deux antennes en masse; l'abdomen uni au corcelet; quatre aîles membraneuses, inégales, veinées; la trompe très-courte, enfin par le corps assez gros & racourci.

Linné & presque tous les entomologistes ont confondu ce genre d'insectes avec les Tenthredes. M. Geoffroy & Schaeffer en ont établi un genre sous le nom de *Crabro*, par lequel M. Fabricius a désigné des insectes très-différens, & que Linné avoit placés parmi les Guêpes & les Sphex.

Les Grecs ont donné le nom de *Cimbex* à des espèces d'insectes qui ressembloient aux Abeilles ou aux Guêpes, mais qui ne produisoient pas du miel: ce mot en Grec signifioit aussi, parcimonieux, avare: nous avons cru devoir d'autant mieux adopter ce nom, que nous avons trouvé la plus grande conformité de rapports dans les insectes qui le portoient, avec le genre dont nous allons nous occuper.

Les Cimbex ont beaucoup de ressemblance avec les Tenthredes, mais ils en sont suffisamment distingués par la forme des antennes & des parties de la bouche. Les antennes de ces insectes sont un peu plus longues que la tête & composées de sept articles, dont le premier est arrondi, assez gros; le second long & filiforme; les autres sont plus courts; les trois derniers sont en masse ovale. Elles sont insérées à la partie antérieure de la tête, à peu de distance des yeux.

La bouche est composée d'une lèvre supérieure, de deux mandibules, d'une trompe & de quatre antennules.

La lèvre supérieure est coriacée, arrondie ou un peu pointue à sa partie antérieure.

Les mandibules sont cornées, arquées, terminées en pointe, & munies à leur partie interne de deux ou trois dents aigues.

La trompe est très-courte, cornée, composée de trois pièces, dont deux latérales, assez larges, obtuses, & une au milieu, presque échancrée à son extrémité.

Les antennules antérieures, presque une fois plus longues que les postérieures, sont filiformes, & composées de six articles presque égaux: les trois derniers sont un peu plus amincis à leur base que les autres. Elles sont insérées au milieu de la partie extérieure des pièces latérales. Les antennules postérieures sont filiformes, & composées de quatre articles presque égaux. Elles sont insérées au milieu de la partie latérale de la pièce intermédiaire.

La tête est plus étroite que le corcelet, & plus petite que celle des Tenthredes. Les yeux sont ovales, peu saillans, & placés à la partie latérale, un peu antérieure de la tête.

Le corcelet est convèxe, assez grand; il donne naissance de chaque côté, à deux aîles membraneuses,

braneuses, veinées, inégales : la supérieure est une fois plus grande que l'autre, & ses nervures sont beaucoup plus marquées.

L'abdomen est presque réuni au corcelet & aussi large ; il est convexe en-dessus, applati en-dessous, composé de huit anneaux, & muni à son extrémité, d'un aiguillon ou tarière, cachée dans l'abdomen, & semblable à celle des Tenthredes. Comme cette partie est aussi intéressante par son usage que par son organisation, & comme elle varie assez peu dans les différens genres d'insectes qui en sont pourvus, nous allons en donner ici une description très détaillée, & digne de satisfaire la curiosité.

En regardant le dessous du bout du ventre des femelles de ces insectes, on y voit une partie noire, saillante & en forme de lame tranchante applatie des deux côtés ; c'est le fourreau de la tarière, qui la cache presque entièrement : il n'y a qu'une petite portion de sa base qui se laisse voir à découvert. L'anus est placé au bout du ventre, en-dessus du fourreau.

Ce fourreau est composé de deux pièces écailleuses plattes, en forme de lames, mais concaves du côté intérieur. Elles sont comme deux coquilles applaties, qui se ferment exactement l'une sur l'autre, & qui font ensemble une espèce de boîte pour contenir la tarière. En pressant le bout du ventre entre deux doigts, on oblige ces deux lames en coquille à s'ouvrir & à s'écarter l'une de l'autre : c'est alors que la tarière paroît à découvert, & une plus forte pression encore l'oblige ordinairement à sortir entièrement de son fourreau & à se redresser. Les observations ont démontré que cette tarière est double, qu'elle est composée de deux lames dentelées ou semblables à des scies, & que ces deux scies sont couchées avec le dos dans des coulisses, formées par deux pièces écailleuses. Dans l'inaction cet instrument est placé de façon que les coulisses occupent le fond du fourreau, & elles s'appuyent alors contre le corps Reaumur a fait remarquer, que dans les mouches qui entaillent les branches du Rosier pour y pondre leurs œufs, dans les Thentredes en général, le côté des scies où sont les dentelures, est concave dans presque toute sa longueur, à-peu-près comme l'est le tranchant d'une faulx, ce n'est que proche de leur origine, que les dents sont placées sur une ligne convexe. On voit tout le contraire sur les scies dont nous parlons : c'est vers leur origine que le côté, où sont les dents, est concave ; dans tout le reste de son étendue, il est convexe. L'extrémité des scies, qui se termine en pointe, est même considérablement recourbée en arrière, elle est dirigée vers l'anus, & c'est la raison pourquoi l'instrument entier paroît arrondi au bout : c'est donc le dos des scies, placé dans les coulisses, qui est concave dans la plus grande partie de sa longueur, & ce dos n'a point de dents.

Après avoir ôté les scies de leurs coulisses, on voit qu'elles sont contournées à-peu-près en forme de S alongée. Du côté extérieur elles sont garnies d'un grand nombre de dents. Chaque scie est large, mais platte. Une espèce de bande en forme de tendon s'étend dans toute sa longueur, depuis la base jusqu'à la pointe, & elle communique à un véritable tendon, dont elle n'est que la continuation, & qui est comme le manche de la scie, ou qui sert à lui donner les mouvemens nécessaires. Cette bande diviseroit la scie en deux portions égales selon sa longueur, si elle ne se trouvoit placée plus proche du dos de la scie, que du côté où sont les dents. La moitié la plus large de la scie, ou celle qui a les dentelures, est comme divisée transversalement en plusieurs articulations, ou plutôt, ce sont des traits transversaux qui semblent la diviser en un grand nombre de zones, & chaque zone est garnie d'une dent. Ces dents, qui ont leur attache proche du bord même de l'instrument, sont de figure un peu ovale & presque arrondie, bordées elles-mêmes tout-au-tour, de très-petites dentelures ; elles sont donc assez différentes des dents des scies de nos ouvriers. Cet instrument ne fait pas seulement l'office d'une scie, mais il est en même-temps une espèce de rape. Sur une des surfaces plattes de la scie, sur l'extérieure, on a pu remarquer un grand nombre de dents longues & très-fines, placées en quelque manière, comme les dents d'un peigne, & dirigées avec leurs pointes vers l'origine de la scie. Le dos de la scie est tout uni, mais tout le long de son bord il y a une suite de poils qui se dirigent aussi vers l'origine.

Les pièces écailleuses, qui servent d'appui aux scies, ou qui sont garnies de coulisses dans lesquelles les scies sont logées, ont des bandes transversales d'un brun obscur, qui les rendent fort travaillées. Elles sont convexes en dehors & concaves du côté des scies. Le dos des scies a de même une cavité tout du long, qui appliquée contre la cavité des coulisses, forme un canal ouvert, où un espèce de tuyau : ce canal est le conduit des œufs que la femelle doit pondre au milieu de l'entaille qu'elle fait avec la scie, dans l'écorce ou le bois de l'arbre.

Le mâle, au lieu de tarière, a au bout du ventre deux parties coniques écailleuses, en forme de crochets, avec lesquelles il s'accroche au corps de la femelle dans l'accouplement, & entre lesquelles est placée la partie qui caractérise le sexe. Il peut aussi pincer avec ces deux crochets.

Les insectes désignés en général sous le nom de

Mouches-à-scie, parmi lesquels se trouvent compris les Cimbex, les Thentredes, &c, viennent de larves, plus connues sous le nom de *fausses-chenilles*, parce qu'elles ont beaucoup de ressemblance avec les véritables chenilles : plusieurs auteurs, qui ont écrit sur les insectes, les ont aussi autrefois confondues ensemble. Tout comme les chenilles, elles ont le corps alongé, à peu près cylindrique ou en segment de cercle, c'est-à-dire, que le dessous du corps est plus applati que le dessus, & ce corps est divisé en anneaux. Leur tête est arrondie & écailleuse. Elles ont des pattes de deux espèces, les unes sont écailleuses & attachées aux trois premiers anneaux, les autres sont membraneuses & arrangées par paires sur les anneaux qui suivent. Cependant leurs parties, comparées plus exactement avec celles des chenilles, ont des différences assez remarquables qui doivent servir à les faire distinguer de ces dernières. Elles ont toujours un plus grand nombre de pattes membraneuses que n'en ont les véritables chenilles qui en ont le plus. Ainsi les larves des Cimbex ont vingt-deux pattes en tout, ou seize membraneuses : le quatrième anneau est le seul qui manque de pattes.

La tête des fausses-chenilles est ordinairement plus arrondie, plus sphérique, que celle des chenilles ; mais autrement elle lui ressemble beaucoup : le crane ou le dessus a une fine cannelure qui le divise en deux parties égales ou en deux calottes, tout comme dans les chenilles ; on remarque de chaque côté une petite partie conique & pointue : ces deux parties sont les antennes. La bouche est garnie de deux dents ou mâchoires qui ont des dentelures, & qui sont assez semblables à celles des chenilles : c'est avec ces dents qu'elles rongent les feuilles.

La lèvre supérieure est faite à peu près comme dans les chenilles; c'est une pièce plate, un peu dure, composée de deux parties attachées bout par bout; la partie supérieure est beaucoup plus large que l'autre, & celle-ci à une petite incision ou une petite échancrure, dans laquelle le bord de la feuille glisse en même-temps que la fausse-chenille le ronge : mais la lèvre inférieure est encore plus composée que celle des chenilles. Elle est placée derrière les dents, de sorte que les dents se trouvent situées entre la lèvre supérieure & l'inférieure. Elle est faite de trois pièces principales, mobiles & de substance charnue. Les deux pièces latérales, qui sont les plus grosses, sont subdivisées au bout en trois parties, dont deux finissent en pointe, & la troisième est arrondie à l'extrémité. La troisième pièce, ou celle du milieu, est charnue; de chaque côté elle est accompagnée d'une petite partie conique, mobile & divisée en articulations. Au bout de cette pièce intermédiaire est placée la filière ou l'ouverture d'où sortent les fils de soie que la fausse-chenille file. C'est donc une lèvre subdivisée en bien des parties, qui toutes sont mobiles : la fausse-chenille leur donne des mouvemens continuels, quand la bouche & les dents sont en action.

Les pattes écailleuses sont de figure conique, & diminuent peu-à-peu pour se terminer en pointe; elles sont composées de trois ou quatre pièces articulées ensemble, & elles sont armées au bout, d'un ongle ou d'un crochet. Elles ont une certaine inflexion, en forme de coude, qu'on ne voit point dans celles des chenilles, & du côté intérieur elles ont souvent des appendices charnues. Les pattes membraneuses sont grosses & cylindriques, mais elles diminuent de grosseur vers l'extrémité, où elles sont coniques & ordinairement refendues au bout; elles peuvent se gonfler & s'affaisser alternativement. Elles sont divisées transversalement comme en quelques anneaux, & n'ont point de crochets, ce en quoi elles diffèrent essentiellement de celles des chenilles.

Le corps est divisé en douze anneaux, tout comme celui des chenilles; mais ces anneaux sont souvent difficiles à distinguer, parce que ordinairement la peau est toute couverte de plis & de rides transversales, qui se confondent avec les incisions ou les séparations des véritables anneaux : les pattes & les stigmates aident pourtant à les faire reconnoître. Ces stigmates sont au nombre de dix-huit, neuf de chaque côté du corps, & placés sur les mêmes anneaux que dans les chenilles.

Les fausses-chenilles, qui ont tant de ressemblance dans leur figure extérieure avec les véritables chenilles, leur sont encore assez semblables dans leur intérieur. Leur corps intérieurement est presque entièrement rempli par un gros & grand intestin. Une matière blanche, composée de petits grains, se fait voir sur la surface intérieure de la peau & sur l'intestin, qui paroît être de la même nature que celle qu'on a nommée dans les chenilles *corps graisseux*; mais dans les fausses-chenilles cette matière est en petite quantité, en comparaison de ce qu'on en trouve dans les chenilles; des trachées blanches très-fines se font aussi remarquer, & elles s'étendent en ramifications sur l'intestin, principalement sur sa partie antérieure.

Les fausses-chenilles ont la faculté de filer de la soie, elles se font des coques d'une soie grossière, pour y subir leurs transformations. On trouve aussi dans leur corps des vaisseaux à soie, ou des réservoirs pour contenir la matière soyeuse, semblables à-peu-près à ceux des chenilles : on remarque cependant deux différences. La première, c'est qu'ils s'étendent de la tête, jusqu'au dertiere, sans faire des courbures considérables; ils ne font que serpenter dans la longueur du corps, sans faire des détours nouveaux vers la tête & vers le derriere, comme dans les chenilles. Leur volume aussi est bien moins considérable, & il est proportionné à la quantité de soie dont l'insecte a besoin. On sait qu'il y a des chenilles qui filent pendant toute leur vie & dans bien des occasions, non-seulement lorsqu'elles ont besoin de se transformer, mais lorsqu'elles changent de peau, lorsqu'elles marchent, lorsqu'elles se fabriquent des aziles; il étoit nécessaire qu'elles fussent pourvues de réservoirs assez spacieux pour pouvoir contenir une grande quantité de matière soyeuse, & qui encore doit se renouveller à mesure qu'elle est épuisée. Il n'en est pas de même des fausses-chenilles, elles ne filent qu'une fois dans tout le cours de leur vie, c'est quand elles travaillent à se faire des coques : avant ce temps-là on ne leur voit pas produire le moindre fil de soie. Il ne leur faut donc pas autant de matière à soie, & les vaisseaux soyeux ne devoient pas avoir un volume égal à ceux des chenilles. La seconde différence qu'on remarque entre ces vaisseaux, c'est que ceux des fausses-chenilles sont presque par-tout de grosseur égale, au lieu que ceux des chenilles sont gros & très-renflés dans une certaine portion de leur longueur, ce qui augmente encore leur capacité, pour pouvoir contenir d'autant plus de matière à soie.

Les réservoirs de cette matière sont très-couverts & comme entrelacés par une quantité de particules de graisse, & par un grand nombre de petites trachées; on a de la peine à les en dégager. La graisse ou le corps graisseux est composé d'un grand nombre de globules d'un blanc de lait, attachés ensemble en masses. Ces globules sont petits, mais ils sont grands en comparaison des particules du corps graisseux des chenilles, dont la petitesse est telle qu'on a de la peine à les distinguer. La fausse-chenille a moins de graisse que la chenille, cependant elle paroît en avoir une quantité assez considérable. Les globules de cette graisse sont comme arrangés en file, ils forment des especes de longs vaisseaux tortueux qui parcourent le dedans du corps, & qui sont par-tout entrelacés avec les ramifications des trachées. Dans d'autres endroits ils composent des couches minces & flottantes.

Les trachées ou les vaisseaux à air sont semblables à ceux des Chenilles; ils sont d'un blanc argenté, & composés d'un fil continu, qui entoure le vaisseau spiralement, & qu'on peut dévider; leurs branches principales se rendent aux stigmates, où elles ont leur issue.

On voit au-dessous du grand intestin un paquet de vaisseaux tortueux, qui partent comme d'un même centre, & qui se jettent de tous les côtés, comme les rayons d'un cercle. Ils sont placés proche de l'endroit où l'intestin se rétrécit en forme de col, pour former ensuite le rectum. Ces vaisseaux paroissent être equivalens à ceux qu'on a nommés *variqueux* dans les Chenilles.

La moëlle épinière, qui est placée tout le long du ventre, & la grande artere, qui suit la ligne du dos, sont faites comme dans les Chenilles.

Telles sont les principales parties qu'on peut démêler dans l'intérieur des fausses-Chenilles. Et ces détails anatomiques doivent nous suffire dans le moment. Nous pourrons les reprendre & leur donner encore plus d'étendue quand nous traiterons l'article Tenthrede.

On voit qu'il y a une assez grande ressemblance entre les fausses-Chenilles, & les Chenilles véritables. Cependant les premiers ont un certain port, une certaine forme générale, qui ne permet pas qu'elles soient confondues avec les secondes, pour peu qu'on se soit familiarisé avec elles. Mais les fausses-chenilles different très-essentiellement des véritables, par leurs transformations. Elles prennent constamment la forme assez semblable de mouche-à-scie, après avoir passé par l'état de nymphe. La plupart des fausses-chenilles entrent dans la terre quand le temps de leur transformation approche, elles s'y font des coques, ordinairement très-solides, & dont les parois sont de la consistance du parchemin. Celles qui doivent se transformer dans la terre, parviennent rarement à l'état d'insecte parfait, si on ne leur en fournit pas; quoiqu'il arrive qu'elles se filent également des coques, elles y meurent sans se transformer. Il y a pourtant plusieurs especes de ces insectes qui ne s'enfoncent point dans la terre, mais qui filent leurs coques à l'air libre.

Nous avons cru devoir donner ces remarques générales sur les fausses-chenilles, & nous croyons devoir ne parler des larves connues des Cimbex, que dans la description particulière de leurs especes. Comme ces insectes attirent bien plus nos regards sous la forme de larve que dans leur dernier état, ils nous fourniront aussi alors des détails plus étendus, & plus dignes d'être rapportés.

Les Cimbex ont beaucoup de ressemblance avec les Abeilles; ils sont un peu moins agiles, & ils volent assez lourdement. Dans leur vol. ils font entendre un bourdonnement, mais moins fort que celui des Abeilles ou des Guêpes. Ces insectes ne sont pas communs, & on les trouve rarement dans les collections : on les rencontre plus souvent près des murs, dans les chemins, que sur les arbres.

C I M B E X.

C I M B E X.

C R A B R O. G E O F F. S C H A E F F.

T E N T H R E D O. L I N. F A B. D E G.

C A R A C T È R E S G É N É R I Q U E S.

ANTENNES courtes, terminées en masse ovale, composées de sept articles: le premier un peu gros, le second très-alongé.

Bouche composée d'une lévre supérieure, cornée; de deux mandibules cornées, arquées, dentées; d'une trompe très-courte, trifide, & de quatre antennules filiformes.

Antennules antérieures plus longues, composées de six articles presque égaux, les trois premiers cylindriques; les trois derniers amincis à leur base. Les postérieures composées de quatre articles cylindriques, égaux.

Abdomen uni au corcelet.

Aiguillon court, dentelé.

E S P E C E S.

1. CIMBEX fémoral.

Antennes jaunes; corps noir; cuisses postérieures très-grandes.

2. CIMBEX sauvage.

Antennes noires; corps velu, très-noir.

3. CIMBEX jaune.

Antennes jaunes; corps brun; abdomen avec plusieurs anneaux jaunes.

4. CIMBEX du Saule.

Cendré; lèvre supérieure blanche; dessous de l'abdomen fauve.

5. CIMBEX marginé.

Noir; anneaux de l'abdomen bordés de blanchâtre; antennes jaunâtres.

6. CIMBEX huméral.

Antennes jaunes; corps noir; abdomen avec des bandes jaunes.

CIMBEX. (Insectes.)

7. CIMBEX maculé.

Antennes jaunes ; corps noir ; abdomen jaune, avec les trois premiers anneaux noirs, tachés de jaune.

8. CIMBEX triste.

Antennes jaunes ; corps noir ; extrémité des aîles obscure.

9. CIMBEX de l'Osier.

Antennes noires ; abdomen noir en-dessus, fauve sur les côtés ; cuisses postérieures dentées.

10. CIMBEX fascié.

Antennes noires ; corps très-noir ; aîles supérieures avec une bande obscure.

11. CIMBEX soyeux.

Antennes jaunes ; corps d'un noir bronzé ; abdomen bronzé, soyeux

12. CIMBEX brillant.

Antennes jaunes ; abdomen d'un vert bronzé, avec une tache oblongue noire, dans le mâle.

13. CIMBEX quadrifascié.

Noir ; abdomen avec quatre bandes jaunes, dont la première interrompue.

14. CIMBEX sylvatique.

Antennes noires ; corps très-noir ; anneaux de l'abdomen bordés de jaune.

15. CIMBEX obscur.

Corps glabre, noir ; aîles blanchâtres.

16. CIMBEX vespiforme.

Corcelet mélangé de noir & de jaune ; abdomen noir, avec le bord des anneaux jaune.

1. Cimbex fémoral.

Cimbex femorata.

Cimbex antennis luteis, corpore atro, femoribus posticis maximis.

Tenthredo femorata. Lin. *Syst. nat. pag.* 920. *n°.* 1. — *Faun. suec. n°.* 1533.

Tenthredo femorata. Fab. *Syst. ent. pag.* 317. *n°.* 1. — *Sp. inf. t.* 1. *p.* 405. *n°.* 1. — *Mant. inf. tom.* 1. *pag.* 252. *n°.* 1.

Crabro totus niger, abdominis segmento primo ovatim margine inciso lunula flava. Geoff. *Inf. tom.* 2. *pag.* 263. *n°.* 3.

Le frelon noir à échancrure. Geoff. Ib.

Tenthredo femorata. Deg. *Mém. inf. tom.* 2. *part.* 2. *p.* 944. *n°.* 2. *pl.* 34. *fig.* 1. 2. 3. 4.

Mouche-à-scie à antennes à bouton, noire, avec une tache jaune vers l'origine du ventre, dont les antennes & les pieds sont d'un jaune brun. Deg. Ib.

Alb. *Inf. tab.* 69.

Tenthredo femorata. Sulz. *Hist. inf. tab.* 26. *fig.* 4.

Schaeff. *Icon. tab.* 104. *fig.* 1. 2.

Scop. *Ann.* 5. *hist. nat. pag.* 120. *n°.* 142.

Tenthredo femorata. Ross. *Faun. etr. tom.* 2. *pag.* 19. *n°.* 701.

Tenthredo femorata. Vill. *Ent. tom.* 3. *p.* 78. *n°.* 1.

Crabro lunulatus. Fourc. *Entom. par.* 2. *p.* 362. *n°.* 3.

Il a un pouce de long. Les antennes sont jaunes. Le corps est noir, un peu velu. On voit sur le premier anneau de l'abdomen une échancrure postérieure, assez profonde, jaune, formée par une membrane assez mince. Les aîles sont transparentes, veinées, avec le bord extérieur brun & épais. Les pattes sont noires, avec les tarses fauves.

La larve mange également les feuilles de l'Aûne, comme celles du Saule, & on la trouve aussi sur ces deux arbres. Elle est très-grande; elle a vingt lignes de long & vingt-deux pattes. Tout le corps est d'une couleur verte un peu livide & matte, & tout le long du dos il y a trois raies assez larges & bien marquées, dont celle du milieu est bleuâtre, & les deux autres sont d'un jaune pâle couleur de souffre : elles sont proches les unes des autres, & se touchent dans toute leur étendue. Les stigmates sont placés sur des taches triangulaires noires. Entre la ligne des stigmates & la raie jaune, à une égale distance de l'une & de l'autre, on voit de chaque côté du corps douze petites taches circulaires bleues, en forme de points, placées sur les douze anneaux, de sorte que chaque anneau en a deux. La tête est blanchâtre, & les pattes sont de la couleur du corps.

Cette larve est toute couverte de plis & de rides transversales. Ses côtés sont garnis d'un grand nombre de points blancs, en forme de tubercules élevés & coniques. Sur les anneaux, depuis le quatrième jusqu'à l'onzième inclusivement, on voit en dessous des stigmates, des éminences charnues assez élevées, toutes parsemées de ces tubercules coniques. Elle aime à rouler le corps en cercle, ou en spirale, & c'est son attitude ordinaire quand elle est en repos. Mais ce qui doit mériter plus particulièrement notre attention, c'est un phénomène assez curieux qu'elle présente. Quand on la touche un peu rudement avec le bout du doigt, ou d'autre manière, on voit sortir des côtés du corps plusieurs jets d'eau, que la larve seringue en ligne horizontale à une grande distance, à la distance d'un pied & souvent davantage. Ces jets d'eau sont très-fins, ils n'ont que la grosseur d'un fil ordinaire. Cette liqueur est claire, & quand on la rassemble en gouttes, elle est d'un beau vert d'émeraude; l'odeur qu'elle rend est désagréable. Ce n'est que quand on vient de la prendre nouvellement sur l'arbre, que cette larve seringue sa liqueur; car quand on l'a gardée quelques jours dans un poudrier, elle ne veut ou ne peut plus produire ces filets d'eau, malgré qu'on la tourmente de toutes les façons. Il est probable que les feuilles dont on la nourrit, & qu'on ne peut pas renouveller sans cesse, ne conservent pas assez de fraicheur & d'humidité pour entretenir dans l'insecte la source qui fournit cette liqueur : on sait que les feuilles du Saule se dessechent assez vîte. Ainsi quand on prend une de ces larves dans la main, en voyant sortir à-la-fois de son corps plusieurs jets d'eau, on peut se donner un petit spectacle assez agréable.

En observant avec quelque attention, on peut découvrir les ouvertures par lesquelles elle fait sortir les jets d'eau. Chaque stigmate est placé, comme nous avons dit, sur une tache triangulaire; cette tache est située elle-même sur une pièce charnue élevée, qui est aussi triangulaire, ayant son sommet du côté du dos. Tout proche du sommet de cette pièce charnue, on remarque un petit point brun, qui paroît un peu enfoncé. Si on y introduit doucement la pointe d'une épingle un peu émoussée, on ne sent aucun obstacle, & l'on est bien convaincu que ce point brun est réellement un trou : si l'on touche à ce trou, il en sort une goutte d'eau semblable à celle qui est seringuée, & l'attouchement de tous ces points bruns ou de tous ces trous, est suivi des mêmes effets, il en sort sur le champ des gouttelettes de liqueur. Il est donc certain que les points bruns, placés immédiatement au-dessus des stigmates, sont les ouvertures & les seules ouvertures qui donnent sortie aux jets d'eau élancés à une si grande distance : en touchant & piquant légèrement les autres endroits du corps, il n'en sort aucune espèce de liqueur.

C'est vers la fin du mois d'août que cette larve file une coque ovale, faite d'une soie grossière & forte, d'un jaune brun & obscur. Elle n'entre point dans la terre pour se transformer; elle fixe sa coque contre les corps qu'elle rencontre. Elle ne doit voir le jour qu'au commencement de l'été de l'année suivante. Elle se ménage une ouverture à l'un des bouts de la coque, par où elle doit sortir sous la forme d'insecte parfait.

Cet insecte se trouve dans toute l'Europe.

2. CIMBEX sauvage.

CIMBEX lucorum.

Cimbex antennis nigris, corpore villoso atro.

Tenthredo lucorum *antennis clavatis nigris, corpore villoso atro.* LIN. *Syst. nat. pag.* 921. *n°.* 6. — *Faun. suec. n°.* 1537.

Tenthredo lucorum. FAB. *Syst. ent. p.* 317. *n°.* 2. — *Sp. inf. tom.* 1. *pag.* 406. *n°.* 2. — *Mant. inf. tom* 1. *pag.* 25[illegible]. *n°.* 2.

Tenthredo lucorum. VILL. *Ent. tom.* 3. *pag.* 81. *n°.* 6.

Il a environ sept lignes de long. Les antennes sont noires. Tout le corps est noir & couvert de poils d'un rouge obscur. Les aîles sont veinées, transparentes, avec l'extrémité un peu obscure. Les pattes sont noires, avec les tarses, & quelquefois les jambes, jaunes.

La larve vit sur l'Aûne, le Bouleau.

Il se trouve en Europe, & n'est pas rare aux environs de Paris.

3. CIMBEX jaune.

CIMBEX lutea.

Cimbex antennis luteis, abdominis segmentis plerisque flavis.

Tenthredo lutea. FAB. *Syst. nat. pag.* 921. *n°.* 3. — *Faun. suec. n°.* 1554.

Tenthredo lutea. FAB. *Syst. ent. pag.* 318. *n°.* 3. — *Spec. inf. tom.* 1. *pag.* 406. *n°.* 3. — *Mant. inf. tom.* 1. *pag.* 253. *n°.* 3.

Tenthredo lutea. DEG. *Mém. inf. tom.* 2. *part.* 2. *pag.* 934. *n°.* 1. *tab.* 33. *fig.* 8. 16.

Mouche-à-scie, à antennes à bouton, brune, dont le ventre est jaune, avec des raies & des bandes d'un noir violet.

ALBIN. *Inf. pl.* 59. *a. b. c.*

ROES. *Inf. tom.* 2. *Bombyl. & Vesp. tab.* 13.

FRISCH. *Inf. tom.* 4. *tab.* 25.

SCHAEFF. *Icon. inf. tab.* 103. *fig.* 1. 3.

Tenthredo lutea. SCOP. *Ent. carn. n°.* 719.

Tenthredo lutea. SCHRANK. *Enum. inf. aust. n°.* 650.

Tenthredo lutea. ROSS. *Faun. etr. tom.* 2. *p.* 20. *n°.* 702.

Tenthredo lutea. VILL. *Ent. tom.* 3. *pag.* 79. *n°.* 3.

Crabro annulatus. FOURC. *Ent. par.* 2. *p.* 362. *n°.* 4.

Il a de dix à douze lignes de long. La tête & le corcelet sont d'un jaune brun. Les antennes sont jaunes. L'abdomen est jaune, avec les premiers anneaux, & la séparation des autres, noirâtres. Les aîles sont transparentes, avec les nervures brunes. Les cuisses sont noires, les jambes & les tarses sont jaunes.

On trouve la larve, aux mois d'août & de septembre, sur le Saule & sur l'Ozier, arbres très-peuplés d'insectes de différens genres, dans les pays du nord. Elle est des plus grandes de ce genre. Sa longueur est de deux pouces, & le diamêtre de son corps a quatre bonnes lignes, de sorte qu'elle est au-dessus des Chenilles de grandeur moyenne. Quand elle se repose, elle a le corps roulé en cercle ou en spirale, de façon que la queue se trouve environ au centre du cercle, & que le corps est couché sur un des côtés. Elle se tient ainsi cramponnée, au moyen des crochets des pattes écailleuses, contre les feuilles, ou contre les branches, & elle ne quitte cette attitude que quand elle veut ronger les feuilles. Elle est d'un jaune orangé ou rougeâtre, mêlé d'un peu de vert. Tout le long du milieu du dos, depuis la tête jusque près du derrière, elle a une raie assez large, d'un bleu foncé, bordée de noir des deux côtés; cette raie devient moins large vers les deux extrémités, elle n'y forme que comme un trait fin. Le fond de la couleur du corps est plus clair de chaque côté de cette raie, & y forme comme une bande d'un jaune orangé clair. Le corps est tout couvert, sur-tout vers les côtés & en bas des anneaux, près des pattes, d'un grand nombre de points blancs, qui, vus à la loupe, représentent autant de tubercules élevés, coniques & assez pointus. Les stigmates sont noirs & placés chacun sur une tache triangulaire bleuâtre. Tout le corps est garni d'un grand nombre de plis & de rides transversales, on y en compte plus de soixante-dix; mais le dernier anneau est lisse & sans rides de chaque côté, au-dessous des stigmates, la peau est encore ridée longitudinalement, elle a des inégalités dirigées selon la longueur du corps, qui la rendent comme raboteuse. Au reste, la peau est toute rase & sans poil apparent. La tête est grosse, arrondie, mais plate par devant, très-unie & lisse, sans le moindre poil. Dans l'âge moyen, elle est d'un jaune livide, tirant sur le blanc, mais à mesure que la larve approche de sa grandeur complette, cette couleur devient plus rouge. On voit le même changement dans la couleur des pattes, qui deviennent rougeâtres, avec l'âge. Ces pattes en tout sont au nombre de vingt-deux, dont seize membraneuses. Les écailleuses sont longues & assez grosses; elles sont terminées par un crochet brun. Les membraneuses sont un peu refendues au bout; elles peuvent se gonfler & s'affaisser alternativement.

Cette larve n'entre point dans la terre pour se métamorphoser; vers le milieu de septembre, lorsqu'elle sent le moment de sa transformation, elle se file une coque qu'elle fixe au corps qu'elle trouve. Cette coque est de figure ovale, elle est moins longue que l'insecte qui l'a filée & qui y est enfermé; sa longueur est proportionnée à celle que doit avoir la nymphe, dont le corps est plus court que celui de la larve. Cette coque est composée d'une soie grossière & épaisse; son tissu est semblable à de la gomme luisante qui auroit été tirée en fils gros & irréguliers. Elle est forte & dure au toucher comme du parchemin. Toutes les coques de ces larves ne sont pas de la même couleur; les unes sont d'un blanc verdâtre, les autres sont brunes & obscures, & il y en a aussi d'un brun jaunâtre: celles qui sont verdâtres font voir l'insecte au travers de leurs parois. La larve reste sous cette forme, pendant tout l'hiver dans sa coque, & ce n'est qu'au printems suivant, ou au commencement de l'été, qu'elle prend la figure de nymphe; elle ne tarde pas beaucoup ensuite de paroître sous la forme d'insecte parfait.

La nymphe est beaucoup plus petite que la larve, elle n'a que dix lignes de long, sur trois lignes & demie de grosseur. Son corps est ovale & alongé. Nouvellement sortie de la peau de larve, elle est blanche, mais peu à peu cette couleur change & devient d'un assez beau jaune. On lui voit très-distinctement toutes les parties de l'insecte futur arrangées en ordre. Les antennes, les pattes & les fourreaux des aîles sont placés contre le dessous de la tête, du corcelet & du ventre, & en partie contre les côtés du corps. Entre les antennes on voit les dents & les barbillons. Le ventre est divisé en anneaux, & la nymphe le remue de temps en temps; c'est le seul mouvement qu'elle se donne. Toutes les autres parties sont immobiles & comme engourdies. On voit encore très-bien les articulations des antennes & des pattes. La tête, le corcelet & le ventre sont séparés les uns des autres par des étranglemens. Quand la nymphe est femelle, on peut fort bien distinguer l'endroit où est placée la tarière en forme de scie. Pour donner sortie à la nymphe, la peau de larve reçoit une fente en dessus de la tête, & d'une partie du devant du corps. En dedans de cette peau vuide, tout le long des stigmates, on peut voir des filets blancs, qui ont leur attache aux stigmates; ce sont les dépouilles intérieures des trachées, que l'insecte doit quitter à chaque transformation.

La larve de ce Cimbex seringue aussi des jets d'eau qui sortent des côtés du corps par des ouvertures semblables & semblablement placées que dans la larve du Cimbex fémoral; mais la liqueur qu'elle jette est d'une couleur verdâtre.

Cet insecte se trouve dans toute l'Europe.

4. Cimbex du Saule.

Cimbex Amerina.

Cimbex cinerea, abdomine subtus rufo, labio albo.

Tenthredo Amerinæ *antennis clavatis corpore cinereo, ano rufo labio albo.* Lin. *Syst. p.* 921. *n°.* 4. *Faun. suec. n°.* 1556.

Tenthredo Amerinæ *antennis clavatis, corpore cinereo, abdomine subtus rufo, labio albo.* Fab. *Syst. ent. pag.* 318. *n°.* 4. — *Sp. inf tom.* 1 *p.* 406. *n°.* 4. — *Mant. inf. tom.* 1. *pag.* 253. *n°.* 4.

Tenthredo amerina. Deg. *Mém. inf. tom.* 2. *part.* 2. *pag.* 948. *n°.* 3. *pl.* 33. *fig.* 17.—23.

Mouche-à-scie *frelon rousse*, à antennes à bouton, noire, dont le ventre est roux en dessous & aux côtés, à jambes & à pieds d'un jaune roussâtre. Deg. Ib.

Goed. *Inf. tom.* 1. *tab.* 64. (*Larva*).

Roes. *Inf. tom.* 2. *Bombyl. & vesp. tab.* 1. & *tab.* 11.

Schaeff. *Icon. inf. tab.* 90. *fig.* 8. & 9.

Tenthredo

Tenthredo Amerina. Scop. *Ent. carn. n°.* 710.

Tenthredo Amerina. Vill. *Ent. tom.* 3. *pag.* 80. *n°.* 4.

Il a près de huit lignes de long. Le mâle a la tête noire, le corcelet d'un brun noirâtre, & la partie supérieure de l'abdomen noire; toutes ces parties sont couvertes de poils d'un roux cendré. Le dessous de l'abdomen est fauve. Les cuisses sont d'un noir bleuâtre & luisant. Les jambes & les tarses sont fauves. Les aîles sont transparentes, légèrement teintes de brun jaunâtre, avec les nervures noires; le bord postérieur de l'aile est un peu obscur.

La femelle diffère un peu du mâle. La partie supérieure de l'abdomen est presque entièrement fauve. Les cuisses sont bleuâtres. Les poils qui recouvrent le corps sont grisâtres.

La larve vit sur le Saule. Elle est un peu moins grande que les précédentes. Elle a un pouce & quatre lignes de long, sur trois lignes de diamêtre. Le corps est plus gros par devant que par derrière, il diminue peu-à-peu de volume. Elle a vingt-deux pattes, & n'a que le quatrième anneau sans pattes. Le corps est d'un vert clair & tout poudré de blanc ou d'une matière farineuse blanche, qui rend la couleur verte, un peu blanchâtre. Tout le long du dos il y a une raie d'un vert plus obscur. La tête, très lisse & unie, est d'un blanc sale. Les pattes sont blanchâtres. Les incisions des anneaux sont confondues au milieu de beaucoup de rides transversales très fines que forme la peau : on peut compter jusqu'à quatre-vingt cinq de ces rides. Ce n'est qu'à l'aide des stigmates qui sont bruns, & des pattes, que l'on peut démêler les anneaux.

Quand cette larve est en repos, elle roule aussi le corps en cercle ou en spirale, comme les précédentes, & c'est toujours dans cette attitude qu'on la trouve placée au-dessous des feuilles, dans une parfaite tranquillité. Pour peu qu'on la touche alors, elle seringue une liqueur des côtés du corps, ainsi que le font les deux larves dont nous avons fait mention : peut-être est-ce un moyen dont elle se sert pour chasser ses ennemis. Mais quand on la touche un peu rudement, elle se laisse tomber par terre. Son naturel paroît être extrêmement paresseux; elle ne bouge de sa place que quand elle a faim, & dès qu'elle a fini son repas elle se remet en spirale. Elle mange peu à la fois. On la trouve ordinairement aux mois de juin & de juillet. Elle n'entre point en terre pour subir sa transformation; vers le milieu de l'été, elle se file une coque ovale, longue de huit lignes, & faite d'une soie grossière, luisante, d'un brun fauve ou jaunâtre : elle doit y rester au delà de dix mois, avant d'en sortir sous la forme d'insecte parfait.

Il se trouve dans toute l'Europe.

5. Cimbex marginé.

Cimbex marginata.

Cimbex nigra, abdominis segmentis posterioribus margine albis, antennis apice lutescentibus.

Tenthredo marginata *antennis clavatis apice lutescentibus, corpore nigro, abdominis segmentis posterioribus margine albidis*. Lin. *Syst. nat. pag.* 920. *n°.* 2.

Tenthredo marginata. Fab. *Syst. ent. pag.* 318. *n°.* 5. — *Spec. ins. tom.* 1. *p.* 406. *n°.* 5. — *Mant. ins. tom.* 1. *pag.* 253. *n°.* 5.

Tenthredo marginata. Schrank. *Enum. ins. aust. n°.* 649.

Tenthredo marginata. Vill. *Ent. tom.* 3. *p.* 79. *n°.* 2.

Il est beaucoup plus petit que le Cimbex jaune. Les antennes sont noires à leur base, jaunâtres à leur extrémité. La tête & le corcelet sont noirs, & couverts de poils grisâtres. L'abdomen est noir, avec une tache marginale blanchâtre, sur le second anneau : le troisième a le bord postérieur blanchâtre, interrompu au milieu; les suivans ont tout le bord postérieur blanchâtre. Les cuisses sont noires; les jambes & les tarses sont jaunâtres.

Il se trouve en France, en Allemagne.

6. Cimbex à épaulette.

Cimbex humeralis.

Cimbex antennis luteis, corpore nigro, abdomine fasciis flavis.

Crabro niger subhirsutus, fronte thorace superne abdomineque flavis, segmento primo secundo & quarto ex parte nigris. Geoff. *Ins. tom.* 2. *p.* 262. *n°.* 1.

Le frelon à épaulettes. Geoff. *Ib.*

Tenthredo connata *antennis clavatis, abdomine fasciis flavis*. Schrank. *Enum. ins. aust. n°.* 648.

Crabro humeralis. Fourc. *Entom. par.* 2. *p.* 361. *n°.* 1.

Il a environ dix lignes de long. Les antennes sont jaunes. La tête est noire, avec le front jaune. Les yeux sont bruns. Le corcelet est noir, couvert de poils cendrés, avec deux plaques jaunes, réunies, à la partie antérieure. Le premier anneau de l'abdomen est noir, avec une tache transversale jaune, au milieu; le second & le quatrième sont noirs, avec un peu de jaune sur les côtés; les troisième, cinquième, sixième, septième & huitième sont jaunes, avec une tache noire, triangulaire, au milieu. Les pattes sont brunes. Les aîles sont veinées, transparentes, un peu fauves.

Il se trouve aux environs de Paris, en Allemagne. La larve se nourrit des feuilles de l'Aûne & du Bouleau.

7. CIMBEX maculé.

CIMBEX maculata.

Cimbex antennis luteis corpore nigro, abdomine flavo segmentis tribus primis nigris maculis flavis.

Crabro niger, abdomine flavo, segmentis tribus superioribus nigris, maculis flavis. GEOFF. *Inf. tom.* 2. *pag.* 263. *n°.* 2.

Le frelon à échancrure & ventre jaune. GEOFF. *Ib.*

Crabro maculatus. FOURC. *Ent. tom.* 2. *p.* 361. *n°.* 2.

Il a environ dix lignes de long. Les antennes & la tête sont jaunâtres. Le corcelet est noir, avec deux plaques antérieures brunes. Les deux premiers anneaux de l'abdomen sont d'un noir bleuâtre luisant; le troisième est d'un noir bleuâtre, avec une tache jaune, de chaque côté; les autres sont entièrement jaunes. A la base de l'abdomen on apperçoit une échancrure couverte de poils jaunes. Le dessous de l'abdomen est noir, & orné de deux rangées longitudinales de taches jaunes. L'anus est brun.

Il se trouve en France.

8. CIMBEX triste.

CIMBEX tristis.

Cimbex antennis luteis, corpore nigro, alis apice fuscis.

Tenthredo tristis *antennis clavatis luteis, nigra, alis apice fuscis.* FAB. *Sp. inf. tom.* 1. *p.* 406. *n°.* 6. — *Mant. inf. tom.* 1. *pag.* 253. *n°.* 6.

SCHAEFF. *Elem. inf. tab.* 51. *fig.* 1.

Il est à peu près de la grandeur des précédens. Les antennes sont jaunes; tout le corps est noir, un peu velu. Les aîles sont transparentes, avec l'extrémité obscure.

Il se trouve en Europe.

9. CIMBEX de l'Osier.

CIMBEX Vitellinæ.

Cimbex abdomine supra nigro lateribus rufis, femoribus posticis dentatis.

Tenthredo Vitellinæ *antennis clavatis ore elabiato, abdomine rufo, dorso nigro, femoribus posticis dentatis.* LIN. *Syst. nat. pag.* 921. *n°.* 5. — *Faun. suec. n°.* 1535.

Tenthredo Vitellinæ. FAB. *Syst. ent. pag.* 318. *n°.* 6. — *Spec. inf. tom.* 1. *pag.* 407. *n°.* 7. — *Mant. inf. t.* 1. *pag.* 253. *n°.* 7.

Tenthredo Vitellinæ. VILL. *Ent. tom.* 3. *pag.* 81. *n°.* 5.

STROEM. *Sund.* 171. *tab.* 10. *fig.* 11.

Il ressemble beaucoup au Cimbex du Saule. Les antennes sont noires. La tête & le corcelet sont noirs, un peu velus. L'abdomen est noir à la partie supérieure, avec une tache ferrugineuse, de chaque côté de tous les anneaux, excepté du premier; le dessous est ferrugineux, avec une tache noire, de chaque côté des anneaux. Les cuisses sont noires, & les quatre postérieures sont munies d'une dent vers leur extrémité. Les jambes & les tarses sont jaunes. Le bord postérieur des aîles est noirâtre.

La larve se nourrit sur le Saule, l'Osier, le Bouleau. Elle est verdâtre, & a aussi la faculté de seringuer des jets d'eau.

Il se trouve en Europe.

10. CIMBEX fascié.

CIMBEX fasciata.

Cimbex antennis nigris, corpore atro, alis anticis fascia fusca.

Tenthredo fasciata *antennis clavatis nigris, abdomine glabro atro, alis superioribus fascia fusca.* LIN. *Syst. nat. pag.* 921. *n°.* 7. — *Faun. suec. n°.* 1538.

Tenthredo fasciata *antennis clavatis nigris, atra, alis anticis fascia fusca.* FAB. *Syst. ent. pag.* 318. *n°.* 7. — *Spec. inf. tom.* 1. *p.* 407. *n°.* 8. — *Mant. inf. tom.* 1. *p.* 253. *n°.* 8.

SCHAEFF. *Icon. inf. tab.* 11. *fig.* 3.

Tenthredo fasciata. VILL. *Ent. tom.* 3. *p.* 82. *n°.* 7.

Il a environ sept lignes de long. Les antennes sont noires. Tout le corps est noir, avec une bande étroite, blanchâtre, à la base du premier anneau de l'abdomen. Les aîles supérieures sont transparentes, avec une bande obscure, au milieu. Les aîles inférieures sont transparentes, sans taches.

M. Villers remarque dans les individus qu'il a vus, que les antennes sont noires à la base, & jaunes à l'extrémité.

Il se trouve dans toute l'Europe.

11. Cimbex soyeux.

Cimbex sericea.

Cimbex antennis luteis thorace atro, abdomine aneo.

Tenthredo sericea *antennis clavatis luteis, thorace atro, abdomine aneo.* Lin. *Syst. nat. pag.* 921. *n°.* 8.

Tenthredo sericea. Fab. *Syst. ent. pag* 319. *n°.* 8. — *Sp. inf. tom.* 1. *pag.* 407. *n°.* 9. — *Mant. inf. tom.* 1. *pag.* 255. *n°.* 9.

Tenthredo sericea. Vill. *Ent. tom.* 3. *pag.* 82. *n°.* 8.

Il a près de six lignes de long. Les antennes sont jaunes. La tête & le corcelet sont d'un noir bronzé, légèrement velu. L'abdomen est d'un vert bronzé luisant : la base des premiers anneaux est quelquefois bleuâtre. Les pattes sont jaunes, avec les cuisses noires. Les aîles ont une légère teinte brune.

Les antennes des individus que j'ai vus, étoient noires.

Il se trouve en Europe, il est assez commun aux environs de Paris. La larve se nourrit de chevrefeuille.

12. Cimbex brillant.

Cimbex nitens.

Cimbex antennis luteis, abdomine viridi-aneo, macula oblonga nigra.

Tenthredo nitens *antennis clavatis luteis, abdomine viridi-carulescente nitente.* Lin. *Syst. nat. pag.* 922. *n°.* 10. — *Faun. suec. n°.* 1539.

Tenthredo sericea, var. B. Fab. *Syst. ent. p.* 319. *n°.* 8.

Tenthredo nitens. Deg. *Mém. inf. tom.* 2. *part.* 2. *pag.* 1016. *n°.* 26. *Pl.* 33. *fig.* 32. 33. 34.

Mouche-à-scie *bleue à jambes jaunes*, à antennes à massue à trois articles, verte & bleue luisante, à jambes jaunes, à aîles jaunâtres, avec une tache brune. Deg. *Ib.*

Schaeff. *Icon. inf. tab.* 11. *fig.* 4.

Sulz. *Hist. inf. tab.* 18. *fig.* 109.

Tenthredo nitens. Scop. *Ent. carn. n°.* 721.

Tenthredo nitens. Vill. *Ent. tom.* 3. *pag.* 82. *n°.* 10.

Tentredo sericea. Ross. *Faun. etr. tom.* 2. *p.* 26. *n°.* 703. *tab.* 6. *fig.* 14. & 15.

Il est de la grandeur du précédent, auquel il ressemble beaucoup, & avec lequel il a été confondu par la plupart des auteurs. Les antennes sont jaunâtres. La tête & le corcelet sont bronzés, un peu velus. L'abdomen est d'un vert bronzé luisant en dessus, sans taches dans la femelle, avec une tache noire, alongée, dans le mâle ; le dessous est noir au milieu, d'un vert bleuâtre sur les côtés. Les cuisses sont noires, avec l'extrémité jaune. Les jambes & les tarses sont jaunes. Les aîles supérieures ont une légère teinte de brun, sur-tout au milieu.

La larve se trouve sur le Bouleau, dont elle ronge les feuilles ; elle a dix lignes de longueur sur deux de largeur. Le corps & les pattes membraneuses sont de couleur verte, & tout le long du dos il y a deux raies jaunâtres, ou d'un jaune blanchâtre. Au moyen de la loupe, on voit sur la peau de très-petits tubercules, garnis chacun d'un petit poil noir, en forme de piquant. Les pattes écailleuses sont d'un gris clair. La tête est grise ou d'un brun très-pâle, avec une bande longitudinale au milieu, d'un brun obscur. Les stigmates sont en forme de points d'un jaune foncé. Les côtés du corps sont garnis d'appendices remplies de rides. Cette larve a vingt pattes, dont les membraneuses intermédiaires sont petites & courtes, en forme de mammelons coniques. Elle n'entre point dans la terre pour se transformer. Vers la fin du mois d'août, elle file auprès de la feuille qu'elle trouve, une coque ovale, double, ou composée de deux coques distinctes : la coque extérieure est faite d'une soie grossière & à grandes mailles fort visibles, même à l'œil simple ; mais l'intérieure est très-mince & flexible, quoique d'un tissu serré : elles sont blanches l'une & l'autre. L'insecte parfait doit n'en sortir que l'année suivante.

Il se trouve dans toute l'Europe.

13. Cimbex quadrifascié.

Cimbex quadrifasciata.

Cimbex nigra, abdominis segmentis quatuor flavescentibus, primo interrupto.

Tenthredo quadrifasciata *nigra, antennis clavatis capitulo ferrugineo, segmentis abdominalibus quatuor flavescentibus primo interrupto.* Deg. *Mém. inf. tom.* 3. *p.* 598. *n°.* 1. *pl.* 30. *fig.* 20.

Mouche-à-scie *à quatre bandes noires*, à antennes à bouton roux, dont le ventre a quatre bandes transverses jaunes, la première interrompue. Deg. *Ib.*

Il est de la grandeur du Cimbex soyeux. Les antennes sont noires, avec la masse qui les termine jaunâtre. La tête & le corcelet sont noirs, un peu velus. L'abdomen est noir, avec quatre bandes jaunes, dont la première est interrompue. L'anus est d'un jaune fauve. Les cuisses sont noires; les jambes & les tarses sont d'un jaune fauve. Les aîles sont transparentes, avec une très-légère teinte brune.

Elle se trouve aux Indes.

14. Cimbex sylvatique.

Cimbex sylvatica.

Cimbex antennis nigris, corpore atro, abdominis segmentis margine flavis.

Tenthredo crassicornis *antennis clavatis, capite thoraceque nigris, corpore flavo, abdominis segmentis in medio late nigro marginatis.* Ross. *Faun. etr. tom.* 2. *pag.* 21. *n°.* 704.

Il a environ quatre lignes de long. Les antennes sont noires. La tête & le corcelet sont noirs. L'abdomen est noir, avec les anneaux bordés de jaune, excepté le premier, qui est entièrement noir; le second n'a que les côtés jaunes, & le troisième a la bordure presque interrompue. Les pattes sont jaunes, avec une tache sur les cuisses, l'extrémité des jambes & des tarses noire. Les aîles sont transparentes, veinées de noir.

Il se trouve dans les provinces méridionales de la France, en Italie.

15. Cimbex obscur.

Cimbex obscura.

Cimbex corpore glabro nigro, alis albicantibus.

Tenthredo obscura *antennis clavatis, corpore glabro nigro.* Fab. *Syst. ent. pag.* 319. *n°.* 9. — *Spec. inf. tom.* 1. *pag.* 407. *n°.* 10. — *Mant. inf. tom.* 1. *p.* 253. *n°.* 10.

Il est petit. Les antennes sont noires. Tout le corps est glabre, noir, sans taches. Les aîles sont transparentes.

Il se trouve en Suède.

16. Cimbex vespiforme.

Cimbex vespiformis.

Cimbex thorace nigro flavoque variegato, abdomine nigro, segmentis margine flavis.

Chrysis dubia *nigra, flavo variegata, antennis clavatis, abdominis fasciis quinque flavis.* Ross. *Faun. Etrusc. tom.* 2. *pag.* 77. *tab.* 7. *fig.* 10. 11.

Il a près de quatre lignes de long, & il ressemble à une Guêpe. Le corps est glabre, légérement chagriné. Les antennes sont fauves, de la longueur de la tête, terminées en masse ovale. La tête est noire, avec la lèvre supérieure, un petit point à la base des antennes & un autre plus grand à l'angle antérieur des yeux, jaunes. Les yeux ont une échancrure qui les fait paroître réniformes. Le corcelet est noir, avec du jaune sur le bord antérieur qui s'élargit de chaque côté & forme une tache : derrière cette tache, on en voit une autre de même grandeur & de même couleur. On remarque encore une ligne jaune qui descend du bord antérieur à la base des aîles, un point à l'origine des aîles & une tache transversale à la place de l'écusson. L'abdomen est noir, avec le bord des anneaux jaune : le dessous est un peu concave & noir. Les pattes sont d'un jaune fauve.

Il se trouve en France, en Italie. Il a été trouvé aux environs de Paris par M. d'Orcy.

CINIPS. *Cynips.* Genre d'insectes de la première Section de l'Ordre des Hyménoptères.

Les Cinips ont quatre aîles membraneuses, veinées, inégales; les antennes coudées, cylindriques; le corps petit, ordinairement brillant; la bouche munie de mandibules & d'une trompe très-courte; un aiguillon conique, caché entre deux lames de l'abdomen; & l'abdomen réuni au corcelet par un pédicule court.

Ces insectes ont beaucoup de rapports avec les Chalcis & les Diplolepes. Ils different des premiers, par les antennules en masse, par l'abdomen un peu comprimé, & par l'aiguillon caché entre deux lames. Ils different des seconds, par les antennes coudées; les Diplolepes les ayant simples, filiformes, presque de la longueur du corps.

Les antennes des Cinips sont un peu plus longues que la tête, & composées de onze articles, dont le premier est long & cylindrique; le suivant est aminci à sa base; les autres sont peu distincts, cylindriques, un peu plus gros que le premier; le dernier est terminé en pointe. Elles ont leur insertion à la partie antérieure de la tête, & forment un angle aigu, dirigé en haut, entre le premier & le second articles.

La tête est séparée du corcelet par un col assez mince. Elle est applatie antérieurement, aussi large que le corcelet, munie de deux yeux à réseaux, ovales, peu saillans, placés à la partie latérale, & de trois petits yeux lisses, disposés en triangle, & placés au sommet.

La bouche est composée d'une levre supérieure, de deux mandibules, d'une trompe très-courte, & de quatre antennules.

La levre supérieure est courte, cornée, arrondie.

Les mandibules sont cornées, arquées, minces, assez longues, un peu fendues à leur extrémité.

La trompe est très-courte, membraneuse, composée de trois piéces, dont une au milieu, donne naissance aux antennules postérieures, & une de chaque côté, auxquelles sont insérées les antennules antérieures.

Les antennules antérieures sont courtes, composées de six articles, dont le premier est court; les autres sont cylindriques, un peu plus longs; le dernier est arrondi, presque en masse. Les postérieures sont plus courtes, composées de cinq articles, dont le premier est court; les autres sont cylindriques, égaux; le dernier est arrondi, presque en masse.

Le corcelet est élevé, plus ou moins pointillé ou chagriné, séparé de l'abdomen par un pédicule mince, court. Il donne naissance à quatre aîles membraneuses, peu veinées, inégales, de la longueur de l'abdomen.

Le ventre est oblong, comprimé, composé de six anneaux: à la partie inférieure, on apperçoit, dans la femelle, deux lames d'où part un aiguillon plus ou moins long, composé de trois pièces. L'abdomen des mâles est ovale & n'a point d'aiguillon.

Les pattes sont assez longues. La hanche est ordinairement fort grande. Les cuisses sont plus ou moins renflées. Les jambes sont cylindriques, & les tarses filiformes, composés de cinq articles, & terminés par deux petits crochets.

Les Cinips sont en général, des insectes très-petits, qui ont tous à peu près la même forme, ou du moins dont les différences ne sont pas assez apparentes, pour pouvoir les reconnoître. La plupart des espèces présentent des couleurs très-brillantes; dans quelques-unes, on croit voir l'éclat de l'or & la beauté de l'émeraude réunis ensemble. D'autres espèces dont les couleurs sont plus obscures, se font remarquer par la propriété qu'elles ont de sauter presque aussi vivement que les Puces, ce qu'elles exécutent par le moyen de leurs cuisses postérieures qui sont plus fortes & plus grosses que les autres. Tous ces insectes sont pourvus d'aîles, & peuvent voler long-tems & avec facilité. Ce qui doit rendre leur histoire intéressante & digne de fixer notre attention, ce sont les moyens que la femelle emploie pour déposer ses œufs, & les nouvelles productions qui sont à la suite de l'emploi de ces moyens. La nature l'a pourvue d'un instrument propre à percer ou entailler les parties des plantes, & elle en fait usage pour ouvrir une cavité proportionnée à la grandeur de l'œuf ou des œufs qu'elle doit pondre. Nous devons le faire connoître un peu plus en détail.

Cet instrument, qu'on a nommé aiguillon, paroît se terminer en pointe aigue, mais si on le regarde à la loupe, on voit qu'il n'est pas aussi simple qu'on le croyoit d'abord: il est creusé comme une tarière, & deplus il est garni de pointes sur les côtés comme seroit un fer de flèche. Cette structure de l'aiguillon qui ressemble à une tarière, avoit fait donner par quelques naturalistes, le nom de *mouches-à-tarière*, aux insectes qui composent ce genre. Le nom qu'on leur a substitué est plus convenable à tous égard pour éviter la confusion des ressemblances & pour pouvoir être approprié aux mâles, qui n'ont aucune sorte de tarière. L'aiguillon des Cinips est encore remarquable par sa position, il n'est pas précisément placé à l'extrémité du ventre, comme dans plusieurs autres insectes, mais en dessous, & il se trouve caché entre deux lames, dont la réunion forme le tranchant ou la crête aigue qu'on y remarque. Cette tarière sortie de la rainure où elle étoit cachée, mue par des muscles dont le mouvement est alternatif, s'enfonce dans la substance que l'insecte veut attaquer, & en est retirée à plusieurs reprises.

Lorsque les Cinips femelles ont besoin de déposer leurs œufs, elles se servent de leur tarière ou aiguillon, pour faire une piqûre, une entaille à quelque nervure de feuille, ou même aux jeunes tiges en végétation, & elles pondent dans cette entaille un œuf, qui coulant le long de la rainure de la tarière, reste dans la place qui lui est destinée, par le moyen d'une espèce de glu qui l'enduit: les bords tranchans de l'aiguillon brisent, déchirent le tissu de la plante, détruisent l'organisation de ses vaisseaux, & lui font une plaie composée, par-là plus difficile à cicatriser. L'insecte en déposant en même tems un œuf au milieu de la plaie, laisse un corps étranger qui doit empêcher encore davantage la réunion des vaisseaux. Les sucs apportés par l'action de la végétation, s'extravasent hors de leurs canaux rompus & lacérés; ils se répandent autour, s'accumulent, s'épaississent, se coagulent, & forment sur la plante une production nouvelle, une masse plus ou moins irrégulière, dont l'intérieur ne présente aucune trace d'organisation. On n'y voit point de fibres, point de distributions de vaisseaux, ce n'est qu'un tissu plus ou moins compact & informe. Aussi n'est-ce point un ouvrage médité par la nature, mais plutôt une suite du désordre qu'elle éprouve dans ses opérations. Ces excroissances, ces tubérosités produites par la piqûre des insectes, sont connues sous le nom de galles.

Les galles que les Cinips produisent sur les arbres & sur les plantes, varient infiniment pour la forme. Les unes sont rondes comme de petites pommes, tantôt isolées, tantôt réunies plusieurs ensemble; d'autres sont de figure irrégulière, alongées, molles, ou dures; quelques unes sont hérissées de filets, ou de petites feuilles, comme des espèces de fleurs. Il y en a d'autres applaties, unies, ou frisées. Nous pourrons voir ces différences dans la description particulière des espèces; & nous renvoyons au mot *galle*, le développement de tous les détails qui tiennent à cet objet aussi singulier qu'intéressant.

Le Cinips après avoir déposé un œuf au milieu de la plaie qu'il vient de faire, s'envole & le confie aux soins de la nature, pour entamer de nouveau la plante dans une autre partie & déposer un nouvel œuf. Les sucs extravasés, accumulés & coagulés au-dessus de la plaie, enveloppent l'œuf qui y a été déposé: il en occupe le centre, & y est exactement renfermé de toutes parts.

Au bout de quelque tems, lorsque la galle est déja formée, la larve du Cinips venant à éclore, trouve autour d'elle sa nouriture & son logement préparés. Elle mange l'intérieur de la galle qui la renferme, & aggrandit ainsi son logement, à mesure qu'elle se développe & prend plus de grandeur elle même. Si on ouvre les galles dont le chêne, le saule & plusieurs arbres ou plantes sont couverts en été, avant que les Cinips se soient transformés & en soient sortis, on trouve dans leur cavité intérieure une larve qui ressemble à un petit ver blanc. Comme cette cavité est ronde, la larve est ordinairement courbée en dedans & comme roulée en boule, en sorte que sa tête est près de sa queue. Dans une situation aussi génante, elle paroît ne devoir se remuer qu'avec peine; mais la nature a donné à plusieurs de ces larves, d'autres parties qui les aident à faire les mouvemens nécessaires. Ce sont des espèces de mamelons ou tubercules mols qu'elles ont sur le dos, & qu'elles font sortir ou rentrer à leur gré: par l'action & le jeu de ces mamelons, la larve peut se pousser, se tourner ou se retourner comme il lui plait, dans la cavité de la galle. Ainsi la larve du Cinips peut se mouvoir, se nourrir & grossir dans la même substance qui lui sert d'habitation. Ce qu'il y a de singulier, c'est qu'elle ne paroît pas rendre des excrémens, quoiqu'elle soit occupée à manger. On n'en trouve jamais dans l'intérieur de la galle. L'insecte est toujours fort propre, soit que ses excrémens soient assez liquides, pour s'imbiber dans les pores de la galle, soit qu'ils sortent de sa cavité par quelque ouverture imperceptible: peut-être qu'ils sont amassés & retenus dans le corps de la larve, comme ils le sont dans celui du fœtus. Lorsque la larve du Cinips est parvenue à son dernier développement dans l'intérieur de la galle, elle employe, suivant les différentes espèces, des manœuvres différentes pour se métamorphoser. Les unes, qui appartiennent au Cinips du saule, percent les galles, en sortent, se laissent tomber à terre, & s'y enfoncent pour y filer une coque dans laquelle elles se changent en nymphes; d'autres, qui appartiennent aux Cinips du chêne, ne quittent point leurs galles, elles y subissent leur changement de peau & de forme, & ne percent leur première retraite que lorsqu'elles sont devenues insectes aîlés & parfaits. Dans ce dernier état tous ces Cinips cherchent à s'accoupler, & ensuite déposent leurs œufs dans des entailles qui produisent de nouvelles galles. Au reste il paroît que la même galle peut renfermer des œufs différents, car j'ai vu deux espèces différentes sortir de la même habitation.

Telles sont les habitudes du plus grand nombre des Cinips. Mais toutes les espèces de ce genre ne viennent point dans des galles, il y en a qui ont une habitation différente. Les femelles vont déposer leurs œufs dans le corps d'autres insectes, qui leur servent aux mêmes usages que les galles ont servi à ceux dont nous venons de parler. On voit quelque fois ces petits Cinips voltiger sur les chenilles, pour faire une légère entaille à leur peau & y déposer les germes de leur génération. On sait que plusieurs petites espèces d'Ichneumons déposent de même leurs œufs dans les corps des Pucerons, ou dans les œufs des insectes, & que leurs petites larves se nourissent des sucs des uns des autres. S'il faut en croire quelques observateurs, il y a des Cinips qui savent choisir ces Pucerons & ces œufs déja piqués, & y déposent aussi un œuf. La larve de l'Ichneumon éclot la première & se nourrit de la substance du puceron ou de l'œuf. La larve du Cinips éclose peu après, se nourrit à son tour de celle de l'Ichneumon. Beaucoup de Cinips peuvent ainsi sortir de coques d'Ichneumons qu'ils ont faits périr, & qui eux-mêmes avoient tué d'autres insectes. Les larves déposées seules dans le corps d'une chenille, se contentent d'en faire leur proie, & les unes percent sa peau pour chercher les lieux qui conviennent à leur métamorphose, d'autres la subissent dans l'intérieur même de leur victime.

Enfin quelques Cinips dans leur état de larve, n'habitent ni galles, ni insectes. ils se tiennent seulement cachés sous les feuilles & s'en nourissent. C'est aussi dans le même endroit qu'ils se changent en nymphes. Ces nymphes sont moins molles que celles des espèces précédentes. Comme elles sont à nud & exposées à l'air, leur peau extérieure se durcit, prend de la consistance & une couleur brune. En les examinant de près, on peut distinguer les différentes parties de l'insecte parfait qui en doit sortir. On trouve assez souvent ces petites nymphes attachées en dessous des feuilles par leur partie postérieure. Il y en a fréquemment plusieurs rangées les unes auprès des autres.

Il paroît donc que tous les Cinips n'habitent pas dans les galles, comme l'ont prétendu quelques naturalistes, & que ce caractère essentiel qu'on a voulu assigner à ce genre ne peut lui convenir, puisqu'il ne convient pas à toutes les espèces qui le composent, dont les unes vivent dans le corps d'autres insectes, & quelques-unes restent à nud sur les feuilles. Quelque différente que soit l'habitation de ces larves, elles ressemblent en général à des vers blancs, qui ont la tête brune & écailleuse. Elles varient pour le nombre de pattes. Toutes en ont six écailleuses sur le devant de leur corps, mais leurs autres pattes membraneuses, sont tantôt au nombre de douze, tantôt au nombre de quatorze.

Le Cinips méritoit d'être considéré par rapport à l'utilité qu'on a su retirer de ses travaux. Nous devons à une espèce qui vit au Levant, dans le Languedoc & la Provence, la noix de galle, que l'on recueille sur une espèce de chêne, excroissance formée par la piqûre de cet insecte, qui est d'un si grand usage dans la teinture, & dont on se sert sur-tout pour faire l'encre. Peut-être les autres galles pourroient-elles nous être aussi utiles, si nous savions les employer, & les travaux des autres Cinips ne seroient pas perdus pour nous.

CINIPS.

CYNIPS. Lin. Geoff. Fab.

CARACTÈRES GÉNÉRIQUES.

Antennes cylindriques, coudées, composées de douze articles : premier article long.

Bouche munie de mandibules arquées, cornées, fendues à l'extrémité, & d'une trompe courte, composée de trois pièces.

Quatre antennules presque en masse; les antérieures composées de six, & les postérieures, de cinq articles.

Aiguillon conique, placé entre deux lames du ventre.

Abdomen presque ovale, un peu comprimé, attaché au corcelet par un pédicule court.

ESPÈCES.

1. Cinips élevé.

Bronzé; abdomen pétiolé, élevé, conique.

2. Cinips de Bédéguar.

D'un vert luisant; abdomen déprimé, doré; aiguillon plus long que le corps.

3. Cinips purpurin.

Cuivreux pourpré; corcelet d'un vert doré postérieurement; pattes fauves.

4. Cinips vert.

Corcelet d'un vert bronzé; abdomen doré; aiguillon très-court.

5. Cinips doré.

D'un vert doré brillant, pointillé; aiguillon plus court que le corps.

6. Cinips fongueux.

D'un vert foncé; jambes fauves; antennes obscures.

7. Cinips noir.

Très noir, pointillé; tarses blanchâtres.

8. Cinips solitaire.

D'un noir bronzé; antennes noires; pattes brunes.

CINIPS. (Insectes.)

9. Cinips des Mouches.

D'un vert doré brillant; pattes jaunes, sauteuses.

10. Cinips des Galles.

Bronzé, abdomen noir; jambes blanchâtres.

11. Cinips quadrille.

Noir, un peu bronzé; base de l'abdomen & pattes ferrugineuses; aîles transparentes, avec deux taches marginales noires.

12. Cinips des Chrysalides.

D'un vert bleuâtre doré; abdomen d'un vert brillant; pattes pâles.

13. Cinips des Larves.

D'un vert doré; abdomen noir, avec une tache pourprée; pattes jaunes.

14. Cinips des Œufs.

Noir; pattes pâles; aîles transparentes.

15. Cinips de l'Ichneumon des Pucerons.

D'un noir luisant; pattes pâles; antennes presque pectinées dans le mâle.

16. Cinips des Cochenilles.

D'un noir bronzé; abdomen blanchâtre; pattes livides.

17. Cinips ponctué.

Bronzé; pattes noirâtres; aîles transparentes, avec un point marginal obscur.

18. Cinips foliacé.

D'un vert soyeux; abdomen doré; pattes blanches.

19. Cinips rosacé.

D'un noir bronzé; pattes obscures; de la galle imbriquée du Chêne.

20. Cinips bacciforme.

Noir; base des antennes & pattes jaunâtres; d'une galle globuleuse du Chêne.

21. Cinips frangé.

Bronzé; pattes mélangées de noirâtre; d'une galle rougeâtre, platte & frangée du Chêne.

22. Cinips en grappe.

Noir; pattes blanchâtres; cuisses obscures; de la galle en grappe du Chêne.

23. Cinips nain.

D'un vert brillant; pattes pâles; d'une petite galle globuleuse des feuilles du Chêne.

24. Cinips pédiculé.

Grisâtre; aîles avec une croix linéaire obscure; de la galle globuleuse des fleurs du Chêne.

25. Cinips scabré.

De la galle raboteuse du Chêne.

26. Cinips tuberculé.

De la galle tuberculée du Chêne.

CINIPS. (Insectes.)

27. Cinips numismale.

De la galle circulaire applatie des feuilles du Chêne.

28. Cinips des racines.

Noirâtre ; aîles transparentes ; de la galle ligneuse du Chêne.

29. Cinips du Lierre terrestre.

Noirâtre ; corcelet velu ; de la galle du Lierre terrestre.

30. Cinips de l'Osier.

Jaune, corcelet noir ; de la galle des feuilles de l'Osier.

31. Cinips Caprier.

D'un vert brillant ; pattes pâles ; de la galle ferrugineuse, en grain d'orge, du Saule caprier.

32. Cinips du Saule.

Noir ; dos du corcelet verdâtre ; de la galle imbriquée du Saule.

33. Cinips du Gramen.

De la galle filamenteuse du Chien-dent.

34. Cinips de l'Oranger.

Ferrugineux ; base des aîles blanchâtre, avec un point noir.

35. Cinips sauteur.

Noir ; pattes sauteuses, obscures.

36. Cinips croisé.

Noir ; aîles croisées ; pattes sauteuses, fauves.

37. Cinips des feuilles.

D'un noir verdâtre brillant ; des feuilles, sans galle.

38. Cinips sociétaire.

D'un noir luisant ; des feuilles du Rosier, sans galle.

39. Cinips circulaire.

D'un vert doré ; pattes fauves ; antennes obscures ; des feuilles du Chêne, sans galle.

40. Cinips des rameaux.

Pâle ; yeux & abdomen noirs ; de la galle cottoneuse des rameaux du Chêne.

41. Cinips du Hêtre.

Noir, sans taches ; de la galle en poire des feuilles du Hêtre.

42. Cinips pentandre.

Noir ; pattes pâles ; de la galle inégale du Saule.

43. Cinips du Figuier commun.

Noir, luisant ; pattes d'un brun noirâtre ; des graines de la figue.

44. Cinips du Figuier Sycomore.

Noir, glabre ; pattes pâles ; des graines du Figuier-Sycomore.

CINIPS (Insectes.)

45. CINIPS vidé.

Noir; abdomen uni, articulé, avec une tache transparente de chaque côté; pattes ferrugineuses.

46. CINIPS albipède.

Noir, luisant; pattes blanches.

47. CINIPS crassipède.

Obscur; cuisses postérieures renflées.

48. CINIPS atre.

Très-noir, raboteux, tarses obscurs.

49. CINIPS du Roseau.

Noir; base des antennes & pattes testacées; abdomen alongé, terminé par un aiguillon assez large.

1. Cinips élevé.

Cynips adscendens.

Cynips ænea, abdomine petiolato conico adscendente. Fab. *Mant. inf. tom.* 1. *pag.* 251. *n°.* 1.

Il est un des plus grands de ce genre. Les antennes sont noires, courtes, moniliformes. Le corcelet est bronzé, & l'écusson est terminé en pointe. L'abdomen est pétiolé, relevé, conique, un peu comprimé, d'une couleur bronzée brillante. Les pattes sont pâles, avec la base des cuisses noire.

Il se trouve en Saxe.

2. Cinips de Bédéguar.

Cynips Bedeguaris.

Cynips thorace viridi-æneo, abdomine aureo setis ani corpore longioribus. Geoff. *Inf. t.* 2. *p.* 296. *n°.* 1.

Le Cynips doré à queue, du Bédéguar, lisse, Geoff. Ib.

Cynips Bedeguaris. Fourc. *Ent. par.* 2. *pag.* 379. *n°.* 1.

Ichneumon Bedeguaris *auratus, thorace viridi, abdomine aureo.* Lin. *Syst. nat. pag.* 939. *n°.* 63. — *Faun. Suec. n°.* 1634.

Ichneumon Bedeguaris. Fab. *Syst. ent. p.* 432. *n°.* 85. — *Spec. inf. tom.* 1. *pag.* 438. *n°.* 110. — *Mant. inf. tom.* 1. *pag.* 270. *n°.* 131.

Ichneumon *doré du Bédéguar*, à antennes brisées en massue noires, dont la tête & le corcelet sont d'un vert doré, le ventre d'un pourpre doré & les pattes jaunes. Deg. *Mém. inf. tom.* 2. *part.* 2. *p.* 877. *n°.* 10. *Pl.* 30. *fig.* 20. 21.

Mentzelius. *act. nat. curios. dec.* 2. *ann.* 2. *obs.* 10.

Reaum. *Inf. tom.* 3. *pag.* 452. 453. 469. *Pl.* 41. *fig.* 13. 14.

Roesel. *Inf. tom.* 3. *tab.* 53. *fig. F. G. H.*

Blanc. *Inf. pag.* 188.

Cynips Bedeguaris. Vill. *Ent. tom.* 3. *pag.* 204. *n°.* 2.

Les antennes sont noires, cylindriques, coudées, une fois plus longues que la tête. Les yeux sont bruns. La tête, le corcelet, l'abdomen & les cuisses postérieures sont d'un vert doré, plus brillant sur l'abdomen que par-tout ailleurs. Les quatre pattes antérieures sont pâles. L'aiguillon de la femelle, beaucoup plus long que le corps, est composé de trois filets, dont deux latéraux, noirs, servent de gaine, & un autre au milieu, rougeâtre. Les ailes sont transparentes & marquées d'un petit point noirâtre, à leur bord extérieur.

Ce Cynips vit sous la forme de larve, dans les galles chevelues du Rosier sauvage, connues sous le nom de Bédéguars. Mais ce n'est pas lui qui les produit, s'il faut en croire de Géer; il est au contraire le destructeur de l'habitant naturel auquel on doit ces excroissances, qui intérieurement sont remplies de loges habitées par des larves. Il est sans doute bien difficile de prononcer sur des objets qui doivent autant échapper à la vue qu'à l'observation. Ces larves habitent aussi des fongosités du chêne, à-peu-près semblables à celles du Rosier sauvage. Ces fongosités rondes, dures, de couleur un peu jaunâtre, ressemblent à de petites boules de bois, & forment quelquefois des espèces de bouquets, par leur assemblage.

Il se trouve en Europe.

3. Cinips purpurin.

Cynips purpurascens.

Cynips purpurascens, thorace postice aureo, pedibus rufis.

Il ressemble beaucoup aux précédens, pour la forme & la grandeur. Les antennes sont noires, avec le premier article fauve. La tête est d'un violet pourpré à sa partie supérieure, & d'un vert doré à sa partie antérieure. Le corcelet est d'un violet pourpré, avec la partie postérieure d'un vert doré. L'abdomen est d'un noir purpurin, très-brillant, un peu doré à sa base, & un peu fauve à sa partie inférieure. Les pattes sont fauves. La hanche des postérieures est d'un vert doré. L'aiguillon est noir, un peu plus long que le corps.

Je l'ai trouvé dans les chantiers de Paris.

4. Cinips vert.

Cynips viridis.

Cynips thorace viridi-æneo, abdomine aureo setis ani non exsertis. Geoff. *Inf. tom.* 2. *pag.* 296. *n°.* 2.

Le Cinips *doré sans queue.* Geoff. *Ib.*

Cynips viridis. Fourc. *Ent. par.* 2. *pag.* 380. *n°.* 2.

Cette espèce ressemble tout-à-fait à la précédente, seulement elle est un peu plus petite. Ses cuisses postérieures ne sont point dorées, mais elles sont jaunes ainsi que le reste des pattes. L'aiguillon ne paroît pas à l'extérieur, il déborde à peine le ventre, & le point marginal des ailes est peu apparent.

Cet insecte n'est peut-être qu'une variété du précédent, ou ne diffère que par le sexe. Il se trouve aux environs de Paris. La larve vit dans le Bédéguar.

5. CINIPS doré.

CYNIPS aurata.

Cynips viridi-aurea punctata, setis corpore brevioribus.

Cynips punctatus sericeo-auratus, setis ani corpore brevioribus. GEOFF. *Inf. tom. 2. p. 297. n°. 3.*

Le Cinips *porte-or.* GEOFF. *Ib.*

Cynips auratus. FOURC. *Ent. par. 2. pag. 380. n°. 3.*

Cynips Rubi. SCHRANK. *Enum. inf. aust. n°. 646.*

Il est plus petit que les précédents & il a environ une ligne & demi de long, sans comprendre l'aiguillon. Les antennes sont noires, avec le premier article pâle. Tout le corps est d'une belle couleur verte dorée. Les pattes sont pâles. Le corcelet est pointillé, & l'abdomen est lisse. L'aiguillon est noir, de la longueur de la moitié du corps. Les aîles sont transparentes.

Il se trouve aux environs de Paris; j'ai vu sortir d'une galle fongueuse du Chêne, cinq ou six de ces Cinips, avec une trentaine de Diplolepes, qui sans doute avoient eu tous ensemble la même habitation. Reste à savoir quel en étoit le premier habitant.

Schrank a vu sortir cet insecte, en mai, d'une galle formée sur les tiges & les feuilles d'une espèce de Ronce, *Rubus cæsius.*

6. CINIPS fongueux.

CYNIPS fungosa.

Cynips nigro-viridis, tibiis flavis, antennis fuscis.

Cynips nigro-viridis, tibiis flavis, galla fungosa quercus. GEOFF. *Inf. tom. 2. pag. 297. n°. 4.*

Le Cinips de la galle fongueuse du Chêne. GEOFF. Ib.

Cynips fungosus. FOURC. *Ent. par. 2. pag. 380. n°. 4.*

Il ressemble beaucoup au précédent. Les antennes sont brunes. Tout le corps est d'un vert foncé brillant. Les pattes sont jaunes, avec les cuisses d'un vert foncé.

Il se trouve, ainsi que le précédent, dans les galles fongueuses du Chêne.

7. CINIPS noir.

CYNIPS nigra.

Cynips atra punctata, tarsis albidis.

Il n'a guère plus d'une ligne de long. Les antennes sont coudées, composées d'articles distincts. Tout le corps est noir. La tête & le corcelet sont fortement pointillés. L'abdomen est lisse. Les pattes sont noires, avec l'extrémité des jambes, & les tarses, blanchâtres.

M. Geoffroy a regardé cet insecte comme une variété du précédent, quoiqu'il en diffère par les couleurs & par la forme du corps.

Il se trouve en France. M. Danthoine me l'a envoyé de Provence; il l'avoit vu sortir d'une galle fongueuse du Chêne.

8. CINIPS solitaire.

CYNIPS solitaria.

Cynips nigro-anea, pedibus fuscis, antennis nigris.

Cynips nigro-cupreus, pedibus fuscis, galla rotunda, glabra, dura, foliorum quercûs. GEOFF. *Inf. tom. 2. p. 298. n°. 5. Pl. 15. fig. 1.*

Le Cinips de la galle ronde & lisse du Chêne. GEOFF. Ib.

Cynips pomaceus. FOURC. *Entom. pars 2. p. 381. n°. 5.*

Il a environ une ligne & demie de long. Les antennes sont noires. Tout le corps est bronzé-brillant. Les pattes sont d'un brun marron. Les aîles sont transparentes, sans taches.

Ce Cinips vient dans les petites galles lisses, rondes & dures, qui se trouvent sous les feuilles du Chêne. Ces tubérosités sont attachées ordinairement aux nervures: on trouve la figure de ces galles dans Reaumur. Mém. inf. tom. 3 pl. 35. fig. 3. Elles sont ligneuses, d'une substance dure & serrée, & sont formées comme les autres, par l'extravasation du suc de la feuille, que produit la piqûre du Cinips, lorsqu'il y dépose ses œufs. Cet insecte est toujours seul dans chaque galle. Quelquefois au lieu du Cinips on voit sortir un insecte brun, plus grand, un véritable Ichneumon, qui n'est pas l'habitant naturel de la galle, c'est-à-dire, celui qui l'a formée. C'est un parasite, ou plutôt un étranger, dont l'œuf déposé dans la jeune galle par la mère, & venant à éclore, produit une larve qui dévore celle du Cinips, & sort ensuite, lorsqu'elle a subi ses métamorphoses, sous la forme d'insecte aîlé.

On ne doit pas confondre cette galle avec une autre un peu plus grosse, mais de même figure & assez ressemblante, formée par un Diplolèpe & habitée par sa larve.

9. Cinips des Mouches.

Cynips Muscarum.

Cynips aurata, pedibus flavis.

Ichneumon Muscarum *aurata, pedibus flavis saltatoriis.* Lin. *Syst. nat. pag.* 938. *n°.* 62.

Ichneumon Muscarum. Fab. *Syst. ent. pag.* 342. *n°.* 84. — *Sp. inf. tom.* 1. *pag.* 438. *n°.* 109. — *Mant. inf. tom.* 1. *pag.* 270. *n°.* 130.

Cynips viridis nitens, pedibus albido-flavis. Geoff. *inf. tom.* 2. *pag.* 308. *n°.* 31.

Le Cinips vert bronzé à pattes blanches. Geoff. *Ib.*

Deg. *Mém. inf. tom.* 1. *pag.* 604.—608. *pl.* 32. *fig.* 17.— 21.

Il a environ une ligne de longueur. Les antennes sont noires, coudées, avec la moitié du premier article jaunâtre. Tout le corps est d'un vert doré, un peu foncé, & brillant. La tête & le corcelet sont assez grands. L'abdomen est petit & alongé. Les aîles sont transparentes, sans taches, presque sans nervures. Les pattes sont jaunâtres.

Ces Cinips ne volent pas loin à la fois; ils prennent souvent terre, de sorte qu'ils paroissent plutôt sauter. Ils viennent d'une larve qui vit & se nourrit dans l'intérieur du corps des larves des Coccinelles, & de celles des mouches aphidivores, ou mangeuses de pucerons. De Géer, vers la fin de l'été, trouva sur des feuilles d'Érable, plusieurs de ces petites larves qui avoient fait périr les autres; ayant ouvert une de ces dernières au mois de février, il y vit trois nymphes, longues d'une ligne & demie, d'une couleur blanche, excepté les yeux qui étoient bruns roussâtres; elles devinrent noires, lorsque le temps de la dernière métamorphose arriva. Pour sortir du cadavre des larves hexapodes, dans lequel ils ont vécu sous la forme de larves & de nymphes, ces Cynips percent la peau avec les dents, & font un trou circulaire.

Il se trouve en Europe.

10. Cinips des galles.

Cynips Gallarum.

Cynips fusco-ænea, abdomine nigro, tibiis albidis.

Ichneumon Gallarum. Lin. *Syst. nat. pag.* 939. *n°.* 64. — *Faun. suec. n°.* 1638.

Ichneumon Gallarum. Fab. *Syst. ent. pag.* 342. *n°.* 86. — *Spec. inf. tom.* 1. *pag.* 438. *n°.* 111. — *Mant. inf. tom.* 1. *pag.* 270. *n°.* 132.

Il ressemble beaucoup au Cynips des Chrysalides. Le corps est d'une couleur bronzée. L'abdomen est noir & luisant. Les jambes sont blanchâtres.

La larve se nourrit, selon Linné, des larves d'autres Cinips, ou de Diplolepes, qui forment des galles sur le Chêne.

11. Cinips quadrille.

Cynips quadrum.

Cynips nigra, æneo-nitens, abdominis basi pedibusque ferrugineis, alis albis maculis duabus marginalibus atris.

Ichneumon quadrum. Fab. *Mant. inf. tom.* 1. *pag.* 270. *n°.* 134.

Cynips nigro-viridis nitens, alis punctis tribus nigris. Geoff. *Inf. tom.* 2. *pag.* 307. *n°.* 30.

Le Cinips à ailes pointillées. Geoff. *Ib.*

Cynips tripunctatus. Fourc. *Ent. par.* 2. *p.* 389. *n°.* 32.

Il a environ deux lignes de long. Les antennes sont noires, avec le premier article ferrugineux. La tête est noire, bronzée antérieurement, verdâtre postérieurement. Le corcelet est fortement pointillé, bronzé. L'abdomen est lisse, luisant, d'un noir bronzé, terminé en pointe. Les pattes sont ferrugineuses. Les aîles supérieures ont chacune deux taches noires; les inférieures sont sans taches.

Il se trouve en Europe; il est assez commun dans les chantiers de Paris.

12. Cinips des Chrysalides.

Cynips Puparum.

Cynips aurata cærulea, abdomine viridi nitido, pedibus pallidis.

Ichneumon Puparum. Lin. *Syst. nat. pag.* 939. *n°.* 66. — *Faun. suec. n°.* 1636.

Ichneumon Puparum. Fab. *Syst. ent. pag.* 342. *n°.* 88. — *Spec. inf. tom.* 1. *pag.* 438. *n°.* 113. — *Mant. inf. tom.* 1. *p.* 270. *n°.* 135.

Cynips viridi-sericeus, abdomine aureo, pedibus pallidis, chrysalidum papilionum. Geoff. *Inf. tom.* 2. *pag.* 305. *n°.* 24.

Le Cinips des chrysalides de papillons. Geoff. Ib.

Ichneumon. Reaum. *Inf. tom.* 6. *tab.* 30. *fig.* 13. 14. 15.

Merian. *Inf. europ. tab.* 44. & *tab.* 52.

Goed. *Inf.* 1. *tab.* 77.

Deg. *Mém. inf. tom.* 1. *tab.* 30. *fig.* 18.

Roes. *Inf. tom.* 2. Vefpa. *tab.* 3.

Ichneumon. Antiopa. Scop. *Ent. carn.* n°. 765.

Ichneumon Puparum. Schrank. *Enum. inf. auft.* n°. 758.

Cynips Puparum. Fourc. *Ent. par.* 2. *pag.* 387. n°. 24.

Il a près de deux lignes de long. Les antennes font fauves dans les mâles, brunes dans les femelles. La tête & le corcelet font d'un vert bleuâtre doré. L'abdomen eft d'un vert bronzé brillant. Les pattes font fauves dans le mâle; les cuiffes font d'un vert doré dans la femelle; & les jambes font pâles.

Les larves vivent dans le corps des chryfalides de différentes efpèces de Papillons.

Il fe trouve en Europe.

13. Cinips des Larves.

Cynips Larvarum.

Cynips aurata viridis, abdomine nigro: macula dorfali purpurafcente, pedibus flavis, antennis feptemnodiis.

Ichneumon Larvarum. Lin. *Syft. nat. pag.* 939. n°. 67. — *Faun. fuec.* n°. 1637.

Ichneumon Larvarum. Fab. *Sp. inf. tom.* 1. *p.* 439. n°. 114. — *Mant. inf. tom.* 1. *pag.* 270. n°. 136.

Ichneumon Larvarum. Deg. *Mém. inf. tom.* 2. *part.* 2. *p.* 889. n°. 14. *pl.* 31. *fig.* 1. — 9.

Ichneumon *vert doré à ventre noir*, fauteur à antennes brifées en maffue, à tête & à corcelet d'un vert doré; à ventre noir avec une tache brune, & à pattes jaunâtres. Deg. *Ib.*

Reaum. *Inf. tom.* 2. *pl.* 36. *fig.* 9. 10. 11.

Ichneumon erucarum. Schrank. *Enum. inf. auft.* n°. 759.

Les antennes font coudées, noirâtres, avec le premier article jaunâtre. La tête & le corcelet font d'un vert doré très-brillant. L'abdomen eft noir, avec une tache teftacée vers la bafe de la partie fupérieure. Les pattes font d'un jaune blanchâtre. Les aîles font tranfparentes, fans taches.

Les larves de cette efpèce de Cinips fe trouvent dans le corps des chenilles velues, à feize pattes, qui vivent fur le Maronnier d'Inde, comme auffi fur l'Erable, & dont Reaumur nous a donné l'hiftoire & la figure. Elles percent la peau de leur victime, & fortent de leur habitation vers l'été. Elles reftent enfemble fans s'éloigner les unes des autres: on leur voit feulement remuer la tête de temps en temps, & contracter les anneaux du corps. Ces petites larves ont le corps gros & de figure ovale. Leur couleur eft blanche & luifante. Elles font comme enduites d'un vernis, efpèce de liqueur gluante qui les fixe contre le plan de pofition. On voit dans leur intérieur, au travers de la peau tranfparente, une matière brune: ce font des excrémens qu'elles ont confervés. Les larves ordinairement ont le bout antérieur de leur corps plus délié que le derrière; dans nos petites larves au contraire le derrière finit en pointe conique, la partie antérieure beaucoup plus groffe, a par devant une petite pièce, coupée quarrément ou tronquée. Le corps eft divifé en anneaux, & tout le long du dos règne une ligne brune. Quelques heures après leur fortie du corps de la chenille, elles fe vuident & jettent leurs excrémens, qui font des grains arrondis, d'un brun obfcur, qui s'accumulent en petit monceau au bout du derrière, à mefure qu'ils font pouffés dehors. Reaumur qui paroît avoir connu cette efpèce de larve, dit que les gens peu inftruits pourroient prendre fes excrémens pour un petit œuf. On peut obferver que l'évacuation d'excrémens de ces larves eft bien plus confidérable qu'on ne le remarque dans les chenilles ou dans les autres larves. Elles jettent à proportion du volume de leur corps, une grande quantité d'excrémens, & qui enfemble forment une maffe de la groffeur de la tête d'une petite épingle. Les grains font pouffés un à un hors du corps & par intervalles, ils fe fuivent ainfi les uns après les autres. Ils font d'abord liquides ou en forme de bouillie, mais ils deviennent bientôt durs en fe defféchant. Pour les faire fortir, la larve donne à fon derrière des mouvemens de dilatation & de contraction. Nouvellement produits, ces grains font d'un brun rougeâtre; cette couleur change en un brun de café. Vus à la loupe, ils reffemblent affez à la graîne des choux-fleurs. Il y a toute apparence que les autres larves qui vivent dans les galles, & qui ne donnent point d'excrémens, ne les rendent auffi que lorfqu'elles font forties de leur premier féjour.

Après que ces larves fe font bien vuidées, elles fe transforment en nymphes. Avant la tranfformation, elles fe placent fur le dos & fe trouvent ainfi collées contre le plan de pofition, par la liqueur gluante dont tout leur corps eft humecté. Elles ont donc toujours le deffous du corps dirigé en haut. C'eft ordinairement fur les feuilles des arbres qu'elles s'arrangent, & qu'on les trouve transformées en nymphes. On a cru long-temps, fur l'autorité de Reaumur, que le changement de forme arrive dans la larve sans qu'elle quitte de dépouille & se défasse d'aucune peau ; qu'à mesure que les parties de l'insecte aîlé se développent, & peut-être à mesure qu'elles prennent un nouvel arrangement, la peau les suit & s'applique dessus. On remarque d'abord que la tête & le corcelet commencent à se former & à être distingués par de légères incisions ; ensuite paroissent les antennes, les pattes, & toutes les autres parties de la nymphe, sans qu'on s'apperçoive que la larve quitte de peau. Le ventre, qui auparavant étoit ridé & divisé en anneaux, devient lisse, uni, & s'enfle beaucoup. Comme le changement se fait fort vite, il falloit un observateur aussi constant & aussi exact que de Géer, pour nous apprendre que la transformation en nymphe se fait ici comme ailleurs, par le dépouillement très-réel d'une peau qui couvre la larve. Il a vu que cette peau est poussée peu-à-peu & glisse de la tête vers le derrière, par les mouvemens de contraction & de dilatation du corps de l'insecte, & qu'à mesure qu'elle avance vers le derrière, les parties ordinaires de la nymphe, comme les antennes, les pattes, & les fourreaux des aîles, parroissent. Après que la peau est parvenue jusqu'au derrière, elle se montre au bout du ventre, réduite en un petit peloton ; mais comme cette dépouille est fort mince & qu'elle ne forme alors qu'une très-petite masse, elle peut aisément échapper aux yeux ; & comme elle se desseche bientôt & se trouve réduite presque à rien, on peut ne plus la retrouver. L'extrême délicatesse de cette dépouille est donc la cause qu'on ne s'en apperçoit pas d'abord quand la larve la quitte : ce qui augmente la difficulté, c'est que sa couleur est blanche, comme la nymphe, & que la métamorphose s'achève dans quelques instans. La nymphe de notre Cinips est d'abord blanche, mais dans quelques heures elle prend une couleur jaune brune, ou semblable à celle du tabac d'Espagne, & cette couleur devient de plus en plus obscure. Les bouts des pattes & des fourreaux des aîles sont noirâtres, & tout le long du dessous du ventre il y a une raie de la même couleur. Ces nymphes sont à-peu-près de la figure de tant d'autres nymphes. Le devant de leur tête est comme tronqué ou coupé quarrément, & c'est ce qui leur donne en quelque manière une figure triangulaire. On voit à la tête deux pointes mousses, qui sont comme deux courtes cornes.

Il se trouve en Europe.

14. Cinips des œufs.

Cynips ovulorum.

Cynips nigra, pedibus pallidis, ovorum insectorum. Geoff. *Inf. t.* 2. *p.* 305. *n°.* 25.

Le Cinips des œufs des insectes. Geoff. Ib.

Ichneumon niger, pedibus rufis, antennis filiformibus longis. Lin. *Syst. nat. pag.* 940. *n°.* 73. — *Faun. suec. n°.* 1644.

Ichneumon ovulorum. Fab. *Sp. inf. tom.* 1. *p.* 140. *n°.* 123. — *Mant. inf. tom.* 1. *pag.* 271. *n°.* 146.

Dig. *Mém. inf. tom.* 1. *pl.* 35. *fig.* 11. 12. 13.

Cynips ovulorum. Fourc. *Ent. par.* 2. *p.* 387. *n°.* 25.

Il a à peine une demi-ligne de long. Tout le corps est noir. Les pattes sont d'un jaune pâle. Les aîles sont transparentes.

Il dépose ses œufs dans ceux des autres insectes, des Papillons, des Phalènes, des Punaises, &c. ; la larve éclot dans cet œuf, se nourrit de la substance qu'elle y trouve, & après avoir pris tout son accroissement, elle s'y transforme en nymphe, perce la coque, & en sort sous la forme d'insecte aîlé.

Il se trouve en Europe.

15. Cinips de l'Ichneumon des pucerons.

Cynips Aphidum.

Cynips nigra nitens ; pedibus pallidis, Ichneumonum Aphidum. Geoff. *Inf. t.* 2. *p.* 305. *n°.* 26.

Cynips Aphidum. Fourc. *Ent. par.* 2. *pag.* 388. *n°.* 26.

Il a près d'une ligne de long ; il est d'un noir un peu verdâtre, luisant. Les antennes sont presque pectinées dans le mâle. Les pattes sont d'une couleur fauve, plus pâles dans la femelle que dans le mâle.

Il y a une très-petite espèce d'Ichneumon qui dépose ses œufs dans le corps des pucerons & les fait périr. Notre petit Cinips plus petit que le puceron & que l'Ichneumon, va déposer ses œufs dans le même corps. La larve éclose attaque & fait périr celle de l'Ichneumon dont elle se nourrit. Elle se métamorphose ensuite dans le même endroit, & le perce pour en sortir sous la forme d'insecte aîlé. Pour avoir ces Cinips, il faut prendre des pucerons de couleur jaune bronzée, que l'on trouve morts sur les feuilles. Ils ont été tués par les Ichneumons.

Il se trouve aux environs de Paris.

16. Cinips des Cochenilles.

Cynips Coccorum.

Cynips nigro-ænea, abdomine cærulescente, pedibus lividis.

Ichneumon Coccorum. Lin. *Syst. nat. pag.* 939. *no.* 69. — *Faun. suec. n°.* 1640.

chneumon

Ichneumon Coccorum. FAB. *Syst. ent. pag.* 343. *n°.* 90. — *Sp. inf. tom.* 1. *pag.* 439. *n°.* 116. — *Mant. inf. tom.* 1. *p.* 270. *n°.* 139.

DEG. *Mém. inf. tom.* 1. *pl.* 35. *fig.* 17.

Ichneumon Coccorum. SCHRANK. *Enum. inf. auft. n°.* 760.

Les antennes font noires, coudées. Le corps eft d'un vert foncé très-luifant. L'abdomen eft court, prefque rond. Les aîles font tranfparentes, fans taches. Les pattes font d'un jaune livide.

Il dépofe fes œufs dans la Cochenille de l'Orme. Sa larve éclot dans l'intérieur du corps de la Cochenille & fe nourrit à fes dépens. Elle s'y change en nymphe, d'une couleur noire, avec un peu de vert luifant fur la tête & fur le ventre ; & elle en fort fous la forme d'infecte parfait.

Il fe trouve en Europe.

17. CINIPS ponctué.

CYNIPS punctata.

Cynips anea, pedibus fufcis, alarum puncto fufco.

Cynips nigro-cupreus, pedibus fufcis, alarum puncto fufco. GEOFF. *Inf. tom.* 2. *p.* 298. *n°.* 6.

Le Cinips noirâtre à point marginal. GEOFF. Ib.

Cynips punctatus. FOURC. *Ent. par.* 2. *p.* 381. *n°.* 6.

Il reffemble beaucoup au Cinips folitaire. Tout le corps eft bronzé, brillant. Les antennes font noires, coudées. Les pattes font d'un brun ferrugineux. Les aîles font tranfparentes & marquées d'un point marginal noir.

Il fe trouve aux environs de Paris.

18. CINIPS foliacé.

CYNIPS foliacea.

Cynips viridi-fericea, abdomine aurato, pedibus albis.

Cynips viridi-fericeus abdomine aurato pedibus albis galla intra foliorum quercûs fubftantiam delitefcentis. GEOFF. *Inf. tom.* 2. *p.* 299. *n°.* 7.

Le Cinips de la galle du Chêne, qui vient dans la fubftance même de la feuille. GEOFF. Ib.

REAUM. *Mém. inf. tom.* 3. *tab.* 39. *fig.* 5. 9. — 12.

Cynips foliaceus. FOURC. *Ent. par.* 2. *p.* 381. *n°.* 7.

Il n'a guère plus d'une ligne de long. Les antennes font d'un jaune pâle. Le corps eft d'un beau vert doré. Les pattes font d'un jaune pâle. Les ailes font tranfparentes, fans taches.

La larve habite dans une galle produite dans la fubftance même de la feuille du Chêne, d'où elle ne doit fortir qu'infecte parfait. Cette galle paroît également des deux côtés, & forme fur chaque furface de la feuille une élévation hémifphérique ; fes parois font minces & peu ligneufes.

Il fe trouve aux environs de Paris.

19. CINIPS rofacé.

CYNIPS Quercûs gemmæ.

Cynips nigro-cuprea, pedibus fufcis, galla imbricata quercûs.

Cynips Quercûs gemmæ *gemma quercûs roboris.* LIN. *Syft. nat. pag.* 919. *n°.* 11. — *Faun. fuec. edit.* 2. *n°.* 1525.

Tenthredo galla imbricata. LIN. *Faun. fuec. edit.* 1. *n°.* 948.

Cynips nigro-cupreus, pedibus fufcis, galla imbricata quercûs. GEOFF. *inf. tom.* 2. *pag.* 299. *n°.* 8.

Le Cinips de la galle en rofe du Chêne. GEOFF. Ib.

REAUM. *Mém. inf. tom.* 3. *tab.* 43. *fig.* 1. — 12.

FRISCH. *Germ.* 12. *tab.* 2. *fig.* 2.

Cynips gemma quercûs. FOURC. *Ent. par.* 2. *p.* 382. *n°.* 8.

Il a environ une ligne de long. Le corps eft d'un noir verdâtre luifant. Les antennes & les pattes font d'un fauve obfcur. Les aîles font tranfparentes.

C'eft dans les bourgeons de Chêne qu'il dépofe fes œufs, & il produit une belle efpèce de galle, feuillée comme un bouton de rofe prêt à s'épanouir. Quand la galle eft petite, les feuilles font ferrées & rangées l'une fur l'autre comme les tuiles d'un toit. Au centre eft une efpèce de noyau ligneux, au milieu duquel eft une cavité dans laquelle fe trouve logée la petite larve, qui s'y nourrit, y groffit, fubit la métamorphofe & en perce les parois pour fortir fous fa dernière forme. Toute la galle a fouvent près d'un pouce de diamètre, quelquefois davantage, lorfqu'elle eft sèche & épanouie ; elle tient à la branche par un pédicule court.

Il fe trouve en Europe.

20. CINIPS bacciforme.

CYNIPS quercus baccarum.

Cynips nigra, basi antennarum pedibusque flavescentibus. LIN. *Syst. nat. p.* 917. *n°.* 4. — *Faun. suec. n°.* 1522.

Cynips quercûs baccarum. FAB. *Syst. ent. p.* 315. *n°.* 3. — *Spec. inf. tom.* 1. *p.* 403. *n°.* 3. — *Mant. inf. tom.* 1. *p.* 252. *n°.* 4.

REAUM. *Inf.* 3. *tab.* 42. *fig.* 8.

UDDM. *Diss.* 81. *tab.* 1. *fig.* 14.

Cynips niger, pedibus fulvo-flavis gallarum fungiformium quercus. GEOFF. *Inf. tom.* 2. *pag.* 300. *n°.* 9.

Le Cinips de la galle en chapeau du Chêne. GEOFF. Ib.

Cynips baccarum quercûs. FOURC. *Ent. par.* 2. *pag.* 382. *n°.* 9.

Il n'a guères plus d'une ligne de long. Les antennes sont coudées, noires, avec la base jaunâtre. Tout le corps est noir. Les pattes sont jaunâtres. Les aîles sont transparentes.

La larve est solitaire & se trouve dans une galle globuleuse, de la grandeur d'un pois, unie par un pédicule très court, à la partie inférieure des feuilles du Chêne. L'insecte parfait en sort vers le milieu de l'été.

Il se trouve en Europe.

21. CINIPS frangé.

CINIPS fimbriata.

Cynips nigro-ænea, pedibus fusco-variegatis.

Cynips nigro-aureus, pedibus fusco variegatis, gallæ planæ rubræ fimbriatæ quercûs. GEOFF. *Inf. tom.* 2. *p.* 300. *n°.* 10.

Le Cinips de la galle platte & frisée du Chêne. GEOFF. Ib.

Cynips fimbriatus. FOURC. *Ent. par.* 2. *p.* 383. *n°.* 10.

Il est d'un noir bronzé brillant. Les antennes sont coudées, noires. Les pattes sont entrecoupées de jaune pâle & de brun. Les aîles sont transparentes.

La larve vit dans une petite galle ronde, applatie, rougeâtre, entourée d'un double rang de festons frangés, formées sur les nervures du revers des feuilles du Chêne.

Il se trouve en Europe.

22. CINIPS en grappe.

CYNIPS Quercûs petioli.

Cynips nigra, pedibus albidis, femoribus fuscis. LIN. *Syst. nat. pag.* 918. *n°.* 7. — *Faun. suec. n°.* 1523.

Cynips Quercûs petioli. FAB. *Syst. ent. p.* 316. *no.* 6. — *Spec. inf. tom.* 1. *p.* 404. *n°.* 6. — *Mant. inf. tom.* 1. *p.* 252. *n°.* 7.

Cynips fuscus nitens, capite nigro, abdominis apice villoso, gallæ racemosæ quercûs. GEOFF. *Inf. tom.* 2. *p.* 301. *n°.* 11.

Le Cinips de la galle en grappe du Chêne. GEOFF. Ib.

REAUM. *Inf. tom.* 3. *tab.* 35. *fig.* 3. ?

Cynips racemosus. FOURC. *Ent. par.* 2. *p.* 383. *n°.* 11.

Il est petit. La tête est noire. Le corps est d'un brun noir luisant. L'extrémité de l'abdomen est légèrement velue. Les pattes sont d'un jaune pâle, avec les cuisses obscures.

La larve vit solitaire dans des galles globuleuses, disposées en grappe, & placées au bout d'un long pédicule sur les rameaux du Chêne.

23. CINIPS nain.

CYNIPS minuta.

Cynips viridis nitens, pedibus pallidis.

Cynips viridis nitens, pedibus pallidis, gallæ globosæ vix sensibilis foliorum quercûs. GEOFF. *Inf. tom.* 2. *p.* 301. *n°.* 12.

Le Cinips de la galle tête d'épingle du Chêne. GEOFF. Ib.

Cynips minutus. FOURC. *Ent. par.* 2. *p.* 383. *n°.* 12.

Le corps de cet insecte est d'un beau vert brillant, & les pattes sont d'un jaune pâle blanchâtre.

Il sort d'une très-petite galle que l'on trouve sous les feuilles du Chêne, & qui y est attachée aux principales nervures. Cette galle, qui n'a qu'une demi-ligne de diamètre, a des parois minces, seches, assez dures.

Il se trouve aux environs de Paris.

23. CINIPS pédiculé.

CYNIPS Quercûs pedunculi.

Cynips grisea, alis cruce lineari. LIN. *Syst. nat. pag.* 918. *n°.* 8. — *Faun. suec. n°.* 1524.

Cynips Quercûs pedunculi. FAB. *Syst. ent. p.* 316. *n°.* 7. — *Spec. inf. tom.* 1. *pag.* 404. *n°.* 7. — *Mant. inf. tom.* 1. *p.* 252. *n°.* 8.

Cynips gallæ pomiformis extremitatis ramorum quercûs. GEOFF. *Inf. tom.* 2. *p.* 302. *n°.* 16.

Le Cinips de la galle en pomme des extrémités des branches du Chêne. Geoff. Ib.

REAUM. *Inf. tom.* 3. *p.* 443. *tab.* 40. *fig.* 1. — 6.

Cynips pedunculi quercûs. FOURC. *Ent. par.* 2. *pag.* 385. *n°.* 16.

Le corps est d'un gris obscur. Les aîles sont transparentes, & marquées d'une ligne cruciforme obscure.

La larve vit dans des galles globuleuses qui se trouvent sur les fleurs mâles en chaton, du Chêne.

Il se trouve en Europe.

25. CINIPS scabre.

CYNIPS scabra.

Cynips gallæ scabræ foliorum quercûs. GEOFF. *Inf. tom.* 2. *p.* 301. *n°.* 13.

Le Cinips de la galle raboteuse des feuilles du Chêne. Geoff. Ib.

Cynips scaber. FOURC. *Ent. par.* 2. *p.* 384. *n°.* 13.

REAUM. *Mém. inf. tom.* 3. *p.* 454. *pl.* 35. *fig.* 5.

M. Geoffroy & Reaumur qui ont observé la galle, n'ont point donné la description de l'insecte qui la produit. J'en ai vu sortir un Diplolèpe, dont la tête & le corcelet étoient testacés, l'abdomen étoit noirâtre luisant.

La galle est assez grosse sphérique, munie de quelques tubercules, attachée aux rameaux du Chêne, par un pédicule très-court.

Il se trouve dans toute la France.

26. CINIPS tuberculé.

CYNIPS tuberculata.

Cynips gallæ tuberculatæ quercûs. GEOFF. *Inf. tom.* 2. *p.* 302. *n°.* 14.

Le Cinips de la galle à tubercules du Chêne. Geoff. Ib.

Cynips tuberculatus. FOURC. *Ent. par.* 2. *p.* 384. *n°.* 14.

REAUM. *Mém. inf. tom.* 3. *p.* 445. *Pl.* 40. *fig.* 8. 9. 10. 11. 12.

Les auteurs que nous venons de citer n'ont point donné la description de ce Cinips. Reaumur a vu la larve, mais il n'a point obtenu l'insecte aîlé.

La galle est un peu plus grosse qu'un pois, arrondie, couverte de petits tubercules pointus. Elle est attachée à la nervure du revers des feuilles du Chêne.

Il se trouve en France.

27. CINIPS numismale.

CYNIPS numismalis.

Cynips gallæ numismalis quercus. GEOFF. *Inf. t.* 2. *p.* 302. *n°.* 15.

Le Cinips de la galle en écusson du Chêne. Geoff. Ib.

Cynips numismalis. FOURC. *Ent. par.* 2. *p.* 384. *n°.* 15.

REAUM. *Mém. inf. tom.* 3. *p.* 446. *Pl.* 40. *fig.* 13. 14. 15.

Je soupçonne que cet insecte, dont Reaumur & M. Geoffroy n'ont point donné de description, appartient au genre Diplolèpe; d'une galle à-peu-près semblable, j'ai obtenu un petit Diplolèpe noir.

Les galles sont circulaires, applaties & ont environ une ligne & demie de diamètre: Elles couvrent quelquefois tous le dessous des feuilles du Chêne. Regardées de près comme elles doivent l'être, elles paroissent très-jolies. elles sont attachées à la feuille par un pédicule très-court, & paroissent comme sessiles.

Il se trouve dans toute la France.

28. CINIPS des racines.

CYNIPS radicum.

Cynips fusca gallæ ligneæ quercûs.

Cynips gallæ ligneæ radicum. GEOFF. *Inf. tom.* 2. *pag.* 302. *n°.* 17.

Le Cinips de la galle ligneuse des racines. Geoff. Ib.

Cynips radicum. FOURC. *Ent. par.* 2. *p.* 385. *n°.* 17.

REAUM. *Mém. inf. tom.* 3. *p.* 455. *tab.* 44. *fig.* 6. — 10.

Il a environ deux lignes de long. Les antennes sont coudées. Tout le corps est brun. Les aîles sont transparentes.

La galle, qu'on rencontre sur les tiges & sur les racines du Chêne, paroit plutôt une nodosité, une tuméfaction, qu'une excroissance qui mérite le nom de galle. Elle est très ligneuse, & est formée d'un bois plus dur que celui des autres endroits de l'arbre. Elle n'est point attachée par un pédicule, & elle a quelquefois plus de diamètre que par-tout ailleurs, à l'endroit où elle est unie à l'arbre. Elle renferme plusieurs cellules sphériques dans chacune desquelles vit une larve blanche, roulée en anneau, qui donne le Cinips dont nous venons de parler.

Il se trouve en France.

29. Cinips du Lierre terrestre.

Cynips Glechomæ.

Cynips fusca, thorace villoso. Fab. *Syst. ent. p.* 315. *n°.* 2. — *Sp. inf. tom.* 1. *pag.* 403. *n°.* 2. — *Mant. inf. tom.* 1. *pag.* 252. *n°.* 3.

Cynips Glechomæ hederaceæ. Lin. *Syst. nat. pag.* 917. *n°.* 3. — *Faun. suec. n°.* 1520.

Cynips totus fuscus thorace subvilloso gallæ Hederæ terrestris. Geoff. *Inf. tom.* 2. *pag.* 303. *n°.* 10.

Le Cinips de la galle du lierre terrestre. Geoff. Ib.

Cynips Glechomæ. Fourc. *Ent. par.* 2. *p.* 386. *n°.* 20.

Blank. *Inf. p.* 186.

Reaum. *Mém. inf. tom.* 3. *pag.* 460. *tab.* 42. *fig.* 1. — 7.

Welsch. *Hecast. tab.* 127. *fig.* 1.

Sa couleur est d'un brun noirâtre. Les antennes sont coudées. Le corcelet est un peu velu.

Les galles croissent en forme de pommes sur le Lierre terrestre. Elles sont assez grosses par rapport à la grandeur de la plante où elles naissent; quelques-unes sont aussi grosses que de petites noix. Il y en a qui partent de la tige même, de ses boutons, mais la plupart viennent sur les feuilles : quelques-unes ne paroissent que sur un seul côté de la feuille, d'autres paroissent des deux côtés : néanmoins la galle ne s'élève, à proprement parler, que d'un seul côté; la feuille flexible s'applique, se moule en partie sur le côté opposé, & montre la convexité de cette galle, dont la substance intérieure est très-spongieuse. Des fibres, ou plutôt de petites lames charnues, blanches, & presque sèches en certain temps, partent de la circonférence, se dirigent vers le centre, & laissent entre elles des vuides sensibles; vers le centre sont des grains gros comme de très-petits pois, formés chacun de substance ligneuse, aussi dure que le bois. Ces petites boules sont creuses, & renferment chacune une larve qui appartient au Cinips que nous venons de décrire.

Il se trouve en Europe.

30. Cinips de l'Osier.

Cynips Viminalis.

Cynips flava, thorace nigro. Lin. *Syst. nat. pag.* 919. *n°.* 13. — *Faun. suec. n°.* 1529.

Cynips Viminalis. Fab. *Syst. ent. p.* 316. *n°.* 10. — *Spec. inf. tom.* 1. *pag.* 404. *n°.* 10. — *Mant. inf. tom.* 1. *p.* 252. *n°.* 11.

Roes. *Inf. t.* 2. *Bombyl. & Vesp. tab.* 10. *fig.* 1. — 7.

Cynips viminalis. Schrank. *Enum. inf. aust. no.* 642.

Il a environ une ligne & demie de long. La tête & l'abdomen sont jaunes. Le corcelet est noir.

La larve vit dans les galles formées sous les feuilles d'une espèce de Saule, *Salix viminalis.*

Il se trouve en Europe.

31. Cinips caprier.

Cynips Capreæ.

Cynips viridis nitida, pedibus pallidis. Lin. *Syst. nat. pag.* 919. *n°.* 14.

Cynips Capreæ. Fab. *Syst. ent. pag.* 316. *n°.* 11. — *Spec. inf. tom.* 1. *pag.* 404. *n°.* 11. — *Mant. inf. tom.* 1. *pag.* 352. *n°.* 12.

Cynips nigro-viridis nitens, pedibus pallidis; gallæ foliorum salicis. Geoff. *Inf. tom.* 2. *p.* 302. *n°.* 18.

Le Cinips de la galle des feuilles de Saule. Geoff. *Ib.*

Reaum. *Inf. tom.* 3. *p.* 435. *tab.* 37. *fig.* 1. — 5.

Cynips Capreæ. Schrank. *Enum. inf. aust. n°.* 641.

Frisch. *Inf. tom.* 4. *p.* 39. *tab.* 22.

Cynips salicis strobili. Fourc. *Ent. par.* 2. *p.* 385. *n°.* 18.

Tout le corps est d'un vert brillant. Les pattes seules sont pâles. Les aîles sont transparentes.

La larve vit dans des galles ferrugineuses, semblables à des grains d'orge, qui se trouvent sur les feuilles du Saule caprier. Elle habite aussi des galles formées sur les rameaux du même arbre.

Il se trouve dans toute l'Europe.

32. Cinips du Saule.

Cynips Salicis strobili.

Cynips atra thoracis tergo virescente. Lin. *Syst. nat. p.* 919. *n°.* 15. — *Faun. suec. n°.* 1532.

Cynips salicis strobili. Fab. *Syst. ent. pag.* 317. *n°.* 12. — *Spec. inf. tom.* 1. *pag.* 405. *n°.* 12. — *Mant. inf. tom.* 1. *pag.* 252. *n°.* 13.

Cynips strobili. Schrank. *Enum. inf. aust. n°.* 643.

Schulz. *de rosis salicinis. act. dresd.* 1.

Frisch. *Inf. tom.* 4. *p.* 22. *tab.* 3.

Il n'a guères plus d'une ligne de long. Les antennes sont noires. La tête & le corcelet, sont noirs, avec une teinte verdâtre à leur partie supérieure. L'abdomen est noir, ovale, terminé en pointe. Les pattes sont noires.

La larve vit dans des galles imbriquées, formées à l'extrémité des rameaux du Saule à feuilles de myrthe, *Salix myrthilloides*. Chaque écaille dont la galle est composée, forme une petite loge qui renferme une larve.

Il se trouve au nord de l'Europe.

33. Cinips du Gramen.

Cynips Graminis.

Cynips gallæ Graminis filamentosæ. Geoff. *Inf. tom.* 2. *p.* 303. *n°.* 19.

Le Cinips de la galle à filet du chiendent. Geoff. Ib.

Cynips Graminis. Fourc. *Ent. par.* 2. *p.* 385. *n°.* 19.

M. Geoffroy, ayant trouvé sur le Gramen ou chiendent, des touffes de filets blancs, de la grosseur d'un pois, placées principalement aux endroits de la tige d'où partent les feuilles, & semblables à de petites racines, en ouvrit quelques-unes, & y trouva une petite larve logée dans le centre; mais il n'a pu obtenir l'insecte parfait.

Il se trouve aux environs de Paris.

34. Cinips de l'Oranger.

Cynips Aurantii.

Cynips ferruginea, alarum basi alba puncto nigro.

Cynips Aurantii, ferrugineus, alarum basi alba puncto nigro, antennis nigris, pedibus saltatoris. Geoff. *Inf. tom.* 2. *p.* 303. *n°.* 21.

Le Cinips fauve & sauteur de l'Oranger. Geoff. *Ib.*

Cynips Aurantii. Fourc. *Ent. par.* 2. *p.* 386. *n°.* 21.

Il a une ligne & demie de long. Les antennes sont noires. Les yeux sont bruns. Le corps est d'un jaune ferrugineux. Les pattes sont d'un jaune pâle. Les aîles sont croisées, brunes, noirâtres, avec la base blanche, sur laquelle on remarque un point noir transversal. Les cuisses postérieures sont renflées, & l'insecte saute très-lestement. La larve n'est point connue.

Il se trouve aux environs de Paris, sur l'Oranger.

35. Cinips sauteur.

Cynips saltator.

Cynips nigra, pedibus fuscis saltatoriis.

Cynips niger nitens, pedibus saltatoriis. Geoff. *Inf. tom.* 2. *p.* 304. *n°.* 22.

Le Cinips sauteur noir. Geoff. Ib.

Cynips saltator. Fourc. *Ent. par.* 2. *p.* 386. *n°.* 22.

Il a près d'une ligne de long. Il est noir & lisse. Les pattes sont brunes. Les ailes sont croisées, transparentes, sans taches. L'insecte saute avec facilité. Sa larve n'est point connue.

Il se trouve aux environs de Paris.

36. Cinips croisé.

Cynips cruciata.

Cynips atra, alis cruciatis, pedibus fulvis saltatoriis.

Cynips ater, pedibus saltatoriis fulvis. Geoff. *Inf. tom.* 2. *p.* 304. *n°.* 23.

Le Cinips sauteur noir à pieds fauves. Geoff. Ib.

Cynips cruciatus. Fourc. *Ent. par.* 2. *p.* 387. *n°.* 23.

Il est une fois plus grand que le précédent. Tout le corps est d'un noir mat. Les pattes sont d'un jaune fauve. Les ailes sont transparentes, & croisées. La larve n'est point connue.

Il se trouve aux environs de Paris.

37. Cinips des feuilles.

Cynips foliorum.

Cynips tota nigro-viridis nitens.

Cynips foliorum sine galla totus nigro-viridis nitens. Geoff. *Inf. tom.* 2. *p.* 306. *n°.* 27.

Le Cinips des feuilles sans galles. Geoff. Ib

Cynips foliorum. Fourc. *Ent. par.* 2. *p.* 388. *n.* 28.

Il a environ une ligne de long. Tout le corps est d'un vert noirâtre brillant.. Les pattes sont de la couleur du corps. Les aîles sont transparentes.

La larve & la nymphe se trouvent sous les feuilles de différens arbres. Les nymphes sont attachées à la feuille par l'extrémité postérieure du corps, & placées les unes auprès des autres.

Il se trouve aux environs de Paris.

38. Cinips sociétaire.

Cynips gregaria.

Cynips tota nigra nitida.

Cynips rosæ sine galla, totus niger. Geoff. *Inf. tom.* 2. *p.* 307. *n°.* 28.

Le Cinips du Rosier sans galle. Geoff. Ib.

Cynips gregarius. Fourc. *Ent. par.* 2. *p.* 389. *n°.* 29.

Il a près d'une ligne de long. Tout le corps est noir luisant. Les ailes sont transparentes.

Les nymphes sont brunes, tachées de noir, attachées les unes près des autres sous les feuilles du rosier.

Il se trouve aux environs de Paris.

39. Cinips circulaire.

Cynips circularis.

Cynips viridi-ænea, pedibus flavis, antennis fuscis.

Cynips quercûs sine galla, totus viridi-aureus, pedibus flavis. Geoff. *Inf. tom.* 2. *p.* 307. *n°.* 29.

Le Cinips du Chêne sans galle. Geoff. Ib.

Cynips circularis. Fourc. *Ent. par.* 2. *p.* 389. *n°.* 30.

Il a un peu plus d'une ligne de long. Les antennes sont brunes, coudées. Tout le corps est d'un vert doré très-brillant. Les pattes sont d'un jaune pâle.

Les nymphes sont fauves. Elles se trouvent comme les précédentes, grouppées sous les feuilles du Chêne, & quelquefois rangées en cercle.

Il se trouve aux environs de Paris.

40. Cinips des rameaux.

Cynips Quercûs ramuli.

Cynips pallida, abdomine oculisque nigris. Lin. *Syst. nat. p.* 918. *n°.* 10. — *Faun. suec. n°.* 1527.

Cynips quercûs ramuli. Fab. *Syst. ent. pag.* 316. *n°.* 8. — *Spec. inf. tom.* 1. *pag.* 404. *n°.* 8. — *Mant. inf. tom.* 1. *p.* 252. *n°.* 9.

Il est très-petit. Les antennes sont moniliformes, presque de la longueur de l'abdomen. Le corps est d'un jaune pâle. Les yeux & l'abdomen sont noirs.

La larve vit dans des galles cotoneuses, qui se trouvent sur les rameaux du Chêne.

Il se trouve en Europe.

41. Cinips du Hêtre.

Cynips Fagi.

Cynips atra immaculata. Fab. *Syst. ent. p.* 316. *n°.* 9. — *Sp. inf. tom.* 1. *pag* 404. *n°.* 9. — *Mant. inf. tom.* 1. *pag.* 252. *n°.* 10.

Cynips Fagi sylvaticæ. Lin. *Syst. nat. p.* 919. *n°.* 12. — *Faun. suec. ed.* 2. *n°.* 1528.

Thentredo gallæ foliorum fagi. Lin. *Faun. suec. edit.* 1. *n°.* 946.

Frisch. *Inf. tom.* 2. *tab.* 5.

Tout le corps est noir, sans taches. Les ailes sont un peu plus longues que le corps, penchées, transparentes, avec un point marginal obscur.

La larve vit dans des galles faites en forme de poire, qui se trouvent à la partie supérieure des feuilles du Hêtre commun, *Fagus sylvatica.*

Il se trouve en Europe.

42. Cinips pentandre.

Cynips Amerinæ.

Cynips nigra, pedibus pallidis. Lin. *Syst nat. p.* 919. *n°.* 16. — *Faun. suec. n°.* 1530.

Cynips Amerinæ. Fab. *Syst. ent. p.* 317. *n°.* 13. — *Sp. inf. tom.* 1. *p.* 405. *n°.* 13. — *Mant. inf. tom.* 1. *p.* 252. *n°.* 14.

Tout le corps est noir. Les pattes sont pâles.

La larve vit dans une galle inégale, qui termine les rameaux d'une espèce de Saule, *Salix pentandra.*

Il se trouve en Europe.

43. Cinips du Figuier commun.

Cynips Psenes.

Cynips nigra nitida, pedibus piceis.

Cynips Psenes *Ficus Caricæ.* Lin. *Syst. nat. p.* 919. *n°.* 17. — *Amœn. acad. tom.* 1. *p.* 41.

Cynips Psenes. Fab. *Syst. ent. p.* 317. *n°.* 14. — *Sp. inf. tom.* 1. *p.* 405. *n°.* 14. — *Mant. inf. tom.* 1. *p.* 252. *n°.* 15.

HASSELQ. *It. p.* 424. n°. 111, 112.

PONTED. *Anth. tab.* 11. *fig.* 12, 13, 14.

BERNARD. Mém. sur le Figuier, pag. 79.

Il a environ une ligne de longueur. Les antennes sont noires, coudées, composées de onze articles, dont le premier est cylindrique, & les autres sont grenus. Tout le corps est d'un noir luisant. Les pattes sont d'un brun noir. Les ailes sont transparentes, sans taches.

La larve est blanche. Elle n'a point de pattes, & son corps est composé de douze anneaux. Elle se nourrit dans l'intérieur des graines de la figue. Ce sont ces mêmes insectes qui ont servi chez les anciens, & qui servent encore dans le Levant, pour la caprification. (*Voyez* ce mot). Dans nos contrées méridionales, ce n'est guère que dans les graines des figues sauvages, que se trouve cette larve. Lorsque les figues sont assez grosses pour que les fleurs femelles soient assez sensibles, le Cynips pénètre par l'œil, & dépose un œuf dans chaque semence.

Un mois suffit à la larve pour parvenir à sa dernière métamorphose. Le Cynips sort de chaque graine par une ouverture qui suit constamment la direction du pistil. M. de Godeheu avoit observé dans les Figues sauvages, deux insectes de couleur cannelle, qu'il regardoit comme différens entr'eux, & comme les ennemis de nos Cinips. M. Bernard a trouvé effectivement ces observations exactes, mais il pense que ce n'est qu'un insecte unique quoique sous deux formes un peu différentes. Voici un abrégé de la description qu'il en donne.

Il a environ une ligne de longueur. Les antennes sont noires, grenues, avec le premier article alongé, cylindrique, fauve. Tout le corps est fauve. Les pattes sont de la couleur du corps, avec l'extrémité des tarses noire. La tête est ornée de deux grands yeux à réseaux, noirs, & de trois petits yeux lisses, de la même couleur, placés à la partie supérieure. L'aiguillon qui termine l'abdomen est noir, & une fois plus long que l'insecte. Les ailes sont transparentes, sans taches. M. Bernard m'a envoyé cet insecte dans l'état de nymphe, parmi plusieurs Cinips du Figuier. Tout le corps est fauve. La tête paroît unie au corcelet. Celui-ci est peu séparé de l'abdomen. On remarque six pattes, dont les antérieures sont plus longues que les autres. M. Bernard n'adopte point, d'après la conjecture de M. Godeheu, que ce dernier insecte soit l'ennemi du Cinips. Il croit qu'ayant la même habitation & les mêmes habitudes, ils peuvent vivre ensemble sans chercher à se nuire. Les intentions bienfaisantes que l'on voudroit donner à la nature, pourroient plutôt justifier cette dernière assertion; mais nos conjectures sur de pareils objets doivent être très-souvent en défaut.

Il se trouve dans le Levant, & au midi de l'Europe.

44. CINIPS du Figuier Sycomore.

CYNIPS Ficus Sycomori.

Cynips nigra, glabra, pedibus pallidis.

Cynips Ficus Sycomori. LIN. *Syst. nat. p.* 919. *n°.* 18. — *Mus. Lud. Ulr. p.* 404.

Cynips Ficus Sycomori. FAB. *Syst. ent. p.* 317. *no.* 15. — *Sp. ins. tom.* 1. *pag.* 405. *n°.* 15. — *Mant. ins. tom.* 1. *pag.* 252. *n°.* 16.

HASSELQ. *It.* 426. *n°.* 113.

Il a environ une ligne de long. Les antennes sont noires, coudées, assez courtes. Tout le corps est noir, luisant, glabre. Les pattes sont d'un jaune pâle. L'aiguillon est de la longueur du corps. Les ailes sont transparentes, & sans taches.

La larve vit dans les semences de l'espèce de Figuier, connue sous le nom de Figuier Sycomore, *Ficus Sycomorus.*

Il se trouve en Egypte.

45. CINIPS vuidé.

CYNIPS inanita.

Cynips nigra, abdomine uniarticulato antice utrinque macula fenestrata, pedibus ferrugineis. LIN. *Syst. nat. pag.* 920. *n°.* 19.

Il a environ trois lignes de long. Le corps est noir. Les antennes sont sétacées, plus courtes que le corps. Le corcelet est un peu raboteux. L'abdomen est oblong, obtus, concave en dessous, marqué d'une tache blanche, transparente, de chaque côte, vers la base. L'aiguillon est roide, recourbé, guère plus long que l'abdomen. Les pattes sont ferrugineuses, avec les jambes noires.

La larve est inconnue.

Il se trouve à Upsal.

46. CINIPS albipède.

Cynips albipes.

Cynips nigra nitens, pedibus albidis.

Cynips niger nitens pedibus pallidis. GEOFF. *Ins. t.* 2. *p.* 308. *n°.* 32.

Le Cinips noir à pattes blanchâtres. GEOFF. Ib.

Cynips albipes. FOURC. *Ent. par.* 2. *p.* 390. *n°.* 34.

Il a environ une ligne de long. Les antennes sont coudées. Les pattes sont d'un jaune pâle blanchâtre. Les ailes sont transparentes.

La larve n'est pas connue.

Il se trouve aux environs de Paris.

47. Cinips crassipède.

Cynips crassipes.

Cynips fusca femoribus clavatis. Geoff. *Ins. t. 2. p. 308. n°. 33.*

Le Cinips brun à grosses cuisses. Geoff. Ib.

Cynips crassipes. Fourc. *Ent. par. 2. pag.* 390. *n°. 35.*

Il a près de deux lignes de long, & il ressemble un peu à un Ichneumon. Les antennes sont filiformes, coudées, assez longues. Le corps est étroit, alongé & noirâtre. Les ailes sont transparentes.

Il se trouve aux environs de Paris.

48. Cinips atre.

Cynips aterrima.

Cynips atra scabriuscula tarsis fuscis.

Cynips aterrima *atra, elevato-punctata, tarsis pallidioribus.* Schrank. *Enum. ins. aust. n°. 645.*

Il a une ligne & demie de long. Le corps est noir, un peu raboteux. Les pattes sont noires, avec les tarses noirâtres. L'aiguillon est jaune, de la longueur de l'abdomen.

M. Schrank a vu sortir cet insecte en grand nombre, d'une excroissance qui se trouvoit à la tige d'une plante, en si mauvais état, qu'il ne pût en déterminer l'espèce, mais qu'il soupçonna appartenir à la Pariétaire.

Il se trouve en Allemagne.

49. Cinips du Roseau.

Cynips Phragmitis.

Cynips nigra, antennarum basi pedibusque testaceis, abdomine elongato in caudam porrectam latam. Schrank. *Enum. ins. aust. n°.* 647.

Il a un peu plus d'une ligne de long. Les antennes sont coudées, noires, avec le premier article alongé, testacé. Le corps est noir. L'abdomen est alongé, aminci postérieurement, & terminé par un aiguillon assez large, arrondi en dessus, applati en dessous.

La larve vit dans une excroissance formée à l'extrémité d'une espèce de roseau, *Arundo phragmites.*

Il se trouve à Vienne, dans les îles formées par le Danube.

FIN du Tome V.

www.ingramcontent.com/pod-product-compliance
Ingram Content Group UK Ltd.
Pitfield, Milton Keynes, MK11 3LW, UK
UKHW011958240726
13965UKWH00001B/27

9 782013 411875